Arbeitsbuch zu Tipler/Mosca

Physik für Wissenschaftler und Ingenieure

David Mills (Hrsg.) in Zusammenarbeit mit
Charles Adler, Edward Whittaker, George Zober, Patricia Zober

Arbeitsbuch zu Tipler/Mosca

Physik

Für Wissenschaftler und Ingenieure

Zweite deutsche Auflage
herausgegeben von Michael Zillgitt

Aus dem Amerikanischen übersetzt von
Michael Zillgitt und Michael Basler

Titel der Originalausgabe: Instructor's Solutions Manual for Tipler/Mosca's Physics for Scientists and Engineers, 5th edition
First published in the United States by W.H. Freeman and Company, New York and Basingstoke
Copyright © 2004 by W.H. Freeman and Company. All Rights reserved.
Erstveröffentlichung in den Vereinigten Staaten: W.H. Freeman and Co., New York und Basingstoke
Copyright © 2004 W.H. Freeman and Company. Alle Rechte vorbehalten.

Wichtiger Hinweis für den Benutzer
Der Verlag, der Herausgeber und die Autoren haben alle Sorgfalt walten lassen, um vollständige und akkurate Informationen in diesem Buch zu publizieren. Der Verlag übernimmt weder Garantie noch die juristische Verantwortung oder irgendeine Haftung für die Nutzung dieser Informationen, für deren Wirtschaftlichkeit oder fehlerfreie Funktion für einen bestimmten Zweck. Der Verlag übernimmt keine Gewähr dafür, dass die beschriebenen Verfahren, Programme usw. frei von Schutzrechten Dritter sind. Die Wiedergabe von Gebrauchsnamen, Handelsnamen, Warenbezeichnungen usw. in diesem Buch berechtigt auch ohne besondere Kennzeichnung nicht zu der Annahme, dass solche Namen im Sinne der Warenzeichen- und Markenschutz-Gesetzgebung als frei zu betrachten wären und daher von jedermann benutzt werden dürften. Der Verlag hat sich bemüht, sämtliche Rechteinhaber von Abbildungen zu ermitteln. Sollte dem Verlag gegenüber dennoch der Nachweis der Rechtsinhaberschaft geführt werden, wird das branchenübliche Honorar gezahlt.

Bibliografische Information der Deutschen Nationalbibliothek
Die Deutsche Nationalbibliothek verzeichnet diese Publikation in der Deutschen Nationalbibliografie; detaillierte bibliografische Daten sind im Internet über http://dnb.d-nb.de abrufbar.

Springer ist ein Unternehmen von Springer Science+Business Media
springer.de

unveränderter Nachdruck der 2. Auflage 2009
© Spektrum Akademischer Verlag Heidelberg 2005
Spektrum Akademischer Verlag ist ein Imprint von Springer

09   10   11   12   5   4   3   2

Planung und Lektorat: Katharina Neuser-von Oettingen / Stefanie Adam
Redaktion: Regine Zimmerschied
Herstellung: Katrin Frohberg
LaTex Satzdaten: Dr. Michael Zilgitt, Dr. Michael Basler
Satz: Steingraeber Satztechnik, Dossenheim
Fotos/Zeichnungen: siehe Abbildungsnachweis
Umschlaggestaltung: SpieszDesign, Neu-Ulm
Titelfotografie: Science Photo Library / Agentur

ISBN 978-3-8274-1165-5

Vorwort zur deutschen Ausgabe

Dieses Arbeitsbuch erschließt Dozenten der Physik wie auch Studierenden der Physik in Haupt- und Nebenfach die Lösungen zahlreicher Aufgaben aus allen physikalischen Teilgebieten. Es kann zum einen als Begleit- und Ergänzungsmaterial zum Lehrbuch *Physik für Wissenschaftler und Ingenieure* von Paul A. Tipler und Gene Mosca dienen, also zur zweiten deutschen Auflage des Tipler-Klassikers. Es ist aber auch unabhängig vom Lehrbuch ohne jede Einschränkung nutzbar, weil nicht nur die Lösungen dargeboten werden, sondern auch die vollständigen Aufgabenstellungen, mit allen erforderlichen Abbildungen.

Das vorliegende Arbeitsbuch ging aus dem amerikanischen Handbuch für Dozenten hervor, in dem die Lösungswege sämtlicher Aufgaben des amerikanischen Lehrbuchs zusammengestellt sind. Allerdings ist das amerikanische Handbuch nur Dozenten an amerikanischen Universitäten zugänglich. Konzipiert von einem Team aus zahlreichen College- und Universitätslehrern, wurde es von David Mills in Zusammenarbeit mit Charles Adler, Edward A. Whittaker, George Zober und Patricia Zober herausgegeben.

Wir meinen, dieses profunde Material ist zum ergänzenden, sozusagen autodidaktischen Lernen so gut geeignet, dass wir es allen deutschsprachigen Lesern zugänglich machen wollen, also nicht nur den Dozenten, sondern auch den Studenten. Das war umso notwendiger, als sich unsere Gegebenheiten von denen in den USA unterscheiden. Dort sind die Lehrbücher enger an den Kursstoff gebunden als hierzulande, und die Studierenden können sich kostenpflichtig per Internet beim Lösen der Aufgaben betreuen lassen, d. h., Schritt für Schritt die Lösung abrufen bzw. mit der eigenen vergleichen – ein Service, der von Deutschland aus nicht zugänglich ist.

Wir bieten daher für die deutschsprachigen Leser die Lösungen sämtlicher Aufgaben des Lehrbuchs in einem Band an – wie schon erwähnt, in Kombination mit den Aufgabenstellungen, was den separaten Gebrauch ermöglicht. Auch ohne Zuhilfenahme des Lehrbuchs kann mit dem vorliegenden Arbeitsbuch das Lösen physikalischer Probleme trainiert werden – natürlich mit Erfolgsgarantie, was das richtige Ergebnis betrifft. Damit wird die in Amerika praktizierte schrittweise Betreuung sozusagen dem Lernenden selbst in die Hand gegeben.

Wie auch bei der deutschen Fassung des Lehrbuchs, das von Prof. Dr. Dietrich Pelte herausgegeben wurde, ging die Übertragung ins Deutsche über eine bloße Übersetzung hinaus. Im Einzelnen sei auf folgende Punkte hingewiesen:

– Die Formelnotation wurde auf unsere Verhältnisse angepasst.

– Die Vielzahl der Aufgaben im amerikanischen Original wurde reduziert, wobei selbstverständlich dieselben Aufgaben wie im deutschen Lehrbuch aufgenommen wurden. Damit wird den Vorkenntnissen der europäischen Studenten besser Rechnung getragen, und der Umfang des recht voluminösen Werks blieb handlich.

– Schließlich haben wir die optische Gestaltung der Aufgabenlösungen gestrafft und in einem neuen Layout gestaltet. Jede Lösung wird in kleinen Schritten explizit vorgestellt, wie auch im Original. In den Lösungen werden Text und Formeln fortlaufend angeordnet und Abbildungen und Tabellen dem Text direkt zugeordnet. Wir haben bei all dem versucht, mit der vorliegenden Übertragung ins Deutsche den Intentionen und dem didaktischen Konzept der Autoren gerecht zu werden.

Was den Dank an alle diejenigen betrifft, die am Entstehen des Arbeitsbuchs mitgewirkt haben, so möchten wir zunächst auf das Vorwort des Originals hinweisen, das nachstehend abgedruckt ist. Ergänzend für die deutsche Ausgabe danken wir dem Herausgeber der deutschen Lehrbuchfassung, Prof. Dr. Dietrich Pelte, der als Emeritus an der Universität Heidelberg forscht und über lange Zeit hinweg die Didaktik an seiner Fakultät wesentlich mitbestimmt hat. Weiterhin danken wir den Übersetzern des Lehrbuchs, deren Übersetzungen der Aufgabentexte hier ebenfalls Eingang gefunden haben: Dr. Michael Basler, Dr. Renate Marianne Dohmen, Carsten Heinisch, Prof. Dr. Walter Kuhn und Dr. Anna Schleitzer. Schließlich danken wir allen Mitgliedern des Projektteams im Verlag, die uns bei den vielen Arbeitsschritten geholfen haben, Fehler zu vermeiden oder zu beseitigen: Regine Zimmerschied als Redakteurin für die sprachliche Seite sowie Stefanie Adam und Katrin Frohberg für die Qualitätsprüfung bei Satz und Layout. Natürlich liegt die Verantwortung für Fehler, die trotz aller unserer Bemühungen noch vorhanden sind, allein bei uns. Für diese Fehler möchten wir uns nicht nur entschuldigen, sondern auch daran mitwirken, ihre Auswirkungen abzumildern. Dazu wird auf der Elsevier-Website www.elsevier.de/tiplerarbeitsbuch eine Errata-Liste veröffentlicht, die bei Notwendigkeit jeweils aktualisiert wird. Für die Mitteilung weiterer Fehler, die Sie beim Nutzen dieses Werks entdecken, sind wir sehr dankbar.

Wir wünschen nun viel Erfolg, auch beim Ausprobieren eigener Lösungen der physikalischen Probleme und Aufgaben. Darüber hinaus hoffen wir, dass sich von unserer Begeisterung für die Anregungen der Autoren, sich mit der Physik zu beschäftigen, ein wenig auch auf Dozenten und Studierende überträgt.

Heidelberg, im März 2005
Dr. Michael Zillgitt, Herausgeber
Dipl.-Phys. Katharina Neuser-von Oettingen, Lektorin

Vorwort der amerikanischen Originalausgabe[*]

Dieses Lösungshandbuch für Dozenten ist das Begleitbuch zur fünften Auflage des Lehrbuchs *Physik für Naturwissenschaftler und Ingenieure* von Paul Tipler und Gene Mosca. Es enthält die Lösungen aller Aufgaben am Ende der einzelnen Kapitel des Lehrbuchs. Die hier dargebotenen Lösungswege sind ebenso aufgebaut wie die Beispiele im Lehrbuch: Zunächst wird das Problem aus physikalischer Sicht analysiert, gegebenenfalls mit Hilfe einer Abbildung oder Skizze. Dann werden die erforderlichen Gleichungen – mit allen notwenigen Zwischenschritten – vorgestellt; schließlich werden die Zahlenwerte eingesetzt und es wird das Ergebnis berechnet, wobei den physikalischen Einheiten natürlich besondere Aufmerksamkeit gilt. Wegen der Ähnlichkeit des Aufbaus mit dem der Beispiele im Lehrbuch findet der Leser einen besonders leichten Zugang.

Die meisten Zahlenwerte werden mit drei gültigen Dezimalstellen berechnet, abgesehen von vor allem solchen Aufgaben in Kapitel 1, bei denen es um die Anzahl der signifikanten Stellen selbst und um die Größenordnungen geht. Ansonsten haben die Zwischenschritte oft mehr als drei signifikante Stellen; dann wird das Ergebnis auf drei Stellen gerundet. Bei manchen Schätzungs- und Näherungsaufgaben hat das Ergebnis weniger als drei signifikante Stellen.

Manche Aufgaben erfordern den Einsatz eines Tabellenkalkulationsprogramms. Dann werden beispielhaft bzw. auszugsweise die nötigen Eingaben und die Ergebnisse tabellarisch vorgestellt.

Danksagungen

Charles L. Adler (Saint Mary's College of Maryland), Ed Whittaker (Stevens Institute of Technology, George Zober (Yough Senior High School) and Patricia Zober (Ringgold High School) steuerten die Aufgaben bei, die in die fünfte Auflage des Lehrbuchs neu aufgenommen wurden. Charles, Ed, George und Patricia ersparten mir (D. M.) zahlreiche Arbeitsstunden, indem sie den Aufgaben auch die Rohfassung der Lösung beifügten. Hierfür danke ich ihnen sehr. Gene Mosca von der United States Naval Academy, der auch Mitautor des Lehrbuchs ist, unterstützte mich wirksam, indem er dieses Arbeitsbuch durchsah und mir auch dabei half, manche Lösung bzw. den Weg dahin klarer zu formulieren. Die Zusammenarbeit mit ihm bereitete mir viel Freude. Wir alle, die wir hieran beteiligt waren, hoffen, unseren Lesern eine nützliche Hilfe beim Erlernen der Physik an die Hand gegeben zu haben.

Wir möchten folgenden Personen danken, die die Problemstellungen und auch die Lösungen kritisch durchgesehen haben: Lay Nam Chang (Virginia Polytechnic Institute), Brent A. Corbin (University of California, Los Angeles), Alan Cresswell (Shippensburg University), Ricardo S. Decca (Indiana University, Purdue University), Michael Dubson (University of Colorado, Boulder), David Faust (Mount Hood Community College), Philip Fraundorf (University of Missouri, Saint Louis), Clint Harper (Moorpark College), Kristi R. G. Hendrickson (University of Puget Sound), Michael Hildreth (University of Notre Dame), David Ingram (Ohio University), James J. Kolata (University of Notre Dame), Eric Lane (University of Tennessee, Chattanooga), Jerome Licini (Lehigh University), Laura McCullough (University of Wisconsin, Stout), Carl Mungan (United States Naval Academy), Jeffrey S. Olafsen (University of Kansas), Robert Pompi (State University of New York, Binghamton), R. J. Rollefson (Wesleyan University), Andrew Scherbakov (Georgia Institute of Technology), Bruce A. Schumm (University of Chicago), Dan Styer (Oberlin College), Daniel Marlow (Princeton University), Jeffrey Sundquist (Palm Beach Community College, South), Cyrus Taylor (Case Western Reserve University) und Fulin Zuo (University of Miami).

Jerome Licini (Lehigh University), Michael Crivello (San Diego Mesa College), Paul Quinn (University of Kansas) und Daniel Lucas (University of Wisconsin, Madison) überprüften die Lösungen auf Fehler. Ihre gründliche und kritische Arbeit verdient Anerkennung; ohne sie wären viele Fehler stehengeblieben und hätten erst von den Lesern entdeckt werden müssen. Trotz aller Bemühungen ist wohl immer noch die eine oder andere Lösung fehlerbehaftet. Hierfür übernehme ich (D. M.) die volle Verantwortung.

Die Zusammenarbeit mit Brian Donnellan, dem verantwortlichen Redakteur, bei der Erstellung dieses Arbeitsbuchs war ein Vergnügen. Unser Dank gilt ihm ebenso wie Amanda McCorquodale und Eileen McGinnis, die die Revisionen organisierten.

September 2003

David Mills, *Professor Emeritus, College of Redwoods*

Charles L. Adler, *Saint Mary's College of Maryland*

Edward A. Whittaker, *Professor für Physik,*
Stevens Institute of Technology

George Zober, *Yough Senior High School*

Patricia Zober, *Ringgold High School*

---

[*] Die Übersetzung ist an einigen Stellen gegenüber dem Original gekürzt und für die deutsche Ausgabe angepasst.

Inhalt

Einheitensysteme

- Maßeinheiten
- Dimensionen physikalischer Größen
- Exponentialschreibweise und signifikante Stellen

A: Aufgaben

Verständnisaufgaben

A1.1 • Welche der folgenden physikalischen Größen ist keine Grundgröße im SI-System? a) Masse. b) Länge. c) Kraft. d) Zeit. e) Alle genannten sind physikalische Grundgrößen.

A1.2 • Am Ende einer Berechnung erhalten Sie m/s im Zähler und m/s^2 im Nenner. Wie lautet die endgültige Maßeinheit? a) m^2/s^3, b) 1/s, c) s^3/m^2, d) s oder e) m/s.

A1.3 • Wie viele signifikante Stellen hat die Zahl 0,0005130? a) Eine, b) drei, c) vier, d) sieben oder e) acht.

A1.4 • Richtig oder falsch? a) Zwei Größen müssen die gleiche Dimension besitzen, um addiert werden zu können. b) Zwei Größen müssen die gleiche Dimension besitzen, um multipliziert werden zu können. c) Alle Umrechnungsfaktoren haben den Wert 1.

Schätzungs- und Näherungsaufgaben

A1.5 •• Die Sonne besitzt eine Masse von $1{,}99 \cdot 10^{30}$ kg und besteht zum Großteil aus Wasserstoff, während der Anteil schwererer Elemente sehr klein ist. Ein Wasserstoffatom besitzt eine Masse von $1{,}67 \cdot 10^{-27}$ kg. Schätzen Sie die Anzahl der Wasserstoffatome in der Sonne.

A1.6 •• a) Schätzen Sie, wie viele Liter Benzin die Autos in den USA jeden Tag verbrauchen, sowie den Geldwert dieser Benzinmenge. b) Aus einem Barrel Rohöl können 73,43 l Benzin gewonnen werden. Wie viele Barrel Rohöl müssen die USA demnach zur Benzingewinnung jährlich einsetzen? Wie vielen Barrel pro Tag entspricht das? (1 Barrel $\hat{=}$ 158,76 l.)

A1.7 ••• Eine binäre Ziffer (engl. *binary digit*) wird als Bit bezeichnet. Eine Anzahl von Bits heißt Wort; sind es genau acht Bits, spricht man von einem Byte. a) Wie viele Bits können auf einer 20-Gigabyte-Festplatte gespeichert werden? b) Schätzen Sie die Anzahl durchschnittlicher Bücher, deren Texte sich auf einer solchen Festplatte speichern lassen, wenn jeder Buchstabe ein 8-Bit-Wort erfordert.

• Maßeinheiten

A1.8 • Drücken Sie die folgenden Werte mit Hilfe der üblichen Vorsätze bzw. Abkürzungen aus. (Beispiel: 10 000 Meter = 10 km.) a) 1 000 000 Watt, b) 0,002 Gramm, c) $3 \cdot 10^{-6}$ Meter, d) 30 000 Sekunden.

A1.9 •• In den folgenden Gleichungen wird die Strecke x in Metern, die Zeit t in Sekunden und die Geschwindigkeit v in Metern pro Sekunde angegeben. Welche SI-Einheiten haben in den einzelnen Fällen die Konstanten C_1 und C_2? a) $x = C_1 + C_2 t$, b) $x = \frac{1}{2} C_1 t^2$, c) $v^2 = 2 C_1 x$, d) $x = C_1 \cos C_2 t$, e) $v^2 = 2 C_1 x$.

Umrechnen von Einheiten

A1.10 • Die Schallgeschwindigkeit in Luft beträgt 340 m/s. Sie wird in der Luft- und Raumfahrt nach Ernst Mach als Mach 1 bezeichnet. Wie hoch ist die Geschwindigkeit in km/h eines Überschallflugzeugs, das mit Mach 2, also doppelter Schallgeschwindigkeit, fliegt?

A1.11 •• Im Folgenden seien x in Metern, t in Sekunden, v in Metern pro Sekunde und die Beschleunigung a in Metern pro Sekunde zum Quadrat gegeben. Gesucht sind die SI-Einheiten für die Kombinationen a) v^2/x, b) $\sqrt{x/a}$ und c) $\frac{1}{2}at^2$.

• Dimensionen physikalischer Größen

A1.12 •• Das Gesetz für den radioaktiven Zerfall lautet $n(t) = n_0\,e^{-\lambda t}$, wobei n_0 die Anzahl der radioaktiven Kerne zur Zeit $t = 0$ und $n(t)$ die Anzahl der davon zum Zeitpunkt t verbliebenen Kerne sowie λ die so genannte Zerfallskonstante ist. Welche Dimension hat λ?

A1.13 •• Die SI-Einheit der Kraft ($\mathrm{kg\cdot m/s^2}$) wird Newton (N) genannt. Gesucht sind die Dimension und die SI-Einheit der Konstante Γ im Newton'schen Gravitationsgesetz $F = \Gamma\, m_1 m_2 / r^2$.

A1.14 •• Der Impuls eines Körpers ist das Produkt aus seiner Geschwindigkeit und seiner Masse. Zeigen Sie, dass der Impuls die Dimension Kraft mal Zeit besitzt.

A1.15 •• Wenn ein Gegenstand in der Luft fällt, gibt es eine Widerstandskraft F_{Luft}, die vom Produkt aus der Oberfläche des Gegenstands und dem Quadrat seiner Geschwindigkeit abhängt. Somit ist $F_{\mathrm{Luft}} = C\,A\,v^2$, wobei C eine Konstante ist. Bestimmen Sie die Dimension von C.

• Exponentialschreibweise und signifikante Stellen

A1.16 • Drücken Sie folgende Werte in der Exponentialschreibweise aus: a) $3{,}1\ \mathrm{GW} = \_\_\_\ \mathrm{W}$, b) $10\ \mathrm{pm} = \_\_\_\ \mathrm{m}$, c) $2{,}3\ \mathrm{fs} = \_\_\_\ \mathrm{s}$, d) $4\ \mathrm{\mu s} = \_\_\_\ \mathrm{s}$.

Allgemeine Aufgaben

A1.17 •• Ein Eisenatomkern hat einen Radius von $5{,}4\cdot 10^{-15}$ m und eine Masse von $9{,}3\cdot 10^{-26}$ kg. a) Wie groß ist das Verhältnis der Masse zum Volumen in $\mathrm{kg/m^3}$? b) Angenommen, die Erde hätte das gleiche Masse-Volumen-Verhältnis. Wie groß wäre dann ihr Radius? (Die Masse der Erde beträgt $5{,}98\cdot 10^{24}$ kg.)

A1.18 •• Berechnen Sie die folgenden Ausdrücke:
a) $(5{,}6\cdot 10^{-5})\,(0{,}000\,007\,5)/(2{,}4\cdot 10^{-12})$,
b) $(14{,}2)\,(6{,}4\cdot 10^7)\,(8{,}2\cdot 10^{-9}) - 4{,}06$,
c) $(6{,}1\cdot 10^{-6})^2\,(3{,}6\cdot 10^4)^3/(3{,}6\cdot 10^{-11})^{1/2}$,
d) $(0{,}000\,064)^{1/3}/[(12{,}8\cdot 10^{-3})\,(490\cdot 10^{-1})^{1/2}]$.

A1.19 •• Eine astronomische Einheit (1 AE) ist als der mittlere Abstand zwischen Erde und Sonne definiert. Er beträgt $1{,}496\cdot 10^{11}$ m. Ein Parsec (1 pc) ist der Radius eines Kreises, dessen Kreisbogen bei einem Zentriwinkel von einer Bogensekunde ($= \frac{1}{3600}^{\circ}$) genau 1 AE lang ist (siehe Abbildung). Ein Lichtjahr (1 Lj) ist die Entfernung, die das Licht in einem Jahr (1 a) zurücklegt. a) Wie viele Parsec bilden eine astronomische Einheit? b) Wie viele Meter entsprechen einem Parsec? c) Wie viele Meter umfasst ein Lichtjahr? d) Wie viele astronomische Einheiten enthält ein Lichtjahr? e) Wie viele Lichtjahre bilden ein Parsec?

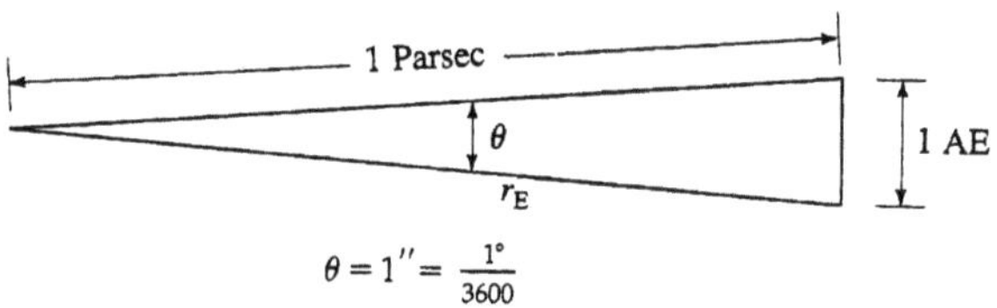

A1.20 ••• Die folgende Tabelle zeigt die experimentellen Ergebnisse einer Messung der Schwingungsdauer T (der Zeitdauer, in der das Teilchen einmal nach unten und einmal nach oben schwingt) eines Teilchens der Masse m, das an einer Feder hängt. Diese Daten entsprechen der einfachen Gleichung $T = Cm^n$, die die Schwingungsdauer T als Funktion der Masse m angibt, wobei C und n (nicht notwendig ganzzahlige) Konstanten sind. a) Bestimmen Sie n und C. (Hierfür gibt es verschiedene Wege: Man kann n schätzen und diese Schätzung durch Auftragung von T gegen m^n überprüfen. Ist die Schätzung richtig, erhält man eine Gerade. Eine andere Möglichkeit ist, $\log T$ gegen $\log m$ aufzutragen. Die Steigung der Geraden in dieser Grafik ist dann n.) b) Welche Datenpunkte weichen in der Darstellung von T gegen m^n am stärksten von einer Geraden ab?

m/kg	0,10	0,20	0,40	0,50	0,75	1,00	1,50
T/s	0,56	0,83	1,05	1,28	1,55	1,75	2,22

A1.21 ••• Die Schwingungsdauer T eines einfachen Pendels hängt von seiner Länge L und von der Erdbeschleunigung g (Dimension ℓ/t^2) ab. a) Ermitteln Sie eine einfache Kombination von g und L, die die Dimension der Zeit hat. b) Überprüfen Sie durch Messen der Schwingungsdauer (der Dauer für ein vollständiges Hin- und Herschwingen) eines Pendels mit zwei verschiedenen Pendellängen die Abhängigkeit der Schwingungsdauer T von der Länge L. c) Die richtige Formel für T, L und g enthält eine Konstante, die ein Vielfaches von π ist und sich nicht aus der Dimensionsbetrachtung in Teilaufgabe a ergibt. Sie kann aber experimentell wie in Teilaufgabe b ermittelt werden, wenn g bekannt ist. Berechnen Sie für $g = 9{,}81\ \mathrm{m/s^2}$ und mit Hilfe Ihrer experimentellen Ergebnisse aus Teilaufgabe b die genaue Beziehung zwischen T, L und g.

Einheitensysteme

1L

L: Lösungen

L1.1 Die Masse, die Länge und die Zeit sind physikalische Grundgrößen im SI-System, die Kraft als Produkt von Masse und Beschleunigung jedoch nicht. Also ist Aussage c richtig.

L1.2 Dividieren von m/s durch m/s^2 und Kürzen ergibt

$$\frac{\text{m/s}}{\text{m/s}^2} = \frac{\text{m} \cdot \text{s}^2}{\text{m} \cdot \text{s}} = \text{s}.$$

Die Aussage d ist also richtig.

L1.3 Wir zählen die Stellen von links nach rechts, wobei Nullen links von der ersten von null verschiedenen Ziffer nicht berücksichtigt werden. Die ersten drei Nullen nach dem Komma sind also nicht signifikant, während die Null am Schluss signifikant ist. Die Zahl hat daher vier signifikante Stellen. Also ist Aussage c richtig.

L1.4 a) Richtig. Beispiel: Länge und Volumen sind „Äpfel und Birnen" und können nicht addiert werden.

b) Falsch. Beispiel: Der zurückgelegte Weg ist das Produkt aus Geschwindigkeit (Länge pro Zeit) und verstrichener Zeit.

c) Richtig. Da sich der Wert der Größe beim Umrechnen nicht ändern darf, muss die Multiplikation mit jedem Umrechnungsfaktor einer Multiplikation mit 1 entsprechen. Dabei ändern sich lediglich die Einheiten.

L1.5 Wir nehmen näherungsweise an, dass die Sonne nur aus Wasserstoff besteht. Die Sonnenmasse m_S ist dann das Produkt der Anzahl der Wasserstoffatome n_H und der Masse eines Atoms m_H. Also ist $m_S = n_H m_H$. Dies lösen wir nach n_H auf und setzen die Zahlenwerte ein:

$$n_H = \frac{m_S}{m_H} = \frac{1{,}99 \cdot 10^{30} \text{ kg}}{1{,}67 \cdot 10^{-27} \text{ kg}} = 1{,}19 \cdot 10^{57}.$$

L1.6 Die USA haben ca. $3 \cdot 10^8$ Einwohner. Wir nehmen an, dass eine durchschnittliche vierköpfige Familie zwei PKWs hat, so dass es in den USA etwa $1{,}5 \cdot 10^8$ PKWs gibt. Wir verdoppeln die Zahl, um LKWs, Taxis, Busse usw. zu berücksichtigen, so dass wir von $3 \cdot 10^8$ Fahrzeugen ausgehen. Weiter gehen wir davon aus, dass jedes Fahrzeug durchschnittlich 50 Liter Benzin in der Woche verbraucht.

a) Der tägliche Benzinverbrauch ergibt sich daraus zu $B = (3 \cdot 10^8 \text{ Fahrzeuge}) (8 \text{ l/Tag}) = 24 \cdot 10^8 \text{ l/Tag}$. Bei einem Preis von $P = 0{,}40$ \$ pro Liter belaufen sich die Kosten K pro Tag auf

$$\begin{aligned} K &= BP = (24 \cdot 10^8 \text{ l/Tag}) (0{,}40 \text{ \$/l}) \\ &= 9{,}6 \cdot 10^8 \text{ \$/Tag} \approx 1 \text{ Milliarde \$/Tag}. \end{aligned}$$

b) Die Anzahl n_B der jährlich verbrauchten Barrel Rohöl ist der Quotient aus dem oben berechneten Benzinverbrauch, umgerechnet auf das Jahr, und der Anzahl n der Liter Benzin, die aus einem Barrel Rohöl hergestellt werden können:

$$\begin{aligned} n_B &= \frac{B}{n} = \frac{(24 \cdot 10^8 \text{ l/Tag}) (365{,}24 \text{ Tage/Jahr})}{73{,}43 \text{ l/Barrel}} \\ &\approx 10^{10} \text{ Barrel/Jahr}. \end{aligned}$$

Täglich werden also in den USA über 27 Millionen Barrel Rohöl verbraucht.

L1.7 a) Die Anzahl n_{Bits} der Bits, die auf der Festplatte gespeichert werden können, ist das Produkt aus der Speicherkapazität der Platte in Bytes und der Anzahl der Bits pro Byte:

$$\begin{aligned} n_{\text{Bits}} &= n_{\text{Bytes}} (8 \text{ Bits/Byte}) = (20 \cdot 10^9 \text{ Bytes}) (8 \text{ Bits/Byte}) \\ &= 16 \cdot 10^{10} \text{ Bits}. \end{aligned}$$

b) Wir nehmen an, dass ein Wort durchschnittlich 8 Buchstaben (Zeichen) hat. Ein Zeichen erfordert 8 Bits. Die Anzahl der Bytes pro Wort ist dann:

$$8 \, \frac{\text{Bits}}{\text{Zeichen}} \cdot 8 \, \frac{\text{Zeichen}}{\text{Wort}} = 64 \, \frac{\text{Bits}}{\text{Wort}} = 8 \, \frac{\text{Bytes}}{\text{Wort}}.$$

Weiter gehen wir von 10 Wörtern pro Zeile und 60 Zeilen pro Seite aus:

$$600 \, \frac{\text{Wörter}}{\text{Seite}} \cdot 8 \, \frac{\text{Bytes}}{\text{Wort}} = 4800 \, \frac{\text{Bytes}}{\text{Seite}}.$$

Damit erfordert der Text eines 300-seitigen Buchs

$$300 \text{ Seiten} \cdot 4800 \, \frac{\text{Bytes}}{\text{Seite}} = 1{,}44 \cdot 10^6 \text{ Bytes}.$$

Die Division der Speicherkapazität der Festplatte durch diese Anzahl der Bytes pro Buchtext ergibt die Anzahl der Buchtexte, die auf die Festplatte passen:

$$n_{\text{Texte}} = \frac{20 \cdot 10^9 \text{ Bytes}}{1{,}44 \cdot 10^6 \text{ Bytes/Text}} \approx 14\,000 \text{ Texte}.$$

L1.8   a) $1\,000\,000$ Watt $= 10^6$ Watt $= 10^3$ kW $= 1$ MW, b) $0{,}002$ Gramm $= 2 \cdot 10^{-3}$ g $= 2$ mg, c) $3 \cdot 10^{-6}$ Meter $= 3$ µm, d) $30\,000$ Sekunden $= 30 \cdot 10^3$ s $= 30$ ks.

L1.9   Die SI-Einheit des Terms auf der rechten Seite der angegebenen Gleichungen folgt jeweils aus der Maßeinheit der Größe auf der linken Seite. a) Da x in Metern gemessen wird, müssen C_1 und $C_2 t$ ebenfalls die Einheit Meter haben, so dass C_1 in m und C_2 in m/s angegeben wird. Auf dem gleichen Weg finden wir: b) C_1 wird in m/s^2 angegeben. c) Da v^2 die Einheit m^2/s^2 hat, muss C_1 die Einheit m/s^2 haben. d) C_1 hat die Einheit m und C_2 die Einheit s^{-1}. e) C_1 wird in m/s und C_2 in s^{-1} angegeben.

L1.10   Wir rechnen die Geschwindigkeit des Flugzeugs in km/h um:

$$v = 2 \cdot 340 \text{ m} \cdot \text{s}^{-1} = 680 \text{ m} \cdot \text{s}^{-1}$$
$$= \left(680 \,\frac{\text{m}}{\text{s}}\right) \left(\frac{1 \text{ km}}{10^3 \text{ m}}\right) \left(3600 \,\frac{\text{s}}{\text{h}}\right) = 2450 \text{ km} \cdot \text{h}^{-1}.$$

L1.11   a) Einsetzen und Zusammenfassen ergibt:

$$\frac{v^2}{x} : \quad \frac{(\text{m/s})^2}{\text{m}} = \frac{\text{m}^2}{\text{m} \cdot \text{s}^2} = \frac{\text{m}}{\text{s}^2}.$$

b) Entsprechend erhalten wir:

$$\sqrt{\frac{x}{a}} : \quad \sqrt{\frac{\text{m}}{\text{m/s}^2}} = \sqrt{\text{s}^2} = \text{s}.$$

c) Die Konstante $\frac{1}{2}$ ist dimensionslos und braucht nicht berücksichtigt zu werden:

$$\tfrac{1}{2} a t^2 : \quad \left(\frac{\text{m}}{\text{s}^2}\right) (\text{s})^2 = \left(\frac{\text{m}}{\text{s}^2}\right) (\text{s}^2) = \text{m}.$$

L1.12   Da der Exponent dimensionslos sein muss, hat λ die Dimension t^{-1}.

L1.13   Wir lösen das Newton'sche Gravitationsgesetz nach der Gravitationskonstante auf und setzen die bekannten Dimensionen ein:

$$[\Gamma] = \frac{[F]\,[r^2]}{[m_1]\,[m_2]} = \frac{\frac{m\ell}{t^2}\,\ell^2}{m^2} = \frac{\ell^3}{m t^2}.$$

Durch Einsetzen der SI-Einheiten folgt, dass Γ die Einheit m$^3 \cdot$ kg$^{-1} \cdot$ s^{-2} hat.

L1.14   Die Masse hat die Dimension m und die Geschwindigkeit die Dimension ℓ/t. Damit ergibt sich für den Impuls die Dimension $[m v] = m\ell/t$. Andererseits hat die Kraft die Dimension $m\ell/t^2$, so dass sich für das Produkt aus Kraft und Zeit die Dimension $[F t] = (m\ell/t^2)\, t = m\ell/t$ ergibt; sie stimmt mit der des Impulses überein.

L1.15   Wir lösen die Gleichung für die Widerstandskraft nach C auf:

$$C = \frac{F_{\text{Luft}}}{A\, v^2}.$$

Nun setzen wir die Dimensionen der Kraft, der Fläche und der Geschwindigkeit ein:

$$[C] = \frac{[F_{\text{Luft}}]}{[A]\,[v]^2} = \frac{m\ell/t^2}{\ell^2\,(\ell/t)^2} = \frac{m}{\ell^3}.$$

L1.16   a) $3{,}1$ GW $= 3{,}1 \cdot 10^9$ W, b) 10 pm $= 10 \cdot 10^{-12}$ m $= 10^{-11}$ m, c) $2{,}3$ fs $= 2{,}3 \cdot 10^{-15}$ s, d) 4 µs $= 4 \cdot 10^{-6}$ s.

L1.17   a) Das Verhältnis der Masse zum Volumen ist die Dichte: $\rho = m/V$. Wenn das Atom als kugelförmig angenommen wird, ist sein Volumen $V = \frac{4}{3} \pi r^3$. Damit ergibt sich

$$\rho = \frac{3m}{4\pi r^3} = \frac{3\,(9{,}3 \cdot 10^{-26} \text{ kg})}{4\pi\,(5{,}4 \cdot 10^{-15} \text{ m})^3} = 1{,}41 \cdot 10^{17} \text{ kg} \cdot \text{m}^{-3}.$$

b) Da die eben abgeleitete Gleichung für die Dichte eines jeden kugelförmigen Körpers gilt, können wir sie auch auf die Erde anwenden. Da jetzt die Dichte gegeben und der Radius gesucht ist, lösen wir nach r auf und erhalten

$$r = \sqrt[3]{\frac{3m}{4\pi \rho}} = \sqrt[3]{\frac{3\,(5{,}98 \cdot 10^{24} \text{ kg})}{4\pi\,(1{,}41 \cdot 10^{17} \text{ kg} \cdot \text{m}^{-3})}} = 216 \text{ m}.$$

L1.18   a) Da alle Faktoren zwei signifikante Stellen haben, hat das Ergebnis ebenfalls deren zwei:

$$\frac{(5{,}6 \cdot 10^{-5})\,(0{,}000\,0075)}{2{,}4 \cdot 10^{-12}} = \frac{(5{,}6 \cdot 10^{-5})\,(7{,}5 \cdot 10^{-6})}{2{,}4 \cdot 10^{-12}} = 1{,}8 \cdot 10^2.$$

b) Der Faktor mit den wenigsten signifikanten Ziffern im ersten Term hat zwei signifikante Stellen. Seine letzte signifikante Stelle ist die erste Stelle nach dem Komma, so dass die letzte signifikante Stelle in der Differenz zwischen beiden Termen ebenfalls die erste Stelle nach dem Komma ist:

$$(14{,}2)\,(6{,}4 \cdot 10^7)\,(8{,}2 \cdot 10^{-9}) - 4{,}06 = 7{,}8 - 4{,}06 = 3{,}4.$$

c) Da alle Faktoren zwei signifikante Stellen haben, hat das Ergebnis ebenfalls deren zwei:

$$\frac{(6{,}1 \cdot 10^{-6})^2\,(3{,}6 \cdot 10^4)^3}{(3{,}6 \cdot 10^{-11})^{1/2}} = 2{,}9 \cdot 10^8.$$

d) Da der Faktor mit den wenigsten signifikanten Stellen zwei signifikante Stellen hat, hat auch das Ergebnis deren zwei:

$$\frac{(0{,}000\,064)^{1/3}}{(12{,}8 \cdot 10^{-3})\,(490 \cdot 10^{-1})^{1/2}} = \frac{(6{,}4 \cdot 10^{-5})^{1/3}}{(12{,}8 \cdot 10^{-3})\,(490 \cdot 10^{-1})^{1/2}}$$
$$= 0{,}45.$$

L1.19 a) Der Winkel ist der Quotient aus der Bogenlänge und dem Radius:

$$\theta = \frac{s}{r}. \tag{1}$$

Gesucht ist die Bogenlänge s in Parsec (Parallaxensekunden, pc), die 1 AE entspricht (das Zeichen $'$ bezeichnet Winkelminuten und das Zeichen $''$ Winkelsekunden):

$$s = r\theta = (1\,\text{pc})\,(1'')\left(\frac{1'}{60''}\right)\left(\frac{1°}{60'}\right)\left(\frac{2\pi\,\text{rad}}{360°}\right)$$
$$= 4{,}85\cdot10^{-6}\,\text{pc}.$$

b) Nun lösen wir Gleichung 1 nach r auf und setzen die gegebene Bogenlänge und den zugehörigen Winkel (1 Winkelsekunde) ein:

$$r = \frac{s}{\theta} = \frac{1{,}496\cdot10^{11}\,\text{m}}{(1'')\left(\dfrac{1'}{60''}\right)\left(\dfrac{1°}{60'}\right)\left(\dfrac{2\pi\,\text{rad}}{360°}\right)} = 3{,}09\cdot10^{16}\,\text{m}.$$

c) Die Entfernung d ist das Produkt aus der Lichtgeschwindigkeit c und der Zeitspanne Δt, die ein Jahr (1 a) beträgt:

$$d = c\,\Delta t = \left(3\cdot10^{8}\,\frac{\text{m}}{\text{s}}\right)(1\,\text{a})\left(3{,}156\cdot10^{7}\,\frac{\text{s}}{\text{a}}\right) = 9{,}47\cdot10^{15}\,\text{m}.$$

d) Wir verwenden das Ergebnis von Teilaufgabe c und die Definition der AE:

$$1\,\text{Lj} = \left(9{,}47\cdot10^{15}\,\text{m}\right)\left(\frac{1\,\text{AE}}{1{,}496\cdot10^{11}\,\text{m}}\right) = 6{,}33\cdot10^{4}\,\text{AE}.$$

e) Mit den Lösungen aus den Teilaufgaben b und c ergibt sich

$$1\,\text{pc} = \left(3{,}09\cdot10^{16}\,\text{m}\right)\left(\frac{1\,\text{Lj}}{9{,}47\cdot10^{15}\,\text{m}}\right) = 3{,}25\,\text{Lj}.$$

L1.20 a) Wir beschreiten zwei Lösungswege. Beim ersten setzen wir zwei geordnete Paare in die gegebene Gleichung ein und erhalten dadurch zwei Gleichungen für C und n, die wir lösen können. Wir wollen das 1. und das 6. geordnete Paar verwenden, für das $T_1 = Cm_1^n$ bzw. $T_6 = Cm_6^n$ gilt. Die Division der zweiten Gleichung durch die erste ergibt

$$\frac{T_6}{T_1} = \frac{Cm_6^n}{Cm_1^n} = \left(\frac{m_6}{m_1}\right)^n.$$

Wir setzen die Zahlenwerte ein:

$$\frac{1{,}75\,\text{s}}{0{,}56\,\text{s}} = \left(\frac{1\,\text{kg}}{0{,}1\,\text{kg}}\right)^n.$$

Also ist $3{,}125 = 10^n$ und daher $n = 0{,}4948$.

Dies legt die Annahme nahe, dass $n = 0{,}5$ ist. Einsetzen von $n = 0{,}5$ und $T = 1{,}75\,\text{s}$ in die zweite Gleichung $T_6 = Cm_6^n$ ergibt $1{,}75\,\text{s} = C\,(1\,\text{kg})^{0{,}5}$. Somit ist $C = 1{,}75\,\text{s}\cdot\text{kg}^{-0{,}5}$.

Bei der zweiten Lösungsvariante bilden wir auf beiden Seiten der Gleichung $T = Cm^n$ den Zehnerlogarithmus: $\log T = \log(Cm^n) = \log C + n\log m$. Diese Beziehung hat die allgemeine Form $y = mx + b$. Wird $\log T$ grafisch in Abhängigkeit von $\log m$ aufgetragen, sollte sich also eine Gerade mit der Steigung n und dem Schnittpunkt mit der y-Achse bei $\log C$ ergeben.

Die in der Abbildung gezeigte grafische Darstellung wurde mit einem Tabellenkalkulationsprogramm erzeugt. Die darin angegebene Gleichung ist das Ergebnis der Excel-Funktion „Hinzufügen einer Trendlinie" (die durch Regressionsanalyse erzeugt wird).

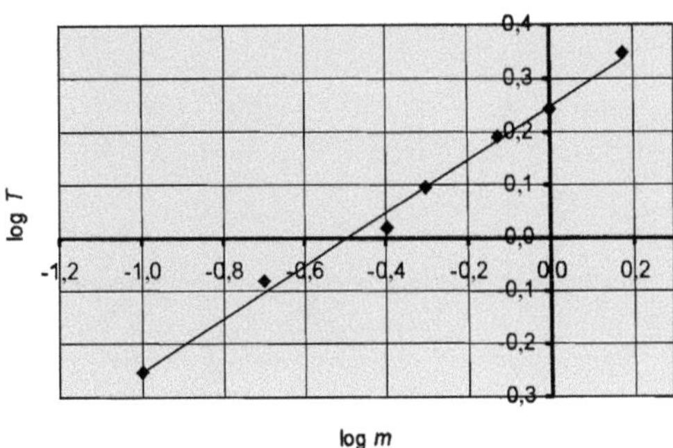

Ein Vergleich der Excel-Trendlinie mit der Gleichung $\log T = n\log m + \log C$ liefert $n = 0{,}499$ und $C = 10^{0{,}2479} = 1{,}77\,\text{s}\cdot\text{kg}^{-1/2}$. Somit ist $T = (1{,}77\,\text{s}\cdot\text{kg}^{-1/2})\,m^{0{,}499}$.

b) Die grafische Darstellung zeigt, dass die Punkte der Datenpaare $m = 0{,}20\,\text{kg}$, $T = 0{,}83\,\text{s}$ und $m = 0{,}40\,\text{kg}$, $T = 1{,}05\,\text{s}$ am stärksten von der Geraden abweichen.

Die Größen n und C lassen sich auch auf andere Weise ermitteln: Ausgehend von den gegebenen $\log T$-Werten in Abhängigkeit von $\log m$ wird mit einem grafischen Taschenrechner eine Regressionsanalyse durchgeführt. Die Steigung ergibt n, und der Schnittpunkt mit der y-Achse ergibt C.

L1.21 a) Zunächst drücken wir die Schwingungsdauer T als Produkt der Pendellänge L und der Erdbeschleunigung g mit noch unbekannten Exponenten a und b sowie mit einer dimensionslosen Konstanten C aus:

$$T = CL^a g^b. \tag{1}$$

Für die Dimensionen gilt daher $[t] = [\ell]^a [g]^b$. Also ist

$$t = \ell^a\left(\frac{\ell}{t^2}\right)^b.$$

Um beide Seiten dieser Dimensionsbeziehung vergleichen zu können, fügen wir auf der linken Seite den Faktor ℓ^0 hinzu, der ja gleich 1 ist:

$$\ell^0 t^1 = \ell^{a+b} t^{-2b}.$$

Nun können wir die jeweiligen Exponenten auf beiden Seiten gleichsetzen: $a + b = 0$ und $-2b = 1$.

Daraus erhalten wir $b = -\frac{1}{2}$ und $a = \frac{1}{2}$. Einsetzen in Gleichung 1 ergibt

$$T = CL^{1/2}g^{-1/2} = C\sqrt{\frac{L}{g}}. \tag{2}$$

b) Wenn wir beispielsweise zwei Pendel mit den Längen 1 m bzw. 0,5 m verwenden, sollten wir näherungsweise die Schwingungsdauern $T_{1\,\text{m}} = 2\,\text{s}$ und $T_{0{,}5\,\text{m}} = 1{,}4\,\text{s}$ erhalten.

c) Wir lösen Gleichung 2 nach der gesuchten Konstante C auf und setzen die Werte $L = 1$ m und $T \approx 2$ s ein:

$$C = T \sqrt{\frac{g}{L}} \approx (2\ \text{s}) \sqrt{\frac{9{,}81\ \text{m} \cdot \text{s}^{-2}}{1\ \text{m}}} = 6{,}26 \approx 2\pi.$$

Wenn wir dies in die Ausgangsgleichung einsetzen, ergibt sich

$$T \approx 2\pi \sqrt{\frac{L}{g}}.$$

Mechanik

Teil I

Eindimensionale Bewegung

- Tempo, Verschiebung und Geschwindigkeit
- Beschleunigung
- Gleichförmig beschleunigte Bewegung und freier Fall
- Integration der Bewegungsgleichungen

A: Aufgaben

Verständnisaufgaben

A2.1 • Ein senkrecht nach oben geworfener Gegenstand fällt zurück auf den Boden. Seine Flugzeit ist t_F und seine Maximalhöhe h. Die Abwurfhöhe sei vernachlässigbar. Sein mittleres Tempo für den gesamten Flug ist demnach a) h/t_F, b) 0, c) $h/(2t_F)$, d) $2h/t_F$.

A2.2 • Nennen Sie ein Beispiel für eine eindimensionale Bewegung, bei der a) die Geschwindigkeit positiv und die Beschleunigung negativ bzw. b) die Geschwindigkeit negativ und die Beschleunigung positiv ist.

A2.3 •• Zeichnen Sie für die Zeitspanne $0 \leq t \leq 25\,\mathrm{s}$ genaue Diagramme für den Ort, die Geschwindigkeit und die Beschleunigung eines Wagens, der a) sich die ersten 5 s langsam und mit gleich bleibender (konstanter) Geschwindigkeit vom Koordinatenursprung entfernt, b) sich anschließend 5 s lang mit konstanter Geschwindigkeit weiterbewegt, c) anschließend 5 s lang still steht, d) sich dann 5 s lang langsam und mit konstanter Geschwindigkeit auf den Koordinatenursprung zu bewegt und e) während der letzten 5 s wiederum still steht.

A2.4 •• Welche der Weg-Zeit-Kurven in der Abbildung zeigt am besten die Bewegung eines Objekts mit konstanter positiver Beschleunigung?

A2.5 • Welche der Geschwindigkeits-Zeit-Kurven in der Abbildung zeigt am besten die Bewegung eines Objekts mit konstanter positiver Beschleunigung?

A2.6 • In einem Zeitintervall Δt gilt $\langle v \rangle = 0$. Muss die Momentangeschwindigkeit v irgendwann in diesem Zeitintervall

Δt null sein? Verdeutlichen Sie Ihre Aussage, indem Sie eine mögliche Funktion $x(t)$ zeichnen, bei der für ein Zeitintervall Δt die Gleichung $\Delta x = 0$ gilt.

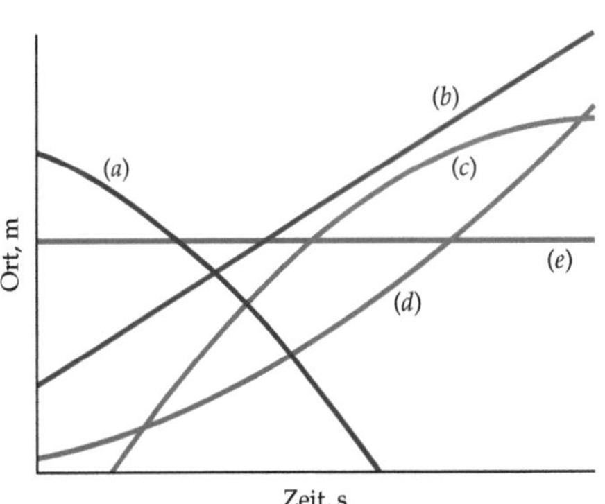

Zu Aufgabe 2.4

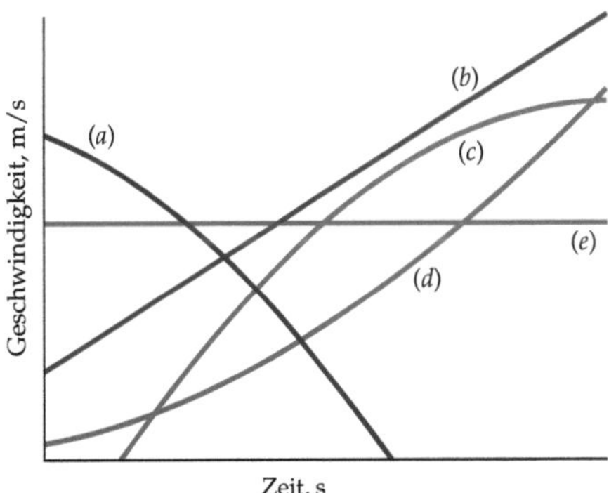

Zu Aufgabe 2.5

A2.7 ●● Beantworten Sie für jedes der vier x-t-Diagramme in der Abbildung folgende Fragen: a) Ist die Geschwindigkeit zum Zeitpunkt t_2 größer als, kleiner als oder ebenso groß wie die zum Zeitpunkt t_1? b) Ist das Tempo zum Zeitpunkt t_2 größer als, kleiner als oder ebenso groß wie das zum Zeitpunkt t_1?

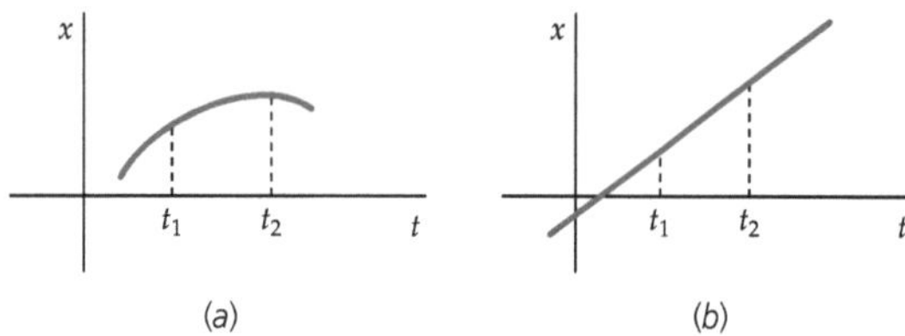

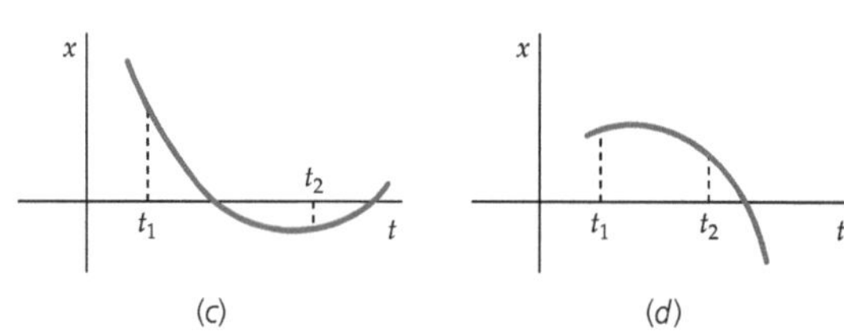

A2.8 ● Ein Ball wird senkrecht nach oben geworfen. Wie groß ist die Geschwindigkeit an seinem höchsten Punkt? Wie groß ist in diesem Punkt die Beschleunigung des Balls?

A2.9 ●● Ein Porsche beschleunigt gleichförmig von 80,5 km/h bei $t = 0$ auf 113 km/h bei $t = 9$ s. Welches Diagramm in der Abbildung beschreibt die Bewegung des Autos am besten?

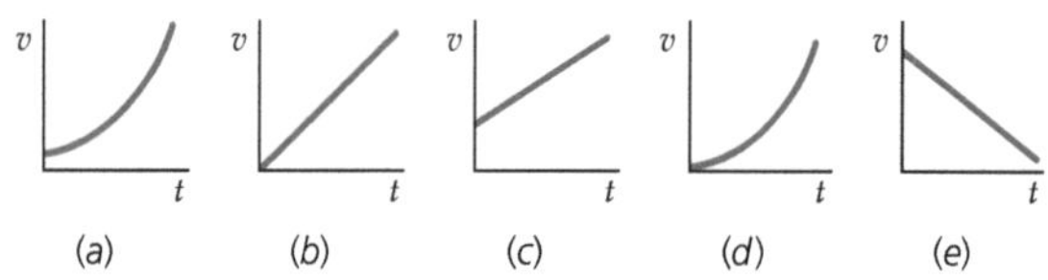

A2.10 ●● Ein Ball wird mit einer Anfangsgeschwindigkeit v_0 senkrecht nach oben geworfen. Seine Geschwindigkeit auf halber Strecke zu seinem höchsten Punkt ist a) $0{,}25\,v_0$, b) $0{,}5\,v_0$, c) $0{,}707\,v_0$, d) v_0 oder e) aus den gegebenen Informationen nicht bestimmbar.

A2.11 ●● Welches der v-t-Diagramme in der Abbildung beschreibt die Bewegung eines Teilchens mit positiver Geschwindigkeit und negativer Beschleunigung am besten?

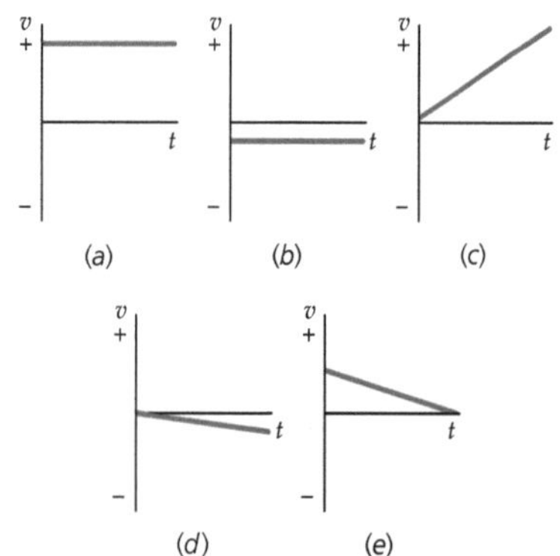

A2.12 ●● Die Abbildung zeigt den Ort eines Autos in Abhängigkeit von der Zeit. An welchen der Zeitpunkte t_0 bis t_7 ist die Geschwindigkeit a) negativ, b) positiv bzw. c) gleich null? An welchen der Zeitpunkte ist die Beschleunigung a) negativ, b) positiv bzw. c) gleich null?

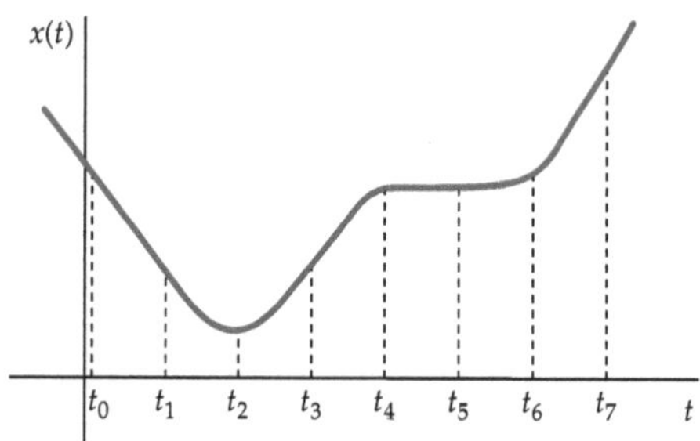

Schätzungs- und Näherungsaufgaben

A2.13 ●● Gelegentlich überleben Menschen einen tiefen Sturz, wenn die Fläche, auf die sie fallen, weich genug ist. Während der Besteigung der berüchtigten Eiger-Nordwand löste sich der Felsanker des Bergsteigers Carlos Ragone, so dass er etwa 150 m in die Tiefe fiel. Dank einer Landung im weichen Schnee erlitt er lediglich ein paar Prellungen und eine ausgerenkte Schulter. a) Welche Geschwindigkeit erreichte er kurz vor dem Aufschlag? b) Wir wollen annehmen, dass das durch den Aufschlag verursachte Loch im Schnee 1,20 m tief gewesen ist. Mit welcher – als konstant angenommenen – Beschleunigung wurde er durch den Schnee abgebremst? Drücken Sie Ihr Ergebnis als Vielfaches der Fallbeschleunigung g aus.

A2.14 ●● Dieses Foto eines Jongleurs ist eine Kurzzeitaufnahme mit einer Belichtungszeit von $(1/30)$ s. Zwei der Tennisbälle befinden gerade in der Luft. Der Tennisball am oberen Bildrand ist weniger unscharf als der untere dieser beiden Bälle. Warum? Können Sie anhand des Bilds die Geschwindigkeit des unteren Balls abschätzen?

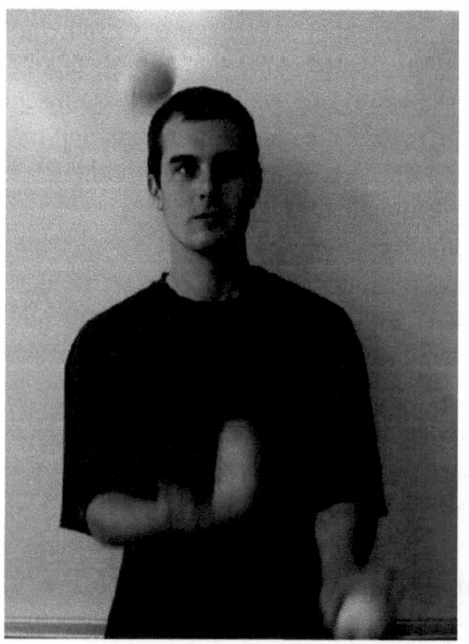

Mit freundlicher Genehmigung von Chuck Adler

- **Tempo, Verschiebung und Geschwindigkeit**

A2.15 • a) Ein Elektron in einer Fernsehbildröhre fliegt die 16 cm zwischen Gitter und Bildschirm mit einer mittleren Geschwindigkeit von $4 \cdot 10^7$ m/s. Wie lange dauert dies? b) Ein Elektron in einem stromführenden Kabel bewegt sich lediglich mit $4 \cdot 10^{-5}$ m/s. Wie lange dauert es, bis dieses Elektron 16 cm zurückgelegt hat?

A2.16 • Eine der viel beflogenen Transatlantik-Flugrouten ist ungefähr 5500 km lang. a) Wie lange benötigt ein Überschallflugzeug mit doppelter Schallgeschwindigkeit (Mach 2) für diese Strecke? Verwenden Sie 340 m/s als Schallgeschwindigkeit. b) Wie lange benötigt ein normales Unterschallflugzeug, das mit 0,9facher Schallgeschwindigkeit fliegt, für die Strecke? c) Wir wollen je 2 h für An- bzw. Abreise sowie Check-in, Check-out und Gepäckabfertigung am Start- und am Zielflughafen annehmen. Wie groß ist dann die mittlere Geschwindigkeit für die gesamte Reise mit dem Überschallflugzeug? d) Wie groß ist sie mit dem Unterschallflugzeug?

A2.17 •• Ein Bogenschütze schießt einen Pfeil auf eine Zielscheibe. Beim Auftreffen entsteht ein dumpfer Laut, den der Bogenschütze genau 1 s nach dem Abschießen des Pfeils hört. Die mittlere Geschwindigkeit des Pfeils beträgt 40 m/s und die Schallgeschwindigkeit wird mit 340 m/s angenommen. In welcher Entfernung vom Schützen steht die Zielscheibe?

A2.18 •• Es wurde festgestellt, dass sich alle Galaxien mit einer Geschwindigkeit von der Erde wegbewegen, die proportional zu ihrer Entfernung von der Erde ist. Dies ist das so genannte Hubble-Gesetz. Die Geschwindigkeit einer Galaxie in der Entfernung r von der Erde ist dabei $v = H r$, wobei H die Hubble-Konstante $H = 1,58 \cdot 10^{-18}$ s^{-1} ist. Welche Geschwindigkeiten hat demnach eine Galaxie in einer Entfernung von a) $5 \cdot 10^{22}$ m bzw. b) $2 \cdot 10^{25}$ m von der Erde? c) Wann waren diese Galaxien am gleichen Ort wie die Erde? (Nehmen Sie dabei an, dass sie sich mit konstanter Geschwindigkeit bewegt haben.)

A2.19 •• Zwei Autos fahren mit konstanter Geschwindigkeit auf einer geraden Straße. Das Auto A fährt mit einer konstanten Geschwindigkeit von 80 km/h, das Auto B mit einer ebenfalls konstanten Geschwindigkeit von 110 km/h. Zum Zeitpunkt $t = 0$ ist das Auto B gerade 45 km hinter dem Auto A zurück. Wie weit fährt das Auto A, bis es vom Auto B überholt wird?

- **Beschleunigung**

A2.20 • Ein Sportwagen vom Typ BMW-M3 kann im dritten Gang innerhalb von 3,7 s von 48,3 km/h auf 80,5 km/h beschleunigen. a) Wie hoch ist die mittlere Beschleunigung in m/s^2 in diesem Fall? b) Wie schnell würde das Auto werden, wenn es mit der gleichen Beschleunigung noch eine Sekunde länger beschleunigen würde?

A2.21 •• Gegeben ist ein Teilchen, dessen Ort gemäß der Gleichung $x(t) = \left(1 \text{ m} \cdot \text{s}^{-2}\right) t^2 - \left(5 \text{ m} \cdot \text{s}^{-1}\right) t + (1 \text{ m})$ von der Zeit abhängt. a) Gesucht sind die Verschiebung und die mittlere Geschwindigkeit im Zeitintervall 3 s $\leq t \leq$ 4 s. b) Ermitteln Sie eine allgemeine Formel für die Verschiebung im Zeitintervall von t bis $t + \Delta t$. c) Bilden Sie den entsprechenden Grenzwert, um die Momentangeschwindigkeit für einen beliebigen Zeitpunkt t zu ermitteln.

- **Gleichförmig beschleunigte Bewegung und freier Fall**

A2.22 • Ein mit der Anfangsgeschwindigkeit v_0 nach oben abgeschossener Körper erreicht eine Höhe h. Ein weiterer Körper, der mit einer Geschwindigkeit von $2 v_0$ abgeschossen wird, erreicht dann eine Höhe von a) $4 h$, b) $3 h$, c) $2 h$ oder d) h.

A2.23 • Ein Auto mit dem Anfangsort $x = 50$ m beschleunigt mit 8 m/s^2 gleichförmig aus dem Stand. a) Wie schnell fährt es nach 10 s? b) Wie weit ist es nach 10 s gekommen? c) Wie groß ist seine mittlere Geschwindigkeit im Zeitraum $0 \leq t \leq 10$ s?

A2.24 •• Eine Ladung Steine wird von einem Kran mit einer gleichmäßigen Geschwindigkeit von 5 m/s angehoben, wobei sich 6 m über dem Erdboden einer der Steine löst und zu Boden fällt. a) Zeichnen Sie $x(t)$ für die Bewegung des Steins im freien Fall. b) Welche Maximalhöhe über dem Boden erreicht der Stein dabei? c) Nach welcher Zeit trifft er auf den Boden? d) Welche Geschwindigkeit hat er kurz davor?

A2.25 • Ein Stein wird senkrecht von einem 200 m hohen Felsvorsprung geworfen. Während der letzten halben Sekunde legt der Stein 45 m zurück. Wie groß ist seine Anfangsgeschwindigkeit?

A2.26 •• Eine Rakete wird mit einer Beschleunigung von 20 m/s^2 senkrecht gestartet. Nach 25 s schalten sich die Triebwerke ab, während die Rakete weiter steigt. Schließlich hört ihr Steigflug auf, und sie fällt zur Erde zurück. Berechnen Sie a) die Maximalhöhe, die die Rakete erreicht, b) die Gesamtflugzeit der Rakete, c) die Geschwindigkeit der Rakete, unmittelbar bevor sie auf den Boden auftrifft.

A2.27 •• Bei einem Schulexperiment bewegt sich ein Luftkissengleiter auf einer schrägen Bahn. Er besitzt eine konstante Beschleunigung und wird bereits mit einer bestimmten Anfangsgeschwindigkeit am Anfang der Schräge gestartet. Nachdem 8 s vergangen sind, ist der Gleiter 100 cm von seinem Anfangspunkt entfernt und besitzt eine Geschwindigkeit von -15 cm/s. Gesucht sind die Anfangsgeschwindigkeit sowie die Beschleunigung.

A2.28 •• Zwei Eisenbahnzüge stehen sich auf benachbarten Gleisen gegenüber. Nachdem sie ursprünglich einen Abstand von 40 m haben, beschleunigt der linke Zug mit 1,4 m/s^2. Der rechte Zug beschleunigt gleichzeitig mit 2,2 m/s^2. Wie weit fährt der linke Zug, bevor die Stirnseiten der Loks aneinander vorbeifahren?

A2.29 •• Ein Schnellkäfer kann sich mit einer Beschleunigung $a = 400\,g$ in die Luft katapultieren. Das ist eine Größenordnung mehr, als ein Mensch überhaupt aushält. Der Käfer springt, indem er seine $d = 0{,}6$ cm langen Beine „ausklappt". Wie hoch kann der Käfer springen? Wie lange dauert dieser Sprung? Nehmen Sie eine konstante Beschleunigung während des Absprungs an und vernachlässigen Sie die Luftreibung.

A2.30 •• Ein Raser fährt mit konstant 125 km/h an einer mobilen Verkehrskontrolle vorbei. Der Streifenwagen beschleunigt aus dem Stand mit der konstanten Beschleunigung (8 km/h)/s, um die Verfolgung aufzunehmen, und erreicht schließlich seine Höchstgeschwindigkeit von 190 km/h. Diese Geschwindigkeit behält er bei, bis er den Raser eingeholt hat. a) Wie lange braucht der Streifenwagen, um den Raser einzuholen, wenn er genau in dem Moment losfährt, in dem der Raser vorbei rast? b) Wie weit fährt ab diesem Moment jedes der beiden Autos? c) Zeichnen Sie die Kurven $x(t)$ für beide Autos.

A2.31 •• Ein Physikprofessor, der seinen neuen Anti-Schwerkraft-Apparat vorführen möchte, springt in einer Höhe von 575 m ohne senkrechte Startgeschwindigkeit aus dem Hubschrauber. Er verbringt 8 s im freien Fall. Anschließend schaltet er den Apparat ein und senkt damit seine Geschwindigkeit mit 15 m/s^2 bis auf 5 m/s. Der Apparat ist so eingestellt, dass er nach Erreichen dieser Geschwindigkeit mit konstanter Geschwindigkeit weiter sinkt. a) Skizzieren Sie in demselben Diagramm seine Beschleunigungs-Zeit-Funktion und seine Geschwindigkeits-Zeit-Funktion. (Die positive Richtung zeige nach oben.) b) Wie hoch ist seine Geschwindigkeit nach den ersten 8 s des Flugs? c) Wie lange verliert er danach mit eingeschaltetem Apparat an Geschwindigkeit? d) Wie weit fällt er, während er Geschwindigkeit verliert? e) Wie lange dauert sein gesamter Absprung vom Hubschrauber bis zum Boden? f) Wie hoch ist dabei seine mittlere Geschwindigkeit?

• **Integration der Bewegungsgleichungen**

A2.32 •• Die Geschwindigkeit eines Teilchens ist durch $v = (7\,\text{m}\cdot\text{s}^{-3})\,t^2 - 5\,\text{m}\cdot\text{s}^{-1}$ gegeben. Wie lautet die allgemeine Gleichung für die Ortsfunktion $x(t)$, wenn $x_0 = 0$ und $t_0 = 0$ ist?

A2.33 •• Gegeben ist die abgebildete Geschwindigkeitskurve. Stellen Sie unter der Annahme, dass $x = 0$ bei $t = 0$ ist, gültige Gleichungen für $x(t)$, $v(t)$ und $a(t)$ auf, bei denen für alle Konstanten die richtigen Werte eingesetzt sind.

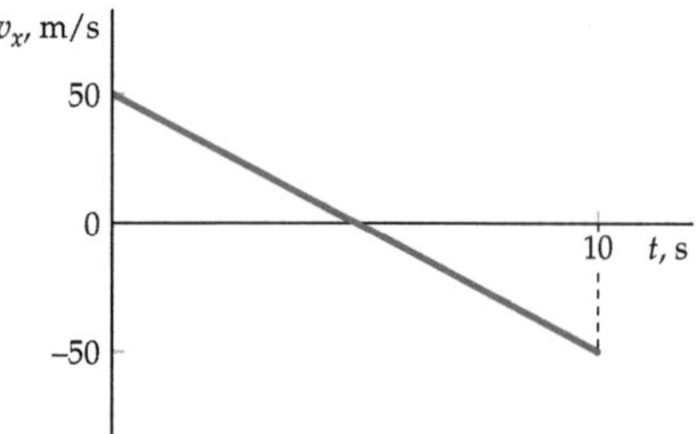

A2.34 •• Die Abbildung zeigt ein x-t-Diagramm für einen Körper, der sich auf einer Geraden bewegt. Skizzieren Sie für diese Bewegung die Kurven, die v und a als Funktion der Zeit zeigen.

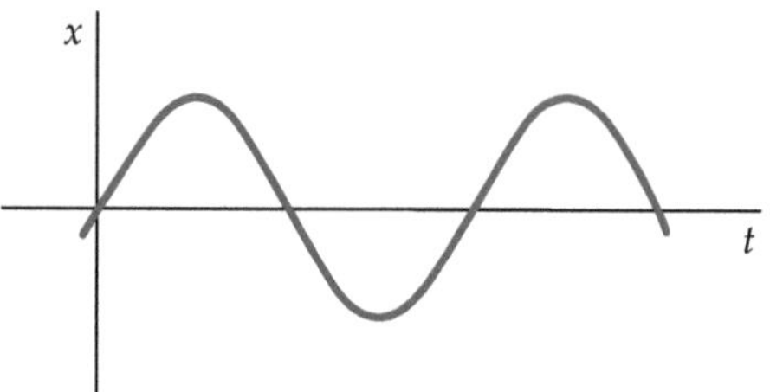

A2.35 •• Die Beschleunigung einer Rakete sei durch $a = bt$ mit einer positiven Konstante b gegeben. a) Ermitteln Sie die allgemeine Ortsfunktion $x(t)$. b) Ermitteln Sie den Ort und die Geschwindigkeit bei $t = 5$ s, wenn $b = 3\,\text{m}\cdot\text{s}^{-3}$ ist und bei $t = 0$ die Gleichungen $x = 0$ und $v = 0$ gelten.

Allgemeine Aufgaben

A2.36 ••• Zur Bestimmung der Fallbeschleunigung in einem Physikexperiment wird ein Aufbau verwendet, bei dem zwei Lichtschranken angebracht sind. Davon befindet sich die eine an einer genau 1,0 m hohen Tischkante und die zweite exakt darunter in einer Höhe von 0,5 m. Eine Kugel wird aus einer Höhe von 1,0 m (also genau von der Höhe des Tischs) fallen gelassen. Beim Durchgang durch die erste Lichtschranke startet die Kugel eine Stoppuhr, die sie wieder anhält, wenn sie durch die zweite Lichtschranke fällt. Anschließend wird über die Formel $g_{\text{exp}} = (1\,\text{m})/(\Delta t)^2$ der Betrag der Fallbeschleunigung bestimmt, wobei Δt die von der Stoppuhr gemessene Zeit ist. Ein unachtsamer Student bringt die obere Lichtschranke 0,5 cm unterhalb der Tischkante an, während die untere Lichtschranke in der richtigen Höhe ist. Welchen Wert für g_{exp} wird er erhalten? Welcher prozentualen Abweichung gegenüber dem bekannten, auf den Meeresspiegel bezogenen Wert entspricht das?

A2.37 ••• Der Ort eines Körpers, der an einer Feder schwingt, ist durch $x = A\,\sin\omega t$ gegeben, wobei A und ω Konstanten mit den Werten $A = 5$ cm und $\omega = 0{,}175\,\text{s}^{-1}$ sind. a) Zeichnen Sie x als Funktion von t für $0 \leq t \leq 36$ s. b) Messen Sie die Steigung Ihres Graphen bei $t = 0$, um die Geschwindigkeit zu diesem Zeitpunkt zu ermitteln. c) Berechnen Sie die mittlere Geschwindigkeit für Zeitintervalle, die jeweils bei $t = 0$ beginnen und bei $t = 6, 3, 2, 1, 0{,}5$ bzw. 0,25 s enden. d) Berechnen Sie $\text{d}x/\text{d}t$ und ermitteln Sie die Geschwindigkeit zur Zeit $t = 0$. e) Vergleichen Sie die Ergebnisse der Teilaufgaben c und d.

A2.38 ••• Die Beschleunigung eines Teilchens ist folgende Funktion von x: $a(x) = (2\,\text{s}^{-2})\,x$. a) Welche Geschwindigkeit hat das Teilchen bei $x = 3$ m, wenn seine Geschwindigkeit bei $x = 1$ m null ist? b) Wie lange dauert es, bis das Teilchen von $x = 1$ m zu $x = 3$ m gelangt?

A2.39 ••• Ein Teilchen bewegt sich so entlang einer Geraden, dass der Ort und die Geschwindigkeit (in SI-Grundeinheiten) zu jedem Zeitpunkt denselben Zahlenwert besitzen. a) Drücken Sie den Ort x als Funktion der Zeit t aus. b) Zeigen Sie, dass für jeden Zeitpunkt auch die Beschleunigung den gleichen Wert wie der Ort und die Geschwindigkeit besitzt.

A2.40 ••• Ein Steinchen, das im Wasser sinkt, wird gemäß $a(t) = g\,e^{-bt}$ zeitlich exponentiell abnehmend beschleunigt. Dabei ist b eine positive Konstante, die von der Größe und von der Gestalt des Steins sowie von den physikalischen Eigenschaften des Wassers abhängt. Die Anfangsgeschwindigkeit des Steins sei null. Bestimmen Sie anhand dieser Angaben die Ortsfunktion des Steins in Abhängigkeit von der Zeit.

<table><tr><td>**2L**</td><td># Eindimensionale Bewegung</td></tr></table>

L: Lösungen

L2.1 Hier muss genau zwischen *mittlerem Tempo* und *mittlerer Geschwindigkeit* unterschieden werden. Das mittlere Tempo ist in jedem Fall – so auch bei konstanter Beschleunigung – der Quotient aus der zurückgelegten Gesamtstrecke, hier $(h + h)$, und der verstrichenen Zeit, hier t_F, und damit $2h/t_F$. Somit ist Antwort d richtig. (*Hinweis:* Wäre die *mittlere Geschwindigkeit* gesucht, so wäre die Antwort b (also null) richtig.)

L2.2 Die Beschleunigung ist $a = \mathrm{d}v/\mathrm{d}t$, also gleich der zeitlichen Änderung der Geschwindigkeit v. Somit ist sie positiv, wenn $\mathrm{d}v > 0$ ist, und negativ, wenn $\mathrm{d}v < 0$ ist.

a) Wir betrachten ein Auto, das in die als positiv angenommene Richtung fährt. Wegen $\mathrm{d}x > 0$ ist seine Geschwindigkeit (unabhängig davon, ob es beschleunigt oder bremst) stets positiv. Wenn das Auto bremst, ist $\mathrm{d}v/\mathrm{d}t < 0$ und die Beschleunigung daher negativ.

b) Wir betrachten nun ein Auto, das nach rechts fährt, während die positive Richtung diejenige nach links ist. Wegen $\mathrm{d}x < 0$ ist seine Geschwindigkeit negativ. Bremst das Auto, dann nimmt seine Geschwindigkeit zu ($\mathrm{d}v > 0$), so dass $\mathrm{d}v/\mathrm{d}t$ positiv (nach links gerichtet) ist.

L2.3 Die Geschwindigkeit ist die Steigung der Weg-Zeit-Kurve, und die Beschleunigung ist die Steigung der Geschwindigkeits-Zeit-Kurve. Somit ergeben sich die nebenstehend gezeigten Diagramme.

L2.4 Die Steigung der Kurve $x(t)$ ist in jedem Fall die Geschwindigkeit im betreffenden Punkt. Die Beschleunigung ist positiv, wenn die Steigung mit zunehmender Zeit weniger stark negativ oder stärker positiv wird. Dagegen ist sie negativ, wenn die Steigung weniger stark positiv oder stärker negativ wird. Die Steigung (also die zeitliche Änderung) der Steigung der Kurve $x(t)$ in irgendeinem Punkt ist die Beschleunigung in diesem Punkt.

Die Steigung der Kurve a ist negativ und wird mit zunehmender Zeit immer stärker negativ; also sind Geschwindigkeit und Beschleunigung negativ. Die Steigung der Kurve b ist positiv und konstant; also ist die Geschwindigkeit positiv und konstant. Die Steigung der Kurve c ist positiv und nimmt ab; also ist die Ge-

schwindigkeit positiv, während die Beschleunigung negativ ist. Die Steigung der Kurve d ist positiv und nimmt zu; also sind Geschwindigkeit und Beschleunigung positiv. Allerdings benötigt man weitere Angaben, um zu entscheiden, ob a konstant ist. Die Kurve e hat die Steigung null; also sind in diesem Fall Geschwindigkeit und Beschleunigung null. Somit repräsentiert die Kurve d die Bewegung mit konstanter positiver Beschleunigung am besten.

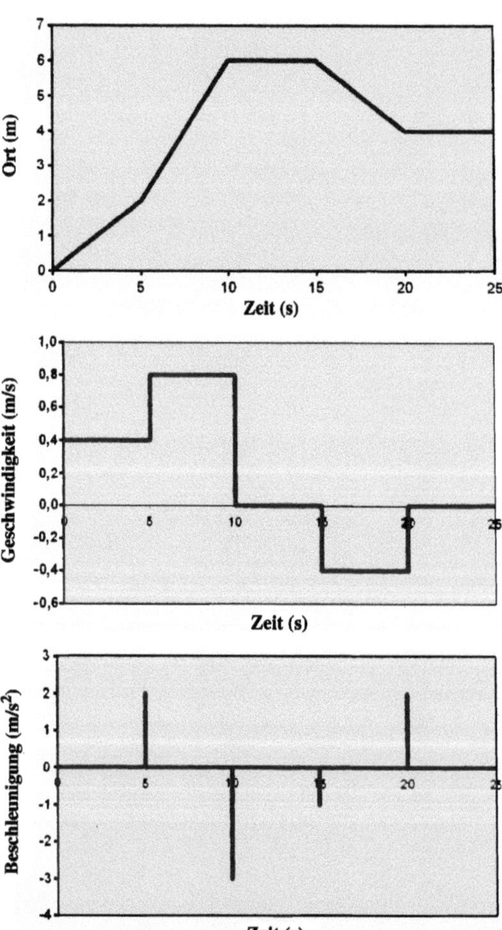

L2.5 Die Beschleunigung zu einem gegebenen Zeitpunkt ist die Steigung der Kurve $v(t)$ in diesem Punkt. Die Kurve b ist die richtige, denn nur sie hat eine konstante positive Steigung.

L2.6 Ja; die Geschwindigkeit muss irgendwann in dem Intervall null sein. Begründung: Die mittlere Geschwindigkeit in einem Zeitintervall ist der Quotient aus der Verschiebung und der verstrichenen Zeit: $\langle v \rangle = \Delta x / \Delta t$. Wenn in einem Zeitintervall $\langle v \rangle = 0$ ist, muss die Verschiebung Δx in diesem Zeitintervall ebenfalls null sein, der Körper also an seinen Ausgangspunkt zurückkehren. Dies ist aber nur möglich, wenn sich seine Bewegungsrichtung in einem Punkt umkehrt, in dem dann $v = \lim_{\Delta t \to 0}(\Delta x / \Delta t) = 0$ ist. Die Abbildung zeigt als Beispiel ein x-t-Diagramm für die Bewegung eines Körpers zwischen $t = 0$ und $t \approx 21$ s. Offensichtlich ist $\Delta x = 0$ und somit $\langle v \rangle = 0$. Bei $t \approx 10$ s ist die Momentangeschwindigkeit null.

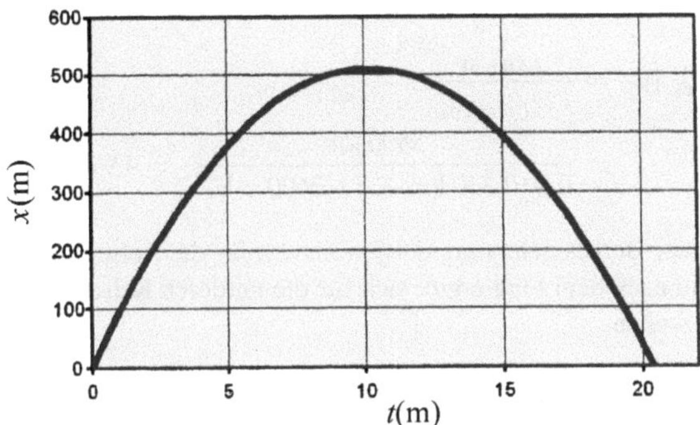

L2.7 Bei der eindimensionalen Bewegung ist die Geschwindigkeit v die Steigung der Weg-Zeit-Kurve. Diese Steigung kann positiv, null oder negativ sein. Das Tempo ist der Betrag der Geschwindigkeit und kann somit nur positiv oder null sein.

a) Somit gilt für die Geschwindigkeiten:
Kurve a: $v(t_2) < v(t_1)$,
Kurve b: $v(t_2) = v(t_1)$,
Kurve c: $v(t_2) > v(t_1)$,
Kurve d: $v(t_2) < v(t_1)$.

b) Für die Tempi gilt:
Kurve a: $\text{Tempo}(t_2) < \text{Tempo}(t_1)$,
Kurve b: $\text{Tempo}(t_2) = \text{Tempo}(t_1)$,
Kurve c: $\text{Tempo}(t_2) < \text{Tempo}(t_1)$,
Kurve d: $\text{Tempo}(t_2) > \text{Tempo}(t_1)$.

L2.8 Der Ball fliegt (ohne Berücksichtigung des Luftwiderstands) mit konstanter Beschleunigung. Wir wählen ein Koordinatensystem, dessen Ursprung im Abwurfpunkt liegt. Die positive Richtung soll nach oben zeigen. Das Diagramm zeigt die Geschwindigkeit eines Balls, der mit einer Anfangsgeschwindigkeit von $30 \text{ m} \cdot \text{s}^{-1}$ senkrecht nach oben geworfen wurde. Im Scheitelpunkt ist $dx = 0$ und damit auch die Geschwindigkeit gleich null. Weiterhin sehen wir, dass die Steigung der Kurve in jedem Punkt, darunter auch im Scheitelpunkt, gleich $-g$ und damit konstant ist. Somit ist $v_{\text{Scheitel}} = 0$ und $a_{\text{Scheitel}} = -g$.

L2.9 Der Porsche beschleunigt gleichförmig; daher brauchen wir lediglich solche Kurven zu betrachten, die eine positive kon-

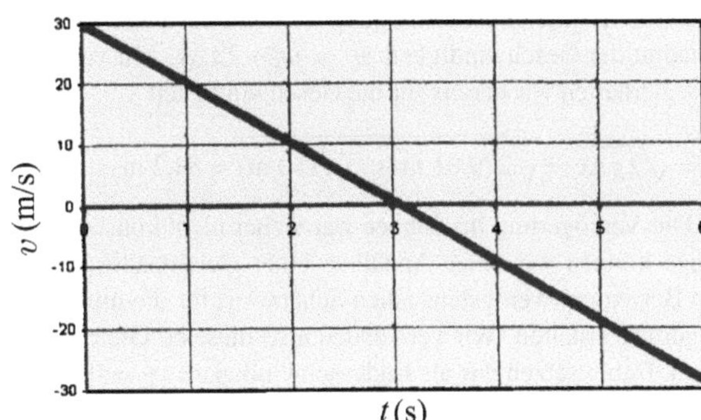
Zu Lösung 2.8

stante Beschleunigung darstellen, also eine positive konstante Steigung haben. Außerdem hat das Auto eine positive Anfangsgeschwindigkeit. Somit kommt nur Kurve c in Betracht.

L2.10 Die Beschleunigung des Balls ist (ohne Berücksichtigung des Luftwiderstands) konstant. Wir wählen ein Koordinatensystem, in dem der Abwurfpunkt der Ursprung ist und die positive y-Richtung nach oben zeigt. Die Verschiebung des Balls auf halber Höhe ist $\Delta y = \Delta y_{\text{max}}/2$. Die Gleichung für die Geschwindigkeit bei konstanter Beschleunigung verknüpft die Anfangs- und die Momentangeschwindigkeit mit der erreichten Verschiebung: $v^2 = v_0^2 + 2a\Delta y = v_0^2 - 2g\Delta y$. Weil im Scheitelpunkt $v = 0$ ist, erreicht der Ball die maximale Höhe

$$\Delta y_{\text{max}} = -\frac{v_0^2}{2(-g)} = \frac{v_0^2}{2g}.$$

Damit gilt für das Quadrat der Geschwindigkeit auf halber Höhe

$$v^2 = v_0^2 - 2g\Delta y = v_0^2 - 2g\frac{\Delta y_{\text{max}}}{2}$$
$$= v_0^2 - g\Delta y_{\text{max}} = v_0^2 - g\frac{v_0^2}{2g} = \frac{v_0^2}{2}.$$

Daraus folgt $v = \frac{1}{\sqrt{2}}\, v_0 \approx 0{,}707\, v_0$, und c ist richtig.

L2.11 Wenn die Geschwindigkeit positiv sein soll, muss die Kurve über der Geraden $v = 0$ (also über der t-Achse) liegen. Damit die Beschleunigung negativ ist, muss die Tangente an die Kurve eine negative Steigung haben. Nur bei der Kurve e ist beides gleichzeitig erfüllt.

L2.12 Die Geschwindigkeit ist die Steigung der Weg-Zeit-Kurve. Die Beschleunigung ist die Rate, mit der sich die Geschwindigkeit und somit die Steigung der Weg-Zeit-Kurve ändert. Die *Geschwindigkeit* ist: a) bei t_0 und t_1 negativ, b) bei t_3, t_4, t_6 und t_7 positiv, c) bei t_2 und t_5 null. Die Beschleunigung ist dort positiv, wo die Steigung der Weg-Zeit-Kurve mit zunehmender Zeit zunimmt. Also ist die *Beschleunigung*: a) bei t_4 negativ, b) bei t_2 und t_6 positiv, c) bei t_0, t_1, t_3, t_5 und t_7 null.

L2.13 Der Bergsteiger fiel (ohne Berücksichtigung des Luftwiderstands) mit konstanter Beschleunigung. Da die Bewegung nach unten erfolgte, wählen wir ein Koordinatensystem, in dem die positive Richtung nach unten zeigt. Den Ursprung legen wir in den Punkt, an dem der Sturz begann.

a) Bei konstanter Beschleunigung während des Falls gilt für das Quadrat der Geschwindigkeit $v^2 = v_0^2 + 2a\Delta y$. Mit $v_0 = 0$ und $a = g$ erhalten wir daraus für die Geschwindigkeit

$$v = \sqrt{2g\Delta y} = \sqrt{2\,(9{,}81\ \mathrm{m\cdot s^{-2}})\,(150\ \mathrm{m})} = 54{,}2\ \mathrm{m\cdot s^{-1}}.$$

b) Die Verzögerung im Schnee war sicher nicht konstant. Allerdings können wir unter Annahme einer gleichmäßig verzögerten Bewegung wenigstens einen Schätzwert für die mittlere Verzögerung erhalten. Wir verwenden also dieselbe Gleichung wie oben. Dabei setzen wir als Endgeschwindigkeit $v_E = 0$ (weil der Bergsteiger am Schluss ruhte) und als Anfangsgeschwindigkeit $v = 54{,}2\ \mathrm{m\cdot s^{-1}}$ ein:

$$a = \frac{v_E^2 - v^2}{2\Delta y} = \frac{-(54{,}2\ \mathrm{m\cdot s^{-2}})^2}{2\,(1{,}20\ \mathrm{m})} = -1{,}22\cdot 10^3\ \mathrm{m\cdot s^{-2}}$$
$$= -124\,g.$$

Anmerkung: Die in Teilaufgabe a ermittelte Geschwindigkeit von $54{,}2\ \mathrm{m\cdot s^{-1}}$ am Ende des Falls ist etwa die Endgeschwindigkeit, die ein „mittlerer" Mensch unter Berücksichtigung der Luftreibung maximal erreichen kann. Der hier berechnete Wert hat eine Genauigkeit von ca. $20\,\%$.

L2.14 Wir wählen die positive Richtung so, dass sie nach oben zeigt. Die Bälle werden dann konstant mit $a = -g$ beschleunigt. Die Geschwindigkeit des Balls am höchsten Punkt ist fast null. Da er sich hier sehr langsam bewegt, ist sein Bild verhältnismäßig scharf. Der Ball links unten, der gerade abgeworfen wird, hat dagegen seine höchste Geschwindigkeit und ist demzufolge unscharf abgebildet.

Wir wollen nun die Geschwindigkeit des unteren Balls abschätzen, der gerade abgeworfen wird. Anhand der Unschärfe sieht man, dass dieser Ball während der Belichtungszeit von $(1/30)$ s etwa 2 Balldurchmesser hoch fliegt. Der Durchmesser eines Tennisballs beträgt gut 6 cm. Daher legt dieser Ball in $(1/30)$ s eine Strecke von rund 12 cm zurück. Seine mittlere Geschwindigkeit ist auf dieser Strecke also

$$\langle v \rangle = \frac{12\ \mathrm{cm}}{(1/30)\ \mathrm{s}} = 360\ \mathrm{cm\cdot s^{-1}} = 3{,}60\ \mathrm{m\cdot s^{-1}}.$$

Da das Zeitintervall sehr kurz ist, ist diese mittlere Geschwindigkeit im betrachteten Intervall eine gute Näherung für die Anfangsgeschwindigkeit v_0 des Balls.

Zur Probe berechnen wir mit der Gleichung $v^2 = v_0^2 + 2a\Delta y$ für das Quadrat der Geschwindigkeit bei gleichförmig beschleunigter Bewegung die Höhe, die der Ball erreicht:

$$\Delta y = \frac{-v_0^2}{2a} = \frac{-(3{,}6\ \mathrm{m\cdot s^{-1}})^2}{2\,(-9{,}81\ \mathrm{m\cdot s^{-2}})} = 0{,}82\ \mathrm{m}.$$

Dies stimmt recht gut mit der Höhe des oberen Balls auf dem Foto überein.

L2.15 Wir nehmen an, dass sich das Elektron mit konstanter Geschwindigkeit entlang einer Geraden bewegt. Die mittlere Geschwindigkeit ist dann $\langle v \rangle = \Delta s/\Delta t$. Daraus ergibt sich

$$\Delta t = \frac{\Delta s}{\langle v \rangle} = \frac{0{,}16\ \mathrm{m}}{4\cdot 10^7\ \mathrm{m\cdot s^{-1}}} = 4\cdot 10^{-9}\ \mathrm{s} = 4{,}00\ \mathrm{ns}.$$

b) Die Zeitspanne, in der ein Elektron durch einen 16 cm langen stromführenden Draht fließt, ist

$$\Delta t = \frac{\Delta s}{\langle v \rangle} = \frac{0{,}16\ \mathrm{m}}{4\cdot 10^{-5}\ \mathrm{m\cdot s^{-1}}} = 4\cdot 10^3\ \mathrm{s} = 66{,}7\ \mathrm{min}.$$

L2.16 Auch wenn es in der Praxis kaum der Fall sein wird, wollen wir annehmen, dass beide Flugzeuge entlang einer Geraden fliegen. Die Flugzeit ist der Quotient aus zurückgelegter Strecke und Geschwindigkeit. Damit erhalten wir

a) für das Überschallflugzeug:

$$t_{\mathrm{Flug,\ \ddot{U}b.}} = \frac{s_{\mathrm{Atlantik}}}{\langle v \rangle_{\mathrm{\ddot{U}berschall}}}$$
$$= \frac{5500\ \mathrm{km}}{2\,(0{,}340\ \mathrm{km\cdot s^{-1}})\,(3600\ \mathrm{s\cdot h^{-1}})} = 2{,}25\ \mathrm{h},$$

b) für das Unterschallflugzeug:

$$t_{\mathrm{Flug,\ Unt.}} = \frac{s_{\mathrm{Atlantik}}}{\langle v \rangle_{\mathrm{Unterschall}}}$$
$$= \frac{5500\ \mathrm{km}}{0{,}9\,(0{,}340\ \mathrm{km\cdot s^{-1}})\,(3600\ \mathrm{s\cdot h^{-1}})} = 4{,}99\ \mathrm{h}.$$

Unter Berücksichtigung der jeweils 2 h für die Reisephasen vor und nach dem Flug ergibt sich für die mittleren Reisegeschwindigkeiten:

c) $\displaystyle \langle v \rangle_{\mathrm{Reise,\ \ddot{U}b.}} = \frac{5500\ \mathrm{km}}{2{,}2\ \mathrm{h} + 4{,}00\ \mathrm{h}} = 880\ \mathrm{km\cdot h^{-1}},$

d) $\displaystyle \langle v \rangle_{\mathrm{Reise,\ Unt.}} = \frac{5500\ \mathrm{km}}{5{,}0\ \mathrm{h} + 4{,}00\ \mathrm{h}} = 611\ \mathrm{km\cdot h^{-1}}.$

L2.17 Sowohl der Pfeil als auch der zurückkommende Schall legen die Entfernung d zurück. Die gesamte Zeitspanne vom Abschuss des Pfeils bis zur Ankunft des Schalls beim Schützen ist

$$\Delta t = \Delta t_{\mathrm{Pfeil}} + \Delta t_{\mathrm{Schall}} = 1\ \mathrm{s}.$$

Die jeweilige Zeitspanne ist der Quotient aus der zurückgelegten Entfernung und der Geschwindigkeit:

$$\Delta t_{\mathrm{Pfeil}} = \frac{d}{|v_{\mathrm{Pfeil}}|} = \frac{d}{40\ \mathrm{m\cdot s^{-1}}},$$
$$\Delta t_{\mathrm{Schall}} = \frac{d}{|v_{\mathrm{Schall}}|} = \frac{d}{340\ \mathrm{m\cdot s^{-1}}}.$$

Wir setzen diese beiden Zeitspannen in die erste Gleichung ein:

$$\frac{d}{40\ \mathrm{m\cdot s^{-1}}} + \frac{d}{340\ \mathrm{m\cdot s^{-1}}} = 1\ \mathrm{s}.$$

Daraus ergibt sich $d = 35{,}8\ \mathrm{m}$.

L2.18 Die Geschwindigkeiten der beiden Galaxien ergeben sich aus dem Hubble-Gesetz zu:

a) $v_{\mathrm{a}} = (5\cdot 10^{22}\ \mathrm{m})\,(1{,}58\cdot 10^{-18}\ \mathrm{s^{-1}}) = 7{,}90\cdot 10^4\ \mathrm{m\cdot s^{-1}},$

b) $v_{\mathrm{b}} = (2\cdot 10^{25}\ \mathrm{m})\,(1{,}58\cdot 10^{-18}\ \mathrm{s^{-1}}) = 3{,}16\cdot 10^7\ \mathrm{m\cdot s^{-1}}.$

c) Die Zeit, die die Galaxien für die von der Erde aus zurückgelegte Strecke benötigten, ergibt sich aus der Entfernung und aus der Geschwindigkeit:

$$t = \frac{r}{v} = \frac{r}{rH} = \frac{1}{H} = 6{,}33 \cdot 10^{17}\,\text{s} = 20{,}1 \cdot 10^{9}\,\text{a}$$
$$= 20{,}1\ \text{Mrd. Jahre}.$$

L2.19 Die wohl einfachste Lösung geht von der Relativgeschwindigkeit des einen Autos gegenüber dem anderen aus. Dabei betrachten wir das Problem vom Bezugssystem des Autos A aus, in dem dieses selbst in Ruhe ist. Das Auto B hat in diesem System die Geschwindigkeit

$$v_{\text{rel}} = v_{\text{B}} - v_{\text{A}} = (110 - 80)\ \text{km} \cdot \text{h}^{-1} = 30\ \text{km} \cdot \text{h}^{-1}.$$

Wir ermitteln die Zeit, bis das Auto B das Auto A erreicht:

$$\Delta t = \frac{\Delta x}{v_{\text{rel}}} = \frac{45\ \text{km}}{30\ \text{km} \cdot \text{h}^{-1}} = 1{,}5\ \text{h}.$$

In dieser Zeit legt das Auto A in Bezug auf die Straße die Strecke $d = (1{,}5\ \text{h})\,(80\ \text{km} \cdot \text{h}^{-1}) = 120\ \text{km}$ zurück.

L2.20 a) Wir gehen von der Definition der mittleren Beschleunigung aus und rechnen in m/s^2 um:

$$\langle a \rangle = \frac{\Delta v}{\Delta t} = \frac{(80{,}5 - 48{,}3)\ \text{km} \cdot \text{h}^{-1}}{3{,}7\ \text{s}} = 8{,}70\ \text{km} \cdot \text{h}^{-1} \cdot \text{s}^{-1}$$
$$= \left(8{,}70 \cdot 10^{3}\ \frac{\text{m}}{\text{h} \cdot \text{s}}\right)\left(\frac{1\ \text{h}}{3600\ \text{s}}\right) = 2{,}42\ \text{m} \cdot \text{s}^{-2}.$$

b) Die Geschwindigkeit nach 4,7 s beschleunigter Fahrt ist

$$v(4{,}7\ \text{s}) = v(3{,}7\ \text{s}) + \Delta v_{1\,\text{s}} = 80{,}5\ \text{km} \cdot \text{h}^{-1} + \Delta v_{1\,\text{s}}.$$

Die in 1 s erzielte Geschwindigkeitsänderung berechnen wir aus der Beschleunigung:

$$\Delta v_{1\,\text{s}} = \langle a \rangle\,\Delta t = \left(8{,}70\ \frac{\text{km}}{\text{h} \cdot \text{s}}\right)(1\ \text{s}) = 8{,}70\ \text{km} \cdot \text{h}^{-1}.$$

Damit ist die Geschwindigkeit nach einer weiteren Sekunde $v(4{,}7\ \text{s}) = 80{,}5\ \text{km} \cdot \text{h}^{-1} + 8{,}7\ \text{km} \cdot \text{h}^{-1} = 89{,}2\ \text{km} \cdot \text{h}^{-1}.$

L2.21 a) Wir berechnen $x(4\ \text{s})$ und $x(3\ \text{s})$:

$$x(4\ \text{s}) = (1\ \text{m} \cdot \text{s}^{-2})\,(4\ \text{s})^2 - (5\ \text{m} \cdot \text{s}^{-1})\,(4\ \text{s}) + 1\ \text{m} = -3\ \text{m},$$
$$x(3\ \text{s}) = (1\ \text{m} \cdot \text{s}^{-2})\,(3\ \text{s})^2 - (5\ \text{m} \cdot \text{s}^{-1})\,(3\ \text{s}) + 1\ \text{m} = -5\ \text{m}$$

und bilden die Differenz:

$$\Delta x = x(4\ \text{s}) - x(3\ \text{s}) = (-3\ \text{m}) - (-5\ \text{m}) = 2\ \text{m}.$$

Gemäß der Definition der mittleren Geschwindigkeit ist

$$\langle v \rangle = \frac{\Delta x}{\Delta t} = \frac{2\ \text{m}}{1\ \text{s}} = 2\ \text{m} \cdot \text{s}^{-1}.$$

b) Die Verschiebung ist gegeben durch

$$x(t + \Delta t) = (1\ \text{m} \cdot \text{s}^{-2})\,(t + \Delta t)^2 - (5\ \text{m} \cdot \text{s}^{-1})\,(t + \Delta t) + 1\ \text{m}$$
$$= (1\ \text{m} \cdot \text{s}^{-2})\,(t^2 + 2t\,\Delta t + (\Delta t)^2)$$
$$- (5\ \text{m} \cdot \text{s}^{-1})\,(t + \Delta t) + 1\ \text{m}.$$

Für die Differenz $x(t + \Delta t) - x(t) = \Delta x$ ergibt sich

$$\Delta x = \left[(1\ \text{m} \cdot \text{s}^{-2})\,2t - 5\ \text{m} \cdot \text{s}^{-1}\right]\Delta t + (1\ \text{m} \cdot \text{s}^{-2})\,(\Delta t)^2.$$

c) Damit erhalten wir

$$\frac{\Delta x}{\Delta t} = \frac{\left[(1\ \text{m} \cdot \text{s}^{-2})\,2t - 5\ \text{m} \cdot \text{s}^{-1}\right]\Delta t + (1\ \text{m} \cdot \text{s}^{-2})\,(\Delta t)^2}{\Delta t}$$
$$= (1\ \text{m} \cdot \text{s}^{-2})\,2t - 5\ \text{m} \cdot \text{s}^{-1} + (1\ \text{m} \cdot \text{s}^{-2})\,(\Delta t).$$

Wir bilden nun den Grenzwert für $\Delta t \to 0$:

$$v = \lim_{\Delta t \to 0}\left(\frac{\Delta x}{\Delta t}\right) = (1\ \text{m} \cdot \text{s}^{-2})\,2t - 5\ \text{m} \cdot \text{s}^{-1}.$$

Alternativ können wir auch direkt die Ableitung von $x(t)$ nach t bilden:

$$v(t) = \frac{\mathrm{d}x(t)}{\mathrm{d}t} = \frac{\mathrm{d}}{\mathrm{d}t}\left[(1\ \text{m} \cdot \text{s}^{-2})\,t^2 - (5\ \text{m} \cdot \text{s}^{-1})\,t + 1\ \text{m}\right]$$
$$= 2 \cdot (1\ \text{m} \cdot \text{s}^{-2})\,t - 5\ \text{m} \cdot \text{s}^{-1}.$$

L2.22 Die Beschleunigung ist konstant gleich der Schwerebeschleunigung $-g$; daher können wir die Gleichung für die Geschwindigkeit bei gleichförmig beschleunigter Bewegung anwenden: $v^2 = v_0^2 + 2\,(-g)\,\Delta y$. Im Scheitelpunkt $\Delta y = \Delta y_{\text{max}} = h$ ist $v(h) = 0$ und daher

$$h = \frac{-v_0^2}{2\,(-g)} = \frac{v_0^2}{2g}.$$

Also ist h proportional zu v_0^2, und eine Verdopplung der Anfangsgeschwindigkeit führt zur vierfachen Höhe:

$$h_{2v_0} = \frac{(2\,v_0)^2}{2g} = 4\left(\frac{v_0^2}{2g}\right) = 4h_{v_0}.$$

Somit ist Lösung a richtig.

L2.23 a) Das Auto wird aus dem Stand gleichförmig beschleunigt und erreicht nach 10 s die Geschwindigkeit

$$v = v_0 + at = 0 + (8\ \text{m} \cdot \text{s}^{-2})\,(10\ \text{s}) = 80{,}0\ \text{m} \cdot \text{s}^{-1}.$$

b) Die Formel für die Verschiebung bei gleichförmig beschleunigter Bewegung liefert

$$\Delta x = x - x_0 = v_0 t + \frac{a}{2}\,t^2 = \tfrac{1}{2}\,(8\ \text{m} \cdot \text{s}^{-2})\,(10\ \text{s})^2 = 400\ \text{m}.$$

c) Die Definition der mittleren Geschwindigkeit ergibt mit der zurückgelegten Strecke Δx:

$$\langle v \rangle = \frac{\Delta x}{\Delta t} = \frac{400\ \text{m}}{10\ \text{s}} = 40{,}0\ \text{m} \cdot \text{s}^{-1}.$$

Anmerkung: Weil die Verschiebung eines Objekts der Fläche unter seiner Geschwindigkeits-Zeit-Kurve entspricht, hätten wir die Aufgabe auch grafisch lösen können.

L2.24 a) Der Stein wird (ohne Berücksichtigung des Luftwiderstands) gleichförmig beschleunigt, so dass die Weg-Zeit-Kurve eine Parabel ist:

$$y = y_0 + v_0 t + \tfrac{1}{2}\,(-g)\,t^2$$
$$= 6\ \text{m} + (5\ \text{m} \cdot \text{s}^{-1})\,t - (4{,}91\ \text{m} \cdot \text{s}^{-2})\,t^2.$$

Mit einem Tabellenkalkulationsprogramm ergibt sich folgende Kurve:

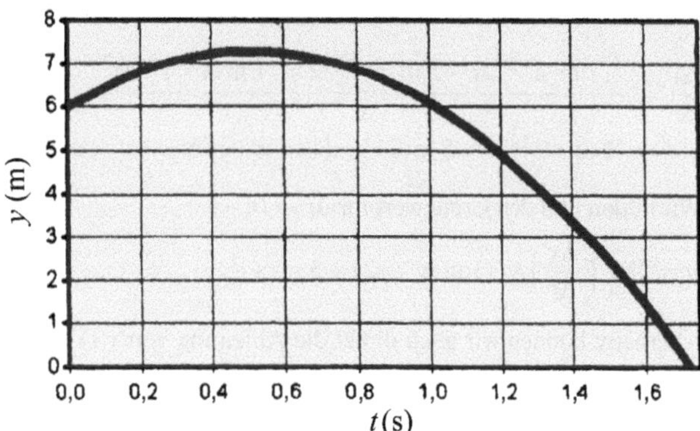

b) Zunächst schreiben wir die Maximalhöhe, die der Stein erreicht, als Summe seiner Höhe in dem Augenblick, in dem er sich löst, und der Höhe, um die er noch steigt: $h = y_0 + \Delta y_{max}$. Ausgehend von der Gleichung für die Geschwindigkeit bei gleichförmig beschleunigter Bewegung gilt im Scheitelpunkt

$$v_{Scheitel}^2 = v_0^2 + 2\,(-g)\,\Delta y_{max}\,,$$

und wegen $v_{Scheitel} = 0$ ergibt sich $0 = v_0^2 + 2\,(-g)\,\Delta y_{max}$. Daraus folgt für die Maximalhöhe

$$\Delta y_{max} = \frac{v_0^2}{2g} = \frac{(5 \text{ m}\cdot\text{s}^{-1})^2}{2\,(9{,}81 \text{ m}\cdot\text{s}^{-2})} = 1{,}27 \text{ m}.$$

Also erreicht der Stein die Gesamthöhe

$$h = y_0 + \Delta y_{max} = 6 \text{ m} + 1{,}27 \text{ m} = 7{,}27 \text{ m}.$$

Dies können wir auch aus der grafischen Darstellung ablesen.

c) Wir lösen die im Aufgabenteil a aufgestellte Gleichung für die Höhe nach t auf. Dies ergibt eine quadratische Gleichung, die wir mit der bekannten Formel lösen können. Mit $\Delta y = y - y_0$ ergibt sich

$$t = \frac{-v_0 \pm \sqrt{v_0^2 - 4\,(-g/2)\,(-\Delta y)}}{2\,(-g/2)}$$

$$= \left(\frac{v_0}{g}\right)\left(1 \pm \sqrt{1 - \frac{2g\,(\Delta y)}{v_0^2}}\right).$$

Wegen $y_{Boden} = 0$ und $y_0 = 6$ m ist $\Delta y = -6$ m, und wir erhalten mit dem Pluszeichen vor der Wurzel $t = 1{,}73$ s. Die andere Lösung $t = -0{,}708$ s ist physikalisch nicht sinnvoll.

d) Die Geschwindigkeit beim freien Fall ergibt sich aus der Beschleunigung und aus der Fallhöhe:

$$v = \sqrt{2gh} = \sqrt{2\,(9{,}81 \text{ m}\cdot\text{s}^{-2})\,(7{,}27 \text{ m})} = 11{,}9 \text{ m}\cdot\text{s}^{-1}.$$

L2.25 Die Beschleunigung des Steins ist (ohne Berücksichtigung des Luftwiderstands) konstant. Wir wählen ein Koordinatensystem, dessen Ursprung im Auftreffpunkt liegt, und als positive Richtung die nach oben. Die Anfangs- und die Endgeschwindigkeit sind dann über die Beziehung $v_E^2 = v_0^2 + 2a\Delta y$

verknüpft. Mit $a = -g$ ergibt sich daraus für die Anfangsgeschwindigkeit

$$v_0 = \pm\sqrt{v_E^2 + 2g\,\Delta y}. \tag{1}$$

Wir bezeichnen mit $v_{E-0,5}$ die Geschwindigkeit, die der Stein 0,5 s vor dem Auftreffen auf den Boden hat. Die mittlere Geschwindigkeit in der letzten halben Sekunde ist unter Berücksichtigung von $\Delta x < 0$, da der Stein nach unten fällt,

$$\langle v \rangle = \frac{v_{E-0,5} + v_E}{2} = \frac{\Delta x_{\text{letzte } 0,5 \text{ s}}}{\Delta t} = \frac{-45 \text{ m}}{0{,}5 \text{ s}} = -90 \text{ m}\cdot\text{s}^{-1}.$$

Daraus folgt $v_{E-0,5} + v_E = -2\,(90 \text{ m}\cdot\text{s}^{-1}) = -180 \text{ m}\cdot\text{s}^{-1}$. Die Geschwindigkeitsänderung in dieser halben Sekunde beträgt bei gleichförmiger Beschleunigung

$$\Delta v = v_E - v_{E-0,5} = -g\,\Delta t$$
$$= -(9{,}81 \text{ m}\cdot\text{s}^{-2})\,(0{,}5 \text{ s}) = -4{,}91 \text{ m}\cdot\text{s}^{-1}.$$

Damit haben wir eine Gleichung für die Summe und eine weitere für die Differenz von $v_{E-0,5}$ und v_E. Die Addition beider Gleichungen liefert

$$v_E = \frac{-180 \text{ m}\cdot\text{s}^{-1} - 4{,}91 \text{ m}\cdot\text{s}^{-1}}{2} = -92{,}5 \text{ m}\cdot\text{s}^{-1}.$$

Dies setzen wir in Gleichung 1 ein:

$$v_0 = \pm\sqrt{(92{,}5 \text{ m}\cdot\text{s}^{-1})^2 + 2\,(9{,}81 \text{ m}\cdot\text{s}^{-2})\,(-200 \text{ m})}$$
$$= \pm 68{,}1 \text{ m}\cdot\text{s}^{-1}.$$

Anmerkung: Offensichtlich ist das Ergebnis, nachdem der Stein am Felsvorsprung vorbeigeflogen ist, unabhängig davon, ob man ihn nach oben oder nach unten geworfen hat.

L2.26 Die Flugbahn der Rakete besteht aus drei Phasen, in denen die Beschleunigung jeweils konstant ist. Wir legen das Koordinatensystem so an, dass die positive Richtung nach oben zeigt. Die Bezeichnungen können aus der Abbildung abgelesen werden, in der die Darstellung aus praktischen Gründen um 90° nach rechts gedreht wurde.

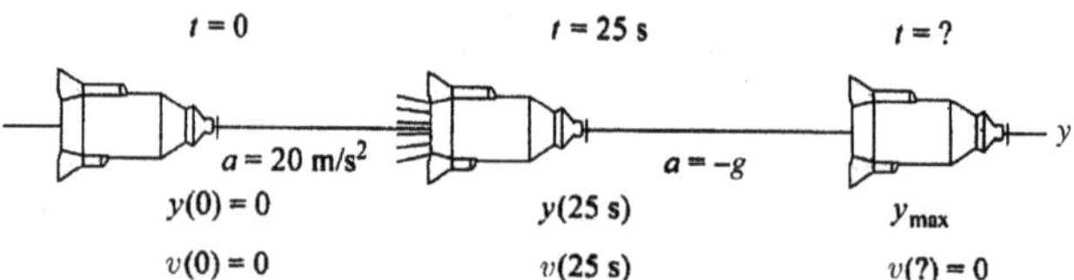

a) Zunächst stellen wir fest, dass die Höhe h des Scheitelpunkts, den die Rakete erreicht, der Summe ihrer Verschiebungen während der ersten beiden Phasen entspricht:

$$h = \Delta y_{1.\text{ Phase}} + \Delta y_{2.\text{ Phase}}. \tag{1}$$

Die Höhe, die die Rakete in der ersten Phase erreicht, können wir durch die konstante Beschleunigung $a_{1.\,\mathrm{Phase}}$, die Anfangsgeschwindigkeit v_0, die Beschleunigung $a_{1.\,\mathrm{Phase}}$ und die Brenndauer t ausdrücken:

$$\Delta y_{1.\,\mathrm{Phase}} = y_0 + v_0\,t + \tfrac{1}{2}\,a_{1.\,\mathrm{Phase}}\,t^2$$
$$= \tfrac{1}{2}\,(20\ \mathrm{m\cdot s^{-2}})\,(25\ \mathrm{s})^2 = 6250\ \mathrm{m}.$$

Am Ende dieser 1. Phase hat die Rakete die Geschwindigkeit

$$v_{1.\,\mathrm{Phase}} = v_0 + a_{1.\,\mathrm{Phase}}\,t = (20\ \mathrm{m\cdot s^{-2}})\,(25\ \mathrm{s}) = 500\ \mathrm{m\cdot s^{-1}}.$$

Um die Verschiebung in der 2. Flugphase zu erhalten, nutzen wir die Beziehung zwischen der Geschwindigkeitsänderung, der konstanten (Erd-)Beschleunigung und der Verschiebung bei gleichförmig beschleunigter Bewegung:

$$v_{\mathrm{Scheitel}}^2 = v_{\mathrm{Brennschluss}}^2 + 2\,a_{2.\,\mathrm{Phase}}\,\Delta y_{2.\,\mathrm{Phase}}.$$

Mit $v_{\mathrm{Scheitel}} = 0$ erhalten wir daraus

$$\Delta y_{2.\,\mathrm{Phase}} = \frac{-v_{\mathrm{Brennschluss}}^2}{-2\,g} = \frac{(500\ \mathrm{m\cdot s^{-1}})^2}{2\,(9{,}81\ \mathrm{m\cdot s^{-2}})}$$
$$= 1{,}27\cdot 10^4\ \mathrm{m}.$$

Nun setzen wir die für beide Phasen erhaltenen Verschiebungen Δy in Gleichung 1 ein. Damit ergibt sich für die erreichte Höhe

$$h = 6250\ \mathrm{m} + 1{,}27\cdot 10^4\ \mathrm{m} = 19{,}0\ \mathrm{km}.$$

b) Die Gesamtflugzeit ist die Summe der Flugzeiten in den beiden ersten Phasen sowie während des Rückflugs:

$$\Delta t_{\mathrm{ges}} = \Delta t_{\mathrm{angetrieb.\ Steigflug}} + \Delta t_{2.\,\mathrm{Phase}} + \Delta t_{\mathrm{Rückflug}}$$
$$= 25\ \mathrm{s} + \Delta t_{2.\,\mathrm{Phase}} + \Delta t_{\mathrm{Rückflug}}.$$

Die Flugzeit für die 2. (antriebslose) Phase ergibt sich aus der Verschiebung und der mittleren Geschwindigkeit:

$$\Delta t_{2.\,\mathrm{Phase}} = \frac{\Delta y_{2.\,\mathrm{Phase}}}{\langle v\rangle} = \frac{1{,}27\cdot 10^4\ \mathrm{m}}{(0 + 500\ \mathrm{m\cdot s^{-1}})/2} = 51{,}0\ \mathrm{s}.$$

Nun müssen wir noch die Zeit für den Rückflug ermitteln. Die Rakete fällt gleichförmig beschleunigt, und es ist $v_0 = v_{\mathrm{Scheitel}} = 0$. Damit ist die Verschiebung

$$\Delta y_{\mathrm{Rückflug}} = v_0\,t - \tfrac{1}{2}\,g\,(\Delta t_{\mathrm{Rückflug}})^2 = -\tfrac{1}{2}\,g\,(\Delta t_{\mathrm{Rückflug}})^2.$$

Unter Berücksichtigung von $\Delta y = -h$ beim freien Fall erhalten wir für die Zeitspanne

$$\Delta t_{\mathrm{Rückflug}} = \sqrt{\frac{2\,\Delta y_{\mathrm{Rückflug}}}{-g}} = \sqrt{\frac{2\,(-1{,}90\cdot 10^4\ \mathrm{m})}{-9{,}81\ \mathrm{m\cdot s^{-2}}}} = 62{,}2\ \mathrm{s}.$$

Damit ergibt sich die Gesamtflugzeit zu

$$\Delta t = 25\ \mathrm{s} + 51{,}0\ \mathrm{s} + 62{,}2\ \mathrm{s} = 138\ \mathrm{s} = 2\ \mathrm{min} + 18\ \mathrm{s}.$$

c) Da die Rakete mit der Anfangsgeschwindigkeit $v_0 = 0$ durch die Erdbeschleunigung gleichförmig beschleunigt zurückfällt, ist die Endgeschwindigkeit in dieser Phase

$$v_{\mathrm{Aufschlag}} = v_0 - g\,\Delta t_{\mathrm{Rückflug}} = -g\,\Delta t_{\mathrm{Rückflug}}$$
$$= (-9{,}81\ \mathrm{m\cdot s^{-2}})\,(62{,}2\ \mathrm{s}) = -610\ \mathrm{m\cdot s^{-1}}.$$

L2.27 Wir legen das Koordinatensystem so an, dass sich der Gleiter anfangs in die positive Richtung bewegt. Seine mittlere Geschwindigkeit ist dann

$$\langle v\rangle = \frac{\Delta x}{\Delta t} = \frac{v_0 + v}{2},$$

wobei v_0 die Anfangsgeschwindigkeit ist. Diese ist

$$v_0 = \frac{2\,\Delta x}{\Delta t} - \langle v\rangle = \frac{2\,(100\ \mathrm{cm})}{8\ \mathrm{s}} - (-15\ \mathrm{cm\cdot s^{-1}}) = 40{,}0\ \mathrm{cm\cdot s^{-1}}.$$

Die Beschleunigung des Gleiters ist konstant, so dass seine Momentanbeschleunigung in jedem Zeitpunkt gleich der mittleren Beschleunigung ist:

$$a = \langle a\rangle = \frac{\Delta v}{\Delta t} = \frac{-15\ \mathrm{cm\cdot s^{-1}} - (40{,}0\ \mathrm{cm\cdot s^{-1}})}{8\ \mathrm{s}}$$
$$= -6{,}88\ \mathrm{cm\cdot s^{-2}}.$$

L2.28 Wir nehmen an, dass sich die Züge gleichförmig beschleunigt bewegen. Das Koordinatensystem legen wir so an, dass die Bewegungsrichtung des linken Zugs die positive Richtung ist und sich dieser bei $t = 0$ am Ort $x_0 = 0$ befindet. Der linke Zug wird mit a_{L} gleichförmig beschleunigt und legt daher die Strecke

$$x_{\mathrm{L}} = \tfrac{1}{2}\,a_{\mathrm{L}}\,t^2 = \tfrac{1}{2}\,(1{,}4\ \mathrm{m\cdot s^{-2}})\,t^2 = (0{,}7\ \mathrm{m\cdot s^{-2}})\,t^2$$

zurück. Entsprechend gilt für den rechten Zug unter Berücksichtigung seines Anfangsorts bei $x_{\mathrm{R}} = 40\ \mathrm{m}$:

$$x_{\mathrm{R}} = 40\ \mathrm{m} - \tfrac{1}{2}\,a_{\mathrm{R}}\,t^2 = 40\ \mathrm{m} - \tfrac{1}{2}\,(2{,}2\ \mathrm{m\cdot s^{-2}})\,t^2.$$

Gleichsetzen von x_{L} mit x_{R} ergibt mit der Zeit t_{Z} bis zum Zusammentreffen der Züge

$$(0{,}7\ \mathrm{m\cdot s^{-2}})\,t_{\mathrm{Z}}^2 = 40\ \mathrm{m} - (1{,}1\ \mathrm{m\cdot s^{-2}})\,t_{\mathrm{Z}}^2$$

und damit $t_{\mathrm{Z}} = 4{,}71\ \mathrm{s}$.

Weil wir nun wissen, wann die Züge zusammentreffen, können wir die vom linken Zug bis zum Zusammentreffen zurückgelegte Strecke x_{L} berechnen:

$$x_{\mathrm{L}} = \tfrac{1}{2}\,(1{,}4\ \mathrm{m\cdot s^{-2}})\,(4{,}71\ \mathrm{s})^2 = 15{,}6\ \mathrm{m}.$$

Die Aufgabe können wir auch grafisch lösen, indem wir die beiden Funktionen $x_{\mathrm{L}}(t)$ und $x_{\mathrm{R}}(t)$ in einem x-t-Diagramm darstellen. Die Koordinaten des Schnittpunkts der beiden Kurven ergeben dann den Zeitpunkt des Zusammentreffens und die Strecke, die der linke Zug bis dahin zurückgelegt hat.

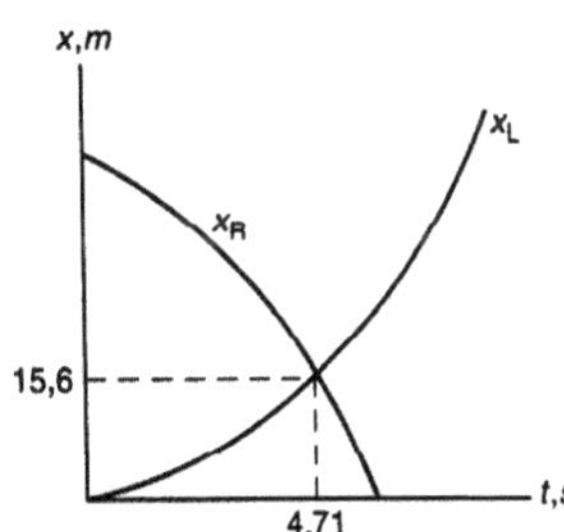

L2.29 Die positive Koordinatenrichtung soll nach oben zeigen. Wir gehen davon aus, dass der Käfer beim Absprung von seinen

Beinen gleichförmig beschleunigt wird und dass er danach (sobald er in der Luft ist) nur noch der Schwerebeschleunigung unterliegt. Für die Geschwindigkeit im Scheitelpunkt mit der Höhe h gilt dann

$$v_{\text{Scheitel}}^2 = v_{\text{Absprung}}^2 + 2\,a\,\Delta y_{\text{Flug}} = v_{\text{Absprung}}^2 + 2\,(-g)\,h\,.$$

Die Geschwindigkeit im Scheitelpunkt ist null. Also gilt für die Höhe $h = v_{\text{Absprung}}^2/(2\,g)$.

Um die Startgeschwindigkeit zu erhalten, verwenden wir erneut die Gleichung für die Geschwindigkeit bei gleichförmig beschleunigter Bewegung, wobei während der kurzen Absprungphase die Beschleunigung von den Beinen des Käfers bewirkt wird:

$$v_{\text{Absprung}}^2 = v_0^2 + 2\,a_{\text{Beine}}\,\Delta y_{\text{Absprung}}\,.$$

Vor der kurzen Absprungphase ist der Käfer in Ruhe ($v_0 = 0$), und wir erhalten

$$\begin{aligned}
v_{\text{Absprung}}^2 &= 2\,a_{\text{Beine}}\,\Delta y_{\text{Absprung}} \\
&= 2\,(400 \cdot 9{,}81\ \text{m}\cdot\text{s}^{-2})\,(0{,}6 \cdot 10^{-2}\ \text{m}) = 47{,}1\ \text{m}^2\ \text{s}^{-2}
\end{aligned}$$

sowie daraus $v_{\text{Absprung}} = 6{,}86\ \text{m}\cdot\text{s}^{-1}$.

Wenn wir dies in die Gleichung für die Höhe einsetzen, ergibt sich schließlich die gesuchte Sprunghöhe zu

$$h = \frac{v_{\text{Absprung}}^2}{2g} = \frac{47{,}1\ \text{m}^2\ \text{s}^{-2}}{2\,(9{,}81\ \text{m}\cdot\text{s}^{-2})} = 2{,}40\ \text{m}.$$

Da der Käfer nach dem Absprung gleichförmig verzögert fliegt, ist $v_{\text{Scheitel}} = v_{\text{Absprung}} - g\,t_{\text{Scheitel}}$.

Wegen $v_{\text{Scheitel}} = 0$ folgt daraus $0 = v_{\text{Absprung}} - g\,t_{\text{Scheitel}}$.

Hieraus ergibt sich die Flugzeit bis zur Umkehr im Scheitelpunkt: $t_{\text{Scheitel}} = v_{\text{Absprung}}/g$.

Der Absprung- und der Landepunkt des Käfers haben die gleiche Höhe, und der Käfer bewegt sich während des Flugs unter der Wirkung der Erdbeschleunigung gleichförmig beschleunigt. Daher ist die Gesamtflugzeit doppelt so groß wie die Steigzeit:

$$t_{\text{Flug}} = 2\,t_{\text{Scheitel}} = \frac{2\,v_{\text{Absprung}}}{g} = \frac{2\,(6{,}86\ \text{m}\cdot\text{s}^{-1})}{9{,}81\ \text{m}\cdot\text{s}^{-2}} = 1{,}40\ \text{s}\,.$$

L2.30 Wir betrachten die beiden Bewegungsphasen separat. In der einen beschleunigt der Streifenwagen, und in der anderen fährt er mit Höchstgeschwindigkeit. In beiden Fällen ist die Beschleunigung konstant. Die Bewegungsrichtung der beiden Autos wählen wir als die positive Richtung. In der ersten Abbildung sind die gegebenen Größen sowie die Bezeichnungen grafisch dargestellt, wobei die obere Gerade den vom Raser (R) zurückgelegten Weg und die untere den des Streifenwagens (S) zeigt.

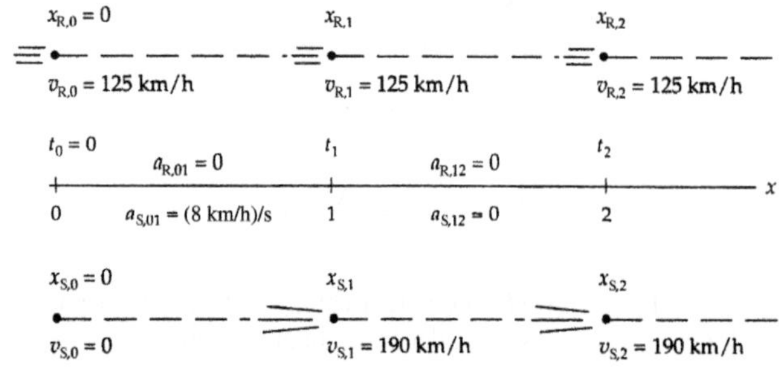

Zunächst rechnen wir die Beschleunigungen des Streifenwagens in m/s^2 sowie die Geschwindigkeiten des Rasers und des Streifenwagens in m/s um:

$$a_{\text{S,01}} = 8\,\frac{\text{km}}{\text{h}\cdot\text{s}} = 8\,\frac{\text{km}}{\text{h}\cdot\text{s}}\cdot\frac{1\ \text{h}}{3600\ \text{s}} = 2{,}22\ \text{m}\cdot\text{s}^{-2},$$

$$v_{\text{R}} = 125\,\frac{\text{km}}{\text{h}} = 125\,\frac{\text{km}}{\text{h}}\cdot\frac{1\ \text{h}}{3600\ \text{s}} = 34{,}7\ \text{m}\cdot\text{s}^{-2},$$

$$v_{\text{S,1}} = v_{\text{S,2}} = 190\,\frac{\text{km}}{\text{h}} = 190\,\frac{\text{km}}{\text{h}}\cdot\frac{1\ \text{h}}{3600\ \text{s}} = 52{,}8\ \text{m}\cdot\text{s}^{-2}.$$

a) Wenn der Streifenwagen den Raser eingeholt hat, gilt

$$\Delta x_{\text{S,02}} = \Delta x_{\text{R,02}}\,.$$

Der Streifenwagen beschleunigt zunächst gleichförmig und bewegt sich nach dem Erreichen der Höchstgeschwindigkeit gleichförmig geradlinig. Somit ist seine Gesamtverschiebung

$$\Delta x_{\text{S,02}} = \Delta x_{\text{S,01}} + \Delta x_{\text{S,12}} = \Delta x_{\text{S,01}} + v_{\text{S,1}}\,(t_2 - t_1)\,, \tag{1}$$

wobei der erste Anteil von der Beschleunigung herrührt. Die Zeitspanne, während der der Streifenwagen beschleunigt, ist

$$\Delta t_{\text{S,01}} = \frac{\Delta v_{\text{S,01}}}{a_{\text{S,01}}} = \frac{v_{\text{S,1}} - v_{\text{S,0}}}{a_{\text{S,01}}} = \frac{52{,}8\,\text{m}\cdot\text{s}^{-1} - 0}{2{,}22\ \text{m}\cdot\text{s}^{-2}} = 23{,}8\ \text{s}\,.$$

Damit erhalten wir für den ersten Anteil in Gleichung 1:

$$\begin{aligned}
\Delta x_{\text{S,01}} &= v_{\text{S,0}}\,\Delta t_{\text{S,01}} + \tfrac{1}{2}\,a_{\text{S,01}}\,\Delta t_{\text{S,01}}^2 \\
&= 0 + \tfrac{1}{2}\,(2{,}22\ \text{m}\cdot\text{s}^{-2})\,(23{,}8\ \text{s})^2 = 629\ \text{m}.
\end{aligned}$$

Mit $t_1 = \Delta t_{\text{S,01}}$ ergibt sich aus Gleichung 1:

$$\begin{aligned}
\Delta x_{\text{S,02}} &= \Delta x_{\text{S,01}} + v_{\text{S,1}}\,(t_2 - t_1) \\
&= 629\ \text{m} + (52{,}8\ \text{m}\cdot\text{s}^{-1})\,(t_2 - 23{,}8\ \text{s})\,.
\end{aligned}$$

Wir betrachten nun die Verschiebung des bereits zu Beginn gleichförmig geradlinig fahrenden Rasers vom Zeitpunkt t_0 bis zum Zeitpunkt t_2:

$$\Delta x_{\text{R,02}} = v_{\text{R}}\,\Delta t_{02} = (34{,}7\ \text{m}\cdot\text{s}^{-1})\,t_2\,.$$

Zum Zeitpunkt t_2, in dem der Streifenwagen den Raser einholt, gilt $\Delta x_{\text{R,02}} = \Delta x_{\text{S,02}}$ und damit

$$(34{,}7\ \text{m}\cdot\text{s}^{-1})\,t_2 = 629\ \text{m} + (52{,}8\ \text{m}\cdot\text{s}^{-1})\,(t_2 - 23{,}8\ \text{s}).$$

Hieraus erhalten wir den Zeitpunkt, zu dem der Streifenwagen den Raser eingeholt hat: $t_2 = 34{,}7\ \text{s}$.

b) Die zurückgelegte Strecke ist die Verschiebung $\Delta x_{\text{R,02}}$ des Rasers, bis er eingeholt ist:

$$\Delta x_{\text{R,02}} = v_{\text{R}}\,\Delta t_{02} = (34{,}7\ \text{m}\cdot\text{s}^{-1})\,(34{,}7\ \text{s}) = 1{,}20\ \text{km}.$$

c) Die zweite Abbildung zeigt für beide Autos die in Abhängigkeit von der Zeit zurückgelegte Strecke. Die durchgezogene Gerade stellt $x_{\text{R}}(t)$ für den Raser dar, und die gestrichelte Linie zeigt $x_{\text{S}}(t)$ für den Streifenwagen.

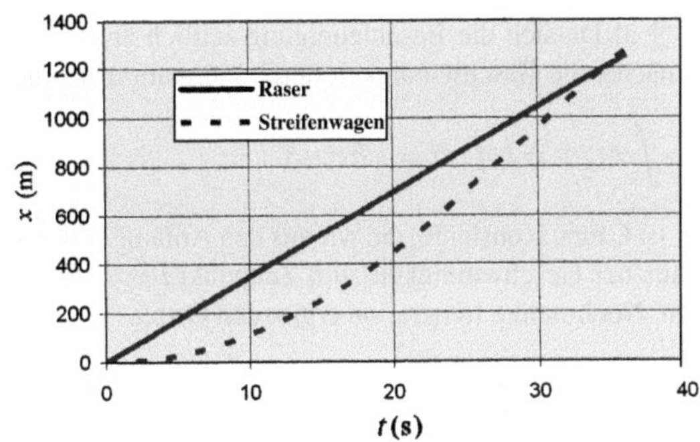

L2.31 Hier liegen drei Bewegungsphasen vor, in denen die Beschleunigung jeweils konstant ist. Wir legen das Koordinatensystem so an, dass die positive Richtung nach oben weist. Die erste Abbildung zeigt die Gegebenheiten, wobei die Darstellung aus praktischen Gründen um $90°$ nach rechts gedreht wurde. Hier ist die positive Richtung also die nach links.

a) In der zweiten Abbildung zeigt die durchgezogene Linie die Beschleunigung $a(t)$ und die gestrichelte Linie die Geschwindigkeit $v(t)$.

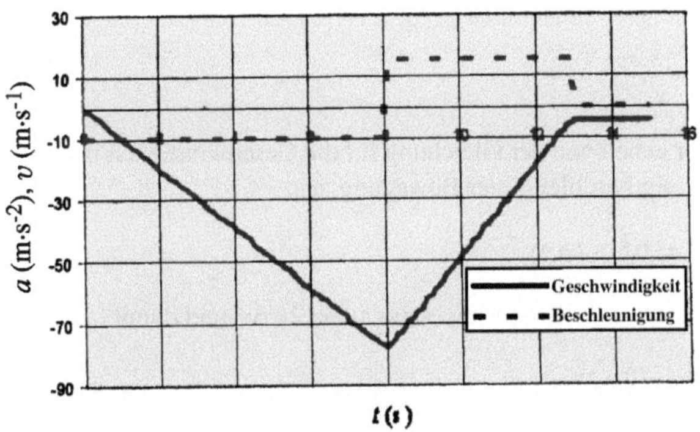

b) Der Professor fällt zunächst 8 s lang frei, und zwar mit der Anfangsgeschwindigkeit null und unter der Wirkung der konstanten Schwerebeschleunigung. Daher hat er nach der ersten Phase die Geschwindigkeit

$$v_1 = v_0 + a_{01}\,\Delta t_{01} = 0 + (-9{,}81 \text{ m·s}^{-2})\,(8 \text{ s}) = -78{,}5 \text{ m·s}^{-1}.$$

c) Auch hier handelt es sich um eine gleichförmig beschleunigte Bewegung, wobei die Beschleunigung a_{12} jedoch nach oben gerichtet ist: $v_2 = v_1 + a_{12}\,\Delta t_{12}$. Damit ist die Dauer dieser Flugphase

$$\Delta t_{12} = \frac{v_2 - v_1}{a_{12}} = \frac{-5 \text{ m·s}^{-1} - (-78{,}5 \text{ m·s}^{-1})}{15 \text{ m·s}^{-2}} = 4{,}90 \text{ s}.$$

d) Wir berechnen zunächst die mittlere Geschwindigkeit in dieser Phase, während der die Momentangeschwindigkeit von $-78{,}5$ m·s^{-1} auf -5 m·s^{-1} steigt:

$$\langle v \rangle = \frac{v_1 + v_2}{2} = \frac{-78{,}5 \text{ m·s}^{-1} - 5 \text{ m·s}^{-1}}{2} = -41{,}8 \text{ m·s}^{-1}.$$

Hieraus ergibt sich mit der eben ermittelten Dauer von 4,90 s dieser Flugphase:

$$\Delta y_{12} = \langle v \rangle\, \Delta t_{12} = (-41{,}8 \text{ m·s}^{-1})\,(4{,}90 \text{ s}) = -204 \text{ m}.$$

Also fällt der Professor in dieser Phase 204 m weit, und zwar verzögert.

e) Die Summe der Flugzeiten aller drei Phasen ist

$$\Delta t_{ges} = \Delta t_{01} + \Delta t_{12} + \Delta t_{23}.$$

Die Zeiten $\Delta t_{01} = 8$ s und $\Delta t_{12} = 4{,}9$ s kennen wir bereits und müssen daher nur noch die Zeit Δt_{23} ermitteln. Weil sich der Professor in diesem Zeitraum gleichförmig geradlinig bewegt, können wir Δt_{23} aus dem zurückgelegten Weg Δy_{23} und der nach der zweiten Phase konstanten Geschwindigkeit berechnen. Der Weg ist

$$\begin{aligned}
\Delta y_{23} &= \Delta y_{ges} - \Delta y_{01} - \Delta y_{12} \\
&= -575 \text{ m} - \left(\frac{-78{,}5 \text{ m·s}^{-1}}{2}\right)(8 \text{ s}) - (-204 \text{ m}) \\
&= -57{,}0 \text{ m}.
\end{aligned}$$

Dabei haben wir im Ausdruck für Δy_{01} die mittlere Geschwindigkeit während der ersten Phase eingesetzt. Die Geschwindigkeit $v_3 = -5$ m·s^{-1} ist gegeben, und wir erhalten

$$\begin{aligned}
\Delta t_{ges} &= \Delta t_{01} + \Delta t_{12} + \Delta t_{23} \\
&= 8 \text{ s} + 4{,}9 \text{ s} + \frac{-57{,}0 \text{ m}}{-5 \text{ m·s}^{-1}} = 24{,}3 \text{ s}.
\end{aligned}$$

f) Die mittlere Geschwindigkeit ergibt sich aus der Definition:

$$\langle v \rangle = \frac{\Delta x_{ges}}{\Delta t_{ges}} = \frac{-575 \text{ m}}{24{,}3 \text{ s}} = -23{,}7 \text{ m·s}^{-1}.$$

L2.32 Die Geschwindigkeit hängt nicht linear von der Zeit ab (was aus dem in t quadratischen Term hervorgeht). Also ist die Beschleunigung nicht konstant, und wir müssen die Verschiebung des Teilchens durch Integration ermitteln. Für die Geschwindigkeit gilt $v(t) = \mathrm{d}x(t)/\mathrm{d}t$. Die Trennung der Variablen ergibt $\mathrm{d}x(t) = v(t)\,\mathrm{d}t$. Nun integrieren wir die linke Seite von $x_0 = 0$ bis x und die rechte Seite von $t_0 = 0$ bis t:

$$x(t) = \int_{x_0=0}^{x(t)} \mathrm{d}x' = \int_{t_0=0}^{t} v(t')\,\mathrm{d}t'.$$

Einsetzen des gegebenen Ausdrucks für die Geschwindigkeit $v(t')$ ergibt

$$\begin{aligned}
x(t) &= \int_{t_0=0}^{t} \left[(7 \text{ m·s}^{-3})\,t'^2 - (5 \text{ m·s}^{-1})\right] \mathrm{d}t' \\
&= \left(\tfrac{7}{3} \text{ m·s}^{-3}\right) t^3 - \left(5 \text{ m·s}^{-1}\right) t.
\end{aligned}$$

L2.33 Die Kurve in der Abbildung bei der Aufgabenstellung beschreibt eine Bewegung mit konstanter negativer Beschleunigung. Da $v_x = v(t)$ eine lineare Funktion von t ist, gehen wir von der Normalformdarstellung der Geraden aus: $v_x(t) = at + v_0$. Aus dem Schnittpunkt mit der v_x-Achse und aus der Steigung erhalten wir $a = -10$ m·s^{-2} und $v_0 = 50$ m·s^{-1}. Dies ergibt

$$v_x(t) = (-10 \text{ m·s}^{-2})\,t + 50 \text{ m·s}^{-1}.$$

Die Integration über t liefert

$$x(t) = \int \left[(-10 \ \mathrm{m \cdot s^{-2}}) t + 50 \ \mathrm{m \cdot s^{-1}} \right] \mathrm{d}t$$
$$= -(5 \ \mathrm{m \cdot s^{-2}}) t^2 + (50 \ \mathrm{m \cdot s^{-1}}) t + C.$$

Die Konstante C folgt aus $x(0) = 0$:

$$0 = -(5 \ \mathrm{m \cdot s^{-2}}) (0)^2 + (50 \ \mathrm{m \cdot s^{-1}}) (0) + C.$$

Somit ist $C = 0$ und schließlich

$$x(t) = -(5 \ \mathrm{m \cdot s^{-2}}) t^2 + (50 \ \mathrm{m \cdot s^{-1}}) t.$$

Beachten Sie, dass der Ausdruck quadratisch in t und der Koeffizient von t^2 (die halbe konstante Beschleunigung) negativ ist.

Anmerkung: Wir können das Ergebnis nachprüfen, indem wir $\Delta x(t)$ für das gezeigte Intervall mit den Grenzen bei $t = 0$ und $t = 10$ s berechnen und das Ergebnis mit der Fläche zwischen der Geraden und der t-Achse in der Abbildung vergleichen.

L2.34 Weil der Ort des Körpers nicht auf einer Parabel liegt, ist die Beschleunigung nicht konstant. Um die Geschwindigkeit grafisch darzustellen, wählen wir auf der Kurve $x(t)$ eine Reihe von Punkten aus (beispielsweise die Extremwerte und die Nullstellen), zeichnen die Tangenten in diesen Punkten ein und messen ihre Steigungen. Auf diese Weise ermitteln wir jeweils die Geschwindigkeit $v = \mathrm{d}x/\mathrm{d}t$. Diese Werte tragen wir nun gegen die Zeiten auf, zu denen sie gemessen wurden. Das Ergebnis sollte etwa so aussehen, wie in der ersten Abbildung gezeigt.

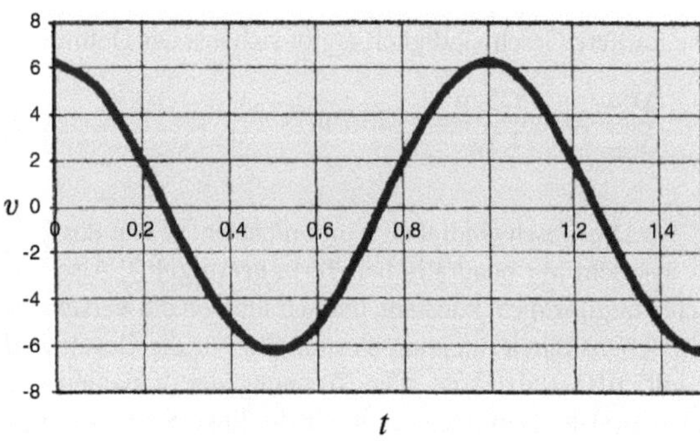

In der so erhaltenen Kurve für $v(t)$ wählen wir wiederum eine Reihe von Punkten aus, zeichnen an ihnen die Tangenten ein und lesen deren Steigungen ab. Diese charakterisieren jetzt die jeweilige Beschleunigung $a = \mathrm{d}v/\mathrm{d}t$. Werden diese Punkte erneut gegen die Zeit aufgetragen, sollte die Kurve etwa so wie in der zweiten Abbildung aussehen.

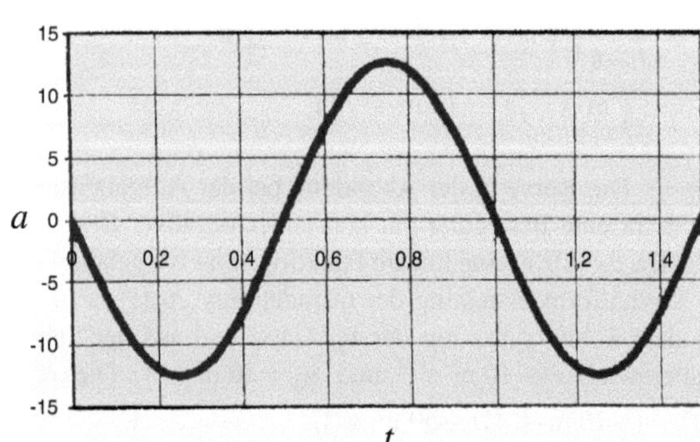

L2.35 a) Da sich die Beschleunigung zeitlich ändert, müssen wir zunächst die Geschwindigkeit durch Integration ermitteln:

$$v(t) = \int a(t) \, \mathrm{d}t = b \int t \, \mathrm{d}t = \tfrac{1}{2} b t^2 + C.$$

Hierin ist C eine Konstante, die wir aus den Anfangsbedingungen (also aus der Geschwindigkeit zum Zeitpunkt $t = 0$) bestimmen müssen. Nochmalige Integration ergibt den Ort:

$$x(t) = \int v(t) \, \mathrm{d}t = \int \left(\tfrac{1}{2} b t^2 + C \right) \mathrm{d}t = \tfrac{1}{6} b t^3 + C t + D$$

mit einer weiteren Konstanten D. Aus der Anfangsbedingung $v(0) = 0$ ergibt sich $C = 0$ und weiterhin aus $x(0) = 0$ auch $D = 0$. Damit ist $x(t) = \tfrac{1}{6} b t^3$.

b) Einsetzen von $b = 3 \ \mathrm{m \cdot s^{-3}}$ und $t = 5$ s in die obigen Gleichungen ergibt:

$$v(5 \ \mathrm{s}) = \tfrac{1}{2} (3 \ \mathrm{m \cdot s^{-3}}) (5 \ \mathrm{s})^2 = 37{,}5 \ \mathrm{m \cdot s^{-1}},$$
$$x(5 \ \mathrm{s}) = \tfrac{1}{6} (3 \ \mathrm{m \cdot s^{-3}}) (5 \ \mathrm{s})^3 = 62{,}5 \ \mathrm{m}.$$

L2.36 Die Beschleunigung der Kugel ist konstant. Da die Bewegung nach unten verläuft, wählen wir ein Koordinatensystem, dessen positive Richtung nach unten zeigt. Aus der Gleichung für die gleichförmig beschleunigte Bewegung $\Delta x = v_0 \Delta t + \tfrac{1}{2} a (\Delta t)^2$ ergibt sich unter Berücksichtigung von $v_0 = 0$ und $\Delta x = 0{,}5$ m die Relation $g_{\mathrm{exp}} = (1 \ \mathrm{m})/(\Delta t)^2$. Die gesuchte relative Abweichung des experimentellen Werts vom bekannten Wert von g ist

$$\frac{|g - g_{\mathrm{exp}}|}{g}.$$

Wir gehen von der Gleichung für die Geschwindigkeit bei gleichförmig beschleunigter Bewegung aus:

$$v^2 = v_0^2 + 2 a \Delta y.$$

Wegen $v_0 = 0$ und $a = g$ ist $v^2 = 2 g \Delta y$ und damit

$$v = \sqrt{2 g \Delta y}.$$

Nun bezeichnen wir mit v_1 die Geschwindigkeit der Kugel, nachdem sie 0,5 cm weit gefallen ist, und mit v_2 die Geschwindigkeit, nachdem sie 0,5 m weit gefallen ist. Damit gilt

$$v_1 = \sqrt{2 (9{,}81 \ \mathrm{m \cdot s^{-2}}) (0{,}005 \ \mathrm{m})} = 0{,}313 \ \mathrm{m \cdot s^{-1}},$$
$$v_2 = \sqrt{2 (9{,}81 \ \mathrm{m \cdot s^{-2}}) (0{,}5 \ \mathrm{m})} = 3{,}13 \ \mathrm{m \cdot s^{-1}}.$$

Da die Kugel gleichförmig beschleunigt fällt, ist $v_2 = v_1 + g \Delta t$ und daher

$$\Delta t = \frac{v_2 - v_1}{g} = \frac{3{,}13 \ \mathrm{m \cdot s^{-1}} - 0{,}313 \ \mathrm{m \cdot s^{-1}}}{9{,}81 \ \mathrm{m \cdot s^{-2}}} = 0{,}2872 \ \mathrm{s}.$$

Einsetzen in $g_{\mathrm{exp}} = (1 \ \mathrm{m})/(\Delta t)^2$ liefert den im beschriebenen Experiment erhaltenen Wert für die Schwerebeschleunigung:

$$g_{\mathrm{exp}} = \frac{1 \ \mathrm{m}}{(0{,}2872 \ \mathrm{s})^2} = 12{,}13 \ \mathrm{m \cdot s^{-2}}.$$

Somit führt die falsch angebrachte Lichtschranke zu folgender relativen Abweichung gegenüber dem bekannten, auf den Meeresspiegel bezogenen Wert von g:

$$\frac{|9{,}81 \text{ m} \cdot \text{s}^{-2} - 12{,}13 \text{ m} \cdot \text{s}^{-2}|}{9{,}81 \text{ m} \cdot \text{s}^{-2}} = 0{,}0236 = 23{,}6\,\%.$$

L2.37 a) Es ergibt sich die in der Abbildung gezeigte Kurve.

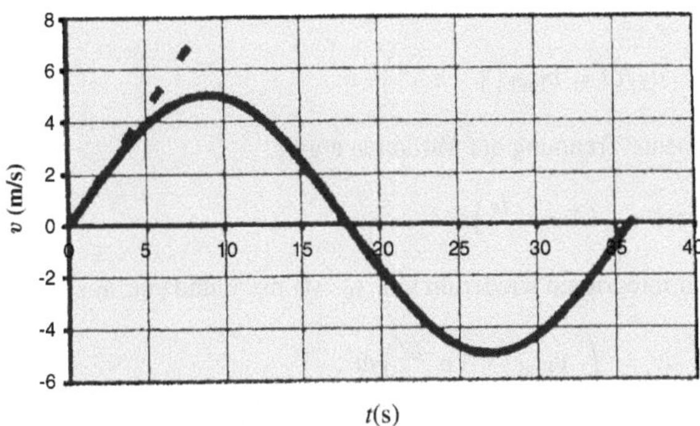

b) Wir könnten zwar die mittlere Geschwindigkeit $\langle v \rangle = \Delta x / \Delta t$ in einem festen Zeitintervall berechnen. Aber die Momentangeschwindigkeit $v = \mathrm{d}x/\mathrm{d}t$ kann nur durch Ableitung oder grafisch ermittelt werden. Um die Geschwindigkeit im Punkt $t = 0$ zu bestimmen, zeichnen wir eine Tangente im Koordinatenursprung ein und messen ihre Steigung. Wie aus der Abbildung hervorgeht, verläuft die Tangente näherungsweise durch den Punkt $(5, 4)$. Mit dem Ursprung als zweitem Punkt gilt dann

$$\Delta x = 4 \text{ cm} - 0 = 4 \text{ cm} \quad \text{sowie} \quad \Delta t = 5 \text{ s} - 0 = 5 \text{ s}.$$

Damit ist die Steigung der Tangente und somit die Geschwindigkeit im Koordinatenursprung

$$v(0) = \frac{\Delta x}{\Delta t} = \frac{4 \text{ cm}}{5 \text{ s}} = 0{,}800 \text{ cm} \cdot \text{s}^{-1}.$$

c) In der Tabelle sind die mittleren Geschwindigkeiten in den verschiedenen Zeitintervallen aufgeführt.

t_0 (s)	t (s)	Δt (s)	x_0 (cm)	x (cm)	Δx (cm)	$\langle v \rangle = \Delta x / \Delta t$ (m/s)
0	6	6	0	4,34	4,34	0,723
0	3	3	0	2,51	2,51	0,835
0	2	2	0	1,71	1,71	0,857
0	1	1	0	0,871	0,871	0,871
0	0,25	0,25	0	0,219	0,219	0,875

d) Die Zeitableitung der Ortsfunktion lautet

$$\frac{\mathrm{d}x}{\mathrm{d}t} = A\,\omega \cos \omega t.$$

Einsetzen der gegebenen Zahlenwerte sowie von $t = 0$ ergibt

$$\frac{\mathrm{d}x}{\mathrm{d}t}(0) = A\,\omega \cos 0 = A\,\omega$$
$$= (0{,}05 \text{ m})\,(0{,}175 \text{ s}^{-1}) = 0{,}875 \text{ cm} \cdot \text{s}^{-1}.$$

e) Wenn Δt und somit auch Δx hinreichend klein gewählt werden, geht der Wert für die mittlere Geschwindigkeit in den für die Momentangeschwindigkeit aus dem Aufgabenteil d über. Dann stimmen beispielsweise die Ergebnisse für $\Delta t = 0{,}25$ s bis auf drei Stellen überein.

L2.38 a) Da die Beschleunigung des Teilchens ortsabhängig ist, kann sie nicht konstant sein. Wegen $a = \mathrm{d}v/\mathrm{d}t$ müssen wir integrieren, um $v(t)$ zu ermitteln, was aber nicht unmittelbar gelingt, weil die Funktion $a(t)$ nicht bekannt ist. Daher führen wir eine Variablensubstitution durch, indem wir $\mathrm{d}v/\mathrm{d}t$ mit Hilfe der Kettenregel ausdrücken:

$$a = \frac{\mathrm{d}v}{\mathrm{d}t} = \frac{\mathrm{d}v}{\mathrm{d}x}\frac{\mathrm{d}x}{\mathrm{d}t} = v\,\frac{\mathrm{d}v}{\mathrm{d}x} = (2 \text{ s}^{-2})\,x.$$

Die rechts stehende Differenzialgleichung können wir durch Trennung der Variablen lösen: $v\,\mathrm{d}v = (2 \text{ s}^{-2})\,x\,\mathrm{d}x.$

Die Integration von x_0 bis x und von v_0 bis v ergibt:

$$\int_{v_0}^{v} v'\,\mathrm{d}v' = \int_{x_0}^{x} (2 \text{ s}^{-2})\,x'\,\mathrm{d}x'.$$

Daraus folgt $v^2 - v_0^2 = (2 \text{ s}^{-2})\,(x^2 - x_0^2).$

Wir lösen nach v^2 auf, ziehen die Wurzel und setzen die Werte $v_0 = 0$ und $x_0 = 1$ m sowie $x = 3$ m ein:

$$v = \pm\sqrt{v_0^2 + (2 \text{ s}^{-2})\,(x^2 - x_0^2)} = \pm\sqrt{(2 \text{ s}^{-2})\,[(3 \text{ m})^2 - (1 \text{ m})^2]}.$$

Das ergibt $|v| = 4{,}00 \text{ m} \cdot \text{s}^{-1}.$

b) Wir gehen von der Definition der Geschwindigkeit aus: $v(x) = \mathrm{d}x/\mathrm{d}t$. Trennung der Variablen und Integration liefert

$$\int_{0}^{t} \mathrm{d}t' = \int_{x_0}^{x} \frac{\mathrm{d}x'}{v(x')}.$$

Wir benötigen nun $v(x)$. Hierzu müssen wir im obigen Ausdruck das richtige Vorzeichen ermitteln. Anfangs gilt $a = (2 \text{ s}^{-2})\,x$ und $x_0 = 1$ m. Weil x_0 positiv ist, ist auch a_0 positiv, und weil a_0 positiv ist, muss sich das Teilchen in Richtung steigender x-Werte bewegen. Dabei bleibt die Beschleunigung stets positiv, so dass die Geschwindigkeit ebenfalls positiv bleibt. Somit ist das richtige Vorzeichen der Wurzel positiv:

$$v = +\sqrt{(2 \text{ s}^{-2})\,(x^2 - x_0^2)}.$$

Wir setzen dies für $v(x')$ in das Integral ein. Die Lösung des letzten Integrals in der folgenden Gleichung kann in den üblichen Integraltafeln nachgeschlagen werden, und wir erhalten:

$$\int_{0}^{t} \mathrm{d}t' = \int_{x_0}^{x} \frac{\mathrm{d}x'}{v(x')}$$
$$= \int_{x_0}^{x} \frac{\mathrm{d}x'}{\sqrt{(2 \text{ s}^{-2})\,(x'^2 - x_0^2)}}$$
$$= \frac{1}{\sqrt{(2 \text{ s}^{-2})}} \int_{x_0}^{x} \frac{\mathrm{d}x'}{(x'^2 - x_0^2)}$$
$$= \frac{1}{\sqrt{(2 \text{ s}^{-2})}} \ln\left(\frac{x + \sqrt{x^2 - x_0^2}}{x_0}\right).$$

Mit $x_0 = 1$ m und $x = 3$ m ergibt dies $t = 1{,}25$ s.

L2.39   a) Die Beschleunigung des Teilchens ist nicht konstant, so dass der Ort durch Integration ermittelt werden muss. Wir gehen von der Definition der Geschwindigkeit aus: $v = \mathrm{d}x/\mathrm{d}t$. Laut Aufgabenstellung ist $x = bv$ mit $b = 1$ s. Wir setzen dies ein und lösen die Differenzialgleichung durch Trennung der Variablen. Dies ergibt $\mathrm{d}x/\mathrm{d}t = x/b$ und daraus $\mathrm{d}t = b\,\mathrm{d}x/x$. Die Integration liefert

$$\int_{t_0}^{t} \mathrm{d}t' = b \int_{x_0}^{x} \frac{\mathrm{d}x'}{x'} \quad \text{und damit} \quad (t - t_0) = b \ln\left(\frac{x}{x_0}\right)$$

sowie schließlich

$$x(t) = x_0 \, \mathrm{e}^{(t-t_0)/b}. \tag{1}$$

b) Die Geschwindigkeit und die Beschleunigung erhalten wir durch Ableiten von $x(t)$:

$$v = \frac{\mathrm{d}x}{\mathrm{d}t} = \frac{1}{b} x_0 \, \mathrm{e}^{(t-t_0)/b} \quad \text{und} \quad a = \frac{\mathrm{d}v}{\mathrm{d}t} = \frac{1}{b^2} x_0 \, \mathrm{e}^{(t-t_0)/b}.$$

Um die Beziehung zwischen der Geschwindigkeit bzw. der Beschleunigung und dem Ort zu erhalten, setzen wir rechts wieder Gleichung 1 ein. Daraus folgt

$$v(t) = \frac{1}{b} x(t) \quad \text{und} \quad a(t) = \frac{1}{b^2} x(t)$$

sowie $a(t) = \dfrac{1}{b} v(t) = \dfrac{1}{b^2} x(t).$

Da der Zahlenwert von b in der SI-Grundeinheit (Sekunde) gleich eins ist, sind die Zahlenwerte für a, v und x in der jeweiligen SI-Grundeinheit zu jedem Zeitpunkt gleich.

Anmerkung: Diese Aussage betrifft natürlich nur die Zahlenwerte in den SI-Einheiten, und von einer Gleichheit der Geschwindigkeit und des Orts kann natürlich keine Rede sein.

L2.40   Die Beschleunigung ist zeitabhängig, also nicht konstant. Wir legen das Koordinatensystem so an, dass die positive Richtung nach unten zeigt und der Ursprung in dem Punkt liegt, in dem der Stein losgelassen wird. Für die Beschleunigung gilt, wie gegeben: $a(t) = \mathrm{d}v/\mathrm{d}t = g\,\mathrm{e}^{-bt}$. Die Trennung der Variablen liefert $\mathrm{d}v = g\,\mathrm{e}^{-bt}\mathrm{d}t$.

Wir integrieren von $v_0 = 0$ bis v sowie von $t_0 = 0$ bis t:

$$v = \int_{0}^{v} \mathrm{d}v' = \int_{0}^{t} g\,\mathrm{e}^{-bt'}\,\mathrm{d}t' = \frac{g}{-b}\left[\mathrm{e}^{-bt'}\right]_{0}^{t}$$
$$= \frac{g}{b}\left(1 - \mathrm{e}^{-bt}\right) = v_{\mathrm{End}}\left(1 - \mathrm{e}^{-bt}\right)$$

mit $v_{\mathrm{End}} = g/b.$

Ausgehend hiervon berechnen wir durch nochmalige Integration den Ort des Teilchens. Wir beginnen mit

$$v = \mathrm{d}y/\mathrm{d}t = v_{\mathrm{End}}\left(1 - \mathrm{e}^{-bt}\right).$$

Erneute Trennung der Variablen ergibt

$$\mathrm{d}y = v_{\mathrm{End}}\left(1 - \mathrm{e}^{-bt}\right)\mathrm{d}t.$$

Wir integrieren wiederum von $y_0 = 0$ bis y und von $t_0 = 0$ bis t:

$$\int_{0}^{y} \mathrm{d}y' = \int_{0}^{t} v_{\mathrm{End}}\left(1 - \mathrm{e}^{-bt'}\right)\mathrm{d}t'.$$

Das ergibt

$$y = v_{\mathrm{End}}\left[t' + \frac{1}{b}\mathrm{e}^{-bt'}\right]_{0}^{t} = v_{\mathrm{End}}\, t - \frac{v_{\mathrm{End}}}{b}\left(1 - \mathrm{e}^{-bt}\right).$$

Dies ist ein interessantes Ergebnis. Es besagt, dass der Stein beim Fallen einem ständigen Widerstand ausgesetzt ist, so dass er zu einem gegebenen Zeitpunkt nie so weit kommen kann, wie wenn er mit der konstanten Endgeschwindigkeit v_{End} fiele.

Nun betrachten wir die Strecke, die der Stein nach langer Zeit zurückgelegt hat. Im Ausdruck für y geht die Exponentialfunktion für große Werte von t gegen null. Außerdem wächst der erste Term linear mit der Zeit an, während der zweite konstant bleibt:

$$y(t_{\mathrm{groß}}) \quad \longrightarrow \quad v_{\mathrm{End}}\, t - \frac{v_{\mathrm{End}}}{b} \quad \longrightarrow \quad v_{\mathrm{End}}\, t.$$

Wenn der Stein sehr lange fällt, nähert sich die zurückgelegte Strecke also derjenigen an, die er im freien Fall mit der konstanten Geschwindigkeit v_{End} fallen würde.

Bewegung in zwei und drei Dimensionen

- Vektoren, Vektoraddition und Koordinatensysteme
- Geschwindigkeits- und Beschleunigungsvektoren
- Der schräge Wurf

A: Aufgaben

Verständnisaufgaben

A3.1 • Kann der Betrag der Ortsveränderung (Ortsverschiebung) eines Teilchens kleiner als die entlang seiner Bahn zurückgelegte Strecke sein? Kann der Betrag der Ortsveränderung größer als die zurückgelegte Strecke sein? Begründen Sie Ihre Antworten.

A3.2 • Richtig oder falsch? Der Betrag der Summe zweier Vektoren *muss* größer als der Betrag jedes einzelnen Vektors sein.

A3.3 • Kann ein Nullvektor eine Komponente ungleich null besitzen?

A3.4 • Gegeben ist ein Teilchen, das sich gleichmäßig beschleunigt bewegt. Bekannt sind zwei Ortsvektoren seiner Flugbahn sowie die Zeit, die es von einem zum anderen Punkt benötigt hat. Lässt sich daraus a) der Vektor der mittleren Geschwindigkeit zwischen den beiden Punkten, b) der Vektor der mittleren Beschleunigung zwischen den beiden Punkten, c) die Momentangeschwindigkeit, d) die Momentanbeschleunigung berechnen? Oder sind e) nicht genügend Informationen gegeben, um die Bewegung des Teilchens zu beschreiben?

A3.5 •• Stellen Sie sich die Bewegung eines Teilchens im Raum vor. a) Wie hängt der Geschwindigkeitsvektor geometrisch mit der Bahn des Teilchens zusammen? b) Skizzieren Sie eine gekrümmte Bahn und zeichnen Sie die Geschwindigkeitsvektoren für einige vom Teilchen durchlaufene Punkte ein.

A3.6 • Nennen Sie Beispiele für eine Bewegung, bei der der Geschwindigkeits- und der Beschleunigungsvektor a) in entgegengesetzte Richtungen zeigen, b) in die gleiche Richtung zeigen und c) senkrecht aufeinander stehen.

A3.7 • Ein Strom hat eine Breite von 0,76 km. Seine Ufer sind gerade und parallel (siehe Abbildung). Die Strömung beträgt 4,0 km/h und verläuft parallel zu den Ufern. In dem Strom schwimmt ein Boot mit einer Höchstgeschwindigkeit von (in ruhigem Wasser) 4,0 km/h. Der Kapitän möchte den Fluss auf direktem Weg von A nach B überqueren, wobei die Strecke AB senkrecht zu den Ufern verläuft. Sollte der Kapitän a) sein Boot direkt zum gegenüberliegenden Ufer steuern, b) sein Boot 53° gegen die Strecke AB steuern, c) sein Boot 37° gegen die Strecke AB steuern, d) aufgeben, da die Geschwindigkeit des Boots nicht ausreicht, oder e) etwas anderes tun?

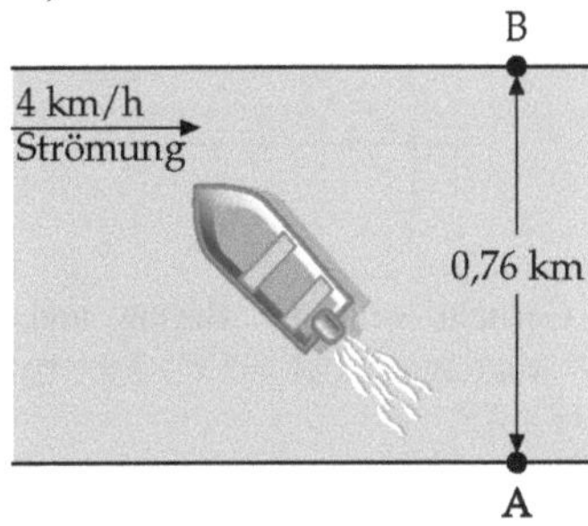

A3.8 • Ein Geschoss wird unter einem Winkel von 35° über dem Horizont abgefeuert. An seinem höchsten Punkt beträgt seine Geschwindigkeit 200 m/s. Die Anfangsgeschwindigkeit besaß unter Vernachlässigung des Luftwiderstands demnach eine horizontale Komponente von a) 0 m/s, b) $(200 \text{ m/s}) \cos 35°$, c) $(200 \text{ m/s}) \sin 35°$, d) $(200 \text{ m/s})/\cos 35°$ oder e) 200 m/s.

A3.9 •• Ein Vektor $A(t)$ hat einen konstanten Betrag, ändert aber seine Richtung. a) Ermitteln Sie dA/dt wie folgt:

Zeichnen Sie für ein kleines Zeitintervall Δt die Vektoren $A(t + \Delta t)$ und $A(t)$ und entnehmen Sie daraus grafisch die Differenz $\Delta A = A(t + \Delta t) - A(t)$. Welche Richtung hat ΔA in Bezug auf A bei kleinen Zeitintervallen? b) Interpretieren Sie das Ergebnis für den Spezialfall, dass A den Ort eines Teilchens in einem Koordinatensystem beschreibt. c) Könnte A einen Geschwindigkeitsvektor repräsentieren? Begründen Sie Ihre Meinung.

A3.10 • Richtig oder falsch? Ein unbeschleunigtes Objekt bewegt sich *nie* im Kreis.

A3.11 •• Bestimmen Sie mit Hilfe eines Bewegungsdiagramms die Beschleunigungsrichtung eines Pendelkörpers, der sich gerade an einem Umkehrpunkt befindet.

• Vektoren, Vektoraddition und Koordinatensysteme

A3.12 • Ein Bär läuft 12 m nach Nordosten und anschließend 12 m nach Osten. Stellen Sie die beiden Ortsverschiebungen grafisch dar und ermitteln Sie grafisch die Gesamtortsverschiebung.

A3.13 • Drei Vektoren A, B und C besitzen die folgenden x- und y-Komponenten: $A_x = 6$, $A_y = -3$; $B_x = -3$, $B_y = 4$; $C_x = 2$ und $C_y = 5$. Der Betrag von $A + B + C$ ist somit a) 3,3, b) 5,0, c) 11, d) 7,8, e) 14.

A3.14 • Wie lauten die rechtwinkligen Komponenten der folgenden Vektoren A in der x-y-Ebene mit einem Winkel θ zur x-Achse (siehe Abbildung)? a) $|A| = 10$ m, $\theta = 30°$, b) $|A| = 5$ m, $\theta = 45°$, c) $|A| = 7$ km, $\theta = 60°$, d) $|A| = 5$ km, $\theta = 90°$, e) $|A| = 15$ km/s, $\theta = 150°$, f) $|A| = 10$ m/s, $\theta = 240°$, g) $|A| = 8$ m·s^{-2}, $\theta = 270°$.

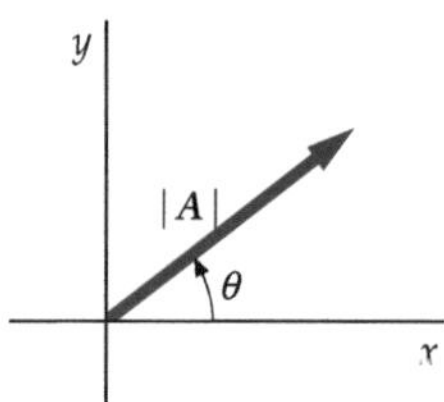

A3.15 •• Gesucht sind der Betrag und die Richtung der folgenden Vektoren: a) $A = 5\widehat{x} + 3\widehat{y}$, b) $B = 10\widehat{x} - 7\widehat{y}$, c) $C = -2\widehat{x} - 3\widehat{y} + 4\widehat{z}$.

A3.16 • Suchen Sie zu dem gegebenen Vektor $A = 3\widehat{x} + 4\widehat{y}$ drei weitere Vektoren B, die ebenfalls in der x-y-Ebene liegen und für die $|A| = |B|$, aber $A \neq B$ gilt. Schreiben Sie diese Vektoren in Komponentenschreibweise auf und stellen Sie sie grafisch dar.

A3.17 • Ein Schiff auf See empfängt Funksignale von zwei Sendern A und B, wobei sich der eine genau 100 km südlich des anderen befindet. Der Peilempfänger zeigt an, dass sich der Sender A um einen Winkel $\theta = 30°$ südlich der Westrichtung be-

findet, wogegen Sender B genau im Osten liegt. Gesucht ist die Entfernung des Schiffs vom Sender B.

• Geschwindigkeits- und Beschleunigungsvektoren

A3.18 • Die Ortskoordinaten (x, y) eines Teilchens liegen zur Zeit $t = 0$ bei $(2\,\text{m}, 3\,\text{m})$, zur Zeit $t = 2$ s bei $(6\,\text{m}, 7\,\text{m})$ und zur Zeit $t = 5$ s bei $(13\,\text{m}, 14\,\text{m})$. Gesucht ist der Betrag des Vektors der mittleren Geschwindigkeit $\langle v \rangle$: a) zwischen $t = 0$ s und $t = 2$ s sowie b) zwischen $t = 0$ s und $t = 5$ s.

A3.19 •• Ein Teilchen bewegt sich mit konstanter Beschleunigung in der x-y-Ebene. Zur Zeit null ist das Teilchen bei $x = 4$ m, $y = 3$ m, wobei es die Geschwindigkeit $v = (2\widehat{x} - 9\widehat{y})$ m/s besitzt. Die Beschleunigung ist durch $a = (4\widehat{x} + 3\widehat{y})$ m/s^2 gegeben. a) Gesucht ist die Geschwindigkeit bei $t = 2$ s. b) Gesucht ist der Ort bei $t = 4$ s. Wie lauten Betrag und Richtung des Ortsvektors?

Die Relativgeschwindigkeit

A3.20 •• Ein Kleinflugzeug startet von A und möchte zum Zielflughafen B, welcher genau 520 km nördlich von A liegt. Das Flugzeug besitzt eine Fluggeschwindigkeit von 240 km/h gegenüber der Luft, und es weht ein ständiger Nordwestwind von 50 km/h. Bestimmen Sie den anzusteuernden Kurs und die Flugdauer.

A3.21 • Der Pilot eines Kleinflugzeugs fliegt mit einer Fluggeschwindigkeit von 280 km/h gegenüber der Luft und möchte genau nach Norden (000°) fliegen. Welche Richtung (Azimut) muss er bei einem direkten Ostwind (090°) von 55,5 km/h ansteuern?

Kreisbewegung und Zentripetalbeschleunigung

A3.22 • Eine Zentrifuge dreht sich mit 15 000 U/min. a) Berechnen Sie die Zentripetalbeschleunigung eines Reagenzglases, das sich 15 cm von der Rotationsachse entfernt an dem Arm befindet. b) Erst nach 1 min und 15 s erreicht die Zentrifuge ihre maximale Rotationsgeschwindigkeit. Berechnen Sie unter der Annahme einer konstanten Tangentialbeschleunigung deren *Betrag* während der Anlaufphase.

A3.23 • Ein Junge wirbelt einen Ball an einem 0,8 m langen Faden auf einem horizontalen Kreis um sich herum. Wie viele Umdrehungen pro Minute sind nötig, damit die Zentripetalbeschleunigung des Balls genauso groß wie die Erdbeschleunigung g ist?

• Der schräge Wurf

A3.24 •• Eine Kanonenkugel wird mit der Anfangsgeschwindigkeit v_0 unter einem Winkel von 30° über der Horizontalen aus einer Höhe von 40 m abgeschossen. Sie trifft den Boden mit einer Geschwindigkeit von 1,2 v_0. Gesucht ist v_0.

A3.25 •• In der Abbildung sei $x = 50$ m und $h = 10$ m. Welche Abschussgeschwindigkeit muss der Pfeil mindestens haben, damit er den anfangs 11,2 m hoch sitzenden Affen erreicht, bevor dieser auf den Boden auftrifft?

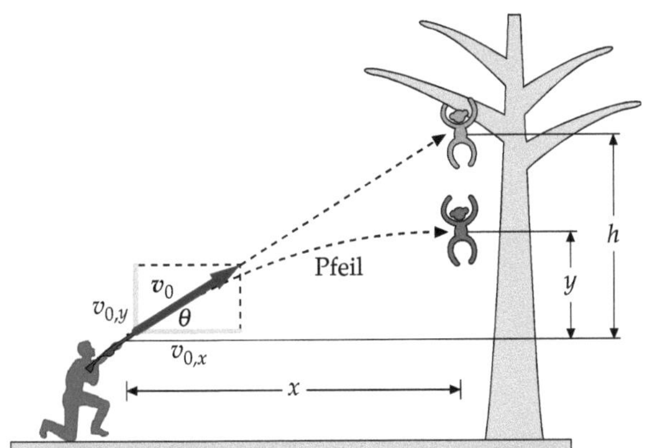

A3.26 •• Ein Ball wird mit einer Anfangsgeschwindigkeit v_0 unter einem Winkel θ gegenüber der Horizontalen geworfen. Es sei $|\boldsymbol{v}|$ sein Geschwindigkeitsbetrag bei der Höhe h über dem Boden. Zeigen Sie, dass $|\boldsymbol{v}(h)|$ unabhängig von θ ist.

A3.27 • Eine Kanone wird auf einen Abschusswinkel von $45°$ eingestellt. Sie feuert eine Kugel mit einer Geschwindigkeit von 300 m/s ab. a) Welche Höhe erreicht die Kugel? b) Wie lange fliegt sie? c) Welche horizontale Reichweite besitzt die Kanone?

A3.28 •• Die Reichweite einer horizontal von einer Felskuppe abgeschossenen Kanonenkugel ist genauso groß wie die Höhe der Felskuppe. In welche Richtung zeigt der Geschwindigkeitsvektor, wenn die Kugel auf dem Boden auftrifft?

A3.29 •• Berechnen Sie aus der Gleichung für die Reichweite beim Wurf $R = (|\boldsymbol{v}_0|^2/g)\sin 2\theta_0$ die Ableitung $dR/d\theta_0$ und zeigen Sie, dass sich aus $dR/d\theta_0 = 0$ für die maximale Reichweite $\theta_0 = 45°$ ergibt.

A3.30 ••• Ein Geschoss, das auf der gleichen Höhe landet, auf der es abgeschossen wird, hat die Reichweite $R = (|\boldsymbol{v}_0|^2/g)\sin 2\theta_0$. Zeigen Sie, dass für den Reichweitenunterschied ΔR bei einer kleinen Änderung der Erdbeschleunigung $\Delta R/R = -\Delta g/g$ gilt.

A3.31 ••• Ein Geschoss, das auf der gleichen Höhe landet, auf der es abgeschossen wird, hat die Reichweite $R = (|\boldsymbol{v}_0|^2/g)\sin 2\theta_0$. Zeigen Sie, dass für den Reichweitenunterschied ΔR bei einer kleinen Änderung der Startgeschwindigkeit $\Delta R/R = 2\Delta v_0/v_0$ gilt.

A3.32 •• Ein Geschoss wird unter einem Winkel θ vom Boden aus abgeschossen. Ein Beobachter, der an der Abschussstelle steht, beobachtet das Geschoss an seinem höchsten Punkt und misst den in der Abbildung eingezeichneten Winkel ϕ zwischen Geschoss und Boden. Zeigen Sie, dass $\phi = \frac{1}{2}\tan\theta$ gilt.

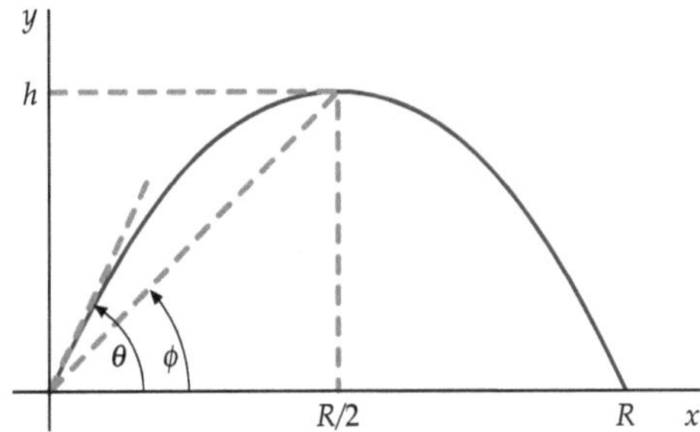

A3.33 ••• Eine Kugel verlässt die Gewehrmündung mit 250 m/s. Sie soll ein 100 m von der Mündung entferntes Ziel treffen. Wie weit oberhalb des eigentlichen Zielpunkts liegt der Punkt, den man dabei anpeilen muss?

Allgemeine Aufgaben

A3.34 • Zwei Vektoren $\boldsymbol{A}$ und $\boldsymbol{B}$ liegen in der x-y-Ebene. Unter welchen Umständen ist das Verhältnis $|\boldsymbol{A}|/|\boldsymbol{B}|$ gleich A_x/B_x?

A3.35 •• Eine kleine Stahlkugel rollt horizontal mit einer Anfangsgeschwindigkeit von 3 m/s von der obersten Stufe einer langen, geraden Treppe herab. Jede Stufe ist 0,18 m hoch und 0,3 m breit. Auf welche Stufe trifft die Kugel zuerst auf?

A3.36 •• Galileo Galilei zeigte, dass die Reichweiten von zwei Geschossen, die den Abschusswinkel von $45°$ um den gleichen Betrag über- bzw. unterschreiten, unter Vernachlässigung der Luftreibung gleich sind. Beweisen Sie Galileis Aussage.

3L Bewegung in zwei und drei Dimensionen

L: Lösungen

L3.1 Die entlang einer Bahn zurückgelegte Strecke kann als Abfolge kleiner Verschiebungen dargestellt werden, wie es in der Abbildung gezeigt ist.

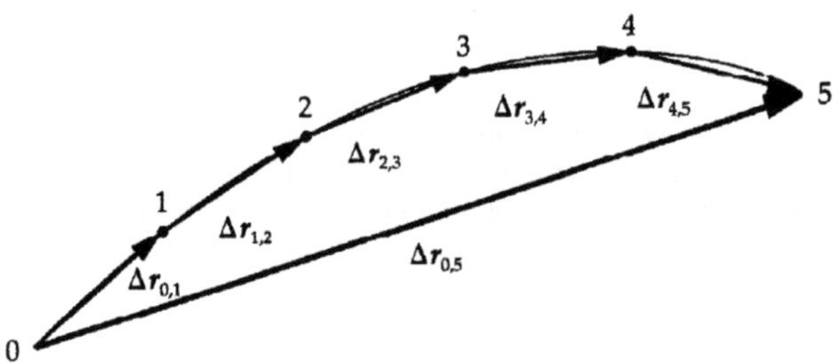

Damit ist die gesamte Ortsverschiebung die Vektorsumme aller Verschiebungen, und die insgesamt zurückgelegte Strecke ist die Summe der Beträge der Einzelverschiebungen. Somit ist die Gesamtstrecke

$$|\Delta r_{0,1}| + |\Delta r_{1,2}| + |\Delta r_{2,3}| + \cdots + |\Delta r_{N-1,N}|,$$

wobei N die Anzahl der kleinen Verschiebungen ist. (Damit dies exakt gilt, müssten wir den Grenzwert für $N \rightarrow \infty$ bilden, in dem jede Verschiebung gegen null geht.) Da die kürzeste Verbindung zwischen zwei Punkten die Gerade ist, gilt jedoch für den Betrag $|\Delta r_{0,N}|$ der Gesamtverschiebung:

$$|\Delta r_{0,N}| \leq |\Delta r_{0,1}| + |\Delta r_{1,2}| + |\Delta r_{2,3}| + \cdots + |\Delta r_{N-1,N}|.$$

Also ist der Betrag der Gesamtortsverschiebung eines Teilchens stets kleiner als oder ebenso groß wie die zurückgelegte Strecke.

L3.2 Falsch. Als Gegenbeispiel betrachten wir zwei endlich lange Vektoren mit dem gleichen Betrag, aber entgegengesetzten Richtungen. Die Summe beider Vektoren ist null, während jeder Betrag von null verschieden ist.

L3.3 Die Abbildung zeigt einen Vektor A sowie seine Komponenten A_x und A_y.

Der Betrag von A kann über den Satz des Pythagoras durch die Längen der Komponenten ausgedrückt werden: $A^2 = A_x^2 + A_y^2$. Da beim Nullvektor $A^2 = A_x^2 + A_y^2 = 0$ ist, folgt $A_x = A_y = 0$, so dass alle Komponenten eines Nullvektors null sein müssen.

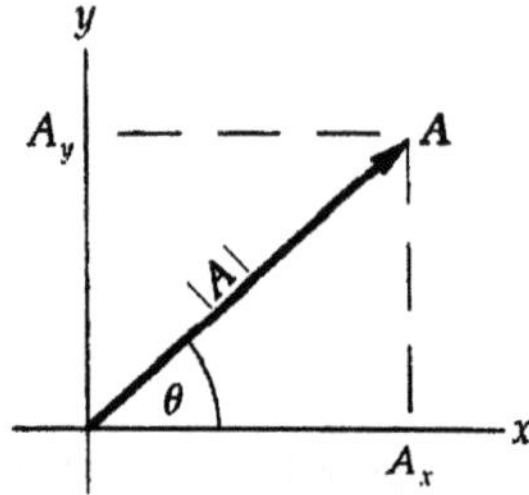

L3.4 a) Die mittlere Geschwindigkeit $\langle v \rangle$ eines Teilchens ist der Quotient aus seiner Verschiebung und der dafür benötigten Zeit. Da Δr aus den beiden Ortsvektoren folgt und Δt gegeben ist, kann der Vektor der mittleren Geschwindigkeit aus den Angaben berechnet werden.

b) Für die mittlere Beschleunigung benötigen wir Δv. Weil die Geschwindigkeiten im Anfangs- und im Endpunkt nicht gegeben sind, kann die mittlere Beschleunigung nicht berechnet werden.

c) Um die Momentangeschwindigkeit zu berechnen, müssten wir wissen, wie sich der Ort zeitlich ändert. Also müsste dieser über den gesamten Zeitraum gegeben sein, was aber nicht der Fall ist.

d) Um die Momentanbeschleunigung zu berechnen, müssten wir wissen, wie sich die Geschwindigkeit zeitlich ändert. Also müsste diese über den gesamten Zeitraum gegeben sein.

L3.5 a) Der Geschwindigkeitsvektor zeigt stets in die Bewegungsrichtung des Teilchens. Daher ist er die Tangente an die Bahnkurve.

b) Die Abbildung zeigt zwei Geschwindigkeitsvektoren für ein Teilchen, das sich entlang der angegebenen Bahn bewegt.

L3.6 Die Definition des Geschwindigkeitsvektors lautet $\boldsymbol{v} = \mathrm{d}\boldsymbol{r}/\mathrm{d}t$, während der Beschleunigungsvektor durch $\boldsymbol{a} = \mathrm{d}\boldsymbol{v}/\mathrm{d}t$ definiert ist. Damit erfüllen folgende Beispiele die Bedingungen der Aufgabe:

a) Ein Auto, das auf gerader Straße fährt und bremst.

b) Ein Auto, das auf gerader Straße fährt und beschleunigt.

c) Ein Auto, das mit konstantem Tempo auf einem Kreis fährt.

L3.7 Die Geschwindigkeit des Stroms ist gleich der des Boots in ruhigem Wasser. Um nicht abgetrieben zu werden, kann der Bootsführer das Boot bestenfalls genau der Strömung entgegen lenken – wobei er aber nicht vom Ufer wegkommt. Daher ist Aussage d richtig.

L3.8 Am höchsten Punkt hat die Geschwindigkeit lediglich eine horizontale Komponente, d. h. die gegebenen 200 m/s. Bei Vernachlässigung des Luftwiderstands ist die horizontale Geschwindigkeitskomponente des Geschosses während des Flugs konstant, so dass die horizontale Komponente der Anfangsgeschwindigkeit ebenfalls 200 m/s betrug. Also ist Aussage e richtig.

L3.9 a) Die Vektoren $\boldsymbol{A}(t)$ und $\boldsymbol{A}(t + \Delta t)$ in der Abbildung haben die gleiche Länge, aber etwas unterschiedliche Richtungen.

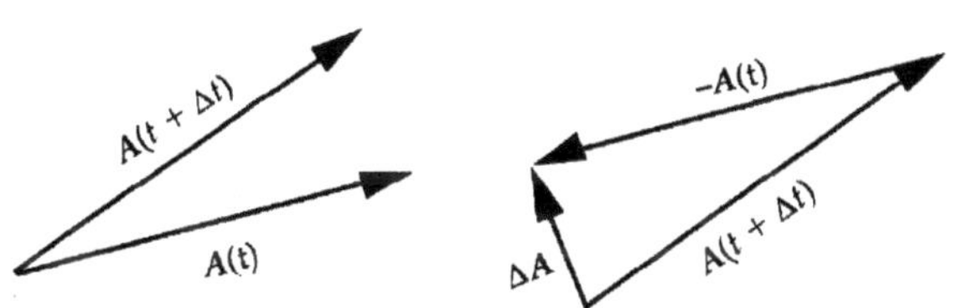

Rechts ist der Vektor $\Delta\boldsymbol{A}$ eingezeichnet. Wie wir sehen, verläuft er fast senkrecht zu $\boldsymbol{A}(t)$. Wählen wir das Zeitintervall sehr klein, dann stehen $\boldsymbol{A}(t)$ und $\Delta\boldsymbol{A}$ senkrecht aufeinander, so dass $\mathrm{d}\boldsymbol{A}/\mathrm{d}t$ senkrecht auf $\boldsymbol{A}$ steht.

b) Der Betrag von $\boldsymbol{A}$ ist konstant. Wenn $\boldsymbol{A}$ der Ortsvektor eines Teilchens sein soll, so ist dessen Abstand vom Koordinatenursprung stets konstant, so dass sich das Teilchen auf einer Kreisbahn bewegt. Die Größe $\mathrm{d}\boldsymbol{A}/\mathrm{d}t$ ist dann der Geschwindigkeitsvektor, der tangential zur Bahnkurve des Teilchens verläuft und im Fall einer Kreisbahn senkrecht auf dem Radius steht.

c) Weil der Beschleunigungsvektor bei einer gleichförmigen Kreisbewegung stets senkrecht auf dem Geschwindigkeitsvektor steht, könnte $\boldsymbol{A}$ den Geschwindigkeitsvektor einer gleichförmigen Kreisbewegung repräsentieren.

L3.10 Richtig. Damit sich ein Objekt im Kreis bewegt, muss sich fortlaufend seine Richtung ändern, wozu es ständig beschleunigt werden muss.

L3.11 Abbildung a zeigt den Pendelkörper kurz vor und Abbildung b kurz nach der Umkehr. Die Beschleunigung weist in Richtung der Geschwindigkeitsänderung $\Delta\boldsymbol{v} = \boldsymbol{v}_\mathrm{E} - \boldsymbol{v}_\mathrm{A}$. Sie ist die Tangente an die Bahnkurve des Pendels im Umkehrpunkt.

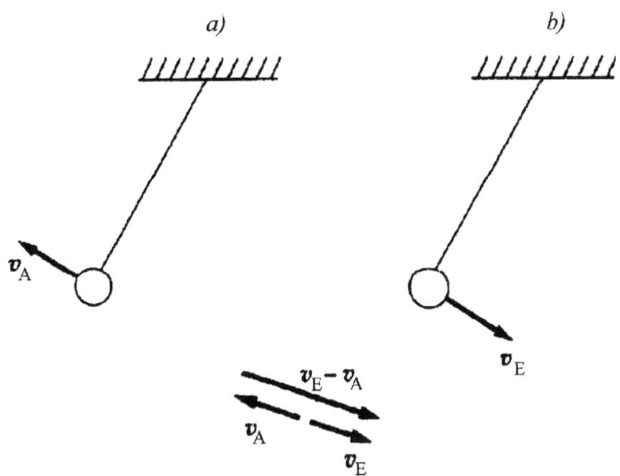

Die Zentripetalbeschleunigung ist null. Die Tangentialbeschleunigung ist dagegen von null verschieden, da sich die Richtung des Pendelkörpers ändert.

L3.12 Die resultierende Verschiebung ist die Vektorsumme der Einzelverschiebungen. Die Abbildung zeigt die beiden aufeinander folgenden Verschiebungen sowie die resultierende Verschiebung des Bärs.

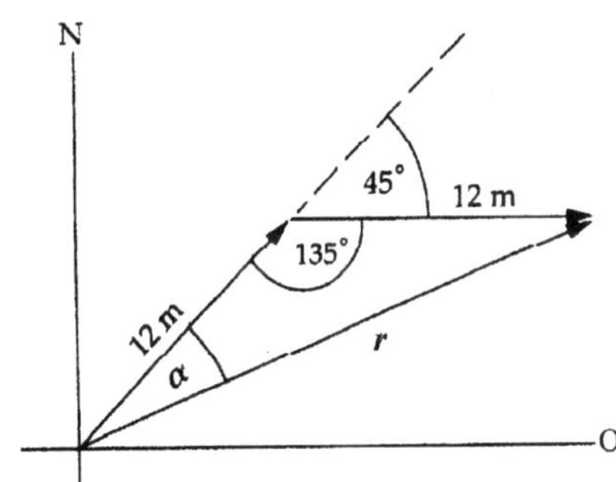

Die resultierende Verschiebung kann durch den Kosinussatz ausgedrückt werden:

$$r^2 = (12\ \mathrm{m})^2 + (12\ \mathrm{m})^2 - 2\,(12\ \mathrm{m})(12\ \mathrm{m})\cos 135°.$$

Das ergibt $|r| = 22{,}2$ m. Nun benötigen wir noch den Winkel. Aus dem Sinussatz folgt

$$\frac{\sin\alpha}{12\ \mathrm{m}} = \frac{\sin 135°}{22{,}2\ \mathrm{m}}$$

und damit $\alpha = 22{,}5°$. Somit beträgt der Winkel gegen die Horizontale $45° - 22{,}5° = 22{,}5°$.

L3.13 Wir berechnen die Komponenten des resultierenden Vektors, den wir $\boldsymbol{D}$ nennen wollen, aus denen der zu addierenden Vektoren. Die Addition ergibt $D_x = A_x + B_x + C_x = 5$ und $D_y = A_y + B_y + C_y = 6$. Der Betrag des resultierenden Vektors folgt dann aus dem Satz des Pythagoras zu

$$|\boldsymbol{D}| = \sqrt{D_x^2 + D_y^2} = \sqrt{(5)^2 + (6)^2} = 7{,}8.$$

Also ist Lösung d richtig.

L3.14 Die Komponenten der Vektoren können über

$$A_x = |A|\cos\theta \quad \text{und} \quad A_y = |A|\sin\theta$$

berechnet werden. Sie lauten:

	$|A|$	θ	A_x	A_y
a)	10 m	30°	8,66 m	5 m
b)	5 m	45°	3,54 m	3,54 m
c)	7 km	60°	3,50 km	6,06 km
d)	5 km	90°	0	5 km
e)	15 km/s	150°	$-13{,}0$ km/s	7,50 km/s
f)	10 m/s	240°	$-5{,}00$ m/s	$-8{,}66$ m/s
g)	8 m/s^2	270°	0	$-8{,}00$ m/s^2

L3.15 Die Beträge ergeben sich jeweils aus dem Satz des Pythagoras und die Richtungswinkel aus dem Arkustangens des Quotienten der Komponenten:

a) Es ist $|A| = \sqrt{A_x^2 + A_y^2} = 5{,}83$ und, da A im 1. Quadranten liegt, $\theta = \operatorname{atan}(A_y/A_x) = 31{,}0°$.

b) Es ist $|B| = \sqrt{B_x^2 + B_y^2} = 12{,}2$ und, da B im 4. Quadranten liegt, $\theta = \operatorname{atan}(B_y/B_x) = -35{,}0°$.

c) Es ist $|C| = \sqrt{C_x^2 + C_y^2 + C_z^2} = 5{,}39$. Der Polarwinkel θ des resultierenden Vektors gegen die z-Achse (siehe Abbildung) ist $\theta = \operatorname{acos}(C_z/|C|) = 42{,}1°$. Und der Winkel ϕ gegen die x-Achse ist $\phi = \operatorname{acos}(C_x/|C|) = \operatorname{acos}(-2/\sqrt{29}) = 112°$.

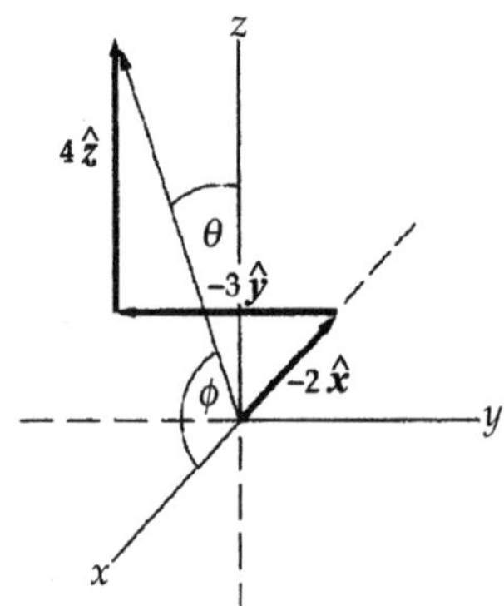

L3.16 Zunächst berechnen wir den Betrag von A:

$$|A| = \sqrt{A_x^2 + A_y^2} = \sqrt{3^2 + 4^2} = 5.$$

Offensichtlich lassen sich unendlich viele Vektoren B konstruieren, die den gleichen Betrag haben. Wir wählen diese möglichst einfach, so dass sie entlang der Koordinatenachsen liegen (siehe Abbildung), also etwa $B_1 = 5\hat{x}$, $B_2 = -5\hat{x}$ und $B_3 = 5\hat{y}$.

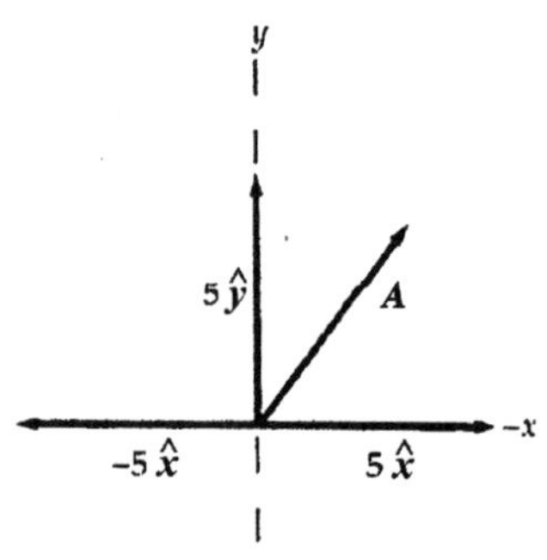

L3.17 Die Abbildung zeigt die Orte der Sender A und B relativ zum Schiff S sowie die Bezeichnungen für die Abstände der Sender vom Schiff sowie voneinander.

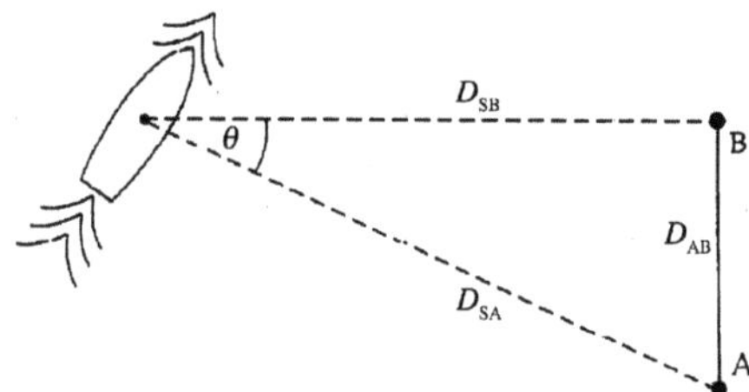

Der Abstand zwischen den Sendern A und B und der Abstand zwischen dem Schiff und dem Sender B sind über $\tan\theta = D_{\mathrm{AB}}/D_{\mathrm{SB}}$ verknüpft. Wir lösen nach dem Abstand zwischen dem Schiff und dem Sender B auf und setzen die gegebenen Werte ein:
$D_{\mathrm{SB}} = D_{\mathrm{AB}}/\tan\theta = (100\ \text{km})/(\tan 30°) = 173\ \text{km}$.

L3.18 a) Die mittlere Geschwindigkeit ist der Quotient aus der Ortsänderung und der verstrichenen Zeit: $\langle v \rangle = \Delta r/\Delta t$.

Wir notieren die Ortsvektoren und ermitteln dann den Verschiebungsvektor: $r_0 = (2\hat{x}+3\hat{y})$ m, $\quad r_2 = (6\hat{x}+7\hat{y})$ m.
Daraus folgt $\Delta r = r_2 - r_0 = (4\hat{x}+4\hat{y})$ m.

Damit ist der Betrag des Verschiebungsvektors für das betreffende Zeitintervall zwischen $t = 0$ und $t = 2$ s:

$$|\Delta r_{02}| = \sqrt{(4\ \text{m})^2 + (4\ \text{m})^2} = 5{,}66\ \text{m},$$

und der Betrag der mittleren Geschwindigkeit ist

$$|\langle v \rangle| = \frac{5{,}66\ \text{m}}{2\ \text{s}} = 2{,}83\ \text{m}\cdot\text{s}^{-1}.$$

Der Winkel gegen die positive x-Achse ergibt sich zu

$$\theta = \operatorname{atan}\frac{4\ \text{m}}{4\ \text{m}} = 45{,}0°.$$

b) Wir wiederholen die Berechnung für den Zeitraum zwischen $t = 0$ und $t = 5$ s:
$$r_5 = (13\hat{x}+14\hat{y})\ \text{m},$$
$$\Delta r_{05} = r_5 - r_0 = (11\hat{x}+11\hat{y})\ \text{m},$$
$$|\Delta r_{05}| = \sqrt{(11\ \text{m})^2 + (11\ \text{m})^2} = 15{,}6\ \text{m},$$
$$|\langle v \rangle| = \frac{15{,}6\ \text{m}}{5\ \text{s}} = 3{,}11\ \text{m}\cdot\text{s}^{-1},$$
$$\theta = \operatorname{atan}\frac{11\ \text{m}}{11\ \text{m}} = 45{,}0°.$$

L3.19 Da die Beschleunigung konstant ist, lassen sich die Geschwindigkeit zur Zeit $t = 2$ s sowie der Ortsvektor zur Zeit $t = 4$ s aus den vektoriellen Gleichungen für die Bewegung mit konstanter Beschleunigung ermitteln.

a) Die Geschwindigkeit des Teilchens in Abhängigkeit von der Zeit ist $v = v_0 + a t$.

Wir setzen die gegebene Beschleunigung ein und berechnen die Geschwindigkeit zur Zeit $t = 2$ s:

$$v(2\ \text{s}) = (2\hat{x}-9\hat{y})\ \text{m}\cdot\text{s}^{-1} + \left[(4\hat{x}+3\hat{y})\ \text{m}\cdot\text{s}^{-2}\right](2\ \text{s})$$
$$= (10\hat{x}-3\hat{y})\ \text{m}\cdot\text{s}^{-1}.$$

b) Die Gleichung für den Ortsvektor bei gleichförmig beschleunigter Bewegung lautet $r = r_0 + v_0 t + \frac{1}{2} a t^2$.

Einsetzen ergibt

$$r = (4\widehat{x} + 3\widehat{y})\,\text{m} + \left[(2\widehat{x} - 9\widehat{y})\,\text{m} \cdot \text{s}^{-1}\right] (4\,\text{s})$$
$$+ \frac{1}{2}\left[(4\widehat{x} + 3\widehat{y})\,\text{m} \cdot \text{s}^{-2}\right] (4\,\text{s})^2$$
$$= (44\widehat{x} - 9\widehat{y})\,\text{m}.$$

Hieraus ergeben sich Betrag und Richtung des Ortsvektors r zur Zeit $t = 4\,\text{s}$:

$$|r(4\,\text{s})| = \sqrt{(44\,\text{m})^2 + (-9\,\text{m})^2} = 44{,}9\,\text{m}$$

und, weil r im 4. Quadranten liegt,

$$\theta(4\,\text{s}) = \text{atan}\,\frac{-9\,\text{m}}{44\,\text{m}} = -11{,}6^\circ.$$

L3.20 Die Geschwindigkeit des Flugzeugs relativ zum Boden bezeichnen wir mit $v^{(\text{B})}$, die des Flugzeugs relativ zur Luft mit $v^{(\text{L})}$ und die der Luft relativ zum Boden mit $v_{\text{L}}^{(\text{B})}$. Dann gilt

$$v^{(\text{B})} = v^{(\text{L})} + v_{\text{L}}^{(\text{B})}. \tag{1}$$

Wir legen den Koordinatenursprung in den Punkt A, wobei die positive x-Richtung nach Osten und die positive y-Richtung nach Norden zeigt. Den Winkel zwischen Norden und der Flugrichtung des Flugzeugs bezeichnen wir mit θ. Damit das Flugzeug genau nach Norden fliegt, muss der Pilot so Kurs halten, dass die Ost-West-Komponente von $v^{(\text{B})}$ null wird.

Wie die Abbildung zeigt, müssen die ostwärts gerichtete Komponente von $v_{\text{L}}^{(\text{B})}$ und die westwärts gerichtete Komponente von $v^{(\text{L})}$ gleich sein:

$$(50\,\text{km} \cdot \text{h}^{-1})\cos 45^\circ = (240\,\text{km} \cdot \text{h}^{-1})\sin\theta.$$

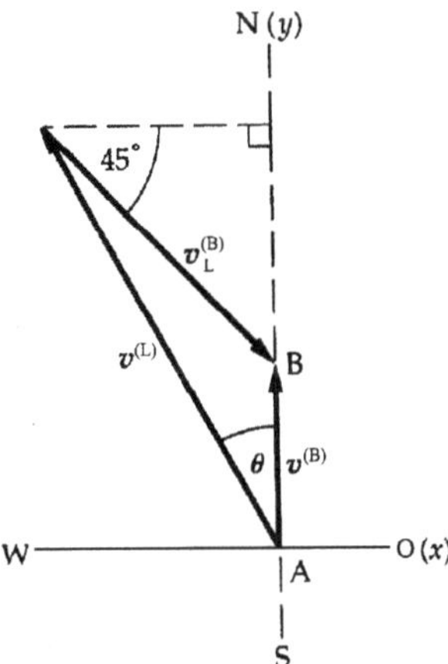

Unter dieser Bedingung (sie entspricht dem Gleichsetzen der x-Komponenten in Gleichung 1) fliegt das Flugzeug genau nach Norden. Auflösen nach θ ergibt

$$\theta = \text{asin}\,\frac{(50\,\text{km} \cdot \text{h}^{-1})\cos 45^\circ}{240\,\text{km} \cdot \text{h}^{-1}} = 8{,}47^\circ.$$

Dies ist der Kurs, den der Pilot ansteuern muss.

Um die Flugdauer zu ermitteln, betrachten wir die Nordkomponenten der Geschwindigkeiten, die über folgende Gleichung zusammenhängen: $|v^{(\text{B})}| + |v_{\text{L}}^{(\text{B})}| \sin 45^\circ = |v^{(\text{L})}| \cos 8{,}47^\circ$.

Dies lösen wir nach der Geschwindigkeit relativ zum Boden auf:

$$|v^{(\text{B})}| = (240\,\text{km} \cdot \text{h}^{-1})\cos 8{,}47^\circ - (50\,\text{km} \cdot \text{h}^{-1})\sin 45^\circ$$
$$= 202\,\text{km} \cdot \text{h}^{-1}.$$

Damit ergibt sich für die Flugzeit

$$t_{\text{Flug}} = \frac{\text{zurückgelegte Strecke}}{|v^{(\text{B})}|} = \frac{520\,\text{km}}{202\,\text{km} \cdot \text{h}^{-1}} = 2{,}57\,\text{h}.$$

L3.21 Gegeben sind die Richtung der Geschwindigkeit $v^{(\text{B})}$ des Flugzeugs relativ zum Boden (nach Norden), der Betrag der Geschwindigkeit $v^{(\text{L})}$ relativ zur Luft sowie die Geschwindigkeit (Betrag und Richtung) $v_{\text{L}}^{(\text{B})}$ der Luft relativ zum Boden. Gesucht ist die Richtung der Geschwindigkeit $v^{(\text{L})}$ des Flugzeugs relativ zur Luft. Wir stellen die Beziehung $v^{(\text{B})} = v^{(\text{L})} + v_{\text{L}}^{(\text{B})}$ in einem Vektordiagramm dar (siehe Abbildung) und lesen daraus die gesuchte Richtung ab.

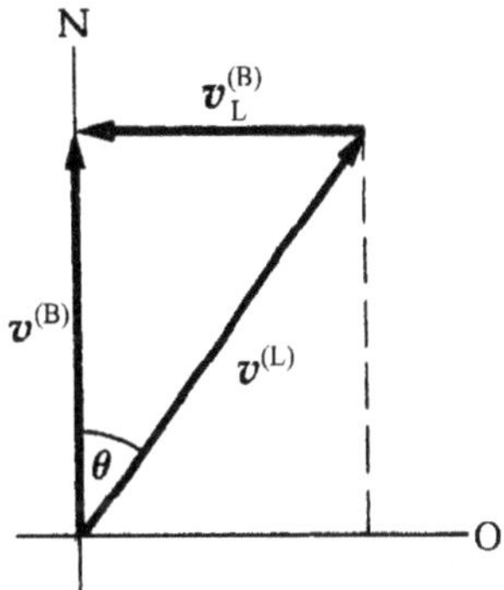

Die Richtung, die der Pilot ansteuern muss, ist

$$\theta = \text{asin}\,\frac{|v_{\text{L}}^{(\text{B})}|}{|v^{(\text{L})}|} = \text{asin}\,\frac{55{,}5\,\text{km} \cdot \text{h}^{-1}}{280\,\text{km} \cdot \text{h}^{-1}} = 11{,}4^\circ.$$

Somit ist der gesuchte Azimut $Az = (011{,}4^\circ)$.

L3.22 Die Abbildung veranschaulicht die Zentripetal- und die Tangentialbeschleunigung des Reagenzglases.

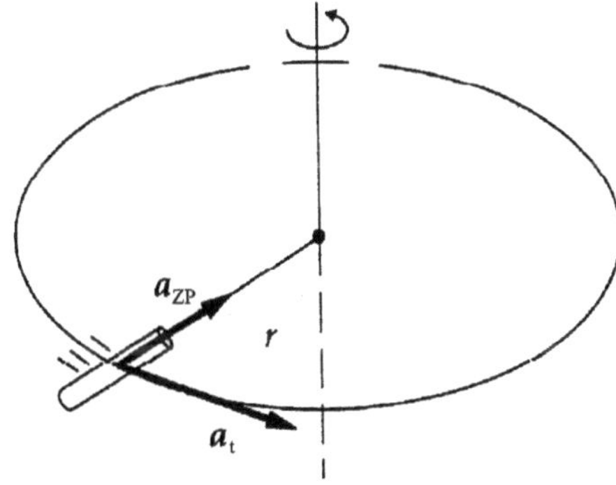

a) Die Zentripetalbeschleunigung nimmt mit wachsender Tangentialgeschwindigkeit zu. Ihr Betrag ist der Quotient aus der Bahngeschwindigkeit und dem Radius, d. h. der Länge des Zentrifugenarms, und sie ist dem Radius entgegen gerichtet:

$a_{\mathrm{ZP}} = -v^2/r$.

Die Bahngeschwindigkeit kann aus dem pro Umlauf zurückgelegten Weg und der Umlaufzeit berechnet werden:

$v = 2\,\pi\,r/T$.

Einsetzen liefert mit den gegebenen Werten:

$$a_{\mathrm{ZP}} = \frac{-4\,\pi^2\,r}{T^2} = \frac{-4\,\pi^2\,(0{,}15\,\mathrm{m})}{\left(\dfrac{1\,\mathrm{min}}{15000\,\mathrm{U}}\,\dfrac{60\,\mathrm{s}}{1\,\mathrm{min}}\right)^2} = -3{,}70\cdot 10^5\,\mathrm{m\cdot s^{-2}}.$$

b) Wir drücken die Tangentialbeschleunigung als Quotient aus der Differenz von End- und Anfangsbahngeschwindigkeit sowie der Zeit aus:

$$a_{\mathrm{t}} = \frac{v_{\mathrm{E}} - v_{\mathrm{A}}}{\Delta t} = \frac{2\,\pi\,r/T - 0}{\Delta t} = \frac{2\,\pi\,r}{T\,\Delta t}$$

$$= \frac{2\,\pi\,(0{,}15\,\mathrm{m})}{\left(\dfrac{1\,\mathrm{min}}{15000\,\mathrm{U}}\,\dfrac{60\,\mathrm{s}}{1\,\mathrm{min}}\right)(75\,\mathrm{s})} = 3{,}14\,\mathrm{m\cdot s^{-2}}.$$

L3.23 Die Anzahl n der Umdrehungen, die der Ball in einer Zeit t ausführt, ergibt sich aus dem Umfang ℓ_{U} seiner Kreisbahn und der Gesamtstrecke ℓ, die er währenddessen zurücklegt:

$$n = \frac{\ell}{\ell_{\mathrm{U}}}. \tag{1}$$

Wir berechnen zunächst die in einer Zeit t zurückgelegte Strecke ℓ. Die Zentripetalbeschleunigung des Balls ergibt sich aus seiner Geschwindigkeit und dem Radius, auf dem er sich bewegt:

$$\boldsymbol{a}_{\mathrm{ZP}} = -\frac{v^2}{r}\,\widehat{\boldsymbol{r}}.$$

Ihr Betrag soll gleich der Erdbeschleunigung sein:

$$|\boldsymbol{a}_{\mathrm{ZP}}| = g = \frac{v^2}{r}.$$

Daraus folgt $v = \sqrt{rg}$.

Ausgehend von diesem Tempo können wir die vom Ball in der Zeit t zurückgelegte Strecke berechnen: $\ell = v\,t = \sqrt{rg}\,t$.

Andererseits ist die pro Umlauf zurückgelegte Strecke gleich dem Kreisumfang: $\ell_{\mathrm{U}} = 2\,\pi\,r$.

Wir setzen beides in Gleichung 1 ein und erhalten für die Anzahl der in der Zeit t ausgeführten Umdrehungen:

$$n = \frac{\sqrt{rg}\,t}{2\,\pi\,r} = \frac{1}{2\,\pi}\sqrt{\frac{g}{r}}\,t. \tag{2}$$

Einsetzen der Zahlenwerte ergibt mit $t = 1\,\mathrm{min}$:

$$n_{1\,\mathrm{min}} = \frac{1}{2\,\pi}\sqrt{\frac{9{,}81\,\mathrm{m\cdot s^{-2}}}{0{,}8\,\mathrm{m}}}\,(60\,\mathrm{s}) = 33{,}4.$$

Anmerkung: Die Zeit t/n für einen Umlauf nach Gleichung 2 stimmt gerade mit der Schwingungsdauer T eines mathematischen Pendels mit der gleichen Länge wie der des Fadens überein.

L3.24 Wir legen das Koordinatensystem so an, wie in der Abbildung gezeigt.

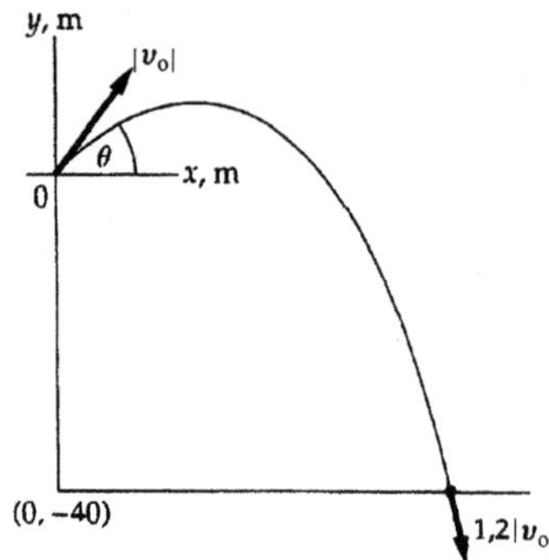

Die horizontale und die vertikale Geschwindigkeit sind unabhängig voneinander. Da der Luftwiderstand vernachlässigt wird, können wir die Gleichungen für gleichförmig beschleunigte Bewegungen anwenden.

Die horizontale und die vertikale Komponente der Anfangsgeschwindigkeit sind

$$v_{0,x} = v_x = |\boldsymbol{v}_0|\cos\theta \quad \text{und} \quad v_{0,y} = |\boldsymbol{v}_0|\sin\theta.$$

Die horizontale Komponente v_x bleibt während des Flugs unverändert. Die vertikale Komponente v_y kann bei gleichförmiger Beschleunigung durch die vertikale Verschiebung Δy der Kugel ausgedrückt werden: $v_y^2 = v_{0,y}^2 + 2\,a_y\,\Delta y$.

Mit $a_y = -g$ und $\Delta y = -h$ folgt daraus

$$v_y^2 = (|\boldsymbol{v}_0|\sin\theta)^2 + 2\,g\,h.$$

Damit ist das Betragsquadrat des Geschwindigkeitsvektors

$$|\boldsymbol{v}|^2 = v_x^2 + v_y^2 = (|\boldsymbol{v}_0|\cos\theta)^2 + v_y^2$$

$$= |\boldsymbol{v}_0|^2(\sin^2\theta + \cos^2\theta) + 2\,g\,h = |\boldsymbol{v}_0|^2 + 2\,g\,h.$$

Die Auftreffgeschwindigkeit soll $1{,}2\,|\boldsymbol{v}_0|$ betragen:

$$(1{,}2\,|\boldsymbol{v}_0|)^2 = |\boldsymbol{v}_0|^2 + 2\,g\,h.$$

Auflösen nach $|\boldsymbol{v}_0|$ und Einsetzen der Zahlenwerte ergibt

$$|\boldsymbol{v}_0| = 42{,}2\,\mathrm{m\cdot s^{-1}}.$$

Anmerkung: Offensichtlich ist die Geschwindigkeit unabhängig von θ. Das ist auch einleuchtend, wenn man die Aufgabe unter dem Gesichtspunkt der Energieerhaltung betrachtet.

L3.25 Damit der Pfeil den Affen trifft, muss er die Falllinie des Affen erreichen, bevor dieser auf den Boden auftrifft. Wir berechnen zunächst die Fallzeit des Affen. Diese setzen wir anschließend gleich der Flugzeit des Pfeils und berechnen damit seine horizontale Geschwindigkeitskomponente sowie über den Winkel θ die Anfangsgeschwindigkeit.

Wir beginnen mit der Zeitspanne, in der der Affe fällt. Aufgrund der konstanten Erdbeschleunigung gilt für die Fallstrecke des Affen $h = \frac{1}{2}g\,t^2$. Damit ergibt sich für seine Fallzeit

$$t = \sqrt{\frac{2h}{g}} = \sqrt{\frac{2\,(11{,}2\,\mathrm{m})}{9{,}81\,\mathrm{m\cdot s^{-2}}}} = 1{,}51\,\mathrm{s}.$$

Die Geschwindigkeit des Pfeils in x-Richtung ist konstant. Sie ergibt sich aus der Strecke x und aus der Flugzeit des Pfeils, die ja gleich der oben berechneten Fallzeit des Affen sein soll. Der

Abschusswinkel des Pfeils gegen die Horizontale ist

$$\theta = \mathrm{atan}\left(\frac{10\ \mathrm{m}}{50\ \mathrm{m}}\right) = 11{,}3^\circ.$$

Damit erhalten wir für die Anfangsgeschwindigkeit

$$|\boldsymbol{v}_0| = \frac{v_x}{\cos\theta} = \frac{(50\ \mathrm{m})/(1{,}51\ \mathrm{s})}{\cos 11{,}3^\circ} = 33{,}8\ \mathrm{m\cdot s^{-1}}.$$

L3.26 Die Abbildung zeigt den Abwurf sowie ein geeignetes Koordinatensystem.

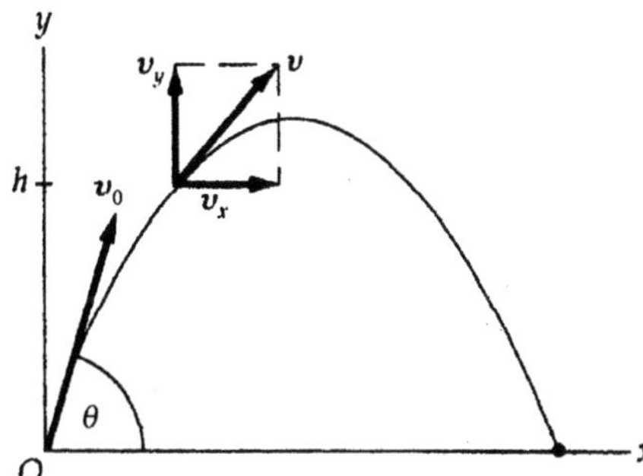

Bei Vernachlässigung der Reibung ist die Beschleunigung des Balls konstant, so dass wir die Gleichungen für konstante Beschleunigung anwenden können. Für das Quadrat der konstanten x-Komponente der Geschwindigkeit gilt bei Abwurf unter dem Winkel θ:

$$v_x^2 = |\boldsymbol{v}_0|^2 \cos^2\theta.$$

Dagegen gilt für das Quadrat der y-Komponente unter Berücksichtigung der gleichförmigen Verzögerung:

$$v_y^2 = |\boldsymbol{v}_0|^2 \sin^2\theta - 2gh.$$

Mit $\cos^2\theta + \sin^2\theta = 1$ gilt gemäß dem Satz des Pythagoras für das Quadrat der Gesamtgeschwindigkeit:

$$|\boldsymbol{v}|^2 = v_x^2 + v_y^2 = |\boldsymbol{v}_0|^2 - 2gh.$$

Die Gesamtgeschwindigkeit ist also unabhängig von θ.

L3.27 Da die horizontale und die vertikale Beschleunigung der Kanonenkugel bei Vernachlässigung des Luftwiderstands konstant sind, können wir Ort und Geschwindigkeit der Kugel über die Gleichungen für die gleichförmig beschleunigte Bewegung durch die Beschleunigung und durch die Zeit ausdrücken. Wir berücksichtigen dabei, dass die vertikale und die horizontale Bewegung voneinander unabhängig sind.

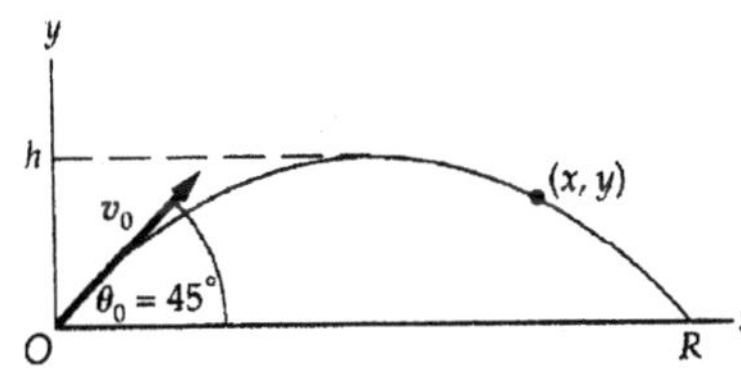

a) Bei konstanter Beschleunigung ist $v_y^2 = v_{0,y}^2 + 2a_y\Delta y$.

Mit $v_y = 0$ (im Scheitelpunkt) sowie $a_y = -g$ und $\Delta y = h$ ergibt sich daraus $0 = v_{0,y}^2 - 2gh$.

Die vertikale Komponente der Abschussgeschwindigkeit ist

$$v_{0,y} = |\boldsymbol{v}_0|\sin\theta = (300\ \mathrm{m\cdot s^{-1}})\sin 45^\circ = 212\ \mathrm{m\cdot s^{-1}}.$$

Dies setzen wir in die vorige Gleichung ein und lösen nach h auf:

$$h = \frac{v_{0,y}^2}{2g} = \frac{(212\ \mathrm{m\cdot s^{-1}})^2}{2\,(9{,}81\ \mathrm{m\cdot s^{-2}})} = 2{,}29\ \mathrm{km}.$$

b) Die gesamte Flugzeit der Kugel ist damit

$$\Delta t = t_{\mathrm{auf}} + t_{\mathrm{ab}} = 2t_{\mathrm{auf}} = 2\,\frac{v_{0,y}}{g} = \frac{2\,(212\ \mathrm{m\cdot s^{-1}})}{9{,}81\ \mathrm{m\cdot s^{-2}}} = 43{,}2\ \mathrm{s}.$$

c) In x-Richtung bewegt sich die Kugel mit konstanter Geschwindigkeit, und die Reichweite $x = R$ ist

$$\begin{aligned}
R &= v_{0,x}\Delta t = (|\boldsymbol{v}_0|\cos\theta)\,\Delta t \\
&= \left[(300\ \mathrm{m\cdot s^{-1}})\cos 45^\circ\right](43{,}2\ \mathrm{s}) = 9{,}16\ \mathrm{km}.
\end{aligned}$$

L3.28 Unter Vernachlässigung des Luftwiderstands ist die Beschleunigung der Kanonenkugel konstant. Die horizontale und die vertikale Bewegung erfolgen unabhängig voneinander. Wir legen den Koordinatenursprung in die Abwurfstelle auf der Felskuppe und wählen die Achsen wie in der Abbildung gezeigt. Für die horizontale und die vertikale Verschiebung der Kanonenkugel gelten die Bewegungsgleichungen für konstante Beschleunigung.

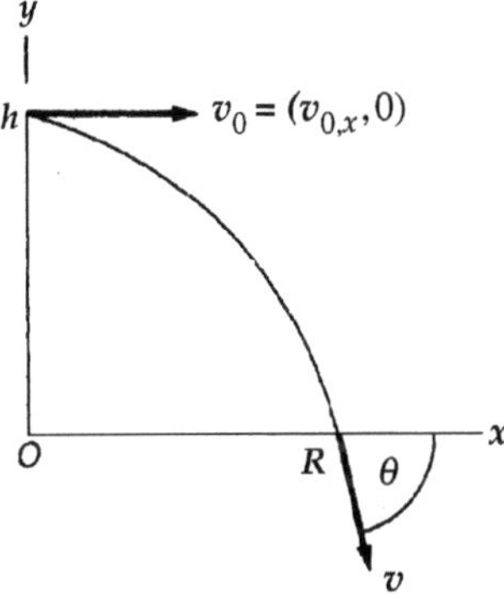

Für den gesuchten Winkel des Auftreffens auf den Boden gilt

$$\theta = \mathrm{atan}\,\frac{v_y}{v_x}. \tag{1}$$

Die vertikale Verschiebung bei konstanter Beschleunigung ist

$$\Delta y = v_{0,y}\Delta t + \tfrac{1}{2}a_y(\Delta t)^2,$$

und mit $v_{0,y} = 0$ sowie $a_y = -g$ ergibt sich $\Delta y = -\tfrac{1}{2}g(\Delta t)^2$.

Da die Reichweite $R = -h$ ist und somit $\Delta x = -\Delta y$ gilt, folgt für die Verschiebung in x-Richtung

$$\Delta x = v_x\Delta t = \tfrac{1}{2}g(\Delta t)^2.$$

Damit ist die Geschwindigkeitskomponente in x-Richtung

$$v_x = \frac{\Delta x}{\Delta t} = \tfrac{1}{2}g\Delta t.$$

Die Geschwindigkeitskomponente in y-Richtung beim Auftreffen auf den Boden ist $v_y = v_{0,y} + a\Delta t = -g\Delta t = -2\,v_x$.

Wir setzen beide Geschwindigkeitskomponenten in Gleichung 1 ein und erhalten so den Auftreffwinkel:

$$\theta = \mathrm{atan}\,\frac{v_y}{v_x} = \mathrm{atan}\,(-2) = -63{,}4^\circ.$$

L3.29 Die Lage des Extremwerts einer Funktion ergibt sich durch Nullsetzen der ersten Ableitung. Wir leiten also die Reichweite R nach dem Abwurfwinkel θ ab:

$$\frac{\mathrm{d}R}{\mathrm{d}\theta_0} = \frac{v_0^2}{g}\,\frac{\mathrm{d}}{\mathrm{d}\theta_0}(\sin 2\theta_0) = \frac{2\,v_0^2}{g}\cos 2\theta_0 \,.$$

Nullsetzen liefert $\dfrac{2\,v_0^2}{g}\cos 2\theta_0 = 0$.

Damit ist der Abwurfwinkel $\theta_0 = \frac{1}{2}\operatorname{acos}0 = 45°$.

Nun müssen wir noch ermitteln, ob es sich um ein Maximum oder um ein Minimum handelt. Wir bilden dazu die zweite Ableitung und setzen $\theta_0 = 45°$ ein:

$$\left.\frac{\mathrm{d}^2R}{\mathrm{d}\theta_0^2}\right|_{\theta_0=45°} = \left[-4\left(v_0^2/g\right)\sin 2\theta_0\right]_{\theta_0=45°} < 0\,.$$

Sie ist negativ; also ist die Reichweite R bei $\theta_0 = 45°$ maximal.

L3.30 Wir leiten R nach g ab:

$$\frac{\mathrm{d}R}{\mathrm{d}g} = \frac{\mathrm{d}}{\mathrm{d}g}\left(\frac{v_0^2}{g}\sin 2\theta_0\right) = -\frac{v_0^2}{g^2}\sin 2\theta_0 = -\frac{R}{g}\,.$$

Für kleine endliche Differenzen gilt

$$\frac{\Delta R}{\Delta g} \approx -\frac{R}{g} \quad \text{bzw.} \quad \frac{\Delta R}{R} \approx -\frac{\Delta g}{g}\,.$$

Damit ist die relative Änderung der Reichweite bei einer kleinen Änderung der Erdbeschleunigung ($g \approx g \pm \Delta g$) linear entgegengesetzt zur relativen Änderung der Erdbeschleunigung.

Anmerkung: Das bedeutet, dass die Reichweite mit zunehmender Schwerkraft abnimmt, und umgekehrt. Dies ist auch zu erwarten, weil ja R proportional zu $1/g$ ist.

L3.31 Wir leiten R nach v_0 ab:

$$\frac{\mathrm{d}R}{\mathrm{d}v_0} = \frac{\mathrm{d}}{\mathrm{d}v_0}\left(\frac{v_0^2}{g}\sin 2\theta_0\right) = \frac{2\,v_0}{g}\sin 2\theta_0 = 2\frac{R}{v_0}\,.$$

Für kleine endliche Differenzen gilt

$$\frac{\Delta R}{\Delta v_0} \approx 2\frac{R}{v_0} \quad \text{bzw.} \quad \frac{\Delta R}{R} \approx 2\frac{\Delta v_0}{v_0}\,.$$

Damit ist die relative Änderung der Reichweite bei einer kleinen Änderung der Startgeschwindigkeit ($v_0 \approx v_0 \pm \Delta v_0$) doppelt so groß wie die relative Änderung der Startgeschwindigkeit.

Anmerkung: Das bedeutet, dass die Reichweite doppelt so stark wie die Startgeschwindigkeit zu- bzw. abnimmt.

L3.32 Aus der Abbildung bei der Aufgabenstellung können wir ablesen, dass der Winkel ϕ durch die maximale Höhe des Geschosses und durch die Reichweite ausgedrückt werden kann:

$$\tan\phi = \frac{h}{R/2}\,. \tag{1}$$

Ausgehend von den Gleichungen für die gleichförmig beschleunigte Bewegung berechnen wir R und h. Dazu drücken wir die

Reichweite in Abhängigkeit vom Winkel θ aus und verwenden die trigonometrische Beziehung $\sin 2\theta = 2\sin\theta\cos\theta$:

$$R = \frac{v_0^2}{g}\sin 2\theta = 2\frac{v_0^2}{g}\sin\theta\cos\theta\,.$$

Die Geschwindigkeitskomponente in y-Richtung ändert sich bei konstanter Beschleunigung bis zum Gipfel mit der Höhe h gemäß $v_y^2 = v_{0,y}^2 - 2gh$.

Unter Berücksichtigung von $v_y = 0$ und $v_{0,y} = v_0\sin\theta$ folgt daraus $v_0^2\sin^2\theta = 2gh$.

Für die maximale Höhe ergibt sich damit $h = \frac{v_0^2}{2g}\sin^2\theta$.

Nun können wir R und h in Gleichung 1 einsetzen:

$$\tan\phi = \frac{2\dfrac{v_0^2}{2g}\sin^2\theta}{2\dfrac{v_0^2}{g}\sin\theta\cos\theta} = \frac{1}{2}\tan\theta\,.$$

L3.33 Bei Vernachlässigung des Luftwiderstands wird die Kugel entlang der Wurfparabel durch die Erdbeschleunigung konstant beschleunigt. Wir wählen ein Koordinatensystem, dessen Ursprung bei der Gewehrmündung liegt, und legen die Koordinatenachsen wie in der Abbildung gezeigt.

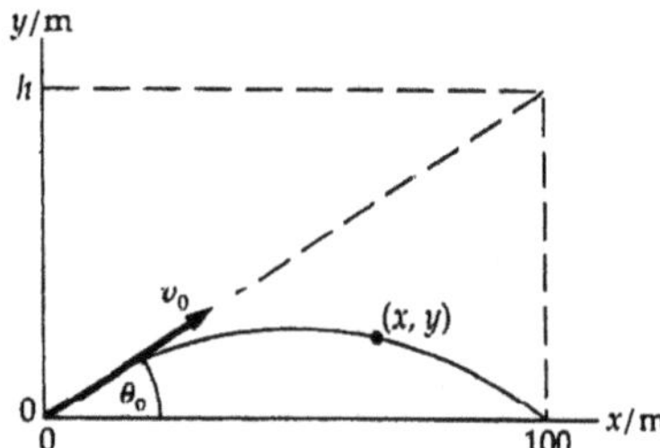

Die horizontale Position der Kugel ist mit $x_0 = 0$ und $v_{0,x} = |\boldsymbol{v}_0|\cos\theta_0$ sowie $a_x = 0$ ein Spezialfall der allgemeinen Gleichung für die beschleunigte Bewegung $x = x_0 + v_{0,x}t + \frac{1}{2}a_x t^2$. Daher gilt $x = (|\boldsymbol{v}_0|\cos\theta_0)\,t$.

Aus der allgemeinen Gleichung für die vertikale Bewegung mit konstanter Beschleunigung $y = y_0 + v_{0,y}t + \frac{1}{2}a_y t^2$ folgt mit $y_0 = 0$ und $v_{0,y} = |\boldsymbol{v}_0|\sin\theta_0$ sowie $a_y = -g$:

$$y = (|\boldsymbol{v}_0|\sin\theta_0)\,t - \frac{1}{2}g t^2\,.$$

Eliminieren der Zeit mit Hilfe der Funktion $x(t)$ liefert

$$y = (\tan\theta_0)\,x - \frac{g}{2\,|\boldsymbol{v}_0|^2\cos^2\theta_0}\,x^2\,.$$

Am Ziel ist $y = 0$ und $x = R$, so dass folgt

$$0 = (\tan\theta_0)\,R - \frac{g}{2\,|\boldsymbol{v}_0|^2\cos^2\theta_0}\,R^2\,.$$

Hieraus ergibt sich der Winkel, unter dem die Kugel abgeschossen werden muss, damit sie ihr Ziel trifft:

$$\theta_0 = \frac{1}{2}\operatorname{asin}\frac{Rg}{|\boldsymbol{v}_0|^2} = \frac{1}{2}\operatorname{asin}\frac{(100\text{ m})(9{,}81\text{ m}\cdot\text{s}^{-2})}{(250\text{ m}\cdot\text{s}^{-1})^2}$$
$$= 0{,}450°\,.$$

Anmerkung: Es gibt eine zweite Lösung $\theta_0 = 89{,}6°$, die aber physikalisch nicht sinnvoll ist.

Für die anzupeilende Höhe h gilt $\tan\theta_0 = h/(100\,\text{m})$, und wir erhalten $h = (100\,\text{m})\tan 0{,}450° = 0{,}785\,\text{m}$.

L3.34 Die Abbildung zeigt zwei beliebige koplanare Vektoren, die der Bedingung $|\boldsymbol{A}|/|\boldsymbol{B}| = A_x/B_x$ im Allgemeinen nicht genügen.

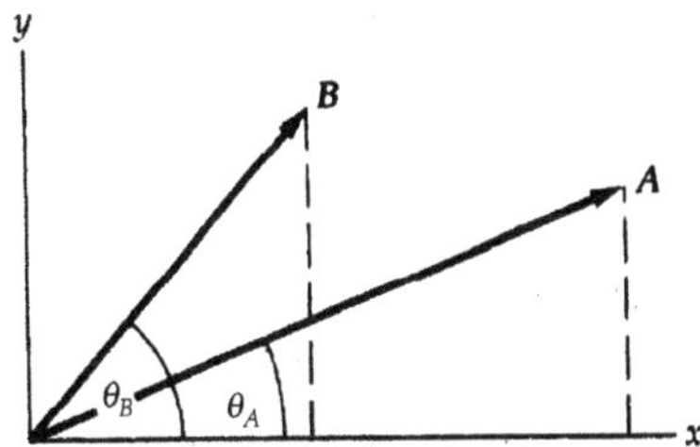

Damit sie die Bedingung erfüllen, muss wegen $A_x = |\boldsymbol{A}|\cos\theta_A$ und $B_x = |\boldsymbol{B}|\cos\theta_B$ gelten:

$$\frac{\cos\theta_A}{\cos\theta_B} = 1\,.$$

Somit gilt $|\boldsymbol{A}|/|\boldsymbol{B}| = A_x/B_x$ nur dann, wenn $\boldsymbol{A}$ und $\boldsymbol{B}$ parallel sind (also bei $\theta_A = \theta_B$) oder spiegelbildlich zur x-Achse liegen (also bei $\theta_A = -\theta_B$).

L3.35 Bei Vernachlässigung des Luftwiderstands wird die Kugel konstant beschleunigt. Wir legen das Koordinatensystem so an, dass der Ursprung am Anfangsort der Kugel liegt, die x-Achse nach rechts zeigt und die y-Richtung nach unten weist. Es ist $y_0 = 0$ und $a = g$. Wir verwenden die Gleichungen für die gleichförmig beschleunigte Bewegung und können dann die Flugzeit der Kugel bis zum Auftreffen auf die Treppe ermitteln. Aus der Flugzeit ergibt sich die Reichweite und somit die Stufe, auf die die Kugel zuerst auftrifft.

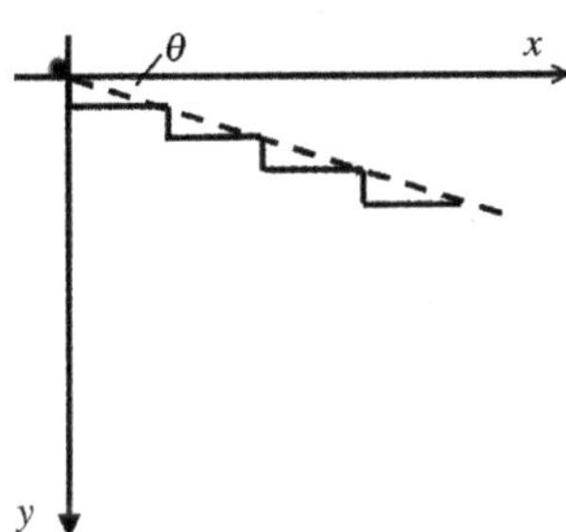

Zunächst beschreiben wir die x-Komponente des Orts der Kugel durch die allgemeine Gleichung für die gleichförmig beschleunigte Bewegung: $x = x_0 + v_{0,x}t + \frac{1}{2}a_x t^2$.

Weil in x-Richtung $x_0 = 0$ ist und keine Beschleunigung wirkt ($a_x = 0$), gilt $x = v_{0,x}t$.

Analog gilt für die y-Komponente des Orts der Kugel die allgemeine Gleichung für die gleichförmig beschleunigte Bewegung:

$$y = y_0 + v_{0,y}t + \tfrac{1}{2}a_y t^2\,.$$

Mit $y_0 = 0$ und $v_{0,y} = 0$ sowie $a_y = g$ ergibt sich $y = \frac{1}{2}g t^2$. Die Neigung der Treppe gegen die Horizontale ist durch die gestrichelte Linie in der Abbildung gekennzeichnet. Der Winkel θ ergibt sich zu

$$\theta = \text{atan}\,\frac{0{,}18\,\text{m}}{0{,}3\,\text{m}} = 31{,}0°\,.$$

Wenn die Kugel auf die Treppe trifft, schneidet ihre Wurfparabel diese Gerade. Dann gilt also

$$\tan\theta = \frac{y}{x} = \frac{g t}{2\,v_{0,x}}\,.$$

Dies lösen wir nach der Flugzeit bis zum Auftreffen auf:

$$t = \frac{2\,v_{0,x}}{g}\tan\theta\,.$$

Der Punkt, an dem die Kugel auf die Treppe (die geneigte Gerade) auftrifft, hat die x-Koordinate

$$x = v_0 t = \frac{2\,v_{0,x}^2}{g}\tan\theta\,.$$

Nun setzen wir die gegebenen Werte sowie den zuvor bestimmten Winkel θ ein und erhalten

$$x = \frac{2\,(3\,\text{m}\cdot\text{s}^{-1})^2}{9{,}81\,\text{m}\cdot\text{s}^{-2}}\tan 31° = 1{,}10\,\text{m}\,.$$

Weil die Stufen eine Breite von $0{,}3\,\text{m}$ haben, ist die erste Stufe mit $x > 1{,}10\,\text{m}$, auf die die Kugel auftrifft, die vierte Stufe.

L3.36 Bei Vernachlässigung des Luftwiderstands ist die Beschleunigung des Geschosses konstant. Damit gilt die Formel für die Reichweite beim schrägen Wurf mit gleicher Anfangs- und Endhöhe:

$$R = \frac{v_0^2}{g}\sin 2\theta_0\,.$$

Wir betrachten eine Abweichung um $\pm\Delta\theta$ vom $45°$-Winkel:

$$R = \frac{v_0^2}{g}\sin(90° \pm 2\Delta\theta) = \frac{v_0^2}{g}\cos(\pm 2\Delta\theta)\,.$$

Die Kosinusfunktion ist eine gerade Funktion:

$$\cos(-\alpha) = \cos(+\alpha)\,,$$

so dass gilt: $R(45° + \Delta\theta) = R(45° - \Delta\theta)$.

Also wird für $\theta_0 = 45° + \Delta\theta$ und für $\theta_0 = 45° - \Delta\theta$ die gleiche Reichweite erzielt.

Die Newton'schen Axiome

4A

- Das erste und das zweite Newton'sche Axiom:
  Masse, Trägheit und Kraft
- Masse und Gewicht
- Kräftediagramme: Statisches Gleichgewicht

A: Aufgaben

Verständnisaufgaben

A4.1 •• Woran erkennt man, ob ein Bezugssystem ein Inertialsystem ist?

A4.2 • Auf einen Körper wirkt eine einzelne, nicht verschwindende Kraft. Muss dieser Körper eine Beschleunigung relativ zu einem Inertialsystem erfahren? Kann er irgendwann die Geschwindigkeit null haben?

A4.3 • Ein Körper werde an einen Ort des Weltraums gebracht, an dem er weit weg von Galaxien, Sternen und anderen Körpern ist. Wie ändert sich seine Masse und wie sein Gewicht?

A4.4 •• Es wird oft gesagt, dass aus dem ersten und dem zweiten Newton'schen Axiom folgt, dass man mit den Gesetzen der Mechanik nicht feststellen kann, ob man still steht oder sich mit konstanter Geschwindigkeit bewegt. Erläutern Sie diese Aussage.

A4.5 • Welches der Kräftediagramme in der Abbildung stellt einen Körper dar, der eine reibungsfreie geneigte Ebene hinunter gleitet?

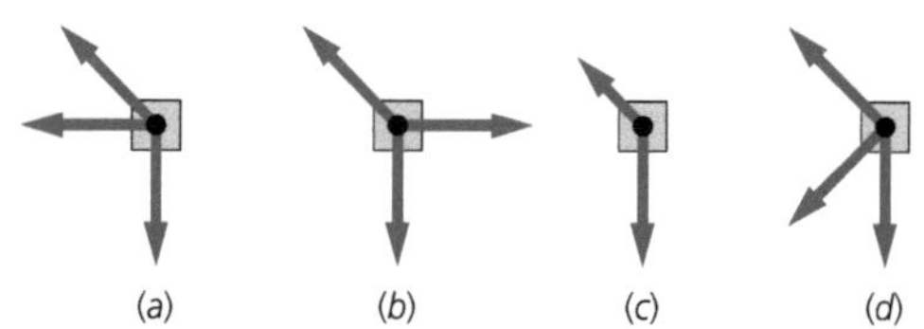

A4.6 • Eine Wäscheleine wird straff zwischen zwei Pfählen gespannt. Anschließend wird ein nasses Handtuch in der Mitte der Leine aufgehängt. Kann die Wäscheleine horizontal hängen bleiben? Begründen Sie Ihre Aussage.

A4.7 • Welche Auswirkung hat die Geschwindigkeit eines Fahrstuhls auf das scheinbare Gewicht einer Person im Fahrstuhl?

Schätzungs- und Näherungsaufgaben

A4.8 •• Ein Auto fährt mit 90 km/h auf ein unbesetztes Fahrzeug auf, das einen Motorschaden hatte und auf der Straße liegen geblieben ist. Glücklicherweise trägt der Fahrer des auffahrenden Fahrzeugs einen Sicherheitsgurt. Schätzen Sie unter Annahme sinnvoller Werte für die Masse des Fahrers und für den Bremsweg die (als konstant angenommene) Kraft ab, die der Sicherheitsgurt auf den Fahrer ausübt.

- **Das erste und das zweite Newton'sche Axiom: Masse, Trägheit und Kraft**

A4.9 • Ein Körper besitzt eine Beschleunigung von 3 m/s^2, wobei nur die Kraft F_0 auf ihn wirkt. a) Wie groß ist seine Beschleunigung, wenn die Kraft verdoppelt wird? b) Ein zweiter Körper erhält unter dem Einfluss der Kraft F_0 die Beschleunigung 9 m/s^2. Wie groß ist das Verhältnis der Massen der beiden Körper? c) Welche Beschleunigung würde die Kraft F_0 auf den Gesamtkörper erzeugen, der entsteht, wenn man beide Körper zusammenklebt?

A4.10 •• Eine Kugel mit der Masse $1{,}8 \cdot 10^{-3}$ kg, die mit 500 m/s fliegt, trifft einen großen, fest stehenden Holzblock und bohrt sich 6 cm weit in ihn hinein, bevor sie zum Stillstand kommt. Berechnen Sie unter der Annahme, dass die Beschleunigung der Kugel konstant ist, die Kraft, die das Holz auf die Kugel ausübt.

A4.11 • Auf einen Körper der Masse 1,5 kg wirkt eine Kraft $\boldsymbol{F} = (6\widehat{\boldsymbol{x}} - 3\widehat{\boldsymbol{y}})$ N. Berechnen Sie die Beschleunigung $\boldsymbol{a}$. Wie groß ist ihr Betrag $|\boldsymbol{a}|$?

• Masse und Gewicht

A4.12 • Auf dem Mond beträgt die Beschleunigung durch die Gravitation nur ein Sechstel der Erdbeschleunigung. Ein Astronaut, dessen Gewicht auf der Erde 600 N beträgt, reist zur Mondoberfläche. Dort wird seine Masse gemessen. Beträgt seine dort gemessene Masse a) 600 kg, b) 100 kg, c) 61,2 kg, d) 9,81 kg oder e) 360 kg?

Kontaktkräfte

A4.13 • Ein Ende einer vertikalen Feder mit der Federkonstante 600 N/m ist an der Decke und das andere an einem 12-kg-Block befestigt, der auf einer horizontalen Fläche liegt. Die Feder ist um 10 cm gedehnt und übt auf den Block eine nach oben gerichtete Kraft aus. a) Wie groß ist die Kraft, die die Feder auf den Block ausübt? b) Welche Kraft übt die Fläche auf den Block aus?

• Kräftediagramme: Statisches Gleichgewicht

A4.14 • Ein 100-N-Körper ist, wie in der Abbildung gezeigt, an einem System aus Seilen aufgehängt. Wie groß ist die Zugkraft im horizontalen Seil?

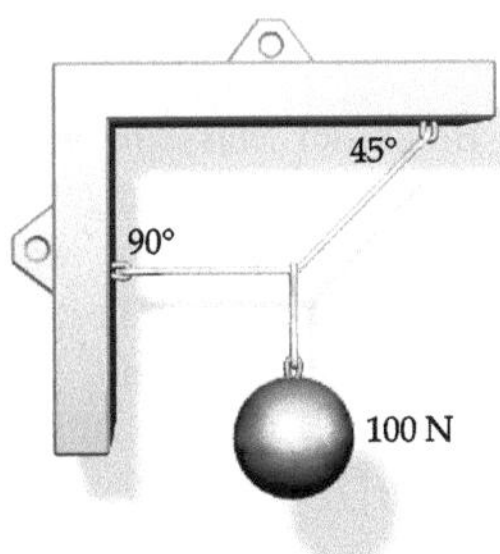

A4.15 • Auf einen Körper mit einer Masse von 5 kg an der Erdoberfläche wirkt, wie in der Abbildung gezeigt, eine vertikale Kraft $\boldsymbol{F}_{\mathrm{S}}$. Berechnen Sie die Beschleunigung des Körpers, wenn a) $|\boldsymbol{F}_{\mathrm{S}}| = 5$ N, b) $|\boldsymbol{F}_{\mathrm{S}}| = 10$ N und c) $|\boldsymbol{F}_{\mathrm{S}}| = 100$ N ist.

A4.16 •• Ein Bild mit einer Masse von 2 kg ist an zwei gleich langen Drähten aufgehängt. Jeder Draht bildet mit der Horizontalen einen Winkel θ (siehe Abbildung). a) Ermitteln Sie eine allgemeine Gleichung für den Betrag der Zugkraft $|\boldsymbol{F}_{\mathrm{S}}|$ in Ab-

hängigkeit von θ und vom Betrag des Gewichts $|\boldsymbol{F}_{\mathrm{G}}|$ des Bilds. Bei welchem Winkel θ ist $|\boldsymbol{F}_{\mathrm{S}}|$ am kleinsten? Bei welchem Winkel θ ist $|\boldsymbol{F}_{\mathrm{S}}|$ am größten? b) Wie groß ist die Zugkraft in den Drähten bei $\theta = 30°$?

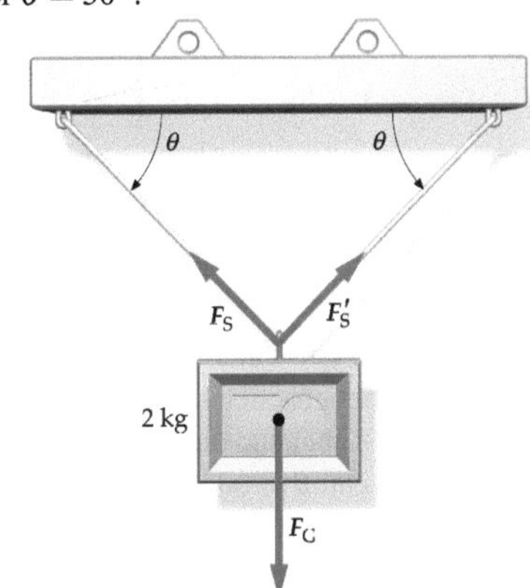

A4.17 •• Eine 1000-kg-Last wird von einem Kran umgesetzt. Wir groß ist die Zugkraft im Kranseil, wenn die Last a) nach oben bewegt wird, wobei ihre Geschwindigkeit um 2 m/s pro Sekunde wächst, b) mit konstanter Geschwindigkeit angehoben wird und c) herabgelassen wird, wobei ihre Geschwindigkeit um 2 m/s pro Sekunde sinkt.

A4.18 •• Ermitteln Sie für die Systeme in der Abbildung, die im Gleichgewicht sind, die unbekannten Zugkräfte und Massen.

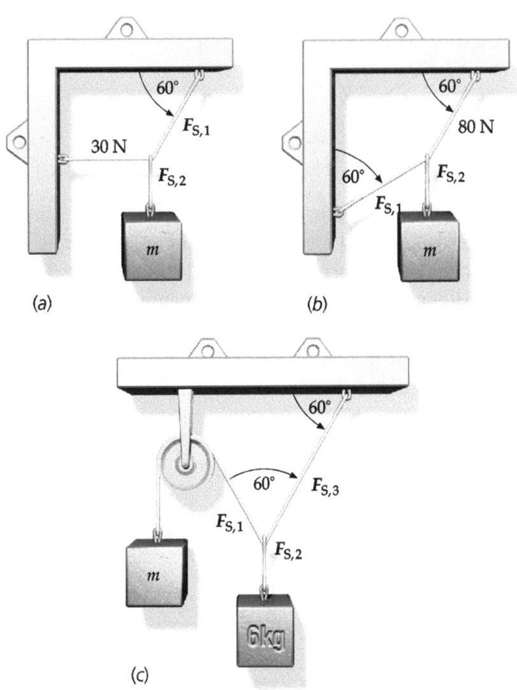

Kräftediagramme: Geneigte Ebenen und Normalkräfte

A4.19 • Das System in der Abbildung ist im Gleichgewicht. Beträgt demnach die Masse m a) 3,5 kg, b) $(3{,}5\ \mathrm{kg})\sin 40°$, c) $(3{,}5\ \mathrm{kg})\tan 40°$ oder d) keinen der genannten Werte?

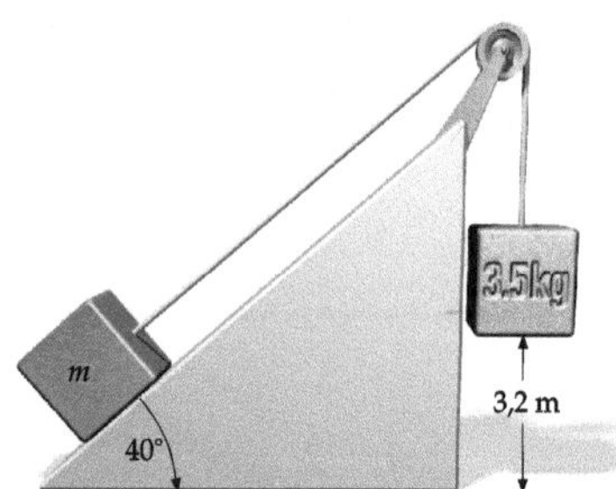

A4.20 •• Ein Block auf einer reibungsfreien geneigten Ebene wird durch ein Kabel gehalten (siehe Abbildung). a) Wie groß sind die Zugkraft im Kabel und die von der geneigten Ebene ausgeübte Normalkraft, wenn $\theta = 60°$ und $m = 50$ kg ist. b) Ermitteln Sie die Zugkraft als Funktion von θ und m und überprüfen Sie ihr Ergebnis für $\theta = 0°$ und $\theta = 90°$.

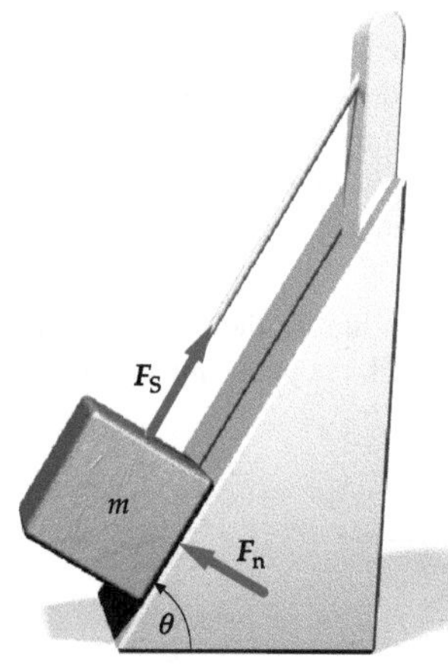

A4.21 •• Ein Block der Masse m gleitet auf einem reibungsfreien Boden und anschließend eine reibungsfreie Rampe hinauf (siehe Abbildung). Der Winkel der Rampe ist θ, und die Geschwindigkeit des Blocks vor dem Hinaufgleiten auf die Rampe ist v_0. Der Block gleitet bis zu einer bestimmten maximalen Höhe h über dem Boden hinauf, bevor er wieder zurückzurutschen beginnt. Zeigen sie, dass h unabhängig von θ ist.

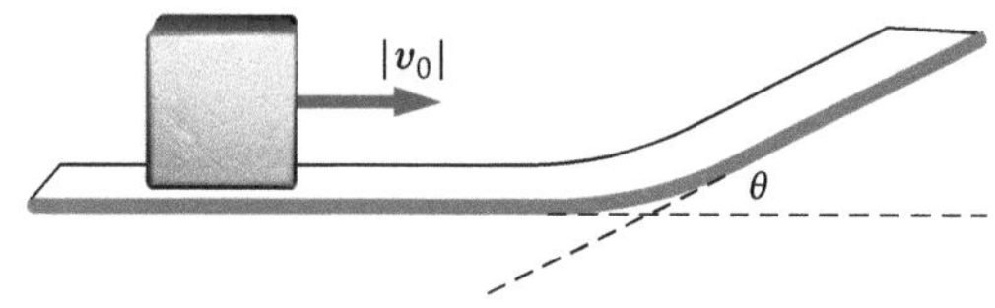

Kräftediagramme: Fahrstühle

A4.22 • Eine Person in einem Fahrstuhl hält ein 10-kg-Gewicht an einer Schnur, die eine Nennbelastung bis 150 N aushält. Als der Fahrstuhl nach oben anfährt, reißt diese Schnur. Wie groß war die Beschleunigung des Fahrstuhls mindestens?

Kräftediagramme: Seile, Zugkraft und das dritte Newton'sche Axiom

A4.23 • Zwei Blöcke der Massen m_1 und m_2 sind durch ein masseloses Seil miteinander verbunden. Sie werden, wie in der Abbildung gezeigt, beide gleichmäßig auf einer reibungsfreien Fläche beschleunigt. Ist das Verhältnis der beiden Zugkräfte $|F_{S,1}|/|F_{S,2}|$ gleich a) m_1/m_2, b) m_2/m_1, c) $(m_1 + m_2)/m_2$, d) $m_1/(m_1 + m_2)$ oder e) $m_2/(m_1 + m_2)$?

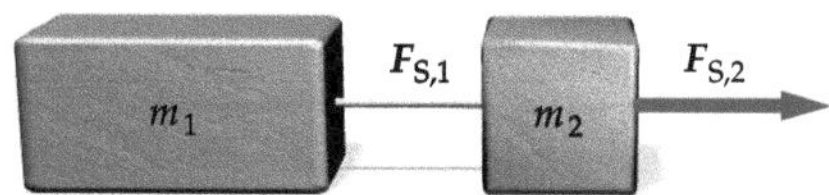

A4.24 •• Ein Block der Masse $m_2 = 3{,}5$ kg liegt auf einem reibungsfreien, horizontalen Brett und ist über zwei Seile mit zwei frei hängenden Blöcken der Massen $m_1 = 1{,}5$ kg und $m_3 = 2{,}5$ kg verbunden (siehe Abbildung). Beide Rollen seien reibungsfrei und masselos. Das System ist ursprünglich in Ruhe. Ermitteln Sie a) die Beschleunigung der beiden Blöcke und b) die Zugkräfte in den beiden Seilen, nachdem das System freigegeben worden ist.

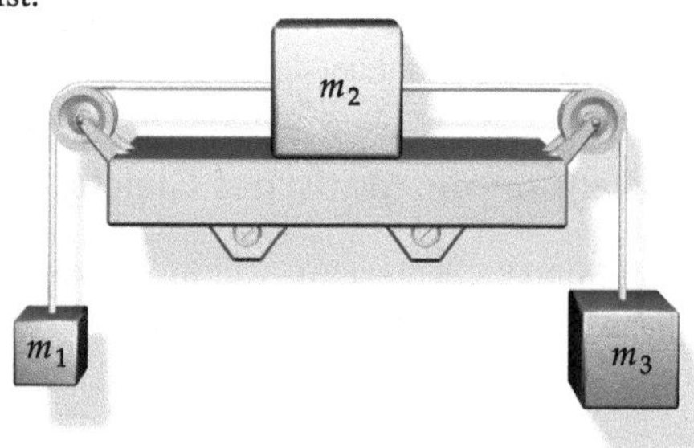

A4.25 •• Ein Block der Masse m wird durch ein Seil der Masse m_S und der Länge ℓ vertikal angehoben. Das Seil wird dabei an seinem oberen Ende gehalten, während das Seil und der Block zusammen mit a nach oben beschleunigt werden. Die Masse sei im Seil gleichmäßig verteilt. Zeigen Sie, dass der Betrag der Zugkraft im Seil in einer Höhe x $(< \ell)$ über dem Block gleich $(a+g)\,[m+(x/\ell)\,m_S]$ ist.

A4.26 •• Zwei Körper sind, wie in der Abbildung gezeigt, über ein masseloses Seil miteinander verbunden. Die geneigte Ebene und die Rolle seien reibungsfrei. Ermitteln Sie die Beschleunigungen der Körper und die Zugkraft im Seil a) allgemein für beliebige Werte von θ, m_1 und m_2 sowie b) für $\theta = 30°$ und $m_1 = m_2 = 5$ kg.

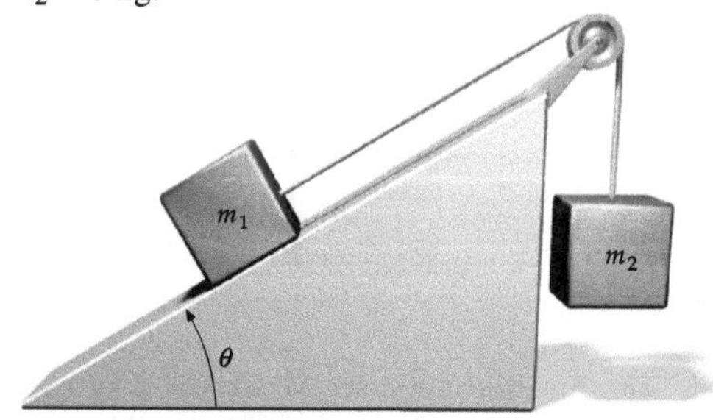

A4.27 ••• Die Abbildung zeigt einen 20-kg-Block, der auf einem 10-kg-Block gleitet. Alle Oberflächen seien reibungsfrei. Gesucht sind die Beschleunigungen beider Blöcke sowie die Zugkraft in dem Seil, das die Blöcke verbindet.

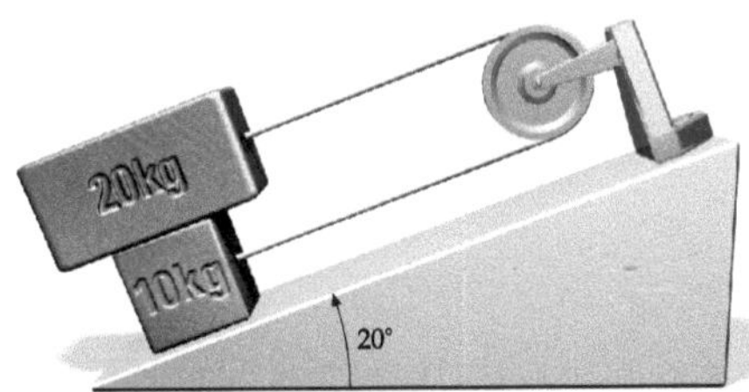

Kräftediagramme: Die Atwood'sche Fallmaschine

A4.28 •• Der Apparat in der Abbildung wird *Atwood'sche Fallmaschine* genannt und dient zur Ermittlung der Erdbeschleunigung g. Dazu wird die Beschleunigung der beiden Gewichte gemessen. Dabei geht man von einer masselosen, reibungsfreien Rolle sowie von einem masselosen Seil aus. Zeigen Sie, dass sich unter diesen Annahmen die Beträge der Beschleunigung der Körper und der Zugkraft im Seil wie folgt berechnen:

$$a = \frac{m_1 - m_2}{m_1 + m_2}\, g \quad \text{und} \quad F_\text{S} = \frac{2 m_1 m_2\, g}{m_1 + m_2}.$$

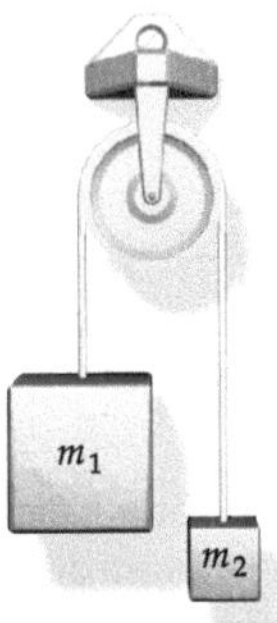

A4.29 •• Berechnen Sie die Kraft, die die Atwood'sche Fallmaschine in Aufgabe 28 während der Beschleunigung der Gewichte auf die Aufhängung ausübt, mit der sie an der Decke befestigt ist. Die Masse der Rolle sei vernachlässigbar. Überprüfen Sie Ihre Antwort, indem Sie Grenzwerte für m_1 und/oder m_2 einsetzen, bei denen sich die Antwort bereits durch einfaches Nachdenken ergibt.

A4.30 ••• Eine Atwood'sche Fallmaschine (siehe Aufgabe 28) besitzt eine feste Masse m_1 und auf der anderen Seite eine variable Masse $m_2\,(> m_1)$. a) Zeigen Sie, dass die größtmögliche Zugkraft im Seil $2 m_1\, g$ beträgt. b) Interpretieren Sie dieses Ergebnis physikalisch, ohne die Differenzial- und Integralrechnung zu Hilfe zu nehmen.

Allgemeine Aufgaben

A4.31 •• An einer langen, homogenen Kette, die an der Decke befestigt ist, hängt ein Block mit einer Masse von 50 kg. Die Eigenmasse der Kette beträgt 20 kg und ihre Länge 1,5 m.

Bestimmen Sie die Zugkraft in der Kette a) an dem Ende, an dem der Block befestigt ist, b) in der Mitte der Kette und c) am Befestigungspunkt an der Decke.

A4.32 •• Eine reibungsfreie Fläche ist unter einem Winkel von 30° gegen die Horizontale geneigt. Ein 270-g-Block ist über ein Seil und eine Rolle mit einem frei hängenden Gewicht mit einer Masse von 75 g verbunden (siehe Abbildung). a) Zeichnen sie je ein Kräftediagramm für den Block und für das Gewicht. b) Berechnen Sie die Zugkraft im Seil und die Beschleunigung des Blocks. c) Der Block, der anfangs ruht, wird plötzlich losgelassen. Wie lange dauert es, bis er eine Strecke von 1 m hinabgerutscht ist?

A4.33 •• Ein 2-kg-Block ruht auf einem reibungsfreien Keil mit einer Neigung von 60°. Der Keil wird mit der Beschleunigung a nach rechts beschleunigt, deren Betrag so groß ist, dass der Block seine Lage relativ zum Keil beibehält (siehe Abbildung). a) Gesucht ist die Beschleunigung a. b) Was würde geschehen, wenn der Keil stärker beschleunigt würde?

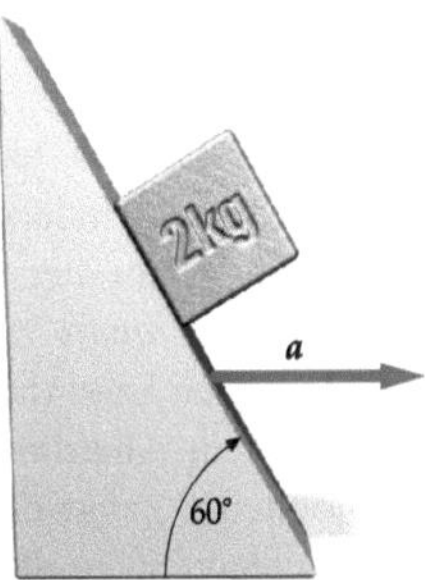

A4.34 ••• Die Rolle einer Atwood'schen Fallmaschine wird mit der Beschleunigung a nach oben beschleunigt (siehe Abbildung). Berechnen Sie die Beschleunigung der Gewichte und die Zugkraft im Verbindungsseil. (*Hinweis:* Eine konstante nach oben gerichtete Beschleunigung hat die gleiche Wirkung wie eine Erhöhung der Beschleunigung durch die Gravitation.)

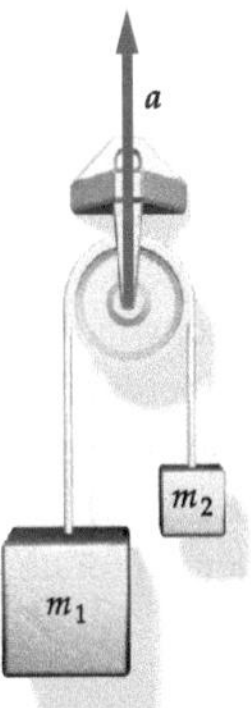

Die Newton'schen Axiome

L: Lösungen

L4.1 Ein Inertialsystem ist ein Bezugssystem, in dem das Trägheitsgesetz gilt. Man erkennt es also daran, dass ein Körper, auf den keine resultierende Kraft wirkt, entweder in Ruhe ist oder sich gleichförmig (d. h. mit konstanter Geschwindigkeit) geradlinig bewegt. Hierzu ein Beispiel: Wenn man in einem Inertialsystem eine Kugel fallen lässt, so fällt sie senkrecht herunter. Stellen Sie sich vor, Sie sitzen in einem Zug, der beschleunigt wird. Selbst wenn Sie in Bezug auf den Zug ruhen, fällt die Kugel nicht senkrecht herunter, sondern wird seitlich abgelenkt (also beschleunigt). Der beschleunigte Zug ist folglich kein Inertialsystem. Fährt der Zug dagegen mit konstanter Geschwindigkeit, so fällt die Kugel senkrecht herunter, weil der Zug ein Inertialsystem darstellt.

L4.2 Die einzelne wirkende Kraft ist hier die Gesamtkraft auf den Körper. Weil eine nicht verschwindende Gesamtkraft gemäß dem zweiten Newton'schen Axiom stets zu einer Beschleunigung des Körpers führt, muss er relativ zu einem Inertialsystem beschleunigt werden. – Dennoch kann die Geschwindigkeit des Körpers vorübergehend null sein. Allerdings ist dies nur zu einem bestimmten Zeitpunkt möglich. Solange die Kraft auf den Körper wirkt, wird er ständig beschleunigt, so dass seine Geschwindigkeit gleich danach einen von null verschiedenen Wert hat.

L4.3 Die Masse ist eine innere Eigenschaft des Körpers, während das Gewicht proportional zum lokalen Gravitationsfeld ist. Die Masse des Körpers würde sich also überhaupt nicht ändern. Dagegen ist die Gewichtskraft gegeben durch $F_G = m\,g_{\mathrm{lokal}}$, so dass mit dem lokalen Schwerefeld auch die Schwerkraft und damit das Gewicht verschwindet.

L4.4 Wir betrachten zwei Beobachter, von denen sich der eine geradlinig gleichförmig bewegt, während der andere ruht. Auf den ersten Beobachter soll keine Kraft wirken, so dass er nicht beschleunigt wird. Die Geschwindigkeiten beider Beobachter unterscheiden sich nur um einen konstanten Wert (es werden also beide Beobachter nicht beschleunigt). Daher spürt auch der zweite Beobachter keine Kraft, so dass er nicht feststellen kann, ob er selbst der ruhende oder der geradlinig gleichförmig bewegte Beobachter ist.

L4.5 Die Ebene ist reibungsfrei. Daher muss die Normalkraft, die sie auf den Körper ausübt, senkrecht auf der Oberfläche stehen. Die zweite Kraft, die auf den Körper wirkt, ist die Erdanziehungskraft, die direkt nach unten zeigt. Da nur die senkrecht zur Ebene wirkende Komponente des Gewichts mit der Normalkraft im Gleichgewicht ist, ist die Gewichtskraft betragsmäßig größer als die Normalkraft. Also ist Diagramm c das richtige.

L4.6 Die Abbildung zeigt das Kräftediagramm.

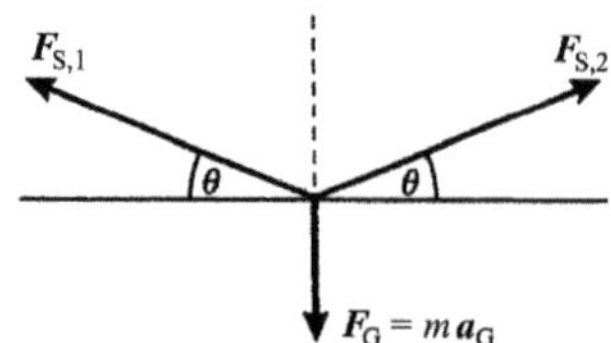

Das Handtuch soll in der Mitte hängen; dann sind die beiden Zugkräfte $F_{S,1}$ und $F_{S,2}$ betragsmäßig gleich. Ferner soll es im Gleichgewicht sein. Dabei muss seine nach unten wirkende Zugkraft jeweils mit einer nach oben wirkenden Komponente der Seilkräfte im Gleichgewicht sein, so dass $\theta > 0$ sein muss.

L4.7 Die Abbildung zeigt das Kräftediagramm einer Person im Fahrstuhl.

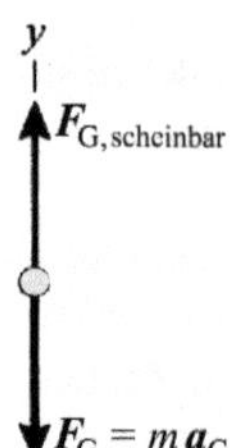

Nach unten wirkt die Schwerkraft $m\,a_G$. Die nach oben weisende Kraft $F_{G,\mathrm{scheinbar}}$ stammt von einer Waage, die das scheinbare Gewicht der Person anzeigt. Anwenden von $\sum F_y = m\,a_y$ auf die Person ergibt $F_{G,\mathrm{scheinbar}} - m\,g = m\,a$ und damit

$$F_{G,\mathrm{scheinbar}} = m\,g + m\,a = m\,(g+a)\,.$$

Da $F_{G,\mathrm{scheinbar}}$ somit unabhängig von der Geschwindigkeit des Fahrstuhls ist, hat diese keine Auswirkung auf das scheinbare

Gewicht der Person. (*Anmerkung:* Das scheinbare Gewicht ändert sich aber, wenn der Fahrstuhl beschleunigt oder abgebremst wird.)

L4.8 Die Kraft, die der Gurt auf den Fahrer mit der Masse m ausübt, ist gegeben durch $F = ma$. Die konstante (negative) Beschleunigung beim Bremsen ist über $v^2 = v_0^2 + 2a\Delta x$ mit der Geschwindigkeitsänderung verknüpft. Wegen $v = 0$ ist

$$-v_0^2 = 2a\Delta x \quad \text{und daher} \quad a = \frac{-v_0^2}{2\Delta x}.$$

Eine sinnvolle Abschätzung für den Bremsweg ist 25 m, während wir für die Masse des Fahrers 80 kg annehmen wollen. Damit ergibt sich

$$a = -\frac{\left(90\,\dfrac{\text{km}}{\text{h}} \cdot \dfrac{1\,\text{h}}{3\,600\,\text{s}} \cdot \dfrac{10^3\,\text{m}}{\text{km}}\right)^2}{2\,(25\,\text{m})} = -12{,}5\ \text{m} \cdot \text{s}^{-2}.$$

Somit erhalten wir für die Kraft

$$F = ma = (80\,\text{kg})\,(-12{,}5\ \text{m}\cdot\text{s}^{-2}) = -1{,}00\ \text{kN}.$$

Sie ist der Bewegungsrichtung entgegen gerichtet, also negativ.

L4.9 a) Gemäß dem zweiten Newton'schen Axiom ist die Beschleunigung bei der doppelten Kraft

$$a = \frac{F}{m} = \frac{2F_0}{m} = 2\,(3\ \text{m}\cdot\text{s}^{-2}) = 6\ \text{m}\cdot\text{s}^{-2}.$$

b) Wir bezeichnen die beiden Körper mit den Indices 1 und 2 und wenden auf sie das zweite Newton'sche Axiom an:

$$\frac{m_2}{m_1} = \frac{F_0/a_2}{F_0/a_1} = \frac{a_1}{a_2} = \frac{3\ \text{m}\cdot\text{s}^{-2}}{9\ \text{m}\cdot\text{s}^{-2}} = \frac{1}{3}.$$

c) Die Beschleunigung des Gesamtkörpers ist der Quotient aus der Gesamtkraft F und der Gesamtmasse $m = m_1 + m_2$:

$$a = \frac{F}{m} = \frac{F_0}{m_1 + m_2} = \frac{F_0/m_1}{1 + m_2/m_1} = \frac{a_1}{1 + 1/3}$$
$$= \tfrac{3}{4}\,a_1 = 2{,}25\ \text{m}\cdot\text{s}^{-2}.$$

L4.10 Die vom Holz (H) auf die Kugel ausgeübte Kraft ist nach dem zweiten Newton'schen Axiom $\sum F = ma$. Also ist

$$F_\text{H} = ma.$$

Die Kugel wird gleichförmig verzögert; daher ergibt sich die Endgeschwindigkeit aus der Anfangsgeschwindigkeit und der Beschleunigung: $v^2 = v_0^2 + 2a\Delta x$. Mit der Endgeschwindigkeit null ist die Beschleunigung daher

$$a = \frac{v^2 - v_0^2}{2\Delta x} = \frac{-v_0^2}{2\Delta x}.$$

Dies setzen wir in die Gleichung für die Kraft ein:

$$F_\text{H} = \frac{-m\,v_0^2}{2\Delta x} = \frac{-(1{,}8\cdot10^{-3}\,\text{kg})\,(500\ \text{m}\cdot\text{s}^{-1})^2}{2\,(0{,}06\,\text{m})} = -3{,}75\ \text{kN}.$$

Das negative Vorzeichen besagt, dass die Richtung der Kraft der Bewegungsrichtung entgegen gerichtet ist.

L4.11 Gemäß dem zweiten Newton'schen Axiom ist

$$a = \frac{F}{m} = \frac{(6\hat{x} - 3\hat{y})\ \text{N}}{1{,}5\ \text{kg}} = (4\hat{x} - 2\hat{y})\ \text{m}\cdot\text{s}^{-2}.$$

Damit ist der Betrag der Beschleunigung

$$|a| = \sqrt{a_x^2 + a_y^2} = \sqrt{\left(4\ \text{m}\cdot\text{s}^{-2}\right)^2 + \left(2\ \text{m}\cdot\text{s}^{-2}\right)^2} = 4{,}47\ \text{m}\cdot\text{s}^{-2}.$$

L4.12 Wir berechnen zunächst die Masse des Astronauten, wie sie auf der Erde gemessen wird:

$$m = \frac{F_\text{G,Erde}}{g_\text{Erde}} = \frac{600\ \text{N}}{9{,}81\ \text{N}\cdot\text{kg}^{-1}} = 61{,}2\ \text{kg}.$$

Die Masse ist unabhängig vom Gravitationsfeld überall gleich. Deswegen ist sie auf dem Mond genauso groß wie auf der Erde. Also ist Lösung c richtig.

L4.13 Die Abbildung zeigt das Kräftediagramm mit den auf den Block wirkenden Kräften.

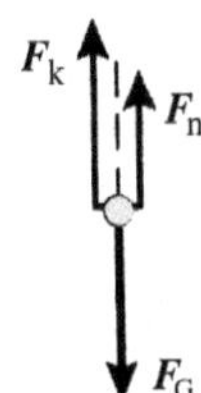

F_k ist die Federkraft, $F_\text{G} = ma_\text{G}$ das Gewicht des Blocks und F_n die Normalkraft, die die horizontale Fläche auf den Block ausübt. Die positive x-Richtung soll nach oben zeigen. Weil der Block auf der horizontalen Fläche ruht, ist $F_\text{k} + F_\text{n} = F_\text{G}$.

a) Die Kraft der Feder auf den Block ist

$$F_\text{k} = -kx = -(600\ \text{N}\cdot\text{m}^{-1})\,(-0{,}1\ \text{m}) = 60{,}0\ \text{N}.$$

b) Die Summe der auf den Block wirkenden Kräfte ist null: $\sum F = 0$. Hieraus folgt $F_\text{k} + F_\text{n} - F_\text{G} = 0$ und damit

$$F_\text{n} = F_\text{G} - F_\text{k} = (12\ \text{kg})\,(9{,}81\ \text{N}\cdot\text{kg}^{-1}) - 60\ \text{N} = 57{,}7\ \text{N}.$$

L4.14 Die Abbildung zeigt die unmittelbar über der 100-N-Masse auf den Knoten wirkenden Kräfte. Die positive x-Achse soll nach rechts und die positive y-Achse nach oben zeigen.

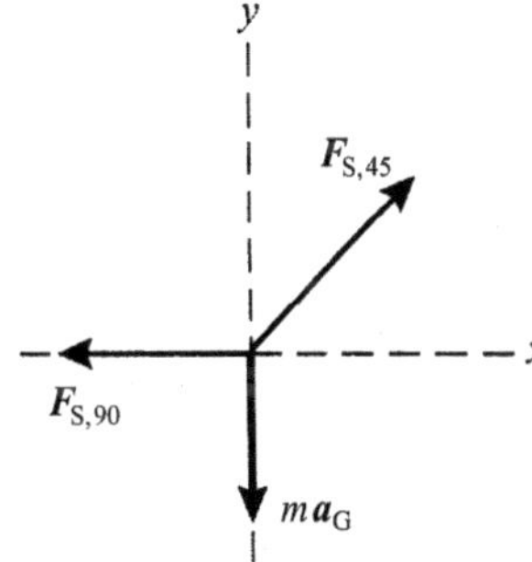

Der aufgehängte Körper, auf den die Kräfte $F_{S,90}$, $F_{S,45}$ und ma_G wirken, ist im Gleichgewicht. Also ist

$$F_{S,90} + F_{S,45} + ma_\text{G} = 0.$$

Demnach gilt für die y-Komponenten der Kräfte

$F_{S,45,y} - mg = F_{S,45}\sin 45° - mg = 0$

und für die x-Komponenten

$F_{S,90,x} + F_{S,45,x} = F_{S,90,x} + F_{S,45}\cos 45° = 0$.

Wegen $F_{S,45}\sin 45° = F_{S,45}\cos 45°$ folgt hieraus

$F_{S,90,x} = -F_{S,45}\cos 45° = -F_{S,45}\sin 45° = -mg = -100\ \text{N}$.

Die Kraft zeigt nach links, und das Vorzeichen ihrer x-Komponente ist negativ.

L4.15 a) Wir wählen ein Koordinatensystem, dessen positive y-Richtung nach oben zeigt, und wenden das zweite Newton'sche Axiom $\sum F_y = ma_y$ auf den Körper an:

$F_S - F_G = F_S - mg = ma$.

Damit erhalten wir für die Beschleunigung

$$a = \frac{F_S}{m} - g = \frac{5\ \text{N}}{5\ \text{kg}} - 9{,}81\ \text{m}\cdot\text{s}^{-2} = -8{,}81\ \text{m}\cdot\text{s}^{-2}.$$

b) Das gleiche Vorgehen wie in Teilaufgabe a liefert mit $F_S = 10\ \text{N}$ die Beschleunigung $a = -7{,}81\ \text{m}\cdot\text{s}^{-2}$.

c) Bei $F_S = 100\ \text{N}$ ist $a = 10{,}2\ \text{m}\cdot\text{s}^{-2}$.

L4.16 Die positive x-Richtung soll nach rechts und die positive y-Richtung nach oben zeigen. Das Bild ist unter dem Einfluss der drei in der Abbildung gezeigten Kräfte im Gleichgewicht. Wegen der Symmetrie der Aufhängung haben die Vektoren $\boldsymbol{F}_S$ und $\boldsymbol{F}'_S$ den gleichen Betrag: $|\boldsymbol{F}_S| = |\boldsymbol{F}'_S|$.

a) Anwenden der Gleichgewichtsbedingung in vertikaler Richtung ergibt anhand der Abbildung

$\sum F_y = 2\,|\boldsymbol{F}_S|\sin\theta - |\boldsymbol{F}_G| = 0$

und damit

$$|\boldsymbol{F}_S| = \frac{|\boldsymbol{F}_G|}{2\sin\theta}.$$

Der kleinste Wert $|\boldsymbol{F}_{S,\text{min}}|$ der Zugkraft wird bei maximalem $\sin\theta$ erreicht, d. h. für $\theta = \text{asin}\,1 = 90°$. Der größte Wert $|\boldsymbol{F}_{S,\text{max}}|$ der Zugkraft tritt dagegen auf, wenn $\sin\theta$ am kleinsten ist. Da die Funktion $|\boldsymbol{F}_S(\theta)|$ für $\sin\theta = 0$ selbst nicht definiert ist, betrachten wir den Grenzübergang $|\boldsymbol{F}_S| \to |\boldsymbol{F}_{S,\text{max}}|$ für $\theta \to 0°$.

b) Mit den Zahlenwerten ist

$$|\boldsymbol{F}_S| = \frac{(2\ \text{kg})(9{,}81\ \text{m}\cdot\text{s}^{-2})}{2\sin 30°} = 19{,}6\ \text{N}.$$

Anmerkung: Beim Winkel $\theta = 90°$ wären unendlich lange Drähte erforderlich, was nicht realisierbar ist. Andererseits würde die Zugkraft $|\boldsymbol{F}_S|$ über alle Grenzen steigen, wenn θ gegen null ginge.

L4.17 Wir zeichnen ein Kräftediagramm; die positive Richtung soll nach oben zeigen.

a) Weil sich die Geschwindigkeit der Last ändert, wird sie beschleunigt. Die auf die Last wirkende Gesamtkraft ergibt sich aus der Zugkraft des Seils und der Schwerkraft. Nach dem zweiten Newton'schen Axiom $\sum F_y = ma_y$ ist $F_S - mg = ma$ und daher $F_S = ma + mg = m(a + g)$.

Mit den gegebenen Werten erhalten wir

$F_S = (1\,000\ \text{kg})(2\ \text{m}\cdot\text{s}^{-2} + 9{,}81\ \text{m}\cdot\text{s}^{-2}) = 11{,}8\ \text{kN}$.

b) Da der Kran die Last mit konstanter Geschwindigkeit anhebt, ist $a = 0$ und daher $F_S = mg = 9{,}81\ \text{kN}$.

c) Die Last wird jetzt nach unten beschleunigt; also ist a negativ. Wir wenden wieder die Beziehung $\sum F_y = ma$ auf die Last an: $F_S - mg = ma$. Dies ergibt

$F_S = (1\,000\ \text{kg})(9{,}81\ \text{m}\cdot\text{s}^{-2} - 2\ \text{m}\cdot\text{s}^{-2}) = 7{,}81\ \text{kN}$.

L4.18 Wir zeichnen jeweils ein Kräftediagramm und berechnen aus den Gleichgewichtsbedingungen die Zugkräfte.

a)

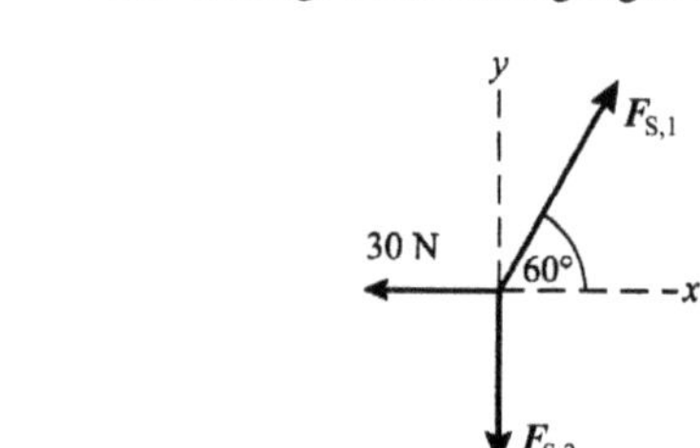

Aus $\sum F_x = |\boldsymbol{F}_{S,1}|\cos 60° - 30\ \text{N} = 0$
folgt $|\boldsymbol{F}_{S,1}| = (30\ \text{N})/\cos 60° = 60{,}0\ \text{N}$.
Aus $\sum F_y = |\boldsymbol{F}_{S,1}|\sin 60° - |\boldsymbol{F}_{S,2}| = 0$
folgt $|\boldsymbol{F}_{S,2}| = |\boldsymbol{F}_{S,1}|\sin 60° = 52{,}0\ \text{N}$.
Damit ist $m = |\boldsymbol{F}_{S,2}|/g = 5{,}30\ \text{kg}$.

b)

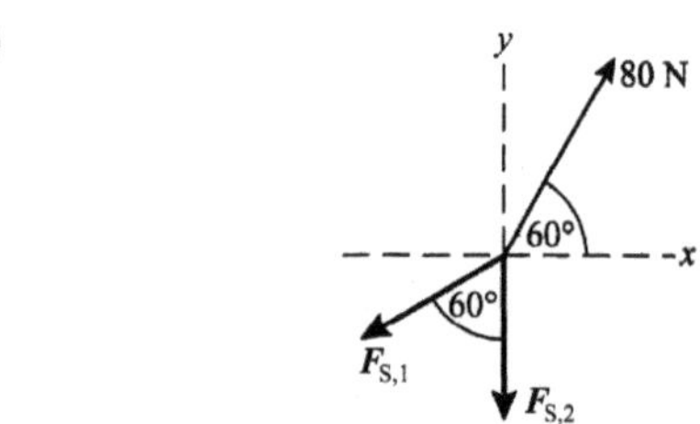

Aus $\sum F_x = (80\ \text{N})\cos 60° - |\boldsymbol{F}_{S,1}|\sin 60° = 0$
folgt $|\boldsymbol{F}_{S,1}| = (80\ \text{N})\cos 60°/\sin 60° = 46{,}2\ \text{N}$.
Aus $\sum F_y = (80\ \text{N})\sin 60° - |\boldsymbol{F}_{S,2}| - |\boldsymbol{F}_{S,1}|\cos 60° = 0$
folgt $|\boldsymbol{F}_{S,2}| = (80\ \text{N})\sin 60° - (46{,}2\ \text{N})\cos 60° = 46{,}2\ \text{N}$.
Damit ist $m = |\boldsymbol{F}_{S,2}|/g = 4{,}71\ \text{kg}$.

c)

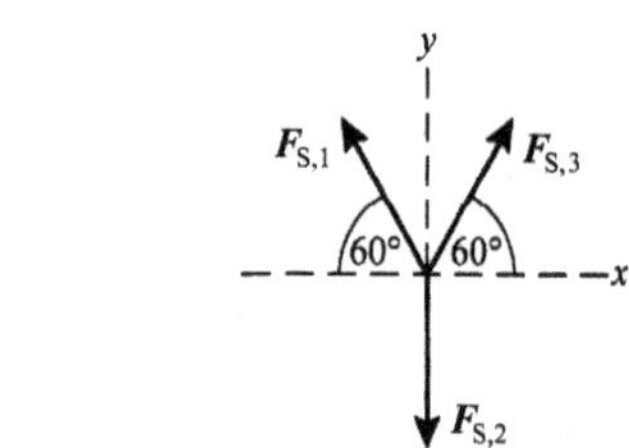

Aus $\sum F_x = -|\boldsymbol{F}_{S,1}|\cos 60° + |\boldsymbol{F}_{S,3}|\cos 60° = 0$
folgt $|\boldsymbol{F}_{S,1}| = |\boldsymbol{F}_{S,3}|$.
Aus $\sum F_y = 2\,|\boldsymbol{F}_{S,1}|\sin 60° - m_2 g = 0$
folgt $|\boldsymbol{F}_{S,1}| = |\boldsymbol{F}_{S,3}| = (58{,}9\ \text{N})/(2\sin 60°) = 34{,}0\ \text{N}$.
Damit ist $m = |\boldsymbol{F}_{S,1}|/g = 3{,}46\ \text{kg}$.

L4.19 Da der Block mit der Masse m im Gleichgewicht ist, muss die Summe der Kräfte $\boldsymbol{F}_\mathrm{N}$, $\boldsymbol{F}_\mathrm{S}$ und $m\boldsymbol{a}_\mathrm{G}$ null sein. Wir konstruieren das Kräftediagramm für diesen Block und wählen das Koordinatensystem wie dargestellt.

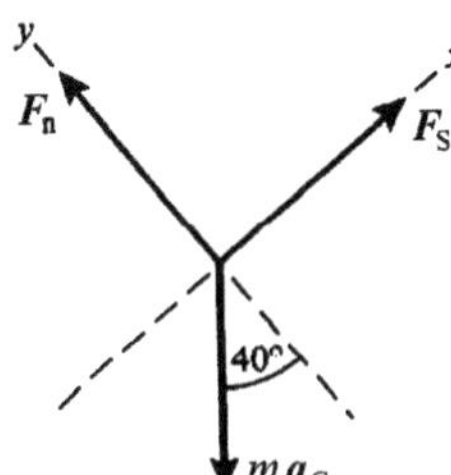

Anwenden von $\sum F_x = m a_x$ auf den Block auf der geneigten Ebene ergibt $F_\mathrm{S} - m g \sin 40° = m a = 0$. Auflösen nach m liefert

$$m = \frac{F_\mathrm{S}}{g \sin 40°}.$$

Weil der 3,5-kg-Block ebenfalls im Gleichgewicht ist, muss die an ihm angreifende Zugkraft gleich seinem Gewicht sein: $F_\mathrm{S} = (3{,}5\,\mathrm{kg})\,g$. Dies setzen wir in die Gleichung für die Masse m ein:

$$m = \frac{(3{,}5\,\mathrm{kg})\,g}{g \sin 40°} = \frac{3{,}5\,\mathrm{kg}}{\sin 40°}.$$

Dieser Ausdruck findet sich nicht unter den vorgeschlagenen Lösungen; also ist Aussage d richtig. (*Anmerkung:* Da der Block mit der Masse m nicht senkrecht hängt, muss seine Masse größer als 3,5 kg sein.)

L4.20 Der Block wird durch die auf ihn wirkenden Kräfte im Gleichgewicht gehalten. Daher gilt $\boldsymbol{F}_\mathrm{S} + \boldsymbol{F}_\mathrm{n} + \boldsymbol{F}_\mathrm{G} = 0$. Wir wählen ein Koordinatensystem, in dem $\boldsymbol{F}_\mathrm{S}$ in die positive x-Richtung und $\boldsymbol{F}_\mathrm{n}$ in die positive y-Richtung zeigt.

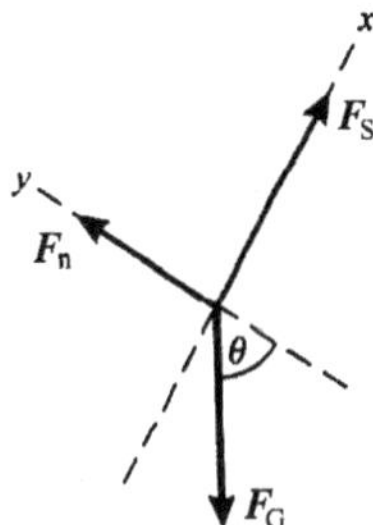

a) Anwenden von $\sum F_x = m a_x$ auf den Block ergibt
$$F_\mathrm{S} - m g \sin \theta = 0.$$
Daher ist
$$F_\mathrm{S} = m g \sin \theta = (50\,\mathrm{kg})\,(9{,}81\,\mathrm{m \cdot s}^{-2})\,\sin 60° = 425\,\mathrm{N}.$$
Nun wenden wir $\sum F_y = m a_y$ an und erhalten damit
$$F_\mathrm{n} - m g \cos \theta = 0.$$
Dies liefert
$$F_\mathrm{n} = m g \cos \theta = (50\,\mathrm{kg})\,(9{,}81\,\mathrm{m \cdot s}^{-2})\,\cos 60° = 245\,\mathrm{N}.$$

b) Die Zugkraft als Funktion von θ und m haben wir oben bereits berechnet. In beiden Spezialfällen ist $F_{\mathrm{S},90} = m g \sin 90° = m g$ und $F_{\mathrm{S},0} = m g \sin 0° = 0$.

L4.21 Die Abbildung zeigt das Kräftediagramm für den Körper, der die Rampe hinaufgleitet.

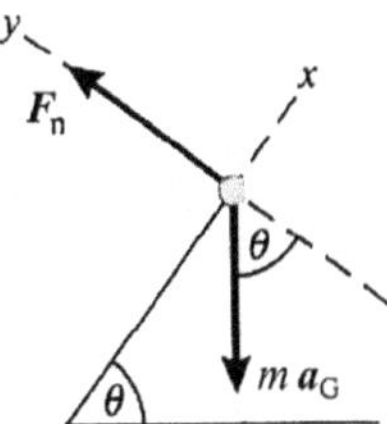

Seine Höhe h hängt gemäß
$$h = \Delta x \sin \theta \tag{1}$$
von dem auf der Ebene zurückgelegten Weg Δx ab. Da der Block gleichförmig beschleunigt ist, hängt seine Endgeschwindigkeit gemäß
$$v_x^2 = v_{0,x}^2 + 2 a_x \Delta x$$
von der Anfangsgeschwindigkeit ab. Wegen $v_x = 0$ ist
$$0 = v_{0,x}^2 + 2 a_x \Delta x.$$
Auflösen nach Δx liefert
$$\Delta x = \frac{-v_{0,x}^2}{2 a_x}. \tag{2}$$
Wir wenden das zweite Newton'sche Axiom $\sum F_x = m a_x$ auf den Block an:
$$-m g \sin \theta = m a_x.$$
Dies lösen wir nach der Beschleunigung auf:
$$a_x = -g \sin \theta. \tag{3}$$
Einsetzen der Gleichungen 2 und 3 in Gleichung 1 ergibt für die Höhe
$$h = \Delta x \sin \theta = \left(\frac{v_{0,x}^2}{2 g \sin \theta}\right) \sin \theta = \frac{v_{0,x}^2}{2 g}.$$

Offensichtlich ist die erreichte Höhe h unabhängig vom Neigungswinkel θ der Rampe.

L4.22 Das Kräftediagramm zeigt die Kräfte, die auf das 10-kg-Gewicht wirken, während der Fahrstuhl nach oben beschleunigt.

Die Beschleunigung, die mindestens wirken muss, damit die Schnur reißt, folgt aus der Anwendung des zweiten Newton'schen Axioms $\sum F_y = m a_y$ auf das Gewicht:
$$F_\mathrm{S} - m g = m a.$$
Auflösen nach a und Einsetzen der Zahlenwerte ergibt
$$a = \frac{F_\mathrm{S} - m g}{m} = \frac{F_\mathrm{S}}{m} - g = \frac{150\,\mathrm{N}}{10\,\mathrm{kg}} - 9{,}81\,\mathrm{m \cdot s}^{-2} = 5{,}19\,\mathrm{m \cdot s}^{-2}.$$

L4.23 Wir zeichnen das Kräftediagramm für den linken Körper und wenden das zweite Newton'sche Axiom $\sum F_x = m\,a_x$ auf ihn an:

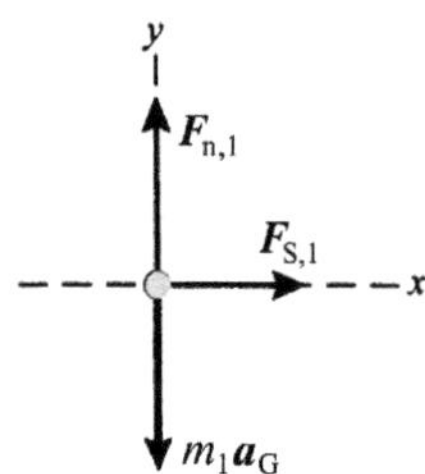

$$F_{S,1} = m_1\,a_1. \tag{1}$$

Nun zeichnen wir das Kräftediagramm für den rechten Körper und wenden auf ihn ebenfalls das zweite Newton'sche Axiom $\sum F_x = m\,a_x$ an:

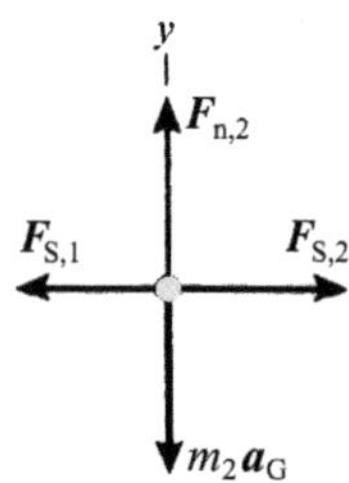

$$F_{S,2} - F_{S,1} = m_2\,a_2. \tag{2}$$

Beide Blöcke sollen mit der gleichen Beschleunigung $a_1 = a_2$ beschleunigt werden. Die Division von Gleichung 2 durch Gleichung 1 liefert

$$\frac{F_{S,1}}{F_{S,2} - F_{S,1}} = \frac{m_1}{m_2}.$$

Aus dem sich daraus ergebenden Quotienten

$$\frac{F_{S,1}}{F_{S,2}} = \frac{m_1}{m_1 + m_2}$$

ersehen wir, dass Lösung d richtig ist.

L4.24 Wir wählen die Beschleunigung des Blocks 1 nach oben, die des Blocks 2 nach rechts und die des Blocks 3 nach unten positiv und zeichnen die entsprechenden Kräftediagramme der drei Körper. Die betragsmäßig gleiche Beschleunigung der Blöcke in diesen Koordinatensystemen sei a.

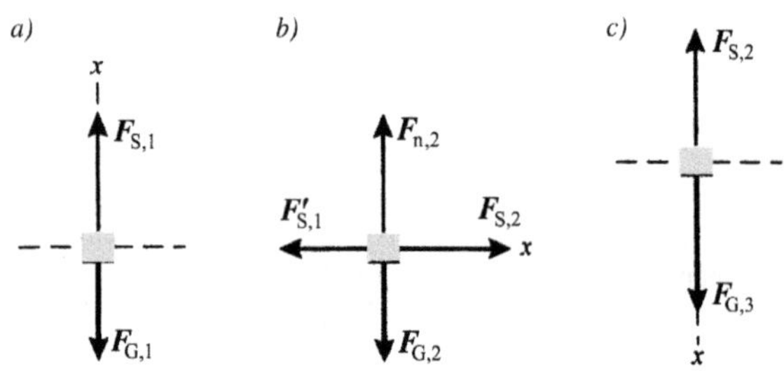

a) Wir wenden das zweite Newton'sche Axiom $\sum F_x = m\,a_x$ auf den Block mit der Masse m_1 an:

$$F_{S,1} - F_{G,1} = m_1\,a.$$

Für den mittleren Block mit der Masse m_2 ist mit $F_{S,1} = F'_{S,1}$ gemäß dem zweiten Newton'schen Axiom

$$F_{S,2} - F'_{S,1} = F_{S,2} - F_{S,1} = m_2\,a.$$

Unter Berücksichtigung von $F_{S,2} = F'_{S,2}$ ergibt das zweite Newton'sche Axiom für den rechten Körper (mit der Masse m_3):

$$F_{G,3} - F_{S,2} = m_3\,a.$$

Die Addition der drei Gleichungen liefert

$$F_{G,3} - F_{G,1} = (m_1 + m_2 + m_3)\,a.$$

Hieraus erhalten wir die Beschleunigung

$$a = \frac{(m_3 - m_1)\,g}{m_1 + m_2 + m_3} = \frac{(2{,}5\ \text{kg} - 1{,}5\ \text{kg})\,(9{,}81\ \text{m}\cdot\text{s}^{-2})}{1{,}5\ \text{kg} + 3{,}5\ \text{kg} + 2{,}5\ \text{kg}}$$
$$= 1{,}31\ \text{m}\cdot\text{s}^{-2}.$$

b) Einsetzen der Beschleunigung in die obigen Gleichungen ergibt die Zugkräfte $F_{S,1} = 16{,}7\ \text{N}$ und $F_{S,2} = 21{,}3\ \text{N}$.

L4.25 Da die Masse gleichmäßig über das Seil verteilt ist, ist das Verhältnis der Masse m'_S eines Abschnitts des Seils zur Länge x dieses Abschnitts gleich dem Verhältnis der Gesamtmasse m_S zur Gesamtlänge ℓ. Also ist

$$\frac{m'_S}{x} = \frac{m_S}{\ell} \quad \text{und daher} \quad m'_S = \frac{m_S}{\ell}\,x.$$

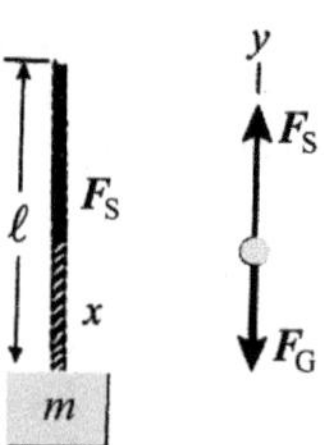

Die Gesamtmasse, die im Abstand x über dem Block am Seil hängt, ist

$$m + m'_S = m + \frac{m_S}{\ell}\,x.$$

Die Zugkraft ergibt sich aus dem zweiten Newton'schen Axiom $\sum F_y = m\,a_y$, angewendet auf den Block und die Länge x des Seils:

$$F_S - F_G = F_S - \left(m + \frac{m_S}{\ell}\,x\right)g = \left(m + \frac{m_S}{\ell}\,x\right)a.$$

Auflösen der letzten Gleichung nach F_S liefert

$$F_S = (a + g)\left(m + \frac{m_S}{\ell}\,x\right).$$

L4.26 Da das Seil weder durchhängt noch gedehnt wird, sind sowohl die Geschwindigkeit als auch die Beschleunigung beider Körper betragsmäßig gleich. Wir wählen für den Körper mit der Masse m_1 ein Koordinatensystem, dessen x-Achse entlang der geneigten Ebene nach oben zeigt. Die x-Achse des Körpers mit der Masse m_2 soll nach unten zeigen. Die reibungsfreie Rolle ändert lediglich die Richtung, in der die Zugkraft angreift.

a) Wir zeichnen das Kräftediagramm für den Körper mit der Masse m_1.

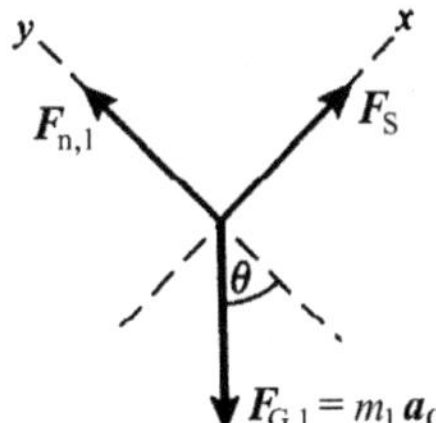

Anwenden von $\sum F_x = m a_x$ auf diesen Körper ergibt

$F_S - m_1 \, g \sin\theta = m_1 \, a$.

Nun zeichnen wir das Kräftediagramm für den Körper m_2:

Wir wenden $\sum F_x = m a_x$ auf diesen Körper an:

$m_2 \, g - F_S = m_2 \, a$.

Nun addieren wir beide Gleichungen und lösen nach a auf:

$$a = \frac{g \, (m_2 - m_1 \sin\theta)}{m_1 + m_2}.$$

Um die Zugkraft zu erhalten, setzen wir die Beschleunigung in eine der beiden Kräftegleichungen ein und lösen nach F_S auf:

$$F_S = \frac{g \, m_1 \, m_2 \, (1 + \sin\theta)}{m_1 + m_2}.$$

b) Einsetzen der Zahlenwerte liefert

$a = 2{,}45 \ \mathrm{m \cdot s^{-2}}$ und $F_S = 36{,}8 \ \mathrm{N}$.

L4.27 Wir wählen ein Koordinatensystem, dessen positive x-Richtung entlang der geneigten Ebene nach oben zeigt. Zunächst zeichnen wir ein Kräftediagramm für den 20-kg-Block.

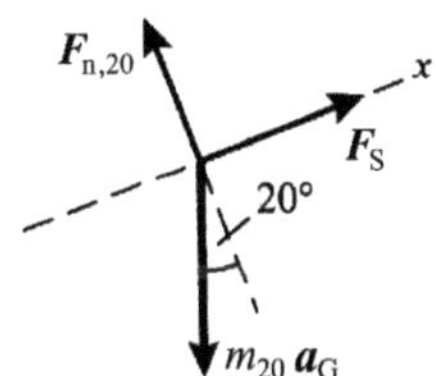

Anwenden von $\sum F_x = m a_x$ auf den Block ergibt

$F_{S,x} - m_{20} \, g \sin 20° = m_{20} \, a_{20,x}$.

Nun zeichnen wir ein Kräftediagramm für den 10-kg-Block. Da alle Oberflächen einschließlich der zwischen den beiden Blöcken reibungsfrei sein sollen, steht die Kraft, die der 20-kg-Block auf den 10-kg-Block ausübt, senkrecht auf den Oberflächen beider Blöcke.

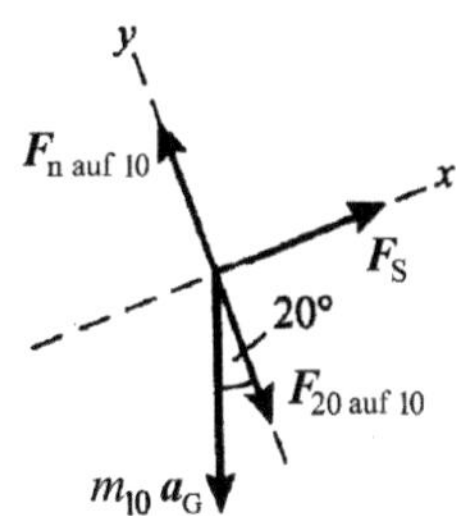

Anwenden des zweiten Newton'schen Axioms $\sum F_x = m a_x$ auf den 10-kg-Block ergibt

$F_{S,x} - m_{10} \, g \sin 20° = m_{10} \, a_{10,x}$.

Da die Blöcke durch ein straffes Seil verbunden sind, ist

$a_{20} = -a_{10}$ und somit $a_{20,x} = -a_{10,x}$.

Wir substituieren $a_{20,x}$ in der ersten Gleichung durch $-a_{10,x}$ und eliminieren $F_{S,x}$ aus beiden Gleichungen. Dies liefert $a_{10,x} = 1{,}12 \ \mathrm{m \cdot s^{-2}}$ sowie $a_{20,x} = -1{,}12 \ \mathrm{m \cdot s^{-2}}$. Einsetzen einer der Beschleunigungen ergibt die Zugkraft des Seils: $F_{S,x} = 44{,}8 \ \mathrm{N}$.

L4.28 Wir nehmen an, dass $m_1 > m_2$ ist. Für das Gewicht mit der Masse m_2 wählen wir ein Koordinatensystem, dessen positive y-Richtung nach oben zeigt, und zeichnen sein Kräftediagramm (linke Abbildung).

Wir wenden $\sum F_y = m a_y$ auf dieses Gewicht an:

$F_S - m_2 \, g = m_2 \, a_2$.

Für das Gewicht mit der Masse m_1 soll die positive y-Richtung nach unten zeigen. Wir zeichnen auch hierfür das Kräftediagramm (rechte Abbildung).

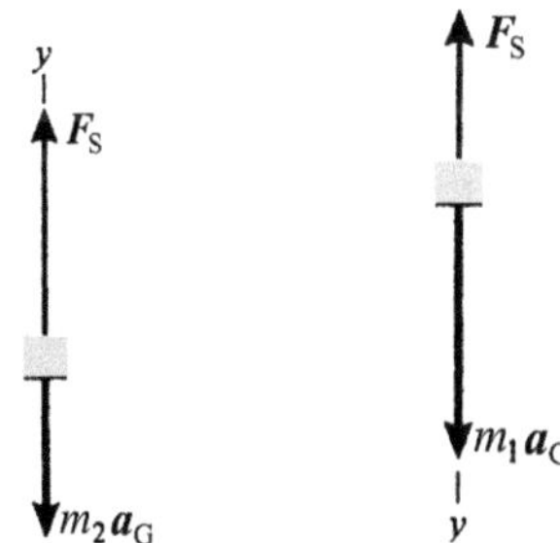

Anwenden von $\sum F_y = m a_y$ auf dieses Gewicht ergibt

$m_1 \, g - F_S = m_1 \, a_1$.

Da die Gewichte durch ein straffes Seil verbunden sind, ist ihre Beschleunigung gleich: $a = a_1 = a_2$.

Wir addieren die beiden Gleichungen für die Zugkraft F_S, um diese zu eliminieren: $m_1 \, g - m_2 \, g = m_1 \, a + m_2 \, a$.

Diese Gleichung lösen wir nach der Beschleunigung auf:

$$a = \frac{m_1 - m_2}{m_1 + m_2} \, g.$$

Einsetzen von a in eine der beiden Kräftegleichungen liefert die Zugkraft

$$F_S = \frac{2 \, m_1 m_2 \, g}{m_1 + m_2}.$$

L4.29 In Aufgabe 28 hatten wir gesehen, dass die Zugkraft des Seils gegeben ist durch

$$F_S = \frac{2 m_1 m_2 g}{m_1 + m_2}.$$

Den dort gezeigten Kräftediagrammen entnehmen wir, dass für die Gesamtkraft F, die beide Gewichte zusammen auf die Aufhängung ausüben, gilt:

$$F = 2 F_S = \frac{4 m_1 m_2 g}{m_1 + m_2}.$$

Insbesondere gilt für $m_1 = m_2 = m$ erwartungsgemäß

$$F = \frac{4 m^2 g}{2m} = 2 m g.$$

Ist dagegen $m_1 = 0$ oder $m_2 = 0$, so ergibt sich, wie ebenfalls zu erwarten ist: $F = 0$.

L4.30 Wir zeichnen zunächst die Kräftediagramme für beide Körper.

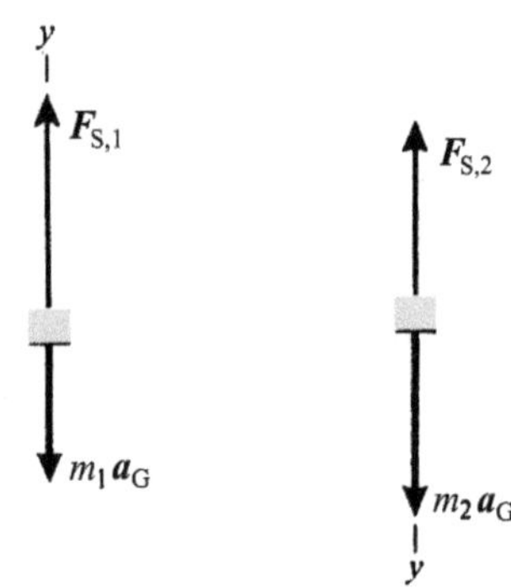

a) Anwenden von $\sum F_y = m a_y$ auf die beiden Körper mit den Massen m_1 und m_2 ergibt

$$F_{S,1} - m_1 g = m_1 a_1 \quad \text{und} \quad m_2 g - F_{S,2} = m_2 a_2.$$

Wir nehmen an, dass die Rolle lediglich die Richtung der Zugkraft ändert, so dass $F_{S,1} = F_{S,2} = F_S$ ist. Weil beide Körper betragsmäßig die gleiche Beschleunigung erfahren, ist weiterhin $a = a_1 = a_2$. Wir eliminieren die Beschleunigung a aus den beiden Kräftegleichungen und lösen nach F_S auf:

$$F_S = \frac{2 m_1 m_2}{m_1 + m_2} g.$$

Darin dividieren wir Zähler und Nenner durch m_2:

$$F_S = \frac{2 m_1 g}{1 + m_1/m_2}.$$

Nun bilden wir den Grenzwert für $m_2 \to \infty$ und erhalten

$$F_S = 2 m_1 g.$$

b) Wir betrachten den Fall $m_2 \gg m_1$. Dann ist die Masse m_2 im Wesentlichen im freien Fall. Damit wird der Körper mit der Masse m_1 annähernd mit einer Beschleunigung vom Betrag g nach *oben* beschleunigt. Die Gesamtkraft auf den Körper mit der Masse m_1 ist dann $m_1 g$. Somit ist in diesem Grenzfall $F_S - m_1 g = m_1 g$, also $F_S = 2 m_1 g$, was mit dem Ergebnis von Teilaufgabe a übereinstimmt.

L4.31 Wir bezeichnen die Masse des Blocks mit m und die der Kette mit m_K. Die drei Kräftediagramme zeigen die angreifenden Kräfte a) an dem Ende, an dem der Block befestigt ist, b) in der Mitte und c) am Befestigungspunkt an der Decke.

a)

Wir wenden $\sum F_y = m a_y$ auf den Block an und berechnen die Zugkraft: $F_{S,a} - mg = ma$.

Wegen $a = 0$ ergibt sie sich zu

$$F_{S,a} = mg = (50 \text{ kg}) \left(9{,}81 \text{ m} \cdot \text{s}^{-2}\right) = 491 \text{ N}.$$

b)

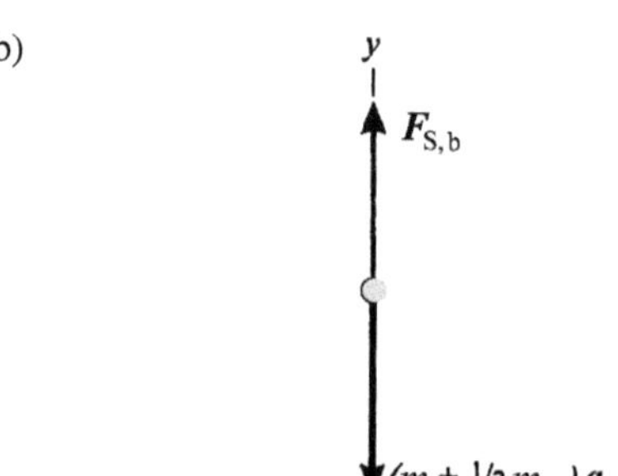

Wir wenden $\sum F_y = m a_y$ auf den Block und auf die halbe Kette an und lösen nach $F_{S,b}$ auf:

$$F_{S,b} - \left(m + \frac{m_K}{2}\right) g = m a.$$

Mit $a = 0$ erhalten wir

$$F_{S,b} = \left(m + \frac{m_K}{2}\right) g = (50 \text{ kg} + 10 \text{ kg}) \left(9{,}81 \text{ m} \cdot \text{s}^{-2}\right) = 589 \text{ N}.$$

c)

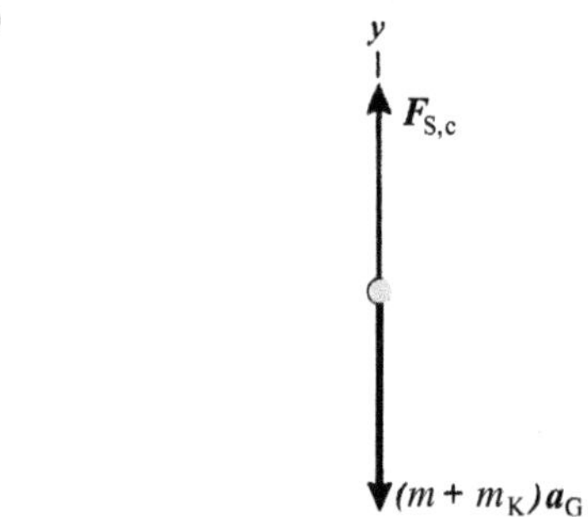

Wir wenden $\sum F_y = m a_y$ auf den Block und auf die ganze Kette an und lösen nach $F_{S,c}$ auf:

$$F_{S,c} - (m + m_K) g = m a.$$

Mit $a = 0$ ergibt sich

$$F_{S,c} = (m + m_K) g = (50 \text{ kg} + 20 \text{ kg}) \left(9{,}81 \text{ m} \cdot \text{s}^{-2}\right) = 687 \text{ N}.$$

L4.32 a) Wir zeichnen die Kräftediagramme. Das linke Diagramm gilt für den Block mit der Masse $m_1 = 270$ g und das rechte für das Gewicht mit der Masse $m_2 = 75$ g.

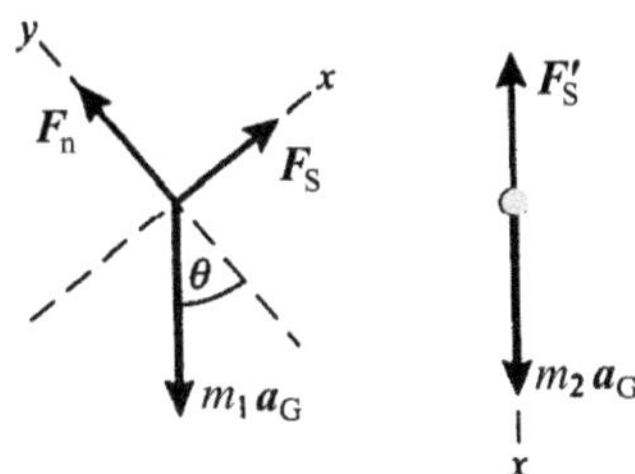

b) Wir wenden $\sum F_x = m a_x$ auf beide Körper an:

$$F_S - m_1 g \sin\theta = m_1 a_1 \quad \text{und} \quad m_2 g - F_S' = m_2 a_2\,.$$

Die betragsmäßig gleiche Beschleunigung beider Körper nennen wir $a_1 = a_2 = a$. Wenn wir die ebenfalls betragsmäßig gleichen Zugkräfte ($F_S = F_S'$) eliminieren, ergibt sich

$$
\begin{aligned}
a &= \frac{m_2 - m_1 \sin\theta}{m_1 + m_2}\, g \\
&= \frac{0{,}075\ \text{g} - (0{,}270\ \text{g}) \sin 30^\circ}{0{,}075\ \text{g} + 0{,}270\ \text{g}} \left(9{,}81\ \text{m} \cdot \text{s}^{-2}\right) \\
&= -1{,}71\ \text{m} \cdot \text{s}^{-2}\,.
\end{aligned}
$$

Die Beschleunigung ist negativ. Also wird der Körper mit der Masse m_1 entlang der geneigten Ebene nach unten (und der Körper mit der Masse m_2 nach oben) beschleunigt. Um die Zugkraft zu ermitteln, setzen wir die Beschleunigung in eine der beiden Kräftegleichungen ein und erhalten $F_S = 0{,}863$ N.

c) Da der Block gleichförmig beschleunigt hinabgleitet, gilt $\Delta x = v_0 \Delta t + \frac{1}{2} a (\Delta t)^2$, wobei v_0 die Anfangsgeschwindigkeit ist. Wegen $v_0 = 0$ folgt $\Delta x = \frac{1}{2} a (\Delta t)^2$. Damit ist die für eine Strecke von 1 m benötigte Zeitspanne

$$\Delta t = \sqrt{\frac{2\,\Delta x}{a}} = \sqrt{\frac{2\,(1\ \text{m})}{1{,}71\ \text{m} \cdot \text{s}^{-2}}} = 1{,}08\ \text{s}\,.$$

L4.33 Die Abbildung zeigt das Kräftediagramm für die auf den Block wirkenden Kräfte mit dem von uns gewählten Koordinatensystem. Die Oberfläche ist reibungsfrei. Daher muss die Kraft, die sie auf den Block ausübt, senkrecht auf ihr stehen.

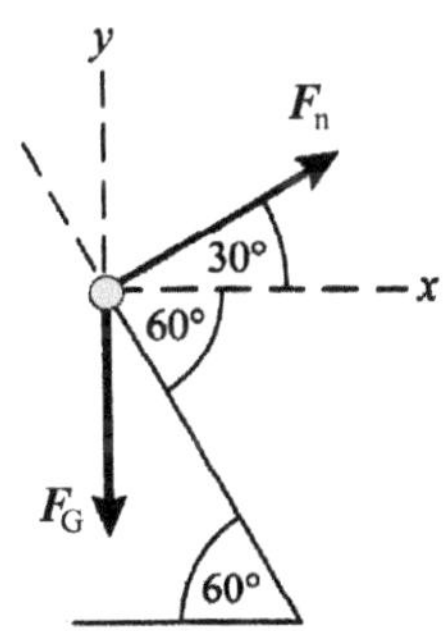

a) Anwenden von $\sum F_y = m a_y$ auf den Block ergibt

$$|\boldsymbol{F}_n| \sin 30^\circ - F_{G,y} = m a_y\,.$$

Wegen $a_y = 0$ und $F_{G,y} = mg$ ist $|\boldsymbol{F}_n| \sin 30^\circ - mg = 0$. Also gilt

$$|\boldsymbol{F}_n| \sin 30^\circ = mg\,. \tag{1}$$

Die Beziehung $\sum F_x = m a_x$ liefert in x-Richtung

$$|\boldsymbol{F}_n| \cos 30^\circ = m a_x\,. \tag{2}$$

Die Division von Gleichung 2 durch Gleichung 1 ergibt

$$\frac{a_x}{g} = \cot 30^\circ$$

und damit

$$a_x = g \cot 30^\circ = (9{,}81\ \text{m} \cdot \text{s}^{-2}) \cot 30^\circ = 17{,}0\ \text{m} \cdot \text{s}^{-2}\,.$$

b) Wir betrachten den Fall, dass der Keil stärker als in Teilaufgabe a berechnet, d. h. stärker als mit $g \cot 30^\circ$, beschleunigt wird. Dabei wird eine Normalkraft $F_n > mg / \sin 30^\circ$ auf den Keil ausgeübt. Somit entsteht eine resultierende Kraft in y-Richtung, so dass der Block auf dem Keil nach oben beschleunigt wird.

L4.34 In Aufgabe 28 hatten wir gesehen, dass die Zugkraft einer fest aufgehängten Atwood'schen Fallmaschine gegeben ist durch

$$F_S = \frac{2 m_1 m_2}{m_1 + m_2}\, g\,.$$

Da eine konstante Beschleunigung wie eine Erhöhung der Erdbeschleunigung wirkt, brauchen wir lediglich a durch $a + g$ zu ersetzen:

$$F_S = \frac{2 m_1 m_2}{m_1 + m_2}\, (a + g)\,.$$

Wir betrachten den Körper 2.

Anwenden von $\sum F_y = m a_y$ ergibt $F_S - m_2 g = m_2 a_2$. Auflösen nach a_2 und Einsetzen des obigen Ausdrucks für F_S liefert

$$a_2 = \frac{F_S - m_2 g}{m_2} = \frac{(m_1 - m_2) g + 2 m_1 a}{m_1 + m_2}\,.$$

Auf gleiche Weise ergibt sich

$$a_1 = \frac{(m_1 - m_2) g - 2 m_2 a}{m_1 + m_2}\,,$$

wobei die positive y-Achse für das Gewicht 2 wie in Aufgabe 28 nach unten zeigt.

5A — Anwendungen der Newton'schen Axiome

- Reibung
- Krummlinige Bewegung
- Konzepte der Zentripetalkraft
- Widerstandskräfte

A: Aufgaben

Verständnisaufgaben

A5.1 • Auf der Ladefläche eines LKW, der auf einer geraden, horizontalen Straße fährt, liegen verschiedene Gegenstände. Der LKW beschleunigt allmählich. Welche Kraft wirkt auf die Gegenstände und führt dazu, dass sie ebenfalls beschleunigt werden?

A5.2 • Ein Block mit der Masse m liegt auf einer unter einem Winkel θ zur Horizontalen geneigten Ebene. Welche Aussagen gelten dann für den Haftreibungskoeffizienten zwischen Block und Ebene? a) $\mu_{R,h} \geq g$, b) $\mu_{R,h} = \tan\theta$, c) $\mu_{R,h} \leq \tan\theta$ oder d) $\mu_{R,h} \geq \tan\theta$.

A5.3 •• An einem Wintertag mit Glatteis ist der Reibungskoeffizient zwischen den Autoreifen und der Fahrbahn nur halb so groß wie an einem trockenen Tag. Wie verändert sich dadurch die Maximalgeschwindigkeit, mit der ein Auto sicher durch eine Kurve mit dem Radius r fahren kann? a) Überhaupt nicht. b) Sie wird auf 71 % verringert. c) Sie wird auf 50 % verringert. d) Sie wird auf 25 % verringert. e) Sie wird je nach der Masse des Autos unterschiedlich stark verringert.

A5.4 •• Zeigen Sie anhand eines Kräftediagramms, wie es möglich ist, dass ein Motorrad auf der vertikalen Innenseite eines Zylinders fahren kann. Nehmen Sie dazu geeignete Werte für den Reibungskoeffizienten, für den Radius des Zylinders, für die Masse des Motorrads oder für andere benötigte Größen an. Welche Mindestgeschwindigkeit erfordert dieser Stunt?

A5.5 • Richtig oder falsch? Von einem Inertialsystem aus gesehen kann sich ein Körper nur dann auf einer Kreisbahn bewegen, wenn eine Gesamtkraft auf ihn wirkt.

A5.6 •• Ein Teilchen bewegt sich mit konstantem Tempo auf einer vertikalen Kreisbahn. Welche der folgenden Größen ist dabei konstant? a) Die Geschwindigkeit, b) die Beschleunigung, c) die Gesamtkraft, d) das scheinbare Gewicht oder e) keine der genannten Größen.

A5.7 • Hängt die Endgeschwindigkeit eines Fallschirmspringers, der am Fallschirm niedergeht, a) von seiner Masse, b) von seiner Lage beim Fallen, c) von der Luftdichte oder d) von allen genannten Faktoren ab?

A5.8 •• Stellen Sie sich vor, Sie sitzen als Beifahrer in einem Rennwagen, der mit hoher Geschwindigkeit auf einer kreisförmigen horizontalen Rennstrecke seine Runden dreht. Dabei „spüren" Sie deutlich eine „Kraft", die Sie zur Außenseite der Rennstrecke drückt. In welche Richtung zeigt die Kraft, die auf Sie wirkt, tatsächlich? Woher kommt sie? (Es wird angenommen, dass Sie auf Ihrem Sitz nicht rutschen.)

A5.9 • Ein Block gleitet in einem kreisrunden Looping über eine reibungsfreie Fläche (siehe Abbildung).

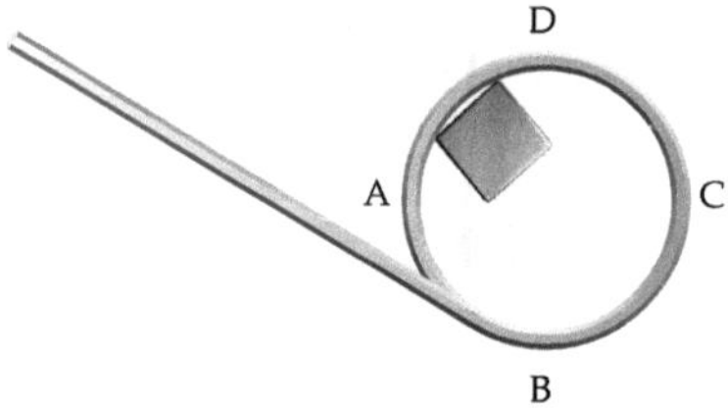

Der Block gleitet schnell genug, so dass er niemals den Oberflächenkontakt verliert. Weisen Sie den Punkten am Looping jeweils das richtige der fünf Kräftediagramme zu.

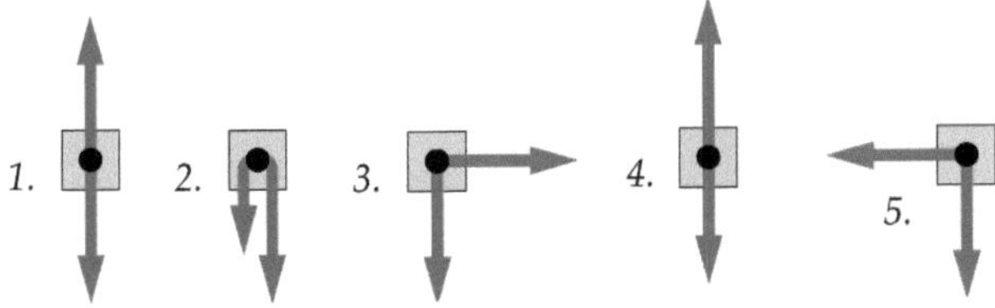

Schätzungs- und Näherungsaufgaben

A5.10 • Bestimmen Sie über eine Dimensionsanalyse die Einheiten und Dimensionen der Konstanten b in der Gleichung $b|v|^n$ für die Widerstandskraft für a) $n = 1$ und b) $n = 2$. c) Newton zeigte, dass der Luftwiderstand eines fallenden Körpers mit einer runden Querschnittsfläche (Fläche quer zur Bewegungsrichtung) ungefähr $\frac{1}{2} \rho \pi r^2 v^2$ ist, wobei die Luftdichte $\rho = 1{,}2$ kg/m^3 beträgt. Zeigen Sie, dass dies mit der Dimensionsbetrachtung in Teilaufgabe b in Einklang steht. d) Wie groß ist die Endgeschwindigkeit eines Fallschirmspringers mit einer Masse von 56 kg? Nehmen Sie dabei näherungsweise seine Querschnittsfläche als eine Scheibe mit einem Radius von ca. 30 cm an. Die Luftdichte in der Nähe der Erdoberfläche sei 1,20 kg/m^3. e) Die Luftdichte über der Erdoberfläche nimmt nach oben hin ab; in 8 km Höhe beträgt sie nur noch 0,514 kg/m^3. Wie groß ist die Endgeschwindigkeit in dieser Höhe?

A5.11 •• Hagelkörner, die so groß wie Golfbälle sind, sind zwar schon eine Seltenheit, aber allgemein sind Hagelkörner doch deutlich größer als Regentropfen. Schätzen Sie die Endgeschwindigkeit eines Regentropfens und die eines Hagelkorns von der Größe eines Golfballs ab.

• Reibung

A5.12 • Ein Holzklotz wird mit konstanter Geschwindigkeit an einem horizontalen Seil über eine horizontale Fläche gezogen. Dabei wird eine Kraft von 20 N aufgewendet. Der Gleitreibungskoeffizient zwischen den Oberflächen beträgt 0,3. Ist die Reibungskraft a) ohne Kenntnis der Masse des Blocks nicht zu bestimmen, b) ohne Kenntnis der Geschwindigkeit des Blocks nicht zu bestimmen, c) 0,3 N, d) 6 N oder e) 20 N?

A5.13 • Ein Block mit einem Gewicht von 20 N ruht auf einer horizontalen Oberfläche. Der Haftreibungskoeffizient ist $\mu_{R,h} = 0{,}8$, während der Gleitreibungskoeffizient $\mu_{R,g} = 0{,}6$ ist. Am Block wird ein horizontaler Faden befestigt, an dem eine konstante Zugkraft $|F_S|$ aufrechterhalten wird. Wie groß ist die auf den Block wirkende Reibungskraft bei a) $|F_S| = 15$ N und b) $|F_S| = 20$ N?

A5.14 • Ein Arbeiter drückt mit einer horizontalen Kraft von 500 N auf eine Kiste mit einer Masse von 100 kg, die auf einem dicken Florteppich steht. Der Haftreibungskoeffizient beträgt 0,6, während der Gleitreibungskoeffizient 0,4 beträgt. Berechnen Sie die Reibungskraft, die der Teppich auf die Kiste ausübt.

A5.15 • Der Haftreibungskoeffizient zwischen den Reifen eines Autos und einer horizontalen Straße beträgt $\mu_{R,h} = 0{,}6$. Die Gesamtkraft, die auf das Auto wirkt, sei die von der Straße ausgeübte Haftreibungskraft. a) Wie groß ist die maximal mögliche Beschleunigung, wenn das Auto bremst? b) Wie groß ist der Bremsweg des Autos mindestens, wenn es zunächst mit 30 m/s fährt?

A5.16 • Ein schon mit verschiedenen Dingen voll bepackter Student versucht noch, ein dickes Physikbuch unter seinem Arm geklemmt zu halten (siehe Abbildung). Die Masse des Buchs beträgt 10,2 kg, der Haftreibungskoeffizient zwischen Buch und Arm 0,32 und der zwischen Buch und T-Shirt 0,16. a) Welche horizontale Kraft muss der Student mindestens aufbringen, um zu verhindern, dass das Buch herunterfällt? b) Der Student kann nur eine Kraft von 195 N aufbringen. Wie groß ist in diesem Fall die Beschleunigung des Physikbuchs, während es unter dem Arm wegrutscht? Der Gleitreibungskoeffizient zwischen Buch und Arm beträgt 0,20 und der zwischen Buch und T-Shirt 0,09.

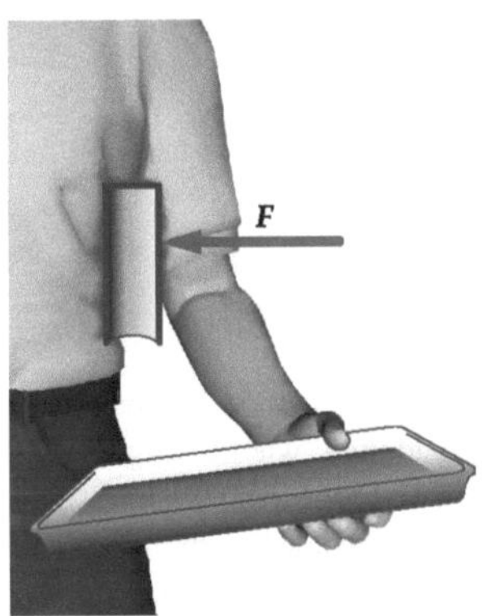

A5.17 • An einem Tag, an dem bei Temperaturen um den Gefrierpunkt Schnee fällt, beträgt der Haftreibungskoeffizient zwischen Autoreifen und einer vereisten Straße 0,08. Welche maximale Steigung kann ein Auto mit Allradantrieb unter diesen Bedingungen mit konstanter Geschwindigkeit hinauffahren?

A5.18 • Eine 50-kg-Kiste, die auf ebenem Boden liegt, soll verschoben werden. Der Haftreibungskoeffizient zwischen der Kiste und dem Boden beträgt 0,6. Eine Möglichkeit, die Kiste zu verschieben, besteht darin, unter dem Winkel θ zur Horizontalen schräg nach unten auf die Kiste zu drücken. Eine andere Möglichkeit besteht darin, unter dem gleichen Winkel θ zur Horizontalen schräg nach oben an der Kiste zu ziehen. a) Erklären Sie, weshalb eines der Verfahren besser funktioniert als das andere. b) Berechnen Sie die Kraft, die bei dem jeweiligen Verfahren aufgewendet werden muss, um die Kiste zu verschieben. Dabei sei $\theta = 30°$. Vergleichen Sie die Ergebnisse mit denen, die Sie in beiden Fällen für $\theta = 0°$ erhalten.

A5.19 •• Ein Block auf einer horizontalen Ebene besitzt eine Anfangsgeschwindigkeit v. Nach einer gradlinigen Bewegung über eine Strecke d kommt er zum Stehen. Zeigen Sie, dass sich der Gleitreibungskoeffizient zu $\mu_{R,g} = v^2/(2\,g\,d)$ berechnet.

A5.20 •• Der Haftreibungskoeffizient zwischen der Ladefläche eines LKW und einer darauf geladenen Kiste beträgt 0,30. Der LKW fährt mit 80 km/h auf einer horizontalen Straße. Welchen Bremsweg muss der Fahrer mindestens einplanen, damit die Kiste nicht ins Rutschen kommt?

A5.21 •• Ein Auto fährt mit 30 m/s eine unter 15° geneigte, gerade Straße hinauf. Der Haftreibungskoeffizient zwischen den Reifen und der Straße beträgt 0,7. a) Wie lang ist mindestens der Bremsweg? b) Wie lang wäre der Bremsweg mindestens, wenn das Auto bergab fahren würde?

A5.22 •• Zwei durch ein Seil miteinander verbundene Blöcke (siehe Abbildung) gleiten eine um 10° geneigte Ebene hinab. Der untere Block besitzt eine Masse $m_1 = 0{,}25$ kg und einen Gleitreibungskoeffizienten $\mu_{R,g} = 0{,}2$, während der obere eine Masse $m_2 = 0{,}8$ kg und einen Gleitreibungskoeffizienten $\mu_{R,g} = 0{,}3$ hat. Ermitteln Sie a) die Beschleunigung der Blöcke und b) die Zugkraft im Seil.

A5.23 •• Zwei miteinander verbundene Blöcke mit den Massen m_1 und m_2 gleiten, wie in Aufgabe 22 beschrieben, eine geneigte Ebene hinab. In diesem Fall sind sie jedoch durch einen masselosen Stab miteinander verbunden. Dieser verhält sich genauso wie ein Seil, nur dass er nicht nur eine Zugkraft, sondern auch eine Druckkraft übertragen kann. Der Gleitreibungskoeffizient für Block 1 beträgt $\mu_{R,g,1}$, während der für Block 2 gleich $\mu_{R,g,2}$ ist. a) Bestimmen Sie die Beschleunigung der beiden Blöcke. b) Berechnen Sie die Kraft, die der Stab auf die beiden Blöcke ausübt. Zeigen Sie, dass diese Kraft bei $\mu_{R,g,1} = \mu_{R,g,2}$ gleich 0 ist, und geben Sie eine einfache, nicht mathematische Begründung hierfür.

A5.24 •• Der Haftreibungskoeffizient zwischen einem Gummireifen und dem Straßenbelag sei 0,85. Welche maximale Beschleunigung kann ein allradgetriebener PKW mit einer Masse von 1000 kg maximal erreichen, wenn er eine Steigung unter einem Winkel von 12° a) hinauffährt bzw. b) hinabfährt?

A5.25 • Ein massiver Sandsteinblock wird durch ein Gegengewicht, das frei unter einer Rolle hängt, eine Rampe hinaufgezogen (siehe Abbildung). Der Block hat eine Masse von 1600 kg und das Gegengewicht eine Masse von 550 kg. Der Gleitreibungskoeffizient zwischen Block und Rampe beträgt 0,15 und der Neigungswinkel der Rampe 10°. a) Mit welcher Beschleunigung bewegt sich der Block die Rampe hinauf? b) Drei Sekunden, nachdem der Block die Rampe hinauf zu gleiten begonnen hat, reißt das Seil zum Gegengewicht. Wie weit gleitet der Block noch weiter, bevor er zum Stillstand kommt? c) Nachdem der Block den höchsten Punkt erreicht hat, beginnt er, die Rampe wieder hinabzugleiten. Wie groß ist dabei seine Beschleunigung?

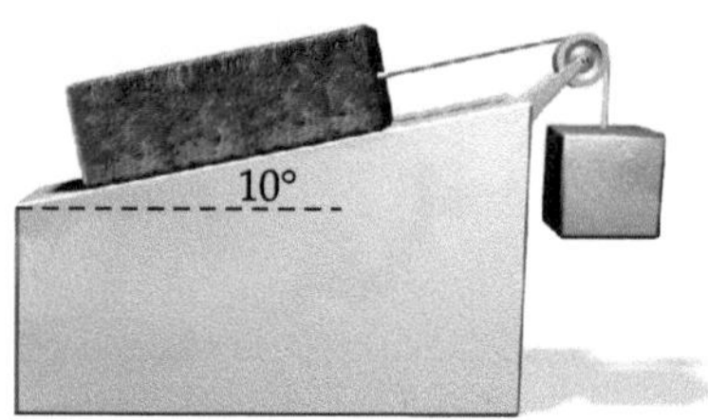

A5.26 •• Ein Block mit einer Masse von 100 kg auf einer Rampe ist, wie in der Abbildung gezeigt, über ein Seil mit einem weiteren Block mit der Masse m verbunden. Der Haftreibungskoeffizient zwischen Block und Rampe beträgt $\mu_{R,h} = 0{,}4$, während der Gleitreibungskoeffizient $\mu_{R,g} = 0{,}2$ beträgt. Der Rampenwinkel beträgt 18° gegen die Horizontale. a) Ermitteln Sie den Wertebereich für die Masse m, bei dem sich der Block auf der Rampe nicht von selbst bewegt, während er nach einem kleinen Stoß die Rampe *hinab*gleitet. b) Ermitteln Sie den Wertebereich für die Masse m, bei der sich der Block auf der Rampe nicht von selbst bewegt, während er nach einem kleinen Stoß die Rampe *hinauf*gleitet.

A5.27 ••• Ein Block mit einer Masse von 0,5 kg liegt auf der schrägen Seite eines Keils mit einer Masse von 2 kg (siehe Abbildung). Der Keil gleitet auf einer reibungsfreien Oberfläche, da auf ihn eine horizontale Kraft F wirkt. a) Der Haftreibungskoeffizient zwischen dem Keil und dem Block beträgt $\mu_{R,h} = 0{,}8$ und der Neigungswinkel 35°. Zwischen welchem Mindest- und welchem Höchstwert muss die Kraft F liegen, wenn der Block nicht rutschen soll? b) Wiederholen Sie die Teilaufgabe a mit $\mu_{R,h} = 0{,}4$.

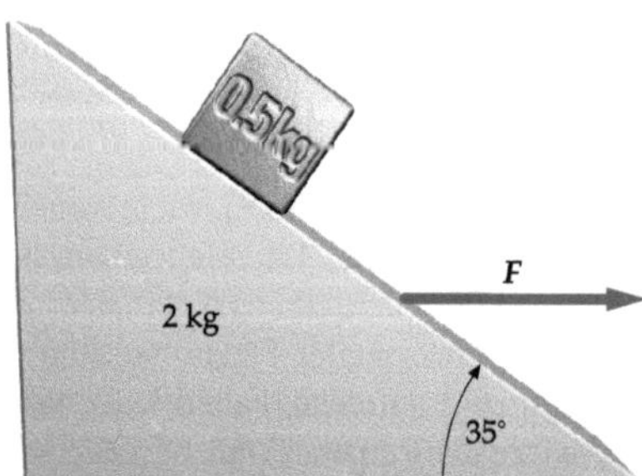

A5.28 ••• Eine Holzblock mit einer Masse von 10 kg wird mit einer konstanten, horizontalen Kraft von 70 N aus der Ruhe über einen Holzboden geschoben. Dabei ändert sich der Gleitreibungskoeffizient mit der Geschwindigkeit des Blocks gemäß folgender Formel:

$$\mu_{R,g} = \frac{0{,}11}{\left[1 + (2{,}3 \cdot 10^{-4} \ \mathrm{m}^{-2} \cdot \mathrm{s}^2) \, v^2\right]^2}.$$

Schreiben Sie ein Arbeitsblatt für eine Tabellenkalkulation, das mit Hilfe des Euler-Verfahrens die Geschwindigkeit des Blocks und seine Verschiebung im Zeitabschnitt von 0 bis 10 s näherungsweise berechnet und als Diagramm anzeigt. Vergleichen Sie dieses Diagramm mit demjenigen, das sich bei einem von v unabhängigen, konstanten Gleitreibungskoeffizienten von 0,11 ergibt.

A5.29 •• Um den Gleitreibungskoeffizienten eines Holzklotzes auf einem horizontalen Holztisch zu bestimmen, wird Ihnen folgende Aufgabe gestellt: Nehmen Sie den Holzklotz und schieben Sie ihn über den Tisch. Messen Sie mit einer Stoppuhr die Zeit Δt, die der Klotz gleitet, bis er zur Ruhe kommt, sowie die nach dem Loslassen zurückgelegte Gesamtstrecke Δx. a) Zeigen Sie, dass sich aus diesen Messungen $\mu_{R,g} = 2\Delta x/[g\,(\Delta t)^2]$ ergibt. Berechnen Sie $\mu_{R,g}$, wenn der Klotz bis zum Anhalten 1,37 m in 0,97 s zurückgelegt hat. b) Wie groß war die Anfangsgeschwindigkeit des Klotzes?

• Krummlinige Bewegung

A5.30 •• Ein Stein mit der Masse $m = 95$ g wird an einem 85 cm langen Faden auf einem horizontalen Kreis herumgewirbelt. Jede Umdrehung des Steins dauert 1,22 s. Ist der Winkel des Fadens zur Horizontalen gleich a) $52°$, b) $46°$, c) $26°$, d) $23°$ oder e) $3°$?

A5.31 •• Ein 50 kg schwerer Kunstflugpilot vollführt einen Sturzflug und zieht das Flugzeug kurz vor dem Boden auf einer vertikalen Kreisbahn in die Horizontale. Am tiefsten Punkt dieser Kreisbahn wird der Pilot mit 8,5 g nach oben beschleunigt. a) Welche Kraft übt der Pilotensitz an diesem Punkt auf den Piloten aus? b) Das Flugzeug hat in diesem Moment eine Geschwindigkeit von 345 km/h. Wie groß ist der Radius des Kreisbogens?

A5.32 •• Eine Kugel mit der Masse m_1 bewegt sich auf einer Kreisbahn mit dem Radius r auf einem reibungsfreien horizontalen Tisch (siehe Abbildung). Über einen Faden, der durch ein Loch in der Tischplatte verläuft, ist sie mit einem Gewicht m_2 verbunden. Wie hängt r von m_1, m_2 und der Zeit T für einen Umlauf ab?

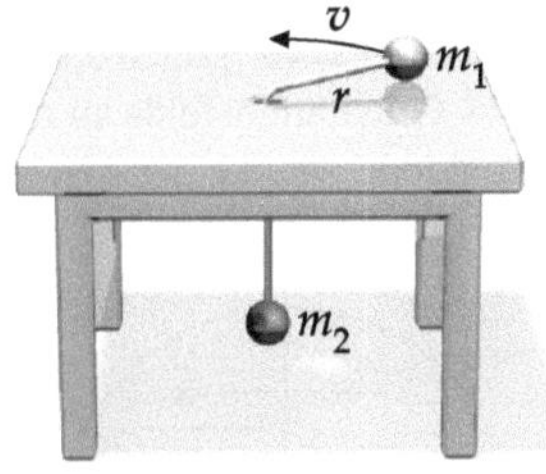

A5.33 •• Ein Mann wirbelt, wie in der Abbildung gezeigt, sein Kind auf einem Kreis mit einem Radius von 0,75 m herum. Das Kind hat eine Masse von 25 kg, und eine Umdrehung dauert 1,5 s. Ermitteln Sie den Betrag und die Richtung der Kraft, die der Mann auf das Kind ausübt. (Stellen Sie sich das Kind vereinfacht als ein punktförmiges Teilchen vor.)

A5.34 •• Eine Münze mit einer Masse von 100 g liegt auf einer horizontalen Drehscheibe, die sich einmal pro Sekunde um ihre Achse dreht. Die Münze liegt 10 cm vom Drehpunkt der Scheibe entfernt. a) Wie groß ist die Reibungskraft, die auf die Münze wirkt? b) Die Münze würde wegrutschen, wenn sie mehr als 16 cm vom Drehpunkt entfernt läge. Wie groß ist der Haftreibungskoeffizient?

A5.35 •• Auf einen Körper am Äquator wirken zwei Beschleunigungen. Da er mit der Erdoberfläche um die Erde rotiert, muss es zum einen eine Beschleunigung zum Erdmittelpunkt geben. Diese rührt von der Erdanziehung her. Zum anderen wirkt aber auch eine Beschleunigung zur Sonne hin durch deren Schwerkraft, die sich im Umlauf der Erde um die Sonne äußert. Berechnen Sie die Beträge dieser beiden auf den Körper wirkenden Beschleunigungen am Äquator in Vielfachen der Erdbeschleunigung g auf der Erdoberfläche.

• Konzepte der Zentripetalkraft

A5.36 • Manchmal findet man auf dem Jahrmarkt Fahrgeschäfte, bei denen die Mitfahrenden einen vertikalen kreisrunden Looping mit konstanter Geschwindigkeit durchfahren. Die Normalkraft, die die Sitze dabei auf die Personen ausüben, ist stets nach innen, d. h. zum Mittelpunkt der Kreisbahn hin, gerichtet. Wenn diese Normalkraft am höchsten Punkt der Fahrt gleich der Gewichtskraft (mg) der Personen ist, ist sie am tiefsten Punkt der Bahn a) 0, b) mg, c) $2mg$, d) $3mg$ oder e) größer als mg, kann aber aus den gegebenen Informationen nicht berechnet werden.

A5.37 ••• Stellen Sie sich vor, Sie fahren auf einer horizontalen Fläche mit dem Fahrrad auf einer Kreisbahn mit einem Radius von 20 m. Die Gesamtkraft, die die Straße auf das Fahrrad ausübt und die sich aus Normalkraft und Reibungskraft zusammensetzt, bildet einen Winkel von $15°$ gegen die Vertikale. a) Wie hoch ist Ihre Geschwindigkeit? b) Die Reibungskraft ist halb so groß wie der maximal mögliche Wert. Wie groß ist der Haftreibungskoeffizient?

A5.38 • Ein Auto mit einer Masse von 750 kg durchfährt mit 90 km/h eine Kurve mit einem Radius von 160 m. In welchem Winkel sollte die Kurve überhöht sein, damit die Kraft des Pflasters auf die Reifen parallel zur Normalkraft ist?

A5.39 ••• Ein Bauingenieur soll einen Kurvenabschnitt einer Straße planen. Er erhält folgende Vorgaben: Bei vereister Straße, d. h. bei einem Haftreibungskoeffizienten von 0,08 zwischen Straße und Gummi, darf ein stehendes Auto nicht in den Straßengraben im Innern der Kurve rutschen. Andererseits dürfen Autos, die mit bis zu 60 km/h fahren, nicht aus der Kurve getragen werden. Welchen Radius muss die Kurve mindestens besitzen und unter welchem Winkel sollte sie überhöht sein?

• Widerstandskräfte

A5.40 • Ein Schadstoffpartikel fällt bei Windstille mit einer Endgeschwindigkeit von 0,3 mm/s zu Boden. Die Masse des Partikels beträgt 10^{-10} g und seine Widerstandskraft hat die Form $b\,v$. Wie groß ist b?

A5.41 • Ein Tischtennisball besitzt eine Masse von 2,3 g und eine Endgeschwindigkeit von 9 m/s. Die Widerstandskraft besitzt die Form $b\,v^2$. Welchen Wert hat b?

A5.42 ••• Kleine kugelförmige Teilchen erfahren in einem Fluid eine viskose Widerstandskraft, die durch das Stokes'sche Gesetz gegeben ist: $F_W = -6\pi\eta\,r\,v$. Dabei ist r der Radius des Teilchens, v seine Geschwindigkeit und η die Viskosität des fluiden Mediums. a) Schätzen Sie die Endgeschwindigkeit eines runden Schadstoffteilchens mit einem Radius von 10^{-5} m und mit einer Dichte von 2000 kg/m³. b) Wie lange braucht ein solches Teilchen, um in der Luft 100 m weit zu fallen, wenn es windstill ist und die Luft eine Viskosität η von $1{,}8 \cdot 10^{-5}$ N·s·m^{-2} aufweist?

A5.43 ••• In einem 8,0 cm langen Reagenzglas wird eine Luftprobe mit Schadstoffpartikeln genommen, die die gleiche Größe und Dichte wie in der vorangehenden Aufgabe haben. Anschließend wird das Reagenzglas in eine Zentrifuge eingesetzt, wobei der Mittelpunkt des Reagenzglases 12 cm vom Drehpunkt entfernt ist. Die Zentrifuge dreht sich mit 800 Umdrehungen pro Minute. Schätzen Sie, in welcher Zeit sich nahezu alle Schadstoffteilchen am Ende des Reagenzglases abgesetzt haben. Vergleichen Sie dieses Ergebnis mit der Zeit, die es dauert, bis ein Schadstoffpartikel unter dem Einfluss der viskosen Widerstandskraft der Luft durch die Gravitation 8,0 cm weit fällt.

Allgemeine Aufgaben

A5.44 • Ein Modellflugzeug besitzt eine Masse von 0,4 kg. Es ist an einer horizontalen Schnur befestigt und fliegt auf einem horizontalen Kreis mit einem Radius von 5,7 m. (Das Gewicht ist dabei mit der nach oben gerichteten Auftriebskraft, die die Luft auf die Flügel ausübt, im Gleichgewicht.) Das Flugzeug legt in 4 s 1,2 Runden zurück. a) Gesucht ist die Geschwindigkeit v des Flugzeugs. b) Berechnen Sie außerdem die Zugkraft im Seil.

A5.45 •• Eine Bücherkiste soll mit Hilfe einiger Bohlen, die eine Neigung von 30° haben, auf einen LKW verladen werden. Die Masse der Kiste beträgt 100 kg und der Gleitreibungskoeffizient zwischen Kiste und Bohlen 0,5. Die Spediteure drücken *horizontal* mit einer Kraft F gegen die Kiste. Wie groß muss F sein, damit die Kiste mit konstanter Geschwindigkeit weitergeschoben wird, nachdem sie erst einmal in Bewegung versetzt wurde?

A5.46 •• Wie in der Abbildung gezeigt ist, wirken auf einen Körper im Gleichgewicht drei Kräfte. Ihre Beträge seien $|\boldsymbol{F}_1|$, $|\boldsymbol{F}_2|$ und $|\boldsymbol{F}_3|$. a) Zeigen Sie, dass $|\boldsymbol{F}_1|/\sin\theta_{2,3} = |\boldsymbol{F}_2|/\sin\theta_{3,1} = |\boldsymbol{F}_3|/\sin\theta_{1,2}$ gilt. b) Zeigen Sie, dass außerdem $|\boldsymbol{F}_1|^2 = |\boldsymbol{F}_2|^2 + |\boldsymbol{F}_3|^2 + 2\,|\boldsymbol{F}_2|\,|\boldsymbol{F}_3|\cos\theta_{2,3}$ gilt.

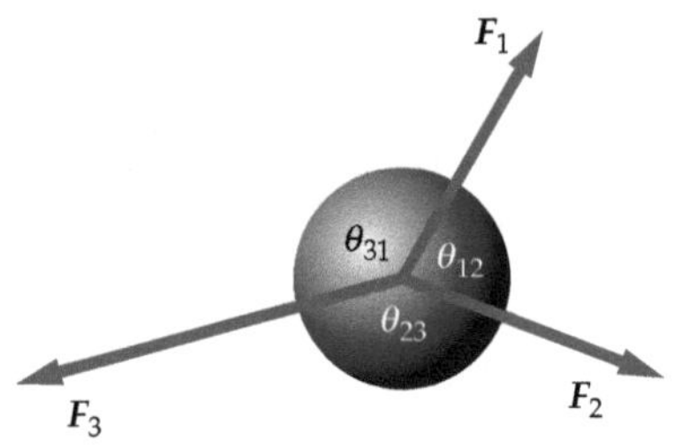

A5.47 •• Der Ortsvektor eines Teilchens mit der Masse $m = 0{,}8$ kg lautet als Funktion der Zeit

$$\boldsymbol{r} = x\,\hat{\boldsymbol{x}} + y\,\hat{\boldsymbol{y}} = (r_0 \sin\omega t)\,\hat{\boldsymbol{x}} + (r_0 \cos\omega t)\,\hat{\boldsymbol{y}},$$

wobei $r_0 = 4{,}0$ m und $\omega = 2\pi$ s^{-1} ist. a) Zeigen Sie, dass der Weg des Teilchens eine Kreisbahn mit dem Radius r_0 ist, deren Mittelpunkt im Koordinatenursprung liegt. b) Berechnen Sie den Geschwindigkeitsvektor und zeigen Sie, dass $v_x/v_y = -y/x$ gilt. c) Berechnen Sie den Beschleunigungsvektor und zeigen Sie, dass er in radiale Richtung zeigt und den Betrag v^2/r_0 besitzt. d) Ermitteln Sie Richtung und Betrag der Gesamtkraft, die auf das Teilchen wirkt.

A5.48 •• Bei einer Attraktion in einem Freizeitpark stehen die Fahrgäste mit dem Rücken zur Wand in einer Trommel, die sich dreht. Plötzlich wird der Boden abgesenkt, wobei die Reibung aber verhindert, dass die Fahrgäste hinabfallen. Der Zylinder hat einen Radius von 4 m. Mit wie vielen Umdrehungen pro Minute muss sich der Zylinder drehen, wenn der Haftreibungskoeffizient zwischen Fahrgast und Wand 0,4 beträgt?

A5.49 ••• a) Zeigen Sie, dass ein Punkt auf dem Breitengrad θ der Erde (siehe Abbildung) relativ zu einem Bezugssystem, das sich nicht mit der Erde dreht, eine Beschleunigung mit dem Betrag $(3{,}37 \text{ cm/s}^2)\cos\theta$ erfährt. In welche Richtung zeigt diese Beschleunigung? b) Erörtern Sie die Auswirkungen dieser Tatsache auf das scheinbare Gewicht eines Körpers in der Nähe der Erdoberfläche. c) Die Fallbeschleunigung eines Körpers *relativ zur Erdoberfläche* auf Meereshöhe beträgt am Äquator 9,78 m/s², während sie bei $\theta = 45°$ gleich 9,81 m/s² ist. Wie groß ist der reine Anteil des Gravitationsfelds an der Beschleunigung g an diesen beiden Punkten?

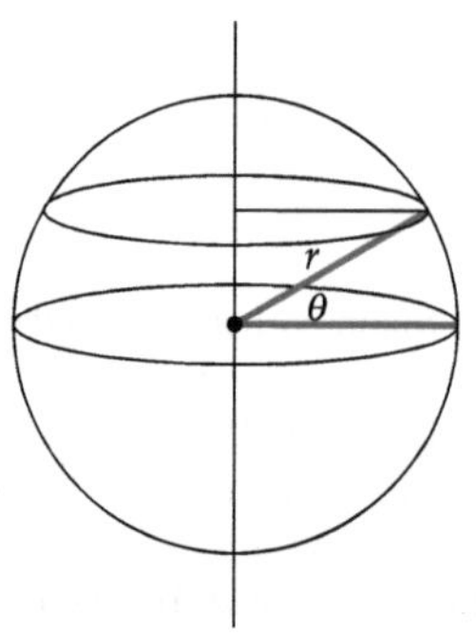

Anwendungen der Newton'schen Axiome

L: Lösungen

L5.1 Auf die Gegenstände wirken folgende Kräfte (siehe Abbildung): Das Gewicht der Gegenstände, die Normalkraft, die der Boden des LKW auf sie ausübt, und die Reibungskraft, die ebenfalls der Boden auf sie ausübt.

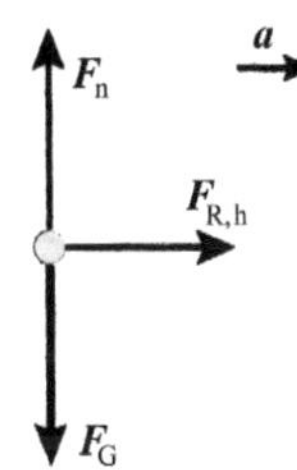

Von diesen Kräften wirkt lediglich die Reibungskraft in Richtung der Beschleunigung (in der Abbildung nach rechts), so dass sie die Ursache der Beschleunigung sein muss.

L5.2 Auf den Block wirken die Normalkraft F_n der geneigten Ebene, sein Gewicht $m a_G$ sowie die Haftreibungskraft $F_{R,h}$.

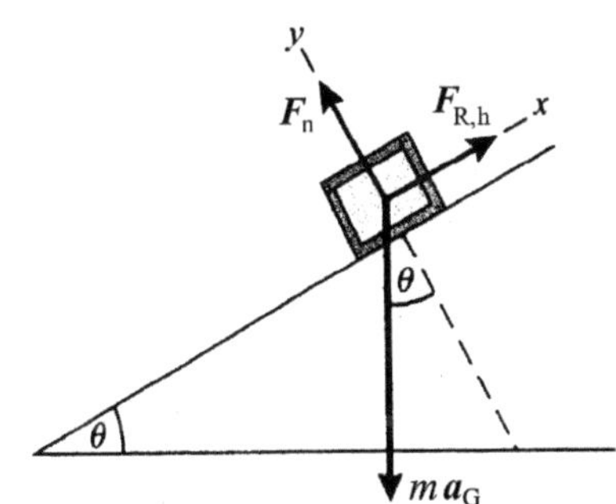

Da der Block im Gleichgewicht ist und somit nicht beschleunigt wird, liefert $\sum F_x = m a_x$, angewendet auf den Block:

$$F_{R,h} - m g \sin\theta = 0. \tag{1}$$

In y-Richtung ergibt $\sum F_y = m a_y$ die Beziehung

$$|F_n| - m g \cos\theta = 0. \tag{2}$$

Wir dividieren Gleichung 1 durch Gleichung 2:

$$\tan\theta = \frac{F_{R,h}}{|F_n|}.$$

Die maximale Haftreibungskraft wird nicht überschritten. Also ist $F_{R,h} \leq F_{R,h,max} = \mu_{R,h}|F_n|$. (Beachten Sie, dass die Reibungskraft hier in die positive x-Richtung zeigt.) Es folgt

$$\tan\theta \leq \frac{\mu_{R,h}|F_n|}{|F_n|} = \mu_{R,h}.$$

Also ist Lösung d richtig.

L5.3 Das Kräftediagramm zeigt die Kräfte, die auf das Auto wirken, während es mit der maximalen Geschwindigkeit durch die Kurve mit dem Radius r fährt. Die Zentripetalkraft rührt von der Haftreibungskraft her, die die Fahrbahn auf die Reifen ausübt.

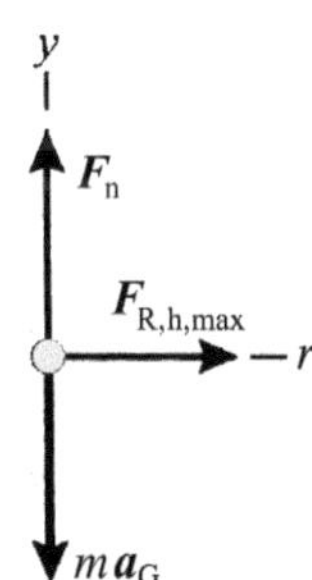

Wir wenden das zweite Newton'sche Axiom $\sum F = m a$ auf das Auto an:

$$\sum F_r = F_{R,h,max} = m \frac{v_{max}^2}{r}$$

und

$$\sum F_y = |F_n| - m g = 0.$$

Aus der Gleichung für die y-Richtung folgt $|F_n| = m g$.

Wir verwenden nun die Beziehung $F_{R,h,max} = \mu_{R,h}|F_n|$. (Beachten Sie, dass die Reibungskraft hier in die positive r-Richtung zur Mitte der Kurve zeigt.) Damit ergibt sich

$$v_{max} = \sqrt{\mu_{R,h}\, g\, r} = \text{const.} \sqrt{\mu_{R,h}}.$$

Die Maximalgeschwindigkeit v'_{max} für den halben Haftreibungskoeffizienten $\mu'_{R,h} = \frac{1}{2}\mu_{R,h}$ bei Glatteis ist dann

$$v'_{\max} = \text{const.} \sqrt{\frac{\mu_{R,h}}{2}} = 0{,}707\, v_{\max}\,.$$

Das sind knapp 71 % von $v_{\max}$. Also ist Lösung b richtig.

L5.4 Die Normalkraft F_n liefert die Zentripetalkraft, die das Motorrad auf der Kreisbahn hält, während die Haftreibungskraft $\mu_{R,h}\, F_n$ verhindert, dass es entlang der Zylinderwand nach unten gleitet.

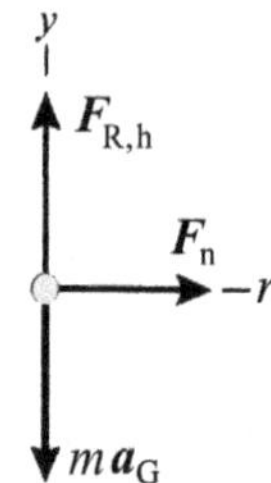

Gemäß dem zweiten Newton'schen Axiom $\sum \boldsymbol{F} = m\boldsymbol{a}$ ist

$$\sum F_r = |\boldsymbol{F}_n| = m\,\frac{v^2}{r}$$

und

$$\sum F_y = F_{R,h} - mg = a_y\,,$$

wobei r der Radius des Zylinders und v die Geschwindigkeit des Motorrads ist. Damit das Motorrad nicht nach unten gleitet, muss $F_{R,h} = mg$ sein. Wegen $F_{R,h,\max} \geq F_{R,h}$ muss also gelten

$$F_{R,h,\max} \geq mg\,.$$

Wir verwenden $F_{R,h,\max} = \mu_{R,h}\,|\boldsymbol{F}_n|$, setzen $|\boldsymbol{F}_n|$ aus der ersten Gleichung ein und lösen nach v auf:

$$v \geq \sqrt{\frac{r\,g}{\mu_{R,h}}}\,.$$

Als sinnvolle Werte wollen wir $r = 6\ \text{m}$ und $\mu_{R,h} = 0{,}8$ annehmen. Dies ergibt

$$v \geq \sqrt{\frac{(6\ \text{m})\,(9{,}81\ \text{m}\cdot\text{s}^{-2})}{0{,}8}} = 8{,}58\ \text{m}\cdot\text{s}^{-1} = 30{,}9\ \text{km}\cdot\text{h}^{-1}\,.$$

L5.5 Richtig. Damit sich ein Körper auf einer Kreisbahn bewegen kann, muss sich seine Geschwindigkeit bei konstantem Tempo ständig ändern. Dabei zeigt die Änderung des Geschwindigkeitsvektors und somit die Beschleunigung zum Kreismittelpunkt hin. Die Beschleunigung wird gemäß dem zweiten Newton'schen Axiom von einer Gesamtkraft (hier der Zentripetalkraft) hervorgerufen.

L5.6 Auf ein Teilchen, das sich auf einer vertikalen Kreisbahn bewegt, wirken die nach unten gerichtete Schwerkraft sowie eine weitere Kraft, die es auf seiner Kreisbahn hält. Weil die auf das Teilchen wirkende Gesamtkraft entlang seiner Bahn ortsabhängig ist, kann keine der Aussagen b, c und d richtig sein. Der Geschwindigkeitsvektor ändert sich entlang der Kreisbahn ebenfalls ständig. Deswegen kann auch die Aussage a nicht richtig sein. Folglich trifft Aussage e zu.

L5.7 Die Endgeschwindigkeit des Fallschirmspringers ist $v_E = (mg/b)^{1/n}$. Dabei hängt b von der Gestalt und von der Fläche des fallenden Körpers sowie von den Eigenschaften des Mediums ab, in dem er fällt. Somit besteht eine Abhängigkeit von der Masse des Körpers und über b auch von der Dichte der Luft. Außerdem bestimmt die Lage des Fallschirmspringers beim Fallen die effektive Fläche, die er den Luftmolekülen entgegenhält, so dass auch diese in b eingeht. Also ist Antwort d richtig.

L5.8 Von außen (also von einem Inertialsystem aus) gesehen, wird der Beifahrer durch die Zentripetalkraft auf der kreisförmigen Bahn gehalten. Diese Kraft rührt von der Reibung her, die der Sitz auf den Beifahrer ausübt. Die „Schein"kraft, die der mitbewegte Beifahrer spürt, rührt daher, dass sein Körper bestrebt ist, sich gemäß dem Trägheitsgesetz gleichförmig geradlinig (d. h. tangential zur Kreisbahn) zu bewegen, woran ihn die Reibungskraft aber hindert.

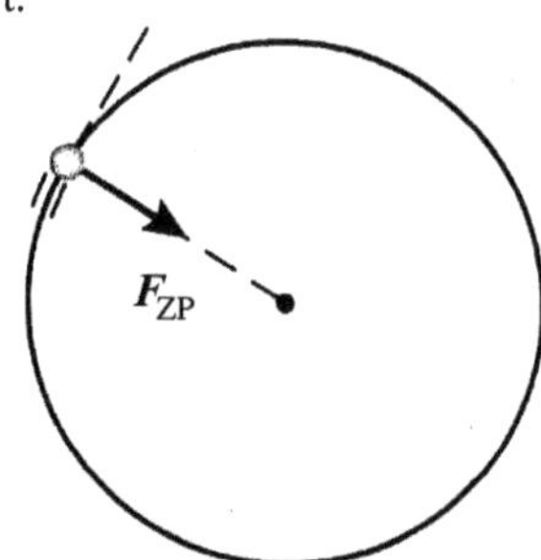

L5.9 Auf den Block wirken lediglich zwei Kräfte: sein Gewicht und die Kraft, die die Oberfläche auf ihn ausübt. Da die Oberfläche des Loopings reibungsfrei sein soll, muss die Kraft, die sie auf den Block ausübt, senkrecht auf ihr stehen.

Punkt A: Das Gewicht wirkt nach unten und die Normalkraft nach rechts; daher gilt hier das Kräftediagramm 3.

Punkt B: Das Gewicht wirkt nach unten, während die Normalkraft nach oben wirkt. Da der Block durch die Zentripetalkraft als resultierende Kraft radial zur Mitte beschleunigt wird, ist die Normalkraft größer als das Gewicht. Hier gilt also das Kräftediagramm 4.

Punkt C: Das Gewicht ist nach unten gerichtet und die Normalkraft nach links, so dass hier das Kräftediagramm 5 gilt.

Punkt D: Sowohl das Gewicht als auch die Normalkraft wirken nach unten, und es gilt das Kräftediagramm 2.

L5.10 Die Dimension der Konstanten b kann ausgehend von den bekannten Dimensionen der Kraft und der Geschwindigkeit ermittelt werden.

a) Auflösen der Gleichung für die Widerstandskraft nach b ergibt für $n = 1$:

$$b = \frac{F_W}{v} \qquad \text{sowie für die Dimensionen} \qquad [b] = \frac{m\,\ell/t^2}{\ell/t} = \frac{m}{t}\,.$$

Daher hat b bei $n = 1$ die Einheit $\text{kg}\cdot\text{s}^{-1}$.

b) Wir betrachten den Fall $n = 2$ und erhalten

$$b = \frac{F_W}{v^2} \qquad \text{sowie für die Dimensionen} \qquad [b] = \frac{m\,\ell/t^2}{(\ell/t)^2} = \frac{m}{\ell}\,.$$

Somit hat b bei $n = 2$ die Einheit $\text{kg}\cdot\text{m}^{-1}$.

c) Wir setzen in den Newton'schen Ausdruck die Dimensionen ein:

$$[F_{\mathrm{W}}] = \left[\tfrac{1}{2}\,\rho\,\pi\,r^2\,v^2\right] = \frac{m}{\ell^3}\,\ell^2\left(\frac{\ell}{t}\right)^2 = \frac{m\ell}{t^2}\,.$$

Dies entspricht der oben angenommenen Dimension der Widerstandskraft.

d) Die positive y-Richtung soll nach unten zeigen. Anwenden von $\sum F_y = m a_y$ auf den Fallschirmspringer liefert

$$m g - \tfrac{1}{2}\,\rho\,\pi\,r^2\,v_{\mathrm{E}}^2 = 0\,.$$

Auflösen nach der Endgeschwindigkeit v_{E} und Einsetzen der Zahlenwerte ergibt

$$v_{\mathrm{E}} = \sqrt{\frac{2 m g}{\rho\,\pi\,r^2}} = \sqrt{\frac{2\,(56\ \mathrm{kg})\,(9{,}81\ \mathrm{m\cdot s^{-2}})}{\pi\,(1{,}2\ \mathrm{kg\cdot m^{-3}})\,(0{,}3\ \mathrm{m})^2}} = 56{,}9\ \mathrm{m\cdot s^{-1}}\,.$$

e) Da die Dichte hier nur $0{,}514\ \mathrm{kg\cdot m^{-3}}$ beträgt, ist die Endgeschwindigkeit

$$v_{\mathrm{E}} = \sqrt{\frac{2\,(56\ \mathrm{kg})\,(9{,}81\ \mathrm{m\cdot s^{-2}})}{\pi\,(0{,}514\ \mathrm{kg\cdot m^{-3}})\,(0{,}3\ \mathrm{m})^2}} = 86{,}9\ \mathrm{m\cdot s^{-1}}\,.$$

L5.11 Nach dem zweiten Newton'schen Axiom wird die Bewegung der Regentropfen bzw. der Hagelkörner durch die Gleichung $m g - F_{\mathrm{W}} = m a$ beschrieben, wobei $F_{\mathrm{W}} = \tfrac{1}{2}\,\rho\,\pi\,r^2\,v^2 = b\,v^2$ die auf sie wirkende Widerstandskraft ist. Wenn die Endgeschwindigkeit erreicht ist ($a = 0$), ist die Widerstandskraft gleich dem Gewicht des fallenden Körpers, und es gilt

$$m g = b\,v_{\mathrm{E}}^2\,. \tag{1}$$

Wir berechnen zunächst aus $b = \tfrac{1}{2}\,\pi\,\rho\,r^2$ die Widerstandskonstanten b_{R} für die Regentropfen und b_{H} für die Hagelkörner, wobei wir $r_{\mathrm{R}} = 0{,}5$ mm und $r_{\mathrm{H}} = 2$ cm annehmen wollen. Mit der Luftdichte $1{,}2\ \mathrm{kg\cdot m^3}$ (siehe vorige Aufgabe) erhalten wir

$$b_{\mathrm{R}} = \tfrac{1}{2}\,\pi\,(1{,}2\ \mathrm{kg\cdot m^3})\,(0{,}5\cdot 10^{-3}\ \mathrm{m})^2 = 4{,}71\cdot 10^{-7}\ \mathrm{kg\cdot m^{-1}}$$

und

$$b_{\mathrm{H}} = \tfrac{1}{2}\,\pi\,(1{,}2\ \mathrm{kg\cdot m^3})\,(2\cdot 10^{-2}\ \mathrm{m})^2 = 7{,}54\cdot 10^{-4}\ \mathrm{kg\cdot m^{-1}}\,.$$

Die Masse m eines kugelförmigen Regentropfens bzw. Hagelkorns ergibt sich aus der Dichte ρ und dem Volumen V zu

$$m = V\rho = \tfrac{4}{3}\,\pi\,r^3\,\rho\,.$$

Die beiden Dichten schätzen wir zu $\rho_{\mathrm{R}} = 10^3\ \mathrm{kg\cdot m^{-3}}$ und $\rho_{\mathrm{H}} = 920\ \mathrm{kg\cdot m^{-3}}$ ab. Damit sind die Massen

$$m_{\mathrm{R}} = \frac{4\,\pi\,(0{,}5\cdot 10^{-3}\ \mathrm{m})^3\,(10^3\ \mathrm{kg\cdot m^3})}{3} = 5{,}24\cdot 10^{-7}\ \mathrm{kg}$$

und

$$m_{\mathrm{H}} = \frac{4\,\pi\,(2\cdot 10^{-2}\ \mathrm{m})^3\,(920\ \mathrm{kg\cdot m^3})}{3} = 3{,}08\cdot 10^{-2}\ \mathrm{kg}\,.$$

Mit Gleichung 1 ergeben sich die Endgeschwindigkeiten zu

$$v_{\mathrm{E,R}} = \sqrt{\frac{m_{\mathrm{R}}\,g}{b_{\mathrm{R}}}}$$

$$= \sqrt{\frac{(5{,}24\cdot 10^{-7}\ \mathrm{kg})\,(9{,}81\ \mathrm{m\cdot s^{-2}})}{4{,}71\cdot 10^{-7}\ \mathrm{kg\cdot m^{-1}}}} = 3{,}30\ \mathrm{m\cdot s^{-1}}$$

und

$$v_{\mathrm{E,H}} = \sqrt{\frac{m_{\mathrm{H}}\,g}{b_{\mathrm{H}}}}$$

$$= \sqrt{\frac{(3{,}08\cdot 10^{-2}\ \mathrm{kg})\,(9{,}81\ \mathrm{m\cdot s^{-2}})}{7{,}54\cdot 10^{-4}\ \mathrm{kg\cdot m^{-1}}}} = 20{,}0\ \mathrm{m\cdot s^{-1}}\,.$$

L5.12 Der Klotz ist unter dem Einfluss der Normalkraft $\boldsymbol{F}_{\mathrm{n}}$ und seines Gewichts $m\boldsymbol{a}_{\mathrm{G}}$ sowie der angewendeten Kraft $\boldsymbol{F}_{\mathrm{ang}}$ und der Gleitreibungskraft $\boldsymbol{F}_{\mathrm{R,g}}$ im Gleichgewicht:

$$\boldsymbol{F}_{\mathrm{n}} + m\boldsymbol{a}_{\mathrm{G}} + \boldsymbol{F}_{\mathrm{ang}} + \boldsymbol{F}_{\mathrm{R,g}} = 0\,.$$

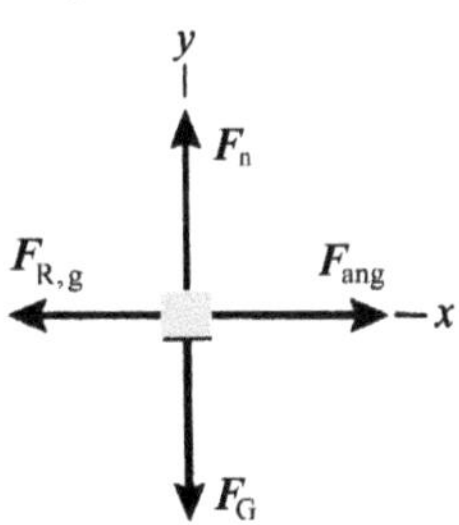

Aus dem zweiten Newton'schen Axiom $\sum F_x = m a_x$ folgt (mit $a_x = 0$):

$$F_{\mathrm{ang}} + F_{\mathrm{R,g}} = 0$$

und hieraus $F_{\mathrm{R,g}} = -F_{\mathrm{ang}} = -20$ N. Also ist Lösung e richtig. Das negative Vorzeichen besagt, dass die Reibungskraft in die negative x-Richtung zeigt.

L5.13 Zunächst müssen wir mit Hilfe des Kräftediagramms (siehe Abbildung) entscheiden, ob Haftreibung oder Gleitreibung vorliegt. Dies hängt davon ab, ob die angewendete Zugkraft $\boldsymbol{F}_{\mathrm{S}}$ einen höheren Betrag hat als die maximale Haftreibungskraft

$$F_{\mathrm{R,h,max}} = -\mu_{\mathrm{R,h}}|\boldsymbol{F}_{\mathrm{n}}| = -\mu_{\mathrm{R,h}}|\boldsymbol{F}_{\mathrm{G}}| = -(0{,}8)(20\,\mathrm{N}) = -16\,\mathrm{N}\,.$$

a) Wegen $|F_{\mathrm{R,h,max}}| > |F_{\mathrm{S}}|$ liegt Haftreibung vor, so dass der Block liegen bleibt. Dabei ist $F_{\mathrm{R}} = F_{\mathrm{R,h}} = -F_{\mathrm{S}} = -15{,}0\,\mathrm{N}$.

b) Wegen $|F_{\mathrm{S}}| > |F_{\mathrm{R,h,max}}|$ liegt Gleitreibung vor, so dass der Block zu gleiten beginnt. Dabei ist

$$F_{\mathrm{R}} = F_{\mathrm{R,g}} = -\mu_{\mathrm{R,g}}|F_{\mathrm{G}}| = -(0{,}6)(20\,\mathrm{N}) = -12{,}0\,\mathrm{N}\,.$$

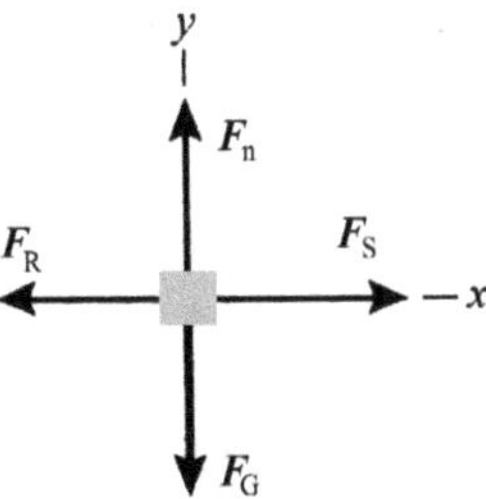

L5.14 Wir müssen zunächst entscheiden, ob Haftreibung oder Gleitreibung vorliegt.

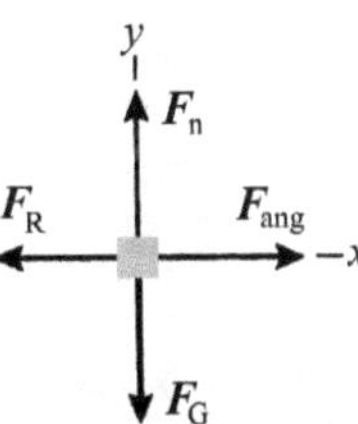

Dies hängt davon ab, ob die angewendete Kraft $\boldsymbol{F}_{\mathrm{ang}}$ einen höheren Betrag hat als die maximale Haftreibungskraft

$F_{\mathrm{R,h,max}} = -\mu_{\mathrm{R,h}}\,|\boldsymbol{F}_{\mathrm{n}}| = -\mu_{\mathrm{R,h}}\,|\boldsymbol{F}_{\mathrm{G}}|$
$= -(0{,}6)\,(100\,\mathrm{kg})\,(9{,}81\,\mathrm{m\cdot s^{-2}}) = -589\,\mathrm{N}.$

Wegen $|\boldsymbol{F}_{\mathrm{R,h,max}}| > |\boldsymbol{F}_{\mathrm{ang}}|$ bewegt sich die Kiste nicht. Damit ist die Haftreibungskraft des Teppichs $F_{\mathrm{R,h}} = -F_{\mathrm{ang}} = -500\,\mathrm{N}$.

L5.15 a) Wir nehmen an, dass das Auto nach rechts, in die positive x-Richtung, fährt.

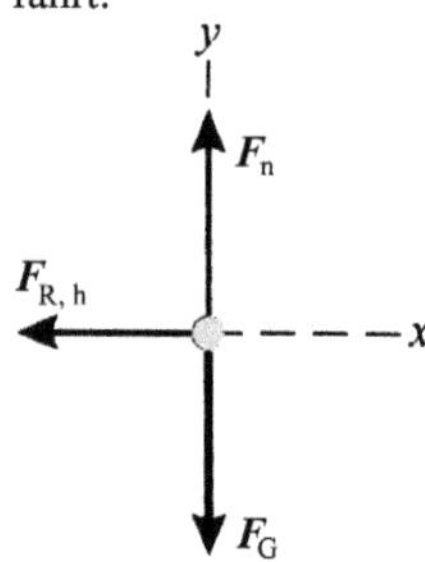

Wir wenden $\sum F_x = m\,a_x$ auf das Auto an:

$F_{\mathrm{R,h,max}} = -\mu_{\mathrm{R,h}}\,|\boldsymbol{F}_{\mathrm{n}}| = m\,a_{x,\mathrm{max}}\,.$ (1)

Nun verwenden wir $\sum F_y = m\,a_y$ und erhalten
$|\boldsymbol{F}_{\mathrm{n}}| - |\boldsymbol{F}_{\mathrm{G}}| = m\,a_y = 0\,.$
Daraus folgt

$|\boldsymbol{F}_{\mathrm{n}}| = |\boldsymbol{F}_{\mathrm{G}}| = m\,g\,.$ (2)

Damit können wir die Normalkraft in Gleichung 1 ersetzen und erhalten für die maximal mögliche Beschleunigung
$a_{x,\mathrm{max}} = -\mu_{\mathrm{R,h}}\,g = -(0{,}6)\,(9{,}81\,\mathrm{m\cdot s^{-2}}) = -5{,}89\,\mathrm{m\cdot s^{-2}}.$
b) Da das Auto gleichförmig verzögert wird, gilt für seine Endgeschwindigkeit in Abhängigkeit von der Anfangsgeschwindigkeit $v^2 = v_0^2 + 2\,a\,\Delta x$. Mit $v = 0$ erhalten wir damit für den Bremsweg

$\Delta x = \dfrac{-v_0^2}{2\,a} = \dfrac{-(30\,\mathrm{m\cdot s^{-1}})^2}{2\,(-5{,}89\,\mathrm{m\cdot s^{-2}})} = 76{,}4\,\mathrm{m}.$

L5.16 Die Abbildung zeigt die auf das Buch wirkenden Kräfte sowie die Wahl des Koordinatensystems, dessen positive x-Richtung nach rechts und dessen positive y-Richtung nach oben zeigt.

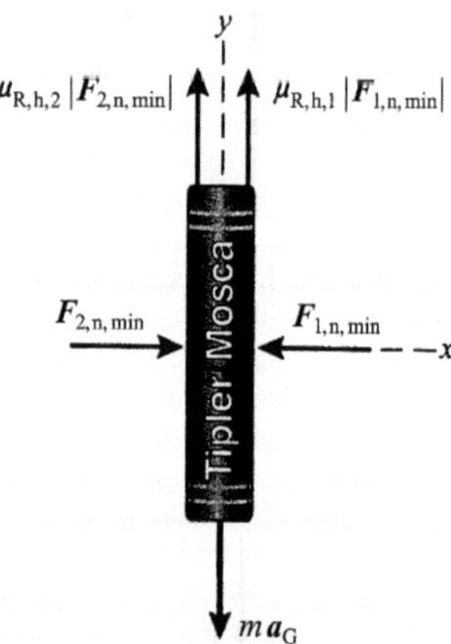

Die Normalkraft ist die Kraft, mit der der Student auf das Buch drückt. Weil das Buch in horizontaler Richtung nicht beschleunigt wird, sind die von beiden Seiten wirkenden Normalkräfte

gleich. Während das Buch also in horizontaler Richtung ruht, kann es – je nach dem Betrag der Reibungskraft – nach unten beschleunigt werden oder stecken bleiben.

a) Wir wenden $\sum F = m\,a$ auf das Buch an:
$\sum F_x = |\boldsymbol{F}_{2,\mathrm{n,min}}| - |\boldsymbol{F}_{1,\mathrm{n,min}}| = 0\,.$
Also ist
$|\boldsymbol{F}_{2,\mathrm{n,min}}| = |\boldsymbol{F}_{1,\mathrm{n,min}}| = |\boldsymbol{F}_{\mathrm{n,min}}|$
und
$\sum F_y = \mu_{\mathrm{R,h,1}}\,|\boldsymbol{F}_{1,\mathrm{n,min}}| + \mu_{\mathrm{R,h,2}}\,|\boldsymbol{F}_{2,\mathrm{n,min}}| - m\,g = 0\,.$
Beide Normalkräfte sind betragsmäßig gleich, so dass hieraus folgt

$|\boldsymbol{F}_{\mathrm{n,min}}| = \dfrac{m\,g}{\mu_{\mathrm{R,h,1}} + \mu_{\mathrm{R,h,2}}} = \dfrac{(10{,}2\,\mathrm{kg})\,(9{,}81\,\mathrm{m\cdot s^{-2}})}{0{,}32 + 0{,}16} = 208\,\mathrm{N}.$

b) Wir betrachten nun den Fall, dass das Buch gemäß der Beziehung $\sum F_y = m\,a_y$ nach unten beschleunigt wird. Wenn wir dabei $|\boldsymbol{F}_{\mathrm{n,min}}|$ durch die Normalkraft $|\boldsymbol{F}_{\mathrm{n}}| = 195\,\mathrm{N}$ bei der Gleitreibung ersetzen, gilt
$\sum F_y = \mu_{\mathrm{R,g,1}}\,|\boldsymbol{F}_{\mathrm{n}}| + \mu_{\mathrm{R,g,2}}\,|\boldsymbol{F}_{\mathrm{n}}| - m\,g = m\,a\,.$
Damit ist

$a = \dfrac{\mu_{\mathrm{R,g,1}} + \mu_{\mathrm{R,g,2}}}{m}\,|\boldsymbol{F}_{\mathrm{n}}| - g$
$= \dfrac{0{,}2 + 0{,}09}{10{,}2\,\mathrm{kg}}\,(195\,\mathrm{N}) - 9{,}81\,\mathrm{m\cdot s^{-2}} = -4{,}27\,\mathrm{m\cdot s^{-2}}.$

L5.17 Die Abbildung zeigt die auf das Auto wirkenden Kräfte. Im Grenzfall wirkt nach oben die maximale Haftreibungskraft $F_{\mathrm{R,h,max}}$ der Straße auf die Reifen.

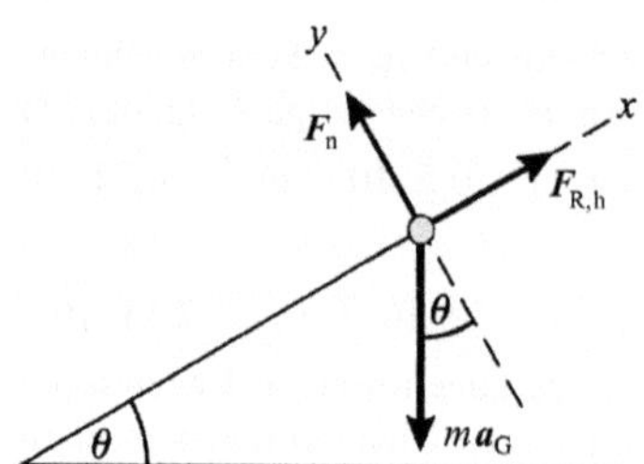

Wir wenden $\sum F = m\,a$ auf das Auto an:

$\sum F_x = F_{\mathrm{R,h,max}} - m\,g\,\sin\theta = 0\,,$ (1)

$\sum F_y = |\boldsymbol{F}_{\mathrm{n}}| - m\,g\,\cos\theta = 0\,.$ (2)

Aus diesen beiden Gleichungen folgt $F_{\mathrm{R,h,max}} = m\,g\,\sin\theta$ und $|\boldsymbol{F}_{\mathrm{n}}| = m\,g\,\cos\theta$. Der Quotient der Kräfte ist der Haftreibungskoeffizient:

$\mu_{\mathrm{R,h}} = \dfrac{F_{\mathrm{R,h,max}}}{|\boldsymbol{F}_{\mathrm{n}}|} = \dfrac{m\,g\,\sin\theta}{m\,g\,\cos\theta} = \tan\theta\,.$

Mit dem Haftreibungskoeffizienten 0,08 ergibt sich daraus der Winkel der Steigung zu

$\theta = \mathrm{atan}\,\mu_{\mathrm{R,h}} = \mathrm{atan}\,(0{,}08) = 4{,}57^\circ.$

L5.18 a) In der Abbildung sind die Kräftediagramme bei beiden Verfahren einander gegenübergestellt.

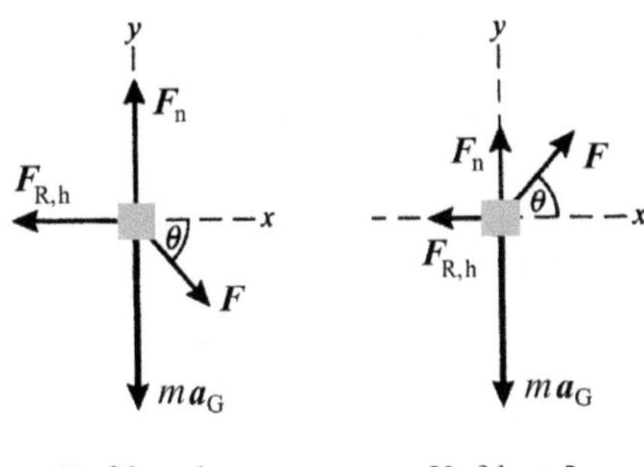

Verfahren 1   Verfahren 2

Beim Drücken schräg nach unten wird die Kiste auf den Boden gedrückt, so dass sich die Normalkraft und damit auch die Haftreibungskraft erhöht. Wird die Kiste jedoch nach oben gezogen, dann wird sie teilweise angehoben, so dass die Normalkraft und die Haftreibungskraft kleiner werden. Daher funktioniert das zweite Verfahren besser als das erste.

b) Anwenden von $\sum F_x = m a_x$ auf die Kiste ergibt

$$|\boldsymbol{F}| \cos\theta + F_{\mathrm{R,h,max}} = |\boldsymbol{F}| \cos\theta - \mu_{\mathrm{R,h}} |\boldsymbol{F}_{\mathrm{n}}| = m a_x.$$

Wir betrachten das erste Verfahren, bei dem die Kiste nach unten gedrückt wird. Aus $\sum F_y = m a_y$ ergibt sich

$$|\boldsymbol{F}_{\mathrm{n}}| - m g - |\boldsymbol{F}| \sin\theta = 0$$

und damit die Normalkraft

$$|\boldsymbol{F}_{\mathrm{n}}| = m g + |\boldsymbol{F}| \sin\theta.$$

Somit ist die Haftreibungskraft

$$F_{\mathrm{R,h,max}} = -\mu_{\mathrm{R,h}} |\boldsymbol{F}_{\mathrm{n}}| = -\mu_{\mathrm{R,h}} (m g + |\boldsymbol{F}| \sin\theta). \tag{1}$$

Beim zweiten Verfahren wird die Kiste nach oben gezogen. Wegen $\sum F_y = m a_y$ gilt dabei

$$|\boldsymbol{F}_{\mathrm{n}}| - m g + |\boldsymbol{F}| \sin\theta = 0$$

und damit

$$|\boldsymbol{F}_{\mathrm{n}}| = m g - |\boldsymbol{F}| \sin\theta.$$

Also ist die Haftreibungskraft gegeben durch

$$F_{\mathrm{R,h,max}} = -\mu_{\mathrm{R,h}} |\boldsymbol{F}_{\mathrm{n}}| = -\mu_{\mathrm{R,h}} (m g - |\boldsymbol{F}| \sin\theta). \tag{2}$$

Damit die Kiste bewegt werden kann, muss in beiden Fällen gelten:

$$|\boldsymbol{F}| \cos\theta > -F_{\mathrm{R,h,max}}. \tag{3}$$

Beim ersten Verfahren liefert das Einsetzen von Gleichung 1 in Gleichung 3:

$$|\boldsymbol{F}_1| > \frac{\mu_{\mathrm{R,h}} m g}{\cos\theta - \mu_{\mathrm{R,h}} \sin\theta}.$$

Beim zweiten Verfahren ergibt das Einsetzen von Gleichung 2 in Gleichung 3:

$$|\boldsymbol{F}_2| > \frac{\mu_{\mathrm{R,h}} m g}{\cos\theta + \mu_{\mathrm{R,h}} \sin\theta}.$$

Insbesondere ist für $\theta = 30°$

$$|\boldsymbol{F}_1(30°)| = 520\,\mathrm{N} \quad \text{sowie} \quad |\boldsymbol{F}_2(30°)| = 252\,\mathrm{N},$$

und für $\theta = 0°$ ist

$$|\boldsymbol{F}_1(0°)| = |\boldsymbol{F}_2(0°)| = \mu_{\mathrm{R,h}} m g = 294\,\mathrm{N}.$$

L5.19 Die erste Abbildung zeigt die gegebenen und die gesuchten Größen.

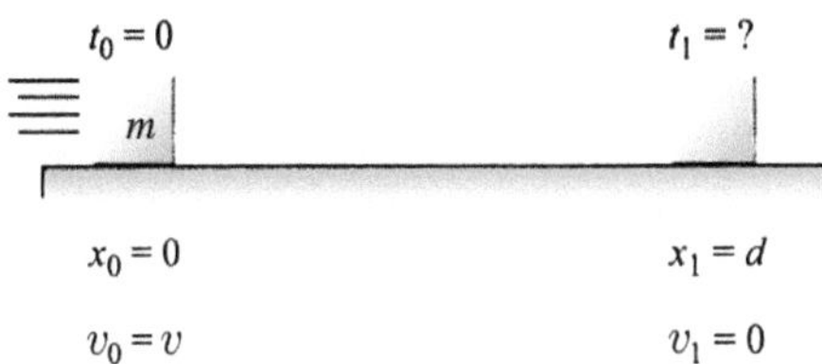

Das Kräftediagramm für die auf den Block wirkenden Kräfte ist in der zweiten Abbildung dargestellt.

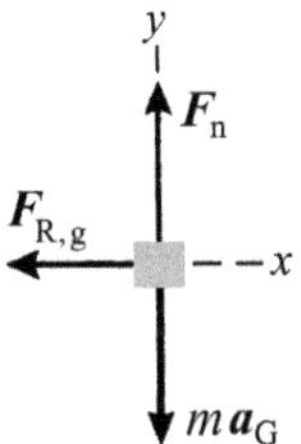

Wir wenden $\sum F_x = m a_x$ auf den Block an:

$$F_{\mathrm{R,g}} = -\mu_{\mathrm{R,g}} |\boldsymbol{F}_{\mathrm{n}}| = m a. \tag{1}$$

Weiterhin gilt gemäß $\sum F_y = m a_y$ mit $a_y = 0$ für die Normalkraft $|\boldsymbol{F}_{\mathrm{n}}| - m g = 0$ und daher

$$|\boldsymbol{F}_{\mathrm{n}}| = m g. \tag{2}$$

Wir setzen Gleichung 2 in Gleichung 1 ein und erhalten

$$\mu_{\mathrm{R,g}} = -a/g. \tag{3}$$

Da der Block gleichförmig verzögert wird, ergibt sich die Beschleunigung über $v_1^2 = v_0^2 + 2 a \Delta x$ aus der Endgeschwindigkeit und der Anfangsgeschwindigkeit. Mit $v_1 = 0$ und $v_0 = v$ sowie $\Delta x = d$ folgt $0 = v^2 + 2 a d$ und daraus die Beschleunigung

$$a = \frac{-v^2}{2d}.$$

Einsetzen in Gleichung 3 liefert schließlich $\mu_{\mathrm{R,g}} = \dfrac{v^2}{2 g d}.$

L5.20 Damit der LKW den kürzestmöglichen Bremsweg Δx_{min} erzielt, muss er mit der betragsmäßig maximal möglichen (negativen) Beschleunigung – und daher mit der maximalen Haftreibungskraft – verzögert werden. Das Kräftediagramm zeigt die Kräfte, die auf die Kiste wirken, während der LKW bremst.

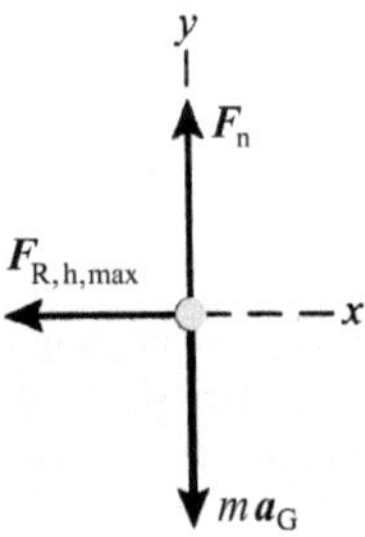

Wir nehmen an, dass der LKW in die positive x-Richtung fährt. Die Anwendung des zweiten Newton'schen Axioms $F = ma$ auf die Kiste liefert

$$\sum F_x = F_{\mathrm{R,h,max}} = m\,a_{\mathrm{max}} \qquad (1)$$

und

$$\sum F_y = |F_{\mathrm{n}}| - mg = 0. \qquad (2)$$

Wir setzen $F_{\mathrm{R,h,max}} = -\mu_{\mathrm{R,h}}\,|F_{\mathrm{n}}|$ in Gleichung 1 ein und substituieren die Normalkraft gemäß Gleichung 2. Damit ist die Beschleunigung

$$a_{\mathrm{max}} = -\mu_{\mathrm{R,h}}\,g = -(0{,}3)\,(9{,}81\ \mathrm{m\cdot s^{-2}}) = -2{,}943\ \mathrm{m\cdot s^{-2}}.$$

Für den Weg Δx gilt bei gleichförmiger Beschleunigung

$$v^2 = v_0^2 + 2\,a\,\Delta x.$$

Mit der Endgeschwindigkeit $v = 0$ und der zuvor berechneten Beschleunigung ergibt sich daraus der Mindestbremsweg, bei dem die Kiste nicht ins Rutschen kommt:

$$\Delta x_{\mathrm{min}} = \sqrt{\frac{-v_0^2}{2\,a_{\mathrm{max}}}}$$

$$= \sqrt{\frac{-(80\ \mathrm{km\cdot h^{-1}})^2 \left(\dfrac{1000\ \mathrm{m}}{1\ \mathrm{km}}\right)^2 \left(\dfrac{1\ \mathrm{h}}{3600\ \mathrm{s}}\right)^2}{2\,(-2{,}943\ \mathrm{m\cdot s^{-2}})}}$$

$$= 9{,}16\ \mathrm{m}.$$

L5.21 Die erste Abbildung zeigt die gegebenen und die gesuchten Größen.

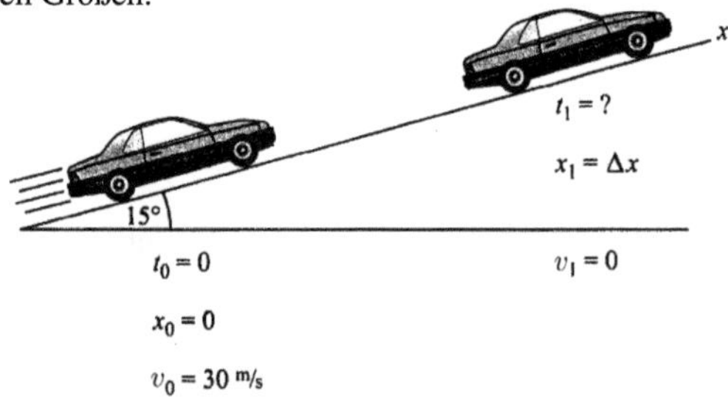

a) Da das Auto mit konstanter Beschleunigung abgebremst wird, gilt für seine Anfangs- und seine Endgeschwindigkeit

$$v_1^2 = v_0^2 + 2\,a_{\mathrm{max}}\,\Delta x_{\mathrm{min}},$$

wobei a_{max} die maximal mögliche Verzögerung ist. Mit der Endgeschwindigkeit $v_1 = 0$ folgt

$$\Delta x_{\mathrm{min}} = \frac{-v_0^2}{2\,a_{\mathrm{max}}}.$$

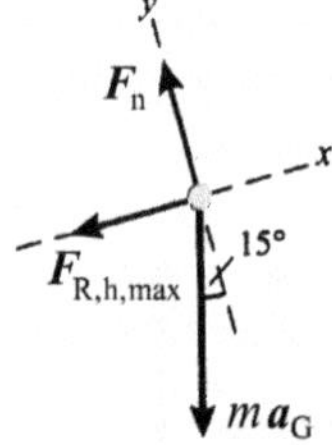

Die maximal mögliche Beschleunigung ergibt sich aus der maximalen Haftreibungskraft. Um sie zu berechnen, zeichnen wir zunächst das Kräftediagramm für das Auto (siehe zweite Abbildung).

Anwenden von $\sum F = ma$ auf das Auto liefert

$$\sum F_x = F_{\mathrm{R,h,max}} - mg\,\sin 15^\circ = ma \qquad (1)$$

und

$$\sum F_y = |F_{\mathrm{n}}| - mg\,\cos 15^\circ = 0. \qquad (2)$$

Wir setzen in Gleichung 1 den Ausdruck $F_{\mathrm{R,h,max}} = -\mu_{\mathrm{R,h}}\,|F_{\mathrm{n}}|$ für die Haftreibungskraft ein und substituieren $|F_{\mathrm{n}}|$ gemäß Gleichung 2. Dies ergibt

$$a_{\mathrm{max}} = -g\,(\mu_{\mathrm{R,h}}\cos 15^\circ + \sin 15^\circ) = -9{,}17\ \mathrm{m\cdot s^{-2}}.$$

Einsetzen in die oben hergeleitete Gleichung ergibt den erforderlichen Bremsweg:

$$\Delta x_{\mathrm{min}} = \frac{-v_0^2}{2\,a_{\mathrm{max}}} = \frac{-(30\ \mathrm{m\cdot s^{-1}})^2}{2\,(-9{,}17\ \mathrm{m\cdot s^{-2}})} = 49{,}1\ \mathrm{m}.$$

b) Auch hier zeichnen wir zunächst ein Kräftediagramm (siehe dritte Abbildung).

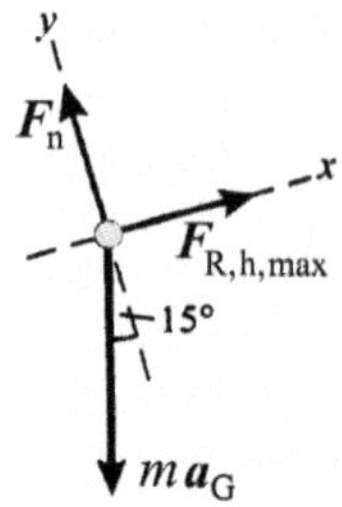

Die beiden Gleichungen 1 und 2 gelten weiterhin. Weil das Auto jetzt in die negative x-Richtung (bergab) fährt, ist die Haftreibungskraft nun nach oben gerichtet und damit gegeben durch $F_{\mathrm{R,h,max}} = \mu_{\mathrm{R,h}}\,|F_{\mathrm{n}}|$. Also ist

$$a_{\mathrm{max}} = g\,(\mu_{\mathrm{R,h}}\cos 15^\circ - \sin 15^\circ) = 4{,}09\ \mathrm{m\cdot s^{-2}}$$

und

$$\Delta x_{\mathrm{min}} = \frac{-v_0^2}{2\,a_{\mathrm{max}}} = \frac{-(30\ \mathrm{m\cdot s^{-1}})^2}{2\,(4{,}09\ \mathrm{m\cdot s^{-2}})} = -110\ \mathrm{m}.$$

Das negative Vorzeichen besagt, dass das Auto bergab fährt.

L5.22 Die erste Abbildung zeigt die Anordnung der beiden Blöcke sowie die Wahl des Koordinatensystems.

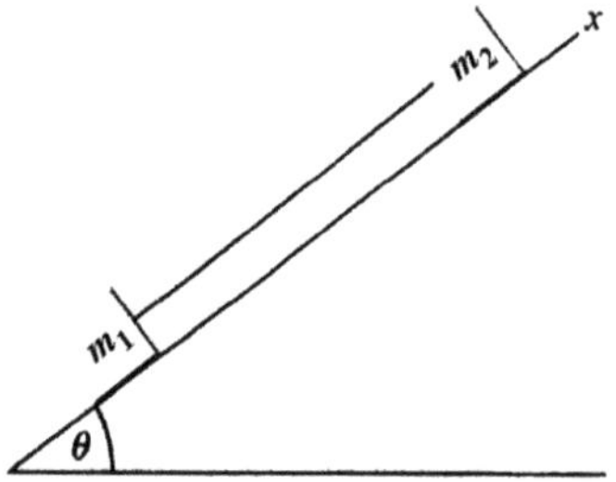

Wir betrachten zunächst beide Blöcke getrennt und leiten daraus ein Gleichungssystem für die gemeinsame Beschleunigung a und für die Zugkraft F_{S} her.

In der zweiten Abbildung ist das Kräftediagramm für den Block 1 gezeigt.

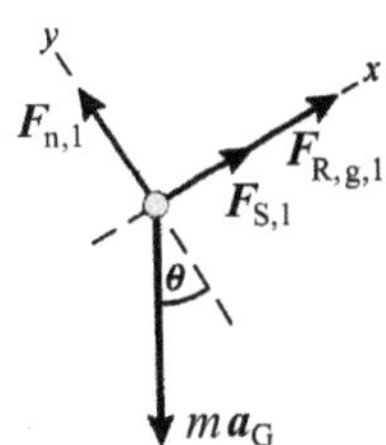

a) Anwenden von $\sum F = ma$ auf den Block 1 ergibt

$$\sum F_x = F_{R,g,1} + F_{S,1} - m_1 g \sin\theta = m_1 a \tag{1}$$

und

$$\sum F_y = |F_{n,1}| - m_1 g \cos\theta = 0. \tag{2}$$

Weil der Block in die negative x-Richtung gleitet, ist die nach oben wirkende Gleitreibungskraft positiv, so dass gilt:

$$F_{R,g,1} = \mu_{R,g,1} |F_{n,1}|. \tag{3}$$

Eliminieren von $F_{R,g,1}$ und $|F_{n,1}|$ aus den Gleichungen 1 bis 3 liefert

$$\mu_{R,g,1} m_1 g \cos\theta + F_{S,1} - m_1 g \sin\theta = m_1 a. \tag{4}$$

Nun betrachten wir in der dritten Abbildung das Kräftediagramm für den oberen Block 2.

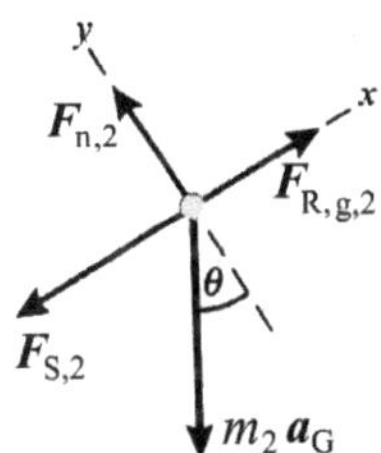

Die Beziehung $\sum F = ma$ liefert hier

$$\sum F_x = F_{R,g,2} + F_{S,2} - m_2 g \sin\theta = m_2 a \tag{5}$$

und

$$\sum F_y = |F_{n,2}| - m_2 g \cos\theta = 0. \tag{6}$$

Wie beim Block 1 ist

$$F_{R,g,2} = \mu_{R,g,2} F_{n,2}. \tag{7}$$

Wir eliminieren $F_{R,g,2}$ und $F_{n,2}$ aus den Gleichungen 5 bis 7:

$$\mu_{R,g,2} m_2 g \cos\theta + F_{S,2} - m_2 g \sin\theta = m_2 a. \tag{8}$$

Die Gleichungen 4 und 8 bilden ein Gleichungssystem für die Beschleunigung a und für die Zugkraft $F_S = F_{S,1} = -F_{S,2}$. Addieren beider Gleichungen und Auflösen nach a ergibt

$$a = g \left(\frac{\mu_{R,g,1} m_1 + \mu_{R,g,2} m_2}{m_1 + m_2} \cos\theta - \sin\theta \right) = 0{,}965 \ \text{m} \cdot \text{s}^{-2}.$$

Das Vorzeichen der Beschleunigung ist positiv, denn die anfangs nach unten gleitenden Blöcke werden durch die Reibung abgebremst.

b) Jetzt eliminieren wir die Beschleunigung aus den Gleichungen 4 und 8 und berechnen damit die Zugkraft:

$$F_S = \frac{m_1 m_2 (\mu_{R,g,2} - \mu_{R,g,1}) g \cos\theta}{m_1 + m_2} = 0{,}184 \ \text{N}.$$

L5.23 Das Kräftediagramm zeigt die beim Hinabgleiten auf die beiden Blöcke wirkenden Kräfte. Die positive x-Richtung soll entlang der Ebene abwärts zeigen. Die durch den Stab übertragene Kraft ist $F_S = F_{S,1} = -F_{S,2}$. Sie kann entweder eine Zugkraft ($F_S > 0$) oder eine Druckkraft ($F_S < 0$) sein.

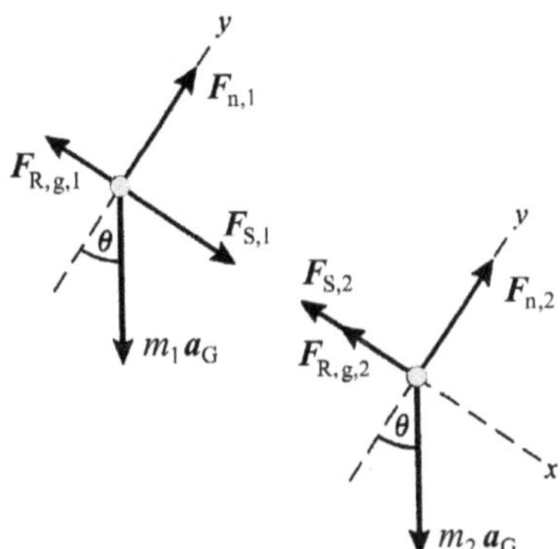

Wir betrachten zunächst beide Blöcke getrennt und leiten daraus ein Gleichungssystem für die gemeinsame Beschleunigung a und für die Kraft F_S her.

a) Anwenden von $\sum F = ma$ auf den Block 1 ergibt

$$\sum F_x = F_{S,1} + m_1 g \sin\theta + F_{R,g,1} = m_1 a$$

und

$$\sum F_y = |F_{n,1}| - m_1 g \cos\theta = 0.$$

Anwenden von $\sum F = ma$ auf den Block 2 liefert

$$\sum F_x = F_{S,2} + m_2 g \sin\theta + F_{R,g,2} = m_2 a$$

und

$$\sum F_y = |F_{n,2}| - m_2 g \cos\theta = 0.$$

Wir verwenden $F_{R,g,1} = -\mu_{R,g,1} |F_{n,1}|$ (die Gleitreibungskraft ist der Bewegung in positiver x-Richtung entgegen gerichtet) und eliminieren $F_{R,g,1}$ sowie $|F_{n,1}|$ aus den Gleichungen für den Block 1.

Ebenso verwenden wir $F_{R,g,2} = -\mu_{R,g,2} |F_{n,2}|$ und eliminieren $F_{R,g,2}$ sowie $|F_{n,2}|$ aus den Gleichungen für den Block 2. Unter Berücksichtigung von $F_S = F_{S,1} = -F_{S,2}$ ist dann

$$m_1 a = m_1 g \sin\theta + F_S - \mu_{R,g,1} m_1 g \cos\theta \tag{1}$$

und

$$m_2 a = m_2 g \sin\theta - F_S - \mu_{R,g,2} m_2 g \cos\theta. \tag{2}$$

Um F_S zu eliminieren, addieren wir die Gleichungen 1 und 2 und lösen anschließend nach a auf:

$$a = g \left(\sin\theta - \frac{\mu_1 m_1 + \mu_2 m_2}{m_1 + m_2} \cos\theta \right).$$

b) Dividieren von Gleichung 1 durch m_1 und von Gleichung 2 durch m_2 ergibt

$$a = g \sin\theta + \frac{F_S}{m_1} - \mu_{R,g,1} g \cos\theta \tag{3}$$

und

$$a = g \sin\theta - \frac{F_S}{m_2} - \mu_{R,g,2}\, g \cos\theta. \qquad (4)$$

Jetzt subtrahieren wir Gleichung 4 von Gleichung 3:

$$F_S = \left(\frac{m_1 m_2}{m_1 - m_2}\right)(\mu_{R,g,1} - \mu_{R,g,2})\, g \cos\theta.$$

Wir betrachten nun den Fall $\mu_{R,g,1} = \mu_{R,g,2}$. Dabei ist $F_S = 0$. Dies ist plausibel: Bei gleicher Gleitreibung erfahren beide Körper die gleiche Beschleunigung, nämlich $g\,(\sin\theta - \mu\cos\theta)$. Hieran ändert auch der zwischen ihnen angebrachte Stab nichts, so dass dieser keine Kraft überträgt.

L5.24　Wir zeichnen zunächst das Kräftediagramm.

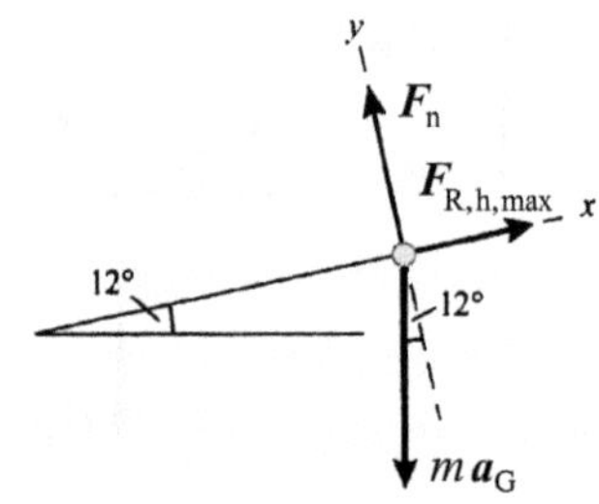

a) Anwenden von $\sum \boldsymbol{F} = m\boldsymbol{a}$ auf den PKW beim Hinauffahren der Steigung ergibt

$$\sum F_x = F_{R,h,max} - m g \sin 12° = m a \qquad (1)$$

und

$$\sum F_y = |\boldsymbol{F}_n| - m g \cos 12° = 0. \qquad (2)$$

Wir lösen Gleichung 2 nach $|\boldsymbol{F}_n|$ auf und verwenden für die (weil nach oben gerichtet, positive) Haftreibungskraft den Ausdruck

$$F_{R,h,max} = \mu_{R,h}\, m g \cos 12°. \qquad (3)$$

Einsetzen von Gleichung 3 in Gleichung 1 liefert

$$\begin{aligned} a &= g\,(\mu_{R,h}\cos 12° - \sin 12°) \\ &= (9{,}81\ \mathrm{m\cdot s^{-2}})(0{,}85\cos 12° - \sin 12°) = 6{,}12\ \mathrm{m\cdot s^{-2}}. \end{aligned}$$

b) Wenn der PKW bergab fährt, wirkt die Haftreibungskraft in die negative x-Richtung, und es ist

$$F_{R,h,max} = -\mu_{R,h}\, m g \cos 12°. \qquad (4)$$

Einsetzen von Gleichung 4 in Gleichung 1 ergibt

$$\begin{aligned} a &= -g\,(\mu_{R,h}\cos 12° + \sin 12°) \\ &= (-9{,}81\ \mathrm{m\cdot s^{-2}})(0{,}85\cos 12° + \sin 12°) = -10{,}2\ \mathrm{m\cdot s^{-2}}. \end{aligned}$$

L5.25　Die Abbildung zeigt die auf den Sandsteinblock (Masse m_B) und auf das Gegengewicht (Masse m_G) wirkenden Kräfte. Die positive x-Richtung soll die Ebene hinaufzeigen.

Die an beiden Körpern angreifenden Zugkräfte sind betragsmäßig gleich, aber unterschiedlich gerichtet. Also ist $|\boldsymbol{F}_{S,1}| = |\boldsymbol{F}_{S,2}|$, aber $\boldsymbol{F}_{S,1} \neq \boldsymbol{F}_{S,2}$.

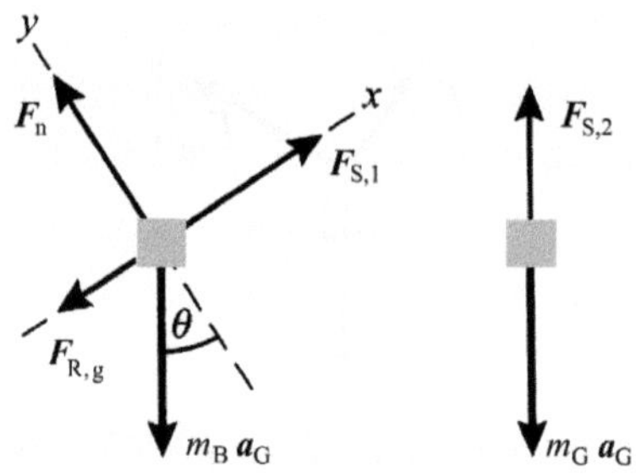

a) Wir wenden das zweite Newton'sche Axiom $\sum \boldsymbol{F} = m\boldsymbol{a}$ auf den Sandsteinblock auf der Rampe an:

$$\sum F_x = F_{S,1} - m_B g \sin\theta + F_{R,g} = m_B a$$

und

$$\sum F_y = |\boldsymbol{F}_n| - m_B g \cos\theta = 0.$$

Anwenden von $\sum \boldsymbol{F} = m\boldsymbol{a}$ auf das Gegengewicht ergibt

$$\sum F_x = m_G g + F_{S,2} = m_G a. \qquad (1)$$

Wir setzen nun in die Gleichung für die x-Komponente die Gleitreibungskraft $F_{R,g} = -\mu_{R,g}|\boldsymbol{F}_n|$ ein und ersetzen die Normalkraft gemäß der Gleichung für die y-Komponenten:

$$F_{S,1} - m_B g \sin\theta - \mu_{R,g}\, m_B g \cos\theta = m_B a. \qquad (2)$$

Weiterhin verwenden wir die Beziehung $F_{S,1} = -F_{S,2} = F_S$. Damit kann die Zugkraft aus den Gleichungen 1 und 2 eliminiert werden. Auflösen nach der Beschleunigung und Einsetzen der Zahlenwerte ergibt

$$\begin{aligned} a &= \frac{m_G - m_B\,(\sin\theta + \mu_{R,g}\cos\theta)}{m_G + m_B}\, g \\ &= \frac{550\,\mathrm{kg} - (1600\,\mathrm{kg})(\sin 10° + 0{,}15\cos 10°)}{550\,\mathrm{kg} + 1600\,\mathrm{kg}}\,(9{,}81\ \mathrm{m\cdot s^{-2}}) \\ &= 0{,}163\ \mathrm{m\cdot s^{-2}}. \end{aligned}$$

b) Da sich der Block mit konstanter Verzögerung bewegt, ist $v_E^2 = v_A^2 + 2 a \Delta x$, und wegen $v_E = 0$ gilt

$$\Delta x = \frac{-v_A^2}{2a}. \qquad (3)$$

Wir berechnen zunächst die Anfangsgeschwindigkeit. Weil der Block 3 s lang nach oben gleitet, bevor das Seil reißt, hat er die Anfangsgeschwindigkeit

$$v_A = (0{,}163\ \mathrm{m\cdot s^{-2}})(3\ \mathrm{s}) = 0{,}489\ \mathrm{m\cdot s^{-1}}.$$

Andererseits ergibt sich aus Gleichung 2 die Beschleunigung bei gerissenem Seil ($F_{S,1} = 0$) zu

$$\begin{aligned} a' &= -g(\sin\theta + \mu_{R,g}\cos\theta) \\ &= -(9{,}81\ \mathrm{m\cdot s^{-2}})(\sin 10° + 0{,}15\cos 10°) = -3{,}15\,\mathrm{m\cdot s^{-2}}. \end{aligned}$$

Das Minuszeichen besagt, dass der weiter nach oben gleitende Block in die negative x-Richtung (nach unten) beschleunigt und damit verzögert wird. Einsetzen in Gleichung 3 liefert

$$\Delta x = \frac{-(0{,}489\ \mathrm{m\cdot s^{-1}})^2}{2(-3{,}15\ \mathrm{m\cdot s^{-2}})} = 0{,}0380\ \mathrm{m}.$$

c) Wenn der Sandsteinblock die Rampe hinabgleitet, wirkt die Gleitreibungskraft nach oben, so dass ihr Vorzeichen positiv ist. Die Beschleunigung ist dann

$$a'' = -(g \sin\theta - \mu_{R,g}\, g \cos\theta)$$
$$= -(9{,}81 \text{ m} \cdot \text{s}^{-2})(\sin 10° - 0{,}15 \cos 10°)$$
$$= -0{,}254 \text{ m} \cdot \text{s}^{-2}.$$

L5.26 Das Kräftediagramm zeigt den Block, der unter der Wirkung der Reibungskraft, seines Gewichts und der Normalkraft die Rampe hinabgleitet.

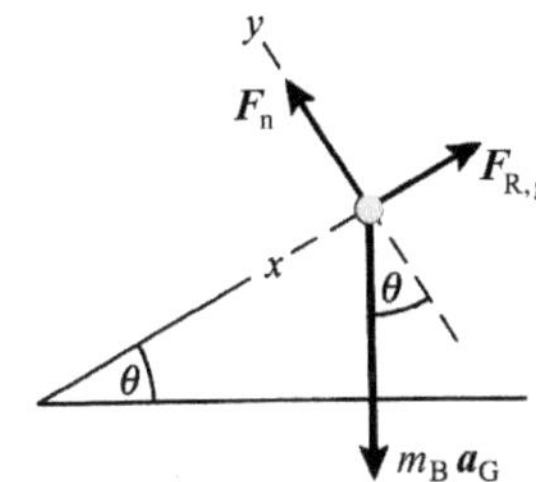

a) Wir untersuchen zunächst, ob der angestoßene Block (Masse m_B) ohne das rechte, hängende Gewicht (also mit der Masse $m_h = 0$) gleitet. Die Beziehung $\sum F = ma$ liefert dafür

$$F_x = F_{ges} = F_{R,g} + m_B\, g \sin\theta = ma$$

und

$$F_y = |F_n| - m_B\, g \cos\theta = 0.$$

Wir eliminieren über $F_{R,g} = -\mu_{R,g} |F_n|$ aus der zweiten Gleichung die Normalkraft $|F_n|$ und erhalten so die auf den Block wirkende Gesamtkraft

$$F_{ges} = -\mu_{R,g}\, m_B\, g \cos\theta + m_B\, g \sin\theta.$$

Damit der Block nach unten gleitet, darf die auf ihn wirkende Gesamtkraft nicht negativ sein, d. h., es muss gelten

$$(-\mu_{R,g} \cos\theta + \sin\theta) m_B g \geq 0$$

bzw.

$$\mu_{R,g} \leq \tan\theta = \tan 18° = 0{,}325.$$

Wegen $\mu_{R,g} = 0{,}2$ gleitet der einmal angestoßene Block also bei $m_{h,min} = 0$ die Ebene hinab. Dies ist somit die untere Grenze des Wertebereichs.

Wenn ein Gegengewicht mit $m_h > 0$ am Seil hängt, wirkt in diesem die Zugkraft mg. Damit sich der Block auf der Rampe nach unten bewegt, muss die Differenz aus der entlang der Rampe gerichteten Komponente seines Gewichts und der Reibungskraft größer oder gleich der Zugkraft sein:

$$m_B\, g \sin\theta - \mu_{R,g} m_B\, g \cos\theta \geq m_{h,max}\, g.$$

Hieraus ergibt sich

$$m_{h,max} \leq m_B(\sin\theta - \mu_{R,g} \cos\theta)$$
$$= (100 \text{ kg})(\sin 18° - 0{,}2 \cos 18°) = 11{,}9 \text{ kg}.$$

Also ist der Wertebereich der hängenden Masse, bei der der Block die Rampe hinabgleitet: $0 \leq m_h \leq 11{,}9$ kg.

b) Wenn der Block nach oben gezogen wird, wirkt die Gleitreibungskraft entlang der Rampe nach unten, so dass gilt

$$F_{ges} = \mu_{R,g} m_B\, g \cos\theta + m_B\, g \sin\theta.$$

Wir berechnen die Masse $m_{h,min}$, die rechts mindestens am Seil hängen muss, damit der Block nach oben gezogen wird:

$$m_{h,min} > m_B(\sin\theta + \mu_{R,g} \cos\theta)$$
$$= (100 \text{ kg})(\sin 18° + 0{,}2 \cos 18°) = 49{,}9 \text{ kg}.$$

Andererseits soll sich der Block nicht von selbst in Bewegung setzen. Daher darf die hängende Masse nur so groß sein, dass die Zugkraft $m_{h,max}\, g$ kleiner als die Summe F_{ges} der Gewichtskomponente von m_B entlang der Ebene und der Haftreibungskraft ist:

$$m_B\, g \sin\theta + \mu_{R,h} m_B\, g \cos\theta > m_{h,max}\, g.$$

Folglich muss gelten

$$m_{h,max} < m_B(\sin\theta + \mu_{R,h} \cos\theta)$$
$$= (100 \text{ kg})(\sin 18° + 0{,}4 \cos 18°) = 68{,}9 \text{ kg}.$$

Somit ist der Wertebereich der rechts hängenden Masse m_h, bei dem der Block – einmal angestoßen – nach oben gleitet, aber nicht von selbst zu gleiten beginnt: $49{,}9 \text{ kg} \leq m_h \leq 68{,}9 \text{ kg}$.

L5.27 Das Kräftediagramm zeigt die Kräfte, die bei minimaler Beschleunigung auf den 0,5-kg-Block wirken. Das Koordinatensystem wurde so gewählt, dass es an die Richtung der äußeren Kraft angepasst ist.

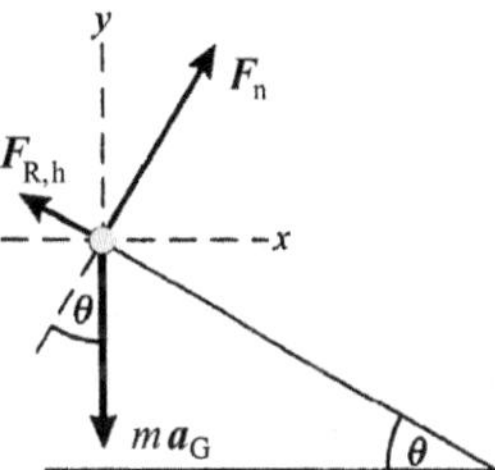

Wir berechnen die Beschleunigung, die mindestens auf den Block wirken muss und höchstens auf ihn wirken darf, damit er nicht rutscht, und daraus die Kraft auf den Keil.

a) Anwenden von $\sum F = ma$ auf den 0,5-kg-Block liefert

$$\sum F_x = |F_n| \sin\theta - |F_{R,h}| \cos\theta = ma \qquad (1)$$

und

$$\sum F_y = |F_n| \cos\theta + |F_{R,h}| \sin\theta - mg = 0. \qquad (2)$$

Die kleinstmögliche Beschleunigung $a = a_{min}$, bei der der Keil gerade noch nicht hinabrutscht, ist bestimmt durch die maximal mögliche Haftreibungskraft

$$|F_{R,h,max}| = \mu_{R,h} |F_n|. \qquad (3)$$

Einsetzen in Gleichung 2 liefert

$$|F_n| = \frac{mg}{\cos\theta + \mu_{R,h} \sin\theta}.$$

Wir setzen dies in Gleichung 1 ein und erhalten für die minimale Beschleunigung

$$a_{min} = g\, \frac{\sin\theta - \mu_{R,h} \cos\theta}{\cos\theta + \mu_{R,h} \sin\theta}$$
$$= (9{,}81 \text{ m} \cdot \text{s}^{-2}) \frac{\sin 35° - 0{,}8 \cos 35°}{\cos 35° + 0{,}8 \sin 35°} = -0{,}627 \text{ m} \cdot \text{s}^{-2}.$$

Um dem Block und dem Keil gemeinsam diese Beschleunigung zu erteilen, muss auf den Keil mindestens die Kraft

$$F_\text{min} = m_\text{ges}\, a_\text{min} = (2{,}5\ \text{kg})\,(-0{,}627\ \text{m}\cdot\text{s}^{-2}) = -1{,}57\ \text{N}$$

wirken.

Wir berechnen nun die maximale Beschleunigung, die dem Block erteilt werden kann, ohne dass er die Ebene hinaufgleitet. In diesem Fall wird die Bewegung des Blocks nach oben (links) betrachtet, so dass die Haftreibungskraft entlang der Ebene nach unten wirkt. An die Stelle der Gleichungen 1 und 2 treten dann die Gleichungen

$$\sum F_x = |\boldsymbol{F}_\text{n}|\sin\theta + |\boldsymbol{F}_\text{R,h}|\cos\theta = ma \qquad (4)$$

und

$$\sum F_y = |\boldsymbol{F}_\text{n}|\cos\theta - |\boldsymbol{F}_\text{R,h}|\sin\theta - mg = 0. \qquad (5)$$

Mit dem gleichen Vorgehen wie oben ergibt sich

$$a_\text{max} = g\,\frac{\sin\theta + \mu_\text{R,h}\cos\theta}{\cos\theta - \mu_\text{R,h}\sin\theta}$$

$$= (9{,}81\ \text{m}\cdot\text{s}^{-2})\,\frac{\sin 35^\circ + 0{,}8\cos 35^\circ}{\cos 35^\circ - 0{,}8\sin 35^\circ} = 33{,}5\ \text{m}\cdot\text{s}^{-2}.$$

Damit ist die Kraft, mit der maximal am Keil gezogen werden darf, ohne dass der Block hinaufgleitet:

$$F_\text{max} = m_\text{ges}\, a_\text{max} = (2{,}5\ \text{kg})\,(33{,}5\ \text{m}\cdot\text{s}^{-2}) = 83{,}8\ \text{N}.$$

Der Block bleibt also auf dem Keil liegen, solange mit höchstens 83,8 N nach rechts oder mit höchstens 1,57 N nach links am Keil gezogen wird.

b) Mit $\mu_\text{R,h} = 0{,}4$ ergeben sich auf die gleiche Weise wie in Teilaufgabe a die Kräfte $F_\text{min} = -5{,}75\ \text{N}$ und $F_\text{max} = 37{,}5\ \text{N}$.

L5.28 Die Gleitreibungskraft $F_\text{R,g}$ ist das Negative des Produkts aus dem Gleitreibungskoeffizienten $\mu_\text{R,g}$ und dem Betrag $|\boldsymbol{F}_\text{N}|$ der Normalkraft der Auflagefläche. Nach dem zweiten Newton'schen Axiom ist in vertikaler Richtung der Betrag der Normalkraft auf einer horizontalen Oberfläche gleich dem Gewicht des gleitenden Körpers. In horizontaler Richtung (x-Richtung) ergibt sich die Beschleunigung des Körpers aus der auf ihn wirkenden Gesamtkraft (siehe erste Abbildung).

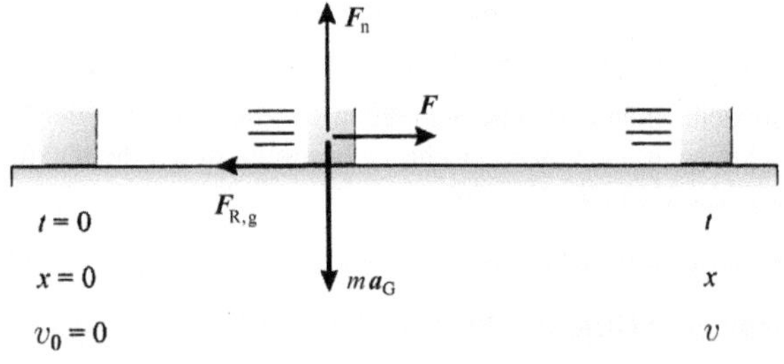

Mit Hilfe des Tabellenkalkulationsprogramms ermitteln wir zunächst aus der (geschwindigkeitsabhängigen) Gesamtkraft die Beschleunigung des Blocks. Anschließend berechnen wir aus der Beschleunigung und dem Zeitintervall den Geschwindigkeitszuwachs des Blocks und addieren diesen Zuwachs zu der Geschwindigkeit, die der Block am Ende des vorausgehenden Zeitintervalls hatte. Dann ermitteln wir, wie weit sich der Block in diesem Zeitintervall bewegt hat, und addieren diese Strecke zur vorangegangenen Koordinate. Parallel dazu berechnen wir

die Koordinate x_2 des Blocks unter der Annahme einer gleichförmig beschleunigten Bewegung mit dem konstanten Gleitreibungskoeffizienten $\mu_\text{R,g} = 0{,}11$.

Die beiden Tabellen zeigen auszugsweise die Eingaben und die Ergebnisse der Berechnung mit einer Tabellenkalkulation.

Zelle	Formel/Inhalt	Algebraische Form
A9	C8 + \$B\$6	$t + \Delta t$
B9	D8 + F9*\$B\$6	$v + a\,\Delta t$
C9	\$B\$5-(\$B\$3)*\$B\$2*\$B\$5/ (1 + \$B\$4*D9^2)^2	$F - \dfrac{\mu_\text{R,g}\,mg}{\left(1 + 2{,}34\cdot 10^{-4}\,\dfrac{v^2}{(\text{m/s})^2}\right)^2}$
D9	E10/\$B\$5	F_ges/m
E9	G9 + D10*\$B\$6	$x + v\,\Delta t$
I9	0,5*5,922*I10^2	$\tfrac{1}{2}\,at^2$
J9	J10-K10	$x - x_2$

Bei der zweiten Tabelle mit den Werten sind aus Platzgründen die linke und die rechte Hälfte separat abgedruckt.

	A	B	C	D	E
1	g=	9,81	m/s^2		
2	Koeff. 1=	0,11			
3	Koeff. 2=	2,30E-04			
4	Masse=	10	kg		
5	angew. Kraft=	70	N		
6	Zeit- schritt=	0,05	s		
7					
8					
9	t	v	Gesamt- Kraft	a	x
10	0,00	0,00			0,00
11	0,05	0,30	59,22	5,92	0,01
12	0,10	0,59	59,22	5,92	0,04
13	0,15	0,89	59,22	5,92	0,09
14	0,20	1,18	59,22	5,92	0,15
15	0,25	1,48	59,23	5,92	0,22
205	9,75	61,06	66,84	6,68	292,37
206	9,80	61,40	66,88	6,69	295,44
207	9,85	61,73	66,91	6,69	298,53
208	9,90	62,07	66,94	6,69	301,63
209	9,95	62,40	66,97	6,70	304,75
210	10,00	62,74	67,00	6,70	307,89

	F	G	H	I	J
6		t	x	x2	x-x2
7					
8					
9			mu=variabel	mu=konstant	
10		0.00	0,00	0,00	0,00
11		0,05	0,01	0,01	0,01
12		0,10	0,04	0,03	0,01
13		0,15	0,09	0,07	0,02
14		0,20	0,15	0,12	0,03
15		0,25	0,22	0,19	0,04
205		9,75	292,37	281,48	10,89
206		9,80	295,44	284,37	11.07
207		9,85	298,53	287,28	11,25
208		9,90	301,63	290,21	11,42
209		9,95	304,75	293,15	11,61
210		10,00	307,89	296,10	11,79

Das erste Diagramm zeigt die Verschiebung des Blocks in Abhängigkeit von der verstrichenen Zeit bei konstantem Gleitreibungskoeffizienten ($\mu_{\mathrm{R,g}} = 0{,}11$) als durchgezogene Linie und bei variablem Gleitreibungskoeffizienten als gestrichelte Linie. Da der Reibungskoeffizient hier mit steigender Geschwindigkeit abnimmt, kommt der Holzblock dabei in derselben Zeit etwas weiter als bei konstantem Reibungskoeffizienten.

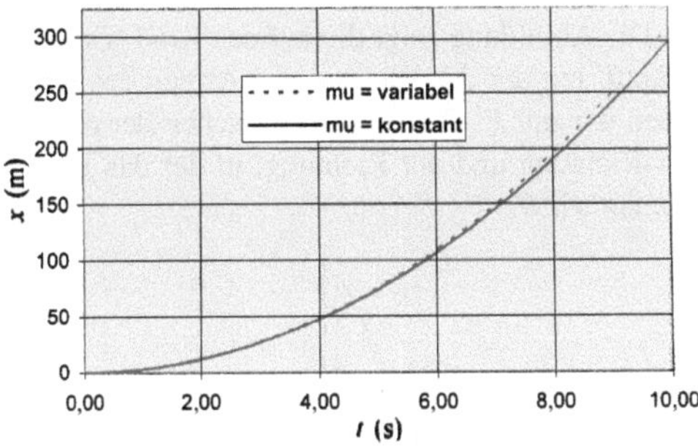

Das zweite Diagramm zeigt die Geschwindigkeit in Abhängigkeit von der Zeit bei variablem Gleitreibungskoeffizienten.

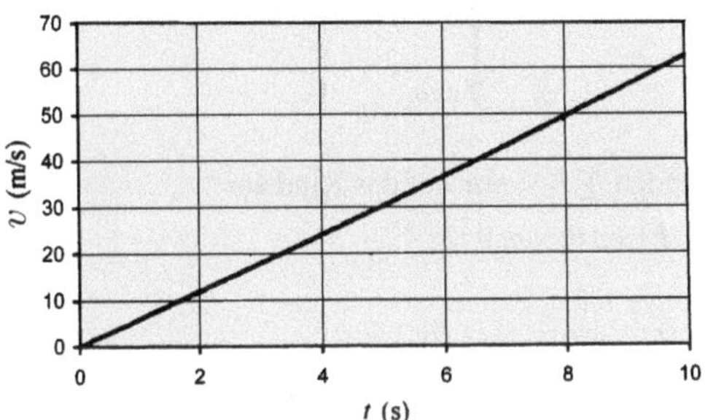

L5.29 Das Kräftediagramm zeigt die Kräfte, die auf den Holzklotz wirken, während er sich nach rechts bewegt.

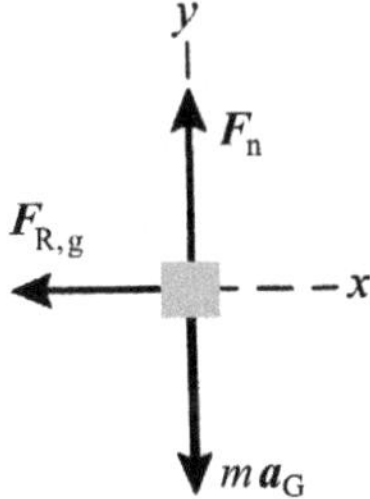

Die Gleitreibungskraft bremst den Klotz und bringt ihn schließlich zum Stillstand. Wir drücken zunächst mit dem zweiten Newton'schen Axiom die Beschleunigung a durch die Gleitreibungskonstante $\mu_{\mathrm{R,g}}$ aus. Anschließend setzen wir diesen Ausdruck in die Bewegungsgleichungen der gleichförmig beschleunigten Bewegung ein und berechnen aus den gemessenen Größen den Reibungskoeffizienten $\mu_{\mathrm{R,g}}$.

a) Aus $\sum \boldsymbol{F} = m\boldsymbol{a}$ ergibt sich

$$\sum F_x = F_{\mathrm{R,g}} = ma \quad \text{und} \quad \sum F_y = |\boldsymbol{F}_\mathrm{n}| - mg = 0.$$

Mit $F_{\mathrm{R,g}} = -\mu_{\mathrm{R,g}}|\boldsymbol{F}_\mathrm{n}|$ folgt aus diesen beiden Gleichungen

$$a = -\mu_{\mathrm{R,g}}\,g. \tag{1}$$

Die Verschiebung bei gleichförmig beschleunigter Bewegung ist

$$\Delta x = v_0 \Delta t + \tfrac{1}{2}\,a\,(\Delta t)^2, \tag{2}$$

wobei v_0 die Anfangsgeschwindigkeit und a die Beschleunigung ist. Insbesondere ergibt sich für die Zeit Δt des Abbremsens bis zum Stillstand der Bremsweg Δx. Dieser berechnet sich andererseits aus der mittleren Geschwindigkeit $\langle v \rangle$ mit $v = 0$ zu

$$\Delta x = \langle v \rangle\,\Delta t = \frac{v_0 + v}{2}\,\Delta t = \tfrac{1}{2}\,v_0 \Delta t. \tag{3}$$

Damit können wir v_0 aus Gleichung 2 eliminieren und erhalten

$$\Delta x = -\tfrac{1}{2}\,a\,(\Delta t)^2. \tag{4}$$

Wir setzen die Beschleunigung aus Gleichung 1 ein und lösen nach $\mu_{\mathrm{R,g}}$ auf:

$$\mu_{\mathrm{R,g}} = \frac{2\,\Delta x}{g\,(\Delta t)^2} = \frac{2\,(1{,}37\ \mathrm{m})}{(9{,}81\ \mathrm{m\cdot s^{-2}})\,(0{,}97\ \mathrm{s})^2} = 0{,}297.$$

b) Die Anfangsgeschwindigkeit v_0 ergibt sich mit Gleichung 3 zu

$$v_0 = \frac{2\,\Delta x}{\Delta t} = \frac{2\,(1{,}37\ \mathrm{m})}{0{,}97\ \mathrm{s}} = 2{,}82\ \mathrm{m\cdot s^{-1}}.$$

L5.30 Die Abbildung zeigt den Stein bei seiner Kreisbewegung sowie das Kräftediagramm. Die einzigen Kräfte, die auf den Stein wirken, sind die Zugkraft des Fadens und die Schwerkraft. Die Zentripetalkraft, die den Stein auf der Kreisbahn hält, ist eine Komponente der Zugkraft.

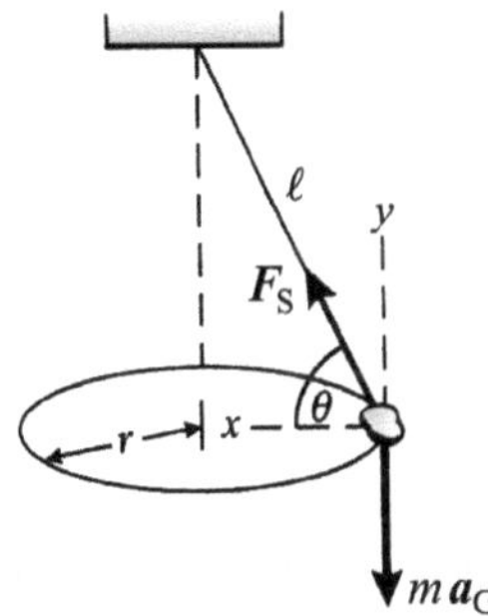

Das zweite Newton'sche Axiom $\sum \boldsymbol{F} = m\boldsymbol{a}$ ergibt bei der Anwendung auf den Stein

$$\sum F_x = |\boldsymbol{F}_\mathrm{s}| \cos\theta = ma_{\mathrm{ZP}} = mv^2/r \tag{1}$$

und

$$\sum F_y = |\boldsymbol{F}_\mathrm{s}| \sin\theta - mg = 0. \tag{2}$$

Die Zentripetalkraft trägt hier ein positives Vorzeichen, da die positive x-Richtung nach innen weist. Zwischen dem Radius r, der Fadenlänge ℓ und dem Winkel θ gilt die Beziehung

$$r = \ell \cos\theta. \tag{3}$$

Wir eliminieren aus den Gleichungen 1, 2 und 3 die Zugkraft $|\boldsymbol{F}_\mathrm{s}|$ sowie den Radius r und lösen nach v^2 auf:

$$v^2 = g\,\ell \cot\theta \cos\theta. \tag{4}$$

Die Bahngeschwindigkeit ist der Quotient aus dem Kreisumfang und der Zeit für einen Umlauf:

$$v = \frac{2\pi r}{t_{\mathrm{Uml.}}}. \tag{5}$$

Wir eliminieren v aus den Gleichungen 4 und 5 und setzen den Radius gemäß Gleichung 3 ein. Schließlich lösen wir nach θ auf:

$$\theta = \operatorname{asin}\frac{g\,t_{\text{Uml.}}^2}{4\pi^2\ell} = \operatorname{asin}\frac{(9{,}81\ \text{m}\cdot\text{s}^{-2})\,(1{,}22\ \text{s})^2}{4\pi^2\,(0{,}85\ \text{m})} = 25{,}8°.$$

Also ist Lösung c richtig.

L5.31 Die Skizze zeigt die Kräfte, die im tiefsten Punkt der Kreisbahn auf den Piloten wirken. F_n ist die Kraft, die der Sitz auf den Piloten ausübt.

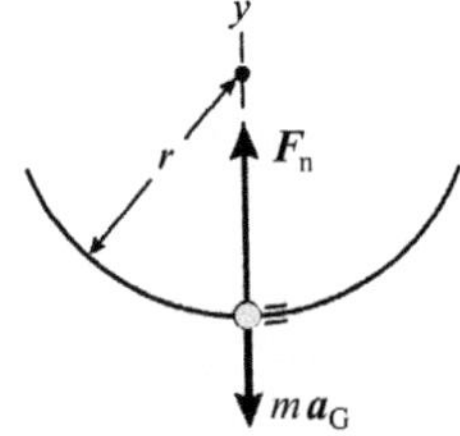

a) Wir wenden das zweite Newton'sche Axiom $\sum F = ma$ für die Kreisbewegung auf den Piloten an:

$$|F_\text{n}| - mg = m\,a_\text{ZP}.$$

Damit ergibt sich für die Normalkraft

$$|F_\text{n}| = mg + m\,a_\text{ZP} = m\,(g + a_\text{ZP}) = m\,(g + 8{,}5\,g) = 9{,}5\,mg$$
$$= (9{,}5)\,(50\ \text{kg})\,(9{,}81\ \text{m}\cdot\text{s}^{-2}) = 4{,}66\ \text{kN}.$$

b) Mit der Zentripetalkraft $a_\text{ZP} = v^2/r$ erhalten wir für den Radius

$$r = \frac{v^2}{a_\text{ZP}} = \frac{\left((345\ \text{km}\cdot\text{h}^{-1})\,\dfrac{1\ \text{h}}{3600\ \text{s}}\,\dfrac{1000\ \text{m}}{1\ \text{km}}\right)^2}{8{,}5\,(9{,}81\ \text{m}\cdot\text{s}^{-2})} = 110\ \text{m}.$$

L5.32 Die Abbildung zeigt links das Kräftediagramm des unten hängenden Gewichts und rechts das der rotierenden Kugel. Das Loch in der Tischplatte ändert die Richtung der Zugkraft, die die Zentripetalkraft liefert, welche die Kugel auf ihrer Bahn hält.

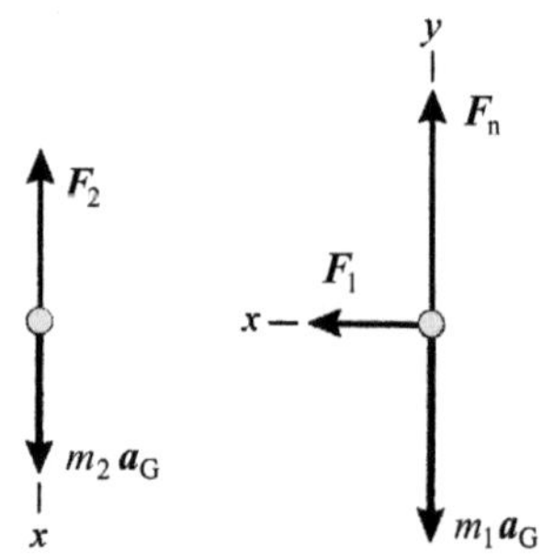

Wir wenden auf beide Körper $\sum F_x = m\,a_x$ an und setzen bei der Kugel den Ausdruck für die Zentripetalbeschleunigung ein. Das ergibt

$$m_2\,g + F_2 = 0 \quad \text{und} \quad F_1 = m_1\,a_\text{ZP} = m_1\,v^2/r.$$

Wegen $F_1 = -F_2$ können wir die Kräfte aus beiden Gleichungen eliminieren:

$$m_2\,g - m_1\,\frac{v^2}{r} = 0.$$

Die Bahngeschwindigkeit ist der Quotient aus Umfang und Umlaufzeit: $v = 2\pi r/T$. Einsetzen liefert

$$m_2\,g - m_1\,\frac{4\pi^2 r^2}{r\,T^2} = 0 \quad \text{bzw.} \quad m_2\,g - m_1\,\frac{4\pi^2 r}{T^2} = 0.$$

Damit ist $\quad r = \dfrac{m_2\,g\,T^2}{m_1\,4\pi^2}.$

L5.33 Die Abbildung zeigt die auf das Kind wirkenden Kräfte. Die Kraft, mit der der Vater an den Armen des Kindes zieht, bezeichnen wir mit F. Den Winkel zwischen der nach oben zeigenden y-Richtung und der Richtung, in der das Kind gezogen wird, nennen wir θ.

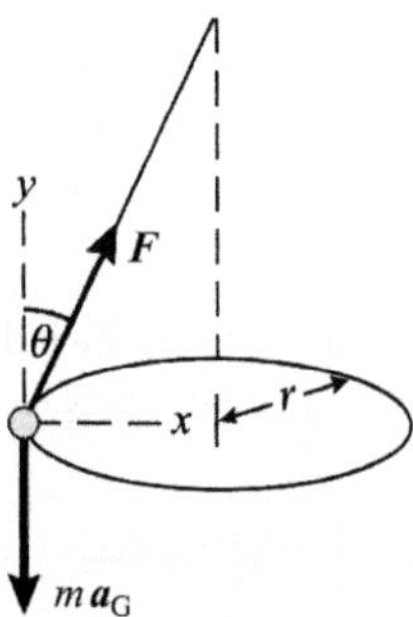

Wir wenden $\sum F = ma$ auf das Kind an:

$$\sum F_x = |F|\,\sin\theta = m\,v^2/r$$

und

$$\sum F_y = |F|\,\cos\theta - mg = 0.$$

Wir berechnen zunächst den Winkel θ. Hierzu eliminieren wir aus beiden Gleichungen die Kraft $|F|$ und lösen nach θ auf:

$$\theta = \operatorname{atan}\frac{v^2}{r\,g}.$$

Die Bahngeschwindigkeit ist der Quotient aus Umfang und Umlaufzeit: $v = 2\pi r/T$. Das setzen wir ein und erhalten

$$\theta = \operatorname{atan}\frac{4\pi^2 r}{g\,T^2} = \operatorname{atan}\frac{4\pi^2\,(0{,}75\ \text{m})}{(9{,}81\ \text{m}\cdot\text{s}^{-2})\,(1{,}5\ \text{s})^2} = 53{,}3°.$$

Einsetzen in die Gleichung für die y-Komponente der Kraft ergibt

$$|F| = \frac{mg}{\cos\theta} = \frac{(25\ \text{kg})\,(9{,}81\ \text{m}\cdot\text{s}^{-2})}{\cos 53{,}3°} = 410\ \text{N}.$$

L5.34 Die Haftreibungskraft $F_\text{R,h}$ verhindert, dass die Münze auf der Drehscheibe gleitet. Die Abbildung zeigt die auf die Münze wirkenden Kräfte.

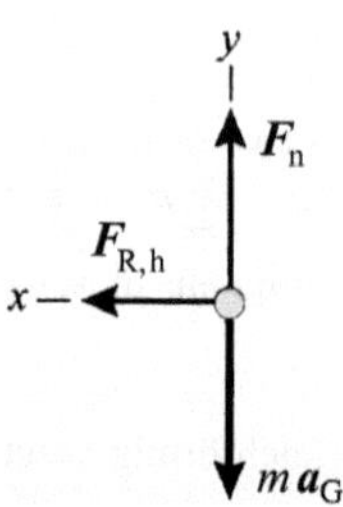

a) Wir wenden $\sum F = ma$ auf die Münze an:

$$\sum F_x = F_{\mathrm{R,h}} = m\,\frac{v^2}{r} \quad \text{und} \quad \sum F_y = |F_\mathrm{n}| - mg = 0.$$

Die Bahngeschwindigkeit ist der Quotient aus Umfang und Umlaufzeit: $v = 2\pi r/T$. Damit können wir die Geschwindigkeit in der Gleichung für die Haftreibungskraft ersetzen und erhalten für diese

$$F_{\mathrm{R,h}} = \frac{4\pi^2 m r}{T^2} = \frac{4\pi^2 (0{,}1\ \mathrm{kg})\,(0{,}1\ \mathrm{m})}{(1\ \mathrm{s})^2} = 0{,}395\ \mathrm{N}.$$

Die Haftreibungskraft wirkt als Zentripetalkraft nach innen.

b) Aus der Gleichung für die y-Komponente der Kraft folgt $|F_\mathrm{n}| = mg$. Wenn die Münze bei $r = 16$ cm wegzurutschen beginnt, ist die Haftreibungskraft dort maximal, d. h., es ist $F_{\mathrm{R,h}} = F_{\mathrm{R,h,max}}$. Hieraus ergibt sich der Haftreibungskoeffizient

$$\mu_{\mathrm{R,h}} = \frac{F_{\mathrm{R,h,max}}}{|F_\mathrm{n}|} = \frac{4\pi^2 m r/T^2}{mg} = \frac{4\pi^2 r}{g T^2}$$

$$= \frac{4\pi^2 (0{,}16\ \mathrm{m})}{(9{,}81\ \mathrm{m\cdot s^{-2}})\,(1\ \mathrm{s})^2} = 0{,}644.$$

L5.35 Die Abbildung zeigt die Erde auf ihrem Umlauf um die Sonne. Auf den Körper am Äquator wirken die Kräfte F_E von der Erdrotation und F_{Uml} vom Umlauf um die Sonne. (Zur Verdeutlichung ist der Körper mit den Kräften rechts neben der Erde gezeigt.)

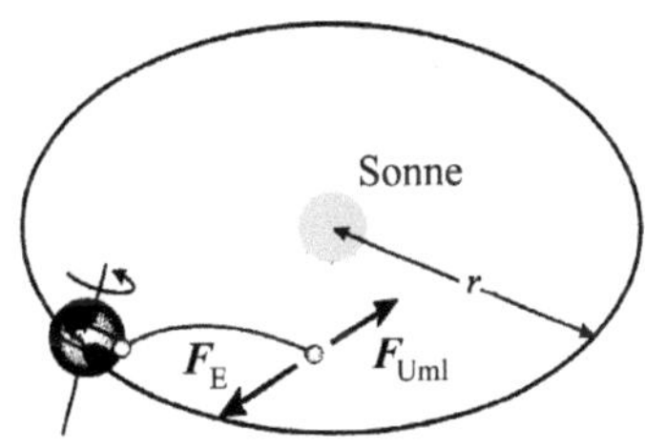

Da es sich bei beiden Kräften um Zentripetalkräfte handelt, ergibt sich die zugehörige Beschleunigung jeweils aus der Geschwindigkeit und dem Radius der Kreisbewegung.

Wir beginnen mit der Zentripetalbeschleunigung bei der Rotation um die Erdachse:

$$a_\mathrm{E} = \frac{v_\mathrm{E}^2}{r_\mathrm{E}}.$$

Die Bahngeschwindigkeit am Äquator ist der Quotient aus dem Erdumfang und der Dauer T_E einer Erdumdrehung: $v_\mathrm{E} = 2\pi r_\mathrm{E}/T_\mathrm{E}$. Dies setzen wir ein und erhalten

$$a_\mathrm{E} = \frac{4\pi^2 r_\mathrm{E}}{T_\mathrm{E}^2} = \frac{4\pi^2 (6370\ \mathrm{km})\,(1000\ \mathrm{m\cdot km^{-1}})}{[(24\ \mathrm{h})\,(3600\ \mathrm{s\cdot h^{-1}})]^2}$$

$$= 3{,}37\cdot 10^{-2}\ \mathrm{m\cdot s^{-2}} = 3{,}44\cdot 10^{-3}\,g.$$

Die Zentripetalbeschleunigung beim Umlauf der Erde um die Sonne ist gegeben durch

$$a_{\mathrm{Uml}} = \frac{v_{\mathrm{Uml}}^2}{r_{\mathrm{Uml}}}.$$

Wir drücken die Bahngeschwindigkeit der Erde durch dem Umfang $2\pi r_{\mathrm{Uml}}$ der Bahn und die Umlaufdauer T_{Uml} aus: $v_{\mathrm{Uml}} = 2\pi r_{\mathrm{Uml}}/T_{\mathrm{Uml}}$. Dies setzen wir ein und erhalten

$$a_{\mathrm{Uml}} = \frac{4\pi^2 r_{\mathrm{Uml}}}{T_{\mathrm{Uml}}^2} = \frac{4\pi^2 (1{,}5\cdot 10^{11}\ \mathrm{m})}{\left((365\ \mathrm{d})\,\dfrac{24\ \mathrm{h}}{1\ \mathrm{d}}\,\dfrac{3600\ \mathrm{s}}{1\ \mathrm{h}}\right)^2}$$

$$= 5{,}95\cdot 10^{-3}\ \mathrm{m\cdot s^{-2}} = 6{,}07\cdot 10^{-4}\,g.$$

L5.36 Die Abbildung zeigt einen Sitz im höchsten (h) und einen im tiefsten (t) Punkt der Bahn.

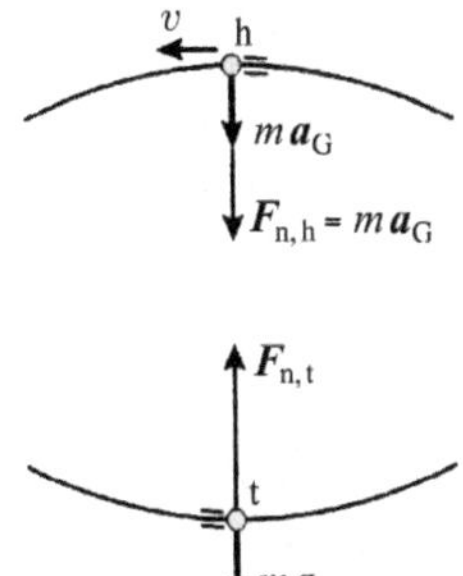

Wir wenden das zweite Newton'sche Axiom $\sum F_r = ma_r$ auf den höchsten Punkt an:

$$mg + |F_{\mathrm{n,h}}| = 2mg = ma_r = mv^2/r.$$

Für den tiefsten Punkt gilt entsprechend

$$|F_{\mathrm{n,t}}| - mg = mv^2/r.$$

Auflösen nach $F_{\mathrm{n,t}}$ und Einsetzen von $mv^2/r = 2mg$ gemäß der ersten Gleichung ergibt $|F_{\mathrm{n,t}}| = 3mg$. Also ist Lösung d richtig.

L5.37 Die Abbildung zeigt das Kräftediagramm für das Fahrrad. Die Zentripetalkraft, die bewirkt, dass sich das Fahrrad auf der Kreisbahn bewegt, rührt von der Haftreibungskraft auf die Reifen her. Die Resultierende der Kräfte F_n und $F_{\mathrm{R,h}}$ bildet einen Winkel θ gegen die Senkrechte. Dies ist die Richtung, in der der Boden auf die Reifen drückt.

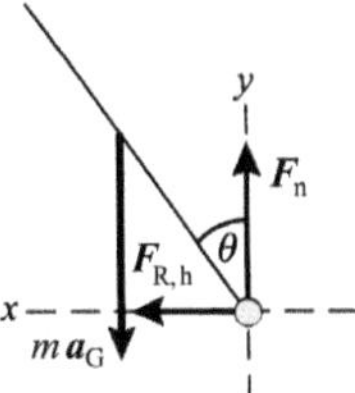

a) Anwenden von $\sum F = ma$ auf das Fahrrad ergibt:

$$\sum F_x = F_{\mathrm{R,h}} = \frac{mv^2}{r} \quad \text{und} \quad \sum F_y = |F_\mathrm{n}| - mg = 0.$$

Für den Winkel θ, den die resultierende Kraft mit der Senkrechten bildet, entnehmen wir der Abbildung:

$$\tan\theta = \frac{F_{\mathrm{R,h}}}{|F_\mathrm{n}|} = \frac{mv^2/r}{mg} = \frac{v^2}{rg}.$$

Auflösen nach der Geschwindigkeit liefert

$$v = \sqrt{rg\tan\theta} = \sqrt{(20\text{ m})\,(9{,}81\text{ m}\cdot\text{s}^{-2})\tan 15^\circ}$$
$$= 7{,}25\text{ m}\cdot\text{s}^{-1}.$$

b) Die Haftreibungskraft soll halb so groß wie der Maximalwert sein: $F_{\text{R,h}} = \frac{1}{2}F_{\text{R,h,max}} = \frac{1}{2}\mu_{\text{R,h}}mg$. Einsetzen der Haftreibungskraft $F_{\text{R,h}}$ aus der x-Komponente der Kraftgleichung ergibt

$$\mu_{\text{R,h}} = \frac{2\,F_{\text{R,h}}}{mg} = \frac{2\,v^2}{rg} = \frac{2\,(7{,}25\text{ m}\cdot\text{s}^{-1})^2}{(20\text{ m})\,(9{,}81\text{ m}\cdot\text{s}^{-2})} = 0{,}536.$$

L5.38 Wenn die von der Fahrbahn ausgeübte Kraft lediglich als Normalkraft wirkt, sind die einzigen auf das Auto wirkenden Kräfte die Normalkraft der Fahrbahn und die Schwerkraft des Autos. Eine Haftreibungskomponente quer zur Normalkraft ist dabei ausgeschlossen. Die Horizontalkomponente der Normalkraft wirkt als Zentripetalkraft.

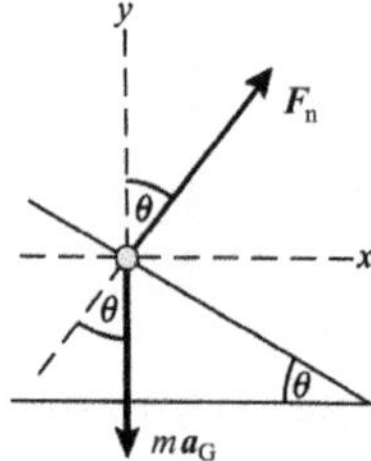

Wir wenden $\sum \boldsymbol{F} = m\boldsymbol{a}$ auf das Auto an:

$$\sum F_x = |\boldsymbol{F}_\text{n}|\sin\theta = m\frac{v^2}{r}$$

und

$$\sum F_y = |\boldsymbol{F}_\text{n}|\cos\theta - mg = 0.$$

Eliminieren der Normalkraft aus beiden Gleichungen ergibt

$$\tan\theta = \frac{v^2}{rg}$$

und damit

$$\theta = \operatorname{atan}\frac{v^2}{rg}$$

$$= \operatorname{atan}\frac{\left((90\text{ km}\cdot\text{h}^{-1})\dfrac{1\text{ h}}{3600\text{ s}}\dfrac{1000\text{ m}}{1\text{ km}}\right)^2}{(160\text{ m})\,(9{,}81\text{ m}\cdot\text{s}^{-2})} = 21{,}7^\circ.$$

L5.39 Das erste Kräftediagramm gilt für ein stehendes Auto. Die entlang der Böschung nach oben weisende Haftreibungskraft ist mit der nach unten gerichteten Komponente des Gewichts im Gleichgewicht, so dass das Auto nicht hinabgleitet.

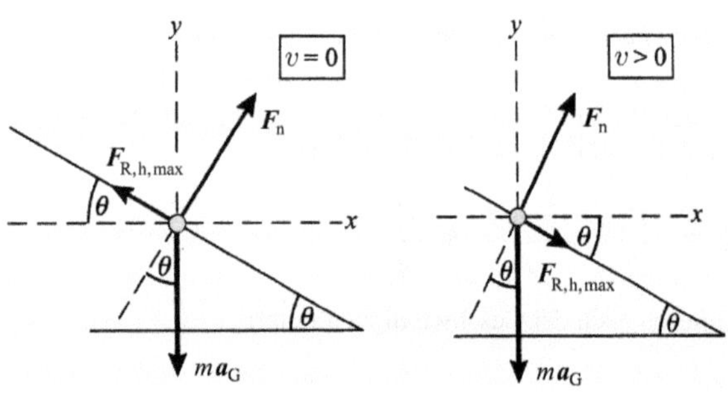

Die Anwendung von $\sum \boldsymbol{F} = m\boldsymbol{a}$ ergibt

$$\sum F_y = |\boldsymbol{F}_\text{n}|\cos\theta + |\boldsymbol{F}_{\text{R,h}}|\sin\theta - mg = 0 \tag{1}$$

und

$$\sum F_x = |\boldsymbol{F}_\text{n}|\sin\theta - |\boldsymbol{F}_{\text{R,h}}|\cos\theta = 0. \tag{2}$$

Wir setzen nun in der zweiten Gleichung $|\boldsymbol{F}_{\text{R,h}}| = |\boldsymbol{F}_{\text{R,h,max}}| = \mu_{\text{R,h}}|\boldsymbol{F}_\text{n}|$, lösen nach θ auf und setzen den Haftreibungskoeffizienten ein, bei dem das Auto noch nicht ins Rutschen kommen soll: $\theta = \operatorname{atan}\mu_{\text{R,h}} = \operatorname{atan}0{,}08 = 4{,}57^\circ$.

Das zweite Kräftediagramm gilt für ein Auto, das mit der Geschwindigkeit v durch die Kurve fährt. Da das Auto dabei sozusagen nach außen zu gleiten versucht, wirkt die Haftreibungskraft nach unten und liefert so die Zentripetalkraft, die verhindert, dass es aus der Kurve getragen wird. Anwenden von $\sum \boldsymbol{F} = m\boldsymbol{a}$ liefert:

$$\sum F_y = |\boldsymbol{F}_\text{n}|\cos\theta - |\boldsymbol{F}_{\text{R,h}}|\sin\theta - mg = 0 \tag{3}$$

und

$$\sum F_x = |\boldsymbol{F}_\text{n}|\sin\theta + |\boldsymbol{F}_{\text{R,h}}|\cos\theta = m\frac{v^2}{r}. \tag{4}$$

Wir setzen in beiden Gleichungen $|\boldsymbol{F}_{\text{R,h}}| = \mu_{\text{R,h}}|\boldsymbol{F}_\text{n}|$ ein. Das ergibt

$$|\boldsymbol{F}_\text{n}|(\cos\theta - \mu_{\text{R,h}}\sin\theta) = mg \tag{5}$$

und

$$|\boldsymbol{F}_\text{n}|(\mu_{\text{R,h}}\cos\theta + \sin\theta) = m\frac{v^2}{r}. \tag{6}$$

Durch Einsetzen von θ und $\mu_{\text{R,h}}$ erhalten wir

$$0{,}9904\,|\boldsymbol{F}_\text{n}| = mg \quad \text{und} \quad 0{,}1595\,|\boldsymbol{F}_\text{n}| = m\frac{v^2}{r}.$$

Nun eliminieren wir $|\boldsymbol{F}_\text{n}|$ und lösen nach r auf. Damit ergibt sich für den Mindestradius:

$$r = \frac{v^2}{0{,}1610\,g} = \frac{\left((60\text{ km}\cdot\text{h}^{-1})\dfrac{1\text{ h}}{3600\text{ s}}\dfrac{1000\text{ m}}{1\text{ km}}\right)^2}{0{,}1610\,(9{,}81\text{ m}\cdot\text{s}^{-2})}$$
$$= 176\text{ m}.$$

L5.40 Die Anwendung des zweiten Newton'schen Axioms $\sum F_y = ma_y$ auf das Partikel ergibt $mg - bv = ma_y$.

Wenn es die Endgeschwindigkeit $v = v_\text{E}$ erreicht hat, ist $a_y = 0$ und daher $mg - bv_\text{E} = 0$.

Auflösen nach b und Einsetzen der Zahlenwerte ergibt

$$b = \frac{mg}{v_\text{E}} = \frac{(10^{-13}\text{ kg})\,(9{,}81\text{ m}\cdot\text{s}^{-2})}{3\cdot 10^{-4}\text{ m}\cdot\text{s}^{-1}} = 3{,}27\cdot 10^{-9}\text{ kg}\cdot\text{s}^{-1}.$$

L5.41 Die Anwendung des zweiten Newton'schen Axioms $\sum F_y = ma_y$ auf den Tischtennisball ergibt $mg - bv^2 = ma_y$.

Wenn er die Endgeschwindigkeit $v = v_\text{E}$ erreicht hat, ist $a_y = 0$ und daher $mg - bv_\text{E}^2 = 0$.

Auflösen nach b und Einsetzen der Zahlenwerte ergibt

$$b = \frac{mg}{v_E^2} = \frac{(2{,}3 \cdot 10^{-3}\,\text{kg})\,(9{,}81\,\text{m}\cdot\text{s}^{-2})}{(9\,\text{m}\cdot\text{s}^{-1})^2}$$
$$= 2{,}79 \cdot 10^{-4}\,\text{kg}\cdot\text{m}^{-1}.$$

L5.42 a) Die positive y-Richtung soll nach oben zeigen. Wir wenden das zweite Newton'sche Axiom $\sum F_y = ma_y$ auf das Teilchen an. Das ergibt $mg - 6\pi\eta\,rv = ma_y$.

Bei der Endgeschwindigkeit ist $a_y = 0$. Damit wird die vorige Gleichung zu $mg - 6\pi\eta\,rv_E = 0$. Auflösen nach der Endgeschwindigkeit liefert

$$v_E = \frac{mg}{6\pi\eta\,r}.$$

Die Masse m ergibt sich aus der Dichte ρ und dem Volumen V zu $m = V\rho = \frac{4}{3}\pi r^3 \rho$.

Das setzen wir ein und erhalten für die Endgeschwindigkeit

$$v_E = \frac{2\,r^2\rho\,g}{9\,\eta} = \frac{2\,(10^{-5}\,\text{m})^2\,(2\,000\,\text{kg}\cdot\text{m}^{-3})\,(9{,}81\,\text{m}\cdot\text{s}^{-2})}{9\,(1{,}8 \cdot 10^{-5}\,\text{N}\cdot\text{s}\cdot\text{m}^{-2})}$$
$$= 2{,}42\,\text{cm}\cdot\text{s}^{-1}.$$

b) Die Fallzeit ergibt sich aus dem Quotienten der Fallstrecke und der Geschwindigkeit:

$$t = \frac{10^4\,\text{cm}}{2{,}42\,\text{m}\cdot\text{s}^{-1}} = 4{,}13 \cdot 10^3\,\text{s} = 1{,}15\,\text{h}.$$

L5.43 Wir bezeichnen mit r_{Part} den Radius des Partikels und mit r_{Zent} den Radius seiner Kreisbahn in der Zentrifuge. Die positive r-Richtung soll nach innen zeigen. Wenn sich die Zentrifuge in Bewegung setzt, beginnt sich das Partikel (vom Boden des Glases aus gesehen, geradlinig gleichförmig) im Reagenzglas nach außen zu bewegen. Dieser Bewegung wirkt die Stokes'sche Reibungskraft als Zentripetalkraft entgegen; sie beschleunigt das Partikel zur Mitte der Zentrifuge hin. Wir wenden das zweite Newton'sche Axiom $\sum F_r = ma_r$ in Verbindung mit dem Stokes'schen Reibungsgesetz auf ein Partikel an:

$$6\pi\eta\,r_{\text{Part}}\,v_E = ma_{\text{ZP}}. \tag{1}$$

Darin ist v_E die Endgeschwindigkeit des Partikels. Dessen Masse ergibt sich aus seinem Radius r_{Part} und seiner Dichte ρ zu $m = V\rho = \frac{4}{3}\pi r_{\text{Part}}^3 \rho$.

Die Zentripetalbeschleunigung ist der Quotient aus dem Quadrat der Bahngeschwindigkeit v und dem Radius r:

$$a_{\text{ZP}} = \frac{v^2}{r_{\text{Zent}}} = \frac{(2\pi r_{\text{Zent}}/T)^2}{r_{\text{Zent}}} = \frac{4\pi^2 r_{\text{Zent}}}{T^2}.$$

(Die tangential gerichtete Bahngeschwindigkeit v ist von der radial gerichteten Endgeschwindigkeit v_E zu unterscheiden.) Wir setzen die Masse und die Zentripetalbeschleunigung in Gleichung 1 ein:

$$6\pi\eta\,r_{\text{Part}}\,v_E = \frac{4}{3}\pi r_{\text{Part}}^3 \rho\left(\frac{4\pi^2 r_{\text{Zent}}}{T^2}\right) = \frac{16\pi^3 \rho\,r_{\text{Zent}}\,r_{\text{Part}}^3}{3\,T^2}.$$

Hieraus folgt für die Endgeschwindigkeit

$$v_E = \frac{8\pi^2 \rho\,r_{\text{Zent}}\,r_{\text{Part}}^2}{9\,\eta\,T^2}.$$

Die Umlaufzeit berechnen wir aus der Anzahl der Umdrehungen pro Minute:

$$T = \frac{1}{800\,\text{min}^{-1}} = 1{,}25 \cdot 10^{-3}\,\text{min}$$
$$= (1{,}25 \cdot 10^{-3}\,\text{min})\left(\frac{60\,\text{s}}{1\,\text{min}}\right) = 75{,}0 \cdot 10^{-3}\,\text{s}.$$

Damit ist schließlich die Endgeschwindigkeit:

$$v_E = \frac{8\pi^2\,(2\,000\,\text{kg}\cdot\text{m}^{-3})\,(0{,}12\,\text{m})\,(10^{-5}\,\text{m})^2}{9\,(1{,}8 \cdot 10^{-5}\,\text{N}\cdot\text{s}\cdot\text{m}^{-2})\,(75 \cdot 10^{-3}\,\text{s})^2}$$
$$= 2{,}08\,\text{m}\cdot\text{s}^{-1}.$$

Die Partikel benötigen also beim Absetzen für die 8 cm lange Strecke im Reagenzglas die Zeitspanne

$$\Delta t_{\text{Abs}} = \frac{\Delta x}{v_E} = \frac{8\,\text{cm}}{208\,\text{cm}\cdot\text{s}^{-1}} = 38{,}5\,\text{ms}.$$

Dies vergleichen wir mit der Zeitspanne, die ein Partikel in Luft benötigt, um 8 cm weit zu fallen. In Aufgabe 42 hatten wir berechnet, dass die Endgeschwindigkeit kugelförmiger Partikel in Luft $2{,}42\,\text{cm}\cdot\text{s}^{-1}$ beträgt. Damit ist die Fallzeit in Luft

$$\Delta t_{\text{Luft}} = \frac{\Delta x}{v_{E,\text{Luft}}} = \frac{8\,\text{cm}}{2{,}42\,\text{cm}\cdot\text{s}^{-1}} = 3{,}31\,\text{s}.$$

Das Verhältnis der Fallzeit in Luft zur Absetzzeit in der Zentrifuge ist also $\Delta t_{\text{Luft}}/\Delta t_{\text{Abs}} \approx 100$.

L5.44 a) Die Geschwindigkeit ergibt sich aus der Länge $2\pi r$ der Kreisbahn und der Flugzeit T für eine Runde:

$$v = \frac{2\pi r}{T} = \frac{2\pi\,(5{,}7\,\text{m})}{(4/1{,}2)\,\text{s}} = 10{,}7\,\text{m}\cdot\text{s}^{-1}.$$

b) Die Abbildung zeigt die auf das Flugzeug wirkenden Kräfte.

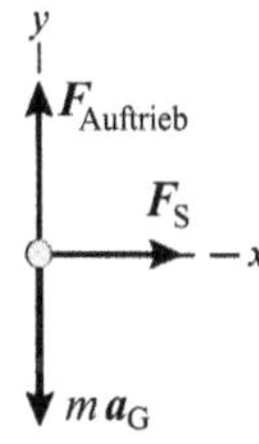

Anwenden von $\sum F_x = ma_x$ ergibt für die Zugkraft

$$F_S = m\,\frac{v^2}{r} = (0{,}4\,\text{kg})\,\frac{(10{,}7\,\text{m}\cdot\text{s}^{-1})^2}{5{,}7\,\text{m}} = 8{,}03\,\text{N}.$$

L5.45 Die Abbildung zeigt die auf die Kiste wirkenden Kräfte. Die Gleitreibungskraft ist der Bewegung der Kiste nach oben entgegengerichtet. Die Kraft, mit der die Spediteure die Kiste horizontal schieben, ist F. Da die Kiste mit konstanter Geschwindigkeit bewegt wird, ist ihre Beschleunigung null.

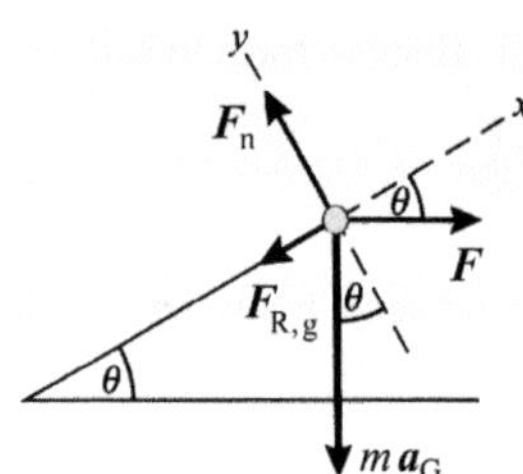

Wir wenden das zweite Newton'sche Axiom $\sum F = ma$ auf die Kiste an:

$$\sum F_x = |F| \cos\theta - |F_{\mathrm{R,g}}| - mg \sin\theta = 0$$

und

$$\sum F_y = |F_\mathrm{n}| - |F| \sin\theta - mg \cos\theta = 0.$$

Nach Einsetzen der Gleitreibungskraft $|F_{\mathrm{R,g}}| = \mu_{\mathrm{R,g}}|F_\mathrm{n}|$ und Eliminieren der Normalkraft $|F_\mathrm{n}|$ ergibt sich die Kraft zu

$$
\begin{aligned}
|F| &= \frac{mg\,(\sin\theta + \mu_{\mathrm{R,g}} \cos\theta)}{\cos\theta - \mu_{\mathrm{R,g}} \sin\theta} \\
&= \frac{(100\ \mathrm{kg})\,(9,81\ \mathrm{m \cdot s^{-2}})\,(\sin 30° + 0,5 \cos 30°)}{\cos 30° - 0,5 \sin 30°} \\
&= 1,49\ \mathrm{kN}.
\end{aligned}
$$

L5.46 a) Da der Körper im Gleichgewicht ist, muss gelten $F_1 + F_2 + F_3 = 0$.

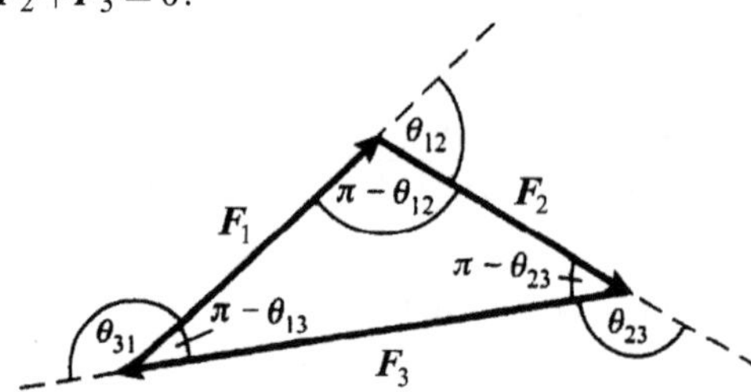

Im Kräftedreieck (siehe Abbildung) gilt gemäß dem Sinussatz

$$\frac{|F_1|}{\sin(\pi - \theta_{23})} = \frac{|F_2|}{\sin(\pi - \theta_{13})} = \frac{|F_3|}{\sin(\pi - \theta_{12})}.$$

Wegen $\sin(\pi - \alpha) = \sin\alpha$ folgt hieraus

$$\frac{|F_1|}{\sin\theta_{23}} = \frac{|F_2|}{\sin\theta_{13}} = \frac{|F_3|}{\sin\theta_{12}}.$$

b) Anwenden des Kosinussatzes auf das Dreieck ergibt

$$|F_1|^2 = |F_2|^2 + |F_3|^2 - 2\,|F_2|\,|F_3| \cos(\pi - \theta_{23}),$$

und wegen $\cos(\pi - \alpha) = -\cos\alpha$ folgt daraus

$$|F_1|^2 = |F_2|^2 + |F_3|^2 + 2\,|F_2|\,|F_3| \cos\theta_{23}.$$

L5.47 a) Um zu zeigen, dass sich das Teilchen auf einer Kreisbahn um den Koordinatenursprung bewegt, weisen wir nach, dass der Betrag $|r|$ des Ortsvektors konstant ist. Hierzu drücken wir ihn durch die Komponenten aus:

$$|r| = \sqrt{r_x^2 + r_y^2}.$$

Einsetzen von $r_x = r_0 \sin\omega t$ und $r_y = r_0 \cos\omega t$ (siehe Aufgabenstellung) ergibt

$$
\begin{aligned}
|r| &= \sqrt{(r_0 \sin\omega t)^2 + (r_0 \cos\omega t)^2} \\
&= \sqrt{r_0^2\,(\sin^2\omega t + \cos^2\omega t)} = r_0 = 4,0\ \mathrm{m}.
\end{aligned}
$$

Also ist der Weg des Teilchens ein Kreis mit dem Mittelpunkt im Koordinatenursprung.

b) Wir leiten den Vektor r nach der Zeit ab. Daraus ergibt sich der Geschwindigkeitsvektor

$$
\begin{aligned}
v &= \mathrm{d}r/\mathrm{d}t = (r_0\,\omega \cos\omega t)\,\widehat{x} + (-r_0\,\omega \sin\omega t)\,\widehat{y} \\
&= \left[\left(8\pi \cos\tfrac{2\pi}{\mathrm{s}} t\right) \widehat{x} - \left(8\pi \sin\tfrac{2\pi}{\mathrm{s}} t\right) \widehat{y} \right]\ \mathrm{m \cdot s^{-1}}.
\end{aligned}
$$

Damit ist das gesuchte Verhältnis

$$\frac{v_x}{v_y} = \frac{8\pi \cos\omega t}{-8\pi \sin\omega t} = -\cot\omega t,$$

und für das Verhältnis $-y/x$ gilt

$$-\frac{y}{x} = -\frac{r_0 \cos\omega t}{r_0 \sin\omega t} = -\cot\omega t.$$

Beide sind also gleich.

c) Der Beschleunigungsvektor ergibt sich durch erneutes Ableiten nach der Zeit:

$$
\begin{aligned}
a &= \mathrm{d}v/\mathrm{d}t \\
&= \left[(-16\pi^2 \sin\omega t)\,\widehat{x} + (-16\pi^2 \cos\omega t)\,\widehat{y} \right]\ \mathrm{m \cdot s^{-2}}.
\end{aligned}
$$

Ausklammern von $(-16\pi^2/\mathrm{s}^2)$ ergibt

$$a = \frac{-16\pi^2}{\mathrm{s}^2}\,[(\sin\omega t)\,\widehat{x} + (\cos\omega t)\,\widehat{y}]\,(4\ \mathrm{m}) = \frac{-16\pi^2}{\mathrm{s}^2}\,r.$$

Die Richtung der Beschleunigung a ist entgegengesetzt zu der des Ortsvektors r und zeigt daher zur Mitte des Kreises, auf dem sich das Teilchen bewegt. Wir berechnen nun den gesuchten Quotienten:

$$\frac{v^2}{r_0} = \frac{(8\pi\ \mathrm{m \cdot s^{-1}})^2}{4\ \mathrm{m}} = 16\pi^2\ \mathrm{m \cdot s^{-2}} = |a|.$$

Er entspricht also dem Betrag des Beschleunigungsvektors.

d) Gemäß dem zweiten Newton'schen Axiom $\sum F = ma$ ist

$$|F_{\mathrm{ges}}| = m\,|a| = (0,8\ \mathrm{kg})\,(16\pi^2\ \mathrm{m \cdot s^{-2}}) = 12,8\,\pi^2\ \mathrm{N}.$$

Da die Richtung von F_{ges} mit der von a übereinstimmt, zeigt auch die Kraft F_{ges} zum Mittelpunkt des Kreises.

L5.48 Das Kräftediagramm zeigt die Kräfte, die auf eine Person wirken. Die maximale Haftreibungskraft verhindert, dass sie herunter fällt.

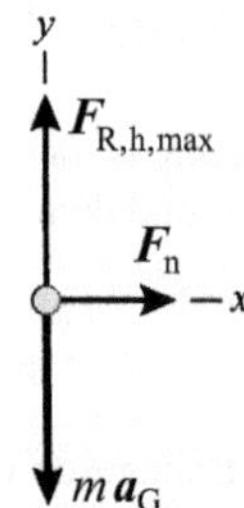

Anwenden von $\sum F = ma$ auf die Person ergibt

$$\sum F_x = |F_\mathrm{n}| = m\,\frac{v^2}{r}$$

und

$\sum F_y = F_{R,h,max} - mg = 0$.

Wir setzen $F_{R,h,max} = \mu_{R,h} |\boldsymbol{F}_n|$ und $v = 2\pi r/T$ und eliminieren die Normalkraft $|\boldsymbol{F}_n|$. Damit ergibt sich für die Umlaufzeit

$$T = 2\pi \sqrt{\frac{\mu_{R,h}\, r}{g}} = 2\pi \sqrt{\frac{0,4\,(4\,\mathrm{m})}{9,81\,\mathrm{m \cdot s^{-2}}}} = 2,54\,\mathrm{s} = 0,0423\,\mathrm{min}\,.$$

Daher muss sich die Trommel mindestens mit der Drehzahl $1/T = 23,6\,\mathrm{min^{-1}}$ drehen.

L5.49 Die Abbildung zeigt einen Punkt auf der Erdoberfläche auf dem Breitengrad θ. Sein senkrechter Abstand von der Rotationsachse ist $r_\perp = r\cos\theta$, wobei r der Erdradius ist.

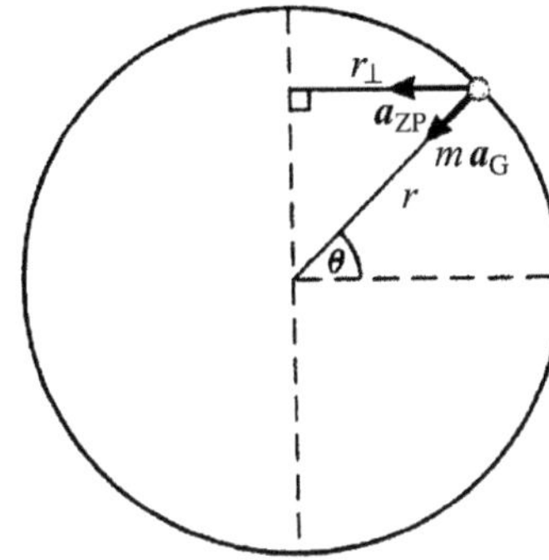

a) Die Zentripetalbeschleunigung a_{ZP} hängt folgendermaßen vom Breitengrad θ ab:

$$a_{ZP} = \frac{v^2}{r_\perp} = \frac{v^2}{r\cos\theta}\,.$$

Die Geschwindigkeit ist der Quotient aus der Länge $2\pi r_\perp$ des Breitengrads und der Zeit T für einen Umlauf: $v = 2\pi r_\perp/T$. Einsetzen ergibt für die Zentripetalbeschleunigung

$$a_{ZP} = \frac{4\pi^4 r\cos\theta}{T^2} = \frac{4\pi^4\,(6370\,\mathrm{km})\cos\theta}{\left[(24\,\mathrm{h})\,(3600\,\mathrm{s \cdot h^{-1}})\right]^2}$$
$$= (3,37\,\mathrm{cm \cdot s^{-2}})\cos\theta\,.$$

Da a_{ZP} positiv ist und die positive r-Richtung nach innen zeigt, zeigt auch die Beschleunigung nach innen.

b) Wir betrachten einen Beobachter, der einen Stein fallen lässt, von einem äußeren Inertialsystem aus. Das scheinbare Gewicht des Steins, das der Beobachter auf der Erdoberfläche misst, bezeichnen wir mit $m a_{St}^{(\mathrm{Oberfl})}$, wobei $a_{St}^{(\mathrm{Oberfl})}$ die Beschleunigung des Steins relativ zur Erdoberfläche ist.

Auf den Stein wirkt die Schwerkraft $m a_{St}^{(\mathrm{In})}$, wobei $a_{St}^{(\mathrm{In})}$ die reine Schwerebeschleunigung (a_G) des Steins im Inertialsystem ist. Weiterhin wird die Erdoberfläche, vom Inertialsystem aus gesehen, bei ihrer Bewegung auf der Kreisbahn nach innen beschleunigt. Diese Zentripetalbeschleunigung der Erdoberfläche durch die Rotation der Erde bezeichnen wir mit $a_{\mathrm{Oberfl}}^{(\mathrm{In})}$. Um sie verringert sich die scheinbare Erdbeschleunigung also für den mitbewegten Beobachter. Damit ergibt sich die scheinbare Beschleunigung des Steins als Differenz aus seiner gravitationsbedingten Schwerebeschleunigung und der Beschleunigung des Bodens:

$$a_{St}^{(\mathrm{Oberfl})} = a_{St}^{(\mathrm{In})} - a_{\mathrm{Oberfl}}^{(\mathrm{In})}\,.$$

Die Multiplikation dieser Gleichung mit m liefert

$$m a_{St}^{(\mathrm{Oberfl})} = m a_{St}^{(\mathrm{In})} - m a_{\mathrm{Oberfl}}^{(\mathrm{In})}\,.$$

Anhand eines Vektordiagramms kann man sich davon überzeugen, dass der Betrag von $m a_{St}^{(\mathrm{Oberfl})}$ tatsächlich etwas kleiner als der von $m a_{St}^{(\mathrm{In})}$ ist.

c) Am Äquator sind sowohl die Schwerebeschleunigung als auch die Radialbeschleunigung zum Erdmittelpunkt gerichtet. Damit ergibt sich aus der in Teilaufgabe b abgeleiteten Gleichung die Beziehung $g_{\mathrm{eff}} = g - a_{ZP}$ und daraus

$$g = g_{\mathrm{eff}} + a_{ZP}$$
$$= 978\,\mathrm{cm \cdot s^{-2}} + (3,37\,\mathrm{cm \cdot s^{-2}})\cos 0° = 981,4\,\mathrm{cm \cdot s^{-2}}\,.$$

Bei einer anderen geografischen Breite θ zeigt die Schwerebeschleunigung ebenfalls zum Erdmittelpunkt, während die Zentripetalbeschleunigung senkrecht zur Drehachse gerichtet ist. Mit dem Kosinussatz folgt daraus

$$g_{\mathrm{eff}}^2 = g^2 + a_{ZP}^2 - 2g\,a_{ZP}\cos\theta\,.$$

Einsetzen von $\theta = 45°$ sowie von g_{eff} und a_{ZP} ergibt die quadratische Gleichung

$$g^2 - (4,75\,\mathrm{cm \cdot s^{-2}})\,g - 962\,350\,\mathrm{cm^2 \cdot s^{-4}} = 0\,.$$

Physikalisch sinnvoll ist nur ihre positive Lösung. Sie lautet

$$g = 983\,\mathrm{cm \cdot s^{-2}}\,.$$

6A Arbeit und Energie

- Arbeit und kinetische Energie
- Arbeit durch eine ortsabhängige Kraft
- Das Skalarprodukt
- Potenzielle Energie

A: Aufgaben

Anmerkung: Bei allen Aufgaben ist die Fallbeschleunigung $|a_\mathrm{G}| = g = 9{,}81 \ \mathrm{m \cdot s^2}$. Falls nichts anderes angegeben ist, sind Reibung und Luftwiderstand zu vernachlässigen.

Verständnisaufgaben

A6.1 • Richtig oder falsch? a) Nur die Gesamtkraft, die an einem Körper angreift, kann Arbeit verrichten. b) An einem Teilchen, das ruht, wird keine Arbeit verrichtet. c) Eine Kraft, die stets senkrecht zur Geschwindigkeit eines Teilchens steht, verrichtet an ihm keine Arbeit.

A6.2 • Um welchen Faktor ändert sich die kinetische Energie eines Autos, wenn sich seine Geschwindigkeit verdoppelt?

A6.3 • Ein Teilchen bewegt sich mit konstantem Tempo auf einer Kreisbahn. Nur eine der Kräfte, die an dem Teilchen angreifen, wirkt in zentripetaler Richtung. Verrichtet die Gesamtkraft Arbeit an dem Teilchen? Begründen Sie Ihre Aussage.

A6.4 • Vergleichen Sie die Arbeit, die aufgewendet werden muss, um eine entspannte Feder um 2 cm zu dehnen, mit der Arbeit, die erforderlich ist, um sie um 1 cm zu dehnen.

A6.5 • Richtig oder falsch? a) Nur konservative Kräfte können Arbeit verrichten. b) Solange nur konservative Kräfte wirken, ändert sich die kinetische Energie eines Teilchens nicht. c) Die Arbeit, die eine konservative Kraft verrichtet, ist gleich dem von dieser Kraft herrührenden Verlust an potenzieller Energie.

A6.6 •• Die Abbildung zeigt die potenzielle Energie E_pot in Abhängigkeit von x. a) Geben Sie für alle gezeigten Punk-te an, ob F_x positiv, negativ oder null ist. b) An welchem der Punkte besitzt die Kraft den größten Betrag? c) Ermitteln Sie alle Gleichgewichtslagen und geben Sie an, ob es sich um stabile, labile oder indifferente Gleichgewichte handelt.

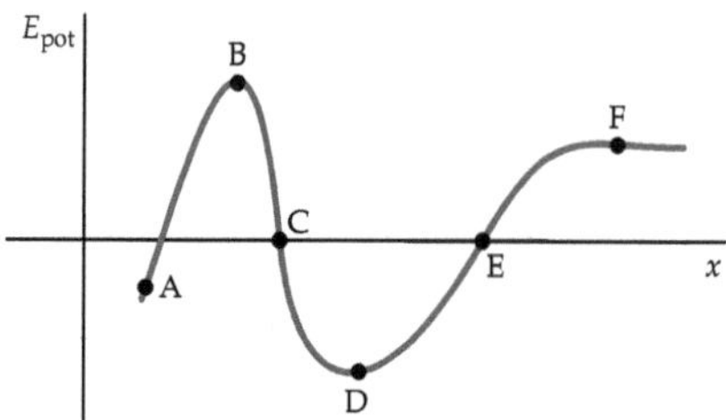

Schätzungs- und Näherungsaufgaben

A6.7 •• Eine Seiltänzerin mit einer Masse von 50 kg läuft über ein Seil, das zwischen zwei 10 m voneinander entfernten Pfeilern gespannt ist. Die Zugkraft im Seil beträgt 5000 N. Das Seil hat eine Höhe von 10 m über dem Boden. a) Schätzen Sie, wie stark das Seil durchhängt, wenn die Seiltänzerin genau in der Mitte des Seils steht. b) Schätzen Sie die Änderung ihrer potenziellen Energie der Schwerkraft zwischen dem Moment, in dem sie das Seil betritt, und dem Moment, in dem sie in der Mitte des Seils steht.

A6.8 •• Die Masse eines Space Shuttle beträgt rund $8 \cdot 10^4$ kg und seine Umlaufzeit 90 min. a) Schätzen Sie die kinetische Energie des Space Shuttle. b) Schätzen Sie die Änderung seiner potenziellen Energie zwischen dem Start und seiner Umlaufbahn, 320 km über der Erdoberfläche. c) Weshalb ist die Änderung der potenziellen Energie wesentlich kleiner als die kinetische Energie des Shuttle? Sollten nicht beide Werte gleich sein?

Arbeit und kinetische Energie

A6.9 • Eine Kiste mit einer Masse von 6 kg wird aus dem Stand durch eine vertikal wirkende Kraft von 80 N um 3 m angehoben. a) Welche Arbeit verrichtet die angreifende Kraft? b) Welche Arbeit verrichtet die Schwerkraft? c) Welche kinetische Energie besitzt die Kiste am Schluss?

A6.10 •• Ein Paar läuft um die Wette. Zunächst haben beide die gleiche kinetische Energie, und die Frau liegt vorn. Wenn der Mann seine Geschwindigkeit um 25 % erhöhen würde, wären beide gleich schnell. Der Mann hat eine Masse von 85 kg. Wie groß ist die Masse seiner Partnerin?

Arbeit durch eine ortsabhängige Kraft

A6.11 •• Auf ein Teilchen wirkt eine Kraft F_x, die gemäß $F_x = C x^3$ (dabei ist C konstant) vom Ort des Teilchens abhängt. Welche Arbeit verrichtet die Kraft, während sich das Teilchen von $x = 1,5$ m nach $x = 3$ m bewegt?

A6.12 •• Margarete wohnt als Einsiedlerin allein in einem abgelegenen Häuschen. In der Nähe steht ein 20 m hoher Wasserturm, der in den Sommermonaten viele Vögel anzieht. Als während einer Hitzewelle die Wasserzufuhr ausfiel, war der Wasserturm eines Tages leer. Nun musste Margarete das Wasser anliefern lassen. Andererseits blieben aber auch die Vögel aus, so dass Margarete recht einsam ums Herz wurde. Sie beschloss deshalb, etwas Wasser in den Turm zu bringen, um die Vögel wieder anzulocken. Ihr Eimer mit einer Masse von 10 kg fasste bis zu 30 kg Wasser. Allerdings hatte er ein Loch, so dass das Wasser gleichmäßig aus dem Eimer rann, während Margarete mit konstanter Geschwindigkeit den Turm hinaufstieg. Oben angekommen, waren gerade noch 10 kg Wasser für die Vögel zum Baden übrig. a) Entwickeln Sie eine Gleichung für die Gesamtmasse von Eimer und Wasser in Abhängigkeit von der Höhe y. b) Welche Arbeit hat Margarete beim Emporsteigen am Eimer verrichtet?

Arbeit, Energie und einfache Maschinen

A6.13 • Ein 2-kg-Körper ist an einem horizontalen Faden befestigt und bewegt sich auf einer reibungsfreien Oberfläche. Dabei beschreibt er mit einer Geschwindigkeit von 2,5 m/s einen Kreis mit einem Radius von 3 m. a) Ermitteln Sie die Zugkraft im Seil. b) Nennen Sie die am Körper angreifenden Kräfte und ermitteln Sie die Arbeit, die jede von ihnen während einer Umdrehung verrichtet.

A6.14 • Die Abbildung zeigt zwei Seilrollen, die so angeordnet sind, dass sie das Heben eines schweren Gewichts erleichtern: Ein Seil läuft um zwei masselose, reibungsfreie Seilrollen, wobei an einer von ihnen das Gewicht F_G hängt. Ein Arbeiter zieht nun mit der Kraft F am losen Ende des Seils. a) Das Gewicht soll um eine Strecke h angehoben werden. Über welche Strecke muss die Kraft F wirken? b) Wie viel Arbeit verrichtet das Seil am Gewicht? c) Wie viel Arbeit verrichtet der Arbeiter?

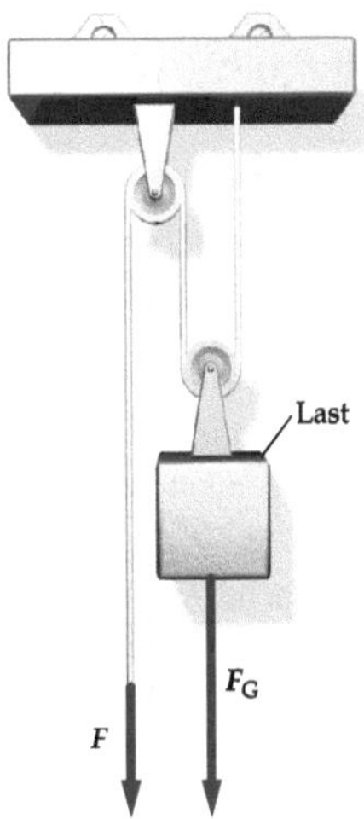

Das Skalarprodukt

A6.15 • Wie groß ist der Winkel zwischen den Vektoren A und B, wenn $A \cdot B = -|A|\,|B|$ ist?

A6.16 •• a) Wie lautet der zu dem Vektor $A = |A_x|\,\widehat{x} + |A_y|\,\widehat{y} + |A_z|\,\widehat{z}$ parallele Einheitsvektor? b) Wie lautet die Komponente des Vektors $A = 2\,\widehat{x} - \widehat{y} - \widehat{z}$, die in Richtung des Vektors $B = 3\,\widehat{x} + 4\,\widehat{y}$ weist?

A6.17 •• Gegeben sind zwei Vektoren A und B. Zeigen Sie, dass aus $|A + B| = |A - B|$ die Beziehung $A \perp B$ folgt.

A6.18 •• Wenn sich ein Teilchen mit konstantem Tempo auf einer Kreisbahn um den Koordinatenursprung bewegt, bleiben die Beträge des Ortsvektors und des Geschwindigkeitsvektors konstant. a) Differenzieren Sie $r \cdot r = r^2 = \text{const.}$ nach der Zeit und zeigen Sie so, dass $v \cdot r = 0$ und damit auch $v \perp r$ ist. b) Differenzieren Sie $v \cdot v = v^2 = \text{const.}$ nach der Zeit und zeigen Sie so, dass $a \cdot v = 0$ und damit auch $a \perp v$ ist. Was besagen die Ergebnisse aus den Teilaufgaben a und b über die Richtung von a? c) Differenzieren Sie $v \cdot r = 0$ nach der Zeit und zeigen Sie, dass $a \cdot r + v^2 = 0$ und daher $a_r = -(v^2/r)\,\widehat{r}$ ist.

Leistung

A6.19 •• Die Kraft A verrichtet in 10 s eine Arbeit von 5 J. Die Kraft B verrichtet in 5 s eine Arbeit von 3 J. Welcher Kraft entspricht die größere Leistung?

A6.20 • Auf einen 8-kg-Körper wirkt eine einzelne Kraft von 5 N in x-Richtung. a) Der Körper beginnt sich zum Zeitpunkt $t = 0$, zu dem er am Ort $x = 0$ ist, aus der Ruhe herauszubewegen. Wie lautet seine Geschwindigkeit v als Funktion der Zeit? b) Geben Sie einen Ausdruck für die zugeführte Leistung in Abhängigkeit von der Zeit an. c) Wie groß ist die Leistung zum Zeitpunkt $t = 3$ s?

A6.21 •• Ein Teilchen der Masse m bewegt sich aus der Ruhe (bei $t = 0$) unter dem Einfluss einer einzigen, konstanten

Kraft F. Zeigen Sie, dass die von der Kraft zugeführte Leistung zum Zeitpunkt t durch $P = F^2 t/m$ gegeben ist.

• Potenzielle Energie

A6.22   •   Über die Victoria-Fälle mit einer Höhe von 128 m fließt das Wasser mit einem Durchfluss von $1{,}4 \cdot 10^6$ kg/s. Angenommen, es gelänge, die Hälfte der potenziellen Energie des Wassers in elektrische Energie umzuwandeln, welche Leistung würde das Wasserkraftwerk dann liefern?

A6.23   ••   Eine einfache Atwood'sche Fallmaschine (siehe Abbildung) enthält zwei Massen m_1 und m_2, die anfangs beide in Ruhe sind. Nach 3,0 s beträgt die Geschwindigkeit der Massen 4,0 m/s. Gleichzeitig beträgt die kinetische Energie des Systems 80 J, wobei die Massen 6,0 m zurückgelegt haben. Wie groß sind die Massen m_1 und m_2?

A6.24   ••   Eine gerade Stange, deren Masse vernachlässigt werden kann, ist, wie in der Abbildung ersichtlich, an einem reibungsfreien Drehpunkt angebracht. An der Stange sind im Abstand ℓ_1 bzw. ℓ_2 vom Drehpunkt zwei Gewichte mit den Massen m_1 und m_2 befestigt. a) Entwickeln Sie eine Gleichung für die potenzielle Energie der Schwerkraft beider Massen als Funktion des Winkels θ zwischen der Stange und der Horizontalen. b) Bei welchem Winkel θ ist die potenzielle Energie am kleinsten? Stimmt die Aussage „Systeme sind bestrebt, sich in den Zustand kleinster potenzieller Energie zu bewegen" mit Ihrem Ergebnis überein? c) Zeigen Sie, dass die potenzielle Energie bei $m_1 \ell_1 = m_2 \ell_2$ unabhängig vom Winkel θ ist (womit das System bei jedem Winkel im Gleichgewicht ist; diese Aussage nennt man *Hebelgesetz*).

Kraft, potenzielle Energie und Gleichgewicht

A6.25   ••   Die von einer Kraft zugeführte potenzielle Energie ist durch $E_{\text{pot}} = C/x$ gegeben, wobei C eine positive Konstante ist. a) Ermitteln Sie die Kraft F_x als Funktion des Orts x. b) Zeigt die Kraft zum Koordinatenursprung hin oder von ihm weg? c) Steigt oder fällt die potenzielle Energie bei wachsendem x? d) Beantworten Sie die Fragen b und c für den Fall, dass C negativ ist.

A6.26   ••   Die Kraft, die auf einen Körper wirkt, ist durch $F_x = a/x^2$ gegeben. Bestimmen Sie die potenzielle Energie des Körpers als Funktion von x.

A6.27   ••   Die Kraft, die auf einen Körper wirkt, ist durch $F(x) = x^3 - 4x$ gegeben. Suchen Sie die Punkte labilen und stabilen Gleichgewichts und zeigen Sie, dass an diesen Punkten ein Maximum bzw. ein Minimum der potenziellen Energie $E_{\text{pot}}(x)$ vorliegt.

A6.28   •••   Die Abbildung zeigt eine Designer-Wanduhr. Die Uhr mit der Masse m_{U} wird von zwei dünnen Drähten gehalten, die jeweils über eine Rolle laufen und mit einem Gegengewicht der Masse m_{G} verbunden sind. a) Berechnen Sie die potenzielle Energie des Systems in Abhängigkeit von der Strecke y. b) Bei welchem y-Wert ist die potenzielle Energie des Systems am kleinsten? c) Wenn die potenzielle Energie am kleinsten ist, ist das System im Gleichgewicht, d. h. die Summe aller Kräfte ist null. Beweisen Sie anhand des zweiten Newton'schen Axioms, dass dies für den in Teilaufgabe b erhaltenen y-Wert tatsächlich der Fall ist. Handelt es sich dabei um ein stabiles oder um ein labiles Gleichgewicht?

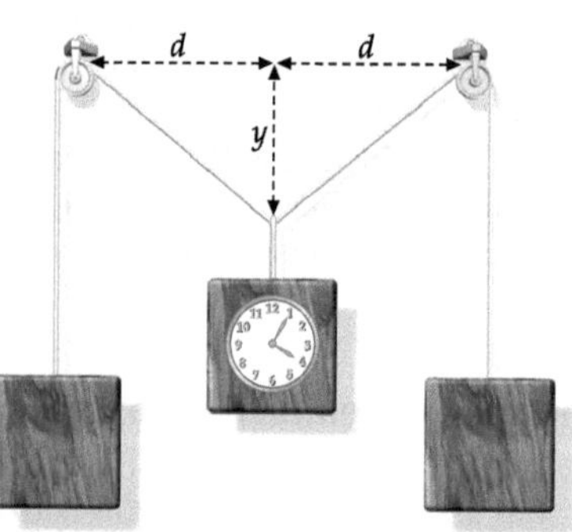

Allgemeine Aufgaben

A6.29   •   In Österreich gab es einmal einen Skilift mit 5,6 km Länge. Die Gondeln benötigten 60 min für die Fahrt nach oben. Man nehme an, dass zwölf Gondeln jeweils mit einer Nutzlast von 550 kg den Berg hochfuhren, während zwölf leere Gondeln hinabfuhren. Der Lift hatte außerdem eine Steigung von 30°. Schätzen Sie ab, welche Leistung P der Motor haben musste, um den Skilift anzutreiben.

A6.30   ••   Ein Geschoss mit einer Masse von 0,020 kg hat anfangs eine kinetische Energie von 1200 J. Wie groß ist unter Vernachlässigung des Luftwiderstands die Reichweite des Geschosses, wenn es unter einem Winkel abgeschossen wird, bei dem diese Reichweite genau gleich der maximalen Höhe der Flugbahn ist?

A6.31   •• Eine Kiste mit der Masse m ruht am Fuß einer reibungsfreien geneigten Ebene (siehe Abbildung). An der Kiste ist ein Seil angebracht, das sie mit der konstanten Zugkraft F_S zieht. a) Berechnen Sie die Arbeit, die die Zugkraft F_S verrichtet, während die Kiste eine Strecke x die geneigte Ebene hinaufgezogen wird. b) Bestimmen Sie die Geschwindigkeit der Kiste als Funktion von x und θ. c) Welche Leistung führt die Zugkraft im Seil in Abhängigkeit von x und θ zu?

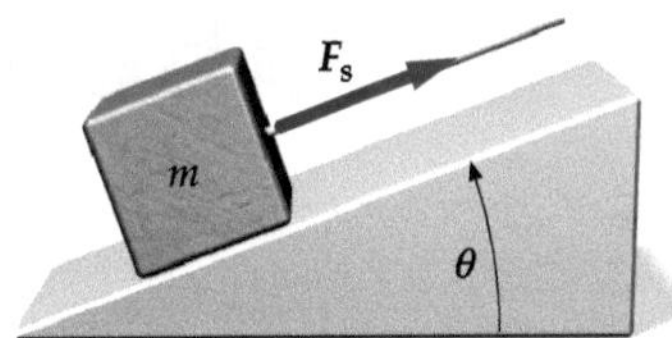

A6.32   ••• Eine Kraft in der x-y-Ebene ist durch die Gleichung $\boldsymbol{F} = (F_0/r)\,(y\,\widehat{\boldsymbol{x}} - x\,\widehat{\boldsymbol{y}})$ gegeben, wobei F_0 eine Konstante und $r = \sqrt{x^2 + y^2}$ ist. a) Zeigen Sie, dass der Betrag dieser Kraft F_0 ist und dass die Kraft senkrecht auf dem Ortsvektor $\boldsymbol{r} = x\,\widehat{\boldsymbol{x}} + y\,\widehat{\boldsymbol{y}}$ steht. b) Welche Arbeit verrichtet die Kraft an einem Teilchen, das sich auf einem Kreis mit einem Radius von 5 m einmal um den Koordinatenursprung dreht? Ist diese Kraft konservativ?

6L Arbeit und Energie

L: Lösungen

L6.1 a) Falsch. Die an einem Körper angreifende *Gesamt*kraft ist die Vektorsumme aller auf den Körper wirkenden Kräfte. Sie ist für die Beschleunigung des Körpers verantwortlich. Arbeit können aber alle Kräfte verrichten, die zu der auf den Körper wirkenden Gesamtkraft beitragen.

b) Richtig. Da die Verschiebung null ist, ist auch die verrichtete Arbeit null. Das Teilchen könnte zwar in einem Bezugssystem ruhen und sich in einem anderen bewegen. Da die verrichtete Arbeit vom Bezugssystem unabhängig ist, können wir aber immer in das System transformieren, in dem das Teilchen ruht, und dort feststellen, dass die Arbeit null ist

c) Richtig. Eine Kraft, die stets senkrecht zur Geschwindigkeit wirkt, ändert weder die kinetische noch die potenzielle Energie des Teilchens und verrichtet daher an ihm keine Arbeit.

L6.2 Die kinetische Energie des Autos ist proportional zum Quadrat seiner Geschwindigkeit, so dass sich die kinetische Energie vervierfacht:

$$E'_{\text{kin}} = \tfrac{1}{2} m \, (2 \, v)^2 = 4 \left(\tfrac{1}{2} m v^2\right) = 4 \, E_{\text{kin}}.$$

L6.3 Nein. Wenn sich das Teilchen mit konstantem Tempo auf einer Kreisbahn bewegt, kann lediglich eine zur Kreismitte gerichtete Zentripetalkraft an ihm angreifen. Die auf das Teilchen ausgeübte Kraft $\boldsymbol{F}$ verrichtet formal die Arbeit $dW = \boldsymbol{F} \cdot d\boldsymbol{r}$, wobei $\boldsymbol{F}$ zur Kreismitte gerichtet ist, während $d\boldsymbol{r}$ tangential zum Kreis verläuft. Weil das Skalarprodukt in diesem Fall null ist, wird keine Arbeit verrichtet.

L6.4 Die zum Dehnen oder Stauchen einer Feder um die Strecke x aufzubringende Arbeit ist $W = \tfrac{1}{2} k_{\text{F}} x^2$, wobei k_{F} die Federkonstante ist. Weil W proportional zu x^2 ist, erfordert das Dehnen um die doppelte Strecke die vierfache Arbeit.

L6.5 a) Falsch. Die Definition der Arbeit ist nicht auf Verschiebungen durch konservative Kräfte beschränkt.

b) Falsch. Ein Gegenbeispiel ist die Arbeit des Gravitationsfelds an einem frei fallenden Körper.

c) Richtig. Dies ist die Definition der von einer konservativen Kraft verrichteten Arbeit.

L6.6 a) Die Kraft F_x ist als negative Ableitung der potenziellen Energie nach x definiert: $F_x = -dE_{\text{pot}}/dx$. Damit ergeben sich folgende Vorzeichen von F_x:

Punkt	dE_{pot}/dx	F_x
A	+	−
B	0	0
C	−	+
D	0	0
E	+	−
F	0	0

b) Weil die Steigung im Punkt C am größten ist, ist $|F_x|$ dort am größten.

c) Bei $d^2 E_{\text{pot}}/dx^2 < 0$ ist die Kurve nach unten gekrümmt und das Gleichgewicht *labil*. Dies ist im Punkt B der Fall. Bei $d^2 E_{\text{pot}}/dx^2 > 0$ ist die Kurve nach oben gekrümmt und das Gleichgewicht *stabil*. Dies ist im Punkt D der Fall. Im Punkt F ist $d^2 E_{\text{pot}}/dx^2 = 0$, so dass ein *indifferentes* Gleichgewicht vorliegt.

L6.7 Die Abbildung zeigt das Kräftediagramm, wenn die Seiltänzerin in der Mitte des Seils steht. Ihre Masse bezeichnen wir mit m. Die vertikalen Komponenten der betragsmäßig gleichen Zugkräfte $\boldsymbol{F}_{\text{S},1}$ und $\boldsymbol{F}_{\text{S},2}$ tragen das Gewicht der Seiltänzerin.

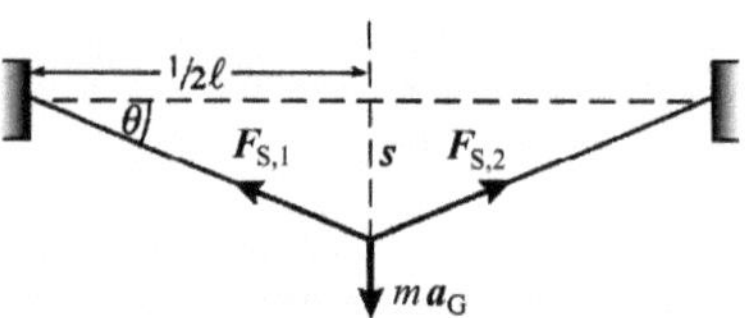

a) Da die Seiltänzerin im Gleichgewicht ist, gilt $\sum F_y = 0$ und daher in der Mitte des Seils $2 F_{\text{S}} \sin \theta - m g = 0$, wobei F_{S} der Betrag von $\boldsymbol{F}_{\text{S},1}$ oder $\boldsymbol{F}_{\text{S},2}$ ist. Damit ergibt sich der Winkel θ zu

$$\theta = \operatorname{asin} \frac{m g}{2 F_{\text{S}}} = \operatorname{asin} \frac{(50 \text{ kg}) \, (9{,}81 \text{ m} \cdot \text{s}^{-2})}{2 \, (5000 \text{ N})} = 2{,}81°.$$

Wie aus der Abbildung hervorgeht, ist $\tan \theta = s/(\ell/2)$. Damit ergibt sich

$$s = \frac{\ell}{2} \tan \theta = \frac{10 \text{ m}}{2} \tan 2{,}81° = 0{,}245 \text{ m}.$$

b) Die Änderung der potenziellen Energie der Schwerkraft ist

$$\Delta E_{\text{pot}} = E_{\text{pot,Mitte}} - E_{\text{pot,Ende}} = m g \Delta y = m g (-s)$$
$$= (50 \text{ kg})(9{,}81 \text{ m} \cdot \text{s}^{-2})(-0{,}245 \text{ m}) = -120 \text{ J}.$$

L6.8 a) Die kinetische Energie des Space Shuttle ist $E_{\text{kin}} = \frac{1}{2} m v^2$. Die Bahngeschwindigkeit ist der Quotient aus der Länge der Kreisbahn und der Umlaufzeit: $v = 2\pi r/T$. Damit hat das Shuttle die kinetische Energie

$$E_{\text{kin}} = \frac{1}{2} m \left(\frac{2\pi r}{T} \right)^2 = \frac{2\pi^2 m r^2}{T^2}$$
$$= \frac{2\pi^2 (8 \cdot 10^4 \text{ kg})(320 \text{ km} + 6370 \text{ km})^2}{\left[(90 \text{ min})(60 \text{ s} \cdot \text{min}^{-1}) \right]^2} = 2{,}42 \text{ TJ}.$$

b) Wir nehmen an, dass sich die Erdbeschleunigung über die Höhendifferenz von 320 km nicht nennenswert ändert, also gleich dem Wert an der Erdoberfläche ist. (Tatsächlich beträgt sie in dieser Höhe fast nur noch $9 \text{ m} \cdot \text{s}^{-2}$). Die Änderung der potenziellen Energie ergibt sich dann aus der Höhe der Umlaufbahn über der Erdoberfläche zu:

$$\Delta E_{\text{pot}} = m g h = (8 \cdot 10^4 \text{ kg})(9{,}81 \text{ m} \cdot \text{s}^{-2})(320 \text{ km})$$
$$= 0{,}253 \text{ TJ}.$$

c) Vom Startpunkt bis zu einem Punkt in der Umlaufbahn nehmen sowohl die potenzielle als auch die kinetische Energie zu. Hier findet keine Umwandlung kinetischer in potenzielle Energie statt, sondern das Shuttle gewinnt sowohl potenzielle als auch kinetische Energie aus der Verbrennung des Treibstoffs, also aus nicht mechanischer Energie.

L6.9 a) Die durch die angreifende Kraft $\boldsymbol{F}$ verrichtete Arbeit ergibt sich aus ihrer Definition zu

$$W = \boldsymbol{F} \cdot \Delta \boldsymbol{y} = F \Delta y = (80 \text{ N})(3 \text{ m}) = 240 \text{ J}.$$

b) Wir verwenden wieder die Definition der verrichteten Arbeit W, wobei die Kraft jetzt die Schwerkraft ist. Dabei berücksichtigen wir, dass die Richtungen von $\boldsymbol{F}_{\text{G}}$ und $\Delta \boldsymbol{y}$ entgegengesetzt sind:

$$W_{\text{G}} = \boldsymbol{F}_{\text{G}} \cdot \Delta \boldsymbol{y} = -m g \Delta y = -(6 \text{ kg})(9{,}81 \text{ m} \cdot \text{s}^{-2})(3 \text{ m})$$
$$= -177 \text{ J}.$$

c) Wegen der Beziehung zwischen Gesamtarbeit und kinetischer Energie ist $E_{\text{kin}} = W + W_{\text{G}} = 240 \text{ J} + (-177 \text{ J}) = 63{,}0 \text{ J}.$

L6.10 Anfangs gilt für die beiden kinetischen Energien
$$\tfrac{1}{2} m_1 v_1^2 = \tfrac{1}{2} m_2 v_2^2,$$
wobei der Index 1 den Mann und der Index 2 die Frau bezeichnet. Damit gilt für die Masse der Frau

$$m_2 = m_1 \left(\frac{v_1}{v_2} \right)^2.$$

Das Verhältnis der Geschwindigkeiten soll nun durch
$$v_2 = 1{,}25 \, v_1$$

gegeben sein. Einsetzen in die vorige Gleichung liefert

$$m_2 = m_1 \left(\frac{v_1}{v_2} \right)^2 = (85 \text{ kg}) \left(\frac{1}{1{,}25} \right)^2 = 54{,}4 \text{ kg}.$$

L6.11 Die von der Kraft verrichtete Arbeit entspricht der Fläche unter der F-x-Kurve. Die Kraft F ist hier ortsabhängig; daher müssen wir zur Berechnung das Integral zwischen den Grenzen $x = 1{,}5$ m und $x = 3$ m ansetzen:

$$W = C \int_{1{,}5\,\text{m}}^{3\,\text{m}} (x')^3 \, \mathrm{d}x' = C \left[\tfrac{1}{4} (x')^4 \right]_{1{,}5\,\text{m}}^{3\,\text{m}}$$
$$= \tfrac{1}{4} C \left[(3 \text{ m})^4 - (1{,}5 \text{ m})^4 \right] = 19 \, C \text{ m}^4.$$

Da die Arbeit die Einheit $\text{N} \cdot \text{m}$ hat, muss die Konstante C die Einheit $\text{N} \cdot \text{m}^{-3}$ haben.

L6.12 a) Die jeweilige Masse des Eimers und des Wassers darin ist gleich der Differenz aus der Anfangsmasse und dem Produkt aus der Ausflussrate r und der jeweiligen Höhe y:
$$m(y) = 40 \text{ kg} - r y.$$
Die Ausflussrate beträgt

$$r = \frac{\Delta m}{\Delta y} = \frac{20 \text{ kg}}{20 \text{ m}} = 1 \text{ kg} \cdot \text{m}^{-1}.$$

Somit hat der Eimer in der Höhe y die Masse

$$m(y) = 40 \text{ kg} - r y = 40 \text{ kg} - \frac{1 \text{ kg}}{\text{m}} y.$$

b) Wir integrieren von $y = 0$ m bis $y = 20$ m über die Kraft $m(y)\,g$, die Margarete auf den Eimer ausübt:

$$W = g \int_{0\,\text{m}}^{20\,\text{m}} \left(40 \text{ kg} - \frac{1 \text{ kg}}{1 \text{ m}} y' \right) \mathrm{d}y'$$
$$= (9{,}81 \text{ m} \cdot \text{s}^{-2}) \left[(40 \text{ kg}) y' - \tfrac{1}{2} (1 \text{ kg} \cdot \text{m}^{-1})(y')^2 \right]_{0\,\text{m}}^{20\,\text{m}}$$
$$= 5{,}89 \text{ kJ}.$$

Anmerkung: Zumindest näherungsweise könnten wir die verrichtete Arbeit auch erhalten, indem wir $m(y)\,g$ grafisch darstellen und den Flächeninhalt unter der Kurve zwischen $y = 0$ m und $y = 20$ m ermitteln.

L6.13 a) Die Abbildung zeigt das Kräftediagramm für den am Faden umlaufenden Körper.

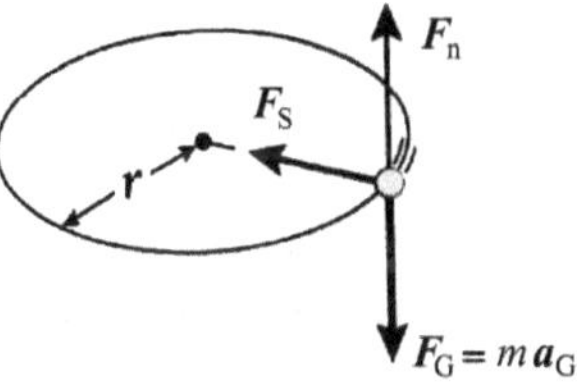

Wir wenden auf ihn das zweite Newton'sche Axiom $\sum F_r = m a_r$ an, lösen nach der Zugkraft auf und setzen die Zahlenwerte ein:

$$F_{\text{S}} = -m \frac{v^2}{r} = -(2 \text{ kg}) \frac{(2{,}5 \text{ m} \cdot \text{s}^{-1})^2}{3 \text{ m}} = -4{,}17 \text{ N}.$$

b) Gemäß dem Kräftediagramm wirken auf den Körper die Zugkraft

F_S, die Erdanziehungskraft F_G und die Normalkraft F_n. Da alle Kräfte stets senkrecht zur jeweiligen Bewegungsrichtung wirken, verrichtet keine von ihnen Arbeit.

L6.14　a) Wenn sich die Last mit der Gewichtskraft F_G um die Strecke h bewegt, bewegt sich der Angriffspunkt der Kraft F um $2\,h$.

b) Unter der Annahme, dass sich die kinetische Energie des Gewichts nicht ändert, ist die an ihm verrichtete Arbeit

$$W = \Delta E_{\text{pot}} = F_G\, h \cos\theta = F_G\, h.$$

c) Da die Kraft, mit der der Arbeiter am Seil zieht, und die Verschiebung gleich gerichtet sind, ist

$$W = F\,(2h)\cos\theta = 2hF.$$

Die Zugkraft in den Seilen, an denen das Gewicht hängt, ergibt sich aus $\sum F_{\text{vertikal}} = 2F - F_G = 0$. Also ist $F = \frac{1}{2}F_G$. Das setzen wir in die Gleichung für die Arbeit ein und erhalten

$$W = 2hF = 2h\left(\tfrac{1}{2}F_G\right) = F_G\, h.$$

Anmerkung: Das mechanische Kraftverhältnis F_G/F charakterisiert die Kraftverstärkung durch die Vorrichtung. Es beträgt hier

$$\frac{F_G}{F} = \frac{F_G}{\frac{1}{2}F_G} = 2$$

und ist damit gleich der Anzahl der Seile, an denen die Last hängt.

L6.15　Wir lösen $A \cdot B = |A|\,|B|\cos\theta$ nach θ auf:

$$\theta = \text{acos}\,\frac{A \cdot B}{|A|\,|B|} = \text{acos}\,(-1) = 180°.$$

Also sind die Vektoren einander entgegengerichtet.

L6.16　a) Der zu A parallele Einheitsvektor ist definitionsgemäß

$$\widehat{u}_A = \frac{A}{A} = \frac{A_x\,\widehat{x} + A_y\,\widehat{y} + A_z\,\widehat{z}}{\sqrt{A_x^2 + A_y^2 + A_z^2}}\,.$$

b) Wir ermitteln zunächst den zu B parallelen Einheitsvektor:

$$\widehat{u}_B = \frac{B}{B} = \frac{3\,\widehat{x} + 4\,\widehat{y}}{\sqrt{(3)^2 + (4)^2}} = \frac{3}{5}\,\widehat{x} + \frac{4}{5}\,\widehat{y}.$$

Die Komponente von A in Richtung von B ist die Projektion von A auf die Richtung von B:

$$A \cdot \widehat{u}_B = (2\,\widehat{x} - \widehat{y} - \widehat{z})\left(\tfrac{3}{5}\,\widehat{x} + \tfrac{4}{5}\,\widehat{y}\right)$$
$$= (2)\left(\tfrac{3}{5}\right) + (-1)\left(\tfrac{4}{5}\right) + (-1)(0) = 0{,}4.$$

L6.17　Wegen $|A+B|^2 = (A+B)^2$ und $|A-B|^2 = (A-B)^2$ muss entsprechend der Aufgabenstellung gelten

$$(A+B)^2 = (A-B)^2.$$

Ausmultiplizieren beider Seiten ergibt

$$A^2 + 2A \cdot B + B^2 = A^2 - 2A \cdot B + B^2.$$

Daraus folgt　$4A \cdot B = 0$　bzw.　$A \cdot B = 0$.

Mit dem Winkel θ zwischen beiden Vektoren ist gemäß der Definition des Skalarprodukts

$$A \cdot B = |A|\,|B|\cos\theta.$$

Unter der Annahme, dass beide Vektoren vom Nullvektor verschieden sind, ergibt sich daraus $\cos\theta = 0$. Somit ist $\theta = 90°$ und $A \perp B$.

L6.18　Für die Ableitung von Vektoren gelten die gleichen Regeln wie für die Ableitung von Skalaren. Außerdem verwenden wir das Kommutativgesetz für das Skalarprodukt.

a) Wir differenzieren $r \cdot r = r^2 = \text{const.}$ nach der Zeit:

$$\frac{d}{dt}\,(r \cdot r) = r \cdot \frac{dr}{dt} + \frac{dr}{dt} \cdot r = 2\,v \cdot r = \frac{d}{dt}(\text{const.}) = 0.$$

Somit ist $v \cdot r = 0$ und daher $v \perp r$.

b) Nun differenzieren wir $v \cdot v = v^2 = \text{const.}$ nach der Zeit:

$$\frac{d}{dt}\,(v \cdot v) = v \cdot \frac{dv}{dt} + \frac{dv}{dt} \cdot v = 2\,a \cdot v = \frac{d}{dt}(\text{const.}) = 0.$$

Also ist $a \cdot v = 0$ und daher $a \perp v$.

Nimmt man die Lösungen der beiden Teilaufgaben a und b zusammen, folgt zunächst, dass a senkrecht auf v steht. Da alle drei Vektoren in der Bewegungsebene des Teilchens liegen, folgt wegen $v \perp r$, dass a parallel (oder antiparallel) zu r ist.

c) Wir bilden die zeitliche Ableitung von $v \cdot r = 0$:

$$\frac{d}{dt}\,(v \cdot r) = v \cdot \frac{dr}{dt} + r \cdot \frac{dv}{dt} = v^2 + r \cdot a = \frac{d}{dt}(0) = 0. \qquad (1)$$

Damit ist　$-v^2 = r \cdot a = |r|\,|a|\cos\theta = r a_r$.

In der letzten Gleichung haben wir die Projektion des Vektors a auf die Richtung des Einheitsvektors in radialer Richtung, d. h. die radiale Beschleunigungskomponente

$$a_r = |a|\cos\theta,$$

eingeführt. Dabei ist θ der Winkel zwischen a und r. Auflösen nach der radialen Beschleunigungskomponente ergibt schließlich

$$a_r = -\frac{v^2}{r}\,\widehat{r}.$$

L6.19　Die durch eine Kraft zugeführte Leistung ist allgemein gegeben durch $P = \Delta W/\Delta t$. Folglich ist die mit der Kraft A verrichtete Leistung $P_A = (5\,\text{J})/(10\,\text{s}) = 0{,}5\,\text{W}$, und mit der Kraft B ist sie $P_B = (3\,\text{J})/(5\,\text{s}) = 0{,}6\,\text{W}$. Also ist $P_B > P_A$.

L6.20　a) Bei konstanter Beschleunigung ist die Geschwindigkeit das Produkt aus Beschleunigung und Zeit: $v = at$. Die Beschleunigung ergibt sich aus dem zweiten Newton'schen Axiom $\sum F = ma$ zu $a = F/m$. Damit ist

$$v = \frac{F}{m}\,t = \frac{5\,\text{N}}{8\,\text{kg}}\,t = \left(\frac{5}{8}\,\text{m}\cdot\text{s}^{-2}\right)t.$$

b) Die zugeführte Leistung P ist das Produkt aus der Kraft F und der Geschwindigkeit v:

$$P = F v = (5\,\text{N})\left(\tfrac{5}{8}\,\text{m}\cdot\text{s}^{-2}\right)t = (3{,}13\,\text{W}\cdot\text{s}^{-1})\,t.$$

c) Für $t = 3\,\text{s}$ ist $P = (3{,}13\,\text{W}\cdot\text{s}^{-1})\,(3\,\text{s}) = 9{,}38\,\text{W}$.

L6.21　Die Leistung ist das Skalarprodukt aus der auf das Teilchen wirkenden Kraft und seiner Geschwindigkeit: $P = F \cdot v$.

Bei konstanter Beschleunigung ist $v = a\,t$. Wenn nur eine Kraft auf das Teilchen wirkt, ist dies die Gesamtkraft, die nach dem zweiten Newton'schen Axiom zu dessen Beschleunigung führt. Damit ist

$$v = \frac{F}{m}\,t.$$

Einsetzen in die obige Gleichung für die Leistung liefert

$$P = \boldsymbol{F} \cdot \boldsymbol{v} = \boldsymbol{F} \cdot \frac{\boldsymbol{F}}{m}\,t = \frac{\boldsymbol{F} \cdot \boldsymbol{F}}{m}\,t = \frac{F^2}{m}\,t.$$

L6.22 Das Wasser, das die Wasserfälle hinabstürzt, hat gegenüber dem Punkt, an dem es unten auftrifft, eine höhere potenzielle Energie der Schwerkraft. Die Differenzenergie wird beim Fallen in kinetische Energie umgewandelt. Unten soll nun die Hälfte dieser kinetischen Energie in elektrische Energie umgewandelt werden. Dabei wäre die elektrische Leistung

$$\begin{aligned}
P &= \frac{\mathrm{d}W}{\mathrm{d}t} = -\frac{\mathrm{d}E_{\mathrm{pot}}}{\mathrm{d}t} = -\frac{1}{2}\frac{\mathrm{d}}{\mathrm{d}t}\,(m\,g\,h) = -\frac{1}{2}\,g\,h\,\frac{\mathrm{d}m}{\mathrm{d}t} \\
&= -\tfrac{1}{2}\,(9{,}81\ \mathrm{m\cdot s^{-2}})\,(-128\ \mathrm{m})\,(1{,}4\cdot 10^6\ \mathrm{kg\cdot s^{-1}}) \\
&= 879\ \mathrm{MW}.
\end{aligned}$$

L6.23 Die kinetische Energie der beiden Massen m_1 und m_2 ist $E_{\mathrm{kin}} = \frac{1}{2}(m_1 + m_2)\,v^2$. (Die Rolle dient lediglich zum Umlenken der Bewegung und trägt nicht zur kinetischen Energie bei.) Damit erhalten wir eine Gleichung für die Summe der beiden Massen:

$$m_1 + m_2 = \frac{2\,E_{\mathrm{kin}}}{v^2} = \frac{2\,(80\ \mathrm{J})}{(4\ \mathrm{m\cdot s^{-1}})^2} = 10{,}0\ \mathrm{kg}. \tag{1}$$

Außerdem gilt bei der Atwood'schen Fallmaschine gemäß dem zweiten Newton'schen Axiom (siehe Aufgabe 4.28):

$$a = \frac{m_1 - m_2}{m_1 + m_2}\,g.$$

Da die Massen gleichförmig beschleunigt werden, ist $v(t) = a\,t$ und somit

$$v(t) = \frac{m_1 - m_2}{m_1 + m_2}\,g\,t.$$

Dies lösen wir nach der Massendifferenz auf:

$$m_1 - m_2 = \frac{(m_1 + m_2)\,v(t)}{g\,t} = \frac{(10\,\mathrm{kg})(4\ \mathrm{m\cdot s^{-1}})}{(9{,}81\ \mathrm{m\cdot s^{-2}})(3\ \mathrm{s})} = 1{,}36\,\mathrm{kg}. \tag{2}$$

Die Gleichungen 1 und 2 bilden ein Gleichungssystem für m_1 und m_2. Seine Lösung ist $m_1 = 5{,}68$ kg und $m_2 = 4{,}32$ kg.

L6.24 a) Die potenzielle Energie der Schwerkraft des Gesamtsystems ist die Summe der potenziellen Energien beider Massen. Ihr Absolutwert hängt von der Wahl des Energienullpunkts ab. Weil sich die Masse m_2 in größerer Höhe als die Masse m_1 befindet, ist es sinnvoll, $E_{\mathrm{pot},(\theta=0)} = 0$ zu wählen. Mit dieser Festlegung ergibt sich für die gesamte potenzielle Energie der Schwerkraft des Systems

$$\begin{aligned}
E_{\mathrm{pot}}(\theta) &= E_{\mathrm{pot},1} + E_{\mathrm{pot},2} = m_2\,g\,\ell_2\,\sin\theta - m_1\,g\,\ell_1\,\sin\theta \\
&= (m_2\,\ell_2 - m_1\,\ell_1)\,g\,\sin\theta.
\end{aligned}$$

b) Um das Minimum zu bestimmen, differenzieren wir E_{pot} nach dem Winkel θ und setzen die Ableitung null:

$$\frac{\mathrm{d}E_{\mathrm{pot}}}{\mathrm{d}\theta} = (m_2\,\ell_2 - m_1\,\ell_1)\,g\,\cos\theta = 0.$$

Damit muss $\cos\theta = 0$ bzw. $\theta = \mathrm{acos}\,0$ sein. Sinnvolle Lösungen liegen im Bereich $-\pi/2 \leq \theta \leq \pi/2$. Also ist

$$\theta = \pm\pi/2.$$

Um zu entscheiden, wo Maxima und Minima vorliegen, berechnen wir für die beiden Lösungen $\theta = \pm\pi/2$ die zweite Ableitung

$$\frac{\mathrm{d}^2 E_{\mathrm{pot}}}{\mathrm{d}\theta^2} = -(m_2\ell_2 - m_1\ell_1)\,g\,\sin\theta.$$

Wir nehmen an, dass in dem in Teilaufgabe a abgeleiteten Ausdruck für E_{pot} die Beziehung $m_2\ell_2 - m_1\ell_1 > 0$ gilt. (Andernfalls müssten wir m_1 und m_2 vertauschen.) Für die erste Lösung ($\theta = -\pi/2$) im betrachteten Intervall $-\pi/2 \leq \theta \leq \pi/2$ ist dann

$$\left.\frac{\mathrm{d}^2 E_{\mathrm{pot}}}{\mathrm{d}\theta^2}\right|_{-\pi/2} > 0.$$

Also hat E_{pot} bei $\theta = -\pi/2$ ein Minimum. Für die zweite Lösung $\theta = \pi/2$ ist

$$\left.\frac{\mathrm{d}^2 E_{\mathrm{pot}}}{\mathrm{d}\theta^2}\right|_{\pi/2} < 0.$$

Also hat E_{pot} bei $\theta = \pi/2$ ein Maximum. Tatsächlich wird das System, wenn man es sich selbst überlässt, in den Zustand mit $\theta = -\pi/2$ übergehen, wobei m_2 am tiefsten Punkt ist.

c) Für $m_1\,\ell_1 = m_2\,\ell_2$ ist $m_2\,\ell_2 - m_1\,\ell_1 = 0$ und damit $E_{\mathrm{pot}} = 0$, also unabhängig von θ.

Anmerkung: Alternativ könnten wir $E_{\mathrm{pot}}(\theta)$ grafisch darstellen und an der Kurve ablesen, dass sie bei $\theta = \pi/2$ ein lokales Maximum hat.

L6.25 a) Die Kraft ist die negative Ableitung der potenziellen Energie nach x, also gegeben durch $F_x = -\mathrm{d}E_{\mathrm{pot}}/\mathrm{d}x$:

$$F_x = -\frac{\mathrm{d}}{\mathrm{d}x}\left(\frac{C}{x}\right) = \frac{C}{x^2}.$$

b) Wegen $C > 0$ ist F_x für $x \neq 0$ positiv. Damit zeigt $\boldsymbol{F}$ immer in Richtung steigender x-Werte, also für $x > 0$ vom Koordinatenursprung weg und für $x < 0$ zu ihm hin.

c) Da E_{pot} umgekehrt proportional zu x und außerdem $C > 0$ ist, fällt die Funktion E_{pot} monoton mit wachsendem x.

d) Für $C < 0$ wird E_{pot} für positive x mit wachsenden x weniger stark negativ und steigt für stärker negative x-Werte an, so dass die Funktion mit wachsendem x insgesamt monoton steigt.

Anmerkung: Im Ursprung $x = 0$ sind die potenzielle Energie und die Kraft hier nicht definiert.

L6.26 Die Kraft F_x ist die negative Ableitung des Potenzials nach x, also gilt $F_x = -\mathrm{d}E_{\mathrm{pot}}/\mathrm{d}x$. Daher ist E_{pot} das negative Integral über F_x:

$$E_{\mathrm{pot}}(x) = -\int F(x)\,\mathrm{d}x = -\int \frac{a}{x^2}\,\mathrm{d}x = \frac{a}{x} + E_{\mathrm{pot},0}.$$

Dabei ist $E_{\text{pot},0}$ eine Konstante, die unter Berücksichtigung der vorliegenden Bedingungen frei gewählt werden kann.

L6.27 In den Gleichgewichtspunkten des Potenzials muss dessen erste Ableitung null sein. Weil die negative erste Ableitung des Potenzials die Kraft ist, müssen wir also die Punkte bestimmen, an denen die Kraft verschwindet:

$$F(x) = x^3 - 4x = x(x^2 - 4) = 0.$$

Als Lösungen erhalten wir die Punkte $x = -2$, 0 und 2.

Um zu untersuchen, ob ein labiles, ein stabiles oder ein indifferentes Gleichgewicht vorliegt, ist die zweite Ableitung des Potenzials, also die negative erste Ableitung der Kraft, zu betrachten. Da die erste Ableitung des Potenzials gleich der negativen Kraft ist, gilt für die Gleichgewichte

stabiles Gleichgewicht: $\quad d^2 E_{\text{pot}}/dx^2 > 0, \quad dF/dx < 0,$

labiles Gleichgewicht: $\quad d^2 E_{\text{pot}}/dx^2 < 0, \quad dF/dx > 0,$

indifferentes Gleichgewicht: $\quad d^2 E_{\text{pot}}/dx^2 = 0, \quad dF/dx = 0.$

Die erste Ableitung der Kraft lautet

$$\frac{dF}{dx} = \frac{d}{dx}(x^3 - 4x) = 3x^2 - 4.$$

Wir betrachten nun die drei Extremwerte bei $x = -2$, 0 und 2. Bei $x = \pm 2$ ist $dF/dx = 8$. Also liegt an diesen beiden Stellen ein labiles Gleichgewicht vor. Bei $x = 0$ ist $dF/dx = -4$. Also liegt dort ein stabiles Gleichgewicht vor. Somit hat das Potenzial zwei lokale Maxima und ein lokales Minimum.

L6.28 Die Gesamtlänge eines der beiden Drähte bezeichnen wir mit ℓ, und den Nullpunkt der potenziellen Energie der Schwerkraft legen wir auf die Oberseite der beiden Rollen.

a) Die potenzielle Energie des Gesamtsystems ist die Summe der potenziellen Energien der Uhr und der beiden Gegengewichte:

$$E_{\text{pot}}(y) = E_{\text{pot,Uhr}}(y) + E_{\text{pot,Gewichte}}(y).$$

Für die potenzielle Energie der Uhr gilt

$$E_{\text{pot,Uhr}}(y) = -m_{\text{U}}\, g\, y.$$

Die auf einer Seite herabhängende Drahtlänge ist gegeben durch $\ell - \sqrt{y^2 + d^2}$. Damit erhalten wir für die potenzielle Energie eines Gewichts

$$E_{\text{pot, 1 Gewicht}}(y) = m_{\text{G}}\, g\left(\ell - \sqrt{y^2 + d^2}\right).$$

Einsetzen ergibt für die gesamte potenzielle Energie der Anordnung

$$E_{\text{pot}}(y) = -m_{\text{U}}\, g\, y - 2 m_{\text{G}}\, g\left(\ell - \sqrt{y^2 + d^2}\right).$$

b) Das Minimum der potenziellen Energie $E_{\text{pot}}(y)$ ergibt sich aus der ersten Ableitung nach y:

$$\frac{dE_{\text{pot}}(y)}{dy} = -\frac{d}{dy}\left[m_{\text{U}}\, g\, y + 2 m_{\text{G}}\, g\left(\ell - \sqrt{y^2 + d^2}\right)\right]$$
$$= -\left(m_{\text{U}}\, g - 2 m_{\text{G}}\, g\, \frac{y}{\sqrt{y^2 + d^2}}\right).$$

Für einen Extremwert y_{E} muss also gelten

$$m_{\text{U}}\, g - 2 m_{\text{G}}\, g\, \frac{y_{\text{E}}}{\sqrt{y_{\text{E}}^2 + d^2}} = 0 \tag{1}$$

und daher

$$y_{\text{E}} = d\, \sqrt{\frac{m_{\text{U}}^2}{4 m_{\text{G}}^2 - m_{\text{U}}^2}}\,.$$

Wir müssen nun noch die zweite Ableitung untersuchen:

$$\frac{d^2 E_{\text{pot}}(y)}{dy} = -\frac{d}{dy}\left(m_{\text{U}}\, g - 2 m_{\text{G}}\, g\, \frac{y}{\sqrt{y^2 + d^2}}\right)$$
$$= \frac{2 m_{\text{G}}\, g\, d^2}{(y^2 + d^2)^{3/2}}\,.$$

Einsetzen des eben ermittelten Extremwerts $y = y_{\text{E}}$ ergibt

$$\frac{d^2 E_{\text{pot}}(y)}{dy} = \frac{2 m_{\text{G}}\, g\, d^{-1}}{\left(\dfrac{m_{\text{U}}^2}{4 m_{\text{G}}^2 - m_{\text{U}}^2} + 1\right)^{3/2}} > 0.$$

Wegen des positiven Vorzeichens ist die potenzielle Energie bei y_{E} wirklich minimal.

c) Die Abbildung zeigt das Kräftediagramm.

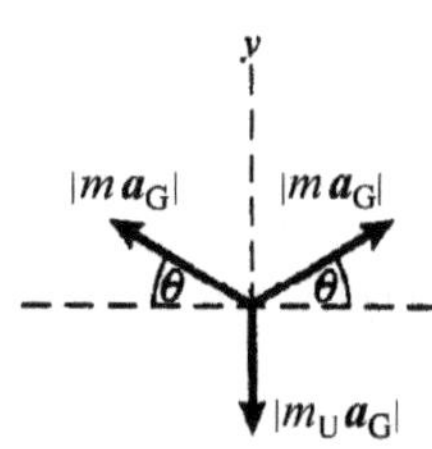

Anwenden des zweiten Newton'schen Axioms $\sum F_y = 0$ ergibt $2 m_{\text{G}}\, g \sin\theta - m_{\text{U}}\, g = 0$ und damit

$$\sin\theta = \frac{m_{\text{U}}}{2 m_{\text{G}}}\,.$$

Der Sinus des Winkels θ kann aufgrund der geometrischen Gegebenheiten durch

$$\sin\theta = \frac{y}{\sqrt{y^2 + d^2}}$$

ausgedrückt werden. Einsetzen liefert

$$\frac{m_{\text{U}}}{2 m_{\text{G}}} = \frac{y}{\sqrt{y^2 + d^2}}\,.$$

Dies ist für den Extremwert $y = y_{\text{E}}$ identisch mit Gleichung 1.

Auch anhand der Kräfte kann man sich überlegen, dass hier ein stabiles Gleichgewicht vorliegt. Wird die Uhr nach unten gezogen, dann wächst θ, so dass auf die Uhr eine stärkere Kraft nach oben wirkt, die sie zurückzieht. Wird die Uhr dagegen angehoben, dann nimmt die von den Drähten ausgeübte Kraft ab, so dass die Uhr nach unten, zur Gleichgewichtslage, zurückgezogen wird.

Anmerkung: Wir haben gezeigt, dass die potenzielle Energie des Systems bei $y = y_{\text{E}}$ minimal ist, d. h. dass $E_{\text{pot}}(y)$ in diesem Punkt ein lokales Minimum aufweist. Das bedeutet aber, dass hier ein stabiles Gleichgewicht herrscht.

L6.29 Die Leistung P des Motors ergibt sich aus der Rate, mit der sich die potenzielle Energie E_{pot} der Last der Gondeln ändert:

$P = \Delta E_{\mathrm{pot}}/\Delta t$. Wir bezeichnen die Anzahl der Gondeln mit n und die Masse der Last in einer Gondel mit m. Die Änderung der potenziellen Energie bei einer vertikalen Verschiebung um Δh ist dann

$$\Delta E_{\mathrm{pot}} = n\,m\,g\,\Delta h.$$

Die Höhendifferenz ergibt sich aus der Länge des Lifts und dessen Steigung: $\Delta h = \ell \sin\theta$. Wir setzen dies ein und erhalten mit der obigen Gleichung für die Leistung

$$P = \frac{\Delta E_{\mathrm{pot}}}{\Delta t} = \frac{n\,m\,g\,\Delta h}{\Delta t} = \frac{n\,m\,g\,\ell\,\sin\theta}{\Delta t}$$
$$= \frac{12\,(550\,\mathrm{kg})(9{,}81\,\mathrm{m\cdot s^{-2}})(5{,}6\,\mathrm{km})\sin 30^\circ}{(60\,\mathrm{min})(60\,\mathrm{s\cdot min^{-1}})} = 50{,}4\,\mathrm{kW}.$$

L6.30 Wir nehmen an, dass die Kugel auf der gleichen Höhe landet, von der sie abgeschossen worden ist, d. h. dass die Abschusshöhe keine Rolle spielt. Die Reichweite R der Kugel in Abhängigkeit von der Abschussgeschwindigkeit v_0 ist

$$R = \frac{v_0^2}{g}\sin 2\theta = \frac{2\,v_0^2\,\sin\theta\,\cos\theta}{g}.$$

Bei der Umformung haben wir die trigonometrische Formel $\sin 2\theta = 2\sin\theta\cos\theta$ verwendet. Die Ortskoordinaten des Geschosses auf der Flugbahn sind zur Zeit t gegeben durch

$$x = (v_0\cos\theta)\,t \quad \text{und} \quad y = (v_0\sin\theta)\,t - \tfrac{1}{2}\,g\,t^2.$$

Wir eliminieren die Zeit t, so dass eine Gleichung für $y(x)$ entsteht. Anschließend setzen wir für die Maximalhöhe $y = h$ ein und berücksichtigen, dass diese Höhe bei der halben Schussweite erreicht wird. Dies ergibt

$$h = \frac{(v_0\sin\theta)^2}{2\,g}.$$

Wir setzen gemäß der Aufgabenstellung $R = h$ und lösen die dabei entstehende Gleichung für θ. Dies ergibt $\tan\theta = 4$ und somit $\theta = \mathrm{atan}\,4 = 76{,}0^\circ$.

Die zur Berechnung der Reichweite außerdem benötigte Abschussgeschwindigkeit ergibt sich aus der kinetischen Energie $E_{\mathrm{kin}} = \tfrac{1}{2}m\,v_0^2$. Daraus folgt $v_0^2 = 2E_{\mathrm{kin}}/m$. Dies und den eben ermittelten Wert von θ setzen wir in die erste Gleichung für die Reichweite ein und erhalten für diese

$$R = \frac{2\,(1\,200\,\mathrm{J})}{(0{,}02\,\mathrm{kg})\,(9{,}81\,\mathrm{m\cdot s^{-2}})}\,\sin\left[2\,(76^\circ)\right] = 5{,}74\,\mathrm{km}.$$

L6.31 Das Kräftediagramm zeigt die Kiste in ihrer Anfangslage am Ort $x = 0$. Da die Oberfläche der Ebene reibungsfrei ist, kann die verrichtete Arbeit durch die Änderung der potenziellen und der kinetischen Energie ausgedrückt werden.

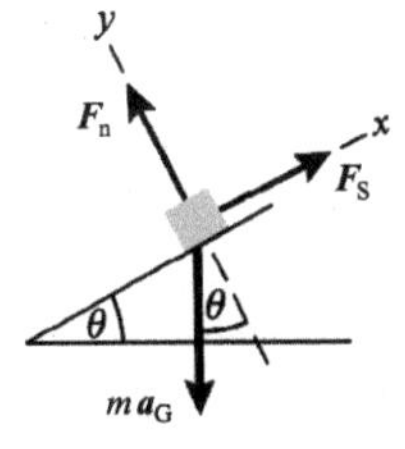

a) Die von der Zugkraft F_S entlang der Strecke x verrichtete Arbeit ist $W = F_\mathrm{S}\,x$.

b) Wir wenden das zweite Newton'sche Axiom $\sum F_x = m\,a_x$ auf die Kiste an: $F_\mathrm{S} - m\,g\sin\theta = m\,a_x$. Damit ist die Beschleunigung gegeben durch

$$a_x = \frac{F_\mathrm{S} - m\,g\sin\theta}{m} = \frac{F_\mathrm{S}}{m} - g\sin\theta.$$

Für die Geschwindigkeit v gilt bei konstanter Beschleunigung $v^2 = v_0^2 + 2a_x x$. Wegen $v_0 = 0$ wird daraus $v = \sqrt{2a_x x}$.

Einsetzen des obigen Ausdrucks für die Beschleunigung a_x liefert

$$v = \sqrt{2\left(\frac{F_\mathrm{S}}{m} - g\sin\theta\right) x}.$$

c) Die mit der Zugkraft zugeführte Leistung ist damit

$$P = F_\mathrm{S}\,v = F_\mathrm{S}\sqrt{2\left(\frac{F_\mathrm{S}}{m} - g\sin\theta\right) x}.$$

L6.32 a) Der Betrag von $\boldsymbol{F}$ ist

$$|\boldsymbol{F}| = \sqrt{F_x^2 + F_y^2} = \sqrt{\left(\frac{F_0}{r}\,y\right)^2 + \left(-\frac{F_0}{r}\,x\right)^2} = \frac{F_0}{r}\sqrt{x^2 + y^2}.$$

Wegen $r = \sqrt{x^2 + y^2}$ folgt daraus

$$|\boldsymbol{F}| = \frac{F_0}{r}\sqrt{x^2 + y^2} = \frac{F_0}{r}\,r = F_0.$$

Wir müssen nun noch zeigen, dass $\boldsymbol{F}$ auf dem Ortsvektor $\boldsymbol{r}$ senkrecht steht. Hierzu bilden wir das Skalarprodukt:

$$\boldsymbol{F}\cdot\boldsymbol{r} = \left(\frac{F_0}{r}\right)(y\,\widehat{\boldsymbol{x}} - x\,\widehat{\boldsymbol{y}})\cdot(x\,\widehat{\boldsymbol{x}} + y\,\widehat{\boldsymbol{y}}) = \left(\frac{F_0}{r}\right)(xy - xy) = 0.$$

Also ist $\boldsymbol{F} \perp \boldsymbol{r}$.

b) Wegen $\boldsymbol{F} \perp \boldsymbol{r}$ ist die Kraft $\boldsymbol{F}$ tangential zum Kreis ausgerichtet und betragsmäßig konstant. Im Punkt $(5\,\mathrm{m},\,0)$ zeigt $\boldsymbol{F}$ in die Richtung von $-\widehat{\boldsymbol{y}}$. Wenn das Streckenelement $\mathrm{d}\boldsymbol{s}$ in Richtung $-\widehat{\boldsymbol{y}}$ zeigt, ist $\mathrm{d}W > 0$. Die in einem Umlauf im Uhrzeigersinn verrichtete Arbeit ist dann

$$W_\mathrm{U} = F_0\,(2\,\pi\,r) = 2\,\pi\,(5\,\mathrm{m})\,F_0 = (10\,\pi\,\mathrm{m})\,F_0,$$

Erfolgt der Umlauf entgegen dem Uhrzeigersinn, so ist die Arbeit

$$W_\mathrm{E} = (-10\,\pi\,\mathrm{m})\,F_0.$$

Aus diesen beiden Gleichungen ergibt sich:

Bei einem vollständigen Umlauf ist in jedem Fall $W \neq 0$. Die Kraft $\boldsymbol{F}$ ist daher nicht konservativ.

7A Energieerhaltung

- Die Erhaltung der mechanischen Energie
- Energieerhaltung
- Masse und Energie

A: Aufgaben

Anmerkung: Bei allen Aufgaben ist die Fallbeschleunigung $|a_G| = g = 9{,}81\ \mathrm{m \cdot s^{-2}}$. Falls nichts anderes angegeben ist, sind Reibung und Luftwiderstand zu vernachlässigen.

Verständnisaufgaben

A7.1 • Zwei Steine werden gleichzeitig und gleich schnell vom Dach eines Gebäudes geworfen, der eine davon unter einem Winkel von 30° nach oben und der andere genau horizontal. Der Luftwiderstand sei zu vernachlässigen. Welche der folgenden Aussagen treffen zu? a) Beide Steine treffen zugleich und mit dem gleichen Tempo auf dem Boden auf. b) Die Steine treffen zugleich, aber mit unterschiedlichem Tempo auf. c) Die Steine treffen nacheinander mit gleichem Tempo auf. d) Die Steine treffen nacheinander mit unterschiedlichem Tempo auf.

A7.2 •• Wir nehmen an, dass beim Bremsen eine konstante Kraft auf die Räder eines Autos wirkt. Welche Folgerungen könnte man daraus ziehen? a) Der Bremsweg ist proportional zur Geschwindigkeit, die das Auto hatte, bevor es zu bremsen begann. b) Die kinetische Energie des Autos nimmt mit einer konstanten Rate ab. c) Die kinetische Energie ist umgekehrt proportional zu der Zeit, die seit Beginn des Bremsens vergangen ist. d) Keine der obigen Aussagen trifft zu.

A7.3 •• Ein Stein ist mit einem masselosen, starren Stab verbunden und wird mit konstantem Tempo auf einem vertikalen Kreis gedreht. Da zwar die kinetische Energie konstant bleibt, sich die potenzielle Energie aber ständig ändert, besitzt der Stein währenddessen keine konstante Gesamtenergie. Wird am Stein Arbeit verrichtet? Übt der Stab eine Tangentialkraft auf den Stein aus?

Schätzungs- und Näherungsaufgaben

A7.4 •• Der *Stoffwechselumsatz* ist die Rate, mit der ein Lebewesen chemische Energie umsetzt, um damit seine Lebensfunktionen aufrechtzuerhalten. Experimentell wurde ermittelt, dass der durchschnittliche Stoffwechselumsatz beim Menschen proportional zur gesamten Hautoberfläche des Körpers ist. Bei einem 1,78 m großen und 80 kg schweren Mann beträgt die Körperoberfläche 2,0 m², während sie bei einer 1,63 m großen und 50 kg schweren Frau 1,5 m² beträgt. Je 1,5 kg Gewichtsabweichung oder 2,54 cm Größenabweichung von den angegebenen Werten ändert sich die Körperoberfläche um rund 1 %. a) Schätzen Sie den durchschnittlichen Stoffwechselumsatz eines Manns während eines Tags anhand der folgenden Werte für die verschiedenen Tätigkeiten: Schlafen 40 W/m², Sitzen 60 W/m², Gehen 160 W/m², mittelschwere körperliche Tätigkeit 175 W/m², mittelschwere Aerobic-Übung 300 W/m². Vergleichen Sie dies mit der Leistung einer 100-W-Glühbirne. b) Drücken Sie Ihr Ergebnis in kcal/Tag aus (1 kcal ≈ 4190 J; die Kilokalorie ist die Einheit, die die Ernährungswissenschaftler bei der Angabe des Nahrungsbedarfs oft noch verwenden). c) Eine Faustregel besagt, dass ein „Durchschnittsmensch" 25–30 kcal pro Kilogramm Körpermasse und pro Tag zu sich nehmen sollte, um sein Gewicht zu halten. Erscheint diese Abschätzung angesichts der Ergebnisse von Teilaufgabe b vernünftig?

A7.5 • Wie viel Ruhemasse wird im Reaktorkern eines Kernkraftwerks in Energie umgesetzt, um a) 1 J Wärmeenergie zu erzeugen bzw. b) genügend Energie zu erzeugen, um eine 100-W-Lampe zehn Jahre lang zu betreiben? Es wird angenommen, dass der Reaktorkern pro Joule vom Generator erzeugter elektrischer Energie 3 J Kernenergie erzeugen muss.

A7.6 • Der maximale Wirkungsgrad von Solarzellen zur Umwandlung von Sonnenenergie in elektrische Energie beträgt ca. 12 %. Es ist bekannt, dass von der Sonnenenergie nur rund 1000 W/m^2 die Erdoberfläche erreichen. Welche Fläche müsste man mit Solarzellen belegen, um den Energieverbrauch Deutschlands ($1{,}49 \cdot 10^{19}$ J/a) zu decken? Nehmen Sie dazu an, dass über Deutschland stets wolkenloser Himmel herrscht.

• Die Erhaltung der mechanischen Energie

A7.7 • Ein Pendel der Länge ℓ mit einem Pendelkörper der Masse m wird so weit zur Seite gezogen, dass der Pendelkörper eine Höhe $\ell/4$ über der Gleichgewichtslage hat. Daraufhin wird der Pendelkörper losgelassen. Mit welcher Geschwindigkeit schwingt der Pendelkörper durch die Gleichgewichtslage?

A7.8 • Der in der Abbildung gezeigte Körper mit einer Masse von 3 kg wird in einer Höhe von 5 m losgelassen und gleitet eine gewölbte, reibungsfreie Rampe hinab. Am Fuß der Rampe befindet sich eine Feder mit der Federkonstanten $k_F = 400$ N/m. Nachdem der Körper hinabgeglitten ist, drückt er die Feder um eine Strecke x zusammen, bevor er kurzzeitig zur Ruhe kommt. a) Wie groß ist x? b) Was geschieht anschließend mit dem Körper?

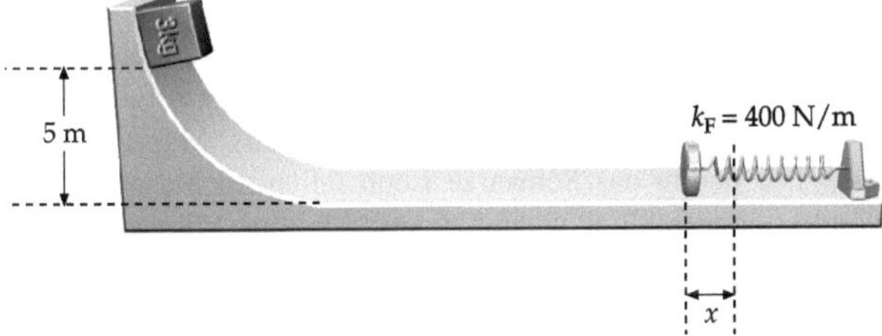

A7.9 •• Das in der Abbildung gezeigte System ist anfangs in Ruhe. Nun wird der Faden durchgeschnitten. Wie schnell sind beide Gewichte, wenn sie die gleiche Höhe haben? Die Rolle sei reibungsfrei und ihre Masse vernachlässigbar.

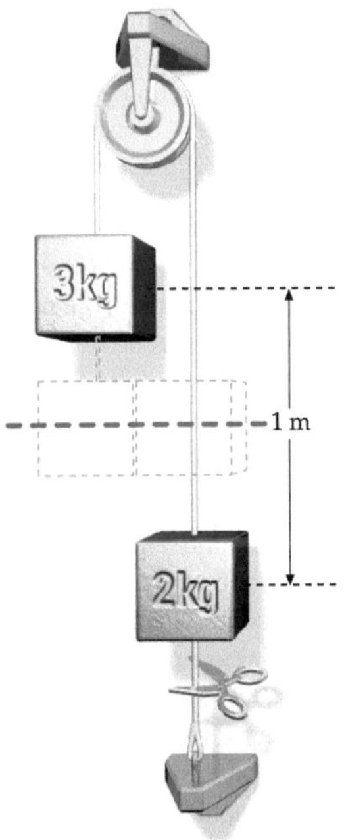

A7.10 •• Eine Kugel am Ende eines Fadens bewegt sich mit der konstanten Energie E auf einer vertikalen Kreisbahn. Wie groß ist der Unterschied zwischen den Zugkräften des Fadens im tiefsten und im höchsten Punkt der Kreisbahn?

A7.11 •• Ein Achterbahnwagen mit einer Masse von 1500 kg beginnt seine Fahrt in einer Höhe $h = 23$ m über dem Boden. Die Bahn führt durch einen Looping, dessen Scheitelpunkt 15 m über dem Boden liegt (siehe Abbildung). Die Reibung sei vernachlässigbar. Wie groß ist die nach unten gerichtete Kraft der Schienen auf den Wagen im höchsten Punkt des Loopings? a) $4{,}6 \cdot 10^4$ N, b) $3{,}1 \cdot 10^4$ N, c) $1{,}7 \cdot 10^4$ N, d) 980 N oder e) $1{,}6 \cdot 10^3$ N?

A7.12 •• Ein Stein wird in einem Winkel von 53° zur Horizontalen nach oben geworfen. Er erreicht eine maximale Höhe von 24 m. Mit welcher Geschwindigkeit wurde er abgeworfen?

A7.13 •• Ein Baseball mit einer Masse von 0,17 kg wird vom Dach eines 12 m hohen Gebäudes geworfen. Sein Abwurf erfolgte mit 30 m/s in einem Winkel von 40° über der Horizontalen. a) Welche Höhe erreicht der Ball? b) Welche Arbeit verrichtet die Schwerkraft, während der Ball bis auf diese Maximalhöhe steigt? c) Mit welcher Geschwindigkeit trifft der Ball auf dem Boden auf?

A7.14 •• Ein Pendel besteht aus einem Pendelkörper mit einer Masse von 2 kg, der an einer leichten, 3 m langen Schnur befestigt ist. Der Pendelkörper wird horizontal so angestoßen, dass er eine horizontale Geschwindigkeit von 4,5 m/s erhält. Betrachten Sie den Moment, in dem die Schnur einen Winkel von 30° zur Vertikalen bildet. Wie groß ist dort a) die Geschwindigkeit, b) die potenzielle Energie des Körpers und c) die Zugkraft in der Schnur? d) Welchen Winkel zur Vertikalen erreicht der Pendelkörper in seinem höchsten Punkt?

A7.15 ••• An der Decke hängt ein Pendelkörper, der über eine Feder direkt unter der Pendelaufhängung mit dem Boden verbunden ist (siehe Abbildung). Die Masse des Pendelkörpers sei m, die Länge des Fadens ℓ und die Federkonstante k_F. Die Feder ist entspannt $\ell/2$ lang, und der Abstand zwischen Decke und Boden beträgt $1{,}5\,\ell$. Das Pendel wird zur Seite gezogen, so dass es einen Winkel θ zur Vertikalen bildet, und losgelassen. Geben Sie eine Formel für die Geschwindigkeit des Pendelkörpers bei $\theta = 0$ an.

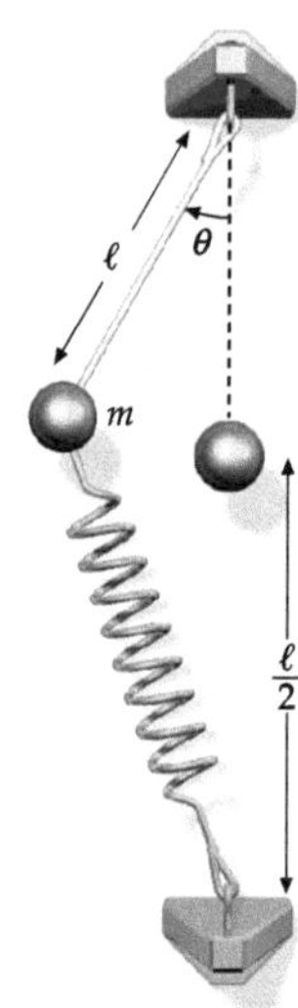

• Energieerhaltung

A7.16 •• Ein Student mit einer Masse von 80 kg besteigt einen 120 m hohen Hügel. a) Um wie viel steigt dabei seine potenzielle Energie der Schwerkraft? b) Woher kommt diese Energie? c) Der Organismus des Studenten habe einen Wirkungsgrad von 20 %. Der Student muss also 100 J chemische Energie einsetzen, um 20 J mechanische Energie zu erzeugen. Die restlichen 80 J werden in Wärmeenergie umgewandelt. Wie viel chemische Energie muss der Organismus des Studenten beim Hochsteigen aufbringen?

Gleitreibung

A7.17 • Ein Auto mit einer Masse von 2000 kg fährt anfangs mit 25 m/s auf einer horizontalen Straße. Plötzlich bremst der Fahrer heftig, wobei das Auto ins Rutschen kommt und schließlich 60 m weiter stehen bleibt. a) Wie viel Energie wird durch die Reibung umgewandelt? b) Berechnen Sie den Gleitreibungskoeffizienten zwischen den Reifen und der Straße.

A7.18 •• Ein Mädchen mit einer Masse von 20 kg rutscht eine 3,2 m hohe und um 20° geneigte Rutsche auf einem Spielplatz hinunter. Unten angekommen, ist es 1,3 m/s schnell. a) Wie viel Energie ist durch die Reibung umgewandelt worden? b) Wie groß war der Gleitreibungskoeffizient zwischen dem Mädchen und der Rutsche?

A7.19 ••• Ein Block mit der Masse m ruht auf einer Rampe, die einen Winkel θ zur Horizontalen bildet. Der Block ist, wie in der Abbildung gezeigt, mit einer Feder mit der Federkonstanten k_F verbunden. Der Haftreibungskoeffizient zwischen Block und Rampe sei $\mu_{R,h}$ und der Gleitreibungskoeffizient $\mu_{R,g}$. Wenn die Feder sehr langsam nach oben gezogen wird, beginnt sich der Block zu einem bestimmten Zeitpunkt plötzlich zu bewegen. a) Entwickeln Sie eine Gleichung für die Dehnung d der Feder in dem Moment, in dem sich der Block in Bewegung setzt. b) Bei welchem Wert für $\mu_{R,g}$ käme der Block genau an dem Punkt wieder zum Stillstand, an dem die Feder entspannt (also weder gedehnt noch zusammengedrückt) ist?

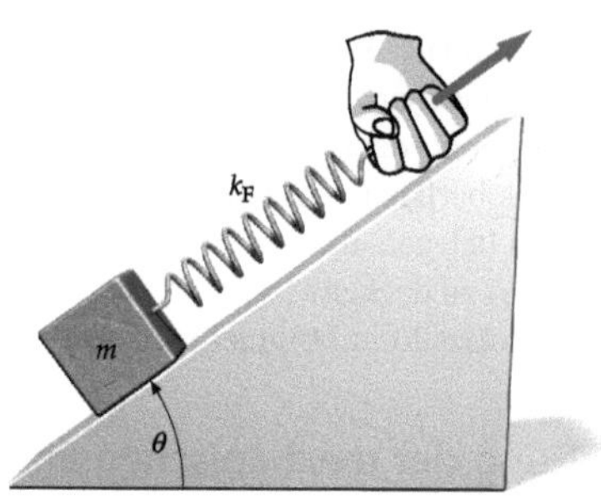

• Masse und Energie

A7.20 • a) Berechnen Sie die Ruheenergie von 1 g Schmutz. b) Angenommen, man könnte diese Energie in elektrische Energie umwandeln und für 0,10 Euro pro kWh verkaufen, wie viel Geld könnte man damit verdienen? c) Wie lange könnte man eine 100-W-Glühbirne mit dieser Energie betreiben?

A7.21 • Wenn ein Schwarzes Loch und ein „normaler" Stern umeinander kreisen, werden Gase des Sterns in das Schwarze Loch gezogen. In der Akkretionsscheibe (einem Gürtel aus Gas) des Schwarzen Lochs heizt sich dieses Gas durch die Reibung auf Millionen von Kelvin auf. Derart aufgeheizte Gase beginnen, Röntgenstrahlung auszusenden. Cygnus X-1, der zweitstärkste Röntgenstrahler unseres Sternenhimmels, gilt als ein solches Doppelsternsystem. Abschätzungen zufolge strahlt Cygnus X-1 eine Energie von $4 \cdot 10^{31}$ W aus. Man nehme an, dass 1 % der in das Schwarze Loch fallenden Masse in Form von Röntgenstrahlung wieder abgestrahlt wird. Mit welcher Rate wächst die Masse des Schwarzen Lochs?

A7.22 •• Ein großes Kernkraftwerk erzeugt durch Kernspaltung, bei der Materie in Energie umgewandelt wird, 3000 MW an elektrischer Leistung. a) Wie viele Kilogramm Materie verbraucht das Kernkraftwerk pro Jahr, wenn man von einem Wirkungsgrad von 33 % ausgeht? b) In einem Kohlekraftwerk werden aus einem Kilogramm Kohle 31 MJ Wärmeenergie gewonnen. Wie viele Kilogramm Kohle benötigt ein 3000-MW-Kohlekraftwerk mit einem Wirkungsgrad von 38 % jährlich?

Allgemeine Aufgaben

A7.23 •• Ein Block mit der Masse m gleitet mit konstanter Geschwindigkeit v eine Ebene hinab, die um den Winkel θ gegen die Horizontale geneigt ist. Während des Zeitintervalls Δt beträgt die durch die Reibung umgewandelte Energie a) $m\,g\,v\,\Delta t\,\tan\theta$, b) $m\,g\,v\,\Delta t\,\sin\theta$, c) $\frac{1}{2}\,m\,v^3\,\Delta t$. d) Die Energiemenge kann ohne Kenntnis des Gleitreibungskoeffizienten nicht bestimmt werden.

A7.24 • Die Durchschnittsenergie, die von der Sonne pro Zeit- und Flächeneinheit die obere Erdatmosphäre erreicht, wird als Solarkonstante bezeichnet. Sie beträgt 1,35 kW/m². Aufgrund der Absorption und Reflexion in der Atmosphäre gelangt davon an sonnigen Tagen 1 kW/m² zur Erdoberfläche. Wie viel Energie lässt ein Fenster mit einer Größe von 1 m mal 2 m während 8 h Sonnenschein durch? Das Fenster soll so gesteuert werden, dass es stets senkrecht zur Sonneneinstrahlung steht.

A7.25 •• a) Berechnen Sie mit Hilfe der in Aufgabe 24 gegebenen Solarkonstante und des bekannten Radius der Sonne die Energie, die die Sonne pro Sekunde abstrahlt. b) Diese Energie wird durch Kernfusion erzeugt. Beim „Wasserstoffbrennen" in der Sonne finden mehrere solcher Reaktionen statt. Insgesamt werden dabei vier Wasserstoffkerne zu einem Heliumkern verschmolzen, wobei 26,7 MeV freigesetzt werden. Die Sonne besteht zum Großteil aus Wasserstoff und wird auf diese Weise so lange brennen, bis ca. 10 % des Wasserstoffs verbraucht sind. Berechnen Sie mit Hilfe der bekannten Sonnenmasse, wie lange sie ungefähr auf diese Weise noch brennen wird. (Da die nachfolgenden Brennprozesse vergleichsweise kurz dauern, entspricht dieser Wert näherungsweise auch der Lebensdauer der Sonne.)

A7.26 •• Ein Schlepplift soll 80 Skiläufer einen 600 m langen und um 15° zur Horizontalen geneigten Hang hinaufziehen. Seine Geschwindigkeit beträgt 2,5 m/s. Der Gleitreibungskoeffizient zwischen Skiläufern und Schnee beträgt 0,06, und die Masse eines Skiläufers wird mit durchschnittlich 75 kg angenommen. Welche Leistung muss der Motor des Skilifts mindestens liefern?

A7.27 •• Bei einem Vulkanausbruch wird ein poröses Vulkangesteinsstück, das eine Masse von 2 kg besitzt, mit einer Geschwindigkeit von 40 m/s vertikal in die Luft geschleudert. Es erreicht eine Höhe von 50 m und fällt anschließend wieder zu Boden. a) Wie groß ist die kinetische Energie des Steins am Anfang? b) Wie stark steigt die Wärmeenergie des Steins durch die Reibung während des Aufstiegs? c) Auf dem Weg nach unten beträgt der Anstieg der Wärmeenergie durch die Reibung nur 70 % der Änderung beim Aufstieg des Gesteinsstücks. Mit welcher Geschwindigkeit schlägt der Stein wieder auf den Boden auf?

A7.28 •• Ein Auto mit einer Masse von 1500 kg fährt am Fuße eines Anstiegs, der auf 2 km Strecke 120 Höhenmeter überwindet, mit einer Geschwindigkeit von 24 m/s. Wenn das Auto den Anstieg überwunden hat, hat es nur noch eine Geschwindigkeit von 10 m/s. Berechnen Sie unter der Annahme einer gleichförmigen Verzögerung die Durchschnittsleistung des Motors. Die Reibungsverluste am und im Auto sollen dabei vernachlässigt werden.

A7.29 ••• Ein Pendel besteht aus einem Faden der Länge ℓ, an dessen Ende ein kleiner Pendelkörper mit der Masse m angebracht ist. Dieses Pendel wird bis in die Horizontallage ausgelenkt und anschließend losgelassen (siehe Abbildung). Am tiefsten Punkt seiner Bahn schlägt der Faden gegen einen kleinen Nagel, der sich in einem Abstand r über diesem tiefsten Punkt befindet. Zeigen Sie, dass r kleiner als $\frac{2}{5}\ell$ sein muss, damit der Pendelkörper einen Umlauf um den Nagel ausführt.

A7.30 •• Eine Gewehrkugel wird in einen massiven, feststehenden Holzblock geschossen, um ihre Durchschlagskraft zu ermitteln. Gemessen wird die Eindringtiefe d. Anschließend wird eine andere Kugel mit der gleichen Masse, aber der doppelten Geschwindigkeit, in denselben Holzblock geschossen.

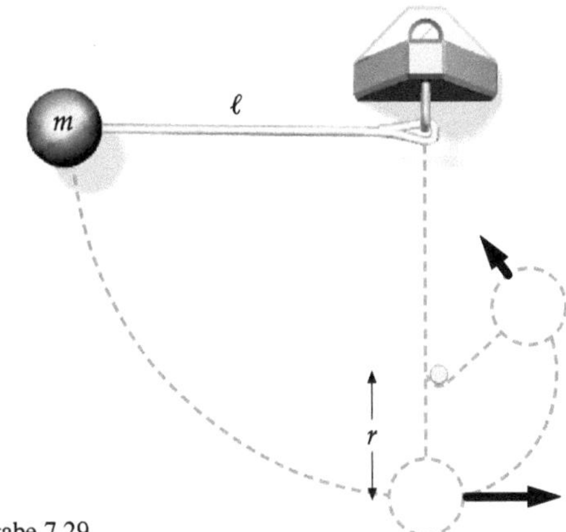

Zu Aufgabe 7.29

Wir nehmen an, dass die durchschnittliche Kraft des Holzes auf die Kugel unabhängig von der Geschwindigkeit der Kugel ist. Wie groß ist die Eindringtiefe der zweiten Kugel? a) d, b) $2d$, c) $4d$ oder d) aus den Angaben nicht zu bestimmen.

A7.31 •• In einem Modell für das Jogging wird angenommen, dass die verausgabte Energie dazu verwendet wird, die Beine zu beschleunigen und zu bremsen. Die Masse eines Beins sei m und die Laufgeschwindigkeit v. Die Energie, die benötigt wird, um ein Bein aus der Ruhe auf v zu beschleunigen, ist $\frac{1}{2}mv^2$; die gleiche Energie wird benötigt, um das Bein wieder abzubremsen, so dass es für den nächsten Schritt zur Ruhe kommt. Pro Schritt wird also die Energie mv^2 benötigt. Nehmen Sie die Masse eines Beins des Joggers mit 10 kg an. Er hat eine Geschwindigkeit von 3 m/s, und seine Schrittweite beträgt 1 m. Somit benötigen die Beine des Joggers pro Sekunde die Energie $3mv^2$. Berechnen Sie mit diesem Modell die Rate, mit der der Jogger Energie verbraucht, wenn seine Muskeln einen Wirkungsgrad von 20 % haben.

A7.32 ••• Der Pendelkörper eines Pendels der Länge ℓ wird um einen Winkel θ_0 gegen die Senkrechte ausgelenkt und anschließend losgelassen. Am einfachsten bestimmt man die Geschwindigkeit des Pendelkörpers am tiefsten Punkt seiner Bahn anhand der Energieerhaltung. Versuchen Sie, diese Aufgabe zum Vergleich aber auf andere Weise, nämlich mit Hilfe des zweiten Newton'schen Axioms, zu lösen: a) Zeigen Sie, dass die Anwendung des Newton'schen Axioms für die tangentiale Richtung $dv_t/dt = -g\sin\theta$ ergibt, wobei v_t die Tangentialkomponente der Geschwindigkeit und θ der Winkel zwischen dem Faden und der Vertikalen ist. b) Zeigen Sie nun, dass gilt: $v_t = \ell\,d\theta/dt$. c) Verwenden Sie diese Relation sowie die Kettenregel der Ableitung, um die Formel

$$\frac{dv_t}{dt} = \frac{dv_t}{d\theta}\frac{d\theta}{dt} = \frac{dv_t}{d\theta}\frac{v_t}{\ell}$$

herzuleiten. d) Verknüpfen Sie die Ergebnisse der Teilaufgaben a und c zu der Formel $v_t\,dv_t = -g\,\ell\sin\theta\,d\theta$. e) Integrieren Sie die linke Seite dieser Formel von $v_t = 0$ bis zur Endgeschwindigkeit v_t und die rechte Seite von $\theta = \theta_0$ bis $\theta = 0$. Zeigen Sie, dass das Ergebnis $v_t = \sqrt{2gh}$ lautet, wobei h die Anfangshöhe des Pendelkörpers über der Gleichgewichtslage ist.

Energieerhaltung

7L

L: Lösungen

L7.1 Wir setzen die potenzielle Energie der Schwerkraft in Höhe des Bodens gleich null. Da beide Steine aus der gleichen Höhe und mit der gleichen Anfangsgeschwindigkeit abgeworfen werden, haben sie die gleichen Anfangsenergien. Damit bleibt auch ihre Gesamtenergie in jedem Punkt ihrer Flugbahn gleich. Wenn sie auf den Boden auftreffen, sind ihre potenziellen Energien der Schwerkraft null, und ihre kinetischen Energien sind gleich, so dass sie hierbei das gleiche Tempo haben. Allerdings ist der schräg nach oben abgeworfene Stein wegen seiner anfangs nach oben gerichteten Anfangsgeschwindigkeit länger unterwegs. Folglich treffen die Steine nicht gleichzeitig auf dem Boden auf, und Aussage c ist richtig.

L7.2 Wir wählen als System die Gesamtheit aus Erde und Auto und nehmen an, dass das Auto auf einer Horizontalen mit $\Delta E_{\mathrm{pot}} = 0$ fährt.

a) Die konstante Reibungskraft bewirkt eine konstante Verzögerung (negative Beschleunigung), so dass wir die Gleichungen für die gleichförmig beschleunigte Bewegung anwenden können. Damit ergibt sich der Bremsweg Δs aus der Geschwindigkeit vor Beginn des Bremsens:

$$v^2 = v_0^2 + 2a\,\Delta s.$$

Wegen $v = 0$ ist der Bremsweg

$$\Delta s = \frac{-v_0^2}{2a} \quad (\text{mit } a < 0).$$

Also ist $\Delta s \propto v_0^2$. Demnach ist die Aussage a falsch.

b) Zwischen der Differenz der kinetischen Energien und der Reibungsarbeit W_{R} besteht der Zusammenhang

$$\Delta E_{\mathrm{kin}} = W_{\mathrm{R}} = -\mu_{\mathrm{R,g}}\,m g\,\Delta s.$$

Die Rate, mit der die kinetische Energie E_{kin} umgewandelt wird, ist damit

$$\frac{\Delta E_{\mathrm{kin}}}{\Delta t} = -\mu_{\mathrm{R,g}}\,m g\,\frac{\Delta s}{\Delta t}.$$

Somit ist $\Delta E_{\mathrm{kin}}/\Delta t$ proportional zur Geschwindigkeit und demzufolge nicht konstant. Also ist die Aussage b ebenfalls falsch.

c) Der Bremsweg und damit auch die Bremsdauer Δt_{B} sind endlich. Wäre die kinetische Energie umgekehrt proportional zur Zeitspanne seit Beginn des Bremsens, dann müsste beim Stillstand des Autos noch eine endliche kinetische Energie $E_{\mathrm{kin,E}} \propto 1/\Delta t_{\mathrm{B}}$ übrig sein. Da das Auto steht, ist aber $v = 0$ und damit auch $E_{\mathrm{kin}} = 0$. Die Aussage c ist somit auch falsch, so dass insgesamt die Aussage d richtig ist.

L7.3 Weil die kinetische Energie des Steins konstant ist, folgt aus dem Zusammenhang von Gesamtarbeit und kinetischer Energie, dass an ihm keine Gesamtarbeit verrichtet wird. Allerdings muss der Stab eine Tangentialkraft auf den Stein ausüben, um dessen Tempo konstant zu halten. Diese Kraft muss die tangentiale Komponente der Schwerkraft kompensieren, die den Stein nach unten zu ziehen versucht.

L7.4 Wir nehmen an, dass der in der Aufgabe spezifizierte „durchschnittliche Mann" pro Tag 8 Stunden schläft, 2 Stunden läuft, 8 Stunden sitzt, 1 Stunde Aerobic betreibt und 5 Stunden mittelschwere körperliche Tätigkeiten verrichtet. Wir können seinen Energieaufwand näherungsweise durch

$$E_{\mathrm{Aktivität}} = A\,(P/A)_{\mathrm{Aktivität}}\,\Delta t_{\mathrm{Aktivität}}$$

ausdrücken. Dabei ist A seine Körperoberfläche, $(P/A)_{\mathrm{Aktivität}}$ die Rate seines Energieaufwands pro Flächeneinheit bei der jeweiligen Aktivität und $\Delta t_{\mathrm{Aktivität}}$ die Dauer dieser Aktivität.

a) Der gesamte Energieaufwand ist die Summe der Energien bei den oben genannten fünf Aktivitäten:

$$E = E_{\mathrm{Schlafen}} + E_{\mathrm{Gehen}} + E_{\mathrm{Sitzen}} + E_{\mathrm{körperl.\,Tätigk.}} + E_{\mathrm{Aerobic}}.$$

Wir berechnen die einzelnen Beiträge:

$$E_{\mathrm{Schlafen}} = A\,(P/A)_{\mathrm{Schlafen}}\,\Delta t_{\mathrm{Schlafen}}$$
$$= (2\ \mathrm{m}^2)\,(40\ \mathrm{W \cdot m^{-2}})\,(8\ \mathrm{h})\,(3600\ \mathrm{s \cdot h^{-1}}) = 2{,}30 \cdot 10^6\ \mathrm{J}.$$

$$E_{\mathrm{Gehen}} = A\,(P/A)_{\mathrm{Gehen}}\,\Delta t_{\mathrm{Gehen}}$$
$$= (2\ \mathrm{m}^2)\,(160\ \mathrm{W \cdot m^{-2}})\,(2\ \mathrm{h})\,(3600\ \mathrm{s \cdot h^{-1}}) = 2{,}30 \cdot 10^6\ \mathrm{J}.$$

$$E_{\mathrm{Sitzen}} = A\,(P/A)_{\mathrm{Sitzen}}\,\Delta t_{\mathrm{Sitzen}}$$
$$= (2\ \mathrm{m}^2)\,(60\ \mathrm{W \cdot m^{-2}})\,(8\ \mathrm{h})\,(3600\ \mathrm{s \cdot h^{-1}}) = 3{,}46 \cdot 10^6\ \mathrm{J}.$$

$$E_{\mathrm{körperl.\,Tätigk.}} = A\,(P/A)_{\mathrm{körperl.\,Tätigk.}}\,\Delta t_{\mathrm{körperl.\,Tätigk.}}$$
$$= (2\ \mathrm{m}^2)\,(175\ \mathrm{W \cdot m^{-2}})\,(5\ \mathrm{h})\,(3600\ \mathrm{s \cdot h^{-1}}) = 6{,}30 \cdot 10^6\ \mathrm{J}.$$

$$E_{\mathrm{Aerobic}} = A\,(P/A)_{\mathrm{Aerobic}}\,\Delta t_{\mathrm{Aerobic}}$$
$$= (2\ \mathrm{m}^2)\,(300\ \mathrm{W \cdot m^{-2}})\,(1\ \mathrm{h})\,(3600\ \mathrm{s \cdot h^{-1}}) = 2{,}16 \cdot 10^6\ \mathrm{J}.$$

Die Summe ist

$$E = 2{,}30 \cdot 10^6 \,\text{J} + 2{,}30 \cdot 10^6 \,\text{J} + 3{,}46 \cdot 10^6 \,\text{J} + 6{,}30 \cdot 10^6 \,\text{J}$$
$$+ 2{,}16 \cdot 10^6 \,\text{J} = 16{,}5 \cdot 10^6 \,\text{J}.$$

Damit ist der mittlere Stoffwechselumsatz

$$\langle P \rangle = \frac{E}{t} = \frac{16{,}5 \cdot 10^6 \,\text{J}}{(24\,\text{h})\,(3600\,\text{s} \cdot \text{h}^{-1})} = 191\,\text{W}.$$

Er ist also knapp doppelt so hoch wie die in einer 100-W-Glühbirne umgesetzte Leistung.

b) Wir rechnen den eben berechneten mittleren täglichen Energieaufwand in kcal um:

$$E = \frac{16{,}5 \cdot 10^6 \,\text{J}}{4190\,\text{J} \cdot \text{kcal}} = 3940\,\text{kcal}.$$

c) Die pro Kilogramm Körpermasse aufzuwendende Energie beträgt nach unseren Annahmen 3940 kcal/80 kg, also rund 49 kcal/kg, und ist damit höher als der der Faustregel entsprechende Wert. Dabei ist allerdings zu beachten, dass der Energieaufwand um mehr als einen Faktor 2 schwanken kann, abhängig davon, welche Tätigkeiten wie lange ausgeführt werden.

L7.5 a) Die Ruheenergie E_0 der Materie ist mit ihrer Masse m über die Einstein'sche Gleichung $E_0 = mc^2$ verknüpft. Damit erhalten wir

$$m = \frac{E_0}{c^2} = \frac{1\,\text{J}}{(2{,}998 \cdot 10^8 \,\text{m} \cdot \text{s}^{-1})^2} = 1{,}11 \cdot 10^{-17}\,\text{kg}.$$

b) Wir berechnen zunächst die zu erzeugende elektrische Energie, wobei wir berücksichtigen, dass der Reaktorkern 3-mal so viel Energie erzeugen muss, wie vom Generator letztlich abgegeben wird:

$$E_0 = 3\,P\,t = 3\,(100\,\text{W})\,(10\,\text{a})\,\frac{365{,}24\,\text{d}}{\text{a}}\,\frac{24\,\text{h}}{\text{d}}\,\frac{3600\,\text{s}}{\text{h}}$$
$$= 9{,}47 \cdot 10^{10}\,\text{J}.$$

Die zum Erzeugen dieser Energie erforderliche Masse ist

$$m = \frac{E_0}{c^2} = \frac{9{,}47 \cdot 10^{10}\,\text{J}}{(2{,}998 \cdot 10^8 \,\text{m} \cdot \text{s}^{-1})^2} = 1{,}05\,\text{µg}.$$

L7.6 Wir rechnen den Energieumsatz pro Jahr $(3{,}16 \cdot 10^7\,\text{s})$ in die Leistung um: $1{,}49 \cdot 10^{19}\,\text{J/a} = 4{,}7 \cdot 10^{11}\,\text{W}$. Die Solarkonstante (die Energie der Sonnenstrahlung, die die Erdoberfläche pro Flächeneinheit erreicht) beträgt etwa $10^3\,\text{W/m}^2$. Bei einem Wirkungsgrad von 12 % könnten davon 120 W/m² genutzt werden. Die dafür erforderliche Fläche an Solarzellen wäre also

$$A = \frac{2\,(4{,}7 \cdot 10^{11}\,\text{W})}{120\,\text{W} \cdot \text{m}^{-2}} \approx 78 \cdot 10^8\,\text{m}^2.$$

Der Faktor 2 soll dabei berücksichtigen, dass die Sonne, grob gerechnet, auf jede gegebene Fläche nur die Hälfte der Zeit scheint. Die eben berechnete Fläche macht von der Gesamtfläche Deutschlands (356 910 km²) etwa 2 % aus. Sie entspricht der eines Quadrats mit der Seitenlänge $s \approx \sqrt{78 \cdot 10^8\,\text{m}^2} = 88{,}3\,\text{km}$.

Anmerkung: Bei einer realistischeren Berechnung, die die Änderung der Sonneneinstrahlung im Tagesverlauf, die geografische

Breite und Wetterschwankungen berücksichtigt, könte sich dieser Wert durchaus um eine ganze Größenordnung erhöhen.

L7.7 Die Abbildung zeigt den Pendelkörper in seiner Anfangslage. Wir legen den Nullpunkt der potenziellen Energie der Schwerkraft in den tiefsten Punkt der Pendelschwingung (die Gleichgewichtslage). Um die Geschwindigkeit an diesem Punkt zu ermitteln, setzen wir die anfangs vorhandene potenzielle Energie gleich der kinetischen Energie beim Durchgang durch den tiefsten Punkt: $m\,g\,\Delta h = \frac{1}{2}\,m\,v^2$. Hieraus ergibt sich für die Geschwindigkeit $v = \sqrt{2\,g\,\Delta h}$. Da der Pendelkörper anfangs die Höhe $\Delta h = \ell/4$ hat, ist die gesuchte Geschwindigkeit $v = \sqrt{g\,\ell/2}$.

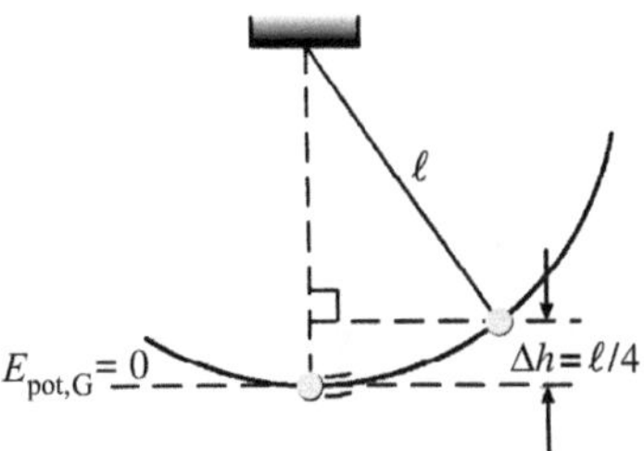

L7.8 Das betrachtete System soll die Erde, den Körper und die Feder umfassen. In diesem Fall verrichten keine äußeren Kräfte Arbeit am System, so dass seine Energie erhalten bleibt. In Höhe der Feder sei $E_{\text{pot,G}} = 0$. Somit wird die potenzielle Energie der Schwerkraft, die der 3-kg-Körper zu Beginn hat, beim Hinabgleiten in kinetische Energie umgewandelt, die anschließend weiter in potenzielle Energie der zusammengedrückten Feder umgewandelt wird.

a) Wegen der Energieerhaltung gilt dabei

$$W_{\text{ext}} = \Delta E_{\text{kin}} + \Delta E_{\text{pot}} = 0.$$

Daher ist mit $\Delta E_{\text{kin}} = 0$ (denn der Körper ruht in beiden betrachteten Punkten momentan):

$$-m\,g\,h + \tfrac{1}{2}\,k_{\text{F}}\,x^2 = 0.$$

Damit ergibt sich

$$x = \sqrt{\frac{2\,m\,g\,h}{k_{\text{F}}}} = \sqrt{\frac{2\,(3\,\text{kg})\,(9{,}81\,\text{m} \cdot \text{s}^{-2})\,(5\,\text{m})}{400\,\text{N} \cdot \text{m}^{-1}}} = 0{,}858\,\text{m}.$$

b) Anschließend wird der Körper durch Freisetzung der in der zusammengedrückten Feder gespeicherten Energie beschleunigt, so dass er wieder die Rampe hinaufgeschoben wird, wo er – reibungsfreie Flächen vorausgesetzt – erneut eine Höhe von 5 m erreicht.

L7.9 Als System werden die beiden Körper und die Erde betrachtet, so dass $W_{\text{ext}} = 0$ ist. In der Höhe, in der sich die beiden Körper begegnen, soll $E_{\text{pot,G}} = 0$ sein. Bei diesem Ansatz ist die potenzielle Energie des 3-kg-Körpers zunächst positiv und die des 2-kg-Körpers negativ. Dabei ist jedoch ihre Gesamtenergie positiv und wird nach dem Durchschneiden des Fadens in kinetische Energie umgewandelt. Mit dem Energieerhaltungssatz ist dann $W_{\text{ext}} = \Delta E_{\text{kin}} + \Delta E_{\text{pot,G}} = 0$.

Wegen $W_{\text{ext}} = 0$ folgt daraus $\Delta E_{\text{kin}} = -\Delta E_{\text{pot,G}}$ und

$$\tfrac{1}{2}\,m\,v_{\text{E}}^2 - \tfrac{1}{2}\,m\,v_{\text{A}}^2 = -\Delta E_{\text{pot,G}}.$$

Dabei ist m die Gesamtmasse beider Gewichte. Wegen $v_A = 0$ ergibt sich nun

$$v_E = \sqrt{\frac{-2\,\Delta E_{\text{pot,G}}}{m}}\,.$$

Die Differenz der potenziellen Energien am Ende und am Anfang ist:

$$\begin{aligned}\Delta E_{\text{pot,G}} &= E_{\text{pot,G,E}} - E_{\text{pot,G,A}} \\ &= 0 - (3\,\text{kg} - 2\,\text{kg})(9{,}81\,\text{m}\cdot\text{s}^{-2})(0{,}5\,\text{m}) = -4{,}91\,\text{J}.\end{aligned}$$

Einsetzen ergibt die Endgeschwindigkeit

$$v_E = \sqrt{\frac{-2\,(-4{,}91\,\text{J})}{5\,\text{kg}}} = 1{,}40\,\text{m}\cdot\text{s}^{-1}.$$

L7.10   Die Abbildung zeigt die Kugel auf ihrer Kreisbahn.

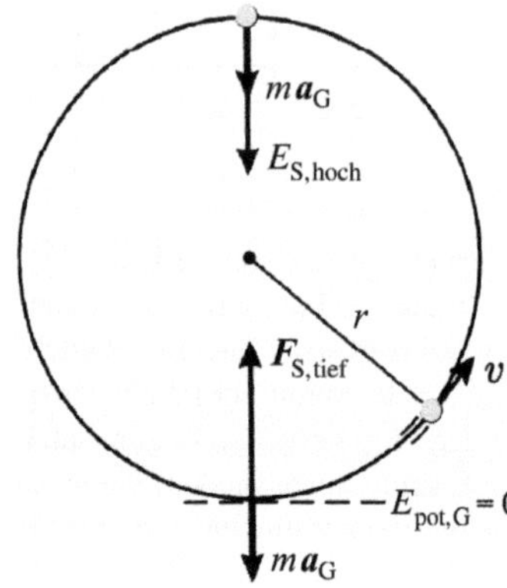

Im tiefsten Punkt der Bahn setzen wir $E_{\text{pot,G}} = 0$. Die auf die Kugel im höchsten und im tiefsten Punkt wirkenden Kräfte sind ebenfalls eingezeichnet. Wir wenden das zweite Newton'sche Axiom $\sum F_r = m\,a_r$ zunächst auf den tiefsten Punkt der Kreisbahn an (die positive Richtung ist die nach innen):

$$F_{S,\text{tief}} - mg = m\,\frac{v_{\text{tief}}^2}{r}\,.$$

Auflösen nach der Zugkraft ergibt

$$F_{S,\text{tief}} = mg + m\,\frac{v_{\text{tief}}^2}{r}\,. \tag{1}$$

Entsprechend gilt am höchsten Punkt der Bahn

$$F_{S,\text{hoch}} + mg = m\,\frac{v_{\text{hoch}}^2}{r}\,,$$

und die Zugkraft ergibt sich hier zu

$$F_{S,\text{hoch}} = -mg + m\,\frac{v_{\text{hoch}}^2}{r}\,. \tag{2}$$

Mit den Gleichungen 1 und 2 ergibt sich für die Differenz der Zugkräfte

$$\begin{aligned}F_{S,\text{tief}} - F_{S,\text{hoch}} &= mg + m\,\frac{v_{\text{tief}}^2}{r} - \left(-mg + m\,\frac{v_{\text{hoch}}^2}{r}\right) \\ &= m\,\frac{v_{\text{tief}}^2}{r} - m\,\frac{v_{\text{hoch}}^2}{r} + 2mg\,.\end{aligned} \tag{3}$$

Um die ersten beiden Summanden auszuwerten, ziehen wir den Energieerhaltungssatz heran:

$$\tfrac{1}{2}\,m\,v_{\text{tief}}^2 = \tfrac{1}{2}\,m\,v_{\text{hoch}}^2 + mg\,(2\,r)\,.$$

Damit erhalten wir

$$m\,\frac{v_{\text{tief}}^2}{r} - m\,\frac{v_{\text{hoch}}^2}{r} = 4mg\,,$$

und Einsetzen in Gleichung 3 ergibt schließlich

$$F_{S,\text{tief}} - F_{S,\text{hoch}} = 6mg\,.$$

L7.11   Die Abbildung zeigt die Kräfte, die auf den Wagen wirken, wenn er „kopfüber" gerade durch den Scheitel des Loopings fährt. Wir setzen die potenzielle Energie $E_{\text{pot,G}}$ im tiefsten Punkt des Loopings gleich null.

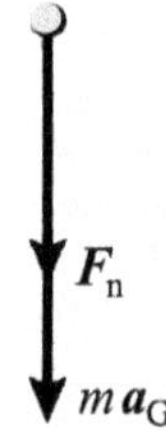

Nach dem zweiten Newton'schen Axiom $\sum F_r = m\,a_r$ gilt im Scheitelpunkt (wenn die positive Richtung nach innen zeigt):

$$F_n + mg = m\,\frac{v^2}{r}\,,$$

wobei r der Radius des Loopings und v die Geschwindigkeit des Wagens ist. Damit ist die Normalkraft

$$F_n = m\,\frac{v^2}{r} - mg\,. \tag{1}$$

Zur Berechnung der Zentripetalbeschleunigung v^2/r ziehen wir den Energieerhaltungssatz heran. Er besagt, dass die Energie des Wagens zu Beginn der Bewegung gleich der im Scheitel des Loopings ist: $mgh = \tfrac{1}{2}\,m\,v^2 + mg\,(2\,r)$. Umformen ergibt

$$m\,\frac{v^2}{r} = 2mg\left(\frac{h}{r} - 2\right)\,. \tag{2}$$

Nach Einsetzen von Gleichung 2 in Gleichung 1 erhalten wir mit den gegebenen Werten

$$\begin{aligned}F_n &= 2mg\left(\frac{h}{r} - 2\right) - mg = mg\left(\frac{2h}{r} - 5\right) \\ &= (1500\,\text{kg})\,(9{,}81\,\text{m}\cdot\text{s}^{-2})\left(\frac{2\,(23\,\text{m})}{7{,}5\,\text{m}} - 5\right) \\ &= 1{,}67\cdot 10^4\,\text{N}.\end{aligned}$$

Also ist Lösung c richtig.

L7.12   Das System soll aus dem Stein und der Erde bestehen. Der Luftwiderstand wird vernachlässigt, so dass $W_{\text{ext}} = 0$ ist. Wir setzen, wie in der Abbildung gezeigt, am Startpunkt der Flugbahn $E_{\text{pot,G}} = 0$.

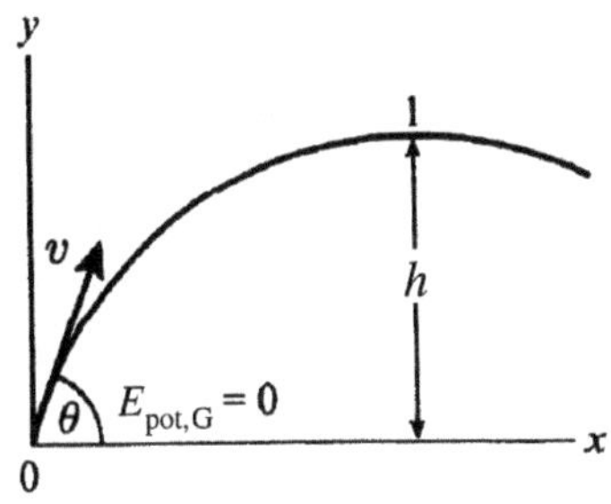

Wegen der Erhaltung der mechanischen Energie gilt

$$W_{\text{ext}} = \Delta E_{\text{kin}} + \Delta E_{\text{pot}} = 0.$$

Damit ist $E_{\text{kin},1} - E_{\text{kin},0} + E_{\text{pot},1} - E_{\text{pot},0} = 0$.

Wegen $E_{\text{pot},0} = 0$ folgt daraus

$$E_{\text{kin},1} - E_{\text{kin},0} + E_{\text{pot},1} = 0.$$

Wir setzen nun die Ausdrücke für die Energien ein:

$$\tfrac{1}{2} m v_x^2 - \tfrac{1}{2} m v^2 + m g h = 0.$$

Bei Vernachlässigung des Luftwiderstands ist die horizontale Komponente der Geschwindigkeit $\boldsymbol{v}$ konstant, so dass gilt: $v_x = |\boldsymbol{v}| \cos\theta$. Damit erhalten wir

$$\tfrac{1}{2} m \left(|\boldsymbol{v}| \cos\theta\right)^2 - \tfrac{1}{2} m v^2 + m g h = 0.$$

Auflösen nach der Geschwindigkeit $|\boldsymbol{v}|$ ergibt schließlich

$$|\boldsymbol{v}| = \sqrt{\frac{2 g h}{1 - \cos^2\theta}} = \sqrt{\frac{2\,(9{,}81\ \text{m} \cdot \text{s}^{-2})\,(24\ \text{m})}{1 - \cos^2 53°}}$$
$$= 27{,}2\ \text{m} \cdot \text{s}^{-1}.$$

L7.13 Als System wählen wir den Ball und die Erde, so dass $W_{\text{ext}} = 0$ ist. Die Abbildung zeigt, wie der Ball vom Dach des Gebäudes geworfen wird. Wir setzen in Höhe des Bodens $E_{\text{pot,G}} = 0$.

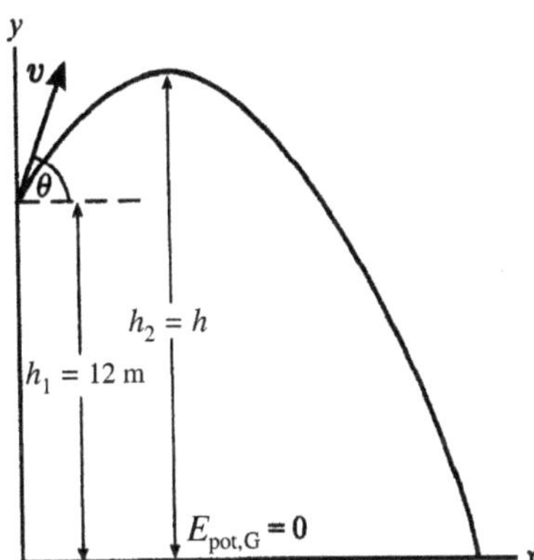

a) Wir wenden zunächst die Energieerhaltung an, um die Höhe zu berechnen, die der Ball maximal erreicht:

$$W_{\text{ext}} = \Delta E_{\text{kin}} + \Delta E_{\text{pot}} = 0.$$

Das ist gleichbedeutend mit

$$E_{\text{kin},2} - E_{\text{kin},1} + E_{\text{pot},2} - E_{\text{pot},1} = 0.$$

Einsetzen der Ausdrücke für die Energien ergibt

$$\tfrac{1}{2} m v_2^2 - \tfrac{1}{2} m v_1^2 + m g h_2 - m g h_1 = 0.$$

Da sich der Ball im Scheitelpunkt 2 horizontal bewegt und die horizontale Komponente der Geschwindigkeit konstant ist, gilt $|\boldsymbol{v}_2| = |\boldsymbol{v}_1| \cos\theta$.

Dies setzen wir, zusammen mit $h_2 = h$, ein:

$$\tfrac{1}{2} m \left(|\boldsymbol{v}_1| \cos\theta\right)^2 - \tfrac{1}{2} m v_1^2 + m g h - m g h_1 = 0.$$

Damit ergibt sich die Höhe zu

$$h = h_1 - \frac{v_1^2}{2 g} \left(\cos^2\theta - 1\right)$$
$$= 12\ \text{m} - \frac{(30\ \text{m} \cdot \text{s}^{-1})^2}{2\,(9{,}81\ \text{m} \cdot \text{s}^{-2})} \left(\cos^2 40° - 1\right) = 31{,}0\ \text{m}.$$

b) Gemäß der Definition der durch die Schwerkraft verrichteten Arbeit erhalten wir

$$W_{\text{G}} = -\Delta E_{\text{pot}} = -\left(E_{\text{pot},h} - E_{\text{pot},h_1}\right)$$
$$= -\left(m g h - m g h_1\right) = -m g \left(h - h_1\right)$$
$$= -(0{,}17\ \text{kg})\,(9{,}81\ \text{m} \cdot \text{s}^{-2})\,(31\ \text{m} - 12\ \text{m}) = -31{,}7\ \text{J}.$$

c) Gleichsetzen der mechanischen Energie des Balls am Anfang mit der kinetischen Energie unmittelbar vor dem Auftreffen auf dem Boden liefert $\tfrac{1}{2} m v_{\text{A}}^2 + m g h_{\text{A}} = \tfrac{1}{2} m v_{\text{E}}^2$. Auflösen nach der Endgeschwindigkeit ergibt (mit der negativen Wurzel, da $\boldsymbol{v}$ nach unten gerichtet ist):

$$v_{\text{E}} = -\sqrt{v_{\text{A}}^2 + 2 g h_{\text{A}}}$$
$$= -\sqrt{(30\ \text{m} \cdot \text{s}^{-1})^2 + 2\,(9{,}81\ \text{m} \cdot \text{s}^{-2})\,(12\ \text{m})}$$
$$= -33{,}7\ \text{m} \cdot \text{s}^{-1}.$$

L7.14 Das System soll aus der Erde und aus dem Pendelkörper bestehen, so dass $W_{\text{ext}} = 0$ ist. Außerdem wählen wir im tiefsten Punkt der Bahn $E_{\text{pot,G}} = 0$.

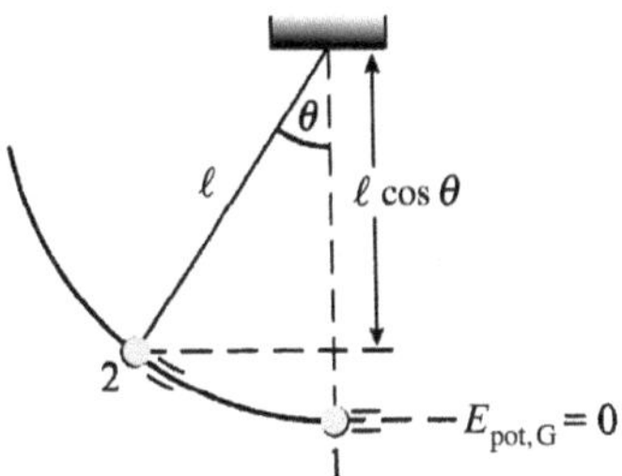

a) Wenn der Pendelkörper eine Auslenkung von 30° erreicht hat, hat er sowohl kinetische als auch potenzielle Energie. Wir wenden das Prinzip der Energieerhaltung auf den tiefsten Punkt (1) und auf den Punkt 2 beim Winkel 30° an:

$$W_{\text{ext}} = \Delta E_{\text{kin}} + \Delta E_{\text{pot}} = 0.$$

Das ist gleichbedeutend mit

$$E_{\text{kin},2} - E_{\text{kin},1} + E_{\text{pot},2} - E_{\text{pot},1} = 0.$$

Wegen $E_{\text{pot},1} = 0$ ist dann

$$\tfrac{1}{2} m v_2^2 - \tfrac{1}{2} m v_1^2 + E_{\text{pot},2} = 0.$$

Wir drücken $E_{\text{pot},2}$ durch den Winkel aus,

$$E_{\text{pot},2} = m g \ell \left(1 - \cos\theta\right),$$

und setzen dies ein:
$$\tfrac{1}{2}m\,v_2^2 - \tfrac{1}{2}m\,v_1^2 + m\,g\,\ell\,(1-\cos\theta) = 0.$$
Wir lösen nach v_2 auf und setzen die Zahlenwerte ein:

$$
\begin{aligned}
|v_2| &= \sqrt{v_1^2 - 2\,g\,\ell\,(1-\cos\theta)} \\
&= \sqrt{(4{,}5\,\mathrm{m\cdot s^{-1}})^2 - 2\,(9{,}81\,\mathrm{m\cdot s^{-2}})(3\,\mathrm{m})(1-\cos 30^\circ)} \\
&= 3{,}52\,\mathrm{m\cdot s^{-1}}.
\end{aligned}
$$

b) Die potenzielle Energie im Punkt 2 ist

$$
\begin{aligned}
E_{\mathrm{pot},2} &= m\,g\,\ell\,(1-\cos\theta) \\
&= (2\,\mathrm{kg})\,(9{,}81\,\mathrm{m\cdot s^{-2}})\,(3\,\mathrm{m})(1-\cos 30^\circ) = 7{,}89\,\mathrm{J}.
\end{aligned}
$$

c) Gemäß dem zweiten Newton'sche Axiom in radialer Richtung, $\sum F_r = m\,a_r$, gilt für die Zugkraft

$$F_{\mathrm{S}} - m\,g\cos\theta = m\,\frac{v_2^2}{\ell}.$$

Hieraus ergibt sie sich zu

$$
\begin{aligned}
F_{\mathrm{S}} &= m\left(g\cos\theta + \frac{v_2^2}{\ell}\right) \\
&= (2\,\mathrm{kg})\left[(9{,}81\,\mathrm{m\cdot s^{-2}})\,(\cos 30^\circ) + \frac{(3{,}52\,\mathrm{m\cdot s^{-1}})^2}{3\,\mathrm{m}}\right] \\
&= 25{,}3\,\mathrm{N}.
\end{aligned}
$$

d) Am höchsten Punkt gilt
$$E_{\mathrm{pot}} = E_{\mathrm{pot,max}} = m\,g\,\ell\,(1-\cos\theta_{\mathrm{max}})$$
sowie, da der Körper momentan ruht: $E_{\mathrm{pot,max}} = E_{\mathrm{kin},1}$.
Wir setzen $E_{\mathrm{kin},1}$ und $E_{\mathrm{pot,max}}$ in die vorige Gleichung ein:
$$m\,g\,\ell\,(1-\cos\theta_{\mathrm{max}}) = \tfrac{1}{2}m\,v_1^2.$$
Hieraus können wir θ_{max} berechnen:

$$
\begin{aligned}
\theta_{\mathrm{max}} &= \mathrm{acos}\left(1 - \frac{v_1^2}{2\,g\,\ell}\right) \\
&= \mathrm{acos}\left(1 - \frac{(4{,}5\,\mathrm{m\cdot s^{-1}})^2}{2\,(9{,}81\,\mathrm{m\cdot s^{-2}})\,(3\,\mathrm{m})}\right) = 49{,}0^\circ.
\end{aligned}
$$

L7.15 Im Punkt 2, dem tiefsten Punkt der Bahn des Körpers, wählen wir $E_{\mathrm{pot,G}} = 0$. Das System soll aus der Erde, der Decke, der Feder und dem Pendelkörper bestehen. In diesem Fall verrichten keine äußeren Kräfte Arbeit am System, so dass dessen Energie konstant ist.

Zur Anfangsenergie des Pendelkörpers (im Punkt 1 in der Abbildung) tragen seine potenzielle Energie der Schwerkraft und die in der gespannten Feder gespeicherte Energie bei. Während der Körper zum Punkt 2 hin nach unten schwingt, wird diese Energie in kinetische Energie umgewandelt. Wegen der Erhaltung der Energie gilt somit $\tfrac{1}{2}m\,v_2^2 = \tfrac{1}{2}k_{\mathrm{F}}x^2 + m\,g\,\ell\,(1-\cos\theta)$.

Wie der Abbildung zu entnehmen ist, muss gelten

$$\cos 2\theta = \frac{\ell/2}{x + \ell/2}$$

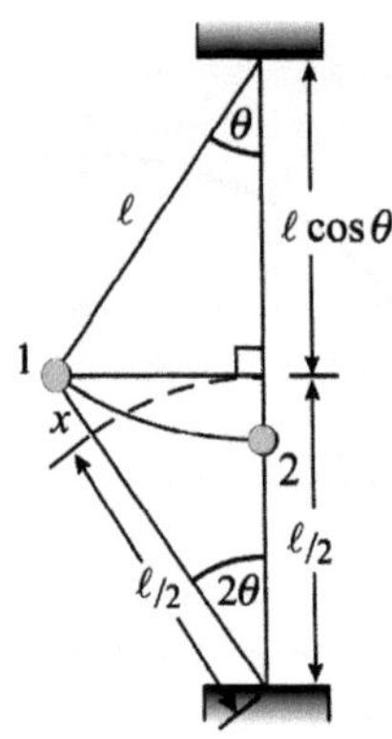

und daher $x = (\ell/2)\,(\sec 2\theta - 1)$. Dies setzen wir ein:

$$\tfrac{1}{2}m\,v_2^2 = \tfrac{1}{2}k_{\mathrm{F}}\left[\frac{\ell}{2}\,(\sec 2\theta - 1)\right]^2 + m\,g\,\ell\,(1-\cos\theta).$$

Für $\theta \ll 1$ können wir für den Sekans und für den Kosinus jeweils die ersten Glieder ihrer Potenzreihenentwicklung verwenden: $\sec 2\theta \approx 1 + 2\,\theta^2$ und $\cos\theta \approx 1 - \tfrac{1}{2}\theta^2$.

Einsetzen und Auflösen nach v_2 liefert schließlich

$$v_2 = \ell\,\theta\,\sqrt{\frac{g}{\ell} + \frac{k_{\mathrm{F}}}{m}\,\theta^2}.$$

L7.16 a) Die potenzielle Energie des Studenten steigt um
$$\Delta E_{\mathrm{pot}} = m\,g\,\Delta h = (80\,\mathrm{kg})\,(9{,}81\,\mathrm{m\cdot s^{-2}})\,(120\,\mathrm{m}) = 94{,}2\,\mathrm{kJ}.$$

b) Die Energie stammt aus der in seinem Organismus gespeicherten chemischen Energie. Sie wird durch Stoffwechselvorgänge in den Muskeln in mechanische Energie umgewandelt.

c) Da nur 20 % der chemischen Energie $\Delta E_{\mathrm{chem.}}$ in potenzielle Energie umgesetzt werden, gilt für die aufzuwendende chemische Energie: $0{,}2\,\Delta E_{\mathrm{chem.}} = \Delta E_{\mathrm{pot}}$. Somit ist die chemische Energie, die der Organismus aufbringen muss:

$$\Delta E_{\mathrm{chem.}} = 5\,\Delta E_{\mathrm{pot}} = 5\,(94{,}2\,\mathrm{kJ}) = 471\,\mathrm{kJ}.$$

L7.17 a) Wenn ein Auto auf einer horizontalen Straße gleitet, wird seine kinetische Energie in Wärmeenergie umgewandelt. Also gilt mit der Reibungsarbeit W_{R} für die Differenz von Anfangs- und Endenergie

$$W_{\mathrm{R}} = \Delta E_{\mathrm{Wärme}} = \Delta E_{\mathrm{kin}} = E_{\mathrm{kin,E}} - E_{\mathrm{kin,A}}.$$

Weil das Auto am Schluss steht ($E_{\mathrm{kin,E}} = 0$), betrifft diese Umwandlung die gesamte kinetische Energie, die das Auto zuvor hatte:

$$
\begin{aligned}
W_{\mathrm{R}} &= -E_{\mathrm{kin,A}} = -\tfrac{1}{2}m\,v_{\mathrm{A}}^2 = -\tfrac{1}{2}\,(2000\,\mathrm{kg})\,(25\,\mathrm{m\cdot s^{-1}})^2 \\
&= -625\,\mathrm{kJ}.
\end{aligned}
$$

b) Der Gleitreibungskoeffizient ist über die Gleitreibungskraft definiert: $F_{\mathrm{R,g}} = -\mu_{\mathrm{R,g}}\,m\,g$. Dabei ist $m\,g$ der Betrag der auf die Straße wirkenden Normalkraft. Umformen ergibt

$$\mu_{\mathrm{R,g}} = -\frac{F_{\mathrm{R,g}}}{m\,g}.$$

Die Reibungsarbeit haben wir in Teilaufgabe a berechnet. Für sie gilt $W_{\mathrm{R}} = F_{\mathrm{R,g}}\,\Delta s$. Also ist die Gleitreibungskraft gegeben durch

$F_{\mathrm{R,g}} = W_{\mathrm{R}}/\Delta s$. Dies setzen wir in die Gleichung für den Gleitreibungskoeffizienten ein und erhalten

$$\mu_{\mathrm{R,g}} = \frac{-W_{\mathrm{R}}}{m\,g\,\Delta s} = \frac{-(-625\ \mathrm{kJ})}{(2000\ \mathrm{kg})\,(9{,}81\ \mathrm{m\cdot s^{-2}})\,(60\ \mathrm{m})} = 0{,}531\,.$$

L7.18 Das betrachtete System soll aus der Erde, dem Mädchen und der Rutsche bestehen. Bei dieser Betrachtung verrichten keine äußeren Kräfte Arbeit am System. Wenn das Mädchen den Boden erreicht, ist seine potenzielle Energie, die es oben auf der Rutsche hatte, in kinetische Energie umgewandelt worden. Wir setzen am Boden $E_{\mathrm{pot,G}} = 0$ und bezeichnen den Anfangspunkt mit 1 sowie den Endpunkt mit 2, wie in der Abbildung gezeigt.

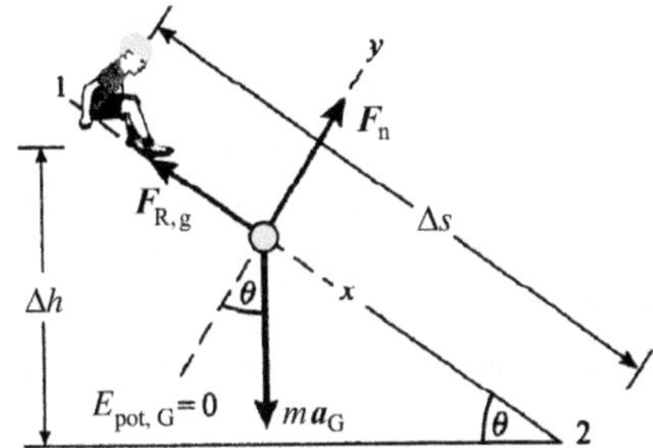

a) Für die Arbeit und die Energie gilt im vorliegenden Fall, bei Vorliegen von Reibung:

$$W_{\mathrm{ext}} = \Delta E_{\mathrm{kin}} + \Delta E_{\mathrm{pot}} - F_{\mathrm{R,g}}\,\Delta s = 0\,.$$

Wegen $E_{\mathrm{pot,2}} = E_{\mathrm{kin,1}} = 0$ ergibt sich daraus

$$E_{\mathrm{kin,2}} - E_{\mathrm{pot,1}} - F_{\mathrm{R,g}}\,\Delta s = 0$$

sowie, weil $F_{\mathrm{R,g}}\,\Delta s = W_{\mathrm{R}}$ ist:

$$\begin{aligned} W_{\mathrm{R}} &= E_{\mathrm{kin,2}} - E_{\mathrm{pot,1}} = \tfrac{1}{2}\,m\,v_2^2 - m\,g\,\Delta h \\ &= \tfrac{1}{2}(20\ \mathrm{kg})(1{,}3\ \mathrm{m\cdot s^{-1}})^2 - (20\ \mathrm{kg})(9{,}81\ \mathrm{m\cdot s^{-2}})\,(3{,}2\ \mathrm{m}) \\ &= -611\ \mathrm{J}\,. \end{aligned}$$

b) Die verrichtete Reibungsarbeit ist das Produkt aus der Reibungskraft und der zurückgelegten Strecke:

$$W_{\mathrm{R}} = F_{\mathrm{R,g}}\,\Delta s = -\mu_{\mathrm{R,g}}\,F_{\mathrm{n}}\,\Delta s\,.$$

Damit ist der Gleitreibungskoeffizient

$$\mu_{\mathrm{R,g}} = -\frac{W_{\mathrm{R}}}{F_{\mathrm{n}}\,\Delta s}\,.$$

Gemäß dem zweiten Newton'schen Axiom $\sum F_y = m\,a_y$ gilt für das Mädchen $F_{\mathrm{n}} - m\,g\,\cos\theta = 0$.
Daraus folgt für die Normalkraft $F_{\mathrm{n}} = m\,g\,\cos\theta$.
Wie aus der Abbildung hervorgeht, gilt

$$\Delta s = \frac{\Delta h}{\sin\theta}\,.$$

Einsetzen der Normalkraft und der Strecke ergibt

$$\begin{aligned} \mu_{\mathrm{R,g}} &= -\frac{W_{\mathrm{R}}}{F_{\mathrm{n}}\,\Delta s} = -\frac{W_{\mathrm{R}}}{m\,g\,\cos\theta\,\dfrac{\Delta h}{\sin\theta}} = -\frac{W_{\mathrm{R}}\tan\theta}{m\,g\,\Delta h} \\ &= -\frac{(-611\ \mathrm{J})\tan 20^\circ}{(20\ \mathrm{kg})\,(9{,}81\ \mathrm{m\cdot s^{-2}})\,(3{,}2\ \mathrm{m})} = 0{,}354\,. \end{aligned}$$

L7.19 Das betrachtete System soll aus Erde, Block, Rampe und Feder bestehen. In diesem Fall verrichten keine äußeren Kräfte Arbeit am System, so dass seine Energie konstant ist. Die Abbildung zeigt die auf den Block wirkenden Kräfte, unmittelbar bevor er sich in Bewegung setzt.

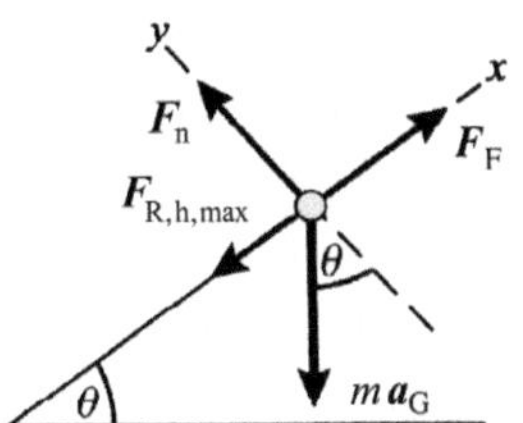

a) Wir wenden das zweite Newton'sche Axiom, $\sum F = m\,a$, auf den Block an. Unmittelbar, bevor er zu gleiten beginnt, gilt:

$$\begin{aligned} \sum F_x &= F_{\mathrm{F}} + F_{\mathrm{R,h,max}} - m\,g\,\sin\theta = 0\,, \\ \sum F_y &= F_{\mathrm{n}} - m\,g\,\cos\theta = 0\,. \end{aligned}$$

Einsetzen der Federkraft F_{F} und der maximalen Gleitreibungskraft $F_{\mathrm{R,h,max}}$ in die erste Gleichung und Eliminieren der Normalkraft F_{n} mit Hilfe der zweiten Gleichung ergibt

$$k_{\mathrm{F}}\,d - \mu_{\mathrm{R,h}}\,m\,g\,\cos\theta - m\,g\,\sin\theta = 0$$

sowie daraus

$$d = \frac{m\,g}{k_{\mathrm{F}}}\,(\sin\theta + \mu_{\mathrm{R,h}}\,\cos\theta)\,.$$

b) Wir formulieren den Zusammenhang zwischen Arbeit und Energie bei Vorliegen von Reibung, wobei wir mit $\Delta E_{\mathrm{pot,G}}$ die potenzielle Energie der Schwerkraft (Gravitation) und mit $\Delta E_{\mathrm{pot,F}}$ die potenzielle Energie der Feder bezeichnen. Wir berücksichtigen, dass am betrachteten System keine äußere Arbeit verrichtet wird, und erhalten:

$$\Delta E_{\mathrm{System}} = \Delta E_{\mathrm{kin}} + \Delta E_{\mathrm{pot,G}} + \Delta E_{\mathrm{pot,F}} - W_{\mathrm{R}} = 0\,.$$

Da der Block am Anfang und am Ende ruht, ist $\Delta E_{\mathrm{kin}} = 0$ und somit

$$\Delta E_{\mathrm{pot,G}} + \Delta E_{\mathrm{pot,F}} - W_{\mathrm{R}} = 0\,. \tag{1}$$

Wir wählen die potenzielle Energie so, dass in der Anfangslage des Blocks $E_{\mathrm{pot,G}} = 0$ ist. Wir bezeichnen den Anfangszustand mit A und den Endzustand mit E. Damit gilt

$$\Delta E_{\mathrm{pot,G}} = E_{\mathrm{pot,G,E}} - E_{\mathrm{pot,G,A}} = m\,g\,h - 0 = m\,g\,d\,\sin\theta\,.$$

Weil die Feder zum Schluss entspannt sein soll, ändert sich die in ihr gespeicherte Energie um

$$\Delta E_{\mathrm{pot,F}} = E_{\mathrm{pot,F,E}} - E_{\mathrm{pot,F,A}} = 0 - \tfrac{1}{2}\,k_{\mathrm{F}}\,d^2 = -\tfrac{1}{2}\,k_{\mathrm{F}}\,d^2\,.$$

Die Reibungsarbeit W_{R} ist

$$W_{\mathrm{R}} = F_{\mathrm{R,g}}\,d = -\mu_{\mathrm{R,g}}\,F_{\mathrm{n}}\,d = -\mu_{\mathrm{R,g}}\,m\,g\,d\,\cos\theta\,.$$

Diese drei Ausdrücke für die Energien setzen wir nun in Gleichung 1 ein:

$$m\,g\,d\,\sin\theta - \tfrac{1}{2}\,k_{\mathrm{F}}\,d^2 + \mu_{\mathrm{R,g}}\,m\,g\,d\,\cos\theta = 0\,.$$

Auflösen nach dem Gleitreibungskoeffizienten $\mu_{\mathrm{R,g}}$ ergibt mit dem Ergebnis von Teilaufgabe a schließlich

$$\mu_{\mathrm{R,g}} = \tfrac{1}{2}\,(\mu_{\mathrm{R,h}} - \tan\theta)\,.$$

L7.20 a) Die Ruheenergie der Materie ergibt sich über die Einstein'sche Beziehung aus der Masse, und wir erhalten

$$E_0 = mc^2 = (1 \cdot 10^{-3}\,\text{kg})\,(3 \cdot 10^8\,\text{m} \cdot \text{s}^{-1})^2 = 9{,}00 \cdot 10^{13}\,\text{J}.$$

b) Wir ermitteln zunächst den Umrechnungsfaktor zwischen Joule und kWh:

$$1\,\text{kWh} = (1 \cdot 10^3\,\text{J}\,\text{s}^{-1})\,(3600\,\text{s}\,\text{h}^{-1})\,(1\,\text{h}) = 3{,}60 \cdot 10^6\,\text{J}.$$

Damit ergibt sich für die eben berechnete Energiemenge

$$9 \cdot 10^{13}\,\text{J} = (9 \cdot 10^{13}\,\text{J})\,\frac{1\,\text{kWh}}{3{,}60 \cdot 10^6\,\text{J}} = 2{,}50 \cdot 10^7\,\text{kWh},$$

und der Preis für diese elektrische Energie beläuft sich auf

$$(2{,}50 \cdot 10^7\,\text{kWh})\,\frac{0{,}10\,\text{EU}}{\text{kWh}} = 2{,}5 \cdot 10^6\,\text{EU}.$$

c) Wegen des Zusammenhangs $\Delta E = P\,\Delta t$ zwischen Energie und Leistung ergibt sich die Zeitspanne zu

$$\Delta t = \frac{\Delta E}{P} = \frac{9 \cdot 10^{13}\,\text{J}}{100\,\text{W}} = 9 \cdot 10^{11}\,\text{s} = 28500\,\text{a}.$$

L7.21 Für die Energie der in das Schwarze Loch stürzenden Materie gilt die Beziehung $E = mc^2$ zwischen Masse und Energie. Da nur 1 % der Energie der hineinstürzenden Masse wieder abgestrahlt wird, ergibt sich die Rate der abgestrahlten Energie E_a aus dem Massenzuwachs des Schwarzen Lochs (SL):

$$\frac{\mathrm{d}E_\text{a}}{\mathrm{d}t} = (0{,}01)\,\frac{\mathrm{d}}{\mathrm{d}t}(m_\text{SL}\,c^2) = (0{,}01)\,c^2\,\frac{\mathrm{d}m_\text{SL}}{\mathrm{d}t}.$$

Damit erhalten wir für den Massenzuwachs

$$\frac{\mathrm{d}m_\text{SL}}{\mathrm{d}t} = \frac{\mathrm{d}E_\text{a}/\mathrm{d}t}{(0{,}01)\,c^2}$$

$$= \frac{4 \cdot 10^{31}\,\text{W}}{(0{,}01)\,(2{,}998 \cdot 10^8\,\text{m} \cdot \text{s}^{-1})^2} = 4{,}45 \cdot 10^{16}\,\text{kg} \cdot \text{s}^{-1}.$$

L7.22 a) Unter der Annahme eines Wirkungsgrads von 33 % gilt $0{,}33\,E = P\,\Delta t$, wobei E die aus der Kernspaltung zu gewinnende Energie und P die Leistung des Kraftwerks ist. Damit ergibt sich die Energie, die das Kraftwerk mit der angegebenen Leistung von 3000 MW in einem Jahr erzeugt, zu

$$E = 3\,P\,\Delta t = 3\,(3 \cdot 10^9\,\text{J} \cdot \text{s}^{-1})\,(1\,\text{a})$$
$$= 3\,(3 \cdot 10^9\,\text{J} \cdot \text{s}^{-1})\,(3600\,\text{s} \cdot \text{h}^{-1})\,(24\,\text{h} \cdot \text{d}^{-1})\,(365{,}24\,\text{d})$$
$$= 2{,}84 \cdot 10^{17}\,\text{J}.$$

Dieser Energiemenge entspricht gemäß der Einstein'schen Formel $m = E/c^2$ die Masse

$$m = \frac{2{,}84 \cdot 10^{17}\,\text{J}}{(3 \cdot 10^8\,\text{m} \cdot \text{s}^{-1})^2} = 3{,}16\,\text{kg}.$$

b) Wir drücken die Masse der benötigten Kohle durch die jährlich erzeugte Energiemenge und die pro Kilogramm Kohle freigesetzte Energie aus. Mit dem Faktor 0,38 im Nenner berücksichtigen wir den Wirkungsgrad, und der Wert im Zähler ergibt sich wie in Teilaufgabe a, diesmal aber ohne den Faktor 3:

$$m_\text{Kohle} = \frac{E_\text{Kohle,jährl.}}{0{,}38\,(E/m)} = \frac{9{,}47 \cdot 10^{16}\,\text{J}}{0{,}38\,(3{,}1 \cdot 10^7\,\text{J} \cdot \text{kg}^{-1})}$$
$$= 8{,}04 \cdot 10^9\,\text{kg}.$$

L7.23 Das System soll die Erde, den Block und die geneigte Ebene umfassen. Auf dieses System wirken keine äußeren Kräfte, so dass $W_\text{ext} = 0$ ist.

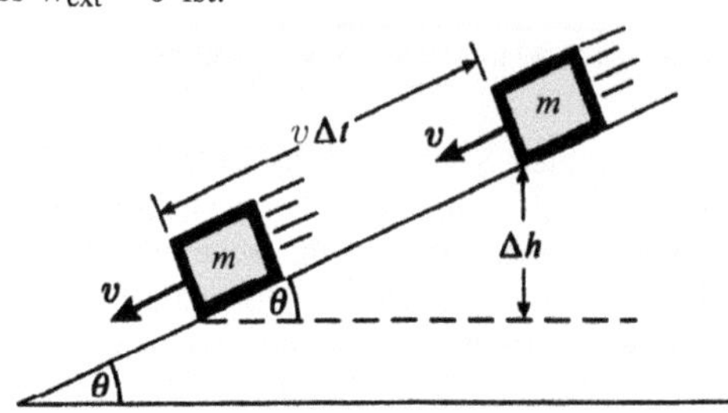

Der Zusammenhang zwischen Arbeit und Energie bei Vorliegen von Reibung lautet $W_\text{ext} = \Delta E_\text{kin} + \Delta E_\text{pot} - W_\text{R} = 0$.

Da der Block mit konstanter Geschwindigkeit gleitet, gilt:

$$\Delta E_\text{kin} = 0 \quad \text{und somit} \quad W_\text{R} = \Delta E_\text{pot} = -m\,g\,\Delta h.$$

Im Zeitintervall Δt gleitet der Block die Strecke $v\,\Delta t$ hinab. Die Abbildung zeigt, dass sich die zugehörige Höhenänderung zu

$$\Delta h = v\,\Delta t\,\sin\theta$$

ergibt. Einsetzen in die Formel für die Reibungsarbeit liefert

$$W_\text{R} = -m\,g\,v\,\Delta t\,\sin\theta.$$

Also ist Lösung b richtig.

L7.24 Die Solarkonstante ist die durchschnittliche Energie pro Flächen- und Zeiteinheit, die die obere Erdatmosphäre erreicht. Damit kann sie auch als Intensität I (Leistung pro Flächeneinheit) angesehen werden:

$$I = \frac{P}{A} = \frac{\Delta E/\Delta t}{A}.$$

Damit erhalten wir

$$\Delta E = I\,A\,\Delta t$$
$$= (1\,\text{kW} \cdot \text{m}^{-2})\,(2\,\text{m}^2)\,(8\,\text{h})\,(3600\,\text{s} \cdot \text{h}^{-1}) = 57{,}6\,\text{MJ}.$$

L7.25 a) Die Solarkonstante I ist die durchschnittliche Energie pro Flächen- und pro Zeiteinheit, die die obere Erdatmosphäre erreicht (vergleiche Aufgabe 24), bzw. die Intensität I (die Leistung pro Flächeneinheit):

$$I = \frac{P}{A} = \frac{\Delta E/\Delta t}{A}.$$

(Diese Leistung P wird bei strahlenden Körpern wie der Sonne auch als Leuchtkraft L bezeichnet.) Mit ihrem Radius r ist die Oberfläche der Sonne $A = 4\,\pi\,r^2$. Dies setzen wir in die obige Gleichung ein und erhalten

$$\frac{\Delta E}{\Delta t} = A\,I = 4\,\pi\,r^2\,I = 4\,\pi\,(1{,}5 \cdot 10^{11}\,\text{m})^2\,(1{,}35\,\text{kW} \cdot \text{m}^2)$$
$$= 3{,}82 \cdot 10^{26}\,\text{W}.$$

b) Die Lebensdauer der Sonne ist der Quotient aus der Anzahl der in ihr enthaltenen Wasserstoffkerne und der Rate, mit der diese in Energie umgewandelt werden:

$$t_\text{Sonne} = \frac{n_\text{H}}{\Delta n_\text{H}/\Delta t}.$$

Die Anzahl n_H der Wasserstoffkerne ist ihrerseits der Quotient aus der Sonnenmasse m_Sonne und der Masse m_P eines Wasserstoffkerns. Damit ergibt sich

$$t_\text{Sonne} = \frac{m_\text{Sonne}/m_P}{\Delta n_H/\Delta t} = \frac{\dfrac{1{,}99 \cdot 10^{30}\ \text{kg}}{1{,}67 \cdot 10^{-27}\ \text{kg}}}{\Delta n_H/\Delta t} = \frac{1{,}19 \cdot 10^{57}}{\Delta n_H/\Delta t}.$$

Die Anzahl der pro Zeiteinheit „verbrannten" Wasserstoffkerne ist nun der Quotient aus der insgesamt von der Sonne abgegebenen Leistung (also gleich der in Teilaufgabe a berechneten Energie pro Zeiteinheit) und der bei der Verschmelzung von vier Wasserstoffkernen zu einem Heliumkern freigesetzten Energiemenge von 26,7 MeV. Der Faktor 4 in der folgenden Formel berücksichtigt, dass bei der Erzeugung eines Heliumskerns 4 Wasserstoffkerne verbraucht werden. Für den genannten Quotienten erhalten wir also

$$\frac{\Delta n_H}{\Delta t} = \frac{4\,(3{,}82 \cdot 10^{26}\ \text{J} \cdot \text{s}^{-1})}{4{,}27 \cdot 10^{-12}\ \text{J}} = 3{,}57 \cdot 10^{38}\ \text{s}^{-1}.$$

Unter der Annahme, dass die Sonne nur so lange „brennt", bis etwa 10 % ihres Wasserstoffvorrats verbraucht sind, ergibt sich ihre Lebensdauer zu

$$t_\text{Sonne} = (0{,}1)\,\frac{1{,}19 \cdot 10^{57}}{3{,}57 \cdot 10^{38}\ \text{s}^{-1}} = 3{,}33 \cdot 10^{17}\ \text{s} \approx 10^{10}\ \text{a}.$$

L7.26 Die Abbildung zeigt die Kräfte, die auf die Skiläufer wirken, während sie mit konstanter Geschwindigkeit den Hang hinaufgezogen werden.

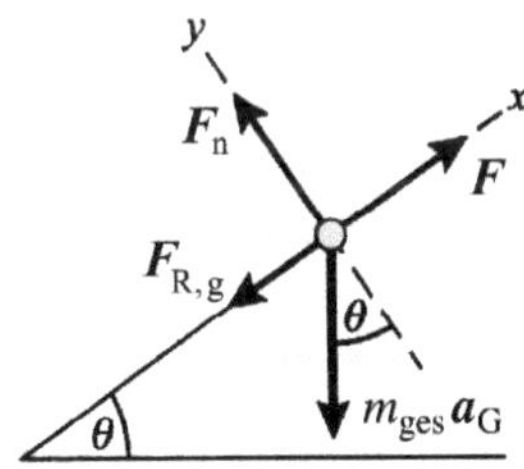

Dabei gilt $\sum F = m_\text{ges}\,a$, wobei m_ges die Gesamtmasse aller Skiläufer ist, und daher

$$\sum F_x = F + F_{R,g} - m_\text{ges}\,g\sin\theta = 0,$$
$$\sum F_y = F_n - m_\text{ges}\,g\cos\theta = 0.$$

Wir setzen in die erste Gleichung die Gleitreibungskraft $F_{R,g} = -\mu_{R,g} F_n$ ein und substituieren F_n aus der zweiten Gleichung:

$$F = m_\text{ges}\,g\sin\theta + \mu_{R,g}\,m_\text{ges}\,g\cos\theta.$$

Die aufzubringende Leistung ist

$$\begin{aligned}
P = F\,v &= (m_\text{ges}\,g\sin\theta + \mu_{R,g}\,m_\text{ges}\,g\cos\theta)\,v \\
&= m_\text{ges}\,g\,v\,(\sin\theta + \mu_{R,g}\cos\theta) \\
&= 80\,(75\ \text{kg})\,(9{,}81\ \text{m}\cdot\text{s}^{-2})\,(2{,}5\ \text{m}\cdot\text{s}^{-1}) \\
&\quad \cdot [\sin 15^\circ + (0{,}06)\cos 15^\circ] \\
&= 46{,}6\ \text{kW}.
\end{aligned}$$

L7.27 Das System soll aus der Erde, dem Gesteinsstück und der Luft bestehen. An diesem System verrichten keine äußeren

Kräfte Arbeit, so dass $W_\text{ext} = 0$ ist. Wir setzen in der Höhe, von der aus der Stein nach oben geschleudert wird, die potenzielle Energie gleich null: $E_\text{pot,G} = 0$. Während der Stein steigt, wird seine kinetische Energie teilweise in potenzielle Energie und teilweise durch die Reibung infolge des Luftwiderstands in Wärme umgewandelt. Während er fällt, wird seine potenzielle Energie teilweise wieder in kinetische Energie umgewandelt, während auch hierbei ein Teil durch die Reibung in Wärme umgewandelt wird.

a) Wir berechnen zunächst die kinetische Energie, die der Stein zu Beginn (Anfangszustand A) hat:
$$E_\text{kin,A} = \tfrac{1}{2}m\,v_\text{kin,A}^2 = \tfrac{1}{2}(2\ \text{kg})(40\ \text{m}\cdot\text{s}^{-1})^2 = 1{,}60\ \text{kJ}.$$

b) Während der Stein steigt, lautet der Zusammenhang zwischen Arbeit und Energie bei Vorliegen von Reibung
$$\Delta E_\text{kin} + \Delta E_\text{pot} - W_R = 0.$$
Wegen $E_\text{kin,E} = 0$ ist $-E_\text{kin,A} + \Delta E_\text{pot} - W_R = 0$.
Damit ergibt sich

$$\begin{aligned}
W_R &= \Delta E_\text{pot} - E_\text{kin,A} \\
&= (2\ \text{kg})(9{,}81\ \text{m}\cdot\text{s}^{-2})(50\ \text{m}) - 1600\ \text{J} = -619\ \text{J}.
\end{aligned}$$

c) Während der Stein fällt, besteht – wiederum bei Vorliegen von Reibung – zwischen Arbeit und Energie der Zusammenhang
$$\Delta E_\text{kin} + \Delta E_\text{pot} - W_R = 0.$$
Mit $E_\text{kin,A} = \Delta E_\text{pot,E} = 0$ ergibt sich hieraus
$$E_\text{kin,E} - E_\text{pot,A} + W_R' = 0,$$
wobei $W_R' = 0{,}7\,W_R$ die beim Fall verrichtete Arbeit ist. Wir setzen dies gemeinsam mit den Ausdrücken für die kinetische und die potenzielle Energie ein:
$$\tfrac{1}{2}m\,v_E^2 - m\,g\,h - 0{,}7\,W_R = 0.$$
Unter Berücksichtigung der in Aufgabenteil a berechneten Wärmeenergie beim Aufstieg ergibt sich damit die Endgeschwindigkeit zu

$$\begin{aligned}
v_E &= \sqrt{2\,g\,h + \frac{1{,}4\,W_R}{m}} \\
&= \sqrt{2\,(9{,}81\ \text{m}\cdot\text{s}^{-2})(50\ \text{m}) + \frac{(1{,}4)\,(-619\ \text{J})}{2\ \text{kg}}} \\
&= 23{,}4\ \text{m}\cdot\text{s}^{-1}.
\end{aligned}$$

L7.28 Die mittlere vom Motor abgegebene Leistung ist die Änderung der mechanischen Energie des Autos, dividiert durch die Zeitspanne, in der sie erfolgt: $\langle P \rangle = \Delta E/\Delta t$. Während das Auto die Steigung hinauffährt, nimmt seine potenzielle Energie zu, während seine kinetische Energie abnimmt. Die Änderung seiner gesamten mechanischen Energie ist dabei

$$\begin{aligned}
\Delta E &= \Delta E_\text{kin} + \Delta E_\text{pot} \\
&= E_\text{kin,oben} - E_\text{kin,unten} + E_\text{pot,oben} - E_\text{pot,unten} \\
&= \tfrac{1}{2}m\,v_\text{oben}^2 - \tfrac{1}{2}m\,v_\text{unten}^2 + m\,g\,\Delta h \\
&= \tfrac{1}{2}m\,(v_\text{oben}^2 - v_\text{unten}^2 + 2\,g\,\Delta h) \\
&= \tfrac{1}{2}(1500\ \text{kg})\big[(10\ \text{m}\cdot\text{s}^{-1})^2 - (24\ \text{m}\cdot\text{s}^{-1})^2 \\
&\quad + 2\,(9{,}81\ \text{m}\cdot\text{s}^{-2})(120\ \text{m})\big] \\
&= 1{,}41\ \text{MJ}.
\end{aligned}$$

Unter der Annahme, dass das Auto gleichförmig verzögert wird, ist seine Durchschnittsgeschwindigkeit während des Anstiegs

$$\langle v \rangle = \frac{v_{\text{oben}} + v_{\text{unten}}}{2} = 17 \, \text{m} \cdot \text{s}^{-1}.$$

Hieraus ergibt sich die Zeit, die das Auto für den Anstieg benötigt, zu

$$\Delta t = \frac{\Delta s}{\langle v \rangle} = \frac{2000 \, \text{m}}{17 \, \text{m} \cdot \text{s}^{-1}} = 118 \, \text{s}.$$

Einsetzen von ΔE und Δt in die Formel für die Leistung ergibt

$$\langle P \rangle = \frac{\Delta E}{\Delta t} = \frac{1{,}41 \, \text{MJ}}{118 \, \text{s}} = 11{,}9 \, \text{kW}.$$

L7.29 Die Geschwindigkeit, mit der der Pendelkörper nach dem Umklappen der Schnur den Scheitelpunkt über dem Nagel durchläuft, bezeichnen wir mit v. Wie in der Abbildung gezeigt ist, wirken auf den Pendelkörper zwei Kräfte: die Zugkraft F_S im Faden (soweit im jeweiligen Punkt vorhanden) und die Schwerkraft $m \, g$.

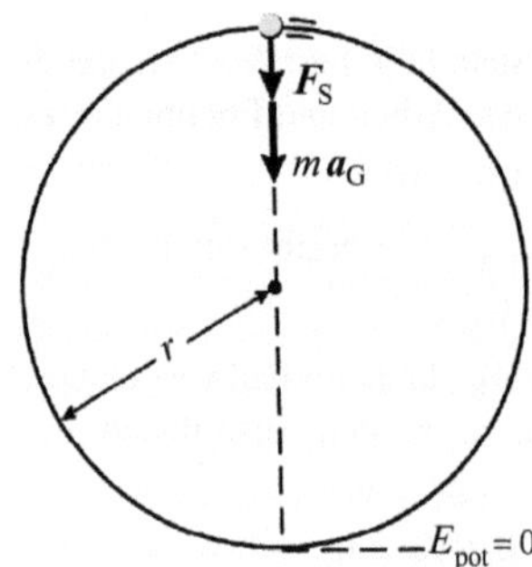

In dem Moment, in dem sich der Pendelkörper senkrecht über dem Nagel befindet, wirken beide genannten Kräfte nach unten. Bei der Mindestgeschwindigkeit, die der Pendelkörper haben muss, um diesen Punkt zu durchlaufen, ist die Zugkraft null. Die Zentripetalkraft, die den Pendelkörper auf seiner Bahn hält, stammt dann allein von der Schwerkraft. Es muss also gelten $m \, v^2 / r > m \, g$ bzw.

$$\frac{v^2}{r} > g. \tag{1}$$

Die kinetische Energie, die der Pendelkörper im Scheitelpunkt über dem Nagel hat, ist wegen der Energieerhaltung gleich der Differenz aus der potenziellen Energie zu Beginn (in der Höhe ℓ) und der Energie im Scheitelpunkt mit der Höhe $2 \, r$:
$\frac{1}{2} m \, v^2 = m \, g \, (\ell - 2 \, r).$
Daher ist $v^2 = 2 \, g \, (\ell - 2 \, r).$
Einsetzen in Gleichung 1 ergibt die Bedingung

$$\frac{2g \, (\ell - 2r)}{r} > g \quad \text{und damit} \quad r < \tfrac{2}{5} \ell.$$

L7.30 Die vom Holzblock an der Kugel verrichtete Arbeit ist $W_{\text{ges}} = F \, d$. Sie ist gleich der Änderung der kinetischen Energie der Kugel: $W_{\text{ges}} = \Delta E_{\text{kin}} = E_{\text{kin,E}} - E_{\text{kin,A}}$.
Da die Kugel zum Schluss ruht, gilt $W_{\text{ges}} = -E_{\text{kin,A}}$.

Einsetzen der verrichteten Arbeit $F \, d$ und der anfänglichen kinetischen Energie ergibt

$$F \, d = -\tfrac{1}{2} m \, v^2 \quad \text{bzw.} \quad d = -\frac{m \, v^2}{2 \, F}.$$

Bei einer ansonsten völlig gleichen Kugel mit der doppelten Geschwindigkeit ist

$$F \, d' = -\tfrac{1}{2} m \, (2 \, v)^2 \quad \text{bzw.} \quad d' = 4 \left(-\frac{m \, v^2}{2 \, F} \right) = 4 \, d.$$

Also ist Lösung c richtig.

L7.31 Unter den in der Aufgabenstellung beschriebenen Annahmen ist die pro Zeiteinheit aufgebrachte Energie (also die Leistung) der Beine des Läufers

$$P = \frac{\Delta E}{\Delta t} = \frac{3 \, m \, v^2}{\Delta t} = \frac{3 \, (10 \, \text{kg}) \, (3 \, \text{m} \cdot \text{s}^{-1})^2}{1 \, \text{s}} = 270 \, \text{W}.$$

Da die Muskeln des Läufers einen Wirkungsgrad von nur 20 % haben, muss sein Organismus die fünffache Energie aufbringen:
$P' = 5 \, P = 5 \, (270 \, \text{W}) = 1{,}35 \, \text{kW}.$

Anmerkung: Der sehr hohe Wert von 270 W für die mechanische Energie zeigt die Hauptschwäche des hier angesetzten Jogging-Modells. Die Annahme ist nicht sehr realistisch, dass die Beine bei jedem Schritt zum Stillstand abgebremst und dann wieder beschleunigt werden. Zum Vergleich: Ein durchschnittlicher Erwachsener kann am Fahrrad-Ergometer einige Minuten lang eine mechanische Leistung von ungefähr 160 W erbringen.

L7.32 Die Abbildung zeigt das Kräftediagramm der auf den Pendelkörper wirkenden Kräfte. Außerdem ist die x-Achse beim betrachteten Punkt eingezeichnet.

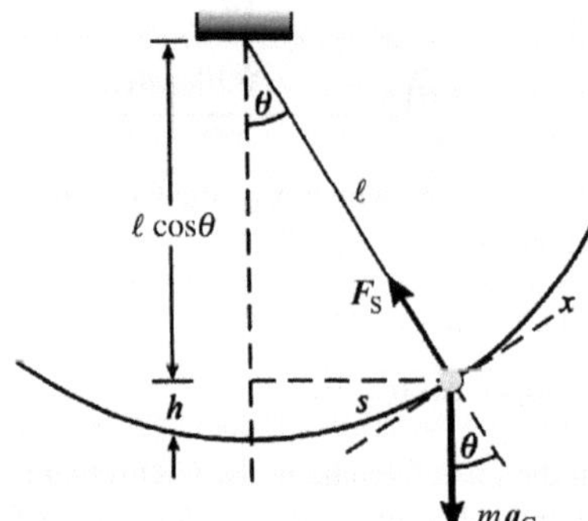

a) Anwenden des zweiten Newton'schen Axioms $\sum F_x = m \, a_x$ auf den Pendelkörper ergibt $F_t = -m \, g \sin\theta = m \, a_t$
und daraus $a_t = \mathrm{d} v_t / \mathrm{d}t = -g \sin\theta$.

b) Die Bogenlänge s ist bei kleinen Auslenkungen durch $s = \ell \theta$ definiert. Ableiten nach der Zeit ergibt die gesuchte Relation:
$\mathrm{d}s / \mathrm{d}t = v_t = \ell \, \mathrm{d}\theta / \mathrm{d}t$.

c) Wir wenden die Kettenregel an und erhalten mit dem Ergebnis von Teilaufgabe b

$$\frac{\mathrm{d} v_t}{\mathrm{d}t} = \frac{\mathrm{d} v_t}{\mathrm{d}\theta} \frac{\mathrm{d}\theta}{\mathrm{d}t} = \frac{\mathrm{d} v_t}{\mathrm{d}\theta} \frac{v_t}{\ell}.$$

d) Gleichsetzen der Ausdrücke für $\mathrm{d}v_t/\mathrm{d}t$ aus den Teilaufgaben a und c liefert

$$\frac{\mathrm{d}v_t}{\mathrm{d}\theta}\,\frac{v_t}{\ell} = -g\sin\theta.$$

Die Trennung der Variablen ergibt $v_t\,\mathrm{d}v_t = -g\,\ell\sin\theta\,\mathrm{d}\theta$.

e) Wir integrieren links von $v_t = 0$ bis zur Endgeschwindigkeit v_t sowie rechts vom Anfangswinkel $\theta = \theta_0$ bis zu $\theta = 0$:

$$\int_0^{v_t} v_t'\,\mathrm{d}v_t' = \int_{\theta_0}^0 -g\,\ell\sin\theta'\,\mathrm{d}\theta'.$$

Dies ergibt

$$\tfrac{1}{2}v_t^2 = g\,\ell\,(1-\cos\theta_0).$$

Wie der Abbildung zu entnehmen ist, gilt $\cos\theta_0 = (\ell - h)/\ell$ und somit $h = \ell(1-\cos\theta_0)$. Einsetzen und Umformen ergibt schließlich $v_t = \sqrt{2\,g\,h}$.

8A Teilchensysteme und die Erhaltung des linearen Impulses

- Bestimmung des Massenmittelpunkts
- Bestimmung des Massenmittelpunkts durch Integration
- Bewegung des Massenmittelpunkts
- Impulserhaltung
- Kinetische Energie eines Teilchensystems
- Kraftstoß und zeitliches Mittel einer Kraft
- Schwerpunktsystem
- Systeme mit kontinuierlich veränderlicher Masse: Strahlantrieb

A: Aufgaben

Anmerkung: Bei allen Aufgaben ist die Fallbeschleunigung $g = 9{,}81\ \mathrm{m \cdot s^{-2}}$. Falls nichts anderes angegeben ist, sind Reibung und Luftwiderstand zu vernachlässigen.

Verständnisaufgaben

A8.1 • Führen Sie ein Beispiel für einen dreidimensionalen Körper an, der an seinem Massenmittelpunkt keine Masse enthält.

A8.2 •• Eine Kanonenkugel wird von einem hohen Turm fallen gelassen, während zum gleichen Zeitpunkt eine identische Kanonenkugel genau senkrecht in die Luft geschossen wird. Welche der folgenden Aussagen ist richtig? Der Massenmittelpunkt der zwei Kanonenkugeln a) bewegt sich nicht, b) steigt anfangs, fällt dann, beginnt aber schon zu fallen, *bevor* die in die Luft geschossene Kanonenkugel wieder herunterfällt, c) steigt anfangs, fällt dann, beginnt aber *erst dann* zu fallen, wenn die in die Luft geschossene Kanonenkugel wieder herunterfällt, d) steigt anfangs, fällt dann, beginnt aber erst zu fallen, *nachdem* die in die Luft geschossene Kanonenkugel wieder herunterfällt.

A8.3 • Wenn zwei Körper die gleiche kinetische Energie haben, sind dann auch ihre Impulsbeträge näherungsweise gleich? Begründen Sie Ihre Antwort und geben Sie ein Beispiel an.

A8.4 • Ein Kind springt von einem kleinen Boot an Land. Warum muss es mit mehr Energie springen, als es bräuchte, wenn es dieselbe Strecke über einen Graben springen würde?

A8.5 • Zwei Kegelkugeln bewegen sich mit derselben Geschwindigkeit, aber die eine gleitet entlang der Bahn, die andere rollt die Bahn entlang. Welche der Kugeln hat mehr kinetische Energie? Begründen Sie Ihre Antwort.

A8.6 •• Wenn nur externe Kräfte den Massenmittelpunkt eines Teilchensystems beschleunigen können, wie kann sich dann ein Auto bewegen? Normalerweise glauben wir, dass der Motor des Wagens die Beschleunigungskraft liefert, aber ist das auch wahr? Woher kommt die externe Kraft, die den Wagen beschleunigt?

A8.7 •• Betrachten Sie einen vollständig inelastischen Stoß zwischen zwei Körpern gleicher Masse. a) Wann ist der Verlust an kinetischer Energie größer: wenn die zwei Körper sich jeweils mit der Geschwindigkeit $v/2$ einander nähern, oder wenn einer der beiden Körper in Ruhe ist und der andere die Geschwindigkeit v hat? b) In welcher der beiden Situationen ist der prozentuale Verlust an kinetischer Energie am größten?

A8.8 •• Ein Teilchen der Masse m_1 und der Geschwindigkeit v stößt zentral mit einer ruhenden Masse m_2 zusammen. In welchem Fall wird am meisten Energie auf die Masse m_2 übertragen? a) $m_2 \ll m_1$, b) $m_2 = m_1$, c) $m_2 \gg m_1$, d) in keinem der angegebenen Fälle.

A8.9 • Beschreiben Sie einen vollständig inelastischen Stoß im Schwerpunktsystem.

A8.10 • Warum kann man bei Stoßproblemen normalerweise die Reibung und die Schwerkraft vernachlässigen?

A8.11 • Wenn ein Pendelgewicht hin- und herschwingt, bleibt dann sein Impuls erhalten? Erläutern Sie Ihre Antwort.

A8.12 •• Ein Eisenbahnwaggon passiert eine Getreideverladeeinrichtung, die mit einer konstanten Rate Korn in den Waggon befördert. a) Wird der Waggon wegen der Impulserhaltung langsamer, während er die Ladeeinrichtung passiert? Das Gleis soll reibungsfrei und völlig eben sein. b) Wenn der Waggon langsamer wird, muss es eine externe Kraft geben, die ihn abbremst. Woher kommt diese Kraft? c) Nachdem der Waggon beladen ist, entsteht im Waggonboden ein Loch, und das Getreide fällt mit konstanter Geschwindigkeit aus dem Waggon heraus. Wird der Wagen schneller, während er seine Ladung verliert?

Schätzungs- und Näherungsaufgaben

A8.13 •• Ein Auto von 2000 kg rast mit 90 km/h gegen eine unnachgiebige Betonwand. a) Schätzen Sie die Stoßzeit. Nehmen Sie an, dass die vordere Hälfte des Wagens auf die Hälfte zusammengestaucht wird und der Mittelpunkt des Wagens eine konstante Verzögerung erfährt. (Rechnen Sie mit einem vernünftigen Wert für die Wagenlänge.) b) Schätzen Sie die mittlere Kraft, die von der Betonwand auf das Auto ausgeübt wird.

• Bestimmung des Massenmittelpunkts

A8.14 • Drei Kugeln A, B und C mit einer Masse von 3 kg, 1 kg und 1 kg sind durch masselose Stäbe miteinander verbunden. Die Kugeln befinden sich an den in der Abbildung bezeichneten Orten. Welche Koordinaten hat der Massenmittelpunkt?

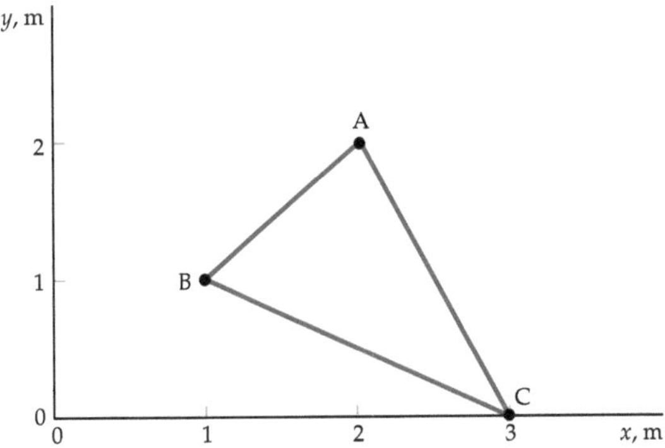

A8.15 • Bestimmen Sie mit Hilfe von Symmetrieüberlegungen den Massenmittelpunkt eines gleichseitigen Dreiecks der Seitenlänge a. Der Scheitel befindet sich auf der y-Achse, die anderen Eckpunkte liegen bei $(-a/2, 0)$ und $(+a/2, 0)$.

A8.16 •• Eine zylindrische Dose der Masse m und der Höhe h ist mit Wasser gefüllt. Die Anfangsmasse des Wassers ist ebenfalls m. Jetzt wird ein Loch in den Boden geschlagen, und das Wasser tropft heraus. a) In welcher Höhe liegt der Massenmittelpunkt der wassergefüllten Dose, wenn der Wasserspiegel die Höhe x hat? b) Welche Höhe unterschreitet der Massenmittelpunkt nicht, wenn das Wasser herausläuft?

• Bestimmung des Massenmittelpunkts durch Integration

A8.17 •• Zeigen Sie, dass der Massenmittelpunkt einer gleichmäßig dicken halbkreisförmigen Scheibe vom Radius r_0 in einem Punkt liegt, der $4\,r_0/(3\pi)$ vom Kreismittelpunkt entfernt ist.

• Bewegung des Massenmittelpunkts

A8.18 • Zwei Teilchen von je 3 kg haben die Geschwindigkeit $\boldsymbol{v}_1 = (2\text{ m/s})\widehat{\boldsymbol{x}} + (3\text{ m/s})\widehat{\boldsymbol{y}}$ und $\boldsymbol{v}_2 = (4\text{ m/s})\widehat{\boldsymbol{x}} - (6\text{ m/s})\widehat{\boldsymbol{y}}$. Berechnen Sie den Geschwindigkeitsvektor für den Massenmittelpunkt des Systems.

A8.19 •• In der Atwood'schen Maschine (siehe Abbildung) gleitet das Seil reibungsfrei über die Oberfläche eines festen Zylinders der Masse m_Z, so dass sich der Zylinder nicht dreht. a) Berechnen Sie die Beschleunigung des Massenmittelpunkts für das Gesamtsystem aus den zwei Klötzen und dem Zylinder. b) Berechnen Sie mit Hilfe des zweiten Newton'schen Axioms für Systeme die Kraft F, die von dem Träger ausgeübt wird. c) Berechnen Sie die Zugspannung F_S auf das Seil zwischen den beiden Klötzen und zeigen Sie, dass $F = m_Z\,g + 2\,F_S$.

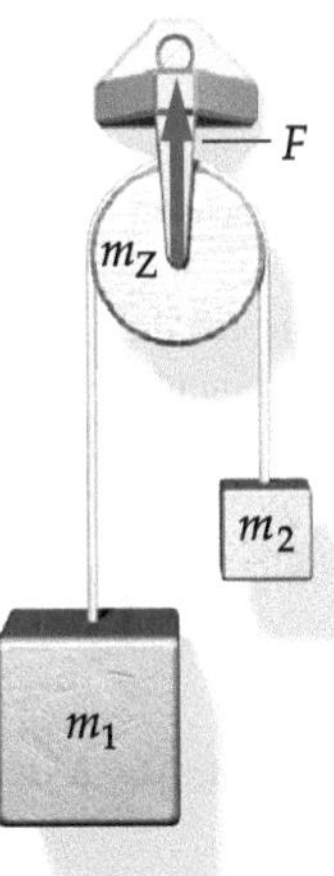

• Impulserhaltung

A8.20 • Eine 55 kg schwere Frau springt von Bord ihres 75 kg schweren Kanus, das sich anfangs in Ruhe befindet. Wenn ihre Geschwindigkeit 2,5 m/s beträgt, wie schnell bewegt sich dann das Kanu nach dem Sprung?

A8.21 • Die Abbildung zeigt das Verhalten eines Geschosses unmittelbar nach dem Zerbrechen in drei Stücke. Wie schnell war das Geschoss in dem Moment, bevor es zerbrochen ist? a) v_3, b) $v_3/3$, c) $v_3/4$, d) v_3, e) $(v_1 + v_2 + v_3)/4$.

A8.22 •• Ein kleiner Körper der Masse m rutscht einen Keil der Masse $2m$ herunter und gleitet weiter auf einen reibungsfreien Tisch. Der Keil ist auf dem Tisch anfangs in Ruhe. Berechnen Sie die Geschwindigkeit des Keils für den Zeitpunkt, als der

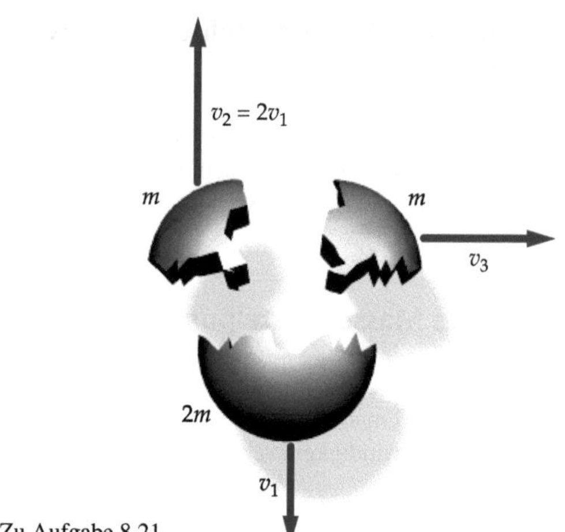

Zu Aufgabe 8.21

Körper den Keil verlässt, wenn er anfangs in der Höhe h über dem Tisch in Ruhe war.

• Kinetische Energie eines Teilchensystems

A8.23 • Ein 3-kg-Klotz bewegt sich mit 5 m/s nach rechts, ein zweiter 3-kg-Klotz mit 2 m/s nach links. a) Berechnen Sie die kinetische Gesamtenergie der beiden Klötze. b) Berechnen Sie die Geschwindigkeit des Massenmittelpunkts des Systems aus den beiden Klötzen. c) Berechnen Sie die Geschwindigkeiten der beiden Klötze bezüglich des Massenmittelpunkts. d) Berechnen Sie die kinetische Energie für die Bewegung der beiden Klötze bezüglich des Massenmittelpunkts. e) Zeigen Sie, dass der Wert zu a größer ist als der Wert zu d, und zwar um einen Beitrag, der mit der kinetischen Energie durch die Bewegung des Massenmittelpunkts zusammenhängt.

• Kraftstoß und zeitliches Mittel einer Kraft

A8.24 • Sie treten einen Fußball der Masse 0,43 kg. Der Ball verlässt Ihren Fuß mit einer Geschwindigkeit von 25 m/s. a) Welchen Kraftstoß haben Sie auf den Ball übertragen? b) Nehmen Sie an, Ihr Fuß ist für 0,008 s mit dem Ball in Kontakt. Wie groß ist dann die mittlere Kraft, den Ihr Fuß auf den Ball ausübt?

A8.25 •• Ein Handball von 60 g, der sich mit 5,0 m/s bewegt, trifft in einem Winkel von 40° auf eine Wand und prallt von ihr in gleichem Winkel wieder ab. Er ist für 2 ms mit der Wand in Kontakt. Welche mittlere Kraft übt der Ball auf die Wand aus?

A8.26 ••• Die großen Kalksteinhöhlen wurden durch heruntertropfendes Wasser gebildet. a) Nehmen Sie an, pro Minute fallen zehn Wassertropfen von je 0,03 ml aus einer Höhe von 5 m zu Boden. Wie hoch ist die mittlere Kraft, die während einer Minute von den Wassertröpfchen auf den Kalksteinboden ausgeübt wird? b) Vergleichen Sie diese Kraft mit dem Gewicht eines Tropfens.

Stöße in einer Raumrichtung

A8.27 • Ein 2000 kg schweres Auto verfolgt mit 30 m/s ein zweites Auto derselben Masse, das mit 10 m/s fährt. a) Die beiden Autos stoßen zusammen und bleiben aneinander haften. Wie hoch ist ihre Geschwindigkeit nach dem Stoß? b) Welcher Anteil der kinetischen Energie geht bei diesem Stoß verloren? Wohin geht er?

A8.28 • Ein 5 kg schwerer Körper stößt mit 4,0 m/s frontal auf einen 10 kg schweren zweiten Körper, der ihm mit 3,0 m/s entgegenkommt. Der 10-kg-Körper kommt durch den Stoß zum Stillstand. a) Wie hoch ist die Endgeschwindigkeit des 5 kg schweren Körpers? b) Ist der Stoß elastisch?

A8.29 •• Bei einem elastischen Stoß trifft ein Proton der Masse m frontal auf einen ruhenden Kohlenstoffkern der Masse $12\,m$. Die Geschwindigkeit des Protons ist 300 m/s. a) Berechnen Sie die Geschwindigkeit des gemeinsamen Massenmittelpunkts. b) Wie schnell ist das Proton nach dem Stoß?

A8.30 •• Ein Proton der Masse m bewegt sich mit einer Anfangsgeschwindigkeit v_0 auf ein ruhendes Alphateilchen der Masse $4\,m$ zu. Weil beide Teilchen positive Ladung tragen, stoßen sie einander ab. Berechnen Sie die Geschwindigkeit v_α des Alphateilchens, a) wenn die Entfernung zwischen den beiden Teilchen minimal ist, und b) für einen späteren Zeitpunkt, wenn die beiden Teilchen weit entfernt voneinander sind.

A8.31 •• Bei einem eindimensionalen elastischen Stoß sind die Masse und die Geschwindigkeit des ersten Körpers durch m_1 und $v_{1,A}$ gegeben, die des zweiten Körpers durch m_2 und $v_{2,A}$. Zeigen Sie, dass dann für die Endgeschwindigkeiten $v_{1,E}$ und $v_{2,E}$ gilt:

$$v_{1,E} = \frac{m_1 - m_2}{m_1 + m_2}\, v_{1,A} + \frac{2\,m_2}{m_1 + m_2}\, v_{2,A}\,,$$

$$v_{2,E} = \frac{2\,m_1}{m_1 + m_2}\, v_{1,A} + \frac{m_2 - m_1}{m_1 + m_2}\, v_{2,A}\,.$$

Vollständig inelastische Stöße und ballistisches Pendel

A8.32 •• Eine Kugel der Masse m_1 trifft mit der Geschwindigkeit v auf den Pendelkörper eines ballistischen Pendels der Masse m_2. Der Pendelkörper ist an einer sehr leichten Stange der Länge ℓ befestigt, die am anderen Ende aufgehängt ist. Die Kugel bleibt im Pendelkörper stecken. Welche Geschwindigkeit v muss die Kugel mindestens haben, damit der Pendelkörper eine komplette Umdrehung ausführt?

Explodierende Körper und radioaktiver Zerfall

A8.33 •• Das Berylliumisotop ^{4}Be ist instabil und zerfällt in zwei Alphateilchen (Heliumkerne der Masse $m = 6,68 \cdot 10^{-27}$ kg), wobei eine Energie von $1,5 \cdot 10^{-14}$ J frei wird. Bestimmen Sie die Geschwindigkeit der beiden Alphateilchen, die beim Zerfall des Berylliumkerns in Ruhe waren;

nehmen Sie an, dass sämtliche Energie als kinetische Energie der Teilchen frei wird.

A8.34 ••• Das Borisotop ^{9}B ist instabil und zerfällt in ein Proton und zwei Alphateilchen. Dabei werden $4{,}4 \cdot 10^{-14}$ J als kinetische Energie der Zerfallsprodukte frei. Bei einem solchen Zerfall wird die Geschwindigkeit des Protons mit $6{,}0 \cdot 10^6$ m/s gemessen, wenn der Borkern anfangs in Ruhe ist. Nehmen Sie an, dass beide Alphateilchen gleiche Energie haben. Berechnen Sie, wie schnell und in welche Richtung bezüglich der des Protons sich die beiden Alphateilchen bewegen.

Elastizitätszahl

A8.35 • Die Elastizitätszahl für Stahl auf Stahl wird gemessen, indem man eine Stahlkugel auf eine Stahlplatte fallen lässt, die fest in der Erde verankert ist. Die Kugel fällt aus 3 m Höhe und springt bis in eine Höhe von 2,5 m zurück. Wie hoch ist dann die Elastizitätszahl?

Stöße in drei Raumrichtungen

A8.36 •• Man kann auf geometrische Weise beweisen, dass zwei Teilchen gleicher Masse, von denen eines anfangs in Ruhe ist, sich nach einem elastischen Stoß auf zwei Bahnen im rechten Winkel voneinander entfernen. In dieser Aufgabe sollen Sie diese Aussage auf einem anderen Weg beweisen, bei dem der Nutzen der abstrakten Vektorschreibweise deutlich wird. a) Gegeben sind drei Vektoren, für die gilt $\boldsymbol{A} = \boldsymbol{B} + \boldsymbol{C}$ (dabei sind A, B und C die Beträge der Vektoren); zeigen Sie, dass $A^2 = B^2 + C^2 + 2\boldsymbol{B} \cdot \boldsymbol{C}$ ist. b) Der Impuls des sich bewegenden Teilchens ist $\boldsymbol{p}_0$, die Impulse der Teilchen nach dem Stoß sind $\boldsymbol{p}_1$ und $\boldsymbol{p}_2$. Schreiben Sie die Vektorgleichung für die Impulserhaltung, bilden Sie das Skalarprodukt jeder Seite mit sich selbst und vergleichen Sie diesen Ausdruck mit dem Energieerhaltungssatz. Zeigen Sie auf diese Weise, dass $\boldsymbol{p}_1 \cdot \boldsymbol{p}_2 = 0$ ist.

A8.37 •• Ein Puck der Masse 5 kg und der Geschwindigkeit 2 m/s stößt auf einen identischen Puck, der auf einer reibungsfreien Eisfläche liegt. Nach dem Stoß entfernt sich der erste Puck mit der Geschwindigkeit v_1 im Winkel von $30°$ zu seiner ursprünglichen Richtung; der zweite Puck entfernt sich mit v_2 im Winkel von $60°$ (siehe Abbildung). a) Berechnen Sie v_1 und v_2. b) War der Stoß elastisch?

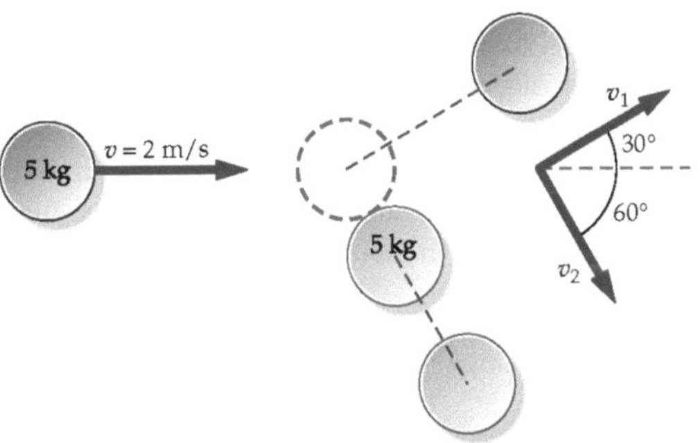

A8.38 •• Ein Teilchen hat eine Anfangsgeschwindigkeit v_0. Es stößt mit einem ruhenden Teilchen *derselben Masse* zusammen und wird um einen Winkel ϕ abgelenkt. Seine Ge-

schwindigkeit nach dem Stoß ist v. Das zweite Teilchen erlebt einen Rückstoß, und seine Richtung bildet einen Winkel θ mit der ursprünglichen Richtung des ersten Teilchens. a) Zeigen Sie, dass gilt

$$\tan \theta = \frac{v \sin \phi}{(v_0 - v \cos \phi)}.$$

b) Zeigen Sie, dass für den Fall eines elastischen Stoßes $v = v_0 \cos \phi$ gilt.

• **Schwerpunktsystem**

A8.39 •• Im Schwerpunktsystem stößt ein Teilchen mit der Masse m_1 und dem Impuls p_1 elastisch mit einem zweiten Teilchen zusammen, das die Masse m_2 und den Impuls $p_2 = -p_1$ hat. Nach dem Stoß hat m_1 den Impuls p_1'. Geben Sie die anfängliche kinetische Gesamtenergie mit Hilfe von m_1, m_2 und p_1 sowie die kinetische Gesamtenergie nach dem Stoß mit Hilfe von m_1, m_2 und p_1' an; zeigen Sie, dass $p_1' = \pm p_1$. Für $p_1' = -p_1$ ändert sich für das Teilchen nur die Richtung, nicht aber der Betrag seiner Geschwindigkeit. Welche Bedeutung hat das Pluszeichen in Ihrer Lösung?

• **Systeme mit kontinuierlich veränderlicher Masse: Strahlantrieb**

A8.40 •• Eine Rakete verbrennt 200 kg Treibstoff pro Sekunde und stößt die Gase mit einer Geschwindigkeit von 6 km/s relativ zur Rakete aus. Wie hoch ist der Schub der Rakete?

A8.41 •• Eine Rakete hat eine Startmasse von 30 000 kg, wovon 80 % Treibstoff sind. Sie verbrennt den Treibstoff mit einer Rate von 200 kg/s und stößt die Gase mit einer relativen Geschwindigkeit von 1,8 km/s aus. Berechnen Sie a) den Schub der Rakete, b) die Zeitdauer bis zum Brennschluss und c) die Endgeschwindigkeit unter der Voraussetzung, dass die Rakete senkrecht nach oben fliegt und so dicht an der Erdoberfläche bleibt, dass das Gravitationsfeld g konstant ist.

Allgemeine Aufgaben

A8.42 • Ein 1500 kg schweres Auto fährt mit 70 km/h nach Norden. An einer Kreuzung stößt es mit einem 2000 kg schweren Auto zusammen, das mit 55 km/h nach Westen fährt. Die beiden Autos bleiben aneinander haften. a) Wie groß ist der Gesamtimpuls des Systems vor dem Stoß? b) Berechnen Sie Betrag und Richtung der Geschwindigkeit der beiden aneinander haftenden Wracks unmittelbar nach dem Stoß.

A8.43 •• Eine 60 kg schwere Frau steht auf einem 6 m langen, 120 kg schweren Floß. Das Floß kann sich reibungsfrei auf der ruhigen Wasseroberfläche bewegen, jetzt aber ruht es in 0,5 m Entfernung von einem festen Pier (siehe Abbildung). a) Die Frau geht zum Ende des Floßes und hält an. Wie weit ist sie jetzt von dem Pier entfernt? b) Während die Frau läuft, hat sie eine konstante Geschwindigkeit von 3 m/s relativ zum Floß. Berechnen Sie die kinetische Gesamtenergie des Systems (Frau + Floß) und vergleichen Sie diesen Wert mit der kinetischen Energie, die sich ergäbe, wenn die Frau mit 3 m/s auf einem am Pier vertäuten Floß liefe. c) Woher kommt die Energie, und wohin verschwindet sie, wenn die Frau am Ende des Floßes stoppt? d) An Land kann die Frau einen Beutel mit Bleischrot 6 m weit werfen. Sie steht jetzt am Ende des Floßes, zielt über das Floß und wirft den Schrot so, dass er ihre Hand mit derselben Geschwindigkeit verlässt wie bei einem Wurf an Land. Wo landet der Schrot?

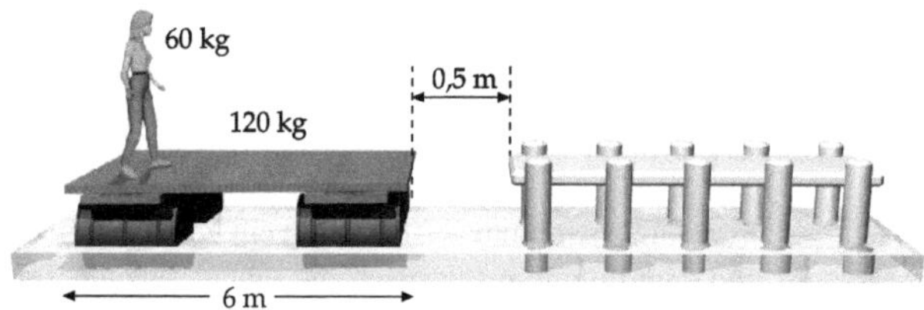

A8.44 •• Eine Gewehrkugel von 15 g trifft mit 500 m/s auf einen 0,8 kg schweren Holzklotz, der in 0,8 m Höhe auf einer Tischkante liegt (siehe Abbildung). Die Kugel bleibt in dem Klotz stecken. Berechnen Sie die Entfernung d vom Tisch, bei der der Klotz auf dem Boden aufschlägt.

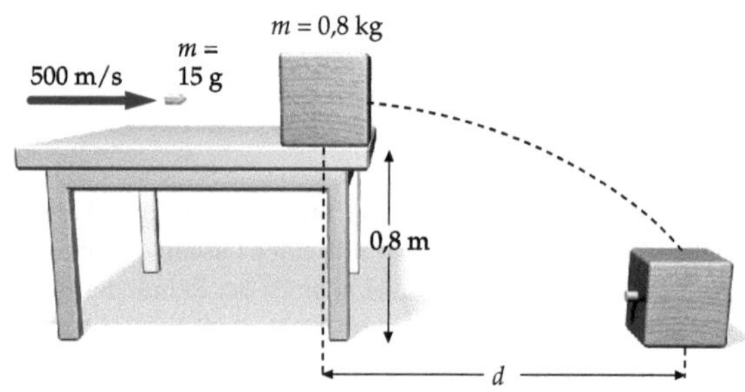

A8.45 •• Zwei Teilchen der Massen m und $4m$ bewegen sich im Vakuum auf rechtwinklig zueinander verlaufenden Bahnen (siehe Abbildung). Für eine Zeit t wirkt eine Kraft $\mathbf{F}$ auf das Teilchen der Masse m, so dass dessen Geschwindigkeit sich auf $4v$ erhöht, die Richtung der Geschwindigkeit ändert sich nicht. Eine gleich große und gleich gerichtete Kraft wirkt während der Zeit t auch auf das andere Teilchen. Berechnen Sie dessen neue Geschwindigkeit $\boldsymbol{v}'$.

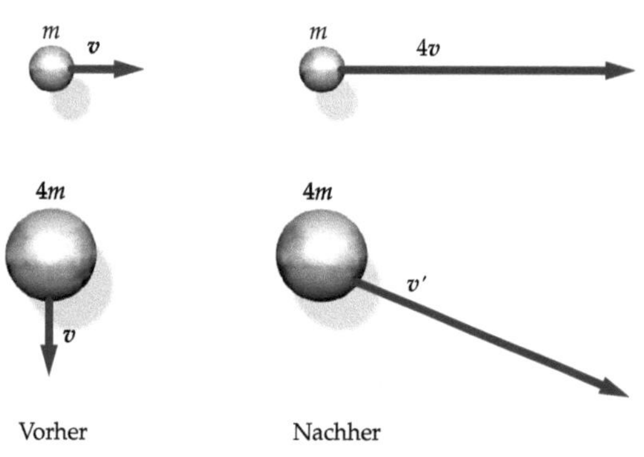

A8.46 •• Bei der so genannten Swing-by-Technik wird der Energieübertrag bei einem elastischen Stoß ausgenützt, um die Energie einer Raumsonde so stark zu erhöhen, dass sie das Sonnensystem verlassen kann. Alle Geschwindigkeiten sind in einem Inertialsystem angegeben, bei dem der Sonnenmittelpunkt in Ruhe ist. Die Abbildung zeigt eine Raumsonde, die sich mit 10,4 km/s dem Planeten Saturn nähert, der ihr mit 9,6 km/s entgegenkommt. Wegen der Anziehungskraft zwischen Saturn und der Sonde schwingt die Sonde um den Planeten herum und rast mit einer Geschwindigkeit v_E in entgegengesetzter Richtung weiter. a) Fassen Sie diesen Vorgang als elastischen Stoß in einer Dimension auf, wobei die Saturnmasse wesentlich größer ist als die Masse der Raumsonde. Berechnen Sie v_E. b) Um welchen Faktor nimmt die kinetische Energie der Raumsonde zu? Wo kommt die Energie her?

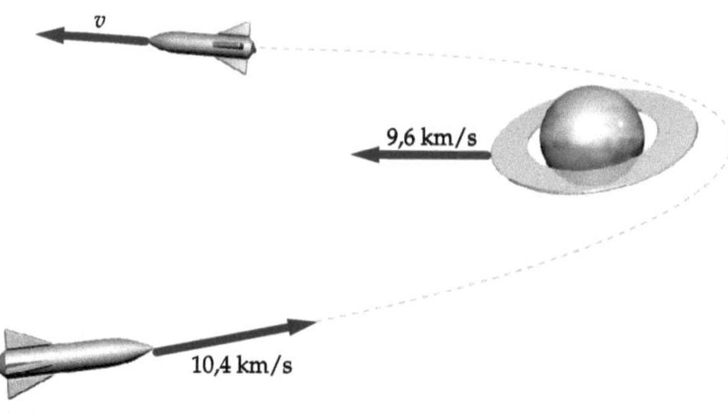

A8.47 •• Aus einem kreisrunden Blech mit dem Radius r ist ein kreisrundes Loch mit dem Radius $r/2$ ausgeschnitten (siehe Abbildung). Berechnen Sie den Massenmittelpunkt des Blechs. (*Hinweis:* Das Blech mit dem Loch lässt sich als Summe von zwei Blechen darstellen, eines mit der positiven Masse m_1 und ein anderes mit der negativen Masse $-m_2$.)

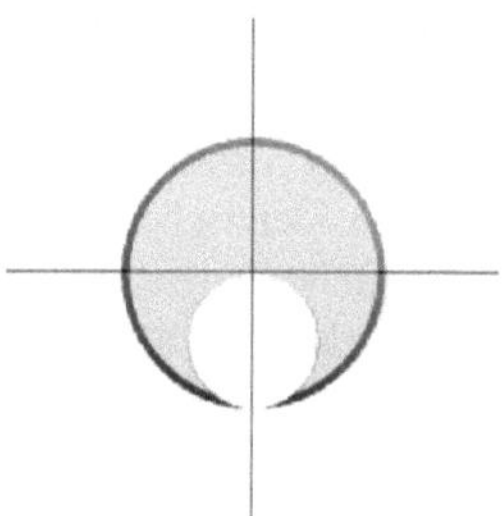

A8.48 •• Ein Neutron der Masse m_n stößt elastisch zentral mit einem ruhenden Atomkern der Masse m_K zusammen. a) Zeigen Sie, dass für die kinetische Energie des Kerns $E_{kin,K} = (4 m_n m_K / (m_n + m_K)^2) E_{kin,n}$ gilt, wobei $E_{kin,n}$ die kinetische Anfangsenergie des Neutrons angibt. b) Zeigen Sie, dass für den anteiligen Energieverlust des Neutrons bei diesem Stoß gilt:

$$\frac{-\Delta E_{kin,n}}{E_{kin,n}} = \frac{4 m_n m_K}{(m_n + m_K)^2} = \frac{4 (m_n/m_K)}{(1 + m_n/m_K)^2}.$$

Teilchensysteme und die Erhaltung des linearen Impulses

8L

L: Lösungen

L8.1 Ein Beispiel ist der Fahrradschlauch, ein anderes das Rhönrad. Die Definition des Massenmittelpunkts eines Gegenstands erfordert nicht, dass an ihm wirklich Materie vorliegt. Auch bei evakuierten Behältern befindet sich am Massenmittelpunkt keine Materie.

L8.2 Der Massenmittelpunkt liegt in der Mitte zwischen beiden Kanonenkugeln und unterliegt der Fallbeschleunigung. (Wir können sämtliche Kräfte als am Massenmittelpunkt angreifend auffassen.) Daher steigt der Massenmittelpunkt anfangs nach oben, um danach zu fallen. Die Anfangsgeschwindigkeit des Massenmittelpunkts ist halb so groß wie die Anfangsgeschwindigkeit der nach oben geschossenen Kugel. Diese Kugel steigt also doppelt so lange nach oben wie der Massenmittelpunkt. Außerdem steigt dieser nach oben, bis die Geschwindigkeiten beider Kugeln gleich groß (aber nach wie vor entgegengesetzt gerichtet) sind. Also ist Aussage b richtig.

L8.3 Nein. Betrachten wir einen Körper mit der Masse 1 kg, der eine Geschwindigkeit von $1\,\mathrm{m \cdot s^{-1}}$ hat, und einen zweiten Körper mit der Masse 2 kg und der Geschwindigkeit $0{,}707\,\mathrm{m \cdot s^{-1}}$. Die durch $\frac{1}{2}\,m\,v^2$ gegebenen kinetischen Energien beider Körper sind praktisch gleich, aber die Beträge ihrer Impulse sind unterschiedlich. Beim ersten Körper ist der Impulsbetrag $1\,\mathrm{kg \cdot m \cdot s^{-1}}$ und beim zweiten $1{,}414\,\mathrm{kg \cdot m \cdot s^{-1}}$.

L8.4 Beim Absprung muss wegen der Impulserhaltung das Boot einen Rückstoß erfahren. Dabei ist der Impuls des Kinds betragsmäßig ebenso groß wie der entgegengesetzt gerichtete Impuls des Boots. Die dem Boot dabei verliehene Energie ist $E_{\mathrm{Boot}} = p_{\mathrm{Boot}}^2/(2\,m_{\mathrm{Boot}})$. Wenn das Kind aber von einem Ufer eines Grabens zum anderen springt, dann ist die von der Erde beim Absprung aufgenommene Energie vernachlässigbar klein, weil die Erde wegen ihrer hohen Masse praktisch nicht beschleunigt wird.

L8.5 Die kinetische Energie der gleitenden Kugel ist $\frac{1}{2}\,m\,v_{\mathrm{S}}^2$, und die der rollenden Kugel ist $\frac{1}{2}\,m\,v_{\mathrm{S}}^2 + E_{\mathrm{kin,rel}}$. Dabei ist $E_{\mathrm{kin,rel}}$ ihre kinetische Energie relativ zu ihrem Massenmittelpunkt. Weil die Kugeln identisch sind und sich gleich schnell vorwärts bewegen, hat die rollende Kugel die höhere Energie.

L8.6 Es gibt (wenn wir einmal vom Hangabtrieb oder von Zusammenstößen absehen) nur eine Kraft, die das Auto beschleunigen kann, nämlich die Reibungskraft der Reifen auf der Straße. Der Motor bewirkt über den Antriebsstrang die Drehung der Räder. Wäre die Straße reibungsfrei, wie es bei Glatteis näherungsweise der Fall ist, dann käme das Auto dabei nicht vorwärts, weil die Räder durchdrehten. Liegt aber Reibung vor, dann üben die Reifen beim Beschleunigen auf der Straße eine nach hinten gerichtete Kraft aus, und das Fahrzeug wird gemäß dem dritten Newton'schen Axiom nach vorn beschleunigt. Wir halten die Reibung gewöhnlich für einen nachteiligen, das Auto abbremsenden Effekt, aber ohne sie könnte es gar nicht fahren.

L8.7 Wir bezeichnen die Endgeschwindigkeit beider Körper mit v_{E}. a) Im ersten Fall nähern sich die Körper einander mit gleich hohen Geschwindigkeiten. Wegen der Impulserhaltung sind Anfangs- und Endimpuls gleich: $p_{\mathrm{A}} = p_{\mathrm{E}}$. Daher ist $m\,v - m\,v = 2\,m\,v_{\mathrm{E}}$ und somit $v_{\mathrm{E}} = 0$. Die Differenz der kinetischen Energien ist

$$\Delta E_{\mathrm{kin}} = E_{\mathrm{kin,E}} - E_{\mathrm{kin,A}} = 0 - 2\left[\frac{1}{2}\,m\left(\frac{v}{2}\right)^2\right] = -\frac{m\,v^2}{4}\,.$$

Im zweiten Fall ist einer der Körper anfangs in Ruhe. Wegen der Impulserhaltung ist $p_{\mathrm{A}} = p_{\mathrm{E}}$ und daher $m\,v = 2\,m\,v_{\mathrm{E}}$. Daraus folgt $v_{\mathrm{E}} = \frac{1}{2}\,v$. Die Differenz der kinetischen Energien ist damit

$$\Delta E_{\mathrm{kin}} = E_{\mathrm{kin,E}} - E_{\mathrm{kin,A}} = \frac{1}{2}\,(2\,m)\left(\frac{v}{2}\right)^2 - \frac{1}{2}\,m\,v^2 = -\frac{m\,v^2}{4}\,.$$

Der Verlust an kinetischer Energie ist also in beiden Fällen gleich groß.

b) Der relative bzw. prozentuale Verlust an kinetischer Energie ist im ersten Fall (beide Körper bewegten sich anfangs gleich schnell):

$$\frac{\Delta E_{\mathrm{kin}}}{E_{\mathrm{kin,A}}} = \frac{\frac{1}{4}\,m\,v^2}{\frac{1}{4}\,m\,v^2} = 100\,\%\,.$$

Im zweiten Fall, bei dem sich anfangs nur einer der Körper bewegte (aber mit doppelt so hoher Geschwindigkeit) ergibt sich

$$\frac{\Delta E_{\mathrm{kin}}}{E_{\mathrm{kin,A}}} = \frac{\frac{1}{4}\,m\,v^2}{\frac{1}{2}\,m\,v^2} = 50\,\%\,.$$

Der relative bzw. prozentuale Verlust an kinetischer Energie ist am größten, wenn beide Körper sich mit Geschwindigkeiten gleichen Betrags ($v/2$) frontal aufeinander zu bewegen.

L8.8 Wir bezeichnen die Teilchen mit den Indices 1 und 2. Als positive x-Richtung nehmen wir die Bewegungsrichtung des Teilchens 1 an. Wegen der Impulserhaltung gilt für die Anfangs- und die Endgeschwindigkeiten

$$m_1\, v_{1,\mathrm{A}} = m_1\, v_{1,\mathrm{E}} + m_2\, v_{2,\mathrm{E}}\,.$$

Wegen der Energieerhaltung ist

$$v_{2,\mathrm{E}} - v_{1,\mathrm{E}} = -(v_{2,\mathrm{A}} - v_{1,\mathrm{A}}) = v_{1,\mathrm{A}}\,.$$

Dies ergibt $v_{1,\mathrm{E}} = v_{2,\mathrm{E}} - v_{1,\mathrm{A}}$. Das setzen wir in die erste Gleichung ein:

$$m_1\, v_{1,\mathrm{A}} = m_1\, (v_{2,\mathrm{E}} - v_{1,\mathrm{A}}) + m_2\, v_{2,\mathrm{E}}\,.$$

Daraus folgt

$$v_{2,\mathrm{E}} = \frac{2m_1}{m_1 + m_2}\, v_{1,\mathrm{A}}\,.$$

Nun drücken wir das Verhältnis der kinetischen Energien in Abhängigkeit von den beiden Massen aus:

$$\frac{E_{\mathrm{kin},2,\mathrm{E}}}{E_{\mathrm{kin},1,\mathrm{A}}} = \frac{\frac{1}{2} m_2 \left(\dfrac{2m_1}{m_1 + m_2}\right)^2 v_{1,\mathrm{A}}^2}{\frac{1}{2} m_1\, v_{1,\mathrm{A}}^2} = \frac{m_2}{m_1} \frac{4m_1^2}{(m_1 + m_2)^2}\,.$$

Dies differenzieren wir nach m_2 und setzen die Ableitung gleich null. Das ergibt

$$-\frac{m_2^2}{m_1^2} + 1 = 0 \quad \text{und daher} \quad m_2 = m_1\,.$$

Die Aussage b ist also richtig, denn im Fall $m_2 = m_1$ wird die gesamte kinetische Energie des ersten Teilchens auf das zweite übertragen.

L8.9 Im Schwerpunktsystem bewegen sich beide Gegenstände mit gleich großen, aber entgegengesetzt gerichteten Impulsen aufeinander zu und bleiben am Schluss unbeweglich liegen.

L8.10 Normalerweise vollziehen sich Stöße innerhalb einer so kurzen Zeitspanne, dass dabei Impulsänderungen infolge Reibung oder Gravitationsanziehung vernachlässigt werden können.

L8.11 Nein. Der Ausdruck $\boldsymbol{F} = \mathrm{d}\boldsymbol{p}/\mathrm{d}t$ gibt den Zusammenhang zwischen einer von außen einwirkenden Kraft $\boldsymbol{F}$ und der von ihr hervorgerufenen zeitlichen Impulsänderung an. Die von außen auf den Pendelkörper einwirkende, resultierende Kraft ist die Summe aus der Gravitationskraft und der Zugkraft in der Schnur; diese beiden Kräfte addieren sich nicht zu null.

L8.12 a) Ja, der Waggon wird langsamer. Das können wir uns klar machen, wenn wir beispielsweise ein Kilogramm Getreidekörner betrachten. Dessen Körner stoßen vollkommen inelastisch auf den Waggonboden, wobei ihre anfängliche Geschwindigkeit in horizontaler Richtung null ist. Nach dem Aufprall oder Stoß bewegen sie sich aber mit derselben Geschwindigkeit wie der Waggon. Daher muss dieser nach dem Stoß langsamer sein als zuvor.

b) Wenn das Getreide im Waggon landet, dann hat es (wie schon erwähnt) in horizontaler Richtung die Geschwindigkeit null. Es muss also auf die Geschwindigkeit des Waggons beschleunigt werden; die dazu nötige Kraft übt der Waggon auf das hineingefallene Getreide aus. Nach dem dritten Newton'schen Axiom übt das Getreide dabei eine gleich große, entgegengesetzt gerichtete Kraft (eine Reibungskraft) aus, die den Waggon verzögert.

c) Nein, der Waggon wird nicht schneller. Nehmen wir an, ein Kilogramm Getreidekörner fällt aus dem Waggon nach unten heraus auf das Gleisbett. Beim Herausfallen haben die Getreidekörner in horizontaler Richtung dieselbe Geschwindigkeit wie der Waggon. Daher wird dieser weder beschleunigt noch verzögert, während der Impuls erhalten bleibt.

L8.13 a) Die Stoßzeit Δt ergibt sich aus der mittleren Geschwindigkeit $\langle v \rangle$ während des Stoßes und der Wegstrecke s_{B} der Abbremsung. Die mittlere Geschwindigkeit ist

$$\langle v \rangle = \frac{v_{\mathrm{A}} + v_{\mathrm{E}}}{2} = \frac{0 + \left(90\,\dfrac{\mathrm{km}}{\mathrm{h}}\right)\left(\dfrac{1\,\mathrm{h}}{3600\,\mathrm{s}}\right)\left(\dfrac{1000\,\mathrm{m}}{\mathrm{km}}\right)}{2}$$
$$= 12{,}5\,\mathrm{m}\cdot\mathrm{s}^{-1}\,.$$

Die Wegstrecke s_{B} der Abbremsung entspricht (wie gegeben) einem Viertel der Wagenlänge: $s_{\mathrm{B}} = \frac{1}{4}\,\ell$. Damit erhalten wir für die Stoßzeit

$$\Delta t = \frac{\frac{1}{4}\,(6\,\mathrm{m})}{12{,}5\,\mathrm{m}\cdot\mathrm{s}^{-1}} = 0{,}120\,\mathrm{s}\,.$$

b) Die mittlere Kraft ergibt sich (mit derselben Umrechnung der Geschwindigkeitseinheit in $\mathrm{m}\cdot\mathrm{s}^{-1}$ wie zuvor) zu

$$\langle F \rangle = \frac{\Delta p}{\Delta t} = \frac{(2000\,\mathrm{kg})\,(90\,\mathrm{km}\cdot\mathrm{h}^{-1})}{0{,}120\,\mathrm{s}} = 417\,\mathrm{kN}\,.$$

L8.14 Wir können die Kugeln als punktförmige Objekte annehmen. Die x-Koordinate des Massenmittelpunkts ist gemäß der Definition

$$\begin{aligned}
x_{\mathrm{S}} &= \frac{m_{\mathrm{A}}\, x_{\mathrm{A}} + m_{\mathrm{B}}\, x_{\mathrm{B}} + m_{\mathrm{C}}\, x_{\mathrm{C}}}{m_{\mathrm{A}} + m_{\mathrm{B}} + m_{\mathrm{C}}} \\
&= \frac{(3\,\mathrm{kg})\,(2\,\mathrm{m}) + (1\,\mathrm{kg})\,(1\,\mathrm{m}) + (1\,\mathrm{kg})\,(3\,\mathrm{m})}{3\,\mathrm{kg} + 1\,\mathrm{kg} + 1\,\mathrm{kg}} = 2{,}00\,\mathrm{m}\,.
\end{aligned}$$

Entsprechend ergibt sich für die y-Koordinate

$$\begin{aligned}
y_{\mathrm{S}} &= \frac{m_{\mathrm{A}}\, y_{\mathrm{A}} + m_{\mathrm{B}}\, y_{\mathrm{B}} + m_{\mathrm{C}}\, y_{\mathrm{C}}}{m_{\mathrm{A}} + m_{\mathrm{B}} + m_{\mathrm{C}}} \\
&= \frac{(3\,\mathrm{kg})\,(2\,\mathrm{m}) + (1\,\mathrm{kg})\,(1\,\mathrm{m}) + (1\,\mathrm{kg})\,(0)}{3\,\mathrm{kg} + 1\,\mathrm{kg} + 1\,\mathrm{kg}} = 1{,}40\,\mathrm{m}\,.
\end{aligned}$$

L8.15 Die Abbildung zeigt das gleichseitige Dreieck mit der Seitenlänge a. Die y-Achse verläuft durch den Scheitel und die x-Achse durch die Basis.

Die Winkelhalbierenden sind gestrichelt eingezeichnet. Die Koordinaten ihres Schnittpunkts, also des Massenmittelpunkts S,

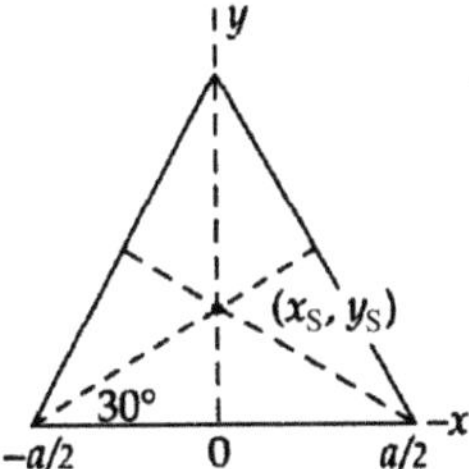

können wir folgendermaßen ermitteln: Weil der Scheitel auf der y-Achse liegt, muss wegen der Symmetrie $x_S = 0$ sein. Außerdem ist seine y-Koordinate gegeben durch

$$\tan 30° = \frac{y_S}{a/2}.$$

Damit erhalten wir $y_S = \frac{1}{2} a \tan 30° = 0{,}289\,a$.

L8.16 a) Mit der Masse m_W des noch in der Dose befindlichen Wassers gilt für die x-Koordinate des Massenmittelpunkts

$$x_S = \frac{m\left(\dfrac{h}{2}\right) + m_W \left(\dfrac{x}{2}\right)}{m + m_W}.$$

Die Dose hat die Querschnittsfläche A. Damit gilt für die Dichte ρ des Wassers

$$\rho = \frac{m}{Ah} = \frac{m_W}{Ax}, \quad \text{und es folgt} \quad m_W = \frac{x}{h}m.$$

Das setzen wir ein und erhalten

$$x_S = \frac{m\left(\dfrac{h}{2}\right) + \left(\dfrac{x}{h}m\right)\left(\dfrac{x}{2}\right)}{m + \dfrac{x}{h}m} = \frac{h}{2}\,\frac{1+\left(\dfrac{x}{h}\right)^2}{1+\dfrac{x}{h}}.$$

b) Wir leiten diesen Ausdruck nach x ab, um dann durch Nullsetzen den Minimalwert zu ermitteln.

$$\frac{dx_S}{dx} = \frac{h}{2}\,\frac{d}{dx}\left(\frac{1+\left(\dfrac{x}{h}\right)^2}{1+\dfrac{x}{h}}\right)$$

$$= \frac{h}{2}\left[\frac{\left(1+\dfrac{x}{h}\right)\dfrac{d}{dx}\left[1+\left(\dfrac{x}{h}\right)^2\right]}{\left(1+\dfrac{x}{h}\right)^2}\right.$$

$$\left. -\frac{\left[1+\left(\dfrac{x}{h}\right)^2\right]\dfrac{d}{dx}\left(1+\dfrac{x}{h}\right)}{\left(1+\dfrac{x}{h}\right)^2}\right]$$

$$= \frac{h}{2}\left[\frac{\left(1+\dfrac{x}{h}\right)2\left(\dfrac{x}{h}\right)\left(\dfrac{1}{h}\right)}{\left(1+\dfrac{x}{h}\right)^2} - \frac{\left[1+\left(\dfrac{x}{h}\right)^2\right]\left(\dfrac{1}{h}\right)}{\left(1+\dfrac{x}{h}\right)^2}\right].$$

Vereinfachen und Nullsetzen des Klammerinhalts ergibt

$$\left(\frac{x_{\min}}{h}\right)^2 + 2\left(\frac{x_{\min}}{h}\right) - 1 = 0.$$

Damit ist $x_{\min} = h\left(\sqrt{2}-1\right) \approx 0{,}414\,h$. Dabei haben wir die positive Lösung der Wurzel verwendet, weil ein negativer Wert von x/h physikalisch sinnlos ist. Durch Auftragung von x_S gegen x kann man sich davon überzeugen, dass hier ein Minimum vorliegt. Wir setzen den erhaltenen Wert ein:

$$x_S\big|_{x_{\min}} = \frac{h}{2}\,\frac{1+\left(\dfrac{h\left(\sqrt{2}-1\right)}{h}\right)^2}{1+\dfrac{h\left(\sqrt{2}-1\right)}{h}} = h\left(\sqrt{2}-1\right).$$

L8.17 Die Abbildung zeigt die halbkreisförmige Scheibe. Grau getönt ist ein Flächenelement dA eingezeichnet.

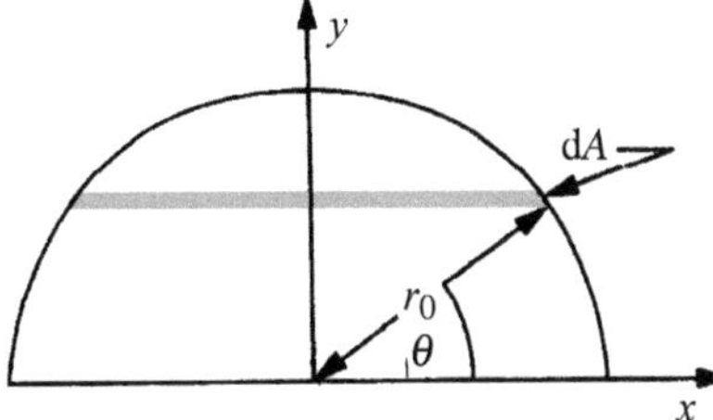

Weil die Scheibe gleichförmig ist, können wir die Beziehung $m\,r_S = \int r\,dm$ anwenden. Wegen der Symmetrie ist die x-Koordinate des Massenmittelpunkts $x_S = 0$. Für die y-Koordinate gilt

$$y_S = \frac{\int y\,\sigma\,dA}{m}.$$

Ferner gilt $y = r\sin\theta$ und $dA = r\,d\theta\,dr$. Daher ist für die halbe Scheibe $m = \sigma A_{\text{halb}} = \frac{1}{2}\sigma\pi r_0^2$. Damit ergibt sich

$$y_S = \frac{\sigma \displaystyle\int_0^{r_0}\int_0^{\pi} r^2 \sin\theta\,d\theta\,dr}{m} = \frac{2\sigma}{m}\int_0^{r_0} r^2\,dr = \frac{2\sigma}{3m}r_0^3.$$

Das ist gleichbedeutend mit $y_S = 4r_0/(3\pi)$.

L8.18 Die Geschwindigkeit des Massenmittelpunkts eines Teilchensystems hängt mit dem gesamten Impuls des Systems zusammen über $\boldsymbol{p} = \sum_i m_i \boldsymbol{v}_i = m\boldsymbol{v}_S$. Damit erhalten wir

$$\boldsymbol{v}_S = \frac{\sum_i m_i \boldsymbol{v}_i}{m} = \frac{m_1 \boldsymbol{v}_1 + m_2 \boldsymbol{v}_2}{m_1 + m_2}$$

$$= \frac{(3\,\text{kg})(\boldsymbol{v}_1 + \boldsymbol{v}_2)}{6\,\text{kg}} = \frac{1}{2}(\boldsymbol{v}_1 + \boldsymbol{v}_2)$$

$$= \frac{1}{2}\left[(6\,\text{m}\cdot\text{s}^{-1})\hat{\boldsymbol{x}} - (3\,\text{m}\cdot\text{s}^{-1})\hat{\boldsymbol{y}}\right]$$

$$= (3\,\text{m}\cdot\text{s}^{-1})\hat{\boldsymbol{x}} - (1{,}5\,\text{m}\cdot\text{s}^{-1})\hat{\boldsymbol{y}}.$$

L8.19 Wir nehmen, wie die Abbildung bei der Aufgabenstellung nahe legt, m_1 als die größere Masse an. Dieser Klotz bewegt sich daher nach unten, und wir setzen seine Beschleunigungsrichtung als positive Richtung an.

a) Für die Beschleunigung des Massenmittelpunkts gilt $m\boldsymbol{a} = m_1\boldsymbol{a}_1 + m_2\boldsymbol{a}_2 + m_Z\boldsymbol{a}_Z$. Weil m_1 und m_2 gleich stark beschleunigt werden und der Zylinder nicht beschleunigt wird, ergibt sich

$$a_S = a\,\frac{m_1 - m_2}{m_1 + m_2 + m_Z}.$$

Dann gilt, wie in Aufgabe 4.28 gezeigt wurde, für die resultierende Beschleunigung

$$a = g\,\frac{m_1 - m_2}{m_1 + m_2}\,.$$

Einsetzen ergibt

$$a_{\mathrm{S}} = \left(\frac{m_1 - m_2}{m_1 + m_2}\,g\right)\left(\frac{m_1 - m_2}{m_1 + m_2 + m_{\mathrm{Z}}}\right)$$
$$= \frac{(m_1 - m_2)^2}{(m_1 + m_2)\,(m_1 + m_2 + m_{\mathrm{Z}})}\,g\,.$$

b) Wir setzen wieder $m = m_1 + m_2 + m_{\mathrm{Z}}$. Ferner ist gemäß unserer Richtungswahl die Kraft F positiv, wenn sie nach oben gerichtet ist. Dann ist gemäß dem zweiten Newton'schen Axiom $F - mg = -m a_{\mathrm{S}}$, und wir erhalten

$$F = mg - m a_{\mathrm{S}} = mg - \frac{(m_1 - m_2)^2}{m_1 + m_2}\,g$$
$$= \left(\frac{4 m_1 m_2}{m_1 + m_2} + m_{\mathrm{Z}}\right) g\,.$$

c) Ebenfalls wie in Aufgabe 4.28 gezeigt, ist die Zugkraft

$$F_{\mathrm{S}} = \frac{2 m_1 m_2}{m_1 + m_2}\,g\,.$$

Einsetzen in unser Ergebnis von Teilaufgabe b liefert

$$F = \left(2\,\frac{2 m_1 m_2}{m_1 + m_2} + m_{\mathrm{Z}}\right) g$$
$$= \left(2\,\frac{F_{\mathrm{S}}}{g} + m_{\mathrm{Z}}\right) g = 2 F_{\mathrm{S}} + m_{\mathrm{Z}}\,g\,.$$

 Das zu betrachtende System besteht aus der Frau, dem Kanu und der Erde. Dann ist die *resultierende* von außen einwirkende Kraft null, und der Impuls bleibt erhalten, wenn die Frau aus dem Kanu springt. Ihre Sprungrichtung setzen wir positiv an. Wegen der Impulserhaltung gilt

$$\sum m_i\,\boldsymbol{v}_i = m_{\mathrm{Frau}}\,\boldsymbol{v}_{\mathrm{Frau}} + m_{\mathrm{Kanu}}\,\boldsymbol{v}_{\mathrm{Kanu}} = 0\,.$$

Einsetzen der Werte ergibt

$$(55\,\mathrm{kg})\,(2{,}5\,\mathrm{m\cdot s^{-1}})\,\widehat{\boldsymbol{x}} + (75\,\mathrm{kg})\,\boldsymbol{v}_{\mathrm{Kanu}} = 0\,.$$

Daraus folgt $\boldsymbol{v}_{\mathrm{Kanu}} = (-1{,}83\,\mathrm{m\cdot s^{-1}})\,\widehat{\boldsymbol{x}}$.

 Beim beschriebenen, explosionsähnlichen Vorgang bleibt der Impuls erhalten. Also können wir in x-Richtung und in y-Richtung jeweils den Anfangs- und den Endimpuls gleichsetzen. Die positive x-Richtung soll die nach rechts und die positive y-Richtung die nach oben sein. Damit erhalten wir für die Impulse in y-Richtung

$$\sum p_{y,\mathrm{A}} = \sum p_{y,\mathrm{E}} = m\,v_2 - 2 m\,v_1$$
$$= m\,(2\,v_1) - 2 m\,v_1 = 0\,.$$

Daher muss vor der Explosion der gesamte Impuls in x-Richtung vorgelegen haben. Für die Impulse in dieser Richtung ergibt sich

$$\sum p_{x,\mathrm{A}} = \sum p_{x,\mathrm{E}}\,,$$
$$4 m\,v_{\mathrm{A}} = m\,v_3\,.$$

Daraus folgt $v_{\mathrm{A}} = \tfrac{1}{4}\,v_3$. Also ist Aussage c richtig.

 Die Abbildung zeigt den Keil und den darauf liegenden Körper (beide ruhend) sowie den herabgeglittenen Körper und den Keil, die sich beide bewegen.

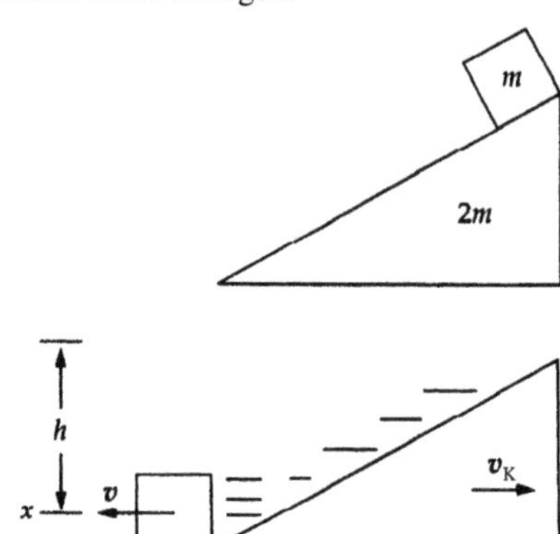

Wir wählen als positive x-Richtung die Bewegungsrichtung des Körpers. Dessen potenzielle Energie sei null, wenn er auf dem Tisch liegt. Nach dem Herabgleiten hat der Körper die Geschwindigkeit $\boldsymbol{v}$ und der Keil die Geschwindigkeit $\boldsymbol{v}_{\mathrm{K}}$. Wegen der Impulserhaltung ist $0 = m\,v\,\widehat{\boldsymbol{x}} + 2 m\,\boldsymbol{v}_{\mathrm{K}}$. Daraus folgt $\boldsymbol{v}_{\mathrm{K}} = -\tfrac{1}{2}\,v\,\widehat{\boldsymbol{x}}$. Damit ist $v_{\mathrm{K}} = \tfrac{1}{2}\,v$. Wegen der Energieerhaltung ist $\Delta E_{\mathrm{kin}} + \Delta E_{\mathrm{pot}} = 0$ und somit $E_{\mathrm{kin,E}} - E_{\mathrm{kin,A}} + E_{\mathrm{pot,E}} - E_{\mathrm{pot,A}} = 0$. Weil $E_{\mathrm{pot,E}} = E_{\mathrm{kin,A}} = 0$ ist, ergibt sich

$$\tfrac{1}{2}\,m\,v^2 + \tfrac{1}{2}\,(2 m)\,v_{\mathrm{K}}^2 - m g h = 0\,.$$

Wir setzen $v_{\mathrm{K}} = \tfrac{1}{2}\,v$ ein und erhalten

$$\tfrac{1}{2}\,m\,v^2 + \tfrac{1}{2}\,(2 m)\,(\tfrac{1}{2}\,v)^2 - m g h = 0\,.$$

Auflösen ergibt $v = 2\sqrt{g h / 3}$. Dies setzen wir in die obige Beziehung $\boldsymbol{v}_{\mathrm{K}} = -\tfrac{1}{2}\,v\,\widehat{\boldsymbol{x}}$ ein:

$$\boldsymbol{v}_{\mathrm{K}} = -\tfrac{1}{2}\left(2\sqrt{\frac{g h}{3}}\right)\widehat{\boldsymbol{x}} = -\sqrt{\frac{g h}{3}}\,\widehat{\boldsymbol{x}}\,.$$

Der Keil bewegt sich also in der Richtung, die der Bewegungsrichtung des kleinen Körpers entgegengesetzt ist, und seine Geschwindigkeit hat den Betrag $\sqrt{g h / 3}$.

 a) Die Summe der kinetischen Energien ist

$$E_{\mathrm{kin}} = E_{\mathrm{kin,1}} + E_{\mathrm{kin,2}} = \tfrac{1}{2}\,m_1\,v_1^2 + \tfrac{1}{2}\,m_2\,v_2^2$$
$$= \tfrac{1}{2}\,(3\,\mathrm{kg})\,(5\,\mathrm{m\cdot s^{-1}})^2 + \tfrac{1}{2}\,(3\,\mathrm{kg})\,(2\,\mathrm{m\cdot s^{-1}})^2$$
$$= 43{,}5\,\mathrm{J}\,.$$

b) Die positive x-Richtung sei die nach rechts. Mit $m = m_1 + m_2$ ist der Impuls des Massenmittelpunkts $m\,\boldsymbol{v}_{\mathrm{S}} = m_1\,\boldsymbol{v}_1 + m_2\,\boldsymbol{v}_2$. Damit ergibt sich für seine Geschwindigkeit

$$\boldsymbol{v}_{\mathrm{S}} = \frac{m_1\,\boldsymbol{v}_1 + m_2\,\boldsymbol{v}_2}{m_1 + m_2}$$
$$= \frac{(3\,\mathrm{kg})\,(5\,\mathrm{m\cdot s^{-1}})\,\widehat{\boldsymbol{x}} - (3\,\mathrm{kg})\,(2\,\mathrm{m\cdot s^{-1}})\,\widehat{\boldsymbol{x}}}{3\,\mathrm{kg} + 3\,\mathrm{kg}}$$
$$= (1{,}50\,\mathrm{m\cdot s^{-1}})\,\widehat{\boldsymbol{x}}\,.$$

c) Die Geschwindigkeit eines Klotzes i relativ zum Massenmittelpunkt ist $\boldsymbol{v}_{i,\mathrm{rel}} = \boldsymbol{v}_i - \boldsymbol{v}_{\mathrm{S}}$. Für den ersten Klotz ergibt sich

$$\boldsymbol{v}_{1,\mathrm{rel}} = (5\,\mathrm{m\cdot s^{-1}})\,\widehat{\boldsymbol{x}} - (1{,}5\,\mathrm{m\cdot s^{-1}})\,\widehat{\boldsymbol{x}} = (3{,}50\,\mathrm{m\cdot s^{-1}})\,\widehat{\boldsymbol{x}}\,,$$

und für den zweiten Klotz ist entsprechend

$$\boldsymbol{v}_{2,\mathrm{rel}} = (-2\ \mathrm{m \cdot s}^{-1})\,\widehat{\boldsymbol{x}} - (1{,}5\ \mathrm{m \cdot s}^{-1})\,\widehat{\boldsymbol{x}}$$
$$= (-3{,}50\ \mathrm{m \cdot s}^{-1})\,\widehat{\boldsymbol{x}}.$$

d) Sie Summe der kinetischen Energien relativ zum Massenmittelpunkt ist

$$E_{\mathrm{kin,rel}} = E_{\mathrm{kin,1,rel}} + E_{\mathrm{kin,2,rel}} = \tfrac{1}{2}\,m_1\,v_{1,\mathrm{rel}}^2 + \tfrac{1}{2}\,m_2\,v_{2,\mathrm{rel}}^2$$
$$= \tfrac{1}{2}\,(3\,\mathrm{kg})\,(3{,}5\ \mathrm{m \cdot s}^{-1})^2 + \tfrac{1}{2}\,(3\,\mathrm{kg})\,(-3{,}5\ \mathrm{m \cdot s}^{-1})^2$$
$$= 36{,}75\ \mathrm{J}.$$

e) Für die kinetische Energie des Massenmittelpunkts erhalten wir

$$E_{\mathrm{kin,S}} = \tfrac{1}{2}\,m\,v_{\mathrm{S}}^2 = \tfrac{1}{2}\,(6\,\mathrm{kg})\,(1{,}5\ \mathrm{m \cdot s}^{-1})^2$$
$$= 6{,}75\ \mathrm{J} = 43{,}5\ \mathrm{J} - 36{,}75\ \mathrm{J} = E_{\mathrm{kin}} - E_{\mathrm{kin,rel}}\,.$$

L8.24 a) Der Kraftstoß entspricht der Änderung des Impulses des Balls: $\Delta p = p_{\mathrm{E}} - p_{\mathrm{A}}$. Weil die Anfangsgeschwindigkeit des Balls null ist, gilt $\Delta p = m\,v_{\mathrm{E}}$. Also ist

$$\Delta p = (0{,}43\ \mathrm{kg})\,(25\ \mathrm{m \cdot s}^{-1}) = 10{,}8\ \mathrm{N \cdot s}.$$

b) Der Kraftstoß ist gleich dem Produkt aus der mittleren Kraft, die Sie auf den Ball ausüben, und der Zeitspanne, während der sie wirkt: $\Delta p = \langle F \rangle\,\Delta t$. Daher erhalten wir für die mittlere Kraft

$$\langle F \rangle = \frac{\Delta p}{\Delta t} = \frac{10{,}8\ \mathrm{N \cdot s}}{0{,}118\ \mathrm{s}} = 1{,}34\ \mathrm{kN}\,.$$

L8.25 Die Abbildung zeigt die Gegebenheiten. Der Ball kommt von unten links und prallt nach oben links ab. Die positive x-Richtung ist die nach rechts. Durch den Aufprall ändert sich der Impuls des Balls, weil die Wand eine Kraft auf ihn ausübt. Die Reaktionskraft ist die, die der Ball auf die Wand ausübt. Weil Kraft und Reaktionskraft gleich große Beträge haben, können wir die mittlere Kraft, die die Wand auf den Ball ausübt, aus dessen Impulsänderung ermitteln.

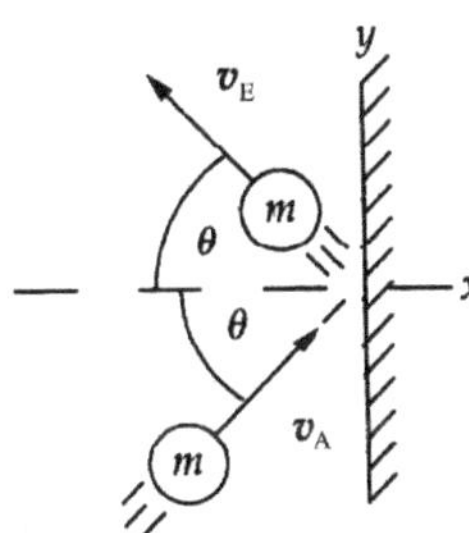

Gemäß dem dritten Newton'schen Axiom ist

$$\langle \boldsymbol{F}_{\mathrm{auf\,Wand}} \rangle = -\langle \boldsymbol{F}_{\mathrm{auf\,Ball}} \rangle.$$

Die Beträge der Kräfte sind gleich:

$$\langle F_{\mathrm{auf\,Wand}} \rangle = \langle F_{\mathrm{auf\,Ball}} \rangle.$$

Die mittlere Kraft, die auf den Ball wirkt, ergibt sich aus dessen Impulsänderung:

$$\langle \boldsymbol{F}_{\mathrm{auf\,Ball}} \rangle = \frac{\Delta \boldsymbol{p}}{\Delta t} = \frac{m\,\Delta \boldsymbol{v}}{\Delta t}\,.$$

Mit $v_{\mathrm{A},x} = v \cos\theta$ und $v_{\mathrm{E},x} = -v \cos\theta$ gilt für die Geschwindigkeitsänderung des Balls

$$\Delta \boldsymbol{v}_x = v_{\mathrm{E},x}\,\widehat{\boldsymbol{x}} - v_{\mathrm{A},x}\,\widehat{\boldsymbol{x}} = -v \cos\theta\,\widehat{\boldsymbol{x}} - v \cos\theta\,\widehat{\boldsymbol{x}}$$
$$= -2\,v \cos\theta\,\widehat{\boldsymbol{x}}.$$

Damit erhalten wir für die mittlere Kraft auf den Ball

$$\langle \boldsymbol{F}_{\mathrm{auf\,Ball}} \rangle = \frac{m\,\Delta \boldsymbol{v}}{\Delta t} = -\frac{2\,m\,v \cos\theta}{\Delta t}\,\widehat{\boldsymbol{x}}.$$

Für den Betrag dieser Kraft ergibt sich damit

$$\langle F_{\mathrm{auf\,Ball}} \rangle = \frac{2\,(0{,}06\,\mathrm{kg})\,(5\ \mathrm{m \cdot s}^{-1})\,\cos 40^\circ}{2\ \mathrm{ms}} = 230\ \mathrm{N}\,.$$

Die auf die Wand wirkende Kraft ist ebenso groß.

L8.26 a) Für die mittlere Kraft, die die Tropfen ausüben, gilt

$$\langle F \rangle = \frac{\Delta p_{\mathrm{Tropfen}}}{\Delta t} = \frac{n}{\Delta t}\,m\,\Delta v\,.$$

Darin ist $n/\Delta t$ die Anzahl der Tropfen pro Zeiteinheit. Die Masse eines Tropfens ist $m = \rho\,V = (1\ \mathrm{kg \cdot l}^{-1})\,(0{,}03\ \mathrm{l}) = 3 \cdot 10^{-5}\ \mathrm{kg}$. Wegen der Energieerhaltung ist $\Delta E_{\mathrm{kin}} + \Delta E_{\mathrm{pot}} = 0$ und daher $E_{\mathrm{kin,E}} - E_{\mathrm{kin,A}} + E_{\mathrm{pot,E}} - E_{\mathrm{pot,A}} = 0$. Wir setzen die potenzielle Energie $E_{\mathrm{pot,E}}$ am Auftreffpunkt gleich null. Somit ist $E_{\mathrm{kin,A}} = E_{\mathrm{pot,E}} = 0$. Damit ergibt sich $\tfrac{1}{2}\,m\,v_{\mathrm{E}}^2 - m\,g\,h = 0$. Wir lösen nach der Endgeschwindigkeit der Tropfen auf und erhalten

$$v_{\mathrm{E}} = \sqrt{2\,g\,h} = \sqrt{2\,(9{,}81\ \mathrm{m \cdot s}^{-2})\,(5\ \mathrm{m})} = 9{,}90\ \mathrm{m \cdot s}^{-1}.$$

Die mittlere Kraft ist damit

$$\langle F \rangle = \frac{n}{\Delta t}\,m\,\Delta v$$
$$= \left(\frac{10}{\mathrm{min}}\right)\left(\frac{1\ \mathrm{min}}{60\ \mathrm{s}}\right)(3 \cdot 10^{-5}\ \mathrm{kg})\,(9{,}90\ \mathrm{m \cdot s}^{-1})$$
$$= 4{,}95 \cdot 10^{-5}\ \mathrm{N}.$$

b) Das Verhältnis der Gewichtskraft eines Tropfens zu dieser mittleren Kraft ist

$$\frac{F_{\mathrm{G}}}{\langle F \rangle} = \frac{m\,g}{\langle F \rangle} = \frac{(3 \cdot 10^{-5}\ \mathrm{kg})\,(9{,}81\ \mathrm{m \cdot s}^{-2})}{4{,}95 \cdot 10^{-5}\ \mathrm{N}} \approx 6.$$

L8.27 a) Die beiden Autos haben vor dem Stoß die Geschwindigkeiten v_1 bzw. v_2, und ihre Geschwindigkeit nach dem Stoß ist v_{E}. Der Impuls bleibt erhalten: $p_{\mathrm{A}} = p_{\mathrm{E}}$. Daher ist $m\,v_1 + m\,v_2 = 2\,m\,v_{\mathrm{E}}$, und die Endgeschwindigkeit ergibt sich zu

$$v_{\mathrm{E}} = \frac{v_1 + v_2}{2} = \frac{(30 + 10)\ \mathrm{m \cdot s}^{-1}}{2} = 20{,}0\ \mathrm{m \cdot s}^{-1}\,.$$

b) Der beim Stoß verloren gegangene Anteil der kinetischen Energie der Autos ist

$$\frac{\Delta E_{\mathrm{kin}}}{E_{\mathrm{kin,A}}} = \frac{E_{\mathrm{kin,E}} - E_{\mathrm{kin,A}}}{E_{\mathrm{kin,A}}} = \frac{E_{\mathrm{kin,E}}}{E_{\mathrm{kin,A}}} - 1$$
$$= \frac{\tfrac{1}{2}\,(2\,m)\,v_{\mathrm{E}}^2}{\tfrac{1}{2}\,m\,v_1^2 + \tfrac{1}{2}\,m\,v_2^2} - 1 = \frac{2\,v_{\mathrm{E}}^2}{v_1^2 + v_2^2} - 1$$
$$= \frac{2\,(20\ \mathrm{m \cdot s}^{-1})^2}{(30\ \mathrm{m \cdot s}^{-1})^2 + (10\ \mathrm{m \cdot s}^{-1})^2} - 1 = -0{,}200\,.$$

Demnach gehen 20 % der anfänglich vorhandenen kinetischen Energie in Wärme, Schall und Verformungsenergie über.

L8.28 a) Als positive x-Richtung nehmen wir diejenige an, in der sich der 5-kg-Körper vor dem Stoß bewegt. Wir bezeichnen die Körper mit den Indices 5 bzw. 10, die für ihre Masse stehen. Wegen der Impulserhaltung ist $p_A = p_E$ und daher $m_5\, v_{5,A} - m_{10}\, v_{10,A} = m_5\, v_{5,E}$. Daraus folgt

$$v_{5,E} = \frac{m_5\, v_{5,A} - m_{10}\, v_{10,A}}{m_5}$$

$$= \frac{(5\,\text{kg})\,(4\,\text{m} \cdot \text{s}^{-1}) - (10\,\text{kg})\,(3\,\text{m} \cdot \text{s}^{-1})}{(5\,\text{kg})}$$

$$= -2{,}00\,\text{m} \cdot \text{s}^{-1}.$$

Das Minuszeichen besagt, dass sich der 5-kg-Körper nach dem Stoß in der negativen x-Richtung bewegt.

b) Um festzustellen, ob der Stoß elastisch ist, vergleichen wir die Anfangs- und die Endenergie des Systems:

$$\Delta E_{\text{kin}} = E_{\text{kin,E}} - E_{\text{kin,A}}$$

$$= \tfrac{1}{2}\,(5\,\text{kg})\,(2\,\text{m} \cdot \text{s}^{-1})^2 - \left[\tfrac{1}{2}\,(5\,\text{kg})\,(4\,\text{m} \cdot \text{s}^{-1})^2 \right.$$

$$\left. + \tfrac{1}{2}\,(10\,\text{kg})\,(3\,\text{m} \cdot \text{s}^{-1})^2\right]$$

$$= -75{,}0\,\text{J}.$$

Es ist $\Delta E_{\text{kin}} \neq 0$; also ist der Stoß inelastisch.

L8.29 a) Als positive x-Richtung nehmen wir diejenige an, in der sich das Proton (P) vor dem Stoß mit dem Kern (K) bewegt. Der Index S steht für den Schwerpunkt oder Massenmittelpunkt. Wegen der Impulserhaltung ist

$$\boldsymbol{p} = \sum_i m_i\, v_i = m_{\text{ges}}\, \boldsymbol{v}_S.$$

Darin ist $m_{\text{ges}} = 13\, m_P$ die Gesamtmasse von Proton und Kern. Die Geschwindigkeit des Massenmittelpunkts ergibt sich zu

$$\boldsymbol{v}_S = \frac{m_P\, \boldsymbol{v}_{P,A}}{m_P + 12\, m_P} = \tfrac{1}{13}\,(300\,\text{m} \cdot \text{s}^{-1})\,\widehat{\boldsymbol{x}} = (23{,}1\,\text{m} \cdot \text{s}^{-1})\,\widehat{\boldsymbol{x}}.$$

b) Die Impulserhaltung liefert uns eine Beziehung zwischen den Endgeschwindigkeiten:

$$m_P\, v_{P,A} = m_P\, v_{P,E} + m_K\, v_{K,E}.$$

Außerdem ist wegen der Erhaltung der mechanischen Energie die Rückstoßgeschwindigkeit gleich der negativen Annäherungsgeschwindigkeit:

$$v_{K,E} - v_{P,E} = -(v_{K,A} - v_{P,A}) = v_{P,A}.$$

Daraus folgt $v_{K,E} = v_{P,A} + v_{P,E}$. Das setzen wir in die vorige Gleichung ein und erhalten

$$m_P\, v_{P,A} = m_P\, v_{P,E} + m_K\,(v_{P,A} + v_{P,E}).$$

Das ergibt

$$v_{P,E} = \frac{m_P - m_K}{m_P + m_K}\, v_{P,A} = \frac{m_P - 12\, m_P}{13\, m_P}\,(300\,\text{m} \cdot \text{s}^{-1})$$

$$= -254\,\text{m} \cdot \text{s}^{-1}.$$

L8.30 a) Wegen der Impulserhaltung ist

$$\boldsymbol{p} = \sum_i m_i\, v_i = (m_P + m_\alpha)\, \boldsymbol{v}_S.$$

Darin ist m_P die Masse des Protons, und der Index S steht für den Schwerpunkt oder Massenmittelpunkt. Wenn sich beide Teilchen am nächsten sind, sind ihre Geschwindigkeiten gleich v_S. Mit der Anfangsgeschwindigkeit $v_{P,A}$ des Protons und der Masse m_α des ruhenden Alphateilchens folgt daher

$$m_P\, v_{P,A} = (m_P + m_\alpha)\, v_S.$$

Damit erhalten wir

$$v_S = \frac{m_P\, v_{P,A} + m_\alpha\, v_{\alpha,A}}{m_P + m_\alpha} = \frac{m_P\, v_0 + 0}{m_P + 4\, m_P} = 0{,}200\, v_0.$$

b) Die Impulserhaltung liefert uns eine Beziehung zwischen den Endgeschwindigkeiten:

$$m_P\, v_0 = m_P\, v_{P,E} + m_\alpha\, v_{\alpha,E}.$$

Außerdem ist wegen der Erhaltung der mechanischen Energie die Rückstoßgeschwindigkeit gleich der negativen Annäherungsgeschwindigkeit:

$$v_{P,E} - v_{\alpha,E} = -(v_{P,A} - v_{\alpha,A}) = -v_{P,A}.$$

Wir lösen diese Gleichung nach $v_{P,E}$ auf und setzen das Ergebnis in die vorige Gleichung ein. Dies ergibt

$$v_{\alpha,E} = \frac{2\, m_P\, v_0}{m_P + m_\alpha} = \frac{2\, m_P\, v_0}{m_P + 4\, m_P} = 0{,}400\, v_0.$$

L8.31 Wegen der Impulserhaltung gilt beim elastischen Stoß der beiden Körper

$$m_1\, v_{1,E} - m_2\, v_{2,E} = m_1\, v_{1,A} - m_2\, v_{2,A}. \tag{1}$$

Für die kinetischen Energien nach und vor dem elastischen Stoß gilt

$$\tfrac{1}{2}\, m_1\, v_{1,E}^2 + \tfrac{1}{2}\, m_2\, v_{2,E}^2 = \tfrac{1}{2}\, m_1\, v_{1,A}^2 + \tfrac{1}{2}\, m_2\, v_{2,A}^2.$$

Wir stellen um:

$$m_2\,(v_{2,E}^2 - v_{2,A}^2) = m_1\,(v_{1,A}^2 - v_{1,E}^2).$$

Daraus folgt

$$m_2\,(v_{2,E} - v_{2,A})\,(v_{2,E} + v_{2,A}) - m_1\,(v_{1,A} - v_{1,E})\,(v_{1,A} + v_{1,E}). \tag{2}$$

Umformen von Gleichung 1 liefert

$$m_2\,(v_{2,E} - v_{2,A}) = m_1\,(v_{1,A} - v_{1,E}). \tag{3}$$

Wir dividieren Gleichung 2 durch Gleichung 3 und erhalten

$$v_{2,E} + v_{2,A} = v_{1,A} + v_{1,E}.$$

Umstellen ergibt

$$v_{1,E} - v_{2,E} = v_{2,A} - v_{1,A}. \tag{4}$$

Nun multiplizieren wir Gleichung 4 mit m_2 und addieren das Ergebnis zu Gleichung 1:

$$(m_1 + m_2)\, v_{1,E} = (m_1 - m_2)\, v_{1,A} + 2\, m_2\, v_{2,A}.$$

Wir lösen nach der Endgeschwindigkeit des Körpers 1 auf:

$$v_{1,\mathrm{E}} = \frac{m_1 - m_2}{m_1 + m_2}\, v_{1,\mathrm{A}} + \frac{2 m_2}{m_1 + m_2}\, v_{2,\mathrm{A}}\,.$$

Nun multiplizieren wir Gleichung 4 mit m_1 und subtrahieren das Ergebnis von Gleichung 1:

$$(m_1 + m_2)\, v_{2,\mathrm{E}} = (m_2 - m_1)\, v_{2,\mathrm{A}} + 2 m_1\, v_{1,\mathrm{A}}\,.$$

Wir lösen nach der Endgeschwindigkeit des Körpers 2 auf:

$$v_{2,\mathrm{E}} = \frac{2 m_1}{m_1 + m_2}\, v_{1,\mathrm{A}} + \frac{m_2 - m_1}{m_1 + m_2}\, v_{2,\mathrm{A}}\,.$$

Anmerkung: Die Geschwindigkeiten der Körper erfüllen die Bedingung $v_{2,\mathrm{E}} - v_{1,\mathrm{E}} = -(v_{2,\mathrm{A}} - v_{1,\mathrm{A}})$. Die relative Rückstoßgeschwindigkeit ist also ebenso groß wie die relative Annäherungsgeschwindigkeit.

L8.32 Beim Einschlag der Kugel bleibt der Impuls erhalten, und die kinetische Energie der Kugel geht in die kinetische und die potenzielle Energie von Pendelkörper und Kugel über. Beim höchsten Punkt liegt nur potenzielle Energie vor, weil gemäß der Aufgabenstellung die kinetische Energie hier null ist. (Der Pendelkörper muss ja den höchsten Punkt gerade erreichen, damit er eine volle Umdrehung ausführen kann.) Unmittelbar nach dem Einschlag der Kugel hat der Pendelkörper P die Geschwindigkeit v_P. Wegen der Impulserhaltung ist $m_1\, v = (m_1 + m_2)\, v_\mathrm{P}$. Daher gilt für die Geschwindigkeit der Kugel unmittelbar vor dem Einschlag

$$v = \left(1 + \frac{m_2}{m_1}\right) v_\mathrm{P}\,.$$

Wegen der Energieerhaltung ist $\Delta E_\mathrm{kin} + \Delta E_\mathrm{pot} = 0$. Die potenzielle Energie setzen wir in der Gleichgewichtsposition des Pendelkörpers gleich null. Mit $E_\mathrm{kin,E} = E_\mathrm{pot,A} = 0$ ergibt sich daraus $-E_\mathrm{kin,A} + E_\mathrm{pot,E} = 0$. Wir setzen ein und erhalten (mit der Länge ℓ der Pendelstange):

$$-\tfrac{1}{2}(m_1 + m_2)\, v_\mathrm{P}^2 + (m_1 + m_2)\, g\, (2\,\ell) = 0\,.$$

Daraus folgt $v_\mathrm{P} = \sqrt{g\,\ell}$. Das setzen wir in den obigen Ausdruck für die Geschwindigkeit der Kugel ein:

$$v = \left(1 + \frac{m_2}{m_1}\right) v_\mathrm{P} = \left(1 + \frac{m_2}{m_1}\right) \sqrt{g\,\ell}\,.$$

L8.33 Weil der Impuls erhalten bleibt, müssen sich die beiden Alphateilchen in entgegengesetzten Richtungen und mit gleich großen Geschwindigkeiten voneinander entfernen. Wegen der Energieerhaltung ist $2 E_\mathrm{kin,\alpha} = 2\left(\tfrac{1}{2} m_\alpha\, v_\alpha^2\right)$ gleich der gegebenen Energie E. Damit erhalten wir

$$v_\alpha = \sqrt{\frac{E}{m_\alpha}} = \sqrt{\frac{1{,}5 \cdot 10^{-14}\ \mathrm{J}}{6{,}68 \cdot 10^{-27}\ \mathrm{kg}}} = 1{,}50 \cdot 10^6\ \mathrm{m \cdot s^{-1}}\,.$$

L8.34 Als negative x-Richtung nehmen wir diejenige an, in der sich das Proton nach dem Zerfall bewegt (siehe Abbildung).

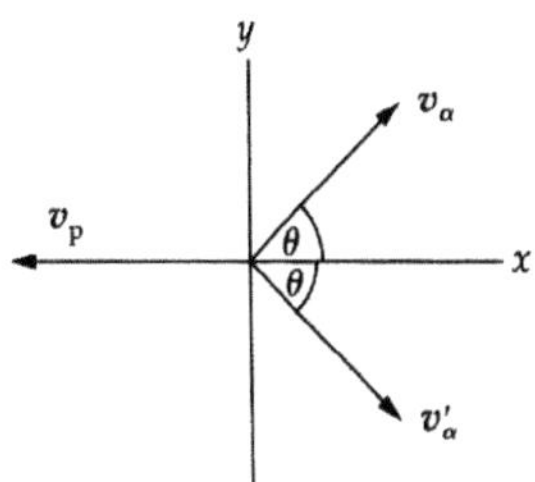

Die Geschwindigkeiten v_α und v_α' der beiden Alphateilchen sind gleich groß. Wegen der Energieerhaltung ist daher $E_\mathrm{kin,P} + 2 E_\mathrm{kin,\alpha} = E$. Das entspricht

$$\tfrac{1}{2} m_\mathrm{P}\, v_\mathrm{P}^2 + 2\left(\tfrac{1}{2} m_\alpha\, v_\alpha^2\right) = E\,.$$

Wir lösen nach der Geschwindigkeit eines Alphateilchens auf und setzen die gegebenen bzw. bekannten Zahlenwerte ein (die Protonenmasse ist $m_\mathrm{P} = 1{,}67 \cdot 10^{-27}\ \mathrm{kg}$). Damit erhalten wir

$$
\begin{aligned}
v_\alpha &= \sqrt{\frac{E - \tfrac{1}{2} m_\mathrm{P}\, v_\mathrm{P}^2}{m_\alpha}} \\
&= \sqrt{\frac{(4{,}4 \cdot 10^{-14}\ \mathrm{J}) - \tfrac{1}{2} m_\mathrm{P}\,(6 \cdot 10^6\ \mathrm{m \cdot s^{-1}})^2}{6{,}68 \cdot 10^{-27}\ \mathrm{kg}}} \\
&= 1{,}44 \cdot 10^6\ \mathrm{m \cdot s^{-1}}\,.
\end{aligned}
$$

Wir nehmen an, dass sich der Atomkern vor dem Zerfall nicht bewegte. Dann gilt wegen der Impulserhaltung

$$\boldsymbol{p}_\mathrm{E} = \boldsymbol{p}_\mathrm{A} = 0 \quad \text{und daher} \quad p_{x,\mathrm{E}} = 0\,.$$

Also ist $\quad 2\,(m_\alpha\, v_\alpha \cos\theta) - m_\mathrm{P}\, v_\mathrm{P} = 0$
und damit $\quad 2\,(4\,m_\mathrm{P}\, v_\alpha \cos\theta) - m_\mathrm{P}\, v_\mathrm{P} = 0$.
Mit $v_\alpha = 1{,}44 \cdot 10^6\ \mathrm{m \cdot s^{-1}}$ ist der Stoßwinkel

$$\theta = \mathrm{acos}\left(\frac{v_\mathrm{P}}{8\, v_\alpha}\right) = \mathrm{acos}\left(\frac{6 \cdot 10^6\ \mathrm{m \cdot s^{-1}}}{8\, v_\alpha}\right) = \pm 58{,}7^\circ\,.$$

Die Winkel, in denen die Alphateilchen relativ zur Bewegungsrichtung des Protons wegfliegen, sind dann gegeben durch

$$\theta' = \pm(180^\circ - 58{,}7^\circ) = \pm 121^\circ\,.$$

L8.35 Die Elastizitätszahl e ist der Quotient aus der Rückstoßgeschwindigkeit und der Annäherungsgeschwindigkeit: $e = v_\mathrm{Rü}/v_\mathrm{Nä}$. Wegen der Energieerhaltung ist $\Delta E_\mathrm{kin} + \Delta E_\mathrm{pot} = 0$. Wir setzen die potenzielle Energie an der Oberfläche der Stahlplatte null. Also ist $E_\mathrm{kin,A} = E_\mathrm{pot,E} = 0$ und daher $E_\mathrm{kin,E} - E_\mathrm{pot,A} = 0$. Daraus folgt

$$\tfrac{1}{2} m\, v_\mathrm{Nä}^2 - m\, g\, h_\mathrm{Nä} = 0\,.$$

Für die Annäherungsgeschwindigkeit gilt daher

$$v_\mathrm{Nä} = \sqrt{2\, g\, h_\mathrm{Nä}}\,,$$

und die Rückstoßgeschwindigkeit ist gegeben durch

$$v_\mathrm{Rü} = \sqrt{2\, g\, h_\mathrm{Rü}}\,.$$

Einsetzen ergibt

$$e = \frac{\sqrt{2\, g\, h_\mathrm{Rü}}}{\sqrt{2\, g\, h_\mathrm{Nä}}} = \sqrt{\frac{h_\mathrm{Rü}}{h_\mathrm{Nä}}} = \sqrt{\frac{2{,}5\ \mathrm{m}}{3\ \mathrm{m}}} = 0{,}913\,.$$

L8.36 a) Wir bilden das Skalarprodukt von $(\boldsymbol{B}+\boldsymbol{C})$ mit sich selbst:

$$(\boldsymbol{B}+\boldsymbol{C})\cdot(\boldsymbol{B}+\boldsymbol{C}) = B^2 + C^2 + 2\,\boldsymbol{B}\cdot\boldsymbol{C}.$$

Wegen $\boldsymbol{A}=\boldsymbol{B}+\boldsymbol{C}$ ist

$$A^2 = |\boldsymbol{B}+\boldsymbol{C}|^2 = (\boldsymbol{B}+\boldsymbol{C})\cdot(\boldsymbol{B}+\boldsymbol{C}).$$

Einsetzen ergibt

$$A^2 = B^2 + C^2 + 2\,\boldsymbol{B}\cdot\boldsymbol{C}.$$

b) Wegen der Impulserhaltung ist $\boldsymbol{p}_1 + \boldsymbol{p}_2 = \boldsymbol{p}_0$. Wir bilden das Skalarprodukt jeder Seite dieser Gleichung mit sich selbst:

$$(\boldsymbol{p}_1+\boldsymbol{p}_2)\cdot(\boldsymbol{p}_1+\boldsymbol{p}_2) = \boldsymbol{p}_0\cdot\boldsymbol{p}_0.$$

Daraus folgt $p_1^2 + p_2^2 + 2\boldsymbol{p}_1\cdot\boldsymbol{p}_2 = p_0^2$. Weil der Stoß elastisch ist, gilt

$$\frac{p_1^2}{2m} + \frac{p_2^2}{2m} + \frac{p_0^2}{2m} \quad \text{oder} \quad p_1^2 + p_2^2 = p_0^2.$$

Wir subtrahieren die vorletzte Gleichung für p_0^2 von der letzten und erhalten

$$2\boldsymbol{p}_1\cdot\boldsymbol{p}_2 = 0 \quad \text{und daher} \quad \boldsymbol{p}_1\cdot\boldsymbol{p}_2 = 0.$$

Die Teilchen bewegen sich also auf Bahnen voneinander weg, die einen rechten Winkel einschließen.

L8.37 Als positive x-Richtung nehmen wir diejenige an, in der sich der erste Puck auf den zweiten zu bewegt.

a) Wegen der Impulserhaltung ist in x-Richtung $p_{x,\mathrm{A}} = p_{x,\mathrm{E}}$ und daher

$$m\,\upsilon = m\,\upsilon_1 \cos 30° + m\,\upsilon_2 \cos 60°.$$

Daraus folgt $\upsilon = \upsilon_1 \cos 30° + \upsilon_2 \cos 60°$.

Entsprechend erhalten wir für die y-Richtung $p_{y,\mathrm{A}} = p_{y,\mathrm{E}}$ und daher

$$0 = m\,\upsilon_1 \sin 30° - m\,\upsilon_2 \sin 60°.$$

Daraus folgt $0 = \upsilon_1 \sin 30° + \upsilon_2 \sin 60°$.

Die Lösung dieser beiden Gleichungen ergibt
$\upsilon_1 = 1{,}73\ \mathrm{m\cdot s^{-1}}$ und $\upsilon_2 = 1{,}00\ \mathrm{m\cdot s^{-1}}$.

b) Ob der Stoß elastisch war, können wir ermitteln, indem wir die kinetischen Energien vor und nach dem Stoß berechnen. Wir können aber auch den Winkel zwischen den beiden Endgeschwindigkeiten $\boldsymbol{\upsilon}_1$ und $\boldsymbol{\upsilon}_2$ betrachten. Er beträgt $90°$; also war der Stoß elastisch.

L8.38 Die positive x-Richtung soll diejenige sein, in der sich das erste Teilchen mit der Geschwindigkeit υ_0 annähert (siehe Abbildung).

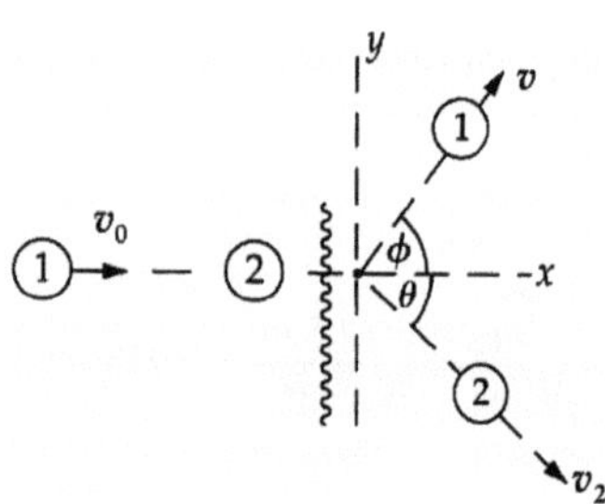

Seine Geschwindigkeit nach dem Stoß bezeichnen wir mit υ und die des getroffenen Teilchens mit υ_2.

a) Wegen der Impulserhaltung gilt in x-Richtung

$$\upsilon_0 = \upsilon \cos\phi + \upsilon_2 \cos\theta. \tag{1}$$

Entsprechend gilt in y-Richtung

$$\upsilon \sin\phi = \upsilon_2 \sin\theta. \tag{2}$$

Wir formen Gleichung 1 um:

$$\upsilon_2 \cos\theta = \upsilon_0 - \upsilon \cos\phi. \tag{3}$$

Dividieren von Gleichung 2 durch Gleichung 3 ergibt

$$\frac{\upsilon_2 \sin\theta}{\upsilon_2 \cos\phi} = \frac{\upsilon \sin\phi}{\upsilon_0 - \upsilon \cos\phi}, \quad \text{also} \quad \tan\theta = \frac{\upsilon \sin\phi}{\upsilon_0 - \upsilon \cos\phi}.$$

b) Wegen der Impulserhaltung ist $\boldsymbol{\upsilon}_0 = \boldsymbol{\upsilon} + \boldsymbol{\upsilon}_2$ (siehe Abbildung).

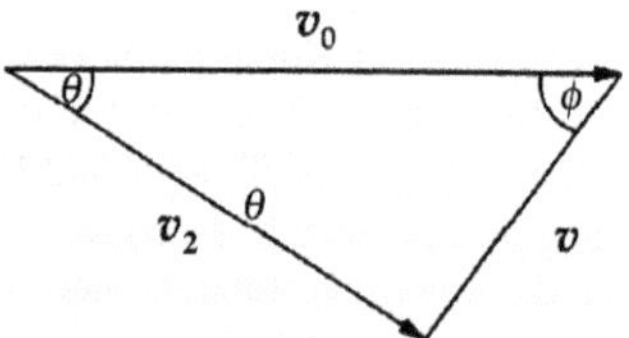

Der Stoß ist elastisch; also ist $\upsilon_0^2 = \upsilon^2 + \upsilon_2^2$. Damit ist im Dreieck der Satz des Pythagoras erfüllt, und es gilt $\upsilon = \upsilon_0 \cos\phi$.

L8.39 Die kinetische Energie relativ zum Massenmittelpunkt hängt wegen $p_2 = -p_1$ von den Beträgen der Impulse der beiden Teilchen folgendermaßen ab:

$$E_{\mathrm{kin,rel}} = \frac{p_1^2}{2m_1} + \frac{p_2^2}{2m_2} = \frac{p_1^2\,(m_1+m_2)}{2m_1 m_2}.$$

Die kinetische Energie des Massenmittelpunkts ist

$$E_{\mathrm{kin,S}} = \frac{(2\,p_1)^2}{2\,(m_1+m_2)} = \frac{2\,p_1^2}{m_1+m_2}.$$

Die gesamte kinetische Energie des Systems ist also

$$E_{\mathrm{kin}} = E_{\mathrm{kin,rel}} + E_{\mathrm{kin,S}} = \frac{p_1^2\,(m_1+m_2)}{2m_1 m_2} + \frac{2\,p_1^2}{m_1+m_2}$$

$$= \frac{p_1^2}{2}\left(\frac{m_1^2 + 6m_1 m_2 + m_2^2}{m_1^2 m_2 + m_1 m_2^2}\right).$$

Beim elastischen Stoß ist

$$E_{\mathrm{kin,A}} = E_{\mathrm{kin,E}} = \frac{p_1^2}{2}\left(\frac{m_1^2 + 6m_1 m_2 + m_2^2}{m_1^2 m_2 + m_1 m_2^2}\right)$$

$$= \frac{(p_1')^2}{2}\left(\frac{m_1^2 + 6m_1 m_2 + m_2^2}{m_1^2 m_2 + m_1 m_2^2}\right).$$

Vereinfachen ergibt

$$(p_1')^2 = (p_1)^2 \quad \text{und daher} \quad p_1' = \pm p_1.$$

Wenn $p_1' = +p_1$ ist, stoßen die Teilchen nicht zusammen.

L8.40 Der Betrag der Schubkraft ist

$$F_{\mathrm{Sch}} = \left|\frac{\mathrm{d}m}{\mathrm{d}t}\right| v_{\mathrm{rel}} = (200\,\mathrm{kg\cdot s^{-1}})\,(6\,\mathrm{km\cdot s^{-1}}) = 1{,}20\,\mathrm{MN}\,.$$

L8.41 a) Der Betrag der Schubkraft ist

$$F_{\mathrm{Sch}} = \left|\frac{\mathrm{d}m}{\mathrm{d}t}\right| v_{\mathrm{rel}} = (200\,\mathrm{kg\cdot s^{-1}})\,(1{,}8\,\mathrm{km\cdot s^{-1}}) = 360\,\mathrm{kN}\,.$$

b) Die Brennzeit ergibt sich aus der Anfangsmasse m_0 an Brennstoff und der Brennrate $|\mathrm{d}m/\mathrm{d}t|$:

$$t_{\mathrm{B}} = \frac{m_{\mathrm{Br}}}{|\mathrm{d}m/\mathrm{d}t|} = \frac{0{,}8\,m_0}{|\mathrm{d}m/\mathrm{d}t|} = \frac{0{,}8\,(30\,000\,\mathrm{kg})}{200\,\mathrm{kg\cdot s^{-1}}} = 120\,\mathrm{s}\,.$$

c) Mit der Brennrate $R = 200\,\mathrm{kg\cdot s^{-1}}$ ergibt sich die Endgeschwindigkeit zu

$$\begin{aligned}
v_{\mathrm{E}} &= v_{\mathrm{rel}}\ln\!\left(\frac{m_0}{m_0 - R\,t_{\mathrm{B}}}\right) - g\,t_{\mathrm{B}}\\
&= (1{,}8\,\mathrm{km\cdot s^{-1}})\,(\ln 5) - (9{,}81\,\mathrm{m\cdot s^{-2}})\,(120\,\mathrm{s})\\
&= 1{,}72\,\mathrm{km\cdot s^{-1}}\,.
\end{aligned}$$

L8.42 Wir wählen als positive x-Richtung die nach Osten und als positive y-Richtung die nach Norden. Der Index 1 bezeichnet das leichtere Auto (mit $m_1 = 1500\,\mathrm{kg}$) und der Index 2 das schwerere (mit $m_2 = 2000\,\mathrm{kg}$). Auf das System wirken keine äußeren Kräfte, so dass der Impuls beim vollkommen inelastischen Stoß erhalten bleibt.

a) Der gesamte Impuls ist

$$\begin{aligned}
\boldsymbol{p} &= \boldsymbol{p}_1 + \boldsymbol{p}_2 = m_1\,\boldsymbol{v}_1 + m_2\,\boldsymbol{v}_2 = m_1\,v_1\,\hat{\boldsymbol{y}} - m_2\,v_2\,\hat{\boldsymbol{x}}\\
&= -m_2\,v_2\,\hat{\boldsymbol{x}} + m_1\,v_1\,\hat{\boldsymbol{y}}\,.
\end{aligned}$$

Darin ist

$$\begin{aligned}
m_1\,v_1 &= (1500\,\mathrm{kg})\,(70\,\mathrm{km\cdot h^{-1}})\,\hat{\boldsymbol{y}}\\
&= (1{,}05\cdot 10^5\,\mathrm{kg\cdot km\cdot h^{-1}})\,\hat{\boldsymbol{y}}\,.
\end{aligned}$$

und

$$\begin{aligned}
m_2\,v_2 &= (2000\,\mathrm{kg})\,(55\,\mathrm{km\cdot h^{-1}})\,\hat{\boldsymbol{x}}\\
&= (1{,}10\cdot 10^5\,\mathrm{kg\cdot km\cdot h^{-1}})\,\hat{\boldsymbol{x}}\,.
\end{aligned}$$

Die Endgeschwindigkeit ergibt sich damit zu

$$\begin{aligned}
\boldsymbol{v}_{\mathrm{E}} &= \boldsymbol{v}_{\mathrm{S}} = \frac{\boldsymbol{p}}{m_1 + m_2}\\
&= \frac{1}{m_1 + m_2}\,(-m_2\,v_2\,\hat{\boldsymbol{x}} + m_1\,v_1\,\hat{\boldsymbol{y}})\\
&= -(31{,}4\,\mathrm{km\cdot h^{-1}})\,\hat{\boldsymbol{x}} + (30{,}0\,\mathrm{km\cdot h^{-1}})\,\hat{\boldsymbol{y}}\,.
\end{aligned}$$

Ihr Betrag ist

$$\begin{aligned}
v_{\mathrm{E}} &= \sqrt{(31{,}4\,\mathrm{km\cdot h^{-1}})^2 + (30{,}0\,\mathrm{km\cdot h^{-1}})^2}\\
&= 43{,}4\,\mathrm{km\cdot h^{-1}}\,.
\end{aligned}$$

Für den Winkel der Endgeschwindigkeit zur positiven x-Richtung erhalten wir

$$\theta = \operatorname{atan}\!\left(\frac{30{,}0\,\mathrm{km\cdot h^{-1}}}{-31{,}4\,\mathrm{km\cdot h^{-1}}}\right) = -43{,}7^\circ\,.$$

Die beiden aneinander haftenden Autos bewegen sich also ungefähr nach Nordwest, und zwar unter einem Winkel von $46{,}3^\circ$ zur Nordrichtung.

L8.43 Wir setzen den Koordinatenursprung an die anfängliche Position der rechten Floßkante, und nach links ist die positive x-Richtung. Als Indices verwenden wir Fr für die Frau, Fl für das Floß, außerdem (wie gewöhnlich) A für den Anfangs- und E für den Endzustand der jeweiligen Größe sowie S für den Massenmittelpunkt. Beachten Sie, dass auf das System (Frau und Floß) keine äußere Kraft einwirkt, so dass sein Massenmittelpunkt sich nicht verschiebt; die Größe x_{S} ist also konstant (senkrechte gestrichelte Linie in der Abbildung).

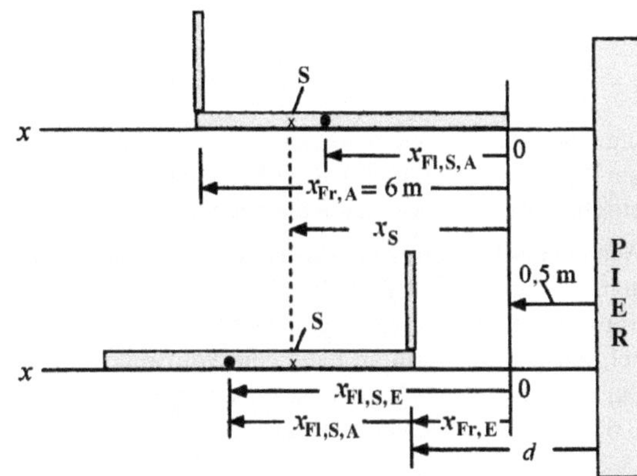

a) Nachdem die Frau an das Ende des Floßes gelaufen ist, hat dessen Vorderkante vom Pier den Abstand $d = 0{,}5\,\mathrm{m} + x_{\mathrm{Fr,E}}$. Wir müssen also $x_{\mathrm{Fr,E}}$ ermitteln. Bevor die Frau losgelaufen ist, gilt für die x-Koordinate des Massenmittelpunkts des Systems (Frau und Floß)

$$x_{\mathrm{S}} = \frac{m_{\mathrm{Fr}}\,x_{\mathrm{Fr,A}} + m_{\mathrm{Fl}}\,x_{\mathrm{Fl,S,A}}}{m_{\mathrm{Fr}} + m_{\mathrm{Fl}}}\,.$$

Nachdem die Frau an das Ende des Floßes gelaufen ist, gilt

$$x_{\mathrm{S}} = \frac{m_{\mathrm{Fr}}\,x_{\mathrm{Fr,E}} + m_{\mathrm{Fl}}\,x_{\mathrm{Fl,S,E}}}{m_{\mathrm{Fr}} + m_{\mathrm{Fl}}}\,.$$

Weil sich, wie gesagt, x_{S} nicht ändert, müssen die rechten Seiten dieser beiden Gleichungen gleich sein:

$$m_{\mathrm{Fr}}\,x_{\mathrm{Fr,A}} + m_{\mathrm{Fl}}\,x_{\mathrm{Fl,S,A}} = m_{\mathrm{Fr}}\,x_{\mathrm{Fr,E}} + m_{\mathrm{Fl}}\,x_{\mathrm{Fl,S,E}}\,.$$

Wir formen um:

$$x_{\mathrm{Fr,E}} = x_{\mathrm{Fr,A}} - \frac{m_{\mathrm{Fr}}}{m_{\mathrm{Fl}}}\,(x_{\mathrm{Fl,S,E}} - x_{\mathrm{Fl,S,A}})\,.$$

Wie der Abbildung zu entnehmen ist, gilt $x_{\mathrm{Fl,S,E}} - x_{\mathrm{Fl,S,A}} = x_{\mathrm{Fr,E}}$. Dies setzen wir ein und erhalten

$$x_{\mathrm{Fr,E}} = \frac{m_{\mathrm{Fr}}\,x_{\mathrm{Fr,A}}}{m_{\mathrm{Fr}} + m_{\mathrm{Fl}}} = \frac{(60\,\mathrm{kg})\,(6\,\mathrm{m})}{60\,\mathrm{kg} + 120\,\mathrm{kg}} = 2{,}00\,\mathrm{m}\,.$$

Das setzen wir in die erste Gleichung für x_{S} ein:

$$d = 0{,}5\,\mathrm{m} + x_{\mathrm{Fr,E}} = 0{,}5\,\mathrm{m} + 2{,}00\,\mathrm{m} = 2{,}50\,\mathrm{m}\,.$$

b) Die gesamte kinetische Energie des Systems ist

$$E_{\mathrm{kin}} = \tfrac{1}{2}\,m_{\mathrm{Fr}}\,v_{\mathrm{Fr}}^2 + \tfrac{1}{2}\,m_{\mathrm{Fl}}\,v_{\mathrm{Fl}}^2\,.$$

Die Frau benötigt, um auf dem Floß das andere Ende zu erreichen, eine Zeitspanne von 2 s. Damit können wir die Geschwindigkeiten relativ zum Pier berechnen:

$$v_{\text{Fr}} = \frac{x_{\text{Fr,E}} - x_{\text{Fr,A}}}{\Delta t} = \frac{(2-6)\,\text{m}}{2\,\text{s}} = -2\,\text{m} \cdot \text{s}^{-1},$$

$$v_{\text{Fl}} = \frac{x_{\text{Fl,E}} - x_{\text{Fl,A}}}{\Delta t} = \frac{(2,50-0,5)\,\text{m}}{2\,\text{s}} = 1\,\text{m} \cdot \text{s}^{-1}.$$

Damit ergibt sich für die gesamte kinetische Energie

$$E_{\text{kin}} = \tfrac{1}{2}\,(60\,\text{kg})\,(-2\,\text{m} \cdot \text{s}^{-1})^2 + \tfrac{1}{2}\,(120\,\text{kg})\,(1\,\text{m} \cdot \text{s}^{-1})^2$$
$$= 180\,\text{J}.$$

Wäre das Floß am Pier vertäut, so ergäbe sich für die kinetische Energie

$$E_{\text{kin}} = \tfrac{1}{2}\,m_{\text{Fr}}\,v_{\text{Fr}}^2 = \tfrac{1}{2}\,(60\,\text{kg})\,(3\,\text{m} \cdot \text{s}^{-1}) = 270\,\text{J}.$$

c) Die kinetische Energie wird von der Frau aufgebracht. Wenn sie am Ende des Floßes aufgrund der Haftreibung stoppt, geht die kinetische Energie in ihre innere Energie über.

d) Wenn der Schrotbeutel die Hand der Frau verlässt, bildet das System aus Frau und Floß ein Inertialsystem. In diesem hat der Schrotbeutel dieselbe Anfangsgeschwindigkeit wie der Schrotbeutel, mit dem die Frau an Land eine Wurfweite von 6 m erreicht. Somit beträgt die Wurfweite auch im System aus Frau und Floß 6 m. Der Schrotbeutel landet also vorn am Floß.

L8.44 Weil der Stoß vollkommen inelastisch ist, ist die Geschwindigkeit des Klotzes (K) nach dem Einschlag der Gewehrkugel (G) dieselbe wie die des Massenmittelpunkts vor dem Einschlag. Die Entfernung d vom Tisch, bei der der Klotz auf dem Boden aufschlägt, ist das Produkt aus seiner Geschwindigkeit und der Fallzeit: $d = v_{\text{S}}\,\Delta t$. Der gesamte Impuls ist gegeben durch

$$p = \sum_i m_i\,v_i = m_{\text{ges}}\,v_{\text{S}}.$$

Damit ist

$$v_{\text{S}} = \frac{m_{\text{G}}\,v_{\text{G}} + m_{\text{K}}\,v_{\text{K}}}{m_{\text{G}} + m_{\text{K}}}$$
$$= \frac{(0,015\,\text{kg})\,(500\,\text{m} \cdot \text{s}^{-1})}{0,015\,\text{kg} + 0,8\,\text{kg}} = 9,20\,\text{m} \cdot \text{s}^{-1}.$$

Weil die Fallbeschleunigung konstant ist, können wir die Zeitspanne aus der Beziehung

$$\Delta y = v_0\,\Delta t + \tfrac{1}{2}\,a\,(\Delta t)^2$$

berechnen. Wegen $v_0 = 0$ ergibt sich daraus $\Delta t = \sqrt{2\,\Delta y / g}$. Das setzen wir in die obige Beziehung für den Abstand d ein und erhalten

$$d = v_{\text{S}}\sqrt{\frac{2\,\Delta y}{g}} = (9,20\,\text{m} \cdot \text{s}^{-1})\sqrt{\frac{2\,(0,8\,\text{m})}{9,81\,\text{m} \cdot \text{s}^{-2}}} = 3,72\,\text{m}.$$

L8.45 Als positive x-Richtung wählen wir die anfängliche Bewegungsrichtung des Teilchens mit der Masse m und als negative y-Richtung die des Teilchens mit der Masse $4m$. Der durch die Kraft $\boldsymbol{F}$ bewirkte Kraftstoß ist

$$\Delta\boldsymbol{p} = \boldsymbol{F}\,t = \boldsymbol{p}_{\text{E}} - \boldsymbol{p}_{\text{A}} = m\,(4\,v)\,\widehat{\boldsymbol{x}} - m\,v\,\widehat{\boldsymbol{x}} = 3\,m\,v\,\widehat{\boldsymbol{x}}.$$

Damit ergibt sich

$$\boldsymbol{p}'_{4m} = 4\,m\,\boldsymbol{v}' = \boldsymbol{p}_{4m} \cdot (0) + \Delta\boldsymbol{p} = -4\,m\,v\,\widehat{\boldsymbol{y}} + 3\,m\,v\,\widehat{\boldsymbol{x}}.$$

Wir lösen nach $\boldsymbol{v}'$ auf: $\boldsymbol{v}' = \tfrac{3}{4}\,v\,\widehat{\boldsymbol{x}} - v\,\widehat{\boldsymbol{y}}$.

L8.46 Als positive Richtung wählen wir die Richtung der Raumsonde nach dem Stoß bzw. Vorbeiflug. Wir bezeichnen die Annäherungsgeschwindigkeit mit $v_{\text{Nä}}$ und die Rückstoßgeschwindigkeit mit $v_{\text{Rü}}$.

a) Die Endgeschwindigkeit ist die Summe aus der Rückstoßgeschwindigkeit relativ zum Massenmittelpunkt und dessen Geschwindigkeit: $v_{\text{E}} = v_{\text{Rü}} + v_{\text{S}}$.

Für die Annäherungsgeschwindigkeit ergibt sich

$$v_{\text{Nä}} = -9,6\,\text{km} \cdot \text{s}^{-1} - 10,4\,\text{km} \cdot \text{s}^{-1} = -20,0\,\text{km} \cdot \text{s}^{-1}.$$

Der Stoß ist elastisch; also gilt $v_{\text{Rü}} = -v_{\text{Nä}} = 20,0\,\text{km} \cdot \text{s}^{-1}$. Weil der Planet sehr viel massereicher als die Raumsonde ist, können wir die Geschwindigkeit des Massenmittelpunkts gleich der des Planeten setzen: $v_{\text{S}} = v_{\text{Saturn}} = 9,6\,\text{km} \cdot \text{s}^{-1}$. Damit erhalten wir

$$v_{\text{E}} = v_{\text{Rü}} + v_{\text{S}} = (20,0 + 9,6)\,\text{km} \cdot \text{s}^{-1} = 29,6\,\text{km} \cdot \text{s}^{-1}.$$

b) Der Faktor, um den die kinetische Energie der Raumsonde zunimmt, ist gegeben durch

$$\frac{E_{\text{kin,E}}}{E_{\text{kin,A}}} = \frac{\tfrac{1}{2}\,m\,v_{\text{Rü}}^2}{\tfrac{1}{2}\,m\,v_{\text{A}}^2} = \left(\frac{v_{\text{Rü}}}{v_{\text{A}}}\right)^2 = \left(\frac{29,6\,\text{km} \cdot \text{s}^{-1}}{10,4\,\text{km} \cdot \text{s}^{-1}}\right)^2 = 8,10.$$

Die zusätzliche kinetische Energie der Raumsonde wird durch eine unmessbar geringe Verlangsamung der Bewegung des Saturn bereit gestellt.

L8.47 Aufgrund der Symmetrie ist die x-Koordinate des Massenmittelpunkts $x_{\text{S}} = 0$. Wir bezeichnen die Masse der Scheibe pro Flächeneinheit mit σ. Die Masse der wie beschrieben modifizierten Scheibe entspricht dann der Masse $m_{\text{vollst.}}$ der vollständigen Scheibe, abzüglich der Masse m_{Loch} einer ebenso dicken Scheibe, die so groß wie das Loch ist. Für die y-Koordinate des Massenmittelpunkts gilt

$$y_{\text{S}} = \frac{\sum_i m_i\,y_i}{m_{\text{vollst.}} - m_{\text{Loch}}} = \frac{m_{\text{Scheibe}}\,y_{\text{Scheibe}} - m_{\text{Loch}}\,y_{\text{Loch}}}{m_{\text{vollst.}} - m_{\text{Loch}}}.$$

Die Masse der vollständigen Scheibe ist $m_{\text{vollst.}} = \sigma A = \sigma\,\pi\,r^2$.

Die aufgrund des Lochs „fehlende" Masse ist betragsmäßig gegeben durch

$$m_{\text{Loch}} = \sigma\,\pi\left(\frac{r}{2}\right)^2 = \tfrac{1}{4}\,\sigma\,\pi\,r^2 = \tfrac{1}{4}\,m_{\text{vollst.}}.$$

Einsetzen und Vereinfachen ergibt schließlich

$$y_{\text{S}} = \frac{m_{\text{vollst.}} \cdot (0) - (\tfrac{1}{4}\,m_{\text{vollst.}})\,(-\tfrac{1}{2}\,r)}{m_{\text{vollst.}} - \tfrac{1}{4}\,m_{\text{vollst.}}} = \tfrac{1}{6}\,r.$$

L8.48 a) Wegen der Energieerhaltung ist die kinetische Energie des zurückprallenden Kerns (K) gleich der Differenz zwischen den kinetischen Energien des Neutrons (n) vor dem Stoß (Index A) und nach dem Stoß (Index E). Daher gilt

$$\frac{p_{\text{n,A}}^2}{2\,m_{\text{n}}} = \frac{p_{\text{n,E}}^2}{2\,m_{\text{n}}} + \frac{p_{\text{K}}^2}{2\,m_{\text{K}}}.$$

Die Impulserhaltung liefert uns eine zweite Beziehung zwischen Anfangs- und Endimpulsen:

$$p_{\mathrm{n,A}} = p_{\mathrm{n,E}} + p_{\mathrm{K}} \,.$$

Wir eliminieren mit Hilfe dieser Gleichung den Impuls $p_{\mathrm{n,E}}$ aus der vorigen Gleichung:

$$\frac{p_{\mathrm{K}}}{2m_{\mathrm{K}}} + \frac{p_{\mathrm{K}}}{2m_{\mathrm{n}}} - \frac{p_{\mathrm{n,A}}}{m_{\mathrm{n}}} = 0 \,.$$

Wir formen um und erhalten für die anfängliche Energie des Neutrons

$$\frac{p_{\mathrm{n,A}}^2}{2m_{\mathrm{n}}} = E_{\mathrm{kin,n}} = \frac{p_{\mathrm{K}}^2 \, (m_{\mathrm{n}}+m_{\mathrm{K}})^2}{8m_{\mathrm{n}} m_{\mathrm{K}}^2} \,.$$

Mit dem Ausdruck $E_{\mathrm{kin,K}} = p_{\mathrm{K}}^2/(2\,m_{\mathrm{K}})$ für die kinetische Energie des Kerns ergibt sich daraus

$$E_{\mathrm{kin,K}} = E_{\mathrm{kin,n}} \, \frac{4\,m_{\mathrm{n}} m_{\mathrm{K}}}{(m_{\mathrm{n}}+m_{\mathrm{K}})^2} \,.$$

b) Die Änderung der kinetischen Energie des Neutrons ist gegeben durch $\Delta E_{\mathrm{kin,n}} = -E_{\mathrm{kin,K}}$. Dabei ist $E_{\mathrm{kin,K}}$ die kinetische Energie des Kerns nach dem Stoß. Mit der vorigen Gleichung erhalten wir für den anteiligen Energieverlust des Neutrons:

$$\frac{-\Delta E_{\mathrm{kin,n}}}{E_{\mathrm{kin,n}}} = \frac{4\,m_{\mathrm{n}} m_{\mathrm{K}}}{(m_{\mathrm{n}}+m_{\mathrm{K}})^2} = \frac{4\,m_{\mathrm{n}}/m_{\mathrm{K}}}{(1+m_{\mathrm{n}}/m_{\mathrm{K}})^2} \,.$$

9A Drehbewegungen

- Winkelgeschwindigkeit und Winkelbeschleunigung
- Drehmoment, Trägheitsmoment und
  das zweite Newton'sche Axiom für Drehbewegungen
- Berechnung von Trägheitsmomenten
- Kinetische Energie der Rotation
- Rollen, Fallmaschinen und herabhängende Teile

A: Aufgaben

Anmerkung: Bei allen Aufgaben ist die Fallbeschleunigung $g = 9{,}81\ \mathrm{m \cdot s^{-2}}$. Falls nichts anderes angegeben ist, sind Reibung und Luftwiderstand zu vernachlässigen.

Verständnisaufgaben

A9.1 • Auf einer mit konstanter Winkelgeschwindigkeit rotierenden Scheibe sind zwei Punkte markiert, einer auf dem Rand und einer auf der Mitte zwischen dem Rand und der Drehachse. Welcher der Punkte bewegt sich in einer bestimmten Zeit über die größere Entfernung? Welcher der beiden dreht sich um den größeren Winkel? Welcher hat die höhere (tangentiale) Geschwindigkeit? Die höhere Winkelgeschwindigkeit? Die größere Winkelbeschleunigung? Die größere Zentripetalbeschleunigung?

A9.2 • Das Drehmoment hat dieselbe Dimension wie a) der Kraftstoß, b) die Energie, c) der Impuls, d) nichts von diesen.

A9.3 • Richtig oder falsch? a) Wenn die Winkelgeschwindigkeit eines Körpers zu einem bestimmten Zeitpunkt null ist, muss auch das resultierende Drehmoment auf den Körper null sein. b) Das Trägheitsmoment eines Körpers hängt davon ab, wo sich die Drehachse befindet. c) Das Trägheitsmoment eines Körpers hängt von seiner Winkelgeschwindigkeit ab.

A9.4 • Eine Scheibe rotiert frei um eine Achse. Eine tangentiale Kraft, die im Abstand d von der Achse angreift, verursacht eine Winkelbeschleunigung α. Welche Winkelbeschleunigung wird verursacht, wenn dieselbe Kraft im Abstand $2d$ von der Achse angreift? a) α, b) 2α, c) $\alpha/2$, d) 4α, e) $\alpha/4$.

A9.5 • Füllen Sie die Lücke im Satz aus: Das Trägheitsmoment eines Körpers bezüglich einer Achse, die nicht durch seinen Massenmittelpunkt verläuft, ist … Trägheitsmoment bezüglich einer Achse durch den Massenmittelpunkt. a) Immer geringer als das, b) manchmal geringer als das, c) manchmal gleich dem, d) immer größer als das.

A9.6 •• Ein massiver, gleichförmiger Zylinder und eine massive, gleichförmige Kugel haben dieselbe Masse. Beide rollen, ohne zu gleiten, auf einer horizontalen Ebene. Wenn ihre kinetischen Energien gleich sind, dann gilt: a) Die Translationsgeschwindigkeit des Zylinders ist größer als die der Kugel. b) Die Translationsgeschwindigkeit des Zylinders ist kleiner als die der Kugel. c) Die Translationsgeschwindigkeit des Zylinders und die der Kugel sind gleich. d) Ob die Antworten a, b oder c richtig sind, hängt vom Radius der Körper ab.

A9.7 •• Ein Ring mit der Masse m und dem Radius r rollt, ohne zu gleiten. Was ist größer, seine kinetische Translationsenergie oder seine kinetische Rotationsenergie? a) Die kinetische Translationsenergie ist größer. b) Die kinetische Rotationsenergie ist größer. c) Beide Energien sind gleich groß. d) Die Antwort hängt vom Radius ab. e) Die Antwort hängt von der Masse ab.

A9.8 •• Eine vollständig starre Kugel rollt, ohne zu gleiten, auf einer starren Oberfläche. Zeigen Sie, dass die Reibungskraft auf die Kugel null sein muss. (*Hinweis:* Überlegen Sie, in welche Richtung die Reibungskraft angreifen kann und welche Wirkung eine solche Kraft auf die Geschwindigkeit des Massenmittelpunkts und auf die Winkelgeschwindigkeit hätte.)

Schätzungs- und Näherungsaufgaben

A9.9 •• Betrachten Sie das Trägheitsmoment eines durchschnittlichen Erwachsenen bezüglich einer Achse, die vertikal mitten durch seinen Körper verläuft. Unterscheiden Sie die Fälle, dass er die Arme eng an den Körper presst und dass er die Arme waagerecht ausstreckt. Schätzen Sie das Verhältnis dieser beiden Trägheitsmomente ab.

• Winkelgeschwindigkeit und Winkelbeschleunigung

A9.10 • Ein Rad beginnt, sich aus dem Stillstand zu drehen, die Winkelbeschleunigung ist $2{,}6\,\mathrm{rad\cdot s^{-2}}$. Wir warten 6 s ab. a) Wie hoch ist dann die Winkelgeschwindigkeit? b) Um welchen Winkel hat sich das Rad gedreht? c) Wie viele Umdrehungen hat es ausgeführt? d) Welche (tangentiale) Geschwindigkeit und Beschleunigung finden wir für einen Punkt in 0,3 m Abstand von der Drehachse?

A9.11 • Wie hoch ist die Winkelgeschwindigkeit der Erde in Radiant pro Sekunde bei der Rotation um ihre eigene Achse?

A9.12 •• Das Magnetband in einer VHS-Videokassette von zwei Stunden Laufzeit hat eine Länge von $\ell = 246$ m (siehe Abbildung). Am Anfang hat die volle Spule einen Außenradius von $r_\mathrm{a} = 46$ mm und einen Innenradius von $r_\mathrm{i} = 12$ mm. Beim Abspielen gibt es einen Zeitpunkt, zu dem beide Spulen dieselbe Winkelgeschwindigkeit haben. Berechnen Sie diese Winkelgeschwindigkeit in Radiant pro Sekunde und in Umdrehungen pro Minute.

Copyright: Treë

• Drehmoment, Trägheitsmoment und das zweite Newton'sche Axiom für Drehbewegungen

A9.13 • Ein scheibenförmiger Schleifstein mit der Masse 1,7 kg und dem Radius 8 cm dreht sich mit $730\,\mathrm{U\cdot min^{-1}}$. Nachdem der Motor abgeschaltet wurde, schleift eine Frau ihre Axt noch weiter, indem sie die Schneide gegen den Schleifstein hält, bis der Stein nach 9 s zum Stillstand kommt. a) Wie hoch ist die Winkelbeschleunigung des Schleifsteins? b) Welches Drehmoment übt die Axt auf den Schleifstein aus? (Nehmen Sie an, dass die Winkelbeschleunigung konstant ist, und vernachlässigen Sie alle anderen Reibungskräfte.)

A9.14 •• Ein Fadenpendel der Länge ℓ und der Pendelmasse m schwingt in einer vertikalen Ebene. Wenn der Faden einen Winkel θ mit der Vertikalen bildet, a) wie hoch ist dann die Tangentialkomponente der auf den Pendelkörper wirkenden Beschleunigung? b) Welches Drehmoment wird bezüglich der Aufhängung ausgeübt? c) Zeigen Sie, dass $M = I\alpha$ mit $a_\mathrm{t} = \ell\,\alpha$ dieselbe Tangentialbeschleunigung ergibt wie in Teil a berechnet.

A9.15 ••• Ein gleichförmiger Stab der Länge ℓ und der Masse m ist an einem Ende reibungsfrei drehbar aufgehängt (siehe Abbildung). Er wird von einer während der Zeitspanne Δt wirkenden horizontalen Kraft F_0 in einer Entfernung x unterhalb der Aufhängung angestoßen. a) Zeigen Sie, dass die Geschwindigkeit des Massenmittelpunkts unmittelbar nach dem Stoß gegeben ist durch $v_0 = 3F_0\,x\,\Delta t/(2\,m\,\ell)$. b) Berechnen Sie die Horizontalkomponente der Kraft, die auf die Aufhängung wirkt, und zeigen Sie, dass diese Kraft für $x = (2/3)\,\ell$ null wird. Der Punkt $x = (2/3)\,\ell$ wird das Schlagzentrum des Stabs genannt. Dieser Punkt spielt eine besondere Rolle bei Ballspielen, die mit einem Schläger gespielt werden (z. B. Tennis oder Baseball): Wenn man den Schläger so führt, dass der Ball genau mit dem Schlagzentrum getroffen wird, dann erhält der Ball die höchstmögliche Beschleunigung, und der Schläger wird geringstmöglich vibrieren. Außerdem sind Ballaufprallwinkel und -abprallwinkel exakt gleich.

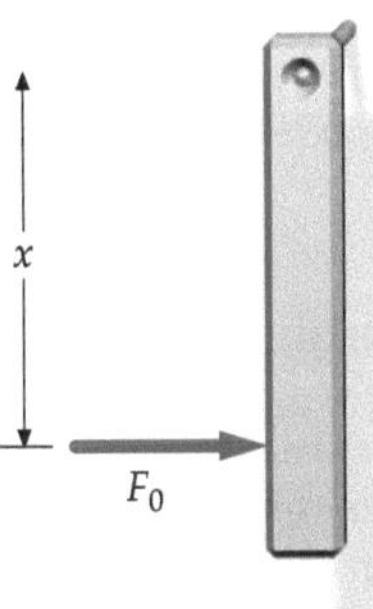

• Berechnung von Trägheitsmomenten

A9.16 • Ein Tennisball hat die Masse 57 g und den Durchmesser 7 cm. Berechnen Sie sein Trägheitsmoment bezüglich des Durchmessers. Fassen Sie den Ball als Kugelschale auf.

A9.17 • Berechnen Sie mit Hilfe des Steiner'schen Satzes das Trägheitsmoment einer massiven Kugel mit der Masse m und dem Radius r bezüglich einer Achse, die tangential zur Kugeloberfläche verläuft (siehe Abbildung).

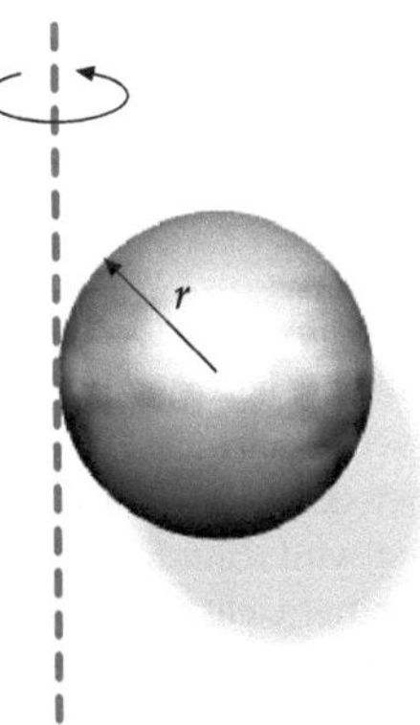

A9.18 •• Zwei Punktmassen m_1 und m_2 sind durch einen masselosen Stab der Länge ℓ verbunden. a) Geben Sie einen Ausdruck für das Trägheitsmoment bezüglich einer Achse an, die senkrecht zum Stab im Abstand x von der Masse m_1 verläuft. b) Berechnen Sie dI/dx und zeigen Sie, dass I minimal ist, wenn die Achse durch den Massenmittelpunkt des Systems verläuft.

A9.19 •• Das Methanmolekül (CH_4) kann man auffassen, als bestünde es aus vier Wasserstoffatomen, die in den Eckpunkten eines Tetraeders mit der Seitenlänge 0,18 nm angeordnet sind, und einem Kohlenstoffatom im Mittelpunkt des Tetraeders (siehe Abbildung). Berechnen Sie das Trägheitsmoment des Moleküls bezüglich einer Achse durch die Mittelpunkte des Kohlenstoffatoms und eines der Wasserstoffatome.

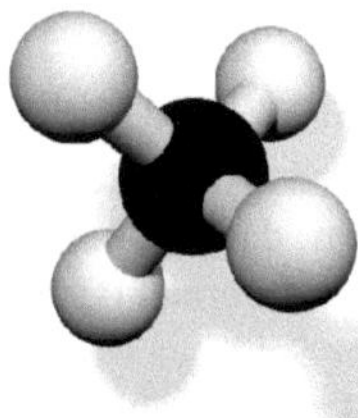

A9.20 ••• Berechnen Sie durch Integration das Trägheitsmoment einer dünnen gleichförmigen Kreisscheibe mit der Masse m und dem Radius r bezüglich der Drehung um einen Durchmesser.

• Kinetische Energie der Rotation

A9.21 • Eine massive Kugel hat eine Masse von 1,4 kg und einen Durchmesser von 15 cm; sie rotiert mit $70 \, \text{U} \cdot \text{min}^{-1}$ um einen Durchmesser. a) Wie hoch ist die kinetische Energie? b) Wenn sich die Rotationsenergie um 2 J erhöht, wie hoch ist dann die Winkelgeschwindigkeit der Kugel?

A9.22 •• Zwei Punktteilchen mit den Massen m_1 und m_2 sind durch einen masselosen Stab der Länge ℓ in Form einer Hantel miteinander verbunden, die mit der Winkelgeschwindigkeit ω um ihren Massenmittelpunkt rotiert. Zeigen Sie, dass für das Verhältnis der kinetischen Energien gilt: $E_{\text{kin},1}/E_{\text{kin},2} = m_2/m_1$.

A9.23 •• Berechnen Sie die kinetische Rotationsenergie der Erde bezüglich ihrer Drehachse und vergleichen Sie diesen Wert mit der kinetischen Energie aufgrund der Bahnbewegung des Massenmittelpunkts der Erde um die Sonne. Nehmen Sie an, dass die Erde eine gleichförmige Kugel mit einer Masse von $6 \cdot 10^{24}$ kg und einem Radius von $6,4 \cdot 10^6$ m ist. Der Radius der als kreisförmig angenommenen Erdbahn beträgt $1,5 \cdot 10^{11}$ m.

A9.24 •• Ein gleichförmiger Ring mit 1,5 m Durchmesser ist so an einem Punkt seines Außendurchmessers aufgehängt, dass er frei um eine horizontale Achse rotieren kann. Anfangs verläuft die Verbindungslinie zwischen der Aufhängung und dem Mittelpunkt des Rings horizontal (siehe Abbildung). a) Der Ring ruht und wird dann losgelassen; welche maximale Winkelgeschwindigkeit erreicht er? b) Welche anfängliche Winkelgeschwindigkeit muss der Ring haben, damit er um 360° rotiert?

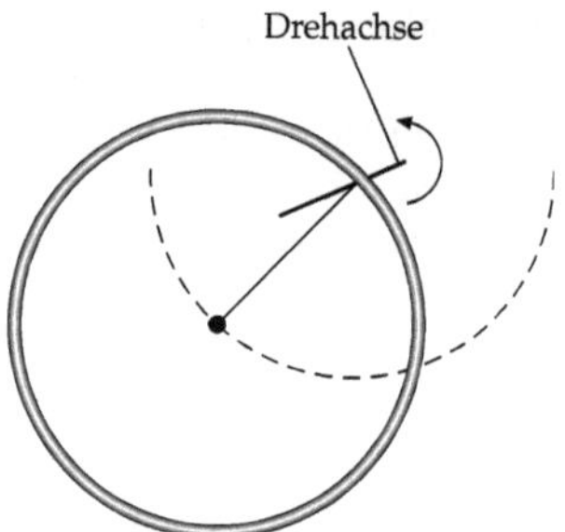

A9.25 •• Sie entwerfen ein Auto, das für den Antrieb die in einem Schwungrad gespeicherte Energie verwendet. Das Schwungrad besteht aus einem 100 kg schweren Zylinder vom Radius r. Es soll pro Kilometer eine mittlere mechanische Energie von 2 MJ liefern und kann mit maximal $400 \, \text{U} \cdot \text{s}^{-1}$ rotieren. Berechnen Sie den Mindestwert für r, mit dem die gespeicherte Energie für 300 km ausreicht, ohne dass man das Schwungrad erneut beschleunigen muss.

• Rollen, Fallmaschinen und herabhängende Teile

A9.26 •• Ein Klotz von 4 kg, der auf einer reibungsfreien Platte ruht, ist mit einem Seil verbunden, das über eine Rolle läuft und an dem ein anderer Klotz von 2 kg hängt (siehe Abbildung). Die Rolle ist eine gleichförmige Scheibe mit dem Radius 8 cm und der Masse 0,6 kg. a) Berechnen Sie die Geschwindigkeit des 2-kg-Klotzes, wenn er aus dem Stillstand 2,5 m weit nach unten fällt. b) Wie hoch ist dann die Winkelgeschwindigkeit der Rolle?

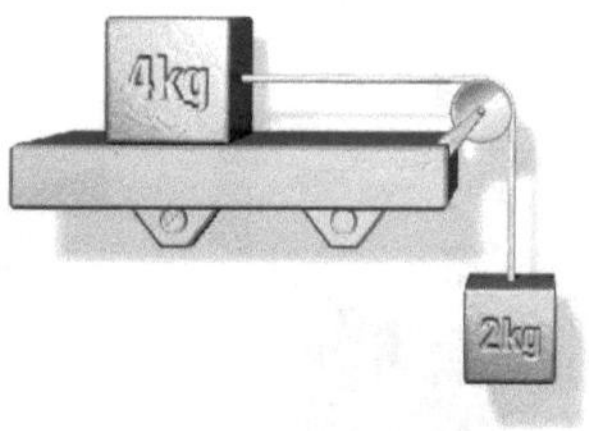

A9.27 •• Das System in der Abbildung wird aus dem Stillstand losgelassen. Der 30-kg-Klotz hängt 2 m über der Platte. Als Rolle dient eine gleichförmige Scheibe mit einem Radius von 10 cm und einer Masse von 5 kg. Berechnen Sie a) die Geschwindigkeit des 30-kg-Klotzes unmittelbar bevor er auf die Platte auftrifft, b) die Winkelgeschwindigkeit zu diesem Zeitpunkt, c) die Zugkräfte in den Seilen und d) die Fallzeit des 30-kg-Klotzes. Nehmen Sie an, dass das Seil schlupffrei über die Rolle läuft.

A9.28 •• An einer Atwood'schen Fallmaschine hängen zwei Körper mit den Massen $m_1 = 500$ g und $m_2 = 510$ g. Sie sind durch ein Seil von vernachlässigbarer Masse, das über eine Rolle läuft, miteinander verbunden (siehe Abbildung). Die Rolle ist eine gleichförmige Scheibe mit einer Masse von 50 g und einem Radius von 4 cm. Das Seil läuft schlupffrei über die Rolle. a) Berechnen Sie die Beschleunigungen der Körper. b) Wie hoch ist die Zugkraft in dem Seil, an dem die Masse m_1 hängt? Wie hoch in dem anderen Seilstück? Um wie viel unterscheiden sich die Zugkräfte? c) Wie würden sich die Werte ändern, wenn man die Masse der Rolle vernachlässigt?

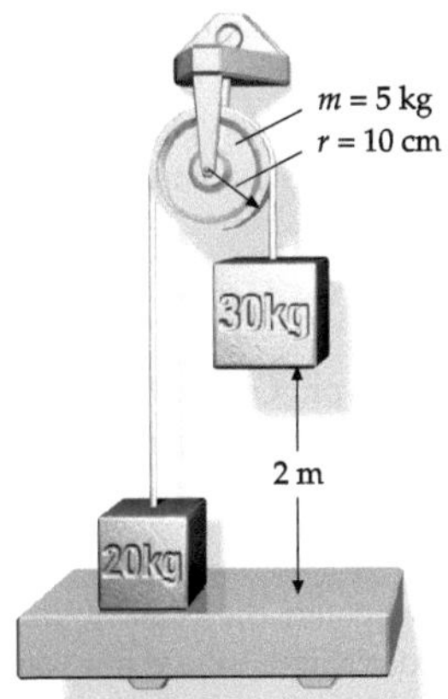

Zu Aufgabe 9.27

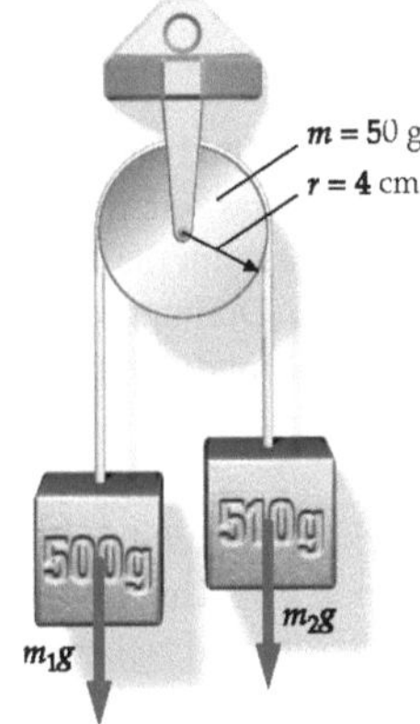

Zu Aufgabe 9.28

A9.29 •• Die Abbildung zeigt eine Anordnung zur Messung von Trägheitsmomenten. An einem Drehteller ist eine konzentrische Trommel mit einem Radius von 10 cm befestigt, um die eine Schnur gewunden ist. Die Schnur läuft über eine reibungsfreie Rolle zu einem Gewicht der Masse m. Das Gewicht wird aus dem Stillstand losgelassen, und man misst die Zeit, die es benötigt, um eine Höhe d zu fallen. Dann wickelt man die Schnur wieder auf, legt den zu vermessenden Körper auf den Drehteller und lässt das Gewicht von neuem fallen. Mit der Zeit, die es nun für dieselbe Fallstrecke benötigt, lässt sich das Trägheitsmoment I berechnen. Mit $m = 2{,}5$ kg und $d = 1{,}8$ m wird eine Fallzeit von 4,2 s gemessen. a) Berechnen Sie das Gesamtträgheitsmoment des Systems aus Drehteller, Trommel, Drehachse und Rolle. b) Mit dem auf dem Drehteller platzierten Objekt wird für $d = 1{,}8$ m eine Fallzeit von 6,8 s gemessen. Berechnen Sie das Trägheitsmoment für das Objekt bezüglich der Achse des Drehtellers.

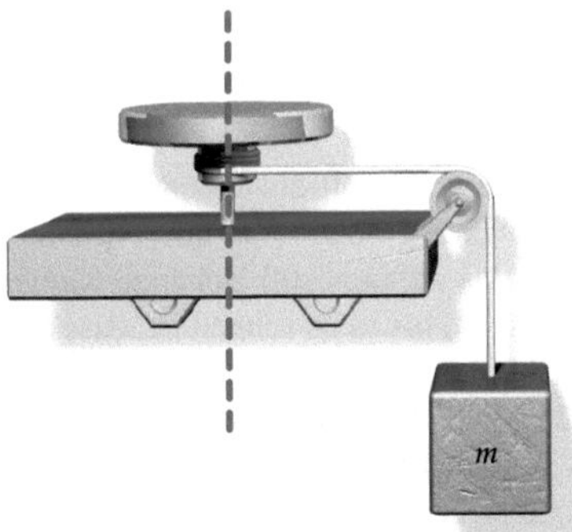

Ohne Schlupf rollende Körper

A9.30 •• Um einen gleichförmigen Zylinder mit der Masse m und dem Radius r ist eine Schnur gewickelt. Die Schnur wird festgehalten, und der Zylinder fällt senkrecht nach unten, wie in der Abbildung gezeigt. a) Zeigen Sie, dass die Beschleunigung nach unten den Betrag $a = 2\,g/3$ hat. b) Berechnen Sie die Zugkraft in der Schnur.

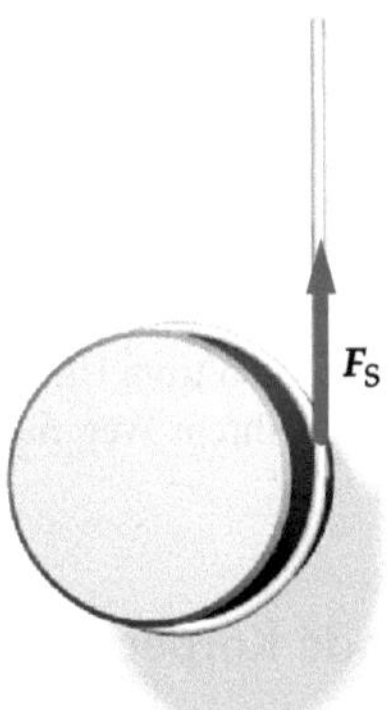

A9.31 • Ein homogener massiver Zylinder rollt, ohne zu gleiten, auf einer horizontalen Fläche. Seine kinetische Gesamtenergie ist E_{kin}. Dann ist der Teil der kinetischen Energie, der mit der Rotation zusammenhängt, a) $\frac{1}{2}E_{\mathrm{kin}}$, b) $\frac{1}{3}E_{\mathrm{kin}}$, c) $\frac{4}{7}E_{\mathrm{kin}}$. d) Keine der angegebenen Möglichkeiten trifft zu.

A9.32 •• Eine gleichförmige Kugel rollt, ohne zu gleiten, eine geneigte Ebene herab. Welchen Steigungswinkel muss die Ebene haben, wenn die lineare Beschleunigung der Kugel 0,2 g beträgt?

A9.33 •• Ein gleichförmiger dünnwandiger Zylinder und ein gleichförmiger massiver Zylinder rollen horizontal, ohne zu gleiten. Die Geschwindigkeit des dünnwandigen Zylinders ist v. Die Zylinder treffen auf eine geneigte Ebene, die sie hinaufrollen, ohne zu gleiten. Beide Zylinder erreichen dieselbe Höhe. Welche Geschwindigkeit v' hatte der massive Zylinder?

A9.34 •• Zwei gleichförmige Scheiben mit einer Masse von je 20 kg und einem Radius von 30 cm sind durch eine kurze Stange mit dem Radius 2 cm und der Masse 1 kg verbunden. Wenn die Stange so auf einer um 30° geneigten Ebene liegt, dass die beiden Scheiben über die Seiten ragen, dann rollt die Anordnung, ohne zu gleiten, herunter. Berechnen Sie a) die lineare Beschleunigung und b) die Winkelbeschleunigung des Systems. c) Berechnen Sie die kinetische Energie des Systems, die mit der Translationsbewegung verbunden ist, nachdem es aus dem Stillstand 2 m weit die Ebene herabgerollt ist. d) Berechnen Sie für das System die kinetische Energie der Rotation an demselben Punkt.

A9.35 ••• Ein gleichförmiger Zylinder mit der Masse m_Z und dem Radius r ruht auf einem Block der Masse m, der wiederum auf einer horizontalen, reibungsfreien Fläche ruht (siehe Abbildung). Wenn auf den Block eine horizontale Kraft F wirkt, so wird er beschleunigt, und der darauf liegende Zylinder rollt, ohne zu gleiten. Berechnen Sie die Beschleunigung des Blocks.

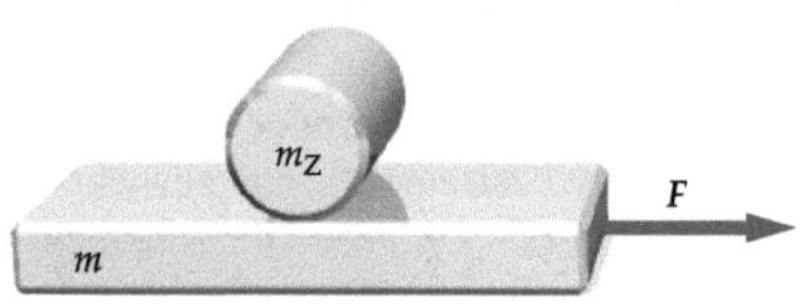

A9.36 ●● Eine Murmel mit dem Radius 1 cm ruht auf dem oberen Pol einer großen Kugel mit dem Radius 80 cm und rollt dann hinunter. Die Kugel ist fixiert. a) Nehmen Sie an, dass die Murmel rollt, ohne zu gleiten, solange sie die Kugel berührt (was unrealistisch ist). Berechnen Sie den Winkel zwischen dem Pol der Kugel und dem Punkt, an dem die Murmel die Kugeloberfläche nicht mehr berührt. b) Warum ist es unrealistisch anzunehmen, dass die Murmel auf ihrem Weg nach unten rollt, ohne zu gleiten?

Mit Schlupf rollende Körper

A9.37 ●● Eine Billardkugel mit dem Radius r ruht auf dem Billardtisch (siehe Abbildung). Sie wird von einem horizontal geführten Queue gestoßen, das für eine sehr kurze Zeit Δt eine Kraft der Größe F_0 ausübt. Das Queue trifft die Kugel an einem Punkt in der Höhe h über der Tischoberfläche. Zeigen Sie, dass die anfängliche Winkelbeschleunigung ω_0 der Kugel mit der anfänglichen linearen Geschwindigkeit v_0 des Massenmittelpunkts der Kugel über die Beziehung $\omega_0 = (5/2)\,v_0\,(h-r)/r^2$ zusammenhängt.

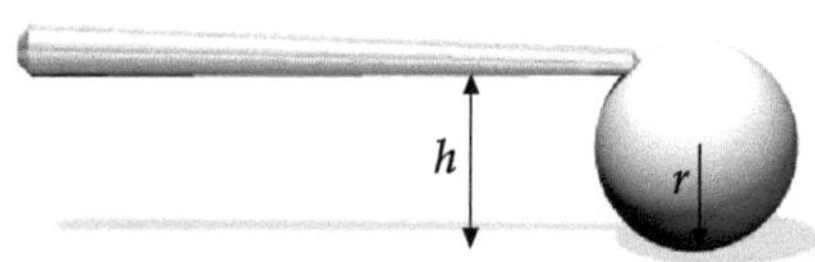

A9.38 ●● Eine ruhende Billardkugel mit dem Radius r wird mit einem Queue scharf angestoßen. Die Kraft wirkt horizontal und wird in einem Abstand von $2r/3$ unterhalb der Mittellinie aufgebracht, wie in der Abbildung gezeigt. Die Anfangsgeschwindigkeit der Kugel ist v_0, der Gleitreibungskoeffizient ist $\mu_{R,g}$. a) Wie hoch ist die anfängliche Winkelgeschwindigkeit ω_0? b) Welche Geschwindigkeit hat die Kugel, wenn sie beginnt zu rollen, ohne zu gleiten? c) Welche anfängliche kinetische Energie hat die Kugel? d) Welche Reibungsarbeit verrichtet die Kugel, während sie auf dem Tisch gleitet?

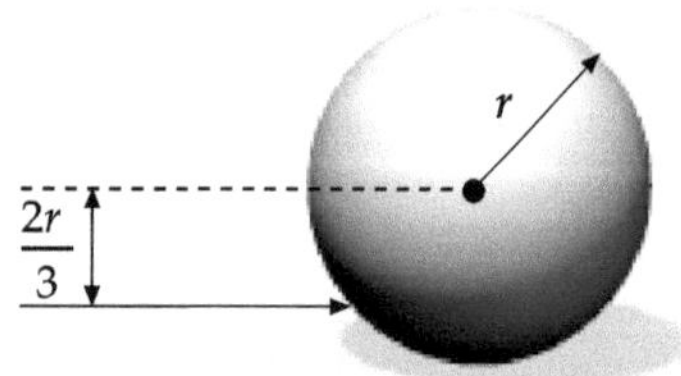

A9.39 ●● Betrachten Sie eine Kugel mit dem Radius r und der Gesamtmasse m. Die Massenverteilung ist nicht gleichförmig, aber radialsymmetrisch, so dass das Trägheitsmoment I fast

beliebig wählbar ist. a) Die Kugel bewegt sich mit einer Anfangsgeschwindigkeit v nur gleitend über den Boden (die anfängliche Winkelgeschwindigkeit ist also $\omega = 0$). Zeigen Sie, dass für die Endgeschwindigkeit, wenn die Kugel beginnt zu rollen, ohne zu gleiten, gilt:

$$v_E = \frac{1}{1 + I/(mr^2)}\,v\,,$$

und zwar unabhängig vom Gleitreibungskoeffizienten. b) Zeigen Sie, dass die kinetische Gesamtenergie der Kugel sich gemäß

$$E_{kin} = \frac{1}{2}\,\frac{m}{1 + I/(mr^2)}\,v^2$$

berechnen lässt. Beachten Sie, dass $I/(mr^2)$ unabhängig von Masse und Radius der Kugel ist und nur von der (hier nicht angegebenen) Massenverteilung im Inneren der Kugel abhängt.

Allgemeine Aufgaben

A9.40 ● Während der Mond die Erde umkreist, dreht er sich um die eigene Achse, so dass wir immer dieselbe Seite sehen. Benutzen Sie diese Aussage, um die Winkelgeschwindigkeit (in Radiant pro Sekunde) der Drehung des Monds um die eigene Achse zu berechnen. Der Mond dreht sich in 27,3 Tagen einmal um die Erde.

A9.41 ●● Auf einem Spielplatz steht eine Drehscheibe mit einem Radius von 2,2 m. Um sie zum Drehen zu bringen, schlingen Sie ein Seil herum und ziehen 12 s lang mit einer Kraft von 260 N. Während dieser Zeit vollführt die Drehscheibe eine vollständige Umdrehung. a) Berechnen Sie die Winkelbeschleunigung der Drehscheibe. b) Welches Drehmoment wird auf die Drehscheibe ausgeübt? c) Welches Trägheitsmoment hat die Drehscheibe?

A9.42 ● Ein gleichförmiger Stock der Länge 2 m wird in einem Winkel von 30° zur Horizontalen über einer Eisfläche gehalten, so dass das untere Ende des Stocks das Eis berührt. Wenn man den Stock fallen lässt, bleibt das Stockende immer in Kontakt mit dem Eis. Wie weit wird sich der Kontaktpunkt während des Falls bewegen? Nehmen Sie die Eisfläche als reibungsfrei an.

A9.43 ●● Ein 80 cm langer Stab der Masse 0,25 kg ist an einem Ende reibungsfrei gelagert. Er wird horizontal gehalten und dann losgelassen. Wie hoch sind unmittelbar nach dem Loslassen a) die Beschleunigung des Stabmittelpunkts und b) die Beschleunigung eines Punkts am freien Ende des Stabs? c) Berechnen Sie, welche lineare Geschwindigkeit der Massenmittelpunkt des Stabs hat, wenn er die Vertikale passiert.

A9.44 ●● Ein Karussell auf einem Spielplatz besteht aus einer 240 kg schweren Holzscheibe mit 4 m Durchmesser. Vier Kinder schieben das anfangs still stehende Karussell tangential entlang dem Rand an, bis es so schnell ist, dass es sich innerhalb von 2,8 s einmal um die eigene Achse dreht. a) Jedes Kind übt eine Kraft von 26 N aus. Wie weit muss jedes Kind beim Schieben rennen? b) Wie hoch ist die Winkelbeschleunigung des Karussells? c) Welche Arbeit verrichtet jedes der Kinder? d) Welche kinetische Energie erreicht das Karussell?

A9.45 ●● Betrachten Sie zwei gleichförmige Holzklötze gleicher Form und gleicher Zusammensetzung, bei denen die Abmessungen des einen Klotzes in allen Richtungen um einen Faktor S größer sind als die des anderen. a) In welchem Verhältnis stehen die Oberflächen der Klötze? b) In welchem Verhältnis stehen die Massen der Klötze? c) In welchem Verhältnis stehen die Trägheitsmomente der Klötze bezüglich irgendeiner Achse (bei beiden in derselben relativen Lage und derselben Orientierung)? Dies ist eines der so genannten *Skalierungsgesetze*: Wie verändern sich Oberfläche, Masse und Trägheitsmoment mit den Abmessungen eines Körpers?

A9.46 ●● In dieser Aufgabe geht es darum, den *Hauptachsensatz* herzuleiten: Er stellt für flache Körper einen Bezug zwischen den Trägheitsmomenten bezüglich zweier senkrecht aufeinander stehender Achsen in der Ebene des Körpers und dem Trägheitsmoment bezüglich einer zu dieser Ebene senkrechten Achse her (siehe Abbildung). Betrachten Sie das Massenelement dm bei der in der Abbildung gezeigten Figur in der x-y-Ebene. a) Drücken Sie das Trägheitsmoment der Figur bezüglich der z-Achse mit Hilfe von dm und r aus. b) Stellen Sie einen Bezug zwischen der Entfernung r des Massenelements dm von der z-Achse und den Strecken x und y her und zeigen Sie, dass $I_z = I_y + I_x$ ist. c) Wenden Sie Ihr Ergebnis an, um das Trägheitsmoment einer gleichförmigen Scheibe bezüglich eines Durchmessers (also einer Drehachse in der x-y-Ebene) anzugeben.

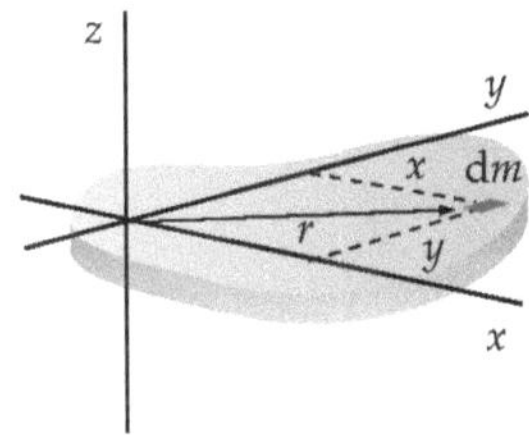

A9.47 ●● Eine massive, 1,5 m lange Metallstange kann ohne Reibung um eine feste horizontale Achse rotieren, die durch eines ihrer Enden und senkrecht zu ihrer Symmetrieachse verläuft. Das andere Ende wird in horizontaler Position gehalten. Nun werden auf der Stange bei den Abständen 25 cm, 50 cm, 75 cm, 1 m, 1,25 m und 1,5 m von der Lagerung kleine Münzen mit der Masse m abgelegt; dann lässt man das freie Ende los. Berechnen Sie die anfängliche Kraft, die die Stange auf jede der Münzen ausübt. Nehmen Sie an, dass die Masse der Münzen gegen die Masse der Stange vernachlässigbar ist.

A9.48 ●● Für ein beliebtes Schauexperiment benötigt man eine horizontale Messlatte, auf der eine Anzahl kleiner Münzen gleichmäßig verteilt sind. Wenn man nun den Griff lockert, so dass die Messlatte sich unter dem Einfluss der Schwerkraft in

der Hand dreht, kann man einen interessanten Effekt feststellen: Die Münzen nahe am Drehpunkt bleiben auf der Messlatte liegen, während die Münzen, die weiter entfernt sind als eine bestimmte Strecke, hinter der Messlatte zurückbleiben. (Das Experiment wird darum auch als „Demonstration schneller als die Fallbeschleunigung" bezeichnet.) a) Wie hoch ist die Beschleunigung am entfernten Ende der Messlatte? b) Wie weit muss eine Münze vom Drehpunkt der Messlatte entfernt sein, damit sie hinter der Messlatte „zurückbleibt"?

A9.49 ●● Die Abbildung zeigt einen massiven Zylinder mit der Masse m und dem Radius r, an dem ein Hohlzylinder mit dem Radius r_h befestigt ist. Um den Hohlzylinder ist eine Schnur gewunden. Der massive Zylinder ruht auf einer horizontalen Fläche. Der Haftreibungskoeffizient zwischen dem Zylinder und der Fläche ist $\mu_{R,h}$. Wenn die Schnur mit geringer Zugkraft nach oben gezogen wird, bewegt sich der Zylinder nach links; wirkt die Kraft in horizontaler Richtung nach rechts, bewegt sich auch der Zylinder nach rechts. Bestimmen Sie den Winkel, den die Schnur mit der Horizontalen bilden muss, damit der Zylinder bei einer geringen Zugkraft in Ruhe bleibt.

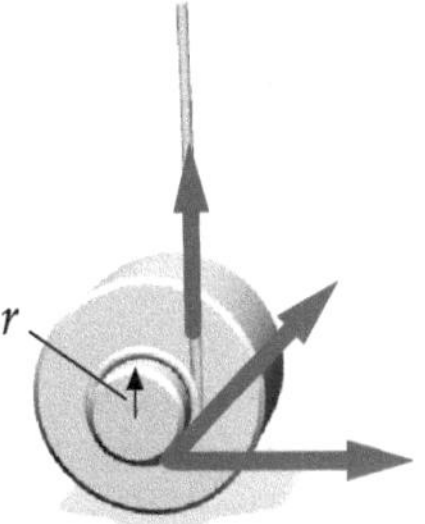

A9.50 ●●● Ein gleichförmiger Stab mit der Länge ℓ und der Masse m kann frei um eine horizontale Achse rotieren, die durch eines seiner Enden verläuft (siehe Abbildung). Der Stab wird unter dem Winkel $\theta = \theta_0$ zur Vertikalen festgehalten und dann losgelassen. Zeigen Sie, dass die Kraft, die die Achse auf den Stab ausübt, gegeben ist durch $F_\parallel = \frac{1}{2} m g \left(5 \cos \theta - 3 \cos \theta_0\right)$ und $F_\perp = \frac{1}{4} m g \sin \theta$; dabei ist $F_\parallel$ die Kraftkomponente parallel zum Stab und $F_\perp$ die Komponente senkrecht zum Stab.

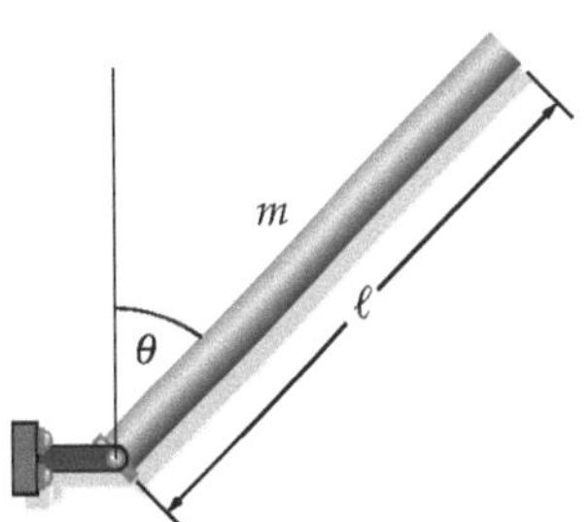

9L Drehbewegungen

L: Lösungen

L9.1 Beide Punkte legen in derselben Zeitspanne denselben Winkel zurück, haben also dieselbe Winkelgeschwindigkeit. Der Punkt am Rand der Scheibe liegt bei einem größeren Radius, legt also beim gleichen Drehwinkel den größeren Weg zurück, so dass seine lineare bzw. tangentiale Geschwindigkeit größer ist. Die Winkelbeschleunigung beider Punkte ist null. Der Punkt am Rand der Scheibe hat wegen des größeren Radius die höhere Zentripetalbeschleunigung.

L9.2 Das Drehmoment hat die Dimension $m\ell^2/t^2$.
a) Der Kraftstoß hat die Dimension $m\ell/t$. b) Die Energie hat die Dimension $m\ell^2/t^2$. c) Der Impuls hat die Dimension $m\ell/t$. Also ist Aussage b richtig: Das Drehmoment hat dieselbe Dimension wie die Energie.

L9.3 a) Falsch. Das auf einen Körper wirkende Drehmoment bestimmt dessen Winkelbeschleunigung. In einem bestimmten Augenblick kann die Winkelgeschwindigkeit aber einen beliebigen Wert haben und beispielsweise null sein.

b) Richtig. Das Trägheitsmoment eines Körpers hängt *immer* davon ab, wo sich die Drehachse befindet.

c) Falsch. Das Trägheitsmoment eines Körpers ist das Produkt aus einer Konstanten, die von seiner Materieverteilung abhängt sowie von seiner Masse und vom Quadrat des Abstands des Massenmittelpunkts von der Achse, um die sich der Körper dreht.

L9.4 Mit dem Drehmoment M ist die Winkelbeschleunigung $\alpha = M/I = F\,d/I = (F/I)\,d$. Also ist α proportional zum Abstand d von der Drehachse. Ist dieser Abstand doppelt so groß, dann ist es auch die Winkelbeschleunigung; demnach ist Aussage b richtig.

L9.5 Nach dem Steiner'schen Satz ist das Trägheitsmoment gegeben durch $I = I_S + mh^2$. Darin ist I_S das Trägheitsmoment des Körpers bezüglich einer Achse durch seinen Massenmittelpunkt S. Ferner ist m die Masse des Körpers und h der Abstand zwischen den beiden parallelen Drehachsen. Demnach ist I immer um mh^2 größer als I_S. Also ist Aussage d richtig.

L9.6 Die kinetischen Energien beider Körper sind gleich der Summe aus den kinetischen Energien der Translation und der Rotation. Die Differenz ihrer Geschwindigkeiten rührt vom Unterschied ihrer Trägheitsmomente her. Die kinetische Energie des Zylinders ist

$$E_{\text{kin,Z}} = \tfrac{1}{2} I_Z \omega_Z^2 + \tfrac{1}{2} m v_Z^2$$
$$= \tfrac{1}{2}\left(\tfrac{1}{2} m r^2\right)\frac{v_Z^2}{r^2} + \tfrac{1}{2} m v_Z^2 = \tfrac{3}{4} m v_Z^2.$$

Für die Kugel gilt entsprechend

$$E_{\text{kin,K}} = \tfrac{1}{2} I_K \omega_K^2 + \tfrac{1}{2} m v_K^2$$
$$= \tfrac{1}{2}\left(\tfrac{2}{5} m r^2\right)\frac{v_K^2}{r^2} + \tfrac{1}{2} m v_K^2 = \tfrac{7}{10} m v_K^2.$$

Wir setzen die beiden Energien gleich und erhalten $v_Z = \sqrt{14/15}\, v_K < v_K$. Also ist Aussage b richtig.

L9.7 Die kinetische Energie der Translation ist $E_{\text{kin,Transl.}} = \tfrac{1}{2} m v^2$, und die kinetische Energie der Rotation ist

$$E_{\text{kin,Rot.}} = \tfrac{1}{2} I_{\text{Ring}} \omega^2 = \tfrac{1}{2}(m r^2)\frac{v^2}{r^2} = \tfrac{1}{2} m v^2.$$

Also sind translatorische und rotatorische kinetische Energie gleich, und Aussage b ist richtig

L9.8 Wir nehmen an, dass die Reibungskraft F_R nicht null ist und entlang der Bewegungsrichtung wirkt. Wir betrachten nun die Beschleunigung des Massenmittelpunkts und die Winkelbeschleunigung um den Kontaktpunkt mit der Oberfläche. Wegen $F_R \neq 0$ ist auch $a_S \neq 0$. Nun ist aber $M = 0$, weil $\ell = 0$ ist. Daher ist $\alpha = 0$. Das widerspricht aber der Aussage $a_S \neq 0$. Also muss $F_R = 0$ sein.

L9.9 Die Masse des Erwachsenen setzen wir zu $m = 80$ kg an. Wenn er die Arme angelegt hat, nehmen wir seinen Körper als zylinderförmig an, wobei der Umfang dem Mittelwert aus dem durchschnittlichen Taillenumfang (86 cm) und dem durchschnittlichen Brustumfang (107 cm) entspricht. Weiterhin nehmen wir an, dass 20 % der Körpermasse auf die $\ell = 1$ m langen Arme entfallen. Somit hat jeder Arm die Masse $m_A = 8$ kg. Das Trägheitsmoment bei ausgestreckten Armen bezeichnen wir mit $I_{ausg.}$ und das bei angelegten Armen mit $I_{ang.}$. Das Verhältnis dieser Trägheitsmomente ist

$$\frac{I_{ausg.}}{I_{ang.}} = \frac{I_{Körper} + I_{Arme}}{I_{ang.}}.$$

Bei angelegten Armen ist das Trägheitsmoment das eines Zylinders: $I_{ang.} = \frac{1}{2} m r^2$, und das Trägheitsmoment der ausgestreckten Arme bei der Rotation des Körpers um die Längsachse ist $I_{Arme} = 2\left(\frac{1}{3}\right) m \ell^2$. Das Trägheitsmoment des restlichen Körpers (ohne Arme) ist gegeben durch $I_{Körper} = \frac{1}{2}\left(m - m_{Arme}\right) r^2$. Einsetzen in die erste Gleichung ergibt

$$\frac{I_{ausg.}}{I_{ang.}} = \frac{\frac{1}{2}\left(m - m_{Arme}\right) r^2 + 2\left(\frac{1}{3}\right) m \ell^2}{\frac{1}{2} m r^2}.$$

Als Umfang des Zylinders setzen wir, wie oben gesagt, den Mittelwert aus 86 cm und 107 cm an, also 96,5 cm. Der Radius ist daher $r = (96{,}5 \text{ cm})/(2\pi) = 15{,}4$ cm. Damit ergibt sich das Verhältnis der Trägheitsmomente näherungsweise zu

$$\frac{I_{ausg.}}{I_{ang.}} \approx \frac{\frac{1}{2}\left[(80 - 16)\text{ kg}\right](0{,}154\text{ m})^2 + \frac{2}{3}\left(8\text{ kg}\right)(1\text{ m})^2}{\frac{1}{2}\left(80\text{ kg}\right)(0{,}154\text{ m})^2} = 6{,}42.$$

L9.10 a) Die Winkelbeschleunigung ist konstant. Daher gilt für die Winkelgeschwindigkeit $\omega = \omega_0 + \alpha\,\Delta t$. Mit $\omega_0 = 0$ ergibt sich im vorliegenden Fall

$$\omega = \alpha\,\Delta t = (2{,}6\text{ rad} \cdot \text{s}^{-2})(6\text{ s}) = 15{,}6\text{ rad} \cdot \text{s}^{-1}.$$

b) Für den in der Zeitspanne Δt durch die Winkelbeschleunigung α erreichten Drehwinkel gilt $\Delta\theta = \omega_0\,\Delta t + \frac{1}{2}\alpha(\Delta t)^2$. Mit $\omega_0 = 0$ ergibt sich für den Drehwinkel

$$\Delta\theta_{6\,s} = \frac{1}{2}(2{,}6\text{ rad} \cdot \text{s}^{-2})(6\text{ s})^2 = 46{,}8\text{ rad}.$$

c) Wir rechnen in Umdrehungen um:

$$\Delta\theta_{6\,s} = (46{,}8\text{ rad})\,\frac{1\text{ U}}{2\pi\text{ rad}} = 7{,}45\text{ U}.$$

d) Für die Tangentialgeschwindigkeit erhalten wir

$$v = r\,\omega = (0{,}3\text{ m})(15{,}6\text{ rad} \cdot \text{s}^{-1}) = 4{,}68\text{ m} \cdot \text{s}^{-1}.$$

Die resultierende Beschleunigung a des Punkts, der 0,3 m von der Achse entfernt ist, ergibt sich aus der Tangentialbeschleunigung a_t und der Zentripetalbeschleunigung a_z:

$$a = \sqrt{a_t^2 + a_z^2} = \sqrt{(r\alpha)^2 + (r\omega^2)^2} = r\sqrt{\alpha^2 + \omega^4}$$

$$= (0{,}3\text{ m})\sqrt{\left(2{,}6\text{ rad} \cdot \text{s}^{-2}\right)^2 + \left(15{,}6\text{ rad} \cdot \text{s}^{-1}\right)^4}$$

$$= 73{,}0\text{ m} \cdot \text{s}^{-1}.$$

L9.11 Pro Tag, also in $24 \cdot (3600\text{ s}) = 86\,400$ s, vollführt die Erde eine volle Umdrehung; das entspricht 2π rad. Also ist die Winkelgeschwindigkeit

$$\omega = \frac{\Delta\theta}{\Delta t} = \frac{2\pi\text{ rad}}{86\,400\text{ s}} = 7{,}27 \cdot 10^{-5}\text{ rad} \cdot \text{s}^{-1}.$$

L9.12 Die beiden Spulen haben dieselbe Winkelgeschwindigkeit und dieselbe Tangentialgeschwindigkeit, wenn ihre Flächen gleich sind:

$$\pi r_E^2 - \pi r_i^2 = \frac{1}{2}\left(\pi r_a^2 - \pi r_i^2\right).$$

Darin ist r_E der dabei vorliegende Außenradius. Daraus ergibt sich

$$r_E = \sqrt{\frac{r_a^2 + r_i^2}{2}} = \sqrt{\frac{(45\text{ mm})^2 + (12\text{ mm})^2}{2}} = 32{,}9\text{ mm}.$$

Die Tangentialgeschwindigkeit des Bands ergibt sich aus seiner Länge ℓ und seiner Laufzeit von 2 h bzw. 7200 s:

$$v = \frac{\ell}{\Delta t} = \frac{246\text{ m}}{7200\text{ s}} = 3{,}42\text{ cm} \cdot \text{s}^{-1}.$$

Mit dem oben berechneten Radius 32,9 mm erhalten wir für die Winkelgeschwindigkeit

$$\omega_E = \frac{v}{r_E} = \frac{3{,}42\text{ cm} \cdot \text{s}^{-1}}{3{,}29\text{ cm}} = 1{,}04\text{ rad} \cdot \text{s}^{-1}.$$

Wir rechnen in Umdrehungen pro Minute um:

$$1{,}04\text{ rad} \cdot \text{s}^{-1} = 1{,}04\,\frac{\text{rad}}{\text{s}} \cdot \frac{1\text{ U}}{2\pi\text{ rad}} \cdot \frac{60\text{ s}}{1\text{ min}} = 9{,}93\text{ U} \cdot \text{min}^{-1}.$$

L9.13 Die Kraft, die die Frau durch ihre Axt auf den Schleifstein ausübt, wirkt nicht an der Rotationsachse; daher bewirkt sie ein Drehmoment, das die Winkelgeschwindigkeit des Schleifsteins verringert.

a) Die Winkelbeschleunigung ist $\alpha = \Delta\omega/\Delta t = (\omega - \omega_0)/\Delta t$. Mit $\omega = 0$ erhalten wir daraus

$$\alpha = \frac{-\omega_0}{\Delta t} = \frac{-\dfrac{730\text{ U}}{1\text{ min}}\,\dfrac{2\pi\text{ rad}}{1\text{ U}}\,\dfrac{1\text{ min}}{60\text{ s}}}{9\text{ s}} = -8{,}49\text{ rad} \cdot \text{s}^{-2}.$$

Die Winkelbeschleunigung ist negativ, denn der Schleifstein wird langsamer.

b) Gemäß dem zweiten Newton'schen Axiom gilt für das Drehmoment, das den Schleifstein abbremst: $M = I\alpha$. Das Trägheitsmoment ist gegeben durch $I = \frac{1}{2} m r^2$. Damit erhalten wir für den Betrag des Drehmoments

$$M = \frac{1}{2} m r^2 \alpha = \frac{1}{2}(1{,}7\text{ kg})(0{,}08\text{ m})^2(8{,}49\text{ rad} \cdot \text{s}^{-2})$$

$$= 0{,}0462\text{ N} \cdot \text{m}.$$

L9.14 Wie aus der Abbildung hervorgeht, wirkt die Zugkraft in radialer Richtung, übt also keine tangentiale Kraft auf den Pendelkörper aus.

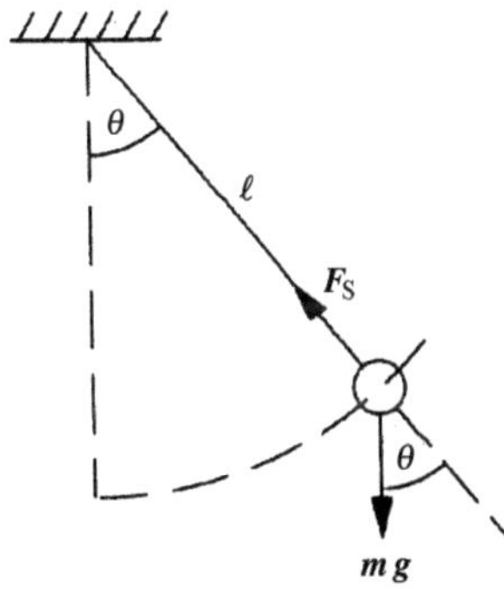

a) Der Betrag der tangentialen Komponente der Kraft, die auf den Pendelkörper wirkt, ist $F_t = m\,g\sin\theta$. Gemäß dem zweiten Newton'schen Axiom ist die tangentiale Beschleunigung des Pendelkörpers $a_t = F_t/m = g\sin\theta$.

b) Die Richtung der Zugkraft verläuft durch den Aufhängungspunkt. Daher ist die Länge des Hebelarms null. Das Drehmoment bezüglich des Aufhängungspunkts rührt also von der Gewichtskraft des Pendelkörpers her und ist gegeben durch $M = m g \ell \sin\theta$.

c) Nach dem zweiten Newton'schen Axiom gilt mit der Winkelbeschleunigung α für das Drehmoment: $M = m g \ell \sin\theta = I\alpha$. Daraus folgt $\alpha = m g \ell (\sin\theta)/I$. Das Trägheitsmoment ist $I = m\ell^2$, und es folgt

$$\alpha = \frac{m g \ell \sin\theta}{m \ell^2} = \frac{g \sin\theta}{\ell}.$$

Für die Tangentialbeschleunigung ergibt sich also

$$\alpha_t = r\alpha = \ell g (\sin\theta)/\ell = g \sin\theta.$$

L9.15 a) Die Geschwindigkeit des Massenmittelpunkts des Stabs ist gegeben durch $v_S = \ell\omega/2$. Das von der Kraft F_0 im Abstand x von der Aufhängung ausgeübte Drehmoment ist $M = F_0 x = I\alpha$. Das ergibt $\alpha = F_0 x/I$. Das Trägheitsmoment des Stabs bezüglich seines Aufhängungspunkts ist $I = \frac{1}{3} m\ell^2$. Einsetzen ergibt für die Winkelbeschleunigung

$$\alpha = \frac{3 F_0 x}{m \ell^2}.$$

Die Winkelgeschwindigkeit ist damit

$$\omega = \alpha\,\Delta t = \frac{3 F_0 x\,\Delta t}{m \ell^2}.$$

Schließlich erhalten wir für die Geschwindigkeit des Massenmittelpunkts

$$v_S = \frac{\ell\,\omega}{2} = \frac{3 F_0 x\,\Delta t}{2 m \ell}.$$

b) Wir bezeichnen den Kraftstoß, den die Aufhängung (Ah) dem Stab verleiht, mit Δp_{Ah}. Dann ist der gesamte dem Stab verliehene Kraftstoß gegeben durch $\Delta p_{Ah} + F_0\,\Delta t = m v_S$. Das ergibt $\Delta p_{Ah} = m v_S - F_0\,\Delta t$. Wir setzen das Ergebnis aus Teilaufgabe a ein und erhalten

$$\Delta p_{Ah} = \frac{3 F_0 x\,\Delta t}{2\ell} - F_0\,\Delta t = F_0\,\Delta t \left(\frac{3x}{2\ell} - 1\right).$$

Wegen $\Delta p_{Ah} = F_{Ah}\,\Delta t$ folgt daraus

$$F_{Ah} = F_0 \left(\frac{3x}{2\ell} - 1\right).$$

Wenn $F_{Ah} = 0$ sein soll, muss gelten $3x/(2\ell) - 1 = 0$ und daher $x = (2/3)\,\ell$.

L9.16 Das Trägheitsmoment einer dünnen Kugelschale, die um einen Durchmesser rotiert, ist $I = \frac{2}{3} m r^2$. Damit erhalten wir

$$I = \frac{1}{2} (0{,}057\ \text{kg}) (0{,}035\ \text{m}^2) = 4{,}66 \cdot 10^{-5}\ \text{kg}\cdot\text{m}^2.$$

L9.17 Das Trägheitsmoment einer Kugel, die um einen Durchmesser rotiert (der natürlich durch den Massenmittelpunkt verläuft), ist $I_S = \frac{2}{5} m r^2$. Wenn die Kugel um eine andere Achse rotiert, die zur ersten parallel verläuft und von ihr den Abstand

h hat, dann ist nach dem Steiner'schen Satz das Trägheitsmoment gegeben durch $I = I_S + m h^2$. Mit $h = r$ ergibt sich also $I = \frac{2}{5} m r^2 + m r^2 = \frac{7}{5} m r^2$.

L9.18 a) Das Trägheitsmoment ist gegeben durch
$$I = \sum_i m_i r_i^2 = m_1 x^2 + m_2 (\ell - x)^2.$$
b) Wir leiten nach x ab:

$$\frac{\text{d}I}{\text{d}x} = 2 m_1 x - 2 m_2 (\ell - x) = 2 (m_1 x + m_2 x - m_2 \ell).$$

Bei einem Extremwert ist $\text{d}I/\text{d}x$ gleich null, und wir erhalten $m_1 x + m_2 x - m_2 \ell = 0$. Das ergibt

$$x = \frac{m_2 \ell}{m_1 + m_2}.$$

Dies ist auch definitionsgemäß der Abstand des Massenmittelpunkts von der Masse m_1. (Dass hier ein Minimum des Trägheitsmoments vorliegt, kann anhand der zweiten Ableitung $\text{d}^2 I/\text{d}x^2$ überprüft werden; sie ist positiv.)

L9.19 Wie in der Abbildung angedeutet, verläuft die Drehachse (senkrecht zur Zeichenebene) durch ein Wasserstoffatom und das Kohlenstoffatom sowie durch die Mitte der Basis des Tetraeders. Die beiden erwähnten Atome tragen also zum Trägheitsmoment nichts bei.

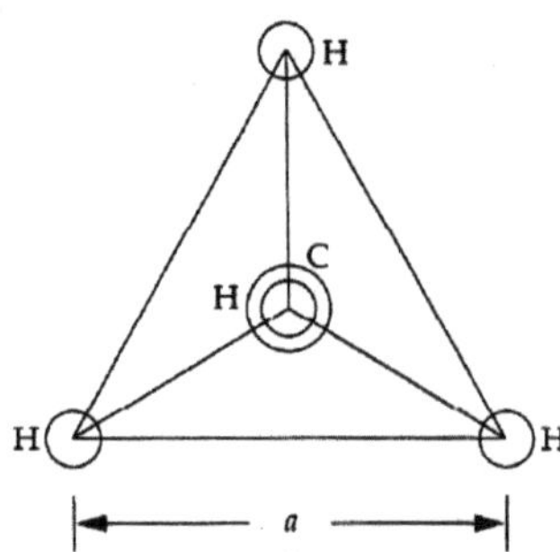

Die Wasserstoffatome haben von der Mitte des Moleküls den Abstand $a/\sqrt{3}$, wobei a die Kantenlänge des Tetraeders ist. Für das Trägheitsmoment ergibt sich also

$$I = \sum_i m_i r_i^2 = m_H r_1^2 + m_H r_2^2 + m_H r_3^2$$
$$= 3 m_H \left(\frac{a}{\sqrt{3}}\right)^2 = m_H a^2$$
$$= (1{,}67 \cdot 10^{-27}\ \text{kg}) (0{,}18 \cdot 10^{-9}\ \text{m})^2$$
$$= 5{,}41 \cdot 10^{-47}\ \text{kg}\cdot\text{m}^2.$$

L9.20 Wie aus der Abbildung hervorgeht, wählen wir die x-Achse als Rotationsachse.

Der Radius ist dann gegeben durch $r = \sqrt{r_0^2 - z^2}$, und die Masse der Scheibe mit der Dicke $\text{d}z$ ist

$$\text{d}m = \sigma\,\text{d}A = 2\sigma \sqrt{r_0^2 - z^2}\ \text{d}z.$$

Das Trägheitsmoment erhalten wir durch Integration:

$$I = \int z^2\,\text{d}m = \int z^2\,\sigma\,\text{d}A$$
$$= \int_{-r_0}^{r_0} z^2 (2\sigma) \sqrt{r_0^2 - z^2}\ \text{d}z = \frac{1}{4}\sigma\pi r_0^4.$$

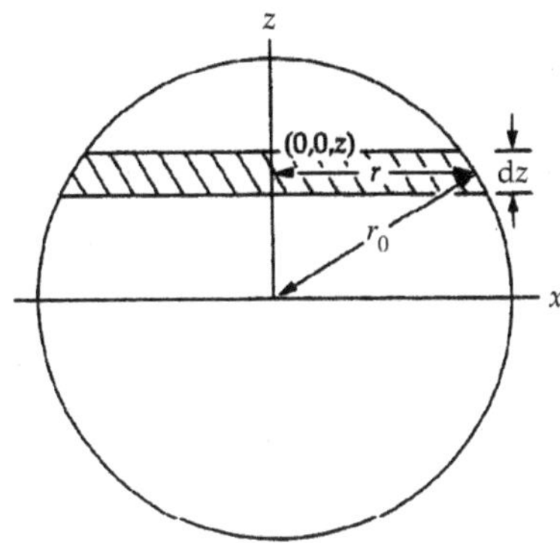

Mit der Masse $m = \sigma\,\pi\,r_0^2$ der gleichförmigen Scheibe erhalten wir für ihr Trägheitsmoment $I = \frac{1}{4}\,m\,r_0^2$.

L9.21 a) Die kinetische Energie der Rotation ist $E_{\mathrm{kin}} = \frac{1}{2}\,I\,\omega^2$. Das Trägheitsmoment einer Kugel mit der Masse m und dem Radius r, die um einen Durchmesser rotiert, ist $I = \frac{2}{5}\,m\,r^2$. Damit ergibt sich

$$E_{\mathrm{kin}} = \frac{1}{5}\,m\,r^2\,\omega^2$$
$$= \frac{1}{5}\,(1{,}4\,\mathrm{kg})\,(0{,}075\,\mathrm{m})^2\left(70\cdot\frac{2\,\pi\,\mathrm{rad}}{60\,\mathrm{s}}\right)^2 = 84{,}6\,\mathrm{mJ}\,.$$

b) Nach der Erhöhung um 2 J ist die kinetische Energie $E'_{\mathrm{kin}} = \frac{1}{2}\,I\,(\omega')^2 = 2{,}0846\,\mathrm{J}$. Der Quotient der kinetischen Energien ist damit

$$\frac{E'_{\mathrm{kin}}}{E_{\mathrm{kin}}} = \frac{\frac{1}{2}\,I\,(\omega')^2}{\frac{1}{2}\,I\,\omega^2} = \left(\frac{\omega'}{\omega}\right)^2\,.$$

Damit erhalten wir

$$\omega' = \omega\,\sqrt{\frac{E'_{\mathrm{kin}}}{E_{\mathrm{kin}}}} = \frac{70\,\mathrm{U}}{1\,\mathrm{min}}\,\sqrt{\frac{2{,}0846\,\mathrm{J}}{0{,}0846\,\mathrm{J}}} = 347\,\mathrm{U}\cdot\mathrm{min}^{-1}\,.$$

L9.22 Mit den Abständen r_1 und r_2 der beiden Teilchen vom Massenmittelpunkt ist der Quotient der kinetischen Energien

$$\frac{E_{\mathrm{kin},1}}{E_{\mathrm{kin},2}} = \frac{\frac{1}{2}\,I\,\omega_1^2}{\frac{1}{2}\,I\,\omega_2^2} = \frac{m_1\,r_1^2\,\omega^2}{m_2\,r_2^2\,\omega^2} = \frac{m_1\,r_1^2}{m_2\,r_2^2}\,.$$

Aus der Definition des Massenmittelpunkts ergibt sich

$$r_1\,m_1 = r_2\,m_2 \quad\text{und daraus}\quad \frac{r_1}{r_2} = \frac{m_2}{m_1}\,.$$

Dies setzen wir ein und erhalten

$$\frac{E_{\mathrm{kin},1}}{E_{\mathrm{kin},2}} = \frac{m_1}{m_2}\left(\frac{m_2}{m_1}\right)^2 = \frac{m_2}{m_1}\,.$$

L9.23 Die Winkelgeschwindigkeit der Erde bei der Rotation um ihre Achse ist

$$\omega_{\mathrm{Rot.}} = \frac{\Delta\theta}{\Delta t} = \frac{2\,\pi\,\mathrm{rad}}{24\cdot(3600\,\mathrm{s})} = 7{,}27\cdot10^{-5}\,\mathrm{rad}\cdot\mathrm{s}^{-1}\,.$$

Das Trägheitsmoment der rotierenden Erde ist das einer massiven Kugel, und wir erhalten

$$I_{\mathrm{Rot.}} = \frac{2}{5}\,m_{\mathrm{E}}\,r_{\mathrm{E}}^2 = \frac{2}{5}\,(6{,}0\cdot10^{24}\,\mathrm{kg})\,(6{,}4\cdot10^{6}\,\mathrm{m})^2$$
$$= 9{,}83\cdot10^{37}\,\mathrm{kg}\cdot\mathrm{m}^2\,.$$

Damit ergibt sich die kinetische Energie der Rotation der Erde zu

$$E_{\mathrm{kin,Rot.}} = \frac{1}{2}\,I_{\mathrm{Rot.}}\,\omega_{\mathrm{Rot.}}^2$$
$$= \frac{2}{5}\,(9{,}83\cdot10^{37}\,\mathrm{kg}\cdot\mathrm{m}^2)\,(7{,}27\cdot10^{-5}\,\mathrm{rad}\cdot\mathrm{s}^{-1})^2$$
$$= 2{,}60\cdot10^{29}\,\mathrm{J}\,.$$

Der Massenmittelpunkt des Systems aus Erde und Sonne liegt sehr nahe beim Sonnenzentrum, und der Abstand zwischen beiden Körpern (der Radius der Erdbahn) ist so groß, dass wir ihn als Abstand ihrer Massenmittelpunkte ansehen können. Zudem dürfen wir die beiden Körper dann als Massepunkte annehmen. Die Winkelgeschwindigkeit der Erde auf ihrer Umlaufbahn um die Sonne ist

$$\omega_{\mathrm{Bahn}} = \frac{\Delta\theta}{\Delta t} = \frac{2\,\pi\,\mathrm{rad}}{365{,}25\cdot24\cdot(3600\,\mathrm{s})} = 1{,}99\cdot10^{-7}\,\mathrm{rad}\cdot\mathrm{s}^{-1}\,.$$

Das Trägheitsmoment der die Sonne umrundenden Erde ist

$$I_{\mathrm{Bahn}} = m_{\mathrm{E}}\,r_{\mathrm{Bahn}}^2 = (6{,}0\cdot10^{24}\,\mathrm{kg})\,(1{,}50\cdot10^{11}\,\mathrm{m})^2$$
$$= 1{,}35\cdot10^{47}\,\mathrm{kg}\cdot\mathrm{m}^2\,.$$

Wir erhalten damit für die kinetische Energie der Erde auf der Umlaufbahn

$$E_{\mathrm{kin,Bahn}} = \frac{1}{2}\,I_{\mathrm{Bahn}}\,\omega_{\mathrm{Bahn}}^2$$
$$= \frac{1}{2}\,(1{,}35\cdot10^{47}\,\mathrm{kg}\cdot\mathrm{m}^2)\,(1{,}99\cdot10^{-7}\,\mathrm{rad}\cdot\mathrm{s}^{-1})^2$$
$$= 2{,}67\cdot10^{33}\,\mathrm{J}\,.$$

Der Quotient der kinetischen Energien ist damit

$$\frac{E_{\mathrm{kin,Bahn}}}{E_{\mathrm{kin,Rot.}}} = \frac{2{,}67\cdot10^{33}\,\mathrm{J}}{2{,}60\cdot10^{29}\,\mathrm{J}} \approx 10^4\,.$$

L9.24 a) Die potenzielle Energie der Gravitation setzen wir gleich null, wenn sich der Massenmittelpunkt des Rings senkrecht unter der Aufhängung befindet. Wegen der Energieerhaltung gilt $\Delta E_{\mathrm{kin}} + \Delta E_{\mathrm{pot}} = 0$. Im vorliegenden Fall ist $E_{\mathrm{pot,E}} = E_{\mathrm{kin,A}} = 0$. Mit dem Trägheitsmoment I_{Ah} bezüglich der Aufhängung gilt also $\frac{1}{2}\,I_{\mathrm{Ah}}\,\omega_{\mathrm{max}}^2 - m\,g\,\Delta h = 0$. Gemäß dem Steiner'schen Satz ist $I_{\mathrm{Ah}} = I_{\mathrm{S}} + m\,r^2$. Mit $\Delta h = r$ folgt damit aus der obigen Beziehung für die Energien:

$$\tfrac{1}{2}\,(m\,r^2 + m\,r^2)\,\omega_{\mathrm{max}}^2 - m\,g\,r = 0\,.$$

Wir erhalten daraus

$$\omega_{\mathrm{max}} = \sqrt{\frac{g}{r}} = \sqrt{\frac{9{,}81\,\mathrm{m}\cdot\mathrm{s}^{-2}}{0{,}75\,\mathrm{m}}} = 3{,}62\,\mathrm{rad}\cdot\mathrm{s}^{-1}\,.$$

b) Mit $\Delta E_{\mathrm{kin}} + \Delta E_{\mathrm{pot}} = 0$ und $E_{\mathrm{pot,A}} = E_{\mathrm{kin,E}} = 0$ ergibt sich $-\frac{1}{2}\,I_{\mathrm{Ah}}\,\omega_{\mathrm{A}}^2 + m\,g\,\Delta h = 0$. Der Massenmittelpunkt des Rings muss die Höhe $\Delta h = r$ überwinden, damit der Ring eine volle Umdrehung ausführen kann. Damit erhalten wir

$$-\tfrac{1}{2}\left(m\,r^2 + m\,r^2\right)\omega_A^2 + m\,g\,r = 0$$

und schließlich

$$\omega_A = \sqrt{\frac{g}{r}} = \sqrt{\frac{9{,}81 \text{ m}\cdot\text{s}^{-2}}{0{,}75 \text{ m}}} = 3{,}62 \text{ rad}\cdot\text{s}^{-1}.$$

L9.25 Weil pro Kilometer 2 MJ an Energie benötigt werden, muss das Schwungrad die kinetische Rotationsenergie $E_{\text{kin,Rot.}} = (2\text{ MJ}\cdot\text{km}^{-1})\,(300\text{ km}) = 600\text{ MJ}$ haben. Mit dem Trägheitsmoment $I = \tfrac{1}{2}\,m\,r^2$ ist die kinetische Rotationsenergie eines Zylinders gegeben durch $E_{\text{kin,Rot.}} = \tfrac{1}{2}\,I\,\omega^2 = \tfrac{1}{4}\,m\,r^2\,\omega^2$. Damit ergibt sich der theoretische Mindestradius zu

$$r = \frac{2}{\omega}\sqrt{\frac{E_{\text{kin,Rot.}}}{m}}$$

$$= \frac{2}{400\cdot(2\,\pi\text{ rad}\cdot\text{s}^{-1})}\sqrt{\frac{600\cdot 10^6\text{ J}}{100\text{ kg}}} = 1{,}95\text{ m}.$$

L9.26 Die Masse des Klotzes auf der Platte bezeichnen wir mit m_1, die des am Seil hängenden Klotzes mit m_2 und die der Rolle mit m_R. Deren Radius ist r. Wir setzen die potenzielle Energie der Gravitation 2,5 m unterhalb der Anfangsposition des 2-kg-Klotzes gleich null. Das System besteht aus der Platte, den beiden Klötzen, der Rolle und der Erde. Die anfängliche potenzielle Energie des 2-kg-Klotzes wird in kinetische Energie beider Klötze und in kinetische Energie der Rotation der Rolle umgesetzt.

a) Wegen der Energieerhaltung gilt $\Delta E_{\text{kin}} + \Delta E_{\text{pot}} = 0$. Im vorliegenden Fall ist $E_{\text{kin,A}} = E_{\text{pot,E}} = 0$. Mit dem Trägheitsmoment I_R der Rolle ergibt sich

$$\tfrac{1}{2}\left(m_1 + m_2\right)v^2 + I_R\,\omega^2 - m\,g\,\Delta h = 0.$$

Wir setzen $I_R = \tfrac{1}{2}\,m_R\,r^2$ ein:

$$\tfrac{1}{2}\left(m_1 + m_2\right)v^2 + \tfrac{1}{2}\left(\tfrac{1}{2}\,m_R\,r^2\right)\frac{v^2}{r^2} - m\,g\,\Delta h = 0.$$

Damit erhalten wir für die Geschwindigkeit

$$v = \sqrt{\frac{2\,m_2\,g\,\Delta h}{m_1 + m_2 + \tfrac{1}{2}\,m_R}}$$

$$= \sqrt{\frac{2\,(2\text{ kg})\,(9{,}81\text{ m}\cdot\text{s}^{-2})\,(2{,}5\text{ m})}{4\text{ kg} + 2\text{ kg} + \tfrac{1}{2}\,(0{,}6\text{ kg})}} = 3{,}95\text{ m}\cdot\text{s}^{-1}.$$

b) Die Winkelgeschwindigkeit ω der Rolle ergibt sich aus ihrer Tangentialgeschwindigkeit v:

$$\omega = \frac{v}{r} = \frac{3{,}95\text{ m}\cdot\text{s}^{-1}}{0{,}08\text{ m}} = 49{,}3\text{ rad}\cdot\text{s}^{-1}.$$

L9.27 Das System besteht aus den beiden Klötzen, der Rolle (R) und der Erde. Wir setzen die potenzielle Energie der Gravitation auf der Höhe der Platte gleich null.

a) Wegen der Energieerhaltung gilt $\Delta E_{\text{kin}} + \Delta E_{\text{pot}} = 0$. Im vorliegenden Fall gilt $E_{\text{kin,A}} = E_{\text{pot,E}} = 0$. Damit ist

$$\tfrac{1}{2}\,m_{30}\,v^2 + \tfrac{1}{2}\,m_{20}\,v^2 + \tfrac{1}{2}\,I\,\omega^2 + m_{20}\,g\,\Delta h - m_{30}\,g\,\Delta h = 0.$$

Einsetzen von $I = \tfrac{1}{2}\,m_R\,r^2$ und $\omega = v/r$ ergibt

$$\tfrac{1}{2}\,m_{30}\,v^2 + \tfrac{1}{2}\,m_{20}\,v^2 + \tfrac{1}{2}\left(\tfrac{1}{2}\,m_R\,r^2\right)\left(\frac{v^2}{r^2}\right)$$

$$+\, m_{20}\,g\,\Delta h - m_{30}\,g\,\Delta h = 0.$$

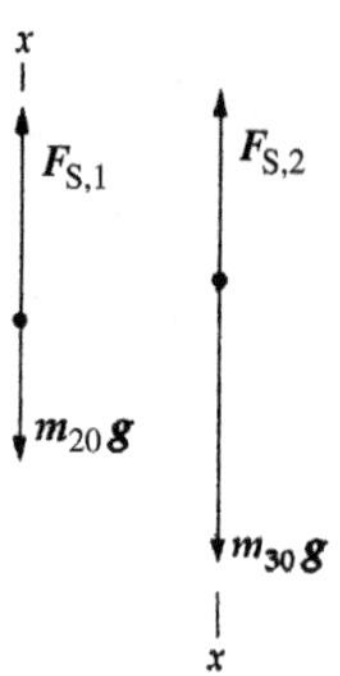

Damit erhalten wir für die Geschwindigkeit

$$v = \sqrt{\frac{2\,g\,\Delta h\,(m_{30} - m_{20})}{m_{20} + m_{30} + \tfrac{1}{2}\,m_R}}$$

$$= \sqrt{\frac{2\,(9{,}81\text{ m}\cdot\text{s}^{-2})\,(2\text{ m})\,(30-20)\text{ kg}}{20\text{ kg} + 30\text{ kg} + \tfrac{1}{2}\,(5\text{ kg})}} = 2{,}73\text{ m}\cdot\text{s}^{-1}.$$

b) Die Winkelgeschwindigkeit beim Aufprall ergibt sich aus der Tangentialgeschwindigkeit und dem Radius der Rolle:

$$\omega = \frac{v}{r} = \frac{2{,}73\text{ m}\cdot\text{s}^{-1}}{0{,}1\text{ m}} = 27{,}3\text{ rad}\cdot\text{s}^{-1}.$$

c) Gemäß dem zweiten Newton'schen Axiom gilt

$$\sum F_x = F_{S,1} - m_{20}\,g = m_{20}\,a, \qquad (1)$$

$$\sum F_x = m_{30}\,g - F_{S,2} = m_{30}\,a. \qquad (2)$$

Wegen der konstanten Beschleunigung ist $v^2 = v_0^2 + 2\,a\,\Delta h$. Mit $v_0 = 0$ folgt für die Beschleunigung

$$a = \frac{v^2}{2\,\Delta h} = \frac{(2{,}73\text{ m}\cdot\text{s}^{-1})^2}{2\,(2\text{ m})} = (1{,}87\text{ m}\cdot\text{s}^{-2}).$$

Einsetzen in Gleichung 1 liefert

$$F_{S,1} = m_{20}\,(g + a)$$

$$= (20\text{ kg})\,(9{,}81 + 1{,}87)\text{ m}\cdot\text{s}^{-2} = 234\text{ N}.$$

Einsetzen in Gleichung 2 ergibt

$$F_{S,2} = m_{30}\,(g - a)$$

$$= (30\text{ kg})\,(9{,}81 - 1{,}87)\text{ m}\cdot\text{s}^{-2} = 238\text{ N}.$$

d) Die Anfangsgeschwindigkeit des 30-kg-Klotzes ist null. Damit ergibt sich für die Fallzeit

$$\Delta t = \frac{\Delta h}{\langle v\rangle} = \frac{\Delta h}{\tfrac{1}{2}\,v} = \frac{2\,\Delta h}{v} = \frac{2\,(2\text{ m})}{2{,}73\text{ m}\cdot\text{s}^{-1}} = 1{,}74\text{ s}.$$

L9.28 Die Kräfte sind in der Abbildung eingezeichnet.

a) Gemäß dem zweiten Newton'schen Axiom können wir drei Gleichungen für die Zugkräfte, das Drehmoment und die Beschleunigung der beiden Körper und der Rolle aufstellen:

$$\sum F_x = F_{S,1} - m_1\,g = m_1\,a, \qquad (1)$$

$$\sum M = \left(F_{S,2} - F_{S,1}\right)r = I\,\alpha, \qquad (2)$$

$$\sum F_x = m_2\,g - F_{S,2} = m_2\,a. \qquad (3)$$

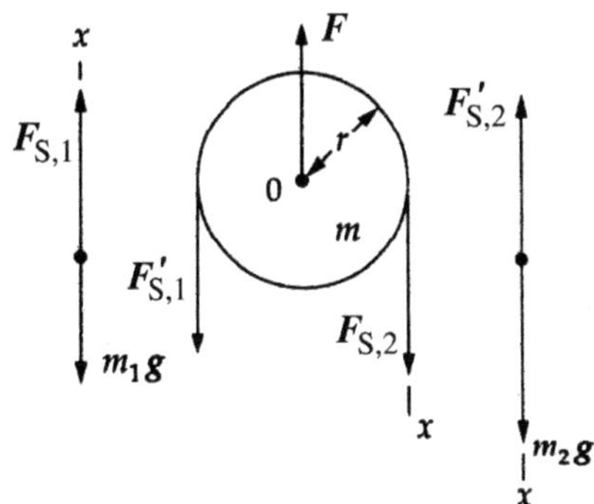

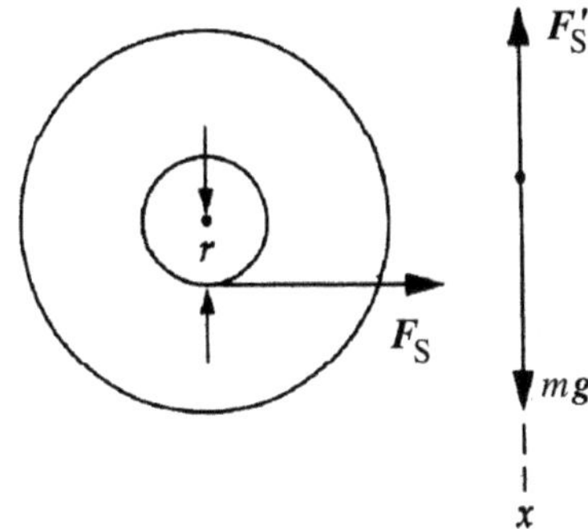

Das Trägheitsmoment I ist dasjenige der Rolle: $I_R = \frac{1}{2}\,m\,v^2$. Wir setzen nun die Winkelbeschleunigung α in Gleichung 2 ein. Mit der Masse m der Rolle ergibt dies

$$(F_{S,2} - F_{S,1})\,r = \left(\tfrac{1}{2}\,m\,r^2\right)\frac{a}{r}. \tag{4}$$

Wir eliminieren $F_{S,1}$ und $F_{S,2}$ aus den Gleichungen 1, 3 und 4 und lösen nach der Beschleunigung a auf:

$$\begin{aligned}
a &= \frac{(m_2 - m_1)\,g}{m_1 + m_2 + \frac{1}{2}\,m} \\[4pt]
&= \frac{(510\,\mathrm{g} - 500\,\mathrm{g})\,(981\,\mathrm{cm \cdot s^{-2}})}{500\,\mathrm{g} + 510\,\mathrm{g} + \frac{1}{2}\,(50\,\mathrm{g})} = 9{,}478\,\mathrm{cm \cdot s^{-2}}.
\end{aligned}$$

b) Einsetzen von a in Gleichung 1 liefert

$$\begin{aligned}
F_{S,1} &= m_1\,(g + a) \\
&= (0{,}500\,\mathrm{kg})\,(9{,}81 + 0{,}09478)\,\mathrm{m \cdot s^{-2}} = 4{,}9524\,\mathrm{N}.
\end{aligned}$$

Einsetzen von a in Gleichung 3 ergibt

$$\begin{aligned}
F_{S,2} &= m_2\,(g - a) \\
&= (0{,}510\,\mathrm{kg})\,(9{,}81 - 0{,}09478)\,\mathrm{m \cdot s^{-2}} = 4{,}9548\,\mathrm{N}.
\end{aligned}$$

Die Differenz der Zugkräfte ist damit

$$\Delta F_S = F_{S,2} - F_{S,1} = 0{,}0024\,\mathrm{N}.$$

c) Wenn wir die Masse der Rolle außer Acht lassen, also $m = 0$ setzen, dann ergibt sich für die Beschleunigung

$$\begin{aligned}
a &= \frac{(m_2 - m_1)\,g}{m_1 + m_2} \\[4pt]
&= \frac{(510\,\mathrm{g} - 500\,\mathrm{g})\,(981\,\mathrm{cm \cdot s^{-2}})}{500\,\mathrm{g} + 510\,\mathrm{g}} = 9{,}713\,\mathrm{cm \cdot s^{-2}}.
\end{aligned}$$

Das setzen wir in Gleichung 1 ein und erhalten

$$\begin{aligned}
F_{S,1} &= m_1\,(g + a) \\
&= (0{,}500\,\mathrm{kg})\,(9{,}81 + 0{,}09713)\,\mathrm{m \cdot s^{-2}} = 4{,}9536\,\mathrm{N}.
\end{aligned}$$

Aus Gleichung 4 ergibt sich für $m = 0$, dass die Zugkräfte $F_{S,1}$ und $F_{S,2}$ gleich sind.

L9.29 Die Trommel hat den Radius $r = 10\,\mathrm{cm}$; das Trägheitsmoment der Gesamtheit aus Drehteller, Trommel, Drehachse und Rolle bezeichnen wir mit I_0.

a) Gemäß dem zweiten Newton'schen Axiom gilt für den Drehteller mit Trommel, Drehachse und Rolle sowie für das Gewichtsstück (das die Masse m hat):

$$\sum M_0 = F_S\,r = I_0\,\alpha, \tag{1}$$
$$\sum F_x = m\,g - F_S = m\,a. \tag{2}$$

Wir setzen $\alpha = a/r$ in Gleichung 1 ein und formen um: $F_S = I_0\,a/r^2$. Einsetzen in Gleichung 2 ergibt

$$I_0 = \frac{m\,r^2\,(g - a)}{a}. \tag{3}$$

Weil die Beschleunigung konstant ist, gilt für die Fallstrecke $d = v_0\,\Delta t + \frac{1}{2}\,a\,(\Delta t)^2$. Die Anfangsgeschwindigkeit v_0 ist null, so dass folgt $a = 2\,d/(\Delta t)^2$. Wir setzen dies in Gleichung 3 ein und erhalten für das Trägheitsmoment

$$\begin{aligned}
I_0 &= m\,r^2 \left(\frac{g}{a} - 1\right) = m\,r^2 \left(\frac{g\,(\Delta t)^2}{2\,d} - 1\right) \\[4pt]
&= (2{,}5\,\mathrm{kg})\,(0{,}1\,\mathrm{m})^2 \left(\frac{(9{,}81\,\mathrm{m \cdot s^{-2}})\,(4{,}2\,\mathrm{s})^2}{2 \cdot (1{,}8\,\mathrm{m})} - 1\right) \\[4pt]
&= 1{,}177\,\mathrm{kg \cdot m^2}.
\end{aligned}$$

b) Das gesamte Trägheitsmoment ist die Summe aus dem Trägheitsmoment I_0 von Drehteller, Trommel, Drehachse und Rolle sowie dem Trägheitsmoment I_K des zu vermessenden Körpers bzw. Objekts.

$$\begin{aligned}
I_{\mathrm{ges}} &= I_0 + I_K = m\,r^2 \left(\frac{g}{a_2} - 1\right) = m\,r^2 \left(\frac{g\,(\Delta t_2)^2}{2\,d} - 1\right) \\[4pt]
&= (2{,}5\,\mathrm{kg})\,(0{,}1\,\mathrm{m})^2 \left(\frac{(9{,}81\,\mathrm{m \cdot s^{-2}})\,(6{,}8\,\mathrm{s})^2}{2 \cdot (1{,}8\,\mathrm{m})} - 1\right) \\[4pt]
&= 3{,}125\,\mathrm{kg \cdot m^2}.
\end{aligned}$$

Das gesuchte Trägheitsmoment ist die Differenz: $I_K = I_{\mathrm{ges}} - I_0 = 1{,}948\,\mathrm{kg \cdot m^2}$.

L9.30 Die Abbildung zeigt die Kräfte, die auf den Zylinder wirken.

a) Gemäß dem zweiten Newton'schen Axiom können wir zwei Gleichungen für die Zugkraft, das Drehmoment und die Beschleunigung des Zylinders aufstellen:

$$\sum M = F_S\,r = I\,\alpha, \tag{1}$$
$$\sum F_x = m\,g - F_S = m\,a. \tag{2}$$

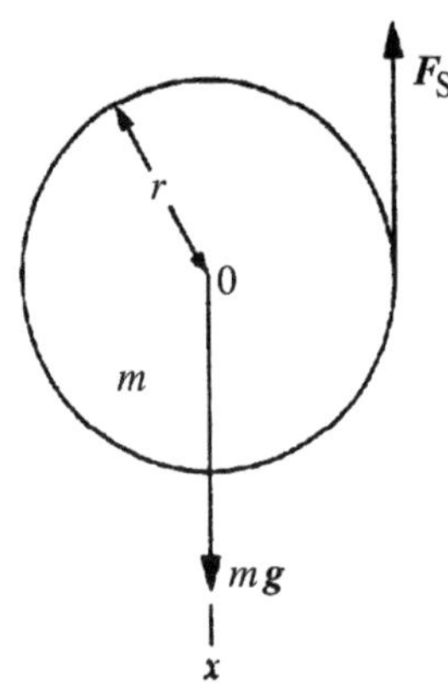

Wir setzen in Gleichung 1 die Ausdrücke für α und I ein: $F_S\, r = \left(\frac{1}{2}m r^2\right) a/r$. Auflösen ergibt

$$F_S = \tfrac{1}{2}ma. \tag{3}$$

Dies setzen wir in Gleichung 2 ein und lösen nach der Beschleunigung auf: $a = \frac{2}{3}g$.

b) Aus Gleichung 3 ergibt sich die Zugkraft zu
$F_S = \frac{1}{2}m\left(\frac{2}{3}g\right) = \frac{1}{3}mg$.

L9.31 Die kinetische Energie der Rotation ist

$$E_{\text{kin,Rot.}} = \tfrac{1}{2}I_{\text{Zyl.}}\,\omega^2 = \tfrac{1}{2}\left(\tfrac{1}{2}m r^2\right)\frac{v^2}{r^2} = \tfrac{1}{4}m v^2.$$

Die gesamte kinetische Energie (also der Translation und der Rotation) ist

$$E_{\text{kin}} = E_{\text{kin,Rot.}} + E_{\text{kin,Transl.}} = \tfrac{1}{4}m v^2 + \tfrac{1}{2}m v^2 = \tfrac{3}{4}m v^2.$$

Der Quotient ist $\quad \dfrac{E_{\text{kin,Rot.}}}{E_{\text{kin}}} = \dfrac{\frac{1}{4}m v^2}{\frac{3}{4}m v^2} = \dfrac{1}{3}$.

Also ist Aussage b richtig.

L9.32 Auf die Kugel wirken die Gewichtskraft mg und die Normalkraft F_{n} ein; letztere wirkt senkrecht zur Ebene und gleicht die Normalkomponente der Gewichtskraft aus. Außerdem wirkt die Reibungskraft F_R auf die Kugel ein, und zwar entlang der Ebene nach oben. Als positive Richtung wählen wir die Richtung entlang der geneigten Ebene nach unten.

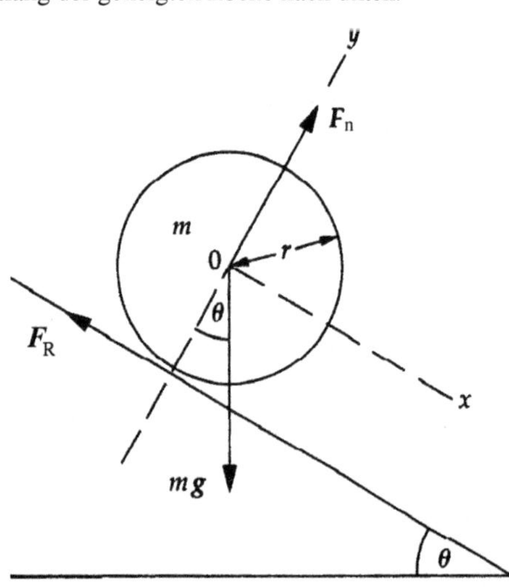

Wenn die Kugel beschleunigt nach unten rollt, ohne dass sie gleitet, muss ihre Rotationsgeschwindigkeit zunehmen. Das einzige einwirkende Drehmoment rührt von der Reibungskraft F_R her, weil sowohl mg als auch F_{n} entlang von Linien wirken, die durch den Massenmittelpunkt verlaufen. Gemäß dem zweiten Newton'schen Axiom ist die Beschleunigung entlang der Ebene gegeben durch $\sum F = ma$. Daher ist

$$mg\sin\theta - F_R = ma_S. \tag{1}$$

Für das Drehmoment gilt $\sum M = I_S\,\alpha$ und daher $F_R\, r = I_S\,\alpha$. Wir nutzen also die Bedingung, dass die Kugel nicht gleiten darf, aus, um α zu eliminieren. Dann lösen wir nach der Reibungskraft auf:

$$F_R\, r = I_S\,\frac{a_S}{r} \quad \text{und daher} \quad F_R = \frac{I_S}{r^2}\,a_S.$$

Das setzen wir in Gleichung 1 ein und erhalten

$$mg\sin\theta - \frac{I_S}{r^2}\,a_S = ma_S.$$

Das Trägheitsmoment einer massiven Kugel ist $I_S = \frac{2}{5}m r^2$. Wiederum mit Gleichung 1 erhalten wir daraus $mg\sin\theta - \frac{2}{5}a_S = ma_S$. Damit ergibt sich der Neigungswinkel zu

$$\theta = \operatorname{asin}\left(\frac{7\,a_S}{5\,g}\right) = \operatorname{asin}\left(\frac{7\,(0{,}2\,g)}{5\,g}\right) = 16{,}3^\circ.$$

L9.33 Wir verwenden die Indices m für den massiven und d für den dünnwandigen Zylinder. Unmittelbar vor dem Erreichen der geneigten Ebene hat der dünnwandige Zylinder die kinetische Energie $E_{\text{kin,d}}$. Sie besteht aus einem Translations- und einem Rotationsanteil, so dass sie gegeben ist durch

$$E_{\text{kin,d}} = E_{\text{kin,Transl.}} + E_{\text{kin,Rot.}} = \tfrac{1}{2}m_{\text{d}}\,v^2 + \tfrac{1}{2}I_{\text{d}}\,\omega_{\text{d}}^2$$

$$= \tfrac{1}{2}m_{\text{d}}\,v^2 + \tfrac{1}{2}\left(m_{\text{d}}\,r^2\right)\frac{v^2}{r^2} = m_{\text{d}}\,v^2.$$

Entsprechend gilt für den massiven Zylinder

$$E_{\text{kin,m}} = E_{\text{kin,Transl.}} + E_{\text{kin,Rot.}} = \tfrac{1}{2}m_{\text{m}}\,(v')^2 + \tfrac{1}{2}I_{\text{m}}\,\omega_{\text{m}}^2$$

$$= \tfrac{1}{2}m_{\text{m}}\,(v')^2 + \tfrac{1}{2}\left(\tfrac{1}{2}m_{\text{m}}\,r^2\right)\frac{(v')^2}{r^2} = \tfrac{3}{4}m_{\text{m}}\,(v')^2.$$

Beide Zylinder erreichen auf der geneigten Ebene dieselbe Höhe; also ist

$$\tfrac{3}{4}m_{\text{m}}\,(v')^2 = m_{\text{m}}\,g\,h \quad \text{und} \quad m_{\text{d}}\,v^2 = m_{\text{d}}\,g\,h.$$

Wir dividieren die vorletzte durch die letzte Gleichung:

$$\frac{\frac{3}{4}m_{\text{m}}\,(v')^2}{m_{\text{d}}\,v^2} = \frac{m_{\text{m}}\,g\,h}{m_{\text{d}}\,g\,h}.$$

Dies ergibt $\quad \dfrac{3\,(v')^2}{4\,v^2} = 1 \quad$ und $\quad v' = \sqrt{\dfrac{4}{3}}\,v$.

L9.34 Aus der Abbildung gehen die einwirkenden Kräfte hervor.

Wir bezeichnen den Radius der Stange mit r und den der Scheiben mit r_0. Ferner schreiben wir m für die gesamte Masse und I für das gesamte Trägheitsmoment der beiden Scheiben und der Stange. Die potenzielle Energie der Anordnung wird beim Herabrollen in kinetische Energie der Translation und der Rotation umgesetzt.

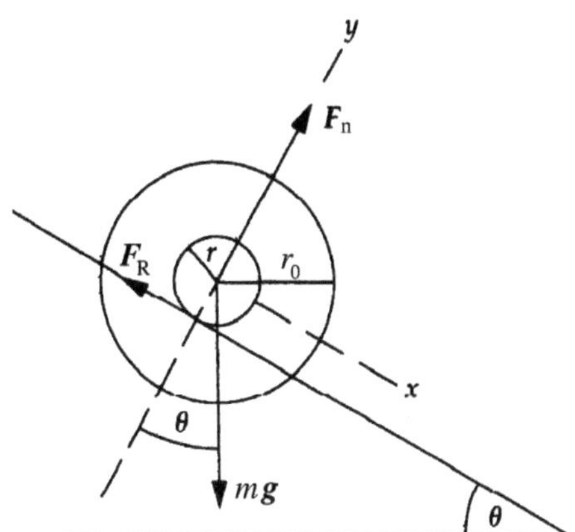

a) Gemäß dem zweiten Newton'schen Axiom gilt für die Scheiben und die Stange

$$\sum F_x = m g \sin \theta - F_\mathrm{R} = m a, \tag{1}$$

$$\sum F_y = F_\mathrm{n} - m g \cos \theta = 0, \tag{2}$$

$$\sum M = F_\mathrm{R} r = I \alpha. \tag{3}$$

Wir eliminieren F_R und α aus den Gleichungen 1 und 3 und lösen nach der Beschleunigung auf:

$$a = \frac{m g \sin \theta}{m + I/r^2}. \tag{4}$$

Das gesamte Trägheitsmoment der beiden Scheiben und der Stange ist damit

$$
\begin{aligned}
I &= 2 I_\mathrm{Sch} + I_\mathrm{St} = 2\left(\tfrac{1}{2} m_\mathrm{Sch}\, r_0^2\right) + \tfrac{1}{2} m_\mathrm{St}\, r^2 \\
&= m_\mathrm{Sch}\, r_0^2 + \tfrac{1}{2} m_\mathrm{St}\, r^2 \\
&= (20\ \mathrm{kg})\,(0{,}3\ \mathrm{m})^2 + \tfrac{1}{2}\,(1\ \mathrm{kg})\,(0{,}02\ \mathrm{m})^2 = 1{,}80\ \mathrm{kg \cdot m^2}.
\end{aligned}
$$

Einsetzen in Gleichung 4 ergibt die Beschleunigung:

$$a = \frac{(41\ \mathrm{kg})\,(9{,}81\ \mathrm{m \cdot s^{-2}})\,\sin 30^\circ}{(41\ \mathrm{kg}) + \dfrac{1{,}80\ \mathrm{kg \cdot m^2}}{(0{,}02\ \mathrm{m})^2}} = 0{,}0443\ \mathrm{m \cdot s^{-2}}.$$

b) Für die Winkelbeschleunigung erhalten wir

$$\alpha = \frac{a}{r} = \frac{0{,}0443\ \mathrm{m \cdot s^{-2}}}{0{,}02\ \mathrm{m}} = 2{,}21\ \mathrm{rad \cdot s^{-2}}.$$

c) Wegen der konstanten Beschleunigung gilt $v^2 = v_0^2 + 2 a \Delta s$. Mit $v_0 = 0$ ergibt sich daraus $v^2 = 2 a \Delta s$. Damit erhalten wir für die kinetische Translationsenergie der Scheiben und der Stange, nachdem der Weg $\Delta s = 2$ m durchlaufen wurde:

$$
\begin{aligned}
E_\mathrm{kin,Transl.} &= m a \Delta s \\
&= (41\ \mathrm{kg})\,(0{,}0443\ \mathrm{m \cdot s^{-2}})\,(2\ \mathrm{m}) = 3{,}63\ \mathrm{J}.
\end{aligned}
$$

d) Die kinetische Rotationsenergie nach Durchlaufen dieser Strecke von 2 m (entlang der geneigten Ebene) ist

$$
\begin{aligned}
E_\mathrm{kin,Rot.} &= E_\mathrm{pot,A} - E_\mathrm{kin,Transl.} = m g \Delta h - E_\mathrm{kin,Transl.} \\
&= (41\ \mathrm{kg})\,(9{,}81\ \mathrm{m \cdot s^{-2}})\,(2\ \mathrm{m})\,\sin 30^\circ - 3{,}63\ \mathrm{J} \\
&= 399\ \mathrm{J}.
\end{aligned}
$$

L9.35 Die Abbildung zeigt schematisch den Block (B) mit der Masse m und den Zylinder (Z) mit der Masse m_Z sowie die einwirkenden Kräfte.

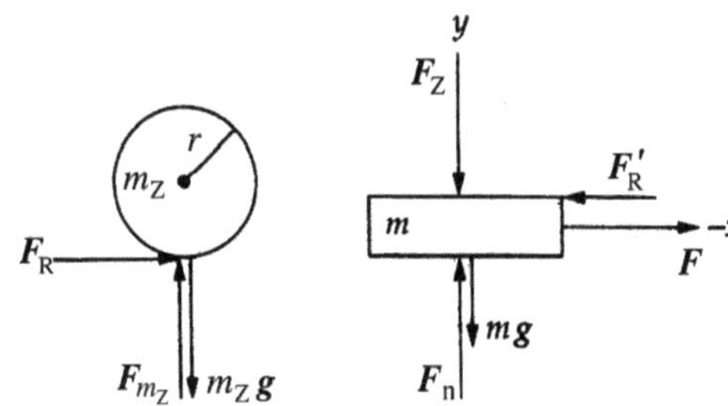

Gemäß dem zweiten Newton'schen Axiom gilt

$$\sum F_{x,\mathrm{B}} = F - F_\mathrm{R}' = m a_\mathrm{B}, \tag{1}$$

$$\sum F_{x,\mathrm{Z}} = F_\mathrm{R} = m_\mathrm{Z} a_\mathrm{Z}, \tag{2}$$

$$\sum M_\mathrm{S} = F_\mathrm{R} r = I_\mathrm{S} \alpha. \tag{3}$$

Wir setzen $I_\mathrm{S} = \tfrac{1}{2} m_\mathrm{Z}^2 r^2$ für den Zylinder in Gleichung 3 ein und lösen nach der Reibungskraft $F_\mathrm{R}' = F_\mathrm{R}$ auf:

$$F_\mathrm{R} = \tfrac{1}{2} m_\mathrm{Z} r \alpha. \tag{4}$$

Für die Beschleunigungen von Block und Zylinder gilt $a_\mathrm{Z} = a_\mathrm{B} + a_\mathrm{rel}$. Darin ist $a_\mathrm{rel} = -r \alpha$ die Beschleunigung des Zylinders relativ zum Block. Also ist $a_\mathrm{Z} = a_\mathrm{B} - r \alpha$ und daher $r \alpha = a_\mathrm{B} - a_\mathrm{Z}$. Damit erhalten wir, wenn wir die rechten Seiten der Gleichungen 2 und 4 gleichsetzen: $a_\mathrm{B} = 3 a_\mathrm{Z}$. Nun setzen wir Gleichung 4 in Gleichung 1 ein, um a_Z zu eliminieren. Dies ergibt

$$F - \tfrac{1}{3} m_\mathrm{Z} a_\mathrm{B} = m a_\mathrm{B} \quad \text{und damit} \quad a_\mathrm{B} = \frac{3 F}{m_\mathrm{Z} + 3 m}.$$

L9.36 Wir bezeichnen den Radius der Kugel mit r_K. Die Murmel hat den Radius r und die Masse m.

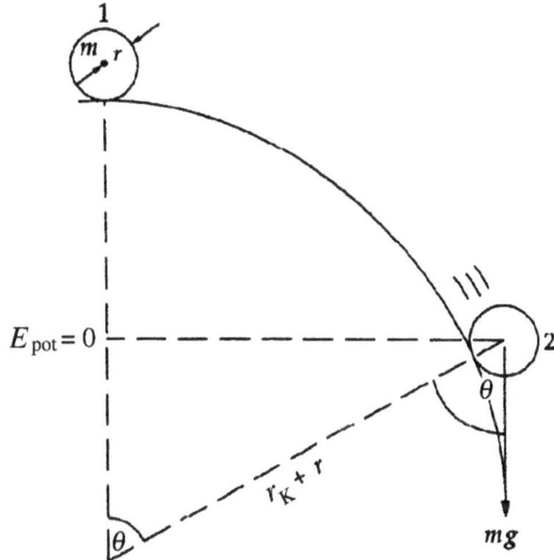

Der Zustand 1 ist der Anfangszustand (die Murmel liegt oben), und beim Zustand 2 hebt die Murmel gerade von der Kugel ab. Die Geschwindigkeit der Murmel in diesem Augenblick bezeichnen wir mit v. Die potenzielle Energie in dieser Position setzen wir gleich null.

a) Wegen der Energieerhaltung ist $\Delta E_\mathrm{pot} + \Delta E_\mathrm{kin} = 0$ und daher

$$E_\mathrm{pot,2} - E_\mathrm{pot,1} + E_\mathrm{kin,2} - E_\mathrm{kin,1} = 0.$$

Wegen $E_{\text{pot},2} = E_{\text{kin},1} = 0$ erhalten wir

$$-mg\left[r_{\text{K}} + r - (r_{\text{K}} + r)\cos\theta\right] + \tfrac{1}{2}mv^2 + \tfrac{1}{2}I\omega^2 = 0$$

und damit

$$-mg\left[(r_{\text{K}} + r)(1 - \cos\theta)\right] + \tfrac{1}{2}mv^2 + \tfrac{1}{2}I\omega^2 = 0.$$

Weil die Murmel rollt und nicht gleitet, können wir ω durch v^2/r^2 ersetzen:

$$-mg\left[(r_{\text{K}} + r)(1 - \cos\theta)\right] + \tfrac{1}{2}mv^2 + \tfrac{1}{2}I\frac{v^2}{r^2} = 0.$$

Das Trägheitsmoment einer massiven Kugel, die um einen Durchmesser rotiert, ist $I = \tfrac{2}{5}mr^2$. Das setzen wir ein und erhalten

$$-mg\left[(r_{\text{K}} + r)(1 - \cos\theta)\right] + \tfrac{1}{2}mv^2 + \tfrac{1}{2}\left(\tfrac{2}{5}mr^2\right)\frac{v^2}{r^2} = 0$$

sowie daraus

$$-mg\left[(r_{\text{K}} + r)(1 - \cos\theta)\right] + \tfrac{1}{2}mv^2 + \tfrac{1}{5}mv^2 = 0.$$

Das ergibt

$$v^2 = \frac{7}{10}g(r_{\text{K}} + r)(1 - \cos\theta).$$

Mit der Beziehung $\sum F_r = ma_r$ gilt für die Murmel im Augenblick des Ablösens von der Kugel

$$mg\cos\theta = m\frac{v^2}{r_{\text{K}} + r}.$$

Damit erhalten wir

$$\begin{aligned}
\cos\theta &= \frac{v^2}{g(r_{\text{K}} + r)} \\
&= \frac{1}{g(r_{\text{K}} + r)}\left[\tfrac{7}{10}g(r_{\text{K}} + r)(1 - \cos\theta)\right] = \tfrac{7}{10}(1 - \cos\theta).
\end{aligned}$$

Der Winkel bei der Ablösung der Murmel ist also

$$\theta = \text{acos}\left(\frac{10}{17}\right) = 54{,}0°.$$

b) Die Reibungskraft ist stets kleiner als das Produkt aus dem Haftreibungskoeffizienten $\mu_{\text{R,h}}$ und der Normalkraft F_{n} auf die Murmel. Während des Hinunterrollens sinkt die Normalkraft jedoch, bis sie beim Ablösen null ist. Dadurch wird die Reibungskraft kleiner als die Kraft, die nötig ist, die Murmel am Gleiten zu hindern.

L9.37 Das Queue verleiht der Kugel einen Kraftstoß, der sie in Rotation versetzt und sie beschleunigt. Mit dem mittleren Drehmoment $\langle M \rangle$ ist der Kraftstoß, der auf die Rotation entfällt, gegeben durch $\Delta p_{\text{Rot.}} = \langle M \rangle \Delta t$. Für ein mittleres Drehmoment, das bezüglich einer Achse durch den Mittelpunkt der Kugel ausgeübt wird, gilt

$$\langle M \rangle = \Delta p_0(h - r)\sin\theta = \Delta p_0(h - r).$$

Dabei ist berücksichtigt, dass der Winkel zwischen der Kraft und dem Hebelarm (der die Länge $h - r$ hat) 90° beträgt; also ist

$\sin\theta = 1$. Für den Kraftstoß für die Rotation ergibt sich damit aus der obigen Beziehung:

$$\begin{aligned}
\Delta p_{\text{Rot.}} &= \Delta p_0(h - r)\Delta t = (\Delta p_0\,\Delta t)(h - r) \\
&= \Delta p_{\text{Transl.}}(h - r) = \Delta L = I\omega_0.
\end{aligned}$$

Für den die Translationsbewegung hervorrufenden Kraftstoß gilt außerdem $\Delta p_{\text{Transl.}} = \Delta p_0\,\Delta t = \Delta p = mv_0$. Daraus folgt $mv_0(h - r) = \tfrac{2}{5}mr^2\omega_0$ und schließlich $\omega_0 = \tfrac{5}{2}v_0(h - r)/r^2$.

L9.38 Weil die Kugel unterhalb des Mittelpunkts angespielt wird, erhält sie einen Rückwärtsdrall.

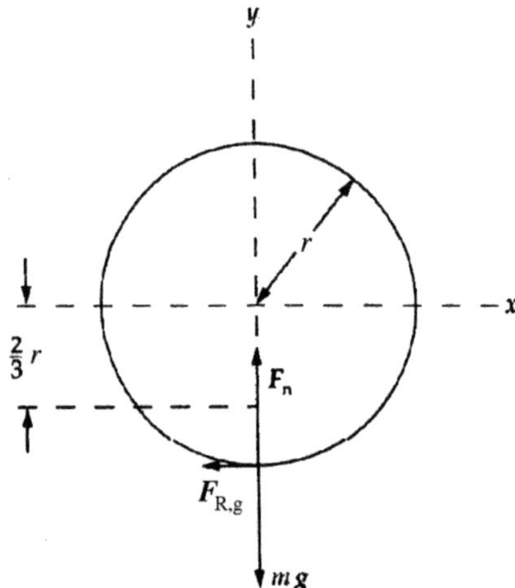

a) Das Queue verleiht der Kugel einen Kraftstoß, der sie in Rotation versetzt:

$$\Delta p_{\text{Rot.}} = mv_0\frac{2r}{3} = I_{\text{S}}\,\omega_0 = \left(\tfrac{2}{5}mr^2\right)\omega_0.$$

Das ergibt $\omega_0 = \tfrac{5}{3}v_0/r$.

b) Gemäß dem zweiten Newton'schen Axiom gilt

$$\sum M = F_{\text{R}}\,r = I_{\text{S}}\,\alpha, \tag{1}$$

$$\sum F_y = F_{\text{n}} - mg = 0, \tag{2}$$

$$\sum F_x = -F_{\text{R,g}} = ma. \tag{3}$$

Mit der Definition der Gleitreibungskraft $F_{\text{R,g}}$ und mit der Normalkraft F_{n} gemäß Gleichung 2 erhalten wir für die Winkelbeschleunigung

$$\alpha = \frac{\mu_{\text{R,g}}mgr}{I_{\text{S}}} = \frac{\mu_{\text{R,g}}mgr}{\tfrac{2}{5}mr^2} = \frac{5\mu_{\text{R,g}}g}{2r}.$$

Wegen der konstanten Winkelbeschleunigung gilt für die Winkelgeschwindigkeit

$$\omega = \omega_0 + \alpha\,\Delta t = \omega_0 + \frac{5\mu_{\text{R,g}}g}{2r}\Delta t.$$

Mit der Definition der Gleitreibungskraft $F_{\text{R,g}}$ und mit der Normalkraft F_{n} gemäß Gleichung 2 erhalten wir aus Gleichung 3 für die Beschleunigung $a = -\mu_{\text{R,g}}g$. Wegen der konstanten Beschleunigung ist die Geschwindigkeit gegeben durch

$$v = v_0 + \alpha\,\Delta t = v_0 - \mu_{\text{R,g}}g\,\Delta t. \tag{4}$$

Mit der Bedingung, dass die Kugel rollt, ohne zu gleiten, ergibt sich

$$v = r\,\omega = r\left(\omega_0 + \frac{5\,\mu_{R,g}\,g}{2\,r}\,\Delta t\right) = v_0 - \mu_{R,g}\,g\,\Delta t\,.$$

Daraus folgt $\quad \Delta t = \dfrac{16}{21}\,\dfrac{v_0}{\mu_{R,g}\,g}\,.$

Einsetzen in Gleichung 4 liefert

$$v = v_0 - \mu_{R,g}\,g\left(\frac{16}{21}\,\frac{v_0}{\mu_{R,g}\,g}\right) = \frac{5}{21}\,v_0 = 0{,}238\,v_0\,.$$

c) Die anfängliche kinetische Energie der Kugel ist

$$E_{kin,A} = E_{kin,Transl.} + E_{kin,Rot.} = \tfrac{1}{2}\,m\,v_0^2 + \tfrac{1}{2}\,I\,\omega_0^2$$
$$= \tfrac{1}{2}\,m\,v_0^2 + \tfrac{1}{2}\left(\tfrac{2}{5}\,m\,r^2\right)\left(\frac{5\,v_0}{3\,r}\right)^2 = \frac{19}{18}\,m\,v_0^2$$
$$= 1{,}056\,m\,v_0^2\,.$$

d) Die Reibungsarbeit ist $W_R = E_{kin,A} - E_{kin,E}$. Die kinetische Energie der Kugel ist zum Schluss

$$E_{kin,E} = \tfrac{1}{2}\,m\,v^2 + \tfrac{1}{2}\,I_S\,\omega^2$$
$$= \tfrac{1}{2}\,m\,v^2 + \tfrac{1}{2}\left(\tfrac{2}{5}\,m\,r^2\right)\frac{v^2}{r^2} = \frac{7}{10}\,m\,v^2$$
$$= \frac{7}{10}\,m\,(0{,}238\,v_0)^2 = 0{,}0397\,m\,v_0^2\,.$$

Wir erhalten damit für die Reibungsarbeit

$$W_R = 1{,}056\,m\,v_0^2 - 0{,}0397\,m\,v_0^2 = 1{,}016\,m\,v_0^2\,.$$

L9.39 Auf die Kugel wirken die Gewichtskraft $m\boldsymbol{g}$, die vom Boden ausgeübte Normalkraft $\boldsymbol{F}_n$ und die Reibungskraft $\boldsymbol{F}_R$.

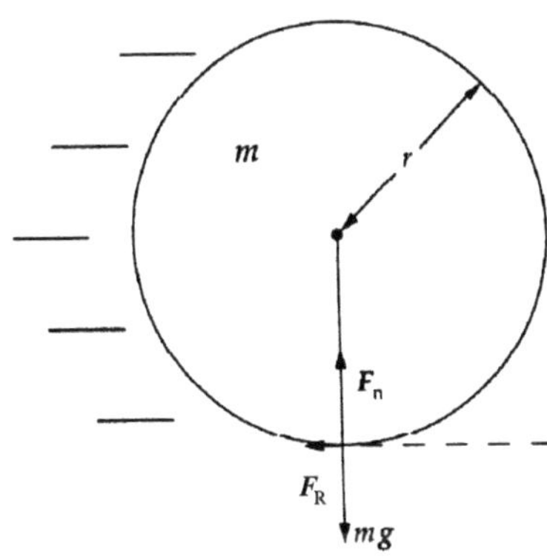

Gewichtskraft und Normalkraft verlaufen durch den Massenmittelpunkt der Kugel und sind betragsmäßig gleich. Also bewirkt allein die Reibungskraft eine Verzögerung der Kugel.

a) Gemäß dem zweiten Newton'schen Axiom gilt

$$\sum F_x = -F_R = m\,a\,, \tag{1}$$
$$\sum F_y = F_n - m\,g = 0\,. \tag{2}$$

Aus der Definition des Gleitreibungskoeffizienten folgt

$$F_R = \mu_{R,g}\,F_n\,. \tag{3}$$

Aus Gleichung 2 ergibt sich die Normalkraft zu $F_n = m\,g$. Einsetzen in Gleichung 1 liefert die Reibungskraft $F_R = \mu_{R,g}\,m\,g$. Dies setzen wir in Gleichung 1 ein und erhalten $-\mu_{R,g}\,m\,g = m\,a$ sowie daraus $a = -\mu_{R,g}\,g$. Nach dem zweiten Newton'schen Axiom gilt für das Drehmoment, das auf die Kugel wirkt:

$$\sum M = I\,\alpha \quad \text{und daher} \quad F_R\,r = I\,\alpha\,.$$

Daraus ergibt sich die Winkelbeschleunigung

$$\alpha = \frac{F_R\,r}{I} = \frac{\mu_{R,g}\,m\,g\,r}{I}\,.$$

Wir nehmen an, dass der Gleitreibungskoeffizient konstant ist. (*Anmerkung:* Diese Annahme ist nicht notwendig. Man kann aufgrund der Zusammenhänge zwischen Kraftstoß und Impulsänderung sowie zwischen Drehmoment und Drehimpulsänderung zeigen, dass das Ergebnis für irgendeine Reibungskraft gilt, die auf die Kugel wirkt – vorausgesetzt, diese bewegt sich geradlinig und die Richtung der Kraft wirkt der Kugelbewegung entgegen.) Die Beschleunigung (bzw. Verzögerung) ist dann konstant, und wir können die Zeitspanne berechnen, nach der die Kugel zu rollen beginnt, ohne zu gleiten. Für die Endgeschwindigkeit v_E gilt somit

$$v_E - v = a\,\Delta t = -\mu_{R,g}\,g\,\Delta t\,, \tag{4}$$

und die entsprechende Winkelgeschwindigkeit ist

$$\omega_E = \frac{\mu_{R,g}\,g\,m\,r}{I}\,\Delta t\,. \tag{5}$$

Sobald die Kugel rollt, ohne zu gleiten, gilt $\omega_E = v_E/r$. Damit folgt aus Gleichung 5:

$$\frac{v_E}{r} = \frac{\mu_{R,g}\,g\,m\,r}{I}\,\Delta t \quad \text{und daher} \quad \Delta t = \frac{v_E\,I}{\mu_{R,g}\,g\,m\,r^2}\,.$$

Einsetzen in Gleichung 4 liefert

$$v_E - v = -\mu_{R,g}\,g\left(\frac{v_E\,I}{\mu_{R,g}\,g\,m\,r^2}\right) = -\frac{I}{m\,r^2}\,v_E\,.$$

Daraus folgt schließlich

$$v_E = \left(\frac{1}{1 + I/(m\,r^2)}\right)v\,.$$

b) Wenn die Kugel rollt, ohne zu gleiten, ist $v = r\,\omega_E$, und für die gesamte kinetische Energie der Kugel ergibt sich

$$E_{kin} = \tfrac{1}{2}\,m\,v_E^2 + \tfrac{1}{2}\,I\,\omega_E^2$$
$$= \tfrac{1}{2}\,m\left(\frac{1}{1 + I/(m\,r^2)}\right)^2 v^2 + \tfrac{1}{2}\,I\left(\frac{1}{1 + I/(m\,r^2)}\right)^2 \frac{v^2}{r^2}$$
$$= \tfrac{1}{2}\,m\,v^2\left[\left[1 + I/(m\,r^2)\right]\left(\frac{1}{1 + I/(m\,r^2)}\right)^2\right]$$
$$= \tfrac{1}{2}\,m\,v^2\left(\frac{1}{1 + I/(m\,r^2)}\right)\,.$$

L9.40 Die Winkelgeschwindigkeit ist der Quotient aus der Anzahl der Umdrehungen und der dafür benötigten Zeitspanne. Wir erhalten also

$$\omega = \frac{1\,\text{U}}{27{,}3\,\text{d}} = \frac{1\,\text{U}}{27{,}3\,\text{d}} \cdot \frac{2\,\pi\,\text{rad}}{1\,\text{U}} \cdot \frac{1\,\text{d}}{24\,\text{h}} \cdot \frac{1\,\text{h}}{3600\,\text{s}}$$
$$= 2{,}66 \cdot 10^{-6}\,\text{rad} \cdot \text{s}^{-1}\,.$$

L9.41 Die auf das Seil ausgeübte Kraft bewirkt ein Drehmoment, das der Scheibe eine Winkelbeschleunigung verleiht.

a) Weil die Winkelbeschleunigung konstant und außerdem die Winkelgeschwindigkeit ω_0 zu Beginn null ist, gilt

$$\Delta\theta = \omega_0\,\Delta t + \tfrac{1}{2}\,\alpha\,(\Delta t)^2 \quad \text{und daher} \quad \Delta\theta = \tfrac{1}{2}\,\alpha\,(\Delta t)^2.$$

Daraus folgt

$$\alpha = \frac{2\,\Delta\theta}{(\Delta t)^2} = \frac{2\,(2\,\pi\ \text{rad})}{(12\ \text{s})^2} = 0{,}0873\ \text{rad}\cdot\text{s}^{-2}.$$

b) Für das Drehmoment erhalten wir

$$M = F\,r = (260\ \text{N})\,(2{,}2\ \text{m}) = 572\ \text{N}\cdot\text{m}.$$

c) Gemäß dem zweiten Newton'schen Axiom ergibt sich das Trägheitsmoment zu

$$I = \frac{M}{\alpha} = \frac{572\ \text{N}\cdot\text{m}}{0{,}0873\ \text{rad}\cdot\text{s}^{-2}} = 6{,}55\cdot10^3\ \text{kg}\cdot\text{m}^2.$$

L9.42 Auf den Stock wirken keine horizontalen Kräfte. Daher ändert sich die horizontale Position des Massenmittelpunkts nicht. Wir wählen den Ursprung des Koordinatensystems so, dass der Massenmittelpunkt bei $x = 0$ liegt. Die Abbildung zeigt oben den Anfangszustand (Index 1), also den geneigten, schräg festgehaltenen Stock, und unten den Endzustand (Index 2).

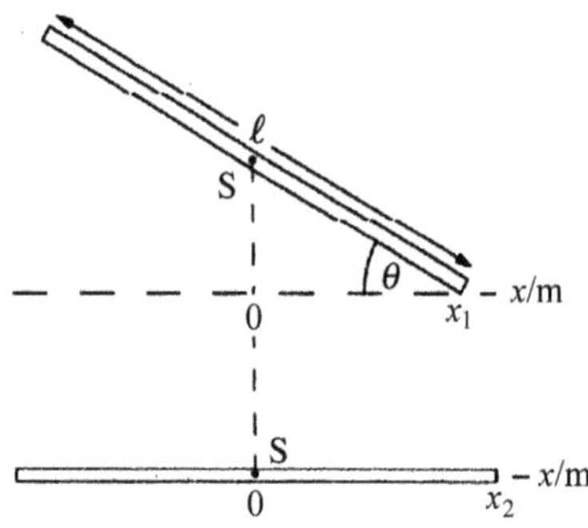

Die Verschiebung des rechten Endes des Stocks ist $\Delta x = x_2 - x_1$. Anhand der trigonometrischen Gegebenheiten gilt für die Anfangskoordinate des rechten Endes

$$x_1 = \ell\cos\theta = (1\ \text{m})\cos 30^\circ = 0{,}866\ \text{m}.$$

Weil keine horizontalen Kräfte auf den Stab einwirken, verschiebt sich sein Massenmittelpunkt horizontal nicht. Daher ist die Endkoordinate des rechten Endes $x_2 = \ell = 1\ \text{m}$, und dessen Verschiebung ergibt sich zu $\Delta x = 1\ \text{m} - 0{,}866\ \text{m} = 0{,}134\ \text{m}$.

L9.43 Die Abbildung zeigt den Stab mit der Länge ℓ in der (horizontalen) Anfangsposition und in der vertikalen Position, durch die er hindurchschwingt. Die Positionen des Massenmittelpunkts sind mit 0 und 1 bezeichnet, die wir im Folgenden als Indices des Anfangs- bzw. des Endzustands verwenden.

a) Die Beschleunigung a des Massenmittelpunkts hängt mit der Winkelbeschleunigung α des Stabs zusammen über $a = \alpha\,\ell/2$.

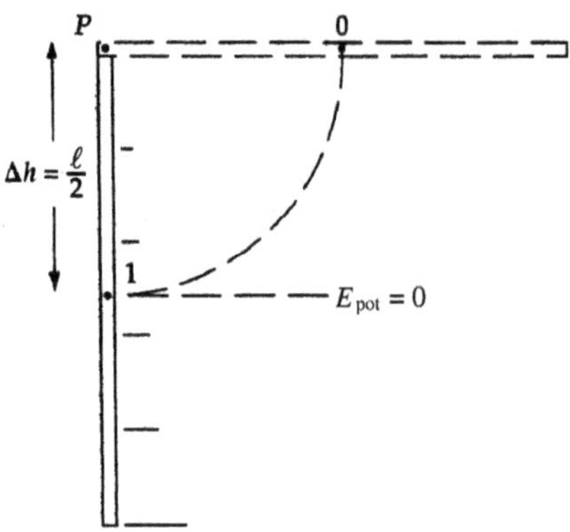

Gemäß dem zweiten Newton'schen Axiom erhalten wir damit für die Winkelbeschleunigung

$$\begin{aligned}
\alpha &= \frac{M}{I} = \frac{m\,g\,\ell/2}{\tfrac{1}{3}\,m\,\ell^2} = \frac{3\,g}{2\,\ell} \\
&= \frac{3\,(9{,}81\ \text{m}\cdot\text{s}^{-2})}{2\,(0{,}8\ \text{m})} = 18{,}4\ \text{rad}\cdot\text{s}^{-2}.
\end{aligned}$$

Damit ergibt sich für die Beschleunigung des Massenmittelpunkts

$$a = \tfrac{1}{2}\,(0{,}8\ \text{m})\,(18{,}4\ \text{rad}\cdot\text{s}^{-2}) = 7{,}36\ \text{m}\cdot\text{s}^{-2}.$$

b) Die Beschleunigung am Ende des Stabs ist

$$a_{\text{Ende}} = \ell\,\alpha = (0{,}8\ \text{m})\,(18{,}4\ \text{rad}\cdot\text{s}^{-2}) = 14{,}7\ \text{m}\cdot\text{s}^{-2}.$$

c) Die lineare Geschwindigkeit des Massenmittelpunkts beim Passieren der Vertikalen ist gegeben durch $v = \omega\,\Delta h = \tfrac{1}{2}\,\omega\,\ell$. Wegen der Energieerhaltung ist

$$\Delta E_{\text{kin}} + \Delta E_{\text{pot}} = E_{\text{kin},1} - E_{\text{kin},0} + E_{\text{pot},1} - E_{\text{pot},0} = 0.$$

Die potenzielle Energie der Gravitation setzen wir null, wenn sich der Massenmittelpunkt am tiefsten Punkt befindet. Weil dann $E_{\text{kin},0} = E_{\text{pot},1} = 0$ ist, gilt $E_{\text{kin},1} - E_{\text{pot},0} = 0$ bzw. $E_{\text{kin},1} = E_{\text{pot},0}$. Also ist $\tfrac{1}{2}\,I\,\omega^2 = m\,g\,\Delta h$. Mit dem Trägheitsmoment $I = \tfrac{1}{3}\,m\,\ell^2$ folgt daraus $\omega = \sqrt{3\,g/\ell}$. Damit erhalten wir für die Geschwindigkeit des Massenmittelpunkts beim Passieren der Vertikalen

$$\begin{aligned}
v &= \tfrac{1}{2}\,\omega\,\ell = \tfrac{1}{2}\,\ell\,\sqrt{\frac{3\,g}{\ell}} = \tfrac{1}{2}\,\sqrt{3\,g\,\ell} \\
&= \tfrac{1}{2}\,\sqrt{3\,(9{,}81\ \text{m}\cdot\text{s}^{-2})\,(0{,}8\ \text{m})} = 2{,}43\ \text{m}\cdot\text{s}^{-1}.
\end{aligned}$$

L9.44 a) Weil sich das Karussell zu Beginn nicht dreht, gilt für die Arbeit, die die Kinder am Karussell verrichten, $W = \Delta E_{\text{kin}} = E_{\text{kin},\text{E}}$. Mit dem Weg Δs, über den die Kraft F eines Kinds wirkt, ist also $4\,F\,\Delta s = \tfrac{1}{2}\,I\,\omega^2$. Damit ergibt sich die Strecke, die die Kinder schieben müssen, zu

$$\begin{aligned}
\Delta s &= \frac{I\,\omega^2}{8\,F} = \frac{\tfrac{1}{2}\,m\,r^2\,\omega^2}{8\,F} = \frac{m\,r^2\,\omega^2}{16\,F} \\
&= \frac{(240\ \text{kg})\,(2\ \text{m})^2\left(\dfrac{1\ \text{U}}{2{,}8\ \text{s}}\cdot\dfrac{2\,\pi\ \text{rad}}{\text{U}}\right)^2}{16\,(26\ \text{N})} = 11{,}6\ \text{m}.
\end{aligned}$$

b) Nach dem zweiten Newton'schen Axiom erhalten wir für die Winkelbeschleunigung

$$\alpha = \frac{M}{I} = \frac{4Fr}{\frac{1}{2}mr^2} = \frac{8Fr}{mr}$$
$$= \frac{8\,(26\,\text{N})}{(240\,\text{kg})\,(2\,\text{m})} = 0{,}433\,\text{rad}\cdot\text{s}^{-2}.$$

c) Die Arbeit, die ein Kind verrichtet, ist

$$W = F\,\Delta s = (26\,\text{N})\,(11{,}6\,\text{m}) = 302\,\text{J}.$$

d) Die Energie, die das Karussell aufnimmt, ist

$$W = \Delta E_{\text{kin}} = 4F\,\Delta s = 4\,(26\,\text{N})\,(11{,}6\,\text{m}) = 1{,}21\,\text{kJ}.$$

L9.45 Die Kantenlängen des kleineren Klotzes sind in der Abbildung gezeigt. Wir bezeichnen ihn mit dem Index 1 und den größeren Klotz mit dem Index 2.

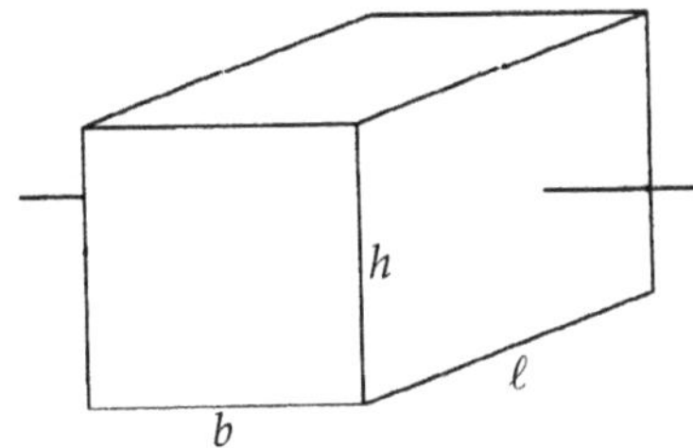

a) Das Verhältnis der gesamten Oberflächen beider Klötze ist

$$\frac{A_2}{A_1} = \frac{2\,(Sb)\,(S\ell)+2\,(S\ell)\,(Sh)+2\,(Sb)\,(Sh)}{2b\ell+2\ell h+2bh}$$
$$= \frac{S^2\,(2b\ell+2\ell h+2bh)}{2b\ell+2\ell h+2bh} = S^2.$$

b) Für das Massenverhältnis erhalten wir

$$\frac{m_2}{m_1} = \frac{\rho\,V_2}{\rho\,V_1} = \frac{V_2}{V_1} = \frac{(Sb)\,(S\ell)\,(Sh)}{b\ell h} = \frac{S^3\,(b\ell h)}{b\ell h} = S^3.$$

c) Das Verhältnis der Trägheitsmomente um die in der Abbildung eingezeichnete Achse ist

$$\frac{I_2}{I_1} = \frac{\frac{1}{12}m_2\left[(S\ell)^2+(Sh)^2\right]}{\frac{1}{12}m_1\left[\ell^2+h^2\right]}$$
$$= \frac{m_2}{m_1}\,\frac{S^2\,(\ell^2+h^2)}{\ell^2+h^2} = \left(\frac{m_2}{m_1}\right)S^2.$$

Mit dem Ergebnis $m_2/m_1 = S^3$ aus Teilaufgabe b ergibt dies $I_2/I_1 = S^3\,S^2 = S^5$.

L9.46 a) und b) Das Trägheitsmoment bezüglich der z-Achse ist $I_z = \int r^2\,\mathrm{d}m = \int(x^2+y^2)\,\mathrm{d}m = \int x^2\,\mathrm{d}m + \int y^2\,\mathrm{d}m = I_x + I_y$.

c) Wenn die z-Achse die Drehachse ist, dann gilt aus Symmetriegründen $I_x = I_y$ und mit dem vorigen Ergebnis $I_z = 2I_x$. Mit der Masse m der Scheibe folgt $I_x = \frac{1}{2}I_z = \frac{1}{2}\left(\frac{1}{2}mr^2\right) = \frac{1}{4}mr^2$.

L9.47 Die Winkelbeschleunigung der Stange ist auf ihrer ganzen Länge dieselbe. Dagegen hängt wegen der unterschiedlichen tangentialen Beschleunigung die auf die Münzen wirkende Kraft

vom Abstand x von der Drehachse ab. Wir bezeichnen die jeweilige Kraft daher mit $F(x)$. Nach dem zweiten Newton'schen Axiom gilt für die bei x auf eine Münze wirkende resultierende Kraft $F_{\text{res}} = mh - F(x) = ma(x)$. Daher ist

$$F(x) = m\,[g - a(x)].\tag{1}$$

Für die Winkelbeschleunigung α und das Drehmoment M gilt mit der Länge ℓ der Stange:

$$\alpha = \frac{M}{I} = \frac{mg\ell/2}{\frac{1}{3}m\ell^2} = \frac{3g}{2\ell}.$$

Daraus folgt $\quad a(x) = x\alpha = x\,\dfrac{3g}{2\,(1{,}5\,\text{m})} = g\left(\dfrac{x}{\text{m}}\right).$

Dies setzen wir in Gleichung 1 ein und erhalten

$$F(x) = m\left(g - g\,\frac{x}{\text{m}}\right) = mg\left(1 - \frac{x}{\text{m}}\right).$$

Damit ergeben sich folgende Kräfte:

$$F(0{,}25\,\text{m}) = mg\,(1 - 0{,}25) = 0{,}75\,mg\,,$$
$$F(0{,}5\,\text{m}) = mg\,(1 - 0{,}5) = 0{,}5\,mg\,,$$
$$F(0{,}75\,\text{m}) = mg\,(1 - 0{,}75) = 0{,}25\,mg\,,$$
$$F(1\,\text{m}) = F(1{,}25\,\text{m}) = F(1{,}5\,\text{m}) = 0\,.$$

L9.48 Die Abbildung zeigt die Messlatte vor dem Lockern des Griffs, also bevor sie rechts nach unten kippt. Der Drehpunkt ist mit D bezeichnet.

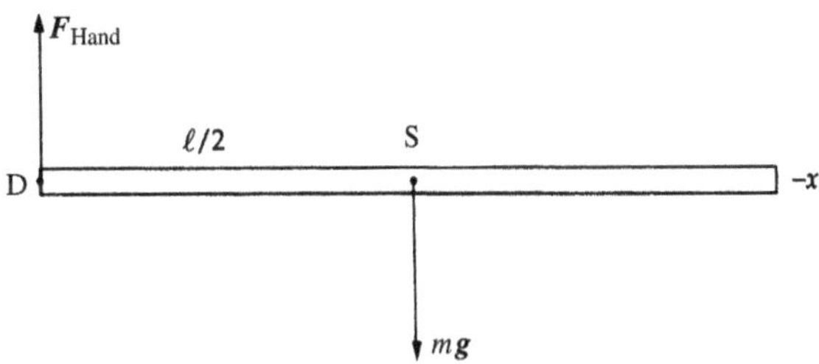

a) Beim Kippen ist die Beschleunigung am rechten Ende $a = \ell\alpha$. Wegen $\sum M = I\alpha$ gilt

$$mg\,\frac{\ell}{2} = I\alpha \quad\text{und daher}\quad \alpha = \frac{mg\ell}{2I}.$$

Das Trägheitsmoment eines Stabs der Länge ℓ bezüglich einer Drehachse an einem Ende ist $I = \frac{1}{3}m\ell^2$. Dies setzen wir ein und erhalten

$$\alpha = \frac{3mg\ell}{2m\ell^2} = \frac{3g}{2\ell}.$$

Mit der ersten Beziehung ($a = \ell\alpha$) ergibt dies

$$a = \frac{3}{2}g = 14{,}7\,\text{m}\cdot\text{s}^{-2}.$$

b) Im Abstand x von der Drehachse ist die Beschleunigung der Latte $a = \alpha x = 3gx/(2\ell)$. Wenn die Latte schneller fällt als die Münze, dann ist $a > g$. Das setzen wir ein und erhalten $3gx/(2\ell) > g$. Für den betreffenden Abstand gilt daher $x > 2\ell/3 = (2\,\text{m})/3 = 66{,}7\,\text{cm}$.

L9.49 In der Abbildung sind die Kräfte eingezeichnet, wie sie zu Beginn wirken.

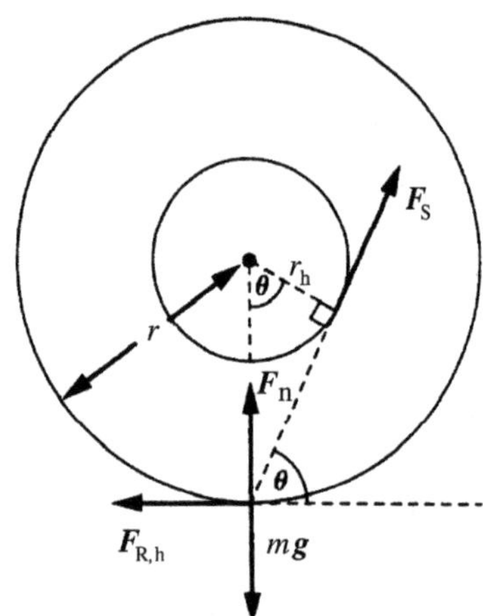

Wenn die Zugkraft F_S gering ist, kann der Zylinder nicht gleiten, sondern muss rollen. Wir sehen die Kontaktlinie des Zylinders mit der Unterlage als Drehachse an. Wenn der Zylinder nicht rollt, muss das Drehmoment bezüglich dieser Drehachse null sein. Dies ist der Fall, wenn die Wirkungslinie der Zugkraft durch die Drehachse verläuft. Aus der Zeichnung ist zu entnehmen, dass dann gilt $\theta = \mathrm{acos}\,(r_h/r)$.

L9.50 Die Abbildung zeigt den Stab in zwei Zuständen, und zwar mit den Winkeln θ_0 und θ gegen die Vertikale.

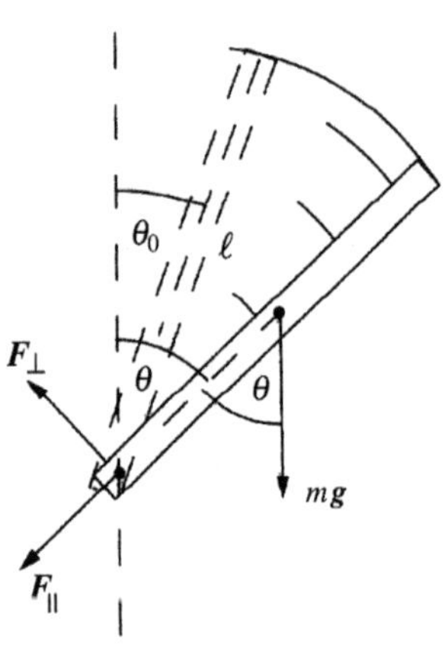

Die Kräfte führen zu einer Drehung des Stabs – und seines Massenmittelpunkts – um die Drehachse sowie zu einer tangentialen Beschleunigung des Massenmittelpunkts. Wegen der Energieerhaltung gilt $E_{\mathrm{kin,E}} - E_{\mathrm{kin,A}} + E_{\mathrm{pot,E}} - E_{\mathrm{pot,A}} = 0$. Weil $E_{\mathrm{kin,E}} = 0$ ist, erhalten wir

$$-\tfrac{1}{2} I\,\omega^2 + m\,g\,\frac{\ell}{2}\cos\theta - m\,g\,\frac{\ell}{2}\cos\theta_0 = 0\,.$$

Mit $I = \tfrac{1}{3}\,m\,\ell^2$ ergibt sich daraus

$$\omega^2 = (3\,g/\ell)\,(\cos\theta - \cos\theta_0)\,.$$

Die auf den Massenmittelpunkt wirkende Zentripetalkraft ist daher

$$\begin{aligned}
F_{\mathrm{ZP}} &= m\,\frac{\ell}{2}\,\omega^2 = m\,\frac{\ell}{2}\,\frac{3\,g}{\ell}\,(\cos\theta - \cos\theta_0) \\
&= \frac{3\,m\,g}{2}\,(\cos\theta - \cos\theta_0)\,.
\end{aligned}$$

Die radiale Komponente der Gewichtskraft $m\,g$ hat den Betrag $(m\,g)_{\mathrm{rad.}} = (m\,g)\cos\theta$. Damit ist die gesamte Radialkraft an der Aufhängung

$$\begin{aligned}
F_\parallel &= F_{\mathrm{ZP}} + (m\,g)_{\mathrm{rad.}} = \frac{3\,m\,g}{2}\,(\cos\theta - \cos\theta_0) + m\,g\cos\theta \\
&= \tfrac{1}{2}\,m\,g\,(5\cos\theta - 3\cos\theta_0)\,.
\end{aligned}$$

Die Tangentialbeschleunigung $a_\perp$ des Massenmittelpunkts hängt mit seiner Winkelbeschleunigung α zusammen über $a_\perp = \tfrac{1}{2}\,\ell\,\alpha$. Gemäß dem zweiten Newton'schen Axiom erhalten wir daraus

$$\alpha = \frac{M}{I} = \frac{m\,g\,\tfrac{1}{2}\,\ell\sin\theta}{\tfrac{1}{3}\,m\,\ell^2} = \frac{3\,g\sin\theta}{2\,\ell}\,.$$

und $a_\perp = \tfrac{1}{2}\,\ell\,\alpha = \tfrac{3}{4}\,g\sin\theta = g\sin\theta + F_\perp/m$.

Auflösen ergibt $F_\perp = -\tfrac{1}{4}\,m\,g\sin\theta$. Darin besagt das Minuszeichen, dass die Kraft entgegengesetzt zur Tangentialkomponente der Gewichtskraft $m\,g$ wirkt.

Die Drehimpulserhaltung

- Der Vektorcharakter der Rotation
- Drehmoment und Drehimpuls
- Drehimpulserhaltung
- Quantisierung des Drehimpulses

A: Aufgaben

Anmerkung: Bei allen Aufgaben ist die Fallbeschleunigung $g = 9{,}81\ \mathrm{m\cdot s^{-2}}$. Falls nichts anderes angegeben ist, sind Reibung und Luftwiderstand zu vernachlässigen.

Verständnisaufgaben

A10.1 • Richtig oder falsch? a) Wenn zwei Vektoren parallel sind, muss ihr Kreuzprodukt null sein. b) Wenn eine Scheibe um ihre Symmetrieachse rotiert, ist $\boldsymbol{\omega}$ parallel zu dieser Achse. c) Das von einer Kraft ausgeübte Drehmoment ist immer senkrecht zu der Kraft.

A10.2 • Ein Teilchen mit der Masse m bewegt sich mit der Geschwindigkeit v entlang einer Bahn, die durch den Punkt P verläuft. Wie groß ist der Drehimpuls bezüglich des Punkts P? a) $m\,v$. b) Null. c) Er ändert das Vorzeichen, wenn das Teilchen durch P geht. d) Das hängt von der Entfernung des Punkts P vom Ursprung des Koordinatensystems ab.

A10.3 •• Ein Teilchen bewegt sich mit konstanter Geschwindigkeit auf einer schnurgeraden Bahn. Wie verändert sich der Drehimpuls bezüglich eines beliebigen festen Punkts mit der Zeit?

A10.4 • In einem System bleibt der Drehimpuls konstant. Welche der folgenden Aussagen ist dann richtig? a) Auf kein Teil des Systems wirkt ein Drehmoment. b) Auf jeden Teil des Systems wirkt ein konstantes Drehmoment. c) Auf jeden Teil des Systems wirkt ein resultierendes äußeres Drehmoment von null. d) Auf das System wirkt ein konstantes äußeres Drehmoment. e) Auf das System wirkt ein resultierendes äußeres Drehmoment von null.

A10.5 •• Ein Klotz, der reibungsfrei auf einem Tisch gleitet, ist an einer Schnur befestigt, die durch ein Loch in der Tischfläche verläuft. Anfangs gleitet der Klotz mit der Geschwindigkeit v_0 auf einer Kreisbahn mit dem Radius r_0 um das Loch. Eine Studentin unter dem Tisch zieht nun langsam an der Schnur. Was geschieht, während der Klotz sich auf einer Spiralbahn nach innen bewegt? a) Energie und Drehimpuls des Klotzes bleiben erhalten. b) Der Drehimpuls des Klotzes bleibt erhalten, seine Energie nimmt zu. c) Der Drehimpuls des Klotzes bleibt erhalten, seine Energie nimmt ab. d) Die Energie des Klotzes bleibt erhalten, der Drehimpuls nimmt zu. e) Die Energie des Klotzes bleibt erhalten, der Drehimpuls nimmt ab.

A10.6 •• Der Drehimpulsvektor eines sich drehenden Rads verläuft entlang von dessen Achse und zeigt nach Osten. Um den Vektor nach Süden zeigen zu lassen, lässt man eine Kraft am östlichen Ende der Achse wirken. In welche Richtung muss die Kraft wirken? a) Aufwärts, b) abwärts, c) nach Norden, d) nach Süden, e) nach Osten.

A10.7 •• Ein Auto wird durch die Energie angetrieben, die in einem Schwungrad mit dem Drehimpuls L gespeichert ist. Diskutieren Sie die Probleme, die sich daraus für verschiedene Richtungen von L und verschiedene Fahrmanöver des Wagens ergeben. Was geschieht beispielsweise, wenn L nach oben weist und der Wagen über einen Hügel oder durch eine Senke fährt? Was geschieht, wenn L nach vorne oder hinten oder nach einer Seite weist und das Auto eine Links- oder Rechtskurve fahren soll? Berücksichtigen Sie in jedem der Fälle, die Sie untersuchen, die Richtung des Drehmoments, das die Straße auf den Wagen ausübt.

A10.8 •• Ein gleichförmiger Stab mit der Masse m_0 und der Länge ℓ liegt horizontal auf einem reibungsfreien Tisch. Ein Brocken Kitt mit der Masse $m = m_0/4$ bewegt sich entlang einer Linie senkrecht zum Stab, trifft ihn an einem seiner Enden und bleibt an ihm haften. Beschreiben Sie qualitativ die weitere Bewegung von Stab und Kitt.

Schätzungs- und Näherungsaufgaben

A10.9 •• Die polaren Eiskappen der Erde enthalten etwa $2{,}3 \cdot 10^{19}$ kg Eis. Diese Masse trägt kaum zum Trägheitsmoment der Erde bei, weil sie an den Polen, dicht an der Rotationsachse, konzentriert ist. Schätzen Sie den Einfluss auf die Tageslänge ab, wenn das gesamte Polareis abschmelzen und sich gleichmäßig auf die Erdoberfläche verteilen würde. (Das Trägheitsmoment einer Kugelschale mit der Masse m und dem Radius r ist $2\,m\,r^2/3$.)

A10.10 • Ein Teilchen mit der Masse 2 g bewegt sich mit konstanter Geschwindigkeit von 3 mm/s auf einer Kreisbahn mit dem Radius 4 mm. a) Berechnen Sie den Betrag des Drehimpulses für das Teilchen. b) Nehmen Sie an, es gilt $L = \sqrt{l(l+1)}\,\hbar$ mit einer ganzen Zahl l. Berechnen Sie dann den Wert von $l(l+1)$ und den Näherungswert von l. c) Erklären Sie, warum die Quantisierung des Drehimpulses in der makroskopischen Physik keine Rolle spielt.

A10.11 •• Das Trägheitsmoment der Erde bezüglich ihrer Drehachse ist etwa $8{,}03 \cdot 10^{37}$ kg·m². a) Da die Erde annähernd kugelförmig ist, können Sie das Trägheitsmoment in der Form $I = C\,m\,r^2$ schreiben; dabei ist C eine dimensionslose Konstante, $m = 5{,}98 \cdot 10^{24}$ kg ist die Erdmasse, und $r = 6370$ km ist der Erdradius. Berechnen Sie C. b) Wäre die Massenverteilung in der Erde gleichförmig, hätte C den Wert $2/5$. Vergleichen Sie ihn mit dem in Teilaufgabe a berechneten Wert. Wo ist die Dichte der Erde größer – nahe beim Erdkern oder eher an der Erdkruste?

• Der Vektorcharakter der Rotation

A10.12 • Berechnen Sie das Drehmoment bezüglich des Ursprungs, das eine Kraft $F = -m g \hat{y}$ auf ein Teilchen am Ort $r = x\hat{x} + y\hat{y}$ ausübt. Zeigen sie, dass dieses Drehmoment nicht von der y-Koordinate abhängt.

A10.13 •• Ein Teilchen bewegt sich auf einer Kreisbahn um den Ursprung. Sein Ort wird mit r und seine Winkelgeschwindigkeit mit $\boldsymbol{\omega}$ bezeichnet. a) Zeigen Sie, dass seine Geschwindigkeit durch $v = \boldsymbol{\omega} \times r$ gegeben ist. b) Zeigen Sie, dass für die Zentripetalbeschleunigung gilt: $a_{\mathrm{ZP}} = \boldsymbol{\omega} \times v = \boldsymbol{\omega} \times (\boldsymbol{\omega} \times r)$.

A10.14 •• Mit Hilfe der Einheitsvektoren schreibt man die Vektoren A, B und C in der Form

$$A = A_x\hat{x} + A_y\hat{y} + A_z\hat{z},$$
$$B = B_x\hat{x} + B_y\hat{y} + B_z\hat{z},$$
$$C = C_x\hat{x} + C_y\hat{y} + C_z\hat{z}.$$

Zeigen Sie mit Hilfe der Regeln für das Auswerten von Determinanten, dass gilt:

$$A \cdot (B \times C) = \begin{vmatrix} A_x & A_y & A_z \\ B_x & B_y & B_z \\ C_x & C_y & C_z \end{vmatrix}$$
$$= C \cdot (A \times B) = B \cdot (C \times A).$$

Drehimpuls

A10.15 • Ein Teilchen, das sich mit konstanter Geschwindigkeit bewegt, hat bezüglich eines bestimmten Punkts keinen Drehimpuls. Zeigen Sie, dass sich das Teilchen dann entweder direkt auf diesen Punkt zu oder direkt von ihm fort oder durch ihn hindurch bewegt.

A10.16 •• Ein Teilchen mit der Masse m bewegt sich mit konstanter Geschwindigkeit v entlang einer Linie, die vom Ursprung O die Entfernung b hat (siehe Abbildung). Mit dA bezeichnen wir die Fläche, die vom Ortsvektor des Teilchens (d. h. dem Vektor von O zu dem Teilchen) in der Zeit dt überstrichen wird. Zeigen Sie, dass dA/dt konstant ist und dass gilt: dA/d$t = \frac{1}{2}L/m$. Dabei ist L der Drehimpuls des Teilchens bezüglich des Ursprungs.

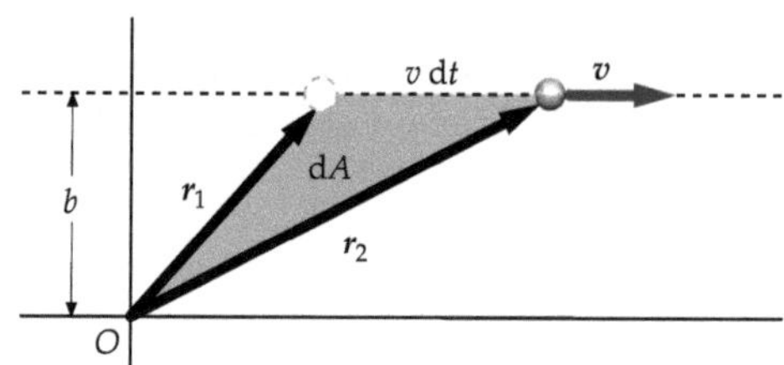

A10.17 •• Eine auf einem Tisch aufrecht stehende Münze mit einer Masse von 15 g und einem Durchmesser von 1,5 cm dreht sich mit 10 U/s um eine vertikale, fest stehende Achse durch den Mittelpunkt der Münze. a) Wie groß ist der Drehimpuls der Münze bezüglich ihres Massenmittelpunkts? (Das Trägheitsmoment ist dabei $I = \frac{1}{4}\,m\,r^2$.) b) Wie groß ist der Drehimpuls bezüglich eines Punkts auf dem Tisch, der 10 cm von der Münze entfernt ist? c) Die Münze dreht sich mit 10 U/s um einen vertikalen Durchmesser und bewegt sich dabei mit 5 cm/s entlang einer geraden Linie über den Tisch. Wie groß ist dann der Drehimpuls bezüglich eines Punkts, der auf der Bewegungslinie des Massenmittelpunkts der Münze liegt? d) Wie groß ist der Drehimpuls der Münze bezüglich eines Punkts, der 10 cm von der Bewegungslinie des Massenmittelpunkts entfernt liegt? (Es gibt zwei Antworten; erklären Sie, warum, und geben Sie beide Lösungen an.)

• Drehmoment und Drehimpuls

A10.18 •• Ein gleichförmiger Zylinder mit der Masse 90 kg und dem Radius 0,4 m ist so aufgehängt, dass er sich reibungsfrei um seine raumfeste Symmetrieachse drehen kann. Er wird von einem Treibriemen angetrieben, der um seinen Umfang läuft und ein konstantes Drehmoment ausübt. Zur Zeit $t = 0$ ist die Winkelgeschwindigkeit null, zur Zeit $t = 25$ s dreht sich der Zylinder mit 500 U/min. a) Wie groß ist der Drehimpuls bei $t = 25$ s? b) Mit welcher Geschwindigkeit nimmt der Drehimpuls zu? c) Welches Drehmoment wirkt auf den Zylinder? d) Wie groß ist die Reibungskraft, die zwischen dem Treibriemen und dem Rand des Zylinders wirkt?

A10.19 •• Ein Geschoss mit der Masse m wird mit der Geschwindigkeit v_0 unter dem Winkel θ abgefeuert. Betrachten Sie das Drehmoment und den Drehimpuls bezüglich des Startpunkts und zeigen Sie, dass $dL/dt = M$ ist. Vernachlässigen Sie alle Einflüsse des Luftwiderstands.

• **Drehimpulserhaltung**

A10.20 • Ein Planet läuft auf elliptischer Bahn um die Sonne, die in einem Brennpunkt der Ellipse steht (siehe Abbildung). a) Wie groß ist das Drehmoment bezüglich des Mittelpunkts der Sonne, das die Gravitationsanziehung der Sonne auf den Planeten ausübt? b) In Stellung A ist der Planet r_1 von der Sonne entfernt und bewegt sich mit einer Geschwindigkeit v_1 senkrecht zu der Verbindungslinie zwischen der Sonne und dem Planeten. In Stellung B beträgt die Entfernung r_2, und die Geschwindigkeit ist v_2, auch hier senkrecht zur Verbindungslinie zwischen der Sonne und dem Planeten. Geben Sie das Verhältnis v_1/v_2 mit Hilfe von r_1 und r_2 an.

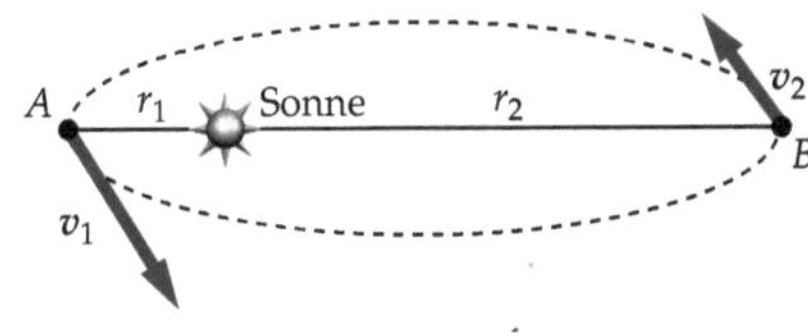

A10.21 •• Ein drehbares Serviertablett besteht aus einem schweren Kunststoffzylinder auf einer reibungsfreien Lagerung mit senkrecht stehender Achse. Der Zylinder hat einen Durchmesser von $r_0 = 15$ cm und eine Masse von $m_0 = 0{,}25$ kg. Auf dem Tablett befindet sich 8 cm von der Achse entfernt eine Küchenschabe ($m = 0{,}015$ kg). Sowohl das Tablett als auch die Schabe sind anfangs in Ruhe. Dann beginnt die Schabe auf einem Kreis mit dem Durchmesser 8 cm zu laufen; der Mittelpunkt der Kreisbahn ist die Drehachse des Tabletts. Die Geschwindigkeit der Schabe bezüglich des Tabletts ist $v = 0{,}01$ m/s. Wie hoch ist dann die Geschwindigkeit der Schabe bezüglich des Raums?

A10.22 •• Ein Klotz mit der Masse m gleitet auf einem reibungsfreien Tisch; er ist an einer Schnur befestigt, die durch ein Loch im Tisch verläuft. Anfangs bewegt sich der Klotz mit der Geschwindigkeit v_0 auf einer Kreisbahn mit dem Radius r_0. Stellen Sie Ausdrücke auf für a) den Drehimpuls des Klotzes, b) die kinetische Energie des Klotzes und c) die Zugkraft in der Schnur. Ein Student unter dem Tisch zieht nun die Schnur langsam nach unten. Welche Arbeit muss er aufwenden, um den Radius der Kreisbahn von r_0 auf $r_0/2$ zu reduzieren?

• **Quantisierung des Drehimpulses**

A10.23 • Die z-Komponente des Spins eines Elektrons ist $\frac{1}{2}\hbar$, der Betrag des Spins ist $\sqrt{0{,}75}\,\hbar$. Wie groß ist der Winkel zwischen dem Drehimpulsvektor des Elektrons und der z-Achse?

A10.24 •• Der Gleichgewichtsabstand zwischen den Atomkernen des Stickstoffmoleküls (N_2) beträgt 0,11 nm. Die Masse eines Stickstoffkerns ist 14 u, mit $u = 1{,}66 \cdot 10^{-27}$ kg. Sie wollen die Energien der drei niedrigsten Drehimpulszustände des Stickstoffmoleküls berechnen. a) Fassen Sie das Molekül näherungsweise als eine Art Hantel mit zwei gleichen Punktmassen auf und berechnen Sie das Trägheitsmoment bezüglich des Massenmittelpunkts. b) Berechnen Sie die Energieniveaus der Rotationszustände mit Hilfe der Beziehung $E_l = l\,(l+1)\,\hbar^2/(2\,I)$.

Stöße

A10.25 •• Ein 16,0 kg schwerer und 2,4 m langer Stab wird in seinem Mittelpunkt von einer Messerschneide unterstützt. Ein 3,2 kg schwerer Lehmklumpen fällt aus 1,2 m Höhe herunter und trifft in 0,9 m Entfernung vom Unterstützungspunkt auf den Stab; dabei führt er einen vollständig inelastischen Stoß aus (siehe Abbildung). Berechnen Sie den Drehimpuls des Stabs mit dem anhaftenden Lehmklumpen bezüglich des Unterstützungspunkts unmittelbar nach dem inelastischen Stoß.

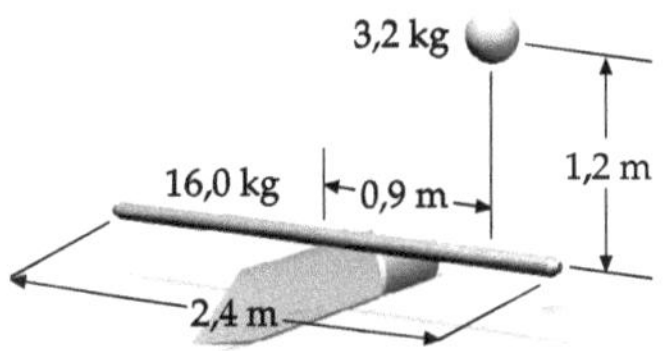

A10.26 •• Ein gleichförmiger Stab liegt auf einem reibungsfreien Tisch. Dort wird er an einem Ende von einem horizontal geführten Schlag senkrecht zum Stab getroffen. Die Masse des Stabs ist m, der Kraftstoß bei dem Stoß ist Δp. a) Welche Geschwindigkeit hat der Massenmittelpunkt des Stabs unmittelbar nach dem Stoß? b) Welche Geschwindigkeit hat das getroffene Stabende? c) Welche Geschwindigkeit hat das andere Stabende? d) Gibt es einen Punkt auf dem Stab, der sich nicht bewegt?

A10.27 •• Das Rad eines Fahrrads mit dem Radius 28 cm steckt auf einer 50 cm langen Achse. Der Reifen und die Felge wiegen 30 N. Das Rad wird mit 12 min^{-1} gedreht, und die Achse befindet sich mit einem Ende in einem Gelenk in waagerechter Lage. a) Wie hoch ist der Drehimpuls aufgrund der Drehung des Rads? (Betrachten Sie das Rad als einen Ring.) b) Welche Winkelgeschwindigkeit hat die Präzessionsbewegung? c) Wie lange dauert es, bis die Achse um 360° um das Gelenk geschwenkt ist? d) Wie hoch ist der Drehimpuls aufgrund der Bewegung des Massenmittelpunkts, also aufgrund der Präzessionsbewegung? In welche Richtung zeigt dieser Drehimpuls?

Allgemeine Aufgaben

A10.28 • Der Ortsvektor eines Teilchens mit der Masse 3 kg ist $r = (4\,\hat{x})$ m $+ (3\,t^2\,\hat{y})$ m·s^{-2}, wobei r in Metern und t in Sekunden anzugeben ist. Berechnen Sie den Drehimpuls und das auf das Teilchen wirkende Drehmoment bezüglich des Ursprungs.

A10.29 •• Eine Kugel mit 2 kg Masse ist an einem Seil der Länge 1,5 m befestigt und bewegt sich auf einer horizontalen Kreisbahn. Eine solche Anordnung nennt man konisches Pendel (siehe Abbildung). Das Seil bildet mit der Vertikalen einen Winkel von 30°. a) Zeigen Sie, dass der Drehimpuls der Kugel bezüglich der Aufhängung im Punkt P eine horizontale Komponente, die zum Mittelpunkt der Kreisbahn zeigt, und eine vertikale Komponente hat. Berechnen Sie diese Komponenten. b) Berechnen Sie den Betrag von $\mathrm{d}L/\mathrm{d}t$ und zeigen Sie, dass sich genau der Betrag des Drehmoments bezüglich des Aufhängungspunkts ergibt, das aus der Schwerkraft resultiert.

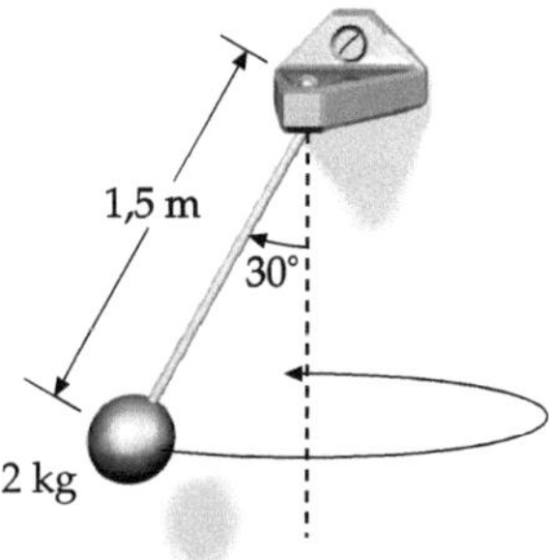

A10.30 •• Die Abbildung zeigt einen Hohlzylinder mit der Masse m_H, der Länge ℓ_H und dem Trägheitsmoment $m_\mathrm{H}\,\ell_\mathrm{H}^2/10$. Im Hohlzylinder befinden sich im Abstand ℓ zwei zylindrische Scheiben mit der Masse m; sie sind mit einer dünnen Schnur an einer Halterung in der Mitte der Anordnung befestigt. Das System kann um eine vertikale Achse durch das Zentrum des Hohlzylinders rotieren. Während sich das System mit der Winkelgeschwindigkeit ω dreht, reißt plötzlich die Schnur, an der die beiden Scheiben befestigt sind. Die Scheiben werden nach außen geschleudert und bleiben an den Verschlusskappen des Hohlzylinders haften. Geben Sie Ausdrücke für die Drehgeschwindigkeit zum Schluss sowie für die Anfangs- und die Endenergie des Systems an. Nehmen Sie dazu an, dass die Innenwände des Hohlzylinders reibungsfrei sind.

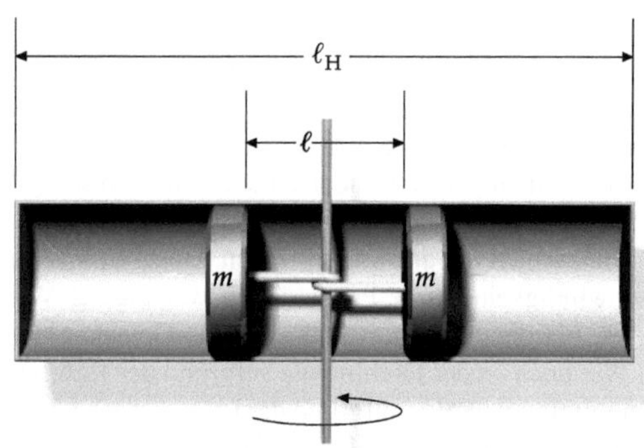

A10.31 •• a) Betrachten Sie die Erde als eine homogene Kugel mit dem Radius r und der Masse m. Zeigen Sie, dass die Periode T der Erdumdrehung um ihre Achse mit dem Radius gemäß $T = b\,r^2$ zusammenhängt; dabei ist b eine Konstante, die sich gemäß $b = (4/5)\,\pi m/L$ berechnet (L ist der Eigendrehimpuls der Erde). b) Nehmen Sie an, dass der Erdradius r sich (etwa durch thermische Ausdehnung) um einen kleinen Betrag Δr ändert. Zeigen Sie, dass die relative Änderung der Drehperiode $\Delta T/T$ sich näherungsweise durch $\Delta T/T = 2\,\Delta r/r$ angeben lässt. (*Hinweis:* Benutzen Sie die Differenziale $\mathrm{d}r$ und $\mathrm{d}T$, um die Änderungen der Größen r und T anzunähern.) c) Wenn sich die Rotationsperiode der Erde um 0,25 Tage pro Jahr änderte, könnten die Schaltjahre entfallen. Um wie viele Kilometer müsste dazu der Erdradius zunehmen?

A10.32 •• Die Präzession der Äquinoktialpunkte hängt damit zusammen, dass die Erdachse nicht fest im Raum steht, sondern sich mit einer Periode von 26 000 Jahren auf einem Kegel mit dem Winkel 23° bewegt. Daher wird der Polarstern nicht immer der Polarstern bleiben. Man kann dies erklären, wenn man die Erde als gigantischen schweren Kreisel auffasst; auf die Erde wird durch die Gravitationskräfte von Sonne und Mond ein Drehmoment ausgeübt. Berechnen Sie einen Näherungswert für dieses Drehmoment. Rechnen Sie dabei mit folgenden Werten: Die Periode der Erddrehung ist 1 d, das Trägheitsmoment ist $8{,}03 \cdot 10^{37}$ kg·m².

A10.33 ••• Die Abbildung zeigt eine Umlenkrolle, bestehend aus einer gleichförmigen zylindrischen Scheibe, über die ein schweres Seil läuft. Die Rolle hat einen Umfang von 1,2 m; sie wiegt 2,2 kg. Das Seil ist 8,0 m lang und wiegt 4,8 kg. Zu dem in der Abbildung gezeigten Zeitpunkt ist das System in Ruhe, und die Höhendifferenz der beiden Enden des Seils ist 0,6 m. a) Welche Winkelgeschwindigkeit hat die Rolle, wenn die Höhendifferenz der beiden Enden des Seils 7,2 m beträgt? b) Geben Sie einen Ausdruck für den Drehimpuls des Systems als Funktion der Zeit an. Nehmen Sie an, dass sich beide Enden des Seils unterhalb des Mittelpunkts der Rolle befinden. Zwischen Rolle und Seil tritt kein Schlupf auf.

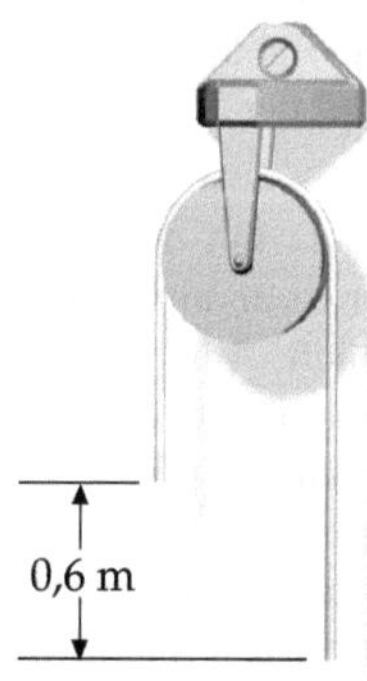

Die Drehimpulserhaltung

L: Lösungen

L10.1 a) Richtig. Das Kreuzprodukt zweier Vektoren A und B ist definiert als $A \times B = AB \sin \phi\, \hat{n}$. Wenn A und B parallel sind, ist $\sin \phi = 0$.

b) Richtig. Definitionsgemäß verläuft $\boldsymbol{\omega}$ entlang der Achse.

c) Richtig. Die Richtung des von einer Kraft bewirkten Drehmoments geht aus der Definition des Kreuzprodukts hervor.

L10.2 Die Vektoren L und p hängen miteinander zusammen über $L = r \times p$. Weil die Bewegung entlang einer Bahn verläuft, die durch den Punkt P geht, ist $r = 0$ und daher auch $L = 0$. Also ist Aussage b richtig.

L10.3 Die Abbildung zeigt das Teilchen, das sich mit konstanter Geschwindigkeit und daher konstantem Impuls auf einer geraden Linie nach rechts bewegt.

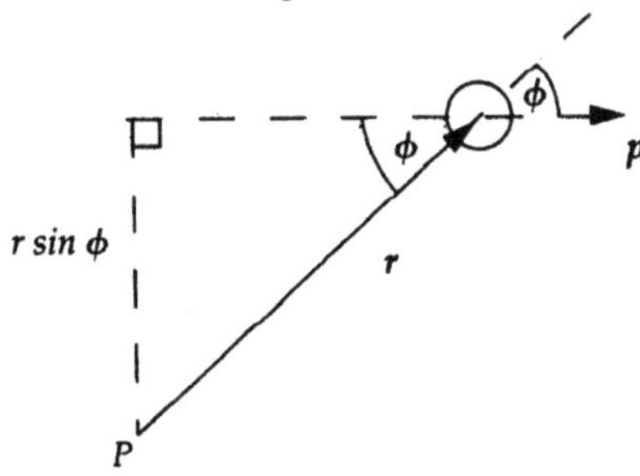

Der Betrag des Drehimpulses ist hierbei gegeben durch $L = r\,p \sin \phi = m\,v\,(r \sin \phi)$. Aus der Abbildung geht hervor, dass der Abstand $r \sin \phi$ vom Punkt P zur Geraden, auf der sich das Teilchen bewegt, konstant ist. Also ist auch $m\,v\,(r \sin \phi)$ konstant und ebenso der Drehimpuls L.

L10.4 Wenn L konstant ist, muss das auf das System einwirkende *resultierende* Drehmoment null sein. Es können durchaus verschiedene (konstante oder zeitabhängige) Drehmomente einwirken, solange ihre Resultierende null ist. Also ist Aussage e richtig.

L10.5 Die auf den Klotz ausgeübte Zugkraft wirkt senkrecht zur jeweiligen Bewegungsrichtung und übt kein Drehmoment aus. (Es ist ja $M = r \times F$ und $M = rF \sin \theta$.) Also bleibt der Drehimpuls des Klotzes erhalten. Die Studentin verrichtet jedoch Arbeit, indem sie den Klotz in Richtung der radialen Kraft verschiebt, so dass seine Energie zunimmt. Also ist Aussage b richtig.

L10.6 Wir können die Richtung des Drehmoments, das den Drehimpulsvektor von Osten nach Süden dreht, mit Hilfe der Rechte-Hand-Regel ermitteln. Lassen Sie die Finger Ihrer rechten Hand nach Osten zeigen und drehen Sie dann Ihr Handgelenk, bis die Finger nach Süden weisen. Nun zeigt Ihr Daumen nach unten. Also ist Aussage b richtig.

L10.7 Wenn L nach oben weist und das Auto über einen Hügel oder durch eine Senke fährt, dann werden die Kräfte auf die Räder einer Seite größer, und das Auto neigt zum Kippen. Wenn L nach vorn weist und das Auto eine Links- bzw. eine Rechtskurve fährt, dann wirkt auf das vordere bzw. das hintere Ende des Autos eine nach oben gerichtete Kraft. Diese Probleme sind zu vermeiden, wenn man zwei gleiche Schwungräder verwendet, die auf einer Welle gegensinnig rotieren.

L10.8 Der Massenmittelpunkt des Systems aus Stab und Kitt bewegt sich auf einer Geraden, und das System rotiert um seinen Massenmittelpunkt.

L10.9 Die Winkelgeschwindigkeit ist der Quotient aus Drehimpuls und Trägheitsmoment: $\omega = L/I$. Wegen $T = 2\pi/\omega$ folgt daraus $T = 2\pi I/L$. Die Ableitung nach I ergibt $\mathrm{d}T/\mathrm{d}I = 2\pi/L = T/I$. Also ist $\mathrm{d}T/T = \mathrm{d}I/I$ bzw. $\Delta T \approx \Delta I\, T/I$. Mit der Masse m des Eises und der Masse m_E der Erde erhalten wir

$$\Delta T \approx \frac{\frac{2}{3} m\, r_E^2}{\frac{2}{5} m_E\, r_E^2}\, T = \frac{5m}{3 m_E}\, T = \frac{5\,(2{,}3 \cdot 10^{19}\ \mathrm{kg})}{3\,(6 \cdot 10^{24}\ \mathrm{kg})}\,(1\ \mathrm{d})$$

$$= 6{,}39 \cdot 10^{-6}\ \mathrm{d} = (6{,}39 \cdot 10^{-6}\ \mathrm{d})\,\frac{24\ \mathrm{h}}{\mathrm{d}}\,\frac{3600\ \mathrm{s}}{\mathrm{h}} = 0{,}552\ \mathrm{s}\,.$$

L10.10 a) Der Drehimpuls ist

$$L = m\,v\,r = (2 \cdot 10^{-3}\ \mathrm{kg})\,(3 \cdot 10^{-3}\ \mathrm{m \cdot s^{-1}})\,(4 \cdot 10^{-3}\ \mathrm{m})$$
$$= 2{,}40 \cdot 10^{-8}\ \mathrm{kg \cdot m^2 \cdot s^{-1}}\,.$$

b) Aus der Beziehung $L = \sqrt{l\,(l+1)}\,\hbar$ für den Drehimpuls folgt

$$l\,(l+1) = \frac{L^2}{\hbar^2} = \left(\frac{2{,}40 \cdot 10^{-8}\ \text{kg} \cdot \text{m}^2 \cdot \text{s}^{-1}}{1{,}05 \cdot 10^{-34}\ \text{J} \cdot \text{s}}\right)^2 = 5{,}22 \cdot 10^{52}.$$

Weil $l \gg 1$ ist, können wir $l+1 \approx l$ und daher $l\,(l+1) \approx l^2$ setzen. Damit ergibt sich $l \approx \sqrt{l\,(l+1)} = 2{,}29 \cdot 10^{26}$.

c) Die Quantisierung des Drehimpulses macht sich in makroskopischen Systemen nicht bemerkbar, weil Unterschiede wie der zwischen $l = 2 \cdot 10^{26}$ und $l = 2 \cdot 10^{26} + 1$ experimentell niemals feststellbar sind.

L10.11 a) Wir lösen die Beziehung $I = C m r^2$ nach C auf und setzen die Zahlenwerte ein:

$$C = \frac{I}{m_\text{E}\, r_\text{E}^2} = \frac{8{,}03 \cdot 10^{37}\ \text{kg} \cdot \text{m}^2}{(5{,}98 \cdot 10^{24}\ \text{kg})\,(6370\ \text{m})^2} = 0{,}331 \,.$$

b) Befände sich die gesamte Masse in der Erdkruste, dann hätte die Erde das Trägheitsmoment einer dünnen Kugelschale, $I = \frac{2}{3} m_\text{E}\, r_\text{E}^2$, und es wäre $C = 0{,}67$. Wäre die Masse gleichmäßig verteilt, dann hätte die Erde das Trägheitsmoment einer gleichförmigen Kugel, $I = \frac{2}{5} m_\text{E}\, r_\text{E}^2$, und es wäre $C = 0{,}4$. Der in Teilaufgabe a berechnete Wert ist jedoch noch kleiner als $0{,}4$; also muss die Dichte der Erde nahe dem Erdkern größer als weiter außen sein.

L10.12 Das Drehmoment M ist das Kreuzprodukt von r und F:

$$\begin{aligned}
M = r\,F &= (x\,\widehat{x} + y\,\widehat{y}) \times (-m g\,\widehat{y}) \\
&= -m g x\,(\widehat{x} \times \widehat{y}) - m g y\,(\widehat{y}\,\widehat{y}) = -m g x\,\widehat{z}.
\end{aligned}$$

L10.13 Wir legen den Vektor r in die x-y-Ebene. Dann weist der Vektor $\boldsymbol{\omega}$ in die positive z-Richtung.

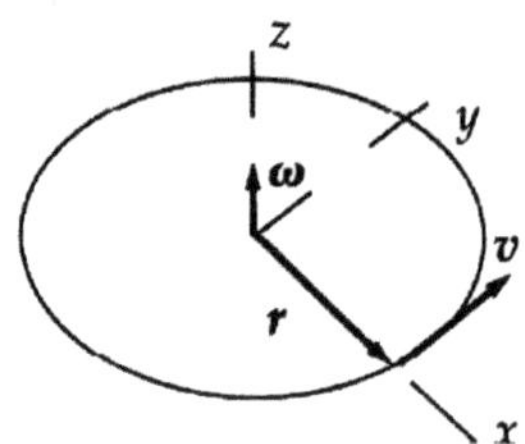

a) Für die Winkelgeschwindigkeit gilt $\boldsymbol{\omega} = \omega\widehat{z}$. Wir können r durch den Einheitsvektor ausdrücken: $r = r\widehat{x}$. Das Kreuzprodukt von $\boldsymbol{\omega}$ und r ist dann

$$\boldsymbol{\omega} \times r = \omega\widehat{z} \times r\widehat{x} = r\,\omega\,(\widehat{z} \times \widehat{x}) = r\,\omega\widehat{y} = v\widehat{y}.$$

Somit ist $v = \boldsymbol{\omega} \times r$.

b) Wir differenzieren v nach der Zeit t:

$$\begin{aligned}
a = \frac{\mathrm{d}v}{\mathrm{d}t} &= \frac{\mathrm{d}}{\mathrm{d}t}(\boldsymbol{\omega} \times r) = \frac{\mathrm{d}\boldsymbol{\omega}}{\mathrm{d}t} \times r + \boldsymbol{\omega} \times \frac{\mathrm{d}r}{\mathrm{d}t} \\
&= \frac{\mathrm{d}\boldsymbol{\omega}}{\mathrm{d}t} \times r + \boldsymbol{\omega} \times v \\
&= a_\text{t} + \boldsymbol{\omega} \times (\boldsymbol{\omega} \times r) = a_\text{t} + a_\text{ZP}.
\end{aligned}$$

Darin ist a_t die Tangentialbeschleunigung, und $a_\text{ZP} = \boldsymbol{\omega} \times (\boldsymbol{\omega} \times r)$ ist die Zentripetalbeschleunigung.

L10.14 Das Skalarprodukt von A mit dem Kreuzprodukt von B und C ist eine skalare Größe und kann durch eine Determinante ausgedrückt werden:

$$A \cdot (B \times C) = \begin{vmatrix} A_x & A_y & A_z \\ B_x & B_y & B_z \\ C_x & C_y & C_z \end{vmatrix}.$$

Wir werten die Determinante aus:

$$\begin{aligned}
\begin{vmatrix} A_x & A_y & A_z \\ B_x & B_y & B_z \\ C_x & C_y & C_z \end{vmatrix} &= A_x B_y C_z - A_x B_z C_y \\
&\quad + A_y B_z C_x - A_y B_x C_z + A_z B_x C_y - A_z B_y C_x.
\end{aligned} \tag{1}$$

Das Kreuzprodukt von B und C ist

$$\begin{aligned}
B \times C &= (B_y C_z - B_z C_y)\widehat{x} \\
&\quad + (B_z C_x - B_x C_z)\widehat{y} + (B_x C_y - B_y C_x)\widehat{z}.
\end{aligned}$$

Wir bilden nun das Skalarprodukt von A mit $B \times C$:

$$\begin{aligned}
A \cdot (B \times C) &= A_x B_y C_z - A_x B_z C_y \\
&\quad + A_y B_z C_x - A_y B_x C_z + A_z B_x C_y - A_z B_y C_x.
\end{aligned} \tag{2}$$

Die rechten Seiten der Gleichungen 1 und 2 sind identisch. Daher ist

$$A \cdot (B \times C) = \begin{vmatrix} A_x & A_y & A_z \\ B_x & B_y & B_z \\ C_x & C_y & C_z \end{vmatrix}.$$

Auf die gleiche Weise lässt sich zeigen, dass gilt

$$C \cdot (A \times B) = \begin{vmatrix} A_x & A_y & A_z \\ B_x & B_y & B_z \\ C_x & C_y & C_z \end{vmatrix}$$

und

$$B \cdot (C \times A) = \begin{vmatrix} A_x & A_y & A_z \\ B_x & B_y & B_z \\ C_x & C_y & C_z \end{vmatrix}.$$

L10.15 Der Drehimpuls ist gegeben durch $L = r \times p$. Wegen $L = 0$ ist $r \times p = r \times m v = m r \times v = 0$ und daher $r \times v = 0$. Für den Betrag von $r \times v$ gilt $|r \times v| = r\,v \sin\theta = 0$. Nun sind weder r noch v gleich null. Also muss $\sin\theta = 0$ sein. Dabei ist θ der Winkel zwischen r und v. Auflösen nach dem Winkel ergibt $\theta = \operatorname{asin} 0 = 0°$ oder $180°$.

L10.16 Die zur Zeit $t = t_1$ überstrichene Fläche A_1 erhalten wir mit Hilfe der Formel für die Dreiecksfläche: $A_1 = \frac{1}{2} b\, r_1 \cos\theta_1 = \frac{1}{2} b x_1$. Darin ist θ_1 der Winkel zwischen r_1 und v, und x_1 ist die Komponente von r_1 in Richtung von v. Die zur Zeit $t = t_1 + \mathrm{d}t$ überstrichene Fläche ist

$$A = A_1 + \mathrm{d}A = \tfrac{1}{2} b\,(x_1 + \mathrm{d}x) = \tfrac{1}{2} b\,(x_1 + v\,\mathrm{d}t).$$

Wir differenzieren nach der Zeit:

$$\frac{\mathrm{d}A}{\mathrm{d}t} = \tfrac{1}{2} b\,\frac{\mathrm{d}x}{\mathrm{d}t} = \tfrac{1}{2} b\,v.$$

Dies ist konstant, und es gilt $r \sin\theta = b$. Damit folgt

$$\tfrac{1}{2} b v = \tfrac{1}{2}(r\sin\theta)\,v = \frac{1}{2m}(r\,p\sin\theta) = \frac{L}{2m}.$$

L10.17 a) Der Eigendrehimpuls der Münze ist gegeben durch $L_{\text{Spin}} = I_S\,\omega_{\text{Spin}}$. Mit $I_S = \tfrac{1}{4}mr^2$ ergibt sich

$$\begin{aligned}
L_{\text{Spin}} &= \tfrac{1}{4}mr^2\,\omega_{\text{Spin}} \\
&= \tfrac{1}{4}(0{,}015\ \text{kg})(0{,}0075\ \text{m})^2\left(\frac{10\ \text{U}}{\text{s}}\,\frac{2\pi\ \text{rad}}{\text{U}}\right) \\
&= 1{,}33\cdot 10^{-5}\ \text{kg}\cdot\text{m}^2\cdot\text{s}^{-1}.
\end{aligned}$$

b) Der gesamte Drehimpuls ist

$$L = L_{\text{Bahn}} + L_{\text{Spin}} = 0 + L_{\text{Spin}} = 1{,}33\cdot 10^{-5}\ \text{kg}\cdot\text{m}^2\cdot\text{s}^{-1}.$$

c) Auch hierbei ist $L_{\text{Bahn}} = 0$ und daher wiederum $L = 1{,}33\cdot 10^{-5}\ \text{kg}\cdot\text{m}^2\cdot\text{s}^{-1}.$

d) Der Eigendrehimpuls ist derselbe wie in Teilaufgabe a. Beim Bahndrehimpuls müssen wir beachten, dass die Bewegungsrichtung der Münze nicht gegeben ist und wir daher keine Aussage über das Vorzeichen machen können. Wir erhalten

$$\begin{aligned}
I_{\text{Bahn}} &= \pm m\,v\,r = \pm(0{,}015\ \text{kg})(0{,}05\ \text{m}\cdot\text{s}^{-1})(0{,}1\ \text{m}) \\
&= \pm 7{,}50\cdot 10^{-5}\ \text{kg}\cdot\text{m}^2\cdot\text{s}^{-1}.
\end{aligned}$$

Damit ergibt sich der gesamte Drehimpuls zu

$$L = \pm 7{,}50\cdot 10^{-5}\ \text{kg}\cdot\text{m}^2\cdot\text{s}^{-1} + 1{,}33\cdot 10^{-5}\ \text{kg}\cdot\text{m}^2\cdot\text{s}^{-1},$$

und die möglichen Werte sind

$$L = 8{,}83\cdot 10^{-5}\ \text{kg}\cdot\text{m}^2\cdot\text{s}^{-1} \quad \text{oder} \quad -6{,}17\cdot 10^{-5}\ \text{kg}\cdot\text{m}^2\cdot\text{s}^{-1}.$$

L10.18 a) Der nach 25 s erreichte Drehimpuls des Zylinders ist

$$\begin{aligned}
L &= I\omega = \tfrac{1}{2}mr^2\,\omega \\
&= \tfrac{1}{2}(90\ \text{kg})(0{,}4\ \text{m})^2\left(\frac{500\ \text{U}}{\text{min}}\,\frac{2\pi\ \text{rad}}{\text{U}}\,\frac{1\ \text{min}}{60\ \text{s}}\right) \\
&= 337\ \text{kg}\cdot\text{m}^2\cdot\text{s}^{-1}.
\end{aligned}$$

b) Die vom Drehmoment hervorgerufene zeitliche Änderung des Drehimpulses ist

$$\frac{\Delta L}{\Delta t} = \frac{337\ \text{kg}\cdot\text{m}^2\cdot\text{s}^{-1}}{25\ \text{s}} = 15{,}1\ \text{kg}\cdot\text{m}^2\cdot\text{s}^{-1}.$$

c) Weil das auf den gleichförmigen Zylinder einwirkende Drehmoment zeitlich konstant ist, gilt dies auch für die Änderungsgeschwindigkeit des Drehimpulses. Daher ist ihr Momentanwert gleich ihrem zeitlichen Mittelwert während der gesamten Dauer:

$$M = \frac{\Delta L}{\Delta t} = 15{,}1\ \text{kg}\cdot\text{m}^2\cdot\text{s}^{-1}.$$

d) Aus der Definition $M = F\,\ell$ des Drehmoments ergibt sich für die Reibungskraft, die der Treibriemen ausübt:

$$F_R = \frac{M}{\ell} = \frac{15{,}1\ \text{kg}\cdot\text{m}^2\cdot\text{s}^{-1}}{0{,}4\ \text{m}} = 37{,}7\ \text{N}.$$

L10.19 Für den Drehimpuls des Geschosses gilt

$$L = r \times m\,v, \tag{1}$$

und wegen der konstanten Beschleunigung ist

$$x = v_{0x}\,t = (v_0\cos\theta)\,t$$

sowie

$$y = y_0 + v_{0y}\,t + \tfrac{1}{2}a_y\,t^2 = (v_0\sin\theta)\,t - \tfrac{1}{2}g\,t^2.$$

Der Ortsvektor des Geschosses ist gegeben durch

$$r = [(v_0\cos\theta)t]\hat{x} + \left[(v_0\sin\theta)t - \tfrac{1}{2}g\,t^2\right]\hat{y}.$$

Weil die Beschleunigung konstant ist, gilt $v_x = v_{0x} = v_0\cos\theta$ und $v_y = v_{0y} + a_y t = v_0\sin\theta - g\,t$.

Damit ist der Geschwindigkeitsvektor

$$v = [(v_0\cos\theta)]\hat{x} + [(v_0\sin\theta) - g\,t]\hat{y}.$$

Dies und den obigen Ausdruck für den Ortsvektor setzen wir in Gleichung 1 ein:

$$\begin{aligned}
L &= \left\{[(v_0\cos\theta)t]\hat{x} + \left[(v_0\sin\theta)t - \tfrac{1}{2}g\,t^2\right]\hat{y}\right\} \\
&\quad \times m\left\{[(v_0\cos\theta)]\hat{x} + [(v_0\sin\theta) - g\,t]\hat{y}\right\} \\
&= \left(-\tfrac{1}{2}mg\,t^2 v_0\cos\theta\right)\hat{z}.
\end{aligned}$$

Dies leiten wir nach der Zeit t ab:

$$\frac{\mathrm{d}L}{\mathrm{d}t} = \frac{\mathrm{d}}{\mathrm{d}t}\left(-\tfrac{1}{2}mg\,t^2 v_0\cos\theta\right)\hat{z} = (-mg\,t\,v_0\cos\theta)\hat{z}. \tag{2}$$

Gemäß der Definition des Drehmoments erhalten wir daraus

$$\begin{aligned}
M &= r \times (-mg)\hat{y} \\
&= \left[(v_0\cos\theta)t]\hat{x} + \left[(v_0\sin\theta)t - \tfrac{1}{2}g\,t^2\right]\hat{y} \times (-mg)\hat{y}\right. \\
&= (-mg\,t\,v_0\cos\theta)\hat{z}. \tag{3}
\end{aligned}$$

Der Vergleich der Gleichungen 2 und 3 liefert $\mathrm{d}L/\mathrm{d}t = M$.

L10.20 a) Die Kraft F wirkt entlang der Verbindungslinie bzw. dem Radiusvektor r zwischen Sonne und Planet. Also ist $M = r \times F = 0$.

b) Weil das Drehmoment M null ist, gilt $\mathrm{d}L/\mathrm{d}t = 0$. Daher ist $L = r \times m\,v$ konstant (hierbei ist m die Masse des Planeten). An den Punkten A und B ist $|r \times v| = r\,v$. Daraus folgt $r_1 v_1 = r_2 v_2$ und somit $v_1/v_2 = r_2/r_1$.

L10.21 Die Geschwindigkeit der Küchenschabe (K) relativ zum Raum (R) ist $v_R = v - \omega r$. Darin ist ωr die Geschwindigkeit des Tabletts am Ort der Küchenschabe, ebenfalls relativ zum Raum. Der gesamte Drehimpuls bleibt erhalten; er ist null, weil das Tablett zu Beginn ruhte. Also ist $L_T - L_K = 0$. Darin ist L_T der Drehimpuls des Tabletts und L_K derjenige der Küchenschabe. Der Drehimpuls des Tabletts ergibt sich zu $L_T = I_S\,\omega = \tfrac{1}{2}m_T r_T^2\,\omega$, und für den Drehimpuls der Küchenschabe gilt

$$L_K = I_K\,\omega_K = m_K r^2\left(\frac{v}{r} - \omega\right).$$

Einsetzen in die Beziehung $L_T - L_K = 0$ ergibt

$$\tfrac{1}{2}m_T r_T^2\,\omega - m_K r^2\left(\frac{v}{r} - \omega\right) = 0.$$

Daraus folgt $\quad \omega = \dfrac{2\,m_{\mathrm{K}}\,r\,v}{m_{\mathrm{T}}\,r_{\mathrm{T}}^2 + 2\,m_{\mathrm{K}}\,r^2}$.

Also ist die Geschwindigkeit der Küchenschabe relativ zum Raum

$$v_{\mathrm{R}} = v - \omega r = v - \frac{2\,m_{\mathrm{K}}\,r^2\,v}{m_{\mathrm{T}}\,r_{\mathrm{T}}^2 + 2\,m_{\mathrm{K}}\,r^2}$$

$$= 0{,}01\ \mathrm{m\cdot s^{-1}}$$

$$\quad - \frac{2\,(0{,}015\ \mathrm{kg})\,(0{,}08\ \mathrm{m})^2\,(0{,}01\ \mathrm{m\cdot s^{-1}})}{(0{,}25\ \mathrm{kg})\,(0{,}15\ \mathrm{m})^2 + 2\,(0{,}015\ \mathrm{kg})\,(0{,}08\ \mathrm{m})^2}$$

$$= 9{,}67\ \mathrm{mm\cdot s^{-1}}.$$

L10.22 a) Der anfängliche Drehimpuls des Klotzes ist

$L_0 = r_0\,m\,v_0$.

b) Seine anfängliche kinetische Energie ist $E_{\mathrm{kin},0} = \tfrac{1}{2}\,m\,v_0^2$.

c) Gemäß dem zweiten Newton'schen Axiom ist die Zugkraft in der Schnur gleich der Zentrifugalkraft: $F_{\mathrm{S}} = F_{\mathrm{ZP}} = m\,v_0^2/r_0$. Mit $L_0 = r_0\,m\,v_0$ (aus Teilaufgabe a) ergibt sich die Arbeit aus der Differenz der kinetischen Energien zu

$$\Delta E_{\mathrm{kin}} = E_{\mathrm{kin},\mathrm{E}} - E_{\mathrm{kin},0} = \frac{L_{\mathrm{E}}^2}{2\,I_{\mathrm{E}}} - \frac{L_0^2}{2\,I_0}$$

$$= \frac{L_0^2}{2\,I_{\mathrm{E}}} - \frac{L_0^2}{2\,I_0} = \frac{L_0^2}{2}\left(\frac{1}{I_{\mathrm{E}}} - I_0\right)$$

$$= \frac{L_0^2}{2}\left(\frac{1}{m\,(\tfrac{1}{2}\,r_0)^2 - m\,r_0^2}\right) = -\frac{2}{3}\frac{L_0^2}{m\,r_0^2} = -\tfrac{2}{3}\,m\,v_0^2.$$

L10.23 Die z-Komponente des Spindrehimpulses ist in der Abbildung eingezeichnet.

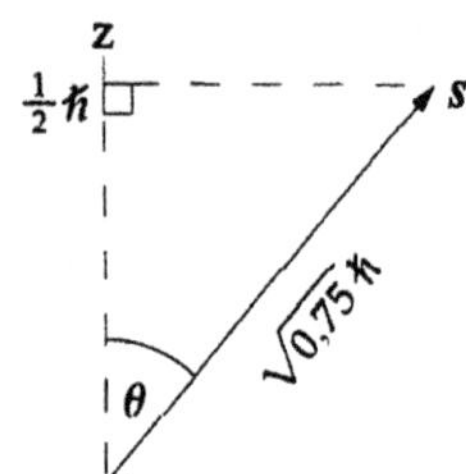

Aufgrund der trigonometrischen Gegebenheiten ergibt sich der Winkel zu

$$\theta = \mathrm{acos}\,\frac{\tfrac{1}{2}\,\hbar}{\sqrt{0{,}75}\,\hbar} = 54{,}7^\circ.$$

L10.24 a) Wir gehen von der Definition des Trägheitsmoments eines Teilchensystems aus und setzen als Radius den halben gegebenen Atomabstand an:

$$I = \sum_i m_i\,r_i^2 = m_{\mathrm{N}}\,r^2 + m_{\mathrm{N}}\,r^2 = 2\,m_{\mathrm{N}}\,r^2$$

$$= 2\,(14\ \mathrm{u})\,(1{,}66\cdot10^{-27}\ \mathrm{kg\cdot u^{-1}})\,(5{,}5\cdot10^{-11}\ \mathrm{m})^2$$

$$= 1{,}41\cdot10^{-46}\ \mathrm{kg\cdot m^2}.$$

b) Die Rotationsenergien ergeben sich zu

$$E_l = \frac{l\,(l+1)\,\hbar^2}{2\,I} = l\,(l+1)\,\frac{(1{,}05\cdot10^{-34}\ \mathrm{J\cdot s})^2}{2\,(1{,}41\cdot10^{-46}\ \mathrm{kg\cdot m^2})}$$

$$= l\,(l+1)\,(3{,}91\cdot10^{-23}\ \mathrm{J})\,\frac{1\ \mathrm{eV}}{1{,}60\cdot10^{-19}\ \mathrm{J}}$$

$$= [l\,(l+1)]\,0{,}244\ \mathrm{meV}.$$

L10.25 Wir setzen die potenzielle Energie der Gravitation in der Höhe des Stabs vor dem Aufprall gleich null. Weil der Drehimpuls erhalten bleibt, gilt $L_{\mathrm{E}} = L_{\mathrm{A}} = m\,v\,r$. Auch die Energie bleibt erhalten: $E_{\mathrm{kin},\mathrm{E}} - E_{\mathrm{kin},\mathrm{A}} = E_{\mathrm{pot},\mathrm{E}} - E_{\mathrm{pot},\mathrm{A}} = 0$. Weil $E_{\mathrm{kin},\mathrm{A}} = E_{\mathrm{pot},\mathrm{E}} = 0$ ist, ergibt sich $E_{\mathrm{kin},\mathrm{E}} - E_{\mathrm{pot},\mathrm{A}} = 0$. Mit der Fallhöhe h des Lehmklumpens ist seine Geschwindigkeit beim Aufprall $v = \sqrt{2\,g\,h}$. Dies setzen wir ein und erhalten

$$L_{\mathrm{E}} = m\,r\,\sqrt{2\,g\,h}$$

$$= (3{,}2\ \mathrm{kg})\,(0{,}9\ \mathrm{m})\,\sqrt{2\,(9{,}81\ \mathrm{m\cdot s^{-2}})\,(1{,}2\ \mathrm{m})} = 14{,}0\ \mathrm{J\cdot s}.$$

L10.26 a) Mit $p_0 = 0$ ist der Kraftstoß gegeben durch $\Delta p = p - p_0 = p$. Mit $p = m\,v_{\mathrm{S}}$ (darin ist v_{S} die Geschwindigkeit des Massenmittelpunkts) ergibt sich $\Delta p = m\,v_{\mathrm{S}}$ und daraus $v_{\mathrm{S}} = \Delta p/m$.

b) Mit der Geschwindigkeit v_{rel} relativ zum Massenmittelpunkt ist die Geschwindigkeit des Stabendes $v = v_{\mathrm{S}} + v_{\mathrm{rel}} = v_{\mathrm{S}} + \omega\,(\tfrac{1}{2}\,\ell)$. Die Änderung des Drehimpulses (der Drehstoß) ist $\Delta L = L - L_0 = I_{\mathrm{S}}\,\omega$. Mit $L_0 = 0$ ergibt sich $\Delta p\,(\tfrac{1}{2}\,\ell) = I_{\mathrm{S}}\,\omega$. Das Trägheitsmoment eines Stabs bei der Rotation um den Massenmittelpunkt ist $I_{\mathrm{S}} = \tfrac{1}{12}\,m\,\ell^2$. Damit ist $\Delta p\,(\tfrac{1}{2}\,\ell) = \tfrac{1}{12}\,m\,\ell^2\,\omega$, also $\omega = 6\,\Delta p/(m\,\ell)$. Mit der ersten Beziehung erhalten wir

$$v = v_{\mathrm{S}} + \omega\,(\tfrac{1}{2}\,\ell) = \frac{\Delta p}{m} + \left(\frac{6\,\Delta p}{m\,\ell}\right)\frac{\ell}{2} = \frac{4\,\Delta p}{m}.$$

c) Die Geschwindigkeit des nicht getroffenen Stabendes ist

$$v' = v_{\mathrm{S}} - v_{\mathrm{rel}} = v_{\mathrm{S}} - \omega\,(\tfrac{1}{2}\,\ell)$$

$$= \frac{\Delta p}{m} - \left(\frac{6\,\Delta p}{m\,\ell}\right)\frac{\ell}{2} = -\frac{2\,\Delta p}{m}.$$

d) Wir bezeichnen nun mit x den Abstand des ruhenden Punkts (um den sich der Stab nach dem Stoß also dreht) vom Massenmittelpunkt. Dafür gilt $v_{\mathrm{S}} - \omega\,x = 0$ und daher

$$\frac{\Delta p}{m} - \frac{6\,\Delta p}{m\,\ell}\,x = 0.$$

Auflösen ergibt $\quad x = \dfrac{\Delta p/m}{6\,\Delta p/(m\,\ell)} = \tfrac{1}{6}\,\ell$.

Weil dies der Abstand vom Massenmittelpunkt (also von der Stabmitte) ist, beträgt der Abstand des ruhenden Punkts vom nicht getroffenen Ende ein Drittel der Stablänge. Das kann man mit einem Meterstab gut zeigen, den man auf einen glatten Untergrund legt und an einem Ende seitlich heftig anstößt.

L10.27 a) Der Drehimpuls des Rads ist

$$L = I\,\omega = m\,r^2\,\omega = \frac{F_{\mathrm{G}}}{g}\,r^2\,\omega$$

$$= \left(\frac{30\ \mathrm{N}}{9{,}81\ \mathrm{m\cdot s^{-2}}}\right)(0{,}28\ \mathrm{m})^2\left(\frac{12\ \mathrm{U}}{\mathrm{s}}\,\frac{2\,\pi\ \mathrm{rad}}{\mathrm{U}}\right) = 18{,}1\ \mathrm{J\cdot s}.$$

b) Für die Winkelgeschwindigkeit der Präzession erhalten wir

$$\omega_{\mathrm{P}} = \frac{\mathrm{d}\varphi}{\mathrm{d}t} = \frac{mgd}{L} = \frac{(30\,\mathrm{N})\,(0{,}25\,\mathrm{m})}{18{,}1\,\mathrm{J}\cdot\mathrm{s}} = 0{,}414\,\mathrm{rad}\cdot\mathrm{s}^{-1}.$$

c) Die Periodendauer der Präzession ist

$$T_{\mathrm{P}} = \frac{2\pi}{\omega_{\mathrm{P}}} = \frac{2\pi}{0{,}414\,\mathrm{rad}\cdot\mathrm{s}^{-1}} = 15{,}2\,\mathrm{s}.$$

d) Der Drehimpuls aufgrund der Bewegung des Massenmittelpunkts bei der Präzession ergibt sich zu

$$\begin{aligned}
L_{\mathrm{P}} &= I_{\mathrm{S}}\,\omega_{\mathrm{P}} = md^2\,\omega_{\mathrm{P}} \\
&= \left(\frac{30\,\mathrm{N}}{9{,}81\,\mathrm{m}\cdot\mathrm{s}^{-2}}\right)(0{,}25\,\mathrm{m})^2\,(0{,}414\,\mathrm{rad}\cdot\mathrm{s}^{-1}) \\
&= 0{,}0791\,\mathrm{J}\cdot\mathrm{s}.
\end{aligned}$$

Dieser Drehimpuls weist nach oben oder nach unten, abhängig von der Richtung des Drehimpulses L.

L10.28 Der Drehimpuls des Teilchens ist gegeben durch $L = r \times p = r \times m\boldsymbol{v} = mr \times \boldsymbol{v} = mr \times \mathrm{d}r/\mathrm{d}t$. Damit ist $\mathrm{d}r/\mathrm{d}t = 6t\widehat{\boldsymbol{y}}$. Dies setzen wir ein und erhalten

$$\begin{aligned}
L &= \left\{(3\,\mathrm{kg})\left[(4\widehat{\boldsymbol{x}})\,\mathrm{m} + (3\,t^2\,\widehat{\boldsymbol{y}})\,\mathrm{m}\cdot\mathrm{s}^{-2}\right]\right\} \times (6\,t\,\widehat{\boldsymbol{y}})\,\mathrm{m}\cdot\mathrm{s}^{-1} \\
&= (72{,}0\,t\,\widehat{\boldsymbol{z}})\,\mathrm{J}\cdot\mathrm{s}.
\end{aligned}$$

Damit ergibt sich das Drehmoment zu

$$M = \frac{\mathrm{d}L}{\mathrm{d}t} = \frac{\mathrm{d}}{\mathrm{d}t}\left[(72{,}0\,t\,\widehat{\boldsymbol{z}})\,\mathrm{J}\cdot\mathrm{s}\right] = (72{,}0\,\widehat{\boldsymbol{z}})\,\mathrm{N}\cdot\mathrm{m}.$$

L10.29 Wir legen den Ursprung des Koordinatensystems in den Dreh- bzw. Aufhängungspunkt.

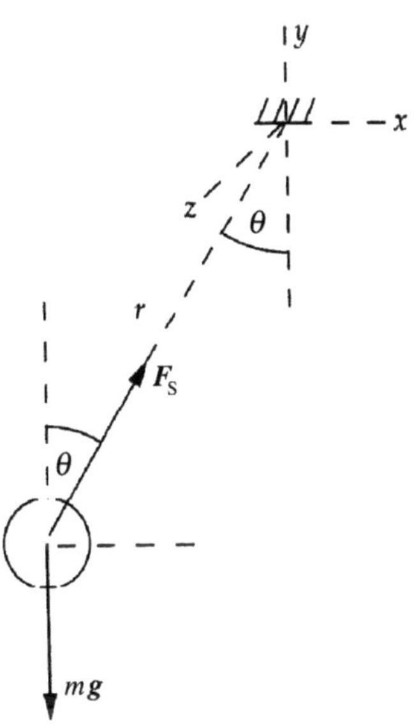

a) Der Drehimpuls ist gegeben durch $L = r \times p = mr \times \boldsymbol{v}$. Gemäß dem zweiten Newton'schen Axiom gilt für die Kräfte, die auf die Kugel wirken:

$$\sum F_x = F_{\mathrm{S}}\sin\theta = m\,\frac{v^2}{r\sin\theta}$$

und

$$\sum F_z = F_{\mathrm{S}}\cos\theta - mg = 0.$$

Wir eliminieren die Zugkraft F_{S} und lösen nach der Geschwindigkeit auf:

$$\begin{aligned}
v &= \sqrt{rg\sin\theta\tan\theta} \\
&= \sqrt{(1{,}5\,\mathrm{m})\,(9{,}81\,\mathrm{m}\cdot\mathrm{s}^{-2})\sin30°\tan30°} = 2{,}06\,\mathrm{m}\cdot\mathrm{s}^{-1}.
\end{aligned}$$

Für den Ortsvektor erhalten wir

$$r = (1{,}5\,\mathrm{m})\sin30°\,(\cos\omega t\,\widehat{\boldsymbol{x}} + \sin\omega t\,\widehat{\boldsymbol{y}}) - (1{,}5\,\mathrm{m})\cos30°\,\widehat{\boldsymbol{z}}.$$

Es ist $\boldsymbol{\omega} = \omega\widehat{\boldsymbol{z}}$, und die Geschwindigkeit der Kugel ergibt sich zu

$$\boldsymbol{v} = \frac{\mathrm{d}r}{\mathrm{d}t} = (0{,}75\,\omega\,\mathrm{m}\cdot\mathrm{s}^{-1})\,(-\sin\omega t\,\widehat{\boldsymbol{x}} + \cos\omega t\,\widehat{\boldsymbol{y}})$$

sowie die Winkelgeschwindigkeit zu

$$\omega = \frac{2{,}06\,\mathrm{m}\cdot\mathrm{s}^{-1}}{(1{,}5\,\mathrm{m})\sin30°} = 2{,}75\,\mathrm{rad}\cdot\mathrm{s}^{-1}.$$

Einsetzen ergibt für die Geschwindigkeit

$$\boldsymbol{v} = (2{,}06\,\mathrm{m}\cdot\mathrm{s}^{-1})\,(-\sin\omega t\,\widehat{\boldsymbol{x}} + \cos\omega t\,\widehat{\boldsymbol{y}}).$$

Damit erhalten wir für den Drehimpuls

$$\begin{aligned}
L &= mr \times \boldsymbol{v} = \\
&= (2\,\mathrm{kg})\,[(1{,}5\,\mathrm{m})\sin30°\,(\cos\omega t\,\widehat{\boldsymbol{x}} + \sin\omega t\,\widehat{\boldsymbol{y}}) \\
&\quad - (1{,}5\,\mathrm{m})\cos30°\,\widehat{\boldsymbol{z}}] \\
&\quad \times [(2{,}06\,\mathrm{m}\cdot\mathrm{s}^{-1})\,(-\sin\omega t\,\widehat{\boldsymbol{x}} + \cos\omega t\,\widehat{\boldsymbol{y}})] \\
&= [5{,}36\,(\cos\omega t\,\widehat{\boldsymbol{x}} + \sin\omega t\,\widehat{\boldsymbol{y}}) + (3{,}09\,\widehat{\boldsymbol{z}})]\,\mathrm{J}\cdot\mathrm{s}.
\end{aligned}$$

Die horizontale Komponente von L ist

$$L_{\mathrm{hor}} = [5{,}36\,(\cos\omega t\,\widehat{\boldsymbol{x}} + \sin\omega t\,\widehat{\boldsymbol{y}})]\,\mathrm{J}\cdot\mathrm{s},$$

und die vertikale Komponente ist

$$L_{\mathrm{vert}} = (3{,}09\,\widehat{\boldsymbol{z}})\,\mathrm{J}\cdot\mathrm{s}.$$

b) Die zeitliche Änderung des Drehimpulses erhalten wir durch Differenzieren nach der Zeit:

$$\frac{\mathrm{d}L}{\mathrm{d}t} = [5{,}36\,\omega\,(-\sin\omega t\,\widehat{\boldsymbol{x}} + \cos\omega t\,\widehat{\boldsymbol{y}})]\,\mathrm{J},$$

und ihr Betrag ist

$$\left|\frac{\mathrm{d}L}{\mathrm{d}t}\right| = (5{,}36\,\mathrm{N}\cdot\mathrm{m}\cdot\mathrm{s})\,(2{,}75\,\mathrm{rad}\cdot\mathrm{s}^{-1}) = 14{,}7\,\mathrm{N}\cdot\mathrm{m}.$$

Für den Betrag des Drehmoments erhalten wir schließlich

$$\begin{aligned}
M &= mgr\sin\theta \\
&= (2\,\mathrm{kg})\,(9{,}81\,\mathrm{m}\cdot\mathrm{s}^{-2})\,(1{,}5\,\mathrm{m})\sin30° = 14{,}7\,\mathrm{N}\cdot\mathrm{m}.
\end{aligned}$$

L10.30 Weil der Drehimpuls erhalten bleibt, gilt $L_{\mathrm{E}} = L_{\mathrm{A}}$ bzw. $I_{\mathrm{A}}\,\omega_{\mathrm{A}} = I_{\mathrm{E}}\,\omega_{\mathrm{E}}$. Auflösen nach der am Ende vorliegenden Winkelgeschwindigkeit ergibt

$$\omega_{\mathrm{E}} = \frac{I_{\mathrm{A}}}{I_{\mathrm{E}}}\,\omega_{\mathrm{A}} = \frac{I_{\mathrm{A}}}{I_{\mathrm{E}}}\,\omega.$$

Der Drehimpuls am Anfang ist gegeben durch

$$I_A = \tfrac{1}{10} m_H \ell_H^2 + 2\left(\tfrac{1}{4} m \ell^2\right),$$

und für den Drehimpuls am Ende gilt $I_E = \tfrac{1}{10} m_H \ell_H^2 + 2\left(\tfrac{1}{4} m \ell_H^2\right)$. Einsetzen ergibt

$$\omega_E = \frac{\tfrac{1}{10} m_H \ell_H^2 + 2\left(\tfrac{1}{4} m \ell^2\right)}{\tfrac{1}{10} m_H \ell_H^2 + 2\left(\tfrac{1}{4} m \ell_H^2\right)}\, \omega = \frac{m_H + 5 m \ell^2 / \ell_H^2}{m_H + 5 m}\, \omega.$$

Das System hatte zu Anfang die kinetische Energie

$$E_{\text{kin,A}} = \tfrac{1}{2} I_A \omega^2 = \tfrac{1}{2}\left[\tfrac{1}{10} m_H \ell_H^2 + 2\left(\tfrac{1}{4} m \ell^2\right)\right]\omega^2$$
$$= \tfrac{1}{20}\left(m_H \ell_H^2 + 5 m \ell^2\right)\omega^2.$$

Damit ergibt sich die kinetische Energie, die das System am Ende hat, zu

$$E_{\text{kin,E}} = \tfrac{1}{2} I_E \omega_E^2 = \tfrac{1}{2}\left[\tfrac{1}{10} m_H \ell_H^2 + 2\left(\tfrac{1}{4} m \ell_H^2\right)\right]\omega_E^2$$
$$= \tfrac{1}{20}\left(m_H \ell_H^2 + 5 m \ell_H^2\right)\omega_E^2$$
$$= \tfrac{1}{20}\left(m_H \ell_H^2 + 5 m \ell_H^2\right)\left(\frac{m_H + 5 m \ell^2 / \ell_H^2}{m_H + 5 m}\,\omega\right)^2$$
$$= \tfrac{1}{20}\frac{\left(m_H \ell_H + 5 m \ell^2 / \ell_H\right)^2}{m_H + 5 m}\,\omega^2$$
$$= \tfrac{1}{20}\frac{\left(m_H \ell_H^2 + 5 m \ell^2\right)^2}{m_H \ell_H^2 + 5 m \ell_H^2}\,\omega^2.$$

L10.31 a) Die Winkelgeschwindigkeit ist gegeben durch $\omega = L/I$, mit $I = \tfrac{2}{5} m r^2$. Damit erhalten wir für die Umlaufzeit

$$T = \frac{2\pi}{\omega} = \frac{2\pi\left(\tfrac{2}{5} m r^2\right)}{L} = \frac{4\pi m}{5 L}\, r^2.$$

b) Die Ableitung nach dem Radius ergibt

$$\frac{dT}{dr} = 2\left(\frac{4\pi m}{5 L}\right) r = 2\left(\frac{T}{r^2}\right) r = \frac{2T}{r}.$$

Daraus folgt

$$\frac{dT}{T} = 2\frac{dr}{r} \quad \text{bzw.} \quad \frac{\Delta T}{T} \approx 2\frac{\Delta r}{r}.$$

c) Mit dem Ergebnis von Teilaufgabe b erhalten wir

$$\frac{\Delta T}{T} = \frac{0{,}25\,\text{d}}{\text{a}}\frac{1\,\text{a}}{365{,}24\,\text{d}} = \frac{1}{1460} \approx 2\frac{\Delta r}{r}.$$

Damit ist

$$\Delta r \approx \frac{r}{2\,(1460)} = \frac{6{,}37 \cdot 10^3\,\text{km}}{2920} = 2{,}18\,\text{km}.$$

L10.32 Die Winkelgeschwindigkeit der Präzession ist $\omega_P = M/L$. Damit ist das Drehmoment $M = L\omega_P = I\omega\,\omega_P$. Darin ist $\omega = 2\pi/T$ die Winkelgeschwindigkeit der Erde bei der Rotation

um ihre Achse, und T ist die Dauer einer Erdumdrehung. Damit ergibt sich

$$M = \frac{2\pi I \omega_P}{T}$$
$$= \frac{2\pi\,(8{,}03 \cdot 10^{37}\,\text{kg} \cdot \text{m}^2)\,(7{,}66 \cdot 10^{-12}\,\text{s}^{-1})}{(1\,\text{d})\dfrac{24\,\text{h}}{\text{d}}\dfrac{3600\,\text{s}}{\text{h}}}$$
$$= 4{,}47 \cdot 10^{22}\,\text{N} \cdot \text{m}.$$

L10.33 Wie legen den Ursprung des Koordinatensystems in die Mitte der Umlenkrolle, wobei wir als positive Richtung die nach oben annehmen. Die Dichte pro Längeneinheit des Seils bezeichnen wir mit λ und die Längen der herabhängenden Seilstücke mit ℓ_1 und ℓ_2.

a) Wegen der Energieerhaltung gilt $\Delta E_{\text{kin}} = \Delta E_{\text{pot}} = 0$. Weil $E_{\text{kin,A}} = 0$ ist, ergibt sich daraus

$$E_{\text{kin}} + \Delta E_{\text{pot}} = 0. \tag{1}$$

Die Änderung der potenziellen Energie des Systems ist

$$\Delta E_{\text{pot}} = E_{\text{pot,E}} - E_{\text{pot,A}}$$
$$= -\tfrac{1}{2}\ell_{1,\text{E}}\,(\ell_{1,\text{E}}\,\lambda)\,g - \tfrac{1}{2}\ell_{2,\text{E}}\,(\ell_{2,\text{E}}\,\lambda)\,g$$
$$\quad - \left[-\tfrac{1}{2}\ell_{1,\text{A}}\,(\ell_{1,\text{A}}\,\lambda)\,g - \tfrac{1}{2}\ell_{2,\text{A}}\,(\ell_{2,\text{A}}\,\lambda)\,g\right]$$
$$= -\tfrac{1}{2}(\ell_{1,\text{E}}^2 + \ell_{2,\text{E}}^2)\,\lambda\,g + \tfrac{1}{2}(\ell_{1,\text{A}}^2 + \ell_{2,\text{A}}^2)\,\lambda\,g$$
$$= -\tfrac{1}{2}\lambda\,g\left[(\ell_{1,\text{E}}^2 + \ell_{2,\text{E}}^2) - (\ell_{1,\text{A}}^2 + \ell_{2,\text{A}}^2)\right].$$

Es ist $\ell_1 + \ell_2 = 7{,}4$ m. Außerdem gilt $\ell_{2,\text{A}} - \ell_{1,\text{A}} = 0{,}6$ m und $\ell_{2,\text{E}} - \ell_{1,\text{E}} = 7{,}2$ m. Daraus ergeben sich folgende Werte: $\ell_{1,\text{A}} = 3{,}4$ m, $\ell_{2,\text{A}} = 4{,}0$ m, $\ell_{1,\text{E}} = 0{,}1$ m und $\ell_{2,\text{E}} = 7{,}3$ m. Diese Werte sowie $\lambda = 0{,}6$ kg $\cdot$ m^{-1} und $g = 9{,}81$ m $\cdot$ s^{-2} setzen wir in die Gleichung für die Änderung der potenziellen Energie ein und erhalten $\Delta E_{\text{pot}} = -75{,}75$ J.

Die Masse der Rolle ist $m_R = 2{,}2$ kg und die des Seils ist $m_S = 4{,}8$ kg. Ferner ist $r = (1{,}2\,\text{m})/(2\pi)$. Für die kinetische Energie ergibt sich damit

$$E_{\text{kin}} = \tfrac{1}{2} I \omega^2 + \tfrac{1}{2} m_S v^2 = \tfrac{1}{2}\left(\tfrac{1}{2} m_R r^2\right)\omega^2 + \tfrac{1}{2} m_S r^2 \omega^2$$
$$= \tfrac{1}{2}\left(\tfrac{1}{2} m_R + m_S\right) r^2 \omega^2$$
$$= \tfrac{1}{2}\left[\tfrac{1}{2}\,(2{,}2\,\text{kg}) + 4{,}8\,\text{kg}\right]\left(\frac{1{,}2\,\text{m}}{2\pi}\right)^2 \omega^2$$
$$= (0{,}1076\,\text{kg} \cdot \text{m}^2)\,\omega^2.$$

Mit Gleichung 1 erhalten wir daraus
$$(0{,}1076\,\text{kg} \cdot \text{m}^2)\,\omega^2 - 75{,}75\,\text{J} = 0$$

und $\quad \omega = \sqrt{\dfrac{75{,}75\,\text{J}}{0{,}1076\,\text{kg} \cdot \text{m}^2}} = 26{,}5\,\text{rad} \cdot \text{s}^{-1}.$

b) Die Hebelarme bei beiden Seilstücken sind gleich lang. Damit ergibt sich der Drehimpuls des Systems zu

$$L = L_R + L_S = I\omega + m_S r^2 \omega = \left(\tfrac{1}{2} m_R r^2 + m_S r^2\right)\omega$$
$$= \left(\tfrac{1}{2} m_R + m_S\right) r^2 \omega. \tag{2}$$

Wir bezeichnen den Winkel, um den sich die Rolle gedreht hat, mit θ. Dann ist die potenzielle Energie

$$E_{\text{pot}}(\theta) = -\tfrac{1}{2}\left[(\ell_{1,\text{A}} - r\theta)^2 + (\ell_{2,\text{A}} + r\theta)^2\right]\lambda\,g\,,$$

und die Änderung der potenziellen Energie ist

$$\begin{aligned}
\Delta E_{\text{pot}} &= E_{\text{pot,E}} - E_{\text{pot,A}} = E_{\text{pot}}(\theta) - E_{\text{pot}}(0)\\
&= -\tfrac{1}{2}\left[(\ell_{1,\text{A}} - r\theta)^2 + (\ell_{2,\text{A}} + r\theta)^2\right]\lambda\,g\\
&\quad + \tfrac{1}{2}\left(\ell_{1,\text{A}}^2 + \ell_{2,\text{A}}^2\right)\lambda\,g\\
&= -r^2\theta^2\lambda\,g + (\ell_{1,\text{A}} - \ell_{2,\text{A}})\,r\,\theta\,\lambda\,g\,.
\end{aligned}$$

Mit der Annahme, dass zur Zeit $t = 0$ die beiden Seilstücke ungefähr gleich lang sind ($\ell_{1,\text{A}} \approx \ell_{2,\text{A}}$), ergibt sich $\Delta E_{\text{pot}} \approx -r^2\theta^2\lambda\,g$. Dies setzen wir in Gleichung 1 ein:

$$(0{,}1076\ \text{kg}\cdot\text{m}^2)\,\omega^2 - r^2\theta^2\lambda\,g = 0\,.$$

Damit ergibt sich

$$\begin{aligned}
\omega &= \sqrt{\frac{r^2\theta^2\lambda\,g}{0{,}1076\ \text{kg}\cdot\text{m}^2}}\\
&= \sqrt{\frac{[(1{,}2\ \text{m})/(2\pi)]^2\,(0{,}6\ \text{kg}\cdot\text{m}^{-1})\,(9{,}81\ \text{m}\cdot\text{s}^{-2})}{0{,}1076\ \text{kg}\cdot\text{m}^2}}\ \theta\\
&= (1{,}41\ \text{s}^{-1})\,\theta\,.
\end{aligned}$$

Die Winkelgeschwindigkeit ω ist die zeitliche Änderung des Winkels θ. Also ist

$$\frac{\mathrm{d}\theta}{\mathrm{d}t} = (1{,}41\ \text{s}^{-1})\,\theta \quad \text{und daher} \quad \frac{\mathrm{d}\theta}{\theta} = (1{,}41\ \text{s}^{-1})\,\mathrm{d}t\,.$$

Die Integration von 0 bis θ ergibt $\ln\theta = (1{,}41\ \text{s}^{-1})\,t$. Die Zeitabhängigkeit des Winkels ist damit $\theta(t) = \mathrm{e}^{(1{,}41\,\text{s}^{-1})t}$. Das differenzieren wir und erhalten die Zeitabhängigkeit der Winkelgeschwindigkeit:

$$\omega(t) = \frac{\mathrm{d}\theta}{\mathrm{d}t} = (1{,}41\ \text{s}^{-1})\,\mathrm{e}^{(1{,}41\,\text{s}^{-1})t}\,.$$

Einsetzen in Gleichung 2 liefert

$$\begin{aligned}
L &= \left(\tfrac{1}{2}m_{\text{R}} + m_{\text{S}}\right)r^2\,(1{,}41\ \text{s}^{-1})\,\mathrm{e}^{(1{,}41\,\text{s}^{-1})t}\\
&= \left[\tfrac{1}{2}\,(2{,}2\ \text{kg}) + 4{,}8\ \text{kg}\right]\left(\frac{1{,}2\ \text{m}}{2\pi}\right)^2\,(1{,}41\ \text{s}^{-1})\,\mathrm{e}^{(1{,}41\,\text{s}^{-1})t}\\
&= (0{,}303\ \text{kg}\cdot\text{m}^2\cdot\text{s}^{-1})\,\mathrm{e}^{(1{,}41\,\text{s}^{-1})t}\,.
\end{aligned}$$

Die spezielle Relativitätstheorie

- Längenkontraktion und Zeitdilatation
- Die Relativität der Gleichzeitigkeit
- Relativistische Energie und relativistischer Impuls

A: Aufgaben

Verständnisaufgaben

A R.1 • Stellen Sie sich vor, Sie stehen an einer Straßenecke und ein Freund von Ihnen fährt mit dem Auto vorbei. Jeder von Ihnen liest auf seiner Armbanduhr die Zeitpunkte ab, zu denen das Auto zwei bestimmte Querstraßen passiert, und ermittelt daraus die Zeit, die zwischen den beiden Ereignissen vergeht. Wer von Ihnen hat das Eigenzeitintervall bestimmt?

A R.2 •• Zwei Inertialbeobachter bewegen sich relativ zueinander. Unter welchen Umständen stimmen sie darin überein, dass zwei verschiedene Ereignisse gleichzeitig stattfinden?

Schätzungs- und Näherungsaufgaben

A R.3 •• An Bord der Satelliten, die für das GPS (Global Positioning System) benutzt werden, befinden sich extrem genaue Uhren. Das Positionierungssystem arbeitet sogar so genau, dass die relativistische Zeitdilatation, die diese Uhren gegenüber Beobachtern auf der Erde aufweisen, berücksichtigt werden muss. Der Orbit, in dem die GPS-Satelliten die Erde umkreisen, hat einen Radius von ungefähr 26 000 km. Schätzen Sie ab, um welchen Faktor die Uhren in den Satelliten aufgrund der Zeitdilatation gegenüber den Uhren auf der Erde verlangsamt sind.

• Längenkontraktion und Zeitdilatation

A R.4 • Die mittlere Eigenlebensdauer bestimmter subnuklearer Teilchen, so genannter Pionen, beträgt $2{,}6 \cdot 10^{-8}$ s. Ein Strahl von Pionen bewegt sich mit einer Geschwindigkeit von $0{,}85\,c$ relativ zu einem Labor. a) Welche mittlere Lebensdauer haben die Pionen im Bezugssystem des Labors? b) Wie weit fliegen die Pionen im Mittel, bevor sie zerfallen? c) Wie ändert sich die Lösung von Teilaufgabe b, wenn Sie die Zeitdilatation vernachlässigen?

A R.5 • Ein Raumschiff fliegt mit einer Geschwindigkeit von $2{,}2 \cdot 10^8$ m/s von der Erde zu einem 95 Lichtjahre entfernten Stern. Wie lange dauert der Flug a) aus Sicht eines Beobachters auf der Erde, b) aus Sicht eines im Raumschiff mitreisenden Passagiers?

A R.6 • Ein Meterstab bewegt sich relativ zu einem Beobachter mit der Geschwindigkeit $0{,}8\,c$ parallel zur Länge des Stabs. a) Berechnen Sie die Länge des Stabs im Bezugssystem des Beobachters. b) Wie lange braucht der Stab, um an dem Beobachter vorbeizufliegen?

A R.7 •• Zwei Raumschiffe fliegen in entgegengesetzten Richtungen aneinander vorbei. Ein Passagier im Raumschiff A, der zufällig weiß, dass die Länge seines Raumschiffs 100 m beträgt, stellt fest, dass das Raumschiff B sich relativ zum Raumschiff A mit der Geschwindigkeit $0{,}92\,c$ bewegt und dass die Länge des Raumschiffs B 36 m beträgt. Welche Länge haben die beiden Raumschiffe aus Sicht eines Passagiers im Raumschiff B?

• Die Relativität der Gleichzeitigkeit

Anmerkung: Die Aufgaben 8 und 9 beziehen sich auf die folgende Situation: Mary arbeitet auf einem langen Weltraumbahnsteig. Sie positioniert eine Uhr A am Punkt A auf dem Bahnsteig und eine zweite Uhr B am Punkt B, der 100 Lichtminuten vom Punkt A entfernt ist (siehe Abbildung). Des Weiteren stellt sie eine Blitzlichtlampe genau in die Mitte zwischen den Punkten A und B auf. Ihr Kollege Jamal, der auf einem anderen Bahnsteig arbeitet, steht neben der Uhr C. Alle Uhren sollen bei null loslaufen, sobald der Lichtblitz von der Blitzlichtlampe sie erreicht. Marys Bahnsteig bewegt sich mit der Geschwindigkeit $0{,}6\,c$ relativ zu Jamals Bahnsteig. Als Marys Bahnsteig vorbeizieht, kommen nacheinander zuerst die Uhr B, dann die Blitzlichtlampe und schließlich die Uhr A direkt an der Uhr C vorbei, und zwar so dicht, dass sie sie nur knapp verfehlen. In dem Moment, da die Blitzlichtlampe die Uhr C passiert, sendet sie einen Lichtblitz aus, und die Uhr C läuft los.

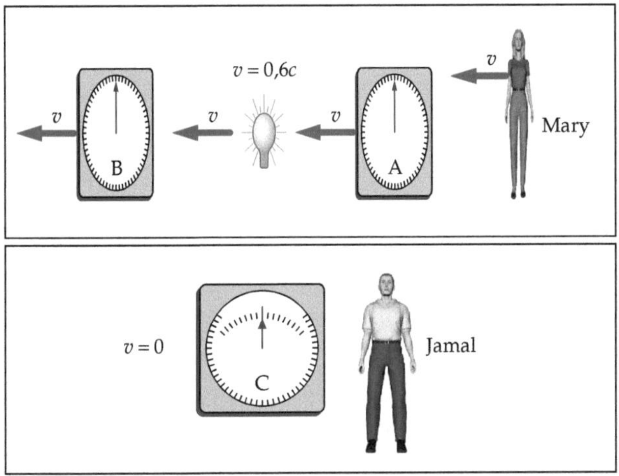

A R.8 •• Wie lange braucht der Lichtblitz aus Jamals Sicht, um die Uhr A zu erreichen, und welche Zeit zeigt die Uhr C in diesem Moment an?

A R.9 •• Zeigen Sie, dass die Uhr C in dem Moment 100 min anzeigt, da der Lichtblitz die Uhr B erreicht, die sich mit der Geschwindigkeit $0{,}6\,c$ von der Uhr C entfernt.

A R.10 •• Im Inertialbezugssystem S findet das Ereignis B gerade 2 µs nach dem Ereignis A statt, und die räumliche Entfernung zwischen den beiden Ereignissen beträgt 1,5 km. Wie schnell muss sich ein Beobachter längs der Verbindungslinie zwischen den beiden Ereignissen bewegen, damit die beiden Ereignisse für ihn gleichzeitig stattfinden? Kann das Ereignis B für einen Beobachter, wenn er sich nur schnell genug bewegt, auch vor dem Ereignis A stattfinden?

A R.11 •• Al und Bert sind Zwillinge. Al reist mit einer Geschwindigkeit von $0{,}6\,c$ zum Stern Alpha Centauri (der, im Bezugssystem der Erde gemessen, 4 Lichtjahre von der Erde entfernt ist) und kehrt anschließend sofort zur Erde zurück. Jeder der Zwillinge sendet dem jeweils anderen Zwilling alle 0,01 Jahre, gemessen jeweils in seinem eigenen Bezugssystem, ein Lichtsignal. a) Mit welcher Rate empfängt Bert die Signale seines Bruders Al, während dieser sich von ihm fort bewegt? b) Wie viele Signale empfängt Bert mit dieser Rate? c) Wie viele Signale empfängt Bert insgesamt bis zu Als Rückkehr? d) Mit welcher Rate empfängt Al die Signale seines Bruders Bert, während dieser immer weiter hinter ihm zurückbleibt? e) Wie viele Signale empfängt Al mit dieser Rate? f) Wie viele Signale empfängt Al insgesamt? g) Welcher der beiden Zwillinge ist am Ende der Reise jünger, und um wie viele Jahre?

• **Relativistische Energie und relativistischer Impuls**

A R.12 • Berechnen Sie für ein Teilchen mit der Ruhemasse m_0 das Verhältnis aus Gesamtenergie und Ruheenergie für den Fall, dass sich das Teilchen mit der Geschwindigkeit a) $0{,}1\,c$, b) $0{,}5\,c$, c) $0{,}8\,c$ bzw. d) $0{,}99\,c$ bewegt.

A R.13 • Welche Gesamtenergie hat ein Proton, dessen Impuls $3\,mc$ beträgt?

A R.14 •• Zeigen Sie mit Hilfe der Binomialentwicklung und der Gleichung $E^2 = p^2c^2 + m^2c^4$, dass die Gesamtenergie für den Fall $pc \ll mc^2$ näherungsweise durch $E \approx mc^2 + p^2/(2m)$ gegeben ist.

A R.15 •• a) Zeigen Sie, dass die Geschwindigkeit eines Teilchens mit der Ruhemasse m_0 und der Gesamtenergie E durch

$$\frac{v}{c} = \left(1 - \frac{(m_0 c^2)^2}{E^2}\right)^{1/2}$$

gegeben ist und dass diese Formel für den Fall, dass E sehr viel größer als $m_0 c^2$ ist, durch

$$\frac{v}{c} \approx 1 - \frac{(m_0 c^2)^2}{2E^2}$$

angenähert werden kann. Berechnen Sie die Geschwindigkeit eines Elektrons mit einer kinetischen Energie von b) 0,51 MeV bzw. c) 10 MeV.

Allgemeine Aufgaben

A R.16 • Ein Raumschiff bricht von der Erde zum Stern Alpha Centauri auf, der, im Bezugssystem der Erde gemessen, 4 Lichtjahre entfernt ist. Das Raumschiff fliegt mit einer Geschwindigkeit von $0{,}75\,c$. Wie lange braucht es a) aus Sicht eines Beobachters auf der Erde bzw. b) aus Sicht eines im Raumschiff mitreisenden Passagiers, um dorthin zu gelangen?

A R.17 • Ein subnukleares Teilchen, das so genannte Myon, hat im Ruhezustand eine mittlere Lebensdauer von 2 µs. Wenn Sie die mittlere Lebensdauer der Myonen, die aus einem Kernreaktor austreten, zu 46 µs bestimmen, wie groß ist dann die Geschwindigkeit der Myonen?

A R.18 •• Das Neutrino (das „Geisterteilchen" der Physik) hat, wie man heute weiß, eine sehr kleine Ruhemasse, die bisher aber noch nicht gemessen werden konnte. Bei einer Supernovaexplosion entstehen sowohl Photonen als auch hochenergetische Neutrinos. Daher kann man die Masse des Neutrinos abschätzen, indem man die Zeitspanne misst, die zwischen der Ankunft des Lichts und der Ankunft der hochenergetischen Neutrinos auf der Erde vergeht. Wenn eine Supernovaexplosion 100 000 Lichtjahre von der Erde entfernt stattfindet, welche Ruhemasse muss dann ein Neutrino mit einer Gesamtenergie von 100 MeV haben, damit es a) 1 min, b) 1 s bzw. c) 0,01 s nach dem Licht auf der Erde eintrifft?

Die spezielle Relativitätstheorie

L: Lösungen

Anmerkung: Es werden die Zeiteinheiten a = Jahr und d = Tag verwendet, und die Längeneinheit Lichtjahr wird mit Lj bezeichnet.

L R.1 Ihr Freund hat das Eigenzeitintervall bestimmt. Gemäß der Definition wird dieses ja von einer Uhr gemessen, die sich im Ruhesystem des Autos befindet; dies ist in diesem Fall die Uhr im Auto.

L R.2 Wir bezeichnen die beiden Ereignisse mit A und B und nehmen an, dass sich im Bezugssystem des ersten Beobachters am Ort jedes Ereignisses eine stationäre Uhr befindet, also eine Uhr A beim Ort des Ereignisses A und eine Uhr B beim Ort des Ereignisses B. Beide Uhren seien synchronisiert. Weil die Ereignisse in diesem Bezugssystem gleichzeitig stattfinden, zeigen diese beide Uhren im Moment der Ereignisse dieselbe Zeit an. Beim Ereignis A und der Anzeige der Uhr A im Moment dieses Ereignisses liegt eine Raumzeitkoinzidenz vor, und alle Beobachter werden sich über diese Zeitanzeige einig sein. Entsprechend liegt beim Ereignis B und der Anzeige der Uhr B im Moment dieses Ereignisses ebenfalls eine Raumzeitkoinzidenz vor. Wenn sich der Beobachter B parallel zur Verbindungslinie zwischen den Uhren bewegt, dann weichen die Anzeigen der beiden Uhren im Bezugssystem B um $\ell\,v/c^2$ voneinander ab. Dabei ist ℓ der Abstand zwischen den Uhren im Bezugssystem des Beobachters A. Das bedeutet, für den Beobachter B zeigen die Uhren in den Augenblicken der Ereignisse dieselbe Zeit an. Aber für ihn finden die Ereignisse nur dann gleichzeitig statt, wenn $\ell = 0$ ist.

L R.3 Für den Faktor der Zeitdilatation gilt

$$\frac{\Delta t}{\Delta t_0} = \frac{1}{\sqrt{1-(v/c)^2}}\,.$$

Mit der Näherung $1/\sqrt{1-x} \approx 1 + \tfrac{1}{2}x$ ergibt sich daraus

$$\frac{\Delta t}{\Delta t_0} \approx 1 + \frac{1}{2}\left(\frac{v}{c}\right)^2. \tag{1}$$

Für die Geschwindigkeit v eines Satelliten mit der Masse m in einer Umlaufbahn mit dem Radius r um den Massenmittelpunkt

der Erde (mit der Masse m_{E}) gilt

$$\frac{\Gamma\,m\,m_{\mathrm{E}}}{r^2} = m\,\frac{v^2}{r}$$

und daher $v^2 = \Gamma\,m_{\mathrm{E}}/r$. Mit Gleichung 1 erhalten wir daraus für den Quotienten der Zeitintervalle, also für den Faktor, um den die Uhren verlangsamt gehen:

$$\begin{aligned}
\frac{\Delta t}{\Delta t_0} &\approx 1 + \frac{1}{2}\,\frac{v^2}{c^2} = 1 + \frac{\Gamma\,m_{\mathrm{E}}}{2\,r\,c^2} \\
&= 1 + \frac{(6{,}673\cdot 10^{-11}\,\mathrm{N\cdot m^2\cdot kg^{-2}})\,(5{,}98\cdot 10^{24}\,\mathrm{kg})}{2\,(2{,}6\cdot 10^{7}\,\mathrm{m})\,(2{,}998\cdot 10^{8}\,\mathrm{m\cdot s^{-1}})^2} \\
&\approx 1 + 8{,}54\cdot 10^{-11} \approx 1{,}000\,000\,000\,1\,.
\end{aligned}$$

L R.4 a) Im Bezugssystem des Labors ist die Lebensdauer der Pionen

$$\Delta t = \frac{\Delta t_0}{\sqrt{1-(v/c)^2}} = \frac{2{,}6\cdot 10^{-8}\,\mathrm{s}}{\sqrt{1-(0{,}85\,c/c)^2}} = 4{,}94\cdot 10^{-8}\,\mathrm{s}.$$

b) Die Flugstrecke ergibt sich zu

$$\Delta x = v\,\Delta t = (0{,}85\,c)\,(4{,}94\cdot 10^{-8}\,\mathrm{s}) = 12{,}6\,\mathrm{m}.$$

c) Unter Vernachlässigung der Zeitdilatation erhalten wir für die Flugstrecke $\Delta x = v\,\Delta t = (0{,}85\,c)\,(2{,}6\cdot 10^{-8}\,\mathrm{s}) = 6{,}6\,\mathrm{m}.$

L R.5 a) Aus Sicht eines Beobachters auf der Erde gilt für die Flugdauer $\Delta t = \Delta x/v$. Mit $3{,}156\cdot 10^{7}$ Sekunden pro Jahr und $9{,}461\cdot 10^{15}$ Meter pro Lichtjahr erhalten wir

$$\Delta t = \frac{95\,\mathrm{Lj}}{2{,}2\cdot 10^{8}\,\mathrm{m\cdot s^{-1}}}\,\frac{9{,}461\cdot 10^{15}\,\mathrm{m}}{1\,\mathrm{Lj}}\,\frac{1\,\mathrm{a}}{3{,}156\cdot 10^{7}\,\mathrm{s}} = 129\,\mathrm{a}.$$

b) Ein im Raumschiff mitreisender Passagier misst als Flugdauer das Eigenzeitintervall:

$$\begin{aligned}
\Delta t_0 &= \Delta t\,\sqrt{1-\frac{v^2}{c^2}} \\
&= (129\,\mathrm{a})\,\sqrt{1-\frac{(2{,}2\cdot 10^{8}\,\mathrm{m\cdot s^{-1}})^2}{(2{,}998\cdot 10^{8}\,\mathrm{m\cdot s^{-1}})^2}} = 87{,}6\,\mathrm{a}.
\end{aligned}$$

LR.6 a) Im Bezugssystem des Beobachters ist die Länge des Stabs

$$\ell = \ell_0 \sqrt{1 - \frac{v^2}{c^2}} = (1\ \text{m}) \sqrt{1 - \frac{(0,8\,c)^2}{c^2}} = 0,600\ \text{m}.$$

b) Die Zeitspanne, in der der Stab den Beobachter passiert, ist

$$\Delta t = \frac{\ell}{v} = \frac{0,6\ \text{m}}{0,8\,c} = 2,50\ \text{ns}.$$

LR.7 Die Länge, die der Passagier im Raumschiff B für das Raumschiff A ermittelt, ergibt sich aus dessen Eigenlänge $\ell_{0,A} = 100\ \text{m}$ zu

$$\ell_A = \ell_{0,A} \sqrt{1 - \frac{v^2}{c^2}} = (100\ \text{m}) \sqrt{1 - \frac{(0,92\,c)^2}{c^2}} = 39,2\ \text{m}.$$

Der Passagier im Raumschiff B misst für sein eigenes Raumschiff dessen Eigenlänge. Sie ergibt sich aus der vom Passagier im Raumschiff A gemessenen Länge $\ell_B = 36\ \text{m}$ zu

$$\ell_{0,B} = \frac{\ell_B}{\sqrt{1 - \dfrac{v^2}{c^2}}} = \frac{36\ \text{m}}{\sqrt{1 - \dfrac{(0,92\,c)^2}{c^2}}} = 91,9\ \text{m}.$$

LR.8 Während sich der Lichtblitz mit der Geschwindigkeit c zur Uhr A hin bewegt, bewegt sich diese Uhr mit der Geschwindigkeit $0,6\,c$ zur Uhr C hin. Die Summe der Strecken, die vom Lichtblitz und von der Uhr A zurückgelegt werden, muss gleich dem Abstand zwischen der Uhr A und der Blitzlichtlampe sein, wie ihn Jamal in seinem Bezugssystem wahrnimmt. Mit dem Abstand ℓ zwischen den Uhren A und B gilt also

$$0,6\,c\,\Delta t + c\,\Delta t = \tfrac{1}{2}\,\ell.$$

Der Abstand ℓ ergibt sich aus seiner Eigenlänge ℓ_0:

$$\ell = \ell_0 \sqrt{1 - \frac{v^2}{c^2}}.$$

Dies setzen wir in die vorige Gleichung ein, die wir zuvor nach der Zeitspanne auflösen:

$$\Delta t = \frac{\ell}{3,2\,c} = \frac{\ell_0}{3,2\,c} \sqrt{1 - \frac{v^2}{c^2}}$$
$$= \frac{(100\,c)\ \text{min}}{3,2\,c} \sqrt{1 - \frac{(0,6\,c)^2}{c^2}} = 25,0\ \text{min}.$$

Die Uhr C läuft bei null los, sobald der Lichtblitz sie erreicht. Daher entspricht ihre Anzeige in dem Moment, da der Lichtblitz die Uhr A erreicht, der Zeitspanne, die der Lichtblitz benötigt, um zur Uhr A zu gelangen. Deshalb zeigt auch die Uhr B 25,0 min an.

LR.9 Die Differenz zwischen den Strecken, die der Lichtblitz und die Uhr B zurückgelegt haben, ist

$$c\,\Delta t - 0,6\,c\,\Delta t = \tfrac{1}{2}\,\ell.$$

Darin ist ℓ der Abstand zwischen den Uhren A und B. Er ergibt sich aus seiner Eigenlänge ℓ_0:

$$\ell = \ell_0 \sqrt{1 - \frac{v^2}{c^2}}.$$

Dies setzen wir in die vorige Gleichung ein, die wir zuvor nach der Zeitspanne auflösen:

$$\Delta t = \frac{\ell}{0,8\,c} = \frac{\ell_0}{0,8\,c} \sqrt{1 - \frac{v^2}{c^2}}$$
$$= \frac{(100\,c)\ \text{min}}{0,8\,c} \sqrt{1 - \frac{(0,6\,c)^2}{c^2}} = 100\ \text{min}.$$

LR.10 Das Ereignis A geht dem Ereignis B um die Zeitspanne $\Delta t = \ell_0\, v/c^2$ voraus. Darin ist v die Geschwindigkeit des Beobachters, der sich längs der Verbindungslinie zwischen den beiden Ereignissen bewegt, und ℓ_0 ist die räumliche Entfernung zwischen den Ereignissen. Wir erhalten damit für die Geschwindigkeit

$$v = \frac{c^2\,\Delta t}{\ell_0} = \frac{(2,998 \cdot 10^8\ \text{m}\cdot\text{s}^{-1})\,(2\ \mu\text{s})}{1,5\ \text{km}}$$
$$= 1,2 \cdot 10^8\ \text{m}\cdot\text{s}^{-1} = 0,400\,c.$$

Wir können die Geschwindigkeit auch in Abhängigkeit von den Zeitpunkten t_A und t_B der Ereignisse ausdrücken:

$$v = \frac{c^2\,(t_B - t_A)}{\ell_0}.$$

Wenn das Ereignis B vor dem Ereignis A stattfinden soll, muss gelten $t_B - t_A < 0$. Damit ergibt sich

$$v > \frac{c^2\,(t_B - t_A)}{\ell_0} = \frac{(2,998 \cdot 10^8\ \text{m}\cdot\text{s}^{-1})\,(2\ \mu\text{s})}{1,5\ \text{km}} = 0,400\,c.$$

Das Ereignis B kann also für einen Beobachter dem Ereignis A vorausgehen, wenn er sich schneller als mit $0,4\,c$ bewegt.

LR.11 a) Aufgrund der Doppler-Verschiebung bei einer sich vom Empfänger entfernenden Quelle ist die Rate, mit der Bert Signale von Al empfängt:

$$\nu_{\text{Bert}} = \nu_0 \sqrt{\frac{1 - v/c}{1 + v/c}} = (100\ \text{a}^{-1}) \sqrt{\frac{1 - 0,6}{1 + 0,6}} = 50,0\ \text{a}^{-1}.$$

b) Die Anzahl $n_{\text{Bert},1}$ der Signale, die Bert von Al empfängt, ist gleich der Anzahl der von Al gesendeten Signale: $n_{\text{Bert},1} = \nu_0\,\Delta t_{\text{Al}}$. Die bei Al verstrichene Zeit errechnen wir aus dem Eigenzeitintervall bei Bert. Dieses ist

$$\Delta t_{\text{Bert}} = \frac{(4\,c)\ \text{a}}{0,6\,c} = 6,67\ \text{a},$$

und wir erhalten

$$\Delta t_{\text{Al}} = \Delta t_{\text{Bert}} \sqrt{1 - \frac{v^2}{c^2}} = (6,67\ \text{a}) \sqrt{1 - \frac{(0,6\,c)^2}{c^2}}$$
$$= (6,67\ \text{a}) \cdot (0,8) = 5,34\ \text{a}.$$

Die Anzahl der von Bert empfangenen Signale ist damit

$$n_{\text{Bert},1} = \nu_0\,\Delta t_{\text{Al}} = (100\ \text{a}^{-1})\,(5,34\ \text{a}) = 534.$$

c) Bis zur Rückkehr von Al verstreicht die gesamte Zeitspanne

$$\Delta t_{\text{Reise, Al}} = 2\,\Delta t_{\text{Al}} = 2\,(5,34\ \text{a}) = 10,68\ \text{a}.$$

Damit ist die Anzahl der von Bert insgesamt empfangenen Signale

$n_{\text{Bert},2} = v_0 \, \Delta t_{\text{Reise, Al}} = (100 \, \text{a}^{-1})(10{,}68 \, \text{a}) = 1068 \, .$

d) Die Rate, mit der Al Signale von Bert empfängt, berechnen wie genauso wie in Teilaufgabe a. Dies ergibt

$$v_{\text{Al}} = (100 \, \text{a}^{-1}) \sqrt{\frac{1-0{,}6}{1+0{,}6}} = 50{,}0 \, \text{a}^{-1} \, .$$

e) Die Anzahl der von Al empfangenen Signale ist

$n_{\text{Al},1} = v_{\text{Al}} \, \Delta t_{\text{Al}} = (50 \, \text{a}^{-1})(0{,}8)(6{,}67 \, \text{a}) = 267 \, .$

f) Die Anzahl der von Al insgesamt empfangenen Signale ergibt sich aus der Summe der Anzahlen während der Hinreise und während der Rückreise:

$n_{\text{Al},2} = n_{\text{Al},1} + n_{\text{Al,Rück}} = 267 + n_{\text{Al,Rück}} \, .$

Die Anzahl der während der Rückreise von Al empfangenen Signale ist

$$n_{\text{Al,Rück}} = v_{\text{Al,Rück}} \, \Delta t_{\text{Al,Rück}} = v_0 \sqrt{\frac{1 + v/c}{1 - v/c}} \, \Delta t_{\text{Al,Rück}}$$

$$= (100 \, \text{a}^{-1}) \sqrt{\frac{1 + 0{,}6}{1 - 0{,}6}} \, (5{,}34 \, \text{a})$$

$$= (200{,}0 \, \text{a}^{-1})(5{,}34 \, \text{a}) = 1068 \, .$$

Dies setzen wir in die vorige Gleichung ein und erhalten

$n_{\text{Al},2} = 267 + v_{\text{Al,Rück}} \, \Delta t_{\text{Al,Rück}} = 267 + 1068 = 1335 \, .$

g) Der Altersunterschied bei der Rückkehr ergibt sich aus den Anzahlen der jeweils empfangenen Signale:

$$\Delta t = \Delta t_{\text{Bert}} - \Delta t_{\text{Al}} = \frac{1335}{100{,}0 \, \text{a}^{-1}} - \frac{1068}{100{,}0 \, \text{a}^{-1}}$$

$$= 13{,}35 \, \text{a} - 10{,}68 \, \text{a} = 2{,}67 \, \text{a} \, .$$

Das bedeutet, Al ist um 2,67 Jahre jünger als Bert.

LR.12 Die Gesamtenergie des Teilchens ist

$$E = \frac{m_0 \, c^2}{\sqrt{1 - v^2/c^2}} = \frac{E_0}{\sqrt{1 - v^2/c^2}} \, .$$

Der gesuchte Quotient aus der Gesamtenergie und der Ruheenergie ist daher gegeben durch

$$\frac{E}{E_0} = \frac{1}{\sqrt{1 - v^2/c^2}} \, .$$

a) Bei $v = 0{,}1 \, c$ ist $\dfrac{E}{E_0} = \dfrac{1}{\sqrt{1 - (0{,}1 \, c)^2/c^2}} = 1{,}005 \, .$

b) Bei $v = 0{,}5 \, c$ ist $\dfrac{E}{E_0} = \dfrac{1}{\sqrt{1 - (0{,}5 \, c)^2/c^2}} = 1{,}155 \, .$

c) Bei $v = 0{,}8 \, c$ ist $\dfrac{E}{E_0} = \dfrac{1}{\sqrt{1 - (0{,}8 \, c)^2/c^2}} = 1{,}667 \, .$

d) Bei $v = 0{,}99 \, c$ ist $\dfrac{E}{E_0} = \dfrac{1}{\sqrt{1 - (0{,}99 \, c)^2/c^2}} = 7{,}089 \, .$

LR.13 Für den Zusammenhang zwischen der Energie E und dem Impuls p gilt $E^2 = p^2 c^2 + (mc^2)^2$.

Mit dem gegebenen Impuls $3 \, mc$ erhalten wir

$E^2 = (3 \, mc)^2 c^2 + (mc^2)^2 = 9 \, m^2 c^4 + m^2 c^4 = 10 \, m^2 c^4$

und daraus

$E = \sqrt{10} \, mc^2 = \sqrt{10} \, (938 \, \text{MeV}/c^2) \, c^2 = 2{,}97 \, \text{GeV} \, .$

LR.14 Wir gehen aus von $E^2 = p^2 c^2 + (mc^2)^2$, ziehen die Wurzel, klammern darin $(mc^2)^2$ aus und vereinfachen:

$$E = \sqrt{p^2 c^2 + (mc^2)^2} = \sqrt{(mc^2)^2 \left(\frac{p^2 c^2}{(mc^2)^2} + 1 \right)}$$

$$= mc^2 \sqrt{\frac{p^2 c^2}{(mc^2)^2} + 1} = mc^2 \sqrt{1 + \frac{p^2}{m^2 c^2}} \, .$$

Nun setzen wir die Binomialentwicklung für die Wurzel an:

$$\left(1 + \frac{p^2}{m^2 c^2} \right)^{1/2} = 1 + \frac{1}{2} \frac{p^2}{m^2 c^2} + \cdots$$

Wir brechen die Reihe nach dem ersten Summanden ab, weil $pc \ll mc^2$ ist, und setzen dies als Näherung in die vorige Gleichung ein:

$$E \approx mc^2 \left(1 + \frac{1}{2} \frac{p^2}{m^2 c^2} \right) = mc^2 + \frac{p^2}{2m} \, .$$

LR.15 a) Für die relativistische Energie E eines Teilchens gilt

$$E = \frac{m_0 \, c^2}{\sqrt{1 - v^2/c^2}} \quad \text{und daher} \quad 1 - \frac{v^2}{c^2} = \frac{(m_0 \, c^2)^2}{E^2} \, .$$

Daraus folgt

$$\frac{v}{c} = \left(1 - \frac{(m_0 \, c^2)^2}{E^2} \right)^{1/2} \, . \tag{1}$$

Wir setzen die Binomialentwicklung für die Wurzel an:

$$\left(1 - \frac{(m_0 \, c^2)^2}{E^2} \right)^{1/2} = 1 - \frac{1}{2} \frac{(m_0 \, c^2)^2}{E^2} + \cdots$$

Die Reihe können wir nach dem ersten Summanden abbrechen, weil $E \gg m_0 \, c^2$ ist. Das Ergebnis setzen wir als Näherung in die vorige Gleichung ein:

$$\frac{v}{c} \approx 1 - \frac{(m_0 \, c^2)^2}{E^2} \, .$$

b) Wir lösen Gleichung 1 nach der Geschwindigkeit auf und setzen $E_0 = 0{,}511 \, \text{MeV}$ sowie $E_{\text{kin}} = 0{,}51 \, \text{MeV}$ ein:

$$v_{0{,}51} = c \sqrt{1 - \frac{(m_0 \, c^2)^2}{E^2}} = c \sqrt{1 - \frac{E_0^2}{(E_0 + E_{\text{kin}})^2}}$$

$$= c \sqrt{1 - \frac{1}{(1 + E_{\text{kin}}/E_0)^2}}$$

$$= c \sqrt{1 - \frac{1}{[1 + (0{,}51 \, \text{MeV})/(0{,}511 \, \text{MeV})]^2}}$$

$$= 0{,}866 \, c \, .$$

c) Für $E_{\text{kin}} = 10$ MeV ergibt sich auf die gleiche Weise

$$v_{10} = c \sqrt{1 - \frac{1}{[1 + (10\ \text{MeV})/(0{,}511\ \text{MeV})]^2}} = 0{,}999\, c.$$

LR.16 a) Aus Sicht eines Beobachters auf der Erde beträgt die Reisedauer

$$\Delta t = \frac{\ell}{v} = \frac{(4c)\,\text{a}}{0{,}75\, c} = 5{,}33\ \text{a}.$$

b) Die Eigenzeit, die ein Passagier im Raumschiff misst, ist

$$\Delta t_0 = \Delta t \sqrt{1 - \frac{v^2}{c^2}} = (5{,}33\ \text{a}) \sqrt{1 - \frac{(0{,}75\, c)^2}{c^2}} = 3{,}53\ \text{a}.$$

LR.17 Die relativistische Energie des Myons ist

$$E = \frac{m_0\, c^2}{\sqrt{1 - v^2/c^2}} = \frac{E_0}{\sqrt{1 - v^2/c^2}}.$$

Daraus folgt $\ v = c \sqrt{1 - E_0^2/E^2}$.

Wir setzen nun $\ \gamma = \dfrac{1}{\sqrt{1 - v^2/c^2}}$.

Damit ist $E = \gamma E_0$, und wir erhalten

$$v = c \sqrt{1 - \frac{E_0^2}{(\gamma E_0)^2}} = c \sqrt{1 - \frac{1}{\gamma^2}}.$$

Die mittlere Lebensdauer Δt der aus dem Reaktor austretenden Myonen hängt von ihrer Lebensdauer $\Delta t_0 = 2\ \mu$s im Ruhezustand zusammen über

$$\Delta t = \Delta t_0 \frac{1}{\sqrt{1 - v^2/c^2}} = \gamma \Delta t_0.$$

Daraus folgt $\ \gamma = \dfrac{\Delta t}{\Delta t_0} = \dfrac{46\ \mu\text{s}}{2\ \mu\text{s}} = 23$,

und wir erhalten für die Geschwindigkeit

$$v = c \sqrt{1 - \frac{1}{\gamma^2}} = c \sqrt{1 - \frac{1}{(23)^2}} = 0{,}999\, c.$$

LR.18 Wir verwenden dieselbe Definition von γ wie in Aufgabe 17:

$$\gamma = \frac{1}{\sqrt{1 - v^2/c^2}}.$$

Damit gilt für die relativistische Energie eines Neutrinos

$$E = \frac{m c^2}{\sqrt{1 - v^2/c^2}} = \gamma m c^2 \quad \text{bzw.} \quad m c^2 = \frac{E}{\gamma}.$$

Für die Geschwindigkeit des Neutrinos setzen wir $v = c - \delta$ an. Damit ergibt sich

$$\gamma = \frac{1}{\sqrt{1 - \dfrac{v^2}{c^2}}} = \frac{1}{\sqrt{1 - \left(\dfrac{c - \delta}{c}\right)^2}} = \frac{1}{\sqrt{1 - \left(1 - \dfrac{\delta}{c}\right)^2}}$$

$$= \frac{1}{\sqrt{1 - \left(1 - 2\dfrac{\delta}{c} + \dfrac{\delta^2}{c^2}\right)}} \approx \frac{1}{\sqrt{2\dfrac{\delta}{c}}} = \sqrt{\frac{c}{2\,\delta}}.$$

Die Näherung beruht darauf, dass δ wesentlich kleiner als c ist. Mit der Entfernung s ist der Zeitunterschied zwischen der Ankunft der Neutrinos und der der Photonen gegeben durch

$$\tau = \frac{s}{c - \delta} - \frac{s}{c} = s \left(\frac{1}{c - \delta} - \frac{1}{c}\right) = \frac{s}{c}\left(\frac{1}{1 - \delta/c} - 1\right).$$

Mit der für $x \ll 1$ gültigen Näherung $1/(1 - x) \approx 1 + x$ erhalten wir daraus

$$\tau \approx \frac{s}{c}\left(1 + \frac{\delta}{c} - 1\right) = s\,\frac{\delta}{c^2} \quad \text{sowie} \quad \delta \approx \frac{c^2 \tau}{s}.$$

Aus $\gamma \approx \sqrt{c/(2\,\delta)}$ ergibt sich damit

$$\gamma \approx \sqrt{\frac{s}{2 c \tau}},$$

und mit der obigen Beziehung für die Energie folgt

$$m c^2 = \frac{E}{\gamma} \approx E \sqrt{\frac{2 c \tau}{s}}.$$

Wir setzen nun die Werte ein und berücksichtigen, dass das Jahr rund $5{,}26 \cdot 10^5$ min bzw. $3{,}16 \cdot 10^7$ s hat.

Für $\tau = 1$ min ergibt sich

$$m c^2_{1\,\text{min}} = (100\ \text{MeV}) \sqrt{\frac{2 \cdot (1 c)\ \text{min}}{[10^5 c]\ \text{a}\ (5{,}26 \cdot 10^5\ \text{min} \cdot \text{a}^{-1})}}$$

$$= 617\ \text{eV},$$

für $\tau = 1$ s entsprechend

$$m c^2_{1\,\text{s}} = (100\ \text{MeV}) \sqrt{\frac{2 \cdot (1 c)\ \text{s}}{[10^5 c]\ \text{a}\ (3{,}16 \cdot 10^7\ \text{s} \cdot \text{a}^{-1})}}$$

$$= 79{,}6\ \text{eV}$$

sowie für $\tau = 0{,}01$ s

$$m c^2_{0{,}01\,\text{s}} = (100\ \text{MeV}) \sqrt{\frac{2 \cdot (0{,}01 c)\ \text{s}}{[10^5 c]\ \text{a}\ (3{,}16 \cdot 10^7\ \text{s} \cdot \text{a}^{-1})}}$$

$$= 7{,}96\ \text{eV}.$$

11A Gravitation

- Die Kepler'schen Gesetze
- Das Newton'sche Gravitationsgesetz
- Potenzielle Energie der Gravitation
- Das Gravitationsfeld
- Das Gravitationsfeld sphärischer Körper

A: Aufgaben

Anmerkung: Bei allen Aufgaben ist die Fallbeschleunigung $g = 9,81\ \mathrm{m\cdot s^{-2}}$. Falls nichts anderes angegeben ist, sind Reibung und Luftwiderstand zu vernachlässigen.

Verständnisaufgaben

A11.1 • Die Masse eines Satelliten soll verdoppelt werden, aber der Radius seiner Umlaufbahn soll gleich bleiben. Dazu muss man seine Geschwindigkeit a) um den Faktor 8 erhöhen, b) um den Faktor 2 erhöhen, c) nicht verändern, d) um den Faktor 8 verringern, e) um den Faktor 2 verringern.

A11.2 • Warum ist Γ so schwierig zu messen?

A11.3 •• Erläutern Sie, warum das Gravitationsfeld innerhalb einer massiven gleichförmigen Kugel direkt proportional zu r und nicht umgekehrt proportional zu r ist.

Schätzungs- und Näherungsaufgaben

A11.4 • Schätzen Sie die Masse unserer Galaxis ab. Die Sonne umkreist das galaktische Zentrum mit einer Umlaufzeit von 250 Millionen Jahren in einer mittleren Entfernung von 30 000 Lichtjahren. Drücken Sie die Masse der Galaxis in Vielfachen der Sonnenmasse m_S aus. (Vernachlässigen Sie die Massen, die weiter vom galaktischen Zentrum entfernt sind als die Sonne. Nehmen Sie außerdem an, dass die Massen, die dem galaktischen Zentrum näher sind als die Sonne, ihre Gravitationskräfte auf sie so ausüben, als wären sie in einem Punktteilchen derselben Gesamtmasse vereint.)

A11.5 ••• Eines der größten ungelösten theoretischen Probleme hinsichtlich der Bildung unseres Sonnensystems ist die Frage, warum die Sonne, die 99,9 % der Gesamtmasse unseres Sonnensystems ausmacht, nur rund 2 % des gesamten Drehimpulses trägt. Die gängigste Theorie über die Bildung des Sonnensystems beruht auf der zentralen Annahme eines Kollapses einer Staub- und Gaswolke unter der eigenen Gravitation, wobei ihr größter Teil die Sonne bildete. Da jedoch der Gesamtdrehimpuls der Wolke erhalten blieb, hätte nach einer einfachen Theorie die Sonne weitaus schneller rotieren können, als sie es heute tut. In dieser Aufgabe sollen Sie zeigen, dass dann der größte Teil des Drehimpulses auf die Planeten übertragen werden musste. a) Die Sonne ist eine Gaswolke, die durch ihre eigene Massenanziehung zusammengehalten wird. Würde die Sonne schneller rotieren, könnte die Gravitation sie nicht zusammenhalten. Verwenden Sie die bekannte Masse der Sonne ($1,99 \cdot 10^{30}$ kg) und ihren Radius ($6,96 \cdot 10^8$ m) und schätzen Sie die maximale Winkelgeschwindigkeit ab, bei der die Sonne noch intakt bliebe. Welcher Umdrehungsdauer entspricht diese Rotationsgeschwindigkeit? b) Berechnen Sie den Bahndrehimpuls von Jupiter und Saturn aus den Massen dieser Planeten (318 bzw. 95,1 Erdmassen), ihren mittleren Entfernungen von der Sonne (778 bzw. 1430 Millionen Kilometer) und ihren Umlaufzeiten (11,9 bzw. 29,5 Jahre). Vergleichen Sie diese Werte mit dem Messwert von $1,91 \cdot 10^{41}$ kg$\cdot$m$^2\cdot$s^{-1} für den Bahndrehimpuls der Sonne. c) Stellen Sie sich vor, es gäbe eine Methode, den Drehimpuls von Jupiter und Saturn irgendwie auf die Sonne zu übertragen. Welche Rotationsperiode hätte die Sonne dann? (Da die Sonne keine gleichförmige Gaskugel ist, beträgt ihr Trägheitsmoment $I = 0,059\, m_S\, r_S^2$.) Vergleichen Sie diese Rotationsperiode mit der in Teilaufgabe a bestimmten Umlaufzeit.

● **Die Kepler'schen Gesetze**

A11.6 ● Der Radius der Erdbahn beträgt $1{,}496 \cdot 10^{11}$ m, der Radius der Uranusbahn $2{,}87 \cdot 10^{12}$ m. Welche Umlaufzeit hat Uranus?

A11.7 ●● Der 1949 entdeckte Asteroid Ikarus trägt diesen Namen, weil er sich auf seiner stark exzentrischen Bahn der Sonne im Perihel sehr dicht nähert. Die Exzentrizität e einer Ellipse ist definiert durch die Beziehung $r_P = a(1 - e)$, wobei r_P die Perihelentfernung und a die große Halbachse der Ellipse ist. Ikarus hat eine Exzentrizität von 0,83 und eine Umlaufzeit von 1,1 Jahren. a) Berechnen Sie die große Halbachse der Ikarusbahn. b) Geben Sie die Entfernungen des Ikarus von der Sonne im Perihel und im Aphel an.

A11.8 ●● Im Apogäum, dem erdfernsten Punkt seiner Bahn, ist der Mond 406 395 km von der Erde entfernt, und im Perigäum, dem erdnächsten Punkt, sind es 357 643 km. Welche Geschwindigkeit hat der Mond im Perigäum und welche im Apogäum? Die Umlaufzeit beträgt 27,3 d.

● **Das Newton'sche Gravitationsgesetz**

A11.9 ● Die Saturnmasse beträgt $5{,}69 \cdot 10^{26}$ kg. a) Berechnen Sie die Umlaufzeit des Saturnmonds Mimas, dessen mittlerer Bahnradius $1{,}86 \cdot 10^{8}$ m beträgt. b) Berechnen Sie den mittleren Bahnradius des Monds Titan, der den Saturn in $1{,}38 \cdot 10^{6}$ s umkreist.

A11.10 ● Berechnen Sie die Masse der Sonne. Benutzen Sie dazu die Umlaufzeit der Erde (1 a), ihren mittleren Bahnradius ($1{,}496 \cdot 10^{11}$ m) und den Wert der Gravitationskonstante Γ.

A11.11 ● Welche Fallbeschleunigung herrscht auf der Oberfläche eines Neutronensterns, dessen Masse das 1,60fache der Sonnenmasse beträgt und der einen Radius von 10,5 km hat?

A11.12 ●● Sie haben ein supraleitendes Gravitationsmessgerät, das Änderungen des Gravitationsfelds mit einer Empfindlichkeit von $\Delta G / G = 10^{-11}$ bestimmen kann. a) Sie verstecken sich mit dem Gerät hinter einem Baum, während Ihr 80 kg schwerer Freund von der anderen Seite auf Sie zukommt. Wie nah kann Ihr Freund sich nähern, ohne dass das Messgerät eine Änderung von G durch seine Anwesenheit feststellt? b) Sie fahren in einem Heißluftballon und benutzen das Gerät, um Ihre Steiggeschwindigkeit zu messen (die als konstant angenommen wird). Welches ist die kleinste Höhenänderung, die Sie mit Ihrem Gerät im Gravitationsfeld der Erde bestimmen können?

A11.13 ●● Die Erdmasse beträgt $5{,}97 \cdot 10^{24}$ kg; der Erdradius ist 6370 km und der Mondradius 1738 km. Die Fallbeschleunigung auf der Mondoberfläche beträgt $1{,}62 \ \mathrm{m \cdot s^{-2}}$. In welchem Verhältnis steht die Monddichte zur Dichte der Erde?

Messung der Gravitationskonstanten

A11.14 ● Die Kugeln in einer Drehwaage, wie Cavendish sie benutzte (siehe Abbildung), haben die Massen $m_1 = 10$ kg bzw. $m_2 = 0{,}010$ kg, und der Mittelpunktsabstand der beiden kleinen Kugeln auf ihrem Verbindungsstab beträgt 20 cm. Der Mittelpunktsabstand einer großen und der benachbarten kleinen Kugel ist 6 cm. a) Mit welcher Kraft zieht eine große Kugel die benachbarte kleine Kugel an? b) Welches Drehmoment muss der Torsionsdraht ausüben, um diese Kräfte auszugleichen und die Drehwaage in ihre Gleichgewichtslage zu bringen?

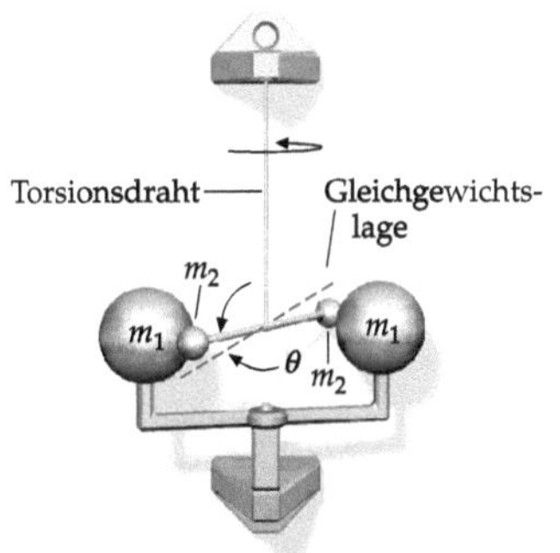

Schwere Masse und träge Masse

A11.15 ● Ein Standardkörper mit einer Masse von exakt 1 kg erfährt eine Beschleunigung von $2{,}6587 \ \mathrm{m \cdot s^{-2}}$, wenn eine bestimmte Kraft auf ihn wirkt. Ein zweiter Körper mit unbekannter Masse erfährt eine Beschleunigung von $1{,}1705 \ \mathrm{m \cdot s^{-2}}$, wenn dieselbe Kraft auf ihn wirkt. a) Welche Masse hat der zweite Körper? b) Haben Sie in Teilaufgabe a die schwere Masse oder die träge Masse bestimmt?

● **Potenzielle Energie der Gravitation**

A11.16 ●● Nehmen Sie an, man lässt einen ruhenden Körper aus $4 \cdot 10^{6}$ m Höhe über der Erdoberfläche fallen. Es soll keinen Luftwiderstand geben. Mit welcher Geschwindigkeit schlägt der Körper dann auf dem Boden auf?

A11.17 ● Die Masse des Planeten Saturn entspricht 95,2 Erdmassen, sein Radius ist 9,47-mal so groß wie der der Erde. Berechnen Sie die Fluchtgeschwindigkeit für einen Körper auf der Saturnoberfläche.

A11.18 ● Der Science-Fiction-Autor Robert Heinlein schrieb einmal über den Raumflug: „Wenn man bis in die Umlaufbahn kommt, hat man schon die Hälfte geschafft." Zeigen Sie, dass dieser Satz mehr als nur ein Körnchen Wahrheit enthält. Vergleichen Sie dazu die kinetische Energie, mit der man einen Satelliten in eine niedrige Umlaufbahn ($h \approx 400$ km) bringen kann, mit der kinetischen Energie, die nötig ist, um denselben Satelliten vollständig aus der Erdanziehung zu befreien.

A11.19 ●● a) Berechnen Sie die Energie (in Joule), die man benötigt, um einen Körper mit einer Masse von 1 kg von der Erdoberfläche aus mit Fluchtgeschwindigkeit zu starten.

b) Rechnen Sie diese Energie in Kilowattstunden um. c) Die Energiekosten sollen 0,10 Euro pro Kilowattstunde betragen. Was kostet es dann mindestens, um einem Astronauten von 80 kg so viel Energie mitzugeben, dass er das Gravitationsfeld der Erde verlassen kann?

A11.20 •• Ein Körper wird von der Erdoberfläche senkrecht nach oben geschossen; seine Geschwindigkeit ist kleiner als die Fluchtgeschwindigkeit. Zeigen Sie, dass die Maximalhöhe, die der Körper erreicht, durch $h = r_{\mathrm{E}} h_0/(r_{\mathrm{E}} - h_0)$ gegeben ist; dabei ist h_0 die Höhe, die der Körper erreichen würde, wenn das Gravitationsfeld konstant wäre.

Umlaufbahnen

A11.21 • Normalerweise heißt es, der Mond umkreist die Erde, aber das ist nicht ganz richtig: Eigentlich umkreisen Mond und Erde ihren gemeinsamen Massenmittelpunkt, der nicht im Erdmittelpunkt liegt. a) Die Erdmasse ist $5,98 \cdot 10^{24}$ kg, die Masse des Monds $7,36 \cdot 10^{22}$ kg. Der mittlere Abstand zwischen Erd- und Mondmittelpunkt beträgt $3,82 \cdot 10^8$ m. Wie weit ist der Massenmittelpunkt des Systems Erde–Mond vom Erdmittelpunkt entfernt? b) Schätzen sie die „Bahngeschwindigkeit“ ab, mit der die Erde den Massenmittelpunkt des Systems Erde–Mond umkreist. Benutzen sie dazu die Masse, die Umlaufzeit und die mittlere Entfernung des Monds von der Erde. Ignorieren Sie alle äußeren Kräfte auf das System. Die Umlaufzeit des Monds um die Erde beträgt 27,3 d.

• Das Gravitationsfeld

A11.22 • Das Gravitationsfeld in einem bestimmten Punkt ist gegeben durch $\boldsymbol{G} = (2,5 \cdot 10^{-6}\, \hat{\boldsymbol{y}})\,$N·kg^{-1}. Welche Kraft wirkt in diesem Punkt auf eine Masse von 4 g?

A11.23 •• Zeigen Sie, dass im Feld der beiden Punktmassen in der Abbildung die Größe $a_{\mathrm{G},x}$ in den Punkten $x = \pm a/\sqrt{2}$ ihren Maximalwert annimmt.

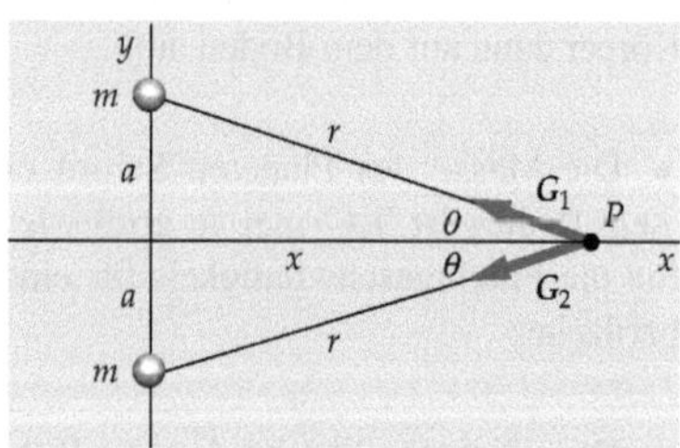

• Das Gravitationsfeld sphärischer Körper

A11.24 •• Zwei konzentrische, gleichförmige dünne Kugelschalen haben die Massen m_1 und m_2 und die Radien a und $2a$. Welchen Betrag hat die Gravitationskraft auf ein punktförmiges Teilchen der Masse m, das sich in einer Entfernung von a) $3a$, b) $1,9a$, c) $0,9a$ vom Mittelpunkt der Kugelschalen befindet?

A11.25 •• Die innere Kugelschale von Aufgabe 24 wird so verschoben, dass sich ihr Mittelpunkt auf der x-Achse bei $x = 0,8a$ befindet. Welchen Betrag hat die Gravitationskraft auf eine Punktmasse m, die sich auf der x-Achse bei a) $x = 3a$, b) $x = 1,9a$, c) $x = 0,9a$ befindet?

Das Gravitationsfeld innerhalb von massiven Kugeln

A11.26 •• Ist Ihr „Gewicht“, das Sie mit einer Federwaage messen, auf dem Grund eines tiefen Schachts größer oder kleiner als Ihr „Gewicht“ auf der Erdoberfläche? Fassen Sie die Erde als homogene Kugel auf und betrachten Sie die Effekte in den Teilaufgaben a und b. a) Zeigen Sie, dass die Anziehungskraft, die Sie von einem perfekt kugelförmigen Planeten mit gleichmäßiger Dichte erfahren, proportional zu Ihrem Abstand vom Mittelpunkt dieses Planeten ist. b) Zeigen Sie, dass Ihr effektives „Gewicht“ aufgrund der Rotation linear zunimmt, wenn Sie sich dem Erdmittelpunkt nähern. (Nehmen Sie an, der Schacht geht vom Äquator aus.) c) Welcher dieser beiden Effekte ist auf der Erde wichtiger? Verwenden Sie die Werte $m_{\mathrm{E}} = 5,98 \cdot 10^{24}$ kg, $r_{\mathrm{E}} = 6370$ km und $T = 24$ h.

A11.27 •• Der Mittelpunkt einer gleichförmigen massiven Kugel mit dem Radius r_0 befindet sich im Ursprung. Die Kugel hat eine gleichförmige Dichte ρ_0, abgesehen von einem kugelförmigen Loch mit dem Radius $r = \frac{1}{2} r_0$ mit dem Mittelpunkt auf der x-Achse bei $x = \frac{1}{2} r_0$ (siehe Abbildung). Berechnen Sie das Gravitationsfeld für Punkte auf der x-Achse mit $|x| > r_0$. (*Hinweis:* Betrachten Sie das Loch als eine Kugel mit der Masse $m = (4/3)\,\pi\, r^3\, \rho_0$ plus einer Kugel mit der Masse $-m$.)

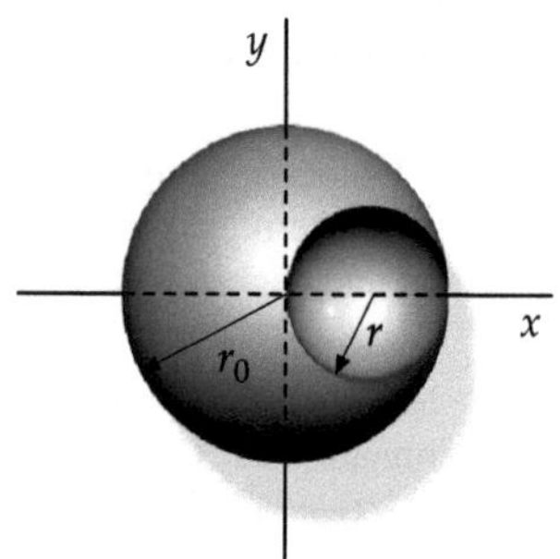

A11.28 •• Ein Sternhaufen ist eine etwa kugelförmige Ansammlung von bis zu mehreren Millionen Sternen, die durch ihre gegenseitige Gravitation zusammengehalten werden. Die Astronomen können die Geschwindigkeiten der Sterne im Haufen messen, um eine Vorstellung von der Massenverteilung innerhalb des Haufens zu gewinnen. Nehmen Sie an, dass alle Sterne eines Haufens dieselbe Masse haben und gleichförmig in ihm verteilt sind. Zeigen Sie, dass die mittlere Geschwindigkeit eines Sterns auf einer kreisförmigen Bahn um den Mittelpunkt des Haufens linear mit seiner Entfernung vom Mittelpunkt zunehmen sollte.

Allgemeine Aufgaben

A11.29 • Berechnen Sie die Masse der Erde aus den bekannten Werten von Γ, g und r_{E}.

A11.30 •• Die Kraft, die die Erde auf eine Punktmasse m in einer Entfernung r (bei $r > r_E$) vom Erdmittelpunkt ausübt, hat den Betrag $m\,g\,r_E^2/r^2$, mit $g = \Gamma\,m_E/r_E^2$. a) Berechnen Sie die Arbeit, die Sie an dem Teilchen verrichten müssen, um es von einer Entfernung r_1 zu einer Entfernung r_2 zu bewegen. b) Zeigen Sie: Wenn $r_1 = r_E$ und $r_2 = r_E + h$ ist, dann gilt für die Arbeit $W = m\,g\,r_E^2\,[(1/r_E) - 1/(r_E + h)]$. c) Zeigen Sie, dass sich die Arbeit für $h \ll r_E$ näherungsweise durch $W = m\,g\,h$ angeben lässt.

A11.31 •• In einem Doppelsternsystem bewegen sich die beiden Sterne auf einer Kreisbahn um ihren gemeinsamen Massenmittelpunkt. Die Sterne sollen die Massen m_1 und m_2 haben und durch die Entfernung r getrennt sein. Zeigen Sie, dass die Umlaufzeit T mit dem Abstand r gemäß $T^2 = 4\pi\,r^3/[\Gamma\,(m_1 + m_2)]$ zusammenhängt.

A11.32 •• Vier identische Planeten befinden sich in einer quadratischen Anordnung, wie in der Abbildung gezeigt. Die Masse eines jeden Planeten ist m_P, die Kantenlänge des Quadrats ist a. Was muss für ihre Geschwindigkeit gelten, damit sie sich unter dem Einfluss ihrer gegenseitigen Anziehung um ihren gemeinsamen Massenmittelpunkt bewegen?

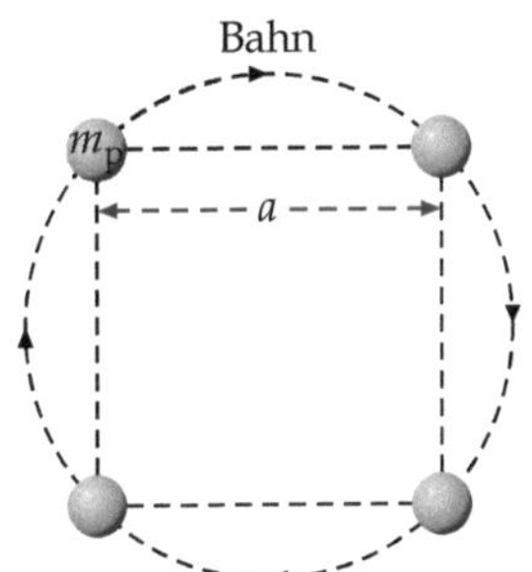

A11.33 •• Man bohrt von der Erdoberfläche aus einen Schacht bis zum Erdmittelpunkt. Vernachlässigen Sie die Erdrotation und den Luftwiderstand und betrachten Sie die Erde als homogene Kugel. a) Wie viel Energie ist erforderlich, um ein Teilchen mit der Masse m vom Erdmittelpunkt aus an die Erdoberfläche zu bringen? b) Ein Teilchen fällt aus der Ruheposition von der Erdoberfläche in den Schacht hinein. Welche Geschwindigkeit hat es, wenn es den Erdmittelpunkt erreicht? c) Welche Fluchtgeschwindigkeit hat ein Teilchen, das vom Erdmittelpunkt aus abgeschossen wird? Geben Sie Ihre Antworten mit Hilfe von m, Γ und r_E an.

A11.34 ••• Eine wichtige Frage in der Planetologie ist, ob die einzelnen Ringe um den Saturn massiv sind oder aus vielen kleinen Teilen bestehen. Man kann dies entscheiden, indem man die Geschwindigkeiten des inneren und des äußeren Teilrings misst. Ist der innere Teilring langsamer als der äußere, dann ist der Ring massiv; trifft das Gegenteil zu, dann besteht er aus vielen Einzelteilen. a) Die Dicke des Rings ist d, seine mittlere Entfernung vom Mittelpunkt des Saturn ist r, und seine mittlere Geschwindigkeit ist v. Zeigen Sie, dass $v_a - v_i \approx v\,d/r$ gilt, wenn der Ring massiv ist. Hier ist v_a die Geschwindigkeit des äußersten und v_i die des innersten Teils des Rings. b) Wenn jedoch der Ring aus vielen Einzelteilen besteht, dann gilt $v_a - v_i \approx -\frac{1}{2}\,v\,d/r$. Beweisen Sie dies. (Nehmen Sie an, dass $d \ll r$ ist.)

A11.35 ••• Sowohl die Sonne als auch der Mond üben Anziehungskräfte auf die Erdmeere aus und verursachen so die Gezeiten. a) Zeigen Sie, dass das Verhältnis der Kraft, die die Sonne auf ein punktförmiges Teilchen auf der Erde ausübt, zu der Kraft, die vom Mond auf dieses Teilchen ausgeübt wird, durch $m_S\,d_M^2/m_M\,d_S^2$ gegeben ist; dabei sind m_S und m_M die Massen von Sonne bzw. Mond, und d_S und d_M sind die Entfernungen zwischen Erde und Sonne bzw. Erde und Mond. Berechnen Sie das angegebene Verhältnis. b) Obwohl die Sonne eine weitaus größere Kraft auf die Ozeane ausübt als der Mond, ist der Mond doch wichtiger für die Gezeiten, weil es auf den Unterschied zwischen der Kraft auf der einen und der auf der anderen Erdhälfte ankommt. Differenzieren Sie den Ausdruck $F = \Gamma\,m_1\,m_2/d^2$, um die Änderung der Kraft bei einer kleinen Variation von d zu bestimmen. Zeigen Sie, dass $\mathrm{d}F/F = -2\,\mathrm{d}d/d$ gilt. c) Während eines vollen Tages kann sich die Entfernung von Sonne oder Mond zu einem der Ozeane auf der Erde höchstens um den Durchmesser der Erde ändern. Zeigen Sie, dass bei einer kleinen Änderung der Entfernung die Änderung der Anziehungskraft von der Sonne und die Änderung der Anziehungskraft vom Mond folgendermaßen miteinander verknüpft sind: $\Delta F_S/\Delta F_M \approx m_S\,d_M^3/(m_M\,d_S^3)$. Berechnen Sie dieses Verhältnis.

11L Gravitation

L: Lösungen

L11.1 Die Masse der Erde ist m_E und die des Satelliten m_S. Die Gravitationskraft ist betragsmäßig gleich der Zentripetalkraft: $\Gamma m m_E / r^2 = m v^2 / r$. Auflösen ergibt $v = \sqrt{\Gamma m_E / r}$. Die Bahngeschwindigkeit ist also unabhängig von der Satellitenmasse m, und Aussage c ist richtig.

L11.2 Die Gravitationskonstante Γ ist so schwierig zu messen, weil die bei Experimenten einsetzbaren Massen im Vergleich zur Masse der Erde äußerst klein sind.

L11.3 Innerhalb einer massiven gleichförmigen Kugel ist im Abstand r vom Mittelpunkt das Gravitationsfeld direkt proportional zur Masse, die sich innerhalb des Radius r befindet, und außerdem umgekehrt proportional zum Quadrat des Radius, also insgesamt proportional zu $r^3 / r^2 = r$.

L11.4 Wir betrachten das Zentrum der Galaxis (G) als punktförmige Masse, die von der ebenfalls als punktförmig angenommenen Sonne (S) im mittleren Abstand r umrundet wird. Nach dem dritten Kepler'schen Gesetz ist das Quadrat der Umlaufzeit

$$T^2 = \frac{4\pi^2}{\Gamma m_G} r^3 = \frac{4\pi^2 / m_S}{\Gamma m_G / m_S} r^3 .$$

Daraus folgt

$$\frac{r^3}{T^2} = \frac{\Gamma m_G / m_S}{4\pi^2 / m_S} = \frac{m_G / m_S}{4\pi^2 / (\Gamma m_S)} .$$

Die Gravitationskonstante kann z. B. auch in $\mathrm{m^3 \cdot kg^{-1} \cdot s^{-2}}$ angegeben werden. Wenn wir nun den Radius in astronomischen Einheiten (AE) anstatt in Lichtjahren (Lj) und die Umlaufzeit in Jahren (a) angeben, dann gilt $4\pi^2 / (\Gamma m_S) = 1$. Damit ergibt sich

$$\frac{m_G}{m_S} = \frac{r^3}{T^2} = \frac{\left((3 \cdot 10^4 \ \mathrm{Lj}) \dfrac{6{,}3 \cdot 10^4 \ \mathrm{AE}}{1 \ \mathrm{Lj}} \right)^3}{(250 \cdot 10^6 \ \mathrm{a})^2} = 1{,}08 \cdot 10^{11} .$$

Also ist $m_G = 1{,}08 \cdot 10^{11} \, m_S$.

L11.5 a) Die Gravitationskraft muss die Zentripetalkraft bereitstellen, so dass ein Massenelement m durch die Gravitationswirkung der Sonnenmasse m_S gerade noch festgehalten wird: $m \omega_{\max}^2 r_S = \Gamma m_S m / r_S^2$. Das ergibt $\omega_{\max}^2 r_S = \Gamma m_S / r_S^2$, und wir erhalten

$$\omega_{\max} = \sqrt{\frac{\Gamma m_S}{r_S^3}}$$

$$= \sqrt{\frac{(6{,}673 \cdot 10^{-11} \ \mathrm{N \cdot m^2 \cdot kg^{-2}})\,(1{,}99 \cdot 10^{30} \ \mathrm{kg})}{(6{,}96 \cdot 10^8 \ \mathrm{m})^3}}$$

$$= 6{,}28 \cdot 10^{-4} \ \mathrm{rad \cdot s^{-1}}$$

sowie die Umlaufzeit

$$T = \frac{2\pi}{\omega} = \frac{2\pi}{6{,}28 \cdot 10^{-4} \ \mathrm{rad \cdot s^{-1}}}$$

$$= (1{,}00 \cdot 10^4 \ \mathrm{s}) \frac{1 \ \mathrm{h}}{3600 \ \mathrm{s}} = 2{,}78 \ \mathrm{h} .$$

b) Die Bahngeschwindigkeit eines Planeten beim Umlauf um die Sonne ist gegeben durch $v = 2\pi r / T$, und für seinen Bahndrehimpuls gilt $L = m r v$. Damit erhalten wir für Jupiter

$$L_J = \frac{2\pi m_J r_J^2}{T_J} = \frac{2\pi (318 \, m_E) r_J^2}{T_J}$$

$$= \frac{2\pi (318)\,(5{,}98 \cdot 10^{24} \ \mathrm{kg})\,(778 \cdot 10^9 \ \mathrm{m})^2}{(11{,}9 \ \mathrm{a}) \dfrac{365{,}25 \ \mathrm{d}}{\mathrm{a}} \dfrac{24 \ \mathrm{h}}{\mathrm{d}} \dfrac{3600 \ \mathrm{s}}{\mathrm{h}}}$$

$$= 1{,}93 \cdot 10^{43} \ \mathrm{kg \cdot m^2 \cdot s^{-1}}$$

und für Saturn

$$L_S = \frac{2\pi m_S r_S^2}{T_S} = \frac{2\pi (95{,}1 \, m_E) r_S^2}{T_S}$$

$$= \frac{2\pi (95{,}1)\,(5{,}98 \cdot 10^{24} \ \mathrm{kg})\,(1430 \cdot 10^9 \ \mathrm{m})^2}{(29{,}5 \ \mathrm{a}) \dfrac{365{,}25 \ \mathrm{d}}{\mathrm{a}} \dfrac{24 \ \mathrm{h}}{\mathrm{d}} \dfrac{3600 \ \mathrm{s}}{\mathrm{h}}}$$

$$= 7{,}85 \cdot 10^{42} \ \mathrm{kg \cdot m^2 \cdot s^{-1}} .$$

Der Quotient aus dem Drehimpuls der Sonne und der Summe der Drehimpulse von Jupiter und Saturn ist damit

$$\frac{L_{\text{Sonne}}}{L_{\text{J}}+L_{\text{S}}} = \frac{19{,}1\cdot 10^{41}\ \text{kg}\cdot\text{m}^2\cdot\text{s}^{-1}}{(19{,}3+7{,}85)\cdot 10^{42}\ \text{kg}\cdot\text{m}^2\cdot\text{s}^{-1}} = 0{,}00703\,.$$

c) Mit den zusätzlichen Drehimpulsen von Jupiter und Saturn würde sich der Drehimpuls der Sonne vom Anfangswert L_{A} auf den Endwert $L_{\text{E}} = L_{\text{A}} + L_{\text{J}} + L_{\text{S}}$ erhöhen. Dann gilt $I_{\text{Sonne}}\,\omega_{\text{E}} = I_{\text{Sonne}}\,\omega_{\text{A}} + L_{\text{J}} + L_{\text{S}}$, und die am Ende vorliegende Winkelgeschwindigkeit der Sonne ergibt sich zu

$$\omega_{\text{E}} = \omega_{\text{A}} + \frac{L_{\text{J}}+L_{\text{S}}}{I_{\text{Sonne}}} = \frac{2\pi}{T_{\text{Sonne}}} + \frac{L_{\text{J}}+L_{\text{S}}}{(0{,}059)\,m_{\text{Sonne}}\,r_{\text{Sonne}}^2}$$

$$= \frac{2\pi}{(30\ \text{d})\dfrac{24\ \text{h}}{\text{d}}\dfrac{3600\ \text{s}}{\text{h}}}$$

$$+ \frac{(19{,}3+7{,}85)\cdot 10^{42}\ \text{kg}\cdot\text{m}^2\cdot\text{s}^{-1}}{0{,}059\,(1{,}99\cdot 10^{30}\ \text{kg})\,(6{,}96\cdot 10^8\ \text{m})^2}$$

$$= 4{,}80\cdot 10^{-4}\ \text{rad}\cdot\text{s}^{-1}\,.$$

Das entspricht rund 76 % der aufgrund der Gravitationswirkung maximal möglichen Rotationsgeschwindigkeit, die wir in Teilaufgabe a berechnet haben.

L11.6 Nach dem dritten Kepler'schen Gesetz ist

$$T^2 = \frac{4\pi^2}{\Gamma m_{\text{S}}}\,r^3 = (2{,}973\cdot 10^{-19}\ \text{s}^2\cdot\text{m}^{-3})\,r^3\,.$$

Mit $r = 2{,}87\cdot 10^{12}$ m ergibt sich

$$T = \sqrt{(2{,}973\cdot 10^{-19}\ \text{s}^2\cdot\text{m}^{-3})\,(2{,}87\cdot 10^{12}\ \text{m})^3}$$

$$= (2{,}651\cdot 10^9\ \text{s})\,\frac{1\ \text{h}}{3600\ \text{s}}\,\frac{1\ \text{d}}{24\ \text{h}}\,\frac{1\ \text{a}}{365{,}25\ \text{d}} = 84{,}0\ \text{a}\,.$$

L11.7 a) Nach dem dritten Kepler'schen Gesetz hängt die Umlaufzeit T mit der großen Halbachse a zusammen über

$$T^2 = \frac{4\pi^2}{\Gamma m_{\text{S}}}\,a^3 = (2{,}973\cdot 10^{-19}\ \text{s}^2\cdot\text{m}^{-3})\,a^3\,.$$

Weil das Jahr $(365{,}25)\,(24)\,(3600\ \text{s}) = 3{,}156\cdot 10^7$ s hat, ergibt sich mit $T = 1{,}1$ a die große Halbachse zu

$$a = \sqrt[3]{\frac{T^2}{2{,}973\cdot 10^{-19}\ \text{s}^2\cdot\text{m}^{-3}}} = \sqrt[3]{\frac{[(1{,}1)\,(3{,}156\cdot 10^7\ \text{s})]^2}{2{,}973\cdot 10^{-19}\ \text{s}^2\cdot\text{m}^{-3}}}$$

$$= 1{,}59\cdot 10^{11}\ \text{m}\,.$$

b) Die Perihelentfernung ergibt sich zu

$$r_{\text{P}} = a\,(1-e) = (1{,}59\cdot 10^{11}\ \text{m})\,(1-0{,}83) = 2{,}71\cdot 10^{10}\ \text{m}\,.$$

Die Summe aus Perihel- und Aphelentfernung ist gleich der doppelten großen Halbachse: $r_{\text{P}} + r_{\text{A}} = 2\,a$. Daraus ergibt sich für die Aphelentfernung

$$r_{\text{A}} = 2\,a - r_{\text{P}} = 2\,(1{,}59\cdot 10^{11}\ \text{m}) - 2{,}71\cdot 10^{10}\ \text{m} = 2{,}91\cdot 10^{11}\ \text{m}\,.$$

L11.8 Weil die Gravitationskraft entlang der Verbindungslinie der Massenmittelpunkte von Erde und Mond wirkt, übt sie auf dem Mond kein Drehmoment aus. Daher bleibt der Drehimpuls des Monds auf seiner Bahn um die Erde erhalten, und es gilt für Apogäum (A) und Perigäum (P): $m\,v_{\text{P}}\,r_{\text{P}} = m\,v_{\text{A}}\,r_{\text{A}}$ und daher $v_{\text{P}}\,r_{\text{P}} = v_{\text{A}}\,r_{\text{A}}$. Die Geschwindigkeit im Apogäum ist also gegeben durch $v_{\text{A}} = v_{\text{P}}\,r_{\text{P}}/r_{\text{A}}$. Die Energie bleibt ebenfalls erhalten:

$$\tfrac{1}{2}\,m\,v_{\text{P}}^2 - \Gamma\,m_{\text{E}}\,m/r_{\text{P}} = \tfrac{1}{2}\,m\,v_{\text{A}}^2 - \Gamma\,m_{\text{E}}\,m/r_{\text{A}}\,.$$

(Hierin ist m_{E} die Erdmasse.) Damit folgt

$$\tfrac{1}{2}\,v_{\text{P}}^2 - \Gamma\,m_{\text{E}}/r_{\text{P}} = \tfrac{1}{2}\,v_{\text{A}}^2 - \Gamma\,m_{\text{E}}/r_{\text{A}}\,.$$

Wir setzen $v_{\text{A}} = v_{\text{P}}\,r_{\text{P}}/r_{\text{A}}$ ein und erhalten

$$\tfrac{1}{2}\,v_{\text{P}}^2 - \frac{\Gamma\,m_{\text{E}}}{r_{\text{P}}} = \tfrac{1}{2}\left(\frac{r_{\text{P}}}{r_{\text{A}}}\,v_{\text{P}}\right)^2 - \frac{\Gamma\,m_{\text{E}}}{r_{\text{A}}} = \tfrac{1}{2}\left(\frac{r_{\text{P}}}{r_{\text{A}}}\right)^2 v_{\text{P}}^2 - \frac{\Gamma\,m_{\text{E}}}{r_{\text{A}}}\,.$$

Das ergibt

$$v_{\text{P}} = \sqrt{\frac{2\,\Gamma\,m_{\text{E}}}{r_{\text{P}}}\left(\frac{1}{1+r_{\text{P}}/r_{\text{A}}}\right)}\,.$$

Wir setzen nun die Zahlenwerte ein. Diese sind: $\Gamma = 6{,}673\cdot 10^{-11}\ \text{N}\cdot\text{m}^2\cdot\text{kg}^{-2}$ und $m_{\text{E}} = 5{,}98\cdot 10^{24}$ kg sowie die Perigäumentfernung $r_{\text{P}} = 3{,}576\cdot 10^8$ m und die Apogäumentfernung $r_{\text{A}} = 4{,}064\cdot 10^8$ m. Damit erhalten wir die Geschwindigkeit im Perigäum zu $v_{\text{P}} = 1{,}09\ \text{km}\cdot\text{s}^{-1}$. Die Geschwindigkeit im Apogäum ist $v_{\text{A}} = v_{\text{P}}\,r_{\text{P}}/r_{\text{A}} = 0{,}959\ \text{km}\cdot\text{s}^{-1}$.

L11.9 a) Wir verwenden die Indices S für Saturn und M für Mimas. Nach dem dritten Kepler'schen Gesetz gilt für das Quadrat der Umlaufzeit des Saturnmonds Mimas

$$T_{\text{M}}^2 = \frac{4\pi^2}{\Gamma m_{\text{S}}}\,r_{\text{M}}^3\,. \quad \text{Daraus folgt} \quad T_{\text{M}} = \sqrt{\frac{4\pi^2}{\Gamma m_{\text{S}}}\,r_{\text{M}}^3}\,.$$

Damit ergibt sich

$$T_{\text{M}} = \sqrt{\frac{4\pi^2\,(1{,}86\cdot 10^8\ \text{m})^3}{(6{,}673\cdot 10^{-11}\ \text{N}\cdot\text{m}^2\cdot\text{kg}^{-2})\,(5{,}69\cdot 10^{26}\ \text{kg})}}$$

$$= 8{,}18\cdot 10^4\ \text{s}\,.$$

b) Entsprechend gilt für den Saturnmond Titan

$$T_{\text{T}}^2 = \frac{4\pi^2}{\Gamma m_{\text{S}}}\,r_{\text{T}}^3 \quad \text{und} \quad r_{\text{T}} = \sqrt[3]{\frac{T_{\text{T}}^2\,\Gamma\,m_{\text{S}}}{4\pi^2}}\,.$$

Mit dem bekannten, auch in Teilaufgabe a verwendeten Wert von Γ ergibt sich der Bahnradius des Titan zu

$$r_{\text{T}} = \sqrt[3]{\frac{(1{,}38\cdot 10^6\ \text{s})^2\,\Gamma\,(5{,}69\cdot 10^{26}\ \text{kg})}{4\pi^2}} = 1{,}22\cdot 10^9\ \text{m}\,.$$

L11.10 Nach dem dritten Kepler'schen Gesetz gilt für das Quadrat T_{E}^2 der Umlaufzeit der Erde, die den mittleren Bahnradius r_{B} hat:

$$T_{\text{E}}^2 = \frac{4\pi^2}{\Gamma m_{\text{S}}}\,r_{\text{B}}^3\,. \quad \text{Daraus folgt} \quad m_{\text{S}} = \sqrt{\frac{4\pi^2}{\Gamma\,T_{\text{E}}^2}\,r_{\text{B}}^3}\,.$$

Die Umlaufzeit der Erde ist

$T_E = (365{,}25)\,(24)\,(3600\text{ s}) = 3{,}156 \cdot 10^7\text{ s}.$

Damit erhalten wir

$$m_S = \frac{4\pi^2 (1{,}496\cdot 10^{11}\text{ m})^3}{(6{,}673\cdot 10^{-11}\text{ N}\cdot\text{m}^2\cdot\text{kg}^{-2})\,(3{,}156\cdot 10^7\text{ s})^2}$$
$$= 1{,}99\cdot 10^{30}\text{ kg}.$$

L11.11 Für einen Körper der Masse m an der Oberfläche des Neutronensterns mit der Masse m_N und dem Radius r_N gilt nach dem Newton'schen Gravitationsgesetz

$$\frac{\Gamma m_N m}{r_N^2} = m G_N.$$

Weil der Neutronenstern das 1,60fache der Sonnenmasse m_S hat, ergibt sich die Fallbeschleunigung an seiner Oberfläche zu

$$G_N = \frac{\Gamma m_N}{r_N^2} = \frac{\Gamma (1{,}60\, m_S)}{r_N^2}$$
$$= \frac{1{,}60\,(6{,}673\cdot 10^{-11}\text{ N}\cdot\text{m}^2\cdot\text{kg}^{-2})\,(1{,}99\cdot 10^{30}\text{ kg})}{(1{,}05\cdot 10^4\text{ m})^2}$$
$$= 1{,}93\cdot 10^{12}\text{ m}\cdot\text{s}^{-2}.$$

L11.12 a) Das Gravitationsfeld der Erde an ihrer Oberfläche ist $G_E = \Gamma m_E/r_E^2$. Wir nehmen die Masse m Ihres Freunds als punktförmig an. Mit der relativen Auflösung von 10^{-11} Ihres Messgeräts ist die gerade noch feststellbare Änderung des Gravitationsfelds gegeben durch

$$G = \frac{\Gamma m}{r^2} = 10^{-11}\, G_E = 10^{-11}\,\frac{\Gamma m_E}{r_E^2}.$$

Daraus ergibt sich

$$r = r_E \sqrt{\frac{10^{11}\, m}{m_E}}$$
$$= (6{,}37\cdot 10^6\text{ m})\sqrt{\frac{10^{11}\,(80\text{ kg})}{5{,}98\cdot 10^{24}\text{ kg}}} = 7{,}37\text{ m}.$$

b) Wir differenzieren G aus Teilaufgabe a nach dem Abstand:

$$\frac{\mathrm{d}G}{\mathrm{d}r} = \frac{-2\Gamma m}{r^3} = -\frac{2}{r}\frac{\Gamma m}{r^2} = -\frac{2}{r}\, G.$$

Die Trennung der Variablen ergibt $\mathrm{d}G/G = -2\,\mathrm{d}r/r = 10^{-11}$. Wir können näherungsweise $\mathrm{d}r$ durch Δr ersetzen. Mit $r = r_E$ erhalten wir dann für den Betrag der Abstandsänderung:

$$\Delta r = \left| -\tfrac{1}{2}\,(10^{-11})\,(6{,}37\cdot 10^6\text{ m}) \right| = 3{,}19\cdot 10^{-5}\text{ m}$$
$$= 0{,}0319\text{ mm}.$$

L11.13 Mit der mittleren Dichte ρ_E der Erde ist die Fallbeschleunigung an der Erdoberfläche gegeben durch

$$a_E = g = \frac{\Gamma m_E}{r_E^2} = \frac{\Gamma \rho_E V_E}{r_E^2} = \frac{\Gamma \rho_E \frac{4}{3}\pi r_E^3}{r_E^2} = \tfrac{4}{3}\Gamma \rho_E \pi r_E.$$

Entsprechend gilt für die Fallbeschleunigung an der Mondoberfläche

$$a_M = \tfrac{4}{3}\Gamma \rho_M \pi r_M.$$

Der Quotient der beiden Fallbeschleunigungen ist

$$\frac{a_M}{a_E} = \frac{\rho_M\, r_M}{\rho_E\, r_E}.$$

Damit ergibt sich das Verhältnis der Dichten zu

$$\frac{\rho_M}{\rho_E} = \frac{a_M\, r_E}{a_E\, r_M} = \frac{(1{,}62\text{ m}\cdot\text{s}^{-2})\,(6{,}37\cdot 10^6\text{ m})}{(9{,}81\text{ m}\cdot\text{s}^{-2})\,(1{,}738\cdot 10^6\text{ m})} = 0{,}605.$$

L11.14 a) Gemäß dem Gravitationsgesetz ergibt sich die Kraft zu

$$F = \frac{\Gamma m_1 m_2}{r^2}$$
$$= \frac{(6{,}673\cdot 10^{-11}\text{ N}\cdot\text{m}^2\cdot\text{kg}^{-2})\,(10\text{ kg})\,(0{,}01\text{ kg})}{(0{,}06\text{ m})^2}$$
$$= 1{,}85\cdot 10^{-9}\text{ N}.$$

b) Für das Drehmoment erhalten wir

$$M = 2F\,r = 2\,(1{,}85\cdot 10^{-9}\text{ N})\,(0{,}1\text{ m}) = 3{,}70\cdot 10^{-10}\text{ N}\cdot\text{m}.$$

L11.15 a) Nach dem zweiten Newton'schen Axiom gilt $F = m_1 a_1$ für den Standardkörper und $F = m_2 a_2$ für den zweiten Körper. Dessen Masse ist wegen der Gleichheit der Kräfte gegeben durch

$$m_2 = \frac{a_1}{a_2}\, m_1 = \frac{2{,}6587\text{ m}\cdot\text{s}^{-2}}{1{,}1705\text{ m}\cdot\text{s}^{-2}}\,(1\text{ kg}) = 2{,}27\text{ kg}.$$

b) Bei diesem Experiment wurde die träge Masse bestimmt.

L11.16 Wegen der Energieerhaltung ist $E_{\text{kin,E}} - E_{\text{kin,A}} + E_{\text{pot,E}} - E_{\text{pot,A}} = 0$. Wir setzen die potenzielle Energie der Gravitation im Unendlichen gleich null. Weil $E_{\text{kin,A}} = 0$ ist, gilt für die Abstandsabhängigkeit der Energien

$$E_{\text{kin},r_E} + E_{\text{pot},r_E} - E_{\text{pot},r_E+h} = 0. \tag{1}$$

Dabei ist h die anfängliche Höhe über der Erdoberfläche. Ein Körper mit der Masse m, der sich in der Höhe r über der Erdoberfläche befindet, hat die potenzielle Energie $E_{\text{kin},r} = -\Gamma m_E m/r$. Mit Gleichung 1 ergibt sich daraus

$$\tfrac{1}{2} m v^2 - \frac{\Gamma m_E m}{r_E} + \frac{\Gamma m_E m}{r_E + h} = 0,$$

und die Geschwindigkeit ist

$$v = \sqrt{2\left(\frac{\Gamma m_E}{r_E} - \frac{\Gamma m_E}{r_E + h}\right)} = \sqrt{2 g r_E \left(\frac{h}{r_E + h}\right)}$$
$$= \sqrt{\frac{2\,(9{,}81\text{ m}\cdot\text{s}^{-2})\,(6{,}37\cdot 10^6\text{ m})\,(4\cdot 10^6\text{ m})}{6{,}37\cdot 10^6\text{ m} + 4\cdot 10^6\text{ m}}}$$
$$= 6{,}94\text{ km}\cdot\text{s}^{-1}.$$

L11.17 Der Quotient der Fluchtgeschwindigkeiten von Saturn (S) und Erde (E) ist

$$\frac{v_{\text{F,S}}}{v_{\text{F,E}}} = \frac{\sqrt{2\Gamma m_S/r_S}}{\sqrt{2\Gamma m_E/r_E}} = \sqrt{\frac{r_E}{r_S}\frac{m_S}{m_E}} = \sqrt{\frac{1}{9{,}47}\frac{95{,}2}{1}} = 3{,}17.$$

Damit ergibt sich die Fluchtgeschwindigkeit des Saturn zu

$$v_{F,S} = 3{,}17\, v_{F,E} = 3{,}17\,(11{,}2\ \text{km}\cdot\text{s}^{-1}) = 35{,}5\ \text{km}\cdot\text{s}^{-1}.$$

L11.18 Wegen der Energieerhaltung gilt für den Satelliten $E_{\text{kin,E}} - E_{\text{kin,A}} + E_{\text{pot,E}} - E_{\text{pot,A}} = 0$. Wir setzen die potenzielle Energie der Gravitation im Unendlichen gleich null. Damit ist $-E_{\text{kin,A}} - E_{\text{pot,A}} = 0$. Mit der Masse m des Satelliten gilt daher für seine kinetische Energie, mit der er das Gravitationsfeld der Erde verlassen kann, $E_{\text{kin,F}} = -E_{\text{pot,A}} = \Gamma\, m_E m/r_E$. Mit dem Newton'schen Gravitationsgesetz gilt für eine Umlaufbahn, die den Radius r hat: $\Gamma\, m_E m/r_E^2 = m\, v^2/r_E$. In einer ganz niedrigen Umlaufbahn (mit $r \approx r_E$) ist die kinetische Energie des Satelliten $E_{\text{kin,B}} = \frac{1}{2}\, m\, v^2 = \Gamma\, m_E m/(2\, r_E)$. Damit ist der Quotient der Energie in der Umlaufbahn und der Energie, die zum Verlassen des Gravitationsfelds nötig ist:

$$\frac{E_{\text{kin,B}}}{E_{\text{kin,F}}} = \frac{\Gamma\, m_E m/(2\, r_E)}{\Gamma\, m_E m/r_E} = \frac{1}{2}.$$

Also ist $E_{\text{kin,B}} = \frac{1}{2} E_{\text{kin,F}}$, was die Aussage von Heinlein bestätigt.

L11.19 a) Mit der Fluchtgeschwindigkeit v_F ist die kinetische Energie, die ein Körper der Masse 1 kg haben muss, um das Gravitationsfeld der Erde verlassen zu können:

$$E_{\text{kin}} = \frac{1}{2}\, m\, v_F^2 = \frac{1}{2}\,(1\ \text{kg})\,(11{,}2\cdot 10^3\ \text{m}\cdot\text{s}^{-1})^2 = 62{,}7\ \text{MJ}.$$

b) Wir rechnen in Kilowattstunden um:

$$E_{\text{kin}} = (62{,}7\ \text{MJ})\,\frac{1\ \text{kW}\cdot\text{h}}{3{,}6\ \text{MJ}} = 17{,}4\ \text{kW}\cdot\text{h}.$$

c) Der Kostenaufwand, um einen Körper mit der Masse 80 kg in den Weltraum zu befördern, ergibt sich daher zu

$$\frac{0{,}10\ \text{EU}}{1\ \text{kW}\cdot\text{h}}\ \frac{17{,}4\ \text{kW}\cdot\text{h}}{1\ \text{kg}}\,(80\ \text{kg}) = 139\ \text{EU}.$$

L11.20 Wir nehmen das Gravitationsfeld als konstant an und setzen die potenzielle Energie der Gravitation an der Erdoberfläche gleich null. Für das System aus Erde und Körper gilt wegen der Energieerhaltung $E_{\text{kin,E}} - E_{\text{kin,A}} + E_{\text{pot,E}} - E_{\text{pot,A}} = 0$. Weil $E_{\text{kin,E}} = E_{\text{pot,A}} = 0$ ist, gilt $-E_{\text{kin,A}} + E_{\text{pot,E}} = 0$. Das ist gleichbedeutend mit $-\frac{1}{2}\, m\, v^2 + m g\, h_0 = 0$. Daraus folgt $h_0 = \frac{1}{2}\, v^2/g$.

Nun setzen wir die potenzielle Energie der Gravitation im Unendlichen gleich null. Wegen der Energieerhaltung gilt wiederum $E_{\text{kin,E}} - E_{\text{kin,A}} + E_{\text{pot,E}} - E_{\text{pot,A}} = 0$. Wegen $E_{\text{kin,E}} = 0$ gilt $-E_{\text{kin,A}} + E_{\text{pot,E}} - E_{\text{pot,A}} = 0$. Das ist gleichbedeutend mit

$$-\frac{1}{2}\, m\, v^2 - \frac{\Gamma\, m_E m}{r_E + h} + \frac{\Gamma\, m_E m}{r_E} = 0.$$

Dies ergibt

$$-\frac{1}{2}\, v - \frac{g\, r_E^2}{r_E + h} + \frac{g\, r_E^2}{r_E} = 0$$

und $\displaystyle v^2 = 2\, g\, r_E^2\left(\frac{1}{r_E} - \frac{1}{r_E + h}\right) = 2\, g\, r_E\,\frac{h}{r_E + h}.$

Mit der obigen Beziehung $h_0 = \frac{1}{2}\, v^2/g$ folgt daraus

$$h_0 = r_E\,\frac{h}{r_E + h} \quad\text{sowie}\quad h = r_E\,\frac{h_0}{r_E - h_0}.$$

L11.21 a) Wir legen den Ursprung des Koordinatensystems in den Mittelpunkt der Erde (E) und wählen als positive x-Richtung die Richtung zum Mond (M). Dann erhalten wir für die x-Koordinate des gemeinsamen Massenmittelpunkts (S) von Erde und Mond

$$\begin{aligned}
x_S &= \frac{m_E\, x_E + m_M\, x_M}{m_E + m_M}\\[4pt]
&= \frac{m_E\,(0) + (7{,}36\cdot 10^{22}\ \text{kg})\,(3{,}82\cdot 10^8\ \text{m})}{5{,}98\cdot 10^{24}\ \text{kg} + 7{,}36\cdot 10^{22}\ \text{kg}} = 4{,}64\cdot 10^6\ \text{m}.
\end{aligned}$$

Dieser Wert ist kleiner als der Erdradius $6{,}37\cdot 10^6$ m. Also liegt der gemeinsame Massenmittelpunkt von Erde und Mond rund 1730 km *unterhalb der Erdoberfläche*.

b) Die „Bahngeschwindigkeit", mit der der Mittelpunkt der Erde den Massenmittelpunkt des Systems Erde–Mond umkreist, erhalten wir aus der eben berechneten x-Koordinate des gemeinsamen Massenmittelpunkts von Erde und Mond sowie der Umlaufzeit $T = 27{,}3$ d:

$$v = \frac{2\,\pi\, x_S}{T} = \frac{2\,\pi\,(4{,}64\cdot 10^6\ \text{m})}{(27{,}3\ \text{d})\,\dfrac{24\ \text{h}}{1\ \text{d}}\,\dfrac{3600\ \text{s}}{1\ \text{h}}} = 12{,}4\ \text{m}\cdot\text{s}^{-1}.$$

L11.22 Definitionsgemäß ist das Gravitationsfeld $\boldsymbol{G} = \boldsymbol{F}/m$. Damit erhalten wir

$$\boldsymbol{F} = m\boldsymbol{G} = (0{,}004\ \text{kg})\,(2{,}5\cdot 10^{-6}\,\widehat{\boldsymbol{y}})\ \text{N}\cdot\text{kg}^{-1} = (10^{-8}\,\widehat{\boldsymbol{y}})\ \text{N}.$$

L11.23 Die Feldstärke von $\boldsymbol{G}_1$ ist $|\boldsymbol{G}_1| = \Gamma\, m/r^2$. Die y-Komponente des resultierenden Felds ist null, und die x-Komponente ist die Summe aus $G_{1,x}$ und $G_{x,2}$. Also ist $G_x = G_{1,x} + G_{2,x} = 2\, G_{1,x} = 2\,|\boldsymbol{G}_1|\cos\theta$. Aufgrund der geometrischen Gegebenheiten ist $\cos(\pi - \theta) = x/r$ und daher $\cos\theta = -x/r$. Wir ersetzen r durch $(x^2 + a^2)^{1/2}$ und erhalten damit

$$G_x = -2\,\frac{\Gamma\, m}{r^2}\,\frac{x}{r} = -\frac{2\Gamma\, m x}{r^3} = -\frac{2\Gamma\, m x}{(x^2 + a^2)^{3/2}}.$$

Dies leiten wir nach x ab:

$$\frac{\mathrm{d}G_x}{\mathrm{d}x} = -2\Gamma\, m\left[(x^2 + a^2)^{-3/2} - 3x^2\,(x^2 + a^2)^{-5/2}\right].$$

Bei einem Extremum ist dies null und damit $x = \pm a/\sqrt{2}$.

Um zu prüfen, ob dies ein lokales Maximum ist, kann man die zweite Ableitung von G_x an den Stellen $x = \pm a/\sqrt{2}$ heranziehen oder den Graphen der Funktion $|G(x)|$ betrachten.

L11.24 Die Gravitationskraft einer dünnen Kugelschale mit der Masse m ist $F = m\, G$, wobei innerhalb der Kugelschale $G = 0$ und außerhalb von ihr $G = \Gamma\, m/r^2$ ist. Dabei ist r der Abstand von ihrem Mittelpunkt.

a) Im Abstand $r = 3\, a$ tragen beide Kugelschalen zur Anziehungskraft bei, und diese ist

$$F = m\, G = m\,\frac{\Gamma\,(m_1 + m_2)}{(3\, a)^2} = \frac{\Gamma\, m\,(m_1 + m_2)}{9\, a^2}.$$

b) Beim Abstand $r = 1{,}9\, a$ vom Mittelpunkt trägt die äußere Kugelschale 2 zur Anziehungskraft nichts bei; also ist $m_2 = 0$ zu setzen. Die Anziehungskraft ist daher

$$F = mG = m\,\frac{\Gamma m_1}{(1{,}9\,a)^2} = \frac{\Gamma m m_1}{3{,}61\,a^2}.$$

c) Beim Abstand $r = 0{,}9\,a$ vom Mittelpunkt befindet sich das Teilchen innerhalb beider Kugelschalen. Also ist $G = 0$ und daher $F = 0$.

L11.25 In der Abbildung sind die x-Koordinaten für die drei Teilaufgaben eingezeichnet.

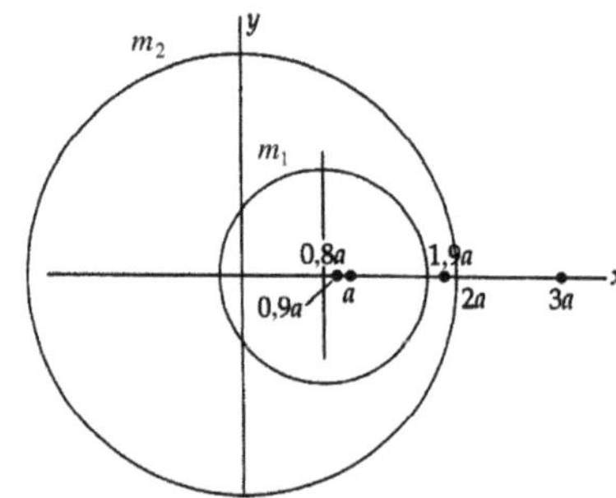

a) Die auf das Teilchen mit der Masse m einwirkende Gravitationskraft ist $F = m\,(G_{1,x} + G_{2,x})$. Bei $x = 3a$ gilt für das Feld der äußeren Kugelschale

$$G_{2,x} = \frac{\Gamma m_2}{(3a)^2} = \frac{\Gamma m_2}{9a^2}$$

und für das der inneren Kugelschale

$$G_{1,x} = \frac{\Gamma m_1}{(3a - 0{,}8a)^2} = \frac{\Gamma m_1}{4{,}84\,a^2}.$$

Die Gravitationskraft ergibt sich damit zu

$$F = m\left(\frac{\Gamma m_2}{9a^2} + \frac{\Gamma m_1}{4{,}84\,a^2}\right) = \frac{\Gamma m}{a^2}\left(\frac{m_2}{9} + \frac{m_1}{4{,}84}\right).$$

b) Im Abstand $x = 1{,}9\,a$ vom Ursprung befindet sich das Teilchen innerhalb der äußeren Kugelschale. Also ist

$$G_{2,x} = 0 \quad\text{und}\quad G_{1,x} = \frac{\Gamma m_1}{(1{,}9a - 0{,}8a)^2} = \frac{\Gamma m_1}{1{,}21\,a^2},$$

und für die Gravitationskraft erhalten wir

$$F = mG = \frac{\Gamma m m_1}{1{,}21\,a^2}.$$

c) Beim Abstand $x = 0{,}9\,a$ befindet sich das Teilchen innerhalb beider Kugelschalen. Also ist $G_{2,x} = 0$ und $G_{1,x} = 0$, so dass die Kraft $F = 0$ ist.

L11.26 Wenn Sie sich im Abstand r vom Erdmittelpunkt befinden, dann wirken zwei Kräfte auf Sie ein: die Gravitationskraft mG nach unten und die Normalkraft F_n nach oben; diese wird vom Untergrund oder auch von der Federwaage ausgeübt, die das entsprechende „Gewicht" anzeigt. Beide Kräfte gleichen einander aus.

a) Im Abstand r vom Mittelpunkt der Erde ist die Gewichtskraft gegeben durch $F_{\mathrm{G},r} = \Gamma m_{\mathrm{E},r}\,m/r^2$. Darin ist $m_{\mathrm{E},r}$ die Masse der

Erde, die sich innerhalb des Radius r befindet. Gemäß der Definition der Dichte gilt für die innere Teilkugel und für die gesamte Erdkugel

$$\rho = \frac{m_{\mathrm{E},r}}{V_r} = \frac{m_{\mathrm{E},r}}{\frac{4}{3}\,\pi\,r^3} \quad\text{bzw.}\quad \rho = \frac{m_{\mathrm{E}}}{V_{\mathrm{E}}} = \frac{m_{\mathrm{E}}}{\frac{4}{3}\,\pi\,r_{\mathrm{E}}^3}.$$

Wir nehmen die Erde als homogene Kugel an. Dann sind beide Dichten gleich, und wir erhalten

$$\frac{m_{\mathrm{E},r}}{\frac{4}{3}\,\pi\,r^3} = \frac{m_{\mathrm{E}}}{\frac{4}{3}\,\pi\,r_{\mathrm{E}}^3} \quad\text{und daraus}\quad m_{\mathrm{E},r} = m_{\mathrm{E}}\left(\frac{r}{r_{\mathrm{E}}}\right)^3.$$

Damit ergibt sich für die Gewichtskraft im Abstand r vom Erdmittelpunkt

$$F_{\mathrm{G},r} = \frac{\Gamma m_{\mathrm{E},r}\,m}{r^2} = \frac{\Gamma m_{\mathrm{E}}\,(r/r_{\mathrm{E}})^3\,m}{r^2} = \frac{\Gamma m_{\mathrm{E}}\,m}{r_{\mathrm{E}}^2}\,\frac{r}{r_{\mathrm{E}}}.$$

Mit der Fallbeschleunigung g an der Erdoberfläche gilt aufgrund des Newton'schen Gravitationsgesetzes $mg = \Gamma m_{\mathrm{E}}\,m/r_{\mathrm{E}}^2$ und daher $g = \Gamma m_{\mathrm{E}}/r_{\mathrm{E}}^2$. Dies setzen wir ein und erhalten $F_{\mathrm{G},r} = mg\,r/r_{\mathrm{E}}$. Also ist die Gravitationskraft, die auf Sie einwirkt, proportional zu Ihrem Abstand vom Erdmittelpunkt.

b) Gemäß dem zweiten Newton'schen Axiom für Drehbewegungen gilt $F_{\mathrm{n},r} - mg\,r/r_{\mathrm{E}} = -m\,r\,\omega^2$. Dies ist die effektive Gewichtskraft, die die Federwaage anzeigt. Der erste Term repräsentiert den Einfluss der Gravitationskraft (nach innen) und der zweite den der Zentrifugalkraft (nach außen) aufgrund der Rotation.

c) Nun untersuchen wir, ob der Einfluss der Gravitations- oder der der Zentrifugalkraft die größere Rolle spielt, wenn sich der Abstand r vom Erdmittelpunkt ändert. Dazu vergleichen wir die Beträge der beiden eben erwähnten Terme:

$$\frac{mg\,r/r_{\mathrm{E}}}{m\,r\,\omega^2} = \frac{g/r_{\mathrm{E}}}{\omega^2} = \frac{g}{r_{\mathrm{E}}\,(2\,\pi/T)^2} = \frac{g\,T^2}{4\,\pi^2\,r_{\mathrm{E}}}$$
$$= \frac{(9{,}81\ \mathrm{m\cdot s^{-2}})\,[(24)\,(3600\ \mathrm{s})]^2}{4\,\pi^2\,(6370\ \mathrm{km})} = 291.$$

Also macht sich die Änderung der Erdmasse, die sich bei einer Änderung des Abstands näher beim Erdmittelpunkt befindet, 291-mal stärker bemerkbar als die Änderung des Einflusses der Rotation.

L11.27 Wir verwenden die Indices K und L für die massive Kugel bzw. für das Loch in der Kugel. Dieses wird gemäß dem Hinweis in der Aufgabenstellung als Kugel mit der Masse null angesehen. Damit ist die Abhängigkeit des Gravitationsfelds im Abstand x vom Mittelpunkt der Kugel gegeben durch

$$G(x) = G_{\mathrm{K}} + G_{\mathrm{L}} = \frac{\Gamma m_{\mathrm{K}}}{x^2} + \frac{\Gamma m_{\mathrm{L}}}{(x - \frac{1}{2}r_0)^2}$$
$$= \frac{\Gamma \rho_0\,(\frac{4}{3}\,\pi\,r_0^3)}{x^2} + \frac{\Gamma \rho_0\,[-\frac{4}{3}\,\pi\,(\frac{1}{2}r_0)^3]}{(x - \frac{1}{2}r_0)^2}$$
$$= \Gamma\,\frac{4\pi\rho_0\,r_0^3}{3}\left(\frac{1}{x^2} - \frac{1}{8\,(x - \frac{1}{2}r_0)^2}\right).$$

L11.28 Wir bezeichnen des Radius des Sternhaufens mit r_{H}, die Gesamtzahl seiner Sterne mit n und die Anzahl von Sternen innerhalb einer Kugel mit dem Radius r um das Zentrum des Haufens mit n_r. Die Gravitationskraft, die auf irgendeinen Stern (mit der Masse m) im Abstand r vom Zentrum des Haufens wirkt, ist gleich der Zentrifugalkraft: $F_r = \Gamma\, n_r\, m^2/r^2 = m\, v^2/r$. Darin ist v die Bahngeschwindigkeit des betreffenden Sterns. Wegen der gleichmäßigen Verteilung der Sterne im Haufen können wir für die Dichte schreiben

$$\rho = \frac{n_r\, m}{\frac{4}{3}\,\pi\, r^3} = \frac{n\, m}{\frac{4}{3}\,\pi\, r_{\mathrm{H}}^3}\,.$$

Also ist $n_r = n\, r^3/r_{\mathrm{H}}^3$. Dies setzen wir ein und erhalten

$$\frac{\Gamma\, n\, m^2}{r^2}\,\frac{r^3}{r_{\mathrm{H}}^3} = m\,\frac{v^2}{r} \quad \text{sowie} \quad \Gamma\, n\, m\,\frac{r^2}{r_{\mathrm{H}}^3} = v^2\,.$$

Damit ist die Geschwindigkeit eines Sterns im Abstand r vom Zentrum des Haufens gegeben durch $v = r\,(\Gamma\, n\, m/r_{\mathrm{H}}^3)^{1/2}$. Sie ist also proportional zu diesem Abstand.

L11.29 Wir betrachten einen Körper mit der Masse m, der sich an der Erdoberfläche befindet. Die auf ihn wirkende Gewichtskraft ist $F_{\mathrm{G}} = m\, g = \Gamma\, m_{\mathrm{E}}\, m/r_{\mathrm{E}}^2$. Daraus ergibt sich die Erdmasse zu

$$\begin{aligned}
m_{\mathrm{E}} &= \frac{g\, r_{\mathrm{E}}^2}{\Gamma} \\
&= \frac{(9{,}81\,\mathrm{N\cdot kg^{-1}})\,(6{,}37\cdot 10^6\,\mathrm{m})^2}{6{,}673\cdot 10^{-11}\,\mathrm{N\cdot m^2\cdot kg^{-2}}} = 5{,}97\cdot 10^{24}\,\mathrm{kg}\,.
\end{aligned}$$

L11.30 a) Die Arbeit, die aufzuwenden ist, um das Teilchen vom Abstand r_1 auf den Abstand r_2 vom Erdmittelpunkt zu bringen, ist gleich dem Negativwert der Änderung der potenziellen Energie der Gravitation. Also ist sie gegeben durch

$$\begin{aligned}
W &= -\Delta E_{\mathrm{pot}} = -\int_{r_1}^{r_2} F_{\mathrm{G},r}\,\mathrm{d}r = -\Gamma\, m_{\mathrm{E}}\, m \int_{r_1}^{r_2} \frac{\mathrm{d}r}{r^2} \\
&= -\Gamma\, m_{\mathrm{E}}\, m \left(\frac{1}{r_2} - \frac{1}{r_1}\right) = \Gamma\, m_{\mathrm{E}}\, m \left(\frac{1}{r_1} - \frac{1}{r_2}\right).
\end{aligned}$$

b) Wir ersetzen $\Gamma\, m_{\mathrm{E}}$ durch $g\, r_{\mathrm{E}}^2$ und r_1 durch r_{E} sowie r_2 durch $r_{\mathrm{E}} + h$. Dies ergibt für die Arbeit

$$W = m\, g\, r_{\mathrm{E}}^2 \left(\frac{1}{r_{\mathrm{E}}} - \frac{1}{r_{\mathrm{E}} + h}\right).$$

c) Wir bringen die beiden Brüche der vorigen Gleichung auf einen Nenner und vereinfachen:

$$\begin{aligned}
W &= m\, g\, r_{\mathrm{E}}^2\, \frac{r_{\mathrm{E}} + h - r_{\mathrm{E}}}{r_{\mathrm{E}}\,(r_{\mathrm{E}} + h)} = m\, g\, h \left(\frac{r_{\mathrm{E}}}{r_{\mathrm{E}} + h}\right) \\
&= m\, g\, h\, \frac{1}{1 + h/r_{\mathrm{E}}} \approx m\, g\, h\,.
\end{aligned}$$

Die Näherung gilt für $h \ll r_{\mathrm{E}}$.

L11.31 Wir legen den Ursprung des Koordinatensystems in den Massenmittelpunkt des Doppelsternsystems und bezeichnen

die Abstände der beiden Sterne von ihm mit r_1 und r_2. Das Quadrat der Umlaufzeit T um den Massenmittelpunkt hängt mit der Winkelgeschwindigkeit ω zusammen über

$$T^2 = \frac{4\,\pi^2}{\omega^2}\,. \tag{1}$$

Gemäß dem zweiten Newton'schen Axiom für Drehbewegungen gilt für die auf den Stern mit der Masse m_2 einwirkende Radialkraft

$$F_{\mathrm{rad}} = \frac{\Gamma\, m_1\, m_2}{(r_1 + r_2)^2} = m_2\, r_2\, \omega^2\,.$$

Daraus folgt

$$\omega^2 = \frac{\Gamma\, m_1}{r_2\,(r_1 + r_2)^2}\,. \tag{2}$$

Aus der Definition des Massenmittelpunkts ergibt sich

$$m_1\, r_1 = m_2\, r_2\,. \tag{3}$$

Für die Abstände gilt, wie gegeben:

$$r = r_1 + r_2\,. \tag{4}$$

Wir eliminieren r_1 aus den Gleichungen 3 und 4:

$$r_2 = \frac{r\, m_1}{m_1 + m_2}\,.$$

Wir eliminieren r_2 aus den Gleichungen 3 und 4:

$$r_1 = \frac{r\, m_2}{m_1 + m_2}\,.$$

Wir setzen diese beiden Ausdrücke für r_1 und r_2 in Gleichung 2 ein und erhalten $\omega^2 = \Gamma\,(m_1 + m_2)/r^3$.

Damit ergibt sich aus Gleichung 1

$$T^2 = \frac{4\,\pi^2}{\Gamma\,(m_1 + m_2)/r^3} = \frac{4\,\pi^2\, r^3}{\Gamma\,(m_1 + m_2)}\,.$$

L11.32 Die Bahngeschwindigkeit v eines der Planeten hängt mit seiner Umlaufzeit T zusammen über $v = 2\,\pi\, r/T$. Darin ist r sein Abstand vom Massenmittelpunkt des Vier-Planeten-Systems. Gemäß dem dritten Kepler'schen Gesetz ist mit der effektiven Masse m_{eff} aller vier Planeten die Umlaufzeit gegeben durch

$$T = \sqrt{\frac{4\,\pi^2}{\Gamma\, m_{\mathrm{eff}}}\, r^3}\,.$$

Dies setzen wir in die Beziehung für die Geschwindigkeit ein:

$$v = \frac{2\,\pi\, r}{\sqrt{\dfrac{4\,\pi^2}{\Gamma\, m_{\mathrm{eff}}}\, r^3}} = \sqrt{\frac{\Gamma\, m_{\mathrm{eff}}}{r}}\,.$$

Der Abstand eines jeden Planeten vom Massenmittelpunkt – also von der effektiven Masse – ist, wie sich aus der quadratischen Anordnung ergibt, $r = a/\sqrt{2}$. Die effektive Masse ist definiert durch

$$\frac{1}{m_{\mathrm{eff}}} = \frac{1}{m} + \frac{1}{m} + \frac{1}{m} + \frac{1}{m}\,, \quad \text{also} \quad m_{\mathrm{eff}} = \tfrac{1}{4}\, m\,.$$

Damit erhalten wir $v = \sqrt{\dfrac{\sqrt{2}\,\Gamma\,m}{4\,a}}$.

L11.33 a) Wir bezeichnen mit F die auf das Teilchen einwirkende Gravitationskraft und mit r seinen Abstand vom Erdmittelpunkt. Die Arbeit, die zu verrichten ist, um das Teilchen vom Erdmittelpunkt an die Erdoberfläche zu bringen, ist dann gegeben durch

$$W = \int_0^{r_{\mathrm{E}}} F\,\mathrm{d}r\,. \tag{1}$$

Gemäß dem Newton'schen Gravitationsgesetz gilt für die Kraft auf das Teilchen mit der Masse m im Abstand r vom Erdmittelpunkt

$$F_r = \frac{\Gamma\,m\,m_r}{r^2}\,. \tag{2}$$

Darin ist m_r die Masse der Erdkugel, die sich innerhalb des Radius r befindet. Wir formen um und erhalten

$$\frac{m_r}{m_{\mathrm{E}}} = \frac{\rho\left(\frac{4}{3}\pi r^3\right)}{\rho\left(\frac{4}{3}\pi r_{\mathrm{E}}^3\right)} \quad \text{und daraus} \quad m_r = m_{\mathrm{E}}\,\frac{r^3}{r_{\mathrm{E}}^3}\,.$$

Mit Gleichung 2 ergibt sich die Kraft daher zu

$$F = \frac{\Gamma\,m\,m_{\mathrm{E}}}{r_{\mathrm{E}}^3}\,r = \frac{m\,g\,r_{\mathrm{E}}^2}{r_{\mathrm{E}}^3}\,r = \frac{m\,g}{r_{\mathrm{E}}}\,r\,,$$

und mit Gleichung 1 erhalten wir für die Arbeit

$$W = \frac{m\,g}{r_{\mathrm{E}}}\int_0^{r_{\mathrm{E}}} r\,\mathrm{d}r = \frac{g\,m\,r_{\mathrm{E}}}{2}\,.$$

b) Diese Arbeit ist betragsmäßig gleich der kinetischen Energie, die das Teilchen hat, wenn es von der Erdoberfläche bis zum Erdmittelpunkt herunterfällt: $W = \Delta E_{\mathrm{kin}} = \frac{1}{2}\,m\,v^2$. Also ist $\frac{1}{2}\,m\,v^2 = g\,m\,r_{\mathrm{E}}/2$, und für die Endgeschwindigkeit ergibt sich $v = \sqrt{g\,r_{\mathrm{E}}}$.

c) Die gesamte Energie, die aufzubringen ist, damit das Teilchen vom Erdmittelpunkt aus das Gravitationsfeld der Erde verlassen kann, ist gegeben durch

$$E_{\mathrm{kin,F}} = W + \frac{1}{2}\,m\,v_{\mathrm{F}}^2 = \frac{1}{2}\,m\,v_{\mathrm{F,M}}^2\,.$$

Darin ist v_{F} die Fluchtgeschwindigkeit von der Erdoberfläche aus und $v_{\mathrm{F,M}}$ die vom Erdmittelpunkt aus, und W ist die in Teil a ermittelte Arbeit, um das Teilchen vom Mittelpunkt zur Oberfläche anzuheben. Mit der Fluchtgeschwindigkeit $v_{\mathrm{F}} = \sqrt{g\,r_{\mathrm{E}}}$ erhalten wir

$$v_{\mathrm{F,M}} = \sqrt{3\,g\,r_{\mathrm{E}}} = \sqrt{3\,(9{,}81\ \mathrm{m\cdot s^{-2}})\,(6{,}37\cdot 10^6\ \mathrm{m})}$$

$$= 13{,}7\ \mathrm{km\cdot s^{-1}}\,.$$

L11.34 a) Wir nehmen an, der gesamte Ring (der die Dicke d und den mittleren Abstand r vom Zentrum des Planeten hat) rotiert mit der einheitlichen Winkelgeschwindigkeit ω. Dann gilt (wegen $v = r\,\omega$) für die Bahngeschwindigkeiten des inneren (i) und des äußeren (a) Ringteils

$$v_{\mathrm{i}} = \left(r - \frac{1}{2}\,d\right)\omega \quad \text{bzw.} \quad v_{\mathrm{a}} = \left(r + \frac{1}{2}\,d\right)\omega\,.$$

Ihre Differenz ist

$$v_{\mathrm{a}} - v_{\mathrm{i}} = \left(r + \tfrac{1}{2}\,d\right)\omega - \left(r - \tfrac{1}{2}\,d\right)\omega = d\,\omega = v\,\frac{d}{r}\,.$$

b) Wir betrachten einen Ringteil mit der Masse m, der sich unter dem Einfluss der Gravitationskraft auf einer Kreisbahn um den Planeten mit der Masse m_{P} bewegt, und zwar im Abstand r_1 von dessen Zentrum. Dann ist die Zentripetalkraft gleich der Gravitationskraft, und mit der Bahngeschwindigkeit v ergibt sich

$$\frac{\Gamma\,m_{\mathrm{P}}\,m}{r_1^2} = \frac{m\,v^2}{r_1} \quad \text{und daraus} \quad v = \sqrt{\Gamma\,m_{\mathrm{P}}/r_1}\,.$$

Für den äußeren Ringteil ist $r_1 = r + \frac{1}{2}\,d$, und wir erhalten für seine Geschwindigkeit

$$v_{\mathrm{a}} = \sqrt{\frac{\Gamma\,m_{\mathrm{P}}}{r + \frac{1}{2}\,d}} = \sqrt{\frac{\Gamma\,m_{\mathrm{P}}}{r\left(1 + \frac{1}{2}\,d/r\right)}}$$

$$= \sqrt{\frac{\Gamma\,m_{\mathrm{P}}}{r}}\left(1 + \frac{1}{2}\,\frac{d}{r}\right)^{-1/2}\,.$$

Das können wir in eine Binomialreihe entwickeln. Unter Vernachlässigung der Terme höherer Ordnung ergibt sich

$$v_{\mathrm{a}} = \sqrt{\frac{\Gamma\,m_{\mathrm{P}}}{r}}\left(1 - \frac{1}{2}\,\frac{1}{2}\,\frac{d}{r} + \cdots\right) \approx \sqrt{\frac{\Gamma\,m_{\mathrm{P}}}{r}}\left(1 - \frac{1}{4}\,\frac{d}{r}\right)\,.$$

Entsprechend gilt für die Geschwindigkeit des inneren Ringteils

$$v_{\mathrm{i}} \approx \sqrt{\frac{\Gamma\,m_{\mathrm{P}}}{r}}\left(1 + \frac{1}{4}\,\frac{d}{r}\right)\,.$$

Für die Differenz beider Geschwindigkeiten erhalten wir näherungsweise (wobei wir $v = \sqrt{\Gamma\,m_{\mathrm{P}}/r}$ berücksichtigen):

$$v_{\mathrm{a}} - v_{\mathrm{i}} \approx \sqrt{\frac{\Gamma\,m_{\mathrm{P}}}{r}}\left(1 - \frac{1}{4}\,\frac{d}{r}\right) - \sqrt{\frac{\Gamma\,m_{\mathrm{P}}}{r}}\left(1 + \frac{1}{4}\,\frac{d}{r}\right)$$

$$= \sqrt{\frac{\Gamma\,m_{\mathrm{P}}}{r}}\left(-\frac{1}{2}\,\frac{d}{r}\right) = -\frac{1}{2}\,\frac{d}{r}\,v\,.$$

L11.35 a) Die von der Sonne auf einen Körper mit der Masse m im Abstand d_{S} von ihr ausgeübte Kraft ist $F_{\mathrm{S}} = \Gamma\,m_{\mathrm{S}}\,m/d_{\mathrm{S}}^2$. Entsprechend ist die vom Mond im Abstand d_{M} auf den gleichen Körper ausgeübte Kraft $F_{\mathrm{M}} = \Gamma\,m_{\mathrm{M}}\,m/d_{\mathrm{M}}^2$. Der Quotient beider Kräfte ergibt sich zu

$$\frac{F_{\mathrm{S}}}{F_{\mathrm{M}}} = \frac{m_{\mathrm{S}}\,d_{\mathrm{M}}^2}{m_{\mathrm{M}}\,d_{\mathrm{S}}^2} = \frac{(1{,}99\cdot 10^{30}\ \mathrm{kg})\,(3{,}84\cdot 10^8\ \mathrm{m})^2}{(7{,}36\cdot 10^{22}\ \mathrm{kg})\,(1{,}50\cdot 10^{11}\ \mathrm{m})^2} = 177\,.$$

b) Für die Abstandsabhängigkeit der Gravitationskraft zwischen zwei Körpern im Abstand d gilt

$$\frac{\mathrm{d}F}{\mathrm{d}d} = -\frac{2\,\Gamma\,m_1\,m_2}{d^3} = -2\,\frac{F}{d}\,.$$

Daraus folgt $\mathrm{d}F/F = -2\,\mathrm{d}d/d$.

c) Die Änderung ΔF der Kraft bei einer nicht zu großen Änderung Δd des Abstands ist, wie in Teil b gezeigt, $\Delta F = -2\,F\,\Delta d/d$.

Damit ergibt sich für die Änderung der von der Sonne ausgeübten Kraft

$$\Delta F_{\mathrm{S}} = -2\,\frac{\Gamma\,m_{\mathrm{S}}\,m/d_{\mathrm{S}}^2}{d_{\mathrm{S}}}\,\Delta d_{\mathrm{S}} = -2\,\frac{\Gamma\,m_{\mathrm{S}}\,m}{d_{\mathrm{S}}^3}\,\Delta d_{\mathrm{S}}\,.$$

Entsprechend gilt für die Änderung der vom Mond ausgeübten Kraft

$$\Delta F_{\mathrm{M}} = -2\,\frac{\Gamma\,m_{\mathrm{M}}\,m}{d_{\mathrm{M}}^3}\,\Delta d_{\mathrm{M}}\,.$$

Wir berücksichtigen die Tatsache, dass $\Delta d_{\mathrm{S}}/\Delta d_{\mathrm{M}} = 1$ ist, denn beide Abstandsdifferenzen entsprechen ja dem Erddurchmesser. Damit erhalten wir für den Quotienten der Kräfteunterschiede

$$\begin{aligned}
\frac{\Delta F_{\mathrm{S}}}{\Delta F_{\mathrm{M}}} &= \frac{m_{\mathrm{S}}\,\Delta d_{\mathrm{S}}/d_{\mathrm{S}}^3}{m_{\mathrm{M}}\,\Delta d_{\mathrm{M}}/d_{\mathrm{M}}^3} = \frac{m_{\mathrm{S}}\,d_{\mathrm{M}}^3}{m_{\mathrm{M}}\,d_{\mathrm{S}}^3}\,\frac{\Delta d_{\mathrm{S}}}{\Delta d_{\mathrm{M}}} = \frac{m_{\mathrm{S}}\,d_{\mathrm{M}}^3}{m_{\mathrm{M}}\,d_{\mathrm{S}}^3} \\[2mm]
&= \frac{(1{,}99\cdot 10^{30}\ \mathrm{kg})\,(3{,}84\cdot 10^{8}\ \mathrm{m})^3}{(7{,}36\cdot 10^{22}\ \mathrm{kg})\,(1{,}50\cdot 10^{11}\ \mathrm{m})^3} = 0{,}454\,.
\end{aligned}$$

12A Statisches Gleichgewicht und Elastizität

- Gleichgewichtsbedingungen
- Der Schwerpunkt
- Einige Beispiele für statisches Gleichgewicht
- Leitern
- Spannung und Dehnung

A: Aufgaben

Anmerkung: Bei allen Aufgaben ist die Fallbeschleunigung $g = 9{,}81\ \mathrm{m\cdot s^{-2}}$. Falls nichts anderes angegeben ist, sind Reibung und Luftwiderstand zu vernachlässigen.

Verständnisaufgaben

A12.1 • Richtig oder falsch? a) $\sum_i F_i = 0$ ist eine ausreichende Bedingung für Gleichgewicht. b) $\sum_i F_i = 0$ ist eine notwendige Bedingung für Gleichgewicht. c) Im statischen Gleichgewicht ist das Drehmoment bezüglich eines beliebigen Punkts null. d) Ein Körper ist nur dann im Gleichgewicht, wenn keine Kräfte auf ihn wirken.

A12.2 •• Um den Schwerpunkt eines unregelmäßig geformten, sehr flachen ebenen Körpers zu bestimmen, können Sie folgendes Verfahren anwenden: Hängen Sie den Körper an einer Ecke an einer Schnur auf und zeichnen Sie eine Gerade in Verlängerung der Schnur nach unten an den Körper. Wiederholen Sie diesen Vorgang, wobei Sie den Körper an einer anderen Ecke aufhängen. Die beiden Geraden schneiden sich im Schwerpunkt. Erklären Sie, warum dieses Vorgehen zum richtigen Ergebnis führt.

A12.3 • Angenommen, das resultierende Drehmoment bezüglich eines bestimmten Punkts ist null. Muss es dann auch bezüglich irgendeines anderen Punkts null sein? Begründen Sie Ihre Antwort.

Schätzungs- und Näherungsaufgaben

A12.4 •• Eine große Kiste mit dem Gewicht 4500 N ruht auf vier je 12 cm hohen Klötzen auf einer horizontalen Fläche (siehe Abbildung). Die Kiste ist 2 m lang, 1,2 m hoch und 1,2 m tief. Sie wollen eine Kante der Kiste mit Hilfe eines langen Brecheisens aus Stahl anheben. Der Angelpunkt des Brecheisens ist 10 cm von der Kante der Kiste entfernt, die Sie anheben wollen. Wie lang muss das Brecheisen schätzungsweise sein, damit Sie die Kiste anheben können?

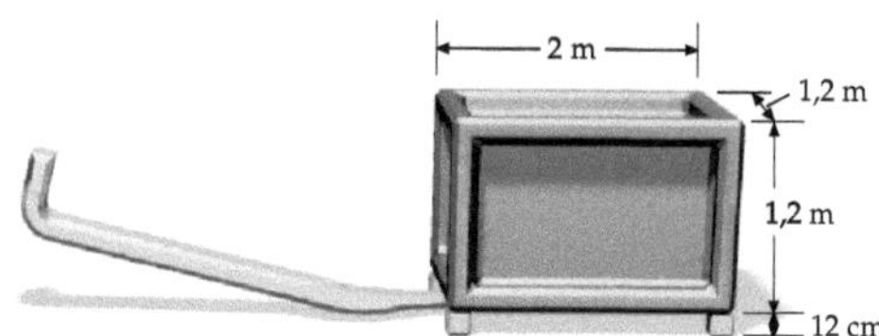

A12.5 •• Betrachten Sie ein atomares Modell für den Elastizitätsmodul: Nehmen Sie an, Sie hätten eine große Anzahl von Atomen, die in einem kubischen Gitter im Abstand a voneinander angeordnet sind. Stellen Sie sich vor, jedes Atom sei durch kleine Federn mit der Federkonstanten k_F mit seinen sechs nächsten Nachbarn verbunden. (Atome sind natürlich in Wirklichkeit nicht durch Federn miteinander verbunden, aber die zwischen ihnen wirkenden Kräfte verhalten sich so ähnlich wie die von Federn, so dass diese Vorstellung ein brauchbares Modell liefert.) a) Zeigen Sie, dass ein Material, das aus solchen Atomen besteht, den Elastizitätsmodul $E = k_F/a$ hat. b) Schätzen Sie einen typischen Wert für die „atomare Federkonstante" k_F in einem Metall ab. Rechnen Sie dabei mit $E = 200\ \mathrm{GN\cdot m^{-2}}$ und nehmen Sie $a \approx 1\ \mathrm{nm}$ an.

• Gleichgewichtsbedingungen

A12.6 • Eine junge Frau macht Liegestütz. Ihr Schwerpunkt befindet sich direkt oberhalb eines Punkts P auf dem Boden, der von ihren Füßen 0,9 m und von ihren Händen 0,6 m entfernt ist. Ihre Masse beträgt 54 kg. Welche Kraft übt der Boden auf die Hände aus?

A12.7 • Eine junge Frau will die Stärke ihres Bizeps messen. Dazu befestigt sie einen Riemen an ihrem Handgelenk und an einer Federwaage (siehe Abbildung). Der Riemen ist 28 cm vom Drehpunkt im Ellbogengelenk entfernt, und der Bizepsmuskel greift an einem Punkt an, der 5 cm vom Drehpunkt entfernt ist. Die Federwaage zeigt bei maximaler Kraftanstrengung 18 N an. Welche Kraft übt dabei der Bizeps aus?

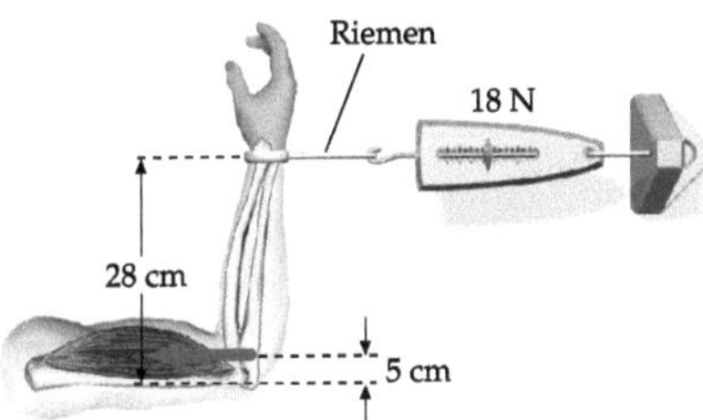

• **Der Schwerpunkt**

A12.8 •• Aus vier quadratischen Platten mit der Seitenlänge a wird eine große Platte zusammengeschweißt (siehe Abbildung). Platte 1 wiegt 40 N, Platte 2 60 N, Platte 3 30 N und Platte 4 50 N. Geben Sie die Koordinaten (x_S, y_S) des Schwerpunkts an.

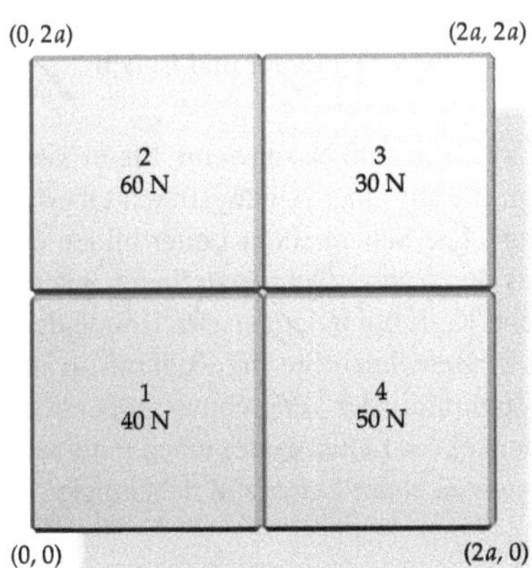

• **Einige Beispiele für statisches Gleichgewicht**

A12.9 • Das Segelboot in der Abbildung hat einen gleichförmigen Mast mit der Masse 120 kg, der mit Drähten fixiert ist. Die Zugkraft im Draht zum Vordersteven beträgt 1000 N. Bestimmen Sie die Zugkraft in dem Draht zum Heck und die Kraft, die das Deck auf den Mast ausübt. Gibt es eine Möglichkeit, dass der Mast nach vorn oder nach hinten kippt? Falls ja, wo sollte man dann einen Sperrblock platzieren, um das zu verhindern?

A12.10 •• Ein Zylinder mit dem Gewicht F_G liegt in einer rechtwinkligen Rinne, die durch zwei reibungsfreie Flächen gebildet wird. Die eine Fläche ist um 30°, die andere um 60°

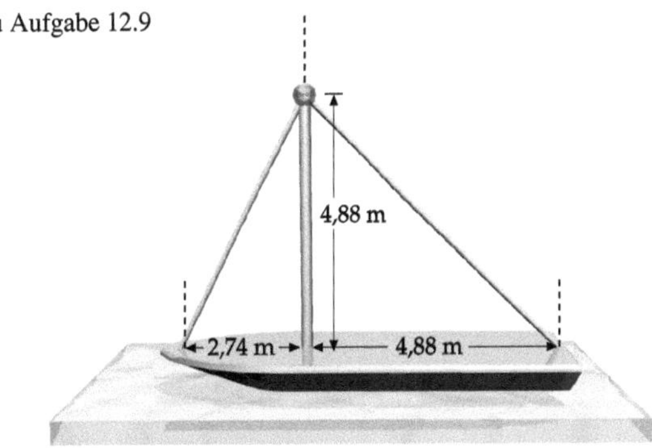

gegen die Horizontale geneigt (siehe Abbildung). Berechnen Sie die Kraft, die jede der Flächen auf den Zylinder ausübt.

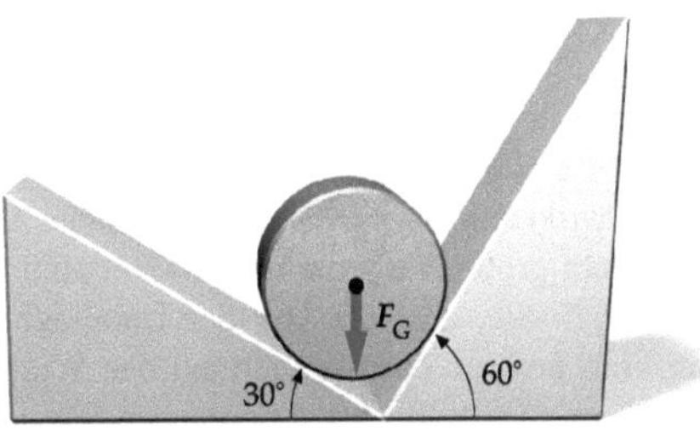

A12.11 •• Das Sprungbrett in der Abbildung hat eine Masse von 30 kg. Berechnen Sie die Kräfte an den Stützen, wenn ein Springer von 70 kg am Ende des Bretts steht. Wirken Druck- oder Zugkräfte an den Stützen?

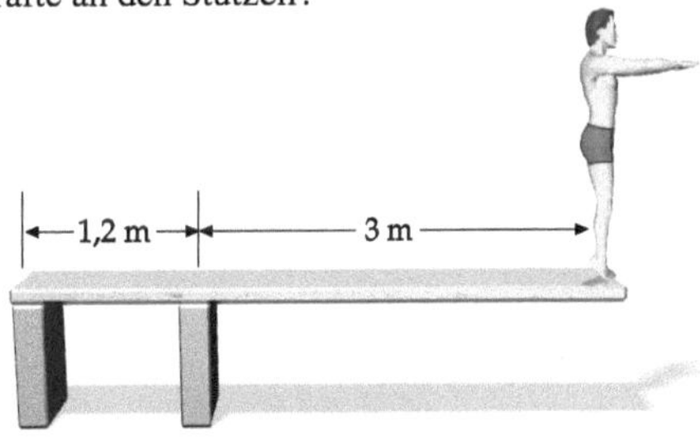

A12.12 •• Ein Zylinder mit der Masse m und dem Radius r rollt gegen eine Stufe der Höhe h (siehe Abbildung). Wenn eine horizontale Kraft F an der Oberseite des Zylinders angreift, bleibt der Zylinder in Ruhe. a) Welche Normalkraft übt der Boden auf den Zylinder aus? b) Welche horizontale Kraft übt die Kante der Stufe auf den Zylinder aus? c) Welche Vertikalkomponente hat die Kraft, die von der Kante der Stufe auf den Zylinder ausgeübt wird?

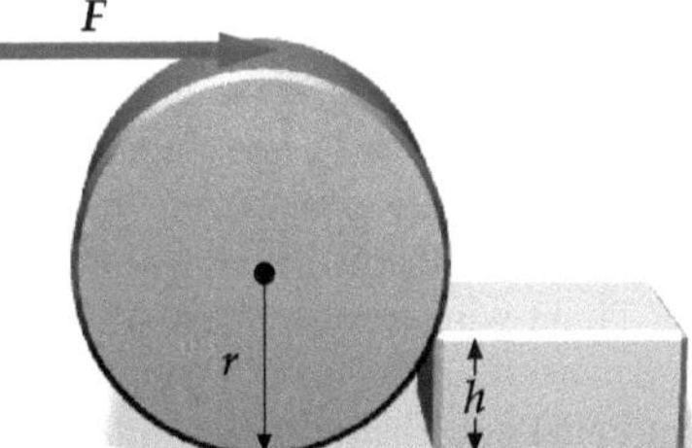

A12.13 •• Berechnen Sie die minimale horizontale Kraft F, die auf den Zylinder von Aufgabe 12 ausgeübt werden muss, damit er über die Stufe rollt. Der Zylinder soll nicht über die Kante der Stufe gleiten.

A12.14 ••• Ein großer, gleichförmiger, rechteckiger Block steht auf einer geneigten Ebene (siehe Abbildung). Eine am Block befestigte Schnur hindert ihn daran, sich die Ebene hinabzubewegen. Wie groß ist der maximale Winkel θ, bis zu dem der Block nicht hinabgleitet? Rechnen Sie mit $b/a = 4$ und dem Haftreibungskoeffizienten $\mu_{R,h} = 0{,}8$.

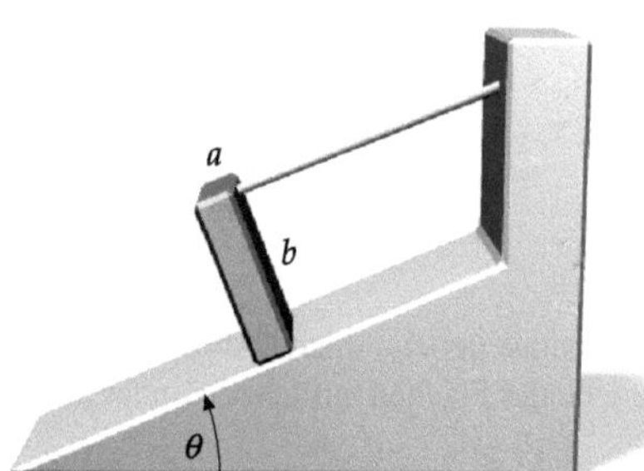

A12.15 •• Ein gleichförmiger Würfel mit der Kantenlänge a und der Masse m liegt auf einer horizontalen Unterlage. Auf seine Oberseite wirkt eine horizontale Kraft F (siehe Abbildung). Die Kraft ist nicht groß genug, um den Würfel zum Kippen zu bringen. a) Zeigen Sie, dass die von der Unterlage ausgeübte Haftreibungskraft und die oben seitlich auf den Würfel wirkende Kraft ein Kräftepaar bilden, und berechnen Sie das von ihm verursachte Drehmoment. b) Das Kräftepaar wird ausgeglichen durch ein anderes Kräftepaar aus der Normalkraft, das die Unterlage auf den Würfel ausübt, und dessen Gewichtskraft. Nutzen Sie diese Tatsache und geben Sie den Punkt an, an dem die Normalkraft angreift, wenn gilt $F = mg/3$. c) Welchen Betrag kann F höchstens haben, wenn der Würfel nicht kippen soll?

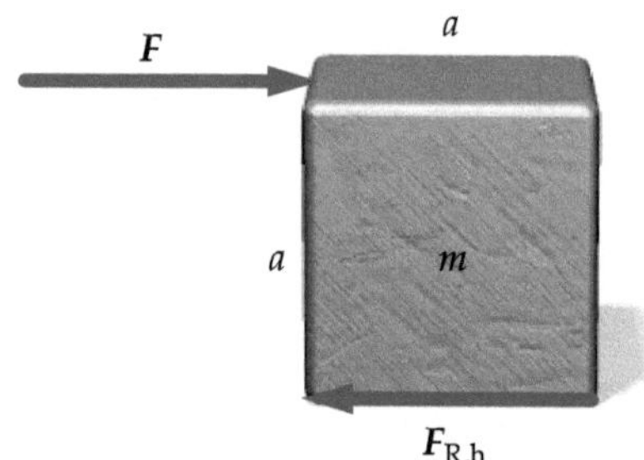

A12.16 •• Die Abbildung zeigt einen Abschnitt eines Kirchengewölbes. Der Bogen übt eine Kraft von $2 \cdot 10^5$ N auf die Wand aus. Die Kraft bildet gegen die Horizontale einen Winkel von 30°; der Angriffspunkt der Kraft liegt 10 m über dem Boden, und die Wand hat eine Masse von 30 000 kg. Der Haftreibungskoeffizient zwischen Mauer und Boden beträgt 0,8, und die Grundfläche der Mauer ist 1,25 m lang. a) Berechnen Sie die effektive Normalkraft, die Reibungskraft und die x-Koordinate des Punkts, an dem die effektive Normalkraft an der Mauer angreift. (Dieser Punkt wird von Architekten und Bauingenieuren als *Lastangriffspunkt* bezeichnet.) b) Wenn der Lastangriffspunkt sich auf einen Punkt außerhalb der Grundfläche der Mauer verschiebt, stürzt die Wand ein. Neben der ästhetischen Wirkung hat es also auch einen statischen Zweck, eine schwere Statue oben an der Wand anzubringen: Dadurch liegt der Lastangriffspunkt näher an der Mitte der Wand. Erklären Sie, warum.

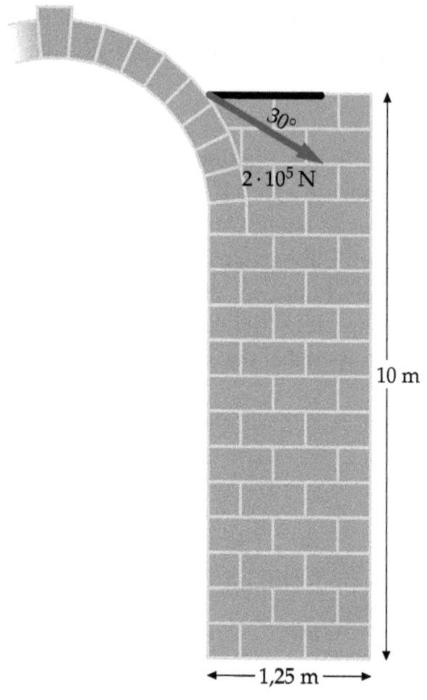

• **Leitern**

A12.17 •• Romeo nimmt eine gleichmäßig gebaute, 10 m lange Leiter und lehnt sie gegen die glatte (reibungsfreie) Wand unter Julias Balkon. Die Leiter hat eine Masse von 22,0 kg, der Fußpunkt der Leiter ist 2,8 m von der Wand entfernt. Romeo hat eine Masse von 70 kg. Als er 90 % der Leiterhöhe erklommen hat, kommt die Leiter ins Rutschen. Wie groß ist der Haftreibungskoeffizient zwischen Leiter und Boden?

A12.18 •• Ein 900 N schwerer Mann sitzt oben auf einer Trittleiter, die auf einer reibungsfreien Oberfläche steht (siehe Abbildung). Die Schenkel der Leiter bilden den Winkel $\theta = $ 30°; sie sind durch eine Querverstrebung miteinander verbunden. a) Welche Kraft übt jeder der vier Holme der Leiter auf den Boden aus? b) Berechnen Sie die Zugkraft in der Verstrebung. c) Wird die Zugkraft in der Verstrebung größer oder kleiner, wenn man die Schenkel der Leiter weiter unten miteinander verbindet? (Der Öffnungswinkel der Leiter soll dabei gleich bleiben.)

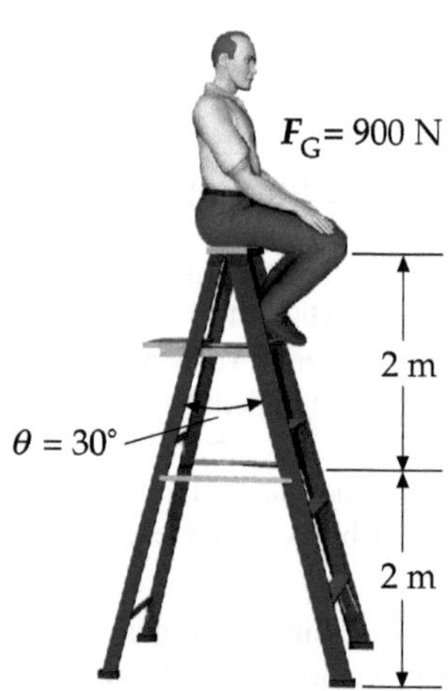

• Spannung und Dehnung

A12.19 • Während sich der Fuß eines Läufers vom Boden abdrückt, übt er auf die Sohle des Schuhs eine Scherkraft aus (siehe Abbildung). Die Sohle soll 8 mm dick sein. Berechnen Sie den Scherwinkel, wenn eine Kraft von 25 N an einer Fläche von 15 cm^2 angreift. Der Schubmodul der Sohle beträgt $1{,}9 \cdot 10^5$ N$\cdot$m^{-2}.

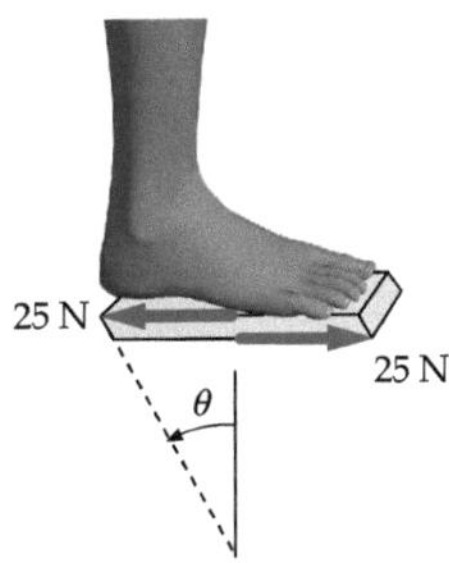

A12.20 •• Auf einen Draht mit der Länge ℓ und dem Querschnitt A wirkt eine Kraft F_n. Betrachten Sie den Draht als Feder. Zeigen Sie, dass diese „Feder" dann die Federkonstante $k_\mathrm{F} = AE/\ell$ hat und die in ihr gespeicherte potenzielle Energie durch $E_\mathrm{pot} = \frac{1}{2} F_\mathrm{n} \Delta\ell$ gegeben ist; dabei ist E der Elastizitätsmodul und $\Delta\ell$ die Dehnung des Drahts.

A12.21 •• Ein Gummiband mit einem Querschnitt von 3 mm mal 1,5 mm hängt senkrecht herab und wird mit verschiedenen Massen belastet. In einer Messreihe findet man folgenden Zusammenhang zwischen der Länge und der Last:

Last (kg)	0	0,1	0,2	0,3	0,4	0,5
Länge (cm)	5,0	5,6	6,2	6,9	7,8	10,0

a) Berechnen Sie den Elastizitätsmodul des Gummibands für kleine Lasten. b) Berechnen Sie die im Gummiband gespeicherte potenzielle Energie, wenn die Last 0,15 kg beträgt (vgl. Aufgabe 20).

A12.22 •• Ein Fahrstuhlseil soll aus einem neuartigen Verbundmaterial hergestellt werden. Im Labor ist eine 2 m lange Probe mit einer Querschnittsfläche von 0,2 mm^2 bei einer Last von 1000 N gerissen. Das Seil im Fahrstuhl soll 20 m lang sein und eine Querschnittsfläche von 1,2 mm^2 haben. Es soll eine Last von 20 000 N sicher tragen. Schafft es das?

A12.23 ••• Für sehr viele Materialien ist die Zugfestigkeit um zwei bis drei Größenordnungen geringer als der Elastizitätsmodul. Daher reißen sie, bevor die Dehnung 1 % übersteigt. Unter den künstlichen Materialien hat Nylon die höchste Dehnbarkeit – es kann um bis zu 20 % gedehnt werden, bevor es reißt. Aber die Spinnenfäden übertreffen die künstlichen Materialien bei weitem: Bestimmte Spinnenfäden können, ohne zu reißen, auf das Zehnfache gedehnt werden! a) Ein Spinnenfaden soll einen kreisförmigen Querschnitt mit dem Radius r_0 und ungedehnt die Länge ℓ_0 haben. Berechnen Sie seinen Radius, wenn er auf die Länge $\ell = 10\,\ell_0$ gedehnt ist. b) Der Elastizitätsmodul des Spinnenfadens ist E. Drücken Sie die Reißspannung mit Hilfe von E und r_0 aus.

Allgemeine Aufgaben

A12.24 • Ein Brett von 90 N liegt auf zwei Lagerungen auf, die jeweils 1 m vom Brettende entfernt sind. Ein Klotz wird, wie in der Abbildung gezeigt, 3 m von einem Ende entfernt auf das Brett gestellt. Berechnen Sie die Kraft, die jede der Lagerungen auf das Brett ausübt.

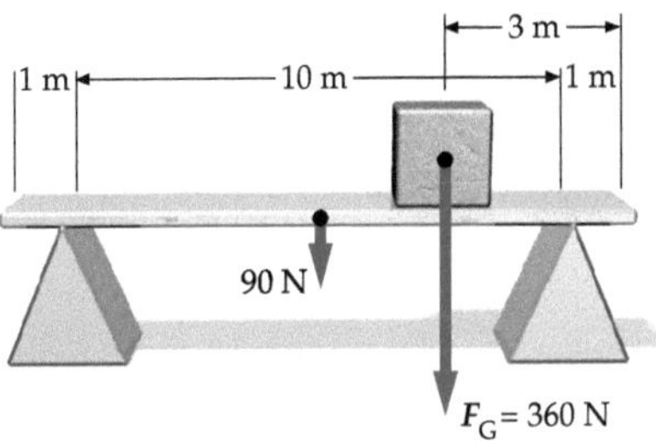

A12.25 • Das in der Abbildung gezeigte System aus Rollen und Seil nennt man Flaschenzug; man kann damit Lasten leichter heben. Hier hängt am Flaschenzug ein Körper der Masse m. Dieser wird mit konstanter Geschwindigkeit angehoben. Wenn ein Teilstück der Länge ℓ des Seils über die obere Rolle gelaufen ist, ist die untere Rolle um die Strecke h angehoben. a) Wie groß ist das Verhältnis ℓ/h? b) Nehmen Sie an, der Flaschenzug ist masselos und es tritt keine Reibung auf. Zeigen Sie mit Hilfe des Zusammenhangs zwischen Arbeit und kinetischer Energie, dass $F\,\ell = mgh$ gilt.

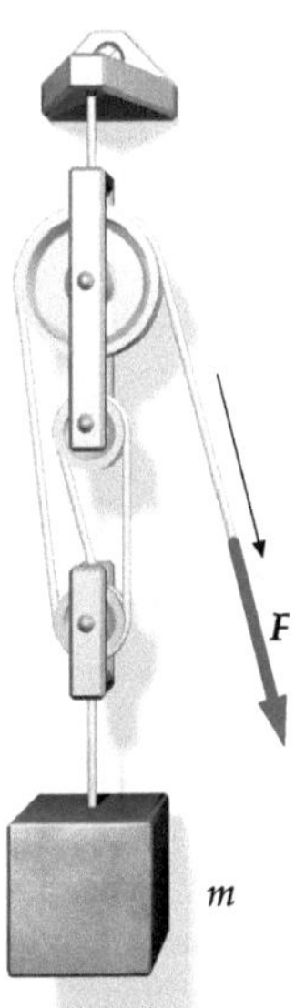

A12.26 •• Eine gleichförmige Kiste mit der Masse 8 kg, die doppelt so hoch wie breit ist, liegt auf der Ladefläche eines Lastwagens. Dieser beschleunigt auf ebener Straße. Bis zu welchem Maximalwert des Haftreibungskoeffizienten zwischen der Kiste und der Ladefläche rutscht die Kiste zum Ende der Ladefläche, statt zu kippen?

A12.27 •• Die Abbildung zeigt einen stählernen Meterstab, der an einer vertikalen Wand befestigt ist und durch einen dünnen Draht gehalten wird. Der Draht und der Meterstab bilden jeweils einen Winkel von 45° zur Vertikalen. Die Masse des Meterstabs beträgt 5 kg. Wenn man an seinem Mittelpunkt ein Massestück von 10 kg anhängt, beträgt die Zugkraft F_S im Haltedraht 52 N. Dessen Reißgrenze liegt bei 75 N; bis zu welchem Punkt auf dem Meterstab darf man das Massestück nach außen schieben, ohne dass der Draht reißt?

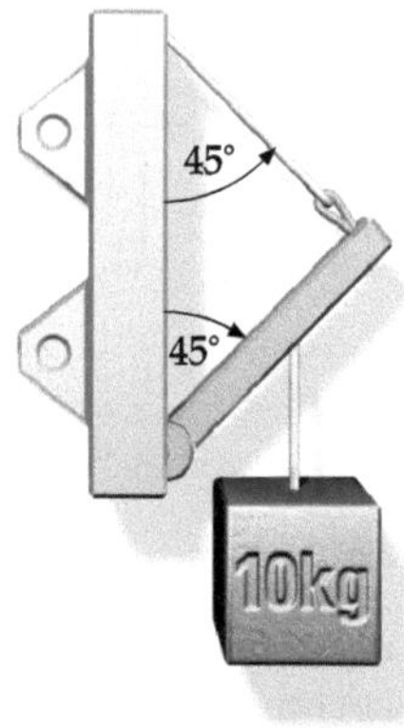

A12.28 •• Ein dünner, 60 cm langer Stab wird in einem Punkt unterstützt, der 20 cm von einem Ende entfernt ist. Der Stab ist im Gleichgewicht, wenn man auf das nähere Ende einen Körper der Masse $(2m + 2\,\mathrm{g})$ und auf das weiter entfernte Ende einen Körper der Masse m auflegt (siehe Abbildung a). Der Körper ist ebenfalls im Gleichgewicht, wenn man auf das nähere Ende den Körper mit der Masse m und auf das fernere Ende nichts auflegt (Abbildung b). Bestimmen Sie die Masse des Stabs.

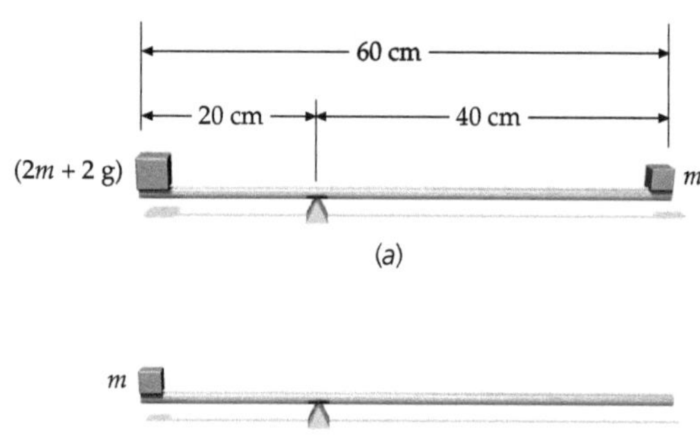

A12.29 •• Wenn man einen Meterstab auf beiden Zeigefingern balanciert und dabei die Hände einander annähert, dann treffen sich die Finger immer im Mittelpunkt des Stabs, unabhängig davon, wo man sie anfangs platziert hatte. a) Warum ist das so? b) Wenn man die Finger einander nähert, so bewegt sich zuerst der eine, dann der andere Finger; niemals bewegen sich beide Finger gleichzeitig. Erklären Sie das im Hinblick auf den Haftreibungs- und den Gleitreibungskoeffizienten zwischen dem Stab und den Fingern.

A12.30 ••• Eine homogene Kugel mit dem Radius r und der Masse m wird durch einen horizontalen Faden auf einer um den Winkel θ geneigten Ebene in Ruhe gehalten (siehe Abbildung). Verwenden Sie die Werte $r = 20$ cm, $m = 3$ kg und $\theta = 30°$. a) Berechnen Sie die Zugkraft im Faden. b) Welche Normalkraft übt die geneigte Ebene auf die Kugel aus? c) Welche Reibungskraft wirkt auf die Kugel?

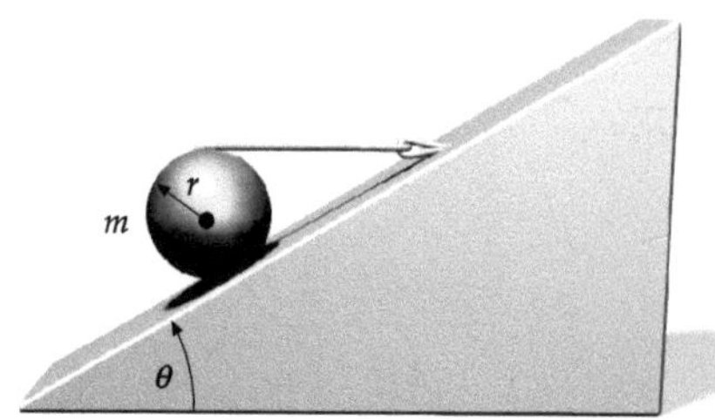

A12.31 •• Ein 20 cm langes gleichförmiges Brett liegt auf einem Zylinder von 4 cm Radius (siehe Abbildung). Das Brett hat eine Masse von 5,0 kg, die Masse des Zylinders beträgt 8 kg. Der Haftreibungskoeffizient zwischen dem Brett und dem Zylinder ist null, die Haftreibungskoeffizienten zwischen Brett und Boden bzw. zwischen Zylinder und Boden sind jeweils größer als null. Gibt es bestimmte Werte für die Haftreibungskoeffizienten, bei denen das gezeigte System im statischen Gleichgewicht bleibt? Falls ja, welche Werte sind es? Falls nein, erläutern Sie, warum.

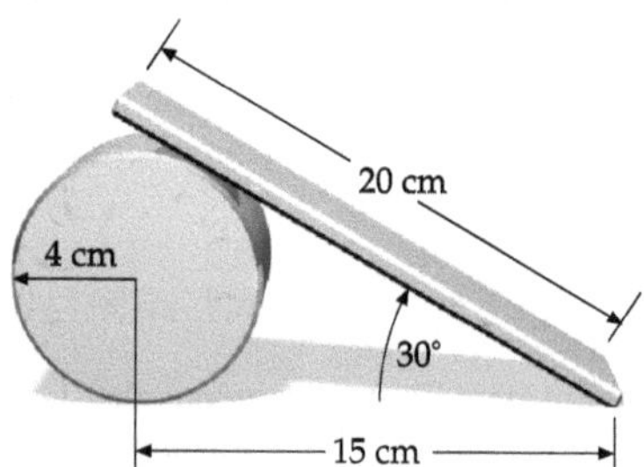

A12.32 ••• Ein massiver Würfel mit der Seitenlänge a liegt auf einem Zylinder mit dem Durchmesser d. Für $d \ll a$ ist das Gleichgewicht instabil, für $d \gg a$ ist das Gleichgewicht stabil (siehe Abbildung). Bestimmen Sie den kleinsten Wert von d/a, für den der Würfel noch im stabilen Gleichgewicht ist.

Statisches Gleichgewicht und Elastizität

12L

L: Lösungen

L12.1 a) Falsch. Es müssen die Bedingungen $\sum_i F_i = 0$ und $\sum_i M_i = 0$ erfüllt sein.

b) Richtig. Die notwendigen und die hinreichenden Bedingungen für statisches Gleichgewicht sind $\sum_i F_i = 0$ und $\sum_i M_i = 0$.

c) Richtig. Die Bedingungen $\sum_i F_i = 0$ und $\sum_i M_i = 0$ müssen erfüllt sein.

d) Falsch. Ein Körper befindet sich dann im Gleichgewicht, wenn die Bedingungen $\sum_i F_i = 0$ und $\sum_i M_i = 0$ erfüllt sind.

L12.2 Das Verfahren funktioniert, weil sich (bei freier Beweglichkeit des Körpers an der Aufhängung) der Schwerpunkt stets senkrecht unter dem Aufhängungspunkt befindet. Daher verläuft bei der Aufhängung an unterschiedlichen Punkten die von Ihnen jeweils gezogene senkrechte Linie durch den Schwerpunkt, so dass der Schnittpunkt der Linien im Schwerpunkt liegt.

L12.3 Ja. Andernfalls wäre die Erhaltung des Drehimpulses nur bei der Wahl bestimmter Koordinaten gegeben.

L12.4 Die erste Abbildung zeigt die Kräfte, die an der Kiste mit der Breite b wirken. Die Kraft F_B ist die mit der Brechstange auf sie ausgeübte Kraft, F_G ist die Gewichtskraft der Kiste, und F_n ist die Normalkraft. Wir legen den Ursprung des Koordinatensystems in die linke untere Ecke der Kiste, die an dieser Stelle angehoben werden soll.

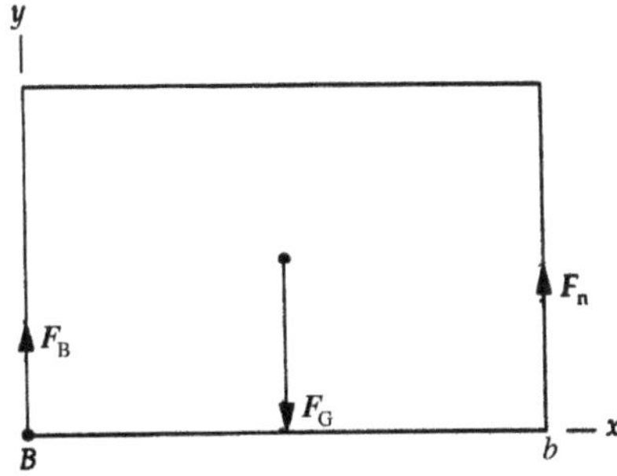

Die Gesamtlänge der Brechstange ist ℓ_B, und ℓ ist der Teil von ihr, der unter die Kiste geschoben wird (zweite Abbildung). Die Strecke ℓ ist also der Abstand zwischen den Punkten, an denen

die Brechstange mit der Kiste bzw. mit dem Fußboden Kontakt hat. Wir vernachlässigen die Durchbiegung der Brechstange beim Anheben und nehmen an, dass Sie maximal die Kraft $F = 500$ N ausüben können.

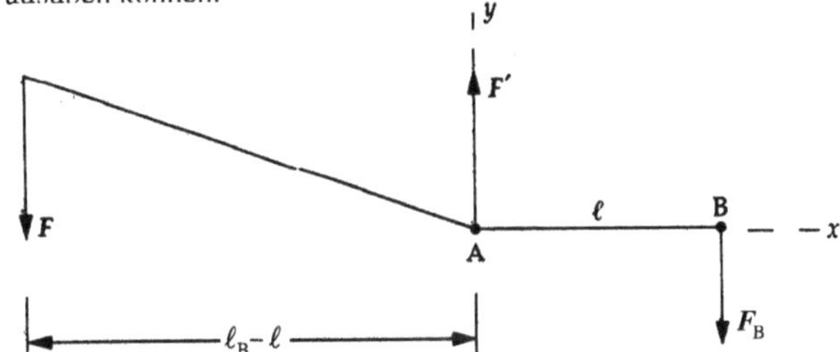

Weil sich die Kiste nach dem Anheben nicht mehr bewegt, herrscht an der Brechstange Kräftegleichgewicht: $\sum F_y = 0$. Daher muss gelten $F_B - F_G + F_n = 0$ bzw. $F_B = F_G - F_n$. Weiterhin ist das resultierende Drehmoment um eine Achse durch den Punkt B, senkrecht zur Zeichenebene, null: $\sum M = 0$. Also ist $b\,F_n - \frac{1}{2}\,b\,F_G = 0$ und daher $F_n = \frac{1}{2}\,F_G$. Das bedeutet, die Brechstange unterstützt nur die halbe Gewichtskraft der Kiste. Mit der ersten Gleichung erhalten wir $F_B = F_G - F_n = F_G - \frac{1}{2}\,F_G = \frac{1}{2}\,F_G$. Auch das resultierende Drehmoment bezüglich des Punkts A muss null sein: $\sum M = 0$. Das bedeutet $F(\ell_B - \ell) - F_B\,\ell = 0$. Damit ergibt sich die Mindestlänge der Brechstange zu

$$\ell_B = \ell\left(1 + \frac{F_B}{F}\right) = \ell\left(1 + \frac{F_G}{2F}\right)$$

$$= (0{,}1\ \text{m})\left(1 + \frac{4500\ \text{N}}{2\,(500\ \text{N})}\right) = 0{,}55\ \text{m}.$$

L12.5 a) Der Elastizitätsmodul ist gegeben durch

$$E = \frac{F/A}{\Delta\ell/\ell}. \tag{1}$$

Mit der Federkonstanten k_F und der von der Feder ausgeübten Kraft F_F gilt für ihre Längenänderung

$$\Delta\ell = \frac{F_F}{k_F}. \tag{2}$$

Wenn auf die Fläche A, in der sich n Federn befinden, die Kraft F einwirkt, dann erfährt jede Feder die Kraft $F_F = F/n$. Außerdem gilt definitionsgemäß $n = A/a^2$. Damit erhalten wir $F_F = Fa^2/A$. Einsetzen in Gleichung 2 liefert $\Delta\ell = Fa^2/(k_F A)$. Wir nehmen an, dass sich die Federn proportional zur Kraft dehnen. Dann gilt für die gesamte relative Längenänderung

$$\frac{\Delta\ell_{\text{ges}}}{\ell} = \frac{\Delta\ell}{a} = \frac{1}{a}\frac{Fa^2}{k_F A} = \frac{Fa}{k_F A}.$$

Dies setzen wir in Gleichung 1 ein:

$$E = \frac{F/A}{Fa/(k_F A)} = \frac{k_F}{a}.$$

b) Wie in Teilaufgabe a gezeigt, ist $k_F = E\,a$. Der Elastizitätsmodul ist $E = 200\,\text{GN}\cdot\text{m}^{-2} = 2\cdot10^{11}\,\text{N}\cdot\text{m}^{-2}$. Mit $a \approx 1\,\text{nm}$ erhalten wir $k_F \approx (2\cdot10^{11}\,\text{N}\cdot\text{m}^{-2})\,(10^{-9}\,\text{m}) = 200\,\text{N}\cdot\text{m}^{-1}$.

L12.6 Wir bezeichnen mit F_1 die vom Boden auf die Füße und mit F_2 die vom Boden auf die Hände ausgeübte Kraft.

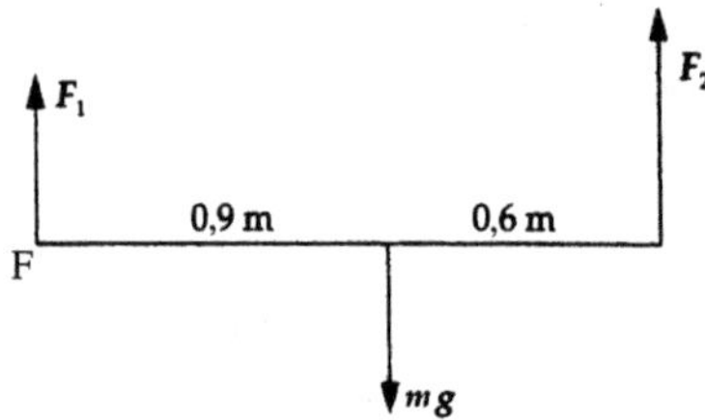

Weil keine Drehbewegung vorliegt, ist das resultierende Drehmoment bezüglich einer Achse durch den Punkt F null: $\sum M = 0$. Also gilt $F_2\,(1,5\,\text{m}) - mg\,(0,9\,\text{m}) = 0$. Das ergibt

$$F_2 = \frac{mg\,(0,9\,\text{m})}{1,5\,\text{m}}$$
$$= \frac{(54\,\text{kg})\,(9,81\,\text{m}\cdot\text{s}^{-2})\,(0,9\,\text{m})}{1,5\,\text{m}} = 318\,\text{N}.$$

L12.7 Weil keine Drehbewegung vorliegt, ist das resultierende Drehmoment um eine Achse durch den Drehpunkt null: $\sum M = 0$. Daher gilt $F\,(0,05\,\text{m}) - (18\,\text{N})\,(0,28\,\text{m}) = 0$, und die vom Bizeps ausgeübte Kraft ergibt sich zu

$$F = \frac{(18\,\text{N})\,(0,28\,\text{m})}{0,05\,\text{m}} = 101\,\text{N}.$$

L12.8 Mit der Gewichtskraft F_G der gesamten Platte und mit der x-Koordinate x_S des Schwerpunkts gilt

$$F_G x_S = \sum_i F_{G,i} x_i$$
$$= (40\,\text{N})\,(\tfrac{1}{2}a) + (60\,\text{N})\,(\tfrac{1}{2}a)$$
$$+ (30\,\text{N})\,(\tfrac{3}{2}a) + (50\,\text{N})\,(\tfrac{3}{2}a)$$
$$= (170\,\text{N})\,a.$$

Mit $F_G = 180\,\text{N}$ erhalten wir $(180\,\text{N})\,x_S = (170\,\text{N})\,a$ und daraus $x_S = [(170\,\text{N})/(180\,\text{N})]\,a = 0,944\,a$.
Entsprechend gilt für die y-Koordinate y_S des Schwerpunkts

$$F_G y_S = \sum_i F_{G,i} y_i$$
$$= (40\,\text{N})\,(\tfrac{1}{2}a) + (60\,\text{N})\,(\tfrac{3}{2}a)$$
$$+ (30\,\text{N})\,(\tfrac{3}{2}a) + (50\,\text{N})\,(\tfrac{1}{2}a)$$
$$= (180\,\text{N})\,a.$$

Mit $F_G = 180\,\text{N}$ erhalten wir $(180\,\text{N})\,y_S = (180\,\text{N})\,a$ und daraus $y_S = a$.

L12.9 In der Abbildung sind die Zugkräfte F_B und F_H in den Drähten zum Bug (B) und zum Heck (H) eingezeichnet, außerdem die Gewichtskraft mg des Masts. F_D ist die Kraft, die das Deck auf den Mast ausübt. Wir legen den Ursprung des Koordinatensystems an den Fuß des Masts und wählen als positive x-Richtung die nach rechts (zum Heck hin) und als positive y-Richtung die nach oben.

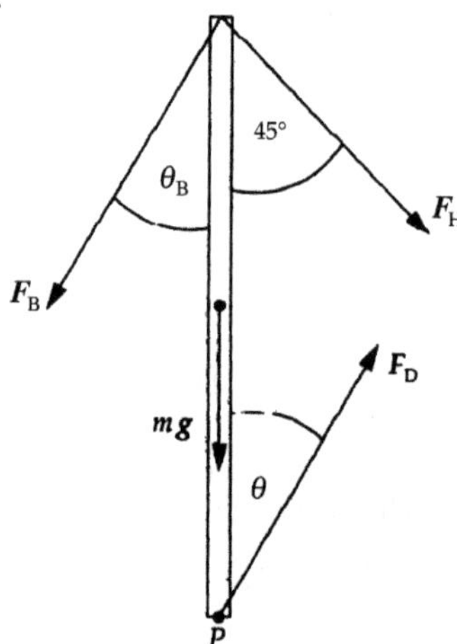

Auf den Mast wirkt kein resultierendes Drehmoment; also ist $\sum M = 0$. Daher gilt
$(4,88\,\text{m})\,(1000\,\text{N})\,\sin\theta_B - (4,88\,\text{m})\,F_H \sin45° = 0$.
Der Winkel θ_B zwischen dem Mast und dem Draht zum Bug ist

$$\theta_B = \operatorname{atan}\frac{2,74\,\text{m}}{4,88\,\text{m}} = 29,3°.$$

Dies setzen wir in die vorige Gleichung ein und erhalten für die Zugkraft im Draht zum Heck

$$F_H = \frac{(1000\,\text{N})\,\sin\theta_B}{\sin45°} = \frac{(1000\,\text{N})\,\sin29,3°}{\sin45°} = 692\,\text{N}.$$

Wenn der Mast sich weder verschieben noch kippen soll, muss in x-Richtung gelten

$$\sum F_x = F_D \cos\theta + F_H \sin45° \quad F_B \sin\theta_B = 0.$$

Das ergibt
$F_D \cos\theta = (1000\,\text{N})\,\sin29,3° - (692\,\text{N})\,\sin45° \approx 0$.
Entsprechend muss in y-Richtung gelten

$$\sum F_y = F_D \sin\theta - F_B \cos\theta_B - F_H \cos45° - mg = 0.$$

Das ergibt

$$F_D \sin\theta = (1000\,\text{N})\,\cos29,3° + (692\,\text{N})\,\cos45°$$
$$+ (120\,\text{kg})\,(9,81\,\text{m}\cdot\text{s}^{-2})$$
$$= 2539\,\text{N}.$$

Wegen $F_D \cos\theta = 0$ ist $\theta = 90°$ und $F_D = 2,54\,\text{kN}$. Es ist also gar kein Sperrblock nötig, mit dem der Mast stabilisiert werden müsste.

L12.10 Weil die Flächen reibungsfrei sind, muss die von jeder Fläche ausgeübte Kraft senkrecht zu ihr ausgerichtet sein. Wir verwenden den Index 1 für die um 30° geneigte Ebene und den Index 2 für die um 60° geneigte Ebene. Das Koordinatensystem legen wir so an, dass die positive x-Richtung die nach rechts und die positive y-Richtung die nach oben ist.

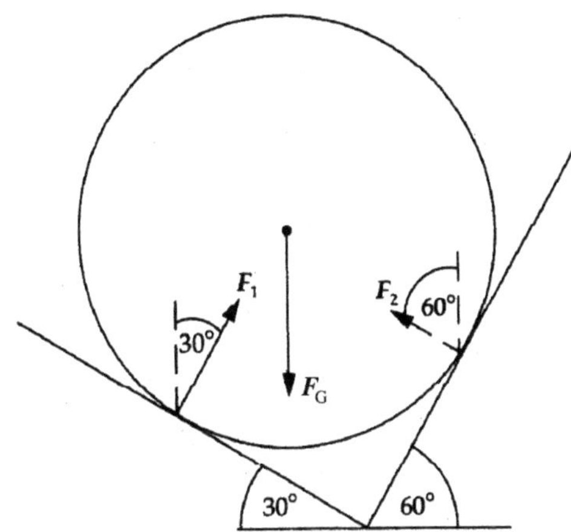

Weil sich der Zylinder im Gleichgewicht befindet, muss gelten $\sum F_x = 0$ und $\sum F_y = 0$. Das ergibt für die x-Richtung

$$F_1 \sin 30° - F_2 \sin 60° = 0 \tag{1}$$

und für die y-Richtung

$$F_1 \cos 30° - F_2 \cos 60° - F_G = 0. \tag{2}$$

Aus Gleichung 1 folgt

$$F_1 = \sqrt{3}\, F_2. \tag{3}$$

Dies setzen wir in Gleichung 2 ein und erhalten

$$\sqrt{3}\, F_2 \cos 30° + F_2 \cos 60° - F_G = 0.$$

Das ergibt $(\sqrt{3} \cos 30° + \cos 60°)\, F_2 = F_G$ und

$$F_2 = \frac{F_G}{\sqrt{3} \cos 30° + \cos 60°} = \tfrac{1}{2} F_G.$$

Mit Gleichung 3 erhalten wir daraus

$$F_1 = \sqrt{3} \left(\tfrac{1}{2} F_G \right) = \frac{\sqrt{3}}{2} F_G.$$

L12.11 An den Stützen des Sprungbretts wirken die Kräfte F_1 und F_2. Die Gewichtskraft $m\boldsymbol{g}$ des Sprungbretts greift an dessen Schwerpunkt an und an dessen Ende die Gewichtskraft $m_1 \boldsymbol{g}$ des Springers.

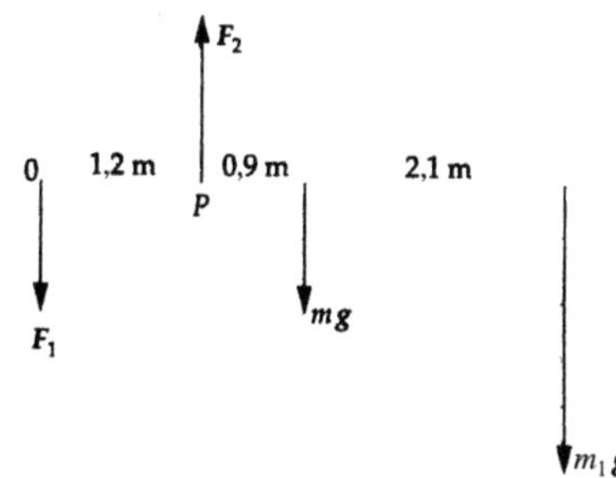

Bezüglich einer Achse durch die linke Stütze ist das resultierende Drehmoment null: $\sum M = 0$. Daher gilt

$$(1{,}2\ \text{m})\, F_2 - (2{,}1\ \text{m})\, m g - (4{,}2\ \text{m})\, m_1\, g = 0.$$

Damit ergibt sich für die an der rechten Stütze wirkende Druckkraft (die die Kraft F_2 ausgleicht):

$$
\begin{aligned}
F_2' &= \frac{(2{,}1\ \text{m})\, m + (4{,}2\ \text{m})\, m_1}{1{,}2\ \text{m}}\, g \\
&= \frac{(2{,}1\ \text{m})\,(30\ \text{kg}) + (4{,}2\ \text{m})\,(70\ \text{kg})}{1{,}2\ \text{m}}\,(9{,}81\ \text{m}\cdot\text{s}^{-2}) \\
&= 2{,}92\ \text{kN}.
\end{aligned}
$$

Auch bezüglich einer Achse durch die rechte Stütze ist das resultierende Drehmoment null: $\sum M = 0$. Daher gilt

$$(1{,}2\ \text{m})\, F_1 - (0{,}9\ \text{m})\, m g - (3\ \text{m})\, m_1\, g = 0.$$

Damit ergibt sich für die an der linken Stütze wirkende Zugkraft (die die Kraft F_1 ausgleicht):

$$
\begin{aligned}
F_1' &= \frac{(0{,}9\ \text{m})\, m + (3\ \text{m})\, m_1}{1{,}2\ \text{m}}\, g \\
&= \frac{(0{,}9\ \text{m})\,(30\ \text{kg}) + (3\ \text{m})\,(70\ \text{kg})}{1{,}2\ \text{m}}\,(9{,}81\ \text{m}\cdot\text{s}^{-2}) \\
&= 1{,}94\ \text{kN}.
\end{aligned}
$$

L12.12 Die Abbildung zeigt die auf den Zylinder einwirkenden Kräfte. Wir legen das Koordinatensystem so an, dass die positive x-Richtung die nach rechts und die positive y-Richtung die nach oben ist. Der Zylinder befindet sich sowohl hinsichtlich der Translation als auch der Rotation im Gleichgewicht.

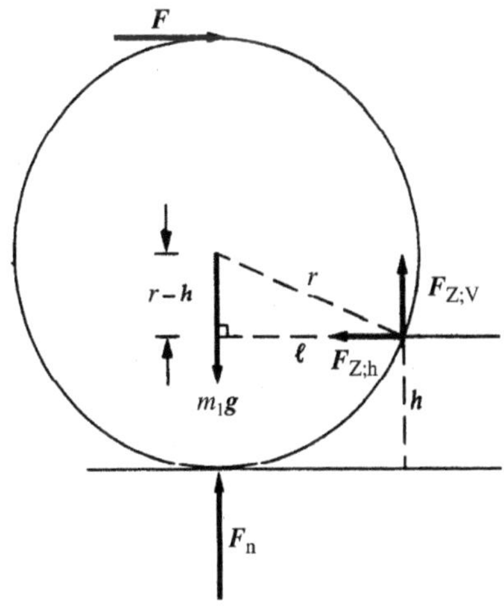

a) Bezüglich der Stufenkante ist das resultierende Drehmoment null: $\sum M = 0$. Daher gilt

$$m g\,\ell - F_n\,\ell - F\,(2r - h) = 0.$$

Aus den geometrischen Zusammenhängen ergibt sich

$$\ell = \sqrt{r^2 - (r - h)^2} = \sqrt{2rh - h^2}.$$

Damit gilt für die Normalkraft

$$
\begin{aligned}
F_n &= m g - \frac{F\,(2r - h)}{\ell} = m g - \frac{F\,(2r - h)}{\sqrt{2rh - h^2}} \\
&= m g - F\,\sqrt{\frac{2r - h}{h}}.
\end{aligned}
$$

b) Auf den Zylinder wirkt in horizontaler Richtung keine resultierende Kraft: $\sum \boldsymbol{F}_x = 0$. Also ist $-F_{Z,h} + F = 0$ bzw. $F_{Z,h} = F$.

c) Auf den Zylinder wirkt auch in vertikaler Richtung keine resultierende Kraft: $\sum \boldsymbol{F}_y = 0$. Also ist $F_n - mg + F_{Z,v} = 0$. Das ergibt $F_{Z,v} = mg - F_n$. Mit der Lösung der Teilaufgabe a erhalten wir

$$F_{Z,v} = mg - \left(mg - F\sqrt{\frac{2r-h}{h}} \right) = F\sqrt{\frac{2r-h}{h}}\,.$$

L12.13 Die Verhältnisse sind dieselben wie in Aufgabe 12 (siehe die dortige Abbildung). Bezüglich der Stufenkante ist das resultierende Drehmoment zunächst null: $\sum \boldsymbol{M} = 0$. Daher gilt

$$mg\,\ell - F_n\,\ell - F(2r - h) = 0\,.$$

Aus den geometrischen Zusammenhängen ergibt sich

$$\ell = \sqrt{r^2 - (r-h)^2} = \sqrt{2rh - h^2}\,.$$

Somit gilt für die Normalkraft

$$F_n = mg - \frac{F(2r-h)}{\ell} = mg - \frac{F(2r-h)}{\sqrt{2rh - h^2}}$$
$$= mg - F\sqrt{\frac{2r-h}{h}}\,.$$

Damit der Zylinder über die Stufe rollen kann, muss er angehoben werden, also den Boden verlassen. Dabei muss $F_n = 0$ sein, und wir erhalten

$$0 = mg - F\sqrt{\frac{2r-h}{h}} \quad \text{und daraus} \quad F = mg\sqrt{\frac{h}{2r-h}}\,.$$

L12.14 Die Abbildung zeigt die Gegebenheiten in dem Augenblick, in dem der Winkel θ gerade so groß ist, dass der Block noch nicht herabgleitet. Wir legen das Koordinatensystem so an, dass die positive x-Richtung die entlang der geneigten Ebene nach oben und die positive y-Richtung die der Normalkraft F_n ist.

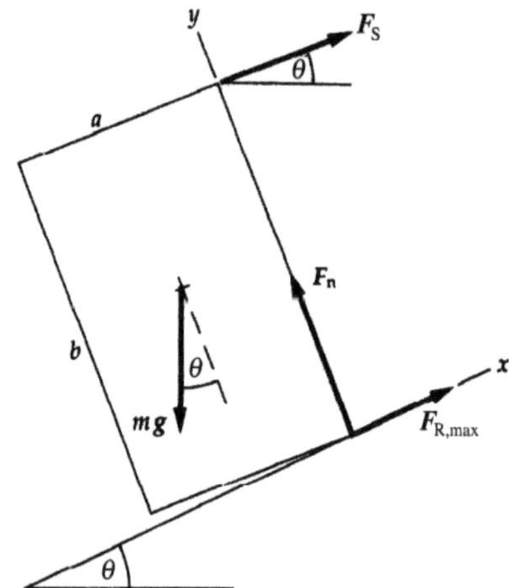

Weil die obere rechte Kante des Blocks durch die Schnur fixiert ist, kann er sich nur so drehen, dass lediglich seine rechte untere Kante in Kontakt mit der geneigten Ebene bleibt. Unmittelbar vor dem Abrutschen wirken an dieser Kante die Normalkraft F_n und die Haftreibungskraft $F_{R,h} = \mu_{R,h} F_n$. In x-Richtung herrscht dabei Gleichgewicht. Daher gilt für den Block $\sum \boldsymbol{F}_x = 0$ und somit

$$F_S + \mu_{R,h} F_n - mg\sin\theta = 0\,. \tag{1}$$

Auch in y-Richtung herrscht Gleichgewicht, so dass gilt $\sum \boldsymbol{F}_y = 0$ und daher

$$F_n - mg\cos\theta = 0\,. \tag{2}$$

Das resultierende Drehmoment bezüglich der unteren rechten Kante des Blocks ist null: $\sum \boldsymbol{M} = 0$. Das ergibt

$$\tfrac{1}{2} a\,(mg\cos\theta) + \tfrac{1}{2} b\,(mg\sin\theta) - b\,F_S = 0\,. \tag{3}$$

Wir eliminieren F_n aus den Gleichungen 1 und 2 und lösen nach der Zugkraft auf: $F_S = mg\,(\sin\theta - \mu_{R,h}\cos\theta)$. Das setzen wir in Gleichung 3 ein:

$$\tfrac{1}{2} a\,(mg\cos\theta) + \tfrac{1}{2} b\,(mg\sin\theta)$$
$$- b\,[mg\,(\sin\theta - \mu_{R,h}\cos\theta)] = 0\,.$$

Mit $b = 4a$ erhalten wir daraus

$$\tfrac{1}{2} a\,(mg\cos\theta) + \tfrac{1}{2}(4a)\,(mg\sin\theta)$$
$$- (4a)\,[mg\,(\sin\theta - \mu_{R,h}\cos\theta)] = 0\,.$$

Daraus folgt $(1 + 8\,\mu_{R,h})\cos\theta - 4\sin\theta = 0$, und der gesuchte Winkel ergibt sich zu

$$\theta = \operatorname{atan}\frac{1 + 8\,\mu_{R,h}}{4} = \operatorname{atan}\frac{1 + 8\,(0{,}8)}{4} = 61{,}6°\,.$$

L12.15 a) Weil sich der Würfel im Gleichgewicht befindet, muss in horizontaler Richtung gelten $\sum \boldsymbol{F}_x = 0$. Für die angreifende Kraft $\boldsymbol{F}$ und die Reibungskraft $\boldsymbol{F}_R$ gilt daher $F + F_R = 0$. Sie bilden also ein Kräftepaar. Beide Kräfte sind gleich groß, wirken aber in genau entgegengesetzten Richtungen. Das von ihnen hervorgerufene Drehmoment ist $M = F\,a$.

b) Die Normalkraft entspricht der Gewichtskraft: $F_n = mg$. Außerdem ist das am Würfel angreifende resultierende Drehmoment null: $\sum \boldsymbol{M} = 0$. Mit dem Abstand x des Angriffspunkts der Kraft F_n vom Mittelpunkt des Würfels gilt dann $mg\,x - F\,a = 0$ und daher $x = Fa/(mg)$. Für $F = mg/3$ erhalten wir

$$x = \frac{mg\,a/3}{mg} = \frac{a}{3}\,.$$

c) Aus $mg\,x - F\,a = 0$ (siehe Teilaufgabe b) folgt $F = mg\,x/a$. Der Abstand x ist höchstens gleich der halben Kantenlänge: $x_{\max} = a/2$. Damit lautet die Bedingung dafür, dass der Würfel nicht kippt:

$$F \le \frac{mg\,x_{\max}}{a} = \frac{mg\,a/2}{a} = \frac{mg}{2}\,.$$

L12.16 Die Wahl des Koordinatensystems geht aus der Abbildung hervor. Die Koordinate des Lastangriffspunkts ist x.

a) Die Normalkraft muss die Gewichtskraft der Mauer sowie die vertikale Komponente der vom Bogen ausgeübten Kraft $\boldsymbol{F}_B$ ausgleichen. Die Reibungskraft $\boldsymbol{F}_R$ muss die horizontale Komponente von $\boldsymbol{F}_B$ ausgleichen. Die Bedingungen dafür, dass sich die Mauer im Gleichgewicht befindet, lauten also

$$\sum F_x = -F_R + F_B\cos\theta = 0\,, \tag{1}$$

$$\sum F_y = F_n - mg - F_B\sin\theta = 0\,. \tag{2}$$

Die Reibungskraft erhalten wir aus Gleichung 1:

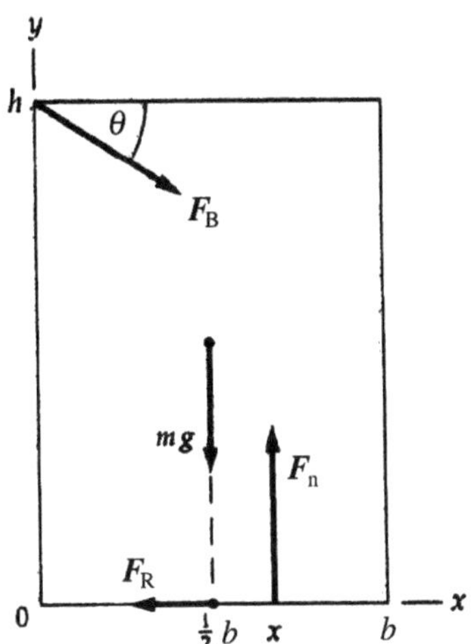

$F_{\mathrm{R}} = F_{\mathrm{B}}\cos\theta = (2\cdot 10^4\ \mathrm{N})\cos 30^\circ = 17,3\ \mathrm{kN}.$

Aus Gleichung 2 ergibt sich für die Normalkraft

$$F_{\mathrm{n}} = mg + F_{\mathrm{B}}\sin\theta$$
$$= (3\cdot 10^4\ \mathrm{kg})(9,81\ \mathrm{m\cdot s^{-2}}) + (2\cdot 10^4\ \mathrm{N})\sin 30^\circ$$
$$= 304\ \mathrm{kN}.$$

Das resultierende Drehmoment bezüglich der z-Achse muss null sein: $\sum M_z = 0$. Daher gilt
$x F_{\mathrm{n}} - \frac{1}{2} b\,mg - h F_{\mathrm{B}}\cos\theta = 0,$ und wir erhalten

$$x = \frac{\frac{1}{2} b\,mg + h F_{\mathrm{B}}\cos\theta}{F_{\mathrm{n}}}$$
$$= \frac{\frac{1}{2}(1,25\ \mathrm{m})(3\cdot 10^4\ \mathrm{kg})(9,81\ \mathrm{m\cdot s^{-2}})}{304\ \mathrm{kN}}$$
$$\quad + \frac{(10\ \mathrm{m})(2\cdot 10^4\ \mathrm{N})\cos 30^\circ}{304\ \mathrm{kN}}$$
$$= 0,570\ \mathrm{m}.$$

b) Wenn seitlich keine Kraft auf die Mauer wirkte, so verliefe die Normalkraft genau durch die Mitte der Mauer. Daher liegt der Angriffspunkt der Normalkraft umso näher an der Mitte der Mauer, je höher deren Gewichtskraft im Verhältnis zur seitlichen Kraft des Bogens ist.

L12.17 Die Abbildung zeigt die Gegebenheiten in dem Augenblick, da die Leiter zu rutschen beginnt. Wir legen den Ursprung des Koordinatensystems in den Fußpunkt der Leiter.

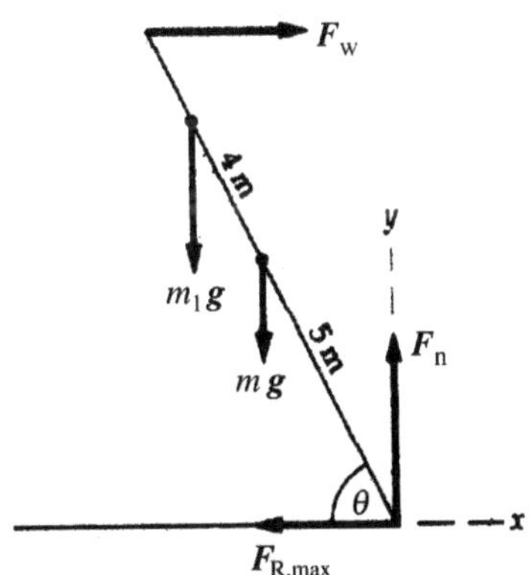

Für den Haftreibungskoeffizienten muss gelten $\mu_{\mathrm{R,h}} = F_{\mathrm{R,max}}/F_{\mathrm{n}}$, wobei $F_{\mathrm{R,max}}$ die maximale Reibungskraft der Leiter auf dem Boden ist. Wenn sich die Leiter am Fußpunkt nicht dreht, ist das resultierende Drehmoment hier null: $\sum M = 0$. Daraus ergibt sich
$[(9\ \mathrm{m})\cos\theta]\,m_1\,g + [(5\ \mathrm{m})\cos\theta]\,mg - [(10\ \mathrm{m})\sin\theta]\,F_{\mathrm{W}} = 0.$
Aufgrund der geometrischen Anordnung ist der Winkel $\theta = \mathrm{acos}\,(2,8\ \mathrm{m})/(10\ \mathrm{m}) = 73,74^\circ$. Mit $m = 22\ \mathrm{kg}$ und $m_1 = 70\ \mathrm{kg}$ erhalten wir für die Kraft, die die Wand auf die Leiter ausübt:

$$F_{\mathrm{W}} = \frac{(9\ \mathrm{m})\,m_1 + (5\ \mathrm{m})\,m}{(10\ \mathrm{m})\sin\theta}\,g\cos\theta$$
$$= \frac{(9\ \mathrm{m})(70\ \mathrm{kg}) + (5\ \mathrm{m})(22\ \mathrm{kg})}{(10\ \mathrm{m})\sin 73,74^\circ}(9,81\ \mathrm{m\cdot s^{-2}})\cos 73,74^\circ$$
$$= 211,7\ \mathrm{N}.$$

Wegen $\sum F_x = 0$ muss für die horizontalen Kräfte an der Leiter gelten $F_{\mathrm{W}} - F_{\mathrm{R,max}} = 0$. Damit erhalten wir $F_{\mathrm{R,max}} = F_{\mathrm{W}} = 211,7\ \mathrm{N}$.

Entsprechend gilt für die vertikalen Kräfte $\sum F_y = 0$, und es ergibt sich $F_{\mathrm{n}} - m_1\,g - mg = 0$ sowie daraus für alle vier Holme zusammen

$$F_{\mathrm{n}} = (m_1 + m)\,g = (70\ \mathrm{kg} + 22\ \mathrm{kg})(9,81\ \mathrm{m\cdot s^{-2}})$$
$$= 902,5\ \mathrm{N}.$$

Für den Haftreibungskoeffizienten erhalten wir schließlich

$$\mu_{\mathrm{R,h}} = \frac{F_{\mathrm{R,max}}}{F_{\mathrm{n}}} = \frac{211,7\ \mathrm{N}}{902,5\ \mathrm{N}} = 0,325.$$

L12.18 Wir bezeichnen mit d den Abstand der Holme am Boden und mit y den vertikalen Abstand der Verstrebung von der Spitze der Leiter.

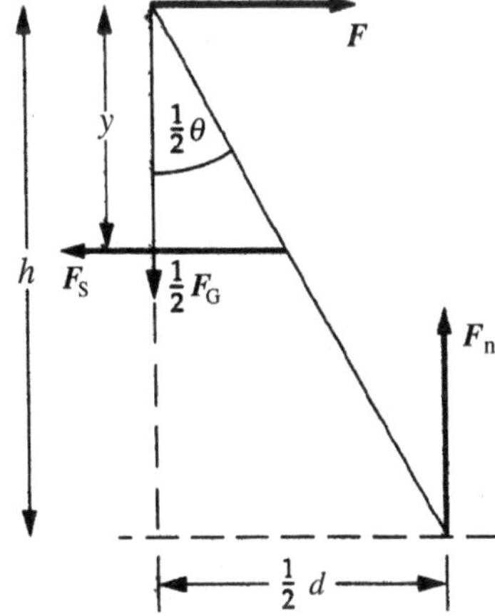

a) Wir nehmen an, dass auf jede Hälfte der Leiter die halbe Gewichtskraft des Manns wirkt. Also wirkt an jedem Holm senkrecht nach unten eine Kraft von 450 N.

b) Weil an den Holmen Gleichgewicht herrscht, wirkt beispielsweise auf den rechten Holm (siehe Abbildung) kein resultierendes Drehmoment, und es ist $\sum M = 0$. Daraus folgt $F_{\mathrm{n}}\,d/2 - F_{\mathrm{S}}\,y = 0$. Aufgrund der geometrischen Gegebenheiten ist $\tan(\theta/2) = (d/2)/h$ und daher $d = 2h\tan(\theta/2)$. Mit der vorigen Beziehung ergibt sich also für die Zugkraft in der Verstrebung

$$F_{\mathrm{S}} = \frac{F_{\mathrm{n}}\,d}{2y} = \frac{2F_{\mathrm{n}}\,h\tan(\theta/2)}{2y} = \frac{F_{\mathrm{n}}\,h\tan(\theta/2)}{y}.$$

Weil sich die Leiter im Gleichgewicht befindet, muss gelten $\sum F_y = 0$ und daher $F_n - \frac{1}{2} F_G = 0$. Also ist $F_n = \frac{1}{2} F_G$. Dies setzen wir in die vorige Gleichung ein und erhalten

$$F_S = \frac{F_G\, h \tan(\theta/2)}{2y} = \frac{(900\ \text{N})\,(4\ \text{m}) \tan 15°}{2\,(2\ \text{m})} = 241\ \text{N}.$$

c) Aus der letzten Gleichung ist zu ersehen, dass die Zugkraft umgekehrt proportional zu y ist. Sie ist also kleiner, wenn die Holme weiter unten miteinander verbunden sind.

L12.19 Der Quotient aus Scherspannung und Scherung ist der Schubmodul G.

Also ist

$$G = \frac{F_t/A}{\tan\theta} \quad \text{und} \quad \tan\theta = \frac{F_t}{GA} \quad \text{sowie} \quad \theta = \operatorname{atan}\frac{F_t}{GA}.$$

Damit ergibt sich der Winkel zu

$$\theta = \operatorname{atan}\frac{25\ \text{N}}{(1,9\cdot 10^5\ \text{N}\cdot\text{m}^{-2})\,(15\cdot 10^{-4}\ \text{m}^2)} = 5,01°.$$

L12.20 Gemäß dem Hooke'schen Gesetz ist $F_n = k_F \Delta\ell$ und daher $k_F = F_n/\Delta\ell$. Aus der Definition des Elastizitätsmoduls E ergibt sich $F_n/\Delta\ell = AE/\ell$. Also ist $k_F = AE/\ell$. Die in der „Feder" bzw. im Draht gespeicherte potenzielle Energie ist

$$E_{\text{pot}} = \tfrac{1}{2} k_F (\Delta\ell)^2 = \tfrac{1}{2}\,\frac{AE}{\ell}\,(\Delta\ell)^2.$$

Aus der obigen Beziehung $F_n/\Delta\ell = AE/\ell$ ergibt sich $F_n = AE\,\Delta\ell/\ell$. Das setzen wir ein und erhalten

$$E_{\text{pot}} = \tfrac{1}{2}\,\frac{AE\,\Delta\ell}{\ell}\,\Delta\ell = \tfrac{1}{2} F_n \Delta\ell.$$

L12.21 In der Tabelle sind die Werte zusammengestellt, die sich aus den Messwerten ergeben: die Last m, die Kraft F sowie die Längenänderung $\Delta\ell$ und die Längenänderung $\Delta\ell/F$ pro Krafteinheit.

m/g	F/N	$\Delta\ell/\text{m}$	$\dfrac{\Delta\ell/F}{\text{m}\cdot\text{N}^{-1}}$
100	0,981	0,006	$6,12\cdot 10^{-3}$
200	1,962	0,012	$6,12\cdot 10^{-3}$
300	2,943	0,019	$6,46\cdot 10^{-3}$
400	3,924	0,028	$7,14\cdot 10^{-3}$
500	4,905	0,05	$10,2\cdot 10^{-3}$

a) Der Tabelle entnehmen wir, dass für Lasten unterhalb von 200 g gilt: $\Delta\ell/F = 6,12\cdot 10^{-3}\ \text{m}\cdot\text{N}^{-1}$.

Damit erhalten wir für den Elastizitätsmodul

$$E = \frac{F\,\ell}{A\,\Delta\ell} = \frac{\ell}{A\,(\Delta\ell/F)}$$

$$= \frac{5\cdot 10^{-2}\ \text{m}}{(3\cdot 10^{-3}\ \text{m})\,(1,5\cdot 10^{-3}\ \text{m})\,(6,12\cdot 10^{-3}\ \text{m}\cdot\text{N}^{-1})}$$

$$= 1,82\cdot 10^6\ \text{N}\cdot\text{m}^{-2}.$$

b) Wir interpolieren in der Tabelle auf die Dehnung bei einer Last von 150 g und verwenden den in Aufgabe 20 aufgestellten Ausdruck $E_{\text{pot}} = \tfrac{1}{2} F \Delta\ell$ für die potenzielle Energie.

Damit erhalten wir

$$E_{\text{pot}} = \tfrac{1}{2}\,(0,15\ \text{kg})\,(9,81\ \text{m}\cdot\text{s}^{-2})\,(9\cdot 10^{-3}\ \text{m}) = 6,62\ \text{mJ}.$$

L12.22 Die geforderte Spannung ist

$$\frac{F_1}{A_1} = \frac{20\ \text{kN}}{1,2\cdot 10^{-6}\ \text{m}^2} = 1,67\cdot 10^{10}\ \text{N}\cdot\text{m}^{-2}.$$

Das getestete Seil hielt folgender Spannung gerade nicht mehr Stand:

$$\frac{F_2}{A_2} = \frac{1\ \text{kN}}{0,2\cdot 10^{-6}\ \text{m}^2} = 0,50\cdot 10^{10}\ \text{N}\cdot\text{m}^{-2}.$$

Also ist dieses Material nicht geeignet.

L12.23 a) Wir nehmen an, dass sich das Volumen bei der Dehnung nicht ändert. Dann gilt für den Spinnenfaden (der vor der Dehnung den Radius r_0 und die Länge ℓ_0 sowie nach der Dehnung den Radius r und die Länge ℓ hat): $\pi r^2 \ell = \pi r_0^2 \ell_0$. Auflösen nach dem Radius im gedehnten Zustand ergibt $r = r_0\sqrt{\ell_0/\ell}$. Bei der Dehnung auf die Länge $\ell = 10\ell_0$ ist der Radius also $r = r_0\sqrt{0,1} = 0,316\,r_0$.

b) Bei einer maximalen Dehnung von 10 gilt für den Elastizitätsmodul

$$E = \frac{F_S/A}{\Delta\ell/\ell} = \frac{F_S/(\pi r^2)}{\Delta\ell/\ell} = \frac{10\,F_S/(\pi r_0^2)}{10} = \frac{F_S}{\pi r_0^2}.$$

Daher ist die maximale Zugkraft $F_S = E\,\pi\, r_0^2$.

L12.24 Das resultierende Drehmoment bezüglich der rechten Lagerung muss null sein: $\sum_i M_i = 0$. Mit der Kraft F_L an der linken Lagerung gilt daher

$(2\ \text{m})\,(360\ \text{N}) + (5\ \text{m})\,(90\ \text{N}) - (10\ \text{m})\,F_L = 0.$

Also ist

$$F_L = \frac{(2\ \text{m})\,(360\ \text{N}) + (5\ \text{m})\,(90\ \text{N})}{10\ \text{m}} = 117\ \text{N}.$$

Weil sich das Brett im Gleichgewicht befindet, ist $\sum F_y = 0$. Für die eben berechnete Kraft F_L sowie für die Kraft F_R an der rechten Lagerung muss daher gelten

$$F_L + F_R - 90\ \text{N} - 360\ \text{N} = 0.$$

Also ist

$$F_R = -F_L + 450\ \text{N} = -117\ \text{N} + 450\ \text{N} = 333\ \text{N}.$$

Anmerkung: Wir hätten die Berechnung auch mit der Bedingung beginnen können, dass das resultierende Drehmoment bezüglich der linken Lagerung null ist.

L12.25 a) Es sind drei Seilstücke, die die Last halten. Wenn die Last um die Höhe h angehoben wird, dann muss das Seilstück, an dem gezogen wird, daher die Strecke $3h$ zurücklegen. Also ist $\ell = 3h$ bzw. $\ell/h = 3$.

b) Wenn man die Masse m um die Strecke h anhebt, verrichtet man die Arbeit $m\,g\,h$. Wegen der Energieerhaltung ist diese Arbeit gleich dem Produkt aus der Zugkraft F und der Strecke ℓ, um die das Seil zu ziehen ist. Also ist $F\ell = m\,g\,h$.

L12.26 Wenn die Kiste gerade zu kippen beginnt, wirkt die Normalkraft F_n an der linken Unterkante, wie in der Abbildung gezeigt.

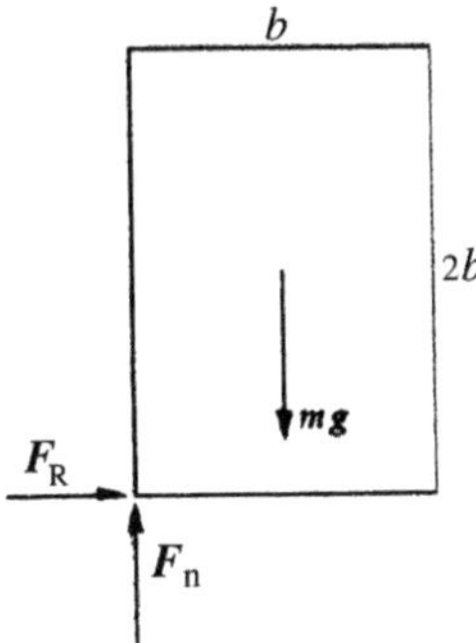

Nach der Definition des Haftreibungskoeffizienten gilt $\mu_{R,h} \geq F_R/F_n$. Das resultierende Drehmoment bezüglich des Schwerpunkts der Kiste ist null: $\sum M = 0$. Also gilt $b F_R - \frac{1}{2} b F_n = 0$. Das ergibt $F_R/F_n = \frac{1}{2}$. Daher beginnt die Kiste zu kippen, wenn $\mu_{R,h} \geq \frac{1}{2}$ ist. Bei $\mu_{R,h} < \frac{1}{2}$ gleitet sie.

L12.27 Der Meterstab befindet sich im Gleichgewicht. Also ist das resultierende Drehmoment bezüglich einer Achse durch die Aufhängung gleich null: $\sum M = 0$. Damit ergibt sich

$$(1\ \text{m})(75\ \text{N}) - (0{,}5\ \text{m})(5\ \text{kg})(9{,}81\ \text{m}\cdot\text{s}^{-2})\cos 45°$$
$$- d(10\ \text{kg})(9{,}81\ \text{m}\cdot\text{s}^{-2})\cos 45° = 0$$

und daraus

$$d = \frac{(1\ \text{m})(75\ \text{N}) - (0{,}5\ \text{m})(5\ \text{kg})(9{,}81\ \text{m}\cdot\text{s}^{-2})\cos 45°}{(10\ \text{kg})(9{,}81\ \text{m}\cdot\text{s}^{-2})\cos 45°}$$
$$= 0{,}831\ \text{m}.$$

L12.28 Das resultierende Drehmoment bezüglich einer Achse durch den Drehpunkt ist null: $\sum M = 0$. Daher gilt (mit der Masse m_1 des Stabs):

$$(0{,}20\ \text{m})(2m + 2\ \text{g}) - (0{,}40\ \text{m})\,m - (0{,}10\ \text{m})\,m_1 = 0.$$

Wir erhalten daraus

$$m_1 = \frac{(0{,}20\ \text{m})(2m + 2\ \text{g}) - (0{,}40\ \text{m})\,m}{0{,}10\ \text{m}} = 4{,}00\ \text{g}.$$

Auch im zweiten Fall (rechts ist nichts aufgelegt) muss gelten $\sum M = 0$. Dabei ist

$$(0{,}20\ \text{m})\,m - (0{,}10\ \text{m})\,m_1 = 0,$$

und es ergibt sich

$$m = \frac{(0{,}10\ \text{m})\,m_1}{0{,}20\ \text{m}} = \frac{1}{2}m_1 = 2{,}00\ \text{g}.$$

L12.29 Wir bezeichnen die Gewichtskraft des Stabs mit F_G und die Abstände der Finger vom Mittelpunkt des Stabs mit x_1 und x_2.

a) Solange sich der Schwerpunkt des Stabs zwischen den Fingern befindet, ist der Stab im Gleichgewicht. Der dem Schwerpunkt des Stabs nähere Finger übt, wie in der Abbildung ersichtlich, die größere Kraft auf den Stab aus. Daher ist bei ihm die Reibungskraft größer, und beim Annähern gleitet der andere Finger leichter am Stab entlang.

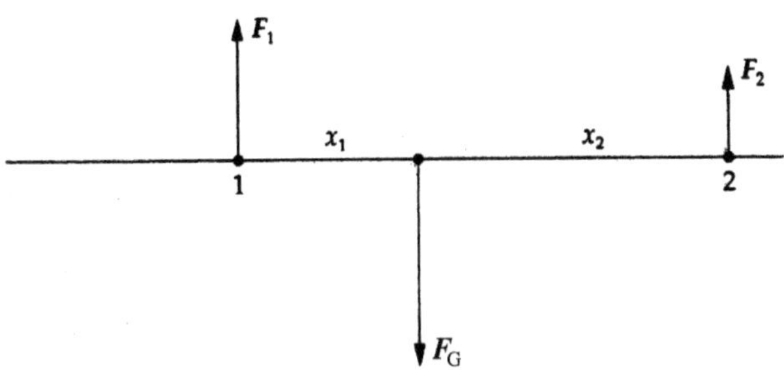

b) Das resultierende Drehmoment bezüglich einer Achse durch den Punkt 1 ist null: $\sum M = 0$.

Also gilt $\quad F_2(x_1 + x_2) - F_G x_1 = 0$

und daher $\quad F_2 = F_G\,\dfrac{x_1}{x_1 + x_2}.$

Auch das resultierende Drehmoment bezüglich einer Achse durch den Punkt 2 ist null.

Also ist $\quad -F_1(x_1 + x_2) + F_G x_2 = 0$

und daher $\quad F_1 = F_G\,\dfrac{x_2}{x_1 + x_2}.$

Der vom Schwerpunkt des Stabs weiter entfernte Finger gleitet nach innen (also näher an den Schwerpunkt des Stabs heran), bis die von ihm auf den Stab ausgeübte Normalkraft so groß ist, dass seine Gleitreibungskraft größer ist als die Haftreibungskraft am anderen Finger. In diesem Augenblick beginnt der andere Finger zu gleiten (der dies bis dahin nicht tat), und der erste gleitet nicht mehr. Es gleitet also stets nur ein Finger.

L12.30 Auf die Kugel wirken vier Kräfte: ihre Gewichtskraft mg, die Normalkraft F_n der Ebene, die Reibungskraft F_R und die Zugkraft F_S im Faden. Die Wahl des Koordinatensystems geht aus der Abbildung hervor.

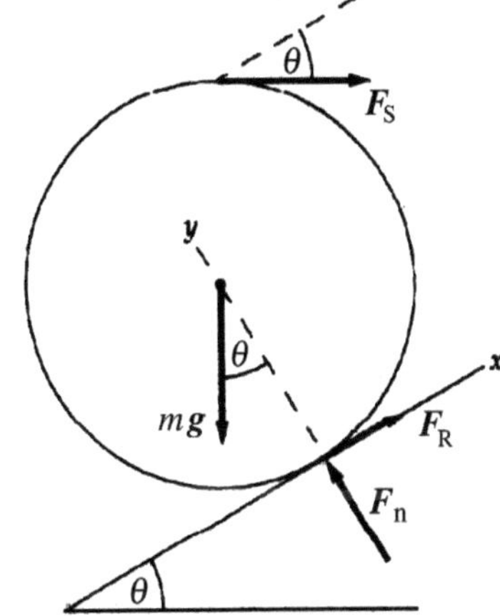

a) Das resultierende Drehmoment bezüglich einer Achse durch den Mittelpunkt ist null: $\sum M = 0$. Also gilt $r F_R - r F_S = 0$ und daher $F_R = F_S$. Die resultierende Kraft in x-Richtung ist null: $\sum F_x = 0$. Somit ist

$$F_R + F_S \cos\theta - mg\sin\theta = 0.$$

Damit ergibt sich für die Zugkraft im Faden

$$F_S = \frac{mg\sin\theta}{1 + \cos\theta} = \frac{(3\ \text{kg})(9{,}81\ \text{m}\cdot\text{s}^{-2})\sin 30°}{1 + \cos 30°} = 7{,}89\ \text{N}.$$

b) Die resultierende Kraft in y-Richtung ist null: $\sum F_y = 0$. Daher gilt $F_n - F_S \sin\theta - mg\cos\theta = 0$, und wir erhalten für die Normalkraft

$$F_n = F_S \sin\theta + mg\cos\theta$$
$$= (7{,}89\ \text{N})\sin 30° + (3\ \text{kg})(9{,}81\ \text{m}\cdot\text{s}^{-2})\cos 30°$$
$$= 29{,}4\ \text{N}.$$

c) In Teilaufgabe a wurde gezeigt, dass $F_R = F_S$ ist. Also ist die Reibungskraft $F_R = 7{,}89\ \text{N}$.

L12.31 Wir legen das Koordinatensystem so an, dass sich der Ursprung an der rechten Kante des Bretts befindet. An diesem wirken folgende Kräfte: seine Gewichtskraft mg und (in radialer Richtung auf den Zylinder) die Kraft F_B, außerdem die Normalkraft F_n sowie die Reibungskraft F_R am Boden. Am Zylinder wirken folgende Kräfte: seine Gewichtskraft $m_Z g$ und in radialer Richtung auf das Brett die Kraft F_Z (die betragsmäßig der Kraft F_B entspricht), außerdem die Normalkraft $F_{n,Z}$ sowie die Reibungskraft $F_{R,Z} = \mu_{R,Z}\, F_{n,Z}$ am Boden.

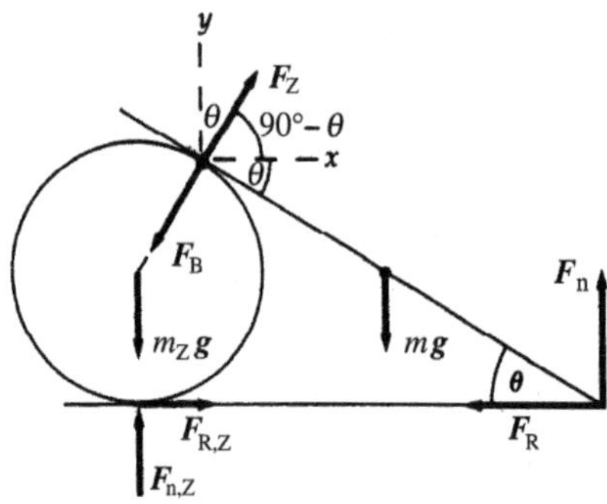

Für die Haftreibungskoeffizienten zwischen Brett und Boden sowie zwischen Zylinder und Boden gilt

$$\mu_{\text{Br.–Boden}} = \frac{F_R}{F_n} \quad \text{und} \quad \mu_{\text{Zyl.–Boden}} = \frac{F_{R,Z}}{F_{n,Z}}. \tag{1}$$

Das resultierende Drehmoment bezüglich der rechten Brettkante ist null: $\sum M = 0$. Daher ist
$[(0{,}10\ \text{m})\cos\theta]\, mg - (0{,}15\ \text{m})\, F_Z = 0$, und wir erhalten

$$F_Z = \frac{[(0{,}10\ \text{m})\cos\theta]\, mg}{0{,}15\ \text{m}}$$
$$= \frac{[(0{,}10\ \text{m})\cos 30°](5\ \text{kg})(9{,}81\ \text{m}\cdot\text{s}^{-2})}{0{,}15\ \text{m}} = 28{,}3\ \text{N}.$$

Am Brett wirkt in vertikaler Richtung keine resultierende Kraft: $\sum F_y = 0$. Daher gilt
$F_n + F_Z \cos(90° - \theta) - mg = 0$.
Dies ergibt

$$F_n = mg - F_Z \cos\theta$$
$$= (5\ \text{kg})(9{,}81\ \text{m}\cdot\text{s}^{-2}) - (28{,}3\ \text{N})\cos 30° = 24{,}5\ \text{N}.$$

Am Brett wirkt auch in horizontaler Richtung keine resultierende Kraft: $\sum F_x = 0$. Also ist

$-F_R + F_Z \cos(90° - \theta) = 0$.
Daraus erhalten wir
$F_R = F_Z \cos(90° - \theta) = (28{,}3\ \text{N})\cos 60° = 14{,}2\ \text{N}$.

Die in radialer Richtung auf den Zylinder wirkende Kraft F_B ist die Reaktionskraft zu F_Z. Also ist $F_B = F_Z = 28{,}3\ \text{N}$.

Am Zylinder wirkt in vertikaler Richtung keine resultierende Kraft: $\sum F_y = 0$. Daher gilt
$F_{n,Z} - F_B \cos\theta - m_Z g = 0$.
Dies ergibt

$$F_{n,Z} = F_Z \cos\theta + m_Z g$$
$$= (28{,}3\ \text{N})\cos 30° + (8\ \text{kg})(9{,}81\ \text{m}\cdot\text{s}^{-2}) = 103\ \text{N}.$$

Am Zylinder wirkt auch in horizontaler Richtung keine resultierende Kraft: $\sum F_x = 0$. Also ist
$F_{R,Z} - F_B \cos(90° - \theta) = 0$.
Das ergibt
$F_{R,Z} = F_B \cos(90° - \theta) = (28{,}3\ \text{N})\cos 60° = 14{,}2\ \text{N}$.

Mit Gleichung 1 ergeben sich die Haftreibungskoeffizienten zu
$$\mu_{\text{Br.–Boden}} = (14{,}2\ \text{N})/(24{,}5\ \text{N}) = 0{,}580 \quad \text{und}$$
$$\mu_{\text{Zyl.–Boden}} = (14{,}2\ \text{N})/(103\ \text{N}) = 0{,}138.$$

L12.32 Wir betrachten eine geringfügige Rotationsbewegung, d. h. eine geringe Auslenkung $\delta\theta$ des Würfels aus der Gleichgewichtslage.

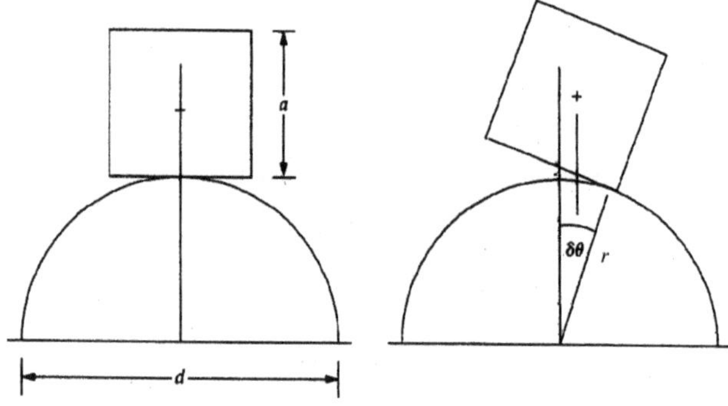

Dadurch bewegt sich die (senkrecht zur Zeichenebene verlaufende) Kontaktlinie zwischen Zylinder und Würfel um $r\,\delta\theta$, wobei $r = d/2$ ist. Dies bewirkt, dass sich der Würfel um denselben Winkel $\delta\theta$ dreht, so dass sein Mittelpunkt in derselben Richtung um die Strecke $(a/2)\,\delta\theta$ verschoben wird. (Wir vernachlässigen dabei Terme höherer Ordnung in $\delta\theta$.) Wenn sich der Schwerpunkt des Würfels weniger weit verschiebt als die Kontaktlinie, dann stellt das Drehmoment bezüglich der Kontaktlinie ein Rückstellmoment dar. Dadurch strebt der Würfel in seine Ausgangslage zurück. Wenn jedoch $(a/2)\,\delta\theta > (d/2)\,\delta\theta$ ist, dann weist das auf der Kraft mg beruhende Drehmoment bezüglich der Kontaktlinie in die Richtung von $\delta\theta$, so dass die Auslenkung aus der Gleichgewichtslage erhöht wird. Somit gibt $d/a = 1$ den Minimalwert für ein stabiles Gleichgewicht an.

Fluide

- Dichte
- Druck
- Auftrieb
- Strömung viskoser Flüssigkeiten

A: Aufgaben

Anmerkung: Bei allen Aufgaben ist die Erdbeschleunigung $g = 9,81\ \mathrm{m\cdot s^{-2}}$. Falls nichts anderes angegeben ist, sind Reibung und Luftwiderstand zu vernachlässigen.

Verständnisaufgaben

A13.1 •• Ein Stein mit der Masse m und der dreifachen Dichte von Wasser hängt an einem Faden. Sie halten das Ende des Fadens in der Hand und senken den Stein in einen Wasserbehälter, der fast bis zum Rand mit Wasser gefüllt ist. Der Wasserbehälter steht auf einer Waage. Als sich der Stein knapp über dem Boden des Wasserbehälters befindet, reißt der Faden. In dem Zeitraum, bis der Stein auf dem Boden des Behälters liegt, steigt die Anzeige der Waage um a) $2\,mg$, b) mg, c) $\frac{2}{3}mg$, d) $\frac{1}{3}mg$, e) null.

A13.2 •• Ein Stein wird in einen Swimmingpool mit gleichmäßig warmem Wasser geworfen. Welche der folgenden Aussagen ist richtig? a) Die Auftriebskraft auf den Stein ist null, während er sinkt. b) Die Auftriebskraft auf den Stein nimmt zu, während er sinkt. c) Die Auftriebskraft auf den Stein nimmt ab, während er sinkt. d) Die Auftriebskraft auf den Stein ist konstant, während er sinkt. e) Die Auftriebskraft auf den Stein ist zunächst nicht null, während er sinkt; wenn er seine Endgeschwindigkeit erreicht, wird sie null.

A13.3 •• In einem Warenhaus schwebt ein Wasserball, getragen von dem Luftstrom aus einem Staubsauger. Muss der Luftstrom seitlich unter oder über den Ball blasen, um den Ball zu tragen? Begründen Sie Ihre Antwort.

A13.4 • Die Abbildung zeigt einen kartesischen Taucher. Er besteht aus einem kleinen, unten offenen Röhrchen, das oben geschlossen ist und eine Luftblase enthält. Das Röhrchen befindet sich in einer teilweise mit Wasser gefüllten Kunststoffflasche. Normalerweise schwebt der Taucher in der Flasche; wenn man aber die Flasche kräftig drückt, dann sinkt er. Erklären Sie, warum.

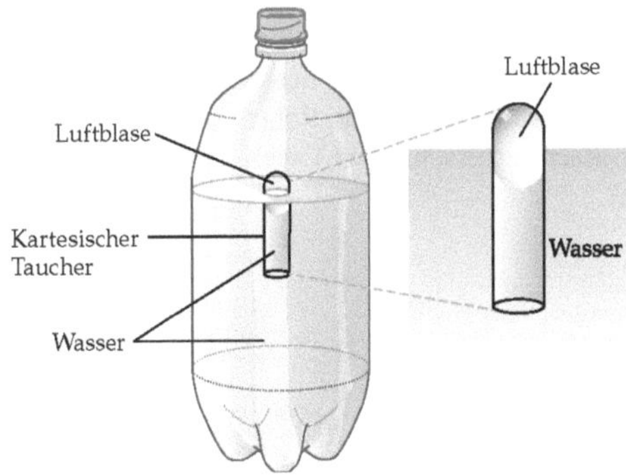

A13.5 •• Ein Fluid wird beschleunigt, wenn es in einer Röhre eine Verengung passiert. Benennen Sie die Kräfte, die diese Beschleunigung bewirken.

A13.6 •• Sie sitzen in einem Boot, das auf einem sehr kleinen See treibt. Sie nehmen den Anker aus dem Boot und werfen ihn ins Wasser. Wie reagiert der Wasserspiegel des Sees?

A13.7 •• Die Abbildung zeigt schematisch den Tunnelbau eines Präriehunds. Die Geometrie der zwei Löcher und ihre Lage sorgen dafür, dass ein Wind, der über Loch 2 bläst, stets eine kleinere Geschwindigkeit hat als der Wind über Loch 1. Erklären Sie mit dem Bernoulli-Prinzip, wie der Tunnel belüftet wird, und geben Sie an, in welche Richtung die Luft durch den Tunnel strömt.

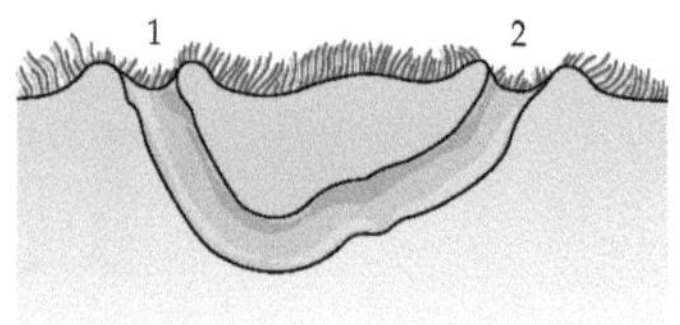

• Dichte

A13.8 • Berechnen Sie die Masse der Luft in einem 4 m × 5 m × 4 m großen Raum.

• Druck

A13.9 • Über der Oberfläche eines Sees herrscht ein Luftdruck von $P_{at} = 101$ kPa. a) In welcher Tiefe ist der Wasserdruck doppelt so hoch wie der Luftdruck? b) Über einem Quecksilbergefäß herrscht der Druck P_{at}. In welcher Tiefe beträgt der Druck $2\,P_{at}$?

A13.10 •• Wenn eine Frau in hochhackigen Schuhen läuft, lastet ihr gesamtes Gewicht für einen kurzen Moment auf dem Absatz eines ihrer Schuhe. Ihre Masse beträgt 56 kg und die Absatzfläche 1 cm². Welchen Druck übt sie damit auf den Boden aus?

A13.11 •• Im 17. Jahrhundert führte Blaise Pascal das folgende, in der Abbildung gezeigte Experiment durch: Ein wassergefülltes Weinfass wurde an eine lange Röhre angeschlossen. Dann schüttete man Wasser in die Röhre, bis das Fass barst. a) Der Deckel hatte einen Radius von 20 cm, die Wassersäule in der Röhre war 12 m hoch. Berechnen Sie die Kraft auf den Deckel. b) Der Innenradius der Röhre betrug 3 mm. Welche Masse an Wasser verursachte den Druck, der das Fass zum Bersten brachte?

A13.12 •• Viele Leute glauben, dass sie unter Wasser atmen können, wenn sie das Ende eines flexiblen Schnorchelschlauchs aus dem Wasser herausragen lassen (siehe Abbildung). Dabei ziehen sie im Allgemeinen nicht in Betracht, dass der Wasserdruck der Ausdehnung des Brustkorbs beim Einatmen entgegenwirkt. Nehmen Sie nun an, dass Sie gerade noch atmen können, wenn sie auf dem Boden liegen und auf ihrem Brustkorb eine Last von 400 N ruht. Wie weit dürfte sich dann Ihr Brustkorb unterhalb der Wasseroberfläche befinden, damit Sie noch atmen können? Ihr Brustkorb soll eine Fläche von 0,09 m² haben.

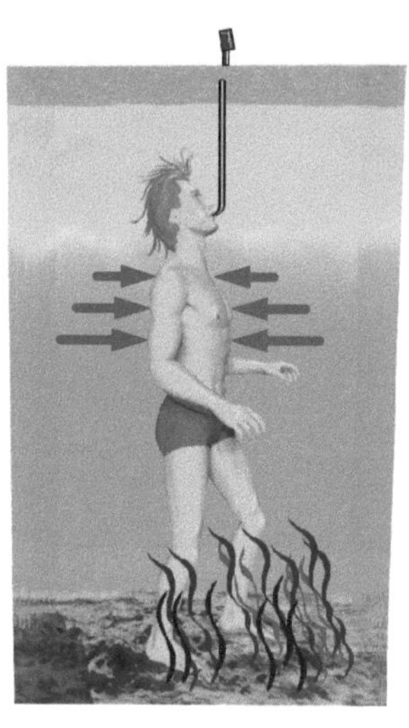

• Auftrieb

A13.13 • Ein Klotz aus unbekanntem Material wiegt in Luft 5 N, dagegen 4,55 N, wenn er in Wasser eingetaucht ist. a) Welche Dichte hat das Material? b) Nehmen Sie an, dass der Klotz massiv und homogen ist; aus welchem Material besteht er?

A13.14 •• Ein homogener, massiver Körper schwimmt auf Wasser, wobei sich 80 % seines Volumens unterhalb der Wasseroberfläche befinden. Wenn derselbe Körper auf einer anderen Flüssigkeit schwimmt, befinden sich 72 % seines Volumens unterhalb der Oberfläche. Berechnen Sie die Dichte des Körpers und das relative Gewicht der Flüssigkeit.

A13.15 •• Ein Becher mit der Masse 1 kg enthält 2 kg Wasser und steht auf einer Waage. Ein Aluminiumklotz von 2 kg (Dichte von Aluminium: $2,7 \cdot 10^3$ kg/m³) hängt an einer Federwaage und taucht in das Wasser hinein (siehe Abbildung). Welche Werte zeigen die beiden Waagen an?

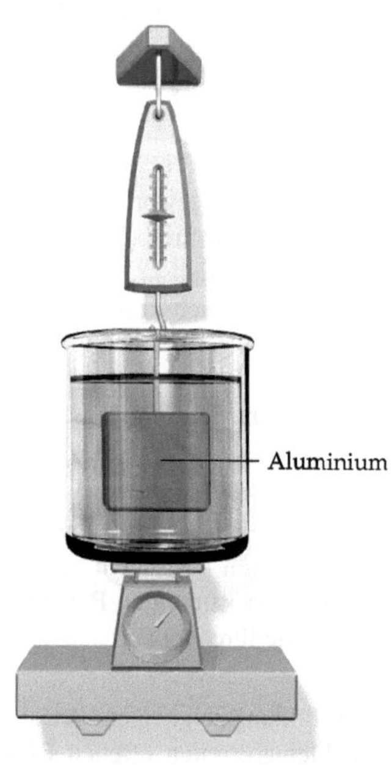

A13.16 ••• Das in der Abbildung gezeigte Aräometer, auch Senkwaage genannt, dient zur Messung des relativen Gewichts von Flüssigkeiten. (Mit solchen Geräten wird z. B. traditionell das Mostgewicht von Traubenmost gemessen.) Die Kugel enthält Bleischrot, und das relative Gewicht lässt sich – wenn das Aräometer erst einmal kalibriert ist – direkt am Flüssigkeitsniveau an der Skala ablesen. Das Volumen der Kugel beträgt 20 ml, die senkrechte Skala ist 15 cm lang und hat einen Durchmesser von 5 mm; die Masse des Glaskörpers beträgt 6 g. a) Welche Masse an Bleischrot muss in die Kugel eingefüllt werden, damit das niedrigste messbare relative Gewicht einer Flüssigkeit 0,9 ist? b) Welches relative Gewicht darf die zu messende Flüssigkeit maximal haben?

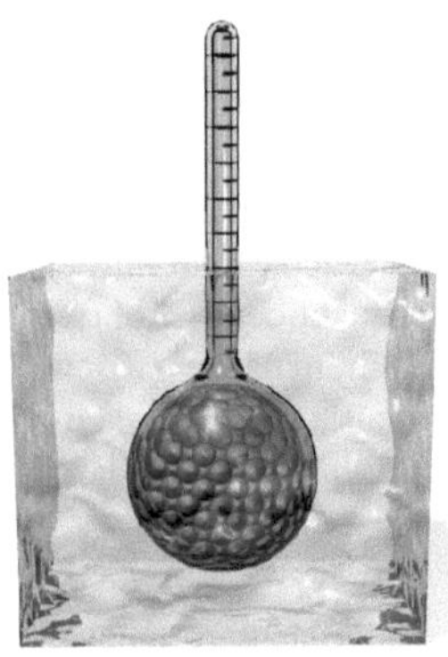

A13.17 •• Ein großer heliumgefüllter Wetterballon ist kugelförmig, hat einen Durchmesser von 5 m und eine Gesamtmasse von 15 kg (Ballon plus Helium plus Messausrüstung). a) Welche Anfangsbeschleunigung erfährt der Ballon, wenn man ihn auf Meereshöhe starten lässt? b) Die Reibungskraft auf den Ballon ist $F_R = \frac{1}{2}\,\pi\, r^2\, \rho\, v^2$ mit dem Ballonradius r, der Luftdichte ρ und der Steiggeschwindigkeit v des Ballons. Berechnen Sie die Endgeschwindigkeit des Ballons. c) Wie lange dauert es ungefähr, bis der Ballon eine Höhe von 10 km erreicht hat?

Kontinuitäts- und Bernoulli-Gleichung

A13.18 •• Aus dem kreisrunden Spundloch läuft Wasser mit einem Volumenstrom von 10,5 cm³/s aus einem Fass nach unten heraus. a) Der Durchmesser des Lochs beträgt 1,2 cm; welche Geschwindigkeit hat das Wasser? b) Mit durchfallener Höhe wird der Wasserstrahl immer dünner. Berechnen Sie den neuen Durchmesser des Wasserstrahls an einem Punkt 7,5 cm unterhalb des Lochs. Nehmen Sie an, dass der Strahl noch immer einen kreisförmigen Querschnitt hat, und vernachlässigen Sie alle Reibungskräfte auf das Wasser. c) Turbulente Strömungen werden durch Reynolds-Zahlen über 2300 charakterisiert. Wie weit fällt das Wasser, bis der Strahl turbulent wird? Deckt sich dieser Wert mit den Alltagserfahrungen?

A13.19 •• Durch eine Aorta mit 9 mm Radius fließt Blut mit einer Geschwindigkeit von 30 cm/s. a) Berechnen Sie den Volumenstrom in Litern pro Minute. b) Obwohl der Querschnitt eines kapillaren Blutgefäßes wesentlich kleiner ist als der der Aorta, ist der Gesamtquerschnitt der Kapillaren größer, weil es so viele davon gibt. Nehmen Sie an, dass alles Blut aus der Aorta in die Kapillaren fließt und dass es sich dort mit einer Geschwindigkeit von 1,0 mm/s bewegt. Berechnen Sie den Gesamtquerschnitt der Kapillaren.

A13.20 •• Ein Springbrunnen soll eine Fontäne von 12 m Höhe erzeugen. Die Düse am Boden der Brunnenschale hat einen Durchmesser von 1 cm. Die Pumpe befindet sich 3 m unterhalb der Brunnenschale. Das Rohr zur Düse hat einen Durchmesser von 2 cm. Berechnen Sie den notwendigen Pumpdruck. Nehmen Sie eine laminare, nichtviskose Strömung an.

A13.21 •• Ein Staurohr, nach dem Erfinder auch Pitot-Rohr genannt (siehe Abbildung), dient zur Messung der Strömungsgeschwindigkeit eines Gases. Die innere Röhre steht senkrecht zum strömenden Fluid, der Ring mit den Löchern um die äußere Röhre dagegen wird parallel umströmt. Zeigen Sie, dass für die Strömungsgeschwindigkeit gilt: $v^2 = 2\,g\,h\,(\rho - \rho_G)/\rho_G$, wobei ρ die Dichte der Flüssigkeit im Manometer und ρ_G die Dichte des Gases ist.

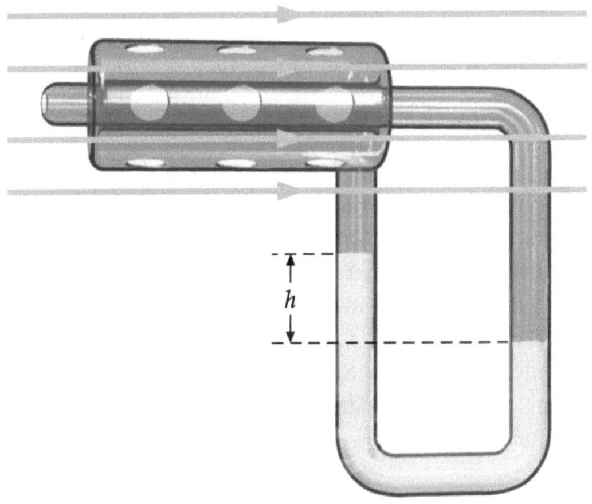

• Strömung viskoser Flüssigkeiten

A13.22 •• Blut braucht etwa 1,0 s, um durch eine 1 mm lange Kapillare des menschlichen Gefäßsystems zu fließen. Der Durchmesser der Kapillare beträgt 7 µm und der Druckabfall 2,60 kPa. Nehmen Sie eine laminare Strömung an und berechnen Sie die Viskosität von Blut.

A13.23 ••• Das Stokes'sche Reibungsgesetz (nach dem britischen Physiker und Mathematiker Sir Gabriel Stokes, 1819–1903) gibt die Reibungskraft auf eine Kugel in einer laminaren Fluidströmung an; es gilt nur für sehr niedrige Reynolds-Zahlen. Nach diesem Gesetz beträgt die Reibungskraft $F_R = 6\,\pi\,\eta\,r\,v$; dabei ist η die Viskosität des Fluids, r der Radius der Kugel und v die Geschwindigkeit. Verwenden Sie das Gesetz, um die Aufstiegsgeschwindigkeit einer Kohlendioxidblase von 1 mm Durchmesser in einem Glas Limonade (Dichte $1{,}1 \cdot 10^3$ kg/m³) zu berechnen. Wie lange sollte der Aufstieg dann in einem „typischen" Limonadenglas dauern? Verträgt sich dieser Wert mit Ihren Alltagserfahrungen?

Allgemeine Aufgaben

A13.24   •• Grob gesagt, nimmt die Masse einer Person proportional zur dritten Potenz ihrer Körpergröße zu, also gemäß $m = C \rho\, h^3$, wobei m die Masse, h die Körpergröße, ρ die Dichte des Körpers und C einen von Person zu Person unterschiedlichen „Rundlichkeitskoeffizienten" angibt. Nehmen Sie typische Werte für Körpergröße und Gewicht an und schätzen Sie C für Frauen und für Männer ab. Rechnen Sie mit $\rho = 1000 \text{ kg/m}^3$.

A13.25   • Meerwasser hat einen Kompressionsmodul von $K = 2,3 \cdot 10^9 \text{ N/m}^2$. Berechnen Sie die Dichte von Meerwasser in einer Tiefe, in der der Druck 800 bar beträgt. Die Dichte von Meerwasser an der Oberfläche beträgt 1025 kg/m^3.

A13.26   •• Ein mit Wasser gefüllter Becher steht auf der linken Schale einer Balkenwaage; die Waage befindet sich im Gleichgewicht. Ein an einem Fädchen hängender Würfel mit 4 cm Kantenlänge wird so tief in das Wasser getaucht, dass er komplett untertaucht, aber den Boden des Bechers nicht berührt. Um die Waage wieder ins Gleichgewicht zu bringen, muss man auf die rechte Waagschale ein Massestück m auflegen. Wie groß ist m?

A13.27   •• Rohöl hat bei Normaltemperatur eine Viskosität von etwa 0,8 Pa · s. Zwischen einem Ölfeld und dem Tanker-Terminal soll eine 50 km lange Pipeline gebaut werden. Sie soll am Terminal Öl mit einer Rate von 500 Litern pro Sekunde anliefern; die Strömung in der Pipeline soll laminar sein, um den Druck, mit dem das Öl durch die Pipeline gepresst wird, zu minimieren. Nehmen Sie an, dass Rohöl eine Dichte von 700 kg/m^3 hat, und schätzen Sie, welchen Durchmesser die Pipeline haben sollte.

A13.28   •• Mit einem Saugapparat (siehe Abbildung) lässt sich auf einfachste Weise ein Teilvakuum in dem Behälter erzeugen, der mit dem senkrechten Rohr bei B verbunden ist. Solche Saugapparate werden beispielsweise mit einem Schlauch verbunden und können dann Seifenlauge oder flüssigen Kunstdünger aus einem Behälter fördern; auch die Wasserstrahlpumpen im chemischen Labor funktionieren nach diesem Prinzip. Der Durchmesser bei A soll 2 cm betragen; bei C, wo das Wasser gegen den Atmosphärendruck abläuft, beträgt er 1 cm. Der Durchfluss beträgt 0,5 l/s, der Überdruck bei A ist 0,189 bar. Mit welchem Durchmesser der Verengung erzeugt man einen Druck von 0,1 bar im Behälter? Nehmen Sie eine nichtviskose, laminare Strömung an.

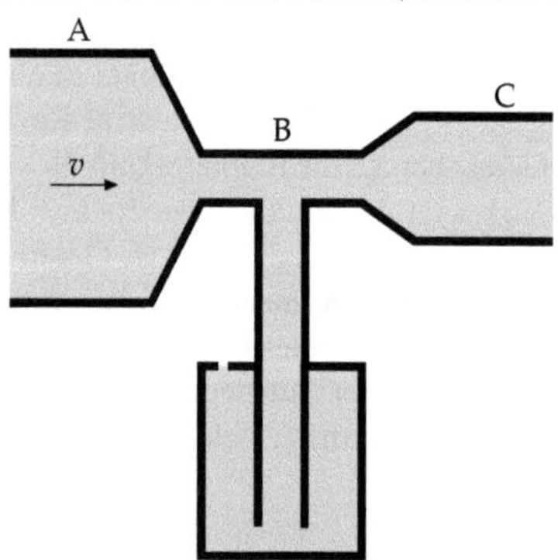

A13.29   •• Zwei miteinander verbundene Behälter enthalten eine Flüssigkeit der Dichte ρ_0 (siehe Abbildung). Die Querschnittsflächen der Behälter sind A und $3A$. Berechnen Sie, wie sich der Flüssigkeitsspiegel in den Behältern ändert, wenn man einen Körper der Masse m und der Dichte $\rho = 0,8\,\rho_0$ in einen der beiden Behälter legt.

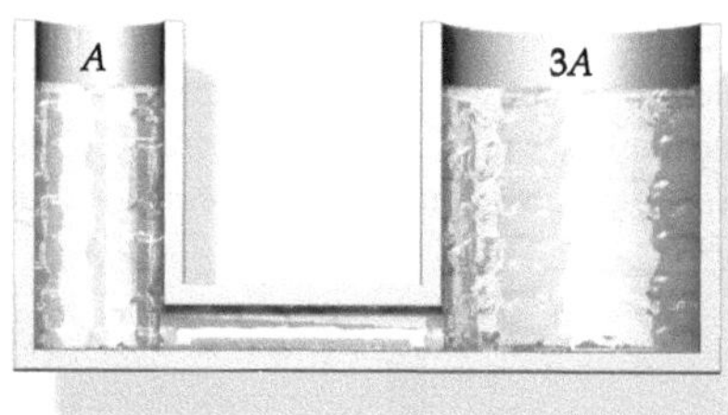

A13.30   •• Ein U-Rohr enthält eine Flüssigkeit mit einem unbekannten relativen Gewicht. Man füllt ein Öl mit der Dichte 800 kg/m^3 in einen Schenkel des U-Rohrs, bis die Ölsäule dort 12 cm hoch steht. Die Grenzfläche zwischen dem Öl und der Luft steht 5 cm höher als der Flüssigkeitsspiegel im anderen Schenkel des U-Rohrs. Berechnen Sie das relative Gewicht der Flüssigkeit.

A13.31   •• Ein Heliumballon kann eine Last von 750 N tragen. Die Hülle des Ballons hat eine Masse von 1,5 kg. a) Welches Volumen hat der Ballon? b) Nehmen Sie an, der Ballon hätte das doppelte Volumen wie das in Teilaufgabe a berechnete. Welche Anfangsbeschleunigung würde der Ballon dann erfahren, wenn er eine Last von 900 N trägt?

A13.32   •• Die relative Abnahme des Luftdrucks bei steigender Höhe ist proportional zur Höhenzunahme. Dies lässt sich in einer Differenzialgleichung der Form $dP/P = -C\, dh$ mit einer Konstanten C ausdrücken. a) Zeigen Sie, dass diese Differenzialgleichung durch $P(h) = P_0\, e^{-Ch}$ gelöst wird. (Diese Formel nennt man barometrische Höhenformel.) b) Zeigen Sie, dass sich für $\Delta h \ll h_0$ (mit $h_0 = 1/C$) der Druckverlauf durch $P(h + \Delta h) \approx P(h)\,(1 - \Delta h/h_0)$ annähern lässt. c) Der Druck in einer Höhe von $h = 5,5$ km beträgt nur die Hälfte des Drucks auf Meereshöhe. Berechnen Sie damit die Konstante C.

A13.33   ••• Wenn man ein Aräometer (siehe die Abbildung zu Aufgabe 16) in eine Flüssigkeit bringt, deren relatives Gewicht größer als ein bestimmter Minimalwert ist, dann schwebt es in der Flüssigkeit, und ein Teil der senkrechten Glasröhre mit der Skala ragt aus der Flüssigkeit heraus. Ein solches Aräometer hat eine Kugel von 2,4 cm Durchmesser; seine senkrechte Glasröhre ist 20 cm lang und hat einen Durchmesser von 7,5 mm. Die Masse des Aräometers beträgt, bevor Bleischrot hineingefüllt wird, 7,28 g. a) Welche Masse an Blei muss in die Kugel gefüllt werden, damit das Aräometer in einer Flüssigkeit mit dem relativen Gewicht von 0,78 gerade schwebt? b) Dasselbe Aräometer wird jetzt in Wasser gesteckt. Wie weit ragt die senkrechte Röhre über den Wasserspiegel hinaus? c) Nun steckt man das Aräometer in eine Flüssigkeit mit unbekanntem relativen Gewicht. Die senkrechte Röhre ragt 12,2 cm über den Flüssigkeitsspiegel hinaus. Bestimmen Sie das relative Gewicht der Flüssigkeit.

Fluide

L: Lösungen

L13.1 Während Sie den Stein am Faden halten und ihn absinken lassen, werden die nach oben gerichteten Kräfte (die von Ihnen ausgeübte Zugkraft am Faden und die Auftriebskraft) durch die Gewichtskraft des Steins ausgeglichen. Wenn der Faden gerissen ist, wirkt eine zusätzliche, nach unten gerichtete Kraft auf die Waagschale, nämlich die ebenso große Reaktionskraft auf die Auftriebskraft. Wir bezeichnen die Dichte des Wassers mit ρ_W, die (dreimal so große) Dichte des Steins mit ρ_S und die Gewichtskraft des verdrängten Wassers mit $F_{G,W}$. Nach dem Archimedischen Prinzip gilt dann für die Auftriebskraft

$$|F_A| = |F_{G,W}| = m_W\, g = \rho_W\, V_W\, g\,.$$

Das Volumen des Steins entspricht dem des verdrängten Wassers. Also ist

$$|F_A| = \rho_W\, \frac{m}{\rho_S}\, g = \rho_W\, \frac{m}{3\,\rho_W}\, g = \tfrac{1}{3}\, m\, g\,.$$

Somit ist Lösung d richtig.

L13.2 Die auf den Stein einwirkende Auftriebskraft ist ebenso groß wie die Gewichtskraft des verdrängten Wassers. Weil dessen Dichte mit der Tiefe zunimmt und das Volumen des verdrängten Wassers gleich bleibt, steigt die Auftriebskraft während des Absinkens an. Also ist Aussage b richtig.

L13.3 Der Luftstrom muss über den Ball blasen, weil dadurch der Druck über ihm geringer ist als der Atmosphärendruck.

L13.4 Beim Zusammendrücken der Flasche wird die Kraft in der Flüssigkeit gleichmäßig übertragen, so dass der Druck auf die Luftblase im Röhrchen zunimmt. Dadurch wird sie komprimiert, und die Auftriebskraft nimmt ab, so dass der Taucher sinkt.

L13.5 Die das Fluid beschleunigende Kraft rührt von der Druckdifferenz des Fluids im engen und im weiten Teil der Röhre her. Sie entspricht dem Produkt aus dieser Druckdifferenz und der Querschnittsfläche des engeren Teils.

L13.6 Wenn der Anker im Boot liegt, verdrängt dieses eine Wassermenge, deren Gewichtskraft der Summe aus den Gewichtskräften von Boot, Anker und Ihnen entspricht. Nach dem Herauswerfen des Ankers ist die gesamte Gewichtskraft des Boots geringer, also auch das verdrängte Wasservolumen. Der Anker selbst verdrängt im See nun ein Wasservolumen, das seinem eigenen Volumen entspricht. Weil seine Dichte größer als die des Wassers ist, wird jetzt durch ihn ein geringeres Volumen verdrängt als zuvor. Also sinkt der Wasserspiegel des Sees durch das Herauswerfen des Ankers ein wenig ab.

L13.7 Gemäß dem Bernoulli-Prinzip ist der Druck über demjenigen Loch geringer, über das die Luft schneller hinwegströmt. Dies ist das Loch 1. Daher strömt die Luft im Bau vom Loch 2 zum Loch 1. Es genügen schon sehr geringe Unterschiede der Luftgeschwindigkeiten, um eine ausreichende Belüftung solcher Baue sicherzustellen.

L13.8 Die Masse ist das Produkt aus Dichte und Volumen: $m = \rho\, V = (1{,}293\,\mathrm{kg\cdot m^{-3}})(4\,\mathrm{m})(5\,\mathrm{m})(4\,\mathrm{m}) = 103\,\mathrm{kg}$.

L13.9 a) Mit der Dichte ρ_W des Wassers ist der Wasserdruck P in der Tiefe h gegeben durch $P = P_{at} + \rho_W\, g\, h$. Damit erhalten wir

$$h = \frac{P - P_{at}}{\rho_W\, g} = \frac{2\,P_{at} - P_{at}}{\rho_W\, g} = \frac{P_{at}}{\rho_W\, g}$$

$$= \frac{1{,}01 \cdot 10^5\,\mathrm{N\cdot m^{-2}}}{(10^3\,\mathrm{kg\cdot m^{-3}})\,(9{,}81\,\mathrm{m\cdot s^{-2}})} = 10{,}3\,\mathrm{m}\,.$$

b) Mit der Dichte ρ_{Hg} des Quecksilbers erhalten wir auf die gleiche Weise wie in Teilaufgabe a:

$$h = \frac{2\,P_{at} - P_{at}}{\rho_{Hg}\, g} = \frac{P_{at}}{\rho_{Hg}\, g}$$

$$= \frac{1{,}01 \cdot 10^5\,\mathrm{N\cdot m^{-2}}}{(13{,}6 \cdot 10^3\,\mathrm{kg\cdot m^{-3}})\,(9{,}81\,\mathrm{m\cdot s^{-2}})} = 75{,}7\,\mathrm{cm}\,.$$

L13.10 Der Druck ist gleich dem Quotienten aus der Gewichtskraft und der Fläche:

$$P = \frac{F_G}{A} = \frac{m\,g}{A}$$

$$= \frac{(56\,\mathrm{kg})\,(9{,}81\,\mathrm{m\cdot s^{-2}})}{10^{-4}\,\mathrm{m^2}} = 5{,}49 \cdot 10^6\,\mathrm{N\cdot m^{-2}} = 54{,}9\,\mathrm{bar}\,.$$

L13.11 a) Der Druck einer Wassersäule der Höhe h ist $P = \rho_W\, g\, h$. Die Kraft entspricht dem Produkt aus dem Druck und der Fläche. Mit $A = \pi\, r^2$ erhalten wir also

$$
\begin{aligned}
F = PA &= \rho_W\, g\, h\, \pi\, r^2 \\
&= (10^3\ \mathrm{kg\cdot m^{-3}})\,(9{,}81\ \mathrm{m\cdot s^{-2}})\,(12\ \mathrm{m})\,\pi\,(0{,}2\ \mathrm{m})^2 \\
&= 14{,}8\ \mathrm{kN}\,.
\end{aligned}
$$

b) Die Masse des Wassers in der Röhre ergibt sich aus der Dichte und dem Volumen zu

$$
\begin{aligned}
m = \rho_W\, V &= \rho_W\, h\, \pi\, r^2 \\
&= (10^3\ \mathrm{kg\cdot m^{-3}})\,(12\ \mathrm{m})\,\pi\,(3\cdot 10^{-3}\ \mathrm{m})^2 = 0{,}339\ \mathrm{kg}\,.
\end{aligned}
$$

L13.12 Der Wasserdruck in der Tiefe h ist $P = \rho_W\, g\, h$. Außerdem ist der Druck gleich dem Quotienten aus Kraft und Fläche: $P = F/A$. Damit ergibt sich

$$
\begin{aligned}
h &= \frac{P}{\rho_W\, g} = \frac{F}{A\,\rho_W\, g} \\
&= \frac{400\ \mathrm{N}}{(0{,}09\ \mathrm{m})^2\,(10^3\ \mathrm{kg\cdot m^{-3}})\,(9{,}81\ \mathrm{m\cdot s^{-2}})} = 0{,}453\ \mathrm{m}\,.
\end{aligned}
$$

L13.13 a) Die Dichte des Klotzes ist gleich dem Quotienten aus seiner Masse und seiner Dichte: $\rho_K = m_K/V_K$. Das Volumen können wir aus der Auftriebskraft ermitteln, die der Differenz von $0{,}45$ N zwischen der Gewichtskraft in Luft und der in Wasser entspricht. Nach dem Archimedischen Prinzip ist die Auftriebskraft in Wasser gegeben durch

$$
|F_A| = |F_{G,W}| = m_W\, g = \rho_W\, V_W\, g\,.
$$

Darin ist $F_{G,W}$ die Gewichtskraft des verdrängten Wassers. Wir lösen nach dem verdrängten Wasservolumen auf:

$$
V_W = \frac{|F_A|}{\rho_W\, g}\,.
$$

Dieses Volumen ist gleich dem Volumen V_K des Klotzes. Das setzen wir in die Beziehung für ρ_K ein und erhalten mit der Gewichtskraft $F_G = m_K\, g$ des Klotzes für die Dichte

$$
\begin{aligned}
\rho_K &= \frac{m_K}{V_K} = \frac{\rho_W\, g\, m_K}{|F_A|} = \frac{\rho_W\, F_G}{|F_A|} \\
&= \frac{(10^3\ \mathrm{kg\cdot m^{-3}})\,(5\ \mathrm{N})}{0{,}45\ \mathrm{N}} = 11{,}1\cdot 10^3\ \mathrm{kg\cdot m^{-3}}\,.
\end{aligned}
$$

b) Nachschlagen in Dichtetabellen ergibt, dass der Klotz vermutlich aus Blei besteht.

L13.14 Wir bezeichnen mit ρ die Dichte des Körpers, mit V sein Volumen und mit V' das Volumen des von ihm verdrängten Wassers, wenn er darin schwimmt. Dabei gleicht die Auftriebskraft im Wasser (mit der Dichte ρ_W) die Gewichtskraft $m g$ des Körpers aus:

$$
\rho_W\, V'\, g - m g = \rho_W\, V'\, g - \rho\, V\, g = 0\,. \tag{1}
$$

Mit $V'/V = 0{,}8$ ergibt sich daraus die Dichte zu

$$
\rho = \rho_W\, V'/V = (10^3\ \mathrm{kg\cdot m^{-3}})\,(0{,}8) = 800\ \mathrm{kg\cdot m^{-3}}\,.
$$

Aus Gleichung 1 folgt damit $m g = 0{,}8\,\rho_W\, V g$. Diese Gewichtskraft ist ebenso groß wie die Auftriebskraft in der anderen Flüssigkeit (mit der Dichte ρ_{Fl}), wobei gilt: $m g = 0{,}72\,\rho_{Fl}\, V g$. Gleichsetzen beider Ausdrücke für die Gewichtskraft ergibt $0{,}72\,\rho_{Fl} = 0{,}8\,\rho_W$. Daraus erhalten wir schließlich das relative Gewicht der Flüssigkeit:

$$
\frac{\rho_{Fl}}{\rho_W} = \frac{0{,}8}{0{,}72} = 1{,}11\,.
$$

L13.15 Die scheinbare Gewichtskraft F_G' des Aluminiumblocks ist gleich der Differenz von Gewichtskraft und Auftriebskraft: $F_G' = F_G - F_A$.

Dies entspricht der Anzeige der oberen Waage. Mit dem Archimedischen Prinzip ergibt sich daraus, wenn wir als positive Richtung die nach unten wählen:

$$
F_G' = \rho_{Al}\, V g - \rho_W\, V g = (\rho_{Al} - \rho_W)\, V g\,.
$$

Mit $F_G = \rho_{Al}\, V g$ und daher $V g = F_G/\rho_{Al}$ erhalten wir

$$
\begin{aligned}
F_G' &= (\rho_{Al} - \rho_W)\,\frac{F_G}{\rho_{Al}} = \left(1 - \frac{\rho_W}{\rho_{Al}}\right) F_G \\
&= \left(1 - \frac{10^3\ \mathrm{kg\cdot m^{-3}}}{2{,}7\cdot 10^3\ \mathrm{kg\cdot m^{-3}}}\right)(2\ \mathrm{kg})\,(9{,}81\ \mathrm{m\cdot s^{-2}}) \\
&= 12{,}4\ \mathrm{N}\,.
\end{aligned}
$$

Die Kraft F, die von der unteren Waage ausgeübt, also auch angezeigt wird, ergibt sich aus der Differenz der gesamten Gewichtskraft und der von der oberen Waage ausgeübten Kraft:

$$
F = m_{ges}\, g - F_G' = (5\ \mathrm{kg})\,(9{,}81\ \mathrm{m\cdot s^{-2}}) - 12{,}4\ \mathrm{N} = 36{,}7\ \mathrm{N}\,.
$$

L13.16 Beim minimalen relativen Gewicht der Flüssigkeit taucht das Aräometer (mit Kugel und Skala) praktisch ganz ein, beim maximalen relativen Gewicht jedoch nur die Kugel.

a) Weil die Auftriebskraft durch die Gewichtskraft ausgeglichen wird, gilt bei minimalem relativen Gewicht (bzw. minimaler relativer Dichte ρ_{min}) der Flüssigkeit:

$$
F_A - F_G = \rho_{min}\, V g - m_{ges}\, g = 0\,.
$$

Das ist gleichbedeutend mit

$$
\rho_{min}\,(V_{Kugel} + V_{Skala}) = m_{Glas} + m_{Pb}\,.
$$

Die notwendige Masse an Bleischrot ergibt sich daraus mit $\rho_{min} = 0{,}9\ \mathrm{kg\cdot l^{-1}}$ zu

$$
\begin{aligned}
m_{Pb} &= \rho_{min}\,(V_{Kugel} + V_{Skala}) - m_{Glas} \\
&= (0{,}9\ \mathrm{kg\cdot l^{-1}})\left[(0{,}02\ \mathrm{l}) + \frac{\pi}{4}\,(0{,}15\ \mathrm{m})\,(0{,}005\ \mathrm{m})^2\right] \\
&\quad - (6\cdot 10^{-3}\ \mathrm{kg}) \\
&= 14{,}7\ \mathrm{g}\,.
\end{aligned}
$$

b) Bei maximaler relativer Dichte der Flüssigkeit gilt

$$
\rho_{max}\, V g - m_{ges}\, g = 0 \quad \text{und} \quad \rho_{max}\, V_{Kugel} = m_{Glas} + m_{Pb}\,.
$$

Daraus ergibt sich

$$
\rho_{max} = \frac{m_{Glas} + m_{Pb}}{V_{Kugel}} = \frac{6\ \mathrm{g} + 14{,}7\ \mathrm{g}}{0{,}020\ \mathrm{l}} = 1{,}04\ \mathrm{kg\cdot l^{-1}}\,.
$$

L13.17 a) Auf den Ballon wirken die Auftriebskraft F_A, seine Gewichtskraft F_G sowie die Reibungskraft F_R.

Wir ermitteln zunächst die Auftriebskraft (wobei der Index L für die vom Ballon verdrängte Luft und der Index B für den Ballon steht): $|F_\text{A}| = \rho_\text{L} V_\text{L} g = \rho_\text{B} V_\text{B} g = \frac{4}{3} \pi \rho_\text{L} r^3 g$.

Die den Ballon in y-Richtung beschleunigende Kraft $m_\text{B} a_y$ entspricht der Differenz aus Auftriebs- und Gewichtskraft:

$F_\text{A} - m_\text{B} g = m_\text{B} a_y$.

Mit dem zuvor ermittelten Ausdruck für die Auftriebskraft folgt daraus $\frac{4}{3} \pi \rho_\text{L} r^3 g - m_\text{B} g = m_\text{B} a_y$.

Damit ergibt sich für die Anfangsbeschleunigung nach oben:

$$a_y = \left(\frac{\frac{4}{3} \pi \rho_\text{L} r^3}{m_\text{B}} - 1 \right) g$$

$$= \left(\frac{\frac{4}{3} \pi (1{,}29\,\text{kg} \cdot \text{m}^{-3})\,(2{,}5\,\text{m})^3}{15\,\text{kg}} - 1 \right) (9{,}81\,\text{m} \cdot \text{s}^{-2})$$

$$= 45{,}4\,\text{m} \cdot \text{s}^{-2}.$$

b) Nach dem Erreichen der Endgeschwindigkeit v_E wirkt keine Kraft mehr auf den Ballon, da die Auftriebskraft von der Gewichtskraft und der Reibungskraft ausgeglichen wird:

$|F_\text{A}| - m_\text{B} g - \frac{1}{2} \pi r^2 \rho\, v_\text{E}^2 = 0$.

Wir setzen den in Teilaufgabe a aufgestellten Ausdruck für die Auftriebskraft ein:

$\frac{4}{3} \pi \rho_\text{L} r^3 g - m_\text{B} g - \frac{1}{2} \pi r^2 \rho\, v_\text{E}^2 = 0$.

Die Endgeschwindigkeit ergibt sich damit zu

$$v_\text{E} = \sqrt{\frac{\left(\frac{4}{3} \pi \rho_\text{L} r^3 - m_\text{B} \right) g}{\frac{1}{2} \pi r^2 \rho}}$$

$$= \sqrt{\frac{\left[\frac{4}{3} \pi (1{,}29\,\text{kg} \cdot \text{m}^{-3})\,(2{,}5\,\text{m})^3 - 15\,\text{kg} \right] (9{,}81\,\text{m} \cdot \text{s}^{-2})}{\frac{1}{2} \pi (2{,}5\,\text{m})^2\,(1{,}29\,\text{kg} \cdot \text{m}^{-3})}}$$

$$= 7{,}33\,\text{m} \cdot \text{s}^{-1}.$$

c) Wir nehmen der Einfachheit halber an, dass der Ballon seine Endgeschwindigkeit sehr schnell erreicht. Dann ist die Zeitspanne bis zum Erreichen einer Höhe von 10 km näherungsweise

$$\Delta t \approx \frac{h}{v_\text{E}} = \frac{10 \cdot 10^3\,\text{m}}{7{,}33\,\text{m} \cdot \text{s}^{-1}} = 1364\,\text{s} = 22{,}7\,\text{min}.$$

L13.18 a) Mit der Fläche A und dem Durchmesser d des Lochs ist der Volumenstrom

$$I_V = A v = \pi r^2 v = \frac{1}{4} \pi d^2 v. \tag{1}$$

Damit ergibt sich für die Ausflussgeschwindigkeit

$$v = \frac{I_V}{\frac{1}{4} \pi d^2} = \frac{10{,}5\,\text{cm}^3 \cdot \text{s}^{-1}}{\frac{1}{4} \pi (1{,}2\,\text{cm})^2} = 9{,}28\,\text{cm} \cdot \text{s}^{-1}.$$

b) Wir wenden die Kontinuitätsgleichung auf den Wasserstrahl an, der den Anfangsdurchmesser d_A und den Enddurchmesser d_E hat. Damit gilt

$$v_\text{E} A_\text{E} = v_\text{A} A_\text{A} = v A_\text{A} \quad \text{bzw.} \quad v \frac{\pi}{4} d_\text{E}^2 = v_\text{A} \frac{\pi}{4} d_\text{A}^2,$$

und es folgt

$$d_\text{E} = \sqrt{\frac{v}{v_\text{E}}}\, d_\text{A}. \tag{2}$$

Wir müssen also zunächst die Endgeschwindigkeit v_E berechnen. Wegen der als konstant angenommenen Beschleunigung gilt $v_\text{E}^2 = v^2 + 2g\,\Delta h$, und wir erhalten

$$v_\text{E} = \sqrt{v^2 + 2g\,\Delta h}$$

$$= \sqrt{(9{,}28\,\text{cm} \cdot \text{s}^{-1})^2 + 2\,(981\,\text{cm} \cdot \text{s}^{-2})\,(7{,}5\,\text{cm})}$$

$$= 122\,\text{cm} \cdot \text{s}^{-1}.$$

Mit Gleichung 2 ergibt sich für den Enddurchmesser

$$d_\text{E} = (1{,}2\,\text{cm}) \sqrt{\frac{9{,}28\,\text{cm} \cdot \text{s}^{-1}}{122\,\text{cm} \cdot \text{s}^{-1}}} = 0{,}331\,\text{cm}.$$

c) Bis zum Erreichen einer turbulenten Strömung nehmen wir die Beschleunigung wiederum als konstant an. Die bis dahin zurückgelegte Fallstrecke ist Δy, und die Geschwindigkeit ist $v_\text{E,t}$. Dann gilt $v_\text{E,t}^2 = v^2 + 2g\,\Delta y$ und daher

$$\Delta y = \frac{v_\text{E,t}^2 - v^2}{2g}. \tag{3}$$

Gemäß Gleichung 1 gilt für den Radius, den der Strahl nun hat:

$$r = \sqrt{\frac{I_V}{\pi v_\text{E,t}}}.$$

Das setzen wir in den bekannten Ausdruck für die Reynolds-Zahl ein:

$$Re = \frac{2 r \rho\, v_\text{E,t}}{\eta} = \frac{2 \rho\, v_\text{E,t}}{\eta} \sqrt{\frac{I_V}{\pi v_\text{E,t}}}.$$

Die Endgeschwindigkeit ergibt sich daraus zu

$$v_\text{E,t} = \frac{\pi Re^2 \eta^2}{4 \rho^2 I_V}$$

$$= \frac{\pi (2300)^2\,(1{,}8 \cdot 10^{-3}\,\text{Pa} \cdot \text{s})^2}{4\,(10^3\,\text{kg} \cdot \text{m}^{-3})^2\,(10{,}5\,\text{cm}^3 \cdot \text{s}^{-1})} = 1{,}28\,\text{m} \cdot \text{s}^{-1}.$$

Einsetzen in Gleichung 3 liefert schließlich die Fallstrecke bis zum Erreichen einer turbulenten Strömung:

$$\Delta y = \frac{(128\,\text{cm} \cdot \text{s}^{-1})^2 - (9{,}28\,\text{cm} \cdot \text{s}^{-1})^2}{2\,(981\,\text{cm} \cdot \text{s}^{-2})} = 8{,}31\,\text{cm}.$$

Dieser Wert stimmt mit den Beobachtungen überein.

L13.19 a) Der Volumenstrom ist

$$I_V = A v = \pi r^2 v = \pi (9 \cdot 10^{-3}\,\text{m})^2\,(0{,}3\,\text{m} \cdot \text{s}^{-1})$$

$$= (7{,}63 \cdot 10^{-5}\,\text{m}^3 \cdot \text{s}^{-1})\, \frac{60\,\text{s}}{1\,\text{min}}\, \frac{1\,\text{l}}{10^{-3}\,\text{m}^3} = 4{,}58\,\text{l} \cdot \text{min}^{-1}.$$

b) In den Kapillaren ist der Volumenstrom $I_V = A_{\mathrm{Kap}}\, v_{\mathrm{Kap}}$. Damit ergibt sich für deren Gesamtquerschnitt

$$A_{\mathrm{Kap}} = \frac{I_V}{v_{\mathrm{Kap}}} = \frac{7{,}63 \cdot 10^{-5}\ \mathrm{m^3 \cdot s^{-1}}}{0{,}001\ \mathrm{m \cdot s^{-1}}}$$
$$= 7{,}63 \cdot 10^{-2}\ \mathrm{m^2} = 763\ \mathrm{cm^2}.$$

L13.20 Wir verwenden die Indices W für das Wasser, P für das Rohr von der Pumpe (mit dem Durchmesser 2 cm) sowie D für die Düse (mit dem Durchmesser 1 cm). Die Drücke, die Durchmesser, die Geschwindigkeiten und die zu überwindenden Höhen hängen über die Bernoulli-Gleichung miteinander zusammen:

$$P_{\mathrm{P}} + \rho_{\mathrm{W}}\, g\, h_{\mathrm{P}} + \tfrac{1}{2}\rho_{\mathrm{W}}\, v_{\mathrm{P}}^2 = P_{\mathrm{D}} + \rho_{\mathrm{W}}\, g\, h_{\mathrm{D}} + \tfrac{1}{2}\rho_{\mathrm{W}}\, v_{\mathrm{D}}^2.$$

Der Druck P_{D} ist gleich dem Atmosphärendruck P_{at}, und es ist $h_{\mathrm{P}} = 0$. Damit ergibt sich

$$P_{\mathrm{P}} + \tfrac{1}{2}\rho_{\mathrm{W}}\, v_{\mathrm{P}}^2 = P_{\mathrm{at}} + \rho_{\mathrm{W}}\, g\, h_{\mathrm{D}} + \tfrac{1}{2}\rho_{\mathrm{W}}\, v_{\mathrm{D}}^2.$$

Für den Pumpendruck gilt also

$$P_{\mathrm{P}} = P_{\mathrm{at}} + \rho_{\mathrm{W}}\, g\, h_{\mathrm{D}} + \tfrac{1}{2}\rho_{\mathrm{W}}\left(v_{\mathrm{D}}^2 - v_{\mathrm{P}}^2\right). \tag{1}$$

Gemäß der Kontinuitätsgleichung ist $A_{\mathrm{P}}\, v_{\mathrm{P}} = A_{\mathrm{D}}\, v_{\mathrm{D}}$ und daher

$$v_{\mathrm{P}} = \frac{A_{\mathrm{D}}}{A_{\mathrm{P}}}\, v_{\mathrm{D}} = \frac{\tfrac{1}{4}\pi d_{\mathrm{D}}^2}{\tfrac{1}{4}\pi d_{\mathrm{P}}^2}\, v_{\mathrm{D}} = \left(\frac{1\ \mathrm{cm}}{2\ \mathrm{cm}}\right)^2 v_{\mathrm{D}} = \frac{1}{4}\, v_{\mathrm{D}}.$$

Weil die Beschleunigung konstant ist, gilt $v^2 = v_{\mathrm{D}}^2 - 2\, g\, \Delta h$. Außerdem ist $v = 0$, so dass folgt $v_{\mathrm{D}}^2 = 2\, g\, \Delta h$. Das setzen wir in Gleichung 1 ein:

$$\begin{aligned}
P_{\mathrm{P}} &= P_{\mathrm{at}} + \rho_{\mathrm{W}}\, g\, h_{\mathrm{D}} + \tfrac{1}{2}\rho_{\mathrm{W}}\left[2\, g\, \Delta h - \tfrac{1}{16}\left(2\, g\, \Delta h\right)\right] \\
&= P_{\mathrm{at}} + \rho_{\mathrm{W}}\, g\, h_{\mathrm{D}} + \tfrac{1}{2}\rho_{\mathrm{W}}\left(\tfrac{15}{8}\, g\, \Delta h\right) \\
&= P_{\mathrm{at}} + \rho_{\mathrm{W}}\, g\left(h_{\mathrm{D}} + \tfrac{15}{16}\, \Delta h\right) \\
&= 101\ \mathrm{kPa} + \left(10^3\ \mathrm{kg \cdot m^{-3}}\right)\left(9{,}81\ \mathrm{m \cdot s^{-2}}\right) \\
&\quad \cdot \left[3\ \mathrm{m} + \tfrac{15}{16}\left(12\ \mathrm{m}\right)\right] \\
&= 241\ \mathrm{kPa}.
\end{aligned}$$

L13.21 Wir verwenden den Index 1 für die Öffnung am Ende der inneren Röhre und den Index 2 für eines der Löcher in der äußeren Röhre. Unter Vernachlässigung des Höhenunterschieds zwischen den beiden Öffnungen gilt gemäß der Bernoulli-Gleichung $P_1 + \tfrac{1}{2}\rho_{\mathrm{G}}\, v_1^2 = P_2 + \tfrac{1}{2}\rho_{\mathrm{G}}\, v_2^2$.

Dabei ignorieren wir den Druckunterschied aufgrund des Höhenunterschieds der Löcher. Die Druckdifferenz am Staurohr ergibt sich damit zu

$$\Delta P = P_1 - P_2 = \tfrac{1}{2}\rho_{\mathrm{G}}\, v_2^2 - \tfrac{1}{2}\rho_{\mathrm{G}}\, v_1^2.$$

Weil das Gas am Loch zur inneren Röhre zum Stillstand kommt, ist $v_1 = 0$. Nun setzen wir $v_2 = v$, weil das Gas an den Löchern im äußeren Ring frei vorbeiströmt. Damit gilt für die Druckdifferenz

$$\Delta P = \tfrac{1}{2}\rho_{\mathrm{G}}\, v^2.$$

Die Querschnittsfläche der inneren Röhre bezeichnen wir mit A und die Gewichtskraft der verdrängten Flüssigkeit in der inneren Röhre mit $F_{\mathrm{G,F}}$. Auf die Flüssigkeitssäule mit der Höhe h in der

inneren Röhre wirkt die Auftriebskraft $F_{\mathrm{A}} = \rho_{\mathrm{G}}\, g\, A\, h$. Damit ergibt sich

$$P_1 = P_2 + \frac{F_{\mathrm{G,F}}}{A} - \frac{F_{\mathrm{A}}}{A} = P_2 + \frac{\rho\, g\, A\, h}{A} - \frac{\rho_{\mathrm{G}}\, g\, A\, h}{A}.$$

Also ist $\Delta P = P_1 - P_2 = (\rho - \rho_{\mathrm{G}})\, g\, h$.

Gleichsetzen beider Ausdrücke für die Druckdifferenz liefert $\tfrac{1}{2}\rho_{\mathrm{G}}\, v^2 = (\rho - \rho_{\mathrm{G}})\, g\, h$.

Dies ergibt $v^2 = \dfrac{2\, g\, h\, (\rho - \rho_{\mathrm{G}})}{\rho_{\mathrm{G}}}$.

Beachten Sie, dass die Korrektur für die vom verdrängten Gas hervorgerufene Auftriebskraft sehr klein ist. In guter Näherung gilt daher auch $v^2 \approx 2\, g\, h\, \rho / \rho_{\mathrm{G}}$.

Anmerkung: Pitot-Rohre dienen z. B. in Flugzeugen zum Messen der Geschwindigkeit relativ zur Luft.

L13.22 Gemäß dem Gesetz von Hagen-Poiseuille hängt die Druckdifferenz ΔP mit dem Volumenstrom I_V zusammen über

$$\Delta P = \frac{8\, \eta\, \ell}{\pi\, r^4}\, I_V.$$

Darin ist η die Viskosität, ℓ die Länge der Kapillare und r deren Radius. Der Volumenstrom I_V ist das Produkt aus der Querschnittsfläche A der Kapillare und der Strömungsgeschwindigkeit v. Er ist also $I_V = A_{\mathrm{Kap}}\, v = \pi\, r^2\, v$. Das setzen wir in die erste Gleichung ein, lösen diese nach η auf und erhalten für die Viskosität

$$\begin{aligned}
\eta &= \frac{\pi\, r^4\, \Delta P}{8\, \ell\, I_V} = \frac{r^2\, \Delta P}{8\, \ell\, v} \\
&= \frac{(3{,}5 \cdot 10^{-6}\ \mathrm{m})^2\, (2{,}60\ \mathrm{kPa})}{8\, (10^{-3}\ \mathrm{m})\, (10^{-3}\ \mathrm{m \cdot s^{-1}})} = 3{,}98\ \mathrm{mPa \cdot s}.
\end{aligned}$$

L13.23 Nach oben wirkt die Auftriebskraft F_{A}, und nach unten wirken die Reibungskraft F_{R} und die Gewichtskraft $m_{\mathrm{G}}\, g$ der Gasblase. Wir wählen als positive Richtung die nach oben.

Als Indices verwenden wir F für die verdrängte Flüssigkeit, L für die Limonade sowie G für das Gas. Bis die Gasblase ihre Endgeschwindigkeit erreicht, wird sie mit der Beschleunigung a_y nach oben beschleunigt, und für die Kräfte gilt

$$F_{\mathrm{A}} - m_{\mathrm{G}}\, g - F_{\mathrm{R}} = m\, a_y.$$

Nach dem Erreichen der Endgeschwindigkeit ist die Beschleunigung null:

$$F_{\mathrm{A}} - m_{\mathrm{G}}\, g - F_{\mathrm{R}} = 0. \tag{1}$$

Gemäß dem Archimedischen Prinzip gilt für die Auftriebskraft auf die Gasblase $|F_{\mathrm{A}}| = |F_{\mathrm{G,F}}| = m_{\mathrm{Fl}}\, g = \rho_{\mathrm{Fl}}\, V_{\mathrm{Fl}}\, g = \rho_{\mathrm{L}}\, V_{\mathrm{Blase}}\, g.$

Mit der Masse $m_G = \rho_G V_{\text{Blase}}$ der Gasblase und der Endgeschwindigkeit v_E erhalten wir aus Gleichung 1

$$\rho_L V_{\text{Blase}}\, g - \rho_G V_{\text{Blase}}\, g - 6\,\pi\,\eta\, r\, v_E = 0.$$

Wir berücksichtigen, dass $\rho_L \gg \rho_G$ ist, und erhalten für die Endgeschwindigkeit

$$
\begin{aligned}
v_E &= \frac{V_{\text{Blase}}\, g\,(\rho_L - \rho_G)}{6\,\pi\,\eta\, r} = \frac{\frac{4}{3}\,\pi\, r^3\, g\,(\rho_L - \rho_G)}{6\,\pi\,\eta\, r} \\
&= \frac{2\, r^2\, g\,(\rho_L - \rho_G)}{9\,\eta} \approx \frac{2\, r^2\, g\, \rho_L}{9\,\eta} \\
&= \frac{2\,(0{,}5 \cdot 10^{-3}\,\text{m})\,(9{,}81\,\text{m}\cdot\text{s}^{-2})}{9\,(1{,}8\cdot 10^{-3}\,\text{Pa}\cdot\text{s})}\,(1{,}1\cdot 10^3\,\text{kg}\cdot\text{m}^{-3}) \\
&\approx 0{,}333\,\text{m}\cdot\text{s}^{-1}.
\end{aligned}
$$

Damit ist die Zeitspanne, die die Gasblase bis zur Oberfläche benötigt:

$$\Delta t \approx \frac{h}{v_E} \approx \frac{0{,}15\,\text{m}}{0{,}333\,\text{m}\cdot\text{s}^{-1}} = 0{,}45\,\text{s}.$$

Diese Zeitspanne von rund einer halben Sekunde ist realistisch.

L13.24 Für die Körpermasse soll gelten $m = C\rho\, h^3$ und daher $C = m/(\rho\, h^3)$. Damit erhalten wir für Männer mit $h = 1{,}78\,\text{m}$ und $m = 77\,\text{kg}$:

$$C_M = \frac{77\,\text{kg}}{(10^3\,\text{kg}\cdot\text{m}^{-3})\,(1{,}78\,\text{m})^3} = 0{,}0137.$$

Für Frauen mit $h = 1{,}63\,\text{m}$ und $m = 50\,\text{kg}$ ergibt sich

$$C_F = \frac{50\,\text{kg}}{(10^3\,\text{kg}\cdot\text{m}^{-3})\,(1{,}63\,\text{m})^3} = 0{,}0115.$$

L13.25 Für die Masse eines gegebenen Volumens an Meerwasser gilt $m = \rho V$. Weil sich die Masse nicht ändert, gilt für ihr Differenzial: $\rho\, \text{d}V + V\, \text{d}\rho = 0$. Daraus folgt

$$\frac{\text{d}\rho}{\rho} = -\frac{\text{d}V}{V} \quad \text{bzw.} \quad \frac{\Delta\rho}{\rho} \approx -\frac{\Delta V}{V}.$$

Mit der Definition des Kompressionsmoduls

$$K = -\frac{\Delta P}{\Delta V / V} = \frac{\Delta P}{\Delta\rho/\rho_0}$$

erhalten wir $\Delta\rho = \rho - \rho_0 \approx \dfrac{\rho_0\,\Delta P}{K}$.

Damit ergibt sich für die Dichte in der Tiefe, bei der der Druck 800 bar beträgt:

$$
\begin{aligned}
\rho_{800} &\approx \rho_0 + \frac{\rho_0\,\Delta P}{K} = \rho_0\left(1 + \frac{\Delta P}{K}\right) \\
&\approx (1025\,\text{kg}\cdot\text{m}^{-3})\left(1 + \frac{800\,\text{bar}}{2{,}3\cdot 10^9\,\text{N}\cdot\text{m}^{-2}}\right) \\
&= 1047\,\text{kg}\cdot\text{m}^{-3}.
\end{aligned}
$$

L13.26 Die zusätzliche Kraft auf die linke Waagschale (die mit dem Becher) ist ebenso groß wie die Gewichtskraft des verdrängten Wassers, entspricht somit der Gewichtskraft von 64 g Wasser.

Also muss rechts ein Gewichtsstück mit $m = 64\,\text{g}$ aufgelegt werden.

L13.27 Mit der Strömungsgeschwindigkeit v und der Querschnittsfläche A ergibt sich aus der Definition $I_V = A\, v = \pi\, r^2\, v$ des Volumenstroms für die Geschwindigkeit

$$v = \frac{I_V}{\pi\, r^2}.$$

Dies setzen wir in die Definition der Reynolds-Zahl ein:

$$Re = \frac{2\, r\, \rho\, v}{\eta} = \frac{2\, \rho\, I_V}{\eta\,\pi\, r}.$$

Wir nehmen für die Reynolds-Zahl einen Wert von 1000 an, der eindeutig einer laminaren Strömung entspricht. Damit erhalten wir

$$r = \frac{2\,\rho\, I_V}{\eta\,\pi\, Re} = \frac{2\,(700\,\text{kg}\cdot\text{m}^{-3})\,(0{,}500\,\text{m}^3\cdot\text{s}^{-1})}{\pi\,(0{,}8\,\text{Pa}\cdot\text{s})\,(1000)} = 27{,}9\,\text{cm}.$$

Mit dem Gesetz von Hagen-Poiseuille berechnen wir nun die Druckdifferenz, mit der bei diesem Radius der geforderte Volumenstrom erzielt wird:

$$
\begin{aligned}
\Delta P_{0,28} &= \frac{8\,\eta\,\ell}{\pi\, r^4}\, I_V = \frac{8\,(0{,}8\,\text{Pa}\cdot\text{s})\,(50\,\text{km})}{\pi\,(0{,}28\,\text{m})^4}\,(0{,}50\,\text{m}^3\cdot\text{s}^{-1}) \\
&= 8{,}4\cdot 10^6\,\text{Pa} = 84\,\text{bar}.
\end{aligned}
$$

Ein so hoher Druck kann in der Pipeline nicht aufrecht erhalten werden. Also versuchen wir es mit einem etwa doppelt so hohen Radius, nämlich 0,5 m:

$$
\begin{aligned}
\Delta P_{0,5} &= \frac{8\,(0{,}8\,\text{Pa}\cdot\text{s})\,(50\,\text{km})}{\pi\,(0{,}5\,\text{m})^4}\,(0{,}50\,\text{m}^3\cdot\text{s}^{-1}) \\
&= 8{,}2\cdot 10^5\,\text{Pa} = 8{,}2\,\text{bar}.
\end{aligned}
$$

Ein Durchmesser von 1 m ist sinnvoll.

L13.28 Aus der Definition des Volumenstroms I_V ergibt sich bei der größeren Querschnittsfläche A_A die Strömungsgeschwindigkeit zu

$$v_A = \frac{I_V}{A_A} = \frac{0{,}5\cdot 10^{-3}\,\text{m}^3\cdot\text{s}^{-1}}{\frac{1}{4}\,\pi\,(0{,}02\,\text{m})^2} = 1{,}59\,\text{m}\cdot\text{s}^{-1}.$$

Nach der Bernoulli-Gleichung ist

$$P_B + \tfrac{1}{2}\,\rho\, v_B^2 = P_A + \tfrac{1}{2}\,\rho\, v_A^2.$$

Damit erhalten wir

$$
\begin{aligned}
v_B^2 &= \frac{2\,(P_A - P_B)}{\rho} + v_A^2 \\
&= \frac{2\,(1{,}189 - 0{,}1)\,\text{bar}}{10^3\,\text{kg}\cdot\text{m}^{-3}} + (1{,}59\,\text{m}\cdot\text{s}^{-1})^2 = 222\,\text{m}^2\cdot\text{s}^{-2}
\end{aligned}
$$

und daraus $v_B = 14{,}9\,\text{m}\cdot\text{s}^{-1}$. Gemäß der Kontinuitätsgleichung gilt $I_V = A_B\, v_B = \pi\, r_B^2\, v_B$, und wir erhalten

$$r_B = \sqrt{\frac{I_V}{\pi\, v_B}} = \sqrt{\frac{0{,}5\cdot 10^{-3}\,\text{m}^3\cdot\text{s}^{-1}}{\pi\,(14{,}9\,\text{m}\cdot\text{s}^{-1})}} = 3{,}27\,\text{mm}$$

sowie für den Durchmesser $d_B = 2\, r_B = 6{,}54\,\text{mm}$.

L13.29   Der Körper taucht nicht vollständig ein, sondern schwimmt. Auf ihn wirken also die Auftriebskraft F_A und die Gewichtskraft F_G, die einander aufheben: $F_A - F_G = 0$. Mit dem Volumen V_{Fl} der verdrängten Flüssigkeit gilt daher gemäß dem Archimedischen Prinzip $\rho_0\, g\, V_{Fl} - m g = 0$. Das Volumen der insgesamt verdrängten Flüssigkeit entspricht der Summe der in beiden Behältern verdrängten Flüssigkeit. Mit der Höhendifferenz Δh ist also

$$V_{Fl} = \Delta V_A + \Delta V_{3A} = A\,\Delta h + 3A\,\Delta h = 4A\,\Delta h.$$

Einsetzen in die vorige Gleichung ergibt

$$4\,\rho_0\, g\, A\,\Delta h - m g = 0 \quad \text{und damit} \quad \Delta h = \frac{m}{4A\,\rho_0}.$$

L13.30   Die Abbildung zeigt die Gegebenheiten.

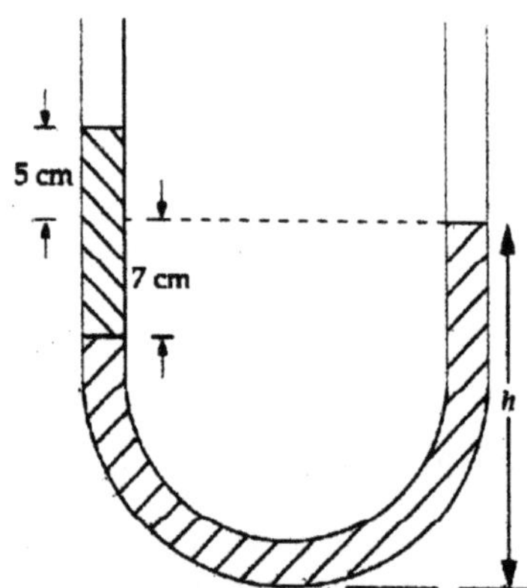

Wir bezeichnen mit ρ_{Fl} die Dichte der Flüssigkeit, mit ρ_O die Dichte des Öls und mit ρ_W die Dichte des Wassers. In beiden Schenkeln des U-Rohrs herrscht unten derselbe Druck:

$$\rho_{Fl}\, g\, h = \rho_{Fl}\, g\,(h - 7\,\text{cm}) + 0{,}8\,\rho_W\, g\,(12\,\text{cm}).$$

Daraus ergibt sich

$$\rho_{Fl} = \frac{0{,}8\,\rho_W\,(12\,\text{cm})}{7\,\text{cm}} = \frac{0{,}8\,(1)\,(12\,\text{cm})}{7\,\text{cm}} = 1{,}37.$$

L13.31   a) Wenn der Ballon weder steigt noch sinkt, gleicht die Auftriebskraft F_A die Gewichtskräfte der Ballonhülle, des Heliums sowie die Gewichtskraft F_G der Last (aus Korb und eigentlicher Nutzlast) aus: $F_A - m_{Hülle}\, g - m_{He}\, g - F_G = 0$.

Mit dem Volumen V des Ballons gilt gemäß dem Archimedischen Prinzip $\rho_{Luft}\, V g - m_{Hülle}\, g - m_{He}\, g - F_G = 0$.

Mit $m_{He} = \rho_{He}\, V$ folgt daraus

$$\rho_{Luft}\, V g - m_{Hülle}\, g - \rho_{He}\, V g - F_G = 0.$$

Damit erhalten wir für das Volumen

$$V = \frac{m_{Hülle}\, g + F_G}{(\rho_{Luft} - \rho_{He})\, g}$$

$$= \frac{(1{,}5\,\text{kg})\,(9{,}81\,\text{m}\cdot\text{s}^{-2}) + 750\,\text{N}}{\left[(1{,}293 - 0{,}1786)\,\text{kg}\cdot\text{m}^{-3}\right]\,(9{,}81\,\text{m}\cdot\text{s}^{-2})} = 70{,}0\,\text{m}^3.$$

b) Mit der nach oben beschleunigenden Kraft $m_{ges}\, a$ gilt beim Steigen: $F_A - m_{ges}\, g = m_{ges}\, a$. Die Beschleunigung ist also gegeben durch $a = F_A / m_{ges} - g$. Wir berechnen zunächst die Gesamtmasse, wobei wir für das neue (doppelt so große) Volumen

V' setzen:

$$m_{ges} = m_{Last} + m_{He} + m_{Hülle} = \frac{F_G}{g} + \rho_{He}\, V' + m_{Hülle}$$

$$= \frac{900\,\text{N}}{9{,}81\,\text{m}\cdot\text{s}^{-2}} + (0{,}1786\,\text{kg}\cdot\text{m}^{-3})\,(140\,\text{m}^3) + 1{,}5\,\text{kg}$$

$$= 118\,\text{kg}.$$

Die Auftriebskraft ist nun

$$F_A' = \rho_{Luft}\, V' g = (1{,}293\,\text{kg}\cdot\text{m}^{-3})\,(140\,\text{m}^3)\,(9{,}81\,\text{m}\cdot\text{s}^{-2})$$

$$= 1{,}78\,\text{kN}.$$

Mit der obigen Beziehung für die Beschleunigung erhalten wir für diese

$$a = \frac{F_A}{m_{ges}} - g = \frac{1{,}78\,\text{kN}}{118\,\text{kg}} - 9{,}81\,\text{m}\cdot\text{s}^{-2} = 5{,}27\,\text{m}\cdot\text{s}^{-2}.$$

L13.32   a) Wir leiten den gegebenen Ausdruck für den Druck nach der Höhe ab:

$$\frac{dP}{dh} = -C P_0\, e^{-Ch} = -C P.$$

Separieren der Variablen ergibt $dP/P = -C\,dh$.

b) Wir drücken $P(h + \Delta h)$ mit Hilfe der gegebenen Gleichung für den Druck aus:

$$P(h + \Delta h) = P_0\, e^{-C(h + \Delta h)} = P_0\, e^{-Ch}\, e^{-C\Delta h} = P(h)\, e^{-C\Delta h}.$$

Die Bedingung $\Delta h \ll h_0$ ist gleichbedeutend mit $\Delta h / h_0 \ll 1$. Wir setzen nun $h_0 = 1/C$ und erhalten damit $C\,\Delta h \ll 1$ sowie

$$e^{-C\Delta h} \approx 1 - C\,\Delta h = 1 - \Delta h / h_0.$$

Einsetzen liefert

$$P(h + \Delta h) = P(h)\left(1 - \frac{\Delta h}{h_0}\right).$$

c) Wir logarithmieren die Funktion $P(h)$:

$$\ln P = \ln\left(P_0\, e^{-Ch}\right) = \ln P_0 + \ln e^{-Ch} = \ln P_0 - C h.$$

Auflösen nach C und Einsetzen der Werte ergibt

$$C = \frac{1}{h}\,\ln\frac{P_0}{P} = \frac{1}{5{,}5\,\text{km}}\,\ln\frac{P_0}{\frac{1}{2}P_0} = \frac{\ln 2}{5{,}5\,\text{km}} = 0{,}126\,\text{km}^{-1}.$$

L13.33   a) Für das Volumen der Glaskugel ergibt sich

$$V_{Kugel} = \tfrac{1}{6}\,\pi\, d_{Kugel}^3 = \tfrac{1}{6}\,\pi\,(2{,}4\,\text{cm})^3 = 7{,}238\,\text{cm}^3,$$

und das Volumen der Glasröhre mit der Skala ist

$$V_{Skala} = \tfrac{1}{4}\,\pi\, d_{Skala}^2\,\ell = \tfrac{1}{4}\,\pi\,(0{,}75\,\text{cm})^2\,(20\,\text{cm}) = 8{,}836\,\text{cm}^3.$$

Das Aräometer soll sich im Gleichgewicht befinden. Dann werden seine Gewichtskraft und die des Bleischrots durch die Auftriebskraft F_A ausgeglichen:

$$F_A - F_{G,\text{Aräom.}} - m_{Pb}\, g = 0.$$

Mit der Dichte ρ_{Fl} der Flüssigkeit gilt daher

$$\rho_{Fl}\, V_{\text{Aräom.}}\, g - m_{Glas}\, g - m_{Pb}\, g = 0,$$

und wir erhalten

$$m_{Pb} = \rho_{Fl}\, V_{Glas} - m_{Glas}$$

$$= 0{,}78\,(1\,\text{g}\cdot\text{cm}^{-3})\,(7{,}238\,\text{cm}^3 + 8{,}836\,\text{cm}^3) - 7{,}28\,\text{g}$$

$$= 5{,}26\,\text{g}.$$

b) Mit dem eingetauchten Volumen V des Aräometers und der Dichte ρ_W des Wassers gilt im Gleichgewicht, also wenn das Aräometer schwimmt: $\rho_\mathrm{W} V g - m_\mathrm{ges}\, g = 0$. Darin ist m_ges die Masse des Aräometers mit Bleischrot darin. Daraus ergibt sich für das eingetauchte Volumen

$$V = \frac{m_\mathrm{ges}}{\rho_\mathrm{W}} = \frac{m_\mathrm{Glas} + m_\mathrm{Pb}}{\rho_\mathrm{W}} = \frac{(7{,}28 + 5{,}26)\ \mathrm{g}}{1\ \mathrm{g\cdot cm^{-3}}} = 12{,}54\ \mathrm{cm^3}.$$

Für das eingetauchte Volumen des Aräometers gilt aber auch (mit dem Volumen h' des eingetauchten Teils der Skalenröhre):

$$V = \tfrac{1}{4}\,\pi d_\mathrm{Skala}^2\, h' + V_\mathrm{Kugel}.$$

Dies ergibt

$$h' = \frac{V - V_\mathrm{Kugel}}{\tfrac{1}{4}\,\pi d_\mathrm{Skala}^2} = \frac{12{,}54\ \mathrm{cm^3} - 7{,}238\ \mathrm{cm^3}}{\tfrac{1}{4}\,\pi\,(0{,}75\ \mathrm{cm})^2} = 12{,}0\ \mathrm{cm}.$$

Die Länge des aus dem Wasser herausragenden Teils der Skala ist damit $h'' = 20\ \mathrm{cm} - h' = 20\ \mathrm{cm} - 12{,}0\ \mathrm{cm} = 8{,}00\ \mathrm{cm}.$

c) Wenn das Aräometer in der zweiten Flüssigkeit mit unbekanntem relativen Gewicht schwimmt, gilt $\rho_\mathrm{Fl.2}\, V_\mathrm{Fl.2}\, g - m_\mathrm{ges}\, g = 0$. Darin ist $m_\mathrm{ges} = 7{,}28\ \mathrm{g} + 5{,}26\ \mathrm{g} = 12{,}54\ \mathrm{g}$ die oben ermittelte Gesamtmasse des Aräometers mit Bleischrot. Für die Dichte der zweiten, unbekannten Flüssigkeit gilt $\rho_\mathrm{Fl.2} = m_\mathrm{ges} / V_\mathrm{Fl.2}$, und wir erhalten (mit der Höhe h_2 des eingetauchten Teils der Skala) für das Volumen der verdrängten Flüssigkeit

$$\begin{aligned}
V_\mathrm{Fl.2} &= V_\mathrm{Kugel} + \tfrac{1}{4}\,\pi d_\mathrm{Skala}^2\, h_2 \\
&= 7{,}238\ \mathrm{cm^3} + \tfrac{1}{4}\,\pi\,(0{,}75\ \mathrm{cm})^2\,(20\ \mathrm{cm} - 12{,}2\ \mathrm{cm}) \\
&= 10{,}68\ \mathrm{cm^3}.
\end{aligned}$$

Die Dichte dieser Flüssigkeit ist

$$\rho_\mathrm{Fl.2} = \frac{12{,}54\ \mathrm{g}}{10{,}68\ \mathrm{cm^3}} = 1{,}174\ \mathrm{g\cdot cm^{-3}}.$$

Sie ist also gut 1,17-mal so groß wie die des Wassers.

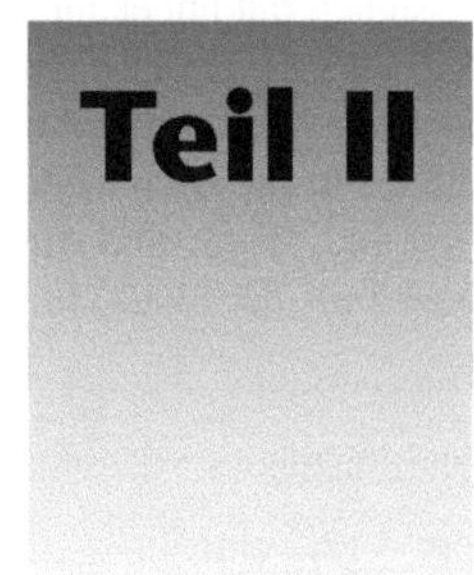

Teil II

Schwingungen und Wellen

Schwingungen

- Harmonische Schwingungen
- Energie eines harmonischen Oszillators
- Erzwungene Schwingungen und Resonanz

A: Aufgaben

Verständnisaufgaben

A14.1 • Sind die Beschleunigung und die Auslenkung (aus dem Gleichgewicht) eines harmonischen Oszillators immer gleichgerichtet? Sind es ebenso die Beschleunigung und die Geschwindigkeit sowie die Geschwindigkeit und die Verschiebung? Erläutern Sie Ihre Antworten.

A14.2 •• Ein Gegenstand an einer Feder führt eine harmonische Bewegung mit einer Amplitude von 4,0 cm aus. Wenn das Objekt von der Gleichgewichtslage 2,0 cm weit entfernt ist, welchen Bruchteil der Gesamtenergie macht dann die potenzielle Energie aus? a) Ein Viertel, b) ein Drittel, c) die Hälfte, d) zwei Drittel, e) drei Viertel.

A14.3 • Richtig oder falsch? a) Bei einem Gegenstand an einer Feder ist die Schwingungsperiode dieselbe, gleichgültig, ob die Feder horizontal oder vertikal angebracht ist. b) Bei einem Gegenstand, der mit einer Amplitude A an einer Feder schwingt, ist die maximale Geschwindigkeit bei einer horizontalen und bei einer vertikalen Feder dieselbe.

A14.4 •• Zwei identische Wagen können sich auf einem Luftkissen reibungsfrei bewegen und sind durch eine Feder miteinander verbunden. Einer der beiden Wagen wird angestoßen und dabei von dem anderen weg bewegt. Man sieht, dass die Bewegungen der Wagen dann sehr wechselhaft ablaufen: Zuerst bewegt sich ein Wagen, dann stoppt dieser, und der andere Wagen bewegt sich; so geht das hin und her. Erklären Sie die Bewegungen qualitativ.

A14.5 • Der Einfluss der Masse einer Feder auf die Bewegung eines an ihr befestigten Objekts wird gewöhnlich vernachlässigt. Beschreiben Sie qualitativ den Effekt, wenn die Federmasse nicht vernachlässigt wird.

A14.6 •• Zwei Masse-Feder-Systeme A und B schwingen so, dass ihre Energien gleich sind. Welche Formel verknüpft die Schwingungsamplituden miteinander, wenn $m_A = 2\,m_B$ ist? a) $A_A = A_B/4$, b) $A_A = A_B/\sqrt{2}$, c) $A_A = A_B$. d) Die Information reicht nicht aus, um das Verhältnis der Amplituden zu bestimmen.

Schätzungs- und Näherungsaufgaben

A14.7 •• a) Schätzen Sie die Schwingungsperiode beim Schwingen Ihrer Arme mit leeren Händen ab, wenn Sie gehen. b) Nun schätzen Sie diese, wenn Sie eine schwere Aktentasche tragen. Sehen Sie sich nach anderen Leuten um, wie sie gehen, und vergleichen Sie die Armbewegungen.

• Harmonische Schwingungen

A14.8 • Der Ort eines Teilchens ist gegeben durch $x = (7\,\text{cm})\cos(6\pi\,\text{s}^{-1}\,t)$, worin t in Sekunden gemessen wird. Wie groß sind a) die Frequenz, b) die Schwingungsdauer und c) die Amplitude der Teilchenbewegung? d) Wann befindet sich das Teilchen zum ersten Mal nach $t = 0$ in seiner Gleichgewichtslage? In welche Richtung bewegt es sich zu dieser Zeit?

A14.9 • Ermitteln Sie a) die maximale Geschwindigkeit und b) die maximale Beschleunigung des Teilchens in Aufgabe 8. c) Zu welcher Zeit bewegt sich das Teilchen zum ersten Mal durch $x = 0$ nach rechts?

A14.10 •• Militärische Einsatzvorschriften fordern, dass elektronische Geräte Beschleunigungen bis zu $10\,g = 98,1\,\text{m/s}^2$

aushalten müssen. Um abzusichern, dass ihre Produkte dieser Anforderung entsprechen, testen die Hersteller sie auf einem Rütteltisch, der sie bei verschiedenen Frequenzen und Amplituden solchen Beschleunigungen aussetzt. Wie groß sollte die Frequenz sein, wenn ein Gerät mit einer Schwingungsamplitude von 1,5 cm gemäß der oben genannten Spezifizierung getestet wird?

A14.11 •• a) Zeigen Sie, dass $A_0 \cos(\omega t + \delta)$ auch als $A_s \sin \omega t + A_c \cos \omega t$ geschrieben werden kann, und bestimmen Sie A_s und A_c in Abhängigkeit von A_0 und δ. b) Bringen Sie A_s und A_c mit dem Anfangsort und der Anfangsgeschwindigkeit eines Teilchens in Zusammenhang, das eine harmonische Bewegung ausführt.

Harmonische Schwingungen und Kreisbewegungen

A14.12 • Ein Teilchen bewegt sich auf einem Kreis vom Radius 15 cm. Dort vollführt es alle 3 s eine Umdrehung. a) Wie groß ist die Bahngeschwindigkeit des Teilchens? b) Wie groß ist seine Winkelgeschwindigkeit ω? c) Formulieren Sie eine Gleichung für die x-Komponente des Teilchenorts als Funktion der Zeit t unter der Annahme, dass sich das Teilchen zur Zeit $t = 0$ auf der positiven x-Achse befindet.

• Energie eines harmonischen Oszillators

A14.13 • Ermitteln Sie die Gesamtenergie eines 3-kg-Objekts, das an einer horizontalen Feder mit einer Amplitude von 10 cm und einer Frequenz von 2,4 Hz schwingt.

A14.14 •• Ein 3-kg-Objekt schwingt an einer Feder mit einer Amplitude von 8 cm. Seine maximale Beschleunigung beträgt 3,50 m/s^2. Berechnen Sie die Gesamtenergie.

Federschwinger

A14.15 • Eine 85-kg-Person steigt in ein Auto der Masse 2400 kg ein, wobei es um 2,35 cm durchfedert. Mit welcher Frequenz werden Auto und Fahrgast auf der Federung schwingen, wenn man annimmt, dass keine Dämpfung vorliegt?

A14.16 •• Ein Körper mit der Masse m wird von einer vertikalen Feder mit der Kraftkonstanten 1800 N/m gehalten. Wenn er aus seiner Gleichgewichtslage 2,5 cm weit nach unten gezogen und aus der Ruhelage heraus losgelassen wird, schwingt er mit 5,5 Hz. a) Bestimmen Sie m. b) Bestimmen Sie die Auslenkung der Feder in der Gleichgewichtslage gegenüber ihrer natürlichen Länge. c) Drücken Sie die Verschiebung y, die Geschwindigkeit v_y und die Beschleunigung a_y als Funktionen der Zeit t aus.

A14.17 •• Ein Handkoffer mit einer Masse von 20 kg hängt an zwei elastischen Kordeln, wie es in der Abbildung gezeigt ist. Jede Kordel ist um 5 cm gedehnt, wenn der Handkoffer im Gleichgewicht ist. Wie groß ist seine Schwingungsfrequenz,

wenn er ein wenig nach unten gezogen und dann losgelassen wurde?

A14.18 •• Ein Objekt mit einer Masse von 2,0 kg ist oben an einer vertikalen Feder befestigt, die am Boden verankert ist. Die Länge der nicht zusammengepressten Feder ist 8,0 cm. Ist das Objekt im Gleichgewicht, so beträgt die Länge der Feder 5 cm. Während sich das Objekt in seiner Gleichgewichtslage in Ruhe befindet, erhält es mit einem Hammer einen nach unten gerichteten Impuls, so dass seine Anfangsgeschwindigkeit 0,3 m/s beträgt. a) Welche maximale Höhe über dem Boden wird das Objekt schließlich erreichen? b) Wie viel Zeit benötigt das Objekt, um zum ersten Mal seine maximale Höhe zu erreichen? c) Wird die Feder wieder unkomprimiert werden? Welche minimale Anfangsgeschwindigkeit muss das Objekt erhalten, damit die Feder zu irgendeinem Zeitpunkt unkomprimiert ist?

Energie eines vertikalen Federschwingers

A14.19 •• Ein 1,5-kg-Gegenstand, der eine Feder aus ihrer Eigenlänge um 2,8 cm dehnt, wenn er in Ruhe an ihr hängt, schwingt mit einer Amplitude von 2,2 cm. a) Ermitteln Sie die Gesamtenergie des Systems. b) Berechnen Sie die potenzielle Gravitationsenergie im Maximum der Abwärtsverschiebung. c) Bestimmen Sie die potenzielle Energie der Feder im Maximum der Abwärtsverschiebung. d) Wie groß ist die maximale kinetische Energie des Gegenstands?

Mathematisches Pendel

A14.20 • Bestimmen Sie die Länge eines mathematischen Pendels, wenn die Schwingungsdauer an einem Ort 5 s beträgt, an dem $g = 9{,}81$ m/s^2 ist.

A14.21 •• Zeigen Sie, dass die Gesamtenergie eines mathematischen Pendels, das Schwingungen mit kleiner Amplitude φ_0 ausführt, näherungsweise durch $E \approx \frac{1}{2} m g \ell \varphi_0^2$ gegeben ist. (*Hinweis:* Verwenden Sie die Näherung $\cos \varphi \approx 1 - \frac{1}{2} \varphi^2$ für kleine φ.)

A14.22 •• Ein mathematisches Pendel der Länge ℓ ist, wie in der Abbildung zu ersehen, mit einem schweren Wagen verbunden, der eine geneigte Ebene mit dem Winkel θ gegenüber der Horizontalen ohne Reibung heruntergleitet. Ermitteln Sie die Schwingungsdauer des Pendels auf dem gleitenden Wagen.

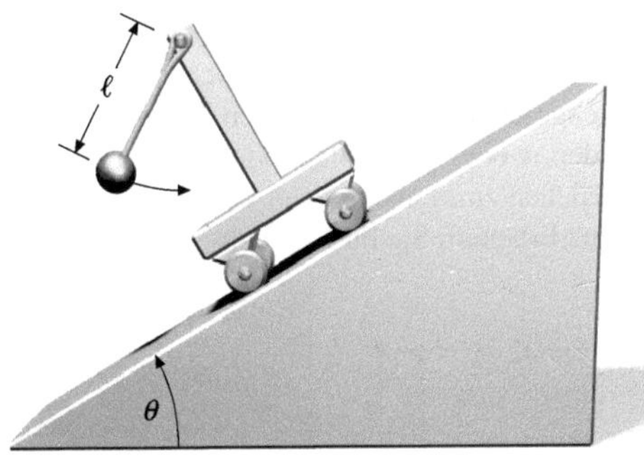

Physikalisches Pendel

A14.23 • Eine dünne Scheibe mit der Masse 5 kg und dem Radius 20 cm ist an einer horizontalen Achse aufgehängt, die am Rand der Scheibe senkrecht zu dieser verläuft. Die Scheibe wird aus dem Gleichgewicht leicht ausgelenkt und dann losgelassen. Bestimmen Sie die Schwingungsdauer der darauf folgenden harmonischen Schwingung.

A14.24 •• Die Abbildung zeigt eine Hantel mit zwei gleichen Massen, die als Punktmassen an einer dünnen masselosen Stange der Länge ℓ angenommen werden. a) Zeigen Sie, dass die Schwingungsdauer dieses Pendels minimal ist, wenn der Drehpunkt P in einer der Massen liegt. b) Bestimmen Sie die Schwingungsperiode dieses physikalischen Pendels, wenn der Abstand zwischen P und der oberen Masse $\ell/4$ beträgt.

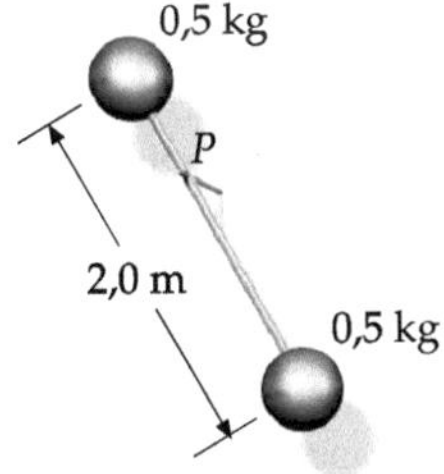

A14.25 •• Es wird angenommen, dass der Stab in Aufgabe 24 die Masse $2m$ hat. Bestimmen Sie den Abstand zwischen der oberen Masse und dem Drehpunkt P, wenn die Schwingungsperiode dieses physikalischen Pendels minimal ist.

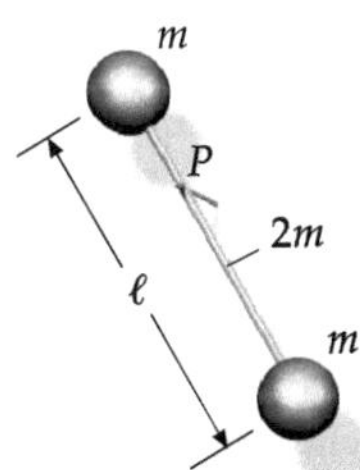

A14.26 ••• Ein ebenes Objekt hat ein Trägheitsmoment I bezüglich seines Massenmittelpunkts. Wenn es um den Punkt P_1

gedreht wurde (siehe Abbildung), schwingt es um ihn mit der Schwingungsdauer T. Gegenüber dem Massenmittelpunkt gibt es einen zweiten Punkt P_2, um den sich das Objekt drehen kann, so dass die Schwingungsperiode ebenfalls T ist. Zeigen Sie, dass $h_1 + h_2 = g\,T^2/(4\pi^2)$ ist.

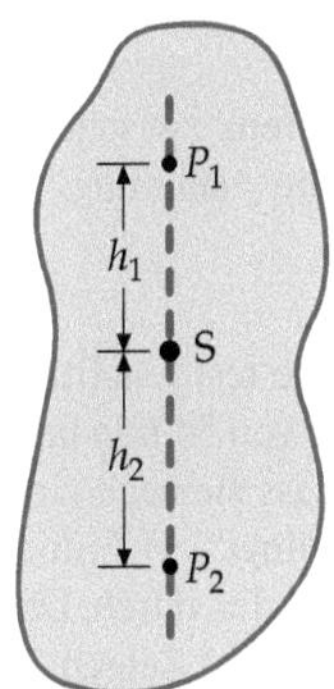

A14.27 ••• Ein physikalisches Pendel (siehe Abbildung) besteht aus einer Kugel mit dem Radius r_K und der Masse m, die an einem Faden befestigt ist. Der Abstand des Kugelzentrums vom Aufhängepunkt ist ℓ. Wenn r_K viel kleiner als ℓ ist, kann ein solches Pendel oft als mathematisches Pendel der Länge ℓ betrachtet werden.

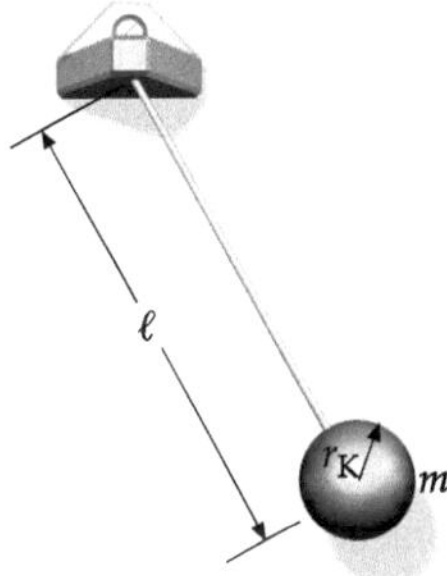

a) Zeigen Sie, dass die Schwingungsdauer für kleine Amplituden durch

$$T = T_0\sqrt{1 + \frac{2\,r_K^2}{5\,\ell^2}}$$

gegeben ist, wobei $T_0 = 2\pi\sqrt{\ell/g}$ die Schwingungsperiode eines mathematischen Pendels der Länge ℓ ist. b) Zeigen Sie: Wenn r_K viel kleiner als ℓ ist, dann ist die Schwingungsdauer näherungsweise durch $T \approx T_0\,(1 + r_K^2/5\,\ell^2)$ gegeben. c) Berechnen Sie für $\ell = 1$ m und $r_K = 2$ cm den Fehler, wenn die Näherung $T \approx T_0$ für dieses Pendel angesetzt wird. Wie groß muss der Radius des Pendelkörpers bei einem Fehler von 1 % sein?

Gedämpfte Schwingungen

A14.28 • Ein 2 kg schwerer Gegenstand schwingt mit einer Anfangsamplitude von 3 cm an einer Feder mit der Kraftkonstante $k_F = 400$ N/m. Ermitteln Sie a) die Schwingungsdauer und b) die gesamte Anfangsenergie. c) Bestimmen Sie die Dämpfungskonstante b und den Q-Faktor, wenn die Energie um 1 % pro Periode abnimmt.

A14.29 •• Ein Oszillator hat einen Q-Faktor von 20. a) Um welchen Bruchteil nimmt die Energie während jeder Periode ab? b) Verwenden Sie die Gleichung

$$\omega' = \omega_0 \sqrt{1 - \left(\frac{b}{2m\omega_0}\right)^2},$$

um die prozentuale Differenz zwischen ω' und ω_0 zu ermitteln. (*Hinweis:* Setzen Sie die Näherung $(1 + x)^{1/2} \approx 1 + \frac{1}{2}x$ für kleine x an.)

A14.30 •• Es wurde festgestellt, dass die schwingende Erde eine Resonanzperiode von 54 min und einen Q-Faktor von ungefähr 400 besitzt und dass sie nach einem großen Erdbeben für ca. zwei Monate „nachklingt". a) Ermitteln Sie den Prozentsatz der Schwingungsenergie, der durch Dämpfungskräfte während jeder Periode verloren geht. b) Zeigen Sie, dass nach n Perioden die Energie $E_n = (0{,}984)^n E_0$ beträgt, wobei E_0 die ursprüngliche Energie ist. c) Wie groß ist die Energie nach zwei Tagen, wenn die ursprüngliche Schwingungsenergie eines Erdbebens E_0 ist?

• Erzwungene Schwingungen und Resonanz

A14.31 •• Ein gedämpfter Oszillator verliert während einer Periode 3,5 % seiner Energie. a) Wie viele Zyklen laufen ab, bis die Hälfte der ursprünglichen Energie abgegeben ist? b) Wie groß ist der Q-Faktor? c) Wie groß ist die Resonanzbreite, wenn der Oszillator angetrieben wird und seine Eigenfrequenz 100 Hz beträgt?

Stöße

A14.32 ••• Die Abbildung zeigt ein schwingendes Masse-Feder-System, angebracht auf einer reibungsfreien Oberfläche, und eine zweite gleiche Masse, die sich mit der Geschwindigkeit v zu der schwingenden Masse hin bewegt. Die Bewegung der schwingenden Masse ist durch $x(t) = (0{,}1\ \text{m}) \cos(40\ \text{s}^{-1}\,t)$ gegeben, worin x die Verschiebung der Masse aus ihrer Gleichgewichtslage ist. Die zwei Massen stoßen in dem Moment elastisch zusammen, in dem sich die schwingende Masse durch ihre Gleichgewichtslage nach rechts bewegt. a) Wie groß muss die Geschwindigkeit v der zweiten Masse sein, damit der Federschwinger infolge des elastischen Zusammenstoßes zur Ruhe kommt? b) Wie groß ist die Geschwindigkeit der zweiten Masse nach dem elastischen Stoß?

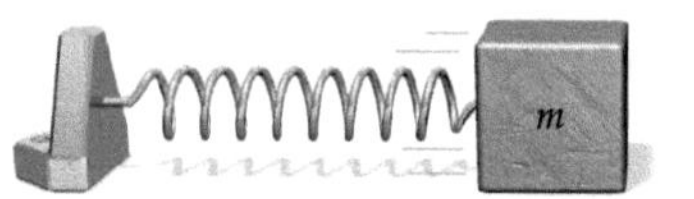 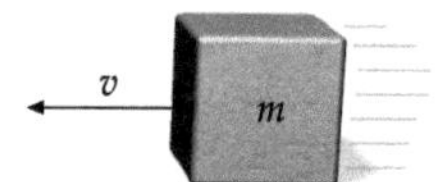

Allgemeine Aufgaben

A14.33 •• Ein kleines Teilchen der Masse m gleitet ohne Reibung in einer Kugelschale vom Radius r_K. a) Zeigen Sie, dass

die Bewegung des Teilchens die gleiche ist, wie wenn es an einer Schnur der Länge r_K befestigt wäre. b) Die Abbildung zeigt ein Teilchen der Masse m_1, das um einen kleinen Abstand s_1 aus dem tiefsten Punkt der Schale heraus verschoben wurde. Der Abstand s_1 ist viel kleiner als r_K. Ein zweites Teilchen der Masse m_2 ist in die entgegengesetzte Richtung um den Abstand $s_2 = 3\,s_1$ verschoben worden, wobei s_2 ebenfalls viel kleiner als r_K ist. Wo treffen die Teilchen zusammen, wenn sie zur selben Zeit losgelassen wurden? Erläutern Sie Ihr Ergebnis.

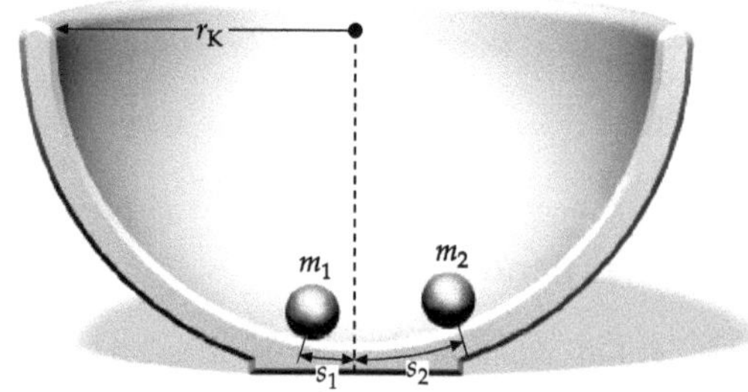

A14.34 •• Es wird ein sehr kleiner homogener Ball mit der Masse m und dem Radius r_B betrachtet, der ohne Gleiten in der Nähe des Fußpunkts der Schale rollt (siehe die Abbildung zu Aufgabe 33). a) Formulieren Sie einen Ausdruck für die Gesamtenergie des Balls in Abhängigkeit von seiner Geschwindigkeit und von dem (als klein angenommenen) Abstand vom Fußpunkt der Schale. b) Vergleichen Sie diesen Ausdruck mit demjenigen für die Gesamtenergie eines Balls der Masse m, der an der Schale reibungsfrei heruntergleitet, und bestimmen Sie dadurch seine Schwingungsfrequenz um den Fußpunkt der Schale.

A14.35 •• Die Abbildung zeigt ein Pendel der Länge ℓ mit einem Pendelkörper der Masse m. Der Pendelkörper ist an einer horizontalen Feder mit der Federkonstanten k_F befestigt. Wenn sich der Pendelkörper direkt unter der Pendelaufhängung befindet, hat die Feder ihre Gleichgewichtslänge. a) Leiten Sie einen Ausdruck für die Schwingungsdauer dieses Systems bei kleinen Amplituden her. b) Es wird angenommen, dass $m = 1$ kg ist und ℓ so gewählt wird, dass in Abwesenheit der Feder die Schwingungsdauer 2,0 s beträgt. Wie groß ist die Federkonstante k_F, wenn die Schwingungsdauer des Systems 1,0 s beträgt?

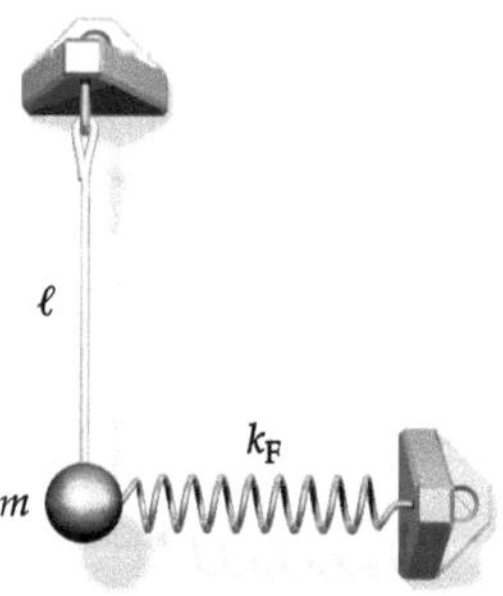

A14.36 •• Die Gravitationsbeschleunigung g verändert sich mit der geografischen Breite wegen der Erdrotation und weil die Erde nicht exakt kugelförmig ist. Dies wurde im 17. Jahrhundert entdeckt, als man beobachtete, dass eine Penduluhr – sorgfältig justiert, um die exakte Zeit in Paris anzuzeigen – in der Nähe des Äquators um ungefähr 90 s/d nachging. a) Zeigen Sie, dass eine kleine Abweichung Δg der Gravitationsbeschleunigung eine kleine Änderung ΔT der Schwingungsdauer des Pendels hervorruft, wobei ihr Zusammenhang durch $\Delta T/T = -\frac{1}{2}\Delta g/g$ gegeben ist. (Verwenden Sie Differenziale, um diesen Zusammenhang zu zeigen.) b) Wie groß ist die Änderung von g, wenn man bei der Schwingungsdauer eine Änderung um 90 s/d registriert?

A14.37 ●● Eine ebene Plattform schwingt horizontal in harmonischer Bewegung, deren Schwingungsdauer 0,8 s beträgt. a) Ein Kasten auf der Plattform beginnt zu gleiten, wenn die Schwingungsamplitude 40 cm erreicht. Wie groß ist der Haftreibungskoeffizient zwischen Kasten und Plattform? b) Wie groß ist die maximale Schwingungsamplitude, bevor der Kasten gleitet, wenn der Haftreibungskoeffizient zwischen Kasten und Plattform 0,40 beträgt?

A14.38 ●●● Die potenzielle Energie eines Teilchens der Masse m ist als Funktion des Orts durch

$$E_{\text{pot}}(x) = E_{\text{pot},0}\left(\xi + 1/\xi\right)$$

gegeben, wobei $\xi = x/a$ gilt und a eine Konstante ist. a) Zeichnen Sie $E_{\text{pot}}(x)$ als Funktion von x für $0,1\,a < x < 3\,a$. b) Geben Sie den Wert von x_0 im stabilen Gleichgewicht an. c) Geben Sie die potenzielle Energie $E_{\text{pot}}(x)$ für $x = x_0 + \varepsilon$ an, wobei ε eine kleine Verschiebung aus der Gleichgewichtslage x_0 bedeutet. d) Nähern Sie den $(1/x)$-Term mit Hilfe der binomischen Reihe

$$(1+r)^n = \sum_{i=0}^{\infty} \binom{n}{i} r^i$$
$$= 1 + nr + \frac{n(n-1)}{2!} r^2 + \frac{n(n-1)(n-2)}{3!} r^3 + \cdots,$$
$$\text{mit} \quad r = \varepsilon/x_0 \ll 1,$$

an und vernachlässigen Sie alle Terme mit Potenzen größer als 2. e) Vergleichen Sie Ihr Ergebnis mit dem Potenzial eines harmonischen Oszillators. Zeigen Sie, dass die Masse bei kleinen Verschiebungen aus dem Gleichgewicht eine harmonische Bewegung ausführt, und bestimmen Sie deren Frequenz.

A14.39 ●●● Die Abbildung zeigt einen homogenen Halbzylinder mit dem Radius r_Z und der Masse m, der auf einer horizontalen Oberfläche ruht. Wenn eine Seite dieses Zylinders leicht niedergedrückt und wieder losgelassen wird, dann beginnt er, um seine Gleichgewichtslage zu schwingen. Bestimmen Sie die Schwingungsdauer.

A14.40 ●●● Ein gedämpfter Oszillator hat eine Kreisfrequenz ω', die um 10 % kleiner ist als seine Kreisfrequenz ohne Dämpfung. a) Um welchen Faktor nimmt die Amplitude des Oszillators während jeder Schwingung ab? b) Um welchen Faktor wird seine Energie während jeder Schwingung verringert?

A14.41 ●●● In dieser Aufgabe ist ein Ausdruck für die mittlere Leistung (die Input-Leistung) herzuleiten, die durch eine treibende Kraft auf den erzwungenen Oszillator übertragen wird (siehe Abbildung).

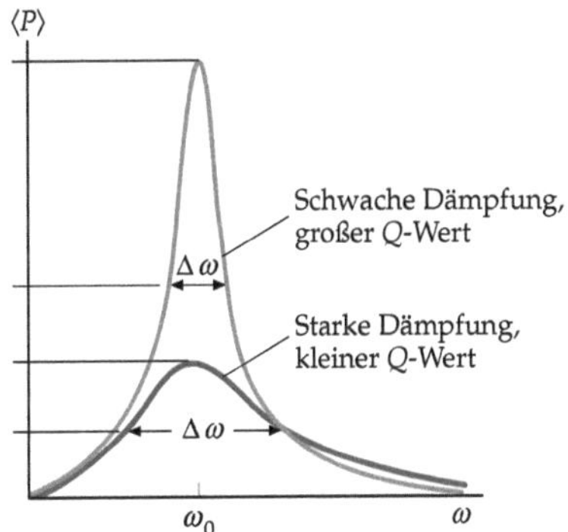

a) Zeigen Sie, dass die von der treibenden Kraft dem System momentan zugeführte Leistung durch

$$P = F_x\,v_x = -A\,\omega\,F_{x,0}\cos\omega t\,\sin(\omega t - \delta)$$

gegeben ist. b) Verwenden Sie das Additionstheorem

$$\sin(\theta_1 - \theta_2) = \sin\theta_1\cos\theta_2 - \cos\theta_1\sin\theta_2,$$

um zu zeigen, dass die in Teilaufgabe a gegebene Gleichung als

$$P = A\,\omega\,F_{x,0}\sin\delta\cos^2\omega t = A\,\omega\,F_{x,0}\cos\delta\cos\omega t\sin\omega t$$

geschrieben werden kann. c) Zeigen Sie, dass das Zeitmittel des zweiten Terms in Ihrem Ergebnis der Teilaufgabe b über eine oder mehrere Perioden gleich null ist und dass deshalb gilt:

$$\langle P \rangle = \tfrac{1}{2} A\,\omega\,F_{x,0}\sin\delta.$$

d) Verwenden Sie die Gleichung

$$\tan\delta = \frac{b\,\omega}{m\,(\omega_0^2 - \omega^2)}$$

und konstruieren Sie ein rechtwinkliges Dreieck, in dem der dem Winkel δ gegenüberliegenden Seite der Wert $b\,\omega$ und der ihm anliegenden Seite der Wert $m\,(\omega_0^2 - \omega^2)$ zugeordnet wird. Zeigen Sie an diesem Dreieck, dass gilt:

$$\sin\delta = \frac{b\,\omega}{\sqrt{m^2\,(\omega_0^2 - \omega^2)^2 + b^2\,\omega^2}} = \frac{b\,\omega\,A}{F_{x,0}}.$$

e) Nutzen Sie Ihr Ergebnis von Teilaufgabe d, um ωA aus Ihrem Ergebnis von Teilaufgabe c zu eliminieren, und zeigen Sie so, dass die mittlere Input-Leistung als

$$\langle P \rangle = \frac{1}{2}\,\frac{F_{x,0}^2}{b}\,\sin^2\delta = \frac{1}{2}\,\frac{b\,\omega^2\,F_{x,0}^2}{m^2\,(\omega_0^2 - \omega^2)^2 + b^2\,\omega^2}$$

geschrieben werden kann.

A14.42 ●●● Nutzen Sie das Ergebnis von Aufgabe 41, um die Gleichung $\Delta\omega/\omega_0 = 1/Q$ herzuleiten, die die Breite der Resonanzkurve mit dem Q-Wert verknüpft, wenn die Resonanz scharf ist. Im Resonanzfall ist der Nenner des zweiten Bruchs in der Gleichung von Aufgabe 41 e gleich $b^2\,\omega_0^2$, und $\langle P \rangle$ hat den Maximalwert. Bei einer scharfen Resonanz kann die Änderung von ω im Zähler dieser Gleichung vernachlässigt werden. Dann wird die Input-Leistung die Hälfte ihres Maximalwerts bei den Werten von ω ausmachen, für die der Nenner $2\,b^2\,\omega_0^2$ beträgt.

a) Zeigen Sie, dass ω dann die Beziehung

$$m^2\,(\omega - \omega_0)^2\,(\omega + \omega_0)^2 \approx b^2\,\omega_0^2$$

erfüllt.

b) Zeigen Sie mit Hilfe der Näherung $\omega + \omega_0 \approx 2\,\omega_0$, dass gilt:

$$\omega - \omega_0 \approx \pm \frac{b}{2\,m}\,.$$

c) Drücken Sie b in Abhängigkeit von Q aus.

d) Kombinieren Sie die Ergebnisse der Teilaufgaben b und c, um zu zeigen, dass es zwei Werte von ω gibt, für die die Input-Leistung die Hälfte des Werts bei Resonanz ausmacht, und dass sich diese Werte zu

$$\omega_1 = \omega_0 - \frac{\omega_0}{2Q} \quad \text{und} \quad \omega_2 = \omega_0 + \frac{\omega_0}{2Q}$$

ergeben, so dass gilt: $\omega_2 - \omega_1 = \Delta\omega = \dfrac{\omega_0}{Q}\,.$

A14.43 ••• Das Morse-Potenzial, das oft zur Modellbeschreibung zwischenatomarer Kräfte verwendet wird, kann in der Form $\phi(r) = D\,(1 - \mathrm{e}^{-\beta(r-r_0)})^2$ geschrieben werden, worin r der Abstand zwischen zwei Atomkernen ist. a) Verwenden Sie ein Tabellenkalkulationsprogramm oder einen grafikfähigen Taschenrechner, um eine grafische Darstellung des Morse-Potenzials für $D = 5\,\mathrm{eV}$, $\beta = 0{,}2\,\mathrm{nm}^{-1}$ und $r_0 = 0{,}75\,\mathrm{nm}$ zu erzeugen. b) Bestimmen Sie den Gleichgewichtsabstand und die „Federkonstante" beim Morse-Potenzial, wenn kleine Verschiebungen aus dem Gleichgewicht vorausgesetzt werden. c) Ermitteln Sie eine Formel für die Schwingungsfrequenz eines Moleküls aus zwei gleichen Atomen der Masse m.

Schwingungen

14L

L: Lösungen

L14.1 Bedingung für eine einfache harmonische Bewegung ist eine Rückstellkraft, die proportional zur Auslenkung und dieser entgegengesetzt gerichtet ist: $F = -k_F x$. Daher sind Beschleunigung und Auslenkung (sofern sie nicht gerade null sind) stets einander entgegengerichtet. Dagegen können Geschwindigkeit und Beschleunigung dieselbe Richtung haben, wie auch Geschwindigkeit und Auslenkung.

L14.2 Die Gesamtenergie eines Gegenstands, der eine harmonische Bewegung ausführt, ist $E = \frac{1}{2} k_F A^2$. Darin ist k_F die Kraftkonstante oder Federkonstante, und A ist die Amplitude der Bewegung. Die potenzielle Energie ist $E_{\mathrm{pot}}(x) = \frac{1}{2} k_F x^2$. Für den Quotienten gilt also

$$\frac{E_{\mathrm{pot}}(x)}{E} = \frac{\frac{1}{2} k_F x^2}{\frac{1}{2} k_F A^2} = \frac{x^2}{A^2}.$$

Mit den gegebenen Werten $x = 2$ cm und $A = 4$ cm ergibt sich für diesen Quotienten $(2\,\mathrm{cm})^2/(4\,\mathrm{cm})^2 = \frac{1}{4}$. Also ist Lösung a richtig.

L14.3 a) Richtig. Die Schwingungsdauer bzw. Schwingungsperiode eines Gegenstands hängt von seiner Masse und von der Federkonstanten ab, nicht aber von der Orientierung des Oszillators.

b) Richtig. Die maximale Geschwindigkeit eines schwingenden Gegenstands hängt von seiner Amplitude und von seiner Kreisfrequenz ab, nicht aber von der Orientierung des Oszillators.

L14.4 Wir nehmen an, der eine Wagen erhält durch das Anstoßen die Anfangsgeschwindigkeit v. Danach wirken keine äußeren Kräfte mehr auf die Wagen ein. Ihr gemeinsamer Massenmittelpunkt bewegt sich also nun mit der konstanten Geschwindigkeit $v/2$. Die beiden Wagen führen dabei eine harmonische Schwingung um ihren gemeinsamen Massenmittelpunkt aus, wobei die Amplitude ihrer jeweiligen Geschwindigkeit $v/2$ ist. Wenn also ein Wagen gerade relativ zum gemeinsamen Massenmittelpunkt die Geschwindigkeit $v/2$ hat, bewegt sich der andere mit der Geschwindigkeit $-v/2$. Die Geschwindigkeiten relativ zum Laborsystem sind dabei $+v$ bzw. 0. Eine halbe Schwingungsdauer später ist die Situation genau umgekehrt: Nun ruht der eine Wagen relativ zum Laborsystem, während sich der andere bewegt.

L14.5 Die Frequenz eines Feder-Masse-Systems mit der Masse m und der Federkonstanten k_F ist

$$v = \frac{1}{2\pi} \sqrt{\frac{k_F}{m}}.$$

Sie ist also umgekehrt proportional zur Wurzel aus der Masse. Wird die Masse der Feder berücksichtigt, dann ist die in die Formel einzusetzende Masse größer, und die Kreisfrequenz wird geringer.

L14.6 Die Energie eines schwingenden Feder-Masse-Systems mit der Masse m, der Kraftkonstanten k_F und der Amplitude A ist gegeben durch $E = \frac{1}{2} k_F A^2 = \frac{1}{2} m \omega^2 A^2$.

Wir bilden nun den Quotienten der Energien zweier solcher Systeme, die die Masse m_A bzw. m_B haben:

$$\frac{E_A}{E_B} = \frac{\frac{1}{2} m_A \omega_A^2 A_A^2}{\frac{1}{2} m_B \omega_B^2 A_B^2}.$$

Die Energien sollen gleich sein; also setzen wir diesen Quotienten gleich 1. Mit $m_A = 2 m_B$ ergibt dies

$$\frac{2 m_B \omega_A^2 A_A^2}{m_B \omega_B^2 A_B^2} = \frac{2 \omega_A^2 A_A^2}{\omega_B^2 A_B^2} = 1.$$

Daraus folgt $A_A = \dfrac{\omega_B}{\sqrt{2}\,\omega_A} A_B$.

Ohne Kenntnis der Kreisfrequenzen oder der Kraftkonstanten sind keine näheren Angaben möglich. Also ist Lösung d richtig.

L14.7 Wir setzen als durchschnittliche Länge eines Arms $\ell = 0{,}8$ m an und betrachten ihn als gleichförmigen Stab, der sich um eines seiner Enden drehen kann. a) Das Trägheitsmoment eines Stabs der Masse m bei der Drehung um eine Achse durch eines seiner Enden ist $I = \frac{1}{3} m \ell^2$. Damit und mit dem Abstand $d = \frac{1}{2}\ell$ des Massenmittelpunkts vom Drehpunkt erhalten wir für die Schwingungsperiode

$$T \approx 2\pi \sqrt{\frac{I}{mgd}} = 2\pi \sqrt{\frac{\frac{1}{3}m\ell^2}{mg\left(\frac{1}{2}\ell\right)}} = 2\pi \sqrt{\frac{2\ell}{3g}}$$

$$\approx 2\pi \sqrt{\frac{2\,(0{,}8\,\mathrm{m})}{3\,(9{,}81\,\mathrm{m\cdot s^{-2}})}} = 1{,}5\,\mathrm{s}.$$

b) Wenn man eine Tasche trägt, ist nach unseren vereinfachenden Annahmen sozusagen der Arm etwas länger. Wir nehmen zudem an, dass die Tasche deutlich schwerer als der Arm ist, und setzen daher die Formel für ein einfaches Pendel mit der Länge $\ell' = 1$ m an:

$$T' \approx 2\pi \sqrt{\frac{\ell'}{g}} = 2\pi \sqrt{\frac{1\,\mathrm{m}}{9{,}81\,\mathrm{m\cdot s^{-2}}}} = 2\,\mathrm{s}.$$

Die hier berechneten Werte erscheinen realistisch.

L14.8 Wir vergleichen jeden Term im gegebenen Ausdruck $x = (7\,\mathrm{cm})\cos\left(6\pi\,\mathrm{s^{-1}}\,t\right)$ mit dem entsprechenden Term in der Gleichung $x = A\cos\left(\omega t + \delta\right)$. Darin ist A die Amplitude der Bewegung, ω die Kreisfrequenz und δ eine Phasenkonstante (die hier null ist).

a) Wegen $\omega t = 6\pi\,\mathrm{s^{-1}}\,t$ ist die Frequenz der Teilchenbewegung

$$\nu = \frac{\omega}{2\pi} = \frac{6\pi\,\mathrm{s^{-1}}}{2\pi} = 3{,}00\,\mathrm{Hz}.$$

b) Die Schwingungsdauer entspricht dem Reziprokwert der Frequenz:

$$T = \frac{1}{\nu} = \frac{1}{3{,}00\,\mathrm{Hz}} = 0{,}333\,\mathrm{s}.$$

c) Die Amplitude ist, wie aus dem eingangs erläuterten Vergleich hervorgeht, $A = 7$ cm.

d) Beim Erreichen der Gleichgewichtslage $x = 0$ ist $\cos\omega t = 0$. Daraus folgt $\omega t = \mathrm{acos}\,0 = \pi/2$ und

$$t_{x=0} = \frac{\pi}{2\,\omega} = \frac{\pi}{2\,(6\pi)\,\mathrm{s^{-1}}} = 0{,}0833\,\mathrm{s}.$$

Die Ableitung nach der Zeit ergibt die Geschwindigkeit:

$$\upsilon = \frac{\mathrm{d}}{\mathrm{d}t}\left[(7\,\mathrm{cm})\cos\left(6\pi\,\mathrm{s^{-1}}\,t\right)\right]$$
$$= -(42\pi\,\mathrm{cm\cdot s^{-1}})\sin\left(6\pi\,\mathrm{s^{-1}}\,t\right).$$

Beim Durchgang durch die Gleichgewichtslage zum Zeitpunkt $t = 0{,}0833$ s ist die Geschwindigkeit

$$\upsilon_{x=0} = -(42\pi\,\mathrm{cm\cdot s^{-1}})\sin\left[6\pi\,\mathrm{s^{-1}}\,(0{,}0833\,\mathrm{s})\right] < 0.$$

Das Teilchen bewegt sich also zu diesem Zeitpunkt in negativer Richtung.

L14.9 Die Position des Teilchens ist $x = A\cos\left(\omega t + \delta\right)$, wobei $A = 7$ cm und $\omega = 6\pi\,\mathrm{s^{-1}}$ sowie $\delta = 0$ ist. Die Geschwindigkeit des Teilchens ist gegeben durch $\upsilon = -A\,\omega\sin\left(\omega t + \delta\right)$.

a) Die maximale Geschwindigkeit ist

$$\upsilon_{\mathrm{max}} = A\,\omega = (7\,\mathrm{cm})(6\pi\,\mathrm{s^{-1}}) = 42\pi\,\mathrm{cm\cdot s^{-1}} = 1{,}32\,\mathrm{m\cdot s^{-1}}.$$

b) Für die maximale Beschleunigung ergibt sich

$$a_{\mathrm{max}} = A\,\omega^2 = (7\,\mathrm{cm})(6\pi\,\mathrm{s^{-1}})^2 = 252\,\pi^2\,\mathrm{cm\cdot s^{-2}}$$
$$= 24{,}9\,\mathrm{m\cdot s^{-2}}.$$

c) Beim Durchgang durch $x = 0$ ist $\cos\omega t = 0$ und daher $\omega t = \mathrm{acos}\,0 = \pi/2$ oder $3\pi/2$.

Für $\omega t = \pi/2$ ergibt sich für die Geschwindigkeit $\upsilon_{\pi/2} = -A\,\omega\sin\left(\pi/2\right) = -A\,\omega$.

Das Teilchen bewegt sich also nach links.

Für $\omega t = 3\pi/2$ erhalten wir $\upsilon_{3\pi/2} = A\,\omega$. Das Teilchen bewegt sich also nach rechts. Auflösen nach t ergibt hierfür

$$t_{3\pi/2} = \frac{3\pi}{2\,\omega} = \frac{3\pi}{2\,(6\pi\,\mathrm{s^{-1}})} = 0{,}250\,\mathrm{s}.$$

L14.10 Mit $\omega = 2\pi\nu$ gilt für die maximale Beschleunigung eines Oszillators $a_{\mathrm{max}} = A\,\omega^2 = 4\pi^2 A\,\nu^2$. Darin ist A die Amplitude und ν die Frequenz. Für diese ergibt sich

$$\nu = \frac{1}{2\pi}\sqrt{\frac{a_{\mathrm{max}}}{A}} = \sqrt{\frac{98{,}1\,\mathrm{m\cdot s^{-2}}}{1{,}5\cdot 10^{-2}\,\mathrm{m}}} = 12{,}9\,\mathrm{Hz}.$$

L14.11 a) Mit der trigonometrischen Umformung

$$\cos\left(\omega t + \delta\right) = \cos\omega t\cos\delta - \sin\omega t\sin\delta$$

ergibt sich aus der gegebenen Gleichung

$$A_0\cos\left(\omega t + \delta\right) = A_0\left[\cos\omega t\cos\delta - \sin\omega t\sin\delta\right]$$
$$= -A_0\sin\delta\sin\omega t + A_0\cos\delta\cos\omega t$$
$$= A_{\mathrm{s}}\sin\omega t + A_{\mathrm{c}}\cos\omega t.$$

Darin ist $A_{\mathrm{s}} = -A_0\sin\delta$ und $A_{\mathrm{c}} = A_0\cos\delta$.

b) Bei $t = 0$ ist $x(0) = A_0\cos\delta = A_{\mathrm{c}}$. Die Ableitung der Funktion $x(t)$ nach der Zeit ergibt die Geschwindigkeit:

$$\upsilon = \frac{\mathrm{d}x}{\mathrm{d}t} = \frac{\mathrm{d}}{\mathrm{d}t}(A_{\mathrm{s}}\sin\omega t + A_{\mathrm{c}}\cos\omega t)$$
$$= A_{\mathrm{s}}\,\omega\cos\omega t - A_{\mathrm{c}}\,\omega\sin\omega t.$$

Damit erhalten wir für die Geschwindigkeit bei $t = 0$:

$$\upsilon(0) = \omega A_{\mathrm{s}} = -\omega A_0\sin\delta.$$

L14.12 a) Die Bahngeschwindigkeit ist der Quotient aus Umfang und der Umdrehungsdauer:

$$\upsilon = \frac{2\pi r}{T} = \frac{2\pi\,(15\,\mathrm{cm})}{3\,\mathrm{s}} = 31{,}4\,\mathrm{cm\cdot s^{-1}}.$$

b) Die Kreisfrequenz ergibt sich zu

$$\omega = \frac{2\pi}{T} = \frac{2\pi}{3}\,\mathrm{rad\cdot s^{-1}}.$$

c) Für die x-Komponente des Teilchenorts gilt $x = A\cos\left(\omega t + \delta\right)$.

Zum Zeitpunkt $t = 0$ soll sich das Teilchen auf der positiven x-Achse befinden. Dafür gilt $x = A$ und daher

$$A = A\cos\delta, \quad \text{also} \quad \delta = \mathrm{acos}\,1 = 0.$$

Einsetzen liefert

$$x = (15 \text{ cm}) \cos\left(\frac{2\pi}{3} \text{ s}^{-1}\right) t .$$

L14.13 Für die Gesamtenergie gilt $E = \frac{1}{2} m v_{\text{max}}^2$ und für die maximale Geschwindigkeit $v_{\text{max}} = A \omega = 2\pi A v$. Dies setzen wir ein und erhalten

$$E = \frac{1}{2} m (2\pi A v)^2 = 2 m A^2 \pi^2 v^2$$
$$= 2 (3 \text{ kg}) (0,1 \text{ m})^2 \pi^2 (2,4 \text{ s}^{-1})^2 = 3,41 \text{ J} .$$

L14.14 Für die Gesamtenergie gilt $E = \frac{1}{2} m v_{\text{max}}^2$ und für die maximale Geschwindigkeit $v_{\text{max}} = A \omega$. Damit ergibt sich $E = \frac{1}{2} m (A \omega)^2 = \frac{1}{2} m A^2 \omega^2$.

Die maximale Beschleunigung ist gegeben durch $a_{\text{max}} = A \omega^2$. Daraus folgt $\omega^2 = a_{\text{max}}/A$. Dies setzen wir ein und erhalten

$$E = \frac{1}{2} m A^2 \frac{a_{\text{max}}}{A} = \frac{1}{2} m A a_{\text{max}}$$
$$= \frac{1}{2} (3 \text{ kg}) (0,08 \text{ m}) (3,50 \text{ m} \cdot \text{s}^{-2}) = 0,420 \text{ J} .$$

L14.15 Die Frequenz der Schwingung ist bei einer Gesamtmasse m_{ges} gegeben durch

$$v = \frac{1}{2\pi} \sqrt{\frac{k_{\text{F}}}{m_{\text{ges}}}} .$$

Mit der Masse m der Person, der Rückstellkraft F und der Auslenkung Δy gilt für die Federkonstante $k_{\text{F}} = F/\Delta y = m g/\Delta y$. Dies setzen wir in den Ausdruck für die Frequenz ein und erhalten

$$v = \frac{1}{2\pi} \sqrt{\frac{m g}{m_{\text{ges}} \Delta y}}$$
$$= \frac{1}{2\pi} \sqrt{\frac{(85 \text{ kg}) (9,81 \text{ m} \cdot \text{s}^{-2})}{(2485 \text{ kg}) (2,35 \cdot 10^{-2} \text{ m})}} = 0,60 \text{ Hz} .$$

L14.16 a) Das Quadrat der Kreisfrequenz ist der Quotient aus der Federkonstanten und der Masse: $\omega^2 = k_{\text{F}}/m$. Außerdem gilt $\omega = 2\pi v$. Dies setzen wir in die vorige Gleichung ein, die wir zuvor nach der Masse auflösen:

$$m = \frac{k_{\text{F}}}{\omega^2} = \frac{k_{\text{F}}}{4\pi^2 v^2} = \frac{1800 \text{ N} \cdot \text{m}^{-1}}{4\pi^2 (5,5 \text{ s}^{-1})^2} = 1,51 \text{ kg} .$$

b) Wenn sich der Körper an der Feder im Gleichgewicht befindet, gilt $k_{\text{F}} \Delta y - m g = 0$. Daraus ergibt sich für die Auslenkung der Feder aus ihrer natürlichen Länge

$$\Delta y = \frac{m g}{k_{\text{F}}} = \frac{(1,51 \text{ kg}) (9,81 \text{ m} \cdot \text{s}^{-2})}{1800 \text{ N} \cdot \text{m}^{-1}} = 8,23 \text{ mm} .$$

c) Die zeitliche Abhängigkeit der Position des Körpers ist gegeben durch $y(t) = A \cos(\omega t + \delta)$. Die Anfangsbedingungen lauten $y_0 = -2,5 \text{ cm}$ und $v_0 = 0$. Damit ergibt sich für die Phasenkonstante

$$\delta = \text{atan}\left(-\frac{v_0}{\omega y_0}\right) = \text{atan}\, 0 = \pi$$

und für die Kreisfrequenz

$$\omega = \sqrt{\frac{k_{\text{F}}}{m}} = \sqrt{\frac{1800 \text{ N} \cdot \text{m}^{-1}}{1,51 \text{ kg}}} = 34,5 \text{ rad} \cdot \text{s}^{-1} .$$

Schließlich erhalten wir

$$y(t) = (2,5 \text{ cm}) \cos(34,5 \text{ rad} \cdot \text{s}^{-1} t + \pi)$$
$$= -(2,5 \text{ cm}) \cos(34,5 \text{ rad} \cdot \text{s}^{-1} t),$$
$$v(t) = (86,4 \text{ cm} \cdot \text{s}^{-1}) \sin(34,5 \text{ rad} \cdot \text{s}^{-1} t),$$
$$a(t) = (29,8 \text{ m} \cdot \text{s}^{-2}) \cos(34,5 \text{ rad} \cdot \text{s}^{-1} t).$$

L14.17 Die Abbildung zeigt die Gegebenheiten, wenn sich der Handkoffer mit der Masse m an den Kordeln im Gleichgewicht befindet.

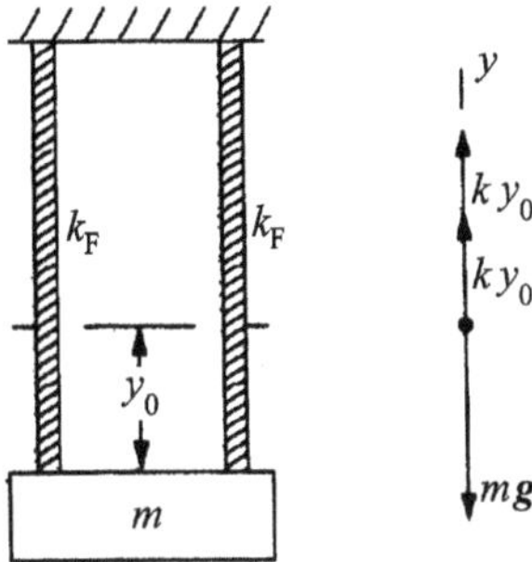

Seine Gewichtskraft wird durch die Kräfte beider Kordeln ausgeglichen: $2 k_{\text{F}} y_0 - m g = 0$. Darin ist k_{F} die Kraftkonstante einer Kordel. Für diese gilt also

$$k_{\text{F}} = \frac{m g}{2 y_0} .$$

Die Schwingungsfrequenz des gesamten Systems ergibt sich damit zu

$$v = \frac{1}{2\pi} \sqrt{\frac{2 k_{\text{F}}}{m}} = \frac{1}{2\pi} \sqrt{\frac{m g}{y_0 m}} = \frac{1}{2\pi} \sqrt{\frac{g}{y_0}}$$
$$= \frac{1}{2\pi} \sqrt{\frac{9,81 \text{ m} \cdot \text{s}^{-2}}{0,05 \text{ m}}} = 2,23 \text{ Hz} .$$

L14.18 a) Die maximale Höhe, die das Objekt erreicht, entspricht der Summe aus der Gleichgewichtslänge der Feder und der Schwingungsamplitude: $h = A + 5,0 \text{ cm}$. Mit der Kreisfrequenz ω gilt für die maximale Geschwindigkeit des Objekts $v_{\text{max}} = A \omega$. Daraus folgt für die Amplitude

$$A = v_{\text{max}} \sqrt{\frac{m}{k_{\text{F}}}} .$$

Die Federkonstante können wir aus der Auslenkung im Gleichgewicht und der Gewichtskraft berechnen:

$$k_{\text{F}} = \frac{m g}{\Delta y} = \frac{(2,0 \text{ kg}) (9,81 \text{ m} \cdot \text{s}^{-2})}{0,03 \text{ m}} = 654 \text{ N} \cdot \text{m}^{-1} .$$

Einsetzen in die vorige Gleichung liefert

$$A = (0,3\ \mathrm{m\cdot s^{-1}})\ \sqrt{\dfrac{2,0\ \mathrm{kg}}{654\ \mathrm{N\cdot m^{-1}}}} = 1,66\ \mathrm{cm}.$$

Damit ergibt sich die maximale Höhe zu

$$h = 1,66\ \mathrm{cm} + 5,0\ \mathrm{cm} = 6,66\ \mathrm{cm}.$$

b) Das Objekt wird zu Beginn aus der Gleichgewichtslage nach unten beschleunigt; daher erreicht es die maximale Höhe nach drei Vierteln der Schwingungsdauer: $t_{3/4} = \frac{3}{4}T$. Die Schwingungsdauer ist also

$$T = 2\pi\ \sqrt{\dfrac{m}{k_{\mathrm{F}}}} = 2\pi\ \sqrt{\dfrac{2,0\ \mathrm{kg}}{654\ \mathrm{N\cdot m^{-1}}}} = 0,347\ \mathrm{s},$$

und wir erhalten $t_{3/4} = \frac{3}{4}(0,347\ \mathrm{s}) = 0,261\ \mathrm{s}.$

c) Die in Teilaufgabe a berechnete maximale Höhe ist kleiner als 8 cm; also ist die Feder zu keinem Zeitpunkt unkomprimiert.

Die kinetische Energie, die das Objekt haben muss, damit die Feder wieder unkomprimiert wird, ist betragsmäßig ebenso groß wie die potenzielle Energie, die das Objekt am oberen Umkehrpunkt erreicht. Mit der dazu nötigen Anfangsgeschwindigkeit v_{A} gilt also $\frac{1}{2}m v_{\mathrm{A}}^2 = mg\Delta y$. Damit ergibt sich

$$v_{\mathrm{A}} = \sqrt{2g\Delta y} = \sqrt{2\,(9,81\ \mathrm{m\cdot s^{-2}})\,(3\ \mathrm{cm})} = 0,767\ \mathrm{m\cdot s^{-1}}.$$

L14.19 a) Die Gesamtenergie des Systems ist $E = \frac{1}{2}k_{\mathrm{F}}A^2$. Im Gleichgewicht gleicht die Federkraft die Gewichtskraft aus, und es gilt $k_{\mathrm{F}}\Delta y - mg = 0$ und daher $k_{\mathrm{F}} = mg/\Delta y$.

Daraus folgt für die Gesamtenergie

$$\begin{aligned}
E &= \tfrac{1}{2}k_{\mathrm{F}}A^2 = \dfrac{mgA^2}{2\,\Delta y} \\[2mm]
&= \dfrac{(1,5\ \mathrm{kg})\,(9,81\ \mathrm{m\cdot s^{-2}})\,(0,022\ \mathrm{m})^2}{2\,(0,028\ \mathrm{m})} = 0,127\ \mathrm{J}.
\end{aligned}$$

b) Wir setzen die potenzielle Energie des Gegenstands in der Gleichgewichtslage der Feder gleich null. Dann ist seine potenzielle Energie am untersten Punkt

$$\begin{aligned}
E_{\mathrm{pot,G,u}} &= -mgA = -(1,5\ \mathrm{kg})\,(9,81\ \mathrm{m\cdot s^{-2}})\,(0,022\ \mathrm{m}) \\
&= -0,324\ \mathrm{J}.
\end{aligned}$$

c) Die potenzielle Energie der Feder ist am untersten Punkt

$$\begin{aligned}
E_{\mathrm{pot,F,u}} &= -\tfrac{1}{2}k_{\mathrm{F}}A^2 = -\tfrac{1}{2}\,(526\ \mathrm{N\cdot s^{-1}})\,(0,022\ \mathrm{m})^2 \\
&= -0,451\ \mathrm{J}.
\end{aligned}$$

d) Die maximale kinetische Energie hat der Gegenstand, wenn er die Gleichgewichtslage passiert:

$$E_{\mathrm{kin,max}} = \tfrac{1}{2}k_{\mathrm{F}}A^2 = \tfrac{1}{2}\,(526\ \mathrm{N\cdot s^{-1}})\,(0,022\ \mathrm{m})^2 = 0,127\ \mathrm{J}.$$

L14.20 Für die Schwingungsdauer gilt $T = 2\pi\sqrt{\ell/g}$. Damit erhalten wir

$$\ell = \dfrac{T^2 g}{4\pi^2} = \dfrac{(5\ \mathrm{s})^2\,(9,81\ \mathrm{m\cdot s^{-2}})}{4\pi^2} = 6,21\ \mathrm{m}.$$

L14.21 Die maximale Winkelauslenkung ist θ_0, und wir setzen die potenzielle Energie am tiefsten Punkt gleich null.

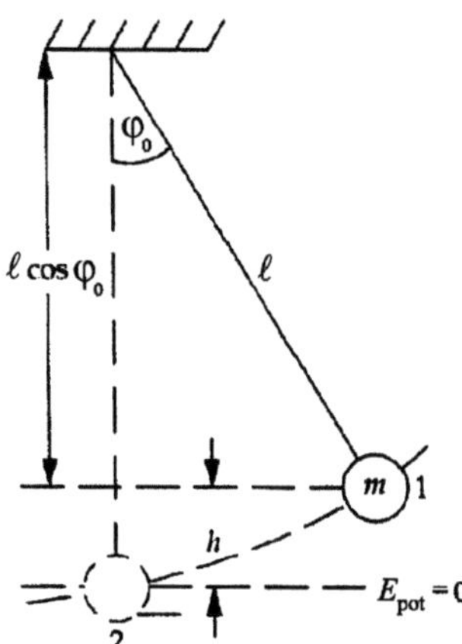

Bei maximaler Auslenkung (also am Umkehrpunkt) liegt die maximale potenzielle Energie vor. Für diese gilt

$$E = E_{\mathrm{pot,max}} = mgh = mg\ell\,(1 - \cos\varphi_0).$$

Für $\varphi \ll 1$ gilt $\cos\varphi \approx 1 - \frac{1}{2}\varphi^2$, und wir erhalten

$$E \approx mg\ell\left[1 - (1 - \tfrac{1}{2}\varphi_0^2)\right] = \tfrac{1}{2}mg\ell\,\varphi_0^2.$$

L14.22 In der Abbildung sind die Normalkraft $\boldsymbol{F}_{\mathrm{n}}$ und die Gewichtskraft $m\boldsymbol{g}$ eingezeichnet.

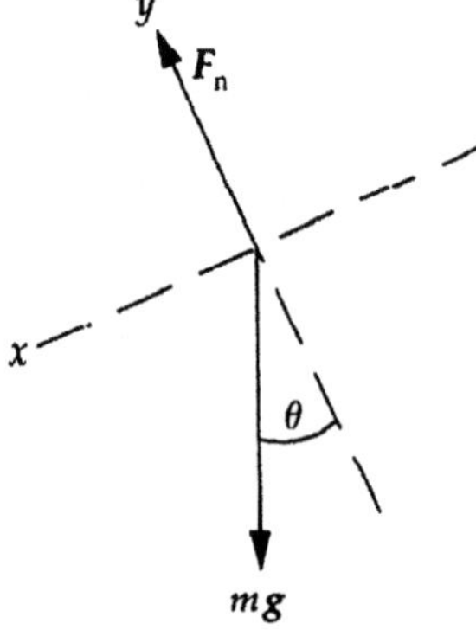

Weil der Wagen beschleunigt abwärts fährt, ist die Schwingungsdauer durch $T = 2\pi\sqrt{\ell/g_{\mathrm{eff}}}$ gegeben, wobei g_{eff} um die Beschleunigung a des Wagens kleiner ist als die Erdbeschleunigung g. Es gilt also $g_{\mathrm{eff}} = g - a$. Auf den Wagen wirken keine resultierenden Kräfte, so dass gilt $mg\sin\theta = ma$ und daher $a = g\sin\theta$.

Damit erhalten wir

$$T = 2\pi\ \sqrt{\dfrac{\ell}{g - a}} = 2\pi\ \sqrt{\dfrac{\ell}{g - g\sin\theta}} = 2\pi\ \sqrt{\dfrac{\ell}{g\,(1 - \sin\theta)}}.$$

L14.23 Mit der Masse m des Pendelkörpers und seinem Trägheitsmoment I bezüglich der Rotationsachse ist die Schwingungsdauer eines physikalischen Pendels gegeben durch

$$T = 2\pi\ \sqrt{\dfrac{I}{mgd}}.$$

Darin ist d der Abstand vom Drehpunkt. Das Trägheitsmoment einer Scheibe mit dem Radius r bezüglich ihrer Achse durch den Massenmittelpunkt ist $I_\mathrm{S} = \frac{1}{2} m r^2$. Dann gilt gemäß dem Steiner'schen Satz für ihr Trägheitsmoment bezüglich einer dazu parallelen Achse an ihrem Rand

$$I = I_\mathrm{S} + m r^2 = \tfrac{1}{2} m r^2 + m r^2 = \tfrac{3}{2} m r^2.$$

Das setzen wir ein und erhalten

$$T = 2\pi \sqrt{\frac{\frac{3}{2} m r^2}{m g r}} = 2\pi \sqrt{\frac{3 r}{2 g}} = 2\pi \sqrt{\frac{3\,(0{,}2\ \mathrm{m})}{2\,(9{,}81\ \mathrm{m \cdot s^{-2}})}}$$
$$= 1{,}10\ \mathrm{s}.$$

L14.24 a) Mit der Masse m des Pendelkörpers und seinem Trägheitsmoment I bezüglich der Rotationsachse ist die Schwingungsdauer eines physikalischen Pendels gegeben durch

$$T = 2\pi \sqrt{\frac{I}{m g d}}.$$

Darin ist d der Abstand vom Drehpunkt. Das Trägheitsmoment einer symmetrischen Hantel bezüglich einer Achse, die durch ihren Massenmittelpunkt verläuft und senkrecht auf der Verbindungslinie (mit der Länge ℓ) der beiden Massen m steht, ist

$$I_\mathrm{S} = m \left(\frac{\ell}{2}\right)^2 + m \left(\frac{\ell}{2}\right)^2 = \tfrac{1}{2} m \ell^2.$$

Gemäß dem Steiner'schen Satz ist das Trägheitsmoment der Hantel bezüglich einer Achse im Abstand x vom Massenmittelpunkt $I = I_\mathrm{S} + 2 m x^2 = \frac{1}{2} m \ell^2 + 2 m x^2$. Das setzen wir in die erste Gleichung ein und erhalten für die Schwingungsdauer

$$T = 2\pi \sqrt{\frac{\frac{1}{2} m \ell^2 + 2 m x^2}{2 m g x}} = \frac{2\pi}{\sqrt{g}} \sqrt{\frac{\frac{1}{4}\ell^2 + x^2}{x}}.$$

Wir leiten nun nach x ab:

$$\frac{\mathrm{d}}{\mathrm{d}x} \left(\frac{2\pi}{\sqrt{g}} \sqrt{\frac{\frac{1}{4}\ell^2 + x^2}{x}} \right) = \frac{2\pi}{\sqrt{g}} \frac{2x^2 - (\frac{1}{4}\ell^2 + x^2)}{x^2 \sqrt{(\frac{1}{4}\ell^2 + x^2)/x}}.$$

Bei einem Extremwert muss dies null sein. Wir vergewissern uns, dass der Nenner des Bruchs nicht null sein kann, und setzen dann seinen Zähler gleich null: $2x^2 - (\frac{1}{4}\ell^2 + x^2) = 0$. Daraus ergibt sich $x = \frac{1}{2}\ell$. Weil x der Abstand vom Massenmittelpunkt ist, bedeutet dies, dass der Drehpunkt in einer der Massen liegt.

Anmerkung: Wir haben allerdings nur gezeigt, dass hier ein Extremwert vorliegt. Dass er wirklich einem Minimum entspricht, kann man mit Hilfe der zweiten Ableitung $\mathrm{d}^2 T/\mathrm{d}x^2$ zeigen, die bei $x = \ell/2$ positiv sein muss; alternativ kann auch der Graph der Funktion an dieser Stelle beurteilt werden.

b) Wir setzen $x = \ell/4$ in die obige Gleichung für die Schwingungsdauer ein:

$$T = 2\pi \sqrt{\frac{\frac{1}{4}\ell^2 + x^2}{g x}} = 2\pi \sqrt{\frac{\frac{1}{4}\ell^2 + (\frac{1}{4}\ell)^2}{g\,(\frac{1}{4}\ell)}} = \pi \sqrt{\frac{5\ell}{g}}$$
$$= \pi \sqrt{\frac{5\,(2\ \mathrm{m})}{9{,}81\ \mathrm{m \cdot s^{-2}}}} = 3{,}17\ \mathrm{s}.$$

L14.25 Mit der Masse m des Pendelkörpers und seinem Trägheitsmoment I bezüglich der Rotationsachse ist die Schwingungsdauer eines physikalischen Pendels gegeben durch

$$T = 2\pi \sqrt{\frac{I}{m g d}}.$$

Darin ist d der Abstand vom Drehpunkt. Das Trägheitsmoment der symmetrischen Hantel bezüglich einer Achse, die durch ihren Massenmittelpunkt verläuft und senkrecht auf dem Verbindungsstab (mit der Länge ℓ und der Masse $2m$) steht, ist

$$I_\mathrm{S} = m \left(\frac{\ell}{2}\right)^2 + m \left(\frac{\ell}{2}\right)^2 + \frac{1}{12}\,(2m)\,\ell^2 = \tfrac{2}{3} m \ell^2.$$

Gemäß dem Steiner'schen Satz ist das Trägheitsmoment dieser Hantel bezüglich einer Achse im Abstand x vom Massenmittelpunkt $I = I_\mathrm{S} + 4 m x^2 = \frac{2}{3} m \ell^2 + 4 m x^2$. Das setzen wir ein und erhalten für die Schwingungsdauer

$$T = 2\pi \sqrt{\frac{\frac{2}{3} m \ell^2 + 4 m x^2}{4 m g x}} = \frac{\pi}{\sqrt{g}} \sqrt{\frac{\frac{2}{3}\ell^2 + 4x^2}{x}}.$$

Wir leiten nun nach x ab:

$$\frac{\mathrm{d}}{\mathrm{d}x} \left(\frac{\pi}{\sqrt{g}} \sqrt{\frac{\frac{2}{3}\ell^2 + 4x^2}{x}} \right) = \frac{\pi}{\sqrt{g}} \frac{8x^2 - (\frac{2}{3}\ell^2 + 4x^2)}{2x^2 \sqrt{(\frac{2}{3}\ell^2 + 4x^2)/x}}.$$

Bei einem Extremwert muss dies null sein. Wir vergewissern uns, dass der Nenner des Bruchs nicht null sein kann, und setzen dann seinen Zähler gleich null: $8x^2 - (\frac{2}{3}\ell^2 + 4x^2) = 0$. Daraus ergibt sich $x = \ell/\sqrt{6}$. Der Abstand x ist der vom Massenmittelpunkt. Daher ist der Abstand von einer der Massen

$$d = \ell/2 - \ell/\sqrt{6} = 0{,}0918\,\ell.$$

Anmerkung: Wir haben allerdings nur gezeigt, dass hier ein Extremwert vorliegt. Dass er wirklich einem Minimum entspricht, kann man mit Hilfe der zweiten Ableitung $\mathrm{d}^2 T/\mathrm{d}x^2$ zeigen, die bei $x = \ell/\sqrt{6}$ positiv sein muss; alternativ kann auch der Graph der Funktion an dieser Stelle beurteilt werden.

L14.26 Mit der Masse m des Pendelkörpers und seinem Trägheitsmoment I bezüglich der Rotationsachse ist die Schwingungsdauer eines physikalischen Pendels gegeben durch

$$T = 2\pi \sqrt{\frac{I}{m g d}}.$$

Darin ist d der Abstand vom Drehpunkt. Nach dem Steiner'schen Satz ist das Trägheitsmoment des vorliegenden Objekts bezüglich dem Punkt P_1 (mit dem Abstand h_1 vom Massenmittelpunkt) $I = I_\mathrm{S} + m h_1^2$. (Hierin ist I_S das Trägheitsmoment bezüglich des Massenmittelpunkts.) Das setzen wir ein und erhalten für die Schwingungsdauer

$$T = 2\pi \sqrt{\frac{I_\mathrm{S} + m h_1^2}{m g h_1}}.$$

Quadrieren und Umstellen ergibt

$$\frac{m g T^2}{4\pi^2} = \frac{I_\mathrm{S}}{h_1} + m h_1. \tag{1}$$

Die Schwingungsdauer soll bezüglich beider Punkte die gleiche sein. Dann muss gelten

$$\frac{I_{\mathrm{S}}}{h_1} + m h_1 = \frac{I_{\mathrm{S}}}{h_2} + m h_2 \,.$$

Daraus folgt $I_{\mathrm{S}} = m h_1 h_2$. Das setzen wir in Gleichung 1 ein und erhalten

$$\frac{m g T^2}{4 \pi^2} = \frac{m h_1 h_2}{h_1} + m h_1 \quad \text{sowie} \quad h_1 + h_2 = \frac{g T^2}{4 \pi^2} \,.$$

L14.27 a) Mit der Masse m des Pendelkörpers und seinem Trägheitsmoment I bezüglich der Rotationsachse ist die Schwingungsdauer eines physikalischen Pendels gegeben durch

$$T = 2 \pi \sqrt{\frac{I}{m g \ell}} \,.$$

Darin ist ℓ der Abstand vom Drehpunkt. Nach dem Steiner'schen Satz ist das Trägheitsmoment des vorliegenden Pendels bezüglich seinem Aufhängungspunkt

$$I = I_{\mathrm{S}} + m \ell^2 = \tfrac{2}{5} m r_{\mathrm{K}}^2 + m \ell^2 \,.$$

(Hierin ist I_{S} das Trägheitsmoment bezüglich des Massenmittelpunkts.) Das setzen wir ein und erhalten für die Schwingungsdauer

$$T = 2 \pi \sqrt{\frac{\tfrac{2}{5} m r_{\mathrm{K}}^2 + m \ell^2}{m g \ell}} = 2 \pi \sqrt{\frac{\tfrac{2}{5} r_{\mathrm{K}}^2 + \ell^2}{g \ell}}$$

$$= 2 \pi \sqrt{\frac{\ell}{g} \left(1 + \frac{2 r_{\mathrm{K}}^2}{5 \ell^2} \right)} = 2 \pi \sqrt{\frac{\ell}{g}} \sqrt{1 + \frac{2 r_{\mathrm{K}}^2}{5 \ell^2}}$$

$$= T_0 \sqrt{1 + \frac{2 r_{\mathrm{K}}^2}{5 \ell^2}} \,.$$

Dabei ist $T_0 = 2 \pi \sqrt{\ell / g}$.

b) Wir entwickeln die Wurzel in eine binomische Reihe und berücksichtigen wegen $r_{\mathrm{K}} \ll \ell$ nur den ersten Summanden:

$$\left(1 + \frac{2 r_{\mathrm{K}}^2}{5 \ell^2} \right)^{1/2} = 1 + \frac{1}{2} \left(\frac{2 r_{\mathrm{K}}^2}{5 \ell^2} \right) + \frac{1}{8} \left(\frac{2 r_{\mathrm{K}}^2}{5 \ell^2} \right)^2 + \cdots \approx 1 + \frac{r_{\mathrm{K}}^2}{5 \ell^2} \,.$$

Dies setzen wir in unser Ergebnis der Teilaufgabe a ein:

$$T \approx T_0 \left(1 + \frac{r_{\mathrm{K}}^2}{5 \ell^2} \right) \,.$$

c) Wird $T \approx T_0$ gesetzt, dann ist der relative Fehler

$$\frac{\Delta T}{T} \approx \frac{T - T_0}{T_0} = \frac{T}{T_0} - 1 = 1 + \frac{r_{\mathrm{K}}^2}{5 \ell^2} - 1 = \frac{r_{\mathrm{K}}^2}{5 \ell^2}$$

$$\approx \frac{(2 \,\text{cm})^2}{5 \,(100 \,\text{cm})^2} = 0{,}00008 \,.$$

Dies sind $0{,}008\,\%$. Soll der Fehler $1\,\%$ betragen, muss gelten

$$0{,}01 = \frac{\Delta T}{T} \approx \frac{r_{\mathrm{K}}^2}{5 \ell^2} \,,$$

und der Radius ergibt sich damit zu

$$r \approx \ell \sqrt{0{,}05} = (100 \,\text{cm}) \sqrt{0{,}05} = 22{,}4 \,\text{cm} \,.$$

L14.28 a) Die Schwingungsdauer ist

$$T = 2 \pi \sqrt{\frac{m}{k_{\mathrm{F}}}} = 2 \pi \sqrt{\frac{2 \,\text{kg}}{400 \,\text{N} \cdot \text{m}^{-1}}} = 0{,}444 \,\text{s} \,.$$

b) Die gesamte Anfangsenergie ist proportional zum Quadrat der Amplitude, und wir erhalten

$$E_0 = \tfrac{1}{2} k_{\mathrm{F}} A^2 = \tfrac{1}{2} (400 \,\text{N} \cdot \text{m}^{-1}) (0{,}03 \,\text{m})^2 = 0{,}180 \,\text{J} \,.$$

c) Bei einer relativen Abnahme der Energie um $0{,}01\,\%$ pro Periode muss gelten

$$\left(\frac{|\Delta E|}{E} \right)_{\text{Per.}} = 0{,}01 \,,$$

und der Q-Faktor ist

$$Q = \frac{2 \pi}{(|\Delta E| / E)_{\text{Per.}}} = \frac{2 \pi}{0{,}01} = 628 \,.$$

Aus $Q = \omega_0 m / b$ erhalten wir für die Dämpfungskonstante

$$b = \frac{\omega_0 m}{Q} = \frac{2 \pi m}{T Q} = \frac{2 \pi (2 \,\text{kg})}{(0{,}444 \,\text{s}) (628)} = 0{,}0451 \,\text{kg} \cdot \text{s}^{-1} \,.$$

L14.29 a) Die relative Energieabnahme in einer Periode ist

$$\left(\frac{|\Delta E|}{E} \right)_{\text{Per.}} = \frac{2 \pi}{Q} = \frac{2 \pi}{20} = 0{,}314 \,.$$

b) Mit $Q = \omega_0 m / b$ ergibt sich aus der gegebenen Gleichung für die Abhängigkeit der Kreisfrequenz vom Q-Faktor:

$$\omega' = \omega_0 \sqrt{1 - \frac{b^2}{4 m^2 \omega_0^2}} = \omega_0 \sqrt{1 - \frac{1}{4 Q^2}} \,.$$

Mit der für kleine x gültigen Näherung $\sqrt{1 + x} \approx 1 + \tfrac{1}{2} x$ ergibt sich mit $x = -1/(4 Q^2)$ daraus

$$\omega' \approx \omega_0 \left(1 - \frac{1}{8 Q^2} \right) \,.$$

Damit erhalten wir für die relative Differenz der Kreisfrequenzen

$$\frac{\omega' - \omega_0}{\omega_0} \approx \frac{\omega_0 \left(1 - \dfrac{1}{8 Q^2} \right) - \omega_0}{\omega_0} = -\frac{1}{8 Q^2}$$

$$= -\frac{1}{8 \,(20)^2} = -3{,}1 \cdot 10^{-4} \,.$$

Das entspricht $-3{,}1 \cdot 10^{-2}$ Prozent.

L14.30 a) Die relative Energieabnahme in einer Periode ist

$$\left(\frac{|\Delta E|}{E} \right)_{\text{Per.}} = \frac{2 \pi}{Q} = \frac{2 \pi}{400} = 0{,}0157 = 1{,}57\,\% \,.$$

b) Nach einer Periode ist die Energie abgesunken auf

$$E_1 = E_0 \left[1 - \left(\frac{|\Delta E|}{E} \right)_{\text{Per.}} \right] \,,$$

nach zwei Perioden auf

$$E_2 = E_1 \left[1 - \left(\frac{|\Delta E|}{E} \right)_{\text{Per.}} \right] = E_0 \left[1 - \left(\frac{|\Delta E|}{E} \right)_{\text{Per.}} \right]^2$$

und allgemein nach n Perioden auf

$$E_n = E_0 \left[1 - \left(\frac{|\Delta E|}{E} \right)_{\text{Per.}} \right]^n$$
$$= E_0 \left(1 - 0{,}0157 \right)^n = E_0 \left(0{,}9843 \right)^n.$$

c) Wir berechnen zunächst, wie viele Schwingungsperioden mit jeweils 54 min in zwei Tagen (2 d) ablaufen. Zwei Tage haben $2 \cdot 24 \cdot 60$ min $= 2880$ min. Damit ergibt sich die Anzahl der Schwingungsperioden zu

$$n = \frac{2880 \text{ min}}{54 \text{ min}} = 53{,}3 \,.$$

Also ist die Schwingungsenergie nach zwei Tagen abgesunken auf $E_{2\,\text{d}} = E_{53,3} = E_0 \left(0{,}9843 \right)^{53,3} = 0{,}430\,E_0 \,.$

L14.31 a) Nach einer Periode ist die Energie abgesunken auf

$$E_1 = E_0 \left[1 - \left(\frac{|\Delta E|}{E} \right)_{\text{Per.}} \right],$$

nach zwei Perioden auf

$$E_2 = E_1 \left[1 - \left(\frac{|\Delta E|}{E} \right)_{\text{Per.}} \right] = E_0 \left[1 - \left(\frac{|\Delta E|}{E} \right)_{\text{Per.}} \right]^2$$

und allgemein nach n Perioden auf

$$E_n = E_0 \left[1 - \left(\frac{|\Delta E|}{E} \right)_{\text{Per.}} \right]^n.$$

Einsetzen der Zahlenwerte ergibt

$$0{,}5\,E_0 = E_0 \left(1 - 0{,}035 \right)^n \quad \text{bzw.} \quad 0{,}5 = \left(0{,}965 \right)^n.$$

Damit erhalten wir für die Anzahl der Perioden

$$n = \frac{\ln 0{,}5}{\ln 0{,}965} = 19{,}5 \,.$$

Es laufen also knapp 20 Schwingungsperioden ab.

b) Der Q-Faktor ist

$$Q = \frac{2\,\pi}{|\Delta E|/E} = \frac{2\,\pi}{0{,}035} = 180 \,.$$

c) Die Resonanzbreite errechnet sich zu

$$\Delta \omega = \frac{\omega_0}{Q} = \frac{2\,\pi\,\nu_0}{Q} = \frac{2\,\pi\,(100 \text{ Hz})}{180} = 3{,}49 \text{ rad} \cdot \text{s}^{-1}.$$

L14.32 Das gesamte System besteht aus dem schwingenden Feder-Masse-System sowie der zweiten, separaten Masse m. Es wirken keine äußeren Kräfte ein, so dass beim elastischen Stoß der Impuls der beiden Massen und auch ihre kinetische Energie erhalten bleiben. Wir verwenden den Index 1 für die an der Feder schwingende Masse und den Index 2 für die separate Masse.

a) Die Masse 1 soll am Ende ruhen. Dann muss wegen der Impulserhaltung für die Anfangs- und die Endgeschwindigkeiten (mit den Indices A bzw. E) gelten:

$$m\,v_{1,\text{A}} + m\,v_{2,\text{A}} = m\,v_{1,\text{E}} + m\,v_{2,\text{E}} \,,$$

also

$$v_{1,\text{A}} + v_{2,\text{A}} = 0 + v_{2,\text{E}} \,. \tag{1}$$

Wegen der Energieerhaltung gilt entsprechend

$$\tfrac{1}{2}\,m\,v_{1,\text{A}}^2 + \tfrac{1}{2}\,m\,v_{2,\text{A}}^2 = \tfrac{1}{2}\,m\,v_{1,\text{E}}^2 + \tfrac{1}{2}\,m\,v_{2,\text{E}}^2 \,,$$

also $\quad v_{1,\text{A}}^2 + v_{2,\text{A}}^2 = 0 + v_{2,\text{E}}^2 \,.$

Dies formen wir um:

$$v_{2,\text{A}}^2 = v_{2,\text{E}}^2 - v_{1,\text{A}}^2 = \left(v_{2,\text{E}} + v_{1,\text{A}} \right) \left(v_{2,\text{E}} - v_{1,\text{A}} \right).$$

Einsetzen des Ausdrucks für $v_{2,\text{E}}$ gemäß Gleichung 1 liefert

$$v_{2,\text{A}}^2 = \left(v_{1,\text{A}} + v_{2,\text{A}} + v_{1,\text{A}} \right) \left(v_{1,\text{A}} + v_{2,\text{A}} - v_{1,\text{A}} \right)$$
$$= \left(2\,v_{1,\text{A}} + v_{2,\text{A}} \right) v_{2,\text{A}} = 2\,v_{1,\text{A}}\,v_{2,\text{A}} + v_{2,\text{A}}^2 \,.$$

Daraus ergibt sich $2\,v_{1,\text{A}}\,v_{2,\text{A}} = 0 \,.$

Weil $v_{1,\text{A}} \neq 0$ ist, folgt hieraus $v_{2,\text{A}} = 0$. Das bedeutet, dass die zweite, separate Masse zu Beginn ruhen muss.

b) Wegen $v_{2,\text{A}} = 0$ folgt aus Gleichung 1 gemäß der Impulserhaltung $v_{2,\text{E}} = v_{1,\text{A}} \,.$

Die an der Feder befestigte Masse 1 bewegte sich anfangs durch die Gleichgewichtslage; also war ihre Geschwindigkeit maximal, und wir erhalten

$$v_{1,\text{A}} = v_{\max} = A\,\omega = (0{,}1 \text{ m}) \, (40 \text{ s}^{-1}) = 4{,}00 \text{ m} \cdot \text{s}^{-1}.$$

L14.33 Die Abbildung zeigt die Gegebenheiten bei einem Pendel, dessen Schnur die Länge r_{K} hat. Weil keine Reibung vorliegt, wirken auf das Teilchen mit der Masse m nur die Gewichtskraft $m\boldsymbol{g}$ und die Zugkraft $\boldsymbol{F}_{\text{S}}$.

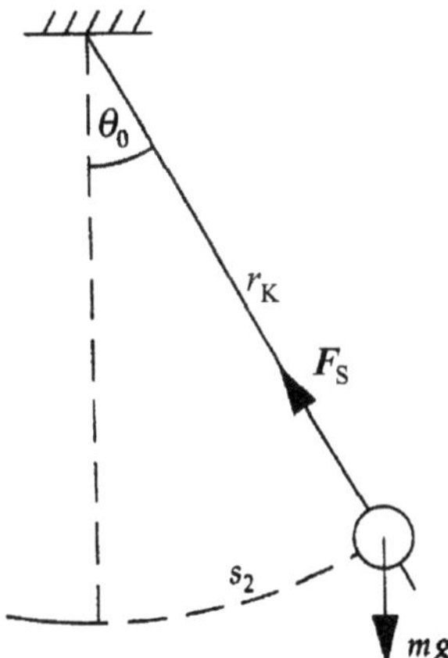

a) Die Normalkraft, die auf das Teilchen in der Kugelschale einwirkt, entspricht – weil keine Reibung vorliegt – in Richtung und Betrag der Zugkraft der Schnur beim Pendel (siehe Abbildung). Die bei kleinen Auslenkungen (θ_0 beim Pendel bzw. s_2 in der Kugelschale) betragsmäßig zur Auslenkung proportionale Rückstellkraft rührt von der entsprechenden Komponente der Gewichtskraft her.

b) Weil s_1 und auch s_2 viel kleiner als r_{K} sind, können wir die beiden Massen als Pendelkörper ansehen, die an gleich langen Schnüren hängen. Sie treffen sich am tiefsten Punkt, denn sie haben dieselbe Schwingungsdauer.

L14.34 Die Abbildung zeigt die Gegebenheiten, während der Ball aus der Ruhelage um die horizontale Strecke x ausgelenkt ist.

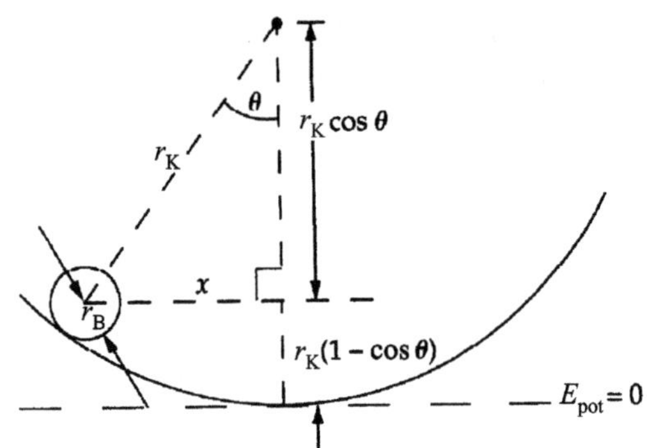

a) Die Gesamtenergie des Balls setzt sich aus seiner potenziellen Energie sowie seinen kinetischen Energien der Translation und der Rotation zusammen:

$$E = E_{\text{pot}} + E_{\text{kin}} = E_{\text{pot}} + E_{\text{Trans}} + E_{\text{Rot}}.$$

Die potenzielle Energie E_{pot} der Gravitation setzen wir am tiefsten Punkt gleich null. Für $r_{\text{B}} \ll r_{\text{K}}$ gilt dann für die potenzielle Energie in Abhängigkeit von x:

$$E_{\text{pot}}(x) = m g \, r_{\text{K}} \, (1 - \cos \theta).$$

Wir entwickeln die Kosinusfunktion in eine Reihe und brechen wegen $\theta \ll 1$ nach dem zweiten Glied ab:

$$\cos \theta = 1 - \frac{\theta^2}{2!} + \frac{\theta^4}{4!} + - \cdots \approx 1 - \frac{\theta^2}{2!}.$$

Damit ergibt sich

$$E_{\text{pot}}(x) \approx m g \, r_{\text{K}} \left[1 - \left(1 - \frac{\theta^2}{2!} \right) \right] = \tfrac{1}{2} m g \, r_{\text{K}} \, \theta^2.$$

Wegen $r_{\text{B}} \ll r_{\text{K}}$ ist $\theta \approx x / r_{\text{K}}$, und wir erhalten

$$E_{\text{pot}}(x) \approx \frac{m g x^2}{2 r_{\text{K}}}.$$

Das Trägheitsmoment des massiven Balls ist $I = \tfrac{2}{5} m r_{\text{B}}^2$. Weil er rollt, ohne zu gleiten, ist seine Geschwindigkeit gegeben durch $v = r_{\text{B}} \, \omega$. Dies setzen wir in die erste Gleichung ein und erhalten, wobei wir uns der eben angesetzten Näherungen bewusst sind, für die gesamte Energie

$$\begin{aligned} E &= E_{\text{pot}} + E_{\text{Trans}} + E_{\text{Rot}} = \frac{m g x^2}{2 r_{\text{K}}} + \frac{1}{2} m v^2 + \frac{1}{2} I \omega^2 \\ &= \frac{m g x^2}{2 r_{\text{K}}} + \frac{1}{2} m v^2 + \frac{1}{2} \left(\frac{2}{5} m r_{\text{B}}^2 \right) \left(\frac{v}{r_{\text{B}}} \right)^2 \\ &= \frac{m g x^2}{2 r_{\text{K}}} + \frac{7}{10} m v^2. \end{aligned}$$

b) Weil keine Reibung vorliegt, bleibt die Energie erhalten:

$$E = \frac{m g x^2}{2 r_{\text{K}}} + \frac{7}{10} m v^2 = \text{konstant}.$$

Wir dürfen wegen der geringen Auslenkung eine harmonische Bewegung annehmen:

$$x = x_0 \cos (\omega t + \delta).$$

Ableiten nach der Zeit liefert die Geschwindigkeit:

$$v = -\omega x_0 \sin (\omega t + \delta).$$

Diese beiden Ausdrücke für x und für v setzen wir in die Gleichung für die Energie ein:

$$\begin{aligned} E &= \frac{m g}{2 r_{\text{K}}} \left[x_0 \cos (\omega t + \delta) \right]^2 + \frac{7}{10} m \left[-\omega x_0 \sin (\omega t + \delta) \right]^2 \\ &= \frac{m g x_0^2}{2 r_{\text{K}}} \cos^2 (\omega t + \delta) + \frac{7 m \omega^2 x_0^2}{10} \sin^2 (\omega t + \delta). \end{aligned}$$

Weil die Gesamtenergie konstant ist, muss gelten

$$\frac{m g x_0^2}{2 r_{\text{K}}} = \frac{7 m \omega^2 x_0^2}{10}, \quad \text{also} \quad \frac{g}{r_{\text{K}}} = \frac{7 \omega^2}{5}.$$

Daraus ergibt sich für die Kreisfrequenz $\omega = \sqrt{\dfrac{5 g}{7 r_{\text{K}}}}$.

L14.35 Die Abbildung zeigt die Gegebenheiten bei einer Auslenkung um den Winkel θ.

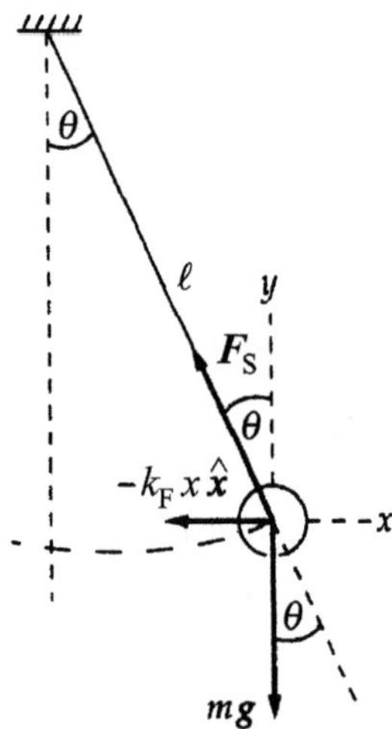

a) Die Schwingungsdauer ist $T = 2 \pi / \omega$. Auf den Pendelkörper wirkt in x-Richtung die resultierende Kraft

$$\sum F_x = -k_{\text{F}} x - F_{\text{S}} \sin \theta = m a_x$$

und in y-Richtung die resultierende Kraft

$$\sum F_y = F_{\text{S}} \cos \theta - m g = 0.$$

Wir eliminieren F_{S} aus beiden Gleichungen:

$$-k_{\text{F}} x - m g \tan \theta = m a_x.$$

Nun ersetzen wir die Variable x durch θ, wobei wir berücksichtigen, dass bei kleinen Winkeln $x \approx \ell \theta$ und mit der Winkelbeschleunigung α außerdem $a_x = \ell \alpha = \ell \, d^2\theta / dt^2$ ist. Damit ergibt sich

$$\begin{aligned} m \ell \, \frac{d^2 \theta}{dt^2} &= -k_{\text{F}} \ell \theta - m g \tan \theta \approx -k_{\text{F}} \ell \theta - m g \theta \\ &\approx -(k_{\text{F}} \ell + m g) \, \theta. \end{aligned}$$

Das ist gleichbedeutend mit

$$\frac{d^2 \theta}{dt^2} \approx - \left(\frac{k_{\text{F}}}{m} + \frac{g}{\ell} \right) \theta = -\omega^2 \theta.$$

Darin ist $\omega = \sqrt{\dfrac{k_{\text{F}}}{m} + \dfrac{g}{\ell}}$.

Diese Näherung setzen wir in die Gleichung für die Schwingungsdauer ein und erhalten

$$T = \frac{2\pi}{\omega} \approx \frac{2\pi}{\sqrt{\dfrac{k_F}{m} + \dfrac{g}{\ell}}}\,.$$

b) Für $m = 1$ kg und $T = 2$ s gilt für die Schwingungsdauer ohne Feder

$$2\,\text{s} \approx \frac{2\pi}{\sqrt{g/\ell}}\,,$$

und für $T = 1$ s soll mit der Feder gelten:

$$1\,\text{s} \approx \frac{2\pi}{\sqrt{k_F + g/\ell}}\,.$$

Aus diesen beiden Gleichungen ergibt sich die Federkonstante zu $k_F \approx 29{,}6\ \text{N} \cdot \text{m}^{-1}$.

L14.36 a) Die Schwingungsdauer eines mathematischen Pendels der Länge ℓ ist $T = 2\pi\sqrt{\ell/g}$. Diese leiten wir nach der Gravitationsbeschleunigung ab:

$$\frac{dT}{dg} = \frac{d}{dg}\left(2\pi\sqrt{\ell}\,g^{-1/2}\right) = -\pi\sqrt{\ell}\,g^{-3/2} = -\frac{T}{2g}\,.$$

Wir separieren die Variablen: $\dfrac{dT}{T} = -\dfrac{1}{2}\dfrac{dg}{g}$.

Bei kleinen Änderungen $\Delta g \ll g$ der Gravitationskonstanten können wir dies mit den Differenzen annähern:

$$\frac{\Delta T}{T} \approx -\frac{1}{2}\frac{\Delta g}{g}\,.$$

b) Aus der in Teilaufgabe a erhaltenen Gleichung ergibt sich für die Änderung der Gravitationskonstanten: $\Delta g \approx -2g\,\Delta T/T$. Zunächst berechnen wir die relative Änderung der Zeitspanne:

$$\frac{\Delta T}{T} \approx \frac{-90\,\text{s}}{1\,\text{d}}\frac{1\,\text{d}}{24\,\text{h}}\frac{1\,\text{h}}{3600\,\text{s}} = -1{,}04 \cdot 10^{-3}\,.$$

Einsetzen in die vorige Beziehung ergibt

$$\Delta g \approx -2g\,\frac{\Delta T}{T} = -2\,(9{,}81\ \text{m}\cdot\text{s}^{-2})\,(-1{,}04 \cdot 10^{-3})$$
$$\approx 0{,}02\ \text{m}\cdot\text{s}^{-2} = 2\ \text{cm}\cdot\text{s}^{-2}\,.$$

L14.37 a) Kurz bevor der Kasten zu gleiten beginnt, gilt mit der maximalen Haftreibungskraft $F_{R,h,max}$ für die auf den Kasten einwirkenden Kräfte in x-Richtung

$$F_{R,h,max} = m\,a_{max}$$

und für die Kräfte in y-Richtung

$$F_n - mg = 0\,.$$

Wir nutzen die Beziehung $F_{R,h,max} = \mu_{R,h}\,F_n$, um aus diesen beiden Gleichungen $F_{R,h,max}$ und F_n zu eliminieren. Dies ergibt

$$\mu_{R,h}\,mg = m\,a_{max}\,, \quad \text{also} \quad \mu_{R,h} = \frac{a_{max}}{g}\,.$$

Die maximale Beschleunigung bei einer Schwingung ist gegeben durch $a_{max} = A\,\omega^2$. Dies sowie $\omega = 2\pi/T$ setzen wir ein und erhalten für den Haftreibungskoeffizienten

$$\mu_{R,h} = \frac{A\,\omega^2}{g} = \frac{4\pi^2 A^2}{g\,T^2} = \frac{4\pi^2\,(0{,}4\ \text{m})}{(9{,}81\ \text{m}\cdot\text{s}^{-2})\,(0{,}8\ \text{s})^2} = 2{,}52\,.$$

b) Die maximale Schwingungsamplitude bei einem Haftreibungskoeffizienten von 0,4 erhalten wir durch Umformen der vorigen Gleichung und Einsetzen der Zahlenwerte:

$$A_{max} = \frac{\mu_{R,h}\,g}{\omega^2} = \frac{\mu_{R,h}\,g\,T^2}{4\pi^2}$$
$$= \frac{(0{,}4)\,(9{,}81\ \text{m}\cdot\text{s}^{-2})\,(0{,}8\ \text{s})^2}{4\pi^2} = 6{,}36\ \text{cm}\,.$$

L14.38 a) Die Abbildung zeigt (in willkürlichen Einheiten), wie die potenzielle Energie von $\xi = x/a$ abhängt.

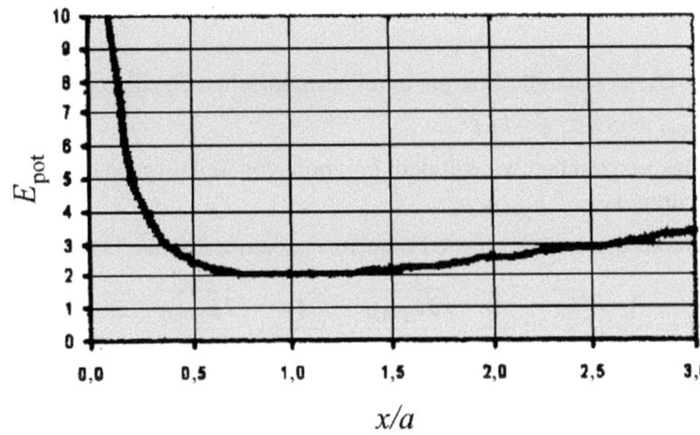

b) Im Gleichgewicht muss gelten $F = dE_{pot}/dx = 0$. Wir leiten also den gegebenen Ausdruck

$$E_{pot} = E_{pot,0}\left(\xi + \frac{1}{\xi}\right) = E_{pot,0}\left(\frac{x}{a} + \frac{a}{x}\right)$$

nach x ab:

$$\frac{dE_{pot}}{dx} = E_{pot,0}\,\frac{d}{dx}\left(\frac{x}{a} + \frac{a}{x}\right) = E_{pot,0}\left(\frac{1}{a} - \frac{a}{x^2}\right)$$
$$= \frac{E_{pot,0}}{a}\left(1 - \frac{a^2}{x^2}\right)\,.$$

Diese Ableitung setzen wir an der Stelle x_0 gleich null:

$$\frac{E_{pot,0}}{a}\left(1 - \frac{a^2}{x_0^2}\right) = 0\,.$$

Dies ergibt $x_0 = a$ bzw. $\xi_0 = 1$.

c) Für die potenzielle Energie bei $x = x_0 + \varepsilon$ erhalten wir

$$E_{pot}(x_0 + \varepsilon) = E_{pot,0}\left(\frac{x_0 + \varepsilon}{a} + \frac{a}{x_0 + \varepsilon}\right)$$
$$= E_{pot,0}\left(\frac{x_0}{a} + \frac{\varepsilon}{a} + \frac{1}{x_0/a + \varepsilon/a}\right)\,.$$

Nun setzen wir $\beta = \varepsilon/a$ und berücksichtigen, dass $x_0 = a$ ist. Damit erhalten wir

$$E_{\text{pot}}(x_0 + \varepsilon) = E_{\text{pot},0}\left(1 + \frac{\varepsilon}{a} + \frac{1}{1+\varepsilon/a}\right)$$
$$= E_{\text{pot},0}\left(1 + \beta + (1+\beta)^{-1}\right).$$

d) Wir wenden die gegebene Reihenentwicklung auf $(1+\beta)^{-1}$ an und brechen nach dem dritten Glied ab:

$$(1+\beta)^{-1} = 1 + (-1)\beta + \frac{(-1)(-2)}{2\cdot 1}\beta^2 + \cdots \approx 1 - \beta + \beta^2.$$

Das setzen wir in die vorige Gleichung ein:

$$E_{\text{pot}}(x_0 + \varepsilon) \approx E_{\text{pot},0}\left(1 + \beta + 1 - \beta + \beta^2\right)$$
$$= E_{\text{pot},0}\left(2 + \beta^2\right) = 2E_{\text{pot},0} + E_{\text{pot},0}\frac{\varepsilon^2}{a^2}$$
$$= \text{const.} + E_{\text{pot},0}\frac{\varepsilon^2}{a^2}.$$

e) Die potenzielle Energie eines harmonischen Oszillators ist
$$E_{\text{pot}} = \text{const.} + \tfrac{1}{2}k_{\text{F}}\,\varepsilon^2.$$

Das vergleichen wir mit dem Ergebnis von Teilaufgabe d und erhalten $k_{\text{F}} = 2E_{\text{pot},0}/a^2$.

Damit ergibt sich für die Frequenz des harmonischen Oszillators

$$\nu = \frac{1}{2\pi}\sqrt{\frac{k_{\text{F}}}{m}} = \frac{1}{2\pi}\sqrt{\frac{2E_{\text{pot},0}}{a^2 m}} = \frac{1}{2\pi a}\sqrt{\frac{2E_{\text{pot},0}}{m}}.$$

L14.39 Die Abbildung zeigt den Halbzylinder, der um den Winkel θ aus der Gleichgewichtslage ausgelenkt ist. Den Abstand des Massenmittelpunkts S von der Achse des (halbierten) Zylinders bezeichnen wir mit d und die jeweilige Höhe der Achse über dem Massenmittelpunkt mit h.

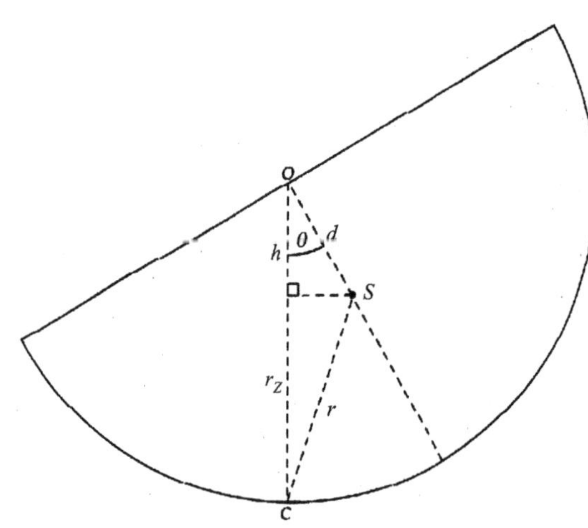

Mit der Winkelgeschwindigkeit $d\theta/dt$ gilt für die Gesamtenergie des schwingenden Halbzylinders:

$$E = E_{\text{pot}} + E_{\text{kin}} = m g (h-d) + \frac{1}{2} I_{\text{C}}\left(\frac{d\theta}{dt}\right)^2.$$

Darin ist I_{C} das Trägheitsmoment des Halbzylinders bezüglich des Kontaktpunkts (bzw. der Kontaktlinie) C mit der Unterlage. Dieses Trägheitsmoment müssen wir zunächst ermitteln. Ein vollständiger Zylinder mit der Masse $2m$ und dem Radius r hat bezüglich seiner Achse (die hier durch den Punkt O verläuft) das Trägheitsmoment

$$I_{\text{VZ},O} = \tfrac{1}{2}(2m)\,r_Z^2 = m r_Z^2.$$

Damit ergibt sich das Trägheitsmoment des Halbzylinders mit der Masse m bezüglich derselben Achse zu $I_{\text{HZ},O} = \tfrac{1}{2}m r_Z^2$.

Wir bezeichnen das Trägheitsmoment des Halbzylinders bezüglich seines Massenmittelpunkts mit $I_{\text{HZ},S}$. Gemäß dem Steiner'schen Satz ist dann sein Trägheitsmoment bezüglich der Achse, die ja den Abstand d vom Massenmittelpunkt hat:

$$I_{\text{HZ},O} = I_{\text{HZ},S} + m d^2.$$

Damit ergibt sich für das Trägheitsmoment des Halbzylinders bezüglich seines Massenmittelpunkts

$$I_{\text{HZ},S} = I_{\text{HZ},O} - m d^2 = \tfrac{1}{2}m r_Z^2 - m d^2.$$

Wir wenden nun noch einmal den Steiner'schen Satz an, um das Trägheitsmoment des Halbzylinders bezüglich der Kontaktlinie C zu ermitteln, die vom Massenmittelpunkt den Abstand r hat:

$$I_{\text{C}} = \tfrac{1}{2}m r_Z^2 - m d^2 + m r^2 = m\left(\tfrac{1}{2}r_Z^2 - d^2 + r^2\right).$$

Aufgrund des Kosinussatzes gilt $r^2 = r_Z^2 + d^2 - 2 r_Z d \cos\theta$.

Somit erhalten wir für das gesuchte Trägheitsmoment

$$I_{\text{C}} = m\left(\frac{1}{2}r_Z^2 - d^2 + r_Z^2 + d^2 - 2 r_Z d \cos\theta\right)$$
$$= m r_Z^2\left(\frac{3}{2} - 2\frac{d}{r_Z}\cos\theta\right).$$

Dies und $h - d = d\,(1 - \cos\theta)$ setzen wir nun in die obige Gleichung für die Energie ein:

$$E = m g d\,(1 - \cos\theta) + \frac{1}{2}m r_Z^2\left(\frac{3}{2} - 2\frac{d}{r_Z}\cos\theta\right)\left(\frac{d\theta}{dt}\right)^2.$$

Für kleine Winkel θ setzen wir $\cos\theta \approx 1 - \tfrac{1}{2}\theta^2$ und erhalten damit näherungsweise

$$E = \frac{1}{2}m g d\,\theta^2 + \frac{1}{2}m r_Z^2\left[\frac{3}{2} - \frac{d}{r_Z}(2 - \theta^2)\right]\left(\frac{d\theta}{dt}\right)^2.$$

Wegen $\theta^2 \ll 2$ können wir $2 - \theta^2 \approx 2$ setzen. Damit ergibt sich, wiederum näherungsweise:

$$E = \frac{1}{2}m g d\,\theta^2 + \frac{1}{2}m r_Z^2\left(\frac{3}{2} - 2\frac{d}{r_Z}\right)\left(\frac{d\theta}{dt}\right)^2.$$

Weil die Gesamtenergie konstant ist, liefert die Ableitung beider Seiten nach der Zeit

$$0 = m g d\,\frac{d\theta}{dt} + m r_Z^2\left(\frac{3}{2} - 2\frac{d}{r_Z}\right)\left(\frac{d\theta}{dt}\right)\left(\frac{d^2\theta}{dt^2}\right)$$

und damit

$$r_Z^2\left(\frac{3}{2} - 2\frac{d}{r_Z}\right)\left(\frac{d^2\theta}{dt^2}\right) + g d\,\theta = 0.$$

sowie

$$\frac{\mathrm{d}^2\theta}{\mathrm{d}t^2} + \frac{g\,d}{r_Z^2\left(\frac{3}{2} - 2\,\frac{d}{r_Z}\right)}\,\theta = 0.$$

Dies entspricht der Differenzialgleichung für harmonische Bewegungen, wenn

$$\omega^2 = \frac{g\,d}{r_Z^2\left(\frac{3}{2} - 2\,\frac{d}{r_Z}\right)}$$

ist. In Aufgabe 8.17 wurde gezeigt, dass $d = 4\,r_Z/(3\,\pi)$ ist. Dies setzen wir ein und erinnern uns daran, dass wir zuvor Näherungen für kleine Winkel angesetzt hatten. Damit erhalten wir

$$\omega^2 \approx \frac{\frac{4}{3\,\pi}}{\frac{3}{2} - \frac{8}{3\,\pi}}\,\frac{g}{r_Z} = \left(\frac{8}{9\,\pi - 16}\right)\frac{g}{r_Z}.$$

Daraus folgt für die Schwingungsdauer

$$T = \frac{2\,\pi}{\omega} \approx 2\,\pi\sqrt{\left(\frac{9\,\pi - 16}{8}\right)\frac{r_Z}{g}} = 7{,}78\sqrt{\frac{r_Z}{g}}.$$

L14.40 a) Für die Abhängigkeit der Amplitude des Oszillators von der Zeit gilt

$$A = A_0\,\mathrm{e}^{-bt/(2m)}, \tag{1}$$

und die Kreisfrequenz der gedämpften Schwingung ist gegeben durch

$$\omega' = \omega_0\sqrt{1 - \left(\frac{b}{2m\,\omega_0}\right)^2}.$$

Damit ergibt sich für den Faktor von t im Exponenten von Gleichung 1

$$\frac{b}{2m} = \omega_0\sqrt{1 - \frac{(\omega')^2}{\omega_0^2}} = \omega_0\sqrt{1 - (0{,}9)^2} = 0{,}436\,\omega_0$$

und für die Schwingungsdauer

$$T = \frac{2\,\pi}{\omega'} = \frac{2\,\pi}{0{,}9\,\omega_0}.$$

Für $t = T$ erhalten wir also aus Gleichung 1

$$\frac{A}{A_0} = \mathrm{e}^{-(0{,}436\,\omega_0)\,2\pi/(0{,}9\,\omega_0)} = \mathrm{e}^{-3{,}04} = 0{,}0478.$$

b) Zur Zeit $t = 0$ ist die Energie des Oszillators $E_0 = \frac{1}{2}k_\mathrm{F}A_0^2$, und zur Zeit $t = T$ ist sie $E_T = \frac{1}{2}k_\mathrm{F}A^2$. Wir dividieren die zweite dieser Gleichungen durch die erste und setzen den zuvor ermittelten Quotienten A/A_0 ein:

$$\frac{E_T}{E_0} = \frac{A^2}{A_0^2} = \left(\frac{A}{A_0}\right)^2 = (0{,}0478)^2 = 0{,}00228.$$

L14.41 a) Die mit Hilfe einer Kraft $\boldsymbol{F}$ dem Oszillator zugeführte Leistung ist $P = \boldsymbol{F}\cdot\boldsymbol{v} = F\,v\cos\theta$. Mit $\theta = 0$ ergibt sich daraus $P = F\,v$. Die Zeitabhängigkeit der Kraft ist

$F = F_0\cos\omega t$, und für die Position des angetriebenen Oszillators gilt $x = A\cos(\omega t - \delta)$. Die Ableitung nach der Zeit ergibt die Geschwindigkeit: $v = -A\,\omega\sin(\omega t - \delta)$. Dies setzen wir ein und erhalten

$$\begin{aligned}
P &= (F_0\cos\omega t)\left[-A\,\omega\sin(\omega t - \delta)\right] \\
&= -A\,\omega F_0\cos\omega t\,\sin(\omega t - \delta).
\end{aligned}$$

b) Wir formen den Sinusausdruck um, wie in der Aufgabenstellung angegeben:

$$\sin(\omega t - \delta) = \sin\omega t\cos\delta - \cos\omega t\sin\delta.$$

Das setzen wir in die vorige Gleichung ein:

$$\begin{aligned}
P &= -A\,\omega F_0\cos\omega t\,(\sin\omega t\cos\delta - \cos\omega t\sin\delta) \\
&= A\,\omega F_0\sin\delta\cos^2\omega t - A\,\omega F_0\cos\delta\cos\omega t\sin\omega t.
\end{aligned}$$

c) Wir integrieren über eine Periode, um $\langle\sin\theta\cos\theta\rangle$ zu erhalten:

$$\langle\sin\theta\cos\theta\rangle = \frac{1}{2\pi}\int_0^{2\pi}\sin\theta\cos\theta\,\mathrm{d}\theta = \frac{1}{2\pi}\left[\frac{1}{2}\sin^2\theta\right]_0^{2\pi} = 0.$$

Nun integrieren wir über eine Periode, um $\langle\cos^2\theta\rangle$ zu erhalten:

$$\begin{aligned}
\langle\cos^2\theta\rangle &= \frac{1}{2\pi}\int_0^{2\pi}\cos^2\theta\,\mathrm{d}\theta = \frac{1}{2\pi}\left[\frac{1}{2}\int_0^{2\pi}(1+\cos 2\theta)\,\mathrm{d}\theta\right] \\
&= \frac{1}{2\pi}\left[\frac{1}{2}\int_0^{2\pi}\mathrm{d}\theta + \frac{1}{2}\int_0^{2\pi}\cos 2\theta\,\mathrm{d}\theta\right] = \frac{1}{2\pi}\,(\pi + 0) = \frac{1}{2}.
\end{aligned}$$

Damit ergibt sich für die mittlere Leistung

$$\begin{aligned}
\langle P\rangle &= A\,\omega F_0\sin\delta\langle\cos^2\omega t\rangle - A\,\omega F_0\cos\delta\langle\cos\omega t\sin\omega t\rangle \\
&= \tfrac{1}{2}A\,\omega F_0\sin\delta - (A\,\omega F_0\cos\delta)\cdot(0) \\
&= \tfrac{1}{2}A\,\omega F_0\sin\delta.
\end{aligned}$$

d) Wir konstruieren das rechtwinklige Dreieck, wie in der Aufgabenstellung gefordert:

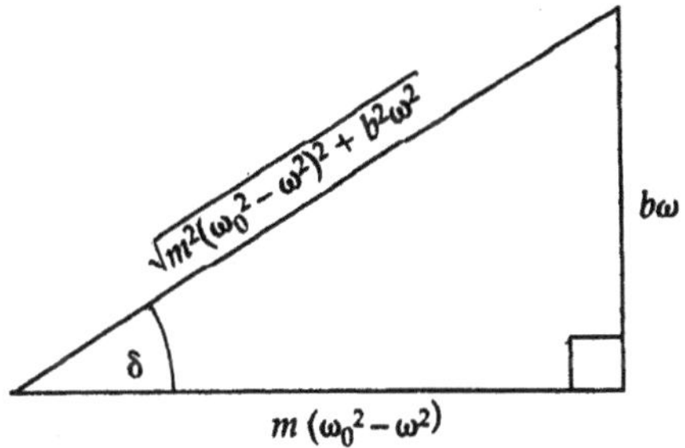

Darin ist $\tan\delta = \dfrac{b\,\omega}{m\,(\omega_0^2 - \omega^2)}$.

Außerdem gilt aufgrund der geometrischen Zusammenhänge

$$\sin\delta = \frac{b\,\omega}{\sqrt{m^2\,(\omega_0^2 - \omega^2)^2 + b^2\,\omega^2}}.$$

Wegen $A = \dfrac{F_0}{\sqrt{m^2\,(\omega_0^2 - \omega^2)^2 + b^2\,\omega^2}}$

lässt sich dies vereinfachen zu $\sin\delta = \dfrac{b\,\omega A}{F_0}$.

e) Wir lösen die vorige Gleichung nach der Kreisfrequenz auf:

$$\omega = \frac{F_0}{bA}\,\sin\delta\,.$$

Mit dem Ergebnis von Teilaufgabe c ergibt dies für die mittlere zugeführte Leistung

$$\langle P\rangle = \frac{F_0^2}{2b}\,\sin^2\delta = \frac{1}{2}\,\frac{b\,\omega^2\,F_0^2}{m^2\,(\omega_0^2 - \omega^2)^2 + b^2\,\omega^2}\,.$$

L14.42 a) Mit der letzten Gleichung der Lösung von Aufgabe 41 gilt bei der Hälfte der maximalen Input-Leistung
$$m^2\,(\omega_0^2 - \omega^2)^2 + b^2\,\omega^2 = 2b^2\,\omega_0^2\,.$$

Bei scharfer Resonanz gilt $m^2\,(\omega_0^2 - \omega^2)^2 \approx b^2\,\omega_0^2$.

Umformen liefert
$$m^2\,[(\omega_0 - \omega)\,(\omega_0 + \omega)]^2 \approx b^2\,\omega_0^2$$

bzw.
$$m^2\,(\omega_0 - \omega)^2\,(\omega_0 + \omega)^2 \approx b^2\,\omega_0^2\,.$$

b) Mit der Näherung $\omega + \omega_0 \approx 2\,\omega_0$ ergibt sich aus der vorigen Gleichung $m^2\,(\omega_0 - \omega)^2\,(2\,\omega_0)^2 \approx b^2\,\omega_0^2$. Dies formen wir um und erhalten

$$\omega_0 - \omega = \pm\frac{b}{2m}\,. \tag{1}$$

c) Definitionsgemäß ist $Q = \omega_0\,\tau = \omega_0\,m/b$, also $b = \omega_0\,m/Q$.

d) Den eben ermittelten Ausdruck für b setzen wir in Gleichung 1 ein. Das ergibt

$$\omega_0 - \omega = \pm\frac{\omega_0}{2Q} \qquad\text{und}\qquad \omega = \omega_0 \pm \frac{\omega_0}{2Q}\,.$$

Damit gilt für die beiden Kreisfrequenzen

$$\omega_1 = \omega_0 - \frac{\omega_0}{2Q} \qquad\text{und}\qquad \omega_2 = \omega_0 + \frac{\omega_0}{2Q}\,.$$

Die Halbwertsbreite ist also $\Delta\omega = \omega_2 - \omega_1 = \omega_0/Q$.

L14.43 a) In einem Tabellenkalkulationsprogramm sind zur Berechnung des Morse-Potenzials ϕ in Abhängigkeit von r folgende Anweisungen einzugeben:

Zelle	Inhalt / Formel	Algebr. Ausdruck
B1	5	D
B2	0,2	β
C9	C8 + 0,1	$r + \Delta r$
D8	\$B\$*(1−EXP(−\$B\$2*(C8−\$B\$3)))^2	$D\,[1 - e^{-\beta(r - r_0)}]^2$

Die zweite Tabelle enthält auszugsweise die einzugebenden Werte und die Ergebnisse.

	A	B	C	D
1	D=	5	eV	
2	Beta=	0,2	nm^{-1}	
3	r0=	0,75	nm	
4				
5				
6			r	$\phi(r)$
7			(nm)	(eV)
8			0,0	0,13095
9			0,1	0,09637
10			0,2	0,06760
11			0,3	0,04434
12			0,4	0,02629
...				
235			22,7	4,87676
236			22,8	4,87919
237			22,9	4,88156
238			23,0	4,88390
239			23,1	4,88618

Die Abbildung zeigt die vom Programm erzeugte Kurve.

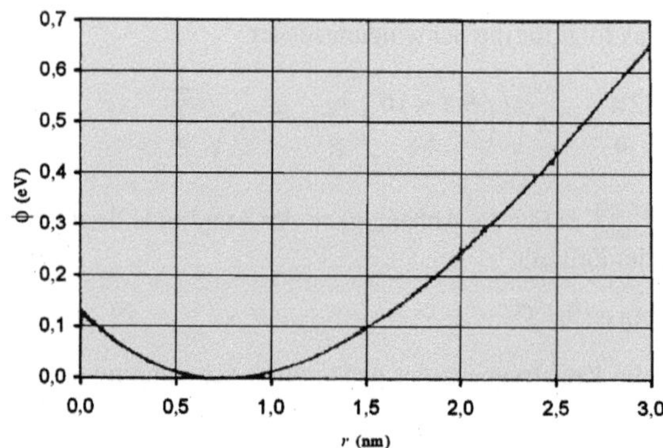

b) Wir leiten den gegebenen Ausdruck für das Morse-Potenzial nach r ab:

$$\frac{d\phi}{dr} = \frac{d}{dr}\left[D\left(1 - e^{-\beta(r - r_0)}\right)^2\right] = -2\beta D\left(1 - e^{-\beta(r - r_0)}\right)\,.$$

Bei einem Extremwert muss die Ableitung gleich null sein:
$$-2\beta D\left(1 - e^{-\beta(r - r_0)}\right) = 0\,.$$

Dies ergibt $r = r_0$, weil der Klammerausdruck gleich 0 und daher der Exponentialausdruck gleich 1, also der Exponent gleich 0 sein muss. Die zweite Ableitung von ϕ nach r lautet

$$\frac{d^2\phi}{dr^2} = \frac{d}{dr}\left[-2\beta D\left(1 - e^{-\beta(r - r_0)}\right)\right] = 2\beta^2 D\,e^{-\beta(r - r_0)}\,.$$

Einsetzen von $r = r_0$ ergibt

$$\left.\frac{d^2\phi}{dr^2}\right|_{r = r_0} = 2\beta^2 D\,.$$

Das Potenzial eines harmonischen Oszillators ist gegeben durch $\phi = \frac{1}{2}k_F x^2$, und die zweite Ableitung nach r ist

$$\frac{d^2\phi}{dr^2} = k_F\,.$$

Der Vergleich mit der vorigen Beziehung ergibt $k_F = 2\beta^2 D$.

c) Die Schwingungsfrequenz eines Moleküls mit der reduzierten Masse m_{red} ist $\omega = \sqrt{k_F/m_{red}}$. Ein Molekül aus zwei gleichen Atomen, also mit $m = m_1 = m_2$, hat die reduzierte Masse

$$m_{red} = \frac{m_1 m_2}{m_1 + m_2} = \frac{m^2}{2m} = \frac{m}{2}.$$

Damit ergibt sich $\quad \omega = \sqrt{\dfrac{2\beta^2 D}{m/2}} = 2\beta \sqrt{\dfrac{D}{m}}.$

Ein anderer Lösungsweg wäre folgender: Wir entwickeln den Ausdruck für das Morse-Potenzial in eine Taylor-Reihe:

$$\phi(r) = \phi(r_0) + (r - r_0)\,\phi'(r_0) + \frac{1}{2!}\,(r - r_0)^2\,\phi''(r_0) + \cdots$$

Das ergibt $\quad \phi(r) \approx \beta^2 D\,(r - r_0)^2.$

Diesen Ausdruck vergleichen wir mit dem für das Potenzial eines Feder-Masse-Systems und erhalten $k_F = 2\beta^2 D$.

15A — Ausbreitung von Wellen

- Die Wellengleichung
- Wellen in drei Dimensionen, Intensität
- Der Doppler-Effekt

A: Aufgaben

Verständnisaufgaben

A15.1 • Eine fortschreitende Welle passiert einen Beobachtungspunkt. An diesem Punkt beträgt die Zeit zwischen aufeinander folgenden Wellenzügen 0,2 s. Welche der folgenden Aussagen ist richtig? a) Die Wellenlänge beträgt 5 m. b) Die Frequenz beträgt 5 Hz. c) Die Ausbreitungsgeschwindigkeit ist 5 m/s. d) Die Wellenlänge beträgt 0,2 m. e) Es liegen nicht genug Informationen vor, um irgendeine dieser Aussagen bestätigen zu können.

A15.2 • Richtig oder falsch? Ein 60-dB-Schall hat eine doppelt so hohe Intensität wie ein 30-dB-Schall.

A15.3 • Tritt eine Doppler-Verschiebung in der Frequenz auf, wenn Quelle und Empfänger relativ zueinander in Ruhe sind, aber das Medium sich relativ zu ihnen bewegt?

A15.4 • Wenn eine Gitarrensaite angezupft wird, ist dann die Wellenlänge der Welle in Luft dieselbe wie die Wellenlänge auf der Saite?

A15.5 • Schall breitet sich mit 340 m/s in Luft und mit 1500 m/s in Wasser aus. Ein Ton von 256 Hz wird unter Wasser erzeugt. In der Luft wird die Frequenz a) dieselbe, aber die Wellenlänge wird kürzer sein, b) höher, aber die Wellenlänge wird dieselbe bleiben, c) niedriger, aber die Wellenlänge wird länger sein, d) niedriger, und die Wellenlänge wird kürzer sein, e) dieselbe, und die Wellenlänge wird auch dieselbe bleiben.

A15.6 •• Die Abbildung zeigt einen Wellenpuls zur Zeit $t = 0$, der sich nach rechts bewegt. Welche Segmente der Saite bewegen sich zu diesem Zeitpunkt nach oben? Welche bewegen sich nach unten? Gibt es irgendein Segment beim Puls, das momentan in Ruhe ist? Beantworten Sie diese Fragen, indem Sie den Puls zu einer etwas späteren und zu einer etwas rüheren Zeit skizzieren, um zu sehen, wie sich die Segmente der Saite bewegen.

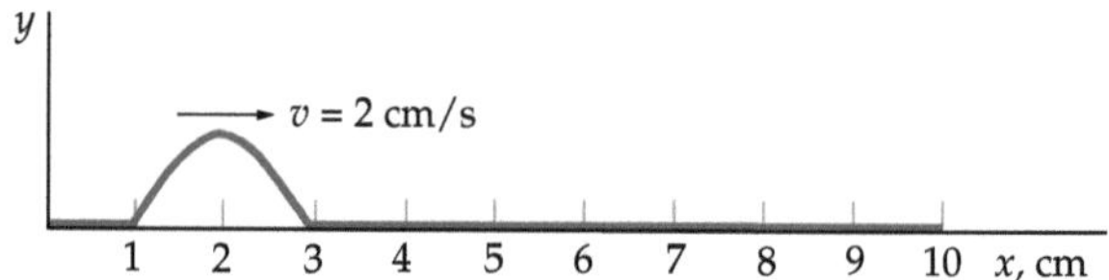

A15.7 •• Skizzieren Sie für den Puls von Aufgabe 6 die Geschwindigkeit jedes Saitensegments in Abhängigkeit von der Position.

Schätzungs- und Näherungsaufgaben

A15.8 •• Die gewöhnliche menschliche Sprache hat im Abstand 1 m eine Lautstärke von ungefähr 65 dB. Schätzen Sie die akustische Leistung des menschlichen Sprechens ab.

A15.9 •• Die neuen Studentenreihenhäuser einer Universität sind in Form eines Halbkreises angelegt, wobei der Sportplatz halb eingeschlossen ist. Um die Geschwindigkeit des Schalls in Luft zu ermitteln, stellte sich ein strebsamer Physikstudent in das Zentrum des Halbkreises und klatschte rhythmisch in die Hände, und zwar mit einer Frequenz, bei der er das Echo des Klatschens nicht hören konnte, da es ihn zur selben Zeit wie sein nächstes Klatschen erreichte. Diese Frequenz betrug ungefähr 2,5 Schläge pro Sekunde. Danach legte er den Abstand zu den Reihenhäusern zurück, der 30 Doppelschritte betrug. Nehmen Sie an, dass die Doppelschrittweite seiner Körpergröße (1,80 m) gleicht, und schätzen Sie mit Hilfe der gegebenen Werte die Schallgeschwindigkeit in Luft ab. Wie stark weicht diese von dem gewöhnlich angenommenen Wert ab?

Ausbreitungsgeschwindigkeit von Wellen

A15.10 • Berechnen Sie die Geschwindigkeit von Schallwellen in Wasserstoffgas bei $T = 300$ K. (Verwenden Sie die Werte $m_{Mol} = 2 \cdot 10^{-3}$ kg/mol und $\gamma = 1{,}4$.)

A15.11 • Eine Klaviersaite aus Stahl ist 0,7 m lang und hat eine Masse von 5 g. Ihre Spannkraft beträgt 500 N. a) Wie groß ist die Geschwindigkeit transversaler Wellen auf dieser Saite? b) Welche Masse an Kupferdraht müsste um den Stahldraht gewickelt werden, damit ohne Änderung der Spannkraft die Wellengeschwindigkeit um den Faktor 2 verringert wird?

A15.12 •• a) Ermitteln Sie die Ableitung der Schallgeschwindigkeit v in Luft nach der absoluten Temperatur T und zeigen Sie, dass die Differenziale dv und dT der Beziehung $dv/v = \frac{1}{2}\,dT/T$ genügen. b) Nutzen Sie dieses Ergebnis, um die prozentuale Änderung der Schallgeschwindigkeit zu berechnen, wenn sich die Temperatur von $0\,^\circ$C auf $27\,^\circ$C ändert. c) Wie groß ist näherungsweise die Schallgeschwindigkeit bei $27\,^\circ$C, wenn sie 331 m/s bei $0\,^\circ$C beträgt? Vergleichen Sie diese Näherung mit dem Ergebnis einer exakten Berechnung.

A15.13 ••• Eine Schraubenfeder, z. B. ein *Slinky*, wird auf eine Länge ℓ gedehnt. Sie hat eine Kraftkonstante k_F und eine Masse m. a) Zeigen Sie, dass die Geschwindigkeit longitudinaler Kompressionswellen längs der Feder durch $v = \ell\sqrt{k_F/m}$ gegeben ist. b) Zeigen Sie, dass dies auch die Geschwindigkeit transversaler Wellen längs der Feder ist, wenn die natürliche Länge der Feder viel kleiner als ℓ ist.

• Die Wellengleichung

A15.14 • Zeigen Sie explizit, dass die folgenden Funktionen die Wellengleichung erfüllen: a) $y = k(x + v t)^3$, b) $y(x,t) = A\,e^{ik(x - v t)}$, wobei A und k Konstanten sind und $i = \sqrt{-1}$ ist, c) $y(x,t) = \ln[k(x - v t)]$.

Harmonische Wellen auf einem Seil (Draht, Saite)

A15.15 • Die Gleichung $y(x,t) = A\sin(kx - \omega t)$ drückt die Auslenkung einer harmonischen Welle als Funktion von x und t in Abhängigkeit von den Wellenparametern k und ω aus. Stellen Sie die äquivalenten Ausdrücke auf, die statt k und ω die folgenden Paare von Parametern enthalten: a) k und v, b) λ und v, c) λ und T, d) λ und v, e) ν und v.

A15.16 •• Die Wellenfunktion einer harmonischen Welle auf einem Seil ist $y(x,t) = (0{,}001\ \text{m})\sin(62{,}8\ \text{m}^{-1}\,x + 314\ \text{s}^{-1}\,t)$. a) In welche Richtung bewegt sich die Welle, und wie groß ist ihre Geschwindigkeit? b) Ermitteln Sie Wellenlänge, Frequenz und Schwingungsdauer dieser Welle. c) Wie groß ist die maximale Geschwindigkeit eines Seilsegments?

A15.17 •• Leistung soll mittels transversaler harmonischer Wellen längs eines gespannten Drahts übertragen werden. Die Wellengeschwindigkeit ist 10 m/s und die lineare Massendichte des Drahts 0,01 kg/m. Die Leistungsquelle schwingt mit einer Amplitude von 0,50 mm. a) Wie groß ist die längs des Drahts transportierte mittlere Leistung, wenn die Frequenz 400 Hz beträgt? b) Die übertragene Leistung kann durch Steigern der Spannkraft des Drahts, der Frequenz der Quelle oder der Amplitude der Wellen vergrößert werden. Um wie viel müsste jede dieser Größen zunehmen, damit eine Zunahme der Leistung um den Faktor 100 erreicht wird, wenn jeweils nur eine einzige Größe geändert wird? c) Welche Größe ist am leichtesten zu variieren?

Harmonische Schallwellen

A15.18 • a) Berechnen Sie die Auslenkungsamplitude einer Schallwelle mit einer Frequenz von 500 Hz und einer Schmerzschwellen-Druckamplitude von 29 Pa. b) Bestimmen Sie die Auslenkungsamplitude einer Schallwelle mit derselben Druckamplitude, aber einer Frequenz von 1 kHz.

A15.19 • Ein lauter Schall mit einer Frequenz von 1 kHz hat eine Druckamplitude von ungefähr 10^{-4} bar. a) Zur Zeit $t = 0$ hat der Druck ein Maximum am Punkt x_1. Wie groß ist hier die Auslenkung zur Zeit $t = 0$? Wie groß ist der Maximalwert der Auslenkung zu einer beliebigen Zeit an einem beliebigen Ort? (Verwenden Sie den Wert 1,29 kg/m^3 für die Dichte der Luft.)

• Wellen in drei Dimensionen, Intensität

A15.20 • Ein Lautsprecher bei einem Rockkonzert erzeugt 10^{-2} W/m^2 in 20 m Entfernung bei einer Frequenz von 1 kHz. Nehmen Sie an, der Lautsprecher strahlt die Schallenergie homogen in alle Richtungen ab. a) Wie groß ist die gesamte von ihm abgestrahlte Leistung? b) In welcher Entfernung liegt die Schallintensität an der Schmerzgrenze 1 W/m^2? c) Wie groß ist die Intensität in 30 m Entfernung?

Schallintensität

A15.21 • Zwei Schallwellen unterscheiden sich um 30 dB. Die Intensität des lauteren Schalls ist I_{laut} und die des leiseren I_{leise}. Beträgt das Verhältnis I_{laut}/I_{leise} a) 1000, b) 30, c) 9, d) 100 oder e) 300?

A15.22 •• Eine kugelförmige Quelle strahlt Schall gleichmäßig in alle Raumrichtungen aus. In einer Entfernung von 10 m beträgt der Schallintensitätspegel 80 dB. a) In welcher Entfernung von der Quelle beträgt er 60 dB? b) Welche Leistung strahlt die Quelle ab?

A15.23 •• In einem Artikel über Lärmbelastung wird behauptet, in den Großstädten habe der Intensitätspegel in letzter Zeit jährlich um rund 1 dB zugenommen. a) Welcher prozentualen Zunahme der Intensität entspricht das? Ist ein solcher Anstieg plausibel? b) In wie vielen Jahren würde sich die Lärmintensität verdoppeln, wenn der Intensitätspegel jährlich um 1 dB zunähme?

A15.24 ••• Angenommen, alle Teilnehmer einer Party sprechen gleich laut. Wenn nur eine Person spricht, beträgt der Schallintensitätspegel 72 dB. Ermitteln Sie den Pegel, wenn alle 38 Personen gleichzeitig reden.

• Der Doppler-Effekt

Anmerkung: In den Aufgaben 25 und 26 emittiert die Quelle in ruhender Luft eine Schallwelle mit einer Frequenz von 200 Hz und mit der Ausbreitungsgeschwindigkeit 340 m/s .

A15.25 • Die in der Anmerkung beschriebene Schallquelle bewegt sich mit einer Geschwindigkeit von 80 m/s relativ zur ruhenden Luft auf einen ruhenden Beobachter zu. a) Bestimmen Sie die Wellenlänge des Schalls im Bereich zwischen Quelle und Beobachter. b) Geben Sie die Frequenz an, die der Beobachter hört.

A15.26 • Der Empfänger bewegt sich mit 80 m/s relativ zur ruhenden Luft auf die ruhende Quelle von Aufgabe 25 zu. a) Wie groß ist die Wellenlänge des Schalls im Bereich zwischen Quelle und Empfänger? b) Wie groß ist die Frequenz, die dieser hört?

A15.27 • Ein Düsenflugzeug bewegt sich mit 2,5 Mach in einer Höhe von 5000 m. a) Wie groß ist der Winkel, den die Stoßwelle mit der Spur des Flugzeugs bildet? (Nehmen Sie an, dass die Schallgeschwindigkeit in dieser Höhe ebenfalls 340 m/s beträgt.) b) Wo befindet sich das Flugzeug, wenn eine Person auf dem Boden die Stoßwelle hört?

A15.28 •• Ein Radargerät strahlt Mikrowellen mit einer Frequenz von 2,00 GHz aus. Wenn die Wellen von einem Auto reflektiert werden, das sich direkt von der Strahlungsquelle weg bewegt, wird eine Frequenzdifferenz von 293 Hz registriert. Bestimmen Sie die Geschwindigkeit des Autos.

A15.29 •• Ein kleines Radio mit der Masse 0,10 kg ist mit einer Feder an einem Ende eines *Air Track* (einer luftgefüllten Sprungbahn) befestigt. Das Radio strahlt einen Ton von 800 Hz aus. Eine Person am anderen Ende des *Air Track* hört einen Ton, dessen Frequenz zwischen 797 Hz und 803 Hz variiert. a) Bestimmen Sie die Energie des schwingenden Masse-Feder-Systems. b) Wie groß sind die Schwingungsamplitude der Masse und die Schwingungsdauer des schwingenden Systems, wenn die Federkonstante 200 N/m beträgt?

A15.30 •• Eine Schallquelle der Frequenz ν_Q bewegt sich mit der Geschwindigkeit v_Q relativ zur ruhenden Luft auf einen Empfänger zu, der sich mit der Geschwindigkeit v_E relativ zur ruhenden Luft von der Quelle weg bewegt. a) Stellen Sie einen Ausdruck für die empfangene Frequenz ν_E auf. b) Weil v_Q und v_E im Vergleich zu v klein sind, können Sie mit der Beziehung $(1-x)^{-1} \approx 1+x$ zeigen, dass die empfangene Frequenz näherungsweise durch

$$\nu_E \approx \left(1 + \frac{v_Q - v_E}{v}\right) \nu_Q = \left(1 + \frac{v_{rel}}{v}\right) \nu_Q$$

gegeben ist, wobei $v_{rel} = v_Q - v_E$ die relative Geschwindigkeit der Annäherung von Quelle und Empfänger ist.

A15.31 •• Ein Auto nähert sich einer Schall reflektierenden Wand. Ein ruhender Beobachter hinter dem Auto hört einen Schall der Frequenz 745 Hz von der Autohupe und einen Schall der Frequenz 863 Hz von der Wand. a) Wie schnell fährt das Auto? b) Welche Frequenz hat die Autohupe? c) Welche Frequenz hört der Autofahrer mit der Welle, die von der Wand reflektiert wird?

A15.32 •• Das Hubble-Weltraumteleskop diente auch dazu, die Existenz von Planeten nachzuweisen, die um weit entfernte Sterne kreisen. Ein Planet, der einen Stern umkreist, veranlasst diesen, mit der Periode der Umlauffrequenz zu „wobbeln". Dadurch wird die empfangene Lichtfrequenz Doppler-verschoben. Schätzen Sie die maximale und die minimale Wellenlänge des mit der Wellenlänge 500 nm von der Sonne ausgestrahlten Lichts ab, wenn sie aufgrund der durch den Planeten Jupiter hervorgerufenen Bewegung der Sonne Doppler-verschoben ist.

A15.33 •• Der Neutrinodetektor Super-*Kamiokande* in Japan ist ein Wassertank von der Größe eines 14-stöckigen Gebäudes. Mit ihm werden Neutrinos, die „Geisterteilchen" der Physik, durch Stoßwellen nachgewiesen. Eine solche Stoßwelle entsteht, wenn ein Neutrino einen Teil seiner Energie an ein Elektron abgibt, das dann nahezu mit Lichtgeschwindigkeit durch das Wasser wegfliegt. Wie groß ist die Lichtgeschwindigkeit in Wasser, wenn der maximale Kegelwinkel der Čerenkov-Stoßwelle 48,75° beträgt?

Allgemeine Aufgaben

A15.34 • Zur Zeit $t = 0$ ist die Form eines Wellenpulses auf einer Saite durch die Funktion

$$y(x,0) = \frac{0,12 \text{ m}^3}{(2,00 \text{ m})^2 + (x \text{ m})^2}$$

gegeben. a) Skizzieren Sie $y(x,0)$ in Abhängigkeit von x. Geben Sie die Wellenfunktion $y(x,t)$ zu einer beliebigen Zeit t an, wenn b) sich der Puls in positiver x-Richtung mit einer Geschwindigkeit von 10 m/s bewegt bzw. wenn c) sich der Puls in negativer x-Richtung mit einer Geschwindigkeit von 10 m/s bewegt.

A15.35 • Ein Boot, das sich mit 10 m/s auf einem ruhigen See bewegt, erzeugt eine Bugwelle mit einem Winkel von 20° bezüglich seiner Bewegungsrichtung. Wie groß ist die Geschwindigkeit der Bugwelle?

A15.36 • Ozeanwellen bewegen sich mit einer Geschwindigkeit von 8,9 m/s und einem Kamm-zu-Kamm-Abstand von 15,0 m hin zum Strand. Nehmen Sie an, Sie befinden sich in einem kleinen Boot, das vor der Küste ankert. a) Wie groß ist die Frequenz der Ozeanwellen? b) Sie lösen nun den Anker und fahren mit einer Geschwindigkeit von 15 m/s hinaus auf See. Wie groß ist die Frequenz der Wellen, die Sie nun beobachten?

A15.37 •• Eine Lautsprechermembran von 20 cm Durchmesser schwingt mit 800 Hz und einer Amplitude von 0,025 mm. Nehmen Sie an, dass die Luftmoleküle in der Nachbarschaft dieselbe Schwingungsamplitude annehmen, und ermitteln Sie a) die Druckamplitude unmittelbar vor der Membran, b) die Schallintensität und c) die abgestrahlte akustische Leistung.

A15.38 •• In der Abbildung wird eine Hochgeschwindigkeitskamera zur Aufnahme eines Geschosses verwendet, das gerade eine Seifenblase zum Platzen bringt. Die Stoßwelle des Geschosses wird durch ein Mikrofon erfasst, das den Blitz für die Aufnahme auslöst. Das Mikrofon befindet sich auf einer Schiene, die parallel zur Bahn des Geschosses verläuft und sich in derselben Höhe wie das Geschoss befindet. Die Schiene dient dazu, die Position des Mikrofons einzustellen. Wie weit muss das Mikrofon hinter der Seifenblase angebracht werden, um den Blitz auszulösen, wenn das Geschoss mit 1,25facher Schallgeschwindigkeit fliegt und der Abstand zwischen Experimentiertisch und Schiene 0,35 m beträgt? (Es wird angenommen, dass der Blitz exakt in dem Augenblick ausgelöst wird, in dem das Mikrofon die Stoßwelle erfasst.)

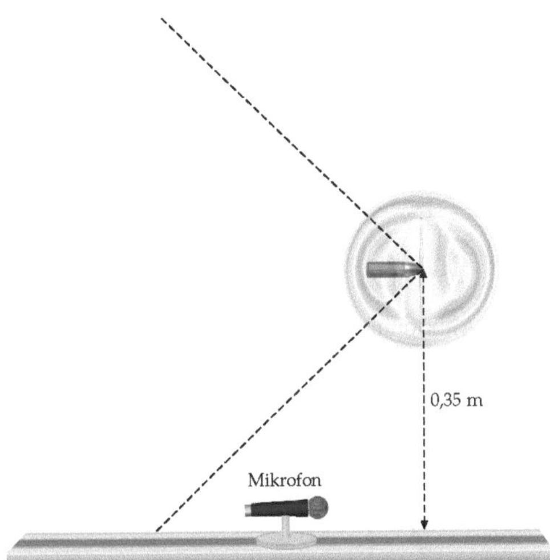

A15.39 •• Laserstrahlung, die auf den Mond gerichtet wird, dient zur Bestimmung des Abstands Erde–Mond. Um die Entfernung möglichst genau zu ermitteln, müssen Korrekturen bei der Lichtgeschwindigkeit berücksichtigt werden, die innerhalb der Erdatmosphäre 99,997 % der Vakuumlichtgeschwindigkeit ausmacht. Nehmen Sie an, dass die Erdatmosphäre 8 km hoch ist, und schätzen Sie die Korrekturlänge ab.

A15.40 ••• Ein langes Seil mit einer linearen Massendichte von 0,1 kg/m unterliegt einer konstanten Spannkraft von 10 N. Ein Motor am Punkt $x = 0$ bewegt harmonisch ein Ende des Seils mit 5 Schwingungen pro Sekunde und einer Amplitude von 4 cm. a) Wie groß ist die Wellengeschwindigkeit? b) Wie groß ist die Wellenlänge? c) Wie groß ist der maximale transversale Impuls eines 1 mm langen Segments des Seils? d) Wie groß ist die maximale resultierende Kraft auf ein 1 mm langes Segment des Seils?

A15.41 ••• In dieser Aufgabe werden Sie einen Ausdruck für die potenzielle Energie eines Saitensegments ableiten, das eine fortschreitende Welle überträgt (siehe Abbildung). Die potenzielle Energie eines Segments entspricht der Arbeit, die durch die Spannkraft beim Dehnen der Saite verrichtet wird. Sie beträgt $\Delta E_{\mathrm{pot}} = |\boldsymbol{F}_{\mathrm{S}}| \, (\Delta \ell - \Delta x)$, worin $\boldsymbol{F}_{\mathrm{S}}$ die Spannkraft, $\Delta \ell$ die Länge des gedehnten Segments und Δx seine ursprüngliche Länge ist. In der Abbildung erkennt man, dass

$$\Delta \ell = \sqrt{(\Delta x)^2 + (\Delta y)^2} = \Delta x \sqrt{1 + \left(\frac{\Delta y}{\Delta x} \right)^2}$$

ist. a) Zeigen Sie mit Hilfe einer Binomialentwicklung, dass

$$\Delta \ell - \Delta x \approx \frac{1}{2} \left(\frac{\Delta y}{\Delta x} \right)^2 \Delta x$$

gilt und daher

$$\Delta E_{\mathrm{pot}} \approx \frac{1}{2} \, |\boldsymbol{F}_{\mathrm{S}}| \left(\frac{\Delta y}{\Delta x} \right)^2 \Delta x \, .$$

b) Ermitteln Sie $\mathrm{d}y/\mathrm{d}x$ aus der Wellenfunktion
$$y(x,t) = A \sin (kx - \omega t)$$
und zeigen Sie, dass schließlich folgt:
$$\Delta E_{\mathrm{pot}} \approx \tfrac{1}{2} \, |\boldsymbol{F}_{\mathrm{S}}| \, k^2 \cos^2 (kx - \omega t) \, \Delta x \, .$$

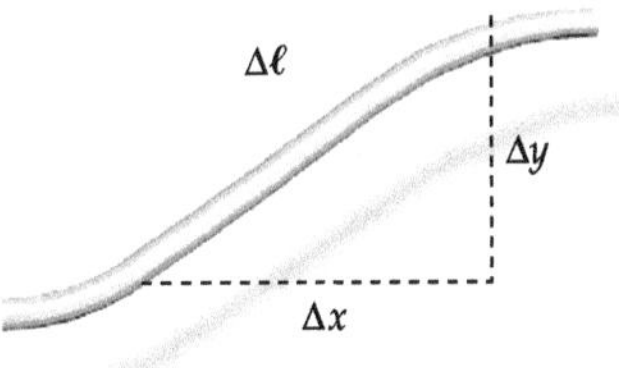

Ausbreitung von Wellen

L: Lösungen

L15.1 Der räumliche Abstand zwischen aufeinander folgenden Wellenbergen ist gleich der Wellenlänge, und der zeitliche Abstand zwischen ihnen ist gleich der Schwingungsdauer der Wellenbewegung. Somit ist $T = 0{,}2$ s und daher $v = 1/T = 5$ Hz. Also ist Aussage b richtig.

L15.2 Falsch. Wir vergleichen die Lautstärken und die sich daraus ergebenden Intensitäten: Bei 60 dB ist
$$LS_{60} = (10\ \text{dB}) \log \left(I_{60}/I_0 \right) \quad \text{und daher} \quad I_{60} = 10^6 I_0 \,.$$
Entsprechend ist bei 30 dB
$$LS_{30} = (10\ \text{dB}) \log \left(I_{30}/I_0 \right) \quad \text{und daher} \quad I_{30} = 10^3 I_0 \,.$$
Also ist bei 60 dB die Lautstärke 1000-mal so hoch wie bei 30 dB.

L15.3 Nein; es tritt keine Doppler-Verschiebung in der Frequenz auf, weil Quelle und Empfänger relativ zueinander in Ruhe sind. Die Bewegung des Mediums spielt dabei keine Rolle.

L15.4 In ein und demselben Medium hängt die Wellenlänge λ mit der Frequenz v und der Ausbreitungsgeschwindigkeit v zusammen über $v = v/\lambda$. Die Frequenz einer Welle wird durch ihre Quelle festgelegt und hängt nicht von der Beschaffenheit des Mediums ab. Wenn sich aber die Ausbreitungsgeschwindigkeiten einer Welle in zwei Medien unterscheiden, so tun es auch die Wellenlängen, während die Frequenzen gleich sind.

L15.5 In ein und demselben Medium hängen die Wellenlänge λ und die Frequenz v mit der Ausbreitungsgeschwindigkeit v zusammen über $v = v/\lambda$. Die Frequenz einer Welle wird durch ihre Quelle festgelegt und hängt nicht von der Beschaffenheit des Mediums ab. Weil die Welle in Luft eine geringere Ausbreitungsgeschwindigkeit hat als in Wasser, ist ihre Wellenlänge hier kleiner, bei unveränderter Frequenz. Also ist Aussage a richtig.

L15.6 Die Abbildung zeigt den Wellenpuls zu drei Zeitpunkten: vor, bei und nach $t = 0$.

Zur Zeit $t = 0$ bewegt sich das Segment zwischen $x = 1$ cm und $x = 2$ cm nach unten und das zwischen $x = 2$ cm und $x = 3$ cm nach oben, während ein sehr kurzes Segment bei $x = 2$ cm momentan in Ruhe ist.

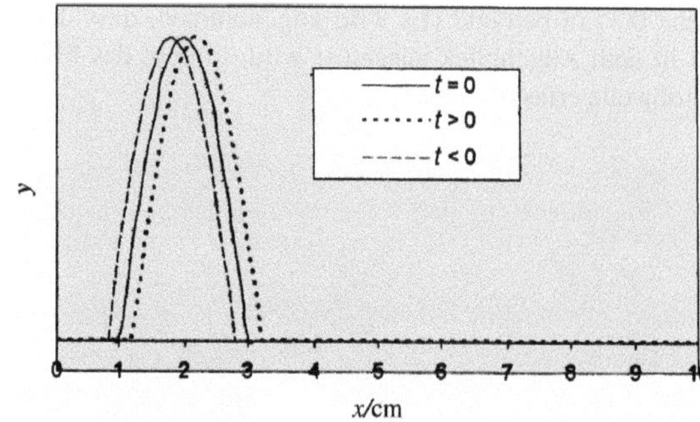

L15.7 Die Abbildung zeigt die Geschwindigkeiten an verschiedenen Stellen der Saite. Bei 1 cm $< x < 2$ cm ist die Geschwindigkeit negativ, und bei 2 cm $< x < 3$ cm ist sie positiv.

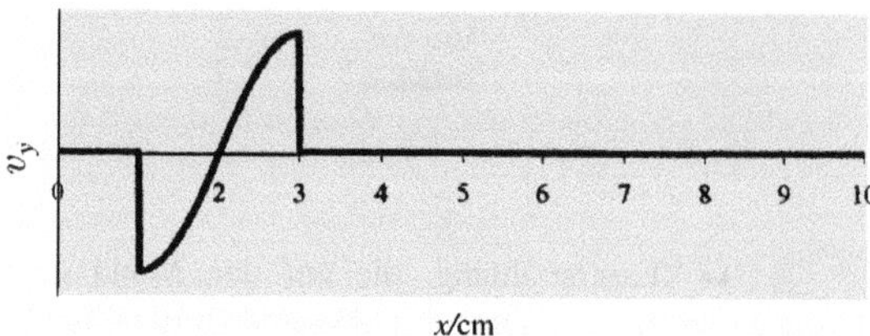

L15.8 Die Leistung ist das Produkt aus der Intensität und der Fläche: $P = IA$. Die Oberfläche einer Kugel mit dem Radius $r = 1$ m ist $A = 4\pi r^2 = 4\pi (1\ \text{m})^2 = 4\pi\ \text{m}^2$.

Aus der Lautstärke 65 dB $= (10\ \text{dB}) \log (I/I_0)$ erhalten wir die Intensität zu
$$I = 10^{6,5} I_0 = 10^{6,5} (10^{-12}\ \text{W} \cdot \text{m}^{-2}) = 3{,}16 \cdot 10^{-6}\ \text{W} \cdot \text{m}^{-2}.$$
Einsetzen ergibt für die Leistung
$$P = (3{,}16 \cdot 10^{-6}\ \text{W} \cdot \text{m}^{-2})(4\pi\ \text{m}^2) = 3{,}97 \cdot 10^{-5}\ \text{W}.$$

L15.9 Der Abstand d zwischen dem klatschenden Studenten und den Häusern ergibt sich aus der Anzahl 30 der Doppelschritte und deren Länge $(1{,}8$ m$)$ zu $d = 30 \cdot (1{,}8$ m$) = 54$ m. Weil der Schall des Klatschens den Hin- und Rückweg zurücklegt, durchläuft er die Strecke $2d$. Damit gilt für die vom Studenten experimentell ermittelte Schallgeschwindigkeit $v_{\text{exp}} = 2d/\Delta t$. Der Student hört das Echo seines Klatschens nicht, also entspricht die Zeitspanne Δt dem Kehrwert der Klatschfrequenz:

$\Delta t = 1/v = 1/(2{,}5\ \text{s}^{-1}) = 0{,}4\ \text{s}$.

Daher ermittelt er die Schallgeschwindigkeit zu

$$v_{\text{exp}} = \frac{2d}{\Delta t} = \frac{2\,(54\ \text{m})}{0{,}4\ \text{s}} = 270\ \text{m} \cdot \text{s}^{-1}.$$

Die relative Abweichung gegenüber dem gewöhnlich angenommenen Wert $340\ \text{m} \cdot \text{s}^{-1}$ ist

$$\frac{270\ \text{m} \cdot \text{s}^{-1} - 340\ \text{m} \cdot \text{s}^{-1}}{340\ \text{m} \cdot \text{s}^{-1}} = -0{,}206 = -20{,}6\ \%.$$

L15.10 Mit der Gaskonstanten R, der molaren Masse m_{Mol} und dem Quotienten γ der molaren Wärmekapazitäten bei konstanten Druck und bei konstantem Volumen ergibt sich die Schallgeschwindigkeit in Wasserstoffgas bei $T = 300\ \text{K}$ zu

$$v_{\text{S,H}_2} = \sqrt{\frac{\gamma R T}{m_{\text{Mol}}}} = \sqrt{\frac{1{,}4\,(8{,}314\ \text{J} \cdot \text{mol}^{-1} \cdot \text{K}^{-1})\,(300\ \text{K})}{2 \cdot 10^{-3}\ \text{kg} \cdot \text{mol}^{-1}}}$$
$$= 1{,}32\ \text{km} \cdot \text{s}^{-1}.$$

L15.11 a) Mit der linearen Massendichte $\mu = m/\ell$ und der Spannkraft F_S ist die Geschwindigkeit transversaler Wellen auf der Saite

$$v = \sqrt{\frac{F_\text{S}}{\mu}} = \sqrt{\frac{F_\text{S}}{m/\ell}} = \sqrt{\frac{500\ \text{N}}{(0{,}005\ \text{kg})/(0{,}7\ \text{m})}} = 265\ \text{m} \cdot \text{s}^{-1}.$$

b) Mit der zusätzlichen Masse Δm an Kupferdraht ist die neue Masse der Saite $m' = m + \Delta m$, und die neue Wellengeschwindigkeit ist

$$v' = \sqrt{\frac{F_\text{S}}{m'/\ell}}.$$

Sie soll halb so groß sein wie die vorige Wellengeschwindigkeit:

$$\frac{v}{v'} = 2 = \frac{\sqrt{\dfrac{F_\text{S}}{m/\ell}}}{\sqrt{\dfrac{F_\text{S}}{m'/\ell}}} = \sqrt{\frac{m'}{m}}.$$

Daraus folgt $m' = 4m$ und somit für die nötige Masse an Kupferdraht $\Delta m = m' - m = 4m - m = 3\,(5\ \text{g}) = 15{,}0\ \text{g}$.

L15.12 a) Mit der Gaskonstanten R, der molaren Masse m_{Mol} und dem Quotienten γ der molaren Wärmekapazitäten bei konstanten Druck und bei konstantem Volumen gilt für die Schallgeschwindigkeit in einem Gas bei der Temperatur T:

$$v = \sqrt{\frac{\gamma R T}{m_{\text{Mol}}}}.$$

Wir leiten nach der Temperatur ab:

$$\frac{\text{d}}{\text{d}T} \sqrt{\frac{\gamma R T}{m_{\text{Mol}}}} = \frac{1}{2} \sqrt{\frac{m_{\text{Mol}}}{\gamma R T}} \left(\frac{\gamma R}{m_{\text{Mol}}} \right) = \frac{1}{2} \frac{v}{T}.$$

Separieren der Variablen liefert $\dfrac{\text{d}v}{v} = \dfrac{1}{2} \dfrac{\text{d}T}{T}$.

b) Wir nähern die Differenziale durch die Differenzen an und setzen die gegebenen Werte ein:

$$\frac{\Delta v}{v} = \frac{1}{2} \frac{\Delta T}{T} = \frac{1}{2} \left(\frac{27\ \text{K}}{273\ \text{K}} \right) = 0{,}0495 = 4{,}95\ \%.$$

c) Mit der Näherung durch Ansetzen der Geschwindigkeitsdifferenzen erhalten wir für die Schallgeschwindigkeit bei $300\ \text{K}$

$$v_{300\,\text{K}} \approx v_{273\,\text{K}} + v_{273\,\text{K}} \frac{\Delta v}{v} = v_{273\,\text{K}} \left(1 + \frac{\Delta v}{v} \right)$$
$$\approx (331\ \text{m} \cdot \text{s}^{-1})\,(1 + 0{,}0495) = 347\ \text{m} \cdot \text{s}^{-1}.$$

Gemäß der ersten Gleichung gilt für die beiden berechneten Schallgeschwindigkeiten

$$v_{\text{ber.},300\,\text{K}} = \sqrt{\frac{\gamma R\,(300\ \text{K})}{m_{\text{Mol}}}}, \qquad v_{\text{ber.},273\,\text{K}} = \sqrt{\frac{\gamma R\,(273\ \text{K})}{m_{\text{Mol}}}}.$$

Ihr Quotient ist

$$\frac{v_{\text{ber.},300\,\text{K}}}{v_{\text{ber.},273\,\text{K}}} = \frac{\sqrt{\dfrac{\gamma R\,(300\ \text{K})}{m_{\text{Mol}}}}}{\sqrt{\dfrac{\gamma R\,(273\ \text{K})}{m_{\text{Mol}}}}} = \sqrt{\frac{300}{273}}.$$

Damit ergibt sich

$$v_{\text{ber.},300\,\text{K}} = (331\ \text{m} \cdot \text{s}^{-1}) \sqrt{\frac{300}{273}} = 347\ \text{m} \cdot \text{s}^{-1}.$$

Beide Ergebnisse für die Schallgeschwindigkeit bei $300\ \text{K}$ stimmen in den ersten drei Stellen überein.

L15.13 a) Mit dem Kompressionsmodul K und der Dichte (Masse pro Volumeneinheit) ρ ist die Geschwindigkeit longitudinaler Kompressionswellen in einer Feder gegeben durch

$$v = \sqrt{\frac{K}{\rho}}. \tag{1}$$

Für den Kompressionsmodul der Schraubenfeder gilt

$$K = -\frac{P}{\Delta V/V}. \tag{2}$$

Wir bezeichnen mit A die Querschnittsfläche der Schraubenfeder. Dann ist

$$\rho = \frac{m}{V} = \frac{m}{A\,\ell} \quad \text{und} \quad P = -k_\text{F} \frac{\Delta \ell}{A}.$$

Einsetzen in Gleichung 2 ergibt $K = k_\text{F}\,\ell/A$. Dies setzen wir in Gleichung 1 ein:

$$v = \sqrt{\frac{k_\text{F}\,\ell/A}{m/(A\,\ell)}} = \ell \sqrt{\frac{k_\text{F}}{m}}.$$

b) Die Geschwindigkeit transversaler Wellen auf der Schraubenfeder ist

$$v = \sqrt{\frac{F}{\mu}}. \tag{3}$$

Darin ist $\mu = m/\ell$ die lineare Massendichte, und für die Kraft gilt

$$F = k_\mathrm{F}\,\Delta\ell = k_\mathrm{F}\,(\ell - \ell_0) = k_\mathrm{F}\,\ell\left(1 - \frac{\ell_0}{\ell}\right) \approx k_\mathrm{F}\,\ell .$$

Die Näherung gilt für $\ell_0 \ll \ell$. Einsetzen in Gleichung 3 liefert schließlich

$$v = \sqrt{\frac{k_\mathrm{F}\,\ell}{m/\ell}} = \ell\sqrt{\frac{k_\mathrm{F}}{m}} .$$

L15.14   Die allgemeine Form der eindimensionalen Wellengleichung lautet

$$\frac{\partial^2 y}{\partial x^2} = \frac{1}{v^2}\,\frac{\partial^2 y}{\partial t^2} .$$

Wir müssen also jeweils zeigen, dass gilt:

$$\frac{\partial^2 y/\partial x^2}{\partial^2 y/\partial t^2} = \frac{1}{v^2} .$$

a) Wir bilden die ersten beiden räumlichen Ableitungen der gegebenen Funktion $y(x,t) = k\,(x + v\,t)^3$:

$$\frac{\partial y}{\partial x} = 3\,k\,(x + v\,t)^2 \quad \text{und} \quad \frac{\partial^2 y}{\partial x^2} = 6\,k\,(x + v\,t) .$$

Die ersten beiden zeitlichen Ableitungen der Funktion sind

$$\frac{\partial y}{\partial t} = 3\,k\,v\,(x + v\,t)^2 \quad \text{und} \quad \frac{\partial^2 y}{\partial t^2} = 6\,k\,v^2\,(x + v\,t) .$$

Wir bilden den Quotienten der zweiten Ableitungen:

$$\frac{\partial^2 y/\partial x^2}{\partial^2 y/\partial t^2} = \frac{6\,k\,(x + v\,t)}{6\,k\,v^2\,(x + v\,t)} = \frac{1}{v^2} .$$

Also ist die gegebene Funktion eine Lösung der allgemeinen Wellengleichung.

b) Wir bilden die ersten beiden räumlichen Ableitungen der gegebenen Funktion $y(x,t) = A\,\mathrm{e}^{\mathrm{i}k(x - vt)}$:

$$\frac{\partial y}{\partial x} = \mathrm{i}\,kA\,\mathrm{e}^{\mathrm{i}k(x - vt)} ,$$

$$\frac{\partial^2 y}{\partial x^2} = \mathrm{i}^2 k^2 A\,\mathrm{e}^{\mathrm{i}k(x - vt)} = -k^2 A\,\mathrm{e}^{\mathrm{i}k(x - vt)} .$$

Die ersten beiden zeitlichen Ableitungen der Funktion sind

$$\frac{\partial y}{\partial t} = -\mathrm{i}\,k\,v A\,\mathrm{e}^{\mathrm{i}k(x - vt)} ,$$

$$\frac{\partial^2 y}{\partial t^2} = \mathrm{i}^2 k^2 v^2 A\,\mathrm{e}^{\mathrm{i}k(x - vt)} = -k^2 v^2 A\,\mathrm{e}^{\mathrm{i}k(x - vt)} .$$

Wir bilden den Quotienten der zweiten Ableitungen:

$$\frac{\partial^2 y/\partial x^2}{\partial^2 y/\partial t^2} = \frac{-k^2 A\,\mathrm{e}^{\mathrm{i}k(x - vt)}}{-k^2 v^2 A\,\mathrm{e}^{\mathrm{i}k(x - vt)}} = \frac{1}{v^2} .$$

Also ist die gegebene Funktion eine Lösung der allgemeinen Wellengleichung.

c) Wir bilden die ersten beiden räumlichen Ableitungen der gegebenen Funktion $y(x,t) = \ln\,[k\,(x - v\,t)]$:

$$\frac{\partial y}{\partial x} = \frac{k}{x - v\,t} \quad \text{und} \quad \frac{\partial^2 y}{\partial x^2} = -\frac{k^2}{(x - v\,t)^2} .$$

Die ersten beiden zeitlichen Ableitungen der Funktion sind

$$\frac{\partial y}{\partial t} = -\frac{v\,k}{x - v\,t} \quad \text{und} \quad \frac{\partial^2 y}{\partial t^2} = -\frac{v^2 k^2}{(x - v\,t)^2} .$$

Wir bilden den Quotienten der zweiten Ableitungen:

$$\frac{\partial^2 y/\partial x^2}{\partial^2 y/\partial t^2} = \frac{-\dfrac{k^2}{(x - v\,t)^2}}{-\dfrac{v^2 k^2}{(x - v\,t)^2}} = \frac{1}{v^2} .$$

Also ist die gegebene Funktion eine Lösung der allgemeinen Wellengleichung.

L15.15   Die Gleichung $y(x,t) = A\,\sin\,(kx - \omega t)$ beschreibt eine sich in positiver x-Richtung ausbreitende Welle.

a) Wir klammern k im Argument der Sinusfunktion aus:

$$y(x,t) = A\,\sin\left[k\left(x - \frac{\omega}{k}\,t\right)\right] = A\,\sin\,[k\,(x - v\,t)] .$$

b) Wir setzen $k = 2\,\pi/\lambda$ und $\omega = 2\,\pi\,v$ ein:

$$y(x,t) = A\,\sin\left(\frac{2\,\pi}{\lambda}\,x - 2\,\pi\,v\,t\right) = A\,\sin\left[2\,\pi\left(\frac{x}{\lambda} - v\,t\right)\right] .$$

c) Wir setzen $k = 2\,\pi/\lambda$ und $\omega = 2\,\pi/T$ ein:

$$y(x,t) = A\,\sin\left(\frac{2\,\pi}{\lambda}\,x - \frac{2\,\pi}{T}\,t\right) = A\,\sin\left[2\,\pi\left(\frac{x}{\lambda} - \frac{t}{T}\right)\right] .$$

d) Wir setzen $k = 2\,\pi/\lambda$ ein:

$$y(x,t) = A\,\sin\left(\frac{2\,\pi}{\lambda}\,x - \omega t\right) = A\,\sin\left[\frac{2\,\pi}{\lambda}\left(x - \frac{\lambda\,\omega}{2\,\pi}\,t\right)\right]$$

$$= A\,\sin\left[\frac{2\,\pi}{\lambda}\,(x - v\,t)\right] .$$

e) Wir setzen $k = 2\,\pi/\lambda$ und $\omega = 2\,\pi\,v$ ein:

$$y(x,t) = A\,\sin\,(kx - 2\,\pi\,v\,t) = A\,\sin\left[2\,\pi\,v\left(\frac{k}{2\,\pi\,v}\,x - t\right)\right]$$

$$= A\,\sin\left[2\,\pi\,v\left(\frac{x}{v} - t\right)\right] .$$

Wenn wir jeweils das Minuszeichen durch ein Pluszeichen ersetzen, so gelten die Gleichungen für die Ausbreitung in negativer x-Richtung, denn dabei gilt $y(x,t) = A\,\sin\,(kx + \omega t)$.

L15.16   Die Gleichung $y(x,t) = A\,\sin\,(kx - \omega t)$ beschreibt eine sich in positiver x-Richtung ausbreitende Welle. Bei Ausbreitung in negativer x-Richtung gilt entsprechend $y(x,t) = A\,\sin\,(kx + \omega t)$. Die Größen A, k und ω können wir der Wellenfunktion entnehmen. Dann können wir die Wellenlänge λ, die Frequenz v und die Schwingungsdauer T aus k und ω ermitteln.

a) Im Argument der Sinusfunktion steht ein Pluszeichen; also breitet sich die Welle in negativer x-Richtung aus. Für ihre Geschwindigkeit ergibt sich

$$v = \frac{\omega}{k} = \frac{314\ \text{s}^{-1}}{62{,}8\ \text{m}^{-1}} = 5{,}00\ \text{m} \cdot \text{s}^{-1}.$$

b) Der Koeffizient von x im Argument der Sinusfunktion ist $k = 2\pi/\lambda$, und wir erhalten für die Wellenlänge

$$\lambda = \frac{2\pi}{k} = \frac{2\pi}{62{,}8\ \text{m}^{-1}} = 10{,}0\ \text{cm}.$$

Der Koeffizient von t im Argument der Sinusfunktion ist $\omega = 2\pi v$, und wir erhalten für die Frequenz

$$v = \frac{\omega}{2\pi} = \frac{314\ \text{s}^{-1}}{2\pi} = 50{,}0\ \text{Hz}.$$

Daraus ergibt sich die Schwingungsdauer zu

$$T = \frac{1}{v} = \frac{1}{50{,}0\ \text{Hz}} = 0{,}020\ \text{s}.$$

c) Die maximale Geschwindigkeit eines Seilsegments ist
$$v_{\text{max}} = A\,\omega = (0{,}001\ \text{m})(314\ \text{rad} \cdot \text{s}^{-1}) = 0{,}314\ \text{m} \cdot \text{s}^{-1}.$$

L15.17 a) Mit der Geschwindigkeit v der Welle, der linearen Massendichte μ des Drahts sowie der Kreisfrequenz ω und der Amplitude A ist die mittlere übertragene Leistung gegeben durch
$$\langle P \rangle = \tfrac{1}{2}\mu\,\omega^2 A^2\,v = 2\pi^2\,\mu\,v^2 A^2\,v.$$
Damit erhalten wir

$$\begin{aligned}\langle P \rangle &= 2\pi^2\,(0{,}01\ \text{kg} \cdot \text{m}^{-1})(400\ \text{s}^{-1})^2 \\ &\quad \cdot (0{,}15 \cdot 10^{-3}\ \text{m})^2\,(10\ \text{m} \cdot \text{s}^{-1}) \\ &= 79{,}0\ \text{mW}.\end{aligned}$$

b) Weil $\langle P \rangle$ proportional zu v^2 ist, wird eine 100fache Leistung bei 10facher Frequenz erreicht.

Weil $\langle P \rangle$ proportional zu A^2 ist, wird eine 100fache Leistung bei 10facher Amplitude erreicht.

Weil $\langle P \rangle$ proportional zu v und damit proportional zu $\sqrt{F_\text{S}}$, also zur Wurzel aus der Spannkraft ist, wird eine 100fache Leistung bei 10^4facher Spannkraft bzw. bei 100facher Geschwindigkeit erreicht.

c) Am einfachsten ist es, die Amplitude A oder die Frequenz v zu steigern.

L15.18 a) Die Druckamplitude p_{max} hängt mit der Auslenkungsamplitude s_{max} zusammen über $p_{\text{max}} = \rho\,\omega\,v\,s_{\text{max}}$. Darin ist ρ die Dichte des Mediums (hier der Luft) und v die Ausbreitungsgeschwindigkeit der Schallwelle. Umformen ergibt

$$s_{\text{max}} = \frac{p_{\text{max}}}{\rho\,\omega\,v}.$$

Für die Auslenkungsamplitude erhalten wir damit bei einer Frequenz von 500 Hz

$$\begin{aligned}s_{\text{max},500} &= \frac{29\ \text{Pa}}{2\pi\,(1{,}29\ \text{kg} \cdot \text{m}^{-3})(500\ \text{s}^{-1})(340\ \text{m} \cdot \text{s}^{-1})} \\ &= 2{,}10 \cdot 10^{-5}\ \text{m}.\end{aligned}$$

b) Bei einer Frequenz von 1000 Hz ergibt sich die Auslenkungsamplitude zu

$$\begin{aligned}s_{\text{max},1000} &= \frac{29\ \text{Pa}}{2\pi\,(1{,}29\ \text{kg} \cdot \text{m}^{-3})(1000\ \text{s}^{-1})(340\ \text{m} \cdot \text{s}^{-1})} \\ &= 1{,}05 \cdot 10^{-5}\ \text{m}.\end{aligned}$$

L15.19 a) Die Druck- oder Dichtewelle ist gegenüber der Auslenkungswelle um $90°$ phasenverschoben. Die Druck- oder die Dichteänderung ist also null, wenn die Auslenkung betragsmäßig maximal ist. Umgekehrt ist die Auslenkung null, wenn die Druck- oder die Dichteänderung betragsmäßig ein Maximum hat. Somit ist die Auslenkung bei $t = 0$ am Ort x_1 gleich null, weil der Druck maximal ist.

b) Die Druckamplitude p_{max} hängt mit der Auslenkungsamplitude s_{max} zusammen über $p_{\text{max}} = \rho\,\omega\,v\,s_{\text{max}}$. Darin ist ρ die Dichte des Mediums (hier der Luft) und v die Ausbreitungsgeschwindigkeit der Schallwelle. Für die Auslenkungsamplitude erhalten wir bei einer Frequenz von 1000 Hz also

$$\begin{aligned}s_{\text{max}} &= \frac{p_{\text{max}}}{\rho\,\omega\,v} = \frac{10^{-4}\ \text{bar}}{2\pi\,(1{,}29\ \text{kg} \cdot \text{m}^{-3})(1000\ \text{s}^{-1})(340\ \text{m} \cdot \text{s}^{-1})} \\ &= 3{,}63\ \mu\text{m}.\end{aligned}$$

L15.20 a) Mit der Intensität I und dem Abstand (bzw. dem Radius der Kugel) $r = 20\ \text{m}$ ergibt sich die mittlere Leistung der Quelle zu
$$\langle P \rangle = 4\pi r^2 I = 4\pi\,(20\ \text{m})^2\,(10^{-2}\ \text{W} \cdot \text{m}^{-2}) = 50{,}3\ \text{W}.$$

b) In einem Abstand von 20 m beträgt die Intensität, wie gegeben, $10^{-2}\ \text{W} \cdot \text{m}^{-2}$. Also gilt

$$10^{-2}\ \text{W} \cdot \text{m}^{-2} = \frac{\langle P \rangle}{4\pi\,(20\ \text{m})^2}.$$

Im Abstand r soll die Intensität $1\ \text{W} \cdot \text{m}^{-2}$ betragen:

$$1\ \text{W} \cdot \text{m}^{-2} = \frac{\langle P \rangle}{4\pi r^2}.$$

Wir dividieren die erste dieser beiden Gleichungen durch die zweite und erhalten $r = \sqrt{10^{-2}\,(20\ \text{m})^2} = 2{,}00\ \text{m}$.

c) Wir lösen die erste Gleichung in Teilaufgabe a nach I auf und erhalten damit für die Intensität in 30 m Entfernung

$$I_{30} = \frac{\langle P \rangle}{4\pi r^2} = \frac{50{,}3\ \text{W}}{4\pi\,(30\ \text{m})^2} = 4{,}45 \cdot 10^{-3}\ \text{W} \cdot \text{m}^{-2}.$$

L15.21 Die Differenz der Lautstärken ist gegeben:
$$30\ \text{dB} = I P_{\text{laut}} - I P_{\text{leise}}.$$

Bei der höheren Intensität gilt
$$I P_{\text{laut}} = (10\ \text{dB})\,\log\,(I_{\text{laut}}/I_0)$$

und bei der geringeren Intensität entsprechend
$$I P_{\text{leise}} = (10\ \text{dB})\,\log\,(I_{\text{leise}}/I_0).$$

Wir setzen beide Ausdrücke in die erste Gleichung ein:

$$\begin{aligned}30\ \text{dB} &= (10\ \text{dB})\left(\log\frac{I_{\text{laut}}}{I_0} - \log\frac{I_{\text{leise}}}{I_0}\right) \\ &= (10\ \text{dB})\,\log\frac{I_{\text{laut}}/I_0}{I_{\text{leise}}/I_0} = (10\ \text{dB})\,\log\frac{I_{\text{laut}}}{I_{\text{leise}}}.\end{aligned}$$

Daraus folgt $\log(I_{\text{laut}}/I_{\text{leise}}) = 3$ sowie $I_{\text{laut}}/I_{\text{leise}} = 10^3$.
Also ist Lösung a richtig.

L15.22 Mit der mittleren Leistung $\langle P \rangle$ der Quelle ist die Intensität im Abstand r von ihr gegeben durch

$$I = \frac{\langle P \rangle}{4\pi r^2}.$$

Im Abstand $r_{80} = 10\,\text{m}$ beträgt die Intensität im Pegelmaß 80 dB, und für die Intensität gilt hier

$$I_{80} = \frac{\langle P \rangle}{4\pi r_{80}^2}.$$

Bei 60 dB ist sie entsprechend $I_{60} = \dfrac{\langle P \rangle}{4\pi r_{60}^2}$.

Wir bilden den Quotienten und setzen den gegebenen Abstand $r_{80} = 10\,\text{m}$ ein:

$$\frac{I_{80}}{I_{60}} = \frac{\dfrac{\langle P \rangle}{4\pi r_{80}^2}}{\dfrac{\langle P \rangle}{4\pi r_{60}^2}} = \frac{\dfrac{\langle P \rangle}{4\pi (10\,\text{m})^2}}{\dfrac{\langle P \rangle}{4\pi r_{60}^2}} = \frac{r_{60}^2}{100\,\text{m}^2}.$$

Daraus folgt $r_{60} = (10\,\text{m})\sqrt{\dfrac{I_{80}}{I_{60}}}$.

Für I_{80} gilt $80\,\text{dB} = (10\,\text{dB})\log(I_{80}/I_0)$
und daher $I_{80} = 10^8 I_0 = 10^{-4}\,\text{W}\cdot\text{m}^{-2}$.
Für I_{60} gilt $60\,\text{dB} = (10\,\text{dB})\log(I_{60}/I_0)$
und daher $I_{60} = 10^6 I_0 = 10^{-6}\,\text{W}\cdot\text{m}^{-2}$.

Die beiden Intensitäten setzen wir in die obige Gleichung für den Abstand bei 60 dB ein und erhalten

$$r_{60} = (10\,\text{m})\sqrt{\frac{I_{80}}{I_{60}}} = (10\,\text{m})\sqrt{\frac{10^{-4}\,\text{W}\cdot\text{m}^{-2}}{10^{-6}\,\text{W}\cdot\text{m}^{-2}}} = 100\,\text{m}.$$

b) Die von der Quelle abgestrahlte mittlere Leistung ist
$\langle P \rangle = I_{80} A = (10^{-4}\,\text{W}\cdot\text{m}^{-2})\left[4\pi(10\,\text{m})^2\right] = 0{,}126\,\text{W}.$

L15.23 a) Bei einem Anstieg um $\Delta IP = IP' - IP = 1\,\text{dB}$ gilt

$$1\,\text{dB} = (10\,\text{dB})\log\frac{I'}{I_0} - (10\,\text{dB})\log\frac{I}{I_0} = (10\,\text{dB})\log\frac{I'}{I}.$$

Daraus folgt $I'/I = 10^{0,1} = 1{,}26$.

Demnach hätte die Intensität pro Jahr um 26 % zugenommen. Dieser Wert ist nicht plausibel, denn er entspricht einem Anstieg der Intensität auf das Zehnfache innerhalb von 10 Jahren.

b) Einer Verdopplung der Intensität entspricht eine Zunahme des Pegels um 3 dB. Dies würde in 3 Jahren erreicht, wenn der Intensitätspegel pro Jahr um 1 dB anstiege.

L15.24 Wir bezeichnen die Intensität der Sprache einer Person mit I_1. Dann ist der Intensitätspegel bei 38 Personen

$$IP_{38} = (10\,\text{dB})\log\frac{38\,I_1}{I_0} = (10\,\text{dB})\log 38 + (10\,\text{dB})\log\frac{I_1}{I_0}$$
$$= (10\,\text{dB})\log 38 + 72\,\text{dB} = 87{,}8\,\text{dB}.$$

Ein anderer, aber längerer Lösungsweg ist der folgende:
Der Intensitätspegel von 38 Personen ist
$$IP_{38} = (10\,\text{dB})\log(38\,I_1/I_0),$$
und die von einer Person ist
$$IP_1 = 72\,\text{dB} = (10\,\text{dB})\log(I_1/I_0).$$
Hieraus ergibt sich ihre Intensität zu
$$I_1 = 10^{7,2}\,I_0 = 10^{7,2}\,(10^{-12}\,\text{W}\cdot\text{m}^{-2}) = 1{,}58\cdot 10^{-5}\,\text{W}\cdot\text{m}^{-2}.$$
Die Intensität von allen 38 Personen ist $I_{38} = 38\,I_1$, und wir erhalten für den Pegel

$$IP_{38} = (10\,\text{dB})\log\frac{38\,(1{,}58\cdot 10^{-5}\,\text{W}\cdot\text{m}^{-2})}{10^{-12}\,\text{W}\cdot\text{m}^{-2}} = 87{,}8\,\text{dB}.$$

L15.25 a) Weil sich die Quelle nähert, ist in der Gleichung für die Wellenlänge im Zähler das Minuszeichen anzusetzen. Wir erhalten also

$$\lambda = \frac{v - v_Q}{v_Q} = \frac{340\,\text{m}\cdot\text{s}^{-1} - 80\,\text{m}\cdot\text{s}^{-1}}{200\,\text{s}^{-1}} = 1{,}30\,\text{m}.$$

b) Der Beobachter bzw. Empfänger ruht; also ist $v_E = 0$. Die von ihm wahrgenommene Frequenz der sich nähernden Quelle ist damit

$$v_E = \frac{v}{v - v_Q}\,v_Q = \frac{340\,\text{m}\cdot\text{s}^{-1}}{(340-80)\,\text{m}\cdot\text{s}^{-1}}\,(200\,\text{s}^{-1}) = 262\,\text{Hz}.$$

L15.26 a) Die Wellenlänge des Schalls wird im Bereich zwischen Quelle und Empfänger nicht von dessen Bewegung beeinflusst, und wir erhalten

$$\lambda = \frac{v}{v} = \frac{340\,\text{m}\cdot\text{s}^{-1}}{200\,\text{s}^{-1}} = 1{,}70\,\text{m}.$$

b) Die vom Empfänger wahrgenommene Frequenz ist

$$v_E = \frac{v + v_E}{v}\,v_Q = \frac{(340+80)\,\text{m}\cdot\text{s}^{-1}}{340\,\text{m}\cdot\text{s}^{-1}}\,(200\,\text{s}^{-1}) = 247\,\text{Hz}.$$

L15.27 Die Abbildung zeigt die Position des Flugzeugs zur Zeit Δt nach dem Überfliegen der 5000 m unter ihm befindlichen Person P. Wir bezeichnen mit v_Q die Geschwindigkeit des Flugzeugs, das ja die Quelle darstellt, und mit v die Schallgeschwindigkeit in Luft. Die Strecke x gibt die horizontale Position des Flugzeugs in dem Augenblick an, da die Person auf dem Boden die Stoßwelle hört.

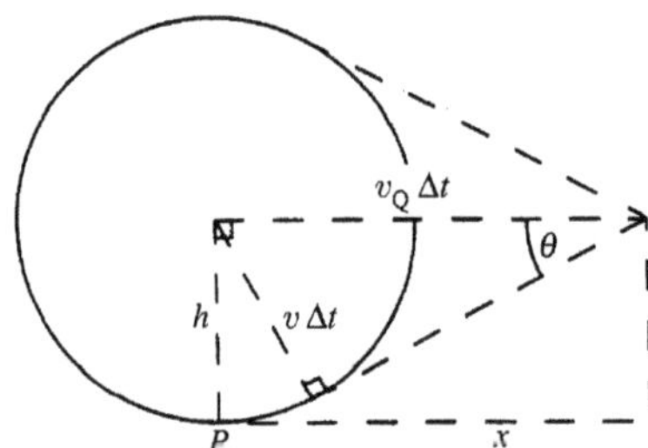

a) Aus den geometrischen Bedingungen ergibt sich für den Winkel zwischen der Stoßwelle und der Spur des Flugzeugs

$$\theta = \operatorname{asin}\frac{v\,\Delta t}{v_Q\,\Delta t} = \operatorname{asin}\frac{1}{v_Q/v} = \operatorname{asin}\frac{1}{2{,}5} = 23{,}6°.$$

b) Die Strecke x errechnen wir mit dem nun bekannten Winkel θ im rechtwinkligen Dreieck. Wegen $\tan\theta = h/x$ erhalten wir

$$x = \frac{h}{\tan\theta} = \frac{5000\,\text{m}}{\tan 23{,}6°} = 11400\,\text{m}.$$

L15.28 Das mit der Geschwindigkeit v fahrende Auto entfernt sich von der stationären Radarquelle, so dass die an ihm (dem Empfänger) ankommende Frequenz v_E kleiner als die Frequenz v_Q der Quelle ist. Das Auto reflektiert eine Welle, die mit einer noch geringeren Frequenz v'_E vom Gerät empfangen wird, weil sich das Auto von ihm entfernt.

Die vom Auto empfangene Frequenz ist

$$v_\text{E} = \frac{c-v}{c}\,v_\text{Q},$$

und die vom Gerät empfangene Frequenz der vom Auto reflektierten Welle ist

$$v'_\text{E} = \frac{c-v}{c}\,v_\text{E}.$$

Wir setzen die erste in die zweite Gleichung ein, um v_E zu eliminieren:

$$v'_\text{E} = \left(\frac{c-v}{c}\right)^2 v_\text{Q} \approx \left(1 - \frac{2v}{c}\right) v_\text{Q}.$$

Die Näherung rührt daher, dass $v \ll c$ ist. Damit gilt für die (gegebene) gesamte Frequenzdifferenz

$$\Delta v = v_\text{Q} - v'_\text{E} \approx v_\text{Q} - \left(1 - \frac{2v}{c}\right) v_\text{Q} = \frac{2v}{c}\,v_\text{Q}.$$

Wir lösen nach der Geschwindigkeit v des Autos auf und setzen die Zahlenwerte ein:

$$v \approx \frac{c}{2v_\text{Q}}\,\Delta v = \frac{3\cdot 10^8\,\text{m}\cdot\text{s}^{-1}}{2\,(2\,\text{GHz})}\,(293\,\text{Hz}) = 22\,\text{m}\cdot\text{s}^{-1}$$
$$= (22\,\text{m}\cdot\text{s}^{-1})\,\frac{1\,\text{km}}{10^3\,\text{m}}\,\frac{3600\,\text{s}}{1\,\text{h}} = 79\,\text{km}\cdot\text{h}^{-1}.$$

L15.29 a) Die Energie des schwingenden Masse-Feder-Systems ist $E = \frac{1}{2} m\, v_\text{max}^2$. Darin ist v_max die maximale Geschwindigkeit der schwingenden Masse. Diese ergibt sich aus der Frequenz v_Q der Quelle, der vom Beobachter wahrgenommenen maximalen Frequenzänderung Δv und der Schallgeschwindigkeit v_S:

$$\frac{|\Delta v|}{v_\text{Q}} = \frac{v_\text{max}}{v_\text{S}}.$$

Damit erhalten wir für die maximale Geschwindigkeit

$$v_\text{max} = \frac{|\Delta v|}{v_\text{Q}}\,v_\text{S} = \frac{3\,\text{Hz}}{800\,\text{Hz}}\,(340\,\text{m}\cdot\text{s}^{-1}) = 1{,}275\,\text{m}\cdot\text{s}^{-1}$$

und für die Energie des schwingenden Systems
$$E = \tfrac{1}{2}\,(0{,}1\,\text{kg})\,(1{,}275\,\text{m}\cdot\text{s}^{-1})^2 = 81{,}3\,\text{mJ}.$$

b) Die Energie E und die Amplitude A hängen miteinander zusammen über $E = \frac{1}{2} k_\text{F} A^2$. Damit ergibt sich die Amplitude zu

$$A = \sqrt{\frac{2E}{k_\text{F}}} = \sqrt{\frac{2\,(81{,}3\,\text{mJ})}{200\,\text{N}\cdot\text{m}^{-1}}} = 2{,}85\,\text{cm}.$$

L15.30 a) Quelle und Empfänger bewegen sich mit den Geschwindigkeiten v_Q bzw. v_E in dieselbe Richtung. Also gilt mit der Schallgeschwindigkeit v für die vom Empfänger wahrgenommene Frequenz

$$v_\text{E} = \frac{1 - v_\text{E}/v}{1 - v_\text{Q}/v}\,v_\text{Q} = (1 - v_\text{E}/v)(1 - v_\text{Q}/v)^{-1}\,v_\text{Q}.$$

b) Wir setzen für den zweiten Faktor die Binomialentwicklung an und brechen nach dem zweiten Glied ab, da $v_\text{Q} \ll v$ ist:
$$(1 - v_\text{Q}/v)^{-1} \approx 1 + v_\text{Q}/v.$$

Das setzen wir ein und erhalten

$$v_\text{E} \approx (1 - v_\text{E}/v)(1 + v_\text{Q}/v)\,v_\text{Q}$$
$$= \left[1 + v_\text{Q}/v - v_\text{E}/v - (v_\text{E}/v)(v_\text{Q}/v)\right] v_\text{Q}$$
$$\approx \left(1 + \frac{v_\text{Q} - v_\text{E}}{v}\right) v_\text{Q} = \left(1 + \frac{v_\text{rel}}{v}\right) v_\text{Q}.$$

Die letzte Näherung beruht darauf, dass auch $v_\text{E} \ll v$ ist.

L15.31 a) Wir bezeichnen die Schallgeschwindigkeit mit v, die Geschwindigkeit des Autos mit v_A und die Frequenz der Quelle, also der Hupe, mit v_Q. Dann hört der ruhende Beobachter (Empfänger) von der Hupe des Autos die Frequenz

$$v_\text{E} = \frac{1}{1 + v_\text{A}/v}\,v_\text{Q}$$

und von der an der Wand reflektierten Welle die Frequenz

$$v'_\text{E} = \frac{1}{1 - v_\text{A}/v}\,v_\text{Q}.$$

Wir dividieren die zweite Gleichung durch die erste:

$$\frac{v'_\text{E}}{v_\text{E}} = \frac{1 + v_\text{A}/v}{1 - v_\text{A}/v}.$$

Damit erhalten wir für die Geschwindigkeit des Autos

$$v_\text{A} = \frac{v'_\text{E} - v_\text{E}}{v'_\text{E} + v_\text{E}}\,v = \frac{863\,\text{Hz} - 745\,\text{Hz}}{863\,\text{Hz} + 745\,\text{Hz}}\,(340\,\text{m}\cdot\text{s}^{-1})$$
$$= 24{,}95\,\text{m}\cdot\text{s}^{-1}$$
$$= (24{,}95\,\text{m}\cdot\text{s}^{-1})\,\frac{1\,\text{km}}{10^3\,\text{m}}\,\frac{3600\,\text{s}}{1\,\text{h}} = 89{,}8\,\text{km}\cdot\text{h}^{-1}.$$

b) Die Frequenz v_Q der Autohupe erhalten wir aus der ersten Gleichung, die wir dazu umformen:

$$v_\text{Q} = \left(1 + \frac{v_\text{A}}{v}\right) v_\text{E} = \left(1 + \frac{24{,}95\,\text{m}\cdot\text{s}^{-1}}{340\,\text{m}\cdot\text{s}^{-1}}\right)(745\,\text{Hz}) = 800\,\text{Hz}.$$

c) Der Fahrer ist ein sich mit der Geschwindigkeit v_A bewegender Beobachter. Daher können wir die von ihm wahrgenommene Frequenz v_F aus der Frequenz v'_E berechnen, die der ruhende Beobachter mit der reflektierten Welle hört:

$$v_\text{A} = \left(1 + \frac{v_\text{A}}{v}\right) v'_\text{E} = \left(1 + \frac{24{,}95\,\text{m}\cdot\text{s}^{-1}}{340\,\text{m}\cdot\text{s}^{-1}}\right)(863\,\text{Hz}) = 926\,\text{Hz}.$$

L15.32 Wir nehmen an, dass Jupiter und Sonne um ihren gemeinsamen Massenmittelpunkt kreisen, in dem sich sozusagen ihre effektive Masse befindet. Wir bezeichnen mit v die Umlaufgeschwindigkeit der Sonne um diesen gemeinsamen Massenmittelpunkt. Dann ist bei Annäherung an die Erde die aufgrund dieser Bewegung Doppler-verschobene, auf der Erde empfangene Frequenz gegeben durch

$$\nu_{\text{E}} = \frac{c}{\lambda_{\text{E}}} = \nu\sqrt{\frac{1+v/c}{1-v/c}} = \frac{c}{\lambda}\sqrt{\frac{1+v/c}{1-v/c}}.$$

Daraus folgt

$$\lambda_{\text{E}} = \lambda\sqrt{\frac{1-v/c}{1+v/c}} = \lambda\,(1-v/c)^{1/2}\,(1+v/c)^{-1/2}.$$

Wir entwickeln beide Wurzelausdrücke in eine binomische Reihe und brechen nach dem ersten Summanden ab, da $v \ll c$ ist. Das ergibt die Näherungen

$$(1-v/c)^{1/2} \approx 1 - \frac{v}{2c} \quad\text{und}\quad (1+v/c)^{-1/2} \approx 1 - \frac{v}{2c}.$$

Damit erhalten wir

$$\sqrt{\frac{1-v/c}{1+v/c}} \approx \left(1-\frac{v}{2c}\right)^2 \approx 1 - \frac{v}{c}.$$

Also ist die Doppler-verschobene Wellenlänge bei der Annäherung der Sonne an die Erde

$$\lambda_{\text{E,A}} = \lambda\sqrt{\frac{1-v/c}{1+v/c}} \approx \lambda\left(1-\frac{v}{c}\right). \tag{1a}$$

Mit der Näherung

$$\sqrt{\frac{1+v/c}{1-v/c}} \approx \left(1+\frac{v}{2c}\right)^2 \approx 1 + \frac{v}{c}$$

ergibt sich entsprechend für die Doppler-verschobene Wellenlänge bei der Entfernung der Sonne von der Erde

$$\lambda_{\text{E,E}} = \lambda\sqrt{\frac{1+v/c}{1-v/c}} \approx \lambda\left(1+\frac{v}{c}\right). \tag{1b}$$

Für die Berechnung der Bahngeschwindigkeit v der Sonne ziehen wir das Gravitationsgesetz heran. Mit der Sonnenmasse m_{S} und dem Abstand r_{S} der Sonne vom Massenmittelpunkt sowie der effektiven Masse m_{eff} des Systems Sonne–Jupiter gilt

$$\frac{\Gamma\,m_{\text{S}}\,m_{\text{eff}}}{r_{\text{S}}^2} = m_{\text{S}}\,\frac{v^2}{r_{\text{S}}}.$$

Daraus folgt $v = \sqrt{\dfrac{\Gamma\,m_{\text{eff}}}{r_{\text{S}}}}$.

Mit dem Abstand $r_{\text{S-J}}$ zwischen Sonne und Jupiter ist der Abstand der Sonne vom gemeinsamen Massenmittelpunkt gegeben durch

$$r_{\text{S}} = \frac{(0)\cdot m_{\text{S}} + r_{\text{S-J}}\,m_{\text{J}}}{m_{\text{S}}+m_{\text{J}}} = \frac{r_{\text{S-J}}\,m_{\text{J}}}{m_{\text{S}}+m_{\text{J}}}.$$

Nun drücken wir die effektive Masse durch die beiden einzelnen Massen aus:

$$\frac{1}{m_{\text{eff}}} = \frac{1}{m_{\text{S}}} + \frac{1}{m_{\text{J}}}, \quad\text{also}\quad m_{\text{eff}} = \frac{m_{\text{S}}\,m_{\text{J}}}{m_{\text{S}}+m_{\text{J}}}.$$

Mit der obigen Gleichung für die Bahngeschwindigkeit erhalten wir

$$v = \sqrt{\frac{\Gamma\,m_{\text{eff}}}{r_{\text{S}}}} = \sqrt{\frac{\Gamma\,\dfrac{m_{\text{S}}\,m_{\text{J}}}{m_{\text{S}}+m_{\text{J}}}}{\dfrac{r_{\text{S-J}}\,m_{\text{J}}}{m_{\text{S}}+m_{\text{J}}}}} = \sqrt{\frac{\Gamma\,m_{\text{S}}}{r_{\text{S-J}}}}$$

$$= \sqrt{\frac{(6{,}673\cdot 10^{-11}\ \text{N}\cdot\text{m}^2\cdot\text{kg}^{-2})\,(1{,}998\cdot 10^{30}\ \text{kg})}{7{,}78\cdot 10^{11}\ \text{m}}}$$

$$= 1{,}306\cdot 10^4\ \text{m}\cdot\text{s}^{-1}.$$

Das setzen wir in Gleichung 1a bzw. 1b ein:

$$\lambda_{\text{E}} \approx (500\ \text{nm})\left(1\pm\frac{1{,}306\cdot 10^4\ \text{m}\cdot\text{s}^{-1}}{2{,}998\cdot 10^8\ \text{m}\cdot\text{s}^{-1}}\right)$$

$$= (500\ \text{nm})\,(1\pm 4{,}36\cdot 10^{-5}).$$

Die maximale und die minimale Wellenlänge sind also

$$\lambda_{\text{E,max}} \approx (500\ \text{nm})\,(1+4{,}36\cdot 10^{-5}),$$

$$\lambda_{\text{E,min}} \approx (500\ \text{nm})\,(1-4{,}36\cdot 10^{-5}).$$

L15.33 Für den Sinus des Kegelwinkels θ der Čerenkov-Stoßwelle gilt $\sin\theta = v/c$. Darin ist v die Lichtgeschwindigkeit im Wasser. Für diese erhalten wir

$$v = c\sin\theta = (2{,}998\cdot 10^8\ \text{m}\cdot\text{s}^{-1})\,\sin 48{,}75^\circ$$

$$= 2{,}25\cdot 10^8\ \text{m}\cdot\text{s}^{-1}.$$

L15.34 Eine Gleichung der Form $y(x,t) = f(x - vt)$ beschreibt eine sich in positiver x-Richtung ausbreitende Welle. Bei der Ausbreitung in negativer x-Richtung gilt entsprechend $y(x,t) = f(x + vt)$.

a) Die mit einem Tabellenkalkulationsprogramm erzeugte Abbildung zeigt den Puls zum Zeitpunkt $t = 0$.

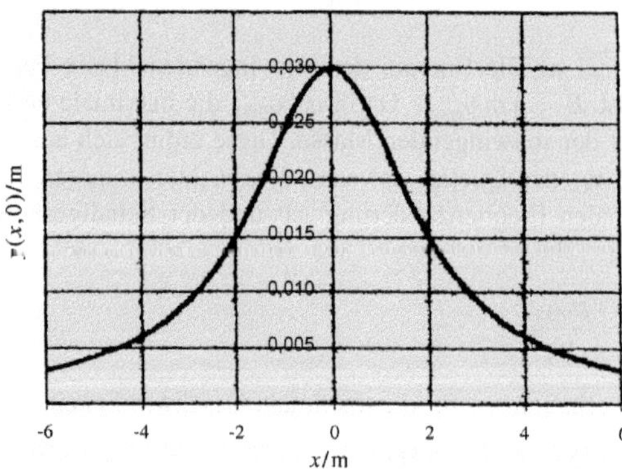

b) Weil die Geschwindigkeit $10\ \text{m}\cdot\text{s}^{-1}$ beträgt, muss die Gleichung bei der Ausbreitung der Welle in positiver x-Richtung folgende Form haben:

$$y(x,t) = f(x - vt) = f\big[(x\,\text{m}) - (10\ \text{m}\cdot\text{s}^{-1})\,t\big].$$

Einsetzen in die gegebene Gleichung ergibt

$$y_1(x,t) = \frac{0{,}12\ \text{m}^3}{(2{,}00\ \text{m})^2 + \big[(x\,\text{m}) - (10\ \text{m}\cdot\text{s}^{-1})\,t\big]^2}.$$

c) Bei der Ausbreitung in negativer x-Richtung erhalten wir mit demselben Betrag der Geschwindigkeit

$$y_2(x,t) = \frac{0{,}12 \text{ m}^3}{(2{,}00 \text{ m})^2 + \left[(x \text{ m}) + (10 \text{ m} \cdot \text{s}^{-1})\, t\right]^2}\,.$$

L15.35 Die Geschwindigkeit der Bugwelle bezeichnen wir mit v und die des Boots mit v_B. Die Bugwelle bildet mit der Fahrtrichtung des Boots den Winkel θ.

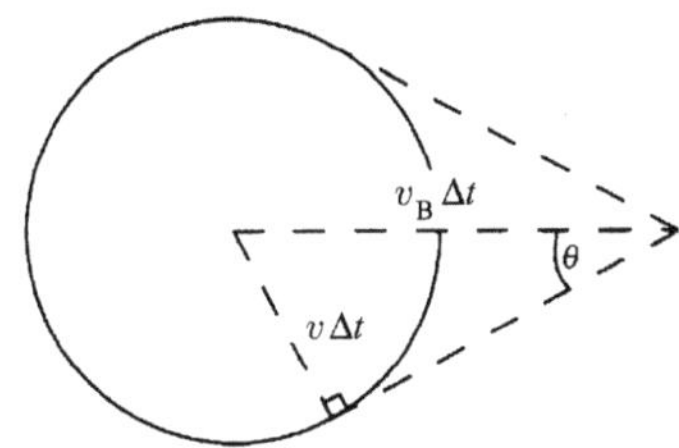

Aus den geometrischen Zusammenhängen ergibt sich

$$\sin\theta = \frac{v\,\Delta t}{v_\text{B}\,\Delta t} = \frac{v}{v_\text{B}}\,,$$

und wir erhalten für die Geschwindigkeit der Bugwelle

$$v = v_\text{B}\sin\theta = (10 \text{ m} \cdot \text{s}^{-1})\sin 20° = 3{,}42 \text{ m} \cdot \text{s}^{-1}.$$

L15.36 a) Die Frequenz der Ozeanwellen mit der Geschwindigkeit v und der Wellenlänge (also dem Kamm-zu-Kamm-Abstand) λ ist

$$v = \frac{v}{\lambda} = \frac{8{,}9 \text{ m} \cdot \text{s}^{-1}}{15 \text{ m}} = 0{,}593 \text{ Hz}.$$

b) Mit der eben berechneten Frequenz v der Ozeanwellen (die sich dem Boot nähern) ist die vom Empfänger im Boot mit der Geschwindigkeit v_E wahrgenommene Frequenz

$$v_\text{E} = \left(1 + \frac{v_\text{E}}{v}\right) v = \left(1 + \frac{15 \text{ m} \cdot \text{s}^{-1}}{8{,}9 \text{ m} \cdot \text{s}^{-1}}\right)(0{,}593 \text{ Hz}) = 1{,}59 \text{ Hz}.$$

L15.37 a) Die Druckamplitude p_max hängt mit der Auslenkungsamplitude s_max zusammen über $p_\text{max} = \rho\,\omega\,v\,s_\text{max}$. Darin ist ρ die Dichte des Mediums (hier der Luft) und v die Ausbreitungsgeschwindigkeit der Schallwelle. Wir erhalten damit

$$\begin{aligned}
p_\text{max} &= (1{,}29 \text{ kg} \cdot \text{m}^{-3})\, 2\,\pi\,(800 \text{ s}^{-1}) \\
&\quad \cdot (340 \text{ m} \cdot \text{s}^{-1})\,(0{,}025 \cdot 10^{-3} \text{ m}) \\
&= 55{,}1 \text{ N} \cdot \text{m}^{-2}.
\end{aligned}$$

b) Für die Intensität ergibt sich

$$\begin{aligned}
I &= \tfrac{1}{2}\,\rho\,\omega^2\,s_\text{max}^2\,v \\
&= \tfrac{1}{2}\,(1{,}29 \text{ kg} \cdot \text{m}^{-3}) \left[2\,\pi\,(800 \text{ s}^{-1})\right]^2 \\
&\quad \cdot (0{,}025 \cdot 10^{-3} \text{ m})^2 (340 \text{ m} \cdot \text{s}^{-1}) \\
&= 3{,}46 \text{ W} \cdot \text{m}^{-2}.
\end{aligned}$$

c) Die abgestrahlte akustische Leistung ist das Produkt aus der Intensität und der Fläche der Lautsprechermembran:

$$P = I A = I\,\pi\,r^2 = (3{,}46 \text{ W} \cdot \text{m}^{-2})\,\pi\,(0{,}1 \text{ m})^2 = 0{,}109 \text{ W}.$$

L15.38 Mit dem vertikalen Abstand 0,35 m gilt für den horizontalen Abstand d zwischen Seifenblase und Mikrofon

$$d = \frac{0{,}35 \text{ m}}{\tan\theta}\,.$$

Für den Winkel θ der Stoßwelle mit der Richtung des Geschosses gilt $\sin\theta = v/v_\text{G}$. Darin ist v die Schallgeschwindigkeit und v_G die Geschwindigkeit des Geschosses. Also ist der Winkel gegeben durch

$$\theta = \operatorname{asin}\frac{v}{v_\text{G}}\,.$$

Dies setzen wir in die Beziehung für den horizontalen Abstand ein. Mit $v_\text{G} = 1{,}25\,v$ erhalten wir

$$d = \frac{0{,}35 \text{ m}}{\tan\left(\operatorname{asin}\dfrac{v}{v_\text{G}}\right)} = \frac{0{,}35 \text{ m}}{\tan\left(\operatorname{asin}\dfrac{v}{1{,}25\,v}\right)} = 26{,}3 \text{ cm}.$$

L15.39 Die Laufzeit Δt des Lichtstrahls können wir in zwei Teile aufspalten, nämlich in einen innerhalb der Erdatmosphäre (mit der Geschwindigkeit v) und einen außerhalb (mit der Lichtgeschwindigkeit c). Mit der Höhe h der Atmosphäre und dem Abstand d zwischen Erd- und Mondoberfläche gilt für die gesamte Laufzeit (hin und zurück)

$$\Delta t = \Delta t_\text{i} + \Delta t_\text{a} = 2\,\frac{h}{v} + 2\,\frac{d-h}{c}\,.$$

Wenn nicht berücksichtigt wird, dass die Lichtgeschwindigkeit in der Atmosphäre geringer ist, dann wird der Abstand $d' = \tfrac{1}{2}\,c\,\Delta$ gemessen. Wir setzen darin den eben aufgestellten Ausdruck für Δt ein und erhalten

$$d' = \tfrac{1}{2}\,c\,\Delta t = \tfrac{1}{2}\,c\left(2\,\frac{h}{v} + 2\,\frac{d-h}{c}\right) = \frac{c}{v}\,h + d - h.$$

Damit ergibt sich die Korrekturlänge zu

$$d' - d = h\left(\frac{c}{v} - 1\right) = (8 \text{ km})\left(\frac{c}{0{,}99997\,c} - 1\right) = 24 \text{ cm}.$$

Sie ist deutlich größer als die Messungenauigkeit, die bei 3 cm bis 4 cm liegt.

L15.40 a) Mit der linearen Massendichte μ und der Spannkraft F_S ergibt sich für die Wellengeschwindigkeit

$$v = \sqrt{\frac{F_\text{S}}{\mu}} = \sqrt{\frac{10 \text{ N}}{0{,}1 \text{ kg} \cdot \text{m}^{-1}}} = 10{,}0 \text{ m} \cdot \text{s}^{-1}.$$

b) Für die Wellenlänge erhalten wir

$$\lambda = \frac{v}{v} = \frac{10{,}0 \text{ m} \cdot \text{s}^{-1}}{5 \text{ s}^{-1}} = 2{,}00 \text{ m}.$$

c) Der maximale transversale Impuls eines Segments mit der Länge $\Delta x = 1$ mm, das die maximale Geschwindigkeit v_max und die Amplitude A erreicht, ist

$$\begin{aligned}
p_\text{max} &= \Delta m\, v_\text{max} = \mu\,\Delta x\, A\,\omega = 2\,\pi\,v\,\mu\,\Delta x\, A \\
&= 2\,\pi\,(5 \text{ s}^{-1})\,(0{,}1 \text{ kg} \cdot \text{m}^{-1})\,(1 \cdot 10^{-3} \text{ m})\,(0{,}04 \text{ m}) \\
&= 1{,}26 \cdot 10^{-4} \text{ kg} \cdot \text{m} \cdot \text{s}^{-1}.
\end{aligned}$$

d) Für die radiale Kraft an einem Segment des Seils gilt $F = m\,v^2/r$. Darin entspricht der Radius r der Amplitude, und wir erhalten

$$F_{\max} = \Delta m\,\frac{v^2}{A} = \mu\,\Delta x\,\frac{A^2\,\omega^2}{A}$$
$$= \mu\,\Delta x\,A\,\omega^2 = \omega\,p_{\max} = 2\,\pi\,\nu\,p_{\max}$$
$$= 2\,\pi\,(5\;\mathrm{s}^{-1})\,(1{,}26\cdot10^{-4}\;\mathrm{kg\cdot m\cdot s^{-1}}) = 3{,}96\;\mathrm{mN}\,.$$

L15.41 a) Für $x \ll 1$ gilt $\sqrt{1+x} \approx 1 + \tfrac{1}{2}x$. Also ergibt sich bei $\Delta y/\Delta x \ll 1$ aus dem gegebenen Ausdruck für die Längenänderung

$$\Delta\ell = \Delta x\,\sqrt{1 + \left(\frac{\Delta y}{\Delta x}\right)^2} \approx \Delta x\,\left[1 + \frac{1}{2}\left(\frac{\Delta y}{\Delta x}\right)^2\right]$$

und daher

$$\Delta\ell - \Delta x \approx \Delta x\,\left[1 + \frac{1}{2}\left(\frac{\Delta y}{\Delta x}\right)^2\right] - \Delta x = \frac{1}{2}\left(\frac{\Delta y}{\Delta x}\right)^2\Delta x\,.$$

Damit erhalten wir für die potenzielle Energie

$$\Delta E_{\mathrm{pot}} = |F_{\mathrm{S}}|\,(\Delta\ell - \Delta x) \approx \frac{1}{2}\,F_{\mathrm{S}}\left(\frac{\Delta y}{\Delta x}\right)^2\Delta x\,.$$

b) Wir leiten die gegebene Funktion $y(x,t)$ nach x ab:

$$\frac{\mathrm{d}y}{\mathrm{d}x} = \frac{\mathrm{d}}{\mathrm{d}x}\,[A\,\sin\,(kx - \omega t)] = k\,A\,\cos\,(kx - \omega t)\,.$$

Wir nähern die Differenziale durch die Differenzen an und verwenden den in Teilaufgabe a aufgestellten Ausdruck für ΔE_{pot}. Damit erhalten wir

$$\Delta E_{\mathrm{pot}} = \tfrac{1}{2}\,F_{\mathrm{S}}\,(\Delta y/\Delta x)^2\,\Delta x = \tfrac{1}{2}\,F_{\mathrm{S}}\,[k\,A\,\cos\,(kx - \omega t)]^2\,\Delta x$$
$$= \tfrac{1}{2}\,F_{\mathrm{S}}\,A^2\,k^2\,\Delta x\,\cos^2\,(kx - \omega t)\,.$$

Überlagerung und stehende Wellen

- Überlagerung und Interferenz
- Stehende Wellen

A: Aufgaben

Verständnisaufgaben

A16.1 •• Zwei Rechteckpulse bewegen sich auf einer Saite aufeinander zu. Bei $t = 0$ findet man die in der Abbildung dargestellte Situation vor. Zeichnen Sie die Wellenfunktionen für $t = 1$ s, 2 s und 3 s.

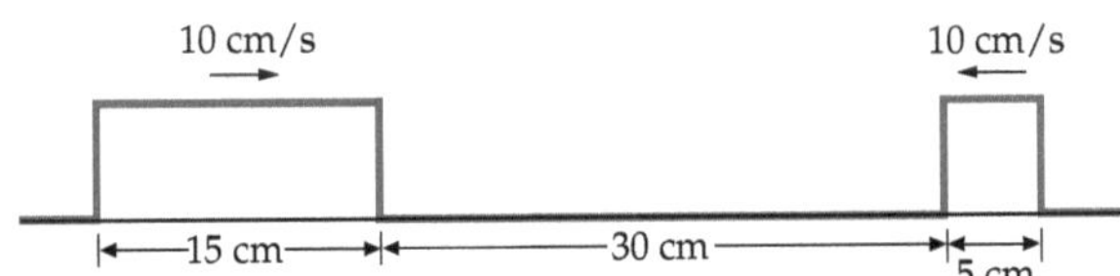

A16.2 •• Wiederholen Sie Aufgabe 1 für den Fall, dass der Puls auf der rechten Seite die entgegengesetzte Auslenkung hat.

A16.3 •• Stehende Wellen entstehen bei der Überlagerung von zwei Wellen a) mit gleicher Amplitude, gleicher Frequenz und gleicher Ausbreitungsrichtung, b) mit gleicher Amplitude, gleicher Frequenz und entgegengesetzten Ausbreitungsrichtungen, c) mit gleicher Amplitude, etwas anderen Frequenzen und gleicher Ausbreitungsrichtung, d) mit gleicher Amplitude, etwas anderen Frequenzen und entgegengesetzten Ausbreitungsrichtungen.

A16.4 •• Eine beidseitig eingespannte Saite zeigt Resonanz bei einer Fundamentalfrequenz von 180 Hz. Womit kann man die Fundamentalfrequenz auf 90 Hz reduzieren? a) Verdopplung der Zugkraft und Verdopplung der Länge, b) Halbierung der Zugkraft bei gleicher Länge, c) Verdopplung der Länge bei gleicher Zugkraft, d) Halbierung der Länge bei gleicher Zugkraft.

A16.5 • Geht Energie verloren oder wird Energie gewonnen, wenn zwei Wellen konstruktiv bzw. destruktiv interferieren? Erläutern Sie Ihre Antwort.

A16.6 •• Während eines Orgelkonzerts geht das Gebläse kaputt, das die Orgelpfeifen mit „Wind" versorgt. Ein einfallsreicher Physikstudent hat die rettende Idee: Er schließt eine stickstoffgefüllte Gasflasche an die Windlade an. Welchen Effekt – wenn überhaupt einen – hat dies auf den Klang der Orgel? Was geschieht, wenn nur eine Heliumflasche verwendet werden kann?

Schätzungs- und Näherungsaufgaben

A16.7 • Die kürzesten Pfeifen in einer Orgel sind etwa 7,5 cm lang. a) Wie hoch ist die Fundamentalfrequenz einer an beiden Seiten offenen Pfeife mit dieser Länge? b) Welches ist die höchste noch hörbare Harmonische bei einer solchen Pfeife? (Der normale Hörbereich erstreckt sich etwa von 20 Hz bis 20 000 Hz.)

• Überlagerung und Interferenz

A16.8 • Zwei Schallquellen emittieren in Phase mit derselben Amplitude A. Die Quellen haben einen räumlichen Abstand von $\lambda/3$. Welche Amplitude hat die bei der Überlagerung entstehende resultierende Welle in einem Punkt, der auf der Verbindungsgeraden beider Quellen liegt, jedoch nicht zwischen den Quellen?

A16.9 • Zeichnen Sie mit einem Zirkel Kreisbögen, die Wellenkämme repräsentieren sollen, die von zwei Punktquellen im Abstand von 6 cm ausgehen. Die Wellenlänge beträgt 1 cm. Verbinden Sie die Schnittpunkte der Kreisbögen, die Punkten konstanter Phasendifferenz entsprechen, und geben Sie die Phasendifferenz für jede der Linien an.

A16.10 •• Zwei Schallquellen strahlen kohärent und in Phase ab. Zeigen Sie, dass in keiner Richtung vollständige Auslöschung durch destruktive Interferenz auftritt, wenn der Abstand der Schallquellen weniger als eine halbe Wellenlänge beträgt.

A16.11 •• Man nimmt an, dass das Gehirn die Richtung einer Schallquelle feststellt, indem es die Phasendifferenz zwischen den unterschiedlichen Schallwellen bestimmt, die die beiden Ohrmuscheln erreichen. Eine entfernte Quelle strahlt Schall mit einer Frequenz von 680 Hz ab. Wenn man direkt vor der Schallquelle steht, sollte es keine Phasendifferenz zwischen rechtem und linkem Ohr geben. Schätzen Sie die Phasendifferenz zwischen den Schallwellen ab, die am linken bzw. am rechten Ohr ankommen, wenn Sie die Schallquelle nicht direkt ansehen, sondern sich um $90°$ drehen.

A16.12 •• Die Schallquelle A befindet sich bei $x = 0$, $y = 0$ und die Schallquelle B bei $x = 0$, $y = 2{,}4$ m. Beide Quellen strahlen kohärent in Phase ab. Eine Beobachterin bei $x = 40$ m, $y = 0$ stellt fest, dass die Schallintensität kleiner wird und schließlich verschwindet, wenn sie ein paar Schritte in die positive oder die negative y-Richtung macht. Geben Sie die niedrigste und die nächsthöheren Frequenzen an, für die sich diese Beobachtung erklären lässt.

A16.13 •• Zwei Punktquellen Q_1 und Q_2 im Abstand d voneinander sind in Phase. Entlang einer Linie parallel zur Verbindungslinie zwischen den Quellen und in einer großen Entfernung r von ihnen findet man ein Interferenzmuster (siehe Abbildung). a) Zeigen Sie, dass sich der Gangunterschied von den beiden Quellen zu einem Punkt auf der Linie unter einem kleinen Winkel θ durch $\Delta s \approx d \sin \theta$ annähern lässt. (*Hinweis:* Nehmen Sie für $r \gg d$ an, dass die Linien von den beiden Quellen zum Punkt P näherungsweise parallel verlaufen.) b) Zeigen Sie, dass sich der Abstand y_n zwischen dem zentralen Maximum und dem n-ten Interferenzmaximum näherungsweise durch $y_n \approx n\,(r\,\lambda/d)$ angeben lässt.

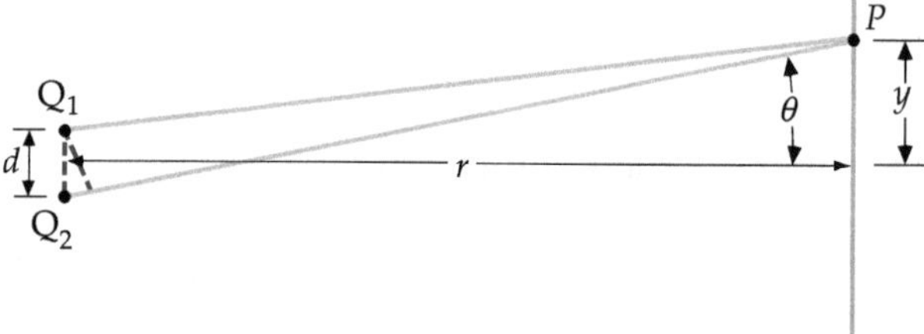

A16.14 ••• Ein Radioteleskop besteht aus zwei Antennen im Abstand von 200 m. Beide Antennen werden auf eine bestimmte Frequenz – beispielsweise 20 MHz – abgestimmt. Die Signale aus jeder der beiden Antennen werden in einen gemeinsamen Verstärker eingespeist, aber eines der beiden Signale läuft durch einen so genannten Phasenschieber, der dessen Phase um

einen bestimmten wählbaren Betrag verzögert, so dass das Teleskop in verschiedenen Richtungen „schauen" kann. Bei der Phasenverzögerung null erzeugen ebene Radiowellen, die senkrecht auf die Antennen treffen, Signale, die sich im Verstärker konstruktiv überlagern. Welche Phasenverzögerung sollte man wählen, damit Signale, die unter einem Winkel von $\theta = 10°$ gegen die Vertikale (in der Ebene, die durch die Vertikale und die Verbindungslinie der Antennen definiert ist) auftreffen, sich im Verstärker konstruktiv überlagern?

Schwebungen

A16.15 • Wenn zwei Stimmgabeln gleichzeitig angeschlagen werden, hört man vier Schwebungen pro Sekunde. Die Frequenz der einen Stimmgabel ist 500 Hz. a) Welche Frequenzwerte sind für die andere Stimmgabel möglich? b) Auf die 500-Hz-Stimmgabel wird ein Stückchen Wachs geklebt, um die Frequenz etwas zu verringern. Erklären Sie, wie man mit Hilfe der dann gemessenen Schwebungsfrequenz bestimmen kann, welche der Lösungen von Teilaufgabe a die richtige Frequenz der anderen Stimmgabel angibt.

• Stehende Wellen

A16.16 • Eine 3 m lange, beidseitig eingespannte Saite schwingt in der dritten Harmonischen. Die maximale Auslenkung eines beliebigen Punkts auf der Saite beträgt 4 mm. Die Ausbreitungsgeschwindigkeit von transversalen Wellen auf der Saite beträgt 50 m/s. a) Welche Wellenlänge und welche Frequenz hat diese Welle? b) Geben Sie die Wellenfunktion der Welle an.

A16.17 • Ein 4 m langes Seil ist an einem Ende eingespannt, das andere Ende ist an einer dünnen Schnur befestigt, so dass es sich frei bewegen kann. Die Ausbreitungsgeschwindigkeit der Wellen auf dem Seil beträgt 20 m/s. Berechnen Sie die Frequenz a) der Grundschwingung, b) der zweiten Harmonischen und c) der dritten Harmonischen.

A16.18 •• Die Wellenfunktion $y(x,t)$ für eine bestimmte stehende Welle auf einer beidseitig eingespannten Saite ist gegeben durch

$$y(x,t) = (4{,}2 \text{ cm}) \sin\left(0{,}20 \text{ cm}^{-1} x\right) \cos\left(300 \text{ s}^{-1} t\right),$$

wobei y und x in Zentimetern und t in Sekunden einzusetzen sind. a) Welche Wellenlänge und welche Frequenz hat diese Welle? b) Mit welcher Ausbreitungsgeschwindigkeit bewegen sich transversale Wellen auf der Saite? c) Die Saite schwingt in der vierten Harmonischen. Wie lang ist sie?

A16.19 •• Die drei aufeinander folgenden Resonanzfrequenzen einer bestimmten Saite sind 75 Hz, 125 Hz und 175 Hz. a) Ermitteln Sie das Verhältnis für jedes Paar aufeinander folgender Resonanzfrequenzen. b) Woran erkennt man, dass diese Frequenzen für eine einseitig eingespannte Saite gelten und nicht für eine beidseitig eingespannte Saite? c) Wie groß ist die Grundfrequenz? d) Welche Harmonischen sind die genannten Resonanzfrequenzen? e) Die Ausbreitungsgeschwindigkeit der Welle auf der Saite beträgt 400 m/s. Berechnen Sie die Länge der Saite.

A16.20 •• Die Endkorrektur für eine kreisrunde Pfeife beträgt näherungsweise $\Delta\ell \approx 0{,}3186\,d$, wobei d den Durchmesser der Pfeife angibt. Berechnen Sie die Länge einer beidseitig offenen Pfeife, die den Ton c^1 (mit 256 Hz) als Grundschwingung hervorbringt und einen Durchmesser von a) 1 cm, b) 10 cm bzw. c) 30 cm hat.

A16.21 •• Die g-Saite einer Violine ist 30 cm lang. Wenn sie „leer" (d. h. ohne Fingersatz) gespielt wird, schwingt sie mit 196 Hz. Die nächsthöheren Töne der C-Dur-Tonleiter sind a (220 Hz), h (247 Hz), c^1 (262 Hz) und d^1 (294 Hz). Wie weit vom Ende der Saite entfernt muss man die Finger für diese Töne setzen?

A16.22 •• Die Saiten einer Violine sind in g, d, a und e gestimmt, die jeweils eine Quint auseinander liegen; es gilt also $v(d^1) = 1{,}5\,v(g)$, $v(a^1) = 1{,}5\,v(d^1) = 440$ Hz und $v(e^1) = 1{,}5\,v(a^1)$. Der Abstand zwischen den zwei festen Punkten – am Steg bei der Schnecke und über dem Körper des Instruments – beträgt jeweils 30 cm. Die Zugkraft, mit der die e-Saite gespannt wird, ist 90 N. a) Welche lineare Massendichte hat die e-Saite? b) Um zu vermeiden, dass sich das Instrument mit der Zeit verzieht, sollen die Zugkräfte aller Saiten gleich sein. Berechnen Sie die linearen Massendichten der anderen Saiten.

A16.23 •• Um seine Violine zu stimmen, stimmt ein Geiger zunächst die a-Saite auf 440 Hz und streicht dann zwei nebeneinander liegende Saiten gleichzeitig, um eine Schwebung zu erzeugen. Wenn er die a- und die e-Saite streicht, entsteht eine Schwebung mit einer Frequenz von 3 Hz; die Schwebungsfrequenz nimmt zu, wenn er die Zugkraft erhöht, mit der die e-Saite gespannt wird. (Die e-Saite muss auf 660 Hz gestimmt werden.) a) Warum entsteht eine Schwebung, wenn diese beiden Saiten gleichzeitig gestrichen werden? b) Welche Frequenz hat die e-Saite, wenn die Schwebungsfrequenz 3 Hz beträgt? c) Mit welcher Zugkraft sollte man die e-Saite idealerweise spannen, wenn die Schwebungsfrequenz bei einer Zugkraft von 80,0 N gerade 3 Hz beträgt?

Wellenpakete

A16.24 • In einem Computer werden Informationen über die Leitungen in Form von kurzen elektrischen Pulsen mit 10^7 Pulsen pro Sekunde übertragen. a) Wie lang dürfen die Pulse maximal sein, damit nicht zwei Pulse sich überlappen? b) In welchem Frequenzbereich muss die Empfangseinrichtung empfindlich sein?

A16.25 • Eine Stimmgabel mit der Frequenz v_0 wird zur Zeit $t = 0$ angeschlagen und nach einem Zeitraum Δt gestoppt. Die Wellenform des Schalls zu einer späteren Zeit ist eine Funktion von x. Die Zahl N soll (näherungsweise) die Anzahl der Schwingungszyklen in dieser Wellenform sein. a) Wie hängen N, v_0 und Δt zusammen? b) Wie kann man die Wellenlängen mit Hilfe von Δx und N ausdrücken, wenn Δx die räumliche Länge des Wellenpakets ist? c) Drücken Sie die Wellenzahl k mit Hilfe von N und Δx aus. d) Die Zahl N der Schwingungszyklen ist

nur mit einer Ungenauigkeit von ± 1 bekannt. Erklären Sie anhand der Abbildung, warum das so ist. e) Zeigen Sie, dass die Unsicherheit in der Wellenzahl aufgrund der Unsicherheit von N gerade $2\,\pi/\Delta x$ beträgt.

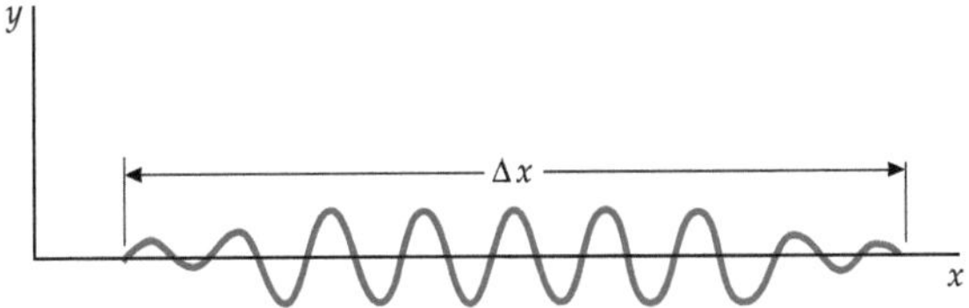

Allgemeine Aufgaben

A16.26 • Man kann den Gehörgang als eine etwa 2,5 cm lange Röhre auffassen, die an einem Ende offen und am anderen Ende geschlossen ist. a) Welche Resonanzfrequenzen treten im Gehörgang auf? b) Beschreiben Sie den möglichen Effekt der resonanten Schwingungsmoden im Gehörgang auf die Hörschwelle.

A16.27 •• Zwei Wellen von zwei kohärenten Quellen haben dieselbe Wellenlänge λ, Kreisfrequenz ω und Amplitude A. Wie groß ist der Gangunterschied, wenn die resultierende Welle an einem bestimmten Punkt die Amplitude A hat?

A16.28 •• Eine 5 m lange, einseitig eingespannte Saite schwingt mit 400 Hz in der fünften Harmonischen. Die maximale Auslenkung eines beliebigen Punkts auf der Saite beträgt 3 cm. a) Welche Wellenlänge hat diese Welle? b) Welche Wellenzahl k hat die Welle? c) Wie hoch ist die Kreisfrequenz? d) Geben Sie die Wellenfunktion dieser stehenden Welle an.

A16.29 •• Die aufeinander folgenden Resonanzfrequenzen einer Orgelpfeife sind 1310 Hz, 1834 Hz und 2358 Hz. a) Ist die Pfeife an einem Ende geschlossen oder an beiden Seiten offen? b) Welche Grundfrequenz hat die Pfeife? c) Wie lang ist die Pfeife?

A16.30 •• Eine stehende Welle auf einem Seil wird durch die Wellenfunktion

$$y(x,t) = (0{,}02 \text{ m}) \sin\left(\tfrac{1}{2}\,\pi \text{ m}^{-1} x\right) \cos\left(40\,\pi \text{ s}^{-1} t\right)$$

beschrieben; dabei sind x in Metern und t in Sekunden einzusetzen. a) Geben Sie die Wellenfunktion für zwei fortschreitende Wellen an, die sich zu dieser stehenden Welle überlagern. b) Welchen Abstand haben die Knoten der stehenden Welle? c) Welche Geschwindigkeit hat ein Abschnitt des Seils bei $x = 1$ m? d) Wie hoch ist die Beschleunigung, die ein Abschnitt des Seils bei $x = 1$ m erfährt?

A16.31 •• Drei Wellen mit derselben Frequenz, Wellenlänge und Amplitude breiten sich in dieselbe Richtung aus. Die drei Wellen sind gegeben durch

$$y_1(x,t) = 0{,}05 \sin(kx - \omega t - \pi/3),$$
$$y_2(x,t) = 0{,}05 \sin(kx - \omega t),$$
$$y_3(x,t) = 0{,}05 \sin(kx - \omega t + \pi/3).$$

Berechnen Sie die resultierende Welle.

A16.32 •• Eine ebene Welle hat die Form $f(x,y,t) = A\cos(k_x\,x + k_y\,y - \omega t)$. Zeigen Sie, dass die Ausbreitungsrichtung der Welle einen Winkel von $\theta = \operatorname{atan}(k_y/k_x)$ mit der positiven x-Richtung bildet und dass die Ausbreitungsgeschwindigkeit durch $v = \omega/(k_x^2 + k_y^2)^{1/2}$ gegeben ist.

A16.33 •• Die kinetische Energie eines Abschnitts der Länge Δx und der Masse Δm einer vibrierenden Saite berechnet man gemäß $E_{\text{kin}} = \frac{1}{2}\Delta m (\partial y/\partial t)^2 = \frac{1}{2}\mu (\partial y/\partial t)^2 \Delta x$, mit $\mu = \Delta m/\Delta x$. a) Berechnen Sie die kinetische Gesamtenergie für die n-te Schwingungsmode einer beidseitig eingespannten Saite der Länge ℓ. b) Geben Sie die maximale kinetische Energie der Saite an. c) Geben Sie die Wellenfunktion für den Fall maximaler kinetischer Energie an. d) Zeigen Sie, dass die maximale kinetische Energie in der n-ten Schwingungsmode proportional zu $n^2 A_n^2$ ist (darin ist A die Amplitude).

A16.34 ••• Die Wellenfunktionen für zwei stehende Wellen auf einer Saite der Länge ℓ sind

$$y_1(x,t) = A_1 \cos\omega_1 t \,\sin k_1 x, \quad y_2(x,t) = A_2 \cos\omega_2 t \,\sin k_2 x.$$

Dabei ist $k_n = n\pi/\ell$ und $\omega_n = n\omega_1$. Die Wellenfunktion der resultierenden Welle ist $y_r(x,t) = y_1(x,t) + y_2(x,t)$. a) Ermitteln Sie die Geschwindigkeit eines Abschnitts dx der Saite. b) Ermitteln Sie die kinetische Energie dieses Abschnitts. c) Ermitteln Sie durch Integration die kinetische Gesamtenergie der resultierenden Welle. Beachten Sie, das die gemischten Terme verschwinden; daher ist die kinetische Gesamtenergie proportional zu $(n_1 A_1)^2 + (n_2 A_2)^2$.

A16.35 ••• Im Prinzip lässt sich durch harmonische Synthese eine harmonische Welle von nahezu beliebiger Form als Summe von harmonischen Wellen verschiedener Frequenz darstellen. a) Betrachten Sie die Funktion

$$\begin{aligned}
f(x) &= \frac{4}{\pi}\left(\frac{\cos x}{1} - \frac{\cos 3x}{3} + \frac{\cos 5x}{5} - + \cdots\right) \\
&= \frac{4}{\pi}\sum_{n=0}^{\infty}(-1)^n \frac{\cos\left[(2n+1)x\right]}{2n+1}.
\end{aligned}$$

Schreiben Sie ein Tabellenkalkulationsprogramm, so dass Sie diese Reihe mit einer endlichen Zahl von Termen berechnen können. Zeichnen Sie für den Bereich $x = 0$ bis $x = 4\pi$ drei Graphen der Funktion: Nähern Sie für den ersten Graphen die Summe von $n = 0$ bis $n = \infty$ mit dem ersten Term der Summe an. Verwenden Sie für den zweiten und den dritten Graphen die ersten fünf bzw. die ersten zehn Terme. Eine solche (unendliche) Summe von Exponentialfunktionen mit Quadratzahlen bzw. den Quadraten von ungeraden Zahlen im Exponenten nennt man manchmal θ-Funktion (Theta-Funktion). b) Wie hängt diese Funktion mit der Leibniz'schen Reihendarstellung

$$\frac{\pi}{4} = 1 - \frac{1}{3} + \frac{1}{5} - \frac{1}{7} + - \cdots$$

für π zusammen?

Überlagerung und stehende Wellen

16L

L: Lösungen

L16.1 Wir können die Positionen der Pulse aus den Geschwindigkeiten und den Zeitintervallen ableiten. Ein Teilstrich der x-Achse entspricht 5 cm.

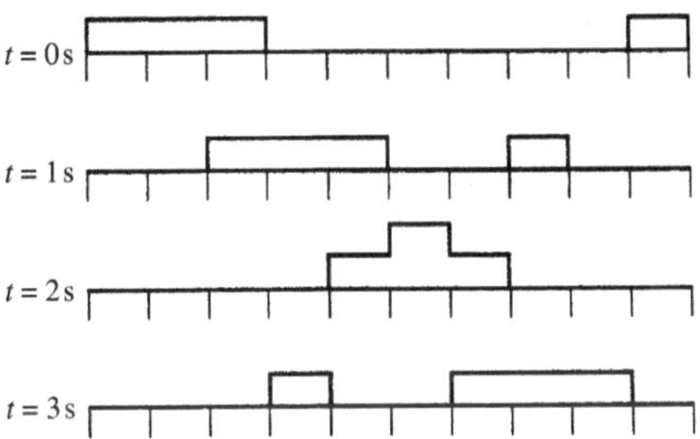

L16.2 Wir können die Positionen der Pulse aus den Geschwindigkeiten und den Zeitintervallen ableiten. Ein Teilstrich der x-Achse entspricht 5 cm.

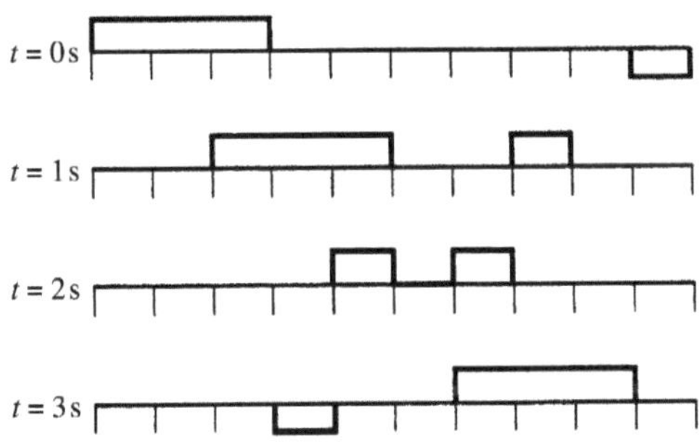

L16.3 Stehende Wellen entstehen durch konstruktive Interferenz von Wellen, die gleiche Amplitude und gleiche Frequenz haben und sich in entgegengesetzten Richtungen ausbreiten. Also ist Aussage b richtig.

L16.4 Mit der Ausbreitungsgeschwindigkeit v und der Wellenlänge λ gilt für die Frequenz $\nu = v/\lambda$. Sie ist also umgekehrt proportional zur Wellenlänge. Diese ist jedoch proportional zur Länge ℓ der Saite. Die Fundamentalschwingung einer beidsei-

tig eingespannten Saite hat die Wellenlänge $\lambda_1 = 2\,\ell$. Die zugehörige Fundamentalfrequenz ist $\nu_1 = v/(2\,\ell)$. Mit der Zugkraft F_S und der linearen Massendichte μ gilt für die Geschwindigkeit $v = \sqrt{F_\mathrm{S}/\mu}$. Dies setzen wir ein und erhalten

$$\nu_1 = \frac{v}{2\ell} = \frac{1}{2\ell}\sqrt{\frac{F_\mathrm{S}}{\mu}}\,.$$

a) Falsch. Verdoppeln der Zugkraft und auch der Länge würde die Frequenz um den Faktor $\sqrt{2}/2 = 1/\sqrt{2}$ verringern.

b) Falsch. Halbieren der Zugkraft bei gleicher Länge würde die Frequenz um den Faktor $1/\sqrt{2}$ verringern.

c) Richtig. Verdoppeln der Länge bei gleicher Zugkraft halbiert die Frequenz.

b) Falsch. Halbieren der Länge würde bei gleicher Zugkraft die Frequenz um den Faktor 2 erhöhen.

L16.5 Wenn zwei Wellen destruktiv bzw. konstruktiv interferieren, dann geht weder Energie verloren noch wird Energie gewonnen. Über einen räumlichen Bereich gemittelt, der eine oder mehrere Wellenlängen umfasst, ändert sich die Energie nicht.

L16.6 Mit dem Koeffizienten $\gamma = C_P/C_V$ (also dem Quotienten der molaren Wärmekapazitäten bei konstantem Druck und bei konstantem Volumen) gilt für die Schallgeschwindigkeit v in einem Gas mit der molarem Masse m_Mol:

$$v = \sqrt{\frac{\gamma R T}{m_\mathrm{Mol}}}\,.$$

Darin ist R die Gaskonstante und T die absolute Temperatur. Wegen $v = v/\lambda$ ergibt sich daraus für die Frequenz

$$\nu = \frac{1}{\lambda}\,v = \frac{1}{\lambda}\sqrt{\frac{\gamma R T}{m_\mathrm{Mol}}}\,.$$

Für Luft bzw. für Stickstoff erhalten wir damit

$$\nu_\mathrm{Luft} = \frac{1}{\lambda}\sqrt{\frac{\gamma_\mathrm{Luft} R T}{m_\mathrm{Mol,Luft}}} \quad \text{bzw.} \quad \nu_\mathrm{N_2} = \frac{1}{\lambda}\sqrt{\frac{\gamma_\mathrm{N_2} R T}{m_\mathrm{Mol,N_2}}}\,.$$

Der Quotient der Frequenzen der Orgelpfeife ist daher

$$\frac{\nu_{N_2}}{\nu_{Luft}} = \sqrt{\frac{\gamma_{N_2}\, m_{Mol,Luft}}{\gamma_{Luft}\, m_{Mol,N_2}}}.$$

Der Koeffizient γ hat für Stickstoff und für Luft, die ja weitestgehend aus zweiatomigen Gasen besteht, praktisch denselben Wert. Mit $m_{Mol,N_2} = 28\ \mathrm{g\cdot mol^{-1}}$ und $m_{Luft} \approx 29\ \mathrm{g\cdot mol^{-1}}$ ergibt sich also

$$\frac{\nu_{N_2}}{\nu_{Luft}} \approx \sqrt{\frac{29}{28}} \approx 1{,}018.$$

Die Frequenz der Orgelpfeife ist also beim „Wind" aus reinem Stickstoff ein wenig höher.

Bei Helium als einatomigem Gas ist $\gamma \approx 1{,}67$, und seine molare Masse ist $m_{Mol,He} = 4\ \mathrm{g\cdot mol^{-1}}$. Wir berechnen hierfür die Frequenz der Orgelpfeife im Verhältnis zu der beim Anströmen mit Luft:

$$\frac{\nu_{He}}{\nu_{Luft}} = \sqrt{\frac{\gamma_{He}\, m_{Mol,Luft}}{\gamma_{Luft}\, m_{Mol,He}}} \approx \sqrt{\frac{1{,}67 \cdot 29}{1{,}4 \cdot 4}} \approx 2{,}9.$$

Weil die Frequenz fast verdreifacht wird, spricht man hierbei oft vom „Mickymaus-Effekt".

L16.7 a) Die Fundamentalfrequenz der stehenden Wellen in einer an beiden Seiten offenen Pfeife ist $\nu_1 = \upsilon/\lambda_1$. Die Länge hängt dabei mit den Frequenzen zusammen über

$$\ell = n\,\frac{\lambda_n}{2}, \quad \text{mit} \quad n = 1,2,3,\dots \tag{1}$$

Die Wellenlänge bei der Fundamentalfrequenz (mit $n = 1$) ist also $\lambda_1 = 2\ell$. Das setzen wir in die obige Beziehung für die Fundamentalfrequenz ein und erhalten

$$\nu_1 = \frac{\upsilon}{\lambda_1} = \frac{\upsilon}{2\ell} = \frac{340\ \mathrm{m\cdot s^{-1}}}{2\,(7{,}5\cdot 10^{-2}\ \mathrm{m})} = 2{,}27\ \mathrm{kHz}.$$

b) Nach Gleichung 1 sind die Wellenlängen der Harmonischen einer an beiden Seiten offenen Pfeife $\lambda_n = 2\ell/n$, und für die Frequenzen ergibt sich

$$\nu_n = \frac{\upsilon}{\lambda_n} = n\,\frac{\upsilon}{2\ell} = n\,\frac{340\ \mathrm{m\cdot s^{-1}}}{2\,(7{,}5\cdot 10^{-2}\ \mathrm{m})} = n\,(2{,}27\ \mathrm{kHz}).$$

Die höchste hörbare Frequenz nehmen wir zu 20 kHz an. Damit erhalten wir

$$n = \frac{20\ \mathrm{kHz}}{2{,}27\ \mathrm{kHz}} = 8{,}8.$$

Also können junge Menschen die achte Harmonische noch hören.

L16.8 Die Phasendifferenz δ der beiden sich in derselben Richtung ausbreitenden Wellen rührt von ihrem Abstand Δx her, der einem Drittel der Wellenlänge λ entspricht. Sie ist also

$$\delta = 2\pi\,\frac{\Delta x}{\lambda} = 2\pi\,\frac{\lambda/3}{\lambda} = \frac{2}{3}\,\pi.$$

Die resultierende Amplitude ergibt sich zu

$$A_{res} = 2y_0 \cos\tfrac{1}{2}\delta = 2A \cos\left(\tfrac{1}{2}\cdot\tfrac{2}{3}\,\pi\right) = 2A \cos\tfrac{\pi}{3} = A.$$

L16.9 In der Abbildung sind Linien konstruktiver Interferenz für die Gangunterschiede 0, λ, 2λ und 3λ eingezeichnet.

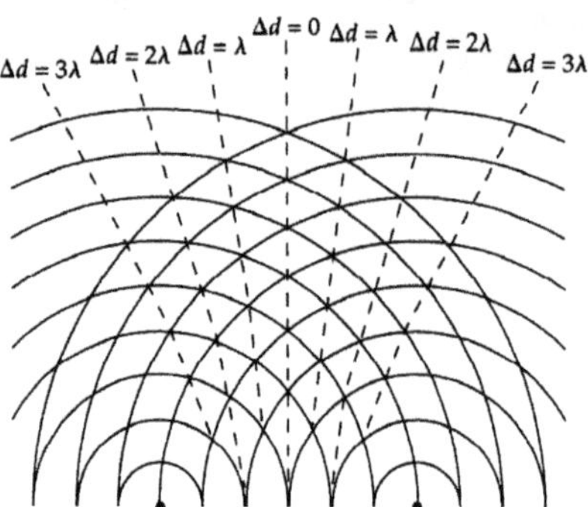

L16.10 Die beiden Schallquellen S_1 und S_2 haben voneinander den Abstand d, der kleiner als die halbe Wellenlänge ist. Der Punkt P hat von der Quelle S_1 den Abstand r_1 und von der Quelle S_2 den Abstand r_1.

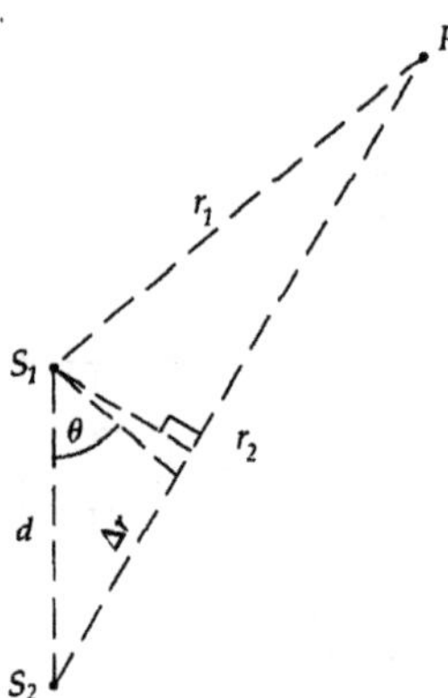

Die Phasendifferenz aufgrund des Gangunterschieds Δr ist $\delta = 2\pi\,\Delta r/\lambda$. Aus den geometrischen Bedingungen geht hervor, dass $\Delta r < d \sin\theta \le d$ ist. Also gilt

$$\delta < 2\pi\,\frac{d \sin\theta}{\lambda} \le 2\pi\,\frac{d}{\lambda}.$$

Wegen $d < \lambda/2$ erhalten wir

$$\delta < 2\pi\,\frac{\lambda/2}{\lambda} = \pi.$$

Die Bedingung für destruktive Interferenz lautet

$$\delta = n\pi, \quad \text{mit} \quad n = 1,2,3,\dots$$

Weil im vorliegenden Fall $\delta < \pi$ ist, kann in keiner Richtung vollständige Auslöschung durch destruktive Interferenz erfolgen.

L16.11 Als Abstand zwischen den Ohren setzen wir 20 cm an. Wenn man den Kopf dreht, bewirkt man also einen Gangunterschied dieses Ausmaßes. Die dadurch hervorgerufene Phasendifferenz ist $\delta = 2\pi\,(0{,}20\ \mathrm{m})/\lambda$. Die Wellenlänge eines Tons mit der Frequenz 680 Hz errechnen wir zu

$$\lambda = \frac{\upsilon}{\nu} = \frac{340\ \mathrm{m\cdot s^{-1}}}{680\ \mathrm{s^{-1}}} = 0{,}50\ \mathrm{m}.$$

Damit erhalten wir für die Phasendifferenz

$$\delta = 2\pi\,\frac{0{,}20\ \mathrm{m}}{\lambda} = 2\pi\,\frac{0{,}20\ \mathrm{m}}{0{,}50\ \mathrm{m}} = 0{,}8\,\pi\ \mathrm{rad}.$$

L16.12 Wenn sich die Beobachterin auf der Verlängerung der Verbindungslinie der Schallquellen bewegt, wird die von ihr wahrgenommene Schallintensität kleiner und verschwindet schließlich. Daraus können wir schließen, dass an ihrem Anfangsort konstruktive Interferenz vorlag (und nun destruktive Interferenz vorliegt). Die Bedingung für den Gangunterschied bei konstruktiver Interferenz lautet

$$\Delta r = n\,\lambda_n, \quad \text{mit} \quad n = 1,2,3,\ldots$$

Der Gangunterschied Δr der Schallwellen entspricht der Differenz der Abstände der Beobachterin von den beiden Schallquellen: $\Delta r = r_{\mathrm{B}} - r_{\mathrm{A}}$. Nach dem Satz des Pythagoras ist ihr Abstand von der Schallquelle B gegeben durch

$$r_{\mathrm{B}} = \sqrt{(40\ \mathrm{m})^2 - (2{,}4\ \mathrm{m})^2}\,.$$

Damit ist die Differenz der Abstände

$$\Delta r = r_{\mathrm{B}} - r_{\mathrm{A}} = \sqrt{(40\ \mathrm{m})^2 - (2{,}4\ \mathrm{m})^2} - 40\ \mathrm{m} = 0{,}07194\ \mathrm{m}.$$

Mit $v_n = v/\lambda_n$ und $\lambda_n = \Delta r/n$ erhalten wir für die möglichen Frequenzen

$$v_n = n\,\frac{v}{\Delta r} = n\,\frac{v}{0{,}07194\ \mathrm{m}} = n\,\frac{340\ \mathrm{m\cdot s^{-1}}}{0{,}07194\ \mathrm{m}} = n\,(4726\ \mathrm{Hz}).$$

Mit den beiden kleinstmöglichen Werten von n ergibt sich $v_1 = 4726\ \mathrm{Hz}$ und $v_2 = 9452\ \mathrm{Hz}$.

L16.13 Die Strahlen von den beiden Quellen Q_1 und Q_2 verlaufen nahezu parallel. Daher können wir das in der Abbildung eingezeichnete Dreieck als rechtwinklig ansehen.

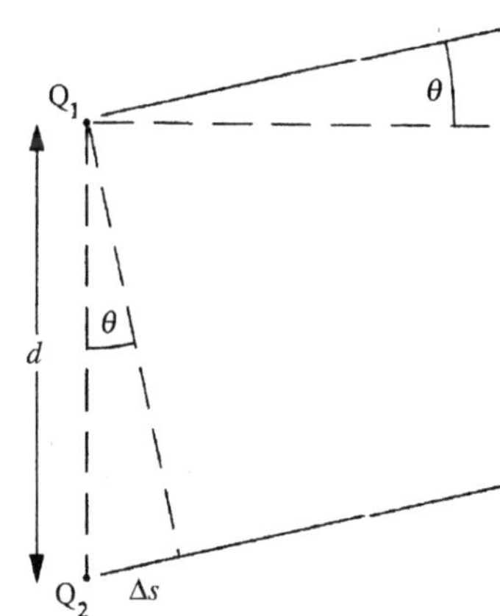

a) Aus den geometrischen Zusammenhängen ergibt sich

$$\sin\theta \approx \frac{\Delta s}{d} \quad \text{und daher} \quad \Delta s \approx d\sin\theta\,.$$

b) Für $\theta \ll 1$ können wir statt des Sinus auch den Tangens des Winkels θ ansetzen: $\Delta s \approx d\tan\theta$. Der Abbildung bei der Aufgabenstellung können wir entnehmen, dass für den Abstand des n-ten Maximums am Schirm von der Mitte gilt: $\tan\theta \approx y_n/r$. Das setzen wir ein und erhalten $\Delta s \approx d\,y_n/r$.

Für die Phasendifferenz muss bei konstruktiver Interferenz gelten

$$\delta = 2\pi\,\frac{\Delta s}{\lambda} = 2\pi n, \quad \text{mit} \quad n = 1,2,3,\ldots$$

Einsetzen von $\Delta s = d\,y_n/r$ ergibt

$$2\pi\,\frac{d\,y_n}{r\,\lambda} \approx 2\pi n, \quad \text{mit} \quad n = 1,2,3,\ldots$$

sowie daraus

$$y_n \approx n\,\frac{r\,\lambda}{d}, \quad \text{mit} \quad n = 1,2,3,\ldots$$

L16.14 Mit dem Gangunterschied Δs und der Wellenlänge λ ist die Phasendifferenz gegeben durch $\delta = 2\pi\,\Delta s/\lambda$. Wir berechnen zunächst die Wellenlänge:

$$\lambda = \frac{v}{v} = \frac{3\cdot 10^8\ \mathrm{m\cdot s^{-1}}}{20\cdot 10^6\ \mathrm{s^{-1}}} = 15\ \mathrm{m}.$$

Der Gangunterschied beim Winkel θ ist

$$\begin{aligned}\Delta s &= d\sin\theta = (200\ \mathrm{m})\sin 10^\circ = 34{,}73\ \mathrm{m}\\ &= 2{,}315\,\lambda = 2\,\lambda + 0{,}315\,\lambda\,.\end{aligned}$$

Beim Betrachten der Überlagerung der Wellen können wir den Summanden $2\,\lambda$ außer Acht lassen. Damit erhalten wir für die Phasendifferenz bzw. Phasenverzögerung

$$\delta = 2\pi\,\frac{\Delta s}{\lambda} = 2\pi\,\frac{0{,}315\,\lambda}{\lambda} = 1{,}98\ \mathrm{rad} = 113^\circ.$$

L16.15 a) Mit der Frequenz $v_1 = 500\ \mathrm{Hz}$ der ersten Stimmgabel sind bei der Schwebungsfrequenz 4 Hz die möglichen Frequenzen der anderen Stimmgabel

$$v_2 = v_1 \pm \Delta v = 500\ \mathrm{Hz} \pm 4\ \mathrm{Hz}, \quad \text{also}\ 504\ \mathrm{Hz}\ \text{oder}\ 496\ \mathrm{Hz}.$$

b) Wenn die Schwebungsfrequenz nach dem Aufkleben des Wachses höher ist, so ist $v_2 = 504\ \mathrm{Hz}$, und wenn sie geringer ist, dann ist $v_2 = 496\ \mathrm{Hz}$.

L16.16 a) Für die Länge ℓ einer beidseitig eingespannten Saite gilt mit den möglichen Wellenlängen λ_n der stehenden Wellen:

$$\ell = n\,\frac{\lambda_n}{2}, \quad \text{mit} \quad n = 1,2,3,\ldots$$

Für $n = 3$, wie gegeben, erhalten wir daraus die Wellenlänge

$$\lambda_3 = \tfrac{2}{3}\,\ell = \tfrac{2}{3}\,(3\ \mathrm{m}) = 2{,}00\ \mathrm{m},$$

und für die Frequenz ergibt sich

$$v_3 = \frac{v}{\lambda_3} = \frac{50\ \mathrm{m\cdot s^{-1}}}{2{,}00\ \mathrm{m}} = 25{,}0\ \mathrm{Hz}.$$

b) Die Wellenfunktion einer Welle auf einer beidseitig eingespannten Saite hat die Form $y_n(x,t) = A_n \sin k_n x \cos \omega_n t$.

Mit $n = 3$ erhalten wir

$$k_3 = \frac{2\pi}{\lambda_3} = \frac{2\pi}{2\ \mathrm{m}} = \pi\ \mathrm{m^{-1}},$$

$$\omega_3 = 2\pi v_3 = 2\pi\,(25\ \mathrm{s^{-1}}) = 50\,\pi\ \mathrm{s^{-1}}.$$

Mit der gegebenen Amplitude von 4 mm lautet die gesuchte Wellenfunktion

$$y_3(x,t) = (4\ \mathrm{mm})\sin(\pi\ \mathrm{m^{-1}}\,x)\cos(50\,\pi\ \mathrm{s^{-1}}\,t).$$

L16.17 Die möglichen Frequenzen der stehenden Wellen auf einem einseitig eingespannten Seil der Länge ℓ sind

$$v_n = n\,\frac{v}{4\ell} = n\,v_n, \quad \text{mit} \quad n = 1,3,5,\ldots$$

a) Für die Grundschwingung ist $n = 1$, und wir erhalten

$$v_1 = (1) \cdot \frac{20\ \mathrm{m \cdot s^{-1}}}{4\,(4\ \mathrm{m})} = 1{,}25\ \mathrm{Hz}\,.$$

b) Weil das Seil einseitig eingespannt ist, kann keine zweite Harmonische vorliegen.

c) Für die dritte Harmonische ist $n = 3$, und wir erhalten

$$v_3 = 3\,v_1 = 3\,(1{,}25\ \mathrm{Hz}) = 3{,}75\ \mathrm{Hz}\,.$$

L16.18 Die Wellenfunktion einer Welle auf einer beidseitig eingespannten Saite hat die Form

$$y_n(x,t) = A_n \sin k_n x \cos \omega_n t\,.$$

Der Vergleich mit der gegebenen Wellenfunktion

$$y(x,t) = (4{,}2\ \mathrm{cm}) \sin\left(0{,}20\ \mathrm{cm^{-1}}\,x\right) \cos\left(300\ \mathrm{s^{-1}}\,t\right)$$

ergibt $k_n = 2\pi/\lambda_n = 0{,}20\ \mathrm{cm^{-1}}$ und damit

$$\lambda_n = \frac{2\pi}{0{,}20\ \mathrm{cm^{-1}}} = 10\pi\ \mathrm{cm} = 31{,}4\ \mathrm{cm}\,.$$

Außerdem ergibt der obige Vergleich $\omega_n = 2\pi v_n = 300\ \mathrm{s^{-1}}$ sowie daraus

$$v_n = \frac{300\ \mathrm{s^{-1}}}{2\pi} = 47{,}7\ \mathrm{Hz}\,.$$

b) Für die Ausbreitungsgeschwindigkeit der Welle erhalten wir

$$v = v\,\lambda = (47{,}7\ \mathrm{Hz})\,(0{,}314\ \mathrm{m}) = 15{,}0\ \mathrm{m \cdot s^{-1}}\,.$$

c) Für die Länge ℓ einer beidseitig eingespannten Saite gilt mit den möglichen Wellenlängen λ_n der stehenden Wellen:

$$\ell = n\,\frac{\lambda_n}{2}\,, \quad \mathrm{mit} \quad n = 1, 2, 3, \ldots$$

Mit $n = 4$ ergibt sich die Länge zu

$$\ell = 2\,\lambda_4 = 2\,(31{,}4\ \mathrm{cm}) = 62{,}8\ \mathrm{cm}\,.$$

L16.19 a) Wir bezeichnen die drei gegebenen Frequenzen mit v', v'' und v'''. Die Verhältnisse aufeinander folgender Resonanzfrequenzen sind

$$\frac{v'}{v''} = \frac{75\ \mathrm{Hz}}{125\ \mathrm{Hz}} = \frac{3}{5} \quad \mathrm{und} \quad \frac{v''}{v'''} = \frac{125\ \mathrm{Hz}}{175\ \mathrm{Hz}} = \frac{5}{7}\,.$$

b) Es liegen keine geradzahligen Harmonischen vor; also muss die Saite einseitig eingespannt sein.

c) Die möglichen Frequenzen sind

$$v_n = n\,v_1\,, \quad \mathrm{mit} \quad n = 1, 3, 5, \ldots$$

Weil alle Frequenzen Vielfache von 25 Hz sind, können wir annehmen, dass dies die Grund- oder Fundamentalfrequenz ist:

$$v_1 = v_3/3 = (75\ \mathrm{Hz})/3 = 25\ \mathrm{Hz}\,.$$

d) Die gegebenen Frequenzen sind das 3fache, 5fache bzw. 7fache der Grundfrequenz; es handelt sich also um die dritte, fünfte und siebente Harmonische.

e) Für die Länge einer einseitig eingespannten Saite gilt mit den möglichen Frequenzen v_n der stehenden Wellen:

$$\ell = n\,\frac{\lambda_n}{4}\,, \quad \mathrm{mit} \quad n = 1, 3, 5, \ldots$$

Wir berechnen die Wellenlänge bei der Grundfrequenz:

$$\lambda_1 = \frac{v}{v_1} = \frac{400\ \mathrm{m \cdot s^{-1}}}{25\ \mathrm{s^{-1}}} = 16\ \mathrm{m}\,.$$

Mit $n = 1$ erhalten wir für die Länge

$$\ell = (1) \cdot \lambda_1/4 = (16{,}00\ \mathrm{m})/4 = 4{,}00\ \mathrm{m}\,.$$

L16.20 Die Bedingungen für stehende Wellen bei einer beidseitig offenen Pfeife entsprechen denen bei einer beidseitig eingespannten Saite. Mit der physikalischen Länge ℓ der Pfeife und der Endkorrektur $\Delta\ell$ ist die Wellenlänge der ersten Harmonischen

$$\lambda = 2\,\ell_{\mathrm{eff}} = 2\,(\ell + \Delta\ell)\,.$$

Wir setzen $\lambda = v/v$ und $\Delta\ell = 0{,}3186\,d$ ein, lösen nach der Länge auf und setzen die Werte ein:

$$\ell = \frac{v}{2v} - 0{,}3186\,d = \frac{340\ \mathrm{m \cdot s^{-1}}}{2\,(256\ \mathrm{s^{-1}})} - 0{,}3186\,d$$
$$= 0{,}664\ \mathrm{m} - 0{,}3186\,d\,.$$

a) $\ell_{0,01} = 0{,}664\ \mathrm{m} - 0{,}3186\,(0{,}01\ \mathrm{m}) = 0{,}661\ \mathrm{m}\,.$

b) $\ell_{0,1} = 0{,}664\ \mathrm{m} - 0{,}3186\,(0{,}1\ \mathrm{m}) = 0{,}632\ \mathrm{m}\,.$

c) $\ell_{0,3} = 0{,}664\ \mathrm{m} - 0{,}3186\,(0{,}3\ \mathrm{m}) = 0{,}568\ \mathrm{m}\,.$

L16.21 Wir bezeichnen mit ℓ_{g} die Länge der „leeren" g-Saite. Die abzugreifende Länge x_v entspricht der Differenz aus der gesamten Länge ℓ_{g} und der schwingenden Länge ℓ_v, wobei v die Frequenz des betreffenden Tons ist:

$$x_v = \ell_{\mathrm{g}} - \ell_v\,. \tag{1}$$

Für die Grundfrequenz der leeren Saite gilt

$$v_{\mathrm{g}} = \frac{v}{\lambda_{\mathrm{g}}} = \frac{v}{2\,\ell_{\mathrm{g}}}\,.$$

Daraus folgt für die Länge der leeren Saite, also für die ohne Fingersatz schwingende Länge:

$$\ell_{\mathrm{g}} = \frac{v}{2\,v_{\mathrm{g}}}\,.$$

Entsprechend gilt für die schwingenden Längen bei den anderen Frequenzen

$$\ell_v = \frac{v}{2\,v}\,.$$

Wir dividieren die letzte durch die vorletzte Gleichung. Dies ergibt

$$\frac{\ell_v}{\ell_{\mathrm{g}}} = \frac{v_{\mathrm{g}}}{v} \quad \mathrm{und\ daher} \quad \ell_v = \frac{v_{\mathrm{g}}}{v}\,\ell_{\mathrm{g}}\,.$$

Damit können wir nun die jeweilige schwingende Länge ℓ_v der Saite berechnen; mit Gleichung 1 ergibt sich die zugehörige abzugreifende Länge x_v:

Ton	v/Hz	ℓ_v/Hz	x_v/cm
a	220	26,73	3,27
h	247	23,81	6,19
c^1	262	22,44	7,56
d^1	294	20,00	10,00

L16.22 a) Die Massendichte μ und die Spannkraft F_S einer Saite hängen mit der Ausbreitungsgeschwindigkeit einer Welle auf ihr zusammen über $v = \sqrt{F_S/\mu}$. Daraus folgt $\mu = F_S/v^2$. Für die Geschwindigkeit gilt außerdem $v = \nu\lambda = 2\nu\ell$. Das setzen wir in die Beziehung für die Massendichte ein und erhalten

$$\mu = \frac{F_S}{v^2} = \frac{F_S}{4\nu^2\ell^2}.$$

Für die e-Saite ergibt sich

$$\mu_e = \frac{90\,\text{N}}{4\,[1{,}5\,(440\,\text{s}^{-1})]^2\,(0{,}3\,\text{m})^2} = 5{,}74\cdot10^{-4}\,\text{kg}\cdot\text{m}^{-1}$$
$$= 0{,}574\,\text{g}\cdot\text{m}^{-1}.$$

b) Für dieselbe Spannkraft berechnen wir die Massendichten der anderen Saiten:

$$\mu_a = \frac{90\,\text{N}}{4\,(440\,\text{s}^{-1})^2\,(0{,}3\,\text{m})^2} = 1{,}29\,\text{g}\cdot\text{m}^{-1},$$

$$\mu_d = \frac{90\,\text{N}}{4\,[(440\,\text{s}^{-1})/(1{,}5)]^2\,(0{,}3\,\text{m})^2} = 2{,}91\,\text{g}\cdot\text{m}^{-1},$$

$$\mu_g = \frac{90\,\text{N}}{4\,[(440\,\text{s}^{-1})/(1{,}5)^2]^2\,(0{,}3\,\text{m})^2} = 6{,}57\,\text{g}\cdot\text{m}^{-1}.$$

L16.23 a) Die Schwebung rührt daher, dass die Frequenz der dritten Harmonischen der a-Saite derjenigen der zweiten Harmonischen der e-Saite entspricht und die Fundamentalfrequenz der e-Saite etwas vom Sollwert 660 Hz abweicht.

b) Weil die Schwebungsfrequenz mit steigender Spannkraft ansteigt, muss die Frequenz der e-Saite höher als 660 Hz sein, und wir erhalten $\nu_e = 660\,\text{Hz} + \frac{1}{2}\,(3\,\text{Hz}) = 661{,}5\,\text{Hz}$.

c) Der Zusammenhang zwischen der Frequenz ν und der Spannkraft F_S einer Saite sowie deren Massendichte μ lautet

$$\nu = \frac{v}{\lambda} = \frac{1}{\lambda}\sqrt{\frac{F_S}{\mu}}.$$

Für 660 Hz ergibt sich $\quad 660\,\text{Hz} = \dfrac{1}{\lambda}\sqrt{\dfrac{F_{660\,\text{Hz}}}{\mu}}$

und für 661,5 Hz entsprechend $\quad 661{,}5\,\text{Hz} = \dfrac{1}{\lambda}\sqrt{\dfrac{80\,\text{N}}{\mu}}$.

Wir dividieren die erste dieser beiden Gleichungen durch die zweite und lösen nach der Spannkraft der e-Saite auf:

$$F_{660\,\text{Hz}} = \left(\frac{660\,\text{Hz}}{661{,}5\,\text{Hz}}\right)^2 (80\,\text{N}) = 79{,}6\,\text{N}.$$

L16.24 a) Die maximale Dauer eines Pulses entspricht der Periodendauer:

$$T = \frac{1}{\nu} = \frac{1}{10^7\,\text{s}^{-1}} = 10^{-7}\,\text{s} = 0{,}100\,\mu\text{s}.$$

b) Für das Wellenpaket muss gelten

$$\Delta\omega\,\Delta t \approx 1 \quad \text{bzw.} \quad 2\pi\,\Delta\nu\,\Delta t \approx 1.$$

Damit erhalten wir

$$\Delta\nu \approx \frac{1}{2\pi\,\Delta t} = \frac{1}{2\pi\,(10^{-7}\,\text{s}^1)} \approx 1{,}6\,\text{MHz}.$$

L16.25 a) Die Dauer eines Pulses entspricht etwa dem Produkt aus N (der Anzahl der Schwingungszyklen) und T (der Schwingungsdauer): $\Delta t \approx N\,T = N/\nu_0$.

b) Das Intervall Δx enthält etwa N Wellenlängen. Also muss gelten $\lambda \approx \Delta x/N$.

c) Aus der Definition der Wellenzahl ergibt sich gemäß der vorigen Gleichung

$$k = \frac{2\pi}{\lambda} \approx \frac{2\pi N}{\Delta x}.$$

d) Die Anzahl der Schwingungszyklen bzw. der Wellenlängen kann nicht exakt angegeben werden, weil die Amplitude allmählich abnimmt, anstatt zu einem bestimmten Zeitpunkt abrupt auf null zu fallen. Der Beginn und das Ende des Pulses können also nicht genau lokalisiert werden.

e) Mit dem Ergebnis von Teilaufgabe c ergibt sich für $\Delta N = \pm 1$ die Unsicherheit in der Wellenzahl zu

$$\Delta k \approx \frac{2\pi\,\Delta N}{\Delta x} = \pm\frac{2\pi}{|\Delta x|}.$$

L16.26 a) Die Frequenzen und die Wellenlängen hängen miteinander zusammen über $\nu_n = v/\lambda_n$. Darin ist v die Schallgeschwindigkeit. Mit den möglichen Wellenlängen λ_n der stehenden Wellen gilt für die Länge einer einseitig offenen Röhre

$$\ell = n\,\frac{\lambda_n}{4}, \quad \text{mit} \quad n = 1, 3, 5, \ldots$$

Daraus folgt für die Wellenlängen $\lambda_n = 4\ell/n$. Dies setzen wir ein und erhalten für die Frequenzen

$$\nu_n = n\,\frac{v}{4\ell} = n\,\frac{340\,\text{m}\cdot\text{s}^{-1}}{4\,(2{,}5\cdot10^{-2}\,\text{m})} = n\,(3{,}40\,\text{kHz}).$$

Die drei Resonanzfrequenzen im Hörbereich, also unterhalb von ca. 20 000 Hz, sind damit

$$\nu_1 = 3{,}40\,\text{kHz}, \quad \nu_3 = 3\,(3{,}40\,\text{kHz}) = 10{,}2\,\text{kHz},$$
$$\nu_5 = 5\,(3{,}40\,\text{kHz}) = 17{,}0\,\text{kHz}.$$

b) In der Nähe dieser Resonanzfrequenzen ist das menschliche Ohr besonders empfindlich, vor allem bei der niedrigsten, also in der Umgebung von 3400 Hz.

L16.27 Für die Phasendifferenz zweier Wellen mit der Wellenlänge λ gilt $\delta = 2\pi\,\Delta x/\lambda$. Für den Gangunterschied folgt daraus

$$\Delta x = \lambda\,\frac{\delta}{2\pi}.$$

Mit der Amplitude y_0 einer einzelnen Welle ist die bei der Überlagerung zweier gleicher Wellen resultierende Amplitude gegeben durch $A = 2y_0 \cos\frac{1}{2}\delta$. Damit erhalten wir

$$\delta = 2\arccos\frac{A}{2y_0} = 2\arccos\frac{A}{2A} = \frac{2\pi}{3},$$

und für den Gangunterschied ergibt sich

$$\Delta x = \lambda\,\frac{2\pi/3}{2\pi} = \frac{1}{3}\lambda.$$

L16.28 a) Mit den möglichen Wellenlängen λ_n der stehenden Wellen gilt für die Länge einer einseitig eingespannten Saite

$$\ell = n\,\frac{\lambda_n}{4}, \quad \text{mit} \quad n = 1,3,5,\ldots$$

Damit erhalten wir für $n = 5$ die Wellenlänge

$$\lambda_5 = 4\,\ell/5 = 4\,(5\ \text{m})/5 = 4{,}00\ \text{m}.$$

b) Die Wellenzahl der Welle ergibt sich zu

$$k_5 = \frac{2\,\pi}{\lambda_5} = \frac{2\,\pi}{4{,}00\ \text{m}} = \frac{\pi}{2}\ \text{m}^{-1}.$$

c) Für die Kreisfrequenz erhalten wir

$$\omega_5 = 2\,\pi\,\nu_5 = 2\,\pi\,(400\ \text{s}^{-1}) = 800\,\pi\ \text{s}^{-1}.$$

c) Die Wellenfunktion der n-ten Harmonischen lautet

$$y_n(x,t) = A\,\sin k_n x\,\cos\omega_n t.$$

Einsetzen der zuvor ermittelten Ausdrücke ergibt für die fünfte Harmonische

$$y_5(x,t) = A\,\sin k_5 x\,\cos\omega_5 t$$
$$= (0{,}03\ \text{m})\,\sin\left(\tfrac{\pi}{2}\,\text{m}^{-1}x\right)\cos\left(800\,\pi\,\text{s}^{-1}t\right).$$

L16.29 a) Bei einer an beiden Seiten offenen Pfeife muss für die Frequenzen der stehenden Wellen gelten $\Delta\nu = \nu_1$ und $\nu_n = n\,\nu_1$. Dabei ist n eine ganze Zahl. Aus der ersten Bedingung folgt mit den ersten beiden Resonanzfrequenzen

$$\Delta\nu = 1834\ \text{Hz} - 1310\ \text{Hz} = 524\ \text{Hz} = \nu_1.$$

Einsetzen in die zweite Bedingung und Auflösen nach n ergibt

$$n = \frac{\nu_n}{\nu_1} = \frac{1310\ \text{Hz}}{524\ \text{Hz}} = 2{,}5.$$

Weil dies keine ganze Zahl ist, kann die Pfeife nicht an beiden Enden offen, sondern muss an einem Ende geschlossen sein. Zudem kann 524 Hz nicht die Grundfrequenz sein.

b) Für die Differenz der Frequenzen muss gelten $\Delta\nu = 2\,\nu_1$. Also ist die Grundfrequenz

$$\nu_1 = \tfrac{1}{2}\,\Delta\nu = \tfrac{1}{2}\,(524\ \text{Hz}) = 262\ \text{Hz}.$$

c) Mit den möglichen Wellenlängen λ_n der stehenden Wellen gilt für die Länge einer an einem Ende geschlossenen Pfeife

$$\ell = n\,\frac{\lambda_n}{4}, \quad \text{mit} \quad n = 1,3,5,\ldots$$

Für $n = 1$ ist $\quad \lambda_1 = \dfrac{v}{\nu_1} \quad$ und $\quad \ell = \dfrac{\lambda_1}{4} = \dfrac{v}{4\,\nu_1}.$

Damit ergibt sich die Länge der Pfeife zu

$$\ell = \frac{340\ \text{m}\cdot\text{s}^{-1}}{4\,(262\ \text{s}^{-1})} = 32{,}4\ \text{cm}.$$

L16.30 Wir vergleichen die gegebene Wellenfunktion mit der allgemeinen Gleichung $y(x,t) = A\,\sin kx\,\cos\omega t$ für stehende Wellen. Daraus folgt $k = \tfrac{1}{2}\,\pi\ \text{m}^{-1}$ und $\omega = 40\,\pi\ \text{s}^{-1}$.

a) Zur stehenden Welle tragen die sich in positiver x-Richtung ausbreitende Welle

$$y_1(x,t) = (0{,}01\ \text{m})\,\sin\left(\tfrac{1}{2}\,\pi\,\text{m}^{-1}x - 40\,\pi\,\text{s}^{-1}t\right)$$

und die sich in negativer x-Richtung ausbreitende Welle

$$y_2(x,t) = (0{,}01\ \text{m})\,\sin\left(\tfrac{1}{2}\,\pi\,\text{m}^{-1}x + 40\,\pi\,\text{s}^{-1}t\right)$$

bei.

b) Der Knotenabstand d entspricht der halben Wellenlänge. Diese erhalten wir aus der Wellenzahl:

$$k = \tfrac{1}{2}\,\pi\,\text{m}^{-1} = 2\,\pi/\lambda; \quad \text{also ist} \quad \lambda = 4\ \text{m}.$$

Damit ergibt sich $d = \tfrac{1}{2}\,\lambda = \tfrac{1}{2}\,(4\ \text{m}) = 2\ \text{m}.$

c) Die Geschwindigkeit eines Abschnitts des Seils erhalten wir aus der Ableitung der Wellenfunktion nach der Zeit:

$$v_y(x,t) = \frac{\partial}{\partial t}\left[(0{,}02\ \text{m})\,\sin\left(\tfrac{1}{2}\,\pi\,\text{m}^{-1}x\right)\cos\left(40\,\pi\,\text{s}^{-1}t\right)\right]$$
$$= -(0{,}8\,\pi\,\text{m}\cdot\text{s}^{-1})\,\sin\left(\tfrac{1}{2}\,\pi\,\text{m}^{-1}x\right)\sin\left(40\,\pi\,\text{s}^{-1}t\right).$$

Für $x = 1$ m ergibt sie sich zu

$$v_y(1\,\text{m},t) = -(0{,}8\,\pi\,\text{m}\cdot\text{s}^{-1})$$
$$\cdot\sin\left[\tfrac{1}{2}\,\pi\,\text{m}^{-1}\,(1\ \text{m})\right]\sin\left(40\,\pi\,\text{s}^{-1}t\right)$$
$$= -(0{,}8\,\pi\,\text{m}\cdot\text{s}^{-1})\,\sin\left(40\,\pi\,\text{s}^{-1}t\right)$$
$$= -(2{,}51\ \text{m}\cdot\text{s}^{-1})\,\sin\left(40\,\pi\,\text{s}^{-1}t\right).$$

d) Die Beschleunigung eines Abschnitts des Seils ergibt sich aus der Ableitung der Geschwindigkeit nach der Zeit:

$$a_y(x,t) = \frac{\partial}{\partial t}\left[-(0{,}8\,\pi\,\text{m}\cdot\text{s}^{-1})\,\sin\left(\tfrac{1}{2}\,\pi\,\text{m}^{-1}x\right)\sin\left(40\,\pi\,\text{s}^{-1}t\right)\right]$$
$$= -(32\,\pi^2\,\text{m}\cdot\text{s}^{-2})\,\sin\left(\tfrac{1}{2}\,\pi\,\text{m}^{-1}x\right)\cos\left(40\,\pi\,\text{s}^{-1}t\right).$$

Für $x = 1$ m ergibt sie sich zu

$$a_y(1\,\text{m},t) = -(32\,\pi^2\,\text{m}\cdot\text{s}^{-2})$$
$$\cdot\sin\left[\tfrac{1}{2}\,\pi\,\text{m}^{-1}\,(1\ \text{m})\right]\cos\left(40\,\pi\,\text{s}^{-1}t\right)$$
$$= -(32\,\pi^2\,\text{m}\cdot\text{s}^{-2})\,\cos\left(40\,\pi\,\text{s}^{-1}t\right)$$
$$= -(316\ \text{m}\cdot\text{s}^{-2})\,\cos\left(40\,\pi\,\text{s}^{-1}t\right).$$

L16.31 Eine harmonische Funktion kann durch die Projektion eines Vektors repräsentiert werden, der mit konstanter Winkelgeschwindigkeit bzw. mit konstanter Kreisfrequenz ω um eine Achse rotiert. In der Abbildung sind die Vektoren $\mathbf{v}_1$, $\mathbf{v}_2$ und $\mathbf{v}_3$ der drei Wellen eingezeichnet. Ihre Amplitude ist jeweils A.

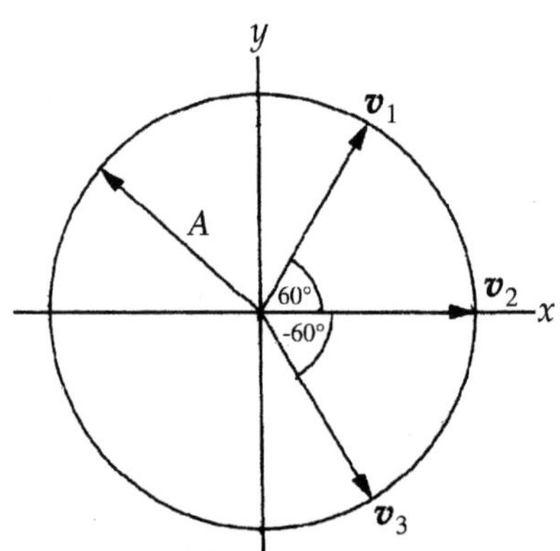

Der Abbildung können wir entnehmen, dass $\sum v_y = 0$ ist. Für die x-Komponente der Geschwindigkeit gilt

$\sum v_x = A\cos 60° + A\cos 60° + A = 2A$.

Der Betrag des resultierenden Vektors hängt mit seinen x- und seinen y-Komponenten zusammen über

$$v = \sqrt{\left(\sum v_x\right)^2 + \left(\sum v_x\right)^2} = \sqrt{(2A)^2 + (0)^2} = 2A,$$

und die Richtung des resultierenden Vektors ist gegeben durch

$$\theta = \operatorname{atan}\frac{\sum v_y}{\sum v_x} = \operatorname{atan}\frac{0}{2A} = 0.$$

Also gilt für die resultierende Welle

$$y_{\mathrm{res}}(x,t) = 2A\sin(kx - \omega t) = (0{,}1)\sin(kx - \omega t).$$

L16.32 Die Abbildung zeigt zwei Wellenfronten einer zweidimensionalen ebenen Welle, die mit dem Winkel θ zur x-Achse fortschreitet.

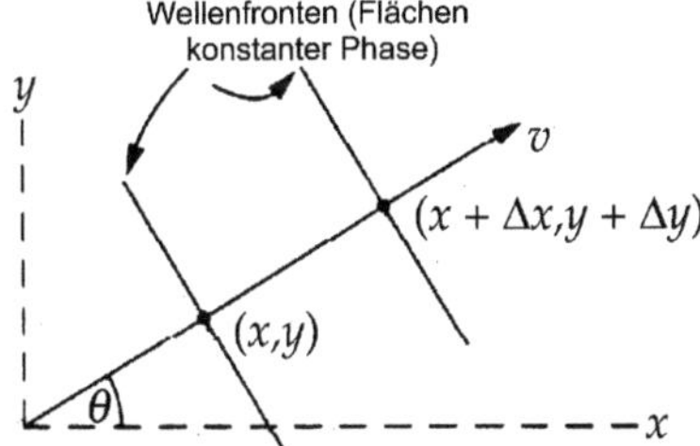

Zu einem bestimmten Zeitpunkt ist die Fläche konstanter Phase, also die Wellenfront, definiert durch

$$k_x x + k_y y = \delta \quad \text{bzw.} \quad y = -(k_x/k_y)x + \delta.$$

Darin ist δ die Phasendifferenz. Die Ausbreitungsrichtung der Welle steht senkrecht auf der Wellenfront und hat die Steigung k_y/k_x. Wir betrachten zwei Punkte (x,y) und $(x + \Delta x, y + \Delta y)$, die entlang der Ausbreitungsrichtung voneinander den Abstand λ haben. Für die Phasendifferenz δ an diesen beiden Punkten gilt dann

$$\frac{\delta}{\Delta r} = \frac{2\pi}{\lambda} \quad \text{und daher} \quad \delta = \frac{2\pi}{\lambda}\Delta r.$$

Darin ist $\Delta r = \sqrt{(\Delta x)^2 + (\Delta y)^2}$. Einsetzen von $\delta = 2\pi$ ergibt

$$2\pi = \frac{2\pi}{\lambda}\sqrt{(\Delta x)^2 + (\Delta y)^2}$$

sowie daraus

$$\lambda = \sqrt{(\Delta x)^2 + (\Delta y)^2}. \tag{1}$$

Wir drücken nun die Phasendifferenz durch die Wellenzahlen und die Differenz der Koordinaten beider Punkte aus:

$$\delta = k\,\Delta r = k_x\,\Delta x + k_y\,\Delta y.$$

Mit $\delta = 2\pi$ erhalten wir

$$k_x\,\Delta x + k_y\,\Delta y = 2\pi.$$

Wegen $\Delta y = (k_y/k_x)\Delta x$ ergibt sich weiterhin

$$k_x\,\Delta x + \frac{k_y^2}{k_x}\Delta x = 2\pi \quad \text{und daher} \quad \Delta x = \frac{2\pi k_x}{k_x^2 + k_y^2}.$$

Entsprechend ist

$$\Delta y = \frac{2\pi k_y}{k_x^2 + k_y^2}.$$

Einsetzen beider Koordinatendifferenzen in Gleichung 1 liefert

$$\lambda = \sqrt{\left(\frac{2\pi k_x}{k_x^2 + k_y^2}\right)^2 + \left(\frac{2\pi k_y}{k_x^2 + k_y^2}\right)^2} = \frac{2\pi}{\sqrt{k_x^2 + k_y^2}}.$$

Die Ausbreitungsgeschwindigkeit ist gegeben durch $v = \omega/k = \omega\lambda/(2\pi)$. Wir setzen den eben ermittelten Ausdruck für λ ein und erhalten:

$$v = \frac{\omega}{2\pi}\frac{2\pi}{\sqrt{k_x^2 + k_y^2}} = \frac{\omega}{\sqrt{k_x^2 + k_y^2}}.$$

Damit ergibt sich der Winkel zwischen der Ausbreitungsrichtung und der x-Achse zu

$$\theta = \operatorname{atan}\frac{\Delta y}{\Delta x} = \operatorname{atan}\frac{\dfrac{2\pi k_y}{k_x^2 + k_y^2}}{\dfrac{2\pi k_x}{k_x^2 + k_y^2}} = \operatorname{atan}\frac{k_y}{k_x}.$$

L16.33 a) Um die kinetische Energie der n-ten Schwingungsmode zu erhalten, müssen wir die Wellenfunktion

$$y_n(x,t) = A_n\sin k_n x\cos\omega_n t$$

der stehenden Welle nach der Zeit ableiten. Die Wellenzahlen sind dabei gegeben durch $k_n = 2\pi/\lambda_n$.

Für die Länge einer beidseitig eingespannten Saite gilt mit den Wellenlängen λ_n der n-ten Harmonischen:

$$\ell = n\frac{\lambda_n}{2}, \quad \text{mit} \quad n = 1, 2, 3, \ldots$$

Damit erhalten wir $\lambda_n = 2\ell/n$ und $k_n = n\pi/\ell$.

Dies setzen wir ein und leiten nach t ab:

$$\frac{\partial y}{\partial t} = \frac{\partial}{\partial t}(A_n\sin k_n x\cos\omega_n t) = -\omega_n A_n\sin k_n x\sin\omega_n t.$$

Mit dem gegebenen Ausdruck $\frac{1}{2}\mu\,(\partial y/\partial t)^2\,\Delta x$ erhalten wir für die kinetische Energie eines Segments der Länge Δx:

$$\begin{aligned}
E_{\mathrm{kin},\Delta x} &= \tfrac{1}{2}\mu\,(-\omega_n A_n\sin k_n x\sin\omega_n t)^2\,\Delta x\\
&= \tfrac{1}{2}\mu\,\omega_n^2 A_n^2\,(\sin^2 k_n x\sin^2\omega_n t)\,\Delta x.
\end{aligned}$$

Die Integration über die Länge liefert die gesamte kinetische Energie der Saite:

$$\begin{aligned}
E_{\mathrm{kin}} &= \tfrac{1}{2}\mu\,\omega_n^2 A_n^2\sin^2\omega_n t\int_0^\ell \sin^2(n\pi x/\ell)\,\mathrm{d}x\\
&= \tfrac{1}{4}m\,\omega_n^2 A_n^2\sin^2\omega_n t.
\end{aligned}$$

b) Bei maximaler kinetischer Energie muss gelten $\sin^2\omega_n t = 1$. Damit erhalten wir $E_{\mathrm{kin,max}} = \tfrac{1}{4}m\,\omega_n^2 A_n^2$.

c) Wir formen die vorige Gleichung für die maximale kinetische Energie um: Aus $\sin^2\omega_n t = 1$ wird $\omega_n t = \pi/2$.

Für die Wellenfunktion (siehe hierzu Teilaufgabe a) ergibt sich für $\omega_n t = \pi/2$:

$$y\left(x, \frac{\pi}{2\omega_n}\right) = A_n\sin k_n x\cos\frac{\pi}{2} = 0.$$

d) Mit $\omega_n = n\,\omega_1$ gilt mit der in Teilaufgabe b aufgestellten Formel für die maximale kinetische Energie:

$$E_{\text{kin,max}} = n^2 \left(\tfrac{1}{4}\, m\, \omega_1^2 A_n^2 \right).$$

Weil m und ω_1 konstant sind, ist $E_{\text{kin,max}}$ proportional zu $n^2 A_n^2$.

L16.34 a) Die Wellenfunktion der resultierenden Welle ist

$$y(x,t) = y_1(x,t) + y_2(x,t)$$
$$= A_1 \cos\omega_1 t \, \sin k_1 x + A_2 \cos\omega_2 t \, \sin k_2 x.$$

Die Ableitung nach der Zeit ergibt die Geschwindigkeit eines Abschnitts der Saite an der Stelle x:

$$v_y(x,t) = \frac{\partial}{\partial t}\left(A_1 \cos\omega_1 t \, \sin k_1 x + A_2 \cos\omega_2 t \, \sin k_2 x\right)$$
$$= -\omega_1 A_1 \sin\omega_1 t \, \sin k_1 x - \omega_2 A_2 \sin\omega_2 t \, \sin k_2 x.$$

b) Die kinetische Energie eines Abschnitts der Saite mit der Länge $\mathrm{d}x$ und der Masse $\mathrm{d}m$ ist

$$\mathrm{d}E_{\text{kin}} = \tfrac{1}{2} v_y^2 \, \mathrm{d}m = \tfrac{1}{2}\, \mu\, v_y^2 \, \mathrm{d}x$$
$$= \tfrac{1}{2}\, \mu \left(\omega_1 A_1 \sin\omega_1 t \, \sin k_1 x + \omega_2 A_2 \sin\omega_2 t \, \sin k_2 x\right)^2 \mathrm{d}x$$
$$= \tfrac{1}{2}\, \mu \left(\omega_1^2 A_1^2 \sin^2 \omega_1 t \, \sin^2 k_1 x \right.$$
$$+ 2\,\omega_1\,\omega_2 A_1 A_2 \sin\omega_1 t \, \sin k_1 x \, \sin\omega_2 t \, \sin k_2 x$$
$$\left. + \omega_2^2 A_2^2 \sin^2 \omega_2 t \, \sin^2 k_2 x \right) \mathrm{d}x.$$

c) Die Integration über die Länge ergibt die gesamte kinetische Energie der Saite:

$$E_{\text{kin}}$$
$$= \tfrac{1}{2}\, \mu \int_0^\ell \omega_1^2 A_1^2 \left(\sin^2 \omega_1 t \, \sin^2 k_1 x\right) \mathrm{d}x$$
$$+ \tfrac{1}{2}\, \mu \int_0^\ell 2\,\omega_1\,\omega_2 A_1 A_2 \left(\sin\omega_1 t \, \sin k_1 x \, \sin\omega_2 t \, \sin k_2 x\right) \mathrm{d}x$$
$$+ \tfrac{1}{2}\, \mu \int_0^\ell \omega_2^2 A_2^2 \left(\sin^2 \omega_2 t \, \sin^2 k_2 x\right) \mathrm{d}x$$
$$= \tfrac{1}{2}\, \mu\, \omega_1^2 A_1^2 \sin^2 \omega_1 t \int_0^\ell \sin^2 \frac{n_1\, \pi x}{\ell} \, \mathrm{d}x$$
$$+ \mu\, \omega_1\,\omega_2 A_1 A_2 \sin\omega_1 t \, \sin\omega_2 t \int_0^\ell \sin \frac{n_1\, \pi x}{\ell} \, \sin \frac{n_2\, \pi x}{\ell} \, \mathrm{d}x$$
$$+ \tfrac{1}{2}\, \mu\, \omega_2^2 A_2^2 \sin^2 \omega_2 t \int_0^\ell \sin^2 \frac{n_2\, \pi x}{\ell} \, \mathrm{d}x$$
$$= \left(\tfrac{1}{2}\, \mu\, \omega_1^2 A_1^2 \sin^2 \omega_1 t\right) \left(\tfrac{1}{2}\,\ell\right)$$
$$+ \left(\mu\, \omega_1\,\omega_2 A_1 A_2 \sin\omega_1 t \, \sin\omega_2 t\right) \cdot (0)_{n_1 \neq n_2}$$
$$+ \left(\tfrac{1}{2}\, \mu\, \omega_2^2 A_2^2 \sin^2 \omega_2 t\right) \left(\tfrac{1}{2}\,\ell\right)$$
$$= \tfrac{1}{4}\, m\, \omega_1^2 A_1^2 \sin^2 \omega_1 t + \tfrac{1}{4}\, m\, \omega_2^2 A_2^2 \sin^2 \omega_2 t.$$

Vergleichen Sie das mit dem Ausdruck für die kinetische Energie $E_{\text{kin}} = \tfrac{1}{4}\, \mu\, \omega_n^2 A_n^2 \sin^2 \omega_n t$ in Aufgabe 33.

L16.35 a) In einem Tabellenkalkulationsprogramm ist zur Berechnung der Funktion

$$f(x) = \frac{4}{\pi} \sum_{n=0}^{\infty} (-1)^n \frac{\cos\left[(2n+1)x\right]}{2n+1}$$

Folgendes einzugeben:

Zelle	Inhalt / Formel	Algebr. Ausdruck
A6	A5+0,1	$x + \Delta x$
B4	2*B3+1	$2n+1$
B5	(−1)^B$3*COS(B$4*$A5) /B$4*4/PI()	$f(x)$
C5	B5+(−1)^C$3*COS(C$4*$A5) /C$4*4/PI()	$f(x)$

In der folgenden Tabelle sind die Werte auszugsweise wiedergegeben.

	A	B	C	D	...	K	L
1							
2							
3		0	1	2		9	10
4		1	3	5		19	21
5	0,0	1,2732	0,8488	1,1035		0,9682	1,0289
6	0,1	1,2669	0,8614	1,0849		1,0314	0,9828
7	0,2	1,2479	0,8976	1,0352		1,0209	0,9912
8	0,3	1,2164	0,9526	0,9706		0,9680	1,0286
9	0,4	1,1727	1,0189	0,9130		1,0057	0,9742
10	0,5	1,1174	1,0874	0,8833		1,0298	1,0010
...							
130	12,5	1,2704	0,8544	1,0952		0,9924	1,0031
131	12,6	1,2757	0,8503	1,1013		0,9752	1,0213
132	12,7	1,2619	0,8711	1,0710		1,0287	0,9714
133	12,8	1,2386	0,9143	1,0141		1,0009	1,0126
134	12,9	1,2030	0,9740	0,9493		0,9691	1,0146
135	13,0	1,1554	1,0422	0,8990		1,0261	0,9685

Die Abbildung zeigt die vom Programm erzeugten Kurven für die Funktion $f(x)$. Die durchgezogene Kurve ging aus einem Term hervor (Spalten A und B in der Tabelle), die gestrichelte aus fünf Termen und die punktierte aus zehn Termen (Spalten A und K).

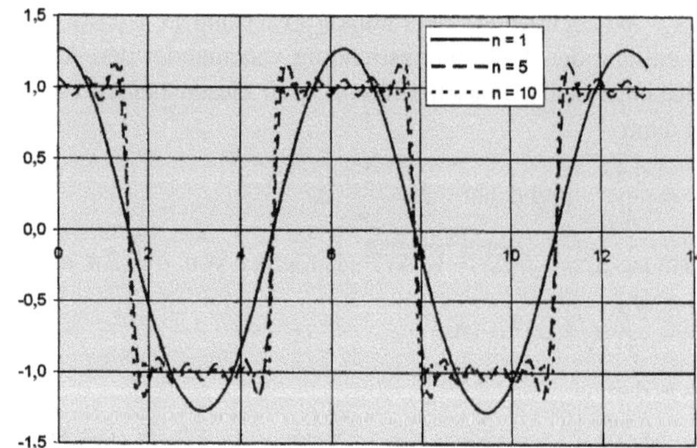

b) Wir berechnen die Funktion $f(x)$ an der Stelle 2π:

$$f(2\pi) = \frac{4}{\pi} \left(\frac{\cos 2\pi}{1} - \frac{\cos(3 \cdot 2\pi)}{3} \right.$$
$$\left. + \frac{\cos(5 \cdot 2\pi)}{5} - \frac{\cos(7 \cdot 2\pi)}{7} + - \cdots \right)$$
$$= \frac{4}{\pi} \left(1 - \frac{1}{3} + \frac{1}{5} - \frac{1}{7} + - \cdots \right)$$
$$= 1.$$

Der Ausdruck in Klammern ist gleich $\pi/4$, wie es der Leibniz'schen Reihendarstellung entspricht.

Thermodynamik

<h1>17A</h1>

Temperatur und die kinetische Gastheorie

A: Aufgaben

A17.1 • Wie können Sie feststellen, ob sich zwei Körper in thermischem Gleichgewicht miteinander befinden, wenn es nicht möglich ist, sie in thermischen Kontakt miteinander zu bringen?

A17.2 • Um welchen Faktor muss die absolute Temperatur eines Gases erhöht werden, um die quadratisch gemittelte Geschwindigkeit seiner Moleküle zu verdoppeln?

A17.3 • Wovon hängt die mittlere kinetische Energie der Moleküle des idealen Gases ab? a) Von der Anzahl der Mole des Gases und von der Temperatur, b) vom Druck und von der Temperatur, c) allein vom Druck, d) allein von der Temperatur.

A17.4 • Zwei unterschiedliche Gase haben die gleiche Temperatur. Was können Sie über die quadratisch gemittelten Geschwindigkeiten der Gasmoleküle sagen? Was können Sie über die mittleren kinetischen Energien der Moleküle sagen?

A17.5 • Ein Gasthermometer mit konstantem Volumen hat beim Tripelpunkt des Wassers einen Druck von 66 mbar. a) Wie hoch ist der Druck bei einer Temperatur von 300 K? b) Welche absolute Temperatur herrscht hier bei einem Druck von 0,9 bar?

A17.6 • Eine bestimmte Gasmenge wird auf gleich bleibendem Druck gehalten. Um welchen Faktor ändert sich ihr Volumen, wenn die Temperatur von 50 °C auf 100 °C erhöht wird?

A17.7 • Ein 10-l-Behälter enthält Gas bei einer Temperatur von 0 °C und einem Druck von 4 bar. Wie viele Mole an Gas befinden sich im Behälter? Wie viele Gasmoleküle enthält er?

A17.8 • Berechnen Sie die innere Energie (nur der Translation) von 1 l Sauerstoffgas bei einer Temperatur von 0 °C und einem Druck von 1 bar.

A17.9 • Berechnen Sie die quadratisch gemittelte Geschwindigkeit und die mittlere kinetische Energie von Wasserstoffatomen bei einer Temperatur von 10^7 K. (Bei dieser Temperatur, die in der Größenordnung der Temperatur im Inneren von Sternen liegt, sind die Wasserstoffatome ionisiert, bestehen also nur aus einem einzelnen Proton.)

A17.10 • In einem einfachen Modell der Struktur von Festkörpern nimmt man eine regelmäßige Anordnung der Atome an, wobei jedes von ihnen eine bestimmte Gleichgewichtsposition hat und über Federkräfte mit seinen Nachbarn verbunden ist. Jedes Atom kann in x-, y- und z-Richtung schwingen. In diesem Modell ist die Gesamtenergie eines Atoms

$$E_{\text{ges}} = \tfrac{1}{2} m v_x^2 + \tfrac{1}{2} m v_y^2 + \tfrac{1}{2} m v_z^2 + + \tfrac{1}{2} k x^2 + \tfrac{1}{2} k y^2 + \tfrac{1}{2} k z^2.$$

Wie hoch ist bei der Temperatur T die mittlere Energie eines Atoms im Festkörper? Wie hoch ist dabei die innere Energie von 1 mol eines solchen Festkörpers?

A17.11 •• Zwei identische Behälter enthalten unterschiedliche ideale Gase bei gleichem Druck und gleicher Temperatur. Welche der folgenden Aussagen trifft bzw. treffen dann zu? a) Die Anzahlen der Gasteilchen in beiden Behältern sind gleich. b) Die Gesamtmassen an Gas in beiden Behältern sind gleich. c) Die mittleren Geschwindigkeiten der Gasmoleküle in beiden Behältern sind gleich. d) Keine dieser Aussagen trifft zu.

A17.12 •• Ein Gefäß enthält gleich viele Mole an Helium, He, und an Methan, CH_4. Wie groß ist das Verhältnis der quadratisch gemittelten Atom- bzw. Molekülgeschwindigkeit des Heliums zu der des Methans? a) 1, b) 2, c) 4, d) 16.

A17.13 •• Erklären Sie im Hinblick auf die Molekülbewegungen, warum der Druck auf die Wände eines Behälters ansteigt, wenn eine bestimmte Gasmenge bei gleich bleibendem Volumen erwärmt wird.

A17.14 •• Die Fluchtgeschwindigkeit auf dem Mars beträgt 5,0 km/s, und seine Oberflächentemperatur liegt durchschnittlich bei 0 °C. Berechnen Sie die quadratisch gemittelten Geschwindigkeiten für a) H_2, b) O_2 und c) CO_2 bei dieser Temperatur. d) Ist es nach dem in diesem Kapitel erarbeiteten Kriterium wahrscheinlich, dass die Atmosphäre des Mars H_2, O_2 bzw. CO_2 enthält?

A17.15 •• Eine Autofahrerin pumpt die Reifen ihres Autos auf einen Druck von 180 kPa auf, während die Temperatur bei $-8,0$ °C liegt. Als sie ihr Fahrtziel erreicht hat, ist der Reifendruck auf 245 kPa angestiegen. Wie hoch ist dann die Temperatur der Reifen, wenn angenommen wird, dass sie sich a) nicht ausdehnen, bzw. b) um 7 % ausdehnen?

A17.16 •• Ein Zimmer hat eine Größe von 6 m mal 5 m mal 3 m. a) Wie viele Mole Luft befinden sich im Zimmer, wenn der Luftdruck bei 1 bar liegt und eine Temperatur von 300 K herrscht? b) Wie viele Mole Luft entweichen aus dem Zimmer, wenn die Temperatur um 5 K ansteigt, während der Luftdruck gleich bleibt?

A17.17 •• Bei einem Druck von 1 bar liegt der Siedepunkt von Helium bei 4,2 K. Wie groß ist bei diesem Druck das Gasvolumen, wenn 10 g flüssiges Helium vollständig verdampft wurden und die Temperatur a) 4,2 K bzw. b) 293 K beträgt?

A17.18 •• Berechnen Sie die Dichte (die Masse pro Volumeneinheit) von Luft bei einer Temperatur von 24 °C und einem Druck von 1 bar. Verwenden Sie dabei die Zustandsgleichung des idealen Gases und nehmen Sie an, dass die Luft zu 74 % aus N_2 und zu 26 % aus O_2 besteht.

A17.19 •• Ein Taucher befindet sich 40 m tief in einem See, wo die Temperatur bei 5 °C liegt. Aus seinem Atemgerät entweicht eine Luftblase mit einem Volumen von 15 cm^3. Die Blase steigt an die Oberfläche, wo eine Temperatur von 25 °C herrscht. Wie groß ist das Volumen der Luftblase unmittelbar vor dem Erreichen der Wasseroberfläche? (*Hinweis:* Beachten Sie, dass sich beim Aufsteigen auch der Druck ändert.)

A17.20 •• Zeigen Sie, dass $f(v)$ gemäß Gleichung 17.29 maximal ist, wenn $v = \sqrt{2k_B T/m}$ ist. (*Hinweis:* Setzen Sie $df/dv = 0$ und lösen Sie nach v auf.)

A17.21 •• Bei neueren Experimenten mit Atomfallen und Laserkühlung konnte man Rubidium und andere Substanzen als atomare Gase mit sehr geringer Dichte realisieren, wobei Temperaturen im Bereich von Nanokelvin (nK, 10^{-9} K) erreicht wurden. Die Atome werden dabei mit Magnetfeldern und Lasern in Ultrahochvakuumkammern eingefangen und gekühlt. Eine Methode zum Messen der Temperatur von derart eingefangenen Gasmolekülen besteht darin, die Falle abzuschalten und die Zeitspanne zu messen, in der die Moleküle eine bestimmte Strecke weit fallen. Nehmen Sie an, ein Gas aus Rubidiumatomen hat eine Temperatur von 120 nK. Berechnen Sie, welche Zeit ein Atom mit der quadratisch gemittelten Geschwindigkeit des Gases benötigt, um 10 cm weit zu fallen, wenn es sich a) anfangs direkt nach unten bewegt bzw. wenn es sich b) anfangs direkt nach oben bewegt. Nehmen Sie an, dass das Atom auf seiner Flugbahn mit keinem anderen Atom zusammenstößt.

A17.22 •• Wasser, H_2O, kann elektrolytisch zu H_2 und O_2 zersetzt werden. Wie viele Mole dieser Gase entstehen bei der Elektrolyse von 2 Liter Wasser?

A17.23 •• Ein Zylinder enthält eine Mischung von Stickstoffgas (N_2) und Wasserstoffgas (H_2). Bei der Temperatur T_1 seien sämtliche Stickstoffmoleküle dissoziiert, jedoch keines der Wasserstoffmoleküle. Der Druck sei dabei P_1. Wenn die Temperatur auf $T_2 = 2 T_1$ verdoppelt wird, dann soll sich der Druck verdreifachen, weil nun auch alle Wasserstoffmoleküle dissoziiert sind. In welchem Massenverhältnis liegen die beiden Gase im Zylinder vor?

A17.24 •• Bei einer Temperatur von 300 K und einem Druck von 1 bar ist die mittlere freie Weglänge von O_2-Molekülen $\lambda = 7,1 \cdot 10^{-8}$ m. Schätzen Sie mit Hilfe dieser Daten die Größe eines O_2-Moleküls ab.

A17.25 ••• Die nachstehende Tabelle enthält Werte des Integrals $(4/\sqrt{\pi}) \int_0^x z^2 e^{-z^2} \, dz$ für verschiedene Werte von x. Beantworten Sie mit Hilfe dieser Werte folgende Fragen: a) Welcher Anteil der Moleküle in O_2-Gas hat bei 273 K Geschwindigkeiten unter 400 m/s? b) Welcher Prozentsatz der Moleküle hat im gleichen Gas Geschwindigkeiten zwischen 190 m/s und 565 m/s?

x	$\left(\dfrac{4}{\sqrt{\pi}}\right) \int_0^x z^2 e^{-z^2} \, dz$
0,1	$7,48 \cdot 10^{-4}$
0,2	$5,88 \cdot 10^{-3}$
0,3	0,019
0,4	0,044
0,5	0,081
0,6	0,132
0,7	0,194
0,8	0,266
0,9	0,345
1,0	0,438
1,5	0,788
2,0	0,954

17L Temperatur und die kinetische Gastheorie

L: Lösungen

L17.1 Setzen Sie jeden Körper in thermisches Gleichgewicht mit einem dritten, beispielsweise einem Thermometer. Wenn beide Körper mit dem dritten in thermischem Gleichgewicht sind, dann sind sie es auch miteinander.

L17.2 Zwischen der quadratisch gemittelten Geschwindigkeit v_{rms} und der absoluten Temperatur T besteht folgender Zusammenhang: $v_{rms} = \sqrt{3RT/m_{Mol}}$. Darin ist R die Gaskonstante und m_{Mol} die molare Masse. Daher ist v_{rms} proportional zur Quadratwurzel aus der Temperatur, und diese muss vervierfacht werden, um die quadratisch gemittelte Geschwindigkeit der Moleküle zu verdoppeln.

L17.3 Die mittlere kinetische Energie der Teilchen des idealen Gases ist gegeben durch $\langle E_{kin} \rangle = \frac{3}{2} k_B T$. Also ist Aussage d richtig.

L17.4 Zwischen der quadratisch gemittelten Geschwindigkeit v_{rms} der Teilchen und der Temperatur T des idealen Gases besteht folgender Zusammenhang: $v_{rms} = \sqrt{3RT/m_{Mol}}$.

Bei gleicher Temperatur sind die quadratisch gemittelten Geschwindigkeiten der Gasteilchen daher umgekehrt proportional zu den molaren Massen.

Die mittlere kinetische Energie der Teilchen des idealen Gases ist gegeben durch $\langle E_{kin} \rangle = \frac{3}{2} k_B T$. Bei gleicher Temperatur sind die mittleren kinetischen Energien also gleich.

L17.5 Das Gasthermometer zeigt beim Tripelpunkt des Wassers 66 mbar an, und wir können es kalibrieren. Seine absolute Temperatur bzw. sein Druck sind proportional zu dem Druck bei einer bestimmten Temperatur bzw. zur Temperatur bei einem bestimmten Druck. Gemäß der Temperaturskala der absoluten Temperatur gilt

$$T = \frac{273{,}16 \text{ K}}{P_3} P = \frac{273{,}16 \text{ K}}{66 \text{ mbar}} P = \left(4{,}14 \, \frac{\text{K}}{\text{mbar}} \right) P .$$

a) Auflösen nach P und Einsetzen des gegebenen Temperaturwerts ergibt

$$P = (0{,}241 \text{ mbar/K}) \, T = (0{,}241 \text{ mbar/K}) \, (300 \text{ K})$$
$$= 72{,}5 \text{ mbar} .$$

b) Bei einem Druck von 900 mbar ist

$$T = (4{,}14 \text{ K/mbar}) \, (900 \text{ mbar}) = 3726 \text{ K} .$$

L17.6 Wir verwenden den Index 1 für das Gas bei 50 °C und den Index 2 für das Gas bei 100 °C. Gemäß der Zustandsgleichung für das ideale Gas gilt $P_2 V_2 / T_2 = P_1 V_1 / T_1$.
Wegen $P_2 = P_1$ ist $V_2/V_1 = T_2/T_1$.
Einsetzen der gegebenen Werte ergibt

$$\frac{V_2}{V_1} = \frac{(273{,}15 + 100) \text{ K}}{(273{,}15 + 50) \text{ K}} = 1{,}15 .$$

L17.7 Die Anzahl der Mole im Behälter ermitteln wir mit der Zustandsgleichung $PV = \tilde{n} RT$ für ideale Gase, und die Anzahl der Moleküle ergibt sich dann mit Hilfe der Avogadro-Zahl n_A. Die Molanzahl ist $\tilde{n} = PV/(RT)$. Einsetzen der Werte liefert

$$\tilde{n} = \frac{(4 \text{ bar}) \, (10 \text{ l})}{(8{,}314 \cdot 10^{-2} \, \text{l} \cdot \text{bar} \cdot \text{mol}^{-1} \cdot \text{K}^{-1}) \, (273 \text{ K})} = 1{,}76 \text{ mol} .$$

Die Anzahl der Moleküle ist $n = \tilde{n} n_A$. Mit der Avogadro-Zahl $n_A = 6{,}022 \cdot 10^{23} \text{ mol}^{-1}$ ist somit $n = 1{,}06 \cdot 10^{24}$ Moleküle.

L17.8 Die Energie der Translation von $\tilde{n}$ Molen eines Gases ist gegeben durch $E_{kin} = \frac{3}{2} \tilde{n} RT$, und für das ideale Gas gilt die Zustandsgleichung $PV = \tilde{n} RT$. Einsetzen von PV in die erste Gleichung ergibt $E_{kin} = \frac{3}{2} PV$. Also ist $E_{kin} = \frac{3}{2} (100 \text{ kPa}) \, (10^{-3} \text{ m}^{-3}) = 150 \text{ J}$.

L17.9 Die Temperatur ist gegeben, und wir kennen die molare Masse des Wasserstoffatoms. Also können wir mit der Beziehung $v_{rms} = \sqrt{3RT/m_{Mol}}$ die quadratisch gemittelte Geschwindigkeit der Atome berechnen. Einsetzen der Werte ergibt

$$v_{rms} = \sqrt{\frac{3 \, (8{,}314 \text{ J} \cdot \text{mol}^{-1} \cdot \text{K}^{-1}) \, (10^7 \text{ K})}{10^{-3} \text{ kg} \cdot \text{mol}^{-1}}} = 499 \text{ km} \cdot \text{s}^{-1} .$$

Die mittlere kinetische Energie eines Atoms ist $\langle E_{\mathrm{kin}}\rangle = \frac{3}{2}\,k_{\mathrm{B}}\,T$. Damit ergibt sich $\langle E_{\mathrm{kin}}\rangle = \frac{3}{2}\,(1{,}381\cdot 10^{-23}\ \mathrm{J\cdot K^{-1}})\,(10^{7}\ \mathrm{K}) = 2{,}07\cdot 10^{-16}\ \mathrm{J}$.

L17.10 Weil im Ausdruck für die Gesamtenergie sechs quadratische Terme auftreten, können wir vermuten, dass sechs Freiheitsgrade vorliegen. Weil sich das System im Gleichgewicht befindet, entfällt in diesem Fall auf einen Freiheitsgrad die Energie $\frac{1}{2}\,k_{\mathrm{B}}\,T$ pro Atom bzw. $\frac{1}{2}\,R\,T$ pro Mol.

Die mittlere Energie pro Atom hängt also von der Temperatur und von der Anzahl n der Freiheitsgrade folgendermaßen ab:

$$\langle E_{\mathrm{Atom}}\rangle = n\left(\tfrac{1}{2}\,k_{\mathrm{B}}\,T\right) = 6\left(\tfrac{1}{2}\,k_{\mathrm{B}}\,T\right) = 3\,k_{\mathrm{B}}\,T.$$

Entsprechend gilt für die Abhängigkeit der Gesamtenergie eines Mols von der Temperatur und der Anzahl der Freiheitsgrade:

$$\langle E_{\mathrm{Mol}}\rangle = n\left(\tfrac{1}{2}\,R\,T\right) = 6\left(\tfrac{1}{2}\,R\,T\right) = 3\,R\,T.$$

L17.11 Wir verwenden die Zustandsgleichung für das ideale Gas, um festzustellen, welche Aussage zutrifft bzw. zutreffen. Im Behälter 1 ist $P_1\,V_1 = n_1\,k_{\mathrm{B}}\,T_1$, und im Behälter 2 ist $P_2\,V_2 = n_2\,k_{\mathrm{B}}\,T_2$. Wir dividieren die erste durch die zweite Gleichung:

$$\frac{P_1\,V_1}{P_2\,V_2} = \frac{n_1\,k_{\mathrm{B}}\,T_1}{n_2\,k_{\mathrm{B}}\,T_2}.$$

Weil die Behälter gleiche Volumina haben und der Druck in ihnen gleich ist, folgt: $1 = n_1/n_2$ und damit $n_1 = n_2$. Also ist Aussage a richtig.

L17.12 Die quadratisch gemittelte Geschwindigkeit der Gasmoleküle ist gegeben durch $v_{\mathrm{rms}} = \sqrt{3\,R\,T/m_{\mathrm{Mol}}}$. Für die Heliumatome ist also $v_{\mathrm{rms,He}} = \sqrt{3\,R\,T/m_{\mathrm{Mol,He}}}$ und für die CH_4-Moleküle entsprechend $v_{\mathrm{rms,CH_4}} = \sqrt{3\,R\,T/m_{\mathrm{Mol,CH_4}}}$. Wir dividieren beide Gleichungen und setzen die nachzuschlagenden Molmassenwerte ein:

$$\frac{v_{\mathrm{rms,He}}}{v_{\mathrm{rms,CH_4}}} = \sqrt{\frac{m_{\mathrm{Mol,CH_4}}}{m_{\mathrm{Mol,He}}}} = \sqrt{\frac{16\ \mathrm{g\cdot mol^{-1}}}{4\ \mathrm{g\cdot mol^{-1}}}} = 2.$$

Also ist der Wert b richtig.

L17.13 Der Druck ist ein Maß für die zeitliche Änderung des Impulses, die ein Gasmolekül beim Stoß auf die Behälterwand erfährt. Wenn das Gas erwärmt wird, steigt die mittlere Geschwindigkeit, also auch der mittlere Impuls und somit der Druck, den die Moleküle auf die Behälterwand ausüben.

L17.14 Die quadratisch gemittelte Geschwindigkeit der Gasmoleküle ist gegeben durch $v_{\mathrm{rms}} = \sqrt{3\,R\,T/m_{\mathrm{Mol}}}$. Wir berechnen mit dieser Formel die Werte für die Gase H_2, O_2 und CO_2 bei 273 K und vergleichen sie mit 20 % der Fluchtgeschwindigkeit auf dem Mars. Das gibt Aufschluss über die Wahrscheinlichkeit, dass das jeweilige Gas in der Atmosphäre des Mars vorhanden ist. Wir erhalten folgende Werte:

a) für Wasserstoff:

$$v_{\mathrm{rms,H_2}} = \sqrt{\frac{3\,(8{,}314\ \mathrm{J\cdot mol^{-1}\cdot K^{-1}})\,(273\ \mathrm{K})}{2\cdot 10^{-3}\ \mathrm{kg\cdot mol^{-1}}}} = 1{,}85\ \mathrm{km/s},$$

b) mit $m_{\mathrm{Mol}} = 32\cdot 10^{-3}\ \mathrm{kg\cdot mol^{-1}}$ für Sauerstoff:

$$v_{\mathrm{rms,O_2}} = 461\ \mathrm{m/s},$$

c) mit $m_{\mathrm{Mol}} = 44\cdot 10^{-3}\ \mathrm{kg\cdot mol^{-1}}$ für Kohlendioxid:

$$v_{\mathrm{rms,CO_2}} = 393\ \mathrm{m/s}.$$

d) Ein Fünftel der Fluchtgeschwindigkeit auf dem Mars entspricht $\frac{1}{5}\,(5\ \mathrm{km/s}) = 1\ \mathrm{km/s}$. Dieser Wert ist höher als die quadratisch gemittelte Geschwindigkeit der CO_2- und der O_2-Moleküle, jedoch geringer als die der H_2-Moleküle. Daher enthält die Atmosphäre des Mars von den genannten Gasen nur Sauerstoff und Kohlendioxid, jedoch keinen Wasserstoff.

L17.15 Wir verwenden den Index 1 für den Reifendruck 180 kPa und den Index 2 für den Reifendruck 245 kPa. Wir nehmen an, dass sich die Luft in den Reifen wie ein ideales Gas verhält.

a) Für eine gegebene Gasmenge lautet die Zustandsgleichung $P_2\,V_2/T_2 = P_1\,V_1/T_1$.

Weil das Volumen konstant bleibt, ergibt sich für die gesuchte Temperatur: $T_2 = T_1\,P_2/P_1$. Wir setzen die gegebenen Werte ein:

$$T_2 = (265\ \mathrm{K})\,\frac{180\ \mathrm{kPa}}{245\ \mathrm{kPa}} = 360{,}7\ \mathrm{K} = 87{,}7\ ^\circ\mathrm{C}.$$

b) Wir verwenden noch einmal die erste Gleichung und setzen dabei $V_2 = 1{,}07\,V_1$. Damit erhalten wir

$$T_2 = \frac{P_2\,V_2}{P_1\,V_1}\,T_1 = 1{,}07\left(\frac{P_2}{P_1}\,T_1\right).$$

Dies ergibt $T_2 = 1{,}07\,(360{,}7\ \mathrm{K}) = 386\ \mathrm{K} = 113\ ^\circ\mathrm{C}$.

L17.16 a) Die Anzahl der Mole an Luft im Zimmer hängt gemäß der Zustandsgleichung für das ideale Gas von der Temperatur und vom Druck ab:

$$\tilde{n} = \frac{P\,V}{R\,T}. \tag{1}$$

Einsetzen der Werte ergibt

$$\tilde{n} = \frac{(100\ \mathrm{kPa})\,(90\ \mathrm{m^3})}{(8{,}314\ \mathrm{J\cdot mol^{-1}\cdot K^{-1}})\,(300\ \mathrm{K})} = 3{,}61\cdot 10^{3}\ \mathrm{mol}.$$

b) Die Anzahl der Mole im Zimmer nach der Erhöhung der Temperatur um 5 $^\circ$C bezeichnen wir mit $\tilde{n}'$. Die Änderung der Molanzahl ist also $\Delta n = \tilde{n} - \tilde{n}'$. Analog zu Gleichung 1 gilt

$$\tilde{n}' = \frac{P\,V}{R\,T'}. \tag{2}$$

Dividieren von Gleichung 2 durch Gleichung 1 ergibt $\tilde{n}'/\tilde{n} = T/T'$ und damit $\tilde{n}' = \tilde{n}\,T/T'$. Damit ist die Änderung der Molanzahl

$$\Delta\tilde{n} = \tilde{n} - \tilde{n}\,\frac{T}{T'} = \tilde{n}\left(1 - \frac{T}{T'}\right).$$

Einsetzen ergibt

$$\Delta\tilde{n} = (3{,}61\cdot 10^{3}\ \mathrm{mol})\left(1 - \frac{300\ \mathrm{K}}{305\ \mathrm{K}}\right) = 59{,}2\ \mathrm{mol}.$$

L17.17 Wir verwenden den Index 1 für das Heliumgas bei 4,2 K und den Index 2 bei 293 K. Wir können die Zustandsgleichung für das ideale Gas ansetzen, um das Volumen einer bestimmten Gasmenge bei 4,2 K zu berechnen. Die Molanzahl berechnen wir aus der gegebenen Masse und der nachzuschlagenden Molmasse. Dann berechnen wir das Volumen bei 293 K.

a) Bei der tieferen Temperatur lautet die Zustandsgleichung $V_1 = \tilde{n} R T / P_1$. Damit erhalten wir

$$V_1 = \tilde{n}\,\frac{(0{,}083\,14\,1\cdot\text{bar}\cdot\text{mol}^{-1}\cdot\text{K}^{-1})\,(4{,}2\,\text{K})}{1\,\text{bar}}$$
$$= (0{,}3491\,1\cdot\text{mol}^{-1})\,\tilde{n}.$$

Die Molanzahl von 10 g Helium ist

$$\tilde{n} = \frac{10\,\text{g}}{4\,\text{g}\cdot\text{mol}^{-1}} = 2{,}5\,\text{mol}.$$

Dies setzen wir in den Ausdruck für das Volumen ein und erhalten $V_1 = (0{,}3491\,1\cdot\text{mol}^{-1})\,(2{,}5\,\text{mol}) = 0{,}873\,1$.

b) Mit Hilfe der Zustandsgleichung $P_2 V_2 / T_2 = P_1 V_1 / T_1$ berechnen wir das Volumen der gegebenen Menge an Helium bei 293 K, wobei wir berücksichtigen, dass $P_1 = P_2$ ist:

$$V_2 = \frac{T_2}{T_1}\,V_1 = \frac{293\,\text{K}}{4{,}2\,\text{K}}\,(0{,}873\,1) = 60{,}9\,1.$$

L17.18 Die Anzahldichten (also die Anzahlen der Teilchen pro Volumeneinheit) der N_2- bzw. der O_2-Moleküle bezeichnen wir mit ρ_{n,N_2} bzw. ρ_{n,O_2}. Damit ist die Massendichte der Luft $\rho_{\text{Luft}} = m_{N_2}\,\rho_{n,N_2} + m_{O_2}\,\rho_{n,O_2}$. Aus der Zustandsgleichung $PV = nk_B T$ für das ideale Gas ergibt sich die Abhängigkeit der Anzahldichte n/V vom Druck und von der Temperatur: $n/V = P/(k_B T)$. Einsetzen ergibt

$$\frac{n}{V} = \frac{1\cdot 10^5\,\text{N}\cdot\text{m}^{-2}}{(1{,}381\cdot 10^{-23}\,\text{J}\cdot\text{K}^{-1})\,(297\,\text{K})} = 2{,}43\cdot 10^{25}\,\text{m}^{-3}.$$

Mit der gegebenen Zusammensetzung (74 % N_2 und 26 % O_2) erhalten wir also

$$\rho_{n,N_2} = 0{,}74\,\frac{n}{V} = 1{,}80\cdot 10^{25}\,\text{m}^{-3},$$

$$\rho_{n,O_2} = 0{,}26\,\frac{n}{V} = 6{,}34\cdot 10^{24}\,\text{m}^{-3}.$$

Die Massen der beiden Molekülsorten sind:

$$m_{N_2} = (28\,\text{u})\,(1{,}660\cdot 10^{-27}\,\text{kg}\cdot\text{u}^{-1}) = 4{,}65\cdot 10^{-26}\,\text{kg},$$

$$m_{O_2} = (32\,\text{u})\,(1{,}660\cdot 10^{-27}\,\text{kg}\cdot\text{u}^{-1}) = 5{,}31\cdot 10^{-26}\,\text{kg}.$$

Einsetzen in die erste Gleichung ergibt

$$\rho_{\text{Luft}} = (4{,}65\cdot 10^{-26}\,\text{kg})\,(1{,}80\cdot 10^{25}\,\text{m}^{-3})$$
$$+ (5{,}31\cdot 10^{-26}\,\text{kg})\,(6{,}34\cdot 10^{24}\,\text{m}^{-3}) = 1{,}18\,\text{kg}\cdot\text{m}^{-3}.$$

L17.19 Wir verwenden den Index 1 für die Bedingungen in 40 m Tiefe und den Index 2 für die Bedingungen an der Oberfläche. Gemäß der Zustandsgleichung gilt für eine bestimmte Menge eines idealen Gases $P_2 V_2 / T_2 = P_1 V_1 / T_1$. Das Volumen der Luftblase unmittelbar vor dem Erreichen der Oberfläche ist

$$V_2 = V_1\,\frac{T_2 P_1}{T_1 P_2}.$$

Damit erhalten wir für den Druck in 40 m Tiefe

$$P_1 = P_{\text{Atm}} + \rho g h$$
$$= (101{,}3\,\text{kPa}) + (10^3\,\text{kg}\cdot\text{m}^{-3})\,(9{,}81\,\text{m}\cdot\text{s}^{-2})\,(40\,\text{m})$$
$$= 493{,}7\,\text{kPa}.$$

Einsetzen ergibt für das Volumen der Luftblase an der Oberfläche

$$V_2 = (15\,\text{cm}^3)\,\frac{(298\,\text{K})\,(493{,}7\,\text{kPa})}{(278\,\text{K})\,(101{,}3\,\text{kPa})} = 78{,}4\,\text{cm}^3.$$

L17.20 Die Extrema der Maxwell-Boltzmann'schen Geschwindigkeitsverteilung erhält man durch Nullsetzen ihrer Ableitung nach der Geschwindigkeit v. Wir leiten zunächst nach v ab:

$$\frac{df}{dv} = \frac{d}{dv}\left[\frac{4}{\sqrt{\pi}}\left(\frac{m}{2k_B T}\right)^{3/2} v^2\,e^{-mv^2/(2k_B T)}\right]$$
$$= \frac{4}{\sqrt{\pi}}\left(\frac{m}{2k_B T}\right)^{3/2}\left(2v - \frac{mv^3}{k_B T}\right)e^{-mv^2/(2k_B T)}.$$

Nun setzen wir die Ableitung gleich null:

$$2v - \frac{mv^3}{k_B T} = 0.\quad \text{Das ergibt}\quad v = \sqrt{\frac{2k_B T}{m}}.$$

Aus der Auftragung von $f(v)$ gegen v wird klar, dass dieser Extremwert ein Maximum ist. Die Kurve hat hier eine konkave Krümmung. (Dass ein Maximum vorliegt, wird auch daraus deutlich, dass bei $v = \sqrt{2k_B T/m}$ die zweite Ableitung negativ ist: $d^2 f/dv^2 < 0$.)

L17.21 Wir wählen das Koordinatensystem am besten so, dass die positive Richtung nach unten weist. Die Fallbewegung können wir als gleichförmig beschleunigt ansehen, wobei die Erdbeschleunigung g wirkt. Die Fallstrecke der Atome können wir dann aus der Anfangsgeschwindigkeit, der Fallzeit und der quadratisch gemittelten Geschwindigkeit v_{rms} ermitteln.

a) Die Fallstrecke ist gegeben durch $y = v_0 t + \frac{1}{2} g t^2$.

Die quadratisch gemittelte Geschwindigkeit der Atome ist $v_{\text{rms}} = \sqrt{3 R T / m_{\text{Mol}}}$.

Einsetzen der gegebenen bzw. bekannten Werte ergibt

$$v_{\text{rms}} = \sqrt{\frac{3\,(1{,}381\cdot 10^{-23}\,\text{J}\cdot\text{K}^{-1})\,(120\,\text{nK})}{(85{,}47\,\text{u})\,(1{,}660\cdot 10^{-27}\,\text{kg}\cdot\text{u}^{-1})}}$$
$$= 5{,}92\cdot 10^{-3}\,\text{m}\cdot\text{s}^{-1}.$$

Wir setzen $v_{\text{rms}} = v_0$ in die erste Gleichung für die Fallstrecke y ein:

$$0{,}1\,\text{m} = (5{,}92\cdot 10^{-3}\,\text{m}\cdot\text{s}^{-1})\,t + \tfrac{1}{2}\,(9{,}81\,\text{m}\cdot\text{s}^{-2})\,t^2.$$

Das ergibt $t = 0{,}142\,\text{s}$.

b) Wenn sich das Atom anfangs nach oben bewegt, ist $v_{\text{rms}} = v_0 = -5{,}92\cdot 10^{-3}\,\text{m}\cdot\text{s}^{-1}$. Einsetzen in die erste Gleichung liefert

$$0{,}1\,\text{m} = (-5{,}92\cdot 10^{-3}\,\text{m}\cdot\text{s}^{-1})\,t + \tfrac{1}{2}\,(9{,}81\,\text{m}\cdot\text{s}^{-2})\,t^2.$$

Damit erhalten wir $t = 0{,}143\,\text{s}$.

L17.22 Die Anzahl der Mole in 2 l Wasser können wir aus der Molmasse ermitteln. Jedes Wassermolekül enthält zwei Wasserstoffatome und ein Sauerstoffatom; daher entstehen bei der Elektrolyse aus einem Wassermolekül ein Wasserstoffmolekül und rechnerisch ein halbes Sauerstoffmolekül. Die Reaktionsgleichung können wir also folgendermaßen schreiben:

$$\tilde{n}_{H_2O} \longrightarrow \tilde{n}_{H_2} + \tfrac{1}{2}\tilde{n}_{O_2}.$$

Die Anzahl der Mole in 2 l Wasser ist

$$\tilde{n}_{H_2O} = \frac{2000\ \text{g}}{18\ \text{g}\cdot\text{mol}^{-1}} = 111\ \text{mol}.$$

Ebenso groß ist, wie aus der Reaktionsgleichung hervorgeht, die Molanzahl des entstehenden Wasserstoffs: $\tilde{n}_{H_2} = 111\ \text{mol}$; die Molanzahl des entstehenden Sauerstoffs ist halb so groß: $\tilde{n}_{O_2} = 55{,}5\ \text{mol}$.

L17.23 Wir können jeweils die Zustandsgleichung für das ideale Gas ansetzen. Bei der Temperatur T_1 sind nur die Stickstoffmoleküle dissoziiert, und es ist

$$P_1 V = (2\tilde{n}_{N_2} + \tilde{n}_{H_2})\,R\,T_1.$$

Bei der doppelt so hohen Temperatur sind auch die Wasserstoffmoleküle dissoziiert, und mit dem dreimal so hohen Druck gilt:

$$3P_1 V = (2\tilde{n}_{N_2} + 2\tilde{n}_{H_2})\,R\,T_1.$$

Wir dividieren die zweite Gleichung durch die erste und vereinfachen. Das ergibt $\tilde{n}_{H_2} = 2\tilde{n}_{N_2}$. Die Masse des vorhandenen Stickstoffs ist $m_N = \tilde{n}_{N_2}\,m_{\text{Mol},N_2} = \tilde{n}_{N_2}\,(28\ \text{g}\cdot\text{mol}^{-1})$. Also ist die Molanzahl des Stickstoffs gegeben durch $\tilde{n}_{N_2} = m_N/(28\ \text{g}\cdot\text{mol}^{-1})$.

Entsprechend gilt für die Molanzahl des Wasserstoffs: $\tilde{n}_{H_2} = m_H/(2\ \text{g}\cdot\text{mol}^{-1})$. Wir setzen die beiden Molanzahlen in die obige Beziehung $\tilde{n}_{H_2} = 2\tilde{n}_{N_2}$ ein:

$$\frac{m_H}{2\ \text{g}\cdot\text{mol}^{-1}} = \frac{2\,m_N}{28\ \text{g}\cdot\text{mol}^{-1}}.$$

Dies ergibt $m_N = 7\,m_H$.

L17.24 Wir können uns das O_2-Molekül so vorstellen, als hingen zwei Kugeln aneinander. Die Querschnittsfläche A entspricht dann ungefähr der eines Kreises mit dem Atomdurchmesser d. Sie ist also $A = 2\,(\pi d^2/4) = \pi d^2/2$. Dann ist der Atomdurchmesser gegeben durch $d = \sqrt{2A/\pi}$. Die Querschnittsfläche können wir aus ihrem Zusammenhang mit der mittleren freien Weglänge λ und der Anzahldichte n/V der Moleküle abschätzen. Die mittlere freie Weglänge ist

$$\lambda = \frac{1}{(n/V)\,A}.$$

Auflösen nach der Querschnittsfläche A ergibt

$$A = \frac{1}{(n/V)\,\lambda}.$$

Damit ist der Atomdurchmesser

$$d = \sqrt{\frac{2A}{\pi}} = \sqrt{\frac{2}{\pi\,(n/V)\,\lambda}}.$$

Gemäß der Zustandsgleichung $PV = n\,k_B T$ für das ideale Gas gilt für die Anzahldichte: $n/V = P/(k_B T)$. Dies setzen wir in die Formel für den Atomdurchmesser ein:

$$d = \sqrt{\frac{2\,k_B T}{\pi P \lambda}} = \sqrt{\frac{2\,(1{,}381\cdot 10^{-23}\ \text{J}\cdot\text{K}^{-1})\,(300\ \text{K})}{\pi\,(10^5\ \text{Pa})\,(7{,}1\cdot 10^{-8}\ \text{m})}}$$

$$= 6{,}12\cdot 10^{-10}\ \text{m} = 0{,}612\ \text{nm}.$$

L17.25 Wir können zeigen, dass $\int_0^{v_{400}} f(v)\,dv = I(x)$ ist, wobei $f(v)$ die Maxwell-Boltzmann'sche Geschwindigkeitsverteilungsfunktion ist. Außerdem ist $x = m\,v_{400}^2/(2\,k_B T)$, und $I(x)$ ist das Integral, dessen Werte in der Tabelle der Aufgabenstellung angegeben sind. Mit Hilfe dieser Tabelle können wir dann durch Auswertung von $I(x)$ den Wert von x ermitteln, der dem Anteil der Gasmoleküle entspricht, deren Geschwindigkeit kleiner als die jeweilige Geschwindigkeit ist.

a) Die Maxwell-Boltzmann'sche Geschwindigkeitsverteilungsfunktion lautet

$$f(v) = \frac{4}{\sqrt{\pi}}\left(\frac{m}{2\,k_B T}\right)^{3/2} v^2\,e^{-mv^2/(2k_B T)}.$$

Das bedeutet, der Anteil der Moleküle mit Geschwindigkeiten zwischen v und $v + dv$ ist $f(v)\,dv$. Also ist der Anteil der Moleküle mit Geschwindigkeiten unterhalb $v_{400} = 400$ m/s gegeben durch

$$g_{400} = \int_0^{v_{400}} f(v)\,dv$$

$$= \frac{4}{\sqrt{\pi}}\left(\frac{m}{2\,k_B T}\right)^{3/2} \int_0^{v_{400}} v^2\,e^{-mv^2/(2k_B T)}\,dv.$$

Damit wir die Lösung des Integrals in Tabellen nachschlagen können, müssen wir die Integrationsvariable wechseln. Dazu setzen wir $z = v\,\sqrt{m/(2\,k_B T)}$. Damit ist

$$v = \sqrt{\frac{2\,k_B T}{m}}\,z \quad \text{und daher} \quad dv = \sqrt{\frac{2\,k_B T}{m}}\,dz.$$

Einsetzen in den Integranden von g_{400} ergibt

$$v^2\,e^{-mv^2/(2k_B T)}\,dv = z^2\,\frac{2\,k_B T}{m}\,e^{-z^2}\left(\frac{2\,k_B T}{m}\right)^{1/2} dz$$

$$= \left(\frac{2\,k_B T}{m}\right)^{3/2} z^2\,e^{-z^2}\,dz.$$

Wegen des Einsatzes der neuen Integrationsvariablen $z = v\,\sqrt{m/(2\,k_B T)}$ müssen wir die Integrationsgrenzen ändern. Für $v = 0$ ist $z = 0$. Die neue untere Integrationsgrenze ist also 0. Für die neue obere Integrationsgrenze erhalten wir

$$z_{400} = (400\ \text{m/s})\sqrt{\frac{(32\ \text{u})\,(1{,}661\cdot 10^{-27}\ \text{kg}\cdot\text{u}^{-1})}{2\,(1{,}381\cdot 10^{-23}\ \text{J}\cdot\text{K}^{-1})\,(273\ \text{K})}} = 1{,}06.$$

Damit ergibt sich

$$g_{400} = \int\limits_{0}^{400\,\mathrm{m/s}} f(v)\,\mathrm{d}v$$

$$= \frac{4}{\sqrt{\pi}} \left(\frac{m}{2\,k_{\mathrm{B}}\,T} \right)^{3/2} \int\limits_{0}^{400\,\mathrm{m/s}} v^2\, \mathrm{e}^{-mv^2/(2k_{\mathrm{B}}T)}\,\mathrm{d}v$$

$$= \frac{4}{\sqrt{\pi}} \int\limits_{0}^{1,06} z^2\, \mathrm{e}^{-z^2}\,\mathrm{d}z = I(1,06).$$

Darin ist

$$I(x) = \frac{4}{\sqrt{\pi}} \int\limits_{0}^{x} z^2\, \mathrm{e}^{-z^2}\,\mathrm{d}z.$$

Wir bezeichnen nun mit r den Anteil der Moleküle mit Geschwindigkeiten unter 400 m/s und interpolieren in der Tabelle der Aufgabenstellung:

$$\frac{r - 0,438}{1,06 - 1} = \frac{0,788 - 0,438}{1,5 - 1}.$$

Damit ist $r = 0,48$ bzw. 48 %.

b) Für den Anteil der Moleküle mit Geschwindigkeiten zwischen $v_1 = 190$ m/s und $v_2 = 565$ m/s erhalten wir

$$r = g(v_2) - g(v_1) = I(x_2) - I(x_1).$$

Darin ist $x_1 = v_1\,\sqrt{m/(2\,k_{\mathrm{B}}\,T)}$ und $x_2 = v_2\,\sqrt{m/(2\,k_{\mathrm{B}}\,T)}$. Wir setzen wieder die Werte ein:

$$x_1 = (190\ \mathrm{m/s})\,\sqrt{\frac{(32\ \mathrm{u})\,(1{,}661 \cdot 10^{-27}\ \mathrm{kg \cdot u^{-1}})}{2\,(1{,}381 \cdot 10^{-23}\ \mathrm{J \cdot K^{-1}})\,(273\ \mathrm{K})}} = 0{,}504,$$

$$x_2 = (565\ \mathrm{m/s})\,\sqrt{\frac{(32\ \mathrm{u})\,(1{,}661 \cdot 10^{-27}\ \mathrm{kg \cdot u^{-1}})}{2\,(1{,}381 \cdot 10^{-23}\ \mathrm{J \cdot K^{-1}})\,(273\ \mathrm{K})}} = 1{,}50.$$

Einsetzen liefert

$$r = I(1,50) - I(0,504).$$

Mit Hilfe der Tabelle in der Aufgabenstellung bestimmen wir die erste Größe in dieser Gleichung: $I(1,50) = 0{,}788$. Wir bezeichnen nun mit r den Anteil der Moleküle mit Geschwindigkeiten unter 190 m/s und interpolieren in der Tabelle der Aufgabenstellung:

$$\frac{r - 0,081}{0,504 - 0,5} = \frac{0,132 - 0,081}{0,6 - 0,5}.$$

Damit ist $r = 0{,}083$. Einsetzen in die vorige Gleichung ergibt

$$r = 0{,}788 - 0{,}083 = 0{,}705 \ \text{bzw. } 70{,}5\ \%.$$

Wärme und der Erste Hauptsatz der Thermodynamik

18A

- Wärmekapazität, spezifische Wärme, latente Wärme
- Kalorimetrie
- Erster Hauptsatz der Thermodynamik
- Arbeit und das P-V-Diagramm eines Gases
- Wärmekapazitäten von Gasen und der Gleichverteilungssatz
- Reversible adiabatische Expansion eines Gases

Verständnisaufgaben

A18.1 • Die Temperaturänderung von zwei Metallblöcken mit der gleichen Anzahl von Atomen n_A und n_B sind gleich, wenn die Blöcke gleiche Wärmemengen aufnehmen. Dann besteht zwischen ihren spezifischen Wärmekapazitäten folgende Beziehung: a) $c_A = (m_{\text{Mol,A}}/m_{\text{Mol,B}}) c_B$, b) $c_A = (m_{\text{Mol,B}}/m_{\text{Mol,A}}) c_B$, c) $c_A = c_B$, d) keine von diesen Beziehungen.

A18.2 • Beim Joule'schen Experiment, das die Äquivalenz von Wärme und Arbeit zeigte, wird mechanische Energie in innere Energie umgesetzt. Nennen Sie einige Beispiele, bei denen die innere Energie eines Systems in mechanische Energie umgesetzt wird.

A18.3 • Kann ein System Wärme aufnehmen, ohne dass sich seine innere Energie ändert?

A18.4 • In der Gleichung $Q = \Delta U - W$ (einer Formulierung des Ersten Hauptsatzes der Thermodynamik) stehen die Größen Q und W für a) die dem System zugeführte Wärme und die von ihm verrichtete Arbeit, b) die dem System zugeführte Wärme und die an ihm verrichtete Arbeit, c) die vom System abgegebene Wärme und die von ihm verrichtete Arbeit, d) die vom System abgegebene Wärme und die an ihm verrichtete Arbeit. Welche der Antworten sind richtig, welche sind falsch?

A18.5 • Ein bestimmtes Gas besteht aus Ionen, die einander abstoßen. Das Gas erfährt eine freie Expansion, während der es weder Wärme aufnimmt noch Arbeit verrichtet. Wie ändert sich die Temperatur? Begründen Sie Ihre Antwort.

A18.6 • Ein Gas ändert seinen Zustand reversibel von A nach C im P-V-Diagramm (siehe Abbildung). Die vom Gas verrichtete Arbeit ist a) am größten für den Weg A→B→C, b) am kleinsten für den Weg A→C, c) am größten für den Weg A→D→C, d) für alle drei Wege gleich groß. Welche dieser Aussagen trifft zu?

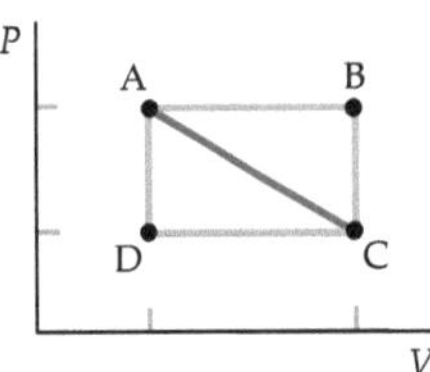

A18.7 • Das Volumen eines Systems bleibt konstant, während sich seine Temperatur und sein Druck ändern. Welche der folgenden Aussagen trifft bzw. treffen dafür zu? a) Die innere Energie des Systems bleibt unverändert. b) Das System verrichtet keine Arbeit. c) Das System nimmt keine Wärme auf. d) Die Änderung der inneren Energie des System entspricht der von ihm netto aufgenommenen Wärmemenge.

A18.8 •• Ein ideales Gas durchläuft einen Prozess, bei dem $P\sqrt{V} = $ konstant ist und das Gasvolumen abnimmt. Wie ändert sich die Temperatur?

A18.9 •• Was hat nach Ihrer Einschätzung die höhere Wärmekapazität *pro Masseneinheit*: Blei oder Kupfer? Warum? (Schlagen Sie vor der Beantwortung der Frage nicht die Wärmekapazitäten nach.)

Schätzungs- und Näherungsaufgaben

A18.10 •• Ein gewöhnlicher Mikrowellenherd nimmt eine elektrische Leistung von rund 1200 W auf. Schätzen Sie ab, wie lange es dauert, um eine Tasse Wasser zum Sieden zu bringen, wenn 50 % dieser Leistung zum Erwärmen des Wassers genutzt werden. Entspricht der damit berechnete Wert Ihrer Erfahrung?

A18.11 •• Ein bestimmtes Molekül hat Schwingungsenergieniveaus mit gleichen Abständen von 0,15 eV. Ermitteln Sie die Rotationstemperatur Θ_R, bei der nach Ihrer Einschätzung der Gleichverteilungssatz für $T \gg \Theta_R$ erfüllt ist und für $T \ll \Theta_R$ versagt.

• Wärmekapazität, spezifische Wärme, latente Wärme

A18.12 • Ein mit Sonnenenergie beheiztes Haus besteht u. a. aus 10^5 kg Beton (mit der spezifischen Wärmekapazität $1{,}00 \, \text{kJ} \cdot \text{kg}^{-1} \cdot \text{K}^{-1}$). Wie viel Wärme gibt diese Betonmenge ab, wenn sie von 25 °C auf 20 °C abkühlt?

A18.13 •• Wie viel Wärme muss abgeführt werden, wenn 100 g Wasserdampf mit 150 °C abgekühlt und zu 100 g Eis bei 0 °C gefroren werden? (Die spezifische Wärmekapazität des Dampfs ist $2{,}01 \, \text{kJ} \cdot \text{kg}^{-1} \cdot \text{K}^{-1}$.)

A18.14 •• Ein Fahrzeug mit der Masse 1400 kg wird aus einer Geschwindigkeit von $80 \, \text{km} \cdot \text{h}^{-1}$ mit der Bremse zum Stehen gebracht. Die spezifische Wärmekapazität von Stahl ist $0{,}46 \, \text{J} \cdot \text{g}^{-1} \cdot \text{K}^{-1}$. Aus wie viel Stahl müssen die Bremstrommeln des Fahrzeugs mindestens bestehen, wenn sie sich bei der beschriebenen Abbremsung höchstens um 120 °C erwärmen sollen?

• Kalorimetrie

A18.15 • Ein Stück Blei mit der Masse 200 g wird auf 90 °C erwärmt. Dann wird es in ein Kalorimeter gegeben, in dem sich 500 g Wasser mit einer Anfangstemperatur von 20 °C befinden. Berechnen Sie die Endtemperatur von Wasser und Kalorimeter. Vernachlässigen Sie dabei die Wärmekapazität des Kalorimeterbehälters.

A18.16 •• Bei der Tour de France 2002 erbrachte der Radrennfahrer Lance Armstrong 20 Tage lang 5 Stunden täglich eine mittlere Leistung von 400 W. Welche Wassermenge mit einer Anfangstemperatur von 24 °C könnte man bis zum Siedepunkt erwärmen, wenn man die von Armstrong insgesamt erbrachte Energie nutzbar machen könnte?

A18.17 •• Ein gut isolierter Behälter enthält 150 g Eis mit einer Temperatur von 0 °C. a) Welche Gleichgewichtstemperatur erreicht das System, nachdem 20 g Dampf mit 100 °C hineingespritzt wurden? b) Ist danach noch Eis vorhanden?

A18.18 •• Ein Kalorimeter mit vernachlässigbarer Masse enthält 1 kg Wasser mit 303 K. Es werden 50 g Eis mit 273 K hineingegeben. Welche Gleichgewichtstemperatur stellt sich nach

einiger Zeit ein? Wiederholen Sie die Berechnung für eine Eismenge von 500 g.

• Erster Hauptsatz der Thermodynamik

A18.19 • Eine bestimmte Menge eines zweiatomigen Gases verrichtet 300 J Arbeit und nimmt 600 cal Wärme auf. Wie hoch ist die Änderung seiner inneren Energie?

A18.20 •• Ein Bleigeschoss mit einer Anfangstemperatur von 30 °C kam gerade zum Schmelzen, als es unelastisch auf eine Platte aufschlug. Nehmen Sie an, die gesamte kinetische Energie des Projektils ging beim Aufprall in seine innere Energie über und bewirkte dadurch die Temperaturerhöhung, die zum Schmelzen führte. Wie hoch war die Geschwindigkeit des Projektils?

• Arbeit und das *P-V*-Diagramm eines Gases

A18.21 • Ein Mol eines idealen Gases hat folgenden Anfangszustand: $P_1 = 3$ bar, $V_1 = 1 \, \text{l}$, $U_1 = 456$ J. Der Endzustand ist $P_2 = 2$ bar, $V_2 = 3 \, \text{l}$, $U_2 = 912$ J. Das Gas expandiert bei konstantem Druck bis auf ein Volumen von 3 l. Dann wird es bei konstantem Volumen abgekühlt, bis der Druck 2 bar beträgt. a) Erstellen Sie das *P-V*-Diagramm für diesen Vorgang und berechnen Sie die Arbeit, die das Gas verrichtet. b) Welche Wärmemenge wird während des Prozesses zugeführt?

A18.22 •• Ein Mol eines idealen Gases hat den Druck $P_0 = 1$ bar und das Volumen $V_0 = 25 \, \text{l}$. Es wird langsam erwärmt, wofür sich im *P-V*-Diagramm eine gerade Linie zum Endzustand mit $P = 3$ bar und $V = 75 \, \text{l}$ ergibt. Welche Arbeit verrichtet das Gas?

A18.23 • Bei einer *isobaren* Expansion ändert sich der Druck nicht. Zeichnen Sie verschiedene Isobaren für ein ideales Gas, die das Volumen als Funktion der Temperatur darstellen.

• Wärmekapazitäten von Gasen und der Gleichverteilungssatz

A18.24 • Die Dulong-Petit'sche Regel diente ursprünglich dazu, die molare Masse einer metallischen Substanzprobe aus ihrer Wärmekapazität zu ermitteln. Die spezifische Wärmekapazität eines Festkörpers wurde zu $0{,}447 \, \text{kJ} \cdot \text{kg}^{-1} \cdot \text{K}^{-1}$ gemessen. a) Wie hoch ist seine molare Masse? b) Um welches Element handelt es sich?

A18.25 •• Eine bestimmte Menge eines zweiatomigen Gases mit der molaren Masse m_{Mol} befindet sich beim Druck P_0 in einem verschlossenen Behälter mit dem Volumen V. Welche Wärmemenge Q muss dem Gas zugeführt werden, um den Druck zu verdreifachen? (Drücken Sie die Lösung in Abhängigkeit von P_0 und V aus.)

A18.26 •• Eine bestimmte Menge Kohlendioxid (CO_2) sublimiert bei einem Druck von 1 bar und einer Temperatur von $-78{,}5$ °C. Sie geht also direkt vom festen in den gasförmigen

Zustand über, ohne die flüssige Phase zu durchlaufen. Wie hoch ist die Änderung der molaren Wärmekapazität (bei konstantem Druck) bei der Sublimation? Ist die Änderung positiv oder negativ? Nehmen Sie an, dass die Gasmoleküle rotieren, nicht aber schwingen können. Die Struktur des CO_2-Moleküls ist in der Abbildung dargestellt.

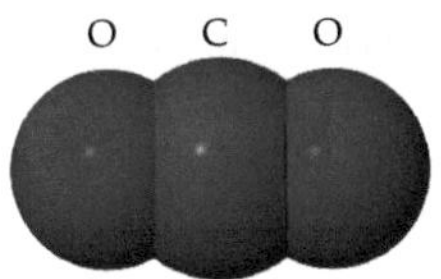

A18.27 •• Nennen Sie alle möglichen Freiheitsgrade des Wassermoleküls und schätzen Sie die molare Wärmekapazität von Wasser für eine Temperatur ab, die sehr weit über seinem Siedepunkt liegt. (Lassen Sie die Tatsache außer Acht, dass die Wassermoleküle bei dieser Temperatur zersetzt wären.) Berücksichtigen Sie sämtliche Möglichkeiten der Schwingung des Wassermoleküls.

• Reversible adiabatische Expansion eines Gases

A18.28 • Eine bestimmte Menge eines idealen Gases mit einer Anfangstemperatur von 20 °C wird reversibel und adiabatisch auf das halbe Volumen komprimiert. Ermitteln Sie die Endtemperatur für a) $C_V = \frac{3}{2} R$ und b) $C_V = \frac{5}{2} R$.

A18.29 •• Ein halbes Mol eines einatomigen idealen Gases mit einem Druck von 400 kPa und einer Temperatur von 300 K expandiert, bis der Druck auf 160 kPa abgesunken ist. Ermitteln Sie die Endtemperatur, das Endvolumen, die netto zugeführte Arbeit und die netto aufgenommene Wärmemenge, wenn die Expansion a) isotherm bzw. b) adiabatisch abläuft.

A18.30 •• Wiederholen Sie Aufgabe 29 für ein zweiatomiges Gas.

A18.31 ••• Eine bestimmte Menge eines idealen Gases mit dem Volumen V_1 und dem Druck P_1 expandiert reversibel und adiabatisch auf das Volumen V_2 und den Druck P_2. Berechnen Sie die vom Gas verrichtete Arbeit direkt durch Integration von $P\, dV$.

Zyklische Prozesse

A18.32 •• Ein Mol eines zweiatomigen idealen Gases kann so expandieren, dass im P-V-Diagramm in der Abbildung die gerade Linie vom Zustand 1 zum Zustand 2 durchlaufen wird. Dann wird es isotherm vom Zustand 2 zum Zustand 1 komprimiert. Berechnen Sie die gesamte Arbeit, die dem Gas in diesem Zyklus zugeführt wird.

A18.33 ••• Am Punkt D in der Abbildung haben 2 mol eines einatomigen idealen Gases einen Druck von 2 bar und eine Temperatur von 360 K. Am Punkt B im P-V-Diagramm ist das Volumen des Gases dreimal so groß wie am Punkt D, und sein Druck ist zweimal so groß wie am Punkt C. Die Wege AB und

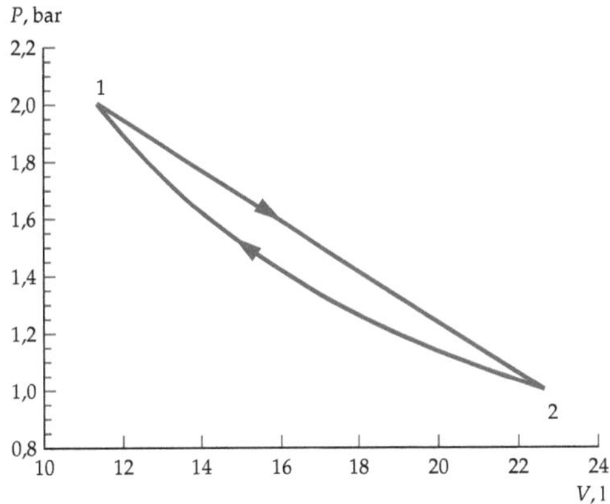

Zu Aufgabe 18.32

CD entsprechen isothermen Prozessen. Das Gas durchläuft einen vollständigen Zyklus entlang des Wegs DABCD. Ermitteln Sie die dem Gas netto zugeführte Arbeit und die ihm in jedem einzelnen Schritt netto zugeführte Wärmemenge.

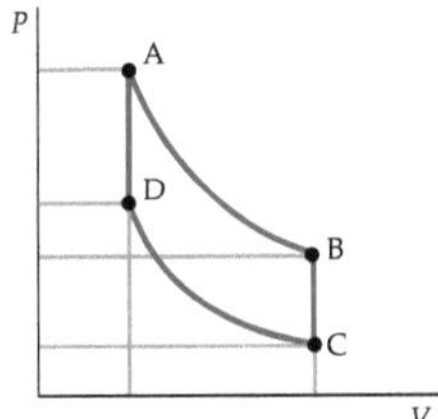

Allgemeine Aufgaben

A18.34 •• Ein thermisch isoliertes System besteht aus 1 mol eines zweiatomigen idealen Gases mit einer Temperatur von 100 K sowie 2 mol eines Festkörpers mit einer Temperatur von 200 K, die durch eine feste, isolierende Wand voneinander getrennt sind. Ermitteln Sie die Gleichgewichtstemperatur, die das System erreicht, nachdem die Wand entfernt wurde. Nehmen Sie an, dass für den Festkörper die Dulong-Petit'sche Regel gilt.

A18.35 •• Wenn eine bestimmte Menge eines idealen Gases bei konstantem Volumen eine Temperaturänderung erfährt, so ändert sich ihre innere Energie um $\Delta U = \tilde{n} C_V\, dT$. a) Erklären Sie, warum dies für ein ideales Gas für jegliche Temperaturänderungen gilt, unabhängig davon, wie der Prozess abläuft. b) Zeigen Sie explizit, dass dies für die Expansion eines idealen Gases bei konstantem Druck gilt. Berechnen Sie dazu zunächst die verrichtete Arbeit und zeigen Sie, dass diese als $W = \tilde{n} R\, \Delta T$ geschrieben werden kann. Verwenden Sie dann die Beziehung $\Delta U = Q + W$ mit $Q = \tilde{n} C_P \Delta T$.

A18.36 •• Wenn eine kleine Menge einer Substanz in einer Flüssigkeit aufgelöst wird, so steigt der Druck der Flüssigkeit leicht an. Für die Druckänderung ΔP einer verdünnten Lösung gilt die Zustandsgleichung für ideale Gase: $\Delta P V = n k_B T$. Darin ist n die Anzahl der in der Flüssigkeit gelösten Teilchen, V das Volumen der Lösung und ΔP der Druckanstieg in der Flüssigkeit. Berechnen Sie den Druckanstieg, wenn 20 g Kochsalz (NaCl) bei 24 °C in 1 l Wasser aufgelöst werden.

A18.37　•• Nach dem Einstein'schen Modell eines kristallinen Festkörpers gilt für dessen innere Energie pro Mol

$$U_{\mathrm{Mol}} = \frac{3\,n_{\mathrm{A}}\,k_{\mathrm{B}}\,\Theta_{\mathrm{E}}}{e^{\Theta_{\mathrm{E}}/T} - 1}\,.$$

Darin ist Θ_{E} die so genannte Einstein-Temperatur und T die Temperatur des Festkörpers, beide in Kelvin einzusetzen. Berechnen Sie die molare innere Energie von Diamant ($\Theta_{\mathrm{E}} = 1060$ K) bei 300 K und bei 600 K sowie daraus die Zunahme der inneren Energie, wenn 1 mol Diamant von 300 K auf 600 K erwärmt wird.

A18.38　••• Verwenden Sie die Einstein'sche Beziehung

$$U_{\mathrm{Mol}} = \frac{3\,n_{\mathrm{A}}\,k_{\mathrm{B}}\,\Theta_{\mathrm{E}}}{e^{\Theta_{\mathrm{E}}/T} - 1}$$

für die molare innere Energie eines kristallinen Festkörpers (mit der Einstein-Temperatur Θ_{E}) und zeigen Sie, dass für die molare Wärmekapazität bei konstantem Volumen gilt:

$$C_V = 3\,R \left(\frac{\Theta_{\mathrm{E}}}{T}\right)^2 \frac{e^{\Theta_{\mathrm{E}}/T}}{\left(e^{\Theta_{\mathrm{E}}/T} - 1\right)^2}\,.$$

Wärme und der Erste Hauptsatz der Thermodynamik

18L

L: Lösungen

L18.1 Die Wärmemenge ist das Produkt aus der Masse m, der spezifischen Wärmekapazität c und der Temperaturänderung ΔT, also gegeben durch $Q = m\,c\,\Delta T$. Weil die Teilchenanzahlen gleich sind, gilt für die Temperaturänderungen der Blöcke A und B:

$$\Delta T_A = \frac{Q}{m_{\mathrm{Mol,A}}\,c_A} \quad \text{und} \quad \Delta T_B = \frac{Q}{m_{\mathrm{Mol,B}}\,c_B}.$$

Gleichsetzen beider Temperaturänderungen ergibt

$$\frac{1}{m_{\mathrm{Mol,B}}\,c_B} = \frac{1}{m_{\mathrm{Mol,A}}\,c_A}.$$

Wir lösen nach der spezifischen Wärmekapazität von Block A auf: $c_A = m_{\mathrm{Mol,B}}\,c_B / m_{\mathrm{Mol,A}}$. Also ist Aussage b richtig.

L18.2 Beispiele für Vorrichtungen, mit denen innere Energie in mechanische Energie umgesetzt wird, sind: die Dampfmaschine, der Verbrennungsmotor und auch der Mensch, der mechanische Arbeit verrichtet, beispielsweise indem er einen Berg erklimmt.

L18.3 Ja, wenn die vom System aufgenommene Wärme betragsmäßig gleich der von ihm verrichteten Arbeit ist.

L18.4 Nach dem Ersten Hauptsatz der Thermodynamik ist die Änderung der inneren Energie des Systems gleich der Wärmemenge, die in das System gelangt, abzüglich der von ihm verrichteten Arbeit. Also ist Aussage a richtig.

L18.5 Bei abstoßender Wechselwirkung zwischen den Teilchen verringert sich im Mittel deren potenzielle Energie, wenn sich ihr mittlerer Abstand vergrößert. Weil in einem abgeschlossenen System die Energie erhalten bleibt, kann die Verringerung der potenziellen Energie nur durch eine Erhöhung der kinetischen Energie ausgeglichen werden. Daher steigt die Temperatur des Gases bei der Volumenzunahme an.

L18.6 Die entlang der einzelnen Wege verrichtete Arbeit entspricht der jeweiligen Fläche unter der Kurve. Diese Fläche ist beim Weg A→B→C am größten und beim Weg A→D→C am geringsten. Also ist Aussage a richtig.

L18.7 Bei einem Prozess mit konstantem Volumen wird vom Gas keine Arbeit verrichtet oder aufgenommen. Nach dem Ersten Hauptsatz der Thermodynamik ist hier also $Q = \Delta U$. Weil sich die Temperatur bei einem solchen Vorgang ändern muss, können wir folgern, dass $\Delta U \neq 0$ und daher auch $Q \neq 0$ ist. Also sind die Aussagen b und d richtig.

L18.8 Gemäß der Zustandsgleichung für das ideale Gas ist das Produkt aus Druck und Volumen konstant. Weil auch $P\sqrt{V}$ konstant ist, ergibt sich mit einer Konstanten B daraus

$$PV = (P\sqrt{V})\sqrt{V} = B\sqrt{V} = \tilde{n}RT.$$

Wir lösen nach T auf: $T = \dfrac{B\sqrt{V}}{\tilde{n}R}$.

Weil die Temperatur proportional zur Wurzel aus dem Volumen ist, nimmt sie ab, wenn das Volumen kleiner wird.

L18.9 Gemäß der Dulong-Petit'schen Regel haben die meisten Festkörper bei Raumtemperatur eine ungefähr konstante *molare* Wärmekapazität von rund $25\ \mathrm{J\cdot mol^{-1}\cdot K^{-1}}$. Ein Mol Blei hat eine höhere Masse als ein Mol Kupfer. Deshalb ist die spezifische Wärmekapazität von Blei geringer als die von Kupfer.

L18.10 Wir nehmen an, dass die Tasse 200 g Wasser enthält, das anfangs eine Temperatur von 30 °C hat. Die elektrische Leistung (Energie pro Zeiteinheit), die der Mikrowellenherd aufnimmt, und ihr Anteil, der auf das Wasser übergeht, sind gegeben. Ferner kennen wir die spezifische Wärmekapazität c des Wassers sowie die geforderte Temperaturdifferenz ΔT. Die Leistung ist

$$P_{\mathrm{el}} = \frac{\Delta E}{\Delta t} = \frac{m\,c\,\Delta T}{\Delta t}.$$

Auflösen nach Δt und Einsetzen der Werte ergibt

$$\Delta t = \frac{m\,c\,\Delta T}{P_{\mathrm{el}}}$$
$$= \frac{(0{,}2\ \mathrm{kg})\,(4{,}18\ \mathrm{kJ\cdot kg^{-1}\cdot K^{-1}})\,(373-303)\ \mathrm{K}}{600\ \mathrm{W}} = 97{,}5\ \mathrm{s}.$$

Diese Zeitspanne von gut anderthalb Minuten entspricht den Erfahrungswerten.

L18.11 Damit der Gleichverteilungssatz erfüllt ist, müssen die Abstände der Energieniveaus groß gegen $k_{\mathrm{B}} T$ sein. Im vorliegenden Fall versagt der Gleichverteilungssatz, wenn $k_{\mathrm{B}} \Theta_{\mathrm{R}} \approx 0{,}15\ \mathrm{eV}$ ist. Also gilt $\Theta_{\mathrm{R}} \approx (0{,}15\ \mathrm{eV})/k_{\mathrm{B}}$. Wir setzen die Werte ein:

$$\Theta_{\mathrm{R}} \approx \frac{(0{,}15\ \mathrm{eV})\,(1{,}602 \cdot 10^{-19}\ \mathrm{J \cdot eV^{-1}})}{1{,}381 \cdot 10^{-23}\ \mathrm{J \cdot K^{-1}}} = 1740\ \mathrm{K}\,.$$

L18.12 Die Wärmemenge ist gegeben durch $Q = m\,c\,\Delta T$. Die Abkühlung erfolgt von $25\ ^\circ\mathrm{C} = 298\ \mathrm{K}$ auf $20\ ^\circ\mathrm{C} = 293\ \mathrm{K}$. Also ist $Q = (10^5\ \mathrm{kg})\,(1\ \mathrm{kJ \cdot kg^{-1} \cdot K^{-1}})\,(298 - 293)\ \mathrm{K} = 500\ \mathrm{MJ}$.

L18.13 Um die abzuführende Wärmemenge zu ermitteln, müssen wir folgende Wärmemengen addieren: die beim Abkühlen des Dampfs (Da) von $150\ ^\circ\mathrm{C}$ auf $100\ ^\circ\mathrm{C}$ abzuführende, die zum Kondensieren des Dampfs abzuführende (also die Verdampfungswärme) und die zum Abkühlen des Wassers (Wa) von $100\ ^\circ\mathrm{C}$ auf $0\ ^\circ\mathrm{C}$ abzuführende sowie schließlich die zum Gefrieren des Wassers abzuführende Wärmemenge (also die Schmelzwärme). Die gesamte Wärmemenge ist also

$$Q = Q_{\mathrm{Abk.,Da}} + Q_{\mathrm{Kond.}} + Q_{\mathrm{Abk.,Wa}} + Q_{\mathrm{Gefr.}}\,.$$

Damit ist

$$\begin{aligned}
Q &= m\,c_{\mathrm{Da}}\,\Delta T_{\mathrm{Da}} + m\,\lambda_{\mathrm{D,Wa}} + m\,c_{\mathrm{Wa}}\,\Delta T_{\mathrm{Wa}} + m\,\lambda_{\mathrm{S,Wa}} \\
&= m\,(c_{\mathrm{Da}}\,\Delta T_{\mathrm{Da}} + \lambda_{\mathrm{D,Wa}} + c_{\mathrm{Wa}}\,\Delta T_{\mathrm{Wa}} + \lambda_{\mathrm{S,Wa}})\,.
\end{aligned}$$

Wir setzen folgende Werte ein:

$m = 0{,}1\ \mathrm{kg}$, $c_{\mathrm{Da}} = 2{,}01\ \mathrm{kJ \cdot kg^{-1} \cdot K^{-1}}$,
$\Delta T_{\mathrm{Da}} = (423 - 373)\ \mathrm{K} = 50\ \mathrm{K}$,
$\lambda_{\mathrm{D,Wa}} = 2{,}26\ \mathrm{MJ \cdot kg^{-1}}$, $c_{\mathrm{Wa}} = 4{,}18\ \mathrm{kJ \cdot kg^{-1} \cdot K^{-1}}$,
$\Delta T_{\mathrm{Wa}} = (373 - 273)\ \mathrm{K} = 100\ \mathrm{K}$ und $\lambda_{\mathrm{S,Wa}} = 333{,}5\ \mathrm{kJ \cdot kg^{-1}}$.

Das ergibt schließlich $Q = 311{,}2\ \mathrm{kJ}$.

L18.14 Wegen $Q = m\,c\,\Delta T$ gilt für die erforderliche Masse an Stahl

$$m_{\mathrm{Stahl}} = \frac{Q}{c_{\mathrm{Stahl}}\,\Delta T}\,.$$

Die Wärmemenge Q, die die Erhitzung der Bremstrommeln bewirkt, entspricht der anfänglichen kinetischen Energie E_{kin} des Fahrzeugs:

$$Q = E_{\mathrm{kin}} = \tfrac{1}{2}\,m_{\mathrm{Fahrz.}}\,v^2\,.$$

Einsetzen in die erste Gleichung ergibt

$$m_{\mathrm{Stahl}} = \frac{\tfrac{1}{2}\,m_{\mathrm{Fahrz.}}\,v^2}{c_{\mathrm{Stahl}}\,\Delta T}\,.$$

Damit erhalten wir

$$\begin{aligned}
m_{\mathrm{Stahl}} &= \frac{(1400\ \mathrm{kg})\left[(80\ \mathrm{km \cdot h^{-1}})\,(1\ \mathrm{h})\,(3600\ \mathrm{s})^{-1}\right]^2}{2\,(0{,}46\ \mathrm{kJ \cdot kg^{-1} \cdot K^{-1}})\,(120\ \mathrm{K})} \\
&= 6{,}26\ \mathrm{kg}\,.
\end{aligned}$$

L18.15 Das gesamte System besteht aus dem Bleistück, dem Kalorimeter (das hier außer Betracht bleibt) und dem Wasser. Das Bleistück gibt die Wärmemenge Q_{ab} ab, und dem Wasser wird die Wärmemenge Q_{zu} zugeführt. Gemäß dem Ersten Hauptsatz der Thermodynamik bleibt die Gesamtenergie erhalten, so dass $Q = 0$ ist. Also ist $Q_{\mathrm{zu}} = -Q_{\mathrm{ab}}$. Die vom Bleistück abgegebene Wärmemenge ist gegeben durch $Q_{\mathrm{ab}} = m_{\mathrm{Pb}}\,c_{\mathrm{Pb}}\,\Delta T_{\mathrm{Pb}}$, und für die dem Wasser zugeführte Wärmemenge gilt $Q_{\mathrm{zu}} = m_{\mathrm{W}}\,c_{\mathrm{W}}\,\Delta T_{\mathrm{W}}$. Damit ergibt sich $-(m_{\mathrm{W}}\,c_{\mathrm{W}}\,\Delta T_{\mathrm{W}}) = m_{\mathrm{Pb}}\,c_{\mathrm{Pb}}\,\Delta T_{\mathrm{Pb}}$. Mit der Endtemperatur T_{E}, die für das Bleistück und das Wasser dieselbe ist, erhalten wir

$$\begin{aligned}
&-(0{,}5\ \mathrm{kg})\,(4{,}18\ \mathrm{kJ \cdot kg^{-1} \cdot K^{-1}})\,(T_{\mathrm{E}} - 293\ \mathrm{K}) = \\
&\quad (0{,}2\ \mathrm{kg})\,(0{,}128\ \mathrm{kJ \cdot kg^{-1} \cdot K^{-1}})\,(T_{\mathrm{E}} - 363\ \mathrm{K})\,.
\end{aligned}$$

Das ergibt $T_{\mathrm{E}} = 293{,}8\ \mathrm{K} = 20{,}8\ ^\circ\mathrm{C}$.

L18.16 Mit einer (indirekt gegebenen) Wärmemenge Q soll eine zu bestimmende Masse m_{W} an Wasser um die gegebene Temperaturdifferenz ΔT erwärmt werden. Aus $Q = m_{\mathrm{W}}\,c_{\mathrm{W}}\,\Delta T$ folgt

$$m_{\mathrm{W}} = \frac{Q}{c_{\mathrm{W}}\,\Delta T}\,.$$

Die gesamte vom Radrennfahrer verrichtete Arbeit ergibt sich aus der gegebenen Leistung P und der Zeitspanne Δt, denn es ist $P = Q/\Delta t$ und daher $Q = P\,\Delta t$. Wir setzen ein und erhalten

$$\begin{aligned}
m_{\mathrm{W}} &= \frac{P\,\Delta t}{c_{\mathrm{W}}\,\Delta T} \\
&= \frac{(400\ \mathrm{J \cdot s^{-1}})\,(3600\ \mathrm{s \cdot h^{-1}})\,(5\ \mathrm{h \cdot d^{-1}})\,(20\ \mathrm{d})}{(4{,}18\ \mathrm{kJ \cdot kg^{-1} \cdot K^{-1}})\,(373 - 297)\ \mathrm{K}} = 453\ \mathrm{kg}\,.
\end{aligned}$$

L18.17 Das Eis und das beim Schmelzen von Eis entstandene Wasser nehmen die Wärmemenge Q_{zu} auf, und zwar vom kondensierenden Dampf und vom dabei entstandenen Wasser, die insgesamt die Wärmemenge Q_{ab} abgeben.

a) Gemäß dem Ersten Hauptsatz ist $Q = 0$ und daher $Q_{\mathrm{zu}} = -Q_{\mathrm{ab}}$. Die vom Eis und vom daraus entstandenen Wasser aufgenommene Wärmemenge ist $Q_{\mathrm{zu}} = m_{\mathrm{Eis}}\,\lambda_{\mathrm{S}} + m_{\mathrm{Eiswasser}}\,c_{\mathrm{Wasser}}\,\Delta T_{\mathrm{Wasser}}$. Die vom Dampf (mit einer Masse von $20\ \mathrm{g}$) und vom abkühlenden Wasser abgegebene Wärmemenge ist $Q_{\mathrm{ab}} = m_{\mathrm{Dampf}}\,\lambda_{\mathrm{D}} + m_{\mathrm{Dampf}}\,c_{\mathrm{Wasser}}\,\Delta T_{\mathrm{Wasser}}$. Wir schreiben T_{E} für die Endtemperatur. Aus der Beziehung $Q_{\mathrm{ab}} = -Q_{\mathrm{zu}}$ ergibt sich nach Einsetzen der Zahlenwerte

$$\begin{aligned}
&(0{,}15\ \mathrm{kg})\,(333{,}5\ \mathrm{kJ \cdot kg^{-1}}) \\
&\quad + (0{,}15\ \mathrm{kg})\,(4{,}18\ \mathrm{kJ \cdot kg^{-1} \cdot K^{-1}})\,(T_{\mathrm{E}} - 273\ \mathrm{K}) \\
&= -(0{,}02\ \mathrm{kg})\,(2257\ \mathrm{kJ \cdot kg^{-1}}) \\
&\quad + (0{,}02\ \mathrm{kg})\,(4{,}18\ \mathrm{kJ \cdot kg^{-1} \cdot K^{-1}})\,(T_{\mathrm{E}} - 373\ \mathrm{K})\,.
\end{aligned}$$

Die Endtemperatur ist also $T_{\mathrm{E}} = 277{,}9\ \mathrm{K} = 4{,}9\ ^\circ\mathrm{C}$.

b) Weil die Temperatur zum Schluss über $0\ ^\circ\mathrm{C}$ liegt, ist kein Eis mehr vorhanden.

L18.18 Bei diesem Vorgang nimmt das Eis Wärme auf, und das Wasser gibt Wärme ab. Zunächst berechnen wir, ob die Wärmemenge ausreicht, das gesamte Eis zu schmelzen. Wenn das der Fall ist, dann ist die vom Wasser abgegebene Wärmemenge Q_{ab} betragsmäßig gleich der Wärmemenge Q_{zu}, die vom Eis und vom daraus beim Schmelzen entstandenen Wasser aufgenommen wird. Wegen des Ersten Hauptsatzes der Thermodynamik ist $Q = 0$ und daher $Q_{zu} = -Q_{ab}$. Die zum Schmelzen des Eises verfügbare Wärmemenge ist

$$Q_{verf.} = m_W c_W \Delta T_W$$
$$= (1\,\text{kg})\,(4{,}18\,\text{kJ}\cdot\text{kg}^{-1}\cdot\text{K}^{-1})\,(303 - 273)\,\text{K} = 125\,\text{kJ}.$$

Die zum Schmelzen des Eises erforderliche Wärmemenge ist

$$Q_{schm.\,Eis} = m_{Eis}\,\lambda_S$$
$$= (0{,}05\,\text{kg})\,(333{,}5\,\text{kJ}\cdot\text{kg}^{-1}) = 16{,}67\,\text{kJ}.$$

Weil $Q_{verf.} > Q_{schm.\,Eis}$ ist, wissen wir, dass die Endtemperatur über 273 K liegt. Daher können wir Q_{ab} in Abhängigkeit von der Temperaturdifferenz des Wassers ausdrücken:

$$Q_{ab} = m_W c_W \Delta T_W.$$

Entsprechend ist $Q_{zu} = m_{Eis}\,\lambda_S + m_{Eiswasser}\,c_W\,\Delta T_{Eiswasser}$.

Wegen $Q_{zu} = -Q_{ab}$ ergibt sich

$$m_{Eis}\,\lambda_S + m_{Eiswasser}\,c_W\,\Delta T_{Eiswasser} = -(m_W c_W \Delta T_W).$$

Einsetzen der Werte liefert

$$(0{,}05\,\text{kg})\,(333{,}5\,\text{kJ}\cdot\text{kg}^{-1})$$
$$+ (0{,}05\,\text{kg})\,(4{,}18\,\text{kJ}\cdot\text{kg}^{-1}\cdot\text{K}^{-1})\,(T_E - 273\,\text{K})$$
$$= -(1\,\text{kg})\,(4{,}18\,\text{kJ}\cdot\text{kg}^{-1}\cdot\text{K}^{-1})\,(T_E - 303\,\text{K}).$$

Das ergibt $T_E = 297{,}8\,\text{K} = 24{,}8\,^{\circ}\text{C}$.
Die zum Schmelzen von 500 g Eis nötige Wärmemenge ist

$$Q_{schm.\,Eis} = m_{Eis}\,\lambda_S$$
$$= (0{,}05\,\text{kg})\,(333{,}5\,\text{kJ}\cdot\text{kg}^{-1}) = 166{,}8\,\text{kJ}.$$

Weil diese Wärmemenge größer ist als die verfügbare, wird die Endtemperatur in diesem Fall 0 °C betragen.

L18.19 Gemäß dem Ersten Hauptsatz ist die Änderung der inneren Energie $\Delta U = Q + W$. Weil im vorliegenden Fall Arbeit zugeführt wird, ist diese positiv zu rechnen, während Wärme abgegeben wird und negativ zu rechnen ist. Damit ist

$$\Delta U = (600\,\text{cal})\,(4{,}184\,\text{J/cal}) - (300\,\text{J}) = 2{,}21\,\text{kJ}.$$

L18.20 Gemäß dem Ersten Hauptsatz entspricht die Zunahme ΔU der inneren Energie der Änderung der kinetischen Energie E_{kin}, weil keine Wärme aufgenommen oder abgegeben wurde. Also ist $\Delta U = W = \Delta E_{kin} = -(E_{kin,E} - E_{kin,A})$. Dabei bezeichnen die Indices E und A den Endzustand bzw. den Anfangszustand. Die Energie ΔE_{kin} führte zur Erwärmung des Projektils von 303 K auf die Schmelztemperatur 600 K sowie zum Schmelzen. Also ist $m c_{Pb} \Delta T_{Pb} + m\lambda_{S,Pb} = -(0 - \frac{1}{2} m v^2) = \frac{1}{2} m v^2$.
Umformen ergibt $m c_{Pb}\,(T_{Smp,Pb} - T_A) + m\lambda_{S,Pb} = \frac{1}{2} m v^2$. Wir lösen nach der Geschwindigkeit auf und erhalten

$$v = \sqrt{2\left[c_{Pb}\,(T_{Smp,Pb} - T_A) + \lambda_{S,Pb}\right]}.$$

Mit $\lambda_{S,Pb} = 0{,}128\,\text{kJ}\cdot\text{kg}^{-1}\cdot\text{K}^{-1}$ sowie $T_{Smp,Pb} = 600\,\text{K}$ und $T_A = 303\,\text{K}$ ergibt sich für die Geschwindigkeit $v = 354\,\text{m}\cdot\text{s}^{-1}$.

L18.21 Die vom Gas verrichtete Arbeit entspricht betragsmäßig der Fläche unter der Kurve im P-V-Diagramm. Im vertikalen Abschnitt wird keine Arbeit aufgenommen oder verrichtet, weil das Volumen dabei konstant ist. Es wird also Arbeit bei konstantem Druck verrichtet, d. h. während der isobaren Expansion.

a) Wie aus der Abbildung hervorgeht, ändert sich der Druck beim Übergang vom Zustand (1) zum Zustand (2) nicht. Die Arbeit entspricht betragsmäßig der Fläche unter dieser Geraden.

$$W = -P\Delta V = -(3\,\text{bar})\,(3\,\text{l} - 1\,\text{l}) = -(3\,\text{bar})\,(2\,\text{l})$$
$$= -(300\,\text{kPa})\,(2\cdot10^{-3}\,\text{m}^3) = -600\,\text{J}.$$

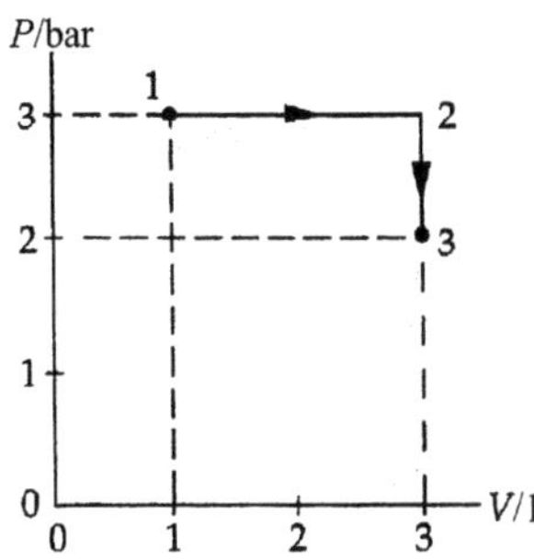

b) Nachdem das Gas den Zustand (3) erreicht hat, gilt gemäß dem Ersten Hauptsatz: $Q = \Delta U - W = (U_2 - U_1) - W$.

Wir setzen Zahlenwerte ein und erhalten

$$Q = (912\,\text{J} - 456\,\text{J}) - (-600\,\text{J}) = 1{,}06\,\text{kJ}.$$

L18.22 Die Arbeit entspricht betragsmäßig der in diesem Fall trapezförmigen Fläche unter der Kurve im P-V-Diagramm.

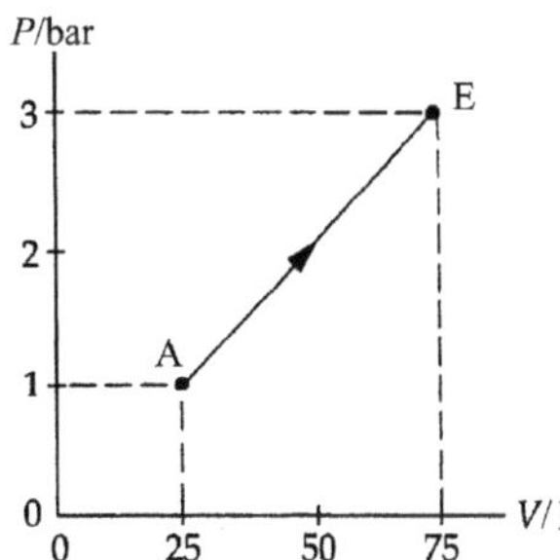

Die Arbeit ist also

$$W = -P\Delta V = -\tfrac{1}{2}\,(3\,\text{bar} + 1\,\text{bar})\,(75\,\text{l} - 25\,\text{l})$$
$$= -(100\,\text{bar}\cdot\text{l})\,\frac{100\,\text{J}}{1\,\text{bar}\cdot\text{l}} = -10\,\text{kJ}.$$

Anmerkung: Man kann hier die Linearität des Wegs von A nach E im P-V-Diagramm ausnutzen. Weil P linear von V abhängt, ist die Integration leicht durchzuführen.

L18.23 Gemäß der Zustandsgleichung für das ideale Gas ist $PV = \tilde{n} k_B T$ und daher $V = \tilde{n} k_B T/P$.

Die Auftragung von V gegen T ergibt also eine Gerade mit der Steigung $1/P$. Die Werte in der Abbildung gelten für 1 mol eines idealen Gases.

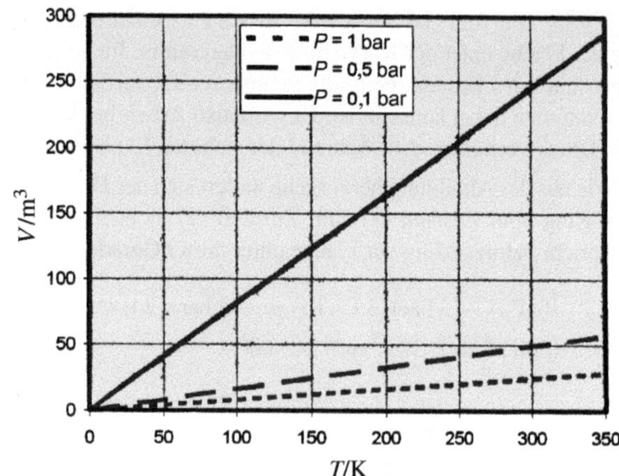

L18.24 a) Gemäß der Dulong-Petit'schen Regel ist die molare Wärmekapazität eines Festkörpers $C = 3R$. Damit ist seine spezifische Wärmekapazität $c = 3R/m_{\text{Mol}}$.

b) Auflösen nach der Molmasse ergibt $m_{\text{Mol}} = 3R/c$. Wir setzen die Zahlenwerte ein:

$$m_{\text{Mol}} = \frac{3\,(8{,}314\,\text{J}\cdot\text{mol}^{-1}\cdot\text{K}^{-1})}{0{,}447\,\text{kJ}\cdot\text{kg}^{-1}\cdot\text{K}^{-1}} = 55{,}7\,\text{g}\cdot\text{mol}^{-1}.$$

Ein Blick in das Periodensystem der Elemente zeigt, dass es sich um Eisen handeln muss.

L18.25 Gemäß der Zustandsgleichung für ideale Gase gilt hier bei der Verdreifachung des Drucks auf den Endzustand (Index E): $P_0 V/T_0 = 3 P_0 V/T_E$. Daraus folgt $T_E = 3 T_0$. Das Gas ist zweiatomig, und das Volumen ist konstant. Also ist $C_V = \frac{5}{2}R$. Für die Wärmemenge ergibt sich daher

$$Q = \tilde{n} C_V (T_E - T_0) = \tilde{n}\,\tfrac{5}{2}R\,(2\,T_0) = 5\,(\tilde{n}R T_0) = 5 P_0 V.$$

L18.26 Die bei der Sublimation auftretende Änderung $\Delta C_P = C_{P,\text{Gas}} - C_{P,\text{Festk.}}$ der molaren Wärmekapazität bei konstantem Druck ist anhand der Änderung der Anzahl an Freiheitsgraden des CO_2-Moleküls beim Übergang vom festen in den gasförmigen Zustand zu ermitteln. Im Gaszustand hat jedes CO_2-Molekül fünf Freiheitsgrade (drei der Translation und zwei der Rotation). Damit ist die molare Wärmekapazität $C_{P,\text{Gas}} = 5\left(\frac{1}{2}R\right) = \frac{5}{2}R$. Nach der Dulong-Petit'schen Regel gilt für die molare Wärmekapazität eines Festkörpers $C_{P,\text{Festk.}} = 3R$. Dabei wird vorausgesetzt, dass der Festkörper aus Teilchen mit jeweils sechs Freiheitsgraden besteht. Das CO_2-Molekül ist dreiatomig, so dass die molare Wärmekapazität des festen Kohlendioxids dreimal so groß ist: $C_{P,\text{Festk.}} = 9R$. Die Änderung der molaren Wärmekapazität ist also $\Delta C_P = \frac{1}{2}R - \frac{18}{2}R = -\frac{13}{2}R$.

L18.27 Das Wassermolekül hat jeweils drei Freiheitsgrade der Translation und der Rotation. Außerdem kann jedes Wasserstoffatom relativ zum Sauerstoffatom schwingen; dies ergibt jeweils zwei, also vier Freiheitsgrade. Damit hat das Wassermolekül insgesamt zehn Freiheitsgrade. Mit der Anzahl f der Freiheitsgrade pro Molekül ist die molare Wärmekapazität von Wasser (W) gegeben durch $C_{V,W} = f\left(\frac{1}{2}R\right)$. Weil zehn Freiheitsgrade vorliegen, ist $C_{V,W} = 10\left(\frac{1}{2}R\right) = 5R$.

L18.28 Bei einem reversiblen adiabatischen Prozess ist $T V^{\gamma-1}$ konstant. Außerdem ist $C_P = C_V + R$. Damit können wir γ für jeden Prozess ermitteln. Wir bezeichnen den Anfangszustand mit A und den Endzustand mit E. Dann ist

$$T_A V_A^{\gamma-1} = T_E V_E^{\gamma-1}.$$

Auflösen nach der Endtemperatur ergibt

$$T_E = T_A \left(\frac{V_A}{V_E}\right)^{\gamma-1} = T_A \left(\frac{V_A}{\frac{1}{2}V_A}\right)^{\gamma-1} = T_A \cdot 2^{\gamma-1}.$$

a) Für $C_V = \frac{3}{2}R$ erhalten wir

$$\gamma = \frac{C_P}{C_V} = \frac{\frac{5}{2}R}{\frac{3}{2}R} = \frac{5}{3},$$

und die Endtemperatur ist $T_E = (293\,\text{K})\cdot 2^{\frac{5}{3}-1} = 465\,\text{K}$.

b) Für $C_V = \frac{5}{2}R$ erhalten wir

$$\gamma = \frac{C_P}{C_V} = \frac{\frac{7}{2}R}{\frac{5}{2}R} = \frac{7}{5},$$

und die Endtemperatur ist $T_E = (293\,\text{K})\cdot 2^{\frac{7}{5}-1} = 387\,\text{K}$.

L18.29 Wir müssen zunächst das Anfangsvolumen ermitteln. Mit der Zustandsgleichung für das ideale Gas erhalten wir

$$V_A = \frac{\tilde{n} R T_A}{P_A} = \frac{(0{,}5\,\text{mol})\,(8{,}314\,\text{J}\cdot\text{mol}^{-1}\cdot\text{K}^{-1})\,(300\,\text{K})}{400\,\text{kPa}}$$
$$= 3{,}12\cdot 10^{-3}\,\text{m}^3 = 3{,}12\,\text{l}.$$

a) Für das ideale Gas gilt $P_A V_A/T_A = P_E V_E/T_E$.

Weil der Prozess isotherm verläuft, sind Anfangs- und Endtemperatur gleich: $T_E = T_A = 300\,\text{K}$. Damit erhalten wir

$$V_E = V_A \frac{P_A}{P_E} = (3{,}12\,\text{l})\,\frac{400\,\text{kPa}}{160\,\text{kPa}} = 7{,}80\,\text{l}.$$

Die (vom Gas verrichtete) Arbeit ist

$$W = -\tilde{n} R T \ln\frac{V_E}{V_A} = -(0{,}5\,\text{mol})\,R\,(300\,\text{K})\ln\frac{7{,}80\,\text{l}}{3{,}12\,\text{l}}.$$

Mit $R = 8{,}314\,\text{J}\cdot\text{mol}^{-1}\cdot\text{K}^{-1}$ ergibt sich $W = -1{,}14\,\text{kJ}$.

Nach dem Ersten Hauptsatz ist die aufgenommene Wärmemenge $Q = \Delta U - W = 0 - (-1{,}14\,\text{kJ}) = 1{,}14\,\text{kJ}$.

b) Bei einem reversiblen adiabatischen Prozess ist $P V^\gamma$ konstant. Also gilt $P_A V_A^\gamma = P_E V_E^\gamma$. Im vorliegenden Fall ist $\gamma = \frac{5}{3}$, und wir erhalten

$$V_E = V_A \left(\frac{P_A}{P_E}\right)^{1/\gamma} = (3{,}12\,\text{l})\left(\frac{400\,\text{kPa}}{160\,\text{kPa}}\right)^{3/5} = 5{,}41\,\text{l}.$$

Mit der Zustandsgleichung für das ideale Gas ergibt sich die Endtemperatur

$$T_E = \frac{P_E V_E}{\tilde{n} R} = \frac{(160\,\text{kPa})\,(5{,}41\cdot 10^{-3}\,\text{m}^3)}{(0{,}5\,\text{mol})\,(8{,}314\,\text{J}\cdot\text{mol}^{-1}\cdot\text{K}^{-1})} = 208\,\text{K}.$$

Weil der Prozess adiabatisch verläuft, ist $Q = 0$, und wir erhalten gemäß dem Ersten Hauptsatz

$$W = \Delta U - Q = \tilde{n} C_V \Delta T - 0 = \tfrac{3}{2} \tilde{n} R \Delta T .$$

Damit ist

$$W = \tfrac{3}{2} (0{,}5 \text{ mol}) (8{,}314 \text{ J} \cdot \text{mol}^{-1} \cdot \text{K}^{-1}) (208 - 300) \text{ K}$$
$$= -574 \text{ J} .$$

L18.30 Wir müssen zunächst das Anfangsvolumen ermitteln. Mit der Zustandsgleichung für das ideale Gas erhalten wir

$$V_A = \frac{\tilde{n} R T_A}{P_A} = \frac{(0{,}5 \text{ mol}) (8{,}314 \text{ J} \cdot \text{mol}^{-1} \cdot \text{K}^{-1}) (300 \text{ K})}{400 \text{ kPa}}$$
$$= 3{,}12 \cdot 10^{-3} \text{ m}^3 = 3{,}12 \text{ l} .$$

a) Für das ideale Gas gilt $P_A V_A / T_A = P_E V_E / T_E$.
Weil der Prozess isotherm verläuft, sind Anfangs- und Endtemperatur gleich: $T_E = T_A = 300$ K. Damit erhalten wir

$$V_E = V_A \frac{P_A}{P_E} = (3{,}12 \text{ l}) \frac{400 \text{ kPa}}{160 \text{ kPa}} = 7{,}80 \text{ l} .$$

Die (vom Gas verrichtete) Arbeit ist

$$W = -\tilde{n} R T \ln \frac{V_E}{V_A} = -(0{,}5 \text{ mol}) R (300 \text{ K}) \ln \frac{7{,}80 \text{ l}}{3{,}12 \text{ l}} .$$

Mit $R = 8{,}314 \text{ J} \cdot \text{mol}^{-1} \cdot \text{K}^{-1}$ ergibt sich $W = -1{,}14$ kJ.
Nach dem Ersten Hauptsatz gilt

$$Q = \Delta U - W = 0 - (-1{,}14 \text{ kJ}) = 1{,}14 \text{ kJ} .$$

b) Bei einem reversiblen adiabatischen Prozess ist $P V^\gamma$ konstant. Also gilt $P_A V_A^\gamma = P_E V_E^\gamma$. Im vorliegenden Fall ist $\gamma = 1{,}4$, und wir erhalten

$$V_E = V_A \left(\frac{P_A}{P_E} \right)^{1/\gamma} = (3{,}12 \text{ l}) \left(\frac{400 \text{ kPa}}{160 \text{ kPa}} \right)^{1/1{,}4} = 6{,}00 \text{ l} .$$

Mit der Zustandsgleichung für das ideale Gas ergibt sich die Endtemperatur

$$T_E = \frac{P_E V_E}{\tilde{n} R} = \frac{(160 \text{ kPa}) (6 \cdot 10^{-3} \text{ m}^3)}{(0{,}5 \text{ mol}) (8{,}314 \text{ J} \cdot \text{mol}^{-1} \cdot \text{K}^{-1})} = 231 \text{ K} .$$

Weil der Prozess adiabatisch verläuft, ist $Q = 0$, und wir erhalten gemäß dem Ersten Hauptsatz

$$W = \Delta U - Q = \tilde{n} C_V \Delta T - 0 = \tfrac{5}{2} \tilde{n} R \Delta T$$
$$= \tfrac{5}{2} (0{,}5 \text{ mol}) (8{,}314 \text{ J} \cdot \text{mol}^{-1} \cdot \text{K}^{-1}) (231 - 300) \text{ K}$$
$$= -717 \text{ J} .$$

L18.31 Es ist der Ausdruck $P \, \mathrm{d}V$ zu integrieren:

$$W = - \int_{V_1}^{V_2} P \, \mathrm{d}V .$$

Bei einem reversiblen adiabatischen Prozess ist $P V^\gamma$ konstant. Wir setzen diesen Ausdruck gleich einer Konstanten B, schreiben also $P V^\gamma = B$. Damit ist $P = B V^{-\gamma}$. Dies setzen wir in das obige Integral ein:

$$W = -B \int_{V_1}^{V_2} V^{-\gamma} \mathrm{d}V = -\frac{B}{1-\gamma} \left(V_2^{1-\gamma} - V_1^{1-\gamma} \right) .$$

Wegen $P V^\gamma = B$ ist

$$B V_2^{1-\gamma} = P_2 V_2^\gamma \quad \text{und} \quad B V_1^{1-\gamma} = P_1 V_1^\gamma .$$

Einsetzen ergibt

$$W = -\frac{P_2 V_2^\gamma - P_1 V_1^\gamma}{1 - \gamma} = \frac{P_2 V_2^\gamma - P_1 V_1^\gamma}{\gamma - 1} .$$

L18.32 Die im gesamten Zyklus verrichtete Arbeit entspricht der Fläche zwischen den beiden Kurvenstücken in der Abbildung bei der Aufgabenstellung. Bei der Expansion (Prozess $1 \to 2$) entspricht die Arbeit betragsmäßig einer Trapezfläche, weil die Kurve geradlinig verläuft. Daher ist

$$W_{1 \to 2} = \tfrac{1}{2} (23 \text{ l} - 11{,}5 \text{ l}) (2 \text{ bar} - 1 \text{ bar}) = -17{,}3 \text{ l} \cdot \text{bar} .$$

Die Temperatur beim Punkt 1 im Diagramm ermitteln wir mit der Zustandsgleichung für das ideale Gas:

$$T = \frac{P V}{\tilde{n} R} = \frac{(2 \text{ bar}) (11{,}5 \text{ l})}{(1 \text{ mol}) (8{,}314 \cdot 10^{-2} \text{ l} \cdot \text{bar} \cdot \text{mol}^{-1} \cdot \text{K}^{-1})}$$
$$= 277 \text{ K} .$$

Die Arbeit bei der isothermen Kompression (Prozess $2 \to 1$) ist

$$W_{2 \to 1} = -\tilde{n} R T \ln(V_E / V_A) .$$

Wiederum mit $R = 8{,}314 \cdot 10^{-2} \text{ l} \cdot \text{bar} \cdot \text{mol}^{-1} \cdot \text{K}^{-1}$ ergibt sich

$$W_{2 \to 1} = -(1 \text{ mol}) R (277 \text{ K}) \ln \frac{11{,}5 \text{ l}}{23 \text{ l}} = 15{,}9 \text{ l} \cdot \text{bar} .$$

Die gesuchte Arbeit ist die Summe beider Werte:

$$W_{ges} = W_{1 \to 2} + W_{2 \to 1} = -17{,}3 \text{ l} \cdot \text{bar} + 15{,}9 \text{ l} \cdot \text{bar}$$
$$= -1{,}40 \text{ l} \cdot \text{bar} = -140 \text{ J} .$$

Anmerkung: In jedem vollständigen Zyklus verrichtet das Gas also eine Arbeit von 142 J.

L18.33 Die einzelnen Druck-, Temperatur- und Volumenwerte sind mit der Zustandsgleichung für das ideale Gas zu berechnen. Die Arbeit entspricht betragsmäßig der jeweiligen Fläche unter der Kurve im P-V-Diagramm, und die ausgetauschte Wärme ergibt sich aus der spezifischen Wärmekapazität und der betreffenden Temperaturänderung. Das Volumen am Punkt D im P-V-Diagramm ist

$$V_D = \frac{\tilde{n} R T_D}{P_D}$$
$$= \frac{(2 \text{ mol}) (8{,}314 \text{ J} \cdot \text{mol}^{-1} \cdot \text{K}^{-1}) (360 \text{ K})}{(2 \text{ bar})} = 29{,}9 \text{ l} .$$

Wie angegeben, ist das Volumen am Punkt B (wie auch am Punkt C) dreimal so groß wie am Punkt D. Also ist $V_B = V_C = 3 V_D = 89{,}8 \text{ l}$.
Mit $R = 8{,}314 \cdot 10^{-2} \text{ l} \cdot \text{bar} \cdot \text{mol}^{-1} \cdot \text{K}^{-1}$ ergibt sich für den Druck am Punkt C

$$P_C = \frac{\tilde{n} R T_C}{V_C} = \frac{(2 \text{ mol}) R (360 \text{ K})}{(89{,}8 \text{ l})} = 0{,}667 \text{ bar} .$$

Wir wissen, dass der Druck am Punkt B zweimal so groß ist wie am Punkt C. Also ist $P_B = 2 P_C = 2 (0{,}667 \text{ bar}) = 1{,}33 \text{ bar}$.

Der Schritt D→C verläuft isotherm. Daher gilt $T_D = T_C = 360$ K. Die Temperatur an den Punkten A und B ist

$$T_A = T_B = \frac{P_B V_B}{\tilde{n} R}$$

$$= \frac{(1{,}33 \text{ bar}) (89{,}8 \text{ l})}{(2 \text{ mol}) (8{,}314 \cdot 10^{-2} \text{ l} \cdot \text{bar} \cdot \text{mol}^{-1} \cdot \text{K}^{-1})} = 720 \text{ K}.$$

Die Temperatur am Punkt A ist doppelt so groß wie die am Punkt D. Daher muss wegen des konstanten Volumens gelten: $P_A = 2 P_D = 4$ bar. In der nachstehenden Tabelle sind die Druck-, Volumen- und Temperaturwerte an den vier Punkten zusammengestellt.

Punkt	P/bar	V/l	T/K
A	4	29,9	720
B	1,33	89,8	720
C	0,667	89,8	360
D	2	29,5	360

Wir berechnen nun für jeden Schritt die verrichtete oder aufgenommene Arbeit sowie die ausgetauschte Wärme.

Beim Schritt D→A ist $W_{D \to A} = 0$ und

$$Q_{D \to A} = \Delta U_{D \to A} = \tfrac{3}{2} \tilde{n} R \Delta T_{D \to A} = \tfrac{3}{2} \tilde{n} R (T_A - T_D)$$

$$= \tfrac{3}{2} (2 \text{ mol}) (8{,}314 \text{ J} \cdot \text{mol}^{-1} \cdot \text{K}^{-1}) (720 - 360) \text{ K}$$

$$= +8{,}98 \text{ kJ}.$$

Der Schritt A→B verläuft isotherm, so dass $\Delta U_{A \to B} = 0$ ist. Die Arbeit ergibt sich daher zu

$$W_{A \to B} = -Q_{A \to B} = -\tilde{n} R T_{A,B} \ln \frac{V_B}{V_A}$$

$$= -(2 \text{ mol}) (8{,}314 \text{ J} \cdot \text{mol}^{-1} \cdot \text{K}^{-1}) (720 \text{ K}) \ln \frac{89{,}8 \text{ l}}{29{,}9 \text{ l}}$$

$$= -13{,}2 \text{ kJ}.$$

Beim Schritt B→C ist $W_{B \to C} = 0$ und

$$Q_{B \to C} = \Delta U_{B \to C} = \tilde{n} C_V \Delta T_{B \to C} = \tfrac{3}{2} \tilde{n} R (T_C - T_B)$$

$$= \tfrac{3}{2} (2 \text{ mol}) (8{,}314 \text{ J} \cdot \text{mol}^{-1} \cdot \text{K}^{-1}) (360 - 720) \text{ K}$$

$$= -8{,}98 \text{ kJ}.$$

Der Schritt C→D verläuft isotherm, so dass $\Delta U_{C \to D} = 0$ ist. Die Arbeit ergibt sich daher zu

$$W_{C \to D} = -Q_{C \to D} = -\tilde{n} R T_{C,D} \ln \frac{V_D}{V_C}$$

$$= -(2 \text{ mol}) (8{,}314 \text{ J} \cdot \text{mol}^{-1} \cdot \text{K}^{-1}) (360 \text{ K}) \ln \frac{29{,}9 \text{ l}}{89{,}8 \text{ l}}$$

$$= +6{,}58 \text{ kJ}.$$

In der nachstehenden Tabelle sind die bei den einzelnen Schritten ausgetauschten Energien zusammengestellt.

Schritt	Q/kJ	W/kJ	ΔU/kJ
D→A	8,98	0	8,98
A→B	13,2	−13,2	0
B→C	−8,98	0	−8,98
C→D	−6,58	6,58	0

Die im gesamten Zyklus ausgetauschte Arbeit ist

$$W_{\text{ges}} = W_{D \to A} + W_{A \to B} + W_{B \to C} + W_{C \to D}$$

$$= 0 - 13{,}2 \text{ kJ} + 0 + 6{,}58 \text{ kJ} = -6{,}62 \text{ kJ}.$$

Anmerkung: Wie zu erwarten war, ist die Änderung ΔU der inneren Energie beim gesamten Zyklus null.

L18.34 Die Endtemperatur T_E können wir aus den Wärmekapazitäten ermitteln. Beim vorliegenden Prozess bleibt die Gesamtenergie erhalten. Wir bezeichnen das Gas mit G und den Festkörper mit F. Wegen der Energieerhaltung ist $Q = 0$ und daher $\tilde{n}_G C_{V,G} (T_E - 100 \text{ K}) - \tilde{n}_F C_{V,F} (200 \text{ K} - T_E) = 0$.

Wir lösen nach der Endtemperatur auf:

$$T_E = \frac{(100 \text{ K}) \tilde{n}_G C_{V,G} + (200 \text{ K}) \tilde{n}_F C_{V,F}}{\tilde{n}_G C_{V,G} + \tilde{n}_F C_{V,F}}.$$

Bei konstantem Volumen ist die Wärmekapazität des Gases

$$\tilde{n}_G C_{V,G} = \tfrac{5}{2} \tilde{n}_G R = \tfrac{5}{2} (1 \text{ mol}) (8{,}314 \text{ J} \cdot \text{mol}^{-1} \cdot \text{K}^{-1})$$

$$= 20{,}8 \text{ J} \cdot \text{K}^{-1}.$$

Nach der Dulong-Petit'schen Regel ist die Wärmekapazität des Festkörpers

$$\tilde{n}_F C_{V,F} = 3 \tilde{n}_F R = 3 (2 \text{ mol}) (8{,}314 \text{ J} \cdot \text{mol}^{-1} \cdot \text{K}^{-1})$$

$$= 49{,}9 \text{ J} \cdot \text{K}^{-1}.$$

Einsetzen der Werte ergibt

$$T_E = \frac{(100 \text{ K}) (20{,}8 \text{ J} \cdot \text{K}^{-1}) + (200 \text{ K}) (49{,}9 \text{ J} \cdot \text{K}^{-1})}{(20{,}8 + 49{,}9) \text{ J} \cdot \text{K}^{-1}}$$

$$= 171 \text{ K}.$$

L18.35 a) Die innere Energie U eines idealen Gases ist die Summe der kinetischen Energien aller Teilchen; sie ist proportional zu $k_B T$. Daher hängt U nur von der Temperatur T ab, und es ist $\Delta U = \tilde{n} C_V \Delta T$.

b) Nach dem Ersten Hauptsatz ist $\Delta U = Q + W$. Bei konstantem Druck ist daher

$$W = -P (V_E - V_A) = -\tilde{n} R (T_E - T_A) = -\tilde{n} R \Delta T.$$

Mit $Q = \tilde{n} C_P \Delta T$ ergibt sich daraus

$$\Delta U = \tilde{n} C_P \Delta T - \tilde{n} R \Delta T = \tilde{n} (C_P - R) \Delta T = \tilde{n} C_V \Delta T.$$

L18.36 Wir müssen zunächst die Anzahl der gelösten Teilchen berechnen und sie dann in die Zustandsgleichung für das ideale Gas einsetzen. Die Teilchenanzahl ist

$$n = \tilde{n} n_A = \frac{m n_A}{m_{\text{Mol,NaCl}}}.$$

Dies setzen wir in den Ausdruck für die Druckänderung ein, der sich aus der Zustandsgleichung für das ideale Gas ergibt:

$$\Delta P = \frac{n k_B T}{V} = \frac{m n_A k_B T}{m_{\text{Mol,NaCl}} V}.$$

Mit der Avogadro-Zahl $n_A = 6{,}022 \cdot 10^{23} \text{ mol}^{-1}$ und der Boltzmann-Konstante $k_B = 1{,}381 \cdot 10^{-23} \text{ J} \cdot \text{K}^{-1}$ erhalten wir

$$\Delta P = \frac{(30 \text{ g}) n_A k_B (297 \text{ K})}{(58{,}4 \text{ g} \cdot \text{mol}^{-1}) (10^{-3} \text{ m}^3)} = 1{,}27 \cdot 10^6 \text{ N} \cdot \text{m}^{-2}.$$

L18.37 Die Berechnung wird vereinfacht, wenn wir das Produkt $n_A k_B$ durch R ersetzen. Es gilt

$$\widetilde{n} R = n k_B \quad \text{und daher} \quad R = \frac{n}{\widetilde{n}} k_B = n_A k_B .$$

Dies setzen wir in die gegebene Gleichung ein:

$$U_{\text{Mol}} = \frac{3 n_A k_B \Theta_E}{e^{\Theta_E/T} - 1} = \frac{3 R \Theta_E}{e^{\Theta_E/T} - 1} .$$

Für 600 K ergibt sich

$$U_{\text{Mol},600\,\text{K}} = \frac{3 \left(8{,}314\,\text{J}\cdot\text{mol}^{-1}\cdot\text{K}^{-1}\right)(1060\,\text{K})}{e^{1060\,\text{K}/(600\,\text{K})} - 1}$$
$$= 5{,}45\,\text{kJ}\cdot\text{mol}^{-1} .$$

Für 300 K erhalten wir

$$U_{\text{Mol},300\,\text{K}} = \frac{3 \left(8{,}314\,\text{J}\cdot\text{mol}^{-1}\cdot\text{K}^{-1}\right)(1060\,\text{K})}{e^{1060\,\text{K}/(300\,\text{K})} - 1}$$
$$= 795\,\text{J}\cdot\text{mol}^{-1} .$$

Die Differenz ist

$$\Delta U_{\text{Mol}} = U_{\text{Mol},600\,\text{K}} - U_{\text{Mol},300\,\text{K}}$$
$$= (5{,}45 - 0{,}795)\,\text{kJ}\cdot\text{mol}^{-1} = 4{,}66\,\text{kJ}\cdot\text{mol}^{-1} .$$

L18.38 Für die molare innere Energie gilt

$$U_{\text{Mol}} = \frac{3 n_A k_B \Theta_E}{e^{\Theta_E/T} - 1} .$$

Die molare Wärmekapazität bei konstantem Volumen ist $C_V = dU/dT$. Wir müssen also den obigen Ausdruck für U_{Mol} nach T ableiten. Dabei verwenden wir die Beziehung $\widetilde{n} R = n k_B$ bzw. $R = n_A k_B$. Damit ergibt sich

$$C_V = \frac{d}{dT}\left(\frac{3 n_A k_B \Theta_E}{e^{\Theta_E/T} - 1}\right)$$
$$= 3 R \Theta_E \frac{d}{dT}\left(\frac{1}{e^{\Theta_E/T} - 1}\right)$$
$$= 3 R \Theta_E \left(\frac{-1}{\left(e^{\Theta_E/T} - 1\right)^2}\right) \frac{d}{dT}\left(e^{\Theta_E/T} - 1\right)$$
$$= 3 R \Theta_E \left(\frac{-1}{\left(e^{\Theta_E/T} - 1\right)^2}\right) \left[e^{\Theta_E/T}\left(-\frac{\Theta_E}{T^2}\right)\right]$$
$$= 3 R \left(\frac{\Theta_E}{T}\right)^2 \frac{e^{\Theta_E/T}}{\left(e^{\Theta_E/T} - 1\right)^2} .$$

19A Der Zweite Hauptsatz der Thermodynamik

- Wärmekraftmaschinen und Kältemaschinen
- Der Zweite Hauptsatz
- Carnot-Maschinen
- Wärmepumpen
- Entropieänderungen

A: Aufgaben
- Entropie und entwertete Energie

Verständnisaufgaben

A19.1 • Warum ist es sinnlos, die Kühlschranktür offen zu halten, wenn man bei heißem Wetter die Küche kühlen will? Und warum kühlt im Gegensatz dazu eine Klimaanlage den Raum?

A19.2 • Warum versucht man, in Kraftwerken die Temperatur des den Turbinen zugeführten Dampfs so hoch wie möglich anzusetzen?

A19.3 •• An einem Tag mit hoher Luftfeuchtigkeit kondensiert Wasser einer kalten Oberfläche. Wie ändert sich bei der Kondensation die Entropie des Wassers? a) Sie steigt. b) Sie bleibt gleich. c) Sie sinkt. d) Sie kann abnehmen oder unverändert bleiben.

A19.4 •• Ein ideales Gas durchläuft reversibel eine Zustandsänderung vom Anfangszustand P_1, V_1, T_1 zum Endzustand P_2, V_2, T_2. Es stehen zwei mögliche Wege zur Auswahl: A) eine isotherme Expansion, gefolgt von einer adiabatischen Kompression, und B) eine adiabatische Kompression, gefolgt von einer isothermen Expansion. Was trifft für diese beiden Wege zu? a) $\Delta U_A > \Delta U_B$, b) $\Delta S_A > \Delta S_B$, c) $\Delta S_A < \Delta S_B$, d) keine dieser Beziehungen.

A19.5 •• Die Abbildung zeigt das S-T-Diagramm eines Kreisprozesses. Um welchen Prozess handelt es sich? Skizzieren Sie sein P-V-Diagramm.

A19.6 • Welche Änderung erhöht den Carnot-Wirkungsgrad stärker: die Temperaturerhöhung im wärmeren Reservoir um 5 K oder die Temperaturerniedrigung im kälteren Reservoir um 5 K?

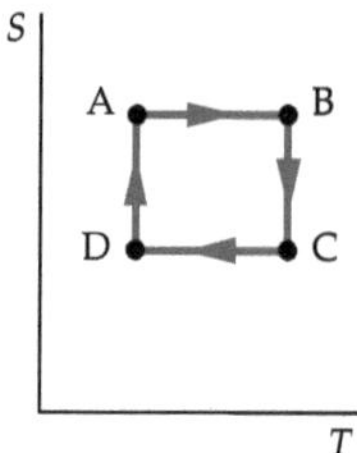

Zu Aufgabe 19.5

Schätzungs- und Näherungsaufgaben

A19.7 •• Schätzen Sie den maximalen Wirkungsgrad eines Ottomotors mit dem Verdichtungsverhältnis 8:1 ab. Legen Sie den in der Abbildung dargestellten Otto-Kreisprozess zugrunde und setzen Sie $\gamma = 1{,}4$.

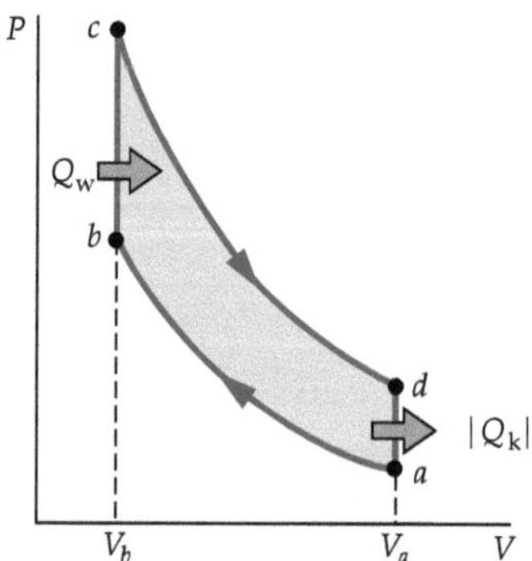

A19.8 •• Die Oberflächentemperatur der Sonne liegt bei rund 5400 K und die der Erde durchschnittlich bei 290 K. Die Solarkonstante beträgt etwa 1,3 kW/m^2 (das ist die Leistung pro Fläche, die durch Sonneneinstrahlung auf die Erde auftrifft). a) Berechnen Sie die gesamte Strahlungsleistung der Sonne, die auf die Erde trifft. b) Wie stark erhöht sich pro Zeiteinheit die Entropie der Erde durch diese Strahlungsleistung? c) Wie stark sinkt pro Zeiteinheit die Entropie der Sonne aufgrund der von ihr emittierten Strahlung, *die auf die Erde trifft*?

A19.9 •• Der menschliche Körper gibt durchschnittlich eine Wärmeleistung von 100 W ab. Schätzen Sie ab, um wie viel sich die Entropie des Universums durch die Wärmeabgabe eines Menschen während eines Frühlingstags ändert. Die Lufttemperatur schwankt dabei zwischen 13 °C nachts und 21 °C tagsüber.

• Wärmekraftmaschinen und Kältemaschinen

A19.10 • Eine Wärmekraftmaschine entnimmt pro Zyklus 400 J Wärme aus dem wärmeren Reservoir und verrichtet 120 J Arbeit. a) Wie hoch ist ihr Wirkungsgrad? b) Wie viel Wärme wird pro Zyklus abgegeben?

A19.11 •• Eine Wärmekraftmaschine enthält als Arbeitssubstanz 1 mol eines idealen Gases. Zu Beginn hat dieses ein Volumen von 24,6 l und eine Temperatur von 400 K. Sie durchläuft folgenden vierschrittigen Kreisprozess: 1) isotherme Expansion bei 400 K auf das doppelte Volumen, 2) Abkühlung bei konstantem Volumen auf 300 K, 3) isotherme Kompression auf das Anfangsvolumen, 4) Erwärmung bei konstantem Volumen auf die Anfangstemperatur 400 K. Skizzieren Sie das P-V-Diagramm für den angegebenen Kreisprozess und berechnen Sie den Wirkungsgrad der Maschine. Setzen Sie $C_V = 21\ \mathrm{J \cdot K^{-1}}$.

A19.12 ••• Der Kreisprozess für die Vorgänge im Dieselmotor („Diesel-Kreisprozess") ist in der Abbildung schematisch dargestellt. Von a nach b wird adiabatisch komprimiert, und von b nach c wird bei konstantem Druck expandiert. Der Prozess von c nach d ist eine adiabatische Expansion, und von d nach a wird bei konstantem Volumen abgekühlt. Berechnen Sie den Wirkungsgrad dieses Kreisprozesses als Funktion der Volumina V_a, V_b, V_c und V_d.

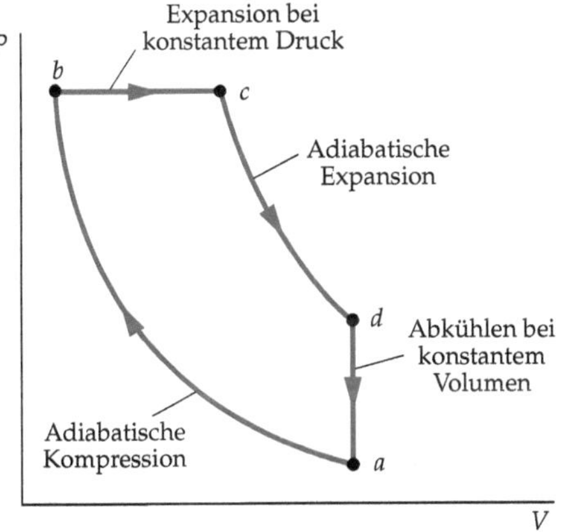

A19.13 •• „Soweit wir wissen, hat die Natur niemals eine Wärmekraftmaschine hervorgebracht." Dies schrieb Steven Vo-

gel 1988 in seinem Werk *Life's Devices*. a) Berechnen Sie den Wirkungsgrad einer Wärmekraftmaschine, die zwischen Reservoiren mit der menschlichen Körpertemperatur (37 °C) und einer mittleren Außentemperatur von 21 °C arbeitet. Vergleichen Sie den erhaltenen Wert mit dem Wirkungsgrad von rund 0,2, mit dem der menschliche Körper chemische in mechanische Energie umsetzt. Widerspricht das Ergebnis dem Zweiten Hauptsatz der Thermodynamik? b) Verwenden Sie die Ergebnisse von a sowie Ihre Kenntnisse über die Lebensbedingungen der meisten Warmblüter. Erklären Sie, warum die Warmblüter im Verlauf der Evolution keine „Wärmekraftmaschine" entwickelt haben, mit der sie ihre innere Energie bereitstellen könnten.

• Der Zweite Hauptsatz

A19.14 •• Wenn sich zwei adiabatische Kurven im P-V-Diagramm schneiden, so kann mit Hilfe einer Isotherme zwischen beiden Adiabaten ein Kreisprozess konstruiert werden (siehe Abbildung). Zeigen Sie, dass ein solcher Kreisprozess den Zweiten Hauptsatz verletzen kann.

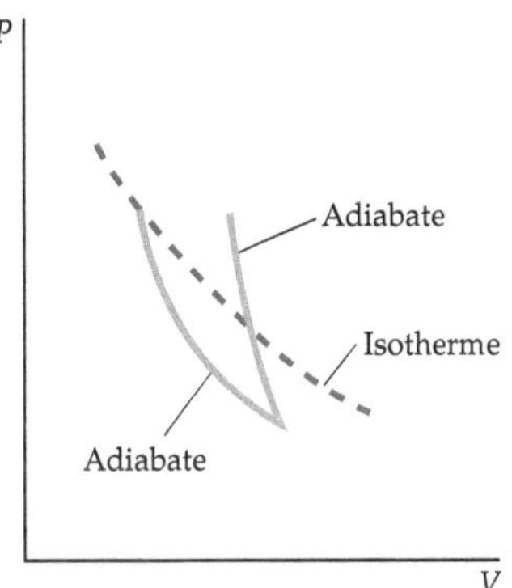

• Carnot-Maschinen

A19.15 • Eine Carnot-Maschine arbeitet zwischen zwei Reservoiren mit den Temperaturen $T_w = 300$ K und $T_k = 200$ K. a) Wie hoch ist ihr Wirkungsgrad? b) Wie viel Arbeit wird verrichtet, wenn sie pro Zyklus 100 J aus dem wärmeren Reservoir entnimmt? c) Wie viel Wärme gibt sie in jedem Zyklus an das kältere Reservoir ab? d) Wie hoch ist ihre Leistungszahl, wenn sie zwischen denselben Reservoiren in umgekehrter Richtung als Kältemaschine arbeitet?

A19.16 •• Eine Carnot-Maschine arbeitet zwischen zwei Reservoiren mit den Temperaturen $T_w = 300$ K und $T_k = 77$ K. a) Wie hoch ist ihr Wirkungsgrad? b) Wie viel Arbeit wird verrichtet, wenn sie pro Zyklus 100 J aus dem wärmeren Reservoir entnimmt? c) Wie viel Wärme gibt sie in jedem Zyklus an das kältere Reservoir ab? d) Wie hoch ist ihre Leistungszahl, wenn sie zwischen denselben Reservoiren in umgekehrter Richtung als Kältemaschine arbeitet?

A19.17 •• Der Kreisprozess in der Abbildung wird mit 1 mol eines idealen Gases durchgeführt, für das $\gamma = 1{,}4$ ist. Zu Anfang beträgt der Druck 1 bar und die Temperatur 0 °C. Das Gas wird bei konstantem Volumen auf $T_2 = 150$ °C aufgeheizt und anschließend adiabatisch expandiert, bis der Druck wieder 1 bar beträgt. Schließlich wird es bei konstantem Druck auf das Anfangsvolumen komprimiert. Ermitteln Sie a) die Temperatur T_3 nach der adiabatischen Expansion, b) die vom Gas bei jedem Schritt abgegebene oder aufgenommene Wärme, c) den Wirkungsgrad dieses Kreisprozesses, d) den Carnot-Wirkungsgrad eines Kreisprozesses zwischen der niedrigsten und der höchsten hier auftretenden Temperatur.

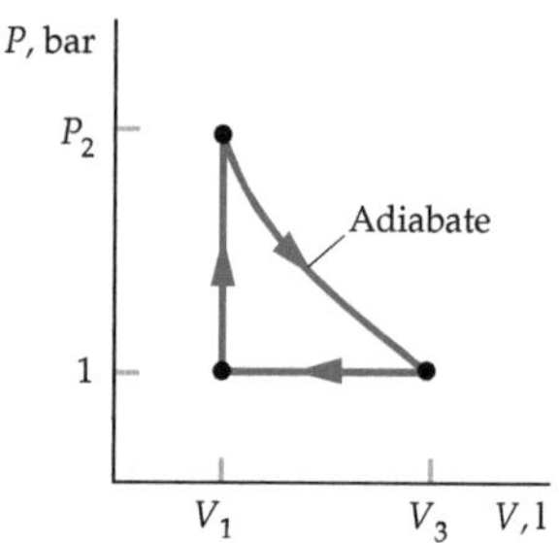

A19.18 ●● Einer Dampfmaschine wird überhitzter Wasserdampf mit einer Temperatur von 270 °C zugeführt. Aus ihrem Arbeitszylinder gibt sie kondensiertes Wasser mit 50 °C ab. Der Wirkungsgrad beträgt 0,30. a) Wie groß ist dieser im Vergleich zum theoretischen Wirkungsgrad bei den angegebenen Temperaturen? b) Angenommen, die Maschine liefert 200 kW an nutzbarer mechanischer Leistung. Wie viel Wärme gibt sie dann pro Stunde an die Umgebung ab?

● **Wärmepumpen**

A19.19 ● Eine Wärmepumpe führt der Heizung eines Hauses eine Leistung von 20 kW zu. Die Außentemperatur beträgt $-10\,°C$, und die Temperatur des Heizkessels liegt bei 40 °C. a) Wie hoch wäre die Leistungszahl, wenn die Maschine bei denselben Temperaturen vollkommen reversibel, also mit dem Carnot-Wirkungsgrad, arbeitete? b) Mit welcher elektrischen Leistung müsste die Wärmepumpe dabei mindestens betrieben werden? c) Angenommen, die Wärmepumpe erreicht 60 % der theoretischen Leistungszahl einer idealen Wärmepumpe. Mit welcher elektrischen Leistung muss sie dann mindestens betrieben werden?

● **Entropieänderungen**

A19.20 ●● Im Gefrierfach eines Kühlschranks werden 50 g Wasser, die eine Anfangstemperatur von 0 °C haben, gefroren und auf $-10\,°C$ abgekühlt. Nehmen Sie an, die Wände des Gefrierfachs werden auf einer konstanten Temperatur von $-10\,°C$ gehalten. Zeigen Sie, dass die Entropie des Universums zunimmt, obwohl die Entropie des Wassers bzw. Eises abnimmt.

A19.21 ● Wie stark ändert sich die Entropie von 1,0 kg Eis, wenn es bei 0 °C und 1 bar schmilzt?

A19.22 ●● Ein System nimmt 300 J aus einem Reservoir mit 300 K und 200 J aus einem Reservoir mit 400 K auf. Dann kehrt es in den Anfangszustand zurück, wobei es 100 J Arbeit verrichtet und 400 J an ein Reservoir mit der Temperatur T

abgibt. a) Wie hoch ist die Entropieänderung des Systems im gesamten Kreisprozess? b) Wie hoch ist die Temperatur T, wenn der Kreisprozess reversibel durchlaufen wird?

A19.23 ●● Zwei Mole eines idealen Gases, die zu Beginn bei 400 K ein Volumen von 40 l haben, erfahren eine freie Expansion auf das doppelte Volumen. Wie hoch sind die Entropieänderungen a) des Gases und b) des Universums?

A19.24 ●● Ein Kupferblock mit der Masse 1 kg hat eine Temperatur von 100 °C. Er wird in ein Kalorimeter mit vernachlässigbarer Wärmekapazität gegeben, das 4 l Wasser mit 0 °C enthält. Wie groß sind die Entropieänderungen a) des Kupferblocks, b) des Wassers, c) des Universums?

A19.25 ●● Bei einem Crash-Test stößt ein Personenwagen der Masse 1500 kg und der Geschwindigkeit $100\,\mathrm{km\cdot h^{-1}}$ unelastisch auf eine Betonwand. Wie groß ist bei einer Lufttemperatur von 20 °C die Entropieänderung des Universums?

● **Entropie und entwertete Energie**

A19.26 ●● Die Wärmemenge 500 J wird von einem Reservoir mit 400 K auf ein Reservoir mit 300 K durch Wärmeleitung übertragen. a) Wie groß ist die Entropieänderung des Universums? b) Welcher Anteil der übertragenen Wärmemenge 500 J könnte in einer Wärmekraftmaschine in Arbeit umgesetzt werden, wenn ihre tiefere Reservoirtemperatur 300 K beträgt?

Allgemeine Aufgaben

A19.27 ● Eine Wärmekraftmaschine entnimmt in jedem Zyklus 150 J einem Reservoir mit 100 °C und gibt 125 J an ein Reservoir mit 20 °C ab. a) Wie hoch ist der Wirkungsgrad dieser Maschine? b) Wie hoch ist dieser Wirkungsgrad im Verhältnis zum Carnot-Wirkungsgrad bei denselben Reservoiren?

A19.28 ● Um die Temperatur in einem Haus auf 20 °C zu halten, nimmt eine elektrische Fußbodenheizung an einem Tag mit einer Außentemperatur von $-7\,°C$ eine Leistung von 30 kW auf. Wie viel trägt dieses Haus pro Stunde zur Entropieerhöhung des Universums bei?

A19.29 ●● Zeigen Sie, dass die Leistungszahl $\varepsilon_{\mathrm{KM}}$ einer Kältemaschine folgendermaßen mit dem Carnot-Wirkungsgrad $\varepsilon_{\max}$ zusammenhängt: $\varepsilon_{\mathrm{KM}} = T_{\mathrm{k}}/(\varepsilon_{\max}\,T_{\mathrm{w}})$.

A19.30 ●● Vergleichen Sie den Wirkungsgrad des Otto-Kreisprozesses mit dem einer Carnot-Maschine, die zwischen denselben Temperaturen arbeitet.

A19.31 ●●● Bertrand Russell erklärte einmal, dass eine Million Affen, die eine Million Jahre lang auf je einer Schreibmaschine wild herumtippen, sämtliche Werke von Shakespeare hervorbringen könnten. Beschränken wir uns hier auf einige Sätze aus *Julius Caesar* (3. Akt, 2. Szene), die Marcus Antonius zu den Römern spricht:

Friends, Romans, countrymen! Lend me your ears.
I come to bury Caesar, not to praise him.
The evil that men do lives on after them,
The good is oft interred with the bones.
So let it be with Caesar.
The noble Brutus hath told you that Caesar was ambitiuous,
And, if so, it were a grievous fault,
And grievously hath Caesar answered it…

Selbst für diesen kurzen Ausschnitt würden die Affen nach der eben beschriebenen Methode wesentlich länger als eine Million Jahre brauchen. Um welchen Faktor irrte sich Russel näherungsweise? Treffen Sie dabei die nötigen Annahmen (darunter auch die, dass die Affen unsterblich sind).

19L Der Zweite Hauptsatz der Thermodynamik

L: Lösungen

L19.1 Nach dem Zweiten Hauptsatz der Thermodynamik muss mehr Wärme nach außen abgegeben werden, als aus dem Inneren des Kühlschranks abgeführt wird. Dessen Kühlschlangen befinden sich außerhalb des Kühlschranks und erwärmen daher die Küche. Bei der Klimaanlage befinden sich die Kühlschlangen jedoch außerhalb des Zimmers, so dass dieses gekühlt wird, analog zum Inneren des Kühlschranks.

L19.2 Bei einer höheren Temperatur des wärmeren Reservoirs (bzw. des Dampfs) ist der Carnot'sche Wirkungsgrad höher und daher allgemein – bei sonst gleichen Bedingungen – der Wirkungsgrad einer Wärmekraftmaschine.

L19.3 Bei der Kondensation gibt das Wasser Wärme ab. Die damit verknüpfte Entropieänderung ist $dS = dQ_{rev}/T$. Weil dQ_{rev} negativ ist, sinkt die Entropie des Wassers. Also ist Aussage c richtig.

L19.4 Die Abbildung zeigt die Wege A und B im P-V-Diagramm.

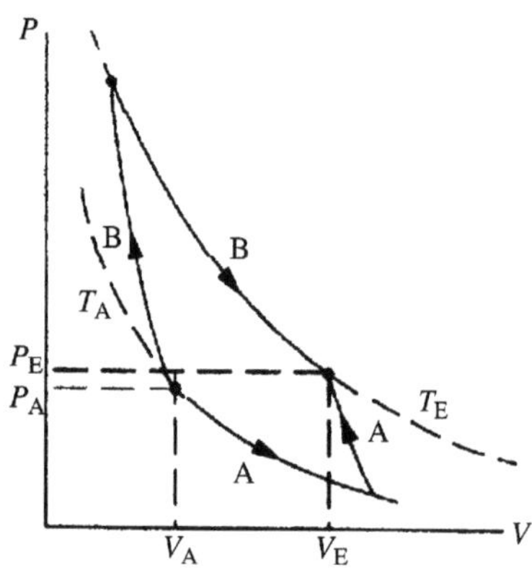

Für die Beantwortung der Fragen ist entscheidend, welche Größen Zustandsfunktionen sind und welche nicht.

Die innere Energie U ist eine Zustandsfunktion; daher sind ihre Anfangs- und Endwerte bei beiden Wegen gleich. Es ist also $\Delta U_A = \Delta U_B$, und Aussage a ist falsch.

Wie die innere Energie U ist auch die Entropie S eine Zustandsfunktion. Ihre Änderung hängt also nur vom Anfangs- und vom Endzustand ab, nicht aber vom durchlaufenen Weg. Daher ist $\Delta S_A = \Delta S_B$; die Aussagen b und c sind also ebenfalls falsch, und Aussage d ist richtig.

L19.5 Die Abbildung zeigt die vier Schritte im P-V-Diagramm.

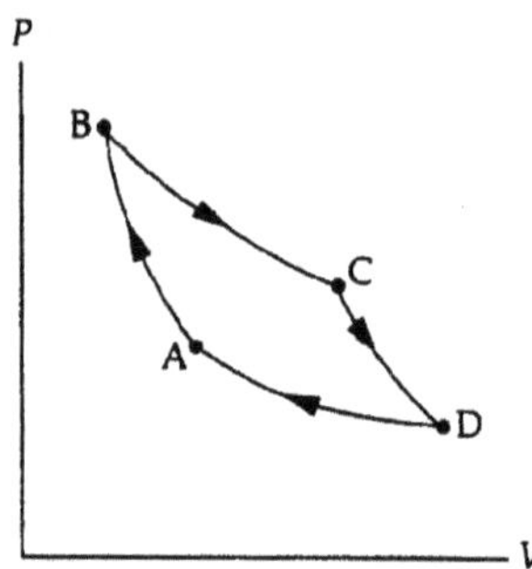

Die Schritte A→B und C→D sind adiabatisch, während die Schritte B→C und D→A isotherm verlaufen. Es handelt sich also um den Carnot'schen Kreisprozess.

L19.6 Wir schreiben ΔT für die Temperaturänderung und $\varepsilon = (T_w - T_k)/T_w$ für den anfänglichen Wirkungsgrad. Der Wirkungsgrad bei einer Erhöhung von T_w ist dann

$$\varepsilon' = \frac{T_w + \Delta T - T_k}{T_w + \Delta T}.$$

Entsprechend ergibt sich für den Wirkungsgrad bei einer Erniedrigung von T_k

$$\varepsilon'' = \frac{T_w - (T_k - \Delta T)}{T_w} = \frac{T_w - T_k + \Delta T}{T_w}.$$

Wir dividieren die zweite Gleichung durch die erste:

$$\frac{\varepsilon''}{\varepsilon'} = \frac{\dfrac{T_w - T_k + \Delta T}{T_w}}{\dfrac{T_w + \Delta T - T_k}{T_w + \Delta T}} = \frac{T_w + \Delta T}{T_w} > 1.$$

Somit steigert eine Verringerung der Temperatur des kälteren Reservoirs den Wirkungsgrad stärker als eine gleich große Erhöhung der Temperatur des wärmeren Reservoirs.

L19.7 Der theoretisch höchstmögliche Wirkungsgrad eines Ottomotors entspricht dem einer Carnot'schen Wärmekraftmaschine, die zwischen denselben Temperaturen arbeitet:

$$\varepsilon_{\max} = 1 - \frac{T_k}{T_w}.$$

Für die reversible adiabatische Expansion (beim Arbeitstakt des Motors) gilt $T_k V_k^{\gamma-1} = T_w V_w^{\gamma-1}$. Dies lösen wir nach dem Quotienten T_k/T_w auf:

$$\frac{T_k}{T_w} = \frac{V_w^{\gamma-1}}{V_k^{\gamma-1}} = \left(\frac{V_w}{V_k}\right)^{\gamma-1}.$$

Einsetzen in die erste Gleichung ergibt

$$\varepsilon_{\max} = 1 - \frac{T_k}{T_w} = 1 - \left(\frac{V_w}{V_k}\right)^{\gamma-1}.$$

Mit dem Verdichtungsverhältnis $r = V_k/V_w$ ergibt dies

$$\varepsilon_{\max} = 1 - \frac{1}{r^{\gamma-1}} = 1 - \frac{1}{(8)^{1,4-1}} = 0,565.$$

Der theoretisch höchste Wirkungsgrad beträgt also 56,5 %.

L19.8 a) Die Solarkonstante ist die pro Flächeneinheit auf die Erde auftreffende Leistung: $I_A = P/A$. Daher ist die insgesamt auf die Erde auftreffende Leistung $P = I_A A = I_A \pi r_E^2$, wobei r_E der Erdradius ist. Damit ergibt sich

$P = \pi \, (1,3 \text{ kW} \cdot \text{m}^{-2}) \, (6,37 \cdot 10^6 \text{ m})^2 = 1,66 \cdot 10^{17} \text{ W}.$

b) Mit der mittleren Temperatur T_E der Erde ist die Entropieänderung der Erde pro Zeiteinheit $|\mathrm{d}S_E|/\mathrm{d}t = P/T_E$. Damit ist

$$\frac{|\mathrm{d}S_E|}{\mathrm{d}t} = \frac{1,66 \cdot 10^{17} \text{ W}}{290 \text{ K}} = 5,72 \cdot 10^{14} \text{ J} \cdot \text{K}^{-1} \cdot \text{s}^{-1}.$$

c) Mit der mittleren Temperatur T_S der Sonnenoberfläche ist die Entropieänderung der Sonne pro Zeiteinheit $|\mathrm{d}S_S|/\mathrm{d}t = P/T_S$. Dies ist nur die Entropieänderung, die von der *die Erde erreichenden* Strahlung herrührt. Wir erhalten

$$\frac{|\mathrm{d}S_S|}{\mathrm{d}t} = \frac{1,66 \cdot 10^{17} \text{ W}}{5400 \text{ K}} = 3,07 \cdot 10^{13} \text{ J} \cdot \text{K}^{-1} \cdot \text{s}^{-1}.$$

L19.9 Die hier betrachtete Entropieänderung ΔS_U des Universums rührt von der als reversibel angenommenen Wärmeabgabe des menschlichen Körpers her, wobei am Tag und in der Nacht unterschiedliche Umgebungstemperaturen herrschen. Die Entropiezunahme des Universums ist daher

$$\Delta S_U = \frac{|Q_{\text{Tag}}|}{T_{\text{Tag}}} + \frac{|Q_{\text{Nacht}}|}{T_{\text{Nacht}}}.$$

Die Wärmeabgabe ergibt sich aus der angegebenen mittleren Leistung P und der Zeitspanne Δt. Sie ist also $|Q| = P\Delta t$. Wir nehmen der Einfachheit halber an, dass sich die Wärmeabgabe des menschlichen Körpers gleichmäßig auf Tag und Nacht verteilt: $|Q_{\text{Tag}}| = |Q_{\text{Nacht}}| = \frac{1}{2} P\Delta t$. Damit ergibt sich

$$\Delta S_U = \frac{\frac{1}{2} P\Delta t}{T_{\text{Tag}}} + \frac{\frac{1}{2} P\Delta t}{T_{\text{Tag}}} = \frac{1}{2} P\Delta t \left(\frac{1}{T_{\text{Tag}}} + \frac{1}{T_{\text{Nacht}}}\right)$$
$$= \frac{1}{2} P\Delta t \left(\frac{1}{294 \text{ K}} + \frac{1}{286 \text{ K}}\right).$$

Mit $P\Delta t = (100 \text{ J} \cdot \text{s}^{-1}) \, (24 \text{ h} \cdot \text{d}^{-1}) \, (3600 \text{ s} \cdot \text{h}^{-1})$ erhalten wir $\Delta S_U = 29,8 \text{ kJ} \cdot \text{K}^{-1}.$

L19.10 a) Aus der Definition des Wirkungsgrads einer Wärmekraftmaschine ergibt sich

$$\varepsilon = \frac{|W|}{Q_{\text{zu}}} = \frac{120 \text{ J}}{400 \text{ J}} = 0,30.$$

b) Damit ist die abgegebene Wärmemenge

$|Q_{\text{ab}}| = Q_{\text{zu}} \, (1 - \varepsilon) = (400 \text{ J}) \, (1 - 0,3) = 280 \text{ J}.$

L19.11 Um den Wirkungsgrad $\varepsilon = |W|/Q$ berechnen zu können, müssen wir die im gesamten Kreisprozess ausgetauschten Arbeits- und Wärmemengen berechnen. Gemäß der Zustandsgleichung für das ideale Gas ist der Druck beim Punkt 1 im P-V-Diagramm

$$P_1 = \frac{\tilde{n}R}{V_1} T_1$$
$$= \frac{(1 \text{ mol}) \, (8,314 \cdot 10^{-2} \text{ l} \cdot \text{bar} \cdot \text{mol}^{-1} \cdot \text{K}^{-1})}{24,6 \text{ l}} (400 \text{ K})$$
$$= 1,352 \text{ bar}.$$

Auf die gleiche Weise sind die Drücke bei den anderen Punkten zu ermitteln. In der nachstehenden Tabelle sind alle Druck-, Volumen- und Temperaturwerte zusammengestellt.

Punkt	P/bar	V/l	T/K
1	1,352	24,6	400
2	0,676	49,2	400
3	0,507	49,2	300
4	1,013	24,6	300

Die Abbildung zeigt das P-V-Diagramm.

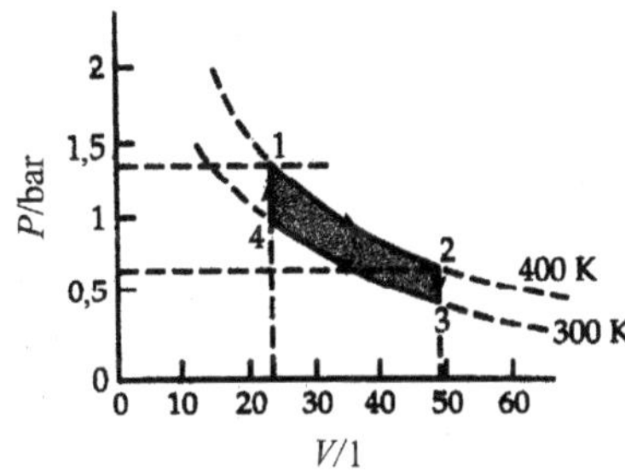

Bei der isothermen Expansion vom Punkt 1 zum Punkt 2 ist

$$W_{1\to 2} = -Q_{1\to 2} = -\tilde{n}RT_1 \ln \frac{V_2}{V_1}$$
$$= -(1 \text{ mol}) \, (8,314 \text{ J} \cdot \text{mol}^{-1} \cdot \text{K}^{-1}) \, (400 \text{ K}) \ln \frac{49,2 \text{ l}}{24,6 \text{ l}}$$
$$= -2,305 \text{ kJ}.$$

Bei der Abkühlung vom Punkt 2 zum Punkt 3, die bei konstantem Volumen erfolgt, ist die Arbeit null, und die Wärme ist

$$\begin{aligned}
Q_{2\to 3} &= \tilde{n} C_V \Delta T_{2\to 3} \\
&= (1\,\text{mol})\,(21\,\text{J}\cdot\text{mol}^{-1}\cdot\text{K}^{-1})\,(300-400)\,\text{K} \\
&= -2{,}10\,\text{kJ}.
\end{aligned}$$

Bei der isothermen Kompression vom Punkt 3 zum Punkt 4 ist

$$\begin{aligned}
W_{3\to 4} &= -Q_{3\to 4} = -\tilde{n} R T_3 \ln\frac{V_4}{V_3} \\
&= -(1\,\text{mol})\,(8{,}314\,\text{J}\cdot\text{mol}^{-1}\cdot\text{K}^{-1})\,(300\,\text{K})\ln\frac{24{,}6\,\text{l}}{49{,}2\,\text{l}} \\
&= +1{,}729\,\text{kJ}.
\end{aligned}$$

Bei der Erwärmung vom Punkt 4 zum Punkt 1, die bei konstantem Volumen erfolgt, ist die Arbeit null, und die Wärme ist

$$\begin{aligned}
Q_{4\to 1} &= \tilde{n} C_V \Delta T_{4\to 1} \\
&= (1\,\text{mol})\,(21\,\text{J}\cdot\text{mol}^{-1}\cdot\text{K}^{-1})\,(400-300)\,\text{K} \\
&= +2{,}10\,\text{kJ}.
\end{aligned}$$

Die im gesamten Zyklus netto zugeführte Arbeit ist

$$\begin{aligned}
W &= W_{1\to 2} + W_{2\to 3} + W_{3\to 4} + W_{4\to 1} \\
&= -2{,}305\,\text{kJ} + 0 + 1{,}729\,\text{kJ} + 0 = -0{,}5760\,\text{kJ}.
\end{aligned}$$

(Am negativen Vorzeichen ist zu erkennen, dass die Arbeit verrichtet wird.) Die im gesamten Zyklus netto zugeführte Wärme ist $Q = Q_{1\to 2} + Q_{4\to 1} = 2{,}305\,\text{kJ} + 1{,}729\,\text{kJ} = 4{,}034\,\text{kJ}$.

Damit ist der Wirkungsgrad

$$\varepsilon = |W|/Q = (0{,}5760\,\text{kJ})/(4{,}034\,\text{kJ}) = 0{,}141.$$

L19.12 Um den Wirkungsgrad $\varepsilon = |W|/Q$ berechnen zu können, müssen wir die im gesamten Kreisprozess ausgetauschten Wärmemengen berechnen. Bei den Schritten a→b und c→d im P-V-Diagramm (siehe die Abbildung bei der Aufgabenstellung) wird keine Wärme ausgetauscht. Der Wirkungsgrad des Kreisprozesses ist definiert als $\varepsilon = 1 - |Q_\text{k}|/Q_\text{w}$.

Für die Erwärmung bei konstantem Druck (Schritt b→c) gilt

$$Q_{\text{b}\to\text{c}} = Q_\text{w} = \tilde{n} C_P (T_\text{c} - T_\text{b}).$$

Für die Abkühlung bei konstantem Volumen (Schritt d→a) gilt

$$Q_{\text{d}\to\text{a}} = |Q_\text{k}| = \tilde{n} C_V (T_\text{d} - T_\text{a}).$$

Einsetzen in die Gleichung für den Wirkungsgrad ergibt

$$\varepsilon = 1 - \frac{C_V (T_\text{d} - T_\text{a})}{C_P (T_\text{c} - T_\text{b})} = 1 - \frac{(T_\text{d} - T_\text{a})}{\gamma (T_\text{c} - T_\text{b})}.$$

Für den reversiblen adiabatischen Prozess beim Übergang von a nach b gilt $T_\text{a} V_\text{a}^{\gamma-1} = T_\text{b} V_\text{b}^{\gamma-1}$.

Entsprechend ist auch $T_\text{c} V_\text{c}^{\gamma-1} = T_\text{d} V_\text{d}^{\gamma-1}$.

Mit diesen beiden Gleichungen können wir T_a und T_d aus der Beziehung für ε eliminieren, wobei wir berücksichtigen, dass $V_\text{a} = V_\text{d}$ ist. Wir erhalten damit

$$\begin{aligned}
\varepsilon &= 1 - \frac{T_\text{c}\dfrac{V_\text{c}^{\gamma-1}}{V_\text{d}^{\gamma-1}} - T_\text{b}\dfrac{V_\text{b}^{\gamma-1}}{V_\text{a}^{\gamma-1}}}{\gamma (T_\text{c} - T_\text{b})} \\
&= 1 - \frac{\left(\dfrac{V_\text{c}}{V_\text{a}}\right)^{\gamma-1} - \dfrac{T_\text{b}}{T_\text{c}}\left(\dfrac{V_\text{b}}{V_\text{a}}\right)^{\gamma-1}}{\gamma\left(1 - \dfrac{T_\text{b}}{T_\text{c}}\right)}.
\end{aligned}$$

Mit $P_\text{b} = P_\text{c}$ gilt für ein und dieselbe Menge eines idealen Gases $T_\text{b}/T_\text{c} = V_\text{b}/V_\text{c}$. Damit ergibt sich

$$\begin{aligned}
\varepsilon &= 1 - \frac{\left(\dfrac{V_\text{c}}{V_\text{a}}\right)^{\gamma-1} - \dfrac{V_\text{b}}{V_\text{c}}\left(\dfrac{V_\text{b}}{V_\text{a}}\right)^{\gamma-1}}{\gamma\left(1 - \dfrac{V_\text{b}}{V_\text{c}}\right)} \frac{\left(\dfrac{V_\text{c}}{V_\text{a}}\right)}{\left(\dfrac{V_\text{c}}{V_\text{a}}\right)} \\
&= 1 - \frac{\left(\dfrac{V_\text{c}}{V_\text{a}}\right)^{\gamma} - \dfrac{V_\text{b}}{V_\text{a}}\left(\dfrac{V_\text{b}}{V_\text{a}}\right)^{\gamma-1}}{\gamma\left(\dfrac{V_\text{c}}{V_\text{a}} - \dfrac{V_\text{b}}{V_\text{a}}\right)} \\
&= 1 - \frac{\left(\dfrac{V_\text{c}}{V_\text{a}}\right)^{\gamma} - \left(\dfrac{V_\text{b}}{V_\text{a}}\right)^{\gamma}}{\gamma\left(\dfrac{V_\text{c}}{V_\text{a}} - \dfrac{V_\text{b}}{V_\text{a}}\right)}.
\end{aligned}$$

L19.13 Die obere Grenze für den Wirkungsgrad ist der Carnot'sche Wirkungsgrad einer Wärmekraftmaschine mit Reservoiren, deren Temperaturen die des Körpers und die der durchschnittlichen Umgebung sind.

a) Der Carnot'sche Wirkungsgrad ist $\varepsilon_\text{max} = 1 - T_\text{k}/T_\text{w}$. Mit der Körpertemperatur $T_1 = 310\,\text{K}$ und der Umgebungs- oder Raumtemperatur $T_2 = 294\,\text{K}$ erhalten wir $\varepsilon_\text{max} = 1 - (294\,\text{K})/(310\,\text{K}) = 0{,}0516$. Dieser Wirkungsgrad von gut 5 % ist wesentlich geringer als der des menschlichen Körpers, der bei rund 20 % liegt. Das ist aber kein Widerspruch zum Zweiten Hauptsatz der Thermodynamik, denn unser Organismus funktioniert nicht einfach durch Austausch von Wärme und Arbeit mit der Umgebung. Vielmehr gewinnt er seine Energie durch die chemische Umsetzung der aufgenommenen Nahrung.

b) Die meisten Warmblüter leben unter ähnlichen Umgebungsbedingungen wie wir Menschen. Eine ideale Wärmekraftmaschine mit einem Wirkungsgrad von rund 0,2 würde daher eine unrealistisch hohe Körpertemperatur erfordern.

L19.14 Die vom System verrichtete Arbeit entspricht betragsmäßig der von den Kurvenstücken eingeschlossenen Fläche, wenn der gesamte Zyklus durchlaufen wird. Wir nehmen an, dass der Kreisprozess mit der isothermen Expansion beginnt. Nur bei diesem Schritt wird Wärme aus einem Reservoir entnommen. Dagegen wird bei der adiabatischen Expansion oder Kompression keine Wärme ausgetauscht. Somit würde in diesem Kreisprozess Wärme vollständig in Arbeit umgesetzt, ohne dass gleichzeitig Wärme in ein kälteres Reservoir übertragen würde. Das aber widerspräche dem Zweiten Hauptsatz.

L19.15 a) Der Carnot'sche Wirkungsgrad ist

$$\varepsilon_{\max} = 1 - \frac{T_{\mathrm{k}}}{T_{\mathrm{w}}} = 1 - \frac{200\ \mathrm{K}}{300\ \mathrm{K}} = 0{,}333\,.$$

b) Die verrichtete Arbeit ist

$|W| = \varepsilon_{\max}\,Q_{\mathrm{w}} = (0{,}333)\,(100\ \mathrm{J}) = 33{,}3\ \mathrm{J}.$

c) Wegen der Erhaltung der Energie ist die pro Zyklus an das kältere Reservoir abgegebene Wärmemenge

$|Q_{\mathrm{k}}| = Q_{\mathrm{w}} - |W| = 100\ \mathrm{J} - 33{,}3\ \mathrm{J} = 66{,}7\ \mathrm{J}.$

d) Die Leistungszahl der Kältemaschine ist damit

$\varepsilon_{\mathrm{KM}} = Q_{\mathrm{k}}/W = (66{,}7\ \mathrm{J})/(33{,}3\ \mathrm{J}) = 2{,}00.$

L19.16 a) Der Carnot'sche Wirkungsgrad ist

$$\varepsilon_{\max} = 1 - \frac{T_{\mathrm{k}}}{T_{\mathrm{w}}} = 1 - \frac{77\ \mathrm{K}}{300\ \mathrm{K}} = 0{,}743\,.$$

b) Die verrichtete Arbeit ist

$|W| = \varepsilon_{\max}\,Q_{\mathrm{w}} = (0{,}743)\,(100\ \mathrm{J}) = 74{,}3\ \mathrm{J}.$

c) Wegen der Erhaltung der Energie ist die pro Zyklus an das kältere Reservoir abgegebene Wärmemenge

$|Q_{\mathrm{k}}| = Q_{\mathrm{w}} - |W| = 100\ \mathrm{J} - 74{,}3\ \mathrm{J} = 25{,}7\ \mathrm{J}.$

d) Die Leistungszahl der Kältemaschine ist damit

$\varepsilon_{\mathrm{KM}} = Q_{\mathrm{k}}/W = (25{,}7\ \mathrm{J})/(74{,}3\ \mathrm{J}) = 0{,}346.$

L19.17 a) Gemäß der Zustandsgleichung für das ideale Gas gilt bei den Punkten 1 und 3 im P-V-Diagramm $P_1 V_1/T_1 = P_3 V_3/T_3$. Mit $P_1 = P_3$ folgt daraus

$$T_3 = T_1 \frac{V_3}{V_1}\,. \tag{3}$$

Entsprechend gilt für die Punkte 1 und 2:

$P_1 V_1/T_1 = P_2 V_2/T_2$.

Mit $V_1 = V_2$ ergibt dies

$$P_2 = P_1 \frac{T_2}{T_1} = (1\ \mathrm{bar})\,\frac{423\ \mathrm{K}}{273\ \mathrm{K}} = 1{,}55\ \mathrm{bar}\,.$$

Für den adiabatischen Prozess $2 \to 3$ gilt $P_2 V_2^{\gamma} = P_3 V_3^{\gamma}$. Mit $V_1 = V_2 = 22{,}7\,\mathrm{l}$ erhalten wir

$$V_3 = V_2 \left(\frac{P_2}{P_3}\right)^{1/\gamma} = (22{,}7\,\mathrm{l}) \left(\frac{1{,}55\ \mathrm{bar}}{1\ \mathrm{bar}}\right)^{1/1{,}4} = 31{,}4\,\mathrm{l}.$$

Dies setzen wir in Gleichung 1 ein:

$T_3 = (273\ \mathrm{K})\,(31{,}4\,\mathrm{l})/(22{,}7\,\mathrm{l}) = 373\ \mathrm{K}.$

b) Der Prozess $1 \to 2$ verläuft bei konstantem Volumen. Dabei berücksichtigen wir, dass $\gamma = 1{,}4$ ist; dies entspricht der Beziehung $C_P - C_V = R$ bei einem zweiatomigen Gas. Mit $R = 8{,}314\ \mathrm{J}\cdot\mathrm{mol}^{-1}\cdot\mathrm{K}^{-1}$ erhalten wir

$$Q_{1\to 2} = \tilde{n} C_V \Delta T_{1\to 2} = \tfrac{5}{2}\tilde{n} R \Delta T_{1\to 2}$$
$$= \tfrac{5}{2}\,(1\ \mathrm{mol})\,R\,(423 - 273)\ \mathrm{K} = 3{,}12\ \mathrm{kJ}.$$

Der Prozess $2 \to 3$ verläuft adiabatisch, so dass $Q_{2\to 3} = 0$ ist.

Der Prozess $3 \to 1$ verläuft bei konstantem Druck (isobar), und es ist $C_P = C_V + R$. Damit ergibt sich

$$Q_{3\to 1} = \tilde{n} C_P \Delta T_{3\to 1} = \tfrac{7}{2}\tilde{n} R \Delta T_{1\to 2}$$
$$= \tfrac{7}{2}\,(1\ \mathrm{mol})\,R\,(273 - 373)\ \mathrm{K} = -2{,}91\ \mathrm{kJ}.$$

c) Um den Wirkungsgrad $\varepsilon = |W|/Q_{\mathrm{zu}}$ berechnen zu können, müssen wir die entsprechenden Mengen an Arbeit und Wärme ermitteln. Gemäß dem Ersten Hauptsatz ist $\Delta U = Q + W$. Weil das System am Ende denselben Zustand wie zu Beginn hat, ist $\Delta U = 0$ und damit $W = -Q = -(3{,}12\ \mathrm{kJ} - 2{,}91\ \mathrm{kJ}) = -0{,}210\ \mathrm{kJ}$. Daraus ergibt sich $\varepsilon = (0{,}210\ \mathrm{kJ})/(3{,}12\ \mathrm{kJ}) = 0{,}0673$.

d) Der Carnot'sche Wirkungsgrad bei denselben Temperaturen ist $\varepsilon_{\max} = 1 - T_{\mathrm{k}}/T_{\mathrm{w}} = (273\ \mathrm{K})/(423\ \mathrm{K}) = 0{,}355$.

L19.18 a) Der Carnot'sche Wirkungsgrad bei den gegebenen Temperaturen ist $\varepsilon_{\max} = 1 - T_{\mathrm{k}}/T_{\mathrm{w}} = (323\ \mathrm{K})/(543\ \mathrm{K}) = 0{,}405$. Der Wirkungsgrad der Maschine beträgt 0,30. Wir dividieren ihn durch den Carnot'schen Wirkungsgrad: $0{,}30/0{,}405 = 0{,}741$. Der Wirkungsgrad der Maschine entspricht also nur gut 74 % des theoretischen Maximums.

b) Die von der Maschine an die Umgebung abgegebene Wärmemenge ist $|Q_{\mathrm{k}}| = (1 - \varepsilon)\,Q_{\mathrm{w}}$. Für die von ihr aufgenommene Wärmemenge gilt $Q_{\mathrm{w}} = |W|/\varepsilon = P\Delta t/\varepsilon$. Damit ergibt sich

$$|Q_{\mathrm{k}}| = (1 - \varepsilon)\,\frac{P\Delta t}{\varepsilon}$$
$$= (1 - 0{,}30)\,\frac{(200\ \mathrm{kJ}\cdot\mathrm{s}^{-1})\,(3600\ \mathrm{s})}{0{,}30} = 1{,}68\ \mathrm{GJ}\,.$$

L19.19 a) Mit den Reservoirtemperaturen $T_{\mathrm{w}} = 313\ \mathrm{K}$ und $T_{\mathrm{k}} = 263\ \mathrm{K}$ ist die maximale Leistungszahl der Wärmepumpe

$$\varepsilon_{\mathrm{WP,max}} = \frac{|Q_{\mathrm{w}}|}{W} = \frac{|Q_{\mathrm{w}}|}{|Q_{\mathrm{w}}| - Q_{\mathrm{k}}}$$
$$= \frac{1}{1 - \dfrac{Q_{\mathrm{k}}}{|Q_{\mathrm{w}}|}} = \frac{1}{1 - \dfrac{T_{\mathrm{k}}}{T_{\mathrm{w}}}}$$
$$= \frac{T_{\mathrm{w}}}{T_{\mathrm{w}} - T_{\mathrm{k}}} = \frac{313\ \mathrm{K}}{313\ \mathrm{K} - 263\ \mathrm{K}} = 6{,}26\,.$$

b) Die von der Wärmepumpe aufgenommene Arbeit ist

$$W = \frac{|Q_{\mathrm{w}}|}{\varepsilon_{\mathrm{WP,max}}}\,.$$

Damit ergibt sich für die mindestens erforderliche elektrische Leistung

$$P_{\min} = \frac{W}{\Delta t} = \frac{|Q_{\mathrm{w}}|/\Delta t}{\varepsilon_{\mathrm{WP,max}}} = \frac{20\ \mathrm{kW}}{6{,}26} = 3{,}19\ \mathrm{kW}\,.$$

c) Wenn 60 % der theoretischen Leistungszahl der Wärmepumpe erreicht werden, ergibt sich für die zuzuführende elektrische Leistung

$$P = \frac{|Q_{\mathrm{w}}|/\Delta t}{0{,}6\,\varepsilon_{\mathrm{WP,max}}} = \frac{20\ \mathrm{kW}}{0{,}6\cdot 0{,}626} = 5{,}32\ \mathrm{kW}\,.$$

L19.20 Wir bezeichnen den Kühlschrank bzw. das Gefrierfach mit dem Index G und das Wasser mit dem Index W. Dann ist die Entropieänderung des Universums gegeben durch

$$\Delta S_U = \Delta S_W + \Delta S_G . \tag{3}$$

Die Entropieänderung des Wassers rührt von der Abkühlung und vom Gefrieren her:

$$\Delta S_W = \Delta S_{Abk.} + \Delta S_{Gefr.} . \tag{4}$$

Die Entropieänderung des Wassers beim Gefrieren hängt mit der dabei abgegebenen Schmelzwärme Q_S und der Erstarrungs- bzw. Schmelztemperatur T_{Smp} folgendermaßen zusammen:

$$\Delta S_{Gefr.} = \frac{-|Q_S|}{T_{Smp}} . \tag{5}$$

Das Minuszeichen rührt daher, dass beim Erstarren Wärme abgeführt wird. Diese Wärmemenge ist das Produkt aus der Masse und der spezifischen Schmelzwärme des Wassers: $Q_S = m\lambda_S$. Damit wird Gleichung 3 zu

$$\Delta S_{Gefr.} = \frac{-m\lambda_S}{T_{Smp}} .$$

Die Entropieänderung beim Abkühlungsvorgang hängt von der Anfangstemperatur T_A, der Endtemperatur T_E und der Wärmekapazität $m c_{P,W}$ des Wassers ab:

$$\Delta S_{Abk.} = m c_{P,W} \ln \frac{T_E}{T_A} .$$

Dies und den zuvor ermittelten Ausdruck für $\Delta S_{Gefr.}$ setzen wir in Gleichung 2 ein:

$$\Delta S_W = \frac{-m\lambda_S}{T_{Smp}} + m c_{P,W} \ln \frac{T_E}{T_A} .$$

Das Gefrierfach nimmt bei 263 K Wärme vom erstarrenden Wasser und vom abkühlenden Eis auf. Daher ist

$$\Delta S_G = \frac{|Q_{Gefr.}|}{T_{Smp}} + \frac{|Q_{abk.\,Eis}|}{T_G} = \frac{m\lambda_S}{T_G} + \frac{m c_{P,W}\,\Delta T}{T_G} .$$

Die Ausdrücke für ΔS_W und ΔS_G setzen wir in Gleichung 1 ein:

$$\Delta S_U = \frac{-m\lambda_S}{T_{Smp}} + m c_{P,W} \ln \frac{T_E}{T_A} + \frac{m\lambda_S}{T_G} + \frac{m c_{P,W}\,\Delta T}{T_G} .$$

Wir setzen nun die Zahlenwerte ein: $m = 0{,}05$ kg, $\lambda_S = 333{,}5 \cdot 10^3$ J·kg^{-1}, $c_{P,W} = 2100$ J·kg^{-1}·K^{-1}, $T_A = 273$ K, $T_E = 263$ K, $T_G = 263$ K und $T_{Smp} = 273$ K. Das ergibt schließlich $\Delta S_U = 2{,}40$ J·K^{-1}. Dieser Wert ist positiv; die Entropie des Universums nimmt also zu.

L19.21 Mit der Masse m des Wassers und seiner spezifischen Schmelzwärme λ_S ergibt sich für die Entropieänderung

$$\Delta S = \frac{Q}{T} = \frac{m\lambda_S}{T_{Smp}}$$

$$= \frac{(1\text{ kg})(333{,}5\text{ kJ·kg}^{-1})}{273\text{ K}} = 1{,}22\text{ kJ·K}^{-1} .$$

L19.22 a) Das System kehrt wieder in den Anfangszustand zurück. Weil die Entropie eine Zustandsfunktion ist, muss beim Durchlaufen des gesamten Zyklus $\Delta S = 0$ sein.

b) Um die Temperatur T zu ermitteln, nutzen wir die Tatsache aus, dass die gesamte Entropieänderung der Summe der Entropieänderungen bei den einzelnen Schritten entspricht:

$$\Delta S = \frac{Q_1}{T_1} + \frac{Q_2}{T_2} + \frac{Q_3}{T} = 0 .$$

Wir setzen die Zahlenwerte ein:

$$\frac{300\text{ J}}{300\text{ K}} + \frac{200\text{ J}}{400\text{ K}} + \frac{-400\text{ J}}{T} = 0 .$$

Daraus ergibt sich $T = 267$ K.

L19.23 a) Die Entropieänderung des Gases ist $\Delta S = Q/T$. Wir verwenden den Ersten Hauptsatz der Thermodynamik und die Zustandsgleichung für das ideale Gas. Bei der freien Expansion ist $\Delta U = 0$, so dass gilt:

$$Q = \Delta U - W = -W = -\left(-\tilde{n} R T \ln \frac{V_E}{V_A} \right) .$$

Einsetzen in den Ausdruck für ΔS ergibt

$$\Delta S = \frac{Q}{T} = \tilde{n} R \ln \frac{V_E}{V_A}$$

$$= (2\text{ mol})(8{,}314\text{ J·mol}^{-1}\text{·K}^{-1}) \ln \frac{80\text{ l}}{40\text{ l}} = 11{,}5\text{ J·K}^{-1} .$$

b) Es wird keine Wärme ausgetauscht, und der Prozess verläuft irreversibel. Daher ist die Entropieänderung des Universums ebenso groß: $\Delta S_U = 11{,}5$ J·K^{-1}.

L19.24 a) Die Entropieänderung des Kupferblocks ist

$$\Delta S_{Cu} = m_{Cu} c_{Cu} \ln \frac{T_E}{T_A} .$$

Um die Endtemperatur T_E zu ermitteln, nutzen wir den Ersten Hauptsatz der Thermodynamik aus. Nach diesem ist die vom Kupferblock abgegebene Wärmemenge ebenso groß wie die vom Wasser aufgenommene: $-Q_{Cu} = Q_W$. Der Kupferblock gibt folgende Wärmemenge ab:

$$Q_{Cu} = (1\text{ kg})(0{,}386\text{ kJ·kg}^{-1}\text{·K}^{-1})(T_E - 373{,}15\text{ K}) .$$

Das Wasser nimmt folgende Wärmemenge auf:

$$Q_W = (4\text{ kg})(4{,}184\text{ kJ·kg}^{-1}\text{·K}^{-1})(T_E - 273{,}15\text{ K}) .$$

Mit $-Q_{Cu} = Q_W$ ergibt sich die Endtemperatur $T_E = 275{,}4$ K. Damit ist

$$\Delta S_{Cu} = (1\text{ kg})(0{,}386\text{ kJ·kg}^{-1}\text{·K}^{-1}) \ln \frac{275{,}4\text{ K}}{373{,}15\text{ K}}$$

$$= -117\text{ J·K}^{-1} .$$

b) Die Entropieänderung des Wassers ist

$$\Delta S_W = m_W c_W \ln \frac{T_E}{T_A}$$

$$= (4\text{ kg})(4{,}184\text{ kJ·kg}^{-1}\text{·K}^{-1}) \ln \frac{275{,}4\text{ K}}{273{,}15\text{ K}}$$

$$= +146\text{ J·K}^{-1} .$$

c) Die Entropieänderung des Universums ist die Summe beider Entropieänderungen: $\Delta S_{\mathrm{U}} = \Delta S_{\mathrm{Cu}} + \Delta S_{\mathrm{W}} = +29{,}0\ \mathrm{J\cdot K^{-1}}$.

Anmerkung: Der positive Wert von ΔS_{U} deutet darauf hin, dass der Prozess irreversibel ist.

L19.25 Bei einem Crash-Test ändert sich die Temperatur der Luft bzw. der Umgebung nicht merklich. Wir nehmen daher an, dass die gesamte kinetische Energie des Fahrzeugs bei einer Temperatur von $20\,^{\circ}\mathrm{C}$ in Wärme umgesetzt wird. Die Entropieänderung ergibt sich damit zu

$$\Delta S_{\mathrm{U}} = \frac{Q}{T} = \frac{\frac{1}{2}\,m\,v^2}{T}$$

$$= \frac{\frac{1}{2}\,(1500\ \mathrm{kg})\left(\dfrac{100\ \mathrm{km}}{\mathrm{h}} \cdot \dfrac{1\ \mathrm{h}}{3600\ \mathrm{s}}\right)^2}{293{,}15\ \mathrm{K}} = 1{,}97\ \mathrm{kJ \cdot K^{-1}}.$$

L19.26 a) Die Entropieänderung des Universums ergibt sich aus den Entropieänderungen der Reservoire:

$$\Delta S_{\mathrm{U}} = \Delta S_{\mathrm{w}} + \Delta S_{\mathrm{k}}$$

$$= -\frac{Q}{T_{\mathrm{w}}} + \frac{Q}{T_{\mathrm{k}}} = -Q\left(\frac{1}{T_{\mathrm{w}}} - \frac{1}{T_{\mathrm{k}}}\right)$$

$$= (-500\ \mathrm{J})\left(\frac{1}{400\ \mathrm{K}} - \frac{1}{300\ \mathrm{K}}\right) = 0{,}417\ \mathrm{J \cdot K^{-1}}.$$

b) Die in einer entsprechenden Wärmekraftmaschine maximal in Arbeit umsetzbare Wärmemenge wäre

$$W = \varepsilon_{\max}\,|Q_{\mathrm{w}}| = \left(1 - \frac{T_{\mathrm{k}}}{T_{\mathrm{w}}}\right)|Q_{\mathrm{w}}|$$

$$= \left(1 - \frac{300\ \mathrm{K}}{400\ \mathrm{K}}\right)(500\ \mathrm{J}) = 125\ \mathrm{J}.$$

Dies entspricht einem Viertel der gesamten Wärmemenge von $500\ \mathrm{J}$.

L19.27 a) Der Wirkungsgrad ist

$$\varepsilon = \frac{|W|}{Q_{\mathrm{w}}} = 1 - \frac{|Q_{\mathrm{k}}|}{Q_{\mathrm{w}}} = 1 - \frac{125\ \mathrm{J}}{150\ \mathrm{J}} = 0{,}167.$$

b) Der Carnot'sche Wirkungsgrad bei denselben Reservoirtemperaturen ist

$$\varepsilon_{\max} = 1 - \frac{T_{\mathrm{k}}}{T_{\mathrm{w}}} = 1 - \frac{293{,}15\ \mathrm{K}}{373{,}15\ \mathrm{K}} = 0{,}214.$$

Wir vergleichen beide Wirkungsgrade:
$\varepsilon/\varepsilon_{\max} = 0{,}167/0{,}214 = 0{,}780$.

L19.28 Mit der angegebenen Leistung $P = 30\ \mathrm{kW}$ und der Temperatur $T = 266\ \mathrm{K}$ ergibt sich die Zunahme der Entropie des Universums pro Zeiteinheit zu

$$\frac{\Delta S}{\Delta t} = \frac{Q/T}{\Delta t} = \frac{Q/\Delta t}{T} = \frac{P}{T} = 113\ \mathrm{J \cdot K^{-1} \cdot s^{-1}}.$$

L19.29 Die Leistungszahl einer Kältemaschine ist definiert als $\varepsilon_{\mathrm{KM}} = Q_{\mathrm{k}}/W$. Wegen der Erhaltung der Energie ist $Q_{\mathrm{k}} = |Q_{\mathrm{w}}| - W$. Damit ergibt sich

$$\varepsilon_{\mathrm{KM}} = \frac{|Q_{\mathrm{w}}| - W}{W} = \frac{1 - \dfrac{W}{|Q_{\mathrm{w}}|}}{\dfrac{W}{|Q_{\mathrm{w}}|}}.$$

Dabei haben wir den ersten Bruch mit $|Q_{\mathrm{w}}|$ erweitert. Wegen $\varepsilon_{\max} = W/|Q_{\mathrm{w}}|$ folgt daraus

$$\varepsilon_{\mathrm{KM}} = \frac{1 - \varepsilon_{\max}}{\varepsilon_{\max}} = \frac{1 - \left(1 - \dfrac{T_{\mathrm{k}}}{T_{\mathrm{w}}}\right)}{\varepsilon_{\max}} = \frac{\dfrac{T_{\mathrm{k}}}{T_{\mathrm{w}}}}{\varepsilon_{\max}} = \frac{T_{\mathrm{k}}}{\varepsilon_{\max}\,T_{\mathrm{w}}}.$$

L19.30 Der Wirkungsgrad des Otto-Kreisprozesses (siehe die Abbildung zu Aufgabe 19.7) ist gegeben durch

$$\varepsilon = 1 - \frac{T_{\mathrm{d}} - T_{\mathrm{a}}}{T_{\mathrm{c}} - T_{\mathrm{b}}}.$$

Beim adiabatischen Prozess a→b ist $T\,V^{\gamma-1}$ konstant. Daher ist

$$T_{\mathrm{b}} = T_{\mathrm{a}}\left(\frac{V_{\mathrm{a}}}{V_{\mathrm{b}}}\right)^{\gamma-1}.$$

Entsprechend gilt für den adiabatischen Prozess c→d:

$$T_{\mathrm{c}} = T_{\mathrm{d}}\left(\frac{V_{\mathrm{d}}}{V_{\mathrm{c}}}\right)^{\gamma-1}.$$

Wir subtrahieren die vorletzte von der letzten Gleichung:

$$T_{\mathrm{c}} - T_{\mathrm{b}} = T_{\mathrm{d}}\left(\frac{V_{\mathrm{d}}}{V_{\mathrm{c}}}\right)^{\gamma-1} - T_{\mathrm{a}}\left(\frac{V_{\mathrm{a}}}{V_{\mathrm{b}}}\right)^{\gamma-1}.$$

Beim Otto-Kreisprozess ist $V_{\mathrm{a}} = V_{\mathrm{d}}$ und $V_{\mathrm{c}} = V_{\mathrm{b}}$. Damit ergibt sich

$$T_{\mathrm{c}} - T_{\mathrm{b}} = T_{\mathrm{d}}\left(\frac{V_{\mathrm{a}}}{V_{\mathrm{b}}}\right)^{\gamma-1} - T_{\mathrm{a}}\left(\frac{V_{\mathrm{a}}}{V_{\mathrm{b}}}\right)^{\gamma-1} = (T_{\mathrm{d}} - T_{\mathrm{a}})\left(\frac{V_{\mathrm{a}}}{V_{\mathrm{b}}}\right)^{\gamma-1}.$$

Dies setzen wir in die erste Gleichung ein:

$$\varepsilon = 1 - \frac{T_{\mathrm{d}} - T_{\mathrm{a}}}{(T_{\mathrm{d}} - T_{\mathrm{a}})\left(\dfrac{V_{\mathrm{a}}}{V_{\mathrm{b}}}\right)^{\gamma-1}} = 1 - \left(\frac{V_{\mathrm{b}}}{V_{\mathrm{a}}}\right)^{\gamma-1} = 1 - \frac{T_{\mathrm{a}}}{T_{\mathrm{b}}}.$$

Beachten Sie: In diesem Kreisprozess ist T_{a} die tiefste, jedoch T_{b} nicht die höchste Temperatur.

Für die hier höchste Temperatur T_{c} gilt gemäß der Zustandsgleichung für das ideale Gas

$$\frac{P_{\mathrm{c}}}{T_{\mathrm{c}}} = \frac{P_{\mathrm{b}}}{T_{\mathrm{b}}} \quad \text{und daher} \quad T_{\mathrm{c}} = T_{\mathrm{b}}\,\frac{P_{\mathrm{c}}}{P_{\mathrm{b}}} > T_{\mathrm{b}}.$$

Eine Carnot-Maschine, die zwischen der höchsten und der tiefsten Temperatur des Otto-Kreisprozesses arbeitet, hat den Wirkungsgrad $\varepsilon_{\max} = 1 - T_{\mathrm{a}}/T_{\mathrm{c}}$. Wir vergleichen beide Wirkungsgrade und berücksichtigen dabei, dass $T_{\mathrm{c}} > T_{\mathrm{b}}$ ist:

$$\frac{\varepsilon_{\max}}{\varepsilon} = \frac{1 - T_{\mathrm{a}}/T_{\mathrm{c}}}{1 - T_{\mathrm{a}}/T_{\mathrm{b}}} > 1.$$

L19.31 Der Einfachheit halber gehen wir von 30 möglichen Zeichen aus; diese sind die 26 Buchstaben sowie das Leerzeichen und drei Satzzeichen (Komma, Punkt und Ausrufezeichen). Ferner lassen wir Groß- und Kleinschreibung außer Acht. Der Textauszug in der Aufgabestellung hat damit 330 Zeichen. Diese können auf 30^{330} verschiedene Weisen angeordnet werden. Die Wahrscheinlichkeit, dass ein Affe den Text richtig eintippt, ist also $p = 1/30^{330}$. Mit der Näherung $30 \approx \sqrt{1000} = 10^{1,5}$ ergibt sich für die Wahrscheinlichkeit

$$p \approx \frac{1}{10^{(1,5)(330)}} = \frac{1}{10^{495}} = 10^{-495}.$$

Wir nehmen an, jeder Affe gibt pro Sekunde ein Zeichen ein. Dann braucht er für den hier zitierten Textauszug 330 s. Weil nicht nur ein Affe tippt, sondern eine Million Affen gleichzeitig, ergibt sich für die benötigte Zeit

$$t = \frac{(330 \text{ s}) (10^{495})}{10^6}$$

$$= (3{,}30 \cdot 10^{491} \text{ s}) \left(\frac{1 \text{ a}}{3{,}16 \cdot 10^7 \text{ s}} \right) \approx 10^{484} \text{ a}.$$

(Ein Jahr hat rund $3{,}16 \cdot 10^7$ s.) Es wäre also ein Zeitbedarf von 10^{484} Jahren zu erwarten. Vergleichen wir das mit Russells Schätzung:

$$\frac{t}{t_{\text{Russell}}} = \frac{10^{484} \text{ a}}{10^6 \text{ a}} = 10^{478}.$$

Russel lag also mit seiner Zeitspanne um mindestens diesen enorm großen Faktor zu niedrig – abgesehen davon, dass er sogar von sämtlichen Werken Shakespeares ausgegangen war.

Thermische Eigenschaften und Vorgänge

- Wärmeausdehnung
- Van-der-Waals-Gleichung,
  Flüssigkeits-Dampf-Isothermen und Phasendiagramme
- Wärmeleitung
- Wärmestrahlung

A: Aufgaben

Verständnisaufgaben

A20.1 • Warum sinkt der Meniskus eines Flüssigkeitsthermometers anfangs ein wenig ab, wenn man es in warmes Wasser eintaucht?

A20.2 • In der Mitte eines großen Metallblechs wurde ein Loch hindurchgebohrt. Was geschieht mit der Fläche des Lochs, wenn das Blech erwärmt wird? a) Sie ändert sich nicht. b) Sie wird auf jeden Fall größer. c) Sie wird auf jeden Fall kleiner. d) Sie wird größer, wenn sich das Loch nicht genau in der Mitte des Blechs befindet. e) Sie wird nur dann kleiner, wenn sich das Loch genau in der Mitte des Blechs befindet.

A20.3 •• Dem Phasendiagramm in der Abbildung kann man entnehmen, wie sich die Schmelz- und die Siedetemperatur von Wasser mit dem äußeren Druck, also auch mit der Höhe über dem Meeresspiegel, ändern. a) Erläutern Sie, wie diese Informationen bestätigt werden können. b) Was bedeuten die Ergebnisse für das Kochen von Lebensmitteln in großer Höhe?

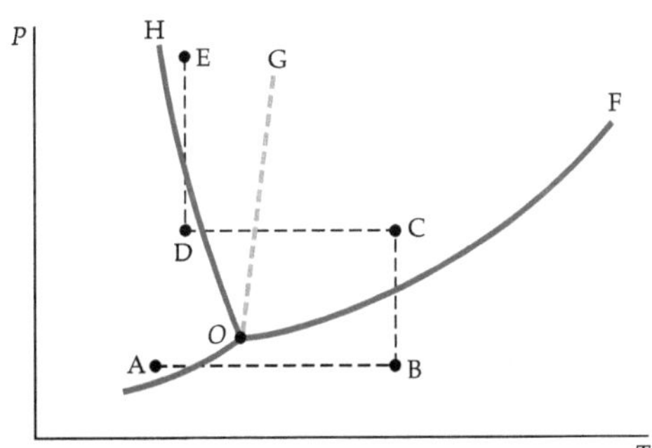

A20.4 • Wodurch gibt die Erde Wärme ab? a) Durch Wärmeleitung, b) durch Konvektion, c) durch Strahlung, d) durch alle diese Mechanismen.

A20.5 •• Warum kann man Heizkosten sparen, wenn man im Winter die Raumtemperatur nachts absenkt? Erklären Sie, warum folgende Annahme falsch ist, die viele Menschen vertreten: „Das Wiederaufheizen am Morgen macht die Ersparnis zunichte, die durch das Absenken der Temperatur über Nacht erreicht wurde."

A20.6 • Infrarotlicht wird oft als „Wärmestrahlung" bezeichnet. Erklären Sie, wie man zu dieser Benennung kam, und auch, warum sie falsch ist.

Schätzungs- und Näherungsaufgaben

A20.7 •• Schätzen Sie die Wärmeleitfähigkeit der menschlichen Haut ab. Nehmen Sie als Durchschnittswerte an, dass ein Mann eine Körperoberfläche von $1,8\,\mathrm{m}^2$ hat und in Ruhe eine Leistung von rund 130 W abgibt. Die Temperatur im Körperinneren beträgt 37 °C und an der Hautoberfläche 33 °C. Setzen Sie als mittlere Dicke der Haut 1 mm an.

A20.8 •• Schätzen Sie den mittleren Emissionsgrad der Erde ab, wobei Sie folgende Daten heranziehen: Die Solarkonstante (die Intensität der Sonnenstrahlung, die auf die Erde trifft) beträgt $1370\,\mathrm{W/m}^2$; es werden 70 % dieser Strahlung von der Erde absorbiert; die mittlere Temperatur der Erdoberfläche liegt bei 288 K. Nehmen Sie als Fläche, auf die die Strahlung auftrifft, $\pi\,r_{\mathrm{E}}^2$ an, wobei r_{E} der Erdradius ist. Als Fläche, die wie ein schwarzer Körper strahlt, ist $4\pi\,r_{\mathrm{E}}^2$ anzusetzen.

• Wärmeausdehnung

A20.9 •• Aluminium hat bei 0 °C eine Dichte von $2,7 \cdot 10^3$ kg/m^3. Wie hoch ist sie bei 200 °C?

A20.10 •• Ein Kupferring soll eng um einen Stahlstab gelegt werden, der bei 20 °C einen Durchmesser von 6,0000 cm hat. Bei dieser Temperatur beträgt der Innendurchmesser des Kupferrings 5,9800 cm. Auf welche Temperatur muss er erwärmt werden, damit er gerade über den Stahlstab geschoben werden kann? Nehmen Sie an, dass dessen Temperatur sich nicht ändert, sondern bei 20 °C bleibt.

A20.11 •• In eine Aluminiumplatte wird mit einem Stahlbohrer ein Loch gebohrt. Bei 20 °C beträgt der Durchmesser des Bohrers 6,245 cm. Während des Bohrvorgangs erwärmen sich die Aluminiumplatte und der Stahlbohrer auf 168 °C. Welchen Durchmesser hat das Loch in der Platte, nachdem diese wieder auf Raumtemperatur abgekühlt ist?

A20.12 •• Ein Quecksilberthermometer besteht aus einer Glaskapillare mit einem Durchmesser von 0,4 mm, die mit einem Glaskolben verbunden ist. Der Quecksilbermeniskus steigt um 7,5 cm, wenn die Temperatur des Thermometers von 35 °C auf 43 °C zunimmt. Wie groß ist das Volumen des Glaskolbens?

A20.13 ••• Wie hoch ist die Zugspannung in dem Kupferring von Aufgabe 10, nachdem er auf 20 °C abgekühlt ist?

• Van-der-Waals-Gleichung, Flüssigkeits-Dampf-Isothermen und Phasendiagramme

A20.14 • a) Berechnen Sie das Volumen von 1 mol Wasserdampf bei 100 °C und 1 bar; nehmen Sie an, der Dampf verhält sich wie das ideale Gas. b) Bei welcher Temperatur nimmt der Dampf das in a ermittelte Volumen ein, wenn er sich wie ein Van-der-Waals-Gas verhält? Setzen Sie für dessen Konstanten $a = 0,55$ Pa $\cdot$ m$^6 \cdot$ mol^{-2} und $b = 30$ cm$^3 \cdot$ mol^{-1}.

A20.15 •• Für Helium betragen die Van-der-Waals-Konstanten $a = 0,03457$ l$^2 \cdot$ bar $\cdot$ mol^{-2} und $b = 0,02371 \cdot$ mol^{-1}. Berechnen Sie damit das Volumen in Kubikzentimeter, das ein Heliumatom besetzt, und schätzen Sie dessen Radius ab.

A20.16 ••• a) Zeigen Sie, dass für ein Gas, das der Van-der-Waals-Gleichung gehorcht, die kritische Temperatur T_k gleich $8a/(27Rb)$ und der kritische Druck P_k gleich $a/(27b^2)$ ist. b) Formulieren Sie die Van-der-Waals-Gleichung in Abhängigkeit von den reduzierten Variablen $V_r = V/V_k$ und $P_r = P/P_k$ sowie $T_r = T/T_k$.

• Wärmeleitung

A20.17 • Ein 2 m langer Kupferstab hat einen kreisförmigen Querschnitt mit dem Radius 1 cm. Ein Ende wird auf 100 °C gehalten, das andere auf 0 °C. Die Mantelfläche des Stabs ist isoliert, so dass die über sie abfließende Wärme vernachlässigt

werden kann. Berechnen Sie a) den Wärmewiderstand des Stabs, b) den Wärmestrom I, c) den Temperaturgradienten $\Delta T/\Delta x$, d) die Temperatur des Stabs beim Abstand 25 cm vom heißen Ende.

A20.18 •• Zwei Metallwürfel mit der Kantenlänge 3 cm, einer aus Kupfer und der andere aus Aluminium, sind angeordnet, wie in der Abbildung gezeigt. Berechnen Sie a) den Wärmewiderstand jedes Würfels, b) den Wärmewiderstand beider Würfel, c) den Wärmestrom I, d) die Temperatur an der Grenzfläche zwischen den Würfeln.

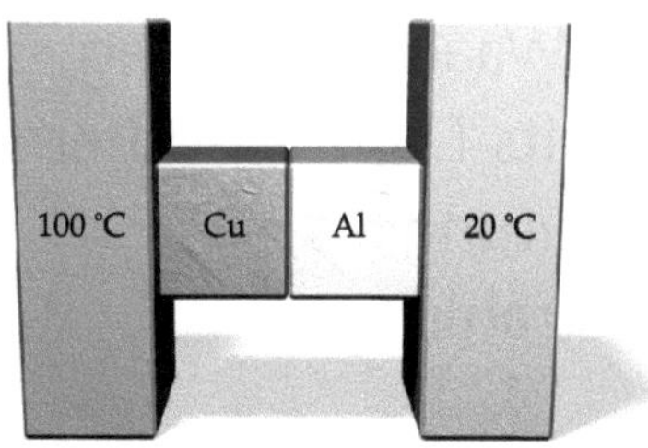

A20.19 •• Beim Dampferzeuger eines Kraftwerks soll eine Wärmeleistung von 3 GW auf das Wasser übertragen werden. Dieses strömt zur Verdampfung durch ein Kupferrohr mit einer Wanddicke von 4,0 mm und einer Oberfläche von 0,12 m^2 pro Meter Länge. Berechnen Sie die Gesamtlänge des Rohrs (in Wirklichkeit werden viele parallele Rohre verwendet), die durch den Ofen verlaufen muss, wenn die Dampftemperatur bei 225 °C und die Außentemperatur des Rohrs bei 600 °C liegen.

• Wärmestrahlung

A20.20 • Nehmen Sie den menschlichen Körper als schwarzen Strahler der Temperatur 33 °C an (das ist etwa die Temperatur der Hautoberfläche) und berechnen Sie λ_{max}, die Wellenlänge des Strahlungsmaximums.

A20.21 •• Eine geschwärzte, massive Kupferkugel mit dem Radius 4 cm hängt in einem evakuierten Gefäß, dessen Wandungen eine Temperatur von 20 °C haben. Die Kugel hat eine Anfangstemperatur von 0 °C. Berechnen Sie – unter der Annahme, dass Wärme nur durch Strahlung übertragen wird – die Geschwindigkeit ihrer Temperaturänderung.

Allgemeine Aufgaben

A20.22 •• Zeigen Sie, dass bei einem Temperaturanstieg um ΔT für die Dichteänderung $\Delta \rho$ eines isotropen Materials gilt: $\Delta \rho = -\beta \rho \, \Delta T$.

A20.23 •• Die Solarkonstante ist die Strahlungsleistung der Sonne, die beim mittleren Abstand zwischen Sonne und Erde pro Flächeneinheit senkrecht zur Strahlungsrichtung auf die Erdoberfläche trifft. Sie beträgt in der oberen Atmosphäre rund 1,350 kW/m^2. Nehmen Sie die Sonne als schwarzen Strahler an und berechnen Sie ihre effektive Oberflächentemperatur. (Der Sonnenradius beträgt $6,96 \cdot 10^8$ m.)

A20.24 •• a) Verwenden Sie die Definition des Volumenausdehnungskoeffizienten β (bei konstantem Druck) und zeigen Sie, dass für das ideale Gas gilt: $\beta = 1/T$. b) Für Stickstoffgas wurde bei $0\,°C$ der Wert $\beta = 0{,}003673\ \mathrm{K}^{-1}$ experimentell bestimmt. Vergleichen Sie diesen Wert mit dem theoretischen Wert $1/T$ für das ideale Gas.

A20.25 •• Die Temperatur der Erdkruste nimmt pro 30 m Tiefe durchschnittlich um $1{,}0\,°C$ zu. Ihre mittlere Wärmeleitfähigkeit beträgt $0{,}74\ \mathrm{J\cdot m^{-1}\cdot s^{-1}\cdot K^{-1}}$. Welche Wärmemenge pro Sekunde führt die Erdkruste aufgrund von Wärmeleitung aus dem Erdkern ab? Wie hoch ist diese Wärmeabgabe im Vergleich zur Strahlungsleistung, die von der Sonne auf die Erde gelangt? (Die Solarkonstante beträgt rund $1{,}350\ \mathrm{kW/m^2}$.)

A20.26 ••• Ein Stab hat einen sich entlang seiner Länge ändernden Durchmesser d. Für diesen gilt $d = d_0\,(1 + a\,x)$, wobei a eine Konstante ist und x der Abstand von einem Ende. Stellen Sie einen Ausdruck für den Wärmewiderstand des Stabs mit der Länge ℓ auf, dessen Material die Wärmeleitfähigkeit k hat.

A20.27 ••• Auf einem Teich schwimmt eine 1 cm dicke Eisschicht. a) Um wie viele Zentimeter pro Stunde wird die Eisschicht unten dicker, wenn die Lufttemperatur $-10\,°C$ beträgt? Eis hat die Dichte $0{,}917\ \mathrm{g/cm^3}$. b) Wie lange dauert es, bis sich eine 20 cm dicke Eisschicht gebildet hat?

20L Thermische Eigenschaften und Vorgänge

L: Lösungen

L20.1 Zuerst wird der Glaskolben erwärmt, so dass er sich ausdehnt. Dadurch sinkt der Meniskus, bis sich auch die Flüssigkeit erwärmt und ausdehnt.

L20.2 Durch die Erwärmung steigt der mittlere Abstand der Atome im Festkörper an. Infolgedessen wird auch die Querschnittsfläche des Lochs größer. Also ist Aussage b richtig.

L20.3 a) Mit zunehmender Höhe über dem Meeresspiegel sinkt der Druck P. Entlang der Kurve FO sinkt die Temperatur mit abnehmendem Druck bzw. steigender Höhe über dem Meeresspiegel; daher sinkt auch die Siedetemperatur. Analog dazu steigt entlang der Kurve HO die Schmelztemperatur mit abnehmendem Druck. b) Die Garzeit von Speisen steigt mit der Höhe über dem Meeresspiegel an.

L20.4 Im Weltraum befinden sich pro Volumeneinheit nur wenige Atome; daher spielt die Wärmeabgabe der Erde durch Wärmeleitung oder Konvektion keine Rolle. Die Wärmeabgabe erfolgt durch Abstrahlung elektromagnetischer Wellen, die sich mit Lichtgeschwindigkeit ausbreiten. Aussage c ist richtig.

L20.5 Die aus dem Haus pro Zeiteinheit entweichende Wärmemenge (der Wärmestrom) ist proportional zur Temperaturdifferenz zwischen Innen- und Außentemperatur. Hält man die Innentemperatur nachts auf derselben Höhe wie tagsüber, dann ist die entweichende, also durch Heizen zu ersetzende Wärmemenge pro Zeiteinheit größer, als wenn man die Innentemperatur nachts absinken lässt.

L20.6 Die Temperatur unserer Umgebung und der Gegenstände, mit denen wir zu tun haben, liegt gewöhnlich im Bereich um 300 K. Die Strahlung eines schwarzen Körpers mit dieser Temperatur hat ihr maximale Intensität bei der Wellenlänge $\lambda_{max} = (2{,}898\ \mathrm{mm \cdot K})/(300\ \mathrm{K}) \approx 0{,}01\ \mathrm{mm} = 10\ \mu\mathrm{m} = 10\,000\ \mathrm{nm}$. Sie liegt also im Infrarotbereich. (Daher können beispielsweise Lebewesen oder warme Gegenstände mit Hilfe von Infrarotdetektoren auch in der Dunkelheit erkannt werden.) Ist die Temperatur eines Gegenstands jedoch höher, dann verschiebt sich die Wellenlänge des Intensitätsmaximums zu kleineren Wellenlängen, so dass es nicht mehr im Infrarotbereich liegt.

L20.7 Der Wärmestrom ist $I = k A\, \Delta T / \Delta x$. Damit erhalten wir für die Wärmeleitfähigkeit

$$k = \frac{I}{A\,\Delta T/\Delta x} = \frac{130\ \mathrm{W}}{(1{,}8\ \mathrm{m}^2)\,\dfrac{4\ \mathrm{K}}{10^{-3}\ \mathrm{m}}} = 18{,}1\ \mathrm{mW \cdot m^{-1} \cdot K^{-1}}.$$

L20.8 Weil die Temperatur der Erde praktisch gleich bleibt, muss die abgestrahlte Leistung ebenso groß sein wie die absorbierte. Gemäß dem Stefan-Boltzmann'schen Gesetz ist die von der Erde abgestrahlte (emittierte) Strahlungsleistung $P_e = e\,\sigma A T^4$. Darin ist A die Oberfläche der Erde. Für den Emissionsgrad folgt daraus

$$e = \frac{P_e}{\sigma A T^4}.$$

Mit der absorbierten Strahlungsleistung P_a ist die pro Flächeneinheit aufgenommene Leistung gegeben durch $I = P_a/A_Q$. Darin ist A_Q die Querschnittsfläche der Erde. Weil nur 70 % der Strahlungsleistung absorbiert werden, ist $I = (0{,}7)\,P_e/A_Q$. Dies setzen wir in den Ausdruck für e ein und erhalten

$$e = \frac{(0{,}7)\,A_Q\,I}{\sigma A T^4} = \frac{(0{,}7)\,\pi R^2 I}{4\pi R^2\,\sigma T^4} = \frac{(0{,}7)\,I}{4\,\sigma T^4}$$

$$= \frac{(0{,}7)\,(1370\ \mathrm{W \cdot m^{-2}})}{4\,(5{,}670 \cdot 10^{-8}\ \mathrm{W \cdot m^{-2} \cdot K^{-4}})\,(288\ \mathrm{K})^4} = 0{,}615.$$

L20.9 Die Masse des Aluminiums bleibt bei der Erhöhung der Temperatur um ΔT erhalten, während das Volumen wegen der thermischen Ausdehnung zunimmt. Dadurch wird die Dichte kleiner. Wir müssen also die Dichteänderung aus der Volumenänderung ΔV ermitteln. Der Volumenausdehnungskoeffizient $\beta = (1/V)\,\Delta V/\Delta T$ ist dreimal so groß wie der Längenausdehnungskoeffizient: $\beta = 3\,\alpha$. Für die Dichte des Aluminiums nach der Erwärmung erhalten wir

$$\rho' = \frac{m}{V + \Delta V} = \frac{m/V}{1 + V/\Delta V}$$

$$= \frac{\rho}{1 + \beta\,\Delta T} = \frac{\rho}{1 + 3\,\alpha\,\Delta T}$$

$$= \frac{2{,}70 \cdot 10^3\ \mathrm{kg \cdot m^{-3}}}{1 + 3\,(24 \cdot 10^{-6}\ \mathrm{K^{-1}})\,(200\ \mathrm{K})} = 2{,}66 \cdot 10^3\ \mathrm{kg \cdot m^{-3}}.$$

L20.10 Weil sich die Temperatur des Stahlstabs nicht ändert, müssen wir nur die Ausdehnung des Kupferrings betrachten. Die erforderliche Temperatur berechnen wir aus der Anfangstemperatur T_A und der Temperaturerhöhung ΔT, die die notwendige Ausdehnung bewirkt. Die Temperatur, auf die der Kupferring erwärmt werden muss, ist $T = T_A + \Delta T$. Mit dem Längenausdehnungskoeffizienten $\alpha = (1/d)\,\Delta d/\Delta T$ ergibt sich $\Delta T = (\Delta d/d)/\alpha$, und wir erhalten

$$T = T_A + \frac{\Delta d}{\alpha\, d} = (293\ \text{K}) + \frac{0{,}02\ \text{cm}}{(17 \cdot 10^{-6}\ \text{K}^{-1})\,(5{,}98\ \text{cm})}$$

$$= 490\ \text{K} = 217\ {}^\circ\text{C}.$$

L20.11 Der Durchmesser d_S des Stahlbohrers steigt durch die Erwärmung von $20\ {}^\circ\text{C}$ auf $168\ {}^\circ\text{C}$ an:

$$d_{S,168} = d_{S,20}\,(1 + \alpha_S\, \Delta T).$$

Es ist $d_{S,20} = 6{,}245\ \text{cm}$. Der Längenausdehnungskoeffizient von Stahl ist $\alpha_S = 11 \cdot 10^{-6}\ \text{K}^{-1}$, und die Temperaturdifferenz beträgt $\Delta T = 148\ {}^\circ\text{C} = 148\ \text{K}$. Damit ergibt sich $d_{S,168} = 6{,}255\ \text{cm}$. Der Durchmesser des Lochs in der Aluminiumplatte wird nach der Abkühlung kleiner:

$$d_{Al,20} = d_{Al,168}\,(1 - \alpha_{Al}\,\Delta T)$$

$$= (6{,}255\ \text{cm})\left[1 - (11 \cdot 10^{-6}\ \text{K}^{-1})\,(148\ \text{K})\right]$$

$$= 6{,}233\ \text{cm}.$$

Anmerkung: Der Durchmesser des Bohrlochs ist bei $20\ {}^\circ\text{C}$ kleiner als der Durchmesser des Bohrers bei derselben Temperatur.

L20.12 Die der Höhenänderung $\Delta \ell$ des Meniskus entsprechende Volumenänderung ΔV des Quecksilbers in der Kapillare ergibt sich aus den Volumenänderungen des Quecksilbers (Hg) und des Glaskolbens (G) zu $\Delta V = \Delta V_{Hg} - \Delta V_G = A\,\Delta \ell$.

Darin ist $A = \pi d^2/4$ die innere Querschnittsfläche der Glaskapillare, die den Innendurchmesser $d = 0{,}4\ \text{mm}$ hat. Mit dem Volumenausdehnungskoeffizienten $\beta_{Hg} = 3\,\alpha_{Hg}$ ergibt sich die Volumenänderung des Quecksilbers zu

$$\Delta V_{Hg} = \beta_{Hg}\, V\, \Delta T = 3\,\alpha_{Hg}\, V\, \Delta T.$$

Entsprechend gilt für den Glaskolben $\Delta V_G = 3\,\alpha_G\, V\, \Delta T$.

Wir setzen beide Ausdrücke für die Volumenänderung in die erste Gleichung ein: $\beta_{Hg}\, V\, \Delta T - 3\,\alpha_G\, V\, \Delta T = A\,\Delta \ell$.

Für das Volumen erhalten wir

$$V = \frac{A\,\Delta \ell}{(\beta_{Hg} - 3\,\alpha_G)\,\Delta T} = \frac{\pi d^2\, \Delta \ell}{4\,(\beta_{Hg} - 3\,\alpha_G)\,\Delta T}$$

$$= \frac{\pi\,(0{,}4 \cdot 10^{-3}\ \text{m})^2\,(7{,}5 \cdot 10^{-2}\ \text{m})}{4\left[(0{,}18 \cdot 10^{-3}\ \text{K}^{-1}) - 3\,(9 \cdot 10^{-6}\ \text{K}^{-1})\right]\,(8\ \text{K})}$$

$$= 7{,}70\ \text{ml}.$$

L20.13 Mit dem Elastizitätsmodul E ist die Zugspannung

$$\frac{F}{A} = E\,\frac{\Delta \ell}{\ell_{20}}.$$

Darin ist $\ell_{20} = \pi d_{20}$ der Umfang des Rings bei $20\ {}^\circ\text{C}$. Bei der Temperatur T passt der Ring mit dem Umfang $\ell_T = \pi d_T$ gerade

über den Stab. Also ist $\Delta \ell = \pi d_T - \pi d_{20}$. Das setzen wir in die erste Gleichung ein:

$$\frac{F}{A} = E\,\frac{\pi d_T - \pi d_{20}}{\pi d_{20}} = E\,\frac{d_T - d_{20}}{d_{20}}$$

$$= (11 \cdot 10^{-10}\ \text{N} \cdot \text{m}^{-2})\,\frac{0{,}02\ \text{cm}}{5{,}98\ \text{cm}} = 3{,}68 \cdot 10^{-12}\ \text{N} \cdot \text{m}^{-2}.$$

L20.14 a) Mit der Zustandsgleichung für das ideale Gas ergibt sich das Dampfvolumen zu:

$$V = \frac{\widetilde{n}RT}{P}$$

$$= \frac{(1\ \text{mol})\,(8{,}314 \cdot 10^{-2}\ \text{l} \cdot \text{bar} \cdot \text{mol}^{-1} \cdot \text{K}^{-1})\,(273\ \text{K})}{1\ \text{bar}}$$

$$= 31{,}0\ \text{l}.$$

b) Wir lösen die Van-der-Waals-Gleichung nach der Temperatur auf und setzen die Zahlenwerte ein:

$$T = \frac{\left(P + \dfrac{a\widetilde{n}^2}{V^2}\right)(V - b\widetilde{n})}{\widetilde{n}R}$$

$$= \left((1\ \text{bar}) + \frac{(0{,}55\ \text{Pa} \cdot \text{m}^6 \cdot \text{mol}^{-2})\,(1\ \text{mol})^2}{(3{,}10 \cdot 10^{-2}\ \text{m}^3)^2}\right)$$

$$\cdot \frac{(31{,}0\ \text{l}) - (30 \cdot 10^{-6}\ \text{m}^3 \cdot \text{mol}^{-1})\,(1\ \text{mol})}{(1\ \text{mol})\,(8{,}314 \cdot 10^{-2}\ \text{l} \cdot \text{bar} \cdot \text{mol}^{-1} \cdot \text{K}^{-1})}$$

$$= 373\ \text{K}.$$

L20.15 Die Van-der-Waals-Konstante b entspricht dem Volumen eines Mols der Atome. Wir dividieren sie durch die Avogadro-Zahl und erhalten für das Volumen eines Heliumatoms

$$V = \frac{b}{n_A} = \frac{(0{,}0237\ \text{l} \cdot \text{mol}^{-1})\,(10^3\ \text{cm}^{-3} \cdot \text{l}^{-1})}{6{,}022 \cdot 10^{23}\ \text{mol}^{-1}}$$

$$= 3{,}94 \cdot 10^{-23}\ \text{cm}^3.$$

Wir nehmen das Heliumatom als kugelförmig an. Dann ist sein Volumen $V = 4\pi r^3$, und sein Radius ergibt sich zu

$$r = \sqrt[3]{\frac{3V}{4\pi}} = \sqrt[3]{\frac{3\,(3{,}94 \cdot 10^{-23}\ \text{cm}^3)}{4\pi}}$$

$$= 2{,}11 \cdot 10^{-8}\ \text{cm} = 0{,}211\ \text{nm}.$$

L20.16 a) Wir lösen die Van-der-Waals-Gleichung nach dem Druck auf:

$$P = \frac{\widetilde{n}RT}{V - b\widetilde{n}} - \frac{a\widetilde{n}^2}{V^2}. \tag{1}$$

Wir leiten nach dem Volumen ab:

$$\frac{\mathrm{d}P}{\mathrm{d}V} = \frac{\mathrm{d}}{\mathrm{d}V}\left(\frac{\widetilde{n}RT}{V - b\widetilde{n}} - \frac{a\widetilde{n}^2}{V^2}\right)$$

$$= -\frac{\widetilde{n}RT}{(V - b\widetilde{n})^2} + \frac{2a\widetilde{n}^2}{V^3}. \tag{2}$$

Bei einem Extremum ist dies gleich null; das ergibt

$$\frac{2a\widetilde{n}^2}{V^3} = \frac{\widetilde{n}RT}{(V - b\widetilde{n})^2}. \tag{3}$$

Wir bilden nun die zweite Ableitung des Drucks nach dem Volumen:

$$\frac{\mathrm{d}^2 P}{\mathrm{d}V^2} = \frac{\mathrm{d}}{\mathrm{d}V}\left(-\frac{\tilde{n}RT}{(V-b\tilde{n})^2} + \frac{2a\tilde{n}^2}{V^3}\right)$$

$$= -\frac{2\tilde{n}RT}{(V-b\tilde{n})^3} - \frac{6a\tilde{n}^2}{V^4}. \tag{4}$$

Dies ist beim kritischen Punkt gleich null; das ergibt

$$\frac{6a\tilde{n}^2}{V_{\mathrm{k}}^4} = \frac{2\tilde{n}RT}{(V_{\mathrm{k}}-b\tilde{n})^3}. \tag{5}$$

Nun dividieren wir mit $V = V_{\mathrm{k}}$ Gleichung 3 durch Gleichung 5 und erhalten nach Vereinfachung

$$\tfrac{1}{3}V_{\mathrm{k}} = \tfrac{1}{2}(V_{\mathrm{k}}-b\tilde{n}) \quad \text{und daher} \quad V_{\mathrm{k}} = 3b\tilde{n}.$$

Das setzen wir in Gleichung 3 ein:

$$\frac{2a\tilde{n}^2}{27b^3\tilde{n}^3} = \frac{\tilde{n}RT_{\mathrm{k}}}{(3b\tilde{n}-b\tilde{n})^2}.$$

Also gilt für die kritische Temperatur $\quad T_{\mathrm{k}} = \dfrac{8a}{27Rb}$.

Wir setzen die Ausdrücke für V_{k} und T_{k} in Gleichung 1 ein:

$$P_{\mathrm{k}} = \frac{\tilde{n}R\,\dfrac{8a}{27Rb}}{3b\tilde{n}-b\tilde{n}} - \frac{a\tilde{n}^2}{(3b\tilde{n})^2} = \frac{a}{27b^2}.$$

b) Mit dem zuvor ermittelten Ausdruck für das kritische Volumen V_{k} ergibt sich für das reduzierte Volumen

$$V_{\mathrm{r}} = \frac{V}{V_{\mathrm{k}}} = \frac{V}{3\tilde{n}b} \quad \text{und daraus} \quad V = 3\tilde{n}bV_{\mathrm{r}}.$$

Entsprechend erhalten wir für die reduzierte Temperatur

$$T_{\mathrm{r}} = \frac{T}{T_{\mathrm{k}}} = \frac{27RbT}{8a} \quad \text{und daraus} \quad T = \frac{8a}{27Rb}T_{\mathrm{r}}.$$

Für den reduzierten Druck erhalten wir, ebenfalls mit dem Ergebnis aus Teilaufgabe a:

$$P_{\mathrm{r}} = \frac{P}{P_{\mathrm{k}}} = \frac{27b^2 P}{a} \quad \text{und daraus} \quad P = \frac{a}{27b^2}P_{\mathrm{r}}.$$

Diese drei Ausdrücke für V, T und P setzen wir nun in die Van-der-Waals-Gleichung ein:

$$\left(\frac{a}{27b^2}P_{\mathrm{r}} + \frac{a\tilde{n}^2}{(3b\tilde{n}V_{\mathrm{r}})^2}\right)(3b\tilde{n}V_{\mathrm{r}}-b\tilde{n}) = \tilde{n}R\,\frac{8a}{27Rb}T_{\mathrm{r}}.$$

Das vereinfachen wir zu

$$\left(P_{\mathrm{r}} + \frac{3}{V_{\mathrm{r}}^2}\right)(3V_{\mathrm{r}}-1) = 8T_{\mathrm{r}}.$$

L20.17 a) Der Wärmewiderstand des Stabs ist

$$R = \frac{\Delta x}{kA} = \frac{\Delta x}{k\pi r^2}$$

$$= \frac{(2\,\mathrm{m})}{(401\,\mathrm{W\cdot m^{-1}\cdot K^{-1}})\,\pi\,(10^{-4}\,\mathrm{m}^2)} = 15{,}9\,\mathrm{K\cdot W^{-1}}.$$

b) Der Wärmestrom im Stab ist

$$I = \frac{\Delta T}{R} = \frac{100\,\mathrm{W}}{15{,}9\,\mathrm{K\cdot W^{-1}}} = 6{,}29\,\mathrm{W}.$$

c) Der Temperaturgradient ergibt sich zu

$$\frac{\Delta T}{\Delta x} = \frac{100\,\mathrm{K}}{2\,\mathrm{m}} = 50\,\mathrm{K\cdot m^{-1}}.$$

d) Der Temperaturgradient $\mathrm{d}T/\mathrm{d}x$ verläuft linear; daher gilt für die Temperatur T im Abstand Δx vom kälteren Ende des Stabs (wo die Temperatur T_0 ist):

$$T = T_0 + \frac{\mathrm{d}T}{\mathrm{d}x}\Delta x.$$

Für $\Delta x = 1{,}75\,\mathrm{m}$ erhalten wir

$$T_{1{,}75} = (273\,\mathrm{K}) + (50\,\mathrm{K\cdot m^{-1}})\,(1{,}75\,\mathrm{m}) = 87{,}5\,^\circ\mathrm{C}.$$

L20.18 a) Mit der Beziehung $R = \Delta x/(kA)$ ermitteln wir den Wärmewiderstand jedes Würfels. Für den Kupferwürfel ergibt er sich zu

$$R_{\mathrm{Cu}} = \frac{3\,\mathrm{cm}}{(401\,\mathrm{W\cdot m^{-1}\cdot K^{-1}})\,(3\,\mathrm{cm})^2} = 0{,}0831\,\mathrm{K\cdot W^{-1}}$$

und für den Aluminiumwürfel zu

$$R_{\mathrm{Al}} = \frac{3\,\mathrm{cm}}{(237\,\mathrm{W\cdot m^{-1}\cdot K^{-1}})\,(3\,\mathrm{cm})^2} = 0{,}141\,\mathrm{K\cdot W^{-1}}.$$

b) Weil die Würfel hintereinander angeordnet sind, ist der gesamte Wärmewiderstand die Summe beider Einzelwiderstände:
$R = R_{\mathrm{Cu}} + R_{\mathrm{Al}} = 0{,}224\,\mathrm{K\cdot W^{-1}}.$

c) Der Wärmestrom ist

$$I = \frac{\Delta T}{R} = \frac{373\,\mathrm{K} - 293\,\mathrm{K}}{0{,}224\,\mathrm{K\cdot W^{-1}}} = 357\,\mathrm{W}.$$

d) Die Temperatur an der Grenzfläche ist gegeben durch $T_{\mathrm{Gr}} = 373\,\mathrm{K} - \Delta T_{\mathrm{Cu}}$. Für die Temperaturdifferenz am Kupferwürfel gilt dabei: $\Delta T_{\mathrm{Cu}} = I_{\mathrm{Cu}}R_{\mathrm{Cu}} = IR_{\mathrm{Cu}}$. Dies setzen wir mit dem oben errechneten Wert von R_{Cu} ein und erhalten

$$T_{\mathrm{Gr}} = (373\,\mathrm{K}) - (357\,\mathrm{W})\,(0{,}0831\,\mathrm{K\cdot W^{-1}})$$

$$= 343{,}3\,\mathrm{K} = 70{,}3\,^\circ\mathrm{C}.$$

L20.19 In die Berechnung der gesamten Rohrlänge ℓ gehen der Wärmestrom I, die Wärmeleitfähigkeit k_{Cu} von Kupfer, die gesamte Oberfläche A der Rohre sowie die Temperaturdifferenz ΔT zwischen Innen- und Außenseite der Rohre ein. Die Oberfläche der Rohre pro Längeneinheit ist $\Delta A/\Delta x$, so dass die gesamte Oberfläche $A = (\Delta A/\Delta x)\,\ell$ ist. Die Gesamtlänge ist also $\ell = A/(\Delta A/\Delta x)$. Der Wärmestrom ist gegeben durch $I = kA\,\Delta T/\Delta r$. Darin ist $\Delta r = 4{,}0\,\mathrm{mm}$ die gegebene Wandstärke. Damit gilt für die gesamte Oberfläche $A = I\,\Delta r/(k\,\Delta T)$. Einsetzen in den obigen Ausdruck für die Gesamtlänge ℓ ergibt

$$\ell = \frac{A}{\Delta A/\Delta x} = \frac{\left(\dfrac{I\,\Delta r}{k\,\Delta T}\right)}{\Delta A/\Delta x}$$

$$= \frac{\left(\dfrac{(3\,\mathrm{GW})\,(4\cdot 10^{-3}\,\mathrm{m})}{(401\,\mathrm{W\cdot m^{-1}\cdot K^{-1}})\,(873 - 498)\,\mathrm{K}}\right)}{0{,}12\,\mathrm{m}^2/\mathrm{m}} = 665\,\mathrm{m}.$$

L20.20 Mit dem Wien'schen Verschiebungsgesetz erhalten wir

$$\lambda_{\max} = \frac{2{,}898\ \text{mm}\cdot\text{K}}{T} = \frac{2{,}898\ \text{mm}\cdot\text{K}}{306\ \text{K}} = 9{,}47\ \mu\text{m}.$$

L20.21 Die von der Kugel durch Absorption aufgenommene Strahlungsleistung ist $P = \mathrm{d}Q/\mathrm{d}t = mc\,\mathrm{d}T/\mathrm{d}t$. Wir formen um und setzen das Volumen $V = \frac{4}{3}\pi r^3$ der Kugel ein. Dies ergibt für die zeitliche Änderung der Temperatur T der Kugel

$$\frac{\mathrm{d}T}{\mathrm{d}t} = \frac{P}{mc} = \frac{P}{\rho V c} = \frac{P}{\frac{4}{3}\pi r^3 \rho c}.$$

Gemäß dem Stefan-Boltzmann'schen Gesetz ist die von der Kugel aufgenommene Strahlungsleistung

$$P = e\,\sigma A\,(T^4 - T_0^4) = 4\,\pi r^2 e\,\sigma\,(T^4 - T_0^4).$$

Dies setzen wir in die vorige Gleichung ein und erhalten

$$\frac{\mathrm{d}T}{\mathrm{d}t} = \frac{4\,\pi r^2 e\,\sigma\,(T^4 - T_0^4)}{\frac{4}{3}\pi r^3 \rho c} = \frac{3\,e\,\sigma\,(T^4 - T_0^4)}{r\rho c}.$$

Mit $\sigma = 5{,}6703\cdot10^{-8}\ \text{W}\cdot\text{m}^{-2}\cdot\text{K}^{-4}$ und $\rho = 8{,}93\cdot10^3\ \text{kg}\cdot\text{m}^{-3}$ sowie $c = 0{,}386\ \text{kJ}\cdot\text{kg}^{-1}\cdot\text{K}^{-1}$ und $e = 1$ ergibt sich

$$\frac{\mathrm{d}T}{\mathrm{d}t} = \frac{3\,\sigma\left[(293\ \text{K})^4 - (273\ \text{K})^4\right]}{(4\cdot10^{-2}\ \text{m})\,\rho\,c} = 2{,}24\cdot10^{-3}\ \text{K}\cdot\text{s}^{-1}.$$

L20.22 Wir differenzieren die Dichte $\rho = m/V$ nach der Temperatur T und berücksichtigen dabei den Volumenausdehnungskoeffizienten β. Mit diesem ist die infinitesimale Volumenänderung gegeben durch $\mathrm{d}V = \beta V\,\mathrm{d}T$. Das entspricht $\mathrm{d}V/\mathrm{d}T = \beta V$, und wir erhalten

$$\frac{\mathrm{d}\rho}{\mathrm{d}T} = \frac{\mathrm{d}\rho}{\mathrm{d}V}\frac{\mathrm{d}V}{\mathrm{d}T} = -\frac{m}{V^2}\beta V = -\frac{\rho V}{V^2}\beta V = -\rho\beta.$$

Das ist gleichbedeutend mit $\mathrm{d}\rho = -\rho\beta\,\mathrm{d}T$ bzw. (bei nicht infinitesimaler Temperaturänderung) $\Delta\rho = -\rho\beta\Delta T$.

L20.23 Gemäß dem Stefan-Boltzmann'schen Gesetz ist die von der Sonne, deren Oberfläche A die Temperatur T hat, emittierte Strahlungsleistung $P_\mathrm{e} = e\,\sigma A\,T^4$. Wir lösen nach der Temperatur auf:

$$T = \sqrt[4]{\frac{P_\mathrm{e}}{e\,\sigma A}}.$$

Mit dem Abstand d zwischen Sonne und Erde ist die Solarkonstante (die Strahlungsleistung, die pro Flächeeinheit auf die Erde gelangt) gegeben durch

$$I = \frac{P_\mathrm{e}}{4\,\pi d^2}.$$

Das ergibt $P_\mathrm{e} = 4\,\pi d^2 I$. Wir setzen dies und die Sonnenoberfläche $A = 4\,\pi r_\mathrm{S}^2$ in die obige Gleichung für T ein:

$$T = \sqrt[4]{\frac{P_\mathrm{e}}{e\,\sigma A}} = \sqrt[4]{\frac{4\,\pi d^2 I}{e\,\sigma\,4\,\pi r_\mathrm{S}^2}} = \sqrt[4]{\frac{d^2 I}{e\,\sigma r_\mathrm{S}^2}}$$

$$= \sqrt[4]{\frac{(1{,}5\cdot10^{11}\ \text{m})^2\,(1{,}35\ \text{kW}\cdot\text{m}^{-2})}{(1)\,(5{,}6703\cdot10^{-8}\ \text{W}\cdot\text{m}^{-2}\cdot\text{K}^{-4})\,(6{,}96\cdot10^8\ \text{m})^2}}$$

$$= 5767\ \text{K}.$$

L20.24 a) Für das ideale Gas gilt

$$V = \frac{\tilde{n}RT}{P} \quad \text{und daher} \quad \frac{\mathrm{d}V}{\mathrm{d}T} = \frac{\tilde{n}R}{P}.$$

Damit ergibt sich für den Volumenausdehnungskoeffizienten

$$\beta = \frac{1}{V}\frac{\mathrm{d}V}{\mathrm{d}T} = \frac{1}{V}\frac{\tilde{n}R}{P} = \frac{1}{T}.$$

b) Bei $T = 273\ \text{K}$ ist die relative Abweichung des experimentellen vom theoretischen Volumenausdehnungskoeffizienten

$$\frac{\beta_{\exp.} - \beta_{\text{theor.}}}{\beta_{\text{theor.}}} = \frac{0{,}003673\ \text{K}^{-1} - \frac{1}{273}\ \text{K}^{-1}}{\frac{1}{273}\ \text{K}^{-1}} < 0{,}003.$$

L20.25 Mit der Wärmeleitfähigkeit k und der Oberfläche A ist der Wärmestrom aus dem Erdkern $I = \mathrm{d}Q/\mathrm{d}t = kA\,\Delta T/\Delta x$. Mit dem Erdradius r_E ergibt sich daraus

$$\frac{\mathrm{d}Q}{\mathrm{d}t} = 4\,\pi r_\mathrm{E}^2 k\,\frac{\Delta T}{\Delta x}$$

$$= 4\,\pi\,(6{,}37\cdot10^6\ \text{m})^2\,(0{,}74\ \text{J}\cdot\text{m}^{-1}\cdot\text{s}^{-1}\cdot\text{K}^{-1})\left(\frac{1\ \text{K}}{30\ \text{m}}\right)$$

$$= 1{,}26\cdot10^{10}\ \text{kW}.$$

Für den Wärmestrom pro Flächeneinheit ergibt sich

$$\frac{I}{A} = k\,\frac{\Delta T}{\Delta x} = (0{,}74\ \text{J}\cdot\text{m}^{-1}\cdot\text{s}^{-1}\cdot\text{K}^{-1})\left(\frac{1\ \text{K}}{30\ \text{m}}\right)$$

$$= 0{,}0247\ \text{W}\cdot\text{m}^{-2}.$$

Wir vergleichen diesen Wärmestrom pro Flächeneinheit mit der Solarkonstanten:

$$(0{,}0247\ \text{W}\cdot\text{m}^{-2})\,/\,(1{,}35\ \text{kW}\cdot\text{m}^{-2}) < 0{,}00002.$$

Der Unterschied macht also weniger als $0{,}002\ \%$ aus.

L20.26 Der Wärmewiderstand des Stabs ist $R = \Delta T/I$. Wir müssen also zunächst den Wärmestrom $I = -kA\,\mathrm{d}T/\mathrm{d}t$ ermitteln. (Das Minuszeichen rührt hier daher, dass der Wärmestrom entgegen dem Temperaturgradienten verläuft.) Mit dem Abstand x von einem Ende des Stabs und dem Durchmesser d ist die längenabhängige Querschnittsfläche $A = \frac{1}{4}\pi d^2 = \frac{1}{4}\pi d_0^2(1+ax)^2$. Das setzen wir in den Ausdruck für den Wärmestrom ein:

$$I = -k\left[\frac{\pi}{4}d_0^2(1+ax)^2\right]\frac{\mathrm{d}T}{\mathrm{d}x}.$$

Wir formen um und separieren die Variablen:

$$\mathrm{d}T = -\frac{I\,\mathrm{d}x}{k\left[\frac{\pi}{4}d_0^2(1+ax)^2\right]} = -\frac{4I}{\pi k d_0^2}\frac{\mathrm{d}x}{(1+ax)^2}.$$

Nun integrieren wir von T_1 bis T_2 und von 0 bis ℓ:

$$\int_{T_1}^{T_2}\mathrm{d}T = -\frac{4I}{\pi k d_0^2}\int_0^\ell \frac{\mathrm{d}x}{(1+ax)^2}.$$

Dies ergibt $\quad T_2 - T_1 = \Delta T = \dfrac{4I\ell}{\pi k d_0^2\,(1+a\ell)}.$

Mit diesem Ausdruck für ΔT ist der Wärmewiderstand

$$R = \frac{\Delta T}{I} = \frac{4\ell}{\pi k d_0^2\,(1+a\ell)}.$$

L20.27 a) Die beim Gefrieren abzuführende Wärmemenge ist $|Q| = m\lambda_S$. Dabei ist λ_S die spezifische Schmelzwärme des Wassers und m dessen Masse. Wir differenzieren nach der Zeit: $dQ/dt = \lambda_S\, dm/dt$. Mit der Schichtdicke x und der Oberfläche A der Eisschicht gilt für die gefrierende Masse: $m = \rho V = \rho A x$. Auch dies leiten wir nach der Zeit ab: $dm/dt = \rho A\, dx/dt$. (Hierbei ist dx/dt die gesuchte Geschwindigkeit, mit der die Eisschicht dicker wird.) Einsetzen ergibt

$$\frac{dQ}{dt} = \lambda_S \frac{dm}{dt} = \lambda_S \rho A \frac{dx}{dt}.$$

Der Wärmestrom ist definiert als $\quad \dfrac{dQ}{dt} = kA\dfrac{\Delta T}{x}.$

Die rechten Seiten der beiden letzten Beziehungen sind gleich. Also ist

$$\lambda_S \rho A \frac{dx}{dt} = kA\frac{\Delta T}{x} \quad \text{und daher} \quad \frac{dx}{dt} = \frac{k}{\lambda_S \rho}\frac{\Delta T}{x}.$$

(Beachten Sie, dass sich die Oberfläche herauskürzt.) Einsetzen der Zahlenwerte ergibt

$$\frac{dx}{dt} = \frac{(0{,}592\ \text{W}\cdot\text{m}^{-1}\cdot\text{K}^{-1})\,(10\ \text{K})}{(333{,}5\ \text{kJ}\cdot\text{kg}^{-1})\,(917\ \text{kg}\cdot\text{m}^{-3})\,(0{,}01\ \text{m})}$$
$$= 1{,}94\ \mu\text{m}\cdot\text{s}^{-1} = 0{,}7\ \text{cm}\cdot\text{h}^{-1}.$$

b) Im vorigen Ausdruck für dt/dx separieren wir die Variablen:

$$x\,dx = \frac{k\,\Delta T}{\lambda_S \rho}\,dt.$$

Nun integrieren wir von x_A bis x_E und von 0 bis t_{20}:

$$\int_{x_A}^{x_E} x\,dx = \frac{k\,\Delta T}{\lambda_S \rho}\int_0^{t_{20}} dt.$$

Dies ergibt $\quad \frac{1}{2}\left(x_E^2 - x_A^2\right) = \frac{k\,\Delta T}{\lambda_S \rho}\,t_{20}.$

Wir lösen nach t_{20} auf und setzen die Zahlenwerte ein. Mit $x_A = 0{,}01$ m und $x_E = 0{,}2$ m erhalten wir

$$t_{20} = \frac{\lambda_S \rho \left(x_E^2 - x_A^2\right)}{2\,k\,\Delta T}$$
$$= \frac{(333{,}5\ \text{kJ}\cdot\text{kg}^{-1})\,(917\ \text{kg}\cdot\text{m}^{-3})\,(x_E^2 - x_A^2)}{2\,(0{,}592\ \text{W}\cdot\text{m}^{-1}\cdot\text{K}^{-1})\,(10\ \text{K})}$$
$$= 1{,}03\cdot 10^6\ \text{s}.$$

Das entspricht 11,9 Tagen.

Elektrizität und Magnetismus

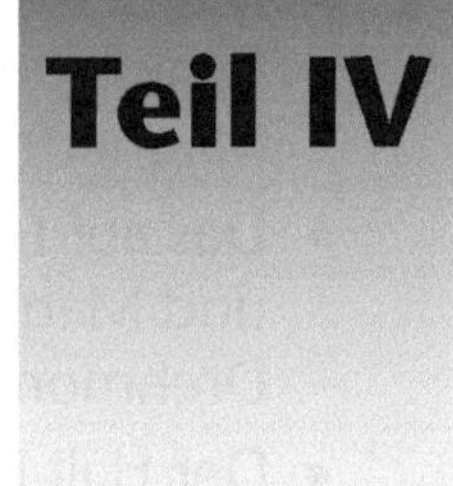

Das elektrische Feld I: Diskrete Ladungsverteilungen

- Elektrische Ladung
- Coulomb'sches Gesetz
- Elektrisches Feld
- Bewegung von Punktladungen in elektrischen Feldern

A: Aufgaben

Verständnisaufgaben

A21.1 •• Ein metallisches Rechteck B ist über einen Schalter S geerdet, der zu Beginn geschlossen ist (siehe Abbildung). Während sich die Ladung $+q$ in der Nähe von B befindet, wird der Schalter S geöffnet. Die Ladung $+q$ wird dann entfernt. Wie ist hinterher der Ladungszustand des metallischen Rechtecks B? a) Ist es positiv geladen? b) Ist es ungeladen? c) Ist es negativ geladen? d) Kann der Ladungszustand irgendwie von einer Ladung abhängig sein, die sich vor der Ladung $+q$ auf B befand?

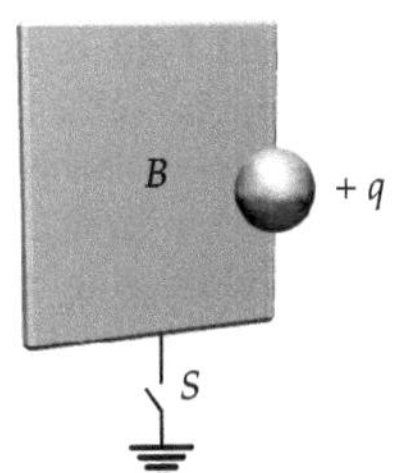

A21.2 • Drei Ladungen, $+q_0$, $+q$ und $-q$, befinden sich in den Ecken eines gleichseitigen Dreiecks, wie es in der Abbildung zu sehen ist.

Ist die resultierende Kraft auf die Ladung $+q$, die durch die anderen zwei Ladungen verursacht wird, a) senkrecht nach oben, b) senkrecht nach unten gerichtet, c) gleich null, d) horizontal nach links, e) horizontal nach rechts gerichtet?

A21.3 • Vier Ladungen befinden sich in den Ecken eines Quadrats, wie es die Abbildung zeigt.

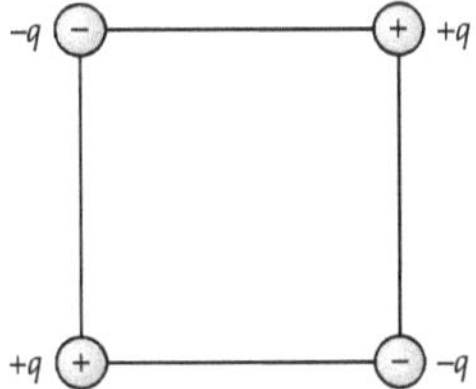

Ist das elektrische Feld E null a) in allen Punkten in der Mitte zwischen zwei Ladungen längs der Seiten des Quadrats, b) im Mittelpunkt des Quadrats, c) in der Mitte zwischen den beiden oberen und in der Mitte zwischen den beiden unteren Ladungen? d) Trifft nichts von alledem zu?

A21.4 • Zwei Ladungen, $+q$ und $-3q$, sind durch einen kleinen Abstand voneinander getrennt. Zeichnen Sie die elektrischen Feldlinien für dieses System.

A21.5 •• Ein Molekül mit einem elektrischen Dipolmoment $\vec{p}$ ist so orientiert, dass $\vec{p}$ mit dem homogenen elektrischen Feld E einen Winkel θ einschließt. Der Dipol kann sich als Reaktion auf die vom Feld ausgeübte Kraft frei bewegen. Beschreiben Sie die Bewegung des Dipols. Nehmen Sie nun an, dass das elektrische Feld inhomogen ist und in x-Richtung zunimmt. Wie wird sich die Bewegung ändern?

A21.6 •• Richtig oder falsch? a) Das elektrische Feld einer Punktladung zeigt immer von der Ladung weg. b) Alle makroskopischen Ladungen q können als $q = \pm ne$ geschrieben werden, wobei n eine ganze Zahl und e die Ladung des Elektrons ist. c) Elektrische Feldlinien divergieren niemals von einem Raumpunkt. d) Elektrische Feldlinien kreuzen sich nie in einem Raumpunkt. e) Alle Moleküle haben in Gegenwart eines äußeren elektrischen Felds elektrische Dipolmomente.

A21.7 •• Eine Demonstration der elektrostatischen Anziehung kann einfach durchgeführt werden, indem man einen kleinen Stanniolball an einem herabhängenden Bindfaden befestigt und ihn in die Nähe einer geladenen Wand bringt. Anfänglich wird der Ball von der Wand angezogen. Aber sobald sie sich einmal berührt haben, wird der Ball stark von ihr zurückgestoßen. Erklären Sie dieses Verhalten.

Schätzungs- und Näherungsaufgaben

A21.8 •• Die resultierende Ladung irgendeines Objekts rührt vom Überschuss oder vom Mangel eines extrem kleinen Anteils der Elektronen im Objekt her. Größere Ladungsungleichgewichte können das Objekt zerstören. a) Schätzen Sie die Kraft ab, die auf einen $0,5\,\text{cm} \cdot 0,5\,\text{cm} \cdot 4\,\text{cm}$ großen Kupferstab wirkt, wenn die Anzahl der Elektronen im Kupfer die Anzahl der Protonen um $0,0001\,\%$ übersteigt. Es wird dabei angenommen, dass jeweils die Hälfte der Überschusselektronen zu den entgegengesetzten Enden des Kupferstabs wandert. b) Berechnen Sie das größtmögliche Ladungsungleichgewicht des Stabs, wenn man für Kupfer eine Zugfestigkeit von $2,3 \cdot 10^8\,\text{N/m}^2$ annimmt.

A21.9 •• Schätzen Sie die Kraft ab, die notwendig ist, um den He-Kern zusammenzuhalten. Dabei wird angenommen, dass der Kern eine Ausdehnung von ca. 10^{-15} m hat und (neben den Neutronen) zwei Protonen enthält.

• Elektrische Ladung

A21.10 • Bei einer Ladung, die der Ladung der Avogadro-Zahl von Protonen ($n_\text{A} = 6,02 \cdot 10^{23}\,\text{mol}^{-1}$) entspricht, spricht man von der *Faraday-Konstante*. Wie viele Coulomb sind das?

A21.11 • Wie viele Coulomb an positiver Ladung befinden sich in 1 kg Kohlenstoff? Eine Menge von genau 12 g Kohlenstoff enthält die Avogadro-Zahl an Atomen, wobei jedes Atom sechs Protonen und sechs Elektronen aufweist.

• Coulomb'sches Gesetz

A21.12 • Drei Punktladungen befinden sich auf der x-Achse: $q_1 = -6,0\,\mu\text{C}$ ist bei $x = -3,0$ m, $q_2 = 4,0\,\mu\text{C}$ liegt im Koordinatenursprung, und $q_3 = -6,0\,\mu\text{C}$ befindet sich bei $x = 3,0$ m. Berechnen Sie die Kraft auf q_1.

A21.13 •• Eine Punktladung von $-2,5\,\mu\text{C}$ befindet sich im Koordinatenursprung. Eine zweite Ladung von $6\,\mu\text{C}$ ist bei $x = 1$ m, $y = 0,5$ m. Bestimmen Sie die x- und die y-Koordinate des Orts, an dem sich ein Elektron im Gleichgewicht befinden würde.

A21.14 •• Fünf gleiche Ladungen q sind auf einem Halbkreis vom Radius r gleichmäßig verteilt, wie es in der Abbildung skizziert ist. Berechnen Sie die Kraft auf eine Ladung q_0, lokalisiert im Zentrum des Halbkreises.

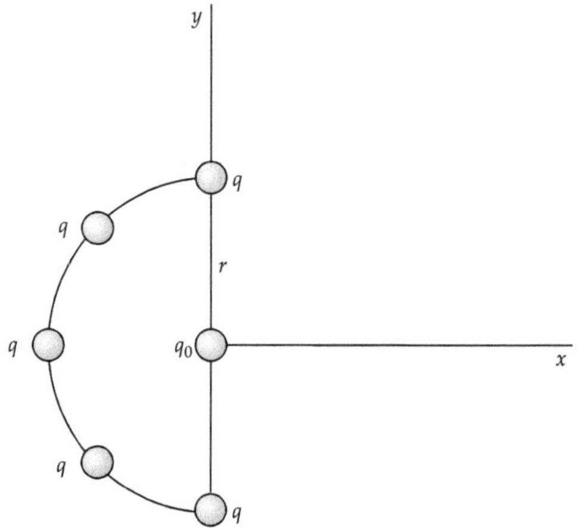

• Elektrisches Feld

A21.15 • Zwei Ladungen von je $+4\,\mu\text{C}$ befinden sich auf der x-Achse, eine im Koordinatenursprung und die andere bei $x = 8$ m. Berechnen Sie das elektrische Feld auf der x-Achse bei a) $x = -2$ m, b) $x = 2$ m, c) $x = 6$ m und d) $x = 10$ m. e) An welchem Punkt auf der x-Achse ist das elektrische Feld null? f) Skizzieren Sie E_x in Abhängigkeit von x.

A21.16 • Das elektrische Feld in der Nähe der Erdoberfläche zeigt nach unten und hat einen Betrag von 150 N/C. a) Vergleichen Sie die nach oben gerichtete elektrische Kraft auf ein Elektron mit der nach unten gerichteten Gravitationskraft. b) Welche Ladung sollte auf einen Kupferpfennig von 3 g Masse gebracht werden, so dass die elektrische Kraft das Gewicht des Kupferpfennigs in der Nähe der Erdoberfläche ausgleicht?

A21.17 •• Zwei positive gleiche Ladungen q befinden sich auf der y-Achse, die eine bei $y = +a$ und die andere bei $y = -a$. a) Zeigen Sie, dass das elektrische Feld für Punkte auf der x-Achse längs der x-Achse gerichtet ist und den Betrag $E_x = (4\pi\varepsilon_0)^{-1}\,2qx\,(x^2 + a^2)^{-3/2}$ hat. b) Zeigen Sie, dass in der Nähe des Koordinatenursprungs E_x näherungsweise den Betrag $(4\pi\varepsilon_0)^{-1}\,2qx/a^3$ hat, wenn $x \ll a$ ist. c) Zeigen Sie, dass für $x \gg a$ die Feldstärke E_x näherungsweise den Betrag $(4\pi\varepsilon_0)^{-1}\,2q/x^2$ hat. Erläutern Sie, wie man dieses Ergebnis noch vor der Berechnung erhält.

A21.18 •• a) Zeigen Sie, dass das elektrische Feld bei der Ladungsverteilung in Aufgabe 17 seinen größten Betrag an den Punkten $x = a/\sqrt{2}$ und $x = -a/\sqrt{2}$ hat, indem Sie $\mathrm{d}E_x/\mathrm{d}x$ berechnen und diese Ableitung gleich null setzen. b) Skizzieren Sie die Funktion E_x in Abhängigkeit von x, unter Benutzung des Ergebnisses der Teilaufgabe a dieser Aufgabe und der Teilaufgaben b und c von Aufgabe 17.

• Bewegung von Punktladungen in elektrischen Feldern

A21.19 • Die Beschleunigung eines Teilchens in einem elektrischen Feld hängt vom Verhältnis der Ladung zur Masse des Teilchens ab. a) Berechnen Sie e/m für ein Elektron. b) Wie groß ist der Betrag, und wie ist die Richtung der Beschleunigung eines Elektrons in einem homogenen elektrischen Feld mit dem Betrag 100 N/C? c) Wenn sich die Geschwindigkeit des Elektrons der Lichtgeschwindigkeit c nähert, muss zur Berechnung seiner Bewegung die relativistische Mechanik angewandt werden. Bei Geschwindigkeiten, die signifikant kleiner als c sind, wird die Newton'sche Mechanik angewandt. Berechnen Sie unter Verwendung der Newton'schen Mechanik die Zeit, die ein Elektron in einem elektrischen Feld mit dem Betrag 100 N/C benötigt, um aus der Ruhe eine Geschwindigkeit von $0{,}01\,c$ zu erreichen. d) Wie weit bewegt sich das Elektron in dieser Zeit?

A21.20 •• Ein aus der Ruhe startendes Elektron wird durch ein homogenes elektrisches Feld beschleunigt, das einen Betrag von $8 \cdot 10^4$ N/C und eine Ausdehnung von 5,0 cm hat. Welche Geschwindigkeit hat das Elektron, nachdem es den Bereich des homogenen elektrischen Felds verlassen hat?

A21.21 • Zwei Punktladungen, $q_1 = 2{,}0\,\mathrm{pC}$ und $q_2 = -2{,}0\,\mathrm{pC}$, sind 4 μm weit voneinander entfernt. a) Wie lautet der Ausdruck für das Dipolmoment dieses Ladungspaars? b) Skizzieren Sie das Ladungspaar und die Richtung des Dipolmoments.

A21.22 •• Für einen Dipol, der längs der x-Achse orientiert ist, nimmt das elektrische Feld proportional zu $1/x^3$ in x-Richtung und proportional zu $1/y^3$ in y-Richtung ab. Zeigen Sie durch eine Dimensionsbetrachtung, dass in irgendeiner Richtung das Fernfeld des Dipols proportional zu $1/r^3$ abnimmt.

A21.23 •• Ein Wassermolekül habe sein Sauerstoffatom im Koordinatenursprung, den einen Wasserstoffkern bei $x = 0{,}077\,\mathrm{nm}$, $y = 0{,}058\,\mathrm{nm}$ und den anderen Wasserstoffkern bei $x = -0{,}077\,\mathrm{nm}$, $y = 0{,}058\,\mathrm{nm}$. Wie groß ist das Dipolmoment des Wassermoleküls, wenn die Wasserstoffelektronen vollständig zum Sauerstoffatom übertragen wurden, so dass es eine Ladung von $-2\,e$ besitzt? (*Anmerkung:* Diese Behandlung der chemischen Bindung des Wassermoleküls als eine rein *ionische* Bindung ist nur eine einfache Näherung, die das Dipolmoment des Wassermoleküls überbewertet.)

Allgemeine Aufgaben

A21.24 • a) Welche Masse müsste ein Proton besitzen, wenn seine Gravitationsanziehung auf ein anderes Proton durch die elektrostatische Abstoßung zwischen ihnen exakt ausgeglichen würde? b) Wie groß ist das tatsächliche Verhältnis dieser beiden Kräfte?

A21.25 •• Eine positive Ladung q wird in zwei positive Ladungen q_1 und q_2 getrennt. Zeigen Sie, dass bei einem gegebenen Abstand d die von einer Ladung auf die andere Ladung ausgeübte Kraft dann am größten ist, wenn $q_1 = q_2 = \frac{1}{2}\,q$ ist.

A21.26 •• Eine Kugel mit bekannter Ladung q und unbekannter Masse m, anfänglich in Ruhe, fällt aus einer Höhe h frei in einem homogenen elektrischen Feld E, das senkrecht nach unten gerichtet ist. Die Kugel trifft mit einer Geschwindigkeit von $v = 2\sqrt{g\,h}$ auf der Erde auf. Bestimmen Sie m in Abhängigkeit von E, q und g.

A21.27 •• Zwei identische kleine kugelförmige Leiter (Punktladungen) sind durch 0,60 m voneinander getrennt und tragen eine Gesamtladung von 200 μC. Sie stoßen einander mit einer Kraft von 120 N ab. a) Bestimmen Sie die Ladung auf jeder Kugel. b) Beide Kugeln werden in elektrischen Kontakt gebracht und dann voneinander getrennt, so dass jede 100 μC Ladung trägt. Bestimmen Sie die Kraft, die von einer Kugel auf die andere ausgeübt wird, wenn sie 0,60 m voneinander getrennt sind.

A21.28 •• Vier Ladungen von gleichem Betrag sind in den Ecken eines Quadrats der Seitenlänge ℓ angeordnet (siehe Abbildung).

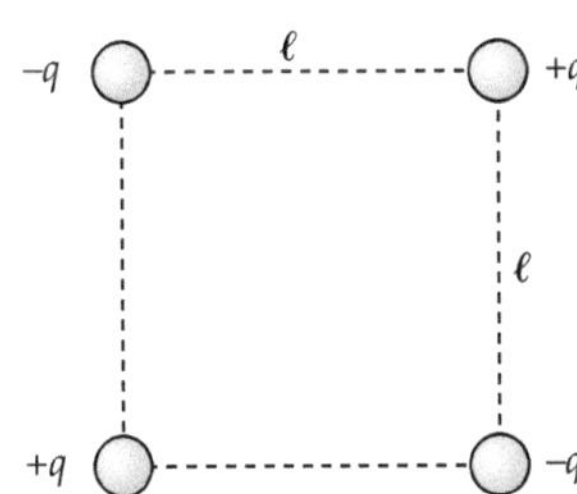

a) Ermitteln Sie Betrag und Richtung der Kraft, die auf die Ladung in der unteren linken Ecke durch die anderen Ladungen ausgeübt wird. b) Zeigen Sie, dass das elektrische Feld in der Mitte einer Quadratseite entlang dieser zur negativen Ladung hin gerichtet ist und ihr Betrag gegeben ist durch

$$E = \frac{1}{4\pi\varepsilon_0}\,\frac{8q}{\ell^2}\left(1 - \frac{\sqrt{5}}{25}\right).$$

A21.29 •• Ein Elektron (Ladung $-e$, Masse m) und ein Positron (Ladung $+e$, Masse m) drehen sich unter dem Einfluss ihrer anziehenden Coulomb-Kraft um ihren gemeinsamen Massenmittelpunkt. Bestimmen Sie die Geschwindigkeit v jedes Teilchens in Abhängigkeit von e, m, ε_0 und ihrem Abstand r.

A21.30 ••• Eine kleine (Punkt-)Masse m mit einer Ladung q_0 ist darauf beschränkt, sich innerhalb eines engen reibungsfreien Zylinders senkrecht zu bewegen (siehe Abbildung). Am Boden des Zylinders befindet sich eine Punktmasse mit der Ladung q, die das gleiche Vorzeichen wie q_0 besitzt.

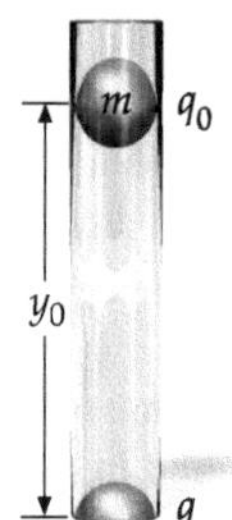

a) Zeigen Sie, dass die Masse m in der Höhe

$$y_0 = \sqrt{\frac{1}{4\pi\varepsilon_0}\,\frac{q_0\,q}{m\,g}}$$

im Gleichgewicht ist. b) Zeigen Sie, dass die Masse m eine einfache harmonische Schwingung mit der Kreisfrequenz $\omega = (2g/y_0)^{1/2}$ ausführt, wenn sie aus ihrer Gleichgewichtslage um eine kleine Strecke verschoben wurde und dann sich selbst überlassen bleibt.

A21.31 ●●● Beim Millikan-Experiment, das zum Bestimmen der Ladung eines Elektrons dient, wird eine geladene Styropormikrokugel in ruhender Luft in ein bekanntes senkrechtes elektrisches Feld gebracht. Die geladene Mikrokugel wird in Richtung der auf sie wirkenden Gesamtkraft beschleunigt, bis sie ihre Endgeschwindigkeit erreicht. Die Ladung der Mikrokugel wird durch Messen ihrer Endgeschwindigkeit bestimmt.

In einem solchen Experiment hat das Kügelchen den Radius $r = 5,5 \cdot 10^{-7}$ m und das Feld den Betrag $E = 6 \cdot 10^4$ N/C. Der Betrag der Reibungskraft auf die Kugel ist $F_W = 6\pi\eta\,r\,v$, worin v die Geschwindigkeit der Kugel und $\eta = 1,8 \cdot 10^{-5}$ N·s·m^{-2} die Viskosität der Luft ist. Styropor hat eine Dichte von $1,05 \cdot 10^3$ kg·m^{-3}. a) Wie groß ist die Ladung auf der Kugel, wenn das elektrische Feld nach unten zeigt und die Styropormikrokugel eine Endgeschwindigkeit von $v_E = 1,16 \cdot 10^{-4}$ m/s erhält? b) Wie viele überschüssige Elektronen befinden sich auf der Mikrokugel? c) Wie groß ist ihre Endgeschwindigkeit, wenn die Richtung des elektrischen Felds umgekehrt wird, aber der Betrag derselbe bleibt?

A21.32 ●●● In Aufgabe 31 wurde das Millikan-Experiment beschrieben, das zur Bestimmung der Ladung des Elektrons dient. In diesem Experiment wird eine umschaltbare Energieversorgung benutzt, so dass das elektrische Feld in seiner Richtung, nach oben oder nach unten, umgekehrt werden kann. Der Betrag des Felds bleibt dabei unverändert, so dass man die Endgeschwindigkeit der Mikrokugel messen kann, wenn sie nach oben (entgegen der Gravitationskraft) bzw. nach unten bewegt wird. Es sei v_u (Index u abgeleitet von *up*) die Endgeschwindigkeit, mit der sich das Kügelchen nach oben bewegt, und v_d (Index d abgeleitet von *down*) diejenige bei der Bewegung nach unten. a) Zeigen Sie: Wenn $v = v_u + v_d$ gesetzt wird, dann ist $v = qE/(3\pi\eta\,r)$, wobei q die Nettoladung der Mikrokugel ist. Welchen Vorteil hat das Messen beider Geschwindigkeiten v_u und v_d gegenüber der Messung nur einer Geschwindigkeit? b) Da die Ladung gequantelt ist, kann sich v nur in Schritten mit dem Betrag Δv ändern. Berechnen Sie Δv, wobei Sie die Werte von Aufgabe 31 verwenden.

Das elektrische Feld I: Diskrete Ladungsverteilungen 21L

L: Lösungen

L21.1 Während sich die Ladung $+q$ in der Nähe befindet, zieht das Metallstück negative Ladung aus der Erde an. Nachdem der Schalter geöffnet wurde, können sie nicht mehr von ihm abfließen, verbleiben also auch darauf, wenn die Ladung $+q$ wieder entfernt wird. Daher ist bas Metallstück hinterher negativ geladen, und die Frage c ist zu bejahen.

L21.2 Die Abbildung zeigt die Kräfte, die auf die Ladung $+q_0$ wirken. Die von $-q$ auf $+q_0$ wirkende Kraft verläuft entlang der Verbindungslinie zwischen diesen beiden Ladungen und zeigt zu $-q$ hin. Entsprechend zeigt die Kraft zwischen $+q$ und $+q_0$ von letzterer weg.

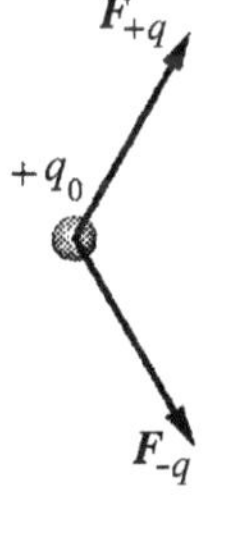

Weil die Ladungen $+q$ und $-q$ denselben Betrag haben, weist die Resultierende der beiden Kräfte wegen der Symmetrie der Anordnung horizontal nach rechts. Also ist Lösung e richtig. Beachten Sie, dass die vertikalen Komponenten beider Kräfte einander aufheben.

L21.3 Im Mittelpunkt des Quadrats erzeugen die beiden positiven Ladungen allein ein verschwindendes elektrisches Feld, ebenso die beiden negativen Ladungen allein. Somit ist das insgesamt resultierende Feld im Mittelpunkt des Quadrats null, und Antwort b ist richtig.

L21.4 Die Abbildung zeigt die elektrischen Feldlinien, wie sie gemäß den Regeln zu zeichnen sind. Hier haben wir jeweils zwei Feldlinien pro Ladungsmenge $|q|$ gewählt.

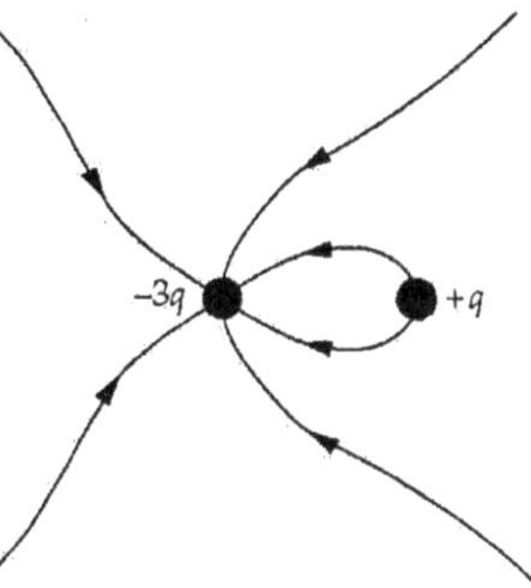

L21.5 Der Winkel θ, den der Dipol mit dem elektrischen Feld einschließt, ist nicht null. Daher erfährt er ein Rückstellmoment mit dem Betrag $|\wp|\,|E|\,\sin\theta$ und schwingt um seine Gleichgewichtslage $\theta = 0$. Bei sehr kleinen Winkeln gilt $\sin\theta \approx \theta$, und die Bewegung ist harmonisch. Wenn das elektrische Feld aber inhomogen ist, wobei es in x-Richtung stärker wird, dann ist die auf die positive Ladung des Dipols wirkende Kraft größer als die auf die negative Ladung wirkende Kraft (die ja in Richtung abnehmender x-Werte wirkt). Dadurch wirkt auf den gesamten Dipol eine resultierende Kraft in Richtung zunehmender x-Werte, so dass er in x-Richtung beschleunigt wird, während er, wie zuvor beschrieben, um $\theta = 0$ schwingt.

L21.6 a) Falsch. Das elektrische Feld ist zur negativen Ladung hin gerichtet.

b) Richtig. Jede makroskopische Ladung q kann als $q = \pm n e$ geschrieben werden, wobei n eine ganze Zahl und e die Elementarladung ist.

c) Falsch. Elektrische Feldlinien divergieren stets von einem Raumpunkt, in dem sich eine positive Ladung befindet.

d) Richtig. Elektrische Feldlinien kreuzen sich nie in einem Raumpunkt.

e) Richtig. Alle Moleküle haben in Gegenwart eines äußeren elektrischen Felds elektrische Dipolmomente.

L21.7 Wir nehmen an, dass die Wand eine negative Ladung trägt. Wenn der Stanniolball ihr genähert wird, dann wird aufgrund der Influenz seine der Wand zugewandte Seite positiv und seine abgewandte (von der Wand also weiter entfernte) Seite negativ geladen. Wegen der resultierenden elektrostatischen Anziehung nähert sich der Ball der Wand ein wenig. Wenn er sie aber berührt, so wird etwas negative Ladung von der Wand auf ihn übertragen. Weil er nun eine negative Nettoladung trägt, wird er von der Wand abgestoßen.

L21.8 a) Gemäß dem Coulomb'schen Gesetz ist die im Kupferstab wirkende, vom Ladungsungleichgewicht herrührende Kraft gegeben durch

$$F = \frac{1}{4\pi\varepsilon_0}\frac{|q_u|^2}{\ell^2}.$$

Darin ist $|q_u|$ die Überschussladung an einem Ende des Stabs, der die Länge ℓ hat.

Zunächst müssen wir die Anzahl der Elektronen berechnen, die der Kupferstab normalerweise enthält. Mit der Masse m und dem Volumen V des Stabs, der Dichte ρ und der molaren Masse m_{Mol} von Kupfer sowie der Avogadro-Zahl n_A gilt für die Anzahl n der Kupferatome im Stab

$$\frac{n}{n_A} = \frac{m}{m_{\text{Mol}}} = \frac{\rho_{\text{Cu}} V}{m_{\text{Mol}}},$$

denn die Anzahl der Atome verhält sich zur Avogadro-Zahl wie die Masse der Substanzprobe zur molaren Masse. Damit erhalten wir

$$n = \frac{\rho_{\text{Cu}} V}{m_{\text{Mol}}} n_A$$

$$= \frac{(8{,}93 \cdot 10^3 \text{ kg} \cdot \text{m}^{-3})(0{,}5 \cdot 10^{-2} \text{ m})^2 (4 \cdot 10^{-2} \text{ m})}{63{,}54 \cdot 10^{-3} \text{ kg} \cdot \text{mol}^{-1}}$$

$$\cdot (6{,}02 \cdot 10^{23} \text{ mol}^{-1})$$

$$= 8{,}46 \cdot 10^{22}.$$

Wir nehmen gemäß der Aufgabenstellung an, dass die Hälfte der Überschussladung, die einen Anteil von $0{,}0001\,\% = 10^{-7}$ ausmacht, zu einer Seite des Stabs wandert. Mit 29 Elektronen pro Kupferatom ergibt sich die zu einem Ende gewanderte Überschussladung zu

$$|q_u| = \tfrac{1}{2} \cdot (29) \cdot (10^{-7})\, e\, n$$

$$= \tfrac{1}{2} \cdot (29) \cdot (10^{-7})(1{,}6 \cdot 10^{-19} \text{ C})(8{,}46 \cdot 10^{22})$$

$$= 1{,}96 \cdot 10^{-2} \text{ C}.$$

Das setzen wir in die obige Gleichung für die Kraft ein:

$$F = (8{,}99 \cdot 10^9 \text{ N} \cdot \text{m}^2 \cdot \text{C}^{-2}) \frac{(1{,}96 \cdot 10^{-2} \text{ C})^2}{(0{,}04 \text{ m})^2}$$

$$= 2{,}16 \cdot 10^9 \text{ N}.$$

b) Die maximale Zugkraft ist das Produkt aus der Zugfestigkeit und der Querschnittsfläche:

$$F_{\max} = (2{,}3 \cdot 10^8 \text{ N} \cdot \text{m}^{-2})\, A.$$

Die maximale Abstoßungskraft hängt andererseits gemäß dem Coulomb'schen Gesetz von der maximalen Überschussladung $|q_{\max}|$ ab:

$$F_{\max} = \frac{1}{4\pi\varepsilon_0}\frac{|q_{\max}|^2}{\ell^2}.$$

Darin ist ℓ die Länge des Stabs. Hieraus ergibt sich mit dem obigen Ausdruck für $F_{\max}$ die maximale Überschussladung zu

$$|q_{\max}| = \sqrt{(4\pi\varepsilon_0)\,\ell^2\, F_{\max}}$$

$$= \sqrt{(4\pi\varepsilon_0)\,\ell^2\,(2{,}3 \cdot 10^8 \text{ N} \cdot \text{m}^{-2})\, A}$$

$$= \sqrt{\frac{(0{,}04 \text{ m})^2\,(2{,}3 \cdot 10^8 \text{ N} \cdot \text{m}^{-2})\,(10^{-4} \text{ m}^2)}{8{,}99 \cdot 10^9 \text{ N} \cdot \text{m}^2 \cdot \text{C}^{-2}}}$$

$$= 3{,}2 \cdot 10^{-5} \text{ C} = 32\ \mu\text{C}.$$

Anmerkung: Diese Überschussladung entspricht betragsmäßig der Ladung von $2 \cdot 10^{14}$ Elektronen und damit einem Anteil von $4 \cdot 10^{-11} = 4 \cdot 10^{-9}\,\%$ aller Elektronen im Kupferstab.

L21.9 Wir nehmen an, dass eine Bindungskraft F_{Bind} und eine elektrostatische Kraft F_{el} wirken, und wenden das zweite Newton'sche Axiom $\sum F = 0$ auf ein Proton an: $F_{\text{Bind}} - F_{\text{el}} = 0$. Daraus folgt beim Abstand r für die Bindungskraft

$$F_{\text{Bind}} = F_{\text{el}} = \frac{1}{4\pi\varepsilon_0}\frac{q^2}{r^2}$$

$$= (8{,}99 \cdot 10^9 \text{ N} \cdot \text{m}^2 \cdot \text{C}^{-2})\,\frac{(1{,}6 \cdot 10^{-19} \text{ C})^2}{(10^{-15} \text{ m})^2} = 230 \text{ N}.$$

L21.10 Die Ladung pro Mol Protonen ist

$$n_A\, e = (6{,}02 \cdot 10^{23} \text{ mol}^{-1})(1{,}6 \cdot 10^{-19} \text{ C})$$

$$= 9{,}63 \cdot 10^4 \text{ C} \cdot \text{mol}^{-1}.$$

L21.11 Weil ein Kohlenstoffatom sechs Protonen enthält, ist die gesamte positive Ladung in der gegebenen Kohlenstoffmenge $q = 6ne$. Darin ist n die Anzahl der vorhandenen Kohlenstoffatome. Wir können sie aus der Masse m und der molaren Masse m_{Mol} des Kohlenstoffs sowie der Avogadro-Zahl n_A berechnen, denn die Anzahl der Atome verhält sich zur Avogadro-Zahl wie die Masse zur molaren Masse. Also ist

$$\frac{n}{n_A} = \frac{m}{m_{\text{Mol}}} \quad \text{und daher} \quad n = \frac{n_A\, m}{m_{\text{Mol}}}.$$

Die gesamte positive Ladung ergibt sich somit zu

$$q = 6ne = \frac{6 n_A\, m\, e}{m_{\text{Mol}}}$$

$$= \frac{6\,(6{,}02 \cdot 10^{23} \text{ mol}^{-1})\,(1 \text{ kg})\,(1{,}6 \cdot 10^{-19} \text{ C})}{0{,}012 \text{ kg} \cdot \text{mol}^{-1}}$$

$$= 4{,}82 \cdot 10^7 \text{ C}.$$

L21.12 Auf q_1 übt die Ladung q_2 die anziehende Kraft $\boldsymbol{F}_{2,1}$ und die Ladung q_3 die abstoßende Kraft $\boldsymbol{F}_{3,1}$ aus (siehe Abbildung).

Die resultierende Kraft auf q_1 ist die Summe beider Kräfte:
$F_1 = F_{2,1} + F_{3,1}$.

Die eine Kraft ist $\quad F_{2,1} = \dfrac{1}{4\pi\varepsilon_0}\,\dfrac{|q_1|\,|q_2|}{r_{2,1}^2}\,\widehat{x}$,

und die andere ist $\quad F_{3,1} = \dfrac{1}{4\pi\varepsilon_0}\,\dfrac{|q_1|\,|q_3|}{r_{3,1}^2}\,(-\widehat{x})$.

Damit erhalten wir

$$
\begin{aligned}
F_1 = F_{2,1} + F_{3,1} &= \frac{1}{4\pi\varepsilon_0}\left(\frac{|q_1|\,|q_2|}{r_{2,1}^2}\,\widehat{x} - \frac{|q_1|\,|q_3|}{r_{3,1}^2}\,\widehat{x}\right)\\[2mm]
&= \frac{1}{4\pi\varepsilon_0}\,|q_1|\left(\frac{|q_2|}{r_{2,1}^2} - \frac{|q_3|}{r_{3,1}^2}\right)\widehat{x}\\[2mm]
&= (8{,}99\cdot 10^9\,\text{N}\cdot\text{m}^2\cdot\text{C}^{-2})(6\,\mu\text{C})\left(\frac{4\,\mu\text{C}}{(3\,\text{m})^2} - \frac{6\,\mu\text{C}}{(6\,\text{m})^2}\right)\widehat{x}\\[2mm]
&= (1{,}5\cdot 10^{-2}\,\widehat{x})\,\text{N}.
\end{aligned}
$$

L21.13 Die Abbildung zeigt die Positionen der beiden gegebenen Punktladungen q_1 und q_2 sowie die des Elektrons.

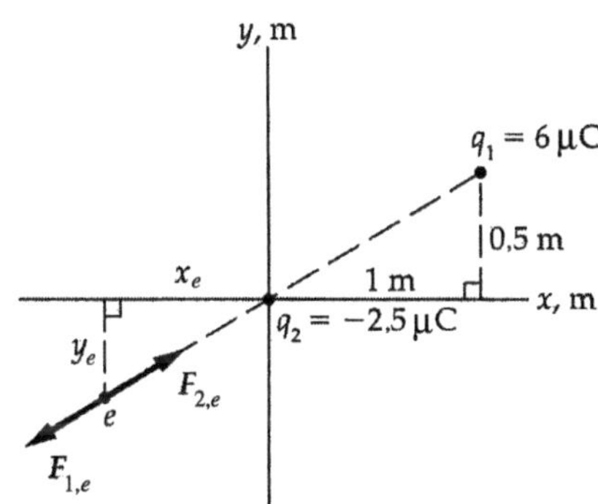

Offensichtlich muss sich das Elektron, wenn es im Gleichgewicht sein soll, auf der Verlängerung der Verbindungslinie der beiden Ladungen befinden. Und weil es negativ geladen ist, muss es sich näher bei der negativen Punktladung befinden, weil deren Ladung den kleineren Betrag hat.

Wir berechnen die Position des Elektrons, indem wir die Beträge der elektrostatischen Kräfte gleichsetzen, die zwischen ihm und den beiden Ladungen wirken: $|F_{1,e}| = |F_{2,e}|$.

Den Abstand des Elektrons vom Ursprung bezeichnen wir mit r. Damit erhalten wir mit dem Coulomb'schen Gesetz für den Betrag der einen Kraft, wobei wir den Satz des Pythagoras verwenden:

$$
|F_{1,e}| = \frac{1}{4\pi\varepsilon_0}\,\frac{q_1\,e}{(r+\sqrt{1{,}25}\,\text{m})^2}
$$

und für den Betrag der anderen Kraft entsprechend

$$
|F_{2,e}| = \frac{1}{4\pi\varepsilon_0}\,\frac{|q_2|\,e}{r^2}.
$$

Wir setzen die Beträge gleich und kürzen $(4\pi\varepsilon_0)^{-1}$ sowie e heraus:

$$
\frac{q_1}{(r+\sqrt{1{,}25}\,\text{m})^2} = \frac{|q_2|}{r^2}.
$$

Ausmultiplizieren liefert:

$$
r^2\,q_1 = \left[r^2 + (2\sqrt{1{,}25}\,\text{m})\,r + 1{,}25\,\text{m}^2\right]|q_2|.
$$

Umformen in eine quadratische Gleichung und Einsetzen der Zahlenwerte ergibt

$$
r^2 - (1{,}597\,\text{m})\,r - (0{,}893)\,\text{m}^2 = 0.
$$

Die Lösungen sind $r_a = 2{,}036\,\text{m}$ und $r_b = -0{,}4386\,\text{m}$.

Der negative Wert ist physikalisch nicht sinnvoll, so dass wir im Folgenden nur das positive Ergebnis verwenden. Wegen der Ähnlichkeit der beiden rechtwinkligen Dreiecke gilt für die y-Koordinaten und die Hypothenusen

$$
\frac{|y_e|}{0{,}5\,\text{m}} = \frac{2{,}036\,\text{m}}{1{,}12\,\text{m}} \quad \text{und daher} \quad |y_e| = 0{,}909\,\text{m}.
$$

Wir nutzen noch einmal die Ähnlichkeit der Dreiecke, diesmal für die x-Koordinaten und die Hypothenusen. Dies ergibt

$$
\frac{|x_e|}{1\,\text{m}} = \frac{2{,}036\,\text{m}}{1{,}12\,\text{m}} \quad \text{und daher} \quad |x_e| = 1{,}82\,\text{m}.
$$

Somit sind die gesuchten Koordinaten

$$
x_e = -1{,}82\,\text{m} \quad \text{und} \quad y_e = -0{,}909\,\text{m}.
$$

L21.14 Aus Symmetriegründen ist die y-Komponente der resultierenden Kraft auf die Ladung q_0 null. Wir müssen also nur die x-Komponenten der Kräfte zwischen der Ladung q_0 und den beiden Ladungen bei $45°$ sowie der Kraft zwischen der Ladung q_0 und der Ladung q auf der Verlängerung der x-Achse betrachten. Damit ist die Gesamtkraft

$$
F_{q_0} = F_{q(\text{Achse}),q_0} + 2\,F_{q(45°),q_0}.
$$

Für die eine Kraft gilt

$$
F_{q(\text{Achse}),q_0} = \frac{1}{4\pi\varepsilon_0}\,\frac{q_0\,q}{r^2}\,\widehat{x}
$$

und für die andere

$$
2\,F_{q(45°),q_0} = \frac{1}{4\pi\varepsilon_0}\,\frac{2q_0\,q}{r^2}\,(\cos 45°)\,\widehat{x} = \frac{2}{\sqrt{2}}\,\frac{1}{4\pi\varepsilon_0}\,\frac{q_0\,q}{r^2}\,\widehat{x}.
$$

Dies ergibt für die Gesamtkraft

$$
F_{q_0} = \frac{1}{4\pi\varepsilon_0}\,\frac{q_0\,q}{r^2}\left(1+\sqrt{2}\right)\widehat{x}.
$$

L21.15 Wir ermitteln das elektrische Feld jeder Ladung mit Hilfe des Coulomb'schen Gesetzes und beachten dabei, dass sich beide Felder überlagern und dass die beiden Ladungen q_1 und q_2 gleich sind. Dann erhalten wir für das resultierende Feld im Punkt P, also im Abstand x vom Ursprung

$$
\begin{aligned}
E(x) &= E_{q_1}(x) + E_{q_2}(x)\\[2mm]
&= \frac{1}{4\pi\varepsilon_0}\left(\frac{q_1}{x^2}\,\widehat{r}_{q_1,\text{P}} + \frac{q_2}{(8\,\text{m}-x)^2}\,\widehat{r}_{q_2,\text{P}}\right)\\[2mm]
&= \frac{1}{4\pi\varepsilon_0}\,q_1\left(\frac{1}{x^2}\,\widehat{r}_{q_1,\text{P}} + \frac{1}{(8\,\text{m}-x)^2}\,\widehat{r}_{q_2,\text{P}}\right)\\[2mm]
&= (36\,\text{kN}\cdot\text{m}^2\cdot\text{C}^{-1})\left(\frac{1}{x^2}\,\widehat{r}_{q_1,\text{P}} + \frac{1}{(8\,\text{m}-x)^2}\,\widehat{r}_{q_2,\text{P}}\right).
\end{aligned}
$$

a) Damit ergibt sich bei $x = -2$ m für das elektrische Feld

$$E(-2\,\text{m}) = (36\,\text{kN}\cdot\text{m}^2\cdot\text{C}^{-1})\left(\frac{-\widehat{x}}{(2\,\text{m})^2} + \frac{-\widehat{x}}{(10\,\text{m})^2}\right)$$

$$= (-9{,}36\,\widehat{x})\,\text{kN}\cdot\text{C}^{-1}.$$

b) Das Feld bei $x = 2$ m ist

$$E(2\,\text{m}) = (36\,\text{kN}\cdot\text{m}^2\cdot\text{C}^{-1})\left(\frac{\widehat{x}}{(2\,\text{m})^2} + \frac{-\widehat{x}}{(6\,\text{m})^2}\right)$$

$$= (8{,}00\,\widehat{x})\,\text{kN}\cdot\text{C}^{-1}.$$

c) Das Feld bei $x = 6$ m ist

$$E(6\,\text{m}) = (36\,\text{kN}\cdot\text{m}^2\cdot\text{C}^{-1})\left(\frac{\widehat{x}}{(6\,\text{m})^2} + \frac{-\widehat{x}}{(2\,\text{m})^2}\right)$$

$$= (-8{,}00\,\widehat{x})\,\text{kN}\cdot\text{C}^{-1}.$$

d) Das Feld bei $x = 10$ m ist

$$E(10\,\text{m}) = (36\,\text{kN}\cdot\text{m}^2\cdot\text{C}^{-1})\left(\frac{\widehat{x}}{(10\,\text{m})^2} + \frac{\widehat{x}}{(2\,\text{m})^2}\right)$$

$$= (9{,}35\,\widehat{x})\,\text{kN}\cdot\text{C}^{-1}.$$

e) Aufgrund der Symmetrie ist $E(4\,\text{m}) = 0$.

f) Die in der Abbildung dargestellte Kurve für E_x wurde mit einem Tabellenkalkulationsprogramm erstellt.

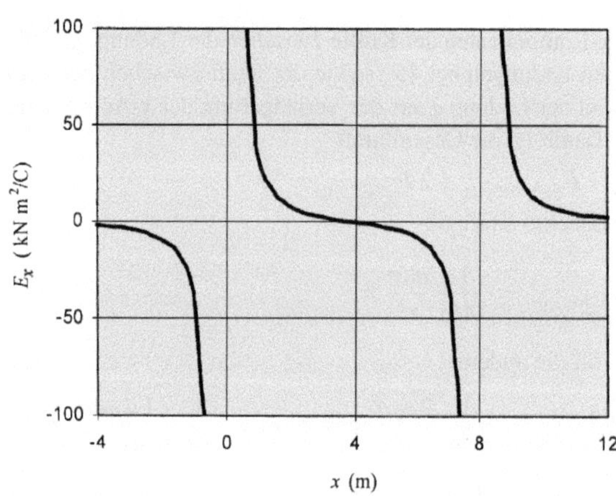

L21.16 a) Der Betrag der auf das Elektron wirkenden elektrostatischen Kraft ist $|F_{\text{el}}| = e\,|E|$, und der Betrag der auf das Elektron wirkenden Gravitationskraft ist $|F_{\text{G}}| = m_e\,g$. Für den Quotienten beider Kräfte erhalten wir

$$\frac{|F_{\text{el}}|}{|F_{\text{G}}|} = \frac{e\,|E|}{m_e\,g}$$

$$= \frac{(1{,}6\cdot10^{-19}\,\text{C})\,(150\,\text{N}\cdot\text{C}^{-1})}{(9{,}11\cdot10^{-31}\,\text{kg})\,(9{,}81\,\text{m}\cdot\text{s}^{-2})} = 2{,}69\cdot10^{12}.$$

Die elektrostatische Kraft ist um den Faktor $2{,}69\cdot10^{12}$ stärker als die Gravitationskraft.

b) Wenn er die Ladung q trägt, wirkt auf den Kupferpfennig eine elektrostatische Kraft mit dem Betrag $q\,|E|$, und seine Gewichtskraft hat den Betrag $m\,g$. Wir setzen die Beträge beider Kräfte gleich, lösen nach der Ladung auf und erhalten

$$q = \frac{m\,g}{|E|} = \frac{(3\cdot10^{-3}\,\text{kg})\,(9{,}81\,\text{m}\cdot\text{s}^{-2})}{150\,\text{N}\cdot\text{C}^{-1}} = 1{,}96\cdot10^{-4}\,\text{C}.$$

L21.17 Die Abbildung zeigt die Positionen der Ladungen und einen beliebigen Punkt P auf der x-Achse, bei dem das elektrische Feld zu ermitteln ist.

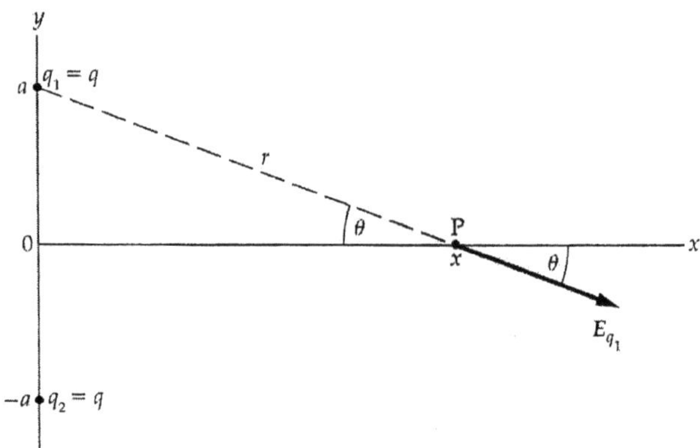

Aufgrund der Symmetrie muss die y-Komponente des elektrischen Felds auf der x-Achse überall null sein. Es genügt also, jeweils nur die x-Komponente zu ermitteln. Die beiden Ladungen befinden sich bei $y = a$ und bei $y = -a$, also vom Punkt P aus jeweils unter dem Winkel θ zur x-Achse. Damit ist das Feld im Punkt P gegeben durch

$$E_x = \frac{1}{4\pi\varepsilon_0}\,\frac{2q}{r^2}\,(\cos\theta)\,\widehat{x}.$$

Mit der Näherung $\cos\theta \approx x/r$ sowie mit dem Satz des Pythagoras ($r^2 = x^2 + a^2$) ergibt sich daraus

$$E_x \approx \frac{1}{4\pi\varepsilon_0}\,\frac{2q}{r^2}\,\frac{x}{r}\,\widehat{x} = \frac{1}{4\pi\varepsilon_0}\,\frac{2qx}{(x^2+a^2)^{3/2}}\,\widehat{x}.$$

Das Feld hat hier also den Betrag

$$E_x \approx \frac{1}{4\pi\varepsilon_0}\,\frac{2qx}{(x^2+a^2)^{3/2}}.$$

b) In der Nähe des Koordinatenursprungs ist $|x| \ll a$ und daher $x^2 + a^2 \approx a^2$. Das Feld hat hier den Betrag

$$E_{x,0} \approx \frac{1}{4\pi\varepsilon_0}\,\frac{2qx}{(a^2)^{3/2}} = \frac{1}{4\pi\varepsilon_0}\,\frac{2qx}{a^3}.$$

c) In größerem Abstand vom Koordinatenursprung ist $|x| \gg a$ und daher $x^2 + a^2 \approx x^2$. Das Feld hat hier den Betrag

$$E_{x,\infty} \approx \frac{1}{4\pi\varepsilon_0}\,\frac{2qx}{(x^2)^{3/2}} = \frac{1}{4\pi\varepsilon_0}\,\frac{2qx}{x^2}.$$

Dieses Ergebnis wäre auch ohne Berechnung zu erhalten, weil beide Ladungen in großer Entfernung wie eine einzige Punktladung $2q$ wirken, die sich im Ursprung befindet.

L21.18 a) Wie in Aufgabe 17 gezeigt, hat das von den beiden bei $(0, a)$ bzw. $(0, -a)$ befindlichen gleichen Ladungen q erzeugte elektrische Feld auf der x-Achse näherungsweise den Betrag

$$E_x = \frac{1}{4\pi\varepsilon_0}\,\frac{2qx}{(x^2+a^2)^{3/2}}.$$

Wir leiten nach x ab:

$$\frac{dE_x}{dx} = 2\,\frac{1}{4\pi\varepsilon_0}\,q\,\frac{d}{dx}\left[x\,(x^2+a^2)^{-3/2}\right]$$

$$= 2\,\frac{1}{4\pi\varepsilon_0}\,q\left[x\,\frac{d}{dx}(x^2+a^2)^{-3/2}+(x^2+a^2)^{-3/2}\right]$$

$$= 2\,\frac{1}{4\pi\varepsilon_0}\,q\left[x\,(-\tfrac{3}{2})(x^2+a^2)^{-5/2}\,(2x)+(x^2+a^2)^{-3/2}\right]$$

$$= 2\,\frac{1}{4\pi\varepsilon_0}\,q\left[-3x^2\,(x^2+a^2)^{-5/2}+(x^2+a^2)^{-3/2}\right].$$

Nullsetzen ergibt

$$-3x^2\,(x^2+a^2)^{-5/2}+(x^2+a^2)^{-3/2}=0$$

und daraus $x=\pm a/\sqrt{2}$.

b) Die in der Abbildung dargestellte Kurve für E_x wurde mit einem Tabellenkalkulationsprogramm erstellt. Dabei wurde $2\,\frac{1}{4\pi\varepsilon_0}\,q=1$ und $a=1$ gesetzt.

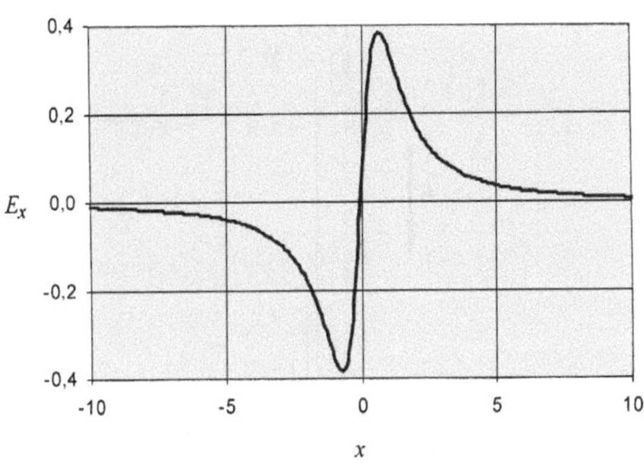

L21.19 a) Das Ladung-Masse-Verhältnis des Elektrons ist

$$\frac{|e|}{m_e} = \frac{1,6\cdot10^{-19}\ \text{C}}{9,11\cdot10^{-31}\ \text{kg}} = 1,76\cdot10^{11}\ \text{C}\cdot\text{kg}^{-1}.$$

b) Gemäß dem zweiten Newton'schen Axiom ergibt sich für den Betrag der Beschleunigung des Elektrons durch das elektrische Feld

$$|a| = \frac{|F_{\text{el}}|}{m_e} = \frac{|e|\,|E|}{m_e}$$

$$= \frac{(1,6\cdot10^{-19}\ \text{C})\,(100\ \text{N}\cdot\text{C}^{-1})}{9,11\cdot10^{-31}\ \text{kg}} = 1,76\cdot10^{13}\ \text{m}\cdot\text{s}^{-2}.$$

Das Elektron wird entgegen der Feldrichtung beschleunigt.

c) Aus der Definition der Beschleunigung a ergibt sich mit der Endgeschwindigkeit v_{E} die Zeitspanne, in der das Elektron vom Stillstand auf $0{,}01\,c$ beschleunigt wird, zu

$$\Delta t = \frac{v_{\text{E}}}{a} = \frac{0,01\,c}{a} = \frac{0,01\,(3\cdot10^8\ \text{m}\cdot\text{s}^{-1})}{1,76\cdot10^{13}\ \text{m}\cdot\text{s}^{-2}} = 0,170\ \mu\text{s}.$$

d) Die zurückgelegte Strecke ist das Produkt aus der mittleren Geschwindigkeit und der Zeitspanne:

$$\Delta x = \langle v\rangle\,\Delta t$$

$$= \tfrac{1}{2}\,[0+0,01\,(3\cdot10^8\ \text{m}\cdot\text{s}^{-1})]\,(0,170\ \mu\text{s}) = 25,5\ \text{cm}.$$

L21.20 Das elektrische Feld ist homogen, so dass die Beschleunigung des Elektrons konstant ist. In Abhängigkeit von der zurückgelegten Strecke Δx gilt daher für das Quadrat der Geschwindigkeit $v_x^2 = v_0^2 + 2\,|a|\,\Delta x$.

Wegen $v_0 = 0$ folgt daraus $v_x = \sqrt{2\,|a|\,\Delta x}$.

Gemäß dem zweiten Newton'schen Axiom ergibt sich für den Betrag der Beschleunigung des Elektrons im elektrischen Feld

$$|a| = \frac{|F_{\text{el}}|}{m_e} = \frac{|e|\,|E|}{m_e}.$$

Dies setzen wir ein und erhalten

$$v_x = \sqrt{\frac{2\,|e|\,|E|\,\Delta x}{m_e}}$$

$$= \sqrt{\frac{2\,(1,6\cdot10^{-19}\ \text{C})\,(8\cdot10^4\ \text{N}\cdot\text{C}^{-1})\,(0,05\ \text{m})}{9,11\cdot10^{-31}\ \text{kg}}}$$

$$= 3,75\cdot10^7\ \text{m}\cdot\text{s}^{-1}.$$

L21.21 a) Mit der Definition $\wp = q\,\ell$ des elektrischen Dipols erhalten wir $\wp = (2\ \text{pC})\,(4\ \mu\text{m}) = 8,00\cdot10^{-18}\ \text{C}\cdot\text{m}^{-1}$.

b) Wir nehmen an, dass die negative Ladung sich links befindet. Dann zeigt das Dipolmoment $\wp$ nach rechts, zur positiven Ladung (siehe Abbildung).

L21.22 Wir stellen die Beziehungen für die Dimensionen zusammen:

Elektrisches Feld: $[E] = [(1/\varepsilon_0)]\,[q]/[\ell]^2$.

Dipolmoment: $[\wp] = [q]\,[\ell]$.

Daher gilt für die Dimension der Ladung $[q] = [\wp]/[\ell]$.

Dies setzen wir in die erste Beziehung ein und erhalten

$$[E] = \frac{[(1/\varepsilon_0)]\,[\wp]}{[\ell]^2\,[\ell]} = \frac{[(1/\varepsilon_0)]\,[\wp]}{[\ell]^3}.$$

Also nimmt das elektrische Feld eines Dipols proportional zu $1/r^3$ ab.

L21.23 Das Dipolmoment ist gegeben durch

$$\wp = \wp_x\,\hat{x} + \wp_y\,\hat{y}.$$

Aufgrund der Symmetrie ist $\wp_x = 0$, und wir müssen nur die y-Komponente ermitteln:

$$\wp_y = q\,\ell = 2\,e\,\ell = 2\,(1,6\cdot10^{-19}\ \text{C})\,(0,058\ \text{nm})$$

$$= 1,86\cdot10^{-29}\ \text{C}\cdot\text{m}.$$

Damit ist das Dipolmoment $\wp = (1,86\cdot10^{-29}\,\hat{y})\ \text{C}\cdot\text{m}$.

L21.24 a) Wenn die elektrostatische Kraft zwischen zwei Protonen ebenso groß sein soll wie die Gravitationskraft zwischen ihnen, dann muss gelten

$$|F_{\text{el}}| = |F_{\text{G}}|.$$

Gemäß dem zweiten Newton'schen Axiom und dem Coulomb'schen Gesetz ist dies beim Abstand r gleichbedeutend mit

$$\frac{1}{4\pi\varepsilon_0}\frac{e^2}{r^2} = \frac{\Gamma m^2}{r^2}.$$

Daraus ergibt sich die Masse zu

$$m = e\sqrt{\frac{1}{4\pi\varepsilon_0}\frac{1}{\Gamma}}$$

$$= (1{,}6\cdot10^{-19}\,\text{C})\sqrt{\frac{8{,}99\cdot10^9\,\text{N}\cdot\text{m}^2\cdot\text{C}^{-2}}{6{,}67\cdot10^{-11}\,\text{N}\cdot\text{m}^2\cdot\text{kg}^{-2}}}$$

$$= 1{,}86\cdot10^{-9}\,\text{kg}.$$

b) Das tatsächliche Verhältnis der elektrostatischen Kraft zur Gravitationskraft ist

$$\frac{|\boldsymbol{F}_{\text{el}}|}{|\boldsymbol{F}_{\text{G}}|} = \frac{(4\pi\varepsilon_0)^{-1}e^2/r^2}{\Gamma m_{\text{P}}^2/r^2} = \frac{(4\pi\varepsilon_0)^{-1}e^2}{\Gamma m_{\text{P}}^2} =$$

$$= \frac{(8{,}99\cdot10^9\,\text{N}\cdot\text{m}^2\cdot\text{C}^{-2})\,(1{,}6\cdot10^{-19}\,\text{C})^2}{(6{,}67\cdot10^{-11}\,\text{N}\cdot\text{m}^2\cdot\text{kg}^{-2})\,(1{,}67\cdot10^{-27}\,\text{kg})^2}$$

$$= 1{,}24\cdot10^{36}.$$

L21.25 Die elektrostatische Kraft zwischen zwei Ladungen q_1 und q_2 im Abstand d voneinander ist gemäß dem Coulomb'schen Gesetz

$$F_{\text{el}} = \frac{1}{4\pi\varepsilon_0}\frac{q_1\,q_2}{d^2}.$$

Im vorliegenden Fall ist $q_1 + q_2 = q$, nämlich gleich der anfangs vorhandenen Ladung, die ja aufgeteilt wurde. Also ist

$$q_2 = q - q_1.$$

Das setzen wir ein und erhalten für die Kraft

$$F_{\text{el}} = \frac{1}{4\pi\varepsilon_0}\frac{q_1\,(q-q_1)}{d^2}.$$

Wir wollen wissen, für welche Ladungsverteilung die Kraft maximal ist. Also leiten wir nach q_1 ab:

$$\frac{\mathrm{d}F_{\text{el}}}{\mathrm{d}q_1} = \frac{1}{4\pi\varepsilon_0}\frac{1}{d^2}\frac{\mathrm{d}}{\mathrm{d}q_1}\left[q_1\,(q-q_1)\right]$$

$$= \frac{1}{4\pi\varepsilon_0}\frac{1}{d^2}\left[q_1\,(-1)+q-q_1\right].$$

Dies setzen wir null, um den Extremwert zu ermitteln. Das ergibt $q_1 = \frac{1}{2}q$ und daher $q_2 = q - q_1 = \frac{1}{2}q$.

Nun müssen wir uns noch vergewissern, dass die Kraft bei dieser Ladungsverteilung wirklich ein Maximum hat, d. h. dass die zweite Ableitung negativ ist. Diese lautet

$$\frac{\mathrm{d}^2F_{\text{el}}}{\mathrm{d}q_1^2} = \frac{1}{4\pi\varepsilon_0}\frac{1}{d^2}\frac{\mathrm{d}}{\mathrm{d}q_1}(q-2q_1) = \frac{1}{4\pi\varepsilon_0}\frac{1}{d^2}\,(-2).$$

Sie ist negativ, unabhängig von q_1. Also hat die elektrostatische Kraft bei der gleichmäßigen Aufteilung der Ladung ein Maximum.

L21.26 Wir bezeichnen den Anfangszustand mit dem Index 0 und den Endzustand mit dem Index 1 (siehe Abbildung). Die mit der Gravitation zusammenhängende potenzielle Energie der Kugel setzen wir im Endzustand, also unten, gleich null.

Die vom elektrischen Feld verrichtete Arbeit W_{el} ändert die Energie des Systems, das die Kugel und die Erde umfasst:

$$W_{\text{el}} = \Delta E_{\text{kin}} + \Delta E_{\text{pot}} = E_{\text{kin},1} - E_{\text{kin},0} + E_{\text{pot},1} - E_{\text{pot},0}.$$

Wegen $E_{\text{kin},0} = E_{\text{pot},1} = 0$ wird daraus

$$W_{\text{el}} = E_{\text{kin},1} - E_{\text{pot},0}.$$

Die vom elektrischen Feld verrichtete Arbeit W_{el} ist $qE_y h$, die kinetische Energie der Kugel beim Auftreffen ist $\frac{1}{2}m v_1^2$, und ihre potenzielle Energie am Anfang ist mgh. Mit dem gegebenen Ausdruck für die Geschwindigkeit v_1 erhalten wir also

$$qE_y h = \tfrac{1}{2}m v_1^2 - mgh = \tfrac{1}{2}m\,(2\sqrt{gh})^2 - mgh = mgh$$

sowie $m = qE_y/g$.

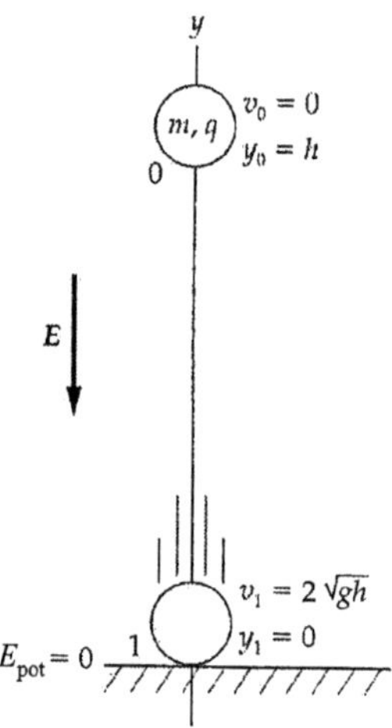

L21.27 a) Die beiden Ladungen q_1 und q_2 haben den Abstand $r_{1,2}$ voneinander. Dann ist gemäß dem Coulomb'schen Gesetz die elektrostatische Kraft zwischen ihnen

$$F_{\text{el}} = \frac{1}{4\pi\varepsilon_0}\frac{q_1\,q_2}{r_{1,2}^2}.$$

Die Gesamtladung bezeichnen wir mit q; dann ist $q_2 = q - q_1$, und für die Kraft ergibt sich

$$F_{\text{el}} = \frac{1}{4\pi\varepsilon_0}\frac{q_1\,(q-q_1)}{r_{1,2}^2}.$$

Einsetzen der Zahlenwerte liefert

$$120\,\text{N} = \frac{(8{,}99\cdot10^9\,\text{N}\cdot\text{m}^2\cdot\text{C}^{-2})\,[(200\,\mu\text{C})\,q_1 - q_1^2]}{(0{,}6\,\text{m})^2}.$$

Daraus erhalten wir die in q_1 quadratische Gleichung

$$q_1^2 + (-200\,\mu\text{C})\,q_1 + 4180\,(\mu\text{C})^2 = 0.$$

Sie hat die Lösungen

$$q_1 = 28{,}0\,\mu\text{C},\ \text{so dass}\ q_2 = 172\,\mu\text{C}\ \text{ist},$$

und

$$q_1' = 172\,\mu\text{C},\ \text{so dass}\ q_2' = 28{,}0\,\mu\text{C}\ \text{ist}.$$

b) Bei $q_1 = q_2 = 100\,\mu\text{C}$ ist gemäß der ersten Gleichung die elektrostatische Kraft zwischen den Kugeln

$$F_{\text{el}} = (8{,}99 \cdot 10^9\,\text{N}\cdot\text{m}^2\cdot\text{C}^{-2})\,\frac{(100\,\mu\text{C})^2}{(0{,}6\,\text{m})^2} = 25\,\text{N}.$$

L21.28 Wir legen den Ursprung des Koordinatensystems in die linke obere Ecke. Aus der Abbildung gehen auch die von uns gewählten Bezeichnungen für die Ladungen hervor.

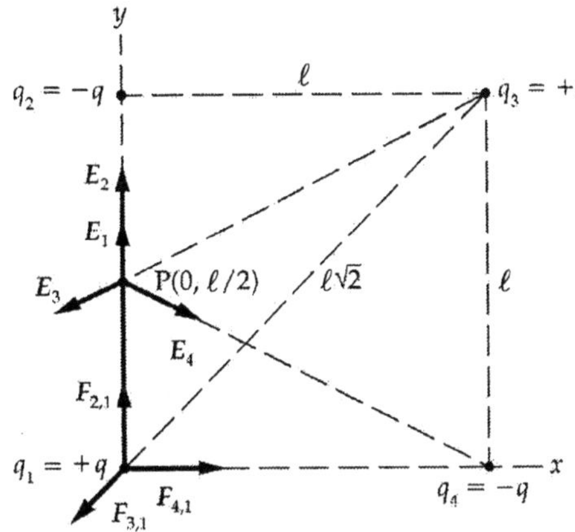

a) Die auf die Ladung q_1 einwirkende Kraft ergibt sich aus der Addition der Kräfte zwischen ihr und den anderen drei Ladungen: $\boldsymbol{F}_1 = \boldsymbol{F}_{2,1} + \boldsymbol{F}_{3,1} + \boldsymbol{F}_{4,1}$.

Zwischen q_1 und q_2 wirkt die Kraft

$$\boldsymbol{F}_{2,1} = \frac{1}{4\pi\varepsilon_0}\,\frac{q_2 q_1}{r_{2,1}^2}\,\widehat{\boldsymbol{r}}_{2,1} = \frac{1}{4\pi\varepsilon_0}\,\frac{q_2 q_1}{r_{2,1}^3}\,\boldsymbol{r}_{2,1}$$

$$= \frac{1}{4\pi\varepsilon_0}\,\frac{(-q)q}{\ell^3}\,(-\ell\widehat{\boldsymbol{y}}) = \frac{1}{4\pi\varepsilon_0}\,\frac{q^2}{\ell^2}\,\widehat{\boldsymbol{y}},$$

zwischen q_1 und q_3 die Kraft

$$\boldsymbol{F}_{3,1} = \frac{1}{4\pi\varepsilon_0}\,\frac{q_3 q_1}{r_{3,1}^2}\,\widehat{\boldsymbol{r}}_{3,1} = \frac{1}{4\pi\varepsilon_0}\,\frac{q_3 q_1}{r_{3,1}^3}\,\boldsymbol{r}_{3,1}$$

$$= \frac{1}{4\pi\varepsilon_0}\,\frac{q^2}{2^{3/2}\,\ell^3}\,(-\ell\widehat{\boldsymbol{x}} - \ell\widehat{\boldsymbol{y}}) = \frac{1}{4\pi\varepsilon_0}\,\frac{-q^2}{2^{3/2}\,\ell^2}\,(\widehat{\boldsymbol{x}} + \widehat{\boldsymbol{y}})$$

und zwischen q_1 und q_4 die Kraft

$$\boldsymbol{F}_{4,1} = \frac{1}{4\pi\varepsilon_0}\,\frac{q_4 q_1}{r_{4,1}^2}\,\widehat{\boldsymbol{r}}_{4,1} = \frac{1}{4\pi\varepsilon_0}\,\frac{q_4 q_1}{r_{4,1}^3}\,\boldsymbol{r}_{4,1}$$

$$= \frac{1}{4\pi\varepsilon_0}\,\frac{(-q)q}{\ell^3}\,(-\ell\widehat{\boldsymbol{x}}) = \frac{1}{4\pi\varepsilon_0}\,\frac{q^2}{\ell^2}\,\widehat{\boldsymbol{x}}.$$

Diese Ausdrücke setzen wir in die Gleichung für die auf q_1 einwirkende Kraft ein, wobei wir $(4\pi\varepsilon_0)^{-1}$ ausklammern:

$$\boldsymbol{F}_1 = \boldsymbol{F}_{2,1} + \boldsymbol{F}_{3,1} + \boldsymbol{F}_{4,1}$$

$$= \frac{1}{4\pi\varepsilon_0}\left[\frac{q^2}{\ell^2}\,\widehat{\boldsymbol{y}} - \frac{q^2}{2^{3/2}\,\ell^2}\,(\widehat{\boldsymbol{x}} + \widehat{\boldsymbol{y}}) + \frac{q^2}{\ell^2}\,\widehat{\boldsymbol{x}}\right]$$

$$= \frac{1}{4\pi\varepsilon_0}\left[\frac{q^2}{\ell^2}\,(\widehat{\boldsymbol{x}} + \widehat{\boldsymbol{y}}) - \frac{q^2}{2^{3/2}\,\ell^2}\,(\widehat{\boldsymbol{x}} + \widehat{\boldsymbol{y}})\right]$$

$$= \frac{1}{4\pi\varepsilon_0}\,\frac{q^2}{\ell^2}\left(1 - \frac{1}{2\sqrt{2}}\right)(\widehat{\boldsymbol{x}} + \widehat{\boldsymbol{y}}).$$

b) Das elektrische Feld im Punkt P, also in der Mitte der linken Quadratseite, ergibt sich aus der Überlagerung der Felder aller vier Ladungen: $\boldsymbol{E}_{\text{P}} = \boldsymbol{E}_1 + \boldsymbol{E}_2 + \boldsymbol{E}_3 + \boldsymbol{E}_4$.

Das im Punkt P von der Ladung q_1 hervorgerufene Feld ist

$$\boldsymbol{E}_1 = \frac{1}{4\pi\varepsilon_0}\,\frac{q_1}{r_{1,\text{P}}^2}\,\widehat{\boldsymbol{r}}_{1,\text{P}} = \frac{1}{4\pi\varepsilon_0}\,\frac{q}{r_{1,\text{P}}^3}\left(\frac{\ell}{2}\,\widehat{\boldsymbol{y}}\right)$$

$$= \frac{1}{4\pi\varepsilon_0}\,\frac{q}{(\ell/2)^3}\left(\frac{\ell}{2}\,\widehat{\boldsymbol{y}}\right) = \frac{1}{4\pi\varepsilon_0}\,\frac{4q}{\ell^2}\,\widehat{\boldsymbol{y}},$$

das von der Ladung q_2 hervorgerufene Feld ist

$$\boldsymbol{E}_2 = \frac{1}{4\pi\varepsilon_0}\,\frac{q_2}{r_{2,\text{P}}^2}\,\widehat{\boldsymbol{r}}_{2,\text{P}} = \frac{1}{4\pi\varepsilon_0}\,\frac{-q}{r_{2,\text{P}}^3}\left(\frac{\ell}{2}\,\widehat{\boldsymbol{y}}\right)$$

$$= \frac{1}{4\pi\varepsilon_0}\,\frac{-q}{(\ell/2)^3}\left(\frac{-\ell}{2}\,\widehat{\boldsymbol{y}}\right) = \frac{1}{4\pi\varepsilon_0}\,\frac{4q}{\ell^2}\,\widehat{\boldsymbol{y}},$$

das von der Ladung q_3 hervorgerufene Feld ist

$$\boldsymbol{E}_3 = \frac{1}{4\pi\varepsilon_0}\,\frac{q_3}{r_{3,\text{P}}^2}\,\widehat{\boldsymbol{r}}_{3,\text{P}} = \frac{1}{4\pi\varepsilon_0}\,\frac{q}{r_{3,\text{P}}^3}\left(-\ell\widehat{\boldsymbol{x}} - \frac{\ell}{2}\,\widehat{\boldsymbol{y}}\right)$$

$$= \frac{1}{4\pi\varepsilon_0}\,\frac{8q}{5^{3/2}\,\ell^2}\left(-\widehat{\boldsymbol{x}} - \frac{1}{2}\,\widehat{\boldsymbol{y}}\right),$$

und das von der Ladung q_4 hervorgerufene Feld ist

$$\boldsymbol{E}_4 = \frac{1}{4\pi\varepsilon_0}\,\frac{q_4}{r_{4,\text{P}}^2}\,\widehat{\boldsymbol{r}}_{4,\text{P}} = \frac{1}{4\pi\varepsilon_0}\,\frac{-q}{r_{4,\text{P}}^3}\left(\ell\widehat{\boldsymbol{x}} - \frac{\ell}{2}\,\widehat{\boldsymbol{y}}\right)$$

$$= \frac{1}{4\pi\varepsilon_0}\,\frac{8q}{5^{3/2}\,\ell^2}\left(\widehat{\boldsymbol{x}} - \frac{1}{2}\,\widehat{\boldsymbol{y}}\right).$$

Diese Ausdrücke setzen wir in die Gleichung für das Feld im Punkt P ein, wobei wir $(4\pi\varepsilon_0)^{-1}\,q/\ell^2$ ausklammern:

$$\boldsymbol{E}_{\text{P}} = \boldsymbol{E}_1 + \boldsymbol{E}_2 + \boldsymbol{E}_3 + \boldsymbol{E}_4$$

$$= \frac{1}{4\pi\varepsilon_0}\,\frac{q}{\ell^2}$$

$$\cdot \left[4\widehat{\boldsymbol{y}} + 4\widehat{\boldsymbol{y}} + \frac{8}{5^{3/2}}\left(-\widehat{\boldsymbol{x}} - \frac{1}{2}\,\widehat{\boldsymbol{y}}\right) + \frac{8}{5^{3/2}}\left(\widehat{\boldsymbol{x}} - \frac{1}{2}\,\widehat{\boldsymbol{y}}\right)\right]$$

$$= \frac{1}{4\pi\varepsilon_0}\,\frac{8q}{\ell^2}\left(1 - \frac{\sqrt{5}}{25}\right)\widehat{\boldsymbol{y}}.$$

L21.29 Die Kräfte, die die Teilchen aufeinander ausüben, bilden ein Aktions-Reaktions-Paar. Die Beträge ihrer Ladungen und ihre Massen sind jeweils gleich, so dass die Beträge ihrer Geschwindigkeiten ebenfalls gleich sein müssen. Es genügt also, nur eines der Teilchen zu betrachten. Wir wenden das zweite Newton'sche Axiom und das Coulomb'sche Gesetz für Punktladungen auf das Positron an und erhalten

$$\frac{1}{4\pi\varepsilon_0}\,\frac{e^2}{r^2} = m\,\frac{v^2}{r/2} \quad \text{und daher} \quad \frac{1}{4\pi\varepsilon_0}\,\frac{e^2}{r} = 2mv^2.$$

Daraus folgt $\quad v = \sqrt{\dfrac{1}{4\pi\varepsilon_0}\,\dfrac{e^2}{2mr}}\,.$

L21.30 a) Die bewegliche Masse m mit der Ladung q_0 befindet sich in einer Höhe y_0 im Gleichgewicht, wenn die elektrostatische Kraft und die Gewichtskraft einander aufheben:

$$\frac{1}{4\pi\varepsilon_0}\,\frac{q_0 q}{y_0^2} - mg = 0.$$

Daraus folgt $y_0 = \sqrt{\dfrac{1}{4\pi\varepsilon_0}\dfrac{q_0 q}{mg}}$.

b) Bei der Auslenkung um die Strecke Δy aus der Gleichgewichtslage wirkt die elektrostatische Rückstellkraft

$$F_{\mathrm{R}} = \frac{1}{4\pi\varepsilon_0}\left(\frac{q_0 q}{(y_0+\Delta y)^2} - \frac{q_0 q}{y_0^2}\right)$$

$$\approx \frac{1}{4\pi\varepsilon_0}\left(\frac{q_0 q}{y_0^2 + 2 y_0\Delta y} - \frac{q_0 q}{y_0^2}\right).$$

Dabei gilt die Näherung für eine kleine Auslenkung, also für $\Delta y \ll y_0$. Wir bringen die beiden Brüche auf einen Nenner und vereinfachen, wobei wir bei der letzten Umformung noch einmal dieselbe Näherung verwenden:

$$F_{\mathrm{R}} \approx -\frac{1}{4\pi\varepsilon_0}\frac{2 y_0\Delta y\, q_0 q}{y_0^4 + 2 y_0^3\Delta y}$$

$$= -\frac{1}{4\pi\varepsilon_0}\frac{2 y_0\Delta y\, q_0 q}{y_0^4(1+2\Delta y/y_0)} \approx -\frac{1}{4\pi\varepsilon_0}\frac{2\Delta y\, q_0 q}{y_0^3}.$$

Gemäß der obigen Gleichgewichtsbedingung für die Kräfte gilt

$$\frac{1}{4\pi\varepsilon_0}\frac{q_0 q}{y_0^2} = mg.$$

Das setzen wir in die vorige Gleichung ein:

$$F_{\mathrm{R}} \approx -\frac{2mg}{y_0}\Delta y.$$

Gemäß dem zweiten Newton'schen Axiom ist die Kraft gleich dem Produkt aus Masse und Beschleunigung, so dass wir erhalten

$$m\frac{\mathrm{d}^2\Delta y}{\mathrm{d}t^2} \approx -\frac{2mg}{y_0}\Delta y \quad\text{sowie}\quad \frac{\mathrm{d}^2\Delta y}{\mathrm{d}t^2} - \frac{2g}{y_0}\Delta y \approx 0.$$

Dies entspricht näherungsweise der Differenzialgleichung für eine einfache harmonische Schwingung mit der Kreisfrequenz $\omega = (2g/y_0)^{1/2}$.

L21.31 Auf die sich nach unten bewegende Mikrokugel mit der Nettoladung ne wirken die elektrostatische Kraft F_{el} sowie die Gewichtskraft mg und die Widerstandskraft F_{W} in der Luft (siehe Abbildung). Das elektrische Feld ist nach unten gerichtet.

a) und b) Gemäß dem zweiten Newton'schen Axiom $\sum F_y = m a_y$ gilt $F_{\mathrm{el}} - mg - F_{\mathrm{W}} = m a_y$.

Wenn die Kugel ihre Endgeschwindigkeit v_{E} erreicht hat, ist die Beschleunigung in vertikaler Richtung null, und wir erhalten mit der nun vorliegenden Widerstandskraft $F_{\mathrm{W,E}}$ die Beziehung

$$F_{\mathrm{el}} - mg - F_{\mathrm{W,E}} = 0.$$

Mit der Nettoladung q bzw. der Anzahl n der überschüssigen Elektronen auf der Kugel ist die elektrische Kraft, die auf sie wirkt: $qE = neE$. Die Masse der Kugel ist das Produkt aus Volumen und Dichte: $V\rho = \frac{4}{3}\pi r^3\rho$. Mit der Endgeschwindigkeit v_{E} und dem gegebenen Ausdruck für die Widerstandskraft erhalten wir aus der vorigen Beziehung für die Kräfte

$$neE - \tfrac{4}{3}\pi r^3\rho g - 6\pi\eta\, r\, v_{\mathrm{E}} = 0.$$

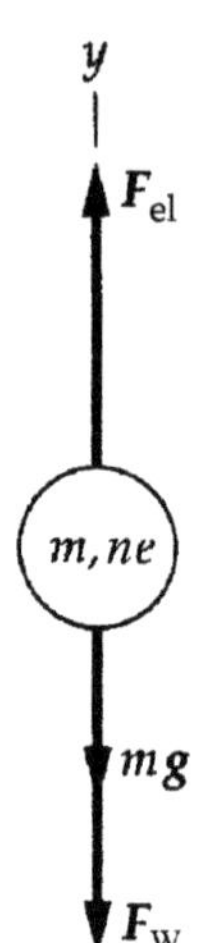

Damit ist die Anzahl der überschüssigen Elektronen auf der Mikrokugel

$$n = \frac{\frac{4}{3}\pi r^3\rho g + 6\pi\eta\, r\, v_{\mathrm{E}}}{eE}.$$

Aus Gründen der Übersichtlichkeit berechnen wir zunächst die beiden Summanden im Zähler. Der Radius und die Dichte der Kugel sind gegeben, und wir erhalten für die Gewichtskraft

$$\begin{aligned}
\tfrac{4}{3}\pi r^3\rho g &= \tfrac{4}{3}\pi\,(5{,}5\cdot 10^{-7}\,\mathrm{m})^3 \\
&\quad \cdot (1{,}05\cdot 10^{3}\,\mathrm{kg\cdot m^{-3}})\,(9{,}81\,\mathrm{m\cdot s^{-2}}) \\
&= 7{,}18\cdot 10^{-15}\,\mathrm{N}.
\end{aligned}$$

Die Viskosität der Luft und die Endgeschwindigkeit sind gegeben. Damit ergibt sich die Widerstands- bzw. Reibungskraft zu

$$\begin{aligned}
6\pi\eta\, r\, v_{\mathrm{E}} &= 6\pi\,(1{,}8\cdot 10^{-5}\,\mathrm{Pa\cdot s}) \\
&\quad \cdot (5{,}5\cdot 10^{-7}\,\mathrm{m})\,(1{,}16\cdot 10^{-4}\,\mathrm{m\cdot s^{-1}}) \\
&= 2{,}16\cdot 10^{-14}\,\mathrm{N}.
\end{aligned}$$

Einsetzen der Werte beider Kräfte in die vorige Gleichung liefert die Anzahl der überschüssigen Elektronen auf der Mikrokugel:

$$n = \frac{7{,}18\cdot 10^{-15}\,\mathrm{N} + 2{,}16\cdot 10^{-14}\,\mathrm{N}}{(1{,}6\cdot 10^{-19}\,\mathrm{C})\,(6\cdot 10^{-4}\,\mathrm{V\cdot m^{-1}})} = 3.$$

c) Wenn das elektrische Feld nach oben zeigt, dann wirkt die elektrostatische Kraft nach unten. Wir gehen genauso vor wie in Teilaufgabe a und erhalten diesmal $F_{\mathrm{W,E}} - F_{\mathrm{el}} - mg = 0$ und daher

$$6\pi\eta\, r\, v_{\mathrm{E}} - neE - \tfrac{4}{3}\pi r^3\rho g = 0.$$

Daraus folgt für die Endgeschwindigkeit

$$v_{\mathrm{E}} = \frac{neE + \tfrac{4}{3}\pi r^3\rho g}{6\pi\eta\, r}.$$

Einsetzen der Werte, ähnlich wie in Teilaufgabe a, ergibt

$$v_{\mathrm{E}} = 1{,}93\cdot 10^{-4}\,\mathrm{m\cdot s^{-1}}.$$

L21.32 Auf die sich nach oben bewegende Mikrokugel mit der Nettoladung ne wirken – wenn das elektrische Feld nach unten gerichtet ist – nach oben die elektrostatische Kraft F_{el} sowie nach unten die Gewichtskraft mg und die Widerstandskraft F_{W} in der Luft (siehe die Abbildung zur vorigen Lösung 21.31).

a) Gemäß dem zweiten Newton'schen Axiom $\sum F_y = ma_y$ gilt bei der Bewegung der Kugel nach oben (Index u für *up*):

$$F_{\mathrm{el}} - mg - F_{\mathrm{W,u}} = ma_y .$$

Wenn die Kugel ihre Endgeschwindigkeit v_{u} erreicht hat, ist die Beschleunigung in vertikaler Richtung null, und wir erhalten mit der nun vorliegenden Widerstandskraft $F_{\mathrm{W,E,u}}$ die Beziehung

$$F_{\mathrm{el}} - mg - F_{\mathrm{W,E,u}} = 0 .$$

Mit der Nettoladung q bzw. der Anzahl n der überschüssigen Elektronen auf der Kugel ist die elektrische Kraft, die auf sie wirkt: $qE = neE$. Mit der Masse m der Kugel und der Endgeschwindigkeit v_{u} sowie mit dem in der vorigen Aufgabe gegebenen Ausdruck für die Widerstandskraft ergibt sich

$$neE - mg - 6\pi\eta r v_{\mathrm{u}} = 0 .$$

Daraus folgt für die Endgeschwindigkeit nach oben

$$v_{\mathrm{u}} = \frac{neE - mg}{6\pi\eta r} . \tag{1}$$

Wenn das elektrische Feld nach oben zeigt, dann wirkt die elektrostatische Kraft nach unten, und für die Kräfte auf die Kugel gilt bei der Bewegung nach unten (Index d für *down*):

$$F_{\mathrm{W,E,d}} - F_{\mathrm{el}} - mg = 0$$

und daher $6\pi\eta r v_{\mathrm{d}} - neE - mg = 0$.

Damit ist die Endgeschwindigkeit nach unten

$$v_{\mathrm{d}} = \frac{neE + mg}{6\pi\eta r} . \tag{2}$$

Mit den Gleichungen 1 und 2 erhalten wir

$$v = v_{\mathrm{u}} + v_{\mathrm{d}} = \frac{neE - mg}{6\pi\eta r} + \frac{neE + mg}{6\pi\eta r}$$

$$= \frac{neE}{3\pi\eta r} = \frac{qE}{3\pi\eta r} .$$

Das Messen beider Geschwindigkeiten hat den Vorteil, dass die Masse der Kugel nicht bekannt sein muss.

b) Wenn sich die Ladung der Kugel um eine Elementarladung ändert, so ändert sich die Geschwindigkeit nach oben ebenso stark wie die nach unten, und wir brauchen nur eine Richtung zu betrachten, z. B. die nach oben. Mit n überschüssigen Elektronen (also mit der Ladung ne) ist gemäß Gleichung 1 die Endgeschwindigkeit der Kugel

$$v_n = \frac{neE - mg}{6\pi\eta r} ,$$

und mit $n+1$ Elektronen ist sie

$$v_{n+1} = \frac{(n+1)eE - mg}{6\pi\eta r} .$$

Für die Differenz ergibt sich

$$\Delta v = v_{n+1} - v_n$$

$$= \frac{1}{6\pi\eta r} \left[(n+1)eE - mg - (neE - mg) \right]$$

$$= \frac{eE}{6\pi\eta r}$$

$$= \frac{(1{,}6 \cdot 10^{-19}\ \mathrm{C})\,(6 \cdot 10^{-4}\ \mathrm{V \cdot m^{-1}})}{6\pi\,(1{,}8 \cdot 10^{-5}\ \mathrm{Pa \cdot s})\,(5{,}5 \cdot 10^{-7}\ \mathrm{m})}$$

$$= 5{,}15 \cdot 10^{-5}\ \mathrm{m \cdot s^{-1}} .$$

Das elektrische Feld II: Kontinuierliche Ladungsverteilungen

- Berechnung von E aus dem Coulomb'schen Gesetz
- Gauß'sches Gesetz
- Kugelsymmetrie
- Zylindersymmetrie

A: Aufgaben
- Ladung und Feld an Leiteroberflächen

Verständnisaufgaben

A22.1 •• Welche Information ist zusätzlich zur Angabe der Gesamtladung innerhalb einer Oberfläche notwendig, um mit dem Gauß'schen Gesetz das elektrische Feld zu ermitteln?

A22.2 •• Erläutern Sie, warum das elektrische Feld proportional zu r zunimmt, anstatt proportional zu $1/r^2$ abzunehmen, wenn man sich innerhalb einer kugelförmigen Ladungsverteilung mit konstanter Raumladungsdichte vom Mittelpunkt weg bewegt.

A22.3 • Eine Punktladung $-q$ befindet sich im Mittelpunkt einer leitenden Kugelschale mit dem inneren Radius r_1 und dem äußeren Radius r_2 (siehe Abbildung). Ist die Ladung auf der *inneren* Oberfläche der Schale a) $+q$, b) null, c) $-q$, d) unabhängig von der Gesamtladung auf der Schale?

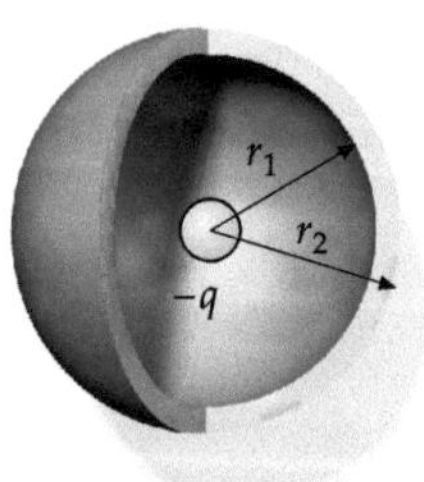

A22.4 • Ist bei der Konfiguration in der vorigen Aufgabe die Ladung auf der *äußeren* Oberfläche der Schale a) $+q$, b) null, c) $-q$, d) abhängig von der Gesamtladung auf der Schale?

A22.5 •• Wenn der Gesamtfluss durch eine geschlossene Oberfläche null ist, folgt dann daraus, dass das elektrische Feld E überall auf der Oberfläche gleich null ist? Folgt daraus auch, dass die Gesamtladung innerhalb der Oberfläche gleich null ist?

Schätzungs- und Näherungsaufgabe

A22.6 •• In Luft kann ein elektrisches Feld maximal etwa den Betrag $3 \cdot 10^6$ N/C haben, ohne dass eine elektrische Entladung erfolgt. Schätzen Sie die Gesamtladung einer Gewitterwolke ab. Treffen Sie dazu Annahmen, die Ihnen angemessen erscheinen.

- **Berechnung von E aus dem Coulomb'schen Gesetz**

A22.7 • Eine homogene Linienladung mit der linearen Ladungsdichte $\lambda = 3{,}5$ nC/m erstreckt sich von $x = 0$ bis $x = 5$ m. a) Wie groß ist die Gesamtladung? Berechnen Sie das elektrische Feld auf der x-Achse bei b) $x = 6$ m, c) $x = 9$ m und d) $x = 250$ m. e) Ermitteln Sie das Feld bei $x = 250$ m, indem Sie die Näherung anwenden, dass die Ladung eine Punktladung im Koordinatenursprung ist, und vergleichen Sie Ihr Ergebnis mit dem der exakten Berechnung in Teilaufgabe d.

A22.8 • Eine Scheibe vom Radius a mit einer homogenen Oberflächenladungsdichte σ befindet sich in der y-z-Ebene. Ihre Achse liegt längs der x-Achse. Ermitteln Sie den Wert von x, bei dem $E = \frac{1}{2}\,\sigma/(2\varepsilon_0)$ ist.

A22.9 •• Zeigen Sie, dass E auf der Achse einer Ringladung vom Radius a seinen Maximal- und seinen Minimalwert bei $x = +a/\sqrt{2}$ bzw. $x = -a/\sqrt{2}$ aufweist. Skizzieren Sie E in Abhängigkeit von x für positive und für negative x-Werte.

A22.10 •• Eine Linienladung mit einer homogenen linearen Ladungsdichte λ liegt längs der x-Achse von $x = x_1$ bis $x = x_2$, wobei $x_1 < x_2$ ist. Zeigen Sie, dass die x-Komponente des elektrischen Felds auf einem Punkt der y-Achse durch

$$E_x = \frac{1}{4\pi\varepsilon_0} \frac{\lambda}{y} \left(\cos\theta_2 - \cos\theta_1 \right)$$

gegeben ist, mit $\theta_1 = \mathrm{atan}\,(x_1/y)$ und $\theta_2 = \mathrm{atan}\,(x_2/y)$.

A22.11 •• Ein Ring vom Radius r_R besitzt eine Ladungsverteilung $\lambda(\theta) = \lambda_0 \sin\theta$, wie es in der Abbildung gezeigt ist. a) In welche Richtung zeigt das elektrische Feld im Ringmittelpunkt? b) Welchen Betrag hat das Feld im Ringmittelpunkt?

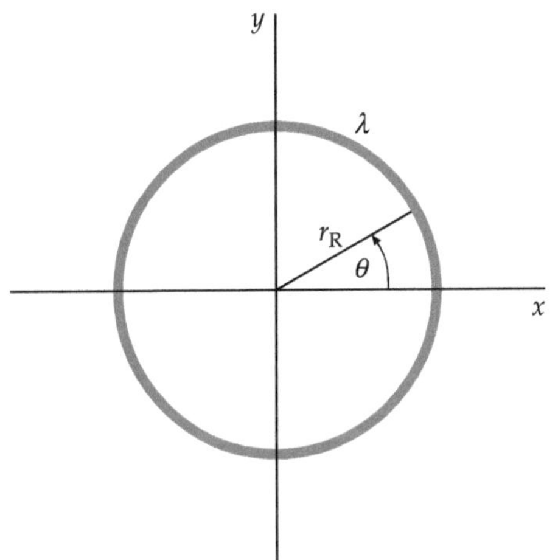

• Gauß'sches Gesetz

A22.12 • Betrachtet wird ein homogenes elektrisches Feld $\boldsymbol{E} = (2\,\hat{\boldsymbol{x}})$ kN/C. a) Wie groß ist der Fluss dieses Felds durch ein Quadrat der Seitenlänge 10 cm in einer Ebene parallel zur y-z-Ebene? b) Wie groß ist der Fluss durch dasselbe Quadrat, wenn die Normale seiner Ebene mit der x-Achse einen Winkel von 30° einschließt?

A22.13 • Da das Newton'sche Gravitationsgesetz und das Coulomb'sche Gesetz dieselbe Abstandsabhängigkeit von der Form eines $(1/r^2)$-Gesetzes aufweisen, kann in Analogie zum Gauß'schen Gesetz für den elektrischen Fluss auch ein Ausdruck für den Fluss des Gravitationsfelds gefunden werden. Das Gravitationsfeld $\boldsymbol{G}$ ist für eine felderzeugende Masse m im Ursprung des Koordinatensystems durch

$$\boldsymbol{G} = -\Gamma \frac{m}{r^2} \hat{\boldsymbol{r}}$$

gegeben. Ermitteln Sie den Fluss des Gravitationsfelds durch eine Kugeloberfläche mit dem Radius r_K und dem Mittelpunkt im Koordinatenursprung. Zeigen Sie, dass – in Analogie zum

Gauß'schen Gesetz für den elektrischen Fluss – bei der Gravitation gilt: $\Phi_{\mathrm{grav}} = -4\pi\Gamma m_{\mathrm{innen}}$.

A22.14 •• In einem bestimmten Gebiet der Erdatmosphäre wurde das elektrische Feld oberhalb der Erdoberfläche mit folgenden Ergebnissen gemessen: 150 N/C in 250 m Höhe und 170 N/C in 400 m Höhe. In beiden Fällen ist das elektrische Feld nach unten, zur Erde hin, gerichtet. Berechnen Sie die Raumladungsdichte der Atmosphäre unter der Annahme, dass sie zwischen 250 m und 400 m homogen ist. (Die Erdkrümmung kann vernachlässigt werden. Warum?)

• Kugelsymmetrie

A22.15 • Eine Kugelschale vom Radius $r_{K,1}$ trägt eine Gesamtladung q_1, die gleichmäßig auf ihrer Oberfläche verteilt ist. Eine zweite, größere Kugelschale mit dem Radius $r_{K,2}$, die konzentrisch zur ersten liegt, trägt eine Ladung q_2, die ebenfalls gleichmäßig auf ihrer Oberfläche verteilt ist. a) Verwenden Sie das Gauß'sche Gesetz, um das elektrische Feld in den Bereichen $r < r_{K,1}$ und $r_{K,1} < r < r_{K,2}$ sowie $r > r_{K,2}$ zu bestimmen. b) Wie müssen das Verhältnis der Ladungen q_1/q_2 und deren Vorzeichen gewählt werden, damit das elektrische Feld für $r > r_{K,2}$ gleich null ist? c) Skizzieren Sie die elektrischen Feldlinien für die Situation von Teilaufgabe b, wenn q_1 positiv ist.

A22.16 •• Eine nicht leitende Kugel mit dem Radius r_K trägt eine Raumladungsdichte, die proportional zum Abstand vom Mittelpunkt ist: $\rho = A\,r$ für $r \leq r_K$. Darin ist A eine Konstante. Für $r > r_K$ ist $\rho = 0$. a) Bestimmen Sie die Gesamtladung auf der Kugel, indem Sie die Ladungen auf Kugelschalen der Dicke $\mathrm{d}r$ und des Volumens $4\pi r^2\,\mathrm{d}r$ aufsummieren. b) Bestimmen Sie das elektrische Feld E innerhalb und außerhalb der Ladungsverteilung und skizzieren Sie E in Abhängigkeit von r.

A22.17 •• Wiederholen Sie Aufgabe 16 für eine Kugel mit den Raumladungsdichten $\rho = B/r$ für $r < r_K$ und $\rho = 0$ für $r > r_K$.

• Zylindersymmetrie

A22.18 •• Zeigen Sie, dass das elektrische Feld einer unendlich langen, homogen geladenen zylindrischen Schale mit dem Radius r_Z und der Oberflächenladungsdichte σ gegeben ist durch

$$E = 0 \qquad \text{für} \quad r_\perp < r_Z,$$
$$E = \frac{\sigma\,r_Z}{\varepsilon_0\,r_\perp} = \frac{\lambda}{2\pi\varepsilon_0\,r_\perp} \qquad \text{für} \quad r_\perp > r_Z.$$

Darin ist $\lambda = 2\pi r_Z\sigma$ die lineare Ladungsdichte (Ladung pro Länge) auf der Zylinderschale.

A22.19 •• Ein unendlich langer, nicht leitender Zylinder mit dem Radius r_Z trägt eine homogene Raumladungsdichte $\rho(r) = \rho_0$. Zeigen Sie, dass das elektrische Feld gegeben ist durch

$$E = \frac{\rho}{2\varepsilon_0}\,r_\perp = \frac{\lambda\,r_\perp}{2\pi\,\varepsilon_0\,r_Z^2} \qquad \text{für} \quad r_\perp < r_Z,$$

$$E = \frac{\rho\,r_Z^2}{2\,\varepsilon_0\,r_\perp} = \frac{\lambda}{2\pi\varepsilon_0\,r_\perp} \qquad \text{für} \quad r_\perp > r_Z.$$

Darin ist $\lambda = \pi\,r_Z^2\,\rho$ die lineare Ladungsdichte (Ladung pro Länge).

A22.20 ●● Die Abbildung zeigt einen Abschnitt eines unendlich langen konzentrischen Kabels. Der innere Leiter trägt pro Meter Länge eine Ladung von 6 nC, der äußere Leiter ist ungeladen. a) Bestimmen Sie das elektrische Feld für alle Werte von r, wobei r der Abstand von der Achse des Zylindersystems ist. b) Wie groß sind die Flächenladungsdichten auf der inneren und auf der äußeren Oberfläche des äußeren Leiters?

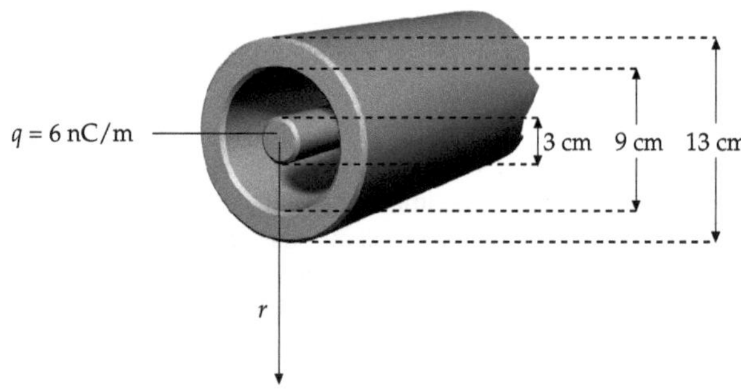

● Ladung und Feld an Leiteroberflächen

A22.21 ● Ein Kupferpfennig befindet sich in einem äußeren Feld der Stärke 1,6 kN/C, das senkrecht auf seinen Kreisflächen steht. a) Ermitteln Sie die Ladungsdichte auf jeder Kreisfläche des Kupferpfennigs unter der Annahme, dass diese Flächen Ebenen sind. b) Bestimmen Sie die Gesamtladung auf einer Kreisfläche, wenn der Radius des Pfennigs 1 cm beträgt.

A22.22 ●● Für das nach unten gerichtete elektrische Feld unmittelbar oberhalb der Erdoberfläche wurden 150 N/C gemessen. Welcher Gesamtladung auf der Erde entspricht dieser Messwert?

A22.23 ●● Wenn ein elektrisches Feld in Luft den Betrag $3 \cdot 10^6$ N/C überschreitet, dann wird die Luft ionisiert und elektrisch leitend. Dieses Phänomen wird als dielektrischer Durchschlag (oder dielektrische Entladung) bezeichnet. Eine Ladung von 18 μC wird auf eine leitende Kugel gebracht. Wie groß ist der minimale Radius einer Kugel, die diese Ladung gerade noch aufnehmen kann, ohne dass eine Entladung erfolgt?

Allgemeine Aufgaben

A22.24 ●● Betrachtet werden drei konzentrische Metallkugeln, wie in der Abbildung dargestellt.

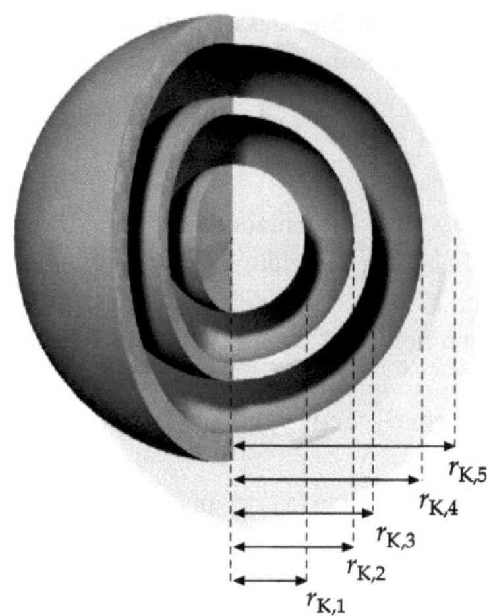

Kugel 1 ist eine Vollkugel mit einem Radius $r_{K,1}$, Kugel 2 ist eine Hohlkugel mit einem inneren Radius $r_{K,2}$ und einem äußeren Radius $r_{K,3}$, und Kugel 3 ist eine Hohlkugel mit einem inneren Radius $r_{K,4}$ und einem äußeren Radius $r_{K,5}$. Zu Beginn sind alle drei Kugeln ungeladen. Dann wird eine negative Ladung $-q_0$ auf die Kugel 1 und eine positive Ladung $+q_0$ auf die Kugel 3 gebracht. a) Zeigt im elektrostatischen Gleichgewicht das elektrische Feld im Raum zwischen den Kugeln 1 und 2 zum Mittelpunkt hin, weg davon oder keines von beiden? b) Wie groß ist die Ladung auf der inneren Oberfläche von Kugel 2? Geben Sie das Vorzeichen dieser Ladung an. c) Wie groß ist die Ladung auf der äußeren Oberfläche von Kugel 2? d) Wie groß ist die Ladung auf der inneren Oberfläche von Kugel 3? e) Wie groß ist die Ladung auf der äußeren Oberfläche von Kugel 3? f) Skizzieren Sie E in Abhängigkeit von r.

A22.25 ●● Eine dünne, nicht leitende, homogen geladene Kugelschale vom Radius r (siehe Abbildung a) trägt eine Gesamtladung q. Ein kleiner kreisförmiger Stöpsel wird aus der Kugelschale entfernt. a) Wie groß ist der Betrag, und wie ist die Richtung des elektrischen Felds im Zentrum des Lochs? b) Der Stöpsel wird wieder in das Loch eingesetzt (siehe Abbildung b). Verwenden Sie das Ergebnis von Teilaufgabe a, um die Kraft auf den Stöpsel zu berechnen. c) Berechnen Sie damit den elektrostatischen Druck, also die elektrostatische Kraft pro Flächeneinheit, die versucht, die Kugel auszudehnen.

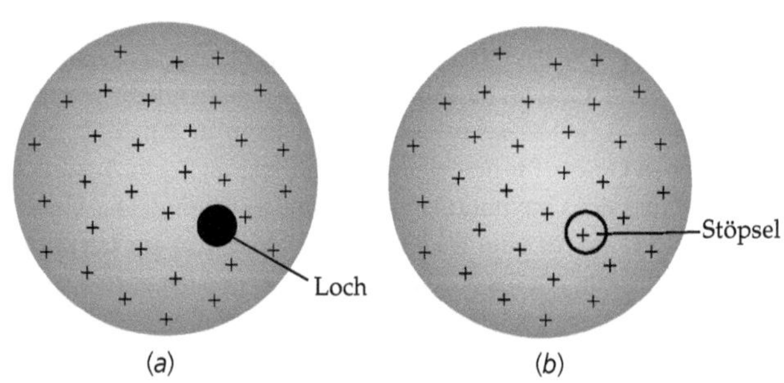

A22.26 ●● Eine unendlich ausgedehnte x-z-Ebene trägt die homogene Flächenladungsdichte $\sigma_1 = 65$ nC/m^2. Eine zweite unendlich ausgedehnte Ebene mit der homogenen Ladungsdichte

$\sigma_2 = 45\ \mathrm{nC/m^2}$ schneidet die x-z-Ebene in der z-Achse und schließt mit der x-z-Ebene einen Winkel von $30°$ ein, wie es in der Abbildung zu sehen ist. Bestimmen Sie das elektrische Feld in der x-y-Ebene bei a) $x = 6$ m, $y = 2$ m und b) $x = 6$ m, $y = 5$ m.

A22.27 •• Eine quantenmechanische Betrachtung des Wasserstoffatoms zeigt, dass das Elektron im Atom als eine verschmierte Ladungsverteilung betrachtet werden kann, die der Beziehung $\rho(r) = \rho_0\, e^{-2r/a}$ gehorcht. Darin ist r der Abstand vom Kern und $a = 0{,}0529$ nm der erste Bohr'sche Radius. a) Berechnen Sie ρ_0 unter der Annahme, dass das Atom ungeladen ist. b) Berechnen Sie das elektrische Feld in einem beliebigen Abstand r vom Kern. Betrachten Sie das Proton als Punktladung.

A22.28 •• Ein Ring vom Radius r_R trägt eine homogene positive lineare Ladungsdichte λ. Die Abbildung zeigt einen Punkt in der Ringebene, aber nicht im Mittelpunkt des Rings.

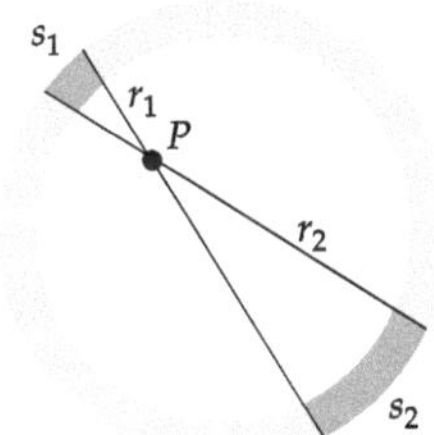

Betrachten Sie die zwei Ringelemente mit den Längen s_1 und s_2 bei den Abständen r_1 und r_2 vom Punkt P. a) Wie groß ist das Verhältnis der Ladungen auf diesen Elementen? Welches von beiden erzeugt das stärkere Feld im Punkt P? b) Wie sind im Punkt P die Richtungen der Felder von den einzelnen Elementen? In welche Richtung zeigt das gesamte elektrische Feld im Punkt P? c) Angenommen, das von einer Punktladung erzeugte elektrische Feld veränderte sich proportional zu $1/r$ und nicht proportional zu $1/r^2$. Wie sähe dann das durch die beiden Ringelemente erzeugte elektrische Feld im Punkt P aus? d) Wie würden sich die Ergebnisse der Teilaufgaben a, b und c verändern, wenn der Punkt P innerhalb einer Kugelschale mit homogener Ladung läge und die Elemente s_1 und s_2 Flächenelemente der Kugelschale wären?

A22.29 •• Eine unendlich ausgedehnte Ladung mit der linearen Ladungsdichte λ befindet sich längs der z-Achse. Ein Teilchen der Masse m trägt eine Ladung q mit einem der Ladungsdichte λ entgegengesetzten Vorzeichen und bewegt sich auf einer Kreisbahn in der x-y-Ebene um die Linienladung. Stellen Sie einen Ausdruck für die Kreisfrequenz in Abhängigkeit von m, q, r und λ auf, wobei r der Bahnradius ist.

A22.30 •• Ein Ring vom Radius r_R liegt in der y-z-Ebene und trägt eine positive Ladung q, die gleichmäßig über seine Länge verteilt ist. Ein Teilchen mit einer Masse m und einer negativen Ladung q_0 befindet sich im Mittelpunkt des Rings. a) Zeigen Sie, dass das elektrische Feld längs der Ringachse proportional zu x ist, wenn $x \ll r_R$ ist. b) Bestimmen Sie die Kraft auf das Teilchen der Masse m als Funktion von x. c) Zeigen Sie, dass das Teilchen nach einer kleinen Auslenkung in x-Richtung eine harmonische Schwingung ausführt. Berechnen Sie die Schwingungsperiode.

A22.31 •• Eine homogen geladene, nicht leitende Kugel mit dem Radius a und dem Mittelpunkt im Koordinatenursprung hat eine Raumladungsdichte ρ. a) Zeigen Sie, dass in einem Punkt innerhalb der Kugel im Abstand r vom Mittelpunkt das elektrische Feld gegeben ist durch

$$E = \frac{\rho}{3\,\varepsilon_0}\, r\,\hat{r}.$$

b) Jetzt wird Material aus der Kugel entfernt, so dass ein kugelförmiger Hohlraum mit dem Radius $b = a/2$ und dem Mittelpunkt bei $x = b$ auf der x-Achse entsteht (siehe Abbildung). Berechnen Sie das elektrische Feld in den Punkten 1 und 2, die in der Abbildung eingezeichnet sind. (*Hinweis:* Ersetzen Sie die Kugel mit Hohlraum durch zwei homogene Kugeln mit gleich großer positiver bzw. negativer Ladungsdichte.)

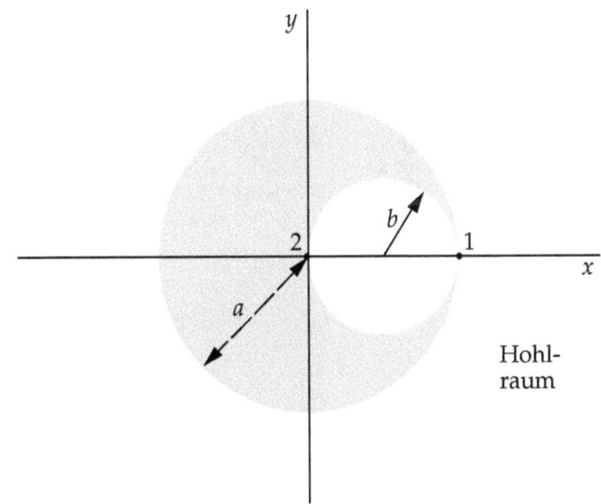

A22.32 ••• Zeigen Sie, dass das elektrische Feld im Hohlraum von Aufgabe 31 homogen ist und durch

$$E = \frac{\rho\, b}{3\,\varepsilon_0}\, \hat{x}$$

beschrieben wird.

A22.33 ••• Eine *kleine* Gauß'sche Oberfläche in Gestalt eines Würfels mit Flächen, die parallel zur x-y-, zur x-z- bzw. zur y-z-Ebene liegen (siehe Abbildung), befindet sich in einem Raumbereich, in dem das elektrische Feld parallel zur x-Achse ausgerichtet ist. Zeigen Sie mit Hilfe einer Taylor-Reihe (unter Vernachlässigung aller Terme ab zweiter Ordnung), dass der Gesamtfluss des elektrischen Felds aus der Gauß'schen Oberfläche durch

$$\Phi_{\text{el}} = \frac{\partial E_x}{\partial x} \, \Delta V$$

gegeben ist, wobei ΔV das von der Gauß'schen Oberfläche eingeschlossene Volumen ist.

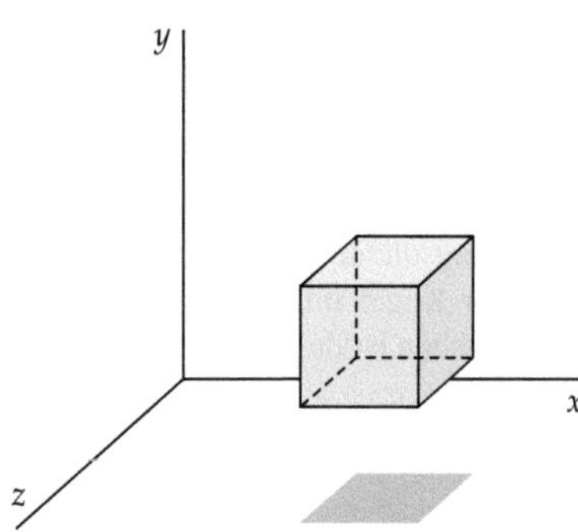

Anmerkung: Das entsprechende Ergebnis für Fälle, in denen die möglichen Richtungen des elektrischen Felds nicht auf eine Dimension beschränkt sind, lautet

$$\Phi_{\text{el}} = \left(\frac{\partial E_x}{\partial x} + \frac{\partial E_y}{\partial y} + \frac{\partial E_z}{\partial z} \right) \Delta V,$$

worin die Summe der partiellen Ableitungen in der runden Klammer – wie in der Vektoranalysis üblich – zu $\boldsymbol{\nabla} \cdot \boldsymbol{E}$ zusammengefasst und als *Divergenz des Vektorfelds* $\boldsymbol{E}$ bezeichnet wird. Das Symbol $\boldsymbol{\nabla}$ (genannt Nabla) ist der Vektoroperator

$$\boldsymbol{\nabla} = \frac{\partial}{\partial x} \widehat{\boldsymbol{x}} + \frac{\partial}{\partial y} \widehat{\boldsymbol{y}} + \frac{\partial}{\partial z} \widehat{\boldsymbol{z}}.$$

A22.34 •• Zeigen Sie mit Hilfe des Gauß'schen Gesetzes und der Ergebnisse von Aufgabe 33, dass $\boldsymbol{\nabla} \cdot \boldsymbol{E} = \rho/\varepsilon_0$ gilt, worin ρ die Raumladungsdichte ist. (Diese Gleichung ist die differenzielle Form des Gauß'schen Gesetzes: Die *Divergenz* des elektrischen Felds – gleich *Vektorflussdichte* oder Vektorfluss pro Volumen des Raumelements – wird durch die Ladungsdichte im Inneren des Raumelements bestimmt.)

A22.35 •• Betrachtet wird ein einfaches, aber überraschend zutreffendes Modell für ein Wasserstoffmolekül: Zwei positive Punktladungen mit jeweils einer Ladung $+e$ befinden sich innerhalb einer Kugel vom Radius r, die eine in ihrem Volumen homogen verteilte Ladung $-2e$ aufweist. Die zwei Punktladungen sind symmetrisch zum Mittelpunkt der Kugel angeordnet (siehe Abbildung). Bestimmen Sie ihren Abstand a vom Kugelmittelpunkt, bei dem die resultierende Kraft auf jede der beiden Ladungen gleich null ist.

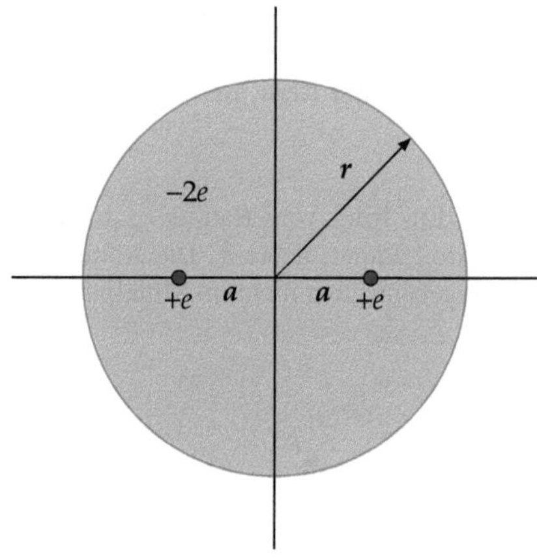

Das elektrische Feld II: Kontinuierliche Ladungsverteilungen

22L

L: Lösungen

L22.1 Gemäß dem Gauß'schen Gesetz ist der Nettofluss durch eine Oberfläche $\Phi_{\mathrm{el}} = \oint_A E_{\mathrm{n}} \, dA = q_{\mathrm{innen}}/\varepsilon_0$. Diese Beziehung ist nur anwendbar, wenn das betrachtete System eine gewisse Symmetrie aufweist.

L22.2 Gemäß dem Gauß'schen Gesetz gilt für das elektrische Feld innerhalb einer kugelförmigen Ladungsverteilung:

$$E = \frac{q_{\mathrm{innen}}/\varepsilon_0}{A} \, .$$

Darin ist A die Oberfläche, die der Fluss durchsetzt, also hier die Kugeloberfläche $A = 4\pi r^2$. Mit der Volumenladungsdichte ρ erhalten wir $q_{\mathrm{innen}} = V\rho = \frac{4}{3}\pi r^3 \rho$ und damit für das Feld

$$E = \frac{\frac{4}{3}\pi r^3 \rho/\varepsilon_0}{4\pi r^2} = \frac{\rho/\varepsilon_0}{3} \, r \, .$$

Somit ist E hier proportional zu r.

L22.3 Die negative Punktladung $-q$ im Mittelpunkt der leitenden Kugel induziert eine positive Ladung $+q$ an der inneren Oberfläche der Kugelschale. Also ist Antwort a richtig.

L22.4 Die negative Punktladung $-q$ im Mittelpunkt der leitenden Kugel induziert eine positive Ladung $+q$ an der inneren Oberfläche der Kugelschale. Weil die gesamte Ladung der Kugel nicht null sein muss, ist Antwort d richtig.

L22.5 Nein. Das elektrische Feld an einer geschlossenen Oberfläche hängt gemäß dem Gauß'schen Gesetz mit dem Nettofluss durch diese Fläche zusammen über

$$\Phi_{\mathrm{el}} = \oint_A E_{\mathrm{n}} \, dA = q_{\mathrm{innen}}/\varepsilon_0 \, .$$

Daher kann der Fluss null sein, ohne dass das Feld überall null sein muss. Aber wenn der Fluss durch eine geschlossene Oberfläche null ist, muss gemäß dem Gauß'schen Gesetz die Nettoladung innerhalb der Oberfläche null sein.

L22.6 Wir nehmen vereinfachend an, dass die Ladung der Gewitterwolke jeweils in einer dünnen Schicht an der Ober- und der Unterseite gleichmäßig verteilt ist. Die jeweilige Fläche sei

$A = 1\,\mathrm{km}^2$. Mit der Flächenladungsdichte σ ist die Ladung dann $q = \sigma A$, und für das Feld unmittelbar außerhalb der Gewitterwolke gilt $E = \sigma/\varepsilon_0$. Daraus folgt $\sigma = \varepsilon_0 E$, und wir erhalten für die Ladung

$$
\begin{aligned}
q &= \sigma A = \varepsilon_0 E A \\
&= (8{,}85 \cdot 10^{-12}\,\mathrm{C}^2 \cdot \mathrm{N}^{-1} \cdot \mathrm{m}^{-2})(3 \cdot 10^6\,\mathrm{N} \cdot \mathrm{C}^{-1})(1\,\mathrm{km}^2) \\
&= 26{,}6\,\mathrm{C} \, .
\end{aligned}
$$

Anmerkung: Dieses Ergebnis entspricht recht gut der Ladungsmenge von rund 30 C, die bei einem Blitzschlag durchschnittlich übertragen wird.

L22.7 a) Die Gesamtladung ist das Produkt aus der linearen Ladungsdichte und der Länge:

$$q = \lambda\,\ell = (3{,}5\,\mathrm{nC} \cdot \mathrm{m}^{-1})(5\,\mathrm{m}) = 17{,}5\,\mathrm{nC} \, .$$

b) Das elektrische Feld einer endlich langen Linienladung auf der x-Achse mit der Ladung q und der Länge ℓ (beginnend bei $x = 0$) ist bei x_0 gegeben durch

$$E_{x_0} = \frac{1}{4\pi\varepsilon_0} \, \frac{q}{x_0\,(x_0 - \ell)} \, .$$

Bei $x = 6\,\mathrm{m}$ ist das Feld

$$
\begin{aligned}
E_{6\,\mathrm{m}} &= (8{,}99 \cdot 10^9\,\mathrm{N} \cdot \mathrm{m}^2 \cdot \mathrm{C}^{-2})\,\frac{17{,}5\,\mathrm{nC}}{(6\,\mathrm{m})(6\,\mathrm{m} - 5\,\mathrm{m})} \\
&= 26{,}2\,\mathrm{N} \cdot \mathrm{C}^{-1} \, .
\end{aligned}
$$

c) Bei $x = 9\,\mathrm{m}$ ist das Feld

$$
\begin{aligned}
E_{9\,\mathrm{m}} &= (8{,}99 \cdot 10^9\,\mathrm{N} \cdot \mathrm{m}^2 \cdot \mathrm{C}^{-2})\,\frac{17{,}5\,\mathrm{nC}}{(9\,\mathrm{m})(9\,\mathrm{m} - 5\,\mathrm{m})} \\
&= 4{,}37\,\mathrm{N} \cdot \mathrm{C}^{-1} \, .
\end{aligned}
$$

c) Bei $x = 250\,\mathrm{m}$ ist das Feld

$$
\begin{aligned}
E_{250\,\mathrm{m}} &= (8{,}99 \cdot 10^9\,\mathrm{N} \cdot \mathrm{m}^2 \cdot \mathrm{C}^{-2})\,\frac{17{,}5\,\mathrm{nC}}{(250\,\mathrm{m})(250\,\mathrm{m} - 5\,\mathrm{m})} \\
&= 2{,}57\,\mathrm{mN} \cdot \mathrm{C}^{-1} \, .
\end{aligned}
$$

e) Das elektrische Feld einer Punktladung ist im Abstand x von ihr gegeben durch

$$E_{\mathrm{P},x} = \frac{1}{4\pi\varepsilon_0} \, \frac{q}{x^2} \, .$$

Für $x = 250$ m ergibt es sich zu

$$E_{\mathrm{P},250\,\mathrm{m}} = (8{,}99 \cdot 10^9\ \mathrm{N \cdot m^2 \cdot C^{-2}}) \frac{17{,}5\ \mathrm{nC}}{(250\ \mathrm{m})^2}$$

$$= 2{,}52\ \mathrm{mN \cdot C^{-1}}.$$

Dieses Ergebnis weicht vom exakten Wert für die Linienladung nur um ungefähr 2 % ab.

L22.8 Das elektrische Feld im axialen Abstand x von einer Ladung auf einer Kreisscheibe mit dem Radius a und der Flächenladungsdichte σ ist gegeben durch

$$E_x = \frac{\sigma}{2\,\varepsilon_0} \left(1 - \frac{x}{\sqrt{x^2 + a^2}} \right).$$

Dies setzen wir, wie gefordert, gleich $\frac{1}{2}\,\sigma/(2\,\varepsilon_0)$ und erhalten

$$\frac{\sigma}{4\,\varepsilon_0} = \frac{\sigma}{2\,\varepsilon_0} \left(1 - \frac{x}{\sqrt{x^2 + a^2}} \right)$$

sowie daraus $\dfrac{1}{2} = 1 - \dfrac{x}{\sqrt{x^2 + a^2}}$.

Dies ergibt $x = \pm a/\sqrt{3}$.

L22.9 Das elektrische Feld im axialen Abstand x von einer Ringladung q mit dem Radius a ist gegeben durch

$$E_x = \frac{1}{4\pi\varepsilon_0} \frac{q\,x}{(x^2 + a^2)^{3/2}}.$$

Wir leiten nach x ab:

$$\frac{\mathrm{d}E_x}{\mathrm{d}x} = \frac{1}{4\pi\varepsilon_0}\, q\, \frac{\mathrm{d}}{\mathrm{d}x} \frac{x}{(x^2 + a^2)^{3/2}}$$

$$= \frac{1}{4\pi\varepsilon_0}\, q\, \frac{(x^2 + a^2)^{3/2} - x\,\dfrac{\mathrm{d}}{\mathrm{d}x}(x^2 + a^2)^{3/2}}{(x^2 + a^2)^3}$$

$$= \frac{1}{4\pi\varepsilon_0}\, q\, \frac{(x^2 + a^2)^{3/2} - x\,(\frac{3}{2})\,(x^2 + a^2)^{1/2}\,(2x)}{(x^2 + a^2)^3}$$

$$= \frac{1}{4\pi\varepsilon_0}\, q\, \frac{(x^2 + a^2)^{3/2} - 3x^2\,(x^2 + a^2)^{1/2}}{(x^2 + a^2)^3}.$$

Bei den Extremwerten ist die Ableitung gleich null. Wir vergewissern uns, dass der Nenner nicht null sein kann, und setzen den Zähler gleich null:

$$(x^2 + a^2)^{3/2} - 3x^2\,(x^2 + a^2)^{1/2} = 0.$$

Dies ergibt $x^2 + a^2 - 3x^2 = 0$ und damit $x = \pm a/\sqrt{2}$.

In der Abbildung in der nächsten Spalte ist $(4\pi\varepsilon_0)^{-1}\,q/a^2$ gegen x aufgetragen. Das Minimum von E_x liegt bei $-a/\sqrt{2}$ und das Maximum bei $+a/\sqrt{2}$.

L22.10 Die Abbildung in der nächsten Spalte zeigt die Linienladung und den Punkt $(0,y)$ sowie das Linienelement $\mathrm{d}x$ und das von diesem im angegebenen Punkt erzeugte Feld $\mathrm{d}E$.

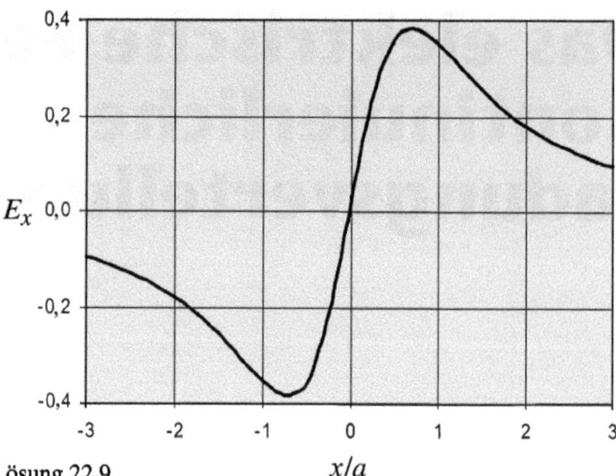

Zu Lösung 22.9

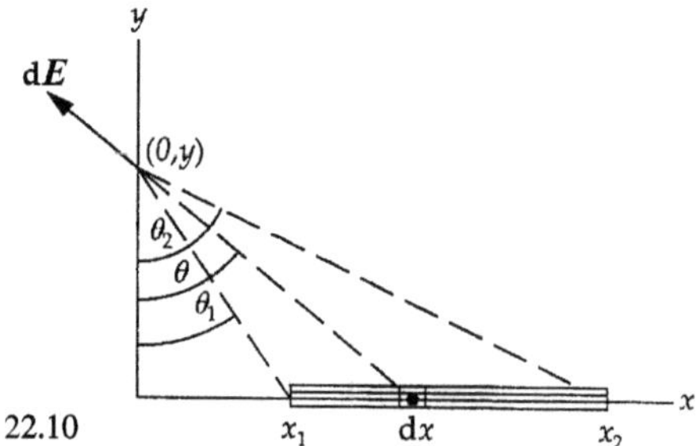

Zu Lösung 22.10

Mit der linearen Ladungsdichte λ ist die x-Komponente von $\mathrm{d}E$ gegeben durch

$$\mathrm{d}E_x = -\frac{1}{4\pi\varepsilon_0} \frac{\lambda}{x^2 + y^2}\,(\sin\theta)\,\mathrm{d}x$$

$$= -\frac{1}{4\pi\varepsilon_0} \frac{\lambda}{x^2 + y^2} \frac{x}{\sqrt{x^2 + y^2}}\,\mathrm{d}x$$

$$= -\frac{1}{4\pi\varepsilon_0} \frac{\lambda\,x}{(x^2 + y^2)^{3/2}}\,\mathrm{d}x.$$

Wir integrieren von $x = x_1$ bis $x = x_2$:

$$E_x = -\frac{1}{4\pi\varepsilon_0}\,\lambda \int_{x_1}^{x_2} \frac{x}{(x^2 + y^2)^{3/2}}\,\mathrm{d}x$$

$$= -\frac{1}{4\pi\varepsilon_0}\,\lambda \left[-\frac{1}{\sqrt{x^2 + y^2}} \right]_{x_1}^{x_2}$$

$$= -\frac{1}{4\pi\varepsilon_0}\,\lambda \left(-\frac{1}{\sqrt{x_2^2 + y^2}} + \frac{1}{\sqrt{x_1^2 + y^2}} \right)$$

$$= -\frac{1}{4\pi\varepsilon_0} \frac{\lambda}{y} \left(-\frac{y}{\sqrt{x_2^2 + y^2}} + \frac{y}{\sqrt{x_1^2 + y^2}} \right).$$

Der Abbildung können wir entnehmen, dass gemäß dem Satz des Pythagoras gilt:

$$\cos\theta_2 = \frac{y}{\sqrt{x_2^2 + y^2}}, \quad \text{also} \quad \theta_2 = \operatorname{atan} \frac{x_2}{y}$$

und entsprechend

$$\cos\theta_1 = \frac{y}{\sqrt{x_1^2 + y^2}}, \quad \text{also} \quad \theta_1 = \operatorname{atan} \frac{x_1}{y}.$$

Einsetzen ergibt schließlich

$$E_x = -\frac{1}{4\pi\varepsilon_0}\frac{\lambda}{y}\left(-\cos\theta_2 + \cos\theta_1\right)$$
$$= \frac{1}{4\pi\varepsilon_0}\frac{\lambda}{y}\left(\cos\theta_2 - \cos\theta_1\right).$$

L22.11 Die Abbildung zeigt ein Ringelement bzw. ein Segment des Rings mit der Länge ds und der Ladung d$q = \lambda$ ds.

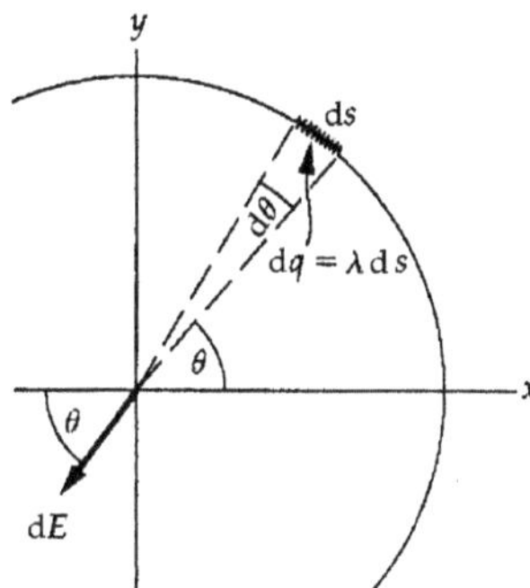

a) und b) Wir ermitteln zuerst den Betrag des Felds. Das von der Ladung dq des Ringelements erzeugte Feldelement im Mittelpunkt des Rings ist

$$\mathrm{d}\boldsymbol{E} = \mathrm{d}\boldsymbol{E}_x + \mathrm{d}\boldsymbol{E}_y = -\mathrm{d}E\,(\cos\theta)\,\widehat{\boldsymbol{x}} - \mathrm{d}E\,(\sin\theta)\,\widehat{\boldsymbol{y}}. \qquad (1)$$

Das Feldelement im Mittelpunkt hat den Betrag

$$\mathrm{d}E = \frac{1}{4\pi\varepsilon_0}\frac{\mathrm{d}q}{r^2}.$$

Gegeben ist die Beziehung $\lambda(\theta) = \lambda_0 \sin\theta$. Damit sowie mit d$q = \lambda$ ds und d$s = r$ dθ erhalten wir

$$\mathrm{d}E = \frac{1}{4\pi\varepsilon_0}\frac{\lambda\,\mathrm{d}s}{r^2} = \frac{1}{4\pi\varepsilon_0}\frac{\lambda_0\,(\sin\theta)\,\mathrm{d}s}{r^2}$$
$$= \frac{1}{4\pi\varepsilon_0}\frac{\lambda_0\,(\sin\theta)\,r\,\mathrm{d}\theta}{r^2} = \frac{1}{4\pi\varepsilon_0}\frac{\lambda_0\,(\sin\theta)\,\mathrm{d}\theta}{r}.$$

Dies setzen wir in Gleichung 1 ein:

$$\mathrm{d}\boldsymbol{E} = \frac{1}{4\pi\varepsilon_0}\frac{\lambda_0}{r}\left[-(\sin\theta\cos\theta)\,\mathrm{d}\theta\,\widehat{\boldsymbol{x}} - (\sin^2\theta)\,\mathrm{d}\theta\,\widehat{\boldsymbol{y}}\right].$$

Nun integrieren wir von 0 bis 2π:

$$\boldsymbol{E} = \frac{1}{4\pi\varepsilon_0}\frac{\lambda_0}{r}\left[-\frac{1}{2}\int_0^{2\pi}\sin(2\theta)\,\mathrm{d}\theta\,\widehat{\boldsymbol{x}} - \int_0^{2\pi}(\sin^2\theta)\,\mathrm{d}\theta\,\widehat{\boldsymbol{y}}\right]$$
$$= 0 - \frac{1}{4\pi\varepsilon_0}\frac{\pi\lambda_0}{r}\,\widehat{\boldsymbol{y}} = -\frac{1}{4\pi\varepsilon_0}\frac{\pi\lambda_0}{r}\,\widehat{\boldsymbol{y}}.$$

Das Feld hat im Mittelpunkt die negative y-Richtung und den Betrag $\lambda_0/(4\,\varepsilon_0\,r)$.

L22.12 a) Der elektrische Fluss ist $\Phi_{\mathrm{el}} = \oint_A \boldsymbol{E}\cdot\widehat{\boldsymbol{n}}\,\mathrm{d}A$. Damit erhalten wir

$$\Phi_{\mathrm{el}} = \oint_A (2\,\mathrm{kN}\cdot\mathrm{C}^{-1})\,\widehat{\boldsymbol{x}}\cdot\widehat{\boldsymbol{x}}\,\mathrm{d}A$$
$$= (2\,\mathrm{kN}\cdot\mathrm{C}^{-1})\oint_A \mathrm{d}A = (2\,\mathrm{kN}\cdot\mathrm{C}^{-1})\,(0{,}1\,\mathrm{m})^2$$
$$= 20{,}0\,\mathrm{N}\cdot\mathrm{m}^2\cdot\mathrm{C}^{-1}.$$

b) Mit $\widehat{\boldsymbol{x}}\cdot\widehat{\boldsymbol{n}} = \cos 30°$ ergibt sich auf dieselbe Weise wie in Teilaufgabe a

$$\Phi_{\mathrm{el}} = \oint_A (2\,\mathrm{kN}\cdot\mathrm{C}^{-1})\,(\cos 30°)\,\mathrm{d}A$$
$$= (2\,\mathrm{kN}\cdot\mathrm{C}^{-1})\,(\cos 30°)\oint_A \mathrm{d}A$$
$$= (2\,\mathrm{kN}\cdot\mathrm{C}^{-1})\,(0{,}1\,\mathrm{m})^2\cos 30° = 17{,}3\,\mathrm{N}\cdot\mathrm{m}^2\cdot\mathrm{C}^{-1}.$$

L22.13 Mit dem Gravitationsfeld $\boldsymbol{G} = -(\Gamma m/r^2)\,\widehat{\boldsymbol{r}}$ erhalten wir für den Fluss des Gravitationsfelds

$$\Phi_{\mathrm{grav}} = \oint_A \boldsymbol{G}\cdot\widehat{\boldsymbol{n}}\,\mathrm{d}A = \oint_A -\frac{\Gamma m_{\mathrm{innen}}}{r^2}\,\widehat{\boldsymbol{r}}\cdot\widehat{\boldsymbol{n}}\,\mathrm{d}A$$
$$= -\frac{\Gamma m_{\mathrm{innen}}}{r^2}\oint_A \mathrm{d}A = -\frac{\Gamma m_{\mathrm{innen}}}{r^2}\,(4\pi r^2)$$
$$= -4\pi\Gamma m_{\mathrm{innen}}.$$

L22.14 Das als säulenförmig angenommene Teilvolumen V der Erdatmosphäre hat die Grundfläche A und die Höhe $\Delta h = 400\,\mathrm{m} - 250\,\mathrm{m} = 150\,\mathrm{m}$. Wir bezeichnen die Feldstärke jeweils mit einem Index, der die Höhe angibt, und wählen als positive Richtung die nach oben. Dann ist gemäß dem Gauß'schen Gesetz die Ladung im betrachteten Volumen

$$q = -(E_{400}A - E_{250}A)\,\varepsilon_0 = (E_{250}A - E_{400}A)\,\varepsilon_0$$

Die Raumladungsdichte ist definiert als $\rho = q/V$. Mit $V = A\,\Delta h$ ergibt sie sich zu

$$\rho = \frac{q}{V} = \frac{(E_{250}A - E_{400}A)\,\varepsilon_0}{A\,\Delta h} = \frac{(E_{250} - E_{400})\,\varepsilon_0}{\Delta h}$$
$$= \frac{[(150 - 170)\,\mathrm{N}\cdot\mathrm{C}^{-1}]\,(8{,}85\cdot 10^{-12}\,\mathrm{C}^2\cdot\mathrm{N}^{-1}\cdot\mathrm{m}^{-2})}{150\,\mathrm{m}}$$
$$= 1{,}18\cdot 10^{-12}\,\mathrm{C}\cdot\mathrm{m}^{-3}.$$

Wir können die Erdkrümmung vernachlässigen, weil die maximale Höhe von 400 m nur ca. 0,006 % des Erdradius ausmacht.

L22.15 a) Gemäß dem Gauß'schen Gesetz gilt für das Feld $\oint_A E_{\mathrm{n}}\,\mathrm{d}A = q_{\mathrm{innen}}/\varepsilon_0$.
Im Bereich $r < r_{\mathrm{K},1}$ ist die Ladung null, und für das Feld ergibt sich

$$E_{r<r_{\mathrm{K},1}} = \frac{q_{\mathrm{innen}}}{\varepsilon_0 A} = 0.$$

Entsprechend erhalten wir für den Bereich $r_{\mathrm{K},1} < r < r_{\mathrm{K},2}$

$$E_{r_{\mathrm{K},1}<r<r_{\mathrm{K},2}} = \frac{q_1}{\varepsilon_0\,(4\pi r^2)} = \frac{1}{4\pi\varepsilon_0}\frac{q_1}{r^2}$$

und für den Bereich $r > r_{\mathrm{K},2}$ schließlich

$$E_{r>r_{\mathrm{K},2}} = \frac{q_1 + q_2}{\varepsilon_0\,(4\pi r^2)} = \frac{1}{4\pi\varepsilon_0}\frac{q_1 + q_2}{r^2}.$$

b) Wir setzen $E_{r>r_{\mathrm{K},2}} = 0$ und erhalten daraus $q_1 + q_2 = 0$ sowie $q_1/q_2 = -1$.

c) Die Abbildung auf der nächsten Seite zeigt das elektrische Feld für die Situation von Teilaufgabe b, wobei q_1 positiv ist.

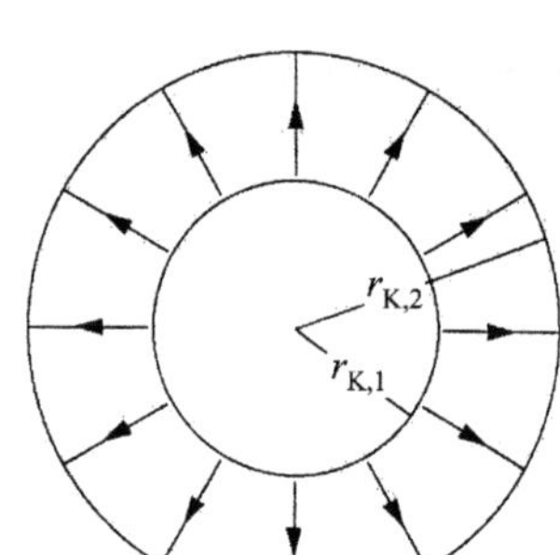

Zu Lösung 22.15

L22.16 a) Eine Kugelschale mit der Dicke dr und dem Radius r hat das Volumen $4\pi r^2\, dr$. Mit der gegebenen Beziehung $\rho = A\, r$ für die Raumladungsdichte ist die Ladung der Kugelschale

$$dq = 4\pi r^2 \rho\, dr = 4\pi r^2 (A\, r)\, dr = 4\pi A\, r^3\, dr.$$

Die Gesamtladung ergibt sich durch Integration von 0 bis r_K:

$$q = 4\pi A \int_0^{r_K} r^3\, dr = \left[\pi A\, r^4\right]_0^{r_K} = \pi A\, r_K^4.$$

b) Gemäß dem Gauß'schen Gesetz gilt für eine Kugelschale, die den Radius $r > r_K$ hat und konzentrisch mit der nicht leitenden Kugel ist:

$$\oint_A E_r\, dA = q_{innen}/\varepsilon_0 \quad \text{und daher} \quad 4\pi r^2 E_r = q_{innen}/\varepsilon_0.$$

Damit ergibt sich für das Feld $\quad E_{r>r_K} = \dfrac{1}{4\pi\varepsilon_0}\dfrac{q_{innen}}{r^2}.$

Wir setzen nun den in Teilaufgabe a ermittelten Ausdruck $\pi A\, r_K^4$ für die Ladung q_{innen} ein und erhalten

$$E_{r>r_K} = \frac{1}{4\pi\varepsilon_0}\frac{\pi A\, r_K^4}{r^2} = \frac{A\, r_K^4}{4\varepsilon_0 r^2}.$$

Bei $r < r_K$ ist $q_{innen} = \pi A\, r^4$, und wir erhalten für das Feld

$$E_{r>r_K} = \frac{1}{4\pi\varepsilon_0}\frac{q_{innen}}{r^2} = \frac{1}{4\pi\varepsilon_0}\frac{\pi A\, r^4}{r^2} = \frac{A\, r^2}{4\varepsilon_0}.$$

In der Abbildung ist E_r in Vielfachen von $A/(4\varepsilon_0)$ gegen r/r_K aufgetragen.

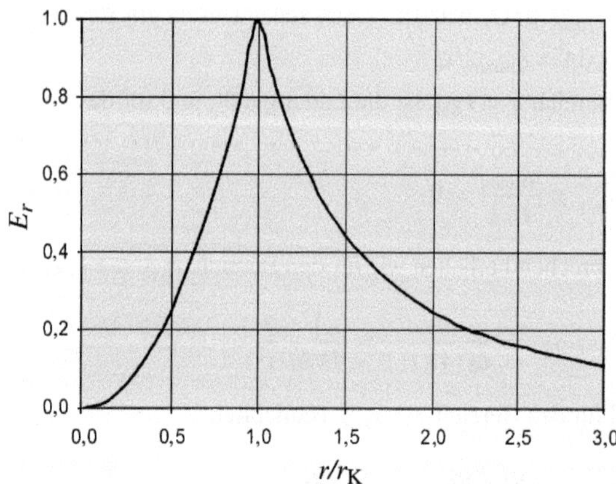

Anmerkung: Für $r = r_K$ stimmen die Ergebnisse der Teilaufgaben a und b miteinander überein.

L22.17 a) Eine Kugelschale mit der Dicke dr und dem Radius r hat das Volumen $4\pi r^2\, dr$. Mit der gegebenen Beziehung $\rho =$

B/r für die Raumladungsdichte bei $r > r_K$ ist die Ladung der Kugelschale

$$dq = 4\pi r^2 \rho\, dr = 4\pi r^2\, (B/r)\, dr = 4\pi B\, r\, dr.$$

Die Gesamtladung ergibt sich durch Integration von 0 bis r_K:

$$q = 4\pi B \int_0^{r_K} r\, dr = \left[2\pi B\, r^2\right]_0^{r_K} = 2\pi B\, r_K^2.$$

b) Gemäß dem Gauß'schen Gesetz gilt für eine Kugelschale, die den Radius $r > r_K$ hat und konzentrisch mit der nicht leitenden Kugel ist:

$$\oint_A E_r\, dA = q_{innen}/\varepsilon_0 \quad \text{und daher} \quad 4\pi r^2 E_r = q_{innen}/\varepsilon_0.$$

Wie setzen nun den eben ermittelten Ausdruck $2\pi B\, r_K^2$ für die Ladung q_{innen} ein und erhalten für das Feld

$$E_{r>r_K} = \frac{1}{4\pi\varepsilon_0}\frac{q_{innen}}{r^2} = \frac{1}{4\pi\varepsilon_0}\frac{2\pi B\, r_K^2}{r^2} = \frac{B\, r_K^2}{2\varepsilon_0 r^2}.$$

Bei $r < r_K$ ist $q_{innen} = 2\pi B\, r^2$, und wir erhalten für das Feld

$$E_{r>r_K} = \frac{1}{4\pi\varepsilon_0}\frac{q_{innen}}{r^2} = \frac{1}{4\pi\varepsilon_0}\frac{2\pi B\, r^2}{r^2} = \frac{B}{2\varepsilon_0}.$$

In der Abbildung ist E_r in Vielfachen von $B/(2\varepsilon_0)$ gegen r/r_K aufgetragen.

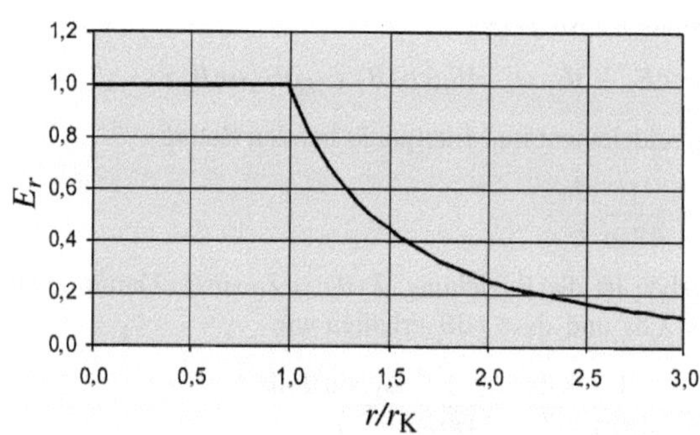

Anmerkung: Für $r = r_K$ stimmen die Ergebnisse der Teilaufgaben a und b miteinander überein.

L22.18 Gemäß dem Gauß'schen Gesetz gilt für das Feld
$$\oint_A E_n\, dA = q_{innen}/\varepsilon_0.$$

Aus Symmetriegründen muss das Feld in tangentialer Richtung verschwinden. Ferner können wir die Randbereiche außer Acht lassen, weil sie von keinem Fluss durchsetzt werden. Für das Feld bei der zylindrischen Oberfläche, die den Radius $r_\perp$ und die Länge ℓ hat und konzentrisch zur unendlich langen Zylinderschale mit homogener Ladungsverteilung angeordnet ist, erhalten wir also

$$2\pi r_\perp \ell E_n = q_{innen}/\varepsilon_0 \quad \text{und daraus} \quad E_n = \frac{q_{innen}}{2\pi\varepsilon_0 r_\perp \ell}.$$

Bei $r_\perp < r_Z$ ist $q_{innen} = 0$, und das Feld ist $E_{n,r_\perp < r_Z} = 0$.

Bei $r_\perp > r_Z$ ist $q_{innen} = \lambda\,\ell$, und mit $\lambda = 2\pi r_Z\,\sigma$ ergibt sich

$$E_{n,r_\perp > r_Z} = \frac{\lambda\,\ell}{2\pi\varepsilon_0 r_\perp \ell} = \frac{2\pi r_Z\,\sigma}{2\pi\varepsilon_0 r_\perp} = \frac{r_Z\,\sigma}{\varepsilon_0 r_\perp} = \frac{\lambda}{2\pi\varepsilon_0 r_\perp}.$$

L22.19 Gemäß dem Gauß'schen Gesetz gilt für das Feld
$$\oint_A E_n\, dA = q_{innen}/\varepsilon_0.$$

Aus Symmetriegründen muss das Feld am Zylinder in tangentialer Richtung verschwinden. Ferner können wir die Randbereiche außer Acht lassen, weil sie von keinem Fluss durchsetzt werden. Für das Feld bei der zylindrischen Oberfläche, die den Radius $r_\perp$ und die Länge ℓ hat und konzentrisch zum unendlich langen nicht leitenden Zylinder angeordnet ist, erhalten wir also

$$2\pi r_\perp \ell E_\mathrm{n} = q_\mathrm{innen}/\varepsilon_0 \quad \text{sowie} \quad E_\mathrm{n} = \frac{q_\mathrm{innen}}{2\pi\varepsilon_0 r_\perp \ell}.$$

Bei $r_\perp < r_Z$ ist $q_\mathrm{innen} = \rho V = \rho_0 V = \rho_0\left(\pi r_\perp^2 \ell\right)$.

Daraus ergibt sich mit $\lambda = \pi r_Z^2 \rho_0$ für das Feld

$$E_{\mathrm{n},r_\perp < r_Z} = \frac{\rho_0 \pi r_\perp^2 \ell}{2\pi\varepsilon_0 r_\perp \ell} = \frac{\rho_0 r_\perp}{2\varepsilon_0} = \frac{\lambda r_\perp}{2\pi\varepsilon_0 r_Z^2}.$$

Bei $r > r_Z$ ist $q_\mathrm{innen} = \rho V = \rho_0 V = \rho_0\left(\pi r_Z^2 \ell\right)$, und mit $\lambda = \pi r_Z^2 \rho_0$ erhalten wir für das Feld

$$E_{\mathrm{n},r_\perp > r_Z} = \frac{\rho_0 \pi r_Z^2 \ell}{2\pi\varepsilon_0 r_\perp \ell} = \frac{\rho_0 r_Z^2}{2\varepsilon_0 r_\perp} = \frac{\lambda}{2\pi\varepsilon_0 r_\perp}.$$

L22.20 a) Das elektrische Feld ist radial nach außen gerichtet. Bei der zylindrischen Oberfläche, die den Radius r und die Länge ℓ hat und konzentrisch zum unendlich langen inneren Leiter angeordnet ist, gilt gemäß dem Gauß'schen Gesetz

$$\oint_A E_\mathrm{n}\, \mathrm{d}A = q_\mathrm{innen}/\varepsilon_0.$$

Daraus folgt $2\pi r \ell E_\mathrm{n} = q_\mathrm{innen}/\varepsilon_0$

sowie

$$E_\mathrm{n} = \frac{1}{4\pi\varepsilon_0}\,\frac{2 q_\mathrm{innen}}{\ell r}. \tag{1}$$

Bei $r < 1{,}5$ cm ist $q_\mathrm{innen} = 0$, und das Feld ist $E_{\mathrm{n},1} = 0$.

Bei $1{,}5$ cm $< r < 4{,}5$ cm ist $q_\mathrm{innen} = \lambda\,\ell$, und wir erhalten für das Feld

$$E_{\mathrm{n},2} = \frac{1}{4\pi\varepsilon_0}\,\frac{2\lambda\,\ell}{\ell r} = \frac{1}{4\pi\varepsilon_0}\,\frac{2\lambda}{r}$$

$$= 2\left(8{,}99\cdot 10^9\,\mathrm{N\cdot m^2\cdot C^{-2}}\right)\frac{6\,\mathrm{nC\cdot m^{-1}}}{r}$$

$$= \frac{108\,\mathrm{N\cdot m\cdot C^{-1}}}{r}.$$

Bei $4{,}5$ cm $< r < 6{,}5$ cm ist $q_\mathrm{innen} = 0$, und das Feld ist $E_{\mathrm{n},3} = 0$.

Wir bezeichnen die Flächenladungsdichte auf der inneren Oberfläche mit σ_2. Damit ist bei $r > 6{,}5$ cm die Ladung $q_\mathrm{innen} = A_2 \sigma_2 = 2\pi r_2 \sigma_2 \ell$, wobei $r_2 = 6{,}5$ cm ist. Wir verwenden nun Gleichung 1 und setzen für den Betrag von σ_2 den Wert $21{,}2$ nC$\cdot$m^{-2} ein, den wir in Teilaufgabe b berechnen werden. Damit ergibt sich das Feld hier zu

$$E_{\mathrm{n},4} = \frac{1}{4\pi\varepsilon_0}\,\frac{2 q_\mathrm{innen}}{\ell r} = \frac{1}{4\pi\varepsilon_0}\,\frac{4\pi r_2 \sigma_2 \ell}{\ell r} = \frac{\sigma_2 r_2}{\varepsilon_0 r}$$

$$= \frac{\left(21{,}2\,\mathrm{nC\cdot m^{-2}}\right)\left(6{,}5\,\mathrm{cm}\right)}{\left(8{,}85\cdot 10^{-12}\,\mathrm{C^2\cdot N^{-1}\cdot m^{-2}}\right) r} = \frac{156\,\mathrm{N\cdot m\cdot C^{-1}}}{r}.$$

b) Die Flächenladungsdichten an der inneren und an der äußeren Oberfläche sind

$$\sigma_\mathrm{i} = \frac{-\lambda}{2\pi r_\mathrm{i}} = \frac{-6\,\mathrm{nC\cdot m^{-1}}}{2\pi\,(0{,}045\,\mathrm{m})} = -21{,}2\,\mathrm{nC\cdot m^{-2}}$$

und

$$\sigma_\mathrm{a} = \frac{\lambda}{2\pi r_\mathrm{a}} = \frac{6\,\mathrm{nC\cdot m^{-1}}}{2\pi\,(0{,}065\,\mathrm{m})} = 14{,}7\,\mathrm{nC\cdot m^{-2}}.$$

L22.21 Weil sich der Kupferpfennig in einem äußeren Feld befindet, das senkrecht auf seinen beiden kreisförmigen Oberflächen steht, werden in ihnen Ladungen mit entgegengesetzten Vorzeichen induziert.

a) Das elektrische Feld, das von der Flächenladungsdichte hervorgerufen wird, hat den Betrag $E = \sigma/\varepsilon_0$. Damit ist die Flächenladungsdichte auf einer Kreisfläche

$$\sigma = \varepsilon_0 E = \left(8{,}85\cdot 10^{-12}\,\mathrm{C^2\cdot N^{-1}\cdot m^{-2}}\right)\left(1{,}6\,\mathrm{kN\cdot C^{-1}}\right)$$

$$= 14{,}2\,\mathrm{nC\cdot m^{-2}}.$$

b) Die Gesamtladung auf einer Kreisfläche ergibt sich aus der Beziehung $\sigma = q/A = q/(\pi r^2)$, und wir erhalten

$$q = \pi r^2 \sigma = \pi\,(0{,}01\,\mathrm{m})^2\left(14{,}2\,\mathrm{nC\cdot m^{-2}}\right) = 4{,}45\,\mathrm{pC}.$$

L22.22 Für das Feld gilt gemäß dem Gauß'schen Gesetz

$$\oint_A E_\mathrm{n}\, \mathrm{d}A = q_\mathrm{innen}/\varepsilon_0.$$

Bei der kugelförmigen Erde mit dem Radius r_E ergibt sich daraus $4\pi r_\mathrm{E}^2 E_\mathrm{n} = q_\mathrm{innen}/\varepsilon_0$, und mit $q_\mathrm{innen} = q_\mathrm{Erde}$ erhalten wir

$$q_\mathrm{Erde} = 4\pi\varepsilon_0 r_\mathrm{E}^2 E_\mathrm{n}$$

$$= \frac{(6{,}37\cdot 10^6\,\mathrm{m})^2\,(150\,\mathrm{N\cdot C^{-1}})}{8{,}99\cdot 10^9\,\mathrm{N\cdot m^2\cdot C^{-2}}} = 6{,}77\cdot 10^5\,\mathrm{C}.$$

L22.23 Gemäß dem Gauß'schen Gesetz ist das Feld an der Oberfläche einer geladenen Kugel, die den Radius r hat:

$$E = \frac{1}{4\pi\varepsilon_0}\,\frac{q}{r^2}.$$

Für das beim minimalen Radius vorliegende maximale Feld gilt daher

$$E_\mathrm{max} = \frac{1}{4\pi\varepsilon_0}\,\frac{q}{r_\mathrm{min}^2}.$$

Damit erhalten wir

$$r_\mathrm{min} = \sqrt{\frac{1}{4\pi\varepsilon_0}\,\frac{q}{E_\mathrm{max}}}$$

$$= \sqrt{\frac{(8{,}99\cdot 10^9\,\mathrm{N\cdot m^2\cdot C^{-2}})\,(18\,\mu\mathrm{C})}{3\cdot 10^6\,\mathrm{N\cdot C^{-1}}}} = 23{,}2\,\mathrm{cm}.$$

L22.24 a) Die auf der Kugel 3 befindliche Ladung hat keinen Einfluss auf das elektrische Feld zwischen den Kugeln 1 und 2. Daher zeigt das Feld hier zur negativen Ladung hin, die sich auf der innersten Kugel befindet.

b) Die Ladung $-q_0$ auf der Kugel 1 induziert auf der Innenfläche der Hohlkugel 2 eine gleich große Ladung, die aber das entgegengesetzte Vorzeichen hat: $+q_0$.

c) Die Ladung $+q_0$ auf der Innenfläche der Kugel 2 bewirkt, dass ihre Außenfläche eine gleich große, aber entgegengesetzte Ladung, also $-q_0$, aufweist.

d) Die Ladung $-q_0$ auf der Außenfläche der Kugel 2 induziert auf der Innenfläche der Hohlkugel 3 eine gleich große Ladung, die aber das entgegengesetzte Vorzeichen hat: $+q_0$.

e) Weil die Kugel 3 schon die Gesamtladung $+q_0$ trägt, die sich nun aufgrund der elektrostatischen Induktion auf ihrer Innenfläche befindet, ist ihre Außenseite nicht geladen.

f) Die Abbildung zeigt das Feld E in der gesamten Anordnung in Abhängigkeit vom Radius r.

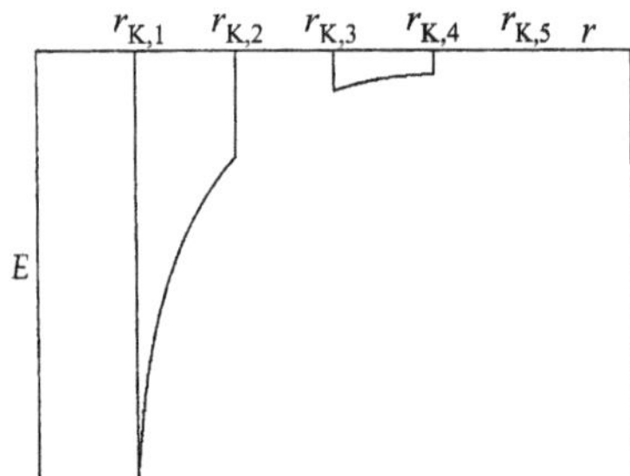

L22.25　Es existieren zwei Beiträge zum Feld innerhalb des Lochs. Der eine ist das Feld der homogen geladenen Kugelschale mit der Ladung q, und der andere ist das Feld der kleinen Fläche des Lochs mit derselben Flächenladungsdichte wie die der Kugelschale, aber mit entgegengesetztem Vorzeichen der Ladung. Wir verwenden die Indices KS für die Kugelschale und L für das Loch sowie S für den Stöpsel.

a) Wie zuvor erläutert, ist das Feld gegeben durch

$E = E_{KS} + E_L$.

Gemäß dem Gauß'schen Gesetz gilt dann

$4\pi r^2 E_{KS} = q_{\text{innen}}/\varepsilon_0 = q/\varepsilon_0$

und daher　$E_{KS} = \dfrac{1}{4\pi\varepsilon_0}\dfrac{q}{r^2}$.

Wir nehmen an, dass das Loch so klein ist, dass wir diesen Ausschnitt der Kugeloberfläche als eben betrachten können. Dann erhalten wir mit der Flächenladungsdichte σ für das Feld des Lochs

$$E_L = \frac{-\sigma}{2\varepsilon_0} .$$

Das gesamte Feld ergibt sich also mit $\sigma = q/(4\pi r^2)$ zu

$$E = E_{KS} + E_L = \frac{1}{4\pi\varepsilon_0}\frac{q}{r^2} + \frac{-\sigma}{2\varepsilon_0}$$
$$= \frac{q}{4\pi\varepsilon_0 r^2} - \frac{q}{2\varepsilon_0(4\pi r^2)} = \frac{1}{4\pi\varepsilon_0}\frac{q}{2r^2} .$$

b) Auf den Stöpsel, der die Ladung q_S trägt und den Radius r_S hat, wirkt die Kraft $F = q_S E$. Das Verhältnis seiner Ladung zur Ladung der Kugelschale ist

$$\frac{q_S}{\pi r_S^2} = \frac{q}{4\pi r^2} .$$

Daraus folgt　$q_S = \dfrac{r_S^2\, q}{4 r^2}$.

Mit dem in Teilaufgabe a ermittelten Ausdruck für das Feld E ergibt sich also für die Kraft auf den Stöpsel

$$F = q_S E = \frac{r_S^2\, q}{4 r^2}\,\frac{1}{4\pi\varepsilon_0}\,\frac{q}{2 r^2} = \frac{1}{4\pi\varepsilon_0}\,\frac{q^2 r_S^2}{8 r^4} .$$

c) Der Druck ist der Quotient aus der Kraft und der Fläche:

$$P = \frac{F}{\pi r_S^2} = \frac{1}{4\pi\varepsilon_0}\,\frac{q^2}{8\pi r^4} .$$

L22.26　Das elektrische Feld an irgendeinem Raumpunkt rührt von den Feldern beider Flächen her: $\boldsymbol{E} = \boldsymbol{E}_1 + \boldsymbol{E}_2$.

a) Beim Punkt A, also bei $x = 6$ m, $y = 2$ m ist das von der Ebene 1 hervorgerufene Feld

$$\boldsymbol{E}_{1,A} = \frac{\sigma_1}{2\varepsilon_0}\,\widehat{\boldsymbol{y}} = \frac{65\ \text{nC}\cdot\text{m}^{-2}}{2\,(8{,}85\cdot10^{-12}\ \text{C}^2\cdot\text{N}^{-1}\cdot\text{m}^{-2})}\,\widehat{\boldsymbol{y}}$$
$$= (3{,}67\,\widehat{\boldsymbol{y}})\ \text{kN}\cdot\text{C}^{-1},$$

und für das von der Ebene 2 hervorgerufene Feld ergibt sich entsprechend

$$\boldsymbol{E}_{2,A} = \frac{\sigma_2}{2\varepsilon_0}\,\widehat{\boldsymbol{r}} = \frac{45\ \text{nC}\cdot\text{m}^{-2}}{2\,(8{,}85\cdot10^{-12}\ \text{C}^2\cdot\text{N}^{-1}\cdot\text{m}^{-2})}\,\widehat{\boldsymbol{r}}$$
$$= (2{,}54\,\widehat{\boldsymbol{r}})\ \text{kN}\cdot\text{C}^{-1}.$$

Darin ist $\widehat{\boldsymbol{r}}$ der Einheitsvektor, der von der Ebene 2 zum Punkt A bei (6 m, 2 m) zeigt. Aufgrund der geometrischen Gegebenheiten (siehe Abbildung) gilt für diesen Einheitsvektor

$\widehat{\boldsymbol{r}} = (\sin 30^\circ)\,\widehat{\boldsymbol{x}} + (\cos 30^\circ)\,\widehat{\boldsymbol{y}}$.

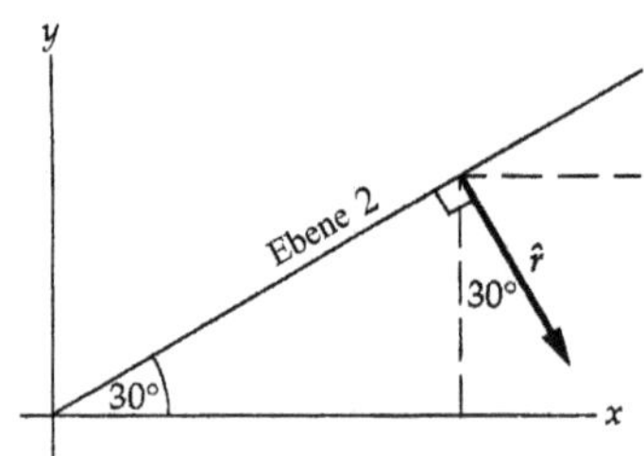

Das setzen wir ein und erhalten

$$\boldsymbol{E}_{2,A} = (2{,}54\ \text{kN}\cdot\text{C}^{-1})\,[(\sin 30^\circ)\,\widehat{\boldsymbol{x}} + (\cos 30^\circ)\,\widehat{\boldsymbol{y}}]$$
$$= (1{,}27\,\widehat{\boldsymbol{x}})\ \text{kN}\cdot\text{C}^{-1} + (-2{,}20\,\widehat{\boldsymbol{y}})\ \text{kN}\cdot\text{C}^{-1}.$$

Das gesamte Feld im Punkt A ist damit

$$\boldsymbol{E}_A = \boldsymbol{E}_{1,A} + \boldsymbol{E}_{2,A}$$
$$= (3{,}67\,\widehat{\boldsymbol{y}})\ \text{kN}\cdot\text{C}^{-1}$$
$$\quad + (1{,}27\,\widehat{\boldsymbol{x}})\ \text{kN}\cdot\text{C}^{-1} + (-2{,}20\,\widehat{\boldsymbol{y}})\ \text{kN}\cdot\text{C}^{-1}$$
$$= (1{,}27\,\widehat{\boldsymbol{x}})\ \text{kN}\cdot\text{C}^{-1} + (1{,}47\,\widehat{\boldsymbol{y}})\ \text{kN}\cdot\text{C}^{-1}.$$

b) Beim Punkt B, also bei $x = 6$ m, $y = 5$ m, ist das von der Ebene 1 hervorgerufene Feld

$$\boldsymbol{E}_{1,B} = \frac{\sigma_1}{2\varepsilon_0}\,\widehat{\boldsymbol{y}} = \frac{65\ \text{nC}\cdot\text{m}^{-2}}{2\,(8{,}85\cdot10^{-12}\ \text{C}^2\cdot\text{N}^{-1}\cdot\text{m}^{-2})}\,\widehat{\boldsymbol{y}}$$
$$= (3{,}67\,\widehat{\boldsymbol{y}})\ \text{kN}\cdot\text{C}^{-1}.$$

Für das von der Ebene 2 hervorgerufene Feld gilt an diesem Punkt $\boldsymbol{E}_{2,B} = -\boldsymbol{E}_{2,A}$ und daher

$$\boldsymbol{E}_{2,B} = (-1{,}27\,\widehat{\boldsymbol{x}})\ \text{kN}\cdot\text{C}^{-1} + (2{,}20\,\widehat{\boldsymbol{y}})\ \text{kN}\cdot\text{C}^{-1}.$$

Damit ist das gesamte Feld im Punkt B

$$\begin{aligned}
\boldsymbol{E}_{\mathrm{B}} &= \boldsymbol{E}_{1,\mathrm{B}} + \boldsymbol{E}_{2,\mathrm{B}} \\
&= (3{,}67\,\hat{\boldsymbol{y}})\,\mathrm{kN \cdot C^{-1}} \\
&\quad + (-1{,}27\,\hat{\boldsymbol{x}})\,\mathrm{kN \cdot C^{-1}} + (2{,}20\,\hat{\boldsymbol{y}})\,\mathrm{kN \cdot C^{-1}} \\
&= (-1{,}27\,\hat{\boldsymbol{x}})\,\mathrm{kN \cdot C^{-1}} + (5{,}87\,\hat{\boldsymbol{y}})\,\mathrm{kN \cdot C^{-1}}.
\end{aligned}$$

L22.27 a) Weil das Atom insgesamt nicht geladen ist, muss die Integration der Ladungsverteilung des Elektrons über den gesamten Raum den Betrag von dessen Ladung ergeben:

$$e = \int_0^\infty \rho(r)\,\mathrm{d}V = \int_0^\infty \rho(r)\,4\pi r^2\,\mathrm{d}r.$$

Mit $\rho(r) = \rho_0\,\mathrm{e}^{-2r/a}$ wird dies zu

$$e = \int_0^\infty \rho_0\,\mathrm{e}^{-2r/a}\,4\pi r^2\,\mathrm{d}r = 4\pi\rho_0 \int_0^\infty r^2\,\mathrm{e}^{-2r/a}\,\mathrm{d}r.$$

Das Integral können wir nachschlagen oder durch partielle Integration lösen. Es hat den Wert $a^3/4$, und wir erhalten

$$e = 4\pi\rho_0\,\frac{a^3}{4} = \pi a^3 \rho_0 \quad \text{sowie daraus} \quad \rho_0 = \frac{e}{\pi a^3}.$$

b) Das elektrische Feld im Abstand r vom Kern ergibt sich aus der Überlagerung der Felder des Protons, das wir als Punktladung (Index P) betrachten, und des Elektrons, dessen Ladung ja verteilt ist (Index LV):

$$E = E_{\mathrm{P}} + E_{\mathrm{LV}} = \frac{1}{4\pi\varepsilon_0}\,\frac{q}{r^2} + E_{\mathrm{LV}}.$$

Mit der (negativen) Nettoladung $q_{\mathrm{innen}}(r)$ des Elektrons, die sich innerhalb des Radius r um das Proton befindet, gilt für das von diesem Radius abhängige Feld der Elektronenladung

$$E_{\mathrm{LV}}(r) = \frac{1}{4\pi\varepsilon_0}\,\frac{q_{\mathrm{innen}}(r)}{r^2}.$$

Damit ist das gesamte Feld gegeben durch

$$E(r) = \frac{1}{4\pi\varepsilon_0}\left(\frac{e}{r^2} + \frac{q_{\mathrm{innen}}(r)}{r^2}\right).$$

Ähnlich wie in Teilaufgabe a integrieren wir die Ladung über den Raum, diesmal aber nur bis zum Radius r:

$$q(r) = \int_0^r 4\pi\,(r')^2\,\rho(r')\,\mathrm{d}r'.$$

Daraus ergibt sich für das Feld

$$E(r) = \frac{1}{4\pi\varepsilon_0}\,\frac{e}{r^2}\,\mathrm{e}^{-2r/a}\left(1 + \frac{2r}{a} + \frac{2r^2}{a^2}\right).$$

L22.28 a) Die Länge eines Ringelements bzw. Segments entspricht dem Produkt aus dem Winkel, den es vom Punkt P aus überspannt, und seinem Abstand vom Punkt P. Wie aus der Abbildung bei der Aufgabenstellung hervorgeht, sind die beiden Winkel gleich.

Mit der Flächenladungsdichte λ, dem Winkel θ und dem Abstand r_1 vom Punkt P ist die Ladung des Segments 1 gegeben durch

$$q_1 = \lambda s_1 = \lambda\,\theta\,r_1,$$

und die des Segments 2 ist entsprechend

$$q_2 = \lambda s_2 = \lambda\,\theta\,r_2.$$

Aus diesen beiden Gleichungen erhalten wir für das Verhältnis der Ladungen

$$\frac{q_1}{q_2} = \frac{\lambda\,\theta\,r_1}{\lambda\,\theta\,r_2} = \frac{r_1}{r_2}.$$

b) Das elektrische Feld am Punkt P, das von der Ladung des Segments 1 herrührt, hat den Betrag

$$E_1 = \frac{1}{4\pi\varepsilon_0}\,\frac{q_1}{r_1^2} = \frac{1}{4\pi\varepsilon_0}\,\frac{\lambda s_1}{r_1^2} = \frac{1}{4\pi\varepsilon_0}\,\frac{\lambda\,\theta\,r_1}{r_1^2} = \frac{1}{4\pi\varepsilon_0}\,\frac{\lambda\,\theta}{r_1}.$$

Entsprechend hat das von der Ladung des Segments 2 hervorgerufene Feld am Punkt P den Betrag

$$E_2 = \frac{1}{4\pi\varepsilon_0}\,\frac{\lambda\,\theta}{r_2}.$$

Der Quotient beider Beträge der Felder ist (wobei wir $4\pi\varepsilon_0$ gleich herauskürzen):

$$\frac{E_1}{E_2} = \frac{\lambda\,\theta/r_1}{\lambda\,\theta/r_2} = \frac{r_2}{r_1}.$$

Wegen $r_2 > r_1$ ist $E_1 > E_2$. Weil die Ladungen auf den Segmenten positiv sind, bedeutet dies, dass das elektrische Feld im Punkt P zum Segment 2 hin zeigt.

c) Wenn E proportional zu $1/r$ wäre (anstatt proportional zu $1/r^2$), dann gälte für die Felder

$$E_1 = \frac{1}{4\pi\varepsilon_0}\,\frac{q_1}{r_1} = \frac{1}{4\pi\varepsilon_0}\,\frac{\lambda s_1}{r_1} = \frac{1}{4\pi\varepsilon_0}\,\frac{\lambda\,\theta\,r_1}{r_1} = \frac{1}{4\pi\varepsilon_0}\,\lambda\,\theta,$$

$$E_2 = \frac{1}{4\pi\varepsilon_0}\,\frac{q_2}{r_2} = \frac{1}{4\pi\varepsilon_0}\,\frac{\lambda s_2}{r_2} = \frac{1}{4\pi\varepsilon_0}\,\frac{\lambda\,\theta\,r_2}{r_2} = \frac{1}{4\pi\varepsilon_0}\,\lambda\,\theta.$$

Die Felder hätten also den gleichen Betrag.

d) Wir bezeichnen den Raumwinkel, den das Flächenelement s_1 vom Punkt P aus überspannt, mit Ω (siehe Abbildung).

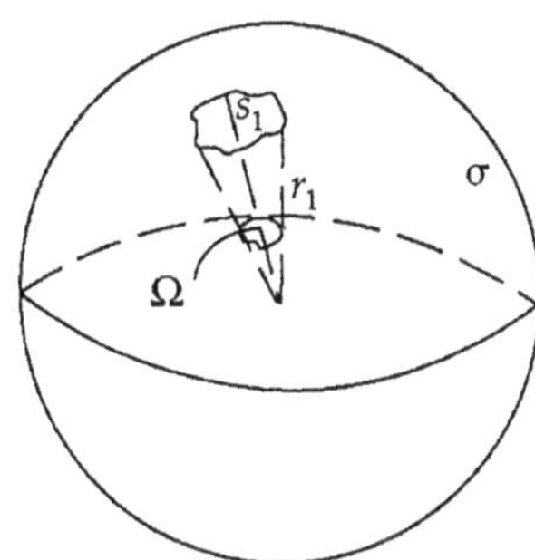

Das Verhältnis von Ω zum gesamten Raumwinkel 4π ist gleich dem Verhältnis des Flächenelements s_1 zur gesamten Oberfläche einer Kugel, deren Radius dem Abstand r_1 zum Punkt P entspricht.

Also ist $\quad \dfrac{\Omega}{4\pi} = \dfrac{s_1}{4\pi r_1^2} \quad$ und daher $\quad s_1 = \Omega\,r_1^2.$

Mit der Flächenladungsdichte σ gilt dann für die Ladung dieses Flächenelements:

$$q_1 = \sigma s_1 = \sigma\,\Omega\,r_1^2.$$

Beim Flächenelement s_2 erhalten wir entsprechend

$$s_2 = \Omega\, r_2^2 \quad \text{und} \quad q_2 = \sigma\, \Omega\, r_2^2.$$

Damit ergibt sich das Verhältnis der Ladungen zu

$$\frac{q_1}{q_2} = \frac{\sigma\, \Omega\, r_1^2}{\sigma\, \Omega\, r_2^2} = \frac{r_1^2}{r_2^2}.$$

Das Verhältnis der Beträge der Felder berechnen wir ebenso wie in Teilaufgabe b (wobei wir $4\pi\varepsilon_0$ gleich heraus kürzen) und erhalten

$$\frac{E_1}{E_2} = \frac{q_1/r_1^2}{q_2/r_2^2} = \frac{r_2^2\, q_1}{r_1^2\, q_2} = \frac{r_2^2\, \sigma\, \Omega\, r_1^2}{r_1^2\, \sigma\, \Omega\, r_2^2} = 1.$$

Weil beide Felder denselben Betrag haben und einander entgegen gerichtet sind, ist das Feld am Punkt P null.

Wäre aber E proportional zu $1/r$ (anstatt proportional zu $1/r^2$), dann würde die Ladung von s_2 am Punkt P ein stärkeres Feld erzeugen, und das resultierende Feld würde wegen der positiven Ladungen zu s_1 hin zeigen.

L22.29   Die Abbildung zeigt die Anordnung.

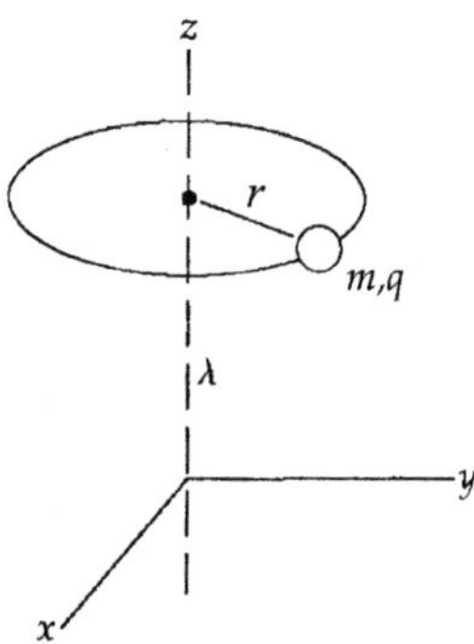

Wir wenden auf das Teilchen das zweite Newton'sche Axiom an und berücksichtigen, dass die Zentripetalkraft gleich der elektrostatischen Kraft ist: $qE_r = mr\omega^2$. Daraus folgt

$$\omega = \sqrt{\frac{qE_r}{mr}}.$$

Das elektrische Feld im radialen Abstand r von einer unendlich ausgedehnten Linienladung mit der linearen Ladungsdichte λ ist

$$E_r = \frac{1}{4\pi\varepsilon_0}\, \frac{2\lambda}{r}.$$

Das setzen wir ein und erhalten für die Kreisfrequenz

$$\omega = \sqrt{\frac{1}{4\pi\varepsilon_0}\, \frac{2\lambda q}{mr^2}} = \frac{1}{r}\sqrt{\frac{1}{4\pi\varepsilon_0}\, \frac{2\lambda q}{m}}.$$

L22.30   a) Das elektrische Feld auf der Achse einer Ringladung q mit dem Radius $r_{\mathrm R}$ ist im axialen Abstand x vom Ring gegeben durch

$$E_x = \frac{1}{4\pi\varepsilon_0}\, \frac{qx}{(x^2 + r_{\mathrm R}^2)^{3/2}}.$$

Wir formen um, wobei wir zunächst $r_{\mathrm R}^2$ in der Wurzel im Nenner ausklammern:

$$E_x = \frac{1}{4\pi\varepsilon_0}\, \frac{qx}{\left[r_{\mathrm R}^2\left(1 + \dfrac{x^2}{r_{\mathrm R}^2}\right)\right]^{3/2}} = \frac{1}{4\pi\varepsilon_0}\, \frac{qx}{r_{\mathrm R}^3\left(1 + \dfrac{x^2}{r_{\mathrm R}^2}\right)^{3/2}}$$

$$\approx \frac{1}{4\pi\varepsilon_0}\, \frac{qx}{r_{\mathrm R}^3}.$$

Dabei gilt die Näherung für $x \ll r_{\mathrm R}$. (Der Bruch in der Klammer kann vernachlässigt werden.)

b) Für die in x-Richtung wirkende Kraft auf das Teilchen mit der Ladung q_0 gilt

$$F_x = q_0 E_x = \frac{1}{4\pi\varepsilon_0}\, \frac{q_0 q}{r_{\mathrm R}^3}\, x.$$

c) Nach einer kleinen Auslenkung des Teilchens wirkt eine Rückstellkraft, die proportional zur Auslenkung ist, und es gilt gemäß dem zweiten Newton'schen Axiom

$$m\,\frac{\mathrm{d}^2 x}{\mathrm{d}t^2} = -\frac{1}{4\pi\varepsilon_0}\, \frac{q_0 q}{r_{\mathrm R}^3}\, x.$$

Dies ist gleichbedeutend mit $\dfrac{\mathrm{d}^2 x}{\mathrm{d}t^2} + \dfrac{1}{4\pi\varepsilon_0}\, \dfrac{q_0 q}{m\, r_{\mathrm R}^3}\, x = 0,$

also mit der Differenzialgleichung für eine harmonische Bewegung. Das Quadrat ihrer Kreisfrequenz ist

$$\omega^2 = \frac{1}{4\pi\varepsilon_0}\, \frac{q_0 q}{m\, r_{\mathrm R}^3}.$$

Mit $T = 2\pi/\omega$ erhalten wir für die Schwingungsperiode

$$T = 2\pi\sqrt{\frac{m\, r_{\mathrm R}^3}{q_0 q}}.$$

L22.31   a) Für das elektrische Feld einer homogen geladenen Kugel gilt

$$\boldsymbol{E} = E\,\widehat{\boldsymbol{r}}, \tag{1}$$

wobei $\widehat{\boldsymbol{r}}$ ein radial nach außen weisender Einheitsvektor ist. Gemäß dem Gauß'schen Gesetz ist der Betrag des Felds im radialen Abstand r vom Mittelpunkt der Kugel gegeben durch

$$\oint_A E_{\mathrm n}\,\mathrm{d}A = 4\pi r^2 E = q_{\mathrm{innen}}/\varepsilon_0.$$

Die Raumladungsdichte ist $\rho = \dfrac{q_{\mathrm{innen}}}{\frac{4}{3}\pi r^3}.$

Für die Ladung innerhalb der Kugel mit dem Radius r, also innerhalb der Oberfläche A, ergibt sich daraus

$$q_{\mathrm{innen}} = \tfrac{4}{3}\pi r^3 \rho,$$

und für das Feld erhalten wir

$$4\pi r^2 E = \frac{\frac{4}{3}\pi r^3 \rho}{\varepsilon_0} \quad \text{sowie} \quad E = \frac{\rho r}{3\varepsilon_0}.$$

Einsetzen in Gleichung 1 liefert

$$\boldsymbol{E} = \frac{\rho}{3\varepsilon_0}\, r\,\widehat{\boldsymbol{r}}.$$

b) Das elektrische Feld am Punkt 1 ergibt sich aus der Summe der Felder von zwei Ladungsverteilungen:

$$E_1 = E_{\rho,1} + E_{-\rho,1} + = E_{\rho,1}\,\widehat{r} + E_{-\rho,1}\,\widehat{r}. \qquad (2)$$

Nach dem Gauß'schen Gesetz hängt das Feld der Ladungsverteilung der großen Kugel mit der Ladung q_{innen} und dem Radius a zusammen über

$$4\pi a^2 E_{\rho,1} = \frac{q_{\text{innen}}}{\varepsilon_0} = \frac{\tfrac{4}{3}\pi a^3 \rho}{\varepsilon_0}.$$

Daraus folgt $\quad E_{\rho,1} = \dfrac{a\rho}{3\,\varepsilon_0} = \dfrac{2\rho\,b}{3\,\varepsilon_0}.$

Auf dieselbe Weise erhalten wir für den kugelförmigen Hohlraum (Index H), der den Radius b hat:

$$4\pi b^2 E_{-\rho,1} = \frac{-q_{\text{innen,H}}}{\varepsilon_0} = \frac{-\tfrac{4}{3}\pi b^3 \rho}{\varepsilon_0}$$

sowie $\quad E_{-\rho,1} = -\dfrac{\rho\,b}{3\,\varepsilon_0}.$

Einsetzen in Gleichung 2 liefert

$$E_1 = \frac{2\rho\,b}{3\,\varepsilon_0}\,\widehat{r} - \frac{\rho\,b}{3\,\varepsilon_0}\,\widehat{r} = \frac{\rho\,b}{3\,\varepsilon_0}\,\widehat{r}.$$

Auch das elektrische Feld am Punkt 2 ergibt sich aus der Summe der Felder von zwei Ladungsverteilungen:

$$E_2 = E_{\rho,2} + E_{-\rho,2} + = E_{\rho,2}\,\widehat{r} + E_{-\rho,2}\,\widehat{r}. \qquad (3)$$

Weil sich der Punkt 2 im Mittelpunkt der größeren Kugel befindet, ist hier $E_{\rho,2} = 0$. Für das von der Ladungsverteilung des Hohlraums am selben Punkt 2 erzeugte Feld ergibt sich

$$E_{-\rho,2} = -\frac{\rho\,b}{3\,\varepsilon_0}.$$

Einsetzen in Gleichung 3 liefert

$$E_2 = 0 - \frac{\rho\,b}{3\,\varepsilon_0}\,\widehat{r} = -\frac{\rho\,b}{3\,\varepsilon_0}\,\widehat{r}.$$

L22.32 Das elektrische Feld im Hohlraum der Kugel von Aufgabe 31 resultiert aus zwei Feldern. Das eine ist das der homogen (mit der Ladungsdichte ρ) geladenen großen Kugel mit dem Radius a, und das andere ist das der Ladung q_{H} (mit entgegengesetztem Vorzeichen) im kugelförmigen Hohlraum mit dem Radius b:

$$E = E_\rho + E_{q_{\text{H}}} = E_\rho\,\widehat{x} + E_{q_{\text{H}}}\,\widehat{x}.$$

Darin ist $\widehat{x}$ ein in x-Richtung nach außen weisender Einheitsvektor. Innerhalb des Hohlraums befindet sich keine Ladung; also ist $E_{q_{\text{H}}} = 0$.
Für das Feld, das im Hohlraum durch die Ladungsdichte ρ der Kugel erzeugt wird, gilt:

$$E_\rho = \frac{\rho\,b}{3\,\varepsilon_0},$$

und das insgesamt resultierende Feld ist

$$E = 0 + \frac{\rho\,b}{3\,\varepsilon_0}\,\widehat{x} = \frac{\rho\,b}{3\,\varepsilon_0}\,\widehat{x}.$$

L22.33 Die Koordinaten einer Ecke des Würfels seien (x,y,z), und seine Seitenlängen seien Δx, Δy und Δz. Wir müssen den Fluss in x-Richtung ermitteln, also durch die Flächen des Würfels, die parallel zur y-z-Ebene liegen. Der Nettofluss ist die Differenz aus dem Fluss aus der einen Fläche und dem Fluss in die andere Fläche:

$$\Phi_{\text{el}} = \Phi_{\text{el}}(x + \Delta x) - \Phi_{\text{el}}(x).$$

Wir setzen die Taylor-Reihe an:

$$\Phi_{\text{el}}(x + \Delta x) = \Phi_{\text{el}}(x) + \Delta x\,\Phi'_{\text{el}}(x) + \tfrac{1}{2}\,(\Delta x)^2\,\Phi''_{\text{el}}(x) + \cdots$$

Dies setzen wir ein, wobei wir nur die ersten beiden Summanden der Reihe berücksichtigen:

$$\Phi_{\text{el}} \approx \Phi_{\text{el}}(x) + \Delta x\,\Phi'_{\text{el}}(x) - \Phi_{\text{el}}(x) = \Delta x\,\Phi'_{\text{el}}(x).$$

Weil das elektrische Feld x-Richtung hat, ist

$$\Phi_{\text{el}}(x) = E_x\,\Delta y\,\Delta z, \quad \text{also} \quad \Phi'_{\text{el}}(x) = \frac{\partial E_x}{\partial x}\,\Delta y\,\Delta z.$$

Mit $\Phi_{\text{el}} \approx \Delta x\,\Phi'_{\text{el}}(x)$ ergibt sich schließlich

$$\Phi_{\text{el}} \approx \Delta x\,\frac{\partial E_x}{\partial x}\,\Delta y\,\Delta z = \frac{\partial E_x}{\partial x}\,\Delta x\,\Delta y\,\Delta z = \frac{\partial E_x}{\partial x}\,\Delta V.$$

L22.34 Gemäß dem Gauß'schen Gesetz ist der Nettofluss durch eine geschlossene Fläche

$$\Phi_{\text{el}} = q_{\text{innen}}/\varepsilon_0 = \rho\,\Delta V/\varepsilon_0.$$

Darin ist ρ die Raumladungsdichte. Wie in der Anmerkung zu Aufgabe 33 beschrieben, verallgemeinern wir deren Ergebnis für drei Dimensionen:

$$\Phi_{\text{el}} = \left(\frac{\partial E_x}{\partial x} + \frac{\partial E_y}{\partial y} + \frac{\partial E_z}{\partial z}\right)\Delta V = (\boldsymbol{\nabla}\cdot\boldsymbol{E})\,\Delta V.$$

Gleichsetzen beider Gleichungen ergibt

$$(\boldsymbol{\nabla}\cdot\boldsymbol{E})\,\Delta V = \rho\,\Delta V/\varepsilon_0 \quad \text{und damit} \quad \boldsymbol{\nabla}\cdot\boldsymbol{E} = \rho/\varepsilon_0.$$

L22.35 Auf keine der beiden positiven Punktladungen soll eine resultierende Kraft wirken; also muss gemäß dem zweiten Newton'schen Axiom gelten:

$$F_{\text{Coul}} - F_{\text{Feld}} = 0.$$

Die elektrostatische Kraft zwischen den positiven Punktladungen (mit dem Abstand $2a$ voneinander) wirkt abstoßend und hat den Betrag

$$F_{\text{Coul}} = \frac{1}{4\pi\varepsilon_0}\,\frac{e^2}{(2a)^2} = \frac{1}{4\pi\varepsilon_0}\,\frac{e^2}{4a^2}.$$

Das von der negativen Ladungsverteilung erzeugte Feld übt eine Kraft mit dem Betrag $F_{\text{Feld}} = eE$ aus.

Gemäß dem Gauß'schen Gesetz gilt für das elektrische Feld E einer kugelförmigen Ladungsverteilung mit dem Radius a und dem Mittelpunkt im Ursprung

$$4\pi a^2 E = q_{\text{innen}}/\varepsilon_0.$$

Die gesamte Ladung $2e$ der beiden Elektronen ist gleichmäßig in der Kugel mit dem Radius r verteilt, so dass die beiden folgenden Verhältnisse gleich sind:

$$\frac{2e}{4\pi r^3} = \frac{q_{\text{innen}}}{4\pi a^3}.$$

Daraus folgt $q_{\text{innen}} = 2 e a^3 / r^3$. Das setzen wir in die vorige Gleichung für das Feld ein und erhalten

$$4 \pi a^2 E = \frac{q_{\text{innen}}}{\varepsilon_0} = \frac{2 e a^3}{\varepsilon_0 r^3}$$

sowie $E = \dfrac{e a}{2 \pi \varepsilon_0 r^3}$.

Damit ist die vom Feld auf die positiven Punktladungen ausgeübte Kraft

$$F_{\text{Feld}} = e E = \frac{e^2 a}{2 \pi \varepsilon_0 r^3}.$$

Einsetzen der Ausdrücke für beide Kräfte in die erste Gleichung ($F_{\text{Coul}} - F_{\text{Feld}} = 0$) ergibt

$$\frac{1}{4\pi\varepsilon_0} \frac{e^2}{4 a^2} - \frac{e^2 a}{2 \pi \varepsilon_0 r^3} = 0$$

und (nach Herauskürzen von $4\pi\varepsilon_0$):

$$\frac{e^2}{4 a^2} - \frac{2 e^2 a}{r^3} = 0.$$

Daraus folgt schließlich $\quad a = \sqrt[3]{\dfrac{1}{8}}\, r = \dfrac{1}{2}\, r$.

Das elektrische Potenzial

- Potenzialdifferenz
- Das Potenzial eines Punktladungssystems
- Berechnung des elektrischen Felds aus dem Potenzial
- Berechnung des Potenzials ϕ kontinuierlicher Ladungsverteilungen

A: Aufgaben

A23.1 • Eine positive Ladung wird in einem elektrischen Feld aus der Ruhe losgelassen. Bewegt sie sich in ein Gebiet mit höherem oder in eines mit niedrigerem Potenzial hinein?

A23.2 • Was kann man über das elektrische Feld in einem Raumgebiet aussagen, in dem das elektrische Potenzial überall konstant ist?

A23.3 •• Es soll das Potenzial ϕ an einem Punkt x auf der Achse eines Ladungsrings berechnet werden. Spielt es dabei eine Rolle, ob die Ladung q homogen auf dem Ring verteilt ist? Würde sich ϕ oder E_x ändern, wenn die Ladung nicht homogen verteilt wäre?

A23.4 •• Wir betrachten zwei gleich große positive Ladungen in einem kleinen Abstand. Skizzieren Sie die elektrischen Feldlinien und die Äquipotenzialflächen des Systems.

A23.5 • Es wird ein elektrostatisches Potenzial $\phi(x,y,z) = 4\,|x| + \phi_0$ mit einer Konstanten ϕ_0 gemessen. Wie sieht die zugehörige Ladungsverteilung aus? a) Ein homogen geladener Faden in der x-y-Ebene, b) eine Punktladung im Koordinatenursprung, c) eine homogen geladene Platte in der y-z-Ebene oder d) eine homogen geladene Kugel mit dem Radius $1/\pi$ im Koordinatenursprung.

A23.6 •• Richtig oder falsch? a) Falls das elektrische Feld in einem Raumgebiet null ist, muss das elektrische Potenzial in diesem Gebiet ebenfalls null sein. b) Falls das elektrische Potenzial in einem Raumgebiet null ist, muss das elektrische Feld in diesem Raumgebiet ebenfalls null sein. c) Falls das elektrische Potenzial in einem Punkt null ist, muss das elektrische Feld in diesem Punkt ebenfalls null sein. d) Die elektrischen Feldlinien zeigen stets zu Gebieten mit niedrigerem Potenzial. e) Der Wert des elektrischen Potenzials kann an einem beliebigen Punkt gleich null gewählt werden. f) Die Oberfläche eines Leiters ist in der Elektrostatik eine Äquipotenzialfläche. g) Wenn das Potenzial in der Luft höher als etwa $3 \cdot 10^6$ V ist, kommt es zum dielektrischen Durchschlag.

A23.7 • Zwei geladene Metallkugeln, von denen die Kugel A größer als die Kugel B ist, sind durch einen Draht miteinander verbunden (siehe Abbildung). Ist dann das elektrische Potenzial auf der Kugel A betragsmäßig a) größer als das auf der Oberfläche der Kugel B, b) kleiner als das auf der Oberfläche der Kugel B, c) genauso groß wie das auf der Oberfläche der Kugel B, d) je nach dem Verhältnis der Radien beider Kugeln größer oder kleiner als das auf der Oberfläche der Kugel B, e) je nach der Ladung auf den Kugeln größer oder kleiner als das auf der Oberfläche der Kugel B?

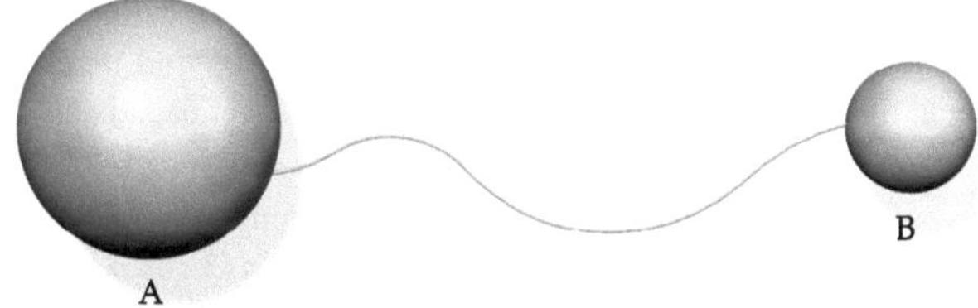

Schätzungs- und Näherungsaufgaben

A23.8 •• Ein Proton kann als eine Kugel mit einem „Radius" von etwa 10^{-15} m modelliert werden. Zwei Protonen stoßen mit gleich großen, aber entgegengesetzt gerichteten Impulsen zentral zusammen. a) Schätzen Sie die kinetische Energie (in MeV) ab, die jedes Proton mindestens haben muss, damit beide die elektrische Abstoßung überwinden und zusammenstoßen. Sehen Sie dabei von relativistischen Effekten ab. b) Das Proton hat eine Ruheenergie von 938 MeV. Die nichtrelativistische Rechnung war gerechtfertigt, falls Sie für die kinetische Energie einen Wert erhalten haben, der wesentlich darunter liegt. Wie groß ist das Verhältnis der in Teilaufgabe a berechneten kinetischen Energie zur Ruheenergie des Protons?

A23.9 •• Nachdem Sie an einem trockenen Tag über einen Teppich gelaufen sind, berühren Sie einen Freund. Dabei entsteht meist ein 2 mm langer Funken. Schätzen Sie die Potenzialdifferenz zwischen sich und Ihrem Freund ab, bevor der Funken überspringt.

- **Potenzialdifferenz**

A23.10 • Zwei 10 cm voneinander entfernte, große parallele leitende Platten tragen gleich große, aber entgegengesetzte Oberflächenladungsdichten, so dass das elektrische Feld zwischen ihnen homogen ist. Die Potenzialdifferenz zwischen den Platten beträgt 500 V. An der negativen Platte wird ein Elektron aus der Ruhe losgelassen. a) Welchen Betrag hat das elektrische Feld zwischen den Platten? b) Welche Arbeit muss das elektrische Feld am Elektron verrichten, während sich dieses von der negativen zu der positiven Platte bewegt? Geben Sie die Lösung sowohl in Elektronenvolt als auch in Joule an. c) Wie groß ist die Änderung der elektrischen Energie des Elektrons, wenn es sich von der negativen zur positiven Platte bewegt? Welche kinetische Energie hat es, wenn es die positive Platte erreicht?

A23.11 •• Das K^+- und das Cl^--Ion haben im KCl einen Abstand von $2{,}80 \cdot 10^{-10}$ m. Berechnen Sie die Energie, die aufgewendet werden muss, um die beiden Ionen bis zu einem unendlichen Abstand zu trennen. Nehmen Sie dabei an, dass es sich um Punktteilchen handelt, die anfangs in Ruhe sind. Geben Sie das Ergebnis in eV an.

- **Das Potenzial eines Punktladungssystems**

A23.12 • An den Ecken eines Quadrats mit einer Seitenlänge von 4 m befinden sich vier Punktladungen von 2 µC. Bestimmen Sie das Potenzial in der Mitte des Quadrats (wobei das Potenzial im Unendlichen null gesetzt wird), falls a) alle Ladungen positiv sind, b) drei Ladungen positiv sind und eine negativ ist und c) zwei Ladungen positiv und zwei negativ sind.

A23.13 • Gegeben sind zwei Punktladungen q und q' in einem Abstand a. An einem Punkt im Abstand $a/3$ von q entlang der Verbindungslinie der beiden Ladungen ist das Potenzial null. Bestimmen Sie das Verhältnis q/q'.

A23.14 •• Im Koordinatenursprung befindet sich eine Punktladung $+3e$. Eine zweite Punktladung $-2e$ befindet sich auf der x-Achse bei $x = a$. a) Skizzieren Sie für alle x das Potenzial $\phi(x)$ in Abhängigkeit von x. b) An welchem Punkt oder an welchen Punkten ist das Potenzial $\phi(x)$ null? c) Welche Arbeit

muss verrichtet werden, um eine dritte Ladung $+e$ zu dem Punkt $x = \frac{1}{2}a$ auf der x-Achse zu bringen?

- **Berechnung des elektrischen Felds aus dem Potenzial**

A23.15 • Gegeben ist ein homogenes elektrisches Feld, das in die negative x-Richtung zeigt. Wir betrachten zwei Punkte a und b auf der x-Achse, von denen a bei $x = 2$ m und b bei $x = 6$ m liegt. a) Ist die Potenzialdifferenz $\phi_b - \phi_a$ positiv oder negativ? b) Wie groß ist der Betrag $|E|$ des elektrischen Felds, wenn $\phi_b - \phi_a$ betragsmäßig gleich 10^5 V ist?

A23.16 • Im Koordinatenursprung befindet sich eine Ladung $+3{,}00$ µC. Auf der x-Achse befindet sich bei $x = 6{,}00$ m eine weitere Ladung $-3{,}00$ µC. a) Bestimmen Sie das Potenzial auf der x-Achse bei $x = 3{,}00$ m. b) Bestimmen Sie das elektrische Feld auf der x-Achse bei $x = 3{,}00$ m. c) Bestimmen Sie das Potenzial auf der x-Achse bei $x = 3{,}01$ m und berechnen Sie $-\Delta\phi/\Delta x$, wobei $\Delta\phi$ die Potenzialdifferenz zwischen $x = 3{,}00$ m und $x = 3{,}01$ m sowie $\Delta x = 0{,}01$ m ist. Vergleichen Sie Ihr Ergebnis mit dem von Teilaufgabe b.

A23.17 •• In der x-y-Ebene liegen drei gleiche Ladungen. Zwei davon befinden sich auf der y-Achse bei $y = -a$ und bei $y = +a$, während die dritte auf der x-Achse bei $x = a$ liegt. a) Wie groß ist das Potenzial $\phi(x)$ dieser Ladungen in einem beliebigen Punkt auf der x-Achse? b) Bestimmen Sie aus dem Potenzial $\phi(x)$ das elektrische Feld E_x entlang der x-Achse. Entsprechen die Ergebnisse der Teilaufgaben a und b im Koordinatenursprung sowie bei $x = \infty$ Ihren Erwartungen?

- **Berechnung des Potenzials ϕ kontinuierlicher Ladungsverteilungen**

A23.18 •• Ein Stab der Länge ℓ ist mit der homogen über seine Länge verteilten Ladung q geladen. Der Stab liegt entlang der y-Achse, wobei sich seine Mitte im Koordinatenursprung befindet. a) Berechnen Sie das Potenzial in Abhängigkeit vom Ort entlang der x-Achse. b) Zeigen Sie, dass sich das in Teilaufgabe a erhaltene Ergebnis für $x \gg \ell$ zu $\phi = [1/(4\pi\varepsilon_0)]\,q/x$ vereinfacht.

A23.19 •• Eine Scheibe mit dem Radius r_S trägt eine Oberflächenladungsdichteverteilung $\sigma = \sigma_0\, r_S/r$. a) Bestimmen Sie die Gesamtladung der Scheibe. b) Ermitteln Sie das Potenzial auf der Achse der Scheibe in einem Abstand x von ihrem Mittelpunkt.

A23.20 •• Eine Scheibe mit dem Radius r_S trägt bei $r < a$ eine Ladungsdichte $+\sigma_0$ und eine gleich große, aber entgegengesetzte Ladungsdichte $-\sigma_0$ bei $a < r < r_S$. Die Gesamtladung der Scheibe ist null. a) Bestimmen Sie das Potenzial im Abstand x entlang der Achse der Scheibe. b) Bestimmen Sie einen Näherungsausdruck für das Potenzial $\phi(x)$ im Gebiet $x \gg r_S$.

A23.21 •• Eine leitende Kugelschale mit dem Innenradius b und dem Außenradius c befindet sich konzentrisch zu einer kleinen Metallkugel mit dem Radius $a < b$. Die Metallkugel ist mit der positiven Ladung q geladen. Die Gesamtladung auf der leitenden Kugelschale ist $-q$. Bestimmen Sie das Potenzial a) auf der Kugelschale und b) auf der Metallkugel.

A23.22 •• Das Potenzial

$$\phi(r) = \frac{1}{4\pi\varepsilon_0}\,\frac{q}{2\,r_\mathrm{K}}\left(3 - \frac{r^2}{r_\mathrm{K}^2}\right)$$

in einer Vollkugel mit konstanter Ladungsdichte lässt sich am einfachsten über das elektrische Feld ermitteln. In der vorliegenden Aufgabe sollen Sie die gleiche Formel alternativ durch direkte Integration herleiten. Betrachten Sie dazu eine Kugel mit dem Radius r_K, auf der die Ladung q homogen verteilt ist. Gesucht ist das Potenzial ϕ an einem Punkt $r < r_\mathrm{K}$. a) Ermitteln Sie die Ladung q' innerhalb einer Kugelschale mit dem Radius r und das Potenzial ϕ_1 dieses Ladungsbeitrags beim Radius r. b) Ermitteln Sie das Potenzial ϕ_2 beim Radius r der Ladung auf einer Kugelschale mit dem Radius r' und der Dicke $\mathrm{d}r'$, mit $r' > r$. c) Integrieren Sie Ihre in Teilaufgabe b aufgestellte Formel von $r' = r$ bis $r' = r_\mathrm{K}$, um einen Ausdruck für ϕ_2 zu erhalten. d) Ermitteln Sie mit $\phi = \phi_1 + \phi_2$ das Gesamtpotenzial ϕ beim Radius r.

A23.23 •• Zwei konzentrische kugelförmige Leiter tragen gleich große, aber entgegengesetzte Ladungen. Die innere Kugelschale hat den Radius a und trägt die Ladung $+q$. Die äußere Kugelschale hat den Radius b und trägt die Ladung $-q$. Bestimmen Sie die Potenzialdifferenz $\phi_a - \phi_b$ zwischen beiden Kugelschalen.

Allgemeine Aufgaben

A23.24 • Wie klein kann der Radius einer Kugel gewählt werden, die auf ein Potenzial von $10\,000$ V geladen werden soll, damit das elektrische Feld die Durchschlagfestigkeit von Luft nicht übersteigt?

A23.25 •• Das Wasserstoffatom kann als eine positive Punktladung der Größe $+e$ (das Proton) modelliert werden, die von einer Ladungsdichte (dem Elektron) umgeben ist, die durch die Formel $\rho = \rho_0\,\mathrm{e}^{-2r/a}$, mit $a = 0{,}523$ nm, beschrieben wird. (Diese Formel folgt aus der Quantenmechanik.) a) Berechnen Sie den Wert, den ρ_0 haben muss, damit die Gesamtladung des Wasserstoffatoms null ist. b) Berechnen Sie das elektrische Potenzial (in Bezug auf einen unendlich großen Abstand) in einem beliebigen Abstand r vom Proton.

A23.26 •• Zwischen dem Band und der Außenkugel eines Van-de-Graaff-Generators herrscht eine Potenzialdifferenz von $1{,}25$ MV. Dem Band wird mit einer Rate von 200 μC/s Ladung zugeführt. Mit welcher Leistung muss das Band mindestens angetrieben werden?

A23.27 •• Eine Ladung von 2 nC ist homogen auf einem Ring mit einem Radius von 10 cm verteilt. Der Mittelpunkt dieses Rings liegt im Koordinatenursprung, und seine Achse

zeigt in Richtung der x-Achse. Bei $x = 50$ cm befindet sich eine Punktladung von 1 nC. Welche Arbeit muss verrichtet werden, um die Punktladung in den Koordinatenursprung zu bringen? Geben Sie die Lösung in Joule und in Elektronenvolt an.

A23.28 •• Ein kugelförmiger Leiter mit dem Radius r_1 wird auf 20 kV aufgeladen. Wenn er durch einen langen, dünnen Draht mit einer weit entfernten zweiten leitenden Kugel verbunden wird, fällt sein Potenzial auf 12 kV. Wie groß ist der Radius der zweiten Kugel?

A23.29 •• Ein radioaktiver ^{210}Po-Kern emittiert ein Alphateilchen mit der Ladung $+2e$ und mit einer Energie von $5{,}30$ MeV. Es wird angenommen, dass das Alphateilchen, kurz nachdem es entstanden und aus dem Atomkern ausgetreten ist, einen Abstand r_Pb vom Mittelpunkt des Folgekerns ^{206}Pb mit einer Ladung $+82\,e$ hat. Berechnen Sie r_Pb und setzen Sie dazu die elektrische Energie der beiden Teilchen bei diesem Abstand gleich $5{,}30$ MeV. (Die Größe des Alphateilchens sei vernachlässigbar.)

A23.30 •• Zwei große, parallele, nicht leitende Ebenen tragen gleich große, aber entgegengesetzte Ladungsdichten vom Betrag σ. Die Ebenen haben den Flächeninhalt A und einen Abstand d. a) Bestimmen Sie die Potenzialdifferenz zwischen den Ebenen. b) Zwischen die beiden Ebenen wird eine leitende Platte mit der Dicke a eingeführt, die dieselbe Fläche A wie die Ebenen hat. Die Platte trägt keine Gesamtladung. Bestimmen Sie die Potenzialdifferenz zwischen den beiden Ebenen und skizzieren Sie die elektrischen Feldlinien in dem Gebiet zwischen ihnen.

A23.31 ••• Ein Teilchen mit der Masse m, das die positive Ladung q trägt, kann sich nur entlang der x-Achse bewegen. Bei $x = -\ell$ und bei $x = \ell$ befinden sich zwei Ringladungen mit dem Radius r_R (siehe Abbildung). Beide Ringe liegen in jeweils einer Ebene senkrecht zur x-Achse mit dem Mittelpunkt auf der x-Achse. Jeder Ring trägt eine positive Ladung q_R. a) Ermitteln Sie das Potenzial der Ringladungen in Abhängigkeit von x. b) Zeigen Sie, dass $\phi(x)$ für $x = 0$ minimal ist. c) Zeigen Sie, dass das Potenzial für $x \ll \ell$ die Form $\phi(x) = \phi(0) + \alpha x^2$ hat. d) Ermitteln Sie die Kreisfrequenz der Schwingung, die die Masse m ausführt, wenn sie aus dem Koordinatenursprung leicht verschoben und dann losgelassen wurde.

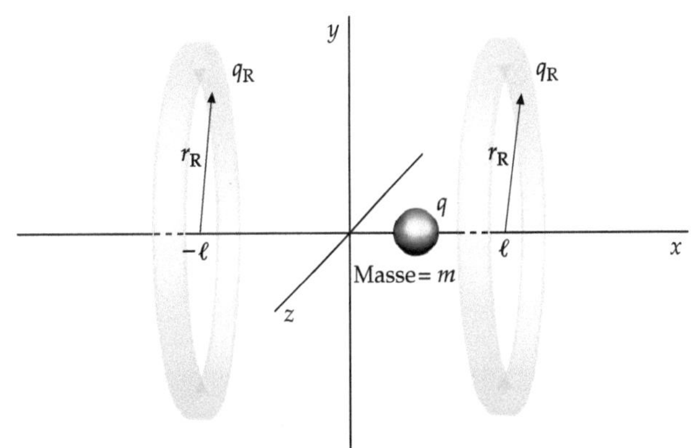

A23.32 ●●● Zeigen Sie, dass die Gesamtarbeit, die verrichtet werden muss, um eine homogen geladene Kugel mit der Ladung q und dem Radius r_K zusammenzusetzen, $E_{el} = (3/5)\,q^2/(4\pi\varepsilon_0\,r_K)$ ist, wobei E_{el} die elektrische Energie der Kugel ist. (*Hinweis:* Setzen Sie ρ gleich der Ladungsdichte der Kugel mit der Ladung q und mit dem Radius r_K.) Berechnen Sie die Arbeit dW, die verrichtet werden muss, um die Ladung dq' aus dem Unendlichen bis an die Oberfläche einer homogen geladenen Kugel mit dem Radius $r < r_K$ und der Ladungsdichte ρ zu bringen. (Um die Ladung dq' gleichmäßig auf einer Kugelschale mit dem Radius r, der Dicke dr und der Ladungsdichte ρ zu verteilen, braucht keine weitere Arbeit verrichtet zu werden.)

A23.33 ●●● a) Wir betrachten eine Kugeloberfläche und eine Punktladung q, die sich außerhalb der Kugeloberfläche befindet. Zeigen Sie durch direkte Integration, dass das Potenzial der Punktladung im Mittelpunkt der Kugeloberfläche gleich dem durchschnittlichen Potenzial auf der Kugeloberfläche ist. b) Erörtern Sie, ausgehend vom Superpositionsprinzip, dass diese Aussage für jede Kugeloberfläche und für jede Konfiguration von Ladungen außerhalb der Oberfläche zutreffen muss.

Das elektrische Potenzial

23L

L: Lösungen

L23.1 Ein Ladung bewegt sich in der Richtung, in der ihre potenzielle Energie abnimmt. Dies ist bei einer positiven Ladung der Fall, wenn sie sich in ein Gebiet mit niedrigerem elektrischen Potenzial hineinbewegt.

L23.2 Wenn das Potenzial ϕ konstant ist, dann ist sein Gradient null, so dass $E = 0$ ist.

L23.3 Das Potenzial ϕ auf der Achse des Rings hängt nicht von der Ladungsverteilung ab. Dagegen ist die elektrische Feldstärke von der Ladungsverteilung abhängig, so dass sich bei einer inhomogenen Verteilung nur E_x ändern würde.

L23.4 In der Abbildung sind die Äquipotenzialflächen mit gestrichelten Linien und die elektrischen Feldlinien mit durchgezogenen Linien dargestellt.

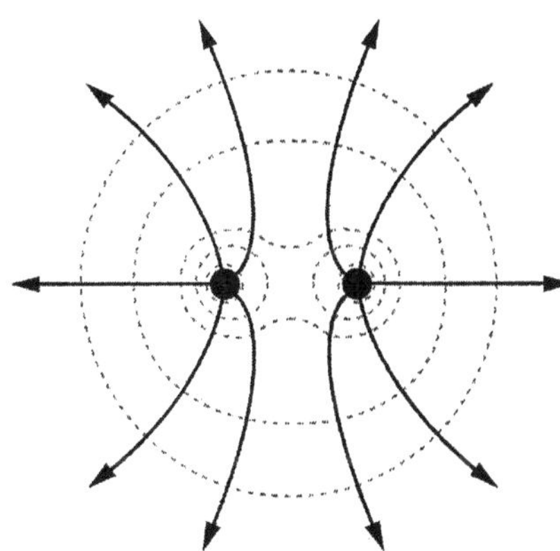

In der Nähe jeder Ladung sind die Äquipotenzialflächen Kugeln, in deren Mitte jeweils die Ladung sitzt. Weit weg von den Ladungen ist die gemeinsame Äquipotenzialfläche beider Ladungen wieder eine Kugel, deren Mittelpunkt in der Mitte zwischen beiden Ladungen liegt. Die elektrischen Feldlinien stehen stets senkrecht auf den Äquipotenzialflächen.

L23.5 Wir berechnen die elektrische Feldstärke:

$$
\begin{aligned}
E &= -\frac{\partial \phi}{\partial x}\, \widehat{x} = -\frac{\partial}{\partial x}\left[4\,|x| + \phi_0\right]\widehat{x} \\
&= -4\frac{\partial}{\partial x}\left[|x|\right]\widehat{x} = -4\left[\begin{array}{ll} 1 & \text{für}\quad x \geq 0 \\ -1 & \text{für}\quad x < 0 \end{array}\right]\widehat{x} \\
&= \left[\begin{array}{ll} -4 & \text{für}\quad x \geq 0 \\ 4 & \text{für}\quad x < 0 \end{array}\right]\widehat{x}.
\end{aligned}
$$

Von den in der Aufgabenstellung angegebenen Lösungen hat nur die homogen geladene Platte in der y-z-Ebene eine konstante elektrische Feldstärke, wobei sich die Richtung des Felds im Koordinatenursprung umkehrt. Also ist Antwort c richtig.

L23.6 a) Falsch. Ein Gegenbeispiel sind zwei gleiche Ladungen auf der x-Achse im gleichen Abstand vom Koordinatenursprung. Im Koordinatenursprung muss zwar das elektrische Feld, nicht aber das Potenzial null sein.

b) Richtig. Wenn das elektrische Potenzial in einem Raumgebiet null ist, muss das elektrische Feld in diesem Raumgebiet ebenfalls null sein.

c) Falsch. Als Gegenbeispiel betrachten wir zwei betragsmäßig gleiche Ladungen auf der x-Achse, mit entgegengesetzten Vorzeichen und in gleichen Abständen vom Koordinatenursprung. Das elektrische Potenzial dieser beiden Ladungen im Koordinatenursprung kann zu null gewählt werden, während das elektrische Feld dort von null verschieden ist.

d) Richtig. Die elektrischen Feldlinien zeigen stets zu Gebieten mit niedrigerem Potenzial.

e) Richtig. Der Wert des elektrischen Potenzials kann an einem beliebigen Punkt gleich null gewählt werden.

f) Richtig. Die Oberfläche eines Leiters ist in der Elektrostatik eine Äquipotenzialfläche.

g) Falsch. Zum dielektrischen Durchschlag kommt es in der Luft bei einer *elektrischen Feldstärke* über rund $3 \cdot 10^6$ V · m^{-1}.

L23.7 Wenn die beiden Kugeln miteinander verbunden sind, verteilen sich ihre Ladungen so, dass das leitende System im Gleichgewicht ist. Dann ist das elektrische Feld gleich null, so dass sich das gesamte System auf dem gleichen Potenzial befindet. Die Lösung c ist also richtig.

L23.8 a) Wir gehen vom Prinzip der Energieerhaltung aus. Es besagt, dass die Summe aus kinetischer und potenzieller Energie am Anfang (wenn die Protonen getrennt sind) gleich der entsprechenden Summe am Ende ist:

$$E_{\mathrm{kin,A}} + E_{\mathrm{el,A}} = E_{\mathrm{kin,E}} + E_{\mathrm{el,E}} \, .$$

Die Protonen haben am Anfang lediglich kinetische Energie und am Ende beim minimalen Abstand r lediglich potenzielle Energie. Daher ist $E_{\mathrm{kin,A}} = E_{\mathrm{el,E}}$. Wenn jedes Proton anfangs die kinetische Energie E_{kin} hat, muss also

$$2 E_{\mathrm{kin}} = \frac{1}{4\pi\varepsilon_0} \frac{e^2}{r}$$

sein. Damit ergibt sich

$$
\begin{aligned}
E_{\mathrm{kin}} &= \frac{e^2}{8\pi\varepsilon_0 \, r} \\
&= \frac{(1,6\cdot 10^{-19}\,\mathrm{C})^2}{8\,\pi\,(8,85\cdot 10^{-12}\,\mathrm{C}^2\cdot\mathrm{N}^{-1}\cdot\mathrm{m}^{-2})\,(10^{-15}\,\mathrm{m})} \\
&= (1,15\cdot 10^{-13}\,\mathrm{J})\,\frac{1\,\mathrm{eV}}{1,6\cdot 10^{-19}\,\mathrm{J}} = 0,719\,\mathrm{MeV}.
\end{aligned}
$$

b) Das Verhältnis der kinetischen Energie zur Ruheenergie ist

$$\frac{E_{\mathrm{kin}}}{E_0} = \frac{0,719\,\mathrm{MeV}}{938\,\mathrm{MeV}} = 0,0767\,\% \, .$$

L23.9 Bei einer elektrischen Feldstärke von rund $3\,\mathrm{MV}\cdot\mathrm{m}^{-1}$ springt der Funken über. Die Potenzialdifferenz ist das Produkt aus dieser Feldstärke und dem Abstand, bei dem der Funken überspringt: $\Delta\phi \approx (3\,\mathrm{MV}\cdot\mathrm{m}^{-1})\,(2\,\mathrm{mm}) = 6\,000\,\mathrm{V}$.

L23.10 a) Weil das elektrische Feld homogen ist, ergibt sich sein Betrag zu

$$E = \frac{\Delta\phi}{\Delta x} = \frac{500\,\mathrm{V}}{0,1\,\mathrm{m}} = 5,00\,\mathrm{kV}\cdot\mathrm{m}^{-1}.$$

b) Die vom elektrischen Feld am Elektron verrichtete Arbeit ist das Produkt aus der Potenzialdifferenz und der Ladung:
$W = q\,\Delta\phi = (1,6\cdot 10^{-19}\,\mathrm{C})\,(500\,\mathrm{V}) = 8,01\cdot 10^{-17}\,\mathrm{J}$.

Dies rechnen wir in Elektronenvolt um:

$$W = (8,01\cdot 10^{-17}\,\mathrm{J})\,\frac{1\,\mathrm{eV}}{1,6\cdot 10^{-19}\,\mathrm{J}} = 500\,\mathrm{eV}.$$

c) Die Änderung der potenziellen Energie ist das Negative der Arbeit, die am Elektron verrichtet wird, während es sich von der negativen zur positiven Platte bewegt:

$\Delta E_{\mathrm{el}} = -W = -500\,\mathrm{eV}$.

Die kinetische Energie nach Durchlaufen der Strecke folgt aus der Energieerhaltung:

$\Delta E_{\mathrm{kin}} = -\Delta E_{\mathrm{el}} = 500\,\mathrm{eV}$.

L23.11 Im Allgemeinen ändert die Arbeit, die beim Trennen von zwei Ionen verrichtet wird, sowohl deren kinetische als auch deren potenzielle Energie. Hier wird angenommen, dass die Ionen sowohl zu Beginn als auch am Ende, wenn sie unendlich weit voneinander entfernt sind, ruhen. Da zudem die potenzielle Energie der Ionen bei unendlich großem Abstand null ist, ist die zum Trennen erforderliche Energie W das Negative ihrer potenziellen Energie im Abstand r. Wir erhalten also

$$
\begin{aligned}
W &= \Delta E_{\mathrm{kin}} + \Delta E_{\mathrm{el}} = 0 - E_{\mathrm{el,A}} \\
&= -\frac{1}{4\pi\varepsilon_0}\frac{(q_-)\,(q_+)}{r} = -\frac{1}{4\pi\varepsilon_0}\frac{(-e)\,e}{r} = \frac{1}{4\pi\varepsilon_0}\frac{e^2}{r} \\
&= \frac{(8,99\cdot 10^9\,\mathrm{N}\cdot\mathrm{m}^2\cdot\mathrm{C}^{-2})\,(1,6\cdot 10^{-19}\,\mathrm{C})^2}{2,80\cdot 10^{-10}\,\mathrm{m}} \\
&= 8,24\cdot 10^{-19}\,\mathrm{J} \\
&= (8,24\cdot 10^{-19}\,\mathrm{J})\,\frac{1\,\mathrm{eV}}{1,6\cdot 10^{-19}\,\mathrm{J}} = 5,14\,\mathrm{eV}.
\end{aligned}
$$

L23.12 Wir bezeichnen die vier Ladungen mit den Indices 1, 2, 3 und 4. Den Abstand jeder Ladung vom Mittelpunkt des Quadrats nennen wir r. Das Gesamtpotenzial ist die Summe der Einzelpotenziale der vier Ladungen:

$$
\begin{aligned}
\phi &= \frac{1}{4\pi\varepsilon_0}\frac{q_1}{r} + \frac{1}{4\pi\varepsilon_0}\frac{q_2}{r} + \frac{1}{4\pi\varepsilon_0}\frac{q_3}{r} + \frac{1}{4\pi\varepsilon_0}\frac{q_4}{r} \\
&= \frac{1}{4\pi\varepsilon_0}\frac{1}{r}\,(q_1 + q_2 + q_3 + q_4) = \frac{1}{4\pi\varepsilon_0}\frac{1}{r}\sum_{i=1}^{4} q_i \, .
\end{aligned}
$$

a) Wenn alle Ladungen positiv sind, ist

$$\phi = \frac{8,99\cdot 10^9\,\mathrm{N}\cdot\mathrm{m}^2\cdot\mathrm{C}^{-2}}{2\sqrt{2}\,\mathrm{m}}\,(4)\,(2\,\mu\mathrm{C}) = 25,4\,\mathrm{kV}.$$

b) Wenn drei Ladungen positiv sind und eine negativ ist, ergibt sich

$$\phi = \frac{8,99\cdot 10^9\,\mathrm{N}\cdot\mathrm{m}^2\cdot\mathrm{C}^{-2}}{2\sqrt{2}\,\mathrm{m}}\,(2)\,(2\,\mu\mathrm{C}) = 12,7\,\mathrm{kV}.$$

c) Bei zwei positiven und zwei negativen Ladungen ist $\phi = 0$.

L23.13 Das Potenzial an einem beliebigen Punkt ist die Summe der Potenziale der Einzelladungen q und q'. Weil es am betrachteten Punkt (im Abstand $a/3$ von q) verschwinden soll, muss gelten

$$\frac{1}{4\pi\varepsilon_0}\frac{q}{a/3} + \frac{1}{4\pi\varepsilon_0}\frac{q'}{2a/3} = 0.$$

Daraus ergibt sich

$$q + \frac{q'}{2} = 0 \quad \text{und somit} \quad \frac{q}{q'} = -\frac{1}{2} \, .$$

L23.14 a) Die eine Ladung hat vom Koordinatenursprung den Abstand $r = |x - a|$ und die andere den Abstand $r = |x|$. Das Potenzial an einem beliebigen Punkt x ist die Summe der beiden Einzelpotenziale:

$$\phi(x) = \frac{1}{4\pi\varepsilon_0}\frac{3e}{|x|} + \frac{1}{4\pi\varepsilon_0}\frac{-2e}{|x-a|} \, .$$

Die grafische Darstellung des Potenzials $\phi(x)$ in der Abbildung wurde für $a = 1\,\mathrm{m}$ mit einem Tabellenkalkulationsprogramm berechnet.

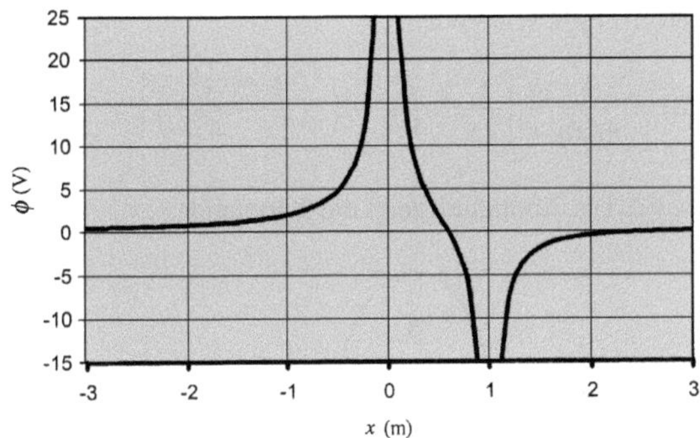

b) An der Kurve können wir zunächst erkennen, dass $\phi(x) = 0$ für $x = \pm\infty$ ist. Weiterhin ergibt sich beim Nullsetzen der Funktion $\phi(x)$:

$$\frac{3}{|x|} - \frac{2}{|x-a|} = 0.$$

Für $x > 0$ ist $\phi(x) = 0$ bei $x = 3a$.

Für $0 < x < a$ ist $\phi(x) = 0$ bei $x = 0{,}6a$.

c) Die Arbeit ist gleich der Änderung der potenziellen Energie der dritten Ladung:

$$W = \Delta E_{\mathrm{el}} = q\,\phi(\tfrac{1}{2}a).$$

Das Potenzial am betrachteten Punkt $x = \frac{1}{2}a$ ist

$$\phi(\tfrac{1}{2}a) = \frac{1}{4\pi\varepsilon_0}\frac{3e}{|\frac{1}{2}a|} + \frac{1}{4\pi\varepsilon_0}\frac{-2e}{|\frac{1}{2}a - a|}$$

$$= \frac{1}{4\pi\varepsilon_0}\frac{6e}{a} - \frac{1}{4\pi\varepsilon_0}\frac{4e}{a} = \frac{1}{4\pi\varepsilon_0}\frac{2e}{a}.$$

Damit ergibt sich für die zu verrichtende Arbeit

$$W = e\,\frac{1}{4\pi\varepsilon_0}\frac{2e}{a} = \frac{e^2}{2\pi\varepsilon_0\,a}.$$

L23.15 a) Es gilt $E_x = -(\mathrm{d}\phi/\mathrm{d}x)$. Wegen $E_x < 0$ ist ϕ bei höheren x-Werten größer. Somit ist $\phi_b - \phi_a$ positiv.

b) Der Betrag der elektrischen Feldstärke ist

$$|E| = |E_x| = \left|\frac{\Delta\phi}{\Delta x}\right| = \left|\frac{\phi_b - \phi_a}{\Delta x}\right| = \frac{10^5\ \mathrm{V}}{4\ \mathrm{m}} = 25{,}0\ \mathrm{kV\cdot m^{-1}}.$$

L23.16 a) Das Potenzial auf der x-Achse bei $x = 3$ m ist die Summe der Potenziale der beiden Ladungen q_1 und q_2, die sich im Koordinatenursprung und bei $x = 6$ m befinden:

$$\phi(3\ \mathrm{m}) = \frac{1}{4\pi\varepsilon_0}\left(\frac{q_1}{r_1} + \frac{q_2}{r_2}\right)$$

$$= (8{,}99\cdot 10^9\ \mathrm{N\cdot m^2\cdot C^{-2}})\left(\frac{3\ \mu\mathrm{C}}{3\ \mathrm{m}} + \frac{-3\ \mu\mathrm{C}}{3\ \mathrm{m}}\right) = 0.$$

b) Das elektrische Feld auf der x-Achse bei $x = 3$ m ist die Summe der Felder der beiden Einzelladungen:

$$E_x(3\ \mathrm{m}) = \frac{1}{4\pi\varepsilon_0}\frac{q_1}{r_1^2} + \frac{1}{4\pi\varepsilon_0}\frac{q_2}{r_2^2} = \frac{1}{4\pi\varepsilon_0}\left(\frac{q_1}{r_1^2} + \frac{q_2}{r_2^2}\right)$$

$$= (8{,}99\cdot 10^9\ \mathrm{N\cdot m^2\cdot C^{-2}})\left(\frac{3\ \mu\mathrm{C}}{(3\ \mathrm{m})^2} - \frac{-3\ \mu\mathrm{C}}{(3\ \mathrm{m})^2}\right)$$

$$= 5{,}99\ \mathrm{kV\cdot m^{-1}}.$$

c) Auf dieselbe Weise wie in Teilaufgabe a ergibt sich

$$\phi(3{,}01\ \mathrm{m}) = \frac{1}{4\pi\varepsilon_0}\left(\frac{q_1}{r_1} + \frac{q_2}{r_2}\right)$$

$$= (8{,}99\cdot 10^9\ \mathrm{N\cdot m^2\cdot C^{-2}})\left(\frac{3\ \mu\mathrm{C}}{3{,}01\ \mathrm{m}} + \frac{-3\ \mu\mathrm{C}}{2{,}99\ \mathrm{m}}\right)$$

$$= -59{,}9\ \mathrm{V}.$$

Mit dem Ergebnis der Teilaufgabe a erhalten wir

$$-\frac{\Delta\phi}{\Delta x} = \frac{-59{,}9\ \mathrm{V} - 0\ \mathrm{V}}{3{,}01\ \mathrm{m} - 3{,}00\ \mathrm{m}} = 5{,}99\ \mathrm{kV\cdot m^{-1}} = E_x(3{,}00\ \mathrm{m}).$$

L23.17 a) Wir bezeichnen den Abstand zwischen $(0, a)$ und $(x, 0)$ mit r_1, den Abstand zwischen $(0, -a)$ und $(x, 0)$ mit r_2 sowie den Abstand zwischen $(a, 0)$ und $(x, 0)$ mit r_3. Das Potenzial $\phi(x)$ ist die Summe der Potenziale der bei $(0, a)$, $(0, -a)$ und $(a, 0)$ befindlichen Ladungen:

$$\phi(x) = \frac{1}{4\pi\varepsilon_0}\frac{q_1}{r_1} + \frac{1}{4\pi\varepsilon_0}\frac{q_2}{r_2} + \frac{1}{4\pi\varepsilon_0}\frac{q_3}{r_3},$$

mit $q_1 = q_2 = q_3 = q$.

Bei $x = 0$ heben die Felder von q_1 und q_2 einander gerade auf, so dass

$$E_x(0) = -\frac{1}{4\pi\varepsilon_0}\frac{q}{a^2}$$

ist; dies ergibt sich für $x = 0$ auch in Teilaufgabe b.

Für $x \to \infty$ (bzw. $x \gg a$) erscheinen die drei Ladungen als eine Punktladung $3q$, so dass

$$E_x(\infty) = \frac{1}{4\pi\varepsilon_0}\frac{3q}{x^2}.$$

ist. Dies ergibt sich für $x \gg a$ ebenfalls in Teilaufgabe b.

Einsetzen der (u. a. mit dem Satz des Pythagoras ermittelten) Ausdrücke für die Abstände r_i in die erste Gleichung liefert

$$\phi(x) = \frac{1}{4\pi\varepsilon_0}\,q\left(\frac{1}{r_1} + \frac{1}{r_2} + \frac{1}{r_3}\right)$$

$$= \frac{1}{4\pi\varepsilon_0}\,q\left(\frac{1}{\sqrt{x^2 + a^2}} + \frac{1}{\sqrt{x^2 + a^2}} + \frac{1}{|x-a|}\right)$$

$$= \frac{1}{4\pi\varepsilon_0}\,q\left(\frac{2}{\sqrt{x^2 + a^2}} + \frac{1}{|x-a|}\right).$$

b) Beim elektrischen Feld treffen wir nun eine Fallunterscheidung.

Bei $x > a$ ist $x - a > 0$ und daher $|x - a| = x - a$.

Aus $E_x = -\mathrm{d}\phi/\mathrm{d}x$ folgt damit

$$E_x(x > a) = -\frac{\mathrm{d}}{\mathrm{d}x}\left[\frac{1}{4\pi\varepsilon_0}\,q\left(\frac{2}{\sqrt{x^2 + a^2}} + \frac{1}{x - a}\right)\right]$$

$$= \frac{1}{4\pi\varepsilon_0}\frac{2qx}{(x^2 + a^2)^{3/2}} + \frac{1}{4\pi\varepsilon_0}\frac{q}{(x - a)^2}.$$

Bei $x < a$ ist $x - a < 0$, also $|x - a| = -(x - a) = a - x$.

In diesem Fall ist das elektrische Feld

$$E_x(x < a) = -\frac{\mathrm{d}}{\mathrm{d}x}\left[\frac{1}{4\pi\varepsilon_0}\,q\left(\frac{2}{\sqrt{x^2 + a^2}} + \frac{1}{a - x}\right)\right]$$

$$= \frac{1}{4\pi\varepsilon_0}\frac{2qx}{(x^2 + a^2)^{3/2}} - \frac{1}{4\pi\varepsilon_0}\frac{q}{(a - x)^2}.$$

L23.18 Die Abbildung zeigt die Anordnung.

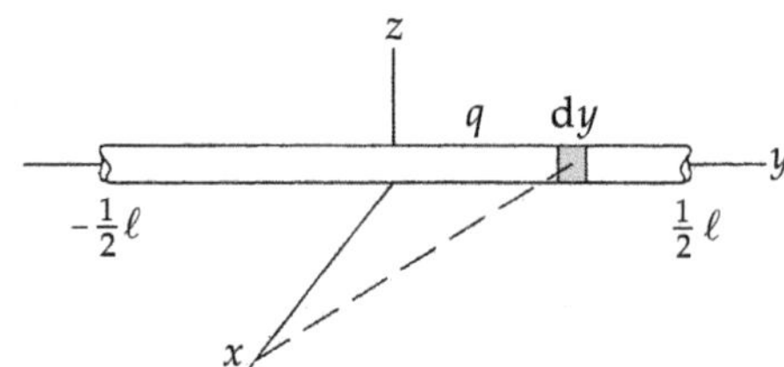

a) Die Ladung pro Längeneinheit ist $\lambda = q/\ell$. Ein Linienelement $\mathrm{d}y$ trägt dann die Ladung $\lambda\,\mathrm{d}y$. Mit $r = \sqrt{x^2 + y^2}$ ist das zu diesem Linienelement gehörende Potenzial gegeben durch

$$\mathrm{d}\phi(x) = \frac{1}{4\pi\varepsilon_0}\,\frac{\lambda}{r}\,\mathrm{d}y.$$

Wir integrieren über $\mathrm{d}\phi(x)$ von $y = -\ell/2$ bis $y = \ell/2$:

$$\phi(x,0) = \frac{1}{4\pi\varepsilon_0}\,\frac{q}{\ell}\int_{-\ell/2}^{\ell/2}\frac{\mathrm{d}y}{\sqrt{x^2 + y^2}}$$

$$= \frac{1}{4\pi\varepsilon_0}\,\frac{q}{\ell}\ln\frac{\sqrt{x^2 + \ell^2/4} + \ell/2}{\sqrt{x^2 + \ell^2/4} - \ell/2}.$$

b) Wir klammern x im Zähler und im Nenner aus und kürzen:

$$\phi(x,0) = \frac{1}{4\pi\varepsilon_0}\,\frac{q}{\ell}\ln\frac{\sqrt{1 + \dfrac{\ell^2}{4x^2}} + \dfrac{\ell}{2x}}{\sqrt{1 + \dfrac{\ell^2}{4x^2}} - \dfrac{\ell}{2x}}.$$

Wegen $\ln(a/b) = \ln a - \ln b$ ist dies gleichbedeutend mit

$$\phi(x,0) = \frac{1}{4\pi\varepsilon_0}\,\frac{q}{\ell}\left[\ln\left(\sqrt{1 + \frac{\ell^2}{4x^2}} + \frac{\ell}{2x}\right)\right.$$
$$\left. - \ln\left(\sqrt{1 + \frac{\ell^2}{4x^2}} - \frac{\ell}{2x}\right)\right].$$

Wir entwickeln nun den Ausdruck $\sqrt{1 + \ell^2/(4x^2)}$ in eine Reihe. Dazu setzen wir $\ell^2/(4x^2) = \vartheta$. Mit
$(1 + \vartheta)^{1/2} = 1 + \frac{1}{2}\vartheta - \frac{1}{8}\vartheta^2 + \cdots$
ergibt sich für $x \gg \ell$ daraus:

$$\left(1 + \frac{\ell^2}{4x^2}\right)^{1/2} = 1 + \frac{1}{2}\frac{\ell^2}{4x^2} - \frac{1}{8}\left(\frac{\ell^2}{4x^2}\right)^2 + \cdots \approx 1.$$

Einsetzen liefert

$$\phi(x,0) \approx \frac{1}{4\pi\varepsilon_0}\,\frac{q}{\ell}\left[\ln\left(1 + \frac{\ell}{2x}\right) - \ln\left(1 - \frac{\ell}{2x}\right)\right].$$

Wir entwickeln nun die Ausdrücke $\ln\left[1 \pm \ell/(2x)\right]$ in eine Reihe. Dazu setzen wir $\ell/(2x) = \delta$. Mit
$\ln(1 + \delta) = \delta - \frac{1}{2}\delta^2 + \cdots$
erhalten wir für $x \gg \ell$:

$$\ln\left(1 + \frac{\ell}{2x}\right) \approx \frac{\ell}{2x} - \frac{\ell^2}{4x^2}, \qquad \ln\left(1 - \frac{\ell}{2x}\right) \approx -\frac{\ell}{2x} - \frac{\ell^2}{4x^2}.$$

Einsetzen ergibt schließlich

$$\phi(x,0) \approx \frac{1}{4\pi\varepsilon_0}\,\frac{q}{\ell}\left[\frac{\ell}{2x} - \frac{\ell^2}{4x^2} - \left(-\frac{\ell}{2x} - \frac{\ell^2}{4x^2}\right)\right] = \frac{1}{4\pi\varepsilon_0}\,\frac{q}{x}.$$

L23.19 Die Abbildung zeigt die Anordnung.

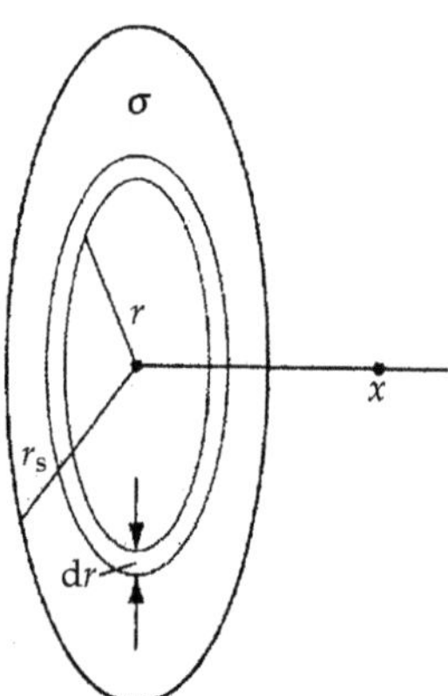

a) Wir können die Gesamtladung q bestimmen, indem wir die Scheibe in Ringe mit dem Radius r und mit der Dicke $\mathrm{d}r$ „zerlegen" und dann von $r = 0$ bis $r = r_S$ integrieren.
Die Ladung $\mathrm{d}q'$ auf einem Ring mit dem Radius r und der Dicke $\mathrm{d}r$ ist

$$\mathrm{d}q' = 2\pi r\sigma\,\mathrm{d}r = 2\pi r\left(\sigma_0\,\frac{r_S}{r}\right)\mathrm{d}r = 2\pi\sigma_0 r_S\,\mathrm{d}r.$$

Wir integrieren von $r = 0$ bis $r = r_S$:

$$q = 2\pi\sigma_0 r_S\int_0^{r_S}\mathrm{d}r = 2\pi\sigma_0 r_S^2.$$

b) Ein ringförmiges Element mit der Ladung $\mathrm{d}q' = 2\pi r\sigma\,\mathrm{d}r$ erzeugt auf der Achse der Scheibe das Potenzial

$$\mathrm{d}\phi = \frac{1}{4\pi\varepsilon_0}\,\frac{\mathrm{d}q'}{r'} = \frac{1}{4\pi\varepsilon_0}\,\frac{2\pi\sigma_0 r_S\,\mathrm{d}r}{\sqrt{x^2 + r^2}}.$$

Die Integration von $r = 0$ bis $r = r_S$ ergibt

$$\phi = 2\pi\,\frac{1}{4\pi\varepsilon_0}\,\sigma_0 r_S\int_0^{r_S}\frac{\mathrm{d}r}{\sqrt{x^2 + r^2}}$$

$$= \frac{1}{2\varepsilon_0}\,\sigma_0 r_S\ln\frac{r_S + \sqrt{x^2 + r_S^2}}{x}.$$

L23.20 Die Abbildung zeigt die Anordnung.

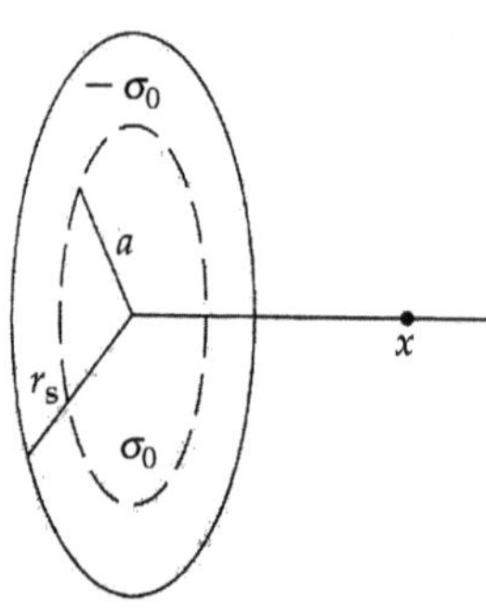

a) Wir ermitteln zunächst den Radius a des positiv geladenen Innengebiets. Da die Ladungsdichten den gleichen Betrag haben sollen und die Gesamtladung der Scheibe null ist, gilt für die beiden Bereiche

$$|q_{r<a}| = |q_{r>a}| \quad \text{bzw.} \quad \sigma_0\,\pi\,a^2 = \sigma_0\,\pi\,r_{\mathrm{S}}^2 - \sigma_0\,\pi\,a^2\,.$$

Auflösen ergibt $a = r_{\mathrm{S}}/\sqrt{2}$.

Das Potenzial im Abstand x von der Scheibe auf der x-Achse ist die Summe der Potenziale der positiv geladenen Scheibe und des negativ geladenen Rings:

$$\phi(x) = \phi_+(x) + \phi_-(x)\,.$$

Gemäß dem allgemeinen Ausdruck für das Potenzial einer geladenen Scheibe auf deren Achse gilt hier

$$\phi_+(x) = \frac{1}{2\varepsilon_0}\,\sigma_0\left(\sqrt{x^2 + \frac{r_{\mathrm{S}}^2}{2}} - x\right),$$

wobei wir für den Radius der Scheibe den oben berechneten Ausdruck $r_{\mathrm{S}}/\sqrt{2}$ eingesetzt haben.

Das Potenzial des Ladungsrings im Abstand $r > a$ von der Achse ist

$$\mathrm{d}\phi_-(x) = -\frac{1}{2\varepsilon_0}\,\sigma_0\,\frac{r}{r'}\,\mathrm{d}r, \quad \text{mit} \quad r' = \sqrt{x^2 + r^2}\,.$$

Wir integrieren dies von $r = r_{\mathrm{S}}/\sqrt{2}$ bis zum Radius $r = r_{\mathrm{S}}$ der Scheibe:

$$\phi_-(x) = -\frac{1}{2\varepsilon_0}\,\sigma_0 \int_{r_{\mathrm{S}}/\sqrt{2}}^{r_{\mathrm{S}}} \frac{r}{\sqrt{x^2 + r^2}}\,\mathrm{d}r$$

$$= -\frac{1}{2\varepsilon_0}\,\sigma_0\left(\sqrt{x^2 + r_{\mathrm{S}}^2} - \sqrt{x^2 + \frac{r_{\mathrm{S}}^2}{2}}\right).$$

Einsetzen und Vereinfachen ergibt schließlich

$$\phi(x) = \frac{1}{2\varepsilon_0}\,\sigma_0\left(\sqrt{x^2 + \frac{r_{\mathrm{S}}^2}{2}} - x\right)$$

$$- \frac{1}{2\varepsilon_0}\,\sigma_0\left(\sqrt{x^2 + r_{\mathrm{S}}^2} - \sqrt{x^2 + \frac{r_{\mathrm{S}}^2}{2}}\right)$$

$$= \frac{1}{2\varepsilon_0}\,\sigma_0\left(\sqrt{x^2 + \frac{r_{\mathrm{S}}^2}{2}} - x - \sqrt{x^2 + r_{\mathrm{S}}^2} + \sqrt{x^2 + \frac{r_{\mathrm{S}}^2}{2}}\right)$$

$$= \frac{1}{2\varepsilon_0}\,\sigma_0\left(2\sqrt{x^2 + \frac{r_{\mathrm{S}}^2}{2}} - \sqrt{x^2 + r_{\mathrm{S}}^2} - x\right).$$

b) Wir klammern x in beiden Wurzeln des Ergebnisses von Teilaufgabe a aus und verwenden folgende Binomialentwicklungen:

$$\sqrt{x^2 + \frac{r_{\mathrm{S}}^2}{2}} = x\left(1 + \frac{r_{\mathrm{S}}^2}{2x^2}\right)^{1/2} \approx x\left(1 + \frac{r_{\mathrm{S}}^2}{4x^2} - \frac{r_{\mathrm{S}}^4}{32x^4}\right)$$

und

$$\sqrt{x^2 + r_{\mathrm{S}}^2} = x\left(1 + \frac{r_{\mathrm{S}}^2}{x^2}\right)^{1/2} \approx x\left(1 + \frac{r_{\mathrm{S}}^2}{2x^2} - \frac{r_{\mathrm{S}}^4}{8x^4}\right).$$

Einsetzen liefert schließlich

$$\phi(x) = \frac{1}{2\varepsilon_0}\,\sigma_0\left[2x\left(1 + \frac{r_{\mathrm{S}}^2}{4x^2} - \frac{r_{\mathrm{S}}^4}{32x^4}\right)\right.$$

$$\left. - x\left(1 + \frac{r_{\mathrm{S}}^2}{2x^2} - \frac{r_{\mathrm{S}}^4}{8x^4}\right) - x\right]$$

$$= \frac{1}{4\pi\varepsilon_0}\,\frac{\pi\,\sigma_0\,r_{\mathrm{S}}^4}{8\,x^3}\,.$$

L23.21 Die Abbildung zeigt die Anordnung im Querschnitt mit den beiden Ladungen $-q$ auf der Kugelschale und q auf der Metallkugel im Inneren.

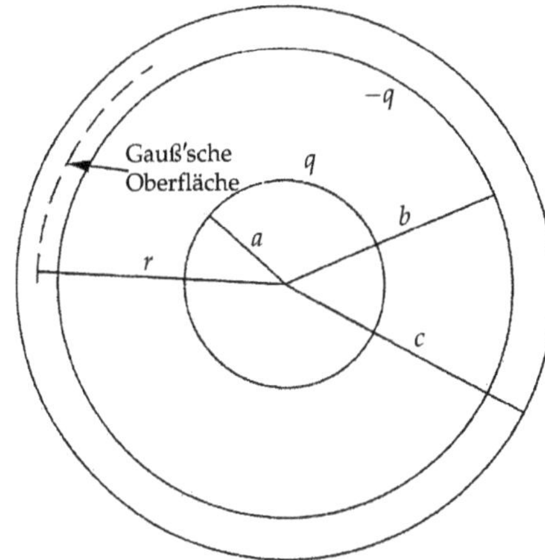

a) Bei $r > b$ ergibt sich das Potenzial aus der Beziehung

$$\phi_{r>b} = -\int E_{r>b}\,\mathrm{d}r\,.$$

Zur Ermittlung des elektrischen Felds integrieren wir über die gestrichelt eingezeichnete Gauß'sche Fläche:

$$\oint_A \boldsymbol{E}_r \cdot \widehat{\boldsymbol{n}}\,\mathrm{d}A = \frac{q_{\mathrm{innen}}}{\varepsilon_0} = 0\,.$$

Bei $r > b$ ist die eingeschlossene Ladung $q_{\mathrm{innen}} = 0$. Also ist $E_{r>b} = 0$, und wir erhalten für das Potenzial

$$\phi_{r>b} = -\int (0)\,\mathrm{d}r = 0\,.$$

b) Bei $a < r < b$ wirkt die Metallkugel in der Mitte wie eine Punktladung q. Das Potenzial ist dann die Summe des Potenzials dieser Punktladung in der Mitte und des Potenzials auf der Oberfläche, das von der Ladung auf der Innenseite der Kugeloberfläche herrührt:

$$\phi_a = \phi_{q,\mathrm{Mitte}} + \phi_{q,\mathrm{Oberfläche}}\,.$$

Der erste Anteil ist das Coulomb-Potenzial im Abstand a von einer in der Mitte gelegenen Punktladung:

$$\phi_{q,\mathrm{Mitte}} = \frac{1}{4\pi\varepsilon_0}\,\frac{q}{a}\,.$$

Der zweite Anteil entspricht dem Potenzial auf der Innenseite der leitenden Hohlkugel:

$$\phi_{\mathrm{Oberfläche}} = \frac{1}{4\pi\varepsilon_0}\,\frac{-q}{b} = -\frac{1}{4\pi\varepsilon_0}\,\frac{q}{b}\,.$$

Damit ergibt sich

$$\phi_a = \frac{1}{4\pi\varepsilon_0}\,\frac{q}{a} - \frac{1}{4\pi\varepsilon_0}\,\frac{q}{b} = \frac{1}{4\pi\varepsilon_0}\,q\left(\frac{1}{a}-\frac{1}{b}\right).$$

L23.22 Die Abbildung zeigt die Vollkugel mit dem Radius r_K, die die gleichmäßig verteilte Ladung q trägt.

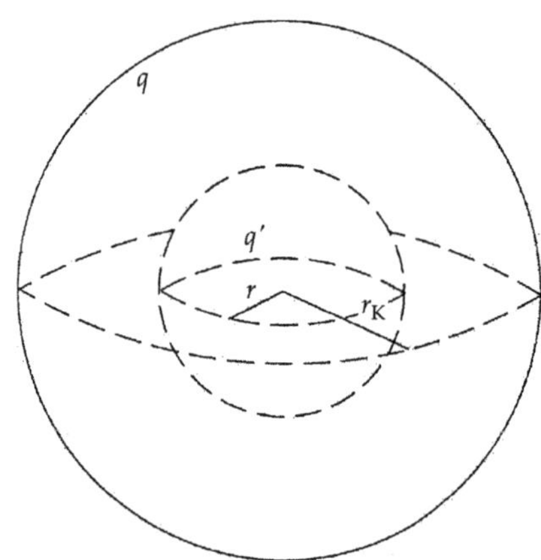

a) Das Potenzial ϕ_1 der Ladung q' beim Radius r ist

$$\phi_1 = \frac{1}{4\pi\varepsilon_0}\,\frac{q'}{r}.$$

Dabei haben wir mit q' die Ladung innerhalb des Radius r bezeichnet. Ausgehend von der Definition der Raumladungsdichte ρ und der Tatsache, dass die Gesamtladung q homogen über die Kugel verteilt ist, gilt:

$$\rho = \frac{q'}{\frac{4}{3}\pi r^3} = \frac{q}{\frac{4}{3}\pi r_K^3}.$$

Auflösen nach q' ergibt $q' = (r^3/r_K^3)\,q$ und somit

$$\phi_1 = \frac{1}{4\pi\varepsilon_0}\,\frac{1}{r}\,\frac{r^3}{r_K^3}\,q = \frac{1}{4\pi\varepsilon_0}\,\frac{q}{r_K^3}\,r^2.$$

b) Das Potenzial $\mathrm{d}\phi_2$ einer geladenen Kugelschale mit dem Radius r' und der Dicke $\mathrm{d}r'$ sowie mit der Ladung $\mathrm{d}q'$ ist bei einem Radius r innerhalb der Kugelschale, also bei $r' > r$, gegeben durch

$$\mathrm{d}\phi_2 = \frac{1}{4\pi\varepsilon_0}\,\frac{\mathrm{d}q'}{r'}.$$

Die Ladung der Kugelschale mit der Dicke $\mathrm{d}r'$ beim Radius r' ist

$$\mathrm{d}q' = 4\pi r'^2\,\rho\,\mathrm{d}r' = 4\pi r'^2\,\frac{3q}{4\pi r_K^3}\,\mathrm{d}r' = \frac{3q}{r_K^3}\,r'^2\,\mathrm{d}r'.$$

Einsetzen ergibt

$$\mathrm{d}\phi_2 = \frac{1}{4\pi\varepsilon_0}\,\frac{3q}{r_K^3}\,r'\,\mathrm{d}r'.$$

c) Wir integrieren über $\mathrm{d}\phi_2$ von $r = r'$ bis $r = r_K$:

$$\phi_2 = \frac{1}{4\pi\varepsilon_0}\,\frac{3q}{r_K^3}\int_r^{r_K} r'\,\mathrm{d}r' = \frac{1}{4\pi\varepsilon_0}\,\frac{3q}{2r_K^3}\,(r_K^2 - r^2).$$

d) Das Gesamtpotenzial ϕ beim Radius r ist die Summe von ϕ_1 und ϕ_2:

$$\phi = \phi_1 + \phi_2 = \frac{1}{4\pi\varepsilon_0}\,\frac{q}{r_K^3}\,r^2 + \frac{1}{4\pi\varepsilon_0}\,\frac{3q}{2r_K^3}\,(r_K^2 - r^2)$$

$$= \frac{1}{4\pi\varepsilon_0}\,\frac{q}{2r_K}\left(3 - \frac{r^2}{r_K^2}\right).$$

L23.23 Die Abbildung zeigt im Querschnitt die konzentrischen Kugelschalen mit ihren Ladungen.

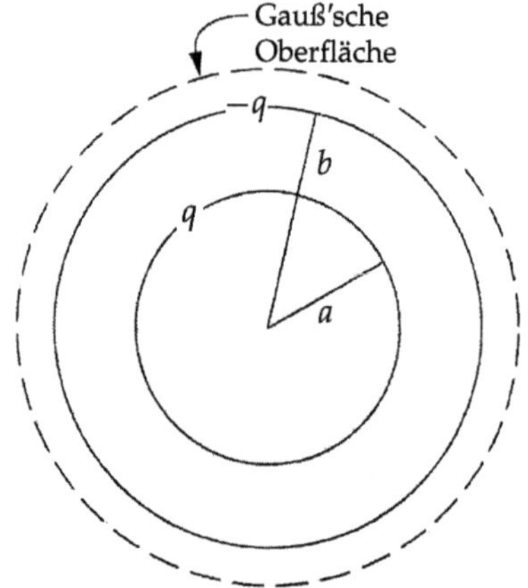

Das Potenzial beim Radius b ergibt sich aus dem elektrischen Feld außerhalb der Kugelschale, also aus der Beziehung

$$\phi_b = -\int_\infty^b E_{r\geq b}\,\mathrm{d}r.$$

Wir berechnen das elektrische Feld mit Hilfe des Gauß'schen Gesetzes. Als Integrationsfläche wählen wir dabei die gestrichelt eingezeichnete Kugelschale mit $r \geq b$:

$$\oint_A \boldsymbol{E}_r \cdot \hat{\boldsymbol{n}}\,\mathrm{d}A = \frac{q_{\text{innen}}}{\varepsilon_0} = 0.$$

Die eingeschlossene Gesamtladung ist bei $r \geq b$ null. Also ist $E_{r\geq b} = 0$, und es folgt

$$\phi_b = -\int_\infty^b (0)\,\mathrm{d}r = 0.$$

Das Potenzial beim Radius a auf der inneren Kugelschale ist

$$\phi_a = -\int_b^a E_{r\geq a}\,\mathrm{d}r.$$

Wir wenden erneut das Gauß'sche Gesetz an, diesmal jedoch auf eine Integrationsfläche, die zwischen den Radien a und b liegt:

$$4\pi r^2\,E_{r\geq a} = \frac{q}{\varepsilon_0}.$$

Daraus folgt

$$E_{r\geq a} = \frac{1}{4\pi\varepsilon_0}\,\frac{q}{r^2}.$$

Das Potenzial auf der inneren Kugelschale ist daher

$$\phi_a = -\frac{1}{4\pi\varepsilon_0}\,q\int_b^a \frac{\mathrm{d}r}{r^2} = \frac{1}{4\pi\varepsilon_0}\,\frac{q}{a} - \frac{1}{4\pi\varepsilon_0}\,\frac{q}{b}.$$

Hiermit ergibt sich die gesuchte Potenzialdifferenz zu

$$\phi_a - \phi_b = \phi_a - 0 = \frac{1}{4\pi\varepsilon_0}\, q \left(\frac{1}{a} - \frac{1}{b}\right).$$

L23.24 Das elektrische Feld auf der Oberfläche einer leitenden Kugel ergibt sich aus dem Potenzial auf der Oberfläche und dem Kugelradius r:

$$E_r = \frac{\phi(r)}{r}.$$

Also gilt für den Radius $\quad r = \dfrac{\phi(r)}{E_r}.$

Der bei gegebener Spannung minimal mögliche Radius ergibt sich, wenn in dieser Gleichung auf der rechten Seite die maximal mögliche Feldstärke bzw. die Durchschlagfestigkeit eingesetzt wird:

$$r_{\min} = \frac{\phi(r)}{E_{\max}}.$$

Mit der Durchschlagfestigkeit der Luft von rund $3\,\mathrm{MV\cdot m^{-1}}$ ergibt sich der minimale Radius zu

$$r_{\min} \approx \frac{10^4\,\mathrm{V}}{3\,\mathrm{MV\cdot m^{-1}}} = 3{,}3\,\mathrm{mm}.$$

L23.25 a) Die Elektronenladung $\mathrm{d}q'$ in einer Kugelschale mit dem Volumen $4\pi r^2\,\mathrm{d}r$ im Abstand r vom Proton ist gegeben durch

$$\mathrm{d}q' = \rho\,\mathrm{d}V = (\rho_0\,\mathrm{e}^{-2r/a})(4\pi r^2\,\mathrm{d}r) = 4\pi\rho_0\, r^2\,\mathrm{e}^{-2r/a}\,\mathrm{d}r.$$

Weil das Wasserstoffatom insgesamt neutral ist, muss gelten

$$-e = 4\pi\rho_0 \int_0^\infty r^2\,\mathrm{e}^{-2r/a}\,\mathrm{d}r.$$

Zweimalige partielle Integration ergibt

$$-e = 4\pi\rho_0\,\frac{a^3}{4} = \pi\rho_0\, a^3.$$

Daraus folgt $\quad \rho_0 = -\dfrac{e}{\pi a^3}.$

b) Wir berechnen zunächst das Potenzial der Elektronenwolke, das innerhalb des Radius r an einem bestimmten Punkt von den Ladungen herrührt. Dies ist dasselbe Potenzial wie das einer im Koordinatenursprung konzentrierten Punktladung. Somit ist dieser Anteil gegeben durch

$$\phi_1 = \frac{1}{4\pi\varepsilon_0}\,\frac{q'}{r}.$$

Die Gesamtladung q' innerhalb des Radius r ergibt sich durch Integration über die Ladungsdichte:

$$q' = 4\pi\rho_0 \int_0^r \mathrm{e}^{-2r/a}\, r^2\,\mathrm{d}r = \frac{e}{2}\left[\mathrm{e}^{-2r/a}\left(4\,\frac{r^2}{a^2} + \frac{2r}{a} + 2\right) - 2\right].$$

Damit ist das Potenzial der Ladung innerhalb des Radius r

$$\phi_1 = \frac{e}{8\pi\varepsilon_0\, r}\left[\mathrm{e}^{-2r/a}\left(4\,\frac{r^2}{a^2} + \frac{2r}{a} + 2\right) - 2\right].$$

Hinzu kommt das Potenzial der Ladungen, die sich außerhalb des betrachteten Punkts befinden. Zur Berechnung zerlegen wir die Ladung in Kugelschalen, über deren Beiträge wir anschließend integrieren. Der Beitrag einer solchen Kugelschale zum Potenzial ist

$$\mathrm{d}\phi_2 = \frac{1}{4\pi\varepsilon_0}\,\frac{\mathrm{d}q'}{r'}.$$

Die Ladung einer Kugelschale erhalten wir aus der Ladungsdichte:

$$\mathrm{d}q' = 4\pi r'^2 \rho_0\,\mathrm{e}^{-2r'/a}\,\mathrm{d}r'.$$

Damit ist

$$\mathrm{d}\phi_2 = -\frac{e}{\pi\varepsilon_0 a^3}\, r'\,\mathrm{e}^{-2r'/a}\,\mathrm{d}r'.$$

Die Integration von 0 bis ∞ liefert

$$\phi_2 = -\frac{e}{\pi\varepsilon_0\, a^3}\int_r^\infty r'\,\mathrm{e}^{-2r'/a}\,\mathrm{d}r' = \frac{e}{4\pi\varepsilon_0\, a}\,\mathrm{e}^{-2r/a}\left(\frac{2r}{a} - 1\right).$$

Das Gesamtpotenzial ist die Summe der beiden Beiträge ϕ_1 und ϕ_2 der Elektronen, zuzüglich des Coulomb-Potenzials des Protons:

$$\phi = \phi_1 + \phi_2 + \phi_{\mathrm{Proton}} = \phi_1 + \phi_2 + \frac{e}{4\pi\varepsilon_0\, r}$$

$$= \frac{e}{4\pi\varepsilon_0\, r}\,\mathrm{e}^{-2r/a}\left(\frac{4r^2}{a^2} + 1\right).$$

L23.26 Die zum Antreiben des Bands benötigte Leistung ist die Rate, mit der der Van-de-Graaff-Generator Arbeit verrichtet: $P = \mathrm{d}W/\mathrm{d}t$. Um eine Ladung q über eine Potenzialdifferenz $\Delta\phi$ zu verschieben, muss die Arbeit $W = q\,\Delta\phi$ verrichtet werden. Einsetzen ergibt

$$P = \frac{\mathrm{d}}{\mathrm{d}t}(q\,\Delta\phi) = \Delta\phi\,\frac{\mathrm{d}q}{\mathrm{d}t} = (1{,}25\,\mathrm{MV})(200\,\mu\mathrm{C\cdot s^{-1}}) = 250\,\mathrm{W}.$$

L23.27 Die Ladung, die von $x = 50\,\mathrm{cm}$ in den Koordinatenursprung verschoben werden soll, bezeichnen wir mit q und den Radius des Rings mit a. Die Arbeit, die aufzuwenden ist, um die Ladung von $x = 50\,\mathrm{cm}$ in den Koordinatenursprung $x = 0$ zu verschieben, ist

$$W = q\,\Delta\phi = q\left[\phi(0) - \phi(0{,}5\,\mathrm{m})\right].$$

Auf der Achse des mit der Ladung q_{R} homogen geladenen Rings herrscht das Potenzial

$$\phi(x) = \frac{1}{4\pi\varepsilon_0}\,\frac{q_{\mathrm{R}}}{\sqrt{x^2 + a^2}}.$$

Im Koordinatenursprung ist also

$$\phi(0) = \frac{1}{4\pi\varepsilon_0}\,\frac{q_{\mathrm{R}}}{\sqrt{a^2}} = \frac{(8{,}99\cdot10^9\,\mathrm{N\cdot m^2\cdot C^{-2}})(2\,\mathrm{nC})}{0{,}1\,\mathrm{m}} = 180\,\mathrm{V}.$$

Analog dazu ergibt sich das Potenzial bei 0,5 m zu

$$\phi(0{,}5\,\mathrm{m}) = \frac{(8{,}99\cdot10^9\,\mathrm{N\cdot m^2\cdot C^{-2}})(2\,\mathrm{nC})}{\sqrt{(0{,}5\,\mathrm{m})^2 + (0{,}1\,\mathrm{m})^2}} = 35{,}3\,\mathrm{V}.$$

Damit ist die verrichtete Arbeit

$$W = (1\,\text{nC})\,(180\,\text{V} - 35{,}3\,\text{V}) = 1{,}45 \cdot 10^{-7}\,\text{J}$$
$$= \left(1{,}45 \cdot 10^{-7}\,\text{J}\right)\frac{1\,\text{eV}}{1{,}6 \cdot 10^{-19}\,\text{J}} = 9{,}06 \cdot 10^{11}\,\text{eV}.$$

L23.28   Wir bezeichnen den Radius der zweiten Kugel mit r_2. Die Ladungen der Kugeln nach dem Verbinden durch den Draht nennen wir q_1 und q_2. Anfangs befinden sich diese beiden Ladungen auf der Kugel 1, und ihr Potenzial ist

$$20\,\text{kV} = \frac{1}{4\pi\varepsilon_0}\frac{q_1 + q_2}{r_1}. \tag{1}$$

Nachdem die beiden Kugeln verbunden wurden, verteilt sich die anfängliche Gesamtladung der Kugel 1 so lange, bis beide Kugeln auf demselben Potenzial sind. Anschließend gilt

$$12\,\text{kV} = \frac{1}{4\pi\varepsilon_0}\frac{q_1}{r_1} \tag{2}$$

und

$$12\,\text{kV} = \frac{1}{4\pi\varepsilon_0}\frac{q_2}{r_2}. \tag{3}$$

Aus den Gleichungen 2 und 3 erhalten wir

$$q_1 = 4\pi\varepsilon_0\,(12\,\text{kV})\,r_1 \quad \text{und} \quad q_2 = 4\pi\varepsilon_0\,(12\,\text{kV})\,r_2.$$

Dies setzen wir in Gleichung 1 ein:

$$20\,\text{kV} = \frac{(12\,\text{kV})\,r_1 + (12\,\text{kV})\,r_2}{r_1} = 12\,\text{kV} + 12\,\text{kV}\left(\frac{r_2}{r_1}\right).$$

Daraus folgt $\quad 8 = 12\left(\dfrac{r_2}{r_1}\right)$

und schließlich $r_2 = \frac{2}{3}\,r_1$.

L23.29   Die elektrische Energie der beiden Teilchen im Abstand r_{Pb} ist

$$E_{\text{el}} = \frac{1}{4\pi\varepsilon_0}\frac{q_1\,q_2}{r_{\text{Pb}}}.$$

Auflösen nach dem Abstand ergibt

$$r_{\text{Pb}} = \frac{1}{4\pi\varepsilon_0}\frac{q_1\,q_2}{E_{\text{el}}}$$
$$= \frac{\left(8{,}99 \cdot 10^9\,\text{N}\cdot\text{m}^2\cdot\text{C}^{-2}\right)(2)(82)\left(1{,}6 \cdot 10^{-19}\,\text{C}\right)^2}{(5{,}30\,\text{MeV})\left(1{,}6 \cdot 10^{-19}\,\text{C}\cdot\text{eV}^{-1}\right)}$$
$$= 44{,}6\,\text{fm}.$$

L23.30   a) Zwischen den beiden Ebenen herrscht die Potenzialdifferenz $\Delta\phi = E\,\Delta\ell = E\,d$, und das elektrische Feld jeder Ebene ist

$$E = \frac{\sigma}{2\,\varepsilon_0}.$$

Da die Ladungsdichten entgegengesetzte Vorzeichen tragen, addieren sich ihre Felder. Daher herrscht zwischen beiden Ebenen das Feld

$$E = E_{\text{Ebene 1}} + E_{\text{Ebene 2}} = \frac{\sigma}{2\,\varepsilon_0} + \frac{\sigma}{2\,\varepsilon_0} = \frac{\sigma}{\varepsilon_0}.$$

Einsetzen ergibt für die Potenzialdifferenz

$$\Delta\phi = \frac{\sigma\,d}{\varepsilon_0}.$$

b) Die Abbildung zeigt die ungeladene leitende Platte zwischen den beiden in Teilaufgabe a betrachteten geladenen Ebenen.

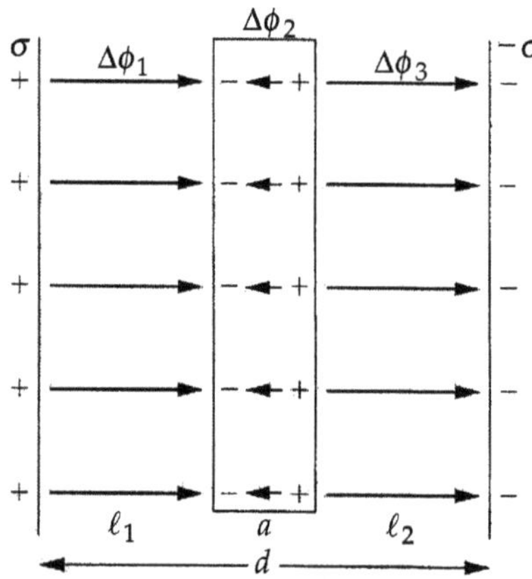

Nach dem Einführen der ungeladenen Platte herrscht zwischen den beiden Ebenen die Potenzialdifferenz

$$\Delta\phi' = \Delta\phi_1 + \Delta\phi_2 + \Delta\phi_3 = E_1\,\ell_1 + E_2\,a + E_3\,\ell_2.$$

Die elektrischen Felder in den Gebieten 1, 2 und 3 sind

$$E_1 = E_3 = \frac{\sigma}{\varepsilon_0} \quad \text{und} \quad E_2 = 0.$$

Einsetzen liefert

$$\Delta\phi' = \frac{\sigma}{\varepsilon_0}\,\ell_1 + \frac{\sigma}{\varepsilon_0}\,\ell_2 = \frac{\sigma}{\varepsilon_0}\,(\ell_1 + \ell_2).$$

Die Summe $\ell_1 + \ell_2$ der Abstände ist gleich der Differenz zwischen d und a, so dass gilt $\ell_1 + \ell_2 = d - a$. Damit ergibt sich schließlich

$$\Delta\phi' = \frac{\sigma}{\varepsilon_0}\,(d - a).$$

L23.31   a) Das Potenzial der beiden geladenen Ringe ist die Summe $\phi(x) = \phi_{\text{linker Ring}} + \phi_{\text{rechter Ring}}$.

Das Potenzial einer Ringladung ist beim axialen Abstand x vom Ring allgemein gegeben durch

$$\phi(x) = \frac{1}{4\pi\varepsilon_0}\frac{q_{\text{R}}}{\sqrt{x^2 + r_{\text{R}}^2}},$$

wobei r_{R} der Radius des Rings und q_{R} seine Ladung ist. Also gilt für die beiden Ringe

$$\phi_{\text{linker Ring}} = \frac{1}{4\pi\varepsilon_0}\frac{q_{\text{R}}}{\sqrt{(x+\ell)^2 + \ell^2}},$$

$$\phi_{\text{rechter Ring}} = \frac{1}{4\pi\varepsilon_0}\frac{q_{\text{R}}}{\sqrt{(x-\ell)^2 + \ell^2}}.$$

Einsetzen ergibt

$$\phi(x) = \frac{1}{4\pi\varepsilon_0}\left(\frac{q_{\text{R}}}{\sqrt{(x+\ell)^2 + \ell^2}} + \frac{q_{\text{R}}}{\sqrt{(x-\ell)^2 + \ell^2}}\right).$$

b) Die erste Ableitung des Potenzials nach x ist

$$\frac{\mathrm{d}\phi}{\mathrm{d}x} = \frac{q_{\mathrm{R}}}{4\pi\varepsilon_0} \left\{ \frac{\ell - x}{\left[(\ell - x)^2 + \ell^2\right]^{3/2}} - \frac{\ell + x}{\left[(\ell + x)^2 + \ell^2\right]^{3/2}} \right\}.$$

Damit das Potenzial ein Minimum hat, muss dieser Ausdruck null sein. Das ist der Fall für $x = 0$, wie sich durch Nullsetzen des Klammerinhalts ($\ell - x = \ell + x$) zeigt. Wenn hier ein Minimum vorliegt, muss die zweite Ableitung positiv sein. Das prüfen wir nun nach. Die zweite Ableitung ist

$$\frac{\mathrm{d}^2\phi}{\mathrm{d}x^2} = \frac{q_{\mathrm{R}}}{4\pi\varepsilon_0} \left\{ \frac{3\,(\ell - x)^2}{\left[(\ell - x)^2 + \ell^2\right]^{5/2}} - \frac{1}{\left[(\ell - x)^2 + \ell^2\right]^{3/2}} \right.$$

$$\left. + \frac{3\,(\ell + x)^2}{\left[(\ell + x)^2 + \ell^2\right]^{5/2}} - \frac{1}{\left[(\ell - x)^2 + \ell^2\right]^{3/2}} \right\}.$$

Einsetzen von $x = 0$ ergibt

$$\frac{\mathrm{d}^2\phi}{\mathrm{d}x^2}(0) = \frac{1}{4\pi\varepsilon_0} \frac{q_{\mathrm{R}}}{2\sqrt{2}\,\ell^3} > 0.$$

Somit liegt wirklich ein Minimum vor.

c) Wir verwenden die Taylor-Entwicklung des Potenzials:

$$\phi(x) = \phi(0) + \phi'(0)\,x + \tfrac{1}{2}\,\phi''(0)\,x^2 + \cdots.$$

Für $x \ll \ell$ können wir die Reihe nach den ersten Gliedern abbrechen und erhalten

$$\phi(x) \approx \phi(0) + \phi'(0)\,x + \tfrac{1}{2}\,\phi''(0)\,x^2.$$

Mit den in Teilaufgabe b ermittelten Ableitungen des Potenzials nach x ergibt sich daraus (wobei wir uns der Näherung aufgrund der Reihenentwicklung bewusst sind)

$$\phi(x) = \frac{1}{4\pi\varepsilon_0} \frac{\sqrt{2}\,q_{\mathrm{R}}}{\ell} + (0)\,x + \frac{1}{2} \left(\frac{1}{4\pi\varepsilon_0} \frac{q_{\mathrm{R}}}{2\sqrt{2}\,\ell^3} \right) x^2$$

$$= \frac{1}{4\pi\varepsilon_0} \frac{\sqrt{2}\,q_{\mathrm{R}}}{\ell} + \frac{1}{4\pi\varepsilon_0} \frac{q_{\mathrm{R}}}{4\sqrt{2}\,\ell^3}\, x^2.$$

Also ist $\quad \phi(x) = \phi(0) + \alpha x^2,$

mit $\quad \phi(0) = \dfrac{1}{4\pi\varepsilon_0} \dfrac{\sqrt{2}\,q_{\mathrm{R}}}{\ell} \quad$ und $\quad \alpha = \dfrac{1}{4\pi\varepsilon_0} \dfrac{q_{\mathrm{R}}}{4\sqrt{2}\,\ell^3}.$

d) Der in Teilaufgabe c aufgestellte Ausdruck für das Potenzial hat die gleiche Form wie der für eine Feder mit der Federkonstanten k_{F}. Eine solche Feder schwingt mit der Kreisfrequenz

$$\omega = \sqrt{\frac{k_{\mathrm{F}}}{m}}.$$

Mit dem obigen Ausdruck für das Potenzial gilt also für die potenzielle Energie der Ladung

$$E_{\mathrm{el}}(x) = q\,\phi(0) + \frac{1}{2}\left(\frac{1}{4\pi\varepsilon_0} \frac{q\,q_{\mathrm{R}}}{2\sqrt{2}\,\ell^3} \right) x^2 = q\,\phi(0) + \tfrac{1}{2}\,k_{\mathrm{F}}\,x^2.$$

Der Vergleich zeigt, dass die hier betrachtete Anordnung die „Federkonstante"

$$k_{\mathrm{F}} = \frac{1}{4\pi\varepsilon_0} \frac{q\,q_{\mathrm{R}}}{2\sqrt{2}\,\ell^3}$$

hat. Damit ist ihre Kreisfrequenz

$$\omega = \sqrt{\frac{k_{\mathrm{F}}}{m}} = \sqrt{\frac{1}{4\pi\varepsilon_0} \frac{q\,q_{\mathrm{R}}}{2m\sqrt{2}\,\ell^3}}.$$

L23.32 Wir gehen vor, wie in der Aufgabe empfohlen, leiten also einen Ausdruck für die elektrische Energie $\mathrm{d}E_{\mathrm{el}}$ her, die aufgewendet werden muss, um eine Schicht der Dicke $\mathrm{d}r$ aus dem Unendlichen an die Oberfläche zu bringen. Wir stellen uns die Kugel als aus Schichten aufgebaut vor; dann ist ihre Gesamtladung beim Radius r gegeben durch

$$q(r) = q\left(\frac{r}{r_{\mathrm{K}}}\right)^3.$$

Dabei haben wir berücksichtigt, dass die Kugel homogen geladen ist. Diese Kugel mit dem Radius r hat gegenüber dem Unendlichen das Potenzial

$$\phi(r) = \frac{q(r)}{4\pi\varepsilon_0\,r} = \frac{q}{4\pi\varepsilon_0} \frac{r^2}{r_{\mathrm{K}}^3}.$$

Die Arbeit $\mathrm{d}W$, die aufgewendet werden muss, um die Ladung $\mathrm{d}q$ einer Kugelschale aus dem Unendlichen auf die Oberfläche der Kugel zu bringen, ist

$$\mathrm{d}W = \mathrm{d}E_{\mathrm{el}} = \phi(r)\,\mathrm{d}q$$

$$= \frac{q}{4\pi\varepsilon_0} \frac{r^2}{r_{\mathrm{K}}^3} \left(4\pi r^2\, \frac{3q}{4\pi r_{\mathrm{K}}^3}\, \mathrm{d}r \right) = \frac{3q^2}{4\pi\varepsilon_0\,r_{\mathrm{K}}^6}\, r^4\,\mathrm{d}r.$$

Die Integration über $\mathrm{d}W$ von 0 bis r_{K} ergibt

$$W = E_{\mathrm{el}} = \frac{3q^2}{4\pi\varepsilon_0\,r_{\mathrm{K}}^6} \int_0^{r_{\mathrm{K}}} r^4\,\mathrm{d}r = \frac{3q^2}{4\pi\varepsilon_0\,r_{\mathrm{K}}^6} \left[\frac{r^5}{5} \right]_0^{r_{\mathrm{K}}}$$

$$= = \frac{3q^2}{20\,\pi\,\varepsilon_0\,r_{\mathrm{K}}}.$$

L23.33 Die Abbildung zeigt die Kugeloberfläche sowie die außerhalb der Kugel befindliche Punktladung q. Den Abstand der Ladung vom Kugelmittelpunkt bezeichnen wir mit r_{L} und den Radius der Kugel mit a.

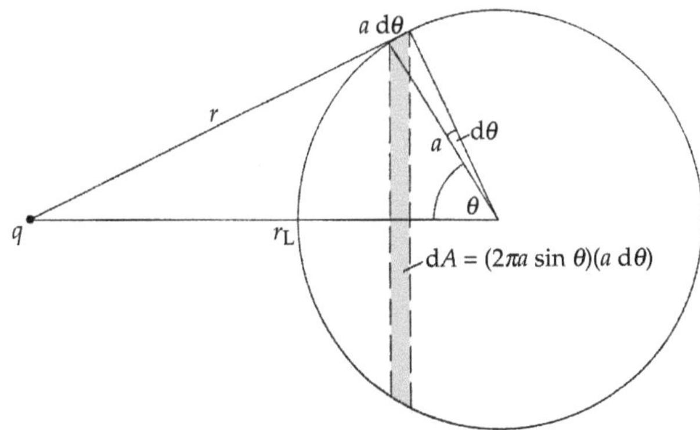

a) Das mittlere Potenzial auf der Kugeloberfläche ist

$$\langle\phi\rangle = \oint_{\mathrm{Kugeloberfl.}} \frac{1}{4\pi\varepsilon_0} \frac{\mathrm{d}q}{r} = \oint_{\mathrm{Kugeloberfl.}} \frac{1}{4\pi\varepsilon_0} \frac{\sigma\,\mathrm{d}A}{r}.$$

Einsetzen der Ausdrücke $\sigma = q/(4\pi a^2)$ für die Oberflächenladungsdichte und dA (siehe Abbildung) für das Flächenelement liefert

$$\langle\phi\rangle = \frac{1}{4\pi\varepsilon_0} \int_0^\pi \frac{q\,(2\pi a\sin\theta)(a\,d\theta)}{4\pi a^2 r}\,.$$

Wir wenden auf das in der Abbildung eingezeichnete Dreieck den Kosinussatz an:

$$r = \sqrt{r_L^2 + a^2 - 2a r_L \cos\theta}\,.$$

Dies setzen wir ein:

$$\langle\phi\rangle = \frac{q}{8\pi\varepsilon_0} \int_0^\pi \frac{\sin\theta\,d\theta}{\left(r_L^2 + a^2 - 2a r_L \cos\theta\right)^{1/2}}\,.$$

Zur Lösung des Integrals setzen wir $u = \cos\theta$ und damit $du = -\sin\theta\,d\theta$. Dies ergibt

$$\langle\phi\rangle = \frac{-q}{8\pi\varepsilon_0} \int_1^{-1} \frac{du}{\left(r_L^2 + a^2 - 2a r_L u\right)^{1/2}}\,. \tag{1}$$

Zur Vereinfachung führen wir die Variablen $\alpha = r_L^2 + a^2$ und $\beta = 2a r_L$ sowie $v = \alpha - \beta u$ ein. Damit ist $dv = -\beta\,du$, und wir erhalten

$$\int_1^{-1} \frac{du}{\left(r_L^2 + a^2 - 2a r_L u\right)^{1/2}} = -\frac{1}{\beta} \int_{\ell_1}^{\ell_2} \frac{dv}{\sqrt{v}} = -\frac{2}{\beta} \left[\sqrt{v}\right]_{\ell_1}^{\ell_2}$$

$$= -\frac{1}{a r_L} \left[\sqrt{\alpha - \beta u}\right]_1^{-1} = -\frac{1}{a r_L} \left(\sqrt{\alpha + \beta} - \sqrt{\alpha - \beta}\right)\,.$$

Wir ersetzen α und β nun wieder durch die obigen Ausdrücke. Damit ergibt sich

$$\int_1^{-1} \frac{du}{\left(r_L^2 + a^2 - 2a r_L u\right)^{1/2}}$$

$$= -\frac{1}{a r_L} \left(\sqrt{r_L^2 + a^2 + 2a r_L} - \sqrt{r_L^2 + a^2 - 2a r_L}\right)$$

$$= -\frac{1}{a r_L} \left(\sqrt{(r_L + a)^2} - \sqrt{(r_L - a)^2}\right)$$

$$= -\frac{1}{a r_L} \left[(r_L + a) - (r_L - a)\right] = -\frac{2}{r_L}\,.$$

Einsetzen in Gleichung 1 liefert schließlich

$$\langle\phi\rangle = \frac{-q}{8\pi\varepsilon_0} \left(-\frac{2}{r_L}\right) = \frac{q}{4\pi\varepsilon_0 r_L}\,.$$

Anmerkung: Der Mittelwert des Potenzials über die betrachtete Kugeloberfläche ist gerade das Potenzial, das die Punktladung im Mittelpunkt der Kugel erzeugt.

b) Da der Radius der Kugel und ihr Mittelpunkt beliebig gewählt werden können, gilt die Aussage in der Anmerkung in Teilaufgabe a zunächst für jede Kugeloberfläche. Weiterhin besagt das Superpositionsprinzip, dass das Potenzial an jedem Punkt der Summe der Potenziale aller Ladungen im Raum entspricht. Weil das Ergebnis für jede Ladung separat gilt, muss es auch für die Summe aller Ladungen gelten.

Elektrostatische Energie und Kapazität

- Die elektrische Energie
- Kapazität
- Die Speicherung elektrischer Energie
- Dielektrika

A: Aufgaben

Verständnisaufgaben

A24.1 •• Ein luftgefüllter Plattenkondensator ist an eine Batterie mit konstanter Spannung angeschlossen. Wie ändert sich die in dem Kondensator gespeicherte Energie, wenn der Abstand der Kondensatorplatten bei weiterhin angeschlossener Batterie verdoppelt wird? Die Energie a) vervierfacht sich, b) verdoppelt sich, c) bleibt unverändert, d) fällt auf die Hälfte, e) fällt auf ein Viertel.

A24.2 •• Wie ändert sich die in dem Kondensator von Aufgabe 1 gespeicherte Energie, wenn dieser von der Batterie getrennt wird, bevor der Abstand der Platten verdoppelt wird? Die Energie a) vervierfacht sich, b) verdoppelt sich, c) bleibt unverändert, d) fällt auf die Hälfte, e) fällt auf ein Viertel.

A24.3 •• Zwei zunächst ungeladene Kondensatoren mit den Kapazitäten C_0 und $2C_0$ werden über eine Batterie in Reihe geschaltet. Welche der folgenden Aussagen ist dann richtig? a) Der Kondensator mit der Kapazität $2C_0$ wird mit einer doppelt so großen Ladung geladen wie der Kondensator C_0. b) Die Spannungen über beiden Kondensatoren sind gleich. c) Die in beiden Kondensatoren gespeicherten Energien sind gleich. d) Keine dieser Aussagen ist richtig.

A24.4 •• Es werden zwei Kondensatoren betrachtet, von denen der eine wie in der linken Abbildung und der andere wie in der rechten Abbildung gezeigt zur Hälfte mit einem Dielektrikum gefüllt ist. Die Platten beider Kondensatoren haben den gleichen Flächeninhalt und den gleichen Abstand. Welcher der beiden Kondensatoren hat die höhere Kapazität? a) Der Kondensator in der linken Abbildung, b) der Kondensator in der rechten Abbildung.

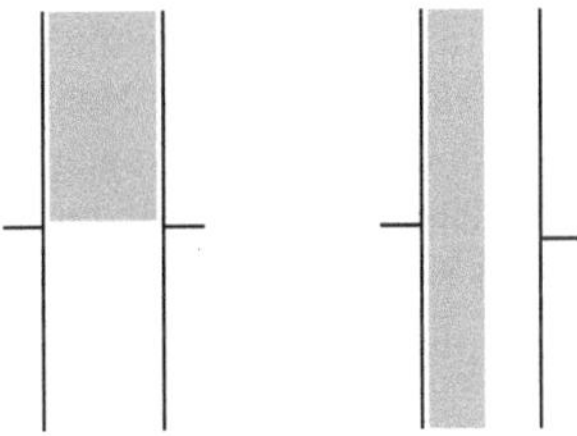

Schätzungs- und Näherungsaufgaben

A24.5 •• Die für den Betrieb eines Stickstoffimpulslasers erforderlichen hohen Energiedichten werden durch die Entladung von Kondensatoren mit hoher Kapazität erzeugt. Pro Impuls (d. h. pro Entladung) wird normalerweise eine Energie von 100 J benötigt. Schätzen Sie die Kapazität ab, die benötigt wird, wenn die Entladung über eine Funkenstrecke mit einer Länge von 1 cm erfolgt. Nehmen Sie dabei an, dass es in Stickstoff bei $E \approx 3 \cdot 10^6$ V/m zum dielektrischen Durchschlag kommt.

A24.6 •• Messungen haben gezeigt, dass das elektrische Feld der Erde bis in eine Höhe von 1000 m reicht und eine durchschnittliche Stärke von 200 V/m hat. Schätzen Sie die in der Atmosphäre gespeicherte elektrische Energie. (*Hinweis:* Sie können dabei die Atmosphäre als flachen Quader behandeln, dessen Querschnitt gleich dem der Erdoberfläche ist. Warum?)

• Die elektrische Energie

A24.7 • Gegeben sind drei Punktladungen q_1, q_2 und q_3 an den Eckpunkten eines gleichseitigen Dreiecks mit einer Seitenlänge von 2,5 m. Bestimmen Sie die elektrische Energie dieser Ladungsverteilung für a) $q_1 = q_2 = q_3 = 4{,}2$ µC;

b) $q_1 = q_2 = 4{,}2\,\mu\mathrm{C}$, $q_3 = -4{,}2\,\mu\mathrm{C}$; c) $q_1 = q_2 = -4{,}2\,\mu\mathrm{C}$, $q_3 = +4{,}2\,\mu\mathrm{C}$.

A24.8 •• An den Eckpunkten eines Quadrats, dessen Mittelpunkt im Koordinatenursprung liegt, befinden sich wie folgt vier Ladungen: q bei $(-a, +a)$; $2q$ bei $(+a, +a)$; $-3q$ bei $(+a, -a)$; $6q$ bei $(-a, -a)$. Nun wird ein Teilchen mit der Masse m und der Ladung $+q$ in den Koordinatenursprung gebracht und dort aus der Ruhe losgelassen. Berechnen Sie seine Geschwindigkeit, wenn es eine große Entfernung vom Koordinatenursprung erreicht hat.

● **Kapazität**

A24.9 •• Zwei isolierte, leitende Kugeln mit gleichem Radius haben die Ladungen $+q$ und $-q$. Wie groß ist die Kapazität dieses „Kondensators", wenn der Abstand der beiden Kugeln groß im Vergleich zu ihrem Radius ist?

● **Die Speicherung elektrischer Energie**

A24.10 •• Gegeben sind zwei konzentrische Metallhohlkugeln mit den Radien $r_1 = 10$ cm und $r_2 = 10{,}5$ cm. Auf der Oberfläche der inneren Hohlkugel ist eine Ladung $q = 5$ nC homogen verteilt, während die Oberfläche der äußeren Hohlkugel die Ladung $-q$ trägt. a) Berechnen Sie die Gesamtenergie, die in dem elektrischen Feld zwischen den Hohlkugeln gespeichert ist. (*Hinweis:* Sie können die Hohlkugeln im Wesentlichen als parallele flache Platten im Abstand von 0,5 cm behandeln. Warum?) b) Ermitteln Sie die Kapazität des Doppelkugelsystems und zeigen Sie, dass die im Feld gespeicherte Gesamtenergie $\frac{1}{2} q^2 / C$ ist.

A24.11 ••• Eine Kugel mit dem Radius r_K besitzt eine homogene Volumenladungsdichte ρ und eine Gesamtladung $q = \frac{4}{3} \pi r_\mathrm{K}^3 \rho$. a) Bestimmen Sie die elektrische Energie in einem Abstand r vom Kugelmittelpunkt für $r < r_\mathrm{K}$ sowie für $r > r_\mathrm{K}$. b) Bestimmen Sie die Energie in einer Hohlkugel mit dem Volumen $4\pi r^2\, \mathrm{d}r$ für $r < r_\mathrm{K}$ und für $r > r_\mathrm{K}$. c) Berechnen Sie durch Integration Ihrer Ausdrücke von Teilaufgabe b die elektrische Gesamtenergie und zeigen Sie, dass das Ergebnis als $E_\mathrm{el} = [1/(4\pi\varepsilon_0)]\, 3\, q^2/(5\, r_\mathrm{K})$ ausgedrückt werden kann. Erläutern Sie, weshalb die elektrische Gesamtenergie größer ist als die eines kugelförmigen Leiters mit dem Radius r_K, der eine Gesamtladung q trägt.

Parallel- und Reihenschaltung von Kondensatoren

A24.12 • a) Wie viele parallel geschaltete 1-μF-Kondensatoren sind erforderlich, um bei einer Spannung von 10 V über jedem Kondensator eine Gesamtladung von 1 mC zu speichern? b) Wie groß ist in diesem Fall die Spannung über allen parallel geschalteten Kondensatoren? c) Ermitteln Sie die Ladung auf jedem Kondensator sowie die Spannung über der Kondensatoranordnung, wenn die in Teilaufgabe a ermittelte Anzahl von 1-μF-Kondensatoren in Reihe geschaltet ist und die Spannung über jedem Kondensator 10 V beträgt.

A24.13 •• Drei gleiche Kondensatoren werden so zusammengeschaltet, dass ihre maximale Ersatzkapazität 15 μF beträgt. a) Beschreiben Sie, wie die Kondensatoren zusammengeschaltet sind. b) Es gibt drei weitere Möglichkeiten, die Kondensatoren zusammenzuschalten. Wie groß sind die Ersatzkapazitäten in diesen drei Fällen?

A24.14 •• a) Zeigen Sie, dass die Ersatzkapazität zweier in Reihe geschalteter Kondensatoren als

$$C = \frac{C_1\, C_2}{C_1 + C_2}$$

ausgedrückt werden kann. b) Zeigen Sie mit Hilfe dieses Ausdrucks, dass $C < C_1$ und $C < C_2$ ist. c) Zeigen Sie, dass die Ersatzkapazität dreier in Reihe geschalteter Kondensatoren durch

$$C = \frac{C_1\, C_2\, C_3}{C_1\, C_2 + C_2\, C_3 + C_1\, C_3}$$

gegeben ist.

A24.15 •• Entwerfen Sie allein mit 2-μF-Kondensatoren mit einer Durchschlagspannung von 100 V ein Kondensatornetz mit einer Kapazität von 2 μF, das eine Durchschlagspannung von 400 V hat.

Plattenkondensatoren

A24.16 • Ein Plattenkondensator hat eine Kapazität von 2 μF und einen Plattenabstand von 1,6 mm. a) Wie groß kann die maximale Spannung zwischen seinen Platten sein, ohne dass es in der Luft zwischen den Platten zum dielektrischen Durchschlag kommt? (Verwenden Sie den Wert $E_\mathrm{max} = 3$ MV/m.) b) Welche Ladung ist bei dieser maximalen Spannung gespeichert?

A24.17 •• Konstruieren Sie einen luftgefüllten Plattenkondensator mit einer Kapazität von 0,1 μF, der auf eine maximale Spannung von 1 000 V geladen werden kann. a) Wie groß muss der Abstand zwischen den Platten mindestens sein? b) Welchen Flächeninhalt müssen die Platten des Kondensators mindestens haben?

Zylinderkondensatoren

A24.18 • Wir betrachten ein Geigerzählrohr mit der Länge $\ell = 12$ cm, das aus einem Draht mit einem Radius $r = 0{,}2$ mm und aus einem koaxialen Hohlzylinderleiter mit einem Radius von 1,5 cm besteht. a) Bestimmen Sie die Kapazität unter der Annahme, dass das Gas im Rohr die relative Dielektrizitätskonstante $\varepsilon_\mathrm{rel} = 1$ hat. b) Ermitteln Sie die Ladung pro Längeneinheit auf dem Draht, wenn zwischen ihm und dem Hohlzylinder eine Spannung von 1,2 kV herrscht.

A24.19 •• Ein Goniometer ist ein Präzisions-Winkelmessinstrument. Abbildung a zeigt ein kapazitives Goniometer. Jede Platte des Drehkondensators (Abbildung b) besteht aus einem flachen Kreisringsektor aus Metall mit dem Innenradius r_1 und dem Außenradius r_2. Die Platten haben eine gemeinsame Drehachse; der Luftspalt zwischen ihnen hat die Breite d. Berechnen Sie die

Kapazität in Abhängigkeit vom Winkel θ und von den gegebenen Parametern.

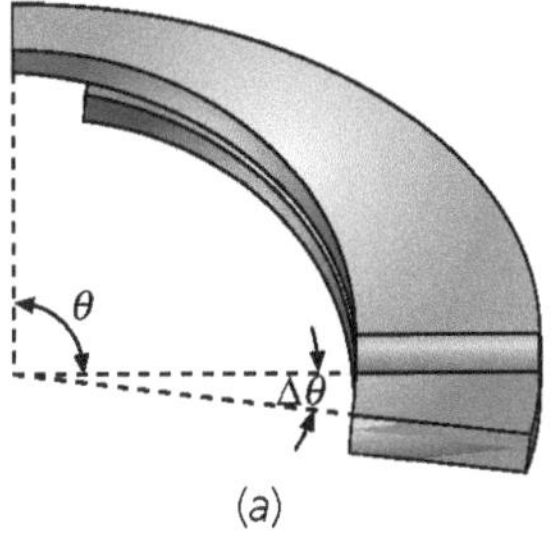

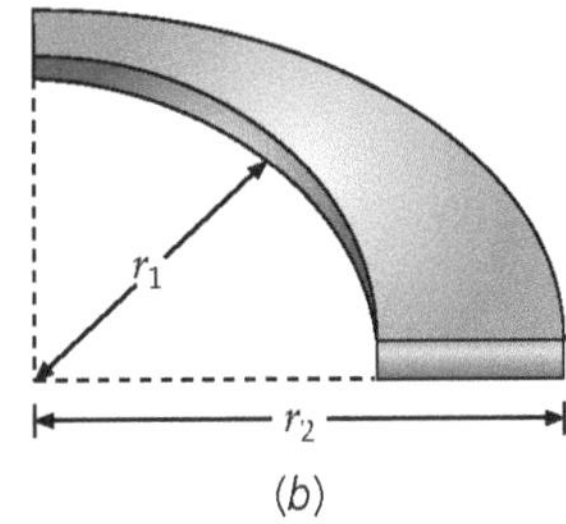

(a) (b)

Kugelkondensatoren

A24.20 •• Ein Kugelkondensator besteht aus zwei dünnen konzentrischen Hohlkugeln mit den Radien r_1 und r_2. a) Zeigen Sie, dass er die Kapazität $C = 4\pi\varepsilon_0 r_1 r_2/(r_2 - r_1)$ hat. b) Zeigen Sie, dass die Kapazität bei fast gleichen Radien der Hohlkugeln näherungsweise durch den Ausdruck $C = \varepsilon_0 A/d$ für die Kapazität eines Plattenkondensators gegeben ist, wobei A der Oberflächeninhalt der Kugel und $d = r_2 - r_1$ ist.

Getrennte und wieder verbundene Kondensatoren

A24.21 •• Ein 2-µF-Kondensator wird auf eine Spannung von 12 V geladen. Anschließend werden die Drähte, die den Kondensator mit der Batterie verbinden, von der Batterie getrennt und an einen zweiten, zunächst ungeladenen Kondensator angeschlossen. Daraufhin sinkt die Spannung über dem 2-µF-Kondensator auf 4 V. Wie groß ist die Kapazität des zweiten Kondensators?

A24.22 •• Ein 20-pF-Kondensator wird auf 3 kV geladen. Anschließend wird er von der Batterie getrennt und mit einem ungeladenen 50-pF-Kondensator verbunden. a) Wie groß sind danach die Ladungen auf den Kondensatoren? b) Wie groß ist die Energie, die zu Beginn im 20-pF-Kondensator gespeichert ist, und wie groß ist die Energie, die am Schluss in beiden Kondensatoren gespeichert ist? Wird beim Verbinden der beiden Kondensatoren elektrische Energie gewonnen oder geht elektrische Energie verloren?

• Dielektrika

A24.23 •• Das Geigerzählrohr von Aufgabe 18 wird mit einem Gas mit der relativen Dielektrizitätskonstanten $\varepsilon_{\mathrm{rel}} = 1,8$ und mit einer Durchschlagfestigkeit von $2 \cdot 10^6$ V/m gefüllt. a) Welche maximale Spannung kann zwischen dem Draht und dem Hohlzylinder aufrechterhalten werden? b) Wie groß ist die Ladung pro Einheitslänge auf dem Draht?

A24.24 •• Ein bestimmtes Dielektrikum mit einer relativen Dielektrizitätskonstanten $\varepsilon_{\mathrm{rel}} = 24$ hält ein elektrisches Feld von $4 \cdot 10^7$ V/m aus. Mit diesem Dielektrikum soll ein 0,1-µF-Kondensator gebaut werden, der eine Spannung von 2 000 V

aushält. a) Wie groß muss der Plattenabstand dabei mindestens sein? b) Welchen Flächeninhalt müssen die Platten haben?

A24.25 •• Die Membran des Axons einer Nervenzelle können wir uns als einen dünnen Hohlzylinder mit dem Radius $r_A = 10^{-5}$ m, der Länge $\ell = 0,1$ m und der Dicke $d = 10^{-8}$ m vorstellen. Auf der einen Seite der Membran sitzt eine positive Ladung und auf der anderen eine negative. Die Membran wirkt als Plattenkondensator mit dem Flächeninhalt $A = 2\pi r\ell$ und dem Plattenabstand d. Sie hat die relative Dielektrizitätskonstante $\varepsilon_{\mathrm{rel}} \approx 3$. a) Wie groß ist die Kapazität der Membran? Ermitteln Sie b) die Ladungen auf jeder Seite der Membran sowie c) das elektrische Feld über der Membran, wenn an ihr eine Spannung von 70 mV anliegt.

A24.26 •• Zwei parallele Platten haben die Ladungen $+q$ und $-q$. Wenn der Zwischenraum zwischen ihnen völlig leer ist, beträgt das elektrische Feld $2,5 \cdot 10^5$ V/m. Nachdem er mit einem bestimmten Dielektrikum gefüllt wurde, beträgt das elektrische Feld nur noch $1,2 \cdot 10^5$ V/m. a) Wie groß ist die relative Dielektrizitätskonstante des Dielektrikums? b) Wie groß ist der Flächeninhalt der Platten bei $q = 10$ nC? c) Wie groß sind die insgesamt induzierten Ladungen auf jeder Seite des Dielektrikums?

Allgemeine Aufgaben

A24.27 •• Gegeben sind vier gleiche Kondensatoren und eine 100-V-Batterie. Wenn lediglich ein Kondensator mit der Batterie verbunden ist, ist in ihm die Energie $E_{\mathrm{el},0}$ gespeichert. Lässt sich eine Schaltungsanordnung der vier Kondensatoren finden, bei der die in allen vier Kondensatoren gespeicherte Gesamtenergie $E_{\mathrm{el},0}$ ist?

A24.28 • Bestimmen Sie die Kapazität jedes der in der Abbildung gezeigten Kondensatornetze.

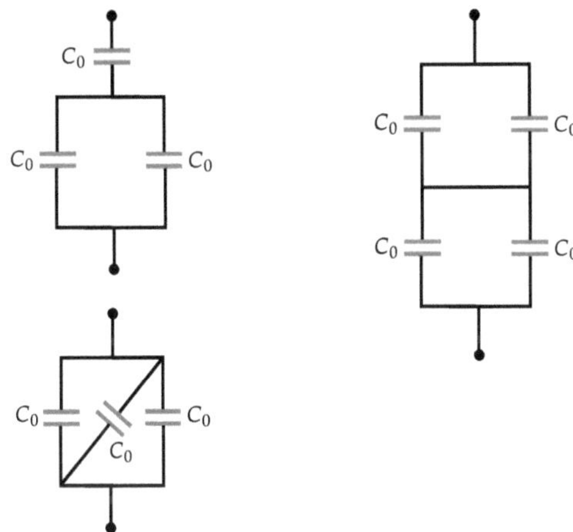

A24.29 •• Die Abbildung zeigt vier Kondensatoren, die in einer so genannten Kondensatorbrücke zusammengeschaltet sind. Anfangs sind die Kondensatoren ungeladen. Welche Beziehung muss für die vier Kapazitäten gelten, damit die Spannung zwischen den Punkten c und d null ist, wenn zwischen den Punkten a und b eine Spannung U angelegt wird?

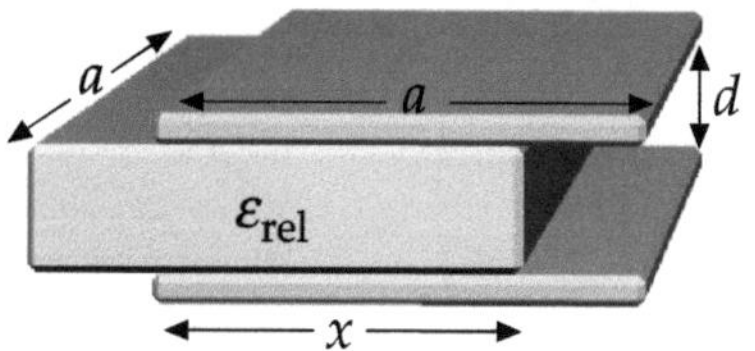

Sie diese Kraft, indem Sie untersuchen, wie sich die gespeicherte Energie mit der Strecke x ändert. c) Drücken Sie die Kraft in Abhängigkeit von der Kapazität und der Spannung aus. d) Woher rührt diese Kraft?

A24.30 ●● Eine Leidener Flasche, der „Ur-Kondensator", ist eine Glasflasche, die innen und außen mit einer Metallfolie beklebt ist. Wir betrachten eine Leidener Flasche, die aus einem Zylinder mit der Höhe 40 cm und dem Innendurchmesser 8 cm sowie mit 2 mm dicken Wänden besteht. Von der Feldstreuung wollen wir absehen. a) Bestimmen Sie die Kapazität dieser Leidener Flasche, wenn das Glas die relative Dielektrizitätskonstante $\varepsilon_{\text{rel}} = 5$ hat. b) Welche maximale Ladung kann die Leidener Flasche aufnehmen, ohne dass es zum dielektrischen Durchschlag kommt, wenn das Glas eine Durchschlagfestigkeit von 15 MV/m hat? (*Hinweis:* Behandeln Sie die Flasche als Plattenkondensator.)

A24.31 ●● Ein Plattenkondensator besteht aus einer Siliciumdioxidschicht mit einer Dicke von $5 \cdot 10^{-6}$ m zwischen zwei leitenden Schichten. Siliciumdioxid hat eine relative Dielektrizitätskonstante von 3,8 und eine Durchschlagfestigkeit von $8 \cdot 10^6$ V/m. a) Welche Spannung kann über dem Kondensator höchstens angelegt werden, ohne dass es zum dielektrischen Durchschlag kommt? b) Wie groß muss der Flächeninhalt der Siliciumdioxidschicht bei einem 10-pF-Kondensator sein? c) Schätzen Sie ab, wie viele solcher Kondensatoren auf ein Quadrat mit einer Fläche von $1\,\text{cm} \times 1\,\text{cm}$ passen.

A24.32 ●● Die Platten eines Plattenkondensators haben einen Flächeninhalt A und einen Abstand d. Zwischen die Platten wird eine Metallschicht mit der Dicke c und dem Flächeninhalt A eingeführt. a) Zeigen Sie, dass die Kapazität unabhängig davon, wo die Metallschicht angeordnet wird, stets durch $C = \varepsilon_0 A/(d - c)$ gegeben ist. b) Zeigen Sie, dass diese Anordnung als ein Kondensator mit dem Plattenabstand a betrachtet werden kann, der mit einem zweiten Kondensator mit dem Plattenabstand b in Reihe geschaltet ist, wobei $a + b + c = d$ ist.

A24.33 ●●● Ein elektrisch isolierter Kondensator mit der Ladung q ist, wie in der Abbildung gezeigt, teilweise mit einer dielektrischen Substanz gefüllt. Er enthält zwei quadratische Platten mit der Seitenlänge a und dem Abstand d voneinander. Das Dielektrikum ist entlang der Strecke x eingeführt. a) Wie groß ist die in diesem Kondensator gespeicherte Energie? (*Hinweis:* Der Kondensator kann als zwei parallel geschaltete Kondensatoren behandelt werden.) b) Da die Energie des Kondensators mit wachsendem x abnimmt, muss das elektrische Feld positive Arbeit am Dielektrikum verrichten. Somit muss es eine elektrische Kraft geben, die das Dielektrikum hineinzieht. Berechnen

A24.34 ●● Die Abbildung zeigt eine kapazitive Waage. Auf einer Seite der Waage ist ein Gewicht angebracht, während auf der anderen Seite ein Kondensator mit veränderlichem Plattenzwischenraum befestigt ist. Wenn der Kondensator auf eine Spannung U geladen ist, so ist die Anziehungskraft zwischen den Platten mit der Gewichtskraft der angehängten Masse im Gleichgewicht. a) Ist die Waage stabil? Betrachten Sie dazu den Fall, dass die Waage zunächst im Gleichgewicht ist und anschließend die Platten etwas zusammengedrückt werden. Stabil ist die Waage dann, wenn die Platten nicht zusammenklappen, sondern ins Gleichgewicht zurückkehren. b) Berechnen Sie die Spannung, die bei einer Masse m für ein Gleichgewicht erforderlich ist, wenn die Platten den Abstand d und den Flächeninhalt A haben. Begründen Sie, weshalb die Kraft zwischen den Platten gleich der Ableitung der gespeicherten Energie nach dem Plattenabstand ist.

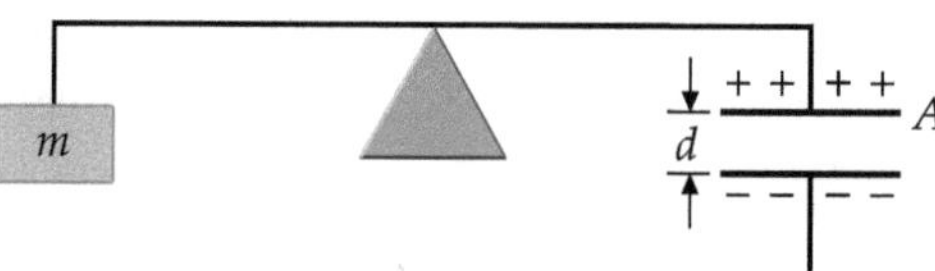

A24.35 ●●● Stellen Sie sich vor, Sie wollen einen luftgefüllten Plattenkondensator konstruieren, der eine Energie von 100 kJ speichern kann. a) Welches Volumen muss der Zwischenraum zwischen den Platten mindestens haben? b) Nehmen Sie an, Sie hätten ein Dielektrikum entwickelt, das $3 \cdot 10^8$ V/m aushält und die relative Dielektrizitätskonstante $\varepsilon_{\text{rel}} = 5$ hat. Welches Volumen muss dieses Dielektrikum zwischen den Platten einnehmen, damit der Kondensator eine Energie von 100 kJ speichern kann?

A24.36 ●●● Ein Plattenkondensator, dessen Platten einen Flächeninhalt A und einen Abstand d haben, wird auf eine Spannung U geladen und anschließend von der Ladungsquelle getrennt. Nun wird, wie in der Abbildung gezeigt, ein Dielektrikum mit der relativen Dielektrizitätskonstanten $\varepsilon_{\text{rel}} = 2$, der Dicke d und dem Flächeninhalt $A/2$ eingeführt. Wir bezeichnen die Dichte der freien Ladungen auf der Grenzfläche zwischen Leiter und Dielektrikum mit σ_1 und die Dichte der freien Ladungen auf der Grenzfläche zwischen Leiter und Luft mit σ_2. a) Warum muss das elektrische Feld im Dielektrikum den gleichen Wert wie im leeren Raum zwischen den Platten haben? b) Zeigen Sie, dass

$\sigma_1 = 2\,\sigma_2$ ist. c) Zeigen Sie, dass die Kapazität nach dem Einführen des Dielektrikums $3\,\varepsilon_0\,A/(2\,d)$ ist, wobei eine Spannung $2\,U/3$ anliegt.

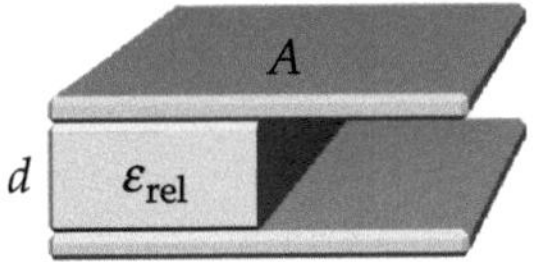

A24.37 ••• Eine leitende Kugel mit dem Radius r_1 wird mit den freien Ladungen q geladen. Die Kugel ist von einer ungeladenen konzentrischen dielektrischen Hohlkugel umgeben, die einen Innenradius r_1, einen Außenradius r_2 und eine Dielektrizitätskonstante $\varepsilon_{\mathrm{rel}}$ hat. Das System ist weit von anderen Körpern entfernt. a) Ermitteln Sie das elektrische Feld an einem beliebigen Raumpunkt. b) Wie hoch ist das Potenzial der leitenden Hohlkugel, wenn im Unendlichen $\phi = 0$ ist? c) Bestimmen Sie die elektrische Gesamtenergie des Systems.

24L Elektrostatische Energie und Kapazität

L: Lösungen

L24.1 Im Kondensator ist die Energie $E_{el} = \frac{1}{2} qU$ gespeichert. Die Ladung kann anhand der Definition der Kapazität durch $q = CU$ ausgedrückt werden. Einsetzen ergibt $E_{el} = \frac{1}{2} CU^2$. Ein Plattenkondensator hat die Kapazität

$$C = \varepsilon_0 A/d,$$

wobei A der Flächeninhalt der Platten ist. Damit erhalten wir

$$E_{el} = \frac{\varepsilon_0 A U^2}{2d}.$$

Weil E_{el} proportional zu $1/d$ ist, verringert sich die im Kondensator gespeicherte Energie auf die Hälfte des Ausgangswerts, wenn der Abstand der Platten verdoppelt wird. Also ist Lösung d richtig.

L24.2 Die Spannung über dem Kondensator sei U, der Abstand der Platten zu Beginn d und die zu diesem Zeitpunkt im Kondensator gespeicherte Energie E_{el}. Die entsprechenden Größen nach dem Verdoppeln des Abstands seien U', d' und E'_{el}. Die im Kondensator vor dem Verdoppeln des Abstands gespeicherte Energie ist

$$E_{el} = \frac{1}{2} qU.$$

Weil sich die Ladung auf den Platten beim Verdoppeln des Abstands nicht ändert, ist die Energie danach

$$E'_{el} = \frac{1}{2} qU'.$$

Damit ergibt sich für das Verhältnis der Energien

$$\frac{E'_{el}}{E_{el}} = \frac{U'}{U}.$$

Wir drücken nun die Spannungen über den Kondensatorplatten vor und nach dem Verdoppeln des Abstands durch das elektrische Feld E zwischen den Platten aus. Dabei berücksichtigen wir, dass sich die Ladung auf den Platten beim Auseinanderziehen nicht ändert. Das elektrische Feld bleibt also gleich, so dass gilt

$$U = Ed \quad \text{und} \quad U' = Ed'.$$

Mit $d' = 2d$ erhalten wir

$$\frac{E'_{el}}{E_{el}} = \frac{Ed'}{Ed} = \frac{d'}{d} = 2.$$

Also ist Lösung b richtig.

L24.3 a) Falsch. In Reihe geschaltete Kondensatoren haben dieselbe Ladung. b) Falsch. Die Spannung über dem Kondensator mit der Kapazität C_0 ist q/C_0, die über dem anderen Kondensator dagegen $q/(2\,C_0)$. c) Falsch. Im Kondensator mit der Kapazität C_0 ist die Energie $q^2/(2\,C_0)$ gespeichert, im anderen Kondensator dagegen die Energie $q^2/(4\,C_0)$. d) Richtig: Keine der Aussagen a bis c trifft zu.

L24.4 Wir betrachten den linken Kondensator als zwei parallel geschaltete und den rechten als zwei in Reihe geschaltete Kondensatoren. In beiden Fällen bezeichnen wir die Kapazität des mit dem Dielektrikum gefüllten Kondensators mit C_1 und die des mit Luft gefüllten Kondensators mit C_2. Den Abstand der Platten bezeichnen wir mit d und ihren Flächeninhalt mit A. Für den linken Kondensator gilt dann

$$C_L = C_1 + C_2.$$

Die beiden Kapazitäten sind

$$C_1 = \frac{\varepsilon_{rel}\,\varepsilon_0 A_1}{d_1} = \frac{\varepsilon_{rel}\,\varepsilon_0\,\frac{1}{2}A}{d} = \frac{\varepsilon_{rel}\,\varepsilon_0 A}{2d}$$

und

$$C_2 = \frac{\varepsilon_0 A_2}{d_2} = \frac{\varepsilon_0\,\frac{1}{2}A}{d} = \frac{\varepsilon_0 A}{2d}.$$

Einsetzen und Zusammenfassen ergibt

$$C_L = \frac{\varepsilon_{rel}\,\varepsilon_0 A}{2d} + \frac{\varepsilon_0 A}{2d} = \frac{\varepsilon_0 A}{2d} \left(\varepsilon_{rel} + 1\right).$$

Für den rechten Kondensator gilt

$$\frac{1}{C_R} = \frac{1}{C_1} + \frac{1}{C_2} \quad \text{und daher} \quad C_R = \frac{C_1 C_2}{C_1 + C_2}.$$

Die Kapazitäten C_1 und C_2 sind hier

$$C_1 = \frac{\varepsilon_0 A_1}{d_1} = \frac{\varepsilon_0 A}{\frac{1}{2} d} = \frac{2\,\varepsilon_0 A}{d}$$

und

$$C_2 = \frac{\varepsilon_{rel}\,\varepsilon_0 A_2}{d_2} = \frac{\varepsilon_{rel}\,\varepsilon_0 A}{\frac{1}{2} d} = \frac{2\,\varepsilon_{rel}\,\varepsilon_0 A}{d}.$$

Wir setzen die Ausdrücke für C_1 und C_2 ein und vereinfachen:

$$C_R = \frac{\dfrac{2\,\varepsilon_0 A}{d}\,\dfrac{2\,\varepsilon_{rel}\,\varepsilon_0 A}{d}}{\dfrac{2\,\varepsilon_0 A}{d} + \dfrac{2\,\varepsilon_{rel}\,\varepsilon_0 A}{d}} = \frac{\dfrac{2\,\varepsilon_0 A}{d}\,\dfrac{2\,\varepsilon_{rel}\,\varepsilon_0 A}{d}}{\dfrac{2\,\varepsilon_0 A}{d}(\varepsilon_{rel}+1)}$$

$$= \frac{2\,\varepsilon_0 A}{d}\left(\frac{\varepsilon_{rel}}{\varepsilon_{rel}+1}\right).$$

Das Verhältnis der beiden Kapazitäten ist

$$\frac{C_R}{C_L} = \frac{\dfrac{2\,\varepsilon_0 A}{d}\,\dfrac{\varepsilon_{rel}}{\varepsilon_{rel}+1}}{\dfrac{\varepsilon_0 A}{2d}(\varepsilon_{rel}+1)} = \frac{4\,\varepsilon_{rel}}{(\varepsilon_{rel}+1)^2}.$$

Wegen $4\,\varepsilon_{rel}/(\varepsilon_{rel}+1)^2 < 1$ ergibt sich daraus für $\varepsilon_{rel} > 1$, dass $C_L > C_R$ ist.

L24.5 In einem Kondensator mit der Kapazität C ist bei der Spannung U die Energie $E_{el} = CU^2/2$ gespeichert. Auflösen nach der Kapazität ergibt $C = 2\,E_{el}/U^2$. Die Spannung über der Entladungsstrecke ergibt sich aus deren Länge d und aus dem darin herrschenden elektrischen Feld E zu $U = E\,d$. Damit erhalten wir für die Kapazität

$$C = \frac{2\,E_{el}}{E^2 d^2} = \frac{2\,(100\ \text{J})}{(3\cdot 10^6\ \text{V}\cdot\text{m}^{-1})^2\,(0{,}001\ \text{m})^2} = 22{,}2\ \mu\text{F}.$$

L24.6 Die Erdatmosphäre kann als flacher Quader behandelt werden, weil ihr Radius groß gegen die betrachtete Höhendifferenz ist. Die in der Atmosphäre gespeicherte elektrische Energie ergibt sich aus der Energiedichte und dem Volumen:

$$E_{el} = w_{el}\,V.$$

Wie oben erwähnt, können wir wegen $\Delta r \ll r_E = 6370\ \text{km}$ für das Volumen den Ausdruck

$$V = A_{\text{Erdoberfläche}}\,\Delta r = 4\,\pi\,r_E^2\,\Delta r$$

ansetzen. Mit der durchschnittlichen elektrischen Feldstärke E erhalten wir für die Energiedichte der Erdatmosphäre

$$w_{el} = \tfrac{1}{2}\,\varepsilon_0\,E^2.$$

Nach Einsetzen der Ausdrücke für das Volumen und die Energiedichte in die erste Gleichung ergibt sich die gespeicherte Energie zu

$$E_{el} = \frac{1}{2}\,\varepsilon_0\,E^2\left(4\,\pi\,r_E^2\,\Delta r\right) = 4\,\pi\,\varepsilon_0\,\frac{r_E^2\,E^2\,\Delta r}{2}$$

$$= \frac{(6370\ \text{km})^2\,(200\ \text{V}\cdot\text{m}^{-1})^2\,(1\ \text{km})}{2\,(8{,}99\cdot 10^9\ \text{N}\cdot\text{m}^2\cdot\text{C}^{-2})} = 9{,}03\cdot 10^{10}\ \text{J}.$$

L24.7 Die Abbildung zeigt die Anordnung.

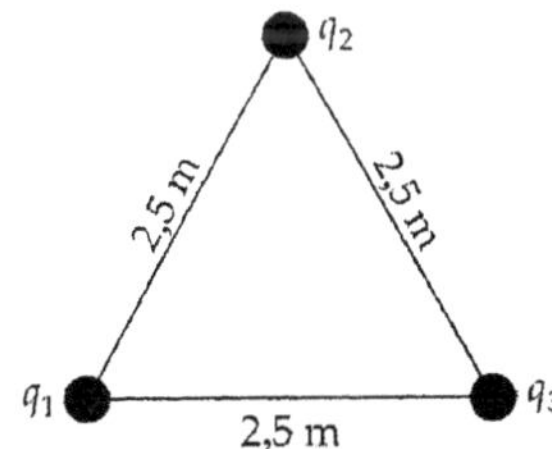

Die elektrische Energie ist die Arbeit, die aufgewendet werden muss, um die Ladungen aus unendlich großen Abständen in die Eckpunkte des Dreiecks zu bringen:

$$E_{el} = \frac{1}{4\pi\varepsilon_0}\frac{q_1 q_2}{r_{r_{1,2}}} + \frac{1}{4\pi\varepsilon_0}\frac{q_1 q_3}{r_{r_{1,3}}} + \frac{1}{4\pi\varepsilon_0}\frac{q_2 q_3}{r_{r_{2,3}}}$$

$$= \frac{1}{4\pi\varepsilon_0}\left(\frac{q_1 q_2}{r_{r_{1,2}}} + \frac{q_1 q_3}{r_{r_{1,3}}} + \frac{q_2 q_3}{r_{r_{2,3}}}\right).$$

Dabei sind die Abstände $r_{1,2} = r_{1,3} = r_{2,3} = 2{,}5\ \text{m}$.

a) Für $q_1 = q_2 = q_3 = 4{,}2\ \mu\text{C}$ ergibt sich

$$E_{el} = (8{,}99\cdot 10^9\ \text{N}\cdot\text{m}^2\cdot\text{C}^{-2})\left(\frac{(4{,}2\ \mu\text{C})\,(4{,}2\ \mu\text{C})}{2{,}5\ \text{m}}\right.$$

$$\left. + \frac{(4{,}2\ \mu\text{C})\,(4{,}2\ \mu\text{C})}{2{,}5\ \text{m}} + \frac{(4{,}2\ \mu\text{C})\,(4{,}2\ \mu\text{C})}{2{,}5\ \text{m}}\right)$$

$$= 0{,}190\ \text{J}.$$

b) Für $q_1 = q_2 = 4{,}2\ \mu\text{C}$ und $q_3 = -4{,}2\ \mu\text{C}$ erhalten wir

$$E_{el} = (8{,}99\cdot 10^9\ \text{N}\cdot\text{m}^2\cdot\text{C}^{-2})\left(\frac{(4{,}2\ \mu\text{C})\,(4{,}2\ \mu\text{C})}{2{,}5\ \text{m}}\right.$$

$$\left. + \frac{(4{,}2\ \mu\text{C})\,(-4{,}2\ \mu\text{C})}{2{,}5\ \text{m}} + \frac{(4{,}2\ \mu\text{C})\,(-4{,}2\ \mu\text{C})}{2{,}5\ \text{m}}\right)$$

$$= -63{,}4\ \text{mJ}.$$

c) Für $q_1 = q_2 = -4{,}2\ \mu\text{C}$ und $q_3 = 4{,}2\ \mu\text{C}$ ist

$$E_{el} = (8{,}99\cdot 10^9\ \text{N}\cdot\text{m}^2\cdot\text{C}^{-2})\left(\frac{(-4{,}2\ \mu\text{C})\,(-4{,}2\ \mu\text{C})}{2{,}5\ \text{m}}\right.$$

$$\left. + \frac{(-4{,}2\ \mu\text{C})\,(4{,}2\ \mu\text{C})}{2{,}5\ \text{m}} + \frac{(-4{,}2\ \mu\text{C})\,(4{,}2\ \mu\text{C})}{2{,}5\ \text{m}}\right)$$

$$= -63{,}4\ \text{mJ}.$$

L24.8 Die Abbildung zeigt die vier Ladungen an den Ecken des Quadrats.

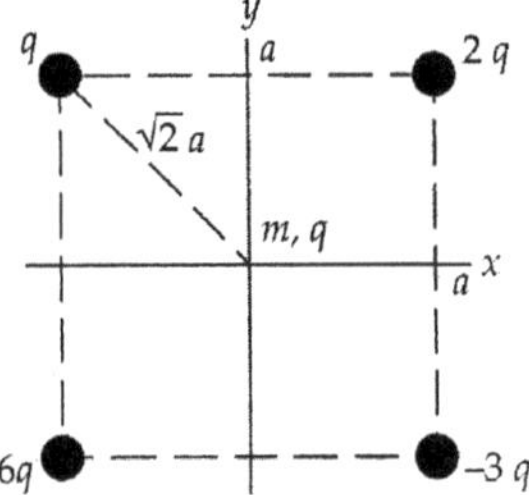

Das Teilchen mit der Masse m und der Ladung q wird in der Mitte losgelassen und beschleunigt. Wir betrachten nun die energetischen Verhältnisse. Wegen der Energieerhaltung ist der Anstieg der kinetischen Energie gleich der Abnahme der potenziellen Energie, wenn sich das Teilchen aus dem Mittelpunkt quasi bis ins Unendliche bewegt:

$$\Delta E_{kin} + \Delta E_{el} = 0.$$

Weil die kinetische Energie zu Beginn und die elektrostatische potenzielle Energie in großem Abstand null sind, ergibt sich hieraus

$$E_{kin,E} - E_{el,A} = 0.$$

Die potenzielle Energie der Ladung q ist am Anfang

$$E_{\text{el,A}} = q\,\phi(0),$$

und die kinetische Energie am Ende ist $\frac{1}{2}m v^2$, wenn das Teilchen in großem Abstand die Geschwindigkeit v erreicht hat.

Einsetzen der Ausdrücke für $E_{\text{kin,E}}$ und $E_{\text{el,A}}$ in die Gleichung für die Energieerhaltung liefert

$$\tfrac{1}{2}m v^2 - q\,\phi(0) = 0.$$

Hieraus ergibt sich die erreichte Geschwindigkeit zu

$$v = \sqrt{\frac{2\,q\,\phi(0)}{m}}.$$

Das elektrostatische Potenzial im Koordinatenursprung ist

$$\phi(0) = \frac{1}{4\pi\varepsilon_0}\left(\frac{q}{\sqrt{2}\,a} + \frac{2q}{\sqrt{2}\,a} + \frac{-3q}{\sqrt{2}\,a} + \frac{6q}{\sqrt{2}\,a}\right)$$

$$= \frac{1}{4\pi\varepsilon_0}\,\frac{6q}{\sqrt{2}\,a}.$$

Einsetzen liefert schließlich

$$v = \sqrt{\frac{2q}{m}\,\frac{1}{4\pi\varepsilon_0}\,\frac{6q}{\sqrt{2}\,a}} = q\sqrt{\frac{1}{4\pi\varepsilon_0}\,\frac{6\sqrt{2}}{ma}}.$$

L24.9 Wir bezeichnen den Abstand der Kugeln mit d und ihre Radien mit r. Außerhalb der beiden Kugeln ist das elektrische Feld gleich dem Feld zweier Punktladungen $+q$ und $-q$ in den jeweiligen Kugelmittelpunkten mit dem Abstand d. Wir leiten einen Ausdruck für das Potenzial an der Oberfläche jeder Kugel her und ermitteln aus der Spannung zwischen beiden Kugeln die Kapazität der Anordnung.

Das Potenzial an einem beliebigen Punkt außerhalb der beiden Kugeln ist

$$\phi = \frac{1}{4\pi\varepsilon_0}\,\frac{+q}{r_1} + \frac{1}{4\pi\varepsilon_0}\,\frac{-q}{r_2},$$

wobei r_1 und r_2 die Abstände der betreffenden Punkte von den Kugelmittelpunkten sind. Für einen Punkt an der Oberfläche der Kugel mit der Ladung $+q$ ist

$$r_1 = r \quad \text{und} \quad r_2 = d + \delta, \quad \text{mit} \quad |\delta| < r.$$

Einsetzen ergibt für das Potenzial dieser Kugel

$$\phi_{+q} = \frac{1}{4\pi\varepsilon_0}\,\frac{+q}{r} + \frac{1}{4\pi\varepsilon_0}\,\frac{-q}{d+\delta}.$$

Für $\delta \ll d$ ist

$$\phi_{+q} = \frac{1}{4\pi\varepsilon_0}\,\frac{q}{r} - \frac{1}{4\pi\varepsilon_0}\,\frac{q}{d}.$$

Analog dazu ist das Potenzial der anderen Kugel

$$\phi_{-q} = -\frac{1}{4\pi\varepsilon_0}\,\frac{q}{r} + \frac{1}{4\pi\varepsilon_0}\,\frac{q}{d}.$$

Damit erhalten wir für die Spannung zwischen beiden Kugeln

$$U = \Delta\phi = \phi_q - \phi_{-q}$$

$$= \frac{1}{4\pi\varepsilon_0}\,\frac{q}{r} - \frac{1}{4\pi\varepsilon_0}\,\frac{q}{d} - \left(\frac{1}{4\pi\varepsilon_0}\,\frac{-q}{r} + \frac{1}{4\pi\varepsilon_0}\,\frac{q}{d}\right)$$

$$= 2\,\frac{1}{4\pi\varepsilon_0}\,q\left(\frac{1}{r} - \frac{1}{d}\right) = \frac{1}{2\pi\varepsilon_0}\,q\left(\frac{1}{r} - \frac{1}{d}\right).$$

Hieraus ergibt sich die Kapazität der Anordnung zu

$$C = \frac{q}{U} = \frac{q}{\dfrac{1}{2\pi\varepsilon_0}\,q\left(\dfrac{1}{r} - \dfrac{1}{d}\right)} = \frac{2\pi\varepsilon_0}{\dfrac{1}{r} - \dfrac{1}{d}} = \frac{2\pi\varepsilon_0\,r}{1 - \dfrac{r}{d}}.$$

Bei sehr großem Abstand beider Kugeln gilt näherungsweise

$$C = 2\pi\varepsilon_0\,r.$$

L24.10 a) Die im elektrischen Feld gespeicherte Energie ist gegeben durch

$$E_{\text{el}} = w_{\text{el}}\,V,$$

wobei w_{el} die Energiedichte und V das Volumen zwischen den beiden Kugeloberflächen ist. Für die Energiedichte des elektrischen Felds E zwischen den Kugeloberflächen gilt

$$w_{\text{el}} = \tfrac{1}{2}\varepsilon_0\,E^2.$$

Das Volumen zwischen den beiden Kugeloberflächen ist mit der angenommenen Näherung

$$V \approx 4\pi\,r_1^2\,(r_2 - r_1).$$

Einsetzen ergibt für die elektrische Energie

$$E_{\text{el}} = 2\pi\varepsilon_0\,E^2\,r_1^2\,(r_2 - r_1). \tag{1}$$

Das elektrische Feld zwischen den beiden konzentrischen Kugeloberflächen ist die Summe der elektrischen Felder der beiden Ladungsverteilungen auf ihnen:

$$E = E_q + E_{-q}.$$

Da die Oberflächen eng beieinander sind, ist das elektrische Feld zwischen ihnen näherungsweise gleich der Summe der Felder von beiden Ladungsverteilungen:

$$E = \frac{\sigma_q}{2\varepsilon_0} + \frac{\sigma_{-q}}{2\varepsilon_0} = \frac{\sigma_q}{\varepsilon_0}.$$

Dabei ist σ_q die Oberflächenladungsdichte, die sich aus der Ladung und aus dem Flächeninhalt einer Kugeloberfläche ergibt. Folglich ist

$$E \approx \frac{q}{4\pi\,r_1^2\,\varepsilon_0}.$$

Einsetzen in Gleichung 1 ergibt für die elektrische Energie

$$E_{\text{el}} \approx 2\pi\varepsilon_0\left(\frac{q}{4\pi\,r_1^2\,\varepsilon_0}\right)^2 r_1^2\,(r_2 - r_1) = \frac{q^2}{8\pi\varepsilon_0}\,\frac{r_2 - r_1}{r_1^2}$$

$$= \frac{(5\ \text{nC})^2\,(10{,}5\ \text{cm} - 10{,}0\ \text{cm})}{8\pi\,(8{,}85 \cdot 10^{-12}\ \text{C}^2 \cdot \text{N}^{-1} \cdot \text{m}^{-2})\,(10{,}0\ \text{cm})^2} = 56{,}0\ \text{nJ}.$$

b) Die Kapazität ist gegeben durch $C = q/U$. Dabei ist $U = \phi_1 - \phi_2$ die Spannung, d. h. die Differenz zwischen den elektrischen Potenzialen auf den beiden Kugeloberflächen. Diese Potenziale sind

$$\phi_1 = \frac{q}{4\pi\varepsilon_0\,r_1} \quad \text{und} \quad \phi_2 = \frac{q}{4\pi\varepsilon_0\,r_2}.$$

Somit ist die Kapazität

$$C = \frac{q}{\phi_1 - \phi_2} = \frac{q}{\dfrac{q}{4\pi\varepsilon_0\,r_1} - \dfrac{q}{4\pi\varepsilon_0\,r_2}} = 4\pi\varepsilon_0\,\frac{r_1 r_2}{r_2 - r_1}$$

$$= 4\pi\,(8{,}85 \cdot 10^{-12}\ \text{C}^2 \cdot \text{N}^{-1} \cdot \text{m}^{-2})\,\frac{(10{,}0\ \text{cm})\,(10{,}5\ \text{cm})}{10{,}5\ \text{cm} - 10{,}0\ \text{cm}}$$

$$= 0{,}234\ \text{nF}.$$

Die zwischen den beiden Kugeloberflächen gespeicherte Gesamtenergie ergibt sich zu

$$E_{\text{el}} = \frac{1}{2}\frac{q^2}{C} = \frac{1}{2}\frac{(5\,\text{nC})^2}{0{,}234\,\text{nF}} = 53{,}4\,\text{nJ}.$$

Dieses exakte Resultat weicht von dem in Teilaufgabe a berechneten Näherungswert nur um knapp 5 % ab.

L24.11 a) Die Ladung q bewirkt im Abstand r vom Kugelmittelpunkt die elektrische Energiedichte

$$w_{\text{el}} = \tfrac{1}{2}\varepsilon_0 E^2. \tag{1}$$

Aufgrund der geometrischen Anordnung muss das elektrische Feld radialsymmetrisch sein. Wir betrachten eine Gauß'sche Oberfläche innerhalb der Kugel, also für $r < r_{\text{K}}$. Gemäß dem Gauß'schen Gesetz gilt dann für den Fluss

$$4\pi r^2 E_r = \frac{q_{\text{innen}}}{\varepsilon_0}. \tag{2}$$

Da die Ladung homogen verteilt ist, gilt für das Verhältnis der von der Integrationsfläche eingeschlossenen Ladung zur Gesamtladung der Kugel

$$\frac{q_{\text{innen}}}{q} = \frac{\rho\,V_{\text{Gauß'sche Fläche}}}{\rho\,V_{\text{K}}} = \frac{\frac{4}{3}\pi r^3}{\frac{4}{3}\pi r_{\text{K}}^3} = \frac{r^3}{r_{\text{K}}^3}.$$

Auflösen ergibt

$$q_{\text{innen}} = q\,\frac{r^3}{r_{\text{K}}^3}.$$

Dies setzen wir in Gleichung 2 ein:

$$4\pi r^2 E_r = \frac{q\,r^3}{\varepsilon_0\,r_{\text{K}}^3}.$$

Daraus folgt

$$E_{r<r_{\text{K}}} = \frac{q\,r}{4\pi\varepsilon_0\,r_{\text{K}}^3} = \frac{1}{4\pi\varepsilon_0}\frac{q}{r_{\text{K}}^3}\,r.$$

Hieraus ergibt sich mit Gleichung 1 für die Energiedichte innerhalb der Kugel

$$w_{\text{el},r<r_{\text{K}}} = \frac{1}{2}\varepsilon_0\left(\frac{1}{4\pi\varepsilon_0}\frac{q}{r_{\text{K}}^3}\,r\right)^2 = \frac{1}{(4\pi\varepsilon_0)^2}\frac{\varepsilon_0\,q^2}{2\,r_{\text{K}}^6}\,r^2.$$

Für $r > r_{\text{K}}$ ergibt sich mit dem Gauß'schen Gesetz

$$4\pi r^2 E_r = \frac{q_{\text{innen}}}{\varepsilon_0} = \frac{q}{\varepsilon_0},$$

und die Feldstärke ist

$$E_{r>r_{\text{K}}} = \frac{q}{4\pi r^2\varepsilon_0} = \frac{1}{4\pi\varepsilon_0}\,q\,r^{-2}.$$

Einsetzen in Gleichung 1 liefert die Energiedichte an einem Punkt außerhalb der Kugel:

$$w_{\text{el},r>r_{\text{K}}} = \frac{1}{2}\varepsilon_0\left(\frac{1}{4\pi\varepsilon_0}\,q\,r^{-2}\right)^2 = \frac{1}{2}\varepsilon_0\frac{1}{(4\pi\varepsilon_0)^2}\,q^2\,r^{-4}.$$

b) Die Energie $\mathrm{d}E_{\text{el}}$ in einer Kugelschale mit der Dicke $\mathrm{d}r$ und mit dem Oberflächeninhalt $4\pi r^2$ ist

$$\mathrm{d}E_{\text{el,Kugelschale}} = 4\pi r^2\,w_{\text{el}}(r)\,\mathrm{d}r.$$

Innerhalb der Kugel (bei $r < r_{\text{K}}$) gilt somit

$$\begin{aligned}
\mathrm{d}E_{\text{el,Kugelschale},r<r_{\text{K}}} &= 4\pi r^2\,\frac{1}{(4\pi\varepsilon_0)^2}\,\frac{\varepsilon_0\,q^2}{2\,r_{\text{K}}^6}\,r^2\,\mathrm{d}r\\
&= \frac{1}{4\pi\varepsilon_0}\,\frac{q^2}{2\,r_{\text{K}}^6}\,r^4\,\mathrm{d}r.
\end{aligned}$$

Für $r > r_{\text{K}}$ gilt dagegen

$$\begin{aligned}
\mathrm{d}E_{\text{el,Kugelschale},r>r_{\text{K}}} &= 4\pi r^2\,\frac{1}{(4\pi\varepsilon_0)^2}\,\frac{1}{2}\,\varepsilon_0\,q^2\,r^{-4}\,\mathrm{d}r\\
&= \frac{1}{4\pi\varepsilon_0}\,\frac{1}{2}\,q^2\,r^{-2}\,\mathrm{d}r.
\end{aligned}$$

c) Die elektrische Gesamtenergie ist die Summe

$$E_{\text{el}} = E_{\text{el},r<r_{\text{K}}} + E_{\text{el},r>r_{\text{K}}}. \tag{3}$$

Wir integrieren von 0 bis r_{K} über das Kugelinnere:

$$E_{\text{el},r<r_{\text{K}}} = \frac{1}{4\pi\varepsilon_0}\,\frac{q^2}{2\,r_{\text{K}}^6}\int_0^{r_{\text{K}}} r^4\,\mathrm{d}r = \frac{1}{4\pi\varepsilon_0}\,\frac{q^2}{10\,r_{\text{K}}}.$$

Anschließend integrieren wir von r_{K} bis ∞ über den Außenraum der Kugel:

$$E_{\text{el},r>r_{\text{K}}} = \frac{1}{2}\,\frac{1}{4\pi\varepsilon_0}\,q^2\int_{r_{\text{K}}}^{\infty} r^{-2}\,\mathrm{d}r = \frac{1}{4\pi\varepsilon_0}\,\frac{q^2}{2\,r_{\text{K}}}.$$

Einsetzen in Gleichung 3 liefert schließlich

$$E_{\text{el}} = \frac{1}{4\pi\varepsilon_0}\,\frac{q^2}{10\,r_{\text{K}}} + \frac{1}{4\pi\varepsilon_0}\,\frac{q^2}{2\,r_{\text{K}}} = \frac{1}{4\pi\varepsilon_0}\,\frac{3\,q^2}{5\,r_{\text{K}}}.$$

Dieser Wert ist größer als der für eine geladene Kugelschale, weil das Feld im Inneren (der erste Beitrag zur Summe) bei einer geladenen Kugelschale verschwindet, während es hier zur Energie beiträgt.

L24.12 Wenn die Kondensatoren parallel geschaltet sind, addieren sich die Ladungen q_0 der n gleichen Kondensatoren zur Gesamtladung $q = n\,q_0$. Die Ladung auf einem Kondensator ergibt sich aus seiner Kapazität und der angelegten Spannung zu $q_0 = C\,U$. Einsetzen ergibt

$$n = \frac{q}{C\,U} = \frac{1\,\text{mC}}{(1\,\upmu\text{F})\,(10\,\text{V})} = 100.$$

b) Weil die Kondensatoren parallel geschaltet sind, ist die Spannung über jedem Einzelkondensator ebenso groß wie die Spannung über der gesamten Anordnung: $U_{\text{parallel}} = U = 10\,\text{V}$.

c) Wenn die Kondensatoren in Reihe geschaltet sind, ist die Spannung über der Reihenschaltung gleich der Summe der Spannungen über jedem Einzelkondensator:

$$U_{\text{Reihe}} = 100\,U = 100\,(10\,\text{V}) = 1{,}00\,\text{kV}.$$

Jeder Kondensator trägt dann die Ladung

$$q_0 = C\,U = (1\,\upmu\text{F})\,(10\,\text{V}) = 10{,}0\,\upmu\text{C}.$$

L24.13 a) Damit die Kondensatoren (jeder mit der Kapazität C_0) die maximale Gesamtkapazität haben, müssen sie parallel geschaltet sein. Die Ersatzkapazität soll $C = 3\,C_0 = 15\,\mu\text{F}$ sein; daher muss $C_0 = 5\,\mu\text{F}$ sein.

b) Wenn die drei Kondensatoren in Reihe geschaltet sind, ist

$$\frac{1}{C} = \frac{3}{5\,\mu\text{F}} \quad \text{und damit} \quad C = 1{,}67\,\mu\text{F}.$$

Nun sollen zwei Kondensatoren parallel und der dritte zu dieser Parallelschaltung in Reihe geschaltet sein. In diesem Fall ist

$$C_{\text{zwei parallel}} = 2\,(5\,\mu\text{F}) = 10\,\mu\text{F},$$

und es gilt

$$\frac{1}{C} = \frac{1}{10\,\mu\text{F}} + \frac{1}{5\,\mu\text{F}} \quad \text{bzw.} \quad C = \frac{(10\,\mu\text{F})\,(5\,\mu\text{F})}{10\,\mu\text{F} + 5\,\mu\text{F}} = 3{,}33\,\mu\text{F}.$$

Schließlich können zwei Kondensatoren in Reihe und der dritte zu der Reihenschaltung parallel geschaltet sein:

$$\frac{1}{C_{\text{zwei in Reihe}}} = \frac{2}{5\,\mu\text{F}} \quad \text{bzw.} \quad C_{\text{zwei in Reihe}} = 2{,}5\,\mu\text{F}.$$

Die Ersatzkapazität der parallel geschalteten Kapazitäten 2,5 μF und 5 μF ist

$$C = 2{,}5\,\mu\text{F} + 5\,\mu\text{F} = 7{,}5\,\mu\text{F}.$$

L24.14 a) Der Kehrwert der Ersatzkapazität zweier in Reihe geschalteter Kondensatoren mit den Kapazitäten C_1 und C_2 ist gegeben durch

$$\frac{1}{C} = \frac{1}{C_1} + \frac{1}{C_2} = \frac{C_2 + C_1}{C_1\,C_2}.$$

Wir bilden auf beiden Seiten den Kehrwert:

$$C = \frac{C_1\,C_2}{C_1 + C_2}.$$

b) Wir dividieren in der vorigen Gleichung den Zähler und den Nenner durch C_1, wobei $(1 + C_2/C_1) > 1$ ist:

$$C = \frac{C_2}{1 + C_2/C_1} < C_2.$$

Dividieren wir Zähler und Nenner jedoch durch C_2, dann erhalten wir, wiederum mit $(1 + C_1/C_2) > 1$:

$$C = \frac{C_1}{1 + C_1/C_2} < C_1.$$

c) Wir verwenden das Ergebnis von Teilaufgabe a und schalten einen dritten Kondensator C_3 in Reihe. Dann ist der Kehrwert der Ersatzkapazität

$$\frac{1}{C} = \frac{C_1 + C_2}{C_1\,C_2} + \frac{1}{C_3} = \frac{C_1\,C_3 + C_2\,C_3 + C_1\,C_2}{C_1\,C_2\,C_3},$$

und der Kehrwert hiervon ergibt sich zu

$$C = \frac{C_1\,C_2\,C_3}{C_1\,C_2 + C_2\,C_3 + C_1\,C_3}.$$

L24.15 Vier Kondensatoren werden in Reihe geschaltet. Wenn über jedem Kondensator die Spannung 100 V liegt, dann beträgt

die Spannung über der Reihenschaltung 400 V. Die Ersatzkapazität der Reihenschaltung ist $\frac{2}{4}\,\mu\text{F} = 0{,}5\,\mu\text{F}$. Werden nun vier solche Reihenschaltungen, wie in der Abbildung gezeigt, parallel geschaltet, so beträgt die Gesamtkapazität zwischen den Anschlüssen 2 μF.

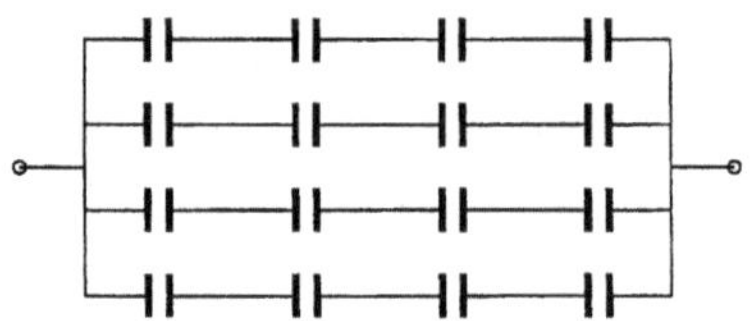

L24.16 a) Die Spannung U über den Platten des Kondensators ergibt sich aus deren Abstand d und dem elektrischen Feld E zu $U = E\,d$. Die maximale Spannung, bei der es zum dielektrischen Durchschlag kommt, ist

$$U_{\text{max}} = (3\,\text{MV} \cdot \text{m}^{-1})\,(1{,}6\,\text{mm}) = 4{,}80\,\text{kV}.$$

b) Mit der Definition der Kapazität ergibt sich die Ladung zu

$$q = C\,U_{\text{max}} = (2{,}0\,\mu\text{F})\,(4{,}80\,\text{kV}) = 9{,}60\,\text{mC}.$$

L24.17 a) Der mindestens erforderliche Plattenabstand ergibt sich aus der Spannung und der maximalen Feldstärke, für die wir $E_{\text{max}} = 3\,\text{MV} \cdot \text{m}^{-1}$ annehmen:

$$d_{\text{min}} = \frac{U}{E_{\text{max}}} = \frac{1000\,\text{V}}{3\,\text{MV} \cdot \text{m}^{-1}} = 0{,}333\,\text{mm}.$$

b) Die Kapazität des Plattenkondensators ist $C = \varepsilon_0\,A/d$. Auflösen nach der Fläche A und Einsetzen der Zahlenwerte ergibt

$$A = \frac{C\,d}{\varepsilon_0} = \frac{(0{,}1\,\mu\text{F})\,(0{,}333\,\text{mm})}{8{,}85 \cdot 10^{-12}\,\text{C}^2 \cdot \text{N}^{-1} \cdot \text{m}^{-2}} = 3{,}76\,\text{m}^2.$$

L24.18 a) Wenn der Geigerzähler als Zylinderkondensator betrachtet wird, ist seine Kapazität

$$C = \frac{2\,\pi\,\varepsilon_{\text{rel}}\,\varepsilon_0\,\ell}{\ln(r/r_\text{S})}$$

$$= \frac{2\,\pi\,(1)\,(8{,}85 \cdot 10^{-12}\,\text{C}^2 \cdot \text{N}^{-1} \cdot \text{m}^{-2})\,(0{,}12\,\text{m})}{\ln(1{,}5\,\text{cm}/0{,}2\,\text{mm})} = 1{,}55\,\text{pF}.$$

b) Unter Verwendung der Definitionen der linearen Ladungsdichte λ und der Kapazität C erhalten wir

$$\lambda = \frac{q}{\ell} = \frac{C\,U}{\ell} = \frac{(1{,}55\,\text{pF})\,(1{,}2\,\text{kV})}{0{,}12\,\text{m}} = 15{,}5\,\text{nC} \cdot \text{m}^{-1}.$$

L24.19 Aus der Abbildung gehen die gewählten Bezeichnungen hervor.

Wir verwenden die Formel für die Kapazität des Plattenkondensators, wobei wir annehmen, dass der Flächeninhalt um die Größe ΔA geändert werden kann:

$$C = \frac{\varepsilon_0\,(A - \Delta A)}{d}.$$

Hierbei ist die Gesamtfläche der Platten gegeben durch

$$A = \pi\,(r_2^2 - r_1^2)\,\frac{\theta}{2\pi} = (r_2^2 - r_1^2)\,\frac{\theta}{2}.$$

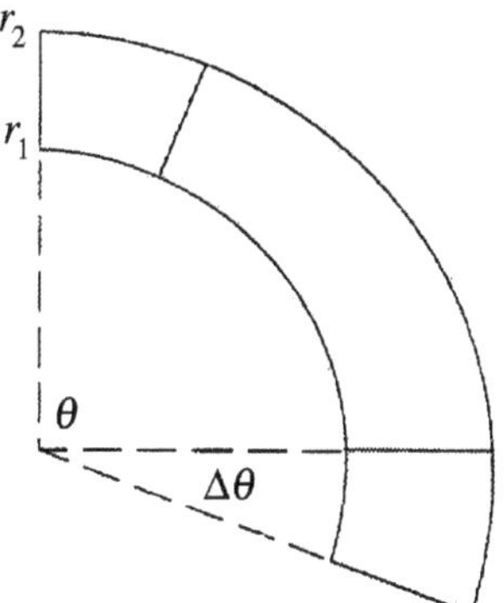

Darin ist ΔA die Änderung des Flächeninhalts, wenn die obere Platte um den Winkel $\Delta\theta$ gedreht wird:

$$\Delta A = \pi\,(r_2^2 - r_1^2)\,\frac{\Delta\theta}{2\pi} = (r_2^2 - r_1^2)\,\frac{\Delta\theta}{2}\,.$$

Einsetzen von A und ΔA in die obige Gleichung für die Kapazität ergibt

$$C = \frac{\varepsilon_0}{d}(r_2^2 - r_1^2)\left(\frac{\theta}{2} - \frac{\Delta\theta}{2}\right) = \frac{\varepsilon_0\,(r_2^2 - r_1^2)}{2d}\,(\theta - \Delta\theta)\,.$$

L24.20 a) Die Kapazität ist der Quotient aus der Ladung und der Spannung: $C = q/U$. Die Spannung zwischen den beiden Hohlkugeln ist die Potenzialdifferenz

$$U = \frac{1}{4\pi\varepsilon_0}\,q\left(\frac{1}{r_1} - \frac{1}{r_2}\right) = \frac{1}{4\pi\varepsilon_0}\,q\,\frac{r_2 - r_1}{r_1\,r_2}\,.$$

Somit gilt für die Kapazität

$$C = \frac{q}{U} = \frac{q}{\dfrac{1}{4\pi\varepsilon_0}\,q\,\dfrac{r_2 - r_1}{r_1\,r_2}} = 4\pi\varepsilon_0\,\frac{r_1\,r_2}{r_2 - r_1}\,.$$

b) Mit $r_2 = r_1 + d$ gilt für kleine Werte von d die Näherung

$$r_1\,r_2 = r_1\,(r_1 + d) = r_1^2 + r_1\,d \approx r_1^2 = r^2\,.$$

Einsetzen in die Gleichung für die Kapazität ergibt

$$C \approx \frac{4\pi\varepsilon_0\,r^2}{d} = \frac{\varepsilon_0\,A}{d}\,.$$

L24.21 Wir bezeichnen die Kapazität des 2-µF-Kondensators mit C_1 und die des anderen Kondensators mit C_2. Die Ladung auf dem Kondensator C_1 nach dem Trennen von der Batterie ist

$$q_1 = C_1\,U = (2\,\text{µF})\,(12\,\text{V}) = 24\,\text{µC}\,.$$

Danach wird dieser erste Kondensator mit dem zweiten Kondensator parallel geschaltet, so dass über beiden Kondensatoren die gleiche Spannung anliegt. Die Ersatzkapazität ist wegen der Parallelschaltung $C = C_1 + C_2$. Also ist $C_2 = C - C_1$.

Gemäß der Definition der Kapazität gilt

$$C = \frac{q_2}{U_2} = \frac{q_1}{U_2}\,.$$

Darin ist U_2 die gemeinsame Spannung über den Kondensatoren, und q_1 und q_2 sind die Ladungen auf ihnen. Einsetzen in die Gleichung für C_2 ergibt

$$C_2 = C - C_1 = \frac{q_1}{U_2} - C_1 = \frac{24\,\text{µC}}{4\,\text{V}} - 2\,\text{µF} = 4{,}00\,\text{µF}\,.$$

L24.22 a) Wir bezeichnen den 20-pF-Kondensator mit dem Index 1 und den 50-pF-Kondensator mit dem Index 2. Weil beim Verbinden keine Ladung verloren geht, ist die Ladung, die sich anfangs auf dem 20-pF-Kondensator befindet, gleich der Summe der Ladungen beider Kondensatoren, nachdem sie verbunden wurden:

$$q = q_1 + q_2\,. \tag{1}$$

Weil die Kondensatoren parallel geschaltet sind, liegt über ihnen die gleiche Spannung an. Es gilt also

$$U_1 = U_2 \quad \text{und daher} \quad \frac{q_1}{C_1} = \frac{q_2}{C_2}\,.$$

Auflösen nach q_1 ergibt

$$q_1 = \frac{C_1}{C_2}\,q_2\,.$$

Wir setzen in Gleichung 1 ein und lösen nach q_2 auf:

$$q_2 = \frac{q}{1 + C_1/C_2}\,. \tag{2}$$

Die Ladung, mit der der 20-pF-Kondensator zu Beginn geladen war, ist

$$q = C_1\,U = (20\,\text{pF})\,(3\,\text{kV}) = 60\,\text{nC}\,.$$

Dies setzen wir in Gleichung 2 ein, um q_2 zu berechnen:

$$q_2 = \frac{60\,\text{nC}}{1 + 20\,\text{pF}/50\,\text{pF}} = 42{,}9\,\text{nC}\,.$$

Mit Gleichung 1 ergibt sich dann

$$q_1 = q - q_2 = 60\,\text{nC} - 42{,}9\,\text{nC} = 17{,}1\,\text{nC}\,.$$

b) Die zu Anfang im 20-pF-Kondensator gespeicherte Energie ist gegeben durch

$$E_{\text{el,A}} = \frac{q^2}{2\,C_1}\,.$$

Mit der Ersatzkapazität C ist am Ende (nach dem Verbinden) die Energie der Kondensatoren

$$E_{\text{el,E}} = \frac{q^2}{2\,C}\,.$$

Wenn die beiden Kondensatoren verbunden werden, ändert sich ihre elektrische Energie also um

$$\Delta E_{\text{el}} = E_{\text{el,E}} - E_{\text{el,A}} = \frac{q^2}{2\,C} - \frac{q^2}{2\,C_1} = \frac{q^2}{2}\left(\frac{1}{C} - \frac{1}{C_1}\right)$$
$$= \frac{(60\,\text{nC})^2}{2}\left(\frac{1}{70\,\text{pF}} - \frac{1}{20\,\text{pF}}\right) = -64{,}3\,\text{µJ}\,.$$

Diese Energiedifferenz ist negativ; also geht beim Verbinden der beiden Kondensatoren elektrische Energie verloren.

L24.23 a) Um die Spannung zwischen dem Draht und dem zylinderförmigen Außenleiter zu ermitteln, gehen wir von der Definition der Kapazität sowie von der Formel für die Kapazität eines Zylinderkondensators aus:

$$U = \frac{q}{C} = \frac{q}{\dfrac{2\pi\,\varepsilon_{\text{rel}}\,\varepsilon_0\,\ell}{\ln\,(r_\text{A}/r)}} = \frac{2\lambda}{4\pi\varepsilon_0\,\varepsilon_{\text{rel}}}\,\ln\frac{r_\text{A}}{r}\,.$$

Darin ist ℓ die Länge, λ die lineare Ladungsdichte, ε_{rel} die Dielektrizitätskonstante des Gases im Geigerzählrohr, r der Radius des Drahts und r_{A} der Radius des koaxialen zylinderförmigen Außenleiters. Die lineare Ladungsdichte ist mit dem elektrischen Feld über

$$E = \frac{2\lambda}{4\pi\varepsilon_0\,\varepsilon_{\text{rel}}\,r}$$

verknüpft. Wir formen diese Beziehung um:

$$\frac{2\lambda}{4\pi\varepsilon_0\,\varepsilon_{\text{rel}}} = E\,r. \tag{1}$$

Weil das maximale elektrische Feld E an der Oberfläche des Drahts, also bei $r = 0{,}2$ mm erreicht wird, muss gelten

$$\frac{2\lambda}{4\pi\varepsilon_0\varepsilon_{\text{rel}}} = E_{\text{max}}\,r = (2\cdot 10^6\ \text{V}\cdot\text{m}^{-1})\,(0{,}2\ \text{mm}) = 400\ \text{V}.$$

Einsetzen in die erste Gleichung für die Spannung ergibt

$$U_{\text{max}} = (400\ \text{V})\ \ln\frac{1{,}5\ \text{cm}}{0{,}2\ \text{mm}} = 1{,}73\ \text{kV}.$$

b) Wir lösen Gleichung 1 nach λ auf und setzen die Zahlenwerte ein:

$$\begin{aligned}
\lambda &= 4\pi\varepsilon_0\,\frac{E_{\text{max}}\,\varepsilon_{\text{rel}}\,r}{2} \\
&= \frac{(2\cdot 10^6\ \text{V}\cdot\text{m}^{-1})\,(1{,}8)\,(0{,}2\ \text{mm})}{2\,(8{,}99\cdot 10^9\ \text{N}\cdot\text{m}^2\cdot\text{C}^{-2})} = 40{,}0\ \text{nC}\cdot\text{m}^{-1}.
\end{aligned}$$

L24.24 a) Der Plattenabstand d hängt mit dem elektrischen Feld E des Kondensators und der Spannung U zusammen über $E = U/d$. Damit erhalten wir für den Mindestabstand der Platten, damit es beim maximalen Feld E_{max} nicht zum Durchschlag kommt:

$$d_{\text{min}} = \frac{U}{E_{\text{max}}} = \frac{2000\ \text{V}}{4\cdot 10^7\ \text{V}\cdot\text{m}^{-1}} = 50{,}0\ \mu\text{m}.$$

b) Die Kapazität eines Plattenkondensators ist $C = \varepsilon_{\text{rel}}\varepsilon_0\,A/d$. Auflösen nach der Fläche und Einsetzen der Zahlenwerte ergibt

$$\begin{aligned}
A &= \frac{C\,d}{\varepsilon_{\text{rel}}\varepsilon_0} = \frac{(0{,}1\ \mu\text{F})\,(50{,}0\ \mu\text{m})}{24\,(8{,}85\cdot 10^{-12}\ \text{C}^2\cdot\text{N}^{-1}\cdot\text{m}^{-2})} \\
&= 2{,}35\cdot 10^{-2}\ \text{m}^2 = 235\ \text{cm}^2.
\end{aligned}$$

L24.25 a) Weil $d \ll r$ ist, können wir die Membran als einen Plattenkondensator mit der Kapazität $C = \varepsilon_{\text{rel}}\varepsilon_0\,A/d$ auffassen. Wir setzen den Flächeninhalt der Platten ein:

$$\begin{aligned}
C &= \frac{2\pi\varepsilon_{\text{rel}}\varepsilon_0\,r\,\ell}{d} = 4\pi\varepsilon_0\,\frac{\varepsilon_{\text{rel}}\,r\,\ell}{2d} \\
&= \frac{3\,(10^{-5}\ \text{m})\,(0{,}1\ \text{m})}{2\,(8{,}99\cdot 10^9\ \text{N}\cdot\text{m}^2\ \text{C}^{-2})\,(10^{-8}\ \text{m})} = 16{,}7\ \text{nF}.
\end{aligned}$$

b) Mit der Definition der Kapazität ergibt sich für die Ladung
$q = C\,U = (16{,}7\ \text{nF})\,(70\ \text{mV}) = 1{,}17\ \text{nC}.$

c) Das elektrische Feld über der Membran ergibt sich aus deren Dicke und der über ihr anliegenden Spannung:

$$E = \frac{U}{d} = \frac{70\ \text{mV}}{10^{-8}\ \text{m}} = 7{,}00\ \text{MV}\cdot\text{m}^{-1}.$$

L24.26 a) Die relative Dielektrizitätskonstante ε_{rel} verknüpft das elektrische Feld E_0 ohne Dielektrikum mit dem Feld E bei Vorhandenein eines Dielektrikums: $E = E_0/\varepsilon_{\text{rel}}$. Damit ergibt sich

$$\varepsilon_{\text{rel}} = \frac{E_0}{E} = \frac{2{,}5\cdot 10^5\ \text{V}\cdot\text{m}^{-1}}{1{,}2\cdot 10^5\ \text{V}\cdot\text{m}^{-1}} = 2{,}08.$$

b) Das elektrische Feld zwischen den Platten hängt mit der Oberflächenladungsdichte σ zusammen über

$$E_0 = \frac{\sigma}{\varepsilon_0} = \frac{q/A}{\varepsilon_0}.$$

Daraus ergibt sich für die Fläche

$$\begin{aligned}
A &= \frac{q}{E_0\varepsilon_0} = \frac{10\ \text{nC}}{(2{,}5\cdot 10^5\ \text{V}\cdot\text{m}^{-1})\,(8{,}85\cdot 10^{-12}\ \text{C}^2\cdot\text{N}^{-1}\cdot\text{m}^{-2})} \\
&= 4{,}52\cdot 10^{-3}\ \text{m}^2 = 45{,}2\ \text{cm}^2.
\end{aligned}$$

c) Die Oberflächenladungsdichten der induzierten gebundenen und der freien Ladungen hängen miteinander zusammen über

$$\sigma_{\text{geb}} = \left(1 - \frac{1}{\varepsilon_{\text{rel}}}\right)\sigma_{\text{frei}}.$$

Damit gilt für das Verhältnis der Ladungen

$$\frac{\sigma_{\text{geb}}}{\sigma_{\text{frei}}} = \frac{q_{\text{geb}}}{q_{\text{frei}}} = 1 - \frac{1}{\varepsilon_{\text{rel}}},$$

und wir erhalten für den Betrag der gebundenen Ladungen

$$q_{\text{geb}} = \left(1 - \frac{1}{\varepsilon_{\text{rel}}}\right)q_{\text{frei}} = \left(1 - \frac{1}{2{,}08}\right)(10\ \text{nC}) = 5{,}19\ \text{nC}.$$

L24.27 Wenn nur ein Kondensator mit der Kapazität C_0 an die 100-V-Batterie angeschlossen ist, ist in ihm die Energie
$E_{\text{el},0} = \tfrac{1}{2}\,C_0\,U^2$
gespeichert. Sind dagegen alle vier Kondensatoren in der fraglichen Kombination zusammengeschaltet, dann ist mit der Ersatzkapazität C die in ihnen gespeicherte Energie
$E_{\text{el}} = \tfrac{1}{2}\,C\,U^2.$
Da beide Energien gleich sein sollen, muss gelten $C = C_0$.
Die Ersatzkapazität C' zweier in Reihe geschalteter Kondensatoren mit der Kapazität C_0 ist gegeben durch

$$C' = \frac{C_0^2}{C_0 + C_0} = \tfrac{1}{2}C_0.$$

Wenn wir jeweils zwei der Kondensatoren in Reihe schalten und diese beiden Reihenschaltungen parallel schalten, so hat die gesamte Anordnung die Ersatzkapazität
$C = C' + C' = \tfrac{1}{2}C_0 + \tfrac{1}{2}C_0 = C_0.$
Dies ist der gesuchte Wert. Die Gesamtenergie einer Parallelschaltung von jeweils zwei in Reihe geschalteten gleichen Kondensatoren ist also gleich der eines allein angeschlossenen Kondensators.

L24.28 a) Die Ersatzkapazität der beiden parallel geschalteten Kondensatoren ist $C_1 = C_0 + C_0 = 2C_0$. Weil hierzu eine weitere

Kapazität C_0 in Reihe geschaltet ist, ergibt sich für die Gesamtkapazität

$$C_2 = \frac{C_1 C_0}{C_1 + C_0} = \frac{(2C_0) C_0}{2C_0 + C_0} = \tfrac{2}{3} C_0.$$

b) Die Kapazität von zwei parallel geschalteten Kondensatoren ist $C_1 = 2C_0$. Zwei dieser Anordnungen sind in Reihe geschaltet, und die Gesamtkapazität ist

$$C_2 = \frac{C_1 C_0}{C_1 + C_0} = \frac{(2C_0)(2C_0)}{2C_0 + 2C_0} = C_0.$$

c) Die Ersatzkapazität der drei gleichen parallel geschalteten Kondensatoren ist $C = C_0 + C_0 + C_0 = 3C_0$.

L24.29 Wenn zwischen die Punkte a und b eine Spannung U angelegt wird, dann sind die Kondensatoren C_1 und C_3 sowie die Kondensatoren C_2 und C_4 jeweils in Reihe geschaltet. Da die Potenzialdifferenzen über den beiden Kondensatoren in einer Reihenschaltung jeweils umgekehrt proportional zu den Kapazitäten sind, können wir Verhältnisgleichungen für die linke und für die rechte Seite der Brücke aufstellen. Anschließend eliminieren wir die Potenzialdifferenzen mit Hilfe der Beziehung $U_{cd} = 0$.

Mit der Ladung q auf den Kondensatoren C_1 und C_3 ergeben sich die Spannungen über diesen zu

$$U_1 = \frac{q}{C_1} \quad \text{und} \quad U_3 = \frac{q}{C_3}.$$

Dividieren der ersten Gleichung durch die zweite ergibt

$$\frac{U_1}{U_3} = \frac{C_3}{C_1}. \tag{1}$$

Analog dazu erhalten wir

$$\frac{U_2}{U_4} = \frac{C_4}{C_2}. \tag{2}$$

Dividieren von Gleichung 1 durch Gleichung 2 liefert

$$\frac{U_1 U_4}{U_3 U_2} = \frac{C_3 C_2}{C_1 C_4}. \tag{3}$$

Damit $U_{cd} = 0$ ist, muss gelten $U_1 = -U_2$ und $U_3 = -U_4$. Einsetzen in Gleichung 3 ergibt $C_2 C_3 = C_1 C_4$ und damit $C_1/C_2 = C_3/C_4$.

L24.30 a) Wegen der im Verhältnis zum Durchmesser dünnen Wände ist es gerechtfertigt, die Leidener Flasche als Plattenkondensator anzusehen. Gegeben sind die Höhe h, die Dicke d und der Innenradius r, und wir erhalten

$$C = \frac{\varepsilon_{\mathrm{rel}} \varepsilon_0 A}{d} = \frac{\varepsilon_{\mathrm{rel}} \varepsilon_0 \, 2\pi r h}{d} = \frac{4\pi \varepsilon_0 \varepsilon_{\mathrm{rel}} \, r h}{2d} = 4\pi \varepsilon_0 \frac{\varepsilon_{\mathrm{rel}} \, r h}{2d}$$

$$= \frac{5\,(0{,}04 \text{ m})\,(0{,}4 \text{ m})}{2\,(8{,}99 \cdot 10^9 \text{ N} \cdot \text{m}^2 \, \text{C}^{-2})\,(2 \cdot 10^{-3} \text{ m})} = 2{,}22 \text{ nF}.$$

b) Gemäß der Definition der Kapazität gilt mit der gegebenen Durchschlagspannung U_{max} für die maximale Ladung des Kondensators

$$q_{\mathrm{max}} = C U_{\mathrm{max}}.$$

Die Durchschlagspannung ist das Produkt aus der Durchschlagfestigkeit und der Schichtdicke des Dielektrikums:

$$U_{\mathrm{max}} = E_{\mathrm{max}} d.$$

Einsetzen ergibt

$$q_{\mathrm{max}} = C E_{\mathrm{max}} d = (2{,}22 \text{ nF})\,(15 \text{ MV} \cdot \text{m}^{-1})\,(2 \cdot 10^{-3} \text{ m})$$

$$= 66{,}6 \text{ μC}.$$

L24.31 a) Die Maximalspannung ergibt sich mit der Durchschlagfestigkeit E_{max} des Siliciumdioxids und der Schichtdicke d zu

$$U_{\mathrm{max}} = E_{\mathrm{max}} d = (8 \cdot 10^6 \text{ V} \cdot \text{m}^{-1})\,(5 \cdot 10^{-6} \text{ m}) = 40{,}0 \text{ V}.$$

b) Ein Plattenkondensator mit dem Flächeninhalt A hat die Kapazität $C = \varepsilon_{\mathrm{rel}} \varepsilon_0 A/d$. Auflösen nach der Fläche und Einsetzen der Zahlenwerte liefert

$$A = \frac{Cd}{\varepsilon_{\mathrm{rel}} \varepsilon_0} = \frac{(10 \text{ pF})\,(5 \cdot 10^{-6} \text{ m})}{3{,}8\,(8{,}85 \cdot 10^{-12} \text{ C}^2 \cdot \text{N}^{-1} \cdot \text{m}^{-2})}$$

$$= 1{,}49 \cdot 10^{-6} \text{ m}^2 = 1{,}49 \text{ mm}^2.$$

c) Der Quotient aus der gegebenen Fläche von 1 cm^2 und der Fläche jedes Kondensators ergibt die Anzahl der Kondensatoren:

$$n = \frac{(1 \text{ cm})^2}{A} = \frac{100 \text{ mm}^2}{1{,}49 \text{ mm}^2} \approx 67.$$

L24.32 a) Wir gehen von der Definition $C = q/U$ der Kapazität aus, wobei q die Ladung des Kondensators und U die Spannung über ihm ist. Diese können wir durch das elektrische Feld E ausdrücken. Dabei berücksichtigen wir, dass in dem Teil, in dem sich die leitende Metallschicht befindet, das Feld null ist:

$$U = E\,(d - c).$$

Das elektrische Feld zwischen den Platten, jedoch außerhalb der Metallschicht, ist gegeben durch

$$E = \frac{\sigma}{\varepsilon_0} = \frac{q}{\varepsilon_0 A}.$$

Einsetzen ergibt

$$C = \frac{q}{E\,(d-c)} = \frac{q}{\dfrac{q}{\varepsilon_0 A}\,(d-c)} = \frac{\varepsilon_0 A}{d-c}.$$

b) Die Ersatzkapazität C der beiden in Reihe geschalteten Kondensatoren mit den Kapazitäten C_1 und C_2 ist

$$C = \frac{C_1 C_2}{C_1 + C_2}.$$

Die Kapazitäten C_1 und C_2 der beiden Platten mit dem Abstand a bzw. b sind

$$C_1 = \frac{\varepsilon_0 A}{a} \quad \text{und} \quad C_2 = \frac{\varepsilon_0 A}{b}.$$

Dies setzen wir in die Gleichung für die Ersatzkapazität ein:

$$C = \frac{\dfrac{\varepsilon_0 A}{a}\,\dfrac{\varepsilon_0 A}{b}}{\dfrac{\varepsilon_0 A}{a} + \dfrac{\varepsilon_0 A}{b}} = \frac{\varepsilon_0 A}{a+b}.$$

Da die Platten den Abstand d haben, addieren sich die beiden Abstände und die Dicke der Metallschicht. Also gilt

$$a + b + c = d \quad \text{und daher} \quad a + b = d - c.$$

Einsetzen in die Gleichung für die Ersatzkapazität ergibt

$$C = \frac{\varepsilon_0 A}{d - c}.$$

Dies entspricht dem Ergebnis von Teilaufgabe a.

L24.33 a) Wir modellieren den Kondensator als zwei parallel geschaltete Teilkondensatoren. Dabei ist der Teilkondensator 1 mit einem Dielektrikum mit der Dielektrizitätskonstanten ε_{rel} gefüllt, der Teilkondensator 2 dagegen mit Luft. Die in einem Kondensator gespeicherte Energie ist allgemein gegeben durch

$$E_{\text{el}} = \frac{1}{2} \frac{q^2}{C}.$$

Somit sind die Kapazitäten der beiden Teilkondensatoren

$$C_1 = \frac{\varepsilon_{\text{rel}} \varepsilon_0 a x}{d} \quad \text{und} \quad C_2 = \frac{\varepsilon_0 a (a - x)}{d}.$$

Weil beide Teilkondensatoren parallel geschaltet sind, ist die Gesamtkapazität die Summe der einzelnen Kapazitäten:

$$C = C_1 + C_2 = \frac{\varepsilon_{\text{rel}} \varepsilon_0 a x}{d} + \frac{\varepsilon_0 a (a - x)}{d}$$
$$= \frac{\varepsilon_0 a}{d} (\varepsilon_{\text{rel}} x + a - x) = \frac{\varepsilon_0 a}{d} [(\varepsilon_{\text{rel}} - 1) x + a].$$

Damit ergibt sich für die Energie in der Anordnung:

$$E_{\text{el}} = \frac{q^2 d}{2 \varepsilon_0 a [(\varepsilon_{\text{rel}} - 1) x + a]}.$$

b) Die vom elektrischen Feld ausgeübte Kraft ist gleich der Ableitung der potenziellen Energie nach dem Abstand:

$$F = -\frac{\mathrm{d} E_{\text{el}}}{\mathrm{d} x} = -\frac{\mathrm{d}}{\mathrm{d} x} \left(\frac{1}{2} \frac{q^2 d}{\varepsilon_0 a [(\varepsilon_{\text{rel}} - 1) x + a]} \right)$$
$$= -\frac{q^2 d}{2 \varepsilon_0 a} \frac{\mathrm{d}}{\mathrm{d} x} \left\{ [(\varepsilon_{\text{rel}} - 1) x + a]^{-1} \right\}$$
$$= \frac{(\varepsilon_{\text{rel}} - 1) q^2 d}{2 a \varepsilon_0 [(\varepsilon_{\text{rel}} - 1) x + a]^2}.$$

c) Umformen der in Teilaufgabe b aufgestellten Gleichung ergibt für die Kraft

$$F = \frac{(\varepsilon_{\text{rel}} - 1) q^2 \dfrac{a \varepsilon_0}{d}}{2 \left(\dfrac{a \varepsilon_0}{d} \right)^2 [(\varepsilon_{\text{rel}} - 1) x + a]^2}$$
$$= \frac{(\varepsilon_{\text{rel}} - 1) q^2 \dfrac{a \varepsilon_0}{d}}{2 C^2} = \frac{(\varepsilon_{\text{rel}} - 1) a \varepsilon_0 U^2}{2 d}.$$

Beachten Sie, dass die Kraft nicht vom Ort x abhängt.

d) Die Kraft rührt daher, dass die auf der Oberfläche des Dielektrikums erzeugten gebundenen Ladungen von den freien Ladungen auf den Kondensatorplatten angezogen werden.

L24.34 a) Wir bezeichnen den Abstand der Platten voneinander mit d. Die Kraft F auf die obere Platte hängt mit der beim Laden des Kondensators verrichteten mechanischen Arbeit $\mathrm{d} W$ zusammen über

$$\mathrm{d} W = \mathrm{d} E_{\text{mech}} = -F \, \mathrm{d} d.$$

Auflösen nach der Kraft ergibt

$$F = -\frac{\mathrm{d} E_{\text{mech}}}{\mathrm{d} d}.$$

Andererseits ist im Kondensator die elektrische Energie

$$E_{\text{el}} = \frac{1}{2} C U^2 = \frac{1}{2} \frac{\varepsilon_0 A}{d} U^2$$

gespeichert. Die Änderung der mechanischen Arbeit ist gleich der Änderung der gespeicherten elektrischen Energie, und wir erhalten für die Kraft

$$F = -\frac{\mathrm{d} E_{\text{el}}}{\mathrm{d} d} = -\frac{\mathrm{d}}{\mathrm{d} d} \left(\frac{1}{2} \frac{\varepsilon_0 A}{d} U^2 \right) = \frac{\varepsilon_0 A}{2 d^2} U^2.$$

Da die Kraft F mit abnehmendem Abstand d zunimmt, liegt kein Gleichgewicht vor. Die Waage ist also instabil.

b) Anwenden des zweiten Newton'schen Axioms $\sum F = 0$ auf den Körper mit der Masse m ergibt

$$m g - \frac{\varepsilon_0 A}{2 d^2} U^2 = 0.$$

Daher gilt für die gesuchte Spannung

$$U = d \sqrt{\frac{2 m g}{\varepsilon_0 A}}.$$

L24.35 a) Die elektrische Energie, die im Kondensator höchstens gespeichert werden kann, ergibt sich aus der Spannung, die maximal möglich ist, ohne dass es zum dielektrischen Durchschlag kommt:

$$E_{\text{el,max}} = \tfrac{1}{2} C U_{\text{max}}^2.$$

Der luftgefüllte Plattenkondensator hat die Kapazität

$$C = \varepsilon_0 A / d.$$

Die maximale Spannung zwischen den Platten ergibt sich aus dem maximal möglichen elektrischen Feld E_{max} zwischen ihnen, also aus der Durchschlagfestigkeit:

$$U_{\text{max}} = E_{\text{max}} d.$$

Mit dem Volumen $V = A d$ zwischen den Platten ergibt sich daraus

$$E_{\text{el,max}} = \frac{1}{2} \frac{\varepsilon_0 A}{d} (E_{\text{max}} d)^2 = \frac{1}{2} \varepsilon_0 (A d) E_{\text{max}}^2 = \frac{1}{2} \varepsilon_0 V E_{\text{max}}^2.$$

Für das Volumen gilt daher

$$V = \frac{2 E_{\text{el,max}}}{\varepsilon_0 E_{\text{max}}^2}, \tag{1}$$

und mit den gegebenen Werten erhalten wir

$$V = \frac{2 \, (100 \, \text{kJ})}{(8{,}85 \cdot 10^{-12} \, \text{C}^2 \cdot \text{N}^{-1} \cdot \text{m}^{-2}) (3 \, \text{MV} \cdot \text{m}^{-1})^2}$$
$$= 2{,}51 \cdot 10^3 \, \text{m}^3.$$

b) Nach dem Einführen des Dielektrikums wird Gleichung 1 zu

$$V = \frac{2\,E_{\text{el,max}}}{\varepsilon_{\text{rel}}\,\varepsilon_0\,E_{\max}^2}. \tag{2}$$

Mit $\varepsilon_{\text{rel}} = 5$ und dem maximalen elektrischen Feld bzw. der Durchschlagfestigkeit $E_{\max} = 3 \cdot 10^8\ \text{V}\cdot\text{m}^{-1}$ ergibt sich das Volumen zu

$$V = \frac{2\,(100\ \text{kJ})}{5\,(8{,}85\cdot 10^{-12}\ \text{C}^2\cdot\text{N}^{-1}\cdot\text{m}^{-2})\,(3\cdot 10^8\ \text{V}\cdot\text{m}^{-1})^2}$$
$$= 5{,}02\cdot 10^{-2}\ \text{m}^3.$$

L24.36 a) Die Kondensatorplatten sind Äquipotenzialflächen. Weil die Potenzialdifferenz zwischen den Platten in beiden Hälften des Kondensators gleich ist, ist auch $E = U/d$ in beiden Fällen gleich.

b) Das elektrische Feld ist in jedem Gebiet

$$E = \frac{\sigma}{\varepsilon_{\text{rel}}\,\varepsilon_0},$$

wobei für die Oberflächenladungsdichte σ bzw. für ε_{rel} die betreffenden Werte einzusetzen sind. Wir lösen nach σ auf:

$$\sigma = \varepsilon_{\text{rel}}\,\varepsilon_0\,E.$$

Somit gilt in den beiden Gebieten

$$\sigma_1 = \varepsilon_{\text{rel,1}}\,\varepsilon_0\,E_1 = 2\,\varepsilon_0\,E_1 \quad \text{bzw.} \quad \sigma_2 = \varepsilon_{\text{rel,2}}\,\varepsilon_0\,E_2 = \varepsilon_0\,E_1.$$

Division der einen Gleichung durch die andere ergibt

$$\sigma_1 = 2\,\sigma_2.$$

c) Wir modellieren den halb gefüllten Kondensator durch zwei parallel geschaltete Kondensatoren mit der Gesamtkapazität

$$C = C_1 + C_2.$$

Dabei sind die Einzelkapazitäten

$$C_1 = \frac{\varepsilon_{\text{rel}}\,\varepsilon_0\,\left(\tfrac{1}{2}A\right)}{d} = \frac{\varepsilon_{\text{rel}}\,\varepsilon_0\,A}{2\,d}, \qquad C_2 = \frac{\varepsilon_0\,\left(\tfrac{1}{2}A\right)}{d} = \frac{\varepsilon_0\,A}{2\,d}.$$

Einsetzen liefert

$$C = \frac{\varepsilon_{\text{rel}}\,\varepsilon_0\,A}{2\,d} + \frac{\varepsilon_0\,A}{2\,d} = \frac{2\,\varepsilon_0\,A}{2\,d} + \frac{\varepsilon_0\,A}{2\,d} = \frac{3\,\varepsilon_0\,A}{2\,d}.$$

Die Endspannung U_{E} nach dem Einführen des Dielektrikums ergibt sich aus der Ladung q_{E} und der Kapazität C_{E} zu

$$U_{\text{E}} = \frac{q_{\text{E}}}{C_{\text{E}}}.$$

Da sich die Ladung auf den Platten beim Einführen des Dielektrikums nicht ändert, ist

$$q_{\text{E}} = q_{\text{A}} = U\,C_{\text{A}} = \frac{U\,\varepsilon_0\,A}{d}.$$

Daraus folgt für die Spannung

$$U_{\text{E}} = \frac{U\,\varepsilon_0\,A}{C_{\text{E}}\,d} = \frac{U\,\varepsilon_0\,A}{\dfrac{3\,\varepsilon_0\,A}{2\,d}\,d} = \frac{2}{3}\,U.$$

L24.37 a) Aufgrund der geometrischen Anordnung muss das Feld überall dort, wo es von null verschieden ist, radialsymmetrisch sein. Das elektrische Feld ergibt sich gemäß dem Gauß'schen Gesetz jeweils durch Integration über eine Gauß'sche Fläche. Zunächst integrieren wir über eine Kugeloberfläche mit dem Radius $r < r_1$. Weil q_{innen} innerhalb der leitenden Oberfläche null ist, ergibt sich

$$4\,\pi\,r^2\,E_r = \frac{q_{\text{innen}}}{\varepsilon_0} = 0.$$

Damit ist $E_{r < r_1} = 0$.

Nun integrieren wir über eine Gauß'sche Kugeloberfläche innerhalb der dielektrischen Kugelschale mit $r_1 < r < r_2$. Dies ergibt

$$4\,\pi\,r^2\,E_r = \frac{q_{\text{innen}}}{\varepsilon_{\text{rel}}\,\varepsilon_0} = \frac{q}{\varepsilon_{\text{rel}}\,\varepsilon_0}.$$

Umformen liefert:

$$E_{r_1 < r < r_2} = \frac{q}{4\pi\varepsilon_0\,\varepsilon_{\text{rel}}\,r^2} = \frac{1}{4\pi\varepsilon_0}\,\frac{q}{\varepsilon_{\text{rel}}\,r^2}.$$

Schließlich integrieren wir über eine Gauß'sche Kugeloberfläche außerhalb der dielektrischen Kugelschale mit $r > r_2$ und erhalten

$$4\,\pi\,r^2\,E_r = \frac{q_{\text{innen}}}{\varepsilon_0} = \frac{q}{\varepsilon_0}.$$

Damit ergibt sich für das elektrische Feld außerhalb der dielektrischen Kugelschale

$$E_{r > r_2} = \frac{q}{4\pi\varepsilon_0\,r^2} = \frac{1}{4\pi\varepsilon_0}\,\frac{q}{r^2}.$$

b) Das Potenzial ergibt sich durch Integration über die elektrischen Felder. Hierbei setzen wir die Ausdrücke für die Felder $E_{r_1 < r < r_2}$ und $E_{r > r_2}$ ein:

$$\phi_{r_1} = -\int_{\infty}^{r_1} E\,\mathrm{d}r = -\frac{q}{4\pi\varepsilon_0}\int_{\infty}^{r_2}\frac{1}{r^2}\,\mathrm{d}r - \frac{q}{4\pi\varepsilon_0\,\varepsilon_{\text{rel}}}\int_{r_2}^{r_1}\frac{1}{r^2}\,\mathrm{d}r$$

$$= \frac{q}{4\pi\varepsilon_0\,\varepsilon_{\text{rel}}}\,\frac{r_1\,(\varepsilon_{\text{rel}} - 1) + r_2}{r_1\,r_2}.$$

c) Die elektrische Gesamtenergie ergibt sich aus der Gesamtladung q und der Spannung zwischen der Kugelschale mit dem Radius r_1 und dem Unendlichen. Da das Potenzial in unendlich großem Abstand null ist, ist diese Spannung U_{r_1} gleich dem in Teilaufgabe b berechneten Potenzial auf der Kugelschale mit dem Radius r_1, und wir erhalten

$$E_{\text{el}} = \frac{1}{2}\,q\,\phi_{r_1} = \frac{1}{2}\,q\,\frac{1}{4\pi\varepsilon_0}\,\frac{q}{\varepsilon_{\text{rel}}}\,\frac{r_1\,(\varepsilon_{\text{rel}} - 1) + r_2}{r_1\,r_2}$$

$$= \frac{q^2}{8\pi\varepsilon_0\,\varepsilon_{\text{rel}}}\,\frac{r_1\,(\varepsilon_{\text{rel}} - 1) + r_2}{r_1\,r_2}.$$

- Elektrischer Strom und die Bewegung von Ladungsträgern
- Widerstand und Ohm'sches Gesetz
- Temperaturabhängigkeit des Widerstands
- Energie in elektrischen Stromkreisen
- Zusammenschaltungen von Widerständen
- Kirchhoff'sche Regeln
- Strom- und Spannungsmessgeräte
- RC-Stromkreise

A: Aufgaben

Verständnisaufgaben

A25.1 • Nach den Gesetzen der Elektrostatik existiert in einem Leiter im elektrostatischen Gleichgewicht kein elektrisches Feld. Warum kann man im Zusammenhang mit elektrischen Strömen trotzdem über elektrische Felder innerhalb von Leitern sprechen?

A25.2 •• Als Widerstandsbauelement soll ein Metallquader mit Kantenlängen von 2, 4 bzw. 10 Einheiten verwendet werden. An welche gegenüberliegenden Seiten des Quaders muss man die Zuleitungen anschließen, damit der Widerstand des Bauteils am geringsten ist? a) An die 2 Einheiten mal 4 Einheiten großen Seiten. b) An die 2 Einheiten mal 10 Einheiten großen Seiten. c) An die 4 Einheiten mal 10 Einheiten großen Seiten. d) Der Widerstand ist in allen drei Fällen gleich. e) Keine der Antworten ist richtig.

A25.3 • Zwei Widerstände R_1 und R_2 werden parallel geschaltet. Wie groß ist ungefähr der Ersatzwiderstand der Schaltung, wenn $R_1 \gg R_2$ ist? a) R_1, b) R_2, c) 0, d) unendlich groß.

A25.4 • Wiederholen Sie Aufgabe 3 für die Reihenschaltung von R_1 und R_2.

A25.5 •• Eine Reihenschaltung zweier identischer Widerstände ist an die Klemmen einer Batterie angeschlossen, die dabei eine Leistung von 20 W abgibt. Welche Leistung gibt die Batterie ab, wenn dieselben Widerstände parallel geschaltet sind? a) 5 W, b) 10 W, c) 20 W, d) 40 W, e) 80 W.

A25.6 • Sollte der Innenwiderstand eines idealen Voltmeters a) unendlich groß oder b) null sein?

A25.7 • Sollte der Innenwiderstand eines idealen Amperemeters a) unendlich groß oder b) null sein?

A25.8 • Sollte der Innenwiderstand einer idealen Spannungsquelle a) unendlich groß oder b) null sein?

A25.9 •• An eine Reihenschaltung, bestehend aus einem Schalter, einem Ohm'schen Widerstand und einem anfänglich entladenen Kondensator, wird eine Batterie angeschlossen. Zum Zeitpunkt $t = 0$ wird der Schalter geschlossen. Welche der folgenden Aussagen ist bzw. sind richtig? a) Die Stromstärke nimmt mit steigender Ladung des Kondensators zu. b) Der Spannungsabfall über dem Ohm'schen Widerstand nimmt mit steigender Ladung des Kondensators zu. c) Die Stromstärke bleibt bei steigender Ladung des Kondensators konstant. d) Der Spannungsabfall über dem Kondensator nimmt mit steigender Ladung des Kondensators ab. e) Der Spannungsabfall über dem Ohm'schen Widerstand nimmt mit steigender Ladung des Kondensators ab.

A25.10 •• Die Widerstände R_1, R_2 und R_3 in der Abbildung auf der nächsten Seite seien identisch. Welche der folgenden Aussagen ist bzw. sind richtig? a) An R_1 wird die gleiche Leistung umgesetzt wie an der Parallelschaltung aus R_2 und R_3. b) An R_1 wird die gleiche Leistung umgesetzt wie an R_2. c) An R_1 wird mehr Leistung umgesetzt als an R_2 oder an R_3. d) An R_1 wird weniger Leistung umgesetzt als an R_2 oder an R_3.

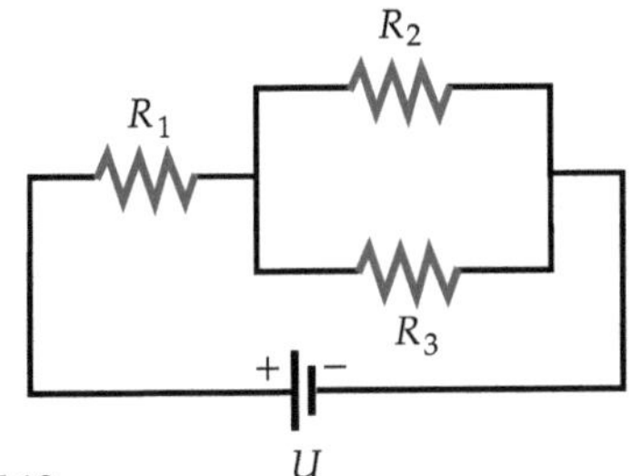

Zu Aufgabe 25.10

Schätzungs- und Näherungsaufgaben

A25.11 •• Ein 3 m langes Fremdstartkabel für Autos enthält mehrere Kupferdrähte mit einer Querschnittsfläche von 10 mm². a) Geben Sie den Widerstand des Kabels an. b) Beim Fremdstarten eines Autos fließt durch das Kabel ein Strom von 90 A. Berechnen Sie den Spannungsabfall über dem Kabel. c) Welche Leistung wird im Kabel umgesetzt?

A25.12 •• Der Querschnitt der im Haushalt verlegten elektrischen Leitungen muss hinreichend groß sein, damit sich die Kabel nicht so weit erhitzen, dass ein Brand entsteht. Durch eine bestimmte Leitung soll ein Strom von 20 A fließen; die Joule'sche Erwärmung des Kupferdrahts darf in diesem Fall 2 W/m nicht übersteigen. Welchen Durchmesser muss der Draht haben, um der Anforderung zu genügen?

• Elektrischer Strom und die Bewegung von Ladungsträgern

A25.13 • Gegeben ist eine Leuchtstoffröhre mit einem Durchmesser von 3 cm. Pro Sekunde durchqueren $2{,}0 \cdot 10^{18}$ Elektronen und $0{,}2 \cdot 10^{18}$ Ionen mit der Ladung $+e$ die Querschnittsfläche der Röhre. Berechnen Sie die Stromstärke in der Röhre.

A25.14 • Ein zylindrischer Elektronenstrahl mit einem Durchmesser von 1 mm enthält $5{,}0 \cdot 10^{6}$ Elektronen pro Kubikzentimeter, jeweils mit einer kinetischen Energie von 10 keV. a) Wie schnell bewegt sich ein Elektron dieses Strahls? b) Berechnen Sie die Stromstärke des Strahls.

A25.15 •• Die Protonen eines 5-mA-Strahls in einem Protonenspeicherring bewegen sich nahezu mit Lichtgeschwindigkeit. a) Berechnen Sie die Protonenzahl pro Meter des Strahls. b) Der Strahlquerschnitt sei 10^{-6} m². Geben Sie die Anzahldichte der Protonen an.

• Widerstand und Ohm'sches Gesetz

A25.16 • Durch einen 10 m langen Draht mit einem Widerstand von 0,2 Ω fließt ein Strom von 5 A. a) Wie groß ist der Spannungsabfall über dem Draht? b) Geben Sie die elektrische Feldstärke im Draht an.

A25.17 •• Gegeben sind ein Kupferdraht und ein Eisendraht gleichen Durchmessers; durch beide fließt der gleiche Strom. a) Berechnen Sie das Verhältnis der Spannungsabfälle über beiden Drähten. b) In welchem Draht ist die elektrische Feldstärke größer?

A25.18 •• Für Stromstärken bis zu 30 A werden Kabel benutzt, deren Kupferdrähte einen Durchmesser von 2,6 mm aufweisen. a) Wie groß ist der Widerstand eines solchen Kabels von 100 m Länge? b) Wie groß ist die elektrische Feldstärke im Draht, wenn ein Strom von 30 A fließt? c) Wie lange dauert es unter diesen Bedingungen, bis sich ein Elektron entlang des Drahts um 100 m weiterbewegt hat?

A25.19 ••• Geben Sie einen Ausdruck für den Widerstand zwischen den Enden des in der Abbildung dargestellten Halbrings an. Der spezifische Widerstand des Materials sei r.

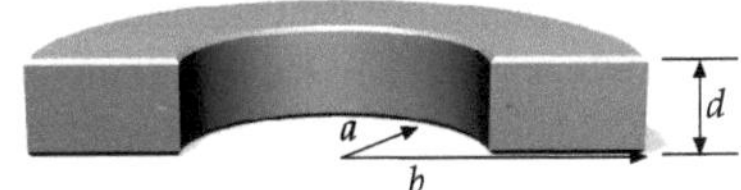

• Temperaturabhängigkeit des Widerstands

A25.20 •• Die Heizschlange eines Toasters besteht aus der Legierung Nichrom und hat bei 20 °C einen Widerstand von 80 Ω; die Stromstärke beträgt dann 1,5 A. Nachdem die Heizschlange ihre Endtemperatur erreicht hat, beträgt die Stromstärke nur noch 1,3 A. Wie heiß wird das Heizelement?

A25.21 ••• Zwei Drähte mit gleicher Querschnittsfläche A, den Längen ℓ_1 bzw. ℓ_2, den spezifischen Widerständen r_1 bzw. r_2 und deren Temperaturkoeffizienten α_1 bzw. α_2 sind an je einem Ende so miteinander verbunden, dass durch beide der gleiche Strom fließt. a) Zeigen Sie, dass der Widerstand R der gesamten Anordnung bei kleinen Temperaturänderungen nicht von der Temperatur abhängt, wenn gilt: $r_1 \ell_1 \alpha_1 + r_2 \ell_2 \alpha_2 = 0$. b) Der eine Draht bestehe aus Kohlenstoff, der andere aus Kupfer. In welchem Verhältnis müssen die Längen der Drähte zueinander stehen, damit R näherungsweise unabhängig von der Temperatur ist?

A25.22 ••• Eine kleine, in einem Elektronikpraktikum verwendete Kohlefadenlampe hat einen zylinderförmigen Glühfaden mit einer Länge von 3 cm und einem Durchmesser von 40 µm. Der spezifische Widerstand von Kohlenstoff, der zur Herstellung von Glühfäden eingesetzt wird, beträgt bei Temperaturen zwischen 500 K und 700 K ungefähr $3 \cdot 10^{-5}$ Ω·m. a) Wie heiß wird der Glühfaden, wenn an ihm eine Spannung $U = 5$ V anliegt? Behandeln Sie die Glühlampe als idealen schwarzen Strahler. b) Der spezifische Widerstand von Kohlenstoff nimmt mit steigender Temperatur ab, der von Wolfram nicht. Bei Kohlefadenlampen kann es deshalb zu Problemen kommen, die bei Glühlampen mit Wolframdraht nicht auftreten. Erklären Sie, warum.

Energie in elektrischen Stromkreisen

A25.23 • Ein Kohleschichtwiderstand mit $R = 10\,000\,\Omega$, der in elektronischen Schaltkreisen verwendet wird, ist laut Angabe für 0,25 W ausgelegt. a) Wie stark kann der Strom maximal sein, der durch dieses Bauelement fließt? b) Welche Spannung kann maximal an den Widerstand angelegt werden?

A25.24 • An eine Batterie mit einer Quellenspannung von 6 V und einem Innenwiderstand von 0,3 Ω wird ein regelbarer Lastwiderstand R angeschlossen. Berechnen Sie die Stromstärke und die Leistungsabgabe der Batterie für a) $R = 0$, b) $R = 5\,\Omega$, c) $R = 10\,\Omega$ und d) einen unendlich großen Lastwiderstand.

A25.25 •• Ein mit einem Elektromotor ausgerüstetes Leichtfahrzeug wird mit zehn 12-V-Akkumulatoren betrieben. Die mittlere Reibungskraft bei einer Geschwindigkeit von 80 km/h beträgt 1200 N. a) Wie groß muss die vom Motor abgegebene Leistung sein, damit das Auto sich mit einer Geschwindigkeit von 80 km/h bewegt? b) Jeder Akkumulator kann eine Ladungsmenge von 160 A·h abgeben, bevor er nachgeladen werden muss. Geben Sie die Gesamtladungsmenge in Coulomb an, die alle Akkumulatoren zusammengenommen während eines Entladezyklus liefern können. c) Wie viel elektrische Energie geben die Akkumulatoren zusammengenommen während eines Entladezyklus ab? d) Wie weit kann das Auto mit einer Geschwindigkeit von 80 km/h fahren, bevor die Akkumulatoren nachgeladen werden müssen? e) Das Aufladen der Akkumulatoren koste 9 Eurocent pro Kilowattstunde. Geben Sie die Stromkosten pro gefahrenem Kilometer an.

Zusammenschaltungen von Widerständen

A25.26 • a) Zeigen Sie, dass der Ersatzwiderstand zwischen den Punkten a und b in der Abbildung gleich R ist. b) Welchen Effekt hat das Einfügen eines weiteren Widerstands R zwischen den Punkten c und d?

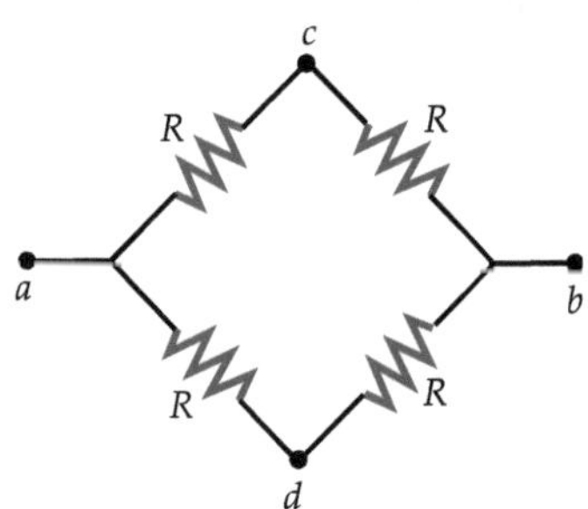

A25.27 •• Eine Batterie hat die Quellenspannung U_Q und den Innenwiderstand R_{in}. An die Klemmen wird ein Lastwiderstand $R_1 = 5\,\Omega$ angeschlossen; die Stromstärke im Stromkreis beträgt dann 0,5 A. Wird stattdessen ein Widerstand $R_2 = 11\,\Omega$ angeschlossen, so fließt ein Strom von nur 0,25 A. Berechnen Sie a) die Quellenspannung U_Q und b) den Innenwiderstand R_{in}.

A25.28 •• Eine ideale Stromquelle liefert unabhängig von ihrer Belastung stets die gleiche Stromstärke. Eine nahezu ideale

Stromquelle erhält man, indem man einen großen Widerstand R in Reihe mit einer idealen Spannungsquelle schaltet. a) Wie groß muss man R wählen, um aus einer idealen 5-V-Spannungsquelle eine fast ideale 10-mA-Stromquelle zu erhalten? b) Wenn man diese Stromquelle belastet, soll die Stromstärke höchstens um 10 % abfallen. Wie groß darf ein Lastwiderstand, den man mit der Stromquelle in Reihe schaltet, dann höchstens sein?

A25.29 •• Gegeben ist die in der Abbildung skizzierte Schaltung. Zu berechnen ist a) R_3, wenn $R_{ab} = R_1$ sein soll, b) R_2, wenn $R_{ab} = R_3$ sein soll, und c) R_1, wenn $R_{ab} = R_1$ sein soll.

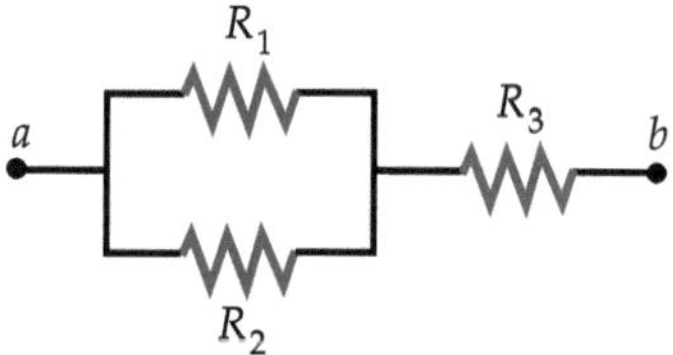

Kirchhoff'sche Regeln

A25.30 • Gegeben ist der in der Abbildung skizzierte Stromkreis. Berechnen Sie a) die Stromstärke, b) die von jeder der Spannungsquellen abgegebene oder aufgenommene Leistung sowie c) die Rate der Joule'schen Erwärmung jedes Ohm'schen Widerstands. (Die Innenwiderstände der Batterien seien zu vernachlässigen.)

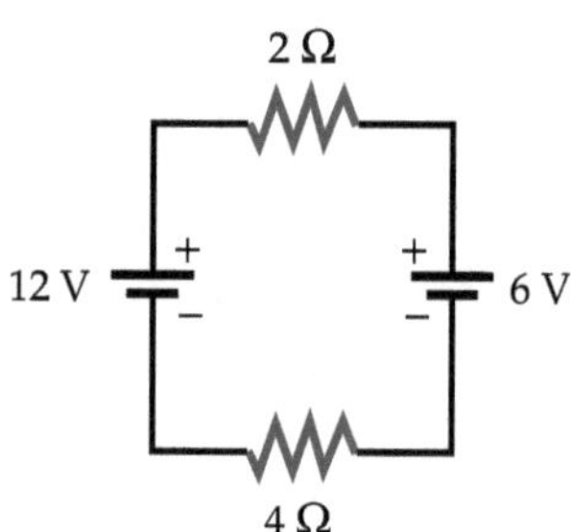

A25.31 •• Betrachten Sie den Stromkreis in der Abbildung. Das Amperemeter zeigt den gleichen Wert an, wenn die Schalter beide geöffnet oder beide geschlossen sind. Wie groß ist R?

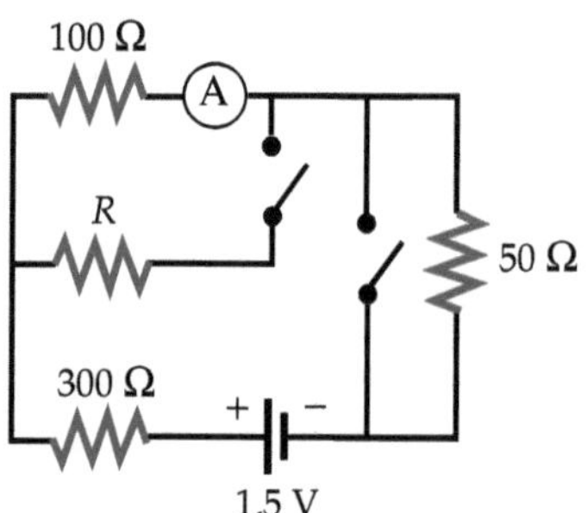

A25.32 •• Gegeben ist der Stromkreis in der Abbildung; die Innenwiderstände der Batterien seien zu vernachlässigen. Berechnen Sie a) den durch jeden Ohm'schen Widerstand fließenden Strom, b) die Spannung zwischen den Punkten a und b sowie c) die von jeder der beiden Batterien abgegebene Leistung.

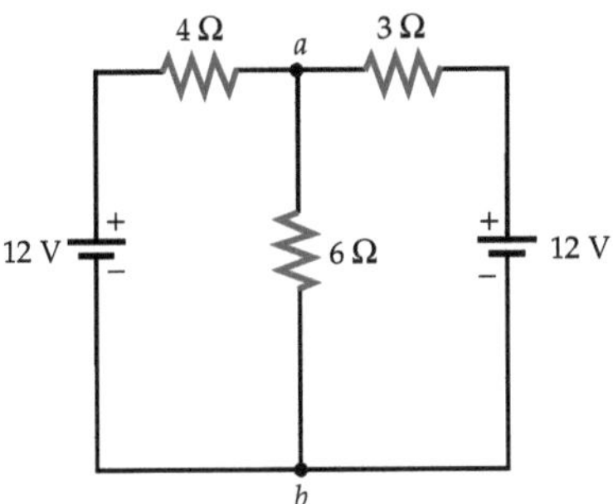

A25.33 •• Die in der Abbildung skizzierte Schaltung nennt man *Spannungsteiler*. a) Zeigen Sie, dass $U_{\text{aus}} = U R_2 / (R_1 + R_2)$ ist, wenn kein Lastwiderstand R_{Last} angeschlossen ist. b) Es sei $R_1 = R_2 = 10\,\text{k}\Omega$. Wie groß muss R_{Last} dann mindestens sein, damit die Ausgangsspannung U_{aus} gegenüber ihrem Wert ohne Last um weniger als 10 % abnimmt? (U_{aus} wird relativ zur Erde gemessen.)

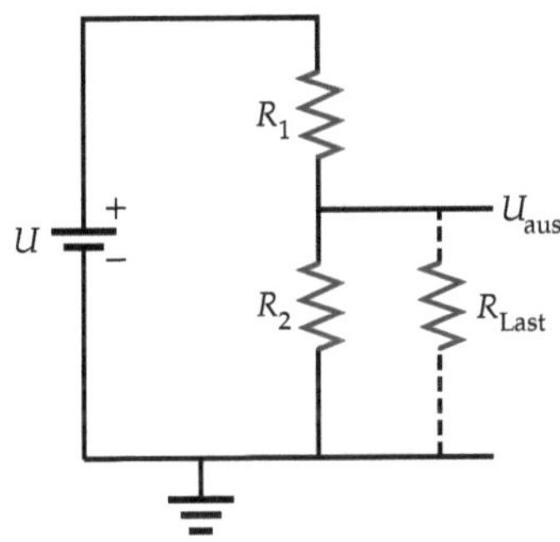

A25.34 •• Gegeben sind zwei Batterien: Batterie 1 mit $U_{\text{Q},1} = 9$ V und $R_{\text{in},1} = 0,8\,\Omega$, Batterie 2 mit $U_{\text{Q},2} = 3$ V und $R_{\text{in},2} = 0,4\,\Omega$. a) Wie würden Sie die Batterien schalten, damit die Stromstärke an einem Ohm'schen Widerstand R maximal wird? Berechnen Sie diese Stromstärke für b) $R = 0,2\,\Omega$, c) $R = 0,6\,\Omega$, d) $R = 1,0\,\Omega$ und e) $R = 1,5\,\Omega$.

● **Strom- und Spannungsmessgeräte**

A25.35 •• Der Zeiger eines Galvanometers schlägt voll aus, wenn ein Strom von 50 μA durch das Messgerät fließt. Der Spannungsabfall über dem Galvanometer beträgt dabei 0,25 V. Geben Sie den Innenwiderstand des Galvanometers an.

A25.36 •• Angenommen, wir wollen das in Aufgabe 35 beschriebene Messgerät in ein Amperemeter umwandeln, mit dem man Ströme bis zu 100 mA messen kann. Zeigen Sie, dass wir dazu einen Ohm'schen Widerstand parallel zum Messgerät schalten müssen. Wie groß muss der Widerstand sein?

● *RC*-**Stromkreise**

A25.37 • Ein Kondensator mit $C = 6\,\mu\text{F}$ wird auf 100 V aufgeladen und dann mit einem Ohm'schen Widerstand $R = $ 500 Ω verbunden. a) Berechnen Sie die im vollständig aufgeladenen Kondensator gespeicherte Energie. b) Zeigen Sie, dass diese Energie gegeben ist durch $E_{\text{el}} = E_{\text{el},0}\, e^{-2t/\tau}$, mit $E_{\text{el},0}$ als Anfangsenergie und $\tau = RC$ als Zeitkonstante. c) Skizzieren Sie die Abhängigkeit der Energie E_{el} des Kondensators von t.

A25.38 •• Betrachten Sie den in der Abbildung skizzierten Stromkreis und tragen Sie in Gedanken alles zusammen, was Sie bereits über das Verhalten von Kondensatoren in Stromkreisen wissen. Berechnen Sie dann a) den Strom durch die Batterie unmittelbar nach dem Schließen des Schalters, b) den Strom durch die Batterie im stationären Zustand (nachdem der Schalter lange geschlossen war) und c) die maximale Spannung am Kondensator.

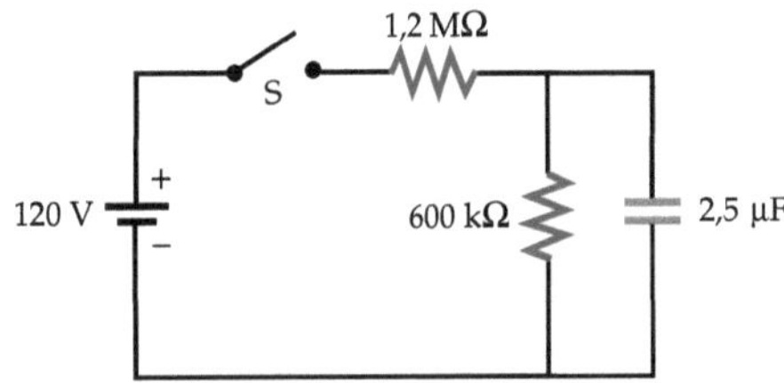

A25.39 •• Zeigen Sie, dass sich die Gleichung

$$U - R\,\frac{\mathrm{d}q}{\mathrm{d}t} - \frac{q}{C} = 0$$

auch folgendermaßen schreiben lässt:

$$\frac{\mathrm{d}q}{U C - q} = \frac{\mathrm{d}t}{RC}.$$

Integrieren Sie diesen Ausdruck, um zu der Gleichung

$$q = C U \left(1 - e^{-t/(RC)}\right) = q_{\text{E}} \left(1 - e^{-t/\tau}\right)$$

zu gelangen.

A25.40 ••• Betrachten Sie die in der Abbildung skizzierte Schaltung. a) Berechnen Sie den Strom, der unmittelbar nach dem Schließen des Schalters S durch die Batterie fließt. b) Wie groß ist dieser Strom, nachdem der Schalter lange geschlossen war? c) Geben Sie den Strom durch den Ohm'schen Widerstand $R = 600\,\Omega$ als Funktion der Zeit an.

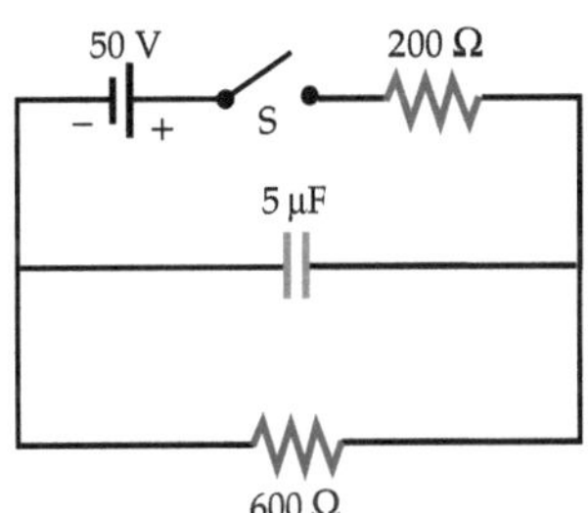

Allgemeine Aufgaben

A25.41 •• An einer Reihenschaltung aus einer 25-W- und einer 100-W-Glühlampe liegt eine Spannung U an. Welche Lampe leuchtet heller? Begründen Sie Ihre Antwort.

A25.42 •• Gegeben ist die in der Abbildung skizzierte Schaltung. Zu Versuchsbeginn sind beide Kondensatoren entladen. a) Wie groß ist der durch die Batterie fließende Strom unmittelbar nach dem Schließen des Schalters S? b) Wie groß ist dieser Strom, nachdem der Schalter lange Zeit geschlossen war? c) Geben Sie die maximale Ladung (die Endladung) beider Kondensatoren an.

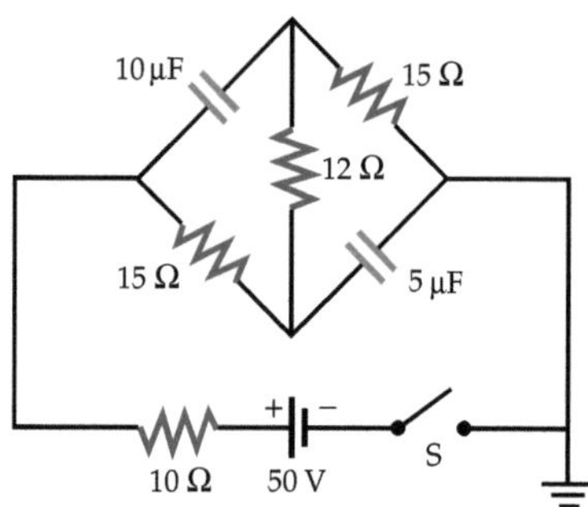

A25.43 •• Das Schaltbild in der Abbildung zeigt eine Widerstandsmessbrücke (eine so genannte *Wheatstone-Brücke*) zur Messung eines unbekannten Widerstands R_x anhand dreier bekannter Widerstände R_1, R_2 und R_0. Ein 1 m langer Draht wird durch einen Gleitkontakt (im Punkt a) in zwei (in Abhängigkeit voneinander) variable Widerstände R_1 und R_2 unterteilt, wobei die Größe von R_1 proportional zum Abstand des Gleitkontakts vom linken Drahtende („0 cm") und die Größe von R_2 proportional zum Abstand des Gleitkontakts vom rechten Drahtende („100 cm") ist. Die Summe aus R_1 und R_2 ist konstant. Befinden sich die Punkte a und b auf gleichem Potenzial, so fließt kein Strom durch das Galvanometer G, und die Brücke ist ausgeglichen. (Das Galvanometer wird hier verwendet, um die Abwesenheit eines Stroms anzuzeigen; man nennt es deshalb auch *Nulldetektor*.) Gegeben sei für diese Schaltung $R_0 = 200\ \Omega$. Berechnen Sie den Wert von R_x, wenn die Brücke bei folgenden Positionen von a (relativ zum Nullpunkt links) ausgeglichen ist: a) 18 cm, b) 60 cm, c) 95 cm.

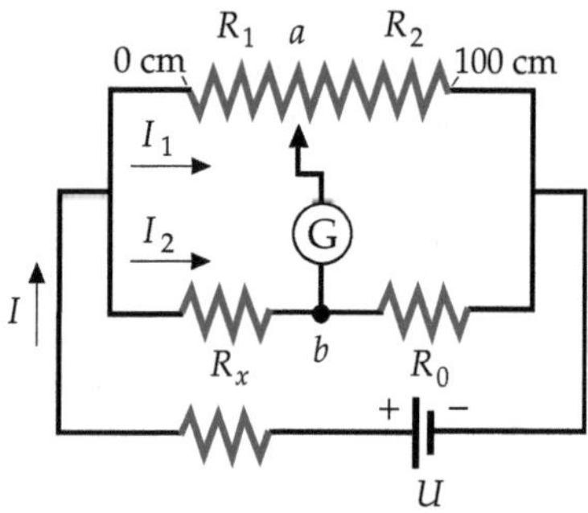

A25.44 •• Die Ladungsdichte auf der Oberfläche des Ladungsbands eines Van-de-Graaff-Generators sei 5 mC/m². Das Band ist 0,5 m breit und bewegt sich mit einer Geschwindigkeit von 20 m/s. a) Wie groß ist der fließende Strom? b) Die Ladung wird nun auf ein Potenzial von 100 kV angehoben. Wie viel Leistung muss ein Motor mindestens abgeben, um das Band zu bewegen?

A25.45 •• Die Spulen großer Elektromagneten werden in der Regel mit Wasser gekühlt, um eine Überhitzung zu verhindern. Durch die Spulen eines großen Labormagneten fließt ein Strom von 100 A, wenn eine Spannung von 240 V anliegt. Das Kühlwasser hat eine Anfangstemperatur von 15 °C. Wie viele Liter Wasser pro Sekunde müssen an den Spulen vorbeigeführt werden, wenn deren Temperatur 50 °C nicht übersteigen soll?

A25.46 ••• In der Abbildung sehen Sie die Prinzipschaltung eines Sägezahngenerators, wie er in Oszillographen verwendet wird. Der elektronische Schalter S schließt sich, wenn die an ihm anliegende Spannung den Wert U_{zu} erreicht, und öffnet sich, wenn die Spannung auf 0,2 V abgesunken ist. Die Spannungsquelle U (dabei ist U viel größer als U_{zu}) lädt den Kondensator C über den Ohm'schen Widerstand R_1 auf. Der Ohm'sche Widerstand R_2 steht für einen kleinen, aber endlichen Innenwiderstand des Schalters. Für einen typischen Sägezahngenerator gelten folgende Werte: $U = 800$ V, $U_{zu} = 4{,}2$ V, $R_2 = 0{,}001\ \Omega$, $R_1 = 0{,}5$ MΩ und $C = 0{,}02$ µF. a) Berechnen Sie die Zeitkonstante für die Aufladung des Kondensators C. b) Während der Zeit, die erforderlich ist, um über dem Schalter die kritische Spannung von 4,2 V aufzubauen, steigt die Spannung am Kondensator nahezu linear mit der Zeit an. Zeigen Sie dies. (*Hinweis:* Verwenden Sie die Reihenentwicklung der Exponentialfunktion für kleine Exponenten.) c) Wie groß ist R_1 zu wählen, damit der Kondensator innerhalb von 0,1 s von 0,2 V auf 4,2 V aufgeladen wird? d) Wie lange dauert es, bis sich der Kondensator über den Schalter S entladen hat? e) Geben Sie die Raten der Wärmeerzeugung am Ohm'schen Widerstand R_1 und am Innenwiderstand R_2 des Schalters an.

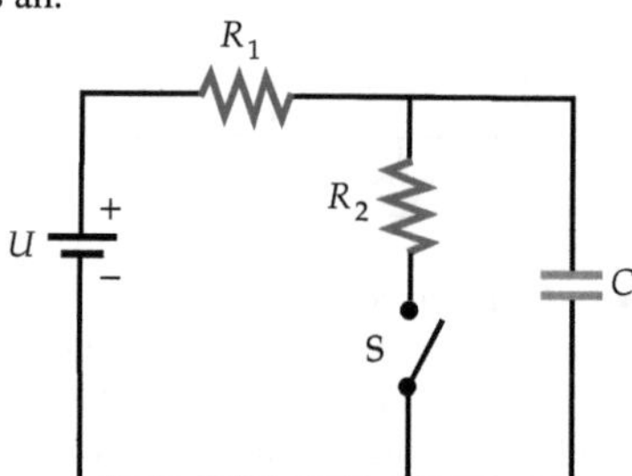

A25.47 ••• Gegeben sind zwei parallel geschaltete Batterien mit den Quellenspannungen $U_{Q,1}$ bzw. $U_{Q,2}$ und den Innenwiderständen $R_{in,1}$ bzw. $R_{in,2}$ sowie ein zu dieser Kombination parallel geschalteter Lastwiderstand R. Beweisen Sie: Der optimale Lastwiderstand (die Belastung, bei der die Leistungsabgabe der Batterien maximal wird) ist gegeben durch $R = R_{in,1} R_{in,2}/(R_{in,1} + R_{in,2})$.

A25.48 ••• Für Bauelemente, die das Ohm'sche Gesetz nicht befolgen, ist ein *differenzieller Widerstand* (auch dynamischer Widerstand, dynamische Impedanz) R_{diff} definiert, mit $R_{diff} = dU/dI$; darin ist U die am Bauelement anliegende Spannung und I der durch dieses hindurchfließende Strom. Für eine Diode (ein ausgeprägt nichtlineares Bauelement) sei der Zusammenhang $I = I_0\,(e^{U/(25\,\text{mV})} - 1)$ gegeben (es ist $I_0 \approx 2 \cdot 10^{-9}$ A). Zeigen Sie, dass der differenzielle Widerstand der Diode für $U > 0{,}6$ V näherungsweise $R_{diff} = (25\ \text{mV})/I$ ist und dass er für $U < 0$ exponentiell mit $|U|$ zunimmt.

A25.49 •• Die Abbildung zeigt den Zusammenhang zwischen Strom und Spannung bei einer Esaki-Diode. Skizzieren Sie die Abhängigkeit des differenziellen Widerstands der Diode (siehe Aufgabe 48) von der Spannung. Bei welcher Spannung wird der differenzielle Widerstand negativ?

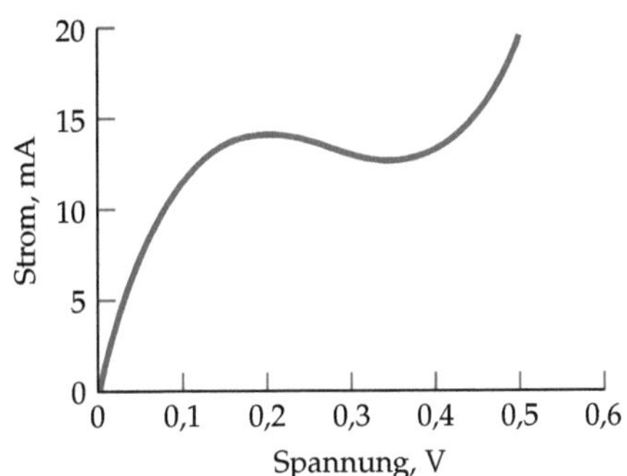

A25.50 ••• Ein Linearbeschleuniger erzeugt einen gepulsten Elektronenstrahl. Jeder Puls dauert $0{,}1\,\mu\text{s}$, wobei ein Strom von $1{,}6\,\text{A}$ fließt. a) Wie viele Elektronen enthält ein Puls? b) Berechnen Sie den mittleren Strahlstrom bei einer Pulsfrequenz von 1000 Pulsen pro Sekunde. c) Wie groß ist die mittlere Leistungsabgabe des Beschleunigers, wenn jedes Elektron eine Energie von $400\,\text{MeV}$ aufnimmt? d) Wie groß ist die maximale Leistungsabgabe? e) In welchem Bruchteil der Gesamtzeit werden tatsächlich Elektronen beschleunigt? (Man nennt diesen Anteil auch Nutzfaktor oder *Duty Factor* des Beschleunigers.)

A25.51 ••• Ermitteln Sie den Ersatzwiderstand zwischen den Punkten a und b für eine unendliche „Leiter" aus Ohm'schen Widerständen (die Abbildung zeigt einen Ausschnitt). Die Werte von R_1 und R_2 sind beliebig.

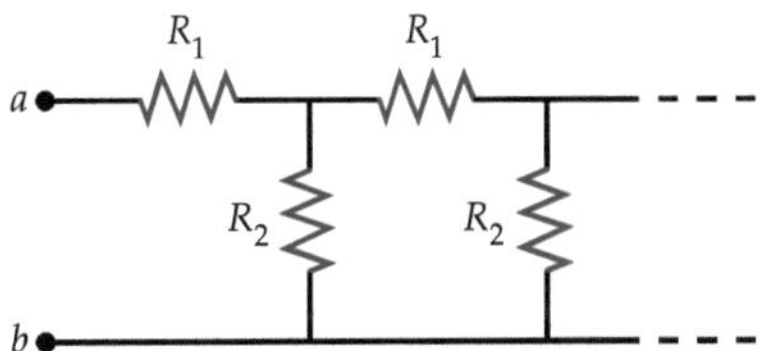

25L — Elektrischer Strom – Gleichstromkreise

L: Lösungen

L25.1 Wenn ein Strom fließt, befinden sich die elektrischen Ladungen nicht im Gleichgewicht. Dabei wird die für die Beschleunigung der Ladungsträger nötige Kraft vom elektrischen Feld aufgebracht.

L25.2 Der elektrische Widerstand eines Gegenstands ist direkt proportional zu seiner Länge und umgekehrt proportional zu seinem Querschnitt. Um den geringsten Widerstand des Quaders (siehe Abbildung) zu erzielen, müssen wir die Zuleitungen daher so anschließen, dass das Verhältnis der Länge ℓ zur Querschnittsfläche A minimal ist.

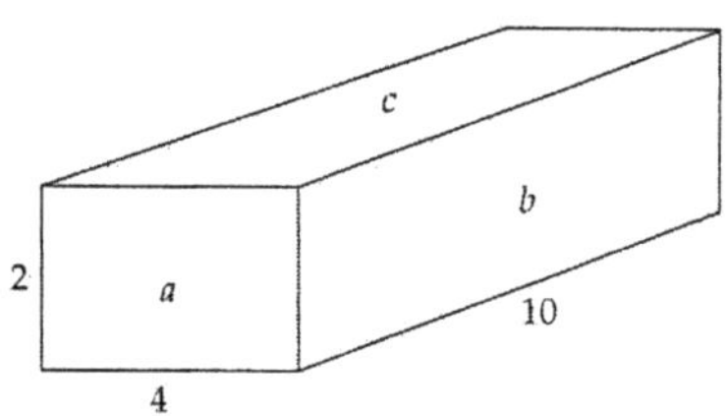

Die Tabelle zeigt die jeweiligen Werte der Länge, der Querschnittsfläche und ihres Quotienten bei den Anschlüssen an die Flächen a, b bzw. c. Dabei sind der Übersichtlichkeit halber die Längeneinheiten außer Acht gelassen.

Oberfläche	ℓ	A	ℓ/A
a	10	8	0,8
b	4	20	0,2
c	2	40	0,05

Somit ist Lösung c richtig, denn man muss die Zuleitungen an die Flächen c anschließen.

L25.3 Für den Ersatzwiderstand R der Parallelschaltung zweier Widerstände R_1 und R_2 gilt die Beziehung

$$\frac{1}{R} = \frac{1}{R_1} + \frac{1}{R_2}.$$

Daraus ergibt sich für den Ersatzwiderstand

$$R = \frac{R_1 R_2}{R_1 + R_2}.$$

Wir klammern im Nenner R_1 aus:

$$R = \frac{R_1 R_2}{R_1\,(1 + R_2/R_1)} = \frac{R_2}{1 + R_2/R_1}.$$

Bei $R_1 \gg R_2$ kann der Bruch im Nenner vernachlässigt werden, und es ist $R \approx R_2$. Also ist Lösung b richtig.

L25.4 Der Ersatzwiderstand einer Reihenschaltung von zwei Widerständen R_1 und R_2 ist $R = R_1 + R_2$. Ausklammern von R_1 liefert

$$R = R_1\left(1 + \frac{R_2}{R_1}\right).$$

Bei $R_1 \gg R_2$ kann der Bruch vernachlässigt werden, und es ist $R \approx R_1$. Also ist Lösung a richtig.

L25.5 Die Potentialdifferenz ist hier bei der Parallelschaltung (P) der Widerstände dieselbe wie bei der Reihenschaltung (R). Daher können wir die von der Batterie zugeführte Leistung jeweils mit Hilfe der Beziehung $P = U^2/R$ berechnen. Der Ersatzwiderstand der Reihenschaltung ist

$$R_\mathrm{R} = R + R = 2R,$$

und für die Leistung ergibt sich

$$P_\mathrm{R} = \frac{U^2}{2R}. \tag{1}$$

Entsprechend erhalten wir bei der Parallelschaltung für den Ersatzwiderstand

$$R_\mathrm{R} = \frac{R\,R}{R + R} = \tfrac{1}{2}R$$

und für die Leistung

$$P_\mathrm{P} = \frac{U^2}{\tfrac{1}{2}R} = \frac{2U^2}{R}. \tag{2}$$

Dividieren von Gleichung 2 durch Gleichung 1 ergibt

$$\frac{P_\mathrm{P}}{P_\mathrm{R}} = \frac{2U^2/R}{U^2/2R} = 4.$$

Also ist die in der Parallelschaltung der Widerstände umgesetzte Leistung 4-mal so groß wie die in der Reihenschaltung und beträgt 80 W. Somit ist Lösung e richtig.

L25.6 Ein ideales Voltmeter hätte einen unendlich hohen Innenwiderstand. Ein Voltmeter besteht im Prinzip aus einem Galvanometer, das mit einem sehr großen Widerstand in Reihe geschaltet ist. Der Widerstand ist aus zwei Gründen sehr groß: Zum Ersten schützt er das Galvanometer, indem er den durch dieses hindurch fließenden Strom begrenzt, und zum Zweiten belastet er den Stromkreis nur wenig, denn er wird ja parallel zu dem Bauteil angeschlossen, an dem der Spannungsabfall gemessen werden soll. Es ist also Lösung a richtig.

L25.7 Ein ideales Amperemeter hätte den Innenwiderstand null. Ein Amperemeter besteht im Prinzip aus einem Galvanometer, das mit einem sehr kleinen Widerstand parallel geschaltet ist. Der Widerstand ist aus zwei Gründen sehr klein: Zum einen schützt er das Galvanometer, indem er selbst den größten Teil des Stroms aufnimmt (so dass nur ein geringer Strom durch dieses hindurch fließt), und zum anderen belastet er den Stromkreis nur wenig, weil nur ein sehr geringer Widerstand zu den vorhandenen Bauteilen in Reihe geschaltet wird. Es ist also Lösung b richtig.

L25.8 Eine ideale Spannungsquelle hätte den Innenwiderstand null. Die Potentialdifferenz an ihren Anschlüssen ist

$$\Delta\phi = U_{\mathrm{Q}} - R_{\mathrm{in}}\, I.$$

Darin ist U_{Q} die Spannung einer idealen Spannungsquelle, R_{in} der Innenwiderstand der realen Spannungsquelle und I der ihr entnommene Strom. Es ist also Lösung b richtig.

L25.9 Mit der Kirchhoff'schen Maschenregel erhalten wir

$$U = U_R - U_C = 0.$$

Darin ist U_C der Spannungsabfall am Kondensator und U_R der Spannungsabfall am Widerstand. Für diesen gilt gemäß dem Ohm'schen Gesetz $U_R = R\, I$. Weil die Stromstärke sinkt, während der Kondensator aufgeladen wird, nimmt auch U_R ab. Somit ist Lösung e richtig.

L25.10 Durch den Widerstand R_1 fließt der gesamte von der Batterie abgegebene Strom, aber durch die Widerstände R_2 und R_3 fließt jeweils nur ein Teil des Stroms, und zwar jeweils der halbe Strom, weil die Widerstände gleich sind. Für die Leistung gilt $P = R\, I^2$. Daher wird im Widerstand R_1 eine 4-mal so hohe Leistung umgesetzt wie in jedem der beiden Widerstände R_2 und R_3. Somit ist Lösung c richtig.

L25.11 a) Der Widerstand eines Leiters mit der Länge ℓ und der Querschnittsfläche A ist $R = r\,\ell/A$. Darin ist r der spezifische Widerstand des Materials, aus dem der Leiter besteht. Wir müssen die doppelte Länge ansetzen, weil das Startkabel ja eine Hin- und eine Rückleitung hat. Damit ergibt sich der gesamte Widerstand des Fremdstartkabels zu

$$R = r\,\frac{\ell}{A} = (1{,}7 \cdot 10^{-8}\ \Omega \cdot \mathrm{m})\,\frac{6\ \mathrm{m}}{10\ \mathrm{mm}^2} = 0{,}0102\ \Omega.$$

b) Der Spannungsabfall über dem Kabel ergibt sich zu

$$U = R\, I = (0{,}0102\ \Omega)\,(90\ \mathrm{A}) = 0{,}918\ \mathrm{V}.$$

c) Die im Kabel umgesetzte Leistung ist

$$P = I\, U = (90\ \mathrm{A})\,(0{,}918\ \mathrm{V}) = 82{,}6\ \mathrm{W}.$$

L25.12 Die beim Strom I in einer Leitung mit dem Widerstand R umgesetzte Leistung ist $P = R\, I^2$. Der Widerstand R einer Leitung mit der Länge ℓ und der Querschnittsfläche A ist gegeben durch $R = r\,\ell/A$. Darin ist r der spezifische Widerstand des Materials, aus dem die Leitung besteht. Somit ergibt sich für den Widerstand einer Leitung mit dem Durchmesser d und der Länge ℓ:

$$R = r\,\frac{\ell}{A} = r\,\frac{\ell}{\frac{1}{4}\,\pi d^2} = \frac{4\,r\,\ell}{\pi d^2}.$$

Damit gilt für die Leistung pro Länge

$$\frac{P}{\ell} = \frac{R\, I^2}{\ell} = \frac{4\, I^2\, r}{\pi d^2}.$$

Wir lösen nach dem Durchmesser auf und setzen die Zahlenwerte ein:

$$d = 2\, I\,\sqrt{\frac{r}{\pi\,(P/\ell)}} = 2\,(20\ \mathrm{A})\sqrt{\frac{1{,}7 \cdot 10^{-8}\ \Omega \cdot \mathrm{m}}{\pi\,(2\ \mathrm{W} \cdot \mathrm{m}^{-1})}} = 2{,}08\ \mathrm{mm}.$$

L25.13 Die beiden Ladungsträgersorten tragen Ladungen mit entgegengesetzten Vorzeichen und bewegen sich in entgegengesetzten Richtungen. Daher ist der gesamte Strom gleich der Summe der beiden von ihnen hervorgerufenen Ströme:

$$I = I_{\mathrm{El.}} + I_{\mathrm{Ion.}}.$$

Jeder Strom entspricht dem Produkt aus der Anzahl der Ladungsträger, die pro Sekunde die Querschnittsfläche passieren, und ihrer Ladung. Für den Strom, der von der Bewegung der Elektronen herrührt, erhalten wir

$$I_{\mathrm{El.}} = (n_{\mathrm{El.}}/\Delta t)\, e = (2 \cdot 10^{18}\ \mathrm{s}^{-1})\,(1{,}60 \cdot 10^{-19}\ \mathrm{C}) = 0{,}320\ \mathrm{A}.$$

Entsprechend ergibt sich für den Strom aufgrund der Bewegung der Ionen

$$\begin{aligned} I_{\mathrm{Ion.}} &= (n_{\mathrm{Ion.}}/\Delta t)\, e = (0{,}2 \cdot 10^{18}\ \mathrm{s}^{-1})\,(1{,}60 \cdot 10^{-19}\ \mathrm{C}) \\ &= 0{,}0320\ \mathrm{A}. \end{aligned}$$

Damit ist der gesamte Strom

$$I = 0{,}320\ \mathrm{A} + 0{,}0320\ \mathrm{A} + 0{,}352\ \mathrm{A}.$$

L25.14 a) Wir können die Driftgeschwindigkeit v_{d} eines Elektrons aus seiner kinetischen Energie

$$E_{\mathrm{kin}} = \tfrac{1}{2}\, m_{\mathrm{e}}\, v_{\mathrm{d}}^2$$

berechnen. Dies ergibt

$$\begin{aligned} v_{\mathrm{d}} &= \sqrt{\frac{2\, E_{\mathrm{kin}}}{m_{\mathrm{e}}}} = \sqrt{\frac{2\,(10\ \mathrm{keV})\,(1{,}60 \cdot 10^{-19}\ \mathrm{J} \cdot \mathrm{eV}^{-1})}{9{,}11 \cdot 10^{-31}\ \mathrm{kg}}} \\ &= 5{,}93 \cdot 10^7\ \mathrm{m} \cdot \mathrm{s}^{-1}. \end{aligned}$$

b) Die Stromstärke des Strahls entspricht dem Produkt aus der Anzahl der Elektronen, die pro Sekunde die Querschnittsfläche A passieren, und ihrer Ladung. Mit der Anzahldichte n_{e}/V gilt für die Stromstärke also

$$I = (n_{\mathrm{e}}/V)\, e\, v_{\mathrm{d}}\, A.$$

Mit dem Durchmesser d ist die Querschnittsfläche $A = \frac{1}{4}\pi d^2$, und wir erhalten

$$
\begin{aligned}
I &= \tfrac{1}{4}\pi \frac{n_e}{V} e\, v_d\, d^2 \\
&= \tfrac{1}{4}\pi \left(5 \cdot 10^6\ \mathrm{cm^{-3}}\right)\left(1{,}60 \cdot 10^{-19}\ \mathrm{C}\right)\left(5{,}93 \cdot 10^7\ \mathrm{m \cdot s^{-1}}\right) \\
&\quad \cdot \left(10^{-3}\ \mathrm{m}\right)^2 \\
&= 37{,}3\ \mathrm{\mu A}.
\end{aligned}
$$

L25.15 a) Mit der (gegebenen) Querschnittsfläche A gilt für die Anzahl n_1 der Protonen pro Längeneinheit:

$$
\frac{n_1}{\ell} = \frac{n}{V}\, A.
$$

Darin ist n/V die Anzahldichte der Teilchen. Die (ebenfalls gegebene) Stromstärke entspricht der Anzahl der pro Zeiteinheit die Querschnittsfläche passierenden Ladungsträger, multipliziert mit ihrer Ladung: $I = (n/V)\, e\, v_d\, A$.

Daraus folgt $\dfrac{n}{V} = \dfrac{I}{e\, v_d\, A}$.

Gemäß der ersten Gleichung ist $n/V = (n_1/\ell)A$, und wir erhalten für die Anzahl der Protonen pro Längeneinheit

$$
\begin{aligned}
\frac{n_1}{\ell} &= \frac{I A}{e\, v_d\, A} = \frac{I}{e\, v_d} \\
&\approx \frac{5\ \mathrm{mA}}{\left(1{,}6 \cdot 10^{-19}\ \mathrm{C}\right)\left(3 \cdot 10^8\ \mathrm{m \cdot s^{-1}}\right)} \approx 10^8\ \mathrm{m^{-1}}.
\end{aligned}
$$

Die Näherung rührt daher, dass sich die Protonen nicht exakt mit Lichtgeschwindigkeit bewegen.

b) Aus der ersten Gleichung in Teilaufgabe a ergibt sich mit der eben berechneten Anzahl der Teilchen pro Längeneinheit die Anzahldichte zu

$$
\frac{n}{V} = \frac{n_1/\ell}{A} \approx \frac{10^8\ \mathrm{m^{-1}}}{10^{-6}\ \mathrm{m^2}} = 10^{14}\ \mathrm{m^{-3}}.
$$

L25.16 a) Der Spannungsabfall über dem Draht ist

$U = R\, I = (0{,}25\ \Omega)\,(5\ \mathrm{A}) = 1{,}00\ \mathrm{V}.$

b) Für die elektrische Feldstärke im Draht erhalten wir

$$
E = \frac{U}{\ell} = \frac{1\ \mathrm{V}}{10\ \mathrm{m}} = 0{,}100\ \mathrm{V \cdot m^{-1}}.
$$

L25.17 a) Die Spannungsabfälle über den beiden Drähten sind

$U_{\mathrm{Cu}} = R_{\mathrm{Cu}}\, I \quad \text{und} \quad U_{\mathrm{Fe}} = R_{\mathrm{Fe}}\, I,$

und ihr Verhältnis ist gegeben durch

$$
\frac{U_{\mathrm{Cu}}}{U_{\mathrm{Fe}}} = \frac{R_{\mathrm{Cu}}\, I}{R_{\mathrm{Fe}}\, I} = \frac{R_{\mathrm{Cu}}}{R_{\mathrm{Fe}}}. \tag{1}
$$

Der Widerstand R eines Drahts mit der Länge ℓ und der Querschnittsfläche A ist gegeben durch $R = r\ell/A$. Darin ist r der spezifische Widerstand des Materials, aus dem der Draht besteht. Somit gilt für die Widerstände der beiden Drähte

$$
R_{\mathrm{Cu}} = r_{\mathrm{Cu}} \frac{\ell_{\mathrm{Cu}}}{A_{\mathrm{Cu}}} \quad \text{und} \quad R_{\mathrm{Fe}} = r_{\mathrm{Fe}} \frac{\ell_{\mathrm{Fe}}}{A_{\mathrm{Fe}}}.
$$

Weil die Längen und die Querschnittsflächen beider Drähte gleich sind, ergibt sich das Verhältnis der Widerstände unmittelbar zu $R_{\mathrm{Cu}}/R_{\mathrm{Fe}} = r_{\mathrm{Cu}}/r_{\mathrm{Fe}}$. Das setzen wir in Gleichung 1 ein. Die spezifischen Widerstände schlagen wir nach und erhalten

$$
\frac{U_{\mathrm{Cu}}}{U_{\mathrm{Fe}}} = \frac{r_{\mathrm{Cu}}}{r_{\mathrm{Fe}}} = \frac{1{,}7 \cdot 10^{-8}\ \Omega \cdot \mathrm{m}}{10 \cdot 10^{-8}\ \Omega \cdot \mathrm{m}} = 0{,}170.
$$

b) Die elektrischen Feldstärken in den beiden Drähten sind

$$
E_{\mathrm{Cu}} = \frac{U_{\mathrm{Cu}}}{\ell_{\mathrm{Cu}}} \quad \text{und} \quad E_{\mathrm{Fe}} = \frac{U_{\mathrm{Fe}}}{\ell_{\mathrm{Fe}}}.
$$

Die beiden Längen sind gleich. Daher ergibt sich mit dem eben berechneten Quotienten der Spannungsabfälle das Verhältnis der Feldstärken zu

$$
\frac{E_{\mathrm{Cu}}}{E_{\mathrm{Fe}}} = \frac{U_{\mathrm{Cu}}}{U_{\mathrm{Fe}}} = 0{,}170.
$$

Das ist gleichbedeutend mit $E_{\mathrm{Fe}} = E_{\mathrm{Cu}}/(0{,}17) = 5{,}88\, E_{\mathrm{Cu}}$.

Die Feldstärke ist im Eisendraht also wesentlich höher als im Kupferdraht.

L25.18 a) Der Widerstand eines Kabels mit der Länge ℓ und der Querschnittsfläche A ist $R = r\ell/A$. Darin ist r der spezifische Widerstand des Materials, aus dem es besteht. Wir setzen die Zahlenwerte ein und erhalten

$$
R = r\, \frac{\ell}{A} = \left(1{,}7 \cdot 10^{-8}\ \Omega \cdot \mathrm{m}\right) \frac{100\ \mathrm{m}}{5{,}309\ \mathrm{mm^2}} = 0{,}320\ \Omega.
$$

b) Die elektrische Feldstärke ist der Quotient aus dem Spannungsabfall und der Länge:

$$
E = \frac{U}{\ell} = \frac{R\, I}{\ell} = \frac{(0{,}320\ \Omega)\,(30\ \mathrm{A})}{100\ \mathrm{m}} = 96{,}1\ \mathrm{mV \cdot m^{-1}}.
$$

c) Die Zeitspanne ist der Quotient aus der Strecke ℓ und der Driftgeschwindigkeit v_d. Diese können wir aus der Stromstärke ermitteln, denn es gilt:

$I = (n/V)\, e\, v_d\, A.$

Darin ist n/V die Anzahldichte der Elektronen und A die Querschnittsfläche des Leiters. Wir lösen nach der Driftgeschwindigkeit auf:

$$
v_d = \frac{I}{(n/V)\, e\, A}.
$$

Wir schlagen die Anzahldichte der Elektronen im Kupfer nach und erhalten für die Zeitspanne

$$
\begin{aligned}
\Delta t &= \frac{\ell}{v_d} = \frac{(n/V)\, e\, A\, \ell}{I} \\
&= \frac{\left(8{,}47 \cdot 10^{28}\ \mathrm{m^{-3}}\right)\left(1{,}6 \cdot 10^{-19}\ \mathrm{C}\right)\left(5{,}309\ \mathrm{mm^2}\right)(100\ \mathrm{m})}{30\ \mathrm{A}} \\
&= 2{,}40 \cdot 10^5\ \mathrm{s}.
\end{aligned}
$$

Das sind knapp 67 Stunden.

L25.19 Wir betrachten ein halbkreisförmiges Widerstandselement, das den Radius r_S, die radiale Dicke dr_S und die Höhe d hat. Mit dem spezifischen Widerstand r ist sein Widerstand gegeben durch

$$
dR = \frac{\pi\, r_S\, r}{d}\, dr_S.
$$

Im gesamten Halbring sind solche Widerstandselemente sozusagen parallel geschaltet. Daher müssen wir von a bis b über den reziproken Widerstand integrieren:

$$\frac{1}{R} = \frac{d}{\pi r} \int_a^b \frac{dr_S}{r_S} = \frac{d}{\pi r} \ln \frac{b}{a} .$$

Dies ergibt (mit dem spezifischen Widerstand r):

$$R = \frac{\pi r}{d \ln (b/a)} .$$

L25.20 Bei der Temperatur T gilt für den Widerstand der Heizschlange

$$R_T = R_{20} \left[1 + \alpha \left(\frac{T}{{}^\circ \mathrm{C}} - 20 \right) {}^\circ \mathrm{C} \right] .$$

Darin ist R_{20} der Widerstand bei $20\,{}^\circ\mathrm{C}$ und α der Temperaturkoeffizient des spezifischen Widerstands.

Für den Spannungsabfall gilt unmittelbar nach dem Einschalten

$$U_1 = R_{20}\, I_{20} .$$

Entsprechend gilt nach dem Erreichen der Endtemperatur

$$U_2 = R_T\, I_T .$$

Weil der Spannungsabfall konstant ist, ergibt dies

$$R_T\, I_T = R_{20}\, I_{20} \quad \text{sowie} \quad R_T = \frac{R_{20}\, I_{20}}{I_T} .$$

Mit der ersten Gleichung für den Widerstand R_T erhalten wir daraus

$$\frac{R_{20}\, I_{20}}{I_T} = R_{20} \left[1 + \alpha \left(\frac{T}{{}^\circ \mathrm{C}} - 20 \right) {}^\circ \mathrm{C} \right]$$

sowie

$$\frac{I_{20}}{I_T} = 1 + \alpha \left(\frac{T}{{}^\circ \mathrm{C}} - 20 \right) {}^\circ \mathrm{C} .$$

Dies ergibt für die Temperatur

$$T = \frac{\dfrac{I_{20}}{I_T} - 1}{\alpha} + 20\,{}^\circ\mathrm{C} = \frac{\dfrac{1{,}5\,\mathrm{A}}{1{,}3\,\mathrm{A}} - 1}{0{,}4 \cdot 10^{-3}\,({}^\circ\mathrm{C})^{-1}} + 20\,{}^\circ\mathrm{C}$$
$$= 405\,{}^\circ\mathrm{C} .$$

L25.21 a) Für den gesamten Widerstand der in Reihe geschalteten Drähte gilt

$$R = R_1 + R_2 = r_1 \frac{\ell_1}{A} (1 + \alpha_1 \Delta T) + r_2 \frac{\ell_2}{A} (1 + \alpha_2 \Delta T)$$
$$= \frac{1}{A} \left[r_1 \ell_1 (1 + \alpha_1 \Delta T) + r_2 \ell_2 (1 + \alpha_2 \Delta T) \right]$$
$$= \frac{1}{A} \left[r_1 \ell_1 + r_2 \ell_2 + (r_1 \ell_1 \alpha_1 + r_2 \ell_2 \alpha_2) \Delta T \right] .$$

Mit der gegebenen Bedingung $r_1 \ell_1 \alpha_1 + r_2 \ell_2 \alpha_2 = 0$ ergibt sich daraus $R = (r_1 \ell_1 + r_2 \ell_2)/A$. Also ist der Widerstand unabhängig von der Temperatur.

b) Wir wenden dieselbe Bedingung wie in Teilaufgabe a jetzt auf Kohlenstoff und Kupfer an: $r_\mathrm{C}\, \ell_\mathrm{C}\, \alpha_\mathrm{C} + r_\mathrm{Cu}\, \ell_\mathrm{Cu}\, \alpha_\mathrm{Cu} = 0$. Damit erhalten wir für das Längenverhältnis

$$\frac{\ell_\mathrm{Cu}}{\ell_\mathrm{C}} = -\frac{r_\mathrm{C}\, \alpha_\mathrm{C}}{r_\mathrm{Cu}\, \alpha_\mathrm{Cu}}$$
$$= -\frac{(3500 \cdot 10^{-8}\,\Omega \cdot \mathrm{m})\,(-0{,}5 \cdot 10^{-3}\,\mathrm{K}^{-1})}{(1{,}7 \cdot 10^{-8}\,\Omega \cdot \mathrm{m})\,(3{,}9 \cdot 10^{-3}\,\mathrm{K}^{-1})} = 264 .$$

L25.22 a) Nach dem Stefan-Boltzmann'schen Gesetz ist die von einem idealen schwarzen Körper mit dem Emissionsvermögen $e = 1$ abgestrahlte Leistung gegeben durch $P = \sigma A T^4$. Darin ist $\sigma = 5{,}67 \cdot 10^{-8}\,\mathrm{W} \cdot \mathrm{m}^{-2} \cdot \mathrm{K}^{-4}$ die Stefan-Boltzmann-Konstante. Die abstrahlende zylindrische Oberfläche des Glühfadens mit dem Durchmesser d und der Länge ℓ ist $A = \pi d \ell$. Damit sowie mit $P = U^2/R$ ergibt sich für die Temperatur

$$T = \sqrt[4]{\frac{P}{\sigma A}} = \sqrt[4]{\frac{P}{\sigma \pi d \ell}} = \sqrt[4]{\frac{U^2}{\sigma \pi d \ell R}} .$$

Mit dem spezifischen Widerstand r sowie der Länge ℓ, dem Durchmesser d und der Querschnittsfläche $A_\mathrm{Q} = \frac{1}{4}\pi d^2$ des Glühfadens gilt für den Widerstand

$$R = \frac{r \ell}{A_\mathrm{Q}} = \frac{4 r \ell}{\pi d^2} .$$

Dies setzen wir ein, schlagen den spezifischen Widerstand von Kohlenstoff nach und erhalten mit dem oben angegebenen Wert von σ:

$$T = \sqrt[4]{\frac{U^2}{\sigma \pi d \ell\, [4 r \ell/(\pi d^2)]}} = \sqrt[4]{\frac{U^2 d}{4 \sigma \ell^2 r}}$$
$$= \sqrt[4]{\frac{(5\,\mathrm{V})^2\,(40 \cdot 10^{-6}\,\mathrm{m})}{4 \sigma\,(0{,}03\,\mathrm{m})^2\,(3 \cdot 10^{-5}\,\Omega \cdot \mathrm{m})}} = 636\,\mathrm{K} .$$

b) Weil der spezifische Widerstand von Kohlenstoff mit steigender Temperatur abnimmt, wird bei der Erwärmung mehr Leistung umgesetzt, wodurch die Temperatur weiter steigt, der Widerstand noch geringer wird, usw. Ohne Strombegrenzung wird der Kohlefaden daher durchbrennen. Im Gegensatz dazu steigt der spezifische Widerstand von Metallen, darunter Wolfram, mit höherer Temperatur an, so dass die umgesetzte Leistung verringert wird.

L25.23 a) Die maximale Stromstärke hängt mit der maximalen Leistung zusammen über $P_\mathrm{max} = R\, I_\mathrm{max}^2$. Darin ist R der Widerstand. Damit erhalten wir

$$I_\mathrm{max} = \sqrt{\frac{P_\mathrm{max}}{R}} = \sqrt{\frac{0{,}25\,\mathrm{W}}{10\,\mathrm{k}\Omega}} = 5{,}00\,\mathrm{mA} .$$

b) Die maximal anzulegende Spannung ist

$$U_\mathrm{max} = R\, I_\mathrm{max} = (10\,\mathrm{k}\Omega)\,(5\,\mathrm{mA}) = 50\,\mathrm{V} .$$

L25.24 Wir stellen zunächst die benötigte Formel für die Stromstärke auf. Gemäß der Kirchhoff'schen Maschenregel gilt für die Quellenspannung $U_\mathrm{Q} = R\, I + R_\mathrm{in}\, I$

und daher für die Stromstärke $I = \dfrac{U_\mathrm{Q}}{R + R_\mathrm{in}} .$

Die Leistung ist gegeben durch $P = R\, I^2 .$

a) Bei $R = 0$ ist $I = \dfrac{6\,\text{V}}{0 + 0{,}3\,\Omega} = 20\,\text{A}$

und $P = 0 \cdot (20\,\text{A})^2 = 0$.

b) Bei $R = 5\,\Omega$ ist $I = \dfrac{6\,\text{V}}{5\,\Omega + 0{,}3\,\Omega} = 1{,}13\,\text{A}$

und $P = (5\,\Omega)\,(1{,}13\,\text{A})^2 = 6{,}38\,\text{W}$.

c) Bei $R = 10\,\Omega$ ist $I = \dfrac{6\,\text{V}}{10\,\Omega + 0{,}3\,\Omega} = 0{,}583\,\text{A}$

und $P = (10\,\Omega)\,(0{,}583\,\text{A})^2 = 3{,}40\,\text{W}$.

d) Bei $R = \infty$ ist $I = \lim\limits_{R \to \infty} \dfrac{6\,\text{V}}{R + 0{,}3\,\Omega} = 0$.

und $P = 0$.

L25.25 a) Die Leistung ist das Produkt aus der Reibungskraft und der Geschwindigkeit:

$P = F_\text{R}\,v = (1200\,\text{N})\,(80\,\text{km} \cdot \text{h}^{-1}) = 26{,}7\,\text{kW}$.

b) Die von allen 10 Akkus abzugebende Ladungsmenge ist

$q = 10\,(160\,\text{A} \cdot \text{h})\,(3600\,\text{s} \cdot \text{h}^{-1}) = 5{,}76\,\text{MC}$.

c) Die abgegebene elektrische Energie bzw. Arbeit ist das Produkt aus der umgesetzten Ladung und der Quellenspannung:

$W = q\,U_\text{Q} = (5{,}76\,\text{MC})\,(12\,\text{V}) = 69{,}1\,\text{MJ}$.

d) Die erzielbare Fahrtstrecke s können wir aus der verrichteten Arbeit W und der Reibungskraft F_R berechnen, denn es ist $W = F_\text{R}\,s$. Die Strecke ergibt sich also zu

$s = \dfrac{W}{F_\text{R}} = \dfrac{69{,}1\,\text{MJ}}{1200\,\text{N}} = 57{,}6\,\text{km}$.

e) Für die eben berechnete Strecke von 57,6 km werden 69,1 MJ benötigt, also 19,2 kWh. Dividieren durch die Strecke ergibt 0,33 kWh pro Kilometer. Wir multiplizieren das mit dem Preis 0,09 EU/kWh und erhalten für die Stromkosten 0,03 EU pro Kilometer.

L25.26 a) Der Widerstand zwischen den Punkten a und c ist mit dem Widerstand zwischen c und b in Reihe geschaltet. Das Gleiche gilt für die Widerstände zwischen a und d sowie zwischen d und b. Also liegen zwischen den Punkten a und b zwei parallel geschaltete Widerstände $2R$ vor. Für den gesamten Ersatzwiderstand R_Ers gilt daher

$$\frac{1}{R_\text{Ers}} = \frac{1}{R_{acb}} + \frac{1}{R_{adb}} = \frac{1}{2R} + \frac{1}{2R}.$$

Daraus folgt $R_\text{Ers} = R$.

b) Weil alle Widerstände gleich groß sind, ist zwischen den Punkten c und d die Potenzialdifferenz gleich null. Deshalb fließt durch einen zwischen diesen Punkten eingefügten Widerstand kein Strom, so dass er den Ersatzwiderstand der Anordnung nicht ändert.

L25.27 a) und b) Wir wenden auf beide Stromkreise die Kirchhoff'sche Maschenregel an. Das liefert uns zwei Gleichungen für die beiden Variablen U_Q und R_in.

Für den ersten Stromkreis gilt $U_\text{Q} - R_\text{in}\,I_1 - R_5\,I_1 = 0$.

Das ergibt $U_\text{Q} - R_\text{in}\,(0{,}5\,\text{A}) - (5\,\Omega)\,(0{,}5\,\text{A}) = 0$

und daher

$$U_\text{Q} - R_\text{in}\,(0{,}5\,\text{A}) = 2{,}5\,\text{V}. \tag{1}$$

Für den zweiten Stromkreis gilt $U_\text{Q} - R_\text{in}\,I_2 - R_{11}\,I_2 = 0$.

Das ergibt $U_\text{Q} - R_\text{in}\,(0{,}25\,\text{A}) - (11\,\Omega)\,(0{,}25\,\text{A}) = 0$

und daher

$$U_\text{Q} - R_\text{in}\,(0{,}25\,\text{A}) = 2{,}75\,\text{V}. \tag{2}$$

Aus den Gleichungen 1 und 2 erhalten wir

$U_\text{Q} = 3{,}00\,\text{V}$ und $R_\text{in} = 1{,}00\,\Omega$.

L25.28 a) Für den Stromkreis mit dem in Reihe geschalteten Widerstand R gilt gemäß der Kirchhoff'schen Maschenregel $U_\text{Q} - R\,I = 0$. Damit ergibt sich

$$R = \frac{U_\text{Q}}{I} = \frac{5\,\text{V}}{10\,\text{mA}} = 500\,\Omega.$$

b) Die Stromstärke soll um höchstens 10 % abfallen:

$$\frac{I - I'}{I} = 1 - \frac{I'}{I} \leq 0{,}1. \tag{1}$$

Für den Stromkreis mit dem Lastwiderstand R_Last gilt, wiederum gemäß der Kirchhoff'schen Maschenregel:

$U_\text{Q} - R_\text{Last}\,I' - R\,I' = 0$.

Daraus folgt $I' = \dfrac{U_\text{Q}}{R_\text{Last} + R}$.

Dies und die Beziehung $I = U_\text{Q}/R$ setzen wir in Gleichung 1 ein und erhalten

$$1 - \frac{\dfrac{U_\text{Q}}{R_\text{Last} + R}}{\dfrac{U_\text{Q}}{R}} \leq 0{,}1 \quad \text{sowie} \quad 1 - \frac{R}{R_\text{Last} + R} \leq 0{,}1.$$

Daraus ergibt sich für den Lastwiderstand

$$R_\text{Last} \leq \frac{0{,}1\,R}{0{,}9} = \frac{0{,}1\,(500\,\Omega)}{0{,}9} = 55{,}6\,\Omega.$$

L25.29 Der Ersatzwiderstand zwischen den Punkten a und b ist gegeben durch

$$R_{ab} = \frac{R_1\,R_2}{R_1 + R_2} + R_3.$$

a) Für $R_{ab} = R_1$ ergibt sich $R_1 = \dfrac{R_1\,R_2}{R_1 + R_2} + R_3$

und daraus $R_3 = \dfrac{R_1^2}{R_1 + R_2}$.

b) Für $R_{ab} = R_3$ ergibt sich $R_3 = \dfrac{R_1\,R_2}{R_1 + R_2} + R_3$

und daraus $R_2 = 0$.

c) Für $R_{ab} = R_1$ ergibt sich $R_1 = \dfrac{R_1\,R_2}{R_1 + R_2} + R_3$

und daraus $R_1^2 - R_3\,R_1 - R_2\,R_3 = 0$

sowie schließlich $R_1 = \dfrac{R_3 + \sqrt{R_3^2 + 4\,R_2\,R_3}}{2}$.

Dabei haben wir nur die positive Lösung der quadratischen Gleichung verwendet, weil Widerstände nicht negativ sein können.

L25.30 a) Gemäß der Kirchhoff'schen Maschenregel gilt für diesen Stromkreis $U_{Q,12} - R_2 I - U_{Q,6} - R_4 I = 0$.

Daraus ergibt sich für die Stromstärke

$$I = \frac{U_{Q,12} - U_{Q,6}}{R_2 + R_4} = \frac{12\,\text{V} - 6\,\text{V}}{2\,\Omega - 4\,\Omega} = 1{,}00\,\text{A}.$$

b) Die von der 12-V-Spannungsquelle abgegebene Leistung ist

$$P_{12} = I\,U_{Q,12} = (1\,\text{A})\,(12\,\text{V}) = 12\,\text{W}.$$

Entsprechend ist die Leistung der anderen Spannungsquelle

$$P_6 = I\,U_{Q,6} = (1\,\text{A})\,(-6\,\text{V}) = -6\,\text{W}.$$

Wie am negativen Vorzeichen zu erkennen ist, nimmt diese Batterie Leistung auf.

c) Die Raten der Joule'schen Erwärmung, also die in den beiden Widerständen umgesetzten Leistungen, sind

$$P_{12} = R_2\,I^2 = (2\,\Omega)\,(1\,\text{A})^2 = 2{,}0\,\text{W},$$

$$P_6 = R_4\,I^4 = (4\,\Omega)\,(1\,\text{A})^2 = 4{,}0\,\text{W}.$$

L25.31 Wenn beide Schalter offen sind, fließt der Strom im äußeren Stromkreis, und gemäß der Kirchhoff'schen Maschenregel gilt $U_Q - (300\,\Omega)\,I - (100\,\Omega)\,I - (50\,\Omega)\,I = 0$.

Daraus ergibt sich für die Stromstärke

$$I = \frac{U_Q}{450\,\Omega} = \frac{1{,}5\,\text{V}}{450\,\Omega} = 3{,}33\,\text{mA}.$$

Wenn beide Schalter geschlossen sind, ist der Spannungsabfall am 100-Ω-Widerstand ebenso groß wie der am Widerstand R, so dass gilt: $(100\,\Omega)\,I_{100} = R\,I_R$.

Nun wenden wir die Kirchhoff'sche Knotenregel auf den Verzweigungspunkt links am 100-Ω-Widerstand und am Widerstand R an. Dies ergibt

$$I_{\text{ges}} = I_{100} + I_R \quad \text{und daher} \quad I_R = I_{\text{ges}} - I_{100}.$$

Darin ist I_{ges} der Strom, der der Spannungsquelle entnommen wird, wenn beide Schalter geschlossen sind. Wir setzen diesen Ausdruck für I_R in die vorige Gleichung ein und erhalten

$$(100\,\Omega)\,I_{100} = R\,(I_{\text{ges}} - I_{100})$$

sowie daraus

$$I_{100} = \frac{R\,I_{\text{ges}}}{R + 100\,\Omega}. \tag{1}$$

Da beide Schalter geschlossen sind, ist $I_{\text{ges}} = U_Q/R_{\text{Ers}}$, und der Ersatzwiderstand ist

$$R_{\text{Ers}} = \frac{(100\,\Omega)\,R}{R + 100\,\Omega} + 300\,\Omega.$$

Damit gilt für den Gesamtstrom

$$I_{\text{ges}} = \frac{1{,}5\,\text{V}}{\dfrac{(100\,\Omega)\,R}{R + 100\,\Omega} + 300\,\Omega}$$

und gemäß Gleichung 1 für den Strom durch den 100-Ω-Widerstand

$$I_{100} = \frac{R}{R + 100\,\Omega}\,\frac{1{,}5\,\text{V}}{\dfrac{(100\,\Omega)\,R}{R + 100\,\Omega} + 300\,\Omega}$$

$$= \frac{(1{,}5\,\text{V})\,R}{(400\,\Omega)\,R + 30\,000\,\Omega^2}.$$

Dieser Strom soll nun gleich dem oben berechneten Strom von 3,33 mA sein, der bei geschlossenen Schaltern fließt. Damit erhalten wir $R = 600\,\Omega$.

L25.32 a) Wir bezeichnen mit I_1 den von der linken und mit I_2 den von der rechten Batterie gelieferten Strom sowie mit I_3 den Strom durch den 6-Ω-Widerstand, wobei die Abwärtsrichtung positiv zählen soll. Wir wenden die Kirchhoff'schen Regeln auf drei Teile des Stromkreises an und erhalten damit drei Gleichungen für die drei Stromstärken.

Im Punkt a ist gemäß der Knotenregel die Stromstärke

$$I_1 + I_2 = I_3.$$

Im äußeren Stromkreis gilt gemäß der Maschenregel

$$12\,\text{V} - (4\,\Omega)\,I_1 + (3\,\Omega)\,I_2 - 12\,\text{V} = 0,$$

und im linken Teilstromkreis ist entsprechend

$$12\,\text{V} - (4\,\Omega)\,I_1 - (6\,\Omega)\,I_3 = 0.$$

Die Lösungen dieser drei Gleichungen lauten

$$I_1 = 0{,}667\,\text{A}, \quad I_2 = 0{,}889\,\text{A}, \quad I_3 = 1{,}56\,\text{A}.$$

b) Die Spannung zwischen den Punkten a und b ist

$$U_{\text{ab}} = (6\,\Omega)\,I_3 = (6\,\Omega)\,(1{,}56\,\text{A}) = 9{,}36\,\text{V}.$$

c) Die von den beiden Batterien abgegebenen Leistungen sind

$$P_{\text{links}} = I_1\,U_Q = (0{,}667\,\text{A})\,(12\,\text{V}) = 8{,}00\,\text{W},$$

$$P_{\text{rechts}} = I_2\,U_Q = (0{,}889\,\text{A})\,(12\,\text{V}) = 10{,}7\,\text{W}.$$

L25.33 a) Wir bezeichnen den der Spannungsquelle entnommenen Strom mit I. Dann gilt $U_{\text{aus}} = R_2 I$. Außerdem ist gemäß der Kirchhoff'schen Maschenregel

$$U - R_1 I - R_2 I = 0, \quad \text{also} \quad I = \frac{U}{R_1 + R_2}.$$

Damit ergibt sich

$$U_{\text{aus}} = R_2 I = R_2\,\frac{U}{R_1 + R_2} = U\,\frac{R_2}{R_1 + R_2}. \tag{1}$$

b) Für den Ersatzwiderstand R der Parallelschaltung von R_{Last} und R_2 im belasteten Stromkreis gilt

$$\frac{1}{R} = \frac{1}{R_2} + \frac{1}{R_{\text{Last}}}.$$

Also ist

$$R_{\text{Last}} = \frac{R_2\,R}{R_2 - R}. \tag{2}$$

Die Ausgangsspannung U'_{aus} des belasteten Spannungsteilers soll um weniger als 10 % kleiner als die Ausgangsspannung U_{aus} des nicht belasteten Spannungsteilers sein:

$$\frac{U_{\text{aus}} - U'_{\text{aus}}}{U_{\text{aus}}} = 1 - \frac{U'_{\text{aus}}}{U_{\text{aus}}} < 0{,}1. \tag{3}$$

Bei belastetem Spannungsteiler müssen wir in Gleichung 1, also in der Lösung der Teilaufgabe a, den Widerstand R_2 durch den Ersatzwiderstand R ersetzen. Dies ergibt

$$U'_{\text{aus}} = U \, \frac{R}{R_1 + R} \, .$$

Dies und auch Gleichung 1 setzen wir nun in Gleichung 3 ein und erhalten

$$1 - \frac{\dfrac{R}{R_1 + R}}{\dfrac{R_2}{R_1 + R_2}} < 0,1 \quad \text{sowie} \quad 1 - \frac{R(R_1 + R_2)}{R_2(R_1 + R)} < 0,1 \, .$$

Dies ergibt

$$R > \frac{0,9 \, R_1 \, R_2}{R_1 + 0,1 \, R_2} = \frac{0,9 \, (10 \, \text{k}\Omega)\,(10 \, \text{k}\Omega)}{10 \, \text{k}\Omega + 0,1 \, (10 \, \text{k}\Omega)} = 8,18 \, \text{k}\Omega \, .$$

Daraus erhalten wir mit Gleichung 2 für den Lastwiderstand

$$R_{\text{Last}} > \frac{R_2 \, R}{R_2 - R} = \frac{(10 \, \text{k}\Omega)\,(8,18 \, \text{k}\Omega)}{10 \, \text{k}\Omega - 8,18 \, \text{k}\Omega} = 44,9 \, \text{k}\Omega \, .$$

L25.34 Die erste Abbildung zeigt die Reihenschaltung der Batterien.

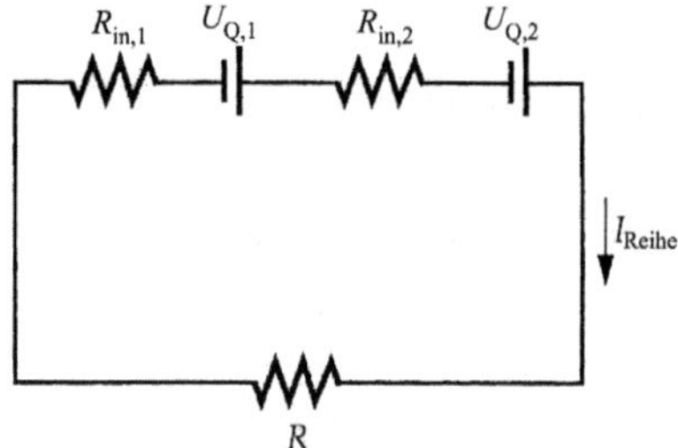

Bei welcher Schaltung die Stromstärke durch den Widerstand R höher ist, wird die Berechnung in Teilaufgabe b ergeben.

a) Wir wenden die Kirchhoff'sche Maschenregel auf die Reihenschaltung der Batterien an:

$$U_{\text{Q},1} - R_{\text{in},2} \, I_{\text{Reihe}} + U_{\text{Q},2} - R \, I_{\text{Reihe}} - R_{\text{in},1} \, I_{\text{Reihe}} = 0 \, .$$

Daraus folgt

$$I_{\text{Reihe}} = \frac{U_{\text{Q},1} + U_{\text{Q},2}}{R_{\text{in},1} + R_{\text{in},2} + R} = \frac{12 \, \text{V}}{1,2 \, \Omega + R} \, .$$

Die zweite Abbildung zeigt die Parallelschaltung der Batterien.

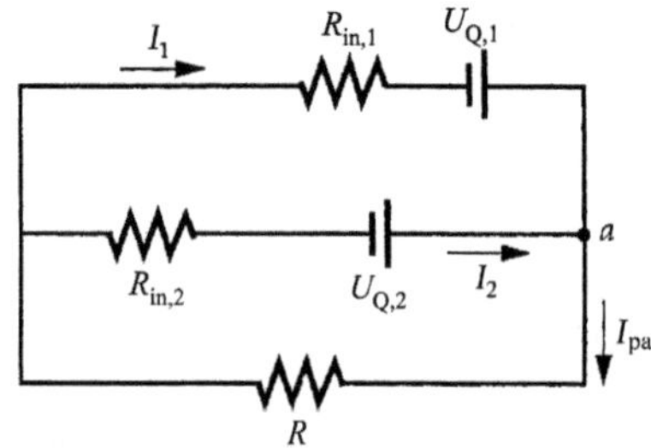

Die Anwendung der Kirchhoff'schen Knotenregel am Punkt a ergibt hierfür

$$I_1 + I_2 = I_{\text{par.}} \, , \tag{1}$$

und gemäß der Kirchhoff'schen Maschenregel gilt für den äußeren Stromkreis

$$U_{\text{Q},1} - R \, I_{\text{par.}} - R_{\text{in},1} \, I_1 = 0$$

und daher

$$9 \, \text{V} - R \, I_{\text{par.}} - (0,8 \, \Omega) \, I_1 = 0 \, . \tag{2}$$

Gemäß der Kirchhoff'schen Maschenregel gilt für den oberen Teilstromkreis

$$U_{\text{Q},1} - U_{\text{Q},2} + R_{\text{in},2} \, I_2 - R_{\text{in},1} \, I_1 = 0$$

und daher

$$6 \, \text{V} + (0,4 \, \Omega) \, I_2 - (0,8 \, \Omega) \, I_1 = 0 \, . \tag{3}$$

Eliminieren von I_2 aus den Gleichungen 1 und 3 liefert

$$I_1 = 5 \, \text{A} + \tfrac{1}{3} \, I_{\text{par.}} \, . \tag{4}$$

Dies setzen wir in Gleichung 2 ein und erhalten

$$I_{\text{par.}} = \frac{7,5 \, \text{V}}{1,5 \, R + 0,4 \, \Omega} \, .$$

b) Für $R = 0,2 \, \Omega$ ergibt sich die Stromstärke in der Reihenschaltung zu

$$I_{\text{Reihe},(0,2)} = \frac{12 \, \text{V}}{1,2 \, \Omega + 0,2 \, \Omega} = 8,57 \, \text{A}$$

und die in der Parallelschaltung zu

$$I_{\text{par.},(0,2)} = \frac{7,5 \, \text{V}}{1,5 \, (0,2 \, \Omega) + 0,4 \, \Omega} = 10,7 \, \text{A} \, .$$

Entsprechend verfahren wir für die anderen Werte von R. Die Ergebnisse sind in der Tabelle zusammengefasst.

	R/Ω	$I_{\text{Reihe}}/\text{A}$	$I_{\text{par.}}/\text{A}$
b)	0,2	8,57	10,7
c)	0,6	6,67	5,77
d)	1,0	5,45	3,95
e)	1,5	4,44	2,83

Wir entnehmen der Tabelle, dass nur bei $R = 0,2 \, \Omega$ die Stromstärke in der Reihenschaltung kleiner ist als in der Parallelschaltung. Eine weitere Berechnung ergibt, dass bei $R = 0,4 \, \Omega$ beide Stromstärken gleich sind und 7,5 A betragen. Also liefert bei $R > 0,4 \, \Omega$ die Reihenschaltung die höhere Stromstärke.

L25.35 Die Abbildung zeigt das Messgerät mit dem parallel geschalteten Innenwiderstand R.

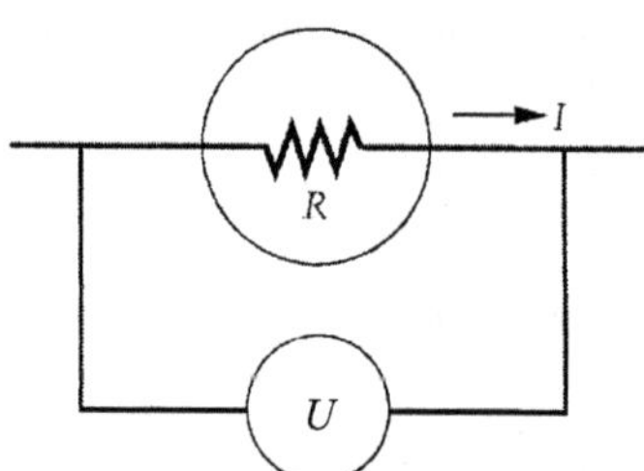

Gemäß der Kirchhoff'schen Maschenregel gilt

$$U - R \, I = 0 \quad \text{und daher} \quad R = U/I \, ,$$

und wir erhalten

$$R = \frac{0{,}25\text{ V}}{50\ \mu\text{A}} = 5{,}00\text{ k}\Omega.$$

L25.36 Die Abbildung zeigt das Messgerät mit dem parallel geschalteten Innenwiderstand R_1. Dieser begrenzt den Strom auf $50\ \mu\text{A}$. Beim Vollausschlag beträgt der Spannungsabfall $0{,}25$ V.

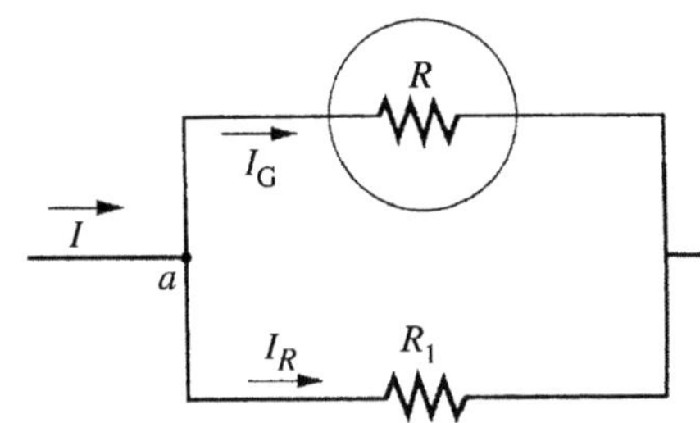

Gemäß der Kirchhoff'schen Maschenregel gilt für den dargestellten Teilstromkreis

$$-R\,I_\text{G} + R_1\,I_R = 0,$$

und gemäß der Kirchhoff'schen Knotenregel ist am Punkt a

$$I_R = I - I_\text{G}.$$

Dies setzen wir in die vorige Gleichung ein:

$$-R\,I_\text{G} + R_1\,(I - I_R) = 0.$$

Mit $R\,I_\text{G} = 0{,}25$ V ergibt sich daraus

$$R_1 = \frac{R\,I_\text{G}}{I - I_\text{G}} = \frac{0{,}25\text{ V}}{100\text{ mA} - 50\ \mu\text{A}} = 2{,}50\ \Omega.$$

L25.37 a) Die zu Beginn im vollständig aufgeladenen Kondensator gespeicherte Energie ist

$$E_{\text{el},0} = \tfrac{1}{2}\,C\,U_{C,0}^2 = \tfrac{1}{2}\,(6\ \mu\text{F})\,(100\text{ V})^2 = 30{,}0\text{ mJ}.$$

b) Zur Zeit t seit Beginn der Entladung gilt für die Energie

$$E_\text{el}(t) = \tfrac{1}{2}\,C\,[U_C(t)]^2, \quad \text{mit}\quad U_C(t) = U_{C,0}\,\text{e}^{-t/\tau}.$$

Einsetzen ergibt

$$E_\text{el}(t) = \tfrac{1}{2}\,C\left(U_{C,0}\,\text{e}^{-t/\tau}\right)^2 = \tfrac{1}{2}\,C\,U_{C,0}^2\,\text{e}^{-2t/\tau} = U_{C,0}\,\text{e}^{-2t/\tau}.$$

c) Die Abbildung zeigt den zeitlichen Verlauf der im Kondensator gespeicherten Energie.

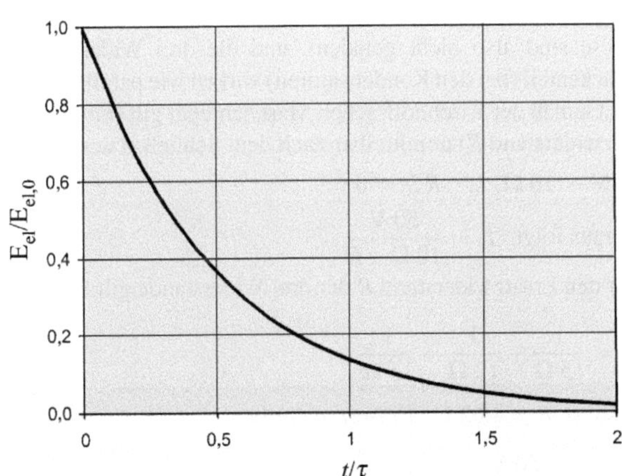

L25.38 a) Gemäß der Kirchhoff'schen Maschenregel gilt für den äußeren Stromkreis

$$U_\text{Q} - (1{,}2\text{ M}\Omega)\,I_0 - U_{C,0} = 0.$$

Der Kondensator ist anfangs nicht geladen. Also ist $U_{C,0} = 0$, und wir erhalten für die Stromstärke unmittelbar nach dem Schließen des Schalters

$$I_0 = \frac{U_\text{Q}}{1{,}2\text{ M}\Omega} = \frac{120\text{ V}}{1{,}2\text{ M}\Omega} = 0{,}100\text{ mA}.$$

b) Im stationären Zustand (also lange nach dem Schließen des Schalters) fließt kein Strom mehr, d. h. es ist $I_\infty = 0$. Nun wenden wir die Kirchhoff'sche Maschenregel auf den Teilstromkreis an, der die Quelle und beide Widerstände enthält:

$$U_\text{Q} - (1{,}2\text{ M}\Omega)\,I_\infty - (600\text{ k}\Omega)\,I_\infty = 0.$$

Damit erhalten wir für die Stromstärke nach langer Zeit

$$I_\infty = \frac{U_\text{Q}}{1{,}2\text{ M}\Omega + 600\text{ k}\Omega} = \frac{120\text{ V}}{1{,}2\text{ M}\Omega + 600\text{ k}\Omega} = 66{,}7\ \mu\text{A}.$$

b) Die maximale Spannung über dem Kondensator entspricht der Potenzialdifferenz am 600-kΩ-Widerstand im stationären Zustand. Also ergibt sich

$$U_{C,\text{max}} = R_{600}\,I_\infty = (600\text{ k}\Omega)\,(66{,}7\ \mu\text{A}) = 40{,}0\text{ V}.$$

L25.39 Umformen der gegebenen Gleichung

$$U - R\,\frac{\text{d}q}{\text{d}t} - \frac{q}{C} = 0$$

ergibt $\dfrac{\text{d}q}{\text{d}t} = \dfrac{CU - q}{RC}.$

Wir separieren die Variablen,

$$\frac{\text{d}q}{CU - q} = \frac{\text{d}t}{RC},$$

und führen die Integration aus:

$$\int_0^q \frac{\text{d}q'}{CU - q'} = \frac{1}{RC}\int_0^t \text{d}t'.$$

Daraus folgt $\quad \ln\dfrac{CU}{CU - q} = \dfrac{t}{RC}.$

Entlogarithmieren liefert

$$\frac{CU}{CU - q} = \text{e}^{t/(RC)},$$

und Auflösen nach q ergibt schließlich

$$q = CU\left(1 - \text{e}^{-t/(RC)}\right) = q_\text{E}\left(1 - \text{e}^{-t/\tau}\right).$$

L25.40 Wir setzen $R_1 = 200\ \Omega$ und $R_2 = 600\ \Omega$. Die Ströme, die durch diese Widerstände fließen, erhalten dieselben Indices, und I_3 ist der Strom, der in den Kondensator fließt.

a) Unmittelbar nach dem Schließen des Schalters S gilt gemäß der Kirchhoff'schen Maschenregel

$$U_\text{Q} - (200\ \Omega)\,I_0 - U_{C,0} = 0.$$

Der Kondensator ist anfangs nicht geladen. Also ist $U_{C,0} = 0$, und wir erhalten für die Stromstärke unmittelbar nach dem Schließen des Schalters

$$I_0 = \frac{U_\text{Q}}{200\ \Omega} = \frac{50\text{ V}}{200\ \Omega} = 0{,}250\text{ A}.$$

b) Lange nach dem Schließen des Schalters gilt gemäß der Kirchhoff'schen Maschenregel

$$50\,\text{V} - (200\,\Omega)\,I_\infty - (600\,\Omega)\,I_\infty = 0.$$

Damit erhalten wir $\quad I_\infty = \dfrac{50\,\text{V}}{800\,\Omega} = 62{,}5\,\text{mA}.$

c) Gemäß der Kirchhoff'schen Knotenregel gilt am Verzweigungspunkt zwischen dem 200-Ω-Widerstand und dem Kondensator

$$I_1 = I_2 + I_3, \tag{1}$$

und gemäß der Maschenregel gilt für den Teilstromkreis mit der Spannungsquelle, dem 200-Ω-Widerstand und dem Kondensator

$$U_\text{Q} - R_1\,I_1 - \frac{q}{C} = 0. \tag{2}$$

Entsprechend erhalten wir für den Teilstromkreis mit dem 600-Ω-Widerstand und dem Kondensator

$$\frac{q}{C} - R_2\,I_2 = 0. \tag{3}$$

Wir differenzieren Gleichung 2 nach der Zeit:

$$\frac{\text{d}}{\text{d}t}\left(U_\text{Q} - R_1\,I_1 - \frac{q}{C}\right) = 0 - R_1\,\frac{\text{d}I_1}{\text{d}t} - \frac{1}{C}\,\frac{\text{d}q}{\text{d}t}$$
$$= -R_1\,\frac{\text{d}I_1}{\text{d}t} - \frac{1}{C}\,I_3 = 0.$$

Das ist gleichbedeutend mit

$$R_1\,\frac{\text{d}I_1}{\text{d}t} = -\frac{1}{C}\,I_3. \tag{4}$$

Die Ableitung von Gleichung 3 nach der Zeit ergibt

$$\frac{\text{d}}{\text{d}t}\left(\frac{q}{C} - R_2\,I_2\right) = \frac{1}{C}\,\frac{\text{d}q}{\text{d}t} - R_2\,\frac{\text{d}I_2}{\text{d}t} = 0$$

und daher

$$R_2\,\frac{\text{d}I_2}{\text{d}t} = \frac{1}{C}\,I_3. \tag{5}$$

Hierin setzen wir $I_3 = I_1 - I_2$ gemäß Gleichung 1 ein und formen um:

$$\frac{\text{d}I_2}{\text{d}t} = \frac{1}{R_2\,C}\,(I_1 - I_2). \tag{6}$$

Nun lösen wir Gleichung 2 nach I_1 auf:

$$I_1 = \frac{U_\text{Q} - q/C}{R_1} = \frac{U_\text{Q} - R_2\,I_2}{R_1}.$$

Einsetzen in Gleichung 6 liefert

$$\frac{\text{d}I_2}{\text{d}t} = \frac{1}{R_2\,C}\left(\frac{U_\text{Q} - R_2\,I_2}{R_1} - I_2\right)$$
$$= \frac{U_\text{Q}}{R_1\,R_2\,C} - \frac{R_1 + R_2}{R_1\,R_2\,C}\,I_2.$$

Für die Lösung dieser linearen Differenzialgleichung mit konstanten Koeffizienten nehmen wir eine Gleichung der folgenden Form an:

$$I_2(t) = a + b\,\text{e}^{-t/\tau}. \tag{7}$$

Dies leiten wir nach der Zeit ab:

$$\frac{\text{d}I_2}{\text{d}t} = \frac{\text{d}}{\text{d}t}\left(a + b\,\text{e}^{-t/\tau}\right) = -\frac{b}{\tau}\,\text{e}^{-t/\tau}.$$

Wir setzen die obigen Ausdrücke für I_2 und $\text{d}I_2/\text{d}t$ ein:

$$-\frac{b}{\tau}\,\text{e}^{-t/\tau} = \frac{U_\text{Q}}{R_1\,R_2\,C} - \frac{R_1 + R_2}{R_1\,R_2\,C}\left(a + b\,\text{e}^{-t/\tau}\right).$$

Gleichsetzen der Koeffizienten von $\text{e}^{-t/\tau}$ ergibt

$$\tau = \frac{R_1\,R_2\,C}{R_1 + R_2}.$$

Wenn die Lösung für alle Werte von a gelten soll, muss

$$a = \frac{U_\text{Q}}{R_1 + R_2}$$

sein. Die Bedingung, dass $I_2 = 0$ bei $t = 0$ sein soll, führt zu

$$0 = a + b \quad \text{und damit zu} \quad b = -a = -\frac{U_\text{Q}}{R_1 + R_2}.$$

Dies setzen wir in Gleichung 7 ein:

$$I_2(t) = \frac{U_\text{Q}}{R_1 + R_2} - \frac{U_\text{Q}}{R_1 + R_2}\,\text{e}^{-t/\tau} = \frac{U_\text{Q}}{R_1 + R_2}\left(1 - \text{e}^{-t/\tau}\right).$$

Darin ist

$$\tau = \frac{R_1\,R_2\,C}{R_1 + R_2} = \frac{(200\,\Omega)\,(600\,\Omega)\,(5\,\mu\text{F})}{200\,\Omega + 600\,\Omega} = 0{,}750\,\text{ms},$$

und es folgt

$$I_2(t) = \frac{U_\text{Q}}{R_1 + R_2}\left(1 - \text{e}^{-t/\tau}\right)$$
$$= (62{,}5\,\text{mA})\left(1 - \text{e}^{-t/(0{,}750\,\text{ms})}\right).$$

L25.41 Die 25-W-Glühlampe leuchtet heller. Die Lichtintensität einer Lampe ist proportional zur Joule'schen Leistung, die in ihr umgesetzt wird. Der Ohm'sche Widerstand einer 25-W-Glühlampe ist höher als der einer 100-W-Glühlampe, und bei der Reihenschaltung fließt derselbe Strom I durch beide Glühlampen. Wegen $P = R\,I^2$ ist daher $R_{25}\,I^2 > R_{100}\,I^2$.

L25.42 a) Bevor der Schalter geschlossen wird, sind die anfänglichen Potenzialdifferenzen an beiden Kondensatoren null (diese sind also nicht geladen), und die drei Widerstände im Brückenteil (bei den Kondensatoren) wirken wie parallel geschaltet. Gemäß der Kirchhoff'schen Maschenregel gilt (mit ihrem Ersatzwiderstand R) unmittelbar nach dem Schließen des Schalters

$$50\,\text{V} - (10\,\Omega)\,I_0 - R\,I_0 = 0.$$

Daraus folgt $\quad I_0 = \dfrac{50\,\text{V}}{10\,\Omega + R}.$

Für den Ersatzwiderstand R der drei Widerstände gilt hierbei

$$\frac{1}{R} = \frac{1}{15\,\Omega} + \frac{1}{12\,\Omega} + \frac{1}{15\,\Omega}.$$

Also ist $R = 4{,}62\,\Omega$. Einsetzen ergibt

$$I_0 = \frac{50\,\text{V}}{10\,\Omega + 4{,}62\,\Omega} = 3{,}42\,\text{A}.$$

b) Längere Zeit nach dem Schließen des Schalters fließt kein Strom mehr in die Kondensatoren, und die drei Widerstände im Brückenteil wirken jetzt wie in Reihe geschaltet. Ihren Ersatzwiderstand bezeichnen wir mit R'. Gemäß der Kirchhoff'schen Maschenregel gilt jetzt

$$50\,\text{V} - (10\,\Omega)\,I_\infty - R'\,I_\infty = 0.$$

Daraus folgt $I_\infty = \dfrac{50\,\text{V}}{10\,\Omega + R'}$.

Der Ersatzwiderstand R' der drei Widerstände ist gleich ihrer Summe: $R' = 15\,\Omega + 12\,\Omega + 15\,\Omega = 42\,\Omega$.

Damit ergibt sich der Strom zu

$$I_\infty = \frac{50\,\text{V}}{10\,\Omega + 42\,\Omega} = 0{,}962\,\text{A}.$$

c) Für die Endladung des 10-µF-Kondensators, an dem nun die Spannung U_{10} anliegt, gilt

$$q_{10} = C_{10}\,U_{10}.$$

Wir wenden die Kirchhoff'sche Maschenregel auf die Masche an, die den 15-Ω- und den 12-Ω-Widerstand sowie den 10-µF-Kondensator enthält:

$$U_{10} = -(15\,\Omega)\,I_\infty - (12\,\Omega)\,I_\infty = 0.$$

Also ist $U_{10} = (27\,\Omega)\,I_\infty$.

Einsetzen in die Gleichung für die Ladung ergibt

$$q_{10} = C_{10}\,(27\,\Omega)\,I_\infty = (10\,\mu\text{F})\,(27\,\Omega)\,(0{,}962\,\text{A}) = 260\,\mu\text{C}.$$

Nun zum anderen Kondensator: Für die Endladung des 5-µF-Kondensators, an dem jetzt die Spannung U_5 anliegt, gilt

$$q_5 = C_5\,U_5.$$

Wir wenden die Kirchhoff'sche Maschenregel auf die Masche an, die den 12-Ω- und den 15-Ω-Widerstand sowie den 5-µF-Kondensator enthält:

$$U_5 = -(15\,\Omega)\,I_\infty - (12\,\Omega)\,I_\infty = 0.$$

Also ist $U_5 = (27\,\Omega)\,I_\infty$.

Einsetzen in die Gleichung für die Ladung ergibt

$$q_5 = C_5\,(27\,\Omega)\,I_\infty = (5\,\mu\text{F})\,(27\,\Omega)\,(0{,}962\,\text{A}) = 130\,\mu\text{C}.$$

L25.43 Wir bezeichnen den durch das Galvanometer fließenden Strom mit I_G. Zuerst wenden wir die Kirchhoff'sche Maschenregel auf den Teilstromkreis an, der das Galvanometer sowie die Widerstände R_1 und R_x enthält:

$$-R_1\,I_1 + -R_x\,I_2 = 0. \tag{1}$$

Entsprechend gilt für den Teilstromkreis mit dem Galvanometer sowie den Widerständen R_2 und R_0:

$$-R_2\,(I_1 - I_\text{G}) + R_0\,(I_2 + I_\text{G}) = 0. \tag{2}$$

Wenn die Brücke ausgeglichen ist, ist $I_\text{G} = 0$; aus den Gleichungen 1 und 2 wird dann

$$R_1\,I_1 = R_x\,I_2 \tag{3}$$

und

$$R_2\,I_1 = R_0\,I_2. \tag{4}$$

Dividieren von Gleichung 3 durch Gleichung 4 ergibt

$$R_x = R_0\,\frac{R_1}{R_2}. \tag{5}$$

Mit dem spezifischen Widerstand r und der Querschnittsfläche A des Drahts gilt für die Widerstände der beiden abgegriffenen Teilstücke mit den Längen ℓ_1 und ℓ_2:

$$R_1 = r\,\frac{\ell_1}{A} \quad \text{sowie} \quad R_2 = r\,\frac{\ell_2}{A}.$$

Einsetzen in Gleichung 5 ergibt $R_x = R_0\,\dfrac{\ell_1}{\ell_2}$.

a) Bei $\ell_1 = 18\,\text{cm}$ ist $\ell_2 = 82\,\text{cm}$, und wir erhalten

$$R_x = (200\,\Omega)\,\frac{18\,\text{cm}}{82\,\text{cm}} = 43{,}9\,\Omega.$$

b) Bei $\ell_1 = 60\,\text{cm}$ ist $\ell_2 = 40\,\text{cm}$, und wir erhalten

$$R_x = (200\,\Omega)\,\frac{60\,\text{cm}}{40\,\text{cm}} = 300\,\Omega.$$

c) Bei $\ell_1 = 95\,\text{cm}$ ist $\ell_2 = 5\,\text{cm}$, und wir erhalten

$$R_x = (200\,\Omega)\,\frac{95\,\text{cm}}{5\,\text{cm}} = 3{,}80\,\text{k}\Omega.$$

L25.44 a) Mit der Flächenladungsdichte σ und der Breite b sowie der Geschwindigkeit v des Bands in x-Richtung ergibt sich aus der Definition der Stromstärke

$$\begin{aligned}
I &= \frac{\text{d}q}{\text{d}t} = \sigma b\,\frac{\text{d}x}{\text{d}t} = \sigma b\,v \\
&= (5\,\text{mC}\cdot\text{m}^{-2})\,(0{,}5\,\text{m})\,(20\,\text{m}\cdot\text{s}^{-1}) = 50{,}0\,\text{mA}.
\end{aligned}$$

b) Die vom Motor mindestens aufzubringende Leistung ist

$$P = I\,U = (50{,}0\,\text{mA})\,(100\,\text{kV}) = 5{,}00\,\text{kW}.$$

L25.45 Mit der Masse m und der spezifischen Wärmekapazität c_W des Wassers sowie der Temperaturdifferenz ΔT ist die aufzubringende Wärmemenge gegeben durch

$$Q = m\,c_\text{W}\,\Delta T.$$

Daher gilt beim Massendurchsatz $\text{d}m/\text{d}t$ des Wassers für die mit dem Wasser abzuführende Leistung

$$P = \frac{\text{d}Q}{\text{d}t} = \frac{\text{d}m}{\text{d}t}\,c_\text{W}\,\Delta T.$$

Mit $P = I\,U$ erhalten wir daraus für den Massendurchsatz

$$\begin{aligned}
\frac{\text{d}m}{\text{d}t} &= \frac{P}{c_\text{W}\,\Delta T} = \frac{I\,U}{c_\text{W}\,\Delta T} \\
&= \frac{(100\,\text{A})\,(240\,\text{V})}{(4{,}18\,\text{kJ}\cdot\text{kg}^{-1}\cdot\text{K}^{-1})\,(323\,\text{K} - 288\,\text{K})} \\
&= 0{,}164\,\text{kg}\cdot\text{s}^{-1}.
\end{aligned}$$

Weil die Dichte des Wassers $1\,\text{kg}\cdot\text{l}^{-1}$ beträgt, müssen also pro Sekunde 0,164 Liter Wasser durchgesetzt werden.

L25.46 a) Wenn der Kondensator aufgeladen wird, ist der Schalter offen, und der wirksame Widerstand ist R_1. Die Zeitkonstante ist dann

$$\tau_1 = R_1\,C = (0{,}5\,\text{M}\Omega)\,(0{,}02\,\mu\text{F}) = 10{,}0\,\text{ms}.$$

b) Für die Zeitabhängigkeit der Spannung am Kondensator gilt

$$U_C(t) = U\left(1 - \text{e}^{-t/\tau}\right).$$

Daraus folgt

$$e^{-t/\tau} = 1 - \frac{U_C(t)}{U}. \tag{1}$$

Wir setzen nun

$$\eta = U_C(t)/U$$

und berücksichtigen, dass $U_C(t) \ll U$ sein soll, also $\eta \ll 1$. Damit ergibt sich

$$e^{-t/\tau} = 1 - \eta \qquad \text{und} \qquad e^{t/\tau} = (1-\eta)^{-1} \approx 1 + \eta.$$

Wir entwickeln in eine Potenzreihe und brechen nach dem ersten Summanden ab, weil $t/\tau \ll 1$ ist:

$$e^{t/\tau} = 1 + \frac{t}{\tau} + \frac{1}{2!}\left(\frac{t}{\tau}\right)^2 + \cdots \approx 1 + \frac{1}{\tau}t.$$

Einsetzen in Gleichung 1 liefert

$$1 + \frac{1}{\tau}t \approx 1 + \eta = 1 + \frac{U_C(t)}{U}.$$

Damit erhalten wir $U_C(t) \approx \dfrac{U}{\tau}t$.

c) Mit der eben aufgestellten Beziehung gilt für den Zusammenhang zwischen der Spannungsänderung $\Delta U_C(t)$ am Kondensator und der dafür nötigen Zeitspanne Δt:

$$\Delta U_C(t) = \frac{U}{\tau}\Delta t.$$

Damit ist $\tau = R_1 C \approx \dfrac{U}{\Delta U_C(t)}\Delta t$,

und wir erhalten

$$R_1 \approx \frac{U}{C\,\Delta U_C(t)}\Delta t = \frac{(800\ \text{V})\,(0,1\ \text{s})}{(0,02\ \mu\text{F})\,(4,2-0,2)\ \text{V}} = 1,00\ \text{G}\Omega.$$

d) Mit $\tau' = R_2 C$ gilt für die Zeitabhängigkeit der Potenzialdifferenz am Kondensator

$$U_C(t) = U_{C,0}\,e^{-t/\tau'}.$$

Wir logarithmieren, lösen nach t auf und setzen die Zahlenwerte ein:

$$t = -\tau'\ln\frac{U_C(t)}{U_{C,0}} = -R_2 C\ln\frac{U_C(t)}{U_{C,0}}$$

$$= -(0,001\ \Omega)\,(0,02\ \mu\text{F})\ln\frac{0,2\ \text{V}}{4,2\ \text{V}} = 60,9\ \text{ps}.$$

e) Die umgesetzte Leistung ist der Quotient aus der Energieänderung $\Delta E_{\text{el},1}$ und der Zeitspanne:

$$P_1 = \frac{\Delta E_{\text{el},1}}{\Delta t} = R_1 I^2.$$

Weil die Stromstärke von der Zeit abhängt, müssen wir integrieren. Dabei setzen wir für R_1 den in Teilaufgabe a erhaltenen Wert 1 GΩ ein, außerdem die Zeitkonstante

$$\tau = (1\ \text{G}\Omega)\,(0,02\ \mu\text{F}) = 20\ \text{s}.$$

Damit erhalten wir

$$\Delta E_{\text{el},1} = \int R_1 I^2\,dt = \int \left(\frac{U_C(t)}{R_1}\right)^2 R_1\,dt = \int \left(\frac{U\,t}{\tau R_1}\right)^2 R_1\,dt$$

$$= \left(\frac{U}{\tau}\right)^2 \frac{1}{R_1}\int_{0,005\,\text{s}}^{0,105\,\text{s}} t^2\,dt$$

$$= \left(\frac{800\ \text{V}}{20\ \text{s}}\right)^2 \frac{1}{1\ \text{G}\Omega}\left[\frac{t^3}{3}\right]_{0,005\,\text{s}}^{0,105\,\text{s}} = 6,17 \cdot 10^{-10}\ \text{J}.$$

Somit ist die im Widerstand R_1 umgesetzte Leistung

$$P_1 = \frac{6,17\cdot 10^{-10}\ \text{J}}{0,1\ \text{s}} = 6,17\ \text{nW}.$$

Für die im Innenwiderstand des Schalters umgesetzte Leistung ergibt sich mit den Anfangswerten (Index A) und den Endwerten (Index E):

$$P_2 = \frac{\Delta E_{\text{el},C}}{\Delta t} = \frac{E_{\text{el},C,E} - E_{\text{el},C,A}}{\Delta t}$$

$$= \frac{\frac{1}{2}CU_{C,E}^2 - \frac{1}{2}CU_{C,A}^2}{\Delta t} = \frac{\frac{1}{2}C(U_{C,E}^2 - U_{C,A}^2)}{\Delta t}$$

$$= \frac{\frac{1}{2}(0,02\ \mu\text{F})\left[(4,2\ \text{V})^2 - (0,2\ \text{V})^2\right]}{60,9\ \text{ps}} = 2,89\ \text{kW}.$$

L25.47   Die Abbildung zeigt die Anordnung. Mit Hilfe der Kirchhoff'schen Regeln können wir für die drei Ströme drei Gleichungen aufstellen, aus denen wir I_3 ermitteln. Damit bestimmen wir die im Widerstand R umgesetzte Leistung und stellen die Bedingung für ihr Maximum auf.

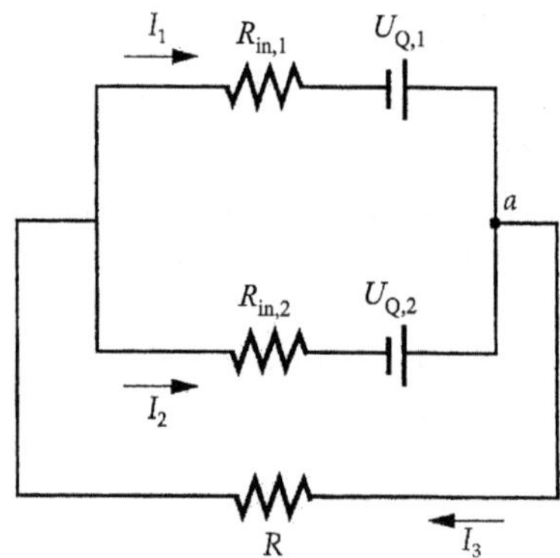

Gemäß der Kirchhoff'schen Knotenregel gilt am Punkt a

$$I_1 + I_2 = I_3. \tag{1}$$

Nun wenden wir die Maschenregel auf den äußeren Teilstromkreis (mit der Batterie 1) an:

$$U_{Q,1} - R\,I_3 - R_{\text{in},1}\,I_1 = 0. \tag{2}$$

Entsprechend gilt für den inneren Teilstromkreis (mit der Batterie 2)

$$U_{Q,2} - R\,I_3 - R_{\text{in},2}\,I_2 = 0. \tag{3}$$

Wir eliminieren I_1 aus den Gleichungen 1 und 2:

$$U_{Q,1} - R\,I_3 - R_{\text{in},1}\,(I_3 - I_2) = 0. \tag{4}$$

Nun lösen wir Gleichung 3 nach I_2 auf:

$$I_2 = \frac{U_{Q,2} - R\,I_3}{R_{\text{in},2}}.$$

Einsetzen in Gleichung 4 liefert

$$U_{Q,1} - R\,I_3 - R_{\text{in},1}\left(I_3 - \frac{U_{Q,2} - R\,I_3}{R_{\text{in},2}}\right) = 0$$

und daher

$$I_3 = \frac{U_{Q,1}\, R_{in,2} + U_{Q,2}\, R_{in,1}}{R_{in,1}\, R_{in,2} + R\,(R_{in,1} + R_{in,2})} \,.$$

Die im Widerstand R umgesetzte Leistung ist damit

$$P = R\, I_3^2 = R\left(\frac{U_{Q,1}\, R_{in,2} + U_{Q,2}\, R_{in,1}}{R_{in,1}\, R_{in,2} + R\,(R_{in,1} + R_{in,2})}\right)^2$$

$$= \frac{R}{(R + R_{Ers})^2}\left(\frac{U_{Q,1}\, R_{in,2} + U_{Q,2}\, R_{in,1}}{R_{in,1} + R_{in,2}}\right)^2 \,.$$

Darin ist $R_{Ers} = \dfrac{R_{in,1}\, R_{in,2}}{R_{in,1} + R_{in,2}}$ der Ersatzwiderstand der parallel geschalteten Innenwiderstände der Batterien. Der eingeklammerte Bruch in der Gleichung für P ist unabhängig von R. Daher können wir ihn als Konstante B vor die Ableitung ziehen, die wir nun berechnen, damit wir das Maximum der Leistung ermitteln können:

$$\frac{dP}{dR} = B^2\, \frac{d}{dR}\, \frac{R}{(R + R_{Ers})^2}$$

$$= B^2\, \frac{(R + R_{Ers})^2 - R\, \dfrac{d}{dR}(R + R_{Ers})^2}{(R + R_{Ers})^4}$$

$$= B^2\, \frac{(R + R_{Ers})^2 - 2R\,(R + R_{Ers})}{(R + R_{Ers})^4} \,.$$

Bei einem Extremwert muss die Ableitung null sein. Wir vergewissern uns, dass der Nenner nicht null sein kann, und setzen den Zähler gleich null. Dies ergibt

$$R = R_{Ers} = \frac{R_{in,1}\, R_{in,2}}{R_{in,1} + R_{in,2}} \,.$$

Um zu prüfen, ob hierfür wirklich ein Maximum vorliegt, ermitteln wir die zweite Ableitung:

$$\frac{d^2 P}{dR^2} = B^2\, \frac{d}{dR}\, \frac{(R + R_{Ers})^2 - 2R\,(R + R_{Ers})}{(R + R_{Ers})^4} = \frac{2R - 4R_{Ers}}{(R + R_{Ers})^4} \,.$$

Die Ableitung an der Stelle $R = R_{Ers}$ ist also

$$\left.\frac{d^2 P}{dR^2}\right|_{R = R_{Ers}} = B^2\, \frac{-2R_{Ers}}{(R + R_{Ers})^4} < 0 \,.$$

Somit ist die von den Batterien abgegebene Leistung maximal, wenn gilt

$$R = \frac{R_{in,1}\, R_{in,2}}{R_{in,1} + R_{in,2}} \,.$$

L25.48 Der differenzielle Widerstand ist gegeben durch

$$R_{diff} = \frac{dU}{dI} = \left(\frac{dI}{dU}\right)^{-1} \,,$$

und für die Stromstärke in der Diode gilt, wie gegeben:

$$I = I_0 \left(e^{U/(25\,mV)} - 1\right) \,. \tag{1}$$

Das setzen wir ein und erhalten

$$R_{diff} = \left\{\frac{d}{dU}\left[I_0\,(e^{U/(25\,mV)} - 1)\right]\right\}^{-1} = \frac{25\,mV}{I_0}\, e^{-U/(25\,mV)} \,. \tag{2}$$

Für $U > 0{,}6$ V erhalten wir mit Gleichung 1 für die Stromstärke $I \approx I_0\, e^{U/(25\,mV)}$ und daraus

$$e^{U/(25\,mV)} \approx \frac{I}{I_0} \qquad \text{bzw.} \qquad e^{-U/(25\,mV)} \approx \frac{I_0}{I} \,.$$

Mit Gleichung 2 ergibt dies

$$R_{diff} \approx \frac{25\,mV}{I_0}\, \frac{I_0}{I} = \frac{25\,mV}{I} \,.$$

Wie aus Gleichung 2 hervorgeht, steigt R_{diff} bei $U < 0$ exponentiell mit dem Betrag von U an.

L25.49 Wir lesen aus der Abbildung in der Aufgabenstellung an einigen Punkten die Steigung ab und berechnen aus ihrem Reziprokwert den differenziellen Widerstand.

$U/$V	R_{diff}/Ω
0,0	6,67
0,1	17,9
0,3	−75,2
0,4	42,9
0,5	8

Diese Werte sind in der Abbildung gegen die Spannung aufgetragen. Der differenzielle Widerstand wird bei etwa 0,14 V negativ.

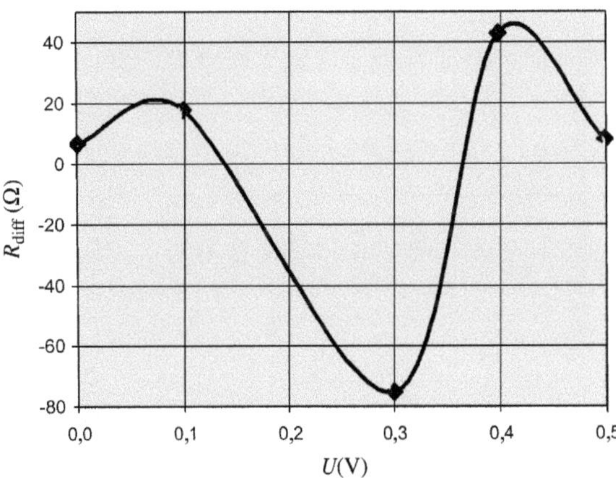

L25.50 a) Die Anzahl n der Elektronen in einem Puls ergibt sich aus der Stromstärke I_{Puls} und der Pulsdauer Δt. Die Stromstärke ist die pro Zeiteinheit übertragene Ladung:

$$I_{Puls} = \frac{q}{\Delta t} = \frac{n\, e}{\Delta t} \,.$$

Dies ergibt

$$n = \frac{I_{Puls}\, \Delta t}{e} = \frac{(1{,}6\,A)\,(0{,}1\,\mu s)}{1{,}602 \cdot 10^{-19}\,C} = 9{,}99 \cdot 10^{11} \approx 10^{12} \,.$$

b) Auf jeden Puls, der eine Dauer von 0,1 μs hat, entfällt eine Zeitspanne von 1 ms. Damit erhalten wir für die mittlere Stromstärke

$$\langle I \rangle = \frac{q_{Puls}}{\Delta t_{pro\,Puls}} = \frac{n\, e}{10^{-3}\,s} = \frac{10^{12}\,(1{,}602 \cdot 10^{-19}\,C)}{10^{-3}\,s}$$

$$= 0{,}16\,mA \,.$$

c) Die mittlere Leistungsabgabe des Beschleunigers ist

$$\langle P \rangle = \langle I \rangle\, U = (0{,}16\,mA)\,(400\,MV) = 64\,kW \,.$$

d) Für die maximale Leistungsabgabe während eines Pulses erhalten wir

$$P_{\max} = I_{\max}\, U = (1{,}6\ \text{A})\,(400\ \text{MV}) = 640\ \text{MW}\,.$$

e) Der Nutzfaktor ist der Quotient aus der Pulsdauer und dem zeitlichen Abstand zwischen den Anfängen aufeinander folgender Pulse:

$$\frac{0{,}1\ \mu\text{s}}{10^{-3}\ \text{s}} = 10^{-4}\,.$$

L25.51 Der in der Abbildung eingezeichnete Widerstand R ist der Ersatzwiderstand der unendlich ausgedehnten Leiter. Wenn die Widerstände weder null noch unendlich groß sind, ändert sich der Ersatzwiderstand der Leiter wegen ihrer unendlichen Ausdehnung nicht, wenn eine Sprosse zugefügt oder entfernt wird.

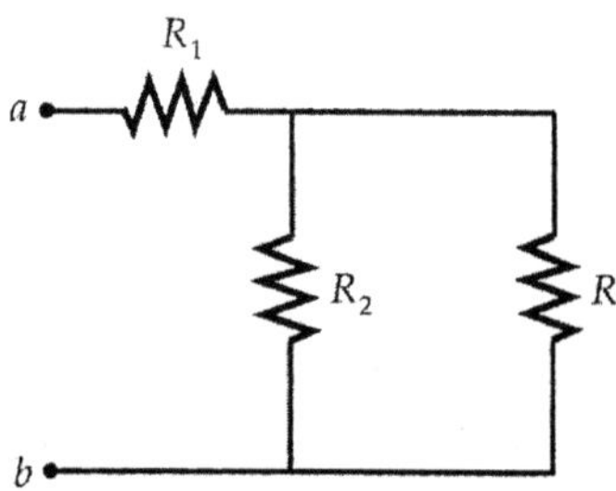

Der Ersatzwiderstand der Reihenschaltung von R_1 mit der Parallelschaltung von R_2 und dem Ersatzwiderstand R ist gegeben durch

$$R_3 = \frac{R_2\, R}{R_2 + R}\,.$$

Damit ist der Ersatzwiderstand der Leiter

$$R = R_1 + R_3 = R_1 + \frac{R_2\, R}{R_2 + R}\,.$$

Dies ergibt die quadratische Gleichung

$$R^2 - R_1\, R - R_1\, R_2 = 0$$

mit der positiven Lösung

$$R = \frac{R_1 + \sqrt{R_1^2 + 4\, R_1\, R_2}}{2}\,.$$

Das Magnetfeld

- Die magnetische Kraft
- Die Bewegung einer Punktladung in einem Magnetfeld
- Das auf Leiterschleifen und Magnete ausgeübte Drehmoment
- Der Hall-Effekt

A: Aufgaben

Verständnisaufgaben

A26.1 • Eine Kathodenstrahlröhre befindet sich waagerecht in einem Magnetfeld, dessen Vektor senkrecht nach oben zeigt (siehe Abbildung). Auf welcher der gestrichelt eingezeichneten Bahnen bewegen sich die von der Kathode emittierten Elektronen? a) Bahn 1, b) Bahn 2, c) Bahn 3, d) Bahn 4, e) Bahn 5.

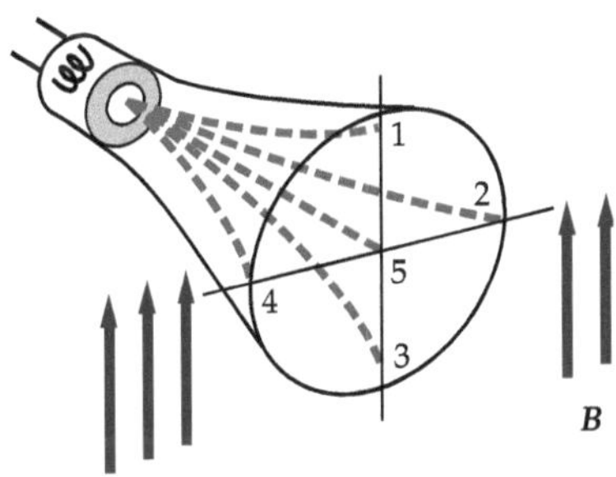

A26.2 • Richtig oder falsch? Durch die magnetische Kraft wird ein geladenes Teilchen nicht beschleunigt, weil die Kraft senkrecht zum Geschwindigkeitsvektor des Teilchens wirkt.

A26.3 • Ein Strahl positiv geladener Teilchen passiert, ohne abgelenkt zu werden, von links nach rechts ein Geschwindigkeitsfilter, dessen elektrisches Feld nach oben zeigt. Anschließend wird die Strahlrichtung umgekehrt (sie verläuft nun von rechts nach links). Wird der Strahl jetzt abgelenkt? Wenn ja, in welche Richtung?

A26.4 • Wie muss eine stromdurchflossene Leiterschleife relativ zu einem Magnetfeld ausgerichtet sein, damit das auf sie wirkende Drehmoment maximal ist?

A26.5 • Ein positiv geladenes Teilchen bewegt sich in einem Magnetfeld nach Norden. Der Vektor der auf das Teilchen wirkenden magnetischen Kraft zeigt nordostwärts. Ist das Magnetfeld a) nach oben, b) nach Westen, c) nach Süden, d) nach unten gerichtet, oder e) kann die Kraft gar nicht nach Nordosten zeigen?

A26.6 • Vergleichen Sie elektrische und magnetische Feldlinien. Erläutern Sie Gemeinsamkeiten und Unterschiede.

Schätzungs- und Näherungsaufgabe

A26.7 •• a) Wie groß muss das Ladung-Masse-Verhältnis eines Mikrometeoriten sein, damit der Einfluss des Erdmagnetfelds ausreicht, um das Körnchen auf einer erdnahen Umlaufbahn (in 400 km Höhe über der Oberfläche) zu halten? Die Feldstärke des Erdmagnetfelds sei (näherungsweise) $5 \cdot 10^{-5}$ T, die Geschwindigkeit sei senkrecht zur Feldrichtung orientiert und ihr Betrag entspreche der Bahngeschwindigkeit der Erde (rund 30 km/s). b) Berechnen Sie die Ladung des Mikrometeoriten, wenn seine Masse gleich $3 \cdot 10^{-10}$ kg ist.

• Die magnetische Kraft

A26.8 • Eine Ladung $q = -3,64$ nC bewegt sich mit einer Geschwindigkeit von $2,75 \cdot 10^6 \, \hat{x}$ m/s. Berechnen Sie die Kraft, die folgende Magnetfelder auf das Teilchen ausüben: a) $\boldsymbol{B} = 0,38 \, \hat{y}$ T, b) $\boldsymbol{B} = (0,75 \, \hat{x} + 0,75 \, \hat{y})$ T, c) $\boldsymbol{B} = 0,65 \, \hat{x}$ T und d) $\boldsymbol{B} = (0,75 \, \hat{x} + 0,75 \, \hat{z})$ T.

A26.9 • Ein gerader Abschnitt eines Leiters mit $I\,\boldsymbol{\ell} = (2{,}7\,\mathrm{A})\,(3\,\hat{\boldsymbol{x}} + 4\,\hat{\boldsymbol{y}})$ cm wird von einem homogenen Magnetfeld $\boldsymbol{B} = 1{,}3\,\hat{\boldsymbol{x}}$ T umgeben. Berechnen Sie die auf den Leiter wirkende Kraft.

A26.10 •• Durch den in der Abbildung skizzierten Leiterabschnitt fließt von a nach b ein Strom von 1,8 A. Den Leiter umgibt ein Magnetfeld $\boldsymbol{B} = 1{,}2\,\hat{\boldsymbol{z}}$ T. Berechnen Sie die insgesamt auf den Leiter wirkende Kraft und zeigen Sie, dass sich die gleiche Kraft für einen Leiter ergibt, der geradlinig von a nach b verläuft.

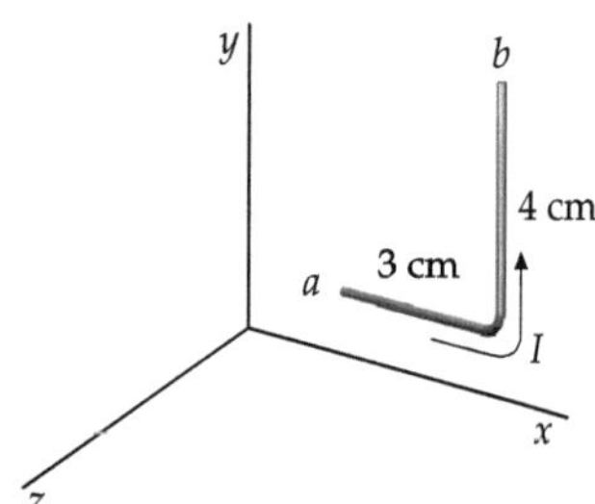

A26.11 ••• Durch einen in beliebiger Form gebogenen, in einem homogenen Magnetfeld $\boldsymbol{B}$ befindlichen Draht fließt ein Strom I. Zeigen Sie explizit, dass die Kraft auf einen Abschnitt des Drahts, der von den Punkten a und b begrenzt wird, gegeben ist durch $\boldsymbol{F} = I\,\boldsymbol{\ell} \times \boldsymbol{B}$; dabei ist $\boldsymbol{\ell}$ ein Vektor, der vom Punkt a zum Punkt b zeigt.

• Die Bewegung einer Punktladung in einem Magnetfeld

A26.12 • Ein von der Sonne kommendes Elektron tritt mit einer Geschwindigkeit von $1 \cdot 10^7$ m/s hoch über dem Äquator in das Erdmagnetfeld ein, dessen Stärke dort $4 \cdot 10^{-7}$ T beträgt. Das Elektron bewegt sich anschließend auf einer nahezu kreisförmigen Bahn, abgesehen von einer geringfügigen Drift in Richtung der Magnetfeldlinien nach Norden. a) Geben Sie den Radius der Kreisbahn an. b) Wie groß wäre dieser Radius in der Nähe des Nordpols, wo das Magnetfeld $2 \cdot 10^{-5}$ T stark ist?

A26.13 •• Protonen und Deuteronen (jeweils mit der Ladung $+e$) sowie Alphateilchen (mit der Ladung $+2e$) gleicher kinetischer Energie treten in ein homogenes Magnetfeld $\boldsymbol{B}$ ein, das senkrecht auf den Geschwindigkeitsvektoren der Teilchen steht. Die Bahnradien bezeichnen wir mit r_P, r_D und r_α. Berechnen Sie die Verhältnisse $r_\mathrm{D}/r_\mathrm{P}$ und r_α/r_P für $m_\alpha = 2m_\mathrm{D} = 4m_\mathrm{P}$.

A26.14 •• Ein Teilchenstrahl mit der Geschwindigkeit $\boldsymbol{v}$ tritt in ein homogenes Magnetfeld $\boldsymbol{B}$ ein, das einen kleinen Winkel θ mit $\boldsymbol{v}$ einschließt. Zeigen Sie: Nachdem sich das Teilchen eine Strecke $2\pi\,(m/|q\boldsymbol{B}|)\,v\cos\theta$ weit bewegt hat (gemessen entlang der Richtung von $\boldsymbol{B}$), dann zeigt sein Geschwindigkeitsvektor in dieselbe Richtung wie beim Eintritt in das Feld.

Das Geschwindigkeitsfilter

A26.15 • Ein Geschwindigkeitsfilter arbeitet mit einem 0,28 T starken Magnetfeld senkrecht zu einem 0,46 MV/m star-

ken elektrischen Feld. a) Wie schnell muss sich ein Teilchen bewegen, um das Filter ohne Ablenkung zu durchqueren? b) Protonen und c) Elektronen welcher Energie können das Filter unabgelenkt durchqueren?

Thomsons Messung von q/m für Elektronen; das Massenspektrometer

A26.16 •• Es gibt zwei stabile Chlorisotope, $^{35}\mathrm{Cl}$ und $^{37}\mathrm{Cl}$, deren natürliche Häufigkeit 76 % bzw. 24 % beträgt. Eine natürliche Mischung einfach ionisierter Chlormoleküle in der Gasphase soll mit Hilfe eines Massenspektrometers in die Isotopenanteile getrennt werden. Das Spektrometer arbeitet mit einer Magnetfeldstärke von 1,2 T. Welche Beschleunigungsspannung muss mindestens anliegen, damit die räumliche Trennung der Isotope 1,4 cm beträgt?

Das Zyklotron

A26.17 •• Ein Zyklotron zur Beschleunigung von Protonen arbeitet mit einem Magnetfeld von 1,4 T und hat einen Radius von 0,7 m. a) Geben Sie die Zyklotronfrequenz an. b) Berechnen Sie die maximale Energie der Protonen beim Austritt aus dem Zyklotron. c) Wie ändern sich Ihre Ergebnisse, wenn Sie Deuteronen anstelle von Protonen betrachten? Deuteronen haben die gleiche Ladung wie Protonen, ihre Masse ist jedoch doppelt so groß.

A26.18 •• Zeigen Sie: Der Bahnradius eines geladenen Teilchens in einem Zyklotron ist proportional zur Wurzel aus der Anzahl der absolvierten Umläufe.

• Das auf Leiterschleifen und Magnete ausgeübte Drehmoment

A26.19 • Ein elektrischer Leiter hat die Form eines Quadrats mit der Seitenlänge $\ell = 6$ cm und liegt in der x-y-Ebene. Durch den Leiter fließt ein Strom $I = 2{,}5$ A, und es herrscht ein äußeres homogenes Magnetfeld mit einer Stärke von 0,3 T. Geben Sie den Betrag des Drehmoments an, das auf den Leiter wirkt, wenn das Magnetfeld a) in z-Richtung bzw. b) in x-Richtung zeigt.

A26.20 • Wiederholen Sie Aufgabe 19 für einen Leiter in Form eines gleichseitigen Dreiecks mit der Seitenlänge $\ell = 8$ cm.

Magnetische Momente

A26.21 •• Eine Leiterschleife besteht aus zwei Halbkreisbögen, verbunden durch gerade Abschnitte (siehe Abbildung). Der innere Radius ist 0,3 m, der äußere 0,5 m. Durch die Schleife fließt (im äußeren Bogen in Uhrzeigerrichtung) ein Strom $I = 1{,}5$ A. Geben Sie das magnetische Moment der Leiterschleife an.

A26.22 •• Ein Teilchen mit der Ladung q und der Masse m bewegt sich mit der Winkelgeschwindigkeit ω auf einer Kreisbahn mit dem Radius r. a) Zeigen Sie, dass der Mittelwert

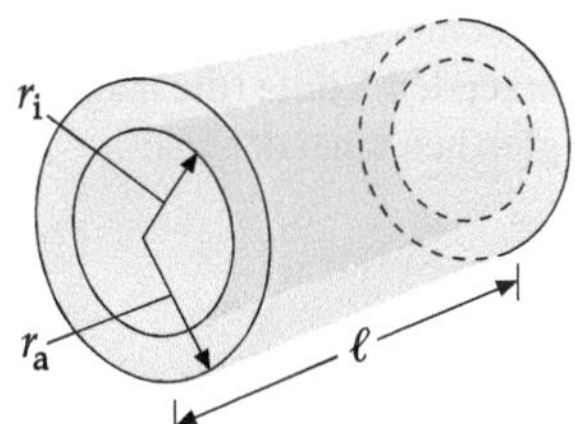

Zu Aufgabe 26.21

des Stroms gegeben ist durch $I = q\,\omega/(2\,\pi)$ und dass der Betrag des magnetischen Moments $\mu = \frac{1}{2}q\,\omega\,r^2$ ist. b) Zeigen Sie, dass der Betrag des Drehimpulses $L = m\,r^2\,\omega$ ist und dass die Beziehung zwischen den Vektoren des magnetischen Moments und des Drehimpulses $\boldsymbol{\mu} = (\frac{1}{2}\,q/m)\,\boldsymbol{L}$ lautet.

A26.23 ••• Gegeben ist ein Hohlzylinder mit der Länge ℓ, dem Außenradius r_a und dem Innenradius r_i (siehe Abbildung), der sich mit der Winkelgeschwindigkeit ω um seine Längsachse dreht. Im Zylinder herrscht eine homogene Ladungsdichte ρ. Leiten Sie einen Ausdruck für das magnetische Moment des Zylinders als Funktion von ω her.

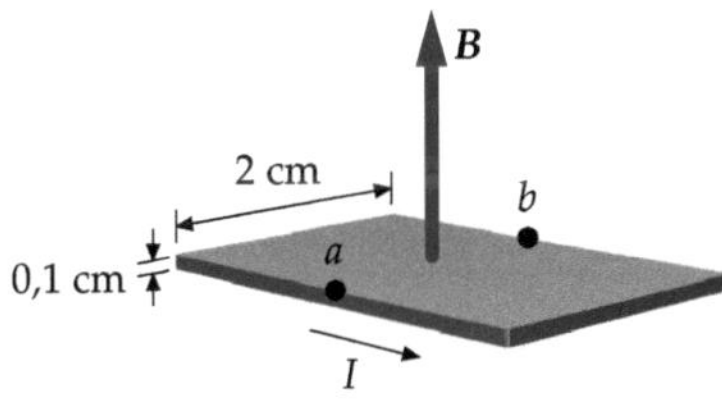

A26.24 ••• An der Oberfläche einer Kugel mit dem Radius r herrscht eine homogene Ladungsdichte ρ. Die Kugel rotiert mit der Winkelgeschwindigkeit ω um ihren Durchmesser. Geben Sie das magnetische Moment der rotierenden Kugel an.

• Der Hall-Effekt

A26.25 • Ein 2 cm breiter und 0,1 cm dicker Metallstreifen wird von einem Strom mit einer Stärke von 20 A durchflossen und befindet sich in einem homogenen Magnetfeld von 2 T (siehe Abbildung). Es wird eine Hall-Spannung von 4,27 μV gemessen. Berechnen Sie a) die Driftgeschwindigkeit der Elektronen und b) die Anzahldichte der Ladungsträger im Leiter. c) Befindet sich der Punkt a oder der Punkt b auf höherem Potenzial?

A26.26 •• Blut enthält geladene Teilchen (Ionen), so dass fließendes Blut eine Hall-Spannung über dem Durchmesser einer

Ader hervorrufen kann. Die Fließgeschwindigkeit des Bluts in einer großen Arterie mit einem Durchmesser von 0,85 cm sei 0,6 m/s. Ein Abschnitt der Arterie befinde sich in einem Magnetfeld von 0,2 T. Welche Potenzialdifferenz baut sich dort maximal über dem Durchmesser der Ader auf?

A26.27 •• Der Hall-Koeffizient R_H ist definiert als $R_H = E_y/(j_x B_z)$, mit j_x als Stromdichte (Strom pro Flächeneinheit) der Platte in x-Richtung, B_z als Stärke des Magnetfelds in z-Richtung und E_y als resultierendem Hall-Feld in y-Richtung. Zeigen Sie, dass der Hall-Koeffizient gleich $1/[(n/V)\,q]$ ist; darin ist q die Ladung pro Ladungsträger, für Elektronen $-1,6 \cdot 10^{-19}$ C. (Die Hall-Koeffizienten einwertiger Metalle wie Kupfer, Silber und Natrium sind folglich negativ.)

Allgemeine Aufgaben

A26.28 • Ein Alphateilchen (Ladung $+2\,e$) bewegt sich in einem Magnetfeld von 1 T auf einer Kreisbahn mit einem Radius von 0,5 m. Berechen Sie a) die Periode, b) den Betrag der Geschwindigkeit und c) die kinetische Energie (in Elektronenvolt) des Teilchens. Setzen Sie für die Masse des Teilchens $m = 6,65 \cdot 10^{-27}$ kg ein.

A26.29 •• Ein langer, dünner Stabmagnet mit dem magnetischen Moment $\boldsymbol{\mu}$ parallel zu seiner Längsachse ist in der Mitte reibungsfrei gelagert und wird als Kompassnadel verwendet. In einem horizontal orientierten Magnetfeld $\boldsymbol{B}$ richtet sich die Nadel an den Feldlinien aus. Zeigen Sie, dass die Nadel nach einer Auslenkung um den Winkel θ mit der Frequenz $\nu = \frac{1}{2\pi}\sqrt{|\boldsymbol{\mu}|\,|\boldsymbol{B}|/I}$ um ihre Gleichgewichtslage schwingt. Darin ist I das Trägheitsmoment bezüglich der Lagerung.

A26.30 •• Ein leitfähiger Draht ist parallel zur x-Achse ausgerichtet und bewegt sich mit einer Geschwindigkeit von 20 m/s in positiver x-Richtung. Die Anordnung befindet sich in einem Magnetfeld $\boldsymbol{B} = 0,5\,\hat{\boldsymbol{z}}$ T. a) Geben Sie Betrag und Richtung der magnetischen Kraft an, die auf ein Elektron in diesem Leiter wirkt. b) Durch die magnetische Kraft bewegen sich die Elektronen so lange zu einem Ende des Drahts (wodurch das andere Ende eine positive Ladung erhält), bis die Kraft des durch die Ladungstrennung erzeugten elektrischen Felds die magnetische Kraft kompensiert. Berechnen Sie Betrag und Richtung dieses elektrischen Felds im stationären Zustand. c) Der bewegte Leiter sei 2 m lang. Welche Potenzialdifferenz baut sich durch das in Teilaufgabe b berechnete elektrische Feld zwischen den Enden des Leiters auf?

A26.31 ••• Das magnetische Moment $\boldsymbol{\mu}$ eines kleinen Stabmagneten schließt einen Winkel θ mit der x-Achse ein. Der Magnet befindet sich in einem inhomogenen Magnetfeld $\boldsymbol{B} = B_x(x)\,\hat{\boldsymbol{x}} + B_y(y)\,\hat{\boldsymbol{y}}$. Zeigen Sie, dass auf den Magneten die resultierende Kraft

$$\boldsymbol{F} = \mu_x \frac{\partial B_x}{\partial x}\,\hat{\boldsymbol{x}} + \mu_y \frac{\partial B_y}{\partial y}\,\hat{\boldsymbol{y}}$$

wirkt. Verwenden Sie dabei die Beziehungen $F_x = -\mathrm{d}E_{\mathrm{pot}}/\mathrm{d}x$ und $F_y = -\mathrm{d}E_{\mathrm{pot}}/\mathrm{d}y$.

26L

Das Magnetfeld

L: Lösungen

L26.1 Die Elektronen bewegen sich anfangs in einem Winkel von 90° zum Magnetfeld. Also werden sie in Richtung der auf sie wirkenden magnetischen Kraft abgelenkt; für diese gilt $\boldsymbol{F} = q\,\boldsymbol{v} \times \boldsymbol{B}$. Weil die Teilchen negativ geladen sind, ist die Richtung der Kraft entgegengesetzt zu derjenigen, die sich aus der Rechte-Hand-Regel ergibt. Also folgen die Elektronen der Bahn 2, und Lösung b ist richtig.

L26.2 Falsch. Ein Körper muss eine Beschleunigung erfahren, wenn sich Betrag und/oder Richtung seiner Geschwindigkeit ändern. Wenn die magnetische Kraft senkrecht zur Bewegungsrichtung eines geladenen Teilchens wirkt, so ändert sich seine Bewegungsrichtung. Folglich liegt eine Beschleunigung vor.

L26.3 Ja, der Strahl positiv geladener Teilchen wird jetzt abgelenkt, und zwar nach oben. Als er von links nach rechts verlief, wurde er nicht abgelenkt; daher musste die nach oben gerichtete elektrische Kraft durch eine nach unten gerichtete magnetische Kraft ausgeglichen werden. Das elektrische Feld musste gemäß der Rechte-Hand-Regel aus der Papierebene heraus zeigen. Nachdem die Strahlrichtung umgekehrt wurde, wirken die magnetische und die elektrische Kraft auf den Strahl nach oben.

L26.4 Der Betrag des Drehmoments auf eine stromdurchflossene Leiterschleife ist gegeben durch $M = |\boldsymbol{\mu}|\,|\boldsymbol{B}|\,\sin\theta$, wobei θ der Winkel zwischen dem Magnetfeld und der Normalen auf der Ebene der Leiterschleife ist. Das Drehmoment ist daher maximal, wenn $\sin\theta = 1$ bzw. $\theta = 90°$ ist. Also muss die Normale auf der Ebene der Leiterschleife senkrecht auf $\boldsymbol{B}$ stehen.

L26.5 Gemäß der Rechte-Hand-Regel müsste sich das positiv geladene Teilchen in nordwestlicher Richtung bewegen, wenn das Magnetfeld nach oben gerichtet ist und die magnetische Kraft nach Nordosten wirkt. Also kann die beschriebene Situation nicht vorliegen, und Lösung e ist richtig.

L26.6 *Gemeinsamkeiten:* Die Dichte der Feldlinien ist ein Maß für die Feldstärke. Die Feldlinien weisen in Richtung des Felds und können sich nicht kreuzen.

Unterschiede: Magnetische Feldlinien müssen (weil es keine ein-zelnen magnetischen Pole gibt) geschlossene Schleifen bilden. Die auf ein geladenes Teilchen wirkende magnetische Kraft hängt von dessen Geschwindigkeit ab und wirkt senkrecht zur Richtung der magnetischen Feldlinien.

L26.7 a) Wir bezeichnen die Höhe der Umlaufbahn über der Erdoberfläche mit h, den Erdradius mit r_{E}, die Masse des Meteoriten mit m und seine Geschwindigkeit mit v. Die in radialen Richtungen wirkenden Kräfte (die magnetische Kraft und die Zentripetalkraft) gleichen einander aus:

$$|q|\,|\boldsymbol{v}|\,|\boldsymbol{B}| = m\,\frac{v^2}{h + r_{\mathrm{E}}}\,.$$

Damit erhalten wir

$$\begin{aligned}
\frac{|q|}{m} &= \frac{|\boldsymbol{v}|}{|\boldsymbol{B}|\,(r + r_{\mathrm{E}})} \\
&= \frac{30\ \mathrm{km\cdot s^{-1}}}{(5\cdot 10^{-5}\ \mathrm{T})\,(400\ \mathrm{km} + 6370\ \mathrm{km})} = 88{,}6\ \mathrm{C\cdot kg^{-1}}.
\end{aligned}$$

b) Mit dem Ergebnis der Teilaufgabe a ergibt sich der Betrag der Ladung zu

$$|q| = \frac{|q|}{m}\,m = (88{,}6\ \mathrm{C\cdot kg^{-1}})\,(3\cdot 10^{-10}\ \mathrm{kg}) = 26{,}6\ \mathrm{nC}.$$

L26.8 Auf ein Teilchen mit der Ladung q und der Geschwindigkeit $\boldsymbol{v}$ wirkt die magnetische Kraft $\boldsymbol{F} = q\,\boldsymbol{v} \times \boldsymbol{B}$. Mit den gegebenen Werten für die Ladung und die Geschwindigkeit erhalten wir daraus folgende Formel, in die wir die jeweiligen Werte für das Magnetfeld einsetzen können:

$$\boldsymbol{F} = (-3{,}64\ \mathrm{nC})\left[(2{,}75\cdot 10^6\ \mathrm{m\cdot s^{-1}})\,\hat{\boldsymbol{x}} \times \boldsymbol{B}\right].$$

a) Bei $\boldsymbol{B} = (0{,}38\,\hat{\boldsymbol{y}})$ T ist die Kraft

$$\begin{aligned}
\boldsymbol{F} &= (-3{,}64\ \mathrm{nC})\left[(2{,}75\cdot 10^6\ \mathrm{m\cdot s^{-1}})\,\hat{\boldsymbol{x}} \times (0{,}38\ \mathrm{T})\,\hat{\boldsymbol{y}}\right] \\
&= -(0{,}380\,\hat{\boldsymbol{z}})\ \mathrm{mN}.
\end{aligned}$$

b) Bei $\boldsymbol{B} = (0{,}75\,\hat{\boldsymbol{x}} + 0{,}75\,\hat{\boldsymbol{y}})$ T ist die Kraft

$$\begin{aligned}
\boldsymbol{F} &= (-3{,}64\ \mathrm{nC}) \\
&\quad \cdot\left\{(2{,}75\cdot 10^6\ \mathrm{m\cdot s^{-1}})\,\hat{\boldsymbol{x}} \times [(0{,}75\ \mathrm{T})\,\hat{\boldsymbol{x}} + (0{,}75\ \mathrm{T})\,\hat{\boldsymbol{y}}]\right\} \\
&= -(7{,}51\,\hat{\boldsymbol{z}})\ \mathrm{mN}.
\end{aligned}$$

c) Bei $\boldsymbol{B} = (0{,}65\,\widehat{\boldsymbol{x}})$ T ist die Kraft

$$\boldsymbol{F} = (-3{,}64\,\mathrm{nC})\left[(2{,}75\cdot 10^6\,\mathrm{m\cdot s^{-1}})\,\widehat{\boldsymbol{x}}\times(0{,}65\,\mathrm{T})\,\widehat{\boldsymbol{x}}\right] = 0\,.$$

d) Bei $\boldsymbol{B} = (0{,}75\,\widehat{\boldsymbol{x}}+0{,}75\,\widehat{\boldsymbol{z}})$ T ist die Kraft

$$\begin{aligned}
\boldsymbol{F} &= (-3{,}64\,\mathrm{nC}) \\
&\quad\cdot\left\{(2{,}75\cdot 10^6\,\mathrm{m\cdot s^{-1}})\,\widehat{\boldsymbol{x}}\times[(0{,}75\,\mathrm{T})\,\widehat{\boldsymbol{x}}+(0{,}75\,\mathrm{T})\,\widehat{\boldsymbol{z}}]\right\} \\
&= (7{,}51\,\widehat{\boldsymbol{y}})\,\mathrm{mN}\,.
\end{aligned}$$

L26.9 Auf den Leiter, dessen Längenvektor $\boldsymbol{\ell}$ in Richtung des Stroms I liegt, wirkt die Kraft

$$\begin{aligned}
\boldsymbol{F} = I\,\boldsymbol{\ell}\times\boldsymbol{B} &= (2{,}7\,\mathrm{A})\left[(3\,\mathrm{cm})\,\widehat{\boldsymbol{x}}+(4\,\mathrm{cm})\,\widehat{\boldsymbol{y}}\right]\times(1{,}3\,\mathrm{T})\,\widehat{\boldsymbol{x}} \\
&= -(0{,}140\,\widehat{\boldsymbol{z}})\,\mathrm{N}\,.
\end{aligned}$$

L26.10 Mit der Beziehung $\boldsymbol{F} = I\,\boldsymbol{\ell}\times\boldsymbol{B}$ ermitteln wir zunächst die Kräfte $\boldsymbol{F}_{3\,\mathrm{cm}}$ und $\boldsymbol{F}_{4\,\mathrm{cm}}$, die auf die beiden Leiterabschnitte wirken:

$$\boldsymbol{F}_{3\,\mathrm{cm}} = (1{,}8\,\mathrm{A})\left[(3\,\mathrm{cm})\,\widehat{\boldsymbol{x}}\times(1{,}2\,\mathrm{T})\,\widehat{\boldsymbol{z}}\right] = -(0{,}0648\,\widehat{\boldsymbol{y}})\,\mathrm{N}\,,$$
$$\boldsymbol{F}_{4\,\mathrm{cm}} = (1{,}8\,\mathrm{A})\left[(4\,\mathrm{cm})\,\widehat{\boldsymbol{y}}\times(1{,}2\,\mathrm{T})\,\widehat{\boldsymbol{z}}\right] = (0{,}0864\,\widehat{\boldsymbol{x}})\,\mathrm{N}\,.$$

Die Gesamtkraft ist also

$$\begin{aligned}
\boldsymbol{F} = \boldsymbol{F}_{3\,\mathrm{cm}}+\boldsymbol{F}_{4\,\mathrm{cm}} &= -(0{,}0648\,\widehat{\boldsymbol{y}})\,\mathrm{N}+(0{,}0864\,\widehat{\boldsymbol{x}})\,\mathrm{N} \\
&= (0{,}0864\,\widehat{\boldsymbol{x}}-0{,}0648\,\widehat{\boldsymbol{y}})\,\mathrm{N}\,.
\end{aligned}$$

Bei einem geradlinigen, von a nach b verlaufenden Leiter ist

$$\boldsymbol{\ell} = (3\,\mathrm{cm})\,\widehat{\boldsymbol{x}}+(4\,\mathrm{cm})\,\widehat{\boldsymbol{y}}\,,$$

und wir erhalten für die Gesamtkraft

$$\begin{aligned}
\boldsymbol{F}_{\mathrm{g}} = I\,\boldsymbol{\ell}\times\boldsymbol{B} &= (1{,}8\,\mathrm{A})\left[(3\,\mathrm{cm})\,\widehat{\boldsymbol{x}}+(4\,\mathrm{cm})\,\widehat{\boldsymbol{y}}\right]\times(1{,}2\,\mathrm{T})\,\widehat{\boldsymbol{z}} \\
&= -(0{,}0648\,\widehat{\boldsymbol{y}})\,\mathrm{N}+(0{,}0864\,\widehat{\boldsymbol{x}})\,\mathrm{N} \\
&= (0{,}0864\,\widehat{\boldsymbol{x}}-0{,}0648\,\widehat{\boldsymbol{y}})\,\mathrm{N}\,.
\end{aligned}$$

Dies ist dieselbe Kraft wie die auf die beiden abgewinkelten Leiterstücke wirkende Gesamtkraft.

L26.11 Auf den Leiterabschnitt $\mathrm{d}\boldsymbol{\ell}$ wirkt die Kraft

$$\mathrm{d}\boldsymbol{F} = I\,\mathrm{d}\boldsymbol{\ell}\times\boldsymbol{B}\,.$$

Wir integrieren und berücksichtigen dabei, dass $\boldsymbol{B}$ und I konstant sind:

$$\boldsymbol{F} = \int_a^b I\,\mathrm{d}\boldsymbol{\ell}\times\boldsymbol{B} = I\left(\int_a^b \mathrm{d}\boldsymbol{\ell}\right)\times\boldsymbol{B} = I\,\boldsymbol{\ell}\times\boldsymbol{B}\,.$$

L26.12 a) Die in radialen Richtungen wirkenden Kräfte (die magnetische Kraft und die Zentripetalkraft) gleichen einander aus. Daher gilt gemäß dem zweiten Newton'schen Axiom $v\,|q\,\boldsymbol{B}| = m\,v^2/r$. Daraus erhalten wir für den Radius der Kreisbahn

$$r_1 = \frac{m\,v}{|q\,\boldsymbol{B}|} = \frac{(9{,}11\cdot 10^{-31}\,\mathrm{kg})\,(10^7\,\mathrm{m\cdot s^{-1}})}{(1{,}60\cdot 10^{-19}\,\mathrm{C})\,(4\cdot 10^{-7}\,\mathrm{T})} = 142\,\mathrm{m}\,.$$

b) Im stärkeren Magnetfeld ist der Radius

$$r_2 = \frac{(9{,}11\cdot 10^{-31}\,\mathrm{kg})\,(10^7\,\mathrm{m\cdot s^{-1}})}{(1{,}60\cdot 10^{-19}\,\mathrm{C})\,(2\cdot 10^{-5}\,\mathrm{T})} = 2{,}84\,\mathrm{m}\,.$$

L26.13 a) Die in radialen Richtungen wirkenden Kräfte (die magnetische Kraft und die Zentripetalkraft) gleichen einander aus. Also gilt gemäß dem zweiten Newton'schen Axiom: $v\,|q\,\boldsymbol{B}| = m\,v^2/r$. Daraus ergibt sich für den Radius der Kreisbahn

$$r = \frac{m\,v}{|q\,\boldsymbol{B}|}\,. \tag{1}$$

Die kinetische Energie eines Teilchens mit der Masse m und dem Geschwindigkeitsbetrag v ist $E_{\mathrm{kin}} = \tfrac{1}{2}m\,v^2$. Daraus folgt $v = \sqrt{2\,E_{\mathrm{kin}}/m}$. Das setzen wir in Gleichung 1 ein und erhalten für den Radius

$$r = \frac{m}{|q\,\boldsymbol{B}|}\sqrt{\frac{2\,E_{\mathrm{kin}}}{m}} = \frac{1}{|q\,\boldsymbol{B}|}\sqrt{2\,E_{\mathrm{kin}}\,m}\,.$$

Mit dieser Gleichung ermitteln wir nun den Quotienten der Bahnradien von Deuteron und Proton (dabei berücksichtigen wir, dass die kinetischen Energien gleich sind):

$$\frac{r_{\mathrm{D}}}{r_{\mathrm{P}}} = \frac{\dfrac{1}{|q_{\mathrm{D}}\,\boldsymbol{B}|}\sqrt{2\,E_{\mathrm{kin}}\,m_{\mathrm{D}}}}{\dfrac{1}{|q_{\mathrm{P}}\,\boldsymbol{B}|}\sqrt{2\,E_{\mathrm{kin}}\,m_{\mathrm{P}}}} = \frac{q_{\mathrm{P}}}{q_{\mathrm{D}}}\sqrt{\frac{m_{\mathrm{D}}}{m_{\mathrm{P}}}} = \frac{e}{e}\sqrt{\frac{2\,m_{\mathrm{P}}}{m_{\mathrm{P}}}} = \sqrt{2}\,.$$

Entsprechend ergibt sich für den Quotienten der Bahnradien von Alphateilchen und Proton

$$\frac{r_{\alpha}}{r_{\mathrm{P}}} = \frac{\dfrac{1}{|q_{\alpha}\,\boldsymbol{B}|}\sqrt{2\,E_{\mathrm{kin}}\,m_{\alpha}}}{\dfrac{1}{|q_{\mathrm{P}}\,\boldsymbol{B}|}\sqrt{2\,E_{\mathrm{kin}}\,m_{\mathrm{P}}}} = \frac{q_{\mathrm{P}}}{q_{\alpha}}\sqrt{\frac{m_{\alpha}}{m_{\mathrm{P}}}} = \frac{e}{2e}\sqrt{\frac{4\,m_{\mathrm{P}}}{m_{\mathrm{P}}}} = 1\,.$$

L26.14 Die Geschwindigkeit der Teilchen hat eine Komponente v_1 parallel zu $\boldsymbol{B}$ und eine Komponente v_2 senkrecht auf $\boldsymbol{B}$. Die parallele Komponente ist konstant und gegeben durch $v_1 = v\cos\theta$. Dagegen ist $v_2 = v\sin\theta$, und es wirkt eine magnetische Kraft, die zu einer Kreisbahn senkrecht auf $\boldsymbol{B}$ führt. Während eines Umlaufs in der Kreisbahn legen die Teilchen in Richtung des Felds die Strecke $x = v_1\,T$ zurück, wobei T die Umlaufdauer ist. Mit dem Radius r der Kreisbahn ist sie gegeben durch $T = 2\pi r/v_2$. Die in radialen Richtungen wirkenden Kräfte (die magnetische Kraft und die Zentripetalkraft) gleichen einander aus. Deshalb gilt gemäß dem zweiten Newton'schen Axiom: $v_2\,|q\,\boldsymbol{B}| = m\,v_2^2/r$ und daher $v_2 = |q\,\boldsymbol{B}|\,r/m$. Damit erhalten wir für die Umlaufdauer

$$T = \frac{2\pi r}{|q\,\boldsymbol{B}|\,r/m} = \frac{2\pi m}{|q\,\boldsymbol{B}|}\,.$$

Mit den eingangs aufgestellten Beziehungen $v_1 = v\cos\theta$ und $x = v_1\,T$ ergibt sich schließlich

$$x = (v\cos\theta)\,\frac{2\pi m}{|q\,\boldsymbol{B}|} = 2\pi\,\frac{m}{|q\,\boldsymbol{B}|}\,v\cos\theta\,.$$

L26.15 Wir nehmen an, dass sich positiv geladene Teilchen von links nach rechts durch das Geschwindigkeitsfilter bewegen und dass das elektrische Feld nach oben gerichtet ist. Dann wirkt die magnetische Kraft nach unten, und das Magnetfeld weist aus der Papierebene heraus.

a) Wenn keine Ablenkung erfolgt, gleichen die elektrische und die magnetische Kraft in y-Richtung einander aus, sodass gemäß dem zweiten Newton'schen Axiom gilt:

$$F_{\text{el}} - F_{\text{mag}} = 0 \qquad \text{und daher} \qquad |q\,\boldsymbol{E}| - v\,|q\,\boldsymbol{B}| = 0.$$

Damit erhalten wir

$$v = \frac{|\boldsymbol{E}|}{|\boldsymbol{B}|} = \frac{0{,}46\,\text{MV}\cdot\text{m}^{-1}}{0{,}28\,\text{T}} = 1{,}64\cdot 10^6\,\text{m}\cdot\text{s}^{-1}.$$

b) Die kinetische Energie von Protonen, die das Geschwindigkeitsfilter ohne Ablenkung durchqueren, ergibt sich zu

$$E_{\text{kin,p}} = \tfrac{1}{2}m_{\text{p}}\,v^2 = \tfrac{1}{2}\,(1{,}67\cdot 10^{-27}\,\text{kg})\,(1{,}64\cdot 10^6\,\text{m}\cdot\text{s}^{-1})$$

$$= (2{,}26\cdot 10^{-15}\,\text{J})\,\frac{1\,\text{eV}}{1{,}60\cdot 10^{-19}\,\text{J}} = 14{,}0\,\text{keV}.$$

c) Entsprechend erhalten wir für die kinetische Energie nicht abgelenkter Elektronen

$$E_{\text{kin,e}} = \tfrac{1}{2}m_{\text{e}}\,v^2 = \tfrac{1}{2}\,(9{,}11\cdot 10^{-31}\,\text{kg})\,(1{,}64\cdot 10^6\,\text{m}\cdot\text{s}^{-1})$$

$$= (1{,}23\cdot 10^{-18}\,\text{J})\,\frac{1\,\text{eV}}{1{,}60\cdot 10^{-19}\,\text{J}} = 7{,}66\,\text{eV}.$$

L26.16 Die Abbildung zeigt die kreisförmigen Bahnen der beiden Ionensorten mit den Atommassen 35 u bzw. 37 u. Die Ionen treten von links in das Magnetfeld ein, und wegen ihrer unterschiedlichen Massen führt die magnetische Kraft zu Kreisbahnen mit verschiedenen Radien.

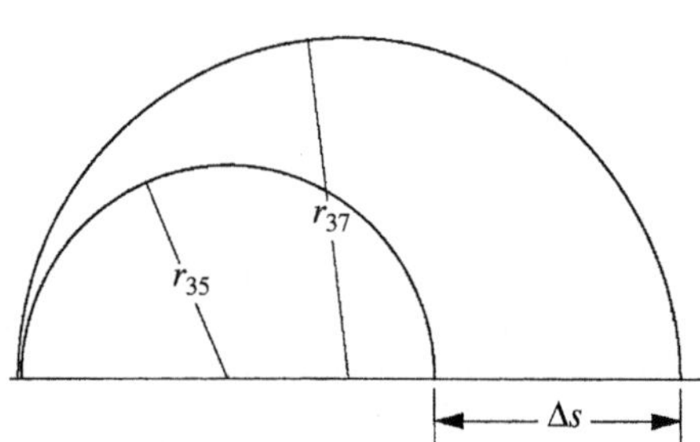

Aufgrund der geometrischen Gegebenheiten ist der räumliche Abstand der Ionen am Detektor gegeben durch

$$\Delta s = 2\,(r_{37} - r_{35}).\tag{1}$$

Die in radialen Richtungen auf ein Ion einwirkenden Kräfte (die magnetische Kraft und die Zentripetalkraft) gleichen einander aus. Also gilt gemäß dem zweiten Newton'schen Axiom: $v\,|q\,\boldsymbol{B}| = m\,v^2/r$, und für den Radius ergibt sich

$$r = \frac{m\,v}{|q\,\boldsymbol{B}|}.\tag{2}$$

Mit der Beschleunigungsspannung ΔU ist die kinetische Energie, die ein Ion mit der Ladung q im elektrischen Feld aufnimmt: $\tfrac{1}{2}m\,v^2 = |q|\,\Delta U$. Daraus folgt

$$v = \sqrt{\frac{2\,|q|\,\Delta U}{m}}.$$

Dies setzen wir in Gleichung 2 ein und erhalten

$$r = \frac{m\,v}{|q\,\boldsymbol{B}|} = \frac{m}{|q\,\boldsymbol{B}|}\sqrt{\frac{2\,|q|\,\Delta U}{m}} = \sqrt{\frac{2\,m\,\Delta U}{|q|\,B^2}}.$$

Also sind die beiden Radien gegeben durch

$$r_{35} = \sqrt{\frac{2\,m_{35}\,\Delta U}{|q|\,B^2}} \qquad \text{und} \qquad r_{37} = \sqrt{\frac{2\,m_{37}\,\Delta U}{|q|\,B^2}}.$$

Gemäß Gleichung 1 gilt dann für den räumlichen Abstand der beiden Ionensorten

$$\Delta s = 2\,(r_{37} - r_{35}) = 2\left(\sqrt{\frac{2\,m_{37}\,\Delta U}{|q|\,B^2}} - \sqrt{\frac{2\,m_{35}\,\Delta U}{|q|\,B^2}}\right)$$

$$= 2\,\frac{1}{B}\sqrt{\frac{2\,\Delta U}{|q|}}\,(\sqrt{m_{37}} - \sqrt{m_{35}}).$$

Daraus können wir nun die Beschleunigungsspannung berechnen:

$$\Delta U = \frac{|q|\,B^2\,(\Delta s/2)^2}{2\,(\sqrt{m_{37}} - \sqrt{m_{35}})^2}$$

$$= \frac{(1{,}60\cdot 10^{-19}\,\text{C})\,(1{,}2\,\text{T})^2\,(0{,}7\,\text{cm})^2}{2\,(\sqrt{37\,\text{u}} - \sqrt{35\,\text{u}})^2}$$

$$= \frac{5{,}65\cdot 10^{-24}\,\text{C}\cdot\text{T}^2\cdot\text{m}^2}{(\sqrt{37} - \sqrt{35})^2\,(1{,}66\cdot 10^{-27}\,\text{kg})} = 122\,\text{kV}.$$

L26.17 a) Mit der Bahngeschwindigkeit v, dem Bahnradius r und der Umlaufdauer T gilt für die Zyklotronfrequenz

$$v = \frac{1}{T} = \frac{1}{2\pi r/v} = \frac{v}{2\pi r}.$$

Die in radialen Richtungen auf ein Proton einwirkenden Kräfte (die magnetische Kraft und die Zentripetalkraft) gleichen einander aus. Also gilt gemäß dem zweiten Newton'schen Axiom: $v\,|q\,\boldsymbol{B}| = m\,v^2/r$. Daraus ergibt sich für den Bahnradius im Zyklotron

$$r = \frac{m\,v}{|q\,\boldsymbol{B}|}.\tag{1}$$

Mit der ersten Gleichung erhalten wir daraus für die Zyklotronfrequenz

$$v = \frac{v}{2\pi r} = \frac{v\,|q\,\boldsymbol{B}|}{2\pi m\,v} = \frac{|q\,\boldsymbol{B}|}{2\pi m}$$

$$= \frac{(1{,}60\cdot 10^{-19}\,\text{C})\,(1{,}4\,\text{T})}{2\pi\,(1{,}67\cdot 10^{-27}\,\text{kg})} = 21{,}3\,\text{MHz}.$$

b) Die maximale kinetische Energie der Protonen ist

$$E_{\text{kin,max}} = \tfrac{1}{2}m\,v_{\text{max}}^2.$$

Gemäß der Gleichung 1 gilt für ihre maximale Geschwindigkeit $v_{\text{max}} = |q\,\boldsymbol{B}|\,r_{\text{max}}/m$. Damit erhalten wir

$$E_{\text{kin,max}} = \tfrac{1}{2}m\left(\frac{|q\,\boldsymbol{B}|\,r_{\text{max}}}{m}\right)^2 = \frac{q^2\,B^2}{2\,m}\,r_{\text{max}}^2$$

$$= \frac{(1{,}60\cdot 10^{-19}\,\text{C})\,(1{,}4\,\text{T})^2}{2\,(1{,}67\cdot 10^{-27}\,\text{kg})}\,(0{,}7\,\text{m})^2$$

$$= (7{,}36\cdot 10^{-12}\,\text{J})\,\frac{1\,\text{eV}}{1{,}60\cdot 10^{-19}\,\text{J}} = 46{,}0\,\text{MeV}.$$

c) Wie in Teilaufgabe a gezeigt, ist die Zyklotronfrequenz bei gleicher Ladung umgekehrt proportional zur Masse. Also ist sie bei Deuteronen halb so groß wie bei Protonen und beträgt 10,7 MHz.

d) Wie in Teilaufgabe b gezeigt, ist die maximale kinetische Energie bei gleicher Ladung umgekehrt proportional zur Masse. Also ist sie bei Deuteronen halb so groß wie bei Protonen und beträgt 23,0 MeV.

L26.18 Die in radialen Richtungen wirkenden Kräfte (die magnetische Kraft und die Zentripetalkraft) gleichen einander aus. Also gilt gemäß dem zweiten Newton'schen Axiom: $v\,|q\,B| = m\,v^2/r$. Daraus ergibt sich für den Radius der Kreisbahn

$$r = \frac{m\,v}{|q\,B|}. \tag{1}$$

Die kinetische Energie eines Teilchens mit der Masse m und dem Geschwindigkeitsbetrag v ist $E_{\text{kin}} = \frac{1}{2}\,m\,v^2$. Daraus folgt

$$v = \sqrt{\frac{2\,E_{\text{kin}}}{m}}. \tag{2}$$

Die während eines Umlaufs aufgenommene kinetische Energie (sie ist konstant) bezeichnen wir mit $E_{\text{kin,U}}$. Dann ist die kinetische Energie nach n absolvierten Umläufen $E_{\text{kin},n} = n\,E_{\text{kin,U}}$. Dies und Gleichung 2 setzen wir in Gleichung 1 ein und erhalten für den Radius nach n Umläufen

$$r = \frac{m\,v}{|q\,B|} = \frac{m}{|q\,B|}\sqrt{\frac{2\,E_{\text{kin},n}}{m}} = \frac{1}{|q\,B|}\sqrt{2\,m\,E_{\text{kin},n}}$$
$$= \frac{1}{|q\,B|}\sqrt{2\,m\,n\,E_{\text{kin,U}}} = \frac{\sqrt{2\,m\,E_{\text{kin,U}}}}{|q\,B|}\,n^{1/2}.$$

Also ist der Bahnradius proportional zur Wurzel aus der Anzahl n der absolvierten Umläufe.

L26.19 Das Drehmoment ist gegeben durch $\boldsymbol{M} = \boldsymbol{\mu} \times \boldsymbol{B}$, und mit der Fläche $A = \ell^2$ der Leiterschleife ist deren magnetisches Moment $\boldsymbol{\mu} = \pm I A\,\widehat{\boldsymbol{z}} = \pm I\ell^2\,\widehat{\boldsymbol{z}}$.

a) Wenn das Magnetfeld in z-Richtung zeigt, erhalten wir für das Drehmoment $\boldsymbol{M} = \pm I\ell^2\,\widehat{\boldsymbol{z}} \times B\,\widehat{\boldsymbol{z}} = \pm I\ell^2 B\,(\widehat{\boldsymbol{z}} \times \widehat{\boldsymbol{z}}) = 0$.

b) Wenn das Magnetfeld in x-Richtung zeigt, erhalten wir für das Drehmoment

$$\boldsymbol{M} = \pm I\ell^2\,\widehat{\boldsymbol{z}} \times B\,\widehat{\boldsymbol{x}} = \pm I\ell^2 B\,(\widehat{\boldsymbol{z}} \times \widehat{\boldsymbol{x}})$$
$$= \pm(2{,}5\text{ A})\,(0{,}06\text{ m})^2\,(0{,}3\,\widehat{\boldsymbol{y}})\text{ T} = \pm(2{,}70 \cdot 10^{-3}\,\widehat{\boldsymbol{y}})\text{ N}\cdot\text{m}.$$

L26.20 Das Drehmoment ist gegeben durch $\boldsymbol{M} = \boldsymbol{\mu} \times \boldsymbol{B}$, und das magnetische Moment ist $\boldsymbol{\mu} = \pm I A\,\widehat{\boldsymbol{z}}$. Darin ist A die Fläche des Leiters. Sie ist beim gleichseitigen Dreieck gleich dem halben Produkt aus der Höhe und der Seitenlänge:

$$A = \frac{1}{2}\,\ell\,\frac{\sqrt{3}\,\ell}{2} = \frac{\sqrt{3}}{4}\,\ell^2.$$

Damit erhalten wir für das magnetische Moment

$$\boldsymbol{\mu} = \pm I A\,\widehat{\boldsymbol{z}} = \pm\frac{\sqrt{3}\,\ell^2 I}{4}\,\widehat{\boldsymbol{z}}.$$

a) Wenn das Magnetfeld in z-Richtung zeigt, erhalten wir für das Drehmoment

$$\boldsymbol{M} = \pm\frac{\sqrt{3}\,\ell^2 I}{4}\,\widehat{\boldsymbol{z}} \times B\,\widehat{\boldsymbol{z}} = \pm\frac{\sqrt{3}\,\ell^2 IB}{4}\,(\widehat{\boldsymbol{z}} \times \widehat{\boldsymbol{z}}) = 0.$$

b) Wenn das Magnetfeld in x-Richtung zeigt, erhalten wir für das Drehmoment

$$\boldsymbol{M} = \pm\frac{\sqrt{3}\,\ell^2 I}{4}\,\widehat{\boldsymbol{z}} \times B\,\widehat{\boldsymbol{x}} = \pm\frac{\sqrt{3}\,\ell^2 IB}{4}\,(\widehat{\boldsymbol{z}} \times \widehat{\boldsymbol{x}})$$
$$= \pm\frac{\sqrt{3}\,(0{,}08\text{ m})^2\,(2{,}5\text{ A})\,(0{,}3\text{ T})}{4}\,\widehat{\boldsymbol{y}}$$
$$= \pm(2{,}08 \cdot 10^{-3}\,\widehat{\boldsymbol{y}})\text{ N}\cdot\text{m}.$$

L26.21 Das magnetische Moment der Leiterschleife ist gegeben durch $\mu = I A$, und die von ihr eingeschlossene Fläche ist $\frac{1}{2}\,\pi\,(r_\text{a}^2 - r_\text{i}^2)$. Darin ist r_a der äußere und r_i der innere Radius. Damit erhalten wir für das magnetische Moment

$$\mu = \frac{\pi I}{2}\,(r_\text{a}^2 - r_\text{i}^2) = \frac{\pi\,(1{,}5\text{ A})}{2}\left[(0{,}5\text{ m})^2 - (0{,}3\text{ m})^2\right]$$
$$= 0{,}377\text{ A}\cdot\text{m}^2.$$

Mit Hilfe der Rechte-Hand-Regel stellen wir fest, dass das magnetische Moment in die Papierebene hinein zeigt.

L26.22 a) Wenn die Ladung q auf einer Kreisbahn einen Punkt auf ihr passiert, ist der Mittelwert des Stroms gleich dem Quotienten aus der geflossenen Ladung Δq und der Zeitspanne Δt:

$$I = \frac{\Delta q}{\Delta t} = \frac{q}{T} = q\,\nu.$$

Darin ist T die Umlaufdauer und ν die Umlauffrequenz. Mit $\nu = \omega/(2\,\pi)$, wobei ω die Kreisfrequenz bzw. Winkelgeschwindigkeit ist, erhalten wir daraus $I = q\,\omega/(2\,\pi)$. Damit ergibt sich für das magnetische Moment

$$\mu = I A = \frac{q\,\omega}{2\,\pi}\,\pi r^2 = \frac{1}{2}\,q\,\omega\,r^2.$$

b) Der Betrag des Drehimpulses ist gegeben durch $L = I_\text{T}\,\omega$, und das Trägheitsmoment des Teilchens ist $I_\text{T} = m\,r^2$. Daraus folgt direkt $L = m\,r^2\,\omega$, und der Quotient aus dem magnetischen Moment und dem Drehimpuls ist

$$\frac{\mu}{L} = \frac{\frac{1}{2}\,q\,\omega\,r^2}{m\,r^2\,\omega} = \frac{q}{2\,m}.$$

Daraus ergibt sich $\mu = (\frac{1}{2}\,q/m)\,L$. Weil sowohl $\boldsymbol{\mu}$ als auch $\boldsymbol{L}$ parallel zu $\boldsymbol{\omega}$ sind, gilt $\boldsymbol{\mu} = (\frac{1}{2}\,q/m)\,\boldsymbol{L}$.

L26.23 Das magnetische Moment eines Stromelements $\text{d}I$ ist gegeben durch $\text{d}\mu = A\,\text{d}I$. Mit der eingeschlossenen Kreisfläche $A = \pi r^2$ ergibt es sich zu $\text{d}\mu = \pi r^2\,\text{d}I$. Im vorliegenden Fall rührt das Stromelement von der auf einer Kreisbahn rotierenden Ladung $\text{d}q$ her. Mit der Raumladungsdichte ρ sowie der Länge ℓ und dem Radius r des Zylinders gilt $\text{d}q = 2\,\pi\,\ell\,\rho\,r\,\text{d}r$. Damit erhalten wir für das Stromelement bei einem Umlauf (mit der Dauer T):

$$\text{d}I = \frac{\text{d}q}{T} = \frac{\omega\,\text{d}q}{2\,\pi} = \frac{\omega}{2\,\pi}\,(2\,\pi\,\ell\,\rho\,r\,\text{d}r) = \ell\,\omega\,\rho\,r\,\text{d}r.$$

Darin ist ω die Kreisfrequenz bzw. die Winkelgeschwindigkeit. Einsetzen in die obige Beziehung ergibt für das magnetische Moment

$$\mathrm{d}\mu = \pi\, r^2\, \mathrm{d}I = \pi\, r^2 \left(\ell\,\omega\,\rho\, r\,\mathrm{d}r\right) = \ell\,\omega\,\rho\,\pi\, r^3\,\mathrm{d}r.$$

Dies integrieren wir vom inneren bis zum äußeren Radius:

$$\mu = \ell\,\omega\,\rho\,\pi \int_{r_\mathrm{i}}^{r_\mathrm{a}} r^3\,\mathrm{d}r = \tfrac{1}{4}\,\ell\,\omega\,\rho\,\pi\,(r_\mathrm{a}^4 - r_\mathrm{i}^4).$$

L26.24 Wie in Aufgabe 22 gezeigt, ist das magnetische Moment $\mu = \left(\tfrac{1}{2}\,q/m\right)L$. Darin ist L der Drehimpuls. Mit dem Trägheitsmoment I_T gilt für ihn bei einer Kugelschale

$$L = I_\mathrm{T}\,\omega = \tfrac{2}{3}\,m\,r^2\,\omega.$$

Die Ladung auf der Oberfläche A einer Kugel mit dem Radius r ist, mit der Flächenladungsdichte σ, gegeben durch

$$q = \sigma A = 4\,\pi\, r^2\,\sigma.$$

Wir setzen nun die beiden Ausdrücke für L und q in die obige Beziehung für das magnetische Moment ein und erhalten

$$\mu = \frac{q}{2m}\,L = \frac{4\,\pi\, r^2\,\sigma}{2m}\,\frac{2}{3}\,m\,r^2\,\omega = \tfrac{4}{3}\,\pi\, r^4\,\sigma\,\omega.$$

L26.25 a) Mit der Driftgeschwindigkeit v_d der Elektronen gilt für die Hall-Spannung $U_\mathrm{H} = v_\mathrm{d}\,B\,b$. Darin ist B das Magnetfeld und b die Breite des Streifens. Wir erhalten daraus

$$v_\mathrm{d} = \frac{U_\mathrm{H}}{B\,b} = \frac{4{,}27\,\mu\mathrm{V}}{(2\,\mathrm{T})\,(2\,\mathrm{cm})} = 0{,}0107\,\mathrm{cm}\cdot\mathrm{s}^{-1}.$$

b) Mit der Anzahldichte n/V der Ladungsträger gilt für die Stromstärke $I = (n/V)\,A\,q\,v_\mathrm{d}$. Darin ist A die Querschnittsfläche und q die Ladung pro Ladungsträger. Wir erhalten daraus für die Anzahldichte der Ladungsträger

$$n/V = \frac{I}{A\,q\,v_\mathrm{d}}$$

$$= \frac{20\,\mathrm{A}}{(2\,\mathrm{cm})\,(0{,}1\,\mathrm{cm})\,(1{,}60\cdot10^{-19}\,\mathrm{C})\,(0{,}0107\,\mathrm{cm}\cdot\mathrm{s}^{-1})}$$

$$= 5{,}84\cdot10^{28}\,\mathrm{m}^{-3}.$$

c) Die Anwendung der Rechte-Hand-Regel auf $I\,\ell$ und $\boldsymbol{B}$ ergibt, dass sich die positive Ladung bei a und die negative Ladung bei b ansammeln. Also befindet sich der Punkt a auf höherem Potenzial als der Punkt b.

L26.26 Mit der Driftgeschwindigkeit v_d der Elektronen gilt für die Hall-Spannung $U_\mathrm{H} = v_\mathrm{d}\,B\,d$. Darin ist B das Magnetfeld und d der Durchmesser der Arterie. Damit erhalten wir

$$U_\mathrm{H} = (0{,}6\,\mathrm{m}\cdot\mathrm{s}^{-1})\,(0{,}2\,\mathrm{T})\,(0{,}85\,\mathrm{cm}) = 1{,}02\,\mathrm{mV}.$$

L26.27 Der Hall-Koeffizient ist definiert als

$$R_\mathrm{H} = \frac{E_y}{j_x\,B_z}.$$

Darin ist j_x die Stromdichte (die Stromstärke pro Flächeneinheit) in x-Richtung, B_z die Stärke des Magnetfelds in z-Richtung und E_y das resultierende Hall-Feld in y-Richtung. Wegen $U_\mathrm{H} = E_\mathrm{H}\,b$, wobei b die Breite des Stabs ist, gilt $E_y = U_\mathrm{H}/b$. Mit der Anzahldichte n/V und der Driftgeschwindigkeit v_d der Ladungsträger gilt für die Stromdichte im Stab, der die Dicke d hat:

$$j_x = \frac{I}{b\,d} = (n/V)\,q\,v_\mathrm{d}.$$

Die Hall-Spannung ist gegeben durch $U_\mathrm{H} = v_\mathrm{d}\,B_z\,b$. Einsetzen der Ausdrücke für E_y, j_x und U_H in die erste Gleichung ergibt schließlich

$$R_\mathrm{H} = \frac{E_y}{j_x\,B_z} = \frac{U_\mathrm{H}/b}{(n/V)\,q\,v_\mathrm{d}\,B_z} = \frac{v_\mathrm{d}\,B_z\,b/b}{(n/V)\,q\,v_\mathrm{d}\,B_z} = \frac{1}{(n/V)\,q}.$$

L26.28 a) Die Periodendauer beim Umlauf des Alphateilchens, das die Geschwindigkeit v hat, ist $T = 2\,\pi\, r/v$. Darin ist r der Radius der Kreisbahn. Die in radialen Richtungen wirkenden Kräfte (die magnetische Kraft und die Zentripetalkraft) gleichen einander aus. Daher gilt gemäß dem zweiten Newton'schen Axiom: $v\,|q\,\boldsymbol{B}| = m\,v^2/r$. Daraus ergibt sich für die Geschwindigkeit $v = |q\,\boldsymbol{B}|\,r/m$, und wir erhalten

$$T = \frac{2\,\pi\, r}{v} = \frac{2\,\pi\, r}{|q\,\boldsymbol{B}|\,r/m} = \frac{2\,\pi\, m}{|q\,\boldsymbol{B}|}$$

$$= \frac{2\,\pi\,(6{,}65\cdot10^{-27}\,\mathrm{kg})}{2\,(1{,}60\cdot10^{-19}\,\mathrm{C})\,(1\,\mathrm{T})} = 0{,}131\,\mu\mathrm{s}.$$

b) Für den Betrag der Geschwindigkeit ergibt sich

$$v = \frac{2\,\pi\, r}{T} = \frac{2\,\pi\,(0{,}5\,\mathrm{m})}{0{,}131\,\mu\mathrm{s}} = 2{,}40\cdot10^7\,\mathrm{m}\cdot\mathrm{s}^{-1}.$$

c) Für die kinetische Energie erhalten wir

$$E_\mathrm{kin} = \tfrac{1}{2}\,m\,v^2 = \tfrac{1}{2}\,(6{,}65\cdot10^{-27}\,\mathrm{kg})\,(2{,}40\cdot10^7\,\mathrm{m}\cdot\mathrm{s}^{-1})^2$$

$$= (1{,}93\cdot10^{-12}\,\mathrm{J})\,\frac{1\,\mathrm{eV}}{1{,}60\cdot10^{-19}\,\mathrm{J}} = 12{,}0\,\mathrm{MeV}.$$

L26.29 Gemäß dem zweiten Newton'schen Axiom für Drehbewegungen gilt für den Stabmagneten $\sum\! M = I_\mathrm{T}\,\boldsymbol{\alpha}$. Darin ist I_T das Trägheitsmoment und $\boldsymbol{\alpha}$ die Winkelbeschleunigung. Mit dem magnetischen Moment μ und dem Magnetfeld B gilt also

$$-\mu\, B \sin\theta = I_\mathrm{T}\,\frac{\mathrm{d}^2\theta}{\mathrm{d}t^2}.$$

Das Minuszeichen besagt, dass das Drehmoment in einer solchen Richtung wirkt, dass der Magnet auf das Magnetfeld ausgerichtet wird. Bei kleinen Auslenkungen ist $\sin\theta \approx \theta$, und wir können schreiben:

$$I_\mathrm{T}\,\frac{\mathrm{d}^2\theta}{\mathrm{d}t^2} = -\mu\, B\,\theta \qquad \text{bzw.} \qquad \frac{\mathrm{d}^2\theta}{\mathrm{d}t^2} = -\frac{\mu\, B}{I_\mathrm{T}}\,\theta.$$

Ebenfalls bei geringen Auslenkungen gilt, mit der Winkelgeschwindigkeit ω, für eine einfache harmonische Bewegung

$$\frac{\mathrm{d}^2\theta}{\mathrm{d}t^2} = -\omega^2\,\theta.$$

Vergleichen der Koeffizienten von θ ergibt $\omega = \sqrt{\mu\, B/I_\mathrm{T}}$, und wir erhalten für die Frequenz

$$v = \frac{\omega}{2\,\pi} = \frac{1}{2\,\pi}\sqrt{\frac{\mu\, B}{I_\mathrm{T}}}.$$

L26.30 a) Die auf ein Elektron im Leiter wirkende magnetische Kraft ist

$$\boldsymbol{F} = q\,\boldsymbol{v}\times\boldsymbol{B} = q\,v\,\widehat{\boldsymbol{x}}\times|\boldsymbol{B}|\,\widehat{\boldsymbol{z}} = v\,|q\,\boldsymbol{B}|\,(\widehat{\boldsymbol{x}}\times\widehat{\boldsymbol{z}}) = -v\,|q\,\boldsymbol{B}|\,\widehat{\boldsymbol{y}}$$

$$= -(-1{,}60\cdot10^{-19}\,\mathrm{C})\,(20\,\mathrm{m}\cdot\mathrm{s}^{-1})\,(0{,}5\,\widehat{\boldsymbol{y}})\,\mathrm{T}$$

$$= (1{,}60\cdot10^{-18}\,\widehat{\boldsymbol{y}})\,\mathrm{N}.$$

b) Im stationären Zustand gilt $q\,\boldsymbol{E} + \boldsymbol{F} = 0$, d. h., es wirkt keine resultierende Kraft. Für das Feld erhalten wir also

$$\boldsymbol{E} = -\frac{\boldsymbol{F}}{q} = -\frac{(1{,}60 \cdot 10^{-18}\,\widehat{\boldsymbol{y}})\,\mathrm{N}}{-1{,}60 \cdot 10^{-19}\,\mathrm{C}} = (10{,}0\,\widehat{\boldsymbol{y}})\ \mathrm{V \cdot m^{-1}}.$$

c) Die Potenzialdifferenz ist

$$U = |\boldsymbol{E}|\,\Delta x = (10{,}0\ \mathrm{V \cdot m^{-1}})\,(2\ \mathrm{m}) = 20{,}0\ \mathrm{V}.$$

L26.31 Die auf den Stabmagneten wirkende resultierende Kraft ist $\boldsymbol{F} = F_x\,\widehat{\boldsymbol{x}} + F_y\,\widehat{\boldsymbol{y}}$, und das magnetische Moment ist gegeben durch seine Komponenten: $\boldsymbol{\mu} = \mu_x\,\widehat{\boldsymbol{x}} + \mu_y\,\widehat{\boldsymbol{y}} + \mu_z\,\widehat{\boldsymbol{z}}$. Daher gilt für die potenzielle Energie

$$\begin{aligned}
E_{\mathrm{pot}} &= -\boldsymbol{\mu} \cdot \boldsymbol{B} \\
&= -(\mu_x\,\widehat{\boldsymbol{x}} + \mu_y\,\widehat{\boldsymbol{y}} + \mu_z\,\widehat{\boldsymbol{z}}) \cdot (B_x(x)\,\widehat{\boldsymbol{x}} + B_y(y)\,\widehat{\boldsymbol{y}}) \\
&= -\mu_x B_x(x) - \mu_y B_y(y)\,.
\end{aligned}$$

Weil $\boldsymbol{\mu}$ und daher auch μ_x konstant sind, während $\boldsymbol{B}$ von x und von y abhängt, gilt für die x-Komponente und die y-Komponente der Kraft

$$F_x = -\frac{\mathrm{d}E_{\mathrm{pot}}}{\mathrm{d}x} = \mu_x\,\frac{\partial B_x}{\partial x}, \qquad F_y = -\frac{\mathrm{d}E_{\mathrm{pot}}}{\mathrm{d}y} = \mu_y\,\frac{\partial B_y}{\partial y}\,.$$

Einsetzen in die Beziehung für die Gesamtkraft liefert

$$\boldsymbol{F} = F_x\,\widehat{\boldsymbol{x}} + F_y\,\widehat{\boldsymbol{y}} = \mu_x\,\frac{\partial B_x}{\partial x}\,\widehat{\boldsymbol{x}} + \mu_y\,\frac{\partial B_y}{\partial y}\,\widehat{\boldsymbol{y}}\,.$$

Quellen des Magnetfelds

- Das Magnetfeld sich bewegender Punktladungen
- Das Magnetfeld von Strömen: das Biot-Savart'sche Gesetz
- Das Magnetfeld einer Leiterschleife
- Das Ampère'sche Gesetz
- Magnetische Momente von Atomen

A: Aufgaben

Verständnisaufgaben

A27.1 • Zwei positive Punktladungen bewegen sich auf parallelen Bahnen a) in gleicher Richtung bzw. b) in entgegengesetzten Richtungen. Vergleichen Sie jeweils die Richtungen der elektrischen und der magnetischen Kräfte, die zwischen den Teilchen wirken.

A27.2 • Zwei in der Papierebene liegende Leiter werden in entgegengesetzten Richtungen von gleich starken Strömen durchflossen (siehe Abbildung). Betrachten Sie den von beiden Leitern gleich weit entfernten Punkt. Welche Aussage über das Magnetfeld an diesem Punkt trifft zu? a) Es ist null. b) Es zeigt in die Papierebene hinein. c) Es zeigt aus der Papierebene heraus. d) Es zeigt zum oberen oder zum unteren Seitenende. e) Es zeigt in Richtung eines der beiden Leiter.

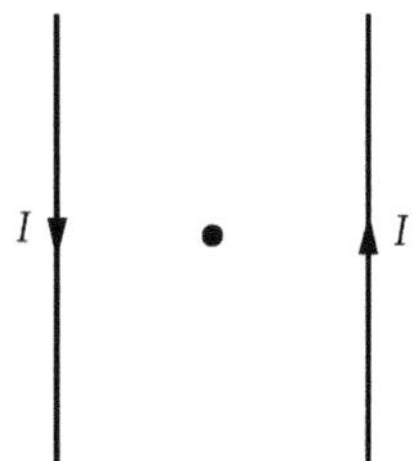

A27.3 • Zwei stromdurchflossene Leiter sind senkrecht zueinander angeordnet. Im ersten Leiter fließt der Strom senkrecht nach oben, im zweiten waagerecht nach Osten. Der waagerechte Leiter befindet sich 1 m südlich des senkrechten. Zeigt die auf den waagerechten Draht wirkende resultierende Kraft a) nach Norden, b) nach Osten, c) nach Westen, d) nach Süden, oder ist sie e) null?

A27.4 • In welchen Fällen gilt das Ampère'sche Gesetz? a) Für hochgradig symmetrische Anordnungen, b) für Anordnungen ohne Symmetrie, c) bei konstantem Strom, d) bei konstantem Magnetfeld, e) in allen genannten Situationen, wenn der Strom stetig ist.

A27.5 • Kann der Drehimpuls eines Teilchens verschieden von null und gleichzeitig sein magnetisches Moment gleich null sein?

A27.6 • Kann das magnetische Moment eines Teilchens verschieden von null und gleichzeitig sein Drehimpuls gleich null sein?

A27.7 • Ein leitendes Rohr wird von einem Strom durchflossen. Innerhalb des Rohrs ist $B = 0$. Innerhalb einer stromdurchflossenen Zylinderspule hingegen herrscht ein starkes Magnetfeld. Erklären Sie den Unterschied.

Schätzungs- und Näherungsaufgabe

A27.8 •• Das magnetische Moment der Erde beträgt ungefähr $9 \cdot 10^{22}\ \mathrm{A \cdot m^2}$. a) Wie groß wäre das Volumen des Erdkerns, wenn seine Magnetisierung gleich $1{,}5 \cdot 10^{9}\ \mathrm{A/m}$ wäre? b) Der Erdkern sei kugelförmig, und sein Mittelpunkt falle mit dem Erdmittelpunkt zusammen. Wie groß wäre dann der Radius des Kerns?

$$B(x) \approx \frac{\mu_0 \, I \, \Delta r}{2} \frac{2x^2 r_1 - r_1^3}{(x^2 + r_1^2)^{5/2}}.$$

- ### Das Magnetfeld sich bewegender Punktladungen

A27.9 • Ein Proton (Ladung $+e$), das sich mit der Geschwindigkeit $\boldsymbol{v} = (1 \cdot 10^4 \, \hat{\boldsymbol{x}} + 2 \cdot 10^4 \, \hat{\boldsymbol{y}})$ m/s bewegt, befindet sich zu einem bestimmten Zeitpunkt t im Punkt $x = 3$ m, $y = 4$ m. Berechnen Sie das Magnetfeld des Protons in den Punkten a) $x = 2$ m, $y = 2$ m, b) $x = 6$ m, $y = 4$ m und c) $x = 3$ m, $y = 6$ m.

A27.10 • Ein Elektron bewegt sich auf einer Kreisbahn mit einem Radius von $5{,}29 \cdot 10^{-11}$ m um ein Proton. Berechnen Sie das Magnetfeld, das durch die Bahnbewegung des Elektrons am Ort des Protons erzeugt wird.

- ### Das Magnetfeld von Strömen: das Biot-Savart'sche Gesetz

A27.11 • Ein kleines Stromelement $I \, \mathrm{d}\boldsymbol{\ell}$ mit $\mathrm{d}\boldsymbol{\ell} = 2 \, \hat{\boldsymbol{z}}$ mm und $I = 2$ A liegt mit dem Mittelpunkt im Koordinatenursprung. Berechnen Sie das Magnetfeld $\boldsymbol{B}$ in folgenden Punkten: a) auf der x-Achse bei $x = 3$ m, b) auf der x-Achse bei $x = -6$ m, c) auf der z-Achse bei $z = 3$ m und d) auf der y-Achse bei $y = 3$ m.

- ### Das Magnetfeld einer Leiterschleife

A27.12 •• In der Mitte einer einzelnen kreisrunden Leiterschleife soll ein Magnetfeld erzeugt werden, das das Erdmagnetfeld ($0{,}7$ G, im Winkel von $70°$ zur horizontalen Nordrichtung abwärts zeigend) gerade kompensiert. Der Radius der Schleife beträgt $8{,}5$ cm. Wie groß muss die Stromstärke im Leiter sein? Skizzieren Sie die räumlichen Ausrichtungen der Schleife und des Stroms in ihr.

A27.13 ••• Die Achsen zweier Helmholtz-Spulen (jeweils mit dem Radius r) liegen auf der x-Achse. Die Mitte einer Spule liegt in der y-z-Ebene, die Mitte der zweiten in einer dazu parallelen Ebene bei $x = r$. Zeigen Sie, dass in der Mitte der Anordnung gilt: $\mathrm{d}B_x/\mathrm{d}x = 0$ und $\mathrm{d}^2 B_x/\mathrm{d}x^2 = 0$ sowie $\mathrm{d}^3 B_x/\mathrm{d}x^3 = 0$. (*Anmerkung:* Dies zeigt, dass das Magnetfeld in Punkten nahe der Mitte der Anordnung etwa ebenso groß ist wie im Mittelpunkt selbst.)

A27.14 ••• Zwei konzentrisch in einer Ebene angeordnete kreisrunde Leiterschleifen haben die Radien $r_1 = 10$ cm und $r_2 > r_1$. Durch jede Schleife fließt ein Strom. Beide Ströme haben die gleiche Stärke ($I = 1$ A), jedoch entgegengesetzte Richtungen. In der inneren Schleife fließt der Strom, von oben gesehen, entgegen dem Uhrzeigersinn. Berechnen und skizzieren Sie mit Hilfe eines Tabellenkalkulationsprogramms die Komponente B_x des Magnetfelds auf der gemeinsamen Achse der Schleifen als Funktion der Höhe x über dem gemeinsamen Mittelpunkt. Erstellen Sie jeweils eine Kurve für folgende Werte von r_2: a) $10{,}1$ cm, b) 11 cm, c) 15 cm und d) 20 cm.

A27.15 ••• Betrachten Sie die Leiterschleifen in Aufgabe 14 und zeigen Sie, dass für $r_2 = r_1 + \Delta r$ mit $\Delta r \ll r_1$ gilt:

Geradlinige Leiterabschnitte

Anmerkung: Die Aufgaben 16 und 17 beziehen sich auf die Anordnung in der Abbildung: Zwei lange, gerade Leiter liegen parallel zur x-Achse in der x-y-Ebene. Ein Leiter befindet sich bei $y = -6$ cm, der andere bei $y = +6$ cm. Die Stromstärke in den Leitern beträgt jeweils 20 A.

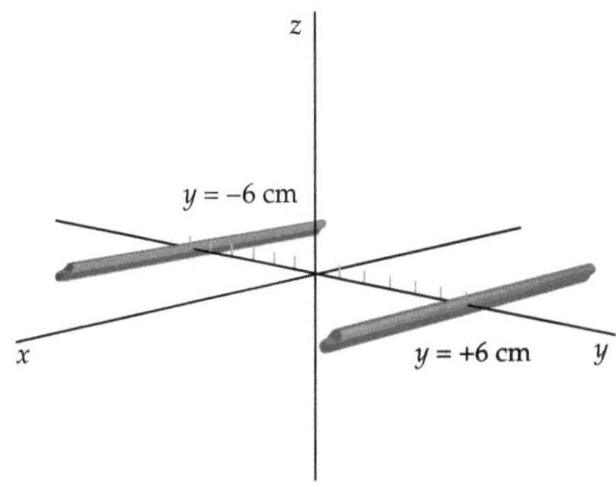

A27.16 • Die Ströme in der Abbildung fließen in negativer x-Richtung. Berechnen Sie $\boldsymbol{B}$ in folgenden Punkten auf der y-Achse: a) $y = -3$ cm, b) $y = 0$, c) $y = +3$ cm, d) $y = +9$ cm.

A27.17 • Berechnen Sie $\boldsymbol{B}$ in denselben Punkten auf der y-Achse wie in Aufgabe 16, wenn der Strom in dem Leiter bei $y = -6$ cm in negativer x-Richtung fließt, in dem Leiter bei $y = +6$ cm jedoch in positiver x-Richtung.

A27.18 •• Ein 16 cm langer Draht ist über einem zweiten, langen, geraden Draht beweglich aufgehängt. Wenn die Leiter von Strömen mit gleicher Stärke, aber entgegengesetzten Richtungen durchflossen werden, schwebt der 16-cm-Draht spannungsfrei (ohne Belastung der Aufhängungen) 1,5 mm oberhalb des zweiten Drahts. Die Masse des 16-cm-Drahts ist 14 g. Wie stark sind die beiden Ströme?

A27.19 •• Ein unendlich langer, isolierter Draht liegt auf der x-Achse eines Koordinatensystems und wird in positiver x-Richtung von einem Strom I durchflossen. Ein zweiter, ebensolcher Draht liegt auf der y-Achse, der Strom I durchfließt ihn in positiver y-Richtung. An welchem Punkt (oder an welchen Punkten) in der x-y-Ebene ist das resultierende Magnetfeld null?

A27.20 •• Drei sehr lange parallele Drähte verlaufen senkrecht durch drei Eckpunkte des in der Abbildung auf der nächsten Seite gezeigten Quadrats. Durch jeden Draht fließt ein Strom I. Berechnen Sie das Magnetfeld $\boldsymbol{B}$ im unbesetzten Eckpunkt unter folgenden Bedingungen: a) Alle Stromrichtungen zeigen in die Papierebene hinein, b) I_1 und I_3 zeigen in die Papierebene hinein, I_2 zeigt heraus, und c) I_1 und I_2 zeigen in die Papierebene hinein, I_3 zeigt heraus.

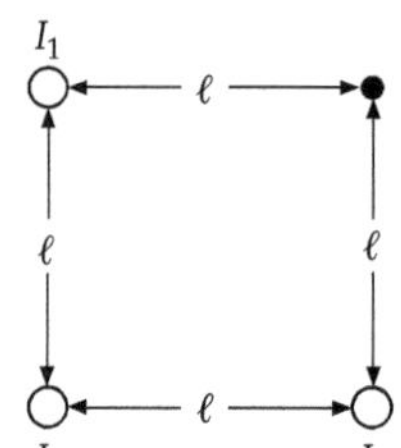

Zu Aufgabe 27.20

Das Magnetfeld einer Zylinderspule

A27.21 • Durch eine Zylinderspule mit einer Länge von 30 cm, einem Radius von 1,2 cm und 300 Windungen fließt ein Strom von 2,6 A. Berechnen Sie B auf der Achse der Spule a) in der Mitte der Spule, b) innerhalb der Spule an einem 10 cm von den Enden entfernten Punkt, c) an einem Ende der Spule.

A27.22 ••• Durch eine Spule mit n/ℓ Windungen pro Längeneinheit, dem Radius r und der Länge ℓ fließt ein Strom I. Ihre Achse ist die x-Achse, ihre Enden liegen in den Punkten $x = -\frac{1}{2}\ell$ und $x = +\frac{1}{2}\ell$. Zeigen Sie, dass das Magnetfeld in einem Punkt auf der Achse außerhalb der Spule gegeben ist durch

$$B_x = \tfrac{1}{2}\,\mu_0\,\frac{n}{\ell}\,I\,(\cos\theta_1 - \cos\theta_2)\,,$$

$$\text{mit}\quad \cos\theta_1 = \frac{x + \tfrac{1}{2}\ell}{\sqrt{r^2 + (x + \tfrac{1}{2}\ell)^2}}$$

$$\text{und}\quad \cos\theta_2 = \frac{x - \tfrac{1}{2}\ell}{\sqrt{r^2 + (x - \tfrac{1}{2}\ell)^2}}\,.$$

• Das Ampère'sche Gesetz

A27.23 • Ein Koaxialkabel besteht aus einem inneren Leiter (der Seele) und einer konzentrischen, elektrisch leitenden, zylindrischen Außenschale (der Abschirmung) mit dem Radius r_{coax}. An einem Ende ist die Seele mit der Abschirmung verbunden, am anderen Ende sind Seele und Abschirmung mit den beiden Polen einer Batterie verknüpft, so dass ein Strom durch die Seele hin und durch die Abschirmung zurückfließt. Berechnen Sie unter der Annahme, das Kabel verlaufe gerade und sei sehr lang, die Feldstärke B a) im Bereich zwischen Seele und Abschirmung, weit von den Kabelenden entfernt, und b) außerhalb des Kabels.

A27.24 •• Zeigen Sie, dass es homogene Magnetfelder ohne Streufelder an den Rändern, wie in der Abbildung dargestellt, nicht geben kann, weil hierbei das Ampère'sche Gesetz verletzt würde. Wenden Sie dazu das Ampère'sche Gesetz auf den gestrichelt gezeichneten rechteckigen Weg an.

A27.25 •• Die Abbildung zeigt eine Zylinderspule mit n/ℓ Windungen pro Längeneinheit, durch die ein Strom I fließt. Leiten Sie einen Ausdruck für B unter der Bedingung her, dass B im Inneren der Spule homogen und außerhalb der Spule null ist. Wenden Sie dazu das Ampère'sche Gesetz auf den eingezeichneten rechteckigen Weg an.

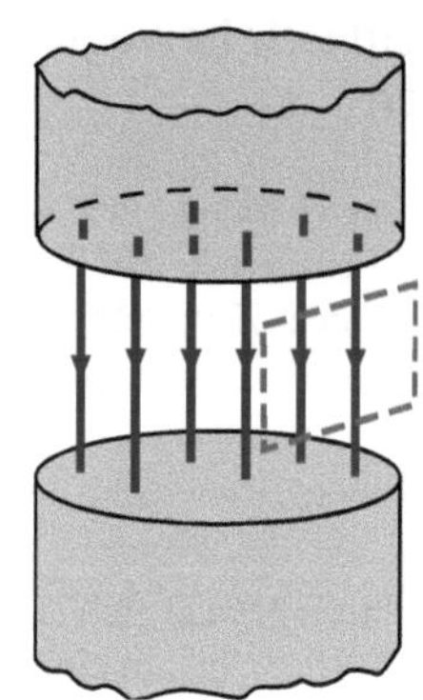

Zu Aufgabe 27.24

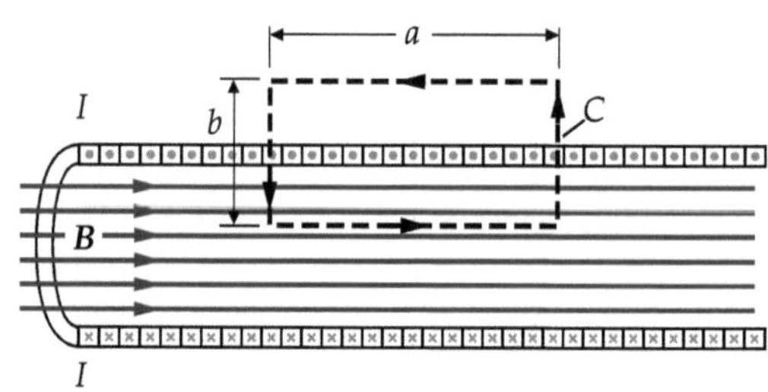

Zu Aufgabe 27.25

Magnetisierung und magnetische Suszeptibilität

A27.26 • Durch eine eng gewickelte, 20 cm lange Zylinderspule mit 400 Windungen fließt ein Strom von 4 A; das axiale Magnetfeld der Spule zeigt in z-Richtung. Berechnen Sie unter Vernachlässigung von Randeffekten B und B_{aus} in der Mitte der Spule, wenn diese a) keinen Kern bzw. b) einen Eisenkern mit der Magnetisierung $M = 1,2 \cdot 10^6$ A/m besitzt.

A27.27 •• Ein Zylinder aus einem magnetischen Material wird in eine lange Spule mit n/ℓ Windungen pro Längeneinheit gebracht, durch die ein Strom I fließt. In der nachfolgenden Tabelle finden Sie Werte für B innerhalb des Zylinders für verschiedene Werte von $(n/\ell)\,I$. Skizzieren Sie mit Hilfe dieser Angaben B als Funktion von B_{aus} sowie μ_{rel} als Funktion von $(n/\ell)\,I$.

$(n/\ell)\,I$, A/m	0	50	100	150
B, T	0	0,04	0,67	1,00

$(n/\ell)\,I$, A/m	200	500	1000	10000
B, T	1,2	1,4	1,6	1,7

A27.28 •• Eine kleine Scheibe mit einem Radius von 1,4 cm und einer Dicke von 0,3 cm besteht aus einem magnetischen Material und ist in Richtung ihrer Achse homogen magnetisiert. Das magnetische Moment der Scheibe beträgt $1,5 \cdot 10^{-2}$ A·m². a) Geben Sie die Magnetisierung M der Scheibe an. b) Diese Magnetisierung sei auf die Ausrichtung von n Elektronen zurückzuführen; jedes Elektron hat ein magnetisches Moment von $1\,\mu_{\text{Bohr}}$. Wie groß ist n? c) Die Magnetisierung sei entlang der Achse der Scheibe ausgerichtet. Wie stark ist dann der Ampère'sche Strom an der Oberfläche?

• Magnetische Momente von Atomen

A27.29 •• Nickel hat eine Dichte von 8,7 g/cm^3 und eine molare Masse von 58,7 g/mol, seine Sättigungsmagnetisierung ist $\mu_0 M_S = 0{,}61$ T. Geben Sie das magnetische Moment eines Nickelatoms in Vielfachen bzw. Bruchteilen des Bohr'schen Magnetons an.

Paramagnetismus

A27.30 •• Vereinfacht können wir uns die Situation in einem paramagnetischen Material folgendermaßen vorstellen: Die magnetischen Momente eines Anteils f der Atome oder Moleküle sind in Feldrichtung orientiert, die magnetischen Momente aller anderen Atome oder Moleküle sind zufällig ausgerichtet und tragen nicht zum Gesamtmagnetfeld bei. a) Zeigen Sie im Rahmen dieses Modells mit Hilfe des Curie'schen Gesetzes, dass der Anteil ausgerichteter Atome oder Moleküle bei der Temperatur T und dem äußeren Magnetfeld B gegeben ist durch $f = \mu B/(3 k_B T)$. b) Berechnen Sie f für $T = 300$ K, $B = 1$ T und $\mu = 1\,\mu_{\text{Bohr}}$.

A27.31 •• Eine vom Strom I durchflossene Ringspule mit n Windungen hat den mittleren Radius r_{RS} und den Querschnittsradius r mit $r \ll r_{RS}$ (siehe Abbildung). Ist die Spule mit einem Material gefüllt, so nennt man sie auch *Rowland-Ring*. Berechnen Sie B_{aus} und B in einem solchen Ring, wenn die Magnetisierung M überall parallel zu B_{aus} ist.

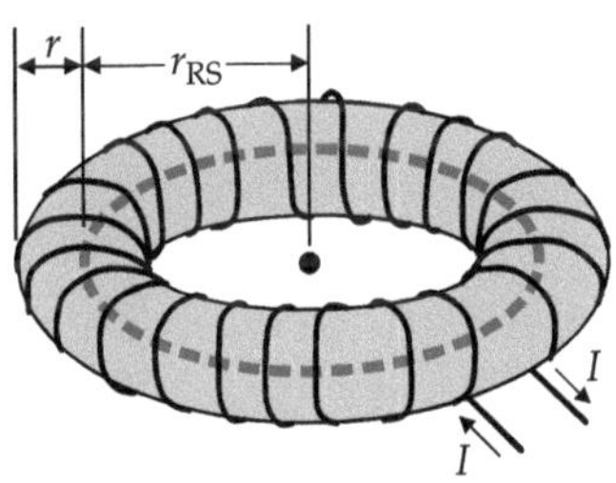

Ferromagnetismus

A27.32 •• Die Sättigungsmagnetisierung von gehärtetem Eisen wird bei $B_{\text{aus}} = 0{,}201$ T erreicht. Berechnen Sie für diese Situation die Permeabilität μ und die relative Permeabilität μ_{rel}.

A27.33 •• Durch eine lange Zylinderspule mit 2000 Windungen pro Meter und einem Eisenkern fließt ein Strom von 20 mA; bei dieser Stromstärke ist die relative Permeabilität des Eisenkerns gleich 1200. a) Wie stark ist das Magnetfeld innerhalb der Spule? b) Nun wird der Eisenkern entfernt. Welcher Strom muss fließen, damit das Magnetfeld ebenso stark ist wie zuvor?

A27.34 •• Zwei lange, gerade Drähte im Abstand 4 cm voneinander sind von einem homogenen Isolator mit der relativen Permeabilität $\mu_{\text{rel}} = 120$ umgeben. Durch die Drähte fließen Ströme von je 40 A in entgegengesetzten Richtungen. a) Wie stark ist das Magnetfeld in der Mitte der Fläche zwischen beiden Drähten? b) Welche Kraft wirkt pro Längeneinheit auf die Drähte?

Allgemeine Aufgaben

A27.35 •• Ein Draht mit der Länge ℓ ist zu einer Spirale mit n Windungen aufgewickelt. Durch ihn fließt ein Strom I. Zeigen Sie, dass das Magnetfeld in der Mitte der Spirale gegeben ist durch $B = \mu_0\,\pi\,n^2\,I/\ell$.

A27.36 •• Ein 2 m unter der Erdoberfläche verlegtes Starkstromkabel führt einen Strom von 50 A. Die genaue Lage und die Richtung des Kabels sind nicht bekannt. Wie könnten Sie beides mit Hilfe eines Kompasses ermitteln? Das Kabel befinde sich in unmittelbarer Nähe des Äquators, wo das Erdmagnetfeld mit einer Stärke von 0,7 G nach Norden zeigt.

A27.37 •• Die geschlossene Leiterschleife in der Abbildung führt einen Strom von 8 A, der entgegen dem Uhrzeigersinn fließt. Der Radius des äußeren Bogens ist 60 cm, der des inneren Bogens 40 cm. Wie stark ist das Magnetfeld im Punkt P?

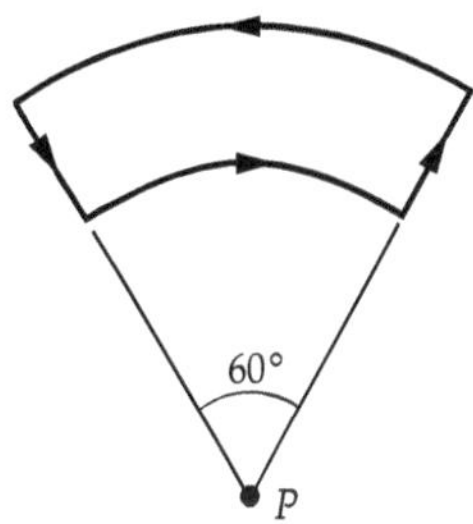

A27.38 •• Durch einen langen, geraden Leiter fließt ein Strom von 20 A. In 1 cm Entfernung vom Draht bewegt sich ein Elektron mit einer Geschwindigkeit von $5{,}0 \cdot 10^6$ m/s. Welche Kraft wirkt auf das Elektron, wenn es sich a) direkt vom Draht weg, b) parallel zum Draht in Stromrichtung bzw. c) senkrecht zum Draht in Richtung der Tangente an einen um den Draht verlaufenden Kreis bewegt?

A27.39 •• Ein langer, dünner Stabmagnet mit dem magnetischen Moment μ ist in der Mitte reibungsfrei gelagert und wird als Kompassnadel verwendet. Wird er in ein Magnetfeld B gebracht, so richtet er sich parallel zu den Feldlinien aus. Zeigen Sie, dass der Magnet nach einer Auslenkung aus seiner Gleichgewichtslage um einen kleinen Winkel θ mit der Frequenz $\nu = \frac{1}{2\pi}\sqrt{\mu B/I}$ zu schwingen beginnt. Darin ist I das Trägheitsmoment bezüglich des Lagerungspunkts.

A27.40 •• Eine Kompassnadel hat die Länge 3 cm, den Radius 0,85 mm und die Dichte $7{,}96 \cdot 10^3$ kg/m^3. Sie ist in der Waagerechten frei drehbar. Die horizontale Komponente des Erdmagnetfelds beträgt 0,6 G. Nach einer kleinen Auslenkung führt die Nadel mit einer Frequenz von 1,4 Hz eine einfache harmonische Schwingung um die Gleichgewichtslage aus. a) Geben Sie das magnetische Dipolmoment der Nadel an (siehe Aufgabe 39). b) Wie groß ist die Magnetisierung M? c) Berechnen Sie den Ampère'schen Strom an der Oberfläche der Nadel.

A27.41 •• Ein 1,4 m langer Eisenstab hat einen Durchmesser von 2 cm und eine homogene Magnetisierung $M = 1{,}72 \cdot 10^6$ A/m in Richtung seiner Längsachse. Er ist an einem Ende an einem dünnen Faden aufgehängt und befindet sich in Ruhe. Plötzlich wird er entmagnetisiert. Berechnen Sie die Winkelgeschwindigkeit des Stabs unter der Annahme, dass sein Drehimpuls erhalten bleibt. (Nehmen Sie an, dass $\boldsymbol{\mu} = [q/(2m)]\boldsymbol{L}$ gilt, wobei $q = -e$ die Ladung und m die Masse des Elektrons ist.)

A27.42 •• a) Geben Sie das Magnetfeld im Punkt P bei dem in der Abbildung skizzierten, einen Strom I führenden Leiter an. b) Leiten Sie unter Verwendung Ihres Ergebnisses von Teilaufgabe a einen Ausdruck für das Magnetfeld im Mittelpunkt eines n-seitigen Vielecks her. Zeigen Sie, dass dieser Ausdruck für sehr großes n in die Beziehung für das Magnetfeld im Mittelpunkt einer kreisförmigen Leiterschleife übergeht.

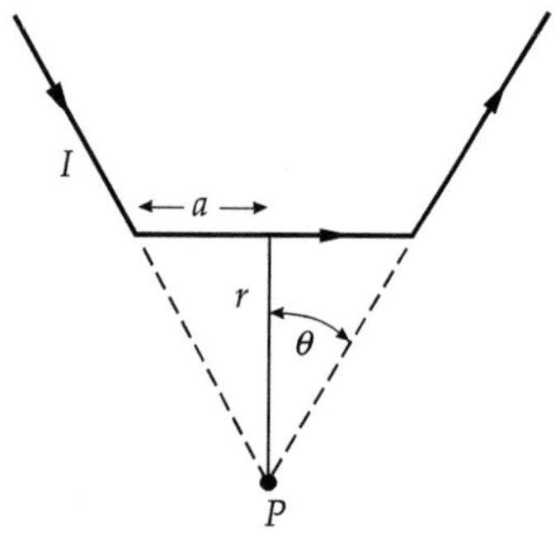

A27.43 •• Durch einen langen zylindrischen Leiter mit dem Radius $r_{\mathrm{LZ}} = 10$ cm fließt ein Strom, dessen Stärke vom Abstand von der Leiterachse abhängt gemäß $I(r) = (50 \text{ A/m})\, r$. Berechnen Sie das Magnetfeld für a) $r = 5$ cm, b) $r = 10$ cm und c) $r = 20$ cm.

A27.44 ••• Auf einer Scheibe mit dem Radius r_{LS} herrscht eine homogene Ladungsdichte σ. Die Scheibe rotiert mit der Winkelgeschwindigkeit ω. a) Betrachten Sie einen ringförmigen Streifen mit dem Radius r und der Breite $\mathrm{d}r$, der die Ladung $\mathrm{d}q$ trägt. Zeigen Sie, dass dieser Streifen den Strom $\mathrm{d}I = \omega\,\mathrm{d}q/(2\pi) = \omega\sigma r\,\mathrm{d}r$ erzeugt. b) Zeigen Sie mit Hilfe Ihres Ergebnisses von Teilaufgabe a, dass das Magnetfeld im Mittelpunkt der Scheibe gegeben ist durch $B = \frac{1}{2}\mu_0\omega\sigma r_{\mathrm{LS}}$. c) Ermitteln Sie mit Hilfe des Ergebnisses von Teilaufgabe a das Magnetfeld in einem Punkt auf der Achse der Scheibe im Abstand x von deren Mittelpunkt.

A27.45 ••• Eine quadratische Leiterschleife mit der Seitenlänge ℓ liegt in der y-z-Ebene mit ihrem Mittelpunkt im Koordinatenursprung. Durch die Schleife fließt der Strom I. Geben Sie die Magnetfeldstärke B in einem beliebigen Punkt auf der x-Achse an und zeigen Sie anhand Ihres Resultats, dass für $x \gg \ell$ gilt:

$$B \approx \frac{\mu_0}{4\pi}\frac{2\mu}{x^3},$$

mit $\mu = I\ell^2$ als magnetischem Moment der Schleife.

Quellen des Magnetfelds

27L

L: Lösungen

L27.1 Die elektrische Kraft, die vom Coulomb'schen Gesetz beschrieben wird, hängt nicht davon ab, ob sich die Ladungen bewegen. Im Gegensatz dazu hängt die magnetische Kraft von den Bewegungen der Ladungen ab. Jede sich bewegende Ladung erzeugt einen Strom, der am Ort der anderen Ladung ein Magnetfeld erzeugt.

a) Die elektrische Kraft wirkt abstoßend und die magnetische Kraft anziehend (die beiden sich in derselben Richtung bewegenden Ladungen wirken wie zwei Ströme mit gleicher Richtung).

b) Die elektrische Kraft wirkt auch hierbei abstoßend, und die magnetische Kraft wirkt ebenfalls abstoßend.

L27.2 Gemäß der Rechte-Hand-Regel zeigt das Magnetfeld, das vom Strom im linken Leiter erzeugt wird, aus der Papierebene heraus. Das Gleiche gilt für das vom Strom im rechten Leiter erzeugte Magnetfeld. Also weist das resultierende Magnetfeld an dem von beiden Leitern gleich weit entfernten Punkt aus der Papierebene heraus, und Antwort c ist richtig.

L27.3 In Punkten westlich vom vertikalen Leiter übt das von seinem Strom erzeugte Magnetfeld eine nach unten gerichtete Kraft auf den horizontalen Leiter aus. Entsprechend wirkt die Kraft auf den horizontalen Leiter in Punkten östlich vom vertikalen Leiter nach oben. Somit ist die resultierende magnetische Kraft null, und Antwort e ist richtig.

L27.4 Das Ampère'sche Gesetz gilt für hochgradig symmetrische Anordnungen, ferner für Anordnungen ohne Symmetrie, außerdem bei konstantem Strom oder bei konstantem Magnetfeld – also in allen genannten Situationen, wenn der Strom stetig ist. Demnach ist Antwort e richtig.

L27.5 Ja; die Beziehung zwischen dem magnetischen Moment $\boldsymbol{\mu}$ und dem Drehimpuls $\boldsymbol{L}$ lautet $\boldsymbol{\mu} = [q/(2m)]\boldsymbol{L}$. Wenn seine Ladung q null ist, dann hat das Teilchen das magnetische Moment null, auch wenn sein Drehimpuls $\boldsymbol{L}$ von null verschieden ist.

L27.6 Nein; die Beziehung zwischen dem magnetischen Moment $\boldsymbol{\mu}$ und dem Drehimpuls $\boldsymbol{L}$ lautet $\boldsymbol{\mu} = [q/(2m)]\boldsymbol{L}$. Wenn der Drehimpuls $\boldsymbol{L}$ des Teilchens null ist, so ist daher auch sein magnetisches Moment $\boldsymbol{\mu}$ gleich null, auch wenn es die Ladung q trägt.

L27.7 Gemäß dem Ampère'schen Gesetz ist wegen der zylindrischen Symmetrie das Wegintegral über den Querschnitt des Rohrs null und damit auch das Magnetfeld gleich null. Bei der Spule dagegen wird die Mantelfläche von einem Strom durchsetzt, so dass das entsprechende Wegintegral nicht null ist.

L27.8 a) Die Magnetisierung ist definiert als $M = \mu/V$. Sie ist also im vorliegenden Fall gleich dem Quotienten aus dem magnetischen Moment μ und dem Volumen V des Erdkerns, und wir erhalten

$$V = \frac{\mu}{M} = \frac{9 \cdot 10^{22}\ \text{A} \cdot \text{m}^2}{1,5 \cdot 10^9\ \text{A} \cdot \text{m}^{-1}} = 6,0 \cdot 10^{13}\ \text{m}^3.$$

b) Das Volumen einer Kugel mit dem Radius r ist $V = \frac{4}{3} \pi r^3$. Damit erhalten wir für den Radius des Erdkerns

$$r = \sqrt[3]{\frac{3V}{4\pi}} = \sqrt[3]{\frac{3\,(6 \cdot 10^{13}\ \text{m}^3)}{4\pi}} = 2,43 \cdot 10^4\ \text{m}.$$

L27.9 Wir stellen zunächst die Formel auf, mit der wir das Magnetfeld des Protons an den einzelnen Punkten berechnen können. Mit dem Einheitsvektor $\hat{r}$ zwischen dem Proton und dem jeweiligen Punkt ergibt sich

$$
\begin{aligned}
\boldsymbol{B} &= \frac{\mu_0}{4\pi} \frac{q\,\boldsymbol{v} \times \hat{r}}{r^2} \\
&= (10^{-7}\ \text{N} \cdot \text{A}^{-2})\,(1,6 \cdot 10^{-19}\ \text{C}) \\
&\quad \cdot \frac{\left[(1 \cdot 10^4\,\hat{x})\ \text{m} \cdot \text{s}^{-1} + (2 \cdot 10^4\,\hat{y})\ \text{m} \cdot \text{s}^{-1}\right] \times \hat{r}}{r^2} \\
&= (1,60 \cdot 10^{-22}\ \text{T} \cdot \text{m}^2)\, \frac{(\hat{x} + 2\,\hat{y}) \times \hat{r}}{r^2}.
\end{aligned}
$$

a) Der Ortsvektor zwischen dem Ort (3 m, 4 m) des Protons und dem Punkt (2 m, 2 m) ist $r = -(1\,\hat{x})$ m $- (2\,\hat{y})$ m.

Der Abstand beider Punkte beträgt $r = \sqrt{5}$ m, und der Einheitsvektor zwischen ihnen ist

$$\hat{r} = -\frac{1}{\sqrt{5}}\,\hat{x} - \frac{2}{\sqrt{5}}\,\hat{y}.$$

Damit ergibt sich das Magnetfeld am Punkt (2 m, 2 m) zu

$$B_{2,2} = (1{,}60 \cdot 10^{-22}\,\text{T}\cdot\text{m}^2)\,\frac{(\widehat{x}+2\,\widehat{y}) \times \left(-\dfrac{1}{\sqrt{5}}\,\widehat{x}-\dfrac{2}{\sqrt{5}}\,\widehat{y}\right)}{r^2}$$

$$= \frac{1{,}60 \cdot 10^{-22}\,\text{T}\cdot\text{m}^2}{\sqrt{5}}\left(\frac{-2\,\widehat{z}+2\,\widehat{z}}{(\sqrt{5}\,\text{m})^2}\right) = 0\,.$$

b) Der Ortsvektor zwischen dem Ort (3 m, 4 m) des Protons und dem Punkt (6 m, 4 m) ist $r = (3\,\widehat{x})$ m.

Der Abstand beider Punkte beträgt $r = 3$ m, und der Einheitsvektor zwischen ihnen ist $\widehat{r}=\widehat{x}$.

Damit ergibt sich das Magnetfeld am Punkt (6 m, 4 m) zu

$$B_{6,4} = (1{,}60 \cdot 10^{-22}\,\text{T}\cdot\text{m}^2)\,\frac{(\widehat{x}+2\,\widehat{y}) \times \widehat{x}}{(3\,\text{m})^2}$$

$$= (1{,}60 \cdot 10^{-22}\,\text{T}\cdot\text{m}^2)\left(\frac{-2\,\widehat{z}}{9\,\text{m}^2}\right) = (-3{,}56 \cdot 10^{-23}\,\widehat{z})\,\text{T}\,.$$

c) Der Ortsvektor zwischen dem Ort (3 m, 4 m) des Protons und dem Punkt (3 m, 6 m) ist $r = (2\,\widehat{y})$ m.

Der Abstand beider Punkte beträgt $r = 2$ m, und der Einheitsvektor zwischen ihnen ist $\widehat{r}=\widehat{y}$.

Damit ergibt sich das Magnetfeld am Punkt (3 m, 6 m) zu

$$B_{3,6} = (1{,}60 \cdot 10^{-22}\,\text{T}\cdot\text{m}^2)\,\frac{(\widehat{x}+2\,\widehat{y}) \times \widehat{y}}{(2\,\text{m})^2}$$

$$= (1{,}60 \cdot 10^{-22}\,\text{T}\cdot\text{m}^2)\left(\frac{\widehat{z}}{4\,\text{m}^2}\right) = (4{,}00 \cdot 10^{-23}\,\widehat{z})\,\text{T}\,.$$

L27.10 Das mit der Geschwindigkeit v um das Proton kreisende Elektron erzeugt an dessen Ort ein Magnetfeld, für das gilt

$$B = \frac{\mu_0}{4\pi}\,\frac{e\,v}{r^2}\,.$$

Die Zentripetalkraft zwischen Elektron und Proton rührt von der elektrischen Kraft her, für die das Coulomb'sche Gesetz gilt. Beim Umlauf mit konstantem Abstand r ist die resultierende Kraft in radialer Richtung null, und gemäß dem zweiten Newton'schen Axiom muss gelten

$$\frac{1}{4\pi\varepsilon_0}\,\frac{e^2}{r^2} = m\,\frac{v^2}{r}\,.$$

Daraus folgt für die Umlaufgeschwindigkeit

$$v = \sqrt{\frac{1}{4\pi\varepsilon_0}\,\frac{e^2}{m\,r}}\,.$$

Das setzen wir in die Gleichung für das Magnetfeld ein und erhalten

$$B = \frac{\mu_0}{4\pi}\,\frac{e\,v}{r^2} = \frac{\mu_0}{4\pi}\,\frac{e}{r^2}\sqrt{\frac{1}{4\pi\varepsilon_0}\,\frac{e^2}{m\,r}} = \frac{\mu_0}{4\pi}\,\frac{e^2}{r^2}\sqrt{\frac{1}{4\pi\varepsilon_0}\,\frac{1}{m\,r}}$$

$$= (10^{-7}\,\text{N}\cdot\text{A}^{-2})\,\frac{(1{,}6 \cdot 10^{-19}\,\text{C})^2}{(5{,}29 \cdot 10^{-11}\,\text{m})^2}$$

$$\cdot\sqrt{\frac{8{,}99 \cdot 10^{9}\,\text{N}\cdot\text{m}^2\cdot\text{C}^{-2}}{(9{,}11 \cdot 10^{-31}\,\text{kg})\,(5{,}29 \cdot 10^{-11}\,\text{m})}}$$

$$= 12{,}5\,\text{T}\,.$$

L27.11 Wir stellen zunächst die Formel auf, mit der wir das Magnetfeld an den einzelnen Punkten berechnen können. Mit den gegebenen Werten erhalten wir mit dem Biot-Savart'schen Gesetz

$$\text{d}B = \frac{\mu_0}{4\pi}\,\frac{I\,\text{d}\boldsymbol{\ell} \times \widehat{r}}{r^2}$$

$$= (10^{-7}\,\text{N}\cdot\text{A}^{-2})\,\frac{(2\,\text{A})\,(2\,\text{mm})\,\widehat{z} \times \widehat{r}}{r^2}$$

$$= (0{,}400\,\text{nT}\cdot\text{m}^2)\,\frac{\widehat{z} \times \widehat{r}}{r^2}\,.$$

a) Der Ortsvektor zwischen dem Ursprung und dem Punkt (3 m, 0 m, 0 m) ist $r = (3\,\widehat{x})$ m, der Abstand zwischen diesen Punkten beträgt $r = 3$ m, und der Einheitsvektor zwischen ihnen ist $\widehat{r}=\widehat{x}$. Damit ergibt sich das Magnetfeld zu

$$\text{d}B_{3,0,0} = (0{,}400\,\text{nT}\cdot\text{m}^2)\,\frac{\widehat{z} \times \widehat{x}}{(3\,\text{m})^2} = (44{,}4\,\widehat{y})\,\text{pT}\,.$$

b) Der Ortsvektor zwischen dem Ursprung und dem Punkt $(-6\,\text{m},\,0\,\text{m},\,0\,\text{m})$ ist $r = (-6\,\widehat{x})$ m, der Abstand zwischen diesen Punkten beträgt $r = 6$ m, und der Einheitsvektor zwischen ihnen ist $\widehat{r}=-\widehat{x}$. Damit ergibt sich das Magnetfeld zu

$$\text{d}B_{-6,0,0} = (0{,}400\,\text{nT}\cdot\text{m}^2)\,\frac{\widehat{z} \times (-\widehat{x})}{(6\,\text{m})^2} = (-11{,}1\,\widehat{y})\,\text{pT}\,.$$

c) Der Ortsvektor zwischen dem Ursprung und dem Punkt (0 m, 0 m, 3 m) ist $r = (3\,\widehat{z})$ m, der Abstand zwischen diesen Punkten beträgt $r = 3$ m, und der Einheitsvektor zwischen ihnen ist $\widehat{r}=\widehat{z}$. Damit ergibt sich das Magnetfeld zu

$$\text{d}B_{0,0,3} = (0{,}400\,\text{nT}\cdot\text{m}^2)\,\frac{\widehat{z} \times \widehat{z}}{(3\,\text{m})^2} = 0\,.$$

d) Der Ortsvektor zwischen dem Ursprung und dem Punkt (0 m, 3 m, 0 m) ist $r = (3\,\widehat{y})$ m, der Abstand zwischen diesen Punkten beträgt $r = 3$ m, und der Einheitsvektor zwischen ihnen ist $\widehat{r}=\widehat{y}$. Damit ergibt sich das Magnetfeld zu

$$\text{d}B_{0,3,0} = (0{,}400\,\text{nT}\cdot\text{m}^2)\,\frac{\widehat{z} \times \widehat{y}}{(3\,\text{m})^2} = (-44{,}4\,\widehat{x})\,\text{pT}\,.$$

L27.12 Das Magnetfeld entlang der Achse der Leiterschleife mit dem Radius r_{LS} ist gegeben durch

$$B_x = \frac{\mu_0}{4\pi}\,\frac{2\pi\,r_{\text{LS}}^2\,I}{(x^2 + r_{\text{LS}}^2)^{3/2}}\,.$$

Wir setzen $x = 0$ und $B_x = B_{\text{E}}$ (also gleich dem Erdmagnetfeld), lösen nach I auf und setzen die Zahlenwerte ein:

$$I = \frac{4\pi}{\mu_0}\,\frac{r_{\text{LS}}}{2\pi}\,B_{\text{E}}$$

$$= \frac{1}{10^{-7}\,\text{N}\cdot\text{A}^{-2}}\,\frac{0{,}085\,\text{m}}{2\pi}\,(0{,}7\,\text{G})\,\frac{1\,\text{T}}{10^4\,\text{G}} = 9{,}47\,\text{A}\,.$$

In der Abbildung symbolisiert B_{I} das vom Strom in der Leiterschleife erzeugte Magnetfeld und B_{E} das Erdmagnetfeld.

Die Normale auf der Ebene der Leiterschleife muss in Richtung des Erdmagnetfelds liegen, und der Strom muss, von oben gesehen, entgegen dem Uhrzeigersinn fließen.

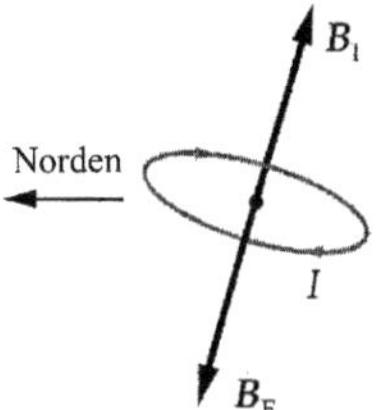

Zu Lösung 27.12

L27.13 Wir verwenden den Index 1 für die Spule, deren Mitte im Ursprung (bei $x = 0$) liegt, und den Index 2 für die Spule, deren Mitte bei $x = r$ liegt.

Das Magnetfeld auf der x-Achse, das von der Spule 1 erzeugt wird, ist (mit der Anzahl n der Windungen) in Abhängigkeit von x gegeben durch

$$B_1(x) = \frac{\mu_0 \, n \, r^2 I}{2 \, (x^2 + r^2)^{3/2}} \, .$$

Entsprechend ist das Magnetfeld der Spule 2

$$B_2(x) = \frac{\mu_0 \, n \, r^2 I}{2 \left[(x-r)^2 + r^2 \right]^{3/2}} \, .$$

Das gesamte Magnetfeld entlang der x-Achse ist die Summe dieser beiden Felder:

$$B_x(x) = \frac{\mu_0 \, n \, r^2 I}{2 \, (x^2 + r^2)^{3/2}} + \frac{\mu_0 \, n \, r^2 I}{2 \left[(x-r)^2 + r^2 \right]^{3/2}}$$

$$= \frac{\mu_0 \, n \, r^2 I}{2} \left(\frac{1}{(x^2 + r^2)^{3/2}} + \frac{1}{\left[(x-r)^2 + r^2 \right]^{3/2}} \right) .$$

Wir berechnen nun x_1 und x_2 bei $x = r/2$:

$$x_{1,r/2} = \sqrt{\tfrac{1}{4} r^2 + r^2} = (\tfrac{5}{4} r^2)^{1/2},$$

$$x_{2,r/2} = \sqrt{(\tfrac{1}{2} r - r)^2 + r^2} = (\tfrac{5}{4} r^2)^{1/2}.$$

Die Ableitung von B_x nach x ergibt

$$\frac{\mathrm{d} B_x}{\mathrm{d} x} = \frac{\mu_0 \, n \, r^2 I}{2} \frac{\mathrm{d}}{\mathrm{d} x} \left(\frac{1}{x_1^3} + \frac{1}{x_2^3} \right) = \frac{\mu_0 \, n \, r^2 I}{2} \left(\frac{x}{x_1^5} + \frac{x-r}{x_2^5} \right) .$$

Für $x = r/2$ wird daraus mit den eben berechneten Koordinaten

$$\left. \frac{\mathrm{d} B_x}{\mathrm{d} x} \right|_{x=r/2} = \frac{\mu_0 \, n \, r^2 I}{2} \left(\frac{r/2}{(\tfrac{5}{4} r^2)^{5/2}} + \frac{-r/2}{(\tfrac{5}{4} r^2)^{5/2}} \right) = 0 \, .$$

Die zweite Ableitung von B_x nach x ist

$$\frac{\mathrm{d}^2 B_x}{\mathrm{d} x^2} = \frac{\mu_0 \, n \, r^2 I}{2} \frac{\mathrm{d}}{\mathrm{d} x} \left(\frac{x}{x_1^5} + \frac{x-r}{x_2^5} \right)$$

$$= \frac{\mu_0 \, n \, r^2 I}{2} \left(\frac{1}{x_1^5} + \frac{1}{x_2^5} - \frac{5 x^2}{x_1^7} - \frac{5 \, (x-r)^2}{x_2^7} \right) .$$

Auch hier setzen wir $x = r/2$ und die oben berechneten Koordinaten ein:

$$\left. \frac{\mathrm{d}^2 B_x}{\mathrm{d} x^2} \right|_{x=r/2} = \frac{\mu_0 \, n \, r^2 I}{2} \left(\frac{1}{(\tfrac{5}{4} r^2)^{5/2}} + \frac{1}{(\tfrac{5}{4} r^2)^{5/2}} \right.$$

$$\left. - \frac{\tfrac{5}{4} r^2}{(\tfrac{5}{4} r^2)^{7/2}} - \frac{\tfrac{5}{4} r^2}{(\tfrac{5}{4} r^2)^{7/2}} \right)$$

$$= 0 \, .$$

Die dritte Ableitung von B_x nach x ist schließlich

$$\frac{\mathrm{d}^3 B_x}{\mathrm{d} x^3} = \frac{\mu_0 \, n \, r^2 I}{2} \frac{\mathrm{d}}{\mathrm{d} x} \left(\frac{1}{x_1^5} + \frac{1}{x_2^5} - \frac{5 x^2}{x_1^7} - \frac{5 \, (x-r)^2}{x_2^7} \right)$$

$$= \frac{\mu_0 \, n \, r^2 I}{2} \left(\frac{35 x^3}{x_1^9} - \frac{15 x}{x_1^7} - \frac{15 \, (x-r)}{x_2^7} - \frac{35 \, (x-r)^3}{x_2^9} \right) .$$

Wiederum setzen wir $x = r/2$ und die oben berechneten Koordinaten ein:

$$\left. \frac{\mathrm{d}^3 B_x}{\mathrm{d} x^3} \right|_{x=r/2} = \frac{\mu_0 \, n \, r^2 I}{2} \left(\frac{\tfrac{35}{8} r^3}{(\tfrac{5}{4} r^2)^{9/2}} - \frac{\tfrac{15}{2} r}{(\tfrac{5}{4} r^2)^{7/2}} \right.$$

$$\left. - \frac{-\tfrac{15}{2} r}{(\tfrac{5}{4} r^2)^{7/2}} - \frac{-\tfrac{35}{8} r^3}{(\tfrac{5}{4} r^2)^{9/2}} \right)$$

$$= 0 \, .$$

L27.14 Die erste Abbildung zeigt die Anordnung sowie die Richtungen der Ströme in den beiden Leiterschleifen.

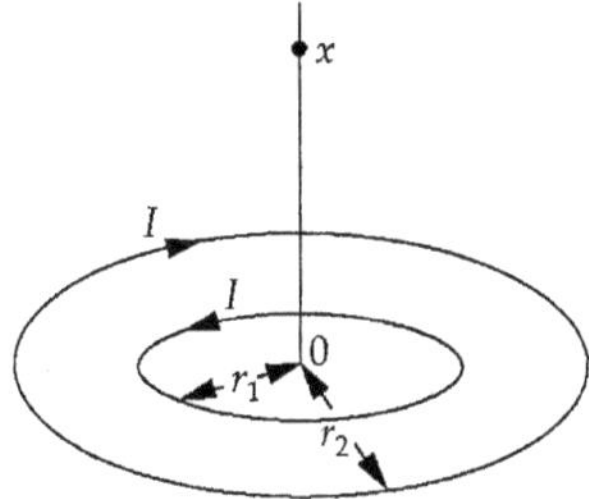

Der Betrag des von der inneren Leiterschleife hervorgerufenen Magnetfelds entlang der x-Achse ist gegeben durch

$$B_1 = \frac{\mu_0}{4 \pi} \frac{2 \pi r_1^2 I}{(x^2 + r_1^2)^{3/2}} = \frac{\mu_0 \, r_1^2 I}{2 \, (x^2 + r_1^2)^{3/2}} \, .$$

Entsprechend gilt für das Magnetfeld der äußeren Leiterschleife

$$B_2 = \frac{\mu_0}{4 \pi} \frac{2 \pi r_2^2 I}{(x^2 + r_2^2)^{3/2}} = \frac{\mu_0 \, r_2^2 I}{2 \, (x^2 + r_2^2)^{3/2}} \, .$$

Das gesamte Magnetfeld entlang der x-Achse ist die Differenz dieser beiden Felder:

$$B_x(x) = \frac{\mu_0 \, r_1^2 I}{2 \, (x^2 + r_1^2)^{3/2}} - \frac{\mu_0 \, r_2^2 I}{2 \, (x^2 + r_2^2)^{3/2}} \, .$$

Die beiden Tabellen zeigen auszugsweise die Eingaben und die Ergebnisse der Berechnung mit einem Tabellenkalkulationsprogramm.

Zelle	Formel/Inhalt	Algebraischer Ausdr.
B1	$1.26 \cdot 10^{-6}$	μ_0
B2	0.1	r_1
B3	1	I
B4	0.101	r_2
A7	0	x
B7	0.5*\$B\$1*\$B\$2^2*\$B\$3/ (A7^2+\$B\$2^2)^(3/2)	$\dfrac{\mu_0 \, r_1^2 I}{2 \, (x^2 + r_1^2)^{3/2}} \, .$
C7	0.5*\$B\$1*\$B\$4^2*\$B\$3/ (A7^2+\$B\$4^2)^(3/2)	$\dfrac{\mu_0 \, r_2^2 I}{2 \, (x^2 + r_2^2)^{3/2}} \, .$
D7	10^4*(B7−C7)	$B_x(x) = B_1(x) - B_2(x)$

Die zweite Tabelle enthält beispielhaft Werte für $r = 10{,}1$ cm. Die Tabellen für die anderen Radien sind analog dazu.

	A	B	C	D
1	mu_0=	1.2E–06	N/A^2	
2	r_1=	0.1	m	
3	I=	1	A	
4	r_2=	0,101	m	
5	r_2=	0,11	m	
6	r_2=	0,15	m	
7	r_2=	0,2	m	
8				
9	x	B_1	B_2	B_x
10	0,00	6.30E–06	6.24E–06	6.24E–04
11	0,01	6.21E–06	6.15E–06	5.97E–04
12	0,02	5.94E–06	5.89E–06	5.21E–04
13	0,03	5.54E–06	5.49E–06	4.14E–04
14	0,04	5.04E–06	5.01E–06	2.95E–04
15	0,05	4.51E–06	4.49E–06	1.81E–04
56	0,46	6.04E–08	6.15E–08	–1.13E–05
57	0,47	5.68E–08	5.78E–08	–1.07E–05
58	0,48	5.34E–08	5.45E–08	–1.01E–05
59	0,49	5.04E–08	5.13E–08	–9.51E–06
60	0,50	4.75E–08	4.84E–08	–8.99E–06

Die zweite Abbildung zeigt das Magnetfeld in Abhängigkeit von x für die r_2-Werte 10,1 cm, 11 cm, 15 cm und 20 cm.

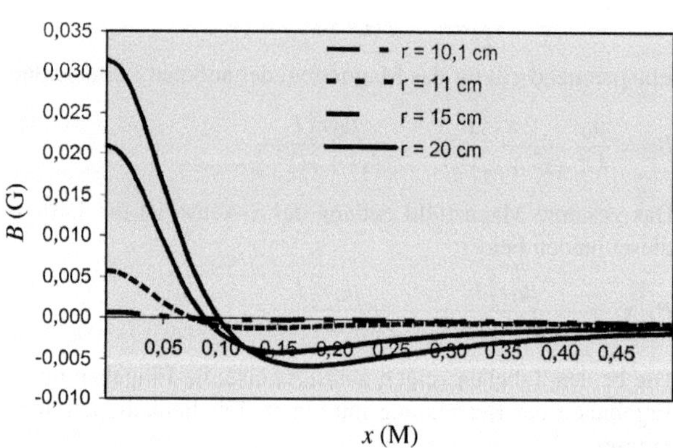

 Das Magnetfeld im axialen Abstand x von einer Leiterschleife, die den Radius r hat, ist gegeben durch

$$B(x) = \frac{\mu_0 I}{4\pi} \frac{2\pi r^2}{(x^2 + r^2)^{3/2}}.$$

Bei einer geringen Änderung Δr des Radius gilt

$$B(x) \approx \frac{\partial B}{\partial r} \Delta r. \tag{1}$$

Wir bilden die Ableitung und formen um:

$$\frac{\partial B}{\partial r} = \frac{\partial}{\partial r}\left(\frac{\mu_0 I}{4\pi} \frac{2\pi r^2}{(x^2 + r^2)^{3/2}}\right) = \frac{\mu_0 I}{4\pi} \frac{\partial}{\partial r}\left(\frac{2\pi r^2}{(x^2 + r^2)^{3/2}}\right)$$

$$= \frac{\mu_0 I}{4\pi} \frac{(x^2+r^2)^{3/2}\,\frac{\partial}{\partial r}(2\pi r^2) - 2\pi r^2 \frac{\partial}{\partial r}\left[(x^2+r^2)^{3/2}\right]}{(x^2+r^2)^3}$$

$$= \frac{\mu_0 I}{4\pi} \frac{(x^2+r^2)^{3/2}(4\pi r) - 2\pi r^2\left[\frac{3}{2}(x^2+r^2)^{1/2}(2r)\right]}{(x^2+r^2)^3}$$

$$= \mu_0 I r \frac{(x^2+r^2)^{3/2} - \frac{3}{2}r^2(x^2+r^2)^{1/2}}{(x^2+r^2)^3}$$

$$= \mu_0 I r \frac{2(x^2+r^2)^{3/2} - 3r^2(x^2+r^2)^{1/2}}{2(x^2+r^2)^3}$$

$$= \mu_0 I r (x^2+r^2)^{1/2} \frac{2(x^2+r^2) - 3r^2}{2(x^2+r^2)^3}$$

$$= \frac{\mu_0 I}{2} \frac{2x^2 r - r^3}{(x^2+r^2)^{5/2}}.$$

An der Stelle $r = r_1$ ist die Ableitung daher

$$\left.\frac{\partial B}{\partial r}\right|_{r=r_1} = \frac{\mu_0 I}{2} \frac{2x^2 r_1 - r_1^3}{(x^2 + r_1^2)^{5/2}}.$$

Einsetzen in Gleichung 1 liefert

$$B(x) \approx \frac{\mu_0 I \Delta r}{2} \frac{2x^2 r_1 - r_1^3}{(x^2 + r_1^2)^{5/2}}.$$

 Für den Betrag des von einem geradlinigen Leiter hervorgerufenen Magnetfelds gilt im senkrechten Abstand $r_\perp$ vom Leiter

$$B = \frac{\mu_0}{4\pi} \frac{2I}{r_\perp} = (10^{-7}\ \mathrm{T\cdot m\cdot A^{-1}}) \frac{2I}{r_\perp}.$$

Wir bezeichnen den Leiter bei $y = +6$ cm mit dem Index a und den bei $y = -6$ cm mit dem Index b.

a) Bei $y = -3$ cm ist das resultierende Magnetfeld

$$\boldsymbol{B}_{-3} = \boldsymbol{B}_{a,-3} + \boldsymbol{B}_{b,-3},$$

und die Beträge der beiden Felder sind

$$B_{a,\,3} = (10^{-7}\ \mathrm{T\cdot m\cdot A^{-1}}) \frac{2\,(20\ \mathrm{A})}{0{,}09\ \mathrm{m}} = 44{,}4\ \mu\mathrm{T},$$

$$B_{b,-3} = (10^{-7}\ \mathrm{T\cdot m\cdot A^{-1}}) \frac{2\,(20\ \mathrm{A})}{0{,}03\ \mathrm{m}} = 133\ \mu\mathrm{T}.$$

Mit der Rechte-Hand-Regel ergibt sich für die beiden Felder

$$\boldsymbol{B}_{a,-3} = (44{,}4\,\widehat{\boldsymbol{z}})\ \mu\mathrm{T} \quad \text{und} \quad \boldsymbol{B}_{b,-3} = (-133\,\widehat{\boldsymbol{z}})\ \mu\mathrm{T}.$$

Damit erhalten wir für das resultierende Magnetfeld

$$\boldsymbol{B}_{-3} = (44{,}4\,\widehat{\boldsymbol{z}})\ \mu\mathrm{T} + (-133\,\widehat{\boldsymbol{z}})\ \mu\mathrm{T} = (-88{,}6\,\widehat{\boldsymbol{z}})\ \mu\mathrm{T}.$$

b) Bei $y = 0$ ist das resultierende Magnetfeld

$$\boldsymbol{B}_0 = \boldsymbol{B}_{a,0} + \boldsymbol{B}_{b,0}.$$

Aufgrund der Symmetrie ist $\boldsymbol{B}_{a,0} = -\boldsymbol{B}_{b,0}$, so dass das resultierende Feld null ist.

c) Die gleiche Berechnung wie in Teil a ergibt für $y = +3$ cm:

$$\boldsymbol{B}_{a,3} = (133\,\widehat{\boldsymbol{z}})\ \mu\mathrm{T} \quad \text{und} \quad \boldsymbol{B}_{b,3} = (-44{,}4\,\widehat{\boldsymbol{z}})\ \mu\mathrm{T}$$

sowie für das resultierende Magnetfeld
$$\boldsymbol{B}_3 = (133\,\widehat{\boldsymbol{z}})\,\mu\mathrm{T} + (-44{,}4\,\widehat{\boldsymbol{z}})\,\mu\mathrm{T} = (88{,}6\,\widehat{\boldsymbol{z}})\,\mu\mathrm{T}.$$
d) Wiederum wie in Teil a ergibt sich für $y = +9$ cm:
$$\boldsymbol{B}_{\mathrm{a},9} = (-133\,\widehat{\boldsymbol{z}})\,\mu\mathrm{T} \quad\text{und}\quad \boldsymbol{B}_{\mathrm{b},9} = (-26{,}7\,\widehat{\boldsymbol{z}})\,\mu\mathrm{T}$$
sowie für das resultierende Magnetfeld
$$\boldsymbol{B}_9 = (-133\,\widehat{\boldsymbol{z}})\,\mu\mathrm{T} + (-26{,}7\,\widehat{\boldsymbol{z}})\,\mu\mathrm{T} = (-160\,\widehat{\boldsymbol{z}})\,\mu\mathrm{T}.$$

L27.17 Für den Betrag des von einem geradlinigen Leiter hervorgerufenen Magnetfelds gilt im senkrechten Abstand $r_\perp$ vom Leiter
$$B = \frac{\mu_0}{4\pi}\frac{2I}{r_\perp} = (10^{-7}\,\mathrm{T\cdot m\cdot A^{-1}})\,\frac{2I}{r_\perp}.$$

Wir bezeichnen den Leiter bei $y = +6$ cm mit dem Index a und den bei $y = -6$ cm mit dem Index b.

a) Bei $y = -3$ cm ist das resultierende Magnetfeld
$$\boldsymbol{B}_{-3} = \boldsymbol{B}_{\mathrm{a},-3} + \boldsymbol{B}_{\mathrm{b},-3}\,,$$
und die Beträge der beiden Felder sind
$$B_{\mathrm{a},-3} = (10^{-7}\,\mathrm{T\cdot m\cdot A^{-1}})\,\frac{2\,(20\,\mathrm{A})}{0{,}09\,\mathrm{m}} = 44{,}4\,\mu\mathrm{T},$$
$$B_{\mathrm{b},-3} = (10^{-7}\,\mathrm{T\cdot m\cdot A^{-1}})\,\frac{2\,(20\,\mathrm{A})}{0{,}03\,\mathrm{m}} = 133\,\mu\mathrm{T}.$$

Mit der Rechte-Hand-Regel ergibt sich für die beiden Felder
$$\boldsymbol{B}_{\mathrm{a},-3} = (-44{,}4\,\widehat{\boldsymbol{z}})\,\mu\mathrm{T} \quad\text{und}\quad \boldsymbol{B}_{\mathrm{b},-3} = (-133\,\widehat{\boldsymbol{z}})\,\mu\mathrm{T}.$$
Damit erhalten wir für das resultierende Magnetfeld
$$\boldsymbol{B}_{-3} = (-44{,}4\,\widehat{\boldsymbol{z}})\,\mu\mathrm{T} + (-133\,\widehat{\boldsymbol{z}})\,\mu\mathrm{T} = (-177\,\widehat{\boldsymbol{z}})\,\mu\mathrm{T}.$$
b) Die gleiche Berechnung wie in Teil a ergibt für $y = 0$:
$$\boldsymbol{B}_{\mathrm{a},0} = (-66{,}7\,\widehat{\boldsymbol{z}})\,\mu\mathrm{T} \quad\text{und}\quad \boldsymbol{B}_{\mathrm{b},0} = (-66{,}7\,\widehat{\boldsymbol{z}})\,\mu\mathrm{T}$$
sowie für das resultierende Magnetfeld
$$\boldsymbol{B}_0 = (-66{,}7\,\widehat{\boldsymbol{z}})\,\mu\mathrm{T} + (-66{,}7\,\widehat{\boldsymbol{z}})\,\mu\mathrm{T} = (-133\,\widehat{\boldsymbol{z}})\,\mu\mathrm{T}.$$
c) Wiederum wie in Teil a ergibt sich für $y = +3$ cm:
$$\boldsymbol{B}_{\mathrm{a},3} = (-133\,\widehat{\boldsymbol{z}})\,\mu\mathrm{T} \quad\text{und}\quad \boldsymbol{B}_{\mathrm{b},3} = (-44{,}4\,\widehat{\boldsymbol{z}})\,\mu\mathrm{T}$$
sowie für das resultierende Magnetfeld
$$\boldsymbol{B}_3 = (-133\,\widehat{\boldsymbol{z}})\,\mu\mathrm{T} + (-44{,}4\,\widehat{\boldsymbol{z}})\,\mu\mathrm{T} = (-177\,\widehat{\boldsymbol{z}})\,\mu\mathrm{T}.$$
d) Wiederum wie in Teil a ergibt sich für $y = +9$ cm:
$$\boldsymbol{B}_{\mathrm{a},9} = (133\,\widehat{\boldsymbol{z}})\,\mu\mathrm{T} \quad\text{und}\quad \boldsymbol{B}_{\mathrm{b},9} = (-26{,}7\,\widehat{\boldsymbol{z}})\,\mu\mathrm{T}$$
sowie für das resultierende Magnetfeld
$$\boldsymbol{B}_9 = (133\,\widehat{\boldsymbol{z}})\,\mu\mathrm{T} + (-26{,}7\,\widehat{\boldsymbol{z}})\,\mu\mathrm{T} = (106\,\widehat{\boldsymbol{z}})\,\mu\mathrm{T}.$$

L27.18 Auf den beweglichen Draht, der die Masse m hat, wirken nach oben die magnetische Kraft F_{mag} und nach unten die Gewichtskraft mg. Beide gleichen einander aus, so dass gemäß dem zweiten Newton'schen Axiom, $\sum F_y = 0$, gilt:
$$F_{\mathrm{mag}} - mg = 0.$$
Der Betrag der magnetischen Kraft, die den oberen Draht abstößt, ist gegeben durch
$$F_{\mathrm{mag}} = 2\,\frac{\mu_0}{4\pi}\frac{I^2\ell}{r_\perp}.$$

Darin ist ℓ die Länge des oberen Drahts, $r_\perp$ der Abstand der Drähte und I die Stromstärke in jedem Draht. Wir setzen in die vorige

Gleichung für die Kräfte ein und erhalten
$$2\,\frac{\mu_0}{4\pi}\frac{I^2\ell}{r_\perp} - mg = 0.$$

Damit ergibt sich die Stromstärke zu
$$I = \sqrt{\frac{4\pi}{\mu_0}\frac{mg\,r_\perp}{2\ell}}$$
$$= \sqrt{\frac{(14\cdot 10^{-3}\,\mathrm{kg})\,(9{,}81\,\mathrm{m\cdot s^{-2}})\,(1{,}5\cdot 10^{-3}\,\mathrm{m})}{(10^{-7}\,\mathrm{T\cdot m\cdot A^{-1}})\cdot 2\cdot(0{,}16\,\mathrm{m})}} = 80{,}2\,\mathrm{A}.$$

L27.19 Wir verwenden den Index 1 für den in positiver x-Richtung fließenden Strom und für das von ihm erzeugte Magnetfeld sowie den Index 2 für den in positiver y-Richtung fließenden Strom und für das von ihm erzeugte Magnetfeld. Die beiden Magnetfelder sind gegeben durch
$$\boldsymbol{B}_1 = \frac{\mu_0}{4\pi}\frac{2I_1}{y}\,\widehat{\boldsymbol{z}}, \qquad \boldsymbol{B}_2 = -\frac{\mu_0}{4\pi}\frac{2I_2}{x}\,\widehat{\boldsymbol{z}}.$$

Mit $I = I_1 = I_2$ ergibt sich daraus für das resultierende Magnetfeld
$$\boldsymbol{B} = \boldsymbol{B}_1 + \boldsymbol{B}_2 = \frac{\mu_0}{4\pi}\frac{2I_1}{y}\,\widehat{\boldsymbol{z}} - \frac{\mu_0}{4\pi}\frac{2I_2}{x}\,\widehat{\boldsymbol{z}}$$
$$= \left(\frac{\mu_0}{4\pi}\frac{2I}{y} - \frac{\mu_0}{4\pi}\frac{2I}{x}\right)\widehat{\boldsymbol{z}} = \frac{\mu_0 I}{2\pi}\left(\frac{1}{y} - \frac{1}{x}\right)\widehat{\boldsymbol{z}}.$$

Damit das Magnetfeld null wird, muss gelten
$$\frac{1}{y} - \frac{1}{x} = 0$$

und daher $x = y$. Das bedeutet, das Magnetfeld ist null entlang der Winkelhalbierenden zwischen der x- und der y-Achse.

L27.20 Das Magnetfeld im unbesetzten Eckpunkt ist jeweils die Summe der von den drei Strömen erzeugten Felder:
$$\boldsymbol{B} = \boldsymbol{B}_1 + \boldsymbol{B}_2 + \boldsymbol{B}_3. \tag{1}$$

a) Alle Stromrichtungen zeigen in die Papierebene hinein; daher haben die Magnetfelder die in der ersten Abbildung gezeigten Richtungen.

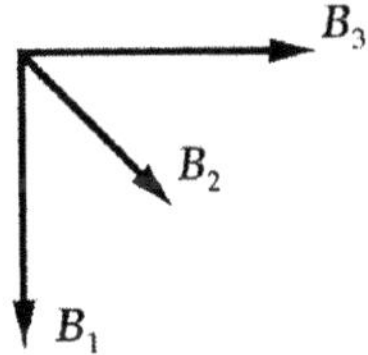

Die drei Felder im unbesetzten Eckpunkt sind
$$\boldsymbol{B}_1 = -\frac{\mu_0}{4\pi}\frac{2I}{\ell}\,\widehat{\boldsymbol{y}},$$
$$\boldsymbol{B}_2 = \frac{\mu_0}{4\pi}\frac{2I}{\ell\sqrt{2}}\,(\cos 45^\circ)\,(\widehat{\boldsymbol{x}} - \widehat{\boldsymbol{y}}) = \frac{\mu_0}{4\pi}\frac{2I}{2\ell}\,(\widehat{\boldsymbol{x}} - \widehat{\boldsymbol{y}}),$$
$$\boldsymbol{B}_3 = \frac{\mu_0}{4\pi}\frac{2I}{\ell}\,\widehat{\boldsymbol{x}}.$$

Wir setzen diese drei Ausdrücke in Gleichung 1 ein, wobei wir die gemeinsamen Brüche sofort ausklammern:

$$\boldsymbol{B} = \frac{\mu_0}{4\pi}\frac{2I}{\ell}\left[-\hat{\boldsymbol{y}} + \tfrac{1}{2}\left(\hat{\boldsymbol{x}} - \hat{\boldsymbol{y}}\right) + \hat{\boldsymbol{x}}\right]$$

$$= \frac{\mu_0}{4\pi}\frac{2I}{\ell}\left[\left(1 + \tfrac{1}{2}\right)\hat{\boldsymbol{x}} + \left(-1 - \tfrac{1}{2}\right)\hat{\boldsymbol{y}}\right] = \frac{3\,\mu_0 I}{4\pi\ell}\left(\hat{\boldsymbol{x}} - \hat{\boldsymbol{y}}\right).$$

b) Hier zeigt nur I_2 aus der Papierebene heraus, und die Magnetfelder haben die in der zweiten Abbildung dargestellten Richtungen.

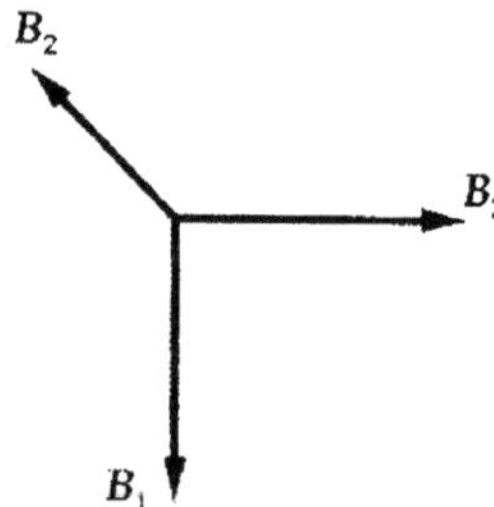

Die Felder $\boldsymbol{B}_1$ und $\boldsymbol{B}_3$ sind dieselben wie in Teilaufgabe a, und das von I_2 erzeugte Feld im unbesetzten Punkt ist

$$\boldsymbol{B}_2 = \frac{\mu_0}{4\pi}\frac{2I}{\ell\sqrt{2}}\left(\cos 45°\right)\left(-\hat{\boldsymbol{x}} + \hat{\boldsymbol{y}}\right) = \frac{\mu_0}{4\pi}\frac{2I}{2\ell}\left(-\hat{\boldsymbol{x}} + \hat{\boldsymbol{y}}\right).$$

Einsetzen in Gleichung 1 und Ausklammern ergibt

$$\boldsymbol{B} = \frac{\mu_0}{4\pi}\frac{2I}{\ell}\left[-\hat{\boldsymbol{y}} + \tfrac{1}{2}\left(-\hat{\boldsymbol{x}} + \hat{\boldsymbol{y}}\right) + \hat{\boldsymbol{x}}\right]$$

$$= \frac{\mu_0}{4\pi}\frac{2I}{\ell}\left[\left(1 - \tfrac{1}{2}\right)\hat{\boldsymbol{x}} + \left(-1 + \tfrac{1}{2}\right)\hat{\boldsymbol{y}}\right] = \frac{\mu_0 I}{4\pi\ell}\left(\hat{\boldsymbol{x}} - \hat{\boldsymbol{y}}\right).$$

c) Hier zeigt nur I_3 aus der Papierebene heraus, und die Magnetfelder haben die in der dritten Abbildung dargestellten Richtungen.

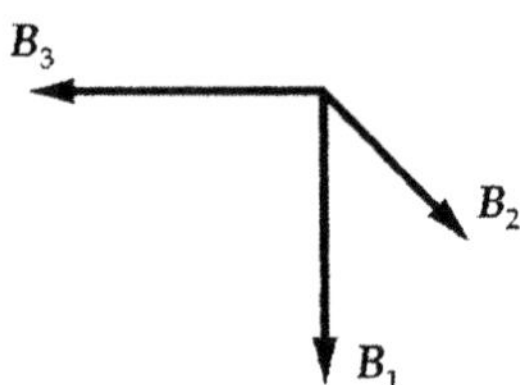

Die Felder $\boldsymbol{B}_1$ und $\boldsymbol{B}_2$ sind dieselben wie in Teilaufgabe a, und das von I_3 erzeugte Feld im unbesetzten Punkt ist

$$\boldsymbol{B}_3 = -\frac{\mu_0}{4\pi}\frac{2I}{\ell}\hat{\boldsymbol{x}}.$$

Einsetzen in Gleichung 1 und Ausklammern ergibt

$$\boldsymbol{B} = \frac{\mu_0}{4\pi}\frac{2I}{\ell}\left[-\hat{\boldsymbol{y}} + \tfrac{1}{2}\left(\hat{\boldsymbol{x}} - \hat{\boldsymbol{y}}\right) - \hat{\boldsymbol{x}}\right]$$

$$= \frac{\mu_0}{4\pi}\frac{2I}{\ell}\left[\left(-1 + \tfrac{1}{2}\right)\hat{\boldsymbol{x}} + \left(-1 - \tfrac{1}{2}\right)\hat{\boldsymbol{y}}\right] = \frac{\mu_0 I}{4\pi\ell}\left(-\hat{\boldsymbol{x}} - 3\hat{\boldsymbol{y}}\right).$$

L27.21 Wir stellen zunächst die Formel auf, mit der wir das Magnetfeld jeweils berechnen können. Mit den Abständen a und

b von den beiden Enden einer Spule mit dem Radius r_{LS} ist das Magnetfeld auf deren Achse gegeben durch

$$B_x = \tfrac{1}{2}\mu_0\,(n/\ell)\,I\left(\frac{b}{\sqrt{b^2 + r_{\text{LS}}^2}} - \frac{a}{\sqrt{a^2 + r_{\text{LS}}^2}}\right).$$

Wir setzen die Werte ein:

$$B_x = \tfrac{1}{2}\left(4\pi\cdot 10^{-7}\,\text{T}\cdot\text{m}\cdot\text{A}^{-1}\right)\left(\frac{300}{0{,}30\,\text{m}}\right)(2{,}6\,\text{A})$$

$$\cdot\left[\frac{b}{\sqrt{b^2 + (0{,}012\,\text{m})^2}} - \frac{a}{\sqrt{a^2 + (0{,}012\,\text{m})^2}}\right]$$

$$= (1{,}63\,\text{mT})\left[\frac{b}{\sqrt{b^2 + (0{,}012\,\text{m})^2}} - \frac{a}{\sqrt{a^2 + (0{,}012\,\text{m})^2}}\right].$$

a) In der Mitte der Spule ist $-a = b = 0{,}15$ m, und wir erhalten $B_x = 3{,}25$ mT.

b) Hier ist $a = -0{,}10$ m und $b = 0{,}20$ m, und es ergibt sich $B_x = 3{,}25$ mT.

c) An einem Ende der Spule ist $a = 0$ und $b = 0{,}30$ m und daher $B_x = 1{,}63$ mT.

Beachten Sie, dass die Feldstärke am Ende der Spule halb so groß ist wie in der Mitte.

L27.22 Die Abbildung zeigt ein infinitesimales Längenelement $\mathrm{d}x'$ der Spule bei der Koordinate x' sowie einen Punkt auf der x-Achse, außerhalb der Spule, bei der Koordinate x.

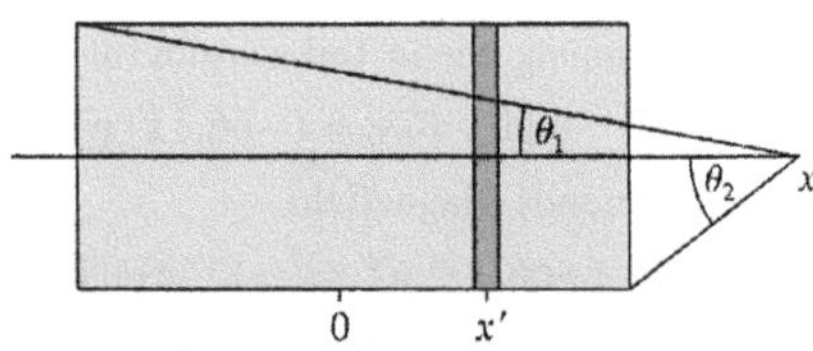

Wir können das Längenelement $\mathrm{d}x'$ als Spule mit $(n/\ell)\,\mathrm{d}x'$ Windungen auffassen, die den Strom I führt. Das von ihm bei x erzeugte Feldelement ist

$$\mathrm{d}B_x = \frac{\mu_0}{4\pi}\frac{n}{\ell}\frac{2\pi r^2}{\left[(x - x')^2 + r^2\right]^{3/2}}\,\mathrm{d}x'.$$

Wir integrieren von $-\ell/2$ bis $\ell/2$:

$$B_x = \frac{\mu_0\,(n/\ell)\,I\,r^2}{2}\int_{-\ell/2}^{\ell/2}\frac{\mathrm{d}x'}{\left[(x - x')^2 + r^2\right]^{3/2}}$$

$$= \frac{\mu_0\,(n/\ell)\,I}{2}\left(\frac{x + \ell/2}{\sqrt{(x + \ell/2)^2 + r^2}} - \frac{x - \ell/2}{\sqrt{(x - \ell/2)^2 + r^2}}\right).$$

Mit den gegebenen Ausdrücken für $\cos\theta_1$ und $\cos\theta_2$ erhalten wir daraus $B_x = \tfrac{1}{2}\mu_0\,(n/\ell)\,I\,(\cos\theta_1 - \cos\theta_2)$.

L27.23 a) Im Bereich zwischen Seele und Abschirmung ergibt sich gemäß dem Ampère'schen Gesetz

$$\oint_C \boldsymbol{B}_{r < r_{\text{coax}}}\cdot\mathrm{d}\boldsymbol{\ell} = B_{r < r_{\text{coax}}}\,(2\pi r) = \mu_0 I$$

und daraus $B_{r<r_{\mathrm{coax}}} = \dfrac{\mu_0\,I}{2\,\pi\,r}$.

b) Für den Bereich außerhalb des Kabels ergibt sich

$$\oint_C B_{r>r_{\mathrm{coax}}} \cdot \mathrm{d}\boldsymbol{\ell} = \mu_0 \cdot (0) \quad \text{und daraus} \quad B_{r>r_{\mathrm{coax}}} = 0.$$

L27.24 Das Umlaufintegral hat im vorliegenden Fall vier Anteile, nämlich zwei vertikale Anteile sowie zwei horizontale Anteile, für die gilt $\oint_C \boldsymbol{B} \cdot \mathrm{d}\boldsymbol{\ell} = 0$. Der Bereich innerhalb des Magnetfelds ergibt einen nicht verschwindenden Beitrag, während der Bereich außerhalb des Felds zum Umlaufintegral nichts beiträgt. Daher hat es einen endlichen Wert. Weil es jedoch keinen Strom umschließt, scheint das Ampère'sche Gesetz verletzt zu sein. Also muss ein Rand- oder Streufeld existieren, so dass das gesamte Umlaufintegral null wird.

L27.25 Die von der rechteckigen Fläche eingeschlossene Anzahl von Windungen ist $(n/\ell)\,a$. Wir nummerieren die Ecken des Rechtecks entgegen dem Uhrzeigersinn, wobei wir bei der linken unteren Ecke mit 1 beginnen. Das gesamte Umlaufintegral setzt sich dann aus vier Anteilen zusammen:

$$\oint_C \boldsymbol{B} \cdot \mathrm{d}\boldsymbol{\ell} = \int_{1\to2} \boldsymbol{B} \cdot \mathrm{d}\boldsymbol{\ell} + \int_{2\to3} \boldsymbol{B} \cdot \mathrm{d}\boldsymbol{\ell} + \int_{3\to4} \boldsymbol{B} \cdot \mathrm{d}\boldsymbol{\ell} + \int_{4\to1} \boldsymbol{B} \cdot \mathrm{d}\boldsymbol{\ell}.$$

Der erste Beitrag ist

$$\int_{1\to2} \boldsymbol{B} \cdot \mathrm{d}\boldsymbol{\ell} = aB.$$

Beim zweiten und beim vierten Beitrag ist das Feld entweder null (außerhalb der Spule) oder steht senkrecht auf dem Weg $\mathrm{d}\boldsymbol{\ell}$:

$$\int_{2\to3} \boldsymbol{B} \cdot \mathrm{d}\boldsymbol{\ell} = \int_{4\to1} \boldsymbol{B} \cdot \mathrm{d}\boldsymbol{\ell} = 0.$$

Beim dritten Beitrag, außerhalb der Spule, ist das Feld null:

$$\int_{3\to4} \boldsymbol{B} \cdot \mathrm{d}\boldsymbol{\ell} = 0.$$

Einsetzen aller vier Ausdrücke in die erste Gleichung liefert

$$\oint_C \boldsymbol{B} \cdot \mathrm{d}\boldsymbol{\ell} = aB + 0 + 0 + 0 = aB = \mu_0\,I_C = \mu_0\,(n/\ell)\,a\,I.$$

Also ist $aB = \mu_0\,(n/\ell)\,a\,I$ und daher $B = \mu_0\,(n/\ell)\,I$.

L27.26 a) Ohne Eisenkern ist das Magnetfeld

$$B = B_{\mathrm{aus}} = \mu_0\,\frac{n}{\ell}\,I = (4\pi \cdot 10^{-7}\ \mathrm{N \cdot A^{-2}})\,\frac{400}{0{,}2\ \mathrm{m}}\,(4\ \mathrm{A})$$
$$= 10{,}1\ \mathrm{mT}.$$

b) Mit dem Eisenkern ergibt sich das Feld zu

$$B' = B_{\mathrm{aus}} + \mu_0\,M$$
$$= 10{,}1\ \mathrm{mT} + (4\pi \cdot 10^{-7}\ \mathrm{T \cdot m \cdot A^{-1}})\,(1{,}2 \cdot 10^6\ \mathrm{A \cdot m^{-1}})$$
$$= 1{,}52\ \mathrm{T}.$$

L27.27 Die erste Abbildung zeigt, wie B von B_{aus} abhängt. Die Abszissenwerte wurden durch Multiplizieren von $(n/\ell)\,I$ mit μ_0

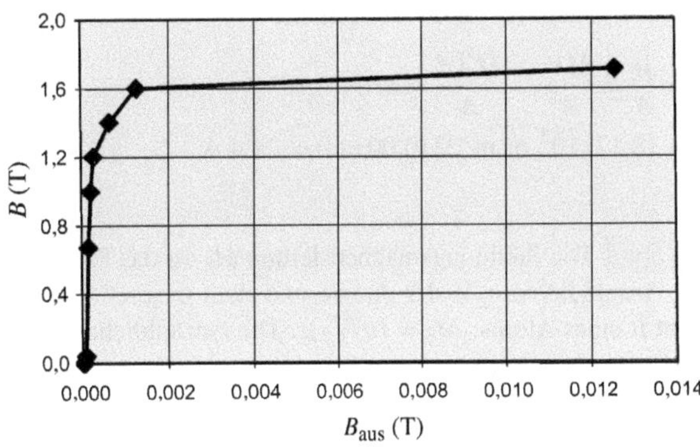

erhalten, denn es gilt $B_{\mathrm{aus}} = \mu_0\,(n/\ell)\,I$. Die Kurve zeigt den für ferromagnetische Materialien charakteristischen Verlauf, nämlich die Abflachung nach einem sehr steilen anfänglichen Anstieg.

In der zweiten Abbildung ist μ_{rel} gegen $(n/\ell)\,I$ aufgetragen. Bei kleinen Werten von $(n/\ell)\,I$ ist die relative Permeabilität groß und sinkt bei steigenden Werten anfangs schnell ab. Eine Auftragung von $B/[(n/\ell)\,I]$ ließe erkennen, dass μ_{rel} bei kleinen Werten von $(n/\ell)\,I$ sehr groß ist und bei der Sättigungsmagnetisierung, also bei rund 10 000 A/m, nahezu null wird.

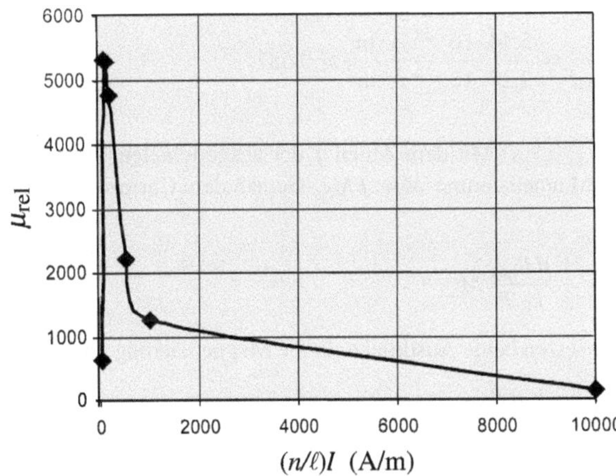

L27.28 a) Die Magnetisierung ist gegeben durch den Quotienten aus dem magnetischem Moment μ und dem Volumen V. Für die Magnetisierung der Scheibe mit dem Radius r und der Dicke d erhalten wir also

$$M = \frac{\mu}{V} = \frac{\mu}{\pi r^2 d}$$
$$= \frac{1{,}5 \cdot 10^{-2}\ \mathrm{A \cdot m^2}}{\pi\,(1{,}4\ \mathrm{cm})^2\,(0{,}3\ \mathrm{cm})} = 8{,}12 \cdot 10^3\ \mathrm{A \cdot m^{-1}}.$$

b) Das magnetische Moment der Probe ist mit den getroffenen Annahmen gleich dem Produkt aus der Anzahl n der Elektronen und dem Bohr'schen Magneton: $\mu = n\,\mu_{\mathrm{Bohr}}$. Damit ergibt sich

$$n = \frac{\mu}{\mu_{\mathrm{Bohr}}} = \frac{1{,}5 \cdot 10^{-2}\ \mathrm{A \cdot m^2}}{9{,}27 \cdot 10^{-24}\ \mathrm{A \cdot m^2}} = 1{,}62 \cdot 10^{21}.$$

c) Das magnetische Moment ist das Produkt aus der Oberfläche A und dem Ampère'schen Strom I an der Oberfläche: $\mu = A\,I$.

Damit erhalten wir für die Stromstärke

$$I = \frac{\mu}{A} = \frac{MV}{A} = \frac{MAd}{A} = Md$$
$$= (8{,}12 \cdot 10^3 \, \text{A} \cdot \text{m}^{-1})\,(0{,}003 \, \text{m}) = 24{,}4 \, \text{A}.$$

L27.29 Die Sättigungsmagnetisierung M_S ist das Produkt aus der Anzahldichte n/V der Atome und dem magnetischen Moment μ eines Atoms: $M_S = (n/V)\,\mu$. Die Anzahldichte der Atome ist gegeben durch

$$\frac{n}{V} = \frac{n_A \rho}{m_{\text{Mol}}}.$$

Darin ist n_A die Avogadro-Zahl, ρ die Dichte des Materials und m_{Mol} dessen Molmasse. Einsetzen ergibt

$$\mu = \frac{M_S}{n/V} = \frac{M_S}{n_A \rho / m_{\text{Mol}}} = \frac{\mu_0 M_S m_{\text{Mol}}}{\mu_0 n_A \rho}$$
$$= \frac{(0{,}61 \, \text{T})\,(58{,}7 \, \text{g} \cdot \text{mol}^{-1})}{(4\pi \cdot 10^{-7} \, \text{N} \cdot \text{A}^{-2})\,(6{,}02 \cdot 10^{23} \, \text{mol}^{-1})\,(8{,}7 \, \text{g} \cdot \text{cm}^{-3})}$$
$$= 5{,}44 \cdot 10^{-24} \, \text{A} \cdot \text{m}^2.$$

Der Quotient aus dem magnetischen Moment eines Nickelatoms und dem Bohr'schen Magneton ist damit

$$\frac{\mu}{\mu_{\text{Bohr}}} = \frac{5{,}44 \cdot 10^{-24} \, \text{A} \cdot \text{m}^2}{9{,}27 \cdot 10^{-24} \, \text{A} \cdot \text{m}^2} = 0{,}587.$$

L27.30 a) Mit dem Anteil f der ausgerichteten Moleküle ist die Magnetisierung $M = f M_S$. Gemäß dem Curie'schen Gesetz gilt

$$M = \frac{1}{3} \frac{\mu B_{\text{aus}}}{k_B T} M_S.$$

Wir setzen beide Ausdrücke für die Magnetisierung gleich:

$$f M_S = \frac{1}{3} \frac{\mu B_{\text{aus}}}{k_B T} M_S.$$

Daraus folgt $f = \dfrac{\mu B_{\text{aus}}}{3 k_B T}.$

b) Einsetzen der gegebenen Werte in die vorige Gleichung ergibt

$$f = \frac{(9{,}27 \cdot 10^{-24} \, \text{A} \cdot \text{m}^2)\,(1 \, \text{T})}{3\,(1{,}381 \cdot 10^{-23} \, \text{J} \cdot \text{K}^{-1})\,(300 \, \text{K})} = 7{,}46 \cdot 10^{-4}.$$

L27.31 Für $r_{RS} - r < a < r_{RS} + r$ gilt für das Magnetfeld

$$B_{\text{aus}} = \frac{\mu_0 n I}{2\pi a}.$$

Das resultierende Feld ist damit

$$B = B_{\text{aus}} + \mu_0 M = \frac{\mu_0 n I}{2\pi a} + \mu_0 M.$$

L27.32 Die Permeabilität μ, die relative Permeabilität μ_{rel} und die magnetische Suszeptibilität χ_{mag} hängen miteinander zusammen über

$$\mu = \mu_{\text{rel}} \mu_0 = (1 + \chi_{\text{mag}})\,\mu_0,$$

und für die Magnetisierung gilt

$$M = \chi_{\text{mag}} \frac{B_{\text{aus}}}{\mu_0}.$$

Wir formen diese Gleichung um, schlagen den Wert von $\mu_0 M$ für gehärtetes Eisen nach und erhalten

$$\chi_{\text{mag}} = \frac{\mu_0 M}{B_{\text{aus}}} = \frac{2{,}16 \, \text{T}}{0{,}201 \, \text{T}} = 10{,}75.$$

Damit ergibt sich die relative Permeabilität zu

$$\mu_{\text{rel}} = 1 + \chi_{\text{mag}} = 1 + 10{,}75 = 11{,}75.$$

Mit der ersten Gleichung können wir schließlich die Permeabilität berechnen:

$$\mu = \mu_{\text{rel}} \mu_0$$
$$= (11{,}75)\,(4\pi \cdot 10^{-7} \, \text{N} \cdot \text{A}^{-2}) = 1{,}48 \cdot 10^{-5} \, \text{N} \cdot \text{A}^{-2}.$$

L27.33 a) Das Magnetfeld in der Spule mit Eisenkern ist

$$B = \mu_{\text{rel}} B_{\text{aus}} = \mu_{\text{rel}} \mu_0 \frac{n}{\ell} I$$
$$= 1200\,(4\pi \cdot 10^{-7} \, \text{N} \cdot \text{A}^{-2})\,(2000 \, \text{m}^{-1})\,(20 \, \text{mA}) = 60{,}3 \, \text{mT}.$$

b) In der Spule ohne Eisenkern gilt für das Magnetfeld

$$B' = \mu_0\,(n/\ell)\,I'.$$

Das Feld soll nun, mit der Stromstärke I', ebenso stark sein wie zuvor, in Gegenwart des Eisenkerns. Daher muss gelten

$$\mu_{\text{rel}} \mu_0\,(n/\ell)\,I = \mu_0\,(n/\ell)\,I'.$$

Also ist $I' = \mu_{\text{rel}} I = 1200\,(20 \, \text{mA}) = 24{,}0 \, \text{A}.$

L27.34 a) Gemäß dem Ampère'schen Gesetz gilt für einen geschlossenen Weg im Abstand r von einem stromdurchflossenen Leiter

$$\oint_C \boldsymbol{B} \cdot \mathrm{d}\boldsymbol{\ell} = B_{\text{aus}}\,(2\pi r) = \mu_0 I_C = \mu_0 I$$

und daher $B_{\text{aus}} = \dfrac{\mu_0 I}{2\pi r}.$

Das Magnetfeld zwischen beiden Drähten ist gegeben durch $B = \mu_{\text{rel}} B_{\text{aus}}$. Weil in beiden Drähten gleich starke, aber entgegengesetzte Ströme fließen, addieren sich die von ihnen erzeugten (in gleichen Abständen gleich starken) Magnetfelder, und wir erhalten

$$B = 2\,\mu_{\text{rel}} \frac{\mu_0 I}{2\pi r} = \frac{\mu_{\text{rel}} \mu_0 I}{\pi r}$$
$$= \frac{120\,(4\pi \cdot 10^{-7} \, \text{N} \cdot \text{A}^{-2})\,(40 \, \text{A})}{\pi\,(0{,}02 \, \text{m})} = 96{,}0 \, \text{mT}.$$

b) Die Kraft pro Längeneinheit, die einer der Drähte infolge des Stroms im anderen Draht erfährt, ist $F/\ell = B I$. Gemäß dem Ampère'schen Gesetz gilt beim Abstand r der Drähte voneinander:

$$\oint_C \boldsymbol{B} \cdot \mathrm{d}\boldsymbol{\ell} = B_{\text{aus}}\,(2\pi r) = \mu_0 I_C = \mu_0 I$$

und daher

$$B = \frac{\mu_0 I}{2\pi r} \quad \text{sowie} \quad B_{\text{aus}} = \frac{\mu_{\text{rel}} \mu_0 I}{2\pi r}.$$

Einsetzen liefert schließlich für die Kraft pro Längeneinheit

$$\frac{F}{\ell} = \frac{\mu_{\mathrm{rel}}\,\mu_0\,I^2}{2\,\pi\,r}$$

$$= \frac{120\,(4\pi \cdot 10^{-7}\,\mathrm{N} \cdot \mathrm{A}^{-2})\,(40\,\mathrm{A})^2}{\pi\,(0{,}04\,\mathrm{m})} = 0{,}960\,\mathrm{N} \cdot \mathrm{m}^{-1}.$$

L27.35 Das Magnetfeld in der Mitte einer Leiterschleife mit n Windungen und dem Radius r ist

$$B = \frac{\mu_0\,n\,I}{2\,r}.$$

Die Länge des Drahts entspricht dem n-Fachen des Umfangs der Leiterschleife: $\ell = 2\,\pi\,r\,n$. Damit ergibt sich für den Radius $r = \ell/(2\,\pi\,n)$. Das setzen wir ein und erhalten für das Magnetfeld

$$B = \frac{\mu_0\,n\,I}{2\,\ell/(2\,\pi\,n)} = \frac{\mu_0\,\pi\,n^2\,I}{\ell}.$$

L27.36 Gemäß dem Ampère'schen Gesetz gilt für einen geschlossenen Kreis, der konzentrisch mit der Kabelmitte ist und den Radius r hat:

$$\oint_C \boldsymbol{B} \cdot \mathrm{d}\boldsymbol{\ell} = B_{\mathrm{Kabel}}\,(2\,\pi\,r) = \mu_0\,I_C = \mu_0\,I.$$

Damit erhalten wir

$$B_{\mathrm{Kabel}} = \frac{\mu_0\,I}{2\,\pi\,r} = \frac{(4\,\pi \cdot 10^{-7}\,\mathrm{N} \cdot \mathrm{A}^{-2})\,(50\,\mathrm{A})}{2\,\pi\,(2\,\mathrm{m})} = 0{,}050\,\mathrm{G}.$$

Der Quotient aus diesem Feld und dem Erdmagnetfeld ist

$$\frac{B_{\mathrm{Kabel}}}{B_{\mathrm{Erde}}} = \frac{0{,}050\,\mathrm{G}}{0{,}7\,\mathrm{G}} \approx 0{,}07.$$

Wenn das Kabel in Ost-West-Richtung verläuft, weist sein Magnetfeld in Nord-Süd-Richtung und addiert sich (positiv oder negativ, je nach der Stromrichtung) zum Erdmagnetfeld. Wenn man den Kompass auf und ab bewegt, müsste man diese Änderung feststellen können. Wenn das Kabel aber in Nord-Süd-Richtung verläuft, dann steht sein Magnetfeld senkrecht auf dem Erdmagnetfeld. Wenn man nun den Kompass hin und her bewegt, ändert sich die Richtung seiner Nadel.

L27.37 Die positive x-Richtung soll aus der Papierebene heraus weisen. Mit den Indices 40 und 60 bezeichnen wir die Kreisbögen mit dem Radius 40 cm bzw. 60 cm. Der Punkt P ist der Schnittpunkt der Verlängerungen der geradlinigen Segmente des Leiters. Diese Segmente tragen wegen der entgegengesetzten Stromrichtungen zum Magnetfeld am Punkt P nichts bei. Daher ist dieses Feld gleich der Summe der von den beiden kreisförmigen Segmenten erzeugten Magnetfelder:

$$\boldsymbol{B}_P = \boldsymbol{B}_{40} + \boldsymbol{B}_{60}.$$

Das Magnetfeld im Mittelpunkt einer vollständigen Leiterschleife mit dem Radius r ist gegeben durch

$$B = \frac{\mu_0\,I}{2\,r}.$$

Wegen des $60°$-Winkels liegt hier ein Sechstel eines Kreises vor, und für das Magnetfeld eines Segments gilt

$$B' = \frac{1}{6}\,\frac{\mu_0\,I}{2\,r} = \frac{\mu_0\,I}{12\,r}.$$

Damit sind die beiden Felder

$$\boldsymbol{B}_{40} = -\frac{\mu_0\,I}{12\,r_{40}}\,\widehat{\boldsymbol{x}} \quad \text{und} \quad \boldsymbol{B}_{60} = \frac{\mu_0\,I}{12\,r_{60}}\,\widehat{\boldsymbol{x}},$$

und für das Gesamtfeld ergibt sich

$$\boldsymbol{B}_P = -\frac{\mu_0\,I}{12\,r_{40}}\,\widehat{\boldsymbol{x}} + \frac{\mu_0\,I}{12\,r_{60}}\,\widehat{\boldsymbol{x}} = \frac{\mu_0\,I}{12}\left(\frac{1}{r_{60}} - \frac{1}{r_{40}}\right)\widehat{\boldsymbol{x}}$$

$$= \frac{(4\,\pi \cdot 10^{-7}\,\mathrm{N} \cdot \mathrm{A}^{-2})\,(8\,\mathrm{A})}{12}\left(\frac{1}{0{,}6\,\mathrm{m}} - \frac{1}{0{,}4\,\mathrm{m}}\right)\widehat{\boldsymbol{x}}$$

$$= (-6{,}98 \cdot 10^{-7}\,\widehat{\boldsymbol{x}})\,\mathrm{T}.$$

L27.38 Wir legen das Koordinatensystem so an, dass der Strom in positiver x-Richtung fließt. Das Elektron befinde sich bei $(1\,\mathrm{cm}, 0, 0)$; siehe Abbildung.

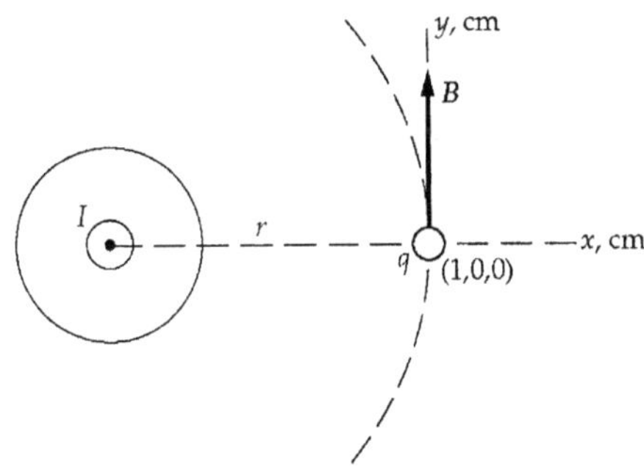

Wir stellen zunächst die Formel auf, mit der wir die jeweilige Kraft berechnen können. Die Kraft auf eine Ladung q, die sich mit der Geschwindigkeit $\boldsymbol{v}$ in einem Magnetfeld $\boldsymbol{B}$ bewegt, ist

$$\boldsymbol{F} = q\,\boldsymbol{v} \times \boldsymbol{B}.$$

Für das Magnetfeld gilt im Abstand r vom geradlinigen Leiter, in dem der Strom I fließt:

$$\boldsymbol{B} = \frac{\mu_0}{4\,\pi}\,\frac{2\,I}{r}\,\widehat{\boldsymbol{y}}.$$

Also ist die Kraft gegeben durch

$$\boldsymbol{F} = q\,\boldsymbol{v} \times \frac{\mu_0}{4\,\pi}\,\frac{2\,I}{r}\,\widehat{\boldsymbol{y}} = \frac{\mu_0}{4\,\pi}\,\frac{2\,q\,I}{r}\,(\boldsymbol{v} \times \widehat{\boldsymbol{y}}). \tag{1}$$

a) Wenn sich das Elektron direkt vom Draht weg bewegt, ist seine Geschwindigkeit $\boldsymbol{v} = v\,\widehat{\boldsymbol{x}}$, und wir erhalten mit Gleichung 1 für die Kraft auf das Elektron

$$\boldsymbol{F} = \frac{\mu_0}{4\,\pi}\,\frac{2\,q\,I}{r}\,(v\,\widehat{\boldsymbol{x}} \times \widehat{\boldsymbol{y}}) = \frac{\mu_0}{4\,\pi}\,\frac{2\,q\,I\,v}{r}\,\widehat{\boldsymbol{z}}$$

$$= (10^{-7}\,\mathrm{N} \cdot \mathrm{A}^{-2})$$

$$\cdot \frac{2\,(-1{,}6 \cdot 10^{-19}\,\mathrm{C})\,(20\,\mathrm{A})\,(5 \cdot 10^6\,\mathrm{m} \cdot \mathrm{s}^{-1})}{0{,}01\,\mathrm{m}}\,\widehat{\boldsymbol{z}}$$

$$= (-3{,}20 \cdot 10^{-16}\,\widehat{\boldsymbol{z}})\,\mathrm{N}.$$

b) Wenn sich das Elektron parallel zum Draht in Richtung des Stroms bewegt, ist seine Geschwindigkeit $\boldsymbol{v} = v\,\widehat{\boldsymbol{z}}$, und wir erhalten für die Kraft

$$\boldsymbol{F} = \frac{\mu_0}{4\pi}\,\frac{2qI}{r}\,(v\,\widehat{\boldsymbol{z}}\times\widehat{\boldsymbol{y}}) = -\frac{\mu_0}{4\pi}\,\frac{2qIv}{r}\,\widehat{\boldsymbol{x}}$$

$$= -(10^{-7}\,\mathrm{N\cdot A^{-2}})$$

$$\cdot\,\frac{2\,(-1{,}6\cdot10^{-19}\,\mathrm{C})\,(20\,\mathrm{A})\,(5\cdot10^{6}\,\mathrm{m\cdot s^{-1}})}{0{,}01\,\mathrm{m}}\,\widehat{\boldsymbol{x}}$$

$$= (3{,}20\cdot10^{-16}\,\widehat{\boldsymbol{x}})\,\mathrm{N}\,.$$

c) Wenn sich das Elektron senkrecht zum Draht in Richtung der Tangente an einem um den Draht verlaufenden Kreis bewegt, ist seine Geschwindigkeit $\boldsymbol{v} = v\,\widehat{\boldsymbol{y}}$, und wir erhalten für die Kraft

$$\boldsymbol{F} = \frac{\mu_0}{4\pi}\,\frac{2qI}{r}\,(v\,\widehat{\boldsymbol{y}}\times\widehat{\boldsymbol{y}}) = 0\,.$$

L27.39 Wir wenden auf den Magnet das zweite Newton'sche Axiom $\sum M = I_\mathrm{T}\,\alpha$ für Drehbewegungen an. Darin ist I_T das Trägheitsmoment des Magnets bezüglich des Drehpunkts, und α ist die Winkelbeschleunigung. Mit dem magnetischen Moment μ, dem Magnetfeld B und dem Drehwinkel θ gilt dann

$$-\mu\,B\sin\theta = I_\mathrm{T}\,\alpha = I_\mathrm{T}\,\frac{\mathrm{d}^2\theta}{\mathrm{d}t^2}\,.$$

Bei kleinen Auslenkungen ist $\sin\theta = \theta$, so dass gilt

$$-\mu\,B\,\theta = I_\mathrm{T}\,\frac{\mathrm{d}^2\theta}{\mathrm{d}t^2}\qquad\text{bzw.}\qquad \frac{\mathrm{d}^2\theta}{\mathrm{d}t^2} + \frac{\mu\,B}{I_\mathrm{T}}\,\theta = 0\,.$$

Ebenfalls bei geringen Auslenkungen gilt, mit der Winkelgeschwindigkeit ω, für eine einfache harmonische Bewegung

$$\frac{\mathrm{d}^2\theta}{\mathrm{d}t^2} + \omega^2\,\theta = 0\,.$$

Der Vergleich der Koeffizienten von θ ergibt $\omega^2 = \mu\,B/I_\mathrm{T}$ und daraus

$$\omega = \sqrt{\frac{\mu\,B}{I_\mathrm{T}}}\qquad\text{bzw.}\qquad \nu = \frac{\omega}{2\pi} = \frac{1}{2\pi}\sqrt{\frac{\mu\,B}{I_\mathrm{T}}}\,.$$

L27.40 Wir verwenden die in Aufgabe 39 bewiesene Gleichung

$$\nu = \frac{1}{2\pi}\sqrt{\frac{\mu\,B}{I_\mathrm{T}}}$$

für die Frequenz der Kompassnadel. Darin ist B das Magnetfeld, I_T das Trägheitsmoment der Nadel bezüglich des Drehpunkts und μ ihr magnetisches Moment. Für dieses gilt also

$$\mu = \frac{4\pi^2\,\nu^2\,I_\mathrm{T}}{B}\,.$$

Bezüglich ihrer Mitte ist das Trägheitsmoment der Nadel, die die Dichte ρ, die Länge ℓ, den Radius r und das Volumen V hat, gegeben durch

$$I_\mathrm{T} = \tfrac{1}{12}\,m\,\ell^2 = \tfrac{1}{12}\,\rho\,V\,\ell^2 = \tfrac{1}{12}\,\rho\,\pi\,r^2\,\ell^3\,.$$

Damit ergibt sich für ihr magnetisches Moment

$$\mu = \frac{4\pi^2\,\nu^2\,I_\mathrm{T}}{B} = \frac{\pi^3\,\nu^2\,\rho\,r^2\,\ell^3}{3\,B}$$

$$= \frac{\pi^3\,(1{,}4\,\mathrm{s^{-1}})^2\,(7{,}96\,\mathrm{g\cdot cm^{-3}})\,(0{,}85\,\mathrm{mm})^2\,(0{,}03\,\mathrm{m})^3}{3\,(0{,}6\cdot10^{-4}\,\mathrm{T})}$$

$$= 5{,}24\cdot10^{-2}\,\mathrm{A\cdot m^2}\,.$$

b) Die Magnetisierung ist der Quotient aus dem magnetischen Moment und dem Volumen:

$$M = \frac{\mu}{V} = \frac{\mu}{\pi\,r^2\,\ell} = \frac{5{,}24\cdot10^{-2}\,\mathrm{A\cdot m^2}}{\pi\,(0{,}85\cdot10^{-3}\,\mathrm{m})^2\,(0{,}03\,\mathrm{m})}$$

$$= 7{,}70\cdot10^{5}\,\mathrm{A\cdot m^{-1}}\,.$$

c) Der Ampère'sche Strom an der Oberfläche der Nadel ist

$$I_\mathrm{Amp} = M\,\ell = (7{,}70\cdot10^{5}\,\mathrm{A\cdot m^{-1}})\,(0{,}03\,\mathrm{m}) = 2{,}31\cdot10^{4}\,\mathrm{A}\,.$$

L27.41 Der Drehimpuls L ist das Produkt aus dem Trägheitsmoment I_T und der Winkelgeschwindigkeit: $L = I_\mathrm{T}\,\omega$. Daraus folgt für die Winkelgeschwindigkeit: $\omega = L/I_\mathrm{T}$. Mit der gegebenen Beziehung gilt mit dem magnetischen Moment μ, der Magnetisierung M, dem Volumen V und der Elektronenmasse m_e für den Betrag des Drehimpulses

$$L = \frac{2m}{q}\,\mu = \frac{2m_\mathrm{e}}{e}\,M\,V = \frac{2m_\mathrm{e}}{e}\,M\,\pi\,r^2\,\ell\,.$$

Darin ist $V = \pi\,r^2\,\ell$ das Volumen des Stabs, der den Radius r und die Länge ℓ hat. Das Trägheitsmoment des Stabs bezüglich seiner Längsachse ist

$$I_\mathrm{T} = \tfrac{1}{2}\,m\,r^2 = \tfrac{1}{2}\,\rho\,V\,r^2 = \tfrac{1}{2}\,\rho\,\pi\,r^4\,\ell\,.$$

Wir setzen die beiden vorigen Gleichungen in die zu Beginn aufgestellte Beziehung für die Winkelgeschwindigkeit ein. Die Dichte des Eisens schlagen wir nach und erhalten schließlich

$$\omega = \frac{L}{I_\mathrm{T}} = \frac{(2m_\mathrm{e}/e)\,M\,\pi\,r^2\,\ell}{\tfrac{1}{2}\,\rho\,\pi\,r^4\,\ell} = \frac{4m_\mathrm{e}\,M}{e\,\rho\,r^2}$$

$$= \frac{4\,(9{,}11\cdot10^{-31}\,\mathrm{kg})\,(1{,}72\cdot10^{6}\,\mathrm{A\cdot m^{-1}})}{(1{,}6\cdot10^{-19}\,\mathrm{C})\,(7{,}96\cdot10^{3}\,\mathrm{kg\cdot m^{-3}})\,(0{,}01\,\mathrm{m})^2}$$

$$= 4{,}92\cdot10^{-5}\,\mathrm{rad\cdot s^{-1}}\,.$$

L27.42 a) Mit $\theta_1 = -\theta_2 = \theta$ gilt für das Magnetfeld, das am Punkt P im senkrechten Abstand r von einem geradlinigen Leiterabschnitt mit dem Strom I hervorgerufen wird:

$$B_P = \frac{\mu_0}{4\pi}\,\frac{I}{r}\,(\sin\theta_1 - \sin\theta_2) = \frac{\mu_0}{4\pi}\,\frac{I}{r}\,2\sin\theta = \frac{\mu_0}{2\pi}\,\frac{I}{r}\,\sin\theta\,.$$

Den geometrischen Gegebenheiten (siehe die Abbildung bei der Aufgabenstellung) entnehmen wir, dass gilt:

$$\sin\theta = \frac{a}{\sqrt{a^2+r^2}}\,.$$

Das setzen wir ein und erhalten

$$B_P = \frac{\mu_0\,a\,I}{2\pi\,r\,\sqrt{a^2+r^2}}\,.$$

b) Wenn der betrachtete geradlinige Leiterabschnitt Teil eines n-Ecks mit dem Mittelpunkt P ist, gilt für den Winkel $\theta = \pi/n$. Weil jede Seite des n-Ecks gleich viel zum Magnetfeld am Punkt P beiträgt, ist dieses dann gegeben durch

$$B = \frac{n\,\mu_0\,I}{2\pi\,r}\,\sin\frac{\pi}{n}\,.$$

Für sehr großes n ist $\sin(\pi/n) \approx \pi/n$, und wir erhalten im Grenzfall

$$B_{n\to\infty} \approx \frac{n\,\mu_0\,I}{2\pi\,r}\,\frac{\pi}{n} = \frac{\mu_0\,I}{2\,r}\,.$$

Dies ist der Ausdruck für das Magnetfeld im Mittelpunkt einer kreisförmigen Leiterschleife.

L27.43 Gemäß dem Ampère'schen Gesetz gilt für einen geschlossenen Kreis, der konzentrisch zu dem zylindrischen Leiter verläuft und von dessen Achse den Abstand $r < r_{LZ} = 10$ cm hat:

$$\oint_C \boldsymbol{B} \cdot \mathrm{d}\boldsymbol{\ell} = B_r \, (2\,\pi\,r) = \mu_0 \, I_C = \mu_0 \, I(r) \,.$$

Damit erhalten wir

$$B_{r<r_{LZ}} = \frac{\mu_0 \, I(r)}{2\,\pi\,r} = \frac{\mu_0 \, (50 \text{ A} \cdot \text{m}^{-1}) \, r}{2\,\pi\,r} = \frac{\mu_0 \, (50 \text{ A} \cdot \text{m}^{-1})}{2\,\pi} \,.$$

a) und b) Hier hängt B nicht von r ab, und wir erhalten für beide Abstände

$$B_5 = B_{10} = \frac{(4\,\pi \cdot 10^{-7} \text{ N} \cdot \text{A}^{-2}) \, (50 \text{ A} \cdot \text{m}^{-1})}{2\,\pi} = 10,0 \text{ µT} \,.$$

c) Wir verwenden wieder das Ampère'sche Gesetz, diesmal für einen Abstand $r > r_{LZ}$ von der Achse des zylindrischen Leiters:

$$\oint_C \boldsymbol{B} \cdot \mathrm{d}\boldsymbol{\ell} = B_r \, (2\,\pi\,r) = \mu_0 \, I_C = \mu_0 \, I(r_{LZ}) \,.$$

Damit ergibt sich

$$\begin{aligned} B_{20} &= \frac{\mu_0 \, I(r_{LZ})}{2\,\pi\,r} \\ &= \frac{(4\,\pi \cdot 10^{-7} \text{ N} \cdot \text{A}^{-2}) \, (50 \text{ A} \cdot \text{m}^{-1}) \, (0,1 \text{ m})}{2\,\pi \, (0,2 \text{ m})} = 5,00 \text{ µT} \,. \end{aligned}$$

L27.44 Die Abbildung zeigt den ringförmigen Streifen der Scheibe, der beim Radius r liegt und die Breite $\mathrm{d}r$ hat. Er trägt die Ladung $\mathrm{d}q$.

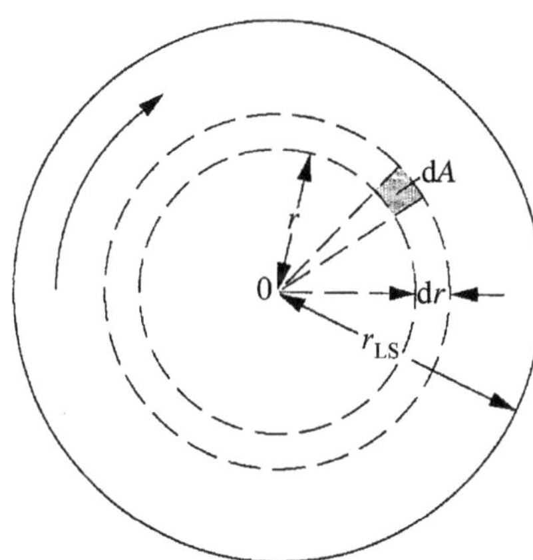

a) Die Ladung, die während eines Umlaufs einen bestimmten Punkt passiert, ist das Produkt aus der Flächenladungsdichte σ und der Fläche A des Rings: $\mathrm{d}q = \sigma \, \mathrm{d}A = 2\,\pi\,\sigma\,r\,\mathrm{d}r$.

Mit der Winkelgeschwindigkeit ω ergibt sich daraus für den Strom

$$\mathrm{d}I = \frac{\mathrm{d}q}{\mathrm{d}t} = \frac{2\,\pi\,\sigma\,r\,\mathrm{d}r}{2\,\pi/\omega} = \omega\,\sigma\,r\,\mathrm{d}r \,.$$

b) Diese Teilaufgabe lösen wir am besten erst nach der Teilaufgabe c.

c) Für das Magnetfeld auf der Achse der Scheibe im Abstand x von ihr, das vom eben betrachteten Ring beim Radius r mit der Breite $\mathrm{d}r$ herrührt, gilt mit dem eben ermittelten Ausdruck für den Strom

$$\mathrm{d}B_x = \frac{\mu_0}{4\,\pi} \frac{2\,\pi\,r^2\,\mathrm{d}I}{(x^2+r^2)^{3/2}} = \frac{\mu_0\,\omega\,\sigma\,r^3}{2\,(x^2+r^2)^{3/2}} \, \mathrm{d}r \,.$$

Wir integrieren von $r = 0$ bis $r = r_{LS}$:

$$\begin{aligned} B_x &= \frac{\mu_0\,\omega\,\sigma}{2} \int_0^{r_{LS}} \frac{r^3}{(x^2+r^2)^{3/2}} \, \mathrm{d}r \\ &= \frac{\mu_0\,\omega\,\sigma}{2} \left(\frac{2x^2+r_{LS}^2}{\sqrt{x^2+r_{LS}^2}} - 2x \right) \,. \end{aligned}$$

b) Wir setzen $x = 0$ in die Gleichung für B_x ein:

$$B_{x,0} = \frac{\mu_0\,\omega\,\sigma}{2} \frac{r_{LS}^2}{\sqrt{r_{LS}^2}} = \tfrac{1}{2}\,\mu_0\,\omega\,\sigma\,r_{LS} \,.$$

L27.45 Aufgrund der Symmetrie der Anordnung (siehe die erste Abbildung) haben die von den vier Segmenten mit der gleichen Länge ℓ bei $(x, 0, 0)$ erzeugten Magnetfelder denselben Betrag.

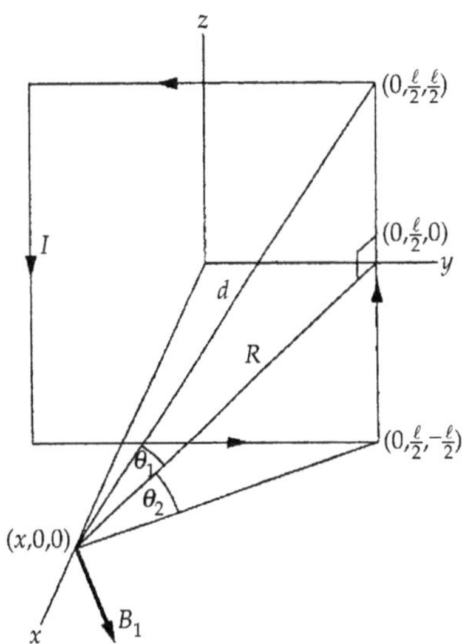

Das von einem der vier geradlinigen Leiter erzeugte Magnetfeld ist im senkrechten Abstand $r_\perp$ gegeben durch

$$B = \frac{\mu_0}{4\,\pi} \frac{I}{r_\perp} \, (\sin\theta_1 - \sin\theta_2) \,.$$

Mit $\theta_1 = -\theta_2$ und $r_\perp = \sqrt{x^2 + \ell^2/4}$ erhalten wir für das Magnetfeld einer Quadratseite am Punkt $(x, 0, 0)$

$$B_{1,x,0,0} = \frac{\mu_0}{4\,\pi} \frac{I\,(2\sin\theta_1)}{\sqrt{x^2+\ell^2/4}} = \frac{\mu_0}{2\,\pi} \frac{I}{\sqrt{x^2+\ell^2/4}} \, (\sin\theta_1) \,.$$

Wie wir der ersten Abbildung entnehmen können, ist

$$\sin\theta_1 = \frac{\ell/2}{d} = \frac{\ell/2}{\sqrt{x^2+\ell^2/2}} \,.$$

Einsetzen liefert

$$B_{1,x,0,0} = \frac{\mu_0}{2\pi} \frac{I}{\sqrt{x^2 + \ell^2/4}} \frac{\ell/2}{\sqrt{x^2 + \ell^2/2}}$$

$$= \frac{\mu_0 I}{4\pi} \frac{\ell}{\sqrt{x^2 + \ell^2/4}} \frac{1}{\sqrt{x^2 + \ell^2/2}}.$$

Die zweite Abbildung zeigt einen Blick auf die x-y-Ebene; hier ist auch der Winkel β zwischen dem Magnetfeld $\boldsymbol{B}_1$ und der x-Achse eingezeichnet.

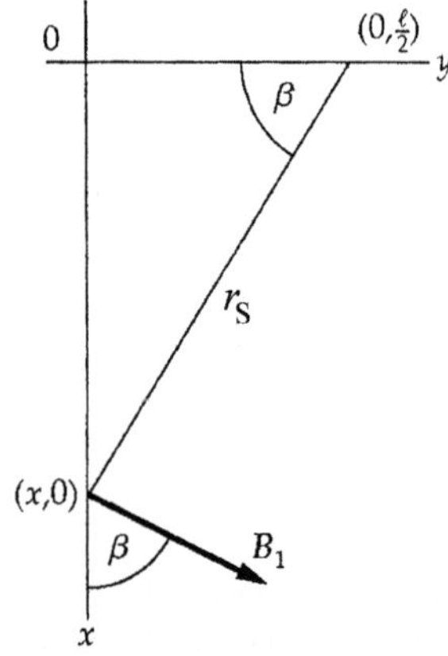

Aufgrund der Symmetrie müssen die y- und die z-Komponenten insgesamt verschwinden, während sich die x-Komponenten ad-dieren. Dabei gilt $B_{1,x} = B_1 \cos\beta$. Das setzen wir ein und erhalten

$$B_{1,x} = \frac{\mu_0 I}{4\pi\sqrt{x^2 + \ell^2/4}} \frac{\ell}{\sqrt{x^2 + \ell^2/2}} \frac{\ell/2}{\sqrt{x^2 + \ell^2/4}}$$

$$= \frac{\mu_0 I \ell^2}{8\pi\left(x^2 + \ell^2/4\right)\sqrt{x^2 + \ell^2/2}}.$$

Damit ergibt sich für das Feld aller vier Segmente

$$\boldsymbol{B} = 4 B_{1,x}\,\widehat{\boldsymbol{x}} = \frac{\mu_0 I \ell^2}{2\pi\left(x^2 + \ell^2/4\right)\sqrt{x^2 + \ell^2/2}}\,\widehat{\boldsymbol{x}}.$$

Ausklammern von x^2 bei den Faktoren im Nenner liefert

$$\boldsymbol{B} = \frac{\mu_0 I \ell^2}{2\pi x^2\left(1 + \dfrac{\ell^2}{4x^2}\right)\sqrt{x^2\left(1 + \dfrac{\ell^2}{2x^2}\right)}}\,\widehat{\boldsymbol{x}}$$

$$= \frac{\mu_0 I \ell^2}{2\pi x^3\left(1 + \dfrac{\ell^2}{4x^2}\right)\left(1 + \dfrac{\ell^2}{2x^2}\right)^{1/2}}\,\widehat{\boldsymbol{x}}.$$

Mit $\mu = I\ell^2$ erhalten wir für den Grenzfall $x \gg \ell$ schließlich

$$\boldsymbol{B} \approx \frac{\mu_0 I \ell^2}{2\pi x^3}\,\widehat{\boldsymbol{x}} = \frac{\mu_0 \mu}{2\pi x^3}\,\widehat{\boldsymbol{x}}.$$

Die magnetische Induktion

- Der magnetische Fluss
- Induktionsspannung und Faraday'sches Gesetz
- Induktion durch Bewegung
- Induktivität
- Die Energie des Magnetfelds
- *RL*-Stromkreise

A: Aufgaben

Verständnisaufgaben

A28.1 •• Zwei Leiterschleifen sind parallel zueinander angeordnet (siehe Abbildung). In der Schleife A fließt, von links gegen die Ebenen der Schleifen gesehen, ein Strom entgegengesetzt dem Uhrzeigersinn. In welcher Richtung fließt der Strom in Schleife B, wenn die Stromstärke in A a) zunimmt bzw. b) abnimmt? Geben Sie jeweils an, ob die Schleifen einander abstoßen oder anziehen.

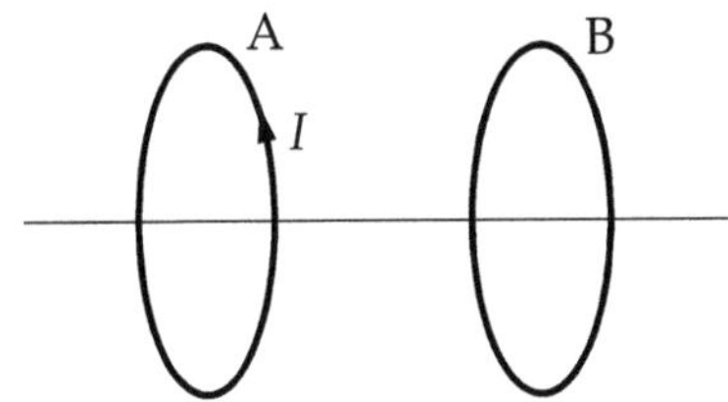

A28.2 •• Ein Stabmagnet ist so am Ende einer Spiralfeder befestigt, dass er eine einfache harmonische Bewegung entlang der Achse einer Leiterschleife ausführt (siehe Abbildung). a) Skizzieren Sie qualitativ den Verlauf des Flusses Φ_{mag} durch die Schleife in Abhängigkeit von der Zeit. Markieren Sie den Zeitpunkt t_1, zu dem sich der Magnet gerade auf halbem Wege durch die Schleife befindet. b) Skizzieren Sie den Verlauf des Stroms I in der Schleife als Funktion der Zeit. Die Uhrzeigerrichtung, von oben gesehen, soll zu positiven Werten von I gehören.

A28.3 • In Stromkreisen, die ein- und ausgeschaltet werden können, schützt man Spulen häufig durch Parallelschaltung einer Diode (siehe Abbildung). (Eine Diode ist eine Art Einwegventil

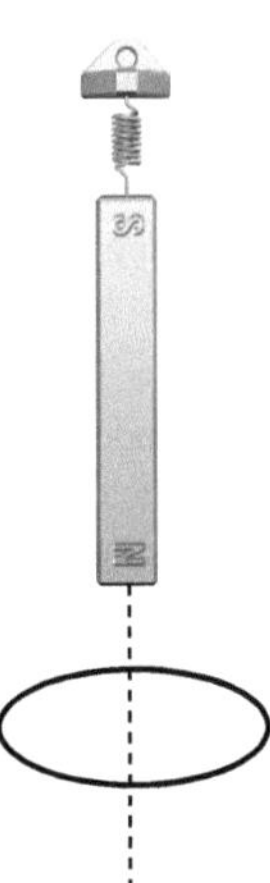

Zu Aufgabe 28.2

für den Strom; dieser kann nur in Pfeilrichtung, aber nicht entgegengesetzt dazu, fließen.) Warum ist ein solcher Schutz erforderlich? Erläutern Sie, wie sich in Abwesenheit der Diode die Spannung an der Spule ändert, wenn der Schalter plötzlich geöffnet wird, während durch die Spule ein Strom fließt.

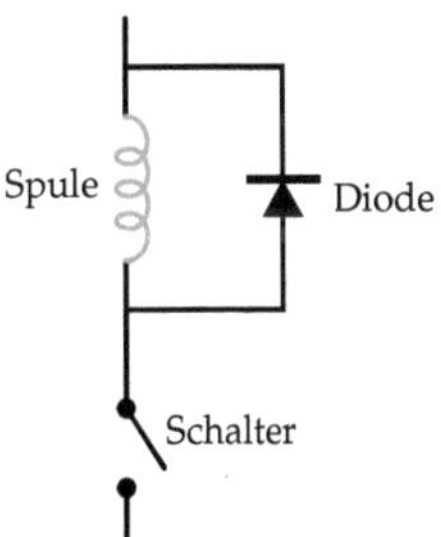

A28.4 • Ein Stabmagnet wird senkrecht in ein langes Rohr hineingeworfen. Besteht das Rohr aus einem Metall, so erreicht der Magnet rasch seine Endgeschwindigkeit; besteht das Rohr aus Pappe, dann dauert es wesentlich länger, bis der Magnet die Endgeschwindigkeit erreicht hat. Erklären Sie dies.

Schätzungs- und Näherungsaufgaben

A28.5 • Vergleichen Sie die im elektrischen Feld und die im Magnetfeld der Erde gespeicherte Energiedichte. An der Erdoberfläche gilt $E \approx 100$ V/m und $B \approx 5 \cdot 10^{-5}$ T.

A28.6 •• Beim Einschlag eines Blitzes wird innerhalb von ungefähr einer Mikrosekunde eine Ladungsmenge von etwa 30 C von der Atmosphäre zur Erde übertragen. Welche Spannung wird in einer Antenne (einer einfachen Leiterschleife mit einer Querschnittsfläche von 0,1 m^2) induziert, wenn 300 m von ihr entfernt ein Blitz einschlägt?

• Der magnetische Fluss

A28.7 • Betrachten Sie eine kreisrunde Spule mit 25 Windungen und einem Radius von 5 cm, die sich in der Nähe des Äquators befindet. Das Erdmagnetfeld hat dort eine Stärke von 0,7 G und zeigt nach Norden. Wie groß ist der magnetische Fluss durch die Spule, wenn deren Ebene a) waagerecht, b) senkrecht mit der Achse in Richtung Norden, c) senkrecht mit der Achse in Richtung Osten bzw. d) senkrecht mit der Achse in einem Winkel von 30° zur Nordrichtung orientiert ist?

A28.8 •• Eine kreisrunde Spule mit 15 Windungen und einem Radius von 4 cm befindet sich in einem homogenen, 4000 G starken, in die positive x-Richtung zeigenden Magnetfeld. Geben Sie den magnetischen Fluss durch die Spule an, wenn der Normalenvektor $\hat{n}$ der Spulenebene wie folgt gerichtet ist: a) $\hat{n} = \hat{x}$, b) $\hat{n} = \hat{y}$, c) $\hat{n} = (\hat{x} + \hat{y})/\sqrt{2}$, d) $\hat{n} = \hat{z}$ und e) $\hat{n} = 0{,}6\,\hat{x} + 0{,}8\,\hat{y}$.

A28.9 •• Durch einen langen, geraden Leiter fließt ein Strom I. Neben dem Draht befindet sich eine rechteckige Leiterschleife mit den Seitenlängen a und b; die Seite b ist parallel zum Draht angeordnet, der kleinste Abstand zwischen Draht und Schleife ist d (siehe Abbildung). a) Formulieren Sie einen Ausdruck für den magnetischen Fluss durch die rechteckige Schleife. (*Hinweis:* Betrachten Sie zunächst den Fluss durch einen Streifen mit dem Flächeninhalt $dA = b\,dx$ und integrieren Sie dann von $x = a$ bis $x = d + a$.) b) Berechnen Sie den Fluss für $a = 5$ cm, $b = 10$ cm, $d = 2$ cm und $I = 20$ A.

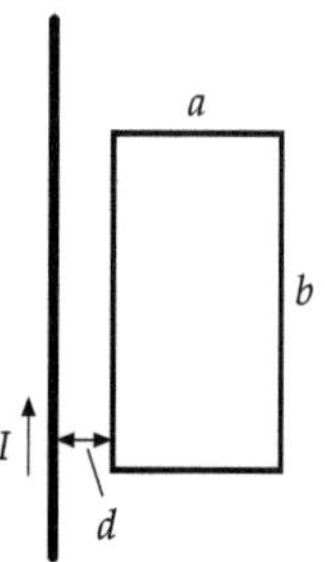

A28.10 ••• Durch einen langen, zylindrischen Leiter mit dem Radius r_{LZ} fließt homogen über den Querschnitt verteilt ein Strom I. Geben Sie den magnetischen Fluss pro Längeneinheit durch die in der Abbildung markierte Fläche an.

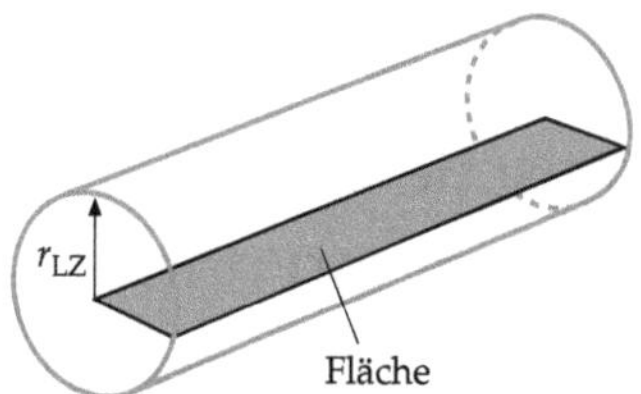

• Induktionsspannung und Faraday'sches Gesetz

A28.11 •• Eine kreisrunde Spule mit 100 Windungen hat einen Durchmesser von 2 cm und einen Widerstand von 50 Ω. Senkrecht zur Ebene der Spule ist ein homogenes äußeres Magnetfeld mit einer Stärke von 1 T ausgerichtet. Plötzlich kehrt sich die Feldrichtung um. a) Berechnen Sie die insgesamt durch die Spule tretende Ladung. Die Umkehr der Feldrichtung dauert 0,1 s. Berechnen Sie b) den mittleren Spulenstrom und c) die mittlere Spannung in der Spule.

A28.12 •• Eine kreisrunde Spule mit 300 Windungen und einem Radius von 5 cm ist mit einem Stromintegrator verbunden. Der Gesamtwiderstand des Stromkreises beträgt 20 Ω. Zu Beginn des Versuchs bildet die Ebene der Spule einen Winkel von 90° mit der Richtung des Erdmagnetfelds an einem bestimmten Ort. Dann wird die Spule um 90° gedreht; dabei wird am Stromintegrator eine Ladungsmenge von 9,4 µC abgelesen. Berechnen Sie die Stärke des Erdmagnetfelds an diesem Ort.

• Induktion durch Bewegung

A28.13 • Betrachten Sie die Abbildung. Es ist $B = 0{,}8$ T, $v = 10$ m/s, $\ell = 20$ cm und $R = 2$ Ω. Berechnen Sie a) die im Stromkreis induzierte Spannung, b) den dadurch hervorgerufenen Strom und c) die zur Bewegung des Stabs mit konstanter Geschwindigkeit erforderliche Kraft (vernachlässigen Sie die Reibung). d) Welche Leistung wird dem System durch die in Teilaufgabe c berechnete Kraft zugeführt? e) Geben Sie die Leistung (die Rate der Wärmeerzeugung) $I^2 R$ an.

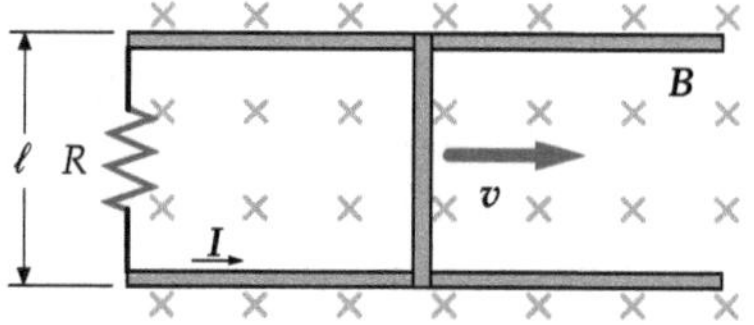

A28.14 •• Der Stab in der Abbildung hat den Widerstand R, und der Widerstand der waagerecht angeordneten Schienen sei vernachlässigbar gering. An die Punkte a und b des Stromkreises ist eine Batterie mit der Spannung U und einem vernachlässigbaren Innenwiderstand angeschlossen, so dass der Strom im Stab von oben nach unten fließt. Zum Zeitpunkt $t = 0$ befindet sich der Stab in Ruhe. a) Geben Sie einen Ausdruck für die auf den Stab wirkende Kraft als Funktion von dessen Geschwindigkeit v an. Formulieren Sie das zweite Newton'sche Axiom für den Stab, wenn dieser sich mit der Geschwindigkeit v bewegt. b) Zeigen Sie, dass der Stab schließlich eine Endgeschwindigkeit erreicht, mit der er sich weiterbewegt. Geben Sie einen Ausdruck für diese Geschwindigkeit an. c) Wie groß ist die Stromstärke, wenn der Stab seine Endgeschwindigkeit erreicht hat?

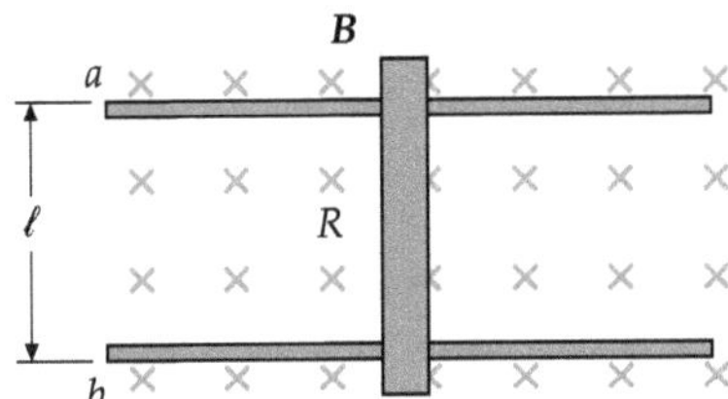

A28.15 •• Der Stab in der Abbildung zu Aufgabe 14 hat wiederum den Widerstand R, während der Widerstand der Schienen vernachlässigbar gering ist. An die Punkte a und b ist nun ein Kondensator mit der Ladung q_0 und der Kapazität C angeschlossen, so dass im Stab von oben nach unten ein Strom fließt. Zum Zeitpunkt $t = 0$ befindet sich der Stab in Ruhe. a) Formulieren Sie die Bewegungsgleichung für den Stab auf den Schienen. b) Nach einer bestimmten Zeit erreicht der Stab seine Endgeschwindigkeit. Zeigen Sie, dass diese mit der Endladung des Kondensators verknüpft ist.

A28.16 •• Eine quadratische Leiterschleife mit der Fläche A wird mit einer konstanten Kraft F aus einem konstanten, sehr starken, senkrecht zur Ebene der Schleife orientierten Magnetfeld gezogen, wobei sich zu Versuchsbeginn die Hälfte der Schleife innerhalb des Magnetfelds befindet. Zum Herausziehen ist die Zeit t erforderlich. Nun wird die Kraft verdoppelt; alle anderen Parameter bleiben gleich. Welche Zeit wird jetzt zum Herausziehen benötigt? a) t, b) $t/\sqrt{2}$, c) $t/2$ oder d) $t/4$.

A28.17 ••• Ein Metallstab mit der Länge ℓ rotiert mit konstanter Winkelgeschwindigkeit um eines seiner Enden. Senkrecht zur Rotationsebene orientiert ist ein homogenes Magnetfeld B (siehe Abbildung in der rechten Spalte). a) Zeigen Sie, dass auf einen Körper mit der Ladung q, der sich im Abstand r von der Drehachse befindet, die magnetische Kraft $qBr\omega$ wirkt. b) Zeigen Sie, dass sich zwischen den Enden des Stabs die Potenzialdifferenz $U = \frac{1}{2}B\omega\ell^2$ aufbaut. c) Zeichnen Sie eine beliebige radial gerichtete Linie in die Rotationsebene ein. Bezüglich dieser Linie soll $\theta = \omega t$ gemessen werden. Zeigen Sie, dass die Fläche des Kreisausschnitts, der von dieser Linie und dem Stab begrenzt wird, gegeben ist durch $A = \frac{1}{2}\ell^2\theta$. Berechnen Sie den magnetischen Fluss durch diese Fläche und zeigen Sie, dass die Anwendung des Faraday'schen Gesetzes auf den Kreisausschnitt die Beziehung $U_{\text{ind}} = \frac{1}{2}B\omega\ell^2$ liefert.

- **Induktivität**

A28.18 •• Durch eine 25 cm lange Zylinderspule mit 400 Windungen und einem Radius von 1 cm fließt ein Strom von 3 A. Berechnen Sie a) das Magnetfeld B auf der Achse im

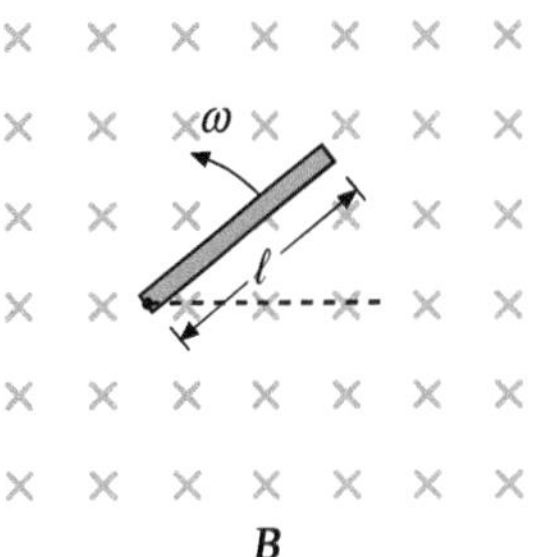
Zu Aufgabe 28.17 B

Mittelpunkt der Spule, b) den magnetischen Fluss durch die Spule (B sei homogen), c) die Selbstinduktivität der Spule und d) die in der Spule induzierte Spannung, wenn sich der Strom mit einer Rate von 150 A/s ändert.

A28.19 •• Zwei Zylinderspulen mit Radien von 2 cm bzw. 5 cm und mit 300 bzw. 1000 Windungen sind koaxial angeordnet. Beide Spulen sind 25 cm lang. Berechnen Sie die Gegeninduktivität.

A28.20 ••• Betrachten Sie eine Ringspule mit rechteckigem Querschnitt (siehe Abbildung). Zeigen Sie, dass die Induktivität der Spule gegeben ist durch

$$L = \frac{\mu_0 n^2 x}{2\pi} \ln\frac{b}{a},$$

mit n als Anzahl der Windungen, a als innerem Radius, b als äußerem Radius und x als Höhe des Rings.

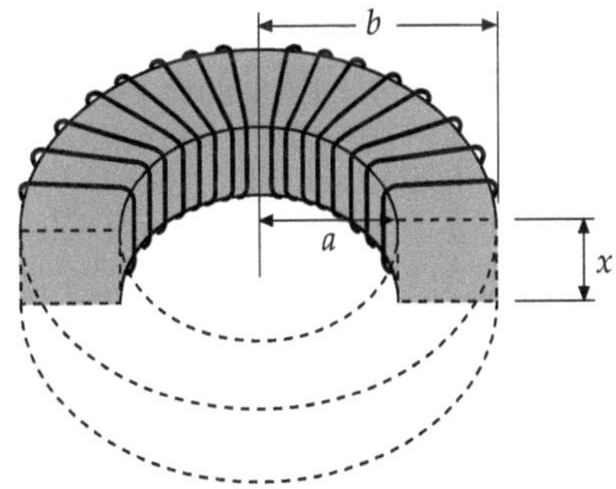

- **Die Energie des Magnetfelds**

A28.21 •• Wir betrachten eine ebene elektromagnetische Welle, etwa eine Lichtwelle. Die Beziehung zwischen der elektrischen und der magnetischen Feldstärke lautet hier $E = cB$, mit der Lichtgeschwindigkeit $c = 1/\sqrt{\varepsilon_0\mu_0}$. Zeigen Sie, dass die Energiedichten des elektrischen und des magnetischen Felds in diesem Fall gleich sind.

A28.22 •• Durch eine Zylinderspule mit 2000 Windungen, einer Querschnittsfläche von 4 cm^2 und einer Länge von 30 cm fließt ein Strom von 4 A. a) Berechnen Sie die in der Spule gespeicherte magnetische Energie mit Hilfe der Formel $\frac{1}{2}LI^2$. b) Geben Sie die magnetische Energie pro Volumeneinheit in der Spule an; dividieren Sie dazu Ihr Ergebnis der Teilaufgabe a durch das Volumen der Spule. c) Wie groß ist B innerhalb der

Spule? d) Berechnen Sie die Energiedichte des Magnetfelds mit Hilfe der Beziehung $w_{\mathrm{mag}} = B^2/(2\,\mu_0)$ und vergleichen Sie das Resultat mit Ihrem Ergebnis der Teilaufgabe b.

A28.23 ●● Die Wicklung einer Ringspule mit einem mittleren Radius von 25 cm und einem kreisrunden Querschnitt, dessen Radius 2 cm beträgt, besteht aus einem supraleitenden Material. Der Wicklungsdraht ist 1000 m lang. Durch die Spule fließt ein Strom von 400 A. a) Wie viele Windungen besitzt die Spule? b) Wie stark ist das Magnetfeld beim mittleren Radius? c) Nehmen Sie an, B sei über der Fläche der Spule konstant. Berechnen Sie die Energiedichte des Magnetfelds und die insgesamt in der Spule gespeicherte Energie.

● **RL-Stromkreise**

A28.24 ●● Betrachten Sie den Stromkreis in der Abbildung; es ist $U_0 = 12$ V, $R = 3\,\Omega$ und $L = 0{,}6$ H. Zum Zeitpunkt $t = 0$ wird der Schalter geschlossen. Berechnen Sie für den Zeitpunkt $t = 0{,}5$ s a) die von der Batterie abgegebene Leistung, b) die Rate der Wärmeerzeugung und c) die Rate, mit der Energie in der Spule gespeichert wird.

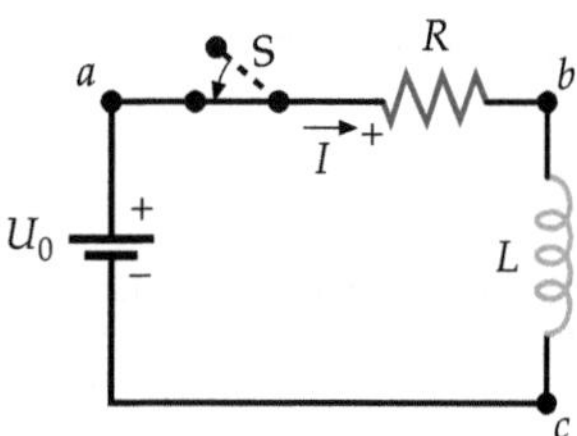

A28.25 ●● In einem RL-Kreis fließt zum Zeitpunkt $t = 0$ kein Strom. Zwischen $t = 0$ und $t = 4$ s steigt die Stromstärke auf die Hälfte ihres Maximalwerts an. a) Geben Sie die Zeitkonstante des Stromkreises an. b) Wie groß ist die Selbstinduktivität des Stromkreises, wenn sein Gesamtwiderstand gleich 5 Ω ist?

A28.26 ●● Berechnen Sie mit der Gleichung $I = I_0\,\mathrm{e}^{-t/\tau}$ den Anfangsanstieg der Funktion $I(t)$, also $\mathrm{d}I/\mathrm{d}t$ zum Zeitpunkt $t = 0$. Zeigen Sie, dass die Stromstärke nach einer Zeitkonstante auf 0 abfiele, wenn sie gleichmäßig mit dieser Rate abnähme.

A28.27 ● Durch eine Spule fließt zu Versuchsbeginn ein Strom von 5 A, der mit einer Rate von 10 A/s zunimmt. Der Spannungsabfall an der Spule ist dann 140 V. Wenn der Strom, vom gleichen Anfangswert ausgehend, mit der angegebenen Rate abnimmt, beträgt der Spannungsabfall nur 60 V. Geben Sie Widerstand und Selbstinduktivität der Spule an.

A28.28 ●●● In dem in der Abbildung zu Aufgabe 24 skizzierten Stromkreis ist $U_0 = 12$ V, $R = 3\,\Omega$ und $L = 0{,}6$ H. Zum Zeitpunkt $t = 0$ wird der Schalter geschlossen. Betrachten Sie den Zeitraum zwischen $t = 0$ und $t = \tau$. a) Wie viel Energie wird in diesem Zeitraum insgesamt von der Batterie abgegeben? b) Wie viel Energie wird im Widerstand in Wärme umgewandelt?

c) Wie viel Energie wird in der Spule gespeichert? (*Hinweis:* Geben Sie jeweils die Rate des Energieumsatzes als Funktion der Zeit an und integrieren Sie zwischen $t = 0$ und $t = \tau$.)

Allgemeine Aufgaben

A28.29 ● Senkrecht zu einer kreisrunden Spule mit 6 Windungen und einem Radius von 3 cm ist ein Magnetfeld $B = 5000$ G gerichtet. a) Berechnen Sie den magnetischen Fluss durch die Spule. b) Wie groß ist dieser Fluss, wenn die Spule einen Winkel von 20° mit der Richtung des Magnetfelds einschließt?

A28.30 ●● In der Abbildung sehen Sie einen Wechselstromgenerator, bestehend aus einer rechteckigen, mit Schleifringen verbundenen Leiterschleife mit den Seitenlängen a und b sowie n Windungen. Die Schleife dreht sich mit der Winkelgeschwindigkeit ω in einem homogenen Magnetfeld $\boldsymbol{B}$. a) Zeigen Sie, dass die Potenzialdifferenz zwischen den Schleifringen gegeben ist durch $U = n\,B\,a\,b\,\omega \sin \omega t$. b) Es sei $a = 1$ cm, $b = 2$ cm, $n = 1000$ und $B = 2$ T. Mit welcher Winkelgeschwindigkeit ω muss die Schleife rotieren, damit eine Spannung mit einem Maximalwert von 110 V induziert wird?

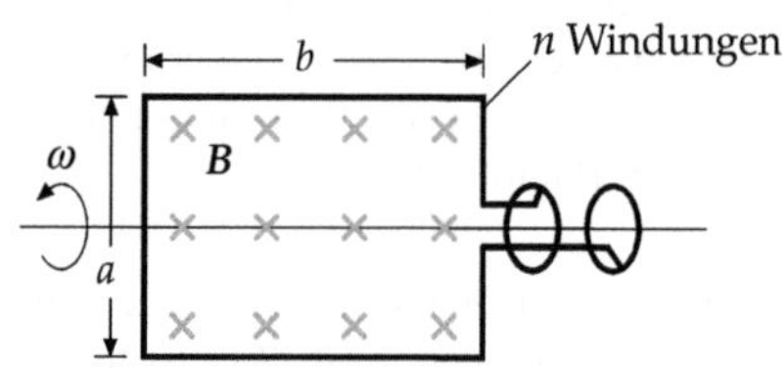

A28.31 ●● Zwei Spulen L_1 und L_2 sind parallel geschaltet, so dass eine Spule jeweils nicht vom Magnetfeld der anderen durchdrungen wird. Zeigen Sie, dass für die effektive Induktivität L der Anordnung dann gilt:

$$\frac{1}{L} = \frac{1}{L_1} + \frac{1}{L_2}\,.$$

A28.32 ●● In Abbildung a auf der nächsten Seite ist eine Anordnung skizziert, mit deren Hilfe man die Gravitationsbeschleunigung messen kann. Um ein langes Plastikrohr ist ein Draht so gewickelt, dass im Abstand von 10 cm einzelne Drahtschleifen entstehen. Nun lässt man einen starken Permanentmagneten senkrecht von oben in das Rohr fallen. Jedes Mal, wenn der Magnet durch eine Schleife tritt, steigt die Spannung an, erreicht einen Maximalwert, fällt durch den Nullpunkt auf einen großen negativen Wert ab und steigt wieder bis zum Nullpunkt (siehe Abbildung b).

a) Erklären Sie, wie das Experiment funktioniert. b) Warum muss das Rohr aus einem Isolator bestehen? c) Erklären Sie die Form des Signals in Abbildung b qualitativ. d) In der Tabelle sind die Zeiten für die Nulldurchgänge der Spannung während eines solchen Experiments angegeben. Berechnen Sie daraus einen Wert für g.

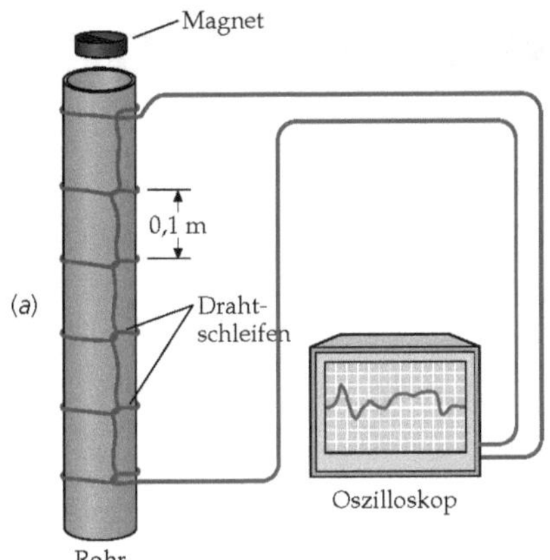

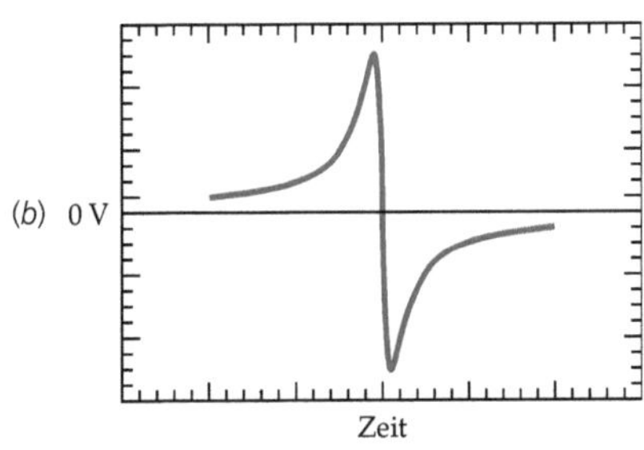

Nr. der Schleife	Nulldurchgang (s)
1	0,011189
2	0,063133
3	0,10874
4	0,14703
5	0,18052
6	0,21025
7	0,23851
8	0,26363
9	0,28853
10	0,31144
11	0,33494
12	0,35476
13	0,37592
14	0,39107

A28.33 •• Die in der Abbildung skizzierte rechteckige Spule mit einer Länge von 30 cm, einer Breite von 25 cm und 80 Windungen befindet sich zur Hälfte in einem Magnetfeld $B = 1,4$ T, das aus der Papierebene heraus zeigt. Der Widerstand der Spule beträgt 24 Ω. Berechnen Sie Betrag und Richtung des induzierten Stroms, wenn die Spule mit einer Geschwindigkeit von 2 m/s a) nach rechts, b) nach oben, c) nach links bzw. d) nach unten bewegt wird.

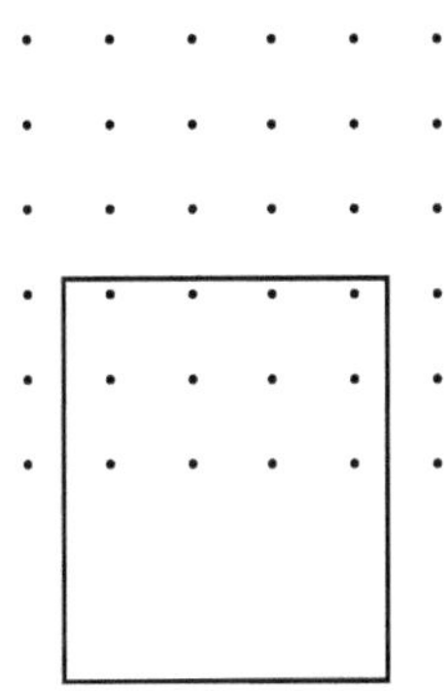

A28.34 •• Durch eine lange Zylinderspule mit der Windungsdichte n/ℓ fließt ein Strom $I = I_0 \sin \omega t$. Die Spule hat einen kreisrunden Querschnitt mit dem Radius r_{LS}. Geben Sie einen Ausdruck für das induzierte elektrische Feld in einer radialen Entfernung r von der Achse an für a) $r < r_{LS}$ und b) $r > r_{LS}$.

A28.35 ••• Eine Spule mit n Windungen und einer Fläche A hängt an einem Draht mit linearem Rückstellmoment und der Torsionskonstanten κ. Die beiden Enden des Spulendrahts sind miteinander verbunden; die Spule hat den Widerstand R und das Trägheitsmoment I. Wenn der Draht nicht verdrillt ist ($\theta = 0$), ist die Spulenebene vertikal und parallel zu einem homogenen horizontalen Magnetfeld B. Nun wird die Spule um einen kleinen Winkel $\theta = \theta_0$ gedreht und losgelassen. Zeigen Sie, dass die Spule dann eine gedämpfte harmonische Schwingung vollführt mit $\theta(t) = \theta_0 \, e^{-(\beta/2)t} \cos \omega t$, wobei gilt

$$\omega = \sqrt{\kappa/I} \qquad \text{und} \qquad \beta = \frac{n^2 B^2 A^2}{R I}.$$

28L   Die magnetische Induktion

L: Lösungen

L28.1   a) Wenn der in der Schleife A entgegen dem Uhrzeigersinn fließende Strom zunimmt, dann tut dies auch der magnetische Fluss durch die Schleife B. Um dem entgegenzuwirken, fließt in der Schleife B der induzierte Strom im Uhrzeigersinn. Wegen $\boldsymbol{F} = I\boldsymbol{\ell} \times \boldsymbol{B}$ stoßen die Schleifen einander ab.

b) Wenn der in der Schleife A entgegen dem Uhrzeigersinn fließende Strom abnimmt, dann tut dies auch der magnetische Fluss durch die Schleife B. Um dem entgegenzuwirken, fließt in der Schleife B der induzierte Strom entgegen dem Uhrzeigersinn. Wegen $\boldsymbol{F} = I\boldsymbol{\ell} \times \boldsymbol{B}$ ziehen die Schleifen einander an.

L28.2   a) und b) In der Abbildung sind – in willkürlichen Einheiten – der magnetische Fluss und der induzierte Strom gegen die Zeit aufgetragen.

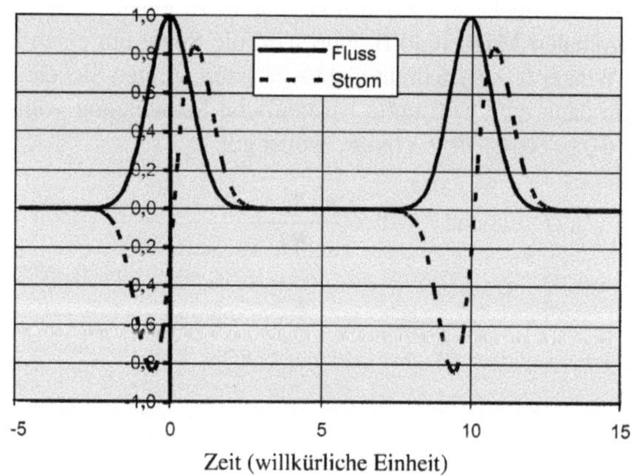

Der induzierte Strom ist proportional zu $\mathrm{d}\Phi_{\mathrm{mag}}/\mathrm{d}t$. Er ist maximal, wenn sich der Fluss am stärksten ändert, und null, wenn der Fluss momentan konstant ist.

L28.3   Wenn der Schalter geöffnet wird, ändert sich der Ladungsfluss abrupt. Dadurch wird in der Spule eine hohe Spannung induziert, die die Spule beschädigen kann. Die Diode ermöglicht es, dass die induzierte Spannung auch bei geöffnetem Schalter durch einen Strom in der Schleife abgebaut wird.

L28.4   Das sich aufgrund der Bewegung des Magnets zeitlich ändernde Magnetfeld induziert Wirbelströme in der Metallröhre. Das von ihnen hervorgerufene Magnetfeld ist dem des sich bewegenden Magnets entgegengerichtet, so dass dieser abgebremst wird. Wenn die Röhre jedoch aus nicht leitendem Material besteht, treten keine Wirbelströme und damit auch kein entgegengerichtetes Magnetfeld auf.

L28.5   Die Energiedichte im Magnetfeld ist $w_{\mathrm{mag}} = \frac{1}{2} B^2 / \mu_0$, und die im elektrischen Feld ist $w_{\mathrm{el}} = \frac{1}{2} \varepsilon_0 E^2$. Für den Quotienten erhalten wir damit

$$\frac{w_{\mathrm{mag}}}{w_{\mathrm{el}}} = \frac{\frac{1}{2} B^2 / \mu_0}{\frac{1}{2} \varepsilon_0 E^2} = \frac{1}{\mu_0 \varepsilon_0} \frac{B^2}{E^2}$$

$$\approx \frac{1}{(4\pi \cdot 10^{-7}\,\mathrm{N \cdot A^{-2}})(8{,}85 \cdot 10^{-12}\,\mathrm{C^2 \cdot N^{-1} \cdot m^{-2}})}$$

$$\cdot \frac{(5 \cdot 10^{-5}\,\mathrm{T})^2}{(100\,\mathrm{V \cdot m^{-1}})^2}$$

$$\approx 2{,}3 \cdot 10^4.$$

Die Energiedichte des Magnetfelds der Erde ist also weitaus höher als die ihres elektrischen Felds.

L28.6   Gemäß dem Faraday'schen Gesetz ist die induzierte Spannung

$$U_{\mathrm{ind}} = \frac{\mathrm{d}\Phi_{\mathrm{mag}}}{\mathrm{d}t} = \frac{\mathrm{d}}{\mathrm{d}t}(BA).$$

Darin ist Φ_{mag} der magnetische Fluss, B das Magnetfeld und A die wirksame Antennenfläche. Wegen der kurzen Zeitspanne können wir die Näherung $U_{\mathrm{ind}} \approx BA/\Delta t$ ansetzen. Für das in der Antenne im Abstand r vom Blitzeinschlag induzierte Magnetfeld gilt

$$B = \frac{\mu_0}{4\pi} \frac{2I}{r} = \frac{\mu_0 I}{2\pi r},$$

und wir erhalten

$$U_{\mathrm{ind}} \approx \frac{\mu_0 I A}{2\pi r \Delta t} = \frac{(4\pi \cdot 10^{-7}\,\mathrm{N \cdot A^{-2}})\left(\dfrac{30\,\mathrm{C}}{1\,\mathrm{\mu s}}\right)(0{,}1\,\mathrm{m}^2)}{2\pi\,(300\,\mathrm{m})\,(1\,\mathrm{\mu s})}$$

$$\approx 2\,\mathrm{kV}.$$

L28.7 Wir stellen zunächst die benötigte Formel für den magnetischen Fluss auf. Das Magnetfeld $\boldsymbol{B}$ der Erde ist an der Erdoberfläche in Stärke und Richtung konstant. Die Spule hat die Fläche A, und der Normalenvektor auf ihr bildet mit dem Erdmagnetfeld den Winkel θ. Damit ergibt sich für den magnetischen Fluss

$$
\begin{aligned}
\Phi_{\mathrm{mag}} &= n B \pi r^2 \cos\theta \\
&= 25\,(0,7\,\mathrm{G})\left(\frac{1\,\mathrm{T}}{10^4\,\mathrm{G}}\right)\pi\,(5\cdot 10^{-2}\,\mathrm{m})^2 \cos\theta \\
&= (1,37\cdot 10^{-5}\,\mathrm{Wb})\cos\theta .
\end{aligned}
$$

a) Bei waagerechter Spule ist $\theta = 90°$, und der Fluss ist

$$
\Phi_{\mathrm{mag},90} = (1,37\cdot 10^{-5}\,\mathrm{Wb})\cos 90° = 0 .
$$

b) Wenn die Spulenebene senkrecht steht und die Achse nach Norden weist, ist $\theta = 0°$, und der Fluss ergibt sich zu

$$
\Phi_{\mathrm{mag},0} = (1,37\cdot 10^{-5}\,\mathrm{Wb})\cos 0° = 1,37\cdot 10^{-5}\,\mathrm{Wb} .
$$

c) Wenn die Spulenebene senkrecht steht und die Achse nach Osten weist, ist $\theta = 90°$, und der Fluss ist

$$
\Phi_{\mathrm{mag},90} = (1,37\cdot 10^{-5}\,\mathrm{Wb})\cos 90° = 0 .
$$

d) Wenn die Spulenebene senkrecht steht und die Achse mit der Nordrichtung den Winkel $\theta = 30°$ bildet, dann erhalten wir für den Fluss

$$
\Phi_{\mathrm{mag},30} = (1,37\cdot 10^{-5}\,\mathrm{Wb})\cos 30° = 1,19\cdot 10^{-5}\,\mathrm{Wb} .
$$

L28.8 Wir stellen zunächst die benötigte Formel für den magnetischen Fluss auf. Der Fluss bei einer Spule mit n Windungen und der umschlossenen Fläche A ist

$$
\Phi_{\mathrm{mag}} = n \int_A \boldsymbol{B} \cdot \widehat{\boldsymbol{n}}\, \mathrm{d}A .
$$

Weil das Magnetfeld $\boldsymbol{B}$ konstant ist, wird dies zu

$$
\Phi_{\mathrm{mag}} = n\,\boldsymbol{B}\cdot\widehat{\boldsymbol{n}}\int_A \mathrm{d}A = n\,(\boldsymbol{B}\cdot\widehat{\boldsymbol{n}})\,A = n\,(\boldsymbol{B}\cdot\widehat{\boldsymbol{n}})\,\pi r^2 .
$$

Daraus folgt $\boldsymbol{B} = (0,4\,\widehat{\boldsymbol{x}})\,\mathrm{T}$ sowie

$$
\Phi_{\mathrm{mag}} = 15\,[(0,4\,\mathrm{T})\,\widehat{\boldsymbol{x}}\cdot\widehat{\boldsymbol{n}}]\,\pi\,(0,04\,\mathrm{m})^2 = (0,0302\,\mathrm{T\cdot m^2})\,\widehat{\boldsymbol{x}}\cdot\widehat{\boldsymbol{n}} .
$$

a) Mit $\widehat{\boldsymbol{n}} = \widehat{\boldsymbol{x}}$ ergibt sich

$$
\Phi_{\mathrm{mag}} = (0,0302\,\mathrm{T\cdot m^2})\,\widehat{\boldsymbol{x}}\cdot\widehat{\boldsymbol{x}} = 0,0302\,\mathrm{Wb} .
$$

b) Mit $\widehat{\boldsymbol{n}} = \widehat{\boldsymbol{y}}$ ergibt sich

$$
\Phi_{\mathrm{mag}} = (0,0302\,\mathrm{T\cdot m^2})\,\widehat{\boldsymbol{x}}\cdot\widehat{\boldsymbol{y}} = 0 .
$$

c) Mit $\widehat{\boldsymbol{n}} = (\widehat{\boldsymbol{x}}+\widehat{\boldsymbol{y}})/\sqrt{2}$ ergibt sich

$$
\begin{aligned}
\Phi_{\mathrm{mag}} &= (0,0302\,\mathrm{T\cdot m^2})\,\widehat{\boldsymbol{x}}\cdot\frac{(\widehat{\boldsymbol{x}}+\widehat{\boldsymbol{y}})}{\sqrt{2}} \\
&= \frac{0,0302\,\mathrm{T\cdot m^2}}{\sqrt{2}} = 0,0213\,\mathrm{Wb} .
\end{aligned}
$$

d) Mit $\widehat{\boldsymbol{n}} = \widehat{\boldsymbol{z}}$ ergibt sich

$$
\Phi_{\mathrm{mag}} = (0,0302\,\mathrm{T\cdot m^2})\,\widehat{\boldsymbol{x}}\cdot\widehat{\boldsymbol{z}} = 0 .
$$

e) Mit $\widehat{\boldsymbol{n}} = 0,6\,\widehat{\boldsymbol{x}}+0,8\,\widehat{\boldsymbol{y}}$ ergibt sich

$$
\begin{aligned}
\Phi_{\mathrm{mag}} &= (0,0302\,\mathrm{T\cdot m^2})\,\widehat{\boldsymbol{x}}\cdot(0,6\,\widehat{\boldsymbol{x}}+0,8\,\widehat{\boldsymbol{y}}) \\
&= 0,6\,(0,0302\,\mathrm{T\cdot m^2})\,\widehat{\boldsymbol{x}}\cdot\widehat{\boldsymbol{x}} + 0,8\,(0,0302\,\mathrm{T\cdot m^2})\,\widehat{\boldsymbol{x}}\cdot\widehat{\boldsymbol{y}} \\
&= 0,6\,(0,0302\,\mathrm{T\cdot m^2}) = 0,0181\,\mathrm{Wb} .
\end{aligned}
$$

L28.9 a) Der magnetische Fluss durch einen Streifen mit dem Flächeninhalt $\mathrm{d}A$ ist $\mathrm{d}\Phi_{\mathrm{mag}} = B\,\mathrm{d}A$, und das Magnetfeld im Abstand x von einem langen, geraden Leiter ist gegeben durch

$$
B = \frac{\mu_0}{4\pi}\frac{2I}{x} = \frac{\mu_0}{2\pi}\frac{I}{x} .
$$

Mit $\mathrm{d}A = b\,\mathrm{d}x$ erhalten wir

$$
\mathrm{d}\Phi_{\mathrm{mag}} = B\,\mathrm{d}A = \frac{\mu_0}{2\pi}\frac{I}{x}\,b\,\mathrm{d}x = \frac{\mu_0\,I\,b}{2\pi}\frac{\mathrm{d}x}{x} .
$$

Die Integration liefert

$$
\Phi_{\mathrm{mag}} = \frac{\mu_0\,I\,b}{2\pi}\int_d^{d+a}\frac{\mathrm{d}x}{x} = \frac{\mu_0\,I\,b}{2\pi}\ln\frac{d+a}{d} .
$$

b) Mit den gegebenen Werten ergibt sich der Fluss zu

$$
\begin{aligned}
\Phi_{\mathrm{mag}} &= \frac{(4\pi\cdot 10^{-7}\,\mathrm{N\cdot A^{-2}})\,(20\,\mathrm{A})\,(0,1\,\mathrm{m})}{2\pi}\ln\frac{7\,\mathrm{cm}}{2\,\mathrm{cm}} \\
&= 5,01\cdot 10^{-7}\,\mathrm{Wb} .
\end{aligned}
$$

L28.10 Wir betrachten ein Flächenelement $\mathrm{d}A = \ell\,\mathrm{d}r$, wobei ℓ die Länge und r der Radius des Leiters ist. Dieses Flächenelement wird durchsetzt vom Fluss

$$
\mathrm{d}\Phi = B\,\mathrm{d}A = B\,\ell\,\mathrm{d}r .
$$

Gemäß dem Ampère'schen Gesetz gilt für einen zylindrischen Bereich mit $r < r_{\mathrm{LZ}}$:

$$
\oint_C \boldsymbol{B}\cdot\mathrm{d}\boldsymbol{\ell} = 2\pi r B = \mu_0\,I_C \quad\text{und daher}\quad B = \frac{\mu_0\,I_C}{2\pi r} .
$$

Weil der Strom gleichmäßig über den Querschnitt des Leiters verteilt ist, gilt

$$
\frac{I(r)}{I} = \frac{\pi r^2}{\pi r_{\mathrm{LZ}}^2}, \quad\text{also}\quad I(r) = I_C = I\,\frac{r^2}{r_{\mathrm{LZ}}^2} .
$$

Einsetzen ergibt für das Magnetfeld

$$
B = \frac{\mu_0}{2\pi r}\frac{I\,r^2}{r_{\mathrm{LZ}}^2} = \frac{\mu_0\,I}{2\pi r_{\mathrm{LZ}}^2}\,r .
$$

Das setzen wir in die erste Gleichung ein und erhalten

$$
\mathrm{d}\Phi_{\mathrm{mag}} = B\,\ell\,\mathrm{d}r = \frac{\mu_0\,I\,\ell}{2\pi r_{\mathrm{LZ}}^2}\,r\,\mathrm{d}r .
$$

Wir integrieren von $r = 0$ bis $r = r_{\mathrm{LZ}}$:

$$
\Phi_{\mathrm{mag}} = \frac{\mu_0\,I\,\ell}{2\pi r_{\mathrm{LZ}}^2}\int_0^{r_{\mathrm{LZ}}} r\,\mathrm{d}r = \frac{\mu_0\,I\,\ell}{4\pi} .
$$

Daraus folgt für den magnetischen Fluss pro Längeneinheit

$$
\frac{\Phi_{\mathrm{mag}}}{\ell} = \frac{\mu_0\,I}{4\pi} .
$$

L28.11 a) Die insgesamt durch die Spule tretende Ladung ist das Produkt aus der mittleren Stromstärke und der Zeitspanne: $\Delta q = \langle I\rangle\,\Delta t$, und der induzierte Strom ist der Quotient aus der induzierten Spannung und dem Widerstand: $I = \langle I\rangle = U_{\mathrm{ind}}/R$. Ferner gilt gemäß dem Faraday'schen Gesetz für die induzierte

Spannung $U_{\text{ind}} = -\Delta\Phi_{\text{mag}}/\Delta t$. Wegen der Umkehr der Feldrichtung ist $\Delta\Phi_{\text{mag}} = 2\,\Phi_{\text{mag}}$, und wir erhalten

$$\Delta q = \langle I \rangle\,\Delta t = \frac{U_{\text{ind}}}{R}\,\Delta t = \frac{-\Delta\Phi_{\text{mag}}/\Delta t}{R}\,\Delta t = -\frac{2\,\Phi_{\text{mag}}}{R}.$$

Mit der Windungsanzahl n, der Querschnittsfläche A und dem Durchmesser d der Spule gilt $\Phi_{\text{mag}} = n\,BA$. Damit ergibt sich schließlich für die geflossene Ladung

$$\Delta q = -\frac{2\,nBA}{R} = -\frac{2\,nB\left(\frac{1}{4}\pi d^2\right)}{R} = -\frac{nB\pi d^2}{2R}$$

$$= -\frac{100\,(1\,\text{T})\,\pi\,(0{,}02\,\text{m})^2}{2\,(50\,\Omega)} = -1{,}26\,\text{mC}.$$

b) Der Betrag des mittleren Spulenstroms ist

$$\langle I \rangle = \frac{\Delta q}{\Delta t} = \frac{1{,}26\,\text{mC}}{0{,}1\,\text{s}} = 12{,}6\,\text{mA}.$$

c) Für die mittlere Spannung in der Spule ergibt sich

$$\langle U_{\text{ind}} \rangle = \langle I \rangle\,R = (12{,}6\,\text{mA})\,(50\,\Omega) = 630\,\text{mV}.$$

L28.12 Gemäß dem Faraday'schen Gesetz ist die induzierte Spannung U_{ind} gleich dem Quotienten aus der Änderung des magnetischen Flusses und der Zeitspanne. Wegen $-\Delta\Phi_{\text{mag}} = \Phi_{\text{mag}} = n\,BA$ ergibt sich mit der Anzahl n der Windungen, der Querschnittsfläche A und dem Radius r der Spule:

$$U_{\text{ind}} = -\frac{\Delta\Phi_{\text{mag}}}{\Delta t} = \frac{n\,BA}{\Delta t} = \frac{n\,B\pi r^2}{\Delta t}.$$

Mit der in der Zeitspanne Δt durch den Stromintegrator geflossenen Ladung Δq gilt gemäß dem Ohm'schen Gesetz für die induzierte Spannung $U_{\text{ind}} = IR = (\Delta q/\Delta t)\,R$. Das setzen wir in die vorige Gleichung ein, lösen nach B auf und erhalten für das Magnetfeld schließlich

$$B = \frac{U_{\text{ind}}\,\Delta t}{n\,\pi r^2} = \frac{(\Delta q/\Delta t)\,R\,\Delta t}{n\,\pi r^2} = \frac{\Delta q\,R}{n\,\pi r^2}$$

$$= \frac{(9{,}4\,\mu\text{C})\,(20\,\Omega)}{(300)\,\pi\,(0{,}05\,\text{m})^2} = 79{,}8\,\mu\text{T}.$$

L28.13 a) Mit der Geschwindigkeit v und der Länge ℓ des Stabs ergibt sich die im Stromkreis induzierte Spannung zu
$U_{\text{ind}} = v\,B\ell = (10\,\text{m}\cdot\text{s}^{-1})\,(0{,}8\,\text{T})\,(0{,}2\,\text{m}) = 1{,}60\,\text{V}.$

b) Die Stromstärke berechnen wir mit dem Ohm'schen Gesetz:

$$I = \frac{U_{\text{ind}}}{R} = \frac{1{,}60\,\text{V}}{2\,\Omega} = 0{,}800\,\text{A}.$$

c) Weil sich der Stab mit konstanter Geschwindigkeit bewegt, wirkt keine Gesamtkraft auf ihn, und nach dem zweiten Newton'schen Axiom gilt $\sum F_x = F_{\text{mech}} - F_{\text{mag}} = 0$. Damit erhalten wir

$$F_{\text{mech}} = F_{\text{mag}} = BI\ell = (0{,}8\,\text{T})\,(0{,}8\,\text{A})\,(0{,}2\,\text{m}) = 0{,}128\,\text{N}.$$

d) Die zugeführte Leistung ist
$P = F\,v = (0{,}128\,\text{N})\,(10\,\text{m}\cdot\text{s}^{-1}) = 1{,}28\,\text{W}.$

e) Die Joule'sche Rate der Wärmeerzeugung ergibt sich zu
$P = I^2 R = (0{,}8\,\text{A})^2\,(2\,\Omega) = 1{,}28\,\text{W}.$

L28.14 a) Wenn sich der Stab in x-Richtung bewegt, gilt gemäß dem zweiten Newton'schen Axiom für die auf ihn wirkenden Kräfte: $\sum F_x = ma_x$. Also ist die magnetische Kraft gleich der beschleunigenden Kraft: $BI\ell = m\,\mathrm{d}v/\mathrm{d}t$. Für die Stromstärke gilt dabei

$$I = \frac{U - B\ell v}{R}.$$

Also ist die Beschleunigung

$$\frac{\mathrm{d}v}{\mathrm{d}t} = \frac{B\ell}{mR}\,(U - B\ell v).$$

b) Wenn die Endgeschwindigkeit erreicht ist, dann ist die Beschleunigung gleich null, und gemäß der vorigen Gleichung muss gelten

$$U - B\ell\,v_{\text{E}} = 0 \quad\text{und daher}\quad v_{\text{E}} = \frac{U}{B\ell}.$$

c) Mit der in Teilaufgabe a angegebenen Gleichung erhalten wir für die Stromstärke bei der Endgeschwindigkeit

$$I_{\text{E}} = \frac{U - B\ell\,v_{\text{E}}}{R} = \frac{U - B\ell\,\dfrac{U}{B\ell}}{R} = 0.$$

L28.15 Wenn sich der Stab in x-Richtung bewegt, gilt gemäß dem zweiten Newton'schen Axiom für die auf ihn wirkenden Kräfte: $\sum F_x = ma_x$. Also ist die magnetische Kraft gleich der beschleunigenden Kraft:

$$BI\ell = m\,\frac{\mathrm{d}v}{\mathrm{d}t}. \tag{1}$$

Für die Stromstärke gilt dabei

$$I = \frac{q/C - B\ell\,v}{R}. \tag{2}$$

Wir lösen Gleichung 1 nach der Stromstärke auf:

$$I = \frac{m}{B\ell}\,\frac{\mathrm{d}v}{\mathrm{d}t}.$$

Weil sich der Kondensator entlädt, muss gelten

$$-\frac{\mathrm{d}q}{\mathrm{d}t} = \frac{m}{B\ell}\,\frac{\mathrm{d}v}{\mathrm{d}t}.$$

Daraus folgt

$$\mathrm{d}q = -\frac{m}{B\ell}\,\mathrm{d}v.$$

Wir integrieren von q_0 bis q und von 0 bis v:

$$\int_{q_0}^{q} \mathrm{d}q' = -\frac{m}{B\ell}\int_0^v \mathrm{d}v'.$$

Das Ergebnis $q = q_0 - \dfrac{m}{B\ell}\,v$ setzen wir in Gleichung 2 ein:

$$I = \frac{\dfrac{q_0 - \dfrac{m}{B\ell}\,v}{C} - B\ell\,v}{R} = \frac{q_0 - \dfrac{m}{B\ell}\,v}{CR} - \frac{B\ell\,v}{R}.$$

Einsetzen in Gleichung 1 liefert die Bewegungsgleichung:

$$\frac{\mathrm{d}v}{\mathrm{d}t} = \frac{B\ell}{mR}\left(\frac{q_0 - \dfrac{m}{B\ell}v}{C} - B\ell\,v\right)$$

$$= \frac{B\ell q_0}{mRC} - \left(\frac{1}{RC} + \frac{B^2\ell^2}{mR}\right)v\,.$$

b) Wenn die Endgeschwindigkeit erreicht ist, dann ist die Beschleunigung gleich null: $BI\ell = m\,\mathrm{d}v/\mathrm{d}t = 0$. Für die Stromstärke gilt dabei

$$I_{\mathrm{E}} = \frac{q_{\mathrm{E}}/C - B\ell\,v_{\mathrm{E}}}{R} = 0\,,$$

und wir erhalten für die Endgeschwindigkeit

$$v_{\mathrm{E}} = \frac{q_{\mathrm{E}}}{CB\ell}\,.$$

L28.16 Die Abbildung zeigt die Anordnung.

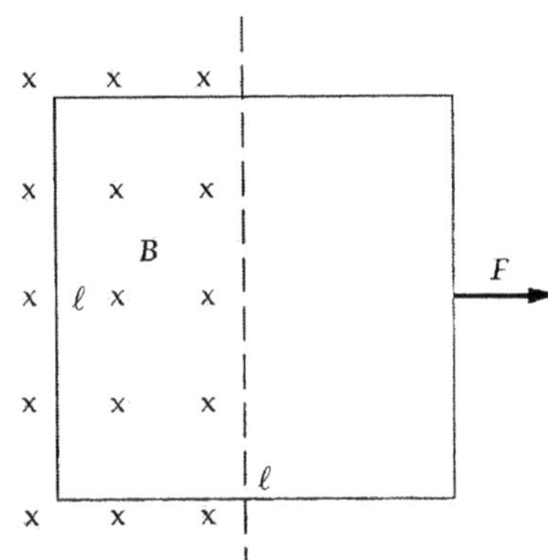

Gemäß dem zweiten Newton'schen Axiom gilt $\sum F = m\,a$. Die beschleunigende Kraft entspricht hier der Differenz der mechanischen und der magnetischen Kraft, so dass gilt

$$F - F_{\mathrm{mag}} = m\,\frac{\mathrm{d}v}{\mathrm{d}t}\,.$$

Mit dem Widerstand R der Leiterschleife, der Stromstärke I und dem Magnetfeld B ist die magnetische Kraft gegeben durch

$$F_{\mathrm{mag}} = I B\ell = \frac{U_{\mathrm{ind}}B\ell}{R}\,.$$

Das setzen wir in die erste Gleichung ein:

$$F - \frac{U_{\mathrm{ind}}B\ell}{R} = m\,\frac{\mathrm{d}v}{\mathrm{d}t}\,.$$

Mit $U_{\mathrm{ind}} = B\ell\,v$ wird daraus

$$F - \frac{B^2\ell^2}{R}\,v = m\,\frac{\mathrm{d}v}{\mathrm{d}t}\,.$$

Nach dem Erreichen der Endgeschwindigkeit v_{E} ist $\mathrm{d}v/\mathrm{d}t = 0$, und wir erhalten

$$F - \frac{B^2\ell^2}{R}\,v_{\mathrm{E}} = 0 \quad \text{und daher} \quad v_{\mathrm{E}} = \frac{R}{B^2\ell^2}\,F\,.$$

Eine Verdopplung der Kraft führt also zu einer Verdopplung der Endgeschwindigkeit. Daher wird bei doppelter Kraft nur die halbe Zeitspanne zum Herausziehen der Leiterschleife benötigt, und Lösung c ist richtig

L28.17 a) Für die magnetische Kraft auf eine sich mit der Geschwindigkeit $\mathbf{v}$ bewegende Ladung q gilt $\mathbf{F} = q\mathbf{v} \times \mathbf{B}$ und daher $F = q\,v\,B\sin\theta$. Der Geschwindigkeits- und der Feldvektor stehen senkrecht aufeinander, und es ist $v = r\omega$, wobei ω die Winkelgeschwindigkeit ist. Im Abstand r vom Drehpunkt ist wegen $\sin 90° = 1$ also $F = q\,B\,r\,\omega$.

b) Die in einem Segment der Länge $\mathrm{d}r$ des Stabs induzierte Spannung ist $\mathrm{d}U_{\mathrm{ind}} = B\,r\,\mathrm{d}v = B\,r\,\omega\,\mathrm{d}r$.

Dies integrieren wir von $r = 0$ bis $r = \ell$ und erhalten

$$\int_0^{U_{\mathrm{ind}}} \mathrm{d}U'_{\mathrm{ind}} = B\,\omega \int_0^{\ell} r\,\mathrm{d}r \quad \text{sowie} \quad U_{\mathrm{ind}} = \tfrac{1}{2}B\,\omega\,\ell^2\,.$$

c) Gemäß dem Faraday'schen Gesetz gilt für die zeitliche Abhängigkeit der induzierten Spannung $\mathrm{d}U_{\mathrm{ind}} = \mathrm{d}\Phi_{\mathrm{mag}}/\mathrm{d}t$. Für einen beliebigen Winkel θ ist das vom magnetischen Fluss Φ_{mag} durchsetzte Flächenelement zwischen r und $r + \mathrm{d}r$ gegeben durch $\mathrm{d}A = r\,\theta\,\mathrm{d}r$. Dies integrieren wir von $r = 0$ bis $r = \ell$ und erhalten für die Fläche

$$A = \theta \int_0^{\ell} r\,\mathrm{d}r = \tfrac{1}{2}\theta\,\ell^2\,.$$

Damit ergibt sich für den magnetischen Fluss

$$\Phi_{\mathrm{mag}} = B A = \tfrac{1}{2}B\,\theta\,\ell^2\,.$$

Die Ableitung des Flusses nach der Zeit liefert schließlich die induzierte Spannung:

$$U_{\mathrm{ind}} = \frac{\mathrm{d}}{\mathrm{d}t}\left(\tfrac{1}{2}B\,\theta\,\ell^2\right) = \tfrac{1}{2}B\,\ell^2\,\frac{\mathrm{d}\theta}{\mathrm{d}t} = \tfrac{1}{2}B\,\omega\,\ell^2\,.$$

L28.18 a) Mit der Länge ℓ, der Anzahl n der Windungen und der Stromstärke I erhalten wir für das Magnetfeld

$$B = \mu_0 \frac{n}{\ell} I = (4\pi \cdot 10^{-7}\,\mathrm{N \cdot A^{-2}})\,\frac{400}{0{,}25\,\mathrm{m}}\,(3\,\mathrm{A}) = 6{,}03\,\mathrm{mT}\,.$$

b) Der magnetische Fluss ist das Produkt aus der Windungszahl, der Feldstärke und der durchsetzten Fläche:

$$\Phi_{\mathrm{mag}} = n B A = 400\,(6{,}03\,\mathrm{mT})\,\pi\,(0{,}01\,\mathrm{m})^2 = 7{,}58 \cdot 10^{-4}\,\mathrm{Wb}\,.$$

c) Die Selbstinduktivität ist der Quotient aus dem magnetischen Fluss und der Stromstärke:

$$L = \frac{\Phi_{\mathrm{mag}}}{I} = \frac{7{,}58 \cdot 10^{-4}\,\mathrm{Wb}}{3\,\mathrm{A}} = 0{,}253\,\mathrm{mH}\,.$$

d) Mit Hilfe des Faraday'schen Gesetzes erhalten wir für die induzierte Spannung

$$U_{\mathrm{ind}} = -L\,\frac{\mathrm{d}I}{\mathrm{d}t} = -(0{,}253\,\mathrm{mH})\,(150\,\mathrm{A \cdot s^{-1}}) = -38{,}0\,\mathrm{mV}\,.$$

L28.19 Die Gegeninduktivität der beiden Spulen ist

$$
\begin{aligned}
L_{2,1} &= \frac{\Phi_{\mathrm{mag},2,1}}{I_1} = \mu_0 \left(\frac{n_1}{\ell}\right)\left(\frac{n_2}{\ell}\right)\ell \, \pi \, r_1^2 \\
&= (4\pi \cdot 10^{-7}\,\mathrm{N\cdot A^{-2}}) \left(\frac{300}{0{,}25\,\mathrm{m}}\right)\left(\frac{1000}{0{,}25\,\mathrm{m}}\right) \\
&\quad \cdot (0{,}25\,\mathrm{m})\,\pi\,(0{,}02\,\mathrm{m})^2 \\
&= 1{,}89\,\mathrm{mH}.
\end{aligned}
$$

L28.20 Mit dem magnetischen Fluss Φ_{mag} und der Stromstärke I ist die Selbstinduktivität einer Spule mit n Windungen gegeben durch $L = n\,\Phi_{\mathrm{mag}}/I$. Für einen geschlossenen Weg mit dem Radius r, für den gilt $a < r < b$, besagt das Ampère'sche Gesetz

$$
\oint_C \boldsymbol{B} \cdot \mathrm{d}\boldsymbol{\ell} = 2\pi r B = \mu_0 I_C.
$$

Mit $I_C = n\,I$ ergibt sich daraus

$$
2\pi r B = \mu_0 n I \quad\text{sowie}\quad B = \frac{\mu_0 n I}{2\pi r}.
$$

Der magnetische Fluss in einem Streifen der Höhe x und der Breite $\mathrm{d}r$ ist $\mathrm{d}\Phi_{\mathrm{mag}} = B H\,\mathrm{d}r$. Wir setzen den eben ermittelten Ausdruck für B ein und integrieren von $r = a$ bis $r = b$:

$$
\Phi_{\mathrm{mag}} = \frac{\mu_0 n I x}{2\pi} \int_a^b \frac{\mathrm{d}r}{r} = \frac{\mu_0 n I x}{2\pi} \ln\frac{b}{a}.
$$

Damit ergibt sich für die Selbstinduktivität

$$
L = \frac{n\,\Phi_{\mathrm{mag}}}{I} = \frac{\mu_0 n^2 x}{2\pi} \ln\frac{b}{a}.
$$

L28.21 Der Quotient der Energiedichten von magnetischem und elektrischem Feld ist

$$
\frac{w_{\mathrm{mag}}}{w_{\mathrm{el}}} = \frac{\frac{1}{2}B^2/\mu_0}{\frac{1}{2}\varepsilon_0 E^2} = \frac{B^2}{\mu_0 \varepsilon_0 E^2}.
$$

Mit der gegebenen Beziehung $E = cB$ folgt daraus

$$
\frac{w_{\mathrm{mag}}}{w_{\mathrm{el}}} = \frac{B^2}{\mu_0 \varepsilon_0 c^2 B^2} = \frac{1}{\mu_0 \varepsilon_0 c^2},
$$

und mit $c = 1/\sqrt{\varepsilon_0 \mu_0}$ ergibt sich schließlich

$$
\frac{w_{\mathrm{mag}}}{w_{\mathrm{el}}} = \frac{1}{\mu_0 \varepsilon_0 (1/\sqrt{\varepsilon_0 \mu_0})^2} = \frac{\mu_0 \varepsilon_0}{\mu_0 \varepsilon_0} = 1.
$$

Also ist $w_{\mathrm{mag}} = w_{\mathrm{el}}$.

L28.22 a) Die in der Spule gespeicherte magnetische Energie ist $E_{\mathrm{mag}} = \frac{1}{2}L I^2$. Mit der Windungszahl n und der Länge ℓ gilt für die Selbstinduktivität

$$
L = \mu_0 \left(\frac{n}{\ell}\right)^2 A\,\ell.
$$

Dies setzen wir ein und erhalten

$$
\begin{aligned}
E_{\mathrm{mag}} &= \tfrac{1}{2}\mu_0 \left(\frac{n}{\ell}\right)^2 A\,\ell\, I^2 \\
&= \tfrac{1}{2}(4\pi \cdot 10^{-7}\,\mathrm{N\cdot A^{-2}}) \left(\frac{2000}{0{,}3\,\mathrm{m}}\right)^2 \\
&\quad \cdot (4\cdot 10^{-4}\,\mathrm{m}^2)(0{,}3\,\mathrm{m})(4\,\mathrm{A})^2 \\
&= 53{,}6\,\mathrm{mJ}.
\end{aligned}
$$

b) Die magnetische Energie pro Volumeneinheit in der Spule ergibt sich zu

$$
\frac{E_{\mathrm{mag}}}{V} = \frac{E_{\mathrm{mag}}}{A\,\ell} = \frac{53{,}6\,\mathrm{mJ}}{(4\cdot 10^{-4}\,\mathrm{m}^2)(0{,}3\,\mathrm{m})} = 447\,\mathrm{J\cdot m^{-3}}.
$$

c) Das Magnetfeld ist

$$
B = \mu_0 \frac{n}{\ell} I = (4\pi \cdot 10^{-7}\,\mathrm{N\cdot A^{-2}}) \frac{2000}{0{,}3\,\mathrm{m}} (4\,\mathrm{A}) = 33{,}5\,\mathrm{mT}.
$$

d) Für die Energiedichte des Magnetfelds erhalten wir

$$
w_{\mathrm{mag}} = \frac{B^2}{2\mu_0} = \frac{(33{,}5\,\mathrm{mT})^2}{2\,(4\pi \cdot 10^{-7}\,\mathrm{N\cdot A^{-2}})} = 447\,\mathrm{J\cdot m^{-3}}.
$$

Das entspricht unserem Ergebnis von Teilaufgabe b.

L28.23 a) Die Anzahl der Windungen entspricht dem Quotienten aus der Drahtlänge ℓ und dem Umfang der Spule:

$$
n = \frac{\ell}{2\pi r} = \frac{1000\,\mathrm{m}}{2\pi\,(0{,}02\,\mathrm{m})} = 7958.
$$

b) Das Magnetfeld beim mittleren Radius r_{m} ergibt sich zu

$$
B = \frac{\mu_0 n I}{2\pi r_{\mathrm{m}}} = \frac{(4\pi \cdot 10^{-7}\,\mathrm{N\cdot A^{-2}})\,7958\,(400\,\mathrm{A})}{2\pi\,(0{,}25\,\mathrm{m})} = 2{,}55\,\mathrm{T}.
$$

c) Die Energiedichte des Magnetfelds in der Spule ist

$$
w_{\mathrm{mag}} = \frac{B^2}{2\mu_0} = \frac{(2{,}55\,\mathrm{T})^2}{2\,(4\pi \cdot 10^{-7}\,\mathrm{N\cdot A^{-2}})} = 2{,}59 \cdot 10^6\,\mathrm{J\cdot m^{-3}}.
$$

Die insgesamt in der Spule gespeicherte Energie ist das Produkt aus der Energiedichte und dem Volumen der Ringspule: $E_{\mathrm{mag}} = w_{\mathrm{mag}}\,V$. Das Volumen der Ringspule entspricht dem eines Zylinders mit dem Radius r und der Höhe $2\pi r_{\mathrm{m}}$:

$$
V = \pi r^2\,(2\pi r_{\mathrm{m}}) = 2\pi^2 r^2\, r_{\mathrm{m}}.
$$

Dies setzen wir ein und erhalten für die gespeicherte magnetische Energie

$$
\begin{aligned}
E_{\mathrm{mag}} &= w_{\mathrm{mag}}\,V = w_{\mathrm{mag}}\,2\pi^2 r^2\, r_{\mathrm{m}} \\
&= (2{,}59 \cdot 10^6\,\mathrm{J\cdot m^{-3}})\,2\pi^2\,(0{,}02\,\mathrm{m})^2(0{,}25\,\mathrm{m}) = 5{,}11\,\mathrm{kJ}.
\end{aligned}
$$

L28.24 Wir stellen zunächst die benötigte Formel für die Stromstärke auf. Mit der am Ende vorliegenden Stromstärke I_{E} und der Zeitkonstanten $\tau = L/R$ gilt für die Zeitabhängigkeit der Stromstärke

$$
I = I_{\mathrm{E}}\,(1 - \mathrm{e}^{-t/\tau}).
$$

Ihr Endwert ist

$$
I_{\mathrm{E}} = \frac{U_0}{R} = \frac{12\,\mathrm{V}}{3\,\Omega} = 4\,\mathrm{A},
$$

und für die Zeitkonstante erhalten wir

$$
\tau = \frac{L}{R} = \frac{0{,}6\,\mathrm{H}}{3\,\Omega} = 0{,}2\,\mathrm{s}.
$$

Einsetzen in die obige Gleichung für die Stromstärke liefert

$$
I = (4\,\mathrm{A})\,(1 - \mathrm{e}^{-t/(0{,}2\,\mathrm{s})}) = (4\,\mathrm{A})\,(1 - \mathrm{e}^{-5\,t\,\mathrm{s}^{-1}}).
$$

a) Bei $t = 0{,}5\,\mathrm{s}$ ist die Stromstärke

$$
I_{0{,}5\,\mathrm{s}} = (4\,\mathrm{A})\,(1 - \mathrm{e}^{-5\,(0{,}5\,\mathrm{s})\,\mathrm{s}^{-1}}) = 3{,}67\,\mathrm{A}.
$$

Damit ergibt sich für die zu diesem Zeitpunkt von der Batterie abgegebene Leistung

$P_{\text{el},0,5\,\text{s}} = I_{0,5\,\text{s}} U_0 = (3{,}67\ \text{A})\,(12\ \text{V}) = 44{,}0\ \text{W}.$

b) Die Rate der Joule'schen Wärmeerzeugung ist

$P_{\text{J},0,5\,\text{s}} = I_{0,5\,\text{s}}^2 R = (3{,}67\ \text{A})^2\,(3\ \Omega) = 40{,}4\ \text{W}.$

c) Für die Rate, mit der die magnetische Energie in der Spule gespeichert wird, gilt

$$\frac{dE_{\text{mag}}}{dt} = \frac{d}{dt}(\tfrac{1}{2}LI^2) = LI\,\frac{dI}{dt}$$

$$= (0{,}6\ \text{H})\,(4\ \text{A})\,(1 - e^{-5t\,\text{s}^{-1}})\,(20\ \text{A}\cdot\text{s}^{-1})\,e^{-5t\,\text{s}^{-1}}$$

$$= (48\ \text{W})\,(1 - e^{-5t\,\text{s}^{-1}})\,e^{-5t\,\text{s}^{-1}}.$$

Für den Zeitpunkt $t = 0{,}5$ s erhalten wir

$$\left(\frac{dE_{\text{mag}}}{dt}\right)_{0,5\,\text{s}} = (48\ \text{W})\,(1 - e^{-5\,(0,5\,\text{s})\,\text{s}^{-1}})\,e^{-5\,(0,5\,\text{s})\,\text{s}^{-1}}$$

$$= (48\ \text{W})\,(1 - e^{-2,5})\,e^{-2,5} = 3{,}62\ \text{W}.$$

Anmerkung: Wie die Ergebnisse zeigen, gilt in guter Näherung $dE_{\text{mag}}/dt = P_{\text{el}} - P_{\text{J}}$.

L28.25 a) Mit der Zeitkonstante $\tau = L/R$ und dem Endwert I_{E} gilt für die Zeitabhängigkeit der Stromstärke

$I = I_{\text{E}}\,(1 - e^{-t/\tau}).$

Bei $t = 4$ s soll der halbe Maximalwert erreicht sein:

$\tfrac{1}{2}\,I_{\text{E}} = I_{\text{E}}\,(1 - e^{-(4\,\text{s})/\tau}).$

Daraus folgt $\tfrac{1}{2} = 1 - e^{-(4\,\text{s})/\tau}$ sowie $\tfrac{1}{2} = e^{-(4\,\text{s})/\tau}$.
Logarithmieren ergibt

$$\ln\tfrac{1}{2} = -\frac{4\ \text{s}}{\tau} \quad \text{und damit} \quad \tau = \frac{4\ \text{s}}{\ln 2} = 5{,}77\ \text{s}.$$

b) Die Selbstinduktivität ist

$L = R\,\tau = (5\ \Omega)\,(5{,}77\ \text{s}) = 28{,}9\ \text{H}.$

L28.26 Wir leiten die Gleichung $I = I_0\,e^{-t/\tau}$ nach der Zeit ab:

$$\frac{dI}{dt} = I_0\,\frac{d}{dt}\,e^{-t/\tau} = I_0\,e^{-t/\tau}\left(-\frac{1}{\tau}\right).$$

Einsetzen von $t = 0$ ergibt

$$\left.\frac{dI}{dt}\right|_{t=0} = -\frac{I_0}{\tau}.$$

Bei gleichmäßiger Abnahme mit dieser Rate ist die Stromstärke eine lineare Funktion der Zeit:

$$I(t) = -\frac{I_0}{\tau}\,t + I_0.$$

Für $t = \tau$ erhalten wir daraus

$$I(\tau) = -\frac{I_0}{\tau}\,\tau + I_0 = 0.$$

L28.27 Wir können die Spule als Reihenschaltung einer widerstandslosen Spule mit einem induktionslosen Widerstand auffassen. Dann ist der Spannungsabfall an der Spule gleich der Summe der Spannungsabfälle am Widerstand R und an der Selbstinduktivität L:

$$\Delta U = U_R + U_L = RI + L\,\frac{dI}{dt}.$$

Damit können wir anhand der gegebenen Werte für die beiden unbekannten Größen R und L zwei Gleichungen aufstellen. Die erste ergibt sich mit $I = 5$ A und $dI/dt = 10\ \text{A}\cdot\text{s}^{-1}$:

$140\ \text{V} = (5\ \text{A})\,R + (10\ \text{A}\cdot\text{s}^{-1})\,L,$

und die zweite mit $I = 5$ A und $dI/dt = -10\ \text{A}\cdot\text{s}^{-1}$:

$60\ \text{V} = (5\ \text{A})\,R - (10\ \text{A}\cdot\text{s}^{-1})\,L.$

Addieren beider Gleichungen liefert $200\ \text{V} = (10\ \text{A})\,R$, also

$$R = \frac{200\ \text{V}}{10\ \text{A}} = 20{,}0\ \Omega.$$

Durch Einsetzen in eine der beiden vorigen Gleichungen erhalten wir $L = 4{,}00$ H.

L28.28 a) Die Rate, mit der die Batterie elektrische Energie abgibt, ist $dE_{\text{el}}/dt = U_0\,I$. Für die Zeitabhängigkeit der Stromstärke in der Schaltung gilt

$$I = \frac{U_0}{R}\,(1 - e^{-t/\tau}).$$

Einsetzen ergibt

$$\frac{dE_{\text{el}}}{dt} = U_0\,I = \frac{U_0^2}{R}\,(1 - e^{-t/\tau}).$$

Wir trennen die Variablen und integrieren von $t = 0$ bis $t = \tau$. Damit ergibt sich für die elektrische Energie, die die Batterie insgesamt abgibt:

$$E_{\text{el}} = \frac{U_0^2}{R}\int_0^\tau (1 - e^{-t/\tau})\,dt$$

$$= \frac{U_0^2}{R}\left[\tau - (-\tau\,e^{-1} + \tau)\right] = \frac{U_0^2}{R}\,\frac{\tau}{e} = \frac{U_0^2 L}{R^2 e}$$

$$= \frac{(12\ \text{V})^2\,(0{,}6\ \text{H})}{(3\ \Omega)^2\,e} = 3{,}53\ \text{J}.$$

b) Die Rate der Erzeugung Joule'scher Wärme im Widerstand ist

$$\frac{dE_{\text{J}}}{dt} = RI^2 = R\left[\frac{U_0}{R}\,(1 - e^{-t/\tau})\right]^2$$

$$= \frac{U_0^2}{R}\,(1 - 2e^{-t/\tau} + e^{-2t/\tau}).$$

Auch hier trennen wir die Variablen und integrieren von $t = 0$ bis $t = \tau$. Dies ergibt für die im Widerstand umgesetzte Joule'sche Wärme

$$E_{\text{J}} = \frac{U_0^2}{R}\int_0^\tau (1 - 2e^{-t/\tau} + e^{-2t/\tau})\,dt$$

$$= \frac{U_0^2}{R}\left(\frac{2\tau}{e} - \frac{\tau}{2} - \frac{\tau}{2e^2}\right) = \frac{U_0^2 L}{R^2}\left(\frac{2}{e} - \frac{1}{2} - \frac{1}{2e^2}\right)$$

$$= \frac{(12\ \text{V})^2\,(0{,}6\ \text{H})}{(3\ \Omega)^2}\left(\frac{2}{e} - \frac{1}{2} - \frac{1}{2e^2}\right) = 1{,}61\ \text{J}.$$

c) Die in der Spule zur Zeit $t = \tau$ gespeicherte Energie ist

$$U_{\mathrm{L}}(\tau) = \tfrac{1}{2} L \left[I(\tau) \right]^2$$

$$= \tfrac{1}{2} L \left[\frac{U_0}{R} \left(1 - \mathrm{e}^{-1} \right) \right]^2 = \frac{U_0^2 L}{2 R^2} \left(1 - \mathrm{e}^{-1} \right)^2$$

$$= \frac{(12\,\mathrm{V})^2 (0{,}6\,\mathrm{H})}{2\,(3\,\Omega)^2} \left(1 - \mathrm{e}^{-1} \right)^2 = 1{,}92\,\mathrm{J}\,.$$

Anmerkung: Wie wegen der Energieerhaltung zu erwarten war, ist $E_{\mathrm{el}} = E_{\mathrm{J}} + E_{\mathrm{L}}$.

L28.29 a) Mit der Windungszahl n, dem Magnetfeld B und der durchsetzten Fläche A sowie dem Winkel θ der Spule zur Richtung des Magnetfelds ist der magnetische Fluss durch die Spule

$$\Phi_{\mathrm{mag}} = n B A \cos \theta = n B \pi r^2 \cos \theta$$

$$= 6\,(0{,}5\,\mathrm{T})\,\pi\,(0{,}03\,\mathrm{m})^2 \cos 0° = 8{,}48\,\mathrm{mWb}\,.$$

b) Wenn die Spule mit dem Magnetfeld einen Winkel von $20°$ bildet, ergibt sich der magnetische Fluss zu

$$\Phi_{\mathrm{mag}} = 6\,(0{,}5\,\mathrm{T})\,\pi\,(0{,}03\,\mathrm{m})^2 \cos 20° = 7{,}97\,\mathrm{mWb}\,.$$

L28.30 a) Gemäß dem Faraday'schen Gesetz gilt für die induzierte Spannung $U_{\mathrm{ind}} = -\mathrm{d}\Phi_{\mathrm{mag}}/\mathrm{d}t$, und der magnetische Fluss ist gegeben durch $\Phi_{\mathrm{mag}} = n B A \cos \omega t$. Darin ist ω die Winkelgeschwindigkeit und A die umschlossene Fläche, für die $A = a b$ gilt. Einsetzen ergibt

$$U_{\mathrm{ind}} = -\frac{\mathrm{d}}{\mathrm{d}t} \left(n B A \cos \omega t \right) = -n B a b\, \omega \left(-\sin \omega t \right)$$

$$= n B a b\, \omega \sin \omega t\,.$$

a) Die induzierte Spannung ist maximal, wenn $\sin \omega t = 1$ ist, und wir erhalten

$$\omega = \frac{U_{\mathrm{ind,max}}}{n B a b} = \frac{110\,\mathrm{V}}{1000\,(2\,\mathrm{T})\,(0{,}01\,\mathrm{m})\,(0{,}02\,\mathrm{m})} = 275\,\mathrm{rad} \cdot \mathrm{s}^{-1}\,.$$

L28.31 Für die Induktivität L der Parallelschaltung gilt

$$L = \frac{U}{\mathrm{d}I/\mathrm{d}t} \quad \text{bzw.} \quad \frac{\mathrm{d}I}{\mathrm{d}t} = \frac{U}{L}\,. \tag{1}$$

Darin ist U der Spannungsabfall, der an beiden parallel geschalteten Spulen derselbe ist. Daher gilt für die erste Spule

$$U_1 = U = L_1 \frac{\mathrm{d}I_1}{\mathrm{d}t} \quad \text{und daher} \quad \frac{\mathrm{d}I_1}{\mathrm{d}t} = \frac{U}{L_1} \tag{2}$$

und für die zweite Spule

$$U_2 = U = L_2 \frac{\mathrm{d}I_2}{\mathrm{d}t} \quad \text{und daher} \quad \frac{\mathrm{d}I_2}{\mathrm{d}t} = \frac{U}{L_2}\,. \tag{3}$$

Der gesamte in die Schaltung fließende Strom I ist gleich der Summe der beiden Einzelströme: $I = I_1 + I_2$. Also ist

$$\frac{\mathrm{d}I}{\mathrm{d}t} = \frac{\mathrm{d}I_1}{\mathrm{d}t} + \frac{\mathrm{d}I_2}{\mathrm{d}t}\,.$$

Mit den Gleichungen 2 und 3 ergibt sich daraus

$$\frac{\mathrm{d}I}{\mathrm{d}t} = \frac{U}{L_1} + \frac{U}{L_2} = U \left(\frac{1}{L_1} + \frac{1}{L_2} \right)\,.$$

Einsetzen in Gleichung 1 und Herauskürzen von U liefert

$$\frac{1}{L} = \frac{1}{L_1} + \frac{1}{L_2}\,.$$

L28.32 a) Jedes Mal, wenn der Magnet eine Leiterschleife passiert, induziert er eine Spannung in ihr. Es werden die Zeitpunkte der Spannungsmaxima erfasst, um die Bewegung des Magnets zu verfolgen.

b) Wenn das Rohr aus einem elektrisch leitfähigen Material bestünde, würden durch die Bewegung des Magnets Wirbelströme in ihm induziert, die den Magnet abbremsen würden.

c) Sobald die Unterkante des Magnets eine Leiterschleife erreicht hat, steigt der magnetische Fluss durch diese an, und es wird in ihr eine positive Spannung induziert. Während der Magnet die Schleife weiter passiert, sinkt der magnetische Fluss wieder ab, und die induzierte Spannung wird negativ. Der Zeitpunkt des Nulldurchgangs der Spannung ist derjenige, zu dem die Mitte des Magnets die Leiterschleife passiert.

d) Zwischen den angegebenen Zeitpunkten liegt jeweils eine zurückgelegte Strecke von 10 cm. Die Kurve in der Abbildung wurde mit der Excel-Funktion „Hinzufügen einer Trendlinie" erzeugt.

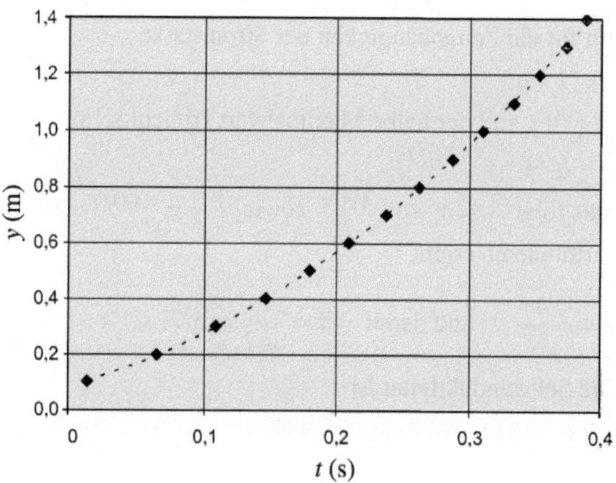

Die Gleichung für die Ausgleichskurve ergab sich zu

$$y = (4{,}9275\,\mathrm{m} \cdot \mathrm{s}^{-2})\,t^2 + (1{,}3931\,\mathrm{m} \cdot \mathrm{s}^{-1})\,t + 0{,}0883\,\mathrm{m}\,.$$

Wir vergleichen sie mit der Gleichung für gleichförmig beschleunigte Bewegungen:

$$y = \tfrac{1}{2} a t^2 + v_0\,t + y_0\,.$$

Somit entspricht der Koeffizient des quadratischen Terms dem halben Wert der experimentell ermittelten Fallbeschleunigung:

$$\tfrac{1}{2} a = \tfrac{1}{2} g_{\mathrm{exp}} = 4{,}9275\,\mathrm{m} \cdot \mathrm{s}^{-2}\,.$$

Daraus ergibt sich $g_{\mathrm{exp}} = 9{,}85\,\mathrm{m} \cdot \mathrm{s}^{-2}$.

L28.33 Solange die Spule das Magnetfeld nicht ganz verlassen hat, gilt für den Betrag der induzierten Stromstärke

$$|I_{\mathrm{ind}}| = \frac{|U_{\mathrm{ind}}|}{R}\,. \tag{1}$$

Gemäß dem Faraday'schen Gesetz ist der Betrag der induzierten Spannung $|U_{\mathrm{ind}}| = |\mathrm{d}\Phi_{\mathrm{mag}}|/\mathrm{d}t$.

a) Wenn die Spule nach rechts bewegt wird, ändert sich die durchsetzte Fläche und damit der magnetische Fluss nicht; also ist

$\mathrm{d}\Phi_{\mathrm{mag}} = 0$ und damit $U_{\mathrm{ind}} = 0$ sowie gemäß Gleichung 1 auch $I_{\mathrm{ind}} = 0$.

b) Der magnetische Fluss ist gegeben durch $\Phi_{\mathrm{mag}} = nBby$. Darin ist n die Windungszahl, B das Magnetfeld, b die Breite und y die Höhe der durchsetzten Fläche, im vorliegenden Fall also der Teil der senkrechten Spulenseiten, der sich im Magnetfeld befindet. Bei senkrechter Bewegung der Spule mit $\mathrm{d}y/\mathrm{d}t = 2\ \mathrm{m} \cdot \mathrm{s}^{-1}$ ergibt sich der Betrag der induzierten Spannung zu

$$|\mathrm{d}U_{\mathrm{ind}}| = \frac{|\mathrm{d}\Phi_{\mathrm{mag}}|}{\mathrm{d}t} = nBb\,\frac{\mathrm{d}y}{\mathrm{d}t}$$
$$= 80\,(1{,}4\ \mathrm{T})\,(0{,}25\ \mathrm{m})\,(2\ \mathrm{m} \cdot \mathrm{s}^{-1}) = 56{,}0\ \mathrm{V}.$$

Der Betrag der Stromstärke ergibt sich mit Gleichung 1 zu

$$|I_{\mathrm{ind}}| = \frac{56\ \mathrm{V}}{4\ \Omega} = 2{,}33\ \mathrm{A}.$$

Bei der Bewegung der Spule nach oben nimmt der magnetische Fluss aus der Papierebene heraus zu. Der induzierte Strom erzeugt einen hineingerichteten Fluss, fließt also im Uhrzeigersinn.

c) Wenn die Spule nach links bewegt wird, sind die Verhältnisse dieselben wie in Teilaufgabe a: Der magnetische Fluss ändert sich nicht; also ist $\mathrm{d}\Phi_{\mathrm{mag}} = 0$ und damit $U_{\mathrm{ind}} = 0$ sowie gemäß Gleichung 1 auch $I_{\mathrm{ind}} = 0$.

d) Die Verhältnisse sind dieselben wie in Teilaufgabe b, nur dass der aus der Papierebene herausgerichtete magnetische Fluss bei der Bewegung der Spule nach unten nicht zu-, sondern abnimmt. Der induzierte Strom von 2,33 A fließt also entgegen dem Uhrzeigersinn.

L28.34 a) Gemäß dem Faraday'schen Gesetz gilt für das induzierte elektrische Feld E im zylindrischen Bereich mit dem Radius $r < r_{\mathrm{LS}}$:

$$\int_C \boldsymbol{E} \cdot \mathrm{d}\boldsymbol{\ell} = -\frac{\mathrm{d}\Phi_{\mathrm{mag}}}{\mathrm{d}t} \quad \text{und daher} \quad 2\pi r E = -\frac{\mathrm{d}\Phi_{\mathrm{mag}}}{\mathrm{d}t}. \quad (1)$$

Darin ist Φ_{mag} der magnetische Fluss. Das Magnetfeld in der Spule ist $B = \mu_0\,(n/\ell)\,I$, und der Betrag des magnetischen Flusses durch eine Kreisfläche A mit dem Radius $r < r_{\mathrm{LS}}$ ist

$$\Phi_{\mathrm{mag}} = BA = \pi r^2 \mu_0\,(n/\ell)\,I.$$

Das setzen wir in Gleichung 1 ein:

$$2\pi r E = -\frac{\mathrm{d}}{\mathrm{d}t}\left[\pi r^2 \mu_0\,(n/\ell)\,I\right] = -\pi r^2 \mu_0\,(n/\ell)\,\frac{\mathrm{d}I}{\mathrm{d}t}.$$

Mit $I = I_0 \sin \omega t$ wird daraus

$$E = -\tfrac{1}{2}\,r\mu_0\,(n/\ell)\,\frac{\mathrm{d}}{\mathrm{d}t}\,(I_0 \sin \omega t) = -\tfrac{1}{2}\,r\mu_0\,(n/\ell)\,I_0\,\omega \cos \omega t.$$

b) Auf dieselbe Weise wie in Teil a ergibt sich für $r > r_{\mathrm{LS}}$:

$$2\pi r E = -\frac{\mathrm{d}}{\mathrm{d}t}\left[\pi r_{\mathrm{LS}}^2 \mu_0\,(n/\ell)\,I\right] = -\pi r_{\mathrm{LS}}^2 \mu_0\,(n/\ell)\,\frac{\mathrm{d}I}{\mathrm{d}t}$$
$$= -\pi r_{\mathrm{LS}}^2 \mu_0\,(n/\ell)\,I_0\,\omega \cos \omega t$$

sowie daraus

$$E = -\frac{r_{\mathrm{LS}}^2 \mu_0\,(n/\ell)\,I_0\,\omega}{2r}\cos \omega t.$$

L28.35 Wenn die Spule um den Winkel θ verdreht bzw. ausgelenkt ist, wirkt das Rückstellmoment $\kappa\theta$. Wenn sie sich mit der Winkelgeschwindigkeit $\omega = \mathrm{d}\theta/\mathrm{d}t$ zurückbewegt, wird in ihr eine Spannung induziert. Der von ihr hervorgerufene Strom I_{ind} ist so gerichtet, dass das von ihm erzeugte Magnetfeld der Änderung des von der Bewegung herrührenden Flusses entgegenwirkt. Dies führt zu einer Dämpfung der Bewegung.

Gemäß dem zweiten Newton'schen Axiom für Drehbewegungen, $\sum_i M_i = I_{\mathrm{T}}\,\alpha$, ist das resultierende Drehmoment gleich der Differenz aus dem rückstellenden und dem verzögernden Drehmoment:

$$M_{\mathrm{Rückst.}} - M_{\mathrm{Verzög.}} = I_{\mathrm{T}}\,\alpha = I_{\mathrm{T}}\,\frac{\mathrm{d}^2\theta}{\mathrm{d}t^2}.$$

Dabei ist $\alpha = \mathrm{d}^2\theta/\mathrm{d}t$ die Winkelbeschleunigung und I_{T} das Trägheitsmoment (das wir so bezeichnen, um es von der Stromstärke I deutlich zu unterscheiden). Der Betrag des rückstellenden Drehmoments ist, wie schon gesagt,

$$M_{\mathrm{Rückst.}} = \kappa\theta,$$

und der des verzögernden Drehmoments ist

$$M_{\mathrm{Verzög.}} = n\,I_{\mathrm{ind}}\,BA\cos\theta.$$

Diese beiden Ausdrücke setzen wir in die obige Gleichung für die Differenz der Drehmomente ein:

$$-\kappa\theta - n\,I_{\mathrm{ind}}\,BA\cos\theta = I_{\mathrm{T}}\,\frac{\mathrm{d}^2\theta}{\mathrm{d}t^2}. \quad (1)$$

Gemäß dem Faraday'schen Gesetz gilt für die in der Spule induzierte Spannung

$$U_{\mathrm{ind}} = -\frac{\mathrm{d}}{\mathrm{d}t}\,(nBA\sin\theta) = -(nBA\cos\theta)\,\frac{\mathrm{d}\theta}{\mathrm{d}t}.$$

Mit dem Ohm'schen Gesetz ergibt sich daraus für den induzierten Strom

$$I_{\mathrm{ind}} = \frac{U_{\mathrm{ind}}}{R} = \frac{nBA\cos\theta}{R}\,\frac{\mathrm{d}\theta}{\mathrm{d}t}.$$

Einsetzen in Gleichung 1 liefert

$$-\kappa\theta - \frac{n^2 B^2 A^2 \cos^2\theta}{R}\,\frac{\mathrm{d}\theta}{\mathrm{d}t} = I_{\mathrm{T}}\,\frac{\mathrm{d}^2\theta}{\mathrm{d}t^2}.$$

Bei kleinen Auslenkungen ist $\cos\theta \approx 1$, so dass gilt:

$$-\kappa\theta - \frac{n^2 B^2 A^2}{R}\,\frac{\mathrm{d}\theta}{\mathrm{d}t} \approx I_{\mathrm{T}}\,\frac{\mathrm{d}^2\theta}{\mathrm{d}t^2}.$$

Das formen wir zur Bewegungsgleichung der Spule um und nehmen die Näherung als Gleichheit an:

$$\frac{\mathrm{d}^2\theta}{\mathrm{d}t^2} + \frac{n^2 B^2 A^2}{R\,I_{\mathrm{T}}}\,\frac{\mathrm{d}\theta}{\mathrm{d}t} + \frac{\kappa}{I_{\mathrm{T}}}\,\theta = 0.$$

Mit den gegebenen Ausdrücken

$$\omega = \sqrt{\kappa/I_{\mathrm{T}}} \quad \text{und} \quad \beta = \frac{n^2 B^2 A^2}{R\,I_{\mathrm{T}}}$$

wird daraus

$$\frac{\mathrm{d}^2\theta}{\mathrm{d}t^2} + \beta\,\frac{\mathrm{d}\theta}{\mathrm{d}t} + \omega^2\,\theta = 0.$$

Die Lösung dieser homogenen linearen Differenzialgleichung zweiter Ordnung mit konstanten Koeffizienten hat die Lösung

$$\theta(t) = \theta_0\,\mathrm{e}^{-(\beta/2)t}\cos\omega t.$$

Wechselstromkreise

- Wechselstromgeneratoren
- *LC*- und *RLC*-Stromkreise ohne Wechselspannungsquelle
- *RL*-Stromkreise mit Wechselspannungsquelle
- Filter und Gleichrichter
- *LC*-Stromkreise mit Wechselspannungsquelle
- *RLC*-Stromkreise mit Wechselspannungsquelle
- Der Transformator

A: Aufgaben

Verständnisaufgaben

A29.1 • Was geschieht mit der maximalen Spannung in einem Wechselstromkreis, wenn man die effektive Spannung verdoppelt? a) Sie verdoppelt sich auch. b) Sie halbiert sich. c) Sie nimmt um den Faktor $\sqrt{2}$ zu. d) Sie nimmt um den Faktor $\sqrt{2}$ ab. e) Sie verändert sich nicht.

A29.2 • Betrachten Sie den Stromkreis in der Abbildung. Wie ändert sich der induktive Blindwiderstand der Spule, wenn die Frequenz der Wechselspannung verdoppelt wird? a) Er verdoppelt sich auch. b) Er ändert sich nicht. c) Er halbiert sich. d) Er vervierfacht sich. e) Er nimmt auf ein Viertel ab.

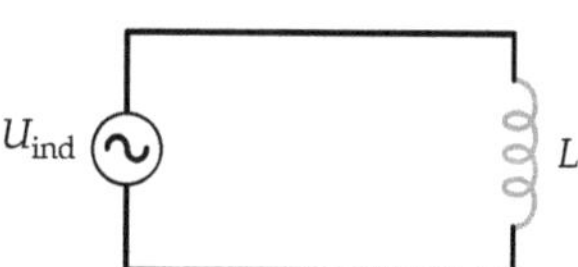

A29.3 • Betrachten Sie den Stromkreis in der Abbildung. Wie ändert sich der kapazitive Blindwiderstand des Kreises, wenn die Frequenz der Wechselspannung verdoppelt wird? a) Er verdoppelt sich auch. b) Er ändert sich nicht. c) Er halbiert sich. d) Er vervierfacht sich. e) Er nimmt auf ein Viertel ab.

A29.4 •• *LC*-Stromkreise mit Schwingungsfrequenzen von etlichen tausend Hertz (oder mehr) herzustellen, ist nicht schwierig. Wesentlich mehr Probleme bereitet es, *LC*-Kreise mit niedrigen Schwingungsfrequenzen zu bauen. Warum?

A29.5 • Hängt der Leistungsfaktor von der Frequenz der Wechselspannung ab?

A29.6 •• Betrachten Sie einen idealen Transformator mit n_1 Windungen auf der Primär- und n_2 Windungen auf der Sekundärspule. Bei gegebener Primärspannung U_1 wird an einem Lastwiderstand R im Sekundärkreis eine Leistung P_2 umgesetzt. Fließt in der Primärspule dann der Strom a) P_2/U_1, b) $(n_1/n_2)(P_2/U_1)$, c) $(n_2/n_1)(P_2/U_1)$ oder d) $(n_2/n_1)^2(P_2/U_1)$?

Schätzungs- und Näherungsaufgabe

A29.7 •• Die in Motoren, Transformatoren und Elektromagneten enthaltenen Spulen haben induktive Blindwiderstände. Eine große Industrieanlage nimmt bei Volllast eine Leistung von 2,3 MW auf. Der Phasenwinkel der Gesamtimpedanz der Anlage beträgt dann 25°. Die Energieversorgung der Anlage übernimmt ein 4,5 km entferntes Umspannwerk; geliefert wird eine Netzspannung mit einem Effektivwert von 40 000 V und einer Frequenz von 60 Hz. Der Widerstand der Zuleitungen zwischen Umspannwerk und Anlage beträgt 5,2 Ω. Eine Kilowattstunde Elektroenergie kostet 10 Eurocent, wobei der Betreiber der Anlage nur für die tatsächlich aus dem Netz entnommene Energie bezahlen muss. a) Geben Sie den Ohm'schen Widerstand und den induktiven Blindwiderstand der gesamten Anlage bei Volllastbetrieb an. b) Welche Stromstärke fließt durch die Zuleitungen? Wie groß muss die effektive Spannung am Umspannwerk sein, damit in der Anlage eine Effektivspannung von 40 000 V aufrechterhalten werden kann? c) Wie groß sind die Leistungsverluste bei der Übertragung? d) Durch Einbau eines Kondensatorblocks (in Reihenschaltung zum Lastwiderstand) wird der Phasenwinkel der Gesamtimpedanz auf 18° abgesenkt. Wie viel Geld spart der Betreiber dann pro Monat, wenn die Anlage täglich 16 Stunden lang unter Volllast betrieben wird? e) Wie groß muss die Kapazität des Kondensatorblocks sein?

- **Wechselstromgeneratoren**

A29.8 • Eine Spule mit rechteckigem Querschnitt (Seitenlängen: 2 cm und 1,5 cm) und 300 Windungen rotiert in einem Magnetfeld von 0,4 T. a) Geben Sie den Maximalwert der induzierten Spannung an, wenn sich die Spule mit einer Frequenz von 60 Hz dreht. b) Wie groß muss die Rotationsfrequenz sein, damit eine Spannung von 110 V (Maximalwert) induziert wird?

Wechselspannung an Ohm'schen Widerständen

A29.9 • Ein Schutzschalter („Sicherung") ist für eine effektive Stromstärke von 15 A bei einer effektiven Spannung von 120 V ausgelegt. a) Wie groß darf I_{max} höchstens sein, damit der Stromkreis gerade noch geschlossen bleibt? b) Welche mittlere Leistung kann dem Stromkreis entnommen werden?

Wechselspannung an Spulen und Kondensatoren

A29.10 • Eine Spule hat einen Blindwiderstand von 100 Ω, wenn eine Wechselspannung mit einer Frequenz von 80 Hz anliegt. a) Geben Sie die Induktivität der Spule an. b) Wie groß ist der Blindwiderstand, wenn die Frequenz der Spannung 160 Hz beträgt?

A29.11 • Wie groß muss die Frequenz einer anliegenden Wechselspannung sein, damit die Blindwiderstände eines Kondensators mit $C = 10\,\mu$F und einer Spule mit $L = 1$ mH gleich sind?

- **LC- und RLC-Stromkreise ohne Wechselspannungsquelle**

A29.12 •• Wir betrachten drei LC-Stromkreise: Kreis 1 mit der Kapazität C_1 und der Induktivität L_1, Kreis 2 mit der Kapazität $C_2 = \frac{1}{2}C_1$ und der Induktivität $L_2 = 2L_1$ sowie Kreis 3 mit der Kapazität $C_3 = 2C_1$ und der Induktivität $L_3 = \frac{1}{2}L_1$. a) Zeigen Sie, dass die Frequenzen der drei Schwingkreise gleich sind. b) Nehmen Sie an, die drei Kondensatoren würden auf das gleiche Potenzial U aufgeladen. In welchem Stromkreis wäre die maximale Stromstärke dann am größten?

A29.13 •• Die Abbildung zeigt einen Stromkreis mit einem Kondensator und einer Spule. Bei geöffnetem Schalter sei die Ladung auf der linken Kondensatorplatte gleich q_0. Nun wird der Schalter geschlossen; Strom und Ladung schwanken dann

zeitlich in Form einer Sinusfunktion. a) Skizzieren Sie den Verlauf von q und von I als Funktion der Zeit und erläutern Sie anhand der beiden Kurven, dass der Strom der Ladung um 90° vorauseilt. b) Zeigen Sie mit Hilfe einer trigonometrischen Beziehung, dass der Strom gemäß der Gleichung $I = -I_{max}\sin\omega t$ der Ladung gemäß der Gleichung $q = q_{max}\cos\omega t$ um 90° vorauseilt, dass also gilt $I = -I_{max}\sin\omega t = I_{max}\cos(\omega t + \pi/2)$.

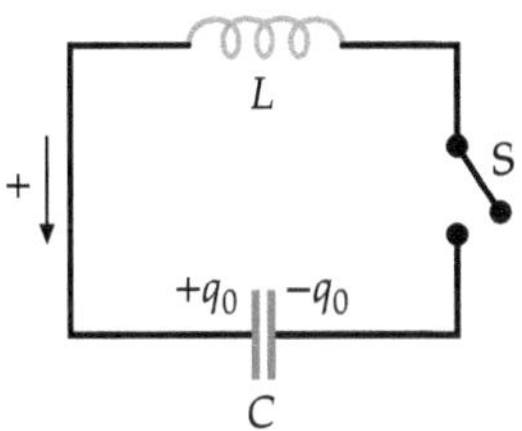

- **RL-Stromkreise mit Wechselspannungsquelle**

A29.14 •• Durch eine Leitung werden zwei Wechselspannungssignale übertragen: $U_1 = (10\text{ V})\cos(100\,\text{s}^{-1}\,t)$ und $U_2 = (10\text{ V})\cos(10\,000\,\text{s}^{-1}\,t)$; die Zeit t wird in Sekunden gemessen. Wie in der Abbildung gezeigt, wird eine Spule in Reihe zu den Spannungsquellen geschaltet. Zusätzlich wird ein Nebenschlusswiderstand $R = 1$ kΩ eingebaut. a) Beschreiben Sie das Spannungssignal U_A, das sich am „Ausgang" der Schaltung abgreifen lässt. b) Geben Sie das Verhältnis der Amplituden des niederfrequenten und des hochfrequenten Signals am Leitungsende an.

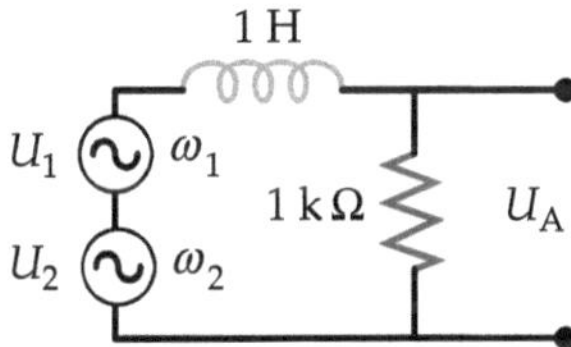

A29.15 •• Wir betrachten eine Parallelschaltung aus einer Spule und einem Ohm'schen Widerstand mit einer Wechselspannungsquelle ($U = U_{max}\cos\omega t$; siehe Abbildung.) Zeigen Sie: a) Durch den Ohm'schen Widerstand fließt der Strom $I_R = (U_{max}/R)\cos\omega t$; b) durch die Spule fließt der Strom $I_L = (U_{max}/X_L)\cos(\omega t - 90°)$; c) für den Gesamtstrom gilt $I = I_R + I_L = I_{max}\cos(\omega t - \delta)$ mit $\tan\delta = R/X_L$ und $I_{max} = U_{max}/Z$ mit $Z^{-2} = R^{-2} + X_L^{-2}$.

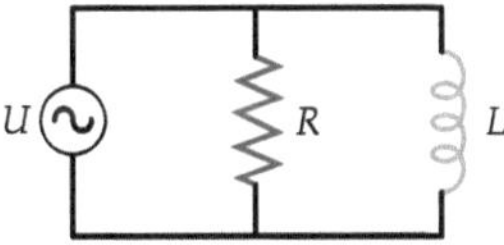

- **Filter und Gleichrichter**

A29.16 •• Den in der Abbildung gezeigten Stromkreis nennt man RC-Hochpassfilter: Er lässt Signale mit hohen Frequenzen verlustarm durch, während Signale mit niedrigen Frequenzen unterdrückt werden. Gegeben ist eine Eingangsspannung $U_E = U_{max}\cos\omega t$. Zeigen Sie, dass die Ausgangsspannung dann $U_A = U_H \cos(\omega t - \delta)$ ist, mit

$$U_H = \frac{U_{max}}{\sqrt{1 + \left(\dfrac{1}{\omega RC}\right)^2}}.$$

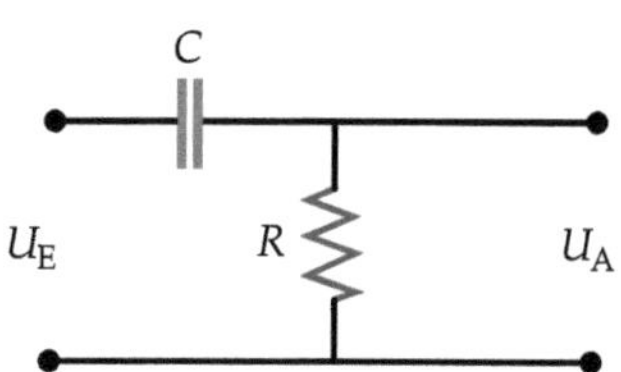

A29.17 ••• Betrachten Sie noch einmal den Hochpassfilter in Aufgabe 16. Das Eingangssignal ist eine beliebige Wechselspannung, deren Frequenz wesentlich niedriger ist als $1/(RC)$. Zeigen Sie, dass das Ausgangssignal dann proportional zur Ableitung des Eingangssignals nach der Zeit ist.

A29.18 •• In der Dezibel-Skala definieren wir das Ausgangssignal des in Aufgabe 16 besprochenen Hochpassfilters wie folgt:

$$\beta = (20 \text{ dB}) \log_{10} \frac{U_H}{U_{max}}.$$

Die so genannte 3-dB-Frequenz $\nu_{3\,dB}$ eines Hochpassfilters ist definiert als diejenige Frequenz, bei der gilt: $U_A = U_E/\sqrt{2}$. Zeigen Sie, dass für $\nu \ll \nu_{3\,dB}$ das Ausgangssignal mit jeder Oktave (also mit jeder Halbierung der Frequenz ν) um 6 dB schwächer wird.

A29.19 •• Den in der Abbildung gezeigten Stromkreis nennt man Tiefpassfilter: Er unterdrückt Signale mit hoher Frequenz. Gegeben ist eine Eingangsspannung $U_E = U_{max} \cos \omega t$. Zeigen Sie, dass die Ausgangsspannung dann $U_A = U_T \cos(\omega t - \delta)$ ist, mit

$$U_T = \frac{U_{max}}{\sqrt{1 + (\omega RC)^2}}.$$

Diskutieren Sie das Verhalten der Ausgangsspannung in den Grenzfällen $\omega \to 0$ und $\omega \to \infty$.

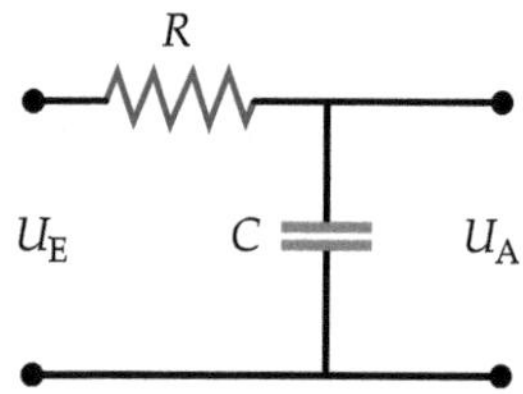

A29.20 •• Die Abbildung zeigt einen Gleichrichter, der eine Wechselspannung in eine (pulsierende) Gleichspannung umwandelt. Die Diode können Sie sich wie ein „Einwegventil" für den Strom vorstellen: Es fließt nur dann ein Strom in Vorwärtsrichtung (nach oben), wenn die Spannung zwischen den Punkten A und B größer ist als $+0{,}6$ V; ist sie kleiner, so geht der Widerstand der Diode gegen unendlich. Zeichnen Sie die zeitlichen

Verläufe von U_E und U_A (jeweils zwei Perioden) gemeinsam in ein Koordinatensystem ein, und zwar für $U_E = U_{max} \cos \omega t$.

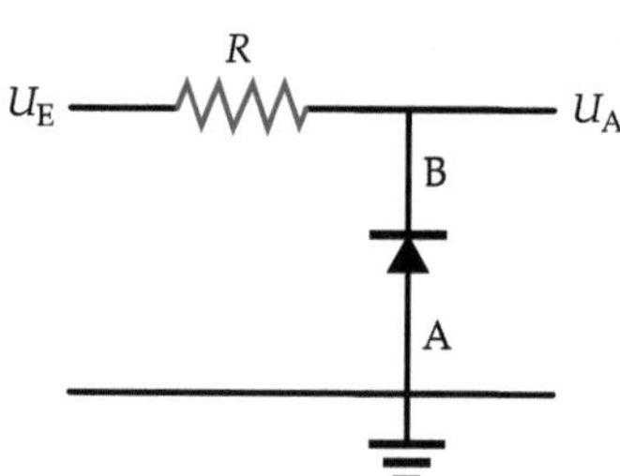

A29.21 •• Das Ausgangssignal des in Aufgabe 20 besprochenen Gleichrichters kann man durch Nachschaltung eines Tiefpassfilters glätten (siehe Abbildung a). So erhält man eine Gleichspannung mit nur noch geringfügigen zeitlichen Schwankungen (siehe Abbildung b). Gegeben ist die Frequenz $\nu = \omega/(2\pi) = 60$ Hz des Eingangssignals sowie $R = 1$ kΩ. Wie groß muss C ungefähr sein, damit das Ausgangssignal im Laufe einer Periode um weniger als 50 % seines Mittelwerts schwankt?

(a)

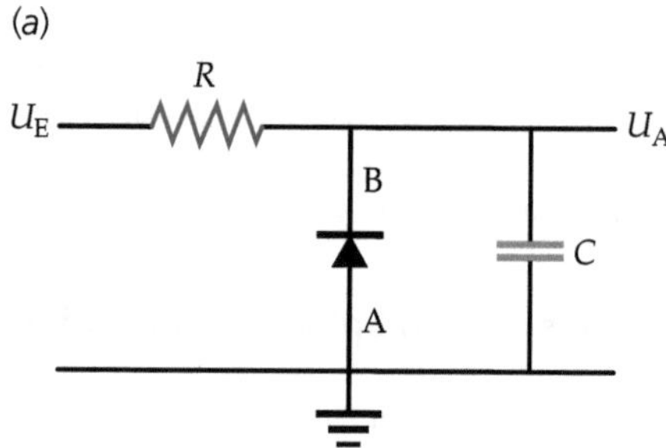

(b)

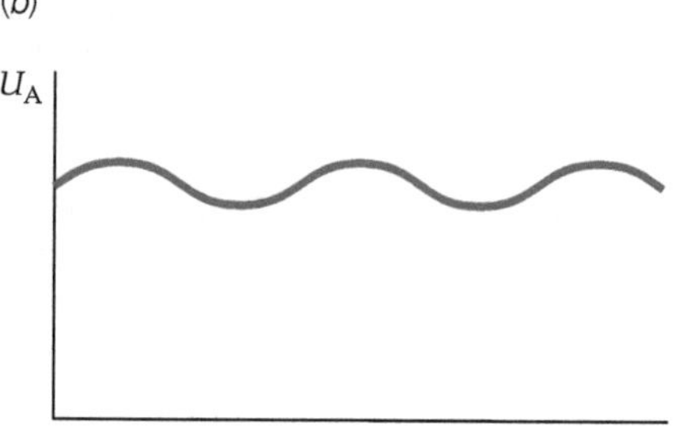

• ***LC*-Stromkreise mit Wechselspannungsquelle**

A29.22 •• Im Stromkreis in der Abbildung ist die Generatorspannung $U_G = (100 \text{ V}) \cos(2\pi\nu t)$. a) Geben Sie für jeden Zweig des Stromkreises die Amplitude des Stroms sowie den Phasenwinkel zwischen Strom und Spannung an. b) Wie groß

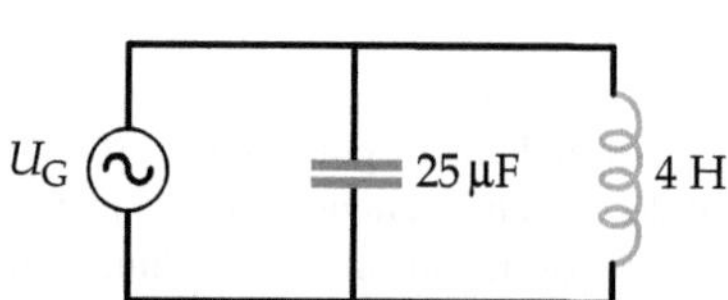

muss die Kreisfrequenz ω sein, damit der Generatorstrom null wird? c) Wie groß sind in diesem Resonanzfall die Stromstärken in der Spule und im Kondensator? d) Zeichnen Sie ein Zeigerdiagramm zur Verdeutlichung der allgemeinen Beziehungen zwischen der anliegenden Spannung sowie den Strömen durch Generator, Kondensator und Spule für den Fall, dass der induktive Blindwiderstand größer ist als der kapazitive.

• *RLC*-Stromkreise mit Wechselspannungsquelle

A29.23 • Ein Kondensator ($C = 20\,\mu\text{F}$) und ein Ohm'scher Widerstand ($R = 80\,\Omega$) sind in Reihe mit einem Wechselspannungsgenerator geschaltet, der eine Maximalspannung von 20 V liefert. Die Induktivität des Stromkreises ist null. Berechnen Sie a) den Leistungsfaktor, b) die effektive Stromstärke und c) die mittlere Leistung, wenn die Kreisfrequenz des Generators gleich 400 rad/s ist.

A29.24 •• Zeigen Sie, dass die Beziehung $\langle P \rangle = R U_{\text{eff}}^2/Z^2$ das richtige Ergebnis für einen Stromkreis liefert, der neben einer Spannungsquelle nur a) einen Ohm'schen Widerstand, b) einen Kondensator bzw. c) eine Spule enthält.

A29.25 •• Zwischen den Trägerfrequenzen einzelner UKW-Sendestationen liegt ein Abstand von 0,20 MHz. Damit man nicht gleichzeitig die Signale benachbarter Stationen hört, wenn man ein Rundfunkgerät auf eine Station einstellt (etwa bei 100,1 MHz), sollte die Bandbreite des Schwingkreises im Empfänger wesentlich kleiner sein als 0,20 MHz. Wie groß ist der Gütefaktor eines Schwingkreises, für den bei $v_0 = 100,1$ MHz gilt: $\Delta v = 0,05$ MHz?

A29.26 •• a) Zeigen Sie, dass man die Gleichung

$$\tan \delta = \frac{X_L - X_C}{R}$$

auch folgendermaßen formulieren kann:

$$\tan \delta = \frac{(\omega^2 - \omega_0^2)\, L}{\omega R}.$$

Wie groß ist δ (ungefähr) b) bei sehr niedrigen Frequenzen bzw. c) bei sehr hohen Frequenzen?

A29.27 •• In dem Stromkreis in der Abbildung beträgt die effektive Spannung des Generators 115 V bei 60 Hz. Geben Sie den effektiven Spannungsabfall zwischen folgenden Punkten an: a) A und B, b) B und C, c) C und D, d) A und C, e) B und D.

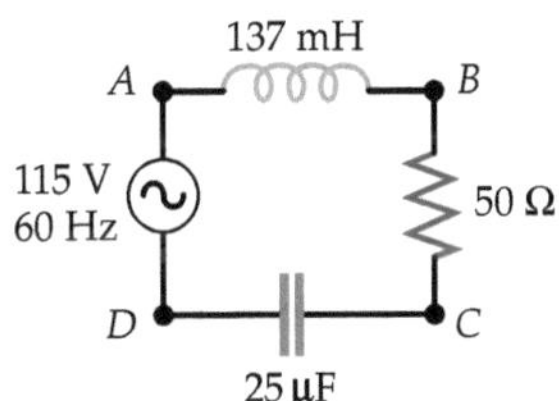

A29.28 •• Skizzieren Sie den Verlauf von Z als Funktion von ω für a) eine *RL*-Reihenschaltung, b) eine *RC*-Reihenschaltung und c) einen *RLC*-Reihenschwingkreis.

A29.29 •• Die Induktivität einer Spule kann man folgendermaßen messen: Man schaltet die Spule in Reihe mit einer bekannten Kapazität, einem bekannten Ohm'schen Widerstand, einem Wechselstrom-Amperemeter und einem durchstimmbaren Frequenzgenerator. Die Frequenz des Signals wird bei konstanter Spannung variiert, bis die Stromstärke maximal ist. Für eine solche Anordnung ist gegeben $C = 10\,\mu\text{F}$, $U_{\text{max}} = 10$ V und $R = 100\,\Omega$. Der Strom I wird maximal bei $\omega = 5000$ rad/s. a) Wie groß ist L? b) Wie groß ist I_{max}?

A29.30 •• Für den Stromkreis in der Abbildung ist gegeben: $R = 10\,\Omega$, $R_L = 30\,\Omega$, $L = 150$ mH und $C = 8\,\mu\text{F}$; die Frequenz der Wechselspannung beträgt 10 Hz, und ihr Maximalwert ist 100 V. a) Berechnen Sie mit Hilfe von Zeigerdiagrammen die Impedanz des Stromkreises, wenn der Schalter S geschlossen ist. b) Wie groß ist die Impedanz bei geöffnetem Schalter? c) Welche Spannung fällt am Lastwiderstand R_L ab, wenn der Schalter geschlossen bzw. geöffnet ist? d) Wiederholen Sie die Teilaufgaben a bis c für eine Wechselspannung mit 1000 Hz. e) Sollte der Schalter geöffnet oder geschlossen sein, wenn man die Anordnung als Tiefpassfilter verwenden will?

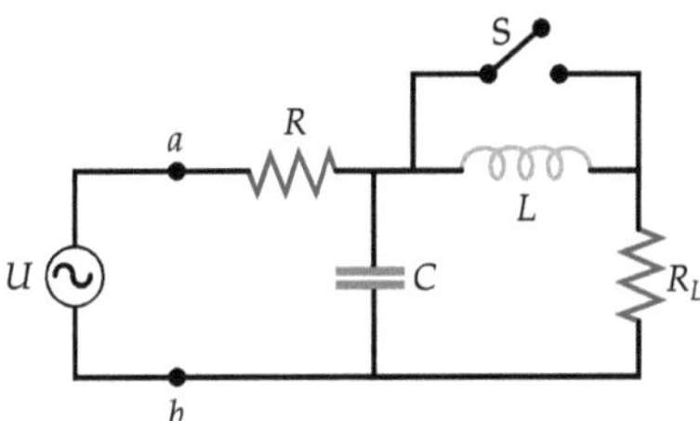

A29.31 •• Wir betrachten den Stromkreis in der Abbildung; es ist $L = 4$ mH. a) Wie groß muss die Kapazität sein, damit die Resonanzfrequenz des Kreises bei 4 kHz liegt? b) Die Kapazität C habe den in Teilaufgabe a berechneten Wert. Wie groß muss dann R sein, damit der Gütefaktor des Kreises gleich 8 ist?

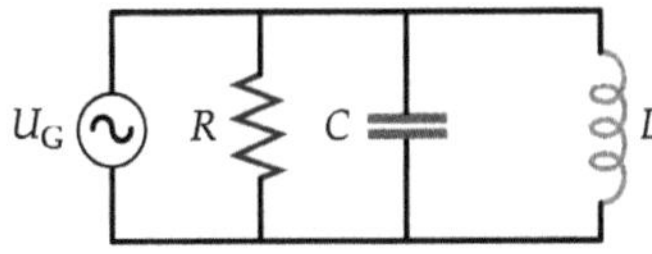

A29.32 •• Die Kapazität im Stromkreis in der vorigen Aufgabe sei jetzt nur halb so groß wie der Wert, den Sie in Aufgabe 31a berechnet haben. Wie groß sind dann die Resonanzfrequenz und der Gütefaktor? Wie groß muss R sein, damit $Q = 8$ wird?

A29.33 ••• a) Zeigen Sie, dass man die Gleichung

$$\tan \delta = \frac{X_L - X_C}{R}$$

auch folgendermaßen formulieren kann:

$$\tan \delta = \frac{(\omega^2 - \omega_0^2)\, Q}{\omega\,\omega_0}.$$

b) Zeigen Sie, dass in der Nähe der Resonanz gilt:

$$\tan \delta \approx \frac{2\,(\omega - \omega_0)\, Q}{\omega}.$$

c) Skizzieren Sie den Verlauf von δ als Funktion von x, mit $x = \omega/\omega_0$, für einen Stromkreis mit großem und einen mit kleinem Q.

A29.34 • Zeigen Sie durch Einsetzen, dass die Gleichung

$$L\frac{d^2q}{dt^2} + R\frac{dq}{dt} + \frac{1}{C}\,q = 0$$

erfüllt wird von $\quad q = q_0\,e^{-Rt/(2L)}\cos\omega' t\,$,

mit $\quad \omega' = \sqrt{\dfrac{1}{LC} - \left(\dfrac{R}{2L}\right)^2}\,$.

Darin ist q_0 die Ladung des Kondensators zur Zeit $t = 0$.

A29.35 ••• Die magnetische Suszeptibilität einer Probe kann man z. B. mit Hilfe eines LC-Schwingkreises messen, der eine Zylinderspule ohne Kern (gefüllt mit Luft) und einen Kondensator enthält. Man ermittelt die Resonanzfrequenz des Kreises einmal ohne die Probe und einmal, nachdem die Probe in die Zylinderspule gebracht wurde. Die Spule sei 4 cm lang, habe 400 Windungen aus dünnem Draht und einen Durchmesser von 0,3 cm. Das zu vermessende Materialstück sei ebenfalls 4 cm lang und fülle das Innere der Spule exakt aus. Randeffekte sollen vernachlässigt werden. (In der Praxis kalibriert man die Anordnung mit einer Probe bekannter Suszeptibilität, deren Abmessungen mit denen der zu vermessenden Probe übereinstimmen.) a) Wie groß ist die Induktivität der luftgefüllten Spule? b) Wie groß muss die Kapazität des Kondensators sein, damit die Resonanzfrequenz des Schwingkreises (ohne Probe) bei 6,0000 MHz liegt? c) Nachdem die Probe in die Spule gebracht wurde, sinkt die Resonanzfrequenz auf 5,9989 MHz. Wie groß ist die Suszeptibilität des Probenmaterials?

• Der Transformator

A29.36 • Wir betrachten einen Transformator mit 400 Windungen auf der Primär- und 8 Windungen auf der Sekundärspule. a) Transformiert er die Spannung herauf oder herunter? b) Geben Sie die Leerlaufspannung des Sekundärkreises an, wenn an der Primärspule eine effektive Spannung von 120 V anliegt. c) Im Primärkreis fließt ein Strom von 0,1 A. Wie groß ist die Stromstärke im Sekundärkreis, wenn man den Magnetisierungsstrom und Leistungsverluste vernachlässigen kann?

A29.37 •• Transformatoren kann man u. a. zur *Impedanzanpassung* (als „Impedanzwandler") verwenden, z. B. zur Anpassung der Impedanz am Ausgang eines Stereoverstärkers an die Impedanz eines Lautsprechers. Die Ströme in der Gleichung $U_{1,\text{eff}}\,I_{1,\text{eff}} = U_{2,\text{eff}}\,I_{2,\text{eff}}$ können zur Impedanz des Sekundärkreises des Transformators in Beziehung gesetzt werden, denn es ist $I_2 = U_2/Z$. Zeigen Sie mit Hilfe der Gleichungen $U_2 = (n_2/n_1)\,U_1$ und $n_1 I_1 = -n_2 I_2$, dass gilt:

$$I_1 = \frac{U_G}{(n_1/n_2)^2\,Z}$$

und deshalb $Z_{\text{eff}} = (n_1/n_2)^2\,Z$.

Allgemeine Aufgaben

A29.38 •• In der Abbildung ist der zeitliche Verlauf einer so genannten *Rechteckspannung* skizziert. Gegeben ist $U_0 = 12$ V. a) Wie groß ist die effektive Spannung bei dieser Wellenform? b) Die Welle soll durch Entfernung der negativen Abschnitte gleichgerichtet werden. Wie groß ist die effektive Spannung bei der dadurch entstehenden Wellenform?

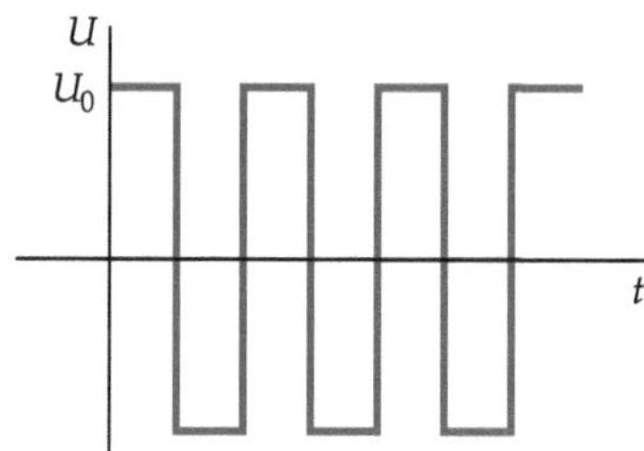

A29.39 •• Geben Sie jeweils die mittlere und die effektive Stromstärke an, wenn die Zeitabhängigkeit des Stroms durch die in der Abbildung dargestellten Funktionen beschrieben wird.

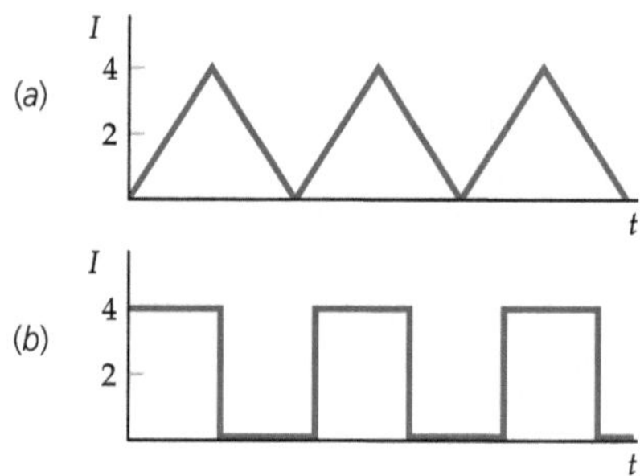

A29.40 •• Für den Stromkreis in der Abbildung ist gegeben: $U_1 = (20\text{ V})\cos(2\pi\nu t)$, $\nu = 180$ Hz, $U_2 = 18$ V und $R = 36\ \Omega$. Geben Sie die maximale, die minimale, die mittlere und die effektive Stromstärke im Ohm'schen Widerstand an.

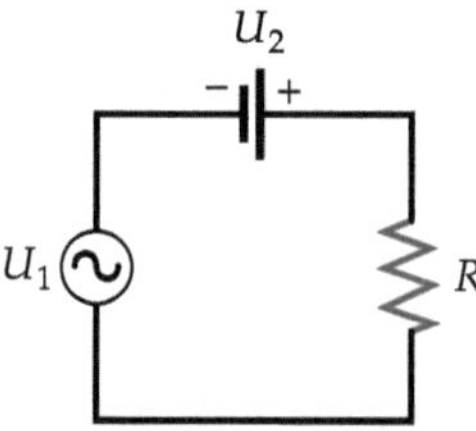

A29.41 •• Wiederholen Sie Aufgabe 40, wobei Sie den Ohm'schen Widerstand R gegen einen Kondensator mit $C = 2$ μF austauschen.

A29.42 •• Wiederholen Sie Aufgabe 40, wobei Sie den Ohm'schen Widerstand R gegen eine Spule mit $L = 12$ mH austauschen.

Wechselstromkreise

L: Lösungen

L29.1 Die effektive und die maximale Spannung in einem Wechselstromkreis hängen miteinander zusammen über $U_{\mathrm{eff}} = U_{\mathrm{max}}/\sqrt{2}$. Bei doppelter effektiver Spannung ist $2U_{\mathrm{eff}} = U'_{\mathrm{max}}/\sqrt{2}$. Die Division beider Gleichungen ergibt

$$\frac{2U_{\mathrm{eff}}}{U_{\mathrm{eff}}} = \frac{U'_{\mathrm{max}}/\sqrt{2}}{U_{\mathrm{max}}/\sqrt{2}} \quad \text{und damit} \quad 2 = \frac{U'_{\mathrm{max}}}{U_{\mathrm{max}}}.$$

Daraus folgt $U'_{\mathrm{max}} = 2U_{\mathrm{max}}$. Also ist Lösung a richtig.

L29.2 Der induktive Blindwiderstand einer Spule ist das Produkt aus der Kreisfrequenz und der Induktivität: $X_L = \omega L$. Daher verdoppelt er sich, wenn die Frequenz der Wechselspannung verdoppelt wird. Somit ist Lösung a richtig.

L29.3 Der kapazitive Blindwiderstand eines Kondensators ist gleich dem reziproken Produkt aus der Kreisfrequenz und der Kapazität: $X_C = 1/(\omega C)$. Daher halbiert er sich, wenn die Frequenz der Wechselspannung verdoppelt wird. Somit ist Lösung c richtig.

L29.4 Für einen LC-Stromkreis mit niedriger Schwingungsfrequenz benötigt man eine Spule mit hoher Induktivität und einen Kondensator mit hoher Kapazität. Beide Bauteile sind nicht einfach herzustellen.

L29.5 Ja. Der Leistungsfaktor ist definiert als $\cos\delta = R/Z$, also als Quotient von Widerstand und Impedanz, und diese hängt von der Frequenz ab.

L29.6 Wir verwenden die Indices 1 bzw. 2 für die Primär- bzw. die Sekundärspule. Unter der Annahme, dass im Transformator kein Leistungsverlust auftritt, ist $P_1 = P_2$. Das ist gleichbedeutend mit $I_1 U_1 = I_2 U_2$, und wir erhalten

$$I_1 = \frac{I_2 U_2}{U_1} = \frac{P_2}{U_1}.$$

Also ist Lösung a richtig.

L29.7 Die Abbildung zeigt den Stromkreis. Der Widerstand der Zuleitungen ist mit $R_{\mathrm{Zul.}}$ bezeichnet.

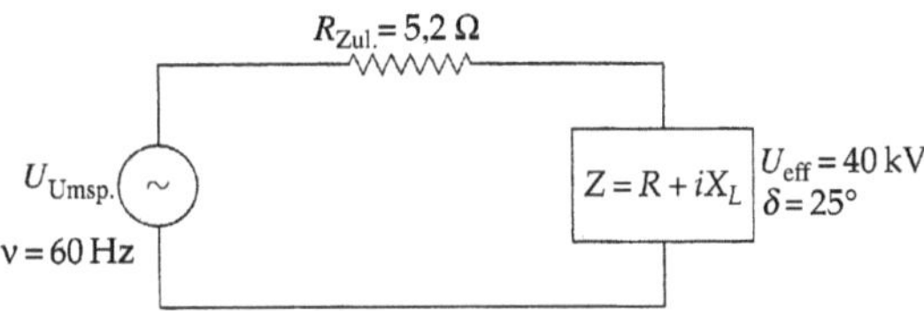

a) Mit der Stromstärke I in den Zuleitungen ist die Impedanz $Z = U_{\mathrm{eff}}/I$, und die der Industrieanlage zugeführte mittlere Leistung ist $\langle P \rangle = U_{\mathrm{eff}} I_{\mathrm{eff}} \cos\delta$. Daraus ergibt sich für die effektive Stromstärke

$$I_{\mathrm{eff}} = \frac{\langle P \rangle}{U_{\mathrm{eff}} \cos\delta}.$$

Einsetzen liefert mit den gegebenen Zahlenwerten

$$Z = \frac{U_{\mathrm{eff}}^2 \cos\delta}{\langle P \rangle} = \frac{(40\,\mathrm{kV})^2 \cos 25°}{2,3\,\mathrm{MW}} = 630\,\Omega.$$

Damit erhalten wir

$$R = Z \cos\delta = (630\,\Omega) \cos 25° = 571\,\Omega,$$
$$X_L = Z \sin\delta = (630\,\Omega) \sin 25° = 266\,\Omega.$$

b) Die effektive Stromstärke ergibt sich zu

$$I_{\mathrm{eff}} = \frac{\langle P \rangle}{U_{\mathrm{eff}} \cos\delta} = \frac{2,3\,\mathrm{MW}}{(40\,\mathrm{kV}) \cos 25°} = 63,4\,\mathrm{A}.$$

Gemäß der Kirchhoff'schen Maschenregel gilt mit dem Widerstand $R_{\mathrm{Zul.}}$ der Zuleitungen und der Spannung $U_{\mathrm{Umsp.}}$ am Umspannwerk

$$U_{\mathrm{Umsp.}} - I_{\mathrm{eff}} R_{\mathrm{Zul.}} - I Z_{\mathrm{ges}} = 0$$

und daher

$$U_{\mathrm{Umsp.}} = I_{\mathrm{eff}} (R_{\mathrm{Zul.}} + I Z_{\mathrm{ges}}).$$

Wir berechnen zunächst die gesamte Impedanz,

$$Z = \sqrt{R^2 + X_L^2} = \sqrt{(571\,\Omega)^2 + (266\,\Omega)^2} = 630\,\Omega,$$

und damit die Spannung am Umspannwerk:

$$U_{\mathrm{Umsp.}} = (63,4\,\mathrm{A})(5,2\,\Omega + 630\,\Omega) = 40,3\,\mathrm{kV}.$$

c) Der Leistungsverlust bei der Übertragung in den Zuleitungen errechnet sich damit zu

$P_{\text{Zul.}} = I_{\text{eff}}^2 \, R_{\text{Zul.}} = (63{,}4 \text{ A})^2 \, (5{,}2 \, \Omega) = 20{,}9 \text{ kW}.$

d) Der beim Phasenwinkel $18°$ in den Zuleitungen auftretende Leistungsverlust ist $P_{18°} = I_{18°}^2 \, R_{\text{Zul.}}$.

Wir berechnen zunächst die Stromstärke:

$$I_{18°} = \frac{2{,}3 \text{ MW}}{(40 \text{ kV}) \cos 18°} = 60{,}5 \text{ A}.$$

Der Leistungsverlust ist damit

$P_{18°} = (60{,}5 \text{ A})^2 \, (5{,}2 \, \Omega) = 19{,}0 \text{ kW}.$

Die Differenz der Leistungsverluste beträgt also

$\Delta P = 20{,}9 \text{ kW} - 19{,}0 \text{ kW} = 1{,}9 \text{ kW}.$

Die in einem Monat mit 30 mal 16 Arbeitsstunden weniger benötigte Energiemenge ist damit

$\Delta E = \Delta P \, \Delta t = (1{,}9 \text{ kW}) \, (480 \text{ h}) = 912 \text{ kWh}.$

Bei einem Preis von 10 Eurocent pro kWh wird also durch die Änderung des Phasenwinkels eine Einsparung von 91,2 Euro pro Betriebsmonat erzielt.

e) Mit dem neuen Phasenwinkel $\delta' = 18°$ und dem zugefügten kapazitiven Bildwiderstand X_C gilt

$$\tan \delta' = \frac{X_L - X_C}{R}.$$

Daraus ergibt sich

$X_C = X_L - R \tan \delta' = 266 \, \Omega - (571 \, \Omega) \tan 18° = 80{,}5 \, \Omega,$

und wir erhalten für die Kapazität des Kondensatorblocks

$$C = \frac{1}{\omega X_C} = \frac{1}{2\pi \, (60 \text{ s}^{-1}) \, (80{,}5 \, \Omega)} = 33{,}0 \, \mu\text{F}.$$

L29.8 a) Bei der Kreisfrequenz ω bzw. der Rotationsfrequenz v ist (mit der Windungszahl n, dem Magnetfeld B und der vom magnetischen Fluss durchsetzten Fläche $A = \ell b$) die in der rechteckigen Spule induzierte maximale Spannung

$$\begin{aligned}
U_{\text{ind,max}} &= nBA\omega = 2\pi n BA v = 2\pi n B \ell b v \\
&= 2\pi \, (300) \, (0{,}4 \text{ T}) \, (2 \text{ cm}) \, (1{,}5 \text{ cm}) \, (60 \text{ s}^{-1}) \\
&= 13{,}6 \text{ V}.
\end{aligned}$$

b) Gemäß der vorigen Gleichung erhalten wir für die Rotationsfrequenz, bei der eine Maximalspannung von 110 V induziert wird:

$$\begin{aligned}
v' &= \frac{U'_{\text{ind,max}}}{2\pi n B \ell b} = \frac{110 \text{ V}}{2\pi \, (300) \, (0{,}4 \text{ T}) \, (2 \text{ cm}) \, (1{,}5 \text{ cm})} \\
&= 486 \text{ Hz}.
\end{aligned}$$

L29.9 a) Die maximale Stromstärke ergibt sich zu

$I_{\text{max}} = \sqrt{2} \, I_{\text{eff}} = \sqrt{2} \, (15 \text{ A}) = 21{,}2 \text{ A}.$

b) Die mittlere Leistung ist

$\langle P \rangle = U_{\text{eff}} I_{\text{eff}} = (15 \text{ A}) \, (120 \text{ V}) = 1{,}80 \text{ kW}.$

L29.10 a) Für den induktiven Blindwiderstand gilt $X_L = \omega L = 2\pi v L$. Daraus ergibt sich die Induktivität der Spule zu

$$L = \frac{X_L}{2\pi v} = \frac{100 \, \Omega}{2\pi \, (80 \text{ s}^{-1})} = 0{,}199 \text{ H}.$$

b) Bei $v = 160$ Hz ist der Blindwiderstand

$X_L' = 2\pi v' L = 2\pi \, (160 \text{ s}^{-1}) \, (0{,}199 \text{ H}) = 200 \, \Omega.$

L29.11 Für den induktiven Blindwiderstand gilt $X_L = \omega L = 2\pi v L$, und der kapazitive Blindwiderstand ist gegeben durch

$$X_C = \frac{1}{\omega C} = \frac{1}{2\pi v C}.$$

Gleichsetzen beider Blindwiderstände ergibt

$$2\pi v L = \frac{1}{2\pi v C}.$$

Daraus erhalten wir für die Frequenz

$$v = \frac{1}{2\pi} \sqrt{\frac{1}{LC}} = \frac{1}{2\pi} \sqrt{\frac{1}{(10 \, \mu\text{F}) \, (1 \text{ mH})}} = 1{,}59 \text{ kHz}.$$

L29.12 a) Die Resonanzfrequenz eines Schwingkreises ist gegeben durch

$$v_0 = \frac{1}{2\pi \sqrt{LC}}.$$

Wir müssen für die drei Schwingkreise also nur das Produkt LC betrachten:

Kreis 1: $LC = L_1 C_1$,

Kreis 2: $LC = L_2 C_2 = (2 L_1) \, (\frac{1}{2} C_1) = L_1 C_1$,

Kreis 3: $LC = L_3 C_3 = (\frac{1}{2} L_1) \, (2 C_1) = L_1 C_1$.

Alle drei Produkt sind gleich, damit auch die Resonanzfrequenzen.

b) Die maximale Stromstärke ist gegeben durch $I_{\text{max}} = \omega q_0$. Dabei gilt für die Ladung q_0 des Kondensators, der auf die Spannung U aufgeladen ist: $q_0 = C U$. Einsetzen in die vorige Gleichung ergibt $I_{\text{max}} = \omega C U$. Weil im vorliegenden Fall die Kreisfrequenz ω und die Spannung U konstant sind, ist I_{max} proportional zu C. Also hat der Schwingkreis mit $C = C_3$ den höchsten Maximalstrom.

L29.13 a) Wir wenden die Kirchhoff'sche Maschenregel auf die Schleife an, in der der Strom im Uhrzeigersinn fließt, und zwar unmittelbar nach dem Schließen des Schalters:

$$\frac{q}{C} + L \frac{dI}{dt} = 0.$$

Wegen $I = dq/dt$ wird daraus

$$L \frac{d^2 q}{dt^2} + \frac{q}{C} = 0 \quad \text{sowie} \quad \frac{d^2 q}{dt^2} + \frac{1}{LC} q = 0.$$

Diese Gleichung hat die Lösung

$$q(t) = q_0 \cos(\omega t - \delta), \quad \text{mit} \quad \omega = \sqrt{\frac{1}{LC}}.$$

Wegen $q(0) = q_0$ ist $\delta = 0$ und daher

$q(t) = q_0 \cos \omega t.$

Damit ergibt sich für die Stromstärke

$$I = \frac{dq}{dt} = \frac{d}{dt} (q_0 \cos \omega t) = -\omega q_0 \sin \omega t.$$

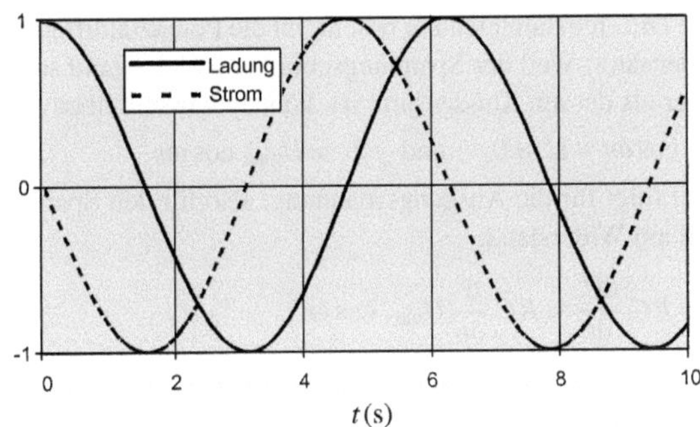

In der Abbildung sind die Ladung C des Kondensators und die Stromstärke I in willkürlichen Einheiten gegen die Zeit aufgetragen. Die Kurven wurden mit einem Tabellenkalkulationsprogramm erzeugt.

Beachten Sie, dass der Strom der Ladung um $90°$, also um ein Viertel einer Periode, vorauseilt.

b) Wie in Teilaufgabe a gezeigt, gilt für die Stromstärke

$$I = -\omega q_0 \sin \omega t.$$

Mit der trigonometrischen Beziehung

$$-\sin \theta = \cos (\theta + \pi/2)$$

wird daraus $\quad I = \omega q_0 \cos (\omega t + \pi/2).$

Auch dies zeigt, dass der Strom der Ladung um $90°$ vorauseilt.

L29.14 a) Für die beiden Signale am „Ausgang" der Schaltung gilt $U_{1,A} = R I_1$ und $U_{2,A} = R I_2$. Für die beiden Stromstärken ergibt sich daher

$$I_1 = \frac{U_1}{Z_1} = \frac{(10\ \text{V}) \cos (100\ \text{s}^{-1} t)}{\sqrt{(10^3\ \Omega)^2 + [(100\ \text{s}^{-1})(1\ \text{H})]^2}}$$
$$= (9{,}95\ \text{mA}) \cos (100\ \text{s}^{-1} t),$$
$$I_2 = \frac{U_2}{Z_2} = \frac{(10\ \text{V}) \cos (10^4\ \text{s}^{-1} t)}{\sqrt{(10^3\ \Omega)^2 + [(10^4\ \text{s}^{-1})(1\ \text{H})]^2}}$$
$$= (0{,}995\ \text{mA}) \cos (10^4\ \text{s}^{-1} t).$$

Damit erhalten wir für die beiden Spannungssignale

$$U_{1,A} = (10^3\ \Omega)(9{,}95\ \text{mA}) \cos (100\ \text{s}^{-1} t)$$
$$= (9{,}95\ \text{V}) \cos (100\ \text{s}^{-1} t),$$
$$U_{2,A} = (10^3\ \Omega)(0{,}995\ \text{mA}) \cos (10^4\ \text{s}^{-1} t)$$
$$= (0{,}995\ \text{V}) \cos (10^4\ \text{s}^{-1} t).$$

Das Spannungssignal U_A am „Ausgang" der Schaltung ist die Summe dieser beiden Signale: $U_A = U_{1,A} + U_{2,A}$.

b) Das Verhältnis der Amplituden des niederfrequenten und des hochfrequenten Signals am Leitungsende ist

$$\frac{U_{1,A,\text{max}}}{U_{2,A,\text{max}}} = \frac{9{,}95\ \text{V}}{0{,}995\ \text{V}} = 10{,}0.$$

L29.15 a) Wir wenden die Kirchhoff'sche Maschenregel auf die Schleife an, die die Spannungsquelle und den Widerstand enthält und in der der Strom im Uhrzeigersinn fließt:

$$U_{\text{max}} \cos \omega t - R I_R = 0.$$

Daraus folgt

$$I_R = \frac{U_{\text{max}}}{R} \cos \omega t.$$

b) Nun wenden wir die Kirchhoff'sche Maschenregel auf die Schleife an, die die Spannungsquelle und die Spule enthält und in der der Strom im Uhrzeigersinn fließt. Dabei beachten wir, dass der Strom dem Spannungsabfall am Widerstand um $90°$ nacheilt. Es gilt also

$$U_{\text{max}} \cos (\omega t - 90°) - X_L I_L = 0$$

und daher

$$I_L = \frac{U_{\text{max}}}{X_L} \cos (\omega t - 90°).$$

c) Der Gesamtstrom, der der Quelle entnommen wird, ist

$$I = I_R + I_L = I_{\text{max}} \cos (\omega t - \delta).$$

Mit der trigonometrischen Umformung

$$\cos (\omega t - \delta) = \cos \omega t \cos \delta + \sin \omega t \sin \delta$$

folgt daraus

$$I = I_{\text{max}} \cos \omega t \cos \delta + I_{\text{max}} \sin \omega t \sin \delta.$$

Mit unseren Ergebnissen der Teilaufgaben a und b gilt daher für den Gesamtstrom

$$I = I_R + I_L = \frac{U_{\text{max}}}{R} \cos \omega t + \frac{U_{\text{max}}}{X_L} \cos (\omega t - 90°)$$
$$= \frac{U_{\text{max}}}{R} \cos \omega t + \frac{U_{\text{max}}}{X_L} \sin \omega t.$$

Wir nutzen nun die trigonometrische Umformung

$$A \cos \omega t + B \sin \omega t = \sqrt{A^2 + B^2} \cos (\omega t - \delta),$$

mit $\delta = \text{atan}\,(B/A)$. Damit erhalten wir

$$I = \sqrt{\left(\frac{U_{\text{max}}}{R}\right)^2 + \left(\frac{U_{\text{max}}}{X_L}\right)^2} \cos (\omega t - \delta)$$
$$= U_{\text{max}} \sqrt{\left(\frac{1}{R}\right)^2 + \left(\frac{1}{X_L}\right)^2} \cos (\omega t - \delta)$$

und

$$\delta = \text{atan}\, \frac{U_{\text{max}}/X_L}{U_{\text{max}}/R} = \text{atan}\, \frac{R}{X_L}, \quad \text{also} \quad \tan \delta = \frac{R}{X_L}.$$

Mit

$$\frac{1}{Z^2} = \frac{1}{R^2} + \frac{1}{X_L^2}$$

ergibt sich für die Stromstärke

$$I = U_{\text{max}} \sqrt{\frac{1}{R^2} + \frac{1}{X_L^2}} \cos (\omega t - \delta)$$
$$= U_{\text{max}} \sqrt{\frac{1}{Z^2}} \cos (\omega t - \delta) = \frac{U_{\text{max}}}{Z} \cos (\omega t - \delta).$$

L29.16 Gemäß der Kirchhoff'schen Maschenregel gilt für die Eingangsseite des Filters $U_E - U - R I = 0$. Darin ist U_E die Eingangsspannung und U die Spannung am Kondensator. Mit dem gegebenen Ausdruck für die Eingangsspannung ergibt sich

$$U_{\text{max}} \cos \omega t - U - R \frac{\mathrm{d}q}{\mathrm{d}t} = 0.$$

Wegen $q = CU$ gilt

$$\frac{dq}{dt} = \frac{d}{dt}(CU) = C\frac{dU}{dt}.$$

Das setzen wir ein und erhalten

$$U_{\max}\cos\omega t - U - RC\frac{dU}{dt} = 0.$$

Diese Differenzialgleichung beschreibt die Potenzialdifferenz am Kondensator. Wir nehmen eine Lösung an, die einen Kosinus- und einen Sinusanteil hat (mit den Indices c bzw. s bezeichnet):

$$U = U_{\mathrm{c}}\cos\omega t + U_{\mathrm{s}}\sin\omega t.$$

Einsetzen dieser Gleichung und ihrer ersten Ableitung in die Differenzialgleichung sowie Gleichsetzen der Koeffizienten der Sinus- und der Kosinusterme liefert zwei simultane Gleichungen:

$$U_{\mathrm{c}} + \omega RC\,U_{\mathrm{s}} = U_{\max} \quad \text{und} \quad U_{\mathrm{s}} - \omega RC\,U_{\mathrm{c}} = 0.$$

Ihre Lösungen sind

$$U_{\mathrm{c}} = \frac{1}{1+(\omega RC)^2}\,U_{\max} \quad \text{und} \quad U_{\mathrm{s}} = \frac{\omega RC}{1+(\omega RC)^2}\,U_{\max}.$$

Die Ausgangsspannung ist die Spannung am Widerstand. Sie ist gegenüber der Eingangsspannung phasenverschoben, wobei (mit der Amplitude U_{H} des Signals) gilt:

$$U_{\mathrm{A}} = U_{\mathrm{H}}\cos(\omega t - \delta).$$

Für U_{H} nehmen wir eine Lösung der Form

$$U_{\mathrm{H}}(t) = U_{\mathrm{c}}'\cos\omega t + U_{\mathrm{s}}'\sin\omega t$$

an. Für die Eingangs- und die Ausgangsspannung sowie die Spannung am Kondensator gilt

$$U_{\mathrm{H}}(t) = U_{\mathrm{E}}(t) - U(t).$$

Das setzen wir ein und berücksichtigen die oben ermittelten Ausdrücke für U_{c} und U_{s}. Damit ergibt sich

$$U_{\mathrm{c}}' = U_{\max} - U_{\mathrm{c}} \quad \text{und} \quad U_{\mathrm{s}}' = -U_{\mathrm{s}}$$

sowie

$$U_{\mathrm{c}}' = \frac{(\omega RC)^2}{1+(\omega RC)^2}\,U_{\max}, \qquad U_{\mathrm{s}}' = -\frac{\omega RC}{1+(\omega RC)^2}\,U_{\max}.$$

Mit $U_{\mathrm{H}} = \sqrt{(U_{\mathrm{c}}')^2 + (U_{\mathrm{s}}')^2}$ erhalten wir schließlich

$$U_{\mathrm{H}} = \frac{\omega RC}{1+(\omega RC)^2}\,U_{\max} = \frac{U_{\max}}{\sqrt{1+\left(\dfrac{1}{\omega RC}\right)^2}}.$$

L29.17 Gemäß der Kirchhoff'schen Maschenregel gilt für die Eingangsseite des Filters $U_{\mathrm{E}} - U - RI = 0$. Darin ist U_{E} die Eingangsspannung und U die Spannung am Kondensator. Die Eingangsspannung ist eine Wechselspannung, so dass folgt:

$$U_{\max}\cos\omega t - U - R\frac{dq}{dt} = 0.$$

Wegen $q = CU$ gilt

$$\frac{dq}{dt} = \frac{d}{dt}(CU) = C\frac{dU}{dt}.$$

Das setzen wir ein und erhalten

$$U_{\max}\cos\omega t - U - RC\frac{dU}{dt} = 0.$$

Diese Differenzialgleichung beschreibt die Potenzialdifferenz am Kondensator. Weil der Spannungsabfall am Widerstand sehr viel kleiner als der am Kondensator ist, können wir schreiben

$$U_{\max}\cos\omega t - U \approx 0 \quad \text{und} \quad U \approx U_{\max}\cos\omega t.$$

Damit folgt für die Ausgangsspannung, also für den Spannungsabfall am Widerstand:

$$U_{\mathrm{A}} = RC\frac{dU}{dt} \approx RC\frac{d}{dt}(U_{\max}\cos\omega t).$$

Also ist die Ausgangsspannung näherungsweise proportional zur Ableitung der Eingangsspannung nach der Zeit.

L29.18 Wie in Aufgabe 16 gezeigt, gilt

$$U_{\mathrm{H}} = \frac{U_{\max}}{\sqrt{1+\left(\dfrac{1}{\omega RC}\right)^2}} \quad \text{bzw.} \quad \frac{U_{\mathrm{H}}}{U_{\max}} = \frac{1}{\sqrt{1+\left(\dfrac{1}{\omega RC}\right)^2}}.$$

Mit den beiden Frequenzen ν und $\nu_{3\,\mathrm{dB}}$ ergibt sich daraus

$$\frac{U_{\mathrm{H}}}{U_{\max}} = \frac{1}{\sqrt{1+\left(\dfrac{\nu_{3\,\mathrm{dB}}}{\nu}\right)^2}} = \frac{\nu}{\sqrt{\nu_{3\,\mathrm{dB}}^2\left(1+\dfrac{\nu^2}{\nu_{3\,\mathrm{dB}}^2}\right)}}.$$

Bei $\nu \ll \nu_{3\,\mathrm{dB}}$ wird dies zu $U_{\mathrm{H}}/U_{\max} \approx \nu/\nu_{3\,\mathrm{dB}}$, da der Klammerausdruck unter der Wurzel nahezu gleich 1 ist. Einsetzen in die gegebene Gleichung

$$\beta = (20\,\mathrm{dB})\log_{10}\frac{U_{\mathrm{H}}}{U_{\max}}$$

liefert

$$\beta \approx (20\,\mathrm{dB})\log_{10}\frac{\nu}{\nu_{3\,\mathrm{dB}}}.$$

Bei halber Frequenz, also eine Oktave darunter, gilt

$$\beta' \approx (20\,\mathrm{dB})\log_{10}\frac{\nu/2}{\nu_{3\,\mathrm{dB}}},$$

und die Differenz ergibt sich zu

$$\Delta\beta = \beta' - \beta \approx (20\,\mathrm{dB})\log_{10}\frac{\nu/2}{\nu_{3\,\mathrm{dB}}} - (20\,\mathrm{dB})\log_{10}\frac{\nu}{\nu_{3\,\mathrm{dB}}}$$

$$= (20\,\mathrm{dB})\left[-\log_{10}(2)\right] \approx -6\,\mathrm{dB}.$$

L29.19 Gemäß der Kirchhoff'schen Maschenregel gilt für die Eingangsseite des Filters $U_{\mathrm{E}} - RI - U = 0$. Darin ist U_{E} die Eingangsspannung und U die Spannung am Kondensator. Mit dem gegebenen Ausdruck für die Eingangsspannung ergibt sich

$$U_{\max}\cos\omega t - R\frac{dq}{dt} - U = 0.$$

Wegen $q = CU$ gilt

$$\frac{dq}{dt} = \frac{d}{dt}(CU) = C\frac{dU}{dt}.$$

Das setzen wir ein und erhalten

$$U_{\max}\cos\omega t - RC\frac{dU}{dt} - U = 0.$$

Diese Differenzialgleichung beschreibt die Potentialdifferenz am Kondensator. Wir nehmen eine Lösung an, die einen Kosinus- und einen Sinusanteil hat (mit den Indices c bzw. s bezeichnet):

$$U = U_c \cos \omega t + U_s \sin \omega t.$$

Einsetzen dieser Gleichung und ihrer ersten Ableitung in die Differenzialgleichung sowie Gleichsetzen der Koeffizienten der Sinus- und der Kosinusterme liefert zwei simultane Gleichungen:

$$U_c + \omega R C U_s = U_{max} \quad \text{und} \quad U_s - \omega R C U_c = 0.$$

Ihre Lösungen sind

$$U_c = \frac{1}{1+(\omega R C)^2} U_{max} \quad \text{und} \quad U_s = \frac{\omega R C}{1+(\omega R C)^2} U_{max}.$$

Die Ausgangsspannung ist die Spannung am Kondensator. Sie ist gegenüber der Eingangsspannung phasenverschoben, wobei (mit der Amplitude U_T des Signals) gilt:

$$U_A = U_T \cos(\omega t - \delta).$$

Mit $U_T = \sqrt{U_c^2 + U_s^2}$ erhalten wir schließlich

$$U_H = \left[\left(\frac{U_{max}}{1+(\omega R C)^2} \right)^2 + \left(\frac{\omega R C \, U_{max}}{1+(\omega R C)^2} \right)^2 \right]^{1/2}$$

$$= \frac{U_{max}}{\sqrt{1+(\omega R C)^2}}.$$

Für $\omega \to 0$ geht die Ausgangsspannung U_T gegen U_{max}, und für $\omega \to \infty$ geht U_T gegen 0.

L29.20 Bei Eingangsspannungen U_E über 0,6 V entspricht die Ausgangsspannung U_A der um 0,6 V verminderten Eingangsspannung, und bei Werten von U_E unter 0,6 V ist die Ausgangsspannung null.

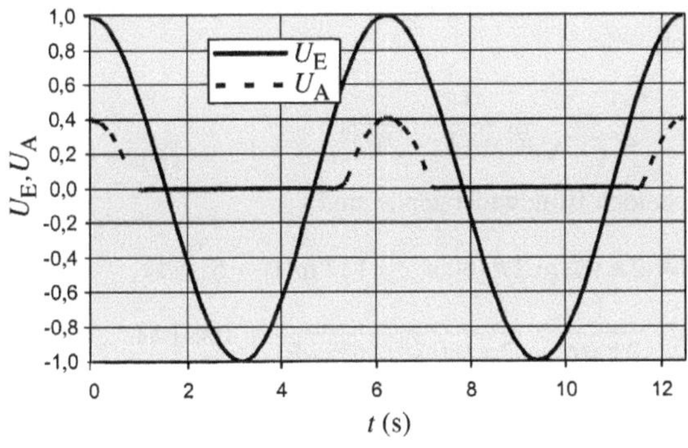

Die Kurven in der Abbildung wurden mit einem Tabellenkalkulationsprogramm erzeugt, wobei die Einheiten für die maximale Spannung und die Kreisfrequenz willkürlich gewählt wurden.

L29.21 Für den zeitlichen Verlauf der Spannung am Kondensator gilt $U_C = U_E \, e^{-t/(RC)}$. Wir nähern die Exponentialfunktion durch die Reihenentwicklung an:

$$e^{-t/(RC)} \approx 1 - \frac{1}{RC} t.$$

Soll die Spannung um weniger als 50 % sinken, muss gelten

$$1 - \frac{1}{RC} t \le 0,5 \quad \text{bzw.} \quad C \le \frac{2}{R} t.$$

Wegen $\nu = 60 \text{ s}^{-1}$ wird die Spannung nach jeweils $(1/60)$ s wieder positiv. Also setzen wir $t = (1/60)$ s, so dass für die Kapazität ungefähr gelten muss:

$$C \le \frac{1}{1 \text{ k}\Omega} \left(\frac{1}{60} \text{ s} \right) = 33,3 \text{ µF}.$$

L29.22 a) Mit $X_L = \omega L$ erhalten wir für die Amplitude des Stroms durch die Spule

$$I_{L,max} = \frac{U_{max}}{X_L} = \frac{U_{max}}{\omega L} = \frac{100 \text{ V}}{(4 \text{ H}) \omega} = \frac{25 \text{ V} \cdot \text{H}^{-1}}{\omega}.$$

Der Strom eilt der Spannung um 90° nach.

Entsprechend gilt beim Kondensator $X_C = 1/(\omega C)$, und für die Amplitude des Stroms durch den Kondensator ergibt sich

$$I_{C,max} = \frac{U_{max}}{X_C} = \frac{U_{max}}{1/(\omega C)} = U_{max} C \omega$$

$$= (100 \text{ V}) (25 \text{ µF}) \omega = (2,5 \cdot 10^{-3} \text{ V} \cdot \text{F}) \omega.$$

Der Strom eilt der Spannung um 90° voraus.

b) Wenn der Generatorstrom I_G null sein soll, dann muss gelten $|I_L| = |I_C|$ und daher

$$\frac{U_G}{\omega L} = \frac{U_G}{1/(\omega C)} = \omega C U_G.$$

Daraus ergibt sich die Kreisfrequenz zu

$$\omega = \frac{1}{\sqrt{LC}} = \frac{1}{\sqrt{(4 \text{ H}) (25 \text{ µF})}} = 100 \text{ rad} \cdot \text{s}^{-1}.$$

c) Wir verwenden die in Teilaufgabe a aufgestellten Gleichungen für die maximalen Stromstärken in der Spule und im Kondensator. Im Resonanzfall ist die Stromstärke in der Spule

$$I_{L,Res} = \frac{25 \text{ V} \cdot \text{H}^{-1}}{100 \text{ s}^{-1}} \cos[(100 \text{ rad} \cdot \text{s}^{-1}) t - 90°]$$

$$= (0,250 \text{ A}) \sin[(100 \text{ s}^{-1}) t],$$

und die Stromstärke im Kondensator ergibt sich zu

$$I_{C,Res} = (2,5 \cdot 10^{-3} \text{ V} \cdot \text{F}) (100 \text{ s}^{-1})$$

$$\cdot \cos[(100 \text{ rad} \cdot \text{s}^{-1}) t + 90°]$$

$$= -(0,25 \text{ A}) \sin[(100 \text{ s}^{-1}) t].$$

d) In der Abbildung ist das Zeigerdiagramm dargestellt.

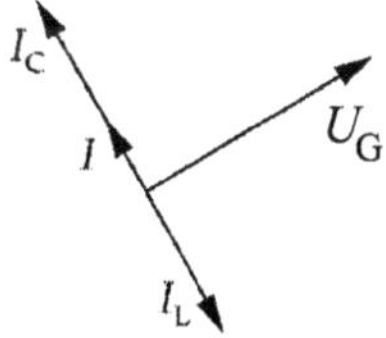

L29.23 Die Abbildung zeigt den Zusammenhang zwischen den Größen δ, $X_L - X_C$, R und Z.

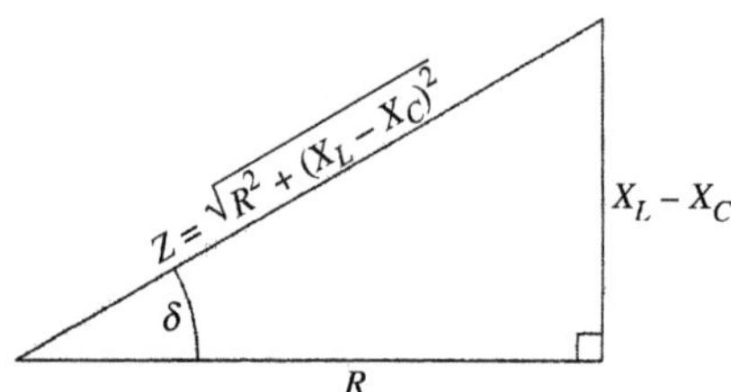

Diesem Referenzdreieck entnehmen wir für den Leistungsfaktor die Beziehung

$$\cos\delta = \frac{R}{Z} = \frac{R}{\sqrt{R^2 + (X_L - X_C)^2}}.$$

a) Wenn der Stromkreis keine Induktivität enthält, ist $X_L = 0$, und wir erhalten für den Leistungsfaktor

$$\cos\delta = \frac{R}{\sqrt{R^2 + X_C^2}} = \frac{R}{\sqrt{R^2 + \dfrac{1}{\omega^2 C^2}}}$$

$$= \frac{80\,\Omega}{\sqrt{(80\,\Omega)^2 + \dfrac{1}{(400\,\text{s}^{-1})^2\,(20\,\mu\text{F})^2}}} = 0{,}539.$$

b) Die effektive Stromstärke ergibt sich zu

$$I_{\text{eff}} = \frac{U_{\text{eff}}}{Z} = \frac{U_{\text{max}}/\sqrt{2}}{\sqrt{R^2 + X_C^2}} = \frac{U_{\text{max}}}{\sqrt{2}\,\sqrt{R^2 + \dfrac{1}{\omega^2 C^2}}}$$

$$= \frac{20\,\text{V}}{\sqrt{2}\,\sqrt{(80\,\Omega)^2 + \dfrac{1}{(400\,\text{s}^{-1})^2\,(20\,\mu\text{F})^2}}} = 95{,}3\,\text{mA}.$$

c) Die vom Generator abgegebene mittlere Leistung ist
$$\langle P \rangle = R\,I_{\text{eff}}^2 = (80\,\Omega)\,(95{,}3\,\text{mA})^2 = 0{,}727\,\text{W}.$$

L29.24 Die Impedanz ist $Z = \sqrt{R^2 + (X_L - X_C)^2}$.

a) Wenn nur ein Ohm'scher Widerstand vorhanden ist, ist $X = 0$, und wir erhalten für die mittlere Leistung

$$\langle P \rangle = \frac{R\,U_{\text{eff}}^2}{Z^2} = \frac{R\,U_{\text{eff}}^2}{R^2} = \frac{U_{\text{eff}}^2}{R}.$$

b) und c) Wenn *kein* Ohm'scher Widerstand vorhanden ist, dann ist $R = 0$, und wir erhalten für die mittlere Leistung

$$\langle P \rangle = \frac{R\,U_{\text{eff}}^2}{Z^2} = \frac{(0)\,U_{\text{eff}}^2}{(X_L - X_C)^2} = 0.$$

Anmerkung: In einer idealen Induktion erfolgt also, wie auch in einer idealen Kapazität, keine Dissipation von Energie, d. h., es wird keine Energie umgesetzt.

L29.25 Der Gütefektor ist

$$Q = \frac{\nu_0}{\Delta\nu} = \frac{100{,}1\,\text{MHz}}{0{,}05\,\text{MHz}} = 2002.$$

L29.26 a) Wir setzen $X_L = \omega L$ und $X_C = 1/(\omega C)$ in die gegebene Gleichung ein, wobei wir die Beziehung $\omega_0 = 1/\sqrt{LC}$ verwenden:

$$\tan\delta = \frac{X_L - X_C}{R} = \frac{\omega L - 1/(\omega C)}{R} = \frac{\omega^2 L - 1/C}{\omega R}$$

$$= \frac{[\omega^2 - 1/(LC)]\,L}{\omega R} = \frac{(\omega^2 - \omega_0^2)\,L}{\omega R}.$$

b) Mit $\omega_0 = 1/\sqrt{LC}$ ergibt sich aus der vorigen Gleichung

$$\tan\delta = \frac{\omega L}{R} - \frac{1}{\omega R C}. \tag{1}$$

Bei sehr niedrigen Frequenzen ist $\omega \ll 1$, und wir erhalten

$$\tan\delta \approx -\frac{1}{\omega R C}$$

und damit $\cot\delta = -\omega R C$ bzw. $\delta = \text{acot}\,(-\omega R C)$.

Wir nähern die Arkuskotangens-Funktion durch den Beginn der Reihenentwicklung an: $\text{acot}\,x \approx \pm\pi/2 - x$. Mit dem negativen Vorzeichen ergibt dies

$$-\pi/2 - \delta \approx -\omega R C \quad \text{sowie} \quad \delta \approx -\pi/2 + \omega R C.$$

c) Für sehr hohe Frequenzen wird Gleichung 1 zu

$$\tan\delta \approx \frac{\omega L}{R} \quad \text{bzw.} \quad \delta \approx \text{atan}\,\frac{\omega L}{R}.$$

Wir nähern die Arkustangens-Funktion durch den Beginn der Reihenentwicklung an: $\text{atan}\,x \approx \pi/2 - 1/x$. Damit erhalten wir

$$\delta \approx \frac{\pi}{2} - \frac{R}{\omega L}.$$

L29.27 Wir ermitteln zunächst die Stromstärke im Stromkreis und berechnen daraus dann die einzelnen Spannungsabfälle. Mit der Generatorspannung U_{G} ist die effektive Stromstärke gegeben durch

$$I_{\text{eff}} = \frac{U_{\text{G}}}{Z} = \frac{U_{\text{G}}}{\sqrt{R^2 + (X_L - X_C)^2}}.$$

Die beiden Blindwiderstände sind

$$X_L = 2\pi\nu L = 2\pi\,(60\,\text{s}^{-1})\,(137\,\text{mH}) = 51{,}6\,\Omega,$$

$$X_C = \frac{1}{2\pi\nu C} = \frac{1}{2\pi\,(60\,\text{s}^{-1})\,(25\,\mu\text{F})} = 106{,}1\,\Omega.$$

Damit ergibt sich die Stromstärke zu

$$I_{\text{eff}} = \frac{115\,\text{V}}{\sqrt{(50\,\Omega)^2 + (51{,}6\,\Omega - 106{,}1\,\Omega)^2}} = 1{,}55\,\text{A}.$$

a) Der Spannungsabfall zwischen A und B ist
$$U_{\text{AB}} = I_{\text{eff}} X_L = (1{,}55\,\text{A})\,(51{,}6\,\Omega) = 80{,}0\,\text{V}.$$

b) Der Spannungsabfall zwischen B und C ist
$$U_{\text{BC}} = I_{\text{eff}} R = (1{,}55\,\text{A})\,(50\,\Omega) = 77{,}5\,\text{V}.$$

c) Der Spannungsabfall zwischen C und D ist
$$U_{\text{CD}} = I_{\text{eff}} X_C = (1{,}55\,\text{A})\,(106{,}1\,\Omega) = 164\,\text{V}.$$

d) Wie aus dem Zeigerdiagramm in der ersten Abbildung auf der nächsten Seite hervorgeht, eilt die Spannung an der Spule der Spannung am Widerstand nach.

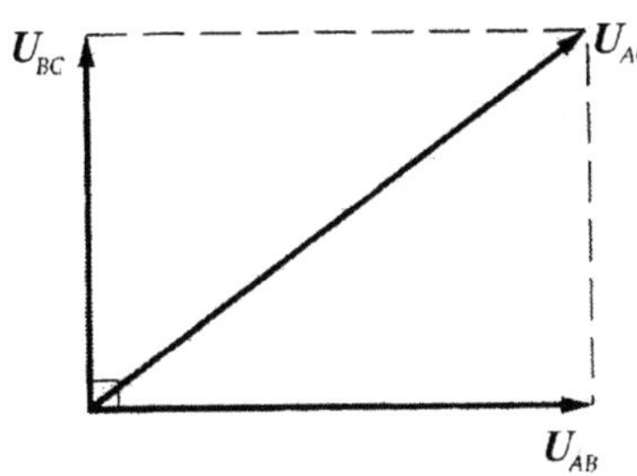

Gemäß dem Satz des Pythagoras ergibt sich der Spannungsabfall zwischen A und C zu

$$U_{\mathrm{AC}} = \sqrt{U_{\mathrm{AB}}^2 + U_{\mathrm{BC}}^2} = \sqrt{(80{,}0\ \mathrm{V})^2 + (77{,}5\ \mathrm{V})^2} = 111\ \mathrm{V}.$$

e) Wie aus dem Zeigerdiagramm in der zweiten Abbildung hervorgeht, eilt die Spannung am Widerstand der Spannung am Kondensator nach.

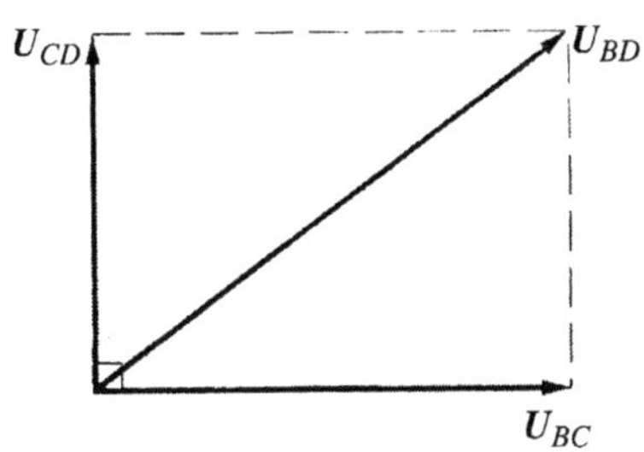

Gemäß dem Satz des Pythagoras ergibt sich der Spannungsabfall zwischen B und D zu

$$U_{\mathrm{BD}} = \sqrt{U_{\mathrm{CD}}^2 + U_{\mathrm{BC}}^2} = \sqrt{(164\ \mathrm{V})^2 + (77{,}5\ \mathrm{V})^2} = 181\ \mathrm{V}.$$

L29.28 Die Abbildungen zeigen für die drei Schaltungen die Abhängigkeit der Impedanz von der Kreisfrequenz. Die gestrichelte Linie ist jeweils die Asymptote für sehr hohe Werte von ω.

a) RL-Reihenschaltung:

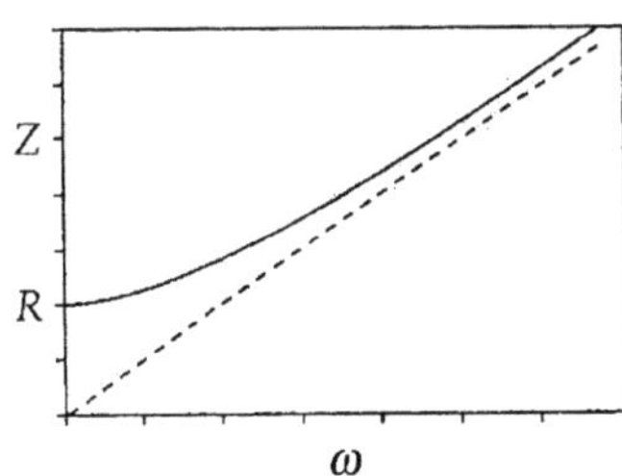

b) RC-Reihenschaltung:

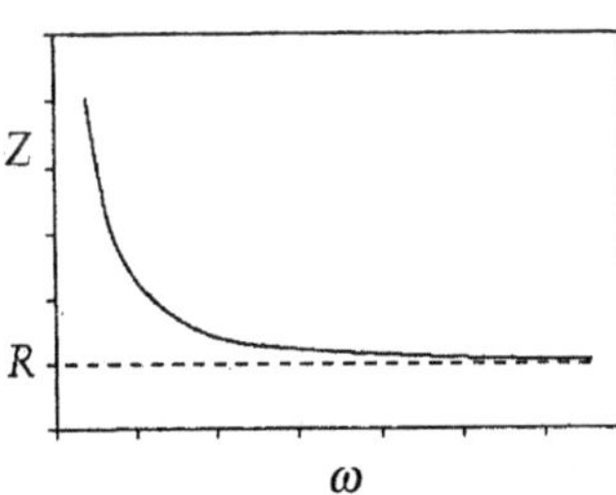

c) RLC-Reihenschwingkreis:

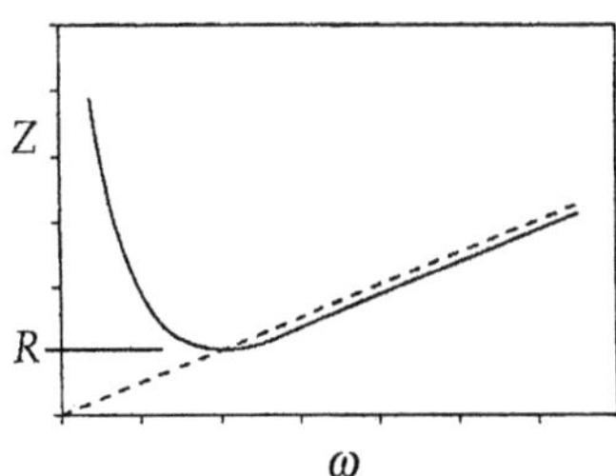

L29.29 a) Wir nutzen die Tatsache aus, dass bei maximaler Stromstärke, also bei Resonanz, $X_L = X_C$ ist. Dabei gilt

$$\omega_0 L = \frac{1}{\omega_0 C},$$

und wir erhalten

$$L = \frac{1}{\omega_0^2 L} = \frac{1}{(5000\ \mathrm{rad \cdot s^{-1}})^2\,(10\ \mu\mathrm{F})} = 4{,}00\ \mathrm{mH}.$$

b) Die maximale Stromstärke ist gleich dem Quotienten aus der maximalen Spannung und der Impedanz. Bei $X_L = X_C$ ist diese gleich dem Ohm'schen Widerstand, und es ergibt sich

$$I_{\max} = \frac{U_{\max}}{Z} = \frac{10\ \mathrm{V}}{100\ \Omega} = 0{,}100\ \mathrm{A}.$$

L29.30 Die Impedanz der Schaltung ist $Z = R + Z_{\mathrm{par}}$. Darin ist Z_{par} die Impedanz der Parallelschaltung von C mit der Reihenschaltung von L mit dem Lastwiderstand R_{L}. Wir stellen zunächst den Ausdruck für diese Impedanz auf. Es gilt

$$\frac{1}{Z_{\mathrm{par}}} = \frac{1}{-\mathrm{i}X_C} + \frac{1}{R_{\mathrm{L}} + \mathrm{i}X_L} = \frac{R_{\mathrm{L}} + \mathrm{i}(X_L - X_C)}{X_C X_L - \mathrm{i}R_{\mathrm{L}} X_C}$$

und daher

$$Z_{\mathrm{par}} = \frac{X_C X_L - \mathrm{i}R_{\mathrm{L}} X_C}{R_{\mathrm{L}} + \mathrm{i}(X_L - X_C)}.$$

Wir erweitern den Bruch mit dem Komplex-Konjugierten von $R_{\mathrm{L}} + \mathrm{i}(X_L - X_C)$, also mit $R_{\mathrm{L}} - \mathrm{i}(X_L - X_C)$. Das ergibt

$$Z_{\mathrm{par}} = \frac{R_{\mathrm{L}} X_C^2}{R_{\mathrm{L}}^2 + (X_L - X_C)^2} - \mathrm{i}\,\frac{X_C \left[R_{\mathrm{L}}^2 + X_L (X_L - X_C)\right]}{R_{\mathrm{L}}^2 + (X_L - X_C)^2}. \tag{1}$$

a) Wenn der Schalter S geschlossen ist, dann ist L überbrückt, so dass $X_L = 0$ ist. Der Blindwiderstand des Kondensators ist

$$X_C = \frac{1}{2\pi\nu C} = \frac{1}{2\pi\,(10\ \mathrm{s^{-1}})\,(8\ \mu\mathrm{F})} = 1{,}99\ \mathrm{k\Omega}.$$

Einsetzen beider Blindwiderstände in Gleichung 1 ergibt

$$Z_{\mathrm{par}} = 30\ \Omega - \mathrm{i}\,(0{,}452\ \Omega),$$
$$Z = R + Z_{\mathrm{par}} = 10\ \Omega + Z_{\mathrm{par}} = 40\ \Omega - \mathrm{i}\,(0{,}452\ \Omega),$$
$$|Z| = \sqrt{(40\ \Omega)^2 + (0{,}452\ \Omega)^2} = 40{,}0\ \Omega.$$

Die Phasenkonstante der Parallelschaltung von Widerstand und Kondensator ist

$$\delta = \mathrm{atan}\,\frac{R}{X_C} = \mathrm{atan}\,\frac{40\ \Omega}{-0{,}452\ \Omega} = -89{,}4^\circ.$$

Hierfür zeichnen wir kein Phasendiagramm, weil die Verhältnisse maßstäblich kaum darstellbar sind.

b) Bei geöffnetem Schalter befindet sich die Spule im Stromkreis, und wir müssen den Blindwiderstand der Induktivität berücksichtigen:

$$X_L = \omega L = 2\pi\nu L = 2\pi\left(10\ \mathrm{s}^{-1}\right)\left(0{,}15\ \mathrm{H}\right) = 9{,}42\ \Omega.$$

Einsetzen beider Blindwiderstände in Gleichung 1 ergibt

$$Z_{\mathrm{par}} = 30{,}3\ \Omega + \mathrm{i}\left(9{,}01\ \Omega\right),$$
$$Z = R + Z_{\mathrm{par}} = 10\ \Omega + Z_{\mathrm{par}} = 40{,}3\ \Omega + \mathrm{i}\left(9{,}01\ \Omega\right),$$
$$|Z| = \sqrt{\left(40{,}3\ \Omega\right)^2 + \left(9{,}01\ \Omega\right)^2} = 41{,}3\ \Omega.$$

Für die Phasenkonstante erhalten wir

$$\delta = \mathrm{atan}\,\frac{X}{R} = \mathrm{atan}\,\frac{9{,}01\ \Omega}{40{,}3\ \Omega} = 12{,}6°.$$

Die erste Abbildung zeigt das zugehörige Phasendiagramm.

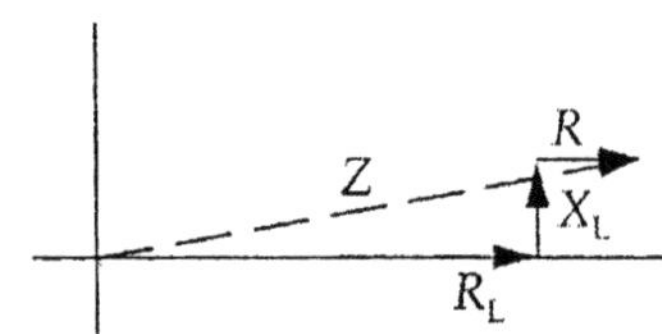

c) Bei *geschlossenem* Schalter gilt gemäß der Kirchhoff'schen Maschenregel für die Schleife mit der Spannungsquelle, dem Widerstand R und dem Lastwiderstand R_L:

$$U - RI - U_{R_\mathrm{L}} = 0.$$

Damit ist der Spannungsabfall am Lastwiderstand

$$U_{R_\mathrm{L}} = U - RI.$$

Mit $I = U/Z$ wird daraus

$$U_{R_\mathrm{L}} = U - \frac{UR}{Z} = \left(1 - \frac{R}{|Z|}\right) U_{\max}\cos\left(\omega t - \delta\right).$$

Wie in Teilaufgabe a ist

$$Z_{\mathrm{par}} = 30\ \Omega - \mathrm{i}\left(0{,}452\ \Omega\right),$$
$$Z = R + Z_{\mathrm{par}} = 10\ \Omega + Z_{\mathrm{par}} = 40\ \Omega - \mathrm{i}\left(0{,}452\ \Omega\right),$$
$$|Z| = \sqrt{\left(40\ \Omega\right)^2 + \left(0{,}452\ \Omega\right)^2} = 40{,}0\ \Omega.\ \text{Für die Phasenkonstante ergibt sich hier}$$

$$\delta = \mathrm{atan}\,\frac{-0{,}452\ \Omega}{40\ \Omega} = -0{,}647° \approx 0°.$$

Damit erhalten wir für den Spannungsabfall am Lastwiderstand

$$U_{R_\mathrm{L}} = \left(1 - \frac{10\ \Omega}{40\ \Omega}\right)\left(100\ \mathrm{V}\right)\cos\left[\left(20\ \mathrm{s}^{-1}\right)\pi t\right]$$
$$= \left(75\ \mathrm{V}\right)\cos\left[\left(20\ \mathrm{s}^{-1}\right)\pi t\right].$$

Bei *geöffnetem* Schalter gilt gemäß der Kirchhoff'schen Maschenregel für die Schleife mit der Spannungsquelle, dem Widerstand R, der Induktivität L und dem Lastwiderstand R_L:

$$U - RI - X_L I - U_{R_\mathrm{L}} = 0.$$

Damit ist der Spannungsabfall am Lastwiderstand

$$U_{R_\mathrm{L}} = U - RI - X_L I = U - I\left(R + X_L\right).$$

Mit $I = U/Z$ wird daraus

$$U_{R_\mathrm{L}} = \left(1 - \frac{R + X_L}{|Z|}\right) U_{\max}\cos\left(\omega t - \delta\right).$$

Mit Gleichung 1 erhalten wir

$$Z_{\mathrm{par}} = 30{,}3\ \Omega + \mathrm{i}\left(9{,}01\ \Omega\right),$$
$$Z = R + Z_{\mathrm{par}} = 10\ \Omega + Z_{\mathrm{par}} = 40{,}3\ \Omega + \mathrm{i}\left(9{,}01\ \Omega\right),$$
$$|Z| = \sqrt{\left(41{,}3\ \Omega\right)^2 + \left(0{,}452\ \Omega\right)^2} = 41{,}3\ \Omega.$$

Für die Phasenkonstante ergibt sich hier

$$\delta = \mathrm{atan}\,\frac{X_L}{R + R_\mathrm{L}} = \mathrm{atan}\,\frac{9{,}42\ \Omega}{40{,}3\ \Omega} = 13{,}2°.$$

Damit ist der Spannungsabfall am Lastwiderstand

$$U_{R_\mathrm{L}} = \left(1 - \frac{10\ \Omega + 9{,}42\ \Omega}{41{,}3\ \Omega}\right)\left(100\ \mathrm{V}\right)$$
$$\cdot\cos\left[\left(20\ \mathrm{s}^{-1}\right)\pi t - 13{,}2°\right]$$
$$= \left(53\ \mathrm{V}\right)\cos\left[\left(20\ \mathrm{s}^{-1}\right)\pi t - 13{,}2°\right].$$

d) Bei $\nu = 1000\ \mathrm{Hz}$ sind die Blindwiderstände

$$X_L = 2\pi\left(1000\ \mathrm{s}^{-1}\right)\left(0{,}15\ \mathrm{H}\right) = 942\ \Omega,$$
$$X_C = \frac{1}{2\pi\left(1000\ \mathrm{s}^{-1}\right)\left(8\ \mu\mathrm{F}\right)} = 19{,}9\ \Omega.$$

Bei *geschlossenem* Schalter ist $X_L = 0$, und wir erhalten

$$Z_{\mathrm{par}} = \frac{R_\mathrm{L} X_C^2}{R_\mathrm{L}^2 + X_C^2} - \mathrm{i}\,\frac{R_\mathrm{L}^2 X_C}{R_\mathrm{L}^2 + X_C^2}.$$

Einsetzen in Gleichung 1 liefert

$$Z_{\mathrm{par}} = 9{,}17\ \Omega - \mathrm{i}\left(13{,}8\ \Omega\right),$$
$$Z = R + Z_{\mathrm{par}} = 10\ \Omega + Z_{\mathrm{par}} = 19{,}17\ \Omega - \mathrm{i}\left(13{,}8\ \Omega\right),$$
$$|Z| = \sqrt{\left(19{,}17\ \Omega\right)^2 + \left(13{,}8\ \Omega\right)^2} = 23{,}6\ \Omega.$$

Für die Phasenkonstante ergibt sich hier

$$\delta = \mathrm{atan}\,\frac{-13{,}8\ \Omega}{19{,}17\ \Omega} = -35{,}7°.$$

Die zweite Abbildung zeigt das zugehörige Phasendiagramm.

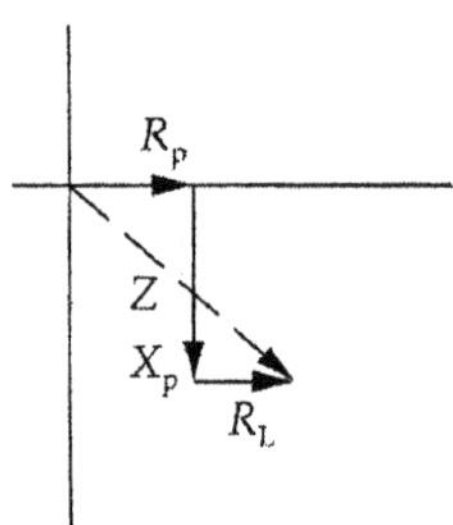

Bei *geöffnetem* Schalter gilt gemäß Gleichung 1 für die Impedanzen

$$Z_{\mathrm{par}} = 0{,}0140\ \Omega - \mathrm{i}\left(20{,}3\ \Omega\right),$$
$$Z = R + Z_{\mathrm{par}} = 10\ \Omega + Z_{\mathrm{par}} = 10{,}0\ \Omega - \mathrm{i}\left(20{,}3\ \Omega\right),$$
$$|Z| = \sqrt{\left(10{,}0\ \Omega\right)^2 + \left(20{,}3\ \Omega\right)^2} = 22{,}6\ \Omega.$$

Für die Phasenkonstante ergibt sich diesmal

$$\delta = \operatorname{atan} \frac{-20{,}3\ \Omega}{10\ \Omega} = -63{,}9^\circ.$$

Die dritte Abbildung zeigt das zugehörige Phasendiagramm.

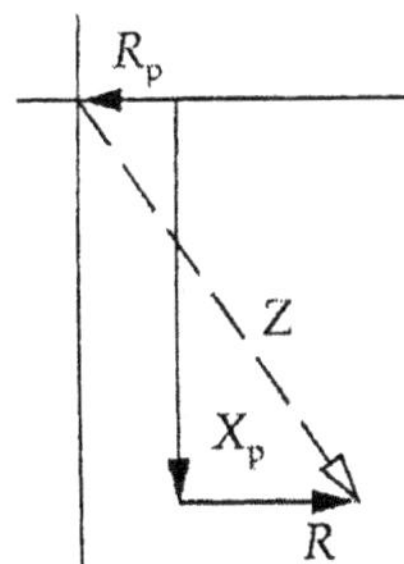

e) Durch Öffnen des Schalters wird der Spannungsabfall am Lastwiderstand bei höherer Frequenz stark herabgesetzt, jedoch bei niedriger Frequenz kaum beeinflusst. Also sollte beim Verwenden der Schaltung als Tiefpassfilter der Schalter offen sein.

L29.31 a) Für die Resonanzfrequenz gilt $\omega_0 = 1/\sqrt{LC}$. Daraus ergibt sich die erforderliche Kapazität zu

$$C = \frac{1}{\omega_0^2 L} = \frac{1}{4\pi^2 \nu^2 L}$$
$$= \frac{1}{4\pi^2 (4000\ \mathrm{s}^{-1})^2 (4\ \mathrm{mH})} = 0{,}396\ \mu\mathrm{F}.$$

b) Wir leiten zunächst die Gleichung her, die die Abhängigkeit des Gütefaktors vom Widerstand R beschreibt; die Schaltung ist bei der Aufgabenstellung abgebildet. Der Gütefaktor ist definiert als $Q = \omega_0/\Delta\omega$. Mit $\omega_0 = 1/\sqrt{LC}$ ergibt sich daraus

$$Q = \frac{1}{\sqrt{LC}\,\Delta\omega}. \tag{1}$$

Der Strom durch den Kondensator, der der Spannung um 90° vorauseilt, ist $I_C = U/X_C = \omega C U$.

Der Strom durch die Spule, der der Spannung um 90° nacheilt, ist $I_L = U/X_L = U/(\omega L)$.

Schließlich ist der Strom durch den Widerstand, der mit der Spannung in Phase ist: $I_R = U/R$.

Damit ergibt sich für den gesamten Strom, der der Quelle entnommen wird:

$$I = \frac{U}{Z} = U\sqrt{\left(\frac{1}{R}\right)^2 + \left(\frac{1}{\omega L} - \omega C\right)^2}$$
$$= \frac{U}{R}\sqrt{1 + R^2\left(\frac{1}{\omega L} - \omega C\right)^2}.$$

Im Resonanzfall ist der gesamte Strom der durch den Widerstand: $I_0 = U/R$. Das setzen wir ein:

$$I = I_0\sqrt{1 + R^2\left(\frac{1}{\omega L} - \omega C\right)^2}.$$

Die pro Periode im Stromkreis gespeicherte Gesamtenergie ist $E_\mathrm{el} = \frac{1}{2} q_0^2/C$. Darin ist q_0 die maximale Ladung des Kondensators. Der maximale Strom ist $I_\mathrm{max} = \omega q_0$. Einsetzen ergibt

$$E_\mathrm{el} = \frac{I_\mathrm{max}^2}{2\omega^2 C} = \frac{U^2}{2\omega^2 C R^2} = \frac{1}{2\omega^2 C}\,\frac{I_0^2}{1 + R^2\left(\frac{1}{\omega L} - \omega C\right)^2}.$$

Bei Resonanz gilt $E_\mathrm{el,Res} = \dfrac{I_0^2}{2\omega^2 C}$,

und wir erhalten bei der halben Gesamtenergie

$$\frac{1}{2}E_\mathrm{el,Res} = \frac{I_0^2}{4\omega^2 C} = \frac{1}{2\omega^2 C}\,\frac{I_0^2}{1 + R^2\left(\frac{1}{\omega L} - \omega C\right)^2}.$$

Damit ergibt sich

$$\frac{1}{2} = \frac{1}{1 + R^2\left(\frac{1}{\omega L} - \omega C\right)^2}$$

sowie daraus $R\left(\omega C - \dfrac{1}{\omega L}\right) = \pm 1$.

Ausmultiplizieren liefert eine in ω quadratische Gleichung:
$$RLC\,\omega^2 \pm L\omega - R = 0.$$

Die beiden Lösungen lauten

$$\omega_+ = \frac{1}{2RC} \pm \sqrt{\left(\frac{1}{2RC}\right)^2 + \frac{1}{LC}},$$

$$\omega_- = -\frac{1}{2RC} \pm \sqrt{\left(\frac{1}{2RC}\right)^2 + \frac{1}{LC}}.$$

Mit $\Delta\omega = \omega_+ - \omega_-$ erhalten wir schließlich aus Gleichung 1 für den Gütefaktor

$$Q = \frac{1}{\sqrt{LC}\,\Delta\omega} = \frac{RC}{\sqrt{LC}} = R\sqrt{\frac{C}{L}}.$$

Dies lösen wir nach dem Widerstand auf und setzen die Zahlenwerte ein:

$$R = Q\sqrt{\frac{L}{C}} = 8\sqrt{\frac{4\ \mathrm{mH}}{0{,}396\ \mu\mathrm{F}}} = 804\ \Omega.$$

L29.32 Bei Resonanz gilt

$$\omega_0 = \frac{1}{LC} \quad \text{bzw.} \quad \nu_0 = \frac{1}{2\pi LC}.$$

Mit der Hälfte der Kapazität, die in Aufgabe 31a berechnet wurde, erhalten wir

$$\nu_0 = \frac{1}{2\pi\sqrt{(4\ \mathrm{mH})\,\frac{1}{2}\,(0{,}396\ \mu\mathrm{F})}} = 5{,}66\ \mathrm{kHz}.$$

Wie in Aufgabe 32 gezeigt, gilt bei Resonanz für den Gütefaktor

$$Q = R\sqrt{\frac{C}{L}}.$$

Mit $C' = \frac{1}{2} C$ ist der Quotient beider Gütefaktoren

$$\frac{Q'}{Q} = \frac{R\sqrt{C'/L}}{R\sqrt{C/L}} = \sqrt{\frac{C'}{C}} = \sqrt{\frac{\frac{1}{2}C}{C}} = \frac{1}{\sqrt{2}}.$$

Also ist der Gütefaktor nun $Q' = Q/\sqrt{2} = 8/\sqrt{2} = 5{,}66$.

Der für den Gütefaktor 8 erforderliche Widerstand ergibt sich jetzt zu

$$R = Q\sqrt{\frac{L}{C}} = 8\sqrt{\frac{4\,\text{mH}}{\frac{1}{2}\,(0{,}396\,\mu\text{F})}} = 1{,}14\,\text{k}\Omega.$$

L29.33 a) Wir setzen $X_L = \omega L$ und $X_C = 1/(\omega C)$ in die gegebene Gleichung ein, wobei wir die Beziehung $\omega_0 = 1/\sqrt{LC}$ verwenden:

$$\tan\delta = \frac{X_L - X_C}{R} = \frac{\omega L - 1/(\omega C)}{R} = \frac{\omega^2 L - 1/C}{\omega R}$$
$$= \frac{[\omega^2 - 1/(LC)]L}{\omega R} = \frac{(\omega^2 - \omega_0^2)L}{\omega R}.$$

Der Gütefaktor ist gegeben durch $Q = \omega_0 L/R$. Daraus folgt $L/R = Q/\omega_0$. Das setzen wir ein und erhalten

$$\tan\delta = \frac{(\omega^2 - \omega_0^2)Q}{\omega\,\omega_0}.$$

b) In der Nähe der Resonanz gilt

$$\omega^2 - \omega_0^2 = (\omega + \omega_0)(\omega - \omega_0) \approx 2\,\omega_0\,\Delta\omega.$$

Einsetzen in die in Teilaufgabe a hergeleitete Gleichung ergibt

$$\tan\delta \approx \frac{2\,\omega_0\,\Delta\omega\,Q}{\omega\,\omega_0} = \frac{2\,(\omega - \omega_0)\,Q}{\omega}.$$

c) Die Abbildung zeigt die Abhängigkeit der Phasenkonstante δ von $x = \omega/\omega_0$.

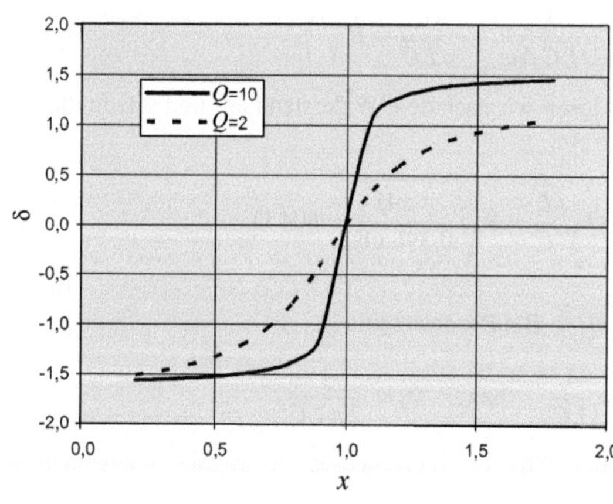

Die durchgezogene Kurve gilt für Schaltkreise mit hohem Gütefaktor und die gestrichelte Kurve für Schaltkreise mit niedrigem Gütefaktor.

L29.34 Für die Gleichung

$$L\frac{\mathrm{d}^2 q}{\mathrm{d}t^2} + R\frac{\mathrm{d}q}{\mathrm{d}t} + \frac{1}{C}q = 0$$

nehmen wir, wie in der Aufgabenstellung gegeben, eine Lösung der folgenden Form an:

$$q = q_0\,\mathrm{e}^{-Rt/(2L)}\cos\omega't.$$

Dies leiten wir zweimal nach t ab:

$$\frac{\mathrm{d}q}{\mathrm{d}t} = -q_0\,\mathrm{e}^{-Rt/(2L)}\left[\omega'\sin\omega't + \frac{R}{2L}\cos\omega't\right],$$
$$\frac{\mathrm{d}^2 q}{\mathrm{d}t^2} = q_0\,\mathrm{e}^{-Rt/(2L)}\left[\left(\frac{R^2}{4L^2} - \omega'^2\right)\cos\omega't + \frac{R\omega'}{L}\sin\omega't\right].$$

Einsetzen der beiden Ableitungen in die erste Gleichung liefert

$$Lq_0\,\mathrm{e}^{-Rt/(2L)}\left[\left(\frac{R^2}{4L^2} - \omega'^2\right)\cos\omega't + \frac{R\omega'}{L}\sin\omega't\right]$$
$$- Rq_0\,\mathrm{e}^{-Rt/(2L)}\left[\omega'\sin\omega't + \frac{R}{2L}\cos\omega't\right]$$
$$+ \frac{q_0}{C}\,\mathrm{e}^{-Rt/(2L)}\cos\omega't = 0.$$

Das können wir vereinfachen:

$$L\left[\left(\frac{R^2}{4L^2} - \omega'^2\right)\cos\omega't + \frac{R\omega'}{L}\sin\omega't\right]$$
$$- R\left(\omega'\sin\omega't + \frac{R}{2L}\cos\omega't\right) + \frac{1}{C}\cos\omega't = 0.$$

Diese Gleichung bringen wir nun in die Form $A\cos\omega't + B\sin\omega't = 0$:

$$(R\omega' - R\omega')\sin\omega't$$
$$+ \left[L\left(\frac{R^2}{4L^2} - \omega'^2\right) - \frac{R^2}{2L} + \frac{1}{C}\right]\cos\omega't = 0.$$

Das ist gleichbedeutend mit

$$\left(\frac{R^2}{4L} - L\omega'^2 - \frac{R^2}{2L} + \frac{1}{C}\right)\cos\omega't = 0.$$

Damit diese Beziehung für alle Werte von t gilt, muss der Koeffizient der Kosinusfunktion null sein:

$$\frac{R^2}{4L} - L\omega'^2 - \frac{R^2}{2L} + \frac{1}{C} = 0.$$

Daraus folgt $\omega' = \sqrt{\dfrac{1}{LC} - \left(\dfrac{R}{2L}\right)^2}$.

Dies muss also gelten, damit $q = q_0\,\mathrm{e}^{-Rt/(2L)}\cos\omega't$ die gegebene Differenzialgleichung erfüllt.

L29.35 a) Mit der Länge ℓ, der Windungsdichte n/ℓ und der Fläche A erhalten wir für die Induktivität der luftgefüllten Spule

$$L = \mu_0\left(\frac{n}{\ell}\right)^2 A\ell$$
$$= (4\pi\cdot 10^{-7}\,\text{N}\cdot\text{A}^{-2})\left(\frac{400}{0{,}04\,\text{m}}\right)^2\frac{\pi}{4}\,(0{,}003\,\text{m})^2\,(0{,}04\,\text{m})$$
$$= 35{,}5\,\mu\text{H}.$$

b) Die Resonanzbedingung lautet

$$X_L = X_C \quad\text{bzw.}\quad 2\pi\nu_0 L = \frac{1}{2\pi\nu_0 C}. \tag{1}$$

Daraus ergibt sich die Kapazität zu

$$C = \frac{1}{4\pi^2 v_0^2 L} = \frac{1}{4\pi^2 (6\,\text{MHz})^2 (35,5\,\mu\text{H})} = 19,8\,\mu\text{F}.$$

c) Die magnetische Suszeptibilität der Probe ist gegeben durch

$$\chi_{\text{mag}} = \frac{\Delta L}{L}.$$

Aus Gleichung 1 ergibt sich für die Resonanzfrequenz

$$v_0 = \frac{1}{2\pi\sqrt{LC}}.$$

Wir leiten nach L ab:

$$\frac{dv_0}{dL} = \frac{1}{2\pi\sqrt{C}}\frac{d}{dL}L^{-1/2} = -\frac{1}{4\pi\sqrt{C}}L^{-3/2}$$

$$= -\frac{1}{4\pi L\sqrt{LC}} = -\frac{v_0}{2L}.$$

Annähern der Differenziale durch die Differenzen liefert

$$\frac{\Delta v_0}{\Delta L} = -\frac{v_0}{2L} \quad\text{sowie}\quad -2\frac{\Delta v_0}{v_0} = \frac{\Delta L}{L}.$$

Damit ergibt sich für die magnetische Suszeptibilität

$$\chi_{\text{mag}} = \frac{\Delta L}{L} = -2\frac{\Delta v_0}{v_0}$$

$$= -2\frac{5,9989\,\text{MHz} - 6,0000\,\text{MHz}}{6,0000\,\text{MHz}} = 3,67\cdot 10^{-4}.$$

L29.36 a) Weil die Sekundärspule weniger Windungen hat als die Primärspule, wird die Spannung heruntertransformiert.

b) Die Leerlaufspannung im Sekundärkreis ist

$$U_2 = \frac{n_2}{n_1}U_1 = \frac{8}{400}\,(120\,\text{V}) = 2,40\,\text{V}.$$

c) Unter der Annahme, dass keine Leistungsverluste auftreten, gilt $U_1 I_1 = U_2 I_2$, und wir erhalten

$$I_2 = \frac{U_1}{U_2}I_1 = \frac{120\,\text{V}}{2,40\,\text{V}}\,(0,1\,\text{A}) = 5,00\,\text{A}.$$

L29.37 Wir betrachten nur die Beträge der Stromstärken. Mit $I_2 = U_2/Z$ folgt aus der gegebenen Beziehung

$$I_1 = \frac{n_2}{n_1}I_2 = \frac{n_2}{n_1}\frac{U_2}{Z}.$$

Ferner gilt $U_2 = \frac{n_2}{n_1}U_1 = \frac{n_2}{n_1}U_{\text{G}}.$

Das setzen wir ein und erhalten

$$I_1 = \frac{n_2}{n_1}\frac{(n_2/n_1)U_{\text{G}}}{Z} = \left(\frac{n_2}{n_1}\right)^2\frac{U_{\text{G}}}{Z} = \frac{U_{\text{G}}}{(n_1/n_2)^2 Z}.$$

Die effektive Impedanz des Lautsprechers ist damit

$$Z_{\text{eff}} = \frac{U_{\text{G}}}{I_1} = \frac{U_{\text{G}}}{\dfrac{U_{\text{G}}}{(n_1/n_2)^2 Z}} = (n_1/n_2)^2 Z.$$

L29.38 a) Für die effektive Spannung erhalten wir

$$U_{\text{eff}} = \sqrt{\langle U_0^2\rangle} = U_0 = 12,0\,\text{V}.$$

b) Nach der beschriebenen Gleichrichtung ist die Spannung in der zweiten Hälfte jeder Periode, also während der Zeitspanne $\frac{1}{2}T$, gleich null, und während der ersten Hälfte ist sie gleich U_0. Der Mittelwert einer Größe innerhalb eines Zeitintervalls T ist gleich dem Integral der Größe über dieses Intervall, dividiert durch das Intervall. Mit $U^2 = U_0^2$ ergibt sich

$$\langle U^2\rangle = \frac{U_0^2}{T}\int_0^{T/2} dt = \frac{U_0^2}{T}\,[t]_0^{T/2} = \tfrac{1}{2}U_0^2,$$

und die effektive Spannung ist

$$U_{\text{eff}} = \sqrt{\tfrac{1}{2}U_0^2} = \frac{U_0}{\sqrt{2}} = \frac{12\,\text{V}}{\sqrt{2}} = 8,49\,\text{V}.$$

L29.39 Der Mittelwert einer Größe innerhalb eines Zeitintervalls T ist gleich dem Integral der Größe über dieses Intervall, dividiert durch das Intervall. Die mittlere Stromstärke und die effektive Stromstärke sind also gegeben durch

$$\langle I\rangle = \frac{1}{T}\int_0^T I\,dt \quad\text{und}\quad I_{\text{eff}} = \sqrt{\langle I^2\rangle}.$$

a) Während der ersten Hälfte jeder Periode T ist die Stromstärke gegeben durch $I = (4\,\text{A})\,t/T$. Damit ergibt sich die mittlere Stromstärke zu

$$\langle I\rangle = \frac{1}{T}\int_0^T \frac{4\,\text{A}}{T}\,t\,dt = \frac{4\,\text{A}}{T^2}\int_0^T t\,dt = \frac{4\,\text{A}}{T^2}\left[\frac{t^2}{2}\right]_0^T = 2,00\,\text{A}.$$

Aus dem obigen Ausdruck für die Stromstärke ergibt sich

$$I^2 = \frac{16\,\text{A}^2}{T^2}\,t^2,$$

und wir erhalten

$$\langle I^2\rangle = \frac{1}{T}\int_0^T \frac{16\,\text{A}^2}{T^2}\,t\,dt = \frac{16\,\text{A}^2}{T^3}\left[\frac{t^3}{3}\right]_0^T = \frac{16}{3}\,\text{A}^2.$$

Also ist $I_{\text{eff}} = \sqrt{\dfrac{16}{3}\,\text{A}^2} = 2,31\,\text{A}.$

b) Während der ersten Hälfte jeder Periode T ist die Stromstärke $I = 4\,\text{A}$, und während der zweiten Hälfte ist sie null. Damit ergibt sich die mittlere Stromstärke zu

$$\langle I\rangle = \frac{4\,\text{A}}{T}\int_0^{T/2} dt = \frac{4\,\text{A}}{T}\,[t]_0^{T/2} = 2,00\,\text{A}.$$

Wegen $I = 4\,\text{A}$ ist $I^2 = 16\,\text{A}^2$, und wir erhalten

$$\langle I^2\rangle = \frac{16\,\text{A}^2}{T}\int_0^{T/2} dt = \frac{16\,\text{A}^2}{T}\,[t]_0^{T/2} = 8\,\text{A}^2.$$

Also ist $I_{\text{eff}} = \sqrt{8\,\text{A}^2} = 2,83\,\text{A}.$

L29.40 Gemäß der Kirchhoff'schen Maschenregel gilt

$U_1 + U_2 - RI = 0,$

und die Stromstärke ist

$$I = \frac{U_1 + U_2}{R} = \frac{(20\,\text{V})\cos\left[2\,\pi\,(180\,\text{s}^{-1})t\right] + 18\,\text{V}}{36\,\Omega}$$
$$= 0{,}5\,\text{A} + (0{,}556\,\text{A})\cos\left(1131\,\text{s}^{-1}\,t\right).$$

Für ein Maximum des Stroms muss gelten

$\cos\left(1131\,\text{s}^{-1}\,t\right) = 1.$

Daraus erhalten wir $I_{\max} = 0{,}5\,\text{A} + 0{,}556\,\text{A} = 1{,}06\,\text{A}.$

Entsprechend muss für ein Minimum des Stroms gelten

$\cos\left(1131\,\text{s}^{-1}\,t\right) = -1.$

Also ist $I_{\min} = 0{,}5\,\text{A} - 0{,}556\,\text{A} = -0{,}0560\,\text{A}.$

Weil der Mittelwert von $\cos\omega t$ null ist, ist gemäß der obigen Gleichung die mittlere Stromstärke $\langle I \rangle = 0{,}5\,\text{A}.$

Der von der Quelle mit der Gleichspannung U_2 abgegebene Strom ist

$$I_2 = \frac{U_2}{R} = \frac{18\,\text{V}}{36\,\Omega} = 0{,}5\,\text{A}.$$

Gemäß der ersten Gleichung für die Stromstärke gilt

$I_1 = (0{,}556\,\text{A})\cos\left(1131\,\text{s}^{-1}\,t\right),$

und mit der Periodendauer

$$\frac{1}{\nu} = \frac{1}{180\,\text{s}^{-1}} = 5{,}56\,\text{ms}$$

erhalten wir

$$\langle I^2 \rangle = \frac{1}{5{,}56\,\text{ms}} \int_0^{5{,}56\,\text{ms}} (0{,}556\,\text{A})^2 \cos^2\left(1131\,\text{s}^{-1}\,t\right) \mathrm{d}t.$$

Mit der Umformung $\cos^2 x = \frac{1}{2}(1 + \cos 2x)$ ergibt sich daraus

$$\langle I_1^2 \rangle = \frac{0{,}309\,\text{A}^2}{2\,(5{,}56\,\text{ms})} \int_0^{5{,}56\,\text{ms}} \left[1 + \cos\left(2 \cdot 1131\,\text{s}^{-1}\,t\right)\right] \mathrm{d}t$$

$$= (27{,}8\,\text{A}^2 \cdot \text{s}^{-1}) \left[t + \frac{\sin\left(2262\,\text{s}^{-1}\,t\right)}{2262\,\text{s}^{-1}}\right]_0^{5{,}56\,\text{ms}}$$

$$= (27{,}8\,\text{A}^2 \cdot \text{s}^{-1}) \left[5{,}56\,\text{ms} + \frac{\sin\left[(2262\,\text{s}^{-1})(5{,}56\,\text{ms})\right]}{2262\,\text{s}^{-1}}\right]$$

$$= 0{,}1543\,\text{A}^2.$$

Damit erhalten wir

$\langle I^2 \rangle = \langle I_1^2 \rangle + \langle I_2^2 \rangle = 0{,}1543\,\text{A}^2 + (0{,}5\,\text{A})^2 = 0{,}4043\,\text{A}^2,$

und die effektive Stromstärke ist

$I_{\text{eff}} = \sqrt{\langle I^2 \rangle} = \sqrt{0{,}4043\,\text{A}^2} = 0{,}636\,\text{A}.$

L29.41 Gemäß der Kirchhoff'schen Maschenregel gilt

$$U_1 + U_2 - \frac{q}{C} = 0.$$

Auflösen nach der Ladung und Einsetzen der Zahlenwerte liefert für die zeitabhängige Ladung des Kondensators

$$q = CU_1 + CU_2$$
$$= (2\,\mu\text{F})\,(20\,\text{V})\cos\left(1131\,\text{s}^{-1}\,t\right) + (2\,\mu\text{F})\,(18\,\text{V})$$
$$= (40\,\mu\text{C})\cos\left(1131\,\text{s}^{-1}\,t\right) + 36\,\mu\text{C}.$$

Die Stromstärke ist die Ableitung der geflossenen Ladung nach der Zeit:

$$I = \frac{\mathrm{d}q}{\mathrm{d}t} = \frac{\mathrm{d}}{\mathrm{d}t}\left[(40\,\mu\text{C})\cos\left(1131\,\text{s}^{-1}\,t\right) + 36\,\mu\text{C}\right]$$
$$= -(45{,}2\,\text{mA})\sin\left(1131\,\text{s}^{-1}\,t\right).$$

Für ein Minimum des Stroms muss gelten

$\sin\left(1131\,\text{s}^{-1}\,t\right) = 1.$

Daraus erhalten wir $I_{\min} = -45{,}2\,\text{mA}.$

Entsprechend muss für ein Maximum des Stroms gelten

$\sin\left(1131\,\text{s}^{-1}\,t\right) = -1.$

Also ist $I_{\max} = 45{,}2\,\text{mA}.$

Weil der Kondensator für die Gleichspannungsquelle wie ein offener Schalter wirkt und der Mittelwert der Sinusfunktion über eine gesamte Periode null ist, ist $\langle I \rangle = 0.$

Die effektive Stromstärke ergibt sich schließlich zu

$$I_{\text{eff}} = \frac{I_{\max}}{\sqrt{2}} = \frac{45{,}2\,\text{A}}{\sqrt{2}} = 32{,}0\,\text{A}.$$

L29.42 Eine reine Induktivität würde für die Gleichspannungsquelle wie ein Kurzschluss wirken, so dass die Stromstärke unendlich hoch wäre. Daher gäbe es auch keine minimale Stromstärke.

Die Maxwell'schen Gleichungen – Elektromagnetische Wellen

- Der Maxwell'sche Verschiebungsstrom
- Maxwell'sche Gleichungen und elektromagnetisches Spektrum
- Die Wellengleichung für elektromagnetische Wellen

A: Aufgaben

Verständnisaufgaben

A30.1 • Richtig oder falsch? a) Die Maxwell'schen Gleichungen gelten nur für zeitunabhängige Felder. b) Die Wellengleichung lässt sich aus den Maxwell'schen Gleichungen herleiten. c) Elektromagnetische Wellen sind Transversalwellen. d) Das elektrische und das magnetische Feld einer elektromagnetischen Welle im Vakuum sind in Phase. e) Die elektrische und die magnetische Feldstärke einer elektromagnetischen Welle im Vakuum sind gleich. f) Die Energiedichten des elektrischen und des magnetischen Felds einer elektromagnetischen Welle im Vakuum sind gleich.

A30.2 • Radiowellen kann man mit einer Dipolantenne oder mit einer Ringantenne empfangen. Welche der Antennen reagiert auf das elektrische, welche auf das magnetische Feld der Welle?

A30.3 • Eine Ringantenne mit waagerecht ausgerichteter Ebene wird als Sender benutzt. Wie sollte eine Dipolantenne orientiert werden, um das Signal optimal zu empfangen?

Schätzungs- und Näherungsaufgaben

A30.4 •• Ein Kügelchen aus Plastik mit einem Durchmesser von 15 µm soll mit Hilfe eines Laserstrahls gegen die Schwerkraft angehoben werden. Wie groß müssen die Intensität des Laserstrahls und die Strahlleistung sein? Treffen Sie alle Annahmen, die Ihnen vernünftig erscheinen.

A30.5 •• Laserkühlung und Atomfallen sind moderne Forschungsgebiete. In beiden Fällen nutzt man die mit dem Strahlungsdruck verbundene Kraft, um Atome von thermischen Geschwindigkeiten (bei Raumtemperatur mehrere hundert Meter pro Sekunde) auf einige Meter pro Sekunde oder weniger abzubremsen. Isolierte Atome absorbieren Strahlungsenergie nur bei bestimmten Resonanzfrequenzen. Bestrahlt man ein Atom mit Laserlicht einer solchen Frequenz, so findet die so genannte Resonanzabsorption statt. Der effektive Querschnitt des Atoms ist bei diesem Prozess ungefähr gleich λ^2 (dabei ist λ die eingestrahlte Wellenlänge). a) Schätzen Sie die Beschleunigung ab, die ein Rubidiumatom (molare Masse 85 g/mol) durch einen Laserstrahl mit einer Wellenlänge von 780 nm und einer Intensität von 10 W/m^2 erfährt. b) Wie lange dauert es ungefähr, mit diesem Laserstrahl ein Rubidiumatom in einem Gas bei Raumtemperatur (rund 300 K) nahezu zum Stillstand zu bringen?

• Der Maxwell'sche Verschiebungsstrom

A30.6 • Die Platten eines Kondensators sind parallel und kreisförmig mit einem Radius von 2,3 cm. Der Abstand zwischen den in Luft befindlichen Platten beträgt 1,1 mm. Mit einer Rate von 5 A fließt Ladung zur oberen Platte hin und von der unteren Platte ab. a) Geben Sie die Rate der zeitlichen Änderung des elektrischen Felds zwischen den Platten an. b) Berechnen Sie den Verschiebungsstrom zwischen den Platten und zeigen Sie, dass er gleich 5 A ist.

A30.7 •• Betrachten Sie noch einmal den Kondensator in Aufgabe 6 und zeigen Sie, dass das Magnetfeld zwischen den Platten im Abstand r von deren gemeinsamer Achse gegeben ist durch $B = (1{,}89 \cdot 10^{-3}\ \text{T/m})\,r$, wenn r kleiner als der Radius der Platten ist.

A30.8 •• Ein Kondensator mit parallelen, kreisrunden Platten wird auf die Ladung q_0 aufgeladen. Der Raum zwischen den Platten ist mit einem Dielektrikum mit der Dielektrizitätskonstanten ε und dem spezifischen Widerstand r gefüllt; das Dielektrikum ist an einigen Stellen defekt, wodurch sich der Kondensator allmählich entlädt. a) Geben Sie den (realen) Leitungsstrom zwischen den Platten als Funktion der Zeit an. b) Geben Sie den Verschiebungsstrom als Funktion der Zeit an. c) Geben Sie den Strom als Funktion der Zeit an, der von der Änderung der gebundenen Ladungen herrührt. d) Geben Sie den Gesamtstrom als Funktion der Zeit an.

• Maxwell'sche Gleichungen und elektromagnetisches Spektrum

A30.9 •• Zeigen Sie, dass die Normalkomponente B_n des Magnetfelds $\boldsymbol{B}$ entlang einer Fläche stetig ist. Wenden Sie dazu das Gauß'sche Gesetz für das Magnetfeld ($\int B_n\, dA = 0$) auf die Oberfläche eines Zylinders an, dessen Stirnflächen jeweils auf einer Seite der betrachteten Fläche liegen.

A30.10 • Wie groß ist die Frequenz von Röntgenstrahlung mit einer Wellenlänge von 0,1 nm?

Elektrische Dipolstrahlung

A30.11 •• Die Intensität elektrischer Dipolstrahlung ist proportional zu $(\sin^2 \theta)/r^2$, mit θ als Winkel zwischen den Richtungen des elektrischen Dipolmoments und des Ortsvektors $\boldsymbol{r}$. Ein strahlender elektrischer Dipol ist entlang der z-Achse ausgerichtet (sein Dipolmoment zeigt dann in z-Richtung). Die Größe $I_{em,1}$ sei die Intensität der ausgesendeten Strahlung im Abstand $r = 10$ m unter dem Winkel $\theta = 90°$. Geben Sie die Strahlungsintensität I_{em} in Vielfachen oder Bruchteilen von $I_{em,1}$ für folgende Positionen an: a) $r = 30$ m, $\theta = 90°$; b) $r = 10$ m, $\theta = 45°$ und c) $r = 20$ m, $\theta = 30°$.

A30.12 ••• Eine Radiostation sendet mit senkrechten Dipolantennen bei einer Frequenz von 1,20 MHz; die abgestrahlte Leistung beträgt insgesamt 500 kW. Die räumliche Verteilung der Intensität entspricht der in der Abbildung dargestellten; das bedeutet, die Intensität ist proportional zu $\sin^2 \theta$ (dabei ist θ der Winkel, den die Ausbreitungsrichtung mit der Vertikalen einschließt) und hängt nicht vom Azimut ab. Berechnen Sie die Intensität des Signals 120 km waagerecht von der Station entfernt. Geben Sie Ihr Resultat auch in Photonen pro Quadratzentimeter und Sekunde an.

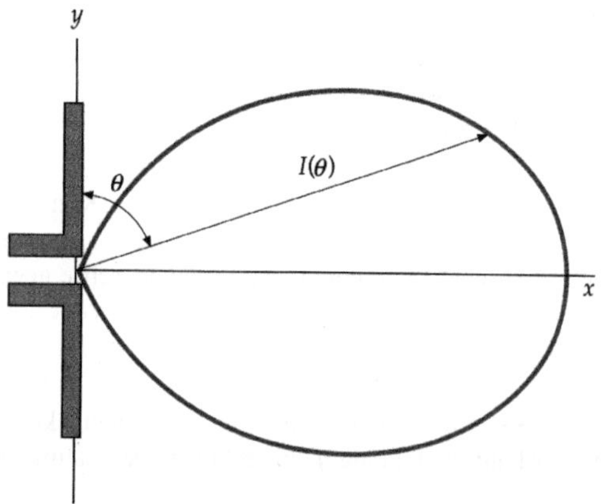

Energie und Impuls elektromagnetischer Wellen

A30.13 • Die Amplitude einer elektromagnetischen Welle ist $E_0 = 400$ V/m. Berechnen Sie a) E_{eff}, b) B_{eff}, c) die Intensität I_{em} und d) den Strahlungsdruck P_S.

A30.14 •• a) Eine elektromagnetische Welle mit einer Intensität von 200 W/m^2 trifft senkrecht auf ein rechteckiges Stück schwarzer Pappe mit den Seitenlängen 20 cm und 30 cm. Die Pappe absorbiert sämtliche Strahlung. Welche Kraft übt die Strahlung auf die Pappe aus? b) Welche Kraft übte die Strahlung aus, wenn sie nicht absorbiert, sondern vollständig reflektiert würde?

A30.15 •• Energie soll anstatt in einer 750-kV-Überlandleitung mit 1000 A durch eine elektromagnetische Welle übertragen werden. Der Strahl habe eine homogene Intensität über einer Querschnittsfläche von 50 m^2. Geben Sie die Effektivwerte der elektrischen und der magnetischen Feldstärke an.

A30.16 •• Ein Laserpuls mit einer Energie von 20 J und einem Strahlradius von 2 mm dauert 10 ns lang an, wobei die Energiedichte während des Pulses konstant ist. a) Geben Sie die räumliche Länge des Pulses an. b) Wie groß ist die Energiedichte innerhalb des Pulses? c) Berechnen Sie die Amplitude des elektrischen und die des magnetischen Felds des Laserpulses.

A30.17 •• In einen bestimmten Laser sind Spiegel eingebaut, die die Strahlung zu 99,99 % reflektieren. a) Der Laser hat eine mittlere Ausgangsleistung von 15 W. Wie groß ist die mittlere Strahlungsleistung, die auf einen dieser Spiegel fällt? b) Welche Kraft wird dabei durch den Strahlungsdruck ausgeübt?

• Die Wellengleichung für elektromagnetische Wellen

A30.18 • Zeigen Sie durch Einsetzen, dass die Wellenfunktion

$E_y = E_0 \sin (kx - \omega t) = E_0 \sin [k(x - ct)]$

mit $c = \omega/k$ die folgende Wellengleichung erfüllt:

$$\frac{\partial^2 E}{\partial x^2} = \frac{1}{c^2} \frac{\partial^2 E}{\partial t^2}.$$

A30.19 ••• Zeigen Sie, dass jede beliebige Funktion der Form $y(x,t) = f(x - \upsilon t)$ oder $y(x,t) = g(x + \upsilon t)$ die folgende Wellengleichung erfüllt:

$$\frac{\partial^2 y(x,t)}{\partial x^2} = \frac{1}{\upsilon^2} \frac{\partial^2 y(x,t)}{\partial t^2}.$$

Allgemeine Aufgaben

A30.20 • a) Zeigen Sie, dass die Einheit des Poynting-Vektors $\boldsymbol{S} = (\boldsymbol{E} \times \boldsymbol{B})/\mu_0$ Watt pro Quadratmeter ist, wenn E in Volt pro Meter und B in Tesla angegeben wird. b) Zeigen Sie, dass die Einheit des Strahlungsdrucks $P_S = I_{em}/c$ Newton pro Quadratmeter ist, wenn die Intensität I_{em} in Watt pro Quadratmeter angegeben wird.

A30.21 •• Die von einer Radiostation abgestrahlte elektrische Feldstärke in einer bestimmten Entfernung vom Sender ist gegeben durch $E = (10^{-4}\,\text{N/C})\cos(10^{6}\,\text{s}^{-1}\,t)$, mit t in Sekunden. a) Welche Spannung baut sich entlang eines 50 cm langen Drahts auf, der in Richtung des elektrischen Felds orientiert ist? b) Welche Spannung wird in einer Leiterschleife mit einem Radius von 20 cm induziert?

A30.22 •• Die Mittelpunkte der runden Platten (mit dem Radius r_P) eines Kondensators sind durch einen dünnen Draht mit dem Ohm'schen Widerstand R miteinander verbunden. An den Platten liegt eine Spannung $U_0 \sin \omega t$ an. a) Welcher Strom fließt durch den Kondensator? b) Geben Sie das Magnetfeld zwischen den Platten als Funktion des radialen Abstands r von der Mittellinie an. c) Wie groß ist die Phasenverschiebung zwischen Strom und angelegter Spannung?

A30.23 •• Die mittlere Intensität der Sonneneinstrahlung an der Erdoberfläche beträgt 0,75 kW/m². Eine Familie möchte ihr Eigenheim mit Sonnenenergie heizen, wobei die Sonnenkollektoren sämtliche Strahlung absorbieren sollen. Der Wirkungsgrad der Energieumwandlung sei gleich 30 %, und der Leistungsbedarf der Familie liege bei maximal 25 kW. Wie groß muss die effektive Kollektorfläche sein?

A30.24 •• Zeigen Sie, dass die Gleichung

$$\frac{\partial B_z}{\partial x} = -\mu_0\,\varepsilon_0\,\frac{\partial E_y}{\partial t}$$

für $I = 0$ aus der Gleichung

$$\oint_C \boldsymbol{B}\cdot\mathrm{d}\boldsymbol{\ell} = \mu_0\,\varepsilon_0 \int_A \frac{\partial E_\mathrm{n}}{\partial t}\,\mathrm{d}A$$

folgt. Integrieren Sie dazu entlang eines geeigneten Wegs C und über eine geeignete Fläche A; orientieren Sie sich an der Herleitung der Gleichung

$$\frac{\partial E_y}{\partial x} = -\frac{\partial B_z}{\partial t}.$$

A30.25 ••• Durch den Strahlungsdruck der Sonne werden kleine Teilchen aus dem Sonnensystem hinaus „geweht". Betrachten Sie kugelförmige Partikel mit dem Radius r und einer Dichte von 1 g/cm³, die über einen effektiven Querschnitt $\pi\,r^2$ sämtliche Strahlung absorbieren. Die Teilchen befinden sich im Abstand d von der Sonne, die eine Leistung von $3{,}83 \cdot 10^{26}$ W abgibt. Bei welchem Teilchenradius r gleichen sich die von der Strahlung ausgeübte Abstoßungskraft und die Anziehungskraft an die Sonne durch die Gravitation gerade aus?

30L Die Maxwell'schen Gleichungen – Elektromagnetische Wellen

L: Lösungen

L30.1 a) Falsch. Die Maxwell'schen Gleichungen gelten sowohl für zeitunabhängige als auch für zeitabhängige Felder.

b) Richtig. Die Wellengleichung lässt sich aus den Maxwell'schen Gleichungen herleiten.

c) Richtig. Elektromagnetische Wellen sind Transversalwellen.

d) Richtig. Das elektrische und das magnetische Feld einer elektromagnetischen Welle im Vakuum sind in Phase.

e) Falsch. Die Beträge des elektrischen und des magnetischen Feldvektors einer elektromagnetischen Welle hängen über $E = cB$ miteinander zusammen.

f) Richtig. Die Energiedichten des elektrischen und des magnetischen Felds einer elektromagnetischen Welle im Vakuum sind gleich.

L30.2 Die Dipolantenne reagiert auf das elektrische Feld, die Ringantenne dagegen auf das magnetische Feld der elektromagnetischen Welle.

L30.3 Die Dipolantenne sollte horizontal ausgerichtet werden, und zwar quer zur Verbindungslinie zwischen Sender und Empfänger.

L30.4 Wir wenden auf die Kugel das zweite Newton'sche Axiom $\sum F_y = 0$ an. Weil die vom Laserstrahl ausgeübte Kraft die Gewichtskraft ausgleicht, gilt

$$F_{\mathrm{Strahl}} - mg = 0.$$

Mit der Querschnittsfläche $A = \frac{1}{4}\pi d^2$ der Kugel (mit dem Durchmesser d) ist die vom Strahlungsdruck P_S erzeugte Kraft

$$F_{\mathrm{Strahl}} = A P_S = \tfrac{1}{4}\pi d^2 P_S.$$

Der Strahlungsdruck ist der Quotient aus der elektromagnetischen Intensität und der Lichtgeschwindigkeit: $P_S = I_{\mathrm{em}}/c$. Einsetzen in die Gleichung für die Differenz der Kräfte liefert

$$\tfrac{1}{4}\pi d^2 P_S - mg = 0 \quad \text{und} \quad \tfrac{1}{4}\pi d^2 \frac{I_{\mathrm{em}}}{c} - mg = 0.$$

Für die Dichte der Kugel nehmen wir die Dichte ρ_W des Wassers an. Ihre Masse ist damit gegeben durch

$$m = \rho_W V = \tfrac{1}{6}\pi \rho_W d^3,$$

und wir erhalten

$$\tfrac{1}{4}\pi d^2 \frac{I_{\mathrm{em}}}{c} - \tfrac{1}{6}\pi \rho_W d^3 g = 0.$$

Daraus ergibt sich für die Intensität des Laserstrahls

$$\begin{aligned}
I_{\mathrm{em}} &= \tfrac{2}{3}c\rho_W d g \\
&= \tfrac{2}{3}(3\cdot 10^8\ \mathrm{m\cdot s^{-1}})(1\ \mathrm{g\cdot cm^{-3}})(15\ \mu\mathrm{m})(9{,}81\ \mathrm{m\cdot s^{-2}}) \\
&= 2{,}94\cdot 10^7\ \mathrm{W\cdot m^{-2}}.
\end{aligned}$$

Die Strahlleistung, die der Laser abgeben muss, ist das Produkt aus der Querschnittsfläche der Kugel und der Intensität:

$$\begin{aligned}
P &= A I_{\mathrm{em}} = \tfrac{1}{4}\pi d^2 I_{\mathrm{em}} \\
&= \tfrac{1}{4}\pi (15\ \mu\mathrm{m})^2 (2{,}94\cdot 10^7\ \mathrm{W\cdot m^{-2}}) = 5{,}20\ \mathrm{mW}.
\end{aligned}$$

L30.5 a) Gemäß dem zweiten Newton'schen Axiom gilt für die das Atom abbremsende Kraft $F = m|a|$. Dabei ist $|a|$ der Betrag der (wegen des Abbremsens negativen) Beschleunigung. Die Kraft ist das Produkt aus dem Strahlungsdruck und der Querschnittsfläche A des Atoms, $F = P_S A$, und der Strahlungsdruck ist der Quotient aus der elektromagnetischen Intensität des Strahls und der Lichtgeschwindigkeit: $P_S = I_{\mathrm{em}}/c$. Mit der gegebenen Fläche $A = \lambda^2$ und der obigen Beziehung $F = m|a|$ gilt also für die Kraft

$$F = P_S A = \frac{I_{\mathrm{em}}}{c}\lambda^2 = m|a|.$$

Die Masse eines Atoms ist der Quotient aus der Molmasse m_{Mol} und der Avogadro-Zahl: $m = m_{\mathrm{Mol}}/n_A$. Damit ergibt sich für den Betrag der Beschleunigung

$$\begin{aligned}
|a| &= \frac{I_{\mathrm{em}}\lambda^2}{mc} = \frac{I_{\mathrm{em}}\lambda^2 n_A}{m_{\mathrm{Mol}}c} \\
&= \frac{(10\ \mathrm{W\cdot m^{-2}})(780\ \mathrm{nm})^2(6{,}02\cdot 10^{23}\ \mathrm{mol^{-1}})}{(85\ \mathrm{g\cdot mol^{-1}})(3\cdot 10^8\ \mathrm{m\cdot s^{-1}})} \\
&= 1{,}44\cdot 10^5\ \mathrm{m\cdot s^{-2}}.
\end{aligned}$$

b) Die Zeitspanne für das Abbremsen ist der Quotient aus der Differenz von Anfangs- und Endgeschwindigkeit und der Beschleunigung:

$$\Delta t = \frac{v_E - v_A}{a} \approx \frac{-v_A}{a}.$$

Dabei haben wir $v_E \approx 0$ gesetzt, weil nahezu bis zum Stillstand abgebremst wird. Die Anfangsgeschwindigkeit ist die quadratisch gemittelte Geschwindigkeit eines Gasteilchens bei der gegebenen Temperatur:

$$v_A = v_{rms} = \sqrt{\frac{3 k_B T}{m}}.$$

Mit $m = m_{Mol}/n_A$ (siehe Teilaufgabe a) erhalten wir

$$\Delta t \approx -\frac{1}{a} \sqrt{\frac{3 k_B T}{m}} = -\frac{1}{a} \sqrt{\frac{3 k_B T}{m_{Mol}/n_A}}$$

$$= -\frac{1}{-(1{,}44 \cdot 10^5 \, \text{m} \cdot \text{s}^{-2})}$$

$$\cdot \sqrt{\frac{3 \, (1{,}38 \cdot 10^{-23} \, \text{J} \cdot \text{K}^{-1}) \, (300 \, \text{K})}{(85 \, \text{g} \cdot \text{mol}^{-1}) \, (6{,}02 \cdot 10^{23} \, \text{mol}^{-1})^{-1}}}$$

$$\approx 2 \, \text{ms}.$$

L30.6 a) Für das elektrische Feld zwischen den Platten des Kondensators, die die Fläche A haben, gilt

$$E = \frac{q}{\varepsilon_0 A}.$$

Wir leiten nach der Zeit ab und setzen $I = \mathrm{d}q/\mathrm{d}t$ sowie $A = \pi r^2$ ein. Damit ergibt sich

$$\frac{\mathrm{d}E}{\mathrm{d}t} = \frac{\mathrm{d}}{\mathrm{d}t} \frac{q}{\varepsilon_0 A} = \frac{1}{\varepsilon_0 A} \frac{\mathrm{d}q}{\mathrm{d}t} = \frac{I}{\varepsilon_0 A}$$

$$= \frac{5 \, \text{A}}{(8.85 \cdot 10^{-12} \, \text{C}^2 \cdot \text{N}^{-1} \cdot \text{m}^{-2}) \, \pi \, (0{,}023 \, \text{m})^2}$$

$$= 3{,}4 \cdot 10^{14} \, \text{V} \cdot \text{m}^{-1} \cdot \text{s}^{-1}.$$

b) Mit dem magnetischen Fluss Φ_{el}, der elektrischen Feldstärke E und der Fläche A ist der Verschiebungsstrom zwischen den Platten

$$I_V = \varepsilon_0 \frac{\mathrm{d}\Phi_{el}}{\mathrm{d}t} = \varepsilon_0 \frac{\mathrm{d}}{\mathrm{d}t} (E A) = \varepsilon_0 A \frac{\mathrm{d}E}{\mathrm{d}t}$$

$$= (8.85 \cdot 10^{-12} \, \text{C}^2 \cdot \text{N}^{-1} \cdot \text{m}^{-2}) \, \pi \, (0{,}023 \, \text{m})^2$$

$$\cdot (3{,}4 \cdot 10^{14} \, \text{V} \cdot \text{m}^{-1} \cdot \text{s}^{-1})$$

$$= 5{,}00 \, \text{A}.$$

L30.7 Gemäß dem Ampère'schen Gesetz gilt für einen kreisförmigen Weg mit dem Radius r zwischen den Platten

$$\oint_C \boldsymbol{B} \cdot \mathrm{d}\boldsymbol{\ell} = 2 \pi r B = \mu_0 I_{innen} = \mu_0 I.$$

Unter der Annahme, dass der Verschiebungsstrom gleichmäßig verteilt ist, erhalten wir mit dem Radius r_P der Platten

$$\frac{I}{\pi r^2} = \frac{I_V}{\pi r_P^2} \quad \text{und daher} \quad I = \frac{r^2}{r_P^2} I_V.$$

Einsetzen in die erste Gleichung ergibt

$$2 \pi r B = \frac{\mu_0 r^2}{r_P^2} I_V,$$

und wir erhalten für das Magnetfeld

$$B = \frac{\mu_0 r}{2 \pi r_P^2} I_V$$

$$= \frac{(4 \pi \cdot 10^{-7} \, \text{N} \cdot \text{A}^{-2}) \, (5 \, \text{A})}{2 \pi \, (0{,}023 \, \text{m})^2} = (1{,}89 \cdot 10^{-3} \, \text{T} \cdot \text{m}^{-1}) \, r.$$

L30.8 a) Der Leitungsstrom zwischen den Platten ist gegeben durch $I = \mathrm{d}q/\mathrm{d}t$. Bei der Entladung ändert sich die Ladung des Kondensators gemäß $q = q_0 \, e^{-t/\tau}$, mit $\tau = RC$. Einsetzen ergibt

$$I = \frac{\mathrm{d}q}{\mathrm{d}t} = \frac{\mathrm{d}}{\mathrm{d}t} (q_0 \, e^{-t/\tau}) = -\frac{q_0}{\tau} \, e^{-t/\tau}.$$

b) Mit dem elektrischen Fluss Φ_{el}, der elektrischen Feldstärke E und der Fläche A ist der Verschiebungsstrom gegeben durch

$$I_V = \varepsilon_0 \frac{\mathrm{d}\Phi_{el}}{\mathrm{d}t} = \varepsilon_0 \frac{\mathrm{d}}{\mathrm{d}t} (E A) = \varepsilon_0 A \frac{\mathrm{d}E}{\mathrm{d}t}.$$

Mit $E = U/d$ für das elektrische Feld, wobei d der Plattenabstand ist, sowie mit $C = \varepsilon A/d = \varepsilon_{rel} \varepsilon_0 A/d$ wird daraus

$$I_V = \varepsilon_0 A \frac{\mathrm{d}}{\mathrm{d}t} \left(\frac{U}{d} \right) = \frac{\varepsilon_0 A}{d} \frac{\mathrm{d}U}{\mathrm{d}t} = \frac{C}{\varepsilon_{rel}} \frac{\mathrm{d}U}{\mathrm{d}t}.$$

Die Spannung ändert sich mit der Zeit gemäß

$$U = U_0 \, e^{-t/\tau} = \frac{q_0}{C} \, e^{-t/\tau}.$$

Dies setzen wir ein und erhalten

$$I_V = \frac{C}{\varepsilon_{rel}} \frac{\mathrm{d}}{\mathrm{d}t} \left(\frac{q_0}{C} \, e^{-t/\tau} \right) = -\frac{q_0}{C \tau} \, e^{-t/\tau} = -\frac{1}{\varepsilon_{rel}} I.$$

c) Wenn die Spannung am Dielektrikum abnimmt, nehmen auch die Beträge der gebundenen Ladungen ab. Die Stromstärke ist dabei gegeben durch

$$I_{geb} = \frac{\mathrm{d}q_{geb}}{\mathrm{d}t}.$$

Darin ist q_{geb} die gebundene Ladung auf der Oberfläche des Dielektrikums nahe der Kondensatorplatte mit der Ladung q. Die Ladungen q und q_{geb} haben entgegengesetzte Vorzeichen und hängen miteinander zusammen über

$$q_{geb} = - \left(1 - \frac{1}{\varepsilon_{rel}} \right) q.$$

$$I_{geb} = \frac{\mathrm{d}}{\mathrm{d}t} \left[- \left(1 - \frac{1}{\varepsilon_{rel}} \right) q \right] = - \left(1 - \frac{1}{\varepsilon_{rel}} \right) \frac{\mathrm{d}q}{\mathrm{d}t}$$

$$= - \left(1 - \frac{1}{\varepsilon_{rel}} \right) I.$$

c) Der Gesamtstrom ist

$$I_{ges} = I + I_V + I_{geb} = I - \frac{1}{\varepsilon_{rel}} I - \left(1 - \frac{1}{\varepsilon_{rel}} \right) I = 0.$$

Anmerkung: Oft wird die Summe von I_V und I_{geb} als Verschiebungsstrom bezeichnet.

L30.9 Die Abbildung zeigt den Zylinder von der Seite. Es sind auch die Normalenvektoren auf den Stirnflächen eingezeichnet. Die Magnetfelder $\boldsymbol{B}_{\text{oben}}$ und $\boldsymbol{B}_{\text{unten}}$ haben unterschiedliche Beträge.

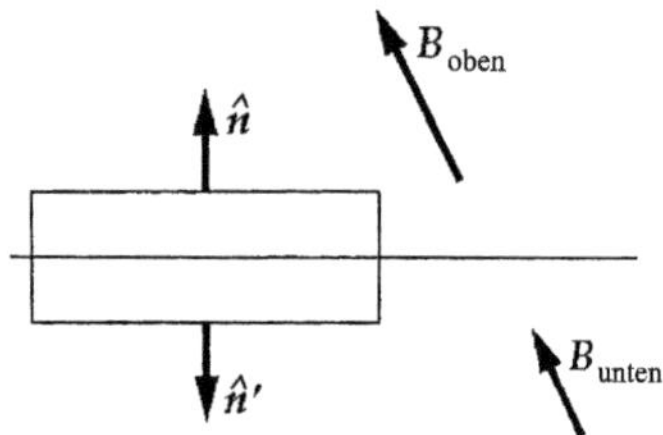

Gemäß dem Gauß'schen Gesetz gilt

$$\oint_A \boldsymbol{B} \cdot \widehat{\boldsymbol{n}} \, \mathrm{d}A = \int_{\text{untere Fl.}} \boldsymbol{B} \cdot \widehat{\boldsymbol{n}}' \, \mathrm{d}A + \int_{\text{seitliche Fl.}} \boldsymbol{B} \cdot \widehat{\boldsymbol{n}} \, \mathrm{d}A$$
$$+ \int_{\text{obere Fl.}} \boldsymbol{B} \cdot \widehat{\boldsymbol{n}} \, \mathrm{d}A$$
$$= 0 \, .$$

Weil die horizontale Komponente von $\boldsymbol{B}$ null ist, folgt daraus

$$\oint_A \boldsymbol{B} \cdot \widehat{\boldsymbol{n}} \, \mathrm{d}A = \int_{\text{untere Fl.}} \boldsymbol{B} \cdot \widehat{\boldsymbol{n}}' \, \mathrm{d}A + \int_{\text{obere Fl.}} \boldsymbol{B} \cdot \widehat{\boldsymbol{n}} \, \mathrm{d}A = 0 \, . \qquad (1)$$

An der unteren Fläche haben $\boldsymbol{B}$ und $\widehat{\boldsymbol{n}}$ entgegengesetzte Richtungen, so dass gilt

$$\int_{\text{untere Fl.}} \boldsymbol{B}_{\text{unten}} \cdot \widehat{\boldsymbol{n}}' \, \mathrm{d}A = -B_{\text{n, unten}} \, A \, .$$

Außerdem sind an der oberen Fläche $\boldsymbol{B}$ und $\widehat{\boldsymbol{n}}$ parallel. Daher ist

$$\int_{\text{obere Fl.}} \boldsymbol{B}_{\text{oben}} \cdot \widehat{\boldsymbol{n}} \, \mathrm{d}A = -B_{\text{n, oben}} \, A \, .$$

Einsetzen in Gleichung 1 ergibt

$$-B_{\text{n, unten}} \, A + B_{\text{n, oben}} \, A = 0 \, , \quad \text{also} \quad B_{\text{n, oben}} = B_{\text{n, unten}} \, .$$

Das bedeutet, die Normalkomponente von $\boldsymbol{B}$ ist entlang der Oberfläche stetig.

L30.10 Mit $c = \nu \lambda$ ergibt sich

$$\nu = \frac{c}{\lambda} = \frac{3 \cdot 10^8 \ \mathrm{m \cdot s^{-1}}}{0,1 \cdot 10^{-9} \ \mathrm{m}} = 3,00 \cdot 10^{18} \ \mathrm{Hz} \, .$$

L30.11 Wir stellen zunächst die benötigte Gleichung auf. Mit einer Proportionalitätskonstanten b gilt, wie gegeben, für die Intensität in Abhängigkeit von θ und r:

$$I_{\text{em}}(\theta, r) = \frac{b}{r^2} \sin^2 \theta \, . \qquad (1)$$

Die gegebene Intensität ist

$$I_{\text{em},1} = I_{\text{em}}(90°, 10 \, \mathrm{m}) = \frac{b}{(10 \ \mathrm{m})^2} \sin^2 90° = \frac{b}{100 \ \mathrm{m}^2} \, .$$

Also ist $b = (100 \ \mathrm{m}^2) \, I_{\text{em},1}$. Einsetzen in Gleichung 1 ergibt

$$I_{\text{em}}(\theta, r) = \frac{(100 \ \mathrm{m}^2) \, I_{\text{em},1}}{r^2} \sin^2 \theta \, .$$

Damit erhalten wir:

a) $I_{\text{em}}(90°, 30 \, \mathrm{m}) = \dfrac{(100 \ \mathrm{m}^2) \, I_{\text{em},1}}{(30 \ \mathrm{m})^2} \sin^2 90° = \frac{1}{9} \, I_{\text{em},1} \, .$

b) $I_{\text{em}}(45°, 10 \, \mathrm{m}) = \dfrac{(100 \ \mathrm{m}^2) \, I_{\text{em},1}}{(10 \ \mathrm{m})^2} \sin^2 45° = \frac{1}{2} \, I_{\text{em},1} \, .$

c) $I_{\text{em}}(30°, 20 \, \mathrm{m}) = \dfrac{(100 \ \mathrm{m}^2) \, I_{\text{em},1}}{(20 \ \mathrm{m})^2} \sin^2 30° = \frac{1}{16} \, I_{\text{em},1} \, .$

L30.12 Mit der Strahlungsleistung P_0 gilt für die Intensität des Signals als Funktion von r und θ

$$I_{\text{em}}(r, \theta) = P_0 \, \frac{\sin^2 \theta}{r^2} \, .$$

Im 120 km Abstand vom Sender und beim Winkel 90°, also in direkter Front zum Sender, ist die Intensität

$$I_{\text{em}}(120 \, \mathrm{km}, 90°) = P_0 \, \frac{\sin^2 90°}{(120 \ \mathrm{km})^2} = \frac{P_0}{(120 \ \mathrm{km})^2} \, . \qquad (1)$$

Aus der Definition der Intensität ergibt sich für die Leistung, die auf ein Flächenelement $\mathrm{d}A$ trifft: $\mathrm{d}P = I_{\text{em}} \, \mathrm{d}A$. Die gesamte Leistung des Senders ist, in Polarkoordinaten ausgedrückt:

$$P_{\text{ges}} = \int \int I_{\text{em}}(r, \theta) \, \mathrm{d}A \, ,$$

wobei $\mathrm{d}A = r^2 \sin\theta \, \mathrm{d}\theta \, \mathrm{d}\phi$ ist. Mit dem eingangs angegebenen Ausdruck für $I_{\text{em}}(r, \theta)$ ergibt sich daraus

$$P_{\text{ges}} = \int_0^\pi \int_0^{2\pi} I_{\text{em}}(r, \theta) \, r^2 \sin\theta \, \mathrm{d}\theta \, \mathrm{d}\phi = \int_0^\pi \int_0^{2\pi} \sin^3\theta \, \mathrm{d}\theta \, \mathrm{d}\phi \, .$$

Die Lösung des einen Integrals kann in Tabellen nachgeschlagen werden:

$$\int_0^\pi \sin^3\theta \, \mathrm{d}\theta = \left[-\tfrac{1}{3} \cos\theta \, (\sin^2\theta + 2) \right]_0^\pi = \frac{4}{3} \, .$$

Das setzen wir ein und integrieren über ϕ:

$$P_{\text{ges}} = \frac{4}{3} \, P_0 \int_0^{2\pi} \mathrm{d}\phi = \frac{4}{3} \, P_0 \, [\phi]_0^{2\pi} = \frac{8\pi}{3} \, P_0 \, .$$

Daraus folgt

$$P_0 = \frac{3}{8\pi} \, P_{\text{ges}} = \frac{3}{8\pi} \, (500 \ \mathrm{kW}) = 59,7 \ \mathrm{kW} \, .$$

Einsetzen in Gleichung 1 liefert

$$I_{\text{em}}(120 \, \mathrm{km}, 90°) = \frac{59,7 \ \mathrm{kW}}{(120 \ \mathrm{km})^2} = 4,15 \ \mathrm{\mu W \cdot m^{-2}} \, .$$

Für die Anzahl n der Photonen mit der Energie $E = h\nu$, die pro Flächen- und pro Zeiteinheit auftreffen, ergibt sich

$$\frac{n}{A \, \Delta t} = \frac{n}{(P/I_{\text{em}}) \, \Delta t} = \frac{n \, I_{\text{em}}}{P \, \Delta t} = \frac{n \, I_{\text{em}}}{E} = \frac{I_{\text{em}}}{E/n} = \frac{I_{\text{em}}}{h\nu}$$
$$= \frac{4,15 \ \mathrm{\mu W \cdot m^{-2}}}{(6,63 \cdot 10^{-34} \ \mathrm{J \cdot s}) \, (1,20 \ \mathrm{MHz})}$$
$$= 5,21 \cdot 10^{21} \ \mathrm{m^{-2} \cdot s^{-1}} = 5,21 \cdot 10^{17} \ \mathrm{cm^{-2} \cdot s^{-1}} \, .$$

L30.13 a) Die effektive elektrische Feldstärke ist
$$E_{\text{eff}} = E_0 / \sqrt{2} = (400 \ \mathrm{V \cdot m^{-1}}) / \sqrt{2} = 283 \ \mathrm{V \cdot m^{-1}} \, .$$

b) Die effektive magnetische Feldstärke ergibt sich zu

$$B_{\text{eff}} = \frac{E_{\text{eff}}}{c} = \frac{283 \text{ V} \cdot \text{m}^{-1}}{3 \cdot 10^8 \text{ m} \cdot \text{s}^{-1}} = 0{,}943 \text{ }\mu\text{T}.$$

c) Die Intensität der elektromagnetischen Welle ist

$$I_{\text{em}} = \frac{E_{\text{eff}} B_{\text{eff}}}{\mu_0} = \frac{(283 \text{ V} \cdot \text{m}^{-1})(0{,}943 \text{ }\mu\text{T})}{4\pi \cdot 10^{-7} \text{ N} \cdot \text{A}^{-2}} = 212 \text{ W} \cdot \text{m}^{-2}.$$

d) Für den Strahlungsdruck erhalten wir

$$P_{\text{S}} = \frac{I_{\text{em}}}{c} = \frac{212 \text{ W} \cdot \text{m}^{-2}}{3 \cdot 10^8 \text{ m} \cdot \text{s}^{-1}} = 0{,}707 \text{ }\mu\text{Pa}.$$

L30.14 a) Die vom Druck P_{S} ausgeübte Kraft ist das Produkt aus dem Druck und der Fläche, $F = P_{\text{S}} A$, und für den Strahlungsdruck gilt $P_{\text{S}} = I_{\text{em}}/c$. Damit ergibt sich für die Kraft

$$F = P_{\text{S}} A = \frac{I_{\text{em}} A}{c}$$

$$= \frac{(200 \text{ W} \cdot \text{m}^{-2})(0{,}2 \text{ m})(0{,}3 \text{ m})}{3 \cdot 10^8 \text{ m} \cdot \text{s}^{-1}} = 40{,}0 \text{ nN}.$$

b) Wenn die Strahlung vollständig reflektiert wird, ist die Kraft doppelt so groß wie bei vollständiger Absorption, beträgt also 80,0 nN.

L30.15 Mit $B_{\text{eff}} = E_{\text{eff}}/c$ gilt für die Intensität einer elektromagnetischen Welle

$$I_{\text{em}} = \frac{E_{\text{eff}} B_{\text{eff}}}{\mu_0} = \frac{E_{\text{eff}}^2}{c\,\mu_0}.$$

Daraus ergibt sich $E_{\text{eff}} = \sqrt{c\,\mu_0\,I_{\text{em}}}$.

Wenn die mit der Welle übertragene Leistung P so hoch sein soll wie in der Leitung mit der Querschnittsfläche A, dann muss mit der in der Leitung übertragenen Intensität I_{Leitung} gelten

$$I_{\text{em}} = \frac{P}{A} = \frac{I_{\text{Leitung}}\,U}{A}.$$

Damit erhalten wir

$$E_{\text{eff}} = \sqrt{c\,\mu_0\,I_{\text{em}}} = \sqrt{\frac{c\,\mu_0\,I_{\text{Leitung}}\,U}{A}}$$

$$= \sqrt{\frac{(3 \cdot 10^8 \text{ m} \cdot \text{s}^{-1})(4\pi \cdot 10^{-7} \text{ N} \cdot \text{A}^{-2})(10^3 \text{ A})(750 \text{ kV})}{50 \text{ m}^2}}$$

$$= 75{,}2 \text{ kV} \cdot \text{m}^{-1}.$$

Die effektive Magnetfeldstärke ergibt sich zu

$$B_{\text{eff}} = \frac{E_{\text{eff}}}{c} = \frac{75{,}2 \text{ kV} \cdot \text{m}^{-1}}{3 \cdot 10^8 \text{ m} \cdot \text{s}^{-1}} = 0{,}251 \text{ mT}.$$

L30.16 a) Die räumliche Länge des Pulses ist das Produkt aus der Lichtgeschwindigkeit und der Dauer:

$$\ell = c\,\Delta t = (3 \cdot 10^8 \text{ m} \cdot \text{s}^{-1})(10 \text{ ns}) = 3{,}00 \text{ m}.$$

b) Die Energiedichte w_{el} ist der Quotient aus der elektromagnetischen Energie und dem Volumen, und wir erhalten

$$w_{\text{el}} = \frac{E_{\text{el}}}{V} = \frac{E_{\text{el}}}{\pi r^2 \ell} = \frac{20 \text{ J}}{\pi (2 \text{ mm})^2 (3{,}00 \text{ m})} = 531 \text{ kJ} \cdot \text{m}^{-3}.$$

c) Die Energiedichte w_{el} hängt mit dem Effektivwert E_{eff} der elektrischen Feldstärke zusammen über

$$w_{\text{el}} = \varepsilon_0 E_{\text{eff}}^2.$$

Damit ergibt sich

$$E_{\text{eff}} = \sqrt{\frac{w_{\text{el}}}{\varepsilon_0}}$$

$$= \sqrt{\frac{531 \text{ kJ} \cdot \text{m}^{-3}}{8{.}85 \cdot 10^{-12} \text{ C}^2 \cdot \text{N}^{-1} \cdot \text{m}^{-2}}} = 245 \text{ MV} \cdot \text{m}^{-1}.$$

Die effektive Magnetfeldstärke ist

$$B_{\text{eff}} = \frac{E_{\text{eff}}}{c} = \frac{245 \text{ MV} \cdot \text{m}^{-1}}{3 \cdot 10^8 \text{ m} \cdot \text{s}^{-1}} = 0{,}813 \text{ T}.$$

L30.17 a) Weil nur 0,01 % der Leistung aus dem Laser „entweichen", ist die mittlere Strahlungsleistung, die auf einen der Spiegel im Laser auftrifft:

$$\langle P \rangle = \frac{15 \text{ W}}{10^{-4}} = 1{,}50 \cdot 10^5 \text{ W}.$$

b) Der Strahlungsdruck ist der Quotient aus der Kraft und der Fläche: $P_{\text{S}} = F/A$. Andererseits ist er mit der elektromagnetischen Leistung P_{em} gegeben durch

$$P_{\text{S}} = \frac{2\,I_{\text{em}}}{c} = \frac{2\,P_{\text{em}}}{A\,c}.$$

Dabei haben wir die Beziehung $I_{\text{em}} = P_{\text{em}}/A$ verwendet. Gleichsetzen beider Ausdrücke für den Strahlungsdruck ergibt

$$\frac{F}{A} = \frac{2\,P_{\text{em}}}{A\,c}.$$

Damit erhalten wir für die Kraft

$$F = \frac{2\,P_{\text{em}}}{c} = \frac{2\,(1{,}50 \cdot 10^5 \text{ W})}{3 \cdot 10^8 \text{ m} \cdot \text{s}^{-1}} = 1{,}00 \text{ mN}.$$

L30.18 Wir differenzieren den gegebenen Ausdruck

$$E_y = E_0 \sin(kx - \omega t)$$

zweimal nach x:

$$\frac{\partial E_y}{\partial x} = \frac{\partial}{\partial x}\left[E_0 \sin(kx - \omega t)\right] = k E_0 \cos(kx - \omega t),$$

$$\frac{\partial^2 E_y}{\partial x^2} = \frac{\partial}{\partial x}\left[k E_0 \cos(kx - \omega t)\right]$$

$$= -k^2 E_0 \sin(kx - \omega t). \tag{1}$$

Die zweimalige Ableitung nach t ergibt

$$\frac{\partial E_y}{\partial t} = \frac{\partial}{\partial t}\left[E_0 \sin(kx - \omega t)\right] = -\omega E_0 \cos(kx - \omega t),$$

$$\frac{\partial^2 E_y}{\partial t^2} = \frac{\partial}{\partial t}\left[-\omega E_0 \cos(kx - \omega t)\right]$$

$$= -\omega^2 E_0 \sin(kx - \omega t). \tag{2}$$

Wir dividieren nun Gleichung 1 durch Gleichung 2:

$$\frac{\partial^2 E_y/\partial x^2}{\partial^2 E_y/\partial t^2} = \frac{-k^2 E_0 \sin(kx - \omega t)}{-\omega^2 E_0 \sin(kx - \omega t)} = \frac{k^2}{\omega^2}.$$

Mit $c = \omega/k$ ist dies gleichbedeutend mit

$$\frac{\partial^2 E_y}{\partial x^2} = \frac{k^2}{\omega^2}\frac{\partial^2 E_y}{\partial t^2} = \frac{1}{c^2}\frac{\partial^2 E_y}{\partial t^2}\,.$$

L30.19 Wir leiten die beiden Funktionen mit Hilfe der Kettenregel zweimal nach x bzw. nach t ab. Bei der ersten Funktion $y(x,t) = f(x - v\,t)$ setzen wir $u = x - v\,t$ und erhalten für die ersten Ableitungen

$$\frac{\partial f}{\partial x} = \frac{\partial u}{\partial x}\frac{\partial f}{\partial u} = \frac{\partial f}{\partial u}\quad\text{und}\quad \frac{\partial f}{\partial t} = \frac{\partial u}{\partial t}\frac{\partial f}{\partial u} = -v\,\frac{\partial f}{\partial u}\,.$$

Die zweiten Ableitungen sind

$$\frac{\partial^2 f}{\partial x^2} = \frac{\partial^2 f}{\partial u^2}\quad\text{und}\quad \frac{\partial^2 f}{\partial t^2} = v^2\,\frac{\partial^2 f}{\partial u^2}\,.$$

Mit $y(x,t) = f(x - v\,t)$ ist also, wie gefordert:

$$\frac{\partial^2 f}{\partial x^2} = \frac{1}{v^2}\frac{\partial^2 f}{\partial t^2}\,.$$

Bei der zweiten Funktion $y(x,t) = g(x - v\,t)$ setzen wir entsprechend $u = x + v\,t$ und erhalten für die ersten Ableitungen

$$\frac{\partial g}{\partial x} = \frac{\partial u}{\partial x}\frac{\partial g}{\partial u} = \frac{\partial g}{\partial u}\quad\text{und}\quad \frac{\partial g}{\partial t} = \frac{\partial u}{\partial t}\frac{\partial g}{\partial u} = -v\,\frac{\partial g}{\partial u}\,.$$

Die zweiten Ableitungen sind

$$\frac{\partial^2 g}{\partial x^2} = \frac{\partial^2 g}{\partial u^2}\quad\text{und}\quad \frac{\partial^2 g}{\partial t^2} = v^2\,\frac{\partial^2 g}{\partial u^2}\,.$$

Mit $y(x,t) = g(x + v\,t)$ ist auch hier, wie gefordert:

$$\frac{\partial^2 g}{\partial x^2} = \frac{1}{v^2}\frac{\partial^2 g}{\partial t^2}\,.$$

L30.20 a) Für die Einheit des Poynting-Vektors

$$\boldsymbol{S} = (\boldsymbol{E} \times \boldsymbol{B})/\mu_0$$

erhalten wir

$$\frac{(\mathrm{V}\cdot\mathrm{m}^{-1})\cdot\mathrm{T}}{\mathrm{N}\cdot\mathrm{A}^{-2}} = \frac{(\mathrm{J}\cdot\mathrm{C}^{-1}\cdot\mathrm{m}^{-1})\cdot\dfrac{\mathrm{N}}{(\mathrm{C}\cdot\mathrm{m}\cdot\mathrm{s}^{-1})}}{\mathrm{N}\cdot\mathrm{A}^{-2}}$$
$$= \frac{\mathrm{J}\cdot\mathrm{m}^{-2}}{\mathrm{s}} - \mathrm{W}\cdot\mathrm{m}^{-2}\,.$$

b) Für die Einheit des Strahlungsdrucks $P_{\mathrm{S}} = I_{\mathrm{em}}/c$ ergibt sich

$$\frac{\mathrm{W}\cdot\mathrm{m}^{-2}}{\mathrm{m}\cdot\mathrm{s}^{-1}} = \frac{\mathrm{J}\cdot\mathrm{s}^{-1}\cdot\mathrm{m}^{-2}}{\mathrm{m}\cdot\mathrm{s}^{-1}} = \frac{\mathrm{N}\cdot\mathrm{m}\cdot\mathrm{m}^{-2}}{\mathrm{m}} = \mathrm{N}\cdot\mathrm{m}^{-2}\,.$$

L30.21 a) Die Spannung entlang des Drahts ist das Produkt aus der Feldstärke und der Länge des Drahts:

$$U = E\,\ell = (10^{-4}\,\mathrm{N}\cdot\mathrm{C}^{-1})\cos\left(10^6\,\mathrm{s}^{-1}\,t\right)(0{,}5\,\mathrm{m})$$
$$= (50{,}0\,\mu\mathrm{V})\cos\left(10^6\,\mathrm{s}^{-1}\,t\right)\,.$$

b) Die in einer Leiterschleife mit der Querschnittsfläche $A = \pi r^2$ induzierte Spannung ist

$$U_{\mathrm{ind}} = \omega B_0 A = \omega B_0\,\pi r^2\,.$$

Mit dem Ausdruck $B_0 = E_0/c$ für die Amplitude des Magnetfelds erhalten wir

$$U_{\mathrm{ind}} = \frac{\omega E_0\,\pi r^2}{c}$$
$$= \frac{(10^6\,\mathrm{s}^{-1})\,(10^{-4}\,\mathrm{N}\cdot\mathrm{C}^{-1})\,\pi\,(0{,}2\,\mathrm{m})^2}{3\cdot 10^8\,\mathrm{m}\cdot\mathrm{s}^{-1}} = 41{,}9\,\mathrm{nV}\,.$$

L30.22 a) Die Abbildung zeigt die Anordnung.

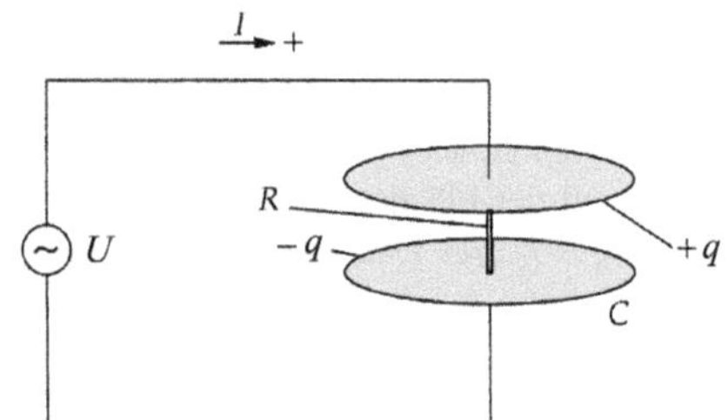

Der in den Kondensator fließende Strom ist gegeben durch

$$I = I_{\mathrm{L}} + \frac{\mathrm{d}q}{\mathrm{d}t}\,. \tag{1}$$

Darin ist I_{L} der durch den Widerstand fließende Leitungsstrom. Für diesen gilt

$$I_{\mathrm{L}} = \frac{U}{R} = \frac{U_0}{R}\sin\omega t\,.$$

Mit $q = CU$ ist der Verschiebungsstrom gegeben durch

$$\frac{\mathrm{d}q}{\mathrm{d}t} = C\frac{\mathrm{d}U}{\mathrm{d}t} = \omega C U_0\cos\omega t\,.$$

Beide Ausdrücke für die Ströme setzen wir in Gleichung 1 ein:

$$I = \frac{U_0}{R}\sin\omega t + \omega C U_0\cos\omega t\,. \tag{2}$$

Mit dem Abstand d und der Fläche $A = \pi r_{\mathrm{P}}^2$ der Platten gilt für die Kapazität des Kondensators

$$C = \frac{\varepsilon_0 A}{d} = \frac{\varepsilon_0\,\pi r_{\mathrm{P}}^2}{d}\,.$$

Damit ergibt sich für den Strom

$$I = U_0\left(\frac{1}{R}\sin\omega t + \frac{\omega\varepsilon_0\,\pi r_{\mathrm{P}}^2}{d}\cos\omega t\right)\,.$$

b) Gemäß der verallgemeinerten Form des Ampère'schen Gesetzes gilt für einen kreisförmigen Weg, der konzentrisch mit den Kondensatorplatten ist und den Radius r hat:

$$\oint_C \boldsymbol{B}\cdot\mathrm{d}\boldsymbol{\ell} = \mu_0\left(I_{\mathrm{L}} + I_{\mathrm{V}}'\right)\,.$$

Darin ist I_{V}' der Verschiebungsstrom durch die ebene Fläche A, die vom Weg umschlossen wird, und I_{L} ist der Leitungsstrom durch dieselbe Fläche. Aufgrund der Symmetrie ist das Umlaufintegral gleich dem Produkt aus dem Umfang des Kreises und der Magnetfeldstärke:

$$2\pi r B = \mu_0\left(I_{\mathrm{L}} + I_{\mathrm{V}}'\right)\,. \tag{3}$$

Zwischen den Kondensatorplatten herrscht ein homogenes elektrisches Feld, das von den Ladungen $+q$ und $-q$ herrührt. Mit der Kreisfläche $A' = \pi r^2$ gilt für den zugehörigen Verschiebungsstrom (wenn $r \leq r_\mathrm{P}$ ist):

$$I'_\mathrm{V} = \varepsilon_0 \frac{\mathrm{d}\Phi_\mathrm{el}}{\mathrm{d}t} = \varepsilon_0 \frac{\mathrm{d}}{\mathrm{d}t}(A'E) = \varepsilon_0 \pi r^2 \frac{\mathrm{d}E}{\mathrm{d}t}.$$

Um den Verschiebungsstrom zu bestimmen, müssen wir zunächst die Feldstärke ermitteln. Mit der Flächenladungsdichte $\sigma = q/A = q/(\pi r_\mathrm{P}^2)$ ist sie gegeben durch

$$E = \frac{\sigma}{\varepsilon_0} = \frac{q}{\varepsilon_0 \pi r_\mathrm{P}^2}.$$

Einsetzen ergibt

$$I'_\mathrm{V} = \varepsilon_0 \pi r^2 \frac{\mathrm{d}E}{\mathrm{d}t} = \varepsilon_0 \pi r^2 \frac{\mathrm{d}}{\mathrm{d}t} \frac{q}{\varepsilon_0 \pi r_\mathrm{P}^2} = \frac{r^2}{r_\mathrm{P}^2} \frac{\mathrm{d}q}{\mathrm{d}t}$$

$$= \frac{r^2}{r_\mathrm{P}^2} \frac{\mathrm{d}}{\mathrm{d}t}(U_0 \sin \omega t) = \omega \frac{r^2}{r_\mathrm{P}^2} U_0 \cos \omega t.$$

Das setzen wir nun in Gleichung 3 ein und lösen dabei nach dem Magnetfeld auf:

$$B = \frac{\mu_0 (I_\mathrm{L} + I'_\mathrm{V})}{2\pi r} = \frac{\mu_0}{2\pi r}\left(\frac{U_0}{R}\sin \omega t + \omega \frac{r^2}{r_\mathrm{P}^2} U_0 \cos \omega t \right)$$

$$= \frac{\mu_0 U_0}{2\pi r}\left(\frac{1}{R}\sin \omega t + \omega \frac{r^2}{r_\mathrm{P}^2} \cos \omega t \right).$$

c) Die Ladung q und der Leitungsstrom sind in Phase mit der Spannung U. Nun ist $\mathrm{d}q/\mathrm{d}t$ bei $r \geq r_\mathrm{P}$ gleich dem Verschiebungsstrom I_V und eilt der Spannung U um $90°$ nach. Die Spannung eilt dem Strom $I = I_\mathrm{L} + I_\mathrm{V}$ um den Phasenwinkel δ nach. Also gilt

$$I_\mathrm{max} = \sin(\omega t + \delta) = I_\mathrm{L,max} \sin \omega t + I_\mathrm{V,max} \cos \omega t.$$

Für die beiden Maximalströme gilt dabei

$$I_\mathrm{L,max} = \frac{U_0}{R} \quad \text{und} \quad I_\mathrm{V,max} = \frac{\omega \varepsilon_0 \pi r_\mathrm{P}^2 U_0}{d}.$$

In der Abbildung ist das Zeigerdiagramm für die Addition von I_L und I_V dargestellt.

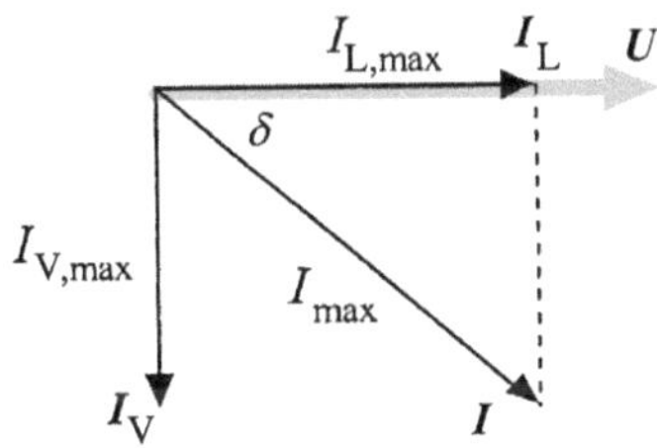

Der Leitungsstrom I_L ist mit der Spannung über dem Widerstand in Phase, und der Verschiebungsstrom I_V eilt ihm um $90°$ nach. Der Abbildung entnehmen wir, dass gilt:

$$\tan \delta = \frac{I_\mathrm{V,max}}{I_\mathrm{L,max}} = \frac{U_0 \dfrac{\omega \varepsilon_0 \pi r_\mathrm{P}^2}{d}}{U_0/R} = \frac{R\,\omega \varepsilon_0 \pi r_\mathrm{P}^2}{d}.$$

Also ist der Phasenwinkel $\quad \delta = \mathrm{atan}\, \dfrac{R\,\omega \varepsilon_0 \pi r_\mathrm{P}^2}{d}.$

Anmerkung: Der Kondensator und der Widerstandsdraht sind parallel geschaltet, und die Potenzialdifferenz über ihnen ist die angelegte Spannung $U_0 \sin \omega t$.

L30.23 Die benötigte Fläche A berechnen wir aus der gewünschten Leistung, für die gilt

$$P = \frac{E_\mathrm{em}}{t} \varepsilon = I_\mathrm{em} A \varepsilon.$$

Darin ist E_em die Energie und I_em die Intensität der auftreffenden elektromagnetischen Strahlung sowie ε der Wirkungsgrad. Die Fläche der Kollektoren ergibt sich daraus zu

$$A = \frac{P}{\varepsilon I_\mathrm{em}} = \frac{25\,\mathrm{kW}}{0{,}3\,(0{,}75\,\mathrm{kW \cdot m^{-2}})} = 111\,\mathrm{m}^2.$$

L30.24 Wir wählen den Weg so, dass die Seiten Δx und Δz des Wegs in der x-y-Ebene liegen (siehe Abbildung).

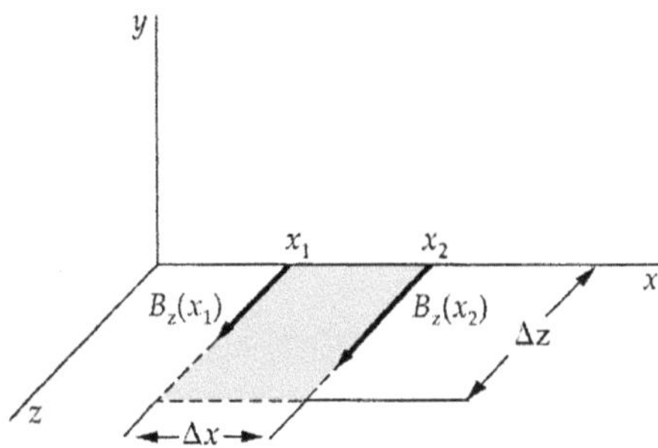

Weil $\Delta x = x_2 - x_1$ sehr klein ist, können wir folgende Näherung ansetzen:

$$B_z(x_2) - B_z(x_1) = \Delta B \approx \frac{\partial B_z}{\partial x} \Delta x.$$

Dann gilt

$$\oint_C \boldsymbol{B} \cdot \mathrm{d}\boldsymbol{\ell} \approx \mu_0 \varepsilon_0 \frac{\partial E_y}{\partial t} \Delta x \Delta z.$$

Der elektrische Fluss durch die von der angegebenen Kurve umschlossenen Fläche ist daher

$$\int_A E_\mathrm{n}\,\mathrm{d}A = E_y \Delta x \Delta y.$$

Mit dem Faraday'schen Gesetz ergibt sich daraus

$$\frac{\partial B_x}{\partial x} \Delta x \Delta z = -\mu_0 \varepsilon_0 \frac{\partial E_y}{\partial t} \Delta x \Delta z$$

$$\text{und daher} \quad \frac{\partial B_x}{\partial x} = -\mu_0 \varepsilon_0 \frac{\partial E_y}{\partial t}.$$

L30.25 Wenn sich die Teilchen im Gleichgewicht befinden, gleichen die vom Strahlungsdruck und die von der Gravitation herrührenden Kräfte einander aus: $F_\mathrm{S} - F_\mathrm{G} = 0$. Mit dem Strahlungsdruck p_S und der Querschnittsfläche A gilt $F_\mathrm{S} = p_\mathrm{S} A$, und die Gravitationskraft ist gegeben durch

$$F_\mathrm{G} = \frac{\Gamma m_\mathrm{S} m}{d^2}.$$

Darin ist Γ die Gravitationskonstante, m_S die Sonnenmasse, m die Teilchenmasse und d der Abstand von der Sonne. Wir erhalten damit

$$F_S - F_G = P_S A - \frac{\Gamma m_S m}{d^2} = 0. \tag{1}$$

Der Strahlungsdruck hängt mit der Intensität I_{em} der Sonnenstrahlung zusammen über $P_S = I_{em}/c$, und die elektromagnetische Intensität ist der Quotient aus der gesamten Strahlungsleistung P_{em} und der kugelförmigen Fläche im Abstand d von der Sonne:

$$I_{em} = \frac{P_{em}}{4\pi d^2}.$$

Daraus folgt für den Strahlungsdruck

$$P_S = \frac{P_{em}}{4\pi d^2 c}.$$

Das setzen wir in Gleichung 1 ein. Wir verwenden dabei die Ausdrücke πr^2 für die Querschnittsfläche und $\frac{4}{3}\pi r^3 \rho$ (also das Produkt aus Volumen und Dichte) für die Masse eines Teilchens und erhalten

$$\frac{P_{em}}{4\pi d^2 c}\pi r^2 - \frac{\frac{4}{3}\pi r^3 \rho \Gamma m_S}{d^2} = 0.$$

Auflösen nach dem Teilchenradius und Einsetzen der Zahlenwerte liefert

$$\begin{aligned}
r &= \frac{3}{16\pi \rho c}\frac{P_{em}}{\Gamma m_S} \\
&= \frac{3}{16\pi \left(1\ \mathrm{g\cdot cm^{-3}}\right)\left(3\cdot 10^8\ \mathrm{m\cdot s^{-1}}\right)} \\
&\quad \cdot \frac{3{,}83\cdot 10^{26}\ \mathrm{W}}{\left(6{,}67\cdot 10^{-11}\ \mathrm{N\cdot m^2\cdot kg^{-2}}\right)\left(1{,}99\cdot 10^{30}\ \mathrm{kg}\right)} \\
&= 0{,}574\ \mathrm{\mu m}.
\end{aligned}$$

Licht

Teil V

31A Eigenschaften des Lichts

- Die Lichtgeschwindigkeit
- Reflexion und Brechung
- Polarisation

A: Aufgaben

Verständnisaufgaben

A31.1 • Wie beeinflusst ein dünner Wasserfilm auf der Fahrbahn das zu Ihnen zurückreflektierte Scheinwerferlicht Ihres Autos? Wie beeinflusst es das reflektierte Licht der Scheinwerfer Ihnen entgegenkommender Fahrzeuge?

A31.2 •• Die Dichte der Atmosphäre wird mit zunehmender Höhe geringer. Erklären Sie, warum man die Sonne unmittelbar nach dem Untergang noch sehen kann. Warum erscheint sie kurz vorher abgeflacht?

A31.3 • Ein Schwimmer befindet sich am Punkt S in einem ruhigen See, nicht sehr weit vom Ufer entfernt (siehe Abbildung). Er bekommt einen Muskelkrampf und ruft um Hilfe. Eine Rettungsschwimmerin am Punkt R hört den Hilferuf. Sie kann 9 m/s schnell laufen und 3 m/s schnell schwimmen. Sie will natürlich denjenigen Weg von R nach S einschlagen, der sie in der kürzesten Zeit zum Schwimmer bringt. Welcher der in der Abbildung dargestellten Wege ist dies?

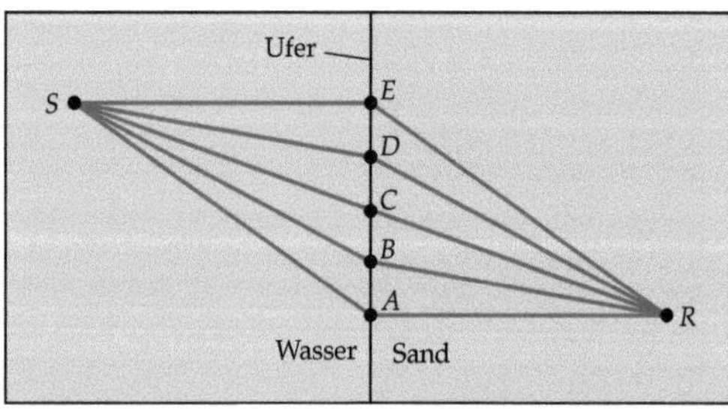

A31.4 • Durch welches oder welche der nachfolgend genannten Phänomene kann aus unpolarisiertem Licht *kein* polarisiertes Licht erzeugt werden? a) Absorption, b) Reflexion, c) Doppelbrechung, d) Beugung, e) Streuung.

A31.5 •• Welche der nachfolgenden Aussagen über die Ausbreitungsgeschwindigkeiten von Licht verschiedener Farben in Glas sind richtig? a) Licht aller Farben hat in Glas dieselbe Geschwindigkeit. b) Violettes Licht hat die höchste Geschwindigkeit, rotes die geringste. c) Rotes Licht hat die höchste Geschwindigkeit, violettes die geringste. d) Grünes Licht hat die höchste Geschwindigkeit, rotes und violettes die geringste. e) Rotes und violettes Licht haben die höchste Geschwindigkeit, grünes die geringste.

Schätzungs- und Näherungsaufgaben

A31.6 •• Wenn der Einfallswinkel klein genug ist, dann kann das Snellius'sche Brechungsgesetz vereinfacht werden, indem man die Näherung für kleine Winkel ansetzt: $\sin\theta \approx \theta$. Nehmen Sie an, Sie wollen einen Brechungswinkel berechnen. Wie groß darf der Einfallswinkel sein, wenn der auf diese Näherung zurückzuführende Fehler – verglichen mit der Anwendung der exakten Formel – höchstens 1 % ausmachen soll?

Lichtquellen

A31.7 • Ein Puls von einem Rubinlaser hat eine mittlere Leistung von 10 MW und eine Dauer von 1,5 ns. a) Wie hoch ist seine Gesamtenergie? b) Wie viele Photonen werden bei diesem Puls emittiert?

A31.8 •• Das einfach ionisierte Heliumatom ist ein wasserstoffähnliches Atom, hat jedoch die Kernladung $2e$. Seine Energieniveaus sind gegeben durch $E_n = -4E_0/n^2$, wobei $E_0 =$

13,6 eV ist. Nehmen Sie an, weißes Licht tritt durch Heliumgas hindurch, dessen Atome sämtlich einfach ionisiert sind. Bei welchen Wellenlängen treten im Spektrum des durchgelassenen Lichts dunkle Linien auf?

- **Die Lichtgeschwindigkeit**

A31.9 • Die Spiralgalaxie im Sternbild Andromeda ist rund $2 \cdot 10^{19}$ km von uns entfernt. Wie viele Lichtjahre sind das?

A31.10 • Die Entfernung eines Punkts auf der Erdoberfläche von einem Punkt auf der Mondoberfläche soll aus der Laufzeit (hin und zurück) eines Laserstrahls errechnet werden, der an einem Spiegel auf dem Mond reflektiert wird. Die Unsicherheit Δx der ermittelten Entfernung hängt mit der Unsicherheit Δt der gemessenen Zeitspanne zusammen über $\Delta x = c \, \Delta t$. Angenommen, die Laufzeit wird auf ± 1 ns genau gemessen; wie groß ist dann, in Metern angegeben, die Unsicherheit der Entfernung?

A31.11 •• Bei Galileis Versuch, die Lichtgeschwindigkeit zu messen, standen er und sein Assistent auf zwei Hügeln, 3 km voneinander entfernt. Galileo deckte seine Laterne auf und bestimmte die Zeitspanne, nach der er die Laterne seines Assistenten aufscheinen sah, der auf den Schein von Galileis Laterne reagierte und daraufhin seine Laterne aufdeckte. a) Angenommen, diese Reaktion sei ohne jede Verzögerung erfolgt; welche Zeitspanne hätte Galilei messen müssen, um die Lichtgeschwindigkeit zumindest ungefähr bestimmen zu können? b) Vergleichen Sie diese Zeitspanne mit der menschlichen Reaktionszeit von rund 0,2 s.

- **Reflexion und Brechung**

A31.12 •• Ein Lichtstrahl fällt auf einen von zwei Spiegeln, die einen rechten Winkel bilden. Die Einfallsebene steht senkrecht auf beiden Spiegeln. Zeigen Sie, dass der Lichtstrahl nach der Reflexion an beiden Spiegeln in entgegengesetzter Richtung verläuft, unabhängig vom Einfallswinkel.

A31.13 • Berechnen Sie die Lichtgeschwindigkeiten in Wasser und in Glas.

A31.14 •• Licht fällt senkrecht auf eine Glasscheibe; die Brechzahl des Glases ist $n = 1{,}5$. An beiden Grenzflächen erfolgt Reflexion. Bestimmen Sie näherungsweise den prozentualen Anteil der einfallenden Lichtintensität, der durch die Glasscheibe hindurchtritt.

A31.15 ••• Die Abbildung zeigt einen Lichtstrahl, der auf eine Glasplatte mit der Dicke d und der Brechzahl n fällt. a) Stellen Sie einen Ausdruck für den Einfallswinkel auf, bei dem der Abstand zwischen dem an der oberen Grenzfläche reflektierten Strahl und demjenigen Strahl maximal ist, der nach der Reflexion an der unteren Grenzfläche aus der oberen Grenzfläche austritt. b) Wie groß ist dieser Einfallswinkel, wenn die Brechzahl des Glases 1,60 ist? Welchen Abstand haben die beiden Lichtstrahlen, wenn die Glasplatte 4,0 cm dick ist?

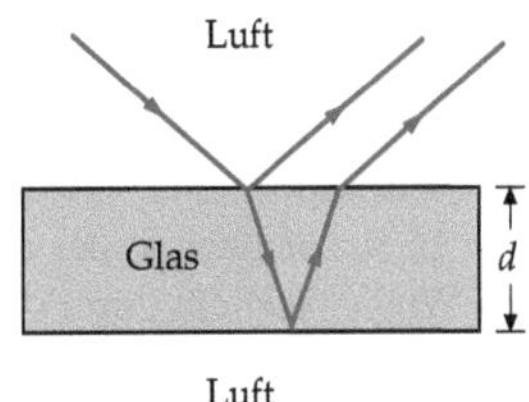

Totalreflexion

A31.16 •• Auf einer Oberfläche aus Glas mit der Brechzahl 1,50 befindet sich eine Wasserschicht (Brechzahl 1,33). Licht, das sich im Glas ausbreitet, fällt auf die Glas-Wasser-Grenzfläche. Berechnen Sie den kritischen Winkel der Totalreflexion.

A31.17 •• In einer Glasfaser breiten sich Lichtstrahlen über eine lange Strecke aus, wobei sie total reflektiert werden. Wie in der Abbildung gezeigt, besteht die Faser aus einem Kern mit der Brechzahl n_2 und dem Radius b. Der Kern ist umgeben von einem Mantel mit der Brechzahl $n_3 < n_2$. Die numerische Apertur der Faser ist definiert als $\sin \theta_1$. Dabei ist θ_1 der Einfallswinkel eines Lichtstrahls an der Stirnfläche der Faser, der an der Grenzfläche zum Mantel unter dem kritischen Winkel der Totalreflexion reflektiert wird. Zeigen Sie anhand der Abbildung, dass bei einem aus der Luft in die Glasfaser eintretenden Lichtstrahl für die numerische Apertur gilt: $\sin \theta_1 = (n_2^2 - n_3^2)^{1/2}$. (*Hinweis:* Evtl. ist der Satz des Pythagoras anzuwenden.)

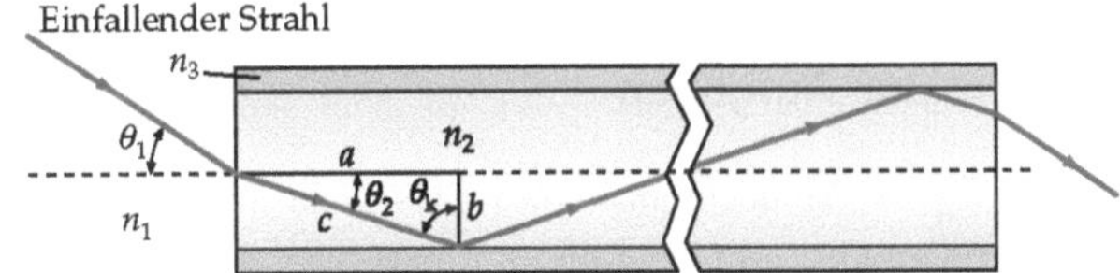

A31.18 ••• Überlegen Sie sich, wie ein dünner Wasserfilm auf einer Glasplatte den kritischen Winkel der Totalreflexion verändert. Die Brechzahlen sind 1,5 beim Glas und 1,33 beim Wasser. a) Wie groß ist der kritische Winkel der Totalreflexion an der Glas-Wasser-Grenzfläche? b) Gibt es einen Bereich von Einfallswinkeln, die größer als der kritische Winkel θ_k der Totalreflexion an der Glas-Luft-Grenzfläche sind und bei denen Lichtstrahlen das Glas sowie das Wasser verlassen und in die Luft austreten?

Dispersion

A31.19 •• Für Licht verschiedener Farben (Frequenzen) sind die Ausbreitungsgeschwindigkeiten in einem Medium unterschiedlich hoch. Dieses als Dispersion bezeichnete Phänomen kann in Glasfasern zu Problemen führen, wenn die Lichtpulse sehr weit übertragen werden müssen. Betrachten Sie zwei kurze Lichtpulse mit den Wellenlängen 700 nm bzw. 500 nm, die in einer aus Silicatkronglas bestehenden Glasfaser übertragen werden. Berechnen Sie die Differenz der Zeitspannen, die die beiden Pulse benötigen, um in der Glasfaser eine 15 km lange Strecke zurückzulegen.

• Polarisation

A31.20 • In horizontaler Richtung polarisiertes Licht fällt auf eine bestimmte Polarisationsfolie. Experimentell wird festgestellt, dass sie nur 15 % der Energie des auftreffenden Lichts durchlässt. Welchen Winkel schließt ihre Polarisationsachse mit der Horizontalen ein? a) 8,6°, b) 21°, c) 23°, d) 67° oder e) 81°.

A31.21 •• Die Achsen zweier Polarisationsfolien sind gekreuzt. Zwischen ihnen wird eine dritte Polarisationsfolie angebracht, deren Polarisationsachse mit derjenigen der ersten Folie den Winkel θ bildet. Wie hängt die Intensität des von allen drei Polarisationsfolien durchgelassenen Lichts von θ ab? Zeigen Sie, dass sie bei $\theta = 45°$ maximal ist.

A31.22 •• Zeigen Sie, dass eine linear polarisierte Welle als Überlagerung einer rechts-zirkular und einer links-zirkular polarisierten Welle angesehen werden kann.

A31.23 •• Eine zirkular polarisierte Welle nennt man *rechts-zirkular polarisiert*, wenn – in Ausbreitungrichtung betrachtet – der elektrische und der magnetische Feldvektor im Uhrzeigersinn rotieren. Entsprechend ist sie *links-zirkular polarisiert*, wenn die Feldvektoren entgegen dem Uhrzeigersinn rotieren. Betrachten Sie folgende Welle:

$$E = E_0 \sin(kx - \omega t)\widehat{y} + E_0 \cos(kx - \omega t)\widehat{z}.$$

In welchem Drehsinn ist sie zirkular polarisiert? Wie lautet der entsprechende Ausdruck für eine im gegenläufigen Drehsinn zirkular polarisierte Welle?

Allgemeine Aufgaben

A31.24 • Monochromatisches rotes Licht mit der Wellenlänge 700 nm tritt aus der Luft in Wasser über. a) Wie groß ist seine Wellenlänge im Wasser? b) Sieht es ein Taucher in der gleichen oder in einer anderen Farbe?

A31.25 •• Die Abbildung zeigt zwei ebene Spiegel, wobei der eine um den Winkel θ gegen den anderen geneigt ist. Zeigen Sie, dass der Winkel zwischen dem einfallenden und dem zweimal reflektierten Strahl gleich 2θ ist.

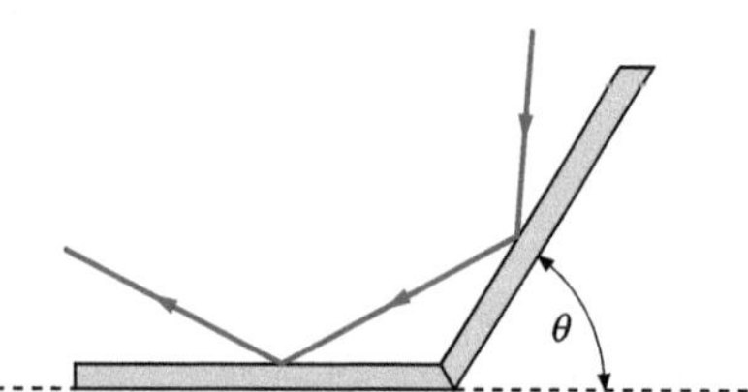

A31.26 •• Licht mit der Intensität I_0 trifft senkrecht auf eine Glasplatte mit der Brechzahl n. Zeigen Sie, dass für die von ihr durchgelassene (transmittierte) Intensität gilt:

$$I_t \approx I_0 \left(\frac{4n}{(n+1)^2} \right)^2 .$$

A31.27 •• Ein Brewster'sches Fenster dient in Lasern dazu, vorzugsweise Licht einer Polarisation durchzulassen, wie in der Abbildung gezeigt. Zeigen Sie, dass der Polarisationswinkel an der n_2/n_1-Grenzfläche θ_{P2} ist, wenn der Polarisationswinkel an der n_1/n_2-Grenzfläche θ_{P1} ist.

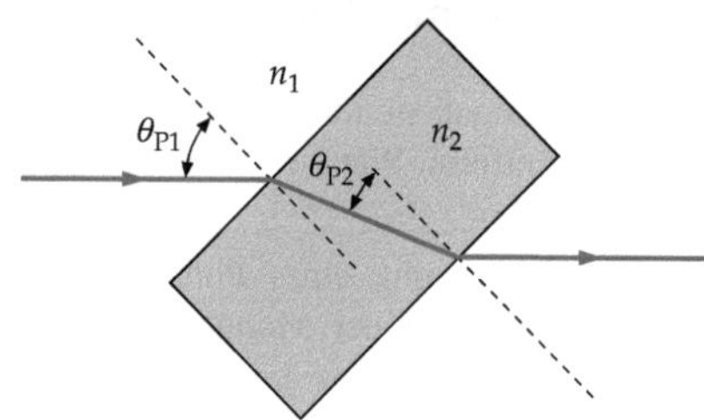

A31.28 •• a) Ein Lichtstrahl breitet sich in einem transparenten Medium aus, das eine ebene Grenzfläche zu Vakuum aufweist. Zeigen Sie, dass dabei der Polarisationswinkel und der kritische Winkel der Totalreflexion über $\tan\theta_p = \sin\theta_k$ miteinander zusammenhängen. b) Welcher der beiden Winkel ist größer?

A31.29 •• Ein Lichtstrahl fällt aus der Luft unter einem Winkel von 58° zur Normalen auf die Grenzfläche zu einer transparenten Substanz. Der reflektierte und der gebrochene Strahl stehen senkrecht aufeinander. a) Wie groß ist die Brechzahl der transparenten Substanz? b) Wie groß ist in ihr der kritische Winkel der Totalreflexion?

A31.30 •• Licht fällt unter dem Einfallswinkel θ_1 auf eine Platte aus transparentem Material, wie in der Abbildung gezeigt. Die Scheibe hat die Dicke h, und ihr Material hat die Brechzahl n. Zeigen Sie, dass gilt:

$$n = \frac{\sin\theta_1}{\sin\left[\mathrm{atan}\left(d/h\right)\right]} .$$

Dabei ist d der in der Abbildung dargestellte Abstand und $\mathrm{atan}\left(d/h\right)$ der Winkel, dessen Tangens gleich d/h ist.

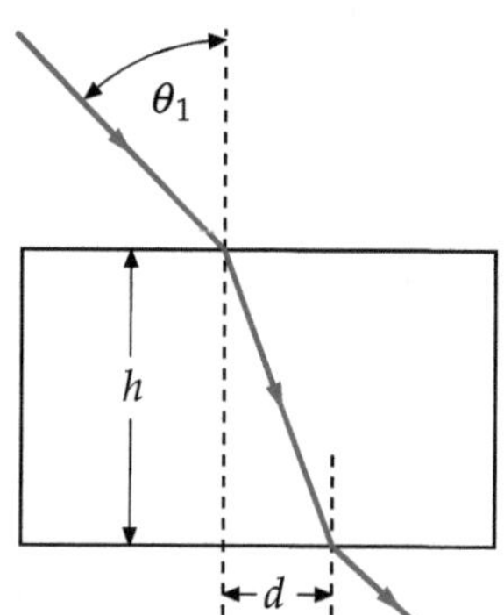

Eigenschaften des Lichts

31L

L: Lösungen

L31.1 Bei der Reflexion am Wasserfilm wird die Intensität des zu Ihnen zurückreflektierten Lichts stark herabgesetzt. Dagegen wird die Intensität des reflektierten Scheinwerferlichts entgegenkommender Fahrzeuge gesteigert.

L31.2 Die Verringerung der Dichte der Atmosphäre mit steigender Höhe führt zu einer Brechung des Sonnenlichts zur Erde hin. Deswegen ist die Sonne unmittelbar nach dem Untergang unter den Horizont noch sichtbar. Außerdem wird das Licht vom unteren Teil der Sonne stärker gebrochen als das vom oberen Teil, so dass der untere Teil etwas höher zu liegen scheint. Deshalb erscheint die Sonne kurz vor dem Untergehen abgeflacht.

L31.3 Weil die Rettungsschwimmerin schneller laufen als schwimmen kann, muss sie den Weg wählen, bei dem die Laufdistanz maximal ist. Dies ist der Weg *RES*.

L31.4 Polarisiertes Licht kann aus unpolarisiertem durch Absorption, Reflexion, Doppelbrechung und Streuung erzeugt werden. Also ist Aussage d richtig.

L31.5 In der Abbildung sind die Brechzahlen einiger Glassorten in Abhängigkeit von der Wellenlänge aufgetragen.

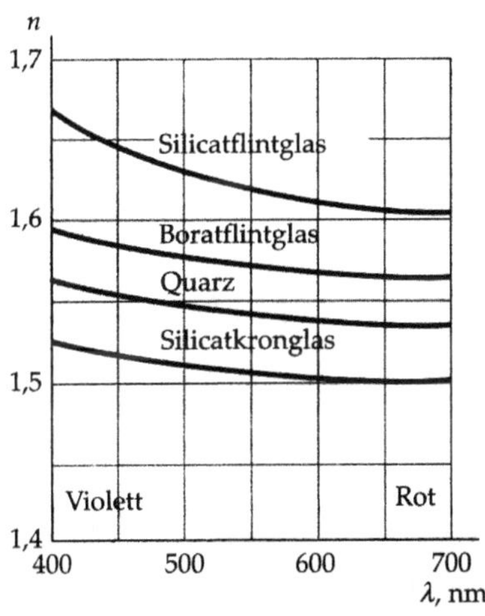

a) Falsch. Die Auftragung von n gegen λ ergibt keine horizontalen Geraden; die Lichtgeschwindigkeit hängt also von der Wellenlänge ab.

b) Falsch. Die Brechzahl sinkt mit steigender Wellenlänge; violettes Licht hat also die geringste und rotes die höchste Lichtgeschwindigkeit.

c) Richtig (siehe Teilaufgabe b).

d) und e) Falsch. Dies kann der Abbildung unmittelbar entnommen werden.

L31.6 Der aus der Näherung für kleine Winkel resultierende relative Fehler ist gegeben durch

$$\delta(\theta) = \frac{\theta - \sin\theta}{\sin\theta} = \frac{\theta}{\sin\theta} - 1.$$

Er kann auf mehrere Arten ermittelt werden: durch Ausprobieren verschiedener Werte, mit einem Tabellenkalkulationsprogramm oder mit einem wissenschaftlichen Taschenrechner. Die Abbildung zeigt die Abhängigkeit des relativen Fehlers vom Winkel θ.

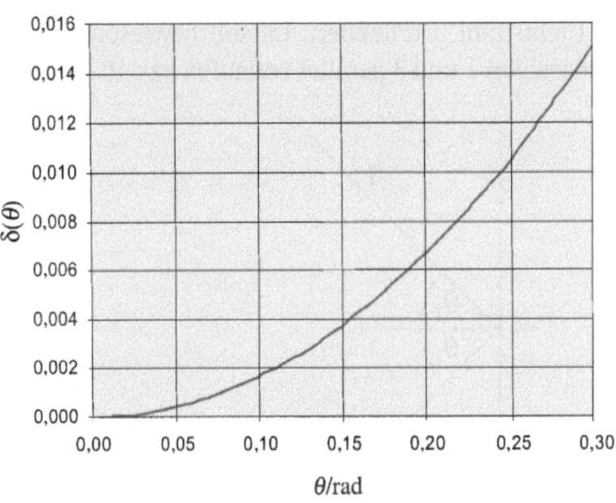

Der Grafik entnehmen wir, dass $\delta(\theta) < 1\,\%$ ist, wenn $\theta \leq 0{,}24$ rad ist. Das entspricht $\theta \leq 14°$.

L31.7 a) Die Energie ist das Produkt aus Leistung und Zeitspanne: $E = P\,\Delta t = (10\ \mathrm{MW})\,(1{,}5\ \mathrm{ns}) = 15{,}0\ \mathrm{mJ}$.

b) Die Energie eines Photons ist $E_{\text{Photon}} = hc/\lambda$. Die Anzahl n der Photonen entspricht dem Quotienten aus der Gesamtenergie und der Energie eines Photons:

$$n = \frac{E}{E_{\text{Photon}}} = \frac{\lambda\,E}{hc}$$

$$= \frac{(694,3\ \text{nm})\,(15,0\ \text{mJ})}{1240\ \text{eV}\cdot\text{nm}}\ \frac{1\ \text{eV}}{1,60\cdot10^{-19}\ \text{J}} = 5,25\cdot10^{16}.$$

L31.8 Die Energiedifferenz zwischen dem Grundzustand und dem ersten angeregten Zustand ist $3\,E_0 = 40,8$ eV. Sie entspricht einer Wellenlänge von 30,4 nm. Diese liegt im fernen Ultraviolett, d. h. weit außerhalb des sichtbaren Bereichs. Daher können im transmittierten Licht keine dunklen Linien beobachtet werden.

L31.9 Weil ein Lichtjahr (Lj) $9,46\cdot10^{15}$ km entspricht, erhalten wir für den Abstand der Andromeda-Galaxie von der Erde

$$d = \frac{2\cdot10^9\ \text{km}}{9,46\cdot10^{15}\ \text{km/Lj}} = 2,11\cdot10^6\ \text{Lj}.$$

L31.10 Die Unsicherheit der Entfernung ist

$$\Delta x = \pm c\,\Delta t = \pm(2,998\cdot10^8\ \text{m}\cdot\text{s}^{-1})\,(1,0\ \text{ns}) = \pm0,30\ \text{m}.$$

L31.11 a) Für den Abstand $d = 3$ km zwischen Galilei und seinem Assistenten gilt $2\,d = c\,\Delta t$. Dabei ist Δt die Zeitspanne, die das Licht benötigt, die Strecke von Galilei zu seinem Assistenten und zurück zu durchlaufen. Wir erhalten für diese Zeitspanne

$$\Delta t = \frac{2\,d}{c} = \frac{2\,(3\ \text{km})}{3\cdot10^8\ \text{m}\cdot\text{s}^{-1}} = 20,0\ \mu\text{s}.$$

b) Der Vergleich mit der menschlichen Reaktionszeit $t_R = 0,2$ s ergibt $t_R/\Delta t = (0,2\ \text{s})/(20,0\ \mu\text{s}) = 10^4$.

Die Reaktionszeit ist also rund 10 000-mal länger als die Zeitspanne, die Galilei zu messen versuchte.

L31.12 Der ankommende Lichtstrahl 1 fällt auf den linken Spiegel, der ihn als Lichtstrahl 2 reflektiert (siehe Abbildung). Dieser Strahl gelangt auf den unteren Spiegel, der ihn schließlich als Lichtstrahl 3 reflektiert. Es soll bewiesen werden, dass die Lichtstrahlen 1 und 3 parallel verlaufen bzw. dass $\theta_1 = \theta_4$ ist.

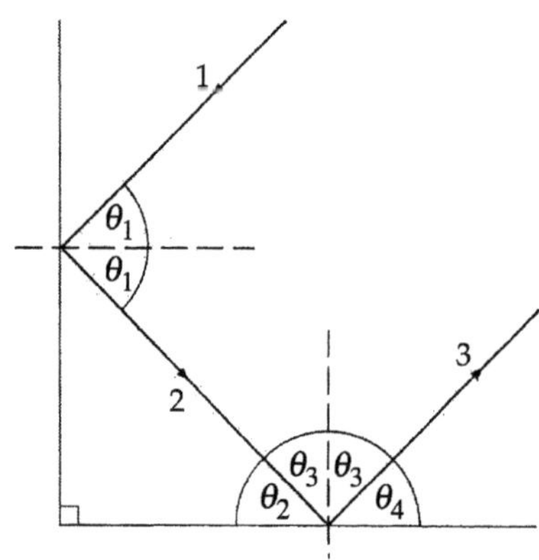

Die Winkel in dem Dreieck, das vom Lichtstrahl 2 und den beiden Spiegeln gebildet wird, addieren sich zu 180°. Also ist

$$\theta_2 + 90° + (90° - \theta_1) = 180° \quad \text{und daher} \quad \theta_1 = \theta_2.$$

Die Winkel θ_2 und θ_3 addieren sich zu einem rechten Winkel, so dass gilt $\theta_3 = 90° - \theta_2$. Mit $\theta_1 = \theta_2$ folgt $\theta_3 = 90° - \theta_1$. Auch die Winkel θ_2 und θ_3 addieren sich zu einem rechten Winkel: $\theta_3 + \theta_4 = 90°$. Dies setzen wir ein und erhalten $90° - \theta_1 + \theta_4 = 90°$ und daraus $\theta_1 = \theta_4$.

L31.13 Für die Brechzahl gilt $n = c/c_n$. Daraus folgt $c_n = c/n$. Wir setzen die Brechzahlwerte 1,33 bzw. 1,5 (die nachgeschlagen werden können) ein und erhalten

$$c_{n,\text{Wasser}} = \frac{3\cdot10^8\ \text{m}\cdot\text{s}^{-1}}{1,33} = 2,25\cdot10^8\ \text{m}\cdot\text{s}^{-1},$$

$$c_{n,\text{Glas}} = \frac{3\cdot10^8\ \text{m}\cdot\text{s}^{-1}}{1,5} = 2,00\cdot10^8\ \text{m}\cdot\text{s}^{-1}.$$

L31.14 Wir wählen die Indices 1 für das Medium (Luft) links von der ersten Grenzfläche und 2 für das Medium (Glas) sowie 3 für das Medium (wiederum Luft) rechts von der zweiten Grenzfläche. Bei den reflektierten Intensitäten I_r vermerken wir im Index jeweils die Nummer der Grenzfläche, an der sie reflektiert wurden.

Die in das Medium 2 gelangende, von der ersten Grenzfläche durchgelassene Intensität ist gegeben durch

$$I_2 = I_1 - I_{r,1} = I_1 - \left(\frac{n_1 - n_2}{n_1 + n_2}\right)^2 I_1$$

$$= I_1\left[1 - \left(\frac{n_1 - n_2}{n_1 + n_2}\right)^2\right],$$

und für die in das Medium 3 gelangende, von der zweiten Grenzfläche durchgelassene Intensität gilt

$$I_3 = I_2 - I_{r,2} = I_2 - \left(\frac{n_2 - n_3}{n_2 + n_3}\right)^2 I_2$$

$$= I_2\left[1 - \left(\frac{n_2 - n_3}{n_2 + n_3}\right)^2\right].$$

Einsetzen des obigen Ausdrucks für I_2 ergibt

$$I_3 = I_1\left[1 - \left(\frac{n_1 - n_2}{n_1 + n_2}\right)^2\right]\left[1 - \left(\frac{n_2 - n_3}{n_2 + n_3}\right)^2\right].$$

Damit erhalten wir

$$\frac{I_3}{I_1} = \left[1 - \left(\frac{n_1 - n_2}{n_1 + n_2}\right)^2\right]\left[1 - \left(\frac{n_2 - n_3}{n_2 + n_3}\right)^2\right]$$

$$= \left[1 - \left(\frac{1 - 1,5}{1 + 1,5}\right)^2\right]\left[1 - \left(\frac{1,5 - 1}{1,5 + 1}\right)^2\right] = 0,922.$$

L31.15 Wir bezeichnen mit x den Abstand zwischen den beiden letztlich von der Glasplatte nach oben abgehenden Lichtstrahlen und mit ℓ den Abstand zwischen dem Reflexions- und dem Austrittspunkt.

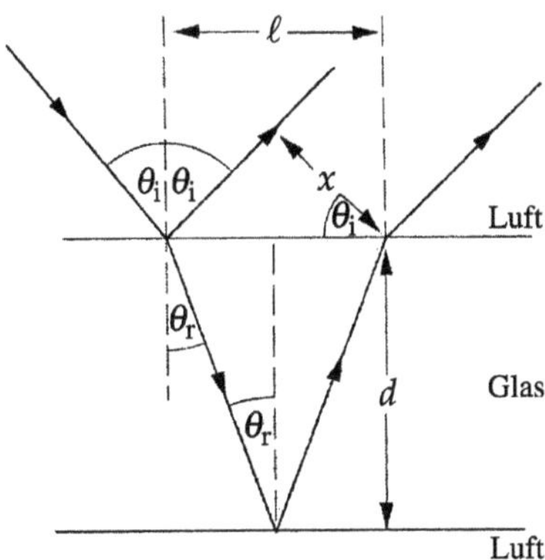

a) Der Abstand ℓ hängt vom Brechungswinkel $\tan\theta_r$ folgendermaßen ab: $\ell = 2d\tan\theta_r$. Mit dem Einfallswinkel θ_i ergibt sich daraus $x = 2d\tan\theta_r\cos\theta_i$. Wir leiten dies nach θ_i ab:

$$\frac{dx}{d\theta_i} = 2d\,\frac{d}{d\theta_i}\left(\tan\theta_r\cos\theta_i\right)$$

$$= 2d\left(-\tan\theta_r\sin\theta_i + \sec^2\theta_r\cos\theta_i\,\frac{d\theta_r}{d\theta_i}\right). \tag{3}$$

Das Brechungsgesetz lautet $n_1\sin\theta_i = n_2\sin\theta_r$. Mit $n_1 = 1$ und $n_2 = n$ folgt daraus

$$\sin\theta_i = n\sin\theta_r. \tag{4}$$

Wir differenzieren implizit nach θ_i und erhalten

$$\cos\theta_i\,d\theta_i = n\cos\theta_r\,d\theta_r \quad\text{sowie}\quad \frac{d\theta_r}{d\theta_i} = \frac{1}{n}\frac{\cos\theta_i}{\cos\theta_r}.$$

Das setzen wir in Gleichung 1 ein:

$$\frac{dx}{d\theta_i} = 2d\left(-\frac{\sin\theta_r}{\cos\theta_r}\sin\theta_i + \frac{1}{n}\frac{\cos\theta_i}{\cos^2\theta_r}\frac{\cos\theta_i}{\cos\theta_r}\right)$$

$$= 2d\left(\frac{1}{n}\frac{\cos^2\theta_i}{\cos^3\theta_r} - \frac{\sin\theta_r\sin\theta_i}{\cos\theta_r}\right).$$

Wir ersetzen nun $\cos^2\theta_i$ durch $1 - \sin^2\theta_i$ sowie $\sin\theta_r$ durch $(1/n)\sin\theta_i$. Das ergibt

$$\frac{dx}{d\theta_i} = 2d\left(\frac{1 - \sin^2\theta_i}{n\cos^3\theta_r} - \frac{\sin^2\theta_i}{n\cos\theta_r}\right).$$

Wir erweitern den letzten Bruch mit $\cos^2\theta_r$ und vereinfachen:

$$\frac{dx}{d\theta_i} = 2d\left(\frac{1 - \sin^2\theta_i}{n\cos^3\theta_r} - \frac{\sin^2\theta_i\cos^2\theta_r}{n\cos^3\theta_r}\right)$$

$$= \frac{2d}{n\cos^3\theta_r}\left(1 - \sin^2\theta_i - \sin^2\theta_i\cos^2\theta_r\right).$$

Mit $1 - \sin^2\theta_r = \cos^2\theta_r$ erhalten wir daraus

$$\frac{dx}{d\theta_i} = \frac{2d}{n\cos^3\theta_r}\left[1 - \sin^2\theta_i - \sin^2\theta_i\left(1 - \sin^2\theta_r\right)\right].$$

Schließlich setzen wir $(1/n)\sin\theta_i$ für $\sin\theta_r$ ein und klammern dann $1/n^2$ aus. Dies ergibt

$$\frac{dx}{d\theta_i} = \frac{2d}{n\cos^3\theta_r}\left[1 - \sin^2\theta_i - \sin^2\theta_i\left(1 - \frac{1}{n^2}\sin^2\theta_i\right)\right]$$

$$= \frac{2d}{n^3\cos^3\theta_r}\left(\sin^4\theta_i - 2n^2\sin^2\theta_i + n^2\right).$$

Bei einem Extremum muss die Ableitung $dx/d\theta_i$ gleich null sein; es muss also gelten: $\sin^4\theta_i - 2n^2\sin^2\theta_i + n^2 = 0$.

Die Lösung dieser Gleichung vierten Grades lautet

$$\theta_i = \operatorname{asin}\left(n\sqrt{1 - \sqrt{1 - 1/n^2}}\right).$$

b) Einsetzen von $n = 1{,}6$ in die letzte Gleichung ergibt

$$\theta_i = \operatorname{asin}\left(1{,}6\sqrt{1 - \sqrt{1 - 1/(1{,}6)^2}}\right) = 48{,}5°.$$

In Teilaufgabe a haben wir gezeigt, dass $x = 2d\tan\theta_r\cos\theta_i$ ist. Den Winkel θ_r erhalten wir aus Gleichung 2:

$$\theta_r = \operatorname{asin}\left(\frac{n_1}{n_2}\sin\theta_i\right) = \operatorname{asin}\left(\frac{1}{1{,}6}\sin48{,}5°\right) = 27{,}9°.$$

Einsetzen in den Ausdruck für x liefert

$$x = 2\,(4\text{ cm})\tan27{,}9°\cos48{,}5° = 2{,}81\text{ cm}.$$

L31.16 Die Gegebenheiten gehen aus der Abbildung hervor.

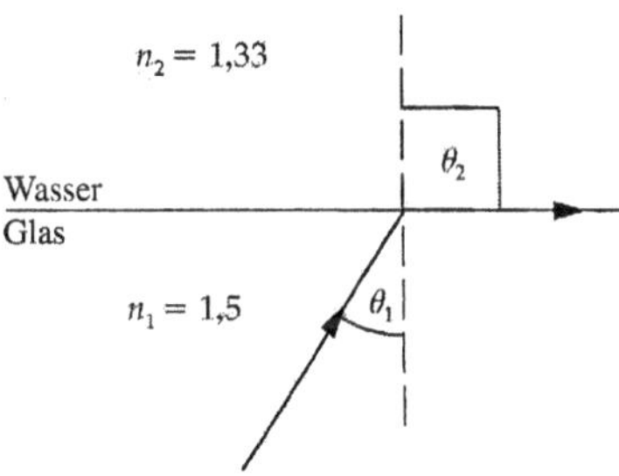

Gemäß dem Brechungsgesetz ist $n_1\sin\theta_1 = n_2\sin\theta_2$, und beim kritischen Winkel $\theta_1 = \theta_k$ der Totalreflexion ist $\theta_2 = 90°$, so dass gilt $n_1\sin\theta_k = n_2\sin90°$. Damit erhalten wir

$$\theta_k = \operatorname{asin}\left(\frac{n_2}{n_1}\sin90°\right) = \operatorname{asin}\left(\frac{1{,}33}{1{,}5}\sin90°\right) = 62{,}5°.$$

L31.17 Aufgrund der geometrischen Gegebenheiten (siehe die Abbildung bei der Aufgabenstellung) gilt

$$\sin\theta_k = n_3/n_2 = a/c \quad\text{sowie}\quad \sin\theta_2 = b/c.$$

Nach dem Satz des Pythagoras ist

$$a^2 + b^2 = c^2 \quad\text{und daher}\quad a^2/c^2 + b^2/c^2 = 1.$$

Daraus folgt $b/c = \sqrt{1 - a^2/c^2}$. Mit der obigen Beziehung $n_3/n_2 = a/c$ ergibt sich daraus

$$\sin\theta_2 = \sqrt{1 - n_3^2/n_2^2}.$$

Mit dem Brechungsgesetz $n_1\sin\theta_1 = n_2\sin\theta_2$ sowie mit $n_1 = 1$ für Luft erhalten wir schließlich

$$\sin\theta_1 = n_2\sqrt{1 - n_3^2/n_2^2} = \sqrt{n_2^2 - n_3^2}.$$

L31.18 Die Gegebenheiten gehen aus der Abbildung hervor.

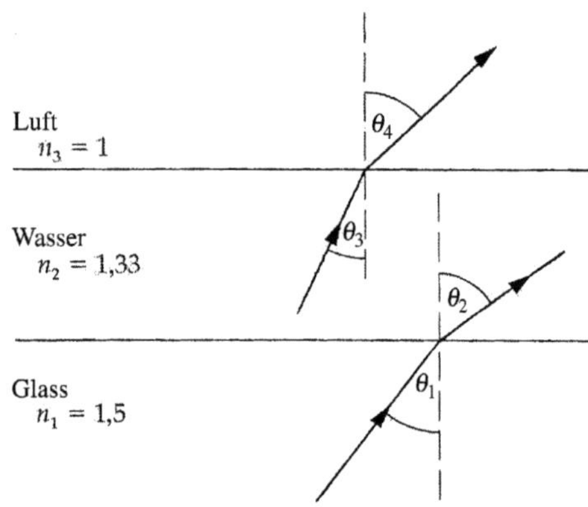

a) Gemäß dem Brechungsgesetz gilt an der Glas-Wasser-Grenzfläche $n_1 \sin\theta_1 = n_2 \sin\theta_2$. Beim kritischen Winkel $\theta_1 = \theta_k$ der Totalreflexion ist $\theta_2 = 90°$, so dass gilt $n_1 \sin\theta_k = n_2 \sin 90°$. Damit erhalten wir

$$\theta_k = \mathrm{asin}\left(\frac{n_2}{n_1}\sin 90°\right) = \mathrm{asin}\left(\frac{1{,}33}{1{,}5}\sin 90°\right) = 62{,}5°.$$

b) An einer Glas-Luft-Grenzfläche gilt

$n_1 \sin\theta_k = n_3 \sin 90°$ und daher $1{,}5 \sin\theta_k = \sin 90° = 1$.

Dies ergibt $\theta_k = \mathrm{asin}(1/1{,}5) = 41{,}8°$.

Für einen Lichtstrahl, der mit dem kritischen Winkel der Totalreflexion auf eine Glas-Wasser-Grenzfläche trifft, gilt

$n_1 \sin\theta_k = n_2 \sin\theta_2$ und daher $1{,}5 \sin 41{,}8° = 1{,}33 \sin\theta_2$.

Dies ergibt

$$\theta_2 = \mathrm{asin}\left(\frac{1{,}5 \sin 41{,}8°}{1{,}33}\right) = 48{,}7°.$$

Dies ist der kritische Winkel der Totalreflexion an einer Wasser-Luft-Grenzfläche. Daher tritt der Lichtstrahl aus dem Wasser nicht aus, wenn $\theta_1 \geq 41{,}8°$ ist.

L31.19 Mit den Brechzahlen n_{500} und n_{700} und der Wegstrecke ℓ ist die Differenz der Zeitspannen, die die beiden Pulse benötigen, gegeben durch

$$\Delta t = \frac{\ell}{c_{n_{500}}} - \frac{\ell}{c_{n_{700}}} = \frac{n_{500}\,\ell}{c} - \frac{n_{700}\,\ell}{c} = \frac{\ell}{c}\left(n_{500} - n_{700}\right).$$

Die Brechzahlen können beispielsweise der Abbildung zur Lösung der Aufgabe 5 entnommen werden. Mit $n_{500} \approx 1{,}55$ und $n_{700} \approx 1{,}50$ erhalten wir

$$\Delta t \approx \frac{15\ \mathrm{km}}{2{,}998 \cdot 10^8\ \mathrm{m\cdot s^{-1}}}\,(1{,}55 - 1{,}50) = 2{,}50\ \mu\mathrm{s}.$$

L31.20 Für die Intensität I_2 des transmittierten Lichts gilt $I_2 = I_1 \cos^2\theta$. Darin ist I_1 die Intensität des einfallenden Lichts und θ der Winkel, den die Transmissionsachse mit der Horizontalen bildet. Wir erhalten damit den in Aussage d angegebenen Wert:

$$\theta = \mathrm{acos}\sqrt{\frac{I_2}{I_1}} = \mathrm{acos}\sqrt{0{,}15} = 67{,}2°.$$

L31.21 Wir bezeichnen mit I_0 die ankommende Intensität und mit I_n die von der n-ten Polarisationsfolie durchgelassene Intensität. Die von der ersten Folie durchgelassene Intensität ist $I_1 = \frac{1}{2}I_0$, und für die Intensität zwischen der zweiten und der dritten Folie gilt $I_2 = I_1 \cos^2\theta_{1,2} = \frac{1}{2}I_0 \cos^2\theta$.

Damit erhalten wir für die von der dritten Folie durchgelassene Intensität

$$\begin{aligned}
I_3 &= I_2 \cos^2\theta_{2,3} = \tfrac{1}{2}I_0 \cos^2\theta \cos^2(90° - \theta) \\
&= \tfrac{1}{2}I_0 \cos^2\theta \sin^2\theta = \tfrac{1}{8}I_0 (2\cos\theta\sin\theta)^2 = \tfrac{1}{8}I_0 \sin^2 2\theta.
\end{aligned}$$

Weil die Sinusfunktion bei $90°$ ihr Maximum hat, ist I_3 bei $\theta = 45{,}0°$ maximal.

L31.22 Eine zirkular polarisierte Welle nennt man rechts-zirkular polarisiert, wenn – in Ausbreitungrichtung betrachtet – der elektrische und der magnetische Feldvektor im Uhrzeigersinn rotieren. Bei gegenläufigem Drehsinn (also gegen den Uhrzeigersinn) ist die Welle links-zirkular polarisiert. Die Komponenten des elektrischen Felds einer zirkular polarisierten Welle sind

$E_x = E_0 \cos(kx - \omega t)$ und

$E_y = E_0 \sin(kx - \omega t)$ bzw. $E_y = -E_0 \sin(kx - \omega t)$,

wobei das Minuszeichen bei E_0 für die links-zirkular polarisierte Welle zutrifft. Für eine in Richtung der x-Achse polarisierte Welle gilt also

$$\begin{aligned}
\boldsymbol{E}_{\mathrm{re}} + \boldsymbol{E}_{\mathrm{li}} &= E_0 \cos(kx - \omega t)\,\widehat{\boldsymbol{x}} + E_0 \cos(kx - \omega t)\,\widehat{\boldsymbol{x}} \\
&= 2E_0 \cos(kx - \omega t)\,\widehat{\boldsymbol{x}}.
\end{aligned}$$

L31.23 Das elektrische Feld der Welle ist
$$\boldsymbol{E} = E_0 \sin(kx - \omega t)\,\widehat{\boldsymbol{y}} + E_0 \cos(kx - \omega t)\,\widehat{\boldsymbol{z}},$$
und für das zugehörige magnetische Feld gilt
$$\boldsymbol{B} = B_0 \sin(kx - \omega t)\,\widehat{\boldsymbol{z}} - B_0 \cos(kx - \omega t)\,\widehat{\boldsymbol{y}}.$$
Weil diese Felder (in der Ausbreitungsrichtung betrachtet) im Uhrzeigersinn rotieren, ist die Welle rechts-zirkular polarisiert. Für eine sich in der Gegenrichtung ausbreitende Welle, die links-zirkular polarisiert ist, gilt
$$\boldsymbol{E} = E_0 \sin(kx + \omega t)\,\widehat{\boldsymbol{y}} - E_0 \cos(kx + \omega t)\,\widehat{\boldsymbol{z}}.$$

L31.24 a) Die Wellenlänge des Lichts in einem Medium mit der Brechzahl n ist
$$\lambda_n = \frac{c_{\mathrm{n}}}{v} = \frac{c}{n\,v} = \frac{\lambda_0}{n}.$$

In Wasser ist die Wellenlänge daher
$$\lambda_{\mathrm{Wasser}} = \frac{700\ \mathrm{nm}}{n_{\mathrm{Wasser}}} = \frac{700\ \mathrm{nm}}{1{,}33} = 526\ \mathrm{nm}.$$

b) Die Farbe, die man wahrnimmt, hängt nur von der Frequenz ab, nicht aber von der Wellenlänge. Daher sieht ein Taucher dieselbe rote Farbe wie an Land.

L31.25 Der Winkel ADE ist der zwischen dem ankommenden Strahl (der beim Punkt B auf den ersten Spiegel trifft) und dem Strahl, der nach der Reflexion an beiden Spiegeln beim Punkt A abgeht. Das Dreieck ABC ist gleichschenklig; daher sind die Winkel CAB und ABC gleich, und ihre Summe ist gleich θ.

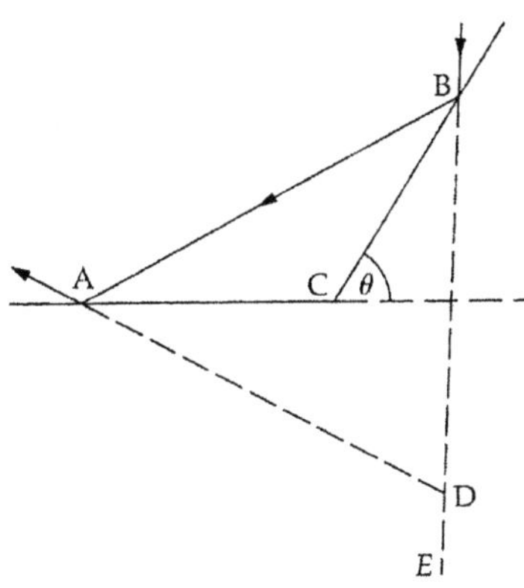

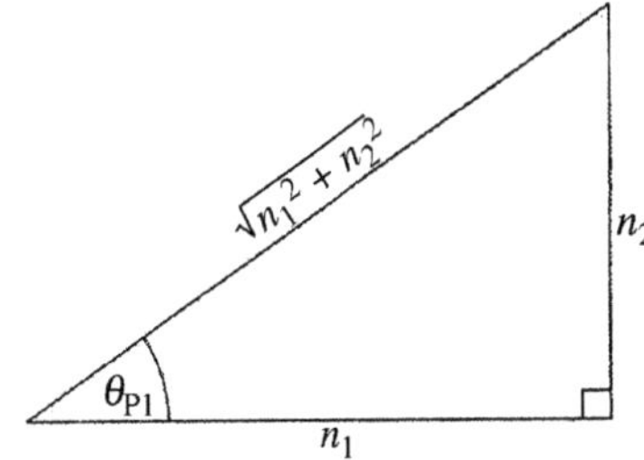

Ebenfalls gemäß dem Reflexionsgesetz sind die beiden Winkel CAD und CBD gleich dem Winkel ABC. Der Winkel BAD ist doppelt so groß wie der Winkel BAC und der Winkel DBA doppelt so groß wie der Winkel CBA. Daher ist der Winkel ADE doppelt so groß wie der Winkel θ.

L31.26 Die in das Glas hineingelangende Intensität ist $I_{\text{Glas}} = I_0 - I_{\text{r},1}$. Darin ist I_0 die ankommende Intensität und $I_{\text{r},1}$ die an der ersten Grenzfläche (Luft–Glas) reflektierte Intensität. Für diese gilt

$$I_{\text{r},1} = \left(\frac{1-n}{1+n}\right)^2 I_0,$$

und wir erhalten

$$I_{\text{Glas}} = I_0 - \left(\frac{1-n}{1+n}\right)^2 I_0 = I_0 \left[1 - \left(\frac{1-n}{1+n}\right)^2\right]$$

$$= I_0 \, \frac{4n}{(1+n)^2}.$$

Die aus dem Glas an der zweiten Grenzfläche (Glas–Luft) austretende, also von der Glasscheibe insgesamt transmittierte Intensität ist $I_{\text{t}} = I_{\text{Glas}} - I_{\text{r},2}$. Darin ist $I_{\text{r},2}$ die an der zweiten Grenzfläche (in das Glas zurück) reflektierte Intensität. Für diese gilt

$$I_{\text{r},2} = \left(\frac{1-n}{1+n}\right)^2 I_{\text{Glas}} = \left(\frac{1-n}{1+n}\right)^2 \frac{4n}{(1+n)^2} \, I_0.$$

Damit ergibt sich

$$I_{\text{t}} = I_0 \, \frac{4n}{(1+n)^2} - \left(\frac{1-n}{1+n}\right)^2 \frac{4n}{(1+n)^2} \, I_0$$

$$= I_0 \left[1 - \left(\frac{1-n}{1+n}\right)^2\right] \frac{4n}{(1+n)^2}$$

$$= I_0 \, \frac{4n}{(1+n)^2} \, \frac{4n}{(1+n)^2} = I_0 \left(\frac{4n}{(1+n)^2}\right)^2.$$

L31.27 Wir bezeichnen den Brechungswinkel an der ersten Grenzfläche mit θ_1 und den an der zweiten Grenzfläche mit θ_2. An der n_1/n_2-Grenzfläche gilt gemäß dem Brewster'schen Gesetz $\tan\theta_{\text{P1}} = n_2/n_1$. Die Abbildung zeigt das zugehörige Referenzdreieck.

Gemäß dem Brechungsgesetz gilt an der n_1/n_2-Grenzfläche $n_1 \sin\theta_{\text{P1}} = n_2 \sin\theta_1$. Damit ergibt sich (unter Berücksichtigung der Gegebenheiten am Referenzdreieck)

$$\theta_1 = \text{asin}\left(\frac{n_1}{n_2}\sin\theta_{\text{P1}}\right) = \text{asin}\left(\frac{n_1}{n_2}\frac{n_2}{\sqrt{n_1^2+n_2^2}}\right)$$

$$= \text{asin}\left(\frac{n_1}{\sqrt{n_1^2+n_2^2}}\right).$$

Das bedeutet, θ_1 ist der Komplementwinkel von θ_{P1}.

Gemäß dem Brechungsgesetz gilt an der n_2/n_1-Grenzfläche $n_2 \sin\theta_1 = n_1 \sin\theta_2$. Damit ergibt sich (unter Berücksichtigung der Gegebenheiten am Referenzdreieck)

$$\theta_2 = \text{asin}\left(\frac{n_2}{n_1}\sin\theta_1\right) = \text{asin}\left(\frac{n_2}{n_1}\frac{n_1}{\sqrt{n_1^2+n_2^2}}\right)$$

$$= \text{asin}\left(\frac{n_2}{\sqrt{n_1^2+n_2^2}}\right) = \theta_{\text{P2}}.$$

Wir setzen beide Ausdrücke für $n_2 \sin\theta_1$ gleich und erhalten $n_1 \sin\theta_{\text{P1}} = n_1 \sin\theta_2$ sowie daraus $\theta_2 = \theta_{\text{P1}}$.

L31.28 a) Gemäß dem Brechungsgesetz gilt an der Grenzfläche zwischen Medium und Vakuum $n_1 \sin\theta_1 = n_2 \sin\theta_{\text{r}}$. Es ist $n_2 = 1$, und wir setzen $n_1 = n$. Für $\theta_1 = \theta_{\text{k}}$ ist dann $n \sin\theta_{\text{k}} = \sin 90° = 1$.

Für $\theta_1 = \theta_{\text{P}}$ ergibt sich $\tan\theta_{\text{P}} = n_2/n_1 = 1/n$ und daraus $n \tan\theta_{\text{P}} = 1$.

Beide Ausdrücke sind gleich 1; also ist $\tan\theta_{\text{P}} = \sin\theta_{\text{k}}$.

b) Für beliebige Winkel θ gilt $\tan\theta > \sin\theta$. Also ist $\theta_{\text{P}} > \theta_{\text{k}}$.

L31.29 Wir verwenden den Index 1 für die Einfallsseite der brechenden Grenzfläche und den Index 2 für die Austrittsseite. Das erste Medium ist Luft; also ist $n_1 = 1$, und für die Brechzahl des zweiten Mediums (der Substanz) setzen wir $n_2 = n$.

a) Gemäß dem Brechungsgesetz gilt an der ersten Grenzfläche (beim Eintritt in die Substanz) $\sin\theta_1 = n \sin\theta_2$. Weil reflektierter und gebrochener Strahl senkrecht aufeinander stehen, ist $\theta_1 + \theta_2 = 90°$ und daher $\theta_2 = 90° - \theta_1$.

Daraus folgt $\sin\theta_1 = n \sin(90° - \theta_1) = n \cos\theta_1$.

Also ist $n = \tan\theta_1 = \tan\theta_{\text{P}} = \tan 58° = 1{,}60$.

b) Gemäß dem Brechungsgesetz gilt bei Totalreflexion $n_2 \sin\theta_{\text{k}} = n_1 \sin 90°$.

Mit $n_2 = n$ und $n_1 = 1$ ist $n_2 \sin\theta_{\text{k}} = n$. Daraus folgt $\theta_{\text{k}} = \text{asin}(1/n) = \text{asin}(1/1{,}6) = 38{,}7°$.

L31.30　Die Gegebenheiten gehen aus der Abbildung hervor.

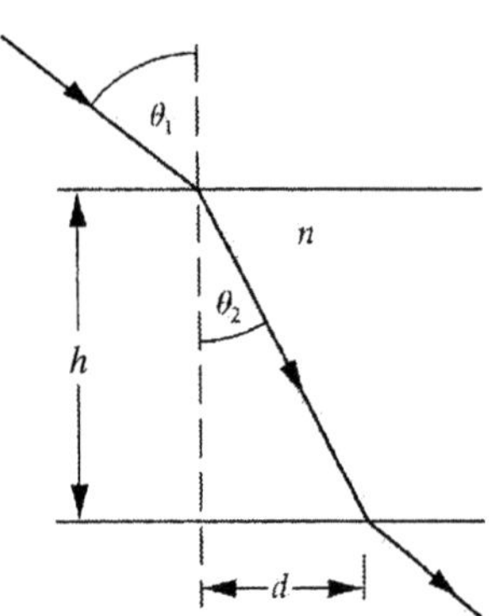

An der oberen Grenzfläche gilt gemäß dem Brechungsgesetz

$$\sin\theta_1 = n\,\sin\theta_2 \quad\text{und daher}\quad n = (\sin\theta_1)/(\sin\theta_2)\,.$$

Aus den geometrischen Zusammenhängen ergibt sich

$$d = h\tan\theta_2 \quad\text{und daraus}\quad \theta_2 = \operatorname{atan}(d/h)\,.$$

Dies setzen wir ein und erhalten

$$n = \frac{\sin\theta_1}{\sin\left[\operatorname{atan}(d/h)\right]}\,.$$

Optische Instrumente

- Ebene Spiegel
- Sphärische Spiegel
- Dünne Linsen
- Abbildungsfehler
- Das Auge
- Die Lupe
- Das Mikroskop
- Das Teleskop

32A

A: Aufgaben

Verständnisaufgaben

A32.1 • Nehmen Sie an, jede Achse eines kartesischen Koordinatensystems wird in einer anderen Farbe gezeichnet. Dann wird dieses Koordinatensystem fotografiert, außerdem sein von einem ebenen Spiegel erzeugtes Spiegelbild. Kann man den Aufnahmen entnehmen, dass eine von ihnen ein Spiegelbild zeigt, d. h. dass nicht beide Fotos das reale Koordinatensystem – mit unterschiedlichen Betrachtungswinkeln – zeigen?

A32.2 •• Richtig oder falsch? a) Das von einem Konkavspiegel entworfene virtuelle Bild ist stets kleiner als der Gegenstand. b) Ein Konkavspiegel erzeugt stets ein virtuelles Bild. c) Ein Konvexspiegel erzeugt niemals ein reelles Bild eines realen Gegenstands. d) Ein Konkavspiegel erzeugt niemals ein vergrößertes reelles Bild eines Gegenstands.

A32.3 •• Rückspiegel bei Fahrzeugen sind oft als Konvexspiegel ausgeführt, damit der Blickwinkel möglichst groß ist. Nehmen Sie an, unter einem solchen Spiegel ist folgender Warnhinweis angebracht: „Achtung! Fahrzeuge sind näher, als sie in diesem Spiegel erscheinen." Aus der Bildkonstruktion geht jedoch hervor, dass bei einem entfernten Gegenstand die Bildweite viel kleiner ist als die Gegenstandsweite. Warum scheint er dennoch weiter entfernt zu sein?

A32.4 • Unter welchen Bedingungen ist die Brennweite einer dünnen Linse a) positiv bzw. b) negativ? Betrachten Sie jeweils beide Möglichkeiten: Einmal ist die Brechzahl der Linse größer als die des umgebenden Mediums, und einmal ist sie kleiner.

A32.5 •• Ein Gegenstand steht 40 cm vor einer Linse mit der Brennweite -10 cm. Wie sieht das Bild aus? a) Reell, umgekehrt und verkleinert, b) reell, umgekehrt und vergrößert, c) virtuell, umgekehrt und verkleinert, d) virtuell, aufrecht und verkleinert, e) virtuell, aufrecht und vergrößert.

A32.6 • Wie sieht das von einem Konvexspiegel entworfene Bild eines realen Gegenstands aus? a) Es ist stets reell und umgekehrt. b) Es ist stets virtuell und vergrößert. c) Es kann reell sein. d) Es ist stets virtuell und verkleinert.

A32.7 • Wie sieht das von einer Sammellinse entworfene Bild eines realen Gegenstands aus? a) Es ist stets reell und umgekehrt. b) Es ist stets virtuell und vergrößert. c) Es kann reell sein. d) Es ist stets virtuell und verkleinert.

A32.8 •• Richtig oder falsch? a) Ein virtuelles Bild kann nicht auf einem Schirm betrachtet werden. b) Eine negative Bildweite bedeutet, dass das Bild virtuell ist. c) Alle Strahlen, die parallel zur optischen Achse eines sphärischen Spiegels verlaufen, werden in einen einzigen Punkt reflektiert. d) Eine Zerstreuungslinse kann kein reelles Bild eines realen Gegenstands erzeugen. e) Bei einer Sammellinse (positiven Linse) ist die Bildweite stets positiv.

Schätzungs- und Näherungsaufgaben

A32.9 •• Die Linsengleichung enthält drei Parameter, die konstruktiv zu beeinflussen sind: die Brechzahl des Linsenmaterials und die beiden Krümmungsradien. Es gibt nun viele verschiedene Möglichkeiten, eine Linse mit einer bestimmten Brennweite zu realisieren. Geben Sie mit Hilfe der Linsengleichung drei verschiedene Möglichkeiten an, eine dünne Sammellinse mit der Brennweite 27 cm zu konstruieren, wobei das Linsenmaterial jeweils die Brechzahl 1,6 hat. Skizzieren Sie Ihre drei Konstruktionsvorschläge.

A32.10　•• Schätzen Sie mit Hilfe der Gleichung, die die Vergrößerung der Lupe angibt, den Maximalwert der Vergrößerung ab, die man mit einer Lupe in der Praxis erreichen kann. (*Hinweis:* Überlegen Sie sich, wie groß die kleinste Brennweite einer Sammellinse aus Glas sein kann, die noch als Linse brauchbar ist.)

• Ebene Spiegel

A32.11　• Eine 1,62 m große Person möchte ihr gesamtes Bild in einem senkrecht stehenden ebenen Spiegel sehen. a) Wie hoch muss der Spiegel mindestens sein? b) Wie hoch muss er über dem Boden stehen, wenn der Scheitel der Person sich 15 cm oberhalb der Augenhöhe befindet? Zeichnen Sie die Bildkonstruktion.

• Sphärische Spiegel

A32.12　•• Ein sphärischer Konkavspiegel hat einen Krümmungsradius von 24 cm. Konstruieren Sie jeweils das Bild (sofern eines entworfen wird) eines Gegenstands, der a) 55 cm, b) 24 cm, c) 12 cm bzw. d) 8 cm vom Spiegel entfernt ist. Geben Sie jeweils an, ob das Bild reell oder virtuell ist, ob es aufrecht steht oder umgekehrt ist und ob es vergrößert, verkleinert oder ebenso groß wie der Gegenstand ist.

A32.13　•• Konvexspiegel dienen in Kaufhäusern dazu, bei vernünftiger Spiegelgröße einen guten Überblick (bzw. ein großes Blickfeld) zu bieten. Der Spiegel in der Abbildung erlaubt es der 5 m von ihm entfernten Verkäuferin, den gesamten Verkaufsraum zu überwachen. Der Krümmungsradius beträgt 1,2 m. a) Wenn der Kunde 10 m vom Spiegel entfernt ist, wie weit ist dann sein Bild von der Spiegeloberfläche entfernt? b) Liegt das Bild vor oder hinter dem Spiegel? c) Wenn der Kunde 2 m groß ist, wie groß ist dann sein Bild?

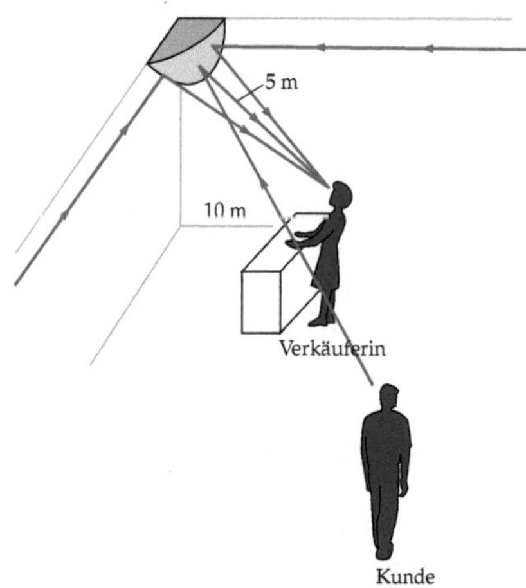

A32.14　•• Der sphärische Konkavspiegel eines Teleskops hat einen Krümmungsradius von 8 m. Wo befindet sich das von ihm entworfene Bild des Monds, und welchen Durchmesser hat es? Der Mond hat einen Durchmesser von ca. $3,5 \cdot 10^6$ m und ist von der Erde rund $3,8 \cdot 10^8$ m entfernt.

Durch Brechung erzeugte Bilder

A32.15　• Ein altes Dokument ist im Museum durch eine 2 cm dicke Glasplatte geschützt. Die Brechzahl des Glases ist 1,5. Wie weit hinter der Oberfläche der Glasscheibe erscheint das Bild des Dokuments, wenn man senkrecht auf die Scheibe blickt?

A32.16　• Ein Fisch befindet sich 10 cm weit hinter der Vorderseite eines kugelförmigen Gefäßes, dessen Radius 20 cm beträgt. a) Wo erscheint der Fisch einem Betrachter, der direkt von vorn auf das Gefäß blickt? b) Wo erscheint der Fisch, wenn er 30 cm vom Gefäßrand entfernt ist?

• Dünne Linsen

A32.17　• Die nachfolgend spezifizierten Linsen bestehen aus Glas mit der Brechzahl 1,5. Skizzieren Sie jede Linse und berechnen Sie ihre Brennweite in Luft: a) bikonvex mit $r_1 = 15$ cm und $r_2 = -26$ cm, b) plankonvex mit $r_1 = \infty$ und $r_2 = -15$ cm, c) bikonkav mit $r_1 = -15$ cm und $r_2 = +15$ cm, d) plankonkav mit $r_1 = \infty$ und $r_2 = +26$ cm.

A32.18　• Eine bikonkave Linse aus Glas mit der Brechzahl 1,45 hat die Krümmungsradien 30 cm und 25 cm. Ein Gegenstand befindet sich links von ihr, 80 cm weit entfernt. Berechnen Sie a) die Brennweite der Linse, b) die Bildweite, c) die Vergrößerung. d) Ist das Bild reell oder virtuell? Steht es aufrecht oder ist es umgekehrt?

A32.19　•• a) Was bedeutet eine negative Gegenstandsweite, und wie kann sie zustande kommen? Ermitteln Sie für die nachfolgend angegebenen Wertepaare jeweils die Bildweite und die Vergrößerung bei einer dünnen Linse in Luft. Geben Sie jeweils auch an, ob das Bild virtuell oder reell ist und ob es aufrecht steht oder umgekehrt ist. Zeichnen Sie auch die beiden Bildkonstruktionen. b) $g = -20$ cm und $f = +20$ cm, c) $g = -10$ cm und $f = -30$ cm.

A32.20　•• Zwei Sammellinsen, beide mit der Brennweite 10 cm, sind 35 cm voneinander entfernt. Links vor der ersten Linse, 20 cm entfernt, befindet sich ein Gegenstand. a) Zeichnen Sie die Bildkonstruktion und geben Sie an, wo das Endbild liegt. Lösen Sie die gleiche Aufgabe mit Hilfe der Linsengleichung. b) Ist das Endbild reell oder virtuell? Steht es aufrecht oder ist es umgekehrt? c) Wie hoch ist die durch beide Linsen erzielte Gesamtvergrößerung?

A32.21　•• a) Damit man mit einer dünnen Sammellinse der Brennweite f die Vergrößerung V erzielt, muss für die Gegenstandsweite gelten: $g = (V - 1)\,f/V$. Leiten Sie diese Beziehung her. b) Mit einer Kamera, deren Objektivbrennweite 50 mm beträgt, soll eine 1,75 m große Person aufgenommen werden. Wie weit muss sie von der Kamera entfernt sein, damit ihr Bild auf dem Film 24 mm hoch ist?

A32.22　••• Newton verwendete eine Form der Abbildungsgleichung für dünne Linsen, bei der Bild- und Gegenstandsweite relativ zu den Brennpunkten angegeben werden. Zeigen Sie

Folgendes: Mit $g' = g - f$ und $b' = b - f$ lautet die Linsengleichung $g'b' = f^2$, und die Vergrößerung ist $V = -b'/f = -f/g'$. Fertigen Sie eine Skizze der Linse an und tragen Sie die Abstände g' und b' ein.

- **Abbildungsfehler**

A32.23 • Eine bikonvexe Linse mit den Krümmungsradien $r_1 = +10$ cm und $r_2 = -10$ cm besteht aus Glas mit den Brechzahlen 1,53 für blaues und 1,47 für rotes Licht. Wie groß ist ihre Brennweite a) für rotes Licht und b) für blaues Licht?

- **Das Auge**

A32.24 •• Ein einfaches Modell des Auges kann man realisieren, indem man eine Linse mit veränderlicher Brechkraft D im festen Abstand x vor einem Schirm anbringt (siehe Abbildung). Zwischen Linse und Schirm befindet sich Luft. Dieses „Auge" kann unter Akkommodation scharf abbilden, wenn die Gegenstandsweite g zwischen s_1 und s_0 (der deutlichen Sehweite) liegt. Es wird als „normalsichtig" angesehen, wenn es auf sehr weit entfernte Gegenstände fokussiert werden kann.

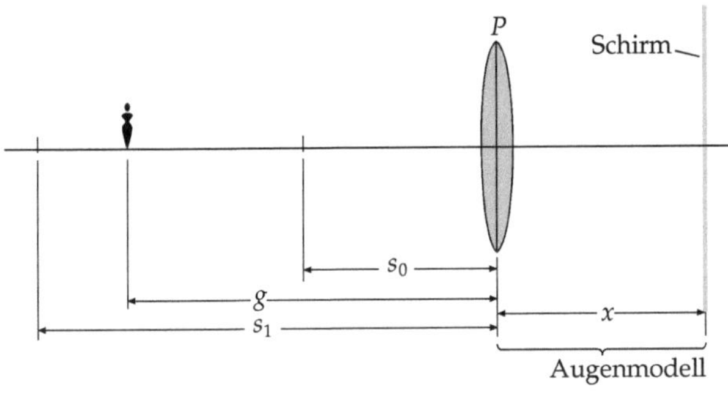

a) Zeigen Sie, dass die minimale Brechkraft des „normalsichtigen Auges" gegeben ist durch $D_{min} = 1/x$.

b) Zeigen Sie, dass seine maximale Brechkraft gegeben ist durch $D_{max} = 1/s_0 + 1/x$.

c) Die Differenz $\Delta D = D_{max} - D_{min}$ nennt man Akkommodation. Wie groß sind die minimale Brechkraft und die Akkommodation des Augenmodells, wenn $x = 2,5$ cm und $s_0 = 25$ cm ist?

A32.25 • Nehmen Sie an, als Modell des Auges dient eine Kamera, deren Objektivlinse die feste Brennweite 2,5 cm hat. Die Linse kann zur „Netzhaut" (der Kamerarückwand) hin und von ihr weg verschoben werden. Wie weit muss die Linse ungefähr verschoben werden, damit ein 25 cm weit entfernter Gegenstand scharf auf die „Netzhaut" abgebildet wird? (*Hinweis:* Ermitteln Sie, wie weit hinter der „Netzhaut" das Bild des 25 cm weit entfernten Gegenstands entworfen wird.)

A32.26 • Damit zwei sehr nahe beieinander liegende punktförmige Gegenstände getrennt erkennbar sind, müssen ihre Bilder auf der Netzhaut des Auges auf zwei nicht benachbarte Zäpfchen fallen. Zwischen ihren Bildern muss also mindestens ein nicht aktiviertes Zäpfchen liegen. Die Zäpfchen haben einen Abstand von

etwa 1 μm. Stellen Sie sich den Augapfel als homogene Kugel mit dem Durchmesser 2,5 cm und der Brechzahl 1,34 vor. a) Wie groß ist der kleinste Winkel ε in der Abbildung, unter dem die beiden Punkte noch getrennt zu erkennen sind? b) Welchen Abstand haben die Punkte dabei voneinander, wenn sie 20 m vom Auge entfernt sind?

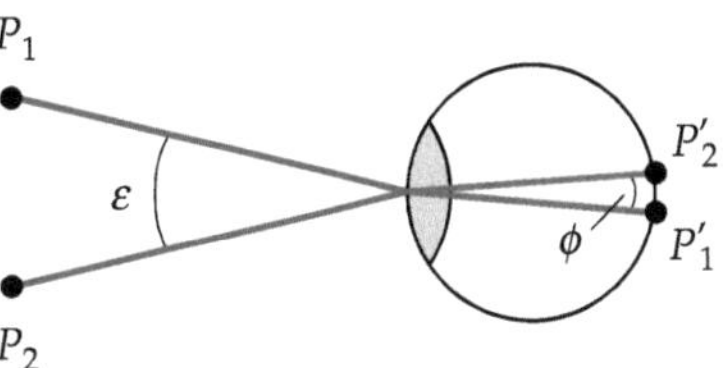

A32.27 •• Eine Person, deren Nahpunkt bei 80 cm liegt, möchte an einem Computerbildschirm arbeiten, der 45 cm von den Augen entfernt ist. a) Welche Brennweite müssen die Gläser der Lesebrille haben, damit sie 80 cm vor den Augen ein Bild entwerfen? b) Wie hoch ist die Brechkraft dieser Brillengläser?

A32.28 •• Die Brechzahl der Augenlinse unterscheidet sich nur wenig von der des sie umgebenden Materials. Dagegen ändert sich die Brechkraft beim Übergang von Luft ($n = 1$) zur Hornhaut ($n \approx 1,4$) sehr stark. Die Brechung im Auge geschieht daher vor allem in der Hornhaut. Nehmen Sie an, die Hornhaut ist eine homogene Kugel mit der Brechzahl 1,4, und berechnen Sie ihren Krümmungsradius, wenn sie parallele Lichtstrahlen auf die Netzhaut fokussiert, die 2,5 cm hinter der Vorderseite liegt. Erwarten Sie, dass das Ergebnis größer oder dass es kleiner ist als der tatsächliche Krümmungsradius der Hornhaut?

- **Die Lupe**

A32.29 • Eine Person, deren Nahpunkt bei 25 cm liegt, möchte mit einer einzelnen Sammellinse als Lupe eine Vergrößerung von 5 erreichen. Welche Brennweite muss die Linse haben?

A32.30 •• Ein Botaniker verwendet eine Konvexlinse der Brechkraft 12 dpt als Lupe und betrachtet mit ihr ein Blatt. Wie hoch ist die Winkelvergrößerung, wenn das Endbild a) im Unendlichen bzw. b) in 25 cm Abstand liegt?

A32.31 •• Zeigen Sie, dass Abbildungsmaßstab und Winkelvergrößerung gleich sind, wenn das von einer Lupe entworfene Bild am Nahpunkt betrachtet wird.

- **Das Mikroskop**

A32.32 •• Das Objektiv eines Mikroskops hat die Brennweite 17 mm. Es erzeugt 16 cm von seinem zweiten Brennpunkt entfernt ein Bild. a) Wie weit vor dem Objektiv befindet sich der Gegenstand? b) Welche Vergrößerung ergibt sich im Auge eines Betrachters, dessen Nahpunkt bei 25 cm liegt, wenn das Okular die Brennweite 51 mm hat?

A32.33 ••• Ein Mikroskop hat die Vergrößerung 600, und sein Okular hat die Winkelvergrößerung 15. Die Objektivlinse ist

22 cm vom Okular entfernt. Setzen Sie keinerlei Näherungen an und berechnen Sie a) die Brennweite des Okulars, b) den Abstand des Gegenstands vom Objektiv, wenn das Bild mit normalsichtigem, entspanntem Auge betrachtet werden kann, c) die Brennweite des Objektivs.

• Das Teleskop

A32.34 • Ein einfaches Teleskop hat ein Objektiv mit der Brennweite 100 cm und ein Okular mit der Brennweite 5 cm. Mit ihm wird der Mond betrachtet, der unter einem Winkel von etwa 0,009 rad erscheint. a) Welchen Durchmesser hat das vom Objektiv entworfene Bild? b) Unter welchem Winkel erscheint das Endbild im Unendlichen? c) Welche Vergrößerung hat das Teleskop?

A32.35 •• Der 5,1-m-Spiegel des Teleskops auf dem Mount Palomar hat eine Brennweite von 1,68 m. a) Um welchen Faktor ist seine Lichtstärke größer als die des 1,016-m-Refraktors (Linsenteleskops) im Yerkes-Observatorium? b) Wie hoch ist seine Vergrößerung, wenn die Brennweite des Okulars 1,25 cm beträgt?

A32.36 •• Ein Teleskop hat für Beobachtungen von Objekten auf der Erde den Nachteil, dass es ein umgekehrtes Endbild erzeugt. Beim so genannten Galilei-Teleskop ist die Objektivlinse eine Sammellinse (wie gewöhnlich), die Okularlinse jedoch eine Zerstreuungslinse. Das vom Objektiv entworfene Bild liegt hinter dem Okular an dessen Brennpunkt. Daher ist das Endbild virtuell sowie aufrecht und liegt im Unendlichen. a) Zeigen Sie, dass die Vergrößerung des Galilei-Teleskops $V = -f_{Ob}/f_{Ok}$ ist. Darin ist f_{Ob} die Brennweite des Objektivs und V_{Ok} die (hier negative) Brennweite des Okulars. b) Skizzieren Sie den Strahlengang in diesem Teleskop und zeigen Sie daran, dass das Endbild tatsächlich virtuell ist, aufrecht steht und im Unendlichen liegt.

Allgemeine Aufgaben

A32.37 • Mit einer dünnen Sammellinse der Brennweite 10 cm wird ein Bild erzeugt, das doppelt so groß ist wie ein kleiner Gegenstand. Wie groß sind jeweils die Gegenstands- und die Bildweite, wenn das Bild a) aufrecht steht bzw. wenn es b) umgekehrt ist? Zeichnen Sie jeweils den Strahlengang.

A32.38 •• Sie haben zwei Sammellinsen mit den Brennweiten 75 mm bzw. 25 mm. a) Wie müssen diese Linsen angeordnet werden, damit sie ein einfaches astronomisches Teleskop ergeben? Geben Sie an, welche Linse als Objektiv und welche als Okular dienen muss, welchen Abstand sie voneinander haben müssen und welche Winkelvergrößerung das Teleskop haben wird. b) Skizzieren Sie den Strahlengang und zeigen Sie an ihm, wie mit Hilfe dieses Teleskops weit entfernte Gegenstände vergrößert abgebildet werden können.

A32.39 •• a) Eine dünne Linse hat in Luft die Brennweite f. Zeigen Sie, dass für ihre Brennweite f_W in Wasser gilt:

$$f_W = \frac{n_W\,(n-1)}{n-n_W}\,f.$$

Darin ist n_W die Brechzahl von Wasser und n die des Linsenmaterials. b) Berechnen Sie die Brennweite in Luft sowie in Wasser einer bikonkaven Linse, deren Material die Brechzahl 1,5 hat und deren Krümmungsradien 30 cm und 35 cm betragen.

A32.40 ••• a) Zeigen Sie, dass eine geringe Änderung dn der Brechzahl des Linsenmaterials eine geringe Änderung df der Brennweite zur Folge hat, für die gilt: $df/f \approx -dn/(n-1)$. b) Berechnen Sie mit dieser Beziehung die Brennweite einer dünnen Linse für blaues Licht (mit $n = 1,53$), wenn für rotes Licht (mit $n = 1,47$) ihre Brennweite 20 cm beträgt.

A32.41 ••• Der Abbildungsmaßstab eines sphärischen Spiegels oder einer dünnen Linse ist $V = -b/g$. Zeigen Sie, dass sich für Gegenstände mit geringer horizontaler Ausdehnung die longitudinale Vergrößerung näherungsweise zu $-V^2$ ergibt. (*Hinweis:* Zeigen Sie, dass gilt: $db/dg = -b^2/g^2$.)

Optische Instrumente

32L

L: Lösungen

L32.1 Ja; das Bild eines rechtshändigen Koordinatensystems ist ein linkshändiges Koordinatensystem.

L32.2 a) Falsch. Wenn sich der Gegenstand zwischen Brennpunkt und Scheitelpunkt befindet, dann hängt die Größe des vom Konkavspiegel entworfenen virtuellen Bilds vom Abstand des Gegenstands vom Scheitelpunkt ab. b) Falsch. Das Bild ist reell, wenn sich der Gegenstand außerhalb der Brennweite befindet. c) Richtig. d) Falsch. Wenn sich der Gegenstand zwischen dem Krümmungsmittelpunkt und dem Brennpunkt befindet, ist das Bild vergrößert und reell.

L32.3 Der Gegenstand scheint weiter entfernt zu sein, weil das Bild kleiner ist, als es bei einem ebenen Spiegel wäre.

L32.4 a) Die Linse wirkt als positive Linse (Sammellinse), wenn die Brechzahl des Linsenmaterials größer als die des umgebenden Mediums ist und wenn die Linse in der Mitte dicker ist als am Rand. Wenn jedoch die Brechzahl des Linsenmaterials kleiner als die des umgebenden Mediums ist, dann wirkt die Linse als positive Linse, wenn sie in der Mitte dünner ist als am Rand.

b) Die Linse wirkt als negative Linse (Zerstreuungslinse), wenn die Brechzahl des Linsenmaterials kleiner als die des umgebenden Mediums ist und wenn die Linse in der Mitte dünner ist als am Rand. Wenn jedoch die Brechzahl des Linsenmaterials kleiner als die des umgebenden Mediums ist, dann wirkt die Linse als negative Linse, wenn sie in der Mitte dicker ist als am Rand.

L32.5 In der Abbildung wurden der Mittelpunktsstrahl und der achsenparallele Strahl zur Bildkonstruktion herangezogen.

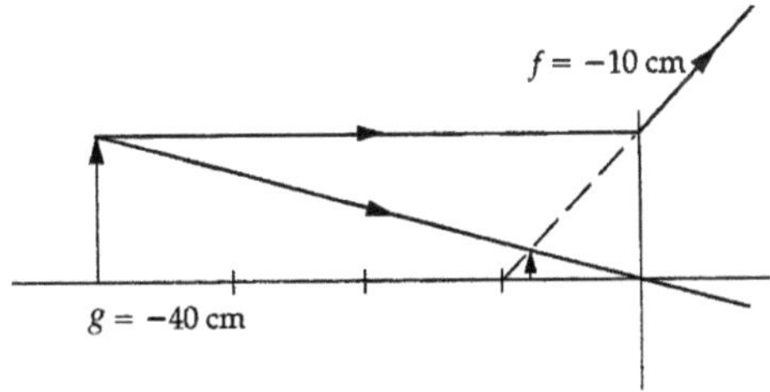

Das Bild ist virtuell (nur einer der von der Pfeilspitze ausgehenden Strahlen verläuft durch den entsprechenden Bildpunkt). Außerdem ist das Bild aufrecht und verkleinert. Also ist Aussage d richtig.

L32.6 Wie aus der Abbildung hervorgeht, ist das Bild stets virtuell und verkleinert. Also ist Aussage d richtig.

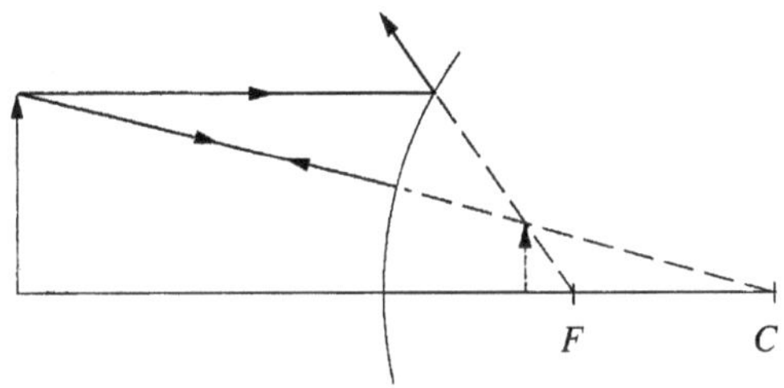

L32.7 Sammellinsen können reelle oder virtuelle Bilder erzeugen, die verkleinert oder vergrößert sein können. Also ist Aussage c richtig.

L32.8 a) Richtig. b) Richtig. c) Falsch. Wo die reflektierten Strahlen die Achse eines sphärischen Spiegels schneiden, hängt davon ab, in welchem Abstand von der Achse sie am Spiegel reflektiert wurden. d) Richtig. e) Falsch. Die Bildweite eines virtuellen Bilds ist negativ.

L32.9 Die Parameter hängen über die Beziehung für die reziproke Brennweite dünner Linsen miteinander zusammen. Daher muss gelten

$$\frac{1}{27\ \mathrm{cm}} = (1,6 - 1)\left(\frac{1}{r_1} - \frac{1}{r_2}\right) \quad \text{bzw.} \quad \frac{1}{r_1} - \frac{1}{r_2} = \frac{1}{16,2\ \mathrm{cm}}.$$

Eine Möglichkeit ist eine plankonvexe Linse. Bei ihr ist einer der Krümmungsradien unendlich, also beispielsweise $r_2 = \infty$. Dann ist $r_1 = 16,2$ cm.

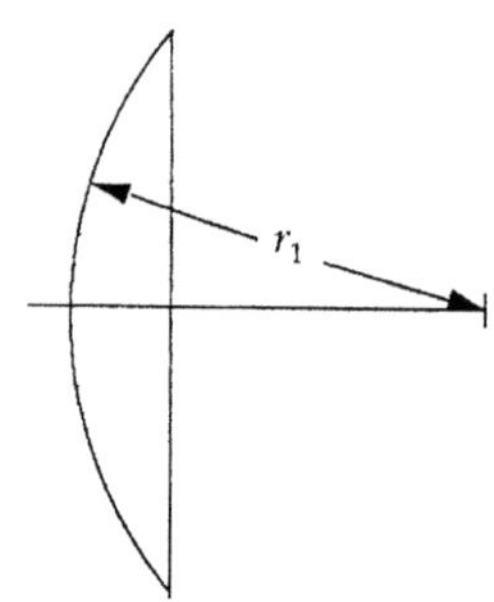

Eine zweite Möglichkeit ist eine bikonvexe Linse. Wenn ihre Krümmungsradien denselben Betrag haben, muss $r_1 = -r_2$ sein. Das ergibt $r_1 = 32{,}4$ cm und $r_2 = -32{,}4$ cm.

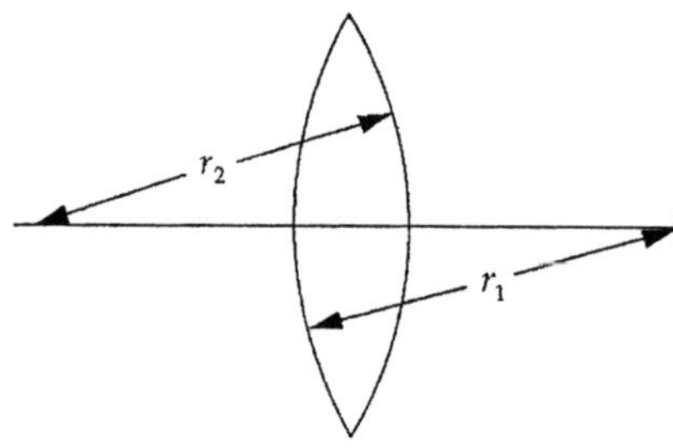

Eine dritte Möglichkeit ist eine konkav-konvexe Linse. Ihre Radien haben dasselbe Vorzeichen, aber verschiedene Beträge. Wir setzen beispielsweise $r_2 = 12$ cm. Dann ist $r_1 = 6{,}89$ cm.

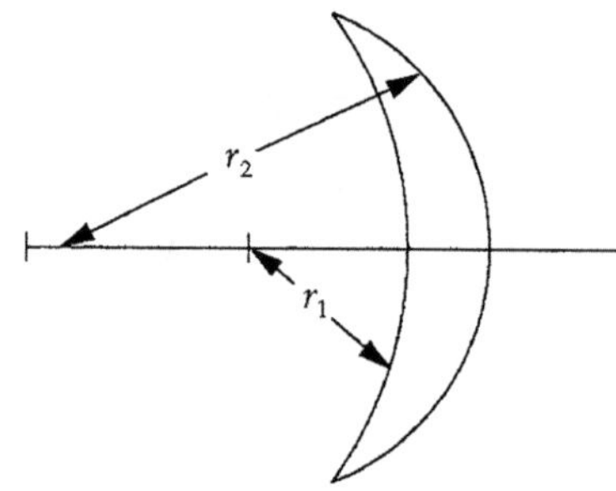

L32.10 Die Vergrößerung der Lupe ist umgekehrt proportional zu ihrer Brennweite: $V_\mathrm{L} = s_0/f$. Die reziproke Brennweite ist $1/f = (n-1)(1/r_1 - 1/r_2)$.

Bei einer plankonvexen Linse (die sich gut auflegen lässt) ist $r_2 = \infty$. Damit ergibt sich

$$\frac{1}{f} = \frac{n-1}{r_1} \quad \text{und daher} \quad V_\mathrm{L} = \frac{s_0}{f} = \frac{(n-1)\,s_0}{r_1}.$$

Ein vernünftiger Mindestwert für den Krümmungsradius einer Lupe ist 1 cm. Mit der Brechzahl $n = 1{,}5$ für Glas erhalten wir dafür

$$V_\mathrm{max} = \frac{(1{,}5 - 1)\,(25\ \mathrm{cm})}{1\ \mathrm{cm}} = 12{,}5.$$

L32.11 Der Spiegel muss halb so hoch sein wie die Person groß ist, also 81 cm. Seine Oberkante muss sich 7,5 cm unterhalb der Scheitelhöhe befinden; dies entspricht 154,5 cm über dem Boden. Die Unterkante des Spiegels muss sich 73,5 cm über dem Boden befinden. In der Abbildung sind einige Strahlen eingezeichnet.

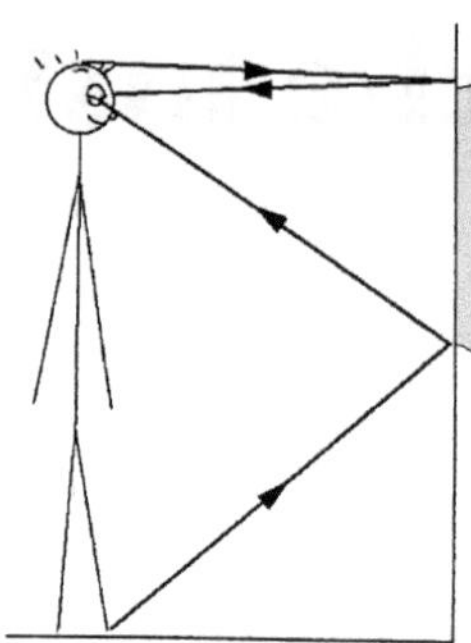

L32.12 Das Bild kann auf recht einfache Weise konstruiert werden: Der achsenparallele Strahl geht nach der Reflexion durch den Brennpunkt des Spiegels, der Mittelpunktsstrahl wird in sich selbst reflektiert, und der Brennpunktsstrahl wird achsenparallel reflektiert. Für die Bildkonstruktion genügen zwei beliebige dieser drei Strahlen, hier ausgehend von der Oberkante des Gegenstands, der auf Achse steht.

a) Das Bild ist reell, umgekehrt und verkleinert.

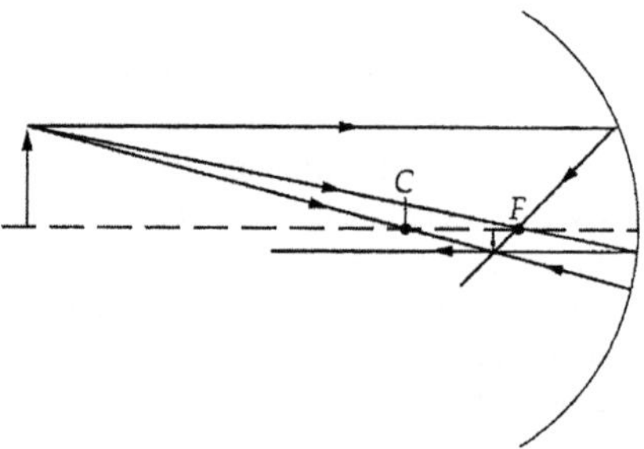

b) Das Bild ist reell, umgekehrt und ebenso groß wie der Gegenstand.

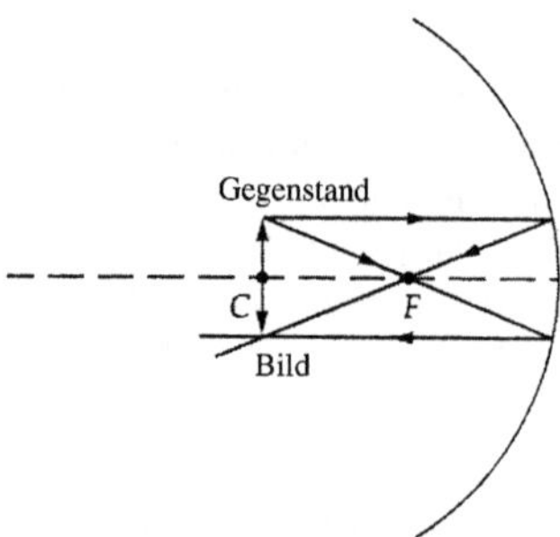

c) Wenn sich der Gegenstand am Brennpunkt befindet, entsteht kein Bild, denn die Strahlen treten parallel aus.

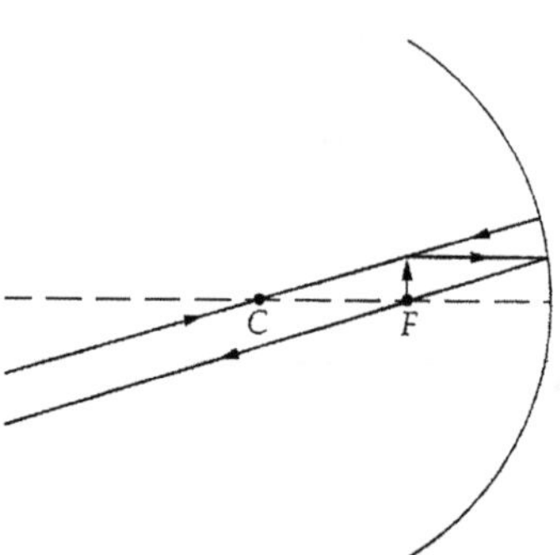

d) Das Bild ist virtuell, aufrecht und vergrößert.

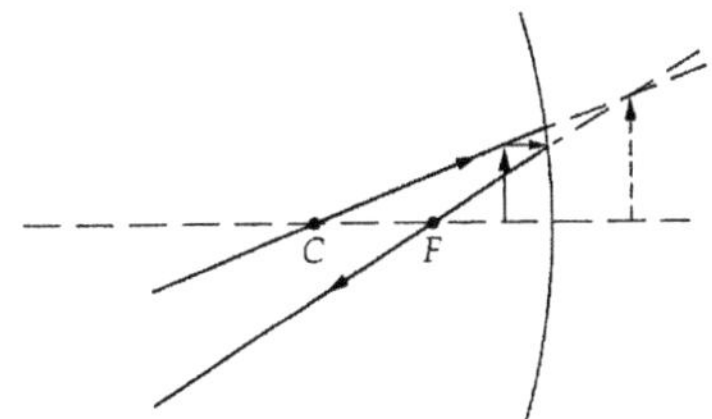

L32.13 a) und b) Die Brennweite entspricht dem halben Krümmungsradius: $f = \frac{1}{2}r$. Damit ergibt sich aus der Abbildungsgleichung für sphärische Spiegel die Bildweite zu

$$b = \frac{g\,f}{g-f} = \frac{g\,r/2}{g-r/2} = \frac{g\,r}{2g-r}$$
$$= \frac{(-1{,}2\,\mathrm{m})\,(10\,\mathrm{m})}{2\,(10\,\mathrm{m}) - (-1{,}2\,\mathrm{m})} = -0{,}566\,\mathrm{m}.$$

Das Bild befindet sich also 56,6 cm hinter dem Spiegel.

c) Die Vergrößerung des Spiegels ist $V = B/G = -b/g$.
Damit erhalten wir für die Bildhöhe

$$B = -\frac{b}{g}\,G = -\frac{-0{,}566\,\mathrm{m}}{10\,\mathrm{m}}\,(2\,\mathrm{m}) = 0{,}113\,\mathrm{m}.$$

L32.14 Die Brennweite entspricht dem halben Krümmungsradius: $f = \frac{1}{2}r$. Damit ergibt sich aus der Abbildungsgleichung für sphärische Spiegel die Bildweite zu

$$b = \frac{f\,g}{f-g} = \frac{(r/2)\,g}{r/2-g} = \frac{r\,g}{r-2g}$$
$$= \frac{(8\,\mathrm{m})\,(3{,}8\cdot10^{8}\,\mathrm{m})}{(8\,\mathrm{m}) - 2\,(3{,}8\cdot10^{8}\,\mathrm{m})} = -4{,}00\,\mathrm{m}.$$

Die Vergrößerung des Spiegels ist $V = B/G = -b/g$. Damit erhalten wir für die Bildhöhe

$$B = -\frac{b}{g}\,G = -\frac{-4\,\mathrm{m}}{3{,}8\cdot10^{8}\,\mathrm{m}} = 3{,}86\,\mathrm{cm}.$$

L32.15 In der Abbildung sind nur zwei Strahlen eingezeichnet, die das eigentlich vorhandene Strahlenbündel begrenzen. Die Brechzahl der Luft ist kleiner als die von Glas, so dass die Strahlen vom Einfallslot weg gebrochen werden, wenn sie aus dem Glas austreten. Das Bild erscheint näher, als der Gegenstand (die Schrift auf dem Dokument) wirklich ist.

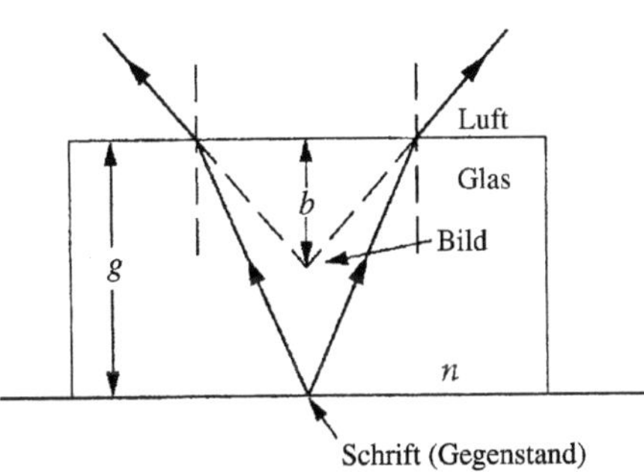

Bei der Brechung an einer einzelnen Oberfläche gilt hier

$$\frac{n_1}{g} + \frac{n_2}{b} = \frac{n_2 - n_1}{r}.$$

Im vorliegenden Fall ist $n_1 = n$ und $n_2 = 1$ sowie $r = \infty$. Dies ergibt $n/g + 1/b = 0$. Damit erhalten wir für die Bildweite

$$b = -\frac{g}{n} = -\frac{2\,\mathrm{cm}}{1{,}5} = -1{,}33\,\mathrm{cm}.$$

Das Minuszeichen besagt, dass sich das Bild um den angegebenen Abstand *unterhalb* der oberen Glasfläche befindet.

L32.16 In der Abbildung sind nur zwei Strahlen eingezeichnet, die das eigentlich vorhandene Strahlenbündel begrenzen. Die Brechzahl der Luft ist kleiner als die von Wasser, so dass die Strahlen vom Einfallslot weg gebrochen werden, wenn sie aus dem Wasser austreten. Das Bild erscheint näher, als der Fisch wirklich ist.

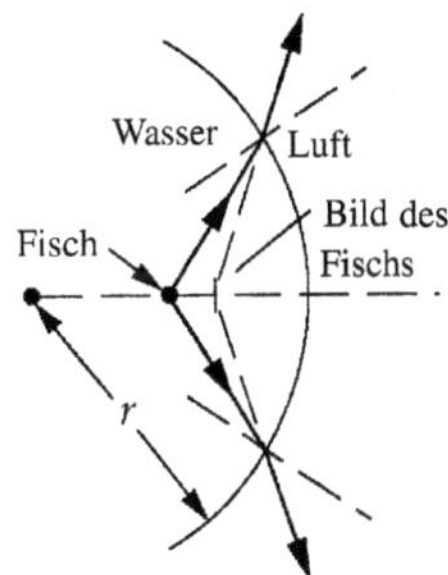

a) Bei der Brechung an einer einzelnen Oberfläche gilt hier

$$\frac{n_1}{g} + \frac{n_2}{b} = \frac{n_2 - n_1}{r}.$$

Im vorliegenden Fall ist $n_1 = n$ und $n_2 = 1$. Dies ergibt

$$\frac{n}{g} + \frac{1}{b} = \frac{1-n}{r},$$

und wir erhalten für die Bildweite

$$b = \frac{r\,g}{g\,(1-n) - n\,r}$$
$$= \frac{(-20\,\mathrm{cm})\,(10\,\mathrm{cm})}{(10\,\mathrm{cm})\,(1-1{,}33) - (1{,}33)\,(-20\,\mathrm{cm})} = -8{,}54\,\mathrm{cm}.$$

Das Minuszeichen besagt, dass sich das Bild um den angegebenen Abstand *hinter* der Vorderfläche des Gefäßes befindet.

b) Für die Gegenstandsweite $g = 30$ cm ergibt sich die Bildweite

$$b = \frac{(-20\,\mathrm{cm})\,(30\,\mathrm{cm})}{(30\,\mathrm{cm})\,(1-1{,}33) - (1{,}33)\,(-20\,\mathrm{cm})} = -35{,}9\,\mathrm{cm}.$$

Auch hier befindet sich, wie das Minuszeichen angibt, das Bild *hinter* der Vorderfläche der Gefäßwand.

L32.17 Mit den Indices 1 und 2 für die brechenden Oberflächen gilt für die reziproke Brennweite einer dünnen Linse

$$\frac{1}{f} = (n-1)\left(\frac{1}{r_1} - \frac{1}{r_2}\right).$$

Die Brechzahl ist jeweils $n = 1{,}5$.

a) Für $r_1 = 15$ cm und $r_2 = -26$ cm ergibt sich

$$\frac{1}{f} = (1{,}5 - 1)\left(\frac{1}{15\ \text{cm}} - \frac{1}{-26\ \text{cm}}\right), \quad \text{also}\quad f = 19{,}0\ \text{cm}.$$

Eine bikonvexe Linse ist in der Abbildung gezeigt.

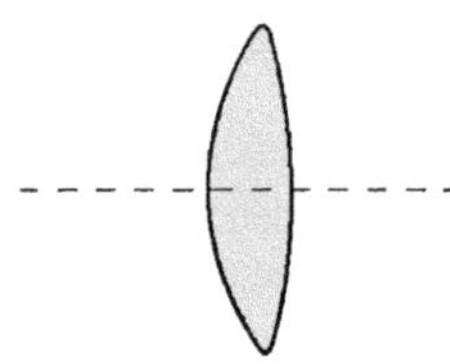

b) Für $r_1 = \infty$ und $r_2 = -15$ cm ergibt sich

$$\frac{1}{f} = (1{,}5 - 1)\left(\frac{1}{\infty} - \frac{1}{-15\ \text{cm}}\right), \quad \text{also}\quad f = 30{,}0\ \text{cm}.$$

Eine plankonvexe Linse ist in der Abbildung gezeigt.

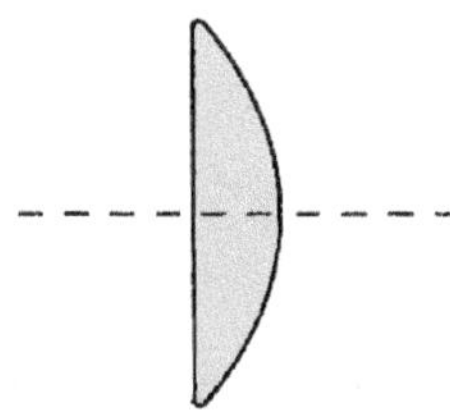

c) Für $r_1 = -15$ cm und $r_2 = +15$ cm ergibt sich

$$\frac{1}{f} = (1{,}5 - 1)\left(\frac{1}{-15\ \text{cm}} - \frac{1}{15\ \text{cm}}\right), \quad \text{also}\ f = -15{,}0\ \text{cm}.$$

Eine bikonkave Linse ist in der Abbildung gezeigt.

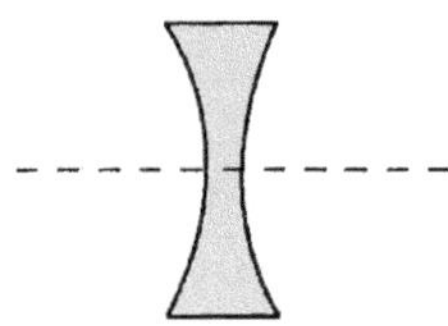

d) Für $r_1 = \infty$ und $r_2 = +26$ cm ergibt sich

$$\frac{1}{f} = (1{,}5 - 1)\left(\frac{1}{\infty} - \frac{1}{26\ \text{cm}}\right), \quad \text{also}\quad f = -52{,}0\ \text{cm}.$$

Eine plankonkave Linse ist in der Abbildung gezeigt.

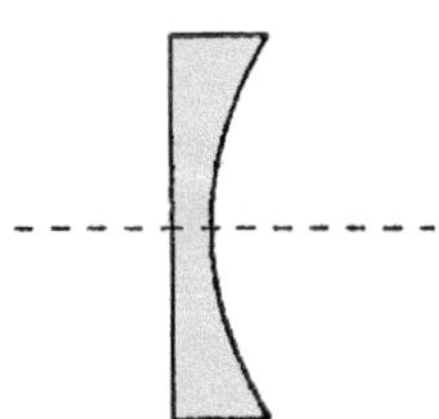

L32.18 a) Mit den Indices 1 und 2 für die brechenden Oberflächen gilt für die reziproke Brennweite dieser dünnen Linse

$$\frac{1}{f} = (n - 1)\left(\frac{1}{r_1} - \frac{1}{r_2}\right) = (1{,}45 - 1)\left(\frac{1}{-30\ \text{cm}} - \frac{1}{25\ \text{cm}}\right).$$

Damit ergibt sich die Brennweite $f = -30{,}3$ cm.

b) Die Abbildungsgleichung für dünne Linsen lautet $1/g + 1/b = 1/f$, und wir erhalten für die Bildweite

$$b = \frac{g f}{g - f} = \frac{(80\ \text{cm})\,(-30{,}3\ \text{cm})}{(80\ \text{cm}) - (-30{,}3\ \text{cm})} = -22{,}0\ \text{cm}.$$

c) Die Vergrößerung ist

$$V = -\frac{b}{g} = -\frac{-22\ \text{cm}}{80\ \text{cm}} = 0{,}275.$$

d) Es ist $b < 0$ und $V > 0$. Also ist das Bild virtuell und aufrecht.

L32.19 a) Eine negative Gegenstandsweite bedeutet, dass ein virtueller Gegenstand vorliegt. Die Lichtstrahlen laufen also auf den jeweiligen Gegenstandspunkt zu, anstatt von ihm auszugehen. Ein virtueller Gegenstand kann bei Linsenkombinationen auftreten, wenn die erste Linse ein Bild im Abstand $-|g|$ von der zweiten Linse entwirft.

b) Die Abbildungsgleichung für dünne Linsen lautet $1/g + 1/b = 1/f$, und wir erhalten für die Bildweite

$$b = \frac{g f}{g - f} = \frac{(-20\ \text{cm})\,(20\ \text{cm})}{-20\ \text{cm} - (20\ \text{cm})} = 10{,}0\ \text{cm}.$$

c) Die Vergrößerung ist

$$V = -\frac{b}{g} = -\frac{10\ \text{cm}}{-20\ \text{cm}} = 0{,}500.$$

Die Abbildung zeigt die Bildkonstruktion mit Hilfe des achsenparallelen Strahls und des Mittelpunktsstrahls.

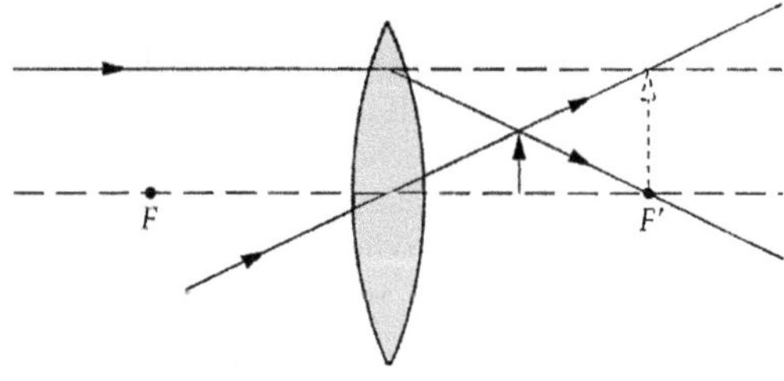

Es ist $b > 0$ und $V > 0$. Also ist das Bild reell und aufrecht. Wie aus dem Betrag 0,500 der Vergrößerung hervorgeht, ist es halb so groß wie der virtuelle Gegenstand.

c) Für $g = -10$ cm und $f = -30$ cm erhalten wir (auf die gleiche Weise wie in Teilaufgabe a)

$$b = \frac{(-10\ \text{cm})\,(-30\ \text{cm})}{-10\ \text{cm} - (-30\ \text{cm})} = 15{,}0\ \text{cm}$$

und

$$V = -\frac{15\ \text{cm}}{-10\ \text{cm}} = 1{,}500.$$

Die Abbildung zeigt die Bildkonstruktion mit Hilfe des achsenparallelen Strahls und des Mittelpunktsstrahls.

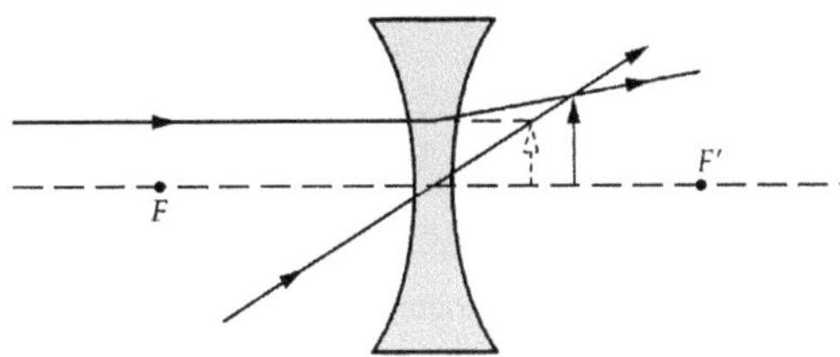

Es ist $b > 0$ und $V = 1{,}5$. Also ist das Bild reell, aufrecht und 1,5-mal so groß wie der virtuelle Gegenstand.

L32.20 a) Die Abbildung zeigt die Bildkonstruktion mit Hilfe des achsenparallelen Strahls und des Mittelpunktsstrahls sowie (bei der ersten Linse) auch des Brennpunktsstrahls.

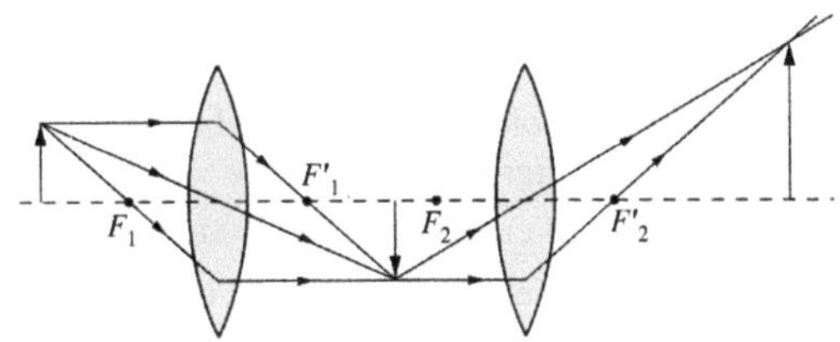

b) Das Endbild ist reell, aufrecht und größer als der Gegenstand. Es befindet sich außerhalb der Brennweite der zweiten Linse.

c) Die Abbildungsgleichung für dünne Linsen lautet $1/g + 1/b = 1/f$, und wir erhalten für die Bildweite bei der ersten Linse

$$b_1 = \frac{g_1\, f_1}{g_1 - f_1} = \frac{(20\ \text{cm})\,(10\ \text{cm})}{20\ \text{cm} - 10\ \text{cm}} = 20\ \text{cm}.$$

Die Vergrößerung durch die erste Linse ist damit

$$V_1 = -\frac{b_1}{g_1} = -\frac{20\ \text{cm}}{20\ \text{cm}} = -1.$$

Beide Linsen sind 35 cm voneinander entfernt. Daher ist die Gegenstandsweite für die Abbildung durch die zweite Linse:
$$g_2 = 35\ \text{cm} - 20\ \text{cm} = 15\ \text{cm}.$$

Damit ergibt sich die Bildweite bei der zweiten Linse zu

$$b_2 = \frac{g_2\, f_2}{g_2 - f_2} = \frac{(15\ \text{cm})\,(10\ \text{cm})}{15\ \text{cm} - 10\ \text{cm}} = 30\ \text{cm}.$$

Somit ist das Endbild 85 cm vom Gegenstand entfernt. Die Vergrößerung durch die zweite Linse ist

$$V_2 = -\frac{b_2}{g_2} = -\frac{30\ \text{cm}}{15\ \text{cm}} = -2.$$

Die Gesamtvergrößerung ist das Produkt der beiden Vergrößerungen: $V = V_1 V_2 = (-1)(-2) = +2$. Wie schon in Teilaufgabe a grafisch ermittelt, ist das Endbild reell ($b_2 > 0$) sowie aufrecht und größer ($V = +2$) als der Gegenstand.

L32.21 a) Die Vergrößerung ist $V = -b/g$; also gilt $b = -V g$. Mit der Abbildungsgleichung $1/g + 1/b = 1/f$ für dünne Linsen ergibt sich daraus

$$\frac{1}{g} + \frac{1}{-V g} = \frac{1}{f} \quad \text{und daher} \quad g = \frac{(V-1)\,f}{V}.$$

b) Die Vergrößerung ist

$$V = -\frac{B}{G} = -\frac{24\ \text{mm}}{1{,}75\ \text{m}} = -0{,}0137.$$

Damit erhalten wir für die Gegenstandsweite

$$g = \frac{(-0{,}0137 - 1)\,(50\ \text{mm})}{-0{,}0137} = 3{,}70\ \text{m}.$$

L32.22 Die Abbildung zeigt die heute üblichen Größen sowie die von Newton verwendeten Größen g' und b'.

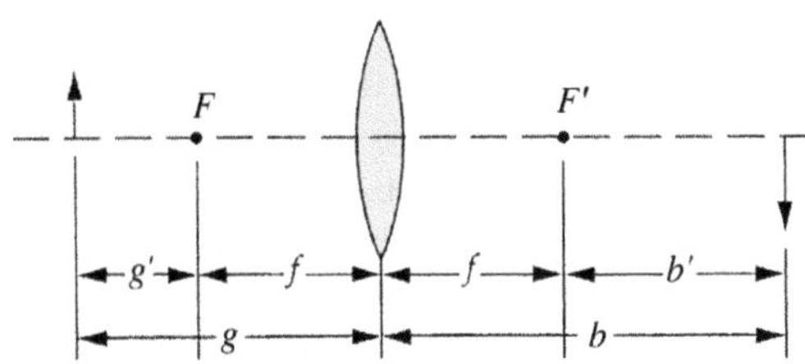

Die Abbildungsgleichung für dünne Linsen lautet $1/g + 1/b = 1/f$. Mit $g' = g - f$ und $b' = b - f$ ergibt sich

$$\frac{1}{g' + f} + \frac{1}{b' + f} = \frac{1}{f}.$$

Dies formen wir um:
$$f\,(b' + g' + 2f) = (g' + f)(b' + f) = g'b' + g'f + b'f + f^2.$$
Vereinfachen ergibt

$$g'b' = f^2. \tag{-6}$$

Ebenfalls mit $g' = g - f$ und $b' = b - f$ können wir den Ausdruck für die Vergrößerung umformen:

$$V = -\frac{b}{g} = -\frac{b' + f}{g' + f}.$$

Aus Gleichung 1 folgt $g' = f^2/b'$. Dies setzen wir ein und erhalten

$$V = -\frac{b' + f}{(f^2/b') + f} = -\frac{b' + f}{f\,(f + b')/b'} = -\frac{b'}{f}.$$

Für die Vergrößerung gilt außerdem, wie eben gezeigt:

$$V = -\frac{b' + f}{g' + f}.$$

Aus Gleichung 1 folgt $b' = f^2/g'$. Dies setzen wir ein und erhalten

$$V = -\frac{(f^2/g') + f}{g' + f} = -\frac{f\,(f/g' + 1)}{x\,(1 + f/g')} = -\frac{f}{g'}.$$

L32.23 Für die reziproke Brennweite einer dünnen Linse gilt

$$\frac{1}{f} = (n - 1)\left(\frac{1}{r_1} - \frac{1}{r_2}\right).$$

a) $\dfrac{1}{f_{\text{rot}}} = (1{,}47 - 1)\left(\dfrac{1}{10\ \text{cm}} - \dfrac{1}{-10\ \text{cm}}\right).$

Die Brennweite ist also $f_{\text{rot}} = 10{,}6\,\text{cm}$.

b) $\dfrac{1}{f_{\text{blau}}} = (1{,}53 - 1)\left(\dfrac{1}{10\,\text{cm}} - \dfrac{1}{-10\,\text{cm}}\right).$

Die Brennweite ist also $f_{\text{blau}} = 9{,}43\,\text{cm}$.

L32.24 a) Gemäß der Abbildungsgleichung für dünne Linsen gilt für die Brechkraft D:

$$\frac{1}{g} + \frac{1}{b} = \frac{1}{f} = D.$$

Mit der Bildweite $b = x$ und der Gegenstandsweite $g = \infty$ ist die minimale Brechkraft $D_{\text{min}} = 1/b = 1/x$.

b) Wenn der Gegenstand bis auf den minimalen Abstand s_0 herangerückt wird, bei dem das Bild auf dem Schirm noch scharf sein soll, muss für die maximale Brechkraft gelten $D_{\text{max}} = 1/s_0 + 1/x$.

c) Mit dem Ergebnis aus Teilaufgabe a erhalten wir $D_{\text{min}} = 1/(2{,}5\,\text{cm}) = 40{,}0\,\text{dpt}$. Die Akkommodation entspricht der Differenz zwischen maximaler und minimaler Brechkraft:

$$A = D_{\text{max}} - D_{\text{min}} = \frac{1}{s_0} + \frac{1}{x} - \frac{1}{x} = \frac{1}{s_0} = \frac{1}{25\,\text{cm}} = 4{,}00\,\text{dpt}.$$

L32.25 Die Strecke, um die die Linse verschoben werden muss, ist $x = b - f$. Aus der Abbildungsgleichung für dünne Linsen folgt $b = g f/(g - f)$. Dies setzen wir in den Ausdruck für x ein und erhalten

$$x = \frac{g f}{g - f} - f = \frac{(25\,\text{cm})\,(2{,}5\,\text{cm})}{25\,\text{cm} - 2{,}5\,\text{cm}} - 2{,}5\,\text{cm} = 0{,}278\,\text{cm}.$$

Die Linse muss also um $0{,}278\,\text{cm}$ näher an den Gegenstand herangerückt werden.

L32.26 a) Mit dem Durchmesser $d_{\text{Auge}} = 2{,}5\,\text{cm}$ und dem minimalen Sehwinkel ε_{min} muss gelten $d_{\text{Auge}}\,\varepsilon_{\text{min}} \approx 2\,\mu\text{m}$. Hierbei ist der doppelte Abstand der Stäbchen angesetzt, weil ja ein nicht aktiviertes Stäbchen dazwischenliegen muss. Der minimale Sehwinkel ergibt sich damit zu

$$\varepsilon_{\text{min}} = \frac{2\,\mu\text{m}}{2{,}5\,\text{cm}} = 80{,}0\,\mu\text{rad}.$$

b) Der Abstand, den zwei Punkte in der Entfernung $x = 20\,\text{m}$ voneinander haben müssen, um noch separat erkennbar zu sein, ist $y_{\text{min}} = x\,\varepsilon_{\text{min}} = (20\,\text{m})\,(80\,\mu\text{rad}) = 1{,}60\,\text{mm}$.

L32.27 a) Mit der Abbildungsgleichung für dünne Linsen, $1/g + 1/b = 1/f$, ergibt sich die Brennweite zu

$$f = \frac{b g}{b + g} = \frac{(-80\,\text{cm})\,(45\,\text{cm})}{-80\,\text{cm} + 45\,\text{cm}} = 103\,\text{cm}.$$

b) Die Brechkraft ist $\quad D = \dfrac{1}{f} = \dfrac{1}{1{,}03\,\text{m}} = 0{,}971\,\text{dpt}.$

L32.28 Gemäß der Linsengleichung gilt

$$\frac{n_1}{g} + \frac{n_2}{b} = \frac{n_2 - n_1}{r}.$$

Hier ist $n_2 = n$ und $n_1 = 1$. Die Gegenstandsweite setzen wir zu $g = \infty$ an, weil parallele Lichtstrahlen eintreffen. Damit ergibt sich $n/b = (n - 1)/r$, und wir erhalten für den Krümmungsradius der Hornhaut

$$r = \frac{b\,(n - 1)}{n} = \left(1 - \frac{1}{n}\right) b = \left(1 - \frac{1}{1{,}4}\right)(2{,}5\,\text{cm})$$
$$= 0{,}714\,\text{cm}.$$

Das Auge ist aber keine homogene Kugel. Die Brechzahl des so genannten Glaskörpers im Inneren des Augapfels ist nicht genau bekannt. Wenn sie vom Wert 1,4 abweicht, erfolgt auch eine Brechung an der inneren Oberfläche der Hornhaut. Bei einer Brechzahl $n > 1{,}4$ des Glaskörpers liegt das Bild näher an der Hornhaut und bei $n < 1{,}4$ weiter von ihr entfernt. Wenn $n < 1{,}4$ ist, dann ist der oben berechnete Radius zu klein.

L32.29 Die Vergrößerung der Linse ist $V_{\text{L}} = s_0/f$. Damit erhalten wir $f = s_0/V_{\text{L}} = (25\,\text{cm})/5 = 5\,\text{cm}$.

L32.30 a) Das Bild soll im Unendlichen liegen. Dann ist mit der Brechkraft D die Vergrößerung der Lupe

$$V_{\text{L}} = s_0/f = s_0 D = (25\,\text{cm})\,(12\,\text{m}^{-1}) = 3{,}00.$$

b) Aus der Abbildungsgleichung für dünne Linsen folgt

$$g = \frac{b f}{b - f}.$$

Damit ist bei der Bildweite $b = 25\,\text{cm}$ die Vergrößerung

$$V = -\frac{b}{g} = -\frac{b}{b f/(b - f)} = -\frac{b - f}{f} = -\frac{b}{f} + 1$$
$$= 1 - b D = 1 - (-0{,}25\,\text{m})\,(12\,\text{m}^{-1}) = 4.$$

L32.31 Die Winkelvergrößerung der Lupe ist $V = \varepsilon/\varepsilon_0$. Darin ist $\varepsilon_0 = G/s_0$ der Winkel, unter dem der Gegenstand erscheint, und $\varepsilon = G/g$ der Winkel, unter dem das Bild erscheint. Aus der Abbildungsgleichung für dünne Linsen folgt $g = f b/(b - f)$. Mit $b = -s_0$ (virtuelles Bild) ergibt dies

$$g = \frac{f\,(-s_0)}{-s_0 - f} = \frac{f s_0}{s_0 + f}.$$

Somit erhalten wir

$$\varepsilon = \frac{G}{g} = \frac{G}{f s_0/(s_0 + f)} = \frac{G\,(s_0 + f)}{f s_0},$$

und für die Winkelvergrößerung gilt

$$V = \frac{\varepsilon}{\varepsilon_0} = \frac{G\,(s_0 + f)/(f s_0)}{G/s_0} = \frac{s_0 + f}{f} = \frac{s_0}{f} + 1.$$

Die Lateralvergrößerung der Lupe ist $V_{\text{L}} = s_0/f$. Das Bild wird am Nahpunkt betrachtet, und es gilt $f = g$. Dann ist $V_{\text{L}} = s_0/g$. Gleichsetzen mit dem eben ermittelten Ausdruck für die Winkelvergrößerung ergibt

$$\frac{s_0}{f} + 1 = \frac{s_0}{g} \quad \text{bzw.} \quad \frac{1}{f} + \frac{1}{s_0} = \frac{1}{g}.$$

Dies ist genau die Abbildungsgleichung für dünne Linsen bei der Bildweite $-s_0$.

L32.32 a) Mit der Tubuslänge ℓ und der Brennweite f_{Ob} des Objektivs ergibt sich die Bildweite an ihm zu

$$b = f_{Ob} + \ell = 1,7\,\text{cm} + 16\,\text{cm} = 17,7\,\text{cm}.$$

Die Abbildungsgleichung für dünne Linsen lautet hierfür $1/g + 1/b = 1/f_{Ob}$. Damit erhalten wir für die Gegenstandsweite am Objektiv

$$g = \frac{b\,f_{Ob}}{b - f_{Ob}} = \frac{(17,7\,\text{cm})\,(1,7\,\text{cm})}{17,7\,\text{cm} - 1,7\,\text{cm}} = 1,88\,\text{cm}.$$

b) Die Vergrößerung des Mikroskops ist

$$V_M = -\frac{\ell}{f_{Ob}}\,\frac{s_0}{f_{Ok}} = -\frac{16\,\text{cm}}{1,7\,\text{cm}}\,\frac{25\,\text{cm}}{5,1\,\text{cm}} = -46,1.$$

L32.33 a) Die Brennweite f_{Ok} des Okulars erhalten wir aus der Vergrößerung $V_{Ok} = s_0/f_{Ok}$. Damit ergibt sich $f_{Ok} = s_0/V_{Ok} = (25\,\text{cm})/15 = 1,67\,\text{cm}.$

b) Die Gegenstandsweite g am Objektiv erhalten wir aus der Vergrößerung $V_{Ob} = -b/g$. Daraus folgt $g = -b/V_{Ob}$. Die Bildweite am Objektiv ist

$$b = 22\,\text{cm} - f_{Ok} = 22\,\text{cm} - 1,67\,\text{cm} = 20,33\,\text{cm},$$

und seine Vergrößerung V_{Ob} ergibt sich aus der Beziehung $V_M = V_{Ob}\,V_{Ok}$. Sie ist also gegeben durch $V_{Ob} = V_M/V_{Ok}$. Damit erhalten wir für die Gegenstandsweite

$$g = -\frac{b}{V_{Ob}} = -\frac{b\,V_{Ok}}{V_M} = -\frac{(20,33\,\text{cm})\,(15)}{-600} = 0,508\,\text{cm}.$$

c) Die Brennweite des Objektivs ergibt sich direkt aus der Abbildungsgleichung für dünne Linsen:

$$f_{Ok} = \frac{b\,g}{b+g} = \frac{(20,33\,\text{cm})\,(0,508\,\text{cm})}{20,33\,\text{cm} + 0,508\,\text{cm}} = 0,496\,\text{cm}.$$

L32.34 a) Für die Bildhöhe (also für den Durchmesser d des Mondbilds, das von Objektiv entworfen wird) gilt $d = b_{Ob}\,\varepsilon$. Weil der Mond so weit entfernt ist, also parallele Lichtstrahlen eintreffen, liegt das Bild in der Brennebene. Daher ist die Bildweite b_{Ob} gleich der Brennweite f_{Ob}, und wir erhalten

$$d = f_{Ob}\,\varepsilon = (100\,\text{cm})\,(0,009\,\text{rad}) = 9,00\,\text{mm}.$$

b) und c) Der Winkel, unter dem das Endbild im Unendlichen erscheint, ist $\varepsilon_{Ok} = V_T\,\varepsilon_{Ob} = V_T\,\varepsilon$. Wir müssen also zunächst die Vergrößerung des Teleskops berechnen:

$$V_T = -\frac{f_{Ob}}{F_{Ok}} = -\frac{100\,\text{cm}}{5\,\text{cm}} = -20,0.$$

Damit ergibt sich für den gesuchten Betrachtungswinkel

$$\varepsilon_{Ok} = V_T\,\varepsilon = (-20)\,(0,009\,\text{rad}) = -0,180\,\text{rad}.$$

L32.35 a) Die Lichtstärke ist proportional zur Eintrittsfläche des Spiegels und damit proportional zum Quadrat seines Durchmessers. Also ist das Verhältnis der Lichtstärken

$$\frac{P_{Palomar}}{P_{Yerkes}} = \frac{d^2_{Palomar}}{d^2_{Yerkes}} = \frac{(5,1)^2}{(1,016)} = 25,2.$$

b) Die Vergrößerung des Palomar-Teleskops ist

$$V_{T,Palomar} = -\frac{f_{Ob}}{f_{Ok}} = -\frac{1,68\,\text{m}}{1,25\,\text{cm}} = -134.$$

L32.36 a) Die Vergrößerung eines Teleskops ist gegeben durch $V_T = \varepsilon_{Ok}/\varepsilon_{Ob}$. Das vom Objektiv entworfene Bild (mit der Höhe h) liegt in der Brennebene des Objektivs. Aufgrund der geometrischen Zusammenhänge (siehe die Abbildung zu Teilaufgabe b) ist $\tan\varepsilon_{Ob} = h/f_{Ob} \approx \varepsilon_{Ob}$. Diese Näherung ist zulässig, weil ε_{Ob} sehr klein ist. Am Okular gilt (mit der negativen Brennweite f_{Ok}) entsprechend $\varepsilon_{Ok} = h/f_{Ok}$. Wir setzen die Winkel in den Ausdruck für die Vergrößerung ein und erhalten

$$V_T = \frac{h/f_{Ok}}{h/f_{Ob}} = \frac{f_{Ob}}{f_{Ok}}.$$

Weil f_{Ok} negativ ist, ergibt sich mit der Formel $V_T = -f_{Ob}/f_{Ok}$ eine positive Gesamtvergrößerung; das Endbild ist also aufrecht.

b) Die Abbildung zeigt den Strahlengang.

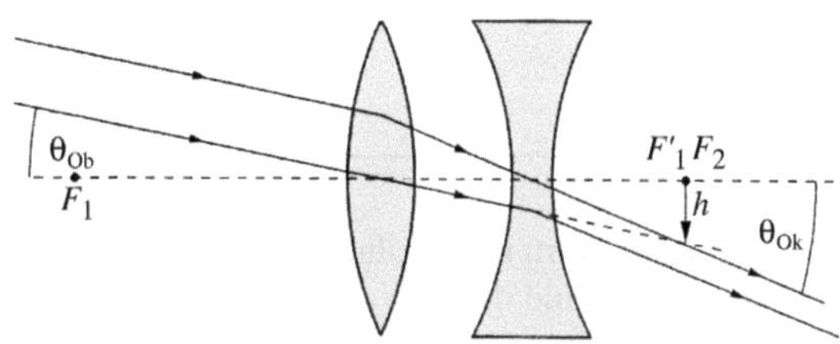

Weil sich der vom Okular abgebildete Gegenstand (also das vom Objektiv entworfene Bild) in der Brennebene des Okulars befindet, liegt das Endbild im Unendlichen. Es ist virtuell und aufrecht.

L32.37 a) Das Bild ist doppelt so groß wie der Gegenstand. Also ist $V = B/G = -b/g = 2$ und daher $b = -2g$. Das setzen wir in die Abbildungsgleichung für dünne Linsen ein:

$$\frac{1}{g} + \frac{1}{-2g} = \frac{1}{f}.$$

Daraus ergibt sich $g = \frac{1}{2}f = \frac{1}{2}(10\,\text{cm}) = 5,00\,\text{cm}$ und $b = 2g = (-2)\,(5\,\text{cm}) = -10\,\text{cm}.$

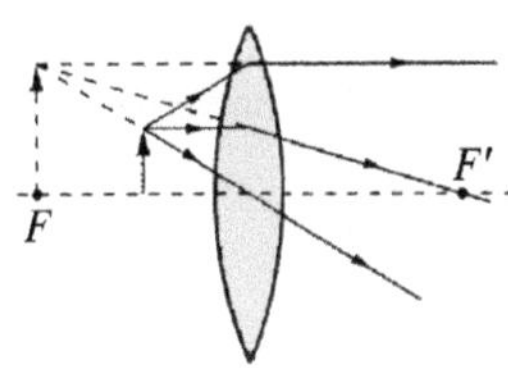

b) Wenn das Bild umgekehrt ist, dann gilt $b = 2g$ und daher

$$\frac{1}{g} + \frac{1}{2g} = \frac{1}{f}.$$

Daraus ergibt sich $g = \frac{3}{2}f = \frac{3}{2}(10\,\text{cm}) = 15,0\,\text{cm}$ und $b = 2g = 2\,(15\,\text{cm}) = 30\,\text{cm}.$

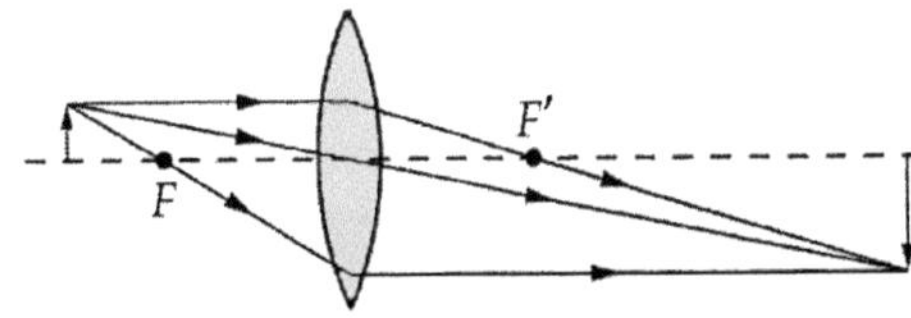

L32.38 a) Beim astronomischen Teleskop hat das Okular eine kleine und das Objektiv eine große Brennweite. Wir wählen also die Linse mit 25 mm Brennweite als Okularlinse und die andere (mit 75 mm Brennweite) als Objektivlinse. Der Abstand beider Linsen entspricht der Summe ihrer Brennweiten, hier 100 mm. Die Vergrößerung ist $V_{\mathrm{T}} = f_{\mathrm{Ob}}/f_{\mathrm{Ok}} = 3$.

b) Die Abbildung zeigt den Strahlengang.

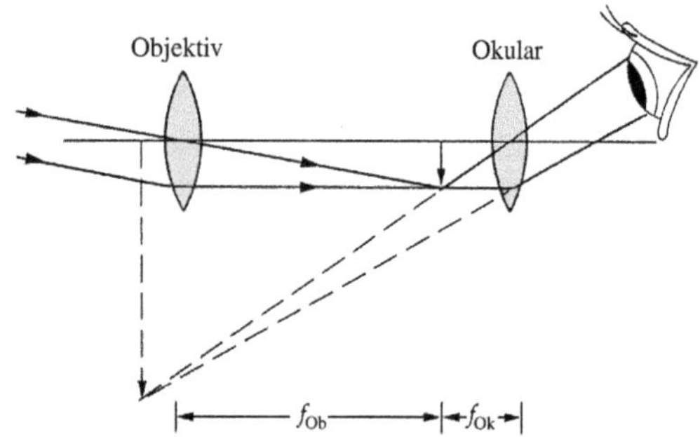

Die Objektivlinse entwirft nahe an ihrem zweiten Brennpunkt ein umgekehrtes, reelles Bild des weit entfernten Gegenstands. Die Okularlinse entwirft ein vergrößertes, virtuelles Bild des vom Objektiv erzeugten Bilds.

L32.39 a) An der Wasser-Glas-Grenzfläche gilt

$$\frac{n_{\mathrm{W}}}{g} + \frac{n}{b_1} = \frac{n - n_{\mathrm{W}}}{r_1},$$

und an der Wasser-Glas-Grenzfläche entsprechend

$$\frac{n}{-b_1} + \frac{n}{b} = \frac{n_{\mathrm{W}} - n}{r_2}.$$

Wir addieren beide Gleichungen:

$$n_{\mathrm{W}}\left(\frac{1}{g} + \frac{1}{b}\right) = (n - n_{\mathrm{W}})\left(\frac{1}{r_1} - \frac{1}{r_2}\right).$$

Wir setzen $1/f_{\mathrm{W}} = 1/g + 1/b$ und erhalten damit

$$\frac{n_{\mathrm{W}}}{f_{\mathrm{W}}} = (n - n_{\mathrm{W}})\left(\frac{1}{r_1} - \frac{1}{r_2}\right).$$

Für dünne Linsen gilt

$$\frac{1}{f} = (n - 1)\left(\frac{1}{r_1} - \frac{1}{r_2}\right) \quad \text{bzw.} \quad \frac{1}{r_1} - \frac{1}{r_2} = \frac{1}{(n-1)f}.$$

Dies setzen wir ein: $\quad \dfrac{n_{\mathrm{W}}}{f_{\mathrm{W}}} = (n - n_{\mathrm{W}})\dfrac{1}{(n-1)f}$

und erhalten schließlich $\quad f_{\mathrm{W}} = \dfrac{n_{\mathrm{W}}(n-1)}{n - n_{\mathrm{W}}}\, f$.

b) Für die Linse gilt in Luft

$$\frac{1}{f} = (1{,}5 - 1)\left(\frac{1}{-30\ \mathrm{cm}} - \frac{1}{35\ \mathrm{cm}}\right),$$

und ihre Brennweite ergibt sich zu $f = -32{,}3\ \mathrm{cm}$.

Mit der in Teilaufgabe a ermittelten Formel erhalten wir die Brennweite der Linse in Wasser:

$$f_{\mathrm{W}} = \frac{(1{,}33)\,(1{,}5 - 1)}{1{,}5 - 1{,}33}\,(-32{,}3\ \mathrm{cm}) = -126\ \mathrm{cm}.$$

L32.40 a) Wir setzen in der Beziehung für die reziproke Brennweite einer dünnen Linse zur Vereinfachung $C = 1/r_1 - 1/r_2$. Damit ist

$$\frac{1}{f} = (n - 1)\left(\frac{1}{r_1} - \frac{1}{r_2}\right) = \frac{1}{C}\,(n - 1),$$

und für die Brennweite ergibt sich $f = C\,(n-1)^{-1}$. Diesen Ausdruck leiten wir nach der Brechzahl n ab:

$$\frac{\mathrm{d}f}{\mathrm{d}n} = \frac{\mathrm{d}}{\mathrm{d}n}\left[C\,(n-1)^{-1}\right] = -C\,(n-1)^{-2}$$

$$= -\frac{f\,(n-1)^{-2}}{(n-1)^{-1}} = -\frac{f}{n-1}.$$

Daraus folgt $\quad \dfrac{\mathrm{d}f}{f} = -\dfrac{\mathrm{d}n}{n-1}$.

b) Wir verwenden die in Teilaufgabe a ermittelte Formel und nähern die Differenziale durch die Differenzen an. Das ergibt

$$\frac{\Delta f}{f} \approx -\frac{\Delta n}{n-1} \quad \text{sowie} \quad \Delta f = -\frac{f\,\Delta n}{n-1}.$$

Die beiden Brennweiten unterscheiden sich um Δf, wobei gilt $f_{\mathrm{blau}} = f_{\mathrm{rot}} + \Delta f$. Damit ergibt sich die Brennweite für blaues Licht zu

$$f_{\mathrm{blau}} = f_{\mathrm{rot}} - \frac{f_{\mathrm{rot}}\,\Delta n}{n_{\mathrm{rot}} - 1} = f_{\mathrm{rot}}\left(1 - \frac{\Delta n}{n_{\mathrm{rot}} - 1}\right)$$

$$= (20\ \mathrm{cm})\left(1 - \frac{1{,}53 - 1{,}47}{1{,}47 - 1}\right) = 17{,}4\ \mathrm{cm}.$$

L32.41 Wir untersuchen, wie sich die Bildweite b bei einer geringen Änderung der Gegenstandsweite verändert. Aus der Abbildungsgleichung für dünne Linsen ergibt sich

$$b = \left(\frac{1}{f} - \frac{1}{g}\right)^{-1}.$$

Dies leiten wir nach der Gegenstandsweite g ab:

$$\frac{\mathrm{d}b}{\mathrm{d}g} = \frac{\mathrm{d}}{\mathrm{d}g}\left[\left(\frac{1}{f} - \frac{1}{g}\right)^{-1}\right] = -\frac{1/g^2}{\left(\dfrac{1}{f} - \dfrac{1}{g}\right)^2} = -\frac{b^2}{g^2} = -V^2.$$

Das Bild eines Gegenstands mit der Tiefe Δg hat also die Tiefe $-V^2 \Delta g$.

Interferenz und Beugung

- Phasendifferenz und Kohärenz
- Interferenz an dünnen Schichten
- Newton'sche Ringe
- Interferenzmuster beim Doppelspalt
- Beugungsmuster beim Einzelspalt
- Vektoraddition harmonischer Wellen
- Beugung und Auflösung
- Beugungsgitter

A: Aufgaben

Verständnisaufgaben

A33.1 • Was geschieht mit der Energie der Lichtwellen, wenn destruktive Interferenz auftritt?

A33.2 • Welche der nachfolgend genannten Paare von Lichtquellen sind kohärent? a) Zwei Kerzen, b) eine Punktquelle und ihr von einem ebenen Spiegel erzeugtes Spiegelbild, c) zwei von derselben Punktquelle beleuchtete kleine Öffnungen, d) zwei Scheinwerfer eines Autos, e) zwei Bilder einer Punktquelle, die durch Reflexion an der Vorder- bzw. an der Rückseite des Flüssigkeitsfilms einer Seifenblase entstehen.

A33.3 •• Warum muss eine Schicht (z. B. ein Flüssigkeitsfilm) dünn sein, damit man an ihm Interferenzfarben beobachten kann?

A33.4 • Die beiden Gleichungen $d \sin\theta_m = m\lambda$ und $a \sin\theta_m = m\lambda$ werden zuweilen verwechselt. Geben Sie jeweils die Bedeutungen der Größen an und erklären Sie die Anwendung der Gleichungen.

Schätzungs- und Näherungsaufgaben

A33.5 • Oft liest man, die Große Chinesische Mauer sei das einzige von Menschen errichtete Objekt auf der Erde, das vom Weltraum aus mit bloßem Auge zu erkennen ist. Können Sie diese Aussage anhand des Auflösungsvermögens des menschlichen Auges bestätigen? Trifft sie für einen Astronauten in einer nur 400 km hohen Umlaufbahn zu? Trifft sie für einen Mondfahrer zu?

A33.6 •• Ein menschliches Haar hat einen Durchmesser von etwa 70 µm. Nehmen Sie an, ein Haar wird mit Licht aus einem Helium-Neon-Laser ($\lambda = 632{,}8$ nm) beleuchtet und das am Haar gebeugte Licht auf einem 10 m weit entfernten Schirm betrachtet. Welchen Abstand von der Mitte hat hier das erste Beugungsmaximum? (Das Beugungsmuster bei einem Haar mit dem Durchmesser d gleicht dem bei einem Einzelspalt der Breite $a = d$.)

• Phasendifferenz und Kohärenz

A33.7 • Licht der Wellenlänge 500 nm fällt senkrecht auf eine $y = 10^{-4}$ cm dicke Wasserschicht. Die Brechzahl des Wassers ist 1,33. a) Welche Wellenlänge hat das Licht im Wasser? b) Wie viele Wellenlängen entfallen auf die im Wasser zurückgelegte Gesamtstrecke $2y$? c) Wie groß ist die Phasendifferenz zwischen der an der oberen Luft-Wasser-Grenzfläche reflektierten Welle und der Welle, die an der unteren Wasser-Luft-Grenzfläche reflektiert wurde und außerdem im Wasser die Strecke $2y$ zurücklegte?

• Interferenz an dünnen Schichten

A33.8 •• Der Durchmesser feiner Drähte (oder auch Fasern) lässt sich mit Hilfe von Interferenzmustern sehr genau bestimmen. Die Abbildung auf der nächsten Seite zeigt das Schema der Anordnung. Zwischen zwei planparallele Glasplatten wird an einem Ende der Draht gelegt, und senkrecht von oben wird monochromatisches Licht eingestrahlt. Nehmen Sie an, das Licht kommt aus einer Natriumdampflampe ($\lambda \approx 590$ nm), und auf der Länge $\ell = 20$ cm werden 19 helle Streifen beobachtet. Zwischen welchen Werten muss der Durchmesser d des Drahts liegen? (*Hinweis:* Der 19. Streifen liegt evtl. nicht genau am Rand der Glasplatten, jedoch erscheint kein 20. Streifen.)

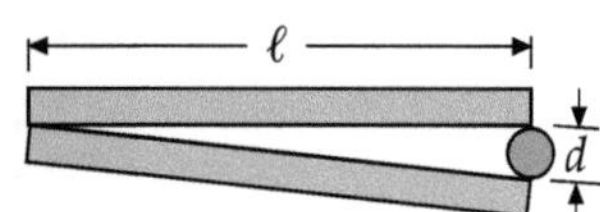

A33.9 •• Auf Wasser (Brechzahl 1,33) schwimmt ein dünner Ölfilm (Brechzahl 1,45). Es fällt weißes Licht senkrecht ein, und im reflektierten Licht herrschen die Wellenlängen 700 nm und 500 nm vor. Wie dick ist der Ölfilm?

• **Newton'sche Ringe**

A33.10 •• Eine Anordnung zur Ausmessung Newton'scher Ringe besteht aus einer plankonvexen Glaslinse mit dem großen Krümmungsradius R, die auf einer ebenen Glasplatte liegt (siehe Abbildung). Die dünne Schicht ist hier die Luftschicht; ihre Dicke s nimmt mit steigendem Radius r (dem Abstand von der Mitte) zu. Die Ringe werden im reflektierten Licht beobachtet.

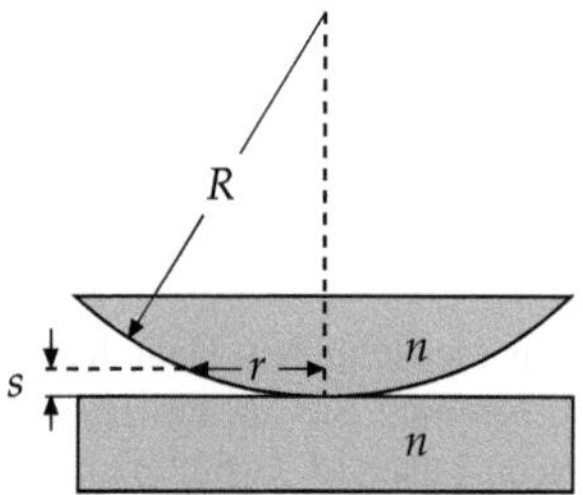

a) Zeigen Sie, dass bei der Dicke s der Luftschicht die Bedingung für das Auftreten eines hellen Rings (also für konstruktive Interferenz) lautet:

$$s = \left(m + \frac{1}{2}\right)\frac{\lambda}{2}, \qquad m = 0, 1, 2, \ldots$$

b) Wenden Sie den Satz des Pythagoras auf das rechtwinklige Dreieck mit den Katheten r und $R - s$ sowie mit der Hypotenuse R an und zeigen Sie, dass für $s \ll R$ der Radius eines Rings gegeben ist durch $r = (2sR)^{1/2}$. c) Wie unterscheiden sich das transmittierte und das reflektierte Muster? d) Nehmen Sie an, es ist $R = 10$ m, und die Linse hat einen Durchmesser von 4 cm. Wie viele helle Ringe sind dann im reflektierten Muster zu beobachten, wenn mit gelbem Natriumlicht ($\lambda \approx 590$ nm) beleuchtet wird? e) Welchen Durchmesser hat dabei der sechste helle Ring? f) Nehmen Sie an, das Glas hat die Brechzahl $n = 1,5$, und der Raum zwischen den Glasflächen wird mit Wasser (Brechzahl $n_\mathrm{W} = 1,33$) gefüllt. Wie ändert sich dadurch das Muster der hellen Ringe?

• **Interferenzmuster beim Doppelspalt**

A33.11 • Zwei enge Spalte werden mit Licht der Wellenlänge 589 nm beleuchtet, und auf einem 3 m weit entfernten Schirm werden 28 helle Streifen pro Zentimeter beobachtet. Welchen Abstand haben die Spalte?

A33.12 •• Zwei enge Spalte haben voneinander den Abstand d. Das Interferenzmuster wird auf einem Schirm beobachtet, der den großen Abstand ℓ von den Spalten hat. a) Berechnen Sie den Abstand Δy der Maxima auf dem Schirm für $\lambda = 500$ nm und $d = 1$ cm sowie $\ell = 1$ m. b) Erwarten Sie unter diesen Bedingungen überhaupt ein Interferenzmuster auf dem Schirm? c) Wie dicht müssen sich die Spalte beieinander befinden, damit unter sonst gleichen Bedingungen die Interferenzmaxima auf dem Schirm den Abstand 1 mm haben?

A33.13 •• Licht fällt unter dem Winkel ϕ zum Einfallslot auf eine vertikale Ebene, die zwei enge Spalte mit dem Abstand d aufweist (siehe Abbildung). Zeigen Sie, dass die Interferenzmaxima bei Winkeln θ_m liegen, für die gilt: $\sin\theta_m + \sin\phi = m\lambda/d$.

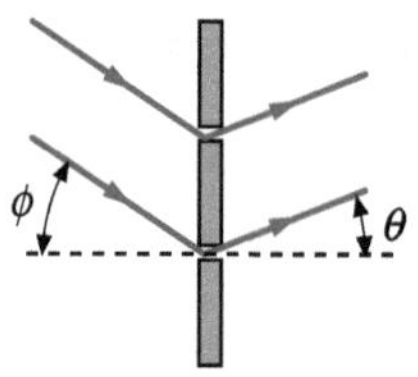

• **Beugungsmuster beim Einzelspalt**

A33.14 • Licht der Wellenlänge 600 nm fällt auf einen langen, engen Spalt. Berechnen Sie den Winkel des ersten Beugungsminimums für folgende Spaltbreiten: a) 1 mm, b) 0,1 mm, c) 0,01 mm.

Interferenz- und Beugungsmuster beim Doppelspalt

A33.15 •• Bei zwei Spalten wird mit Licht der Wellenlänge 700 nm ein Fraunhofer'sches Interferenz- und Beugungsmuster beobachtet. Die Spalte haben die Breite 0,01 mm und den Abstand 0,2 mm. Wie viele helle Streifen treten im zentralen Beugungsmaximum auf?

A33.16 •• Licht der Wellenlänge 550 nm trifft auf zwei Spalte mit der Breite 0,03 mm und dem Abstand 0,15 mm. a) Wie viele Interferenzmaxima treten in der gesamten Breite des zentralen Beugungsmaximums auf? b) Wie verhält sich die Intensität des dritten Interferenzmaximums auf einer Seite von der Mitte (ohne diese mitzuzählen) zur Intensität des zentralen Interferenzmaximums?

• **Vektoraddition harmonischer Wellen**

A33.17 •• a) Zeigen Sie, dass die Lagen der Interferenzminima auf einem Schirm im großen Abstand ℓ von drei äquidistanten Quellen (Abstand d, mit $d \gg \lambda$) gegeben sind durch

$$y \approx \frac{n\lambda\ell}{3d}.$$

Dabei ist $n = 1, 2, 4, 5, 7, 8, 10, \ldots$, also kein Vielfaches von 3. b) Berechnen Sie bei drei Quellen für $\ell = 1$ m und $\lambda = 5 \cdot 10^{-7}$ m sowie $d = 0,1$ mm die Breite der Hauptmaxima der Interferenz (den Abstand zwischen aufeinander folgenden Minima).

A33.18 ••• Ermitteln Sie auf zwei Arten für die Beugung am Einzelspalt die ersten drei Werte von ϕ (der gesamten Phasendifferenz zwischen Strahlen von beiden Kanten des Spalts), bei denen Nebenmaxima auftreten. a) Verwenden Sie dazu ein Zeigerdiagramm. b) Setzen Sie $\mathrm{d}I/\mathrm{d}\phi = 0$, wobei für die Intensität gilt

$$I = I_0 \left(\frac{\sin \frac{1}{2}\phi}{\frac{1}{2}\phi} \right)^2 .$$

- **Beugung und Auflösung**

A33.19 • Licht der Wellenlänge 700 nm trifft auf eine runde Öffnung mit dem Durchmesser 0,1 mm. a) Wie groß ist beim Fraunhofer'schen Beugungsmuster der Winkel zwischen dem zentralen Maximum und dem ersten Beugungsminimum? b) Wie groß ist auf einem 8 m weit entfernten Schirm der Abstand zwischen dem zentralen Maximum und dem ersten Beugungsminimum?

A33.20 • Die Scheinwerfer eines Kleinwagens haben einen Abstand von 1,12 m. Aus welcher maximalen Entfernung kann man sie mit bloßem Auge noch einzeln erkennen? Setzen Sie als Pupillendurchmesser 5 mm und als effektive Wellenlänge des Lichts 550 nm an.

A33.21 •• Die Decke eines Saals ist mit schalldämmenden Platten versehen, in denen sich kleine Löcher befinden. Deren Abstand beträgt 6 mm. a) Aus welcher Entfernung kann man bei einer Lichtwellenlänge von 500 nm die Löcher gerade noch einzeln erkennen? Setzen Sie den Pupillendurchmesser zu 5 mm an. b) Kann man die Löcher bei rotem oder bei violettem Licht aus größerer Entfernung einzeln erkennen?

- **Beugungsgitter**

A33.22 • Mit einem Beugungsgitter, das 2000 Linien pro Zentimeter aufweist, sollen die Wellenlängen der Strahlung von angeregtem Wasserstoffgas gemessen werden. Bei welchen Winkeln θ erwarten Sie im Spektrum 1. Ordnung die beiden violetten Linien mit den Wellenlängen 434 nm und 410 nm?

A33.23 •• Mit einem Beugungsgitter, das 2000 Linien pro Zentimeter aufweist, soll die Strahlung von angeregtem Quecksilberdampf untersucht werden. a) Berechnen Sie die Winkeldifferenz im Spektrum 1. Ordnung der beiden Linien mit den Wellenlängen 579 nm und 577 nm. b) Wie breit muss der auf das Gitter treffende Lichtstrahl sein, damit die beiden Linien noch aufgelöst werden können?

A33.24 •• Das Spektrum von Neon weist im sichtbaren Bereich außergewöhnlich viele Linien auf. Zwei dieser zahlreichen Linien haben die Wellenlängen 519,313 nm und 519,322 nm. Das Licht einer Neonentladungslampe fällt senkrecht auf ein Transmissionsgitter mit 8400 Linien pro Zentimeter, und es wird das Spektrum 2. Ordnung betrachtet. Wie breit muss die beleuchtete Fläche des Gitters sein, damit die beiden erwähnten Linien noch aufzulösen sind?

A33.25 ••• Ein Beugungsgitter hat n Linien pro Längeneinheit. Zeigen Sie, dass die Winkeldifferenz zweier Linien mit den Wellenlängen λ und $\lambda + \Delta\lambda$ näherungsweise durch

$$\Delta\theta = \frac{\Delta\lambda}{\sqrt{\dfrac{1}{n^2 m^2} - \lambda^2}}$$

gegeben ist, wobei m die Ordnung ist.

A33.26 ••• In dieser Aufgabe soll die Gleichung für das Auflösungsvermögen eines Gitters hergeleitet werden, das N Linien mit dem Abstand g voneinander hat:

$$A = \frac{\lambda}{|\Delta\lambda|} = mN .$$

Dazu ist zunächst der Ausdruck für die Winkeldifferenz zwischen Maximum und Minimum bei einer bestimmten Wellenlänge λ aufzustellen. Er ist dann gleichzusetzen mit dem Ausdruck für die Winkeldifferenz der Maxima m-ter Ordnung für zwei nahe beieinander liegende Wellenlängen.

a) Zeigen Sie, dass die Phasendifferenz ϕ zwischen zwei Strahlen von benachbarten Linien gegeben ist durch

$$\phi = \frac{2\pi g}{\lambda} \sin\theta .$$

b) Differenzieren Sie diesen Ausdruck, um zu zeigen, welche Phasenänderung $\mathrm{d}\phi$ durch eine kleine Winkeländerung $\mathrm{d}\theta$ bewirkt wird:

$$\mathrm{d}\phi = \frac{2\pi g}{\lambda} \cos\theta \, \mathrm{d}\theta .$$

c) Bei N Spalten entspricht die Winkeldifferenz zwischen einem Interferenzmaximum und einem Interferenzminimum der Phasendifferenz $\mathrm{d}\phi = 2\pi/N$. Zeigen Sie damit, dass bei der gleichen Wellenlänge λ für die Winkeldifferenz $\mathrm{d}\theta$ zwischen Maximum und Minimum gilt:

$$\mathrm{d}\theta = \frac{\lambda}{Ng\cos\theta} .$$

d) Für den Winkel des Interferenzmaximums m-ter Ordnung bei der Wellenlänge λ gilt

$$g \sin\theta_m = m\lambda , \qquad m = 0, 1, 2, \ldots$$

Stellen Sie das Differenzial jeder Seite dieser Gleichung auf. Zeigen Sie damit, dass für die Maxima m-ter Ordnung bei zwei Wellenlängen, die sich nur um $\mathrm{d}\lambda$ unterscheiden, die Winkeldifferenz gegeben ist durch

$$\mathrm{d}\theta \approx \frac{m\,\mathrm{d}\lambda}{g\cos\theta} .$$

e) Gemäß dem Rayleigh'schen Kriterium der Auflösung werden zwei Linien mit sehr ähnlicher Wellenlänge λ in der m-ten Ordnung aufgelöst, wenn ihre Winkeldifferenz gemäß dem in Teilaufgabe d hergeleiteten Ausdruck gleich der Winkeldifferenz zwischen Interferenzmaximum und -minimum dem in Teilaufgabe c hergeleiteten Ausdruck entspricht. Leiten Sie daraus nun die Gleichung

$$A = \frac{\lambda}{|\Delta\lambda|} = mN$$

für das Auflösungsvermögen eines Gitters her.

Allgemeine Aufgaben

A33.27 • Das Radioteleskop bei Arecibo, Puerto Rico, hat einen effektiven Durchmesser (eine Apertur) von 300 m. Wie hoch ist sein Auflösungsvermögen, wenn mit ihm Mikrowellen der Wellenlänge 3,2 cm empfangen werden?

A33.28 •• Ein *Fabry-Perot-Interferometer* besteht aus zwei parallelen, teilversilberten Spiegeln, die den kleinen Abstand a voneinander haben. Zeigen Sie Folgendes: Wenn Licht unter dem Einfallswinkel θ auf das Interferometer trifft, dann ist die Intensität des transmittierten Lichts maximal, wenn gilt: $a = (m\lambda/2)\cos\theta$.

A33.29 •• Die Bilder des impressionistischen Malers George Seurat (1859–1891) sind Beispiele für den *Pointillismus*. Das Gemälde besteht dabei aus vielen kleinen, nahe beieinander liegenden Punkten, die jeweils mit einer reinen Farbe gemalt sind und einen Durchmesser von rund 2 mm haben. Die Vermischung der Farben geschieht im Auge des Betrachters durch Beugungseffekte. Berechnen Sie den minimalen Betrachtungsabstand, bei dem diese Vermischung gerade eintritt. Setzen Sie diejenige Wellenlänge des sichtbaren Lichts an, die dabei den *größten* Mindestabstand erfordert. Dann tritt der gewünschte Effekt im *gesamten* sichtbaren Spektralbereich ein. Setzen Sie den Pupillendurchmesser zu 3 mm an.

A33.30 ••• Ein *Jamin'sches Refraktometer* dient zum Messen oder zum Vergleichen der Brechzahlen von Gasen. Ein monochromatischer Lichtstrahl wird in zwei Teilstrahlen aufgespalten, die axial durch je eine zylindrische Röhre geführt werden. Dahinter werden sie wieder zu einem Strahl vereinigt, der in einem Teleskop betrachtet wird. Nehmen Sie an, jede Röhre ist 0,4 m lang, und es wird Natriumlicht der Wellenlänge 589 nm verwendet. Zu Beginn sind beide Röhren evakuiert, und in der Mitte des Betrachtungsfelds erfolgt konstruktive Interferenz. Wenn nun in eine der Röhren langsam Luft einströmt, dann wechselt die Mitte des Betrachtungsfelds insgesamt 198-mal von Hell nach Dunkel und wieder zurück nach Hell. a) Wie groß ist die Brechzahl der Luft? b) Nehmen Sie an, die Streifen können auf ±0,25 Streifen genau gezählt werden, wobei ein Streifen einer vollen Periode der Helligkeitsänderung von Hell über Dunkel nach Hell im Betrachtungsfeld entspricht. Wie genau lässt sich dabei die Brechzahl der Luft bestimmen?

Interferenz und Beugung

33L

L: Lösungen

L33.1 Die Energie ist nicht gleichförmig im Raum verteilt. In einigen Bereichen ist sie geringer als die mittlere Intensität (destruktive Interferenz), an anderen dagegen höher (konstruktive Interferenz).

L33.2 Kohärente Lichtquellen müssen eine konstante Phasendifferenz haben. Die Lichtquellenpaare, die diese Bedingung erfüllen, sind b, c und e.

L33.3 Wenn die Schicht dick ist, ergeben verschiedene Wellenlängen bzw. Farben konstruktive und destruktive Interferenzen, und man beobachtet letztlich reflektiertes weißes Licht.

L33.4 Die erste Gleichung, $d \sin\theta_m = m\lambda$, gibt die Bedingung für das Auftreten von Intensitätsmaxima bei der Interferenz am Doppelspalt an. Dabei ist d der Spaltabstand, λ die Wellenlänge, m die (ganzzahlige) Ordnung und θ der Winkel, bei dem das jeweilige Interferenzmaximum auftritt.

Die zweite Gleichung, $a \sin\theta_m = m\lambda$, gibt die Bedingung für das Auftreten von Beugungsminima beim Einzelspalt an. Hier ist a die Spaltbreite, λ die Wellenlänge und θ_m der Winkel, bei dem in der jeweiligen Ordnung m ein Beugungsminimum auftritt.

L33.5 Wir nehmen als Durchmesser der Pupille $D = 5$ mm und als Wellenlänge des Lichts $\lambda = 600$ nm an. Wenn ein Gegenstand der Breite x aus der Entfernung h gerade noch zu erkennen ist, gilt nach dem Rayleigh'schen Kriterium der Auflösung: $\tan\alpha_k = x/h$. Daraus folgt $x = h \tan\alpha_k$. Der minimale Winkelabstand, bei dem zwei Punkte noch getrennt zu erkennen sind, ist gegeben durch $\alpha_k = 1{,}22\,\lambda/D$. Damit erhalten wir

$$x = h\tan\left(1{,}22\,\frac{\lambda}{D}\right) = (400\ \text{km})\tan\left(1{,}22\,\frac{600\ \text{nm}}{5\ \text{mm}}\right)$$
$$= 58{,}6\ \text{m}.$$

Die Große Chinesische Mauer ist nur rund 5 m breit; also kann ein Astronaut sie aus einer 400 km hohen Umlaufbahn nicht erkennen. Und vom Mond aus ist sie erst recht nicht zu erkennen, denn für $h = 3{,}84 \cdot 10^8$ m ergibt sich $x = 56{,}2$ km.

L33.6 Wir bezeichnen den Durchmesser des Haars mit a, die Entfernung vom Schirm mit ℓ und den Abstand des ersten Beugungsmaximums von der Mitte des Schirms mit Δy.

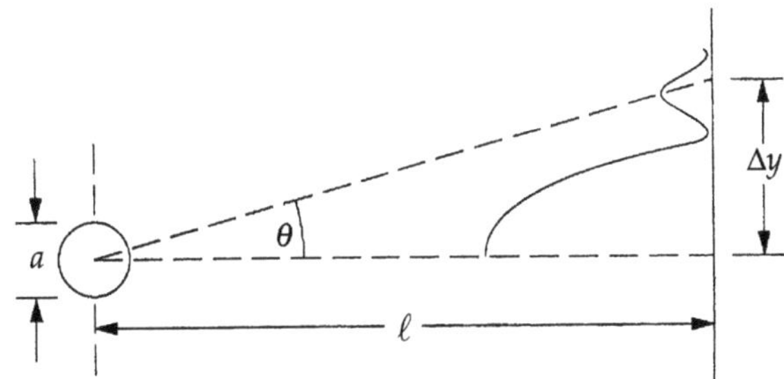

Aus den geometrischen Zusammenhängen ergibt sich $\tan\theta = \Delta y/\ell$ und daraus $\Delta y = \ell \tan\theta$. Die Bedingung für das Auftreten von Beugungsmaxima lautet

$$a \sin\theta = \left(m + \tfrac{1}{2}\right)\lambda \quad \text{mit} \quad m = 1,2,3,\dots$$

Daraus folgt $\quad \theta = \operatorname{asin}\left(\dfrac{\left(m+\tfrac{1}{2}\right)\lambda}{a}\right).$

Dies setzen wir in die obige Gleichung ein und erhalten

$$\Delta y = \ell \tan\left[\operatorname{asin}\left(\frac{\left(m+\tfrac{1}{2}\right)\lambda}{a}\right)\right]$$
$$= \ell \tan\left[\operatorname{asin}\left(\frac{\left(1+\tfrac{1}{2}\right)(632{,}8\ \text{nm})}{70\ \mu\text{m}}\right)\right] = 13{,}6\ \text{cm}.$$

L33.7 a) Wenn das Licht in Vakuum (oder in Luft) die Wellenlänge λ hat, dann ergibt sich seine Wellenlänge im Wasser mit der Brechzahl $n = 1{,}33$ zu

$$\lambda_n = \frac{\lambda}{n} = \frac{500\ \text{nm}}{1{,}33} = 376\ \text{nm}.$$

b) Die Anzahl j der Wellenlängen ist der Quotient aus der Weglänge (also dem Doppelten der Schichtdicke y) und der Wellenlänge λ_n in Wasser:

$$j = \frac{2y}{\lambda_n} = \frac{2 \cdot 10^{-4}\ \text{cm}}{376\ \text{nm}} = 5{,}32.$$

c) Die Phasendifferenz δ ergibt sich aus der Phasendifferenz $\delta_{\text{Refl.}}$ aufgrund der Reflexion zuzüglich der Phasendifferenz $\delta_{\text{zus. Weg}}$ infolge der im Wasser zurückgelegten zusätzlichen Wegstrecke $2y$. Wir setzen dabei die eben berechneten Werte ein und erhalten

$$\delta = \delta_{\text{Refl.}} + \delta_{\text{zus. Weg}} = \pi + \frac{2y}{\lambda_n} 2\pi = \pi + 2\pi j$$
$$= \pi \,\text{rad} + 2\pi\,(5{,}32\,\text{rad}) = (11{,}6\,\pi)\,\text{rad} = (0{,}4\,\pi)\,\text{rad}.$$

Der letzte Wert ergibt sich durch Subtraktion des Ergebnisses von $(12\,\pi)$ rad.

L33.8 Der m-te Streifen tritt dort auf, wo der Gangunterschied $2d$ gleich m Wellenlängen ist. Das bedeutet $2d = m\lambda$ und daher $d = m\lambda/2$. Es ist der 19. Streifen zu beobachten, jedoch nicht der 20. Also muss gelten

$$\left(m - \tfrac{1}{2}\right)\frac{\lambda}{2} < d < \left(m + \tfrac{1}{2}\right)\frac{\lambda}{2}.$$

Mit $m = 19$ ergibt sich

$$\left(19 - \tfrac{1}{2}\right)\frac{590\,\text{nm}}{2} < d < \left(19 + \tfrac{1}{2}\right)\frac{590\,\text{nm}}{2}.$$

Somit ist $5{,}46\,\mu\text{m} < d < 5{,}75\,\mu\text{m}$.

L33.9 Die Brechzahl der Luft ist kleiner als die des Öls. Daher tritt bei der Reflexion an der Luft-Öl-Grenzfläche ein Phasensprung von π rad bzw. $\lambda/2$ auf. Dagegen ist die Brechzahl des Öls größer als die des Wassers, so dass bei der Reflexion an der Öl-Wasser-Grenzfläche kein Phasensprung auftritt. Wir bezeichnen die Dicke des Ölfilms mit s und die Wellenlänge im Öl mit λ'. Die Bedingung für konstruktive Interferenz zwischen den Wellen, die an der Luft-Öl-Grenzfläche reflektiert werden, und denen, die an der Öl-Wasser-Grenzfläche reflektiert werden, lautet:
$$2s + \tfrac{1}{2}\lambda' = \lambda', 2\lambda', 3\lambda', \dots$$
Mit $m = 0, 1, 2, \dots$ gilt also
$$2s = \tfrac{1}{2}\lambda', \tfrac{3}{2}\lambda', \tfrac{5}{2}\lambda', \dots = \left(m + \tfrac{1}{2}\right)\lambda'. \tag{1}$$

Mit der Brechzahl n gilt für die Wellenlänge in Luft

$$\lambda = n\lambda' = n\,\frac{2s}{m + \tfrac{1}{2}},$$

und für die beiden vorherrschenden Wellenlängen ergibt sich daraus

$$700\,\text{nm} = \frac{2ns}{m + \tfrac{1}{2}} \quad \text{sowie} \quad 500\,\text{nm} = \frac{2ns}{m + \tfrac{3}{2}}.$$

Dividieren der ersten dieser Gleichungen durch die zweite ergibt

$$\frac{700\,\text{nm}}{500\,\text{nm}} = \frac{\dfrac{2ns}{m + \tfrac{1}{2}}}{\dfrac{2ns}{m + \tfrac{3}{2}}} = \frac{m + \tfrac{3}{2}}{m + \tfrac{1}{2}}.$$

Damit erhalten wir $m = 2$ für $\lambda = 700\,\text{nm}$, und Einsetzen in Gleichung 1 liefert

$$s = \left(m + \tfrac{1}{2}\right)\frac{\lambda}{2n} = \left(2 + \tfrac{1}{2}\right)\frac{700\,\text{nm}}{2\,(1{,}45)} = 603\,\text{nm}.$$

L33.10 Die Anordnung entspricht derjenigen einer dünnen, hier aber aus Luft bestehenden, Schicht mit der (variablen) Dicke s. Bei der Reflexion an der Oberfläche der ebenen Glasplatte tritt ein Phasensprung von 180° bzw. $\lambda/2$ auf.

a) Mit der Wellenlänge λ in Luft lautet die Bedingung für konstruktive Interferenz
$$2s + \tfrac{1}{2}\lambda = \lambda, 2\lambda, 3\lambda, \dots$$
Mit $m = 0, 1, 2, \dots$ gilt also
$$2s = \tfrac{1}{2}\lambda, \tfrac{3}{2}\lambda, \tfrac{5}{2}\lambda, \dots = \left(m + \tfrac{1}{2}\right)\lambda.$$
Damit ist die Schichtdicke

$$s = \left(m + \tfrac{1}{2}\right)\frac{\lambda}{2} \quad \text{mit} \quad m = 0, 1, 2, \dots \tag{1}$$

b) Aus den geometrischen Zusammenhängen ergibt sich
$$r^2 + (R - s)^2 = R^2, \text{ also } R^2 = r^2 + R^2 - 2Rs + s^2.$$
Für $s \ll R$ können wir den letzten Term vernachlässigen:
$R^2 \approx r^2 + R^2 - 2Rs$. Daraus folgt

$$r = \sqrt{2Rs}. \tag{2}$$

c) Das transmittierte Muster ist das Komplement des reflektierten Musters.

d) Wir quadrieren Gleichung 2 und setzen die Schichtdicke s gemäß Gleichung 1 ein: $r^2 = \left(m + \tfrac{1}{2}\right)R\lambda$. Damit erhalten wir

$$m = \frac{r^2}{R\lambda} - \frac{1}{2} = \frac{(2\,\text{cm})^2}{(10\,\text{m})\,(590\,\text{nm})} - \frac{1}{2} = 67.$$

Also sind 68 helle Ringe zu beobachten.

e) Der Durchmesser des 6. hellen Rings (bei $m = 5$) ist

$$d = 2r = 2\sqrt{\left(m + \tfrac{1}{2}\right)R\lambda} = \sqrt{\left(5 + \tfrac{1}{2}\right)(10\,\text{m})\,(590\,\text{nm})}$$
$$= 1{,}14\,\text{cm}.$$

f) Die Wellenlänge des Lichts im Wasser ist $\lambda' = \lambda_{\text{Luft}}/n = 444\,\text{nm}$. Der Abstand der Ringe wird kleiner, und die Anzahl der sichtbaren Ringe steigt um den Faktor $n = 1{,}33$ an.

L33.11 Die Abstände der Streifen für m und für $m + 1$ von der Mitte des Schirms sind gegeben durch

$$y_m = m\,\frac{\lambda\ell}{d} \quad \text{und} \quad y_{m+1} = (m + 1)\,\frac{\lambda\ell}{d}.$$

Darin ist d der Spaltabstand und ℓ der Abstand vom Schirm. Die Subtraktion der zweiten dieser Gleichungen von der ersten ergibt $\Delta y = \lambda\,\ell/d$. Die Anzahl n der Streifen pro Längeneinheit ist der Kehrwert von Δy, und wir erhalten

$$d = \frac{\lambda\ell}{\Delta y} = n\lambda\ell = (28\,\text{cm}^{-1})\,(589\,\text{nm})\,(3\,\text{m}) = 4{,}95\,\text{mm}.$$

L33.12 a) Die Abstände der Streifen für m und für $m + 1$ von der Mitte des Schirms sind gegeben durch

$$y_m = m\,\frac{\lambda\ell}{d} \quad \text{und} \quad y_{m+1} = (m + 1)\,\frac{\lambda\ell}{d}.$$

Darin ist d der Spaltabstand und ℓ der Abstand vom Schirm. Die Subtraktion der zweiten dieser Gleichungen von der ersten und Einsetzen der Werte ergibt

$$\Delta y = \frac{\lambda\,\ell}{d} = \frac{(500\ \mathrm{nm})\,(1\ \mathrm{m})}{1\ \mathrm{cm}} = 50{,}0\ \mu\mathrm{m}\,.$$

b) Mit bloßem Auge ist kein Interferenzmuster zu erkennen, weil der Abstand der Streifen zu gering ist.

c) Umformen der letzten Gleichung in Teilaufgabe a und Einsetzen der Werte ergibt

$$d = \frac{\lambda\,\ell}{\Delta y} = \frac{(500\ \mathrm{nm})\,(1\ \mathrm{m})}{1\ \mathrm{mm}} = 0{,}500\ \mathrm{mm}\,.$$

L33.13 Der gesamte Gangunterschied ist gegeben durch $\Delta r = d\sin\theta_m + d\sin\phi$. Konstruktive Interferenz tritt bei einem ganzzahligen Vielfachen der Wellenlänge auf: $\Delta r = m\lambda$. Dies setzen wir ein und erhalten

$$d\sin\theta_m + d\sin\phi = m\lambda\,.$$

Dividieren beider Seiten dieser Gleichung durch d ergibt

$$\sin\theta_m + \sin\phi = m\lambda/d\,.$$

L33.14 Die ersten Nullstellen der Intensität liegen bei Winkeln θ, für die gilt $\sin\theta = \lambda/a$. Also ist $\theta = \mathrm{asin}\,(\lambda/a)$.

a) Für $a = 1\ \mathrm{mm}$ ist $\theta = \mathrm{asin}\left(\dfrac{600\ \mathrm{nm}}{1\ \mathrm{mm}}\right) = 0{,}600\ \mathrm{mrad}\,.$

b) Für $a = 0{,}1\ \mathrm{mm}$ ist $\theta = \mathrm{asin}\left(\dfrac{600\ \mathrm{nm}}{0{,}1\ \mathrm{mm}}\right) = 6{,}00\ \mathrm{mrad}\,.$

c) Für $a = 0{,}01\ \mathrm{mm}$ ist $\theta = \mathrm{asin}\left(\dfrac{600\ \mathrm{nm}}{0{,}01\ \mathrm{mm}}\right) = 60{,}0\ \mathrm{mrad}\,.$

L33.15 Für die Anzahl N der Streifen im zentralen Beugungsmaximum gilt $N = 2m - 1$. Der Winkel θ_1, bei dem das erste Beugungsminimum auftritt, hängt mit der Spaltbreite a zusammen über $\sin\theta_1 = \lambda/a$. Der Winkel θ_m, bei dem die m-ten Interferenzmaxima auftreten, hängt mit dem Spaltabstand d zusammen über $\sin\theta_m = m\lambda/d$. Weil $\theta_1 = \theta_m$ sein soll, können wir die beiden letzten Ausdrücke gleichsetzen. Dies ergibt $m\lambda/d = \lambda/a$ und daher $m = d/a$. Somit erhalten wir

$$N = 2m - 1 = 2\,\frac{d}{a} - 1 = 2\,\frac{0{,}2\ \mathrm{mm}}{0{,}01\ \mathrm{mm}} - 1 = 39\,.$$

L33.16 a) Für die Anzahl N der Streifen im zentralen Beugungsmaximum gilt $N = 2m - 1$. Der Winkel θ_1, bei dem das erste Beugungsminimum auftritt, hängt mit der Spaltbreite a zusammen über $\sin\theta_1 = \lambda/a$. Der Winkel θ_m, bei dem die m-ten Interferenzmaxima auftreten, hängt mit dem Spaltabstand d zusammen über $\sin\theta_m = m\lambda/d$. Weil $\theta_1 = \theta_m$ sein soll, können wir die beiden letzten Ausdrücke gleichsetzen. Dies ergibt $m\lambda/d = \lambda/a$ und daher $m = d/a$. Somit erhalten wir

$$N = 2m - 1 = 2\,\frac{d}{a} - 1 = 2\,\frac{0{,}15\ \mathrm{mm}}{0{,}03\ \mathrm{mm}} - 1 = 9\,.$$

b) Beim Einzelspalt hängt die Intensität von der Phasendifferenz ϕ folgendermaßen ab:

$$I = I_0\left(\frac{\sin\frac{1}{2}\phi}{\frac{1}{2}\phi}\right)^2\,.$$

Darin ist die Phasendifferenz $\quad \phi = \dfrac{2\pi}{\lambda}\,a\sin\theta\,.$

Für $m = 3$ ist $\sin\theta_3 = 3\lambda/d$, und wir erhalten

$$\phi = \frac{2\pi}{\lambda}\,a\sin\theta_3 = \frac{2\pi}{\lambda}\,a\,\frac{3\lambda}{d} = 6\pi\,\frac{a}{d} = 6\pi\,\frac{0{,}03\ \mathrm{mm}}{0{,}15\ \mathrm{mm}} = \frac{6\pi}{5}\,.$$

Mit der obigen Gleichung für die Intensität ergibt sich

$$\frac{I_3}{I_0} = \left(\frac{\sin\frac{1}{2}\phi}{\frac{1}{2}\phi}\right)^2 = \left(\frac{\sin\left(\frac{1}{2}\cdot\frac{6\pi}{5}\right)}{\frac{1}{2}\cdot\frac{6\pi}{5}}\right)^2 = 0{,}255\,.$$

L33.17 a) Mit der Anzahl N der Zeiger, die beim ersten Minimum ein geschlossenes Vieleck mit N Seiten bilden, gilt für den Phasenwinkel $\delta = 2\pi/N$. Der Gangunterschied ist $\Delta r = d\sin\theta$. Mit dem Abstand ℓ des Schirms von den Quellen, die den Abstand d voneinander haben, gilt für kleine Winkel $\Delta r \approx yd/\ell$ und daher $y \approx \ell\,\Delta r/d$.

Bei drei äquidistanten Quellen ist der Phasenwinkel beim ersten Minimum

$$\delta = \frac{2\pi}{3} \quad \text{und} \quad \Delta r = \frac{\lambda}{2\pi}\,\delta = \frac{\lambda}{3}\,.$$

Dies setzen wir ein und erhalten

$$y_1 \approx \frac{\ell}{d}\,\frac{\lambda}{3} = 1\cdot\frac{\lambda\,\ell}{3d}\,.$$

Entsprechend gilt beim zweiten Minimum

$$\delta = \frac{1}{2}\cdot\frac{2\pi}{3} \quad \text{und} \quad \Delta r = \frac{\lambda}{2\pi}\,\delta = \frac{2\lambda}{3}\,.$$

Einsetzen ergibt hier

$$y_2 \approx \frac{\ell}{d}\,\frac{2\lambda}{3} = 2\cdot\frac{\lambda\,\ell}{3d}\,.$$

Wenn der Gangunterschied einer Wellenlänge entspricht, tritt ein Interferenzmaximum auf. Beim vierten Minimum ist der Gangunterschied $\Delta r = 4\lambda/3$, und es ergibt sich

$$y_4 \approx \frac{\ell}{d}\,\frac{4\lambda}{3} = 4\cdot\frac{\lambda\,\ell}{3d}\,.$$

Wenn wir entsprechend fortfahren, erhalten wir für die Lagen der Interferenzminima:

$$y_n \approx \frac{n\lambda\,\ell}{3d} \quad \text{mit} \quad n = 1, 2, 4, 5, 7, 8, 10, \ldots$$

b) Die Breite der Hauptmaxima ergibt sich zu

$$2y_2 = \frac{2\,(500\ \mathrm{nm})\,(1\ \mathrm{m})}{3\,(0{,}1\ \mathrm{mm})} = 3{,}33\ \mathrm{mm}\,.$$

L33.18 a) Das erste Nebenmaximum tritt auf bei $\phi = 3\pi$, ein Minimum bei $\phi = 4\pi$ und ein weiteres Maximum bei $\phi = 5\pi$. Für die Nebenmaxima gilt somit

$$\phi = (2n+1)\,\pi \quad \text{mit} \quad n = 1, 2, 3, \ldots$$

Die ersten drei Nebenmaxima erscheinen also bei $\phi = 3\pi,\ 5\pi$ und 7π.

b) Für die Beugungsintensität beim Einzelspalt gilt

$$I = I_0 \left(\frac{\sin \frac{1}{2}\phi}{\frac{1}{2}\phi} \right)^2 .$$

Wir leiten nach ϕ ab:

$$\frac{dI}{d\phi} = 2 I_0 \, \frac{\sin \frac{1}{2}\phi}{\frac{1}{2}\phi} \, \frac{\frac{1}{4}\phi \cos \frac{1}{2}\phi - \frac{1}{2}\sin\frac{1}{2}\phi}{(\frac{1}{2}\phi)^2} .$$

Das setzen wir gleich null und erhalten $\tan\frac{1}{2}\phi = \frac{1}{2}\phi$. Diese transzendentale Gleichung kann numerisch gelöst werden. Das ergibt $\phi = 2{,}86\,\pi,\ 4{,}92\,\pi$ und $6{,}94\,\pi$. Diese Ergebnisse sind um $4{,}80\,\%$ bzw. $1{,}63\,\%$ bzw. $0{,}865\,\%$ kleiner als die in Teilaufgabe a berechneten Werte, wobei die Übereinstimmung mit steigendem n besser wird.

L33.19 a) Der Winkel zwischen dem zentralen Maximum und dem ersten Beugungsminimum ist beim Fraunhofer'schen Beugungsmuster gegeben durch $\sin\theta \approx 1{,}22\,\lambda/D$. Darin ist D der Durchmesser der Öffnung. Für kleine Winkel erhalten wir

$$\theta \approx 1{,}22\,\frac{\lambda}{D} = 1{,}22\,\frac{700\ \text{nm}}{0{,}1\ \text{mm}} = 8{,}54\ \text{mrad} .$$

b) Aus den geometrischen Zusammenhängen (siehe Abbildung) ergibt sich $y_{\min} = \ell \tan\theta = (8\ \text{m}) \tan(8{,}54\ \text{mrad}) = 6{,}83\ \text{cm}$.

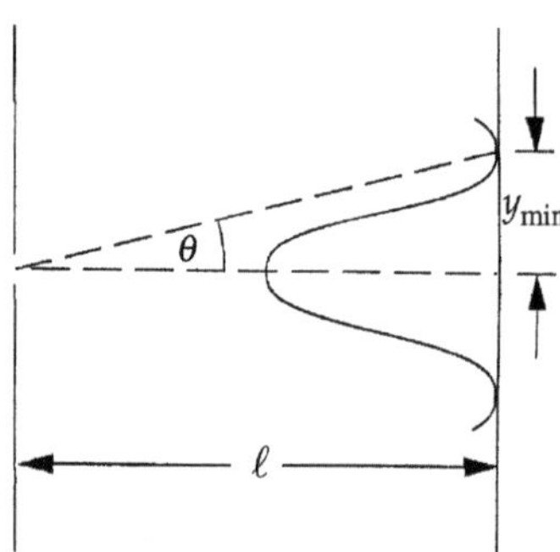

L33.20 Wir bezeichnen den Abstand der Scheinwerfer mit x und die Entfernung von ihnen mit ℓ. Aus den geometrischen Zusammenhängen (siehe Abbildung) ergibt sich für kleine Winkel $\alpha_k \approx x/\ell$.

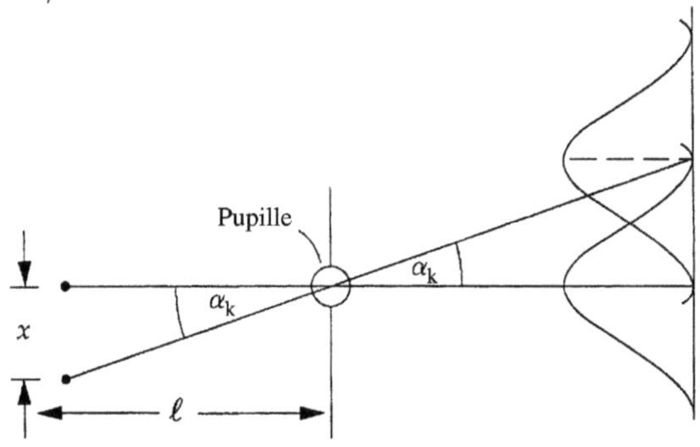

Gemäß dem Rayleigh'schen Kriterium der Auflösung gilt für kreisförmige Öffnungen, die den Durchmesser D haben: $\alpha_k =$

$1{,}22\,\lambda/D$. Gleichsetzen beider Ausdrücke für α_k liefert $x/\ell \approx 1{,}22\,\lambda/D$, und wir erhalten

$$\ell = \frac{xD}{1{,}22\,\lambda} = \frac{(112\ \text{cm})\,(5\ \text{mm})}{1{,}22\,(550\ \text{nm})} = 8{,}35\ \text{km} .$$

L33.21 a) Wir bezeichnen die Entfernung zwischen Auge und Saaldecke mit ℓ und den Abstand der Punkte voneinander mit x. Aus den geometrischen Zusammenhängen (siehe Abbildung) ergibt sich für kleine Winkel $\alpha_k \approx x/\ell$.

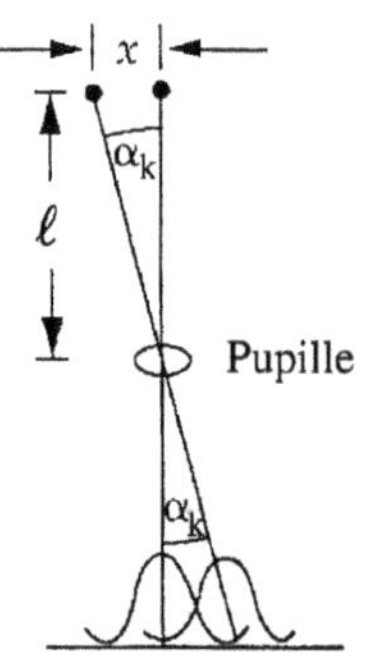

Gemäß dem Rayleigh'schen Kriterium der Auflösung gilt für kreisförmige Öffnungen, die den Durchmesser D haben: $\alpha_k = 1{,}22\,\lambda/D$. Gleichsetzen beider Ausdrücke liefert $x/\ell \approx 1{,}22\,\lambda/D$, und wir erhalten

$$\ell = \frac{xD}{1{,}22\,\lambda} = \frac{(6\ \text{mm})\,(5\ \text{mm})}{1{,}22\,(500\ \text{nm})} = 49{,}2\ \text{m} .$$

b) Weil ℓ umgekehrt proportional zu λ ist, sind die Löcher bei kleinerer Wellenlänge, also bei violettem Licht, aus größerer Entfernung zu erkennen.

L33.22 Die Interferenzmaxima im Beugungsmuster erscheinen bei Winkeln θ, für die gilt $g \sin\theta = m\lambda$. Darin ist g der Abstand der Spalte bzw. die Gitterkonstante, und es ist $m = 0, 1, 2, \ldots$

Die Anzahl der Spalte pro Zentimeter ist $N = 1/g$. Damit ergibt sich für die Winkel der Maxima

$$\theta_m = \operatorname{asin}\frac{m\lambda}{g} = \operatorname{asin}(mN\lambda) .$$

Mit $m = 1$ erhalten wir für $\lambda = 434$ nm

$$\theta_1 = \operatorname{asin}\left[(2000\ \text{cm}^{-1})\,(434\ \text{nm})\right] = 86{,}9\ \text{mrad}$$

und für $\lambda = 410$ nm entsprechend

$$\theta_1 = \operatorname{asin}\left[(2000\ \text{cm}^{-1})\,(410\ \text{nm})\right] = 82{,}1\ \text{mrad} .$$

L33.23 a) Die gesuchte Winkeldifferenz der beiden Linien im Spektrum erster Ordnung ist $\Delta\theta = \theta_{579\,\text{nm}} - \theta_{577\,\text{nm}}$.

Die Interferenzmaxima im Beugungsmuster erscheinen im Spektrum erster Ordnung ($m = 1$) bei Winkeln θ, für die gilt $g \sin\theta = m\lambda = \lambda$. Darin ist g der Abstand der Spalte bzw. die Gitterkonstante. Der jeweilige Winkel ist für $m = 1$ gegeben durch

$$\theta = \operatorname{asin}\frac{m\lambda}{g} = \operatorname{asin}\frac{\lambda}{g} .$$

Damit ergibt sich für die Winkeldifferenz

$$\Delta\theta = \mathrm{asin}\,\frac{(579\ \mathrm{nm})}{1/(2000\ \mathrm{cm}^{-1})} - \mathrm{asin}\,\frac{(577\ \mathrm{nm})}{1/(2000\ \mathrm{cm}^{-1})} = 0{,}0231^\circ.$$

b) Für die notwendige Breite b der beleuchteten Gitterfläche gilt $b = N g$, und das Auflösungsvermögen ist $\lambda/|\Delta\lambda| = mN$. Für $m = 1$ erhalten wir

$$b = \frac{\lambda\,g}{|\Delta\lambda|} = \frac{(578\ \mathrm{nm})\left[1/(2000\ \mathrm{cm}^{-1})\right]}{2\ \mathrm{nm}} = 1{,}45\ \mathrm{mm}.$$

L33.24 Für die notwendige Breite b der beleuchteten Gitterfläche gilt $b = N g$, und das Auflösungsvermögen ist $\lambda/|\Delta\lambda| = mN$. Als Wellenlänge λ setzen wir das arithmetische Mittel der beiden gegebenen Wellenlängen an. Mit $m = 2$ erhalten wir

$$\begin{aligned}
b &= \frac{\lambda\,g}{m\,|\Delta\lambda|} \\
&= \frac{\tfrac{1}{2}\,(519{,}313\ \mathrm{nm} + 519{,}322\ \mathrm{nm})\left[1/(8400\ \mathrm{cm}^{-1})\right]}{2\,(519{,}322\ \mathrm{nm} - 519{,}313\ \mathrm{nm})} \\
&= 3{,}43\ \mathrm{cm}.
\end{aligned}$$

L33.25 Mit der Gitterkonstanten g gilt für die Winkel θ der Interferenzmaxima beim Gitter

$$g \sin\theta = m\,\lambda, \qquad m = 0, 1, 2, \dots \tag{1}$$

Wir leiten nach λ ab und erhalten

$$\frac{\mathrm{d}}{\mathrm{d}\lambda}(g \sin\theta) = \frac{\mathrm{d}}{\mathrm{d}\lambda}(m\,\lambda) \quad \text{sowie} \quad g\,\frac{\mathrm{d}\theta}{\mathrm{d}\lambda}\cos\theta = m.$$

Mit $n = 1/g$ wird daraus $\quad \dfrac{\mathrm{d}\theta}{\mathrm{d}\lambda}\cos\theta = nm,$

und Auflösen nach n ergibt $\quad n = \dfrac{1}{m}\dfrac{\mathrm{d}\theta}{\mathrm{d}\lambda}\cos\theta.$

Wir können die Differenziale durch die Differenzen annähern:

$$n = \frac{1}{m}\frac{\Delta\theta}{\Delta\lambda}\cos\theta.$$

Die Winkeldifferenz ist damit

$$\Delta\theta = \frac{nm\Delta\lambda}{\cos\theta} = \frac{nm\Delta\lambda}{\sqrt{1 - \sin^2\theta}}.$$

Aus Gleichung 1 ergibt sich $\sin\theta = m\lambda/g = nm\lambda$. Dies setzen wir ein und erhalten (unter Division von Zähler und Nenner durch nm):

$$\begin{aligned}
\Delta\theta &= \frac{nm\Delta\lambda}{\sqrt{1 - n^2 m^2 \lambda^2}} = \frac{\Delta\lambda}{\dfrac{1}{nm}\sqrt{1 - n^2 m^2 \lambda^2}} \\
&= \frac{\Delta\lambda}{\sqrt{\dfrac{1 - n^2 m^2 \lambda^2}{n^2 m^2}}} = \frac{\Delta\lambda}{\sqrt{\dfrac{1}{n^2 m^2} - \lambda^2}}.
\end{aligned}$$

L33.26 a) Für den Zusammenhang zwischen der Phasendifferenz ϕ und dem Gangunterschied Δr gilt

$$\frac{\phi}{2\pi} = \frac{\Delta r}{\lambda} \quad \text{und daher} \quad \phi = \frac{2\pi\Delta r}{\lambda}.$$

Wegen $\Delta r = g \sin\theta$ ergibt dies $\quad \phi = \dfrac{2\pi g}{\lambda}\sin\theta.$

b) Wir leiten nach θ ab:

$$\frac{\mathrm{d}\phi}{\mathrm{d}\theta} = \frac{\mathrm{d}}{\mathrm{d}\theta}\left(\frac{2\pi g}{\lambda}\sin\theta\right) = \frac{2\pi g}{\lambda}\cos\theta.$$

Daraus folgt $\quad \mathrm{d}\phi = \dfrac{2\pi g}{\lambda}\cos\theta\,\mathrm{d}\theta.$

c) Wir stellen die vorige Gleichung um und setzen $\mathrm{d}\phi = 2\pi/N$ ein:

$$\mathrm{d}\theta = \frac{\lambda\,\mathrm{d}\phi}{2\pi g\cos\theta} = \frac{\lambda}{N g\cos\theta}.$$

d) Für die Winkel θ der Interferenzmaxima beim Gitter gilt

$$g \sin\theta = m\,\lambda, \qquad m = 0, 1, 2, \dots$$

Wir leiten nach λ ab und erhalten

$$\frac{\mathrm{d}}{\mathrm{d}\lambda}(g \sin\theta) = \frac{\mathrm{d}}{\mathrm{d}\lambda}(m\,\lambda) \quad \text{sowie} \quad g\,\frac{\mathrm{d}\theta}{\mathrm{d}\lambda}\cos\theta = m.$$

Auflösen nach der Winkeldifferenz ergibt $\quad \mathrm{d}\theta = \dfrac{m\,\mathrm{d}\lambda}{g\cos\theta}.$

e) Wir setzen die beiden Ausdrücke für $\mathrm{d}\theta$ gleich, die wir in den Teilaufgaben c und d ermittelt haben:

$$\frac{\lambda}{N g\cos\theta} = \frac{m\,\mathrm{d}\lambda}{g\cos\theta}.$$

Nun ersetzen wir $\mathrm{d}\lambda$ durch $|\Delta\lambda|$ und lösen nach $\lambda/|\Delta\lambda|$ auf, also nach dem Auflösungsvermögen: $A = \lambda/|\Delta\lambda| = mN$.

L33.27 Mit dem Rayleigh'schen Kriterium der Auflösung erhalten wir

$$\alpha_\mathrm{k} = \frac{1{,}22\,\lambda}{D} = 1{,}22\,\frac{3{,}2\ \mathrm{cm}}{300\ \mathrm{m}} = 0{,}130\ \mathrm{mrad}.$$

L33.28 Damit beim transmittierten Licht konstruktive Interferenz eintritt, muss der Gangunterschied eine ganzzahlige Anzahl von Wellenlängen betragen. Er ist gegeben durch $\Delta r = m\,\lambda$, wobei $m = 0, 1, 2, \dots$ ist.

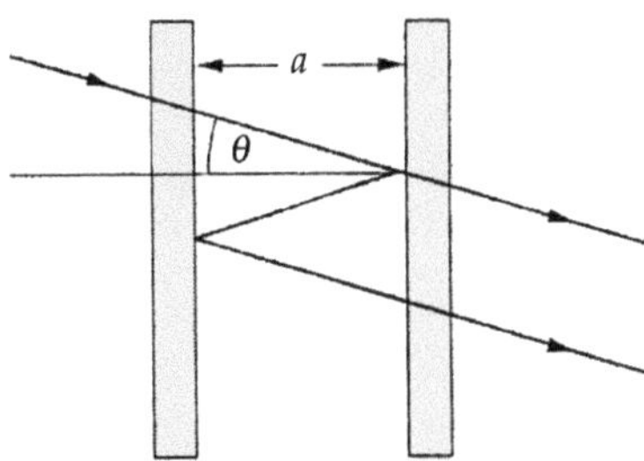

Der Gangunterschied ergibt sich aus den geometrischen Zusammenhängen (siehe Abbildung) zu $\Delta r = 2a/\cos\theta$. Wir setzen beide Ausdrücke für den Gangunterschied Δr gleich und erhalten

$$m\,\lambda = \frac{2a}{\cos\theta} \quad \text{sowie daraus} \quad a = \frac{m\lambda}{2}\cos\theta.$$

L33.29 Mit dem Durchmesser D der Pupille gilt gemäß dem Rayleigh'schen Kriterium der Auflösung $\alpha_\mathrm{k} = 1{,}22\,\lambda/D$.

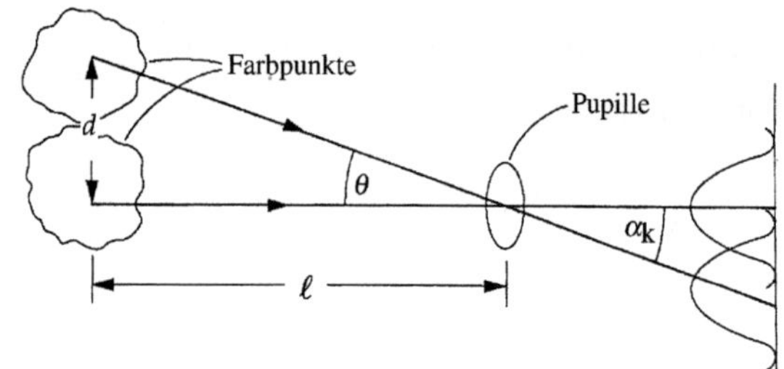

Aus den geometrischen Zusammenhängen ergibt sich für kleine Winkel $\theta \approx d/\ell$. Für $\theta = \alpha_k$ erhalten wir also mit der obigen Beziehung $d/\ell \approx 1{,}22\,\lambda/D$. Auflösen nach dem Abstand ergibt für die kleinste Wellenlänge im sichtbaren Spektralbereich

$$\ell \approx \frac{D\,d}{1{,}22\,\lambda} = \frac{(3\ \text{mm})\,(2\ \text{mm})}{1{,}22\,(400\ \text{nm})} = 12{,}3\ \text{m}\,.$$

L33.30 a) Zwischen den Wellenlängen im Vakuum (λ_0) und im Gas (λ_n) besteht der Zusammenhang $\lambda_n = \lambda_0/n$. Die Differenz der Anzahlen der Wellenlängen in der Röhre mit der Länge ℓ ist gegeben durch $\ell/\lambda_n - \ell/\lambda_0 = 198$.

Darin ersetzen wir λ_n gemäß der obigen Beziehung und erhalten $n\,\ell/\lambda_0 - \ell/\lambda_0 = 198$. Damit ergibt sich

$$n = 1 + \frac{198\,\lambda_0}{\ell} = 1 + 198\,\frac{589\ \text{nm}}{0{,}4\ \text{m}} = 1{,}000\,291\,6\,.$$

b) Wir ersetzen 198 durch $198 \pm 0{,}25$ und nehmen an, dass die Unsicherheiten in ℓ und λ_0 vernachlässigbar sind. Damit ergibt sich

$$n = 1 + \frac{\lambda_0}{\ell}\,(198 \pm 0{,}25) = 1{,}000\,291\,6 \pm 0{,}000\,000\,4\,.$$

Moderne Physik: Quantenmechanik, Relativitätstheorie und die Struktur der Materie

Welle-Teilchen-Dualismus und Quantenphysik

- Die Teilchennatur des Lichts: Photonen
- Elektronen und Materiewellen
- Welle-Teilchen-Dualismus
- Ein Teilchen im Kasten
- Berechnung von Aufenthaltswahrscheinlichkeiten und Erwartungswerten

A: Aufgaben

Verständnisaufgaben

A34.1 • Wobei wird die Energiequantisierung der elektromagnetischen Strahlung deutlich? a) Beim Young'schen Doppelspaltversuch, b) bei der Beugung des Lichts an einer engen Öffnung, c) beim photoelektrischen Effekt, d) beim Kathodenstrahlversuch von J. J. Thomson.

A34.2 • Welche der folgenden Aussagen zum photoelektrischen Effekt sind richtig, und welche sind falsch? a) Der Strom ist proportional zur Intensität des einfallenden Lichts. b) Die Ablösearbeit des jeweiligen Metalls hängt von der Frequenz des einfallenden Lichts ab. c) Die maximale kinetische Energie der emittierten Elektronen hängt linear von der Frequenz des einfallenden Lichts ab. d) Die Energie eines Photons ist proportional zu seiner Frequenz.

A34.3 • Angenommen, die de Broglie'sche Wellenlänge eines Elektrons und eines Protons sind gleich. Welche der folgenden Aussagen trifft bzw. treffen dann zu? a) Die Geschwindigkeit des Protons ist höher als die des Elektrons. b) Proton und Elektron haben die gleiche Geschwindigkeit. c) Die Geschwindigkeit des Protons ist geringer als die des Elektrons. d) Die Energie des Protons ist höher als die des Elektrons.

A34.4 • Kann der Erwartungswert von x jemals gleich einem Wert sein, für den die Wahrscheinlichkeitsdichte $P(x)$ null ist? Nennen Sie ein konkretes Beispiel.

A34.5 •• Früher nahm man an, dass bei der Durchführung zweier identischer Experimente an identischen Systemen unter denselben Bedingungen identische Ergebnisse erhalten werden müssen. Erklären Sie, warum diese Annahme nicht richtig ist und wie die Aussage geändert werden kann, um mit den Gesetzmäßigkeiten der Quantenmechanik vereinbar zu sein.

Schätzungs- und Näherungsaufgaben

A34.6 •• Eine Gruppe von Physikstudenten verwendet im Praktikum Röntgenstrahlen, um die messen. Sie erhält in Abhängigkeit vom Streuwinkel θ folgende Wellenlängenverschiebungen $\lambda_2 - \lambda_1$:

$\theta/^\circ$	45	75	90	135	180
$(\lambda_2 - \lambda_1)$/pm	0,647	1,67	2,45	3,98	4,95

Leiten Sie aus diesen Werten die Compton-Wellenlänge ab und vergleichen Sie das Ergebnis mit dem zu erwartenden Wert.

• Die Teilchennatur des Lichts: Photonen

A34.7 • Wie hoch ist die Photonenenergie in Joule und in Elektronenvolt einer Radiowelle mit der Frequenz a) 100 MHz im FM-Bereich bzw. b) 900 MHz im AM-Bereich?

A34.8 •• Das von einem Helium-Neon-Laser mit einer Leistung von 3 mW emittierte Licht hat die Wellenlänge 632 nm. Angenommen, der Laserstrahl hat einen Durchmesser von 1 mm, wie hoch ist dann die Dichte an Photonen im Strahl?

Der photoelektrische Effekt

A34.9 • Licht der Wellenlänge 300 nm fällt auf das Metall Kalium, und die emittierten Photonen haben eine maximale kinetische Energie von 2,03 eV. a) Wie hoch ist die Energie eines auftreffenden Photons? b) Wie groß ist die Ablösearbeit von Kalium? c) Wie hoch ist die maximale kinetische Energie der Elektronen, wenn das einfallende Licht eine Wellenlänge von 430 nm hat? d) Wie groß ist die Grenzwellenlänge für den photoelektrischen Effekt bei Kalium?

Compton-Streuung

A34.10 • Arthur H. Compton verwendete bei seinen Versuchen u. a. Photonen der Wellenlänge 0,0711 nm. a) Wie hoch ist die Energie eines dieser Photonen? b) Wie groß ist die Wellenlänge der Photonen, die in einem Winkel von $\theta = 180°$ gestreut werden? c) Wie hoch ist die Energie eines unter diesem Winkel gestreuten Photons?

A34.11 • Berechnen Sie für die Gegebenheiten in Aufgabe 10 die Impulse eines einfallenden und eines unter 180° gestreuten Photons. Berechnen Sie anhand der Impulserhaltung den Rückstoßimpuls, den das Elektron dabei aufnimmt.

• Elektronen und Materiewellen

A34.12 • Berechnen Sie mit der Gleichung

$$\lambda = \frac{1{,}226}{\sqrt{E_{\text{kin}}}}\,\text{nm}, \qquad \text{mit } E_{\text{kin}} \text{ in eV},$$

die De-Broglie-Wellenlänge eines Elektrons mit einer kinetischen Energie von a) 2,5 eV, b) 250 eV, c) 2,5 keV bzw. d) 25 keV.

A34.13 •• Ein Elektron, ein Proton und ein Alphateilchen (der Kern eines Heliumatoms) haben jeweils eine kinetische Energie von 150 keV. Berechnen Sie a) ihren Impuls und b) ihre De-Broglie-Wellenlänge.

A34.14 • Im LiCl-Kristall haben die Ionen Li^+ und Cl^- voneinander den Abstand 0,257 nm. Berechnen Sie die Energie von Elektronen, deren Wellenlänge diesem Abstand entspricht.

• Welle-Teilchen-Dualismus

A34.15 • Nehmen Sie an, ein kugelförmiger Gegenstand mit der Masse 4 g bewegt sich mit einer Geschwindigkeit von 100 m/s. Wie groß muss der Durchmesser einer Öffnung sein, damit beim Passieren Beugungseffekte auftreten? Zeigen Sie, dass kein gewöhnlicher Gegenstand klein genug ist, um eine solche Öffnung passieren zu können.

A34.16 • Nehmen Sie an, ein Neutron hat eine kinetische Energie von 10 MeV. Welche Größe muss ein Gegenstand haben, damit dieses Neutron an ihm Beugungseffekte erfährt? Gibt es in der Natur Objekte mit einer solchen Größe, dass an ihnen die Wellennatur der Neutronen demonstriert werden kann?

• Ein Teilchen im Kasten

A34.17 •• a) Ermitteln Sie die Energien des Grundzustands ($n = 1$) und der beiden ersten angeregten Zustände ei-

nes Protons in einem eindimensionalen Kasten der Länge $d = 10^{-15}$ m = 1 fm. (Diese Energien liegen in derselben Größenordnung wie die Energien in Atomkernen.) Skizzieren Sie das Energieniveaudiagramm dieses Systems und berechnen Sie die Wellenlänge der elektromagnetischen Strahlung, die emittiert wird, wenn das Proton folgende Übergänge erfährt: b) von $n = 2$ zu $n = 1$, c) von $n = 3$ zu $n = 2$ bzw. d) von $n = 3$ zu $n = 1$.

• Berechnung von Aufenthaltswahrscheinlichkeiten und Erwartungswerten

A34.18 •• Ein Teilchen befindet sich in einem Kasten der Länge d im Grundzustand. Berechnen Sie die Wahrscheinlichkeit, das Teilchen im Intervall $\Delta x = 0{,}002\,d$ anzutreffen: a) bei $x = d/2$, b) bei $x = 2\,d/3$ bzw. c) bei $x = d$. (Weil Δx sehr klein ist, müssen Sie nicht integrieren, weil sich die Wellenfunktion im jeweiligen Intervall nur wenig ändert.)

A34.19 •• Die klassische Funktion für die Wahrscheinlichkeitsdichte eines Teilchens in einem Kasten mit $0 \leq x \leq d$ ist gegeben durch $P(x) = 1/d$. Zeigen Sie, dass damit für den Grundzustand des klassischen Teilchens $\langle x \rangle = d/2$ und $\langle x^2 \rangle = d^2/3$ ist.

A34.20 •• a) Für ein Teilchen in einem Kasten der Länge d sind die Wellenfunktionen

$$\psi_n(x) = \sqrt{\frac{2}{d}}\,\sin\frac{n\,\pi\,x}{d},$$

wobei $n = 1, 2, 3, \ldots$ die Quantenzahl des jeweiligen Zustands ist. a) Zeigen Sie, dass sich für die Quantenzahl n die Erwartungswerte $\langle x \rangle = d/2$ und $\langle x^2 \rangle = d^2/3 - d^2/(2\,n^2\,\pi^2)$ ergeben. b) Vergleichen Sie diesen Ausdruck für $n \gg 1$ mit dem Ergebnis für das klassische Teilchen in Aufgabe 19.

Allgemeine Aufgaben

A34.21 • Ein Lichtstrahl mit der Wellenlänge 400 nm hat eine Intensität von 100 W/m². a) Wie hoch ist die Energie eines Photons in diesem Strahl? b) Wie viel Energie trifft pro Sekunde auf eine 1 cm² große Fläche, die senkrecht auf der Strahlrichtung steht? c) Wie viele Photonen treffen pro Sekunde auf diese Fläche?

A34.22 • Ein Teilchen mit der Masse 1 µg bewegt sich in einem Kasten der Länge 1 cm mit einer Geschwindigkeit von ca. 0,1 cm/s. Wie hoch ist ungefähr die Quantenzahl n?

A34.23 •• Bei normaler Zimmerbeleuchtung hat die Pupille des menschlichen Auges einen Durchmesser von rund 5 mm. (Er kann zwischen rund 1 mm und 8 mm variieren.) Wie hoch muss die Intensität von Licht der Wellenlänge 600 nm sein, damit pro Sekunde ein Photon in die Pupille gelangt?

A34.24 •• Ein Photon mit der Energie E erfährt Compton-Streuung unter dem Winkel θ. Zeigen Sie, dass die Energie E'

des gestreuten Photons gegeben ist durch

$$E' = \frac{E}{\dfrac{E}{m_\mathrm{e}\,c^2}\,(1 - \cos\theta) + 1}\,.$$

A34.25 ●● Das Pauli'sche Ausschließungsprinzip besagt, dass zu einem bestimmten Zeitpunkt nicht mehr als ein Elektron einen bestimmten Quantenzustand besetzen kann. Wenn man sich vereinfacht vorstellt, dass die Elektronen eines Atoms in einem eindimensionalen Kasten eingeschlossen sind, dann würde jedes Elektron seinen eigenen Wert der Quantenzahl n haben. Berechnen Sie die höchste Energie, die ein Elektron des Uranatoms (Ordnungszahl 92) demnach hätte. Setzen Sie als Kastenlänge 0,05 nm an. Vergleichen Sie diesen höchsten Energiewert mit der Energie, die der Ruhemasse des Elektrons entspricht.

A34.26 ●● a) Zeigen Sie, dass bei einem Teilchen in einem eindimensionalen Kasten die relative Energiedifferenz zwischen den Zuständen n und $n+1$ bei großer Quantenzahl n näherungsweise gegeben ist durch $(E_{n+1} - E_n)/E_n \approx 2/n$. b) Wie viel Prozent macht der Energieunterschied bei den Quantenzahlen 1000 und 1001 ungefähr aus? c) Kommentieren Sie das Ergebnis im Hinblick auf das Bohr'sche Korrespondenzprinzip.

A34.27 ●● Ein mit Modenkopplung betriebener Titan-Saphir-Laser gibt Strahlung der Wellenlänge 850 nm ab und erzeugt dabei pro Sekunde 100 Millionen Lichtpulse. Jeder Puls dauert 125 Femtosekunden (es ist $1\ \mathrm{fs} = 10^{-15}\ \mathrm{s}$) und besteht aus $5 \cdot 10^9$ Photonen. Wie hoch ist die mittlere Lichtleistung dieses Lasers?

A34.28 ●● Hier soll die Zeitverzögerung abgeschätzt werden, die beim photoelektrischen Effekt nach den klassischen physikalischen Gesetzen zwar zu erwarten ist, jedoch nicht beobachtet wird. Der einfallende Strahl soll die Intensität 0,01 W/m² haben. a) Wenn das Atom des betreffenden Metalls eine Querschnittsfläche von 0,01 nm² hat, wie viel Energie trifft dann pro Sekunde auf ein Atom? b) Wenn die Ablösearbeit des Metalls 2 eV beträgt, wie lange dauert es dann nach den Gesetzen der klassischen Physik, bis der Lichtstrahl diese Energiemenge auf ein Atom eingestrahlt hat?

34L Welle-Teilchen-Dualismus und Quantenphysik

L: Lösungen

L34.1 Der Young'sche Doppelspaltversuch, die Beugung des Lichts an einer engen Öffnung sowie der Kathodenstrahlversuch von J. J. Thomson demonstrieren die Wellennatur des Lichts. Dagegen ist der photoelektrische Effekt nur mit der Energiequantisierung der elektromagnetischen Strahlung zu erklären. Also ist Ausage c richtig.

L34.2 a) Richtig. b) Falsch. Die Ablösearbeit eines Metalls ist für das jeweilige Metall charakteristisch, hängt jedoch nicht von der Frequenz des einfallenden Lichts ab. c) Richtig. d) Richtig.

L34.3 Wenn die De-Broglie-Wellenlängen eines Elektrons und eines Protons gleich sind, müssen ihre Impulse gleich sein. Wegen $m_\mathrm{p} > m_\mathrm{e}$ muss also $v_\mathrm{p} < v_\mathrm{e}$ sein. Daher ist Ausage c richtig.

L34.4 Ja. Der Erwartungswert $\langle x \rangle$ kann einen Wert haben, für den die Wahrscheinlichkeitsdichte $P(x)$ null ist. Ein Beispiel dafür sind die asymmetrischen Wellen bei allen Zuständen mit geradzahliger Quantenzahl.

L34.5 Gemäß den Gesetzmäßigkeiten der Quantenmechanik liefert der Mittelwert vieler Messwerte einer Größe deren Erwartungswert. Jedoch kann das Ergebnis einer einzelnen Messung von diesem Erwartungswert abweichen.

L34.6 Die Compton-Gleichung lautet

$$\lambda_1 - \lambda_1 = \lambda_\text{Compton}\,(1 - \cos\theta) \quad \text{mit} \quad \lambda_\text{Compton} = \frac{h}{m_\mathrm{e}\,c}.$$

Diese Gleichung hat die Form $y = mx + b$, wenn wir $y = \lambda_2 - \lambda_1$ und $x = 1 - \cos\theta$ setzen. Dann können wir die Ausgleichsgerade für die gegebenen Werte der Wellenlängendifferenz y in Abhängigkeit von x ermitteln. Ihre Steigung liefert einen experimentellen Wert für die Compton-Wellenlänge. In der nachstehenden Tabelle sind die beispielsweise mit einem Computerprogramm zu errechnenden Werte aufgeführt.

$\theta/°$	$1 - \cos\theta$	$(\lambda_2 - \lambda_1)/(\mathrm{m})$
45	0,293	$6{,}47 \cdot 10^{-13}$
75	0,741	$1{,}67 \cdot 10^{-12}$
90	1,000	$2{,}45 \cdot 10^{-12}$
135	1,707	$3{,}98 \cdot 10^{-12}$
180	2,000	$4{,}95 \cdot 10^{-12}$

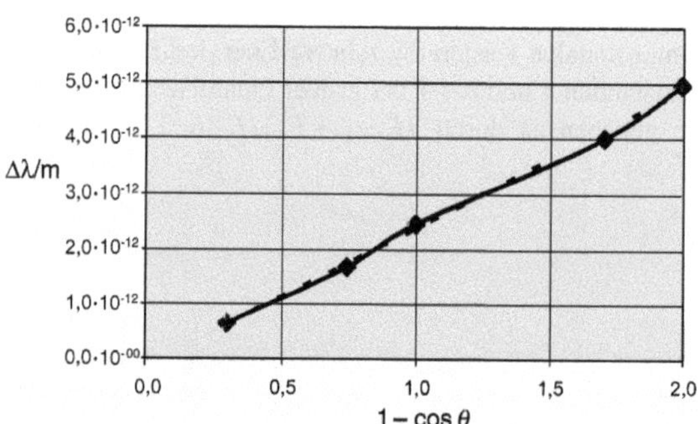

Die Ausgleichsgerade in der Abbildung wurde mit der Excel-Funktion „Hinzufügen einer Trendlinie" erzeugt und hat die Gleichung

$$\Delta\lambda/\mathrm{m} = 2{,}48 \cdot 10^{-12}\,(1 - \cos\theta) - 1{,}03 \cdot 10^{-13}.$$

Daraus ergibt sich die experimentell ermittelte Compton-Wellenlänge zu $\lambda_\text{Compton,exp.} = 2{,}48 \cdot 10^{-12}$ m.

Der theoretische Wert ist

$$\lambda_\text{Compton} = \frac{h}{m_\mathrm{e}\,c} = \frac{hc}{m_\mathrm{e}\,c^2} = \frac{1240\,\mathrm{eV \cdot nm}}{5{,}11 \cdot 10^5\,\mathrm{eV}} = 2{,}48 \cdot 10^{-12}\,\mathrm{m}.$$

Damit ist die relative Abweichung

$$\frac{\lambda_\text{C.,exp.} - \lambda_\text{C.}}{\lambda_\text{C.}} = \frac{\lambda_\text{C.,exp.}}{\lambda_\text{C.}} - 1 = \frac{2{,}48 \cdot 10^{-12}\,\mathrm{m}}{2{,}43 \cdot 10^{-12}\,\mathrm{m}} - 1 = 0{,}0206.$$

L34.7 Die Energie eines Photons mit der Frequenz v ist $E = hv$; darin ist h das Planck'sche Wirkungsquantum.

a) Für $v = 100$ MHz erhalten wir

$$E = hv = (6{,}63 \cdot 10^{-34}\,\mathrm{J \cdot s})\,(100\,\mathrm{MHz}) = 6{,}63 \cdot 10^{-26}\,\mathrm{J}$$

$$= (6{,}63 \cdot 10^{-26}\,\mathrm{J})\,\frac{1\,\mathrm{eV}}{1{,}60 \cdot 10^{-19}\,\mathrm{J}} = 4{,}14 \cdot 10^{-7}\,\mathrm{eV}.$$

b) Für $v = 900$ kHz erhalten wir

$$E = hv = (6{,}63 \cdot 10^{-34}\,\mathrm{J \cdot s})\,(900\,\mathrm{kHz}) = 5{,}96 \cdot 10^{-28}\,\mathrm{J}$$

$$= (5{,}96 \cdot 10^{-28}\,\mathrm{J})\,\frac{1\,\mathrm{eV}}{1{,}60 \cdot 10^{-19}\,\mathrm{J}} = 3{,}73 \cdot 10^{-9}\,\mathrm{eV}.$$

L34.8 Die Anzahldichte an Photonen im Strahl ist deren Anzahl pro Volumen: $\rho_n = n/V$. Die Anzahl n der pro Sekunde emittierten Photonen ist der Quotient aus der Leistung des Lasers und der Energie pro Photon:

$$n = \frac{P}{E} = \frac{P\lambda}{hc}.$$

Das Volumen V des in einer Sekunde emittierten Photonenstrahls entspricht dem Produkt aus seiner Querschnittsfläche A und der Lichtgeschwindigkeit: $V = Ac$. Damit erhalten wir für die Anzahldichte der Photonen

$$\rho_n = \frac{n}{V} = \frac{P\lambda}{hc}\frac{1}{V} = \frac{P\lambda}{hc^2 A}$$
$$= \frac{(3\ \text{mW})\,(632\ \text{nm})}{(6{,}63\cdot 10^{-34}\ \text{J}\cdot\text{s})\,(3\cdot 10^8\ \text{m}\cdot\text{s}^{-1})^2\left[\frac{\pi}{4}\,(1\ \text{mm})^2\right]}$$
$$= 4{,}05\cdot 10^{13}\ \text{m}^{-3}.$$

L34.9 a) Für die Energie eines auftreffenden Photons gilt die Einstein'sche Gleichung:

$$E = \frac{hc}{\lambda} = \frac{1240\ \text{eV}\cdot\text{nm}}{300\ \text{nm}} = 4{,}13\ \text{eV}.$$

b) Die Ablösearbeit von Kalium errechnen wir mit der Einstein'schen photoelektrischen Gleichung: $E_{\text{kin,max}} = E - W_{\text{Abl}}$. Umstellen und Einsetzen der Werte liefert

$$W_{\text{Abl}} = E - E_{\text{kin,max}} = 4{,}13\ \text{eV} - 2{,}03\ \text{eV} = 2{,}10\ \text{eV}.$$

c) Mit derselben Gleichung wie in Teilaufgabe b sowie mit $E = hc/\lambda$ erhalten wir

$$E_{\text{kin,max}} = \frac{hc}{\lambda} - W_{\text{Abl}} = \frac{1240\ \text{eV}\cdot\text{nm}}{430\ \text{nm}} - 2{,}10\ \text{eV} = 0{,}784\ \text{eV}.$$

d) Die Grenzwellenlänge bei Kalium ergibt sich zu

$$\lambda_{\text{k}} = \frac{hc}{W_{\text{Abl}}} = \frac{1240\ \text{eV}\cdot\text{nm}}{2{,}10\ \text{eV}} = 590\ \text{nm}.$$

L34.10 a) Für die Energie E_1 eines auftreffenden Photons gilt die Einstein'sche Gleichung, und wir erhalten

$$E_1 = \frac{hc}{\lambda_1} = \frac{1240\ \text{eV}\cdot\text{nm}}{0{,}0711\ \text{nm}} = 17{,}4\ \text{keV}.$$

b) Die Wellenlänge λ_2 der gestreuten Photonen ergibt sich aus der Wellenlänge λ_1 vor der Streuung und der Wellenlängenänderung durch die Streuung:

$$\lambda_2 = \lambda_1 + \Delta\lambda = \lambda_1 + \frac{h}{m_{\text{e}} c}\,(1 - \cos\theta)$$
$$= 0{,}0711\ \text{nm}$$
$$+ \frac{6{,}63\cdot 10^{-34}\ \text{J}\cdot\text{s}}{(9{,}11\cdot 10^{-31}\ \text{kg})\,(3\cdot 10^8\ \text{m}\cdot\text{s}^{-1})}\,(1 - \cos 180^\circ)$$
$$= 0{,}0760\ \text{nm}.$$

c) Mit derselben Gleichung wie in Teilaufgabe a ergibt sich die Energie eines gestreuten Photons zu

$$E_2 = \frac{hc}{\lambda_2} = \frac{1240\ \text{eV}\cdot\text{nm}}{0{,}0760\ \text{nm}} = 16{,}3\ \text{keV}.$$

L34.11 Der Impuls eines einfallenden Photons ist

$$p_1 = \frac{h}{\lambda_1} = \frac{6{,}63\cdot 10^{-34}\ \text{J}\cdot\text{s}}{71{,}1\ \text{pm}} = 9{,}32\cdot 10^{-24}\ \text{kg}\cdot\text{m}\cdot\text{s}^{-1}.$$

Mit der Compton-Gleichung erhalten wir für die Wellenlänge eines gestreuten Photons

$$\lambda_2 = \lambda_1 + \lambda_{\text{Compton}}\,(1 - \cos\theta)$$
$$= 71{,}1\ \text{pm} + (2{,}43\cdot 10^{-12}\ \text{m})\,(1 - \cos 180^\circ) = 76{,}0\ \text{pm}.$$

Wegen der Impulserhaltung gilt $p_1 = p_{\text{e}} + p_2$. Darin ist p_{e} der Rückstoßimpuls, den das Elektron aufnimmt. Für diesen ergibt sich

$$p_{\text{e}} = p_1 - p_2$$
$$= 9{,}32\cdot 10^{-24}\ \text{kg}\cdot\text{m}\cdot\text{s}^{-1} - \left(-\frac{6{,}63\cdot 10^{-34}\ \text{J}\cdot\text{s}}{76{,}0\ \text{pm}}\right)$$
$$= 1{,}80\cdot 10^{-23}\ \text{kg}\cdot\text{m}\cdot\text{s}^{-1}.$$

L34.12 Wenn wir die kinetische Energie in eV einsetzen, ist die Wellenlänge gegeben durch $\lambda = (1{,}226/\sqrt{E_{\text{kin}}})$ nm.

a) $E_{\text{kin}} = 2{,}5\ \text{eV}:\quad \lambda = \dfrac{1{,}226}{\sqrt{2{,}5}}\ \text{nm} = 0{,}775\ \text{nm}.$

b) $E_{\text{kin}} = 250\ \text{eV}:\quad \lambda = \dfrac{1{,}226}{\sqrt{250}}\ \text{nm} = 0{,}0775\ \text{nm}.$

c) $E_{\text{kin}} = 2500\ \text{eV}:\quad \lambda = \dfrac{1{,}226}{\sqrt{2500}}\ \text{nm} = 0{,}0245\ \text{nm}.$

d) $E_{\text{kin}} = 25000\ \text{eV}:\quad \lambda = \dfrac{1{,}226}{\sqrt{25000}}\ \text{nm} = 7{,}75\ \text{pm}.$

L34.13 a) Der Impuls ist gegeben durch $p = \sqrt{2m E_{\text{kin}}}$. Damit erhalten wir für das Elektron

$$p_{\text{e}} = \sqrt{2 m_{\text{e}} E_{\text{kin}}}$$
$$= \sqrt{2\,(9{,}11\cdot 10^{-31}\ \text{kg})\,(150\ \text{keV})\,\frac{1{,}6\cdot 10^{-19}\ \text{J}}{\text{eV}}}$$
$$= 2{,}09\cdot 10^{-22}\ \text{N}\cdot\text{s},$$

für das Proton

$$p_{\text{p}} = \sqrt{2 m_{\text{p}} E_{\text{kin}}}$$
$$= \sqrt{2\,(1{,}67\cdot 10^{-27}\ \text{kg})\,(150\ \text{keV})\,\frac{1{,}6\cdot 10^{-19}\ \text{J}}{\text{eV}}}$$
$$= 8{,}95\cdot 10^{-21}\ \text{N}\cdot\text{s}$$

und für das Alphateilchen

$$p_\alpha = \sqrt{2 m_\alpha E_{\text{kin}}}$$
$$= \sqrt{2\,(4\ \text{u})\,(1{,}67\cdot 10^{-27}\ \text{kg}\cdot\text{u}^{-1})\,(150\ \text{keV})\,\frac{1{,}6\cdot 10^{-19}\ \text{J}}{\text{eV}}}$$
$$= 1{,}79\cdot 10^{-20}\ \text{N}\cdot\text{s}.$$

b) Die De-Broglie-Wellenlänge ist gegeben durch $\lambda = h/p$. Damit erhalten wir für das Elektron

$$\lambda_{\text{e}} = \frac{h}{p_{\text{e}}} = \frac{6{,}63\cdot 10^{-34}\ \text{J}\cdot\text{s}}{2{,}09\cdot 10^{-22}\ \text{N}\cdot\text{s}} = 3{,}17\cdot 10^{-12}\ \text{m},$$

für das Proton

$$\lambda_{\mathrm p} = \frac{h}{p_{\mathrm p}} = \frac{6{,}63 \cdot 10^{-34}\,\mathrm{J \cdot s}}{8{,}95 \cdot 10^{-21}\,\mathrm{N \cdot s}} = 7{,}41 \cdot 10^{-14}\,\mathrm m$$

und für das Alphateilchen

$$\lambda_{\alpha} = \frac{h}{p_{\alpha}} = \frac{6{,}63 \cdot 10^{-34}\,\mathrm{J \cdot s}}{1{,}79 \cdot 10^{-20}\,\mathrm{N \cdot s}} = 3{,}70 \cdot 10^{-14}\,\mathrm m.$$

L34.14 Wenn wir die kinetische Energie in eV einsetzen, ist die Wellenlänge gegeben durch $\lambda = (1{,}226/\sqrt{E_{\mathrm{kin}}})$ nm.
Auflösen nach der kinetischen Energie und Einsetzen der Werte ergibt

$$E_{\mathrm{kin}} = \left(\frac{1{,}226\,\mathrm{nm \cdot eV^{1/2}}}{\lambda}\right)^2 = \left(\frac{1{,}226\,\mathrm{nm \cdot eV^{1/2}}}{0{,}257\,\mathrm{nm}}\right)^2$$
$$= 22{,}8\,\mathrm{eV}.$$

L34.15 Damit Beugung eintreten kann, muss der Durchmesser der Öffnung ähnlich groß sein wie die Wellenlänge. Die De-Broglie-Wellenlänge des Gegenstands ist

$$\lambda = \frac{h}{p} = \frac{h}{m\,\upsilon} = \frac{6{,}63 \cdot 10^{-34}\,\mathrm{J \cdot s}}{(4 \cdot 10^{-3}\,\mathrm{kg})\,(100\,\mathrm{m \cdot s^{-1}})} = 1{,}66 \cdot 10^{-33}\,\mathrm m.$$

Diese Abmessung ist um viele Größenordnungen kleiner als selbst der Durchmesser des Protons. Somit kann es keinen Gegenstand geben, der durch eine solche Öffnung passen würde.

L34.16 Damit Beugung am Gegenstand eintreten kann, muss dieser ähnlich groß sein wie die Wellenlänge. Die De-Broglie-Wellenlänge des Neutrons, das die Ruheenergie $m\,c^2 = 940$ MeV und die kinetische Energie 10 MeV hat, ist

$$\lambda = \frac{1240\,\mathrm{eV \cdot nm}}{\sqrt{2\,m c^2 E_{\mathrm{kin}}}} = \frac{1240\,\mathrm{eV \cdot nm}}{\sqrt{2\,(940\,\mathrm{MeV})\,(10\,\mathrm{MeV})}}$$
$$= 9{,}04 \cdot 10^{-6}\,\mathrm{nm} \approx 10\,\mathrm{fm}.$$

Diese Wellenlänge liegt in derselben Größenordnung wie die Durchmesser von Atomkernen. Daher kann durch Beugung an ihnen die Wellennatur von Neutronen mit der angegebenen kinetischen Energie demonstriert werden.

L34.17 a) Die Energie des Grundzustands ist

$$E_1 = \frac{h^2}{8\,m_{\mathrm p}\,d^2}$$
$$= \frac{(6{,}63 \cdot 10^{-34}\,\mathrm{J \cdot s})^2}{8\,(1{,}67 \cdot 10^{-27}\,\mathrm{kg})\,(10^{-15}\,\mathrm m)}\,\frac{1\,\mathrm{eV}}{1{,}6 \cdot 10^{-19}\,\mathrm J}$$
$$= 206\,\mathrm{MeV}.$$

Die Energien der angeregten Zustände sind $E_n = n^2 E_1$. Daher sind die Energien der ersten beiden angeregten Zustände
$$E_2 = 2^2 E_1 = 4\,(206\,\mathrm{MeV}) = 824\,\mathrm{MeV},$$
$$E_3 = 3^2 E_1 = 9\,(206\,\mathrm{MeV}) = 1{,}85\,\mathrm{GeV}.$$
Die Abbildung zeigt das Energieniveaudiagramm dieses Systems.

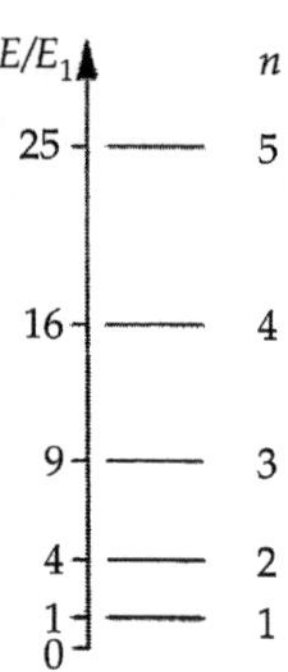

b) Die Wellenlänge bei einem Übergang ist gegeben durch

$$\lambda = \frac{hc}{\Delta E} = \frac{1240\,\mathrm{eV \cdot nm}}{\Delta E}.$$

Beim Übergang 2→1 ist die Energiedifferenz
$$\Delta E_{2 \to 1} = E_2 - E_1 = 4 E_1 - E_1 = 3 E_1,$$
und die Wellenlänge ist

$$\lambda_{2 \to 1} = \frac{1240\,\mathrm{eV \cdot nm}}{3 E_1} = \frac{1240\,\mathrm{eV \cdot nm}}{3\,(206\,\mathrm{MeV})} = 2{,}01\,\mathrm{fm}.$$

c) Beim Übergang 3→2 ist die Energiedifferenz
$$\Delta E_{3 \to 2} = E_3 - E_2 = 9 E_1 - 4 E_1 = 5 E_1,$$
und die Wellenlänge ist

$$\lambda_{3 \to 2} = \frac{1240\,\mathrm{eV \cdot nm}}{5 E_1} = \frac{1240\,\mathrm{eV \cdot nm}}{5\,(206\,\mathrm{MeV})} = 1{,}20\,\mathrm{fm}.$$

d) Beim Übergang 3→1 ist die Energiedifferenz
$$\Delta E_{3 \to 1} = E_3 - E_1 = 9 E_1 - E_1 = 8 E_1,$$
und die Wellenlänge ist

$$\lambda_{3 \to 1} = \frac{1240\,\mathrm{eV \cdot nm}}{8 E_1} = \frac{1240\,\mathrm{eV \cdot nm}}{8\,(206\,\mathrm{MeV})} = 0{,}752\,\mathrm{fm}.$$

L34.18 Die Wahrscheinlichkeit, das Teilchen im Intervall Δx anzutreffen, ist $P = P(x)\,\Delta x = \psi^2(x)\,\Delta x$. Das gegebene Intervall $\Delta x = 0{,}002\,d$ ist so klein, dass wir bei der Berechnung der Wahrscheinlichkeit die Variation von $\psi(x)$ vernachlässigen können. Wir müssen also nicht integrieren, sondern können direkt $\psi^2(x)\,\Delta x$ auswerten. Die Wellenfunktion im Grundzustand ist

$$\psi_1(x) = \sqrt{\frac{2}{d}}\,\sin\!\left(\frac{\pi x}{d}\right).$$

Dies setzen wir ein und erhalten

$$P = \sqrt{\frac{2}{d}}\,\sin^2\!\left(\frac{\pi x}{d}\right)\Delta x = \sqrt{\frac{2}{d}}\,\sin^2\!\left(\frac{\pi x}{d}\right)(0{,}002\,d)$$
$$= 0{,}004\,\sin^2\!\left(\frac{\pi x}{d}\right).$$

a) Bei $x = d/2$ erhalten wir

$$P = 0{,}004\,\sin^2\!\left(\frac{\pi d}{2 d}\right) = 0{,}004\,\sin^2\!\left(\frac{\pi}{2}\right) = 0{,}004.$$

b) Bei $x = 2 d/3$ erhalten wir

$$P = 0{,}004\,\sin^2\!\left(\frac{2 \pi d}{3 d}\right) = 0{,}004\,\sin^2\!\left(\frac{2 \pi}{3}\right) = 0{,}003.$$

c) Bei $x = d$ erhalten wir

$$P = 0{,}004 \sin^2\left(\frac{\pi d}{d}\right) = 0{,}004 \sin^2(\pi) = 0.$$

L34.19 Die klassischen Erwartungswerte sind $\langle x \rangle = \int x P(x)\,\mathrm{d}x$ und $\langle x^2 \rangle = \int x^2 P(x)\,\mathrm{d}x$. Wir setzen $P(x) = 1/d$ und erhalten

$$\langle x \rangle = \int_0^d \frac{x}{d}\,\mathrm{d}x = \left.\frac{x^2}{2d}\right|_0^d = \frac{d}{2}$$

sowie

$$\langle x^2 \rangle = \int_0^d \frac{x^2}{d}\,\mathrm{d}x = \left.\frac{x^3}{3d}\right|_0^d = \frac{d^2}{3}.$$

L34.20 Wir verwenden die Beziehung

$$\langle f(x) \rangle = \int f(x)\,\psi^2(x)\,\mathrm{d}x, \quad \text{mit} \quad \psi_n(x) = \sqrt{\frac{2}{d}}\,\sin\left(\frac{n\pi x}{d}\right).$$

a) Für ein Teilchen im Zustand n ist

$$\langle x \rangle = \int_0^d \frac{2x}{d}\,\sin^2\left(\frac{n\pi x}{d}\right)\,\mathrm{d}x.$$

Wir ändern die Integrationsvariable, indem wir $\theta = n\pi x/d$ setzen. Dies ergibt

$$x = \frac{d}{n\pi}\,\theta \quad \text{und} \quad \mathrm{d}\theta = \frac{n\pi}{d}\,\mathrm{d}x \quad \text{sowie} \quad \mathrm{d}x = \frac{d}{n\pi}\,\mathrm{d}\theta.$$

Die Integrationsgrenzen für θ sind jetzt 0 und $n\pi$. Wir setzen ein und erhalten

$$\langle x \rangle = \frac{2}{d}\int_0^{n\pi}\left(\frac{d}{n\pi}\,\theta\right)\sin^2\theta\left(\frac{d}{n\pi}\,\mathrm{d}\theta\right) = \frac{2d}{n^2\pi^2}\int_0^{n\pi}\theta\sin^2\theta\,\mathrm{d}\theta.$$

Das Integral kann in Tabellen nachgeschlagen werden, und wir erhalten

$$\langle x \rangle = \frac{2d}{n^2\pi^2}\left[\frac{\theta^2}{4} - \frac{\theta\sin 2\theta}{4} - \frac{\cos 2\theta}{8}\right]_0^{n\pi}$$

$$= \frac{2d}{n^2\pi^2}\left(\frac{n^2\pi^2}{4} - \frac{n\pi\sin 2n\pi}{4} - \frac{\cos 2n\pi}{8} + \frac{1}{8}\right)$$

$$= \frac{2d}{n^2\pi^2}\left(\frac{n^2\pi^2}{4} - \frac{1}{8} + \frac{1}{8}\right) = \frac{d}{2}.$$

Für ein Teilchen im Zustand n ist

$$\langle x^2 \rangle = \int_0^d \frac{2x^2}{d}\,\sin^2\left(\frac{n\pi x}{d}\right)\,\mathrm{d}x.$$

Wir ändern die Integrationsvariable, indem wir $\theta = n\pi x/d$ setzen. Dies ergibt

$$x = \frac{d}{n\pi}\,\theta \quad \text{und} \quad \mathrm{d}\theta = \frac{n\pi}{d}\,\mathrm{d}x \quad \text{sowie} \quad \mathrm{d}x = \frac{d}{n\pi}\,\mathrm{d}\theta.$$

Die Integrationsgrenzen für θ sind jetzt 0 und $n\pi$. Wir setzen ein und erhalten

$$\langle x^2 \rangle = \frac{2}{d}\int_0^{n\pi}\left(\frac{d}{n\pi}\,\theta\right)^2\sin^2\theta\left(\frac{d}{n\pi}\,\mathrm{d}\theta\right) = \frac{2d^2}{n^3\pi^3}\int_0^{n\pi}\theta^2\sin^2\theta\,\mathrm{d}\theta.$$

Auch dieses Integral kann in Tabellen nachgeschlagen werden, und es ergibt sich

$$\langle x^2 \rangle = \frac{2d^2}{n^3\pi^3}\left[\frac{\theta^2}{6} - \left(\frac{\theta^2}{4} - \frac{1}{8}\right)\sin 2\theta - \frac{\theta\cos 2\theta}{4}\right]_0^{n\pi}$$

$$= \frac{2d^2}{n^3\pi^3}\left(\frac{n^3\pi^3}{6} - \frac{n\pi}{4}\right) = \frac{d^2}{3} - \frac{d^2}{2n^2\pi^2}.$$

b) Bei sehr großen Werten von n wird der zweite Bruch in der letzten Gleichung vernachlässigbar klein, und das Ergebnis stimmt mit dem klassischen Wert $d^2/3$ überein, wie er in Aufgabe 19 berechnet wurde.

L34.21 a) Mit der Einstein'schen Gleichung für die Photonenenergie erhalten wir

$$E_{\text{Photon}} = h\nu = \frac{hc}{\lambda} = \frac{1240\ \text{eV}\cdot\text{nm}}{400\ \text{nm}} = 3{,}10\ \text{eV}.$$

b) Die in der Zeitspanne Δt auf eine Fläche auftreffende Lichtenergie E ist das Produkt aus der Intensität I, der Fläche A und der Zeitspanne Δt:

$$E = IA\Delta t = (100\ \text{W}\cdot\text{m}^{-2})\,(10^{-4}\ \text{m}^2)\,(1\ \text{s})$$

$$= (0{,}01\ \text{J})\,\frac{1\ \text{eV}}{1{,}60\cdot 10^{-19}\ \text{J}} = 6{,}25\cdot 10^{16}\ \text{eV}.$$

c) Die Anzahl der pro Sekunde auf die gegebene Fläche auftreffenden Photonen erhalten wir aus dem Quotienten der gesamten Energie und der Energie pro Photon:

$$n = \frac{E}{E_{\text{Photon}}} = \frac{6{,}25\cdot 10^{16}\ \text{eV}}{3{,}10\ \text{eV}} = 2{,}02\cdot 10^{16}.$$

L34.22 Die Energie des Teilchens im Zustand n im Kasten der Länge d ist

$$E_n = n^2\,\frac{h^2}{8md^2}.$$

Mit der kinetischen Energie $E_n = \frac{1}{2}mv^2$ des Teilchens erhalten wir

$$n = \frac{d}{h}\sqrt{8mE_n} = \frac{2dmv}{h}$$

$$= \frac{2\,(10^{-2}\ \text{m})\,(10^{-9}\ \text{kg})\,(10^{-3}\ \text{m}\cdot\text{s}^{-1})}{6{,}63\cdot 10^{-34}\ \text{J}\cdot\text{s}}$$

$$= 3{,}02\cdot 10^{19} \approx 3\cdot 10^{19}.$$

L34.23 Gemäß der Einstein'schen Gleichung ist die Energie eines Photons $E_{\text{Photon}} = hc/\lambda$. Die Intensität I_{Photon}, die beim Einfall eines Photons pro Sekunde auf die Fläche A trifft, ist der Quotient aus der Leistung P und der Fläche A. Mit dem obigen Ausdruck für die Photonenenergie ergibt sich also

$$I_{\text{Photon}} = \frac{P}{A} = \frac{E_{\text{Photon}}}{A\Delta t} = \frac{hc}{\lambda A\Delta t}$$

$$= \frac{(1240\ \text{eV}\cdot\text{nm})\,(1{,}602\cdot 10^{-19}\ \text{J}\cdot\text{eV}^{-1})}{(600\ \text{nm})\left[\dfrac{\pi}{4}\,(5\cdot 10^{-3}\ \text{m})^2\right](1\ \text{s})}$$

$$= 1{,}69\cdot 10^{-14}\ \text{W}\cdot\text{m}^{-2}.$$

L34.24 Die Energie des gestreuten Photons ist $E' = hc/\lambda'$, und für seine Wellenlänge gilt

$$\lambda' = \frac{h}{m_e c}\,(1 - \cos\theta) + \lambda\,.$$

Darin ist λ die Wellenlänge des einfallenden Photons. Einsetzen in die erste Gleichung ergibt

$$E' = \frac{hc}{\dfrac{h}{m_e c}\,(1 - \cos\theta) + \lambda} = \frac{hc/\lambda}{\dfrac{hc}{m_e c^2 \lambda}\,(1 - \cos\theta) + 1}$$

$$= \frac{E}{\dfrac{E}{m_e c^2}\,(1 - \cos\theta) + 1}\,.$$

L34.25 Die Energie des Teilchens im Zustand n im Kasten mit der Länge d ist gegeben durch

$$E_n = n^2\,\frac{h^2}{8md^2}\,.$$

Für $n = 92$ erhalten wir

$$E_{92} = (92)^2\,\frac{(6{,}63 \cdot 10^{-34}\ \mathrm{J \cdot s})^2}{8\,(9{,}11 \cdot 10^{-31}\ \mathrm{kg})\,(0{,}05\ \mathrm{nm})^2}\,\frac{1\ \mathrm{eV}}{1{,}6 \cdot 10^{-19}\ \mathrm{J}}$$

$$= 1{,}28\ \mathrm{MeV}\,.$$

Die Ruheenergie des Elektrons ist

$$m_e c^2 = (9{,}11 \cdot 10^{-31}\ \mathrm{kg})\,(3 \cdot 10^8\ \mathrm{m \cdot s^{-1}})^2\,\frac{1\ \mathrm{eV}}{1{,}6 \cdot 10^{-19}\ \mathrm{J}}$$

$$= 0{,}512\ \mathrm{MeV}\,.$$

Der Vergleich ergibt $\dfrac{E_{92}}{m_e c^2} = \dfrac{1{,}28\ \mathrm{MeV}}{0{,}512\ \mathrm{MeV}} = 2{,}50$.

Die Energie des energiereichsten Elektrons im hypothetischen Uranatom ist also 2,5-mal so groß wie die Ruheenergie des Elektrons.

L34.26 Die Energie des Zustands n ist $E_n = n^2 E_1$, wobei E_1 die Energie des Grundzustands ist.

a) Die relative Energiezunahme beim Übergang zur nächsthöheren Quantenzahl ist

$$\frac{E_{n+1} - E_n}{E_n} = \frac{(n+1)^2 - n^2}{n^2} = \frac{2n+1}{n^2} = \frac{2}{n} + \frac{1}{n^2} \approx \frac{2}{n}\,.$$

Dabei gilt die Näherung für $n \gg 1$.

b) Wir erhalten $\dfrac{E_{1001} - E_{1000}}{E_{1000}} \approx \dfrac{2}{1000} = 0{,}2\ \%$.

c) In der klassischen Physik kann die Energie beliebige Zwischenwerte annehmen; d. h., sie ist kontinuierlich verteilt. Das ist in der Quantenmechanik für sehr große Quantenzahlen näherungsweise auch der Fall, wie der eben berechnete geringe Unterschied der Energiewerte zeigt.

L34.27 Die Energie der n emittierten Photonen ist gemäß der Einstein'schen Gleichung gegeben durch $\Delta E = nh\nu = nhc/\lambda$. Die Leistung ist die Energie pro Zeit, und wir erhalten

$$P = \frac{\Delta E}{\Delta t} = \frac{nhc}{\lambda\,\Delta t}$$

$$= \frac{(5 \cdot 10^9)\,(6{,}63 \cdot 10^{-34}\ \mathrm{J \cdot s})\,(3 \cdot 10^8\ \mathrm{m \cdot s^{-1}})}{(850\ \mathrm{nm})\,(10^{-8}\ \mathrm{s})} = 117\ \mathrm{mW}\,.$$

Anmerkung: Die Pulsdauer von 15 fs geht in die Rechnung nicht ein, und der Faktor 10^{-8} s im Nenner entspricht der reziproken Anzahl der Pulse pro Sekunde.

L34.28 a) Die Strahlungsleistung entspricht dem Produkt aus der Intensität I und der Querschnittsfläche A:

$$P = IA = (0{,}01\ \mathrm{W \cdot m^{-2}})\,(0{,}01 \cdot 10^{-18}\ \mathrm{m}^2)$$

$$= (10^{-22}\ \mathrm{J \cdot s^{-1}})\,\frac{1\ \mathrm{eV}}{1{,}60 \cdot 10^{-19}\ \mathrm{J}} = 6{,}25 \cdot 10^{-4}\ \mathrm{eV \cdot s^{-1}}\,.$$

b) Für die Zeitspanne, die nötig wäre, bis die zugeführte Energie der Ablösearbeit entspricht, erhalten wir

$$\Delta t = \frac{\Delta E}{P} = \frac{W_{\mathrm{Abl}}}{P} = \frac{2\ \mathrm{eV}}{6{,}25 \cdot 10^{-4}\ \mathrm{eV \cdot s^{-1}}} = 3200\ \mathrm{s}\,.$$

Das entspricht 53,3 Minuten.

Anwendungen der Schrödinger-Gleichung

- Die Schrödinger-Gleichung
- Der harmonische Oszillator
- Reflexion und Transmission von Elektronenwellen: Barrierendurchdringung
- Die Schrödinger-Gleichung in drei Dimensionen
- Die Schrödinger-Gleichung für zwei identische Teilchen

A: Aufgaben

Verständnisaufgaben

A35.1 • Richtig oder falsch? Randbedingungen für die Wellenfunktion führen zur Quantisierung der Energie.

A35.2 • Skizzieren Sie für den Zustand $n = 4$ eines Teilchens in einem Kasten mit endlich hohem Potenzial a) die Wellenfunktion und b) die Wahrscheinlichkeitsverteilung.

• Die Schrödinger-Gleichung

A35.3 •• Angenommen, $\psi_1(x)$ und $\psi_2(x)$ sind Lösungen der zeitunabhängigen Schrödinger-Gleichung

$$-\frac{\hbar^2}{2m}\frac{\mathrm{d}^2\psi(x)}{\mathrm{d}x^2} + E_{\mathrm{pot}}(x)\,\psi(x) = E\,\psi(x).$$

Zeigen Sie, dass dann auch $\psi_3(x) = \psi_1(x) + \psi_2(x)$ eine Lösung ist. Dies ist das so genannte Superpositionsprinzip, das für die Lösungen aller linearen Differenzialgleichungen gilt.

• Der harmonische Oszillator

A35.4 •• Mit dem Modell des harmonischen Oszillators kann man auch Schwingungen in Molekülen annähernd beschreiben. Beispielsweise weist das Wasserstoffmolekül H_2 äquidistante Energieniveaus auf, deren Abstand $8{,}7 \cdot 10^{-20}$ J beträgt. Wie hoch wäre dabei die Federkonstante, wenn man das Molekülmodell als einzelnes Wasserstoffatom ansieht, das über eine Feder mit einer festen Wand verbunden ist?

A35.5 •• Zeigen Sie, dass für den Grundzustand des harmonischen Oszillators gilt: $\langle x^2 \rangle = \int x^2 |\psi|^2 \,\mathrm{d}x = \hbar/(2m\,\omega_0) =$ $1/(4a)$. Zeigen Sie damit, dass die mittlere potenzielle Energie gleich der halben Gesamtenergie ist.

A35.6 ••• Nach den Gesetzen der klassischen Physik ist die mittlere kinetische Energie des harmonischen Oszillators gleich seiner mittleren potenziellen Energie. Wir können annehmen, dass dies auch für den quantenmechanischen harmonischen Oszillator gilt. Bestimmen Sie unter dieser Bedingung den Erwartungswert von p^2 in dessen Grundzustand.

• Reflexion und Transmission von Elektronenwellen: Barrierendurchdringung

A35.7 •• Ein Teilchen mit der Energie E trifft auf eine Potenzialbarriere der Höhe W_0. Wie hoch muss der Quotient E/W_0 sein, damit der Reflexionskoeffizient gleich $\frac{1}{2}$ ist?

A35.8 •• Ein Elektron mit der Energie 10 eV trifft auf eine Potenzialbarriere der Höhe 25 eV und der Breite 1 nm. a) Berechnen Sie mit der Beziehung $T \propto \mathrm{e}^{-2\alpha a}$ die Größenordnung der Wahrscheinlichkeit, mit der das Elektron durch die Barriere tunnelt. b) Wiederholen Sie die Berechnung für eine Barrierenbreite von 0,1 nm.

• Die Schrödinger-Gleichung in drei Dimensionen

A35.9 • Ein Teilchen ist in einem dreidimensionalen Kasten mit den Kantenlängen d_1 und $d_2 = 2\,d_1$ sowie $d_3 = 3\,d_1$ eingeschlossen. Ermitteln Sie die Quantenzahlen n_1, n_2 und n_3 für die zehn energetisch niedrigsten Quantenzustände.

A35.10 •• Ein Teilchen bewegt sich frei in einem zweidimensionalen Gebiet, das definiert ist durch $0 \leq x \leq d$ und $0 \leq y \leq d$. Ermitteln Sie a) die Wellenfunktionen, die die Schrödinger-Gleichung erfüllen, b) die entsprechenden Energien, c) die beiden energetisch niedrigsten entarteten Zustände und die zugehörigen Quantenzahlen, d) die drei energetisch niedrigsten Zustände mit gleicher Energie und die zugehörigen Quantenzahlen.

• Die Schrödinger-Gleichung für zwei identische Teilchen

A35.11 • Wie hoch ist die Energie des Grundzustands von zehn nicht wechselwirkenden Fermionen, beispielsweise Neutronen, in einem eindimensionalen Kasten der Länge d? (Weil die mit dem Spin korrelierte Quantenzahl zwei Werte haben kann, kann jeder räumliche Zustand zwei Neutronen enthalten.)

Orthogonalität von Wellenfunktionen

A35.12 •• *Vorbemerkung:* Das Integral zweier Funktionen über dasselbe Raumintervall weist Analogien zum Skalarprodukt zweier Vektoren auf. Wenn dieses Integral null ist, dann bezeichnet man die Funktionen als orthogonal (was zwei aufeinander senkrecht stehenden Vektoren entspricht). Diese Aufgabe illustriert das Prinzip, nach dem zwei Wellenfunktionen orthogonal sind, die verschiedenen Energiezuständen im selben Potenzial entsprechen. (*Hinweis:* Das Integral eines antisymmetrischen Integranden ist allgemein null, wenn die Integrationsgrenzen symmetrisch liegen.)

Die Wellenfunktionen $\psi_n(x) = \sqrt{2/d} \, \sin(n\pi x/d)$ entsprechen einem Teilchen in einem Kasten, der sich von 0 bis d erstreckt und ein unendlich hohes Potenzial hat. Zeigen Sie, dass hierfür gilt: $\int \psi_n(x)\,\psi_m(x)\,\mathrm{d}x = 0$, d. h. dass ψ_n und ψ_m orthogonal sind.

Allgemeine Aufgaben

A35.13 •• Ein Teilchen ist in einem zweidimensionalen Kasten eingeschlossen, wobei folgende Randbedingungen gelten: $E_{\mathrm{pot}}(x, y) = 0$ für $-d/2 \leq x \leq d/2$ und $-3d/2 \leq y \leq 3d/2$ sowie $E_{\mathrm{pot}} = \infty$ außerhalb dieser Bereiche. a) Bestimmen Sie die Energien der drei energetisch niedrigsten gebundenen Zustände. Sind darunter entartete Zustände? b) Ermitteln Sie die Quantenzahlen für den energetisch niedrigsten zweifach entarteten gebundenen Zustand und berechnen Sie seine Energie.

A35.14 ••• In dieser Aufgabe soll der Ausdruck für die Energie des Grundzustands des harmonischen Oszillators hergeleitet werden, und zwar mit der exakten Formulierung der Heisenberg'schen Unschärferelation: $\Delta x \Delta p \geq \hbar/2$. Darin sind Δx und Δp als die Standardabweichungen definiert:

$$(\Delta x)^2 = \left\langle (x - \langle x \rangle)^2 \right\rangle \quad \text{und} \quad (\Delta p)^2 = \left\langle (p - \langle p \rangle)^2 \right\rangle.$$

Verwenden Sie dabei die Gleichungen

$$\sigma^2 = \left\langle (x - \langle x \rangle)^2 \right\rangle \quad \text{und} \quad \sigma = \sqrt{\langle x^2 \rangle - \langle x \rangle^2}.$$

Gehen Sie folgendermaßen vor:

1. Stellen Sie den klassischen Ausdruck für die Gesamtenergie in Abhängigkeit von der Position x und vom Impuls p auf. Verwenden Sie dabei die Beziehungen $E_{\mathrm{pot}}(x) = m\,\omega_0^2\,x^2$ und $E_{\mathrm{kin}} = p^2/(2m)$.

2. Verwenden Sie das im vorigen Schritt erhaltene Ergebnis, um folgende Ausdrücke aufzustellen:
$$(\Delta x)^2 = \left\langle (x - \langle x \rangle)^2 \right\rangle = \langle x^2 \rangle - \langle x \rangle^2$$
und
$$(\Delta p)^2 = \left\langle (p - \langle p \rangle)^2 \right\rangle = \langle p^2 \rangle - \langle p \rangle^2.$$

3. Zeigen Sie anhand der Symmetrie der Funktion der potenziellen Energie, dass $\langle x \rangle$ und $\langle p \rangle$ null sein müssen, so dass gilt: $(\Delta x)^2 = \langle x^2 \rangle$ und $(\Delta p)^2 = \langle p^2 \rangle$.

4. Setzen Sie $\Delta p = \hbar/(2\Delta x)$ und eliminieren Sie damit $\langle p^2 \rangle$ aus dem Ausdruck $\langle E \rangle = \langle p^2 \rangle/(2m) + \frac{1}{2} m\,\omega^2\,\langle x^2 \rangle$ für die mittlere Energie. Schreiben Sie für die mittlere Energie: $\langle E \rangle = \hbar^2/(8mZ) + \frac{1}{2} m\,\omega^2 Z$, wobei $Z = \langle x^2 \rangle$ ist.

5. Setzen Sie $\mathrm{d}E/\mathrm{d}Z = 0$, um den Wert von Z zu ermitteln, für den E ein Minimum hat.

6. Zeigen Sie, dass die minimale mittlere Energie gegeben ist durch $\langle E \rangle_{\mathrm{min}} = +\frac{1}{2}\hbar\,\omega_0$.

A35.15 ••• Ein Teilchen der Masse m, das sich nahe der Erdoberfläche bei $z = 0$ befindet, hat folgende potenzielle Energie:

$$E_{\mathrm{pot}} = m\,g\,z \quad \text{für} \quad z > 0$$
$$E_{\mathrm{pot}} = \infty \quad \text{für} \quad z < 0.$$

Geben Sie für irgendeinen positiven Wert der Gesamtenergie E das nach den klassischen Gesetzen erlaubte Gebiet an; skizzieren Sie dazu die Abhängigkeit der potenziellen Energie E_{pot} von z. Skizzieren Sie auch die Abhängigkeit der klassischen kinetischen Energie von z. Die Schrödinger-Gleichung ist in diesem Fall schwierig zu lösen. Bewerten Sie die Krümmung der Wellenfunktion, wie sie durch die Schrödinger-Gleichung gegeben ist. Skizzieren Sie jeweils den von Ihnen vermuteten Verlauf der Wellenfunktion für den Grundzustand und für die beiden ersten angeregten Zustände.

Anwendungen der Schrödinger-Gleichung

35L

L: Lösungen

L35.1 Richtig. Randbedingungen für die Wellenfunktion führen zur Quantisierung der Energie.

L35.2 Die Wellenfunktion für den Zustand $n = 4$ muss im Bereich $0 < x < d$ vier Extrema aufweisen und in den Bereichen $x < 0$ und $x > d$ gegen null gehen.

a) Die Wellenfunktion hat folgendes Aussehen:

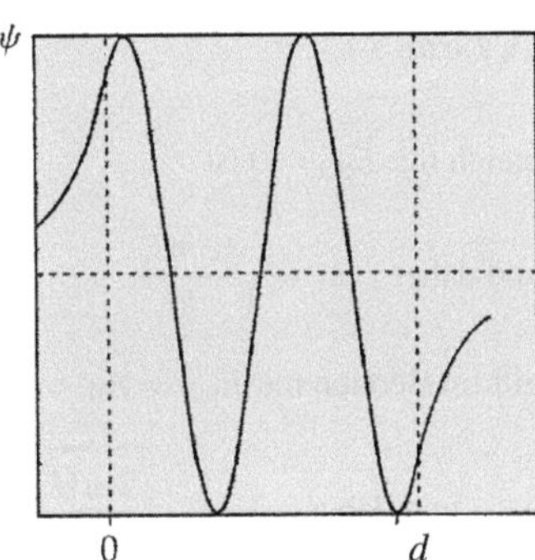

b) Das Quadrat der Wellenfunktion hat folgendes Aussehen:

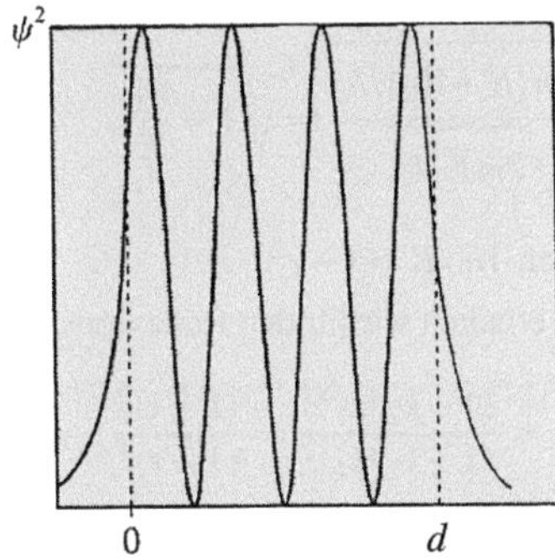

L35.3 Die zeitunabhängige Schrödinger-Gleichung lautet

$$-\frac{\hbar^2}{2m}\frac{\mathrm{d}^2\psi(x)}{\mathrm{d}x^2} + E_{\mathrm{pot}}(x)\,\psi(x) = E\,\psi(x).$$

Wenn $\psi_1(x)$ und $\psi_2(x)$ Lösungen dieser Gleichung sind, muss gelten

$$-\frac{\hbar^2}{2m}\frac{\mathrm{d}^2\psi_1(x)}{\mathrm{d}x^2} + E_{\mathrm{pot}}(x)\,\psi_1(x) = E\,\psi_1(x)$$

und

$$-\frac{\hbar^2}{2m}\frac{\mathrm{d}^2\psi_2(x)}{\mathrm{d}x^2} + E_{\mathrm{pot}}(x)\,\psi_2(x) = E\,\psi_2(x).$$

Die Addition dieser beiden Gleichungen ergibt

$$-\frac{\hbar^2}{2m}\left(\frac{\mathrm{d}^2\psi_1(x)}{\mathrm{d}x^2} + \frac{\mathrm{d}^2\psi_2(x)}{\mathrm{d}x^2}\right) + E_{\mathrm{pot}}(x)\,[\psi_1(x) + \psi_2(x)]$$
$$= E\,[\psi_1(x) + \psi_2(x)]. \tag{1}$$

Weil hierin die zweite Ableitung der Wellenfunktionen nach x auftritt, leiten wir auch die Funktion $\psi_3(x) = \psi_1(x) + \psi_2(x)$ zweimal ab. Dies ergibt

$$\frac{\mathrm{d}\psi_3(x)}{\mathrm{d}x} = \frac{\mathrm{d}\psi_1(x)}{\mathrm{d}x} + \frac{\mathrm{d}\psi_2(x)}{\mathrm{d}x}$$

und

$$\frac{\mathrm{d}^2\psi_3(x)}{\mathrm{d}x^2} = \frac{\mathrm{d}^2\psi_1(x)}{\mathrm{d}x^2} + \frac{\mathrm{d}^2\psi_2(x)}{\mathrm{d}x^2}.$$

Das setzen wir in Gleichung 1 ein und erhalten

$$-\frac{\hbar^2}{2m}\frac{\mathrm{d}^2\psi_3(x)}{\mathrm{d}x^2} + E_{\mathrm{pot}}(x)\,\psi_3(x) = E\,\psi_3(x).$$

Daraus geht unmittelbar hervor, dass $\psi_3(x)$ eine Lösung der eingangs angegebenen Schrödinger-Gleichung ist.

L35.4 Für die Federkonstante oder Kraftkonstante gilt $k_{\mathrm{F}} = m\,\omega^2$. Darin ist m die Masse und ω die Eigenfrequenz des Moleküls. Für die Energiedifferenz bei einem Übergang gilt

$$\Delta E = h\,\nu = \frac{h\,\omega}{2\,\pi} = \hbar\,\omega.$$

Daraus folgt $\omega = \Delta E / \hbar$. Dies setzen wir in die obige Beziehung für die Kraftkonstante ein und erhalten

$$k_{\mathrm{F}} = m\left(\frac{\Delta E}{\hbar}\right)^2$$

$$= (1\,\mathrm{u})\,\frac{(1{,}66 \cdot 10^{-27}\,\mathrm{kg})}{1\,\mathrm{u}}\left(\frac{8{,}7 \cdot 10^{-20}\,\mathrm{J}}{1{,}05 \cdot 10^{-34}\,\mathrm{J \cdot s}}\right)^2$$

$$= 1{,}14\,\mathrm{kN \cdot m^{-1}}.$$

Anmerkung: Dieser Wert ähnelt dem von gewöhnlichen Federn. Außerdem hätten wir streng genommen die reduzierte Masse des Wasserstoffmoleküls ansetzen müssen, anstatt als einfaches Modell ein Wasserstoffatom anzunehmen, das mit einer starren Wand verbunden ist.

L35.5 Die Wellenfunktion des harmonischen Oszillators ist

$$\psi = A_0\, e^{-ax^2} \quad \text{mit} \quad a = \frac{m\,\omega_0}{2\hbar}.$$

Damit ermitteln wir den Erwartungswert

$$\langle x^2 \rangle = \int_{-\infty}^{+\infty} x^2 \left| \psi^2 \right| dx = A_0^2 \int_{-\infty}^{+\infty} x^2\, e^{-2ax^2}\, dx$$

$$= 2A_0^2 \int_0^{+\infty} x^2\, e^{-2ax^2}\, dx.$$

Die Lösung dieses Integrals kann in Tabellen nachgeschlagen werden, und wir erhalten

$$\langle x^2 \rangle = 2A_0^2\, \frac{1}{4} \sqrt{\frac{\pi}{(2a)^3}} = \frac{A_0^2}{4a} \sqrt{\frac{\pi}{2a}}.$$

Die Normierungsbedingung lautet

$$1 = \int_{-\infty}^{+\infty} |\psi|^2\, dx = A_0^2 \int_{-\infty}^{+\infty} e^{-2ax^2}\, dx = 2A_0^2 \int_0^{+\infty} e^{-2ax^2}\, dx.$$

Auch die Lösung dieses Integrals kann in Tabellen nachgeschlagen werden, und wir erhalten

$$1 = 2A_0^2\, \frac{1}{2} \sqrt{\frac{\pi}{2a}} = A_0^2 \sqrt{\frac{\pi}{2a}} \quad \text{und daraus} \quad A_0^2 = \sqrt{\frac{2a}{\pi}}.$$

Dies und $a = m\,\omega_0/(2\hbar)$ setzen wir in den zuvor ermittelten Ausdruck für $\langle x^2 \rangle$ ein:

$$\langle x^2 \rangle = \frac{1}{4a} \sqrt{\frac{2a}{\pi}} \sqrt{\frac{\pi}{2a}} = \frac{1}{4a} = \frac{2\hbar}{4m\,\omega_0} = \frac{\hbar}{2m\,\omega_0}.$$

Damit ergibt sich für die mittlere potenzielle Energie des harmonischen Oszillators

$$\langle E_{\text{pot}} \rangle = \tfrac{1}{2}\, m\,\omega_0^2\, \langle x^2 \rangle = \tfrac{1}{2}\, m\,\omega_0^2\, \frac{\hbar}{2m\,\omega_0} = \tfrac{1}{4}\,\hbar\,\omega_0 = \tfrac{1}{2}\, E_0.$$

L35.6 Nach den Gesetzen der klassischen Physik ist die mittlere kinetische Energie des harmonischen Oszillators gleich seiner mittleren potenziellen Energie. Also gilt

$$\frac{\langle p^2 \rangle}{2m} = \tfrac{1}{2}\, k_{\text{F}}\, \langle x^2 \rangle$$

und daher $\langle p^2 \rangle = m\, k_{\text{F}}\, \langle x^2 \rangle$. Mit $\omega^2 = k_{\text{F}}/m$ wird daraus

$$\langle p^2 \rangle = m^2\, \omega_0^2\, \langle x^2 \rangle. \tag{1}$$

Wir müssen folgenden Ausdruck auswerten:

$$\langle x^2 \rangle = \int_{-\infty}^{+\infty} x^2 \left| \psi \right|^2 dx = A_0^2 \int_{-\infty}^{+\infty} x^2\, e^{-2ax^2}\, dx. \tag{2}$$

Darin ist $a = m\,\omega_0/(2\hbar)$. Wir setzen nun $y^2 = 2ax^2$. Dann ist

$$x^2 = \frac{y^2}{2a} \quad \text{und} \quad dx = \frac{y\,dy}{2ax},$$

und es ergibt sich

$$\int_{-\infty}^{+\infty} \frac{y^2}{2a}\, e^{-y^2}\, \frac{y\,dy}{2ax} = \int_{-\infty}^{+\infty} \frac{y^3}{2a}\, e^{-y^2}\, \frac{\sqrt{2a}}{2ay}\, dy$$

$$= \frac{1}{(2a)^{3/2}} \int_{-\infty}^{+\infty} y^2\, e^{-y^2}\, dy.$$

Dieses Integral kann in Tabellen nachgeschlagen werden. Es hat die Lösung

$$\int_{-\infty}^{+\infty} y^2\, e^{-y^2}\, dy = \frac{1}{2}\, \sqrt{\pi}.$$

Dies und $A_0 = (2m\,\omega_0/h)^{1/4}$ setzen wir in Gleichung 2 ein:

$$\langle x^2 \rangle = \frac{1}{(2a)^{3/2}} \left(\frac{2m\,\omega_0}{h} \right)^{1/2} \frac{1}{2}\, \sqrt{\pi}$$

$$= \frac{1}{(m\,\omega_0/\hbar)^{3/2}} \left(\frac{2m\,\omega_0}{h} \right)^{1/2} \frac{1}{2}\, \sqrt{\pi} = \frac{\hbar}{2m\,\omega_0}.$$

Das setzen wir in Gleichung 1 ein:

$$\langle p^2 \rangle = m^2\, \omega_0^2 \left(\frac{\hbar}{2m\,\omega_0} \right) = \tfrac{1}{2}\,\hbar\, m\,\omega_0.$$

L35.7 Im Bereich mit $E_{\text{pot}} = 0$ ist

$$E = \frac{\hbar^2\, k_1^2}{2m} \quad \text{und daher} \quad k_1 = \sqrt{\frac{2mE}{\hbar^2}}.$$

Entsprechend gilt im Bereich mit $E_{\text{pot}} = W_0$

$$E - W_0 = \frac{\hbar^2\, k_2^2}{2m} \quad \text{und daher} \quad k_2 = \sqrt{\frac{2m\,(E - W_0)}{\hbar^2}}.$$

Wir bezeichnen den Quotienten beider Wellenzahlen mit r und erhalten für ihn

$$r = \frac{k_2}{k_1} = \frac{\sqrt{2m\,(E - W_0)/\hbar^2}}{\sqrt{2mE/\hbar^2}} = \sqrt{1 - \frac{W_0}{E}}.$$

Damit ergibt sich $W_0/E = 1 - r^2$.

Mit $r = k_2/k_1$ erhalten wir für den Reflexionskoeffizienten

$$R = \frac{(k_1 - k_2)^2}{(k_1 + k_2)^2} = \frac{(1 - k_2/k_1)^2}{(1 + k_2/k_1)^2} = \frac{(1 - r)^2}{(1 + r)^2},$$

und der Quotient der Wellenzahlen ist daher

$$r = \frac{1 - \sqrt{R}}{1 + \sqrt{R}}.$$

Das setzen wir in den obigen Ausdruck für den Quotienten der Energien ein:

$$\frac{W_0}{E} = 1 - r^2 = 1 - \left(\frac{1 - \sqrt{R}}{1 + \sqrt{R}} \right)^2.$$

Nun bilden wir den Reziprokwert und setzen den gegebenen Wert $R = \frac{1}{2}$ ein:

$$\frac{E}{W_0} = \left[1 - \left(\frac{1 - \sqrt{R}}{1 + \sqrt{R}}\right)^2\right]^{-1} = \left[1 - \left(\frac{1 - \sqrt{0,5}}{1 + \sqrt{0,5}}\right)^2\right]^{-1} = 1,03.$$

L35.8 a) Der Transmissionskoeffizient ist $T = \mathrm{e}^{-2\alpha a}$, mit

$$\alpha = \sqrt{\frac{2\,m\,(W_0 - E)}{\hbar^2}} = \frac{\sqrt{2\,m\,(W_0 - E)}}{\hbar}.$$

Wir erweitern den Bruch mit c und erhalten für das Elektron, das die Masse m_{e} hat:

$$\alpha = \frac{\sqrt{2\,m_{\mathrm{e}}\,c^2\,(W_0 - E)}}{\hbar c}.$$

Mit $\hbar c = 1{,}974 \cdot 10^{-13}$ MeV$\cdot$m und $m_{\mathrm{e}}\,c^2 = 511$ keV sowie $a = 1$ nm erhalten wir

$$T = \mathrm{e}^{-2\alpha a}$$
$$= \exp\left[-2 \cdot \frac{2\,\sqrt{(511\ \mathrm{keV})\,(25\ \mathrm{eV} - 10\ \mathrm{eV})}}{1{,}974 \cdot 10^{-13}\ \mathrm{MeV} \cdot \mathrm{m}}\,(10^{-9}\ \mathrm{m})\right]$$
$$= 5{,}91 \cdot 10^{-18}.$$

b) Für $a = 0{,}1$ nm ergibt sich entsprechend

$$T = \exp\left[-2 \cdot \frac{2\,\sqrt{(511\ \mathrm{keV})\,(25\ \mathrm{eV} - 10\ \mathrm{eV})}}{1{,}974 \cdot 10^{-13}\ \mathrm{MeV} \cdot \mathrm{m}}\,(10^{-10}\ \mathrm{m})\right]$$
$$= 1{,}89 \cdot 10^{-2}.$$

L35.9 Die Gesamtenergie ist gegeben durch

$$E_{n_1,n_2,n_3} = \frac{\hbar^2\,\pi^2}{2m}\left(\frac{n_1^2}{d_1^2} + \frac{n_2^2}{d_2^2} + \frac{n_3^2}{d_3^2}\right).$$

Mit den Abmessungen d_1 und $d_2 = 2d_1$ sowie $d_3 = 3d_1$ des Kastens erhalten wir

$$E_{n_1,n_2,n_3} = \frac{\hbar^2\,\pi^2}{2m}\left(\frac{n_1^2}{d_1^2} + \frac{n_2^2}{4d_1^2} + \frac{n_3^2}{9d_1^2}\right)$$
$$= \frac{h^2}{8\,m\,d_1^2}\left(n_1^2 + \frac{n_2^2}{4} + \frac{n_3^2}{9}\right)$$
$$= \frac{h^2}{288\,m\,d_1^2}\,(36\,n_1^2 + 9\,n_2^2 + n_3^2).$$

In der Tabelle sind die damit zu errechnenden niedrigsten Energieniveaus, in Vielfachen von $h^2/(288\,m\,d_1^2)$, mit den zugehörigen Quantenzahlen aufgeführt.

n_1	n_2	n_3	E_{n_1,n_2,n_3}
1	1	1	49
1	1	2	61
1	2	1	76
1	1	3	81
1	2	2	88
1	2	3	108
1	1	4	109
1	3	1	121
1	3	2	133
1	2	4	136

L35.10 a) Die Lösung der zeitunabhängigen Schrödinger-Gleichung in zwei Dimensionen lautet

$$\psi(x,y) = A\,\sin k_1 x\,\sin k_2 y = A\,\sin\frac{n\,\pi\,x}{d}\,\sin\frac{m\,\pi\,y}{d}.$$

Darin sind n und m ganze Zahlen.

b) Die Energie ist quantisiert und kann folgende Werte haben:

$$E_{n,m} = \frac{h^2}{8\,m\,d^2}\,(n^2 + m^2).$$

c) Die beiden energetisch niedrigsten entarteten Zustände haben die Energie

$$E_{1,2} = E_{2,1} = \frac{5\,h^2}{8\,m\,d^2}.$$

d) Die drei energetisch niedrigsten Zustände mit gleichen Energien sind in der Tabelle aufgeführt, wobei die Energie in Vielfachen von $h^2/(8\,m\,d^2)$ angegeben ist.

n	m	$E_{n,m}$
1	7	50
7	1	50
5	5	50

Die zugehörigen Kombinationen der Quantenzahlen sind also $(1,7)$, $(7,1)$ und $(5,5)$, und die Energie ist jeweils

$$E = 50\,\frac{h^2}{8\,m\,d^2} = \frac{25\,h^2}{4\,m\,d^2}.$$

L35.11 Bei Fermionen, beispielsweise Neutronen, ist die Spinquantenzahl $\frac{1}{2}$, und jeweils zwei dieser Teilchen können denselben räumlichen Zustand besetzen. Die kleinstmögliche Gesamtenergie von 10 Fermionen ist

$$E = 2\,E_1\,(1^2 + 2^2 + 3^2 + 4^2 + 5^2) = 2 \cdot \frac{h^2}{8\,m\,d^2} \cdot 55 = \frac{55\,h^2}{4\,m\,d^2}.$$

L35.12 Es ist zu zeigen, dass (mit ganzen Zahlen n und m) Folgendes gilt:

$$\int_0^d \sin\frac{n\,\pi\,x}{d}\,\sin\frac{m\,\pi\,x}{d}\,\mathrm{d}x = 0.$$

Mit der trigonometrischen Umformung

$$\sin a\alpha\,\sin b\alpha = \tfrac{1}{2}\,\{\cos\,[(a-b)\alpha] - \cos\,[(a+b)\alpha]\}$$

erhalten wir

$$\sin\frac{n\,\pi\,x}{d}\,\sin\frac{m\,\pi\,x}{d}$$
$$= \frac{1}{2}\left\{\cos\left[(n-m)\frac{\pi x}{d}\right] - \cos\left[(n+m)\frac{\pi x}{d}\right]\right\}.$$

Dies setzen wir in die erste Gleichung ein:

$$\int_0^d \frac{1}{2}\left\{\cos\left[(n-m)\frac{\pi x}{d}\right] - \cos\left[(n+m)\frac{\pi x}{d}\right]\right\}\mathrm{d}x$$
$$= \frac{d}{\pi}\,\frac{\sin\left[(n-m)\frac{\pi x}{d}\right]}{n-m} - \frac{d}{\pi}\,\frac{\sin\left[(n+m)\frac{\pi x}{d}\right]}{n+m}.$$

Wenn n und m ungleiche ganze Zahlen sind, dann sind die Sinusfunktionen bei den Integrationsgrenzen $x = 0$ und $x = d$ gleich null. Also ist für $n \neq m$ die eingangs angeführte Bedingung erfüllt.

L35.13 a) Die Energien der gebundenen Zustände sind dieselben wie in einem zweidimensionalen Kasten mit den Längen d und $3\,d$. Sie sind also gegeben durch

$$E_{n,m} = \frac{h^2}{8m} \left(\frac{n^2}{d^2} + \frac{m^2}{9\,d^2} \right) = \frac{h^2}{72\,m\,d^2} \left(9n^2 + m^2 \right).$$

Für die drei Zustände mit den niedrigsten Energien gilt

$$E_{1,1} = \frac{h^2}{72\,m\,d^2} \, (9+1) = \frac{5\,h^2}{36\,m\,d^2},$$

$$E_{1,2} = \frac{h^2}{72\,m\,d^2} \, (9+4) = \frac{13\,h^2}{72\,m\,d^2},$$

$$E_{1,3} = \frac{h^2}{72\,m\,d^2} \, (9+9) = \frac{h^2}{4\,m\,d^2}.$$

Keiner dieser Zustände ist entartet.

b) Wenn zwei Zustände entartet sein sollen, muss gelten

$$9 \left(n_1^2 - n_2^2 \right) = m_2^2 - m_1^2.$$

Diese Bedingung ist erfüllt für

$n_1 = 2$ und $m_1 = 3$ sowie $n_2 = 1$ und $m_2 = 6$.

Die Energie dieses zweifach entarteten Zustands ist

$$E_{2,3} = \frac{h^2}{72\,m\,d^2} \, (36+9) = \frac{5\,h^2}{8\,m\,d^2}.$$

L35.14 1) Gemäß den Gesetzen der klassischen Physik gilt für die mittlere Energie

$$\langle E \rangle = \langle E_{\mathrm{pot}} \rangle + \langle E_{\mathrm{kin}} \rangle = \tfrac{1}{2} m \, \omega_0^2 \left\langle x^2 \right\rangle + \frac{\langle p^2 \rangle}{2m}. \tag{1}$$

2) Für Δp ist die Varianz

$$(\Delta p)^2 = \left\langle (p - \langle p \rangle)^2 \right\rangle = \left\langle p^2 - 2\,p\,\langle p \rangle - \langle p \rangle^2 \right\rangle.$$

Weil $\langle p \rangle = 0$ ist, gilt $(\Delta p)^2 = \langle p^2 \rangle$.

3) Für Δx ist die Varianz

$$(\Delta x)^2 = \left\langle (x - \langle x \rangle)^2 \right\rangle = \left\langle x^2 - 2\,x\,\langle x \rangle - \langle x \rangle^2 \right\rangle.$$

Weil $\langle x \rangle = 0$ ist, gilt $(\Delta x)^2 = \langle x^2 \rangle$.

4) Mit Hilfe der Unschärferelation $\Delta p = \hbar/(2\,\Delta x)$ eliminieren wir $\langle p^2 \rangle$ aus der Gleichung 1 für die mittlere Energie:

$$\langle E \rangle = \tfrac{1}{2} m \, \omega_0^2 \left\langle x^2 \right\rangle + \frac{(\Delta p)^2}{2m} = \tfrac{1}{2} m \, \omega_0^2 \left\langle x^2 \right\rangle + \frac{1}{2m} \frac{\hbar^2}{4\,(\Delta x)^2}$$

$$= \tfrac{1}{2} m \, \omega_0^2 \left\langle x^2 \right\rangle + \frac{\hbar^2}{8m \left\langle x^2 \right\rangle}.$$

Wir setzen nun $Z = \langle x^2 \rangle$ und erhalten damit

$$\langle E \rangle = \tfrac{1}{2} m \, \omega_0^2 Z + \frac{\hbar^2}{8\,m\,Z}.$$

5) Das leiten wir nach Z ab:

$$\frac{\mathrm{d}\langle E \rangle}{\mathrm{d}Z} = \frac{\mathrm{d}}{\mathrm{d}Z} \left(\tfrac{1}{2} m \, \omega_0^2 Z + \frac{\hbar^2}{8\,m\,Z} \right) = \tfrac{1}{2} m \, \omega_0^2 - \frac{\hbar^2}{8\,m\,Z^2}.$$

Nullsetzen dieser Ableitung ergibt $Z = \dfrac{\hbar}{2\,m\,\omega_0}$.

6) Das setzen wir in die obige Gleichung für die mittlere Energie ein und erhalten einen Ausdruck für deren Minimalwert:

$$\langle E \rangle_{\mathrm{min}} = \tfrac{1}{2} m \, \omega_0^2 \frac{\hbar}{2\,m\,\omega_0} + \frac{\hbar^2}{8m} \frac{2\,m\,\omega_0}{\hbar} = +\tfrac{1}{2}\,\hbar\,\omega_0.$$

Anmerkung: Wir haben hier nur gezeigt, dass die mittlere Energie bei $Z = \hbar/(2\,m\,\omega_0)$ einen Extremwert hat, also entweder ein Minimum oder ein Maximum. Um zu zeigen, dass ein Minimum vorliegt, müssten wir entweder auch die zweite Ableitung von $\langle E \rangle$ an dieser Stelle berechnen oder die Auftragung von $\langle E \rangle$ gegen Z untersuchen.

L35.15 Der klassisch erlaubte Bereich ist derjenige, bei dem gilt $E \geq E_{\mathrm{pot}}(z)$. In der Abbildung erstreckt er sich von $z = 0$ bis $z = z_{\mathrm{max}}$:

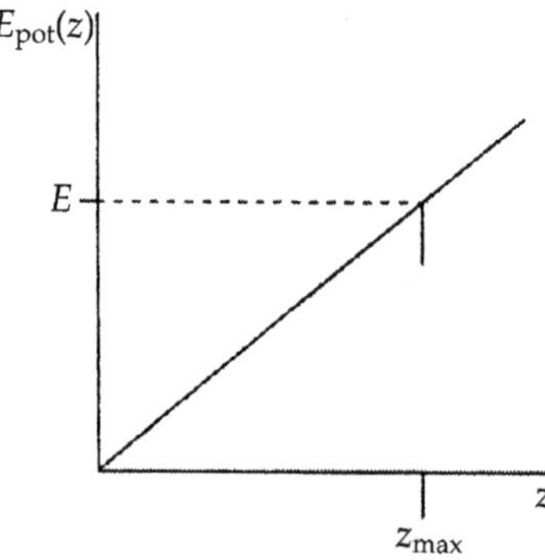

Die kinetische Energie ist $E_{\mathrm{kin}} = E - E_{\mathrm{pot}}(z)$. Hier hängt sie im Bereich von $z = 0$ bis $z = z_{\mathrm{max}}$ linear von z ab:

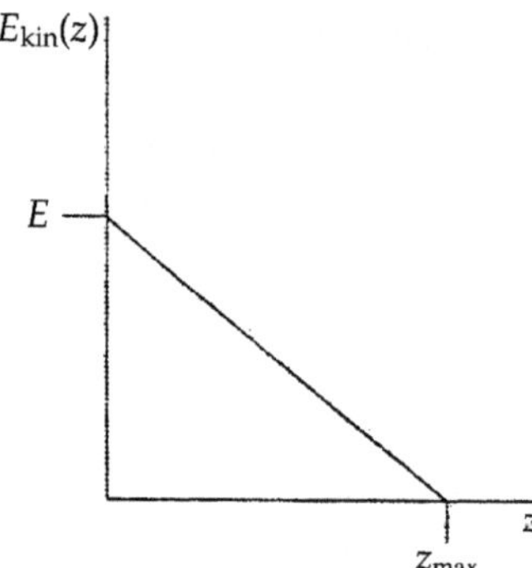

Die dritte Abbildung zeigt die Wellenfunktionen für die drei Zustände mit den geringsten Energien.

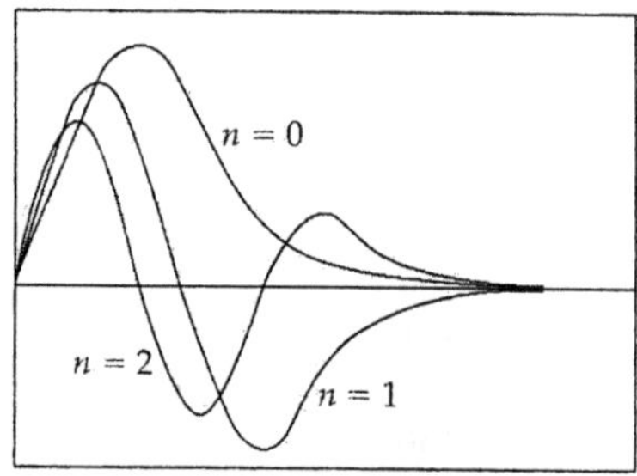

Atome

- Das Bohr'sche Modell des Wasserstoffatoms
- Quantentheorie des Wasserstoffatoms
- Spin-Bahn-Kopplung und Feinstruktur
- Das Periodensystem der Elemente
- Optische Spektren und Röntgenspektren

A: Aufgaben

Verständnisaufgaben

A36.1 • Steigt oder sinkt bei zunehmender Hauptquantenzahl n der Abstand aufeinander folgender Energieniveaus in einem Atom?

A36.2 • Wie groß ist die Energie des Grundzustands des doppelt ionisierten Lithiumatoms (mit $Z = 3$), wenn $E_0 = 13,6\,\text{eV}$ ist? a) $-9\,E_0$, b) $-3\,E_0$, c) $-E_0/3$, d) $-E_0/9$.

A36.3 • Ist gemäß dem Bohr'schen Atommodell die Gesamtenergie des Elektrons höher oder geringer, wenn es sich auf einer Bahn mit größerem Radius befindet? Ist seine kinetische Energie dann größer oder kleiner?

A36.4 • Der Radius der Bahn mit $n = 1$ ist im Bohr'schen Atommodell $a_0 = 0,053\,\text{nm}$. Wie groß ist der Radius der Bahn mit $n = 5$? a) $5\,a_0$, b) $25\,a_0$, c) a_0, d) $a_0/5$, e) $a_0/25$.

A36.5 •• Warum ist im Natriumatom die Energie des 3s-Zustands deutlich geringer als die des 3p-Zustands, während im Wasserstoffatom beide Energien ähnlich hoch sind?

A36.6 • Welche Werte sind bei der Hauptquantenzahl $n = 3$ für die Quantenzahlen l und m_l möglich?

A36.7 •• Mit dem Bohr'schen Atommodell und mit der Schrödinger-Gleichung ergeben sich beim Wasserstoffatom dieselben Energiewerte. Diskutieren Sie die Vorteile und die Nachteile beider Ansätze.

Schätzungs- und Näherungsaufgaben

A36.8 •• a) Für ein Atom in einem Gas mit der Temperatur T kann man eine thermische De-Broglie-Wellenlänge λ_T definieren. Dabei bewegt sich das Atom bei der jeweiligen Temperatur mit der quadratisch gemittelten Geschwindigkeit. (Die mittlere kinetische Energie der Atome ist $\frac{3}{2}k_B T$, wobei k_B die Boltzmann-Konstante ist. Berechnen Sie damit die quadratisch gemittelte Geschwindigkeit v_{rms} der Atome.) Zeigen Sie, dass gilt:

$$\lambda_T = \sqrt{\frac{h^2}{3\,m\,k_B\,T}}\,,$$

wobei m die Masse des Atoms ist. b) Neutrale Atome bilden bei tiefer Temperatur ein so genanntes *Bose-Kondensat* (einen besonderen Materiezustand), wenn ihre thermische De-Broglie-Wellenlänge größer wird als ihr mittlerer Abstand. Schätzen Sie anhand dieses Kriteriums die Temperatur ab, auf die abgekühlt werden muss, damit in einem Gas aus ^{85}Rb-Atomen ein Bose-Kondensat entsteht, wenn die Anzahldichte der Atome $10^{12}\,\text{cm}^{-3}$ beträgt.

• Das Bohr'sche Modell des Wasserstoffatoms

A36.9 • Wie hoch ist jeweils die Energie eines Photons bei den drei größten Wellenlängen der Balmer-Serie? Wie groß sind diese Wellenlängen?

A36.10 ••• Hier sollen mit Hilfe des Pauli'schen Ausschließungsprinzips der Radius und die Energie des energetisch niedrigsten stationären Zustands des Wasserstoffatoms abgeschätzt werden. Die Gesamtenergie des Elektrons mit der Masse

m, dem Impuls p und dem Abstand r vom Proton ist beim Wasserstoffatom gegeben durch

$$E = \frac{p^2}{2m} - \frac{1}{4\pi\varepsilon_0}\frac{e^2}{r}.$$

Darin ist $1/(4\pi\varepsilon_0)$ die Coulomb-Konstante. Nehmen Sie an, der Minimalwert des Impulsquadrats ist $p^2 \approx (\Delta p)^2 = \hbar^2/r^2$, wobei Δp die Unsicherheit von p ist. Außerdem wird $\Delta r \approx r$ als Größenordnung der Ortsunsicherheit angenommen. Dann ist die Energie gegeben durch

$$E = \frac{\hbar^2}{2mr^2} - \frac{1}{4\pi\varepsilon_0}\frac{e^2}{r}.$$

Berechnen Sie den Radius r, bei dem diese Energie minimal ist, und berechnen Sie ihren Minimalwert in Elektronenvolt.

A36.11 •• Die Pickering-Serie im Spektrum des einfach ionisierten Heliumatoms (He^+) besteht aus Linien, die bei Übergängen in die Elektronenschale mit $n = 4$ auftreten. Experimentell zeigt sich, dass jede zweite Linie der Pickering-Serie sehr nahe bei einer Linie der Balmer-Serie (also bei Übergängen zu $n = 2$) des Wasserstoffatoms liegt. a) Zeigen Sie, warum dies der Fall ist. b) Berechnen Sie die Wellenlänge beim Übergang von $n = 6$ zu $n = 4$ bei He^+ und zeigen Sie, dass sie einer Wellenlänge der Balmer-Serie entspricht.

Quantenzahlen in Polarkoordinaten

A36.12 • Ermitteln Sie für $l = 1$: a) den Betrag des Drehimpulses L und b) die möglichen Werte von m_l. c) Zeichnen Sie ein maßstabsgerechtes Vektordiagramm, aus dem die möglichen Orientierungen von L relativ zur z-Achse hervorgehen.

A36.13 •• Ermitteln Sie für einen Zustand mit $l = 2$: a) das Betragsquadrat L^2 des Drehimpulses, b) den Maximalwert von L_z^2 und c) den kleinstmöglichen Wert von $L_x^2 + L_y^2$.

• Quantentheorie des Wasserstoffatoms

A36.14 •• Berechnen Sie für den Grundzustand des Wasserstoffatoms die Wahrscheinlichkeit, das Elektron im Intervall $\Delta r = 0{,}03\,a_0$ anzutreffen, und zwar a) bei $r = a_0$ bzw. b) bei $r = 2a_0$.

A36.15 •• Zeigen Sie, dass die Wellenfunktion

$$\psi_{1,0,0} = \frac{1}{\sqrt{\pi}}\left(\frac{Z}{a_0}\right)^{3/2} \mathrm{e}^{-Zr/a_0}$$

für den Grundzustand des Wasserstoffatoms eine Lösung der Schrödinger-Gleichung

$$-\frac{\hbar^2}{2mr^2}\frac{\partial}{\partial r}\left(r^2\frac{\partial\psi}{\partial r}\right)$$

$$-\frac{\hbar^2}{2mr^2}\left[\frac{1}{\sin\theta}\frac{\partial}{\partial\theta}\left(\sin\theta\frac{\partial\psi}{\partial\theta}\right) + \frac{1}{\sin^2\theta}\frac{\partial^2\psi}{\partial\phi^2}\right]$$

$$+E_{\mathrm{pot}}(r)\,\psi = E\,\psi$$

ist, wobei die Abstandsabhängigkeit der potenziellen Energie gegeben ist durch

$$E_{\mathrm{pot}}(r) = -\frac{1}{4\pi\varepsilon_0}\frac{Ze^2}{r}.$$

A36.16 •• Die Funktion für die radiale Wahrscheinlichkeitsverteilung bei einem Ein-Elektron-Atom im Grundzustand kann geschrieben werden als $P(r) = Cr^2\,\mathrm{e}^{-2Zr/a_0}$, wobei C eine Konstante ist. Zeigen Sie, dass $P(r)$ bei $r = a_0/Z$ maximal ist.

A36.17 ••• Zeigen Sie, dass für die Hauptquantenzahl n im Wasserstoffatom die Anzahl der möglichen Zustände gleich $2n^2$ ist.

• Spin-Bahn-Kopplung und Feinstruktur

A36.18 • Die potenzielle Energie eines magnetischen Moments $\boldsymbol{\mu}$ in einem äußeren Magnetfeld $\boldsymbol{B}$ ist $E_{\mathrm{pot}} = -\boldsymbol{\mu}\cdot\boldsymbol{B}$. a) Berechnen Sie die Energiedifferenz zwischen den beiden möglichen Orientierungen eines Elektrons im Magnetfeld $\boldsymbol{B} = (1{,}50\,\mathrm{T})\,\hat{\boldsymbol{z}}$. b) Wenn dieses Elektron mit Photonen beschossen wird, deren Energie gleich dieser Energiedifferenz ist, dann kann ihr Spin „umklappen". Ermitteln Sie die Wellenlänge der Photonen, die solche Übergänge bewirken können. Dieses Phänomen nennt man *Elektronenspinresonanz*.

A36.19 • Skizzieren Sie ein maßstabsgerechtes Vektordiagramm und zeigen Sie daran, wie die Kombination von Bahndrehimpuls $\boldsymbol{L}$ und Spindrehimpuls $\boldsymbol{S}$ beim Zustand mit $l = 3$ des Wasserstoffatoms zwei mögliche Werte des gesamten Drehimpulses $\boldsymbol{J}$ ergibt.

• Das Periodensystem der Elemente

A36.20 • Geben Sie die Elektronenkonfiguration a) des Kohlenstoffs und b) des Sauerstoffs an.

• Optische Spektren und Röntgenspektren

A36.21 • Die optischen Spektren von Atomen mit zwei Elektronen in derselben Außenschale ähneln sich sehr. Sie unterscheiden sich jedoch wegen der Wechselwirkung dieser beiden Elektronen stark von den Spektren von Atomen mit nur einem Außenelektron. Teilen Sie die nachfolgend genannten Elemente in zwei Gruppen mit jeweils ähnlichen Atomspektren ein: Lithium, Beryllium, Natrium, Magnesium, Kalium, Calcium, Chrom, Nickel, Cäsium und Barium.

A36.22 • a) Berechnen Sie die beiden nächstgrößeren Wellenlängen nach derjenigen der K_α-Linie in der K-Serie des Molybdäns. b) Wie groß ist die kleinste Wellenlänge in dieser Serie?

Allgemeine Aufgaben

A36.23 • Die Wellenlänge einer Spektrallinie des Wasserstoffatoms beträgt 97,254 nm. Welchem Übergang, der zum Grundzustand führt, entspricht sie?

A36.24 •• Damit im Röntgenspektrum eines Elements eine K-Linie beobachtet werden kann, muss zunächst ein Elektron der K-Schale (mit $n = 1$) aus dem Atom entfernt werden. Dazu beschießt man das Metall gewöhnlich mit Elektronen, deren Energie so hoch ist, dass ein solches stark gebundenes Elektron herausgeschlagen wird. Welche Elektronenenergie ist mindestens nötig, damit K-Linien bei a) Wolfram, b) Molybdän bzw. c) Kupfer beobachtet werden können?

A36.25 •• Der Ausdruck $\alpha = \frac{1}{4\pi\varepsilon_0}\, e^2/(\hbar c)$ mit der Coulomb-Konstanten $1/(4\pi\varepsilon_0)$ wird in der Atomphysik als *Feinstrukturkonstante* bezeichnet. a) Zeigen Sie, dass α dimensionslos ist. b) Zeigen Sie, dass im Bohr'schen Modell des Wasserstoffatoms gilt: $v_n = c\,\alpha/n$, wobei v_n die Geschwindigkeit des Elektrons im stationären Zustand mit der Quantenzahl n ist.

A36.26 • Im Jahre 1947 zeigten Lamb und Retherford, dass zwischen den Zuständen $2S_{1/2}$ und $2P_{1/2}$ eine geringe Energiedifferenz besteht. Lamb ermittelte die inzwischen nach ihm benannte *Lamb-Verschiebung* experimentell, wobei er mit Hilfe elektromagnetischer Strahlung sehr geringer Wellenlänge Übergänge zwischen diesen Zuständen auslöste. Die Lamb-Verschiebung beträgt $4{,}372 \cdot 10^{-6}$ eV und wird in der Quantenelektrodynamik mit Fluktuationen in den Energieniveaus des Vakuums erklärt. a) Welche Frequenz hat ein Photon, dessen Energie der Lamb-Verschiebung entspricht? b) Wie groß ist seine Wellenlänge, und zu welchem Spektralbereich gehört es?

A36.27 • Unter einem Rydberg-Atom versteht man ein Atom, in dem ein äußeres Elektron in einen *sehr* hoch angeregten Zustand ($n \approx 40$ oder höher) versetzt ist. Solche Atome sind nützlich, wenn man den Übergang vom quantenmechanischen zum klassischen Verhalten experimentell untersuchen will. Derartige angeregte Zustände haben eine extrem lange Lebensdauer (d. h., die Elektronen befinden sich sehr lange in ihnen). Nehmen Sie an, bei einem Wasserstoffatom ist $n = 45$. a) Wie hoch ist die Ionisierungsenergie des Atoms in diesem Zustand? b) Wie groß ist der Energieunterschied (in eV) zwischen diesem Zustand und dem mit $n = 44$? c) Wie groß ist die Wellenlänge eines Photons, das Resonanz mit dem Übergang zwischen diesen beiden Zuständen zeigt? d) Wie groß ist das Atom im Zustand $n = 45$?

36L Atome

L: Lösungen

L36.1 Für die Abhängigkeit der Energie von der Hauptquantenzahl n gilt $E_n = -Z^2 E_0/n^2$. Der Betrag von E_n ist also umgekehrt proportional zu n^2, und bei zunehmender Hauptquantenzahl n sinkt der Abstand aufeinander folgender Energieniveaus in einem Atom.

L36.2 Die Energie eines Atoms mit der Ordnungszahl Z, das ein Elektron im Zustand n enthält, ist gegeben durch

$$E_n = -Z^2 \frac{E_0}{n^2}, \quad \text{mit} \quad n = 1, 2, 3, \ldots$$

Darin ist $E_0 \approx 13{,}6\ \text{eV}$. Für Lithium ist $Z = 3$, und wir erhalten $E_1 = -3^2 E_0/1^2 = -9 E_0$. Also ist Lösung a richtig.

L36.3 Die Gesamtenergie des Elektrons beim Umrunden des Kerns ist gemäß dem Bohr'schen Atommodell $E = E_{\text{kin}} + E_{\text{pot}}$. Das Elektron hat dabei die kinetische Energie

$$E_{\text{kin}} = \frac{1}{4\pi\varepsilon_0} \frac{Z e^2}{2r}$$

und die potenzielle Energie $\quad E_{\text{pot}} = -\frac{1}{4\pi\varepsilon_0} \frac{Z e^2}{r}$.

Wir setzen ein und erhalten

$$E = E_{\text{kin}} + E_{\text{pot}} = \frac{1}{4\pi\varepsilon_0} \left(\frac{Z e^2}{2r} - \frac{Z e^2}{r} \right) = -\frac{1}{4\pi\varepsilon_0} \frac{Z e^2}{2r}.$$

Bei ansteigendem Radius r wird die Energie E betragsmäßig kleiner, nimmt aber wegen des negativen Vorzeichens zu. Die kinetische Energie dagegen sinkt mit steigendem Radius.

L36.4 Der Bahnradius im Bohr'schen Atommodell ist umgekehrt proportional zur Ordnungszahl und proportional zum Quadrat der Hauptquantenzahl. Für $n = 5$ und $Z = 1$ erhalten wir

$$r = n^2 \frac{a_0}{Z} = 5^2 \frac{a_0}{1} = 25\, a_0.$$

Also ist Lösung b richtig.

L36.5 Der s-Zustand, mit $l = 0$, weist eine merkliche Durchdringung auf, denn die Aufenthaltswahrscheinlichkeitsdichte ist dicht beim Kern nicht null. Daher befindet sich das 3s-Elektron im Natriumatom mit nicht vernachlässigbarer Wahrscheinlichkeit in einem Gebiet mit geringer potenzieller Energie. Dagegen ist beim p-Zustand, mit $l = 0$, die Aufenthaltswahrscheinlichkeitsdichte dicht beim Kern gleich null. Daher wird das 2p-Elektron des Natriumatoms durch die 1s-Elektronen gegen die Kernladung abgeschirmt. Im Wasserstoffatom aber ist das (einzige) Elektron im 3s- und im 2p-Zustand derselben Kernladung ausgesetzt.

L36.6 Für die Quantenzahlen gelten folgende Beschränkungen:

$$n = 1, 2, 3, \ldots,$$
$$l = 0, 1, 2, \ldots, n-1,$$
$$m_l = -l, (-l+1), \ldots, -2, -1, 0, 1, 2, \ldots, (l+1), l.$$

Für $n = 3$ sind daher folgende Werte der anderen Quantenzahlen möglich: $l = 0, 1, 2$ und $m_l = -2, -1, 0, 1, 2$.

L36.7 Nachfolgend sind die Vor- und Nachteile beider Theorien zusammengestellt.

Anwendung
    Bohr'sche Theorie: einfach
    Schrödinger'sche Theorie: schwierig

Energien der stationären Zustände
    Bohr'sche Theorie: richtige Werte
    Schrödinger'sche Theorie: richtige Werte

Drehimpulse
    Bohr'sche Theorie: nicht richtige Werte
    Schrödinger'sche Theorie: richtige Werte

Räumliche Verteilungen der Elektronen
    Bohr'sche Theorie: nicht richtige Werte
    Schrödinger'sche Theorie:
        richtige Wahrscheinlichkeitsverteilung

L36.8 a) Die kinetische Energie eines Atoms hängt mit seinem Impuls p zusammen über $E_{\text{kin}} = p^2/(2m)$. Gemäß der De-Broglie-Gleichung gilt $p = h/\lambda_T$, wobei λ_T die thermische De-Broglie-Wellenlänge ist. Damit erhalten wir

$$E_{\text{kin}} = \frac{h^2}{2m\lambda_T^2}.$$

Nach der kinetischen Gastheorie ist die kinetische Energie pro Atom $E_{\text{kin}} = \frac{3}{2}k_B T$. Gleichsetzen beider Ausdrücke für die kinetische Energie liefert

$$\frac{3}{2}k_B T = \frac{h^2}{2m\lambda_T^2} \quad \text{und damit} \quad \lambda_T = \sqrt{\frac{h^2}{3mk_B T}}.$$

b) Die Anzahldichte ρ_n der Atome ist der Quotient aus ihrer Anzahl und dem Volumen, das sie besetzen: $\rho_n = n/V$. Wir nehmen an, dass die Atome in einem kubischen Gitter mit dem Abstand d der Gitterebenen angeordnet sind. Dann gilt

$$V = nd^3 \quad \text{und} \quad \rho_n = \frac{n}{nd^3} = \frac{1}{d^3} \quad \text{sowie} \quad d = \rho_n^{-1/3}.$$

Mit $d = \lambda_T$, wie gefordert, ergibt sich

$$\rho_n^{-1/3} = \sqrt{\frac{h^2}{3mk_B T}}.$$

Wir lösen nach der Temperatur auf und setzen die Werte ein:

$$
\begin{aligned}
T &= \frac{h^2 \rho_n^{2/3}}{3mk_B} \\
&= \frac{(6{,}63 \cdot 10^{-34}\,\text{J}\cdot\text{s})\left[\left(10^{12}\,\text{cm}^{-3}\right)\dfrac{10^6\,\text{cm}^3}{1\,\text{m}^3}\right]^{2/3}}{3\,(85\,\text{u})\,(1{,}66 \cdot 10^{-27}\,\text{kg}\cdot\text{u}^{-1})\,(1{,}38 \cdot 10^{-23}\,\text{J}\cdot\text{K}^{-1})} \\
&= 75{,}2\,\text{nK}.
\end{aligned}
$$

L36.9 Bei der Balmer-Serie enden die Übergänge im Zustand $n = 2$. Also ist die Endenergie $E_E = E_2 = -3{,}40\,\text{eV}$. Die Energiedifferenzen für die Übergänge $n \to 2$ sind gegeben durch

$$E_{n\to 2} = E_n - E_2 = \frac{E_0}{n^2} - E_2 = -\frac{13{,}6\,\text{eV}}{n^2} + 3{,}40\,\text{eV}.$$

Die Wellenlänge ist umso größer, je geringer die Energiedifferenz ist, und es gilt

$$\lambda = \frac{1240\,\text{eV}\cdot\text{nm}}{\Delta E}, \quad \text{mit} \quad \Delta E \text{ in eV}.$$

Mit diesen beiden Formeln können wir nun die Energiedifferenz und die Wellenlänge für jeden der Übergänge berechnen.

Übergang von $n = 3$ zu $n = 2$:

$$
\begin{aligned}
\Delta E_{3\to 2} &= -\frac{13{,}6\,\text{eV}}{3^2} + 3{,}40\,\text{eV} = 1{,}89\,\text{eV}, \\
\lambda &= \frac{1240\,\text{eV}\cdot\text{nm}}{1{,}89\,\text{eV}} = 656\,\text{nm}.
\end{aligned}
$$

Übergang von $n = 4$ zu $n = 2$:

$$
\begin{aligned}
\Delta E_{4\to 2} &= -\frac{13{,}6\,\text{eV}}{4^2} + 3{,}40\,\text{eV} = 2{,}55\,\text{eV}, \\
\lambda &= \frac{1240\,\text{eV}\cdot\text{nm}}{2{,}55\,\text{eV}} = 486\,\text{nm}.
\end{aligned}
$$

Übergang von $n = 5$ zu $n = 2$:

$$
\begin{aligned}
\Delta E_{5\to 2} &= -\frac{13{,}6\,\text{eV}}{5^2} + 3{,}40\,\text{eV} = 2{,}86\,\text{eV}, \\
\lambda &= \frac{1240\,\text{eV}\cdot\text{nm}}{2{,}86\,\text{eV}} = 434\,\text{nm}.
\end{aligned}
$$

L36.10 Weil der Abstand des Protons vom Kern, also der Radius gesucht ist, für den die Energie minimal ist, müssen wir den Ausdruck

$$E = \frac{\hbar}{2mr^2} - \frac{1}{4\pi\varepsilon_0}\frac{e^2}{r}$$

für die Gesamtenergie nach dem Radius r ableiten und die Ableitung gleich null setzen. Die Ableitung ist

$$\frac{\mathrm{d}E}{\mathrm{d}r} = \frac{\mathrm{d}}{\mathrm{d}r}\left(\frac{\hbar}{2mr^2}\right) - \frac{1}{4\pi\varepsilon_0}\frac{\mathrm{d}}{\mathrm{d}r}\left(\frac{e^2}{r}\right) = \frac{\hbar}{mr^3} + \frac{1}{4\pi\varepsilon_0}\frac{e^2}{r^2}.$$

Nullsetzen und Auflösen nach dem Radius ergibt

$$r = r_0 = (4\pi\varepsilon_0)\frac{\hbar^2}{e^2 m}.$$

Die zweite Ableitung der Energie nach dem Radius ist

$$\frac{\mathrm{d}^2 E}{\mathrm{d}r^2} = \frac{3\hbar}{mr^4} - \frac{1}{4\pi\varepsilon_0}\frac{2e^2}{r^3}.$$

Wir setzen hier den eben durch Nullsetzen der ersten Ableitung berechneten Radius ein und erhalten

$$\left.\frac{\mathrm{d}^2 E}{\mathrm{d}r^2}\right|_{r=r_0} = \frac{1}{(4\pi\varepsilon_0)^4}\frac{e^8 m^3}{\hbar^6} > 0.$$

Das Vorzeichen der zweiten Ableitung ist positiv; also hat die Energie bei $r = r_0$ ein Minimum. Dieser Radius

$$r_0 = (4\pi\varepsilon_0)\frac{\hbar^2}{e^2 m}$$

entspricht dem ersten Bohr'schen Radius. Somit ist die berechnete Energie die des Grundzustands im Wasserstoffatom: $E_{\text{min}} = 13{,}6\,\text{eV}$.

L36.11 a) Die Energie eines Atoms mit der Ordnungszahl Z, das ein Elektron im Zustand n enthält, ist gegeben durch

$$E_n = -Z^2\frac{E_0}{n^2}, \quad \text{mit} \quad n = 1, 2, 3, \ldots$$

Darin ist $E_0 \approx 13{,}6\,\text{eV}$. Beim He$^+$-Ion ist $Z = 2$, und die Energien sind gegeben durch $E_n = -4E_0/n^2$.

Daraus können wir folgenden Sachverhalt ersehen: Ein Energieniveau mit gerader Quantenzahl n im He$^+$-Ion entspricht fast genau einem Energieniveau mit der Quantenzahl $n/2$ im Wasserstoffatom. Bei einem Übergang im He$^+$-Ion zwischen den Quantenzahlen $2n_1$ und $2n_2$ ist die Energiedifferenz daher gleich derjenigen bei einem Übergang im Wasserstoffatom zwischen den Quantenzahlen n_1 und n_2. Insbesondere haben Übergänge von $2n_1$ zu 4 im He$^+$-Ion dieselben Energiedifferenzen wie Übergänge von n_1 zu 2 im Wasserstoffatom, die ja zur Balmer-Serie gehören.

b) Für die Energieniveaus mit den Quantenzahlen 6 und 4 im He^+-Ion gilt

$$E_6 = -4\,\frac{13{,}6\,\mathrm{eV}}{6^2} = -1{,}51\,\mathrm{eV}, \quad E_4 = -4\,\frac{13{,}6\,\mathrm{eV}}{4^2} = -3{,}40\,\mathrm{eV}.$$

Damit ergibt sich für die Wellenlänge des Übergangs:

$$\lambda_{6\to4} = \frac{hc}{E_6 - E_4} = \frac{1240\,\mathrm{eV\cdot nm}}{-1{,}51\,\mathrm{eV} - (-3{,}40\,\mathrm{eV})} = 656\,\mathrm{nm}.$$

Das ist dieselbe Wellenlänge wie beim Übergang $3\to2$ im Wasserstoffatom.

L36.12 a) Der Betrag des Drehimpulses ist

$$L = \sqrt{l\,(l+1)}\,\hbar = \sqrt{1\,(1+1)}\,\hbar = \sqrt{2}\,\hbar$$
$$= \sqrt{2}\,(1{,}055\cdot10^{-34}\,\mathrm{J\cdot s}) = 1{,}49\cdot10^{-34}\,\mathrm{J\cdot s}.$$

b) Weil m_l von $-l$ bis l variieren kann, sind die möglichen Werte $m_l = -1, 0, +1$.

c) Die Abbildung zeigt das Vektordiagramm.

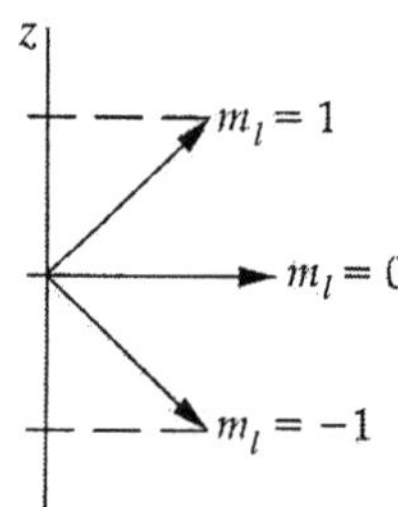

Es ist $L_z = m_l\,\hbar$ und $L = \sqrt{2}\,\hbar$. Die Vektoren für $m_l = +1$ und $m_l = -1$ bilden also jeweils einen $45°$-Winkel mit der z-Achse.

L36.13 a) Mit $L = \sqrt{l\,(l+1)}\,\hbar$ erhalten wir
$L^2 = 2\,(2+1)\,\hbar^2 = 6\,\hbar^2$.

b) Mit $L_z = m\,\hbar$ ergibt sich $L_z^2 = 2^2\,\hbar^2 = 4\,\hbar^2$.

c) $L_x^2 + L_y^2 = L^2 - L_z^2 = 6\,\hbar^2 - 4\,\hbar^2 = 2\,\hbar^2$.

L36.14 a) Die Wahrscheinlichkeit, das Elektron im Intervall Δr anzutreffen, ist $P = \int P(r)\,\mathrm{d}r$. Darin ist $P(r) = 4\pi r^2\,|\psi|^2$ die radiale Wahrscheinlichkeitsdichte. Die normierte Wellenfunktion des Grundzustands ist

$$\psi(r) = \frac{1}{\sqrt{\pi}}\left(\frac{Z}{a_0}\right)^{3/2} \mathrm{e}^{-Zr/a_0}.$$

Für $r = a_0$ und $Z = 1$ lautet sie

$$\psi_{a_0} = \frac{1}{\sqrt{\pi}}\left(\frac{1}{a_0}\right)^{3/2} \mathrm{e}^{-a_0/a_0} = \frac{1}{\mathrm{e}\,a_0\,\sqrt{\pi a_0}},$$

und ihr Quadrat ist

$$\psi_{a_0}^2 = \left(\frac{1}{\mathrm{e}\,a_0\,\sqrt{\pi a_0}}\right)^2 = \frac{1}{\mathrm{e}^2\,a_0^3\,\pi}.$$

Damit erhalten wir für die radiale Wahrscheinlichkeitsdichte

$$P_{a_0} = 4\pi\,a_0^2\,|\psi_{a_0}|^2 = 4\pi\,a_0^2\,\frac{1}{\mathrm{e}^2\,a_0^3\,\pi} = \frac{4}{\mathrm{e}^2\,a_0}.$$

Mit dem eingangs angegebenen Ausdruck für die Wahrscheinlichkeit, das Elektron im Intervall Δr anzutreffen, erhalten wir für die Aufenthaltswahrscheinlichkeit im Intervall $\Delta r = 0{,}03\,a_0$ bei $r = a_0$:

$$P_{a_0} = \int P_{a_0}\,\mathrm{d}r \approx P_{a_0}\,\Delta r = \frac{4}{\mathrm{e}^2\,a_0}\,(0{,}03\,a_0) = 0{,}0162.$$

b) Die normierte Wellenfunktion des Grundzustands lautet für $r = 2a_0$:

$$\psi_{2a_0} = \frac{1}{\sqrt{\pi}}\left(\frac{1}{a_0}\right)^{3/2} \mathrm{e}^{-2a_0/a_0} = \frac{1}{\mathrm{e}^2\,a_0\,\sqrt{\pi a_0}},$$

und ihr Quadrat ist

$$\psi_{2a_0}^2 = \left(\frac{1}{\mathrm{e}^2\,a_0\,\sqrt{\pi a_0}}\right)^2 = \frac{1}{\mathrm{e}^4\,a_0^3\,\pi}.$$

Damit erhalten wir für die radiale Wahrscheinlichkeitsdichte

$$P_{2a_0} = 4\pi\,(2a_0)^2\,|\psi_{2a_0}|^2 = 16\pi\,a_0^2\,\frac{1}{\mathrm{e}^4\,a_0^3\,\pi} = \frac{16}{\mathrm{e}^4\,a_0}.$$

Schließlich ergibt sich für die Aufenthaltswahrscheinlichkeit im Intervall $\Delta r = 0{,}03\,a_0$ bei $r = 2a_0$:

$$P_{2a_0} = \int P_{2a_0}\,\mathrm{d}r \approx P_{2a_0}\,\Delta r = \frac{16}{\mathrm{e}^4\,a_0}\,(0{,}03\,a_0) = 0{,}00879.$$

Die Wahrscheinlichkeit liegt also bei rund $1{,}6\,\%$, das Elektron im Intervall $0{,}03\,a_0$ bei a_0 anzutreffen. Beim doppelten Abstand vom Kern beträgt sie nur noch knapp $0{,}9\,\%$.

L36.15 Weil im Grundzustand Kugelsymmetrie vorliegt, können wir die Winkelabhängigkeiten ignorieren und brauchen daher nur folgende Schrödinger-Gleichung zu betrachten:

$$-\frac{\hbar^2}{2mr^2}\,\frac{\partial}{\partial r}\left(r^2\,\frac{\partial\psi}{\partial r}\right) + E_{\mathrm{pot}}(r)\,\psi = E\,\psi.$$

Dabei ist die Abstandsabhängigkeit der potenziellen Energie gegeben durch

$$E_{\mathrm{pot}}(r) = -\frac{1}{4\pi\varepsilon_0}\,\frac{Z e^2}{r}.$$

Wir setzen $C = \dfrac{1}{\sqrt{\pi}}\left(\dfrac{Z}{a_0}\right)^{3/2}$. Damit lautet die normierte Wellenfunktion für den Grundzustand

$$\psi_{1,0,0} = \frac{1}{\sqrt{\pi}}\left(\frac{Z}{a_0}\right)^{3/2} \mathrm{e}^{-Zr/a_0} = C\,\mathrm{e}^{-Zr/a_0}.$$

Wir leiten nach r ab:

$$\frac{\partial\psi_{1,0,0}}{\partial r} = C\,\frac{\partial}{\partial r}\left(\mathrm{e}^{-Zr/a_0}\right) = -C\,\frac{Z}{a_0}\,\mathrm{e}^{-Zr/a_0}.$$

Multiplizieren beider Seiten dieser Gleichung mit r^2 liefert

$$r^2\,\frac{\partial\psi_{1,0,0}}{\partial r} = -C\,\frac{Z}{a_0}\,r^2\,\mathrm{e}^{-Zr/a_0}.$$

Auch dies leiten wir nach r ab:

$$\frac{\partial}{\partial r}\left(r^2\frac{\partial\psi_{1,0,0}}{\partial r}\right) = -C\frac{Z}{a_0}\frac{\partial}{\partial r}\left(r^2 e^{-Zr/a_0}\right)$$

$$= \left[-\frac{2Zr}{a_0}+r^2\left(\frac{Z}{a_0}\right)^2\right]C e^{-Zr/a_0}.$$

Das und den Ausdruck für die potenzielle Energie setzen wir in die obige Schrödinger-Gleichung ein:

$$-\frac{\hbar^2}{2mr^2}\left[-\frac{2Zr}{a_0}+r^2\left(\frac{Z}{a_0}\right)^2\right]C e^{-Zr/a_0}$$

$$-\frac{1}{4\pi\varepsilon_0}\frac{Ze^2}{r}C e^{-Zr/a_0} = EC e^{-Zr/a_0}.$$

Auflösen nach E ergibt

$$E = -\frac{\hbar^2}{2mr^2}\left[-\frac{2Zr}{a_0}+r^2\left(\frac{Z}{a_0}\right)^2\right]-\frac{1}{4\pi\varepsilon_0}\frac{Ze^2}{r}.$$

Mit $a_0 = (4\pi\varepsilon_0)\dfrac{\hbar^2}{me^2}$ erhalten wir

$$E = -\frac{\hbar^2}{2mr^2}\left[-\frac{1}{4\pi\varepsilon_0}\frac{2me^2 Z}{\hbar^2}r+r^2\left(\frac{1}{4\pi\varepsilon_0}\frac{Zme^2}{\hbar^2}\right)^2\right]$$

$$-\frac{1}{4\pi\varepsilon_0}\frac{Ze^2}{r}$$

$$= \frac{1}{4\pi\varepsilon_0}\left(\frac{Ze^2}{r}-\frac{1}{4\pi\varepsilon_0}\frac{Z^2 e^4 m}{2\hbar^2}-\frac{Ze^2}{r}\right)$$

$$= -\frac{1}{(4\pi\varepsilon_0)^2}\frac{Z^2 e^4 m}{2\hbar^2}.$$

Dies ist die Energie des Grundzustands. Also haben wir bewiesen, dass die eingangs angegebene Wellenfunktion eine Lösung der obigen Schrödinger-Gleichung mit dem zugehörigen Ausdruck für die potenzielle Energie ist.

L36.16 Wir leiten den Ausdruck für die radiale Aufenthaltswahrscheinlichkeitsdichte nach dem Radius ab, wobei wir eine positive Konstante C ansetzen:

$$\frac{\mathrm{d}P(r)}{\mathrm{d}r} = C\frac{\mathrm{d}}{\mathrm{d}r}\left(r^2 e^{-2Zr/a_0}\right)$$

$$= C\left[2r e^{-2Zr/a_0}-\frac{2Zr^2}{a_0}e^{-2Zr/a_0}\right]$$

$$= \frac{2CZr}{a_0}e^{-2Zr/a_0}\left(\frac{a_0}{Z}-r\right).$$

Bei einem Extremwert muss dies gleich null sein. Das ergibt $r = a_0/Z$. Um zu zeigen, dass ein Maximum vorliegt, bilden wir die zweite Ableitung:

$$\frac{\mathrm{d}^2 P(r)}{\mathrm{d}r^2} = -\frac{2CZr}{a_0}e^{-2Zr/a_0}$$

$$+\left(\frac{a_0}{Z}-r\right)\left(\frac{4CZ^2}{a_0^2}+\frac{2CZ}{a_0}\right)e^{-2Zr/a_0}.$$

Wir setzen den eben ermittelten Ausdruck $r = a_0/Z$ ein und beachten, dass C eine positive Konstante ist:

$$\frac{\mathrm{d}^2 P_{a_0/Z}}{\mathrm{d}r^2} = -2C e^{-2} < 0.$$

Wegen des positiven Vorzeichens hat die radiale Aufenthaltswahrscheinlichkeitsdichte bei $r = a_0/Z$ wirklich ein Maximum.

L36.17 Die Anzahl N_{m_l} der Zustände mit der Hauptquantenzahl n und den magnetischen Quantenzahlen m_l ist gegeben durch

$$N_{m_l} = \sum_{l=0}^{n-1}(2l+1) = 2\sum_{l=0}^{n-1}l+\sum_{l=0}^{n-1}(1).$$

Darin ist $\displaystyle\sum_{l=0}^{n-1}(1) = n$.

Die Summe über alle ganzen Zahlen ergibt

$$\sum_{l=0}^{p}l = \tfrac{1}{2}p(p+1) \quad \text{bzw.} \quad 2\sum_{l=0}^{n-1}l = 2(\tfrac{1}{2})(n-1)n = n^2-n.$$

Wir setzen ein und erhalten $N_{m_l} = n^2-n+n = n^2$.

Weil für jede magnetische Quantenzahl zwei Spinzustände möglich sind, ist die Gesamtzahl der Zustände doppelt so groß, also gleich $2n^2$.

L36.18 a) Der Betrag der Energiedifferenz ist

$$\Delta E = 2\mu B = 2(5{,}79\cdot 10^{-5}\,\text{eV}\cdot\text{T}^{-1})(0{,}6\,\text{T})$$

$$= 6{,}95\cdot 10^{-5}\,\text{eV}.$$

b) Für die Wellenlänge der Photonen, die solche Übergänge bewirken können, erhalten wir

$$\lambda = \frac{hc}{\Delta E} = \frac{1240\,\text{eV}\cdot\text{nm}}{6{,}95\cdot 10^{-5}\,\text{eV}} = 1{,}78\cdot 10^7\,\text{nm} = 1{,}78\,\text{cm}.$$

L36.19 Der gesamte Drehimpuls $\boldsymbol{J}$ ist die Summe aus Bahndrehimpuls $\boldsymbol{L}$ und Spindrehimpuls $\boldsymbol{S}$ (siehe Abbildung).

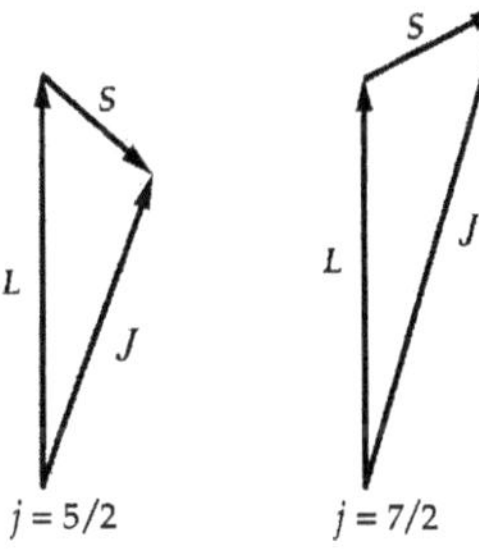

Die Quantenzahl j kann entweder $l+\frac{1}{2}$ oder $l-\frac{1}{2}$ sein, wobei $l\neq 0$ ist. Also kann j den Wert $3+\frac{1}{2}=\frac{7}{2}$ oder den Wert $3-\frac{1}{2}=\frac{5}{2}$ annehmen.

L36.20 a) Kohlenstoff hat die Ordnungszahl 6, und die Elektronenkonfiguration ist $1s^2 2s^2 2p^2$.

b) Sauerstoff hat die Ordnungszahl 8, und die Elektronenkonfiguration ist $1s^2 2s^2 2p^4$.

L36.21 Lithium, Natrium, Kalium, Chrom und Cäsium haben ein einzelnes s-Elektron in der äußersten Elektronenschale. Ihre Atomspektren ähneln sich daher.

Im Gegensatz dazu weisen Beryllium, Magnesium, Calcium, Nickel und Barium in der äußersten Elektronenschale zwei s-Elektronen auf. Ihre Atomspektren ähneln sich daher, unterscheiden sich aber von denen der zuvor aufgeführten Elemente.

L36.22 a) Die Linien der K-Serie im Röntgenspektrum rühren von Übergängen aus Elektronschalen mit der Hauptquantenzahl n in die innerste Elektronenschale mit der Hauptquantenzahl 1 her. Für die Energiedifferenzen gilt also

$$\Delta E = E_n - E_1, \quad \text{mit} \quad E_n = -(Z-1)^2 \frac{E_0}{n^2}, \quad n = 1, 2, \ldots,$$

und die Wellenlängen sind gegeben durch

$$\lambda = \frac{hc}{E_n - E_1} = \frac{1240\,\text{eV} \cdot \text{nm}}{-(Z-1)^2 \dfrac{E_0}{n^2} - \left[-(Z-1)^2 \dfrac{E_0}{1^2}\right]}$$

$$= \frac{1240\,\text{eV} \cdot \text{nm}}{(Z-1)^2 E_0 \left(1 - \dfrac{1}{n^2}\right)}.$$

Je größer n ist, desto kleiner ist also die Wellenlänge. Mit $Z = 42$ für Molybdän ergibt sich für den Übergang von $n = 3$ zu $n = 1$:

$$\lambda_3 = \frac{1240\,\text{eV} \cdot \text{nm}}{(42-1)^2 \, (13,6\,\text{eV}) \left(1 - \dfrac{1}{3^2}\right)} = 0,0610\,\text{nm},$$

und für den Übergang von $n = 4$ zu $n = 1$ erhalten wir

$$\lambda_4 = \frac{1240\,\text{eV} \cdot \text{nm}}{(42-1)^2 \, (13,6\,\text{eV}) \left(1 - \dfrac{1}{4^2}\right)} = 0,0578\,\text{nm}.$$

b) Die kleinste Wellenlänge entspricht der größten Energiedifferenz, rührt von einem Übergang mit $n \approx \infty$ her:

$$\lambda_\infty \approx \frac{1240\,\text{eV} \cdot \text{nm}}{(42-1)^2 \, (13,6\,\text{eV}) \, (1-0)} = 0,0542\,\text{nm}.$$

L36.23 Bei einem Übergang von der anfänglichen Hauptquantenzahl n_A zu der am Ende vorliegenden Hauptquantenzahl n_E ist die Energiedifferenz

$$\Delta E = |E_\text{E} - E_\text{A}| = -\frac{Z^2 E_0}{n_\text{A}^2} + \frac{Z^2 E_0}{n_\text{E}^2}$$

$$= Z^2 E_0 \left(\frac{1}{n_\text{E}^2} - \frac{1}{n_\text{A}^2}\right) = (13,6\,\text{eV}) \left(\frac{1}{n_\text{E}^2} - \frac{1}{n_\text{A}^2}\right).$$

Darin haben wir $Z = 1$ und $E_0 = 13,6\,\text{eV}$ eingesetzt. Für die entsprechende Wellenlänge erhalten wir

$$\lambda = \frac{hc}{\Delta E} = \frac{1240\,\text{eV} \cdot \text{nm}}{(13,6\,\text{eV}) \left(\dfrac{1}{n_\text{E}^2} - \dfrac{1}{n_\text{A}^2}\right)} = \frac{91,2\,\text{nm}}{\dfrac{1}{n_\text{E}^2} - \dfrac{1}{n_\text{A}^2}}.$$

Das ergibt $\dfrac{1}{n_\text{E}^2} - \dfrac{1}{n_\text{A}^2} = \dfrac{91,2\,\text{nm}}{\lambda}$.

Mit $\lambda = 97,254\,\text{nm}$ und $n_\text{E} = 1$ erhalten wir

$$1 - \frac{1}{n_\text{A}^2} = \frac{91,2\,\text{nm}}{97,254\,\text{nm}} = 0,938 \quad \text{und daraus} \quad n_\text{A} = 4.$$

Der Übergang erfolgt also von $n_\text{A} = 4$ zu $n_\text{E} = 1$.

L36.24 Es muss ein Elektron der K-Schale (mit $n = 1$) aus dem Atom entfernt werden. Dieses Elektron wird durch das andere 1s-Elektron gegen die Kernladung Z abgeschirmt. Daher ist die effektive Kernladung $Z - 1$, und die Ionisierungsenergie für das betrachtete 1s-Elektron ist $E_\text{min} = (Z-1)^2 E_0$.

a) Wolfram ($Z = 74$): $E_\text{min} = 73^2 \, (13,6\,\text{eV}) = 72,5\,\text{keV}$.

b) Molybdän ($Z = 42$): $E_\text{min} = 41^2 \, (13,6\,\text{eV}) = 22,9\,\text{keV}$.

c) Kupfer ($Z = 29$): $E_\text{min} = 28^2 \, (13,6\,\text{eV}) = 10,7\,\text{keV}$.

L36.25 a) Die Einheiten von

$$\alpha = \frac{1}{4\pi\varepsilon_0} \frac{e^2}{\hbar c}$$

sind

$$\frac{\text{N} \cdot \text{m}^2}{\text{C}^2} \frac{\text{C}^2}{(\text{J} \cdot \text{s}) \cdot (\text{m} \cdot \text{s}^{-1})} = \frac{\text{N} \cdot \text{m}^2}{\text{J} \cdot \text{m}} = 1.$$

Weil die Einheiten sich herauskürzen, muss α dimensionslos sein.

b) Der Drehimpuls ist quantisiert, und für die Geschwindigkeiten gilt

$$v_n = \frac{n\hbar}{m r_n}.$$

Die Bohr'schen Radien sind (mit $Z = 1$ für Wasserstoff) gegeben durch

$$r_n = (4\pi\varepsilon_0) \, n^2 \, \frac{\hbar^2}{m Z e^2} = (4\pi\varepsilon_0) \, n^2 \, \frac{\hbar^2}{m e^2}.$$

Das setzen wir in die vorige Gleichung ein:

$$v_n = \frac{n\hbar}{m \, (4\pi\varepsilon_0) \, n^2 \, \dfrac{\hbar^2}{m e^2}} = \frac{1}{4\pi\varepsilon_0} \frac{e^2}{n\hbar}.$$

Dividieren durch die Definition von α ergibt

$$\frac{v_n}{\alpha} = \frac{\dfrac{1}{4\pi\varepsilon_0} \dfrac{e^2}{n\hbar}}{\dfrac{1}{4\pi\varepsilon_0} \dfrac{e^2}{\hbar c}} = \frac{c}{n} \quad \text{und damit} \quad v_n = \frac{c\alpha}{n}.$$

L36.26 a) Gemäß der Einstein'schen Gleichung ist die Energiedifferenz $\Delta E = h\nu$. Damit ergibt sich für die Frequenz des Photons

$$\nu = \frac{\Delta E}{h} = \frac{4,372 \cdot 10^{-6}\,\text{eV}}{4,14 \cdot 10^{-15}\,\text{eV} \cdot \text{s}} = 1,06\,\text{GHz}.$$

b) Die Wellenlänge des Photons ist

$$\lambda = \frac{hc}{\Delta E} = \frac{1240\,\text{eV} \cdot \text{nm}}{4,372 \cdot 10^{-6}\,\text{eV}} = 28,4\,\text{cm}.$$

Sie liegt im Mikrowellenbereich des elektromagnetischen Spektrums.

L36.27 a) Im Zustand mit der Hauptquantenzahl n ist die Energie $E_n = -E_0/n^2$, mit $E_0 = 13{,}6\,\text{eV}$. Für $n = 45$ erhalten wir

$$E_{45} = -\frac{13{,}6\,\text{eV}}{45^2} = -6{,}72\,\text{meV}\,.$$

Die Ionisierungsenergie aus diesem Zustand ist

$$E_{\text{ion}} = -E_{45} = 6{,}72\,\text{meV}\,.$$

b) Für den Abstand der Energieniveaus mit den Hauptquantenzahlen 44 und 45 erhalten wir

$$\Delta E_{44,45} = -\left(\frac{13{,}6\,\text{eV}}{45^2} - \frac{13{,}6\,\text{eV}}{44^2}\right) = 3{,}09 \cdot 10^{-4}\,\text{eV}\,.$$

c) Die Wellenlänge des Photons ergibt sich zu

$$\lambda = \frac{hc}{\Delta E} = \frac{1240\,\text{eV} \cdot \text{nm}}{3{,}09 \cdot 10^{-4}\,\text{eV}} = 4{,}01 \cdot 10^{6}\,\text{nm}\,.$$

d) Der Bohr'sche Radius für $n = 45$ ist

$$r = n^2 \frac{a_0}{Z} = 45^2 \frac{0{,}0529\,\text{nm}}{1} = 107\,\text{nm}\,.$$

Moleküle

- Chemische Bindung
- Energieniveaus und Spektren zweiatomiger Moleküle

A: Aufgaben

Verständnisaufgaben

A37.1 •• Die (gasförmigen) Elemente der Gruppe VIII, also in der rechten Spalte des Periodensystems, nennt man Edelgase, weil sie praktisch keine chemischen Reaktionen eingehen. Jedoch kann ein Molekül, beispielsweise ArF, gebildet werden, wenn es in einem elektronisch angeregten Zustand vorliegt. In diesem Fall schreibt man es als ArF* und spricht von einem Excimer (abgleitet vom englischen Ausdruck *excited dimer*, angeregtes Dimer). Wie sieht für das Molekül ArF das vollständige Energieniveaudiagramm aus, wenn sein Grundzustand instabil, jedoch sein angeregter Zustand ArF* stabil ist?

A37.2 • Welche Elemente haben in den beiden äußeren Unterschalen dieselbe Elektronenkonfiguration wie Kohlenstoff? Erwarten Sie für diese Elemente dieselbe Art der Hybridisierung wie beim Kohlenstoff?

A37.3 • Erklären Sie, warum das Trägheitsmoment eines zweiatomigen Moleküls mit zunehmendem Drehimpuls leicht ansteigt.

A37.4 • Warum absorbiert ein Atom elektromagnetische Strahlung normalerweise nur im Grundzustand, während zweiatomige Moleküle Strahlung absorbieren können, wenn sie sich in verschiedenen Rotationszuständen befinden?

Schätzungs- und Näherungsaufgaben

A37.5 •• Der anharmonische Oszillator: Die Abstandsabhängigkeit der potenziellen Energie der Atome eines zweiatomigen Moleküls hat ein Minimum. In der Nähe dieses Minimums kann die Kurve durch eine Parabel angenähert werden; sie

entspricht einem harmonischen Oszillator, der also als Näherung für das zweiatomige Molekül betrachtet werden kann. Bei einer besseren Näherung, die man anharmonischen Oszillator nennt, ist die Gleichung

$$E_v = (v + \tfrac{1}{2}) h \nu, \qquad v = 0, 1, 2, \ldots$$

zu modifizieren. Sie lautet dann

$$E_v = (v + \tfrac{1}{2}) h \nu - (v + \tfrac{1}{2})^2 h \nu \alpha.$$

Beim Molekül O_2 haben die Parameter die folgenden Werte: $\nu = 4{,}74 \cdot 10^{13}\ \text{s}^{-1}$ und $\alpha = 7{,}6 \cdot 10^{-3}$. Schätzen Sie mit dieser Formel den Wert der Quantenzahl v ab, bei der sie ein um 10 % genaueres Ergebnis liefert als die erste Gleichung.

A37.6 •• Hier soll illustriert werden, dass es bei vielen makroskopischen Systemen nicht nötig ist, quantenmechanische Ansätze zu verwenden. Nehmen Sie an, eine Vollkugel mit der Masse $m = 300$ g und dem Radius $r = 3$ cm rotiert mit 20 Umdrehungen pro Sekunde. Schätzen Sie die Rotationsquantenzahl J und den Abstand der Rotationsenergieniveaus ab. *Hinweis:* Ermitteln Sie die Quantenzahl J, mit der die Gleichung

$$E_{\text{rot}} = \frac{J(J+1)\hbar^2}{2I} = J(J+1)B, \qquad \text{mit} \quad J = 0, 1, 2, \ldots,$$

die richtige Rotationsenergie des Systems ergibt, und berechnen Sie dann die Differenz zum nächsthöheren Energieniveau der Rotation.

• Chemische Bindung

A37.7 • Im HF-Molekül beträgt der Gleichgewichtsabstand der Atome 0,0917 nm, und sein Dipolmoment wurde zu $6{,}40 \cdot 10^{-30}$ C · m gemessen. Zu welchem prozentualen Anteil ist die Bindung ionisch?

A37.8 •• Im KCl-Kristall beträgt der Gleichgewichtsabstand der Ionen K^+ und Cl^- rund 0,267 nm. a) Berechnen Sie die potenzielle Energie der Anziehung zwischen den Ionen, wobei Sie sie als Punktladungen im gegebenen Abstand ansehen. b) Die Ionisierungsenergie von Kalium beträgt 4,34 eV, und Chlor hat eine Elektronenaffinität von 3,62 eV. Ermitteln Sie – unter Vernachlässigung jeglicher Abstoßungsenergie – die Dissoziationsenergie von KCl. Die gemessene Dissoziationsenergie beträgt 4,49 eV. Wie hoch ist die Abstoßungsenergie der Ionen bei ihrem Gleichgewichtsabstand?

A37.9 •• a) Berechnen Sie die potenzielle Energie der Anziehung zwischen den Ionen Na^+ und Cl^- bei ihrem Gleichgewichtsabstand $r_0 = 0{,}236$ nm. Vergleichen Sie Ihr Ergebnis mit der Dissoziationsenergie. b) Wie groß ist die Abstoßungsenergie der Ionen bei ihrem Gleichgewichtsabstand?

• Energieniveaus und Spektren zweiatomiger Moleküle

A37.10 • Die Rotationskonstante (die charakteristische Rotationsenergie) B des N_2-Moleküls beträgt $2{,}48 \cdot 10^{-4}$ eV. Berechnen Sie damit den Abstand der Stickstoffatome (also der Atomkerne) im Molekül.

A37.11 •• Das CO-Molekül hat eine Bindungsenergie von rund 11 eV. Ermitteln Sie die Schwingungsquantenzahl υ, bei der die Schwingungsenergie diesen Wert erreichen und das Molekül somit „zerrissen" würde.

A37.12 •• Leiten Sie die Gleichung

$$I = m_{\text{red}}\, r_0^2, \quad \text{mit} \quad m_{\text{red}} = \frac{m_1\, m_2}{m_1 + m_2},$$

her, die den Zusammenhang zwischen Trägheitsmoment und reduzierter Masse eines zweiatomigen Moleküls beschreibt.

A37.13 ••• Berechnen Sie die reduzierten Massen der Moleküle $H^{35}Cl$ und $H^{37}Cl$ sowie ihre relative Differenz $\Delta m_{\text{red}}/m_{\text{red}}$. Zeigen Sie, dass in einer Mischung beider Molekülsorten beim Übergang von einem Rotationszustand in einen anderen Spektrallinien mit der relativen Frequenzdifferenz $\Delta\nu/\nu = -\Delta m_{\text{red}}/m_{\text{red}}$ auftreten. Berechnen Sie $\Delta\nu/\nu$ und vergleichen Sie Ihr Ergebnis mit dem tatsächlichen Wert.

Allgemeine Aufgaben

A37.14 • Zeigen Sie, dass die reduzierte Masse eines zweiatomigen Moleküls ungefähr gleich der Masse des leichteren Atoms ist, wenn das schwerere Atom eine wesentlich größere Masse hat.

A37.15 •• Die effektive Kraftkonstante der Bindung im H_2-Molekül liegt bei 580 N·m^{-1}. Ermitteln Sie die Energien der vier niedrigsten Schwingungszustände der Moleküle H_2, HD und D_2 sowie die Wellenlängen der Photonen, die bei Übergängen zwischen benachbarten Schwingungsenergieniveaus dieser Moleküle jeweils absorbiert oder emittiert werden.

A37.16 •• Die Abstandsabhängigkeit der potenziellen Energie zwischen den Atomen in einem Molekül kann durch das so genannte Lenard-Jones-Potenzial

$$E_{\text{pot}} = E_{\text{pot},0} \left[\left(\frac{a}{r}\right)^{12} - 2\left(\frac{a}{r}\right)^6 \right]$$

beschrieben werden. Darin sind a und $E_{\text{pot},0}$ Konstanten. Ermitteln Sie, in Abhängigkeit von a, den Atomabstand r_0, bei dem die potenzielle Energie ein Minimum hat. Stellen Sie einen Ausdruck für diesen Minimalwert von E_{pot} auf. Ermitteln Sie mit Hilfe der Abbildung die Zahlenwerte von r_0 und $E_{\text{pot},0}$ für das H_2-Molekül. Geben Sie Ihre Ergebnisse in Nanometer und in Elektronenvolt an.

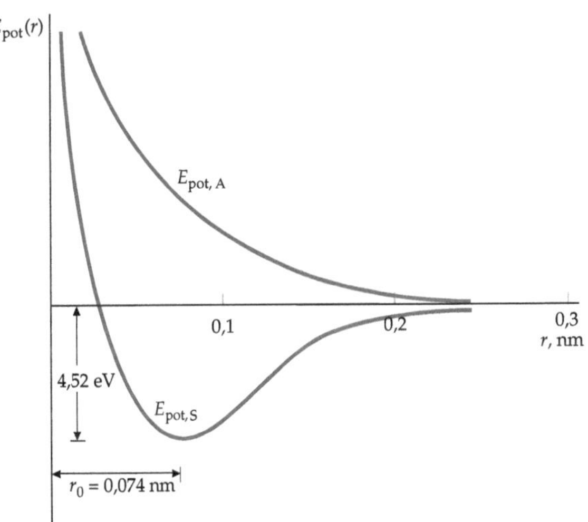

A37.17 •• In dieser Aufgabe soll die Abstandsabhängigkeit der Van-der-Waals-Kräfte zwischen einem polaren und einem unpolaren Molekül berechnet werden. Das Dipolmoment des polaren Moleküls soll entlang der x-Achse ausgerichtet sein, und das unpolare Molekül soll von ihm den Abstand x haben. a) Wie hängt das von einem Dipol hervorgerufene elektrische Feld vom Abstand x ab? b) Die potenzielle Energie eines elektrischen Dipols mit dem Dipolmoment $\wp$ in einem elektrischen Feld E ist $E_{\text{pot}} = -\wp \cdot E$, und der Betrag des im unpolaren Molekül induzierten Dipolmoments ist proportional zum Betrag von E. Berechnen Sie damit die potenzielle Wechselwirkungsenergie der beiden Moleküle in Abhängigkeit von ihrem Abstand. c) Berechnen Sie mit der Beziehung $F_x = -dE_{\text{pot}}/dx$, wie die Kraft zwischen den Molekülen von deren Abstand x abhängt.

Moleküle

37L

L: Lösungen

L37.1 Beim hypothetischen Molekül ArF weist das Diagramm einen nichtbindenden Grundzustand ohne Rotations- und Schwingungszustände auf, der der oberen Kurve in der Abbildung zu Aufgabe 37.16 entspricht.

Für ArF* existiert jedoch ein bindender angeregter Zustand mit einem deutlichen Minimum in Abhängigkeit vom Atomabstand und auch mit Schwingungszuständen, ähnlich der oberen Kurve in der hier gezeigten Abbildung.

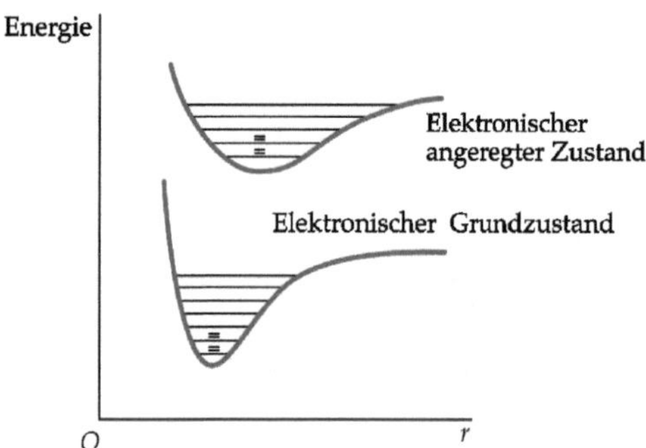

L37.2 Die Elemente Silicium, Germanium, Zinn und Blei haben in den beiden äußeren Unterschalen dieselbe Elektronenkonfiguration wie der Kohlenstoff. Man sollte dieselbe Art der Hybridisierung wie beim Kohlenstoff erwarten, und sie tritt beim Silicium und beim Germanium auch auf. Diese Elemente kristallisieren im Diamantgitter. Im Unterschied dazu haben Zinn und Blei metallischen Charakter.

L37.3 Wenn der Drehimpuls eines Moleküls ansteigt, nimmt der Abstand seiner Atomkerne leicht zu (man kann die Kraft zwischen den Atomen mit der einer starken Feder vergleichen). Daher steigt auch das Trägheitsmoment mit zunehmendem Drehimpuls leicht an.

L37.4 Die Energie des ersten angeregten Zustands eines Atoms ist um Größenordnungen höher als die thermische Energie $k_\mathrm{B} T$ bei gewöhnlichen Temperaturen. Daher liegen praktisch alle Atome im elektronischen Grundzustand vor. Im Unterschied dazu ist

– ebenfalls bei gewöhnlichen Temperaturen – der Abstand zwischen dem Grundzustand und den ersten angeregten Zuständen der Rotation kleiner als die thermische Energie $k_\mathrm{B} T$ oder vergleichbar mit ihr. Daher sind auch angeregte Rotationszustände infolge thermischer Anregung besetzt.

L37.5 Wir müssen die Schwingungsquantenzahl v ermitteln, bei der der Korrekturterm 10 % des Werts ergibt, der mit der ursprünglichen Gleichung berechnet wird. Wir bilden also den Quotienten und setzen ihn gleich 0,1:

$$\frac{(v+\tfrac{1}{2})^2\, h\, v\, \alpha}{(v+\tfrac{1}{2})\, h\, v} = (v+\tfrac{1}{2})\, \alpha = \frac{1}{10}.$$

Daraus folgt

$$v = \frac{1}{10\,\alpha} - \frac{1}{2} = \frac{1}{10\,(7{,}6\cdot 10^{-3})} - \frac{1}{2} = 12{,}7 \approx 13.$$

L37.6 Die kinetische Rotationsenergie der Kugel ist gegeben durch

$$E_\mathrm{rot} = \frac{J(J+1)\,\hbar^2}{2I}, \qquad J = 0,1,2,\ldots$$

Darin ist J die Rotationsquantenzahl, I das Trägheitsmoment und B die Rotationskonstante oder charakteristische Rotationsenergie. Umformen liefert

$$J(J+1) = \frac{2IE}{\hbar^2} \quad \text{und} \quad J^2\left(1+\frac{1}{J}\right) = \frac{2IE}{\hbar^2}.$$

Wie die weitere Berechnung ergeben wird, ist $J \gg 1$. Dies wollen wir im Augenblick einfach annehmen und erhalten damit

$$J^2 \approx \frac{2IE}{\hbar^2} \quad \text{und} \quad J \approx \frac{\sqrt{2IE}}{\hbar}.$$

Die Energie der massiven Kugel ist nur die der Rotation:
$$E = E_\mathrm{rot} = \tfrac{1}{2} I \omega^2,$$

und ihr Trägheitsmoment ist $I = \tfrac{2}{5} m r^2$. Damit ergibt sich

$$J \approx \frac{\sqrt{2I\left(\frac{1}{2}I\omega^2\right)}}{\hbar} = \frac{\sqrt{I^2\omega^2}}{\hbar} = \frac{I\omega}{\hbar} = \frac{2mr^2\omega}{5\hbar}$$

$$\approx \frac{2\,(0{,}3\,\text{kg})\,(0{,}03\,\text{m})^2 \left(\dfrac{20\,\text{U}}{1\,\text{min}}\,\dfrac{2\pi\,\text{rad}}{1\,\text{U}}\,\dfrac{1\,\text{min}}{60\,\text{s}}\right)}{5\,(1{,}05\cdot 10^{-34}\,\text{J}\cdot\text{s})}$$

$$\approx 2{,}15 \cdot 10^{30}.$$

Dieses Ergebnis rechtfertigt unsere Annahme $J \gg 1$. Der Abstand aufeinander folgender Energieniveaus der Rotation ist

$$B = \frac{\hbar^2}{2I} = \frac{5\hbar^2}{4mr^2} = \frac{5\,(1{,}05\cdot 10^{-34}\,\text{J}\cdot\text{s})^2}{4\,(0{,}3\,\text{kg})\,(0{,}03\,\text{m})^2} = 5{,}10\cdot 10^{-65}\,\text{J}.$$

L37.7 Der prozentuale Anteil der ionischen Bindung ist gleich $100\,(\wp_{\text{exp}}/\wp_{\text{ion}})$. Darin ist $\wp_{\text{ion}} = e\,r_0$ das Dipolmoment der rein ionischen Bindung. Wir erhalten

$$100\,\frac{\wp_{\text{exp}}}{\wp_{\text{ion}}} = 100\,\frac{6{,}40\cdot 10^{-30}\,\text{C}\cdot\text{m}}{(1{,}60\cdot 10^{-19}\,\text{C})\,(0{,}0917\,\text{nm})} = 43{,}6\,\%.$$

L37.8 a) Mit $\frac{1}{4\pi\varepsilon_0}\,e^2 = 1{,}44\,\text{eV}\cdot\text{nm}$ erhalten wir für die potenzielle Energie der Anziehung beim Gleichgewichtsabstand r_0:

$$E_{\text{pot},0} = -\frac{1}{4\pi\varepsilon_0}\,\frac{e^2}{r_0} = -\frac{1{,}44\,\text{eV}\cdot\text{nm}}{0{,}267\,\text{nm}} = -5{,}39\,\text{eV}.$$

b) Die gesamte potenzielle Energie des Moleküls ist

$$E_{\text{pot,ges}} = E_{\text{pot},0} + \Delta E + E_{\text{rep}} = E_{\text{pot},0} + \Delta E.$$

Dabei haben wir im letzten Schritt die Energie E_{rep} der elektrostatischen Abstoßung vernachlässigt.

Die Größe ΔE ist die Differenz zwischen der Ionisierungsenergie von Kalium und der Elektronenaffinität von Chlor:

$$\Delta E = 4{,}34\,\text{eV} - 3{,}62\,\text{eV} = 0{,}72\,\text{eV}.$$

Die berechnete Dissoziationsenergie ist gleich dem negativen Wert der Gesamtenergie:

$$E_{\text{Diss,ber.}} = -E_{\text{pot,ges}} = -(E_{\text{pot},0} + \Delta E)$$
$$= -(-5{,}39\,\text{eV} + 0{,}72\,\text{eV}) = 4{,}67\,\text{eV}.$$

Die Abstoßungsenergie ist schließlich

$$E_{\text{rep}} = E_{\text{Diss,ber.}} - E_{\text{Diss,exp.}} = 4{,}67\,\text{eV} - 4{,}49\,\text{eV} = 0{,}18\,\text{eV}.$$

L37.9 a) Mit $\frac{1}{4\pi\varepsilon_0}\,e^2 = 1{,}44\,\text{eV}\cdot\text{nm}$ erhalten wir für die potenzielle Energie der Anziehung beim Gleichgewichtsabstand r_0:

$$E_{\text{pot},0} = -\frac{1}{4\pi\varepsilon_0}\,\frac{e^2}{r_0} = -\frac{1{,}44\,\text{eV}\cdot\text{nm}}{0{,}236\,\text{nm}} = -6{,}10\,\text{eV}.$$

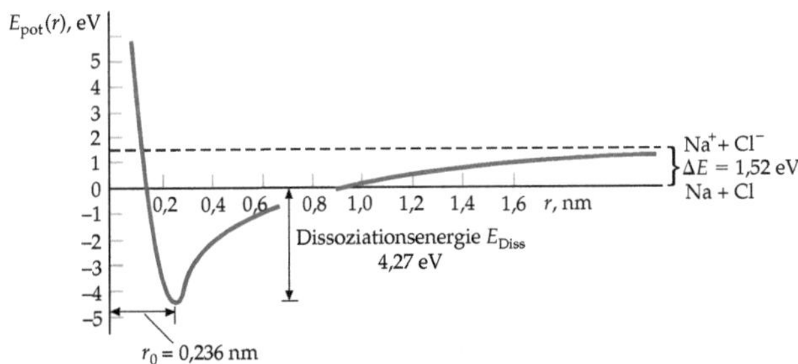

Wie aus der Abbildung hervorgeht, ist die Dissoziationsenergie $E_{\text{Diss}} = 4{,}27\,\text{eV}$.

Wir vergleichen die Beträge der potenziellen Energie der Anziehung und der Dissoziationsenergie:

$$\frac{|E_{\text{pot},0}|}{E_{\text{Diss}}} = \frac{6{,}10\,\text{eV}}{4{,}27\,\text{eV}} = 1{,}43.$$

b) Mit $\Delta E = 1{,}52\,\text{eV}$ (siehe Abbildung) erhalten wir für die potenzielle Energie der Abstoßung

$$E_{\text{rep}} = -(E_{\text{pot},0} + E_{\text{Diss}} + \Delta E)$$
$$= -(-6{,}10\,\text{eV} + 4{,}27\,\text{eV} + 1{,}52\,\text{eV}) = 0{,}310\,\text{eV}.$$

L37.10 Das Trägheitsmoment des N_2-Moleküls ist

$$I = 2m_{\text{N}}\left(\frac{r}{2}\right)^2 = \frac{1}{2}m_{\text{N}}r^2 = \frac{1}{2}\cdot 14m_{\text{p}}r^2 = 7m_{\text{p}}r^2.$$

Dabei haben wir der Einfachheit halber die Masse m_{N} eines Stickstoffatoms zu 14 Protonenmassen angenommen. Für die Rotationskonstante (die charakteristische Rotationsenergie) B des N_2-Moleküls gilt damit

$$B = \frac{\hbar^2}{2I} = \frac{\hbar^2}{14m_{\text{p}}r^2}.$$

Wir lösen nach dem Abstand der Stickstoffatome auf. Mit der Protonenmasse $m_{\text{p}} = 1{,}673\cdot 10^{-27}\,\text{kg}$ erhalten wir

$$r = \hbar\sqrt{\frac{1}{14m_{\text{p}}B}}$$

$$= (1{,}055\cdot 10^{-34}\,\text{J}\cdot\text{s})$$

$$\cdot\sqrt{\frac{1}{14m_{\text{p}}\,(2{,}48\cdot 10^{-4}\,\text{eV})\,(1{,}602\cdot 10^{-19}\,\text{J}\cdot\text{eV}^{-1})}}$$

$$= 0{,}109\,\text{nm}.$$

L37.11 Die Energieniveaus der Schwingung sind gegeben durch

$$E_\upsilon = \left(\upsilon + \frac{1}{2}\right)h\nu, \qquad \upsilon = 0, 1, 2, \ldots$$

Die Eigenfrequenz der Schwingung des CO-Moleküls kann in Tabellen nachgeschlagen werden. Sie beträgt $\nu = 6{,}42\cdot 10^{13}\,\text{Hz}$. Wir lösen die obige Gleichung nach der Schwingungsquantenzahl υ auf und setzen als zu erreichende Schwingungsenergie die gegebene Bindungsenergie von 11 eV des Moleküls ein:

$$\upsilon = \frac{E_\upsilon}{h\nu} - \frac{1}{2}$$

$$= \frac{(11\,\text{eV})\,(1{,}60\cdot 10^{-19}\,\text{J}\cdot\text{eV}^{-1})}{(6{,}63\cdot 10^{-34}\,\text{J}\cdot\text{s})\,(6{,}42\cdot 10^{13}\,\text{Hz})} - \frac{1}{2} = 40{,}8 \approx 41.$$

L37.12 Die r-Koordinate des Massenmittelpunkts des Moleküls ist mit dem Gleichgewichtsabstand r_0 der Atome gegeben durch

$$r_{\text{S}} = \frac{m_2}{m_1 + m_2}\,r_0.$$

Die Abstände der mit 1 und 2 bezeichneten Atome vom Massenmittelpunkt sind $r_1 = r_{\text{S}}$ und

$$r_2 = r_0 - r_{\text{S}} = r_0 - \frac{m_2}{m_1 + m_2}\,r_0 = \frac{m_1}{m_1 + m_2}\,r_0.$$

Mit diesen beiden Ausdrücken für r_1 und r_2 ergibt sich für das Trägheitsmoment des zweiatomigen Moleküls

$$I = m_1 \, r_1^2 + m_2 \, r_2^2$$
$$= m_1 \left(\frac{m_2}{m_1 + m_2} \, r_0 \right)^2 + m_2 \left(\frac{m_1}{m_1 + m_2} \, r_0 \right)^2$$
$$= \frac{m_1 \, m_2}{m_1 + m_2} \, r_0^2 = m_{\text{red}} \, r_0^2.$$

Dabei ist $\quad m_{\text{red}} = \dfrac{m_1 \, m_2}{m_1 + m_2}.$

L37.13 Für $H^{35}Cl$ erhalten wir

$$m_{\text{red},35} = \frac{(35\,\text{u})\,(1\,\text{u})}{(35\,\text{u}) + (1\,\text{u})} = \frac{35}{36}\,\text{u} = 0{,}9722\,\text{u},$$

und für $H^{37}Cl$ ergibt sich

$$m_{\text{red},37} = \frac{(37\,\text{u})\,(1\,\text{u})}{(37\,\text{u}) + (1\,\text{u})} = \frac{37}{38}\,\text{u} = 0{,}9737\,\text{u},$$

Beim Berechnen der relativen Differenz setzen wir als reduzierte Masse m_{red} das arithmetische Mittel an und erhalten

$$\frac{\Delta m_{\text{red}}}{m_{\text{red}}} = \frac{\dfrac{37}{38}\,\text{u} - \dfrac{35}{36}\,\text{u}}{\dfrac{1}{2}\left(\dfrac{35}{36}\,\text{u} + \dfrac{37}{38}\,\text{u} \right)} = \frac{\dfrac{37 \cdot 36 - 35 \cdot 38}{36 \cdot 38}\,\text{u}}{\dfrac{35 \cdot 38 + 37 \cdot 36}{2 \cdot 36 \cdot 38}\,\text{u}}$$
$$= 0{,}00150.$$

Die Rotationsfrequenz ist umgekehrt proportional zum Trägheitsmoment, also auch umgekehrt proportional zur reduzierten Masse. Mit einer Proportionalitätskonstanten C gilt daher

$$v = \frac{C}{m_{\text{red}}}, \quad \text{also} \quad \mathrm{d}v = -C\,\frac{1}{m_{\text{red}}^2}\,\mathrm{d}m_{\text{red}}.$$

Damit ergibt sich

$$\frac{\mathrm{d}v}{v} = -\frac{\mathrm{d}m_{\text{red}}}{m_{\text{red}}} \quad \text{bzw.} \quad \frac{\Delta v}{v} \approx -\frac{\Delta m_{\text{red}}}{m_{\text{red}}}.$$

Wie man den gemessenen Spektren entnehmen kann, ist $\Delta v \approx 10^{11}\,\text{Hz}$, und wir erhalten schließlich

$$\frac{\Delta v}{v} \approx \frac{10^{11}\,\text{Hz}}{8{,}40 \cdot 10^{13}\,\text{Hz}} = 0{,}00119.$$

Dieser Wert weicht um etwa 21 % von dem gemessenen Wert ab. Allerdings ist der exakte Wert aus den Spektren nur schwierig zu ermitteln.

L37.14 Wir dividieren im Ausdruck für die reduzierte Masse den Zähler und den Nenner durch m_2:

$$m_{\text{red}} = \frac{m_1 \, m_2}{m_1 + m_2} = \frac{m_1}{1 + \dfrac{m_1}{m_2}}.$$

Bei $m_2 \gg m_1$ ist $m_1/m_2 \ll 1$ und daher $m_{\text{red}} \approx m_1$.

L37.15 Die Energieniveaus der Schwingung sind

$$E_v = \left(v + \tfrac{1}{2}\right) h \, v, \quad \text{mit} \quad v = 0, 1, 2, \ldots,$$

und für die Schwingungsfrequenz gilt

$$v = \frac{1}{2\pi} \sqrt{\frac{k_F}{m_{\text{red}}}}, \quad \text{mit} \quad m_{\text{red}} = \frac{m_1 \, m_2}{m_1 + m_2}.$$

Damit erhalten wir

$$E_v = \frac{\left(v + \tfrac{1}{2}\right) h}{2\pi} \sqrt{k_F} \sqrt{\frac{m_1 + m_2}{m_1 \, m_2}}$$
$$= \frac{\left(v + \tfrac{1}{2}\right)(4{,}136 \cdot 10^{-15}\,\text{eV} \cdot \text{s})}{2\pi} \sqrt{\frac{580\,\text{N} \cdot \text{m}^{-1}}{1{,}661 \cdot 10^{-27}\,\text{kg} \cdot \text{u}^{-1}}}$$
$$\cdot \sqrt{\frac{m_1 + m_2}{m_1 \, m_2}}$$
$$= \left(v + \tfrac{1}{2}\right)(0{,}389\,\text{eV} \cdot \text{u}^{-1}) \sqrt{\frac{m_1 + m_2}{m_1 \, m_2}}.$$

Für $m_1 = m_2 = 1\,\text{u}$ und $v = 0$ erhalten wir

$$E_{0,\text{H}_2} = \tfrac{1}{2}\,(0{,}389\,\text{eV} \cdot \text{u}^{-1}) \sqrt{\frac{1\,\text{u} + 1\,\text{u}}{(1\,\text{u})\,(1\,\text{u})}} = 0{,}275\,\text{eV}.$$

In gleicher Weise sind mit der vorigen Gleichung die übrigen Werte zu berechnen:

	H_2	HD	D_2
E_0/eV	0,275	0,238	0,195
E_1/eV	0,825	0,715	0,584
E_2/eV	1,375	1,191	0,973
E_3/eV	1,925	1,667	1,362

Für die bei den Übergängen emittierten oder absorbierten Photonen gilt

$$\Delta E = h\,v = \frac{hc}{\lambda} \quad \text{und daher} \quad \lambda = \frac{hc}{\Delta E}.$$

Damit erhalten wir

$$\lambda_{\text{H}_2} = \frac{1240\,\text{eV} \cdot \text{nm}}{0{,}550\,\text{eV}} = 2{,}25\,\mu\text{m},$$
$$\lambda_{\text{HD}} = \frac{1240\,\text{eV} \cdot \text{nm}}{0{,}477\,\text{eV}} = 2{,}60\,\mu\text{m},$$
$$\lambda_{\text{D}_2} = \frac{1240\,\text{eV} \cdot \text{nm}}{0{,}389\,\text{eV}} = 3{,}19\,\mu\text{m}.$$

L37.16 Wir leiten den gegebenen Ausdruck für die potenzielle Energie nach r ab:

$$\frac{\mathrm{d}E_{\text{pot}}}{\mathrm{d}r} = \frac{\mathrm{d}}{\mathrm{d}r}\left\{ E_{\text{pot},0}\left[\left(\frac{a}{r}\right)^{12} - 2\left(\frac{a}{r}\right)^6 \right] \right\}$$
$$= -\frac{E_{\text{pot},0}}{r}\left[12\left(\frac{a}{r}\right)^{11} - 12\left(\frac{a}{r}\right)^5 \right].$$

Diese Ableitung ist gleich null für $r = r_0 = a$. Um zu zeigen, dass an dieser Stelle ein Minimum vorliegt, bilden wir die zweite Ableitung:

$$\frac{\mathrm{d}^2 E_{\text{pot}}}{\mathrm{d}r^2} = \frac{\mathrm{d}}{\mathrm{d}r}\left\{ -\frac{E_{\text{pot},0}}{r}\left[12\left(\frac{a}{r}\right)^{11} - 12\left(\frac{a}{r}\right)^5 \right] \right\}$$
$$= \frac{E_{\text{pot},0}}{r^2}\left[132\left(\frac{a}{r}\right)^{10} - 60\left(\frac{a}{r}\right)^4 \right].$$

Wir setzen $r = a$ ein und erhalten

$$\frac{\mathrm{d}^2 E_{\mathrm{pot}}}{\mathrm{d}r^2}\bigg|_{r=a} = \frac{E_{\mathrm{pot},0}}{a^2}\,(132 - 60) = \frac{72\,E_{\mathrm{pot},0}}{a^2} > 0\,.$$

Das positive Vorzeichen der zweiten Ableitung besagt, dass hier ein Minimum vorliegt.

Für $r = a$ ist der Minimalwert der potenziellen Energie

$$E_{\mathrm{pot,min}} = E_{\mathrm{pot},0}\left[\left(\frac{a}{a}\right)^{12} - 2\left(\frac{a}{a}\right)^6\right] = -E_{\mathrm{pot},0}\,.$$

Der Abbildung bei der Aufgabenstellung entnehmen wir die Werte $r_0 = 0{,}074\ \mathrm{nm}$ und $E_{\mathrm{pot},0} = 4{,}52\ \mathrm{eV}$.

L37.17 a) In großem Abstand x von einem elektrischen Dipol hat das elektrische Feld auf der Achse des Dipols den Betrag

$$E = \frac{1}{4\pi\varepsilon_0}\,\frac{2\,|\boldsymbol{\wp}|}{|x|^3}\,.$$

Also ist $E \propto 1/|x|^3$.

b) Das induzierte Dipolmoment ist proportional zum Feld, durch das es induziert wird: $|\boldsymbol{\wp}| \propto 1/|x|^3$. Damit ist

$$E_{\mathrm{pot}} = -\boldsymbol{\wp}\cdot\boldsymbol{E} \propto \frac{1}{x^6}\,.$$

c) Wir leiten E_{pot} nach dem Abstand x ab und erhalten

$$|F_x| = -\frac{\mathrm{d}|E_{\mathrm{pot}}|}{\mathrm{d}x} \propto \frac{1}{|x^7|}\,.$$

38A Festkörper

- Die Struktur von Festkörpern
- Eine mikroskopische Betrachtung der elektrischen Leitfähigkeit
- Das Fermi-Elektronengas
- Die Quantentheorie der elektrischen Leitfähigkeit
- Das Bändermodell der Festkörper
- Halbleiter
- Halbleiterübergänge und Bauelemente
- Die BCS-Theorie
- Die Fermi-Dirac-Verteilung

A: Aufgaben

Verständnisaufgaben

A38.1 • Im klassischen Modell der elektrischen Leitfähigkeit verliert ein Elektron im Schnitt bei jedem Stoß Energie, indem es die seit dem letzten Stoß aufgenommene Driftgeschwindigkeit verliert. Wo tritt diese Energie in Erscheinung?

A38.2 • Senkt man die Temperatur von reinem Kupfer von 300 K auf 4 K, so nimmt der spezifische Widerstand um ein Vielfaches stärker ab, als es bei Messing der Fall ist. Wie kommt das?

A38.3 • Aus welchem Grund ist ein Metall ein guter elektrischer Leiter? a) Weil das Valenzband vollständig gefüllt ist. b) Weil das Valenzband zwar gefüllt ist, die Energielücke zum nächsthöheren leeren Band aber klein ist. c) Weil das Valenzband nur teilweise gefüllt ist. d) Weil das Valenzband leer ist. e) Keiner dieser Gründe trifft zu.

A38.4 • Wie ändert sich der spezifische Widerstand von Kupfer, verglichen mit dem von Silicium, wenn die Temperatur erhöht wird?

A38.5 • Welche der folgenden Elemente eignen sich als Quelle von Akzeptoratomen in Germanium? a) Brom, b) Gallium, c) Silicium, d) Phosphor, e) Magnesium.

A38.6 • Welche der folgenden Elemente können als Quelle von Donatoratomen in Germanium dienen? a) Brom, b) Gallium, c) Silicium, d) Phosphor, e) Magnesium.

Schätzungs- und Näherungsaufgaben

A38.7 • Ein Bauelement wird als „ohmsch" bezeichnet, wenn die Strom-Spannungs-Kennlinie eine Gerade ist; der Widerstand R_Ω des Bauelements entspricht dann der Steigung dieser Gerade. Ein pn-Übergang ist ein Beispiel für ein nichtohmsches Bauelement, wie man der Abbildung entnehmen kann. Für nichtohmsche Bauelemente definiert man gelegentlich den *differenziellen Widerstand* als reziproke Steigung der Kurve, die entsteht, wenn man I gegen U aufträgt. Betrachten Sie die Kurve in der Abbildung und schätzen Sie den differenziellen Widerstand des pn-Übergangs für Vorspannungen von -20 V, $+0{,}2$ V, $+0{,}4$ V, $+0{,}6$ V und $+0{,}8$ V ab.

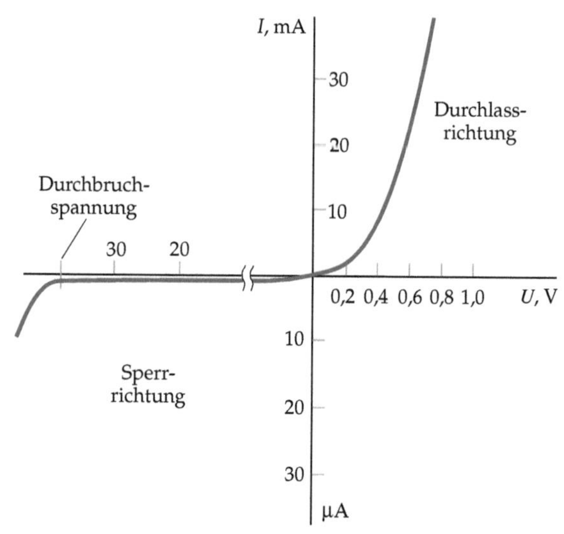

- ### Die Struktur von Festkörpern

A38.8 • Berechnen Sie den Gleichgewichtsabstand r_0 zwischen den K^+- und den Cl^--Ionen in KCl. Nehmen Sie an, das Volumen eines jeden Ions sei ein Würfel mit der Kantenlänge r_0. Die molare Masse von KCl beträgt $74{,}55\,\mathrm{g\cdot mol^{-1}}$, die Massendichte $1{,}984\,\mathrm{kg\cdot m^{-3}}$.

A38.9 •• a) Berechnen Sie $E_{\mathrm{pot}}(r_0)$ für Calciumoxid (CaO). Der Gleichgewichtsabstand beträgt $r_0 = 0{,}208\,\mathrm{nm}$. Verwenden Sie den Wert $n = 8$. b) In der wievielten Stelle ändert sich $E_{\mathrm{pot}}(r_0)$, wenn man $n = 10$ verwendet?

- ### Eine mikroskopische Betrachtung der elektrischen Leitfähigkeit

A38.10 • Ein Maß für die Dichte des freien Elektronengases in einem Metall ist der Abstand r_k, der definiert ist als Radius derjenigen Kugel, deren Volumen dem Volumen pro Leitungselektron entspricht. a) Zeigen Sie, dass gilt:

$$r_k = \left(\frac{3}{4\pi\,(n_e/V)} \right)^{1/3},$$

wobei n_e/V die Anzahldichte der freien Elektronen ist. b) Wie groß ist r_k (in nm) für Kupfer?

A38.11 •• Silicium hat die relative Atommasse $28{,}09$ und die Dichte $2{,}41 \cdot 10^3\,\mathrm{kg\cdot m^{-3}}$. Jedes Siliciumatom hat vier Valenzelektronen, die Fermi-Energie für Silicium beträgt $4{,}88\,\mathrm{eV}$. a) Berechnen Sie den spezifischen Widerstand bei Raumtemperatur. Die mittlere freie Weglänge bei dieser Temperatur ist $\lambda = 27{,}0\,\mathrm{nm}$. b) Silicium hat bei Raumtemperatur den spezifischen Widerstand $640\,\Omega\cdot\mathrm{m}$. Vergleichen Sie diesen allgemein anerkannten Wert mit dem von Ihnen berechneten Wert.

- ### Das Fermi-Elektronengas

A38.12 • Berechnen Sie die Teilchenzahldichte freier Elektronen in a) Silber ($\rho = 10{,}5\,\mathrm{g\cdot cm^{-3}}$) und b) Gold ($\rho = 19{,}3\,\mathrm{g\cdot cm^{-3}}$) unter der Annahme eines freien Elektrons pro Atom. Vergleichen Sie Ihre Ergebnisse mit den tatsächlichen Werten.

A38.13 • Berechnen Sie die Fermi-Temperatur für a) Aluminium, b) Kalium und c) Zinn.

A38.14 • Welche Geschwindigkeit hat ein Leitungselektron in a) Natrium, b) Gold bzw. c) Zinn, wenn seine Energie jeweils gleich der Fermi-Energie E_F für dieses Material ist?

A38.15 •• Zwischen dem Druck P eines idealen Gases und der mittleren Energie $\langle E \rangle$ der Gasteilchen besteht die Beziehung $PV = \frac{2}{3}\,n\,\langle E \rangle$. Dabei ist n die Anzahl der Teilchen. Berechnen Sie mit Hilfe dieser Beziehung den Druck des Fermi-Elektronengases für Kupfer in der Einheit $\mathrm{N\cdot m^{-2}}$ und vergleichen Sie das Ergebnis mit dem atmosphärischen Druck, der ungefähr $10^5\,\mathrm{N\cdot m^{-2}}$ beträgt. (*Hinweis:* Um die Einheiten

möglichst leicht in den Griff zu bekommen, empfiehlt es sich, die folgenden Umrechnungsfaktoren zu benutzen: $1\,\mathrm{N\cdot m^{-2}} = 1\,\mathrm{J\cdot m^{-3}}$ und $1\,\mathrm{eV} = 1{,}6\cdot 10^{-19}\,\mathrm{J}$.)

A38.16 •• Der Kompressionsmodul K eines Materials kann folgendermaßen definiert werden: $K = -V\,\partial P/\partial V$. a) Zeigen Sie mit Hilfe der Formel $PV = \frac{2}{3}\,n\,\langle E \rangle$ für ideale Gase sowie der Beziehungen

$$E_F = \frac{h^2}{8m_e} \left(\frac{3n_e}{\pi V} \right)^{2/3} = (0{,}365\,\mathrm{eV\cdot nm^2}) \left(\frac{n_e}{V} \right)^{2/3}$$

und $\langle E \rangle = \frac{3}{5}\,E_F$, dass gilt:

$$P = \frac{2\,n_e E_F}{5V} = C V^{-5/3}.$$

Dabei ist C eine von V unabhängige Konstante. b) Zeigen Sie, dass für den Kompressionsmodul des Fermi-Elektronengases somit gilt:

$$K = \frac{5}{3}\,P = \frac{2\,n_e E_F}{3V}.$$

c) Berechnen Sie den Kompressionsmodul (in $\mathrm{N\cdot m^{-2}}$) für das Fermi-Elektronengas in Kupfer und vergleichen Sie das Ergebnis mit dem gemessenen Wert $140\cdot 10^9\,\mathrm{N\cdot m^{-2}}$.

- ### Die Quantentheorie der elektrischen Leitfähigkeit

A38.17 • Die spezifischen Widerstände von Natrium, Gold und Zinn betragen bei $T = 273\,\mathrm{K}$: $4{,}2\,\mu\Omega\cdot\mathrm{cm}$ bzw. $2{,}04\,\mu\Omega\cdot\mathrm{cm}$ bzw. $10{,}6\,\mu\Omega\cdot\mathrm{cm}$. Berechnen Sie mit diesen Werten und den Fermi-Geschwindigkeiten in Aufgabe 14 die mittlere freie Weglänge λ der Leitungselektronen in den drei Metallen.

- ### Das Bändermodell der Festkörper

A38.18 •• Ein Photon der Wellenlänge $3{,}35\,\mu\mathrm{m}$ hat gerade genügend Energie, um ein Elektron vom Valenzband in das Leitungsband eines Bleisulfidkristalls anzuregen. a) Berechnen Sie die Energielücke zwischen den beiden Bändern. b) Berechnen Sie die Temperatur, für die der Wert von $k_B T$ gerade der Energielücke entspricht.

- ### Halbleiter

A38.19 • Eine dünne Schicht eines halbleitenden Materials wird monochromatischer Strahlung ausgesetzt. Bei Wellenlängen oberhalb von $1{,}85\,\mathrm{mm}$ wird die Strahlung größtenteils transmittiert, bei kleineren Wellenlängen jedoch größtenteils absorbiert. Wie groß ist die Bandlücke bzw. Energielücke in diesem Halbleiter?

A38.20 •• Im Leitungsband einer Probe aus dotiertem n-Silicium befinden sich 10^{16} Elektronen pro $\mathrm{cm^3}$. Bei einer Temperatur von $300\,\mathrm{K}$ beträgt der spezifische Widerstand $5\cdot 10^{-3}\,\Omega\cdot\mathrm{m}$. Berechnen Sie die mittlere freie Weglänge der Elektronen. Verwenden Sie als Masse des Elektrons die effektive

Masse $0{,}2\,m_\mathrm{e}$. Vergleichen Sie das Ergebnis mit der mittleren freien Weglänge von Leitungsbandelektronen in Kupfer bei 300 K.

A38.21 •• Der Hall-Koeffizient einer dotierten Siliciumprobe wurde bei Raumtemperatur zu $0{,}04\ \mathrm{V \cdot m \cdot A^{-1} \cdot T^{-1}}$ gemessen. Nehmen Sie an, dass alle Fremdatome ihren Anteil an der Gesamtzahl der Ladungsträger in der Probe beigetragen haben. a) Wurde die Probe mit Donator- oder mit Akzeptoratomen dotiert? b) Berechnen Sie die Konzentration der Fremdatome.

• Halbleiterübergänge und Bauelemente

A38.22 •• Ein einfaches Modell beschreibt den Strom I an einem pn-Übergang als Funktion der Vorspannung U folgendermaßen: $I = I_0\,(e^{eU/(k_\mathrm{B}T)} - 1)$. Skizzieren Sie I als Funktion von U für positive und für negative U-Werte.

A38.23 •• Nehmen Sie an, dass für den pnp-Transistorverstärker in der Abbildung gilt: $R_\mathrm{B} = 2\ \mathrm{k\Omega}$ und $R_\mathrm{V} = 10\ \mathrm{k\Omega}$. Weiterhin soll gelten, dass ein 10-µA-Wechselstrom an der Basis einen 0,5-mA-Wechselstrom am Kollektor erzeugt. Wie groß ist die Spannungsverstärkung, wenn der innere Widerstand zwischen Basis und Emitter vernachlässigt werden kann?

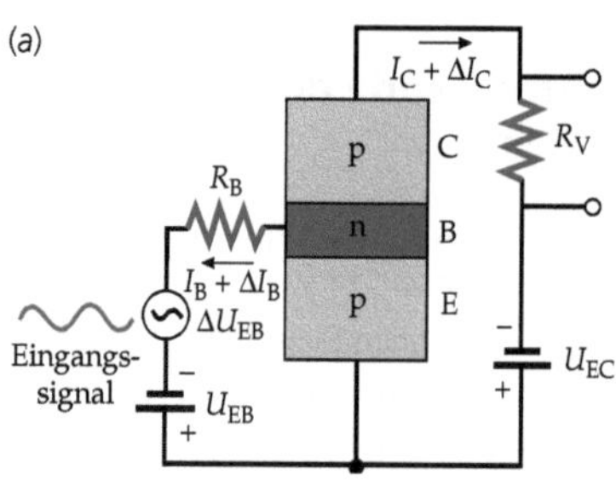

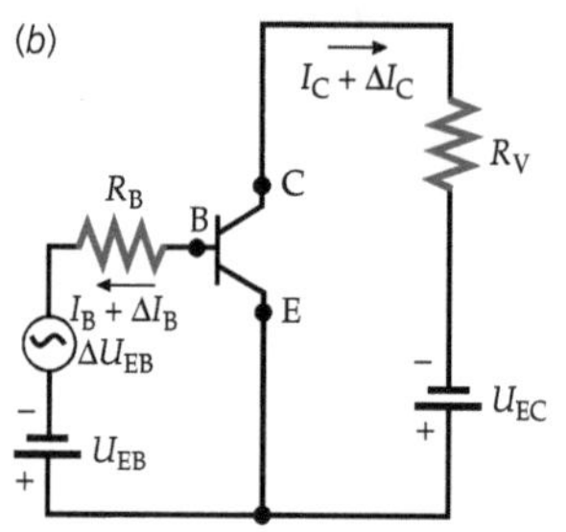

A38.24 •• Skizzieren Sie die Valenz- und die Leitungsbandkanten sowie die Lage des Fermi-Energieniveaus einer a) in Durchlassrichtung bzw. b) in Sperrrichtung geschalteten pn-Diode.

• Die BCS-Theorie

A38.25 • a) Berechnen Sie mit Hilfe der Beziehung $E_\mathrm{g} = 3{,}5\,k_\mathrm{B}T_\mathrm{c}$ die Supraleiterenergielücke E_g für Zinn und vergleichen Sie das Ergebnis mit dem gemessenen Wert $6 \cdot 10^{-4}$ eV. b) Berechnen Sie aus dem gemessenen Wert, welche Wellenlänge ein Photon hat, das gerade genug Energie besitzt, um die Bindung eines Cooper-Paars in Zinn bei $T = 0$ K aufzubrechen. Zinn hat die kritische Temperatur der Supraleitung $T_\mathrm{c} = 3{,}72$ K.

• Die Fermi-Dirac-Verteilung

A38.26 •• Wie viele Energiezustände stehen den Elektronen in einem Silberwürfel mit einer Kantenlänge von 1,0 mm im Energiebereich zwischen 2,00 eV und 2,20 eV ungefähr zur Verfügung?

A38.27 •• Um wie viel unterscheiden sich die Energien, für die der Fermi-Faktor bei 300 K gerade 0,9 bzw. 0,1 ist, im Fall von a) Kupfer, b) Kalium und c) Aluminium?

A38.28 •• Führen Sie das Integral $\langle E \rangle = \frac{1}{n} \int_0^{E_\mathrm{F}} E\, g(e)\,\mathrm{d}E$ aus und zeigen Sie, dass die mittlere Energie bei $T = 0$ K gerade $\frac{3}{5}E_\mathrm{F}$ beträgt.

A38.29 ••• a) Zeigen Sie, dass der Fermi-Faktor für $E \geq 0$ in der Form $f(e) = 1/(Ce^{E/(k_\mathrm{B}T)} + 1)$ geschrieben werden kann. b) Zeigen Sie, dass für $C \gg e^{-E/(k_\mathrm{B}T)}$ gilt: $f(e) = A\,e^{-E/(k_\mathrm{B}T)} \ll 1$. Anders ausgedrückt: Zeigen Sie, dass der Fermi-Faktor dem Produkt aus einer Konstanten und dem klassischen Boltzmann-Faktor entspricht, wenn $A \ll 1$ ist. c) Verwenden Sie die Beziehungen $\int n(e)\,\mathrm{d}E = n$ und

$$g(E) = \frac{8\sqrt{2}\,\pi\,m_\mathrm{e}^{3/2}\,V}{h^3}\,E^{1/2},$$

um die Konstante A zu bestimmen. d) Zeigen Sie mit Hilfe des Ergebnisses von Teilaufgabe c, dass die klassische Näherung Gültigkeit hat, wenn die Elektronenkonzentration sehr klein und/oder die Temperatur sehr hoch ist.

Festkörper

38L

L: Lösungen

L38.1 Die von den Elektronen bei ihren Stößen mit den Ionen im Kristall abgegebene Energie tritt als Joule'sche Wärme ($I^2 R$) in Erscheinung.

L38.2 Der spezifische Widerstand des Messings bei 4 K beruht fast vollständig auf dem „Restwiderstand", also auf dem Widerstand, der von Verunreinigungen und anderen Fehlern im Kristall herrührt. Im Messing sind die Zinkionen als Verunreinigung des Kupfers anzusehen. Im Gegensatz dazu ist der „Restwiderstand" von reinem Kupfer bei 4 K sehr gering.

L38.3 Wenn das Valenzband nur teilweise gefüllt ist, sind in ihm viele leere Zustände verfügbar, so dass die Elektronen im Band durch ein elektrisches Feld leicht in energetisch höhere Zustände angehoben werden können. Also ist Aussage c richtig.

L38.4 Der spezifische Widerstand von Kupfer nimmt mit steigender Temperatur zu. Im Gegensatz dazu sinkt der spezifische Widerstand von (reinem) Silicium mit zunehmender Temperatur, weil die Anzahldichte der Ladungsträger zunimmt.

L38.5 Das Galliumatom mit drei Außenelektronen nimmt aus dem Leitungsband des Germaniums ein Elektron auf, wobei es vier kovalente Bindungen im Kristall eingeht. Also eignet sich Gallium als Quelle von Akzeptoratomen in Germanium, und Lösung b ist richtig.

L38.6 Das Phosphoratom hat fünf Außenelektronen. Eines davon kann leicht in das Leitungsband angeregt werden, während die anderen vier Valenzelektronen kovalente Bindungen im Kristall eingehen. Also eignet sich Phosphor als Quelle von Donatoratomen in Germanium, und Lösung d ist richtig.

L38.7 An der Kurve (siehe die Abbildung bei der Aufgabenstellung) können wir bei den gegebenen Spannungswerten jeweils die Tangente einzeichnen und so die reziproke Steigung, also den differenziellen Widerstand, ermitteln. Wir erhalten folgende Werte:

U/V	-20	$+0{,}2$	$+0{,}4$	$+0{,}6$	$+0{,}8$
R/Ω	∞	40	20	10	5

Beachten Sie, dass dies nur Näherungswerte sind, weil die Steigungen von Messkurven nur schwierig exakt abzulesen sind.

L38.8 Mit der Avogadro-Zahl n_A gilt für das gesamte Molvolumen beider Ionensorten $V_\text{Mol} = 2\, n_\text{A}\, r_0^3$. Mit dem Molvolumen $V_\text{Mol} = m_\text{Mol}/\rho$ erhalten wir daraus

$$r_0 = \sqrt[3]{\frac{V_\text{Mol}}{2\, n_\text{A}}} = \sqrt[3]{\frac{m_\text{Mol}}{2\,\rho\, n_\text{A}}}$$

$$= \sqrt[3]{\frac{74{,}55\ \text{g}\cdot\text{mol}^{-1}}{2\,(1{,}984\ \text{g}\cdot\text{cm}^{-3})\,(6{,}02\cdot 10^{23}\ \text{mol}^{-1})}} = 0{,}315\ \text{nm}.$$

L38.9 a) Für die potenzielle Energie beim Gleichgewichtsabstand erhalten wir für $n = 8$:

$$E_{\text{pot},8} = -\frac{1}{4\pi\varepsilon_0}\,\alpha\,\frac{e^2}{r_0}\left(1 - \frac{1}{n}\right)$$

$$= -\frac{(1{,}7464)\,(8{,}99\cdot 10^9\ \text{N}\cdot\text{m}^2\cdot\text{C}^{-2})\,(1{,}60\cdot 10^{-19}\ \text{J})^2}{0{,}208\cdot 10^{-9}\ \text{m}}$$

$$\cdot \left(1 - \frac{1}{8}\right)\left(\frac{1\ \text{eV}}{1{,}60\cdot 10^{-19}\ \text{J}}\right)$$

$$= -10{,}6\ \text{eV}.$$

b) Für $n = 10$ ergibt sich

$$E_{\text{pot},10} = -\frac{(1{,}7464)\,(8{,}99\cdot 10^9\ \text{N}\cdot\text{m}^2\cdot\text{C}^{-2})\,(1{,}60\cdot 10^{-19}\ \text{J})^2}{0{,}208\cdot 10^{-9}\ \text{m}}$$

$$\cdot \left(1 - \frac{1}{10}\right)\left(\frac{1\ \text{eV}}{1{,}60\cdot 10^{-19}\ \text{J}}\right)$$

$$= -10{,}9\ \text{eV},$$

und die relative Änderung ist

$$\frac{\Delta E_\text{pot}}{E_{\text{pot},8}} = \frac{E_{\text{pot},10} - E_{\text{pot},8}}{E_{\text{pot},8}} = \frac{-0{,}3\ \text{eV}}{-10{,}6\ \text{eV}} = 0{,}0283.$$

Das Ergebnis ändert sich in der zweiten Nachkommastelle.

L38.10 a) Das von einem Elektron besetzte Volumen ist

$$\frac{1}{n_\text{e}/V} = \frac{4}{3}\,\pi\, r_\text{k}^3.$$

Auflösen nach dem Radius ergibt $r_k = \left(\dfrac{3}{4\pi\,(n_e/V)}\right)^{1/3}$.

b) Wir schlagen die Anzahldichte der freien Elektronen in Kupfer nach: $(n_e/V)_{Cu} = 8{,}47 \cdot 10^{28} \text{ m}^{-3}$. Damit erhalten wir

$$r_k = \sqrt[3]{\frac{3}{4\pi\,(8{,}47 \cdot 10^{28} \text{ m}^{-3})}} = 0{,}141 \text{ nm}.$$

L38.11 a) Mit der mittleren freien Weglänge λ der Elektronen ist der spezifische Widerstand gegeben durch

$$r_\Omega = \frac{m_e\,\langle v\rangle}{(n_e/V)\,e^2\,\lambda}.$$

Für die mittlere Geschwindigkeit der Elektronen erhalten wir

$$\langle v\rangle = v_F = \sqrt{\frac{2\,E_F}{m_e}}$$
$$= \sqrt{\frac{2\,(4{,}88 \text{ eV})}{9{,}11 \cdot 10^{-31} \text{ kg}}\;\frac{1{,}60 \cdot 10^{-19} \text{ J}}{1 \text{ eV}}} = 1{,}31 \cdot 10^6 \text{ m}\cdot\text{s}^{-1}.$$

Mit der Dichte ρ, der Avogadro-Zahl n_A sowie der Molmasse m_{Mol} und mit $n_{Atom} = 4$ Valenzelektronen pro Atom ist die Anzahldichte der Valenzelektronen im Silicium

$$(n_e/V) = \frac{\rho}{m_{Mol}}\,n_A\,n_{Atom}$$
$$= \frac{2{,}41 \cdot 10^3 \text{ kg}\cdot\text{m}^{-3}}{0{,}02809 \text{ kg}\cdot\text{mol}^{-1}}\,(6{,}02 \cdot 10^{23} \text{ mol}^{-1})\cdot 4$$
$$= 2{,}06 \cdot 10^{29} \text{ m}^{-3}.$$

Damit erhalten wir für den spezifischen Widerstand

$$r_\Omega = \frac{m_e\,\langle v\rangle}{(n_e/V)\,e^2\,\lambda}$$
$$= \frac{(9{,}11 \cdot 10^{-31} \text{ kg})\,(1{,}31 \cdot 10^6 \text{ m}\cdot\text{s}^{-1})}{(2{,}06 \cdot 10^{29} \text{ m}^{-3})\,(1{,}60 \cdot 10^{-19} \text{ C})^2\,(27{,}0 \cdot 10^{-9} \text{ m})}$$
$$= 3{,}33 \cdot 10^{-8}\;\Omega\cdot\text{m}.$$

b) Der spezifische Widerstand des Siliciums von $640\;\Omega\cdot\text{m}$ ist weitaus höher als der eben berechnete Wert. Zur Leitung können nur Valenzelektronen beitragen, und beim Silicium besteht zwischen dem Valenz- und dem Leitungsband eine Lücke. Daher können nur relativ wenige Elektronen mit ausreichend hoher Energie in das Leitungsband gelangen.

L38.12 Mit der Dichte ρ, der Avogadro-Zahl n_A sowie der Molmasse m_{Mol} und der Anzahldichte n_e/V der Leitungselektronen gilt bei einem Leitungselektron pro Atom

$$\frac{n_e/V}{n_A} = \frac{\rho}{m_{Mol}} \quad\text{bzw.}\quad n_e/V = \frac{\rho}{m_{Mol}}\,n_A.$$

a) Für Silber ergibt sich

$$(n_e/V)_{Ag} = \frac{10{,}5 \text{ g}\cdot\text{cm}^{-3}}{107{,}87 \text{ g}\cdot\text{mol}^{-1}}\,(6{,}02 \cdot 10^{23} \text{ mol}^{-1})$$
$$= 5{,}86 \cdot 10^{22} \text{ cm}^{-3}.$$

b) Für Gold erhalten wir

$$(n_e/V)_{Au} = \frac{19{,}3 \text{ g}\cdot\text{cm}^{-3}}{196{,}97 \text{ g}\cdot\text{mol}^{-1}}\,(6{,}02 \cdot 10^{23} \text{ mol}^{-1})$$
$$= 5{,}90 \cdot 10^{22} \text{ cm}^{-3}.$$

Beide hier berechneten Werte entsprechen den tatsächlichen Werten.

L38.13 Für die Fermi-Temperatur gilt $T_F = E_F/k_B$.

a) Aluminium: $T_F = \dfrac{11{,}7 \text{ eV}}{8{,}62 \cdot 10^{-5} \text{ eV}\cdot\text{K}^{-1}} = 1{,}36 \cdot 10^5 \text{ K}.$

b) Kalium: $T_F = \dfrac{2{,}11 \text{ eV}}{8{,}62 \cdot 10^{-5} \text{ eV}\cdot\text{K}^{-1}} = 2{,}45 \cdot 10^4 \text{ K}.$

c) Zinn: $T_F = \dfrac{10{,}2 \text{ eV}}{8{,}62 \cdot 10^{-5} \text{ eV}\cdot\text{K}^{-1}} = 1{,}18 \cdot 10^5 \text{ K}.$

L38.14 Für den Zusammenhang zwischen der Fermi-Energie E_F und der Fermi-Geschwindigkeit v_F der Leitungselektronen gilt

$$E_F = \tfrac{1}{2}\,m_e\,v_F^2 \quad\text{bzw.}\quad v_F = \sqrt{\frac{2\,E_F}{m_e}}.$$

Wir schlagen die jeweilige Fermi-Energie nach und erhalten

a) für Natrium:

$$v_F = \sqrt{\frac{2\,(3{,}24 \text{ eV})\,(1{,}60 \cdot 10^{-19} \text{ J}\cdot\text{eV}^{-1})}{9{,}11 \cdot 10^{-31} \text{ kg}}} = 1{,}07 \cdot 10^6 \text{ m}\cdot\text{s}^{-1},$$

b) für Gold:

$$v_F = \sqrt{\frac{2\,(5{,}53 \text{ eV})\,(1{,}60 \cdot 10^{-19} \text{ J}\cdot\text{eV}^{-1})}{9{,}11 \cdot 10^{-31} \text{ kg}}} = 1{,}39 \cdot 10^6 \text{ m}\cdot\text{s}^{-1},$$

c) für Zinn:

$$v_F = \sqrt{\frac{2\,(10{,}2 \text{ eV})\,(1{,}60 \cdot 10^{-19} \text{ J}\cdot\text{eV}^{-1})}{9{,}11 \cdot 10^{-31} \text{ kg}}} = 1{,}89 \cdot 10^6 \text{ m}\cdot\text{s}^{-1}.$$

L38.15 Wir lösen die gegebene Gleichung nach dem Druck auf und setzen $\langle E\rangle = \tfrac{3}{5}\,E_F$ ein. Die Werte der Fermi-Energie E_F und der Anzahldichte n_e/V der Elektronen schlagen wir nach und erhalten

$$P = \frac{2}{3}\,\frac{n_e}{V}\,\langle E\rangle = \frac{2}{3}\,\frac{n_e}{V}\,\frac{3}{5}\,E_F = \frac{2}{5}\,\frac{n_e}{V}\,E_F$$
$$= \tfrac{2}{5}\,(8{,}47 \cdot 10^{22} \text{ cm}^{-3})\,(7{,}04 \text{ eV})\,(1{,}60 \cdot 10^{-19} \text{ J}\cdot\text{eV}^{-1})$$
$$= 3{,}82 \cdot 10^{10} \text{ N}\cdot\text{m}^{-2}.$$

Der Druck des Fermi-Elektronengases ist also fast 400 000-mal höher als der Atmosphärendruck.

L38.16 a) Für die Fermi-Energie gilt, wie gegeben:

$$E_F = \frac{h^2}{8\,m_e}\left(\frac{3\,n_e}{\pi\,V}\right)^{2/3} = \frac{h^2}{8\,m_e}\left(\frac{3\,n_e}{\pi}\right)^{2/3}\,V^{-2/3}.$$

Dies setzen wir in den Ausdruck ein, den wir in Aufgabe 15 für den Druck hergeleitet haben:

$$P = \frac{2}{5}\frac{n_e}{V}E_F = \frac{2}{5}\frac{n_e}{V}\frac{h^2}{8m_e}\left(\frac{3n_e}{\pi}\right)^{2/3}V^{-2/3}$$

$$= \frac{n_e^{5/3}h^2}{20m_e}\left(\frac{3}{\pi}\right)^{2/3}V^{-5/3} = CV^{-5/3}.$$

Darin ist $\quad C = \dfrac{n_e^{5/3}h^2}{20m_e}\left(\dfrac{3}{\pi}\right)^{2/3}\quad$ eine Konstante.

b) Für den Kompressionsmodul ergibt sich damit

$$K = -V\frac{\partial P}{\partial V} = -V\frac{\partial}{\partial V}\left(CV^{-5/3}\right)$$

$$= -CV\left(-\frac{5}{3}V^{-8/3}\right) = \frac{5}{3}CV^{-5/3} = \frac{5}{3}P.$$

Mit dem obigen Ausdruck für P erhalten wir

$$K = \frac{5}{3}P = \frac{5}{3}\left(\frac{2}{5}\frac{n_e}{V}E_F\right) = \frac{2}{3}\frac{n_e}{V}E_F.$$

c) Wir setzen die Werte für Kupfer ein:

$$B = \tfrac{2}{3}\left(8{,}47\cdot10^{22}\text{ cm}^{-3}\right)\left(7{,}04\text{ eV}\right)\left(1{,}60\cdot10^{-19}\text{ J}\cdot\text{eV}^{-1}\right)$$

$$= 63{,}6\cdot10^9\text{ N}\cdot\text{m}^{-2} = 63{,}6\text{ GN}\cdot\text{m}^{-2}.$$

Dies vergleichen wir mit dem Messwert:

$$\frac{B_{\text{ber.}}}{B_{\text{exp.}}} = \frac{63{,}6\text{ GN}\cdot\text{m}^{-2}}{140\text{ GN}\cdot\text{m}^{-2}} = 0{,}454.$$

Der berechnete Wert des Kompressionsmoduls ist also knapp halb so groß wie der gemessene.

L38.17 Der spezifische Widerstand ist gegeben durch

$$r_\Omega = \frac{m_e\langle v\rangle}{(n_e/V)e^2\lambda}.$$

Darin ist $\langle v\rangle$ die mittlere Geschwindigkeit der Elektronen und n_e/V ihre Anzahldichte. Auflösen nach der mittleren freien Weglänge der Elektronen ergibt

$$\lambda = \frac{m_e\langle v\rangle}{(n_e/V)e^2 r_\Omega}.$$

In Aufgabe 14 hatten wir die Fermi-Geschwindigkeiten berechnet: $v_{\text{F,Na}} = 1{,}07\cdot10^6\text{ m}\cdot\text{s}^{-1}$, $v_{\text{F,Au}} = 1{,}39\cdot10^6\text{ m}\cdot\text{s}^{-1}$, $v_{\text{F,Sn}} = 1{,}89\cdot10^6\text{ m}\cdot\text{s}^{-1}$.

Diese setzen wir jeweils als mittlere Geschwindigkeit ein, schlagen die Anzahldichte der Elektronen nach und berechnen damit die mittlere freie Weglänge. Für Natrium ergibt sich:

$$\lambda_{\text{Na}} = \frac{\left(9{,}11\cdot10^{-31}\text{ kg}\right)\left(1{,}07\cdot10^6\text{ m}\cdot\text{s}^{-1}\right)}{\left(2{,}65\cdot10^{22}\text{ cm}^{-3}\right)\left(1{,}60\cdot10^{-19}\text{ C}\right)^2\left(4{,}2\text{ }\mu\Omega\cdot\text{cm}\right)}$$

$$= 34{,}2\text{ nm},$$

für Gold:

$$\lambda_{\text{Au}} = \frac{\left(9{,}11\cdot10^{-31}\text{ kg}\right)\left(1{,}39\cdot10^6\text{ m}\cdot\text{s}^{-1}\right)}{\left(5{,}90\cdot10^{22}\text{ cm}^{-3}\right)\left(1{,}60\cdot10^{-19}\text{ C}\right)^2\left(2{,}04\text{ }\mu\Omega\cdot\text{cm}\right)}$$

$$= 41{,}1\text{ nm},$$

und für Zinn:

$$\lambda_{\text{Sn}} = \frac{\left(9{,}11\cdot10^{-31}\text{ kg}\right)\left(1{,}89\cdot10^6\text{ m}\cdot\text{s}^{-1}\right)}{\left(14{,}8\cdot10^{22}\text{ cm}^{-3}\right)\left(1{,}60\cdot10^{-19}\text{ C}\right)^2\left(10{,}6\text{ }\mu\Omega\cdot\text{cm}\right)}$$

$$= 4{,}29\text{ nm}.$$

L38.18 a) Die Energielücke ist

$$E_g = h\nu = \frac{hc}{\lambda} = \frac{1240\text{ eV}\cdot\text{nm}}{3{,}35\text{ }\mu\text{m}} = 0{,}370\text{ eV}.$$

b) Für die Temperatur ergibt sich

$$T = \frac{E_g}{k_B} = \frac{0{,}370\text{ eV}}{8{,}617\cdot10^{-5}\text{ eV}\cdot\text{K}^{-1}} = 4{,}29\cdot10^3\text{ K}.$$

L38.19 Die Energielücke ist

$$E_g = h\nu = \frac{hc}{\lambda} = \frac{1240\text{ eV}\cdot\text{nm}}{1{,}85\text{ }\mu\text{m}} = 0{,}670\text{ eV}.$$

L38.20 Der spezifische Widerstand ist gegeben durch

$$r_\Omega = \frac{m_e\langle v\rangle}{(n_e/V)e^2\lambda}.$$

Darin ist n_e/V die Anzahldichte der Elektronen, λ ihre mittlere freie Weglänge und $\langle v\rangle$ ihre mittlere Geschwindigkeit. Für diese gilt

$$\langle v\rangle \approx v_{\text{rms}} = \sqrt{\frac{3k_B T}{m_e}}.$$

Wir setzen dies in die vorige Gleichung ein und lösen nach der mittleren freien Weglänge auf:

$$\lambda_{\text{Si}} = \frac{m_e\langle v\rangle}{(n_e/V)e^2 r_\Omega} \approx \frac{m_e}{(n_e/V)e^2 r_\Omega}\sqrt{\frac{3k_B T}{m_e}} = \frac{\sqrt{3k_B m_e T}}{(n_e/V)e^2 r_\Omega}$$

$$\approx \frac{\sqrt{3\left(1{,}38\cdot10^{-23}\text{ J}\cdot\text{K}^{-1}\right)\left(0{,}2\right)\left(9{,}11\cdot10^{-31}\text{ kg}\right)\left(300\text{ K}\right)}}{\left(10^{16}\text{ cm}^{-3}\right)\left(1{,}6\cdot10^{-19}\text{ C}\right)^2\left(5\cdot10^{-3}\text{ }\Omega\cdot\text{m}\right)}$$

$$\approx 37{,}2\text{ nm}.$$

Mit der Dichte ρ, der Avogadro-Zahl n_A und der Molmasse m_{Mol} ist bei einem Leitungselektron pro Atom die Anzahldichte der freien Elektronen gegeben durch $n_e/V = \rho\, n_A/m_{\text{Mol}}$. Kupfer hat die Dichte $\rho = 8{,}93\text{ g}\cdot\text{cm}^{-3}$ und die Molmasse $63{,}5\text{ g}\cdot\text{mol}^{-3}$. Damit erhalten wir

$$(n_e/V) = \frac{\left(8{,}93\text{ g}\cdot\text{cm}^{-3}\right)\left(6{,}02\cdot10^{23}\text{ mol}^{-1}\right)}{63{,}5\text{ g}\cdot\text{mol}^{-1}}$$

$$= 8{,}47\cdot10^{28}\text{ m}^{-3}.$$

Für die mittlere freie Weglänge λ verwenden wir die erste der obigen Beziehungen. Darin setzen wir als mittlere Geschwindigkeit $\langle v\rangle$ die Fermi-Geschwindigkeit ein. Den spezifischen Widerstand von Kupfer bei ca. 300 K schlagen wir nach und erhalten damit

$$\lambda_{\text{Cu}} = \frac{m_e\langle v\rangle}{(n_e/V)e^2 r_\Omega}$$

$$= \frac{\left(9{,}11\cdot10^{-31}\text{ kg}\right)\left(1{,}57\cdot10^6\text{ m}\cdot\text{s}^{-1}\right)}{\left(8{,}47\cdot10^{28}\text{ m}^{-3}\right)\left(1{,}6\cdot10^{-19}\text{ C}\right)^2\left(1{,}7\cdot10^{-8}\text{ }\Omega\cdot\text{m}\right)}$$

$$= 38{,}8\text{ nm}.$$

Die beiden hier berechneten mittleren freien Weglängen unterscheiden sich nur um etwas mehr als 4 Prozent.

L38.21 a) und b) Der Hall-Koeffizient ist definiert als

$$A_{\mathrm{H}} = \frac{1}{(n/V)\,q}\,.$$

Weil er im vorliegenden Fall positiv ist, muss die Ladung q ebenfalls positiv sein; es liegt also Löcherleitung vor. Die Probe enthält demnach Akzeptoratome. Wir lösen die obige Gleichung nach n/V auf und setzen die Zahlenwerte ein:

$$n/V = \frac{1}{A_{\mathrm{H}}\,q} = \frac{1}{(0{,}04\ \mathrm{V\cdot m\cdot A^{-1}\cdot T^{-1}})\,(1{,}6\cdot 10^{-19}\ \mathrm{C})}$$
$$= 1{,}56\cdot 10^{20}\ \mathrm{m}^{-3}\,.$$

L38.22 Die Abbildung zeigt, wie der Strom I von der Vorspannung U abhängt.

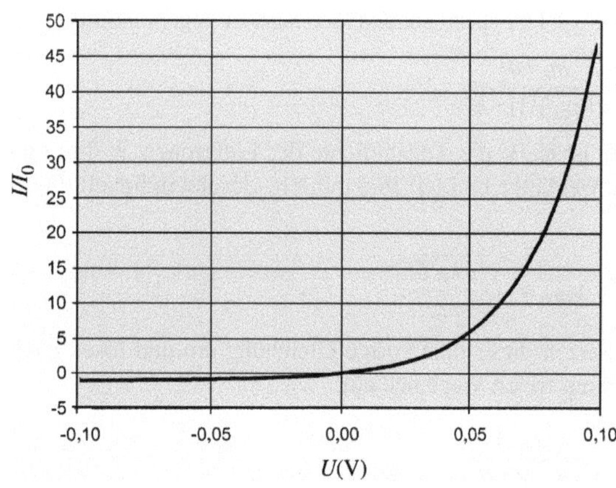

L38.23 Die Spannungsverstärkung ist

$$\frac{\Delta U_{\mathrm{EC}}}{\Delta U_{\mathrm{EB}}} = \frac{I_{\mathrm{C}}\,R_{\mathrm{V}}}{I_{\mathrm{B}}\,R_{\mathrm{B}}} = \frac{(0{,}5\ \mathrm{mA})\,(10\ \mathrm{k\Omega})}{(10\ \mathrm{\mu A})\,(2\ \mathrm{k\Omega})} = 250\,.$$

L38.24 In den Abbildungen ist das nahezu gefüllte Leitungsband grau und das Fermi-Niveau gestrichelt eingezeichnet.

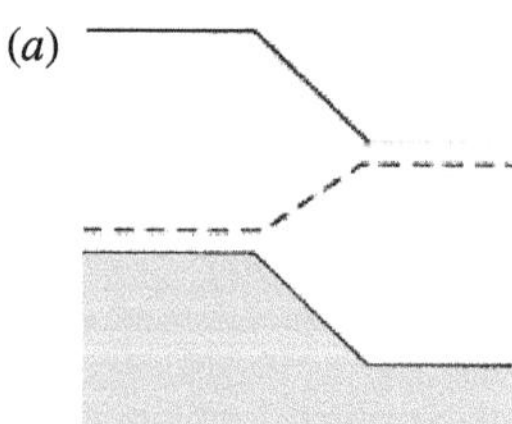

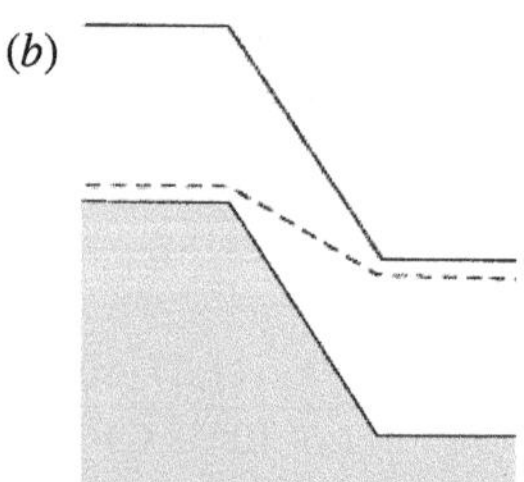

L38.25 a) Die Supraleiterenergielücke ist

$$E_{\mathrm{g}} = 3{,}5\,k_{\mathrm{B}}\,T_{\mathrm{c}} = 3{,}5\,(8{,}617\cdot 10^{-5}\ \mathrm{eV\cdot K^{-1}})\,(3{,}72\ \mathrm{K})$$
$$= 1{,}12\ \mathrm{meV}\,.$$

Wir berechnen den Quotienten aus diesem und dem experimentell ermittelten Wert:

$$\frac{E_{\mathrm{g,ber.}}}{E_{\mathrm{g,exp.}}} = \frac{1{,}12\ \mathrm{meV}}{6\cdot 10^{-4}\ \mathrm{eV}} = 1{,}9\,.$$

Der gemessene Wert ist rund halb so groß wie der berechnete.

b) Für die Wellenlänge des Photons erhalten wir

$$\lambda = \frac{hc}{E_{\mathrm{g}}} = \frac{1240\ \mathrm{eV\cdot nm}}{6\cdot 10^{-4}\ \mathrm{eV}} = 2{,}07\cdot 10^{6}\ \mathrm{nm} = 2{,}07\ \mathrm{mm}\,.$$

L38.26 Die Anzahl der Energiezustände entspricht näherungsweise dem Produkt aus der Zustandsdichte und dem Energieintervall: $n \approx g(E)\,\Delta E$. Wir berechnen zunächst die Zustandsdichte:

$$g(E) = \frac{8\sqrt{2}\,\pi\,m_{\mathrm{e}}^{3/2}\,V}{h^3}\,E^{1/2}$$
$$= \frac{8\sqrt{2}\,\pi\,(9{,}11\cdot 10^{-31}\ \mathrm{kg})^{3/2}\,(1\cdot 10^{-3}\ \mathrm{m})^3}{(6{,}63\cdot 10^{-34}\ \mathrm{J\cdot s})^3}$$
$$\cdot \left((2{,}1\ \mathrm{eV})\,\frac{1{,}60\cdot 10^{-19}\ \mathrm{J}}{1\ \mathrm{eV}}\right)^{1/2}$$
$$= 6{,}15\cdot 10^{37}\ \mathrm{J}^{-1}\,.$$

Damit ergibt sich

$$n \approx (6{,}15\cdot 10^{37}\ \mathrm{J}^{-1})\,[(2{,}20-2{,}00)\ \mathrm{eV}]\,\frac{1{,}60\cdot 10^{-19}\ \mathrm{J}}{1\ \mathrm{eV}}$$
$$= 1{,}97\cdot 10^{18}\,.$$

L38.27 a) Der Fermi-Faktor ist

$$f(E) = \frac{1}{e^{(E-E_{\mathrm{F}})/(k_{\mathrm{B}}T)}+1}\,.$$

Daraus folgt für die Energie

$$E = E_{\mathrm{F}} + k_{\mathrm{B}}\,T\,\ln\!\left(\frac{1}{f(E)}-1\right),$$

und die Energiedifferenz ergibt sich zu

$$\Delta E = E(0{,}1) - E(0{,}9)$$
$$= E_{\mathrm{F}} + \frac{(1{,}38\cdot 10^{-23}\ \mathrm{J\cdot K^{-1}})\,(300\ \mathrm{K})}{1{,}60\cdot 10^{-19}\ \mathrm{J\cdot eV^{-1}}}\,\ln\!\left(\frac{1}{0{,}1}-1\right)$$
$$\quad - \left[E_{\mathrm{F}} + \frac{(1{,}38\cdot 10^{-23}\ \mathrm{J\cdot K^{-1}})\,(300\ \mathrm{K})}{1{,}60\cdot 10^{-19}\ \mathrm{J\cdot eV^{-1}}}\,\ln\!\left(\frac{1}{0{,}9}-1\right)\right]$$
$$= \frac{(1{,}38\cdot 10^{-23}\ \mathrm{J\cdot K^{-1}})\,(300\ \mathrm{K})}{1{,}60\cdot 10^{-19}\ \mathrm{J\cdot eV^{-1}}}$$
$$\cdot \left[\ln\!\left(\frac{1}{0{,}1}-1\right) - \ln\!\left(\frac{1}{0{,}9}-1\right)\right]$$
$$= 0{,}114\ \mathrm{eV}\,.$$

b) und c) Die Ergebnisse sind dieselben, weil ΔE nicht von E_{F} abhängt.

L38.28 Für die Fermi-Energie gilt

$$E_{\mathrm{F}} = \frac{h^2}{8\,m_{\mathrm{e}}} \left(\frac{3\,n_{\mathrm{e}}}{\pi\,V} \right)^{2/3}.$$

Daraus folgt für das Volumen $\quad V = \dfrac{3\,n_{\mathrm{e}}}{\pi} \left(\dfrac{h^2}{8\,m_{\mathrm{e}}\,E_{\mathrm{F}}} \right)^{3/2}.$

Einsetzen in die Gleichung für die Zustandsdichte liefert

$$\begin{aligned}
g(E) &= \frac{8\sqrt{2}\,\pi\,m_{\mathrm{e}}^{3/2}}{h^3} \, V \, E^{1/2} \\
&= \frac{8\sqrt{2}\,\pi\,m_{\mathrm{e}}^{3/2}}{h^3} \left[\frac{3\,n_{\mathrm{e}}}{\pi} \left(\frac{h^2}{8\,m_{\mathrm{e}}\,E_{\mathrm{F}}} \right)^{3/2} \right] E^{1/2} \\
&= \frac{3\,n_{\mathrm{e}}}{2} \, E_{\mathrm{F}}^{-3/2} \, E^{1/2}.
\end{aligned}$$

Dies setzen wir nun in den Ausdruck für die mittlere Energie ein und führen die Integration aus:

$$\begin{aligned}
\langle E \rangle &= \frac{1}{n_{\mathrm{e}}} \int_0^{E_{\mathrm{F}}} E \, g(E) \, \mathrm{d}E = \frac{1}{n_{\mathrm{e}}} \int_0^{E_{\mathrm{F}}} E \, \frac{3\,n_{\mathrm{e}}}{2} \, E_{\mathrm{F}}^{-3/2} \, E^{1/2} \, \mathrm{d}E \\
&= \frac{3}{2} E_{\mathrm{F}}^{-3/2} \int_0^{E_{\mathrm{F}}} E^{3/2} \, \mathrm{d}E = \frac{3}{2} E_{\mathrm{F}}^{-3/2} \, \frac{2}{5} E_{\mathrm{F}}^{5/2} = \frac{3}{5} E_{\mathrm{F}}.
\end{aligned}$$

L38.29   a) Mit $C = e^{-E_{\mathrm{F}}/(k_{\mathrm{B}} T)}$ gilt für den Fermi-Faktor

$$\begin{aligned}
f(E) &= \frac{1}{e^{(E-E_{\mathrm{F}})/(k_{\mathrm{B}} T)} + 1} = \frac{1}{e^{-E_{\mathrm{F}}/(k_{\mathrm{B}} T)}\, e^{E/(k_{\mathrm{B}} T)} + 1} \\
&= \frac{1}{C\, e^{E/(k_{\mathrm{B}} T)} + 1}.
\end{aligned}$$

b) Mit $A = 1/C$ erhalten wir für $C \gg e^{-E/(k_{\mathrm{B}} T)}$:

$$f(E) = \frac{1}{C\, e^{E/(k_{\mathrm{B}} T)} + 1} \approx \frac{1}{C\, e^{E/(k_{\mathrm{B}} T)}} = A\, e^{-E/(k_{\mathrm{B}} T)}.$$

c) Die Energieverteilungsfunktion ist

$$n(E)\, \mathrm{d}E = g(E)\, f(E)\, \mathrm{d}E.$$

Mit $\quad g(E) = \dfrac{8\sqrt{2}\,\pi\,m_{\mathrm{e}}^{3/2}\, V}{h^3} \, E^{1/2}\quad$ erhalten wir daraus für die Anzahl der Elektronen

$$n = A\, \frac{8\sqrt{2}\,\pi\,m_{\mathrm{e}}^{3/2}\, V}{h^3} \int_0^{\infty} E^{1/2}\, e^{-E/(k_{\mathrm{B}} T)} \, \mathrm{d}E.$$

Wir führen zunächst die Integration aus:

$$\int_0^{\infty} E^{1/2}\, e^{-E/(k_{\mathrm{B}} T)} \, \mathrm{d}E = \frac{(k_{\mathrm{B}} T)^{3/2}}{2} \sqrt{\pi}.$$

Einsetzen liefert

$$n = A\, \frac{8\sqrt{2}\,\pi\,m_{\mathrm{e}}^{3/2}\, V}{h^3}\, \frac{(k_{\mathrm{B}} T)^{3/2}}{2} \sqrt{\pi}$$

und damit $\quad A = \dfrac{\sqrt{2}\,h^3}{8\,\pi^{3/2}\,m_{\mathrm{e}}^{3/2}}\, \dfrac{n}{V}\, \dfrac{1}{(k_{\mathrm{B}} T)^{3/2}}.$

d) Für $T = 300$ K ergibt sich

$$\begin{aligned}
A &= \frac{\sqrt{2}\,(6{,}63 \cdot 10^{-34}\,\mathrm{J \cdot s})^3\,(n/V)}{8\left[\pi\,(9{,}11 \cdot 10^{-31}\,\mathrm{kg})\,(1{,}38 \cdot 10^{-23}\,\mathrm{J \cdot K^{-1}})\,(300\,\mathrm{K})\right]^{3/2}} \\
&\approx 4 \cdot 10^{-26}\,(n/V).
\end{aligned}$$

Die Konzentration der Valenzelektronen beträgt normalerweise rund 10^{39} m^{-3}. Damit bei Raumtemperatur die Bedingung $A \ll 1$ erfüllt ist, muss $n/V < 10^{23}$ m^{-3} sein. Das entspricht etwa einem Millionstel der Konzentration an Valenzelektronen. Weil A proportional zu $T^{-3/2}$ ist, wird die Konzentration der Elektronen bei höherer Temperatur größer sein.

39A · Relativitätstheorie

- Zeitdilatation und Längenkontraktion
- Die Lorentz-Transformation, Uhrensynchronisation und Gleichzeitigkeit
- Die Geschwindigkeitstransformation
- Relativistischer Impuls und relativistische Energie
- Die allgemeine Relativitätstheorie

A: Aufgaben

Verständnisaufgaben

A39.1 • Die Gesamtenergie eines Teilchens der Masse m, das sich mit der Geschwindigkeit $v \ll c$ bewegt, ist näherungsweise a) $mc^2 + \frac{1}{2}mv^2$, b) $\frac{1}{2}mv^2$, c) cmv, d) mc^2, e) $\frac{1}{2}cmv$?

A39.2 • Richtig oder falsch? a) Die Lichtgeschwindigkeit ist in allen Bezugssystemen gleich. b) Die Eigenzeit ist das kürzeste Zeitintervall zwischen zwei Ereignissen. c) Absolute Bewegung kann anhand der Längenkontraktion festgestellt werden. d) Das Lichtjahr ist eine Längeneinheit. e) Gleichzeitige Ereignisse müssen am selben Ort stattfinden. f) Finden zwei Ereignisse in einem Bezugssystem nicht gleichzeitig statt, so können sie auch in keinem anderen Bezugssystem gleichzeitig stattfinden. g) Sind zwei Teilchen durch starke Anziehungskräfte fest miteinander verbunden, so ist die Masse dieses Systems kleiner als die Summe aus den Massen der voneinander getrennten Einzelteilchen.

A39.3 • Die Lorentz-Transformation liefert für die Koordinaten y und z dasselbe Ergebnis wie die klassische Physik: $y^{(A)} = y^{(B)}$ und $z^{(A)} = z^{(B)}$. Die relativistische Geschwindigkeitstransformation hingegen führt nicht zum klassischen Ergebnis $v_y^{(A)} = v_y^{(B)}$ und $v_z^{(A)} = v_z^{(B)}$. Erklären Sie, warum das so ist.

Schätzungs- und Näherungsaufgaben

A39.4 •• Die Sonne strahlt mit einer Leistung von etwa $4 \cdot 10^{26}$ W. Nehmen Sie an, dass die Energie in einer Reaktion erzeugt wird, deren Nettoeffekt die Verschmelzung von vier Wasserstoffkernen zu einem Heliumkern ist, wobei pro erzeugtem Heliumkern 25 MeV frei werden. Berechnen Sie den Massenverlust der Sonne pro Tag.

• Zeitdilatation und Längenkontraktion

A39.5 •• Im Linearbeschleuniger in Stanford werden kleine Pakete aus Elektronen und Positronen aufeinander geschossen. Im Laborsystem hat jedes Paket eine Länge von etwa 1 cm und einen Durchmesser von etwa 10 µm. Im Kollisionsgebiet besitzt jedes Teilchen eine Energie von 50 GeV, und die Elektronen und Positronen bewegen sich in entgegengesetzten Richtungen. a) Wie lang und wie breit ist jedes Paket in seinem Ruhesystem? b) Wie groß muss die Ruhelänge des Beschleunigers mindestens sein, damit beide Enden eines Pakets in seinem eigenen Ruhesystem noch gleichzeitig in den Beschleuniger passen? (Die derzeitige Länge des Beschleunigers beträgt weniger als 1000 m.) c) Welche Länge hat ein Positronenpaket im Ruhesystem des Elektronenpakets?

A39.6 • Ein Raumschiff fliegt mit einer Geschwindigkeit von $2{,}7 \cdot 10^8$ m · s^{-1} zu einem 35 Lichtjahre entfernten Stern. Wie lange braucht das Raumschiff a) aus Sicht eines Beobachters auf der Erde, b) aus Sicht eines Beobachters im Raumschiff, um zu dem Stern zu gelangen?

A39.7 • Verwenden Sie die für $x \ll 1$ gültige Binomialentwicklung

$$(1+x)^n = 1 + nx + \frac{n(n-1)}{2}x^2 + \cdots \approx 1 + nx,$$

um folgende Formeln für den Fall $v \ll c$ abzuleiten:

a) $\gamma \approx 1 + \frac{1}{2}\frac{v^2}{c^2}$, b) $\frac{1}{\gamma} \approx 1 - \frac{1}{2}\frac{v^2}{c^2}$, c) $\gamma - 1 \approx 1 - \frac{1}{\gamma} \approx \frac{1}{2}\frac{v^2}{c^2}$.

- **Die Lorentz-Transformation, Uhrensynchronisation und Gleichzeitigkeit**

A39.8 •• Zeigen Sie, dass die Transformationsgleichungen für x, t und v in die Gleichungen der Galilei-Transformation übergehen, wenn $v_B^{(A)} \ll c$ ist.

A39.9 •• Im Bezugssystem S findet das Ereignis B gerade 2 µs nach dem Ereignis A statt. Der räumliche Abstand zwischen den Ereignissen beträgt $\Delta x = 1{,}5$ km. Wie schnell muss sich ein Beobachter entlang der positiven x-Achse bewegen, damit die Ereignisse A und B für ihn gleichzeitig stattfinden? Kann es einen Beobachter geben, für den das Ereignis B vor dem Ereignis A stattfindet?

A39.10 ••• Zwei Ereignisse sind im Bezugssystem S_A durch die räumliche Distanz $\Delta x = x_2^{(A)} - x_1^{(A)}$ und das Zeitintervall $\Delta t = t_2^{(A)} - t_1^{(A)}$ voneinander getrennt. a) Zeigen Sie mit Hilfe der Lorentz-Transformation, dass der zeitliche Abstand in einem Bezugssystem S_B, das sich mit der Geschwindigkeit $v_B^{(A)}$ relativ zu S_A bewegt, durch $t_2^{(B)} - t_1^{(B)} = \gamma(\Delta t - v_B^{(A)} \Delta x / c^2)$ gegeben ist. b) Zeigen Sie, dass die Ereignisse im Bezugssystem S_B nur dann gleichzeitig stattfinden können, wenn Δx größer als $c\,\Delta t$ ist. c) Wenn eines der Ereignisse die *Ursache* für das andere ist, muss die Distanz Δx kleiner als $c\,\Delta t$ sein, da ein Signal mindestens die Zeit $\Delta x/c$ benötigt, um in S_A von $x_1^{(A)}$ nach $x_2^{(A)}$ zu gelangen. Zeigen Sie, dass für den Fall $\Delta x < c\,\Delta t$ in allen Bezugssystemen $t_2^{(B)} > t_1^{(B)}$ gilt. Das bedeutet: Wenn die Ursache der Wirkung in einem Bezugssystem vorausgeht, so ist dies auch in allen anderen Bezugssystemen der Fall. d) Nehmen Sie an, ein Signal kann sich mit der Geschwindigkeit $c' > c$ ausbreiten, so dass im Bezugssystem S_A die Ursache der Wirkung um $\Delta t = \Delta x/c'$ vorausgeht. Zeigen Sie, dass in diesem Fall ein Bezugssystem existiert, dessen Geschwindigkeit $v_B^{(A)}$ kleiner als die Lichtgeschwindigkeit ist und in dem die Wirkung der Ursache vorausgeht.

- **Die Geschwindigkeitstransformation**

A39.11 •• Zeigen Sie: Wenn in der Beziehung

$$v_x^{(A)} = \frac{v_x^{(B)} + v_B^{(A)}}{1 + v_B^{(A)} v_x^{(B)} / c^2}$$

die Größen $v_x^{(B)}$ und $v_B^{(A)}$ beide positiv und kleiner als c sind, dann ist auch $v_x^{(A)}$ positiv und kleiner als c. (*Hinweis:* Setzen Sie $v_x^{(B)} = (1 - \varepsilon_1)\,c$ und $v_B^{(A)} = (1 - \varepsilon_2)\,c$, wobei ε_1 und ε_2 positive Zahlen und kleiner als 1 sind.)

Der relativistische Doppler-Effekt

A39.12 •• Leiten Sie die Beziehung

$$v^{(A)} = \frac{\sqrt{1 - \beta^2}}{1 - \beta}\, v^{(B)} = \sqrt{\frac{1 + \beta}{1 - \beta}}\, v^{(B)}$$

für die Frequenz her, die ein Beobachter misst, wenn er sich mit der Geschwindigkeit $v_B^{(A)}$ auf eine ruhende Quelle elektromagnetischer Strahlung zu bewegt.

A39.13 • Zeigen Sie, dass die Doppler-Verschiebung für den Fall $v \ll c$ durch $\Delta v / v \approx \pm v/c$ angenähert werden kann.

A39.14 •• Für Licht, dessen Frequenz in Bezug auf einen gegebenen Beobachter einer Doppler-Verschiebung unterliegt, definieren wir den Rotverschiebungsparameter z als

$$z = \frac{v - v'}{v'}.$$

Dabei ist v die Frequenz des Lichts, wie sie im Ruhesystem der Quelle gemessen wird, und v' die Frequenz, wie sie im Ruhesystem des Beobachters gemessen wird. Zeigen Sie, dass die Relativgeschwindigkeit zwischen Quelle und Beobachter für den Fall, dass die Quelle sich geradewegs vom Beobachter entfernt, durch

$$v = c \left(\frac{u^2 - 1}{u^2 + 1} \right)$$

gegeben ist. Dabei ist $u = z + 1$.

- **Relativistischer Impuls und relativistische Energie**

A39.15 •• Ein Teilchen mit einem Impuls von $6\ \mathrm{MeV}/c$ hat eine Gesamtenergie von 8 MeV. a) Welche Masse hat das Teilchen? b) Wie groß ist die Energie des Teilchens in einem Bezugssystem, in dem sein Impuls $4\ \mathrm{MeV}/c$ beträgt? c) Wie groß ist die Relativgeschwindigkeit zwischen den beiden Bezugssystemen?

A39.16 •• Zeigen Sie, dass gilt:

$$\mathrm{d}\left(\frac{m v}{\sqrt{1 - (v^2/c^2)}} \right) = m \left(1 - \frac{v^2}{c^2} \right)^{-3/2} \mathrm{d}v.$$

A39.17 •• Ein Antiproton $\bar{\mathrm{p}}$ besitzt dieselbe Ruheenergie wie ein Proton und lässt sich in der Reaktion

$$\mathrm{p} + \mathrm{p} \to \mathrm{p} + \mathrm{p} + \mathrm{p} + \bar{\mathrm{p}}$$

erzeugen. Im Experiment werden im Labor ruhende Protonen mit Protonen der kinetischen Energie $E_{\mathrm{kin}}^{(L)}$ beschossen. Dabei muss $E_{\mathrm{kin}}^{(L)}$ so groß sein, dass mindestens ein Betrag von $2mc^2$ an kinetischer Energie in Ruheenergie der beiden Teilchen umgewandelt werden kann. Im Laborsystem kann aufgrund der Impulserhaltung nicht die gesamte kinetische Energie in Ruheenergie umgewandelt werden. Im Schwerpunktsystem der zwei ursprünglichen Protonen dagegen, in dem sich diese mit gleicher Geschwindigkeit $v^{(S)}$ aufeinander zu bewegen, steht der Umwandlung der gesamten kinetischen Energie in Ruheenergie nichts entgegen. a) Berechnen Sie die Geschwindigkeit $v^{(S)}$ der Protonen für den Fall, dass im Schwerpunktsystem die gesamte kinetische Energie gleich $2mc^2$ ist. b) Gehen Sie auf das Laborsystem über, in dem eines der Protonen in Ruhe ist, und berechnen Sie die Geschwindigkeit $v^{(L)}$ des anderen Protons. c) Zeigen Sie, dass die kinetische Energie des nicht ruhenden Protons im Laborsystem gleich $6\,m\,c^2$ ist.

• Die allgemeine Relativitätstheorie

A39.18　•• Licht, das sich in Richtung eines ansteigenden Gravitationspotenzials ausbreitet, unterliegt einer Rotverschiebung seiner Frequenz. Wie groß ist die Wellenlängenänderung, wenn ein Lichtstrahl der Wellenlänge $\lambda = 632{,}8$ nm einen vertikalen Schacht mit einer Höhe von $\ell = 100$ m hinaufgeschickt wird?

A39.19　••• Eine horizontale Drehscheibe rotiert mit der Winkelgeschwindigkeit ω. Auf der Scheibe befinden sich zwei Uhren, eine im Mittelpunkt der Scheibe, die andere in einer radialen Entfernung r vom Mittelpunkt. Vorausgesetzt, es handelt sich um ein Inertialsystem, bewegt sich die zweite Uhr mit der Geschwindigkeit $v = r\,\omega$. a) Leiten Sie aus der Formel für die Zeitdilatation ab, dass ein Zeitintervall $\Delta t^{(0)}$ auf der ruhenden Uhr und das zugehörige Zeitintervall $\Delta t^{(R)}$ auf der bewegten Uhr durch die folgende Beziehung miteinander verknüpft sind:

$$\frac{\Delta t^{(R)} - \Delta t^{(0)}}{\Delta t^{(0)}} = -\frac{r^2\,\omega^2}{2\,c^2} \quad \text{für} \quad r\,\omega \ll c.$$

b) In einem mit der Scheibe mitrotierenden Bezugssystem sind beide Uhren in Ruhe. Zeigen Sie, dass die Uhr im radialen Abstand r vom Mittelpunkt der Scheibe in diesem beschleunigten Bezugssystem einer Pseudokraft $F^{(R)} = m\,r\,\omega^2$ ausgesetzt ist und dass dies äquivalent dazu ist, dass zwischen dem Ursprung und einem Punkt im Abstand r eine Differenz im Gravitationspotenzial von $\phi^{(R)} - \phi^{(0)} = -\frac{1}{2}\,r^2\,\omega^2$ besteht. Zeigen Sie ausgehend von dieser Potenzialdifferenz, dass die Differenz der Zeitintervalle in diesem Bezugssystem genauso groß ist wie im Inertialsystem.

Allgemeine Aufgaben

A39.20　• Die mittlere Lebensdauer eines ruhenden Myons beträgt 2 µs. Mit welcher Geschwindigkeit muss sich ein Myon bewegen, damit seine mittlere Lebensdauer 46 µs beträgt?

A39.21　•• Das neutrale Pion π^0 hat eine Masse von 135 MeV/c^2 und lässt sich durch einen Proton-Proton-Stoß erzeugen: $p + p \rightarrow p + p + \pi^0$. Wie groß muss die kinetische Energie mindestens sein, damit beim Stoß zwischen einem bewegten und einem ruhenden Proton ein neutrales Pion (π^0) entstehen kann? (Vgl. Aufgabe 17.)

A39.22　••• Im Bezugssystem S_A ist die Beschleunigung eines Teilchens $a^{(A)} = a_x^{(A)}\hat{x} + a_y^{(A)}\hat{y} + a_z^{(A)}\hat{z}$. Leiten Sie Ausdrücke für die Beschleunigungskomponenten $a_x^{(B)}$, $a_y^{(B)}$ und $a_z^{(B)}$ des Teilchens in einem Bezugssystem S_B her, das sich relativ zu S_A mit der Geschwindigkeit $v_B^{(A)}$ in Richtung der x-Achse bewegt.

A39.23　••• Verwenden Sie die relativistische Impuls- und Energieerhaltung sowie die Beziehung $E = p\,c$ zwischen Energie und Impuls eines Photons, um zu zeigen, dass ein freies Elektron (d. h. ein Elektron, das nicht an einen Atomkern gebunden ist) kein Photon absorbieren oder emittieren kann.

A39.24　••• Ein Teilchen bewegt sich mit der Geschwindigkeit $v^{(A)}$ entlang der y-Achse des Bezugssystems S_A. Zeigen Sie, dass für diesen Spezialfall der Impuls und die Energie des Teilchens im Bezugssystem S_B, das sich mit der Geschwindigkeit $v_B^{(A)}$ entlang der x-Achse bewegt, mit dem Impuls und der Energie in S_A durch die folgenden Transformationsgleichungen verknüpft sind:

$$p_x^{(B)} = \gamma\left(p_x^{(A)} - \frac{v_B^{(A)}\,E^{(A)}}{c^2}\right),$$
$$p_y^{(B)} = p_y^{(A)}, \qquad p_z^{(B)} = p_z^{(A)},$$
$$\frac{E^{(B)}}{c} = \gamma\left(\frac{E^{(A)}}{c} - \frac{v_B^{(A)}\,p_x^{(A)}}{c}\right).$$

Vergleichen Sie diese Gleichungen mit der Lorentz-Transformation für $x^{(B)}$, $y^{(B)}$, $z^{(B)}$ und $t^{(B)}$. Es zeigt sich, dass sich die Größen $p_x^{(A)}$, $p_y^{(A)}$, $p_z^{(A)}$ und $E^{(A)}/c$ in derselben Weise transformieren wie $x^{(A)}$, $y^{(A)}$, $z^{(A)}$ und $c\,t^{(A)}$.

A39.25　••• Die Gleichung für die sphärische Wellenfront eines Lichtpulses, der zum Zeitpunkt $t^{(A)} = 0$ vom Ursprung eines Bezugssystems S_A ausgeht, lautet:
$$(x^{(A)})^2 + (y^{(A)})^2 + (z^{(A)})^2 - (c\,t^{(A)})^2 = 0.$$
Zeigen Sie mit Hilfe der Lorentz-Transformation, dass ein solcher Lichtpuls auch im Bezugssystem S_B eine sphärische Wellenfront hat, dass in S_B also gilt:
$$(x^{(B)})^2 + (y^{(B)})^2 + (z^{(B)})^2 - (c\,t^{(B)})^2 = 0.$$

A39.26　••• In Aufgabe 25 wurde gezeigt, dass die Größe $x^2 + y^2 + z^2 - (c\,t)^2$ in den Bezugssystemen S_A und S_B denselben Wert, nämlich null, annimmt. Eine solche Größe heißt *Invariante*. Nach den Ergebnissen von Aufgabe 24 muss auch die Größe $p_x^2 + p_y^2 + p_z^2 - E^2/c^2$ eine Invariante sein. Zeigen Sie, dass diese Größe sowohl im Bezugssystem S_A als auch im Bezugssystem S_B den Wert $-m^2\,c^2$ annimmt.

Relativitätstheorie

39L

L: Lösungen

Anmerkung: Es werden die Zeiteinheiten a = Jahr und d = Tag verwendet, und die Längeneinheit Lichtjahr wird mit Lj bezeichnet.

L39.1 Die gesamte relativistische Energie eines Teilchens entspricht der Summe aus kinetischer Energie und Ruheenergie: $E = E_{\text{kin}} + mc^2 = \frac{1}{2}mv^2 + mc^2$. Also ist Aussage a richtig.

L39.2 a) Richtig. b) Richtig. c) Falsch. Die Längenkontraktion eines Gegenstands in seiner Bewegungsrichtung ist unabhängig von der Geschwindigkeit des Bezugssystems, aus dem es beobachtet wird. d) Richtig. e) Falsch. Betrachten Sie beispielsweise zwei Explosionen, die sich an verschiedenen Orten im Bezugssystem des Beobachters ereignen und von ihm dabei aus entgegengesetzten Richtungen beobachtet werden. f) Falsch. Ob Ereignisse als gleichzeitig wahrgenommen werden, hängt von der Bewegung des Beobachters ab. g) Richtig.

L39.3 Es gilt $\Delta y^{(\text{A})} = \Delta y^{(\text{B})}$ und $\Delta t^{(\text{A})} \neq \Delta t^{(\text{B})}$.

Also ist $v_y^{(\text{A})} = \Delta y^{(\text{A})}/\Delta t^{(\text{B})} \neq \Delta y^{(\text{B})}/\Delta t^{(\text{B})} = v_y^{(\text{B})}$.

L39.4 Die Sonne mit der Masse m_{S} erfährt in der Zeitspanne Δt den Massenverlust $\Delta m_{\text{S}} = n\,\Delta m\,\Delta t$. Darin ist Δm der Massenverlust pro Einzelreaktion und n die Anzahl der Einzelreaktionen pro Sekunde. Diese Anzahl erhalten wir aus der gesamten Strahlungsleistung P und der Energie E pro Einzelreaktion:

$$n = \frac{P}{E} = \frac{4 \cdot 10^{26}\ \text{J} \cdot \text{s}^{-1}}{(25\ \text{MeV})(1{,}60 \cdot 10^{-19}\ \text{J} \cdot \text{eV}^{-1})} = 10^{38}\ \text{s}^{-1}.$$

Der Massenverlust pro Einzelreaktion ist $\Delta m = E/c^2$, also

$$\Delta m = \frac{(25\ \text{MeV})(1{,}60 \cdot 10^{-19}\ \text{J} \cdot \text{eV}^{-1})}{(3 \cdot 10^8\ \text{m} \cdot \text{s}^{-1})^2} = 4{,}44 \cdot 10^{-29}\ \text{kg}.$$

Pro Tag, also in 86 400 s, ist der Massenverlust der Sonne

$$\Delta m_{\text{S}} = n\,\Delta m\,\Delta t = (10^{38}\ \text{s}^{-1})(4{,}44 \cdot 10^{-29}\ \text{kg})(86400\ \text{s})$$
$$= 3{,}84 \cdot 10^{14}\ \text{kg}.$$

L39.5 a) Die Eigenlänge $\ell_{\text{P,eigen}}$ eines Pakets ist die Länge, wie sie in einem Bezugssystem gemessen wird, in dem es sich nicht bewegt. Sie hängt mit seiner Länge $\ell^{(\text{L})}$ im Laborsystem zusammen über $\ell_{\text{P,eigen}} = \gamma\ell^{(\text{L})}$. Für die Energie des Pakets gilt entsprechend $E = \gamma mc^2$. Damit erhalten wir

$$\gamma = \frac{E}{mc^2} = \frac{50\ \text{GeV}}{0{,}511\ \text{MeV}} = 9{,}785 \cdot 10^4,$$

und für die Eigenlänge ergibt sich

$$\ell_{\text{P,eigen}} = (9{,}785 \cdot 10^4)(1\ \text{cm}) = 978{,}5\ \text{m}.$$

Der Durchmesser des Pakets bleibt unverändert.

b) Die Länge des Beschleunigers im Ruhesystem des Elektronenpakets ist $\ell_{\text{Bes}}^{(\text{E})} = \ell_{\text{Bes,eigen}}/\gamma$. Wir setzen diese Länge des Beschleunigers gleich der eben berechneten Eigenlänge des Pakets und erhalten $\ell_{\text{P,eigen}} = \ell_{\text{Bes,eigen}}/\gamma$ und daraus

$$\ell_{\text{Bes,eigen}} = \gamma\ell_{\text{P,eigen}} = (9{,}785 \cdot 10^4)(978{,}5\ \text{m}) = 9{,}57 \cdot 10^7\ \text{m}.$$

c) Die Länge eines Positronenpakets im Ruhesystem des Elektronenpakets ist

$$\ell_{\text{Pos}}^{(\text{E})} = \frac{\ell^{(\text{E})}}{\gamma} = \frac{1\ \text{cm}}{9{,}785 \cdot 10^4} = 0{,}102\ \mu\text{m}.$$

L39.6 a) Die Flugdauer, wie sie von der Erde aus gemessen wird, ist

$$\Delta t^{(\text{E})} = \frac{\ell^{(\text{E})}}{v^{(\text{E})}} = \frac{35\ \text{Lj}}{2{,}7 \cdot 10^8\ \text{m} \cdot \text{s}^{-1}} = \frac{35\,c\,(1\ \text{a})}{2{,}7 \cdot 10^8\ \text{m} \cdot \text{s}^{-1}}$$
$$= \frac{35\ \text{a}}{(2{,}7 \cdot 10^8\ \text{m} \cdot \text{s}^{-1})/c} = \frac{35\ \text{a}}{0{,}9} = 38{,}9\ \text{a}.$$

b) Für die Flugdauer aus der Sicht eines Beobachters im Raumschiff ergibt sich

$$\Delta t^{(\text{R})} = \frac{\Delta t^{(\text{E})}}{\gamma} = \Delta t^{(\text{E})}\sqrt{1 - \left(\frac{v^{(\text{E})}}{c}\right)^2} =$$
$$= (38{,}9\ \text{a})\sqrt{1 - (0{,}9)^2} = 17{,}0\ \text{a}.$$

L39.7 a) Wir formen den bekannten Ausdruck für γ um und setzen die Binomialentwicklung an, wobei wir wegen $v \ll c$ nur den ersten Summanden berücksichtigen:

$$\gamma = \frac{1}{\sqrt{1 - \dfrac{v^2}{c^2}}} = \left(1 - \frac{v^2}{c^2}\right)^{-1/2} = 1 + \left(-\frac{1}{2}\right)\left(-\frac{v^2}{c^2}\right) + \cdots$$

$$\approx 1 + \frac{1}{2}\frac{v^2}{c^2}.$$

b) Wir bilden den Reziprokwert $1/\gamma$ und setzen wiederum die Binomialentwicklung für $v \ll c$ an:

$$\frac{1}{\gamma} = \left(1 - \frac{v^2}{c^2}\right)^{1/2} = 1 + \left(\frac{1}{2}\right)\left(-\frac{v^2}{c^2}\right) + \cdots \approx 1 - \frac{1}{2}\frac{v^2}{c^2}.$$

c) Wir bilden den Ausdruck $\gamma - 1$ und setzen wiederum die Binomialentwicklung für $v \ll c$ an:

$$\gamma - 1 = \left(1 - \frac{v^2}{c^2}\right)^{-1/2} - 1 = 1 + \left(-\frac{1}{2}\right)\left(-\frac{v^2}{c^2}\right) - 1 + \cdots$$

$$\approx \frac{1}{2}\frac{v^2}{c^2}.$$

L39.8 Gemäß der inversen Lorentz-Transformation für die x-Koordinate ist $x^{(B)} = \gamma(x^{(A)} - v_{B}^{(A)} t^{(A)})$. In Aufgabe 7a wurde für $v_{B}^{(A)} \ll c$ gezeigt, dass gilt:

$$\gamma \approx 1 + \frac{1}{2}\frac{(v_{B}^{(A)})^2}{c^2}.$$

Wir setzen ein und multiplizieren aus:

$$x^{(B)} \approx \left(1 + \frac{1}{2}\frac{(v_{B}^{(A)})^2}{c^2}\right)(x^{(A)} - v_{B}^{(A)} t^{(A)})$$

$$= x^{(A)} - v_{B}^{(A)} t^{(A)} + \frac{1}{2}\frac{(v_{B}^{(A)})^2}{c^2} x^{(A)} - \frac{1}{2}\frac{(v_{B}^{(A)})^3}{c^2}.$$

Für $v_{B}^{(A)} \ll c$ ist also $x^{(B)} \approx x^{(A)} - v_{B}^{(A)} t^{(A)}$.

Mit der inversen Lorentz-Transformation für die Zeit erhalten wir entsprechend

$$t^{(B)} = \gamma\left(t^{(A)} - \frac{v_{B}^{(A)} x^{(A)}}{c^2}\right)$$

$$= \left(1 + \frac{1}{2}\frac{(v_{B}^{(A)})^2}{c^2}\right)\left(t^{(A)} - \frac{v_{B}^{(A)} x^{(A)}}{c^2}\right)$$

$$= t^{(A)} - \frac{v_{B}^{(A)} x^{(A)}}{c^2} + \frac{1}{2}\frac{(v_{B}^{(A)})^2}{c^2} t^{(A)} - \frac{1}{2}\frac{(v_{B}^{(A)})^3}{c^4} x^{(A)}.$$

Für $v_{B}^{(A)} \ll c$ ist also $t^{(B)} \approx t^{(A)}$.

Die inverse Lorentz-Transformation für die Geschwindigkeit in x-Richtung lautet

$$v_{x}^{(B)} = \frac{v_{x}^{(A)} - v_{B}^{(A)}}{1 - \dfrac{v_{B}^{(A)} v_{x}^{(A)}}{c^2}}.$$

Für $v_{B}^{(A)} \ll c$ ist also $v_{x}^{(B)} \approx v_{x}^{(A)} - v_{B}^{(A)}$.

Schließlich setzen wir die inverse Lorentz-Transformation für die Geschwindigkeit in y-Richtung an:

$$v_{y}^{(B)} = \frac{v_{y}^{(A)}}{\gamma\left(1 - \dfrac{v_{B}^{(A)} v_{x}^{(A)}}{c^2}\right)}$$

$$\approx \frac{v_{y}^{(A)}}{\left(1 + \dfrac{1}{2}\dfrac{(v_{B}^{(A)})^2}{c^2}\right)\left(1 - \dfrac{v_{B}^{(A)} v_{x}^{(A)}}{c^2}\right)}$$

$$= \frac{v_{y}^{(A)}}{1 - \dfrac{v_{B}^{(A)} v_{x}^{(A)}}{c^2} + \dfrac{1}{2}\dfrac{(v_{B}^{(A)})^2}{c^2} t^{(A)} - \dfrac{1}{2}\dfrac{(v_{B}^{(A)})^3}{c^4}}.$$

Für $v_{B}^{(A)} \ll c$ ist also $v_{y}^{(B)} \approx v_{y}^{(A)}$.

Auf dieselbe Weise ist zu zeigen, dass sich für $v_{B}^{(A)} \ll c$ die Relation $v_{z}^{(B)} \approx v_{z}^{(A)}$ ergibt.

L39.9 Wir kennzeichnen den Beobachter bzw. sein Ruhesystem mit O sowie die Ereignisse A und B mit den entsprechenden Indices. Mit der inversen Lorentz-Transformation für die Zeit ergibt sich

$$t_{B}^{(O)} - t_{A}^{(O)} = \gamma\left[(t_{B}^{(S)} - t_{A}^{(S)}) - \frac{v_{x}^{(S)}(x_{B}^{(S)} - x_{A}^{(S)})}{c^2}\right]$$

$$= \gamma\left(\Delta t^{(S)} - \frac{v_{x}^{(S)} \Delta x^{(S)}}{c^2}\right).$$

Darin ist $\Delta t^{(S)} = t_{B}^{(S)} - t_{A}^{(S)}$ und $\Delta x^{(S)} = x_{B}^{(S)} - x_{A}^{(S)}$.
Bei Gleichzeitigkeit der Ereignisse A und B muss gelten

$$\Delta t^{(S)} - \frac{v_{x}^{(S)} \Delta x^{(S)}}{c^2} = 0.$$

Damit erhalten wir

$$v_{x}^{(S)} = \frac{c^2 \Delta t^{(S)}}{\Delta x^{(S)}} = \frac{(3 \cdot 10^8\ \mathrm{m \cdot s^{-1}})^2 (2\ \mu s)}{1{,}5\ \mathrm{km}}$$

$$= 1{,}20 \cdot 10^8\ \mathrm{m \cdot s^{-1}} = 0{,}4\,c.$$

Ja; es kann einen Beobachter geben, für den das Ereignis B vor dem Ereignis A stattfindet, nämlich wenn seine Geschwindigkeit über dem hier berechneten Wert liegt. Dann ist $t_{B}^{(O)} < t_{A}^{(O)}$.

L39.10 a) Gemäß der inversen Lorentz-Transformation gilt

$$t_{2}^{(B)} - t_{1}^{(B)} = \gamma\left[(t_{2}^{(A)} - t_{1}^{(A)}) - \frac{v_{B}^{(A)}(x_{2}^{(A)} - x_{1}^{(A)})}{c^2}\right]$$

$$= \gamma\left(\Delta t - \frac{v_{B}^{(A)} \Delta x}{c^2}\right).$$

Darin ist $\Delta t = t_{2}^{(A)} - t_{1}^{(A)}$ und $\Delta x = x_{2}^{(A)} - x_{1}^{(A)}$.

b) Bei Gleichzeitigkeit der beiden Ereignisse 1 und 2 im Bezugssystem S_B muss gelten $t_2^{(B)} = t_1^{(B)}$ bzw.

$$\Delta t - \frac{v_B^{(A)} \Delta x}{c^2} = 0 \quad \text{und daher} \quad \Delta x = \frac{c^2 \Delta t}{v_B^{(A)}}.$$

Wegen $v_B^{(A)} \leq c$ bedeutet dies $\Delta x \geq c\,\Delta t$.

c) Für $\Delta x < c\,\Delta t$ ist $t_2^{(B)} > t_1^{(B)}$, und die Ereignisse sind in S_B nicht gleichzeitig.

d) Für $\Delta x = c'\,\Delta t > c\,\Delta t$ gilt

$$\Delta t - \frac{v_B^{(A)} \Delta x}{c^2} = \Delta t \left(1 - \frac{v_B^{(A)}}{c}\frac{c'}{c}\right) = t_2^{(B)} - t_1^{(B)}.$$

In diesem Fall kann $t_2^{(B)} - t_1^{(B)}$ negativ sein. Dann wäre $t_2^{(B)}$ kleiner als $t_2^{(B)}$, und die Wirkung ginge der Ursache voraus.

L39.11 Gemäß der Lorentz-Transformation gilt

$$v_x^{(A)} = \frac{v_x^{(B)} + v_B^{(A)}}{1 + v_B^{(A)} v_x^{(B)}/c^2} \quad \text{bzw.} \quad \frac{v_x^{(A)}}{c} = \frac{v_x^{(B)} + v_B^{(A)}}{c + v_B^{(A)} v_x^{(B)}/c}.$$

Wir setzen, wie im Hinweis in der Aufgabenstellung angegeben, $v_x^{(B)} = (1 - \varepsilon_1)\,c$ und $v_B^{(A)} = (1 - \varepsilon_2)\,c$. Damit erhalten wir

$$\frac{v_x^{(A)}}{c} = \frac{(1 - \varepsilon_1)\,c + (1 - \varepsilon_2)\,c}{c + [(1 - \varepsilon_2)\,c\,(1 - \varepsilon_1)\,c]/c} = \frac{2 - (\varepsilon_1 + \varepsilon_2)}{1 + (1 - \varepsilon_2)(1 - \varepsilon_1)}$$
$$= \frac{2 - (\varepsilon_1 + \varepsilon_2)}{2 - (\varepsilon_1 + \varepsilon_2) + \varepsilon_1 \varepsilon_2}.$$

Weil ε_1 und ε_2 positive Zahlen und kleiner als 1 sind, ergibt sich daraus $0 < v_x^{(A)}/c < 1$, also $0 < v_x^{(A)} < c$.

L39.12 Wir betrachten zunächst die Anzahl n der Wellenberge, die während des Zeitintervalls $\Delta t^{(B)}$ im Ruhesystem B der Quelle beim Beobachter (der sich im Ruhesystem A befindet) eintreffen. Mit der Frequenz $v^{(B)}$ der Quelle sowie mit $\beta = v_B^{(A)}/c$ ist diese Anzahl gegeben durch

$$n = \frac{(c + v_B^{(A)})\,\Delta t^{(B)}}{\lambda} = \frac{(c + v_B^{(A)})\,v^{(B)}\Delta t^{(B)}}{c} = v^{(B)}\,(1 + \beta)\,\Delta t^{(B)}.$$

Für das entsprechende Zeitintervall im Ruhesystem A des Beobachters gilt $\Delta t^{(A)} = \Delta t^{(B)}/\gamma$. Damit folgt

$$v^{(A)} = \frac{n}{\Delta t^{(A)}} = \gamma\,(1 + \beta)\,v^{(B)} = \frac{1 + \beta}{\sqrt{1 - \beta^2}}\,v^{(B)}$$
$$= \sqrt{\frac{1 + \beta}{1 - \beta}}\,v^{(B)} = \frac{\sqrt{1 - \beta^2}}{1 - \beta}\,v^{(B)}.$$

L39.13 Die Doppler-Verschiebung ist definiert als

$$\frac{\Delta v}{v^{(B)}} = \frac{v^{(A)} - v^{(B)}}{v^{(B)}} = \frac{v^{(A)}}{v^{(B)}} - 1.$$

Wenn sich Quelle und Beobachter einander nähern, gilt dür die relativistische Doppler-Verschiebung

$$v^{(A)} = \sqrt{\frac{1 + \beta}{1 - \beta}}\,v^{(B)}, \quad \text{also} \quad \frac{v^{(A)}}{v^{(B)}} = \sqrt{\frac{1 + \beta}{1 - \beta}}.$$

Mit dem obigen Ausdruck für $\Delta v/v^{(B)}$ erhalten wir daraus

$$\frac{\Delta v}{v^{(B)}} = \sqrt{\frac{1 + \beta}{1 - \beta}} - 1 = (1 + \beta)^{1/2}\,(1 - \beta)^{-1/2} - 1.$$

Die Binomialentwicklung liefert (mit Abbruch nach dem ersten Term):

$$\frac{\Delta v}{v^{(B)}} = \left(1 + \frac{1}{2}\beta\right)\left(1 + \frac{1}{2}\beta\right) - 1 \approx 1 + \beta - 1 = \beta = \frac{v}{c}.$$

Das negative Vorzeichen ergibt sich auf dieselbe Weise, wenn die entsprechende Gleichung für die Annäherung von Quelle und Beobachter angesetzt wird.

L39.14 Der Rotverschiebungsparameter ist, wie gegeben:

$$z = \frac{v - v'}{v'}.$$

Für die relativistische Doppler-Verschiebung gilt bei zunehmender Entfernung zwischen Quelle und Beobachter

$$v' = v\,\sqrt{\frac{1 - \beta}{1 + \beta}}.$$

Dies setzen wir in die erste Gleichung ein und erhalten

$$z = \frac{v - v\sqrt{\dfrac{1 - \beta}{1 + \beta}}}{v\sqrt{\dfrac{1 - \beta}{1 + \beta}}} = \frac{1 - \sqrt{\dfrac{1 - \beta}{1 + \beta}}}{\sqrt{\dfrac{1 - \beta}{1 + \beta}}} = \sqrt{\frac{1 + \beta}{1 - \beta}} - 1.$$

Damit ergibt sich $u = z + 1 = \sqrt{\dfrac{1 + \beta}{1 - \beta}}$,

und mit $\beta = v/c$ folgt $v = c\left(\dfrac{u^2 - 1}{u^2 + 1}\right)$.

L39.15 a) Für die Energie E des Teilchens gilt
$$E^2 = p^2 c^2 + m_0 c^4 = p^2 c^2 + E_0^2.$$
Damit erhalten wir

$$E_0 = \sqrt{E^2 - p^2 c^2} = \sqrt{(8\,\text{MeV})^2 - (6\,\text{MeV}/c)^2\,c^2}$$
$$= \sqrt{(8\,\text{MeV})^2 - (6\,\text{MeV})^2} = 5{,}29\,\text{MeV}.$$

b) Die Energie E_0 hängt nicht vom Bezugssystem ab, und die Energie ergibt sich zu

$$E = \sqrt{p^2 c^2 + E_0^2} = \sqrt{(4\,\text{MeV}/c)^2\,c^2 + (5{,}29\,\text{MeV})^2}$$
$$= 6{,}63\,\text{MeV}.$$

c) Gemäß der inversen Lorentz-Transformation gilt

$$v_b = \frac{v_a - v_B^{(A)}}{1 - v_B^{(A)} v_a/c^2}.$$

Darin sind v_a und v_b die Geschwindigkeiten des Teilchens in den Teilaufgaben a bzw. b. Wir lösen nach $v_B^{(A)}$ auf:

$$v_B^{(A)} = \frac{v_a - v_b}{1 - v_a v_b/c^2}. \tag{1}$$

Die beiden Geschwindigkeiten v_a und v_b können wir aus der Energie bzw. aus dem Impuls berechnen.

In Teilaufgabe a ist $\quad E = \dfrac{E_0}{\sqrt{1 - v_a^2/c^2}}$.   Daraus ergibt sich

$$v_a = c\sqrt{1 - \left(\frac{E_0}{E}\right)^2} = c\sqrt{1 - \left(\frac{5{,}29\ \text{MeV}}{8\ \text{MeV}}\right)^2} = 0{,}750\,c\,.$$

In Teilaufgabe b ist $\quad p = \dfrac{m_0\, v_b}{\sqrt{1 - v_b^2/c^2}}$,   und wir erhalten

$$v_b = \frac{p\,c}{\sqrt{p^2 + m_0\,c^2}} = \frac{(4\ \text{MeV}/c)\,c}{\sqrt{(4\ \text{MeV}/c)^2 + (5{,}29\ \text{MeV}/c)^2}}$$
$$= 0{,}603\,c\,.$$

Einsetzen der beiden Geschwindigkeiten in Gleichung 1 liefert

$$v_{\text{B}}^{(\text{A})} = \frac{0{,}750\,c - 0{,}603\,c}{1 - \dfrac{(0{,}750\,c)\,(0{,}603\,c)}{c^2}} = 0{,}268\,c\,.$$

L39.16   Nach den Regeln der Ableitung ergibt sich

$$\frac{\mathrm{d}}{\mathrm{d}v}\left(\frac{m\,v}{\sqrt{1 - \dfrac{v^2}{c^2}}}\right) = \frac{\sqrt{1 - \dfrac{v^2}{c^2}}\,m + \dfrac{m\,v^2}{c^2}\,\dfrac{1}{\sqrt{1 - v^2/c^2}}}{1 - \dfrac{v^2}{c^2}}\,.$$

Wir erweitern den Bruch mit $\sqrt{1 - v^2/c^2}$ und vereinfachen:

$$\frac{\mathrm{d}}{\mathrm{d}v}\left(\frac{m\,v}{\sqrt{1 - \dfrac{v^2}{c^2}}}\right) = \frac{\left(1 - \dfrac{v^2}{c^2}\right)m + \dfrac{m\,v^2}{c^2}}{\left(1 - \dfrac{v^2}{c^2}\right)^{3/2}} = m\left(1 - \frac{v^2}{c^2}\right)^{-3/2}\,.$$

Also ist $\quad \mathrm{d}\left(\dfrac{m\,v}{\sqrt{1 - \dfrac{v^2}{c^2}}}\right) = m\left(1 - \dfrac{v^2}{c^2}\right)^{-3/2}\mathrm{d}v\,.$

L39.17   a) Wir setzen die relativistische kinetische Energie der Protonen gleich $2\,m\,c^2$. Dies ergibt $2\,(\gamma - 1)\,E_0 = 2\,m\,c^2$ und daher $\gamma = 2$.

Also ist $\quad \gamma = \dfrac{1}{\sqrt{1 - (v^{(\text{S})})^2/c^2}} = 2$,

und wir erhalten $v^{(\text{S})} = (\sqrt{3}/2)\,c$.

b) Gemäß der inversen Lorentz-Transformation gilt

$$v_x^{(\text{L})} = \frac{v_x^{(\text{S})} - v^{(\text{S})}}{1 - \dfrac{v^{(\text{S})}\,v_x^{(\text{S})}}{c^2}} = \frac{-\dfrac{\sqrt{3}}{2}\,c - \dfrac{\sqrt{3}}{2}\,c}{1 - \dfrac{\left(-\dfrac{\sqrt{3}}{2}\right)c\,\left(\dfrac{\sqrt{3}}{2}\right)c}{c^2}}$$
$$= \frac{-4\sqrt{3}\,c}{7} = 0{,}990\,c\,.$$

c) Im Laborsystem ist die kinetische Energie eines Protons gegeben durch $E_{\text{kin}}^{(\text{L})} = (\gamma^{(\text{L})} - 1)\,E_0$. Darin ist

$$\gamma^{(\text{L})} = \frac{1}{\sqrt{1 - \dfrac{(v_x^{(\text{L})})^2}{c^2}}} = \frac{1}{\sqrt{1 - \dfrac{(-4\sqrt{3}\,c/7)^2}{c^2}}} = 7\,,$$

und es ergibt sich $E_{\text{kin}}^{(\text{L})} = (7 - 1)\,m\,c^2 = 6\,m\,c^2$.

L39.18   Die Frequenz und die Wellenlänge hängen miteinander zusammen über $c = v\,\lambda$ bzw. $v = c/\lambda$. Die Ableitung ergibt $\mathrm{d}v/\mathrm{d}\lambda = -c/\lambda^2$ und daraus

$$\mathrm{d}v = -\frac{c}{\lambda^2}\,\mathrm{d}\lambda\,.$$

Wir nähern die Differenziale durch die Differenzen an und dividieren die Gleichung durch v. Das ergibt

$$\frac{\Delta v}{v} = \frac{-\dfrac{c}{\lambda^2}\,\Delta\lambda}{c/\lambda} = -\frac{\Delta\lambda}{\lambda} \quad \text{und} \quad \Delta\lambda = -\lambda\,\frac{\Delta v}{v}\,.$$

Die Energieänderung des Photons beim Aufstieg entlang der Strecke ℓ ist $\Delta E = \Delta E_{\text{pot}} = m\,g\,\ell$. Mit $\Delta E = h\,\Delta v$ erhalten wir daraus $h\,\Delta v = m\,g\,\ell$.

Wenn wir m als Massenäquivalent des Protons setzen, gilt $E = h\,v = m\,c^2$. Der Quotient der beiden letzten Gleichungen ergibt

$$\frac{h\,\Delta v}{h\,v} = \frac{m\,g\,\ell}{m\,c^2} \quad \text{und daher} \quad \frac{\Delta v}{v} = \frac{g\,\ell}{c^2}\,.$$

Mit der zuvor ermittelten Beziehung $\Delta\lambda = -\lambda\,\Delta v/v$ erhalten wir für die Wellenlängenänderung

$$\Delta\lambda = -\frac{\lambda\,g\,\ell}{c^2} = -\frac{(632{,}8\ \text{nm})\,(9{,}81\ \text{m}\cdot\text{s}^{-2})\,(100\ \text{m})}{(3\cdot10^8\ \text{m}\cdot\text{s}^{-1})^2}$$
$$= -6{,}90\cdot10^{-12}\ \text{nm}\,.$$

L39.19   Wir können die Drehscheibe als riesigen Hohlzylinder ansehen, der um seine Achse rotiert. Eine Person an der Innenwand würde dann eine Zentripetalbeschleunigung erfahren, die von der Normalkraft der Wand auf sie erzeugt wird. Wir können umgekehrt auch annehmen, dass keine Beschleunigung vorliegt, sondern ein Gravitationsfeld $\boldsymbol{G} = \omega^2\,r\,\hat{\boldsymbol{r}}$ auf die Person radial nach außen (von der Achse weg) wirkt, in Richtung des Einheitsvektors $\hat{\boldsymbol{r}}$. Das entspricht dem Äquivalenzprinzip. Die Richtung „nach oben" sei die zur Achse hin, und näher an ihr liegende Punkte haben ein höheres Gravitationspotenzial.

a) Für die Zeitdilatation gilt $\Delta t^{(\text{R})} = \Delta t^{(0)}/\gamma$ und daher

$$\frac{\Delta t^{(\text{R})} - \Delta t^{(0)}}{\Delta t^{(0)}} = \frac{1}{\gamma} - 1\,.$$

Wir verwenden für $1/\gamma$ die in Aufgabe 7b aufgestellte Näherung (für $r\,\omega/c \ll 1$ gültig) und setzen darin $v = r\,\omega$:

$$\frac{1}{\gamma} \approx 1 - \frac{1}{2}\,\frac{v^2}{c^2} = 1 - \frac{r^2\,\omega^2}{2c^2}\,.$$

Einsetzen ergibt

$$\frac{\Delta t^{(\text{R})} - \Delta t^{(0)}}{\Delta t^{(0)}} \approx 1 - \frac{r^2\,\omega^2}{2c^2} - 1 = -\frac{r^2\,\omega^2}{2c^2}\,.$$

b) Die Pseudokraft ist $F^{(\text{R})} = -m\,a^{(\text{R})}$, wobei $a^{(\text{R})}$ die Beschleunigung des Nicht-Inertialsystems ist. In diesem Fall ist $a^{(\text{R})}$ die Zentripetalbeschleunigung, und es gilt

$$a^{(\text{R})} = -r\,\omega^2 \quad \text{sowie} \quad F^{(\text{R})} = m\,r\,\omega^2\,.$$

Die Potenzialdifferenz zweier Punkte, die sich im Abstand r von der Achse bzw. auf ihr befinden, ist

$$\phi^{(R)} - \phi^{(0)} = -\int_0^r \boldsymbol{g} \cdot d\boldsymbol{\ell} = -\int_0^r \omega^2 r\,\hat{\boldsymbol{r}} \cdot d\boldsymbol{\ell} = -\int_0^r \omega^2 r\,dr$$
$$= -\tfrac{1}{2}\,r^2\,\omega^2.$$

Für die Zeitdilatation erhalten wir damit

$$\frac{\Delta t^{(R)} - \Delta t^{(0)}}{\Delta t^{(0)}} = \frac{1}{c^2}\,(\phi^{(R)} - \phi^{(0)}) = \frac{1}{c^2}\,(-\tfrac{1}{2}\,r^2\,\omega^2) = -\frac{r^2\,\omega^2}{2\,c^2}\,.$$

L39.20 Es gilt

$$\gamma = \frac{1}{\sqrt{1-(v/c)^2}} \quad \text{und daher} \quad \frac{v}{c} = \sqrt{1 - \frac{1}{\gamma^2}}\,.$$

Die mittlere Lebensdauer Δt des Myons ist $\Delta t = \gamma\,\Delta t_{\text{eigen}}$. Daraus folgt $\gamma = \Delta t/\Delta t_{\text{eigen}}$, und wir erhalten

$$\frac{v}{c} = \sqrt{1 - \left(\frac{\Delta t_{\text{eigen}}}{\Delta t}\right)^2} = \sqrt{1 - \left(\frac{2\,\mu s}{46\,\mu s}\right)^2} = 0{,}999\,.$$

Also ist $v = 0{,}999\,c$.

L39.21 Mit dem Anfangswert E_A und dem Endwert E_E der Energie gilt im Schwerpunktsystem $\gamma E_A = E_E$ und daher $\gamma = E_E/E_A$, und die Energiewerte sind

$E_A = 938\,\text{MeV} + 938\,\text{MeV} = 1876\,\text{MeV}\,,$
$E_E = 938\,\text{MeV} + 938\,\text{MeV} + 135\,\text{MeV} = 2011\,\text{MeV}\,.$

Damit ergibt sich $\quad \gamma = \dfrac{2011\,\text{MeV}}{1876\,\text{MeV}} = 1{,}072\,.$

Mit der Geschwindigkeit $v^{(S)}$ des auftreffenden Protons gilt

$$\gamma = \frac{1}{\sqrt{1-(v^{(S)})^2/c^2}}\,.$$

Damit erhalten wir

$$v^{(S)} = c\,\sqrt{1 - \frac{1}{\gamma^2}} = c\,\sqrt{1 - \frac{1}{(1{,}072)^2}} = 0{,}360\,c\,.$$

Im Laborsystem ergibt sich

$$v^{(L)} = \frac{v^{(S)} - v_L^{(S)}}{1 - \dfrac{v_L^{(S)}\,v^{(S)}}{c^2}} = \frac{0{,}360\,c - (-0{,}360)\,c}{1 - \dfrac{(-0{,}360\,c)\,(0{,}360\,c)}{c^2}} = 0{,}637\,c\,.$$

Weiterhin gilt

$$\gamma = \frac{1}{\sqrt{1-(v^{(S)})^2/c^2}} = \frac{1}{\sqrt{1-(0{,}637\,c)^2/c^2}} = 1{,}30\,.$$

Damit erhalten wir für die kinetische Energie des sich im Laborsystem bewegenden Protons

$$E_{\text{kin}}^{(L)} = (\gamma^{(L)} - 1)\,E_0 = (1{,}30 - 1)\,(938\,\text{MeV}) = 281\,\text{MeV}\,.$$

L39.22 Das Differenzial der Geschwindigkeitskomponente in x-Richtung ist

$$dv_x^{(B)} = d\left(\frac{v_x^{(A)} - v_B^{(A)}}{1 - \dfrac{v_B^{(A)}\,v_x^{(A)}}{c^2}}\right)$$

$$= \frac{\left(1 - \dfrac{v_B^{(A)}\,v_x^{(A)}}{c^2}\right) dv_x^{(A)} + (v_x^{(A)} - v_B^{(A)})\,\dfrac{v_B^{(A)}}{c^2}\,dv_x^{(A)}}{\left(1 - \dfrac{v_B^{(A)}\,v_x^{(A)}}{c^2}\right)^2}$$

$$= \frac{1 - \dfrac{(v_x^{(A)})^2}{c^2}}{\left(1 - \dfrac{v_B^{(A)}\,v_x^{(A)}}{c^2}\right)^2}\,dv_x^{(A)}\,.$$

Für das Differenzial der Zeit erhalten wir

$$dt^{(B)} = \gamma\,d\left(t^{(A)} - \frac{v_B^{(A)}\,x^{(A)}}{c^2}\right) = \gamma\,dt^{(A)} - \frac{\gamma\,v_B^{(A)}}{c^2}\,dx^{(A)}$$

$$= \frac{\gamma\,v_B^{(A)}}{c^2}\,\frac{dv_B^{(A)}}{dt^{(A)}}\,dt^{(A)} = \gamma\left(1 - \frac{v_B^{(A)}\,v_x^{(A)}}{c^2}\right) dt^{(A)}\,.$$

Die Beschleunigung entspricht dem Quotienten aus den beiden Differenzialen:

$$a_x^{(B)} = \frac{dv_x^{(B)}}{dt^{(B)}} = \frac{\dfrac{1 - \dfrac{(v_x^{(A)})^2}{c^2}}{\left(1 - \dfrac{v_B^{(A)}\,v_x^{(A)}}{c^2}\right)^2}\,dv_x^{(A)}}{\gamma\left(1 - \dfrac{v_B^{(A)}\,v_x^{(A)}}{c^2}\right) dt^{(A)}}$$

$$= \frac{1 - \dfrac{(v_x^{(A)})^2}{c^2}}{\gamma\left(1 - \dfrac{v_B^{(A)}\,v_x^{(A)}}{c^2}\right)^3}\,\frac{dv_x^{(A)}}{dt^{(A)}} = \frac{1}{\gamma^3\,\delta^3}\,a_x^{(A)}\,.$$

Darin ist $\quad \delta = 1 - \dfrac{v_B^{(A)}\,v_x^{(A)}}{c^2}\,.$

Auf die gleiche Weise erhalten wir für die Beschleunigung in y-Richtung

$$a_y^{(B)} = \frac{1}{\gamma^2\,\delta^2}\,a_y^{(A)} + \frac{v_B^{(A)}\,v_y^{(A)}}{\gamma^3\,\delta^3\,c^2}\,a_x^{(A)}\,.$$

Wenn wir darin y durch z ersetzen, ergibt sich der entsprechende Ausdruck für $a_z^{(B)}$.

L39.23 Wir betrachten ohne Beschränkung der Allgemeinheit den Fall der Absorption. Dabei nehmen wir an, dass sich das Elektron anfangs in Ruhe befindet und sich nach der Absorption des Photons mit der Geschwindigkeit v bewegt. Wir werden zeigen, dass die Anwendung der Erhaltungssätze für Energie und Impuls zu einem unsinnigen Ergebnis führt.

Wegen der Erhaltung des relativistischen Impulses muss das Elektron nach der Absorption des Photons den Impuls $p = \gamma m v$ haben, und wegen der Erhaltung der Energie muss gelten:

$$m c^2 + p c = \gamma m c^2 \quad \text{und daher} \quad p = (\gamma - 1) m c.$$

Gleichsetzen der beiden Ausdrücke für den Impuls ergibt

$$\gamma m v = (\gamma - 1) m c.$$

Daher gilt für die Geschwindigkeit nach der Absorption

$$v = \left(\frac{\gamma - 1}{\gamma} \right) c. \tag{1}$$

Wir quadrieren beide Seiten:

$$v^2 = \left(\frac{\gamma - 1}{\gamma} \right)^2 c^2 = \frac{\gamma^2 - 2\gamma + 1}{\gamma^2} c^2. \tag{2}$$

Aus der Definition von γ folgt

$$\gamma^2 = \frac{1}{1 - v^2/c^2} = \frac{c^2}{c^2 - v^2}.$$

Daraus ergibt sich für das Quadrat der Geschwindigkeit

$$v^2 = \frac{\gamma^2 - 1}{\gamma^2} c^2.$$

Dies setzen wir in Gleichung 2 ein und erhalten

$$\frac{\gamma^2 - 1}{\gamma^2} c^2 = \frac{\gamma^2 - 2\gamma + 1}{\gamma^2} c^2$$

sowie daraus $-1 = -2\gamma + 1$ und schließlich $\gamma = 1$.

Einsetzen in Gleichung 1 liefert $v = \left(\dfrac{1 - 1}{1} \right) c = 0$.

Unsere Annahme, dass das (anfangs ruhende) freie Elektron ein Photon absorbieren kann, führt also zu dem widersinnigen Ergebnis, dass seine Geschwindigkeit danach gleich null ist. Also kann es kein Photon absorbieren. Eine Beweisführung wie die hier angewandte nennt man *Reductio ad absurdum*.

L39.24 Ein Teilchen mit der Geschwindigkeit $\boldsymbol{v}$ hat in einem Inertialsystem

den Impuls $\boldsymbol{p} = \dfrac{m \boldsymbol{v}}{\sqrt{1 - v^2/c^2}}$

und die Energie $E = \dfrac{m c^2}{\sqrt{1 - v^2/c^2}}$.

Im Bezugssystem S_A sind die Komponenten des Impulses

$$p_x^{(A)} = \frac{m v_x^{(A)}}{\sqrt{1 - \dfrac{(v^{(A)})^2}{c^2}}}, \qquad p_y^{(A)} = \frac{m v_y^{(A)}}{\sqrt{1 - \dfrac{(v^{(A)})^2}{c^2}}},$$

$$p_z^{(A)} = \frac{m v_z^{(A)}}{\sqrt{1 - \dfrac{(v^{(A)})^2}{c^2}}}.$$

Wie aus der Aufgabenstellung hervorgeht, ist $v_x^{(A)} = v_z^{(A)} = 0$ und $v_y^{(A)} = v^{(A)}$. Also gilt

$$p_x^{(A)} = p_z^{(A)} = 0 \quad \text{und} \quad p_y^{(A)} = \frac{m v^{(A)}}{\sqrt{1 - \dfrac{(v^{(A)})^2}{c^2}}}.$$

Wenn wir in den zu beweisenden Gleichungen die Größen $v_x^{(A)}$ und $v_y^{(A)}$ gleich null setzen, ergibt sich

$$p_x^{(B)} = \gamma \left(0 - \frac{v_B^{(A)} E^{(A)}}{c^2} \right) = -\gamma \frac{v_B^{(A)} E^{(A)}}{c^2}$$

und $\quad p_y^{(B)} = p_y^{(A)}, \qquad p_z^{(B)} = 0$

sowie $\quad \dfrac{E^{(B)}}{c} = \gamma \left(\dfrac{E^{(A)}}{c} - 0 \right) = \gamma \dfrac{E^{(A)}}{c}$.

Im Bezugssystem S_B sind die Komponenten des Impulses

$$p_x^{(B)} = \frac{m v_x^{(B)}}{\sqrt{1 - \dfrac{(v^{(B)})^2}{c^2}}}, \qquad p_y^{(B)} = \frac{m v_y^{(B)}}{\sqrt{1 - \dfrac{(v^{(B)})^2}{c^2}}},$$

$$p_z^{(B)} = \frac{m v_z^{(B)}}{\sqrt{1 - \dfrac{(v^{(B)})^2}{c^2}}}.$$

Gemäß der inversen Lorentz-Transformation gilt

$$v_x^{(B)} = \frac{v_x^{(A)} - v_B^{(A)}}{\sqrt{1 - \dfrac{v_B^{(A)} v_x^{(A)}}{c^2}}}, \qquad v_y^{(B)} = \frac{v_y^{(A)}}{\sqrt{1 - \dfrac{v_B^{(A)} v_y^{(A)}}{c^2}}},$$

$$v_z^{(B)} = \frac{v_z^{(A)}}{\sqrt{1 - \dfrac{v_B^{(A)} v_z^{(A)}}{c^2}}}.$$

Wir setzen $v_x^{(A)} = v_z^{(A)} = 0$ und $v_y^{(A)} = v^{(A)}$. Das ergibt

$$v_x^{(B)} = -v_B^{(A)}, \qquad v_y^{(B)} = \gamma v^{(A)}, \qquad v_z^{(B)} = 0$$

und daraus

$$(v^{(B)})^2 = (v_x^{(B)})^2 + (v_y^{(B)})^2 + (v_z^{(B)})^2 = (v_B^{(A)})^2 + \frac{(v^{(A)})^2}{\gamma^2}.$$

Zuerst zeigen wir, dass $p_z^{(B)} = p_z^{(A)} = 0$ ist:

$$p_z^{(B)} = \frac{m \cdot (0)}{\sqrt{1 - \dfrac{(v^{(B)})^2}{c^2}}} = p_z^{(A)} = 0.$$

Sodann zeigen wir, dass $p_y^{(B)} = p_y^{(A)}$ ist:

$$p_y^{(B)} = \frac{m\,v_y^{(B)}}{\sqrt{1 - \dfrac{(v^{(B)})^2}{c^2}}} = \frac{m\,v^{(A)}}{\gamma\sqrt{1 - \dfrac{(v_B^{(A)})^2}{c^2} - \dfrac{(v^{(A)})^2}{\gamma^2 c^2}}}$$

$$= \frac{m\,v^{(A)}}{\sqrt{1 - \dfrac{(v^{(A)})^2}{c^2}}} \cdot \frac{\sqrt{1 - \dfrac{(v^{(A)})^2}{c^2}}}{\gamma\sqrt{1 - \dfrac{(v_B^{(A)})^2}{c^2} - \dfrac{(v^{(A)})^2}{\gamma^2 c^2}}}$$

$$= \frac{m\,v^{(A)}}{\sqrt{1 - \dfrac{(v^{(A)})^2}{c^2}}}$$

$$\cdot \frac{\sqrt{\left(1 - \dfrac{(v^{(A)})^2}{c^2}\right)\left(1 - \dfrac{(v_B^{(A)})^2}{c^2}\right)}}{\sqrt{1 - \dfrac{(v_B^{(A)})^2}{c^2} - \dfrac{(v^{(A)})^2}{c^2}\left(1 - \dfrac{(v_B^{(A)})^2}{c^2}\right)}}$$

$$= p_y^{(A)} \frac{\sqrt{1 - \dfrac{(v_B^{(A)})^2}{c^2} - \dfrac{(v^{(A)})^2}{c^2}\left(1 - \dfrac{(v_B^{(A)})^2}{c^2}\right)}}{\sqrt{1 - \dfrac{(v_B^{(A)})^2}{c^2} - \dfrac{(v^{(A)})^2}{c^2}\left(1 - \dfrac{(v_B^{(A)})^2}{c^2}\right)}}$$

$$= p_y^{(A)}.$$

Nun zeigen wir, dass gilt:

$$p_x^{(B)} = \gamma\left(p_x^{(A)} - \frac{v_B^{(A)} E^{(A)}}{c^2}\right) = -\frac{\gamma v_B^{(A)}}{c^2}\,E^{(A)}.$$

Wir erhalten dabei:

$$p_x^{(B)} = \frac{m\,v_x^{(B)}}{\sqrt{1 - \dfrac{(v^{(B)})^2}{c^2}}} = \frac{-m\,v_B^{(A)}}{\gamma\sqrt{1 - \dfrac{(v_B^{(A)})^2}{c^2} - \dfrac{(v^{(A)})^2}{\gamma^2 c^2}}}$$

$$= -\frac{\gamma v_B^{(A)}}{c^2} \frac{m c^2}{\sqrt{1 - \dfrac{(v^{(A)})^2}{c^2}}} \frac{\gamma^{-1}\sqrt{1 - \dfrac{(v^{(A)})^2}{c^2}}}{\sqrt{1 - \dfrac{(v_B^{(A)})^2}{c^2} - \dfrac{(v^{(A)})^2}{\gamma^2 c^2}}}$$

$$= -\frac{\gamma v_B^{(A)}}{c^2}\,E^{(A)}$$

$$\cdot \frac{\sqrt{\left(1 - \dfrac{(v^{(A)})^2}{c^2}\right)\left(1 - \dfrac{(v_B^{(A)})^2}{c^2}\right)}}{\sqrt{1 - \dfrac{(v_B^{(A)})^2}{c^2} - \dfrac{(v^{(A)})^2}{c^2}\left(1 - \dfrac{(v_B^{(A)})^2}{c^2}\right)}}$$

$$= -\frac{\gamma v_B^{(A)}}{c^2}\,E^{(A)}$$

$$\cdot \frac{\sqrt{1 - \dfrac{(v_B^{(A)})^2}{c^2} - \dfrac{(v^{(A)})^2}{c^2}\left(1 - \dfrac{(v_B^{(A)})^2}{c^2}\right)}}{\sqrt{1 - \dfrac{(v_B^{(A)})^2}{c^2} - \dfrac{(v^{(A)})^2}{c^2}\left(1 - \dfrac{(v_B^{(A)})^2}{c^2}\right)}}$$

$$= -\frac{\gamma v_B^{(A)}}{c^2}\,E^{(A)}.$$

Schließlich zeigen wir, dass

$$\frac{E^{(B)}}{c} = \gamma\left(\frac{E^{(A)}}{c} - \frac{v_B^{(A)} p_x^{(A)}}{c}\right) = \gamma\frac{E^{(A)}}{c}$$

gilt, also: $E^{(B)} = \gamma E^{(A)}$.

$$E^{(B)} = \frac{m c^2}{\sqrt{1 - \dfrac{(v^{(B)})^2}{c^2}}} = \frac{\gamma m c^2}{\sqrt{1 - \dfrac{(v^{(A)})^2}{c^2}}} \frac{\gamma^{-1}\sqrt{1 - \dfrac{(v^{(A)})^2}{c^2}}}{\sqrt{1 - \dfrac{(v^{(B)})^2}{c^2}}}$$

$$= \gamma E^{(A)} \frac{\gamma^{-1}\sqrt{1 - \dfrac{(v^{(A)})^2}{c^2}}}{\sqrt{1 - \dfrac{(v_B^{(A)})^2}{c^2} - \dfrac{(v^{(A)})^2}{\gamma^2 c^2}}}$$

$$= \gamma E^{(A)} \frac{\sqrt{\left(1 - \dfrac{(v^{(A)})^2}{c^2}\right)\left(1 - \dfrac{(v_B^{(A)})^2}{c^2}\right)}}{\sqrt{1 - \dfrac{(v_B^{(A)})^2}{c^2} - \dfrac{(v^{(A)})^2}{c^2}\left(1 - \dfrac{(v_B^{(A)})^2}{c^2}\right)}}$$

$$= \gamma E^{(A)} \frac{\sqrt{1 - \dfrac{(v_B^{(A)})^2}{c^2} - \dfrac{(v^{(A)})^2}{c^2}\left(1 - \dfrac{(v_B^{(A)})^2}{c^2}\right)}}{\sqrt{1 - \dfrac{(v_B^{(A)})^2}{c^2} - \dfrac{(v^{(A)})^2}{c^2}\left(1 - \dfrac{(v_B^{(A)})^2}{c^2}\right)}}$$

$$= \gamma E^{(A)}.$$

Die Transformationsgleichungen für x, y, z und t lauten

$$x^{(B)} = \gamma(x^{(A)} - v_B^{(A)} t^{(A)}), \quad y^{(B)} = y^{(A)}, \quad z^{(B)} = z^{(A)},$$

$$t^{(B)} = \gamma\left(t^{(A)} - \frac{v_B^{(A)} x^{(A)}}{c^2}\right),$$

und die für x, y, z und ct lauten

$$x^{(B)} = \gamma\left(x^{(A)} - \frac{v_B^{(A)}}{c}\,ct^{(A)}\right), \quad y^{(B)} = y^{(A)}, \quad z^{(B)} = z^{(A)},$$

$$ct^{(B)} = \gamma\left(ct^{(A)} - \frac{v_B^{(A)} x^{(A)}}{c}\right).$$

Schließlich lauten die Transformationsgleichungen für p_x, p_y, p_z und E/c:

$$p_x^{(B)} = \gamma \left(p_x^{(A)} - \frac{v_B^{(A)} E^{(A)}}{c^2} \right),$$

$$p_y^{(B)} = p_y^{(A)}, \qquad p_z^{(B)} = p_z^{(A)},$$

$$\frac{E^{(B)}}{c} = \gamma \left(\frac{E^{(A)}}{c} - \frac{v_B^{(A)} p_x^{(A)}}{c} \right).$$

L39.25 Bei der Herleitung der Lorentz-Transformation wird zugrunde gelegt, dass das Licht in jedem Inertialsystem die Lichtgeschwindigkeit c hat. Wenn in den beiden Bezugssystemen S_A und S_B die Uhren bei $t^{(A)} = t^{(B)} = 0$ synchronisiert sind, dann ergibt sich aus den Einstein'schen Postulaten:

$$(r^{(A)})^2 = c^2 (t^{(A)})^2 \quad \text{und} \quad (r^{(B)})^2 = c^2 (t^{(B)})^2$$

sowie

$$(r^{(A)})^2 - c^2 (t^{(A)})^2 = 0 = (r^{(B)})^2 - c^2 (t^{(B)})^2.$$

Anders ausgedrückt: Die Größe $s^2 = (r^{(A)})^2 - c^2 (t^{(A)})^2 = 0$ ist eine relativistische Invariante und kann auch folgendermaßen geschrieben werden:

$$(x^{(A)})^2 + (y^{(A)})^2 + (z^{(A)})^2 - c^2 (t^{(A)})^2 = 0.$$

Mit den Gleichungen der Lorentz-Transformation für x, y, z und t erhalten wir

$$(x^{(B)})^2 + (y^{(B)})^2 + (z^{(B)})^2 - (ct^{(B)})^2 =$$
$$\gamma^2 \left[(x^{(A)})^2 - 2 v_B^A x^{(A)} t^{(A)} + v_B^A (t^{(A)})^2 \right] + (y^{(A)})^2 + (z^{(A)})^2$$
$$- \gamma^2 \left[c^2 (t^{(A)})^2 - 2 v_B^A x^{(A)} t^{(A)} + (v_B^A)^2 (x^{(A)})^2 / c^2 \right].$$

Die in x linearen Terme heben einander auf, und die in x quadratischen Terme ergeben

$$\gamma^2 (x^{(A)})^2 \left[1 - (v_B^A)^2 / c^2 \right] = (x^{(A)})^2.$$

Aus den Koeffizienten der Terme mit $(ct^{(A)})^2$ erhalten wir

$$\gamma^2 \left[(v_B^A)^2 / c^2 - 1 \right] = -1.$$

Also gilt, wie in den Einstein'schen Postulaten gefordert:

$$(r^{(A)})^2 - c^2 (t^{(A)})^2 - (r^{(B)})^2 + c^2 (t^{(B)})^2 = 0.$$

L39.26 Es gilt

$$E^2 = p^2 c^2 + (mc^2)^2 \quad \text{bzw.} \quad p^2 c^2 - E^2 = -(mc^2)^2.$$

Wir dividieren die zweite Gleichung durch c^2:

$$p^2 - \left(\frac{E}{c} \right)^2 = -(mc)^2.$$

Das Impulsquadrat ist gegeben durch $p^2 = p_x^2 + p_y^2 + p_z^2$. Dies setzen wir ein:

$$p_x^2 + p_y^2 + p_z^2 - \left(\frac{E}{c} \right)^2 = -(mc)^2.$$

Die Masse m des Teilchens ist in dessen Ruhesystem unveränderlich; also muss die Größe

$$p^2 - \left(\frac{E}{c^2} \right)^2$$

eine relativistische Invariante sein.

Anmerkung: In Aufgabe 24 hatten wir gezeigt, dass die Komponenten von p und die Größe E/c wie die Komponenten von r bzw. wie die Größe ct transformieren. Und in Aufgabe 25 haben wir gezeigt, dass die Größe $r^2 - (ct)^2$ eine relativistische Invariante ist. Auch daraus lässt sich ableiten, dass die Größe $p^2 - (E/c^2)^2$ ebenfalls eine relativistische Invariante ist.

Kernphysik

- Eigenschaften der Kerne
- Radioaktivität
- Kernreaktionen
- Kernspaltung und Kernfusion

A: Aufgaben

Verständnisaufgaben

A40.1 • Geben Sie zwei weitere Isotope von a) ^{14}N, b) ^{56}Fe und c) ^{118}Sn an.

A40.2 • Einem α-Zerfall folgt oft ein β-Zerfall. Dabei handelt es sich dann stets um einen β^-- und nicht um einen β^+-Zerfall. Warum ist das so?

A40.3 • Wie würde sich eine lang anhaltende Variation der kosmischen Strahlungsaktivität auf die Genauigkeit der ^{14}C-Methode zur Altersbestimmung auswirken?

A40.4 • Erklären Sie, warum Wasser wirksamer als Blei ist, um schnelle Neutronen abzubremsen.

A40.5 • Das einzige stabile Isotop des Natriums ist das ^{23}Na. Welche Art von radioaktivem Zerfall würden Sie für a) ^{22}Na und b) ^{24}Na erwarten?

A40.6 • Geben Sie die Reaktionsgleichungen für die folgenden Zerfälle an: a) β-Zerfall von ^{16}N, b) α-Zerfall von ^{248}Fm, c) Positronzerfall von ^{12}N, d) β-Zerfall von ^{81}Se, e) Positronzerfall von ^{61}Cu und f) α-Zerfall von ^{228}Th.

Schätzungs- und Näherungsaufgaben

A40.7 •• Der Energiebehörde der USA zufolge liegt der Energiebedarf der amerikanischen Bevölkerung bei etwa 10^{20} J pro Jahr. Schätzen Sie ab, a) wie viel Uran (in kg) nötig ist, um diese Energiemenge durch Kernspaltung zu erzeugen, b) wie viel Deuterium und Tritium (in kg) nötig wären, um diese Energiemenge durch Kernfusion zu erzeugen.

• Eigenschaften der Kerne

A40.8 • Berechnen Sie die Bindungsenergie und die Bindungsenergie pro Nukleon für a) ^{12}C, b) ^{56}Fe und c) ^{238}U. Schlagen Sie dazu die Massen nach.

A40.9 • Berechnen Sie mit der Gleichung $r_K = r_0 A^{1/3}$ die Radien der folgenden Kerne: a) ^{16}O, b) ^{56}Fe und c) ^{197}Au.

A40.10 •• Wird ein Neutron von einem Atomkern getrennt, so zerfällt es gemäß der folgenden Reaktionsgleichung in ein Proton, ein Elektron und ein Antineutrino: $^{1}_{0}\text{n} \rightarrow {}^{1}_{1}\text{H} + {}^{0}_{-1}\text{e} + {}^{0}_{0}\overline{\nu}$. Die thermische Energie eines Neutrons ist von der Größenordnung $k_B T$, wobei k_B die Boltzmann-Konstante ist. a) Berechnen Sie die Energie eines thermischen Neutrons bei 25 °C in J und in eV. b) Welche Geschwindigkeit hat das thermische Neutron? c) Ein Strahl monoenergetischer thermischer Neutronen wird bei einer Temperatur von 25 °C erzeugt und hat eine Intensität I. Nachdem er eine Strecke von 1350 km zurückgelegt hat, ist die Intensität des Strahls auf $I/2$ gesunken. Schätzen Sie die Halbwertszeit der Neutronen ab und geben Sie das Ergebnis in Minuten an.

A40.11 •• Im Jahre 1920, zwölf Jahre vor der Entdeckung des Neutrons, schlug Rutherford die Existenz von Elektron-Proton-Paaren im Kernbereich als Erklärung dafür vor, dass die Massenzahl A größer als die Kernladungszahl Z sein kann. Weiterhin, so argumentierte er, könnten diese Elektron-Proton-Paare die Quelle für die beim radioaktiven Zerfall auftretenden β-Teilchen sein. Die Streuexperimente, die Rutherford 1910 durchführte, ergaben, dass der Kern einen Durchmesser von etwa 10 fm hat. Verwenden Sie diesen Kerndurchmesser, die Unschärferelation und die Tatsache, dass β-Teilchen eine Energie zwischen 0,02 MeV und 3,40 MeV haben, um zu zeigen, dass im Kern keine Elektronen enthalten sein können.

• Radioaktivität

A40.12 • An einer radioaktiven Quelle wird zur Zeit $t = 0$ eine Zählrate von 8000 Zählimpulsen pro Sekunde gemessen, 10 min später sind es 1000 Impulse pro Sekunde. a) Wie groß ist die Halbwertszeit? b) Wie groß ist die Zerfallskonstante? c) Welche Zählrate misst man nach 20 min?

A40.13 • Schlagen Sie die Massen nach und berechnen Sie die Energie in MeV für den α-Zerfall von a) ^{226}Ra und b) ^{242}Pu.

A40.14 •• Plutonium ist ein hochgiftiges und für den Menschen lebensgefährliches Material. Einmal in den Körper gelangt, sammelt es sich hauptsächlich in den Knochen, obwohl es auch in anderen Organen zu finden ist. Im Knochenmark werden die roten Blutkörperchen gebildet. Das ^{239}Pu-Isotop ist ein α-Strahler mit einer Halbwertszeit von 24 360 Jahren. Da es sich bei α-Teilchen um eine ionisierende Strahlung handelt, wird die Blut bildende Eigenschaft des Knochenmarks durch das ^{239}Pu mit der Zeit immer mehr zerstört. Darüber hinaus löst die ionisierende Wirkung der α-Teilchen in dem Gewebe, das die ^{239}Pu-Isotope umgibt, verschiedene krebsartige Veränderungen aus. a) Wenn eine Person versehentlich 2,0 µg ^{239}Pu zu sich genommen und dieses sich in den Knochen gesammelt hat, wie viele α-Teilchen werden dann pro Sekunde im Skelett des Opfers erzeugt? b) Nach wie vielen Jahren wird eine Aktivität von 1000 α-Teilchen pro Sekunde erreicht?

A40.15 • Eine Probe eines in einer archäologischen Forschungsstätte ausgegrabenen Knochens enthält 175 g Kohlenstoff, und die ^{14}C-Zerfallsrate beträgt 8,1 Bq. Wie alt ist der Knochen?

A40.16 •• Messungen der Aktivität einer radioaktiven Probe ergaben folgende Werte:

t/min	Aktivität	t/min	Aktivität
0	4287	20	880
5	2800	30	412
10	1960	40	188
15	1326	60	42

Tragen Sie die Aktivität als Funktion der Zeit auf semilogarithmischem Papier auf und bestimmen Sie die Zerfallskonstante und die Halbwertszeit des Radioisotops.

A40.17 •• Das Rubidiumisotop ^{87}Rb ist ein β-Strahler mit einer Halbwertszeit von $4,9 \cdot 10^{10}$ Jahren und zerfällt zu ^{87}Sr. Es wird zur Bestimmung des Alters von Steinen und Fossilien genutzt. Berechnen Sie das Alter von Fossilien in Steinen, die ein Verhältnis von ^{87}Sr zu ^{87}Rb von 0,01 aufweisen, unter der Annahme, dass die Steine bei ihrer Entstehung kein ^{87}Sr enthielten.

• Kernreaktionen

A40.18 • Berechnen Sie die Q-Werte für die folgenden Reaktionen: a) ^{2}H $+ ^2$H $\rightarrow ^3$H $+ ^1$H $+ Q$, b) ^{2}H $+ ^3$He $\rightarrow ^4$He $+ ^1$H $+ Q$, c) ^{6}Li $+$ n $\rightarrow ^3$H $+ ^4$He $+ Q$.

A40.19 •• a) Berechnen Sie aus den beiden Atommassen 14,003242 u für $^{14}_{6}$C und 14,003074 u für $^{14}_{7}$N den Q-Wert (in MeV) für den folgenden β-Zerfall: $^{14}_{6}$C $\rightarrow ^{14}_{7}$N $+ \beta^- + \overline{\nu}_e$. b) Erläutern Sie, warum in dieser Rechnung die Masse des β^- nicht zur Atommasse des $^{14}_{7}$N addiert werden muss.

• Kernspaltung und Kernfusion

A40.20 • Angenommen, der Vermehrungsfaktor eines Kernreaktors beträgt $k = 1,1$. Nach wie vielen Generationen hat sich die Leistung des Reaktors a) auf das Doppelte, b) auf das Zehnfache und c) auf das Hundertfache erhöht? Berechnen Sie für alle drei Fälle die dazu benötigte Zeit, d) wenn keine verzögerten Neutronen vorhanden sind, so dass die Generationsdauer 1 ms beträgt, bzw. e) wenn sich die Generationsdauer aufgrund verzögerter Neutronen auf 100 ms erhöht.

A40.21 •• Im Jahre 1989 behaupteten einige Wissenschaftler, eine Kernfusion bei Zimmertemperatur in einer elektrochemischen Zelle erreicht zu haben. Durch eine Deuteriumfusion an der Palladiumelektrode ihrer Apparatur wollten sie eine Leistungsabgabe von 4 W erzielt haben. Nehmen Sie an, dass die beiden wahrscheinlichsten Reaktionen

$$^2\text{H} + {}^2\text{H} \rightarrow {}^3\text{He} + \text{n} + 3,27 \text{ MeV}$$

und

$$^2\text{H} + {}^2\text{H} \rightarrow {}^3\text{H} + {}^1\text{H} + 4,03 \text{ MeV}$$

sind und dass beide mit der gleichen Wahrscheinlichkeit von 50 % ablaufen. Wie viele Neutronen müssten pro Sekunde emittiert werden, wenn die Leistungsabgabe 4 W betragen soll?

A40.22 ••• In der Sonne und anderen Sternen wird Energie durch Kernfusion erzeugt. Einer der dabei auftretenden Fusionszyklen, der Proton-Proton-Zyklus, besteht aus den folgenden Reaktionen: ^{1}H $+ ^1$H $\rightarrow ^2$H $+ \beta^+ + \nu_e$, ^{1}H $+ ^2$H $\rightarrow ^3$He $+ \gamma$, gefolgt von

$$^1\text{H} + {}^3\text{He} \rightarrow {}^4\text{He} + \beta^+ + \nu_e.$$

a) Zeigen Sie, dass der Nettoeffekt dieser Reaktionen

$$4\,^1\text{H} \rightarrow {}^4\text{He} + 2\,\beta^+ + 2\,\nu_e + \gamma \quad \text{ist.}$$

b) Zeigen Sie, dass dabei eine Energie von 24,7 MeV freigesetzt wird. (Lassen Sie dabei mögliche Annihilationsprozesse der Positronen mit Elektronen, bei denen 1,02 MeV freigesetzt würden, außer Acht.) c) Die Sonne strahlt mit einer Leistung von etwa $4 \cdot 10^{26}$ W. Nehmen Sie an, die abgestrahlte Energie wird nur durch die in Teilaufgabe a dargestellte Nettoreaktion erzeugt. Bestimmen Sie die Rate des Protonenverbrauchs in der Sonne. Wie lange ist ein solcher Prozess prinzipiell möglich, wenn die abgestrahlte Leistung konstant bleibt und die Protonen etwa die Hälfte der Sonnenmasse von $2 \cdot 10^{30}$ kg ausmachen?

Allgemeine Aufgaben

A40.23 • Welche Energie muss aufgewendet werden, um ein Neutron a) aus einem ^{4}He-Kern bzw. b) aus einem ^{7}Li-Kern zu entfernen?

A40.24 • Ein Neutronenstern hat etwa die gleiche Dichte wie Kernmaterie. Wenn unsere Sonne zu einem Neutronenstern kollabieren würde, welchen Radius hätte das entstehende Objekt?

A40.25 •• Durch γ-Strahlen kann in Kernen Photospaltung hervorgerufen werden. Darunter versteht man eine Kernspaltung, die durch die Absorption eines Photons ausgelöst wird. Berechnen Sie die Grenzwellenlänge des Photons für das Zustandekommen der folgenden Kernreaktion:
$$^2\text{H} + \gamma \rightarrow {}^1\text{H} + {}^1\text{n}.$$
Schlagen Sie dazu die Massen der beteiligten Teilchen nach.

A40.26 • Die relative Isotopenhäufigkeit von ^{40}K (molekulare Masse $40{,}0\ \text{g} \cdot \text{mol}^{-1}$) beträgt $1{,}2 \cdot 10^{-4}$. Das ^{40}K-Isotop ist radioaktiv und hat eine Halbwertszeit von $1{,}3 \cdot 10^9$ Jahren. Kalium ist ein wesentliches Element jeder lebenden Zelle. Im menschlichen Körper macht Kalium etwa $0{,}36\ \%$ der Gesamtmasse aus. Bestimmen Sie die von dieser radioaktiven Quelle ausgehende Aktivität in einem Studenten mit einer Masse von 60 kg.

A40.27 •• a) Bestimmen Sie den Abstand größtmöglicher Annäherung bei dem zentralen Stoß zwischen einem α-Teilchen mit einer Energie von 8 MeV und einem ^{197}Au-Kern bzw. einem ^{10}B-Kern. Vernachlässigen Sie dabei den Rückstoß der getroffenen Kerne. b) Wiederholen Sie die Rechnung unter Berücksichtigung des Rückstoßes der getroffenen Kerne.

A40.28 •• In einem Beschleuniger werden mit einer konstanten Rate R_P radioaktive Kerne mit einer Zerfallskonstante λ erzeugt. Dann gehorcht die Anzahl n der radioaktiven Kerne der Gleichung $\mathrm{d}n/\mathrm{d}t = R_\text{P} - \lambda\, n$. a) Skizzieren Sie den Verlauf von n in Abhängigkeit von t für den Fall, dass zum Zeitpunkt $t = 0$ gilt: $n = 0$. b) Das ^{62}Cu-Isotop wird mit einer Rate von 100 Kernen pro Sekunde erzeugt, wenn man gewöhnliches Kupfer (^{63}Cu) in einen Strahl von hochenergetischen Photonen bringt. Die entsprechende Reaktionsgleichung lautet
$$\gamma + {}^{63}\text{Cu} \rightarrow {}^{62}\text{Cu} + \text{n}.$$
Die ^{62}Cu-Kerne zerfallen unter β-Emission mit einer Halbwertszeit von 10 min. Nach einer hinreichend langen Zeitspanne gilt: $\mathrm{d}n/\mathrm{d}t \approx 0$. Wie viele ^{62}Cu-Kerne liegen dann vor?

A40.29 ••• Der Tochterkern eines radioaktiven Ausgangskerns ist oft selbst wieder radioaktiv. Nehmen Sie an, das Ausgangsmaterial A habe die Zerfallskonstante λ_A, das Tochtermaterial B die Zerfallskonstante λ_B. Die Zahl der Kerne der Substanz B ergibt sich dann als Lösung der Differenzialgleichung
$$\mathrm{d}n_\text{B}/\mathrm{d}t = \lambda_\text{A}\, n_\text{A} - \lambda_\text{B}\, n_\text{B}.$$
a) Erklären Sie, wie diese Differenzialgleichung zustande kommt. b) Zeigen Sie, dass ihre Lösung
$$n_\text{B}(t) = \frac{n_{\text{A},0}\, \lambda_\text{A}}{\lambda_\text{B} - \lambda_\text{A}} \left(e^{-\lambda_\text{A} t} - e^{-\lambda_\text{B} t} \right)$$
lautet, wobei $n_{\text{A},0}$ die Zahl der Kerne der Sorte A zum Zeitpunkt $t = 0$ bezeichnet; die Zahl der Kerne von der Sorte B ist zu diesem Zeitpunkt null. c) Zeigen Sie, dass stets $n_\text{B}(t) > 0$ gilt, gleichgültig ob $\lambda_\text{A} > \lambda_\text{B}$ oder $\lambda_\text{B} > \lambda_\text{A}$ ist. d) Tragen Sie $n_\text{A}(t)$ und $n_\text{B}(t)$ für den Fall $\tau_\text{B} = 3\,\tau_\text{A}$ als Funktion der Zeit auf.

A40.30 ••• Ein Beispiel für die in Aufgabe 29 diskutierte Situation ist das radioaktive ^{229}Th-Isotop, ein α-Strahler mit einer Halbwertszeit von 7300 Jahren. Das Tochtermaterial, ^{225}Ra, ist ein β-Strahler und hat eine Halbwertszeit von 14,8 Tagen. In diesem wie auch in vielen anderen Fällen dieser Art ist die Halbwertszeit des Ausgangsmaterials wesentlich länger als die des Tochtermaterials. Verwenden Sie den Ausdruck in Aufgabe 29, Teil b, und gehen Sie davon aus, dass ursprünglich reines ^{229}Th mit $n_{\text{A},0}$ Kernen vorliegt. Zeigen Sie, dass die Zahl n_B der ^{225}Ra-Kerne nach einigen Jahren konstant ist und der Beziehung $n_\text{B} = \lambda_\text{A}\, n_\text{A}/\lambda_\text{B}$ gehorcht. Man sagt in diesem Fall, die Zahl der Tochterkerne befindet sich im *Dauergleichgewicht*.

Kernphysik

40L

L: Lösungen

Anmerkung: Es werden die Zeiteinheiten a = Jahr und d = Tag verwendet, und die Längeneinheit Lichtjahr wird mit Lj bezeichnet.

L40.1 a) ^{15}N und ^{16}N, b) ^{54}Fe und ^{55}Fe, c) ^{112}Sn und ^{114}Sn.

L40.2 Der β-Zerfall hinterlässt gewöhnlich einen protonenreichen Tochterkern, der also oberhalb der Stabilitätskurve liegt. Daher neigt der Tochterkern zum β^--Zerfall, bei dem ein Proton im Kern zu einem Neutron wird.

L40.3 Die Datierung würde unzuverlässig werden, weil die heutige Konzentration an ^{14}C in der Atmosphäre nicht der zu früheren Zeitpunkten entspräche.

L40.4 Damit es abgebremst wird, muss ein schnelles Neutron mit einem Atomkern in einem elastischen Stoß Energie austauschen. Beim Zusammenstoß zweier Teilchen verliert das schnellere am meisten Energie, wenn beide Teilchen die gleiche Masse haben. Diese Bedingung ist für Neutronen und Protonen (Wasserstoffkerne) erfüllt. Jedoch kann man als Moderator kein gewöhnliches Wasser verwenden, weil die Protonen langsamere Neutronen einfangen und dabei Deuteronen bilden.

L40.5 Der β-Zerfall tritt bei Kernen ein, die zu viele oder zu wenige Neutronen haben, um stabil zu sein. Die Massenzahl A ändert sich beim β-Zerfall nicht. Beim β^--Zerfall steigt die Kernladungszahl Z um 1 an, während sie beim β^+-Zerfall um 1 abnimmt.

a) $^{22}_{11}\text{Na} \rightarrow\ ^{22}_{10}\text{Ne} +\ ^{0}_{+1}\beta$, β^+-Zerfall.

b) $^{24}_{11}\text{Na} \rightarrow\ ^{24}_{12}\text{Mg} +\ ^{0}_{-1}\beta$, β^--Zerfall.

L40.6 a) β-Zerfall von ^{16}N: $^{16}_{7}\text{N} \rightarrow\ ^{16}_{8}\text{O} +\ ^{0}_{-1}\beta +\ ^{0}_{0}\overline{\nu} + Q$.

b) α-Zerfall von ^{248}Fm: $^{248}_{100}\text{Fm} \rightarrow\ ^{244}_{98}\text{Cf} +\ ^{4}_{2}\text{He} + Q$.

c) Positronzerfall von ^{12}N: $^{12}_{7}\text{N} \rightarrow\ ^{12}_{6}\text{C} +\ ^{0}_{+1}\beta +\ ^{0}_{0}\nu + Q$.

d) β-Zerfall von ^{81}Se: $^{81}_{34}\text{Se} \rightarrow\ ^{81}_{35}\text{Br} +\ ^{0}_{-1}\beta +\ ^{0}_{0}\overline{\nu} + Q$.

e) Positronzerfall von ^{61}Cu: $^{61}_{29}\text{Cu} \rightarrow\ ^{61}_{28}\text{Ni} +\ ^{0}_{+1}\beta +\ ^{0}_{0}\nu + Q$.

f) α-Zerfall von ^{228}Th: $^{228}_{90}\text{Th} \rightarrow\ ^{224}_{88}\text{Ra} +\ ^{4}_{2}\text{He} + Q$.

L40.7 a) Die Anzahl n_S der Spaltungen von ^{235}U-Kernen, die zur Erzeugung von 10^{20} J an Energie nötig sind, ist

$$n_\text{S} = \frac{10^{20}\ \text{J}}{(200\ \text{MeV})\,(1{,}60 \cdot 10^{-19}\ \text{J} \cdot \text{eV}^{-1})} = 3{,}13 \cdot 10^{30}.$$

Die dazu erforderliche Masse an ^{235}U ergibt sich zu

$$m_{235_\text{U}} = \frac{n_\text{S}}{n_\text{A}}\,m_\text{Mol} = \frac{3{,}13 \cdot 10^{30}}{6{,}02 \cdot 10^{23}\ \text{mol}^{-1}}\,(235\ \text{g} \cdot \text{mol}^{-1})$$
$$= 5{,}20 \cdot 10^{6}\ \text{kg}.$$

b) Die Anzahl n_F der Fusionsreaktionen von ^{2}H- und ^{3}H-Kernen, die zur Erzeugung von 10^{20} J an Energie nötig sind, ist

$$n_\text{F} = \frac{10^{20}\ \text{J}}{(18\ \text{MeV})\,(1{,}60 \cdot 10^{-19}\ \text{J} \cdot \text{eV}^{-1})} = 3{,}47 \cdot 10^{31}.$$

Die dazu erforderliche Masse an Deuterium und Tritium mit der gesamten Molmasse $5\ \text{g} \cdot \text{mol}^{-1}$ ergibt sich zu

$$m_{2_\text{H}+3_\text{H}} = \frac{n_\text{F}}{n_\text{A}}\,m_\text{Mol} = \frac{3{,}47 \cdot 10^{31}}{6{,}02 \cdot 10^{23}\ \text{mol}^{-1}}\,(5\ \text{g} \cdot \text{mol}^{-1})$$
$$= 2{,}88 \cdot 10^{6}\ \text{kg}.$$

L40.8 Wir addieren jeweils die Massen der Protonen und der Neutronen und subtrahieren davon die Masse des Kerns. Die Bindungsenergie ergibt sich durch Multiplikation dieser Differenz mit c^2.

a) Bei ^{12}C ist $Z = 6$ und $N = 6$. Die Summe der Teilchenmassen ist

$$\sum m = 6 m_\text{p} + 6 m_\text{n} = 6\,(1{,}007825\ \text{u}) + 6\,(1{,}008665\ \text{u})$$
$$= 12{,}098940\ \text{u}.$$

Damit berechnen wir die Massendifferenz zur Kernmasse

$$\Delta m = \sum m - m_{12_\text{C}} = 12{,}098940\ \text{u} - 12\ \text{u} = 0{,}098940\ \text{u}$$

und hieraus die Bindungsenergie

$$E_\text{b} = \Delta m\, c^2 = (0{,}098940\ \text{u})\,c^2\,\frac{931{,}5\ \text{MeV}/c^2}{1\ \text{u}} = 92{,}2\ \text{MeV}$$

sowie schließlich die Bindungsenergie pro Nukleon

$$\frac{E_b}{A} = \frac{92,2\ \text{MeV}}{12} = 7,68\ \text{MeV}.$$

b) Bei ^{56}Fe ist $Z = 26$ und $N = 30$. Die Summe der Teilchenmassen ist

$$\sum m = 26\,(1,007825\ \text{u}) + 30\,(1,008665\ \text{u}) = 56,463400\ \text{u}.$$

Damit berechnen wir die Massendifferenz zur Kernmasse

$$\Delta m = \sum m - m_{^{56}\text{Fe}} = 56,463400\ \text{u} - 55,934942\ \text{u}$$
$$= 0,528458\ \text{u}$$

und hieraus die Bindungsenergie

$$E_b = \Delta m c^2 = (0,528458\ \text{u})\, c^2\, \frac{931,5\ \text{MeV}/c^2}{1\ \text{u}} = 492\ \text{MeV}$$

sowie schließlich die Bindungsenergie pro Nukleon

$$\frac{E_b}{A} = \frac{492\ \text{MeV}}{56} = 8,79\ \text{MeV}.$$

c) Bei ^{238}U ist $Z = 92$ und $N = 146$. Die Summe der Teilchenmassen ist

$$\sum m = 92\,(1,007825\ \text{u}) + 146\,(1,008665\ \text{u}) = 239,984990\ \text{u}.$$

Damit berechnen wir die Massendifferenz zur Kernmasse

$$\Delta m = \sum m - m_{^{238}\text{U}} = 239,984990\ \text{u} - 238,050783\ \text{u}$$
$$= 1,934207\ \text{u}$$

und hieraus die Bindungsenergie

$$E_b = \Delta m c^2 = (1,934207\ \text{u})\, c^2\, \frac{931,5\ \text{MeV}/c^2}{1\ \text{u}} = 1802\ \text{MeV}$$

sowie schließlich die Bindungsenergie pro Nukleon

$$\frac{E_b}{A} = \frac{1802\ \text{MeV}}{238} = 7,57\ \text{MeV}.$$

L40.9 Der Kernradius ist $r_K = r_0 A^{1/3} \approx (1,2\ \text{fm})\, A^{1/3}$.

a) $r_{^{16}\text{O}} \approx (1,2\ \text{fm})\,(16)^{1/3} = 3,02\ \text{fm}$.

b) $r_{^{56}\text{Fe}} \approx (1,2\ \text{fm})\,(56)^{1/3} = 4,59\ \text{fm}$.

c) $r_{^{197}\text{Au}} \approx (1,2\ \text{fm})\,(197)^{1/3} = 6,98\ \text{fm}$.

L40.10 a) Bei $25\,^\circ$C ist die thermische Energie eines Neutrons

$$E_{\text{therm.}} = k_B T = (1,381 \cdot 10^{-23}\ \text{J} \cdot \text{K}^{-1})\,(25 + 273)\ \text{K}$$
$$= 4,11 \cdot 10^{-21}\ \text{J}$$
$$= (4,11 \cdot 10^{-21}\ \text{J})\, \frac{1\ \text{eV}}{1,60 \cdot 10^{-19}\ \text{J}} = 25,7\ \text{meV}.$$

b) Gleichsetzen der thermischen Energie $E_{\text{therm.}}$ mit der kinetischen Energie $\frac{1}{2} m_n v^2$ ergibt für die Geschwindigkeit

$$v = \sqrt{\frac{2\,E_{\text{therm.}}}{m_n}} = \sqrt{\frac{2\,(4,11 \cdot 10^{-21}\ \text{J})}{1,67 \cdot 10^{-27}\ \text{kg}}} = 2,22\ \text{km} \cdot \text{s}^{-1}.$$

c) Die Halbwertszeit ist

$$t_{1/2} = \frac{x}{v} = \frac{1350\ \text{km}}{2,22\ \text{km} \cdot \text{s}^{-1}} = (608\ \text{s})\, \frac{1\ \text{min}}{60\ \text{s}} = 10,1\ \text{min}.$$

L40.11 Gemäß der Heisenberg'schen Unschärferelation ist $\Delta x \Delta p \approx \hbar/2$. Damit erhalten wir

$$\Delta p \approx \frac{h}{2\,\Delta x} = \frac{1,05 \cdot 10^{-34}\ \text{J} \cdot \text{s}}{2\,(10 \cdot 10^{-15}\ \text{m})} = 5,25 \cdot 10^{-21}\ \text{kg} \cdot \text{m} \cdot \text{s}^{-1}.$$

Bei einem solchen Impuls ist die kinetische Energie

$$E_{\text{kin}} = pc = (5,25 \cdot 10^{-21}\ \text{kg} \cdot \text{m} \cdot \text{s}^{-1})\,(3 \cdot 10^8\ \text{m} \cdot \text{s}^{-1})$$
$$= (1,58 \cdot 10^{-12}\ \text{J})\, \frac{1\ \text{eV}}{1,60 \cdot 10^{-19}\ \text{J}} = 9,88\ \text{MeV}.$$

Dieser Wert widerspricht experimentellen Ergebnissen, nach denen die Energie von Elektronen in instabilen Atomen etwa zwischen 1 eV und 1000 eV liegt.

L40.12 a) Für die nach 10 min gemessene Zählrate gilt $R_{10\,\text{min}} = (\frac{1}{2})^n R_0$. Daraus ergibt sich

$$n = \frac{\ln\,(R_{10\,\text{min}}/R_0)}{\ln \frac{1}{2}} = \frac{\ln \dfrac{1000\ \text{s}^{-1}}{8000\ \text{s}^{-1}}}{\ln \frac{1}{2}} = 3.$$

Es sind also drei Halbwertszeiten verstrichen, und wir erhalten $3\,t_{1/2} = 10\ \text{min}$ und daraus $t_{1/2} = 200\ \text{s}$.

b) Die Halbwertszeit $t_{1/2}$ hängt mit der Zerfallskonstanten λ zusammen über $t_{1/2} = \ln 2/\lambda$. Damit ergibt sich

$$\lambda = \frac{\ln 2}{t_{1/2}} = \frac{\ln 2}{200\ \text{s}} = 3,47 \cdot 10^{-3}\ \text{s}^{-1}.$$

c) Nach 20 min sind sechs Halbwertszeiten verstrichen, und die Zählrate ist $R_{20\,\text{min}} = (\frac{1}{2})^6\,(8000\ \text{Bq}) = 125\ \text{Bq}$.

L40.13 a) ^{226}Ra $\rightarrow$ ^{222}Rn $+ {}^4$He.

$$\Delta E = \frac{931,5\ \text{MeV}/c^2}{1\ \text{u}}$$
$$\cdot [(226,025403 - 222,017571 - 4,002603)\ \text{u}]\, c^2$$
$$= 4,87\ \text{MeV}.$$

b) ^{242}Pu $\rightarrow$ ^{228}U $+ {}^4$He.

$$\Delta E = \frac{931,5\ \text{MeV}/c^2}{1\ \text{u}}$$
$$\cdot [(242,058737 - 238,050783 - 4,002603)\ \text{u}]\, c^2$$
$$= 4,98\ \text{MeV}.$$

L40.14 a) Die Aktivität ist das Produkt aus der Zerfallskonstanten und der Anzahl der Kerne: $R = \lambda n$. Für die Zerfallskonstante gilt (mit $3,156 \cdot 10^7$ Sekunden pro Jahr):

$$\lambda = \frac{\ln 2}{t_{1/2}} = \frac{0,693}{(24630\ \text{a})\,(3,156 \cdot 10^7\ \text{s} \cdot \text{a}^{-1})} = 9,02 \cdot 10^{-13}\ \text{s}^{-1}.$$

Die Anzahl der vorhandenen Plutoniumkerne ist

$$n = m_{\text{Pu}}\, \frac{n_A}{m_{\text{Mol}}} = (2,0\ \mu\text{g})\, \frac{6,02 \cdot 10^{23}\ \text{mol}^{-1}}{239\ \text{g} \cdot \text{mol}^{-1}} = 5,04 \cdot 10^{15}.$$

Damit ist die anfängliche Aktivität

$$R_0 = \lambda\, n = (9{,}02 \cdot 10^{-13}\,\mathrm{s}^{-1})\,(5{,}04 \cdot 10^{15}) = 4{,}55 \cdot 10^3\,\mathrm{s}^{-1}.$$

b) Die Aktivität hängt folgendermaßen von der Zeit ab: $R = R_0\, \mathrm{e}^{-\lambda t}$. Damit erhalten wir für die Zeitspanne, bis 1000 Zerfälle pro Sekunde auftreten:

$$t = \frac{\ln\,(R/R_0)}{-\lambda}$$

$$= \frac{\ln\left(\dfrac{1 \cdot 10^3\,\mathrm{s}^{-1}}{4{,}55 \cdot 10^3\,\mathrm{s}^{-1}}\right)}{-(9{,}02 \cdot 10^{-13}\,\mathrm{s}^{-1})\,(3{,}156 \cdot 10^7\,\mathrm{s \cdot a^{-1}})} = 5{,}32 \cdot 10^4\,\mathrm{a}.$$

L40.15 In einem lebenden Organismus erfolgen 15 Zerfälle pro Minute und pro Gramm Kohlenstoff. Daraus ergibt sich die anfängliche Aktivität (zum Zeitpunkt, da der betreffende Organismus starb) zu

$$R_0 = (15{,}0\,\mathrm{min}^{-1} \cdot \mathrm{g}^{-1})\,\frac{1\,\mathrm{min}}{60\,\mathrm{s}}\,(175\,\mathrm{g}) = 43{,}75\,\mathrm{Bq}.$$

Mit der Anzahl n der verstrichenen Halbwertszeiten ist die Aktivität gegeben durch $R_n = \left(\frac{1}{2}\right)^n R_0$. Daraus folgt

$$n = \frac{\ln\left(\dfrac{R}{R_0}\right)}{\ln\left(\frac{1}{2}\right)} = \frac{\ln\left(\dfrac{8{,}1\,\mathrm{Bq}}{43{,}75\,\mathrm{Bq}}\right)}{\ln\left(\frac{1}{2}\right)} = 2{,}433.$$

Die verstrichene Zeitspanne und damit das Alter der Probe ist

$$t = n\,t_{1/2} = 2{,}433 \cdot (5730\,\mathrm{a}) = 13940\,\mathrm{a}.$$

L40.16 Die Kurve in der Abbildung wurde mit der Excel-Funktion „Hinzufügen einer Trendlinie" erzeugt.

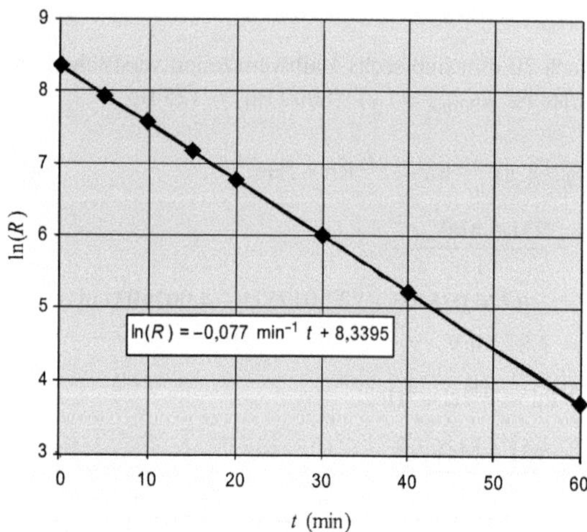

Die logarithmische Auftragung ergibt eine Gerade mit negativer Steigung. Also liegt ein exponentielles Zeitgesetz folgender Form vor: $R = R_0\, \mathrm{e}^{-\lambda t}$. Logarithmieren liefert

$$\ln R = \ln\,(\mathrm{e}^{-\lambda t}) + \ln R_0 = -\lambda\, t + \ln R_0.$$

Das vergleichen wir mit der Geradengleichung $y = mx + b$, wobei m die Steigung ist. Also ist die Steigung der obigen Kurve gleich $-\lambda$ (und der Ordinatenabschnitt ist $\ln R_0$). Wir erhalten damit $\lambda = 0{,}077\,\mathrm{min}^{-1}$ und

$$t_{1/2} = \frac{\ln 2}{\lambda} = \frac{\ln 2}{0{,}077\,\mathrm{min}^{-1}} = 8{,}99\,\mathrm{min}.$$

L40.17 Die Zerfallsrate ist $R = R_0\, \mathrm{e}^{-\lambda t}$, und für die Zerfallskonstante gilt $\lambda = (\ln 2)/t_{1/2}$. Damit ist das Alter gegeben durch

$$t = \frac{\ln\left(\dfrac{R}{R_0}\right)}{-\lambda} = \frac{\ln\left(\dfrac{R}{R_0}\right)}{-\ln 2}\,t_{1/2} = \frac{\ln\left(\dfrac{n_{\mathrm{Rb}}}{n_{0,\mathrm{Rb}}}\right)}{-\ln 2}\,t_{1/2}.$$

Darin haben wir die Tatsache ausgenutzt, dass die Aktivität proportional zur jeweils vorhandenen Anzahl der Kerne ist. Für die Anzahlen der verschiedenen Kerne muss gelten

$$n_{\mathrm{Sr}} = n_{0,\mathrm{Rb}} - n_{\mathrm{Rb}}, \quad \text{also} \quad n_{0,\mathrm{Rb}} = n_{\mathrm{Sr}} + n_{\mathrm{Rb}}.$$

Aus dem gegebenen Wert folgt

$$n_{\mathrm{Sr}} = 0{,}01\,n_{\mathrm{Rb}} \quad \text{und daraus} \quad n_{\mathrm{Sr}}/n_{\mathrm{Rb}} = 0{,}01.$$

Dies und die ebenfalls gegebene Halbwertszeit setzen wir in die obige Gleichung für t ein:

$$t = \frac{\ln\left(\dfrac{1}{1{,}01}\right)}{-\ln 2}\,(4{,}9 \cdot 10^{10}\,\mathrm{a}) = 7{,}03 \cdot 10^8\,\mathrm{a}.$$

L40.18 Wir verwenden die Beziehung $Q = -\Delta m\, c^2$, müssen also zunächst die Massendifferenz ermitteln.

a) Die Massen der beteiligten Atome sind

$$m_{2\mathrm{H}} = 2{,}014102\,\mathrm{u}, \quad m_{3\mathrm{H}} = 3{,}016049\,\mathrm{u}, \quad m_{1\mathrm{H}} = 1{,}007825\,\mathrm{u}.$$

Die anfängliche Gesamtmasse der Atome ist

$$m_{\mathrm{A}} = 2\,m_{2\mathrm{H}} = 2\,(2{,}014102\,\mathrm{u}) = 4{,}028204\,\mathrm{u},$$

und die Masse der am Ende vorhandenen Atome ist

$$m_{\mathrm{E}} = m_{3\mathrm{H}} + m_{1\mathrm{H}} = 3{,}016049\,\mathrm{u} + 1{,}007825\,\mathrm{u} = 4{,}023874\,\mathrm{u}.$$

Dies ergibt die Massendifferenz

$$\Delta m = m_{\mathrm{E}} - m_{\mathrm{A}} = 4{,}023874\,\mathrm{u} - 4{,}028204\,\mathrm{u} = -0{,}004330\,\mathrm{u},$$

und wir erhalten

$$Q = -(-0{,}004330\,\mathrm{u})\,c^2\,\frac{931{,}5\,\mathrm{MeV}/c^2}{1\,\mathrm{u}} = 4{,}03\,\mathrm{MeV}.$$

b) Auf die gleiche Weise wie in Teilaufgabe a ergibt sich

$$Q = -(-0{,}019703\,\mathrm{u})\,c^2\,\frac{931{,}5\,\mathrm{MeV}/c^2}{1\,\mathrm{u}} = 18{,}4\,\mathrm{MeV}.$$

c) Wiederum auf die gleiche Weise erhalten wir

$$Q = -(-0{,}005135\,\mathrm{u})\,c^2\,\frac{931{,}5\,\mathrm{MeV}/c^2}{1\,\mathrm{u}} = 4{,}78\,\mathrm{MeV}.$$

L40.19 a) Wir verwenden die Beziehung $Q = -\Delta m\, c^2$, müssen also zunächst die Massendifferenz ermitteln. Die Massen der beteiligten Atome sind

$$m_{14\mathrm{C}} = 14{,}003242\,\mathrm{u}, \quad m_{14\mathrm{N}} = 14{,}003074\,\mathrm{u},$$

und die Massenzunahme ist

$$\Delta m = 14{,}003074\,\mathrm{u} - 14{,}003242\,\mathrm{u} = -0{,}000168\,\mathrm{u}.$$

Damit erhalten wir

$$Q = -(-0{,}000168\,\mathrm{u})\,c^2\,\frac{931{,}5\,\mathrm{MeV}/c^2}{1\,\mathrm{u}} = 0{,}156\,\mathrm{MeV}.$$

b) Die gegebenen Massen sind die der Atome, nicht die der Kerne. Also sind die hier eingesetzten Massenwerte als Kernmassen um das Produkt aus der Kernladungszahl und der Elektronenmasse zu hoch. Für den Kohlenstoffkern müssen wir die Masse also um $6\,m_e$ verringern und für den Stickstoffkern um $7\,m_e$. Subtrahieren wir auf jeder Seite der Reaktionsgleichung $6\,m_e$, dann bleibt auf der rechten Seite noch eine Elektronenmasse zu viel stehen. Wenn man die Masse des β-Teilchens (Elektrons) nicht berücksichtigt, so entspricht dies der Subtraktion von $1\,m_e$ auf der rechten Seite.

L40.20 Mit dem Vermehrungsfaktor k ist die Aktivität nach n Generationen gegeben durch $R = k^n = (1,1)^n$. Die Leistung ist proportional zur Aktivität.

a) Verdopplung der Leistung:
$(1,1)^{n_2} = 2$,   also $n_2 = (\ln 2)/(\ln 1,1) = 7,27$.

b) Verzehnfachung der Leistung:
$(1,1)^{n_{10}} = 10$,   also $n_{10} = (\ln 10)/(\ln 1,1) = 24,2$.

c) Verhundertfachung der Leistung:
$(1,1)^{n_{100}} = 100$,   also $n_{100} = (\ln 100)/(\ln 1,1) = 48,3$.

d) Wir multiplizieren die eben ermittelten Anzahlen der Generationen mit der Generationszeit $t_{G,1} = 1$ ms:

$$t_2 = n_2\, t_{G,1} = (7,27)\,(1\text{ ms}) = 7,27\text{ ms},$$
$$t_{10} = n_{10}\, t_{G,1} = (24,2)\,(1\text{ ms}) = 24,2\text{ ms},$$
$$t_{100} = n_{100}\, t_{G,1} = (48,3)\,(1\text{ ms}) = 48,3\text{ ms}.$$

e) Wir multiplizieren die in Teilaufgabe a ermittelten Anzahlen der Generationen mit der Generationszeit $t_{G,100} = 100$ ms:

$$t'_2 = n_2\, t_{G,100} = (7,27)\,(100\text{ ms}) = 0,727\text{ s},$$
$$t'_{10} = n_{10}\, t_{G,100} = (24,2)\,(100\text{ ms}) = 2,42\text{ s},$$
$$t'_{100} = n_{100}\, t_{G,100} = (48,3)\,(100\text{ ms}) = 4,83\text{ s}.$$

L40.21 Die Anzahl der pro Sekunde emittierten Neutronen ist $n_n = \frac{1}{2}n$ (weil nur die Hälfte der Reaktionen ein Neutron erzeugt). Darin ist n die Anzahl der Reaktionen pro Sekunde. Mit der geforderten Leistung von 4 W gilt für diese Anzahl

$$n = \frac{(4\,\text{J}\cdot\text{s}^{-1})\,\dfrac{1\text{ eV}}{1,60\cdot 10^{-19}\text{ J}}}{\frac{1}{2}\,(3,27\text{ MeV} + 4,03\text{ MeV})} = 6,85\cdot 10^{12}\text{ s}^{-1}.$$

Damit erhalten wir für die Anzahl der Neutronen, die hätten emittiert werden müssen:

$$n_n = \tfrac{1}{2}\,(6,85\cdot 10^{12}\text{ s}^{-1}) = 3,43\cdot 10^{12}\text{ s}^{-1}.$$

L40.22 a) Wir addieren die angegebenen Reaktionen:
$$^1\text{H} + {}^1\text{H} + {}^1\text{H} + {}^2\text{H} + {}^1\text{H} + {}^3\text{He} \rightarrow$$
$$^2\text{H} + \beta^+ + \nu_e + {}^3\text{He} + \gamma + {}^4\text{He} + \beta^+ + \nu_e.$$

Vereinfachen ergibt
$$4\,{}^1\text{H} \rightarrow {}^4\text{He} + 2\,\beta^+ + 2\,\nu_e + \gamma.$$

b) Die dabei freigesetzte Ruheenergie ist

$$(\Delta m)\,c^2 = (4\,m_p - m_\alpha - 4\,m_e)\,c^2$$
$$= [4\,(1,007825\text{ u}) - 4,002603\text{ u}]\,c^2\,\frac{931,5\text{ MeV}/c^2}{1\text{ u}}$$
$$- 4\,(0,511\text{ MeV})$$
$$= 24,7\text{ MeV}.$$

c) Die gesuchte Rate R des Protonenverbrauchs entspricht dem Quotienten aus der gegebenen Leistung P und der pro verbrauchtem Proton freigesetzten Energie: $R = P/E$. Diese Energie ist

$$E = \tfrac{1}{4}\,(24,7\text{ MeV})\,\frac{1,60\cdot 10^{-19}\text{ J}}{1\text{ eV}} = 9,9\cdot 10^{-13}\text{ J}.$$

Damit ist die Rate des Protonenverbrauchs

$$R = \frac{P}{E} = \frac{4\cdot 10^{26}\text{ W}}{9,9\cdot 10^{-13}\text{ J}} = 4,04\cdot 10^{38}\text{ s}^{-1}.$$

Die Anzahl der Protonen, deren Masse nach unserer Annahme der Hälfte der Sonnenmasse m_S entsprechen soll, ist:

$$n_p = \frac{\frac{1}{2}\,m_S}{m_p} = \frac{\frac{1}{2}\,(2\cdot 10^{30}\text{ kg})}{1,67\cdot 10^{-27}\text{ kg}} = 5,96\cdot 10^{56}.$$

Damit (und mit $3,16\cdot 10^7$ Sekunden pro Jahr) erhalten wir die Zeit, nach der die Protonen gemäß unseren Annahmen verbraucht wären:

$$t = \frac{n_p}{R} = \frac{5,96\cdot 10^{56}}{4,04\cdot 10^{38}\text{ s}^{-1}}\,\frac{1\text{ a}}{3,16\cdot 10^7\text{ s}} = 5,44\cdot 10^{10}\text{ a}.$$

L40.23 Wir verwenden die Beziehung $Q = -\Delta m\,c^2$, müssen also zunächst die Massendifferenz zwischen dem anfänglich vorhandenen Atom und den Reaktionsprodukten ermitteln.

a) Die Reaktionsgleichung lautet $^1\text{He} \rightarrow {}^3\text{He} + \text{n} + Q$, und die Massen sind
$$m_{^4\text{He}} = 4,002603\text{ u},\quad m_{^3\text{He}} = 3,016029\text{ u},\quad m_n = 1,008665\text{ u}.$$
Die anfängliche Masse ist $m_A = m_{^4\text{He}} = 4,002603\text{ u}$,

und die Masse der Reaktionsprodukte ist
$$m_E = m_{^3\text{He}} + m_n = 3,016029\text{ u} + 1,008665\text{ u} = 4,024694\text{ u}.$$
Dies ergibt die Massendifferenz
$$\Delta m = m_E - m_A = 4,024694\text{ u} - 4,002603\text{ u} = 0,022091\text{ u},$$
und wir erhalten

$$Q = -(0,022091\text{ u})\,c^2\,\frac{931,5\text{ MeV}/c^2}{1\text{ u}} = -20,6\text{ MeV}.$$

Es sind also 20,6 MeV aufzuwenden.

b) Die Reaktionsgleichung lautet $^7\text{Li} \rightarrow {}^6\text{Li} + \text{n} + Q$, und die Massen sind
$$m_{^7\text{Li}} = 7,016004\text{ u},\quad m_{^6\text{Li}} = 6,015122\text{ u},\quad m_n = 1,008665\text{ u}.$$
Die anfängliche Masse ist $m_A = m_{^7\text{Li}} = 7,016004\text{ u}$,

und die Masse der Reaktionsprodukte ist
$$m_E = m_{^6\text{Li}} + m_n = 6,015122\text{ u} + 1,008665\text{ u} = 7,023787\text{ u}.$$
Dies ergibt die Massendifferenz
$$\Delta m = m_E - m_A = 7,023787\text{ u} - 7,016004\text{ u} = 0,007783\text{ u},$$
und wir erhalten

$$Q = -(0,007783\text{ u})\,c^2\,\frac{931,5\text{ MeV}/c^2}{1\text{ u}} = -7,25\text{ MeV}.$$

Es sind also 7,25 MeV aufzuwenden.

L40.24 Für die Masse m des Sterns, der den Radius r, die Dichte ρ und das Volumen V hat, gilt $m = \rho V = 4\pi\rho r^3$.

Die Dichte der Kernmaterie, die derjenigen der Neutronen ähnelt, ist $\rho = 1{,}174 \cdot 10^{17}\ \text{kg} \cdot \text{m}^{-3}$.

Damit ergibt sich für den Radius, wobei wir für m die Sonnenmasse einsetzen:

$$r = \sqrt[3]{\frac{3m}{4\pi\rho}} \approx \sqrt[3]{\frac{3\,(2\cdot 10^{30}\ \text{kg})}{4\pi\,(1{,}17\cdot 10^{17}\ \text{kg}\cdot\text{m}^{-3})}} = 16\ \text{km}.$$

L40.25 Die Grenzwellenlänge λ_G können wir aus der Beziehung $E_\text{G} = h\nu_\text{G} = hc/\lambda_\text{G}$ berechnen. Die erforderliche Mindestenergie E_G ist gleich der Bindungsenergie des Deuterons:

$$E_\text{G} = E_\text{b} = \left[m_\text{D} - (m_\text{p} + m_\text{n})\right]c^2\ \frac{931{,}5\ \text{MeV}/c^2}{1\ \text{u}}$$

$$= [2{,}014102\ \text{u} - (1{,}007825\ \text{u} + 1{,}008665\ \text{u})]\ \frac{931{,}5\ \text{MeV}}{1\ \text{u}}$$

$$= -(2{,}22\ \text{MeV})\ \frac{1{,}60\cdot 10^{-19}\ \text{J}}{1\ \text{eV}} = -3{,}55\cdot 10^{-13}\ \text{J}.$$

Damit erhalten wir für die Grenzwellenlänge

$$\lambda_\text{G} = \frac{hc}{E_\text{G}} = \frac{(6{,}63\cdot 10^{-34}\ \text{J}\cdot\text{s})\,(3{,}00\cdot 10^{8}\ \text{m}\cdot\text{s}^{-1})}{3{,}55\cdot 10^{-13}\ \text{J}}$$

$$= 5{,}60\cdot 10^{-13}\ \text{m} = 0{,}560\ \text{pm}.$$

L40.26 Für die Berechnung der Aktivität müssen wir zunächst die Anzahl der ^{40}K-Kerne ermitteln. Die Anzahl der Kaliumatome im Körper des Studenten, der die Masse m hat, ist

$$n_\text{K} = 0{,}0036 \cdot \frac{m\,n_\text{A}}{m_\text{Mol}}$$

$$= 0{,}0036 \cdot \frac{(60\ \text{kg})\,(6{,}02\cdot 10^{23}\ \text{mol}^{-1})}{40\ \text{g}\cdot\text{mol}^{-1}} = 3{,}3\cdot 10^{24}.$$

Mit der angegebenen relativen Häufigkeit des Isotops ^{40}K ergibt sich die Anzahl dieser Atomkerne zu

$$n_{^{40}\text{K}} = (1{,}2\cdot 10^{-4})\,(3{,}3\cdot 10^{24}) = 4\cdot 10^{20}.$$

Damit erhalten wir für die Aktivität des Isotops ^{40}K (wobei wir berücksichtigen, dass das Jahr rund $3{,}16\cdot 10^{7}$ Sekunden hat):

$$R = n_{^{40}\text{K}}\,\lambda = \frac{n_{^{40}\text{K}}\ \ln 2}{t_{1/2}}$$

$$= \frac{(4\cdot 10^{20})\,0{,}693}{(1{,}3\cdot 10^{9}\ \text{a})\,(3{,}16\cdot 10^{7}\ \text{s}\cdot\text{a}^{-1})} = 6{,}7\cdot 10^{3}\ \text{Bq}.$$

L40.27 Wir stellen zunächst die benötigten Formeln auf. Mit der kinetischen Energie $E_\text{kin}^{(\text{L})}$ im Laborsystem ist die kinetische Energie eines Atomkerns mit der Masse m im Schwerpunktsystem nach dem Stoß mit dem α-Teilchen

$$E_\text{kin}^{(\text{S})} = \frac{E_\text{kin}^{(\text{L})}}{1 + m_\alpha/m} = \frac{E_\text{kin}^{(\text{L})}}{1 + (4\ \text{u})/m}.$$

Mit $\frac{1}{4\pi\varepsilon_0}\,e^2 = 1{,}44\ \text{MeV}\cdot\text{fm}$ gilt beim Abstand der größtmöglichen Annäherung

$$E_\text{kin}^{(\text{S})} = \frac{1}{4\pi\varepsilon_0}\,\frac{q_1\,q_2}{r_\text{min}} = \frac{1}{4\pi\varepsilon_0}\,\frac{(2e)\,(Ze)}{r_\text{min}} = \frac{1}{4\pi\varepsilon_0}\,\frac{e^2\,2Z}{r_\text{min}}$$

$$= \frac{(1{,}44\ \text{MeV}\cdot\text{fm})\,2Z}{r_\text{min}}$$

Daraus folgt $\quad r_\text{min} = \dfrac{(1{,}44\ \text{MeV}\cdot\text{fm})\,2Z}{E_\text{kin}^{(\text{S})}}.$

a) Den Rückstoß des getroffenen Kerns zu vernachlässigen, bedeutet, $E_\text{kin}^{(\text{S})}$ durch $E_\text{kin}^{(\text{L})}$ zu ersetzen. Dies ergibt für den ^{197}Au-Kern

$$r_\text{min,Au} = \frac{(1{,}44\ \text{MeV}\cdot\text{fm})\,(2\cdot 79)}{8\ \text{MeV}} = 28{,}4\ \text{fm}$$

und für den ^{10}B-Kern

$$r_\text{min,B} = \frac{(1{,}44\ \text{MeV}\cdot\text{fm})\,(2\cdot 5)}{8\ \text{MeV}} = 1{,}80\ \text{fm}.$$

b) Mit Berücksichtigung des Rückstoßes ergibt sich für den ^{197}Au-Kern

$$E_\text{kin,Au,R}^{(\text{S})} = \frac{8\ \text{MeV}}{1 + (4\ \text{u})/(197\ \text{u})} = 7{,}841\ \text{MeV},$$

und der Abstand der größtmöglichen Annäherung ist

$$r_\text{min,Au,R} = \frac{(1{,}44\ \text{MeV}\cdot\text{fm})\,(2\cdot 79)}{7{,}841\ \text{MeV}} = 29{,}0\ \text{fm}.$$

Dieser Abstand ist um rund 2 % größer als der zuvor ohne Berücksichtigung des Rückstoßes berechnete Abstand.

Für den ^{10}B-Kern erhalten wir entsprechend

$$E_\text{kin,B,R}^{(\text{S})} = \frac{8\ \text{MeV}}{1 + (4\ \text{u})/(10\ \text{u})} = 5{,}714\ \text{MeV},$$

$$r_\text{min,B,R} = \frac{(1{,}44\ \text{MeV}\cdot\text{fm})\,(2\cdot 5)}{5{,}714\ \text{MeV}} = 2{,}52\ \text{fm}.$$

Dieser Abstand ist um rund 40 % größer als der zuvor ohne Berücksichtigung des Rückstoßes berechnete Abstand.

L40.28 a) In der Differenzialgleichung $dn/dt = R_\text{P} - \lambda\,n$ separieren wir die Variablen:

$$\frac{dn}{R_\text{P} - \lambda\,n} = dt.$$

Wir integrieren die linke Seite von 0 bis n und die rechte Seite von 0 bis t:

$$\int_0^n \frac{dn'}{R_\text{P} - \lambda\,n'} = \int_0^t dt' = t.$$

Nun setzen wir $u = R_\text{P} - \lambda\,n'$, so dass $du = -\lambda\,dn'$ ist. Damit erhalten wir für die linke Seite der Gleichung

$$\int_0^n \frac{dn'}{R_\text{P} - \lambda\,n'} = -\frac{1}{\lambda}\int_{u_1}^{u_2}\frac{du}{u} = -\frac{1}{\lambda}\,\ln u\,\Big|_{u_1}^{u_2}$$

$$= -\frac{1}{\lambda}\,\ln(R_\text{P} - \lambda\,n')\,\Big|_0^n$$

$$= -\frac{1}{\lambda}\,\ln(R_\text{P} - \lambda\,n) + \frac{1}{\lambda}\,\ln R_\text{P}$$

$$= \frac{1}{\lambda}\,\ln\frac{R_\text{P}}{R_\text{P} - \lambda\,n}.$$

Daraus folgt

$$\frac{1}{\lambda}\,\ln\frac{R_\text{P}}{R_\text{P} - \lambda\,n} = t \quad \text{sowie} \quad n = \frac{R_\text{P}}{\lambda}\left(1 - e^{-\lambda t}\right).$$

Die Abbildung zeigt die mit einem Tabellenkalkulationsprogramm ermittelte Kurve. Beachten Sie, dass sich $n(t)$ dem Wert R_P/λ nähert, ähnlich wie sich die Ladung eines Kondensators dem Wert CU nähert.

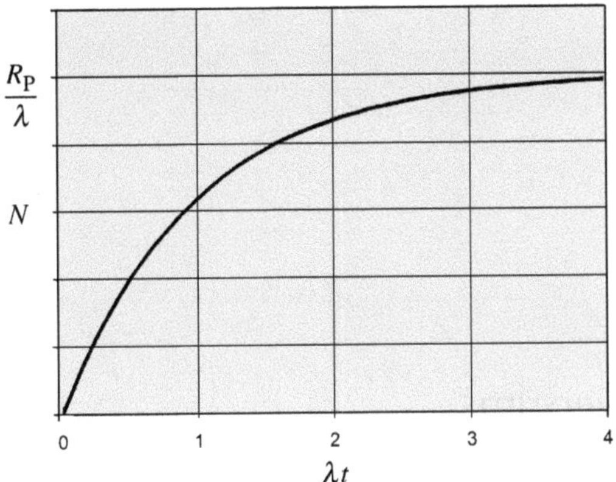

b) Für $dn/dt = 0$ ergibt sich $R_P - \lambda n_\infty = 0$ und $n_\infty = R_P/\lambda$. Mit der Zerfallskonstanten $\lambda = (\ln 2)/t_{1/2}$ erhalten wir daraus

$$n_\infty = \frac{R_P}{\ln 2}\, t_{1/2} = \frac{100\ \mathrm{s}^{-1}}{\ln 2}\,(10\ \mathrm{min})\,\frac{60\ \mathrm{s}}{1\ \mathrm{min}} = 8{,}66 \cdot 10^4.$$

L40.29 a) Die Rate, mit der sich n_B ändert, ist gleich der Rate, mit der das Material B erzeugt wird, abzüglich der Rate $\lambda_B n_B$, mit der es zerfällt. Die Erzeugungsrate von B ist hier gleich der Rate, mit der das Material A zerfällt, also gleich $\lambda_A n_A$. Daraus ergibt sich unmittelbar die gegebene Differenzialgleichung.

b) Gegeben sind folgende Zusammenhänge:

$$\frac{dn_B}{dt} = \lambda_A n_A - \lambda_B n_B\,, \tag{1}$$

$$n_B(t) = \frac{n_{A,0}\,\lambda_A}{\lambda_B - \lambda_A}\,(e^{-\lambda_A t} - e^{-\lambda_B t})\,, \tag{2}$$

$$n_A(t) = n_{A0}\, e^{-\lambda_A t}\,. \tag{3}$$

Wir leiten Gleichung 2 nach der Zeit ab:

$$\frac{d}{dt} n_B(t) = \frac{n_{A,0}\,\lambda_A}{\lambda_B - \lambda_A}\,\frac{d}{dt}(e^{-\lambda_A t} - e^{-\lambda_B t})$$

$$= \frac{n_{A,0}\,\lambda_A}{\lambda_B - \lambda_A}\,(-\lambda_A\, e^{-\lambda_A t} + \lambda_B\, e^{-\lambda_B t})\,.$$

Dies setzen wir in Gleichung 1 ein, wobei wir $n_B(t)$ und $n_A(t)$ gemäß den Gleichungen 2 und 3 ersetzen:

$$\frac{n_{A,0}\,\lambda_A}{\lambda_B - \lambda_A}\,(-\lambda_A\, e^{-\lambda_A t} + \lambda_B\, e^{-\lambda_B t})$$

$$= \lambda_A n_{A0}\, e^{-\lambda_A t} - \lambda_B \left[\frac{n_{A,0}\,\lambda_A}{\lambda_B - \lambda_A}\,(e^{-\lambda_A t} - e^{-\lambda_B t}) \right].$$

Wir multiplizieren beide Seiten mit $\dfrac{\lambda_B - \lambda_A}{\lambda_B\,\lambda_A}$ und vereinfachen:

$$\frac{n_{A,0}}{\lambda_B}\,(-\lambda_A\, e^{-\lambda_A t} + \lambda_B\, e^{-\lambda_B t})$$

$$= \frac{\lambda_B - \lambda_A}{\lambda_B}\, n_{A0}\, e^{-\lambda_A t} - n_{A0}\,(e^{-\lambda_A t} - e^{-\lambda_B t})$$

$$= n_{A0}\, e^{-\lambda_A t} - \frac{n_{A0}\,\lambda_A}{\lambda_B}\, e^{-\lambda_A t} - n_{A0}\, e^{-\lambda_A t} + n_{A0}\, e^{-\lambda_B t}$$

$$= -\frac{n_{A0}\,\lambda_A}{\lambda_B}\, e^{-\lambda_A t} + n_{A0}\, e^{-\lambda_B t}$$

$$= \frac{n_{A0}}{\lambda_B}\,(-\lambda_A\, e^{-\lambda_A t} + \lambda_B\, e^{-\lambda_B t})\,.$$

Diese Identität beweist, dass Gleichung 2 die Lösung der Gleichung 1 ist.

c) Bei $\lambda_A > \lambda_B$ sind in Gleichung 2 sowohl der Nenner als auch der Ausdruck in Klammern negativ, wenn $t > 0$ ist. Bei $\lambda_A < \lambda_B$ sind beide negativ, wenn $t > 0$ ist. Also ist stets $n_B(t) > 0$.

d) Die Kurve in der Abbildung wurde mit einem Tabellenkalulationsprogramm erzeugt.

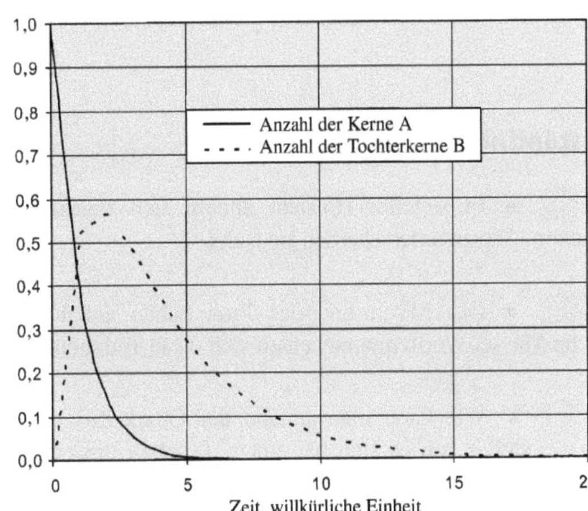

L40.30 In Aufgabe 29 wurde gezeigt, dass gilt

$$n_B(t) = \frac{n_{A,0}\,\lambda_A}{\lambda_B - \lambda_A}\,(e^{-\lambda_A t} - e^{-\lambda_B t})\,.$$

Wegen $\tau_A \gg \tau_B$ ist $\lambda_A \ll \lambda_B$.

Weil $\lambda_A t \ll 1$ ist, gilt nach einigen Jahren

$$e^{-\lambda_A t} - e^{-\lambda_B t} \approx 1\,.$$

Wegen $\lambda_A \ll \lambda_B$ ist außerdem $\dfrac{\lambda_A}{\lambda_B - \lambda_A} \approx \dfrac{\lambda_A}{\lambda_B}$.

Einsetzen der beiden letzten Gleichungen in die erste liefert

$$n_B(t) \approx \frac{\lambda_A}{\lambda_B}\, n_A\,.$$

41A Elementarteilchen und die Entstehung des Universums

- Spin und Antiteilchen
- Die Erhaltungssätze
- Quarks
- Die Entwicklung des Universums

A: Aufgaben

Verständnisaufgaben

A41.1 • In welcher Hinsicht ähneln sich Baryonen und Mesonen? Worin unterscheiden sie sich?

A41.2 • Das Myon und das Pion haben annähernd die gleiche Masse. Worin unterscheiden sich diese Teilchen?

A41.3 • Wie kann man anhand der Quark-Zusammensetzung feststellen, ob es sich bei einem Teilchen um ein Meson oder um ein Baryon handelt?

A41.4 • Angenommen, ein Pion (π^+) würde mit einem Antiproton ($\overline{\mathrm{p}}$) wechselwirken. Könnte dabei ein Proton (p) erzeugt werden?

Schätzungs- und Näherungsaufgaben

A41.5 •• Die Großen Vereinheitlichten Theorien führen zu der Vorhersage, dass das Proton eine zwar lange, aber dennoch endliche Lebensdauer hat. Experimente, in denen der Zerfall von Protonen in Wasser gemessen wird, lassen darauf schließen, dass die Lebensdauer mindestens 10^{32} Jahre beträgt. Nehmen Sie an, die Lebensdauer des Protons beträgt wirklich 10^{32} Jahre, und schätzen Sie die Zeit zwischen zwei Protonenzerfällen in einem vollständig mit Wasser gefüllten Olympiaschwimmbecken ab. Dieses habe die Abmessungen 100 m $\times$ 25 m $\times$ 2 m. Geben Sie das Ergebnis in Tagen an.

• Spin und Antiteilchen

A41.6 • Zwei ruhende Pionen löschen sich entsprechend der Reaktionsgleichung $\pi^+ + \pi^- \rightarrow \gamma + \gamma$ aus. a) Warum müssen die Energien der beiden γ-Strahlen gleich groß sein? b) Wie groß ist die Energie jedes γ-Strahls? c) Bestimmen Sie die Wellenlänge der γ-Strahlen.

• Die Erhaltungssätze

A41.7 • Stellen Sie fest, ob bei den folgenden Zerfällen bzw. Reaktionen Erhaltungssätze verletzt sind. Wenn ja, welche? a) $\mathrm{p}^+ \rightarrow \mathrm{n} + \mathrm{e}^+ + \overline{\nu}_\mathrm{e}$, b) $\mathrm{n} \rightarrow \mathrm{p}^+ + \pi^-$, c) $\mathrm{e}^+ + \mathrm{e}^- \rightarrow \gamma$, d) $\mathrm{p}^+ + \mathrm{p}^- \rightarrow \gamma + \gamma$, e) $\overline{\nu}_\mathrm{e} + \mathrm{p}^+ \rightarrow \mathrm{n} + \mathrm{e}^+$.

A41.8 • Bestimmen Sie für jeden der folgenden Zerfälle die Änderung der Seltsamkeit und geben Sie an, ob der jeweilige Prozess über die starke oder über die schwache Wechselwirkung oder überhaupt nicht abläuft: a) $\Omega^- \rightarrow \Lambda^0 + \overline{\nu}_\mathrm{e} + \mathrm{e}^-$, b) $\Sigma^+ \rightarrow \mathrm{p}^+ + \pi^0$.

A41.9 •• Betrachten Sie die folgende Zerfallsreihe:

$$\Omega^- \rightarrow \Xi^0 + \pi^-$$
$$\Xi^0 \rightarrow \Sigma^+ + \mathrm{e}^- + \overline{\nu}_\mathrm{e}$$
$$\pi^- \rightarrow \mu^- + \overline{\nu}_\mu$$
$$\Sigma^+ \rightarrow \mathrm{n} + \pi^+$$
$$\pi^+ \rightarrow \mu^+ + \nu_\mu$$
$$\mu^+ \rightarrow \mathrm{e}^+ + \overline{\nu}_\mu + \nu_\mathrm{e}$$
$$\mu^- \rightarrow \mathrm{e}^- + \overline{\nu}_\mathrm{e} + \nu_\mu$$

a) Sind alle angegebenen Endprodukte stabil? Falls nein, vervollständigen Sie die Kette. b) Geben Sie die Nettoreaktion für den Zerfall des Ω^- in seine Endprodukte an. c) Überprüfen Sie diese auf die Erhaltung der elektrischen Ladung, der Baryonen- und der Leptonenzahl sowie der Seltsamkeit.

• Quarks

A41.10 • Bestimmen Sie Baryonenzahl, Ladung und Seltsamkeit für die folgenden Quark-Kombinationen und geben Sie an, um welches Hadron es sich handelt: a) uud, b) udd, c) uus, d) dds, e) uss, f) dss.

A41.11 • Das D^+-Meson besitzt keine Seltsamkeit, aber Charm $C = +1$. a) Geben Sie eine mögliche Quark-Kombination für dieses Teilchen an. b) Wiederholen Sie Teilaufgabe a für das D^--Meson, also das Antiteilchen des D^+-Mesons.

A41.12 •• Geben Sie jeweils eine mögliche Quark-Kombination für die folgenden Teilchen an: a) $\bar{n}$, b) Ξ^0, c) Σ^+.

• Die Entwicklung des Universums

A41.13 •• Die Gleichung

$$\nu^{(A)} = \sqrt{\frac{1-\beta}{1+\beta}}\, \nu^{(B)}$$

gibt die relativistische Doppler-Verschiebung der Frequenz für den Fall an, dass sich Lichtquelle und Beobachter voneinander entfernen. Zeigen Sie, dass die relativistische Doppler-Verschiebung der Wellenlänge gegeben ist durch

$$\lambda^{(B)} = \sqrt{\frac{1-\beta}{1+\beta}}\, \lambda^{(A)}.$$

A41.14 •• Die rote Linie im Spektrum des Wasserstoffatoms wird häufig als H_α-Linie bezeichnet; sie hat eine Wellenlänge von 656,3 nm. Berechnen Sie mit Hilfe des Hubble-Gesetzes und der relativistischen Doppler-Verschiebung in Aufgabe 13, welche Wellenlänge die H_α-Linie im Spektrum einer fernen Galaxie hat, die von der Erde a) $5 \cdot 10^6$ Lichtjahre, b) $50 \cdot 10^6$ Lichtjahre, c) $500 \cdot 10^6$ Lichtjahre bzw. d) $5 \cdot 10^9$ Lichtjahre entfernt ist.

Allgemeine Aufgaben

A41.15 •• Bestimmen Sie mit Hilfe der Erhaltungssätze für Ladung, Baryonenzahl, Seltsamkeit und Spin die unbekannten Teilchen in den folgenden, über die starke Wechselwirkung verlaufenden Prozessen: a) $p + \pi^- \to \Sigma^0 + ?$, b) $p + p \to \pi^+ + n + K^+ + ?$ und c) $p + \overline{K^-} \to \Xi^- + ?$.

A41.16 •• Betrachten Sie die folgende Reaktion, bei der ruhende Protonen mit einem Strahl hochenergetischer Protonen beschossen werden: $p + p \to \Lambda^0 + K^0 + p + ?$. a) Bestimmen Sie mit Hilfe der Erhaltungssätze für Ladung, Baryonenzahl, Seltsamkeit und Spin das unbekannte Teilchen. b) Berechnen Sie den Q-Wert für diese Reaktion. c) Die Schwellenenergie $E_{\mathrm{kin,k}}$ für diese Reaktion ist gegeben durch

$$E_{\mathrm{kin,k}} = -\frac{Q}{2\,m_\mathrm{p}}\,(m_\mathrm{p} + m_\mathrm{p} + m_1 + m_2 + m_3 + m_4).$$

Dabei sind m_1, m_2, m_3 und m_4 die Massen der Reaktionsprodukte. Bestimmen Sie $E_{\mathrm{kin,k}}$.

A41.17 ••• Ein in Ruhe befindliches Σ^0-Teilchen zerfällt in ein Λ^0-Teilchen und ein Photon. a) Wie groß ist die gesamte Energie der Zerfallsprodukte? b) Berechnen Sie näherungsweise den Impuls des Photons. Nehmen Sie dabei zunächst an, dass die kinetische Energie des Λ^0-Teilchens gegenüber der Energie des Photons vernachlässigt werden kann. c) Berechnen Sie nun mit diesem Resultat die ungefähre kinetische Energie des Λ^0-Teilchens und damit wiederum d) eine bessere Näherung für den Impuls und die Energie des Photons.

A41.18 ••• In dieser Aufgabe soll die Differenz der Ankunftszeiten zweier Neutrinos unterschiedlicher Energie berechnet werden, die aus einer 170 000 Lichtjahre entfernten Supernova stammen. Die Energien der Neutrinos seien $E_1 = 20\,\mathrm{MeV}$ und $E_2 = 5\,\mathrm{MeV}$, die Ruhemasse jedes Neutrinos wollen wir als $20\,\mathrm{eV}/c^2$ annehmen. Da die Gesamtenergie der Neutrinos jeweils sehr groß gegenüber der Ruheenergie ist, liegt ihre Geschwindigkeit sehr nahe an der Lichtgeschwindigkeit, und ihre Energie ist in guter Näherung $E \approx p\,c$. a) Zeigen Sie, dass die Differenz der Ankunftszeiten durch

$$\Delta t = t_2 - t_1 = x\,\frac{\upsilon_1 - \upsilon_2}{\upsilon_1\,\upsilon_2} \approx \frac{x\,\Delta\upsilon}{c^2}$$

gegeben ist, wobei t_1 bzw. t_2 die Zeiten sind, die die Neutrinos mit der Geschwindigkeit υ_1 bzw. υ_2 benötigen, um die Strecke x zurückzulegen. b) Die Geschwindigkeit eines Teilchens mit der Ruhemasse m und der Energie E kann mit Hilfe der Beziehung $\upsilon/c = \beta = p\,c/E$ bestimmt werden. Zeigen Sie, dass für $E \gg m\,c^2$ die Geschwindigkeit näherungsweise durch

$$\frac{\upsilon}{c} \approx 1 - \frac{1}{2}\left(\frac{m\,c^2}{E}\right)^2$$

gegeben ist. c) Mit den Ergebnissen aus den Teilaufgaben a und b können Sie nun Δt für die Entfernung $x = 170\,000$ Lichtjahre berechnen. d) Wie ändern sich die Resultate, wenn die Ruhemasse der Neutrinos $40\,\mathrm{eV}/c^2$ beträgt?

Elementarteilchen und die Entstehung des Universums

L: Lösungen

Anmerkung: Es werden die Zeiteinheiten a = Jahr und d = Tag verwendet, und die Längeneinheit Lichtjahr wird mit Lj bezeichnet.

L41.1 *Ähnlichkeiten:* Baryonen und Mesonen sind Hadronen; sie sind an der starken Wechselwirkung beteiligt. Beide Teilchenarten bestehen aus Quarks.

Unterschiede: Baryonen bestehen aus drei Quarks und sind Fermionen. Mesonen bestehen aus zwei Quarks und sind Bosonen. Baryonen haben die Baryonenzahl $+1$ oder -1, Mesonen dagegen die Baryonenzahl 0.

L41.2 Das Myon ist ein Lepton; es ist ein Spin-$\frac{1}{2}$-Teilchen und zählt zu den Fermionen. Es ist nicht an der starken Wechselwirkung beteiligt. Es ist ein Elementarteilchen, das dem Elektron ähnelt. – Das Pion ist ein Meson und hat den Spin 0. Es zählt zu den Bosonen, ist an der starken Wechselwirkung beteiligt und besteht aus Quarks.

L41.3 Ein Meson besteht aus zwei Quarks, ein Baryon dagegen aus drei Quarks.

L41.4 Nein; eine solche Reaktion ist unmöglich. Ein Proton erfordert drei Quarks. Diese sind aber nicht vorhanden, denn ein Pion besteht aus einem Quark und einem Antiquark, während das Antiproton aus drei Antiquarks besteht.

L41.5 Die mittlere Zeitspanne zwischen zwei Protonenzerfällen ist der Quotient aus der Lebensdauer des Protons und der Anzahl n der Protonen im Schwimmbecken:

$\langle \Delta t \rangle = (10^{32}\ \text{a})/n$.

Mit der Anzahl n_{P} an Protonen pro Wassermolekül gilt

$n/m_{\text{W}} = n_{\text{P}}\, n_{\text{A}}/m_{\text{Mol,W}}$.

Darin ist $m_{\text{Mol,W}}$ die Molmasse des Wassers und m_{W} die Masse des Wassers im Becken. Mit dessen Volumen V erhalten wir für die Anzahl der in ihm vorhandenen Protonen

$n = n_{\text{P}}\, n_{\text{A}}\, m_{\text{W}}/m_{\text{Mol,W}} = n_{\text{P}}\, n_{\text{A}}\, \rho_{\text{W}}\, V/m_{\text{Mol,W}}$.

Mit $n_{\text{P}} = 10$ und $V = (100\ \text{m}) \cdot (25\ \text{m}) \cdot (2\ \text{m}) = 5000\ \text{m}^3$ ergibt sich daraus die mittlere Zeitspanne zu

$$\langle \Delta t \rangle = \frac{10^{32}\ \text{a}}{n_{\text{P}}\, n_{\text{A}}\, \rho_{\text{W}}\, V/m_{\text{Mol,W}}} = \frac{(10^{32}\ \text{a})\, m_{\text{Mol,W}}}{n_{\text{P}}\, n_{\text{A}}\, \rho_{\text{W}}\, V}$$

$$= \frac{(10^{32}\ \text{a})\, (18\ \text{g}\cdot\text{mol}^{-1})\, (10^{-3}\ \text{kg}\cdot\text{g}^{-1})}{10 \cdot (6{,}02\cdot 10^{23}\ \text{mol}^{-1})\, (10^3\ \text{kg}\cdot\text{m}^{-3})\, (5000\ \text{m}^3)}$$

$$= 0{,}0598\ \text{a} = (0{,}0598\ \text{a})\, (365{,}24\ \text{d}\cdot\text{a}^{-1}) = 21{,}8\ \text{d}.$$

Die Zeitspanne zwischen zwei Protonenzerfällen beträgt also knapp 22 Tage.

L41.6 a) Der Anfangsimpuls ist null. Wegen der Impulserhaltung muss also auch der Impuls am Ende null sein. Der Impuls eines Photons ist E/c. Damit sowohl der Impuls als auch die Energie erhalten bleiben, müssen die Impulsbeträge der beiden γ-Photonen gleich sein, also auch ihre Energien.

b) Wir schlagen die Energie des Pions nach und erhalten daraus $E_\gamma = 139{,}6\ \text{MeV}$.

c) Die Wellenlänge der Photonen ist

$$\lambda = \frac{hc}{E} = \frac{1240\ \text{MeV}\cdot\text{fm}}{E} = \frac{1240\ \text{MeV}\cdot\text{fm}}{139{,}6\ \text{MeV}} = 8{,}88\ \text{fm}.$$

L41.7 a) Energie: $m_{\text{p}} < m_{\text{n}}$; bleibt nicht erhalten.
Ladung: $+e \rightarrow 0 + e + 0 = +e$; bleibt erhalten.
Baryonenzahl: $1 \rightarrow 1 + 0 + 0 = 1$; bleibt erhalten.
Leptonenzahl, e^-: $0 \rightarrow 0 + 0 + 0 = 0$; bleibt erhalten.
Der Prozess $\text{p}^+ \rightarrow \text{n} + \text{e}^+ + \bar{\nu}_\text{e}$ ist nicht erlaubt, weil der Energieerhaltungssatz verletzt würde.

b) Energie: $m_{\text{n}} < m_{\text{p}} + m_{\pi^-}$; bleibt nicht erhalten.
Ladung: $0 \rightarrow +e + (-e) = 0$; bleibt erhalten.
Baryonenzahl: $1 \rightarrow 1 + 0 = 1$; bleibt erhalten.
Leptonenzahl, e^-: $0 \rightarrow 0 + 0 = 0$; bleibt erhalten.
Der Prozess $\text{n} \rightarrow \text{p}^+ + \pi^-$ ist nicht erlaubt, weil der Energieerhaltungssatz verletzt würde.

c) Zur Impulserhaltung müssten zwei (oder mehr) γ-Strahlen emittiert werden. Der Prozess $\text{e}^+ + \text{e}^- \rightarrow \gamma$ ist also nicht erlaubt, weil der Impulserhaltungssatz verletzt würde.

d) Energie: bleibt erhalten.
Ladung: $+1 + (-1) \rightarrow 0 + 0 = 0$; bleibt erhalten.
Baryonenzahl: $1 + (-1) \rightarrow 0 + 0 = 0$; bleibt erhalten.
Leptonenzahl, e^-: $0 \rightarrow 0 + 0 + 0 = 0$; bleibt erhalten.

Der Prozess $p^+ + p^- \to \gamma + \gamma$ ist erlaubt, weil kein Erhaltungssatz verletzt wird.

e) Energie: $m_n = m_p + m_{e^+}$; bleibt erhalten.
Ladung: $0 + 1 \to 0 + 1 = 1$; bleibt erhalten.
Baryonenzahl: $0 + 1 \to 1 + 0 = 1$; bleibt erhalten.
Leptonenzahl, e^-: $-1 + 0 \to 0 + (-1) = -1$; bleibt erhalten.
Der Prozess $\overline{\nu}_e + p^+ \to n + e^+$ ist erlaubt, weil kein Erhaltungssatz verletzt wird.

L41.8 a) Wir ermitteln für jedes Teilchen die Seltsamkeit:
Ω^-: $S = -3$, Λ^0: $S = -1$, $\overline{\nu}_e$: $S = 0$, e^-: $S = 0$.
Damit ist $\Delta S = -1 - (-3) = +2$.
Der Prozess $\Omega^- \to \Lambda^0 + \overline{\nu}_e + e^-$ kann also nicht ablaufen.

b) Wir ermitteln für jedes Teilchen die Seltsamkeit:
Σ^+: $S = -1$, p: $S = 0$, π^0: $S = 0$.
Damit ist $\Delta S = 0 - (-1) = +1$.
Somit ist der Prozess $\Sigma^+ \to p^+ + \pi^0$ erlaubt und kann über die schwache Wechselwirkung ablaufen.

L41.9 a) Nein; das Neutron ist nicht stabil: $n \to p^+ + e^- + \overline{\nu}_e$.

b) Wir addieren die Reaktionen:
$$\Omega^- \to p^+ + e^+ + 3\,e^- + \nu_e + 3\,\overline{\nu}_e + 2\,\overline{\nu}_\mu + 2\,\nu_\mu.$$

c) Ladung: $-1 \to 1 + 1 - 3 + 0 + 0 + 0 + 0 = -1$;
bleibt erhalten.
Baryonenzahl: $1 \to 1 + 0 + 0 + 0 + 0 + 0 + 0 = 1$;
bleibt erhalten.
Leptonenzahl: $0 \to 0 - 1 + 3 + 1 - 3 - 2 + 2 = 0$;
bleibt erhalten.
Seltsamkeit: $-3 \to 0$; bleibt nicht erhalten.
Jedoch ist bei jedem Baryonenzerfall $\Delta S = +1$, so dass er über die schwache Wechselwirkung ablaufen kann.

L41.10 Wir bestimmen jeweils die Baryonenzahl B, die Ladung q und die Seltsamkeit S. Dann schlagen wir das zugehörige Hadron nach.

	Kombin.	B	q	S	Hadron
a)	u u d	1	+1	0	p^+
b)	u d d	1	0	0	n
c)	u u s	1	+1	−1	Σ^+
d)	d d s	1	−1	−1	Σ^-
e)	u s s	1	0	−2	Ξ^0
f)	d s s	1	−1	−2	Ξ^-

L41.11 a) Es ist $B = 0$. Also müssen wir nach einer Kombination aus einem Quark und einem Antiquark suchen. Weil das Teilchen den Charm $+1$ hat, muss eines der Quarks c sein. Wegen der Ladung $+e$ muss das Antiquark dann $\overline{d}$ sein. Also ist eine mögliche Quark-Kombination $c\overline{d}$.

b) Das Teilchen D^- ist das Antiteilchen des D^+. Daher ist eine mögliche Quark-Kombination $\overline{c}d$.

L41.12 a) Für $\overline{n}$ muss gelten: $q = 0$, $B = -1$, $S = 0$. Eine Quark-Kombination, die diese Bedingungen erfüllt, ist $\overline{u}\overline{d}\overline{d}$.

b) Für Ξ^0 muss gelten: $q = 0$, $B = +1$, $S = -2$. Eine Quark-Kombination, die diese Bedingungen erfüllt, ist u s s.

c) Für Σ^+ muss gelten: $q = +1$, $B = +1$, $S = -1$. Eine Quark-Kombination, die diese Bedingungen erfüllt, ist u u s.

L41.13 Es ist gegeben:
$$v^{(A)} = v^{(B)} \sqrt{\frac{1-\beta}{1+\beta}}.$$

Außerdem gilt $v^{(A)} = c/\lambda^{(A)}$ und $v^{(B)} = c/\lambda^{(B)}$.
Dies setzen wir ein und erhalten
$$\frac{c}{\lambda^{(A)}} = \frac{c}{\lambda^{(B)}} \sqrt{\frac{1-\beta}{1+\beta}} \quad \text{und daraus} \quad \lambda^{(B)} = \lambda^{(A)} \sqrt{\frac{1-\beta}{1+\beta}}.$$

L41.14 Mit $v^{(A)} = Hr$ und $\beta = v^{(A)}/c = Hr/c$ können wir die in Aufgabe 13 bewiesene Gleichung umschreiben:
$$\lambda^{(A)} = \lambda^{(B)} \sqrt{\frac{1+\beta}{1-\beta}} = \lambda^{(B)} \sqrt{\frac{1+Hr/c}{1-Hr/c}}.$$

Wir setzen jeweils die Werte $H = (23\ \mathrm{km \cdot s^{-1}})/(10^6\ \mathrm{Lj})$ und $c = 3 \cdot 10^5\ \mathrm{km \cdot s^{-1}}$ ein und erhalten

a) für die Entfernung $5 \cdot 10^6\ \mathrm{Lj}$:
$$\lambda^{(A)} = (656{,}3\ \mathrm{nm}) \sqrt{\frac{1+(H/c)(5 \cdot 10^6\ \mathrm{Lj})}{1-(H/c)(5 \cdot 10^6\ \mathrm{Lj})}} = 656{,}6\ \mathrm{nm},$$

b) für die Entfernung $50 \cdot 10^6\ \mathrm{Lj}$:
$$\lambda^{(A)} = (656{,}3\ \mathrm{nm}) \sqrt{\frac{1+(H/c)(50 \cdot 10^6\ \mathrm{Lj})}{1-(H/c)(50 \cdot 10^6\ \mathrm{Lj})}} = 658{,}8\ \mathrm{nm},$$

c) für die Entfernung $500 \cdot 10^6\ \mathrm{Lj}$:
$$\lambda^{(A)} = (656{,}3\ \mathrm{nm}) \sqrt{\frac{1+(H/c)(500 \cdot 10^6\ \mathrm{Lj})}{1-(H/c)(500 \cdot 10^6\ \mathrm{Lj})}} = 682{,}0\ \mathrm{nm},$$

d) für die Entfernung $5 \cdot 10^9\ \mathrm{Lj}$:
$$\lambda^{(A)} = (656{,}3\ \mathrm{nm}) \sqrt{\frac{1+(H/c)(5 \cdot 10^9\ \mathrm{Lj})}{1-(H/c)(5 \cdot 10^9\ \mathrm{Lj})}} = 983{,}0\ \mathrm{nm}.$$

L41.15 Wir ermitteln die Ladungszahlen, die Baryonenzahlen, die Seltsamkeiten und die Spins der angegebenen Teilchen und berechnen daraus den jeweiligen Wert für das noch unbekannte Teilchen.

a) Reaktion: $p + \pi^- \to \Sigma^0 + ?$.
Ladung: $+1 - 1 = 0 + q$, also ist $q = 0$,
Baryonenzahl: $1 + 0 = 1 + B$, also ist $B = 0$,
Seltsamkeit: $0 + 0 = -1 + S$, also ist $S = +1$,
Spin: $+\frac{1}{2} + 0 = +\frac{1}{2} + s$, also ist $s = 0$.
Diese Eigenschaften weisen auf das Kaon K^0 hin.

b) Reaktion: $p + p \to \pi^+ + n + K^+ + ?$.
Ladung: $+1 + 1 = +1 + 0 + 1 + q$, also ist $q = 0$,

Baryonenzahl: $1+1=0+1+0+B$, also ist $B=+1$,
Seltsamkeit: $0+0=0+0+1+S$, also ist $S=-1$,
Spin: $+\frac{1}{2}+\frac{1}{2}=0+\frac{1}{2}+0+s$, also ist $s=+\frac{1}{2}$.
Diese Eigenschaften weisen auf das Baryon Σ^0 oder das Baryon Λ^0 hin.

c) Reaktion: $p+\overline{K}^- \to \Xi^- + \ ?$.
Ladung: $+1-1=-1+q$, also ist $q=+1$,
Baryonenzahl: $1+0=1+B$, also ist $B=0$,
Seltsamkeit: $0-1=-2+S$, also ist $S=-1$,
Spin: $+\frac{1}{2}+0=+\frac{1}{2}+s$, also ist $s=0$.
Diese Eigenschaften weisen auf das Kaon K^+ hin.

L41.16 a) Reaktion: $p+p \to \Lambda^0 + K^0 + p + \ ?$.
Ladung: $+1+1=0+0+1+q$, also ist $q=+1$,
Baryonenzahl: $1+1=1+0+1+B$, also ist $B=0$,
Seltsamkeit: $0+0=-1+1+0+S$, also ist $S=0$,
Spin: $+\frac{1}{2}+\frac{1}{2}=+\frac{1}{2}+0+\frac{1}{2}+s$, also ist $s=0$.
Diese Eigenschaften weisen auf das Pion π^+ hin.

b) Wir schlagen die Massen- bzw. Energiewerte nach und erhalten für den Q-Wert

$$Q = -\Delta m\, c^2 = \left[(m_p+m_p)-(m_{\Lambda^+}+m_{K^+}+m_p+m_{\pi^+})\right]c^2$$
$$= \left[(938{,}3+938{,}3)-(1116+497{,}7+938{,}3+139{,}6)\right]\text{MeV}$$
$$= -815\,\text{MeV}.$$

Der negative Wert deutet darauf hin, dass die Reaktion endotherm ist.

c) Mit denselben Massen- bzw. Energiewerten erhalten wir für die Schwellenenergie

$$E_{\text{kin,k}} = -\frac{Q}{2m_p}\,(m_p+m_p+m_{\Lambda^+}+m_{K^+}+m_p+m_{\pi^+})$$
$$= -\frac{-815\,\text{MeV}}{2\,(938{,}3\,\text{MeV})}$$
$$\qquad \cdot (938{,}3+938{,}3+1116+497{,}7+938{,}3+139{,}6)\,\text{MeV}$$
$$= 1984\,\text{MeV} = 1{,}984\,\text{GeV}.$$

L41.17 a) Wir schlagen den Massen- bzw. Energiewert des Σ^0-Teilchens nach und erhalten für die gesamte kinetische Energie der Zerfallsprodukte
$$E_{\text{kin,ges}} = (m_{\Sigma^0})\,c^2 = \left(1193\,\text{MeV}/c^2\right)c^2 = 1193\,\text{MeV}.$$

b) Für den Impuls des Photons ergibt sich

$$p_\gamma = \frac{E_\gamma}{c} = \frac{E - m_{\Lambda^0}c^2}{c}$$
$$= \frac{(1193\,\text{MeV}) - (1116\,\text{MeV}/c^2)c^2}{c} = 77{,}0\,\text{MeV}/c.$$

c) Mit $p_{\Lambda^0} = p_\gamma$ ergibt sich für die kinetische Energie des Λ^0-Teilchens

$$E_{\text{kin},\Lambda^0} = \frac{p_{\Lambda^0}^2}{2m_{\Lambda^0}} = \frac{p_\gamma^2}{2m_{\Lambda^0}} = \frac{(77{,}0\,\text{MeV}/c)^2}{2\,(1116\,\text{MeV}/c^2)} = 2{,}66\,\text{MeV}.$$

d) Eine bessere Näherung für die Energie des Photons ist

$$E_\gamma = E - m_{\Lambda^0}c^2 - E_{\text{kin},\Lambda^0}$$
$$= 1193\,\text{MeV} - (1116\,\text{MeV}/c^2)c^2 - 2{,}66\,\text{MeV}$$
$$= 74{,}3\,\text{MeV},$$

und für den entsprechenden Impuls erhalten wir

$$p_\gamma = \frac{E_\gamma}{c} = \frac{74{,}3\,\text{MeV}}{c} = 74{,}3\,\text{MeV}/c.$$

L41.18 a) Mit $v_1\,v_2 \approx c^2$ gilt wegen $t=x/v$ für die Differenz der Ankunftszeiten

$$\Delta t = t_2 - t_1 = \frac{x}{v_2} - \frac{x}{v_1} = \frac{x(v_1-v_2)}{v_1\,v_2} \approx \frac{x(v_1-v_2)}{c^2} = \frac{x\Delta v}{c^2}.$$

Darin ist $\Delta v = v_1 - v_2$.

b) Wir formen den bekannten Ausdruck für v/c um und verwenden nur den Beginn der Entwicklung in eine binomische Reihe:

$$\frac{v}{c} = \sqrt{1-\left(\frac{mc^2}{E}\right)^2} = \left[1-\left(\frac{mc^2}{E}\right)^2\right]^{1/2} \approx 1 - \frac{1}{2}\left(\frac{mc^2}{E}\right)^2.$$

c) Nun setzen wir in den Ausdruck für die Geschwindigkeitsdifferenz die Energien ein:

$$\Delta v = v_1 - v_2 = \frac{1}{2}\left(mc^2\right)^2\left(\frac{1}{E_2^2} - \frac{1}{E_1^2}\right) = \frac{c\,(mc^2)^2\,(E_1^2 - E_2^2)}{2E_1^2 E_2^2}$$
$$= \frac{c\left(\dfrac{20\,\text{eV}}{c^2}c^2\right)^2\left[(20\,\text{MeV})^2 - (5\,\text{MeV})^2\right]}{2\,(20\,\text{MeV})^2\,(5\,\text{MeV})^2}$$
$$= 7{,}5\cdot 10^{-12}\,c.$$

Damit erhalten wir (mit $3{,}16\cdot 10^7$ Sekunden pro Jahr) für die Zeitdifferenz

$$\Delta t \approx \frac{x\Delta v}{c^2} = \frac{\left[(1{,}7\cdot 10^5\,\text{a})\cdot c\right](7{,}5\cdot 10^{-12}\,c)}{c^2}$$
$$= (1{,}28\cdot 10^{-6}\,\text{a})\,(3{,}16\cdot 10^7\,\text{s}\cdot\text{a}^{-1}) = 40{,}2\,\text{s}.$$

d) Mit der Ruhemasse $m = 40\,\text{eV}/c^2$ des Neutrinos erhalten wir für die Geschwindigkeitsdifferenz

$$\Delta v = \frac{c\left(\dfrac{40\,\text{eV}}{c^2}c^2\right)^2\left[(20\,\text{MeV})^2 - (5\,\text{MeV})^2\right]}{2\,(20\,\text{MeV})^2\,(5\,\text{MeV})^2} = 3{,}0\cdot 10^{-11}\,c$$

und für die Zeitdifferenz

$$\Delta t \approx \frac{\left[(1{,}7\cdot 10^5\,\text{a})\cdot c\right](3\cdot 10^{-11}\,c)}{c^2}$$
$$= (5{,}1\cdot 10^{-6}\,\text{a})\,(3{,}16\cdot 10^7\,\text{s}\cdot\text{a}^{-1}) = 161\,\text{s}.$$

Anmerkung: Aus der Differenz der Ankunftszeiten der Neutrinos einer Supernova kann man auf die Masse der Neutrinos schließen.